Koch · Koch-Dedic Handbuch der Spurenanalyse Zweite Auflage Teil 1

O. G. Koch G. A. Koch-Dedic

Handbuch der Spurenanalyse

Die Anreicherung und Bestimmung von Spurenelementen unter Anwendung chemischer, physikalischer und mikrobiologischer Verfahren

Zweite, völlig neubearbeitete und erweiterte Auflage

Teil 1

Mit 125 Abbildungen

Springer-Verlag Berlin Heidelberg GmbH 1974

Dr. techn. Dipl.-Ing. OTHMAR G. KOCH
Dr. rer. nat. GERTRUD A. KOCH-DEDIC

D-6680 Neunkirchen/Saar, Goethestraße 24

ISBN 978-3-642-65424-4 ISBN 978-3-642-65423-7 (eBook)
DOI 10.1007/978-3-642-65423-7

Ursprünglich erschienen bei Springer-Verlag Berlin Heidelberg New York 1974
Softcover reprint of the hardcover 2nd edition 1974

Library of Congress
Catalog Card Number 72-83446.

Vorwort zur zweiten Auflage

Als nach der relativ kurzen Zeit von knapp 5 Jahren die erste Auflage des Handbuches vergriffen war und der Verlag den Verfassern eine Neuauflage oder einen Nachdruck der ersten Auflage vorschlug, standen die Verfasser vor einer schweren Entscheidung im Hinblick auf die Fülle neuer Arbeit unter wiederum mehrjährigem Verzicht auf persönliche Wünsche und Freizeit. Die zahlreiche, durchweg positive Resonanz auf die erste Auflage und zunehmende Nachfragen aus der Fachwelt nach einer Neuerscheinung bestimmten schließlich den Entschluß zur überarbeiteten Neuauflage, da nur diese die Aktualität und größtmögliche Nutzanwendung des Buches gewährleisten.

Die Berücksichtigung der neuesten Literatur machte eine weitgehende Überarbeitung der meisten Kapitel, eine teilweise Neugliederung und eine erhebliche Erweiterung des Stoffes erforderlich. Streichungen an Text und Literatur der ersten Auflage waren dabei unvermeidlich, um die Vergrößerung des Buchumfanges in Grenzen zu halten. Neben einer ausführlicheren Darstellung von Grundlagen und Arbeitstechnik der Anreicherungs- und Bestimmungsmethoden hat sich die Zahl sowohl der behandelten Elemente als auch der Analysenvorschriften und -methoden erhöht. Obwohl die Literatur unter Aufnahme von rund 2000 neuen Literaturstellen bis Mitte 1973 berücksichtigt ist und damit in der vorliegenden zweiten Auflage rund 5000 Literaturstellen ausgewertet sind, wird kein Anspruch auf Vollständigkeit erhoben.

Nachdem sich die Darstellungsform der ersten Auflage bewährt hat, wurde sie für die zweite Auflage beibehalten: auf die Theorie wird nur knapp und soweit eingegangen, als sie für die praktische Durchführung von Spurenanalysen unerläßlich erscheint. Da die Photometrie nach wie vor für Spurenanalysen am häufigsten angewandt wird, wie dies der erstgenannte Verfasser unter anderem im Rahmen seiner Mitarbeit in der IUPAC (als Chairman der "Commission on Microchemical Techniques and Trace Analysis") feststellen konnte, liegt auch in dieser Auflage das Hauptgewicht weiterhin auf photometrischen Verfahren. Daneben ist dem zunehmenden Einsatz der Atomabsorptionsspektrophotometrie durch eine Reihe von Analysenvorschriften bei den wichtigsten Elementen entsprechend Rechnung getragen worden.

Bei der Auswahl des Stoffes bemühten sich die Verfasser, dem Leser des Buches innerhalb des gesetzten Rahmens neben unmittelbar anwendbaren Analysenverfahren einen Überblick über die sich bietenden Möglichkeiten zur Lösung seiner eigenen Probleme zu geben, wobei die am zweckmäßigsten erscheinenden Methoden vorwiegend Berücksichtigung fanden. In der Regel ist bei den einzelnen Elementen – von Einzelfällen abgesehen – stets die Photometrie als Grundlagenmethode behandelt. Andere Bestimmungsmethoden sind zusätzlich soweit angeführt, als sie gegenüber der Photometrie vorteilhafter sind oder gleichwertige Alternativen darstellen. So findet man beispielsweise von der besonders in den letzten Jahren in zunehmendem Maße angewandten Atomabsorptionsspektrophotometrie Analysenvorschriften nicht bei allen, sondern nur bei jenen Elementen beschrieben, bei denen solche wegen ihrer Empfindlichkeit oder Einfachheit einen echten Vorteil bieten.

Im *Allgemeinen Teil* wird die Arbeitstechnik besonders ausführlich beschrieben, da ihre richtige Durchführung für den Erfolg von Spurenanalysen ausschlaggebend ist. Aus dem gleichen Grund werden im *Speziellen Teil* die Vorbereitung des Probematerials und die Arbeitstechnik der Anreicherung eingehend behandelt. Ausführlich dargestellt wird der Arbeitsbereich der Anreicherungsreagentien (Extraktion, Fällung, Ionenaustausch), da diese Daten in der Spurenanalyse von großem praktischen Wert sind. Drei große Abschnitte enthalten Analysenvorschriften der in einem modernen Laboratorium allgemein am häufigsten angewandten bzw. anwendbaren Bestimmungsmethoden (Photometrie, Emissionsspektralanalyse, Atomabsorptionsspektrophotometrie, Flammenphotometrie, Röntgenspektrometrie, Polarographie, Voltammetrie, Coulometrie, Gaschromatographie) zur Bestimmung sowohl von Einzelelementen als auch von mehreren Elementen in einem Arbeitsgang (Elementgruppen) und schließlich Vorschriften zur mikrobiologischen Bestimmung biologisch wichtiger Elemente unter Berücksichtigung der dafür erforderlichen Arbeitstechnik.

Um den gesetzten Rahmen des Buches nicht zu überschreiten, wurde bewußt auf eine Berücksichtigung von Verfahren der Aktivierungsanalyse, Radiochemie und Massenspektrometrie verzichtet und an den entsprechenden Stellen auf die Literatur verwiesen. Mit dem gelegentlichen Hinweis im Text auf Firmenerzeugnisse ist kein allgemeingültiges Werturteil verbunden.

Auch die vorliegende zweite Auflage des Handbuches ist nicht nur zur Bestimmung von Spurenelementen, sondern ganz allgemein auf dem Gebiet der photometrischen Analyse anwendbar, da die Grundlagen der Photometrie und die wichtigsten photometrischen Reagentien darin ausführlich behandelt sind.

Es ist den Verfassern eine angenehme Pflicht, an dieser Stelle zahlreichen Fachkollegen zu danken für ihre Unterstützung durch Sonderdrucke, neue Analysenverfahren sowie Hinweise auf Fehler oder wünschenswerte Änderungen. Mit diesem Dank sei auch die Bitte um weitere Unterstützung nach dem Erscheinen der zweiten Auflage verbunden. Dem Springer-Verlag gilt der besondere Dank der Verfasser für das verständnisvolle, bereitwillige und großzügige Eingehen auf alle Wünsche, die stets angenehme und sehr gute Zusammenarbeit und die besondere Anerkennung für die gute Ausführung des Buches.

Othmar G. Koch
und
Gertrud A. Koch-Dedic

Neunkirchen/Saar, Februar 1974

Aus dem Vorwort zur ersten Auflage

Obwohl der Begriff „Spurenelement" schon lange bekannt ist, hat in besonderem Maße die Entwicklung der vergangenen Jahre gezeigt, daß „Spurenelemente", d. h. Elementgehalte im Bereich von etwa $10^{-2}-10^{-10}\%$, auf zahlreichen Gebieten von Wissenschaft und Technik eine bedeutende Rolle spielen, wie z. B. Metallurgie, Korrosionsfragen, Elektroindustrie (insbesondere Halbleitertechnik), Kern- und Reaktortechnik, chemische Industrie, Agrikulturchemie, Biochemie, Medizin, Papier-, Kunstfaser-, Lack-, Nahrungsmittel-, Erdölindustrie, Wasserwirtschaft, Geologie, Mineralogie,

Kriminalistik. Die Berücksichtigung der Spurenelemente aufgrund der bisherigen Erkenntnisse sowie die weitere Erforschung der erst teilweise bekannten Mechanismen ihrer Wirkung erfordern eine genaue Erfassung der im Einzelfall anwesenden Menge. Zur quantitativen Bestimmung von Spurenelementen ist die Anwendung einer besonderen Arbeitstechnik notwendig, die als „Spurenanalyse" bezeichnet wird und aufgrund des oben Gesagten im Laufe der Zeit steigende Bedeutung gewann. Waren es früher nur einzelne „Spezialisten", die auf diesem Gebiet arbeiteten, so befassen sich aus den angeführten Gründen heute immer mehr Laboratorien der Hochschulen und Industrie mit der Spurenanalyse als besonderem Zweig der analytischen Chemie.

Das Buch wendet sich daher an die genannten Interessentenkreise, als Nachschlagewerk einerseits an die bereits mit Erfolg auf spurenanalytischem Gebiet tätigen Fachkollegen, als Einführung und Anleitung bei der Durchführung von Spurenanalysen andererseits an solche, die sich der Spurenanalyse zuwenden wollen. Die Verfasser bemühten sich deshalb um eine umfassende Darstellung dieses Arbeitsgebietes, die es ermöglichen soll, anhand der angeführten Vorschriften ohne langwierige Suche in der oft weit verstreuten Literatur Spurenelemente quantitativ zu bestimmen, und die darüber hinaus Anregung bei der Ausarbeitung neuer Verfahren und die hierzu nötigen Unterlagen vermitteln will.

Die praktische Seite der Spurenanalyse steht im Vordergrund der Erörterungen. Die theoretischen Grundlagen der beschriebenen Bestimmungsmethoden werden bewußt möglichst knapp behandelt unter Verzicht auf Gerätebeschreibungen, da auf genügend einschlägige Werke verwiesen werden kann. Besonders ausführlich wird auf die Arbeitstechnik im weitesten Sinne eingegangen, da ihre richtige Durchführung für den Erfolg von Spurenanalysen ausschlaggebend ist.

Dank der ausführlichen Behandlung der wichtigsten photometrischen Reagentien ist das Buch außer zur Bestimmung von Spurenelementen auch auf dem Gebiet der photometrischen Analyse allgemein anwendbar.

Wenn auch in dem vorliegenden Buch die Literatur bis einschließlich 1961 unter Auswertung von mehr als 3800 Arbeiten Berücksichtigung fand, wird doch kein Anspruch auf Vollständigkeit erhoben.

Die Ausarbeitung und Niederschrift des Manuskriptes war nur unter jahrelangem, fast völligem Verzicht auf Freizeit und eigene Neigungen möglich gewesen. Wenn nun das Buch der Öffentlichkeit und Fachwelt übergeben wird, so verbinden die Verfasser damit die Hoffnung, daß die geleistete Arbeit der Allgemeinheit und dem wissenschaftlichen Fortschritt von einigem Nutzen sein möge.

Inhaltsverzeichnis Teil 1

Einleitung

Allgemeiner Teil

Spezieller Teil

I. Vorbereitung des Probematerials

II. Arbeitstechnik der Anreicherung

III. Arbeitsbereich der wichtigsten Anreicherungsreagentien

IV. Die Bestimmung einzelner Elemente

Allgemeine Hinweise

Erläuterungen zur Benutzung der Arbeitsvorschriften findet man auf S. 375ff., 1379ff. und 1459ff., zu den verwendeten Reagentien auf S. 376.

Verwendete Abkürzungen

AAS	Atomabsorptionsspektrophotometrie
ÄDTA	Dinatriumsalz der Äthylendiamintetraessigsäure (Dihydrat)
ÄDTE	Äthylendiamintetraessigsäure
Amp	Ampere
B	Bestimmungsbereich
Best	Bestimmung
β	Trennfaktor
D	Verteilungskoeffizient
DADDTC	Diäthylammoniumdiäthyldithiocarbamat
Dest	Destillation
Dz	Dithizon
E	Extinktion
$E\%$	Extraktionsausbeute
El	Elektrolyse
Esp	Emissionsspektralanalyse
Ex	Extraktion
F	Fluorimetrie
Flg	Fällung
Fp	Schmelzpunkt (Fließpunkt)
F_r	relativer Fehler
F_{rm}	mittlerer relativer Fehler
FS	Flammenspektrophotometrie
GC	Gaschromatographie
IoA	Ionenaustausch
Isol	Isolierung
Kp	Siedepunkt (Kochpunkt)
L_D	Nachweisgrenze
L_Q	Bestimmungsgrenze
MIBK	Methylisobutylketon
min	Minute
Na-DDTC	Natriumdiäthyldithiocarbamat
Oxin	8-Hydroxychinolin
PAN	1-(2-Pyridylazo)-2-naphthol
Ph	Photometrie
Pol	Polarographie
PVC	Polyvinylchlorid
Rö	Röntgenspektrometrie
s	Standardabweichung
sec	Sekunde
S.E.	Seltene Erden
S_M	Empfindlichkeit
Std	Stunde
TBP	Tri-n-butylphosphat
TOA	Tri-n-octylamin
TOPO	Tri-n-octylphosphinoxid
TTA	2-Thenoyltrifluoraceton
T.U.	Transurane
V	relative Standardabweichung (Varianz)
V_m	mittlere relative Standardabweichung (Varianz)
V_0	Volumen der organischen Phase
V_w	Volumen der wäßrigen Phase
V	Volt
Vol	Voltammetrie
Z	Zeitbedarf

Inhaltsverzeichnis Teil 2

IV. Die Bestimmung einzelner Elemente (Fortsetzung)

V. Multielement-Spurenanalyse. Die Bestimmung von Elementgruppen

VI. Die mikrobiologische Bestimmung von Spurenelementen

VII. Anhang

Einleitung

Allgemeine Bedeutung der Spurenelemente und der Spurenanalyse

Man weiß schon seit langem, daß die uns bekannten Elemente allgegenwärtig sind und als Verunreinigungen in kleinen und kleinsten Mengen praktisch überall vorkommen. Im allgemeinen stören diese weder bei den gewöhnlichen Arbeits- und Lebensprozessen noch bei den zur Ermittlung der von Haupt- und Nebenbestandteilen der Stoffe eingesetzten Verfahren der analytischen Chemie. Kleine Mengen bestimmter Elemente (Spurenelemente, s. S. 9) aber üben einerseits in vielen Fällen einen großen Einfluß aus auf Stoffeigenschaften und chemische Reaktionen. Andererseits lassen sie sich mit Hilfe empfindlicher Reaktionen, wie sie die Spurenanalyse verwendet, nachweisen und quantitativ bestimmen, weshalb sie bei bestimmten Spurenanalysen auch stören können. Die wissenschaftliche und technische Entwicklung der neueren Zeit verlangt nun in zunehmendem Maße die Anwendung verfeinerter Analysenverfahren, die es gestatten, Spurenelemente quantitativ zu bestimmen. Daran sind, wie später ausgeführt wird, zahlreiche Wissensgebiete interessiert, so daß sich zwangsläufig die Entwicklung einer eigenen Arbeitstechnik zur Durchführung von Spurenanalysen ergab.

Der Ausdruck „Spurenelemente" wurde erst in verhältnismäßig junger Zeit geprägt und kommt von der biochemischen Forschung her. Wie jede neue wissenschaftliche Erkenntnis eine gewisse Entwicklungszeit benötigt, so war dies auch hier der Fall; sie war bedingt einerseits durch die noch notwendige Vervollkommnung unserer Kenntnisse auf den einzelnen Wissenszweigen und andererseits durch die Schaffung der dazu erforderlichen empfindlichen Nachweis- und Bestimmungsmethoden. So war man beispielsweise am Ende des vorigen Jahrhunderts auf dem Gebiet der physiologischen Chemie der Ansicht, daß die drei organischen Stoffgruppen Kohlenhydrate, Fette und Eiweißsubstanzen die wesentlichen Bausteine der belebten Welt darstellten und außer diesen keine anderen Stoffe für den normalen Ablauf der Lebensvorgänge notwendig wären. Ähnlich war es in der Agrikulturchemie, wo man für das Gedeihen der Pflanzen nur zehn Elemente (C, H, O, N, S, P, Fe, Ca, Mg, K) als notwendig annahm. Von dieser Erkenntnisstufe ausgehend, fand man schließlich aufgrund systematischer Untersuchungen, daß auch noch andere Elemente in geringsten Mengen („Spuren") lebensnotwendig sind, und wählte für sie daher die Bezeichnung „Spurenelemente". Die ersten Untersuchungen zur Erforschung der Wirkung der Spurenelemente wurden mit nach heutigen Begriffen noch unzulänglichen Methoden durchgeführt. Die Ergebnisse waren anfangs auch nur rein empirischer Art und nur dem in diesem Gebiet unmittelbar Tätigen bekannt. Auch bestanden noch falsche und z. T. mystische Vorstellungen über die Art der Spurenelementwirkung. Heute hingegen ist man bereits dabei, den Mechanismus der Spurenelementwirkung, insbesondere in der Biochemie, aufzuklären [1], und der Ausdruck „Spurenelemente" ist zu einem allgemeineren und bekannteren Begriff geworden. So steht z. B. fest, daß einige Schwermetalle als Wirkgruppen von Fermenten eine Rolle spielen, weshalb man sie auch als „Biokatalysatoren" bezeichnet. Die Elemente können dabei entweder untrennbar mit dem Träger des Ferments verbunden sein oder in lockerer Bindung zu dem Enzymprotein stehen. In letzterem Fall wird das Metallion dann als Coenzym bezeichnet [*2, 3*]. Darüber hinaus zeigte es sich, daß Metalle auch Bestandteile anderer Naturstoffe sind, wie z. B. von Farbstoffen, Vitamin B_{12} u. a. m. Rückblickend ist also auch hier eine Entwicklung von empirischer Feststellung zum Erkennen der Zusammenhänge zwischen Spurenelementen und biologischem Geschehen zu beobachten. Für diejenigen Spurenelemente, deren Lebensnotwendigkeit für die pflanzliche bzw. tierische Ernährung inzwischen klar bewiesen ist [*4–9*], hat man den engeren Begriff „Mikronährstoffe" geprägt [*10, 11*]. In der englischen und amerikanischen Literatur sind die Bezeichnungen "trace elements", weniger häufig "minor elements" bzw. "microelements" üblich.

Auf den angeführten Erkenntnissen baut die heutige moderne Düngelehre auf. Durch die intensive Bewirtschaftung der landwirtschaftlich genutzten Böden verarmen diese immer mehr an gewissen für die Pflanze lebenswichtigen Spurenelementen, deren Fehlen aber zu Mangelkrankheiten führt. Bei der Düngung muß auf den Spurenelementgehalt des Bodens Rücksicht genommen werden, den man daher analytisch ermittelt, um ihm die fehlenden Elemente in Form von Kunstdünger zuführen zu können.

Die oben angedeutete Entwicklung vollzog sich auf anderen Wissensgebieten in ähnlicher Weise. Auch hier beobachtete man nach einer gewissen Entwicklungszeit Erscheinungen, deren Ursache auf Spurenelemente zurückgeführt werden konnte. Während es über die Bedeutung der Spurenelemente auf dem Gebiet der Biochemie, Physiologie, Biologie und Agrikulturchemie eine Reihe von zusammenfassenden Darstellungen gibt, fehlt eine solche hinsichtlich der Bedeutung der Spurenelemente für die übrigen zahlreichen Zweige der Wissenschaft und Technik, obwohl viele, in der Literatur weit verstreute Beobachtungen darüber vorliegen. Im Nachfolgenden ist es im Rahmen des vorliegenden Buches nur möglich, anhand einiger ausgewählter Beispiele und mit kurzen Hinweisen dieses interessante Gebiet zu beleuchten.

Zum Teil auf den Erkenntnissen der Biochemie fußend, z. T. auch noch aufgrund empirischer Feststellungen, finden Spurenelemente in der Medizin Anwendung. Zur Heilung einer Reihe von Krankheiten werden Metallverbindungen eingesetzt, und zwar sowohl inaktive als auch radioaktive Elemente. Bevor aber eine Metallverbindung als Therapeuticum erfolgreich herangezogen werden kann, bedarf es einer längeren Versuchs- und Entwicklungszeit. Unter anderem ist dabei stets die Frage wichtig, wo das betreffende Element im Körper gespeichert und ob es für die Therapie brauchbar sein wird. Diese Frage kann mit Hilfe der Spurenanalyse weitgehend beantwortet werden. In diesem Zusammenhang können Krankheiten mitunter auf einen bestimmten Spurenelementmangel zurückgeführt werden. Auch die Therapie mit Mineralwässern verdient im Hinblick auf Spurenelementmangel-Erkrankungen Erwähnung. Die Balneologie bedarf daher ebenfalls der Spurenanalyse, da eine Therapie nur dann Erfolg verspricht, wenn der Spurenelementgehalt der Mineralwässer genau bekannt ist.

Spurenelemente und ihre Bestimmung sind auch in der Luft- und Betriebshygiene von Bedeutung. Dies bezieht sich beispielsweise auf die Luft der Großstädte, die durch die Auspuffgase von verbleitem Benzin einen auffallend hohen Bleigehalt aufweist. Die Luftverhältnisse in Betrieben, die giftige Stoffe gewinnen oder verarbeiten, werden kontrolliert, um das Personal vor Vergiftungen zu schützen. Wegen der zunehmenden Luftverschmutzung durch die wachsende Industrie gewinnt die laufende Luftuntersuchung auf breiter Grundlage zum Schutz von Mensch, Tier- und Pflanzenwelt eine zunehmende Bedeutung. Dies gilt auch für die Überwachung der Gewässer und Industrieabwässer.

Spurenelemente sind ferner für die Papier- und die Kunstfaserindustrie von Bedeutung. Sie haben z. B. einen Einfluß auf die Depolymerisationsgeschwindigkeit bei der Reife der Alkalicellulose und verursachen störende katalytische Oxydationsvorgänge in der Alkalicelluloseherstellung sowie Licht- und Faserschädigung bei Natur- und Kunstfasern. Mit Hilfe des Spurenelementgehaltes kann schließlich in Zweifelsfällen auch die Herkunst von Fasern entschieden werden.

Das aus Oxydations-, Kondensations- und Spaltungsvorgängen bestehende Trocknen der Öle in Anstrichstoffen wird durch Spurenelemente beschleunigt. Während die Lackindustrie möglichst schnell trocknende Lacke benötigt, ist demgegenüber die Lebensmittelindustrie an möglichst haltbaren Fetten und Ölen interessiert. Ihre Haltbarkeit kann durch die in ihnen vorhandenen Spurenelemente beeinträchtigt werden, indem die durch Spurenelemente katalysierten Oxydationsvorgänge unter anderem zu einer Fettzersetzung führen, die sich durch die Bildung unangenehmer und den Wert des Fettes vermindernder Geschmacksstoffe bemerkbar macht. Darüber hinaus ist die Kenntnis des Spurenelementgehaltes von Lebensmitteln notwendig, um einerseits wegen ihrer Lebenswichtigkeit die biologische Wertigkeit der Nahrungsmittel, andererseits zu hohe Gehalte, die bereits toxisch wirken, feststellen zu können. In letztgenannter Hinsicht ist der zulässige Spurenelementgehalt der Nahrungsmittel in einigen Ländern von staatlichen Prüfungskommissionen genau festgelegt worden.

Auch in der Getränkeindustrie interessiert der vorhandene Metallgehalt, da bei zu hohen Gehalten Trübungen entstehen. Auch in hygienischer und medizinischer Hinsicht sollen bestimmte Maximalgehalte nicht überschritten werden.

Abgesehen vom natürlichen Gehalt an Spurenelementen, der in den Nahrungsmittelrohstoffen von Beginn an enthalten ist, sind für höhere Metallgehalte zwei Ursachen anzuführen. Zunächst können Metalle durch die verarbeitende Lebensmittelindustrie in die Nahrungsmittel gelangen. Hierher ist auch die Konservierungsindustrie zu zählen, für welche in jüngerer Zeit ebenfalls Bestrebungen hinsichtlich der Aufstellung von international geltenden Grenzzahlen über zulässige Gehalte an Metallen und anderen Stoffen im Gange sind. Eine weitere Ursache für die Einschleppung zu hoher, allenfalls toxischer Metallgehalte sind z. T. Schädlingsbekämpfungsmittel, wenn sie auch Metalle in anorganischer oder organischer Bindung enthalten.

Die Spurenanalyse wird insbesondere auch auf dem Gebiet der Kriminalistik [*12*] eingesetzt. Die Aufgaben und Probleme sind hier sehr vielseitig. Mit Hilfe spurenanalytischer Verfahren können metallhaltige Gifte noch in geringster Konzentration nachgewiesen werden. Um ein weiteres Beispiel zu nennen, sei auf die Identifizierung und Herkunftsbestimmung der verschiedensten Materialien und Gegenstände aufgrund ihres Spurenelementgehaltes hingewiesen.

Für die Erdölindustrie ist die Spurenanalyse ebenfalls von Bedeutung. Durch den Gehalt des Erdöls an bestimmten Elementen kann beim Crack-Verfahren der Katalysator unwirksam werden und die Ausbeute an bestimmten Destillationsfraktionen sich erniedrigen. Weiterhin werden die Eigenschaften gewisser Erdölprodukte durch ihren Gehalt an zugesetzten Metallverbindungen in starkem Maße beeinflußt, so daß deren analytische Bestimmung erforderlich ist.

In der Geologie und Mineralogie befaßt man sich ebenfalls mit der Bestimmung von Spurengehalten bestimmter Elemente in geologischen Formationen und in Mineralien. Die geologische Altersbestimmung der Gesteine nach radioaktiven Methoden setzt die Kenntnis des Gehaltes an Elementen voraus, die im Gestein spurenweise auftreten.

Man versucht einerseits, eine Aufklärung über die Bildungsweise und Verwandtschaft von Gesteinen zu erhalten. Andererseits ist der Spurenelementgehalt der Mineralien von Bedeutung, damit neue Lagerstätten auf ihre Abbauwürdigkeit hin geprüft werden können. Bei bestimmten selteneren Elementen ist man auf geringe Gehalte angewiesen, wobei die Ausgangsrohstoffe direkt verarbeitet werden oder das betreffende seltene Element in Verbindung mit einem anderen Gewinnungsprozeß angereichert und aus diesem Konzentrat dann gewonnen wird.

Die Kenntnis der Verunreinigungen bzw. des Spurenelementgehaltes von Metallen ist auf dem Gebiet des Korrosionsschutzes wichtig. Bekanntlich ist die häufigste Ursache der Korrosion die Bildung von Lokalelementen, d. h. galvanischen Elementen, unter anderem auch zwischen der Grundmasse eines Metallkörpers und jenen Verunreinigungen. Art und Ausbildung der bei der Korrosion entstehenden Schutzschicht können vom Spurenelementgehalt erheblich abhängen. Weiterhin wird die Verzunderungsgeschwindigkeit von Metallen und Legierungen, insbesondere Heizleitern, durch Spurenelemente stark beeinflußt.

Auf dem Gebiete der Metallurgie nimmt die Spurenanalyse einen wichtigen Platz ein, nachdem bekannt ist, daß geringste Gehalte bestimmter Elemente die Eigenschaften von Metallen und Legierungen verändern können. Bei gleicher analytischer Zusammensetzung hat man daher durchwegs noch mit differenzierten Eigenschaften der metallischen Werkstoffe zu rechnen, die außer durch Gefügeunterschiede u. a. auch durch Unterschiede des Spurenelementgehaltes bedingt sind. Die wirksamen Gehalte einer Reihe von Elementen liegen im Bereich von 0,1–0,001 % und darunter. Spurenelemente in Metallen und Legierungen beeinflussen u. a. die mechanischen Eigenschaften (Festigkeit, Walzbarkeit), die Gießbarkeit, die Gefügeausbildung. Sie können auch die Ursache von Fehlern während des metallurgischen Prozesses oder im Fertigprodukt sein.

Die Spurenanalyse dient nun in der Stahlforschung neben der Bestimmung von Spurengehalten in Eisen und Stahl auch noch zur Analyse der verschiedenen Phasen, aus denen sich das Gefüge der Stähle zusammensetzt, sowie zur Analyse von Einschlüssen, welche als Ursache von Werkstoffehlern angesehen werden. Eine Sonderform der Spurenanalyse stellt die in der Eisen- und Stahlindustrie wichtige metallkundliche Analyse bzw. Rückstandsanalyse (speziell Analyse der Oxid- bzw. Schlackeneinschlüsse) dar [*13–15*], die aber auch bei anderen Metallen von Bedeutung sein kann. Während im allgemeinen der Spurenanalyse die Aufgabe zufällt, den Gehalt an Spurenelementen in den verschiedensten Stoffen festzustellen, interessieren bei der Rückstandsanalyse die im Metall in bestimmter Bindungsform vorliegenden Spurenbestandteile. Sie liegen in Eisen und Stahl neben Karbiden als Oxide, Nitride, Sulfide und Phosphide vor und werden mittels entsprechender Verfahren [*15*] isoliert und analysiert (s. S. 1443 ff.).

In den letzten Jahrzehnten sind die Ansprüche an den Reinheitsgrad der Metalle sehr gestiegen. Während man noch vor etwa 40 Jahren ein 98–99%iges Material als technisch rein ansprach, sind heute technisch hergestellte Metalle mit einem Reinheitsgrad von 99,99–99,999% durchaus keine Seltenheit mehr. Diese höheren Ansprüche sind hauptsächlich auf die Entwicklung in der Flug-, Raketen- und Kerntechnik zurückzuführen, wo in bestimmten Fällen Anforderungen an die Werkstoffe gestellt werden, welche die zur Verfügung stehenden Materialien nur schwer erfüllen konnten. So entstand ein Bedarf an Reinststoffen mit neuen bzw. besseren Eigenschaften. Bei ihrer Herstellung sind u. a. zur Reinheitskontrolle auch spurenanalytische Methoden erforderlich.

Auch in der Elektroindustrie führte die stürmische Entwicklung, besonders auf dem Gebiet der Halbleiter, zu einem steigenden Bedarf an Reinststoffen. Praktisch die höchsten Reinheitsanforderungen stellt man an Halbleitermaterial. Dessen elektrische Leitfähigkeit wird durch den Gehalt an Spurenelementen beeinflußt, weshalb zur Beurteilung ihrer Güte bzw. bei Leitfähigkeitsangaben stets genaue Reinheitsangaben erforderlich sind. Fremdstoffzusätze in der Größenordnung von $10^{-5}-10^{-7}$% verändern bereits die Halbleitereigenschaften, weshalb die zufällig vorhandenen Verunreinigungen unter $10^{-6}-10^{-8}$% liegen sollen. Die geforderte Reinheit übertrifft im allgemeinen die bisher für Atomgewichtsbestimmungen erreichte Reinheit. Für die Halbleiterentwicklung und -herstellung ist daher die Spurenanalyse und die Reinigung der Halbleiterstoffe von allergrößter Bedeutung. Die Spurenanalyse erstreckt sich hier sowohl auf die Halbleiter als auch auf die bei der Herstellung benutzten, aus reinen Stoffen bestehenden Gefäßmaterialien.

Reinheitsanforderungen werden auch für die Entwicklung, Herstellung und Verwendung bestimmter keramischer Körper in der Hochfrequenztechnik gestellt. Die elektronischen und magnetischen Eigenschaften solcher Körper sind in hohem Maße von ihrer Reinheit bzw. Freiheit von Störstellen in der Gitterstruktur abhängig.

In der chemischen Industrie, in den oben angeführten sowie in anderen Industriebereichen müssen viele Einsatz- und Hilfsstoffe einen definierten, hohen Reinheitsgrad aufweisen. Deren laufende spurenanalytische Kontrolle ist daher eine unerläßliche Voraussetzung.

Schließlich sei noch auf die Bedeutung der Anwendung von Spurenelementen in Form von radioaktiven Verbindungen in fast allen Zweigen der Wissenschaft und Technik hingewiesen. Durch ihre Verwendung gelingt in zunehmendem Maße die Aufklärung bis dahin unbekannter Vorgänge. Dier hierzu eingesetzten radiochemischen Verfahren erfordern vielfach eine spurenanalytische Arbeitstechnik.

Wenn nun die Bedeutung der Spurenelemente schon länger erkannt worden ist, so stehen wir hinsichtlich der Deutung ihrer Wirkungsmechanismen heute doch vielfach noch an einem Beginn. Die Grundlage zur Klärung der Funktion der Spurenelemente bildet aber eine genaue Kenntnis ihres mengenmäßigen Vorhandenseins, wofür eine besondere und verläßliche Untersuchungs- und Bestimmungstechnik die notwendige Voraussetzung ist.

Im Sinne der Vollständigkeit sei neben der oben genannten Literatur noch abschließend auf einige Monographien hingewiesen, die das Gebiet der Reinststoffe und der Spurenanalyse behandeln [*16–28*].

Literatur

1. Warburg, O.: Schwermetalle als Wirkungsgruppen von Fermenten. Berlin: W. Saenger 1948.
2. Sumner, J. B., Somers, G. F.: Chemistry and methods of enzymes. New York: Academic Press 1947.
3. Fruton, J. S., Simmonds, S.: General biochemistry. New York: J. Wiley & Sons 1953.
4. Monier-Williams, G. W.: Trace elements in foods. New York: J. Wiley & Sons 1949.
5. Gilbert, F. A.: Mineral nutrition of plants and animals. London-New York: Hutchinsons Scientific and Technical Publication 1950.
6. Stiles, W.: Trace elements in plants and animals. Cambridge: University Press 1951.
7. Robinson, W. O.: The minor or trace elements in soils, plants and animals; Bureau of Plant Industry, Soils and Agricultural Engineering; Agricultural Research Administration, U.S. Dept. of Agric., Beltsville/Maryland 1951.
8. Underwood, E. J.: Trace elements in human and animal nutrition. New York: Academic Press 1956.
9. Lamb, C. A., Bentley, O. G., Beattie, J. M.: Trace elements. New York: Academic Press 1957.
10. Scharrer, K.: Biochemie der Spurenelemente. Berlin-Hamburg: P. Parey 1955.
11. Foster, J. W.: Chemical activities of fungi. New York: Academic Press 1949.

12. KIRK, P. L.: Crime Investigation. New York: Interscience Publ. 1960.
13. KLINGER, P., KOCH, W.: Beiträge zur metallkundlichen Analyse. Düsseldorf: Verl. Stahleisen 1949.
14. LUKASCHEWITSCH-DUWANOWA, J. T.: Schlackeneinschlüsse in Eisen und Stahl. Berlin: VEB Verl. Technik 1955.
15. KOCH, W.: Metallkundliche Analyse. Düsseldorf: Verl. Stahleisen 1965. Weinheim/Bergstr.: Verl. Chemie 1965.
16. BROOKS, M. S., KENNEDY, J. K.: Ultrapurification of semiconductor materials. New York· Macmillan Co. 1962.
17. REXER, E., WITZMANN, H., LANGE, W.: Reinststoffe in Wissenschaft und Technik. Berlin: Akademie-Verl. 1963.
18. REXER, E.: Reinststoffprobleme. Bd. I Reinststoffdarstellung. Bd. II Reinststoffanalytik. Berlin: Akademie-Verl. 1966.
19. YOE, J. H., KOCH, H. J., Jr.: Trace analysis. New York: J. Wiley & Sons 1957.
20. MORRISON, G. H.: Trace analysis, physical methods. New York: Interscience Publ. 1965.
21. MEINKE, W. W., SCRIBNER, B. F.: Trace characterization, chemical and physical. NBS Monograph 100. Washington: U.S. Dept. of Commerce, National Bureau of Standards 1967.
22. SANDELL, E. B.: Colorimetric determination of traces of metals. New York: Interscience Publ. 1959.
23. PINTA, M.: Recherche et dosage des éléments traces. Paris: Dunod 1962.
24. MILNER, O. I.: Analysis of petroleum for trace elements. Oxford: Pergamon Press 1963.
25. CALI, J. P.: Trace analysis of semiconductor materials. Oxford: Pergamon Press 1964.
26. ALIMARIN, I. P.: Analysis of high-purity materials. Translated by J. Schmorak. Jerusalem: Israel Program for Scientific Translations 1968.
27. FRIES, J.: Spurenanalyse. Erprobte photometrische Methoden. Darmstadt: E. Merck AG 1966.
28. ECKSTEIN, H. J.: Spurenanalyse in hochschmelzenden Metallen. Leipzig: VEB Deutscher Verl. f. Grundstoffindustrie 1970.

Allgemeiner Teil

1. Prinzip der Spurenanalyse

Mit dem Ausdruck „Spur" bezeichnet man ganz allgemein eine sehr geringe Menge eines Stoffes, die sich meist neben einem großen Überschuß an anderen Stoffen befindet. Man unterscheidet zwischen organischen und anorganischen „Spuren". Organische „Spuren" sind z. B. Vitamine, Hormone und Enzyme in biologischen Systemen, geringe Mengen verschiedener Gase in technischen Gasgemischen u. a. m. Anorganische „Spuren" werden genauer als „Spurenelemente" bezeichnet, wobei dieser Begriff alle Elemente, d. h. Metalle, Halb- und Nichtmetalle, umfaßt.

Als „Spurenelement" bzw. „Spurenbestandteil" bezeichnet man die Menge eines Elementes, die mit den in der normalen Analyse am häufigsten verwendeten Verfahren zur Bestimmung von Haupt- und Nebenbestandteilen einer Substanz nicht mehr erfaßt werden kann. Da die untere Bestimmungsgrenze dieser Verfahren bei direkter Anwendung ohne Einsatz besonderer Trenn- und Anreicherungsmethoden meist bei etwa 0,01% (teilweise auch herab bis zu 0,001%) liegt, betrachtet man im allgemeinen darunterliegende Gehalte als „Spurenelemente" bzw. „Spurengehalte". Bilden nun 10^{-2}% die obere Grenze des Bereiches „Spurenelemente", so liegt die untere Grenze theoretisch bei Null, praktisch aber bei der Empfindlichkeits- bzw. Bestimmungsgrenze der einzelnen Spurenbestimmungsverfahren. Diese beträgt für eine Reihe von Methoden etwa $10^{-10}-10^{-11}$%, worauf aber noch später näher eingegangen werden soll.

Die Spurenanalyse ist nicht durch die Bestimmung sehr kleiner Elementmengen an und für sich, sondern durch die Bestimmung geringer Elementmengen neben großen Mengen an Hauptbestandteilen einer Substanz gekennzeichnet. Eine direkte Bestimmung von Spurenelementen in Anwesenheit der Hauptbestandteile der Probe mit Hilfe empfindlicher Bestimmungsmethoden ist nur z. T. möglich und dies nur bei höheren Gehalten im Bereich von $10^{-4}-10^{-2}$%. Meist aber ist die unmittelbare Bestimmung von Spurenelementen neben Hauptbestandteilen, vor allem bei sehr niedrigen Spurengehalten, aus verschiedenen Gründen nicht möglich. Zunächst kann der Hauptbestandteil ganz oder teilweise dasselbe Meßsignal bzw. die gleiche Reaktion wie der Spurenbestandteil oder ein Störsignal bzw. eine Störreaktion geben und damit die Bestimmung des Spurenelementes stören („Einfluß dritter Partner") oder verhindern. Weiterhin kann die Bestimmung von Spurengehalten im Bereich der Nachweis- und Bestimmungsgrenze einer Methode infolge des zu großen Analysenfehlers zu unzuverlässigen Ergebnissen führen. Auch ist eine direkte Bestimmung von Spurenelementen dann nicht möglich, wenn deren relative Konzentration bereits eine bis mehrere Zehnerpotenzen unterhalb der Bestimmungsgrenze der verwendeten Bestimmungsmethode liegt. Schließlich kann die Gefährdung des Personals, z. B. durch stark radioaktives Material, eine direkte Bestimmung der Spurenelemente verhindern und besondere Vorsichtsmaßnahmen notwendig machen [*1*, *2*].

Solche Gründe machen eine verlustlose Abtrennung der Spurenelemente von den Hauptbestandteilen und ihre Anreicherung vor der eigentlichen Bestimmung erforderlich. Die Spurenanalyse ist deshalb eine Kombination von Trennungs-, Anreicherungs- und Bestimmungsmethoden einerseits sowie von Makro- und Mikromethoden andererseits, unter Einhaltung bestimmter Arbeitsregeln (s. S. **77** ff.). Der erste Schritt dieser Arbeitstechnik, nämlich der Aufschluß der Probe, erfolgt meist „makrochemisch", wobei die zu verarbeitende Probemenge oft noch um ein Vielfaches größer sein kann, als dies selbst in der Makroanalyse üblich ist. Die nachfolgende Trennung der Spurenelemente von den Hauptbestandteilen wird unter Verwendung einer geeigneten Anreicherungsmethode (s. S. 53ff.) durchgeführt. Der letzte Schritt erfolgt dann makrochemisch unter Einsatz besonders empfindlicher Bestimmungsmethoden (s. S. 29ff.), bei extrem kleinen Spurenelementgehalten oft aber auch mit Vorteil auf mikrochemischem Wege (s. S. 114ff.). Ganz besonders gekennzeichnet erscheint diese Technik aber noch dadurch, daß jede dieser Operationen unter dem Gesichtspunkt der Vermeidung von Spurenelementverlusten bzw. -einschleppungen (s. S. 103ff.) erfolgen muß. Die spurenanalytische Arbeitstechnik läßt sich treffend als eine Art „chemischer Asepsis" [1] bezeichnen und kann in mancher Hinsicht mit dem sterilen Arbeiten der Mikrobiologen verglichen werden.

Bei der Spurenanalyse von Reinststoffen, z. B. von Halbleitermaterial, mit sehr niedrigen Spurenelementgehalten im ppb-Bereich treten besondere Schwierigkeiten auf, da die zur Analyse benötigten Reagentien einen viel höheren Gehalt des interessierenden Elementes als das zu untersuchende Probematerial aufweisen. Zur Beseitigung dieser Schwierigkeiten bieten sich folgende Maßnahmen an:

1. Nachreinigung der verwendeten Reagentien (s. S. 87ff.),
2. Anreicherung der interessierenden Spurenelemente (s. S. 53ff.),
3. Senkung des Reagentienverbrauchs auf ein zulässiges Minimum oder vollständige Vermeidung von Reagentien und ausschließliche Verwendung empfindlichster physikalischer Bestimmungsmethoden (s. S. 29ff.) gegebenenfalls unter Anwendung einer bestimmten Arbeitstechnik (s. S. 77ff.).

Sowohl der unter 3. angeführte Gesichtspunkt als auch der Bedarf an möglichst einfachen Analysenverfahren ohne langwierige Anreicherungsoperationen sind der Anlaß zahlreicher Arbeiten über die ausschließliche Anwendung physikalischer Verfahren mit möglichst tiefen Bestimmungsgrenzen. Dies wird auch Gegenstand der künftigen Entwicklung der Meß- und Gerätetechnik sein.

2. Maßeinheiten

Bei der Angabe von Spurenelementgehalten in Analysenergebnissen zeigte es sich, daß die in der Makroanalyse gebräuchlichen Maßeinheiten Gramm (g), Milligramm (1 mg = 0,001 g), Prozent (%) und Milliliter (ml = cm^3) z. T. unanschaulich und unhandlich waren. Man führte daher entsprechende zusätzliche Maße ein (s. Tab. 1). Gelegentlich findet man anstelle des Mikrogramms[1] noch die veraltete Bezeichnung Gamma (γ) angegeben (1 µg = 1 γ). Nach internationalem Übereinkommen[1] soll aber künftig ausschließlich das Zeichen „µg“ verwendet werden.

Tabelle 1. In der Spurenanalyse häufig verwendete Maßeinheiten

Maßeinheit	Symbol	entspricht in				
		mg	µg/ml, µg/g	%	ml	mm
Mikrogramm	µg	0,001	—	—	—	—
Nanogramm	ng	0,000001	—	—	—	—
Picogramm	pg	0,000000001	—	—	—	—
part per million	ppm	—	1	10^{-4}	—	—
part per billion	ppb	—	0,001	10^{-7}	—	—
part per trillion	ppt	—	0,000001	10^{-10}	—	—
Mikroliter	µl	—	—	—	0,001	—
Nanoliter	nl	—	—	—	0,000001	—
Picoliter	pl	—	—	—	0,000000001	—
Mikrometer	µm	—	—	—	—	0,001
Nanometer	nm	—	—	—	—	0,000001

Von den Konzentrationsbezeichnungen für die Angabe des Spurenelementgehaltes einer festen oder flüssigen Probe verwendet man die Ausdrücke µg/ml und ppm meist bei der Aufstellung von Eichkurven oder bei der Angabe der Empfindlichkeit einer Bestimmungsmethode.

[1] Von der Kommission für mikrochemische Methoden, Sektion für analytische Chemie der Internationalen Union für reine und angewandte Chemie (Wien 1955) empfohlen.

3. Bewertung von Analysenverfahren und -ergebnissen

Für die Beurteilung der Leistungsfähigkeit von Bestimmungsverfahren findet man in der Literatur neben den Arbeitsvorschriften u. a. noch Angaben über die bei der Bestimmung auftretenden Fehler (Reproduzierbarkeit, Genauigkeit) sowie über deren Empfindlichkeit und Nachweis- oder Bestimmungsgrenze.

3.1. Zufälliger Fehler

Je nach dem angewandten Analysenverfahren weichen die mit diesem erhaltenen Werte mehr oder weniger stark vom wahren Wert ab, wobei die Abweichungen als Fehler bezeichnet werden. Grundsätzlich ist jedes Analysenergebnis mit einem Fehler behaftet. Man muß zwischen zwei Arten von Fehlern unterscheiden: dem *systematischen Fehler* und dem *zufälligen Fehler*. Der festgestellte Fehler kann sich auch aus beiden zusammensetzen.

Unter einem *systematischen Fehler* versteht man eine einseitige Abweichung der gefundenen Einzel- oder Mittelwerte vom wahren Wert, die in Mängeln des Bestimmungsverfahrens, in fehlerhafter Durchführung der Bestimmung, im Einfluß von Störelementen oder in äußeren Einflüssen ihre Ursache haben kann (z. B. hohe Empfindlichkeit der Bestimmungsreaktion gegenüber kleinen Verschiebungen der Reaktionsbedingungen, falsche Eichlösungen infolge Wägefehler oder nicht einwandfreier Eichsubstanzen, Verdünnungsfehler, falsche Blindwerte u. a. m.). Der wahre Wert liegt dabei außerhalb des durch den zufälligen Fehler verursachten Schwankungsbereiches der gefundenen Werte. In vielen Fällen kann man durch sorgfältige Kritik des Bestimmungsverfahrens und systematische Überprüfung seiner einzelnen Arbeitsschritte die Ursache des systematischen Fehlers ermitteln und durch geeignete Maßnahmen beseitigen. Eine zahlenmäßige Erfassung des systematischen Fehlers und dessen Eliminierung gelingt durch Ausgleichsrechnung. Schließlich lassen sich systematische Fehler durch Eichung des angewandten Verfahrens mit Proben bekannten Gehaltes vermeiden.

Unter dem *zufälligen Fehler* versteht man die durch Verfahren, Geräte und Arbeitstechnik verursachten, zweiseitigen Streuungen bzw. Schwankungen der gefundenen Einzelwerte um einen Mittelwert, wobei der wahre Wert innerhalb des Schwankungsbereiches liegt. Im Gegensatz zum systematischen Fehler sind zufällige Fehler unvermeidlich und rechnerisch nicht zu beseitigen. Die folgenden Ausführungen befassen sich

Tabelle 2. Zahlenbeispiel

Bestimmung Nr.	Eisen gefunden µg/g	Abweichung vom Mittelwert µg/g	rel. Fehler (F_r) nach Gl. (4) %
1	51,5	+ 1,5	+ 3
2	52,5	+ 2,5	+ 5
3	48,0	—2,0	—4
4	52,0	+ 2,0	+ 4
5	48,5	—1,5	—3
6	47,0	—3,0	—6
7	47,5	—2,5	—5
8	53,0	+ 3,0	+ 6
9	52,5	+ 2,5	+ 5
10	47,5	—2,5	—5

mit dem zufälligen Fehler, zu dessen Erfassung die wichtigsten Formeln angegeben und an einem Zahlenbeispiel erläutert werden. Zur eingehenderen Information sei auf die einschlägige Literatur der mathematischen Statistik verwiesen [*3*–*22*].

Die durch mehrfache Wiederholung einer Analyse erhaltenen Einzelwerte $x_1, \ldots, x_i$ schwanken infolge des unvermeidlichen zufälligen Fehlers um den wahren Mittelwert μ. Stellt man die Häufigkeit (Ordinate) der Meßwerte (Abszisse) der aus einer unendlich großen Zahl von Einzelwerten ($N = \infty$) bestehenden Grundgesamtheit graphisch dar (s. Abb. 1), so zeigt die Häufigkeitsverteilung meist die Form einer Normal- oder Gauß-verteilung (Gaußsche Glockenkurve), wenn man von den weniger häufig vorkommenden andersartigen Verteilungen (z. B. logarithmische Normalverteilung) absieht.

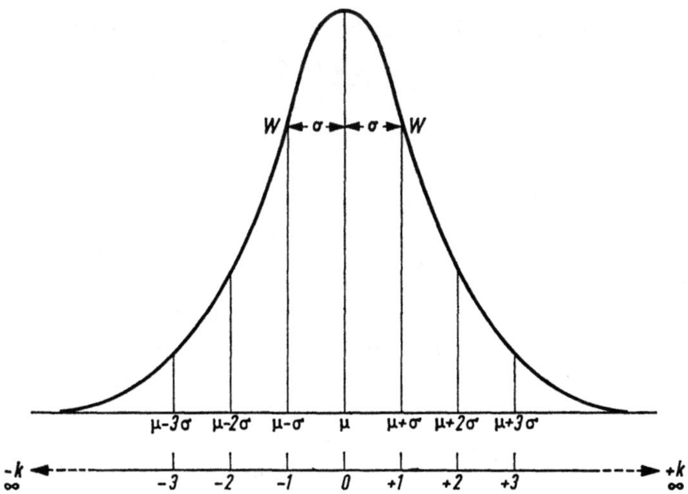

Abb. 1. Normalverteilung der Meßwerte

Aus einer Reihe von Einzelwerten berechnet man den arithmetischen Mittelwert nach Gl. (1)

$$\bar{x} = \frac{x_1 + x_2 + \cdots x_i}{N} = \frac{\sum_1^N x_i}{N} \tag{1}$$

$\bar{x}$ = Mittelwert[1]

$x_1, x_2, \ldots, x_i$ = Einzelwerte

N = Zahl der Einzelwerte

Bei einer kleinen Zahl ($N \lesssim 20$) von Einzelwerten kann die häufig benützte *mittlere absolute Abweichung vom Mittelwert*[2] (*MAA*) nach Gl. (3) als Streuungsmaß dienen.

$$\delta_i = x_i - \bar{x} \tag{2}$$

[1] Engl.: mean, arithmetic mean; franz.: moyenne arithmétique.

[2] Engl.: mean deviation from the mean.

d_i = Abweichung des Einzelwertes vom Mittelwert

$$MAA = \frac{\sum_{1}^{N} |\delta_i|}{N}. \tag{3}$$

MAA = mittlere absolute Abweichung der Einzelwerte vom Mittelwert.

Die MAA ist der sonst optimalen Standardabweichung bei einer kleinen Zahl von Meßwerten überlegen, da größeren Abweichungen vom Mittelwert ein geringeres Gewicht gegeben wird und damit der Einfluß möglicher Ausreißer vermindert ist.

Anschaulich ist die Angabe von δ_i und MAA in der häufig angewandten Form des prozentualen Fehlers [Gl. (4), (5)]:

$$F_r = \frac{\delta_i \cdot 100}{\bar{x}} \% \tag{4}$$

F_r = relativer Fehler (in %) des Einzelwertes bezogen auf den Mittelwert

$$F_{rm} = \frac{MAA \cdot 100}{\bar{x}} \% \tag{5}$$

F_{rm} = mittlerer relativer Fehler (in %) aller Einzelwerte bezogen auf den Mittelwert.

Nach den Gl. (1) bis (4) ergibt sich für das Beispiel in Tab. 2:

$$\bar{x} = 50{,}0,\ MAA = \pm 2{,}3 \text{ und } F_{rm} = \pm 4{,}6\,\% .$$

Die Normalverteilung (s. Abb. 1) ist durch den Mittelwert μ (Lage der Verteilung auf der x-Achse) und die *Standardabweichung* σ (Form der Kurve) vollständig charakterisiert. Die Kurve liegt symmetrisch um den Wert μ und läuft nach beiden Seiten, sich asymptotisch der x-Achse nähernd, ins Unendliche aus. Die *Standardabweichung* σ der Normalverteilung ist durch die Abszisse des Wendepunktes W der Verteilungskurve (Abstand μW) gegeben und kennzeichnet die Größe der zufälligen Schwankungen der Einzelwerte x um den Mittelwert μ. Die wahren Werte μ und σ von Mittelwert und Standardabweichung werden mit Hilfe einer unendlich großen Zahl von Einzelwerten ($N = \infty$) ermittelt. Da in der Praxis stets nur eine endliche Zahl von Einzelwerten zur Verfügung steht, berechnet und verwendet man anstelle von μ und σ deren Näherungs- oder Schätzwerte $\bar{x}$ [Gl. (1)] und s. Die *Standardabweichung*[1] s als Maß des absoluten zufälligen Fehlers berechnet man aus einer größeren Zahl von Einzelwerten ($N \gtrsim 20$) nach Gl. (6).

$$s = \sqrt{\frac{\vartheta_1^2 + \vartheta_2^2 + \cdots \vartheta_N^2}{N-1}} = \sqrt{\frac{\sum_{1}^{N} \vartheta_i^2}{N-1}} \tag{6}$$

s = Standardabweichung

Wenn nur wenige Einzelwerte ($N \leqq 25$) vorliegen, kann man s nach Gl. (7) und (8) schätzen.

$$s = \sqrt{\frac{\Sigma x_i^2 - \bar{x}\,\Sigma x_i}{N-1}} \tag{7}$$

Bei der Berechnung von s nach Gl. (7) muß $\bar{x}$ ausreichend genau sein, da durch Rundungen fehlerhafte Ergebnisse auftreten können. Dies läßt sich bei der Berechnung nach Gl. (8) vermeiden.

$$s = \sqrt{\frac{\Sigma x_i^2 - \frac{(\Sigma x_i)^2}{N}}{N-1}} \tag{8}$$

[1] Engl.: standard deviation; franz.: écart quadratique moyen, écart type oder standard déviation.

s^1 bezeichnet man als *Varianz*[1] oder *Streuung*[1]. Ein Maß für den relativen zufälligen Fehler ist die ***relative Standardabweichung***[2] oder der *Variationskoeffizient*[2] nach Gl. (9), häufig auch durch Angabe der Standardabweichung s in Prozenten des Mittelwertes $\bar{x}$ nach Gl. (10) angegeben.

$$V = \frac{s}{\bar{x}} \tag{9}$$

oder

$$V = \frac{s \cdot 100}{\bar{x}} \% \tag{10}$$

V = relative Standardabweichung, Variationskoeffizient.

Während s innerhalb des Arbeitsbereiches konstant bleibt, ist V von dem jeweiligen Wert $\bar{x}$ abhängig.

Die Standardabweichung s läßt sich aus einer großen Zahl von Analysen einer Probe berechnen, kann aber auch aus einer großen Zahl von Analysen verschiedener Proben unterschiedlichen Gehaltes bestimmt werden. Letzteres ermöglicht eine Verminderung des hierfür erforderlichen Arbeitsaufwandes. Wenn N Messungen in g Gruppen gemacht worden sind, so kann s daraus berechnet werden:

$$s = \sqrt{\frac{\sum_1^N \vartheta_i^2}{N - g}} \tag{11}$$

$N = N_1 + N_2 + \ldots N_g = \sum_{g=1}^{g=n} N_g$, Summe der Zahl der Einzelmessungen aller Gruppen

$N_1, N_2 \ldots N_g$ = Zahl der Einzelmessungen der einzelnen Gruppen

g = Zahl der Gruppen.

Man bildet den Mittelwert jeder Gruppe, die Abweichungen der Einzelwerte von ihrem zugehörigen Gruppenmittelwert und addiert die Quadrate sämtlicher δ-Werte.

Den gleichen Wert für die Standardabweichung s aus n Gruppen g erhält man auch, wenn man s der einzelnen Gruppen ausrechnet, deren Quadratsumme durch die Zahl der Gruppen dividiert und daraus die Wurzel zieht (s wird hier auch als gemittelte Standardabweichung der Einzelbestimmung bezeichnet):

$$s = \sqrt{\frac{s_1^2 + s_2^2 + \cdots s_n^2}{g}} = \sqrt{\frac{\sum_{g=1}^{g=n} s_g^2}{g}} \tag{12}$$

$s_1, s_2 \ldots s_g$ = Standardabweichung der einzelnen Gruppen

$$s = \sqrt{\frac{\sum_1^N \vartheta_i^2}{g\,(N_g - 1)}} \tag{13}$$

Gl. (13) ist mit Gl. (11) identisch und kann nur dann angewendet werden, wenn die Zahl der Einzelmessungen N_g der einzelnen Gruppen gleich groß ist. Andernfalls muß man statt N_g den Mittelwert $\bar{N}_g$ einsetzen oder die Summe der $(N_g - 1)$-Werte der einzelnen Gruppen im Zähler bilden:

$$s = \sqrt{\frac{\sum_1^N \vartheta_i^2}{(N_g-1)_{g=1} + (N_g-1)_{g=2} + \cdots (N_g-1)_{g=n}}} = \sqrt{\frac{\sum_1^N \vartheta_i^2}{\sum_{g=1}^{g=n} (N_g - 1)}} \tag{14}$$

---

[1] Engl.: variance.

[2] Engl.: relative standard deviation (daneben auch noch: coefficient of variation); franz.: écart quadratique moyen relatif.

Wenn eine große Zahl von Doppelmessungen vorliegt, wendet man Gl. (15) an:

$$s = \sqrt{\frac{\sum_{1}^{N/2} (x_i' - x_i'')^2}{N}} \qquad (15)$$

x_i', x_i'' = Einzelwerte der Doppelmessungen der i-ten Probe
N = Anzahl der Messungen
$N/2$ = Anzahl der Proben.

Die Zusammenfassung von Gruppen setzt voraus, daß alle Analysen unter gleichen Bedingungen erfolgen und s über den gesamten Konzentrationsbereich nahezu konstant ist. Wenn s nicht konstant ist, müssen die Abweichungen ϑ_i zunächst in die relativen Abweichungen $\vartheta/\bar{x}$ umgerechnet werden, bevor man die Quadratsumme bildet. Man erhält dann als Ergebnis die relative Standardabweichung [*12*].

Die von der normierten Normalverteilungskurve (s. Abb. 1) und der x-Achse innerhalb der Grenzen $k = \pm\infty$ eingeschlossene Fläche ist gleich 1 (Wahrscheinlichkeit P) bzw. 100% (statistische Sicherheit S) gesetzt, so daß sich je nach der Fragestellung verschiedene Angaben machen lassen. Beziehen sich diese auf den Bereich innerhalb oder außerhalb der zwei Grenzen (Intervall, Intervallgrenzen, Toleranzgrenzen) $-k$ und $+k$, so handelt es sich um die zweiseitige Wahrscheinlichkeit P_2 oder zweiseitige statistische Sicherheit S_2. Bezieht sich eine Aussage hingegen auf den Bereich oberhalb oder unterhalb nur einer Grenze, z. B. $+k$, so liegt die einseitige Wahrscheinlichkeit P_1 oder einseitige statistische Sicherheit S_1 vor. Zunächst läßt sich angeben, wieviel Prozent aller Werte für eine gegebene zweiseitige statistische Sicherheit S_2 innerhalb des Intervalls [Toleranzintervall, s. a. Gl. (19)] $\mu \pm k \cdot \sigma$ liegen. Die Intervallfaktoren k für verschiedene statistische Sicherheiten S sind in Tab. 3 zusammengestellt. Daraus geht hervor, daß beispielsweise 99% aller Werte innerhalb und 1% außerhalb des Intervalls $\pm 2{,}58 \cdot \sigma$ oder 0,5% oberhalb und 99,5% unterhalb $+2{,}58 \cdot \sigma$ liegen.

Tabelle 3. Intervallfaktor k bei einseitiger (S_1) und zweiseitiger (S_2) statistischer Sicherheit

k	S_1 %	S_2 %
1,28	90,00	80,00
1,65	95,00	90,00
1,96	97,50	95,00
2,00	97,73	95,44
2,33	99,00	98,00
2,58	99,50	99,00
3,00	99,86	99,73
3,09	99,90	99,80
3,29	99,95	99,90
3,89	99,995	99,99

Da man in der Praxis anstelle des aus einer unendlichen Zahl von Werten ermittelten σ das von einer endlichen Zahl von Werten berechnete s verwendet, muß man wegen der damit verbundenen größeren Unsicherheit der Aussagen die oben erwähnten Intervallgrenzen (Toleranzgrenzen) für die gegebenen statistischen Sicherheiten S erweitern. Man verwendet daher anstelle des nur von der statistischen Sicherheit S abhängigen

Faktors k den von S und der Anzahl der Freiheitsgrade FG (meist ist $FG = N - 1$) abhängigen Faktor t (s. Tab. 4) der t-Verteilung. Die t-Verteilung ist der Normalverteilung (s. Abb. 1) sehr ähnlich. Die Form der t-Verteilung wird nur vom FG bestimmt. Mit abnehmendem FG wird die Verteilungskurve flacher und breiter. Mit steigendem FG bzw. N nähert sich die Kurve der t-Verteilung jener der Normalverteilung. Für $N \to \infty$ ändert sich hiernach $t \to k$ und mit $N = \infty$ ist $t = k$. Nach Tab. 4 ist das Intervall $\pm t \cdot s$ für eine gegebene statistische Sicherheit S größer als $\pm k \cdot \sigma$, denn im Vergleich mit dem oben angeführten Beispiel von $\pm 2{,}58 \cdot \sigma$ für $S = 99\%$ beträgt es für $S = 99\%$ und $FG = 10$ hier $\pm 3{,}17 \cdot s$. Dieses Intervall nennt man das *Toleranzintervall* [s. a. Gl. (19)] oder auch den *Streubereich* oder *absoluten Fehlerbereich* T der Einzelwerte

$$T = \pm t \cdot s, \qquad (16)$$

T = Streubereich oder absoluter Fehlerbereich
t = Intervallfaktor.

Ersetzt man die Standardabweichung s durch den Variationskoeffizienten V, so erhält man den vom jeweiligen Wert abhängigen *relativen Streubereich* oder *Fehlerbereich*

$$Q = \pm t \cdot V = \pm \frac{T \cdot 100}{\bar{x}} \% \qquad (17)$$

Q = relativer Streubereich oder relativer Fehlerbereich (in %).

Von der Definition der *Standardabweichung des Mittelwertes*

$$\sigma_M = \frac{\sigma}{\sqrt{N_j}} \quad \text{bzw.} \quad s_M = \frac{s}{\sqrt{N_j}} \qquad (18)$$

N_j = Zahl der für die Mittelwertbildung verwendeten Einzelwerte,
leiten sich die Begriffe der Gl. (19) und (20) ab.

Das *Toleranzintervall*[1]

$$\mu \pm k \frac{\sigma}{\sqrt{N_j}} \quad \text{bzw.} \quad \mu \pm t \frac{s}{\sqrt{N_j}} \qquad (19)$$

ist der Bereich, innerhalb dessen ein gefundener Wert $\bar{x}$ mit einer gegebenen statistischen Sicherheit S_2 liegt. Durch die Wahl des Faktors k bzw. t läßt sich festlegen, mit welcher statistischen Sicherheit sich $\bar{x}$ innerhalb der angegebenen Toleranzgrenzen befindet.

Der *Vertrauensbereich des Mittelwertes*[2] nach Gl. (20)

$$\bar{x} \pm k \frac{\sigma}{\sqrt{N_j}} \quad \text{bzw.} \quad \bar{x} \pm t \frac{s}{\sqrt{N_j}} \qquad (20)$$

gibt das Intervall eines gefundenen Wertes $\bar{x}$ an, innerhalb dessen sich der wahre Mittelwert μ mit einer gegebenen statistischen Sicherheit S_2 befindet. Nach Gl. (16), (17), (20) läßt sich der Vertrauensbereich des Mittelwertes ausdrücken

$$\overline{T} = \pm \frac{t \cdot s}{\sqrt{N}} = \pm \frac{T}{\sqrt{N}} \qquad (21)$$

$\overline{T}$ = Vertrauensbereich des Mittelwertes

$$\overline{Q} = \pm \frac{t \cdot V}{\sqrt{N}} = \pm \frac{Q}{\sqrt{N}} \% \qquad (22)$$

$\overline{Q}$ = prozentualer Vertrauensbereich des Mittelwertes.

---

[1] Engl.: tolerance interval.
[2] Engl.: confidence interval.

Tabelle 4. Intervallfaktor t in Abhängigkeit von der einseitigen (S_1) und zweiseitigen (S_2) statistischen Sicherheit und der Zahl der Freiheitsgrade FG

FG	t: $S_1 = 95{,}0\%$ $S_2 = 90{,}0\%$	$S_1 = 97{,}5\%$ $S_2 = 95{,}0\%$	$S_1 = 99{,}0\%$ $S_2 = 98{,}0\%$	$S_1 = 99{,}5\%$ $S_2 = 99{,}0\%$	$S_1 = 99{,}95\%$ $S_2 = 99{,}9\ \%$	FG	t: $S_1 = 95{,}0\%$ $S_2 = 90{,}0\%$	$S_1 = 97{,}5\%$ $S_2 = 95{,}0\%$	$S_1 = 99{,}0\%$ $S_2 = 98{,}0\%$	$S_1 = 99{,}5\%$ $S_2 = 99{,}0\%$	$S_1 = 99{,}95\%$ $S_2 = 99{,}9\ \%$
1	6,31	12,71	31,82	63,66	636,62	21	1,72	2,08	2,52	2,83	3,82
2	2,92	4,30	6,96	9,92	31,60	22	1,72	2,07	2,51	2,82	3,79
3	2,53	3,18	4,54	5,84	12,94	23	1,71	2,07	2,50	2,81	3,77
4	2,13	2,78	3,75	4,60	8,61	24	1,71	2,06	2,49	2,80	3,74
5	2,02	2,57	3,36	4,03	6,86	25	1,71	2,06	2,48	2,79	3,72
6	1,94	2,45	3,14	3,71	5,96	26	1,71	2,06	2,48	2,78	3,71
7	1,90	2,37	3,00	3,50	5,41	27	1,70	2,05	2,47	2,77	3,69
8	1,86	2,31	2,90	3,36	5,04	28	1,70	2,05	2,47	2,76	3,67
9	1,83	2,26	2,82	3,25	4,78	29	1,70	2.05	2,46	2,76	3,66
10	1,81	2,23	2,76	3,17	4,59	30	1,70	2,04	2,46	2,75	3,65
11	1,80	2,20	2,72	3,11	4,44	40	1,68	2,02	2,42	2,71	3,55
12	1,78	2,18	2,68	3,06	4,32	50	1,68	2,01	2,40	2,68	3,50
13	1,77	2,16	2,65	3,01	4,22	60	1,67	2,00	2,39	2,66	3,46
14	1,76	2,15	2,62	2,98	4,14	70	1,67	1,99	2,38	2,65	3,44
15	1,75	2,13	2,60	2,95	4,07	80	1,66	1,99	2,37	2,64	3,42
16	1,75	2,12	2,58	2,92	4,02	100	1,66	1,98	2,36	2,63	3,39
17	1,74	2,11	2,57	2,90	3,96	200	1,65	1,97	2,34	2,60	3,34
18	1,73	2,10	2,55	2,88	3,92	500	1,65	1,96	2,33	2,59	3,31
19	1,73	2,09	2,54	2,86	3,88	1000	1,65	1,96	2,33	2,58	3,30
20	1,73	2,09	2,53	2,85	3,85	∞	1,65	1,96	2,33	2,58	3,29

Nach den Definitionen der Gl. (6)–(22) erhält man aus dem Beispiel in Tab. 2 folgende Zahlenangaben: $s = 2{,}48$; $V = 4{,}96\,\%$; für $S = 95\,\%$ ist $T = 5{,}61$, $Q = 11{,}21\,\%$, $\overline{T} = 1{,}77$, $\overline{Q} = 3{,}55$; für $S = 99\,\%$ ist $T = 8{,}06$, $Q = 16{,}12\,\%$, $\overline{T} = 2{,}55$, $\overline{Q} = 5{,}10$.

Ausreißer innerhalb einer Reihe von Einzelwerten verfälschen die Berechnungsergebnisse und können daher gestrichen werden. Verdächtige Werte x_A identifiziert man als Ausreißer, indem man zuerst $\bar{x}$ und s ohne x_A berechnet und dann nach Gl. (23) prüft. x_A kann als Ausreißer fortgelassen werden, wenn

$$|x_A - \bar{x}| \geqq k_A s \tag{23}$$

k_A = Ausreißerfaktor (s. Tab. 5).

Tabelle 5. Ausreißerfaktor k_A in Abhängigkeit von S und N

N	$S = 95\%$	$S = 99\%$	N	$S = 95\%$	$S = 99\%$
5	5,7	16,5	18	4,0	5,6
6	5,2	11,3	20	3,9	5,4
7	4,8	9,3	25	3,9	5,1
8	4,6	8,2	30	3,8	5,0
9	4,4	7,5	40	3,8	4,8
10	4,3	7,0	60	3,7	4,6
12	4,2	6,4	80	3,8	4,6
14	4,1	6,0	100	3,8	4,5
16	4,0	5,8	1000	4,1	4,6

N = Zahl der Einzelwerte ohne die vermutlichen Ausreißer.

3.2. Empfindlichkeit, Nachweisgrenze und Bestimmungsgrenze

In der Anwendung, Definition und Benennung der vorliegenden drei Begriffe besteht in der Literatur und unter Fachkollegen keine Einheitlichkeit. Daneben werden auch noch andere Begriffe mit ähnlicher Bedeutung oder Zielsetzung verwendet. Die Definitionen der Begriffe *Empfindlichkeit*, *Nachweisgrenze* und *Bestimmungsgrenze* lassen sich nach mehreren, sowohl statistischen als auch anderen Gesichtspunkten ableiten [*12, 17, 23–33*]. Für ihre einheitliche Anwendung bedürfen sie daher der internationalen Übereinkunft und Anerkennung, die bis heute nicht vorliegen. So lange diese fehlen, empfiehlt es sich, bei Zahlenangaben nicht nur die Bezeichnung oder das Symbol, sondern auch die formelmäßige Definition des entsprechenden Begriffes mit anzuführen. Nachfolgend sind die wichtigsten, sinnvoll und zweckmäßig erscheinenden Definitionen angeführt.

3.2.1. Empfindlichkeit

Der Begriff *Empfindlichkeit* findet oft irrtümlich eine unterschiedliche Anwendung. Die Steigung der Eichkurve (Eichgerade) bzw. die der Meßwerteinheit entsprechende Elementmenge oder -konzentration als Maß für die Empfindlichkeit einer Analysenmethode ist die häufigste und richtige Deutung dieses Begriffes, die für alle gebräuchlichen Analysenmethoden gilt. Eine Bestimmungsmethode ist um so empfindlicher, je steiler die Eichkurve und je kleiner die der Meßwerteinheit entsprechende Elementmenge oder -konzentration ist. Die Eichkurvensteigung ist gegeben durch das Verhältnis von Meßwert zur entsprechenden Elementmenge oder -konzentration, z. B. im Falle der

Photometrie durch

$$\operatorname{tg} \alpha = \frac{\Delta E}{\Delta c} \tag{24}$$

α = Neigungswinkel der Eichkurve,
E = Extinktion, auf der Ordinate aufgetragen,
c = Elementkonzentration, auf der Abszisse aufgetragen.

In der Regel verwendet man den Kehrwert von Gl. (24) als Maßzahl der Empfindlichkeit, d. h. die der kleinsten, noch sinnvoll erscheinenden Meßwerteinheit (meist $E = 0{,}001$, 1% Absorption oder 1% Durchlässigkeit) entsprechende Menge oder Konzentration eines Elementes. Hiernach lautet die allgemeine Definition der Empfindlichkeit[1]

$$S_M = \frac{\Delta g, c}{\Delta M}, \tag{25}$$

S_M = Empfindlichkeit der Analysenmethode,
$\Delta g, c$ = der Meßwerteinheit ΔM entsprechende Elementmenge oder -konzentration,
ΔM = Meßwerteinheit,
wobei man bei Angaben der Empfindlichkeit stets die Meßwerteinheit, auf die man sich bezieht, hinzufügt.

Hier sei noch auf den Gegensatz zwischen zahlenmäßiger und sprachlicher Darstellung und Beurteilung der Empfindlichkeit einer Bestimmungsmethode hingewiesen, der leicht zu Mißverständnissen führen kann. Bei einer empfindlicheren Methode mit kleinerem Zahlenwert von S_M bzw. allgemein bei einer Verkleinerung von S_M spricht man von einer Methode „höherer Empfindlichkeit" bzw. von einer „Steigerung oder Erhöhung der Empfindlichkeit" und umgekehrt bezeichnet man eine unempfindlichere Methode mit größerem S_M als Methode „geringerer Empfindlichkeit".

3.2.2. Nachweisgrenze und Bestimmungsgrenze

Zur Kennzeichnung der unteren Grenze der Leistungsfähigkeit[2] (des Nachweisvermögens[3]) von Analysenmethoden für den *qualitativen Nachweis*[4] der Elemente wurden die Definitionen *Erfassungsgrenze* und *Grenzkonzentration* ohne statistische Grundlage eingeführt [*34, 35*], die aber derzeit gegenüber den nachfolgenden Definitionen (s. S. 23) eine geringere Bedeutung besitzen. Die *Erfassungsgrenze*[5] gibt diejenige Mindestmenge (in µg) eines Stoffes an, die mittels einer Methode gerade noch eindeutig nachgewiesen werden kann, ohne Berücksichtigung des Volumens, in dem die Reaktion durchgeführt wird [*36*]. Die *Grenzkonzentration* dagegen gibt die Mindeskonzentration an, die sich gerade noch eindeutig nachweisen läßt. Man versteht unter der Grenzkonzentration entweder die Angabe der Konzentration in µg/ml oder das Grenzverhältnis der Gewichtseinheit des erfaßten Stoffes zum Lösungsmittelvolumen [*37, 38*]. Man

---

[1] Engl.: sensitivity of analytical method, sensitivity of measurement.

[2] In der Originalliteratur [*34, 35*] „Empfindlichkeit" genannt.

[3] Für die Leistungsfähigkeit eines Analysenverfahrens wurde als Oberbegriff das *Nachweisvermögen* (engl.: power of detection) vorgeschlagen [*26*], das durch Nachweis- und Bestimmungsgrenze charakterisiert ist: das Nachweisvermögen ist um so höher, je tiefer Nachweis- und Bestimmungsgrenze sind.

[4] Sowohl von den Grundlagen der analytischen Chemie als auch der sprachlichen Terminologie her muß zwischen dem *qualitativen Nachweis* und der *quantitativen Bestimmung* unterschieden werden. Leider verwenden einige Autoren — teils irrtümlich, teils bewußt — den Begriff Nachweisgrenze sowohl für qualitative als auch für quantitative Analysenmethoden.

[5] Oft auch als Nachweisgrenze bezeichnet.

kann diese Definition durch folgende Gleichungen ausdrücken:

$$\text{Grenzkonzentration} = \frac{\mu\text{g Substanz}}{\text{ml Lösungsvolumen}} = \mu\text{g} \cdot \text{ml}^{-1} \qquad (26)$$

oder

$$\text{Grenzkonzentration} = 1 : \frac{\text{ml Lösungsvolumen} \cdot 10^6}{\text{Erfassungsgrenze in } \mu\text{g}} \qquad (27)$$

Daneben findet in geringerem Umfang der negative Logarithmus der Grenzkonzentration pD [nach Gl. (26) mit 1 g $\approx$ 1 ml] Anwendung [*39–44*]. Zum Beispiel ergibt die Grenzkonzentration von 0,1 µg/ml einen Wert von $pD = 7{,}0$.

Für die Ableitung der Definition der Begriffe *Nachweisgrenze* und *Bestimmungsgrenze* sind noch einige Feststellungen zu treffen. Grundsätzlich[1] ist zwischen der *Nachweisgrenze* für *qualitative Analysen* und der *Bestimmungsgrenze*[2] für *quantitative Analysen* zu unterscheiden, wie dies aus den nachfolgenden Ausführungen hervorgeht. Unter der *Nachweisgrenze* versteht man jene kleinste Menge oder Konzentration eines Elementes, die man mit einer geforderten statistischen Sicherheit S qualitativ nachweisen kann. Unter der *Bestimmungsgrenze* versteht man jene kleinste Menge oder Konzentration eines Elementes, die man mit einer geforderten statistischen Sicherheit S quantitativ bestimmen kann. Bei der Analyse erhält man unmittelbar stets nur einen Meßwert (Signal), mit dem man über eine Analyseneichfunktion die interessierende Elementmenge oder -konzentration ermittelt. Die statistische Behandlung bezieht sich auf die erhaltenen Meßsignale, wobei die Standardabweichung der Blindwerte („analytischer Störpegel") die Grundlage darstellt. Die Blindwertschwankungen haben ihre Ursache in Unzulänglichkeiten der Meßinstrumente, elektronischem Rauschen der Meßeinrichtung, Meß- und Ablesefehlern, Fehlern bei der Analysendurchführung, Störsignalen anderer Elemente, unvermeidlichen Spurenelementeinschleppungen oder -verlusten usw. Die Größe der Schwankungen läßt sich zahlenmäßig ermitteln, indem man durch eine hinreichend große Anzahl (mindestens $N = 20$) von Blindanalysen den Blindwert $\bar{x}_B$ (s. S. 101) und dessen Standardabweichung σ_B bestimmt. Dabei sind Anteile infolge systematischer Fehler zu eliminieren. Voraussetzung hierfür ist, daß eine genügend empfindliche Meßeinrichtung verwendet wird, um den Blindwert zahlenmäßig zu bestimmen. Solange dies nicht der Fall ist, so daß der Blindwert = 0 gemessen wird, nützt man die im Verfahren selbst gegebenen analytischen Möglichkeiten nicht aus. Eine zahlenmäßige Erfassung des Blindwertes ist aber unbedingt erforderlich, denn erst dann kann man sicher sein, daß man bis an die Nachweisgrenze des Analysenverfahrens herankommt.

Die Definitionen setzen die Abwesenheit systematischer Fehler voraus, wobei die folgenden Symbole und Beziehungen gelten.

$$x = x_R - x_B \qquad (28)$$

x = Nettosignal bzw. Nettomeßwert,
x_R = Rohsignal bzw. Rohmeßwert,
x_B = Blindwert.

---

[1] Siehe Fußnote 4 auf S. 20.

[2] Vorschläge [*31, 32*] zur Verwendung der bei qualitativen Analysen benützten Begriffe „Erfassungsgrenze" und „Grenzkonzentration" als „Bestimmungsgrenze" quantitativer Analysen sind abzulehnen. Denn einmal ist zur Vermeidung von Mißverständnissen eine klare Trennung zwischen qualitativen und quantitativen Analysen einzuhalten. Zum anderen ist eine möglichst geringe Zahl von Definitionen anzustreben und es besteht keine Notwendigkeit, bei der „Bestimmungsgrenze" zwischen absoluten Mengen (µg) und Konzentrationen (µg/ml) zu unterscheiden. Vielmehr genügt es völlig, bei den Zahlenangaben noch die entsprechende Dimension (µg, µg/ml usw.) hinzuzufügen.

$$\bar{x}_B = \frac{\Sigma x_B}{N} \tag{29}$$

$\bar{x}_B$ = Mittelwert der Blindwerte,
N = Zahl der Meßwerte,
σ, σ_R, σ_B = Standardabweichungen von Nettomeßwerten, Rohmeßwerten und Blindwerten,
wobei für ein Meßwertepaar (1 Rohmeßwert mit zugeordnetem Blindwert)

$$\sigma^2 = \sigma_R^2 + \sigma_B^2. \tag{30}$$

Aus dem Meßwert erhält man den Analysenwert (Elementmenge, -konzentration) mittels der Eichfunktion

$$c = f(x) \tag{31}$$

c = Elementmenge oder -konzentration.

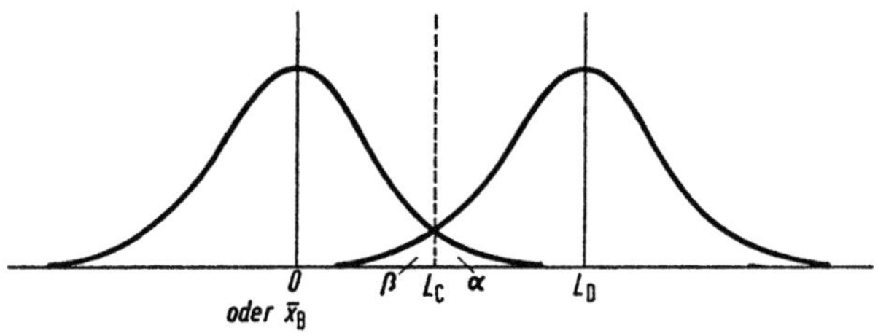

Abb. 2. Normalverteilung der Nettosignale um $\bar{x}_B$ und L_D, Hypothesentest (Fehler 1. Art α und 2. Art β) (nach [*30*])

Die Nachweisgrenze und Bestimmungsgrenze setzen die Definition des *kritischen Wertes*[1, 2] L_C voraus [*30, 33*] (s. Abb. 2). Bei Nettosignalen im Bereich der Blindwertschwankungen ist zu entscheiden, ob das Signal reell ist oder nicht. Dabei können zwei Arten von Fehlern auftreten. Fehler 1. Art: man entscheidet, daß das interessierende Element anwesend ist, obwohl es tatsächlich abwesend ist (der Umfang dieses Fehlers wird durch Irrtumswahrscheinlichkeit bzw. das Risiko α bestimmt). Fehler 2. Art: bei tatsächlicher Anwesenheit des Elementes entscheidet man dessen Abwesenheit (Fehlerumfang durch Irrtumswahrscheinlichkeit bzw. Risiko β bestimmt). Aus dem maximal zulässigen Wert α (für eine geforderte statistische Sicherheit) und σ_B läßt sich der kritische Wert[3] (Nachweisschwelle) definieren.

$$L_C = k_\alpha \sigma_B \tag{32}$$

L_C = kritischer Wert,
k_α = Faktor für eine gegebene statistische Sicherheit.

[1] Engl.: critical level.

[2] Mathematische Statistik: Prüfung von Nullhypothese (H_0) und Alternativhypothese (H_A), Fehler 1. und 2. Art.

[3] L_c ist mit der von anderer Seite [*12, 25—27, 29*] definierten „Nachweisgranze" $\underline{x}$ identisch: $\underline{x}_B = \bar{x}_B + 3\ \sigma_B$, woraus sich nach Gl. (28) $\underline{x} = 3\ \sigma_B$ (für S = 99,86%) ergibt ($\underline{x}$ = Nachweisgrenze). Nach dem oben geschilderten Sachverhalt (s. Abb. 2) werden aber bei dieser Grenze 50% der Meßwerte als Blindwerte und 50% als reelle Meßwerte anerkannt, weshalb diese Definition für den Begriff „Nachweisgranze" im Sinne der Festlegung (s. S. 21) unzureichend ist. Dies gilt auch für den in der Literatur als Nachweisgrenze häufig verwendeten Wert 2 σ_B sowie für die vorgeschlagene [*24*] Definition der Nachweisgrenze $\geqq 2\ s_B$ bis 3 s_B (je nach der geforderten statistischen Sicherheit S).

Aus L_C, dem zulässigen Wert β und σ_D wird die *Nachweisgrenze*[1, 2] definiert

$$L_D = L_C + k_\beta\,\sigma_D \qquad (33)$$

L_D = Nachweisgrenze des Nettomeßwertes,
k_β = Faktor für eine gegebene statistische Sicherheit,
σ_D = Standardabweichung der um die Nachweisgrenze verteilten Nettomeßwerte.

Hiernach werden (s. Abb. 2) Blindwerte unterhalb L_C im Umfang (Wahrscheinlichkeit) von $(1 - \alpha)$ als Blindwerte und oberhalb L_C im Umfang von α als reelle Meßwerte anerkannt. Umgekehrt werden um L_D verteilte Meßwerte oberhalb L_C im Umfang von $(1 - \beta)$ als reelle Meßwerte und unterhalb L_C im Umfang von β als Blindwerte anerkannt.

Die *Bestimmungsgrenze für quantitative Analysenmethoden* ist durch den maximal zulässigen Fehler, d. h. durch die maximal zulässige relative Standardabweichung (Variationskoeffizient V) oder den maximal zulässigen relativen Fehler festgelegt. Hiernach wird die Bestimmungsgrenze nach Gl. (34) definiert

$$L_Q = k_Q\,\sigma_Q \qquad (34)$$

L_Q = Bestimmungsgrenze des Nettomeßwertes,
k_Q = festgelegter Faktor für einen maximal zulässigen Fehler,
σ_Q = Standardabweichung der um die Bestimmungsgrenze verteilten Nettomeßwerte.

Allgemein betrachtet man eine relative Standardabweichung oder einen relativen Fehler von 10% als noch annehmbar, weshalb dieser als Grundlage zur Definition von L_Q dient und dementsprechend $k_Q = 10$ gesetzt wird.

Nach den Definitionen der Gl. (32)–(34) sind L_C, L_D und L_Q vollständig bestimmt: L_C und L_D durch die Fehlerstruktur der jeweiligen Analysenmethode und die gewählte statistische Sicherheit S, sowie L_Q durch die für quantitative Analysen maximal zulässige relative Standardabweichung [*30*]. Mit L_C prüft man, ob ein Meßwert reell oder unreell ist, mit L_D und L_Q kennzeichnet man die Leistungsfähigkeit eines Analysenverfahrens. Die Zusammenhänge der abgeleiteten Definitionen veranschaulicht Abb. 3.

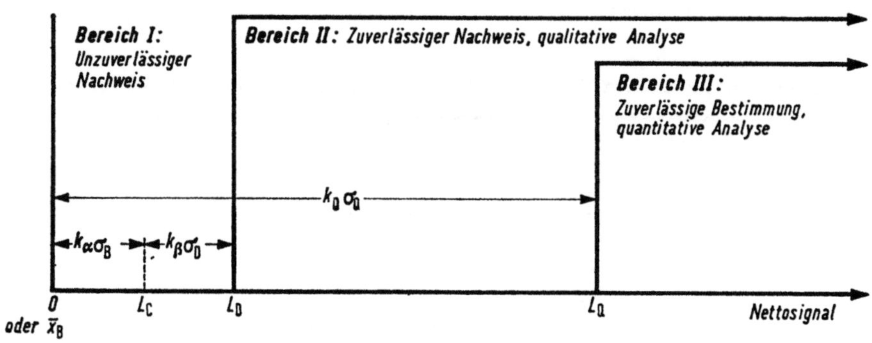

Abb. 3. Zusammenhang von Blindwert x_B, kritischem Wert L_C, Nachweisgrenze L_D und Bestimmungsgrenze L_Q (nach [*30*])

---

[1] Engl.: limit of detection.

[2] L_D ist mit der vorgeschlagenen [*26, 27*] „Garantiegrenze für Reinheit" identisch: $x_{G,B} = \bar{x}_B + 6\,\sigma_B$, woraus sich nach Gl. (28) $x_G = 6\,\sigma_B$ (für $S = 99{,}86\%$) ergibt (x_G = Garantiegrenze für Reinheit). x_G ist aber stoffgebunden und daher als Verfahrenskennwert ungeeignet.

Setzt man $\alpha = \beta$, $k_\alpha = k_\beta = k$ und $\sigma_B = \sigma_D = \sigma_Q =$ konstant, so erhält man aus Gl. (32)–(34)

$$L_C = k\,\sigma_B, \tag{35}$$

$$L_D = 2\,k\,\sigma_B = 2\,L_C, \tag{36}$$

$$L_Q = k_Q\,\sigma_B \tag{37}$$

und für $\sigma_R = \sigma_B$ aus Gl. (30)

$$\sigma^2 = 2\,\sigma_B^2\,. \tag{38}$$

Wenn Probenanalyse und Blindanalyse voneinander unabhängig, d. h. nicht paarweise zugeordnet sind und der Nettomeßwert nach $x = x_R - \bar{x}_B$ ermittelt wird, so finden die Definitionen nach Gl. (35)–(37) unmittelbar Anwendung. Bei einem Meßwertepaar (Rohmeßwert mit zugeordnetem Blindwert) hingegen, bei dem man x_B statt $\bar{x}_B$ zur Ermittlung des Nettomeßwertes nach $x = x_R - x_B$ verwendet oder bei dem man zwar den Nettomeßwert nach $x = x_R - \bar{x}_B$ berechnet, aber jeden Meßwert mit dem zugehörigen x_B korrigiert (Differenzmessungen zur Ausschaltung systematischer Fehlereinflüsse, wie z. B. photometrische Messungen mit Doppelstrahlgeräten oder nach dem Substitutionsverfahren, Emissionsspektralanalyse mit Untergrundkorrektur), muß σ_B in den Gl. (35)–(37) durch $\sqrt{2}\,\sigma_B$ ersetzt werden.

Die für L_C und L_D erforderlichen Faktoren k hängen von der geforderten einseitigen statistischen Sicherheit S_1 ab (s. Tab. 3, S. 16). Für die in der Regel normalverteilten Meßwerte genügt im allgemeinen $S_1 = 95\%$. In besonderen Fällen kann auch $S_1 = 99\%$ oder $S_1 = 99{,}86\%$ gewählt werden, letztere vor allem als Ausgleich bei fehlender Normalverteilung und bei Unsicherheit der Bestimmung der Standardabweichung. Die Definitionen von L_C und L_D für verschiedene statistische Sicherheiten sowie von L_Q sind in Tab. 6 zusammengestellt. Die darin für S_1 angegebenen Faktoren k setzen die Bestimmung von $\bar{x}_B$ und σ_B aus einer hinreichend großen Zahl von Einzelmeßwerten voraus. Wurden diese aus einer kleineren Zahl von Einzelwerten ermittelt, so kann man statt des Faktors k den entsprechenden, von S_1 und FG abhängigen Faktor t (s. Tab. 4, S. 18) verwenden.

Die Anwendung von L_C, L_D und L_Q (für $S_1 = 95\%$ und ein Meßwertepaar) sei an einem Zahlenbeispiel erläutert. Für die photometrische Bestimmung von Fe mit 1,10-

Tabelle 6. Definition des kritischen Wertes L_C, der Nachweisgrenze L_D und der Bestimmungsgrenze L_Q (nach [*30*])

S_1 (%)	verwendeter Blindwert	L_C	L_D	L_Q
95,00	x_B^a	2,33 σ_B	4,65 σ_B	14,1 σ_B
	$\bar{x}_B^b$	1,65 σ_B	3,29 σ_B	10,0 σ_B
99,00	x_B^a	3,29 σ_B	6,58 σ_B	
	$\bar{x}_B^b$	2,33 σ_B	4,65 σ_B	
99,86	x_B^a	4,24 σ_B	8,48 σ_B	
	$\bar{x}_B^b$	3,00 σ_B	6,00 σ_B	

[a] Meßwertepaar (Rohmeßwert mit zugeordnetem Blindwert); zur Ermittlung des Nettomeßwertes oder zur Korrektur der Meßwerte wird der zugeordnete Blindwert x_B verwendet.

[b] $\bar{x}_B$ (aus einer großen Zahl von Einzelwerten bestimmt) wird zur Ermittlung des Nettomeßwertes verwendet.

Phenanthrolin ($S_M = 0{,}005$ µg Fe · ml^{-1} · cm^{-1} für $E = 0{,}001$) werden die Meßwerte (Extinktion) erhalten: $\sigma_B = 0{,}003$, $\sigma = \sigma_B$ und bei einer Probelösung $x = 0{,}009$. Aus $L_C = 2{,}33\,\sigma_B$ erhält man $L_C = 0{,}007$, weshalb der Meßwert $x = 0{,}009$ als reeller Meßwert anerkannt wird. Mit $L_D = 4{,}65\,\sigma_B$ und $L_Q = 14{,}1\,\sigma_B$ erhält man $L_D = 0{,}014$ und $L_Q = 0{,}042$, woraus sich mit S_M die Werte $L_D = 0{,}070$ µg Fe · ml^{-1} · cm^{-1} und $L_Q = 0{,}210$ µg Fe · ml^{-1} · cm^{-1} ergeben.

Für Messungen auf dem Gebiet der Radioaktivität (Aktivierungsanalyse, radiochemische Analyse) finden die oben angeführten Definitionen von L_C, L_D und L_Q (s. Tab. 6) in abgewandelter Form Anwendung [*30*, *45*], auf die im vorliegenden Rahmen jedoch nicht näher eingegangen sei.

Abschließend sei noch auf einige Gesichtspunkte hingewiesen, die beim Gebrauch von Nachweis- und Bestimmungsgrenze zu berücksichtigen sind. Zahlen über die Nachweis- oder Bestimmungsgrenze sind stets an das jeweilige vollständige Analysenverfahren gebunden, da jede Änderung der Arbeits- und Meßbedingungen sowie der Analysenvorschrift eine Änderung des Blindwertes und damit von σ_B verursachen können. Nach den Definitionen von Gl. (36) und (37) (s. Tab. 6) wird die Größe von Nachweis- und Bestimmungsgrenze durch die Standardabweichung der Blindwerte festgelegt. Die Blindwerte wieder sind von den Arbeitsbedingungen (s. S. 77ff.) abhängig und von Laboratorium zu Laboratorium unterschiedlich. Schließlich ist σ_B von der Art ihrer Bestimmung abhängig, da sich die Standardabweichung durch Mittelwertbildung aus N Einzelwerten von σ_B um den Faktor $\frac{1}{\sqrt{N}}$ verkleinert. Aus diesen Gründen sind Zahlen über die Nachweis- oder Bestimmungsgrenze von Verfahren nur als Richtwerte zu betrachten. Schließlich empfiehlt es sich, wie bereits eingangs erwähnt, bei Zahlenangaben stets die formelmäßige Definition mit anzuführen, z. B.

$L_D = 4{,}65\,\sigma_B$ ($S = 95\%$) $= 0{,}070$ µg Fe · ml^{-1} · cm^{-1} oder
$L_D = 0{,}070$ µg Fe · ml^{-1} · cm^{-1} ($4{,}65\,\sigma_B$, $S = 95\%$),
$L_Q = 14{,}1\,\sigma_B = 0{,}21$ µg Fe · ml^{-1} · cm^{-1} oder
$L_Q = 0{,}21$ µg Fe · ml^{-1} · cm^{-1} ($14{,}1\,\sigma_B$).

Die gelegentlich auftretende Frage nach der kleinsten, quantitativ bestimmbaren Menge (µg), Konzentration (µg/ml) oder Gehalt (%) [*31*] läßt sich mit Hilfe der Definition von L_Q in Verbindung mit der entsprechenden Eichfunktion und gegebenenfalls S_M beantworten.

3.3. Genauigkeit der Spurenanalyse

In der Spurenanalyse legt man im Vergleich zur Makroanalyse einen anderen Maßstab hinsichtlich der mit einem Verfahren erreichbaren Genauigkeit an. Als Maß für die Genauigkeit dient der mit den einzelnen Verfahren angegebene Fehler, da eine zahlenmäßige Angabe der Genauigkeit (s. S. 26) bis heute noch nicht gemacht wird. Ein spurenanalytisches Verfahren wird man als „vorzüglich" bezeichnen, wenn der mittlere relative Fehler bzw. der mittlere Variationskoeffizient (zur Vereinfachung seien mittlerer relativer Fehler und Variationskoeffizient einander gleichgesetzt und die Verschiedenartigkeit ihrer Definition und der damit erhaltenen Werte vernachlässigt) ± 1 bis $\pm 5\%$ betragen. Eine Methode mit einem Fehler von ± 5 bis $\pm 10\%$ kann als „sehr gut" gelten, mit ± 10 bis $\pm 20\%$ als „befriedigend" und mit etwa ± 20 bis $\pm 30\%$ als „ausreichend". Natürlich könnte man statt dieser Einstufung auch eine ziffernmäßige Klassifizierung der Verfahren vornehmen, z. B. in Form von „Genauigkeitsklasse 1, 2, 3, 4 und 5" oder mit Hilfe des Pearsonschen Variabilitätskoeffizienten[1] als Reproduzierbarkeitsmaß [12] nach Gl. (39)

$$\Gamma = \frac{1}{V} = \frac{\bar{x}}{\sigma} = \frac{\bar{x}}{s} \tag{39}$$

Γ = Pearsonscher Variabilitätskoeffizient[1].

Die Verwendung von Γ hat den begrifflichen Vorteil, daß eine bessere Reproduzierbarkeit mit einer höheren Maßzahl verbunden ist. Beispielsweise entspricht $V = 5\%$ ein Wert von $\Gamma = 20$, $V = 0{,}1\%$ ergibt $\Gamma = 1000$.

Es sei hier hervorgehoben, daß es sich bei dieser Beurteilung nur um eine grobe Einteilung handelt, deren Maßstab nicht vorurteilslos auf jedes Verfahren angewandt werden kann. Ausschlaggebend ist jeweils das gestellte Analysenproblem, ob eine erreichte Genauigkeit genügend ist oder nicht. Der oben aufgeteilte Fehlerbereich von ± 1 bis $\pm 30\%$ ist der bei Spurenanalysen allgemein am häufigsten vorkommende Bereich. Oft wird aber auch ein noch größerer Fehler bis zu $\pm 50\%$ zufriedenstellend sein müssen. Schließlich muß in extremen Fällen auch die Angabe des Spurengehaltes in Größenordnungen von Zehnerpotenzen genügen. Bei den im speziellen Teil beschriebenen Bestimmungsverfahren ist zur besseren Beurteilung ihrer Leistungsfähigkeit soweit als möglich der auftretende Fehler angegeben.

3.4. Analysenverfahren und Analysenergebnis

Bei neu entwickelten Analysenverfahren werden für deren Bewertung neben bestimmten Versuchsergebnissen und der Arbeitsvorschrift mehrere Angaben gemacht. Die wichtigsten Daten hierzu sind vor allem: Arbeits-, Bestimmungs- oder Eichkurvenbereich, Zeitbedarf, s, V, $\bar{x}_B$, s_B, S_M, L_D und L_Q (s. S. 12 ff.). Weitere statistische Daten (z. B. T, Q usw.) sind nicht unbedingt erforderlich, da sie bei Bedarf ohne Schwierigkeit berechnet werden können. Für Arbeits- oder Mengenbereiche sollte man die Ausdrücke „Halbmikro, Mikro, Ultramikro, Submikro usw." grundsätzlich vermeiden und statt dessen die üblichen Mengen- und Konzentrationseinheiten (s. S. 11) verwenden. Auch sollten schließlich sowohl die oben erwähnten Daten als auch die in der Arbeitsvorschrift angeführten Reagensmengen und -konzentrationen nicht in Mol oder Molbruchteilen (wenn man von den üblichen Normalitäts- oder Molaritätsangaben vor allem bei Säuren und Ammoniak absieht), sondern in den üblichen Mengen- und Konzentrationseinheiten angegeben werden, um unnötige Rechenoperationen bei der Anwendung zu vermeiden.

Während bei der klassischen Makroanalyse der Arbeitsbereich klar umgrenzt und auf etwa 4 Zehnerpotenzen (0,01–100%) beschränkt ist, trifft dies für die Spurenanalyse nicht immer zu. Der Arbeitsbereich der Spurenanalyse umfaßt eine größere Zahl von Zehnerpotenzen und die untere Bestimmungsgrenze L_Q ist für eine gegebene Bestimmungsmethode von vornherein nicht festgelegt, da sich in der Regel eine Anzahl von Kombinationsmöglichkeiten mit vorangehenden Anreicherungsverfahren anbietet. Der Unterschied im erreichbaren L_Q kann auf diese Weise ein bis mehrere Zehnerpotenzen betragen. Wenn man daher den Meßwert Null erhält, so ist das Ergebnis „0%" sinnlos. Es zeigt vielmehr an, daß entweder das Meßinstrument oder das Analysenverfahren für die gestellte Aufgabe nicht empfindlich genug ist.

Ein einwandfreies Analysenergebnis setzt die zahlenmäßige Bestimmung des Blindwertes voraus (s. S. 101), wozu die Wahl des geeigneten Analysenverfahrens und der geeigneten Meßeinrichtung erforderlich ist. Sollte man trotz aller Maßnahmen mit einem

[1] Für Γ wurde die Bezeichnung „Genauigkeit" vorgeschlagen [12].

gegebenen Meßsystem für ein gesuchtes Element, z. B. Cu, den Meßwert Null erhalten, so sind bei der Angabe des Analysenergebnisses folgende Gesichtspunkte zu beachten. Grundsätzlich sollte man nicht „0% Cu“ angeben, sondern stets „kleiner als der unterste, noch sicher bestimmbare Cu-Gehalt“. Für den Fall eines benutzten Analysenverfahrens mit $L_Q = 0{,}00001\,\%$ Cu und eines erhaltenen Meßwertes Null gibt man als Ergebnis an: $<0{,}00001\,\%$ Cu.

Da der positive oder negative Ausfall der Anzeige eines Elementes theoretisch weitgehend von L_Q des benützten Analysenverfahrens abhängig ist, sollte L_Q bei Analysenergebnissen, besonders bei Gehalten unterhalb L_Q stets bekannt oder mit angeführt sein [*46*]. Es genügt jedoch nicht, L_Q des Verfahrens als Zahl anzugeben, vielmehr muß auch die formelmäßige Definition angeführt werden (s. S. 23).

Bei der Wahl, Planung und Bewertung von Analysenverfahren muß man berücksichtigen, daß sich der Gesamtfehler aus den Teilfehlern der einzelnen Analysenteilschritte zusammensetzt, vor allem aus Probenahme, Probenvorbereitung und eigentlicher Bestimmung des Elementes. Die Gesamtstandardabweichung oder den Gesamtvariationskoeffizienten errechnet man nach Gl. (40) und (41)

$$s = \sqrt{s_1^2 + s_2^2 + s_3^2} \tag{40}$$

$s_{1,2,3}$ = Standardabweichung der Analysenteilschritte

$$V = \sqrt{V_1^2 + V_2^2 + V_3^2} \tag{41}$$

$V_{1,2,3}$ = Variationskoeffizient der Analysenteilschritte.

Nach Gl. (40) und (41) bestimmt hauptsächlich der größte Teilfehler die Größe des Gesamtfehlers. Vor allem der Fehler der Probenahme ist bei einzelnen Materialien groß infolge inhomogener Verteilung der Spurenelemente, wie z. B. bei Pflanzenmaterial. An einem Zahlenbeispiel sei gezeigt, wie groß der Einfluß der Einzelfehler auf den Gesamtfehler ist. Bei Pflanzenanalysen liegen oft folgende Teilfehler vor: Probenahme $V_1 = 30\%$, Probenvorbereitung $V_2 = 10\%$ und Bestimmung $V_3 = 5\%$. Daraus ergibt sich nach Gl. (41)

$$V = \sqrt{30^2 + 10^2 + 5^2} = 32\%.$$

Mit einer Verminderung des Bestimmungsfehlers auf $V_3 = 1\%$ durch erhöhten Aufwand würde man den Gesamtfehler nur geringfügig auf $V = 31{,}5\%$ verkleinern.

Hiernach ist die Kenntnis der Teilfehler eines Analysenverfahrens bei dessen Wahl und Planung sowie bei der Bewertung von Analysenergebnissen von grundlegender Bedeutung. Auch erscheint es wenig sinnvoll, den Fehler der Endbestimmung durch einen unnötig hohen, apparativen Aufwand zu verringern, wenn dagegen, wie im oben angeführten Beispiel, ein anderer Teilfehler relativ groß ist [*47*].

Literatur

1. Nachtrieb, N. H.: Principles and practice of spectrochemical analysis. New York: McGraw-Hill 1950.
2. Feldman, C., Hawkins, M. B., Murray, M., Ward, D. R.: Analyt. Chem. **22**, 1400 (1950).
3. Youden, W. J.: Analyt. Chem. **19**, 946 (1947).
4. Wernimont, G.: Analyt. Chem. **21**, 115 (1949).
5. Hader, R. J., Youden, W. J.: Analyt. Chem. **24**, 120 (1952).
6. Stange, K., Henning, H. J.: Formeln u. Tabellen der mathematischen Statistik. Berlin-Heidelberg-New York: Springer 1966.
7. Daeves, K., Beckel, A.: Großzahl-Methodik u. Häufigkeitsanalyse. Weinheim/Bergstr.: Verl. Chemie 1958.

8. Linder, A.: Planen und Auswerten von Versuchen. Basel: Birkhäuser 1959.
9. Weber, E.: Grundriß der biologischen Statistik. Jena: VEB Fischer 1961.
10. Linnig, F. J., Mandel, J., Peterson, J. M.: Analyt. Chem. **26**, 1102 (1954).
11. Lark, P. D.: Analyt. Chem. **26**, 1712 (1954).
12. Kaiser, H., Specker, H.: Z. anal. Chem. **149**, 46 (1956).
13. Mandel, J., Linnig, F. J.: Analyt. Chem. **28**, 770 (1956).
14. Mandel, J., Linnig, F. J.: Analyt. Chem. **29**, 743 (1957).
15. Mandel, J., Linnig, F. J.: Analyt. Chem. **30**, 739 (1958).
16. Nelson, B. N.: Analyt. Chem. **32**, 161 R (1960).
17. Gottschalk, G.: Statistik in der quantitativen chemischen Analyse. Stuttgart: Enke 1962.
18. Doerffel, K.: Beurteilung von Analysenverfahren und -ergebnissen. Berlin-Heidelberg-New York: Springer 1962; Z. anal. Chem. **185**, 1 (1962).
19. Sachs, L.: Statistische Auswertungsmethoden. Berlin-Heidelberg-New York: Springer 1968.
20. Wallis, W. A., Roberts, H. V.: Methoden der Statistik. Freiburg: Haufe 1962.
21. Kreyszig, E.: Statistische Methoden und ihre Anwendungen. Göttingen: Vandenhoeck & Ruprecht 1965.
22. Passmann, W.: Auswerten von Meßreihen. Berlin-Frankfurt/M.: Deutsche Arbeitsgemeinschaft für Qualitätskontrolle (ASQ) beim Ausschuß für wirtschaftliche Fertigung e.V. (AWF) 1966.
23. Klinger, P., Koch, W., Blaschczyk, G.: Angew. Chem. **53**, 537 (1940).
24. Wilson, A. L.: Analyst **86**, 72 (1961).
25. Kaiser, H.: Spectrochim. Acta **3**, 40 (1947).
26. Kaiser, H.: Z. anal. Chem. **209**, 1 (1965).
27. Kaiser, H.: Z. anal. Chem. **216**, 80 (1966).
28. Ehrlich, G., Gerbatsch, R.: Z. anal. Chem. **220**, 260 (1966).
29. Kaiser, H., Menzies, A. C.: The limit of detection of a complete analytical procedure. London: Hilger 1968.
30. Currie, L. A.: Analyt. Chem. **40**, 586 (1968).
31. Püschel, R.: Mikrochim. Acta (Wien) **1968**, 82.
32. Svoboda, V., Gerbatsch, R.: Z. anal. Chem. **242**, 1 (1968).
33. Roos, J. B.: Analyst **87**, 832 (1962).
34. Feigl, F.: Chemistry of specific, selective and sensitive reactions. New York: Academic Press 1949.
35. Feigl, F.: Spot tests. Amsterdam: Elsevier Publ. Co. 1958.
36. Feigl, F.: Mikrochemie **1**, 4 (1923).
37. Hahn, F. L.: Mikrochemie **8**, 75 (1930).
38. Hahn, F. L.: Mikrochemie **10**, 313 (1931).
39. Gillis, J.: Mikrochem. verein. Mikrochim. Acta **36/37**, 151 (1951).
40. Wenger, P. E., Duckert, R.: Réactifs pour l'analyse qualitative minérale, Deuxième Rapport. Basel: Verl. Wepf & Co. 1945; — Reagents for qualitative inorganic analysis, 2nd Report. Amsterdam: Elsevier Publ. Co. 1948.
41. Flaschka, H.: Analyt. chim. Acta **3**, 629 (1949).
42. Malissa, H.: Analyt. chim. Acta **4**, 1 (1950).
43. Malissa, H.: Mikrochem. verein. Mikrochim. Acta **35**, 266 (1950).
44. Malissa, H.: Mikrochem. verein. Mikrochim. Acta **38**, 33 (1951).
45. Rogers, V. C.: Analyt. Chem. **42**, 807 (1970).
46. Urech, P.: Mitt. Gebiete Lebensm. u. Hyg. (Bern) **49**, 442 (1958).
47. Schüller, H.: Mikrochim. Acta (Wien) **1966**, 742.

4. Methoden zum Nachweis und zur Bestimmung von Spurenelementen

Obwohl Spurenanalysen seit den Anfängen der Spurenforschung mit allen praktisch in der Analytik vorkommenden Methoden durchgeführt wurden, also auch den klassischen Makromethoden Gewichts- und Maßanalyse, so haben unter diesen doch einzelne Verfahren eine immer häufigere Anwendung gefunden und sich somit als spezielle spurenanalytische Methoden entwickelt. Bedingt war diese Entwicklung dadurch, daß man einerseits die Fehlerquellen der einzelnen Methoden kennenlernte und andererseits die Empfindlichkeit zu berücksichtigen hatte, wodurch von vornherein verschiedene Bestimmungsmethoden ausschieden. So wird man bei besonders kleinen Elementgehalten den speziellen, ausgesprochen spurenanalytischen Methoden weitgehend den Vorzug geben. Unter diesen finden seltener Methoden auf der Grundlage der in der Einleitung (s. S. 1ff.) angeführten Spurenelementwirkungen Anwendung. Hierher gehört beispielsweise die Bestimmung einer Reihe von Elementen aufgrund der von diesen verursachten Aktivierung oder Hemmung der Enzymaktivität bzw. der durch Enzyme katalysierten Reaktionen [*1–5*] mit einem erreichbaren $L_Q = 10^{-7}$ m. Eine häufiger verwendete Bestimmungsgrundlage ist der Spurenelementeinfluß auf die Enzymaktivität bei der mikrobiologischen Bestimmung von Spurenelementen (s. S. 36, 1459ff.) sowie die katalytische Wirkung auf chemische Reaktionen vor allem bei der Photometrie (s. S. 29) und bei elektrochemischen Methoden.

Nachfolgend sind die wichtigsten Methoden angeführt, die in der Spurenanalyse eine Rolle spielen und deren Mehrzahl allgemeine Anwendbarkeit besitzt. Ausführlichere Darstellungen hierzu findet man in der Literatur [*6–8*].

4.1. Spektrophotometrie

Grundlage der Spektrophotometrie ist die Absorption elektromagnetischer Strahlung des Bereiches 2000–8000 Å durch in der Regel in Lösung befindliche Moleküle, weshalb sie im Gegensatz zur Methode 4.3 (s. S. 30) genauer als Molekülabsorptionsspektrophotometrie (MAS) zu bezeichnen ist. Hier und in den späteren Abschnitten wird die Spektrophotometrie der Einfachheit halber *Photometrie* genannt und unter diesem Begriff das Arbeiten mit Filter- und Spektralphotometern zusammengefaßt. Der Grundvorgang bei der photometrischen Bestimmung besteht nach Isolierung des betreffenden Elementes bzw. Abtrennung störender Elemente (falls es notwendig ist) in der Überführung des zu bestimmenden Elementes in eine gefärbte Verbindung (Farbkomplex) und der Messung der Lichtabsorption der Farblösung bei einer bestimmten Wellenlänge. Durch die Absorption der Strahlung werden die Moleküle in einen angeregten Zustand übergeführt, es entsteht jedoch im Gegensatz zu Methode 4.2 (s. S. 30) keine Sekundärstrahlung. Unter den bekannten Methoden zur Bestimmung von Spurenelementen ist die Photometrie eines der ältesten und am meisten angewandten Verfahren. Grundsätzlich läßt sich jeweils nur ein Element bestimmen, wenn von besonderen Fällen abgesehen wird, wo die gleichzeitige Bestimmung mehrerer Elemente durch Messung bei verschiedener Wellenlänge erfolgt. Durchschnittlich liegt die Bestimmungsgrenze bei 0,1 µg/ml (s. Tab. 7, S. 39). Sie ist jedoch bei den einzelnen Elementen verschieden und außerdem von der Leistungsfähigkeit der apparativen Einrichtung stark abhängig. Durch geeignete Maßnahmen lassen sich tiefere L_Q-Werte erreichen (s. S. 74ff., 135ff.).

Angaben über die Empfindlichkeit (s. S. 19 ff.) der photometrischen Reagentien findet man jeweils zu Beginn der einzelnen Elementabschnitte angeführt (s. S. 375 ff.). Eine Steigerung der Empfindlichkeit kann durch Anwendung einer besonderen Arbeitstechnik (s. S. 122 ff.) erreicht werden. Über Grundlagen und Methoden dieses Gebietes unterrichten zahlreiche Lehr- und Fachbücher [*9–14*], über die Weiterentwicklung und neuere Verfahren die angeführte Literatur [*15–29a*].

4.2. Spektrofluorimetrie

Analog zur Photometrie (s. S. 29) liegt auch bei der Spektrofluorimetrie eine Wechselwirkung zwischen elektromagnetischer Strahlung und meist Molekülen (in einer Lösung) vor, weshalb sie im Gegensatz zur Methode 4.4 (s. S. 31) genauer als Molekülfluorescenzspektrophotometrie (MFS) zu bezeichnen ist. Hier und in den folgenden Abschnitten wird die Spektrofluorimetrie der Einfachheit halber *Fluorimetrie* genannt. Grundlage der Fluorimetrie ist die Eigenschaft zahlreicher Moleküle, nachdem sie durch Absorption von kurzwelliger Strahlung in den angeregten Zustand überführt wurden, bei der Rückkehr in den Grundzustand die überschüssige Energie in Form von Fluorescenzstrahlung im Bereich längerer Wellenlänge abzugeben. Wie bei der Photometrie lassen sich auch mit der Fluorimetrie nur Einzelbestimmungen durchführen. Im Gegensatz zur Photometrie vergrößert sich das Fluorescenz-Meßsignal mit der Erhöhung der Lichtquellenintensität (s. S. 135) und der Detektorverstärkung. Fluorimetrische Methoden sind daher im allgemeinen gegenüber photometrischen Methoden um 1–4 Zehnerpotenzen empfindlicher und weiterhin selektiver, der auftretende Fehler jedoch größer. Weitere Einzelheiten über die Fluorimetrie findet man in der einschlägigen Literatur [*30–38a*].

4.3. Atomabsorptionsspektrophotometrie

Der Grundvorgang der Atomabsorptionsspektrophotometrie (AAS) ist jenem der Photometrie (s. S. 29) analog, nur mit dem Unterschied, daß hier eine Wechselwirkung zwischen Atomen und elektromagnetischer Strahlung vorliegt. Weiterhin bestehen Parallelen zur Flammenphotometrie (s. S. 33). In der Dampfphase im Grundzustand vorliegende Atome absorbieren elektromagnetische Strahlung jener Wellenlänge, die sie im angeregten Zustand emittieren. Schickt man nun einen Lichtstrahl definierter Wellenlänge durch eine Atomdampfwolke, so ist die Absorption der Elementkonzentration in der Atomdampfwolke proportional. Als Lichtquelle dient in der Regel eine Hohlkathodenlampe mit einer Kathode aus dem jeweils zu bestimmenden Element, doch stehen auch Vielfachhohlkathoden für die gleichzeitige Bestimmung einer begrenzten Zahl von Elementen zur Verfügung. Für die Überführung des interessierenden Elementes oder der Substanz in die Atomdampfphase verwendet man meist die in der Flammenphotometrie üblichen Zerstäuberbrenner. Die zur Messung der aus dem Atomdampf austretenden Strahlung eingesetzte Einrichtung (Monochromator, Detektor) entspricht jener von Spektralphotometern und Flammenspektralphotometern. Nach dem Prinzip der AAS arbeitende Geräte zur Bestimmung der Hg-Dampfkonzentration in der Luft (s. S. 773) werden schon lange verwendet. Eine stürmische Entwicklung in der Anwendung als analytische Methode nahm sie aber erst in den letzten Jahren nach Erscheinen der grundlegenden Arbeiten [*39*]. Mit der AAS können in der Regel nur Einzelbestimmungen durchgeführt werden. Sie hat gegenüber der Flammenphotometrie den Vorteil geringerer Störanfälligkeit. Die Bestimmungsgrenze liegt im Bereich von 0,5 μg/ml (s. Tab. 7, S. 39). Durch Verwendung anderer Heizquellen als Atomisatoren anstelle der Zerstäuberbrenner, wie z. B. Graphitrohr [*40*], -küvette [*41*] oder -stab [*42*], erreicht man einen geringeren Analysenfehler und eine erhöhte Empfindlichkeit mit Bestimmungsgrenzen für einzelne Elemente bis herab zu 2,5 pg – 50 ng [*40–42*]. Weitere Einzelheiten findet man in der entsprechenden Literatur [*43–53a*].

4.4. Atomfluorescenzspektrophotometrie

Der Grundvorgang der Atomfluorescenzspektrophotometrie (AFS) gleicht jenem der Fluorimetrie, nur mit dem Unterschied, daß hier die elektromagnetische Strahlung von Atomen absorbiert wird und die auf diese Weise angeregten Atome bei der Rückkehr in den Grundzustand eine Strahlung gleicher Wellenlänge emittieren. Die apparative Anordnung entspricht weitgehend jener der AAS. Davon abweichend finden zur Anregung Strahlenquellen höherer Leistung (Spektral-Entladungslampen, Xenonlampen, elektrodenlose Entladungsröhren) Anwendung, die meist im rechten Winkel zur optischen Achse angeordnet sind. Im Gegensatz zur AAS und analog zur Fluorimetrie vergrößert sich das Meßsignal bei der AFS mit der Erhöhung der Primärstrahlungsintensität und der Detektorverstärkung. Die AFS ist daher grundsätzlich empfindlicher als die AAS und entsprechend tiefere Bestimmungsgrenzen erscheinen erreichbar, doch hängt dies weitgehend von der zur Verfügung stehenden apparativen Einrichtung ab. Durch Verwendung anderer Heizquellen als Atomisatoren anstelle der Flamme, wie z. B. von Graphitküvette [*41*], -stab [*42*] oder Platindrahtschleife [*54*], erreicht man einen geringeren Analysenfehler und eine erhöhte Empfindlichkeit mit Bestimmungsgrenzen für einzelne Elemente bis herab zur 0,005–150 pg [*41, 42, 54*]. Über die AFS liegen bis jetzt noch relativ wenig Arbeiten und Erfahrungen vor, doch dürfte aufgrund der Empfindlichkeit und Selektivität in Zukunft mit einer breiteren Anwendung dieser Methode zu rechnen sein. Weitere Einzelheiten über die AFS findet man in der Literatur [*41, 42, 45, 46, 53a–61*].

4.5. Elektrochemische Methoden

Im Gegensatz zu den Methoden 4.1., 4.2. und 4.4. (s. S. 29ff.) können mit der auf elektrolytischen Vorgängen beruhenden *Polarographie* auch mehrere Elemente nebeneinander in einem Arbeitsgang bestimmt werden. Bei der *Gleichspannungspolarographie* wird ein zum Metall oder zu einer niedrigeren Wertigkeitsstufe reduzierbares Ion in der als Elektrolyt dienenden Probelösung nach Anlegen einer ansteigenden Spannung elektrolytisch an der Kathode (capillare Hg-Tropfelektrode) reduziert. Als Anode dient Hg oder eine Kalomelelektrode. Bei Erreichen der Zersetzungsspannung für einen zu bestimmenden Stoff tritt ein deutlicher Stromfluß ein, der die Anwesenheit des Stoffes anzeigt und durch Messung der Stromstärke die quantitative Bestimmung ermöglicht. Durch restlose Abgabe der Ladung des zu bestimmenden Ions wird schließlich seine Zersetzungsspannung überschritten und unmittelbar um die Kathode eine Konzentrationsverminderung geschaffen. In diesem Bereich wird nun die Stromstärke allein durch den zum Ausgleich dieses Konzentrationsgefälles aus der Elektrolytlösung einsetzenden Diffusionsvorgang bestimmt. Unter Einhaltung geeigneter Bedingungen ist dieser Diffusionsgrenzstrom der zu bestimmenden Elementkonzentration proportional. Werden die angelegten Spannungswerte mit den erhaltenen Stromstärkemeßwerten im Stromspannungsdiagramm aufgetragen, so bekommt man eine Stufenkurve (Polarogramm), deren Stufenhöhe der Elementkonzentration proportional ist. Bei Anwesenheit mehrerer Elemente mit genügend weit auseinanderliegenden Abscheidungspotentialen (oder bei Anwendung geeigneter Maskierungsmittel) zeigt die Kurve mehrere aufeinanderfolgende Stufen. Die gleichzeitige Bestimmbarkeit mehrerer Elemente in einem Arbeitsgang setzt allerdings voraus, daß die Elemente in vergleichbarer Konzentration vorliegen. Durch einen großen Überschuß von Hauptbestandteilen sind der Bestimmung Grenzen gesetzt und die nachfolgend angeführten Bestimmungsgrenzen können um den Faktor $10-10^4$ verschlechtert werden.

Die Polarographie wird in mehreren Varianten angewendet, die sich u. a. auch in der Bestimmungsgrenze unterscheiden. Diese liegt für die einzelnen Methoden in den folgenden Konzentrationsbereichen: $10^{-4}-10^{-5}$ m Wechselstrompolarographie; $10^{-5}-10^{-6}$ m Gleichspannungspolarographie; $10^{-6}-10^{-7}$ m square wave-, Tast- und Derivativpolarographie, oscillographische (linear sweep-) Polarographie; $10^{-7}-10^{-8}$ m pulse-Polarographie, Radiofrequenz-Polarographie; $10^{-7}-10^{-10}$ m inverse (anodic stripping) Polarographie, inverse Voltammetrie. Sieht man von der inversen Polarographie und Voltammetrie wegen der bei diesen gekoppelten elektrolytischen Anreicherung ab, so errechnet sich für die Polarographie aus L_Q [μg/ml] $= 10^{-5}-10^{-8}$ m bei einem mittleren Atomgewicht von 100 ein Bereich von L_Q [μg/ml] $= 1-0{,}001$ μg/ml. Durch apparative Maßnahmen läßt sich die Bestimmungsgrenze der Polarographie noch senken (s. S. **127**). Hinsichtlich weiterer Einzelheiten über die polarographischen Methoden sei auf die Literatur verwiesen [*62–80b*].

Von den verschiedenen elektrochemischen Bestimmungsmethoden sind weiterhin noch zu erwähnen die *Coulometrie* und *Potentiometrie*. Das Faradaysche Gesetz ist die Grundlage der Coulometrie, bei der die während der Elektrolyse angewandte Elektrizitätsmenge als Maß zur Ermittlung der Elementmenge oder -konzentration dient. Man unterscheidet u. a. zwischen potentiostatischer Coulometrie (Potential konstant, Stromstärke mit der Zeit abnehmend) und galvanostatischer Coulometrie (Stromstärke konstant, Potential veränderlich) bzw. coulometrischer Titration. Bei letzterer wird die zur Titration benötigte Maßlösung aus einem zugesetzten Reagens in der Probelösung elektrolytisch erzeugt und der Titrationsendpunkt meist potentiometrisch ermittelt. Die als Potentiometrie bekannte, klassische Maßanalyse mit potentiometrische Endpunktsanzeige besitzt geringere Bedeutung. Die Bestimmungsgrenzen liegen in folgenden Konzentrationsbereichen: $10^{-4}-10^{-5}$ m Potentiometrie; $10^{-5}-10^{-6}$ m potentiostatische Coulometrie; $10^{-7}-10^{-8}$ m coulometrische Titration. Auch hier erreicht man durch apparative Maßnahmen eine Verbesserung der Bestimmungsgrenze (s. S. **127**). Über diese Methoden orientiert die Literatur [*69–94a*].

4.6. Emissionsspektralanalyse

Die Emissionsspektralanalyse hat den Vorteil, daß mit ihr eine große Zahl von Elementen gleichzeitig bestimmt werden kann. Sie findet daher in der Spurenanalyse häufig Anwendung. Der Grundvorgang dieser Bestimmungsmethode ist kurz folgender: Die zu untersuchende Substanz wird durch eine zwischen zwei Elektroden stattfindende elektrische Entladung verdampft und die Atome durch Zufuhr elektrischer und thermischer Energie zum Strahlen angeregt, wobei die Strahlung durch Quantensprünge in der äußersten Elektronenschale entsteht. Das Spaltbild des ausgesandten Lichtes wird optisch in seine Wellenlängen zerlegt, so daß man ein Linienspektrum erhält. Aus der Lage der Spektrallinien können die Elemente qualitativ nachgewiesen und aus der Intensität der Linien, die entweder über ein photographisches Bild oder während der elektrischen Entladung photoelektrisch gemessen wird, ihre Mengen quantitativ bestimmt werden (s. S. **143ff.**). Durch Variation der Entladungsbedingungen, der apparativen Einrichtung und der Untersuchungstechnik läßt sich diese Bestimmungsmethode verschiedenen Problemen anpassen. Die Bestimmungsgrenze ist veränderlich und von den Analysenbedingungen sowie vom nachzuweisenden Element abhängig (s. Tab. 7,

S. 39). Im allgemeinen können Gehalte bis zu 10^{-3}–$5 \cdot 10^{-5}$%, in einzelnen Fällen sogar bis zu 10^{-6}% bestimmt werden. Die auf den Elektroden bestimmbare Mindestmenge liegt durchschnittlich bei 0,01 µg, kann aber für einzelne Elemente je nach der angewandten apparativen Anregungsvariante und besonderen Arbeitstechnik [*95, 96*] (s. S. 128 ff., 143 ff.; s. Tab. 7, S. 39) höher oder noch tiefer sein. Die Grundlagen und die Anwendung der Emissionsspektralanalyse sind in der einschlägigen Literatur eingehend beschrieben [*44–46, 95–106a*] (s. auch S. 143ff.).

4.7. Flammenspektrophotometrie

Hier wird die als Lösung vorliegende Probe mit Hilfe eines Zerstäuberbrenners in Form eines Aerosols in eine Flamme eingebracht, die Elemente in eine Atomdampfwolke überführt und durch die thermische Energie der Flamme zum Strahlen angeregt. Aus der Strahlung wird die interessierende Wellenlänge mit Hilfe eines Monochromators (Flammenspektrophotometrie) oder optischer Filter (Flammenphotometrie) isoliert und photoelektrisch gemessen. Beide Methoden seien hier und in den folgenden Abschnitten der Einfachheit halber unter dem Begriff *Flammenphotometrie* zusammengefaßt. Mit den handelsüblichen Geräten kann stets nur ein Element in einem Arbeitsgang bestimmt werden, wenn man von den selten angewandten Flammenspektrometern absieht. Die Flammenphotometrie eignet sich vor allem zur Bestimmung der leicht verdampfbaren und anregbaren Alkali- und Erdalkalimetalle, doch sind auch andere Elemente auf diesem Wege bestimmbar. Im Vergleich zur Emissionsspektralanalyse mit elektrischer Anregung weisen die Verfahren mit Flammenanregung für die Alkali- und mitunter auch für die Erdalkalimetalle eine höhere Nachweisempfindlichkeit auf. Die Bestimmungsgrenze liegt für die Alkali- und Erdalkalimetalle im Bereich von 0,0002–0,01 µg/ml, für die übrigen Elemente im Durchschnitt bei 1 µg/ml (s. Tab. 7, S. 39). Durch entsprechende Maßnahmen sind tiefere L_Q-Werte erreichbar (s. S. 127). Weitere Hinweise über die Grundlagen und Anwendung der Flammenphotometrie müssen der einschlägigen Literatur entnommen werden [*44–46, 53, 53a, 107–110*].

4.8. Röntgenspektrometrie

Im Gegensatz zu den optischen Spektren der Emissionsspektralanalyse, die durch Quantensprünge in der äußersten Elektronenschale der Atome entstehen, stammen die Röntgenspektren aus den Veränderungen im Inneren der Atomhülle. Sie entstehen durch Quantensprünge zwischen den inneren Elektronenschalen (K- und L-Schalen). Man erhält hier ebenso wie bei der Emissionsspektralanalyse quantitativ auswertbare Linienspektren. Gegenüber der Emissionsspektroskopie weist die Röntgenspektroskopie den Vorteil auf, daß die Spektren linienärmer sind, weshalb sie besonders für den Nachweis und die Bestimmung chemisch ähnlicher Elemente, wie z. B. von Zr in Hf-Präparaten, Re in Mo-Verbindungen, Platinmetallen nebeneinander und S. E. nebeneinander, geeignet ist. Wenn von den verschiedenen Varianten der Röntgenspektralanalyse abgesehen wird, so findet folgender Grundvorgang statt: Die Probe wird mit einem Röntgenstrahlen- (Röntgenröhre als Strahlenquelle) oder Elektronenstrahlenbündel bestrahlt und die entstehende Sekundärstrahlung (Röntgenfluorescenzstrahlung; daher auch die Bezeichnung Röntgenfluorescenzanalyse oder RF-Analyse) direkt oder nach vorheriger Zerlegung in ihre Wellenlängen photographisch oder über ein Zählgerät registriert. In einem Arbeitsgang kann eine größere Zahl von Elementen bestimmt werden, wobei die Messung der einzelnen Elemente mit Hilfe eines mit Zählrohren ausgerüsteten Röntgenspektrometers meist nacheinander (Sequenzgerät) oder auch gleichzeitig (Simultangerät) erfolgt. Gegenüber der Emissionsspektralanalyse hat die Röntgenspektroskopie noch den Vorteil, daß die zur Messung verwendete Proben- oder Elementefraktion durch den Meßvorgang selbst nicht verbraucht wird, weshalb die Messung beliebig oft wiederholt werden kann und die zur Messung benutzte Substanz anschließend noch für andere Analysengänge verwendbar ist. Röntgenspektralanalytisch sind alle Elemente bis herab zur Ordnungszahl 9 (F) bestimmbar. Einige darunter liegende Elemente können indirekt bestimmt werden (s. S. 161). Infolge der Matrixeffekte ist die Bestimmungsgrenze der Röntgenspektroskopie nicht sehr tief. Je nach Matrix und Element liegt sie im Bereich von 0,01–0,0001%. Kleinere Gehalte lassen sich nach vorangehender Anreicherung unter Anwendung einer entsprechenden Arbeitstechnik (s. S. 158ff.) bestimmen. In Abwesenheit von störender Matrix liegt die Bestimmungsgrenze für die isolierten Elemente durchschnittlich bei 1 μg (s. Tab. 7, S. 39).

Die röntgenspektroskopische Mikroanalyse kleinster Objektbereiche unter Verwendung von Elektronenstrahlen als Primärstrahlung nahm in Gestalt der Mikrosonde auf den verschiedensten Gebieten einen besonderen Aufschwung. Auf diesem Wege können Substanzmengen von etwa 10^{-12} g in einer Oberfläche von ~ 1 μm² quantitativ analysiert werden [*111*]. Nähere Einzelheiten über die Röntgenspektroskopie sind der einschlägigen Literatur zu entnehmen [*112–134a*].

4.9. Massenspektrometrie

Bei der massenspektrometrischen Untersuchung werden von der zu untersuchenden Substanz zunächst Ionen erzeugt, die dann mit Hilfe einer hohen elektrischen Gleichspannung im Vakuum beschleunigt werden. Der entstehende Ionenstrahl passiert elektrische und magnetische Felder und wird dabei in Ionen verschiedener Masse zerlegt, die mit Hilfe einer Photoplatte oder elektrometrisch nachgewiesen werden. Das Ausmaß der Ablenkung gibt Aufschluß über die Art der Elemente, die Intensität der entstandenen Linien über die Elementmenge. Die Bestimmungsgrenze der Massenspektrometrie liegt im allgemeinen bei 10^{-2}–10^{-4} μg/g bzw. 10^{-4}–10^{-5} μg/g. $L_Q = 10^{-6}$ μg erreicht man bei der massenspektrometrischen Bestimmung der Elemente in Form organischer Komplexe, z. B. Ni-Dimethylglyoximat, Oxinate u. a. [*135–137*]

Im einzelnen Fall konnten sogar noch 10^{-7} μg nachgewiesen werden und durch Verbesserung der apparativen Einrichtung soll sich der Nachweis noch um drei Zehnerpotenzen empfindlicher gestalten lassen [*138*]. In der einschlägigen Literatur sind weitere Einzelheiten dieser Bestimmungsmethode erläutert [*139–148a*].

4.10. Aktivierungsanalyse

Obwohl der Gedanke, die durch Bestrahlung erzeugten Aktivitäten für die Analyse auszuwerten, bereits mehr als 35 Jahre zurückliegt [*149*], ist die Aktivierungsanalyse eine der neuesten Methoden in der Spurenanalyse. Ihr Arbeitsgang besteht im allgemeinen aus mehreren Teiloperationen: Bestrahlung der zu untersuchenden Probe mit Elementarteilchen, wobei sich durch die in den Kernen der Elemente hervorgerufenen Reaktionen neue, radioaktive Kerne bilden, chemische Abtrennung bzw. Isolierung des zu bestimmenden Elementes nach Zusatz von Trägersubstanz, Messung der bei der erzeugten Radioaktivität auftretenden Strahlung mit Hilfe eines geeigneten Zählgerätes. Die Aktivierung erfolgt durch Bestrahlung mit Neutronen, Protonen, Deuteronen, α-Teilchen usw. oder mittels γ-Strahlen und führt zu einer sich in allen bekannten Strahlenarten äußernden Radioaktivität. Die Aktivierungsanalyse wird vorwiegend nach der (n, γ)-Reaktion durch Bestrahlung mit langsamen Neutronen und Messung der entstehenden γ-Strahlung durchgeführt, weshalb sie, je nach der Meßmethode, auch als γ-Strahlenspektroskopie bzw. Neutronen-Aktivierungsanalyse bezeichnet wird. Von den verschiedenen Neutronenquellen, wie natürlicher Neutronenquelle, Teilchenbeschleuniger oder Uranreaktor, erscheint der letztere wegen seines hohen Flusses an langsamen Neutronen für die meisten Aktivierungsanalysen als das geeignetste Gerät. Da derartige Neutronenquellen nicht allgemein verfügbar sind, kann dieses Analysenverfahren nur beschränkt angewendet werden. Durch die im Handel erhältlichen, auch weniger kostspieligen Neutronengeneratoren für den Laboratoriumsmaßstab dürfte die Aktivierungsanalyse zwar eine breitere Anwendung finden, doch haben diese Generatoren den Nachteil des geringeren Neutronenflusses von $10^8-10^9/cm^2$ mit der damit verbundenen, gegenüber dem Uranreaktor (mit einem durchschnittlichen Neutronenfluß von $10^{13}/cm^2$) um etwa 4–5 Zehnerpotenzen höheren Bestimmungsgrenze. Die Aktivierungsanalyse eignet sich in erster Linie für den Nachweis spurenhafter Verunreinigungen und zählt zu den empfindlichsten Bestimmungsmethoden. Sie hat den Vorteil, daß bei der Isolierung des betreffenden aktivierten Elementes auftretende und bei anderen analytischen Methoden zu empfindlichen Fehlern führende Verunreinigungen, beispielsweise durch Reagentien, hier ohne Bedeutung für das Analysenergebnis sind. Doch darf nicht übersehen werden, daß es auch hier eine Reihe anderer Fehlermöglichkeiten gibt, u. a. die Verunreinigung der Probe vor der Aktivierung, Verunreinigung durch radioaktive Isotope bei der chemischen Isolierung. Unter gewissen Voraussetzungen kann „zerstörungsfrei", d. h. ohne Substanzverluste, analysiert werden, wobei eine chemische Isolierung des Elementes entfällt und das Arbeiten daher besonders einfach ist. Die Bestimmungsgrenze liegt bei $10^{-2}-10^{-4}$ µg/g [*150, 151*] bzw. $10^{-1}-10^{-4}$ µg [*152–155*] (s. Tab. 7, S. 39). In der Praxis liegt die Bestimmungsgrenze höher als die in Tab. 7 angegebenen Werte, besonders bei kurzlebigen Isotopen. Weitere Einzelheiten über die Aktivierungsanalyse findet man in der einschlägigen Literatur [*153, 156–177a*].

4.11. Radiochemische Analyse, Autoradiographie

Da die Spurenelemente gewöhnlich in inaktiver Form vorliegen, ist ihre radiochemische Bestimmung nur nach vorangehender Aktivierung möglich. Eine Markierung des inaktiven Spurenelementes mit radioaktiven Indicatoren setzt die Anwesenheit einer bestimmten Mindestmenge des betreffenden Spurenelementes voraus. Eine radiochemische Bestimmung ohne vorhergehende Aktivierung der Spurenelemente ist aber durchführbar, wenn es sich um die Analyse radioaktiver Spurenelemente handelt. In solchen Fällen kann auch mittels Autoradiographie gearbeitet werden, wobei aus dem durch die radioaktive Strahlung erzeugten Schwärzungsgrad einer photographischen Platte oder eines Filmes die Aktivität und Menge des vorhandenen Elementes bestimmt werden. L_Q liegt im Bereich der für die Aktivierungsanalyse angegebenen Zahlen. Einzelheiten über Bestimmungsmöglichkeiten sind den einschlägigen Arbeiten zu entnehmen [*156–159, 166, 178–180*].

4.12. Gaschromatographie

In zunehmendem Maße wird die Gaschromatographie für die Trennung (s. S. 56) und Bestimmung von Spurenelementen eingesetzt. Dabei werden die Elemente meist in Form flüchtiger, organischer Komplexe nach ihrer gaschromatographischen Trennung (s. S. 56) mit Hilfe der in Gaschromatographen üblichen Detektoren [Wärmeleitfähigkeits-, Flammenionisations-(FID), Elektroneneinfangdetektor (EED) usw.] quantitativ bestimmt. Die Vorteile der gaschromatographischen Bestimmung von Spurenelementen sind: Einfachheit, Schnelligkeit und hohe Empfindlichkeit. Beispielsweise wurden für die Trifluoracetylacetonate mit zwei Detektoren (FID; EED) folgende Nachweisgrenzen (in ng) ermittelt [*181*]: Al (5; 0,003), Cr (19; 0,0002), Cu (100; 13); weiterhin [*182*] Be (–; 0,0004). Weitere Einzelheiten über die Anwendung der Gaschromatographie findet man in der Literatur beschrieben [*183–193a*].

4.13. Mikrobiologische Methoden

Alle Mikroorganismen benötigen für ihr Wachstum geringste Mengen bestimmter Metallionen. Wird nun in einer zur Züchtung von Mikroorganismen geeigneten, hinsichtlich ihrer Bestandteile vollständigen Nährlösung das zu bestimmende Spurenelement weggelassen und erst den einzelnen Versuchsansätzen in abgestuften Konzentrationen zugesetzt, so ist das Wachstum der Mikroorganismen innerhalb bestimmter Grenzen der Spurenelementkonzentration proportional. Durch visuellen Vergleich des Wachstums mit dem einer Standardreihe sowie durch Bestimmung von Myceltrockengewicht oder Stoffwechselprodukten lassen sich Spurenelementgehalte quantitativ bestimmen. Wegen näherer Einzelheiten sei auf einen späteren Abschnitt (s. S. **1459** ff.) verwiesen. Für die mikrobiologische Spurenelementbestimmung werden vorwiegend Schimmelpilze und von diesen häufig Aspergillus niger herangezogen. Mit diesem Organismus wurden die Spurenelemente Cu, Zn, Mo, Mn, Fe und Mg in Böden, Pflanzenaschen, pflanzlichen und tierischen Geweben, Fruchtextrakten und Enzymen bestimmt [*194–207*]. Die mikrobiologische Methode wird einer chemischen öfter vorgezogen, wenn z. B. der biologisch verwertbare Spurengehalt von Böden bestimmt werden soll (s. S. **1460**); auch weist sie eine höhere Genauigkeit und Spezifität bei geringen Metallkonzentrationen auf. So wurden z. B. für Aspergillus niger folgende Bestimmungsgrenzen in µg/ml gefunden: Fe 0,002–0,001; Cu 0,001; Zn 0,01–0,001; Mo 0,00001–0,000001; Mn 0,0002–0,0001 [*205, 206, 208–211*].

4.14. Tüpfelanalyse

Der Nachweis eines Spurenelementes erfolgt hier in einem Tropfen auf einer Tüpfelplatte oder Filtrierpapier aufgrund einer charakteristischen Farbreaktion oder Fällung. Mit dieser einfach durchzuführenden Arbeitstechnik konnte die Empfindlichkeit sehr gesteigert werden, so daß die Tüpfelanalyse in der mikrochemischen Technik als eine der empfindlichsten Methoden gilt. Im allgemeinen liegt die Nachweisgrenze bei 1 bis 0,01 µg, für einzelne Elemente auch bei 10^{-3} µg [*212*]. Die Bestimmung kann qualitativ oder halbquantitativ durchgeführt werden. Für genauere Einzelheiten wird auf die einschlägige Literatur verwiesen [*212, 213*].

Von den verschiedenen Verfahren die in der Tüpfelanalyse zur Trennung von Elementen angewandt werden (s. S. **53** ff.), sei die Ringofen-Methode [*214*] erwähnt, die zur Durchführung von Trennungen in einem Tropfen Probelösung entwickelt wurde. Es handelt sich um eine Kombination von Tüpfelanalyse mit einer der Ringchromatographie ähnlichen Arbeitsweise, wobei ein Ringofen, auf welchem das Filtrierpapier aufgelegt ist, das Elutions-Lösungsmittel in einem bestimmten Abstand vom Tüpfelfleck verdampft und an dieser Stelle das abgetrennte Element als scharf abgebildeten Ring mit dem Tüpfelfleck als Mittelpunkt zurückläßt.

Der Nachweis von festen und flüssigen Partikelchen sowie Ionen (z. B. Cl^-, I^-, Cu^{2+}, Co^{2+}, Ni^{2+}, Fe^{2+}, Fe^{3+}, Na^+, K^+ und Carbonate) mit $L_D \approx 10^{-10}-10^{-15}$ g gelingt durch eine Art „Mikro-Tüpfelanalyse" auf einem auf einer Glasplatte aufgetragenen Gelatinefilm, in dem das Reagens gelöst ist, oder auf einem nichtsensibilisierten Gelatinefilm, auf dem sich die nachzuweisende Substanz befindet [*215–218*]. Sie wird im letztgenannten Fall mit einem Kunststoffilm überzogen und das Reagens durch den Kunststofffilm diffundieren gelassen. Der entstehende Niederschlag oder die Farbreaktion wird unter dem Lichtmikroskop beobachtet. Dieses Verfahren wurde zu einer „Mikro-Ringchromatographie" ausgearbeitet, die den Nachweis und die quantitative Bestimmung von Halogenionen in $10^{-6}-10^{-12}$ g-Partikelchen gestattet (s. S. 55). Durch diese Technik kann nicht nur der Tüpfelnachweis in seiner Empfindlichkeit gesteigert werden, sondern das Verfahren erscheint außerdem speziell für die Untersuchung und Bestimmung der Luftverunreinigungen [*215-216*] besonders geeignet. Einen Schritt zu noch kleineren Dimensionen stellt die Anwendung des Elektronenmikroskopes in Verbindung mit dieser Arbeitstechnik dar, wobei anstelle der Glasplatte z. B. die mit einem entsprechenden Trägerfilm überzogene Objektträgerblende aus Goldplatin verwendet wird. Auf diese Weise konnten z. B. Halogenid- und Sulfatpartikelchen bis herab zu einer Größe von 50 bzw. 1000 Å nachgewiesen werden [*219*]. Nimmt man die Form eines Würfels und ein spez. Gewicht von 2 an, so entspricht dies $L_D = 10^{-15}-10^{-19}$ g.

4.15. Mikroskopie

Von sehr vielen kristallisierten Stoffen sind die kristallographischen Daten bekannt, weshalb sich noch sehr kleine, durch Mikrotechnik isolierte Kristalle mikroskopisch identifizieren und gegebenenfalls auch quantitativ bestimmen lassen. Anwendung finden hierfür die Licht-, Elektronen- und Röntgenstrahlenmikroskopie sowie die Elektronen- und Röntgenstrahlenbeugung. Das Lichtmikroskop erlaubt die Identifizierung einzelner Kristalle mittels der Brechungsindizes und weiterer kristallographischer Daten herab bis zu 1 µg; es lassen sich aufgrund von Kristallform und chemischer Reaktionen in manchen Fällen aber noch Mengen bestimmter Elemente bis etwa 10^{-3} µg nachweisen [*220–222*]. Der bekannte Nachweis von Elementen mit Hilfe der Schmelzperle weist in Verbindung mit dem Lichtmikroskop einen ähnlichen Nachweisbereich auf. Hinsichtlich weiterer zahlreicher Anwendungen des Lichtmikroskopes zum Nachweis anorganischer Stoffe sei auf einschlägige Literatur verwiesen [*223–225*]. Mit Hilfe des Elektronenmikroskopes können, zu einem gewissen Ausmaß nach der Teilchenform, allgemeiner jedoch durch Elektronenbeugung, Mengen von mindestens 10^{-6} µg nachgewiesen und bestimmt werden. Die Nachweisgrenze des Elektronenmikroskopes nach der Teilchenform liegt bei Routinearbeit und einem leistungsfähigen Gerät (unter Zugrundelegung einer Würfelkantenlänge von 200 Å und einem spez. Gewicht von 2–20 g/cm³) bei $10^{-16}-10^{-17}$ g nach anderen Angaben [*226*] bei $10^{-10}-10^{-17}$ g, schließlich für eine erreichbare Auflösung von 30–50 Å unter denselben Gesichtspunkten bei $10^{-18}-10^{-19}$ g. Mit den neuesten Geräten erreicht man eine noch bessere Auflösung [*227, 228*]. Die Nachweisgrenze für die Röntgenstrahlenbeugung liegt bei etwa 10^{-3} µg. Es sei noch auf die Kombination von Licht- bzw. Elektronenmikroskopie mit der Tüpfelreaktion (s. S. **37**) und auf diese von Elektronenmikroskopie mit der Mikroelektrolyse (s. S. 57) verwiesen.

4.16. Vergleich der Bestimmungsmethoden

In den vorhergehenden Abschnitten 4.1.–4.15. sind die wichtigsten, auf dem Gebiet der Spurenanalyse anwendbaren Nachweis- und Bestimmungsmethoden angeführt, was natürlich die Anwendung eines unerwähnten Verfahrens im Einzelfall nicht ausschließt. In Ergänzung zu den dort gebrachten Durchschnittszahlen der Bestimmungsgrenzen sind in Tab. 7 die L_Q-Werte (in µg/ml und µg) der wichtigsten Bestimmungsmethoden für die einzelnen Elemente zusammengestellt. Bei diesen Zahlen ist zu berücksichtigen, daß sie bei einigen Methoden nur Richtwerte darstellen. Dies ist darauf zurückzuführen, daß die Werte einerseits aus verschiedenen Laboratorien stammen und z. T. von der jeweils verwendeten apparativen Einrichtung abhängig sind, andererseits ein Teil der Werte für den Vergleich unter vereinfachenden Annahmen entsprechend umgerechnet werden mußte. Auch kann man bei einzelnen Bestimmungsmethoden durch Änderung der Meß- und Arbeitsbedingungen (z. B. Mikrotechnik u. a.) eine Verschiebung von insbesondere L_Q [µg] um eine bis mehrere Zehnerpotenzen erreichen; die hier angegebenen Werte von L_Q [µg] beziehen sich jedoch auf übliche Meß- und Arbeitsbedingungen. Trotz dieser Einschränkungen ist eine solche Zusammenstellung (Tab. 7) für den Vergleich von Bestimmungsmethoden eine nützliche Grundlage. Für die in Tab. 7 zusammengestellten L_Q-Werte [µg/ml und µg] gelten im Einzelnen die nachfolgenden Gesichtspunkte, wobei für die Berechnung von L_Q [µg] nur der durch die Apparatur bedingte, tatsächliche Verbrauch an Probelösung (s. auch weiter unten) berücksichtigt ist.

Möglichkeiten und Maßnahmen zur Senkung von S_M bzw. L_Q und die auf diese Weise erreichbaren Grenzwerte findet man auf S. **74**, **122** ff., **133** ff. angeführt.

Photometrie

Die in Tab. 7 angegebenen Werte für L_Q[µg/ml] wurden aus S_M berechnet und entsprechen einer Extinktion von $E = 0{,}025$ für eine 1 cm-Küvette unter der Annahme von $\sigma_B \approx 0{,}0025$ (Extinktion). Die Zahlen sind für eine Auswahl von Reagentien angegeben. Angaben über weitere Reagentien findet man in den Elementabschnitten (s. S. **375** ff.). Bei Verwendung einer 1 cm-Küvette mit einem Verbrauch an Probelösung von ~ 1 ml ist L_Q [µg/ml] mit L_Q [µg] identisch.

AAS, AFS und Flammenphotometrie

Für einen Verbrauch an Probelösung von ~ 1 ml ist L_Q [µg/ml] = L_Q [µg].

Emissionsspektralanalyse

Für die eigentliche Bestimmung werden 100 µl Probelösung (je 50 µl auf jeder Elektrode) verwendet, so daß bei Verwendung eines aliquoten Teiles der Probelösung und ohne Eindampfen derselben L_Q [µg/ml] = $10 \cdot L_Q$ [µg].

Röntgenspektrometrie

Für L_Q [µg/ml] wird angenommen, daß eine ballastfreie Probelösung vorliegt, von der 1 ml vor der eigentlichen Bestimmung eingedampft werden kann, weshalb L_Q [µg/ml] = L_Q [µg].

Massenspektrometrie

Als Grundlage für die Berechnung der L_Q [µg]-Werte diente die Feststellung, daß für den Nachweis ($L_D = 2\sigma_B$) ~ 5×10^{11} Atome erforderlich sind [*229*]. Der damit errechnete Wert wurde hinsichtlich der Häufigkeit des Hauptisotops entsprechend korrigiert und weiterhin mit dem Faktor 10 multipliziert, um Substanzverluste während des Meßvorganges (Faktor 2) und die Überführung in $L_Q = 10\,\sigma_B$ (Faktor 5) zu berücksichtigen. Für L_Q [µg/ml] wird angenommen, daß für die eigentliche Bestimmung ein aliquoter Teil von 100 µl Verwendung findet, weshalb L_Q [µg/ml] = $10 \cdot L_Q$ [µg].

Aktivierungsanalyse

Die L_Q-Werte sind für einen Neutronenfluß von 10^{12}n cm^{-2} sec^{-1} angegeben, da dieser bei Kernreaktoren am häufigsten, ein solcher von $10^{13}-10^{14}$n cm^{-2} sec^{-1} dagegen

Tabelle 7. Bestimmungsgrenzen ($L_Q = 10\,\sigma_B$) der Bestimmungsmethoden, in μg/ml und μg[a, b]

Element	Photometrie	AAS[1]	AFS[42]	Emissionsspektralanalyse			Flammenphotometrie[5]	Röntgenspektrometrie[6]	Massenspektrometrie	Aktivierungsanalyse 10^{12}n cm^{-2} sec^{-1}	
				Gleichstrombogen[2]	Kupferfunken[3]	Graphitfunken[4]				ohne chem. Isolierung[7]	mit chem. Isolierung[8]
Ar									(0,0003)	(0,0003)	
Ag	0,1[9]	0,025	0,0005	0,1	2	0,005	0,1	4	0,02	0,0002	3
Al	0,015[10]	0,5	1	0,5	0,1	0,025	0,05	17	0,002	0,003	50
As	0,05[11]	1	1	10	5	1	250		0,006	0,002	0,004
Au	0,075[12]	1	0,025	1	0,2		2,5		0,02	0,0006	0,001
B	0,002[13]	30		0,5	0,1	0,0025	150	~ 1[c]	0,001		
Ba		0,25		0,1	0,1		0,005	0,4	0,02	0,01	0,02
Be	0,05[14]	0,01	0,05	0,05	0,002		200	~ 1[c]	0,001		
Bi	0,07[9]	0,25	0,25	0,2	0,2	0,05	200	2	0,02	5	10
Br								1	0,01	0,0005	0,004
C									0,001		
Ca	0,06[15]	0,01	0,1; 0,005	0,1	0,1		0,0005	0,5	0,003	0,5	9
Cd	0,04[9]	0,025	0,000005	2	1	0,2	10	2,5	0,03	0,03	0,07
Ce	0,15[16]			10	0,5		50	0,6	0,01	0,2	0,4
Cl									0,004	0,006	0,03
Co	0,05[17]	0,025	0,05	0,1	0,5	0,05	0,25	0,2	0,005	0,03	0,6
Cr	0,035[18]	0,025	0,25	1	0,05	0,01	0,025	0,7	0,005	7[e]	14[e]
Cs		0,25		3	0,5		0,04	0,5	0,01	0,5	1
Cu	0,03[9]	0,025	0,005	0,1		0,005	0,05	0,4	0,01	0,005	0,01
Dy	0,15[16]	2		3	0,5		0,5		0,05	0,00001	0,00002
Er	0,15[16]	0,5		2	0,5		1,5		0,05	0,006	0,01
Eu	0,15[16]	1		2	0,03		0,015		0,02	0,00001	0,00003
F								~ 1[c]	0,002	0,06	—[d]
Fe	0,065[19]	0,025	0,04	1	0,8	0,025	0,25	0,3	0,005	140	280
Ga	0,04[12]	0,5	1,5	0,5	1		0,05		0,01	0,004	0,01
Gd	0,15[16]	20		3	0,3		10		0,05	0,01	0,03
Ge	0,01[20]	5	0,5	0,5			2,5		0,02	0,01	0,02
H									(0,00001)		
He									(0,00003)		
Hf	0,09[21]	75	15	3	0,5		375	0,7	0,04	0,05[e]; 0,3	0,1[e]; 0,6
Hg	0,075[9]	2,5	0,1; 0,0015	2	5	0,1			0,06	0,01[e]	0,02[e]

Tabelle 7 (Fortsetzung)

Element	Photometrie	AAS[1]	AFS[42]	Emissionsspektralanalyse			Flammenphotometrie[5]	Röntgenspektrometrie[6]	Massenspektrometrie	Aktivierungsanalyse 10^{12}n cm^{-2} sec^{-1}	
				Gleichstrombogen[2]	Kupferfunken[3]	Graphitfunken[4]				ohne chem. Isolierung[7]	mit chem. Isolierung[8]
Ho	0,15[16]	1,5		2	0,2		0,5		0,01	0,0003	0,0006
I								0,2	0,01	0,0005	0,0025
In	0,04[9]	0,25	0,5	1	1	0,1	0,025		0,01	0,00002	0,00007
Ir	0,1[22]	10		5	5		500		0,03	0,0002	0,0004
K		0,025		3	0,1		0,015		0,003	0,03	0,06
Kr									(0,001)	(0,01)	
La	0,15[16]	10		2	0,05		10	0,4	0,01	0,003	0,006
Li		0,025		0,1	0,002		0,00015	~ 1[c]	0,0006		
Lu	0,15[16]	15		2	1		1		0,01	0,0001	0,0003
Mg	0,035[23]	0,0025	0,005	0,1	0,01		0,025		0,003	0,2	4
Mn	0,18[24]	0,015	0,03	0,1	0,02	0,0025	0,025	0,2	0,005	0,0001	0,0002
Mo	0,12[25]	0,5	5	1	0,05		0,5	1,5	0,03	0,2	0,5
N									(0,0001)		
Na		0,025		0,5	0,1		0,0005	~ 1[c]	0,002	0,003	0,006
Ne									(0,0002)	(0,02)	
Nb	0,07[26]	25		1	0,2		5		0,01	0,01	0,5
Nd	0,15[16]	10		5	0,3		5		0,04	0,02; 0,1	0,05; 0,3
Ni	0,1[27]	0,025	0,15	0,2	0,1	0,01	0,15	0,2	0,007	0,1	0,2
Np	0,4[28]				2						
O									(0,0001)		
Os	0,17[29]	5		4			50		0,04	0,04	0,07
P	0,03[30]			50	20	0,1		4	0,003	0,15	0,3
Pa					2						
Pb	0,08[9]	0,05	0,05	1	0,3		1	2	0,03	25	50
Pd		0,1	0,2	1	0,5		0,25		0,03	0,002	0,005
Pm	0,15[16]										
Pr	0,15[16]	50		20	0,2		10		0,01	0,001	0,002
Pt	0,6[22]	0,5		1	0,02		10	2,5	0,05	0,02	0,07
Pu					2						
Rb		0,025		1	0,2		0,01		0,01	0,25	0,5
Re	0,11[31]	7,5		2	2		1		0,02	0,0003	0,0006
Rh	0,7[22]	0,15	15	1			1,5		0,01	0,0002	0,06
Ru	0,25[32]	1,5		2			1,5		0,003	0,02	0,05

S								2; ∼0,1[e]	0,003	300	600
Sb	0,075[12]	1	0,25	2	5	0,1	100		0,02	0,01	0,02
Sc	0,15[33]	1	50	0,5	0,01		0,15		0,004	0,03	0,06
Se	0,2[34]	2,5	0,5	100					0,01	0,01	0,05
Si	0,03[35]	0,5	3	0,5	0,1		25		0,003	0,2	0,5
Sm	0,15[16]	25		5	0,5		3		0,05	0,001	0,002
Sn	0,075[20]	0,3	0,25	0,5			1,5		0,03	0,5	1
Sr		0,05	0,15	0,5	0,5		0,0005	1	0,001	0,2	0,4
Ta	1,7[36]	30		10	1	0,1	90		0,02	0,15	0,3
Tb	0,15[16]	10		5	1		5		0,01	0,03	0,06
Tc	0,05[26]										
Te	0,12[37]	1,5	0,25	50	0,5		1000		0,03	0,05	0 1
Th	0,24[16]			20	0,5		750		0,02	0,001	0,004
Ti	0,09[38]	1	30	0,2	0,1	0,025	1	0,3	0,005	0,15	10
Tl	0,06[12]	1	0,04	2		0,5	0,1		0,02	7	14
Tm	0,15[16]	0,75		2	0,05		1		0,01	0,02	0,035
U	0,35[39]	150	25	10	1		50	2,5	0,02	0,002	0,01
V	0,35[40]	0,2	0,75	0,5	0,05	0,01	0,05	0,15	0,004	0,00025	0,15
W	0,2[25]	15		5	0,5	0,1	2,5		0,05	0,0025	0,005
Xe									(0,004)	(0,1)	
Y	0,085[41]	1,5		0,5	0,05		5	0,7	0,007	0,015	0,03
Yb	0,15[16]	0,2		0,5	0,05		0,25		0,05	0,0065	0,01
Zn	0,018[9]	0,01	0,0001	5	2	0,1	250	0,2	0,01	0,01; 0,1	0,03; 0,2
Zr	0,07[21]	25	20	1	0,3	0,025	15	0,4	0,01	1	2

[a] Die Zahlen sind für L_Q [μg/ml], die in Klammer gesetzten Zahlen für L_Q [μg] angegeben. Bei der Emissionsspektralanalyse und der Massenspektrometrie liegt L_Q [μg] eine Zehnerpotenz tiefer als L_Q [μg/ml], d. h. L_Q [μg/ml] = 10 · L_Q [μg], bei den übrigen Bestimmungsmethoden ist L_Q [μg/ml] = L_Q [μg].

[b] Erläuterungen zur vorliegenden Tab. 7 und die Voraussetzungen zur Ermittlung der L_Q-Werte findet man auf S. 38ff.

[c] Nach Spurenfällung indirekt bestimmt (s. S. 161).

[d] Zu kurze Halbwertzeit.

[e] γ-Strahler.

[1] Nach [*52*]. [2] Nach [*96, 231—233*]. [3] Nach [*96, 232, 234*]. [4] Nach [*235*], mit abgedichteten Graphitelektroden (s. S. 128). [5] Nach [*236—240*]. [6] Nach [*241—244a*]. [7] Nach [*153*]. [8] Nach [*230*]. [9] Dithizon. [10] Eriochromcyanin. [11] Arsenmolybdänblau. [12] Rhodamin B. [13] Curcumin. [14] 8-Hydroxychinaldin. [15] Glyoxal-bis-(2-hydroxyanil). [16] Arsenazo. [17] Nitroso-R-Salz. [18] Diphenylcarbazid. [19] Bathophenanthrolin. [20] Phenylfluoron. [21] Xylenolorange. [22] $SnCl_2$-Verfahren. [23] Eriochromschwarz T. [24] Formaldoxim. [25] Dithiol. [26] Thiocyanat. [27] Dimethylglyoxim. [28] Thorin. [29] 1-Naphthylamin-4,6,8-trisulfosäure. [30] Phosphormolybdänblau. [31] α-Furildioxim. [32] 1,4-Diphenylthiosemicarbazid. [33] Alizarinsulfosäure. [34] 3,3'-Diaminobenzidin. [35] Silicomolybdänblau. [36] Pyrogallol. [37] Bismuthiol II. [38] Tiron. [39] Dibenzoylmethan. [40] Benzohydroxamsäure. [41] Brenzcatechinviolett. [42] Nach [*42, 58, 245—265*].

seltener zur Verfügung steht. Eine Erhöhung des Neutronenflusses um eine Zehnerpotenz führt zu einer um etwa eine Zehnerpotenz tieferen L_Q, umgekehrt ergibt eine Verminderung des Neutronenflusses um denselben Betrag eine entsprechende Erhöhung von L_Q im gleichen Umfang. Für L_Q [μg/ml] wird angenommen, daß eine ballastfreie Probelösung vorliegt, von der 1 ml vor der eigentlichen Bestimmung eingedampft werden kann, weshalb L_Q [μg/ml] = L_Q [μg]. Die Berechnung der L_Q-Werte erfolgte unter folgenden Annahmen [*153, 230*]: Bestrahlungszeit 10 Std, L_Q-Werte in der linken Spalte bei Aktivitätsmessung ohne Zeitverlust unmittelbar nach Bestrahlungsende (ohne chemische Isolierung des Isotopes), L_Q-Werte in der rechten Spalte bei einer Wartezeit von 30 min (für die erforderliche chemische Isolierung des Isotopes) zwischen Bestrahlungsende und Aktivitätsmessung und erhöht um den Faktor 2 (50%ige chemische Ausbeute), für L_Q gilt eine Zählrate (Impulse/min) von 120 bei β-Strahlung und 300 bei γ-Strahlung. Die Zahlen der rechten Spalte erscheinen praxisnäher, da meist eine chemische Isolierung des Isotopes vor der eigentlichen Aktivitätsmessung durchgeführt wird.

Bei der Benutzung der in Tab. 7 angegebenen L_Q [μg/ml und μg] ist zu berücksichtigen, daß man aus arbeitstechnischen Gründen in der Regel ein Mindestvolumen von rund 10 ml Probelösung benötigt, wenn man von der mikrochemischen Arbeitstechnik absieht. Multipliziert man daher die Zahlen von L_Q [μg/ml] in Tab. 7 mit dem Faktor 10, so erhält man die durch das Analysenverfahren (nicht durch die Apparatur) bedingte, praktisch erreichbare L_Q [μg] des betreffenden Elementes für die interessierende Bestimmungsmethode.

Für die Beurteilung der Unterschiede zwischen den L_Q der einzelnen Bestimmungsmethoden sind weiterhin zwei Gesichtspunkte zu berücksichtigen. Einerseits wird von der vorliegenden Probelösung in der Meßapparatur nur ein Teil für die Erzeugung des Meßsignals benötigt, wobei hinsichtlich der Größe des Lösungsanteiles sowohl zwischen einzelnen Apparaturen derselben Bestimmungsmethode als auch zwischen den einzelnen Bestimmungsmethoden Unterschiede bestehen. Andererseits ist von den im benötigten Lösungsanteil enthaltenen Atomen nur ein, je nach Methode unterschiedlicher, Teil an der Erzeugung des Meßsignals beteiligt [*266*]. Aus diesen Gründen lassen sich rein theoretisch z. T. beträchtliche Unterschiede zu den in Tab. 7 angegebenen L_Q [μg] ableiten. In der Praxis kann man allerdings nur den bei den einzelnen Methoden und Apparaturen vorliegenden, tatsächlichen Probenverbrauch berücksichtigen und durch entsprechende Adapter an den Apparaturen oder mikrochemische Arbeitstechnik eine Senkung von L_Q um 1–2 Zehnerpotenzen erreichen (s. S. 122ff.).

Beim Vergleich der Bestimmungsmethoden, bei der Wahl einer Bestimmungsmethode für eine bestehende analytische Aufgabe und hinsichtlich der Häufigkeit der Anwendung der Bestimmungsmethoden haben vor allem folgende Faktoren einen wesentlichen Einfluß: a) Bestimmungsgrenze, b) zur Verfügung stehende Apparatur bzw. Kosten der apparativen Einrichtung bei Neuanschaffung, c) erforderliche Ausbildung und Erfahrung des Analytikers, d) Einfachheit und Sicherheit (Störanfälligkeit, Genauigkeit, Reproduzierbarkeit) der Analysendurchführung, e) benötigter Arbeits- und Zeitaufwand zur Durchführung einer Analyse. In die nachfolgende, nach diesen Gesichtspunkten [a) bis e)] vergleichende Beurteilung sind einbezogen[1]: Photometrie (1), AAS (2), AFS (3), elektrochemische Methoden (4), Emissionsspektralanalyse (5), Flammenphotometrie (6), Röntgenspektrometrie (7), Massenspektrometrie (8) und Aktivierungsanalyse (9).

---

[1] Im Folgetext sind die genannten Bestimmungsmethoden mit den in Klammer angegebenen Ziffern angeführt.

Tabelle 8. Relative Häufigkeit der L_Q-Werte[a] innerhalb der Bestimmungsmethoden

Bestimmungsmethode		Relative Häufigkeit, %									
		L_Q [µg/ml, µg]									
		10^{-6}	10^{-5}	10^{-4}	10^{-3}	10^{-2}	10^{-1}	10^{0}	10^{1}	10^{2}	10^{3}
Photometrie					1,5	18	74	6			
					(1,5)	(18)	(74)	(6)			
AAS					1,5	24	20	29	22	4	
					(1,5)	(24)	(20)	(29)	(22)	(4)	
AFS			3	4	8	16	32	19	18		
			(3)	(4)	(8)	(16)	(32)	(19)	(18)		
Emissions-spektral-analyse	Gleichstrombogen						26	56	15	3	
						(26)	(56)	(15)	(3)		
	Kupferfunken				3	13	45	34	5		
				(3)	(13)	(45)	(34)	(5)			
	Graphitfunken				14	41	41	4,5			
				(14)	(41)	(41)	4,5				
Flammenphotometrie				4	3	15	18	25	17	14	4
				(4)	(3)	(15)	(18)	(25)	(17)	(14)	(4)
Röntgenspektrometrie							35	59	6		
							(35)	(59)	(6)		
Massenspektrometrie			2	5	24	62	7				
		(2)	(5)	(24)	(62)	(7)					
Aktivierungsanalyse			3	6,5	12	29	24	12	9	3	1
			(3)	(6,5)	(12)	(29)	(24)	(12)	(9)	(3)	(1)

[a] Zahlen für L_Q [µg] in Klammer gesetzt.

Zunächst seien die Bestimmungsmethoden (1) bis (9) ausschließlich nach Gesichtspunkt a) (Bestimmungsgrenze L_Q) miteinander verglichen. Nach Tab. 7 bestehen Unterschiede zwischen den L_Q-Werten der Elemente innerhalb einer Bestimmungsmethode sowie der einzelnen Elemente zwischen den Methoden. Die Methoden weisen für einzelne Elemente besonders tiefe L_Q auf. Von diesen sei hier abgesehen und bei der vergleichenden Bewertung von den mittleren L_Q-Werten ausgegangen. Die in Tab. 7 angegebenen L_Q-Werte sind in Tab. 8 nach ihrer relativen Häufigkeit (in %, bezogen auf die Gesamtzahl der vorliegenden Zahlenwerte innerhalb einer Methode) für die

Tabelle 9. Mittlere L_Q-Werte der Bestimmungsmethoden

L_Q [µg/ml]	Bestimmungsmethode	L_Q [µg]	Bestimmungsmethode
0,001		0,001	(8)
0,01	(8), (9)	0,01	(5), (9)
0,05	(4)	0,05	(4)
0,1	(1), (3), (5)	0,1	(1), (3)
0,5	(2)	0,5	(2)
1	(6), (7)	1	(6), (7)

Bestimmungsmethoden: (1) Photometrie, (2) AAS, (3) AFS, (4) elektrochemische Methoden, (5) Emissionsspektralanalyse, (6) Flammenphotometrie, (7) Röntgenspektrometrie, (8) Massenspektrometrie, (9) Aktivierungsanalyse.

einzelnen Bestimmungsmethoden zusammengefaßt, wobei für Methode (9) die rechte Spalte von Tab. 7 (mit chemischer Isolierung) verwendet wird. Nach Tab. 8 und den auf S. 32 angegebenen Daten für Methode (4) weisen die Bestimmungsmethoden die in Tab. 9 angeführten mittleren L_Q-Werte auf.

Die Daten in Tab. 9 stehen teilweise im Widerspruch zu vergleichenden Darstellungen in der Literatur, was auf die dort fehlende Berechnung vergleichbarer L_Q-Werte zurückzuführen ist. Vor allem zeigt sich, daß die Unterschiede zwischen den Bestimmungsmethoden insbesondere für L_Q [μg/ml] nicht so groß sind, wie dies oft in der Literatur angegeben wird. Aus Tab. 9 ist ersichtlich, daß (8) und (9) allgemein am empfindlichsten sind, gefolgt von (4). Lediglich im Falle L_Q [μg] ist noch (5) mit (9) vergleichbar. Bemerkenswert ist die Mittelstellung von (1) und (3). Die Methoden (2), (6) und (7) schließen die Bewertungsreihe ab.

Beurteilt man die Bestimmungsmethoden vergleichend nach allen oben genannten Gesichtspunkten a) bis e) (s. S. 42), so scheidet als erstes (9), d. h. die Aktivierungsanalyse, trotz ihrer hohen Nachweisempfindlichkeit für eine engere Auswahl aus. Denn tiefe L_Q-Werte erreicht man nur mit Kernreaktoren, die wegen der sehr hohen Investitionskosten in nur kleiner Zahl zur Verfügung stehen und für analytische Aufgaben vorwiegend von einer begrenzten Zahl von Laboratorien in unmittelbarer Nähe der Kernreaktoren benützt werden können. Die im Handel erhältlichen Neutronengeneratoren mit einem Neutronenfluß von $10^8 - 10^9$n cm^{-2} sec^{-1} (bzw. vereinzelt von 10^{10}n cm^{-2} sec^{-1}) dagegen weisen trotz der hohen Anschaffungskosten einen bedeutend höheren mittleren L_Q [μg/ml, μg]-Wert von 10–100 (bzw. vereinzelt von 1) auf, der beträchtlich über jenen der übrigen, z. T. einfacheren und billigeren Methoden liegt. Unter den verbliebenen Methoden zeichnen sich (4), (5), (7) und (8) dadurch aus, daß mit (4) eine kleinere Zahl, vor allem aber mit (5), (7) und (8) eine größere Zahl von Elementen gleichzeitig in einem Arbeitsgang bestimmt werden kann und außerdem (4), (5) und (8) eine hohe Absolutempfindlichkeit aufweisen (s. Tab. 7, 8 und 9). (8) gehört zu den empfindlichsten Methoden, doch bleibt die Verwendung großer, leistungsfähiger Massenspektrometer wegen der hohen Kosten und der erforderlichen Sachkenntnis und Erfahrung auf Speziallaboratorien, insbesondere auf dem Gebiet der Reinststoffe, beschränkt. Ebenso dürfte (7) nur in jenen Laboratorien Anwendung finden, in denen bereits eine Apparatur vorhanden ist, da bei (7) trotz des Vorteils der zerstörungsfreien Analyse (s. S. 156) die hohen Anschaffungskosten und der hohe L_Q-Wert von Nachteil sind. Für die breite Anwendung in den meisten Laboratorien kommen daher hauptsächlich (1), (2), (3), (4), (5) und (6) in Betracht: (1), (2), (3) und (6) zur Bestimmung einzelner Elemente, (4) für einzelne oder mehrere Elemente, (5) vor allem zur gleichzeitigen Bestimmung einer größeren Zahl von Elementen. Letzteres sowie der geringe Probenverbrauch und die hohe Absolutempfindlichkeit wiegen die relativ höheren Anschaffungskosten von (5) auf. Von den Methoden (1) bis (6) weisen vor allem (4) aber auch (1), (3) und (5) eine höhere Konzentrationsempfindlichkeit auf. Von Nachteil ist bei (1) der gegenüber den übrigen Methoden oft höhere Aufwand an Anreicherungs- und Trennungsverfahren, um Störungen zu beseitigen. Demgegenüber zeichnen sich vor allem (2) und (3) durch eine geringe Störanfälligkeit aus, so daß es oft genügt, die Probelösung direkt oder – falls der Elementgehalt zu niedrig ist – die mit einem Gruppenreagens angereicherten Spurenelemente ohne Isolierung des Einzelelementes der Endbestimmung zuzuführen. (2) und (3) haben andererseits den Nachteil, daß für jedes Element eine eigene Hohlkathodenlampe erforderlich ist, wenn man von Multielementhohlkathodenlampen absieht, was einen apparativen Mehraufwand und einen gewissen Zeitaufwand durch den Lampenwechsel bei der gleichzeitigen Bestimmung mehrerer

Elemente bedeutet. Man wird sich daher bei (2) und (3) auf eine begrenzte Zahl von Elementen beschränken, bei denen die Anwendung von (2) und (3) gegenüber den übrigen Methoden einen entscheidenden Vorteil bietet. Letzteres gilt auch für (6), dessen Anwendung wegen der niedrigeren L_Q-Werte vor allem für die Bestimmung der Alkali- und Erdalkalimetalle von Vorteil ist. Hinsichtlich des apparativen Aufwandes steht (1) mit den geringsten Kosten an der Spitze, gefolgt von (6), (2), (3), (4) und (5).

Zu Gesichtspunkt d) (s. S. 42) seien die Ergebnisse einer international durchgeführten Vergleichsuntersuchung (Analyse einer Probelösung mit 4 ppm Mn, 5 ppm Cu, 15 ppm Hg und 16 ppm Cr) der routinemäßig angewandten Bestimmungsmethoden (1), (4) (Polarographie), (5) und (9) erwähnt, wonach hinsichtlich Genauigkeit und Reproduzierbarkeit (1) ($V = \pm 10\%$) an erster Stelle steht, gefolgt von (9) ($V = \pm 20\%$), (4) ($V = \pm 25\%$) und (5) ($V = \pm 40\%$) [*267*]. Diese Bewertungsreihe läßt sich durch die übrigen Methoden ergänzen, indem Methode (2) neben (1) mit an die erste Stelle zu setzen ist, gefolgt von (3), (7), (6) und (8).

Zusammenfassend kann man feststellen, daß vor allem die Methoden (1), (2), (3), (4), (5) und (6) auf dem Gebiet der Spurenanalyse breite Anwendung finden. Von diesen wird man nicht eine Bestimmungsmethode universell anwenden können, sondern bei Bedarf mehrere Methoden einander ergänzend einsetzen. Es wird letzten Endes von den herrschenden Bedingungen im einzelnen Laboratorium und den im Vordergrund stehenden Gesichtspunkten abhängen, welcher Bestimmungsmethode der Analytiker zur Lösung einer analytischen Aufgabe den Vorzug geben wird.

Der vorliegende Abschnitt gibt einen Überblick über die Leistungsfähigkeit der Bestimmungsmethoden. In diesem Zusammenhang interessiert auch die Frage nach der theoretisch kleinsten, bestimmbaren Elementmenge. Ganz allgemein für den Ablauf einer chemischen Nachweisreaktion errechnet man nach statistischen Gesichtspunkten (erforderliche Zahl der Atome 10^4, Atomgewicht 60) eine theoretisch bestimmbare Mindestmenge von 10^{-18} g [*268*]. Unter vereinfachten Annahmen wurden für die Emissionsspektralanalyse folgende theoretisch erreichbaren Nachweisgrenzen berechnet [*269*]: Im Lichtbogen 10^{-12} g bzw. 10^{-9}%, mit der Hohlkathode 10^{-13} g bzw. 10^{-10}%. Für die Photometrie errechnet man (für $\varepsilon = 100000$, $E = 0{,}010$, 5 cm-Küvette, Atomgewicht 100) eine Bestimmungsgrenze von 2 ng/ml bzw. $2 \cdot 10^{-9}$ g (bei einem Verbrauch von 1 ml Probelösung). Demgegenüber liegen die praktisch erreichbaren Bestimmungsgrenzen nach Tab. 7 um mehrere Zehnerpotenzen höher. Die tiefsten, für einzelne Elemente erreichbaren L_Q [µg] liegen bei 10^{-9} g (Photometrie, AAS), 10^{-10} g (Flammenphotometrie, Emissionsspektralanalyse) und 10^{-11} g (AFS, Massenspektrometrie, Aktivierungsanalyse) und können durch Wahl geeigneter Arbeits- und Meßbedingungen noch um 1–2 Zehnerpotenzen gesenkt werden.

Abschließend sei hier im Sinne der Vollständigkeit und Übersichtlichkeit noch auf einige Monographien über Reinststoffe und Spurenanalyse hingewiesen [*6–9, 270–284*].

4.17. Automation

Im vorliegenden Abschnitt sei schließlich noch auf die Entwicklung zur Automatisierung von Analysenverfahren hingewiesen, die vor allem mit den Analysenautomaten, sog. Quantometern (ARL) oder Spektrometern, auf dem Gebiet der Emissions- und Röntgenspektralanalyse von Metallen und mineralischen Stoffen ihren Ausgang nahm und auch im übrigen Bereich der chemischen Analyse in zunehmendem Maße Anwendung findet. Bei den auf verschiedenen Bestimmungsmethoden beruhenden, mehr oder weniger automatisierten Geräten handelt es sich im naßchemischen Bereich vor allem um photometrische und titrimetrische Analysatoren, im gasanalytischen Bereich vor allem um Gaschromatographen.

Soweit es sich um naßchemische Spurenanalysen handelt, erfolgt die Bestimmung bei nicht zu niedrigen Gehalten unmittelbar in der Probelösung, bei tieferen Gehalten nach vorangehender, automatisch durchgeführter Isolierung des Spurenelementes durch Extraktion [*285–287*]. Für Spurenanalysen eingesetzte Analysenautomaten haben den Vorteil niedriger Blindwerte und guter Reproduzierbarkeit, so daß mit diesen tiefere Bestimmungsgrenzen als mit den analog von Hand ausgeführten Bestimmungsverfahren erzielbar sind [*288*].

Einerseits wegen der Schwierigkeiten bei der Probenahme und beim Probenaufschluß und andererseits wegen der Art des Probenanfalls erscheint die Anwendung solcher Analysenautomaten derzeit hauptsächlich für flüssige Proben, Wässer und Abwässer sowie für gasförmige Proben möglich.

Literatur

1. Warburg, O.: Biochem. Z. **187**, 255 (1927).
2. Mealor, D., Townshend, A.: Talanta **15**, 747 (1968).
3. Mealor, D., Townshend, A.: Talanta **15**, 1371 (1968).
4. Guilbault, G. G., Sadar, M. H., Zimmer, M.: Analyt. chim. Acta **44**, 361 (1969).
5. Townshend, A., Vaughan, A.: Talanta **16**, 929 (1969).
6. Yoe, J. H., Koch, H. J., Jr.: Trace analysis. New York: J. Wiley & Sons 1957.
7. Morrison, G. H.: Trace analysis, physical methods. New York: Interscience Publ. 1965.
8. Meinke, W. W., Scribner, B. F.: Trace characterization, chemical and physical. NBS Monograph 100. Washington: U.S. Dept. of Commerce, National Bureau of Standards 1967.
9. Sandell, E. B.: Colorimetric determination of traces of metals. New York: Interscience Publ. 1959.
10. Kortüm, G.: Kolorimetrie, Photometrie und Spektrophotometrie. Berlin-Heidelberg-New York: Springer 1962.
11. Mellon, M. G.: Analytical absorption spectroscopy, New York: J. Wiley & Sons, London: Chapman & Hall 1950.
12. Snell, F. D., Snell, C. T.: Colorimetric methods of analysis, Vol. I, II, New York: D. Van Nostrand Co. 1948, 1949; Snell, F. D., Snell, C. T., Snell, C. A.: Colorimetric methods of analysis, Vol. II A, New York: D. Van Nostrand Co. 1959.
13. Lange, B.: Kolorimetrische Analyse. Weinheim/Bergstr.: Verl. Chemie 1956.
14. Boltz, D. F.: Colorimetric determination of nonmetals. New York: Interscience Publ. 1958.
15. Mellon, M. G.: Analyt. Chem. **21**, 3 (1949).
16. Mellon, M. G.: Analyt. Chem. **22**, 2 (1950).
17. Mellon, M. G.: Analyt. Chem. **23**, 2 (1951).
18. Mellon, M. G.: Analyt. Chem. **24**, 2 (1952).
19. Mellon, M. G.: Analyt. Chem. **26**, 2 1(954).
20. Mellon, M. G., Boltz, D. F.: Analyt. Chem. **28**, 559 (1956).
21. Mellon, M. G., Boltz, D. F.: Analyt. Chem. **30**, 554 (1958).
22. Hirt, R. C.: Analyt. Chem. **28**, 579 (1956).
23. Hirt, R. C.: Analyt. Chem. **30**, 589 (1958).
24. Mellon, M. G., Boltz, D. F.: Analyt. Chem. **32**, 194 R (1960).
25. Hirt, R. C.: Analyt. Chem. **32**, 225 R (1960).
26. Mellon, M. G., Boltz, D. F.: Analyt. Chem. **34**, 232 R (1962).
27. Boltz, D. F., Mellon, M. G.: Analyt. Chem. **36**, 256 R (1964).
28. Boltz, D. F., Mellon, M. G.: Analyt. Chem. **38**, 317 R (1966).
29. Boltz, D. F., Mellon, M. G.: Analyt. Chem. **40**, 255 R (1968).

29a. Boltz, D. F., Mellon, M. G.: Analyt. Chem. **42**, 152 R (1970).

30. White, C. E.: Analyt. Chem. **26**, 129 (1954).
31. White, C. E.: Analyt. Chem. **28**, 621 (1956).
32. White, C. E.: Analyt. Chem. **30**, 729 (1958).
33. White, C. E.: Analyt. Chem. **32**, 47 R (1960).
34. White, C. E., Weissler, A.: Analyt. Chem. **34**, 81 R (1962).

35. WHITE, C. E., WEISSLER, A.: Analyt. Chem. **36**, 116 R (1964).
36. WHITE, C. E., WEISSLER, A.: Analyt. Chem. **38**, 155 R (1966).
37. WHITE, C. E., WEISSLER, A.: Analyt. Chem. **40**, 116 R (1968).
38. PARKER, C. A., REES, W. T.: Analyst **87**, 83 (1962).
38a. WHITE, C. E.: Analyt. Chem. **42**, 57 R (1970).
39. WALSH, A.: Spectrochim. Acta **7**, 108 (1955).
40. L'VOV, B. V.: Spectrochim. Acta **17**, 761 (1961).
41. MASSMANN, H.: Spectrochim. Acta **23 B**, 215 (1968).
42. WEST, T. S., WILLIAMS, X. K.: Analyt. chim. Acta **45**, 27 (1969).
43. GILBERT, P. T., Jr.: Analyt. Chem. **34**, 210 R (1962).
44. SCRIBNER, B. F., MARGOSHES, M.: Analyt. Chem. **36**, 329 R (1964).
45. MARGOSHES, M., SCRIBNER, B. F.: Analyt. Chem. **38**, 297 R (1966).
46. MARGOSHES, M., SCRIBNER, B. F.: Analyt. Chem. **40**, 223 R (1968).
47. SLAVIN, W.: Appl. Spectroscopy **20**, 281 (1966).
48. ELWELL, W. T., GIDLEY, J. A. F.: Atomic-absorption spectrophotometry. Oxford: Pergamon Press 1966.
49. ROBINSON, J. W.: Atomic-absorption spectroscopy. New York: M. Dekker 1966.
50. SLAVIN, W.: Atomic absorption spectroscopy. New York: Interscience Publ. 1968.
51. RAMIREZ-MUÑOZ, J.: Atomic-absorption spectroscopy. Amsterdam: Elsevier Publ. Co. 1968.
52. SLAVIN, W., SLAVIN, S.: Appl. Spectroscopy **23**, 421 (1969).
53. DEAN, J. A., RAINS, T. C.: Flame emission and atomic absorption spectrometry, Vol. 1—3. New York: M. Dekker 1969—1972.
53a. WINEFORDNER, J. D., VICKERS, T. J.: Analyt. Chem. **42**, 206 R (1970).
54. BRATZEL, M. P., Jr., DAGNALL, R. M., WINEFORDNER, J. D.: Analyt. chim. Acta **48**, 197 (1969).
55. WINEFORDNER, J. D., VICKERS, T. J.: Analyt. Chem. **36**, 161 (1964).
56. WINEFORDNER, J. D., STAAB, R. A.: Analyt. Chem. **36**, 165 (1964).
57. WINEFORDNER, J. D., STAAB, R. A.: Analyt. Chem. **36**, 1367 (1964).
58. MANSFIELD, J. M., WINEFORDNER, J. D., VEILLON, C.: Analyt. Chem. **37**, 1049 (1965).
59. DAGNALL, R. M., THOMPSON, K. C., WEST, T. S.: Analyt. chim. Acta **36**, 269 (1966).
60. DAGNALL, R. M., WEST, T. S., YOUNG, P.: Talanta **13**, 803 (1966).
61. VEILLON, C., MANSFIELD, J. M., PARSONS, M. L., WINEFORDNER, J. D.: Analyt. Chem. **38**, 204 (1966).
62. KOLTHOFF, I. M., LINGANE, J. J.: Polarography. New York: Interscience Publ. 1952.
63. HEYROVSKY, J.: Polarographisches Praktikum. Berlin-Göttingen-Heidelberg: Springer 1960.
64. STACKELBERG, M. v.: Polarographische Arbeitsmethoden. Berlin: W. de Gruyter & Co. 1950.
65. MEITES, L.: Polarographic techniques. New York: Interscience Publ. 1965.
66. LINGANE, J. J.: Analyt. Chem. **21**, 45 (1949).
67. LINGANE, J. J.: Analyt. Chem. **23**, 86 (1951).
68. HUME, D. N.: Analyt. Chem. **28**, 625 (1956).
69. BEYER, E.: Physikalisch-chemische Untersuchungsmethoden. Bd. 1, Elektrometrische Meßmethoden. Leipzig: Fachbuchverlag 1956.
70. HUME, D. N.: Analyt. Chem. **30**, 675 (1958).
71. HUME, D. N.: Analyt. Chem. **32**, 137 R (1960).
72. NÜRNBERG, H. W.: Z. anal. Chem. **186**, 1 (1962).
73. PAGE, J. A., MAXWELL, J. A., GRAHAM, R. P.: Analyst **87**, 245 (1962).
74. NEEB, R.: Fortschr. chem. Forsch. **4**, 333 (1963).
75. HUME, D. N.: Analyt. Chem. **36**, 200 R (1964).
76. HUME, D. N.: Analyt. Chem. **38**, 261 R (1966).
77. HUME, D. N.: Analyt. Chem. **40**, 174 R (1968).
78. SCHMIDT, H., STACKELBERG, M. v.: Die neuartigen polarographischen Methoden, ihr Prinzip und ihre Möglichkeiten, Weinheim/Bergstr.: Verl. Chemie 1962.
79. KALVODA, R.: Die Technik der oscillopolarographischen Messungen. Dresden: Verl. Steinkopff 1965.
80. NEEB, R.: Inverse Polarographie und Voltammetrie. Weinheim/Bergstr.: Verl. Chemie 1969.
80a. NICHOLSON, R. S.: Analyt. Chem. **42**, 130 R (1970).
80b. HEYROVSKY, J., ZUMAN, P.: Practical polarography. London-New York: Academic Press 1968.
81. DELAHAY, P.: New instrumental methods in electrochemistry. New York: Interscience Publ. 1954.
82. BISHOP, E.: Analyt. Chem. **26**, 783 (1954).
83. DE FORD, D. D., BOWERS, R. C.: Analyt. Chem. **30**, 613 (1958).

84. LAITINEN, H. A.: Analyt. Chem. **30**, 657 (1958).
85. REILLEY, C. N.: Analyt. Chem. **30**, 765 (1958).
86. REILLEY, C. N.: Analyt. Chem. **28**, 671 (1956).
87. LAITINEN, H. A.: Analyt. Chem. **32**, 180R (1960).
88. REILLEY, C. N.: Analyt. Chem. **32**, 185R (1960).
89. DEFORD, D. D.: Analyt. Chem. **32**, 31R (1960).
90. ABRESCH, K., CLAASSEN, I.: Die coulometrische Analyse. Weinheim/Bergstr.: Verl. Chemie 1961.
91. BARD, A. J.: Analyt. Chem. **34**, 57R (1962).
92. BARD, A. J.: Analyt. Chem. **36**, 70R (1964).
93. BARD, A. J.: Analyt. Chem. **38**, 88R (1966).
94. BARD, A. J.: Analyt. Chem. **40**, 64R (1968).
94a. BARD, A. J.: Analyt. Chem. **42**, 22R (1970).
95. AHRENS, L. H., TAYLOR, S. R.: Spectrochemical analysis. London: Pergamon Press. Ltd. 1961.
96. NACHTRIEB, N. H.: Principles and practice of spectrochemical analysis. New York: McGraw-Hill 1950.
97. SEITH, W., RUTHARDT, K.: Chemische Spektralanalyse. 6. Aufl., bearb. von W. ROLLWAGEN, Berlin-Heidelberg-New York: Springer 1970.
98. HARRISON, G. R., LORD, R. C., LOOFBOUROW, J. R.: Practical spectroscopy. New York: Prentice-Hall, Inc. 1948.
99. SAWYER, R. A.: Experimental spectroscopy. New York: Prentice-Hall, Ind. 1951.
100. SCHELLER, H.: Einführung in die angewandte spektrochemische Analyse. Berlin: VEB Verl. Technik 1958.
101. LÖWE, F.: Optische Messungen des Chemikers und des Mediziners. Dresden-Leipzig: Steinkopff 1954.
102. MEGGERS, W. F.: Analyt. Chem. **28**, 616 (1956).
103. SCRIBNER, B. F.: Analyt. Chem. **30**, 596 (1958).
104. SCRIBNER, B. F.: Analyt. Chem. **32**, 229R (1960).
105. SCRIBNER, B. F.: Analyt. Chem. **34**, 200R (1962).
106. MOENKE, H., MOENKE, L.: Einführung in die Laser-Mikro-Emissionsspektralanalyse. Leipzig: Akadem. Verlagsges. Geest u. Portig 1966.
106a. MARGOSHES, M., SCRIBNER, B. F.: Analyt. Chem. **42**, 398R (1970).
107. HERRMANN, R., ALKEMADE, C. T. J.: Flammenphotometrie. Berlin-Göttingen-Heidelberg: Springer 1960.
108. BURRIEL-MARTI, F., RAMIREZ-MUÑOZ, J.: Flamephotometry. Amsterdam: Elsevier Publ. Co. 1957.
109. SCHUHKNECHT, W.: Die Flammenspektralanalyse. Stuttgart: Verl. Enke 1960.
110. MARGOSHES, M.: Analyt. Chem. **34**, 221R (1962).
111. BIRKS, L. S.: Analyt. Chem. **32**, 191 (1960).
112. CLARK, G. L.: Applied X-rays. New York: McGraw-Hill 1955.
113. LIEBHAFSKY, H. A.: Analyt. Chem. **21**, 17 (1949).
114. LIEBHAFSKY, H. A.: Analyt. Chem. **22**, 15 (1950).
115. LIEBHAFSKY, H. A.: Analyt. Chem. **23**, 14 (1951).
116. LIEBHAFSKY, H. A.: Analyt. Chem. **25**, 689 (1953).
117. —
118. LIEBHAFSKY, H. A.: Analyt. Chem. **26**, 26 (1954).
119. LIEBHAFSKY, H. A., WINSLOW, E. H.: Analyt. Chem. **28**, 583 (1956).
120. BERTHOLD, R., TROST, A.: Schweiz. Arch. angew. Wiss. Technik **18**, H. 9, 1 (1952).
121. LIEBHAFSKY, H. A., WINSLOW, E. H.: Analyt. Chem. **30**, 580 (1958).
122. SAGEL, K.: Tabellen zur Röntgen-Emissions- und Absorptions-Analyse. Berlin-Göttingen-Heidelberg: Springer 1959.
123. LIEBHAFSKY, H. A., WINSLOW, E. H., PFEIFFER, H.: Analyt. Chem. **32**, 240R (1960).
124. LIEBHAFSKY, H. A., WINSLOW, E. H., PFEIFFER, H. G.: Analyt. Chem. **34**, 282R (1962).
125. CAMPBELL, W. J., BROWN, J. D.: Analyt. Chem. **36**, 312R (1964).
126. CAMPBELL, W. J., BROWN, J. D., THATCHER, J. W.: Analyt. Chem. **38**, 416R (1966).
127. CAMPBELL, W. J., BROWN, J. D.: Analyt. Chem. **40**, 346R (1968).
128. ADLER, I.: X-ray emission spectrography in geology. Amsterdam: Elsevier Publ. Co. 1966.
129. JENKINS, R., DE VRIES, J. L.: Practical X-ray spectrometry. Eindhoven: Philips Technical Library 1967.
130. BIRKS, L. S.: X-ray spectrochemical analysis. New York: Interscience Publ. 1959.
131. MALISSA, H.: Elektronenstrahl-Mikroanalyse. Handb. der mikrochemischen Methoden, Bd. 4. Wien-New York: Springer 1966.

132. Theisen, R.: Quantitative electron microprobe analysis. Berlin-Heidelberg-New York: Springer 1965.
133. McKinley, T. D., Heinrich, K. E. J., Wittry, D. B.: The electron-microprobe. New York: Wiley 1966.
134. Heinrich, K. F. J.: Quantitative electron probe microanalysis. NBS Spec. Publ. 298. Washington: U.S. Dept. of Commerce, National Bureau of Standards 1967.
134a. Campbell, W. J., Gilfrich, J. V.: Analyt. Chem. **42**, 248R (1970).
135. Jenkins, A. E., Majer, J. R.: Talanta **14**, 777 (1967).
136. Majer, J. R., Reade, M. J. A., Stephen, W. I.: Talanta **15**, 373 (1968).
137. Kowalski, B. R., Isenhour, T. L., Sievers, R. E.: Analyt. Chem. **41**, 998 (1969).
138. Hintenberger, H.: Mikrochim. Acta (Wien) **1956**, 71.
139. Ewald, H., Hintenberger, H.: Methoden und Anwendungen der Massenspektroskopie. Weinheim/Bergstr.: Verl. Chemie 1952.
140. Dibeler, V. H.: Analyt. Chem. **26**, 58 (1954).
141. Dibeler, V. H.: Analyt. Chem. **28**, 610 (1956).
142. Dibeler, V. H., Reese, R. M.: Analyt. Chem. **30**, 604 (1958).
143. Dibeler, V. H., Reese, R. M.: Analyt. Chem. **32**, 211R (1960).
144. *Associated Electrical Industries Ltd. (Manchester).* Bibliography on mass spectrometry 1938—1957 inclusive. Oxford: Pergamon Press 1961.
145. Reese, R. M.: Analyt. Chem. **34**, 243R (1962).
146. Reese, R. M., Harllee, F. N.: Analyt. Chem. **36**, 278R (1964).
147. McLafferty, F. W., Pinzelik, J.: Analyt. Chem. **38**, 350R (1966).
148. Kiser, R. W., Sullivan, R. E.: Analyt. Chem. **40**, 273R (1968).
148a. deJongh, D. C.: Analyt. Chem. **42**, 169R (1970).
149. Hevesy, G. v., Levi, H.: Kgl. Danske Vidensk. Selsk., math-fysiske Medd. 14, Nr. 5 (1936).
150. Hudgens, J. E., Jr., Cali, P. J.: Analyt. Chem. **24**, 171 (1952).
151. Smales, A. A., Loveridge, B. A.: Anal. chim. Acta **13**, 566 (1955).
152. Götte, H.: Mikrochim. Acta (Wien) **1956**, 27.
153. Schindewolf, U.: Angew. Chem. **70**, 181 (1958).
154. Meinke, W. W.: Science (Wash.) **121**, 177 (1955).
155. Meinke, W. W.: Analyt. Chem. **31**, 792 (1959).
156. Friedlander, G., Kennedy, J. W.: Nuclear and radiochemistry. New York: J. Wiley & Sons 1955.
157. Wahl, A. C., Bonner, N. A.: Radioactivity applied to chemistry. New York: J. Wiley & Sons 1951.
158. Hecht, F. Zacherl, M. K.: Handbuch der mikrochemischen Methoden. Wien: Springer, Bd. I/1 (1954), Bd. I/2 (1955), Bd. III (1961).
159. Broda, E., Schönfeld, T.: In Lit. Nr. [**158**], Bd. II.
160. Gordon, C. L.: Analyt. Chem. **21**, 96 (1949).
161. Gordon, C. L.: Analyt. Chem. **23**, 81 (1951).
162. Gordon, C. L.: Analyt. Chem. **26**, 176 (1954).
163. Meinke, W. W.: Analyt. Chem. **28**, 736 (1956).
164. Meinke, W. W., Maddock, R. S.: Analyt. Chem. **29**, 1171 (1957).
165. Meinke, W. W.: Analyt. Chem. **30**, 687 (1958).
166. Meinke, W. W.: Analyt. Chem. **32**, 104R (1960).
167. Leddicotte, G. W.: Analyt. Chem. **34**, 143R (1962).
168. Leddicotte, G. W.: Analyt. Chem. **36**, 419R (1964).
169. Lyon, W. S., Ricci, E., Ross, H. H.: Analyt. Chem. **38**, 251R (1966).
170. Lyon, W. S., Ricci, E., Ross, H. H.: Analyt. Chem. **40**, 168R (1968).
171. Koch, R. C.: Activation analysis handbook. New York: Academic Press 1960.
172. Schulze, W.: Neutronenaktivierung als analytisches Hilfsmittel. Stuttgart: Enke 1962.
173. Bowen, H. J. M., Gibbons, D.: Radioactivation analysis. Oxford: Clarendon Press 1963.
174. Lyon, W. S., Jr.: Guide to activation analysis. Princeton: Van Nostrand 1964.
175. Moses, A. J.: Nuclear techniques in analytical chemistry. Oxford: Pergamon Press 1964.
176. Lutz, G. J., Boreni, R. J., Maddock, R. S., Meinke, W. W.: Activation analysis — a bibliography, Part 1 and 2. NBS Techn. Note 467. Washington: U.S. Dept. of Commerce, National Bureau of Standards 1968; 1969.
177. deVoe, J. R., LaFleur, P. D.: Modern trends in activation analysis. NBS Spec. Publ. 312. Washington: U.S. Dept. of Commerce, National Bureau of Standards 1969.
177a. Lyon, W. S., Ricci, E., Ross, H. H.: Analyt. Chem. **42**, 123R (1970).

178. Bernert, T., Karlik, B., Lintner, K.: In. Lit. Nr. [158], Bd. II.
179. Lauda, H.: In Lit. Nr. [158], Bd. II.
180. Yagoda, H.: Radioactive measurements with nuclear emulsions. New York: J. Wiley & Sons 1949.
181. Albert, D. K.: Analyt. Chem. **36**, 2034 (1964).
182. Ross, W. D., Sievers, R. E.: Talanta **15**, 87 (1968).
183. Nogare, S. D., Juvet, R. S., Jr.: Analyt. Chem. **34**, 35 R (1962).
184. Juvet, R. S., Jr., Nogare, S. D.: Analyt. Chem. **36**, 36 R (1964).
185. Nogare, S. D., Juvet, R. S., Jr.: Analyt. Chem. **38**, 61 R (1966).
186. Juvet, R. S., Jr., Nogare, S. D.: Analyt. Chem. **40**, 33 R (1968).
187. Phillips, C.: Gas chromatography. London: Butterworths Sci. Publ. 1956 and New York: Academic Press Inc. 1956.
188. Keulemans, A. I. M.: Gas chromatography. New York: Reinhold Publ. Co. 1959 und Weinheim/Bergstr.: Verl. Chemie 1959.
189. Bayer, E.: Gas-Chromatographie. Berlin-Göttingen-Heidelberg: Springer 1962.
190. Kaiser, R.: Gas-Chromatographie. Leipzig: Akadem. Verlagsges. Geest u. Portig 1960.
191. Kaiser, R.: Chromatographie in der Gasphase, Bd. 1—4. Mannheim: Bibliographisches Institut 1960—1965.
192. Leibnitz, E., Struppe, H. G.: Handbuch der Gas-Chromatographie. Weinheim/Bergstr.: Verl. Chemie 1967.
193. Moshier, R. W., Sievers, R. E.: Gas-chromatography of metal chelates. Oxford: Pergamon Press 1965.
193a. Juvet, R. S., Jr., Cram, S. P.: Analyt. Chem. **42**, 1 R (1970).
194. Nicholas, D. J. D.: Analyt. Chem. **28**, 424 (1956).
195. Mulder, E. G.: Arch. Mikrobiol. **10**, 72 (1939).
196. Mulder, E. G.: Antonie van Leeuwenhoek **6**, 99 (1939).
197. Nicholas, D. J. D.: Proc. Fertiliser Soc. **10**, 13 (1950).
198. Nicholas, D. J. D., Fielding, A. H.: J. horticult. Sci. **26**, 125 (1951).
199. Nicholas, D. J. D., Fielding, A. H.: Rep. agric. horticult. Res. Sta., Long Ashton, Bristol, p. 126 (1947).
200. Nicholas, D. J. D., Fielding, A. H.: Nature (Lond.) **166**, 342 (1950).
201. Acock, A. M.: J. Austral. Coun. Sci. Ind. Res. **14**, 288 (1941).
202. Donald, C., Passey, B. J., Swaby, R. J.: Austral. J. Agric. Res. **3**, 305 (1952).
203. Hewitt, E. J., Bolle-Jones, E. W.: J. horticult. Sci. **27**, 245 (1952).
204. Bortels, H., Wetter, C.: Nachrbl. dtsch. Pflanzenschutzdienst. (Braunschweig) **6**, 2 (1954).
205. Nicholas, D. J. D.: Analyst **77**, 629 (1952).
206. Stapp, C., Wetter, C.: Landwirtsch. Forsch. **5**, 167 (1953).
207. Spicher, G.: Zbl. Bakteriol. II. Orig. **108**, 259 (1954).
208. Gorbach, G., Koch, O. G., Bromander, A.: Zbl. Bakteriol., II. Orig. **109**, 1 (1956).
209. Gorbach, G., Koch, O. G.: Arch. Mikrobiol. **23**, 284 (1955).
210. Bertrand, G.: Z. angew. Chem. **44**, 521 (1931).
211. Steinberg, R. A.: J. agric. Res. **51**, 413 (1935).
212. Feigl, F.: Spot tests in inorganic analysis. Amsterdam: Elsevier Publ. Co. 1965.
213. West, P. W.: Analyt. Chem. **32**, 71 R (1960).
214. Weisz, H.: Mikrochim. Acta (Wien) **1954**, 140.
215. Seely, B. K.: Analyt. Chem. **24**, 576 (1952).
216. Seely, B. K.: Analyt. Chem. **27**, 93 (1955).
217. Winckelmann, J.: Mikrochemie **10**, 437 (1931).
218. Winckelmann, J.: Mikrochemie **16**, 203 (1936).
219. Tufts, B. J., Lodge, J. P., Jr.: Analyt. Chem. **30**, 300 (1958).
220. Koch, O. G.: Unveröffentlicht (1955).
221. Berisso, B.: Mikrochim. Acta (Wien) **1956**, 812.
222. Rjazanov, J. P., Čurmanteeva, L. V.: J. analyt. Chem. (USSR) **6**, 49 (1950).
223. Geilmann, W.: Bilder zur qualitativen Mikroanalyse anorganischer Stoffe. Weinheim/Bergstr.: Verl. Chemie 1954.
224. Maresh, C., Coven, G., Cox, R.: Analyt. Chem. **30**, 829 (1958).
225. Coven, G., Cox, R.: Analyt. Chem. **32**, 87 R (1960).
226. Grasenick, F.: Radex-Rundschau **1957**, 843.
227. Rochow, T. G., Botty, M. C.: Analyt. Chem. **30**, 640 (1958).
228. Rochow, T. G., Thomas, A. M., Botty, M. C.: Analyt. Chem. **32**, 92 R (1960).

229. Hannay, N. B., Ahearn, A. J.: Analyt. Chem. **26**, 1056 (1954).
230. Fukai, R., Meinke, W. W.: Limnology and Oceanography **4**, 398 (1959).
231. Grimaldi, F. S., Helz, A. W.: U.S. Geol. Surv. Paper **427**, D-388 (1961).
232. Goleb, J. A., Faris, J. P., Meng, B. H.: Appl. Spectroscopy **16**, 9 (1962).
233. Laqua, K.: Z. anal. Chem. **221**, 44 (1966).
234. Fred, M., Nachtrieb, N. H., Tomkins, F. S.: J. opt. Soc. Am. **37**, 279 (1947).
235. Morris, J. M., Pink, F. X.: ASTM Spec. Publ. No. **221**, 39 (1958).
236. Pickett, E. E., Koirtyohann, S. R.: Spectrochim. Acta **23** B, 235 (1968).
237. Koirtyohann, S. R., Pickett, E. E.: Spectrochim. Acta **23** B, 673 (1968).
238. Pickett, E. E., Koirtyohann, S. R.: Spectrochim. Acta **24** B, 325 (1969).
239. Kniseley, R. N., Butler, C. C., Fassel, V. A.: Analyt. Chem. **41**, 1494 (1969).
240. Fassel, V. A., Golightly, D. W.: Analyt. Chem. **39**, 466 (1967).
241. Campbell, W. J., Spano, E. F., Green, T. E.: Analyt. Chem. **38**, 987 (1966).
242. Luke, C. L.: Analyt. chim. Acta **43**, 245 (1968).
243. Luke, C. L.: Analyt. chim. Acta **45**, 365 (1969).
244. Luke, C. L.: Analyt. chim. Acta **45**, 377 (1969).
244a. Luke, C. L.: Analyt. chim. Acta **41**, 453 (1968).
245. Zacha, K. E., Bratzel, M. P., Jr., Winefordner, J. D., Mansfield, J. M.: Analyt. Chem. **40**, 1733 (1968).
246. Bratzel, M. P., Jr., Dagnall, R. M., Winefordner, J. D.: Appl. Spectroscopy **24**, 518 (1970).
247. Bratzel, M. P., Jr., Dagnall, R. M., Winefordern, J. D.: Analyt. chim. Acta **52**, 157 (1970).
248. Dagnall, R. M., Kirkbright, G. F., West, T. S., Wood, R.: Analyt. Chem. **42**, 1029 (1970).
249. Thompson, K. C., Wildy, P. C.: Analyst **95**, 776 (1970).
250. Matoušek, J., Sychra, V.: Analyt. chim. Acta **49**, 175 (1970).
251. Hingle, D. N., Kirkbright, G. F., West, T. S.: Analyst **93**, 522 (1968).
252. Bratzel, M. P., Jr., Dagnall, R. M., Winefordner, J. D.: Analyt. Chem. **41**, 1527 (1969).
253. Fleet, B., Liberty, K. V., West, T. S.: Analyt. chim. Acta **45**, 205 (1969).
254. Mitchell, D. G., Johansson, A.: Spectrochim. Acta **25** B, 175 (1970).
255. Dinnin, J. I.: Analyt. Chem. **39**, 1491 (1967).
256. Smith, R., Elser, R. C., Winefordner, J. D.: Analyt. chim. Acta **48**, 35 (1969).
257. Dagnall, R. M., Kirkbright, G. F., West, T. S., Wood, R.: Analyst **95**, 425 (1970).
258. Warr, P. D.: Talanta **17**, 543 (1970).
259. Matoušek, J., Sychra, V.: Analyt. Chem. **41**, 518 (1969).
260. Sychra, V., Matoušek, J.: Talanta **17**, 363 (1970).
261. Browner, R. F., Dagnall, R. M., West, T. S.: Analyt. chim. Acta **50**, 375 (1970).
262. Sychra, V., Slevin, P. J., Matoušek, J., Bek, F.: Analyt. chim. Acta **52**, 259 (1970).
263. Dagnall, R. M., Thompson, K. C., West, T. S.: Talanta **14**, 1151 (1967).
264. Dagnall, R. M., Kirkbright, G. F., West, T. S., Wood, R.: Analyt. chim. Acta **47**, 407 (1969).
265. Browner, R. F., Dagnall, R. M., West, T. S.: **46**, 207 (1969).
266. Alimarin, I. P.: Ž. anal. Chim. (USSR) **18**, 1412 (1963); ref. Z. anal. Chem. **206**, 441 (1964).
267. Cook, G. B., Crespi, M. B. A., Minczewski, J.: Talanta **10**, 917 (1963).
268. Tölg, G., Lorenz, I.: Fortschr. chem. Forsch. **11**, 507 (1969).
269. Mandelstam, S. L., Nedler, W. W.: Optika Spektroskopiya **10**, 390 (1961).
270. Brooks, M. S., Kennedy, J. W.: Ultrapurification of semiconductor materials. New York: Macmillan Co. 1962.
271. Rexer, E., Witzmann, H., Lange, W.: Reinststoffe in Wissenschaft und Technik. Berlin: Akademie-Verl. 1963.
272. Rexer, E.: Reinststoffprobleme. Bd. I Reinststoffdarstellung, Bd. II Reinststoffanalytik. Berlin: Akademie-Verl. 1966.
273. Pinta, M.: Recherche et dosage des éléments traces. Paris: Dunod 1962.
274. Milner, O. I.: Analysis of petroleum for trace elements. Oxford: Pergamon Press 1963.
275. Cali, J. P.: Trace analysis of semiconductor materials. Oxford: Pergamon Press 1964.
276. Alimarin, I. P.: Analysis of high-purity materials. Translated by J. Schmorak. Jerusalem: Israel Program for Scientific Translations 1968.
277. Fries, J.: Spurenanalyse. Erprobte photometrische Methoden. Darmstadt: E. Merck AG 1966.
278. Flaschka, H. A., Barnard, A. J., Jr.: Chelates in analytical chemistry, Vol. 1, 2. New York: M. Dekker 1967, 1969.
279. Flaschka, H. A., Barnard, A. J., Jr.: Chelates in analytical chemistry, Vol. 3, 4. New York: M. Dekker 1972.

280. SCHILT, A. A.: Analytical applications of 1,10-phenanthroline and related compounds. Oxford: Pergamon Press 1969.
281. JOHNSON, W. C.: Organic reagents for metals, Vol. 2. Chadwell Heath/Essex: Hopkin & Williams 1964.
282. International Union of Pure and Applied Chemistry (IUPAC): Tables of spectrophotometric absorption data of compounds used for the colorimetric determination of elements. London: Butterworths 1963.
283. International Union of Pure and Applied Chemistry (IUPAC): Reagents and Reactions for qualitative inorganic analysis. London: Butterworths 1964.
284. ECKSTEIN, H. J.: Spurenanalyse in hochschmelzenden Metallen. Leipzig: VEB Deutscher Verl. f. Grundstoffindustrie 1970.
285. STANTON, R. E., MCDONALD, A. J.: Analyst **88**, 608 (1963).
286. MOSS, R., BROWETT, E. V.: Analyst **91**, 428 (1966).
287. CARTER, J. M., NICKLESS, G.: Analyst **95**, 148 (1970).
288. BRITT, R. D., Jr.: Analyt. Chem. **34**, 1728 (1962).

5. Methoden zur Trennung und Anreicherung von Spurenelementen

Die Spurenanreicherung hat die Aufgabe, einerseits das Konzentrationsverhältnis zwischen Spuren und Hauptbestandteilen zugunsten der Spuren zu verändern und andererseits die zur Analyse benötigte absolute Menge der Spurenelemente zu erhöhen. Das Ausmaß der durchzuführenden Anreicherung ist im wesentlichen von der Leistungsfähigkeit der angewendeten Bestimmungsmethode, nämlich deren Empfindlichkeit und ihrer Anfälligkeit gegenüber Störungen durch andere Elemente, abhängig. Die Methoden zur Abscheidung von Milligramm-, Mikrogramm- oder gar Nanogrammengen an Spurenelementen von einer großen Menge an Ballaststoffen müssen sich durch hohe Selektivität auszeichnen.

Man kann zwischen chemischen und physikalischen Anreicherungsverfahren unterscheiden, wobei man entweder den bei der Anreicherung stattfindenden chemischen oder physikalischen Vorgang als Unterscheidungsmerkmal verwendet oder aber unter physikalischen Anreicherungsmethoden nur jene zusammenfaßt, bei denen die Probe nicht chemisch aufgelöst wird [*8*]. Zu letzteren zählt man vor allem das Zonenschmelzen und Destillations- bzw. Verdampfungsverfahren; physikalische Anreicherungsverfahren im engeren Sinne sind jene Vorgänge, die bei der unmittelbaren Analyse des Probematerials ohne vorangehende chemische Behandlung oder Anreicherung, mit Hilfe physikalischer Methoden, insbesondere bei der Emissionsspektralanalyse zur Steigerung der Empfindlichkeit angewandt werden (s. S. **150**). Eine Unterteilung in chemische und physikalische Anreicherungsverfahren wird im vorliegenden Abschnitt nicht vorgenommen, da die oft gleichzeitig stattfindenden chemischen und physikalischen Vorgänge eine klare Abgrenzung verhindern.

Die Wahl der anzuwendenden Anreicherungsmethode und der Weg ihrer Durchführung hängen einerseits von den Mengen der in der Probe enthaltenen Haupt- und Spurenbestandteile, also von ihrem Verhältnis zueinander, ab. Andererseits muß die Anreicherung hinsichtlich ihres Zeit- und Materialbedarfes in einem tragbaren Verhältnis zur eigentlichen Bestimmung selbst stehen. Trennungsmethoden, die für die Anreicherung von Spurenelementen brauchbar sein sollen, müssen einen hohen Trennfaktor aufweisen. Obwohl dies bei den klassischen Methoden (Fällung und Filtration) gegeben ist, kommen sie für die Spurenanreicherung in der Regel nur dann in Frage, wenn aus einer Lösung nur die Spurenelemente allein ausfällbar sind. Niederschläge und Filter neigen dazu, an ihrer großen Oberfläche andere Lösungsgenossen so fest zu adsorbieren oder zu okkludieren, daß man sie daraus nur teilweise oder gar nicht mehr auswaschen kann [*1*]. Auf diese Weise würden bei der Fällung eines Hauptbestandteiles die Spurenelemente ganz oder teilweise mitgerissen werden, so daß ihre Anreicherung und quantitative Bestimmung unmöglich wäre. Deshalb müssen Ausfällungen von Hauptbestandteilen während der Anreicherung und Filtrationen bei einer Spurenanalyse möglichst vermieden werden. Es kommen unter diesen Gesichtspunkten für die Spurenanalyse in erster Linie die nachfolgend angeführten Anreicherungs- bzw. Trennungsmethoden in Betracht. Das nur in Sonderfällen angewandte Zonenschmelzen findet dabei keine Berücksichtigung. Zu den Anreicherungsverfahren zählt schließlich auch die Veraschung von organischem Material, die im Abschnitt I. 4. (s. S. **183**ff.) eingehend behandelt wird.

5.1. Chromatographie

Ohne auf die unterschiedlichen physikalisch-chemischen Vorgänge bei den verschiedenen Methoden dieses Anwendungsgebietes näher einzugehen, kann der Grundvorgang so beschrieben werden, daß durch eine Säule mit dem Adsorbens die Lösung mit dem zu trennenden Stoffgemisch geschickt wird. Die Trennung der Stoffe erfolgt nun auf die Weise, daß bestimmte Lösungsmittelpartner in der Säule festgehalten und danach mit einem anderen geeigneten Lösungsmittel herausgelöst werden. Im Gegensatz hierzu erfolgt die Trennung bei der Gaschromatographie in der Gasphase.

Eine besondere Form der nachfolgend angeführten Chromatographieverfahren ist die *Dünnschichtchromatographie* [*2, 3*], die sich ebenfalls zur Trennung anorganischer Ionen eignet [*4*] und bei der das Sorptionsmittel (stationäre Phase: Kieselgur, Kieselgel, Aluminiumoxid oder Cellulose) in Form einer dünnen Schicht auf Glasplatten, Aluminium- oder Plastikfolie aufgetragen ist. Ihr Vorteil gegenüber der Säulen- und Papierchromatographie sind die hohe Trennschärfe und niedrigere Trennzeit. Eine Reihe von Lösungsmittelextraktionen (s. S. **63**) läßt sich in Form der Verteilungschromatographie erheblich beschleunigen, indem man das Extraktionsmittel an einem feinkörnigen Träger adsorbiert und die zu extrahierende Lösung durch eine Schicht des Trägermaterials durchsaugt [*5*] (s. S. **233**). Dies ist z. B. für die Trennung kurzlebiger Radionuklide von Bedeutung.

5.1.1. Adsorptionschromatographie

Zunächst sei die Adsorptionschromatographie mit Aluminiumoxyd erwähnt, durch welche die Stoffe aufgrund ihrer verschiedenen Adsorbierbarkeit an Aluminiumoxyd getrennt werden. Wenngleich diese Methode hauptsächlich auf organischem Gebiet bevorzugt wird, so ist auch eine Trennung oder Anreicherung von Spurenelementen durch Chromatographie an Aluminiumoxyd möglich. Die anorganische Chromatographie wäßriger Lösungen an Aluminiumoxyd erlaubt nur in wenigen Fällen befriedigende Trennungen, hingegen sind zahlreiche Beispiele für die Trennung wasserfrei gelöster Komplexe von Metallionen bekannt. Statt Aluminiumoxyd fanden auch noch andere Adsorbentien Anwendung, wie $CaCO_3$, $Ca(OH)_2$, $CaSO_4$, MgO, Fullererde u. a. m. Hinsichtlich der Grundlagen und anderer Anwendungen dieser Methode sei auf die Originalliteratur verwiesen [*11–16*].

5.1.2. Verteilungschromatographie

Der Bedarf an weiteren und besseren Trennungsmöglichkeiten für bestimmte Stoffklassen führte zur Entwicklung der *Verteilungschromatographie* [*17, 18*] mit ihren verschiedenen Anwendungsformen. Dabei wurde zunächst anstelle von Aluminiumoxyd eine Säule wassergetränkten Silicagels verwendet, das bei der auf einer Säule durchgeführten fraktionierten Verteilung als Träger der stationären Phase dient. Analog zur Adsorptionschromatographie wird am oberen Ende der Säule das zu trennende Stoffgemisch aufgebracht und mit einem organischen Lösungsmittel entwickelt. Aufgrund der unterschiedlichen Verteilungskoeffizienten der einzelnen Substanzen zwischen wäßriger und organischer Phase werden die einzelnen Komponenten mit verschiedener Geschwindigkeit weitergewaschen und so getrennt. Die bei der Extraktion verwendeten organischen Reagentien und Lösungsmittel können, auf einem inerten Trägermaterial aufgetragen, als stationäre Phase dienen [*5–7*], während die wäßrige Lösung mit den zu trennenden Elementen die bewegliche Phase darstellt. Anstelle von Silicagel eignet sich Stärke in vielen Fällen sogar besser als Träger der stationären Phase [*19*].

Die Einführung der *Papierchromatographie* [20] brachte eine wesentliche Erweiterung der Anwendungsmöglichkeiten. Wasserfeuchte Cellulose bildet dabei die stationäre Phase. Die Papierchromatographie ist in erster Linie eine qualitative Untersuchungsmethode, die aber innerhalb bestimmter Grenzen eine quantitative Bestimmung mit einem relativen Fehler von etwa $\pm 10\%$ erlaubt. Auf die zahlreichen Modifikationen der Papierchromatographie, ihre Grundlagen und ihre Anwendung hier näher einzugehen, würde zu weit führen, zumal auf einschlägige, zusammenfassende Darstellungen verwiesen werden kann [*11, 14–16, 21*]. Ihre Hauptanwendung lag anfangs vor allem auf organischem Gebiet, doch hat man sie später in steigendem Maße auch zur Trennung anorganischer Ionen eingesetzt, da sie auf rasche und elegante Weise zahlreiche, auch nahe verwandte Elemente als Kationen oder Anionen zu trennen gestattet. Man kann hierbei etwa 1–100 µg der einzelnen Elemente trennen. Der Durchsatz größerer Elementmengen ist bei Anwendung einer Säule mit Cellulosepulver möglich. Von den Methoden der Verteilungschromatographie verdient die Papierchromatographie hinsichtlich ihrer Verwendbarkeit in der Spurenanalyse zur Trennung, zum Nachweis und zur Bestimmung der bereits angereicherten Spurenelemente einige Beachtung. Weiterhin lassen sich mittels Elektrophorese viele Ionen im Papier um eine spitze Elektrode herum konzentrieren, wodurch die Empfindlichkeit ihrer Nachweisreaktionen erheblich verbessert wird. So lag z. B. nach dieser Methode die Erfassungsgrenze von Co, Mn und Ni bei 1 ng bei einer Grenzkonzentration von $1:2{,}5 \cdot 10^7$; die Erfassungsgrenze von Cr und Fe betrug 2 ng, von Cd und Ag 3 ng und von Pb, U und Tl 10–30 ng [*28*].

Eine Weiterentwicklung der „Mikrotüpfelanalyse" (s. S. 36) stellt die „Mikro-Ringchromatographie" vor, womit Halogenionen in Partikelchen von 10^{-6}–10^{-12} g qualitativ nachgewiesen und quantitativ bestimmt werden können [*29, 30*]. Die Bestimmung wurde auf einem mit dem Nachweisreagens getränkten Gelatinefilm durchgeführt und der durch die Reaktion entstandene Tüpfelfleck bzw. das entwickelte Ringchromatogramm im Lichtmikroskop ausgewertet.

5.1.3. Ionenaustauschchromatographie

Zuletzt sind hier noch die Ionenaustauscher zu nennen, die hauptsächlich in Form von Austauschersäulen eingesetzt werden, durch die man die Probelösung schickt. Dabei werden im einen Fall die Störelemente von der Säule zurückgehalten, während das zu bestimmende Element in den Durchlauf geht; im anderen Fall wird das zu bestimmende Element festgehalten und nach entsprechendem Waschen mit einem geeigneten Lösungsmittel aus der Säule eluiert. Man hat zwischen Kationen- und Anionenaustauschern zu unterscheiden. Die ersten Studien über Ionenaustauschvorgänge wurden in der Mitte des 19. Jahrhunderts gemacht. Anfangs verwendete man anorganische Ionenaustauscher, nämlich natürliche Zeolithe. Später wurden Zeolithe auch synthetisch hergestellt und dienten hauptsächlich zur Enthärtung des Wassers. Der chemische Grundvorgang sei am Beispiel der Wasserenthärtung [Gl. (1)] in der Richtung von links nach rechts gezeigt:

$$Ca^{2+} + 2\,Na^+Z \underset{\text{Regenerierung}}{\overset{\text{Enthärtung}}{\rightleftarrows}} 2\,Na^+ + Ca^{2+}Z_2 \qquad (1)$$

Z = Kationenaustauscher

In der Richtung von rechts nach links findet die Regenerierung des Kationenaustauschers, etwa mit einer konzentrierten NaCl-Lösung, statt. In analoger Weise, nur unter Umsatz anderer Ionen, vollzieht sich der Ionenaustausch bei allen Arten von Austauschern. In der analytischen Chemie wurden synthetische Zeolithe erstmalig im ersten

Viertel des 20. Jahrhunderts [*31*] und danach wiederholt verwendet. Ihre analytische Anwendbarkeit ist aber sehr begrenzt, da sie nur innerhalb eines engen pH-Bereiches stabil sind. Auch organische Ionenaustauscher sind seit längerer Zeit bekannt. So kann beispielsweise an den freien Carboxylgruppen von Cellulose oder Oxycellulose [*32, 33*] ein Ionenaustausch stattfinden. Diese Eigenschaft spielt in einem gewissen Ausmaß in der Papierchromatographie eine Rolle. Sie ist aber auch mit ein Grund, weshalb eine Filtration in der Spurenanalyse möglichst zu vermeiden ist. Cellulose [*36–38*] (s. S. 1185, 1237) Oxycellulose [*32, 33*], Cellulosephosphat [*22, 34*] und mit Äthylenaminsulfosäure imprägnierte Baumwolle [*35*] wurden (meist in Säulenform) zur Anreicherung und Trennung von Elementen verwendet. Die weitaus größte Bedeutung unter den Ionenaustauschern haben heute zweifellos die Austauscherharze. Der erste brauchbare organische Ionenaustauscher aus Kunstharz wurde vor mehr als 35 Jahren hergestellt [*39*]. Es gibt für die verschiedenen Zwecke zahlreiche Kunstharztypen, die zur Trennung nicht nur organischer, sondern auch anorganischer Substanzen und somit bei der Bestimmung von Spurenelementen brauchbar sind. Die Trennschärfe bei der Elution der in der Austauschersäule festgehaltenen Spurenelemente kann mit Hilfe von Komplexbildnern gesteigert werden [*40, 41*]. Noch erheblich strengere Trennungen erhielt man mit spezifischen Austauscherharzen [*42–45*], die als Austauschzentren für bestimmte Ionen bereits spezifische, komplexaktive Gruppen enthalten. Sogenannte flüssige Ionenaustauscher finden bei der Extraktion Anwendung [*23–25*] (s. S. 68, 256ff). Weitere Einzelheiten über Ionenaustauscher sind in den zusammenfassenden Darstellungen eingehend beschrieben [*11, 14–16, 26, 27, 46–56a*].

Von den angeführten Chromatographieverfahren kommen für die Spurenanalyse im wesentlichen nur die Ionenaustauscher, sowohl zur Trennung als auch zur Anreicherung von Spurenelementen, in Frage. Wenn man berücksichtigt, daß bei bestimmten, vorgegebenen Probemengen häufig nur geringfügige Änderungen zwischen Probe- und Eluatvolumen möglich sind, so wird in diesem Falle keine Anreicherung, sondern nur eine Trennung in zwei Fraktionen erzielbar sein. Vorzügliche Dienste leisten die Ionenaustauscher aber als Spurensammler, vor allem bei der Spurenanalyse von Wässern, Getränken usw., wo eine Anreicherung möglich ist, wenn eine zum Eluatvolumen verhältnismäßig größere Menge (einige Liter) an Probelösung zur Verfügung steht und durchgesetzt wird.

5.1.4. Gaschromatographie

Analog zu den anderen Chromatographiemethoden erfolgt auch hier die Trennung der Stoffe in einer Trennsäule. Durch die mit einem Adsorbens (stationäre Phase) gefüllte Säule wird das zu trennende Gasgemisch mit Hilfe eines inerten Trägergases (mobile Phase) geschickt, wobei infolge der unterschiedlichen Wechselwirkungen (Adsorptions- und Verteilungsvorgänge) zwischen den einzelnen Gasbestandteilen und der stationären Phase eine Trennung der Gaskomponenten stattfindet. Die am Säulenende nacheinander austretenden Gasbestandteile können dann mit Hilfe geeigneter Detektoren quantitativ bestimmt werden (s. S. 35). Voraussetzung für die Anwendung der gaschromatographischen Trennmethode ist, daß das zu trennende Stoffgemisch in der Säule in gasförmigem Zustand vorliegt. Bei Flüssigkeiten arbeitet man mit entsprechend höherer Säulentemperatur. Spurenelemente können auf diese Weise in Form organischer Komplexe getrennt werden, wie z. B. Al, Cr, Cu, Ga, In als Trifluoracetylacetonate oder Acetylacetonate [*59, 63, 64*]. Über die Praxis der Gaschromatographie orientiert die entsprechende Literatur [*74–77g*].

5.2. Elektrolyse

Die Isolierung und damit die Anreicherung der Spurenelemente aus einem großen Lösungsvolumen kann auch auf elektrolytischem Wege erfolgen. Grundsätzlich kann man auf diese Weise alle jene Elemente isolieren, für die in der analytischen Chemie elektrolytische Bestimmungsmethoden bekannt sind.

Eine hohe Nachweisempfindlichkeit erreicht man mit der Elektrolyse, wenn besonders kleine Elektroden mit kleiner Oberfläche verwendet werden. Hier sei die Nadelelektrode erwähnt [*57, 58*], mit der die Elektrolyse auf den Schnittflächen von zwei Platindrähten durchgeführt wird. Der auf die Drahtschnittflächen gefällte Niederschlag wird mittels eines Lichtmikroskopes beobachtet und nachgewiesen. Die Platindrähte sind in Glascapillaren voneinander isoliert eingeschmolzen. Durch die Verwendung sehr kleiner Platindrahtdurchmesser erzielt man dabei sehr niedrige Erfassungsgrenzen. So konnten z. B. von den Metallen Cu, Ag, Au und Pb unter Anwendung eines Drahtdurchmessers von 0,025 mm (Elektrodenoberfläche 0,0005 mm^2) noch 0,5–5 ng nachgewiesen werden [*58*]. Bei der Trennung von Cu und Pb mit der Nadelelektrode gelang der Nachweis von 2 ng Cu und 3 ng Pb [*57*]. Auch die Kombination von Elektrolyse mit anschließender Spektralanalyse erlaubt den Nachweis geringer Elementmengen. Eine elegante Methode, durch die die Leistung gesteigert werden kann, ist die Kombination von Mikroelektrolyse mit elektronenoptischem Nachweis [*60, 61*]. Hierzu können allerdings normale Mikroelektroden oder die vorhin erwähnte Nadelelektrode nicht verwendet werden, da die darauf gefällten Niederschläge elektronenmikroskopisch nicht direkt beobachtbar sind. Man verwendet statt dessen die in der Elektronenmikroskopie gebräuchlichen Objektträgerblenden. Eine Einlochblende wird mit einem elektrisch leitenden Kohlehäutchen versehen, das Metall über der Bohrung der Blende auf dem Kohlehäutchen niedergeschlagen und der Niederschlag dann elektronenoptisch beobachtet. Bei der Abscheidung von Cu und Umsetzung mit Pikrolonsäure wurde eine Nachweisgrenze von $5 \cdot 10^{-11}$ g Cu erreicht [*62*].

Die zweite Anwendungsmöglichkeit der Elektrolyse ist die Entfernung der Hauptbestandteile aus der Probelösung, wobei die Spurenelemente zurückbleiben. Hier treten jene störenden Erscheinungen, wie sie für die Vermeidung der Abtrennung der Hauptbestandteile von den Spurenelementen durch Fällung bestimmend sind, nicht auf. Gewöhnlich wird mit einer Quecksilberkathode in verdünnter schwefelsaurer Lösung elektrolysiert, wobei Fe, Cr, Ni, Co, Zn, Cd, Ga, Cu, Sn, Mo, Bi, Ag, Au, Platinmetalle (ausgenommen Ru und Os), Ge, In, Sb, Pb, As, Se, Te, Hg, Tl, Re, Mn (teilweise) abgeschieden und so von den folgenden Elementen abgetrennt werden können: Al, Ti, Zr, P, V, U, Be, Mg, Erdalkalimetalle, S. E. u. a. [*65–67*] (nähere Einzelheiten s. a. S. **390** ff.). Diese Methode wird öfters zur Bestimmung von Al in Stahl [*68–72*] (s. a. S. **390** ff.) verwendet. Sie diente auch zur Entfernung von Schwermetallspuren aus Salzen [*73*], die als Elektrolyte in der Polarographie Verwendung finden und wurde zur Reinigung auch anderer Reagentien von Schwermetallspuren empfohlen. Bei der gleichzeitigen Spektralanalyse einer großen Zahl von Elementen kann durch die Elektrolyse eine Aufteilung in Elementgruppen vorgenommen werden, um linienreiche Elemente abzutrennen bzw. ihre Störung zu eliminieren. Die Elektrolyse und ihre Anwendung findet man in der einschlägigen Literatur näher beschrieben [*78–81*].

5.3. Spurenfällung

Früher wurde darauf hingewiesen, daß eine Abtrennung der Haupt- von den Spurenbestandteilen durch Ausfällen der ersteren stets zu vermeiden ist, da hierdurch die

Spurenelemente ganz oder teilweise mitgerissen werden und somit der Bestimmung verloren gehen. Dies bedeutet, daß der Hauptbestandteil in keiner Phase der Anreicherungsoperation in fester Form auftreten darf. Von dieser allgemeinen Regel abweichend gelingt es nur in Einzelfällen, den Hauptbestandteil durch Fällung ohne wesentliche Spurenelementverluste abzutrennen, wie z. B. bei der Spurenanalyse von Silber [*81a*, *81b*] und Quecksilber [*81c*] (Ausfällung des Ag als AgCl oder Metall bzw. des Hg als Metall). Doch setzt die Anwendung einer solchen Arbeitsweise stets eine vorhergehende sorgfältige Prüfung der auftretenden Spurenverluste voraus. Bei bestimmten analytischen Problemen können aber Mitreißeffekte fallweise ein sehr nützliches Mittel zur Spurenelementanreicherung sein, wobei dann die vorhin genannte Erscheinung bewußt ausgenützt wird. Eine direkte Ausfällung der Spurenelemente für sich allein führt meist nicht zu einem befriedigenden Ergebnis, da diese, besonders bei kleinen Spurengehalten, entweder gar nicht oder in kolloidaler und sonst schwer filtrierbarer Form ausfallen. Schließlich hat die Unvollständigkeit der Fällung von Spurenelementen ihre Ursache in der Löslichkeit des Niederschlages, die sich auch bei den Fällungen mit dem niedrigsten Löslichkeitsprodukt bemerkbar macht. Man setzt deshalb vor der Fällung eine größere Menge eines ebenfalls fällbaren Fremdelementes als *Spurenfänger* (Spurensammler, Kollektor) zu. Dieser reißt die in Frage kommenden Spurenelemente mit. Durch den Zusatz eines Spurenfängers kann also die Empfindlichkeit der Fällung gesteigert werden. Als Spurenfänger sollen möglichst solche Elemente gewählt werden, die entweder bei der nachfolgenden Bestimmung nicht stören und z. B. bei der spektrochemischen Analyse als Bezugselement dienen oder aus dem Niederschlag auf irgendeine Weise leicht entfernt werden können. Für letzteres ist vor allem die Verflüchtigung des Spurenfängers nach der Spurenfällung eine Möglichkeit zu seiner mühelosen Entfernung. In dieser Hinsicht sind Quecksilber- und Arsensulfid als Spurenfänger für die Schwermetallsulfide und Tellur für die Edelmetalle [*82*] zu nennen. Bei der Wahl eines Spurenfängers ist weiterhin noch zu berücksichtigen, daß er, in möglichst geringer Menge angewendet, die Spurenelemente quantitativ ausfällen soll. Der Zusatz eines Spurenfängers ist nicht erforderlich, wenn das in definierter Menge zugesetzte Fällungsreagens selbst als Niederschlag ausfällt und als Spurenfänger wirkt. Mit dieser Art der Spurenfällung lassen sich mögliche Störungen durch das Spurenfängerelement vermeiden. Ein Beispiel für diese Arbeitsweise ist die Spurenfällung mit PAN mit anschließender röntgenspektrometrischer Bestimmung [*82a*].

Die Vorgänge, die sich bei der Spurenfällung abspielen, können sowohl chemischer als auch physikalischer Art sein. Zunächst kann es sich um die Bildung von Mischkristallen zwischen Spurenfänger und Spurenelementen handeln, die eine praktisch vollständige Ausfällung der Spurenelemente gewährleistet. Beim teilweisen Auskristallisieren zweier, miteinander Mischkristalle bildender Stoffe aus einer Lösung reichert sich im Normalfall die schwerer lösliche Komponente im Bodenkörper an. Bei einer Spurenfällung in Form von Mischkristallen muß also die gefällte Verbindung des Spurenfängers leichter löslich sein als die Verbindung des Spurenelementes, wobei es nicht notwendig ist, den Spurenfänger selbst vollständig auszufällen. Dieses vielfältig anwendbare Prinzip ist selten bei der Auswahl eines Spurenfängers herangezogen worden [*83*]. Eine Variante der Spurenfällung stellt die „Kokristallisation" dar, bei welcher ein organisches Reagens gleichzeitig als Fällungsmittel und Spurenfänger dient. Das organische Reagens wird hierbei durch Verflüchtigung eines der Probelösung zugesetzten, leicht flüchtigen organischen Lösungsmittels zum Auskristallisieren gebracht, wobei gleichzeitig die mit dem organischen Reagens gebildeten Komplexe der interessierenden Spurenelemente mit ins Kristallisat gehen (s. a. S. 60). Auch hier findet eine

Anreicherung dann statt, wenn das Spurenelement mit dem Reagens eine Verbindung bildet, deren Löslichkeit geringer als jene des auskristallisierten Reagenses ist. Bei den in der Praxis üblichen Fällen handelt es sich meist – wie weiter unten erwähnt – um die Ausnutzung der Adsorptionsfähigkeit und kolloidchemischer Wirkungen des Spurenfängers. Auch die Bildung anomaler Mischkristalle kann zur Anreicherung von Spurenelementen führen. Es handelt sich dabei um den Fall, wo zwischen zwei Substanzen keine Isomorphie herrscht und eine feste Lösung des Spurenelementes im Spurenfänger nach Art der Mischkristalle gebildet wird. Diese Möglichkeit kann dann auftreten, wenn das Salz eines Elementes auskristallisiert wird (z. B. Mitkristallisation von Pb mit Alkalihalogeniden). Entgegen der oft vertretenen Ansicht ist es daher selten möglich, durch Umkristallisieren einer Verbindung eine hinsichtlich ihres Spurenelementgehaltes reinere Substanz zu erhalten [*84*]. Weiterhin können sich an der Oberfläche des Spurenfängerniederschlages Verbindungen zwischen dem Spurenfänger und den Spurenelementen bilden und diese von ersterem adsorptiv festgehalten werden. Es kann sich aber auch um eine reine Adsorption der Spurenelemente auf der Niederschlagsoberfläche des Spurenfängers handeln. Zu einer Mitfällung der Spurenelemente durch Adsorption kommt es, wenn der adsorbierende Niederschlag (Spurenfänger) eine dem Spurenelement-Ion entgegengesetzte Ladung trägt und die durch Adsorption entstandene Verbindung zwischen dem Niederschlag und dem Spurenelement-Ion im vorliegenden Lösungsmittel schwer löslich ist oder eine geringe Dissoziation aufweist. Es wird auch vermutet [*85*], daß in einigen Fällen das Mitfällen von Metallspuren durch außerordentlich rasch verlaufende Ionenaustauschreaktionen zu deuten ist. Sie verlaufen nur, wenn das Löslichkeitsprodukt der entstandenen Verbindung zwischen dem Spurenelement und dem Kollektor geringer ist als jenes des Kollektors allein; ein Adsorptionsvorgang ist dagegen anzunehmen, wenn bei einer Mitfällung das Löslichkeitsprodukt der entstandenen Verbindung größer ist. Bei der Auswahl des Spurenfängers soll man sich von der Größe der Löslichkeitsprodukte der entstehenden Verbindungen leiten lassen [*85*]. Umgekehrt können die Spurenelemente oder ein in geringer Menge absichtlich zugesetztes Element als Kristallisationszentrum wirken, um welches sich der Spurenfänger niederschlägt. Die einzelnen Elemente zeigen eine unterschiedliche Adsorbierbarkeit auf dem Spurenfänger und durch Belegen der aktiven Niederschlagsoberfläche des Spurenfängers mit einem stark adsorbierbaren Ion kann die Mitfällung von schwächer adsorbierbaren Elementen verhindert werden [*91*]. Die Spurenfällung läßt sich auch neben der Wahl definierter pH-Werte durch Zusatz von Komplexbildnern bzw. Maskierungsmitteln selektiver gestalten. Eingehende Untersuchungen über den Mechanismus der Sorption von Spurenelementen an Silberniederschlägen als Spurenfänger führten zu keiner vollständigen Klärung [*91a*]: bei AgCl, AgBr und AgI erfolgt die Spurenfällung in der Regel als Adsorption aufgrund der elektrischen Ladung der Niederschläge; bei AgSCN findet Adsorption oder Mischkristallbildung statt; für die Spurenfällung mit AgCN und $AgIO_3$ konnte keine allgemein gültige Deutung gefunden werden.

Die Spurenfällung ist in der Spurenanalyse recht gebräuchlich; sie wird dann vorteilhaft angewendet, wenn z. B. aus einer Lösung mit großen Mengen von Alkali- und Erdalkalisalzen eine größere Zahl von Schwermetallspuren gleichzeitig niedergeschlagen werden soll. Man benützt dazu zweckmäßig ausgesprochene Gruppenfällungsmittel, wofür nachfolgend hier nur einige Beispiele genannt seien. Vielfach geschieht die Ausfällung der Elemente als Sulfide [*86*]. So diente CuS als Spurenfänger für Pb oder andere Metalle, PbS wiederum für Cu. Die Anreicherung von Ni- und Cu-Spuren erfolgte nach Zusatz von reinstem Fe als Spurenfänger durch Ausfällung dieser Elemente als

Sulfide [87]. Weiterhin diente $Fe(OH)_3$ als Spurenfänger bei der Anreicherung von kleinen Mengen As [88]. Bei der Bestimmung von Al-Spuren wurde Fe durch Ausfällung als Acetat [89] oder Phosphat [90] als Spurenfänger verwendet. Über die Mitfällung von V durch verschiedene Spurenfänger s. a. S. 1284. Für das Fällen von Sc-Spuren diente Y als Spurenfänger unter Ausfällung als Ammoniumtartrat [83]. Silberfällungen eignen sich ebenfalls zur Isolierung von Spurenelementen [91, 91a]: AgCl für Bi, Hg, Pd und Tl, AgBr für Bi, Hg, Pb und Pd, AgI für Cu, Hg, Pb, Pd und Tl, AgSCN für Hg und Pd, $AgIO_3$ für Bi, Ce, Cr, Fe, Hg, In, La, Pb, Pd, Sn, Th und Tl sowie AgCN für Pd bei dessen Bestimmung in Silber, Kupfer und Nickel [103]. Durch die Fällung mit Mangan(IV)oxydhydrat[1] können Spuren von Au, Bi, Mo, Sb, Sn und Tl isoliert und angereichert werden (s. S. 524ff.). Auch organische Reagentien werden häufig als Fällungsmittel verwendet. Mit Al und Fe als Spurenfänger und 8-Hydroxychinolin als Fällungsmittel können die Elemente Co, Ni, Mo, Cu, Zn, Ti, Ga und Tl quantitativ, Cr, V, Ag, Sn, Pb, Ge, Be und Cd jedoch nur unvollständig aus Bodenextrakten, Pflanzen- und anderem biologischem Material erfaßt werden [92–96]. Spuren von Ti, V und Zr in Mineralwässern wurden mit Fe als Spurenfänger und Cupferron als Fällungsmittel quantitativ isoliert [97]. Die gleichzeitige Anwendung eines organischen Reagenses als Fällungsmittel und Spurenfänger bei der Kokristallisation diente zur Anreicherung und Isolierung von Ba, Ce, La, Pr, Ra, Sr, Pu in Seewasser mit Kaliumrhodizonat [98], U in Seewasser mit 1-Nitroso-2-naphthol [99] und Pu in Harn mit Kaliumrhodizonat [100]. Eine Kombination von Extraktion und Spurenfällung wurde zur spektrochemischen Bleibestimmung in biologischem Material angewendet [101, 102], wobei aus der Asche mittels eines Reagensgemisches (Pyrrolidindithiocarbamat, 8-Hydroxychinolin und Anthranilsäure in Acetat-Phthalatpuffer von pH 4,8 gelöst) die Hauptmineralstoffe (Alkali- und Erdalkalisalze) herausgelöst werden, während die Spurenelemente als schwerlösliche Verbindungen zurückbleiben.

Oft sollen möglichst viele, wenn nicht alle Spurenelemente einer Probe quantitativ erfaßt werden. Da jedes Fällungsmittel aber nur eine bestimmte, mehr oder weniger große Zahl von Elementen erfaßt, so besteht die Möglichkeit, durch die gleichzeitige Verwendung mehrerer, sich gegenseitig ergänzender Gruppenreagentien den Erfassungsbereich zu vergrößern. Zu diesem Zweck können die verwendeten Reagentien entweder in einem mehrstufigen Verfahren zeitlich nacheinander (im Falle einer gegenseitigen Störung) oder in einem einstufigen Verfahren gleichzeitig eingesetzt werden [94, 115]. Reagensmischungen wurden einige Jahre danach auch für die Extraktion von Spurenelementen herangezogen [104–106] (s. S. 69) und späterhin auf verschiedenste spurenanalytische Probleme angewandt [107–114]. Durch Verwendung von Al und Fe als Spurenfänger und von 8-Hydroxychinolin, Tanninsäure und Thionalid als Fällungsreagentien ist die quantitative Erfassung und Bestimmung der Elemente Co, Ni, Mo, Cr, V, Be, Ge, Sn, Pb, Ti, Cu, Zn, Cd, Ga, Tl und Ag möglich [92, 94–96] und eine 500–1000fache Anreicherung der Spurenelemente erzielbar. Mit 8-Hydroxychinolin/Tanninsäure/Thionalid und In als Spurenfänger wurde das Verfahren zur Bestimmung von Ag, Al, Be, Bi, Cd, Co, Cr, Cu, Fe, Ga, Ge, Mn, Mo, Ni, Pb, Sn, Ti, V und Zn in den verschiedensten Materialien verwendet [115, 117], ferner mit Al als Spurenfänger zur spektrochemischen Bestimmung von Co, Cu, Mo und Zn in biologischem Material und Bodenextrakten [118]. Die eingehende Untersuchung der Spurenfällung mit den radioaktiven Isotopen ^{60}Co, ^{64}Cu und ^{99}Mo unter Verwendung von inaktivem Al und In als Spurenfänger und Fällung mit 8-Hydroxychinolin, 8-Hydroxychinolin/Tanninsäure,

---

[1] Häufig in der Literatur auch MnO_2, Mangandioxydhydrat und Braunstein genannt.

8-Hydroxychinolin/Thionalid bzw. 8-Hydroxychinolin/Tanninsäure/Thionalid zeigte aufgrund der Ausbeute, mit der die drei radioaktiven Elemente in dem Niederschlag wiedergefunden wurden, daß man die besten Ergebnisse erhält, wenn die genannten Spurenelemente mit Al oder In und 8-Hydroxychinolin/Tanninsäure/Thionalid (Ausbeute 92–99,9%) ausgefällt werden [*118*]. Mit Zn als Spurenfänger und Natriumpyrrolidindithiocarbamat konnten die Spurenelemente Cu, Fe, Mn, Co, Ni, V, Cr, Pb, und Mo in Zellwolle spektrographisch bestimmt werden [*119*]. Der Gehalt an Spurenelementverunreinigungen (Ca, Cd, Co, Cr, Cu, Fe, Mg, Mn, Ni, Pb, Ti, Zn bzw. Cd, Co, Cu, Fe, Ga, Mo, Ni, Sb, Sn, V, Zn und unvollständig Cr, Mn, Pb, Ti) in Reinstaluminium wurde mit Tl als Spurenfänger und Thioacetamid bzw. Ammoniumpyrrolidindithiocarbamat/Thionalid ermittelt [*121*, *122*]. Auch zur Spurenentfernung aus Kulturlösungen bei biologischen Versuchen wird die Spurenfällung öfter herangezogen [*123–128*].

Der Anwendung von Fällungsreaktionen sind bestimmte Grenzen gesetzt und sie erreichen im allgemeinen nicht die Empfindlichkeit und Selektivität der Extraktionsverfahren (s. S. 67). So ist beispielsweise die Spurenfällung von Be mit Calciumphosphat als Spurenfänger im Mikrogrammbereich vollständig, während bei Nanogramm-Mengen nur 50–70% des vorhandenen Be ausgefällt werden [*132*]. Bei der Spurenfällung von 10–100 ng Tl mit MnO_2 als Spurenfänger wurden 70–90% des vorhandenen Tl wiedergefunden [*133*]. Es liegt in der unterschiedlichen Natur der einzelnen Spurenfällungen begründet, daß diese nicht alle die gleiche Empfindlichkeit aufweisen und im Einzelfall über dem Durchschnitt liegen dürften. Fällungsreaktionen sollten daher bei Spurenanalysen im allgemeinen nur dann angewendet werden, wenn eine Lösung des gestellten analytischen Problems mit einem geeigneteren Trennungsverfahren nicht möglich ist.

5.4. Destillation

Eine ganze Reihe von Elementen kann nach Überführen in eine geeignete flüchtige Verbindung durch Destillation oder Sublimation abgetrennt werden, wobei sich durch Destillation sowohl Spuren- als auch Hauptbestandteile von den übrigen Elementen ohne wesentliche Fehler isolieren lassen. Hier ist zunächst die Abtrennung des B als Methylester zu erwähnen. Ferner können aus chlorwasserstoff- oder bromwasserstoffsaurer Lösung als Chloride As(III), Cr(III), Ge [*134*], Os, Re, Ru, Sn(II) und Sn(IV), als Bromide As(III), As(V), Ge, Hg(I), Hg(II), Os, Re, Ru, Sb(III), Sb(V), Sn(II), Sn(IV), Se(IV) und Se(VI) [*135*] abdestilliert werden (s. Tab. 10). Mn läßt sich durch Destillation als $HMnO_4$ isolieren [*129*].

Die Elemente As, Se, Te und Hg können durch Erhitzen der festen Probe verflüchtigt werden, ebenso Os als OsO_4 [*136*] und Ru als RuO_4 [*137*]. Die Flüchtigkeit einiger Elemente dient als Grundlage bei der Verdampfungsanalyse [*133*, *138–141*], womit Mikrogramm- bis Milligramm-Mengen isoliert werden können (s. S. 1217ff., 1329). Dabei wird das betreffende Element im Wasserstoffstrom bei 1100° C aus dem Probematerial verflüchtigt, auf einem Kühlfinger niedergeschlagen, das Sublimat von dort heruntergelöst und anschließend polarographisch oder photometrisch bestimmt. Zn, Cd, Pb, Bi, Sb, As, Tl, In, Ge, Te und Hg lassen sich weitgehend bzw. vollständig verdampfen, während Sn, Ag und Ga nur teilweise flüchtig sind. In Verbindung mit der Spektrographie läßt sich die Verdampfungsanalyse noch empfindlicher gestalten (s. S. 1230), wobei die Nachweisgrenze hier bei 0,5–5 ng liegt und auf diese Weise Gehalte von 10^{-2}–10^{-6}% an Tl, Cd, In und Pb in Mineralien, Oxyden, Staub und Metallen, sowie 10^{-4}–10^{-9}% an Tl und Pb in organischem Material, Salzen und Lösungen bestimmt wurden [*133*, *141*].

Bi, Cd, Hg, In, Mg, Pb und Zn wurden in elementarer Form durch Vakuumdestillation isoliert [*142, 130, 131*]. Diese fand auch bei der Spurenanalyse von Reinstaluminium zur Abtrennung des Hauptbestandteiles als Aluminiumäthylbromid Anwendung (Ag, Co, Cr, Cu, Fe, Mn, Na, Ni und Pb blieben quantitativ im Rückstand und Ga, Si und Zn gingen in wechselnden Mengen ins Destillat) [*142b, 142c*].

Tabelle 10. Verflüchtigung der Elemente aus $HClO_4$- und H_2SO_4-Lösungen bei 200—220° C[1] [*135*]

Element	% verflüchtigt (Näherungswerte) bei Destillation aus					
	$HCl/HClO_4$[2]	$HBr/HClO_4$[3]	$HCl/H_3PO_4/HClO_4$[4]	$HBr/H_3PO_4/HClO_4$[5]	HCl/H_2SO_4[6]	HBr/H_2SO_4[7]
As(III)	30	100	30	100	100	100
As(V)	5	100	5	100	5	100
Au	1	0,5	0,5	0,5	0,5	0,5
B	20	20	10	10	50	10
Bi	0,1	1	0	1	0	1
Cr(III)	99,7	40	99,8	40	0	0
Ge[8]	50	70	10	90	90	95
Hg(I), (II)	75	75	75	75	75	90
Mn	0,1	0,02	0,02	0,02	0,02	0,02
Mo	3	12	0	0	5	4
Os[9]	100	100	100	100	0	0
P	1	1	1	1	1	1
Re	100	100	80	100	90	100
Ru	99,5	100	100	100	0	0
Sb(III)	2	99,8	2	99,8	33	99,8
Sb(V)	2	99,8	0	99,8	2	98
Se(IV)	4	2—5	2—5	2—5	30	100
Se(VI)	4	5	5	5	20	100
Sn(II)	99,8	100	0	99,8	1	100
Sn(IV)	100	100	0	100	30	100
Te(IV)	0,5	0,5	0,1	0,5	0,1	10
Te(VI)	0,1	0,5	0,1	1	0,1	10
Tl(III)[10]	1	1	1	1	0,1	1
V	0,5	2	0	0	0	0

[1] Folgende Elemente werden bei keinem der genannten Verfahren verflüchtigt: Ag, Al, Ba, Be, Ca, Cd, Co, Cs, Cu, Fe, Ga, Hf, In, Ir, K, Li, Mg, Na, Nb, Ni, Pb, Pd, Pt, Rb, Rh, S.E., Si, Ta, Th, Ti, U, W, Zn und Zr.

[2] Zu der im Destillationskolben der Apparatur nach SCHERRER befindlichen Chlorid- oder Perchlorat-Lösung (20—100 mg Element vorgelegt) werden 15 ml $HClO_4$ (60%) zugesetzt. Als Vorlage dienen 100 ml Wasser. Man destilliert unter Durchleiten von CO_2. Wenn die Temperatur auf 200° C angestiegen ist, läßt man unter Einhalten des Temperaturbereiches von 200—220° C langsam HCl (1,18) zufließen und beendet die Destillation nach Zugabe von insgesamt 15 ml HCl (innerhalb 20—30 min).

[3] Arbeitsweise wie bei [2] aber mit HBr (40%) anstelle von HCl.

[4] Arbeitsweise wie bei [2]; vor Destillationsbeginn werden zusätzlich noch 5 ml H_3PO_4 (1,70) zugegeben.

[5] Arbeitsweise wie bei [4], aber mit HBr (40%) anstelle von HCl.

[6] Arbeitsweise wie bei [2]; vor Destillationsbeginn werden aber 15 ml H_2SO_4 (1,84) anstelle von $HClO_4$ zugesetzt.

[7] Arbeitsweise wie bei [3], aber mit H_2SO_4 (1,84) anstelle von $HClO_4$.

[8] Bei der angeführten Arbeitsweise fällt GeO_2 aus; fügt man HCl oder HBr bereits vor dem Erhitzen der Lösung hinzu, so tritt dies nicht ein und Ge geht leicht ins Destillat.

[9] Os wird aus H_2SO_4-Lösung bei 200—220° C noch nicht, bei 270—300° C hingegen vollständig verflüchtigt.

[10] Tl(I) (Reduktion mit SO_2) destilliert nicht über.

Die Abtrennung einzelner Elemente (z. B. As) ist bekanntlich auch durch Verflüchtigung ihrer Wasserstoffverbindungen möglich. Die Abtrennung des Si als SiF_4 mittels HF/H_2SO_4 oder $HF/HClO_4$ ist meist der umgekehrte Fall der Abtrennung eines Hauptbestandteiles aus einer Probe, doch können auf diesem Wege auch Si-Spuren isoliert werden (s. S. **1093** ff., **1115**). Auf dem Gebiet der Halbleitertechnik wird der Gehalt an Verunreinigungen in Reinstgermanium im Bereich von $10^{-5}-10^{-7}\%$ emissionsspektrographisch bestimmt, nachdem der Hauptbestandteil als $GeCl_4$ verflüchtigt worden ist (Erhitzen der HCl enthaltenden Probelösung über den Siedepunkt des $GeCl_4$ von 85° C, jedoch nicht über 120° C, da die Siedepunkte der übrigen Metallchloride mit Ausnahme von $SiCl_4$ und $SbCl_5$ über 120° C liegen).

Die fraktionierte Destillation und selektive Verdampfung der Elemente spielt in der Emissionsspektralanalyse als Anreicherungsvorgang während der Anregung eine bedeutende Rolle [*142a*] (s. S. **150** ff.).

Obwohl mittels Destillation bestimmte Trennungen in zufriedenstellender Weise durchgeführt werden können, bleibt diese Methode in der Spurenanalyse doch nur auf eine kleinere Zahl von Elementen anwendbar.

5.5. Extraktion

Zahlreiche Elemente lassen sich in Verbindungen überführen, die im allgemeinen in Wasser wenig oder kaum, in organischen Lösungsmitteln hingegen leicht löslich sind. Schüttelt man eine wäßrige Lösung, die mehrere Elemente enthält, von denen aber nur eines beispielsweise als wasserunlösliche, jedoch im organischen Lösungsmittel leicht lösliche Verbindung vorliegt, in einem Schütteltrichter mit einem geeigneten organischen Lösungsmittel, so geht das betreffende Element im Idealfall vollständig in die organische Phase über, während die übrigen Elemente in der wäßrigen Phase zurückbleiben. Man spricht in diesem Fall von einer Extraktion des betreffenden Elementes, die durch das organische Lösungsmittel herbeigeführt wird. Auf diesem Wege gelingt es, Spurenelemente von großen Mengen anderer Elemente fehlerfrei abzutrennen und anzureichern. Von den verschiedenen Formen der Extraktion kommt für die Spurenanalyse nur die flüssig-flüssig-Extraktion in Frage, bei der beide Phasen, nämlich Probe und Extraktionsmittel, in flüssiger Form vorliegen. Die fest-flüssig-Extraktion ist, wenn Spurenelemente aus einer festen Substanz extrahiert werden sollen, wegen der dabei auftretenden Fehler nicht anwendbar. Umgekehrt kann aber der Hauptbestandteil extrahiert werden, während die Spurenelemente in fester Form zurückbleiben und so angereichert werden. Diese Kombination von Extraktion und Spurenfällung wurde z. B. bei der spektrochemischen Bestimmung von Pb in biologischem Material angewendet [*101, 102*]. Dabei werden aus der Probenasche die Hauptmineralstoffe (Na, K, Ca, Mg, P) mit einem Reagensgemisch (Pyrrolidindithiocarbamat, Oxin und Anthranilsäure in Acetat-Phthalat-Puffer von pH 4,8 gelöst) ausgezogen, während die Spurenelemente mit dem Reagensgemisch schwerlösliche Verbindungen bilden und im Ungelösten zurückbleiben. Spurenelementverluste sind hier weniger zu befürchten als bei Spurenfällungen mit Spurenfängern, da die Spurenelemente in verhältnismäßig hoher Konzentration am Ort der Reaktion anwesend sind.

Für die Extraktion werden, infolge ihrer zahlreichen Anwendungsmöglichkeiten und -formen, auch häufig die Bezeichnungen Verteilung bzw. Gegenstromverteilung verwendet. Auf dem für die Spurenanalyse interessierenden Anwendungsgebiet der Anreicherung und Trennung von anorganischen Stoffen durch flüssig-flüssig-Extraktion hat sich aber sowohl in der deutschen als auch in der englischen und anderssprachigen

Literatur hauptsächlich der Ausdruck Extraktion bzw. Ausschüttelung eingebürgert, weshalb er auch hier beibehalten und in der Folge für diesen Vorgang angewendet werden soll. Die Extraktion beruht auf einer Beobachtung von BERTHELOT [143], die später von NERNST verallgemeinert und in dem nach ihm benannten Verteilungssatz niedergelegt wurde [144]: Eine gelöste Substanz, die sich mit zwei beschränkt mischbaren Flüssigkeiten im Gleichgewicht befindet, verteilt sich in einem konstanten und reproduzierbaren Verhältnis zwischen beiden Phasen. Bei Anwesenheit mehrerer Molekülarten verteilen sich diese unabhängig voneinander zwischen beiden Phasen. Diese Aussage wird durch folgende Gleichung ausgedrückt:

$$\frac{c_0}{c_w} = k \tag{2}$$

c_0 = Substanzkonzentration der einzelnen Molekülart in der organischen Phase
c_w = Substanzkonzentration der einzelnen Molekülart in der wäßrigen Phase
k = Verteilungskoeffizient für die einzelne Molekülart.

Da infolge Assoziation oder Dissoziation von derselben Substanz mehrere Molekülarten in einer oder in beiden Phasen zugleich auftreten können, wird statt dessen in der Praxis der leicht bestimmbare Verteilungs- oder Extraktionskoeffizient[1] D verwendet, der sich auf die Gesamtkonzentration der einzelnen Phasen bezieht:

$$D = \frac{C_0}{C_w} \tag{3}$$

C_0 = Gesamtkonzentration der Substanz in der organischen Phase
C_w = Gesamtkonzentration der Substanz in der wäßrigen Phase
D = Verteilungs- oder Extraktionskoeffizient.

Der Verteilungskoeffizient D wird durch die Konzentration der Substanz, die Dissoziation, Assoziation, Komplexbildung, Temperatur und Wasserstoffionenkonzentration beeinflußt.

Aus Zweckmäßigkeitsgründen sind noch weitere Definitionen eingeführt worden [145–147]. Die Verteilungszahl G drückt das Verhältnis der relativen Substanzmengen aus,

$$\frac{p}{q} = G;\ G = D \cdot V \tag{4}$$

wobei

$$p = \frac{\text{Substanzmenge in der Oberphase}}{\text{Gesamtsubstanzmenge}},$$

$$q = \frac{\text{Substanzmenge in der Unterphase}}{\text{Gesamtsubstanzmenge}},$$

$$p + q = 1 \tag{5}$$

$$V = \frac{V_0}{V_w} \tag{6}$$

V_0 = Volumen der organischen Phase
V_w = Volumen der wäßrigen Phase
V = Volumenverhältnis der beiden Phasen

bedeuten. Bei der Verteilung anorganischer Substanzen wird meist statt des Verteilungskoeffizienten die Substanzmenge, die sich in der organischen Phase nach der Gleichgewichtseinstellung befindet, in Gewichtsprozent angegeben. Durch Multiplikation

[1] engl.: distribution coefficient oder distribution ratio.

von p und q mit dem Faktor 100 erhält man die prozentuale Verteilung der Substanz. In der Literatur findet man in diesem Zusammenhang noch weitere Definitionen zur Angabe der Menge (in %) an extrahierter Substanz, die hier einheitlich als Extraktionsausbeute (oder Extraktionsgrad) $E\%$ bezeichnet ist [*148–153*]:

$$E\% = \frac{100 \cdot D \cdot \frac{V_0}{V_w}}{D \cdot \frac{V_0}{V_w} + 1} \tag{7}$$

$E\%$ = Extraktionsausbeute (oder Extraktionsgrad) in %,

daraus ergibt sich

$$E\% = \frac{100 \cdot D}{D + \frac{V_w}{V_0}}, \tag{8}$$

für $V = \frac{V_0}{V_w} = 1$, d. h. $V_0 = V_w$ erhält man[1]

$$E\% = \frac{100 \cdot D}{D + 1}. \tag{9}$$

Von der Verteilungszahl G leiten sich zwei weitere Größen ab. Einmal der Trennfaktor β, der als das Verhältnis der Verteilungszahlen zweier Substanzen A und B definiert ist.

$$\beta = \frac{G_A}{G_B} = \frac{D_A}{D_B} > 1. \tag{10}$$

Der Trennfaktor ist ein Maß für die Trennbarkeit zweier Substanzen, ein Maß für die Selektivität eines Phasenpaares. Gemäß Gl. (10) wird zweckmäßigerweise stets $\beta > 1$ verwendet. Aus der Größe des Trennfaktors läßt sich der apparative Aufwand und die Zeit ermessen, die man zur Trennung zweier Substanzen benötigt. Eine Trennung ist nicht möglich, wenn $\beta = 1$ ist.

Die Gl. (11) gibt die Definition für die zweite Größe, den Volumenfaktor α, an:

$$\alpha = G_A \cdot G_B. \tag{11}$$

Der Volumenfaktor bestimmt das zur Trennung zweier Substanzen am besten geeignete Volumenverhältnis der Phasen. Für weitere theoretische Einzelheiten über die Extraktion sei auf die einschlägige Literatur verwiesen [*147, 155*].

Um Verfahren zur Isolierung und Anreicherung von Spurenelementen qualitativ beurteilen zu können, werden noch weitere Definitionen verwendet, die mit der Extraktionsausbeute $E\%$ in einem gewissen Zusammenhang stehen. Die Spurenelementausbeute R (recovery factor [*156*]) einer bestimmten Anreicherungs- bzw. Analysenvorschrift ist ein Maß für die Vollständigkeit, mit der ein Spurenelement im angereicherten Zustand wiedergefunden wird:

$$R = \frac{m_a}{m_0} \tag{12}$$

m_a = Menge des angereicherten Spurenelementes
m_0 = Menge des Spurenelementes in der Probe.

---

[1] Vereinzelt wird in der Literatur anstelle von D der Buchstabe K oder α verwendet [*148, 150, 151*] und die prozentuale Verteilung $P = \frac{100 \cdot \alpha}{1 + \alpha}$ definiert. P gilt ebenso wie das hier definierte $E\%$ an, wieviel Prozent des verteilten Stoffes sich in der organischen Phase befinden, wenn die Volumina nach dem Schütteln gleich sind.

Man kann den Quotient aus obiger Gleichung mit 100 multiplizieren, wonach dann R angibt, wieviel Prozent des betreffenden Spurenelementes in der angereicherten Phase wiedergefunden werden. Dabei ist ein möglichst hoher Wert erwünscht, doch sind bereits 95% in den meisten Fällen befriedigend; mitunter begnügt man sich sogar mit 90%. Die zulässige untere Grenze der Spurenelementausbeute hängt schließlich vor allem von der Größenordnung des Spurenelementgehaltes ab.

Aus den Gl. (12) und (13) ist zu ersehen, daß ein Zusammenhang zwischen der Spurenelementausbeute R und dem Anreicherungsfaktor A besteht. Letzterer wird definiert als der Quotient aus den Mengen- bzw. Konzentrationsverhältnissen von Spurenelementen zu Hauptbestandteilen nach und vor der Anreicherung [*157*]:

$$A = \frac{\dfrac{m_{S_a}}{m_{H_a}}}{\dfrac{m_{S_0}}{m_{H_0}}} = \frac{\dfrac{c_{S_a}}{c_{H_a}}}{\dfrac{c_{S_0}}{c_{H_0}}}. \tag{13}$$

Darin bedeuten m und c Mengen bzw. Konzentrationen. Die Indices S und H bezeichnen Spurenelemente und Hauptbestandteile, o und a den Zustand vor und nach der Anreicherung. Die untere Grenze für das Verhältnis $\frac{m_{S_a}}{m_{H_a}} = \frac{c_{S_a}}{c_{H_a}}$ gibt das Mengen- bzw. Konzentrationsverhältnis an, bei dem die nachfolgende Bestimmung des Spurenelementes gerade noch mit der geforderten Genauigkeit durchgeführt werden kann. Diese hängt demnach auch von der angewandten Bestimmungsmethode ab.

Der Zusammenhang zwischen R und A geht nun aus der Beziehung in Gl. (14) hervor, die man durch Umstellung der Glieder des Quotienten in Gl. (13) erhält:

$$A = \frac{\dfrac{m_{S_a}}{m_{S_0}}}{\dfrac{m_{H_a}}{m_{H_0}}} = \frac{R_S}{R_H}. \tag{14}$$

Man kann daraus ersehen, daß der Anreicherungsfaktor A durch das Verhältnis der Ausbeuten R_S und R_H bestimmt wird. Die Anreicherung wird um so größer und vollständiger sein, je größer die Ausbeute ist, mit der die Spurenelemente in die Anreicherungsfraktion durch eine bestimmte Methode überführt werden, und je kleiner diese für die Hauptbestandteile ist. Das gleiche kann auch im umgekehrten Sinne gelten.

Da bei der Anreicherung die Fehler durch Spurenelementverluste oder -einschleppungen mit der Zahl der Arbeitsgänge zunehmen, sollen letztere auf ein Minimum beschränkt werden. Das erfordert hohe Trennfaktoren, d. h. ein extremes Verhältnis der Verteilungszahlen von Spurenelementen und Hauptbestandteilen. Damit bei einer Anreicherung die Spurenelemente von vornherein in einer Fraktion gesammelt werden können und man sich auf die Verarbeitung dieser einen Fraktion beschränken kann, müssen die Verteilungszahlen G_S und G_H der Spurenelemente und Hauptbestandteile die Bedingung

$$G_S \ll 1 < G_H \text{ oder } G_S \gg 1 > G_H \tag{15}$$

erfüllen [*157*].

Bei der praktischen Durchführung der Extraktion ist die älteste und einfachste Art das Ausschütteln im Scheidetrichter. Anstatt die Probelösung wiederholt mit frischem Lösungsmittel auszuschütteln, kann man sie auch in einer geeigneten Apparatur kontinuierlich vom frischen Lösungsmittel durchströmen lassen (Perforation). Wenn sich zwei

Substanzen in ihrem Verteilungsverhalten nicht stark genug unterscheiden und daher durch einfache Verteilungsverfahren nicht getrennt werden können, so muß man mehrere dieser einfachen Prozesse aneinanderreihen. Man gelangt so zu den multiplikativen Verteilungsverfahren, von denen es verschiedene Typen gibt. Die Entwicklung der multiplikativen Verteilung aus ihren ersten Anfängen [*158*] sowie ihre heutige Anwendung sind an anderer Stelle bereits eingehend beschrieben worden [*147, 155*].

Die Extraktion wird sowohl für organische als auch für anorganische Stoffe verwendet und dient analytischen und präparativen Zwecken. Ferner können durch Extraktion auch Lösungen von ihrem Spurenelementgehalt befreit werden [*108, 124, 154, 159, 160*]. Extraktionsverfahren wurden auch in der radiometrischen Titration angewendet [*161*], wobei einer oder beide Reaktionspartner mit einem Isotop markiert sind, nur das Reaktionsprodukt (oder auch das nicht markierte Reagens) in der organischen Phase löslich sein soll und durch Messung der Radioaktivität von wäßriger und organischer Phase während der Titration der Äquivalenzpunkt ermittelt wird. Schließlich findet die Extraktion auch in der visuellen Zweiphasentitration Anwendung [*162–168*] (s. S. 307).

Für die Spurenanalyse kommt vorwiegend das einfache Ausschüttelungsverfahren in Betracht. Seltener wird daneben die Perforation verwendet. Extraktionsapparate (Perforatoren) wird man besonders dann einsetzen, wenn größere Mengen eines Elementes extrahiert werden sollen, so daß eine Ausschüttelung von Hand aus zu lange dauern und eine zu große Zahl von Ausschüttelungen erfordern würde. Ebenso wird man sie mit Erfolg anwenden, wenn es gilt, radioaktive Lösungen zu extrahieren, um auf diese Weise die Gefährdung für das Personal auf ein Mindestmaß herabzusetzen. Das einfache Ausschütteln setzt große Unterschiede zwischen den Verteilungskoeffizienten der zu trennenden Substanzen voraus. Die Ausschüttelung erfolgt gewöhnlich von Hand aus. Durch Automatisierung der Extraktion, d. h. maschinelles Ausschütteln oder Rühren (Mischen), erzielt man jedoch niedrigere Blindwerte und eine bessere Reproduzierbarkeit und somit tiefere Bestimmungsgrenzen [*157, 172–174*]. Die maschinelle Extraktion wird vor allem bei radiochemischen Arbeiten eingesetzt.

Unter den bisher genannten Anreicherungsverfahren kommt der Extraktion die bei weitem größte Bedeutung zu. In vielen Fällen kann sie als die beste Art der Abtrennung eines Spurenelementes von einer großen Menge anderer Stoffe bezeichnet werden. Falls eine Methode dazu zur Verfügung steht, kann mit gleich gutem Erfolg auch ein Hauptbestandteil von den Spurenelementen abgetrennt werden, ohne daß dabei die Fehler, die beispielsweise der Fällung und Filtration anhaften, auftreten können. Darüber hinaus erfaßt die Extraktion einen Konzentrationsbereich von mehreren Zehnerpotenzen und liefert bei geringem apparativem Aufwand, Zeit- und Materialbedarf reproduzierbare Ergebnisse. Den durch die Extraktion erzielbaren Trenneffekt kann man auf verschiedene Weise beeinflussen: durch die Wahl der Extraktions- und Maskierungsreagentien, des pH-Wertes, des organischen Lösungsmittels usw. (s. S. 233 ff.). Auch hinsichtlich der unteren Erfassungsgrenze ist die Extraktion den anderen Anreicherungsmethoden häufig überlegen. Beispielsweise bei den Metalloxinaten weist die Extraktion gegenüber der Fällung eine um 3–4 Zehnerpotenzen höhere Empfindlichkeit bzw. niedrigere Grenzkonzentration auf [*1, 169*]. In diesem Zusammenhang ist natürlich die Frage von Interesse, wo im allgemeinen die Grenzkonzentration bzw. die Leistungsgrenze der Extraktion liegt. So fand man mit ^{60}Co, daß sich 0,006 µg Co in 10 ml wäßriger Lösung (ammoniumcitrat- und ammoniakhaltig, pH 8) durch wiederholte Extraktion mit 2 ml-Anteilen von 0,05%iger Dz/CCl_4-Lösung nicht vollständig extrahieren lassen: Nach 5maliger Extraktion mit je 2 ml Dz-Lösung sind noch 33% des ^{60}Co in der wäßrigen Phase verblieben, nach 9maliger Extraktion noch 21%. Dabei spielt auch das verwendete organische Lösungsmittel eine wesentliche Rolle, wie die Ergebnisse der unter ähnlichen Arbeitsbedingungen durchgeführten 3maligen Extraktion von 0,002 μg ^{60}Co/2 ml wäßriger Lösung (citrathaltig, pH 8) mit je 2 ml 0,05%iger Dz/CCl_4- bzw./Diäthyläther-Lösung zeigen [*171*]: mit CCl_4 beträgt die Ausbeute bei einer Schüttelzeit von 1 min 81%, bei 15 min 94% und bei 30 min 99%; mit Diäthyläther erzielt man bereits nach 1 min eine solche von 99%. Unter den gleichen Arbeitsbedingungen und bei 1maligem Ausschütteln (Dauer 1 min) mit Dz/Diäthyläther konnten noch 0,0002 μg ^{60}Co/ml mit einer Ausbeute von 99% extrahiert werden [*171*]. Bei der Extraktion von 10–500 ng Tl/30–50 ml 1,0–1,5 n HBr-Lösung mit Diäthyläther ($V_0 : V_w = 1:2$) wurde das Tl mit einem mittleren relativen Fehler von ±30% (vereinzelt bis 60%) im Extrakt wiedergefunden [*133*]. Aus 10 ml 2n HCl-Lösung wurden bei 2maligem Ausschütteln mit je 5 ml MIBK 2 ng Cr(VI) zu 87% und 20 ng Cr(VI) zu 96% extrahiert [*176*]. Über die Extraktion von so extrem kleinen Elementmengen liegen noch verhältnismäßig wenige Arbeiten vor. Systematische Untersuchungen über die Empfindlichkeitsgrenzen der Extraktionen mit verschiedenen organischen Reagentien fehlen noch. Aufgrund der bisherigen Ergebnisse scheint die Empfindlichkeitsgrenze der Extraktion im allgemeinen bei etwa 0,1 ng/ml zu liegen. Diese Grenze gilt aber nicht für jede Ausschüttelung, sondern hauptsächlich für die Extraktion mit organischen Reagentien und dürfte für die anorganische Extraktion (z. B. $HFeCl_4$ mit Diäthyläther) im allgemeinen höher liegen.

Im Hinblick auf die Extraktionsverfahren kann grundsätzlich zwischen den zwei großen Gruppen der anorganischen und der organischen Komplexe unterschieden werden, wobei keine scharfe Abgrenzung besteht. Diese grobe Einteilung in zwei Gruppen stützt sich auf das charakteristische Reagens oder Begleition bei der Extraktion der einzelnen Elemente und ist daher etwas willkürlich und unexakt, da sich an den extrahierten Komplexen auch die Moleküle der für die Extraktion verwendeten organischen Lösungsmittel beteiligen (s. S. 241ff.). Bei den anorganischen Komplexen sind vor allem die Acido-Komplexe (z. B. Eisen als $HFeCl_4$) von Halogenwasserstoffsäuren und Metallhalogeniden, die Nitrate und Thiocyanate zu nennen, von denen viele Verbindungen mit Äthern, Ketonen, höheren Alkoholen und Estern aus meist stark sauren, wäßrigen Lösungen extrahierbar sind. Die in die Gruppe der anorganischen Komplexe fallenden Reaktionen sind mehr oder weniger Gruppenreaktionen, da bei der Extraktion stets eine größere Zahl von Elementen erfaßt wird. Hinsichtlich ihrer Selektivität sind diese Extraktionen nur wenig beeinflußbar. Hierher gehören ferner die Komplexe der Maskierungsreaktionen, die allerdings sowohl anorganischer als auch organischer Natur sein können. Beispiele hierfür sind die Fluorid-, Cyanid-, Amin-, Tartrat-, Citrat- oder ÄDTA-Komplexe, neben welchen auch noch andere organische Reagentien zur Maskierung verwendet werden. Die Maskierung ist in vielen Fällen ein wichtiges Hilfsmittel zur Steigerung der Selektivität von Trennvorgängen. Hier ist noch die Extraktion mit sog. flüssigen Ionenaustauschern (Alkylamine, Alkylphosphorsäuren) zu erwähnen [*23–25*] (s. S. 241ff.).

Unter organischen Komplexverbindungen im engeren Sinne sind die mit organischen Reagentien meist gebildeten Chelatkomplexe (innere Komplexe) zusammengefaßt. Für diese ist die gleichzeitige zwei- oder mehrfache Bindung des Metalls an ein Reagensmolekül (im allgemeinen an dessen Sauerstoff, Stickstoff oder Schwefel) unter Bildung eines oder mehrerer Ringe charakteristisch. Die Chelatkomplexe zeichnen sich im allgemeinen durch ihre geringe Löslichkeit in wäßrigen Lösungen und gute Löslichkeit in organischen Lösungsmitteln aus, weshalb sie für Extraktionszwecke besonders gut geeignet sind. Hinzu kommt noch ihre meist hohe Reaktionsempfindlichkeit, was bei Spurenanalysen besonders erwünscht ist [*183*]. Da es unter diesen organischen Reagentien solche mit hoher sowie solche mit geringer Selektivität gibt [*184*], muß man von Fall zu Fall durch die Wahl der Reaktionsbedingungen und des Zusatzes von Maskierungsreagentien die Selektivität im gewünschten Maße zu beeinflussen suchen (s. S. **233** ff.). Man kann auch durch Einführung neuer Radikale in das Molekül des organischen Reagenses eine erhöhte Selektivität erzielen, die dann auf eine gegenseitige sterische Behinderung der Liganden zurückzuführen ist.

In vielen Fällen interessieren aber alle in einer Probe, z. B. in biologischem Material oder in Reinststoffen, enthaltenen Spurenelemente, so daß man dann bestrebt ist, möglichst viele oder alle Spurenelemente anzureichern und der Bestimmung zuzuführen. Nun ist mit jedem Reagens nur eine bestimmte Anzahl von Elementen erfaßbar, weshalb man sich in solchen Fällen dadurch behilft, daß man die Extraktion entweder mit mehreren Extraktionsreagentien voneinander getrennt und zeitlich nacheinander oder gleichzeitig mit zwei oder drei organischen Reagentien in einem Arbeitsgang durchführt. Man erzielt dadurch eine Erhöhung der Zahl der extrahierbaren Spurenelemente. Bei der Anwendung einer solchen Methode sind allerdings einige Vorsichtsmaßregeln zu beachten. Vor allem dürfen die angewendeten Reagentien einander nicht stören oder miteinander reagieren. Reagensgemische wurden wiederholt für die Extraktion von Spurenelementen herangezogen [*104–114, 185*] (s. S. **1380** ff, **1386, 1402, 1420, 1424, 1427, 1440, 1448, 1451**).

Ein weiterer Vorteil der Extraktion mit organischen Reagentien ist die Möglichkeit, die Spurenelemente nach der Anreicherung sofort direkt im Extrakt photometrisch (infolge Eigenfärbung vieler Komplexe), flammenphotometrisch, mittels AAS usw. zu bestimmen. Durch stufenweise Änderung der Extraktionsbedingungen und durch Kombination verschiedener Extraktionsmethoden (s. S. **1379** ff.) lassen sich auch qualitative und quantitative Trennungsgänge durchführen [*177–179, 181*].

Zur weiteren Orientierung sei abschließend auf die entsprechende Literatur über die Anwendung der Extraktion [*53, 55, 56, 147, 152, 153, 155, 175, 180, 182, 186–192, 196–209*] und über Komplexe [*193–195*] hingewiesen.

Beim Vergleich der einzelnen Anreicherungsverfahren steht die Extraktion hinsichtlich der mit ihr gebotenen Möglichkeiten für die Zwecke der Spurenanalyse an erster Stelle, weshalb sie vorwiegend berücksichtigt wird. Trotzdem wird es oft zweckmäßig sein, neben der Extraktion auch andere geeignete Trennungs- und Anreicherungsverfahren ergänzend einzusetzen, wenn es das analytische Problem verlangt.

Literatur

1. Gorbach, G., Pohl, F.: Mikrochem. verein. Mikrochim. Acta **36/37**, 486 (1951).
2. Stahl, E.: Dünnschicht-Chromatographie. Berlin-Heidelberg-New York: Springer 1967.
3. Randerath, K.: Dünnschichtchromatographie. Weinheim/Bergstr.: Verl. Chemie 1966.
4. Markl, P., Hecht, F.: Mikrochim. Acta (Wien) **1963**, 889, 970.
5. Denig, R., Trautmann, N., Herrmann, G.: Z. anal. Chem. **216**, 41 (1966).
6. Pierce, T. B., Peck, P. F.: Analyt. chim. Acta **26**, 557 (1962).
7. Fritz, J. S., Hedrick, C. E.: Analyt. Chem. **34**, 1411 (1962).
8. Laqua, K.: Z. anal. Chem. **221**, 44 (1966).
9. –
10. –
11. Hecht, F., Zacherl, M. K.: Handbuch der mikrochemischen Methoden. Wien: Springer, Bd. I/1 (1954); Bd. I/2 (1959); Bd. II (1955); Bd. III (1961).
12. Zechmeister, L., Cholnoky, L.: Principles and practice of chromatography. New York: J. Wiley & Sons 1943.

13. Zechmeister, L.: Progress in chromatography 1938—1947. New York: J. Wiley & Sons 1951.
14. Lederer, E., Lederer, M.: Chromatography. Amsterdam: Elsevier Publ. Co. 1958.
15. Lederer, M., Michl, H., Schlögl, K., Siegel, A.: In Lit. Nr. [11], Bd. III.
16. Heftmann, E.: Chromatography. New York: Reinhold Publ. Co. 1961.
17. Gordon, A. H., Martin, A. J. P., Synge, R. L. M.: Biochem. J. **35**, 91 (1941).
18. Martin, A. J. P., Synge, R. L. M.: Biochem. J. **35**, 1358 (1941).
19. Stein, W. H., Moore, S.: J. biol. Chem. **176**, 337 (1948).
20. Consden, R., Gordon, A. H., Martin, A. J. P.: Biochem. J. **38**, 224 (1944).
21. Cramer, F.: Papierchromatographie. Weinheim/Bergstr.: Verl. Chemie 1958.
22. Schmitt, D. H., Fritz, J. S.: Talanta **15**, 515 (1968).
23. Coleman, C. F., Blake, C. A., Jr., Brown, K. B.: Talanta **9**, 297 (1962).
24. Giannotti, C.: Chim. analytique **46**, 625 (1964).
25. Green, H.: Talanta **11**, 1561 (1964).
26. Kunin, R., McGarvey, F. X.: Analyt. Chem. **34**, 48 R (1962).
27. Walton, H. F.: Analyt. Chem. **36**, 51 R (1964).
28. Vries, G. de, van Dalen, E.: Analyt. chim. Acta **13**, 554 (1955).
29. Farlow, N. H.: Analyt. Chem. **29**, 881 (1957).
30. Farlow, N. H.: Analyt. Chem. **29**, 883 (1957).
31. Folin, O., Bell, R.: J. biol. Chem. **29**, 329 (1917).
32. Tölg, G.: Analyst **94**, 705 (1969).
33. Schulek, E., Remport-Horváth, Z., Lásztity, A.: Talanta **10**, 821 (1963).
34. Kember, N. F.: Analyst **85**, 449 (1960).
35. Kember, N. F., Wells, R. E.: Nature (Lond.) **175**, 512 (1955).
36. Burstall, F. H., Wells, R. A.: Analyst **76**, 396 (1951).
37. Kember, N. F.: Analyst **77**, 78 (1952).
38. Bishop, J. R.: Analyst **81**, 291 (1956).
39. Adams, B. A., Holmes, E. L.: J. Soc. chem. Ind. **54** T, 1 (1935).
40. Holleck, L., Hartinger, L.: Angew. Chem. **66**, 586 (1954).
41. Schindewolf, U.: Angew. Chem. **69**, 226 (1957).
42. Griessbach, R.: Angew. Chem. **66**, 17 (1954).
43. Specker, H., Kuchtner, M., Hartkamp, H.: Z. anal. Chem. **141**, 33 (1954).
44. Specker, H.: Arch. Eisenhüttenwes. **25**, 417 (1954).
45. Griessbach, R.: Angew. Chem. **67**, 606 (1955).
46. Samuelson, O.: Ion exchangers in analytical chemistry. New York: J. Wiley & Sons 1953.
47. Walton, H. F.: Analyt. Chem. **38**, 79 R (1966).
48. Kunin, R., McGarvey, F. X., Farren, A.: Analyt. Chem. **28**, 729 (1956).
49. Kunin, R., McGarvey, F. X., Zobian, D.: Analyt. Chem. **30**, 681 (1958).
50. Kunin, R.: Analyt. Chem. **32**, 67 R (1960).
51. Blasius, E.: Chromatographische Methoden in der analytischen und präparativen anorganischen Chemie unter besonderer Berücksichtigung der Ionenaustauscher. Stuttgart: Verl. Enke 1958.
52. Helferich, F.: Ionenaustauscher, Bd. I, Weinheim/Bergstr.: Verl. Chemie 1959.
53. De, A. K.: Separation of heavy metals. Oxford: Pergamon Press 1961.
54. Walton, H. F.: Analyt. Chem. **40**, 51 R (1968).
55. Marcus, Y., Kertes, A. S.: Ion exchange and solvent extraction of metal complexes. New York: Wiley-Interscience 1969.
56. Korkisch, J.: Modern methods for the separation of rarer metal ions. London: Pergamon Press 1969.
56a. Walton, H. F.: Analyt. Chem. **42**, 86 R (1970).
57. Alber, H.: Mikrochemie **14**, 219 (1934).
58. Brenneis, H. J.: Mikrochemie **9**, 385 (1931).
59. Albert, D. K.: Analyt. Chem. **36**, 2034 (1964).
60. Wiesenberger, E.: Z. wiss. Mikroskop. **62**, 163 (1955).
61. Wiesenberger, E.: Mikrochim. Acta (Wien) **1957**, 527.
62. Wiesenberger, E.: Mikrochim. Acta (Wien) **1960**, 946.
63. Ross, W. D., Sievers, R. E.: Talanta **15**, 87 (1968).
64. Morie, G. P., Sweet, T. R.: Analyt. Chem. **37**, 1552 (1965).
65. Kolthoff, I. M., Sandell, E. B.: Textbook of quantitative inorganic analysis. New York: The Macmillan Co. 1952.
66. Hillebrand, W. F., Lundell, G. E. F., Bright, H. A., Hoffman, J. I.: Applied inorganic analysis. New York: J. Wiley & Sons 1953.

67. Bock, R., Hackstein, K. G.: Z. anal. Chem. **138**, 339 (1953).
68. Klinger, P.: Arch. Eisenhüttenwes. **13**, 21 (1939/40).
69. Koch, W.: Arch. Eisenhüttenwes. **12**, 69 (1938).
70. Werz, W., Neuberger, A.: Arch. Eisenhüttenwes. **26**, 205 (1955).
71. Hynek, R. J., Wrangell, L. J.: Analyt. Chem. **28**, 1520 (1956).
72. Rooney, R. C.: Analyst **83**, 546 (1958).
73. Meites, L.: Analyt. Chem. **27**, 416 (1955).
74. Nogare, S. D., Juvet, R. S., Jr.: Analyt. Chem. **34**, 35R (1962).
75. Juvet, R. S., Jr., Nogare, S. D., Jr.: Analyt. Chem. **36**, 36R (1964).
76. Nogare, S. D., Juvet, R. S., Jr.: Analyt. Chem. **38**, 61R (1966).
77. Juvet, R. S., Jr., Nogare, S. D.: Analyt. Chem. **40**, 33R (1968).
77a. Juvet, R. S., Jr., Cram, S. P.: Analyt. Chem. **42**, 1R (1970).
77b. Phillips, C.: Gas-chromatography. London: Butterworths Sci. Publ. 1956. New York: Academic Press Inc. 1956.
77c. Keulemans, A. I. M.: Gas-chromatography. New York: Reinhold Publ. Co. 1959. Weinheim/Bergstr.: Verl. Chemie 1959.
77d. Bayer, E.: Gas-Chromatographie. Berlin-Göttingen-Heidelberg: Springer 1962.
77e. Kaiser, R.: Gas-Chromatographie. Leipzig: Akad. Verl.-Ges. Geest & Portig 1960.
77f. Kaiser, R.: Chromatographie in der Gasphase. Bd. 1—4. Mannheim: Bibliograph. Institut 1960—1965.
77g. Leibnitz, E., Struppe, H. G.: Handbuch der Gas-Chromatographie. Weinheim/Bergstr.: Verl. Chemie 1967.
78. Delahay, P.: New instrumental methods in electrochemistry. New York: Interscience Publ. 1954.
79. Smelik, J.: Prakt. Chem. (Wien) **5**, 86, 95, 133, 253 (1954).
80. de Ford, D. D.: Analyt. Chem. **26**, 135 (1954).
81. Smelik, J.: Prakt. Chem. (Wien) **6**, 91, 120, 129 (1955).
81a. Jackwerth, E., Schmidt, W.: Z. anal. Chem. **225**, 352 (1967).
81b. Meyer, J.: Z. anal. Chem. 231, 241 (1967).
81c. Meyer, J.: Z. anal. Chem. **219**, 147 (1966).
82. Sandell, E. B., Neumayer, J. J.: Analyt. Chem. **23**, 1863 (1951).
82a. Püschel, R.: Talanta **16**, 351 (1969).
83. Fischer, W., Steinhauser, O., Holmann, E., Bock, E., Borchers, P.: Z. anal. Chem. **133**, 57 (1951).
84. Gebauhr, W., Spang, A.: Angew. Chem. **72**, 345 (1960).
85. Troickij, K. V.: J. anorg. Chem. (USSR) **1**, 1104 (1956); ref. Z. anal. Chem. **155**, 284 (1957).
86. Miholič, S.: Mikrochem. verein. Mikrochim. Acta **36/37**, 393 (1951).
87. Pieruccini, R.: Mikrochem. verein. Mikrochim. Acta **36/37**, 522 (1951).
88. Pieruccini, R.: Spectrochim. Acta **4**, 189 (1950).
89. Oelschläger, W.: Z. anal. Chem. **154**, 321 (1957).
90. Cholak, J., Hubbard, D. M., Story, R. V.: Ind. Eng. Chem., Anal. Ed. **15**, 57 (1943).
91. Jackwerth, E., Graffmann, G.: Z. anal. Chem. **241**, 96 (1968).
91a. Jackwerth, E., Graffmann, G.: Z. anal. Chem. **251**, 81 (1970).
92. Mitchell, R. L.: The spectrographic analysis of soils, plants and related materials, Commonwealth Bureau of Soil Science; Harpenden, England 1948.
93. Scott, R. O., Mitchell, R. L.: J. Soc. chem. Ind. **62**, 4 (1943).
94. Mitchell, R. L., Scott, R. O.: J. Soc. chem. Ind. **66**, 330 (1947).
95. Mitchell, R. L., Scott, R. O.: Spectrochim. Acta **3**, 367 (1948).
96. Mitchell, R. L.: Mikrochem. verein. Mikrochim. Acta **36/37**, 1042 (1951).
97. Strock, L. W., Drexler, S.: J. Opt. Soc. Am. **31**, 167 (1941).
98. Weiss, H. V., Lai, M. G.: Analyt. Chem. **32**, 475 (1960).
99. Weiss, H. V., Lai, M. G., Gillespie, A.: Analyt. chim. Acta **25**, 550 (1961).
100. Weiss, H. V., Shipman, W. H.: Analyt. Chem. 33, 37 (1961).
101. Pfeilsticker, K.: Mikrochim. Acta (Wien) **1956**, 319.
102. Pfeilsticker, K.: Angew. Chem. **65**, 244 (1953).
103. Jackwerth, E., Graffmann, G., Lohmar, J.: Z. anal. Chem. **247**, 149 (1969).
104. Pohl, F. A.: Z. anal. Chem. **139**, 241 (1953).
105. Pohl, F. A.: Z. anal. Chem. **139**, 423 (1953).
106. Pohl, F. A.: Z. annal. Chem. **141**, 81 (1954).
107. Koch, O. G., Dedic, G. A.: Zbl. Bakteriol., II. Orig. **110**, 178 (1957).

108. Koch, O. G., Dedic, G. A.: Zbl. Bakteriol., II. Orig. **110**, 490 (1957).
109. Dedic, G. A., Koch, O. G.: Phyton **9**, 65 (1957).
110. Koch, O. G., Dedic, G. A.: Chemist-Analyst **46**, 88 (1957).
111. Koch, O. G.: Mikrochim. Acta (Wien) **1958**, 92.
112. Koch, O. G.: Mikrochim. Acta (Wien) **1958**, 151.
113. Koch, O. G.: Mikrochim. Acta (Wien) **1958**, 347.
114. Koch, O. G.: Mikrochim. Acta (Wien) **1958**, 402.
115. Silvey, W. D., Brennan, R.: Analyt. Chem. **34**, 784 (1962).
116. —
117. Heggen, G. E., Strock, L. W.: Analyt. Chem. **25**, 859 (1953).
118. Pickett, E. E., Hankins, B. E.: Analyt. Chem. **30**, 47 (1958).
119. Pohl, F. A., Treiber, E.: Melliand Textilber. **34**, **747** (1952).
120. —
121. Pohl, F. A.: Angew. Chem. **66**, 603 (1954).
122. Pohl, F. A.: Z. anal. Chem. **142**, 19 (1954).
123. Steinberg, R. A.: Arch. Biochem. **28**, **111** (1950).
124. Nicholas, D. J. D.: Analyst **77**, 629 (1952).
125. Stapp, C., Wetter, C.: Landwirtschaftl. Forsch. **5**, 167 (1953).
126. Spicher, G.: Zbl. Bakteriol., II. Orig. **108**, 259 (1954).
127. Spicher, G.: Zbl. Bakteriol., II. Orig. **108**, 577 (1955).
128. Gorbach, G., Koch, O. G., Bromander, A.: Zbl. Bakteriol., II. Orig. **109**, 1 (1956).
129. Pijck, J., Hoste, J.: Analyt. chim. Acta **26**, 501 (1962).
130. deVoe, J. R., Meinke, W. W.: Analyt. Chem. **35**, 2 (1963).
131. O'Connell, R. F.: Appl. Spectroscopy **18**, 179 (1964).
132, Toribara, T. Y., Chen, P. S., Jr.: Analyt. Chem. **24**, 539 (1952).
133. Geilmann, W., Neeb, K.: Z. anal. Chem. **165**, 251 (1959).
134. Willard, H. H., Fogg, H. C.: J. Am. chem. Soc. **59**, 40 (1937).
135. Hoffman, J. I., Lundell, G. E. F.: J. Res. Natl. Bur. Standards **22**, 465 (1939).
136. McBryde, W. A. E., Yoe, J. H.: Analyt. Chem. **20**, 1094 (1948).
137. Rogers, W. J., Beamish, F. E., Russel, D. S.: Analyt. Chem. **12**, 561 (1940).
138. Geilmann, W., Neeb, R.: Angew. Chem. **67**, 26 (1955).
139. Geilmann, W., Neeb, R.: Z. Pflanzenernähr. Düng. Bodenk. **67**, 38 (1954).
140. Geilmann, W., Neeb, R., Eschnauer, H.: Z. anal. Chem. **154**, 418 (1957).
141. Geilmann, W.: Z. anal. Chem. **160**, 410 (1958).
142. Youngdahl, C. A., deBoer, F. E.: Nature (Lond.) **184**, 54 (1959); ref. Z. anal. Chem. **174**, 209 (1960).
142a. Schroll, E.: Z. anal. Chem. **198**, 40 (1963).
142b. Neeb, K. H.: Z. anal. Chem. **174**, 328 (1960).
142c. Neeb, K. H.: Z. anal. Chem. **221**, 200 (1966).
143. Berthelot, M.: Ann. chim. phys. [4] **26**, 396, 408, 417 (1872).
144. Nernst, W.: Theoretische Chemie vom Standpunkt der Avogadroschen Regel und der Thermodynamik. Stuttgart: Verl. Enke 1926.
145. Hecker, E.: Z. Naturforsch. **8**b, **77** (1953).
146. Varteressian, K. A., Fenske, M. R.: Ind. Eng. Chem. **29**, 270 (1937).
147. Hecker, E.: Verteilungsverfahren im Laboratorium. Weinheim/Bergstr.: Verl. Chemie 1955.
148. Fischer, W., Bock, R.: Z. anorg. allgem. Chem. **249**, 146 (1942).
149. Denaro, A. R., Occleshaw, V. J.: Analyt. chim. Acta **13**, 239 (1955).
150. Bock, R., Hoppe, T.: Analyt. chim. Acta **16**, 406 (1957).
151. Bock, R., Herrmann, M.: Z. anorg. allgem. Chem. **284**, 288 (1956).
152. Morrison, G. H., Freiser, H.: Solvent extraction in analytical chemistry. New York: J. Wiley & Sons 1957.
153. Iwantscheff, G.: Das Dithizon und seine Anwendung in der Mikro- und Spurenanalyse. Weinheim/Bergstr.: Verl. Chem. 1972.
154. Hewitt, E. J.: Sand and water culture methods used in the study of plant nutrition. Commonwealth Bureau of Horticulture and Plantation Crops, East Malling, Maidstone, Kent 1952.
155. Rauen, H. M., Stamm, W.: Gegenstromverteilung. Berlin-Göttingen-Heidelberg: Springer 1953.
156. Sandell, E. B.: Colorimetric determination of traces of metals. New York: Interscience Publ. 1959.
157. Specker, H., Hartkamp, H.: Angew. Chem. **67**, 173 (1955).
158. Traube, I.: Chemiker-Ztg. 32, 1226 (1908).

159. GORBACH, G., KOCH, O. G.: Arch. Mikrobiol. **23**, 284 (1955).
160. KNÜSEL, F.: Arch. Mikrobiol. **27**, 219 (1957).
161. SEJANOVA, F. R., MEZINA, N M., OSTAŠEVA, M. I.: J. analyt. Chem. (USSR) **12**, 48 (1957); ref. Z. anal. Chem. **158**, 207 (1957).
162. WICKBOLD, R.: Z. anal. Chem. **152**, 259 (1956).
163. WICKBOLD, R.: Z. anal. Chem. **152**, 262 (1956).
164. WICKBOLD, R.: Z. anal. Chem. **152**, 266 (1956).
165. WICKBOLD, R.: Z. anal. Chem. **152**, 338 (1956).
166. WICKBOLD, R.: Z. anal. Chem. **152**, 342 (1956).
167. WICKBOLD, R.: Z. anal. Chem. **153**, 21 (1956).
168. WICKBOLD, R.: Z. anal. Chem. **153**, 24 (1956).
169. BERG, R.: Die analytische Verwendung von o-Oxychinolin (Oxin) und seiner Derivate. Stuttgart: Verl. Enke 1938.
170. —
171. MONNIER, D., HAERDI, W., VOGEL, J., WENGER, P. E.: Helv. chim. Acta **42**, Fasc. VI. 1846 (1959), No. 201.
172. STANTON, R. E., McDONALD, A. J.: Analyst **88**, 608 (1963).
173. MOSS, R., BROWETT, E. V.: Analyst **91**, 428 (1966).
174. CARTER, J. M., NICKLESS, G.: Analyst **95**, 148 (1970).
175. MORRISON, G. H., FREISER, H.: Analyt. Chem. **30**, 632 (1958).
176. BEYERMANN, K.: Z. anal. Chem. **190**, 4 (1962).
177. TÖLG, G.: Z. anal. Chem. **190**, 161 (1962).
178. CHALMERS, R. A., DICK, D. M.: Analyt. chim. Acta **31**, 520 (1964).
179. CHALMERS, R. A., DICK, D. M.: Analyt. chim. Acta **32**, 117 (1965).
180. MORRISON, G. H., FREISER, H.: Analyt. Chem. **32**, 37 R (1960).
181. FÖRSTER, H., SCHWABE, K.: Analyt. chim. Acta **45**, 511 (1969).
182. MORRISON, G. H., FREISER, H.: Analyt. Chem. **34**, 64 R (1962).
183. ABRAHAMCZIK, E.: Mikrochem. verein. Mikrochim. Acta **36/37**, 104 (1950/51).
184. FISCHER, H.: Mikrochem. verein. Mikrochim. Acta **30**, 38 (1942).
185. DOLL, W., SPECKER, H.: Z. anal. Chem. **161**, 354 (1958).
186. MORRISON, G. H., FREISER, H.: Analyt. Chem. **36**, 93 R (1964).
187. FREISER, H.: Analyt. Chem. **38**, 131 R (1966).
188. FREISER, H.: Analyt. Chem. **40**, 522 R (1968).
189. HOLLINGSHEAD, R. G. W.: Oxine and its derivatives. Vol. 1—4. London: Buttersworth Scientific Publications 1956.
190. STARY, J.: The solvent extraction of metal chelates. Oxford: Pergamon Press 1964.
191. DYRSSEN, D., LILJENZIN, J. O., RYDBERG, J.: Solvent extraction chemistry. Amsterdam: North-Holland Publ. Co. 1967.
192. KETTRUP, A., SPECKER, H.: Fortschr. chem. Forsch. **10**, 238 (1968).
193. PERRIN, D. D.: Organic complexing reagents. New York: Interscience Publ. 1964.
194. FLASCHKA, H. A., BARNARD, A. J., Jr.: Chelates in analytical chemistry, Vol. 1, 2. New York: M. Dekker 1967, 1969.
195. FLASCHKA, H. A., BARNARD, A. J., Jr.: Chelates in analytical chemistry, Vol. 3, 4. New York: M. Dekker 1972.
196. CRAIG, L. C.: Analyt. Chem. **21**, 85 (1949).
197. CRAIG, L. C.: Analyt. Chem. **22**, 61 (1950).
198. CRAIG, L. C.: Analyt. Chem. **23**, 41 (1951).
199. CRAIG, L. C.: Analyt. Chem. **24**, 66 (1952).
200. CRAIG, L. C.: Analyt. Chem. **26**, 110 (1954).
201. CRAIG, L. C.: Analyt. Chem. **28**, 723 (1956).
202. MORRISON, G. H.: Analyt. Chem. **22**, 1388 (1950).
203. WEST, T. S.: Metallurgia **53**, 91 (1956).
204. WEST, T. S.: Metallurgia **53**, 132 (1956).
205. WEST, T. S.: Metallurgia **53**, 185 (1956).
206. WEST, T. S.: Metallurgia **53**, 234 (1956).
207. WEST, T. S.: Metallurgia **53**, 292 (1956).
208. WEST, T. S.: Metallurgia **54**, 47 (1956).
209. WEST, T. S.: Metallurgia **54**, 103 (1956).

6. Erhöhung der Empfindlichkeit und Senkung der Bestimmungsgrenze

Eine Erhöhung der Empfindlichkeit, d. h. Verkleinerung von S_M (bezogen auf das Meßsystem) bzw. eine Senkung der Bestimmungsgrenze L_Q (bezogen entweder auf das Meßsystem oder auf das Probematerial) von Bestimmungsverfahren erreicht man durch:

1. Anreicherungsverfahren,
2. Mikrochemische Arbeitstechnik,
3. Chemische Reaktionen und Meßmethoden höherer Empfindlichkeit,
4. Vervielfachungsreaktionen,
5. Verminderung der Blindwertstreuung.

6.1. Anreicherungsverfahren

Mit Hilfe einer Anreicherung des interessierenden Elementes vor der eigentlichen Bestimmung erzielt man eine relative Senkung von L_Q (in Konzentrationseinheiten, bezogen auf das Probematerial) des gesamten Bestimmungsverfahrens (Kombination von Anreicherungs- und Bestimmungsmethode) bei unverändertem S_M bzw. L_Q der eigentlichen Bestimmungs- oder Meßmethode (bezogen auf die Meßlösung). Weitere Einzelheiten zur Anwendung der Anreicherungsverfahren findet man auf S. 53ff. und 375ff.

6.2. Mikrochemische Arbeitstechnik

Die Anwendung der mikrochemischen Arbeitstechnik hat vor allem in der Phase des eigentlichen Bestimmungs- oder Meßvorganges eine Verminderung des für die Messung benötigten Volumens an Probelösung zum Ziel. Sie führt zwar zu keiner Änderung von S_M [μg/ml] und L_Q [μg/ml] in der Meßlösung, jedoch zu einer Senkung von S_M [μg] und L_Q [μg] in der Meßlösung und damit auch zu einer Senkung von L_Q [μg/ml, μg/g] im Probematerial. Die mikrochemische Arbeitstechnik ist auf S. 114ff. behandelt.

6.3. Chemische Reaktionen und Meßmethoden höherer Empfindlichkeit

Für die photometrische Bestimmung der einzelnen Elemente steht jeweils eine mehr oder weniger große Zahl von Reagentien zur Verfügung, deren Reaktionsprodukte (Farbkomplexe) unterschiedliche molare Extinktionskoeffizienten ε aufweisen. Durch die Wahl des geeigneten Farbreagenses oder das Auffinden neuer Reagentien mit höherem ε erreicht man tiefere Werte von S_M und L_Q. Mit einzelnen Reagentien, vor allem aber mit ternären Komplexen (s. S. 136) kommt man in den Bereich des theoretisch maximal erreichbaren Wertes von ε (s. S. 136).

Eine Änderung von S_M und L_Q in Richtung auf kleinere Elementmengen oder -konzentrationen erreicht man bei den ausschließlich physikalischen Bestimmungsmethoden oft durch eine Veränderung der Meßbedingungen, beispielsweise bei der Emissionsspektralanalyse durch Variation der Parameter der Anregungsbedingungen oder der Elektrodenform usw. Einzelheiten hierzu sind auf S. 133ff. angeführt.

6.4. Vervielfachungsreaktionen

Hinsichtlich der Zielsetzung besteht formal eine Analogie zwischen der Arbeitsweise der in lichtelektrischen Geräten verwendeten Sekundärelektronenvervielfacher und dem

Ablauf von Vervielfachungsreaktionen[1] (auch Multiplikations- oder Verstärkungsreaktionen genannt): durch eine Vervielfachungsreaktion soll ganz allgemein das Meßsignal bzw. die Menge des der Messung zugeführten Elementes oder Reaktionsproduktes vervielfacht werden, um auf diese Weise in einen meßbaren Konzentrationsbereich zu gelangen bzw. um S_M und L_Q zu senken. Vervielfachungsreaktionen sind schon lange bekannt [*1*]. Ein Beispiel ist die Jodidbestimmung nach Gl. (1) und (2)

$$I^- \xrightarrow{Br_2} IO_3^- \tag{1}$$

$$IO_3^- + 5\,I^- + 6\,H^+ \rightleftarrows 3\,H_2O + 3\,I_2 \tag{2}$$

mit einer 6fachen Vervielfachung oder nach Gl. (3), (4) und (2) [*2*]

$$2\,I^- + IO_4^- + 2\,H^+ \rightarrow I_2 + IO_3^- + H_2O \tag{3}$$

$$I_2 + 5\,IO_4^- + H_2O \rightarrow 7\,IO_3^- + 2\,H^+ \tag{4}$$

mit einer 24fachen Vervielfachung der Jodmenge. Auf dem Gebiet der Spurenanalyse fanden Vervielfachungsreaktionen bisher nur begrenzt Anwendung.

Man unterscheidet einerseits zwischen direkten und indirekten und andererseits zwischen stöchiometrischen und nichtstöchiometrischen Vervielfachungsreaktionen: bei den direkten Vervielfachungsreaktionen wird die Menge des interessierenden Elementes selbst vervielfacht [ein Beispiel ist die Umsetzung nach Gl. (1) bis (4)], bei den indirekten Vervielfachungsreaktionen dagegen liegt bei der eigentlichen Messung ein anderes Element in vielfacher Menge vor. Ein Beispiel für den letzteren Fall ist die Bestimmung von P: durch Extraktion als Phosphormolybdänsäure $PO_4 \cdot 12\,MoO_3{}^{3-}$ mit anschließender photometrischer Bestimmung des Mo [*3*, *4*] erzielt man aufgrund des Mengenverhältnisses von P:Mo = 1:12 eine rund 12fache Empfindlichkeit gegenüber der üblichen Phosphormolybdänblau-Methode. Man erreicht auf diese Weise für P einen effektiven molaren Extinktionskoeffizienten von $\varepsilon = 360000$. Auf analoge Weise kann man mit entsprechend erhöhter Empfindlichkeit auch As und Si bestimmen. Die beiden Beispiele der I- und P-Bestimmung gehören zu den stöchiometrischen Vervielfachungsreaktionen, da die nach der Vervielfachung vorliegende Menge des zur Messung verwendeten Elementes (Reaktionsproduktes) zur ursprünglich vorhandenen Menge des interessierenden Elementes in einem definierten, stöchiometrischen Verhältnis steht (s. a. S. 136).

Vervielfachungsreaktionen sind nicht auf die Photometrie beschränkt, da die Endbestimmung mit einer beliebigen, geeigneten Methode durchgeführt werden kann. So läßt sich bei dem vorhin erwähnten Beispiel der Phosphorbestimmung das Mo statt auf photometrischem Wege ebenso gut mittels der AAS bestimmen.

Zu den indirekten und nichtstöchiometrischen Vervielfachungsreaktionen gehören schließlich noch die katalytischen Reaktionen, bei denen die katalytische Wirkung des interessierenden Elementes auf eine chemische Reaktion die Grundlage der Bestimmungsmethode ist. Katalytische Reaktionen lassen sich zwar reproduzierbar gestalten, sie weisen aber meist kein stöchiometrisches Verhältnis zwischen der Ausgangsmenge des interessierenden Elementes und der Menge des letzthin bestimmten Elementes auf. Die katalytischen Reaktionen finden vor allem bei photometrischen Methoden Anwendung, zeichnen sich durch eine hohe Empfindlichkeit aus, sind aber oft störanfällig und wenig spezifisch.

---

[1] Engl.: amplification reaction [*1*].

6. 5. Verminderung der Blindwertstreuung

Nach Gl. (37) (s. S. 24) erreicht man eine Senkung von L_Q durch Verminderung der Blindwertstreuung.

Literatur

1. Belcher, R.: Talanta **15**, 357 (1968).
2. Belcher, R., Hamya, J. W., Townshend, A.: Analyt. chim. Acta **49**, 570 (1970).
3. Umland, F., Wünsch, G.: Z. anal. Chem. **213**, 186 (1965).
4. Djurkin, V., Kirkbright, G. F., West, T. S.: Analyst **91**, 89 (1966).

7. Arbeitstechnik

Im vorliegenden Abschnitt sind die in der Spurenanalyse notwendigen Maßnahmen angeführt, die zur Vermeidung der zahlreichen, möglichen Fehler erforderlich sind. Jede der angegebenen Fehlerquellen muß sich nicht immer störend bemerkbar machen. Trotzdem sollten die zu treffenden Sicherheitsmaßnahmen grundsätzlich eingehalten werden, um alle stets oder fallweise auftretenden Gefahrenquellen von vornherein möglichst auszuschalten. Es liegt in der Entscheidung des Analytikers, welche Arbeitsbedingungen unbedingt einzuhalten sind, um einwandfreie Ergebnisse mit einem optimalen Arbeitsaufwand zu erzielen.

7.1. Arbeitsraum

Ein spurenanalytisches Laboratorium unterscheidet sich in seiner Ausführung wesentlich von den üblichen chemischen Arbeitsräumen. Vor allem muß eine möglichst weitgehende Staubfreiheit angestrebt werden. Man erreicht dies am besten durch Auskleidung der Wände, der Decke und des Fußbodens mit abwaschbarem Kunststoff. Da sich bei einer solchen Auskleidung Kondenswasser an den Wänden und der übrigen Einrichtung absetzen würde, muß gleichzeitig für eine Regelung der Temperatur und der Luftfeuchtigkeit mittels Klimaanlage Sorge getragen werden. Mit der Temperierung der Arbeitsräume durch die Klimaanlage vermeidet man auch die üblichen Heizkörper als Staubquellen. Auf die Ausführung der Klimaanlage ist dabei ein besonderes Augenmerk zu richten, damit diese einen nicht zu starken Strom gefilterter, zuverlässig staubfreier, in jeder Hinsicht gereinigter Luft zuführt. Die Luft soll auch möglichst frei von Dämpfen sein, da beispielsweise physiologisch nicht wahrnehmbare Spuren an H_2S bereits die meisten Dithizonate zerlegen [*7*]. Die Arbeitstische und die übrige Einrichtung versieht man mit einem Kunststoffüberzug oder -anstrich, dem jedoch keine Pigment- oder andere Farbstoffe zugesetzt sein sollen. Die Tischplatten können auch in Pyroceram oder Porzellanfliesen ausgeführt sein, insbesondere dann, wenn Heizquellen darauf stehen. Die Säureabzüge sind in gleicher Weise auszuführen. Wird in letzteren auch mit HF gearbeitet, so ist einer Innenauskleidung mit Teflon oder Polyvinylchlorid der Vorzug zu geben. Die Staubeinschleppung durch den Zugang zum Laboratorium kann durch die Anlage dicht schließender Doppeltüren, mit einem dazwischenliegenden Vorraum als Luftschleuse, verhindert werden. Schließlich erreicht man weitgehende Staubfreiheit durch Verwendung von Staubschutzkästen (Handschuhkasten, glove box), Reinraum-Boxen (clean bench) und speziellen Apparaturen (s. S. 109ff.).

7.2. Geräte

7.2.1. Einrichtung, Heizquellen

Eine besonders wichtige Forderung ist die weitgehende Verwendung nichtmetallischer Einrichtungen und Geräte im spurenanalytischen Laboratorium. Die z. T. vernickelten Gas- und Wasserhähne aus Messing oder Gußeisen sind möglichst durch solche aus Kunststoff zu ersetzen. In einigen Laboratorien sind die Armaturen aus korrosionsbeständigem Stahl (18/8) ausgeführt worden. Wie aus vergleichenden Analysenergebnissen hervorgeht, konnte dadurch die Gefahr der Spureneinschleppung verringert werden. Statt der Wasserstrahlpumpen aus Metall sollen solche aus Geräteglas oder Kunststoff Verwendung finden.

Infolge der geringen Festigkeit der Kunststoffe und der hier wegen der Gefahr von Spureneinschleppungen nur in beschränktem Maße möglichen Verwendung von Füllstoffen zur Festigkeitssteigerung lassen sich bekanntlich nicht alle metallischen Gegenstände ohne weiteres durch solche aus Kunststoffen ersetzen. Deshalb hilft man sich dadurch, daß man Geräte aus Metall oder säurefestem Stahl mit einem Kunststoffüberzug versieht. Manche Metallgeräte können auch vorteilhaft durch solche aus Porzellan ersetzt werden.

Die allgemein in chemischen Laboratorien üblichen Heizquellen (Gasbrenner aus Metall, Kupferwasserbäder, elektrische Heizplatten aus Gußeisen) dürfen bei Spurenanalysen keinesfalls benutzt werden. Statt dessen arbeitet man hauptsächlich mit elektrischen Heizquellen, wie Glas- und Porzellanheizplatten, Porzellansandbad (mit säuregewaschenem und geglühtem Seesand oder Quarzsand beschickt) und elektrischen Formheizkörpern (mit Glasgewebe umhüllte Heizkörbe), weiterhin mit Porzellangasbrenner und Graphitsandbad (rechteckiger Graphitbehälter, mit Graphitsand beschickt, mit Oberflächenstrahler oder Heizplatte erhitzt). Anstelle des Kupferwasserbades tritt ein Glaswasserbad mit elektrischer Beheizung und Porzellanringen oder noch besser ein Porzellanwasserbad. Auch Deckel und Ringe aus Polypropylen mit einer Temperatur-Dauerbeständigkeit bis ~ 150° C, die billiger als solche aus Teflon sind, werden für Wasserbäder empfohlen [*2*].

Gute Erfahrungen hat man mit Heizblock-Aufsätzen für große Heizplatten gemacht [*3*] (s. Abb. 4), die nach dem gleichen Prinzip wie der Mikro-Universalheizblock nach Gorbach [*4*] (s. S. 115ff.) arbeiten. Es handelt sich hierbei (s. Abb. 4) um dem Zweck entsprechend dicke Platten aus Aluminium oder Graphit; sie erhalten Bohrungen, in welche die Eindampfschalen oder Tiegel genau hineinpassen, zwischen dem Boden der Gefäße und der Heizplattenoberfläche aber ein Abstand von etwa 3–6 mm frei bleibt. Die Plattendicke soll so gewählt sein, daß die Oberfläche der Platte höher als diejenige der Probelösung im Probengefäß liegt. Die Heizblock-Aufsätze aus Graphit kommen für Spurenanalysen in erster Linie in Frage, da dieses Material gegen Säuren beständig ist und keine Verunreinigungsquelle darstellt. Auch können die Probelösungen 2–3mal so schnell eingedampft und ein Spritzen und damit Verluste vermieden werden.

Weiterhin verwendet man beim Eindampfen von Flüssigkeiten für sich allein oder in Verbindung mit den vorhin genannten Heizquellen zur Beschleunigung des Er-

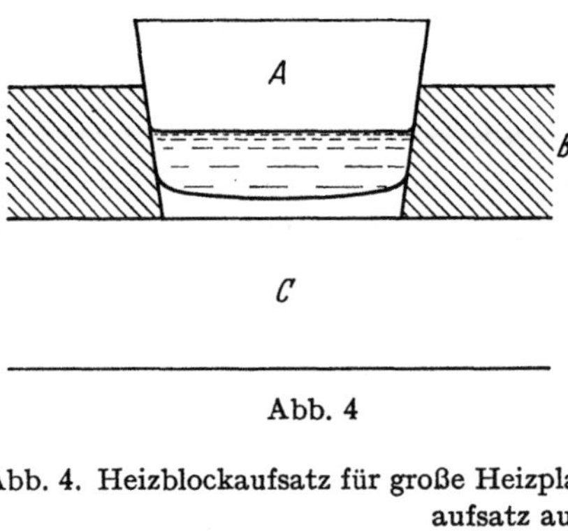

Abb. 4

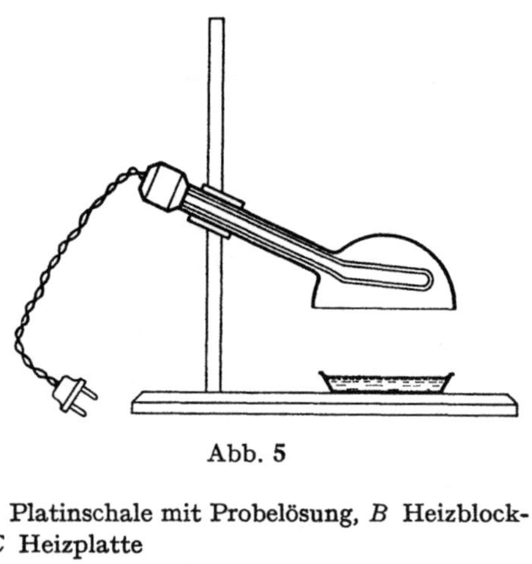

Abb. 5

Abb. 4. Heizblockaufsatz für große Heizplatten [*3*]; *A* Platinschale mit Probelösung, *B* Heizblockaufsatz aus Graphit, *C* Heizplatte

Abb. 5. Oberflächenverdampfer aus Quarzgut (Heraeus, Quarzschmelze Hanau/Main)

hitzungs- und Eindampfvorganges die Quarzoberflächenverdampfer (s. Abb. 5), bei denen sich der Heizwendel in einer Quarzrohrspirale befindet. Besondere Vorteile bieten diese, auch Oberflächenstrahler genannten Geräte als Heizquelle. Entgegen der bei den anderen Heizgeräten üblichen Erhitzung durch Wärmeleitung erfolgt sie hier ausschließlich durch infrarote Strahlung. Zu demselben Zweck finden verschiedentlich auch Infrarotlampen Anwendung. Im Gegensatz zu den gebräuchlichen Heizplatten oder Heizkörben werden Lösungen oder feste Stoffe durch Oberflächenstrahler von oben her erhitzt. Mit diesen Geräten konnten sowohl bei präparativen Arbeiten als auch in der Makro- und Mikroanalyse [*5*] und insbesondere in der Spurenanalyse (s. S. 110) gute Erfahrungen gemacht werden. Die Regulierung der Wärmezufuhr erfolgt durch Änderung des Abstandes zwischen Verdampfer und der zu erhitzenden Oberfläche. Im Gegensatz zu Heizplatten erreichen die Strahler praktisch sofort ihre volle Betriebstemperatur. Weitere wichtige Vorteile dieser Geräte bestehen darin, daß das Verdampfen ohne Blasenbildung vor sich geht, weshalb kein Verspritzen von Lösungen zu befürchten ist, und daß kein Hochkriechen an den Gefäßwänden erfolgt, da diese heißer als die Flüssigkeit sind. Das sonst übliche Bedecken mit einem Uhrglas kann entfallen, da das Hereinfallen von Staub durch den Oberflächenverdampfer weitgehend verhindert wird. Der Verdampfer eignet sich auch zum Verdampfen verschiedener nichtwäßriger Lösungen, insbesondere $CHCl_3$- oder CCl_4-Lösungen. Das Eindampfen der leicht entflammbaren alkoholischen oder Ätherlösungen ist jedoch zu vermeiden. Falls ein Erhitzungs- oder Verdampfungsvorgang besonders rasch erfolgen soll, können Heizplatte und Oberflächenverdampfer als Unter- und Oberhitze zugleich eingesetzt werden.

Für Veraschungszwecke bedient man sich am besten eines Tiegelofens nach Art des Simon-Müller-Ofens (Staatliche Porzellanmanufaktur, Berlin). Wichtig ist die Art der Auskleidung, da sie als Ursache für die Einschleppung von Spurenverunreinigungen in Betracht kommen kann. Zum Beispiel erhielt man bei der Bestimmung von B-Spuren in Pflanzenmaterial unter Anwendung der trockenen Veraschung (550° C) in der elektrischen Muffel um 200–800% zu hohe B-Werte, die durch die Muffelwände verursacht wurden, sich aber durch Verwendung hoher, bedeckter Tiegel vermeiden ließen [*6*]. Zweckmäßig sind Auskleidung und Deckel des Ofens aus Hartporzellan, noch besser aus Quarzgut. Mitunter finden noch Veraschungsöfen Verwendung, bei denen die unverkleideten Heizspiralen dem zu veraschenden bzw. zu erhitzenden Probematerial zugewendet sind. Daß die dabei erzielten Analysenergebnisse wegen der auftretenden, unkontrollierbaren Verunreinigungen kaum zu verwerten und solche Arbeitsmethoden daher zu verwerfen sind, darf nicht unbesprochen bleiben.

7.2.2. Glasgeräte

Die zur Spurenanalyse verwendeten Glasgeräte sollen zumindest aus Geräteglas 20 (Jenaer Glas G20) (Schott & Gen., Mainz) oder Pyrexglas sein, die sich im allgemeinen bewähren. Man kann sie überall dort benützen, wo sie mit den zu verarbeitenden Lösungen nur kurze Zeit und nur bei niedriger Temperatur in Berührung kommen. In allen anderen Fällen, insbesondere beim Erhitzen von Proben, sollen weitgehend Geräte aus Vycorglas, Quarzglas oder Platin benützt werden. Der Grund hierfür ist, daß Glas beträchtliche Metallmengen wie As, Zn, Pb, Fe, Al, Cu, Alkali- und Erdalkalimetalle und möglicherweise noch andere Schwermetalle enthält (s. Tab. 11), von denen während des Arbeitens kleine Mengen herausgelöst werden und somit zu Fehlern führen können. Die Aufnahme von Kieselsäurespuren aus Glas ließ sich experimentell mit einem über Amberlite IRA-400 entkieseltem Wasser bei Aufbewahren in einem Jenaer Glaskolben bei Raumtemperatur verfolgen. Sie betrug nach 30 Std 0,3 μg SiO_2/l, nach 54 Std 1,3

Tabelle 11. Zusammensetzung verschiedener Gläser

Glassorte	Zusammensetzung % SiO_2	Na_2O	K_2O	CaO	Al_2O_3	BaO	B_2O_3	ZnO	Fe_2O_3	PbO	As_2O_3	MgO
Natronkalkglas	75,5	12,9		11,6								
Kalikalkglas	70,6		18,4	11,0								
Supremaxglas 1565 III (Schott)	55,3—55,7	0,6—0,7	0,3—0,4	4,6—4,7	22,9—23,5	—	7,4	—	0,13			8,2—8,5
Duranglas (Schott)	73,8	4,6	0,2	0,3	4,1	3,1	13,4	—	0,07			0,2
Jenaer Geräteglas 20 (Schott)	74,5	7,7		0,8	8,5	3,9	4,6					0,1
Geräteglas 2877 III (Schott)	75,6	5,2	1,2	0,4	5,0	3,8	8,9	—	0,1			—
Pyrexglas (Corning Glass Works)	80,5—80,8	4,1—4,4	0,1—0,2	0,3	2,3	—	11,8—12,0	—	0,2		0,7	—
Vycorglas (Corning Glass Works)	~96	Rest	Rest				~3					
Thermometerglas 16 III (Schott)	67,3—67,5	14,0	—	7,0	2,5	—	2,0	7,0				—
Bleiglas	53,2		13,9							32,9		
Kristallglas	56,0	0,6	12,1							31,2		
Flintglas	19,9									80,0	0,1	

und nach 126 Std 3,6 µg SiO_2/l [7]. Durch Untersuchungen, bei denen besonders das Auslaugen von Al aus dem Geräteglas näher studiert wurde, konnte gezeigt werden, daß je nach den Arbeitsbedingungen verschieden große, vielfach aber beträchtliche Mengen dieses Elementes ausgelaugt werden (s. Tab. 12) [8].

Tabelle 12. Auslaugung von Al und Fe aus Jenaer Glas G 20 (35 ml Inhalt) bei Anwendung von 30 ml Lösungsmittel, nach verschiedener Erhitzungsdauer (auf dem siedenden Wasserbad) und darauffolgendem 1stündigem Stehen bis zum Erkalten auf Raumtemperatur [8]

Lösungsmittel	Erhitzungsdauer min	Ausgelaugt, in µg	
		Al	Fe
Wasser	30	0	0
Wasser	60	0	0
0,3 n HCl	30	0,3	0
0,3 n HCl	60	0,6	0
0,9 n HCl	30	0,5	0
0,9 n HCl	60	0,9	0
0,3 n H_2SO_4	30	0,3	0
0,3 n H_2SO_4	60	0,5	0
0,9 n H_2SO_4	30	0,5	0
0,9 n H_2SO_4	60	0,8	0
0,3 n NaOH	30	38	3,2
0,3 n NaOH	60	81	7,0
0,9 n NaOH	30	53	4,2
0,9 n NaOH	60	125	Lös. trübe (H_2SiO_3)
0,3 n NH_4OH	30	7	0,3
0,3 n NH_4OH	60	13	0,6
0,9 n NH_4OH	30	11	0,7
0,9 n NH_4OH	60	16	1,3

Unter denselben in Tab. 12 angeführten Versuchsbedingungen werden von konzentrierter HNO_3, H_2SO_4 und HCl 2–5 µg Al herausgelöst. Aber selbst bei längerem Stehen bei Raumtemperatur werden kleine, jedoch nicht vernachlässigbare Mengen an Al ausgelaugt, was nicht nur für die Verwendung von Glasgeräten bei der Analyse, sondern in viel stärkerem Ausmaß für die Aufbewahrung von Lösungen in Glasgefäßen von Bedeutung ist (s. Tab. 13).

Bei Verwendung von graduierten Ausflußpipetten und Meßzylindern kommen die Reagens- und Probelösungen häufig mit dem Email der Graduierung in Berührung, wodurch Pb aus dem Email (falls es bleihaltig ist) oder auch andere Elemente herausgelöst werden, auch wenn es als chemisch resistent angegeben wird [9]. Dies ist besonders dann von Bedeutung, wenn Pb bestimmt werden soll oder die Bestimmung des betreffenden Elementes durch Pb gestört ist. Es wird daher empfohlen, das Email mit einem geeigneten Lösungsmittel vorher zu entfernen.

Braunglas ist für die Aufbewahrung wäßriger Lösungen ungeeignet. Wo dunkle Flaschen benötigt werden, z. B. zur Aufbewahrung von Dithizon-Lösungen, verwendet man zweckmäßig außen schwarz lackierte oder umhüllte weiße Hartglasflaschen [1]. Nach seiner chemischen Zusammensetzung steht das Vycorglas dem Quarzglas am nächsten, weshalb es häufig mit gutem Erfolg als Ersatz anstelle der kostspieligen Quarzglasgeräte verwendet werden kann.

Tabelle 13. Auslaugung von Al aus Jenaer Glas G 20 (35 ml Inhalt) bei Anwendung von 30 ml Lösungsmittel, nach mehrtägigem Stehen bei Raumtemperatur [*8*]

Lösungsmittel	Einwirkungsdauer, Tage	Ausgelaugtes Al in µg
0,3 n NaOH	4	8,5
0,3 n NH_4OH	4	2,0
0,3 n H_2SO_4	$4^1/_2$	0
0,3 n HCl	$4^1/_2$	0,8

Wenn man zur Vermeidung der oben angeführten Fehler anstelle von Glasgeräten solche aus Platin verwenden will, so muß berücksichtigt werden, daß Platingeräte im allgemeinen etwas Fe enthalten, das ebenfalls in die Probe gelangen kann. Am besten ist es daher, ausschließlich Quarzgeräte zu verwenden, da Quarzglas spurenarm (s. Tab. 14) und gegen die meisten sauren Lösungen resistent ist. Allerdings setzt die Kostspieligkeit dieses Werkstoffes seiner unumschränkten Anwendung gewisse Grenzen.

Tabelle 14. Spurenelementgehalt von Quarzglas [*10, 11*][1]

Element	Gehalt, ppm					
	reinstes, handelsübliches Quarzglas	Vitreosil-Quarzglas	H. P. Q.-Vitreosil[2]	Heralux-Quarzglas	Spectrosil[3]	Suprasil[3,4]
Al	53	50—70	50—60	1—10	<0,02—<0,25	0,1
As				0,08	<0,0002	0,03
Au				0,0003		
B		< 0,5	0,1	<0,1	<0,01 —≪0,5	<0,01
Ca		0,4	0,4	0,8—3	<0,1	0,1
Cu		0,01	0,01	0,07	<0,0002	0,004
Fe	35	0,7	0,74	0,8	<0,1 —<0,2	0,2
Ga					<0,004	
K	220			0,8	<0,004	<0,001
Li				2		<0,05
Mg				0,2		0,1
Mn		0,03	0,026	0,01	<0,001— 0,04	<0,01
Na	300	4	4	1	<0,04 —≪0,1	0,04
P			0,01	0,1	<0,001	0,01 —0,1
Sb		0,2	0,23	0,15	<0,0001	0,002
Ti				0,8		<0,1
U				0,0003		
Zr				<0,1		<0,001

[1] Angaben der Berliner Quarzschmelze GmbH, Berlin-Mainz, und der Heraeus-Schott Quarzschmelze GmbH, Hanau.

[2] High purity quartz.

[3] Synthetisches Quarzglas.

[4] Weiterhin wurden noch folgende Elementgehalte (in ppb) bestimmt: in Spectrosil [*11b*] Ag 0,05, Co 0,4, Cr 6,5, Cs 1, Cu 2, Fe 395, Hf <0,005, Sb 0,05, Sc 0,03, Zn 1,5; in Suprasil [*11a—11c*] Ag <0,01—0,5, Au 0,25, Cd 0,5, Co 12, Cr 2,5, Cs <0,1, Cu 0,04, Er 0,04, Ga 5, Ge ≦ 15, Hf <0,005, Ho 0,02, In ≦ 0,02—0,1, Re 0,3, Sb <0,01, Sc 0,4, Ta 0,1, Tb 0,04, Tm 0,01, Zn <1.

7.2.3. Kunststoffe

Von den Kunststoffen ist aus Versuchen bekannt, daß sie Spurenelemente in Lösungen nicht abgeben und auch nicht adsorbieren [*12*]. Kunststoffgefäße aus Polyäthylen, Polypropylen u. a. eignen sich anstelle von Glasgefäßen besonders für die Aufbewahrung von dest. Wasser, Mineralsäuren, alkalischen und anderen wäßrigen Lösungen. Bei der Verwendung von Polyvinylchlorid ist zu beachten, daß dieses Dithizon-Lösungen zersetzt [*1*]. Die meisten der im Laboratorium üblichen Glasgeräte und Schläuche werden auch aus Polyäthylen hergestellt. Einige Forscher haben für spurenanalytische Zwecke Schütteltrichter aus Polyäthylen selbst hergestellt, da solche im Handel noch nicht

Tabelle 15. Eigenschaften und Chemikalienbeständigkeit verschiedener Kunststoffe

Eigenschaften Chemikalien	Hochdruck-polyäthylen	Niederdruck-polyäthylen	Polypropylen	Polyvinyl-chlorid	Poly-methacrylat
beständig bei ° C	—55 bis +90	—120 bis +120	—18 bis +140		bis +90
Erweichungspunkt, ° C	108—111	128—135	164—171	≧70	
HF (40%)	+	+	+	+	+ (20%)
HCl (1,19)	+[1]	+[1]	+[1]	+	+
HBr (40%)	+[1]	+[1]	+[1]	+ (48%)	0
HNO_3 (1,40)/H_2O (1 + 1)	+[1]	+[1]	+[1]	+	+ (1 + 4)
$HClO_4$ (70%)	+[1] (10%)	+[1] (10%)	+[1] (10%)	+; ±[1]	0
H_2SO_4	+ (60%)	+ (95%)	+ (95%)	+ (96%)	+ (40%)
H_3PO_4 (1,70)	+	+	+	+	+ (30%)
Königswasser	±	±	±	±	0
HBF_4	+[1]	+[1]	+[1]		0
CrO_3	+[1] (40%)	+[1]	+[1]	+ (50%)	+ (40%)
H_2O_2 (30%)	+	+	+	+	+ (40%)
Hg	+	+	+		
Ammoniak (0,91)	+[1]	+[1]	+[1]	+	
KOH, 60%ige wäßrige Lösung	+[1]	+[1]	+[1]	+	±
NaOH, 60%ige wäßrige Lösung	+[1]	+[1]	+[1]	+	±
$(NH_4)_2S_2O_8$, gesättigte wäßrige Lösung	+	+	+		
$K_2S_2O_8$, gesättigte wäßrige Lösung				+	
Ameisensäure (90%)	+[1]	+[1]	+[1]		0
Eisessig	±	±	±	±	0
Essigsäure (20%)	+[1]	+[1]	+[1]	+	+
Oxalsäure, gesättigte wäßrige Lösung	+	+	+		
Citronensäure, gesättigte wäßrige Lösung	+	+	+		
Äthylenglykol	+	+	+		
Äthanol	+	+	+	+	±
Amylalkohol	±	±	+	+	±
Diäthyläther	0	0	0	0	
$CHCl_3$	+	+	+	0	0
CCl_4	±	±	±	0	0
Benzol	0	0	0	0	

\+ = beständig bei Raumtemperatur; daneben angegebene %-Zahlen sind Vol.-%.
± = mäßig beständig bei Raumtemperatur.
0 = unbeständig bei Raumtemperatur.
[1] Bis +60° C beständig.

erhältlich waren. Für die Praxis von Interesse sind auch aus Kunststoff gefertigte, in üblicher Weise evakuierbare, durchsichtige Exsiccatoren.

In Polyäthylen wurden folgende Spurenelementgehalte ermittelt (in ppb) [*11b*, *13*]: Ag < 0,1–20, Al 300, B 90, Ca 200, Co 0,2, Cr 20–300, Cs < 0,1, Cu 4–15, Fe 600–11000, Hf < 0,5, Mg 80, Pb 200, Sb 0,2–0,8, Sc 0,01–0,4, Si 2000, Zn 30, sowie (nicht quantitativ bestimmt) Mn, Ni, Na und K. Polyvinylchlorid zeigt höhere Gehalte (in ppm): Ag < 0,005–0,6, Al 55, B 3, Ca 5, Co 0,05, Cr 0,002–6, Cs < 0,001, Cu 0,6–10, Fe 50–270, Mg 120, Mn 2, Ni 200, Pb 200, Sb 3, Sc 0,005, Si 100, Zn 5 sowie Na und K. Teflon enthält (in ppb) [*11b*]: Ag < 0,3, Co 1,7, Cr < 30, Cs < 0,01, Cu 22, Fe 35, Sb 0,4, Sc < 0,004, Zn 9,3. Im Gegensatz zu PVC weisen Polystyrol und Methylmethacrylat noch größere Verunreinigungen auf. Auch bei längerer Aufbewahrungszeit (1 Jahr und mehr) von alkalischen und sauren Lösungen werden keine Spurenelemente aus Polyäthylen herausgelöst, im Gegensatz zu den beträchtlichen Mengen bei gewöhnlichem Glas und Pyrexglas.

Hinsichtlich der Verwendbarkeit von Geräten aus Kunststoffen findet man deren Eigenschaften in Tab. 15 angeführt. Hochdruck-Polyäthylen ist flexibel, weiß, halbdurchsichtig, mit wachsähnlicher Oberfläche und einem spez. Gew. von 0,92. Bei erhöhter Temperatur ist seine chemische Resistenz vermindert, so daß man es im allgemeinen nur unterhalb 55° C, keinesfalls aber über 70° C verwenden soll. Längere Aufbewahrung von flüchtigen Reagentien, wie Aceton, Äther, Toluol usw., ist nicht zu empfehlen wegen des relativ hohen Durchdringungsgrades der Gefäßwände. Diese Begrenzung in der Anwendung gilt nicht für offene Gefäße (Bechergläser usw.), obwohl einige dieser Reagentien auch eine schwache Quellung des Polyäthylens verursachen können. Polyäthylen darf nicht mit Brom, Schwefelkohlenstoff oder konz. HNO_3 in Berührung kommen. Geräte aus Niederdruckpolyäthylen weisen eine etwas erhöhte chemische Beständigkeit und eine glatte Oberfläche auf. Sie können im Autoklaven sterilisiert werden; Zentrifugenröhren aus diesem Material können infolge ihrer größeren Festigkeit höheren Zentrifugalkräften widerstehen. Auch aus Polypropylen werden die üblichen Laborglasgeräte und Schläuche hergestellt. Das Material weist ähnliche chemische Eigenschaften auf wie Polyäthylen, hat aber diesem gegenüber an Vorteilen einen höheren Erweichungspunkt, eine bessere Durchsichtigkeit und eine höhere Zugfestigkeit. Verschiedene im Laboratorium gebräuchliche Glasgeräte sind auch aus Plexiglas (Polymethacrylat) erhältlich. Von Vorteil ist dessen völlige Durchsichtigkeit; es ist aber gegen chemischen Angriff weniger resistent als die anderen genannten Kunststoffe. Besonders erwähnt sei hier noch der Kunststoff Teflon (Polytetrafluoräthylen), der in allen üblichen anorganischen und organischen Lösungsmitteln unlöslich und bis zu 275° C (nach einer Angabe [*14*] bis 310° C) beständig ist[1]. Teflon wird nur von Fluor und geschmolzenen Alkalimetallen angegriffen. Der Kunststoff ist flexibel, weiß, halb durchscheinend, mit wachsähnlicher Oberfläche; er diente nicht nur für die Herstellung von Capillarküvetten [*15*], sondern wird auch zur Herstellung der üblichen, aus Glas gefertigten Laborgeräte [*16*, *17*] und von Schläuchen verwendet. Vorteilhaft werden Teflongefäße dann benützt, wenn HF-Lösungen oder andere Lösungen ausschließlich in Kunststoffgefäßen auf der Heizplatte erhitzt werden müssen. Bei Aufschlüssen ist ein mit Teflon ausgekleideter Autoklav (Teflonbombe, s. S. 212) von Nutzen. Teflon-Hahnküken sind für Büretten und Schütteltrichter erhältlich, die sich besonders bei alkalischen Lösungen gut bewähren und weiterhin nicht gefettet werden brauchen.

---

[1] Teflongeräte sollen nicht über die genannten Temperaturen erhitzt werden, da die beim Überhitzen auftretenden, gasförmigen Zersetzungsprodukte gesundheitsschädlich sind [als MAK-Wert wird 0,05 cm^3/m^3 (als F berechnet) angegeben].

Polytrifluorchloräthylen ist ebenfalls chemisch weitgehend sowie thermisch bis 150° C beständig; der Erweichungspunkt liegt bei 270—310° C, wobei eine langsame Zersetzung beginnt [*18*]. Auch aus anderen Kunststoffen, z. B. Polystyrol, Polyamid, werden Geräte hergestellt, von denen diese aus Polyamid chemisch weniger beständig sind, sich aber für die Dampfsterilisation im Autoklaven eignen.

Wo sich die Flexibilität, insbesondere des Polyäthylens, störend bemerkbar macht (so etwa beim Eindampfen stark alkalischer Lösungen im Vacuum, um die Einschleppung von Si aus dem Gefäßmaterial in die Lösung zu vermeiden), kann man sich dadurch helfen, daß man das Glasgefäß mit einem Polyäthylenüberzug versieht [*19*].

Kunststoffe werden als Ersatz für die kostspieligen Quarzgeräte empfohlen und verwendet. Zwar ist Quarz im allgemeinen ein idealer Gerätewerkstoff bei Spurenanalysen, doch gibt es bestimmte analytische Probleme, bei denen sogar Quarzgeräte unbrauchbar sind, wie z. B. bei der Bestimmung kleiner Mengen von Si. In diesem Falle läuft man Gefahr, daß sich bei Verwendung von Quarz- oder Glasgeräten geringe Siliciummengen aus den benützten Gefäßen herauslösen und zu falschen Ergebnissen führen. So wurden bei der Bestimmung von Si in Zirkoniummetall, -dioxyd, -tetrafluorid und anderen Zirkoniumverbindungen, in Berylliummetall und -oxyd, Aluminiummetall, Calciummetall und in Calciumoxyd Gefäße aus Teflon bzw. Platin verwendet [*16*], da flußsäurehaltige Lösungen vorlagen.

Kunststoffe dürfen nicht vorurteilslos eingesetzt werden, vielmehr ist vorher kritisch die Herkunft des zu verwendenden Kunststoffes, sein Gehalt an Füll- und Farbstoffen und seine Löslichkeit zu prüfen. Bestimmte Kunststoffgegenstände weisen eine Wasserlöslichkeit von 0,01—1% und eine Ätherlöslichkeit von 0,02—12,2% auf [*20*]. Im wesentlichen hängt die Löslichkeit von der Art der Verarbeitung durch Weiterverarbeitungsbetriebe ab. Bei der herausgelösten Substanz handelt es sich um monomere Verbindungen, die sich bei zu starkem Erhitzen des Kunststoffes bilden, sowie um Füllstoffe (Farbstoffe), Weichmacher und Stabilisatoren. Auch wurde über die Verunreinigung von flüssigen und gasförmigen Proben mit Dibutylphthalat berichtet, wenn die Proben mit Polyvinylchloridschläuchen in Berührung kamen [*21*]. Die Menge der herausgelösten Stoffe nimmt bei stetem Gebrauch solcher Kunststoffgefäße, ähnlich wie bei Glas, mit der Zeit ab. Schließlich wurde auch beobachtet [*22*], daß Polyäthylenflaschen aus den darin aufbewahrten Lösungen Reagentien verschieden stark adsorbieren (H_2S, Br_2, HNO_3, Ammoniak) und diese durch Spülen mit Wasser nicht sofort entfernt werden können. Das adsorbierte Reagens wird von der danach in der Flasche aufbewahrten Lösung aufgenommen. Ob die Spurenanalyse durch herausgelöste Stoffe gestört wird, muß im Einzelfall geprüft werden. So ist beispielsweise die Aufbewahrung von destilliertem Wasser in Polyäthylengefäßen bei der Bestimmung von ng-Mengen Cr nicht möglich, da die in das Wasser abgegebenen Spuren organischen Materials die Cr-Oxydation stören [*22a*]. Wasserproben mußten in Quarzbechern statt in Teflonbechern eingedampft werden, da die Probelösung bei Verwendung von Teflonbechern stets organische, durch das Eindampfen gekrackte Substanz enthielt, die einerseits Metallspuren beim Auswaschen festhielt und andererseits beim Reinigen des Teflonbechers schwer zu entfernen war [*22b*].

Anstelle von Kunststoffgeräten können als Behelf auch mit Paraffin überzogene Glasgeräte zum Aufbewahren von dest. Wasser oder Lösungen mit Erfolg verwendet werden.

Für das Paraffinieren gibt es zwei Wege: Einmal erhitzt man in einer gereinigten, fettfreien Flasche eine genügend große Menge reinen Paraffins so lange, bis dieses geschmolzen ist; man läßt es zwecks gleichmäßiger Verteilung unter Drehen der Flasche dann erstarren. Zum anderen gibt man in eine trockene Glasflasche eine Lösung von reinstem Paraffin in Äther oder $CHCl_3$ und benetzt die Gefäßwandung unter gleichzeitigem Drehen und Durchsaugen (doppelt durchbohrter Stopfen) von Luft, bis das Lösungsmittel verflüchtigt ist.

Die Abschnitte 7.2.2., 7.2.3. zeigen, daß die Verwendung von Laborgeräten aus nur einer Materialart nicht immer möglich und/oder zweckmäßig ist. Vielmehr muß man bei der Auswahl des Gerätewerkstoffes und auch der Arbeitsbedingungen das spezielle analytische Problem berücksichtigen und oft Geräte aus mehreren Materialien nebeneinander einsetzen, um einen befriedigenden Erfolg zu erzielen.

7.2.4. Silikone

Eine weitere sich hinsichtlich Billigkeit und Einfachheit in der Durchführung auszeichnende Möglichkeit zur Verbesserung einer Glasoberfläche bietet die Verwendung von Silikonen. Mit einem Silikonüberzug versehene Glasgeräte werden von wäßrigen Lösungen nicht benetzt, so daß die Verwendung silikonisierter Meßgeräte, wie Pipetten und Büretten [*23*], wegen der Vermeidung des Benetzungsfehlers besonders auch in der Mikrochemie (s. S. 119f.) von Vorteil ist [*24–26*]. Die unerwünschten Eigenschaften des Glases, nämlich einerseits die Adsorption von Ionen an der Gefäßwand und andererseits die Abgabe von Ionen aus dem Glase in die Lösung, können dadurch weitgehend ausgeschaltet werden. Vergleichende Untersuchungen mit Radiophosphor zeigten, daß silikonisierte Pipetten nur einen Bruchteil der Adsorption unbehandelter Pipetten aufweisen und der adsorbierte Phosphor durch zweimaliges Waschen mit Wasser restlos entfernt wird, was bei den Pipetten ohne Silikonüberzug nicht der Fall ist [*26*]. Die mit einem Silikonüberzug versehenen Glasgeräte wären beispielsweise besonders gut für die Aufbewahrung von solchen Stamm- oder Probelösungen geeignet, für welche hinsichtlich der nachfolgend angeführten chemischen Eigenschaften keine Einschränkung besteht.

Behandelt man eine reine Glasoberfläche mit Chlorsilan (Methylchlorsilan, Dimethyldichlorsilan, Lauryltrichlorsilan usw.), so tritt eine Umsetzung mit der Wasserhaut ein [*23*, *27*, *28*]. Diese verläuft nach der Gleichung

$$(CH_3)_2SiCl_2 + H_2O \rightarrow (CH_3)_2Si{<}^{O-}_{\diagdown} \quad + 2\,HCl.$$

Man kann stattdessen auch Alkoxysilane (Methyläthoxysilan, Äthyltriäthoxysilan usw.) verwenden, bei denen die Umsetzung ähnlich erfolgt, indem statt des Chlorwasserstoffes z. B. bei Methyläthoxysilan Äthylalkohol frei wird. Dabei scheint eine bestimmte Zahl an Methylchlorsilanmolekülen mit einer gleich großen Zahl in der Wasserhaut des Glasgefäßes enthaltener Wassermoleküle zu reagieren. Das unter gewöhnlichen atmosphärischen Bedingungen aufbewahrte Glas trägt eine Wasserschicht, die bis zu 100 Moleküldurchmesser dick ist, wobei die tatsächliche Dicke von der relativen Luftfeuchtigkeit abhängt. Bei 100 übereinander liegenden Molekülen würde der entstehende Methylpolysiloxanfilm eine Dicke von etwa $0{,}6 \cdot 10^{-4}$ mm haben. Die Kieselsäureradikale des entstehenden Siloxanfilms scheinen an das Silicat des Glases derart gebunden zu werden, daß sich eine aus organischen Radikalen bestehende Oberfläche bildet, die von Wasser, Äther, $CHCl_3$, CCl_4, Schwefelkohlenstoff, Benzol u. a. organischen Lösungsmitteln nicht benetzt wird. Wäßrige Lösungen verhalten sich in so behandelten Gefäßen wie Quecksilber. Der Meniskus ist eben und das Gefäß kann mit einigem Geschick vollkommen entleert werden, so daß es z. B. möglich ist, Meßkolben auf Ausguß zu eichen. Das Chlorsilan kommt entweder als Gas oder als Lösung in Benzol oder CCl_4 zur Anwendung. Für den Gebrauch im Laboratorium werden Lösungen von Chlorsilangemischen empfohlen, die unter verschiedenen Bezeichnungen im Handel erhältlich sind [*29*]. Der Siloxanüberzug wird auf die Weise hergestellt, daß man die lufttrockenen Gefäße (schnelles Trocknen durch Spülen mit Aceton) mit der Chlorsilanlösung anfüllt, das Gefäß entleert und danach die noch an den Wandungen anhaftende überschüssige Lösung mit Benzol, Toluol, CCl_4, Benzin oder einem anderen ähnlichen Lösungsmittel herauswäscht. Der Oberflächenfilm ist sehr beständig und wird nur von alkalischen Lösungen langsam angegriffen. Vorsichtige Behandlung mit Seifenlösung entfernt den Film nicht. Der Siloxanfilm läßt sich mit konzentrierter, alkoholischer KOH oder mit 10%iger HF entfernen. Zu letzterem ist jedoch nicht unbedingt anzuraten, da der Film rasch entfernt und dann das Glas angegriffen wird. Netzmittellösungen benetzen die mit Chlorsilan behandelte Glasoberfläche und ermöglichen so eine Reinigung. Sobald die Lösung wieder abgespült ist, erscheint die Oberfläche nach wie vor hydrophob. Einige Vorsichtsmaßregeln erscheinen bei der Verwendung von silikonisierten Pipetten angebracht [*30*]. Der Silikonüberzug wird mit der Zeit mangelhaft wasserabstoßen, wenn die Pipetten nicht sorgfältig vollständig trocken oder vollständig naß aufbewahrt werden. Eine gelegentliche Wiederholung der Silikonbehandlung ist daher notwendig. Bei den Makromeßgeräten entsteht durch den Silikonüberzug keine merkliche Änderung des Meßvolumens. Bei Mikromeßgeräten empfiehlt es sich aber jedenfalls, das Volumen nach jeder Silikonbehandlung zu überprüfen bzw. eine Nacheichung vorzunehmen.

Glasoberflächen können auch wasserabstoßend gemacht werden, wenn man sie in trockenem Zustand mit p-Nitrobenzylbromid behandelt [*31*]. Es wird angenommen, daß das p-Nitrobenzylbromid mit Si(OH)-Gruppen der Glasoberfläche unter Verätherung reagiert:

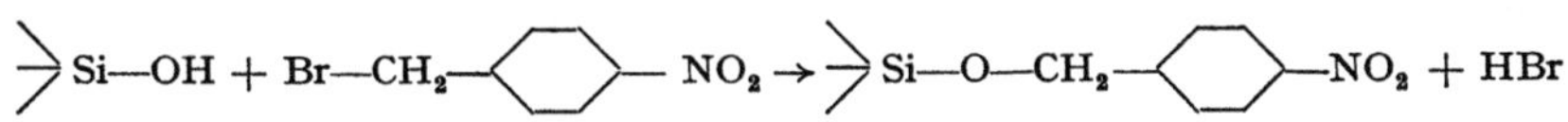

7.3. Reagentien

Besondere Aufmerksamkeit ist der Reinheit der verwendeten Reagentien zu schenken. Eine Reihe von Firmen macht für eine größere Zahl von Reagentien Reinheitsangaben, d. h. der Gehalt an Verunreinigungen wird genannt. Immer wieder hat es sich aber gezeigt, daß man sich nicht ohne weiteres auf solche Angaben verlassen darf, zumal beim Verpacken häufig zusätzliche Verunreinigungen eingebracht werden, die sich zumindest auf den Spurenmetallgehalt des Reagenses auswirken. Während diese Reinheit der p.a.-Reagentien für das normale analytische Arbeiten ausreicht, genügt sie für Spurenanalysen meist nicht, da durch diese Reagentien Verunreinigungselemente bei der Verarbeitung der Probe eingebracht und Fehlresultate verursacht werden. Hinsichtlich des Bezuges von Reagentien ist für das spurenanalytische Arbeiten unbedingt die ausschließliche Verwendung von ungeöffneten Originalpackungen zu empfehlen, da beim Abfüllen der Chemikalien aus großen in kleinere Packungen durch den Zwischenhändler infolge unsachgemäßer Handhabung auf jeden Fall eine zusätzliche Verunreinigung eintritt. Um überhaupt entscheiden zu können, welche Reagentien zu reinigen sind, sollte man grundsätzlich den Spurenelementgehalt jeder neuen Sendung bestimmen. Schon aus diesem Grunde erscheint es einfacher und sicherer, prinzipiell alles zu reinigen. Nur bei einigen Substanzen kann eine Reinigung nicht gut möglich, oder aber, wie im Falle einer Reihe organischer Analysenreagentien und Lösungsmittel, nicht unbedingt erforderlich sein. In diesen Fällen wird es genügen müssen bzw. ausreichen, die Verunreinigungen zu bestimmen und bei der Analyse zu berücksichtigen. Nach Möglichkeit sollen die Reagentien mit den gleichen Mitteln, die man nachher bei der Spurenanalyse benützt, gereinigt werden. Für die wichtigsten Reagentien sind Reinigungsvorschriften weiter unten angeführt. Es sei noch erwähnt, daß von einzelnen Firmen vorwiegend in der Elektroindustrie benötigte sowie zur Spurenanalyse vorgesehene, besonders gereinigte Chemikalien in den Handel gebracht werden (s. S. 92). Weiterhin sind noch zahlreiche Elemente in elementarer Form und als Verbindungen in hoher und höchster Reinheit erhältlich.

Bei den verwendeten Standard (Eich)-Substanzen empfiehlt es sich, neben den Verunreinigungen auch den Gehalt des Hauptbestandteiles (Eichelementes) zu überprüfen, da z. B. bei spektrographisch analysierten Standardproben Abweichungen von 1–15% vom Sollgehalt des Hauptelementes festgestellt wurden [*36*], die vor allem bei Oxiden auf einen Glühverlust (Gehalt an H_2O, CO_2, C, H_2, O_2, N_2, S) zurückzuführen sind. Daneben können Salze mit Kristallwasser Abweichungen im Wassergehalt aufweisen.

7.3.1. Destilliertes Wasser

Das sog. gewöhnliche destillierte Wasser weist im allgemeinen einen verhältnismäßig hohen Gehalt an Schwermetallen wie Cu, Pb und/oder Zn auf. Dieser Gehalt ist natürlich in einzelnen Laboratorien verschieden hoch, da er von der verwendeten Destillationsapparatur abhängt, und kann beispielsweise bis zu 2,5–3 mg Cu/l und 1 mg Fe/l betragen. Daneben kann dest. Wasser auch noch besonders dort, wo nur gechlortes Leitungswasser zur Verfügung steht, freies Chlor enthalten, das ebenfalls bei manchen Spurenanalysen zu Schwierigkeiten führt. Man ist daher gezwungen, in erster Linie doppelt destilliertes Wasser – auch bidestilliertes Wasser genannt – zu verwenden. Am einfachsten kann man sich solches herstellen, wenn man Leitungswasser in einer Apparatur aus Pyrex- oder Jenaer Glas G20 2mal hintereinander destilliert und das Destillat in mit Polyäthylen oder Paraffin überzogenen, oder aus Polyäthylen hergestellten Flaschen aufbewahrt. Es wird auch empfohlen [*32*], das Wasser aus einem Glaskolben unter Verwendung eines Polyäthylenkühlers in eine Polyäthylenvorlage zu destillieren, da ein solches Destillat in seiner Reinheit einem mittels Mischbettionenaustauscher oder durch mehrfache Destillation aus einer Quarzapparatur hergestellten Wasser entspricht. Von anderer Seite wurde beobachtet [*33*], daß ein mehrere Tage in einer Polyäthylenflasche aufbewahrtes destilliertes Wasser, im Gegensatz zu demselben bei Aufbewahrung in einer Glasflasche, im UV-Bereich eine merkliche Absorption mit einem Maximum bei 270 nm aufweist. Man führt dies auf kolloidale, aus dem Gefäßmaterial stammende, organische Substanz zurück, da die Absorption durch Zusatz von 0,6 μg H_2O_2/ml verhindert werden konnte. Für die Bidestillation ist Leitungswasser dem aus Metallapparaturen gewonnenen dest. Wasser als Ausgangsmaterial vorzuziehen, da letzteres einen meist höheren Schwermetallgehalt als Leitungswasser aufweist. Bereits eine einfache Redestillation in einer Glasapparatur ermöglicht die weitgehende Entfernung der im normalen dest. Wasser enthaltenen Schwermetallspuren. Dies veranschaulicht Tab. 16, in welcher der abnehmende Spurenmetallgehalt von dest. Wasser (aus einem verzinnten Kupferdestillierapparat) nach wiederholter Destillation in einer Pyrexglasapparatur wiedergegeben ist. Dabei nimmt der Metallgehalt des dest. Wassers durch eine einfache oder doppelte Destillation stark ab, während eine dritte Destillation keine weitere Abnahme bewirkt. Besser ist es natürlich, dabei einen Kühler aus Quarzglas zu verwenden. Am vorteilhaftesten ist aber die Anwendung einer Quarzglas-Bidestillierapparatur (s. Abb. 6), die, wie ihr Name schon andeutet, zur Gänze aus Quarzglas hergestellt ist. Sie ermöglicht einen kontinuierlichen Betrieb, wobei die Entionisierung mittels Ionenaustauschersäule und die anschließende erste und zweite Destillation in einem Arbeitsgang erfolgen.

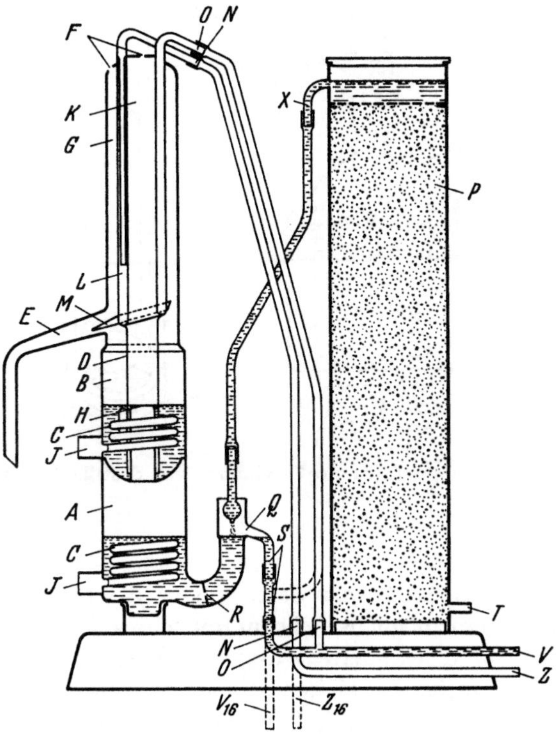

Abb. 6. Bidestillierapparat aus Quarzglas für 0,4 l/Std bzw. 1,5 l/Std (von Fa. Heraeus, Quarzschmelze Hanau/Main, zur Verfügung gestellt); *A*, *B* Destillierkolben der 1. und 2. Stufe, *C* Heizspiralen, *D* Dampfrohr, *E* Destillatablaufrohr, *F* Druckausgleichsöffnung, *G*, *K* Kühlräume, *H* Überlaufregler, *M* Rinne, *N*, *O*, *Z* Kühlwasserein- und -ausläufe, *P* Ionenaustauschersäule, *Q* Überlaufregler, *R* Drossel, *S*, *V* Wasserabläufe, *T*, *X* Speisewasserzu- und -überläufe

Tabelle 16. Spurenelementgehalt von destilliertem Wasser

Nr.	Art der Destillation	Spurenelementgehalt µg/ml						
		Cu	Zn	Mn	Fe	Mo	Pb	Al
1	normales dest. Wasser [*35*]	0,2	0,02	—	—	—	0,055	
2	dest. Wasser aus einem verzinnten Kupferdestillierapparat [*34*][1]	0,01	0,002	0,001	0,002	0,002		
3	dest. Wasser von Nr. 2; einmal aus einer Pyrexglasapparatur destilliert [*34*][1]	0,001	0,00012	0,0002	0,0001	0,000002		
4	dest. Wasser von Nr. 2; zweimal aus einer Pyrexglasapparatur destilliert [*34*][1]	0,0005	0,00004	0,0001	0,00002	0,000001		
5	dest. Wasser von Nr. 2; dreimal aus einer Pyrexglasapparatur destilliert [*34*][1]	0,0004	0,00004	0,0001	0,00002	0,000001		
6	einmal aus einer Jenaer Glasapparatur dest. Wasser	0,0001	0,003				0,003	
7	aus einer Pyrexglasapparatur einmal redestilliertes Wasser [*35*]	0,0016	0,00				0,0025	
8	zweimal dest. Wasser [*37*]	0,0005	0,0014		0,0009			0,001

[1] Mikrobiologisch mit Aspergillus niger bestimmt.

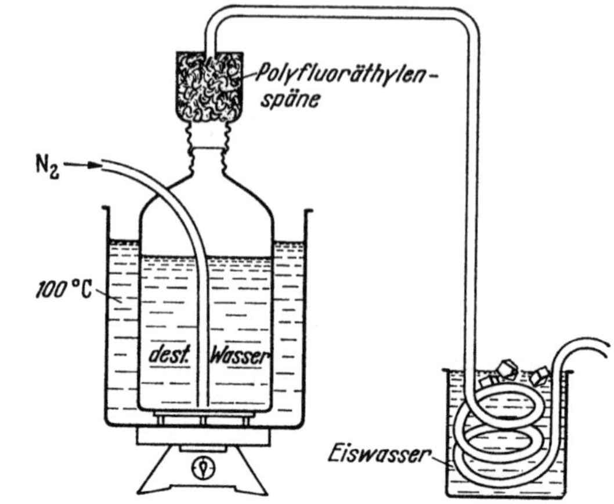

Abb. 7. Polyäthylenapparatur zur Gewinnung von destilliertem Wasser [*38*]

In bestimmten Fällen benötigt man dest. Wasser, das nicht nur spurenelementfrei im üblichen Sinne, sondern möglichst siliciumfrei sein soll. In diesem Falle muß das aus einer Quarzapparatur bidestillierte Wasser aus einer Polyäthylenapparatur nachdestilliert werden. Im einfachsten Fall behilft man sich mit einer Destillation aus einer Polyäthylenflasche (s. Abb. 7) [*38*]. Die Polyäthylenflasche wird in einem Glycerinbad auf 98° C erhitzt. Sie wird mit dem zu destillierenden Wasser beschickt und durch ein Polyäthylenrohr Stickstoff als Trägergas eingeleitet. Der Schlangenkühler wird mit Eiswasser gefüllt. Die Ausbeute beträgt etwa 100 ml/Std. Bei Verwendung von Niederdruckpolyäthylen kann das Glycerinbad auf 120° C eingestellt werden und die Ausbeute

Tabelle 17. Die Entfernung von Spurenelementen aus dem Wasser mit Hilfe von Ionenaustauschern [*13*, *35*]

Ionenaustauscher	Spurenelementgehalt, µg/ml						
	Cu	Pb	Zn	Fe	Co	Ni	Mn
Amberlite IR-100, nach dem ersten Durchlauf	0,0035	0,0015	0,00				
Amberlite IR-100, nach dem fünften Durchlauf	0,0000	0,0010	0,00				
Gemisch von IR-120 und IRA-410 [*13*]	+	0,00002	0,00006	0,00002	<0,000002	<0,000002	<0,00002
	Mo	Cr	Mg	Ca	Sr	Ba	B
	<0,00002	0,00002	0,002	0,0002	<0,00006	0,000006	+
	Si	Sn	Ag	V			
	+	+	+	+			

+ = nachgewiesen, aber nicht quantitativ bestimmt.

an Destillat ist dann größer. Vorteilhaft ist auch eine Apparatur aus Polypropylen oder aus Teflon. Schließlich empfiehlt es sich auch, die Destillation im Vakuum durchzuführen. Man kann hierbei eine mit Polyäthylen ausgekleidete (s. S. 85) Glasapparatur, die an eine Wasserstrahlpumpe angeschlossen ist, verwenden.

Sehr gute Dienste bei der Gewinnung von spurenarmem Wasser leisten auch die Ionenaustauscher; ein auf diese Weise hergestelltes Wasser bezeichnet man als deionisiert oder auch entionisiert. Nach Tab. 17 [*35*] können auf diesem Wege die ursprünglich vorhandenen Elemente fast vollständig entfernt werden. Für die Herstellung des deionisierten Wassers wird Leitungswasser oder einmal destilliertes Wasser durch eine mit dem Austauscherharz gefüllte Plexiglassäule geschickt und in Kunststoffflaschen aufgefangen. Zur völligen Entfernung von Si-Spuren leitet man entweder einfach destilliertes Wasser durch eine mit dem Anionenaustauscher Amberlite IRA-400 gefüllte Säule [*7*] oder bei Entfernung in Form von H_2SiF_6 wird bereits vorentsalztes Wasser wie im Abschnitt „Silicium" bei Verfahren C.1.3. [*39*] (s. S. 1108) mit der entsprechenden Menge HF versetzt und durch eine mit 300 ml Permutit ES (über dessen Vorbehandlung s. S. 1108) gefüllte Säule (Durchflußgeschwindigkeit 1 l/Std) geschickt. Entkieseltes Wasser darf ausschließlich nur in Kunststoffbehältern aufbewahrt werden (s. a. S. 83 und 85). Von den Anionenaustauschern werden selbst äußerst schwache Säuren – wie Kohlensäure und Kieselsäure – quantitativ aufgenommen und ausgetauscht, so daß man sie in Kombination mit Kationenaustauschern zur Herstellung von Leitfähigkeitswasser ($\varkappa < 10^{-7}\,\Omega^{-1}\,cm^{-1}$) verwenden kann, das sonst kostspieliger nur durch sehr sorgfältige Destillation gewonnen wird. Trotz des außerordentlich geringen Salzgehaltes des durch Ionenaustauscher gereinigten Wassers ist dieses bisweilen für radiochemische Arbeiten nicht brauchbar [*41*], da es geringe kolloidale Beimengungen enthalten kann, die sich im Laufe der Zeit vom Ionenaustauscher ablösen und dann in hohem Maße Spurenelemente adsorbieren können. Diese polymeren Verunreinigungen sind durch Leitfähigkeitsmessung nicht feststellbar [*40*]. Deshalb ist beim Arbeiten mit Radioindikatoren dest. Wasser dem deionisierten vorzuziehen [*41*] oder letzteres einer Nachdestillation zu unterwerfen. Zweifellos dürfte man durch Kombination von Deionisation mittels eines Kationen-Anionenaustauscher-Gemisches mit anschließender Nachdestillation in einem Quarzglasbidestillierapparat das reinste Wasser erhalten. Die Frage, ob nun deionisiertes Wasser bei Spurenanalysen auf die oben erwähnte Weise stören kann, muß von Fall zu Fall geprüft werden, zumal auch die Austauscherart eine Rolle spielen dürfte. Daß bei speziellen Aufgaben, beispielsweise bei der spurenanalytischen Bestimmung von Si (s. S. 1091ff.) oder B (s. S. 472ff.) deionisiertes dem destillierten Wasser vorzuziehen ist, geht auch aus den folgenden Untersuchungsergebnissen hervor. Ein aus einer Jenaer Glasapparatur destilliertes Wasser enthielt 30 µg SiO_2/l, das durch Entsalzen in üblicher Weise im Laboratorium gewonnene hingegen noch bis 10 µg SiO_2/l [*39*]. In einer Quarzapparatur tridestilliertes Wasser enthielt 1,6 µg SiO_2/l [*7*], während demgegenüber praktisch kieselsäurefreies Wasser mit Amberlite IRA-400 (< 1 µg SiO_2/l) [*7*] bzw. mit Permutit ES (s. oben) [*39*] gewonnen worden war.

Wenn größere Mengen destillierten Wassers zentral hergestellt und durch Rohrleitungen einzelnen Laboratorien zugeführt werden sollen, so ist neben einer vorschriftsmäßigen Erzeugung auch darauf zu achten, daß die Vorratsbehälter bei der Erzeugungsanlage sowie alle Rohrleitungen und Hähne aus Kunststoff gefertigt sind. Da aber bei einer verzweigten, größeren Anlage die Gefahr einer Verunreinigung leicht besteht, empfiehlt sich die Nachdestillation eines solchen Wassers in einer Quarzbidestillierapparatur am Ort des Verbrauches.

7.3.2. Flüssige anorganische Reagentien

Bei den p. a.-Säuren ist der Metallgehalt im allgemeinen verhältnismäßig gering, doch ist trotzdem eine Reinigung oftmals erforderlich. In Tab. 18 (S. 92) sind die Metallgehalte einiger Reagentien nach Angaben verschiedener Autoren und Hersteller zusammengefaßt worden. Sie sollen lediglich eine Vorstellung von der Größenordnung der Verunreinigungen vermitteln, da sie sowohl bei Reagentien verschiedener Herkunft als auch verschiedener Lieferungen derselben Firma innerhalb gewisser Grenzen voneinander abweichen.

Die Reinigung der Mineralsäuren erfolgt durch Redestillation, die verschiedentlich in einer Glasapparatur durchgeführt wird, doch dürfte ein Redestillieren in einer Glasapparatur mit Kühler und Vorlage aus Teflon oder Quarz und insbesondere dieses in

Tabelle 18. Spurenelementgehalt

Reagens	Spurenelementgehalt, ppm[1]							
	Ag	Al	As	Ca	Cd	Co	Cr	Cu
HCl (1,19) p. a.		0,007-0,7[9] 2,5[6]	0,05		0,01		0,001[10]	0,05
HCl (1,15) Suprapur[2]	<0,0001[11]	0,01	0,005	0,05		0,005; 0,0001[11]	0,001[11]	0,005; 0,08[11]
HNO_3 (1,40) p. a.		0,03-0,8[6,9]	0,01	5	0,01		0,002[10]	0,05
HNO_3 (1,40) Suprapur[2]	0,0002[11]	0,005	0,001	0,05	0,005	0,001; 0,00002[11]	0,07[11]	0,005; 0,001[11]
H_2SO_4 (1,84) p. a.		0,3[6]; 1[9]	0,01				0,002[10]	0,1-1
H_2SO_4 (1,84) Suprapur[2]		0,005	0,01	0,3	0,005	0,005		0,005
HF (48%) p. a.		1[6]	0,05				0,002[10]	0,1
HF (40%) Suprapur[2]	0,0001							0,01
$HClO_4$ (70%) p. a.	5	0,3-3[9]	0,1				0,2; 0,004[10]	0,1
$HClO_4$ (70%) Suprapur[2]				0,05		0,01		0,005
H_3PO_4 (1,71) p. a.			1					
H_3PO_4 (1,71) Puranal[2]			0,5					0,5
HBr (1,50) p. a.			0,5					
HBr (1,49) Suprapur[2]		0,01		0,05	0,005	0,005		0,005
HI (1,70) p. a.			1					
HI (1,70) Suprapur[2]		0,05		0,3		0,01		0,01
H_2O_2 (30%) p. a.		0,03[9]						0,02
Ammoniak (0,91) p. a.		0,8[6]		1	0,1			0,5
Ammoniak (0,91) Suprapur[2]	<0,0001[11]	0,005		0,01		0,001; 0,00001[11]	<0,00004[11]	0,001; 0,006[11]
NaOH p. a.		2		5	0,05			0,5
NaOH (30%) Suprapur[2]		0,05	0,5	1		0,01		0,01
Na_2CO_3 sicc. p. a.		10	0,4	50			0,05[10]	
Na_2CO_3 sicc. Suprapur[2]	<0,0001[11]	0,05	0,1	5		0,01; 0,002[11]	0,0008[11]	0,01
$Na_2B_4O_7$ p. a.				50				
$Na_2B_4O_7$ Suprapur[2]				5		0,05		0,1

[1] Zahlen ohne Literaturangaben sind Höchstgehalte nach verschiedenen Firmenangaben.
[2] Suprapur von Merck, Darmstadt; Puranal von Riedel-de Haen, Seelze.
[3] Schwermetalle als Pb.
[4] Als SiF_6^{2-}.
[5] $SiO_2 + PO_4^{3-}$.
[6] Nach [*8*].

einer Quarzapparatur vorzuziehen sein. $HClO_4$ kann unter vermindertem Druck redestilliert werden, doch bereitet das Schmiermittel (meist verwendet man H_2SO_4) für die Schliffverbindungen einige Schwierigkeit. Der Gehalt der $HClO_4$ an B kann auf die Hälfte vermindert werden, wenn man der Säure $^1/_{10}$ ihres Volumens HF zusetzt und bis zum Auftreten der weißen $HClO_4$-Nebel erhitzt [42]. Die Angabe, daß HNO_3 durch Redestillieren in einer Glasapparatur vom Zn-Gehalt nicht befreit werden kann, dürfte wohl auf das Herauslösen von Zn aus dem Glas zurückzuführen sein. Wie aber berichtet wird [13], enthält selbst in einer Quarzglasapparatur redestillierte HNO_3 noch merkliche Spuren von Ca, Cu, Fe, Na, Pb und Si. HCl und H_2SO_4 lassen sich auf befriedigende Weise durch Redestillation in einer Quarzglasapparatur reinigen.

In einer Untersuchung über den Hg-Gehalt der HCl wurde gezeigt [43, 44], daß die fraktionierte Destillation einer verunreinigten HCl in der ersten Hälfte ein praktisch

einiger Reagentien

Spurenelementgehalt, ppm[1]											
Fe	Hg	Mg	Mn	Mo	Ni	Pb	Se	SiO_2	Tl	Zn	PO_4^{3-}
0,5; 0,6[6] 0,001[11]	0,005- 2,3[7]				0,5	0,05				0,1	
0,02					0,005	0,005				0,005; 0,02[11]	
0,3[6]; 0,5					0,1	0,05				0,1	
0,01; 0,002[11]			0,005		0,005	0,005			0,001	0,005; 0,01[11]	0,01
0,6[6]; 0,2					0,5	1[3]	2				
0,02		0,005	0,005		0,005	0,005			0,005	0,005	0,01
0,5; 0,8[6]					0,1	0,5[3]		50[4]			
0,02		0,01				0,01					
1-4			0,5			0,1		1; 50[5]			2; 50[5]
0,05			0,05		0,01	0,02			0,005	0,005	0,1
10						10[3]					
5					0,5	10[3]					
1						2[3]					2
0,05		0,01	0,005		0,005	0,005			0,005	0,005	0,05
2						5[3]					10
0,05		0,01	0,05		0,01	0,02			0,01	0,05	0,05
0,1					0,02	0,02					3
1,3[6]; 0,2		2				0,5				0,2	1
0,005; <0,0001[11]		0,005			0,005	0,001				0,005; 0,002[11]	
5			0,1		1	0,1		5		0,1	1
0,05		0,2	0,05		0,01	0,01		5	0,01	0,05	0,05
5		5		0,1[8]		20[3]		25; 50[5]			25; 50[5]
0,05		0,1	0,05		0,05	0,01		5	0,01	0,01; 0,07[11]	0,05
10						20[3]					20
0,1		0,1	0,05		0,05	0,1		5	0,05	0,05	5

[7] Nach [43, 44].
[8] Nach [45].
[9] Nach [51].
[10] Nach [46].
[11] Baker and Adamson, C.P. Reagent, nach [11b].

Hg-freies Destillat ergibt. Eine nahezu Hg-freie HCl (0,005–0,010 μg Hg/ml) kann man ferner durch Einleiten von käuflichem HCl-Gas in Wasser erhalten. Wurde das HCl-Gas selbst hergestellt, so enthielt die gewonnenen HCl <0,0003 μg Hg/ml (bei Verwendung von Hg-haltiger HCl [10 μg Hg/ml] und H_2SO_4 als Ausgangsstoffe) bzw. <0,0002 μg Hg/ml (bei Verwendung von NH_4Cl und H_2SO_4 als Ausgangsstoffe). Zur Entfernung von As-Spuren versetzt man die konzentrierte HCl mit einer geringen Menge KI, wobei das As zur 3wertigen Stufe reduziert und dann als $AsCl_3$ mit Benzol extrahiert wird. Über 90% des vorhandenen As gehen dabei in die organische Phase [*53*, *54*]. HCl läßt sich auch durch isotherme Destillation von ihrem Metallgehalt befreien. Dazu werden Kunststoff- oder Quarzschalen mit bidestilliertem Wasser 2 Tage in einen Kunststoff- oder innen paraffinierten Glas-Exsiccator gestellt, der im unteren Teil ungefähr die doppelte Menge HCl (1,19) enthält. Im geschlossenen Exsiccator findet zwischen der HCl (1,19) und dem dest. Wasser ein Konzentrationsausgleich statt und die so gewonnene, etwa 4–5n HCl ist spektralrein [*55*, *56*].

Auch Ammoniak läßt sich durch isotherme Destillation reinigen, wobei eine etwa 8–10%ige Ammoniaklösung erhalten wird [*55*]. Ferner können H_2SO_3 [*55*], HBr, HI [*57*] und HF [*47*] auf die gleiche Weise gereinigt werden. Die Herstellung metallfreier HCl, HF und Ammoniak durch isotherme Destillation sei nachfolgend kurz beschrieben.

Herstellung metallfreier HCl [*57*]

In einen gereinigten Exsiccator von 4—6 l Inhalt werden 500 ml HCl (1,19) (Säureoberfläche ~200 bis 300 cm²) gegeben. Auf die Porzellaneinsatzplatte oder statt dessen einen Rost aus Glasstäben stellt man eine offene Polyäthylenschale mit 250 ml bidestilliertem Wasser. Nach Aufsetzen des Deckels (ohne Hahnfett) läßt man den Exsiccator bei Raumtemperatur stehen. Man erhält so nach 2 Tagen 250 ml 2n HCl, nach etwa 4 Tagen 250 ml 3n HCl. Bei Verwendung von nur 50 ml Wasser erhält man nach 3 Tagen bereits eine ~10n HCl.

Herstellung von metallfreiem Ammoniak [*57*]

Man geht von 500 ml Ammoniak (0,88) und 50 ml bidestilliertem Wasser aus und fährt weiter wie bei der Herstellung der HCl beschrieben fort. Nach 2 Tagen erhält man 9,5n Ammoniak. Bei Verwendung von 250 ml bidestilliertem Wasser beträgt die Konzentration nach 4 Tagen 8,7n Ammoniak.

Herstellung metallfreier HF [*47*]

In einen Kunststoff-Exsiccator oder verschließbaren Kunststoffbehälter stellt man zwei 250 ml-Polyäthylenbecher, gibt in den einen Becher 150 ml HF (48%) und in den anderen 150 ml dest. Wasser und läßt verschlossen stehen. Nach einer Standzeit von 2 Tagen weist das dest. Wasser eine Konzentration von 10—12n HF auf. Erneuert man die HF (48%), so erzielt man nach weiteren 2 Tagen Standzeit eine 20—25 n HF.

Die mit der vorliegenden Vorschrift erhaltene 20—25n HF weist folgende Verunreinigungen auf [*47*] (in ppb): 0,02 Al, 0,004 Ca, 0,002 Fe, Mg, Pt, 0,001 Cr, Na, P, Ti, Zn, 0,0002 Cd, Cu, Ga, In, Mn, Ni, Pb, 0,0001 B, Ge, Sn, 0,00001 Ag, Au, Si.

Die folgende Zusammenstellung gibt eine Übersicht über die nach den hier beschriebenen Vorschriften durch isotherme Destillation erzielbaren HCl- und Ammoniak-Konzentrationen in Abhängigkeit von der Standzeit [*57*]:

		Zeit, Stunden						
		20	40	60	80	100	135	150
Konzentration des durch isotherme Destillation erhaltenen Destillates, n	a)	2,1	4,2	6,3	7,7	8,5	8,7	8,7
	b)	5,0	8,2	9,6	10	10	—	—

a) 500 ml Ammoniak (0,88) und 250 ml bidest. Wasser.
b) 500 ml HCl (1,18) und 50 ml bidest. Wasser.

Eine besonders reine HCl erhält man durch Auflösen von trockenem HCl-Gas in dest. Wasser: Das HCl-Gas passiert dabei zu seiner Reinigung der Reihe nach konz. H_2SO_4, Quarzwatte, dest. Wasser und wird schließlich in reinstem bidest. Wasser bei 0° C aufgefangen bzw. aufgelöst. Die hierbei verwendeten Waschflaschen und Trockentürme sind zweckmäßig aus Quarzglas hergestellt. Man erhält auf diesem Wege eine etwa 10–12n HCl, die praktisch nur den Spurenelementgehalt des hierzu verwendeten bidest. Wassers aufweist.

Ammoniak läßt sich außer durch die oben erwähnte isotherme Destillation auch auf anderem Wege reinigen: einmal durch Sättigung von bidest. Wasser mit einer Stahlflasche entnommenem NH_3-Gas unter gleichzeitiger Kühlung. Eine weitere Möglichkeit besteht darin, aus einer wäßrigen Ammoniaklösung das Ammoniakgas mit Lauge auszutreiben und in einer mit bidest. Wasser beschickten, gekühlten Vorlage aus Polyäthylen aufzufangen. So erhält man ein sehr reines Ammoniak. Schließlich soll sich auch ein spurengereinigtes Ammoniak nach Durchleiten des aus einer Stahlflasche entnommenen Ammoniakgases durch drei hintereinander geschaltete Waschflaschen, die eine mit Ammoniak gesättigte 5%ige ÄDTA-Lösung enthalten, gewinnen lassen [*58*].

HF kann vom Bleigehalt durch Mitfällung des PbF_2 mittels SrF_2 befreit werden [*59*]. Man setzt 10 ml einer 10%igen $SrCl_2$-Lösung je kg konzentrierter Säure zu und wiederholt dann diese Fällung auf die gleiche Weise. Den Niederschlag läßt man absitzen und dekantiert danach durch ein Filter in eine paraffinierte Glasflasche, eine Hartgummi- oder Kunststoffflasche. Man kann den Pb-Gehalt der HF dadurch von 2 µg/ml auf 0,002 µg/ml und weniger herabsetzen. Des weiteren läßt sich die HF mit befriedigendem

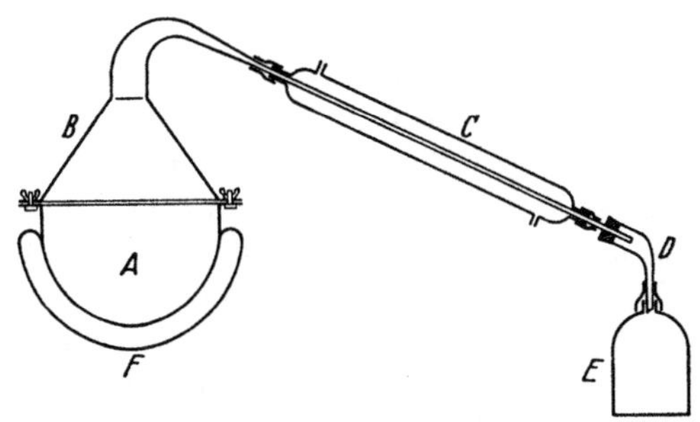

Abb. 8. Platinapparatur zur Destillation von Fluorwasserstoffsäure; *A* Destillationsblase (Platin, etwa 1 l Inhalt), *B* Destillationsaufsatz (Platin), *C* Kühlermantel (Glas), *D* Vorstoß (Polyäthylen), *E* Vorlage (Polyäthylen), *F* Heizkorb

Erfolg von ihren Verunreinigungen befreien, wenn man sie in einer Platindestillationsapparatur 3mal destilliert (s. Abb. 8). Man erhält auf diese Weise eine sehr reine HF, die sehr hohen Ansprüchen genügt, doch dürfte der hohe Anschaffungspreis der Apparatur eine allgemeine Anwendung dieses Reinigungsverfahrens verhindern. Aus diesem Grunde wurde eine Polyäthylenapparatur zur Gewinnung von gereinigter HF beschrieben, deren Kosten bedeutend geringer sind [*38*]. Man erreicht zwar nicht denselben Reinheitsgrad wie mit der Platinapparatur, doch dürfte die so erhaltene Reinheit für viele Zwecke genügen. Man erhält mit der Polyäthylenapparatur z. B. eine 50%ige HF mit < 1 µg Cu/ml, < 1 µg Fe/ml, sowie < 5 µg Si/ml. Diese Werte lagen an der Nachweisgrenze der zur Reinheitsprüfung verwendeten Bestimmungsverfahren [*38*].

Die Apparatur (s. Abb. 9) besteht zur Gänze aus Polyäthylen (PÄ). Man kann sie leicht selbst aus 500 ml PÄ-Flaschen und entsprechend dimensionierten PÄ-Rohren mit Hilfe eines Kunststoffschweißgerätes zusammenbauen. Aus einer Stahlflasche wird HF-Gas durch einen PÄ-Schlauch in die Apparatur eingeleitet. Die erste PÄ-Flasche ist mit PÄ-Perlen beschickt, die zweite mit einer wäßrigen, analysenreinen NaF-Suspension (1:1). Die Suspension ist mit gleichen Teilen PÄ-Perlen zu vermischen, damit ein Verklumpen verhindert wird. Die dritte Flasche enthält eine NaF-Suspension ohne PÄ-Perlen. Die Füllungen der zweiten und dritten Flasche dienen zur Bindung von H_2SiF_6. Die vierte Flasche dient als Rückschlagflasche. In der letzten Flasche befindet sich Si- und Schwermetall-freies Wasser (aus einer PÄ-Flasche nachdestilliert, s. S. 90), in das HF-Gas bis zur gewünschten Konzentration eingeleitet wird. Um das HF-Gas auszunützen, heizt man zu Ende der Arbeitsoperation die drei ersten, in einem Wasserbad stehenden Flaschen auf 60° C auf und leitet durch das zweite Einleitungsrohr der ersten Flasche Stickstoff als Trägergas ein. Die letzte Flasche muß man gegebenenfalls kühlen.

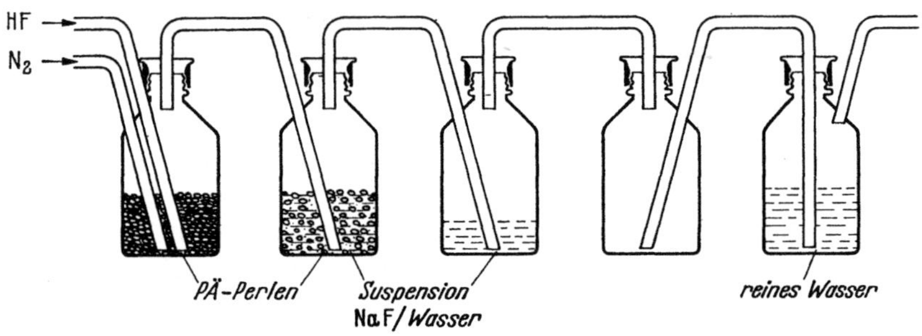

Abb. 9. Polyäthylenapparatur zur Gewinnung gereinigter Fluorwasserstoffsäure [*38*]

Die Redestillation der HF erfolgte auch in anderen Arbeiten in einer Polyäthylen- [*39, 60, 61*] oder Polypropylenapparatur [*48*], wobei in erstgenannter Arbeit durch 2maliges Destillieren der Gehalt an SiO_2 von 40 ppm im handelsüblichen Ausgangsprodukt über 8 ppm (1. Destillat) auf 1 ppm gesenkt werden konnte. Wegen der zulässigen höheren Destillationstemperatur von 105° C ist die Polypropylenapparatur (mit Paraffinölbad von 150° C) gegenüber der Polyäthylenapparatur günstiger. Besonders vorteilhaft erscheint die Verwendung einer Teflon-Destillationsapparatur für das Redestillieren von HF, da man hierin genügend hoch erhitzen kann.

Sehr reine HF erhält man durch fraktionierte Destillation von HF-Gas [*49*]: aus einer Stahlflasche leitet man HF-Gas der Reihe nach durch ein Teflonfilter (Porosität 9µm), zwei 2 l-Kühlfallen (A und B) aus Kel-F (Polytrifluormonochloräthylen) in eine Vorlage (Wasser in Teflonflasche). Zu Beginn ist nur Kühlfalle A in ein Dewargefäß C mit flüssigem Stickstoff getaucht, bis genügend HF in A kondensiert ist. Anschließend wird C von A entfernt, Kühlfalle B in C eingetaucht, A vorsichtig mit einer Infrarotlampe erwärmt, bis das HF-Gas vollständig in B übergeführt ist. Danach entfernt man C von B und führt das HF-Gas durch vorsichtiges Erwärmen von B in die Vorlage über. Man erhält auf diesem Wege eine 50%ige HF mit 0,08 ppb Pb und 2 ppb K.

Fe läßt sich aus HCl (1,19) durch 2–3maliges Schütteln (5 min) mit Pentylacetat/Benzol (2:1) bei einem Phasenverhältnis von $V_0:V_w = 1:2$ entfernen [vor der Extraktion fügt man auf 300 ml HCl (1,19) noch 5 Tropfen HNO_3 (1,40) hinzu] [*52*].

Reine H_3PO_4 kann aus sublimiertem P_2O_5 erhalten werden.

Das für die polarographische Bestimmung von Spurenelementen benötigte Hg wird durch Vakuumdestillation gereinigt, wobei eine möglichst 3malige Destillation empfohlen wird [*62*]. Wenn größere Mengen Zn anwesend sind, genügt die übliche Vorreinigung mit HNO_3 allein nicht; statt dessen führte die feinste Durchmischung des Hg mit starker NaOH mit Hilfe eines Vibro-Rührers vor der Vakuumdestillation zum gewünschten Reinigungserfolg [*63*].

7.3.3. Flüssige organische Reagentien

Organische Lösungsmittel und andere flüssige Reagentien werden am zweckmäßigsten durch Redestillation gereinigt. Während die nicht brennbaren Lösungsmittel, wie z. B. $CHCl_3$, CCl_4 u. a. m., auf diesem Wege ohne Schwierigkeit zu reinigen sind, ist hingegen bei der Redestillation brennbarer, leicht zu Explosionen neigender organischer Lösungsmittel besondere Vorsicht geboten. Wasser entfernt man aus organischen Lösungsmitteln am zweckmäßigsten mit Molekularsieb (4 Å, bei Alkoholen 3 Å; Merck).

Diäthyl-, Diisopropyläther und Tetrahydrofuran

Man prüft das organische Lösungsmittel, beispielsweise Diäthyläther, auf vorhandene Peroxyde durch Schütteln mit einer frischen Lösung von KI und Stärke. Eine auftretende Blaufärbung zeigt einen Peroxydgehalt an. Die Anwesenheit von Peroxyd-Spuren in Diäthyl-, Diisopropyläther, Dioxan und Tetrahydrofuran läßt sich auch mit Hilfe der tief rotblauen Färbung nachweisen, die beim Schütteln von 2 ml organischem Lösungsmittel mit 2 ml 0,3%iger N,N-Dimethyl-p-phenylendiaminsulfat-Lösung [in Wasser/Methanol (1 + 9)] nach 5 min Standzeit entsteht [*50*]. Zur Zerstörung der Peroxyde schüttelt man das Lösungsmittel zunächst mit einer 10%igen $Na_2S_2O_3$-Lösung aus und destilliert es anschließend über genügend kleingekörntem $FeSO_4 \cdot 7H_2O$ im Destillationskolben bis auf einen kleinen Rest über. Äther-Rückstände, die von der Fe-Extraktion stammen, werden zunächst durch wiederholtes Schütteln mit Leitungswasser oder dest. Wasser bis zur Farblosigkeit des Äthers von der Hauptmenge an Fe befreit, anschließend besonders sorgfältig die vom H_2O_2-Zusatz während der Fe-Extraktion stammende, relativ große Menge an Peroxyd mit $Na_2S_2O_3$ entfernt und schließlich mit $FeSO_4 \cdot 7\,H_2O$ abdestilliert. Das Destillat ist in einer dunklen Flasche aufzubewahren.

Tetrahydrofuran verhält sich ähnlich wie Diäthyläther. Wegen des stets vorhandenen Peroxydgehaltes muß man die Redestillation auch hier vorsichtig durchführen, um Explosionen zu vermeiden [*64, 65*]: Destillation wie bei Äther auf einem Wasserbad (am besten im Säureabzug), Verwendung von Schutzbrille, nicht restlos abdestillieren, sondern den Rückstand (10% des Anfangsvolumens) verwerfen, Destillat in dunkler Flasche aufbewahren.

Chloroform und Tetrachlorkohlenstoff

Die Reinigung der frischen bzw. Regenerierung der gebrauchten Solventien wird in zahlreichen Arbeiten beschrieben [*1, 66–72, 75–83*] (s. a. S. **317** ff.). Im allgemeinen eignen sich Verfahren ebenso zur Reinigung von CCl_4 wie von $CHCl_3$, wobei für das letztgenannte Solvens infolge seiner geringeren Neigung zur Eigenzersetzung und seinem daher meist besseren Reinheitsgrad bereits einfachere Verfahren genügen. Im nachfolgenden seien zwei Verfahren näher beschrieben.

Handels-CCl_4 oder CCl_4-Abfälle [*78*] bzw. $CHCl_3$ werden von allenfalls vorhandenen wäßrigen Anteilen sauber abgetrennt und Trübungen durch Filtration mittels Papierfilter entfernt. CCl_4-Abfälle werden zuerst mit 25%iger H_2SO_4 gewaschen und dann je Liter Lösungsmittel mit je 200 ml 10%iger NaOH zweimal kräftig geschüttelt, um noch vorhandene Dithizonate oder freies Dithizon (Dz) zu zerstören. Nach der Phasentrennung wäscht man das Alkali mehrmals mit je 150 ml dest. Wasser heraus und filtriert das Lösungsmittel, um es von Wasserspuren zu befreien. Hierauf destilliert man über Natronkalk ab.

Nach einer anderen Vorschrift [1] werden CCl_4-Abfälle bzw. Handels-CCl_4 wie oben vorgereinigt, jedoch anstelle der Destillation mit Natronkalk zunächst zur Beseitigung noch vorhandener Metallspuren oder oxydierender Beimengungen mit 0,5 g Dz/l Lösungsmittel bei etwa 35° C auf dem Wasserbad etwa 1 Std reagieren gelassen. Anschließend wird bis auf etwa $^1/_{20}$ des Volumens unter Vakuum (Wasserstrahlpumpe bei 40—50 Torr) bei etwa 35° C in einer Ganzglasapparatur abdestilliert. Kühler und Vorlage sollen so kalt wie möglich gehalten werden. Nach Entfernung des restlichen Lösungsmittels und des Rückstandes wird das gewonnene Destillat unter denselben Bedingungen (aber ohne Dz-Zusatz) noch einmal destilliert.

Das nach jeder der beiden Vorschriften gereinigte Lösungsmittel muß nach der letzten Destillation klar und farblos sein und soll kühl und dunkel aufbewahrt werden.

Falls ein Handels-CCl_4 oder CCl_4-Abfälle viel organische, schwefelhaltige Beimengungen enthält, so müssen diese vorerst oxydativ entfernt werden [75].

Bei einem anderen Verfahren [69—71], das insbesondere für die Reinigung von $CHCl_3$-Abfällen (ebenso aber für Handels-$CHCl_3$ oder auch CCl_4) empfohlen wird, muß ebenfalls zuerst durch saubere Phasentrennung die völlige Entfernung wäßriger Anteile vorgenommen werden. Danach wäscht man mehrmals mit H_2SO_4 (1,84) (je 50—100 ml/l Lösungsmittel) zur restlosen Entfernung von gefärbten Verbindungen. Das Lösungsmittel wird zuletzt mit Kalk von restlicher H_2SO_4 befreit. In Anwesenheit von etwas gebranntem Kalk wird das so vorgereinigte $CHCl_3$ in einer Ganzglasapparatur auf dem Wasserbad überdestilliert. Es empfiehlt sich, in die Vorlage soviel absolutes Äthanol (über KOH frisch destilliert) zu geben, daß dieses im Endvolumen des gereinigten Lösungsmittels mit 1—1,5% anwesend ist, wodurch beispielsweise die Bildung von freiem Phosgen verhindert werden soll. Handelt es sich um die Regenerierung von bereits mit 1% Äthanol versetzt gewesenem $CHCl_3$, so muß ein solcher Alkoholzusatz unterbleiben, da eine Alkoholanreicherung im gereinigten Lösungsmittel bei späteren Extraktionen als Ursache für Trübungsbildungen, die eine photometrische Bestimmung des Extraktes stören, angesehen wird [84]. Aus einem bereits zu viel Alkohol enthaltendem $CHCl_3$ läßt sich dieser durch Säulenchromatographie mit Al_2O_3 (basisch, zur Chromatographie, Aktivitätsstufe I, Woelm, Eschwege) daraus entfernen [85]. Es wird auch empfohlen [84, 86], das vorgereinigte $CHCl_3$ vor der endgültigen Destillation noch 3—4 Std unter Rückfluß zu erhitzen. Bleibt das $CHCl_3$ bei der oben angegebenen Reinigungsmethode [69—71] mit H_2SO_4 und Kalk zu lange in Berührung, so ist es zur Herstellung von Dz-Lösungen ungeeignet [72]; das Dz wird nämlich sofort oxydiert, falls das organische Lösungsmittel mit photochemischen Oxydationsprodukten stark verunreinigt war. Man erhält hingegen ein reines und stabiles Lösungsmittel, wenn es durch eine Schicht von 10%iger Na_2SO_3-Lösung abdestilliert, das Destillat mit 3%iger Hydroxylaminhydrochlorid-Lösung oder 10%iger Na_2SO_3-Lösung ausgeschüttelt und schließlich über Kalk oder Aktivkohle erneut abdestilliert wird, wobei man 1 Vol.-% Äthanol vorlegt [72].

Zur Rückgewinnung von $CHCl_3$ aus Dz-Lösungen nach Pb- und Zn-Bestimmungen kann man die Dithizonate mit alkalischer ÄDTA-Lösung zerlegen [87], wobei das Dz und die ÄDTA-Komplexe von Pb und Zn in die wäßrige Phase übergehen, während oxydiertes Dz (Diphenylthiocarbodiazon) im $CHCl_3$ zurückbleibt. Phosgen wird durch die alkalische Lösung zu NH_4Cl und $(NH_4)_2CO_3$ hydrolysiert, Diphenylthiocarbodiazon mit Aktivkohle entfernt. Schließlich destilliert man auf bekannte Weise [87]:

Zu 1 l Dz-Lösung fügt man in einem 2 l-Schütteltrichter 250 ml 0,1 m ÄDTA-Lösung, 250 ml Wasser und 50 ml Ammoniak (0,88), schüttelt 2 min und wiederholt diese Behandlung, bis die organische Phase rein grün gefärbt erscheint. Die $CHCl_3$-Phase schüttelt man in einem zweiten 2 l-

Schütteltrichter 2 min mit 25 ml Ammoniak (0,88) und anschließend das orangegelbe $CHCl_3$ in einem anderen 2 l-Schütteltrichter 2 min mit 30—40 g Aktivkohle. Nach der Filtration wird das $CHCl_3$ destilliert und die ersten 50—60 ml Destillat verworfen. Das weitere Destillat wird in dunkler Flasche gesammelt, in welche 1 Vol.-% Äthanol vorgelegt ist.

Wenn $CHCl_3$ mit Wasser, Hydroxylamin-Lösung (bei der Herstellung einer Dz-Lösung) und H_2SO_4 geschüttelt wird, muß zuletzt immer 0,5% Alkohol zugesetzt werden. Ebenso soll bei der anschließenden Redestillation in die Vorlage Alkohol gegeben werden [*88*]. Wiedergewinnung aus Dz-Lösung: 1 l Lösung wird mit 200 ml Wasser gewaschen, dann zweimal mit je 100 ml H_2SO_4 (1,84) geschüttelt, 5 ml Alkohol hinzugefügt und über Nacht über gebranntem Kalk stehen gelassen. Danach destilliert man in eine dunkle Flasche unter Zusatz von ~ 1% Äthanol (bezogen auf die übergehende $CHCl_3$-Menge) zur Vorlage ab. Für die Herstellung einer Lösung von Di-β-naphthylthiocarbazon in $CHCl_3$ wird 1 l des Lösungsmittels mit 50 ml 20%iger Hydroxylaminhydrochlorid-Lösung (mit Ammoniak gegen Phenolrot alkalisch gemacht) geschüttelt und nach der Phasentrennung das $CHCl_3$ unter Zusatz von 2% absolutem Äthanol in einer dunklen Flasche aufbewahrt [*89*].

Für Carbamatextraktionen wird ebenfalls eine Reinigung des Handels-CCl_4 empfohlen, die in gleicher Weise wie die Regenerierung des gebrauchten Lösungsmittels erfolgt [*90*]:

Man schüttelt das Lösungsmittel solange mit frischen Anteilen H_2SO_4 (1,84) aus, bis beide Phasen nach der Trennung farblos bleiben. Danach wird zunächst einmal mit Wasser, dann 2 mal mit 1 n NaOH und noch 1 mal mit Wasser geschüttelt. Hierauf wird das vorgereinigte Lösungsmittel über frisch gebranntem Kalk destilliert und das Destillat an einem kühlen Ort in einer dunklen Flasche gut verschlossen aufbewahrt. CCl_4-Abfälle, die häufig mit CN^--haltigen Lösungen in Berührung kamen, werden zweckmäßig vor der Destillation noch mit frisch ausgeglühter Aktivkohle durchgeschüttelt.

Zur Herstellung einer Oxin/$CHCl_3$-Lösung für die Al-Bestimmung wird ebenfalls eine vorherige Reinigung des Lösungsmittels empfohlen [*91, 92*]:

Das $CHCl_3$ schüttelt man zur Entfernung von Säure mit gleichen Teilen 2 m Ammoniak/2 m NH_4Cl (1 + 1), wäscht dann die organische Phase mit Wasser und destilliert unter Zusatz von 2 Vol.-% absolutem Äthanol zur Vorlage. Das Destillat wird in dunkler Flasche aufbewahrt.

7.3.4. Feste Reagentien

Für die Reinigung von festen, löslichen Reagentien werden verschiedene Methoden angewendet: Umkristallisieren, Ausfällung der Verunreinigungen, teilweise unter Zusatz eines Spurenfängers, die Extraktion und fallweise die Sublimation. Es kann ganz allgemein hervorgehoben werden, daß die Sublimation und Extraktion am besten geeignet sind. Das Umkristallisieren ist am wenigsten wirksam, da die Schwermetallspuren meist mit auskristallisieren. Salz- und Pufferlösungen reinigt man daher am zweckmäßigsten durch Ausschütteln mit einem organischen Gruppenreagens (z. B. Dz/$CHCl_3$ oder Oxin/$CHCl_3$). Feste, wasserlösliche Reagentien löst man in dest. Wasser auf, reinigt sie ebenfalls durch Extraktion und kristallisiert anschließend aus. Vereinzelt erfolgte die Reinigung von Lösungen auch durch Elektrolyse mittels Hg-Kathode (s. S. 1227). Fe-Spuren entfernt man aus Reagenslösungen (z. B. 1 m-Lösungen von Natriumacetat, -tartrat und -citrat, 0,5 m ÄDTA) durch Extraktion als Fe(II)-Phenanthrolin-Perchlorat-Komplex, wobei ein Phenanthrolinüberschuß mitextrahiert wird, wie folgt [*73*]:

Zu ~ 1000 ml Reagenslösung fügt man 10 ml 1 m $NaClO_4$-Lösung, 1–2 g Hydroxylaminhydrochlorid und 0,1–0,2 g 1,10-Phenanthrolin, schüttelt oder rührt bis zum vollständigen Lösen der Zusätze und erhitzt, wenn nötig, auf dem Wasserbad auf 80–90° C. Bei der Reinigung von ÄDTA-Lösung wird diese zuerst auf pH 7 eingestellt und nur auf 50° C erwärmt. Nach dem Abkühlen wird in einen Schütteltrichter übergeführt, mehrmals mit je 50 ml 1,2-Dichloräthan extrahiert, bis die letzten 3 Extrakte farblos sind.

Fe kann aus Salzlösungen auch mit Hilfe des Chelataustauschers auf der Basis o-(2-Hydroxyphenylazo)benzoesäure entfernt werden [*74*].

Bei der Bestimmung von Si- und B-Spuren muß, wie schon erwähnt, silicatfreies, deionisiertes Wasser verwendet werden, mit dem man beispielsweise eine für die photometrische Bestimmung von Kieselsäure benötigte silicatarme Lauge auf folgende Weise bereitet [*93*]:

Eine kleine Säule von 5 cm Durchmesser aus Polyäthylen wird mit Amberlite IRA-400 gefüllt, zur Überführung in die Hydroxydform mit 4%iger $NaHCO_3$- und dann mit 4%iger NaOH-Lösung bei einer jeweiligen Durchlaufgeschwindigkeit von 0,15 ml/ml Harz/min behandelt und danach mit deionisiertem Wasser bis pH 9,5 ausgewaschen. Zur Herstellung der Alkalilauge wird am besten 1n K_2SO_4-Lösung mit der gleichen Geschwindigkeit durch die Säule geschickt, wobei für jeden Cyclus das gleiche Volumen an Lösung und Harz verwendet und nach jedem Cyclus wie vorher regeneriert wird. Mit steigender Cyclenzahl nimmt der Kieselsäuregehalt des Durchlaufes ab und beträgt nach 4 Cyclen nur mehr 0,1 μg SiO_2/ml.

Zum Aufschluß von Pflanzenaschen benötigt man Na_2CO_3 sicc., das von den im p.a.-Reagens häufig vorhandenen Spurenverunreinigungen Pb, Sn, Ni und Fe zu befreien ist. Zu seiner Reinigung wird daher die folgende Vorschrift empfohlen [*94*]:

200 g Na_2CO_3 sicc. werden in 1 l heißem bidest. Wasser gelöst und durch ein quantitatives Filter filtriert. Dann extrahiert man 3—4mal mit 50 ml 0,01%iger Dz/$CHCl_3$-Lösung und wäscht 3mal mit 50 ml $CHCl_3$ nach. Aus dieser Lösung kristallisiert das $Na_2CO_3 \cdot 10\,H_2O$ nach Abkühlen mit einem Eis-Salz-Kühlgemisch aus. Zur Abtrennung von der Mutterlauge filtriert man durch ein quantitatives Filter, trocknet unter spurenfreien Bedingungen bei 25—30° C zu $Na_2CO_3 \cdot 1\,H_2O$, aus welchem man schließlich das wasserfreie Na_2CO_3 durch Glühen bei 300° C erhält. Das so gereinigte Reagens ist hinsichtlich der meisten Schwermetallspuren befriedigend rein.

Bei der analytischen Verwendung von Ionenaustauschern muß berücksichtigt werden, daß diese Spurenelemente enthalten und damit zu fehlerhaften Ergebnissen führen können. So wird berichtet, daß im Handel erhältliche Kationenaustauscher merkliche Mengen an Fe und Spuren von Cu, Pb und Zn enthalten [*95*]. Die Metalle gelangen während der Herstellung, besonders beim Sortieren der Körnungen mit Metallsieben, in den Ionenaustauscher. Zur Entfernung der Schwermetallspuren aus den Kationenaustauschern wird empfohlen [*96*], diese drei Tage mit 5n HCl zu rühren, wobei die Säure 2mal täglich gewechselt wird (s. a. S. 91 bzw. 1108). Einfacher und mit weniger Zeitaufwand durchführbar (in einigen Stunden) ist die nachfolgend beschriebene Reinigung der Kationenaustauscher mit alkalischer ÄDTA-Lösung und anschließender Behandlung mit HCl (zur vollständigen Entfernung von Fe) [*95*].

Reinigung von Kationenaustauschern [*95*]

Zunächst wird der Austauscher mit 1n NaOH auf dem siedenden Wasserbad unter Rühren erhitzt. Nach dem Dekantieren der alkalischen Lösung wird der Austauscher 15 min auf dem siedenden Wasserbad mit einer 0,2 m ÄDTA-Lösung (mit NaOH auf pH 8—10 eingestellt) gerührt. Die von den Metall-ÄDTA-Komplexen im allgemeinen gelb oder blau gefärbte Lösung wird dekantiert; falls sie stark gefärbt war, wiederholt man die Behandlung mit ÄDTA und wäscht anschließend unter Rühren kräftig mit dest. Wasser. Dann wird der Austauscher 1 Std auf dem siedenden Wasserbad mit 4—5 Anteilen 5n HCl gerührt, mit deionisiertem Wasser säurefrei gewaschen, an der Luft getrocknet und in einer Polyäthylenflasche aufbewahrt.

Reinigung von Anionenaustauschern [*95, 97*]

Der Austauscher wird über Nacht mit 2n HCl stehen gelassen, dann in eine Austauschersäule überführt und der Reihe nach mit 1n HCl, 0,01n HCl und schließlich wieder mit 1n HCl durchgespült.

7.4. Blindwert

Der Begriff des Blindwertes ist bereits von der normalen Analytik her bekannt. Man versteht darunter eine, neben der eigentlichen Analyse der Probe durchgeführte Parallelbestimmung, die in allen Phasen genau der Analysenvorschrift entspricht, nur daß die Probe selbst weggelassen wird. Man erhält auf diese Weise im vorliegenden Fall einen Wert über die Menge der durch die verwendeten Reagentien und einzelnen Arbeitsoperationen eingebrachten Metallspuren. Der so ermittelte Blindwert wird dann vom Analysenergebnis abgezogen. Der verbleibende Restwert der quantitativ bestimmten Spurenelemente entspricht dem Gehalt der untersuchten Probe. Da trotz aller Vorsichtsmaßnahmen und der Reinigung der Reagentien während der Analyse Metallspuren eingeschleppt werden können, ist eine regelmäßige Blindwertbestimmung neben der eigentlichen Analyse unumgänglich notwendig. Mit der Reinigung der Reagentien und den eingehaltenen Vorsichtsmaßnahmen bezweckt man die Erzielung eines möglichst niedrigen Blindwertes, da ein hoher Blindwert die Genauigkeit der Bestimmung der Spurenelemente herabsetzt und die Bestimmungsgrenze in der Regel erhöht. Liegt nämlich die Konzentration des zu bestimmenden Elementes in der Größenordnung der Blindwertstreuung, so ist damit die Bestimmungsgrenze des betreffenden Spurenelementes erreicht (s. S. 19ff.).

Den Blindwert kann man auf verschiedene Weise berücksichtigen:

α) Die Probelösung wird gegen die Blindlösung (Blindwert) als Bezugslösung gemessen.

β) Probe- und Blindlösung werden getrennt gemessen (z. B. bei der Photometrie gegen das Lösungsmittel) und der für die Blindlösung gefundene Meßwert (oder Elementmenge) von jenem der Probelösung abgezogen.

γ) Der Mittelwert der Meßwerte von mehreren Blindlösungen wird vom Meßwert der Probelösung abgezogen.

δ) Der Meßwert der Blindwertlösung wird aus einer Eichkurve mittels der Methode der kleinsten Quadrate berechnet und vom Meßwert der Probelösung abgezogen.

ε) Man stellt eine n-fach konzentrierte Blindlösung her und zieht den durch n dividierten Meßwert dieser Lösung von jenem der Probelösung ab.

Die hier angeführten Möglichkeiten können nicht in jedem Fall angewandt werden [*98*]. Die Arbeitsweise α) ist anwendbar vor allem bei der Photometrie und weiterhin bei jenen Bestimmungsmethoden, bei denen die zur Verfügung stehende Apparatur die Möglichkeit einer Nullpunktsverschiebung (-unterdrückung) bietet (Verschieben des Blind-Meßwertes auf Null). β) bis ε) können bei allen Bestimmungsmethoden angewendet werden. Vom Gesichtspunkt der richtigen Berücksichtigung des Blindwertes sind die Arbeitsweisen α) und β) immer zulässig. γ) und δ) sind nur dann anwendbar, wenn der Blindwert nicht zu sehr von den Reaktionsbedingungen abhängt. Das Verfahren ε) schließlich ist nur dann zulässig, wenn der Blindwert der Menge der zugegebenen Reagentien proportional ist und nicht teilweise durch andere Ursachen des jeweils angewandten Analysenverfahrens hervorgerufen wird. Letztere trifft aber nur in wenigen Fällen zu. Verfahren α) ist aufgrund statistischer Fehlerberechnung immer genauer als β) und in dieser Hinsicht im allgemeinen den übrigen Verfahren vorzuziehen. Bei schlecht reproduzierbarem Blindwert ist γ) genauer als α). Die Anwendung von Verfahren β) oder γ) empfiehlt sich im allgemeinen, da diese nicht nur den Vorteil eines festen Bezugspunktes (Lösungsmittel) besitzen, sondern auch eine Beurteilung der Gleichmäßigkeit der Blindwerte zulassen, wobei zusätzliche Fehlerquellen aufgedeckt und eliminiert werden können. Wenn die oben angeführte Einschränkung für ε) zutrifft, gibt dieses Verfahren meist genauere Ergebnisse als γ). Nur in seltenen Fällen ist ε) genauer als α), im allgemeinen liegen die Verhältnisse umgekehrt. Bei Meßgeräten mit diskontinuierlicher Regelung der Empfindlichkeit ist es abweichend von diesen Ausführungen allerdings im Falle $E < E_a < E + E_b$ (E = Meßwert der Probelösung, E_a = Meßwert der Probelösung mit geänderter Empfindlichkeit der Meßeinrichtung, E_b = Meßwert der Blindwertlösung) möglich, daß die Genauigkeit der Methoden β) bis ε) günstiger als α) wird [*98*].

7.5. Herstellung und Aufbewahrung von Stammlösungen

Für die Aufstellung von Eichkurven und für die Vergleichslösungen benötigt man Stammlösungen mit definiertem Gehalt der zu bestimmenden Elemente. Nun ist festgestellt worden, daß sehr verdünnte Lösungen nicht lange haltbar sind, da sich ihre Konzentration schon nach kurzer Zeit verändert. So wurde z. B. nachgewiesen [*99*], daß 0,001%ige Lösungen (mit 6% Mineralsäure) von Mo, Mn, V, Ti und Ni bei Aufbewahrung in gut gereinigten Jenaer Glasflaschen nach 75 Tagen nur noch etwa 20–40% der ursprünglichen Konzentration aufwiesen. Ebenso zeigten 0,001%ige Lösungen von Au, Pt, Pd und Ru nach 230 Tagen nur mehr 10–30% ihrer Anfangskonzentration. Die Hauptmenge der Metalle war an die Gefäßwände adsorbiert (s. a. S. 103ff.). In Quarzgefäßen änderte sich dagegen die Konzentration bei längerer Aufbewahrungszeit wenig und nahm nur bei Ni und den Edelmetallen ab. Mineralsaure ~ 0,001%ige Lösungen von Ag, Al, Ca, Cu, Fe, Ga, In, Mg, Mn, Ni, Pb und V zeigten nach $^1/_2$–1 Jahr [*99a*] bzw. 0,1 n HCl-saure Stammlösungen (0,4–1000 ppm) von Co, Cu und Ni nach 4 Monaten [*100*] beim Aufbewahren in Polyäthylenflaschen praktisch keine Änderung ihres Gehaltes. Trotzdem soll man grundsätzlich so verdünnte Arbeitslösungen erst vor dem Gebrauch aus Stammlösungen frisch herstellen, wie es nachfolgend beschrieben ist. In 0,1 n-saurer Lösung sind die Konzentrationsänderungen wesentlich geringer, so daß es sich empfiehlt, Stammlösungen dieser Säurenormalität mit 0,1 oder 1,0% Elementgehalt zu verwenden. Von dieser allgemeinen Regel abweichend ist bei einigen Elementen (z. B. Sb, Sn) eine höhere Säurekonzentration erforderlich, da sonst Fällungen infolge Hydrolyse auftreten. Von den Stammlösungen stellt man kurz vor Gebrauch durch Verdünnen die entsprechenden Arbeitslösungen geringerer Konzentration her, die ebenfalls ungefähr 0,1 n mineralsaurer sein sollen (mit der oben erwähnten Ausnahme) und teilweise 1–2 Wochen haltbar sein können. Stammlösungen bereitet man durch Auflösen des Metalles oder eines seiner Salze, wobei Verbindungen mit stabiler Zusammensetzung (vor allem den Nitraten) und möglichst frischen Originalpackungen der Vorzug zu geben ist. Durch Chloride und Sulfate können bekanntlich in Lösungsgemischen Niederschläge entstehen, was im Falle ihrer Verwendung beachtet werden muß. Die erforderlichen Salze von p. a.-Reinheitsgrad brauchen im allgemeinen nicht besonders gereinigt zu werden, da ihre geringen Verunreinigungen bei den hier beispielsweise zur Aufstellung von Eichkurven verwendeten Elementmengen verschwindend klein sind und daher als Fehlerquelle nicht ins Gewicht fallen. Hinsichtlich der Aufbewahrung der Lösungen gilt das bereits an anderer Stelle gesagte (s. S. 79ff. und 103ff.). In Tab. 225 (s. S. 1511) sind die geeigneten Ausgangssubstanzen mit den erforderlichen Einwaagen und Säurekonzentrationen für die Herstellung 0,1%iger Stammlösungen für die wichtigsten Elemente zusammengestellt.

7.6. Häufige Fehlerquellen und ihre Berücksichtigung

Nachfolgend sind die häufigsten Fehlerquellen, die zu Spureneinschleppungen und -verlusten führen können, sowie Maßnahmen zu ihrer Vermeidung zusammengefaßt.

7.6.1. Grenzflächenreaktionen

Bei hochverdünnten Lösungen, die in der Spurenanalyse sehr oft vorliegen, kann die Adsorption an den Oberflächen, mit denen die Lösungen in Berührung kommen, erheblich sein. Im allgemeinen macht sich diese Erscheinung bei den üblichen makrochemischen Analysen nicht störend bemerkbar. Beim Übergang zur Mikrochemie und besonders in der Spurenanalyse stellt sie aber eine wesentliche und nicht zu unterschätzende Fehlerquelle dar, die sich im Auftreten von Spurenelementverlusten oder -einschleppungen äußert. Mit diesem Problem befaßten sich daher mehrere Arbeiten, deren Ergebnisse teilweise widersprechend sind (s. a. Abschnitt 7.5.).

Untersuchungen mit radioaktivem Pb und Rb über die Adsorption von Kationen an Papier- und Glasoberflächen (Natronglas) zeigten, daß der Mechanismus auf einer Ionenaustauschadsorption beruht [*103*]. Beim Papier wirken die Carboxylgruppen der Cellulose als austauschende Gruppen; beim Glas sind es die Endgruppen $\geqslant$SiOH oder $\geqslant$SiONa des Silikatgerüstes. Die Versuche mit ungeleimten, ligninfreien Papierfasern ergaben eine Adsorptionskapazität von 5 mg Pb/g Papierfasern; für das Glas ergab sich eine solche von 0,4 μg Pb/cm^2 Glasoberfläche. Aus Tab. 19 geht hervor, daß die Absorption stark konzentrationsabhängig ist und bei Lösungen mit einem Gehalt von 10^{-2} g/l abwärts mit beträchtlichen Analysenfehlern infolge Adsorption zu rechnen ist. Elektrolytzusätze verringern die Adsorption; ebenso wird sie mit sinkendem pH-Wert kleiner. Durch Komplexbildung mit einem Ion wird ein starker Einfluß auf dessen Adsorption ausgeübt. Beispielsweise bilden Pb-Ionen mit Citrat-Ionen negativ geladene, komplexe Ionen, die nicht adsorbiert werden. Es zeigte sich weiterhin, daß bereits adsorbierte Ionen durch Waschen mit Wasser nicht entfernt, sondern nur durch Zusatz von Kationen in ausreichender Konzentration vom Adsorbens verdrängt werden können.

Tabelle 19. Konzentrationsabhängigkeit der Adsorption von Pb an Papier und Glas bei pH 6 [*103*]

Pb-Konzentration	Adsorbierte Pb-Menge, in %	
g/l	Papier	Glas
10^{-4}—10^{-13}	90—91	91—92
$1{,}4 \cdot 10^{-3}$	89	87
$1{,}4 \cdot 10^{-2}$	58	33
$1{,}4 \cdot 10^{-1}$	7	4
1,4	2	
14	1	

Mit Hilfe des Perrhenat-Ions wurde festgestellt, daß die Adsorption der Ionen an den Glaswänden zu analytischen Fehlern führt [*105*]. Beim Pipettieren von Lösungen mit $10^{-1}-10^{-4}$ mg Ag/l waren an der Pipettenwandung nach dreimaligem Auswaschen mit Wasser noch 1,7% der abgemessenen Ag-Menge adsorbiert [*106*]. Bei höheren Konzentrationen war die Adsorption geringer. Aus Lösungen mit 0,2–2 g Na/l wird von Glas ~ 0,1 μg Na/cm², von Quarzglas ~ 0,01 μg Na/cm² und von Platin ~ 0,03 μg Na/cm² adsorbiert [*107, 108*]. Auch bei Cr(VI) wurde eine Adsorption durch Pyrexglas von ~ 0,01 μg Cr/cm² und durch Quarzglas von ~ 0,005 μg Cr/cm² bei 24 Std Standzeit beobachtet [*109*]. Durch Meßkolben werden aus Cr-Lösungen von pH 6 nach einer Standzeit von 24 Std/100 Std bei 0,2 μg Cr(VI)/ml 2%/6%, bei 0,02 μg Cr(VI)/ml 5%/15%, bei 0,2 μg Cr(III)/ml 15%/33%, bei 0,06 μg Cr(III)/ml 30%/50% des vorhandenen Cr adsorbiert [*46*]; bei pH 1 ist die Adsorption geringer. Aus Lösungen von pH 7,0 mit 0,05–1 μg Ag/ml wurde das Ag nach einer Standzeit von 1/10/30 Tagen in folgendem Umfang (in %) adsorbiert [*101, 102*]: durch Pyrexglas 4/10/100, Quarzglas 4/9/80, Polyäthylen 3/9/60, Teflon 1/4/26, Polypropylen 2/4/60, Polystyrol 4/24/25, silikonisiertes Pyrexglas < 1/8/70; keine Adsorption tritt auf, wenn die Lösungen $Na_2S_2O_3$ (0,1 m) enthalten. Demgegenüber konnte bei pH 1,5–4 und 40 Tagen Standzeit in Pyrexglas aus einer Lösung mit 0,1–1 ppm Ag eine Adsorption von 1–2%, mit 0,01 ppm Ag von 5–13% (in Polyäthylen etwa die Hälfte) beobachtet werden [*104*]. Silikonisiertes Pyrexglas zeigt eine ~ 50% geringere Adsorption. Aus Seewasser werden Elemente (in Tracermengen zugesetzt) bei einer Standzeit von 10(60) Tagen in folgendem Umfang von Polyäthylenflaschen bei pH 8/Pyrexglasflaschen bei pH 8/Polyäthylenflaschen bei pH 1,5 adsorbiert (in %) [*104a*]: Ag 20(20)/2(5)/0(0), Co 10(20)/5(5)/0(0), Cs 3(5)/3(5)/3(3), Fe 30(80)/35(60)/1(1), In 80(95)/1(20)/1(1), Rb 2(2)/10(10)/0(0), Sb 0(3)/0(1)/0(0), Sc 20(70)/20(50)/30(35), Sr 1(3)/3(5)/0(0), U 0(10)/0(25)/3(15), Zn 3(3)/3(3)/1(1). Demnach werden Seewasserproben am zweckmäßigsten sofort nach der Probenahme auf pH 1,5 eingestellt und in Polyäthylenflaschen aufbewahrt.

Versuche mit Isotopen zeigten, daß Paraffin im Gegensatz zu Glas eine kaum feststellbare Adsorption aufweist. Vergleichende Untersuchungen mit Radiophosphor über die Adsorptionsfähigkeit von mit Silikon überzogenem und unbehandeltem Glas ergaben, daß ersteres nur einen Bruchteil der an unbehandeltem Glas festgestellten Adsorption aufweist [*26*]. Solche Gründe sind mitbestimmend, daß z. B. in radiochemischen Laboratorien vielfach mit Gefäßen aus Kunststoffen oder solchen, die mit Wachs, Kunststoffen oder Silikonen ausgekleidet sind, gearbeitet wird. Versuche mit Kunststoffgefäßen zeigten, daß diese im allgemeinen weder Spurenelemente in Lösungen abgeben noch aus solchen adsorbieren [*12*]. Von anderer Seite [*110*] wurde allerdings an U-, Pb- und Th-Lösungen mit Gehalten von 0,1–1000 μg/ml und höheren pH-Werten (U: pH 4,5–6,5; Pb: pH 5,7–7,1; Th: pH 3,4–8,1) bei $2^1/_2$monatiger Standzeit auch in Polyäthylenflaschen eine Abnahme der Metallkonzentrationen infolge Adsorption festgestellt. Wurde dagegen die Säuremenge erhöht (U: pH < 4,2; Pb: pH < 5,6; Th: pH < 3,0), so trat sowohl in Glas- als auch in Polyäthylenflaschen keine Konzentrationsabnahme im Metallgehalt der Lösungen ein. Wie bereits erwähnt (s. S. 102), wird allgemein für die Aufbewahrung von Stamm- und Arbeitslösungen ein höherer Säuregehalt empfohlen. Über Beobachtungen einer Adsorption von verschiedenen Reagenslösungen bei Aufbewahrung in Polyäthylenflaschen s. a. S. 85. Bei den geschilderten Erscheinungen spielt es auch eine wesentliche Rolle, ob die Gefäßwand völlig glatt oder aber uneben ist.

Im Rahmen des hier besprochenen Systems flüssig-fest sind noch die Vorgänge zwischen Tiegelmaterial und Schmelze bei Schmelzaufschlüssen kurz zu erwähnen. Wenn das Tiegelmaterial von der Schmelze angegriffen wird, können Spurenverluste eintreten: entweder absorbiert das in der Schmelze kolloidal gelöste Tiegelmaterial Spurenelemente oder die Spurenelemente werden an der korrodierten Tiegelwand adsorbiert [*110a*] (s. a. S. 210ff.).

Die vorhergehenden Ausführungen behandelten die Vorgänge an der Grenzfläche des Systems flüssig-fest, d. h. zwischen Lösungen und dem Gefäßmaterial u. a. m. Nachfolgend sei noch auf die Vorgänge an der Grenzfläche des Systems fest-fest (Festkörperreaktionen) während der trockenen Veraschung (s. a. S. **112–113**, **183**ff., **199**ff.) oder des Erhitzens von Eindampfrückständen eingegangen.

Eine Adsorption von Spurenelementen an der Gefäßwand tritt während der trockenen Veraschung oder des Erhitzens von Eindampfrückständen ein, wenn eine Reaktion zwischen dem Spurenelement und dem Tiegelmaterial bei der Veraschungs- oder Erhitzungstemperatur stattfindet und das Reaktionsprodukt gegenüber den zum Lösen der Asche oder des Eindampfrückstandes verwendeten Reagentien stabil ist. Die meisten Schwermetalle werden verhältnismäßig leicht in Oxyde übergeführt. Wegen der höheren Schmelzpunkte der Oxyde finden Reaktionen zwischen Spurenelementen und Tiegelmaterial bei den angewandten Temperaturen der trockenen Veraschung im festen Zustand statt (Festkörperreaktion). Das Metalloxyd (MeO) reagiert an jenen Stellen mit dem Tiegelmaterial (Quarztiegel), wo sich Lücken bzw. Fehlstellen im Silicatgerüst befinden [*111*]:

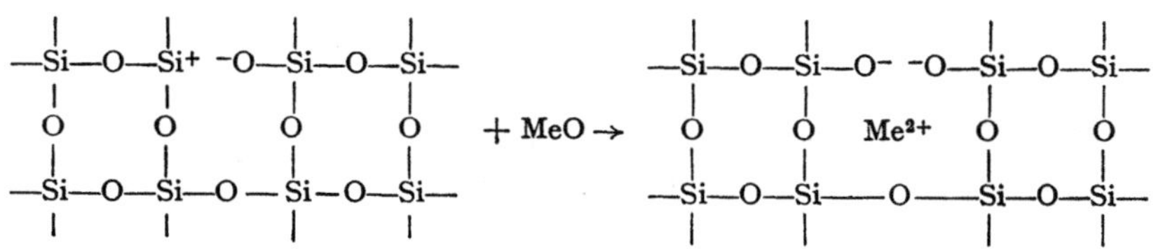

Für das Zustandekommen einer Festkörperreaktion nach dem angedeuteten Schema spielt aber noch der ionische Charakter des betreffenden Metalloxydes eine Rolle, da von diesem die zwischen den Fehlstellen des Silicatgerüstes und dem Metalloxyd herrschenden elektrischen Abstoßungskräfte abhängen. Eine Festkörperreaktion wird leichter stattfinden, wenn der ionische Charakter des Metalloxydes infolge starker Polarisation reduziert ist [*111*, *112*]. In der Literatur wird auf Adsorptionsverluste am meisten bei Cu, Pb, Ag und Cd hingewiesen. Diese Elemente können in zwei Gruppen unterteilt werden. Die Oxyde von Cu und Ag sind leicht zum Metall reduzierbar, ihre Silicate instabil und durch Säuren leicht zu zersetzen. Die entsprechenden Verbindungen von Pb und Cd haben demgegenüber eine höhere Stabilität. Auch die Ergebnisse einer Untersuchung mit radioaktiven Isotopen über die durch Reaktion mit dem Tiegelmaterial auftretenden Spurenverluste (s. Tab. 20) weisen auf diese Einteilung in zwei Gruppen hin: in die leicht reduzierbaren Metalle Cu, Ag und Au als die eine, Pb und Co als die zweite Gruppe. Ag und Au werden durch Erhitzen oberhalb 300° C, Cu hingegen durch Kohlenstoff leicht reduziert. Der Einfluß von organischer Substanz auf die Adsorption wurde mit radioaktiven Isotopen überprüft (s. Tab. 21). Aufgrund der bisherigen Beobachtungen wird angenommen [*111*], daß die durch Reaktion mit dem Tiegelmaterial hervorgerufenen Spurenverluste auf zwei verschiedene Vorgänge zurückzuführen sind: einerseits bilden Pb, Cd, Co und andere Elemente mit positivem Elektrodenpotential (bzw. negativem Normalpotential) durch Reaktion ihrer Oxyde mit den Quarztiegeln mehr oder weniger säureresistente Silicatgläser; andererseits werden Cu, Ag, Au und wahrscheinlich noch andere Metalle mit negativem Elektrodenpotential (bzw. positivem Normalpotential) zum Metall reduziert und diffundieren in das Tiegelmaterial. Aufgrund dieser Vorstellungen ist nur für die silicatbildenden Elemente mit Platintiegeln ein im Vergleich zu Quarztiegeln kleinerer Adsorptionsverlust zu erwarten, nicht aber für jene Elementgruppe, wo eine Diffusion in das Tiegelmaterial stattfindet. Dafür sprechen die

Ergebnisse einer Versuchsreihe mit radioaktivem Pb (16 Std Erhitzen von $Pb(NO_3)_2$ auf 630° C) [111], wonach gebrauchte Platintiegel 1–2%, gebrauchte Quarztiegel 8–24% und neue Quarztiegel sogar 69–74% des vorhandenen Pb festhalten. Der letztgenannte, allerdings erst vereinzelt festgestellte und daher noch zu erhärtende Befund ist erstaunlich, da sonst im allgemeinen neue Tiegel mit unverletzter Oberfläche zur Vermeidung von Adsorptionsverlusten empfohlen werden. Analoge Versuche mit radioaktivem Ag (16 Std Erhitzen von $AgNO_3$ auf 515° C) [111] ergaben für Quarztiegel eine Adsorption von 55–95%, für Nickeltiegel eine solche von 43–51% und für Aluminiumtiegel eine von 4–5% des vorhandenen Ag. Bei einer Versuchsreihe mit radioaktivem Zn in Menschenhaar (~ 250 μg Zn/g) wurden Haarproben in Quarztiegeln 15 Std bei 500° C verascht und anschließend jeweils 3 Std auf 600°, 700°, 800°, 900° sowie 1000° C erhitzt [111]. Es konnte festgestellt werden, daß durch das Tiegelmaterial folgende Zn-Mengen zurückgehalten wurden:

Temperatur ° C	500	600	700	800	900	1000
Adsorbiertes Zn, %	0	0,3	0,7—2,4	5,9	6,6	7,1

Tabelle 20. Adsorption von Metallen an Quarz, 16 Std Erhitzen auf 500° C [111]

Metall	Anion	Metall adsorbiert, %
Cu	Sulfat	4; 3
Ag	Nitrat	47; 32
Au	Chlorid	17; 21
Pb	Nitrat	0; 0,5
Co	Sulfat	0; 0

Tabelle 21. Adsorption von Metallen an Quarz in An- und Abwesenheit von organischem Material, 20 μg Cu bzw. Co (als Nitrate) in Quarztiegeln 16 Std auf 630° C erhitzt [111]

	adsorbiert, %	
Metall	ohne Zuckerkohle	+1 g Zuckerkohle
Cu	0,5	6,5
Co	13	4

7.6.2. Die Vermeidung von Spurenelementeinschleppungen

1. Es sollen nur bidestilliertes bzw. deionisiertes Wasser verwendet und Reagentien soweit als möglich und erforderlich nachgereinigt werden, die in Quarz-, Kunststoff- oder paraffinierten Glasflaschen aufzubewahren sind. Durch nicht gereinigte Reagentien kann eine Reihe von Elementen eingeschleppt werden (s. S. 87ff.). Die Gesamtmenge der durch die Reagentien bei der Analyse eingebrachten Verunreinigungen sollte möglichst in der Größenordnung der Bestimmungsgrenze des verwendeten Analysenverfahrens, jene der einzelnen benützten Reagentien darunter liegen.

2. Die verwendeten Reagensmengen sollen auf ein Mindestmaß herabgesetzt werden, um dadurch den Blindwert möglichst klein zu halten.

3. Auf peinlichste Sauberkeit ist beim Gebrauch der Glas- und Quarzgeräte zu achten. Man reinigt sie am besten durch Kochen in 6n HCl. Organische Verunreinigungen müssen mit Chromschwefelsäure entfernt werden. Da bekannt ist, daß mit Chromschwefelsäure gereinigte Glasgeräte auch nach gründlichem Spülen noch hartnäckig Spuren von Cr festhalten [*113*] (s. S. 104), ist es erforderlich, die Geräte nach dieser Behandlung gründlich mit Leitungswasser zu spülen, dann mit kochender 6n HCl nachzureinigen und schließlich gründlich mit bidest. Wasser nachzuwaschen. So gereinigte Glas- und Quarzgeräte sind zufriedenstellend spurenfrei. Auch eine Reinigung der Glasgeräte in der Reihenfolge heiße Chromschwefelsäure, Wasser, alkalische Reinigung und dest. Wasser wurde empfohlen [*114*]. Wo die Verwendung von Chromschwefelsäure zu Reinigungszwecken unangebracht ist, werden statt dessen organische Verunreinigungen mit HNO_3 (~ 1,52) oder einem Gemisch von H_2SO_4 (1,84)/HNO_3 (1,40) (1 + 1) entfernt. Zur Reinigung von Glasgeräten kann auch heiße ammoniakalische ÄDTA-Lösung verwendet werden. Diese muß allerdings anschließend mit metallfreiem dest. Wasser restlos entfernt werden, da ÄDTA mit mehreren Metallen mitunter starke Komplexe bildet, die auf diese Weise der nachfolgenden spurenanalytischen Bestimmung entzogen würden [*58*]. Schließlich wird auch ein Gemisch von HCl/H_2O_2 [z. B. 6n HCl/H_2O_2 (6%) (1 + 1)] als Reinigungslösung empfohlen [*115*]. Für die Reinigung von Glas-, Quarz- und Polyäthylengeräten gut geeignet sind die im Handel erhältlichen Reinigungsmittel zur Dekontaminierung von Laborgeräten (z. B. „Extran" von Merck, Darmstadt). Man kann die Geräte auf Anwesenheit von Verunreinigungen prüfen, indem man sie beispielsweise mit einer 0,01%igen Dz/CCl_4-Lösung und Ammoniak (Reaktions- bzw. Arbeitsbereich des Dz ist zu berücksichtigen) spült. Die Anwesenheit von Spurenelementen macht sich in einer Farbänderung der Dz-Lösung von Grün nach Rot bemerkbar. Die Reinigung der Geräte sollte am zweckmäßigsten vom Analytiker selbst vorgenommen, zumindest aber von ihm überwacht werden. Glasgefäße mit angegriffener, aufgerauhter Oberfläche sind zu verwerfen.

4. Das Erhitzen von Lösungen soll möglichst nur in Quarz- oder Teflon-Gefäßen erfolgen, da aus den Glasgeräten verschiedene Metalle wie As [*118*], Pb, Zn u. a. m. (s. S. 79ff.) herausgelöst werden können (insbesondere in Anwesenheit von F^- [*118*]). Es empfiehlt sich, während der Analyse eine möglichst geringe Anzahl von Gefäßen zu verwenden. Beim Erhitzen, Lösen und Aufschließen von Proben in Platingefäßen ist zu berücksichtigen, daß je nach dem angewandten Verfahren wechselnde Mengen an Pt (und gegebenenfalls auch anderen Legierungselementen des Gefäßmaterials) in die Probe gelangen.

5. Man soll keine metallischen Geräte verwenden, da durch diese eine Reihe von Elementen bevorzugt eingeschleppt werden können: Fe von Stativen, Dreifüßen, Ringen usw., Cu und Zn von Gasbrennern und Kupferwasserbädern, Ni und Cr von Tiegelzangen und Pinzetten. Ist ihre Verwendung dennoch unvermeidlich, so sind sie mit einem metallfreien Schutzanstrich zu versehen. Die Spitzen der Pinzetten und Tiegelzangen sollen aus Platin gefertigt sein. Für eine Verwendung bei nicht zu hohen Temperaturen läßt sich die obere Hälfte der Tiegelzange von den Spitzen bis zur Zangenachse auch mit Teflon überziehen bzw. eine Pinzette mit Teflonspitzen versehen [*116*]. Daneben können verschiedentlich auch ganz aus Kunststoff gefertigte Pinzetten mit gutem Erfolg herangezogen werden. Bei der trockenen Veraschung von organischem Material ist auf eine mögliche Verunreinigung durch die elektrische Muffel zu achten (s. S. 79).

6. Ein Kontakt der Proben oder Lösungen mit Kork oder Gummi soll weitgehend vermieden werden. Je nach der Herstellung des Kautschuks kommen zahlreiche Elemente wie Al, Ba, Ca, Cd, Cr, Cu, Fe, Mg, Pb, Se, Si, Te, Ti, Zn u. a. m. als Verunreini-

gungen in Frage. So konnte beispielsweise gezeigt werden, daß bei Verwendung von Gummiwischern aus einer roten Gummisorte, die mit $CaCO_3$ gefüllt war, beim Kochen mit HCl (1 + 1) in 1 Std 18 mg CaO, nach einer weiteren Stunde immer noch 4 mg CaO aus dem Wischer herausgelöst wurden [*117*]. Aus schwarzen Gummiwischern (Rußfüllung) löste sich unter denselben Bedingungen 0,5 mg CaO/Std heraus.

7. In quantitativen Filtrierpapieren, die bekanntlich immer kleine Mengen an Metallen enthalten, wurden folgende Elemente nachgewiesen: Al, Ba, Ca, Cr, Cu, Fe, Ge, K, Mg, Mn, Na, Ni, Pb, Sb, Si, Sn, Ti, V, Zn, Zr und S.E. Man kann Filtrierpapier nachreinigen, indem man es zuerst mit verd. HNO_3 oder HCl, danach mit einem großen Volumen bidest. Wasser wäscht und anschließend bei 100° C im Trockenschrank trocknet. Der Aschegehalt der quantitativen Filtrierpapiere liegt meist in der Größenordnung von 0,01%. Ein einzelnes quantitatives Rundfilter liefert durchschnittlich, je nach dem Durchmesser, eine Asche von: 10–20 μg bei 5,5 cm ⌀, 20–50 μg bei 7–9 cm ⌀ und 50–90 μg bei 11–12,5 cm⌀. Die Zusammensetzung der Asche ist schwankend und von den verwendeten Rohstoffen sowie der Herstellungsart abhängig. Die Tab. 22 gibt eine Übersicht über die Aschezusammensetzung von drei Filtrierpapiersorten [*120*], aus der hervorgeht, daß mit der Probe verarbeitete Filtrierpapierasche eine beträchtliche Verunreinigungsquelle sein kann. Von Filtrierpapieren wurden weiterhin noch folgende Gehalte ermittelt (in ppb) [*11a*]: Papierfilter aus Baumwoll-Linters enthalten Ag 25, Au 4, Cd 61, Er 0,78, Ho 0,32, In 0,90, Re 0,014, Ta 0,29, Tb 5,7, Tm 0,097; Dacronfilter (Äthylenterephthalat-Polymer mit geringem TiO_2-Gehalt) Ag 14, Au 3,8, Cd 45, Re 0,087, Tm 0,063; Polypropylenfilter Ag 28, Au 16, Cd 190, Re 0,061, Tm 1,9; Microsorban-Filter (Polystyrolfasern) Ag 1,3, Au 5, Cd 32, Re 0,034, Tm 0,022. Dabei zeigten die einzelnen Filter einer Packung sehr große Unterschiede im Spurengehalt. Millipore-Filter enthalten (in ppb) [*11b*]: Ag $<$0,05, Co 13, Cr 17600, Cs 1,5, Fe 330, Hf $<$0,5, Sb 39, Sc 0,8, Zn 2370. Man sollte daher die zu untersuchenden Lösungen nur wenn unbedingt nötig filtrieren und Proben tunlichst nicht mit dem Filtrierpapier veraschen bzw. solche Veraschungen auf das unumgänglich notwendige Mindesmaß beschränken.

Tabelle 22. Zusammensetzung von Filtrierpapieraschen [*120*]

Schleicher & Schüll-Sorten	% der Gesamtasche						
	SiO_2	Al_2O_3	Fe_2O_3	CuO	CaO	MgO	SO_3
589,1 Schwarzband	52,35	7,23	12,12	2,07	14,90	3,79	4,81
589,2 Weißband	49,80	1,03	8,03	0,75	17,40	6,07	9,31
589,3 Blauband	29,73	3,37	12,11	1,16	21,91	2,49	13,74

8. Die Schliffteile und Hähne bei den verwendeten Destillationsapparaturen bzw. Schütteltrichtern dürfen nicht gefettet werden, da das Hahnfett in die angewandten Lösungsmittel gelangt. Die dadurch in den organischen Extrakt eingeschleppten Fettbestandteile können bei fluorimetrischen Bestimmungen zu einer unerwünschten Fluorescenz Anlaß geben. Auch wurde beobachtet, daß kleine Mengen von mitextrahiertem Paraffin- oder Silikonfett sich bei einer darauffolgenden Veraschung schlecht oxydierten [*121*]. Es müssen daher Geräte mit sehr genau gearbeiteten, dichten Schliffen verwendet werden. Außerdem müssen wäßrige und organische Phase bei den Extraktionen genau abgetrennt werden. Es sind im Handel auch Büretten und Schütteltrichter

erhältlich, bei denen der übliche Glasschliffhahn durch einen solchen aus Teflon ersetzt ist, was für Spurenanalysen sehr zweckmäßig erscheint. Die Vorteile des Teflonhahnes sind seine chemische Resistenz und das Nichterfordernis von Hahnfett, ohne daß es zu dem lästigen Festklemmen kommt. Für die Schliffteile an Destillationsapparaturen können Teflonhülsen (Teflonfolie) verwendet werden.

9. Der Arbeitsplatz muß weitgehend staubfrei sein und für dessen peinlichste Sauberkeit durch den Analytiker selbst gesorgt werden. Da sich jedoch trotz aller Maßnahmen immer etwas Staub absetzen wird, müssen alle Gefäße, Tiegel, Schalen usw. abgeschlossen, mit Uhrgläsern oder noch besser mit Kunststoff- oder Glasglocken bedeckt, aufbewahrt werden (s. Abb. 10). Die Reagentienflaschen müssen mit Schliffstopfen und aufgesetzter Schliffkappe versehen sein oder einen Schraubverschluß aus Kunststoff besitzen. Die Schliffstopfen der Reagensflaschen dürfen nach deren Öffnen nicht auf die Tischplatte gelegt, sondern müssen während der Reagensentnahme in der Hand gehalten oder auf eine kleine, gereinigte Schale gelegt werden, um dadurch Spureneinschleppungen in das Reagens zu vermeiden. Aus dem gleichen Grunde sollen Glasstäbe oder Pipetten beim Gebrauch nicht auf die Tischplatte, sondern auf eigene Glas- oder Kunststoffgestelle gelegt werden (s. S. 225).

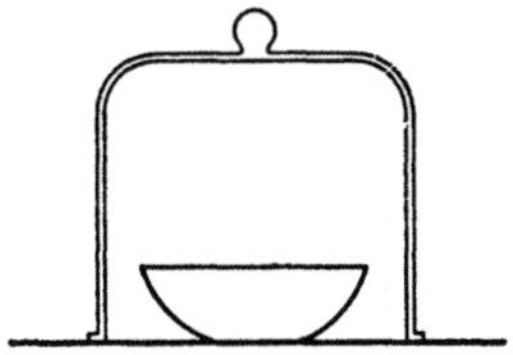

Abb. 10. Mit einer Glasglocke abgedeckte Abdampfschale

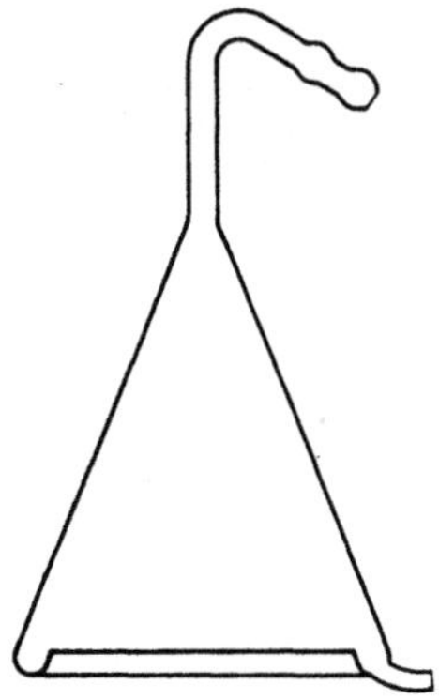

Abb. 11. Absaugtrichter nach F. Hecht

Aus der Laborluft, insbesondere durch Staub, kann eine Reihe von Elementen eingeschleppt werden: Al, As, Ca, Fe, Hg, Mg, Pb, Si, Ti, Zn usw. Bei Arbeitsgängen, die längere Zeit in Anspruch nehmen, wie Abrauchen, Eindampfen oder Abtrennen eines Bestandteiles der Probe durch Verflüchtigung, ist eine Verunreinigung durch Staub oder andere aus der Luft in das Arbeitsgefäß hereinfallende kleine Substanzteilchen auch in einem mit gereinigter Luft versorgten Laboratorium kaum auszuschalten. Diese Gefahr läßt sich vermeiden, indem man das Probengefäß mit einem Oberflächenverdampfer (s. S. 78) oder mit einem Absaugtrichter nach Hecht (Abb. 11) überdacht. Noch wirksamer ist das Arbeiten unter weitgehendem oder völligem Abschluß von der Umwelt. Bei extremen Spurenanalysen (Nanogrammbereich) ist dies grundsätzliche Voraussetzung. Diese Arbeitsweise gestatten die in den Abb. 12–15 dargestellten Apparaturen. Bei allen wird zum Eindampfen, Verflüchtigen oder Vorveraschen Unter- und/oder Oberhitze angewendet und Dämpfe durch Einleiten von gereinigter Luft oder Stickstoff (5–10 l/Std) entfernt.

Ein weitgehend staubfreies Arbeiten erreicht man schließlich auch durch die Verwendung von Staubschutzkästen (glove box) und Reinraum-Boxen (s. S. 77).

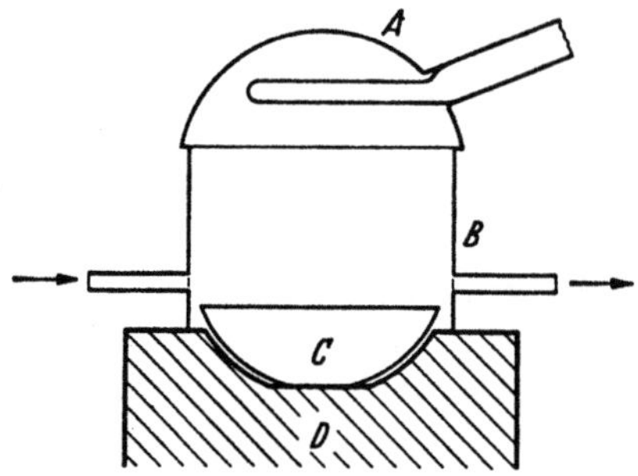

Abb. 12

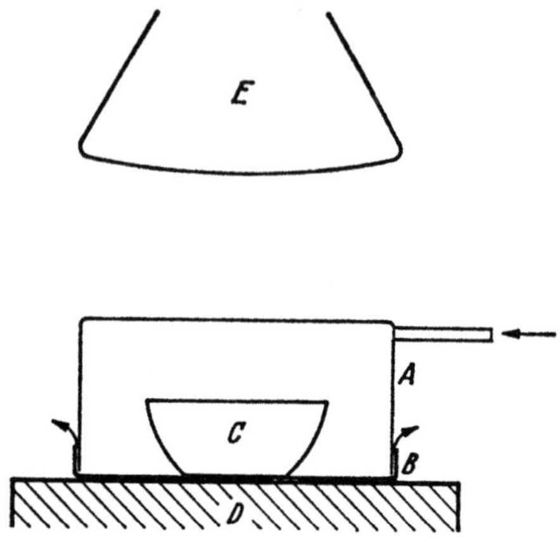

Abb. 13

Abb. 12. Einrichtung zum Eindampfen unter weitgehendem Abschluß von der Umwelt; *A* Quarzoberflächenverdampfer, *B* Glaszylinder mit Gasein- und -ableitungsrohr, *C* Platin- oder Quarzschale, *D* Heizquelle

Abb. 13. Einrichtung zum Eindampfen und Vorveraschen unter Abschluß von der Umwelt [*13, 123, 124*]; *A* Kristallisierschale mit Gaseinleitungsrohr, *B* Petrischale, *C* Platin- oder Quarzschale, *D* Heizplatte, *E* Infrarotlampe oder Quarzoberflächenverdampfer

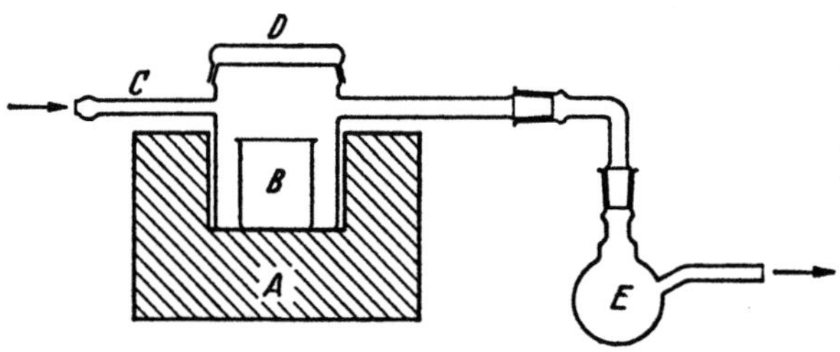

Abb. 14. Quarzglasapparatur zum Arbeiten im „geschlossenen System" [*125*]; *A* elektrische Muffel, *B* Quarzbecherglas, *C* Quarzabdampfgerät mit Gasein- und -ableitungsrohr, *D* Schliffkappe, *E* Vorlage

10. In bestimmten Fällen ist auch die spurenanalytische Bestimmung von Halogenen, z. B. von Chlorid und Bromid in Halbleitermaterial [*127, 128*] (s. S. 5), erwünscht. Da bekanntlich die Halogenide und Halogenwasserstoffsäuren, vor allem NaCl, NH_4Cl und HCl, im Laboratorium allgegenwärtig sind, erfordern solche Analysen weitere zusätzliche Vorsichtsmaßnahmen. Die Geräte, mit denen die Bestimmung durchgeführt wird, dürfen nicht mit bloßen Händen angefaßt werden. Zweckmäßig trägt man bei der Arbeit Handschuhe. Gereinigte Geräte werden am besten in umhülltem Zustand (Kunststoffolie oder weißes Papier) aufbewahrt und können auf diese Weise auch ohne Handschuhe transportiert werden. Flaschen mit HCl sollen sich nicht in der Nähe der Räume befinden, in denen Spurenanalysen auf Chlorid durchgeführt werden. Alle Reagentien müssen durch Redestillation über $AgNO_3$ von Chloridspuren befreit und möglichst in Kunststoffgefäßen aufbewahrt werden.

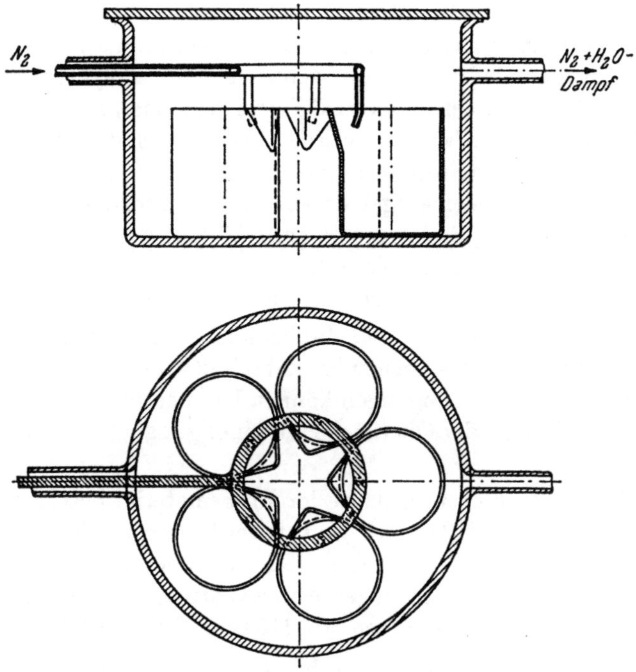

Abb. 15. Quarzgefäß zur Verdampfung im „geschlossenen System" [*22b*]

11. Spurenanalysen sollen ohne eine zeitliche Unterbrechung durchgeführt werden.

12. Besondere Vorsichtsmaßregeln sind bei Entnahme, Transport, Zerkleinerung und Aufbewahrung der für die Spurenanalyse bestimmten Proben einzuhalten. So dürfen bei der Untersuchung von Pflanzen nur Proben verwendet werden, die weder durch Staub, Sand oder Erde, noch durch Schädlingsbekämpfungsmittel oder schließlich ungeeignetes Verpackungsmaterial verunreinigt worden sind.

Insbesondere bei kleinen Pflanzen ist ein Abtrennen der Pflanzenteile dem Herausziehen der Pflanze mit der Wurzel vorzuziehen, weil dadurch eine Verunreinigung mit der den Wurzeln anhaftenden Erde vermieden werden kann. Zur Entnahme von Erdproben verwendet man am einfachsten einen Probenstecher oder -bohrer oder ein anderes geeignetes Gerät aus Eisen. Richtlinien für die Probenahme von Mineralien und Metallen anzugeben, würde zu weit führen, da diese von Fall zu Fall verschieden sind. Man muß jedenfalls bei der Wahl der Methode stets die dabei möglichen Verunreinigungen berücksichtigen.

Es ist bemerkenswert, daß besonders beim Transport der Proben sehr viele Fehler gemacht werden. Sehr oft sind die Erd-, Mineral-, Pflanzen- und anderen biologischen Proben in Metallbehältern verpackt, ohne daß an die dabei auftretenden Metalleinschleppungen gedacht wird. Vorgetrocknete Proben verpackt man am besten in reines, weißes Papier, oder besser noch, in Kunststoffolien (z. B. Polyäthylen, Nylon, Cellophan). Erdproben können auch in mit Paraffin überzogenen Kartons aufbewahrt werden [*129*]. Bei flüssigen Proben, z. B. Mineralwässern, verwendet man bei einem längeren Transport von der Entnahme- zur Untersuchungsstelle am besten Polyäthylenflaschen (s. S. 83ff.). Letztere wurden mit gutem Erfolg zur Aufbewahrung von Seewasserproben, deren Spurenelementgehalt bestimmt worden war, verwendet [*101*, *130*].

Polyäthylenflaschen können auch für eine kurze Aufbewahrungszeit bei der Bestimmung des Chlorgehaltes Anwendung finden [*131*]. Ungeeignet scheinen sie allerdings zu sein, wenn der Phosphatgehalt bestimmt werden soll, da Polyäthylen Phosphationen stark adsorbiert und z. B. innerhalb von 6 Tagen fast das gesamte Phosphat aus so aufbewahrten Wasserproben adsorbiert wurde [*132*]. Außer dem Verpackungsmaterial ist auch der Verpackungsart Aufmerksamkeit zu schenken. Ist beispielsweise bei Pflanzenmaterial der Spurenelementgehalt aller Pflanzenteile zu bestimmen, so muß man die Wurzeln gesondert vom übrigen Pflanzenkörper verpacken. Proben, bei denen dies nicht geschieht, sind für eine solche Untersuchung wertlos, da die Pflanzenteile mit der an den Wurzeln haftenden Erde in Berührung gekommen sind.

Hinsichtlich der Zerkleinerung von Probematerial mit den dabei auftretenden Fehlerquellen sei auf den entsprechenden Abschnitt verwiesen (s. S. 178ff.). Entstandene oberflächliche Verunreinigungen können bei metallischen Proben nach grober Zerkleinerung durch Abätzen der Oberfläche mit einer geeigneten Säure entfernt werden (s. S. 182).

Wenn sehr niedrige Kohlenstoffgehalte im Probematerial bestimmt werden sollen, darf dieses nicht in Plastikgefäßen aufbewahrt werden wegen der Gefahr einer C-Aufnahme infolge Plastikabrieb oder Adsorption flüchtiger C-Verbindungen aus dem Plastikmaterial. So wurde bei 4wöchiger Aufbewahrung von Metallpulvern in Polyäthylenbeuteln eine Gehaltszunahme um 30–110 ppm C festgestellt [*122*].

13. Zur Vermeidung von unkontrollierbaren Spureneinschleppungen ist stets ein Blindwert (s. S. 101) durchzuführen.

7.6.3. Die Vermeidung von Spurenelementverlusten

1. Bei der trockenen Veraschung von biologischem Material soll man den Temperaturbereich von 450–550° C nicht überschreiten, weil sich sonst einige Elemente schon verflüchtigen (s. S. 183ff., 199ff.).

2. Beim Erhitzen und Eindampfen von salzsauren Lösungen soll nach Möglichkeit auf dem Wasserbad bzw. bei Wasserbadtemperatur gearbeitet werden, um Verluste durch Verflüchtigung zu vermeiden (s. Tab. 10, S. 62, Tab. 33, S. 210). Ganz allgemein ist dabei die Art der in der Probelösung anwesenden Säuren bzw. Anionen zu berücksichtigen, da man Verluste durch Einhalten bestimmter Erhitzungstemperaturen oder Zusatz anderer Säuren bzw. ihrer Salze (z. B. Zusatz von H_2SO_4 oder Na_2SO_4 zur HCl- oder Chlorid-Lösung) in bestimmten Fällen verhindern kann.

3. Die Arbeitsbedingungen, insbesondere die Säurekonzentration sind beim Erhitzen und Eindampfen von Lösungen zu beachten, um Spurenverluste durch Entstehen und Ausfallen unlöslicher Verbindungen (z. B. infolge Hydrolyse) zu vermeiden.

4. Auf die Wichtigkeit der Verwendung von Schütteltrichtern mit dichten Schliffhähnen soll hier nochmals hingewiesen werden. Auch muß nach dem Ausschütteln die organische von der wäßrigen Phase stets genau abgetrennt werden.

5. Bei der Veraschung von organischen Proben und bei den nachfolgenden übrigen Arbeitsgängen sollen stets Quarzgefäße mit unverletzter, glatter Oberfläche verwendet werden. Eine aufgerauhte, korrodierte Oberfläche hält stets eine bestimmte Menge an Spurenelementen zurück, die somit der Bestimmung verloren gehen. Bei Quarz- und Glasgefäßen ist die Entstehung einer rauhen Oberfläche nach längerem Gebrauch unvermeidlich. Abgesehen von mechanischer Einwirkung entsteht sie insbesondere bei

den zu Veraschungen dienenenden Quarzschalen und -tiegeln, wenn das Probematerial sehr aschereich ist und die Asche mit der Gefäßwandung in innige Berührung kommt. Bei langer Glühdauer reagieren die Alkali-, Erdalkali- und Schwermetalloxyde an den Berührungsstellen mit dem Quarzgefäß unter Bildung von Silicaten, was dann zu einer Korrosion der Gefäßoberfläche führt.

6. Wegen der Gefahr von Adsorptionsverlusten bei der Veraschung von organischem Material mit geringem Aschegehalt empfiehlt es sich, einen Ascheträger zuzusetzen, der allerdings bei der späteren Bestimmung der Spurenelemente nicht stören darf (s. S. **183**ff., **199**ff.).

7. Beim Veraschen und Erhitzen von Proben in Platingefäßen bis auf höhere Temperaturen können Spurenelemente der Probe mit dem Platin legieren, wodurch dann einerseits ein Spurenverlust eintreten kann, andererseits aber das Platin verunreinigt wird, was sich wiederum bei späteren Bestimmungen störend bemerkbar macht. Außerdem gelangen bei zu hohen Erhitzungs- oder Veraschungstemperaturen wechselnde, die Bestimmung störende Pt-Mengen infolge Korrosion des Platingefäßes in die Probelösung [*132a*]. Bei Verwendung von Platingeräten ist daher stets die Möglichkeit des Legierens zu beachten und zu prüfen. Ebenso kontrolliert man vor der Benutzung des Platingerätes, ob seine Oberfläche blank, unverfärbt und unverletzt ist.

8. Es wurde schon darauf hingewiesen, daß das Filtrieren von Lösungen wegen der Verunreinigungsgefahr weitgehend zu vermeiden ist. Dasselbe gilt auch hier wegen möglicher Verluste an Spurenelementen, da das Filtrierpapier Metallspuren, insbesondere dann, wenn die Lösung neutral oder schwach sauer ist, adsorbieren kann. Die Ursache hierfür ist, daß die Cellulose des Filtrierpapiers mit ihren freien Carboxylgruppen wie ein Ionenaustauscher wirkt.

9. Beim Lösen einer Probe ist das besondere Augenmerk auf eine restlose Auflösung zu richten, da ungelöste Teile der Probe stets einen Teil der Spurenelemente zurückhalten, welche dann der Bestimmung verloren gehen. Bei Alkaliaufschlüssen ist auf die dabei auftretenden Spurenverluste zu achten (s. S. **210**ff., **1217**, **1284**).

10. Trennungen durch Fällung und Filtration von Bestandteilen, insbesondere des Hauptbestandteiles des Probematerials, sind möglichst zu vermeiden, da sonst Spurenverluste durch Adsorption oder Okklusion auftreten (s. S. **53**, **58**). So wurden z. B. bei der Ausfällung von 10 mg Fe mit 2n NaOH in Anwesenheit von 10–110 μg Al durch den Eisenhydroxydniederschlag 1,1–3,4 μg Al adsorbiert bzw. in Anwesenheit von 100 μg Al durch den Hydroxydniederschlag von 10–100 mg Fe 3,1–12,5 μg Al adsorbiert [*134*]. Bei Verwendung einer konzentrierten NaOH war die adsorbierte Al-Menge etwas geringer (s. a. S. **389**, **392**).

11. Spurenanalysen sollen ohne eine zeitliche Unterbrechung durchgeführt werden. Stark verdünnte Lösungen sollten nur kurze Zeit, höchstens wenige Stunden, aufbewahrt werden, um Spurenverluste infolge Adsorption durch die Gefäßwände (s. S. **103**ff.) zu vermeiden. Dies ist besonders auch bei Wasserproben zu berücksichtigen, bei denen man einen zu langen Transport vermeiden und die Spurenanalyse möglichst unmittelbar nach der Probenahme durchführen sollte.

Die im bisherigen Abschnitt „Arbeitstechnik" geschilderten Richtlinien für die Durchführung von Spurenanalysen sind grundsätzlicher Natur. Dies bedeutet, daß die eine oder andere Fehlerquelle nicht immer auftreten muß, daß aber stets die Möglichkeit dazu vorhanden sein kann und dies zu berücksichtigen ist, wenn man einwandfreie Ergebnisse erzielen will.

7.7. Mikrochemische Arbeitstechnik

Der Anreicherungsfaktor bei einer Spurenanalyse ist um so größer, je größer das Verhältnis zwischen Ausgangs- und Endmenge bzw. Anfangs- und Endvolumen ist. Da nun eine hohe Anreicherung in den meisten Fällen erwünscht ist, um geringste Metallspuren zuletzt mit ausreichender Genauigkeit bestimmen zu können, so ist man bestrebt, von einer möglichst großen Probemenge auszugehen und die Bestimmung des Spurenelementes in einem möglichst kleinen Endvolumen durchzuführen. Zwangsläufig kommt man so zu der bereits eingangs erwähnten notwendigen Kombination von makro- und mikrochemischen Arbeitsmethoden.

Ein wesentlicher Vorteil der Anwendung mikrochemischer Arbeitsmethoden ist der geringere Zeit- und Materialaufwand bei der Verarbeitung einer Probe. Außerdem wird die Gefahr an Spurenverunreinigungen bzw. -verlusten dadurch bedeutend herabgesetzt. Man kann sich gut vorstellen, daß bei Verwendung kleiner Arbeitsgefäße mit ihren kleineren Gefäßoberflächen die genannten, trotz aller Vorsichtsmaßnahmen stets vorhandenen Gefahren viel geringer sind, verglichen mit denjenigen bei Verwendung großer Arbeitsgefäße. Mit dem Arbeiten im kleinen Maßstab ist weiter ein geringerer Reagentienverbrauch verbunden, wodurch mitunter ebenfalls einer der Forderungen zur Vermeidung von Spureneinschleppungen entsprochen wird. Da alle Arbeiten mit nachgereinigten Reagentien durchgeführt werden müssen, bringt dies auch einen nicht zu übersehenden Gewinn an Arbeitszeit und Material mit sich.

7.7.1. Mikrogeräte

Es ist nicht die Aufgabe des vorliegenden Buches, die mikrochemische Arbeitstechnik eingehend zu behandeln, weshalb auf die einschlägige Literatur verwiesen wird [*4, 133, 135–150, 156–160*]. Es ist allerdings zum leichteren Verständnis einer Reihe von spurenanalytischen Arbeitsmethoden notwendig, die für den vorliegenden Zweck wichtigsten mikrochemischen Geräte kurz zu besprechen, wobei auf Gerätevarianten einzelner Forschungsstätten im vorliegenden Rahmen nicht eingegangen werden kann.

Neben den in der Makrochemie üblichen Bechergläsern, Erlenmeyerkolben u. a. Glasgefäßen von 10–50 ml Inhalt haben sich für noch kleinere Volumina als Reaktions- und Aufbewahrungsgefäße der Mikrobecher+) und der Spitzbecher+), letzterer mit und ohne

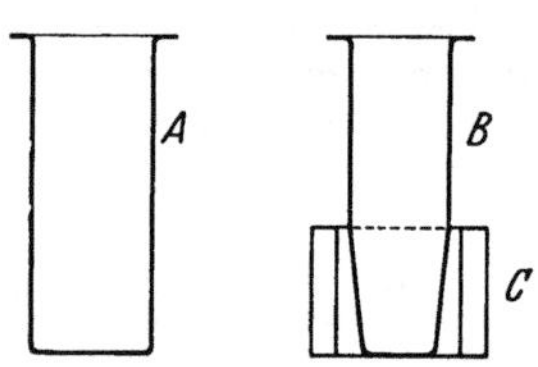

Abb. 16. Mikrobecher (*A*) und Spitzbecher (*B*) mit Glashaltering (*C*)

Schliffstopfen (Abb. 16), bewährt [*4*]. Um die Standfestigkeit des Spitzbechers zu erhöhen, steht er entweder in einem Glashaltering+) oder in einem Spitzbechergestell+), das 12 Spitzbecher aufnehmen kann. Das im allgemeinen aus Aluminium hergestellte Spitzbechergestell soll bei Spurenanalysen aus den bereits bekannten Grundsätzen besser aus Kunststoff hergestellt sein. Das Fassungsvermögen des Spitzbechers beträgt etwa 6 ml, von einer kleineren Ausführung 2 ml. Da die Spitzbecher auch aus Quarzglas hergestellt werden, können darin auch Probelösungen auf dem Wasser- oder Sandbad, Mikro-Universalheizblock oder auf einer Porzellanheizplatte erhitzt werden.

Für bestimmte Zwecke können Lösungen im Spitzbecher oder in anderen Gefäßen auf dem Mikro-Universalheizblock+) (Abb. 17, max. 360°–370° C erreichbar) nach GORBACH [4] erhitzt werden. Hierbei ist zu berücksichtigen, daß diese Heizquelle aus Aluminium hergestellt und dadurch eine Verunreinigung der Probe mit Al-Spuren möglich ist. Der Mikro-Universalheizblock kann aber ohne weiteres verwendet werden,

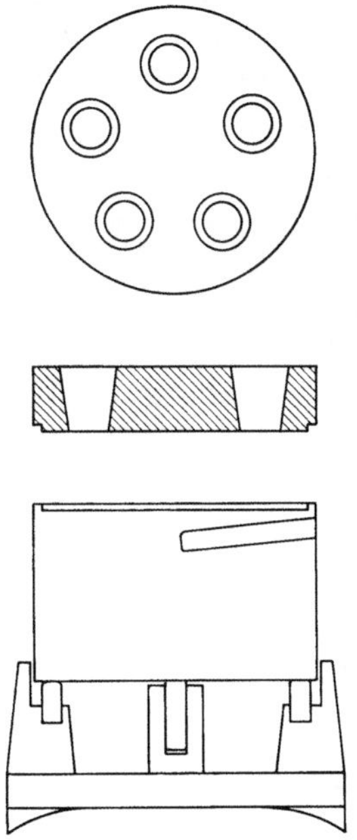

Abb. 17. Mikro-Universalheizblock nach G. GORBACH [4] mit Aufsatz für Spitzbecher

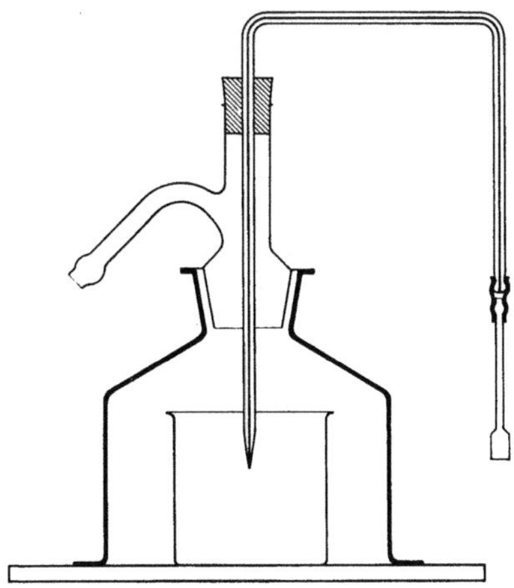

Abb. 18. Filtrier- und Absaugglocke mit Filtrierstäbchen und eingesetztem Becherglas [4]

wenn diese Gefahrenquelle berücksichtigt bzw. sobald Al nicht bestimmt wird oder eine mögliche Störung durch Al nicht auftritt. Durch verschiedene Aufsätze (s. S. 129) besitzt der Heizblock eine vielseitige Anwendungsmöglichkeit. Ein Heizblockaufsatz aus Graphit [3] statt Aluminium ist für Spurenanalysen besonders zu empfehlen (s. S. 78).

Gute Dienste leistet bei der Spurenanalyse die Filtrierglocke+) (Absaugglocke) [4] (Abb. 18). Sie dient beispielsweise dazu, die leichtere organische Phase bei der Extraktion aus einem kleinen Schütteltrichter oder Spitzbecher abzusaugen (s. S. 227). An die Capillare der Filtrierglocke wird ein Filterstäbchen oder ein Capillarröhrchen mittels eines Polyäthylenschlauches angesetzt. Filterstäbchen und die Capillare der Filtrierglocke sollen aus Quarzglas sein.

Beim Eindampfen kleiner Mengen von Lösungen kann mit Vorteil der Absaugtrichter+) nach HECHT [4] verwendet werden (s. Abb. 11, s. S. 109). Einmal können mit diesem die entstehenden Dämpfe beseitigt werden, ohne daß man das Eindampfen unbedingt in einem Säureabzug durchführen muß, zum anderen verhindert er das Hineinfallen von Verunreinigungen aus der Luft während des Eindampfens.

Alle in diesem Abschnitt 7.7.1. mit +) bezeichneten Geräte sind von P. Haack, Wien IX., Garnisongasse 3, Österreich, zu beziehen.

Fallweise liegen die interessierenden Bestandteile in sehr geringer Menge teils in fester Form vor, wie z. B. Filterrückstände aus Luft- und Flüssigkeitsproben oder Gefügebestandteile und Schlackeneinschlüsse in Stahl [*151–155, 167–169, 176, 177*] u. a. Metallen, bei deren Untersuchung die Arbeitstechnik der Ultramikroanalyse mit besonders kleinen Arbeitsgefäßen, Mikroskop und Mikromanipulator Anwendung findet.

7.7.1.1. Pipetten und Büretten

Statt der in der analytischen Chemie üblichen Pipetten verwendet man mit Vorteil die Nullpunktspipette+), auch Ausblaspipette genannt (Abb. 19) [*4,178*]. Es handelt sich hier um eine Präzisionspipette mit automatischer Nullpunktseinstellung, die in den

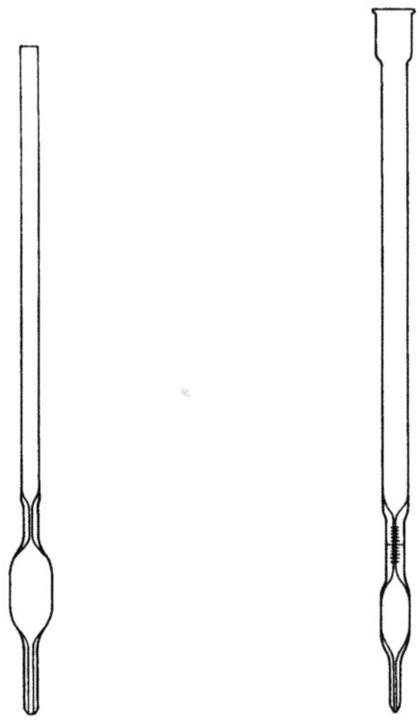

a b

Abb. 19a u. b. 2 ml-Präzisionspipette mit automatischem Nullpunkt (a) [*4, 178*], 0,5 ml-Präzisionsauswaschpipette (b) [*4, 141, 178, 179*]

Größen 1, 2, 5 und 10 ml erzeugt wird. Die Pipette ist für 20° C auf Ausguß (auf Ausblasen) geeicht. Der Vorteil dieser Pipette liegt darin, daß eine Einstellung auf eine Marke nicht notwendig ist und dadurch der Ablesefehler ausgeschaltet wird. Durch die spezielle Form stellt sich nämlich der Meniskus von Flüssigkeiten, deren spez. Gewicht und Oberflächenspannung nicht wesentlich höher oder geringer als diese des Wassers sind, selbsttätig immer genau auf die gleiche Stelle ein.

Neben der Nullpunktspipette findet – besonders für kleinere Volumina als 1,0 ml – die Auswaschpipette+) nach PREGL Anwendung (Abb. 19) [*4, 141, 178, 179*]. Diese Präzisionspipette wird in den Größen 0,1, 0,2, 0,5, 1,0, 2,0, 5,0 und 10 ml erzeugt. Um den unsicheren Faktor der Benetzung auszuschalten, ist die Pipette für 20° C auf Einguß geeicht. Nach dem Ausblasen der Lösung muß daher mit einer Flüssigkeit nachgewaschen werden, falls die gesamte mit der Pipette abgemessene Lösung zur weiteren Analyse verwendet werden soll.

Für noch kleinere Volumina verwendet man Mikropipetten, auch Ultramikro- und Lambda-Pipetten genannt (Abb. 20). Die in Abb. 20a gezeigte Mikropipette+) [*180*] erhält man mit einem Volumen von 10, 20, 50 oder 100 μl, die in Abb. 20b, c, d, e abgebildeten Mikropipetten und andere Modifikationen haben Volumina von 1–1000 μl in vielen Abstufungen. Die im Handel erhältlichen Mikropipetten sind auf Ein- oder Ausguß geeicht, man kann sie aber selbst auch auf Ausguß nacheichen. Je nach dem Volumen handelt es sich dabei um selbstfüllende oder selbstjustierende (automatischer Nullpunkt) Pipetten. Zur Füllung der Mikropipetten verwendet man eine Füllvorrichtung wie z. B. in Abb. 20a, doch gibt es auch verschiedene andere Ausführungsformen. Die Benetzung ist bei so kleinen Volumina natürlich relativ groß und beträgt für Pipetten von 100–10 μl zwischen 0,2–1% des Volumens [*181*]. Falls man bei der Verwendung solcher Pipetten nicht nachwaschen kann, empfiehlt es sich daher, die Eichung dieser

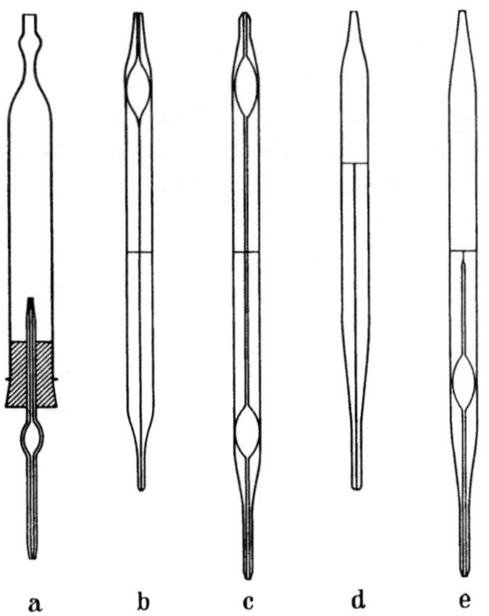

Abb. 20a—e

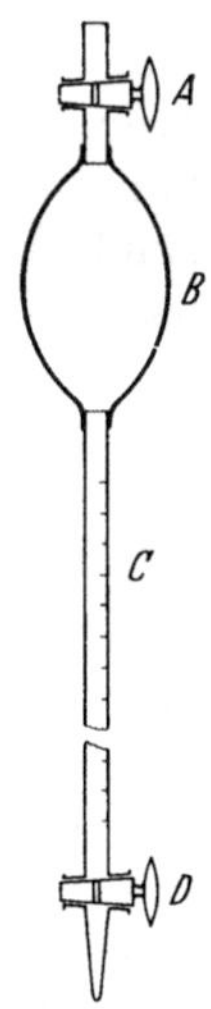

Abb. 21

Abb. 20a—e. Mikropipetten a mit Füllvorrichtung, 10—100 μl (P. Haack, Wien), b 1—10 μl, c 15—1000 μl, d 1—10 μl selbstfüllend, e 15—100 μl selbstjustierend (Mikrochemical Specialties Co., Berkeley; Research Specialties Co., Berkeley)

Abb. 21. Füllvorrichtung für Halbmikrobüretten mit 1—10 ml Fassungsvermögen [*183*]; *A* Glashahn, *B* Gummiballon, *C* Bürette, *D* Bürettenhahn

Pipetten dem gewünschten Zweck entsprechend auf Ausblasen selbst durchzuführen. Es konnte festgestellt werden, daß der Benetzungsfehler bei konstanten Arbeitsbedingungen ziemlich gleichbleibend und die sich zwischen zwei Pipettierungen ergebende Volumsdifferenz relativ klein ist. Der relative Fehler betrug bei einer 100 μl-Pipette durchschnittlich $\pm 0{,}05\%$, bei der für 50 μl $\pm 0{,}02-0{,}08\%$, bei der für 20 μl 0,08–0,4% und bei der 10 μl-Pipette $\pm 0{,}2-0{,}6\%$. Diese Fehler sind noch tragbar, da in der Spurenanalyse meist größere Fehler befriedigen müssen. Mikropipetten aus Polyäthylen für Volumina von 0,4–10 μl kann man durch Ausziehen von Polyäthylenschlauch (für Volumina von 0,4–1 μl mit einem inneren ⌀ von 0,1–0,15 mm, für 1–10 μl mit einem solchen von ~ 0,5 mm) über einer Flamme leicht herstellen [*182*]. Ein 8–10 cm langes Glasrohr wird als Pipettenhalter verwendet. Infolge der hydrophoben Eigenschaft des Polyäthylens ist der Benetzungsfehler dieser Mikropipetten verhältnismäßig klein. Ihre Erprobung ergab eine relative Standardabweichung von $V = \pm 0{,}43\%$.

In vielen Fällen ist das rasche und genaue Abmessen wechselnder Volumina von Lösungen erforderlich, das sich mit Vollpipetten nicht durchführen läßt, wie z. B. das Vorlegen steigender Mengen eines Elementes bei der Aufstellung von Eichkurven oder die Zugabe von Reagenslösungen usw. Für solche Zwecke empfiehlt es sich, Halbmikrobüretten von 1–10 ml Volumen zu verwenden. Die mit Vorratsgefäß, pneumatischer Füllvorrichtung und automatischem Nullpunkt ausgestatteten Halbmikrobüretten sind hierfür viel weniger geeignet als die einfache Ausführung. Die rasche Füllung und Reinigung einer einfachen Halbmikrobürette bereitet wegen der häufig auftretenden Luftblasen gewisse Schwierigkeiten und wird daher als lästiger Zeitaufwand empfunden. Diese Schwierigkeit läßt sich aber mit Hilfe der nebenstehenden Füllvorrichtung [*183*] (Abb. 21) vermeiden.

Um die Bürette zu füllen, drückt man bei geschlossenem Bürettenhahn D und geöffnetem Glashahn A den Gummiballon B zusammen, schließt hierauf den Glashahn A, taucht die Bürettenspitze in die aus der Vorratsflasche entnommene, in einem kleinen Becherglas befindliche Lösung und öffnet den Bürettenhahn D. Die Lösung wird hierdurch rasch bis zur gewünschten Marke aufgesaugt. Nach Schließen des Hahns D und Öffnen des Hahnes A ist die Bürette verwendungsbereit. Ihre Reinigung kann auf dieselbe Weise erfolgen, ohne daß sie aus dem Stativ genommen werden muß. Zweckmäßig ist es, die Bürette mit dest. Wasser gefüllt stehen zu lassen, solange sie nicht in Verwendung ist.

Hier ist schließlich noch die Capillarpipette+) zu nennen. Diese ist kalibriert, faßt 100 bzw. 200 µl und ist in einzelne Mikroliter unterteilt (s. Abb. 32, S. 132). Sie ist auf Einguß geeicht. Wegen des Benetzungsfehlers muß die Capillarpipette bei genauen Messungen dem Verwendungszweck entsprechend geeicht werden. Auch empfiehlt sich eine Silikonisierung der Pipette (s. S. 86ff.).

Im Vergleich zur Capillarpipette lassen sich mit der Mikro-Membranbürette+) nach Gorbach [*4*] wesentlich genauere Messungen durchführen. Sie hat die gleiche Unterteilung wie die Capillarpipette, ein Gesamtmeßvolumen von 200 µl (hinzu kommt noch ein Totvolumen der Bürettenspitze bis zum Beginn der Skalenteilung von etwa 180–200 µl), ist aber zur möglichsten Ausschaltung des Temperatureinflusses in einen evakuierten Glasmantel eingeschmolzen (Abb. 22) und gestattet mittels einer Lupe das genaue Ablesen des Meßvolumens und das Schätzen von 0,1 µl. Zur Füllung und Entleerung der Bürette dient eine an ihrem oberen Ende befindliche Membranpumpe. Man verwendet als elastische Verbindung der Bürette mit der Membranpumpe einen Gummischlauch oder -stopfen, der noch mit Gummilösung abgedichtet ist. In normaler Ausführung ist die Membranpumpe aus Metall (Stahl) hergestellt; für spurenanalytische Zwecke empfiehlt sich die Verwendung von rostfreiem Stahl oder einem geeigneten Kunststoff. Das untere Bürettenende ist mit einer abnehmbaren und auswechselbaren capillaren Spitze versehen. Wie bei anderen Mikrogeräten gibt es auch bei den Mikrobüretten zahlreiche Modifikationen in senkrechter und waagerechter Anordnung. Erwähnt seien hier noch andere Ultramikrobüretten, die ebenfalls nach dem pneumatischen Prinzip arbeiten, bei denen aber das Volumen direkt von einer Mikrometeruhr abgelesen wird. Es handelt sich dabei meist um Modifikationen der Mikrobürette nach Scholander [*140, 186, 187*], bei der an den Capillarteil ein Quecksilber-Vorratsgefäß angeschlossen ist. Die Bewegung der Lösung in der Bürette erfolgt durch Verdrängung des Quecksilbers mittels eines in das Vorratsgefäß eingeschobenen Zylinders, wobei das Volumen von einer die Bewegung des Zylinders registrierenden Mikrometeruhr abgelesen wird (sog. Mikrokolbenbüretten). Diese Bürettenart hat den Vorteil einer großen Genauigkeit, aber den Nachteil, daß sie temperaturempfindlich ist und die abzumessende

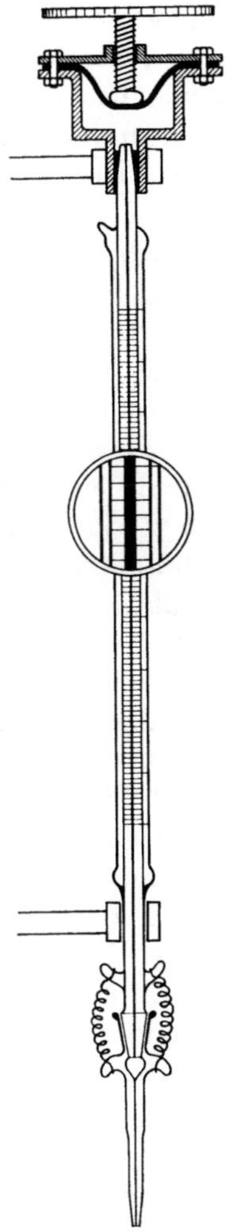

Abb. 22. Mikro-Membranbürette nach GORBACH [*4*]

Lösung mit dem Quecksilber in Berührung kommt, weshalb sie für die Spurenanalyse weniger in Frage kommt. Diese Büretten haben ein Fassungsvermögen von 1 ml, 100 µl und 10 µl mit einer Unterteilung von 1 µl, 0,1 µl und 0,01 µl [*188*]. Bei einer weiteren Ultramikrobürette der gleichen Art mit einem Fassungsvolumen von 0,01 µl liegt die Ablesegrenze bei 10^{-6} µl [*189*].

Bei der Verwendung von Pipetten und Büretten mit so kleinen Volumina stellt die Benetzung eine Fehlerquelle dar. Man muß dabei zwischen „äußerem" und „innerem" Benetzungsfehler unterscheiden [*202*]. Der erstere ist bedingt durch das Hängenbleiben und das oft lästige Hochkriechen sehr kleiner Flüssigkeitstropfen an der Außenwandung der Pipetten- oder Bürettenspitze. Dieser Fehler läßt sich weitgehend vermeiden, wenn man die Pipetten- oder Bürettenspitze durch Behandlung mit Chlorsilan außen mit einem Silikonüberzug versieht, wodurch ein leichtes und genaues Abmessen bzw. Abnehmen sehr kleiner Flüssigkeitsmengen, z. B. von 0,1 µl, bei Mikrobüretten oder -pipetten ermöglicht wird [*24*]. Ein innerer Benetzungsfehler tritt durch veränderliche Salzgehalte der abzumessenden Lösungen und Verwendung verschiedener Lösungsmittel auf, so daß die Benetzung von Fall zu Fall verschieden sein kann. Dies macht sich besonders bei kleinen Volumina bemerkbar, weshalb die Auswaschpipette nicht als Ausblaspipette verwendet werden kann und nachgewaschen werden muß, um diesen Fehler zu umgehen. Zur Vermeidung des inneren Benetzungsfehlers können die Pipetten bzw. Büretten auch innen mit Silikon überzogen werden [*23*].

Silikonisierte Pipetten weisen gegenüber unbehandelten Pipetten nur einen Bruchteil an Adsorption auf, wie durch vergleichende Untersuchungen mit Radiophosphor gezeigt wurde [*26*]. Auch in anderen Arbeiten werden silikonisierte Glasgeräte verwendet, da die Adsorption und damit der analytische Fehler so gering sind, daß sie praktisch vernachlässigbar sind [*23, 190*]. Eine silikonisierte 10 µl-Pipette hält z. B. nach dem Ausfließen der abgemessenen Lösung durch Benetzung weniger als 10^{-6} µl Flüssigkeit zurück [*30*]. Eine Überprüfung ergab eine weitgehende Übereinstimmung zwischen tatsächlichem Volumen der 10 µl-Pipette und dem Volumen der abgemessenen und wieder ausgeflossenen Lösung. Mikroliterpipetten, bei denen sich das Volumen selbsttätig einstellt (automatischer Nullpunkt), halten gerne zwischen der oberen Capillare und der Glaskugel (s. Abb. 19) einige µl Lösung zurück, was zu Fehlern führt. Dies wird durch eine Silikonbehandlung behoben. Bei Mikropipetten empfiehlt es sich aber, das Volumen nach jeder Silikonbehandlung zu überprüfen bzw. nachzueichen.

7.7.1.2. Mikromeßkolben

Wenn ein möglichst hoher Anreicherungsfaktor erwünscht ist, wird ein möglichst kleines Endvolumen, in dem sich die isolierten und angereicherten Spurenelemente befinden, angestrebt. Das Endvolumen soll möglichst wenig größer gewählt werden, als es für die Bestimmung des betreffenden Elementes erforderlich ist, um eine unnötig starke Verdünnung der Elementkonzentration zu vermeiden. Es finden hierbei Endvolumina von 40, 50, 100, 200, 500 µl und 1–10 ml Anwendung, wenn in diesem Zusammenhang von größeren Volumina, wofür die üblichen Meßkolben verwendet werden können, abgesehen wird. Besonders die kleinen Endvolumina können nicht mit Hilfe üblicher Meßkolben eingestellt werden, da gerade in diesem Größenordnungsbereich das exakte Auffüllen zum vorgesehenen Endvolumen eine notwendige Voraussetzung für genaue Analysenergebnisse ist.

Im Bereich von 0,3–1 ml Volumen wurde ein Mikromeßkolben mit Capillarschliffstopfen [*46*] (s. Abb. 23) benutzt. Das Überführen der Probelösung in den Mikromeßkolben und das Auffüllen erfolgt mit Hilfe einer Capillare. Die relative Standardabweichung des Auffüllens beträgt $V = \pm 0{,}5\%$. Der weite Kolbenhals gestattet auch das Eindampfen von Lösungen im Mikromeßkolben.

Für kleine Endvolumina, insbesondere im µl-Bereich, verwendet man als Mikromeßkolben am zweckmäßigsten Pipetten mit einer Membranpumpe als Saugvorrichtung, die im Vergleich zu üblichen Mikromeßkolben einfacher, sicherer und genauer sind. Hierbei finden hauptsächlich die auf Einguß geeichten Auswaschpipetten (100 µl bis 10 ml) Anwendung [*125, 180, 191–202*]. Für Endvolumina <100 µl verwendet man entweder die Capillarpipette [*4, 195–198, 201, 202*] (s. S. 132, Abb. 32, 33) oder Mikropipetten mit Aufsaugvorrichtung (s. S. 117). Für Volumina von 1–200 µl eignet sich die Membranpumpe+), wie sie bei der Mikro-Membranbürette verwendet wird, als Aufsaugvorrichtung (Abb. 24a). Für größere Volumina (100 µl–2 ml) benützt man eine vereinfachte Membranpumpe+) (Abb. 24b) und eine etwas größere Ausführung mit Grob- und Feintrieb+) für 1–10 ml Volumen. Die Auswaschpipetten mit Aufsaugvorrichtung sind bei ihrer Verwendung mit zwei Klemmen an einem Stativ befestigt.

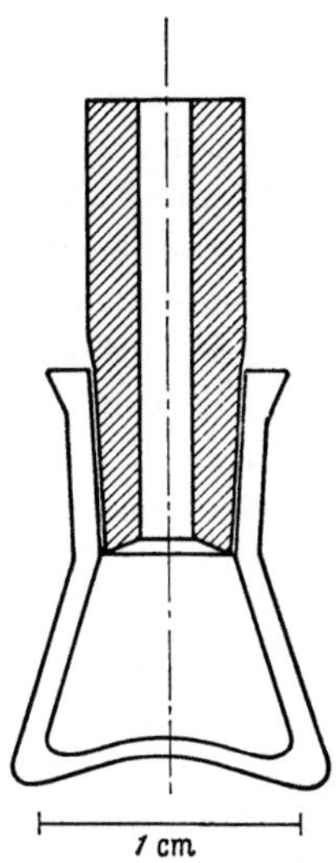

Abb. 23

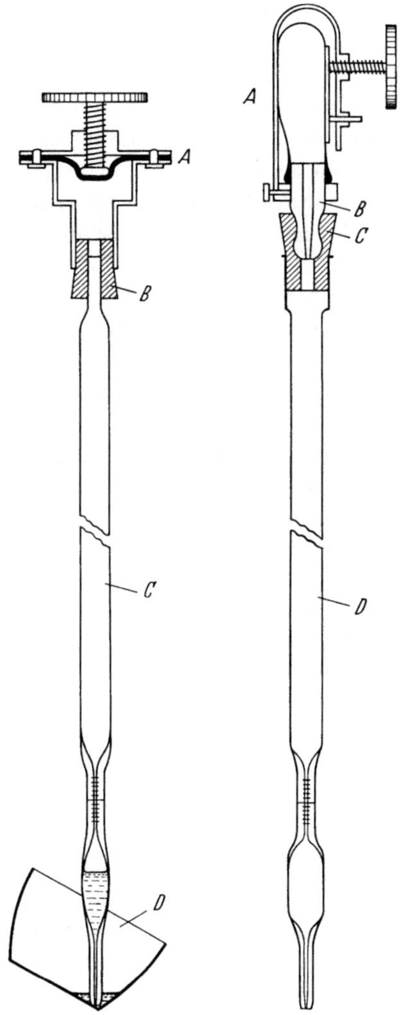

a b

Abb. 24a u. b

Abb. 23. Mikromeßkolben mit Capillarschliffstopfen [*46*]

Abb. 24a u. b. Mikromeßkolben. a Auffüllen von Probelösung auf 0,2 ml mittels einer 0,2 ml-Präzisionsauswaschpipette mit Membranpumpe [*125, 180, 191—200, 202*]; *A* Membranpumpe, *B* Gummistopfen, *C* Auswaschpipette, *D* Quarzschale mit Probelösung. b 0,5 ml-Präzisionsauswaschpipette mit vereinfachter Membranpumpe [*201*]; *A* vereinfachte Membranpumpe, *B* Glasrohr, *C* Gummistopfen, *D* Auswaschpipette

Das Auflösen und Auffüllen der isolierten und angereicherten Spurenelemente auf ein bekanntes Volumen mit Hilfe einer Auswaschpipette mit Aufsaugvorrichtung wird wie folgt durchgeführt: beispielsweise die Chloride der Spurenelemente befinden sich als Eindampfrückstand in einer kleinen Quarzglasschale, in der sie eine möglichst kleine Oberfläche bedecken sollen. Mittels eines Tropfers (s. S. **225**, Abb. **50**) fügt man zu dem Rückstand 1–2 Tropfen 6n HCl. Wenn sich der Rückstand aufgelöst hat, saugt man die Lösung durch langsames Herausdrehen der vorher eingedrehten Stellschraube der Membranpumpe in die Auswaschpipette (Abb. 24a). Man wiederholt diesen Vorgang durch erneuten tropfenweisen Zusatz von verd. HCl und Wasser, wobei jeder neue Tropfen Lösungsmittel in die Pipette hochgesaugt wird. Auf diese Weise werden Rückstandsreste gelöst, die Quarzschale nachgewaschen und die Pipette langsam und sorgfältig bis zur Marke aufgefüllt. Bei diesem Arbeitsgang muß man für eine möglichst gute Durchmischung der Lösung während des Auffüllens sorgen, was durch möglichst oftmaliges Aufsaugen von Nachwaschflüssigkeit erreicht werden kann. Nach dem Auffüllen bläst man die Probelösung in einen Spitzbecher mit Schliffstopfen, schüttelt, um eine gute Durchmischung zu gewährleisten, nochmals leicht durch und führt die Probelösung der Bestimmung der einzelnen Elemente zu.

7.7.2. Photometrie

Wie bereits früher ausgeführt wurde, ist man in der Spurenanalyse bestrebt, das Endvolumen, in dem zuletzt die Bestimmung des gesuchten Spurenelementes durchgeführt wird, möglichst klein zu halten. Es können nämlich um so kleinere Mengen eines Spurenelementes bestimmt werden, je größer die zu verarbeitende Probemenge gewählt werden kann und je kleiner bei gegebener Schichtdicke das Flüssigkeitsvolumen ist, worin das Element photometrisch bestimmt wird. Bei der Spektralanalyse bestehen diesbezüglich keine Schwierigkeiten, da man dort stets nur mit kleinen Substanzaufgaben auf die Elektroden, nämlich mit nur einigen Milligrammen oder Mikrolitern, arbeitet. Hingegen muß man bei der normalen Photometrie einige Änderungen vornehmen. Bei der photometrischen Bestimmung wird gewöhnlich die Farbreaktion in einem im Vergleich zum Küvettenvolumen viel größeren Volumen an Probelösung durchgeführt und die Küvette nur mit einem Teil davon gefüllt. Der durch die Küvette geschickte Lichtstrahl passiert gleichfalls nur einen Teil der in der Küvette befindlichen Lösung, so daß praktisch nur ein sehr kleiner Teil der dem Gesamtvolumen der Probelösung entsprechenden Extinktion gemessen wird. Man kann sich gut vorstellen, daß man bei einer gegebenen Spurenelementmenge die Bestimmungsgrenze beträchtlich senken kann, wenn man durch Verwendung geeigneter Küvetten die Bestimmung bei der gleichen Schichtdicke in einem kleineren Endvolumen, z. B. in 1 ml Lösung, durchführt. Hierzu muß man die Farbreaktion in einem Volumen durchführen, das zur Füllung der Küvette gerade ausreichend ist. Weiterhin soll die Küvette einen Durchmesser (Querschnitt) haben, der nicht, bzw. kaum größer als derjenige des Lichtstrahles ist. In allen solchen Fällen wird daher die Verwendung von Capillarküvetten nicht nur von Vorteil, sondern sogar notwendig sein.

Bei den im Handel erhältlichen Spektral- und Filterphotometern erhält man meist auch sog. Mikroküvetten, die sich von den üblichen Normalküvetten durch ihr kleineres Arbeitsvolumen unterscheiden, was aber dann meist auf Kosten der Schichtdicke der Mikroküvette geht. Anderenfalls, wo eine ausreichende Schichtdicke berücksichtigt wurde, ist der Verbrauch an Lösungsvolumen auch für diese Mikroküvetten noch immer beträchtlich. Führt man dieselbe photometrische Bestimmung sowohl mit handelsüblichen Normal- [*205*] und Mikroküvetten [*204*] als auch mit Capillarküvetten [*204, 206*] durch, so zeigt der Vergleich, daß man mit Capillarküvetten die Bestimmungsgrenze L_Q [μg] bei unverändertem L_Q [μg/ml] um 1–2 Zehnerpotenzen gegenüber den erstgenannten Küvetten senken kann [*203, 204, 206*].

Capillarküvetten wurden daher wiederholt für die Bestimmung geringer Metallmengen [*207–209*] und auch organischer Stoffe [*206, 210*] verwendet. Häufig wurden bei solchen Arbeiten selbstgebaute bzw. sonderangefertigte Geräte und Küvetten benützt. Beschreibungen von selbstgebauten Photometern, die zur Verwendung von Capillarküvetten geeignet sind, finden sich in der Literatur [*204, 211*], doch erhält man auch im Handel entsprechende Zusatzeinrichtungen zu Spektralphotometern. Die Schwierigkeiten, die sich einer allgemeineren Anwendung von Capillarküvetten entgegenstellen, sind vor allem in der optischen Zentrierung und in der Füllung der Küvetten zu suchen, so daß optimale Meßbedingungen schwer zu erzielen waren. Ein dem Durchmesser der Capillarküvette entsprechendes Lichtbündel soll diese parallel durchstrahlen, weshalb eine genaue Justierung der Capillarküvette erforderlich ist.

Das Volumen der Küvette von Mikrospektralphotometern ist bei einer gegebenen Meßanordnung ohne Herabsetzung der Leistungsfähigkeit abhängig von der Lichtquelle, dem Strahlungsempfänger und dem Auflösungsvermögen des Monochromators [*215*]. Der Durchmesser und damit auch das Volumen einer Küvette können daher nicht beliebig verkleinert werden. Bei Verwendung eines handelsüblichen Spektralphotometers kann aufgrund theoretischer Überlegungen der innere Durchmesser einer Capillarküvette mit 10 cm Schichtdicke bis auf 1 mm (mit einem Volumen von weniger als 0,1 ml) ohne Einschränkung der Meßgenauigkeit herabgesetzt werden.

Die Capillarküvetten sind meist nach Art der Polarimeterrohre ausgeführt. Der Grund dafür liegt in ihrer einfacheren Füllung und Reinigung im Vergleich mit solchen Capillarküvetten, die aus einem Stück angefertigt sind (angeschmolzene Stirnfenster) und bei denen die Füllung und Entleerung durch seitliche Ansätze oder Bohrungen erfolgt. Diese Art von Küvetten (Abb. 25a) läßt sich außerdem leicht selbst herstellen. Die hierfür erforderliche dickwandige Glascapillare soll an beiden Enden den gleichen Innendurchmesser aufweisen und genau plangeschliffen sein. Als Fenster verwendet man plangeschliffene Glas- oder Quarzglasscheibchen, die durch Schraubverschlußkappen oder im Falle sehr kleiner und dünner Fenster durch den Kontakt mit der Meßlösung gehalten werden.

Kleine Capillarküvetten (Schichtdicke 7–10 mm, innerer Durchmesser 0,9–1 mm Volumen 5–10 μl) verwendet man beim Einsatz des Lichtmikroskopes als Mikrophotometer [*208, 212*]. Capillarküvetten ähnlicher Größe fanden auch bei Spektralphotometern Anwendung (Schichtdicke 10 mm, innerer Durchmesser 0,8 mm, Volumen ~ 5 μl mit dem Beckman DU [*213, 214*], Schichtdicke 3 cm, innerer Durchmesser 0,6 mm, Volumen 8,4 μl mit dem Zeiss PMQ II [*217*]).

Die Füllung der Capillarküvetten erfolgt auf verschiedene Weise: in einer Arbeit [*15, 216*] wird die Küvette (Schichtdicke 5 cm, innerer Durchmesser 4 mm bzw. 2 mm, Volumen 0,6 ml bzw. 0,16 ml) durch knapp vor den Stirnfenstern angebrachte Bohrungen (s. Abb. 25b) gefüllt; in weiteren Arbeiten [*204, 207, 217a*], dient ein seitlicher Ansatz zur Füllung der Küvette [Schichtdicke 10 cm, innerer Durchmesser 2,2 mm bzw. 5 mm, Volumen 0,4 ml bzw. 2,0 ml [*204, 207*], sowie Schichtdicke 5 cm, innerer Durchmesser 5 mm, Volumen 1 ml [*217a*] (s. Abb. 25c)]; andere Autoren [*206, 208–211*] führen zur Füllung ihrer Küvetten (Schichtdicke 7 mm, innerer Durchmesser 0,9 mm, Volumen 5 μl [*208*]; Schichtdicke 10 cm, innerer Durchmesser 3 mm, Volumen 0,7 ml [*206, 209–211*]) eine ausgezogene, mit einem kleinen Gummiballon versehene Capillare in die Küvette ein. Diese verschiedenen Arten der Füllung erfordern alle eine gewisse Übung, um störende Luftblasen völlig zu vermeiden. Auch wird mit der Verringerung des Innendurchmessers der Capillarküvette das einwandfreie Füllen schwieriger und der Füllung mittels einer ausgezogenen Capillare eine gewisse Grenze gesetzt [*25*]. Capillarküvetten mit einem Durchmesser unter 5 mm können mit einer wäßrigen Lösung schwieriger als mit einem organischen Lösungsmittel gefüllt werden [*207*].

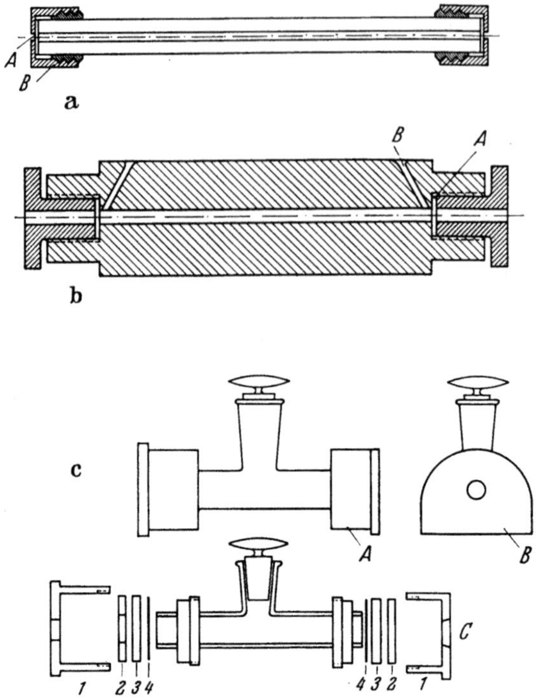

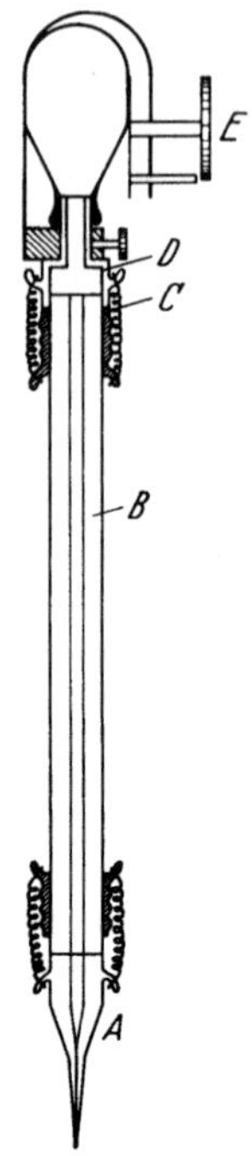

Abb. 25a—c

Abb. 26

Abb. 25a—c. Capillarküvetten. a Capillarküvette (2 mm innerer Durchmesser, Wanddicke 3 mm, Schichtdicke 10 cm) nach dem Polarimeterrohrprinzip [*25, 206, 209—211*]. *A* Stirnfenster, *B* Schraubverschluß. b Capillarküvette aus Teflon [*15, 216*], *A* Stirnfenster, *B* Bohrung. c Capillarküvette mit seitlichem Ansatz [*217a*], *A* Seitenansicht, *B* Vorderansicht, *C* Küvette auseinandergenommen: *1* Verschlußkappen, *2* Dichtungsringe aus Gummi, *3* planparallele Glasscheiben (2 mm dick), *4* Dichtungsringe aus weißem Papier

Abb. 26. Füllvorrichtung für Capillarküvetten [*25*]; *A* Füllspitze, *B* Capillarküvette, *C* Gummidichtung, *D* Zwischenstück, *E* Membranpumpe

Diese Schwierigkeiten lassen sich vermeiden, wenn man die Füllung der Capillarküvette mit der in Abb. 26 gezeigten Einrichtung vornimmt [*25*]. Auf diese Weise ist eine rasche und blasenfreie Füllung möglich, die sich insbesondere für dickwandige (etwa 3 mm Wanddicke), englumige Capillarküvetten (mit etwa 1–5 mm innerem ⌀) und beliebiger Schichtdicke (etwa 5–20 cm) eignet.

Neben den Capillar- und Mikro-Rohrküvetten sind noch die Mikro-Trogküvetten (z. B. Hellma GmbH. u. Co., Müllheim/Baden) zu erwähnen (s. a. Abb. 28); da sie nicht aus mehreren Teilen bestehen und daher leicht zu handhaben und zu reinigen sind, werden sie den anderen Küvetten oft vorgezogen. Diejenigen Ausführungen an Mikro-Trogküvetten, die gegenüber Capillar- und Mikro-Rohrküvetten ein nicht viel größeres Arbeitsvolumen aufweisen, sind für manche Bestimmungsverfahren brauchbar.

Im Handel erhält man für die Spektralphotometer Zusatzeinrichtungen für Mikroküvetten (für Capillar-, Mikro-Rohr- oder Mikro-Trogküvetten) mit bis zu 5 cm Schichtdicke, die dem Bedarf an Meßgefäßen mit kleinen Volumina mehr oder weniger weit entgegenkommen. Bei der Zusatzeinrichtung (Microchemical Specialties Co., USA) für

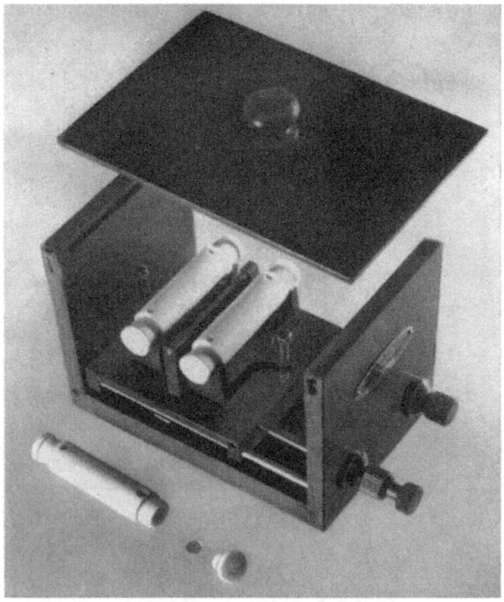

Abb. 27. Mikroküvetteneinrichtung zum Beckman DU Spektralphotometer (von Fa. Microchemical Specialties Co., Berkeley, zur Verfügung gestellt)

das Beckman DU Spektralphotometer werden hierzu Capillarküvetten aus Teflon mit Stirnfenstern aus Glas oder Quarzglas (Schichtdicke 5 cm, innerer ⌀ 4 mm, bzw. 2 mm, Volumen 0,6 ml bzw. 0,16 ml) verwendet, die durch Bohrungen gefüllt werden [*15, 216*] (Abb. 27). Für das gleiche Spektralphotometer sind auch Mikro-Trogküvetten (Schichtdicke 1 cm, Innenbreite 3,0, 2,5, 2,0 bzw. 1,5 mm, Arbeitsvolumen 0,100, 0,075, 0,063 und 0,050 ml; The Ultracell Co., 22 Bland Ave., Emerson/N. J., USA) erhältlich. Beim Zeiss PMQ II Spektralphotometer finden Mikro-Rohrküvetten aus Glas (Schichtdicke 1, 2 und 5 cm, innerer ⌀ 5 mm, Volumen 0,2, 0,4 und 1 ml) Anwendung, deren Füllung durch ein seitliches Ansatzrohr erfolgt (Abb. 28). Besonders zu erwähnen ist, daß sie nicht mit angekitteten oder angeschmolzenen Stirnfenstern versehen sind, sondern die als lose Deckplättchen ausgeführten Quarzfenster durch einen federnden Halter mit dem Küvettenrohr zusammengehalten werden. Daneben können auch Mikro-Trogküvetten (Schichtdicke 0,5 und 1 cm, Innenbreite 2 bzw. 4 mm, Volumen 0,1 ml/cm bzw. 0,2 ml/cm) (s. Abb. 28) verwendet werden. Verschiedentlich fanden Mikro-Trogküvetten zur Bestimmung kleiner Elementmengen Anwendung. In Verbindung mit dem Zeiss PMQ II Spektralphotometer wurden auch aus Glasblöcken (13 mm breit, 18 mm hoch, 48 mm lang) selbst hergestellte Mikro-Trogküvetten (Schichtdicke 48 mm, Innenbreite 2 mm, Arbeitsvolumen $\sim$ 0,3 ml bei ausschließlicher Füllung des durchstrahlten Küvettenteiles) verwendet, bei denen Quarzglasplatten als Stirnfenster mit Araldit aufgeklebt und Lichtblenden mit Bohrungen 1,6 mm ⌀ vorgesetzt waren [*22a*]. Beim lichtelektrischen Kompensationsphotometer (Leitz, Wetzlar) können ebenfalls Mikroküvetten (Schichtdicke 5 cm, innerer ⌀ 5 mm, Volumen 1 ml) eingesetzt werden.

Der einwandfreien Justierung und damit der Halterung von Mikroküvetten ist – wie schon oben erwähnt – besondere Beachtung zu schenken. So ergab die Anwendung der Mikro-Rohrküvetten des Zeiss PMQ II Spektralphotometers bei den 5 cm-Küvetten eine gegenüber den 1 cm-Küvetten geringere Standardabweichung, was auf die größere

A

B

a b

Abb. 28 A u. B. Mikroküvetteneinrichtung zum Zeiss PMQ II Spektralphotometer (von Fa. Zeiss, Oberkochen, zur Verfügung gestellt). A Spezialprobenwechsler mit eingesetzter 5 cm-Mikro-Rohrküvette. B a 1 cm-Mikro-Trogküvette (4 mm Innenbreite) mit Halter, b 2 cm-Mikro-Rohrküvette mit Halter

Auflagefläche der 5 cm-Küvetten im Küvettenhalter und daher bessere Justierung zurückgeführt wird [*218*].

Erwähnt seien hier noch die im Handel angebotenen Spektralphotometer für die Ultramikroanalyse, die z. T. besonders für Routineanalysen im klinischen Laboratorium (z. B. von Serum) eingerichtet sind und sich zur Messung auch sehr kleiner Volumina (7–100 µl und darüber; Schichtdicke 6–22 mm) eignen.

Die mit Capillar- oder Mikroküvetten erreichbare Bestimmungsgrenze L_Q [µg] läßt sich noch um etwa 1 Zehnerpotenz senken, wenn man den Tüpfelfleck einer Farbreaktion photometriert [*219*]. Allerdings ist der Analysenfehler hier erheblich größer. Hierzu wird die im Mikromaßstab hergestellte Farblösung auf Chromatographiepapier als Tüpfelfleck aufgebracht, getrocknet, in einen geeigneten Papierhalter mit Blende (z. B. 5 mm ⌀) eingesetzt und wie üblich photometriert. Dieses Verfahren fand zur photometrischen Bestimmung von B mit Curcumin Anwendung ($V = \pm 30\%$)[*219*].

7.7.3. Flammenphotometrie, AAS und AFS

Bei handelsüblichen Geräten der Flammenphotometrie, AAS und AFS mit normal ausgeführten Zerstäuberbrennern benötigt man für die Analyse mindestens 0,5 ml Probelösung, in der Regel aber 1–10 ml (bei einem Probenverbrauch von ~ 1,5 ml/min). Mit Hilfe einer Mikrotechnik beim Zerstäuberbrenner und einer Apparatur mit sehr rascher Registrierung des Meßsignals (Schreiber oder Oscillograph) läßt sich die benötigte Probemenge stark senken. Auf diese Weise können Analysen – bei einem Probenverbrauch von ~ 1,5 ml/min und einer Zerstäubungs- bzw. Meßzeit von ~ 160 msec – mit bis herab zu 10–20 µl Probelösung durchgeführt werden [*220*]. Man erreicht damit zwar keine Verkleinerung, vielmehr wegen den größeren Schwankungen des Meßsignals eine Erhöhung von L_Q [µg/ml] bis zu einem Faktor 4, jedoch eine Senkung von L_Q [µg] um den Faktor 0,04 [*220*].

Ähnliche Ergebnisse erhält man, wenn die Probelösung mit Hilfe eines geeigneten Tröpfchengenerators in Form einzelner Tröpfchen in die Flamme eingebracht wird [*221, 222*]. Gegenüber der üblichen „Makrotechnik" könnten mit der Einzeltropfen-Technik bei einer Tröpfchengröße von ~ 1 nl theoretisch um den Faktor 10^{-3}–10^{-6} tiefere Werte für L_Q [µg] erreicht werden, doch wird dies durch das unvermeidliche Totvolumen (~ 0,7 ml) der Apparatur verhindert. Bei der AAS und AFS konnte man durch Verwendung anderer Atomisatoren, wie z. B. Graphitküvette [*223, 224*], Graphitstab [*225*] und Platindrahtschleife [*226*], anstelle des Zerstäuberbrenners eine Verminderung des benötigten Volumens an Probelösung auf wenige Mikroliter erzielen. Die Probelösung wird auf die erwähnten Atomisatoren als Substanzträger aufgebracht und durch Stromzufuhr verdampft. Eine andere Mikrotechnik fand bei der Bestimmung von Pb in Blut mittels AAS Anwendung [*227*]: 10 µl Probe wurden in einem Mikronickeltiegel eingedampft, verascht und anschließend der Tiegel in die Flamme eingeführt. Diese Arbeitsweisen ergeben ebenfalls bei unverändertem L_Q [µg/ml] eine Senkung von L_Q [µg] (s. S. 30ff.).

Mit Hilfe der oben genannten Maßnahmen erreicht man in der Regel eine Senkung der in Tab. 7 (s. S. 39) zusammengestellten L_Q [µg]-Werte um 1–2 Zehnerpotenzen.

7.7.4. Elektrochemische Methoden

Wie bei den anderen Bestimmungsverfahren ist auch hier durch Verkleinerung des Arbeitsvolumens eine Herabsetzung der Bestimmungsgrenze L_Q [µg] möglich. Bei der Polarographie haben Normalzellen ein Volumen von 25–50 ml und normale Mikrozellen 0,1–5 ml. Für die Bestimmungen in kleinsten Lösungsvolumina wurden Mikro- und Capillarzellen mit einem Volumen bis herab zu 5–50 μl [*228*, *229*] verwendet. Geeignete Arbeits- und Elektrolysegefäße zur Verkleinerung des Arbeitsvolumens wurden in der Literatur mehrfach beschrieben (s. S. 31), wie z. B. für die Polarographie [*228*], Coulometrie [*230–232*], Amperometrie [*233*, *234*], Potentiometrie [*235*, *236*] und Voltammetrie [*235*]. Auf diese Weise erreicht man eine Herabsetzung der Bestimmungsgrenze um den Faktor 10^{-3}–10^{-4}.

7.7.5. Emissionsspektralanalyse

Die in der Spurenanalyse häufig erwünschten hohen Anreicherungsfaktoren bedingen die Anwendung einer Methode zur Bestimmung kleinster Elementmengen. Hierfür kommt in erster Linie – besonders für den Mikrogramm- und Nanogrammbereich – die Lösungsspektralanalyse in Frage: einmal sind geringste Mengen an Spurenelementen in Form von Lösungen am leichtesten und sichersten zu handhaben, zum anderen ist so die Anwendung geringster Endvolumina und die Bestimmung geringster Elementmengen bei gleichzeitig geringstem Verbrauch an Probematerial bzw. -lösung möglich. Unter den in der Literatur bekannten Formen der Lösungsspektralanalyse [*238*] (Stabelektroden, rotierende Scheibenelektroden, porous cup-Methode u. a.) kommen aufgrund der angeführten Gesichtspunkte hauptsächlich Stabelektroden zur Anwendung, auf deren flach abgedrehte Enden die Probelösung aufgetragen wird. Wegen ihrer Linienarmut (gegenüber Metallelektroden) werden in der Spurenanalyse in erster Linie Graphitelektroden verwendet. Ein gewisser Nachteil ist ihre Porosität, weil ein Teil der aufgebrachten Lösung bis zu einer bestimmten Tiefe in die Elektrode eindringt [*239*] und somit der darin enthaltene Elementanteil der Bestimmung verloren geht, da vorwiegend nur die an der Elektrodenoberfläche befindliche Elementmenge bei der elektrischen Entladung zur Analyse gelangt. Die Eindringtiefe, Einsaugzeit, Gleichmäßigkeit des Saugvermögens und die Verteilung der einzelnen Elemente in der Elektrode werden von der Porosität und dem Spektralkohle-Typ beeinflußt [*240–242*]. Außerdem wird eine gewisse Unsicherheit der Analysen durch den – von den Arbeitsbedingungen abhängigen – chromatographischen Effekt hervorgerufen, der eine inhomogene Verteilung der Ionen in der Graphitelektrode bewirkt. Zum geringeren Teil ist eine Streuung der Analysenergebnisse auf die selektive Adsorption der Ionen, zum größeren Teil auf die durch die Schwammstruktur der Kohlen verursachten Unregelmäßigkeiten im Flüssigkeitstransport zurückzuführen [*243*]. Besonders empfindliche Fehler und „Ausreißer" können aber oft durch Fehlstellen in den Graphitelektroden als Folge von Fabrikationsfehlern hervorgerufen werden [*244*], weshalb die Elektrodenoberfläche bei Lösungsspektralanalysen vor jedem Abfunken sorgfältig in dieser Hinsicht geprüft werden soll.

Zur Erzielung einer möglichst tiefen Nachweisgrenze kommt es darauf an, das zu bestimmende Element in möglichst hoher Konzentration an der Elektrodenoberfläche zu halten. Um das Eindringen der Probelösung (auch bei den sog. „nicht saugenden Graphitelektroden") zu vermeiden, dichtet man die porösen Elektroden z. B. mit spektralreinem Paraffin oder Mineralschweröl [*245*], Wachs [*246*], Apiezon N-Fett (5 mg/ml Petroläther; für wäßrige bis 2n-saure Lösungen) [*254*], Parowax (50 mg/ml CCl_4; für stark saure Lösungen; nach dem Auftragen und Eintrocknen der Probelösung wird das Parowax durch Erhitzen auf 140° C entfernt) [*254*], Acrylsäure- [*247*], Polystyrol- [*248*] oder Kollodiumlack [*237*] ab.

Häufig wird auch aus dem gleichen Grund die Probelösung auf vorerhitzte unbehandelte Elektroden aufgebracht, wo sie nur in der Oberflächenschicht eindampft

[249]. Für das Erhitzen der Elektroden vor dem Aufbringen der Probelösung fanden neben der oft benützten, nicht sehr exakten Methode des Vorfunkens (Aufnahme des Leerspektrums) in einigen Arbeiten elektrisch beheizte Blöcke aus Metall *[250]* (z. B. Aluminium *[56]*) oder aus Speckstein *[123]*, die mit Bohrungen versehen sind, sowie weiterhin der Mikro-Universalheizblock nach GORBACH *[4]* (P. HAACK, Wien IX, Garnisongasse 3, Österreich) mit Spezialaufsatz (Abb. 29) Anwendung *[195–198, 202,*

Abb. 29. Mikro-Universalheizblock nach GORBACH mit Spezialaufsatz *[202, 195—198, 251, 252]*

251, 252]. Bei dem letztgenannten Heizblock wird die Temperatur mittels Schiebewiderstand durch ein seitlich in den Heizblock eingeschobenes Thermometer oder genauer mittels eines Thermorelais eingestellt. Der Spezialaufsatz besitzt eine Reihe von 7–10 mm tiefen Bohrungen, in welche die etwa 15–20 mm langen Elektroden bis zu ihrer Hälfte eingeführt werden. Für das Erhitzen längerer Graphit-Stabelektroden (von 30–300 mm) wurde der nachfolgend beschriebene, auf den Mikro-Universalheizblock passende Spezialaufsatz aus Aluminium (Abb. 30) entwickelt *[253]*. Anstelle von Aluminium könnte er auch aus Graphit gefertigt werden (analog einem jetzt im Handel erhältlichen Graphitblock für das Erhitzen kurzer Graphit-Elektroden [UltraCarbon Corp., P.O. Box 747, Bay City/Michigan, USA]), was besonders bei Spurenanalysen zu empfehlen wäre. Der für das Erhitzen von langen Elektroden beliebigen Durchmessers erwähnte Spezialaufsatz (s. Abb. 30) gewährleistet ein rasches Arbeiten und eine, im Vergleich zu dem früher für kurze Elektroden erwähnten Spezialaufsatz (s. Abb. 29) günstigere Ausnützung der Elektroden, so daß er besonders für Serienanalysen und bei Spektrographen mit Elektrodenhaltern für lange Elektroden von Vorteil ist. Seine Arbeitsweise sei an Abb. 30 erläutert.

Wenn der Mikro-Universalheizblock (max. 360—370° C erreichbar) auf die gewünschte Temperatur eingestellt ist, wird der am Haltestift *d* (aus Stahl oder Messing gefertigt) befestigte Griff e zurückgezogen, wobei sich zuerst *d* fortbewegt, bis er am Bügel *g* anschlägt, worauf auch der bewegliche Teil *c* weggezogen wird. Daraufhin führt man die plan abgedrehte, vorgefunkte (Leerspektrum) Graphit-Stabelelektrode mit einer Pinzette von oben in die Bohrung ein und läßt den Griff *e* aus, worauf sich die beweglichen Teile durch den Federdruck in umgekehrter Reihenfolge zurückbewegen.

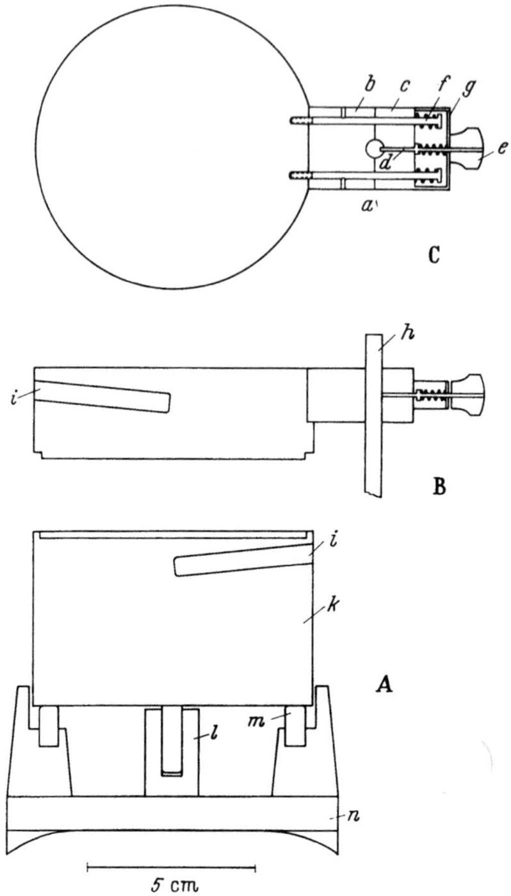

Abb. 30 A—C. Spezialaufsatz [*253*] zum Mikro-Universalheizblock nach GORBACH [*4*] für das Erhitzen langer Graphitelektroden; A Mikro-Universalheizblock, B, C Spezialaufsatz zum Erhitzen langer Stabelektroden, *a* Elektrodenhalter, *b* unbeweglicher Teil von *a*, *c* beweglicher Teil von *a*, *d* Haltestift, *e* Griff, *f* Führungsstift, *g* Halterbügel, *h* Graphitelektrode, *i* Thermometerbohrung, *k* Heizplatte, *l* elektrischer Anschluß, *m* Stiftstützen aus Porzellan, *n* Heizkörperfuß

Die Elektrode muß immer um einen gleichbleibenden, bestimmten Betrag (z. B. 10 mm) die Oberfläche des Elektrodenhalters überragen. Sobald die Elektrode auf die gewünschte Temperatur erhitzt ist (~ 1 min), wird die Probelösung aufgetragen, nach dem Eindampfen die Graphitelektrode mit der Pinzette nach oben aus der Bohrung genommen und im Funkenstativ eingespannt. Die Erhitzungstemperatur wird so gewählt, daß die in Tropfen von etwa 5 µl aufgebrachte Probelösung innerhalb von 5—10 sec ohne zu spritzen verdampft. Bei der beschriebenen Ausführung erwies sich im allgemeinen eine Temperatur von 125—130° C am günstigsten.

Nach dem Abfunken werden die gebrauchten Elektrodenenden in einer Länge von etwa 5—7 mm mittels einer Schnabelzange abgebrochen, die Bruchfläche wieder plan abgedreht und nach der Aufnahme des Leerspektrums wie beschrieben fortgefahren. Beim Aufbringen von 200 µg Fe in Form von 20 µl salzsaurer Fe-Lösung auf die oben beschriebene Weise konnte nach dem Abfunken und Abbrechen von 5 mm der Graphitelektrode beim anschließenden Abfunken der neuen, plan abgedrehten Bruchfläche im Hochspannungsfunken und im Gleichstrombogen kein Fe, das von evtl. eingedrungener Probelösung hätte stammen können, nachgewiesen werden. Die Erfahrungen beziehen sich auf RW I-Graphitelektroden (200 mm lang, 5 mm ∅, Ringsdorff-Werke, Bad Godesberg/Mehlem), wie sie bei Routinearbeiten verwendet wurden. Auch konnte mit denselben Graphitelektroden unter den gleichen Abfunkbedingungen keine Verunreinigung durch den Spezialaufsatz oder den Haltestift *d* festgestellt werden. Falls es sich aber bei einer empfindlicheren Anregungsart als notwendig erweisen sollte, so können der Haltestift *d* und die Bohrung des Spezialaufsatzes ohne weiteres aus einem anderen Material hergestellt bzw. mit einem solchen ausgekleidet werden.

In der Regel wird auf die untere erhitzte Graphitelektrode ein kleines Volumen Probelösung von meist 20 μl aufgetragen. Eine Steigerung der Empfindlichkeit bzw. Senkung von L_Q der Bestimmungsmethode um den Faktor 2 erreicht man durch Auftragen der doppelten Lösungsmenge, d. h. von je 20 μl auf beide (obere und untere) Graphitelektroden. Wenn nun beispielsweise aus arbeitstechnischen Gründen das Endvolumen 100, 200 oder 500 μl Probelösung beträgt und von einer Arbeitsvorschrift

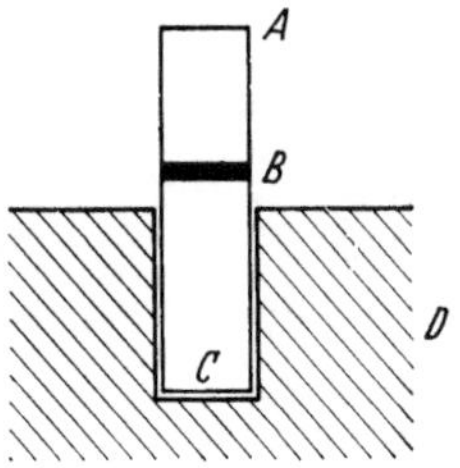

Abb. 31. Graphitelektrode (5 mm Durchmesser) im Aluminiumheizblockaufsatz [*202*]; *A* oberes Elektrodenende, *B* Zone größter Konzentration der aufgetragenen Metallsalze, *C* unteres Elektrodenende, *D* Aluminiumheizblockaufsatz

das Auftragen von 20 μl Probelösung auf diese untere Graphitelektrode vorgeschrieben wird, so liegt im Falle eines geringen Spurenelementgehaltes des Probematerials der Gedanke nahe, durch Aufbringen der gesamten Lösung auf die Graphitelektrode die Menge der bei der spektrochemischen Bestimmung anwesenden Spurenelemente um ein Vielfaches zu steigern und damit die Empfindlichkeit des Bestimmungsverfahrens zu erhöhen. Dies läßt sich grundsätzlich durch Erhitzen der Elektrode während des Auftragens der Lösung mit Hilfe der oben beschriebenen Elektrodenheizblöcke leicht bewerkstelligen [*251*]. Hierzu ist jedoch folgendes zu bemerken [*202*]: Beim Aufbringen größerer Mengen Lösung, wie z. B. 100, 200 μl oder mehr, spielt sich der in Abb. 31 schematisch dargestellte Vorgang auf der Graphitelektrode ab, der mit dem Vorgang bei der Säulenchromatographie verglichen werden kann. Die Lösung wird in Tropfen von etwa 5 μl aufgebracht. Da die Graphitelektrode erhitzt ist, dringt nur ein Teil des Tropfens ein, während der Rest verdampft. Es bleiben die Metallsalze zurück, die auf der Elektrodenoberfläche (bei *A*) eine Schicht der größten Konzentration aufweisen, die nach dem Elektrodeninneren zu in Richtung *C* abnimmt. Der nächste Tropfen löst die Salzschicht bei *A* ganz oder teilweise wieder auf, diese verschiebt sich etwas in Richtung *C* und eine neue Salzmenge bleibt auf der Elektrodenoberfläche bei *A*. Mit jedem neuen Tropfen wiederholt sich dieser Vorgang. Dabei bildet sich bei *A* auf der Elektrodenoberfläche hinsichtlich der Konzentration der Elemente ein stationärer Zustand, ein Gleichgewicht, in dem eine maximale Salzkonzentration erreicht wird, die durch weiteres Hinzufügen von Lösung nicht mehr erhöht werden kann. Gleichzeitig verschiebt sich dabei die restliche Salzmenge in Richtung *C*, wobei die Grenzzone *B* infolge der von *A* nach *C* zunehmenden Temperatur die größte Elementkonzentration aufweist.

Aus diesem Sachverhalt ergibt sich, daß möglichst kleine Lösungsmengen beim Arbeiten mit erhitzten Graphit-Stabelektroden verwendet werden sollten. Wenn schon größere Lösungsmengen auf einmal aufgebracht werden sollen, so müssen die Eichkurven mit den gleichen Flüssigkeitsmengen hergestellt werden. Da durch das Wandern der Salzzone stets ein Teil der angereicherten Elemente verlorengeht, läßt sich durch das Aufbringen von z. B. der 5fachen Menge an Lösung auf die Elektrode nur eine mäßige, keinesfalls aber eine 5fache Steigerung der Empfindlichkeit der Bestimmungsmethode erreichen. Will man gemäß dem Beispiel eine 5fache Empfindlichkeitssteigerung erzielen, so muß man eine undurchlässige Elektrode verwenden. Da aber auch bei den im Handel erhältlichen „nicht saugenden" Graphitelektroden der geschilderte Vorgang des Zonenwanderns der Metallsalze stattfindet, muß man entweder die Graphitelektrode abdichten oder eine Metallelektrode verwenden. Metallelektroden weisen aber gegenüber Graphitelektroden Nachteile auf, wie z. B. die Aussendung von Störstrahlung, die beschränkte Anwendbarkeit bei verschiedenen mineralsauren Lösungen u. a. m.

Gemäß den obigen Ausführungen wird im allgemeinen nur ein kleines Volumen Probelösung (unter 50 μl, häufig nur 20 μl) auf die vorerhitzten Graphitelektroden aufgetragen. Am einfachsten läßt sich das Auftragen von 20 μl Lösung mit der Capillarpipette (s. S. 118) von Hand aus durchführen, wobei die Lösung infolge der Capillarität in der Pipette gehalten wird und durch Abtupfen mit gehärtetem Filtrierpapier auf die

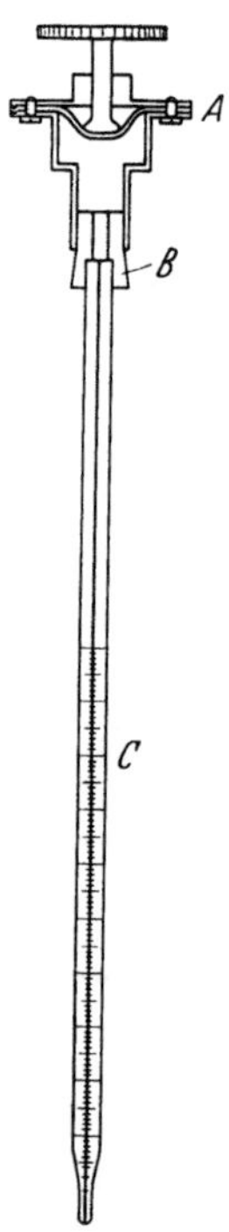

Abb. 32

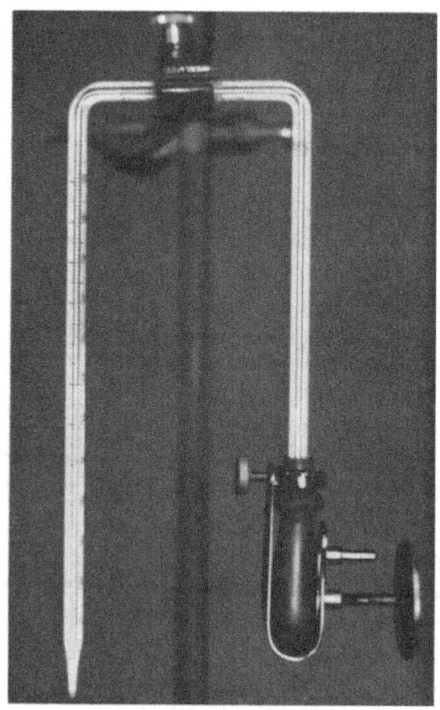

Abb. 33

Abb. 32. Capillarpipette mit Membranpumpe [*201*, *202*]; *A* Membranpumpe, *B* Gummistopfen, *C* 100 μl-Capillarpipette

Abb. 33. Doppelt gewinkelte Capillarpipette mit vereinfachter Membranpumpe [*169*]

Marke eingestellt werden kann. Zum genaueren Arbeiten läßt sich die Capillarpipette auch mit einer Membranpumpe versehen [*201, 202*] und in einem Stativ mit Schwenkarm senkrecht eingespannt verwenden (s. Abb. 32); man kann sie aber auch mit rechtwinkelig umgebogener Spitze in waagerechter Lage oder in doppelt gewinkelter Form (s. Abb. 33) verwenden [*169*]. Weiterhin finden zu demselben Zweck die Mikropipetten Anwendung (s. Abb. 20). Zum Füllen und Entleeren derselben setzt man an den Pipettenhalter einen Schlauch mit Mundstück oder eine Membranpumpe. Den Pipettenhalter kann man beim Aufbringen der Probelösung in der Hand halten oder unter Verwendung der Membranpumpe in ein geeignetes Stativ einspannen. Capillar- und Mikropipetten lassen sich in jenen Fällen verwenden, wo mit einem kleinen Endvolumen gearbeitet wird und somit nur wenig Probelösung zur Verfügung steht. Demgegenüber kann eine in einem Stativ eingespannte Mikrobürette mit Membranpumpe in senkrechter oder waagerechter Lage [*154, 155*] dann benützt werden, wenn mehr Probelösung vorhanden ist. Da die Mikroliterteilung der Bürette nicht bei der Bürettenspitze beginnt, sondern von dieser bis zum Beginn der Meßeinteilung noch ein Totvolumen von etwa 180–200 μl vorhanden ist, benötigt man für das Auftragen von 20 μl Lösung ein Mindestvolumen von ~ 250 μl Probelösung.

Beim Auftragen der Probelösung mit einer Pipette soll diese möglichst senkrecht gehalten werden, damit die Pipettenspitze außen so wenig als möglich benetzt wird. Die Lösung soll in so großen Tropfen auf die Elektrode gegeben werden, daß jeder Tropfen stets die gesamte Elektrodenoberfläche bis zum Rand bedeckt und so eine möglichst gleichmäßige Verteilung der Spurenelemente erreicht wird. Eine bessere Reproduzierbarkeit der Ergebnisse läßt sich demgegenüber noch erzielen, wenn man die Probelösung als Ganzes mittels einer Pipette während des Einsaug- bzw. Eindampfvorganges auf die Graphitelektrode kontinuierlich aufbringt. Es muß darauf geachtet werden, daß die aufgetragene Lösung nicht über den Elektrodenrand tritt und an der Elektrode herabfließt. Schließlich soll die Pipettenspitze die erhitzte Elektrodenoberfläche nach Möglichkeit nicht oder nur kurzzeitig berühren, damit nicht Lösung auf der Pipettenspitze durch die Erwärmung eintrocknet und so Verluste entstehen.

7.8. Grundlagen und Arbeitstechnik der Bestimmungsmethoden

In Abschnitt 4 (s. S. 29ff.) wurde bereits der Grundvorgang der Bestimmungsmethoden erläutert. Auf die theoretischen Grundlagen wird nachfolgend nur kurz und insoweit eingegangen, als es im vorliegenden Rahmen von Interesse erscheint. Für ein vertieftes Studium sei auf die ausführliche Literatur verwiesen (s. S. 29ff.).

7.8.1. Photometrie, Fluorimetrie

7.8.1.1. Grundlagen

Im folgenden sei nur auf die wichtigsten Gesetzmäßigkeiten der Photometrie kurz eingegangen, soweit sie für die praktische Durchführung der in den späteren Abschnitten beschriebenen photometrischen Verfahren von unmittelbarem Interesse sind.

Schickt man einen Lichtstrom Φ_0 durch eine gefärbte, homogene Lösung, die sich in einer Meßküvette befindet, so wird ein Teil desselben absorbiert, d. h. in stoffgebundene Energie übergeführt, während der restliche, geschwächte Lichtstrom Φ wieder austritt. Die beim Ein- und Austritt des Lichtstromes gleichzeitig auftretenden Verluste durch Reflexion an den Phasengrenzflächen und Absorption von Küvettenmaterial und Lösungsmittel werden durch gleichzeitige Messung der in einer gleichen Küvette befindlichen Vergleichs- oder Bezugslösung [Lösungsmittel, Probelösung ohne Farbreagens oder Reagentienblindwert (s. S. 101)] weitgehend eliminiert und können deshalb praktisch vernachlässigt werden. Unter diesen Bedingungen ist die festgestellte Absorption auf den vorliegenden Farbkomplex bzw. die Farbkomponente in der gefärbten Lösung zurückzuführen.

Das Verhältnis des austretenden zum eindringenden Lichtstrom bezeichnet man als *Durchlässigkeitsgrad*[1–3]:

$$\vartheta = \frac{\Phi}{\Phi_0} \tag{1}$$

Φ = austretender Lichtstrom,
Φ_0 = eindringender Lichtstrom,
ϑ = Durchlässigkeit oder Durchlässigkeitsgrad (Durchlaßgrad).

Das Verhältnis des absorbierten zum eindringenden Lichtstrom wird als *Absorptionsgrad* bezeichnet:

$$\alpha = \frac{\Phi_0 - \Phi}{\Phi_0} = 1 - \frac{\Phi}{\Phi_0} \tag{2}$$

α = Absorptionsgrad.

Da ϑ und α im allgemeinen von der Wellenlänge der Strahlung abhängen, fügt man deshalb als Index die Wellenlänge λ hinzu. Mit ϑ oder α aufgestellte Eichkurven sind mehr oder weniger stark gekrümmt, weshalb man hierzu die *Extinktion*[4] als Meßgröße verwendet. Diese ergibt sich aus den folgenden Gleichungen:

$$E_{n,\lambda} = \ln \frac{1}{\vartheta_\lambda} = \ln \frac{\Phi_0}{\Phi} \tag{3}$$

$E_{n,\lambda}$ = natürliche Extinktion.

$$E_\lambda = \lg \frac{1}{\vartheta_\lambda} = \lg \frac{\Phi_0}{\Phi} \tag{4}$$

E_λ = dekadische Extinktion.

$$\vartheta_\lambda = \frac{\Phi}{\Phi_0} = e^{-E_{n,\lambda}} = 10^{-E_\lambda}. \tag{5}$$

Nach dem Gesetz von BOUGUER-LAMBERT wächst die Absorption exponentiell mit der Schichtdicke:

$$E_{n,\lambda} = m_{n,\lambda} \cdot d; \qquad \Phi = \Phi_0 \cdot e^{-m_{n,\lambda} \cdot d} \tag{6}$$

$$E_\lambda = m_\lambda \cdot d; \qquad \Phi = \Phi_0 \cdot 10^{-m_\lambda \cdot d} \tag{7}$$

$m_{n,\lambda}$ = natürlicher Extinktionsmodul,
m_λ = dekadischer Extinktionsmodul,
d = Schichtdicke der Farblösung bzw. der Meßküvette.

---

[1] In der deutschen Literatur finden neben der am häufigsten verwendeten Extinktion E verschiedentlich die ϑ und α entsprechenden Einheiten Durchlässigkeit D und Absorption A in Prozent Anwendung.

[2] In der ausländischen Literatur wird häufig statt des Lichtstromes Φ die Lichtintensität oder -stärke I verwendet.

[3] In der englischsprachigen Literatur als transmittance (daneben auch noch transmittancy oder transmission) bzw. französisch transmission $T = \frac{I}{I_0}$ bezeichnet.

[4] In der englischsprachigen Literatur als absorbance (daneben auch noch optical density, absorbancy, extinction) bzw. französisch extinction, absorption oder densité optique $A = \lg \frac{1}{T} = \lg \frac{I_0}{I}$ bezeichnet.

Nach dem Gesetz von LAMBERT-BEER sind die Extinktionsmoduln der Konzentration der Farbkomponente (des Farbkomplexes) in der Lösung proportional:

$$m_{n,\lambda} = \varepsilon_{n,\lambda} \cdot c \tag{8}$$

$$m_{\lambda} = \varepsilon_{\lambda} \cdot c \tag{9}$$

$\varepsilon_{n,\lambda}$ = molarer natürlicher Extinktionskoeffizient der gelösten, gefärbten Substanz,
ε_{λ} = molarer dekadischer Extinktionskoeffizient der gelösten, gefärbten Substanz[1],
c = Konzentration der Farbkomponente (des Farbkomplexes) in Mol/l.

Wenn c nicht in Mol/l, sondern in g/l angegeben wird, so verwendet man den Begriff *spezieller Extinktionskoeffizient* $\varepsilon'_{n,\lambda}$ bzw. ε'_{λ}. Bei konstanten äußeren Bedingungen und gegebener Wellenlänge ist ε eine konzentrationsunabhängige Stoffkonstante. Da aber die Arbeits- und Meßbedingungen in der Praxis von einem Laboratorium zum anderen nicht genau reproduziert werden können, findet man in der Literatur und experimentell für ε des interessierenden Farbkomplexes mehr oder weniger stark abweichende Werte, die deshalb nur für Näherungsrechnungen verwendbar sind. ε bezieht sich stets auf die Farblösung, die photometriert wird. Demzufolge wird zu dessen Berechnung die Konzentration der Farbkomponente (des Farbkomplexes) in der Farblösung zum Zeitpunkt der photometrischen Messung zugrunde gelegt. Dies ist besonders bei Extraktionsverfahren zu beachten, wo also c im organischen Extrakt und nicht in der wäßrigen Lösung vor der Extraktion für ε maßgebend ist.

Aus den Gln. (6), (7) und (8), (9) ergibt sich das Bouguer-Lambert-Beersche Gesetz, welches in den späteren Abschnitten der Einfachheit halber Beersches Gesetz genannt wird, wonach der Logarithmus der reziproken Durchlässigkeit, d. h. die Extinktion der Schichtdicke der Farblösung und der Konzentration des absorbierenden Stoffes (Farbkomponente, Farbkomplex) proportional ist:

$$E_{n,\lambda} = \varepsilon_{n,\lambda} \cdot c \cdot d; \qquad \Phi = \Phi_0 \cdot e^{-\varepsilon_{n,\lambda} \cdot c \cdot d}. \tag{10}$$

$$E_{\lambda} = \varepsilon_{\lambda} \cdot c \cdot d; \qquad \Phi = \Phi_0 \cdot 10^{-\varepsilon_{\lambda} \cdot c \cdot d}. \tag{11}$$

Für die Fluorimetrie gilt analog

$$F = K\,\Phi_0\,\varepsilon\,c\,d \tag{12}$$

F = gemessene Fluorescenz,
K = Konstante, abhängig von der Fluorescenzausbeute und vom Meßinstrument.

Aus den Gl. (11) und (12) ist der wesentliche Unterschied zwischen Photometrie und Fluorimetrie ersichtlich. Sowohl eine Erhöhung des Lichtstromes Φ_0 bzw. der Lichtintensität[2] I_0 als auch eine höhere (empfindlichere) Verstärkerstufe des Meßgerätes führt bei der Fluorimetrie zu einer Erhöhung des Meßsignals, während dieses bei der Photometrie unverändert bleibt. Demnach läßt sich bei der Fluorimetrie im Gegensatz zur Photometrie mit Hilfe einer stärkeren Strahlungsquelle und/oder einer höheren Meßsignalverstärkung eine Empfindlichkeitssteigerung erreichen.

Eine Senkung von L_Q um den Faktor 2–5 läßt sich bei photometrischen Verfahren im einfachsten Falle durch Verwendung von Küvetten größerer Schichtdicke erreichen. Dieser Methode sind allerdings Grenzen gesetzt, da sich gleichzeitig auch der Blindwert

---

[1] In der englischsprachigen Literatur als molar absorptivity ε (daneben auch noch molar absorbancy index, molar extinction coefficient, molar absorption coefficient) bzw. französisch coefficient d'absorption moléculaire bezeichnet.

[2] s. Fußnote [2] auf S. 134.

in demselben Verhältnis vergrößert. Weiterhin bieten sich zur Senkung von L_Q die im Abschnitt 6. angeführten Möglichkeiten (s. S. 74). Von diesen sei hier noch auf die Farbreaktionen höherer Empfindlichkeit eingegangen.

Theoretische Berechnungen ergeben einen maximal erreichbaren molaren Extinktionskoeffizienten von $\varepsilon \approx 100000$ je Elektronenübergang in einem Molekül. Praktisch weisen aber die meisten Farbreagentien Werte im Bereich von $\varepsilon = 10000-40000$ auf. Nur wenige Farbkomplexe liegen höher oder kommen in die Nähe des theoretischen Wertes, meist aufgrund mehrerer Elektronenübergänge: z. B. einige Komplexe mit Dithizon, PAN, der Bor-Curcumin-Komplex[1], vor allem aber ternäre Komplexe [*255–260*]. Ternäre Komplexe haben oft den Vorteil höherer Selektivität und Empfindlichkeit. Im Gegensatz zu den meist angewandten binären Komplexen, bei denen ein Metallion M mit einer Reagensart A unter Bildung eines Komplexes der Form MA, MA_2, MA_3 usw. reagiert, entstehen bei der gleichzeitigen Reaktion eines Metallions M mit zwei Reagentien A und B Mischkomplexe oder ternäre Komplexe der Art MAB, MA_2B usw. Man unterscheidet im wesentlichen vier Arten ternärer Komplexe [*256*]: a) das System Metallion – elektronegativer Ligand – organische Base, b) das System Metallion – zwei verschiedene elektronegative Liganden, c) Heteropolysäuren, d) das System zwei verschiedene Metallionen mit einem Liganden. Bei der unter b) genannten Art erfolgt die Bildung eines koordinativ ungesättigten Komplexes zwischen Metallion und dem Liganden A (bei Elementen mit Koordinationszahl:Valenzzahl $>2:1$), so daß die freien Koordinationsstellen vom Liganden B besetzt werden können. Die analytisch bedeutendste Art ist die unter a) angeführte Gruppe ternärer Komplexe. Hier handelt es sich um die Ionenassoziationskomplexe, die durch Umsetzung eines zwischen Metallion M und Ligand A gebildeten, positiv oder negativ geladenen Komplexes mit einem kationischen oder anionischen Liganden B entstehen, wie z. B. die Umsetzung von BF_4^- mit Methylenblau MB^+ zu $[BF_4][MB]$ und von Ag-Phenanthrolin $[AgPh_2]^+$ mit Brompyrogallolrot BPR^{2-} zu $[AgPh_2]_2[BPR]$ (weitere Beispiele sind in den Elementabschnitten angeführt, s. S. **375** ff.).

Von Bedeutung ist die Anwendung von Austauschreaktionen ternärer Komplexe nach deren Extraktion in der organischen Phase [*260*]. Zunächst bildet man mit dem binären Komplex MA und einem ungefärbten Liganden B den ternären Komplex MAB, extrahiert diesen mit einem organischen Lösungsmittel und fügt dem organischen Extrakt den stark gefärbten Liganden C zu. Es bildet sich der stark gefärbte Komplex MAC, wobei B und der C-Überschuß in die wäßrige Phase gehen. Diese Methode hat unter geeigneten Arbeitsbedingungen den Vorteil eines niedrigen Blindwertes im Vergleich zum hohen Blindwert im Falle des Zusatzes von C zur wäßrigen Lösung vor der Extraktion infolge Mitextraktion der A- und C-Überschüsse als AC-Komplex. Ein Beispiel hierfür ist die Extraktion von Au als $[Au(SCN)_4]$ $[(C_6H_5)_4As]$ und Umsetzung in der organischen Phase mit Brillantgrün (C) oder Rhodamin 6G (C) zu $[Au(SCN)_4]$ [C] [*260*].

Die photometrische Bestimmung einzelner Elemente läßt sich im Vergleich mit den bekannten direkten Verfahren auf indirektem Wege mit erhöhter Empfindlichkeit durchführen, indem man das interessierende, mit geringerer Empfindlichkeit bestimmbare Element A mit einem mit größerer Empfindlichkeit bestimmbaren Element B in ein stöchiometrisches Verhältnis bringt und anschließend B photometrisch bestimmt. Ein Beispiel hierfür ist die indirekte Bestimmung von Ni über den Bor-Curcumin-Komplex [*261*]. Bor-Verbindungen der Typen $M[BR_4]$, BR_3 und R_2BOH (R = Aryl,

[1] Mit $\varepsilon = 180000$ bei 2 Elektronenübergängen kommt der Bor-Curcumin-Komplex dem theoretischen Wert recht nahe.

Alkyl, O-Aryl, O-Alkyl) setzen sich mit Verbindungen um, die intramolekulare Wasserstoffbrückenbindungen tragen oder ausbilden können. An die Stelle des Protons der Wasserstoffbrückenbindung tritt bei der Umsetzung eine R_2B-Gruppe ein. Hierzu geeignete Metallchelate leiten sich insbesondere von Ketoximen und Aldoximen ab:

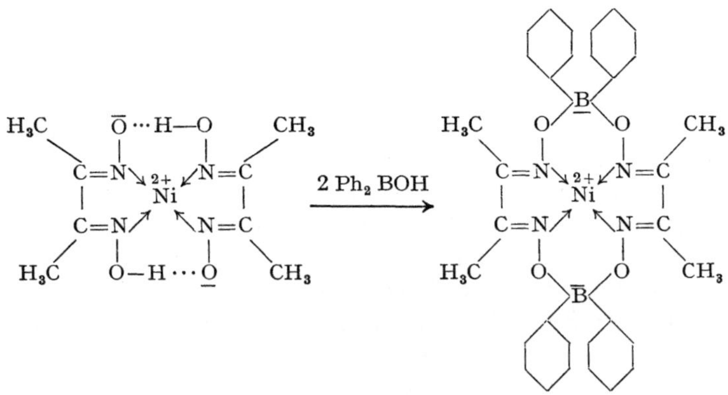

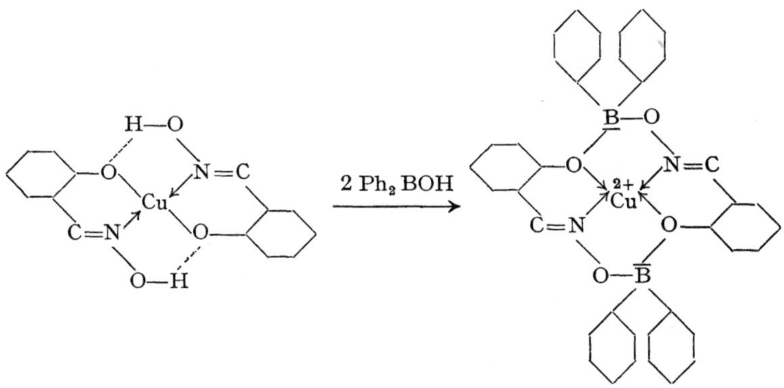

Die indirekte Bestimmung des Ni über den Komplex Bis-diphenylboryl-bis-dimethylglyoximatonickel(II) wird wie folgt durchgeführt [*261*]: Zur Ni enthaltenden 50%igen Essigsäure-Lösung fügt man 100 mg Dimethylglyoxim und 100 mg Diphenylborylsulfoxinat (hergestellt durch Umesterung aus Flavognost[1,2] und 8-Hydroxychinolin-5-sulfosäure in Methanol) oder Kalignost[1,3], erhitzt 5 min bei 80° C, extrahiert den Ni-Komplex und das überschüssige Borreagens mit Benzol und entfernt die Hauptmenge des Borreagens-Überschusses durch mehrmaliges Waschen des Benzolextraktes mit 1n NaOH. Restliches Borreagens wird durch Eindampfen der benzolischen Lösung über Natriumsulfoxinat, Aufnehmen mit Wasser und erneutes Extrahieren des Ni-Komplexes mit Benzol abgetrennt. Den Benzolextrakt führt man in den Kolben einer Rückflußapparatur (s. Abb. 43, S. 208) über, dampft das Benzol ab, zersetzt den Ni-Komplex unter Rückfluß und führt anschließend die Abtrennung des B durch Destillation als Borsäuremethylester (s. S. 475) und die photometrische Bestimmung des B mit Curcumin (s. S. 483ff.) durch. Die Bestimmungsgrenze liegt bei 100 ng B, entsprechend 300 ng Ni, mit einem relativen Fehler von $\pm 10\%$.

---

[1] Fa. Heyl u. Co., Berlin.

[2] $(C_6H_5)BOC_2H_4NH_2$.

[3] $Na[B(C_6H_5)_4]$.

Ähnlich wie Ni reagieren auch Co, Cu, Fe(II) und Pd. Im Vergleich zur direkten Bestimmung des Ni mit Dimethylglyoxim weist die beschriebene indirekte Methode (mit $\varepsilon = 360000$) ein um rund 1,5 Zehnerpotenzen tieferes L_Q auf. Da ein Ni-Atom mit zwei B-Atomen umgesetzt wird, ist diese indirekte Methode auch zu den Vervielfachungsreaktionen (s. S. 74) zu zählen.

7.8.1.2. Arbeitstechnik

Von den oben angeführten Meßgrößen finden in der Praxis ausschließlich die dekadischen Einheiten Verwendung. Mißt man die Extinktion (oder Durchlässigkeit oder Absorption) einer Farblösung bei konstantem d und c systematisch bei einer möglichst großen Zahl von Wellenlängen über den gesamten Wellenlängenbereich (z. B. 250 bis 850 nm) und trägt die einzelnen Meßwerte als Funktion der zugehörigen Wellenlängen in einem Koordinatensystem graphisch auf (allgemein auf der Ordinate die Extinktion und auf der Abszisse die von links nach rechts ansteigende Wellenlänge in nm), so erhält man eine, für die betreffende Farblösung charakteristische Extinktionskurve (oder Durchlässigkeits- bzw. Absorptionskurve), die meist ein oder mehrere ausgeprägte Extinktionsmaxima und/oder -minima aufweist (s. Abbildungen der Extinktionskurven in den Abschnitten der einzelnen Elemente). Die photometrische Bestimmung der einzelnen Elemente erfolgt meist bei der Wellenlänge des Extinktionsmaximums des betreffenden Farbkomplexes, da hier die größte Empfindlichkeit vorliegt und Schwankungen der Arbeitsbedingungen einen geringeren Einfluß haben. Bei der Auswahl der geeigneten Wellenlänge bzw. des geeigneten Extinktionsmaximums muß auch die Extinktionskurve der Bezugslösung berücksichtigt werden. Jene Wellenlänge ist vorzuziehen, bei der die Bezugslösung die kleinste Extinktion aufweist und die größte Meßempfindlichkeit und Störungsfreiheit gegeben sind.

Der Arbeitsbereich einer Eichkurve ist durch mehrere Faktoren gegeben: Bestimmungsgrenze der Meßmethode, angewendetes Anreicherungsverfahren, gewünschtes Volumen der Meßlösung, gewünschter Gehaltsbereich des Probematerials und verfügbare Probemenge (s. a. S. 375f.). Der Meßbereich umfaßt in der Regel $E = 0{,}025 - 1{,}000$.

Im allgemeinen werden die Eichkurven mit Stammlösungen nach der für die eigentliche Bestimmung des betreffenden Elementes geltenden Vorschrift aufgestellt, wofür man z. B. 5 abgestufte, über den gesamten Arbeitsbereich (meist eine Zehnerpotenz) der Eichkurve gleichmäßig verteilte Meßpunkte bzw. Elementkonzentrationen wählt. Wenn der Endbestimmung ein Trennungsgang vorausgeht, der einen stets gleichbleibenden Verlust des Elementes bedingt, muß die Aufstellung der Eichkurve mit bekannten Elementmengen allerdings über das gesamte Verfahren durchgeführt werden.

Auf eine Wiedergabe von Eichkurven bei photometrischen Verfahren wurde im vorliegenden Rahmen verzichtet. Infolge der Verschiedenartigkeit der verfügbaren Meßgeräte und der herrschenden Arbeitsbedingungen ist eine unmittelbare Übertragung solcher Eichkurven untereinander meist nicht möglich und die Aufstellung eigener Eichkurven daher nicht zu umgehen. Aus der Angabe des Gültigkeitsbereiches des Beerschen Gesetzes (im allgemeinen für 1 cm-Küvetten angegeben, falls keine andere Küvettenschichtdicke gesondert angeführt ist; bei Verwendung anderer Schichtdicken muß dann entsprechend umgerechnet werden) an den einschlägigen Stellen ist der anwendbare oder erforderliche Arbeitsbereich der aufzustellenden Eichkurve ersichtlich.

Trägt man die von einer nach der entsprechenden Arbeitsvorschrift behandelten Konzentrationsreihe (s. a. S. 375f.) des interessierenden Elementes bei geeigneter Wellenlänge erhaltenen Meßwerte (Extinktion) als Funktion der Elementkonzentration in einem Koordinatensystem graphisch auf (allgemein auf der Ordinate die Extinktion und auf der Abszisse die Elementkonzentration in μg/ml oder %), so erhält man bei Gültigkeit des Beerschen Gesetzes nach Gl. (11) eine lineare Eichkurve, die durch den Nullpunkt des Koordinatensystems geht. Im allgemeinen sind Farbsysteme vorzuziehen, bei denen das Beersche Gesetz erfüllt ist, da in diesem Fall eine größere Genauigkeit erreicht wird und die Verwendung von Küvetten verschiedener Schichtdicke mit der gleichen Eichkurve und entsprechendem Umrechnungsfaktor (z. B. bei häufiger Bestimmung von Elementgehalten, die außerhalb der aufgestellten Eichkurve liegen) möglich ist. Weiterhin kann die Eichkurve mit einer kleineren Zahl von Eichpunkten aufgestellt werden. Bei Ungültigkeit des Beerschen Gesetzes ist hingegen für jede Küvettenschichtdicke eine eigene Eichkurve notwendig, diese mehr oder weniger stark gekrümmt und zu ihrer Aufstellung eine größere Zahl von Eichpunkten erforderlich. Die Nichterfüllung des Beerschen Gesetzes kann durch ungenügende Monochromasie der Lichtquelle oder des Filters im Photometer, chemische Veränderungen im Farbsystem, kolloidale Lösungen und andere Faktoren verursacht sein. Wegen der angestrebten günstigsten Arbeitsbedingungen, nämlich Gültigkeit des Beerschen Gesetzes, möglichst hoher Empfindlichkeit und Genauigkeit sowie weitgehender Störungsfreiheit eines photometrischen Bestimmungsverfahrens ist Geräten mit möglichst monochromatischer Lichtquelle, d. h. Spektralphotometern oder Photometern mit Interferenzfiltern oder mit Filtern möglichst enger Halbwertsbreite, der Vorzug zu geben. Die Berechnung der Elementgehalte schließlich soll – gleichgültig, ob nun das Beersche Gesetz erfüllt ist oder nicht – grundsätzlich immer mit Hilfe einer unter Analysenbedingungen mit dem zur Analyse verwendeten Gerät aufgestellten Eichkurve und nicht anhand der Extinktionskoeffizienten vorgenommen werden. Dabei geht man mit dem gemessenen E-Wert in die Eichkurve und liest die entsprechende Elementmenge (oder -konzentration) ab oder man multipliziert bei linearer Eichkurve den E-Wert mit dem Eichkurvenfaktor a, den man aus der Eichkurve nach Gl. (13)

$$\mu g \text{ (oder ppm) Me} = E \cdot a \tag{13}$$

a = Eichkurvenfaktor

abgeleitet hat.

Bei einigen Farbsystemen treten in der Farblösung je nach den Reaktionsbedingungen zwei Dissoziationsstufen oder Isomere des Farbkomplexes mit unterschiedlichen Absorptionskurven und Absorptionsmaxima auf. Hier führen kleine Änderungen der Reaktionsbedingungen oft zu einer Konzentrationsverschiebung der beiden Farbkomponenten und daher zu starken Schwankungen der Meßwerte bei der Messung im Absorptionsmaximum der einen Komponente. Die im Gleichgewicht stehenden Farbkomponenten weisen im *isosbestischen Punkt* gleiche ε-Werte auf, weshalb die Meßwerte hier vom Konzentrationsverhältnis der Farbkomponenten und somit von Schwankungen der Reaktionsbedingungen unabhängig sind. Bei solchen Farbsystemen empfiehlt es sich daher, die Messungen nicht im Absorptionsmaximum, sondern bei der Wellenlänge des isosbestischen Punktes durchzuführen.

Bilden zwei Elemente A und B mit demselben Reagens Farbkomplexe, so können diese in der gleichen Farblösung gleichzeitig photometrisch bestimmt werden, wenn ihre Extinktionsmaxima ausreichend weit auseinander liegen und im Idealfall bei den entsprechenden Wellenlängen keine Überlappung der Extinktionskurven vorliegt. Zwei Elemente können aber auch bei teilweiser Überlappung der Extinktionskurven gleichzeitig bestimmt werden, wenn das Beersche Gesetz erfüllt ist. Ein Beispiel hierfür ist die gleichzeitige Bestimmung von Mo und W mit Dithiol (s. Abb. **135**, S. **827** und S. **1435**f.). Die Arbeitsweise zur gleichzeitigen Bestimmung von zwei Elementen sei nachfolgend erläutert. Der Farbkomplex von Element A hat ein Extinktionsmaximum bei λ_1, von Element B bei λ_2. Man stellt die Eichkurven für Element A bei beiden Wellenlängen λ_1 und λ_2 auf, verfährt ebenso getrennt für Element B und berechnet aus den Eichkurven die entsprechenden Eichkurvenfaktoren a_{A1}, a_{A2}, a_{B1}, a_{B2}. Von der beide Elemente enthaltenden Farblösung mißt man die Extinktionen E_1 und E_2 bei den Wellenlängen λ_1 und λ_2 und berechnet die Konzentration beider Elemente nach Gl. (16), wobei man in der Regel statt der ε-Werte die entsprechenden Eichkurvenfaktoren a einsetzt (s. S. 1436).

$$E_1 = E_{A1} + E_{B1} = \varepsilon_{A1}\, c_A + \varepsilon_{B1}\, c_B \tag{14}$$

$$E_2 = E_{A2} + E_{B2} = \varepsilon_{A2}\, c_A + \varepsilon_{B2}\, c_B \tag{15}$$

$$c_A = \frac{E_1 \varepsilon_{B2} - E_2 \varepsilon_{B1}}{\varepsilon_{A1}\varepsilon_{B2} - \varepsilon_{A2}\varepsilon_{B1}}\,;\; c_B = \frac{E_2 \varepsilon_{A1} - E_1 \varepsilon_{A2}}{\varepsilon_{A1}\varepsilon_{B2} - \varepsilon_{A2}\varepsilon_{B1}} \tag{16}$$

7.8.2. Flammen-, Atomabsorptions- und Atomfluorescenzspektrophotometrie

7.8.2.1. Grundlagen

Sieht man von einigen Sonderformen ab, so ist den Bestimmungsmethoden Flammenspektrophotometrie (FS), Atomabsorptionsspektrophotometrie (AAS) und Atomfluorescenzspektrophotometrie (AFS) nach dem bereits geschilderten Grundvorgang (s. S. 30ff.) und der Abb. 34 neben der Optik und Registriereinrichtung vor allem die Flamme bzw. der Zerstäuberbrenner gemeinsam. Ihr wesentliches Unterscheidungsmerkmal ist die Art des verwendeten Meßsignals: bei der FS die Intensität der von der Atomdampfwolke/Flamme emittierten Strahlung, bei der AAS die Absorption der Hohlkathodenstrahlung durch die Atomdampfwolke/Flamme, bei der AFS die Intensität der aus der Atomdampfwolke/Flamme emittierten Fluorescenzstrahlung.

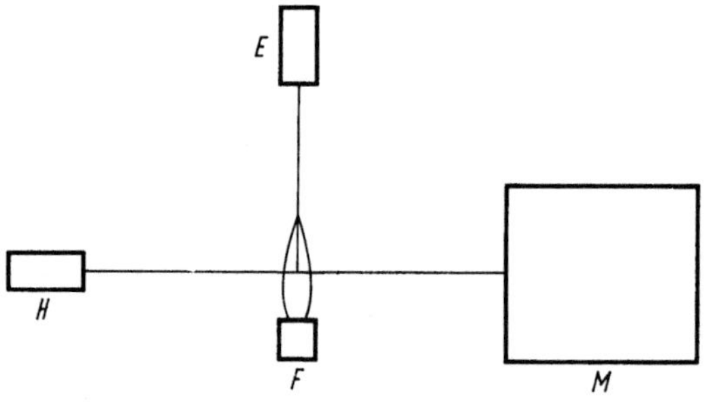

Abb. 34. Schematische Darstellung der apparativen Anordnung (Strahlengang) von FS (*F—M*), AAS (*H—F—M*) und AFS (*E—F—M*); *F* Flamme, *M* Monochromator und Registriereinrichtung, *H* Hohlkathodenlampe, *E* Entladungs- oder Hohlkathodenlampe

Bei allen 3 Methoden wird die Probe als Lösung einem Zerstäuberbrenner zugeführt, durch den sie in Form eines Aerosols in die Flamme eingesprüht wird. In der Flamme werden aus den Flüssigkeitströpfchen zuerst das Lösungsmittel und anschließend die Substanzteilchen unter chemischer Umwandlung und thermischer Dissoziation verdampft, wobei sich eine Atomdampfwolke bildet, die das eigentliche Meßmedium darstellt. Die Größe des Meßsignals ist der Konzentration der Atome in der Dampfwolke und damit der Elementkonzentration in der Probelösung proportional. Die Konzentration der Atome in der Flamme, sowie der Anteil der Atome im Grundzustand bzw. ionisierten Zustand und damit die Größe des Meßsignals werden von den Parametern des Zerstäuberbrenners (Flammentemperatur, Gasart, -strömungsgeschwindigkeit, -mischverhältnis, Brennertyp, Menge zugeführter Probelösung) stark beeinflußt, weshalb diese sehr konstant zu halten sind. Zu achten ist auch auf die zahlreichen Störungsmöglichkeiten: Schwankung oder Veränderung von Flammenuntergrund und -temperatur, Störung durch Begleitstoffe. Letztere kann auf Änderung der physikalischen Eigenschaften der Probelösung (Dichte, Viscosität, Oberflächenspannung), Störstrahlung (Querempfindlichkeit), Linienkoinzidenz, chemische Reaktionen (Bildung schwerer verdampfbarer Verbindungen, z. B. Oxyde, Phosphate, Aluminate, Silicate usw.) und Änderung des Ionisierungsgrades zurückgeführt werden. Die physikalischen Eigenschaften der Lösung kann man durch Zusatz einer größeren Menge eines nicht störenden Salzes [z. B. $Al(NO_3)_3 \cdot 9H_2O$] oder einer organischen Verbindung (z. B. Glykol, Zucker) stabilisieren. Bei der Bestimmung der Alkalimetalle läßt sich die Störstrahlung der Erdalkalimetalle (Querempfindlichkeit der Alkalimetalle gegenüber Erdalkalimetallen) durch Zusatz von Al zur Probelösung [25–250 g $Al(NO_3)_3 \cdot 9H_2O$/l] verhindern (s. S. 847). Die Störung infolge Bildung schwer verdampfbarer Verbindungen vermeidet man durch Anwendung höherer Flammentemperaturen oder in einzelnen Fällen durch Zusätze, die sich gegenüber der Störung analog verhalten wie das zu bestimmende Element. So kann die Störung durch Al bei der Ca-Bestimmung durch Zusatz von Sr, eine Störung von Phosphat durch Zusatz von Sr, La usw. vermindert oder beseitigt werden. Eine Beseitigung oder Herabsetzung des Einflusses von Störelementen auf den Ionisierungsgrad sowie eine Verminderung des Ionisierungsgrades erreicht man durch Zusatz eines leicht ionisierbaren Elementes (spektroskopischer Puffer, z. B. 100–1000 ppm Cs, Na oder K) zur Analysen- und Eichlösung (s. S. 847). Heißere Flammen führen zwar zu einer Verminderung der chemischen Störungen, gleichzeitig aber auch zu einer oft unerwünschten Erhöhung des Ionisierungsgrades des interessierenden Elementes. Die Flammentemperatur läßt sich durch Wahl des Gasgemisches (Luft/C_3H_8 1925° C, Luft/C_2H_2 2325° C, O_2/H_2 2660° C, N_2O/C_2H_2 2955° C, O_2/C_2H_2 3135° C), der Brennerparameter und des Lösungsmittels der Probe verändern. Durch Zusatz eines brennbaren organischen Lösungsmittels zur Probelösung wird das Meßsignal verstärkt, hauptsächlich infolge verbesserten Substanztransportes in die Flamme. In der Regel werden Brenner mit Vorkammerzerstäubung verwendet, die eine vorgemischte Laminarflamme liefern. Bei der AFS wird das Meßsignal durch CO, CO_2 und N_2 vermindert, weshalb man hier einerseits kohlenwasserstofffreie Flammen benützt und andererseits die Flamme (oder flammenlose Heizzelle) mit einem Inertgasstrom (Argon) umhüllt.

Die durch die thermische Energie der Flamme verursachten Verdampfungs- und Anregungsvorgänge sind bei FS, AAS und AFS dieselben und jenen der Emissionsspektralanalyse (s. S. 143) analog, nur daß die Flamme im Vergleich zum Lichtbogen eine tiefere Temperatur aufweist. Aus diesem Grunde wird man auch bei allen drei Methoden mit denselben Störungen rechnen müssen, soweit sie auf eine Veränderung bzw. Reduzierung der analytisch verwertbaren Atomkonzentration (Beeinflussung des Ionisierungsgrades, chemische Reaktionen in der Flamme) oder Linienkoinzidenzen zurückzuführen sind. Faßt man alle bei der FS, AAS und AFS auftretenden Störungen zusammen, so erscheinen AAS und AFS mit Hohlkathodenlampen (Linienlichtquellen) etwas weniger störanfällig gegenüber der FS sowie der AAS und AFS mit Kontinuum-Entladungslampen. Wegen der tieferen Temperatur der Flamme eignen sich FS, AAS und AFS vor allem zur Bestimmung der leichter verdampfbaren Elemente. Erwähnt seien hier die „flammenlosen" Varianten der AAS (Bestimmung von Hg in der Luft u. a. Materialien, s. S. **773**) und AFS, bei denen man die Nachteile der Flamme (Untergrund) vermeidet. Bei der flammenlosen AFS verwendet man statt der Flamme elektrisch beheizte Zellen (Graphitküvette) bzw. Heizelemente (s. S. **127**), mit denen die Substanz verdampft wird.

Die Entstehung des Meßsignals bei der FS ist jener bei der Emissionsspektralanalyse (s. S. **143**) analog, nur daß sich die Vorgänge bei tieferer Temperatur abspielen. Die FS eignet sich daher insbesondere für die Bestimmung der Alkali- und Erdalkalimetalle.

Hinsichtlich der Entstehung und Registrierung des Meßsignales bei der AAS und AFS besteht Analogie zur Photometrie (MAS) (s. S. **29**, **133**) und Fluorimetrie (MFS) (s. S. **30**, **133**), wenn man sich die Atome durch die Moleküle und die Flamme durch eine Küvette ersetzt denkt. Dementsprechend sind die abgeleiteten Formeln der MAS und MFS (s. S. **133ff.**) auch für die AAS und AFS unter vereinfachenden Annahmen gültig, wenn man die Atomkonzentration in der Flamme als konstant bzw. im Gleichgewicht betrachtet. Wie bei der MAS durch Erhöhung der Küvettenschichtdicke läßt sich daher auch bei der AAS durch Erhöhung der Flammenschichtdicke L_Q senken. Hierzu verwendet man 5 cm- oder 10 cm-Schlitzbrenner.

Berücksichtigt man die unter vergleichbaren Arbeitsbedingungen mit der FS, AAS und AFS erreichten L_Q-Werte, so läßt sich eine Aufteilung der Elemente in drei Gruppen nach der Wellenlänge ihrer Resonanzlinien vornehmen. Hiernach erzielt man ein tieferes L_Q mit der FS bei den Elementen mit Resonanzlinien oberhalb 4000 Å (vor allem Alkali- und Erdalkalimetalle), mit der AAS und AFS unterhalb 3000 Å (vor allem Be, Cd, Mg, Pb, Zn), während im Bereich von 3000–4000 Å die drei Methoden etwa gleichwertig sind.

7.8.2.2. Arbeitstechnik

Bei der FS, AAS und AFS müssen die Abgase oberhalb der Flamme durch einen Trichter sorgfältig abgesaugt werden, damit einerseits der Sachbearbeiter durch toxische Stoffe nicht gefährdet und andererseits die Luft des Arbeitsraumes nicht durch die Substanz-Aerosole angereichert wird. Letzteres würde zu einer unerwünschten Erhöhung des Flammenuntergrundes bzw. des Blindwertes führen.

Wie bei anderen Bestimmungsmethoden werden auch bei der FS, AAS und AFS bei Bedarf vor der eigentlichen Bestimmung Störelemente oder der Hauptbestandteil (zur Senkung von L_Q) durch einen Trennungs- bzw. Anreicherungsgang entfernt. Wird das zu bestimmende Element dabei durch Extraktion isoliert, so läßt sich diese bei Verwendung eines brennbaren organischen Lösungsmittels elegant mit der Endbestimmung verbinden, indem man den organischen Extrakt unmittelbar in die Flamme einsprüht.

Die Aufstellung der Eichkurven erfolgt wie bei der Photometrie (s. S. **138**) mit Hilfe einer Konzentrationsreihe synthetischer Lösungen, wobei man die Messungen mit der niedrigsten Elementkonzentration beginnt. Wegen der häufig auftretenden Störungen durch Begleitelemente enthalten die Lösungen oft neben den abgestuften Konzentrationen des zu bestimmenden Elementes eine konstante Menge der Haupt- bzw. Begleitelemente, um deren Störung in die Eichkurve aufzunehmen. Auch setzt man den Lösungen bei Bedarf Puffersubstanzen (s. S. **141**) zu. Meßwertschwankungen infolge schwankender Störeinflüsse oder Meßbindungen (vor allem Fehler beim Zerstäuben der Probelösung) kann man, wie z. B. bei der Emissionsspektralanalyse (s. S. **144ff.**), mit Hilfe eines inneren Standards (z. B. Li) eliminieren. Hierzu setzt man den einzelnen Lösungen der Konzentrationsreihe jeweils die gleiche Menge eines geeigneten Bezugselementes, das nicht in der Probe enthalten ist, als inneren Standard zu und mißt das Verhältnis

Element/innerer Standard, das dann als Meßgröße bei der Aufstellung der Eichkurven und bei der Auswertung dient. Diese Methode setzt aber voraus, daß sich das zu bestimmende Element und der innere Standard auf Störungen annähernd gleichsinnig verhalten. Enthält die Arbeitsvorschrift einen Trennungs- bzw. Anreicherungsgang, so behandelt man die synthetischen Lösungen vor ihrer Messung zweckmäßig nach der Arbeitsvorschrift.

7.8.3. Emissionsspektralanalyse

7.8.3.1. Grundlagen

Die häufige Anwendung der Emissionsspektralanalyse ist auf eine Reihe von Vorzügen zurückzuführen: universelle Anwendbarkeit, eindeutiger Nachweis der Elemente nebeneinander, niedrige Bestimmungsgrenzen (s. S. **32**, **37** ff.), geringer Substanzverbrauch, geringer Zeit- und Arbeitsaufwand, gleichzeitige Bestimmung vieler Elemente (Übersichtsanalysen bei Reinheitskontrollen) mit ausreichender Reproduzierbarkeit und Genauigkeit. Bei dem jeder spektrochemischen Analyse gemeinsamen Grundvorgang (s. S. 32) tritt eine durch elektrische Anregung erzeugte, für die einzelnen Elemente charakteristische Strahlung durch den Eintrittsspalt des Spektrographen in Form einer feinen Linie, wo sie durch sein optisches System in ihre Wellenlängen zerlegt wird. Das entstehende Linienspektrum wird meist photographisch aufgenommen, wenn man von der lichtelektrischen Registrierung absieht. Die Anwendung dieses Analysenverfahrens zur quantitativen Bestimmung setzt stets eine vorangehende Eichung des Verfahrens mit Eichproben bekannter Zusammensetzung voraus.

Die zur Anregung der Elemente verwendeten Lichtquellen haben die Aufgabe, das Probematerial zu verdampfen, den Dampf in den Anregungsraum (Plasma) zu befördern, die Moleküle zu dissoziieren und die Atome zur Strahlung anzuregen. Als spektrochemische Lichtquellen in der Spurenanalyse kommen vorwiegend der elektrische Lichtbogen (für pulverförmige Proben hauptsächlich der Gleichstrombogen) und die Funkenentladung in Betracht. Die Bogenentladung hat den Vorteil tieferer Bestimmungsgrenzen verbunden mit dem Nachteil geringerer Reproduzierbarkeit (in der Regel $V = 10-20\%$), die jedoch für Spurenanalysen meist ausreicht. Die Funkenentladung weist demgegenüber eine höhere Reproduzierbarkeit bei geringerem Nachweisvermögen auf.

Die spektrale Zerlegung der von der Lichtquelle kommenden Strahlung erfolgt in den Spektrographen durch Prismen oder Gitter. Im allgemeinen kann man beide Gerätearten verwenden. Bei Spurenanalysen indessen – insbesondere im Bereich der Bestimmungsgrenze – müssen oft sehr schwache Spektrallinien für die quantitative Auswertung herangezogen werden, weshalb zur Erzielung eines möglichst hohen Intensitätsverhältnisses von Spektrallinie/Untergrund eine Herabsetzung oder Beseitigung vorhandener Störstrahlung (Untergrund, Störlinien) im Bereich der Analysenlinie anzustreben ist. Dies erfordert Spektrographen mit hohem Auflösungsvermögen, weshalb 2–4 m-Plangitterspektrographen (z. B. in Ebert-Aufstellung) vorzuziehen sind [*262*].

Für die Spurenanalyse werden meist die physikalisch stärksten Linien verwendet, die im ultravioletten (2000–4000 Å) und sichtbaren (4000–8000 Å) Spektralgebiet liegen. Es wird dabei überwiegend die photographische Registrierung benutzt, da diese gegenüber photoelektrischen Geräten ein höheres Auflösungsvermögen aufweist. Die zur Aufnahme des Linienspektrums dienende photographische Emulsion (Film oder Platte) wird in ihrer Schwärzung durch eine Reihe von Faktoren wesentlich beeinflußt. Die photographische Verarbeitung (Entwicklung usw.) und übrige Weiterbehandlung der Emulsion muß daher bei quantitativen Analysen unter den gewählten Arbeitsbedingungen sehr sorgfältig und stets gleichbleibend durchgeführt werden.

Grundlage der spektrochemischen Analyse ist die Tatsache, daß die während des Abfunkvorganges ausgesandte charakteristische Strahlung eines Elementes um so höher in ihrer Intensität ist, je mehr Atome gleichzeitig angeregt werden, d. h. je größer die anwesende Elementmenge ist. Infolge des gleichsinnigen Verhaltens der Strahlung und der durch sie auf der photographischen Emulsion erzeugten Schwärzung besteht zwischen letzterer und der Menge des zu bestimmenden Elementes innerhalb gewisser Grenzen eine Proportionalität. Die Durchlässigkeit bzw. die Schwärzung der Spektrallinien wird mit Hilfe eines Spektrallinienphotometers gemessen. Den negativen, dekadischen Logarithmus der Durchlässigkeit bezeichnet man als Schwärzung S und definiert sie

$$S = -\lg \vartheta = \lg \frac{1}{\vartheta} = \lg \frac{I_0}{I} . \tag{1}$$

ϑ = Durchlässigkeit der belichteten Emulsionsstelle bzw. Spektrallinie.
I_0 = Intensität des auf die Meßstelle auffallenden Lichtes oder des von der unbelichteten Emulsionsstelle durchgelassenen Lichtes[1].
I = Intensität des von der belichteten Emulsionsstelle bzw. Spektrallinie durchgelassenen Lichtes.

Da die Galvanometerausschläge (bei linearer Skala) des Photometers den Lichtintensitäten proportional sind, erhält man aus Gl. (1)

$$S = \lg \frac{A_0}{A} . \tag{2}$$

A_0 = Galvanometerausschlag an einer unbelichteten Emulsionsstelle.
A = Galvanometerausschlag an einer belichteten Emulsionsstelle bzw. an der Spektrallinie.

Nachdem die Schwärzung einer Spektrallinie auch noch von mehreren Faktoren abhängig ist, gestattet die Messung einer Linie allein keinen exakten Rückschluß auf die vorliegende Elementmenge. Zur Ausschaltung der Schwankungen bei den einzelnen Arbeitsschritten der Spektralanalyse (Probenvorbereitung, elektrische Anregung, Belichtung, Film- oder Plattenmaterial und -entwicklung), mißt man deshalb die Schwärzungsdifferenz ΔS zwischen einer Linie des in seiner Konzentration veränderlichen, zu bestimmenden Elementes (E) und einer Linie des stets in gleicher Konzentration vorliegenden, als innerer Standard (IS)[2] oder Bezugselement[2] dienenden Elementes, welches bei Spurenanalysen meist zugesetzt wird. ΔS dient demnach als Meßgröße für die Ermittlung der Konzentration des zu bestimmenden Elementes, und man erhält mit Gl. (2)

$$\Delta S = S_E - S_{IS} = \lg \frac{A_0}{A_E} - \lg \frac{A_0}{A_{IS}} = \lg \left(\frac{A_0}{A_E} \cdot \frac{A_{IS}}{A_0}\right) = \lg \frac{A_{IS}}{A_E} \tag{3}$$

S_E = Schwärzung der Linie des zu bestimmenden Elementes.
S_{IS} = Schwärzung der Linie des inneren Standards.
A_E = Galvanometerausschlag an der Linie des zu bestimmenden Elementes.
A_{IS} = Galvanometerausschlag an der Linie des inneren Standards.

---

[1] Die geringe Absorption durch Gelatine und Trägermaterial wird in der Praxis vernachlässigt, da sie sich infolge gleichzeitiger Messung von unbelichteter und belichteter Stelle aufhebt.

[2] Bei direkter Anregung von metallischen Proben dient beispielsweise der Hauptbestandteil als innerer Standard (bei Stahl Fe); man bezeichnet ihn in diesen Fällen als Grundelement und das zu bestimmende Element als Zusatzelement.

In der Praxis wird A_0 bei einem Photometer mit linearer, in % D (Durchlässigkeit, s. S. 134) eingeteilter Skala stets auf 100% eingestellt, und für die bei der Linienausmessung erhaltenen D-Werte werden anschließend die zugehörigen Werte für S einer Tabelle entnommen. Zweckmäßiger ist es daher, ein Photometer mit S-Skala zu verwenden, bei dem das Galvanometer zuerst an einer unbelichteten Stelle der Emulsion auf $S = 0$ eingestellt und anschließend S der Spektrallinie gemessen wird.

Belichtet man verschiedene Stellen einer photographischen Emulsion bei gleicher Belichtungszeit mit verschiedenen Lichtintensitäten, so erhält man den in Abb. 35 schematisch dargestellten Zusammenhang zwischen Lichtintensität und resultierender

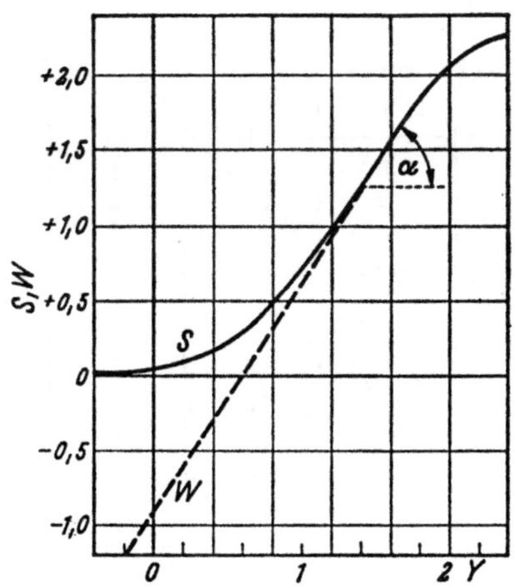

Abb. 35. Schwärzungskurve (S) mit W-Transformation (W) nach SEIDEL [*263*]

Schwärzung als S-förmige Kurve (S), die Kennlinie oder Schwärzungskurve genannt wird. Zwischen den beiden Größen besteht nur im geradlinigen Teil der Kurve einfache Proportionalität, d. h. nur etwa zwischen $S = 0{,}5$ bis $S = 1{,}8$. Aus diesem Grund sollte die Schwärzung der Analysenlinien innerhalb dieses Bereiches liegen. Durch Anwendung einer mathematischen Transformation nach W. SEIDEL läßt sich allerdings der untere, gekrümmte Teil der Schwärzungskurve strecken [*263*] und damit der für Analysenlinien anwendbare Schwärzungsbereich bis etwa $S = 0{,}04$ herab erweitern (s. Abb. 35, W) (der obere Kurventeil wird hierdurch praktisch nicht verändert). Dazu wird anstelle von S die transformierte Schwärzung W nach Gl. (4) berechnet und

$$W = \lg\left(\frac{A_0}{A} - 1\right) \tag{4}$$

als Maß einer Linienschwärzung sowie für ΔS entsprechend ΔW verwendet. Die Anwendung der W-Transformation ermöglicht somit die Aufstellung von Eichkurven mit einem größeren Konzentrationsbereich, der unter Umständen mehrere Zehnerpotenzen umfassen kann. Die den gemessenen S-Werten zugehörigen W-Werte können einer Tabelle [*264*] entnommen werden oder befinden sich auf der Galvanometerskala unter den S-Werten. Die Auswertbarkeit des unteren Teiles der Schwärzungskurve mit Hilfe der W-Transformation ist für die Spurenanalyse von besonderer Bedeutung, da bei Spurenanalysen häufig auch die Auswertung sehr geringer Linienschwärzungen erforderlich ist.

Der Tangens des Neigungswinkels (α) für den mittleren, annähernd geradlinigen Teil der Schwärzungskurve wird als Gradation oder Steilheit γ einer photographischen Emulsion bezeichnet ($\gamma = \text{tg}\,\alpha$, s. Abb. 35). γ, Form und Lage der Schwärzungskurve sind von der Wellenlänge des auf die Emulsion fallenden Lichtes, von der Emulsionsart und von der Entwicklung abhängig. Da im Wellenlängenbereich von etwa 2400–3200 Å γ annähernd konstant ist und daher bei der Messung und Auswertung der Linien die geringsten Fehler auftreten, sollen die Analysenlinien möglichst innerhalb dieses UV-Bereiches liegen. Wegen der Wellenlängenabhängigkeit der Schwärzungskurve ist es ferner geboten, den Wellenlängenabstand zwischen Element und innerem Standard des

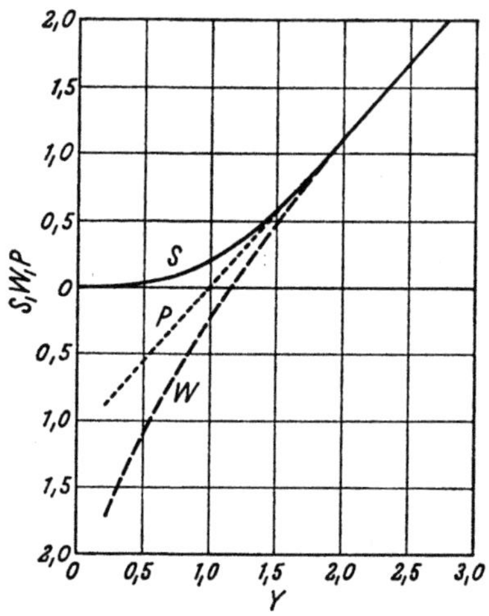

Abb. 36. Schwärzungskurve der Agfa-Spektral-blau-extra-hart-Platte bei 2800 Å mit P- und W-Transformation [264]

verwendeten Linienpaares – insbesondere unterhalb 2400 Å und oberhalb 3200 Å – möglichst klein zu halten. Aus dem gleichen Grunde ergibt die W-Transformation nicht für alle Spektrallinien die gleiche Streckung der Schwärzungskurve. Bei bestimmten photographischen Emulsionen erhält man zwar im Bereich von 3700 Å eine Linearisierung des unteren Teiles der Schwärzungskurve (s. Abb. 36, Kurve P), im Bereich von 2400–3300 Å dagegen bewirkt die W-Transformation eine zu starke Korrektur der S-Kurve, so daß die W-Kurve im zur S-Kurve entgegengesetzten Sinne gekrümmt wird (s. Abb. 36, Kurve W). In einem solchen Fall wird anstelle der W- die P-Transformation (s. Abb. 36, Kurve P) nach Gl. (5) angewendet:

$$P = \frac{S + W}{2}\,. \tag{5}$$

Die jedem S zugehörigen P-Werte können einer Tabelle [264] entnommen werden.

Obwohl man sowohl mit der W- als auch der P-Transformation oft eine annähernde Linearisierung der Schwärzungskurve erreicht, ist ihnen wegen ihrer guten Anpassungsfähigkeit an jeden einzelnen Fall und damit allgemein besseren Linearisierungsmöglichkeit die verallgemeinerte Seidel-Transformation [265]

$$P = S - \varkappa\,(S - W) = S - \varkappa D \tag{6}$$

$\varkappa$ = Transformationskonstante

überlegen. Auch der Wert D kann einer Tabelle [*264*] entnommen werden. Den für eine bestimmte Emulsionssorte und -behandlung sowie eine bestimmte Wellenlänge gültigen Wert von $\varkappa$ berechnet man nach Gl. (7)

$$\varkappa = \frac{S_{a,1} - S_{a,2} - S_{b,1} + S_{b,2}}{D_{a,1} - D_{a,2} - D_{b,1} + D_{b,2}}. \tag{7}$$

Die dafür erforderlichen 4 Schwärzungswerte erhält man durch Messung von 2 verschiedenen Aufnahmen gleicher Belichtungszeit eines Linienpaares (1 und 2) mit unveränderlichem Intensitätsverhältnis, wobei die eine Aufnahme mit hoher Intensität (Belichtung a mit $S \sim 1{,}0$), die andere mit geschwächter Intensität (Belichtung b mit $S \sim 0{,}3$) gemacht worden ist.

Aufgrund der bisherigen Ausführungen ist ersichtlich, daß bei dem in der quantitativen Emissionsspektralanalyse meist angewandten leitprobenfreien Verfahren vor der Aufstellung der Eichkurven eine solche der Schwärzungskurve unter den Analysenbedingungen für den Wellenlängenbereich, in dem sich die Linien des zu bestimmenden Elementes und des inneren Standards befinden, erforderlich ist. Sind die Analysenlinien über einen größeren Wellenlängenbereich hinweg verteilt, so müssen auch mehrere über die einzelnen Wellenlängenabschnitte verteilte Schwärzungskurven erstellt werden. Die Schwärzungskurve wird zweckmäßig mit einem geeichten Mehrstufenfilter und dem zu bestimmenden Element ausgearbeitet. Wenn ein Mehrstufenfilter nicht verfügbar bzw. nicht anwendbar ist, muß mittels eines Zweistufenfilters und eines linienreichen Elementes (meist Fe) nach der Zweistufen-Vorkurvenmethode [*266*] vorgegangen werden. Die den einzelnen Filterstufen entsprechenden Lichtintensitäten werden dann als Y-Werte ($Y = \lg I$) in einem Diagramm auf der Abszisse und die zugehörigen, gemessenen S-, W- oder P-Werte auf der Ordinate aufgetragen. Anschließend kann die Haupteichkurve aufgestellt werden, indem man in ihrem Gehalt genau bekannte, abgestufte Eichproben oder -lösungen (Standardproben) nach der Arbeitsvorschrift abfunkt, die entsprechenden S-, W- oder P-Werte mißt, mit den ΔS-, ΔW- oder ΔP-Werten aus der Schwärzungskurve die entsprechenden ΔY-Werte entnimmt, letztere auf der Abszisse und die entsprechenden Prozentgehalte (k) (als lg %) auf der Ordinate aufträgt. Bei der Analyse einer unbekannten Probe wird schließlich wie bei der Aufstellung der Haupteichkurve vorgegangen, was in Abb. **37** schematisch dargestellt ist.

Für Analysenlinien mit geringer Schwärzung, wie sie bei Spurenanalysen oft anzutreffen sind, ist zur Erzielung genauer Analysenergebnisse noch eine Berücksichtigung der Linienuntergrundes erforderlich [*264*]. In diesem Fall mißt man einerseits die Schwärzung von Linie + Untergrund (S_{L+U}) und andererseits diese des Untergrundes allein unmittelbar neben der Linie (S_U). Aus der Schwärzungskurve entnimmt man über Y_{L+U} und Y_U die entsprechenden Werte I_{L+U} und I_U, bildet die Differenz $I_L = I_{L+U} - I_U$ und ermittelt den dazugehörigen Wert Y_L. Mit letzterem wird dann, wie früher angegeben, die Elementkonzentration aus der Haupteichkurve berechnet. Die rechnerische Berücksichtigung des Untergrundes läßt sich durch Anwendung Gaußscher Subtraktionslogarithmen vereinfachen [*264*], indem man die Differenz $Y_{L+U} - Y_U$ bildet, mit der erhaltenen Zahl den dazugehörigen Wert D aus der Tabelle [*264*] entnimmt und nun $Y_L = Y_{L+U} - D$ ermittelt. Die geschilderten Vorgänge zur Aufstellung der Haupteichkurve, zur Analyse und besonders zur Untergrundkorrektur lassen sich durch Einsatz eines Rechengerätes, wie z. B. des Rechenbrettes „Respektra" [*267*][1] (Dennert & Pape, Hamburg), einfach und mit wesentlich verringertem Arbeitsaufwand durchführen.

[1] Auf dessen Funktion und Handhabung soll hier nicht näher eingegangen werden, da dem Gerät eine ausreichende Gebrauchsanweisung beiliegt.

Häufig müssen sehr schwache Spektrallinien für die quantitative Auswertung verwendet werden. Dabei ist zu beachten, daß für eine einwandfreie Registrierung schwacher Linien die Untergrundschwärzung $S = 0{,}2$ betragen soll. Bei unmittelbarer Anregung des Probematerials und entsprechend gewählten Aufnahmebedingungen läßt sich dies ohne Schwierigkeit erreichen. Die Anregung von Spurenkonzentraten aus chemischen Voranreicherungen (Lösungsspektralanalyse) liefert dagegen schwächere Spektren, doch ist hier auch eine Untergrundschwärzung von $S = 0{,}05-0{,}1$ ausreichend.

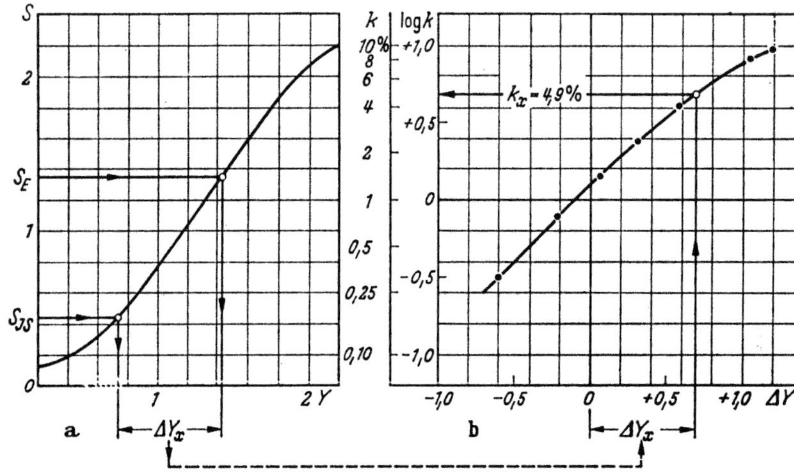

Abb. 37a u. b. Vollständige Auswertung bei leitprobenfreien Verfahren; a Schwärzungskurve der photographischen Emulsion, b allgemeingültige Haupteichkurve [*263*]

7.8.3.2. Arbeitstechnik

Aus verschiedenen Gründen (s. S. 10) bevorzugt man die unmittelbare Anregung des Probematerials. Diese Arbeitsweise ist mit routinemäßigen Bedingungen und Geräten in der Regel nur bei mittleren Spurengehalten (s. S. 37ff.) anwendbar. Doch lassen sich auch mit der direkten Anregung des Probematerials mit Hilfe der üblichen Bogen- oder Funkenentladung durch entsprechende apparative Maßnahmen recht niedrige Bestimmungsgrenzen erreichen. Am wirkungsvollsten ist hier die Wahl optimaler apparativer Arbeitsbedingungen (optimale spektrale Zerlegung und Registrierung der Strahlung). Dies geht aus Tab. 23 hervor, in der die mit optimalen Spektrographenparametern [*268*] erreichbaren, berechneten[1] Nachweisgrenzen L_D [*262*] zusammengestellt sind. Eine weitere einfache Maßnahme ist die Verwendung eines Spiegels hinter der Lichtquelle, wodurch L_Q [µg] um den Faktor ~ 2 gesenkt werden kann. Gegenüber der Bogenanregung läßt sich mit Hilfe der Hohlkathodenanregung für eine Reihe von Elementen ein um 1–2 Zehnerpotenzen tieferes L_Q [µg] erreichen.

Zu einer Senkung von L_Q führt schließlich auch die Verkleinerung des Blindwertes (s. S. 23, 74, 101), der zu einem beachtlichen Anteil durch die Verunreinigungen der

[1] Berechnungsgrundlage: Auflösungsvermögen des Spektrographen $R = 4\,R_L$, Spektrographenspaltbreite $s = 1{,}5\,s_0$ (R_L = Linienprofilauflösung, s_0 = förderliche Spaltbreite), Untergrundschwärzung $S = 0{,}2$, Kodak B10-Platte für das UV-Gebiet, Ilford R50-Platte für das sichtbare Spektralgebiet.

Tabelle 23. Für optimale Spektrographenparameter berechnete Nachweisgrenzen ($L_D = 3\,\sigma_B$) in Kohlematrix [262]

Element		Gleichstrombogen				Funke		
Analysenlinie		%	ng	mg Probe	Atm	%	ng	mg Probe
1		2	3	4	5	6	7	8
Ag I	3280	$9{,}0 \cdot 10^{-8}$	0,75	837	L	$1{,}1 \cdot 10^{-6}$	41,3	3755
Al I	3962	$1{,}5 \cdot 10^{-6}$	25	1630	CO_2			
As I	2780	$1{,}8 \cdot 10^{-4}$	1610	897	CO_2			
B I	2498	$1{,}0 \cdot 10^{-6}$	7	659	L	$8{,}3 \cdot 10^{-6}$	920	11100
Ba II	4554	$1{,}3 \cdot 10^{-7}$	2,0	1540	CO_2			
Be II	3130	$1{,}2 \cdot 10^{-7}$	0,13	107	CO_2	$4{,}0 \cdot 10^{-7}$	5,9	1470
Bi I	3068	$2{,}8 \cdot 10^{-6}$	13,5	483	L	$1{,}4 \cdot 10^{-5}$	724	5170
Ca II	3934	$1{,}0 \cdot 10^{-8}$	0,18	1825	CO_2			
Cd I	3261	$6{,}8 \cdot 10^{-6}$	78	1140	L	$6{,}8 \cdot 10^{-5}$	2690	3960
Ce II	4187	$1{,}3 \cdot 10^{-5}$	277	2130	CO_2			
Co I	3453	$2{,}6 \cdot 10^{-6}$	4,9	260	KCl	$1{,}4 \cdot 10^{-5}$	137	980
Cr I	3579	$3{,}2 \cdot 10^{-6}$	8,3	260	CO_2			
Cu I	3247	$5{,}0 \cdot 10^{-8}$	0,2	426	L	$1{,}7 \cdot 10^{-6}$	28	1648
Fe I	3720	$3{,}2 \cdot 10^{-6}$	117	3650	CO_2			
Ga I	4172	$1{,}7 \cdot 10^{-6}$	37	2160	CO_2			
Ge I	3039	$2{,}4 \cdot 10^{-6}$	16,7	696	L	$1{,}8 \cdot 10^{-5}$	675	3750
Hg I	2537	$1{,}2 \cdot 10^{-4}$	1730	1440	CO_2			
In I	4511	$5{,}2 \cdot 10^{-6}$	67	1282	CO_2			
Li I	6708	$8{,}3 \cdot 10^{-6}$	7,6	93	L			
Mg I	2852	$7{,}2 \cdot 10^{-8}$	0,13	221	L	$4{,}3 \cdot 10^{-7}$	56,5	13140
Mn I	2794	$7{,}9 \cdot 10^{-7}$	12,4	1568	L	$2{,}0 \cdot 10^{-6}$	218	10900
Mo I	3798	$1{,}7 \cdot 10^{-6}$	148	8700	CO_2			
Na I	5890	$4{,}9 \cdot 10^{-6}$	118	2400	CO_2			
Nb II	3094	$7{,}9 \cdot 10^{-6}$	14,2	180	L	$4{,}0 \cdot 10^{-5}$	253	634
Ni I	3414	$1{,}7 \cdot 10^{-6}$	11,4	674	KCl	$1{,}4 \cdot 10^{-5}$	252	1805
Pb I	4058	$2{,}9 \cdot 10^{-6}$	119	4110	CO_2			
Rb I	4202	$1{,}1 \cdot 10^{-4}$	2740	2490	CO_2			
Sb I	2598	$9{,}7 \cdot 10^{-6}$	93,5	963	L			
Si I	2882	$4{,}3 \cdot 10^{-7}$	6,6	1540	L			
Sn I	2840	$1{,}5 \cdot 10^{-6}$	30,4	2025	KCl	$8{,}3 \cdot 10^{-6}$	914	1100
Sr II	4078	$5{,}5 \cdot 10^{-7}$	5,7	1017	CO_2			
Ta I	2653	$9{,}7 \cdot 10^{-5}$	2730	2820	KCl			
Th II	2837	$1{,}3 \cdot 10^{-5}$	115	882	CO_2			
Ti II	3349	$9{,}7 \cdot 10^{-7}$	1,3	136	CO_2	$1{,}2 \cdot 10^{-6}$	40	3330
Tl I	5350	$3{,}2 \cdot 10^{-5}$	197	614	CO_2			
U I	3670	$1{,}4 \cdot 10^{-5}$	1130	8080	CO_2			
V I	3185	$5{,}0 \cdot 10^{-7}$	6,4	1280	KCl			
W I	4009	$7{,}3 \cdot 10^{-6}$	244	3340	CO_2			
Zn I	3345	$2{,}2 \cdot 10^{-5}$	58	264	CO_2	$2{,}2 \cdot 10^{-4}$	3610	1640
Zr II	3392	$1{,}3 \cdot 10^{-6}$	4,6	358	CO_2			

Spalten 2 und 6: Elementkonzentrationen unter Berücksichtigung des Probe/Kohlepulver-Mischungsverhältnisses.

Spalten 3 und 7: aus den Spalten 2 und 4 bzw. 6 und 8 berechnet.

Spalten 4 und 8: notwendige Probemengen zur Erzielung einer Untergrundschwärzung von $S = 0{,}2$.

Spalte 5: Anregungsbedingungen; Probe als Anode vollständig verdampft; L = Gleichstrombogen in Luft, 10 A; KCl = Gleichstrombogen in Luft, 20 A, 10% KCl dem Kohlepulver zugesetzt; CO_2 = Gleichstrombogen in CO_2, bei den Elementen As, Be, Hg, Th und Ti 20 A, bei den übrigen Elementen 10 A.

Funke: Niederspannungsfunke in Luft, 20 µF, 5 Ω, 360 µH, 1000 V.

Graphitelektroden und des Graphitpulvers verursacht wird. Diese lassen sich vom ppm- zum ppb-Bereich hin vermindern, wenn man die Graphitelektroden im Gleichstrombogen von 35 Amp. unter strömendem Argon (6 l/min) 5 min abbrennt [*269*].

Neben den oben erwähnten Maßnahmen und auch ohne diese Maßnahmen ist insbesondere bei niedrigen Spurengehalten oft eine *chemische* oder *physikalische Anreicherung* der Spurenelemente notwendig.

7.8.3.2.1. Physikalische Anreicherung

Unter dem Begriff der physikalischen Anreicherung der Spurenelemente im engeren Sinne in Verbindung mit der Emissionsspektralanalyse seien hier nur jene Methoden und Vorgänge zusammengefaßt, die mit der Anregung des Probematerials gekoppelt sind. Unberücksichtigt bleiben jene Anreicherungsverfahren, bei denen zwar physikalische Vorgänge die Grundlage bilden, die aber wie bei der chemischen Anreicherung eigene Arbeitsgänge darstellen und bereits im Abschnitt **5** (s. S. **53**ff.) angeführt sind.

Die erfolgreiche Anwendung der physikalischen Anreicherung setzt die Kenntnis und Berücksichtigung der Vorgänge im Lichtbogen [*270*] voraus, weshalb auf einige der wesentlichen Zusammenhänge hier kurz eingegangen sei. Die Intensität einer Spektrallinie nimmt mit der Zahl der Atome im Bogenplasma zu, die ihrerseits vom Gleichgewicht zwischen Verdampfung der Probe in das Plasma und dem Abtransport der Atome aus dem Plasma infolge thermischer Diffusion abhängt. Mit steigender Temperatur des Plasmas nimmt die thermische Diffusion zu und damit die Zahl der Atome ab. Die Linienintensität steigt weiterhin mit der Plasmatemperatur zunächst an und nimmt oberhalb eines Temperaturoptimums infolge zusätzlicher Anregung höherer Niveaus und Ionisation der Atome (Abnahme der Zahl der Atome im Grundzustand) wieder ab. Zur Erzielung einer hohen Linienintensität und damit tiefen Bestimmungsgrenze muß demzufolge eine starke Verdampfung der Probe und eine relativ niedrige Plasmatemperatur angestrebt werden. Für die Hauptnachweislinien einer größeren Zahl von Elementen liegt die optimale Plasmatemperatur im Bereich von 4000–5000° K, von dem der Lichtbogen mit 5000–6000° K nicht weit entfernt ist.

Die Methoden der physikalischen Anreicherung haben eine absolute oder relative (bezogen auf die Matrix) Erhöhung der Zahl der Atome des interessierenden Elementes im Bogenplasma während des Verdampfungs- und Anregungsvorganges zum Ziel. Zu den einfachsten Maßnahmen gehört hier die Erhöhung der Verdampfungsgeschwindigvon der Trägerelektrode mit Hilfe hinterdrehter Elektroden (s. Abb. **38**, Nr. *13–18*, S. **152**). Da die Anode eine höhere Temperatur als die Kathode aufweist, läßt sich die Verdampfungsgeschwindigkeit auch durch die Polung der Trägerelektrode beeinflussen. Teile des Probematerials können allerdings bei zu hoher Verdampfungsgeschwindigkeit fortgeschleudert werden, weshalb man diese nicht beliebig erhöhen kann.

Bei anodischer Verdampfung des Probematerials kann die Verdampfungsgeschwindigkeit durch Zusätze zum Probe/Kohlepulver-Gemisch gezielt erhöht oder vermindert werden. Bei den Zusätzen unterscheidet man zwischen *Verdampfungshilfen* (oder Verdampfungsbremsen), *Transporthilfen*, *Anregungshilfen* und *Verweilzeithilfen*. Mit den *Verdampfungshilfen* oder *-bremsen* (volatilizer) (z. B. Chloride, Fluoride, Sulfide) werden thermochemische Reaktionen [*271*] ausgelöst und angewendet, um während des Anregungsvorganges in der heißen Trägerelektrode entweder die interessierenden Spurenelemente in leicht flüchtige Verbindungen oder Störelemente (z. B. linienreiche Hauptbestandteile) in schwerflüchtige Verbindungen (z. B. wirkt C, als Kohlepulver zugesetzt, auf B, Ta, U, W verdampfungshemmend) überzuführen. Diese Verfahren stellen Anreicherungsmethoden in Form der selektiven Verdampfung dar. Die *Transporthilfen*

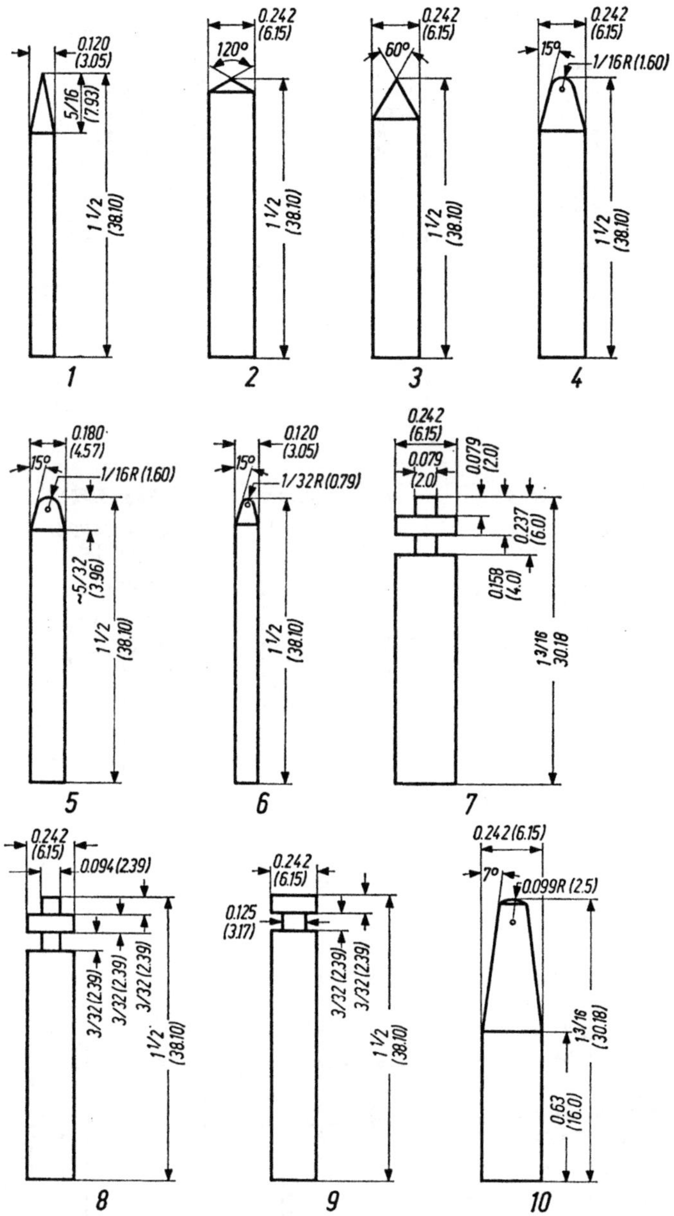

Abb. 38. Häufig benützte Elektrodenformen [Maße in Zoll (mm)]. *1—10* Gegenelektroden, 11—18, *20—22, 25* Probenelektroden; *11—17* cup-Elektroden, *18* Plattformelektrode, *19* Trägerelektrode für *20—22, 20—22* Elektroden nach SCRIBNER-MULLIN, *23, 24* Elektrodendeckel (boiler cap, z. B. *23* mit *15, 24* mit *14*), *25* Elektrode nach SHAW-JOENSUU-AHRENS (mit *10* als Gegenelektroden). Bezeichnung (Type) der Elektroden nach American Society for Testing Materials (ASTM), Ultra Carbon (UC), National Carbon (NC) und Ringsdorff-Werke (RW) (ASTM; UC; NC; RW)[1]:

1 (C-1; 1992; L-4036; 0047),
2 (C-2; 108; L-3966; 0029),
3 (C-4; 1667; L-3965; 0067),
4 (C-5; 100-U; L-3957; 0063),
5 (—; 105-U; L-3951; 0062),
6 (—; 5001; —; 0061),
7 (—; 1684; —; 0084),
8 (C-7); 104-U; L-3963; 0028),
9 (C-8; 101-U; L-3960; 0027),
10 (—; 1685; —; 0085),

[1] Bei den NC-Typen-Zahlen gibt die 2. Ziffer die Graphitsorte an, z. B. weisen L-4036 und L-4236 oder L-3966 und L-3766 dieselbe Elektrodenform auf. Bei den RW-Typen-Zahlen kennzeichnet die 1. Ziffer die Graphitsorte

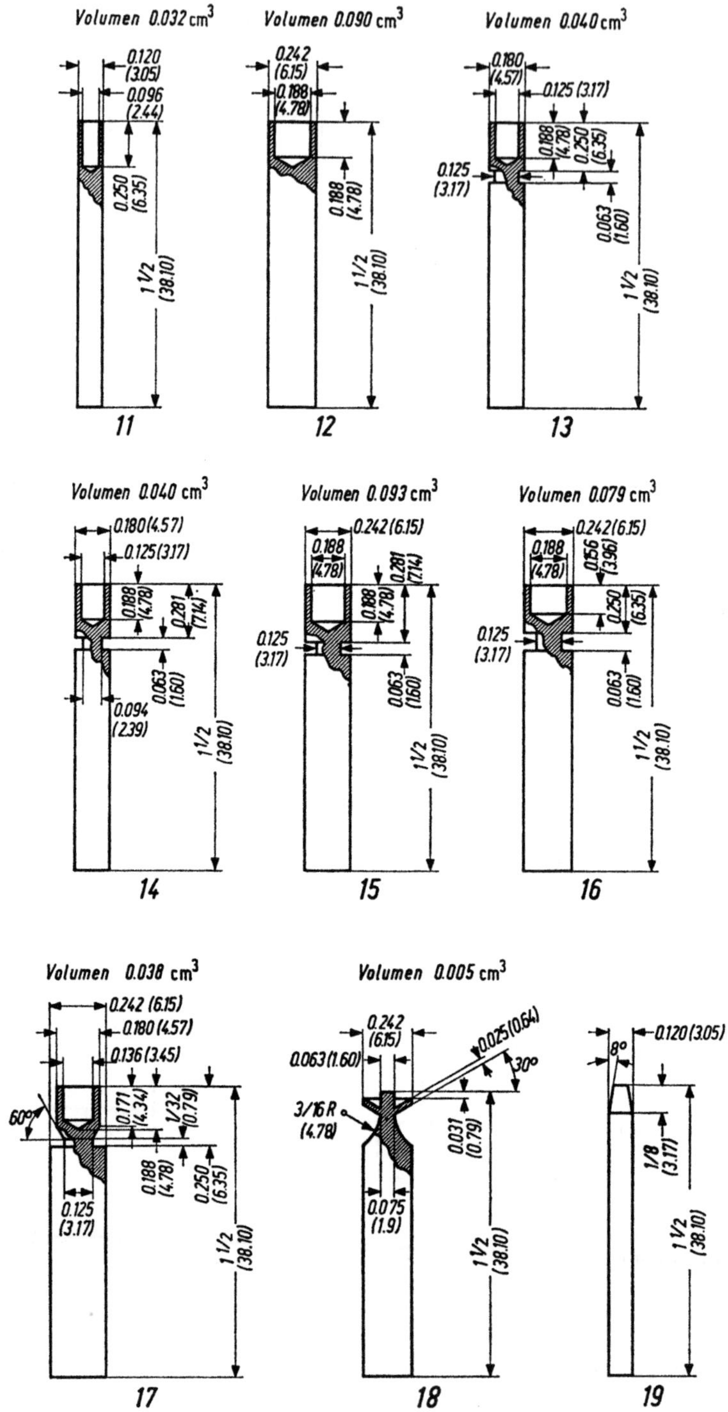

Abb. 38 (Fortsetzung)

11 (—; 5440; L-3979; 0034),
12 (S-8; 103; L-3900; 0001),
13 (S-14; 105-D; L-3909; 0005)
14 (—; 5915; L-4000; 0040),
15 (—; 1989; L-4018; 0043),
16 (S-12; 100-L; L-3912; 0006),
17 (S-13; 101-L; L-3903; 0002),
18 (P-2; 104-L; L-3948; 0023),
19 (S-1; 1964; L-3919; 0010),

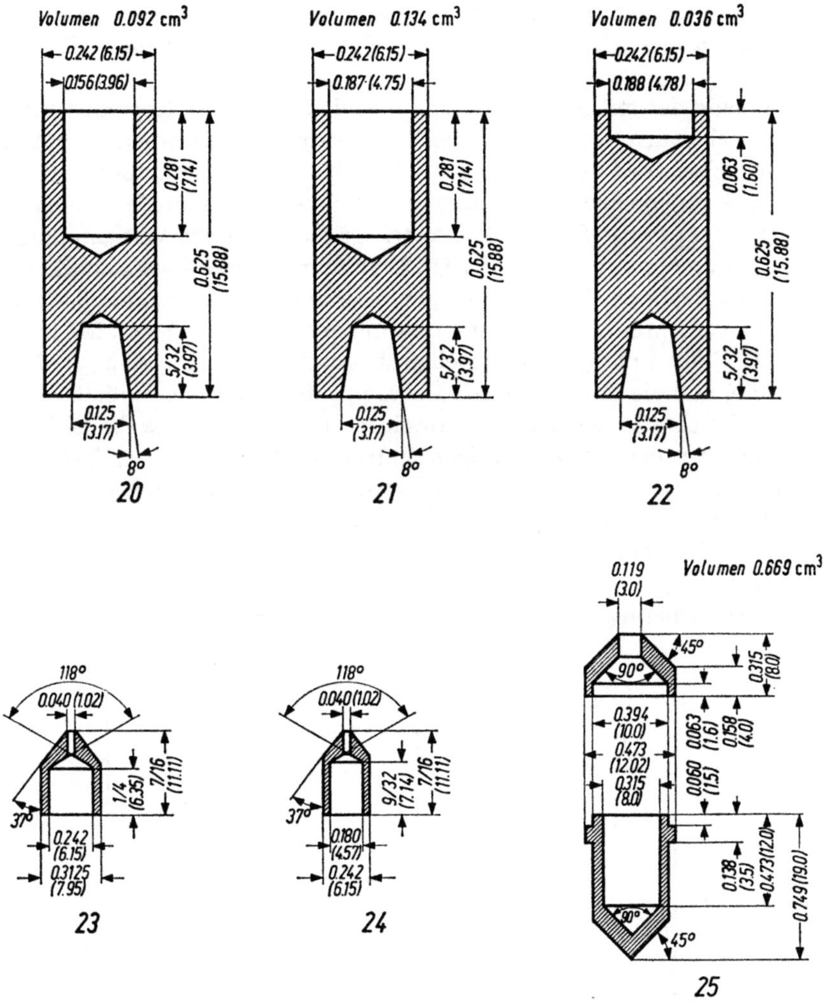

Abb. 38 (Fortsetzung)

20 (S-2; 1990; L-4024; 0044), *21* (S-3; 1998; L-3918; 0009), *22* (—; 5630; L-4031; 0046), *23* (—; 300; L-3915; 0007), *24* (—; 301; L-3916; 0008), *25* (—; 1686; —; 1086).

Plan abgedrehte, hier nicht abgebildete Elektroden (⌀ in Zoll/mm) haben folgende Bezeichnung (ASTM; UC; NC; RW): ⌀ 0,242 in/6,15 mm (C-3; 107; L-3921; 0011), ⌀ 0,120 in/3,05 mm (C-6; 1509; L-3922; 0012), ⌀ 0,180 in/4,57 mm (C-9; 2615; L-3923; 0013).

(carrier) (C, NH_4Cl, Li_2CO_3) dienen mit ihren während der Anregung entstehenden gasförmigen Verbrennungs- oder Zersetzungsprodukten für einen gleichmäßigen und verbesserten Transport der Probensubstanz in das Plasma. Die als spektrochemische Puffer (buffer) bekannten *Anregungshilfen* (NaCl, KCl, AgCl, Li_2CO_3, Ga_2O_3) haben die Aufgabe, durch die zugesetzten, leicht ionisierbaren Elemente die Bogentemperatur herabzusetzen, die Elektronenkonzentration (Elektronendruck) im Plasma heraufzusetzen, den Bogen zu stabilisieren und Einflüsse dritter Partner zu verringern. Durch die Erhöhung der Elektronenkonzentration wird die Ionisierung der interessierenden

Elemente zurückgedrängt und damit die Intensität ihrer Hauptnachweislinien verstärkt, Mit *Verweilzeithilfen* (Ga_2O_3) schließlich soll die Verweilzeit der Atome im Plasma erhöht werden.

Bei der Polung der mit Probensubstanz beschickten Trägerelektrode ist zu berücksichtigen, daß neben den unterschiedlichen Temperaturen von Kathode und Anode auch noch Unterschiede in der Verdampfungsart bestehen. Stellt die kathodische Verdampfung mehr eine gleichmäßige Zerstäubung der Probenbestandteile (unabhängig von ihren Siedepunkten) in das Plasma dar, so erfolgt die anodische Verdampfung auf ausschließlich thermischer Grundlage. Bei letzterer führen daher Unterschiede der Siedepunkte einzelner Probenbestandteile zu einer *fraktionierten* oder *selektiven Verdampfung* und damit zu einer Anreicherung der interessierenden Spurenelemente. Die fraktionierte oder selektive Verdampfung wird dabei noch durch die zugesetzten Verdampfungshilfen (s. S. **150**) und die Entladungsatmosphäre (Luft, CO_2, Ar) beeinflußt. Die *selektive Verdampfung*[1] ist eine zeitunabhängige Anreicherung, bei der meist die leichtflüchtigen Spurenelemente von der schwerflüchtigen Matrix abgetrennt werden. Bei der Doppelbogenmethode [*272*] ist die selektive Verdampfung unmittelbar mit der Anregung im Gleichstrombogen kombiniert (s. Abb. 38, Elektroden Nr. *25* + *10*, S. **151**ff.). Bei der *fraktionierten Verdampfung* gelangen die Elemente zeitlich nacheinander (meist nicht vollständig voneinander getrennt) in das Bogenplasma, so daß hier eine zeitabhängige, vorübergehende Anreicherung der Spurenelemente im Bogen vorliegt. Für eine möglichst

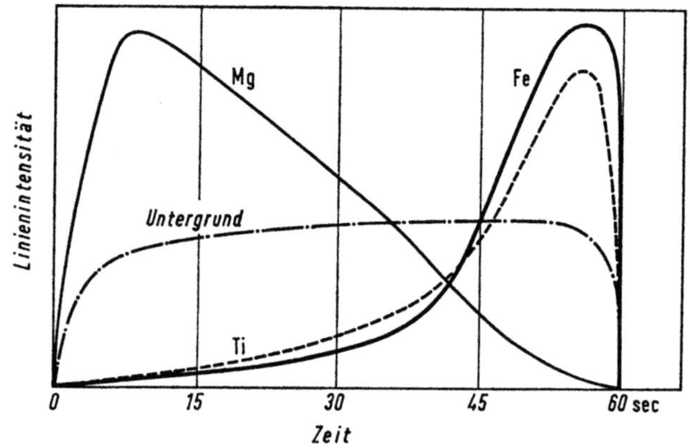

Abb. 39. Zeitlicher Intensitätsverlauf von Spektrallinien und Untergrund bei der Anregung von Galliumarsenid im Lichtbogen [*274*]

gute, zeitliche Trennung der interessierenden Elemente (zeitliche Ausdehnung des Verdampfungsablaufes) ist eine tiefe Verdampfungstemperatur erforderlich. Durch photographische Registrierung eines bestimmten Zeitabschnittes (split burn-Technik) anstelle des gesamten Verdampfungsvorganges erreicht man eine Erhöhung des Linie/Unter grund-Verhältnisses und damit eine Senkung von L_Q. Dies geht aus Abb. 39 hervor: bei einer Belichtungszeit von 60 sec, d. h. über die gesamte Anregungszeit bis zur vollständigen Verdampfung der Probe, ist das Verhältnis der Linienintensitäten der Spuren-

[1] Verschiedentlich wird die Probensubstanz in einem Graphittiegel durch elektrische Widerstandsheizung erhitzt, die leichtflüchtigen Spurenelemente auf einer darüber gesetzten Graphit- oder Kupferelektrode kondensiert und anschließend spektrographisch bestimmt [*273*] (s. a. S. 61).

elemente (I_L) zur Intensität des Untergrundes (I_U) etwa $I_L/I_U \leqq 1$; belichtet man aber für Mg die ersten 20 sec, verschiebt die Photoplatte in der anschließenden 25 sec-Pause und belichtet für Fe und Ti erneut während der letzten 15 sec, so erhält man $I_L/I_U \approx 2$. Eine fraktionierte Destillation erfolgt bevorzugt bei der Doppelbogen-Elektrode [*272*] (s. Abb. 38, Nr. *25* + *10*) und der boiler cap-Elektrode (s. Abb. 38, Nr. *23* + *15* und *24* + *14*, S. 151ff.). Selektive und fraktionierte Verdampfung laufen oft nebeneinander ab, da sie schwer zu trennen sind und die selektive Verdampfung je nach den vorliegenden Probematerialien, Temperatur- und Zeitbedingungen nach einer gewissen Bogenbrennzeit in eine fraktionierte Verdampfung übergeht. Durch die Methoden der selektiven und fraktionierten Verdampfung in Verbindung mit der split burn-Technik läßt sich L_Q um 1–2 Zehnerpotenzen gegenüber der normalen Bogenanregung senken.

Beim Gleichstrombogen verursacht dessen elektrisches Feld eine Wanderung der ionisierten Atome zur Kathode, wenn Elemente mit mäßig hoher Ionisierungsspannung (< 9 V) zu einem ausreichenden Anteil ionisiert sind und deren Ionisierung nicht durch einen Überschuß leichter ionisierbarer Elemente zurückgedrängt wird (s. S. 153). Dieser Effekt ist bei kathodischer Verdampfung besonders ausgeprägt und führt zu einer Anreicherung der Elemente in der Kathodenglimmschicht. Im Gegensatz zur zeitlichen Anreicherung bei der selektiven oder fraktionierten Verdampfung liegt hier eine räumliche oder geometrische Anreicherung der Spurenelemente im Bogenplasma vor. Diese Anreicherung wird beim *Glimmschichtverfahren* [*275*] zur Senkung von L_Q ausgenützt, indem man statt der Bogenmitte mit Hilfe einer Blende die Kathodenglimmschicht in den Spektrographen abbildet. Gegenüber der normalen Bogenanregung erzielt man mit dem Glimmschichtverfahren bei einer größeren Zahl von Elementen eine Senkung von L_Q um eine halbe Zehnerpotenz (z. B. bei Ag, As, B, Ca, Ge, Ir, Ni, Pb, Si, Sr, Ti, Yb) bis 1–2 Zehnerpotenzen (z. B. bei Al, Co, Cr, Cu, Fe, Ga, Hf, In, Mn, Mo, Nb, Os, Pd, Pt, Ru, Sc, Sn, Te, Tl).

Eine Senkung der Bestimmungsgrenze um den Faktor 2–20 erreicht man beim Gleichstrombogen mit Hilfe *homogener* und *inhomogener Magnetfelder*, die auf den Raum zwischen Kathode und Anode angelegt werden [*276–278*]. Dies ist auf mehrere Wirkungen des Magnetfeldes zurückzuführen, wobei einige davon unmitelbar miteinander zusammenhängen: Stabilisierung des Lichtbogens; Erhöhung der Brennspannung, Anodentemperatur, Verdampfungsgeschwindigkeit und Abbrandmenge; Erhöhung der Atome und ihrer Verweilzeit im Plasma; Erhöhung der Linienintensität und Senkung des Untergrundes und damit Erhöhung des Linie/Untergrund-Verhältnisses. Der Einfluß des Magnetfeldes im Sinne einer Senkung von L_Q ist bei Ionenlinien stärker als bei Atomlinien [*278*].

Die unmittelbare Anregung des Probematerials gegebenenfalls in Verbindung mit einer der oben erwähnten physikalischen Anreicherungen und ohne vorangehende chemische Anreicherung hat an Vorteilen den geringeren Aufwand, die Schnelligkeit und den niedrigeren Blindwert, an Nachteilen die schwierige Eichung, mögliche Verfälschung von Analysenergebnissen durch Störeinflüsse und die höhere Bestimmungsgrenze.

Chemische Anreicherung

Nach den bereits im vorhergehenden Abschnitt „Physikalische Anreicherung" erläuterten Gesichtspunkten (s. S. 150) sind unter dem Begriff der *chemischen Anreicherung* alle Anreicherungsverfahren (sowohl mit chemischer als auch physikalischer Grundlage) zusammengefaßt, die eigene Arbeitsgänge darstellen. Durch unmittelbare Anregung des nicht vorbehandelten Probematerials vor allem in Verbindung mit einer dabei stattfindenden physikalischen Anreicherung (s. S. 150) können relativ tiefe Spurengehalte erfaßt werden. Zur Beseitigung verschiedener Störungen (Störelemente, Matrixeffekte) und vor allem zur Bestimmung niedrigster Spurengehalte ist aber eine vorangehende chemische Anreicherung der Spurenelemente erforderlich. Die Anreicherung erfolgt wie bei den anderen Verfahren (Photometrie usw.) nach den entsprechenden Richtlinien (s. S. **53**ff., **375**ff., **1379**ff.). Die angereicherten Spurenelemente werden in ein möglichst kleines Lösungsendvolumen übergeführt und meist unter Verwendung eines aliquoten Teiles oder der gesamten Probelösung in Form der Lösungsspektralanalyse [*279*] (s. S. **128**ff.) bestimmt.

Diese Arbeitsweise ist allgemein anwendbar, findet aber vor allem bei der Anreicherung durch Extraktion Anwendung. Daneben kann man aber auch nach dem üblichen „Pulver-Verfahren" arbeiten: nach der Anreicherung liegen die Spurenelemente in einem kleinen Volumen Lösung vor, zu dieser fügt man Graphitpulver und inneren Standard, dampft zur Trockene ein, stopft den Eindampfrückstand in eine Probenelektrode und funkt ab. Hinsichtlich Arbeitstechnik und -aufwand günstig ist die Spurenfällung, die aber teilweise einen größeren Zeitaufwand (Stehen der Fällung über Nacht) erfordert: der erhaltene Niederschlag wird geglüht, mit Graphitpulver und anderen Zusätzen (innerer Standard, Puffersubstanz) vermischt, die Mischung in die Elektrode gestopft und abgefunkt.

Bei der Herstellung einer Eich- oder Standardreihe für die Lösungsspektralanalyse werden – ähnlich wie in der Photometrie (s. S. **138**) – in eine bestimmte Anzahl (z. B. innerhalb einer Zehnerpotenz 4–5) von Meßkolben geeigneter Größe steigende, über den beabsichtigten Eichkurvenbereich in etwa gleichmäßigem Abstand verteilte Mengen des zu bestimmenden Elementes vorgelegt. Dazu fügt man in jeden Meßkolben eine stets gleichbleibende Menge des inneren Standards oder Bezugselementes und füllt nun die Kolben zur Marke auf. Bei der Herstellung dieser Eichlösungen ist stets noch die jeweilige Arbeitsvorschrift zu berücksichtigen. Von den Lösungen werden dann nacheinander, zur Vermeidung von gegenseitigen Verunreinigungen mit der niedrigsten Konzentration beginnend, entsprechende Mengen unter genauer Einhaltung der Arbeitsvorschrift auf die Elektroden aufgebracht, abgefunkt, nach der photographischen Entwicklung die erhaltenen Spektralaufnahmen ausgemessen und mit Hilfe der Meßwerte gemäß den früheren Ausführungen die Eichkurve aufgestellt.

Die spektrochemische Bestimmung von Spurenelementen mit Hilfe einer vorangehenden chemischen Anreicherung in Verbindung mit der Lösungsspektralanalyse hat an Vorteilen die Bestimmbarkeit niedrigster Spurengehalte, die Beseitigung von Störungen und die einfachere Eichung, an Nachteilen den größeren Arbeits-, Zeit- und Materialaufwand und den höheren Blindwert.

Gegenüber der unmittelbaren Anregung der Probe läßt sich L_Q [µg] bzw. L_Q [µg/ml] durch eine vorangehende Anreicherung, je nach dem vorliegenden Probematerial, um 2–4 Zehnerpotenzen senken.

7.8.4. Röntgenspektrometrie

7.8.4.1. Grundlagen

Durch Zufuhr hinreichender Energie kann man Elektronen aus den inneren Schalen (*K*-, *L*-Schale) des Atoms herausschlagen, d. h. das Atom anregen (ionisieren). Bei der Rückkehr vom angeregten Zustand in den Grundzustand wird die Leerstelle auf der innersten Schale (*K*-Schale) durch ein Elektron der benachbarten äußeren Schale

(L-Schale) eingenommen, wobei sich dieser Vorgang nach den äußeren Schalen hin wiederholend fortpflanzt. Bei jedem Elektronensprung von einem höheren Energieniveau in eine Leerstelle wird die überschüssige Energie in Form von Röntgenstrahlung abgegeben, deren Energieverteilung über den analytisch angewandten Wellenlängenbereich von 0,1—~ 20 Å für die einzelnen Elektronenübergänge und damit für die einzelnen Elemente charakteristisch ist. Man unterscheidet zwischen Primäranregung mit einem Elektronenstrahl, wobei neben der charakteristischen Röntgenstrahlung vor allem Wärme und die Bremsstrahlung (kontinuierliches Röntgenspektrum) entstehen, und Sekundäranregung mit Röntgen- oder Gammastrahlen.

Bei den üblichen Röntgenspektrometern wird die Probe mit polychromatischer Röntgenstrahlung (Primärstrahlung) bestrahlt, wobei man die entstehende Sekundärstrahlung als Fluorescenzstrahlung bezeichnet und deshalb diese Methode meist Röntgenfluorescenzanalyse (RFA) nennt. Die Sekundärstrahlung wird mit Hilfe eines Analysatorkristalls [z. B. LiF für den Elementbereich Ca – U, Äthylendiamin-d-tartrat (EDDT) für Al – Ca, Gips von Na aufwärts, Kaliumhydrogenphthalat (KHP) für Mg, Na und F] in die einzelnen Wellenlängen zerlegt, deren Bezugswinkel sich aus der Braggschen Gleichung

$$n\lambda = 2d \sin\theta \qquad (1)$$

n = Ordnungszahl der Strahlung,
λ = Wellenlänge, Å,
d = Netzebenenabstand des Kristalls, Å,
θ = Winkel zwischen Kristalloberfläche und einfallendem bzw. reflektiertem Strahl,

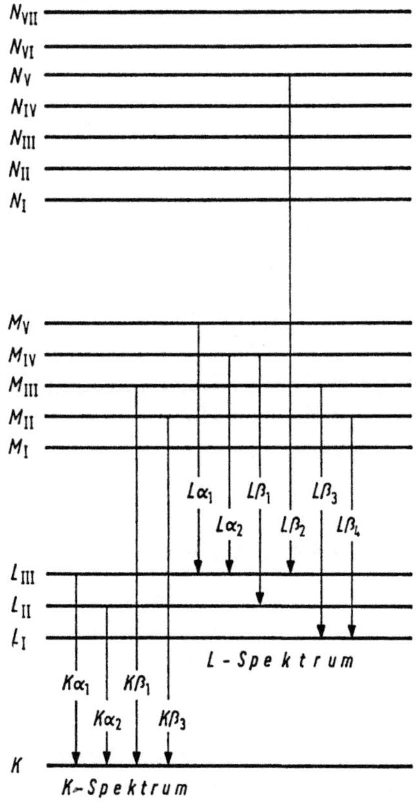

Abb. 40. Niveauschema und Entstehung der wichtigsten K- und L-Linien

ergibt. Die von den Elementen emittierten Serien charakteristischer Spektrallinien werden nach jener Schale benannt, in der die Ionisierung ursprünglich erfolgte. Die Zahl der Linien einer Serie ergibt sich aus den möglichen Elektronenübergängen (s. Abb. 40). In der RFA verwendet man hauptsächlich die K- und L-Serie, deren Linien innerhalb der Serie aufgrund der Häufigkeit der Elektronenübergänge annähernd im relativen Intensitätsverhältnis von $K\alpha_1:K\alpha_2:K\beta_1 \approx 4:2:1$ bzw. von $L\alpha_1:L\alpha_2:L\beta_1:L\beta_2:L\beta_3 \approx 10:1:6:2:1$ stehen.

Die Intensität einer Analysenlinie ist annähernd der Elementmenge proportional. Die Messung der Intensität erfolgt mit Durchfluß- (für Wellenlängen von 1,5–12 Å) oder Szintillationszähler (für Wellenlängen von 0,2–2,5 Å) und nachgeschalteter Zählelektronik, indem man die während der Meßzeit anfallende Impulszahl ermittelt. Für die quantitative Analyse ist erschwerend, daß die Fluorescenzstrahlung eines Elementes durch die Begleitelemente in unterschiedlichem Ausmaß infolge Absorption geschwächt und infolge Interelementanregung verstärkt wird. Mit Hilfe der Impulshöhendiskriminierung lassen sich Störungen durch überlagerte Linien höherer Spektralordnungen und Untergrundstrahlung unterdrücken.

Neben den auch bei anderen Analysenmethoden auftretenden Fehlern beeinflussen noch Impulsstatistik und Zählverluste die Reproduzierbarkeit, Richtigkeit und Bestimmungsgrenze der RFA. Die Impulsregistrierung erfolgt nach zwei Arten:
a) mit vorgegebener Meßzeit, b) mit vorgegebener Impulszahl. Die durch die Zählstatistik bedingte absolute und relative Standardabweichung berechnet sich im Falle a) nach

$$s = \sqrt{N} \text{ und } V = 100\sqrt{\frac{1}{N}}, \tag{2}$$

im Falle b) nach

$$s = \sqrt{\frac{T^2}{N}} \text{ und } \quad V = 100\sqrt{\frac{1}{N}}, \tag{3}$$

T = Meßzeit,
N = Impulszahl.

Hiernach läßt sich V durch eine Erhöhung der Meßzeit bzw. Impulszahl verkleinern. Kommt zur Messung noch eine Untergrundkorrektur hinzu, so ergibt sich dann

$$s = \sqrt{s_{L+U}^2 + n s_U^2} \tag{4}$$

s_{L+U} = Standardabweichung der Messung Linie + Untergrund,
s_U = Standardabweichung der Messung Untergrund,
n = Zahl der Untergrundmessungen.

7.8.4.2. Arbeitstechnik

Für die röntgenspektrometrische Analyse verwendet man in der Regel feste Proben mit einer planen Analysenfläche, wozu kompaktes Material (Metalle) geschliffen und pulverförmiges Material unmittelbar unter Zusatz eines Bindemittels oder nach einem Schmelzaufschluß (z. B. mit Natriumtetraborat) und erneutem Pulvern zu Tabletten verpreßt wird. Auch dient der als runde, plane Scheibe erstarrte Schmelzaufschluß als Analysenprobe. Infolge der geringen Eindringtiefe der Röntgenstrahlen und der durch die Probenmatrix hervorgerufenen Absorptionsverluste weist diese Arbeitsweise eine nur mäßig tiefe Bestimmungsgrenze auf (s. a. Tab. 7, S. 39). Die Verfahren mit kompakten Proben, Preßlingen, Schmelzaufschlüssen und auch Mikroschmelzaufschlüssen [*280*] eignen sich deshalb in der Regel nicht für Spurenanalysen.

Bei Probematerial mit großen Mengen an Ballaststoffen, störenden Hauptbestandteilen oder großem Volumen müssen die Spurenelemente daher vorher durch geeignete Trenn- und Anreicherungsverfahren isoliert werden. Die Kombination von Anreicherungsverfahren und röntgenspektrometrischer Bestimmung ist besonders vorteilhaft, wenn eine große Zahl von Elementen im Probematerial bestimmt werden muß oder eine nur begrenzte Probemenge zur Verfügung steht. Zweckmäßig ist hier die Verwendung von Gruppenreagentien für die Anreicherung, mit denen eine möglichst große Elementzahl erfaßt wird. Nach beendeter Röntgenspektralanalyse kann man die zur Messung verwendete Anreicherungsfraktion noch anderen analytischen Untersuchungen zuführen. Zur Erzielung einer möglichst tiefen Bestimmungsgrenze ist es erforderlich, daß die Spurenelemente gleichmäßig verteilt sind in einer Matrix mit niedriger Ordnungszahl, kleiner Fläche und kleinem Volumen. Hierzu eignet sich besonders das weiter unten beschriebene Aufnehmen der isolierten Spurenelemente mit einer dünnen Ionenaustauschermembran [*281*]. Dieses Verfahren hat eine um etwa 2 Zehnerpotenzen tiefere Bestimmungsgrenze als die übliche Boraxscheibenmethode.

Unabhängig von der angewandten Präparationsform der isolierten Spurenelemente, in der diese auf den Probenträger aufgebracht und dem Röntgenspektrometer zugeführt werden, empfiehlt es sich ganz allgemein, zum Ausgleich von Schwankungen der Präparation (Verbesserung der Reproduzierbarkeit) oder auch der Anreicherung die Methode des inneren Standards anzuwenden. Hierzu fügt man der Probelösung nach oder vor der Anreicherung der Spurenelemente eine bekannte Menge eines in der Probe nicht enthaltenen Elementes als inneren Standard (Bezugsstandard) zu und verwendet das Intensitätsverhältnis Spurenelement/Bezugsstandard als Meßgröße sowohl bei der Aufstellung der Eichkurve (analog zur Arbeitsweise der Emissionsspektralanalyse, s. S. **134 ff.**) als auch bei der Analyse. Durch den Zusatz eines Bezugsstandards beispielsweise vor der Spurenfällung kann auf eine quantitative Überführung und reproduzierbare Verteilung von Niederschlägen auf Filtern verzichtet werden [*282*]. Dabei müssen Spurenelement und Bezugsstandard ähnliche Eigenschaften haben und im Niederschlag homogen verteilt sein.

Häufig werden die durch eine Anreicherungsoperation isolierten Elemente in ein kleines Volumen wäßriger Lösung überführt. Bei flüssigen Proben mit großem Volumen und geringem Ballaststoffgehalt genügt oft bloßes Eindampfen. Die in jedem Fall zuletzt vor der röntgenspektrometrischen Bestimmung vorliegende, die Spurenelemente enthaltende Lösung wird auf einem geeigneten Träger eingedampft oder eingetrocknet und anschließend in das Röntgenspektrometer eingebracht.

Das Trägermaterial soll folgende Eigenschaften aufweisen: ausreichende mechanische Festigkeit, möglichst plane Oberfläche, ausreichende Aufnahmefähigkeit für die Probelösung und möglichst geringe Emission von Eigenfluorescenz (durch Spurenverunreinigungen) und Untergrundstrahlung (infolge Streuung der primären Röntgenstrahlung). Als Träger verwendet man Filterpapier [*22a, 283–285*], Mylarfolie [*22a, 286*], Folien aus Reinstmetall (z. B. Aluminium [*287*]) sowie Schälchen aus Kunststoff (PVC, Teflon usw.) oder Reinstmetall (z. B. Aluminium [*287*]). Von diesen Trägermaterialien haben die Metalle den Nachteil höherer Untergrundstrahlung und meist höherer Verunreinigungen. Die Maße der Schälchen richten sich nach dem verwendeten Röntgengerät, doch sollen sie einen niedrigen Rand (etwa 1 mm) aufweisen, um einen möglichst kleinen Abstand zwischen Röntgenröhre und Probensubstanz zu erreichen. Der Durchmesser der Probenfläche, d. h. der Trägerfläche mit dem aufgetragenen

Probeneindampfrückstand, richtet sich nach der Analysenöffnung des Probenhalters bzw. dem Durchmesser des Röntgenstrahlenbündels. Zur Abgrenzung der zulässigen Probenfläche kann ein auf das Filterpapier aufgetragener Wachsring dienen, um eine zu weite Ausbreitung der Probelösung zu vermeiden. Eine gleichmäßige Verteilung der Probelösung läßt sich durch Zusatz einer kleinen Menge Netzmittel auf das Filterpapier oder zur Probelösung erreichen. Filterpapier als Träger hat eine Reihe von Vorteilen: geringe Kosten, einfache Arbeitsweise, gute Saugfähigkeit, geringe Untergrundstrahlung. In der Regel bringt man nur einen oder wenige Tropfen (etwa 10–100 µl) Probelösung auf. Beim Auftragen einer größeren Lösungsmenge (~ 0,5–2 ml) liegt das Filterpapier zum Verdampfen der Flüssigkeit während des Auftragens [*287*] zweckmäßig auf einem Ringofen [*288*]. Bei so großen Flüssigkeitsmengen arbeitet man aber besser mit Schälchen, da man mit diesen einen geringeren Zeitaufwand und eine bessere Reproduzierbarkeit erzielt. Mylarfolie hat gegenüber Filterpapier den Vorteil einer geringeren Untergrundstrahlung [*286*]. Weiterhin kann man die in der Lösung vorliegenden Spurenelemente mit einer Ionenaustauschermembran aufnehmen, wie dies weiter unten (s. S. 161) beschrieben ist.

Die letzte Stufe dieser Arbeitstechnik, d. h. das Überführen der Spurenelemente in ein kleines Volumen wäßriger Lösung und das Eintrocknen auf einem Träger, kann oft vermieden werden, indem man die Anreicherungsform selbst unmittelbar für die röntgenspektrometrische Analyse verwendet. Hierzu eignen sich vor allem Extraktion, Spurenfällung und Ionenaustausch.

Extraktion

Der durch mehrfache Extraktion erhaltene vereinigte organische Extrakt wird auf ein kleines Volumen eingeengt und anschließend auf einem geeigneten Träger (s. S. **159**, am zweckmäßigsten ein Schälchen) eingedampft oder eingetrocknet. Dabei muß man die Löslichkeit des Trägermaterials in organischen Lösungsmitteln berücksichtigen. Liegt ein größerer, schlecht haftender Extraktionsrückstand im Schälchen vor und wird dieses im Röntgengerät mit der Öffnung nach unten eingebracht, so setzt man dem Extrakt vor dem Eindampfen bei Bedarf ein Bindemittel (einige Tropfen alkoholischer Mastixlösung oder Paraffinwachs in $CHCl_3$) zu [*287*], um Verluste durch abfallende Teilchen des Extraktionsrückstandes zu vermeiden.

Spurenfällung

Der bei einer Spurenfällung erhaltene Niederschlag kann mit Hilfe einer entsprechenden Filtriereinrichtung (s. Abb. **53**, S. **231**) durch ein plan eingespanntes Papier- [*289, 290*] oder Membranrundfilter (1–5 µm Porenweite) [*291, 292*] abfiltriert werden, wobei sich der Durchmesser der freien Filterfläche nach dem Röntgenspektrometer richtet. Das Filter mit dem Niederschlag wird nach dem Trocknen mit Mylarfolie abgedeckt, auf einen geeigneten Träger aufgeklebt (z. B. mit Vakuumfett) oder in einen Probenhalter eingespannt und in das Röntgenspektrometer eingebracht. Bei dieser Arbeitstechnik ist zur Erzielung reproduzierbarer Ergebnisse ein auf der Filterscheibe gleichmäßig verteilter, auch nach dem Trocknen gut haftender Niederschlag anzustreben. Die Fällungsbedingungen sollten daher so gewählt werden, daß sich der Niederschlag nicht infolge zu langer Standzeit vor der Filtration zusammenballt und die Niederschlagsmenge nicht zu groß ist [*289*]. Für die Spurenfällung (s. S. **57**) können organische und anorganische Fällungsmittel verwendet werden [*289*]. Wegen der geringeren Matrixeffekte sollte man den organischen Fällungsmitteln den Vorzug geben. Mit Hilfe anorganischer Fällungen können aber leichte Elemente, einige Elemente unterhalb der

Ordnungszahl 9 und komplexe Anionen indirekt bestimmt werden, indem man im Niederschlag einer stöchiometrischen Verbindung des leichten mit einem schweren Element die Menge des schweren Elementes röntgenspektrometrisch ermittelt. Auf diese Weise kann man auch die Nachweisgrenze von Elementen niedriger Ordnungszahl verbessern. Auf indirektem Wege wurden beispielsweise bestimmt (in Klammer: Fällungsform; zur Messung verwendetes Element): $\geqq 1$ µg F (LaF_3; La), $\geqq 0{,}1$ µg S ($BaSO_4$; S, Ba/CdS; S, Cd) [*293*], $\geqq 1$ µg Li ($Li_2KAsO_4 \cdot H_2O$; As/Li_3PO_4; P), $\geqq 1$ µg Be ($BeKAsO_4 \cdot H_2O$; As/$Be_3(PO_4)_2$; P) [*294*], $\geqq 1$ µg B (Bariumborotartrat; Ba), $\geqq 1$ µg Na (Natriumzinkuranylacetat; U) [*295*]. Mit Hilfe von Ag erfolgte die Fällung und indirekte Bestimmung von Cl^-, SCN^- und CN^- [*282*].

Ionenaustausch

Die Anreicherung durch Ionenaustausch bietet je nach der Form des verwendeten Ionenaustauschers mehrere Möglichkeiten. Bei Verwendung des gekörnten Ionenaustauschers in Säulenform schickt man die Probelösung wie üblich durch die Austauschersäule, nimmt das Austauschermaterial mit den darauf festgehaltenen Spurenelementen nach beendetem Isolierungsvorgang aus der Säule, verpreßt es nach vorangehendem Trocknen zu einer Tablette und bringt diese zur Analyse in das Röntgenspektrometer ein.

Je nach der verwendeten Ionenaustauschermenge weist die erhaltene Tablette ein mehr oder weniger großes Volumen auf, in dem die Spurenelemente verteilt sind, so daß man mit dieser Arbeitstechnik die röntgenspektrometrisch möglichen Bestimmungsgrenzen nicht voll erreichen kann. In dieser Hinsicht günstiger ist daher das Arbeiten mit einer Ionenaustauschermembran [*281*, *296*] oder einem Ionenaustauscherpapier [*297*, *298*]. Von Nachteil ist bei undurchlässigen Ionenaustauschermembranen die zur Sorption der Ionen erforderliche mehrstündige Reaktionszeit bis zur Gleichgewichtseinstellung, von Vorteil die tiefere Bestimmungsgrenze. Beim Ionenaustauscherpapier dagegen ist von Vorteil der geringere Zeitbedarf für die Isolierung der Elemente, von Nachteil die höhere Bestimmungsgrenze. Hinsichtlich der mit beiden Methoden erreichbaren Bestimmungsgrenzen s. Tab. 7 und 8 (s. S. 39ff.). Nachfolgend sind die Arbeitsvorschriften für beide Methoden kurz angeführt.

Ionenaustauschermembran [*281*]

In ~ 2 ml wäßrige Lösung legt man eine Austauscherscheibe (~ 3 mm ⌀, bei Bedarf auch ein größerer Durchmesser, saurer Kationen- oder basischer Anionenaustauschertyp), läßt darin unter Rühren (Magnetrührer) ~ 3 Std liegen, nimmt die Scheibe danach heraus, trocknet mit Filterpapier ab, klebt sie auf einen geeigneten Probenträger (z. B. mit Vakuumfett auf Mylarfolie) und führt diesen zur Analyse in das Röntgenspektrometer ein.

Ionenaustauscherpapier [*297*]

Die Ionenaustauscherpapier-Scheiben (IP-Scheiben) (~35 mm ⌀, stark saures oder stark basisches Austauscherpapier) werden bei Bedarf auf bekannte Weise gereinigt und regeneriert, indem man hierzu 5–10 IP-Scheiben im Filtrationsgerät (s. Abb. 53, S. 231) einspannt, einige Minuten mit Wasser einweicht, 40 ml 6n HCl 5mal durchfiltriert, den Vorgang mit frischen 40 ml 6n HCl wiederholt, mit Wasser säurefrei wäscht, zum Überführen des stark sauren Kationenaustauscherpapiers in die Na^+-Form 5–7mal 40 ml gesättigte NaCl-Lösung (zur Überführung des stark basischen Anionenaustauscherpapiers in die OH^--Form verwendet man analog 5%ige NaOH-Lösung) durchfiltriert, den Vorgang mehrmals wiederholt, bis das Eluat keine pH-Änderung mehr aufweist, zuletzt mit Wasser wäscht und trocknet. Zur Isolierung der Spurenelemente weicht man die IP-Scheibe (saurer Typ in Na^+-Form und basischer Typ in OH^--Form) einige Minuten in Wasser ein, spannt sie dann im Filtrationsgerät (s. Abb. 53, S. 231) ein und filtriert (Filtrationsgeschwindigkeit ~40 ml/18 sec) die Probelösung (~40 ml, pH 2 beim stark sauren und pH 3,5 beim stark basischen Austauscherpapier) 7mal durch die IP-Scheibe. Danach wird die Scheibe entfernt und der Vorgang mit einer zweiten IP-Scheibe und dem Filtrat wiederholt. Die zweite Scheibe dient nur zur Kontrolle auf vollständige Isolierung der Spurenelemente durch die erste IP-Scheibe. Die Scheiben werden langsam unter einem Oberflächenstrahler getrocknet, wobei eine Verformung zu vermeiden ist. Danach führt man die Scheiben mit einem geeigneten Scheibenhalter zur Analyse in das Röntgenspektrometer ein.

Mit diesem Verfahren konnten im Gehaltsbereich von 20–500 µg/40 ml die folgenden Ausbeuten erzielt werden: 62% bei Cs, 83% bei Ag, 98–>99% bei Al, Ba, Bi, Br, Ca, Cd, Ce, Co, Cr, Cu, Fe(III), I, La, Mn(II, VI), Mo, Ni, P, Pb, Pt, S, Sr, Ti(IV), U, V, Y und Zn.

Wegen der oben erwähnten, schwer überschaubaren Beeinflussung der Fluorescenzstrahlung des interessierenden Elementes verwendet man bei der Analyse kompakter Proben (ohne chemische Anreicherung) für die Aufstellung der Eichkurven Eichproben mit bekannten Spurengehalten und gleicher Restzusammensetzung. Bei kleinen Elementgehalten (<0,1%) sind die Eichkurven linear. Bei Spurengehalten müssen Eich- und Analysenproben nicht dieselbe Matrixzusammensetzung aufweisen, da man Matrixunterschiede durch den berechneten Massenabsorptionskoeffizienten $\bar{\mu}(\lambda)$ beider Proben berücksichtigen kann. $\bar{\mu}(\lambda)$ berechnet man nach der chemischen Zusammensetzung der Matrix als gewichtete Summe aus den Massenabsorptionskoeffizienten der einzelnen Elemente für eine frei gewählte Wellenlänge λ (z. B. 1 Å) gemäß Gl. (5)

$$\bar{\mu}(\lambda) = \frac{\Sigma c_i \mu_i(\lambda)}{\Sigma c_i}, \tag{5}$$

$\bar{\mu}(\lambda)$ = Massenabsorptionskoeffizient der Matrix,
c_i = Konzentration der einzelnen Elemente in der Matrix, in %,
$\mu_i(\lambda)$ = Massenabsorptionskoeffizient der einzelnen Elemente.

Mit Hilfe von $\bar{\mu}(\lambda)$ läßt sich nach Messung von Eich- und Analysenprobe die Konzentration des zu bestimmenden Elementes nach Gl. (6) berechnen

$$c_A = \frac{N_A \bar{\mu}_A(\lambda)}{N_E \bar{\mu}_E(\lambda)} c_E, \tag{6}$$

c_A, c_E = Konzentration des Elementes in der Analysenprobe (A) und der Eichprobe (E),
N_A, N_E = Fluorescenzintensität (Impulsrate) des Elementes in A und E,
$\bar{\mu}_A(\lambda)$, $\bar{\mu}_E(\lambda)$ = Massenabsorptionskoeffizient der Matrix von A und E für die gleiche Wellenlänge.

Wesentlich einfacher ist die Aufstellung von Eichkurven für jene Verfahren, bei denen die Spurenelemente isoliert und angereichert (s. S. 159) werden. Außerdem entfallen hier die Schwierigkeiten durch Matrixeinflüsse. Die Aufstellung erfolgt wie bei anderen Methoden (s. S. 138) mit Hilfe einer Konzentrationsreihe synthetischer Lösungen, die nach der jeweiligen Arbeitsvorschrift behandelt werden. Den Lösungen kann man bei Bedarf noch einen inneren Standard (s. S. 143, 159) zusetzen und das Intensitätsverhältnis innerer Standard/Element als Meßgröße verwenden.

7.8.5. Elektrochemische Methoden

7.8.5.1. Grundlagen

Allen elektrochemischen Methoden gemeinsam ist die Wechselwirkung zwischen elektrischem Strom (Elektrolyse) und dem zu bestimmenden Element (Reduktion/Oxydation), wobei die verschiedenen meßbaren Parameter die Grundlage der quantitativen Bestimmung darstellen. Die wesentlichen Merkmale der wichtigsten Methoden sind aus Tab. 24 ersichtlich.

Das Prinzip der *Coulometrie* wurde bereits früher (s. S. 32) beschrieben.

Nach dem früher bereits (s. S. 31) beschriebenen Grundvorgang der *Gleichspannungspolarographie* (s. Tab. 24, Methode 3) erhält man die bekannten, stufenförmigen Strom-Spannungs-Kurven (Polarogramme), wenn man die an beide Elektroden der Meßzelle angelegte Spannung laufend ändert und die Spannung (Polarisationsspannung) E sowie die resultierende Stromstärke i über eine größere Hg-Tropfenzahl mit einem Schreiber registriert. Die angelegte Gleichspannung wird dabei so langsam (1–7 mV/sec) variiert, daß die Messung von i bei praktisch konstantem E erfolgt. Die durch die Tropffrequenz entstehenden Zacken werden durch RC-Glieder gedämpft, so daß man relativ glatte, leichter auswertbare Kurven erhält. Zur Stromüberführung wird der Analysenlösung ein Leitelektrolyt (Grundlösung) zugesetzt, so daß die zu bestimmenden Ionen durch Diffusion transportiert werden. Die wichtigsten Kennwerte des Polarogramms sind das im Wendepunkt der i/E-Kurve liegende Halbstufenpotential $E_{1/2}$ und der Diffusionsstrom i_d. Für letzteren gilt

$$i_d = 607 \cdot n \cdot c \cdot D^{1/2} \cdot m^{2/3} \cdot t^{1/6}, \tag{1}$$

i_d = Diffusionsstrom [μA],
n = Elektronenübergangszahl,
c = Konzentration des zu bestimmenden Elementes [Millimol/l],
D = Diffusionskoeffizient [cm²/sec],
m = Ausfließende Quecksilbermenge [mg/sec],
t = Tropfzeit [sec].

Der infolge der Elektrodenreaktion fließende Diffusionsstrom i_d wird auch Faradayscher Strom i_F genannt und ist nach Gl. (1) der Konzentration des zu bestimmenden Elementes (Depolarisator) proportional. Aus der Lage von $E_{1/2}$ läßt sich das unbekannte Element identifizieren, aus der Größe von i_d die Elementkonzentration ermitteln.

Für die quantitative Bestimmung von zwei in etwa gleicher Konzentration vorliegenden Elementen muß die Differenz ihrer Halbstufenpotentiale $\Delta E_{1/2}$ (Auflösungsvermögen) bei allen polarographischen Methoden in der Regel mindestens 150–200 mV betragen. Mit den Derivativmethoden erreicht man ein Auflösungsvermögen bis herab zu $\Delta E_{1/2} = 50$ mV. Für den qualitativen Nachweis genügt $\Delta E_{1/2} = 70$ mV. $\Delta E_{1/2}$ muß aber um so größer sein, je mehr sich die Konzentrationen der Elemente unterscheiden. Die Bestimmung eines Spurenelementes (S) ist neben einem in der Probelösung vorliegenden Hauptelement (H) für $\Delta E_{1/2} = 200$ mV bei den einzelnen Methoden bis zu folgenden Mengenverhältnissen ($S:H$) möglich: bei negativerem Abscheidungspotential des Hauptelementes [$E_{1/2}(H)$ negativer als $E_{1/2}(S)$] Differentialkathodenstrahlpolarographie 1:100000 und übrige polarographische Methoden 1:10000; für $E_{1/2}(H)$ positiver als $E_{1/2}(S)$ derivative Pulse-Polarographie 1:50000, Differentialkathodenstrahlpolarographie 1:10000, Square wave-Polarographie 1:5000, Gleichspannungspolarographie 1:50 bis 1:100.

Tabelle 24. Übersicht der elektrochemischen Bestimmungsmethoden

Nr.	Bestimmungsmethode	Funktion		Eichkurvenparameter[2]
1	Coulometrie (potentiostatisch)	$Q = f(i, t)$ (E = const.)	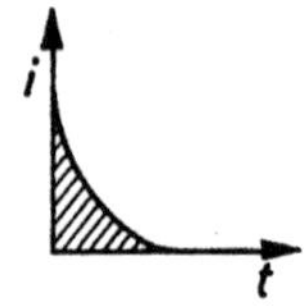	$Q = \int_0^t i$; c
2	Coulometrie (galvanostatisch)	$Q = f(i, t)$ (i = const.)	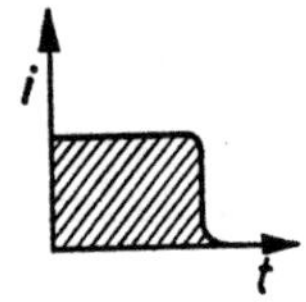	$Q = \int_0^t i$; c
3	Gleichspannungspolarographie	$i = f(E)$ (E = const.)	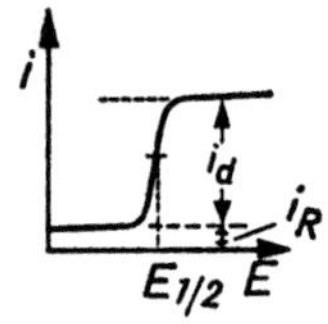	i_d; c
4	Voltammetrie[1]	$i = f(E)$ (E = linear veränderlich)	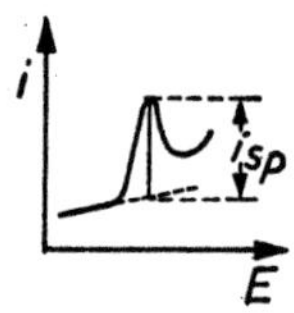	i_{Sp}; c
5	Kathodenstrahl-Polarographie	$i = f(E)$	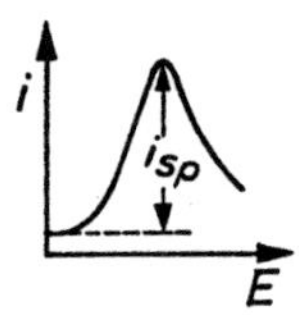	i_{Sp}; c
6	Square wave-Polarographie	$i = f(E)$		i_{Sp}; c
7	Normale Pulse-Polarographie	$i = f(E)$	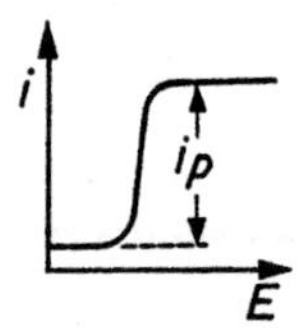	i_P; c
8	Derivative Pulse-Polarographie	$i_{DP} = \frac{di}{dE} = f(E)$	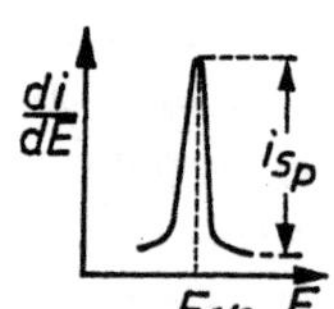	i_{Sp}; c

[1] linear sweep voltammetry, chronoamperometry.
[2] c = Elementkonzentration in der Meßlösung.

Neben dem interessierenden, zur Analyse benutzten Faradayschen Strom i_F tritt noch der Kapazitätsstrom i_C auf, der durch Auf- bzw. Umladung der Doppelschicht der Elektrode entsteht infolge der Potential- und Oberflächenänderung der Quecksilbertropfelektrode. Durch Verunreinigungen in der Probelösung wird ein schwacher Diffusionsstrom i_{dV} hervorgerufen, der zusammen mit i_C als Reststrom i_R

$$i_R = i_C + i_{dV} \tag{2}$$

bezeichnet wird. Vernachlässigt man i_{dV}, so entspricht der registrierte Strom i hiernach der Summe

$$i = i_F + i_C. \tag{3}$$

Das Nachweisvermögen einer polarographischen Methode wird durch die Größe des Verhältnisses i_F/i_C bestimmt. Zur Vergrößerung des Verhältnisses i_F/i_C wurden die verschiedenen Varianten der Polarographie entwickelt, bei denen entweder i_F vergrößert oder i_C verkleinert wird. Man erreicht dies vor allem durch folgende Maßnahmen: a) Kompensation von i_C, b) Verminderung der Diffusionsschichtdicke (Bewegung von Meßelektrode oder Lösung), c) Messung von i nur während eines kleinen Ausschnittes der Tropfzeit, wie z. B. bei der Kathodenstrahl-, Square wave- und Pulse-Polarographie, d) elektrolytische (kathodische) Voranreicherung des Spurenelementes mit anschließender anodischer Auflösung und Bestimmung, wie z. B. bei der inversen Polarographie und inversen Voltammetrie.

Bei der *Voltammetrie* (s. Tab. 24, Methode 4) wird E gleichförmig rasch verändert, so daß man konzentrationsproportionale Spitzenströme erhält.

Innerhalb des letzten Drittels der üblichen Tropfzeit von etwa 7 sec erfolgt die Messung mit rasch ansteigendem E bei der *Kathodenstrahlpolarographie* (s. Tab. 24, Methode 5), wobei die i/E-Kurven mit einem Oszillographen registriert werden.

Bei der *Square wave-Polarographie* (s. Tab. 24, Methode 6) überlagert man der linear ansteigenden Gleichspannung E eine rechteckförmige Wechselspannung konstanter Amplitude von 225 Hz und registriert den resultierenden Wechselstrom nach Gleichrichtung zusammen mit E. Innerhalb einer Halbperiode der Rechteckspannung nimmt i_C rascher ab als i_F, so daß man durch Messung kurz vor Polaritätswechsel der Wechselspannung (i_C nahezu auf Null abgesunken) eine Steigerung des i_F/i_C-Verhältnisses erzielt.

Im Gegensatz hierzu wird bei der *Pulse-Polarographie* (s. Tab. 24, Methoden 7, 8) je Hg-Tropfen jeweils nur ein 0,04 sec dauernder Rechteckimpuls angelegt und der Zellenstrom analog kurz vor Impulsende gemessen. Der zeitliche Verlauf von i_C und i_F während des Impulses ist jenem bei der Square wave-Polarographie analog. Man erhält die bekannte stufenförmige i/E-Kurve, wenn die Rechteckspannung mit stetig steigender Amplitude der konstanten Gleichspannung überlagert wird. Die Überlagerung einer stetig ansteigenden Gleichspannung mit Impulsen konstanter Amplitude hingegen ergibt glockenförmige Derivativpolarogramme.

Die hohe Empfindlichkeit der *inversen Polarographie* und *inversen Voltammetrie* ist auf die hier vorliegende Kombination einer vorausgehenden elektrolytischen Anreicherung mit der anschließenden elektrochemischen Bestimmung zurückzuführen. Hierbei wird das an einer Quecksilberelektrode oder mit Quecksilber überzogenen Metallelektrode elektrolytisch (kathodisch) abgeschiedene Spurenelement durch Umkehr der Stromrichtung wieder (anodisch) aufgelöst (stripping), wobei die entstehenden Stromspitzen (s. S. 1226) der Elementkonzentration proportional sind. Bei dieser Methode ist i_F um den Anreicherungsfaktor (bis zu 10^3) vergrößert, während i_C unverändert bleibt.

Grundsätzlich läßt sich der Bestimmungsvorgang nach vorangegangener Anreicherung mit jeder polarographischen Methode durchführen, doch wird hierzu am häufigsten die Voltammetrie benutzt. Unter den polarographischen Methoden sticht die inverse Voltammetrie hervor wegen ihrer hohen Empfindlichkeit bei relativ geringem apparativem Aufwand. Allerdings ist eine Störung der Methode durch die Bildung intermetallischer Verbindungen auf der Hg-Elektrode möglich, die den Wiederauflösungsstrom verringern oder die Wiederauflösung des abgeschiedenen Metalls verhindern können.

Die polarographischen Methoden können neben ihrer normalen Ausführungsform auch als Differential- und Derivativmethoden eingesetzt werden, mit denen man vor allem ein größeres Auflösungsvermögen erreicht. Bei der *Differentialpolarographie* beseitigt man i_R durch Gegenschaltung von zwei gleichartigen Meßzellen mit gleichem E (Zelle A mit reiner Grundlösung, Zelle B mit Grundlösung + Spurenelement) und Messung der Differenz $\Delta i = i_B - i_A$. Eine elektrische Differentialmethode mit nur einer Meßelektrode stellt die Anwendung der Stufenkompensation dar, bei der mittels einer regelbaren Gegenspannung die Stufe des Überschußelementes unterdrückt wird. Bei allen *Derivativmethoden* werden nicht die normalen i/E-Kurven nach $i = f(E)$ aufgenommen, sondern ihre erste Ableitung $\frac{di}{dE} = f(E)$. Diese Ableitung erreicht man entweder mit zwei Meßelektroden in Brückenschaltung, zwischen denen $\Delta E = 5{-}20$ mV besteht, und Registrierung von $\Delta i/\Delta E$ und E, oder mit einer Meßelektrode über ein RC-Glied. Man erhält dabei eine Glockenkurve, deren Spitze bei $E_{1/2}$ liegt.

7.8.5.2. Arbeitstechnik

Die Aufstellung der Eichkurven erfolgt analog wie bei der Photometrie (s. S. 138) durch Messung einer Konzentrationsreihe synthetischer Eichlösungen, die man bei einem gegebenen Trennungs- oder Anreicherungsgang vorher noch nach der Arbeitsvorschrift behandelt. Aus den Schreiberkurven entnimmt man die Stufenhöhe i_d (Abstand der waagerechten Stufentangenten) oder Spitzenhöhe i_{Sp} (Abstand vom Grundstrom) in Millimeter (s. Tab. 24) und trägt sie wie üblich in einem Koordinatensystem gegen die Elementkonzentration auf. Die Eichkurven sind im allgemeinen linear. Störende Stufen des Hauptelementes kann man oft durch Wahl eines geeigneten Leitelektrolyten bzw. durch Maskierungsmittel beseitigen oder vermindern.

Fehler entstehen durch Verunreinigungen der Grundlösung, die man am zweckmäßigsten durch potentiostatische Elektrolyse mit großflächiger Hg-Kathode entfernt. Vor allem stören auch organische und oberflächenaktive Stoffe, auf deren sorgfältige Entfernung geachtet werden muß. Eine Reinigung der Grundlösung mit chemischen Verfahren – z. B. Extraktion – ist deshalb nur dann möglich, wenn dadurch keine die Bestimmung störenden Stoffe eingeschleppt werden. Aus diesem Grund muß hier auch von der Verwendung von Gefäßen aus Polyäthylen und anderen Kunststoffen sowie von entionisiertem Wasser abgeraten werden. Zur Entfernung des störenden Luftsauerstoffes und anderer gasförmiger Abscheidungen wird in die Meßzelle und -lösung ein inertes Gas (meist gereinigter Stickstoff) eingeleitet. Genaue Analysen erfordern weiterhin eine Thermostatisierung der Meßzelle (bei der inversen Voltammetrie sowohl beim Anreicherungs- als auch beim Bestimmungsvorgang).

Bei der inversen Voltammetrie verwendet man meist die stationäre Hg-Elektrode in gerührter Lösung während der Anreicherungselektrolyse und in ruhender Lösung während des Bestimmungsvorganges. Weitere Einzelheiten zur Arbeitstechnik der inversen Voltammetrie findet man auf S. 1226 ff. und 1391 ff. Von der Reproduzierbarkeit der elektrolytischen Anreicherung hängt die Genauigkeit der inversen Voltammetrie ab, da durch die Elektrolyse stets nur ein Teil des in der Lösung enthaltenen Elementes abgeschieden wird. Es ist daher streng auf eine Konstanz der Elektrolysebedingungen (Geometrie der Zelle, Rühren der Lösung, Volumen der Lösung, Elektrolysezeit) zu achten. Die Elektrolysespannung wählt man in der Regel 0,2–0,3 V negativer als $E_{1/2}$. Die Elektrolysendauer liegt zwischen 5 min und mehreren Stunden. Beispielsweise sind für eine stationäre Hg-Elektrode (Oberfläche 5 mm^2, Elektrolytvolumen 10 ml) 30 min optimal. Durch den elektrolytischen Anreicherungsprozeß wird immer ein zusätzlicher Fehler eingebracht, weshalb die inverse Voltammetrie gegenüber den üblichen polarographischen Methoden einen größeren Fehler aufweist. Bei sorgfältig ausgeführter Elektrolyse liegt dieser im Bereich von $F_r = \pm 3-5\%$.

Literatur

1. Iwantscheff, G.: Das Dithizon und seine Anwendung in der Mikro- und Spurenanalyse. Weinheim/Bergstr.: Verl. Chemie 1972.
2. Dinnin, J. I., Kinser, C. A.: Chemist-Analyst **50**, 21 (1961).
3. Susano, C. D.: Analyt. Chem. **27**, 1038 (1955).
4. Gorbach, G.: Mikrochemisches Praktikum. Berlin-Göttingen-Heidelberg: Springer 1956.
5. Abrahamczik, E.: Z. anal. Chem. **133**, 144 (1951).
6. Williams, D. E., Vlamis, J.: Analyt. Chem. **33**, 968 (1961).
7. Sonnenschein, W.: Z. anal. Chem. **168**, 18 (1959).
8. Oelschläger, W.: Z. anal. Chem. **154**, 329 (1957).
9. Maltby, J. G.: Analyst **79**, 786 (1954).
10. Kleinteich, R.: Glas-Instrumenten-Techn. **5**, 334 (1961).
11. Jack, K., Hetherington, G.: Glas-Instrumenten-Techn. **5**, 378 (1961).
11a. Gleit, C. E., Benson, P. A., Holland, W. D., Russell, I. J.: Analyt. Chem. **36**, 2067 (1964).
11b. Robertson, D. E.: Analyt. Chem. **40**, 1067 (1968).
11c. Moody, J. R., Christian, G. D., Purdy, W. C.: Analyt. chim. Acta **42**, 153 (1968).
12. Dozer, I., Dole, M.: Science (Wash.) **115**, 93 (1952).
13. Thiers, R. E., in: Yoe, J. H., Koch, H. J., Jr.: Trace analysis. New York: Wiley 1957.
14. Brooks, R. R.: Nature (Lond.) **185**, 837 (1960).
15. Kirk, P. L., Rosenfels, R. S., Hanahan, D. J.: Analyt. Chem. **19**, 355 (1947).
16. Carlson, A. B., Banks, C. V.: Analyt. Chem. **24**, 472 (1952).
17. Brooks, R. R., Ahrens, L. H.: Spectrochim. Acta **16**, 783 (1960).
18. Runner, M. E., Balog, G.: Analyt. Chem. **28**, 1180 (1956).
19. Simmons, G. A., Jr.: Analyt. Chem. **26**, 248 (1954).
20. Eisenbrand, J.: Angew. Chem. **69**, 111 (1957).
21. Rowe, C. N., Poti, E., Stern, E. W.: Chemist-Analyst **46**, 105 (1957).
22. Theobald, L. S.: Analyst **84**, 570 (1959).
22a. Beyermann, K.: Z. anal. Chem. **191**, 345 (1962).
22b. Pohl, F. A.: Mikrochim. Acta (Wien) **1963**, 855.
23. Gilbert, P. T., Jr.: Science (Wash.) **114**, 637 (1951).
24. Pugh, M. H.: Analyt. Chem. **28**, 557 (1956).
25. Koch, O. G.: Mikrochim. Acta (Wien) **1957**, 30.
26. Rubin, B. A.: Science (Wash.) **110**, 425 (1949).
27. Benedetti-Pichler, A. A.: Mikrochem. verein. Mikrochim. Acta **39**, 319 (1952).
28. Rochow, E. G.: Einführung in die Chemie der Silikone, übersetzt von H. Stamm. Weinheim/Bergstr.: Verl. Chemie 1952.
29. Chew, B., Lindley, G.: Metallurgia **53**, 45 (1956).
30. Duggan, E. L., Smith, K. C.: Science (Wash.) **116**, 305 (1952).
31. Haller, W., Duecker, H. C.: Nature (Lond.) **178**, 376 (1956).
32. Jordan, J. V., Wyer, G. D.: Chemist-Analyst **48**, 39 (1959).
33. Delhez, R.: Chemist-Analyst **49**, 20 (1960).
34. Nicholas, D. J. D.: Analyst **77**, 629 (1952).
35. Liebig, G. F., Jr., Vanselow, A. P., Chapman, H. D.: Soil Sci. **55**, 371 (1943).
36. Yamamura, S. S.: Analyt. Chem. **36**, 2515 (1964).
37. Healy, G. M., Morgan, J. F., Parker, R. C.: J. biol. Chem. **198**, 305 (1952).
38. Stegemann, H.: Z. anal. Chem. **154**, 267 (1957).

39. WICKBOLD, R.: Z. anal. Chem. **171**, 81 (1959).
40. KLEIN, D. H., GORDON, L.: Talanta **2**, 283 (1959).
41. SCHINDEWOLF, U.: Angew. Chem. **69**, 226 (1957).
42. SPICER, G. S., STRICKLAND, J. D. H.: Analyt. chim. Acta **18**, 523 (1958).
43. BIELFELDT, K., GÄNSSLE, A.: Angew. Chem. **66**, 454 (1954).
44. BIELFELDT, K., GÄNSSLE, A.: Angew. Chem. **66**, 563 (1954).
45. CLARK, L. J., AXLEY, J. H.: Analyt. Chem. **27**, 2000 (1955).
46. BEYERMANN, K.: Z. anal. Chem. **190**, 4 (1962).
47. KWESTROV, W., VISSER, J.: Analyst **90**, 297 (1965).
48. WAHLER, W.: N. Jb. Miner. Abh. **101**, 109 (1964).
49. TATSUMOTO, M.: Analyt. Chem. **41**, 2088 (1969).
50. DUGAN, P. R.: Analyt. Chem. **33**, 1630 (1961).
51. ROONEY, R. C.: Analyst **83**, 546 (1958).
52. JACKSON, H., PHILLIPS, D. S.: Analyst **87**, 712 (1962).
53. FISCHER, W., HARRE, W., FREESE, W., HACKSTEIN, K. G.: Angew. Chem. **66**, 165 (1954).
54. GREEN, M., KAFALAS, J. A.: J. chem. Physics **22**, 760 (1954).
55. ABRAHAMCZIK, E.: Mikrochem. verein. Mikrochim. Acta **25**, 228 (1938).
56. PFEILSTICKER, K.: Mikrochim. Acta (Wien) **1956**, 319.
57. IRVING, H., COX, J. J.: Analyst **83**, 526 (1958).
58. HÄBERLI, E.: Z. anal. Chem. **160**, 15 (1958).
59. ROSENQVIST, I. T.: Amer. J. Sci. **240**, 358 (1942).
60. COPPOLA, P. P., HUGHES, R. C.: Analyt. Chem. **24**, 768 (1952).
61. LOUNAMAA, K.: Z. anal. Chem. **146**, 422 (1955).
62. HERRMANN, M.: Z. anal. Chem. **173**, 21 (1960).
63. BÜCHLER, W.: Z. anal. Chem. **173**, 17 (1960).
64. REIN, H.: Angew. Chem. **62**, 120 (1950).
65. SCHURZ, J., STÜBCHEN, H.: Angew. Chem. **68**, 182 (1956).
66. MORRISON, G. H., FREISER, H.: Solvent extraction in analytical chemistry. New York: Wiley & Sons 1957.
67. HOLLINGSHEAD, R. G. W.: Oxine and its derivatives; Vol. 1—4. London: Butterworths Scientific Publications 1954—1956.
68. HIBBARD, P. L.: Ind. Eng. Chem., Anal. Ed. **9**, 127 (1937).
69. BIDDLE, D. A.: Ind. Eng. Chem., Anal. Ed. **8**, 99 (1936).
70. CLIFFORD, P. A.: J. Assoc. off. agric. Chemists **21**, 695 (1938).
71. HUBBARD, D. M.: Ind. Eng. Chem., Anal. Ed. **11**, 343 (1939).
72. MULLIN, J. B., RILEY, J. P.: Analyst **80**, 316 (1955).
73. KNIŽEK, M., PROVAZNÍK, J.: Chemist-Analyst **54**, 6 (1965).
74. BLASIUS, E., FALLOT-BURGHARDT, W.: Z. anal. Chem. **251**, 180 (1970).
75. GEIGER, R. W., SANDELL, E. B.: Analyt. chim. Acta **8**, 197 (1953).
76. SNYDER, L. J.: Analyt. Chem. **19**, 684 (1947).
77. JOHNSON, E. I., POLHILL, R. D. A.: Analyst **80**, 364 (1955).
78. FISCHER, H., LEOPOLDI, G.: Z. anal. Chem. **119**, 161 (1940).
79. LARDERA, R., MORI, A.: Ann. chim. (Roma) **45**, 869 (1955).
80. KLEIN, A. K.: J. Assoc. off. agric. Chemists **32**, 349 (1949).
81. PESTEMER, M.: Angew. Chem. **63**, 118 (1951).
82. PESTEMER, M.: Angew. Chem. **67**, 740 (1955).
83. HESSE, G., SCHILDKNECHT, H.: Angew. Chem. **67**, 737 (1955).
84. BIEFELD, L. P., PATRICK, T. M.: Ind. Eng. Chem., Anal. Ed. **14**, 275 (1942).
85. WOHLLEBEN, G.: Angew. Chem. **68**, 752 (1956).
86. GRAY, D. J. S.: Analyst **77**, 436 (1952).
87. EDGE, R. A.: Analyt. chim. Acta **23**, 199 (1960).
88. BAMBACH, K., BURKEY, R. E.: Ind. Eng. Chem., Anal. Ed. **14**, 904 (1942).
89. HUBBARD, D. M.: Analyt. Chem. **28**, 1802 (1956).
90. BODE, H.: Z. anal. Chem. **142**, 414 (1954).
91. GENTRY, C. H. R., SHERRINGTON, L. G.: Analyst **71**, 432 (1946).
92. SPRAIN, W., BANKS, C. V.: Analyt. chim. Acta **6**, 363 (1952).
93. FISHER, S., KUNIN, R.: Nature (Lond.) **177**, 1125 (1956).
94. MITCHELL, R. L.: The spectrographic analysis of soils, plants and related materials; Commonwealth Bureau of Soil Science, Harpenden, England, 1948.
95. EDGE, R. A.: Chemist-Analyst **47**, 72 (1958).

96. Osborn, G. H.: Synthetic ionexchangers. London: Chapman & Hall **1955**.
97. Johnson, E. I., Polhill, R. D. A.: Analyst **82**, 238 (1957).
98. Agterdenbos, J.: Z. anal. Chem. **157**, 161 (1957).
99. Leutwein, F.: Zbl. Mineral. Geol. ,Paläontol. **1940** A, 129.
99a. Zilberštejn, C. I., Pirjutko, M. M., Nikitina, O. N., Fedorov, J. F.: Zavodskaja Lab. **28**, 680 (1962); Ref. Z. anal. Chem. **196**, 220 (1963).
100. Bodart, D. E.: Chem. Geol. **6**, 133 (1970).
101. West, F. K., West, P. W., Iddings, F. A.: Analyt. Chem. **38**, 510 (1966).
102. West, F. K., West, P. W., Iddings, F. A.: Analyt. chim. Acta **37**, 112 (1967).
103. Schönfeld, T., Broda, E.: Mikrochem. verein. Mikrochim. Acta **36/37**, 537 (1951).
104. Dyck, W.: Analyt. Chem. **40**, 454 (1968).
104a. Robertson, D. E.: Analyt. chim. Acta **42**, 533 (1968).
105. Morgan, L. O.: Analyt. Chem. **22**, 200 (1950).
106. Hershenson, H. M., Rogers, L. B.: Analyt. Chem. **24**, 219 (1952).
107. Hensley, J. W., Long, A. O., Willard, J. E.: Ind. Eng. Chem. **41**, 1415 (1949).
108. Long, A. O., Willard, J. E.: Ind. Eng. Chem. **44**, 916 (1952).
109. Butler, E. B., Johnston, W. H.: Science (Wash.) **120**, 543 (1954).
110. Milkey, R. G.: Analyt. Chem. **26**, 1800 (1954).
110a. Dodson, E. M.: Analyt. Chem. **34**, 966 (1962).
111. Gorsuch, T. T.: Analyst **84**, 135 (1959).
112. Fajans, K., Kreidl, N. J.: J. Am. Ceram. Soc. **31**, 105 (1948).
113. Henry, F. J., Smith, E. C.: Science (Wash.) **104**, 426 (1946).
114. Olsen, A. L., Gee, A. E., McLendon, V.: Ind. Eng. Chem., Anal. Ed. **16**, 169 (1944).
115. Delhez, R.: Chemist-Analyst **46**, 11 (1957).
116. Raskin, B. L., Briskill, N. K.: Chemist-Analyst **47**, 17 (1958).
117. Riedel, L.: Glastechn. Ber. **27**, 129 (1954).
118. Stross, W.: Talanta **9**, 740 (1962).
119. —
120. Grüne, A.: Über Mineralstoffgehalte in Filtrierpapieren. Hrsg. v. Schleicher & Schüll, Dassel, Kr. Einbeck 1954.
121. Watkinson, J. H.: Analyt. Chem. **32**, 981 (1960).
122. Lassner, E.: Z. anal. Chem. **252**, 380 (1970).
123. Thiers, R. E., Williams, J. F., Yoe, J. H.: Analyt. Chem. **27**, 1725 (1955).
124. Cluett, M. L., Yoe, J. H.: Analyt. Chem. **29**, 1265 (1957).
125. Pohl, F. A., Bonsels, W.: Z. anal. Chem. **161**, 108 (1958).
126. Pohl, F. A., Bonsels, W.: Mikrochim. Acta (Wien) **1960**, 641.
127. Pohl, F. A.: Mikrochim. Acta (Wien) **1956**, 414.
128. Pohl, F. A.: Z. anal. Chem. **149**, 68 (1956).
129. Sokoloff, V. P., Carter, G. F.: Science (Wash.) **116**, 1 (1952).
130. Mullin, J. B., Riley, J. P.: Analyst **80**, 73 (1955).
131. Cox, R. A.: J. Conseil **19**, 297 (1954).
132. Murphy, J., Riley, J. P.: Analyt. chim. Acta **14**, 318 (1956).
132a. Oelschläger, W.: Z. anal. Chem. **246**, 376 (1969).
133. Belcher, R., Wilson, C. L.: Inorganic microanalysis qualitative and quantitative. London: Longmans, Green and Co., Ltd. 1957.
134. Oelschläger, W.: Z. anal. Chem. **154**, 321 (1957).
135. Hecht, F., Zacherl, M. K.: Handbuch der mikrochemischen Methoden. Wien: Springer, Bd. I/1 (1954), Bd. I/2 (1959), Bd. II (1955), Bd. III (1961).
136. Clark, S. J.: Quantitative methods of organic microanalysis. London: Butterworths 1956.
137. Alimarin, I. P., Petrikova, M. N.: Anorganische Ultramikroanalyse. Berlin: VEB Deutscher Verlag der Wissenschaften 1962.
138. Cheronis, N. D.: Microchemical techniques. New York: Interscience Publ. 1962.
139. Ingram, G.: Methods of organic elemental analysis. London: Chapman and Hall 1962.
140. Kirk, P. L.: Quantitative ultramicroanalysis. New York: J. Wiley & Sons 1951.
141. Pregl, F., Roth, H.: Quantitative organische Mikroanalyse. Wien: Springer 1958.
142. Milton, R. F., Waters, W. A.: Methods of quantitative mikro-analysis. London: E. Arnold & Co. 1955.
143. Benedetti-Pichler, A. A.: Introduction to the microtechnique of inorganic analysis. New York: J. Wiley & Sons 1942.

144. NIEUWENBURG, C. I. VAN, LIGTEN, I. W. L. VAN: Quantitative chemical microanalysis. Amsterdam: Elsevier Publ. Co. 1963.
145. STEYERMARK, A.: Quantitative organic microanalysis. New York: Academic Press 1965.
146. MIKA, J.: Die Methoden der Mikromaßanalyse. Stuttgart: Verl. F. Enke 1958.
147. ALIMARIN, I. P., FRID, B. I.: Quantitative mikrochemische Analyse der Mineralien und Erze. Dresden-Leipzig: Steinkopff 1965.
148. KORENMAN, I. M.: Introduction to quantitative ultramicroanalysis. New York: Academic Press 1965.
149. BELCHER, R.: Submicro methods of organic analysis. Amsterdam: Elsevier Publ. Co. 1966.
150. TÖLG, G.: Chemische Elementaranalyse mit kleinsten Proben. Weinheim/Bergstr.: Verl. Chemie 1968.
151. MALISSA, H.: Mikrochim. Acta (Wien) **1956**, **474**.
152. KOCH, W.: Metallkundliche Analyse. Düsseldorf: Verl. Stahleisen 1965. Weinheim/Bergstr.: Verl. Chemie 1965.
153. LUKASCHEWITSCH-DUWANOWA, J. T.: Schlackeneinschlüsse in Eisen und Stahl. Berlin: VEB Verl. Technik 1955.
154. KOCH, W., ECKHARD, S.: Arch. Eisenhüttenw. **27**, 165 (1956).
155. ECKHARD, S., KOCH, W., MAHR, C.: Angew. Chem. **68**, 296 (1956).
156. TÖLG, G., LORENZ, I.: Fortschr. chem. Forsch. **11**, 507 (1969).
157. OTTO, L.: Der Mikromanipulator und seine Hilfsgeräte. Berlin: VEB Verlag Technik 1954.
158. EL-BADRY, H. M.: Micromanipulators and micromanipulation. Wien: Springer 1963.
159. HELBIG, W.: Z. anal. Chem. **182**, 15 (1961).
160. TÖLG, G.: Analyst **94**, 705 (1969).
161.—166. —
167. MEYER, S., KOCH, O. G.: Mikrochim. Acta (Wien) **1958**, **744**.
168. MEYER, S., KOCH, O. G.: Mikrochim. Acta (Wien)**1959** ,720.
169. MEYER, S., KOCH, O. G.: Arch. Eisenhüttenw. **31**, 651 (1960).
170.—175. —
176. KOCH, W., MALISSA, H., DITGES, D.: Arch. Eisenhüttenw. **28**, 785 (1957).
177. KOCH, W., MALISSA, H.: Arch. Eisenhüttenw. **27**, 13 (1956).
178. *Kommission f. d. Standardisierung mikrochemischer Apparate und Geräte.* Mikrochim. Acta (Wien) **1956**, 1322.
179. *Committee on Microchemical Apparatus.* Division of Analytical Chemistry, American Chemical Society: Analyt. Chem. **32**, 1045 (1960).
180. GORBACH, G.: Mikrochim. Acta (Wien) **1955**, 336.
181. KOCH, O. G., DEDIC, G. A.: Unveröffentlicht (1954).
182. MATTENHEIMER, H., BORNER, K.: Mikrochim. Acta (Wien) **1959**, 916.
183. MEYER, S., KOCH, O. G.: Mikrochim. Acta (Wien) **1958**, **576**.
184, 185. —
186. SCHOLANDER, P. F.: Science (Wash.) **95**, 177 (1942).
187. SCHOLANDER, P. F., EDWARDS, G. A., IRVING, L.: J. biol. Chem. **148**, 495 (1943).
188. GILMONT, R.: Analyt. Chem. **20**, 1109 (1948).
189. GILMONT, R.: Analyt. Chem. **25**, 1135 (1953).
190. GRUNBAUM, B. W., KIRK, P. L.: Mikrochem. verein. Mikrochim. Acta **39**, 268 (1952).
191. GORBACH, G., POHL, F.: Mikrochem. verein. Mikrochim. Acta **36/37**, 486 (1951).
192. POHL, F. A.: Z. anal. Chem. **139**, 241 (1953).
193. POHL, F. A.: Z. anal. Chem. **139**, 423 (1953).
194. POHL, F. A.: Z. anal. Chem. **141**, 81 (1954).
195. KOCH, O. G., DEDIC, G. A.: Chemist-Analyst **46**, 88 (1957).
196. KOCH, O. G.: Mikrochim. Acta (Wien) **1958**, **151**.
197. KOCH, O. G.: Mikrochim. Acta (Wien) **1958**, 347.
198. KOCH, O. G.: Mikrochim. Acta (Wien) **1958**, 402.
199. GORBACH, G., POHL, F.: Mikrochem. verein. Mikrochim. Acta **38**, 258 (1951).
200. GORBACH, G., POHL, F.: Mikrochem. verein. Mikrochim. Acta **38**, 328 (1951).
201. MEYER, S., KOCH, O. G.: Spectrochim. Acta **15**, 549 (1959).
202. KOCH, O. G.: Mikrochim. Acta (Wien) **1958**, 92.
203. BEYERMANN, K.: Fortschr. chem. Forsch. **11**, 473 (1969).
204. ELLIS, G. H., BRANDT, C. S.: Analyt. Chem. **21**, 1546 (1949).
205. GORBACH, G., DEDIC, G., KOCH, O. G.: Fette u. Seifen **57**, 421 (1955).
206. GORBACH, G., KOCH, O. G., DEDIC, G.: Mikrochim. Acta (Wien) **1955**, **882**.

207. Ellis, G.H., Thompson, J.F.: Ind. Eng. Chem., Anal. Ed. **17**, 254 (1945).
208. Malmstrom, B.G., Glick, D.: Analyt. Chem. **23**, 1699 (1951).
209. Pohl, F.A., Demmel, H.: Analyt. chim. Acta **10**, 554 (1954).
210. Gorbach, G., Demmel, H.: Mikrochim. Acta (Wien) **1956**, 1264.
211. Gorbach, G.: Mikrochim. Acta (Wien) **1955**, 879.
212. Wallach, D.F.H., Surgenor, D.M.: Analyt. Chem. **30**, 1879 (1958).
213. Glick, D., Grunbaum, B.W.: Analyt. Chem. **29**, 1243 (1957).
214. Glick, D., Greenberg, L.J.: Analyt. Chem. **32**, 736 (1960).
215. Hansen, G.: Mikrochim. Acta (Wien) **1956**, 406.
216. Schaffer, F.L., Fong, J., Kirk, P.L.: Analyt. Chem. **25**, 343 (1953).
217. Howell, D.S., Pita, J.C., Marquez, J.F.: Analyt. Chem. **38**, 434 (1966).
217a. Ziegler, M., Glemser, O., Preisler, E.: Mikrochim. Acta (Wien) **1956**, 1526.
218. Morsches, B., Tölg, G.: Z. anal. Chem. **250**, 81 (1970).
219. Umland, F., Thierig, D., Müller, G.: Z. anal. Chem. **215**, 401 (1966).
220. Lang, W., Herrmann, R.: Mikrochim. Acta (Wien) **1963**, 872.
221. Hieftje, G.M., Malmstadt, H.V.: Analyt. Chem. **40**, 1860 (1968).
222. Hieftje, G.M., Malmstadt, H.V.: Analyt. Chem. **41**, 1735 (1969).
223. Massmann, H.: Spectrochim. Acta **23B**, 215 (1968).
224. Welz, B., Wiedeking, E.: Z. anal. Chem. **252**, 111 (1970).
225. West, T.S., Williams, X.K.: Analyt. chim. Acta **45**, 27 (1969).
226. Bratzel, M.P., Jr., Dagnall, R.M., Winefordner, J.D.: Analyt. chim. Acta **48**, 197 (1969).
227. Delves, H.T.: Analyst **95**, 431 (1970).
228. Sturm, F.v.: J. polarograph. Soc. **1958**, 28.
229. Sturm, F.v.: Z. anal. Chem. **173**, 11 (1960).
230. Schreiber, R., Cooke, W.D.: Analyt. Chem. **27**, 1475 (1955).
231. Alimarin, I.P., Petrikova, M.N.: J. analyt. Chem. (USSR) **21**, 3 (1966).
232. Helbig, W.: J. Elektroanal. Chem. **3**, 146 (1962).
233. Helbig, W.: Z. anal. Chem. **182**, 19 (1961).
234. Helbig, W.: Z. anal. Chem. **246**, 169 (1969).
235. Helbig, W.: Z. anal. Chem. **245**, 359 (1969).
236. Helbig, W.: Z. anal. Chem. **246**, 225 (1969).
237. Kaiser, H.: Z. Erzbergbau Metallhüttenwes. **5**, 138 (1952).
238. Baer, W.K., Hodge, E.S.: Appl. Spectroscopy **14**, 141 (1960).
239. Kimura, K., Saito, K.: Bull. chem. Soc. Japan **30**, 1 (1957); ref. Z. anal. Chem. **159**, 215(1958).
240. Rüssmann, H.H.: Mitt. Ringsdorff-Werke (1958).
241. Rüssmann, H.H.: Acta Chim. Acad. Sci. Hung. **18**, 101 (1959).
242. Rüssmann, H.H.: Publ. GAMS (Groupment pour l'avancement des méthodes spectrographiques, Paris) **1960**, 297.
243. Süssmann, G.: Dissertation Univ. Saarbrücken (1958).
244. Koch, O.G., Koch, G.A.: Unveröffentlicht (1958).
245. Wilhelm, H.A.: Ind. Eng. Chem., Anal. Ed. **10**, 211 (1938).
246. Mackenzie, K.J.: Iron Age **144**, No. 4, 21 (1939).
247. Hampton, R.R., Campbell, H.N.: J. Opt. Soc. Am. **34**, 12 (1944).
248. Degtyareva, O.F., Ostrovskaya, M.F.: Zavodskaja Laborat. **26**, 564 (1960); ref. Analyt. Abstr. **8**, 33 (1961).
249. Scheibe, G., Rivas, A.: Angew. Chem. **49**, 443 (1936).
250. Oertel, A.C.: J. Soc. chem. Ind. **63**, 379 (1944).
251. Gorbach, G., Vioque(-Pizarro), A.: Fette u. Seifen **56**, 177 (1954).
252. Pohl, F.A.: Z. anal. Chem. **142**, 19 (1954).
253. Meyer, S., Koch, O.G.: Spectrochim. Acta **12**, 278 (1958).
254. Zotov, G., Jarbo, G.J.: Appl. Spectroscopy **16**, 19 (1962).
255. Dagnall, R.M., West, T.S.: Talanta **11**, 1533 (1964).
256. Babko, A.K.: Talanta **15**, 721 (1968).
257. Bailey, B.W., Chester, J.E., Dagnall, R.M., West, T.S.: Talanta **15**, 1359 (1968).
258. El-Ghamry, M.T., Frei, R.W., Higgs, G.W.: Analyt. chim. Acta **47**, 41 (1969).
259. Foster, D., Trusell, F.: Analyt. chim. Acta **47**, 154 (1969).
260. Burke, R.W.: Talanta **17**, 240 (1970).
261. Umland, F., Thierig, D.: Z. anal. Chem. **197**, 151 (1963).
262. Laqua, K.: Z. anal. Chem. **221**, 44 (1966).
263. Kaiser, H.: Spectrochim. Acta **2**, 1 (1941).

264. Honerjäger-Sohm, M., Kaiser, H.: Spectrochim. Acta **2**, 396 (1944).
265. Kaiser, H.: Spectrochim. Acta **3**, 159 (1947/49).
266. Churchill, J. R.: Ind. Eng. Chem., Anal. Ed. **16**, 653 (1944).
267. Kaiser, H.: Spectrochim. Acta, **4**, 351, (1950/52).
268. Laqua, K., Hagenah, W.-D., Waechter, H.: Z. anal. Chem. **225**, 142 (1967).
269. Skogerboe, R. K., Kashuba, A. T., Morrison, G. H.: Appl. Spectroscopy **23**, 169 (1969).
270. Boumans, P. W. J. M.: Theory of spectrochemical excitation. London: Hilger & Watts 1966.
271. Schroll, E.: Z. anal. Chem. **198**, 40 (1963).
272. Shaw, D. M., Joensuu, O. I., Ahrens, L. H.: Spectrochim. Acta **4**, 233 (1950).
273. O'Connell, R. F.: Appl. Spectroscopy **18**, 179 (1964).
274. Burkhalter, T. S.: Analyt. Chem. **33**, 21 A (1961).
275. Mannkopf, R., Peters, C.: Z. Physik **70**, 444 (1931).
276. Vukanović, V., Georgijević, V., Vukanović, D., Todorović, M.: Spectrochim. Acta **24** B, 555 (1969).
277. Todorović, M., Vukanović, V., Georgijević, V.: Spectrochim. Acta **24** B, 571 (1969).
278. Nickel, H., Leushacke, D. F., Lummerzheim, D.: Z. anal. Chem. **247**, 196 (1969).
279. Young, L. G.: Analyst **87**, 6 (1962).
280. Schneider, H.: Z. anal. Chem. **249**, 225 (1970).
281. Luke, C. L.: Analyt. Chem. **36**, 318 (1964).
282. Stork, G., Jung, H.: Z. anal. Chem. **249**, 161 (1970).
283. Pfeiffer, H. G., Zemany, P. D.: Nature (Lond.) **174**, 397 (1954).
284. Zemany, P. D., Pfeiffer, H. G., Liebhafsky, H. A.: Analyt. Chem. **31**, 1776 (1959).
285. Eckhard, S., Sauer, K. H., Marotz, R.: Z. anal. Chem. **221**, 285 (1966).
286. Gunn, E. L.: Analyt. Chem. **33**, 921 (1961).
287. Püschel, R.: Mikrochim. Acta (Wien) **1965**, 770.
288. Weisz, H.: Mikrochim. Acta (Wien) **1954**, 140.
289. Luke, C. L.: Analyt. chim. Acta **41**, 237 (1968).
290. Püschel, R.: Talanta **16**, 351 (1969).
291. Maassen, G.: Z. Erzbergbau Metallhüttenwes. **18**, 116 (1965).
292. Pietzner, H., Werner, H.: Z. anal. Chem. **221**, 186 (1966).
293. Luke, C. L.: Analyt. chim. Acta **43**, 245 (1968).
294. Luke, C. L.: Analyt. chim. Acta **45**, 365 (1969).
295. Luke, C. L.: Analyt. chim. Acta **45**, 377 (1969).
296. Grubb, W. T., Zemany, P. D.: Natute (Lond.) **176**, 221 (1955).
297. Campbell, W. J., Spano, E. F., Green, T. E.: Analyt. Chem. **38**, 987 (1966).
298. Louis, R.: Erdöl Kohle-Erdgas-Petrochem.verein. Brennstoff-Chemie **23**, 347 (1970).

Spezieller Teil

I. Vorbereitung des Probematerials

1. Menge des zu verarbeitenden Probematerials

Die Menge des Probematerials muß zur Verarbeitung so groß gewählt werden, daß eine sichere Bestimmung des oder der betreffenden Elemente noch möglich und mit der gewünschten Genauigkeit durchführbar ist. Die Probemenge über dieses Ausmaß hinaus noch größer zu wählen, erscheint nicht sehr zweckmäßig, da damit ein vermehrter und unnötiger Aufwand an Arbeitszeit und Material, aber auch die vergrößerte Gefahr von Spureneinschleppungen und ein höherer Blindwert verbunden sind. Aus diesem Grunde muß die Größenordnung des zu bestimmenden Spurenelementgehaltes ungefähr bekannt sein, um die Menge des zu verarbeitenden Probematerials richtig wählen zu können. Falls aber die Größenordnung des Spurenelementgehaltes überhaupt nicht bekannt ist und die Spurenanalyse nach einer bestimmten Vorschrift durchgeführt wird, sollte man mit dem Analysenresultat jeweils die Bestimmungsgrenze des verwendeten Analysenverfahrens angeben [*1*] (s. S. 19ff., 26).

2. Probenahme

Über die allgemeinen Richtlinien der Probenahme zur Erzielung eines guten Durchschnittes des Probematerials geben die entsprechenden Abschnitte der einschlägigen analytischen Literatur Auskunft. Es sei hier nur auf einen Gesichtspunkt hingewiesen, der bei der Probenahme zur Spurenanalyse besonders beachtet werden muß. In zahlreichen Materialien sowohl organischen als auch anorganischen Ursprungs liegen die Spurenelemente oft in verschiedener physikalischer und chemischer Form vor. Beispielsweise können die Spurenelemente im *Erdöl* [*1 a*] als echte Lösung organometallischer Verbindungen, als suspendierte, feindisperse Partikelchen und/oder in kolloidaler Form vorliegen. Hinsichtlich ihrer chemischen Bindungsform können sie als anorganische und organische Verbindungen auftreten. Die erstere Gruppe schließt im wesentlichen Oxyde, Sulfate, Carbonate, Chloride und Phosphate ein, während die letztere durch Metallseifen und organometallische Komplexe vom Chelattyp vertreten ist.

Die verschiedene physikalische Form, in der die Spurenelemente im Erdöl vorliegen, ist die Ursache, daß bei längerem, beispielsweise mehrwöchigem Stehen der Probe Entmischungserscheinungen auftreten. Diese machen sich in teils zu niedrigen, teils stark streuenden Analysenwerten bemerkbar [*1 a*]. Es ist daher am zweckmäßigsten, die Probe nicht lange stehen zu lassen, sondern möglichst rasch nach ihrem Eingang zu verarbeiten und vor der Entnahme eines aliquoten Teiles aus dem Probebehälter für eine nochmalige gute Durchmischung Sorge zu tragen. Weiterhin wird empfohlen [*1 a*], in einem solchen Falle möglichst die gesamte im Behälter enthaltene Probe zu verarbeiten, den Behälter noch mit Xylol nachzuwaschen und die Waschflüssigkeit zur Probe hinzuzufügen.

Auf die verschiedene chemische Bindungsform der Spurenelemente ist es zurückzuführen, daß infolge der unterschiedlichen Flüchtigkeit der einzelnen Metallverbindungen beispielsweise eine Veraschungsmethode bei Erdölproben verschiedener Herkunft nicht zu denselben befriedigenden Ergebnissen führt. Die Ursache hierfür ist, daß die einzelnen Spurenelementverbindungen nicht in jeder Erdölprobe in derselben Menge vorhanden sind oder bestimmte Verbindungen vorherrschen, was sowohl von der geographischen Lage der Entnahmestelle als auch von der Höhenlage der Schicht eines Erdöllagers, aus der entnommen wird, abhängt. Hier sind besonders die in bestimmten Erdölsorten bzw. -fraktionen vorkommenden Metallporphyrine zu nennen, die infolge ihrer Flüchtigkeit Schwierigkeiten bereiten [*2*–*4*] (s. S. 199ff.). Aus den am Beispiel des Erdöls aufgezeigten Gründen muß man bei der Probenahme die genaue Herkunft der Probe im oben angedeuteten Sinne vermerken und bei der späteren Analyse berücksichtigen.

Schließlich muß berücksichtigt werden, daß die Spurenelemente im Probematerial oft ungleichmäßig verteilt sind. Bei *Pflanzeu* beispielsweise zeigen die Pflanzenteile (Wurzel, Blätter usw.) unterschiedliche Elementgehalte. Auch mehrere identische Proben derselben Pflanzenart vom gleichen Feld zeigen Unterschiede im Elementgehalt. Je nach der Fragestellung – Durchschnittsgehalt oder Schwankungsbreite des Spurenelementgehaltes innerhalb eines bestimmten Bereiches – wird man daher entweder eine Durchschnittsprobe oder eine größere Zahl von Einzelproben analysieren.

Bei *Luftanalysen* zur Bestimmung von Spurenbestandteilen wird mit der Probenahme gleichzeitig der interessierende Spurenbestandteil isoliert und angereichert, indem man eine bestimmte Luftmenge durch einen geeigneten Absorber leitet. Die Probenahme erfolgt in der Regel mit folgender apparativen Anordnung, wobei neben Absauggeschwindigkeit und -zeit zweckmäßig auch Luftdruck und -temperatur zum Zeitpunkt der Probenahme registriert werden:

Luft → Absorber — Wasserabscheider — Strömungsmesser — Luftdurchsatzregler — Vakuumpumpe

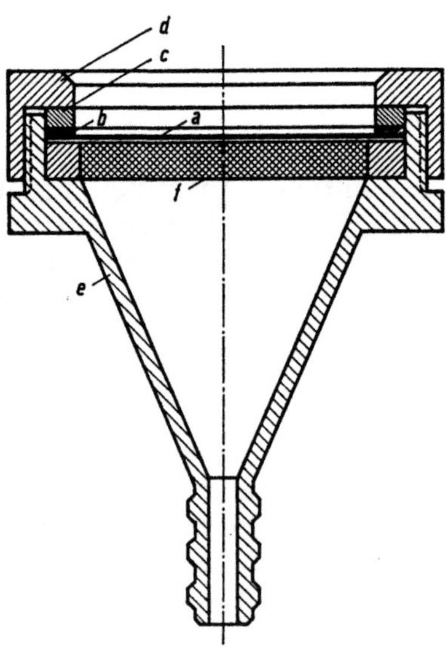

Abb. 41. Filtrationsgerät[1]. *a* Filter, *b* Dichtungsring, *c* Abstandsring, *d* Spannring, *e* Absaugtrichter, *f* Fritte

Als Wasserabscheider (nur bei Verwendung von Absorberflüssigkeiten erforderlich) dient eine leere Waschflasche, gegebenenfalls auch ein Trockenturm. Statt mit Strömungsmesser und Absaugdauer kann die Messung der abgesaugten Luftmenge auch mit einer nach der Vakuumpumpe angeschlossenen Gasuhr erfolgen. Je nach der Zustandsform des interessierenden Spurenbestandteiles finden hauptsächlich Filter und Absorptionsflüssigkeiten als Absorber Anwendung. Feste Luftbestandteile (Staub, Rauch) isoliert man am zweckmäßigsten mit einem Papier- oder Membranfilter geeigneter Porenweite. Hierzu wird ein Filter von 50 mm ⌀ in einen Filterhalter[1] (s. Abb. 41) eingespannt (wirksame Filterfläche 12,5 cm^2) und die erforderliche Luftmenge mit einer Strömungsgeschwindigkeit von $\geqq 1$ l/min/cm^2 (bezogen auf die Filterfläche) durchgesaugt. Für einige Membranfilter[1] seien hier die wesentlichen Daten genannt.

Membranfilter Type[1]	Porengröße µm	Luftdurchflußmenge (bei 500 mm WS)		Abscheidungsgrad der Luftteilchen	
		l/min/cm^2	l/min/Filter[a]	Teilchengröße µm	Abscheidungsgrad %
SM 11301	5 —8	7	87,5	0,3—0,5	99,3
SM 11302	2 —3	2,7	33,75	0,3—0,5	99,94
SM 11303	1 —1,2	1,5	18,75	0,3—0,5	99,95
SM 11304	0,8—0,9	1,25	15,6	>0,2	>99
SM 11305	0,6—0,8	0,65	8,1	>0,1	>99

[a] Filter mit 50 mm ⌀, wirksame Filterfläche 12,5 cm^2.

Zur weiteren Verarbeitung der gesammelten Staubprobe wird diese entweder mit Säure oder einem anderen Lösungsmittel vom Filter heruntergelöst oder aber das Filter mit der Probe am zweckmäßigsten naß verascht [Membranfilter beispielsweise mit HNO_3/HCl (2:1) oder HNO_3/H_2SO_4]. Bei den aus Cellulosenitrat hergestellten Membranfiltern ist bei einer beabsichtigten trockenen Veraschung wegen der Verpuffungsgefahr Vorsicht geboten. Bei Verwendung von Papierfiltern von 50 mm ⌀ saugt man die Luft in der Regel mit 10 l/min ab. Grundsätzlich kann man feste Luftbestandteile (Staub, Rauch) auch mit Absorptionsflüssigkeiten isolieren, wozu die Impinger-Waschflaschen[2] empfohlen werden. Doch besteht bei dieser Methode die Gefahr einer nur teilweisen Absorption des interessierenden Luftbestandteiles, weshalb die Verwendung von Filtern einfacher und sicherer ist. Flüssige und gasförmige Luftbestandteile isoliert man meist durch Absorption in einer Absorptionsflüssigkeit, wozu geeignete Waschflaschen je nach Element bzw. Verbindung mit Wasser, verdünnter Säure, Lauge oder anderen wäßrigen Lösungen beschickt werden. Bei Bedarf werden auch 2–3 Waschflaschen hintereinander geschaltet. Für eine vollständige Absorption des interessierenden Luftbestandteiles ist die hinreichend lange Kontaktzeit mit der Absorptionslösung von entscheidender Bedeutung. Man erreicht dies durch eine möglichst feine Verteilung der Luft in der Absorptionslösung über eine entsprechende Gestaltung und Dimensionierung der Absorptionsgeräte und durch entsprechende Einstellung des Luftdurchsatzes. Häufig wird hierzu die Impinger-Waschflasche[2] empfohlen und verwendet, die gegenüber der üblichen Waschflasche als besonderes Merkmal das zu einer Düsenspitze verjüngte Lufteinleitungsrohr aufweist.

[1] Zum Beispiel lieferbar von Sartorius-Membranfilter GmbH, 3400 Göttingen (Deutschland).
[2] Aufprall-Waschflasche.

Abmessungen der Waschflaschen. a) Impinger-Waschflasche: i.-∅ 48 mm, 180 mm hoch (bis zum unteren Schliffrand), Inhalt 275 ml, Lufteinleitungsrohr am unteren Ende mit Düsenspitze mit 2,3—2,5 mm i.-∅, Düsenabstand zum Flaschenboden 4—5 mm. b) Andere Waschflaschen nach dem Impinger-Prinzip: i.-∅ 25—30 mm, 150 mm hoch, Düsenspitze 1 mm i.-∅, Düsenabstand zum Flaschenboden 5 mm, Luftableitungsrohr teilweise mit Tropfenfänger, bzw. verkleinerte Ausführungen mit 30 ml Inhalt bei gleichem Düsen-∅ und -abstand mit einem maximalen Luftdurchsatz von 3 l/min.

Mit der Impinger-Waschflasche ist ein Luftdurchsatz von 3–30 l/min möglich. Es ist bei den Impinger-Waschflaschen aber auch mit Absorptionsverlusten zu rechnen und man erreicht in der Regel einen Absorptionsgrad von 85–90%. Wirksamer und am zweckmäßigsten sind die Frittenwaschflaschen, an deren Lufteinleitungsrohr eine Glasfritte verschiedener Porenweite mit möglichst großer Oberfläche angeschmolzen ist. Bei deren Gebrauch ist darauf zu achten, daß die Luft gleichmäßig verteilt über die gesamte Frittenoberfläche austritt. Eine Vergrößerung des Auswascheffektes bzw. der Absorption erzielt man weiterhin mit dem Zusatz einiger Tropfen Butanol zur Absorptionslösung in der Frittenwaschflasche (25 cm hoch, 450 ml Inhalt, GI-Fritte von 7 cm ∅, 100 ml Absorptionslösung), wodurch sich eine 6–8 cm hohe Schaumzone (Luftdurchsatz bis zu 3 l/min) und damit eine größere Kontaktfläche bildet (erreichbarer Absorptionsgrad 99–100%) [*4a*]. Zur Absorption gasförmiger Luftbestandteile sehr geeignet (Absorptionsgrad 95–96%) ist schließlich das Perlenrohr [*4b*], wie es in der für AsH_3 beschriebenen Apparatur (s. Abb. 71, S. 432) verwendet wird.

Für die Luftanalyse benützt man die Teile: Sammelgefäß *c*, Perlenrohr *d* (untere Eintrittsöffnung 2 mm ∅) und Entlüftungsrohr *e*, wobei das Sammelgefäß *c* anstelle des Verbindungsrohres *b* ein kurzes, nach oben abgewinkeltes Lufteintrittsrohr (7 mm ∅) aufweist und die Luft über Teil *e* abgesaugt wird (Perlenrohr mit 4 ml Absorptionslösung beschickt; Luftdurchsatz 1 l/min). Für langdauernde Probenahmen (12—60 Std) findet ein größeres Perlenrohr (Gesamtlänge 310 mm, Mittelteil 46 mm i.-∅) Anwendung.

Nach erfolgter Absorption wird die Lösung aus der Waschflasche entnommen und nach den entsprechenden Analysenvorschriften weiterbehandelt.

3. Zerkleinerung

Das Zerkleinern der Probe stellt stets eine beträchtliche Gefahrenquelle hinsichtlich des Einschleppens von Spurenelementen dar, weshalb dieser Arbeitsprozeß immer besonders sorgfältig durchzuführen ist. Die erforderliche Zerkleinerungsmethode wird dabei z. T. von der Härte des Probematerials bestimmt. Grundsätzlich ist eine mehr oder weniger große Verunreinigung des Probematerials durch den Abrieb des Zerkleinerungswerkzeuges unvermeidlich. Da die Verunreinigungen mit der Dauer des Zerkleinerungsvorganges zunehmen, sollte dieser zeitlich möglichst kurz gehalten werden. Auch sollte man mahlende Vorgänge bei der Zerkleinerung nach Möglichkeit vermeiden. Spröde und hochreine Materialien (z. B. Halbleitersilicium) wickelt man besser in Polyäthylen- oder Teflonfolie, legt sie zwischen zwei gereinigte Polyäthylen- oder Teflonplatten (etwa 1 cm dick) und zerkleinert sie dann mit einem Hammerschlag [*12*] oder in einer hydraulischen Presse [*4a*]. Weiches, wasserhaltiges oder zähes Material, z. B. tierisches Gewebe, wird mit flüssigem Stickstoff gefroren oder versprödet und anschließend mit einem Hammer zerkleinert [*11*].

Eine Vorstellung von den auftretenden Verunreinigungen bei Verwendung eines Stahlmörsers, wie er bei hartem Material, z. B. bei Silicaten und Mineralien, nötig ist, zeigt die Tab. 25 [*5*]. Da sich die Anwendung des Stahlmörsers nicht immer vermeiden läßt, muß man der Stahlsorte des Mörsers besondere Aufmerksamkeit schenken, da

Tabelle 25. **Eingeschleppte Metallmengen bei der Zerkleinerung von Quarz in einem Stahlmörser; 9 g Quarzkristalle (bis 1 cm ⌀) mit 200 Schlägen zerkleinert, wobei nach je 20 Schlägen das kleinste Material entfernt wurde** [*5*]

Metall	Fe	Mn	Cr	V	Ni	Co	Cu
Verunreinigung µg/g	280	1,8	0,4	$<0{,}1$	0,25	$<0{,}1$	0,35

bestimmte Stahlsorten geringere Verunreinigungen verursachen als andere. So konnte bei der Zerkleinerung einer Quarzitprobe in einem Stahlmörser als Verunreinigung außer den häufig abgegebenen Elementen Fe, Mn, Cr, V, Ni, Co und Cu auch noch Mo nachgewiesen werden [*6*]. Man kann sich hier z. T. dadurch helfen, daß man die auf 600° C erhitzten, kristallinen Gesteine in kaltem, destilliertem Wasser abschreckt, wodurch dann die Zerkleinerung erleichtert wird. Ein auf diese Weise behandelter Granit läßt sich dann von Hand aus in einem großen Achatmörser zerkleinern.

Mit Erfolg verwendet man zur Zerkleinerung von Mineralien Mörser, die aus einer widerstandsfähigen Porzellansorte hergestellt sind [*7*] ("high alumina ceramic", Coors Porcelain Co., Golden/Colorado, USA). Ein "buckboard and muller" (bestehend aus Grundplatte und Handwiege) aus demselben Material wird für die Zerkleinerung bei Spurenanalysen empfohlen [*8*]. Vergleichend wurden Quarzit und massiver Quarz mit einem Achatmörser, dem "buckboard and muller" (Keramikmörser) und einem Stahlmörser zerkleinert und die beim Zerkleinern durch den Keramik- und Stahlmörser gegenüber dem Achatmörser zusätzlich eingeschleppten Verunreinigungen bestimmt, wobei die Prüfung auf folgende Elemente erfolgte [*8*]: Ag, As, Au, B, Ba, Be, Bi, Ca, Cd, Ce, Co, Cr, Cu, Dy, Er, Fe, Ga, Gd, Ge, Hf, Hg, In, Ir, La, Li, Mg, Mn, Mo, Na, Nb, Nd, Ni, Os, P, Pb, Pd, Pt, Re, Rh, Ru, Sb, Sc, Sm, Sn, Sr, Ta, Te, Th, Ti, Tl, U, V, W, Y, Zn und Zr. Es wurden durch den Keramikmörser bei Quarzit 0,003% Mg, bei massivem Quarz 0,0001% Ti und 0,003% Mg in das zerkleinerte Probenmaterial eingeschleppt. Demgegenüber wurden durch den Stahlmörser eingeschleppt (in %) [*8*]: bei der Zerkleinerung von Quarzit Fe(0,4), Mn(0,005), Mg(0,001), Co($<$0,0002), Cr(0,0002), Cu(0,0007), Ni(0,0003) und V(0,0002), bei massivem Quarz Fe(2,4), Mn(0,03), Ca(0,02), Ti(0,005), Cu(0,004), Mg(0,002), Ni(0,002), V(0,0007), Co(0,0006), Cr(0,0004) und Ba(0,0001). Mit dem Keramikmörser kann man genauso schnell wie mit dem Stahlmörser und schneller als mit dem Achatmörser zerkleinern.

Eingehend wurde die Verunreinigung von $CaCO_3$ und Quarz durch verschiedene Zerkleinerungswerkzeuge untersucht [*8a*]: vergleichende Zerkleinerungen (jeweils 0,5 g spektralreines $CaCO_3$- bzw. Quarz-Pulver von $>$100 mesh auf $<$200 mesh zerkleinert) erfolgten in Reibschalen mit Pistill aus Borcarbid, synthetischem Korund (geschmolzener Monokristall; Saphir) und Achat, sowie in Kugelschwingmühlen aus Wolframcarbid, Al_2O_3-Keramik und Plexiglas, wobei der Gehalt der Elemente Ag, Al, B, Ba, Bi, Cd, Co, Cr, Cu, Fe, Ga, Li, Mn, Mo, Ni, Pb, Sn, Sr, Ti, Y, Zn und Zr bestimmt wurde. Für die einzelnen Zerkleinerungsarten wurden die nachfolgend angeführten Verunreinigungen (in ppm) festgestellt. Achat und Plexiglas verursachten fast keine Verunreinigungen: lediglich bei Quarzpulver wurden von Achat B(2) und Cu(1) und von Plexiglas Mn(4) und Y(2) eingeschleppt. Durch die übrigen Zerkleinerungsgeräte wurden eingeschleppt: durch Borcarbid bei Quarzpulver B(23), Cu(3), Zn(2) und Zr(15), bei $CaCO_3$-Pulver B(13) und Y(3); durch Wolframcarbid bei Quarzpulver Co(32), Cu(3), Zn(2) und Ti(124), bei $CaCO_3$-Pulver Co(61), Cu(9), Fe(5), Ni(3), Ti(96) und Zn(6); durch synthetischen Korund bei Quarzpulver Al (>2000), B (2), Cr (225), Fe (9), Ga (3) und Mn (1), bei $CaCO_3$-Pulver Al (452), Cr (5), Mn (3), Y (2) und Zr (15); durch Al_2O_3-Keramik bei Quarzpulver Al (>2000), Cu (3), Fe (34), Ga (21), Li (1), Ti (11) und Zn (3), bei $CaCO_3$-Pulver Al (>2000), B (9), Ba (9), Co (65), Cu (7), Fe (130), Ga (31), Li (4), Mn (19) und Zr (14). Durch eine Vormahlung mit dem Probematerial im entsprechenden Zerkleinerungswerkzeug und Verwerfen des ersten Mahlgutes läßt sich die Verunreinigung bei der anschließenden zweiten Mahlung mit neuem Probematerial bei folgenden Elementen und Mahlvorgängen vermindern: Co und Ti bei $CaCO_3$ und Quarz mit Wolframcarbid, Al bei $CaCO_3$ mit synthetischem Korund, B bei $CaCO_3$ mit Borcarbid sowie Fe und Mn bei $CaCO_3$ mit Al_2O_3-Keramik. Beachtliche Verunreinigungen werden durch Probenreste auf den Zerkleinerungswerkzeugen von vorangegangenen Zerkleinerungen verursacht, die sich durch Vormahlung mit dem Probematerial vermindern oder entfernen lassen.

Man fand, daß bei Zerkleinern von Getreide dessen Fe-Gehalt je nach der verwendeten Mühle von 35 µg auf 61 µg bzw. 125 µg Fe/g Probematerial anstieg [*9*].

Tabelle 26. Der Spurenelementgehalt von Haferkörnern bei verschiedenen Zerkleinerungsmethoden [*10*]

Zerkleinerungsart	Fe		Zn		Cu		Co		Na		Ca		S	
	Gehalt µg/g	Verunreinigung, %[1]	Gehalt µg/g	Verunreinigung, %[1]	Gehalt µg/g	Verunreinigung, %[1]	Gehalt µg/g	Verunreinigung, %[1]	Gehalt µg/g	Verunreinigung, %[1]	Gehalt µg/g	Verunreinigung, %[1]	Gehalt µg/g	Verunreinigung, %[1]
unzerkleinert	24,9	—	21,6	—	3,75	—	0,01	—	0,29	—	1,3		1,45	—
Porzellanschale mit Pistill	24,9	0,0	18,8	0,0	4,0	5,0	0,01	0,0	0,28	0,0				
Wiley-Mühle	38,2	35,0	21,0	0,0	9,0	57,8	0,01	0,0	0,32	9,4				
Hammer-Mühle	43,3	42,5	17,3	0,0	4,4	13,6	0,01	0,0	0,32	9,4				
Kugelmühle mit Kieselsteinkugeln	35,0	28,9	166,0	86,6	5,5	30,9	0,03	66,7	0,42	30,9	1,2	0,0	1,40	0,0
Kugelmühle mit Porzellankugeln	159,5	84,4	196,0	89,0	9,3	59,1	1,12	99,1	1,07	72,9	1,5	13,3	1,49	2,7
Kugelmühle mit Mullitkugeln	365,0	93,2	140,0	85,4	13,3	71,4	0,30	96,7	2,23	87,0	2,4	45,8	3,35	56,8

[1] Anteil der Verunreinigung, bezogen auf den Elementgehalt der zerkleinerten Probe.

In einer eingehenden Untersuchung der verschiedenen Zerkleinerungsmethoden wurde gezeigt, daß dabei beträchtliche Verunreinigungen durch ein oder mehrere Elemente auftreten [*10*] (s. Tab. 26). Nur bei der Zerkleinerung von Hand in einer Porzellanreibschale mit Pistill findet keine merkliche Verunreinigung durch Fe, Zn, Cu, B, Co, Mn, Mo, Ca, Na, Mg, P, S oder K statt. Bei gleichmäßigen Zerkleinerungsbedingungen ist das Ausmaß an Verunreinigungen nicht jedesmal dasselbe, so daß es nicht möglich ist, einen Blindwert in Abzug zu bringen. Mit der Verringerung der zu zerkleinernden Probemenge und der Dauer der Zerkleinerung nehmen die Verunreinigungen durch die Zerkleinerung zu. Auch hat die Art des Probematerials einen Einfluß auf die

Menge an eingeschleppten Elementen, so daß bei verschiedenen Materialien verschieden große Mengen an Elementen in die Probe gelangen.

Spurenanalysen von biologischem Material, das mechanisch durch Mühlen zerkleinert wurde, erscheinen daher zweifelhaft. Lediglich ein Zerkleinern von Hand aus in einer großen Porzellan- oder Achatreibschale mit Pistill – mit Sorgfalt durchgeführt – gewährleistet weitgehend die Vermeidung von Spurenelementverlusten bzw. -einschleppungen. Am sichersten ist die Verwendung von möglichst unzerkleinertem Material.

Ähnliches wird auch für extreme Spurenanalysen (Nanogramm-Bereich), z. B. von anorganischen Reinststoffen, angeführt. Da die allgemein verwendeten Zerkleinerungsgeräte aus keinem einheitlichen, definierten Werkstoff bestehen und die genaue Feststellung von Art und Menge der dabei auftretenden Verunreinigungen schwierig ist, wird empfohlen, eine Zerkleinerung hochreiner Substanzen (z. B. bei der Spurenanalyse von Halbleitermaterial) grundsätzlich bzw. möglichst zu vermeiden [*12*]. Hinsichtlich der Verunreinigungen ist es bei der Spurenanalyse hochreiner Substanzen wesentlich günstiger und sicherer, die Probe in einem Stück zu belassen und unzerkleinert z. B. in einem Quarzrohr bei geeigneter Temperatur mit Halogen- oder Halogensäuredämpfen zu behandeln oder in einer geeigneten Apparatur (Abb. 42), in der das Lösungsmittel im Kreislauf geführt wird, mit möglichst wenig Lösungsmittel in Lösung zu bringen [*12*].

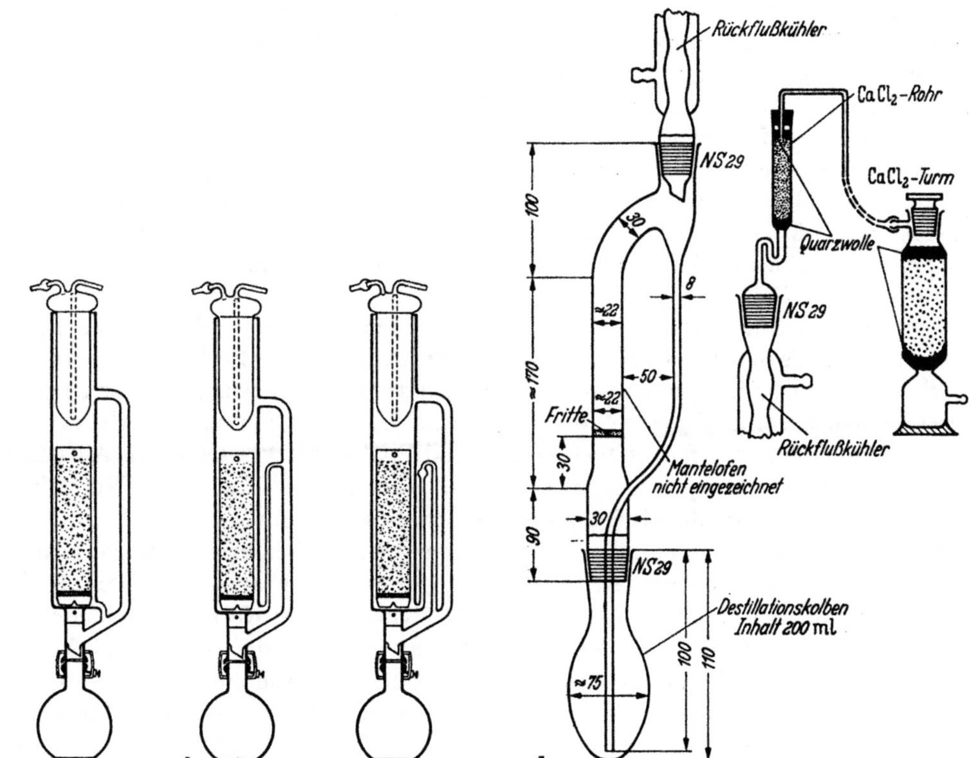

Abb. 42a—d. Apparaturen zum Lösen fester Substanzen mit im Kreislauf geführtem Lösungsmittel. a Durchflußextraktor [*12a*], b Perkolator [*12a*], c Soxhletextraktor [*12a*], d Bromierungsapparat aus Quarz zum Aufschluß von Silicium [*12*]

In Abb. 42a–c sind Extraktoren für feste Substanzen, in denen der Lösungsprozeß durch das kondensierte Lösungsmittel erfolgt, dargestellt, während in der Apparatur (Abb. 42d) die Probe durch die Lösungsmitteldämpfe evtl. unter gleichzeitigem Erhitzen in Lösung gebracht wird. In der letztgenannten Apparatur konnte beispielsweise ein unzerkleinerter Silicium-Einkristall von 10 g Gewicht innerhalb 1 Std quantitativ bromiert werden, wobei nur eine äquivalente Menge an redestilliertem Brom als einziges Reagens hierzu verbraucht wurde, so daß sich kein meßbarer Blindwert an Bor- und Metallspuren ergab [*12*].

Bei der Zerkleinerung von Siliciumcarbid mittels Reibschale und Pistill aus Bornitrid traten beachtliche Verunreinigungen auf [*12b*]: vor der Zerkleinerung betrug der Spurengehalt (in µg/g) Co 0,02, Cu 0,1, Fe 1,4, Mn 0,02 und Ni 0,3, nach der Zerkleinerung hingegen Co 780, Cu 0,4, Fe 120, Mn 7,3 und Ni 1,8. Für die Zerkleinerung von hochreinem Cadmiumsulfid bewährten sich Mörser mit Pistill aus Wolframcarbid (Widia, Arbeitsflächen poliert) auf Korngrößen $\geqq$ 500 µm und die Micronizer-Strahlmühle auf Korngrößen $<$500 µm [*12c*]. Für Mineralien und Gesteine wird die Zerkleinerung zwischen Borcarbidplatten empfohlen [*12d*]. Bei der Zerkleinerung (10 bis 15 min Dauer) von harten Materialien in einer Borcarbidreibschale treten folgende Abriebmengen (in %) an Borcarbid in die einzelnen Probematerialien [*12e*]: Korund (geschmolzenes Aluminiumoxyd) 0,1–0,2, Siliciumcarbid 0,7, Silimanit 0,04, Magnesit $<$0,01.

Oberflächliche Verunreinigungen von unzerkleinerten oder – wie oben beschrieben – vorzerkleinerten Proben entfernt man durch Abätzen der Probenoberfläche mit geeigneter Säure, anschließendes Abspülen mit Wasser und Trocknen der Probe.

Für die Zerkleinerung von getrocknetem Pflanzenmaterial wurde eine Labor-Walzenmühle mit Walzen aus Nylon beschrieben, die ein rasches Zerkleinern praktisch ohne Verunreinigungen ermöglicht und daher sehr empfehlenswert erscheint [*13*]. Auch das Auskleiden einer Christy-Norris-Mühle für die mechanische Zerkleinerung von Pflanzenmaterial mit Kunststoff ergab im Vergleich mit den sonst auftretenden Verunreinigungen durch andere Mühlen zufriedenstellendere Ergebnisse: Der Fe-Gehalt erhöhte sich durch die mechanische Zerkleinerung je nach dem Pflanzenmaterial um etwa 0,1–5,9 µg Fe/g [*14*].

Besonders zu beachten sind mögliche Verunreinigungen des Probematerials durch Probenrückstände in den Zerkleinerungswerkzeugen von früheren Zerkleinerungen sowie die Reinigung der Zerkleinerungswerkzeuge. Achatreibschalen reinigt man am besten durch Verreiben von Al_2O_3 (zur chromatographischen Adsorptionsanalyse, Merck), anschließendes Waschen (1 Std) mit HCl (1,19) und Spülen mit Wasser [*12f*]. Allgemein reinigt man Zerkleinerungswerkzeuge zweckmäßig durch eine Vormahlung (Vorzerkleinerung) mit einem aliquoten Teil des Probematerials, den man verwirft [*8a*].

Im Handel sind Reibschalen aus verschiedenen Materialien erhältlich, die je nach den zu vermeidenden Verunreinigungen verwendet werden können: Gußeisen, Stahl, Glas, Porzellan, Achat, Mullit, Aluminiumoxyd (synthetischer Korund, geschmolzener Monokristall) und Borcarbid. Hinsichtlich der Erzielung möglichst geringer Verunreinigungen beim Zerkleinern ist neben Achat, Mullit und Aluminiumoxyd besonders das Borcarbid hervorzuheben, das unter den genannten Materialien die größte Härte aufweist. Wenn die Abwesenheit von Bor erwünscht ist, so kann anstelle einer Reibschale aus Borcarbid eine solche aus hochreinem Titancarbid verwendet werden. Ganz allgemein soll man solchen Zerkleinerungsgeräten den Vorzug geben, die aus einem einheitlichen und wohldefinierten Material hergestellt sind, das aus einer oder zwei bzw. aus einer möglichst kleinen Zahl von Komponenten (Elementen oder Verbindungen) besteht. Die Verunreinigungen, die durch die Abnützung der Zerkleinerungsgeräte entstehen, sind dann auf ein Mindestmaß herabgesetzt und man hat klare, besser definierte Verhältnisse, so daß die auftretenden Verunreinigungen leichter überblickt und beurteilt werden können.

4. Veraschung des organischen Materials

Neben anderen Verbindungen sind es vor allem die drei Stoffklassen Kohlenhydrate, Fette und Eiweiße, aus denen das biologische Material aufgebaut ist. Sie sind am Aufbau der einzelnen Substanzen nicht in gleichem Ausmaß beteiligt. Vielmehr tritt fallweise die eine oder andere Stoffklasse mehr oder weniger stark als Hauptbestandteil hervor. Die Industrieprodukte sind z. T. ebenfalls aus den genannten Bausteinen des biologischen Materials aufgebaut. Hinzu kommen noch die Kunststoffe, Erdölderivate und die übrigen synthetischen Erzeugnisse der organischen Chemie. Es leuchtet ein, daß die zahlreichen organischen Produkte infolge ihrer verschiedenartigen Zusammensetzung nicht ohne weiteres nach einer Universalmethode verascht werden können. Auch sind die gestellten spurenanalytischen Aufgaben vielfach sehr verschieden, und auf die unterschiedliche Flüchtigkeit der einzelnen Elemente muß Rücksicht genommen werden. Schließlich sind bereits bestehende Vorschriften weiter ausgebaut und verbessert worden. Aus den angeführten Gründen findet man daher in der Literatur zahlreiche Vorschriften zur Veraschung organischen Materials, die sich mehr oder weniger voneinander unterscheiden.

Da man bemüht ist, den Analysengang der Spurenanalyse so einfach wie möglich zu gestalten, findet man öfters Methoden angegeben, bei denen die Spurenelemente aus dem organischen Material ohne dessen vorherige Veraschung isoliert werden. Bei der Spurenanalyse z. B. von Erdöl oder von pflanzlichen Ölen werden hierzu Säulenchromatographie, Filtration, Zentrifugieren und flüssig-flüssig-Extraktion (s. S. **213** ff.) mit Wasser oder Säuren angewendet, wobei das letztgenannte Verfahren am häufigsten herangezogen wird. Man fand aber beispielsweise [*1a*], daß bei der Säulenchromatographie von Erdöl mit Kieselgel oder Aktivkohle die Fe-, Na- und Ca-Verbindungen gut, die Verbindungen von Mg, V und Ni jedoch in keinem bemerkenswerten Ausmaß aus dem Erdöl isoliert bzw. von den genannten Adsorbentien zurückgehalten wurden. Dies ist auf die verschiedene physikalische Form, in der die einzelnen Spurenelemente vorliegen, zurückzuführen (s. S. 175). Aus diesem Grunde leistet zwar die häufig verwendete Extraktion von Erdöl und pflanzlichen Ölen mit Mineralsäure bei bestimmten analytischen Problemen gute Dienste, kann aber infolge einer unvollständigen Extraktion [*15*] nicht immer mit befriedigendem Erfolg angewendet werden. Jedenfalls ist eine vorangehende Veraschung der sicherste Weg zur Erzielung guter Ergebnisse.

4.1. Trockene Veraschung

Grundsätzlich soll die trockene Veraschung bei nicht zu hoher Temperatur durchgeführt werden, um Verluste an Spurenelementen infolge Flüchtigkeit oder durch Bildung unlöslicher Verbindungen bei der Reaktion mit dem Luftsauerstoff, anderen Aschebestandteilen oder mit dem Gefäßmaterial [*15a*, *15b*] (s. S. 105) zu vermeiden.

Es fehlt daher nicht an Bestrebungen, die trockene Veraschung bei möglichst niedriger Temperatur durchzuführen. Man unterscheidet zwischen der *Hochtemperatur-*

veraschung, die üblichen Verfahren der trockenen Veraschung im Bereich von ≧ 400° C umfassend, und der *Tieftemperaturveraschung* im Bereich von 100–150° C unter Anwendung von angeregtem Sauerstoff.

4.1.1. Hochtemperaturveraschung

Die bei der Veraschung auf trockenem Wege gelegentlich beobachteten Cu-Verluste sind nicht auf eine Verflüchtigung des Elementes, sondern auf die Bildung säureunlöslichen Cu-Silicates infolge Reaktion mit dem Gefäßmaterial zurückzuführen [*16–18*]. Bei der Veraschung von tierischem Gewebe in Quarzschalen wurden, wahrscheinlich auch durch Silicatbildung an der Quarzoberfläche, zu niedrige Fe-Werte erhalten, weshalb man die Veraschung in Platinschalen bei 550° C vornahm [*19*]. Weiterhin können auch mechanische Verluste durch Verspritzen des Materials während der Veraschung auftreten. Diese sind ebenfalls auf eine zu hohe Veraschungstemperatur zurückzuführen, weshalb im Anfangsstadium der Veraschung die Verkohlung der Substanz langsam, vorsichtig und bei niedriger Temperatur vorgenommen werden muß. Aus diesem Grunde wird beispielsweise bei der Spurenanalyse von Erdöl und dessen Produkten empfohlen, die Probe bei sehr niedriger Temperatur vorsichtig und langsam zu verkohlen und danach erst die endgültige Veraschung bei 550° C vorzunehmen [*10, 20*]. Die Temperatur darf aber nicht beliebig verringert werden, da sonst die Dauer der Veraschung über ein tragbares Maß hinausgehen würde. Man ist daher gezwungen, zwischen den beiden Extremen eine Kompromißlösung zu treffen, und findet deshalb auch in der Literatur Temperaturen angegeben, die um den Bereich von 500–550° C liegen.

Vielfach wurde die trockene Veraschung mit befriedigendem Erfolg im Bereich von 450–550° C durchgeführt zur Bestimmung von Zn [*21–25a*, Mn [*26*], Cu, Fe [*23*] und Pb [*29, 33*]. Für die Bestimmung von Pb in Nahrungs- und Futtermitteln, tierischem Gewebe und ähnlichem Material wird dagegen eine Veraschung bei 400° C bis höchstens 500° C empfohlen, da manche Pb-Verbindungen bei höherer Temperatur leicht flüchtig sind und dann Verluste auftreten [*31*]. Von anderer Seite fand man dieses Verfahren allerdings unbefriedigend und veraschte Harnrückstände bei einer knapp unter 600° C liegenden Temperatur. Doch wurde demgegenüber darauf hingewiesen, daß bei einer Temperatur oberhalb 550° C Verluste an Pb auftreten, möglicherweise auch bei einer verlängerten Veraschung bei tieferer Temperatur [*33*].

Eingehende Untersuchungen bei der Bestimmung von Ge in Kohle zeigten, daß bei der trockenen Veraschung unterhalb 560–600° C keine Ge-Verluste auftreten [*34*]. Bei Veraschungstemperaturen zwischen 600° C und 1000° C wurden Verluste von 50–100% des vorhandenen Ge festgestellt [*34, 35*]. Bei der Bestimmung von Cu in Nahrungsmitteln treten bei einer Veraschungstemperatur von 600–850° C keine Verluste an Cu auf, wenn die Asche mit einem warmen Säuregemisch von 2 Teilen HCl (1 + 1) und 1 Teil HNO_3 (1 + 1) ausgezogen wird [*36*] (s. S. 186).

Um die Veraschung zu fördern und zu beschleunigen sowie Verluste oder Einschleppungen an Spurenelementen zu vermeiden, setzt man auch dem Probematerial vor der Veraschung Salze, wie Nitrate, Oxyde usw., als Sauerstoffüberträger oder als Ascheträger zu, oder man erweitert die Veraschung auf trockenem Wege durch eine Vor- oder Nachbehandlung mittels Mineralsäuren. Als Veraschungszusatz verwendet man oft $Mg(NO_3)_2$ oder ein Gemisch von $MgO/Mg(NO_3)_2$ [*38*]. Substanzen mit niedrigschmelzender, meist alkali- und phosphatreicher Asche bereiten oft Verdruß, indem die geschmolzene Asche Kohleteilchen einschließt und durch Fernhalten des Sauerstoffes deren vollständige Veraschung stark verzögert. Dagegen hilft der Zusatz von $Mg(NO_3)_2$ Lösung [*31*], indem das beim Verbrennen entstehende MgO die Asche locker und porös macht und die Kohle dann schnell verbrennen kann. Wäßrige $Mg(NO_3)_2$-Lösung benetzt mehliges Material, wie Kakao, Hefepulver, Getreidemehl u. ä., schlecht, weshalb man hier besser eine methanolische Lösung verwendet. Zur Bestimmung von Pb in Nahrungsmitteln wurde das Material unter Zusatz von $Ca(NO_3)_2$ bei 500° C verascht, die Asche mit HCl ausgezogen und in der salzsauren Lösung das Pb bestimmt [*39*]. Bei der Bestimmung von Co in Leber waren verschiedene Zusätze, wie Ca-acetat, $Ca(OH)_2$, Mg-acetat oder $Mg(NO_3)_2$, unbefriedigend [*40*]. Über das Auftreten von Verlusten an Cu und Fe bzw. Cd und die Erzielung besserer Resultate nach Zusatz von Natriumphosphat bei der trockenen Veraschung wurde berichtet [*41, 42*]. Cd-Verluste treten bei einer Veraschungstemperatur von 500° C auf, wenn das Probematerial bei niedrigem Aschegehalt mehr als 10 μg Cd enthält [*42*]. Wird zuviel Natriumphosphat zugesetzt, so erhält man zu niedrige Werte, da die Veraschung unvollständig verläuft. Bei der Bestimmung von Pb in aschearmem, organischem Material wurde diesem vor der Veraschung Natriumphosphat zugesetzt, um durch die Bildung von schwer flüchtigem Bleiphosphat Verluste an Pb zu vermeiden [*43*]. Wiederholt konnte bei phosphatreichem organischem Material, wie z. B. Fischmehl oder Hefe, festgestellt werden, daß auch bei 600–800° C kein Pb verlorengeht, weil es anscheinend als nicht flüchtiges Bleiphosphat in der Asche zurückgehalten wird [*31*].

Bei der Bestimmung von Pb in biologischem Material wurde die Probe zuerst mit H_2SO_4 befeuchtet, in der Wärme verkohlt und anschließend bei 500–550° C trocken verascht [*45*]. Durch den Zusatz von H_2SO_4 wird das Pb in nicht flüchtiges Sulfat übergeführt. Bei der Veraschung von Blut tritt nur nach vorherigem Zusatz von H_2SO_4 kein Verlust an Pb auf, da $PbSO_4$ unterhalb 550° C nicht flüchtig ist, weshalb eine Veraschungstemperatur von 500–530° C empfohlen wird. Bei Probematerial, das sich mit H_2SO_4 nur schwer vermischen läßt, empfiehlt es sich, vor der Erwärmung 1 Tropfen Teepol zuzusetzen [*45*]. Auch bei der Bestimmung von Cu in Milch wurde H_2SO_4 zugesetzt und bei 500–550° C verascht [*18, 47*]. Wegen der auftretenden Verluste durch Verflüchtigung bei der Bestimmung von Cd in biologischem Material wird im allgemeinen die nasse Veraschung vorgezogen [*42, 48*]. Es treten aber bei der Bestimmung von Cd in pflanzlichem und tierischem Material, Harn und Faeces keine Verluste auf, wenn man das Material mit H_2SO_4 vorverascht und anschließend bei 550° C auf trockenem Wege vollständig verascht [*49*]. Dieses Verfahren hat gegenüber der nassen Veraschung den Vorteil, daß man einen viel niedrigeren Blindwert erhält. Verluste traten nur auf, wenn die Asche einen großen säureunlöslichen Anteil aufwies, der einen Teil des Cd zurückhielt. Bei der Bestimmung von Cu in Eiern, Austern u. a. wurde das Probematerial bei höchstens 400° C verascht, wobei allerdings ein wiederholtes Anfeuchten mit HNO_3 notwendig war, um die Veraschung zu vervollständigen [*50*]. Auch in anderen Arbeiten wurde die Asche während der Veraschung wiederholt mit HNO_3 befeuchtet [*51–53*]. Bei höheren Veraschungstemperaturen, die 500° C aber nicht überschritten, erwies es sich bei einer Dauer von 24 Std für organisches Material, wie Gewebe, Milch, Harn, ebenfalls manchmal als notwendig, die letzten Kohlenstoffrückstände aus der Asche durch Behandlung mit H_2SO_4 und HNO_3 zu entfernen [*26, 46, 55*]. Auch bei der Bestimmung kleiner Cu-Mengen in Blut wurde zuerst auf trockenem Wege verkohlt und dann mit $HNO_3/HClO_4$ (5 + 1) weiter verascht [*56*].

Da die anorganischen Salze der Asche häufig noch unverbrannten Kohlenstoff einschließen und auf diese Weise eine restlose Veraschung verhindern bzw. verzögern, ist es oft nötig, die Salze durch Ausziehen des Veraschungsrückstandes mit HCl oder

Wasser [*52*] zu entfernen und dann die Veraschung fortzusetzen. Es wird auch auf die Notwendigkeit hingewiesen, die Kieselsäure vorher mittels HF zu entfernen, bevor z. B. das Fe aus der Asche ausgezogen wird [*59*]. Man findet sonst zu wenig Fe, da die Kieselsäure einen Teil desselben einschließt oder adsorptiv festhält.

Nach den Angaben einer Arbeit treten mit Ausnahme von Hg keine Verluste auf, wenn man die bei 105° C getrocknete pflanzliche oder tierische Substanz bei 400–450° C verkohlt, hierauf zwei- bis dreimal mit heißer 1n HCl auszieht und unter zwei- bis dreimaligem Befeuchten mit HNO_3 (1,40) bei 550° C vollständig verascht [*60*].

Auch der zum Ausziehen der Asche verwendeten Säure ist besonderes Augenmerk zuzuwenden [*36*], um Spurenverluste zu vermeiden. So erhielt man bei der Bestimmung von Cu in Mehlprodukten nach der Veraschung auf trockenem Wege bei 650–800° C beim Ausziehen der Asche mit HCl nur 2–10%, mit HCl/HNO_3 aber 91–99% des vorhandenen Cu. Dies wird darauf zurückgeführt, daß ein Teil des Cu durch den Kohlenstoff des organischen Materials zu metallischem Cu reduziert wird, das in HCl weniger gut löslich ist als in HNO_3. Diese Erscheinung zeigt sich aber auch, wenn die Veraschung bei niedrigerer Temperatur, nämlich 450–490° C, durchgeführt wurde. Die erzielten Cu-Werte waren beim Ausziehen der Asche mit HCl/HNO_3 identisch mit denjenigen von einer gleichzeitig durchgeführten nassen Veraschung, während beim Ausziehen mit HCl allein nur 30–85% des vorhandenen Cu gefunden wurden.

Auch in einer mit Sauerstoff gefüllten, geschlossenen Bombe wurden Veraschungen auf trockenem Wege durchgeführt [*62–64*]. Öfter wird die organische Substanz aber mit Erfolg auch in einem Veraschungskolben in einer Sauerstoffatmosphäre verascht [*64a–64f, 65*], wobei keine Spurenverluste eintreten. Sicherheitshalber ummantelt man den Veraschungskolben mit Drahtnetz [*65a*]. Eine Abwandlung des Kolben-Verfahrens für kleine Probemengen in einer Mikroapparatur wurde beschrieben [*65b*].

In Gegenwart von Chloriden oder bei Vorliegen der Spurenelemente als Chloride können bei der trockenen Veraschung bei 450° C bereits Verluste an Pb, Sb, Zn [*65c*], Fe u. a. Elementen auftreten infolge der Flüchtigkeit der Chloride (s. Tab. 33, S. 210). Die Chloride kann man aus dem Probematerial vor der Veraschung durch Behandlung mit H_2SO_4 entfernen [*66*]. Doch kann dabei die Asche mit dem Tiegelmaterial reagieren [*67*]. Zur Entfernung der Halogene wird auch der Zusatz kleiner Mengen H_2SO_4 im späteren Stadium der Veraschung empfohlen [*68*]. Spurenverluste (z. B. von Zn, Sn oder Sb) können in Anwesenheit großer Halogenidmengen vermindert oder vermieden werden, wenn man durch Zusatz von Veraschungshilfen dafür sorgt, daß eine alkalische Asche zurückbleibt [*68a*].

Aufgrund der bisherigen Erfahrungen wird empfohlen [*68a*], das organische Material zunächst durch langsamen Anstieg der Temperatur bis 420° C zu verkohlen und dann bei dieser Temperatur über Nacht zu veraschen. Wenn die Veraschung dann nicht vollständig sein sollte, befeuchtet man die Asche mit HCl$(1+2)$ oder $HNO_3(1+2)$, dampft auf dem Wasserbad zur Trockene ein und setzt die Veraschung fort. Dieses Verfahren eignet sich mit Ausnahme von Hg und As für die Bestimmung der meisten Spurenelemente in organischem Material; allerdings soll As in Kohle auch nach trockener Veraschung quantitativ bestimmbar sein. Daneben kann man dem Probematerial bei gleicher Arbeitsweise als Veraschungshilfe zusetzen: 2% MgO (bezogen auf die Probemenge, vor dem Verkohlen zugesetzt), 50%ige $Mg(NO_3)_2$-Lösung (nach dem ersten Verkohlen befeuchtet man die Kohle mit der Lösung), 20% Na_2CO_3 (bezogen auf das Probematerial, vor dem Verkohlen zugesetzt), 20%ige Na_2CO_3-Lösung (das Probematerials wird vor dem Verkohlen mit der Lösung befeuchtet) oder H_2SO_4 (nach der Vorveraschung wird die Kohle mit H_2SO_4 befeuchtet).

Die Veraschung auf trockenem Wege besitzt wie jeder andere Arbeitsabschnitt im Verlaufe einer Spurenanalyse eine Anzahl von Fehlerquellen, auf die bereits früher hingewiesen wurde und von denen hier nochmals besonders betont seien: die Möglichkeit des Verlustes an Spurenelementen infolge ihrer Flüchtigkeit oder durch Adsorption oder Bindung mit anderen Aschebestandteilen bzw. dem Gefäßmaterial (s. S. 105); die Möglichkeit der Einschleppung von Spurenelementen durch den Staub während der Veraschung oder durch Bestandteile des Gefäßmaterials. Es ist ein gewisser Nachteil der trockenen Veraschung, daß man noch verhältnismäßig wenig über die während der Veraschung stattfindenden Reaktionen zwischen Spurenelementen, Bestandteilen des Probematerials bzw. dem Gefäßmaterial und den damit verbundenen Spurenverlusten weiß.

Die Ursache für das Auftreten von Verlusten bei der trockenen Veraschung ist komplexer Natur, da mehrere ineinandergreifende Faktoren einen Einfluß ausüben: Temperatur, chemische und physikalische Natur des organischen Materials und seiner Bestandteile, Tiegelmaterial, Vorgeschichte (Alter und Zustand) des Tiegels, Veraschungshilfe und chemische Bindungsform des Elementes. Verluste durch Verflüchtigung treten z. B. bei Pb nicht auf, wenn dieses als Nitrat oder Sulfat vorliegt, sie treten aber bei $PbCl_2$ auf (s. S. 206). Mit Pb-Verlusten ist daher auch zu rechnen, wenn Chlor ionogen oder organisch gebunden im Probematerial vorkommt. Ein Zusatz von H_2SO_4 kann günstig sein, hat aber bei organisch gebundenem Chlor (z. B. Polyvinylchlorid) keinen Einfluß (s. Tab. **31**, S. 206).

Bei der trockenen Veraschung treten im Temperaturbereich von 400–450° C Verluste an Hg und As auf, weshalb zu deren Bestimmung die nasse Veraschung anzuwenden ist. Verluste an Cd in dem genannten Temperaturbereich sind möglich, lassen sich aber vermeiden, wenn man eine Vorveraschung mit H_2SO_4 mit anschließender trockener Veraschung [*49*] oder eine nasse Veraschung [*42, 48*] vornimmt. Sollte man bei der Bestimmung von Zn Verluste beobachten, so dürfte eine Behandlung des Probematerials mit HNO_3 oder H_2SO_4 empfehlenswert sein. Im allgemeinen soll eine Höchsttemperatur von 450° C nicht überschritten werden. Über die Anwendbarkeit der trockenen Veraschung bei der Bestimmung von Pb herrscht geteilte Meinung. Es empfiehlt sich auf alle Fälle, Sulfat oder H_2SO_4 zuzusetzen, um Pb-Verluste zu vermeiden. Jedenfalls bietet die nasse Veraschung bei der Pb-Bestimmung die größere Sicherheit, doch sollen nach anderen Angaben [*69*] auch bei der trockenen Veraschung keine Verluste auftreten. Trotz allgemeiner Richtlinien muß jedes organische Material individuell behandelt werden [*70*].

Manches organische Material verascht bei 450° C sehr langsam. Besonders bei tierischem Gewebe ist die Veraschungsdauer selbst bei 500–550° C verhältnismäßig lang, so daß es notwendig ist, eine Nachbehandlung mit Mineralsäuren vorzunehmen. Auch gibt es leicht entflammbare Materialien, die dann trotz eingestellter Temperatur des elektrischen Muffelofens bei einer höheren Temperatur verbrennen oder teilweise eine lokale Überhitzung erleiden, weshalb auf diese Möglichkeit besonders geachtet werden muß. Bei manchen Aschen schließlich kann es auch mitunter Schwierigkeiten geben, wenn der Veraschungsrückstand in Lösung gebracht werden soll. Ein Nachteil gegenüber der nassen Veraschung ist die längere Veraschungsdauer, doch fällt dies weniger ins Gewicht, wenn man die trockene Veraschung über Nacht durchführt.

Die Veraschung auf trockenem Wege hat aber gegenüber derjenigen auf nassem Wege auch Vorteile: Sie ist verhältnismäßig einfach durchführbar, erfordert vom Analytiker weniger Aufmerksamkeit, große Probemengen können leicht verarbeitet werden und eine Einschleppung an Spurenelementen durch Reagentien ist ausgeschlossen.

Vor allen Dingen empfiehlt es sich, nur getrocknetes Material zu veraschen, da hierdurch der Prozeß beschleunigt und Fehlerquellen vermieden werden. Auf eine genaue Temperaturkontrolle während der Veraschung muß geachtet werden, was sich ohne Schwierigkeiten durchführen läßt. Die Veraschung muß unter Luftzutritt erfolgen, wobei eine gute Versorgung mit Frischluft notwendig ist. Zwar besteht hierbei die Gefahr der Spureneinschleppung durch den Staub der Luft [*50*, *66*], doch läßt sich dies durch eine entsprechende Ausführung des Arbeitsraumes und gereinigte Luft ohne weiteres vermeiden. Bei der weiter oben angeführten, in manchen Arbeiten benützten Methode der Vorbehandlung des Materials mit Mineralsäure ist zu beachten, daß dadurch das Probematerial bei der anschließenden trockenen Veraschung innig mit der Gefäßwand in Berührung ist und so zu den bekannten Adsorptionsverlusten am Gefäßmaterial führen kann. Ohne Vorbehandlung mit Mineralsäuren liegt die Asche hingegen locker im Gefäß und hat mit dem Gefäßmaterial (falls die Temperatur nicht zu hoch ist) kaum eine Reaktionsmöglichkeit. Weitere Hinweise findet man auf den S. 105ff. u. 199ff.

4.1.2. Tieftemperaturveraschung

Bei der Tieftemperaturveraschung wird Sauerstoff aus einer Stahlflasche entnommen und unter einem Druck von 1–5 Torr durch ein Verbrennungsrohr aus Pyrexglas geleitet. Um das Verbrennungsrohr ist eine Kupferspule gelegt, über die der Sauerstoff durch ein hochfrequentes, elektromagnetisches Feld von 13,56 MHz in Atome aufgespalten und angeregt wird, so daß das organische Material im Verbrennungsrohr bereits bei 100–150° C verascht [*70a*]. Die Vorteile dieses Verfahrens sind: infolge der niedrigen Veraschungstemperatur werden Spurenelementverluste durch Verflüchtigung oder Reaktion mit dem Gefäßmaterial weitgehend vermieden und die Veraschung verläuft rasch (mit einem 300 W-Oscillator werden 0,5–1 g Substanz/Std verascht). Veraschungsversuche mit Radioisotopen zeigten, daß nach 1,5 Std Veraschungsdauer keine Verluste bei folgenden Elementen eintraten [*70a*]: As, Co, Cr, Cu, Cs, Fe, I (als $NaIO_3$ zugesetzt), Mn, Mo, Na, Pb, Sb, Se, Zn. Verluste (in %) traten auf bei Ag (28, als AgCl), Au (30, als $AuCl_3$), Hg (8, als $Hg(NO_3)_2$), I (69, als NaI). Keine Verluste an Cu, Mn [*70b*] und Pb [*70c*] wurden auch von anderer Seite festgestellt.

Hiernach erscheint die Tieftemperaturveraschung als eine der vorteilhaftesten Veraschungsmethoden, denn sie weist die Vorteile der trockenen Veraschung (Einfachheit, Schnelligkeit, keine Reagentien, niedriger Blindwert) auf, ohne die Nachteile der Hochtemperaturveraschung (Spurenelementverluste durch Verflüchtigung oder Reaktion mit dem Gefäßmaterial) und der nassen Veraschung (Reagentienverbrauch, hoher Blindwert). Für die Tieftemperaturveraschung erhält man entsprechende Geräte im Handel ("Low temperature asher LTA 500", Tracerlab, Richmond/Calif.; "Plasma machine IPC 1001", International Plasma Corp., 25222 Cypress Ave., Hayward/Calif.).

4.2. Nasse Veraschung

Die Veraschung auf nassem Wege weist ebenso wie diejenige auf trockenem Wege neben Vorteilen auch Nachteile bzw. Fehlerquellen auf. Ein Vorteil ist die niedrigere Veraschungstemperatur, wodurch eine verminderte Gefahr an Verlusten durch Verflüchtigung besteht. Da sich hier die Veraschung in flüssiger Phase vollzieht, entfallen im allgemeinen die Verluste durch Adsorption oder Reaktion mit dem Gefäßmaterial, Aschebestandteilen und dem Luftsauerstoff. Doch können sich hier ebenfalls unlösliche

Verbindungen bilden, wie z. B. bei Sn die Bildung unlöslicher Metazinnsäure bei der Anwendung von HNO_3 [*72*] oder die Mitfällung von $PbSO_4$ mit $CaSO_4$ bei Material mit hohem Ca- und S-Gehalt oder bei Verwendung von H_2SO_4, worauf natürlich geachtet werden muß. Verluste können weiterhin infolge der Flüchtigkeit einer Reihe von Halogenverbindungen auftreten. Außerdem besteht die Gefahr der Einschleppung von Spurenelementen durch die verwendeten Reagentien und durch das Herauslösen von Elementen aus dem Gefäßmaterial. Der durch die verwendeten Reagentien verursachte Blindwert ist in der Regel höher als bei der trockenen Veraschung. Besonders wenn Nanogramm-Mengen eines Elementes bestimmt werden sollen, so sind die Reinheitsanforderungen hoch. Ein Vorteil der nassen Veraschung ist schließlich die kürzere Veraschungszeit, während der größere Arbeitsaufwand und die schwierige Verarbeitung großer Probemengen hingegen von Nachteil sind.

4.2.1. Schwefelsäure

Im allgemeinen werden Veraschungen mit H_2SO_4 allein nicht durchgeführt, sondern meist ein zweites Oxydationsmittel oder auch ein Salz zugesetzt. So wurden Gemische von H_2SO_4/NH_4NO_3, $H_2SO_4/(NH_4)_2S_2O_8$ [*74*], H_2SO_4/H_2O_2 [*73*] und H_2SO_4/HNO_3 [*15a, 33, 40, 48, 79–84*] verwendet. Die Veraschung mit H_2SO_4/HNO_3 ist befriedigend, wenn von nicht mehr als etwa 7 g Trockensubstanz ausgegangen wird [*68*]. Bei der Bestimmung von Hg in biologischem Material entstehen leicht Verluste durch Verflüchtigung während der Veraschung. Man vermeidet dies beim Arbeiten unter Rückfluß [*85, 85b*], indem man auf den Aufschlußkolben einen 60 cm langen Kugelkühler setzt und während der Veraschung mit H_2SO_4/HNO_3 nur so schwach erwärmt, daß die Dämpfe höchstens bis in die Mitte des Kühlers steigen [*85*]. Das Aufsetzen eines mit Schliff versehenen Schornsteins auf den Veraschungskolben wird dann empfohlen, wenn das organische Material beim Veraschen mit H_2SO_4/HNO_3 stark spritzt und schäumt; es sollen sich auf diese Weise Verluste vermeiden lassen und der HNO_3-Verbrauch gering sein [*85a*]. Man wendet auch Varianten dieser Methode an, wobei zuerst mit HNO_3 vorbehandelt und danach H_2SO_4 zugesetzt wird oder die Veraschung zuletzt durch eine Schmelze des Veraschungsrückstandes mit $KNO_3/NaNO_3$ oder durch trockene Veraschung [*88*] vervollständigt wird. Bei der Behandlung mit H_2SO_4/HNO_3 wird zur besseren Veraschung auch K_2SO_4 zugesetzt, wodurch der Siedepunkt erhöht wird [*72, 89, 92*]. Beim Zusatz von K_2SO_4 oder Na_2SO_4 sollen aber trotz Erhöhung der Veraschungstemperatur Verbindungen unzerstört zurückbleiben [*88, 93*]. Metallische Katalysatoren, z. B. $CuSO_4$, Hg, HgO oder Se, die außer bei Stickstoffbestimmungen nach KJELDAHL auch manchmal bei der Bestimmung von Spurenelementen in organischem Material zur Veraschungslösung zugesetzt werden, kommen für spurenanalytische Zwecke nicht in Betracht, da hierbei nicht nur die Katalysatormetalle, sondern unter Umständen auch deren Verunreinigungen in das Probematerial eingebracht werden. Darüber hinaus sind bei großen Mengen an organischem Material diese Katalysatoren unwirksam. Aus dem gleichen Grunde ist auch die Veraschung nach KJELDAHL, bei der $KMnO_4$ als Oxydationsmittel zugesetzt wird, für die Spurenanalyse wenig geeignet.

Im allgemeinen zieht man HNO_3 und $HClO_4$ oder ein Gemisch von beiden in Verbindung mit H_2SO_4 vor. So wurden z. B. Veraschungen mit $H_2SO_4/HNO_3/HClO_4$ [*42, 94–99, 99a, 100–107*], $H_2SO_4/HClO_4$ [*108, 109, 109a*] bzw. H_2SO_4/H_2O_2 [*15a, 73, 110, 111*] durchgeführt. Bei fettreichem organischem Material wird eine Vorveraschung mit H_2SO_4 (100%) bis zur Verkohlung und danach der Zusatz von $HClO_4$ (73,6%) empfohlen [*111a*]. Die Veraschung mit H_2SO_4/HNO_3 ist im allgemeinen besonders bei pflanzlichen Produkten bequem und befriedigend, bei tierischem Material kann es hingegen Schwierigkeiten geben. In solchen Fällen erhält man oft keine völlig farblose Lösung des veraschten Materials (Störung bei photometrischer Bestimmung) [*68*], wobei manchmal trotz Kombination mit HNO_3, $HClO_4$ oder H_2O_2 keine völlige Farblosigkeit zu erreichen ist [*71*]. Es sei noch darauf hingewiesen, daß zur Veraschung große Mengen an Säuren benötigt werden, was unerwünscht ist. Dadurch kann der Blindwert höher als die zu bestimmende Menge an Spurenelementen werden. Es ist daher nötig, die Säuren zu redestillieren, was bei HNO_3 einfach, bei H_2SO_4 und $HClO_4$ dagegen schwieriger ist. Kunststoffe (Nylon, Polyäthylen, -propylen, -vinylchlorid, -methacrylat, -styrol) lassen sich in 20–60 min mit H_2SO_4/H_2O_2 veraschen [*73*] (s. S. 198).

4.2.2. Salpetersäure

In einer Reihe von Arbeiten wurde HNO_3 allein zur Veraschung verwendet, wobei die verschiedensten Stoffe vorlagen: Harn, Faeces, Nahrungsmittel [*116*] u. a. m.

Vielfach wird die Veraschung mit HNO_3 in modifizierter Form durchgeführt. Bei der Verarbeitung von Organen wurden diese mit HNO_3 einige Stunden behandelt, das Fett entfernt, die Lösung zur Trockene eingedampft und aus dem Kohlerückstand Pb mit HNO_3 ausgezogen. Eine restlose Veraschung wurde hier vermieden, da sonst infolge Reaktion des Pb mit der Kieselsäure des Gefäßmaterials Bleiverluste auftreten. Bei der Bestimmung von Bi in Organen wurde das Material nach Vorbehandlung mit HNO_3 zur Trockene eingedampft und anschließend unter wiederholtem Befeuchten mit HNO_3 in einer Muffel bei 450–500° C verascht [*118*]. Um die Anwendung höherer Temperaturen zu vermeiden, wurde bei der Untersuchung von Knochen das Material 14 Tage lang mit HNO_3 behandelt, dann erhitzt und bis zur Syrupkonsistenz eingedampft. Veraschungen wurden auch mit HNO_3 und Zusatz von NH_4NO_3 durchgeführt [*120*]. Bei der Veraschung von Gewebe fand auch der Zusatz von H_2O_2 Anwendung [*74*], um die nitrosen Dämpfe zu oxydieren und ein Schäumen zu vermeiden. Anschließend wurde noch MgO zugesetzt und auf 300° C erhitzt. Wenn Gewebe mit einem hohen P-Gehalt (Leber, Hirn) zu veraschen waren, so wurde wegen der durch das anwesende Phosphat auftretenden Schwierigkeiten die Veraschung auf nassem Wege mit einem Gemisch von $H_2SO_4/HNO_3/HClO_4$ vorgenommen [*118*]. Die Veraschung von Harn kann Schwierigkeiten bereiten [*68*]. Aus diesem Grunde wurde bei der Bestimmung von Pb in Harn Nitrosylschwefelsäure verwendet, um den Harnstoff zu entfernen, und danach die Veraschung mit HNO_3 durchgeführt.

Bei der Bestimmung von Hg in Pflanzenmaterial wurden Veraschungen auch mit HNO_3 und $KMnO_4$ durchgeführt [*125, 126*], doch ist diese Veraschungsmethode, wie bereits erwähnt, für die Spurenanalyse grundsätzlich wenig geeignet.

Bei der Veraschung mit HNO_3 auf eine der oben beschriebenen Arten kann es bei bestimmten organischen Materialien mitunter zu einem plötzlichen Aufglühen und Verbrennen eines Teiles oder des gesamten Veraschungsrückstandes kommen. Da die dabei auftretende Temperatur meist zu hoch ist und die Reaktion auch heftig sein kann, treten gewöhnlich Verluste an Spurenelementen auf. Aus diesem Grunde ist ein solches Verbrennen des Rückstandes zu vermeiden. Obwohl die Veraschung mit HNO_3 einfach und rasch durchführbar ist, wird sie nicht allgemein angewendet.

In einer eingehenden und kritischen Überprüfung der verschiedenen Veraschungsmethoden wird angeführt, daß keine der zahlreichen Veraschungsarten auf trockenem bzw. auf nassem Wege mit H_2SO_4 allgemein für jedes Material anwendbar ist [*127*]. Die nasse Veraschung mit Chlorsäure u. ä. wird als unbefriedigend, diese mit $HClO_4$ als gefährlich angesehen; sie läßt sich aber mit $HClO_4$ nach anderen Ergebnissen unter Einhaltung bestimmter Arbeitsbedingungen zufriedenstellend durchführen (s. S. 192). Es käme deshalb vor allem die Veraschung mit HNO_3 in Betracht [*127*]. Die Veraschung mit H_2SO_4/HNO_3 weist zwei Nachteile auf: Einmal können sich resistente Verbindungen (z. T. Sulfonsäuren) bilden und zum anderen ist der Großteil der HNO_3, durch welche die Veraschung hauptsächlich durchgeführt wird, verflüchtigt, bevor eine für die Veraschung genügend hohe Temperatur erreicht ist. Diese und noch andere Nachteile sollen sich bei der Veraschung mit HNO_3 allein unter einem nur geringen Zusatz von H_2SO_4 [*127*] vermeiden lassen. Die Methode ist zur Veraschung von praktisch allen organischen Stoffen biologischen Ursprungs geeignet, wobei eine Temperatur von 350° C nicht überschritten wird. Vor allem lassen sich damit schwer veraschbare Materialien, wie tierisches Gewebe und Proteine, veraschen. Der Zusatz einer kleinen Menge H_2SO_4 zur HNO_3 bei der vorliegenden Methode verhindert ein Aufflammen des Rückstandes bzw. hemmt die heftige Reaktion soweit, daß keine zu hohen Temperaturen dabei erreicht werden. Durch den H_2SO_4-Zusatz wird also die Reaktivität des verkohlten Rückstandes herabgesetzt. Die Methode unterscheidet sich somit von der üblichen H_2SO_4/HNO_3-Veraschung, bei der die um ein Vielfaches größere H_2SO_4-Menge als Veraschungsmittel dient und die Veraschungstemperatur erhöht. Die Vorteile des beschriebenen HNO_3-Verfahrens liegen also in einer Veraschung bei höchstens 350° C, der im Vergleich zur H_2SO_4/HNO_3-Methode verhältnismäßig geringeren Säuremenge und einer kürzeren Veraschungszeit. 5 g getrocknetes Material werden in etwa 2 Std verascht. Die Methode wurde für die Bestimmung von Co und Pb erprobt und ist auch für andere Elemente geeignet. Für die Bestimmung von As wurde das Verfahren allerdings nicht überprüft, und bei der Bestimmung von Sn muß ein zusätzlicher Arbeitsgang eingehalten werden, um nach der Veraschung unlösliche Zinnsäure zu lösen.

Veraschungsvorschrift [*127*]

Die Veraschung wird in einem Becherglas oder Erlenmeyerkolben aus Quarzglas, die mit einem Uhrglas bedeckt sind, durchgeführt. Als Gefäßgröße wird 1 l angegeben (damit eine möglichst große Erhitzungsoberfläche zur Verfügung steht), doch empfiehlt es sich, besser ein kleineres Gefäß von etwa 250 ml oder 500 ml zu verwenden. Als Heizquelle dient eine Heizplatte von 310—350° C. 5 g getrocknetes Material werden im Becherglas oder Erlenmeyerkolben mit 10—20 ml Wasser und 5—10 ml HNO_3 (1,40), die 5% H_2SO_4 enthält, versetzt und langsam erhitzt, bis das Probematerial dispergiert ist. Das Lösungsgemisch wird eingedampft — wenn nötig unter Zusatz einiger Tropfen Caprylalkohol, um ein Schäumen zu vermeiden — und man achtet darauf, daß keine Verluste durch Spritzen eintreten. Der Trockenrückstand wird unbedeckt auf der Heizplatte etwa 15 min erhitzt und dann abkühlen gelassen. Man fügt erneut HNO_3 (1,40) hinzu, bedeckt mit dem Uhrglas, erhitzt auf der Heizplatte und setzt nach dem Eindampfen zur Trockene das Erhitzen des Trockenrückstandes abermals mindestens 15 min fort. Man läßt abkühlen und wiederholt auf die beschriebene Weise die Veraschung so oft es notwendig ist. Wenn ein weißlicher Rückstand mit dunklen Flecken vorliegt, wird die Veraschung zuletzt mit HNO_3 (1,52) fortgesetzt, bis ein weißer Rückstand zurückbleibt. Bei manchem Material ist es nötig, den Rückstand in 1—3 ml H_2SO_4 (1,84) und 20 ml Wasser bis zum Auftreten von weißen Dämpfen zu erhitzen, um den Rückstand in Lösung zu bringen.

Die beschriebene Veraschungsmethode kann nach Bedarf variiert werden, was gegebenenfalls durch einen Vorversuch festgestellt wird:

a) Der Beginn der Veraschung mit verd. HNO_3 hat den Zweck, daß die Reaktion nicht zu heftig abläuft und die Dispergierung des Materials erleichtert wird. Wenn das Material mit der verd. HNO_3 nicht reagiert, so beginnt man die Veraschung mit konz. HNO_3.

b) Der Zusatz von 5% H_2SO_4 erfolgt nur bei der ersten HNO_3-Zugabe, um die Reaktivität des Kohlerückstandes herabzusetzen. Öfters kann dieser Zusatz vermieden werden, wenn ein Aufflammen des Rückstandes nicht zu befürchten ist, da die H_2SO_4 den Veraschungsvorgang nur verlangsamt.

c) Bei fetthaltigen Substanzen wird beim ersten Erhitzen im unbedeckten Gefäß ein großer Teil an flüchtigem Material entfernt. Wenn sich am Uhrglas flüchtige Substanz (z. B. von Fett) kondensiert, so soll diese mit Watte von Zeit zu Zeit entfernt werden.

d) Die rauchende HNO_3 soll so früh als möglich bei der Veraschung angewendet werden, sobald ein Aufflammen des Rückstandes nicht mehr stattfinden kann.

e) Die beim wiederholten Zusatz verwendete HNO_3-Menge braucht nur so groß zu sein, daß der Rückstand befeuchtet wird. Dadurch wird der Blindwert niedrig gehalten.

Die beschriebene Veraschungsmethode wurde mit Erfolg zur Veraschung einer großen Zahl der verschiedensten Materialien pflanzlichen und tierischen Ursprungs angewendet, wobei für 5 g getrockneten Materials je nach Art durchschnittlich 5–35 ml HNO_3 bei 1–6maligem Abrauchen benötigt wurden. Diese Veraschungsmethode wurde mit befriedigenden Ergebnissen an anderer Stelle erprobt [*128*].

Demgegenüber wird darauf hingewiesen, daß es auch bei der älteren H_2SO_4/HNO_3-Methode nicht unbedingt notwendig ist, große Säuremengen zu verwenden, um eine vollständige Veraschung zu erreichen; allerdings muß dann die Veraschung in einem Kolben, der mit einem Rückflußkühler versehen ist, durchgeführt werden [*129*]. Die meisten organischen Materialien können so leicht mit einem Minimum an Säure verascht werden. Außerdem kann auf diesem Wege die Bestimmung flüchtiger Metalle ohne Schwierigkeiten durchgeführt werden. Im allgemeinen genügen für die Veraschung von 5 g Material 5–7 ml H_2SO_4 und 10 ml HNO_3. Wichtig ist dabei die Einhaltung der Temperatur, die beim Siedepunkt der H_2SO_4 liegen soll, während man die HNO_3 in rascher Folge zutropfen läßt. Die Veraschung von 5 g Material soll auf diesem Wege sogar in etwa 25 min durchführbar sein. So konnte nicht nur biologisches Material, sondern auch Polyäthylen mit gutem Erfolg verascht werden.

4.2.3. Perchlorsäure

Für die nasse Veraschung von organischem Material fand $HClO_4$ als Oxydationsmittel auch allein häufig Anwendung. Beispielsweise wurde sie bei der Veraschung von pflanzlichem Material, Geweben, Nahrungsmitteln, Cellulose [*109, 130–137*] usw. verwendet. Meist wird neben $HClO_4$ noch HNO_3 zugesetzt [*109, 130, 136–144*], fallweise auch H_2O_2 [*134*]. Vorteilhaft ist die Veraschung mit einem $HNO_3/HCl/HClO_4$-Gemisch unter Rückfluß, wobei die $HClO_4$ aus NH_4ClO_4 freigesetzt wird [*130*] (Arbeitsvorschrift s. unter 4.2.5.f., S. 197). Mit gleich gutem Erfolg kann neben $HClO_4$ auch H_2SO_4 anstelle von HNO_3 zugesetzt werden [*109*]. Mit Rücksicht auf fallweise stattfindende Explosionen ist ein solcher Zusatz aber nur dann zu empfehlen, wenn keine großen Mengen an organischem Material zu veraschen sind. Beim Veraschen mit $HClO_4$ soll man grundsätzlich – falls es möglich ist – auch HNO_3 zusetzen, um eine zu heftige Reaktion zu vermeiden [*141*]. Der Zusatz an HNO_3 soll vor der $HClO_4$-Zugabe, jedenfalls aber vor dem Eindampfen bis zum Auftreten der weißen Nebel erfolgen. Die zugesetzte HNO_3 bewirkt eine Mäßigung der Veraschungsreaktion, indem sie reaktionsfähigere Komponenten bei niedrigerer Temperatur oxydiert. Es muß allerdings berücksichtigt werden, daß heterocyclische, stickstoffhaltige Substanzen im allgemeinen von HNO_3 nicht leicht oxydiert werden, weshalb verzögerte Reaktionen nicht ausgeschlossen sind. Zur Veraschung von organischem Material, welches mit $HClO_4$ nicht mischbar ist und heftig reagiert, sollte sie im allgemeinen nicht verwendet werden, da die Reaktion in diesem Fall auf die Berührungsfläche lokalisiert ist. Es ist angezeigt, bei Substanzen mit hohem Fettgehalt erst dann $HClO_4$ zuzusetzen, bis der Fettüberschuß entfernt worden ist, da sonst die Temperatur gefährlich ansteigt und eine lokale Überhitzung vorkommen kann (s. a. S. 189 bzgl. H_2SO_4 u. $HClO_4$). Weitere Hinweise über den Umgang mit $HClO_4$ findet man an anderer Stelle [*141*].

Die Veraschung von schwerer aufschließbarem organischem Material wie Kunststoffen, Nahrungsmitteln u. a. m. soll sich gut mit Perjodsäure durchführen lassen, wobei die Spaltprodukte anschließend mit $HClO_4$ (66–70%) vollständig zersetzt werden [*145*].

4.2.4. Wasserstoffperoxid

H_2O_2 wird oft als Zusatz bei der Veraschung mit H_2SO_4, HNO_3 oder $HClO_4$ verwendet. Daneben findet aber H_2O_2 (30 oder 50%) auch als Hauptträger der Veraschung Anwendung, wobei aber zur Vermeidung von zu heftigen Reaktionen oder Explosionen stets H_2SO_4 anwesend sein soll. Das Verfahren hat den Vorteil der Schnelligkeit und des niedrigen Blindwertes. Die Veraschung mit H_2O_2 (50%)/H_2SO_4 [*73, 145a, 145b*] (s. S. 198) eignet sich für Kunststoffe (Nylon, Polyäthylen, -propylen, -vinylchlorid, -methacrylat, -styrol). Die Überprüfung der Veraschung mit H_2O_2 (50%)/H_2SO_4 nach der Vorschrift 4.2.5.g. (s. S. 198), in der Apparatur nach Abb. 43 (s. S. 208) durchgeführt, mit Radioisotopen ergab [*145a*]: keine Verluste treten auf bei Bi, Cd, Cr, In, Mn, Sb, Sn, Te, V, Zn und Zr (die Elemente werden im Veraschungsrückstand gefunden); je nach dem anwesenden organischen Material treten wechselnde Verluste (in %) auf bei Os und Ru (30–95), As(5–95), Ge(0–95) und Se(30–90) (die Elemente werden im mittels Kondensatgefäß gesammelten Destillat wiedergefunden und können nach abgeschlossener Veraschung mit dem schwefelsauren Veraschungsrückstand vereinigt werden). Die erwähnten Verluste sind auf die Flüchtigkeit der entstehenden Verbindungen zurückzuführen: OsO_4 und RuO_4, Chloride (infolge Anwesenheit von Chlorid im organischen Material) von As und Ge und Wasserstoff- oder Alkylverbindung des Se.

Die Veraschung organischen Materials mit H_2O_2 ist bei den üblichen Verfahren auf den freiwerdenden Sauerstoff zurückzuführen. Demgegenüber beruht die Veraschung mit H_2O_2/Fe^{2+} auf der katalytischen Bildung von .OH-Radikalen nach dem Schema

$$H_2O_2 + Fe^{2+} \rightarrow Fe^{3+} + OH^- + .OH,$$

die ein starkes Oxydationsvermögen aufweisen [*145*c]. Das Verfahren hat den Vorteil, daß große Probemengen (bis zum kg-Maßstab) unter einfachen und milden Reaktionsbedingungen verascht werden können. Von Nachteil ist das Einbringen von Fe in die Probe. Es eignet sich zur Veraschung von Nahrungsmitteln (Fleisch, Kohlenhydrate usw.), Faeces u. a. biologischem Material (s. S. 198), ungeeignet ist es für Kunststoffe, Fette, Öle.

4.2.5. Allgemeine Richtlinien zur Durchführung der nassen Veraschung

Aufgrund der bisherigen Erfahrungen werden die nachfolgend angeführten Verfahren zur Durchführung der nassen Veraschung empfohlen, die als allgemein gehaltene Richtlinien dem einzelnen analytischen Problem angepaßt werden können.

a. Veraschung mit HNO_3 und H_2SO_4, mit oder ohne Zusatz von $HClO_4$ oder H_2O_2 [*68a*]

Die nachfolgenden Vorschriften eignen sich zur Veraschung der meisten organischen Materialien (wie biologisches Material, Nahrungsmittel, synthetische Polymere, Textilhilfsmittel, medizinische Präparate, Farbstoffe usw.) für die Bestimmung der meisten Spurenmetalle. In Anwesenheit großer Mengen Erdalkalimetalle sind sie aber wenig geeignet, da sonst Verluste (insbesondere Pb) auftreten. Die Veraschungen sind meist rasch durchführbar, leicht kontrollierbar und Verluste durch Silicatbildung treten infolge der nicht allzu hohen Temperatur nicht auf.

a. 1. *5 g Probematerial* (die Probemenge richtet sich nach dem Spurengehalt; bei Flüssigkeiten wird eine größere Menge verwendet, die nicht mehr als 5 g Festsubstanz enthält) versetzt man in einem 100 ml-Kjeldahlkolben mit 10 ml HNO_3(1 + 2) (bei Flüssigkeiten dampft man zunächst mit HNO_3 auf ein kleines Volumen ein bevor H_2SO_4 zugesetzt wird; bei heftig reagierenden Substanzen, z. B. Kohlenhydraten, erhitzt man anschließend erst nach längerer Wartezeit, wenn nötig nach einer Standzeit über Nacht; aus dem gleichen Grunde kann die Vorbehandlung mit verd. HNO_3 in einem 500 ml-Becherglas auf dem Wasserbad durchgeführt werden; wenn ein zu starkes Schäumen auftritt, fügt man 1–2 Tropfen sekundären Octylalkohol hinzu). Nach der ersten Reaktion erhitzt man allmählich, bis die Reaktion nachläßt, kühlt ab, versetzt in kleinen Anteilen mit 10 ml H_2SO_4(1,84) und erhitzt bis die Flüssigkeit sich merklich dunkel zu verfärben beginnt. Man fährt nach a. 5. fort.

a. 2. *Die Vorschrift* eignet sich für weniger reaktive Substanzen. Man verfährt nach Vorschrift a. 1. unter Verwendung von 5 ml HNO_3(1,42) zu Beginn und anschließend 8 ml H_2SO_4(1,84).

a. 3. *Die Vorschrift* eignet sich für Materialien, die sich ruhiger veraschen lassen. Das Verfahren ist rascher als a. 1. und a. 2. 5 g Probematerial werden in einem 100 ml-Kjeldahlkolben mit einem Gemisch von 8 ml H_2SO_4(1,84) und 10 ml HNO_3(1,42) versetzt, vorsichtig erhitzt, bis die Reaktion nachläßt, und dann rasch gekocht, bis die Lösung sich dunkel zu färben beginnt. Man fährt dann nach a. 5. fort.

a. 4. *Die Vorschrift* eignet sich für Materialien, die trotz Verwendung verdünnter HNO_3 während der Verkohlung leicht zu Deflagrationen neigen. 5 g Probematerial versetzt man in einem 100 ml-Kjeldahlkolben mit 20 ml HNO_3 (1 + 2) und erwärmt bis zur Beendigung der ersten Reaktion, wobei sich ein schwammiger, teeriger Kuchen bildet. Das Gemisch wird abgekühlt, die saure Lösung in ein Becherglas übergeführt, der teerige Rückstand 3–4mal mit je 1 ml Wasser gewaschen und die Waschflüssigkeit gleichfalls in das Becherglas gegeben. Zum teerigen Rückstand fügt man 8 ml H_2SO_4 (1,84), verteilt den Rückstand durch Schütteln, versetzt tropfenweise, wenn nötig unter Erwärmen, mit HNO_3(1,42), bis die heftige Reaktion nachläßt, fügt die saure Lösung aus dem Becherglas hinzu, kocht bis die Lösung sich dunkel zu verfärben beginnt und fährt nach a. 5. fort.

a. 5. *Fortsetzung der Vorschriften* a. 1. bis a. 4.

a. 5.1. *Ohne Zusatz von* $HClO_4$ *oder* H_2O_2. Die Lösung wird wiederholt mit 1–2 ml-Anteilen HNO_3(1,42) versetzt und nach jedem Zusatz erhitzt, bis die Lösung eine dunkle Verfärbung aufweist. Dabei muß stets ein Überschuß an freier Säure vorhanden sein. Den Vorgang wiederholt man so lange, bis in der Lösung beim Erhitzen bis zum Rauchen (5–10 min) keine dunkle Verfärbung mehr auftritt. In Anwesenheit von viel Fe ist die Lösung nicht farblos, sondern gelb gefärbt. Nach dem Abkühlen verdünnt man mit 10 ml Wasser, erhitzt bis zum Rauchen, fügt nochmals 5 ml Wasser hinzu, kocht bis zum Rauchen und verdünnt schließlich nach dem Abkühlen mit 5 ml Wasser.

a. 5.2. *Mit Zusatz von* $HClO_4$ *oder* H_2O_2. Durch restliche organische Substanz gelegentlich hartnäckig verbleibende Verfärbungen der Lösung lassen sich leicht mittels $HClO_4$ oder H_2O_2 beseitigen. Dadurch kann auch die benötigte Menge HNO_3 vermindert und die Veraschungszeit abgekürzt werden. Dies setzt allerdings voraus, daß im Fall von $HClO_4$ die Anwesenheit von Chlorid nachher die Bestimmung nicht stört.

a. 5.2.1. *Zusatz von* $HClO_4$. Die Lösung wird wiederholt mit HNO_3(1,42) versetzt, wobei man nach a. 5.1. verfährt, bis sie nur noch schwach gelb gefärbt ist. Man fügt nun 0,5 ml $HClO_4$ (60%) und wenig HNO_3 hinzu, erhitzt 15 min, gibt abermals 0,5 ml $HClO_4$ hinzu und erhitzt noch einige Minuten. Nach dem Abkühlen verdünnt man mit

10 ml Wasser; die Lösung soll nun farblos sein, in Anwesenheit von viel Fe darf sie nur schwach gelb sein. Man erhitzt bis zum Auftreten der Säurenebel, fügt nach dem Abkühlen erneut 5 ml Wasser hinzu und wiederholt das Erhitzen. Man kühlt ab und verdünnt mit 5 ml Wasser.

a. 5.2.2. *Zusatz von* H_2O_2. Man verfährt wie unter a. 5.2.1., wobei aber statt $HClO_4$ in kleinen Anteilen (1–2 ml) H_2O_2 (30%) zusammen mit einigen Tropfen HNO_3 zugesetzt wird. Nach jedem Zusatz von H_2O_2 erhitzt man bis zum Rauchen, bis der Rückstand farblos erscheint oder eine vorhandene schwach gelbe Färbung sich nicht mehr weiter aufhellt. Nach dem Abkühlen verdünnt man mit 10 ml Wasser, erhitzt bis zum Rauchen und fährt weiter wie unter a. 5.2.1. fort.

b. Veraschung mit HNO_3, $HClO_4$ und H_2SO_4 [*68a*]

b. 1. *Das Verfahren* eignet sich für biologisches und anderes organisches Material. Bei fein pulverigem oder mit HNO_3 heftig reagierendem Material soll die Probe vorher mit wenig Wasser befeuchtet werden. Die Veraschung wird in einem 500 ml-Erlenmeyerkolben unter Rückfluß durchgeführt. 2 g Probematerial versetzt man mit 15 ml HNO_3 (1,42), fügt nach Beendigung der ersten Reaktion 10 ml $HClO_4$ (60%) und 5 ml H_2SO_4 (1,84) unter Schwenken oder Rühren hinzu und erwärmt langsam auf einer Heizplatte. Falls erforderlich, werden noch einige ml HNO_3 zugesetzt und das Erhitzen bis zum Auftreten weißer Nebel fortgesetzt. Nach dem Abkühlen wird die Lösung mit 5 ml Wasser verdünnt und danach erneut bis zum Auftreten der Säurenebel erhitzt.

b. 2. *Man kann die Veraschung* auch in der in Abb. 43 (s. S. 208) dargestellten Rückflußapparatur durchführen. 2 g Probematerial werden im Kolben durch den Rückflußkühler wie unter b. 1. mit den dort angegebenen Säuremengen versetzt, eine halbe Stunde stehen gelassen, dann allmählich erhitzt und 1 Std unter Rückfluß gekocht. Unter Beibehaltung der vollen Hitze dreht man nun den Hahn A um 90°, so daß sich das Kondensat in B ansammelt. Wenn eine Temperatur von 140° C erreicht ist, dreht man den Hahn A wieder um 90°, so daß das Destillat durch das Auslaufrohr C in ein geeignetes Gefäß abgelassen werden kann. Danach dreht man den Hahn A um weitere 180°, wodurch man wieder die in Abb. 43 dargestellte Anordnung herstellt. Man erhitzt unter Rückfluß für 1 Std, erhöht dann analog die Temperatur für 1 Std auf 180° C, anschließend eine halbe Stunde auf 200° C, kühlt ab und verdünnt nach Bedarf.

c. Veraschung mit HNO_3 und $HClO_4$ [*68a*]

Die folgenden Verfahren eignen sich zur Veraschung von Eiweiß und Kohlenhydraten, hingegen aber nicht für Proben, die nahezu vollständig aus Fett bestehen. Die Methoden sind meist rasch und leicht kontrollierbar, die herrschenden Temperaturen niedriger als bei den meisten übrigen nassen Veraschungen.

c. 1. *Bis zu 2 g Probematerial* werden in einem 200 ml-Kjeldahlkolben mit 25 ml HNO_3 (1,42) versetzt und 30 min gekocht. Nach dem Abkühlen fügt man 15 ml $HClO_4$ (60%) hinzu und kocht sehr vorsichtig und gelinde, bis die Lösung vollständig oder nahezu farblos ist und weiße Säurenebel auftreten. Das Sieden soll etwa 1 Std dauern. Gefährliche Bedingungen (Explosionsgefahr) können auftreten, wenn die Lösung bis zur Trockene eindampft, weshalb letzteres vermieden werden sollte. Das Verfahren erreicht im allgemeinen nicht die Bedingungen, wo ein Verdunkeln oder Bräunen der Lösung auftritt, hat aber gegenüber den Methoden c. 2. und c. 3. den Nachteil des größeren Säurebedarfes.

c. 2. *Die Vorschrift* eignet sich für die Bestimmung von Pb in Zuckerprodukten. Das Probematerial (nicht mehr als 2 g Trockensubstanz enthaltend) wird in einem

100 ml-Erlenmeyerkolben mit 1 ml Wasser, 3 ml HNO_3(1,42) und 2 ml $HClO_4$ (60%) versetzt und langsam erhitzt. Wenn sich die Lösung bräunt, fügt man tropfenweise HNO_3 hinzu. Die Veraschung ist beendet, wenn die Lösung farblos ist und weiße Säurenebel auftreten.

Die Verfahren c. 2. und c. 3. haben sich vielfach bewährt, ohne daß dabei Explosionen auftraten. Gelegentlich kann ein Verdunkeln oder Bräunen der Lösung auftreten, was durch Zusatz kleiner Mengen HNO_3 weitgehend vermieden werden soll, da dies als ein Zeichen für den Beginn gefährlicher Bedingungen (mögliche Explosionsgefahr) betrachtet wird.

c. 3. *Die Vorschrift* eignet sich für kleine Mengen flüssiger Proben. Das Probematerial (nicht mehr als 0,25 g Trockensubstanz enthaltend) wird mit 2,0 ml $HClO_4$ (60%) und 2 ml HNO_3(1,42) behandelt, wobei man während des Erhitzens tropfenweise HNO_3 zufügt (s. Hinweis unter c. 2.), bis die Lösung farblos ist. Man dampft die Lösung bis zum Auftreten der weißen Säurenebel ein.

d. Veraschung mit HNO_3 und NH_4NO_3 [*68a*]

Das Verfahren eignet sich zur Veraschung von biologischem Material und Nahrungsmitteln, deren Proben nur kleine Mengen an organischer Substanz enthalten und leicht verascht werden können. Es fand vor allem zur Bestimmung von Erdalkali- und Alkalimetallen, Mg und S Anwendung, eignet sich aber auch zur Bestimmung anderer Metalle. Die Veraschung ist rasch durchführbar und der Überschuß an Oxydationsmittel leicht zu entfernen. Das Erhitzen muß sorgfältig durchgeführt werden, da sonst Deflagrationen auftreten können.

1 g Probematerial versetzt man in einem 250 ml-Kjeldahlkolben mit 10 ml HNO_3 (1,42), erhitzt leicht bis die Probe gelöst ist und fügt 10 ml Oxydationsgemisch [50 g NH_4NO_3 und 25 g HNO_3 (1,42) werden mit Wasser auf 100 ml aufgefüllt] hinzu. Man erhitzt gelinde, um das Wasser zu entfernen, so daß die Oxydation in der NH_4NO_3-Schmelze fortschreitet. Von Zeit zu Zeit fügt man – wenn nötig – mehr Reagens hinzu, bis kein Bräunen der Lösung mehr beobachtet wird und eine klare Schmelze vorliegt. Durch Erhitzen der klaren Schmelze über der freien Flamme verjagt man den Überschuß an NH_4NO_3 (ein Überhitzen ist zu vermeiden), löst den Rückstand in 2 ml HCl (1,18), dampft zur Trockene ein, schmelzt den Rückstand im Kolben, um noch vorhandene HNO_3 zu entfernen, und löst in 10 ml 1n HCl auf. Die Lösung dampft man auf ein kleines Volumen ein, um Metaphosphat in Orthophosphat überzuführen, bringt im warmen Luftstrom zur Trockene, löst den Rückstand in einigen ml warmen Wassers, fügt einige Tropfen 1n HCl hinzu und verdünnt mit Wasser auf 10 ml.

e. Nasse Veraschung zur Bestimmung von Hg [*68a*]

e. 1. *Veraschung mit* H_2SO_4, HNO_3 *und* $HClO_4$. Das Verfahren eignet sich für Proben mit Gehalten von 0,0005% Hg aufwärts, da geringe Hg-Verluste auftreten, die aber in dem angegebenen Gehaltsbereich ohne wesentliche Bedeutung sind. Für kleinere Gehalte besonders 0,000001–0,00001% Hg, sind andere Methoden erforderlich. Für die Veraschung wird eine eigene Rückflußapparatur beschrieben [*68a*], die der in Abb. 43 (s. S. 208) dargestellten Apparatur analog ist.

2,5 g Probematerial werden im Kolben mit 4–5 ml H_2SO_4 versetzt (durch den Rückflußkühler) und bis zum Verkohlen der Substanz erhitzt. Man fügt 0,25–0,5 ml Anteile HNO_3(1,42) hinzu, bis eine farblose oder schwach gelbe Lösung bei längerem Sieden (15 min) vorliegt. Dann fügt man in kleinen Anteilen 0,5 ml $HClO_4$ (60%) hinzu, erhitzt kräftig für 10 min, spült den Rückflußkühler nach dem Abkühlen mit wenig Wasser aus und entfernt ihn. Die Lösung wird nun 15 min gekocht und soll dann etwa 40–50 ml betragen.

Statt HNO_3 kann auch H_2O_2 (30%) verwendet werden, wobei nach jedem Zusatz das Wasser abgedampft werden muß (indem man das entsprechende Kondensat entfernt), damit die Probelösung nicht zu stark verdünnt wird.

e. 2. *Veraschung mit* $KMnO_4$, HNO_3 *und* H_2SO_4. Das Verfahren eignet sich zur partiellen Oxydation von Flüssigkeiten, die relativ wenig organische Substanz enthalten, zur Bestimmung von Hg in Harn und fein zerkleinerten tierischen Proben (unter Modifizierung der Methode). Die milde Oxydation erlaubt die quantitative Erfassung des Hg in bis zu 5 Tage alten Harnproben. Zur Vermeidung einer Verflüchtigung von Hg darf ein Überhitzen nicht vorkommen.

100 ml Probeflüssigkeit werden in einem mit Rückflußkühler versehenen 500 ml-Rundkolben mit 40 ml HNO_3(1,42) und 3 g $KMnO_4$ versetzt, 2 Std unter Rückfluß gelinde gekocht und abgekühlt. Man schüttelt den Kolben sorgfältig, damit die Lösung mit noch vorhandenem Dampf in Berührung kommt, und spült den Kühler mit Wasser ab. Wenn nötig, fügt man noch $KMnO_4$ hinzu, so daß nach einer Standzeit von 2 min ein Überschuß bestehen bleibt. Weitere 1–2 g $KMnO_4$ können noch hinzugefügt werden. Man versetzt bis zur Farblosigkeit der Probelösung mit ammoniakalischer Hydroxylaminhydrochlorid-Lösung (10%ige wäßrige Lösung; 25 g Reagens werden in 60 ml Wasser gelöst, mit Ammoniak gegen Phenolrot alkalisiert, mit 0,01%iger Dz/$CHCl_3$-Lösung gereinigt, mit $CHCl_3$ nachgewaschen, letzteres durch Erhitzen verjagt, abgekühlt, filtriert und mit Wasser auf 250 ml aufgefüllt), alkalisiert unter Kühlen mit Ammoniak (0,88) gegen Phenolrot (0,02%ig in 20%igem Äthanol), fügt 18 ml H_2SO_4 (1 + 1) und 10 ml ammoniakalische Hydroxylaminhydrochlorid-Lösung hinzu, kühlt, mischt und läßt mindestens 3 Std oder besser über Nacht stehen. Die Lösung ist nun zur Bestimmung des Hg mit Dz verwendbar (s. S. 768).

Bei tierischem Material werden 10–20 g Probe nach der Vorschrift, jedoch unter gleichzeitigem Zusatz von 10 ml H_2SO_4(1,84) zur Vervollständigung der Veraschung, unter Rückfluß behandelt.

f. Veraschung mit HNO_3, HCl und NH_4ClO_4 [*130*]

Das Verfahren eignet sich zur Veraschung von Kohlenhydraten, Pflanzenmaterial und Eiweiß sowie zur Bestimmung auch leicht flüchtiger Elemente. Die Veraschung wird in einer Rückflußapparatur nach Abb. 43 (s. S. 208) durchgeführt, bei der ein Erlenmeyerkolben wechselnder Größe Verwendung findet und das seitlich eingeführte Thermometer bis zum Kolbenboden reicht. Die Veraschung von 1–5 g Probematerial verläuft in 3 Phasen unter Temperaturkontrolle und ist in 50–60 min abgeschlossen. Heftige Reaktionen und eine Schwärzung des Reaktionsgemisches infolge Verkohlung werden vermieden.

In der 1. Phase wird die $HClO_4$ aus dem NH_4ClO_4 durch das HNO_3/HCl-Gemisch freigesetzt und das Reaktionsgemisch langsam innerhalb von 10 min auf 110° C erhitzt (90–100° C sollen frühestens in 5–6 min erreicht sein). Anschließend erfolgt in der 2. Phase die Oxydation des organischen Materials durch HNO_3, wobei durch Abfangen von Kondensat die Temperatur innerhalb 30–40 min von 110° C auf 150° C erhöht wird. In der 3. Phase erfolgt innerhalb 10 min die Oxydation durch $HClO_4$, wobei die Temperatur von 150° C auf 203° C ansteigt. Das Veraschungsende wird durch den Farbumschlag des Cr-Indikators von grün nach orangegelb angezeigt: erst nach vollständiger Oxydation der organischen Substanz geht Cr(III) in Cr(VI) über.

Für 2 g Probematerial verwendet man einen 250 ml-Erlenmeyerkolben, in den man folgende Reagensmengen gibt: 10 ml HCl(1,19), 17,6 ml HNO_3(1,41), 21,5 g NH_4ClO_4, 26 ml Wasser und 1–2 mg $K_2Cr_2O_7$ (Indikator).

5 g Probematerial werden im 1000 ml-Erlenmeyerkolben mit folgenden Reagentien verascht: 15 ml HCl(1,19), 35 ml HNO_3(1,41), 32 g NH_4ClO_4, 39 ml Wasser und 1–2 mg $K_2Cr_2O_7$ (Indicator).

g. Veraschung mit H_2O_2 und H_2SO_4 [*73, 145 b*]

Das Verfahren eignet sich zur Veraschung von Kunststoffen (Nylon, Polyäthylen, -propylen, -vinylchlorid, -methacrylat, -styrol), Nahrungsmitteln, Pflanzenmaterial; wenig geeignet ist es für Fette und Öle.

Besondere Vorsicht ist bei der Aufbewahrung und beim Umgang von H_2O_2 (50%) geboten. H_2O_2 (50%) ist kühl, mit lose aufsitzendem Flaschenverschluß und staubfrei aufzubewahren. Kontakt mit der Haut führt zu Verbrennungen; die Kontaktstellen sind sofort mit Wasser oder verdünnter $KMnO_4$-Lösung zu waschen. Beim Arbeiten mit H_2O_2 (50%) muß eine Schutzbrille getragen und die Veraschung hinter einem Schutzschirm (geschlossener Säureabzug) durchgeführt werden. Zur Vermeidung von Explosionen muß bei der Veraschung immer eine ausreichende Menge H_2SO_4 anwesend sein (das Volumenverhältnis sollte höchstens $H_2SO_4:H_2O_2 \geqq 1:10$ sein).

Die Veraschung führt man im Kjeldahlkolben oder im Falle leicht flüchtiger Elemente in der Rückflußapparatur (s. Abb. 43, S. 208) durch. 2 g Probematerial (Kunststoffe und ähnliches Material; pulveriges Material, wie z. B. Gewürze, Pflanzenmaterial, rührt man gegebenenfalls mit wenig Wasser an) versetzt man mit 20 ml H_2SO_4(1,84) erhitzt (5–10 min) bis zum Verkohlungsbeginn und fügt anschließend zur heißen Lösung tropfenweise H_2O_2 (50%) (insgesamt 20–45 ml) hinzu, bis die Lösung farblos ist. Bei leicht oxydierbaren Stoffen (Nahrungsmitteln) erfolgt der Zusatz von H_2O_2 (50%) in der Kälte oder bei Bedarf unter schwachem Erwärmen. Bei Getränken (Fruchtsäfte, Bier usw.) bzw. Sirup erfolgt die Veraschung in einem 250 ml- bzw. 500 ml-Kolben: höchstens 50 ml Probe versetzt man (bei Sirup fügt man vorher noch 50 ml Wasser hinzu) mit einigen Siedeglaskugeln, 5 ml H_2SO_4(1,84) und 20 ml H_2O_2 (50%), erhitzt gelinde bis zur Beendigung der Reaktion, wiederholt bei Bedarf den Zusatz von H_2O_2 (50%) bis zur Farblosigkeit der Lösung und erhitzt zuletzt bis zum Rauchen der H_2SO_4.

h. Veraschung mit H_2O_2/Fe^{2+} [*145 c*]

Das Verfahren eignet sich zur Veraschung großer Mengen Nahrungsmittel (Fleisch, Kohlenhydrate), Pflanzenmaterials, Faeces u. a. biologischen Materials unter milden Reaktionsbedingungen (s. S. 193). Die Veraschung erfolgt mit Fe^{2+} als Katalysator optimal bei pH 2 in 0,001 m Fe^{2+}-Lösung. Bei einzelnen Probematerialien (Fe-Gehalt) entfällt, von der Arbeitsvorschrift abweichend, die Einstellung auf pH 2 oder der Zusatz von Fe^{2+}.

Mit Zusatz von Fe^{2+} und Einstellung auf pH 2 werden z. B. verascht: Fleisch, Knochen, Wolle, Harn, Trockenmilch, Kakao, Pflanzenmaterial. Ohne Fe^{2+}-Zusatz und Einstellung auf pH 2 werden Trockenblut und Faeces verascht. Mit Fe^{2+}-Zusatz aber ohne Einstellung auf pH 2 verascht man Zucker (in Wasser gelöst), Nüsse, Glycerin usw. Große Probemengen werden gegebenenfalls als Wassersuspension nach Vorschrift h. 2. verascht.

h. 1. *Allgemeine Arbeitsvorschrift.* 100 g zerkleinertes Probematerial werden im 2 l-Becherglas unter Rühren (Glasstab) mit 300 ml H_2O_2 (30%) versetzt und mit HNO_3 auf pH 2 eingestellt. Dann erwärmt man unter Rühren (Magnetrührer) innerhalb von 20 min auf 80–90° C und fährt nach h. 1.1. oder h. 1.2. fort.

h. 1.1. *Mit* Fe^{2+}-*Zusatz*. Bei Bedarf erfolgt jetzt der Fe^{2+}-Zusatz, indem man das Becherglas von der Heizplatte nimmt und ~3 ml 0,1 m $FeSO_4$-Lösung (1 ml je 100 ml Probelösung) vorsichtig (Schutzbrille!) portionsweise an einer Stelle der Glaswandung hinzugefügt. An der Eintropfstelle beginnt sofort stürmische Reaktion, die sich von selbst durch die ganze Suspension fortsetzt. Bei Rühren kann die Reaktion absterben. Sollte der grobe Schaum zu hoch steigen, so zerschlägt man ihn an der Oberfläche mit dem Glasstab. Etwa 5 min nach Katalysatorzugabe wird das Reaktionsgemisch mit voller Heizleistung unter starker Reaktion möglichst rasch auf etwa 100 ml eingedampft. Die heftige Reaktion ist anzustreben, damit gegen Ende des Aufschlusses möglichst alles H_2O_2 zerstört ist.

h. 1.2. *Ohne* Fe^{2+}-*Zusatz*. Spätestens bei 90–95° C setzt die Hauptreaktion ein. Der rasch aufsteigende Schaum wird bei abgestelltem Rührer mit dem Glasstab so zerschlagen, daß dabei die Lösung nicht aufgewirbelt wird. Bei zu heftiger Reaktion nimmt man das Reaktionsgemisch vorübergehend von der Heizplatte. Wenn die Hauptreaktion nach etwa 20–30 min abgeklungen ist, dampft man unter magnetischem Rühren auf etwa 100 ml ein. Von der nach h. 1.1. oder h. 1.2. erhaltenen Probelösung wird vorhandenes Fett durch 2–3malige Extraktion mit je ~30 ml Trichloräthylen oder durch Filtration (dichtes Filter, Blauband) entfernt, die wäßrige Probelösung im 250 ml-Becherglas (bei starkem Schäumen zunächst im 2 l-Becherglas) unter magnetischem Rühren auf ~50 ml und dann ohne Rühren bis zur beginnenden Braunfärbung eingedampft. Man wiederholt das Eindampfen unter Zusatz von jeweils ~10 ml H_2O_2 (30%), bis der Rückstand weiß oder vom zugesetzten Fe schwach bräunlich gefärbt ist.

h. 2. *Veraschung großer Probemengen*. Etwa 1 kg zerkleinertes Probematerial wird im 10 l-Becherglas mit 3,0 l H_2O_2 (30%) versetzt und nach h. 1.1. oder h. 1.2. behandelt. Bei beginnender Reaktion nimmt man das Becherglas von der Heizplatte, dampft danach auf 1 l ein, führt in ein 2 l-Becherglas über und fährt nach h. 1. fort.

4.3. Vergleich der Veraschungsmethoden

Aus den bisherigen Ausführungen geht hervor, daß bei der Bestimmung von Spurenelementen in organischem Material der Veraschungsmethode besondere Aufmerksamkeit gewidmet werden muß, um Spurenverluste bzw. -einschleppungen zu vermeiden. In einer Reihe von Arbeiten wurden daher vergleichende Untersuchungen über die zweckmäßigste Art der Veraschung durchgeführt, wobei sich diese allerdings meist auf bestimmte Problemstellungen beziehen [*146, 147*].

In einer Arbeit wurden die auftretenden Verluste an Sn bei Anwendung verschiedener Veraschungsmethoden bei pflanzlichem Material studiert [*148*]. Bezogen auf eine bestimmte Ausgangsmenge an Sn wurden folgende prozentualen Mengen des vorhandenen Sn wiedergefunden: bei Veraschung mit $KClO_3$ und HCl 75%; mit $KClO_2$, HCl und H_2O_2 89%; mit $KClO_3$/HCl und anschließendem Aufschluß des nicht veraschten Rückstandes mit NaOH/KNO_3 95%; Vorveraschung mit H_2SO_4 und Endveraschung mit Na_2CO_3/$NaNO_3$ 101%; HNO_3 96%; H_2SO_4 und HNO_3 98%; H_2SO_4 und H_2O_2 101%; H_2SO_4, HNO_3 und H_2O_2 101%. Von anderer Seite [*149*] wurden bei trockener Veraschung bei Vorliegen von reinem $SnCl_2$ bis 300° C keine Sn-Verluste beobachtet, aber bei 400° C 2% des vorhandenen Sn, bei 500° C 8% und bei höheren Temperaturen entsprechend größere Mengen verflüchtigt. Bei Veraschung des organischen Materials im Muffelofen bis 500° C und der vergleichsweise vorgenommenen nassen Veraschung mit H_2SO_4 und späterem Zusatz von HNO_3 und $HClO_4$ ergaben sich übereinstimmende Sn-Werte.

Bei der Bestimmung von As in Geweben wurden folgende As-Mengen wiedergefunden [*133*]: bei Veraschung mit $H_2SO_4/K_2SO_4/CuSO_4$ 20–63%; mit HNO_3 und H_2SO_4 57–81%; mit $KClO_3$ und HCl 0–49%; mit $HClO_4$ und HNO_3 63–97%; mit $MgNO_3$ 47–90%.

Über die Flüchtigkeit des B bei verschiedenen Veraschungsmethoden s. S. 472.

Die Untersuchung der Veraschung zur Bestimmung des Fe in biologischem Material zeigte folgende Mengen an wiedergefundenem Fe [*150*]: trockene Veraschung unter Zusatz von Na_2CO_3 war unbefriedigend; bei Vorbehandlung mit H_2SO_4 und trockener Veraschung 40–54%; trockene Veraschung des mit $CaCO_3$ zugedeckten Materials 80–87%; nasse Veraschung mit HNO_3, H_2SO_4 und $HClO_4$ 100%.

Bei der Bestimmung von Co in Pflanzenmaterial wurden sechs Veraschungsmethoden überprüft [*132*]: 1. trockene Veraschung, 2. HNO_3 und trockene Veraschung, 3. H_2SO_4, 4. HNO_3 und H_2SO_4, 5. $HClO_4$ und HNO_3, 6. HNO_3, $HClO_4$ und H_2SO_4. Die besten Ergebnisse wurden mit den Methoden 1 und 5 erhalten. Auch von anderer Seite wird die trockene Veraschung bis zu 700° C und die nasse Veraschung mit HNO_3 bei Temperaturerhöhung bis zu 400° C bei der Co-Bestimmung in biologischem Material als gleichwertig angegeben [*151*].

Ein Vergleich der Veraschung auf trockenem Wege bei 500° C in Porzellantiegeln und auf nassem Wege mit $HNO_3/HClO_4$ ergab bei der Bestimmung von Cu in Papier, Zellstoff und Zellstoffablauge [*152*] mit der letztgenannten Veraschungsmethode sehr gleichmäßige Werte, während bei der trockenen Veraschung streuende Ergebnisse erhalten wurden, die teils um 20–60% höher, teils um 10–35% tiefer als die Werte der nassen Veraschung lagen. Die zu niedrigen Werte werden in dieser Arbeit auf eine teilweise Verflüchtigung des Cu oder eine irreversible Adsorption durch das Gefäßmaterial zurückgeführt. Die Verwendung von Platingefäßen brachte keine Verbesserung der Ergebnisse. Die in einer anderen Arbeit analog durchgeführte vergleichende Untersuchung der trockenen Veraschung bei dunkler Rotglut mit Tiegeln aus Porzellan, Quarz und Platin und der nassen Veraschung mit $HNO_3/HClO_4$ bei der Bestimmung von Cu in organischem Material führte zu ähnlichen Ergebnissen [*153*]. Die mit Porzellantiegeln bei der trockenen Veraschung erhaltenen, stark streuenden, teils zu hohen und teils zu niedrigen Werte werden aber im Gegensatz zu der ersten Ansicht nicht auf eine Verflüchtigung des Cu, sondern auf die Reaktion der Asche mit dem Tiegelmaterial zurückgeführt, wobei Cu teils aus dem Porzellan in die Asche gelangt, teils vom Porzellan festgehalten wird.

Hinsichtlich der Bestimmung von Pb in biologischem Material wird darauf hingewiesen [*69*], daß entgegen der öfters vertretenen Ansicht, daß bei der Veraschung auf trockenem Wege Pb-Verluste auftreten können, durch zahlreiche vergleichende Versuche festgestellt wurde, daß die gleichen Pb-Gehalte sowohl bei der Veraschung auf trockenem als auch auf nassem Wege erhalten werden. Dies weist darauf hin, daß bei der trockenen Veraschung keine Pb-Verluste auftreten, sofern keine zu hohen Temperaturen angewendet werden und dadurch eine Verflüchtigung oder Reaktion mit dem Gefäßmaterial vermieden wird.

Ein Vergleich der trockenen Veraschung von Petrolatum (Verkohlung bei niedriger Temperatur und Endveraschung bei 538 $\pm$ 28° C) mit derjenigen auf nassem Wege mit H_2SO_4/HNO_3 zur Bestimmung des Gehaltes an Na, Si, Fe, Ni, V und Cr zeigte, daß die mit der Veraschung auf trockenem Wege erhaltenen Werte nur um 3% tiefer waren als diejenigen der nassen Veraschung [*1a*]. Sie zeigten somit praktisch eine Übereinstimmung der nach den beiden Veraschungsmethoden erhaltenen Werte.

Im Erdöl treten die Spurenelemente u. a. (s. S. **175**) in Form metallorganischer Komplexe, insbesonders als Porphyrine, auf [*2–4, 154–156*]. Sie können in bestimmten Erdöldestillaten [*157, 158*], beispielsweise in den oberen Erdölfraktionen [*159*], anwesend sein. Wegen der Flüchtigkeit der Metallporphyrine ist die quantitative Bestimmung des Spurenelementgehaltes in Erdölproben, die diese Verbindungen in einem größeren Anteil enthalten, mit großen Schwierigkeiten verbunden. Für die Komplexe des Äthioporphyrins I mit Cu (A), Fe, Ni und V wurde festgestellt, daß sie bei 210–316° C unter bestimmten Bedingungen unzersetzt in 1 Std fast quantitativ sublimieren [*160*]. Demgegenüber ist das Ni-Tetraphenylporphyrin (B) zwar flüchtig, merkliche Mengen werden aber erst oberhalb 621° C abdestilliert [*159*]. Aus diesem Grunde führt die übliche

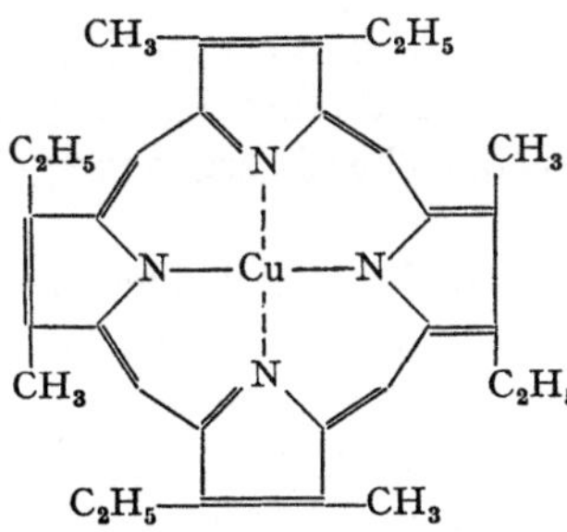

A

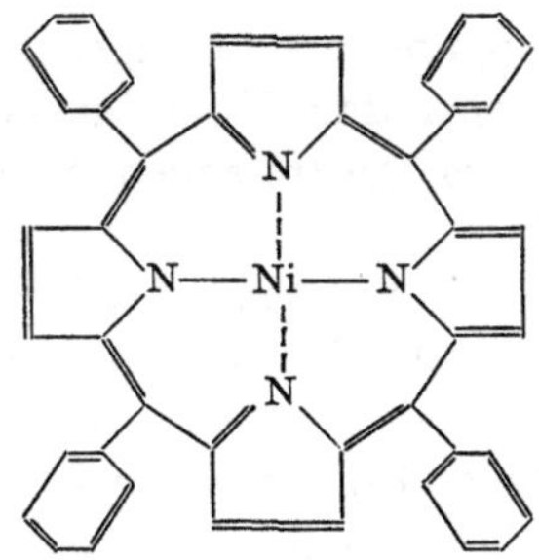

B

Veraschung auf trockenem Wege bei Erdölproben, die solche flüchtigen Metallkomplexe enthalten, zu keinen quantitativen Ergebnissen bzw. nur bei deren Abwesenheit zu einem befriedigenden Erfolg. Ein Hinweis hierfür sind die bei Veraschung auf trockenem Wege im Vergleich zur nassen Veraschung erhaltenen niedrigeren Werte [*156, 161*].

Ein in diesem Zusammenhang durchgeführter Vergleich zwischen der trockenen und der nassen Veraschung mit Gasöl (Kp 316–594° C), dem bekannte Mengen synthetischer Ni-, V-, Fe- und Cu-Tetraphenylporphyrine zugesetzt worden waren, zeigte, daß die trockene Veraschung zu niedrige Werte liefert, während auf nassem Wege durchschnittlich 100% der vorgelegten Elemente wiedergefunden wurden (s. Tab. 27) [*159*]. Bei der Bestimmung des V-Gehaltes natürlicher Erdölfraktionen waren die Werte der trockenen Veraschung um 13–15% niedriger als diejenigen der nassen Veraschung.

Über ähnliche Ergebnisse wird in einer anderen Arbeit berichtet [*162*], wonach bei der Bestimmung von 0,0010% V in Diesel- und Heizölen bei der „halbnassen Veraschung“

Tabelle 27. Vergleich der trockenen und nassen Veraschung [*159*]; Probematerial: Gasöl mit bekannten Mengen zugesetzter flüchtiger Porphyrin-Verbindungen des Cu, Fe, Ni und V

	Veraschungsart	Cu	Fe	Ni	V
Vorgelegt, μg/g		16,20	15,20	15,62	12,44
Gefunden, % des theoretischen	trocken	45	72	54	88
Wertes	naß	101	102	104	95
Vorgelegt, μg/g		—	0,52	0,53	0,31
Gefunden, % des theoretischen	trocken	—	85	76	97
Wertes	naß	—	100	98	103

(Verkohlung mit H_2SO_4 und endgültige Veraschung auf trockenem Wege bei 500–600° C) mehrfach Verluste von etwa 10%, bei der nassen Veraschung mit H_2SO_4/HNO_3 oder $H_2SO_4/HNO_3/HClO_4$ (Anwendung bei schwer aufschließbaren Stoffen, z. B. Fette, Ruß) dagegen keine Verluste an V auftreten. Verluste an Ni und V können dagegen bei der trockenen Veraschung (nach Abfackeln und Glühen bei 600–700° C) von Erdölfraktionen vermieden werden, wenn durch Behandlung mit Benzolsulfosäure bei Siedehitze die vorhandenen Metallporphyrine vorher zerstört werden [*163*]. Auf diesem Wege konnten annähernd die gleichen Gehalte an Ni und V wie bei der nassen Veraschung mit H_2SO_4 erhalten werden. Ebenso traten bei der Bestimmung von Fe, Ni und V in Erdöl mit trockener Veraschung (Verbrennen und Glühen bei 550° C) im Vergleich zur nassen Veraschung mit H_2SO_4/HNO_3 keine Verluste auf, wenn der Probe vor Veraschungsbeginn 10% elementarer Schwefel zugesetzt wurden [*162a*].

Bei der Spurenanalyse einer Erdölfraktion, die auch flüchtige Metallporphyrine enthielt, wurden drei Veraschungsmethoden und vier direkte Extraktionsmethoden hinsichtlich der auftretenden Spurenverluste vergleichend gegenübergestellt [*157*] (s. S. 213ff.).

In einer sehr eingehenden Arbeit [*163a*] wurden die bei verschiedenen Veraschungsmethoden auftretenden Spurenverluste an den Elementen Ag, As, Cd, Co, Cr, Cu, Fe, Hg, Mo, Pb, Sb, Se, Sr und Zn mit Hilfe von radioaktiven Isotopen untersucht. Die Bearbeitung dieses Fragenkomplexes mit Isotopen hat den Vorteil, daß das betreffende Element nach der Veraschung direkt in der Asche bestimmt werden kann und somit die Meßergebnisse nicht mit den Fehlern der sonst üblicherweise angewandten Bestimmungsverfahren behaftet sind. Die in Tab. 28 zusammengefaßten Ergebnisse und nachfolgenden Ausführungen besitzen daher ein hohes Aussagegewicht, wiewohl ein Teil der Beobachtungen jene früherer Arbeiten bestätigt. Durch die Art der angewandten Untersuchungsmethode berücksichtigen die Ergebnisse nur die während der Veraschung auftretenden Spurenverluste, während durch Arbeitsweise, Geräte und Reagentien verursachte Spureneinschleppungen oder -verluste hier unberücksichtigt sind. Bei der Auswahl der hier untersuchten Veraschungsmethoden war das Ergebnis einer Überprüfung von rund 250 Arbeiten hinsichtlch der dort angewandten Verfahren richtunggebend: in 51% der Arbeiten wurde die Veraschung auf nassem und in 49% auf trockenem Wege durchgeführt. Davon entfallen 20% auf die direkte trockene Veraschung, 14% auf die nasse Veraschung mit HNO_3/H_2SO_4, 12% auf die nasse Veraschung mit $HNO_3/H_2SO_4/HClO_4$, 7% auf trockene Veraschung mit H_2SO_4-Zusatz, 6% auf trockene Veraschung mit HNO_3-Zusatz, 5% auf nasse Veraschung mit $HNO_3/HClO_4$, 5% auf trockene Veraschung mit Zusatz von Mg-Verbindungen. Verschiedene Kombinationen mit H_2O_2 waren jeweils zu 5% vertreten, verschiedene Einzelmethoden jeweils zu 2%; eine Arbeit verwandte $H_2SO_4/HNO_3/HClO_4/H_2O_2$. Für die meisten Untersuchungen wurde Kakao als organisches Material, dem bekannte Mengen der Radioisotope zugesetzt wurden, herangezogen. Vereinzelt fand anderes organisches Material, wie Polyvinylchlorid, Trockenmilch und Haar, Anwendung.

Nach Tab. 28 tritt bei der nassen Veraschung in Anwesenheit von H_2SO_4 ein Pb-Verlust auf, was auf eine Mitfällung von $PbSO_4$ mit vorhandenem $CaSO_4$ hinweist, auch wenn der Ca-Gehalt des Materials (wie bei Kakao) niedrig ist. Entsprechende Versuche mit Trockenmilch (mit hohem Ca-Gehalt) bestätigen dies (s. Tab. 29). Auch ein von anderer Seite empfohlener Zusatz von verdünnter HCl zur Veraschungslösung und anschließendes Kochen derselben verhindert den Pb-Verlust nicht.

Den Einfluß der chemischen Bindungsform, der Art des organischen Materials und verschiedener Veraschungshilfen zeigen die Tab. 30, 31 und 32.

Tabelle 28. Radiochemische Untersuchung der bei verschiedenen Veraschungsmethoden auftretenden Spurenverluste [*163a*]; 2 g Kakao in Quarzgefäßen verascht

Element	Gehalt µg/g	Veraschungsmethode	Oxydationsgemisch	Veraschungshilfe	Veraschungstemperatur °C	Element gefunden[1] %	zurückgehalten[2] %	verflüchtigt oder abdestilliert %
Pb[8]	10	naß	$HNO_3/HClO_4$			100;100		
			$HNO_3/HClO_4/H_2SO_4$			99; 93		
			HNO_3/H_2SO_4			90; 93		
			nach [*127*] (s. S. 191 f.)			99;101		
	1	trocken[3]		keine	450	100; 98; 97; 99	0 ; 1 ;1;1	
					550	94; 95	3 ; 3	
					650	71; 83	28 ;15	
				H_2SO_4	450	99; 99	0 ; 0	
					550	95; 96	0 ; 0,5	
					650	96; 90	2 ; 2	
				HNO_3	450	99; 97	0,5; 1	
					550	97; 99	2 ; 0	
					650	83; 69	12 ;19	
				$Mg(NO_3)_2$	450	98; 98	0,5; 0	
					550	92; 94	3 ; 2	
					650	91; 96	4 ; 2	
				$Mg(CH_3COO)_2$	450	97; 98	1 ; 1	
					550	98; 95	1 ; 2	
					650	93; 93	4 ; 1	
Hg		naß	$HNO_3/HClO_4$			78; 80	12 ;10	
			$HNO_3/HClO_4/H_2SO_4$			87; 90	12 ;11	
			HNO_3/H_2SO_4			93; 92	5 ; 7	
			$HNO_3/HClO_4/H_2SO_4$[9]			100;102;99;98		
			$HNO_3/HClO_4/H_2SO_4$[9,10]			102;101		
			$HNO_3/HClO_4/H_2SO_4$[9,11]			98; 99		
		trocken[3]		keine	550	0		100[4]
Zn	10	naß	$HNO_3/HClO_4$			98;100	0 ; 0	0 ; 0
			$HNO_3/HClO_4/H_2SO_4$			101; 94	0 ; 0	0 ; 0
			HNO_3/H_2SO_4			101; 99	0 ; 0	0 ; 0
			nach [*127*] (s. S. 191 f.)			101; 97	0 ; 0	0 ; 0
		trocken[3]		keine	550	96	2	1,5
				HNO_3	550	97	0,5	1,5
				H_2SO_4	550	100	0	0,5
				$Mg(NO_3)_2$	550	99	0	0,5
Se	1	naß	$HNO_3/HClO_4$			100;101		0,5; 0
			$HNO_3/HClO_4/H_2SO_4$			100;101		0; 0
			HNO_3/H_2SO_4			78; 80		22[4];20[4]
			HNO_3/H_2SO_4[5]			95; 98		0 ; 0
			HNO_3/H_2SO_4[6]			4; 3		96[4]; 97[4]
			nach [*127*] (s. S. 191 f.)			1; 0,5		99[4];99,5[4]
As	1	naß	$HNO_3/HClO_4$			99; 99		0 ; 0
			$HNO_3/HClO_4/H_2SO_4$			98;100		0 ; 0
			HNO_3/H_2SO_4			98; 97		0 ; 0

Tabelle 28 (Fortsetzung)

Element	Gehalt µg/g	Veraschungsmethode	Oxydationsgemisch	Veraschungshilfe	Veraschungstemperatur °C	Element gefunden[1] %	zurückgehalten[2] %	verflüchtigt oder abdestilliert %
As	1	naß	$HNO_3/HClO_4$[7]			99;100		
			$HNO_3/HClO_4/H_2SO_4$[7]			99; 99		
			HNO_3/H_2SO_4[5,7]			101;101		
			HNO_3/H_2SO_4[6,7]			101;100		
			nach [*127*] (s. S. 191 f.)			91; 98		0 ; 0
		trocken[3]		keine	550	88		4
				HNO_3	550	84		7
				H_2SO_4	550	96		1,5
				$Mg(NO_3)_2$	550	99		3
Cu	10	naß	$HNO_3/HClO_4$			99;100	0 ; 0	0 ; 0
			$HNO_3/HClO_4/H_2SO_4$			99; 99	0 ; 0	0 ; 0
			HNO_3/H_2SO_4			101; 99	0 ; 0	0 ; 0
			nach [*127*] (s. S. 191 f.)			100; 99	0 ; 0	0 ; 0
		trocken[3]		keine	550	86	14	0
				HNO_3	550	94	2	3
				H_2SO_4	550	96	0,5	0,5
				$Mg(NO_3)_2$	550	98	0,5	0
Co	10	naß	$HNO_3/HClO_4$			98; 98	0 ; 0	0 ; 0
			$HNO_3/HClO_4/H_2SO_4$			98; 98	0 ; 0	0 ; 0
			HNO_3/H_2SO_4			100;101	0 ; 0	0 ; 0
			nach [*127*] (s. S. 191 f.)			100; 99	0 ; 0	0 ; 0
		trocken[3]		keine	550	99	0,5	0
				HNO_3	550	96	1,5	0
				H_2SO_4	550	98	0	0
				$Mg(NO_3)_2$	550	99	0	0
Co	1	naß	$HNO_3/HClO_4$			98; 98	0 ; 0	0 ; 0
			$HNO_3/HClO_4/H_2SO_4$			100; 99	0 ; 0	0 ; 0
			HNO_3/H_2SO_4			99; 99	0 ; 0	0 ; 0
			nach [*127*] (s. S. 191 f.)			100; 99	0 ; 0	0 ; 0
		trocken[3]		keine	550	99	0	0
				HNO_3	550	99	0,5	0,5
				H_2SO_4	550	99	0	0
				$Mg(NO_3)_2$	550	101	0	0
Ag	10	naß	$HNO_3/HClO_4$			98; 95	0 ; 0	0 ; 0
			$HNO_3/HClO_4/H_2SO_4$			99; 99	0 ; 0	0 ; 0
			HNO_3/H_2SO_4			100;100	0 ; 0	0 ; 0
			nach [*127*] (s. S. 191 f.)			94; 96	3 ; 2	0 ; 0
		trocken[3]		keine	550	93; 99	8 ; 1	0 ; 1,5
				HNO_3	550	87	7	5
				H_2SO_4	550	97	1	2
				$Mg(NO_3)_2$	550	100	0,5	0,5
Cd	10	naß	$HNO_3/HClO_4$			100;101	0 ; 0	0 ; 0
			$HNO_3/HClO_4/H_2SO_4$			102;101	0 ; 0	0 ; 0
			HNO_3/H_2SO_4			103;100	0 ; 0	0 ; 0
			nach [*127*] (s. S. 191 f.)			99; 98	0 ; 0	0 ; 0

Tabelle 28 (Fortsetzung)

Element	Gehalt µg/g	Veraschungsmethode	Oxydationsgemisch	Veraschungshilfe	Veraschungstemperatur °C	Element: gefunden[1] %	zurückgehalten[2] %	verflüchtigt oder abdestilliert %
Cd	10	trocken[3]		keine	550	91	6	6
				HNO_3	550	76	6	13
				H_2SO_4	550	92	2	5
				$Mg(NO_3)_2$	550	78	2	20
Sb	1	naß	$HNO_3/HClO_4$			99; 94	0 ; 0	0 ; 0
			$HNO_3/HClO_4/H_2SO_4$			100; 100	0 ; 0	0 ; 0
			HNO_3/H_2SO_4			100; 99	0 ; 0	0 ; 0
			nach [*127*] (s. S. 191 f.)			95; 98	0 ; 0	0 ; 0
		trocken[3]		keine	550	96	1,5	2
				HNO_3	550	92	1	1
				H_2SO_4	550	94	0,5	3
				$Mg(NO_3)_2$	550	97	0	0
Cr	10	naß	$HNO_3/HClO_4$			100; 100	0 ; 0	2 ; 1,5
			$HNO_3/HClO_4/H_2SO_4$			101; 100	0 ; 0	1 ; 1
			HNO_3/H_2SO_4			99; 100	0 ; 0	0,5; 0,5
			nach [*127*] (s. S. 191 f.)			100; 101	0 ; 0	0 ; 0
		trocken[3]		keine	550	98	0,5	1,5
				HNO_3	550	99	0	2
				H_2SO_4	550	99	0	0,5
				$Mg(NO_3)_2$	550	92	0	4
Mo	1	naß	$HNO_3/HClO_4$			96; 98		<1 ; $<1,5$
			$HNO_3/HClO_4/H_2SO_4$			99; 97		$<1,5$; <1
			HNO_3/H_2SO_4			101; 101		<1 ; <1
			nach [*127*] (s. S. 191 f.)			97; 99		0 ; 0
		trocken[3]		keine	550	99		<5
				HNO_3	550	98		$<1,5$
				H_2SO_4	550	100		<1
				$Mg(NO_3)_2$	550	98		<2
Fe	10	naß	$HNO_3/HClO_4$			97; 100		
			$HNO_3/HClO_4/H_2SO_4$			99; 99		
			HNO_3/H_2SO_4			102; 101		
			nach [*127*] (s. S. 191 f.)			98; 95		
		trocken[3]		keine	550	99		
				HNO_3	550	101		
				H_2SO_4	550	100		
				$Mg(NO_3)_2$	550	100		
Sr	10	naß	$HNO_3/HClO_4$			101; 98		
			$HNO_3/HClO_4/H_2SO_4$			97; 96		
			HNO_3/H_2SO_4			96; 100		
			nach [*127*] (s. S. 191 f.)			96; 94		
		trocken[3]		keine	550	97		
				HNO_3	550	97		
				H_2SO_4	550	100		
				$Mg(NO_3)_2$	550	100		

[1] Nach Vollendung der Veraschung in Lösung. [2] Nach dem Lösen der Asche vom Quarzgefäß festgehalten. [3] 16 Std erhitzt. [4] Aus der Differenz berechnet. [5] Sehr langsames Erhitzen (Veraschung), kein verkohlter Rückstand. [6] Sehr rasches Erhitzen, viel verkohlter Rückstand. [7] 0,5 g NaCl zugesetzt. [8] Als Nitrat zugesetzt. [9] Unter Rückfluß. [10] 0,4 g NaCl zugesetzt. [11] 0,4 g NaBr zugesetzt.

Tabelle 29. Durch $CaSO_4$-Fällung verursachte Pb-Verluste [*163a*]
Trockenmilch mit 1 µg Pb/g

Oxydationsgemisch	Pb gefunden %		Abtrennung des Niederschlages durch
	in der Lösung	im Niederschlag	
$HNO_3/HClO_4/H_2SO_4$	68; 76	23; 21	Filtration
HNO_3/H_2SO_4	52; 77	38; 15	
$HNO_3/HClO_4/H_2SO_4$	30; 30	69; 54[1]	Zentrifugieren
HNO_3/H_2SO_4	55; 71	49; 32	

[1] Es trat ein teilweiser Verlust an Niederschlag auf.

Tabelle 30. Einfluß der chemischen Bindungsform auf den Pb-Verlust [*163a*]
16 Std in Quarztiegeln erhitzt

Organisches Material	Chemische Bindungsform	Temperatur °C	Pb	
			gefunden %	festgehalten[1] %
keines	Nitrat	650	78; 70	14; 22
	Nitrat + $Mg(CH_3COO)_2$	650	96; 100	0; 0
	Chlorid	650	18; 23	2; 2
	Chlorid + $Mg(CH_3COO)_2$	650	55; 57	0; 0
Kakao	Nitrat + $Mg(NO_3)_2$	450	98	0,5
	Nitrat + $Mg(NO_3)_2$	550	93	3
	Nitrat + $Mg(NO_3)_2$	650	94	3
	Chlorid + $Mg(NO_3)_2$	450	95	0
	Chlorid + $Mg(NO_3)_2$	550	92	0
	Chlorid + $Mg(NO_3)_2$	650	46	0

[1] Vom Quarztiegel nach dem Lösen der Asche.

Tabelle 31. Einfluß der Art des organischen Materials auf den Pb-Verlust [*163a*]
16 Std in Quarztiegeln mit H_2SO_4 als Veraschungshilfe erhitzt, 10 µg Pb/g (als Chlorid zugesetzt)

Organisches Material	Temperatur °C	Pb	
		gefunden %	festgehalten %
Kakao	450	97	0
	550	98	0
	650	98	3
Polyvinylchlorid	450	59	2
	550	18	1
	650	8	0

Hinsichtlich der Flüchtigkeit von $Pb(NO_3)_2$, $PbCl_2$ und $PbSO_4$ zeigte sich bei vierstündigem Erhitzen von 2 µg Pb ohne organisches Material in Quarztiegeln auf 650° C, daß vom Nitrat 100%, vom Chlorid 35% und vom Sulfat 95% wiedergefunden wurden [*163a*]. In diesem Zusammenhang ist der hohe Pb-Verlust durch Adsorption in An-

Tabelle 32. Einfluß verschiedener Veraschungshilfen (jeweils 10 mg zugesetzt) auf den Pb- und Cu-Verlust [*163a*]

2 μ Pb bzw. 20 μg Cu (als Nitrate) ohne organisches Material in Quarztiegeln 16 Std auf 650° bzw. 630° C erhitzt

Veraschungshilfe	Pb		Cu	
	gefunden %	festgehalten %	gefunden %	festgehalten %
keine	70; 67	22; 23	98; 100	1; 0,5
H_2SO_4	80; 61	23; 34	99	1
H_3BO_3	100; 101	0; 0		
H_3PO_4	34; 46	46; 38	14; 5	60; 62
NaH_2PO_4	98; 95	2; 2	93; 92	4; 5
Na_2HPO_4	98; 97	2; 2	—; 97	6; 2
Na_3PO_4	82; 82	14; 16	91; 96	2; 4
$Al(NO_3)_3$	99; 99	0; 0		
$Mg(NO_3)_2$	101; 98	0; 0,5	81; 84	1; 1
$Mg(CH_3COO)_2$			97; 97	0; 0,5
$(NH_4)_2S$	85; 92	4; 7		
NaCl	4; 6	62; 56		
NaCl + $Mg(NO_3)_2$	48; 67	40; 21		

wesenheit von NaCl bemerkenswert, da infolge der hohen Flüchtigkeit des $PbCl_2$ ein hauptsächlicher, durch Verflüchtigung verursachter Verlust zu erwarten wäre.

Eine Untersuchung mit radioaktivem Zn in Menschenhaar (~250 μg Zn/g) ergab bei 16 Std langem Veraschen bei 500° C und anschließendem jeweils 3 Std langem Erhitzen bei 600°, 700°, 800°, 900° und 1000° C, daß bis 700° C kein Zn-Verlust durch Verflüchtigung auftritt und nach dem Erhitzen auf 1000° C noch 97% des vorhandenen Zn im Tiegel gefunden wurden [*163a*]. Über die dabei auftretenden Verluste durch Adsorption am Tiegelmaterial s. S. 105ff.

Die in einer anderen Arbeit [*133*] (s. S. 200) festgestellten As-Verluste bei der Veraschung mit HNO_3/H_2SO_4, $HNO_3/HClO_4$ und $Mg(NO_3)_2$ konnten bei der Untersuchung mit radioaktivem As [*163a*] nicht bestätigt werden, was wohl auf Verluste während der anschließenden Manipulation zur Bestimmung des As zurückzuführen ist und bei den Versuchen mit Radioarsen vermieden wird.

Nach den oben angeführten Ergebnissen der Untersuchung mit radioaktiven Isotopen führt die trockene Veraschung ohne Veraschungshilfe bei 550° C bei den Elementen Co, Cr, Fe, Mo, Sb, Sr und Zn zu keinen Verlusten. Bei 450–550° C treten keine Pb-Verluste auf, bei 650° C sind sie hingegen bereits beachtlich. 550° C ergibt bei den Elementen As, Ag, Cu (durch Adsorption) und Cd mehr oder weniger große Verluste, während Hg und Se vollständig verflüchtigt werden. Die trockene Veraschung ist nur dann mit Erfolg anwendbar, wenn über das betreffende Probematerial bereits Erfahrungen vorliegen. Auf unbekanntes Material sollte sie erst nach vorangehender Überprüfung angewendet werden.

Die trockene Veraschung mit HNO_3, H_2SO_4, $Mg(NO_3)_2$ oder Magnesiumacetat als Veraschungshilfen führt bei den einzelnen Elementen zu einem verschiedenen Erfolg (s. Tab. 28). Ein Zusatz von Mg-Salzen erscheint nur bei aschearmem Probematerial erforderlich. Bei Cd führen HNO_3 bzw. $Mg(NO_3)_2$ zu größeren Verlusten.

Für die nasse Veraschung wird die Durchführung unter Rückfluß empfohlen (s. Abb. 43), da man dabei ein Minimum an Reagentien benötigt (kleiner Blindwert),

Spurenverluste sicher vermeidet und das Fortschreiten der Veraschung genau verfolgen bzw. einstellen kann. Bei der in Abb. 43 gezeigten Rückflußapparatur kann man durch entsprechende Einstellung des Hahnes *A* das vom Rückflußkühler zurückfließende Säurekondensat im Kreislauf wieder in den Aufschlußkolben fließen lassen (Aufschluß bei konstanter Temperatur); durch Schließen des Hahnes *A* kann man einen Teil des Kondensates abfangen und durch Umdrehen desselben dieses Kondensat durch das

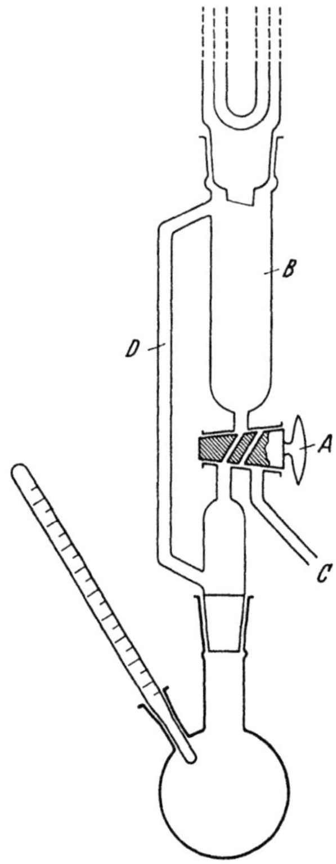

Abb. 43. Apparatur zur Veraschung unter Rückfluß [*163a*]; *A* Doppelweghahn, *B* Kondensatgefäß (Volumen 150—200 ml, ~40 mm∅, ~130 mm hoch bis *D*), *C* Ablaßrohr, *D* Dampfleitungsrohr, *E* Doppelwand- oder Schlangenrückflußkühler (~200 mm lang), *F* 250 ml-Rundkolben

Auslaufrohr *C* ablassen. Durch die in bestimmten Zeitabständen durchgeführte Maßnahme erreicht man eine allmähliche Steigerung der Veraschungstemperatur. Neben der Rückflußapparatur ist auch die Verwendung von Erlenmeyerkolben empfehlenswert, in denen ebenfalls zu einem gewissen Ausmaß ein Rückfluß an den Kolbenwänden stattfindet. Grundsätzlich soll man das Erhitzen langsam durchführen.

Das $HNO_3/HClO_4$-Gemisch hat sich bei allen untersuchten Elementen (ausgenommen Hg) sehr gut und im Vergleich mit den nachfolgenden Säuregemischen am besten bewährt. Es eignet sich besonders zur Bestimmung von Pb in Ca-reichem Material. Durch eingehende Versuche wurde festgestellt, daß die in Anwesenheit von $HClO_4$ auftretenden Verluste auf deren Zersetzung durch das organische Material und die Bildung flüchtiger Verbindungen mit der entstandenen HCl zurückzuführen sind. Bei nasser Veraschung unter Rückfluß treten keine Verluste auf.

Auch das Säuregemisch $HNO_3/HClO_4/H_2SO_4$ hat sich gut bewährt (mit Ausnahme von Hg). Allerdings führt die Anwesenheit von H_2SO_4 durch Ausfällung von $PbSO_4$ zu Pb-Verlusten, die mit steigendem Ca-Gehalt des organischen Materials größer werden.

HNO_3/H_2SO_4 ist im allgemeinen als Veraschungsmittel zufriedenstellend, aber weniger wirksam als die beiden erstgenannten Gemische. Es muß darauf geachtet werden, daß keine Verkohlung auftritt. So treten bei Se Verluste auf, wenn zu rasch erhitzt wird und eine Verkohlung entsteht. Für Pb gelten auch hier die Ausführungen zum vorhergehenden Säuregemisch.

Das Verfahren nach [*127*] (s. S. 191) führt bei den meisten Spurenelementen zu guten Ergebnissen, obwohl die gefundenen Elementmengen öfters etwas niedriger als mit den oben angeführten nassen Veraschungsmethoden sind. Se und Hg werden vollständig verflüchtigt, weshalb das Verfahren für diese Elemente ungeeignet ist.

Ähnlich wie in der oben angeführten Arbeit [*163a*] wurde auch an anderer Stelle [*163b*] eine Vergleichsuntersuchung mit radioaktiven Isotopen durchgeführt. Diese ergab für die über 24 Std bei 400° C vorgenommene trockene Veraschung keine Verluste bei den Elementen Co, Cr, Cu, Mn, Mo, Pb, V und Zn, während bei den nachfolgenden Elementen Verluste auftraten (% des Elementes gefunden): Ag(65), As(23), Au(19), Fe(86), Hg(<1) und Sb(~ 67). Die nasse Veraschung mit $HNO_3/HClO_4/H_2SO_4$ ergab keine Verluste bei den Elementen Ag, Co, Cr, Cu, Mn, Mo, Pb, V und Zn; Verluste traten auf bei (% des Elementes gefunden) As(94), Au(65–100), Fe(85–98), Hg(24–87) und Sb (94–99), die aber bei Veraschung unter Rückfluß vermieden werden können [*163b*].

Die hier angeführten Ergebnisse der vergleichenden Untersuchungen gestatten natürlich nicht allgemeingültige Erkenntnisse abzuleiten, sondern sind mehr auf das Gebiet, auf dem sie geprüft wurden, beschränkt. Es sind dabei stets die Art des zu veraschenden Materials (Eiweiß, Kohlenhydrate, Fette) und die gewünschten Spurenelemente zu berücksichtigen. Trotzdem lassen sich aufgrund der bisherigen Erfahrungen einige allgemeine Regeln ableiten. Sofern man keine leicht flüchtigen oder in einer leicht flüchtigen Verbindung vorliegenden Elemente zu bestimmen hat und kein schwer veraschbares Material vorliegt, wird man die Veraschung am zweckmäßigsten auf trockenem Wege durchführen, wobei die Ausführungen auf S. 183ff. und 199ff. zu berücksichtigen sind. Ist das Material schwierig zu veraschen, so wird man eine Kombination von nasser und trockener Veraschung oder die ausschließliche nasse Veraschung anwenden, wobei nach Möglichkeit der Kombination von nasser und trockener Veraschung der Vorzug zu geben ist, da sie einen kleineren Blindwert aufweist. Für die Bestimmung leicht flüchtiger Elemente genügt teils die Kombination von trockener Veraschung mit einer Veraschungshilfe, teils ist die nasse Veraschung erforderlich. Gute Ergebnisse erzielt man bei der Bestimmung von Ag, As und Cu mit der Veraschung auf nassem Wege oder mit der trockenen Veraschung unter Zusatz von H_2SO_4 als Veraschungshilfe (oder von HNO_3 bei Cu). Für die Bestimmung von Cd und Se eignet sich nur die nasse Veraschung und bei Hg nur die nasse Veraschung unter Rückfluß. Grundsätzlich soll man den Säureverbrauch so niedrig wie möglich halten, um einen niedrigen Blindwert zu erzielen, und trifft nach diesen Gesichtspunkten seine Wahl unter den Säurekombinationen.

5. Aufschluß des anorganischen Materials

Beim Lösen des anorganischen Materials durch Säuren oder Schmelzaufschluß sind die durch Spurenverluste und -einschleppungen verursachten, bereits früher behandelten Fehlerquellen zu beachten. Es erübrigt sich daher, diese hier nochmals eingehend zu besprechen und es sei auf die entsprechenden Stellen (s. S. **106** ff., **183** ff.) verwiesen. Hinsichtlich der Flüchtigkeit von B beim Erhitzen von Lösungen s. S. **472**. Neben Verlusten durch Verflüchtigung der Spurenelemente aus mineralsaurer Lösung (s. S. **61** ff.) können solche in mehr oder weniger starkem Ausmaß auch in Form von mechanischen Verlusten durch Versprühen infolge von Gasentwicklung [*164, 164a*] auftreten. Daneben muß man auch die Flüchtigkeit der Elemente und ihrer Verbindungen beim trockenen Erhitzen an der Luft berücksichtigen. Einen Überblick in dieser Hinsicht gibt die Zusammenstellung in Tab. **33** (s. a. S. **202** ff.).

Tabelle 33. Siedepunkte von Elementen und Elementverbindungen[1]. Kp in °C, nach [*165*]

Element	Verbindungsform				
	Metall	Oxid	Chlorid	Fluorid	Nitrat
Ag	~2170		1554	1150	444 zers.
Al	2500	2700	180 (subl.)	1260 (subl.)	
As(III)	610 (subl.)	459	130,4	63	
As(V)				—52,9	
Au	2960				
B	~2550	(2300)	13	—101	
Ba	1638	~2000	1560	~2260	
Be	2967	4120		1330	
Bi	~1560	1890	447		
Ca	1439	2850	>1600	2500	
Cd	765	1500 (subl.)	967	1748	
	Fp: 321				
Ce	2700				
Co	3185		1050		
Cr	2327		II: 1300		
			III: 1300 (subl.)		
Cu	2595		I: 1490		
Fe	2730		II: 1023		
			III: 317		
Ga	2064		II: ~535		
	Fp: 29,8		III: 200		
Ge	2700		84		
Hf	>3200				
Hg	357		I: 383,7 (subl.)		
			II: 304		
In	>1450				
Ir	4400				
La	4500	4200	>1000		
Mg	1102		1418	2230	
Mn	2090		1190		
Mo	(4800)	VI: 1280	V: 268	VI: 36	
Nb	2900		245	233	
Nd			>1000		

[1] Die römischen Ziffern geben die Wertigkeit der Elemente in der entsprechenden Verbindung an.

Tabelle 33 (Fortsetzung)

Element	Verbindungsform				
	Metall	Oxid	Chlorid	Fluorid	Nitrat
Ni	3177		987 (subl.)		
Os(VIII)	>5300	130		47,3	
Pb	1750	1470	954	1293	
	Fp: 327				
Pd	>2000				
Pr(III)	3300		>1000		
Pt	4300				
Ra	1140				
Re		VII: 363	III: >550	VI: 47,6	
			IV: 500		
Rh	>2500				
Ru	~4100				
Sb(III)	1645	1456	223	376	
Sb(V)			140	149,5	
			(unter Druck)		
Sc	2400				
Se	688		II: 137 zers.	IV: ~93	
	Fp: 144		IV: (subl.)	VI: —46,6 (subl.)	
Si	2630	2230	56,7		
Sn	2337	IV: >1800 (subl.)	II: 603—623	IV: 705 (subl.)	
			IV: 113		
Ta(V)	~4100		241,6	229,5	
Te	1390		II: 327		
	Fp: 452		IV: 392		
Th	~3530	4400	~920		
Ti	>3000	<3000	136	284	
Tl	1457		I: 807	I: 655	I: ~ 430
	Fp: 302,5		III: zers.	III: >550	
U	~3500		IV: 618 (subl.)	IV: 1417	
				VI: 56,2	
V	3000		IV: 148,5		
W	~6000		V: 275,6	VI: 19,5	
			VI: 347		
Y	2500				
Zn	907		732		
	Fp: 419				
Zr	>2900	4300	331 (subl.)		

In einer eingehenden Arbeit wurden verschiedene Aufschlußmethoden für anorganische Substanzen unter Verwendung von V als Testelement miteinander verglichen [*162*] (s. Tab. 34). Beim Erhitzen mit NH_4Cl und NH_4Br wird das V vollständig verflüchtigt. Die Verflüchtigung läßt sich durch Reduktion mit einem größeren Überschuß an Kohle verhindern, doch dürfte diese Methode nicht sehr zuverlässig und von geringerem analytischem Interesse sein (Versuche Nr. 13–15). Ein Verlust von 50% entstand beim Schmelzen mit $K_2S_2O_7$/NaCl bei 700–800° C. Der beim Erhitzen von Natriumvanadat im Porzellantiegel auf 800° C entstandene Verlust von 5% dürfte auf eine Reaktion mit dem Gefäßmaterial zurückzuführen sein. Bei den übrigen geprüften Aufschlußmethoden traten keine Verluste an V auf. Weitere Angaben über die beim Sodaaufschluß auftretenden Verluste an V findet man auf S. **1284** (s. a. S. **1217**, betreffend Tl-Verluste).

Tabelle 34. Verhalten von 50 µg V (als $NaVO_3$) bei verschiedenen Lösungs- und Aufschlußmethoden [*162*]

Nr.	Verfahren	Verlust an V[1] in %
1	Erhitzen auf 600—800° C, Pt-Tiegel, 5 min	0
2	Erhitzen auf 800° C, Porzellantiegel, 15 min	5
3	Erhitzen mit 3 g H_2SO_4 + 1 g HNO_3 bis zum Rauchen, Glasschale	0
4	Abrauchen mit 2 g H_2SO_4	0
5	Abrauchen mit 0,5 g H_2SO_4 + 4 g HF	0
6	Abrauchen mit 0,5 g $HClO_4$ + 4 g HF	0
7	Abrauchen mit 3 g H_2SO_4 + 3 g $HClO_4$	0
8	Abrauchen mit 0,5 g NH_4F	0
9	Abrauchen mit 0,5 g NH_4Cl	100
10	Abrauchen mit 0,5 g NH_4Br	100
11	Abrauchen mit 0,5 g NH_4I	0
12	Schmelzen mit 0,5 g $K_2S_2O_7$ + 0,5 g NaCl, 700—800° C	50
13	Abrauchen mit 0,5 g NH_4Cl + 1,5 g Zucker	0
14	Abrauchen mit 0,5 g NH_4Cl + 0,5 g Zucker	10
15	Schmelzen mit 0,5 g $K_2S_2O_7$ + 0,5 g NH_4Cl + 0,3 g Zuckerkohle	20
16	Abrauchen mit 3 g H_2SO_4 + 0,5 g NH_4Cl	0
17	Abrauchen mit 3 g H_2SO_4 + 0,5 g NaCl	0
18	Erhitzen mit 0,5 g NaCl, 700° C, 3—4 min	0
19	Schmelzen mit 0,2 g Na_2CO_3, 900° C, 3 min	0
20	Schmelzen mit 0,5 g $K_2S_2O_7$, 700—800° C, 3—4 min	0
21	Schmelzen mit 0,5 g Na_2CO_3 + 0,2 g NaCl	0
22	Schmelzen mit 0,3 g $K_2S_2O_7$ + 0,2 g NaI	0

[1] Innerhalb der analytischen Fehlergrenze von etwa ± 2 µg V.

Für den Aufschluß von silikatischem Material mit HF bei erhöhter Temperatur unter Druck hat sich der Teflonautoklav (Teflonbombe) bewährt (s. S. 449), bei dem das Teflongefäß und -deckel mit Metall, z. B. Stahl [*165a–165c*], Aluminium [*12d, 165d, 165e*] oder Aluminiumlegierung [*165f*] ummantelt ist (s. Abb. 44). Zur Durchführung des Aufschlusses [*12d*] werden 1–2 g feingepulverte Probe im Autoklaven (50 ml-Teflongefäß) mit 10–20 ml HF und 2–5 ml $HClO_4$ versetzt, nach dem Verschließen des Autoklaven im Trockenschrank ~1 Std auf 200° C (Druck ~20 atü) erhitzt und

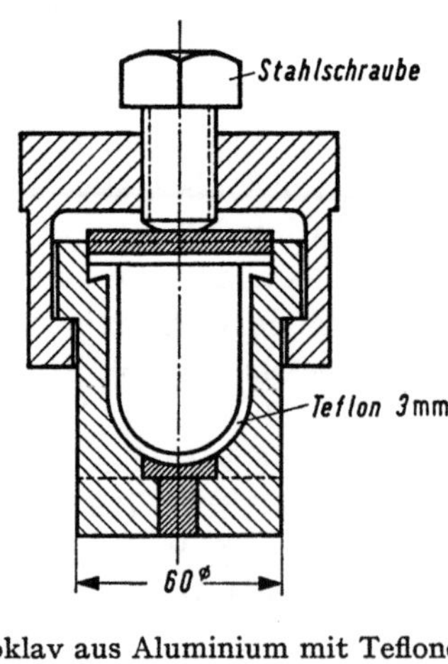

Abb. 44. Autoklav aus Aluminium mit Tefloneinsatz [*12d*]

anschließend wieder auf Raumtemperatur abgekühlt (s. a. S. 449). Das Erhitzen im Trockenschrank entfällt, wenn der Metallmantel des Autoklaven außen mit einer Heizwicklung und Temperaturregelung versehen ist [*165f*]. Daneben fand auch eine für höhere Temperaturen und Drücke geeignete, allerdings kostspieligere Platinbombe (mit Stahl ummantelt) für HF-Aufschlüsse Anwendung [*165g*]. In den oben angeführten Arbeiten wurde der Teflonautoklav selbst hergestellt, man erhält ihn aber auch im Handel (Parr Instrument Co., 211 Fifty-Third St., Moline/Ill. 61265).

6. Direkte Extraktion der Spurenelemente aus dem Probematerial

6.1. Organisches Material

Bei einer Reihe spurenanalytischer Probleme lassen sich die Spurenelemente ohne vorherige Veraschung des organischen Materials aus diesem extrahieren. Dies ist z. B. beim Erdöl bzw. dessen Fraktionen der Fall. Hier kann die Veraschung auf trockenem Wege infolge Verflüchtigung oder mechanisch zu Spurenelementverlusten führen [*1a, 156*] (s. a. S. 199ff.). Zwar lassen sich solche bei der nassen Veraschung des Erdöls oder von Erdölfraktionen vermeiden, doch werden hierzu große Säuremengen benötigt und der Vorgang läuft langsam ab. Bei der direkten Extraktion wird sowohl die trockene Veraschung als auch die Anwendung großer Säuremengen vermieden [*166*]. Für die direkte Extraktion von Spurenelementen wurden folgende Extraktionsmittel empfohlen: HCl [*15, 167, 168*], Halogenwasserstoffsäuren und Essigsäure [*3, 169, 170*], H_2SO_4 und HCl/Aceton [*166*]. Bei der Spurenanalyse einer Erdölfraktion, welche die Elemente Cu, Fe, Pb, Ni und V – z. T. auch in Form flüchtiger Porphyrine – enthielt, wurden die folgenden 3 Veraschungsarten und 4 direkten Extraktionsmethoden verglichen [*157*]: 1. einfache Veraschung, 2. trockene Vorveraschung und Zusatz von H_2SO_4 (1,84) zum Koksrückstand, 3. nasse Veraschung mit H_2SO_4(1,84), 4. Extraktion mit Jod (das Erdöl wird mit Jod 24 Std auf 120° C erhitzt, das Erdöl dekandiert und der entstandene plastische Rückstand mit H_2SO_4 verascht), 5. Extraktion mit HI/Essigsäure (72 Std Erhitzen auf 40–50° C unter Rückfluß und Rühren), 6. Extraktion mit HBr/Essigsäure (24 Std Erhitzen auf 40–50° C unter Rückfluß und Rühren), 7. Extraktion mit H_2SO_4

Tabelle 35. Vergleich verschiedener Verarbeitungsmethoden bei der Bestimmung von Spurenelementen in einer Erdölfraktion (Gasöl)

Spurenelementgehalt in µg/g: Cu 0,051, Fe 0,92, Pb 0,38, Ni 0,023, V 0,18 [*157*]

Nr.	Art der Probenverarbeitung	Elemente wiedergefunden, in % (bezogen auf Nr. 3)				
		Cu	Fe	Pb	Ni	V
1	Trockene Veraschung	60	101	52	100	100
2	Trockene Vorveraschung mit H_2SO_4-Zusatz	94	60	48	95	95
3	Nasse Veraschung mit H_2SO_4	100	100	100	100	100
4	Extraktion mit Jod	—	—	87	—	89
5	Extraktion mit HI/Essigsäure	20	52	63	65	89
6	Extraktion mit HBr/Essigsäure	108	101	100	91	95
7	Extraktion mit H_2SO_4/HCl	98	100	100	95	105

und HCl (mit jeder Säure je 1 Std auf 100° C unter Rückfluß und Rühren erhitzt). Wenn die Ergebnisse auf die Werte der 3. Methode bezogen werden, waren nur die Methoden 6 und 7 quantitativ (s. Tab. 35).

Die direkte Extraktion wurde auch auf andere Materialien angewendet, wie z. B. die Ausschüttelung von Zn mit 15%iger HCl aus pflanzlichen Speiseölen [*171*, *172*]. Doch besitzt sie nur eine beschränkte allgemeinere Anwendbarkeit, die von der Bindungsform (s. S. **175**) und der Löslichkeit der in der Probe enthaltenen Spurenelemente, sowie der Fähigkeit der Lösungsmittel, vorhandene organische Komplexe zu zerstören, abhängig ist. Sie bietet daher keine Gewähr, immer den Gesamtgehalt an Spurenelementen zu erfassen und dürfte oft nur die Bestimmung des ionogenen Anteils ermöglichen. Schließlich ist die direkte Extraktion von Spurenelementen aus organischem Probematerial nur für flüssiges Material geeignet, in dem keine feste Phase vorkommt. Gelegentlich findet man in der Literatur Arbeitsvorschriften, in denen die Spurenelemente auch aus festem Material mittels einer Säure ausgezogen werden. Derartige Verfahren dürften im allgemeinen nach den im „Allgemeinen Teil" geschilderten Grundsätzen (s. S. **103**ff.) für eine quantitative Bestimmung des Spurenelementgehaltes wenig geeignet sein und vor ihrer Anwendung eine kritische Überprüfung erfordern. Jedenfalls sollte man grundsätzlich bei Anwendung einer vorangehenden direkten Extraktion der Spurenelemente aus dem Probematerial das verwendete Verfahren mit den ermittelten Spurenelementgehalten nennen.

6.2. Anorganisches Material

Wasserproben können im allgemeinen ohne weitere Vorbehandlung direkt dem jeweiligen Anreicherungsverfahren zugeführt werden. Es ist lediglich darauf zu achten, daß die Spurenelemente vollständig in Ionenform vorliegen und evtl. vorhandene, gelöste organische Substanzen oder Komplexe vorher zerstört werden. Nach den vorhergehenden Ausführungen stellt die Anwendung der direkten Extraktion bei der Bestimmung von Spurenelementen in Bodenproben einen Sonderfall dar.

Bei der Spurenanalyse von Bodenproben interessiert deren Spurenelementgehalt meist im Zusammenhang mit Düngefragen und den bei Kulturpflanzen infolge ungenügender Versorgung mit Spurenelementen auftretenden Mangelkrankheiten. Man findet in der Literatur eine Reihe von Arbeitsvorschriften für die Bestimmung des Gesamtgehaltes einer Bodenprobe an Spurenelementen, die einwandfreie Ergebnisse liefern und für eine vergleichende Beurteilung verschiedener Bodenproben ohne weiteres verwendet werden können. Es muß aber berücksichtigt werden, daß in dem vorliegenden Fall nur der von der Pflanze verwertbare bzw. aufnehmbare Anteil der Spurenelemente von Interesse und für die Beurteilung einer Bodenprobe maßgebend ist. Aus diesem Grunde wird der pflanzenverwertbare Spurenelementgehalt von Böden vielfach auf biologischem Wege bestimmt, da man auf diese Weise bis heute noch die exaktesten Ergebnisse erhält; die Bestimmung wird entweder mit Kulturpflanzen [*173*] oder mit Mikroorganismen durchgeführt (s. S. **1459**), wobei den letzteren – und hier den Schimmelpilzen – wegen des geringeren Arbeits- und Zeitaufwandes der Vorzug gegeben wird. Da aber nicht jedes Laboratorium in der Lage ist, biologische Bestimmungsmethoden anzuwenden, versucht man den pflanzenverwertbaren Anteil des Spurenelementgehaltes durch Ausziehen bzw. Extrahieren der Bodenproben mit einem bestimmten Lösungsmittel zu erfassen. Man muß sich aber darüber klar sein, daß alle diese Arbeitsvorschriften konventionelle Methoden darstellen, mit denen man den tatsächlichen Wert nur mit mehr oder weniger guter Näherung erhält. Ganz allgemein ist es daher wichtig, bei der Angabe von Spurenelementgehalten stets das Verfahren anzugeben, nach dem die Gehalte bestimmt wurden.

Für das Extrahieren (Ausziehen) der Spurenelemente aus der Bodenprobe werden verschiedene Lösungsmittel verwendet, wie z. B. verd. HCl [*174*, *175*], verd. Essigsäure [*176*], Citronensäure-Lösung, Ammoniumacetat-Lösung [*177*], KCl/Ammoniumacetat-Lösung [*178*], ÄDTA-Lösung [*179*, *180*] u. a. m. Nähere Einzelheiten findet man darüber in der einschlägigen Literatur [*174*]. Die Extraktion wird meist mit Hilfe eines Schüttelapparates durchgeführt und aus dem so gewonnenen, abfiltrierten Extrakt werden die Spurenelemente durch ein geeignetes Verfahren angereichert und der Bestimmung zugeführt. Falls es erforderlich ist, werden aus der Bodenprobe mit herausgelöste organische Substanzen vor der Anreicherung der Spurenelemente zerstört, indem man den Auszug auf dem siedenden Wasserbad eindampft und den Rückstand mit einigen ml H_2O_2 behandelt [*176*].

Literatur

1. Urech, P.: Mitt. Gebiete Lebensm. u. Hyg. **49**, 442 (1958).
1a. Karchmer, J. H., Gunn, E. L.: Analyt. Chem. **24**, 1733 (1952).
2. Skinner, D. A.: Ind. Eng. Chem. **44**, 1159 (1952).
3. Treibs, A.: Angew. Chem. **49**, 682 (1936).
4. Woodle, R. A., Chandler, W. B.: Ind. Eng. Chem. **44**, 2591 (1952).
4a. Leithe, W.: Z. anal. Chem. **193**, 24 (1963).
4b. Pavelka, F.: Mikrochim. Acta (Wien) **1964**, 1121.
4c. Zilberštejn, C. I., Pirjutko, M. M., Nikitina, O. N., Fedorov, J. F.: Zavodskaja Laborat. **28**, 680 (1962); ref. Z. anal. Chem. **196**, 220 (1963).
5. Sandell, E. B.: Analyt. Chem. **19**, 652 (1947).
6. Myers, A. T., Barnett, P. R.: Am. J. Sci. **251**, 814 (1953).
7. Barnett, P. R., Huleatt, W. P., Rader, L. F., Myers, A. T.: Am. J. Sci. **253**, 121 (1955).
8. Bloom, H., Barnett, P. R.: Analyt. Chem. **27**, 1037 (1955).
8a. Thompson, G., Bankston, D. C.: Appl. Spectroscopy **24**, 210 (1970).
9. Nakamura, F. I., Mitchell, H. H.: J. Nutrit. **25**, 39 (1943).
10. Hood, S. L., Parks, R. Q., Hurwitz, C.: Ind. Eng. Chem., Anal. Ed. **16**, 202 (1944).
11. Purr, A.: Biochem. J. **28**, 1907 (1934).
12. Pohl, F. A.: Chem.-Ing. Techn. **30**, 347 (1958).
12a. Kratz, L., Frank, W.: Chem. Ing. Techn. **25**, 199 (1953).
12b. Lowe, L. F., Thompson, H. D., Cali, J. P.: Analyt. Chem. **31**, 1951 (1959).
12c. Weisbeck, R.: Chem.-Ing. Techn. **36**, 442 (1964).
12d. Wahler, W.: N. Jb. Miner. Abh. **101**, 109 (1964).
12e. Boulton, J. F., Eardley, R. P.: Analyst **92**, 271 (1967).
12f. Havre, G. N.: Appl. Spectroscopy **20**, 244 (1966).
13. Kretschmer, A. E., Jr., Randolph, J. W.: Analyt. Chem. **26**, 1862 (1954).
14. Palm, A. W., Beckwith, R. S.: Analyt. Chem. **28**, 1637 (1956).
15. Lykken, L., Fitzsimmons, K. R., Tibbetts, S. A., Wyld, G.: Petroleum Refiner **24**, 405 (1945).
15a. Schulek, E., Laszlovszky, J.: Mikrochim. Acta (Wien) **1960**, 485.
15b. Oelschläger, W.: Z. anal. Chem. **246**, 376 (1969).
16. Bailey, L. F., McHargue, J. S.: Plant Physiol. **20**, 74 (1945).
17. le Roux van Niekerk, P.: Onderstepoort J. Vet. Sci. Anim. Indust. **9**, 623 (1937).
18. Comrie, A. A. D.: Analyst **60**, 532 (1935).
19. Hamm, R.: Mikrochim. Acta (Wien) **1956**, 268.
20. Morgan, L. O., Turner, S. E.: Analyt. Chem. **23**, 978 (1951).
21. Eggleton, W. G. E.: Biochem. J. **33**, 403 (1939); **34**, 991 (1940).
22. Rauschning, S.: Z. Unters. Lebensmittel **84**, 30 (1942).
23. Alexander, G. V.: Analyt. Chem. **34**, 951 (1962).
24. Sylvester, N. D., Hughes, E. B.: Analyst **61**, 734 (1936).
25. Allport, N. L., Moon, C. D. B.: Analyst **64**, 395 (1939).
25a. Francis, A. C., Pilgrim, A. J.: Analyst **82**, 289 (1957).
26. Richards, M. B.: Analyst **55**, 554 (1930).
27—28. —

29. WEYRAUCH, F., MÜLLER, H.: Z. Hyg. Infektionskrankh. **115**, 216 (1933).
30. —
31. NEUMANN, F.: Z. anal. Chem. **155**, 340 (1957).
32. —
33. LYNCH, G. R., SLATER, R. H., OSLER, T. G.: Analyst **59**, 787 (1934).
34. CAMPBELL, W. J., CARL, H. F., WHITE, C. E.: Analyt. Chem. **29**, 1009 (1957).
35. MORGAN, G., DAVIES, G. R.: Chem. and Ind. **56**, 717 (1937).
36. HIGH, J. H.: Analyst **72**, 60 (1947).
37. —
38. BAMFORD, F.: Analyst **59**, 101 (1934).
39. LOCKWOOD, H. C.: Analyst **79**, 143 (1954).
40. KIDSON, E. B., ASKEW, H. O., DIXON, J. K.: New Zealand J. Sci. Technol. **18**, 601 (1936/37).
41. TOMPSETT, S. L.: Biochem. J. **28**, 2088 (1934).
42. CHOLAK, J., HUBBARD, D. M.: Ind. Eng. Chem., Anal. Ed. **16**, 333 (1944).
43. TOMPSETT, S. L.: Analyst **81**, 330 (1956).
44. —
45. ABSON, D., LIPSCOMB, A. G.: Analyst **82**, 152 (1957).
46. —
47. SYLVESTER, N. D., LAMPITT, L. H.: Analyst **60**, 376 (1935).
48. KLEIN, A. K., WICHMANN, H. J.: J. Assoc. Offic. Agr. Chemists **28**, 257 (1945).
49. SHIRLEY, R. L., BENNE, E. J., MILLER, E. J.: Analyt. Chem. **21**, 300 (1949).
50. ANSBACHER, S., REMINGTON, R. E., CULP, F. B.: Ind. Eng. Chem., Anal. Ed. **3**, 314 (1931).
51. MCFARLANE, W. D.: Biochem. J. **26**, 1022 (1932); ref. Z. anal. Chem. **101**, 71 (1935).
52. DAVIES, W. L.: J. Dairy Res. **3**, 86 (1932).
53. TOMPSETT, S. L., ANDERSON, A. B.: Biochem. J. **29**, 1851 (1935).
54. —
55. EVELETH, D. F., MYERS, V. C.: J. biol. Chem. **113**, 449 (1936).
56. MARKOWITZ, H., SHIELDS, G. S., KLASSEN, W. H., CARTWRIGHT, G. E., WINTROBE, M. M.: Analyt. Chem. 33, 1594 (1961).
57—58. —
59. DAVIDSON, J.: J. Assoc. Offic. Agr. Chemists **14**, 551 (1931).
60. GORBACH, G., POHL, F.: Mikrochem. verein. Mikrochim. Acta **38**, 328 (1951).
61. —
62. FUJIWARA, S., NARASAKI, H.: Analyt. Chem. **40**, 2031 (1968).
63. FUJITA, M., TAKEDA, Y., TERAO, T., HOSHINO, O., UKITA, T.: Analyt. Chem. **40**, 2042 (1968).
64. ELVIDGE, D. A., GARRATT, D. C.: Analyst **79**, 146 (1954).
64a. SCHÖNIGER, W.: Mikrochim. Acta (Wien) **1955**, 123.
64b. SCHÖNIGER, W.: Mikrochim. Acta (Wien) **1956**, 869.
64c. GUBSER, H.: Chimia (Switz.) **13**, **245** (1959).
64d. BARNEY II, J. E., BERGMANN, J. G., TUSKAN, W. G.: Analyt. Chem. **31**, 1394 (1959).
64e. GEDANSKY, S. J., BOWEN, J. E., MILNER, O. I.: Analyt. Chem. **32**, 1447 (1960).
64f. SCHÖNIGER, W.: Z. anal. Chem. **181**, 28 (1961).
65. MACDONALD, A. M. G.: Analyst **86**, 3 (1961).
65a. GOUVERNEUR, P., EERBEECK, C. D. F.: Analyt. chim. Acta **27**, 303 (1962).
65b. MORSCHES, B., TÖLG, G.: Z. anal. Chem. **219**, 61 (1966).
65c. GORSUCH, T. T.: Analyst **87**, 112 (1962).
66. WOIWOOD, A. J.: Biochem. J. **41**, 39 (1947).
67. WEYRAUCH, F.: Z. Hyg. Infektionskrankh. **111**, 162 (1930).
68. LYNCH, G. R.: Analyst **79**, 137 (1954).
68a. Analytical Methods Committee, Metallic impurities in organic matter sub-committee. Analyst **85**, 643 (1960).
69. HAMENCE, J. H.: Analyst **79**, 148 (1954).
70. HAMILTON, E. I., MINSKI, J., CLEARY, J. J.: Analyst **92**, 257 (1967).
70a. GLEIT, C. E., HOLLAND, W. D.: Analyt. Chem. **34**, 1454 (1962).
70b. DITTEL, F.: Z. anal. Chem. **228**, 432 (1967).
70c. BURNHAM, C. D., MOORE, C. E., KOWALSKI, T., KRASNIEWSKI, J.: Appl. Spectroscopy **24**, 411 (1970).
71. MIDDLETON, G., STUCKEY, R. E.: Analyst **78**, 532 (1953).
72. GIACOMI, R. DE: Analyst **65**, 216 (1940).
73. TAUBINGER, R. P., WILSON, J. R.: Analyst **90**, 429 (1965).

74. Stock, A., Cucuel, F., Köhle, H.: Angew. Chem. **46**, 187 (1933).
75—78. —
79. Lampitt, L. H., Sylvester, N. D.: Analyst **57**, 418 (1932).
80. Hamence, J. H.: Analyst **59**, 274 (1934).
81. Wührer, J.: Z. Unters. Lebensmittel **76**, 338 (1938).
82. Coleman, D. R. K., Gilbert, F. C.: Analyst **64**, 726 (1939).
83. Jones, C. R., Dawson, E. C.: Analyst **70**, 256 (1945).
84. Smith, H.: Analyt. Chem. **31**, 1361 (1959).
85. Roth, F. J.: J. Assoc. Offic. Agr. Chemists **40**, 302 (1957).
85a. Abed, U.: Chemist-Analyst **50**, 23 (1961).
85b. Analytical Methods Committee; Scientific sub-committee of the advisory committee on poisonous substances used in agriculture and food storage; Association of british manufactures of agricultural chemicals; "Recommended methods of analysis of pesticide residues in foodstuffs". Analyst **86**, 608 (1961).
86.—87.
88. Gross, C. R.: Ind. Eng. Chem., Anal. Ed. **5**, 58 (1933).
89. Lampitt, L. H., Rooke, H. S.: Analyst **58**, 733 (1933).
90. —
91. —
92. Chou, T. P., Adolph, W. H.: Biochem. J. **29**, 470 (1935).
93. Middleton, G., Stuckey, R. E.: J. Pharmacy Pharmacol. **3**, 829 (1951).
94. Andrus, S.: Analyst **80**, 514 (1955).
95. Scharrer, K., Eberhardt, W.: Z. Pflanzenernähr., Düng., Bodenkunde **73**, 115 (1956).
96. Scharrer, K., Judel, G. K.: Z. anal. Chem. **156**, 340 (1957).
97. Russell, G., Hart, P. J.: Analyst **83**, 202 (1958).
98. Höfner, W.: Landwirtsch. Forsch. **13**, 287 (1960).
99. Handley, R., Johnson, C. M.: Analyt. Chem. **31**, 2105 (1959).
99a. Kelleher, W. J., Johnson, M. J.: Analyt. Chem. **33**, 1429 (1961).
100. Bertrand, D.: Compt. Rend. Acad. Sci. Paris **215**, 590 (1942).
101. Kehoe, R. A., Thamann, F., Cholak, J.: J. industrial Hyg. **15**, 257 (1933).
102. Hubbard, D. M.: Ind. Eng. Chem., Anal. Ed. **13**, 915 (1941).
103. Morris, H. J., Calvery, H. O.: Ind. Eng. Chem., Anal. Ed. **9**, 447 (1937).
104. Cassil, C. C.: J. Assoc. Offic. Agr. Chemists **23**, 297 (1940).
105. Aull, J. C., Kinard, F. W.: J. biol. Chem. **135**, 119 (1940).
106. Meunier, P.: Compt. Rend. Acad. Sci. Paris **203**, 891 (1936).
107. Feldstein, M., Klendshoj, N. C.: Analyst **78**, 43 (1953).
108. Kennedy, R. P.: J. biol. Chem. **74**, 385 (1927).
109. Diehl, H., Smith, G. F., in: Proceedings of the international symposium on microchemistry, held at Birmingham University, Aug. 1958, Pergamon Press, London 1960, S. 36.
109a. Diehl, H., Smith, G. F.: Talanta **2**, 209 (1959).
110. Schulek, E., Floderer, S.: Z. anal. Chem. **96**, 388 (1934).
111. Strafford, N., Wyatt, P. F.: Analyst **61**, 528 (1936).
111a. Smith, G. F., Diehl, H.: Talanta **3**, 41 (1959).
112.—115. —
116. McCance, R. H., Widdowson, E. M.: J. Physiology **101**, 44 (1942).
117. —
118. Cholak, J.: Ind. Eng. Chem., Anal. Ed. **9**, 26 (1937).
119. —
120. Milton, R. F., Hoskins, J. L., Jackman, W. H. F.: Analyst **69**, 299 (1944).
121.—124. —
125. Winkler, W. O.: J. Assoc. Offic. Agr. Chemists **18**, 638 (1935).
126. Waterman, R. E., Koch, F. C., McMahon, W.: Ind. Eng. Chem., Anal. Ed. **6**, 409 (1934).
127. Middleton, G., Stuckey, R. E.: Analyst **79**, 138 (1954).
128. Allport, N. L.: Analyst **79**, 147 (1954).
129. Whalley, C.: Analyst **79**, 148 (1954).
130. Smith, G. F.: Talanta **11**, 633 (1964).
131. Smith, G. F.: Analyt. chim. Acta **8**, 397 (1953).
132. Hiscox, D. J.: Sci. Agric. **27**, 136 (1947).
133. Allcroft, R., Green, H. H.: Biochem. J. **29**, 824 (1935).
134. Bolliger, A.: Austr. J. exp. Biol. med. Sci. **10**, 57 (1932).

135. HANSON, C. K.: Analyt. Chem. **29**, 1204 (1957).
136. MONK, R. G.: Analyst **87**, 64 (1962).
137. MONK, R. G.: Analyst **88**, 476 (1963).
138. GERNTZ, H. W.: Ind. Eng. Chem., Anal. Ed. **7**, 167 (1935).
139. RILEY, J. P., SINHASENI, P.: Analyst **83**, 299 (1958).
140. JONES, G. B., WATKINSON, J. H.: Analyt. Chem. **31**, 1344 (1959).
141. Analytical Methods Committee, The Metallic Impurities in Organic Matter Sub-Committee: Analyst **84**, 214 (1959).
142. HULCHER, F. H.: Analyt. Chem. **32**, 1183 (1960).
143. COLLINS, P., DIEHL, H.: Analyt. chim. Acta **22**, 125 (1960).
144. REDISKE, J. H., PALMER, R. F., CLINE, J. F.: Analyt. Chem. **27**, 849 (1955).
145. SMITH, G. F., DIEHL, H.: Talanta **4**, 185 (1960).
145a. DOWN, J. L., GORSUCH, T. T.: Analyst **92**, 398 (1967).
145b. Analytical Methods Committee, The Metallic Impurities in Organic Matter Sub-Committee: Analyst **92**, 403 (1967).
145c. SANSONI, B., KRACKE, W.: Z. anal. Chem. **243**, 209 (1968).
146. BOLLETER, W. T.: Analyt. Chem. **31**, 201 (1959).
147. CAHNMANN, H. J., BISEN, R.: Analyt. Chem. **24**, 1341 (1952).
148. MANICKA, P., LAUTH, H.: Pharm. Zentralhalle **68**, 161 (1927).
149. OELSCHLÄGER, W.: Z. anal. Chem. **174**, 241 (1960).
150. JACKSON, S. H.: Ind. Eng. Chem., Anal. Ed. **10**, 302 (1938).
151. SALTZMAN, B. E.: Analyt. Chem. **27**, 284 (1955).
152. BORCHARDT, L. G., BUTLER, J. P.: Analyt. Chem. **29**, 414 (1957).
153. ZEITLIN, H., FRODYMA, M. M., IKEDA, G.: Analyt. Chem. **30**, 1284 (1958).
154. DODD, C. G., MOORE, J. W., DENEKAS, M. O.: Ind. Eng. Chem. **44**, 2585 (1952).
155. DUNNING, H. H., MOORE, J. W., MYERS, A. T.: Ind. Eng. Chem. **46**, 2000 (1954).
156. MILNER, O. I., GLASS, J. R., KIRCHNER, J. P., YURICK, A. N.: Analyt. Chem. **24**, 1728 (1952).
157. BARNEY II, J. E., HAIGHT, G. P., Jr.: Analyt. Chem. **27**, 1285 (1955).
158. DUNNING, H. H., RABON, N. A.: Ind. Eng. Chem. **48**, 951 (1956).
159. HORECZY, J. T., HILL, B. N., WALTERS, A. E., SCHUTZE, H. G., BONNER, W. H.: Analyt. Chem. **27**, 1899 (1955).
160. ERDMAN, J. G., RAMSAY, V. G., HANSON, W. E.: Science (Wash.) **123**, 502 (1956).
161. JANAUER, G. E., KORKISCH, J.: Z. anal. Chem. **179**, 241 (1961).
162. BOCK, R., GORBACH, S.: Mikrochim. Acta (Wien) **1958**, 593.
162a. AGAZZI, E. J., BURTNER, D. C., CRITTENDEN, D. J., PATTERSON, D. R.: Analyt. Chem. **35**, 332 (1963).
163. SHOTT, J. E., Jr., GARLAND, T. J., CLARK, R. O.: Analyt. Chem. **33**, 506 (1961).
163a. GORSUCH, T. T.: Analyst **84**, 135 (1959).
163b. PIJCK, J., HOSTE, J., GILLIS, J.: in Proceedings of the international symposium on microchemistry, held at Birmingham University, Aug. 1958, S. 48. London: Pergamon Press 1960.
164. HERTELENDI, L.: Z. anal. Chem. **128**, 115 (1948).
164a. BEYERMANN, K.: Z. anal. Chem. **190**, 4 (1962).
165. VOGEL, H. U. v.: Chemiker-Kalender, Berlin-Göttingen-Heidelberg: Springer 1966.
165a. LOUNAMAA, K.: Z. anal. Chem. **146**, 422 (1955).
165b. RILEY, J. P., WILLIAMS, H. P.: Mikrochim. Acta (Wien) **1959**, 516.
165c. BERNAS, B.: Analyt. Chem. **40**, 1682 (1968).
165d. LANGMYHR, F. J., SVEEN, S.: Analyt. chim. Acta **32**, 1 (1965).
165e. WAHLER, W.: Aluminium **39**, 323 (1963).
165f. LANGMYHR, F. J., PAUS, P. E.: Analyt. chim. Acta **49**, 358 (1970).
165g. MAY, I., ROWE, J. J.: Analyt. chim. Acta **33**, 648 (1965).
166. BARNEY II, J. E.: Analyt. Chem. **27**, 1283 (1955).
167. GOTTSCH, F., GRODMAN, B.: Proc. Am. Soc. Testing Mater. **40**, 1206 (1940).
168. RITTERSHAUSEN, E. P., DEGRAY, R. J.: Ind. Eng. Chem. Anal. Ed. **14**, 806 (1942).
169. GROENNINGS, S.: Analyt. Chem. **25**, 938 (1953).
170. TREIBS, A.: Liebigs Ann. Chem. **509**, 103 (1934); **510**, 42 (1934); **517**, 172 (1935); **520**, 144 (1935).
171. GORBACH, G., VIOQUE, A.: Fette u. Seifen **56**, 177 (1954).
172. GORBACH, G.,: Fette u. Seifen **55**, 541 (1953).
173. HEWITT, E. J.: Sand and water culture methods used in the study of plant nutrition, Commonwealth Bureau of Horticulture and Plantation Crops, East Malling, Maidstone, Kent 1952.

174. Thun, R., Herrmann, R., Knickmann, E.: Handbuch der landwirtschaftlichen Versuchs- und Untersuchungsmethodik. Methodenbuch Bd. 1: Die Untersuchung von Böden. Radebeul u. Berlin: Neumann Verl. 1955.
175. Scharrer, K., Judel, G. K.: Z. Pflanzenernähr., Düng., Bodenkunde **73**, (**118**), 107 (1956).
176. Mitchell, R. L.: The spectrographic analysis of soils, plants and related materials, Commonwealth Bureau of Soil Science, Harpenden, England 1948.
177. Schüller, H.: Mikrochim. Acta (Wien) **1956**, 393.
178. Hibbard, P. L.: Ind. Eng. Chem., Anal. Ed. **10**, 615 (1938).
179. Viro, P. J.: Soil Sci. **79**, 459 (1955); ref. Z. anal. Chem. **153**, 149 (1956).
180. Baroccio, A., Saponaro, A.: Ann. Sper. Agr. **14**, 385 (1960); ref. Analyt. Abstr. **8**, 830 (1961).

II. Arbeitstechnik der Anreicherung

1. Extraktion

1.1. Geräte

1.1.1. Diskontinuierliche Extraktion

Bei dieser Art der Extraktion wird ein bestimmtes Volumen einer wäßrigen Lösung mit einem bestimmten Volumen eines mit Wasser nicht mischbaren organischen Lösungsmittels geschüttelt und dieser Vorgang mit frischem Lösungsmittel noch einige Male wiederholt. Dieses Verfahren stellt die einfachste und in der Analytik am häufigsten angewandte Form der Extraktion vor, die meist in einem konischen, birnenförmigen, oft aber auch in einem zylindrischen Scheidetrichter (Schütteltrichter) durchgeführt wird. Sie setzt hohe Extraktionskoeffizienten und je nach der Störanfälligkeit des angewandten Bestimmungsverfahrens mehr oder weniger hohe Trennfaktoren voraus. Obwohl die vielstufigen Extraktionsverfahren mit Vorteil zur Verarbeitung großer Probemengen (z. B. Extraktion der Spurenelemente aus 8 l Seewasser mit einem Anreicherungsfaktor von 400000) eingesetzt werden können [*1*, *2*], sei hier von ihrer Behandlung abgesehen, da diese in der Spurenanalyse nur wenig Anwendung finden und daher auf die entsprechende Literatur verwiesen werden kann [*2a*, *2b*].

Die Schütteltrichter werden in Halteringen oder einem Reihengestell aufgehängt. Bei Serienanalysen bewähren sich Reihengestelle, bei denen beispielsweise eine Reihe von 6 Schütteltrichtern über einer zweiten solchen Reihe angeordnet ist, so daß man nach erfolgter Extraktion die schwerere Phase sofort in den zugehörigen, darunter befindlichen Schütteltrichter ablassen kann [*3*]. Arbeitsmäßig günstig erwiesen sich auch Halteringe, die an der Stirnseite zu etwa $^1/_4$–$^1/_3$ ihres Kreisumfanges gabelförmig geöffnet sind. Für Serienanalysen haben sich zwei an einem Stativ (evtl. mit einer mit weißem Opakglas bedeckten Grundplatte) übereinander befestigte, kreisförmige Kränze mit je 12 solcher gabelförmiger offener Halteringe [*4*] bzw. 2 kreisförmige Platten mit je 12 am Rand der Platten befindlichen Bohrungen (nach der Außenkante der Platten den Halteringen analog geöffnet) [*5*] bewährt, wodurch 12 Schütteltrichter über einem zweiten Satz von 12 Schütteltrichtern kreisförmig auf kleinem Raum angeordnet sind. Die Extraktion kann auf verschiedene Weise vorgenommen werden:

a) Ausschütteln von Hand aus, die einfachste und am meisten angewandte Extraktionsmethode.

b) Mechanische Ausschüttelung mit Hilfe eines Schüttelapparates. Schüttelmaschinen werden dann mit Erfolg eingesetzt [*6–9*], wenn zahlreiche Analysen im Routinebetrieb durchgeführt werden müssen. Neben der Zeitersparnis erzielt man durch ihren Einsatz gleichmäßige und reproduzierbare Ergebnisse. Die Schüttelmaschinen sind meist so ausgeführt, daß man einen Satz von mehreren Schütteltrichtern gleichzeitig schütteln kann. Sie sollen dabei in der Maschine in senkrechter Anordnung gehalten werden, so daß man Reagentien zusetzen und ablassen kann, ohne den Schütteltrichter entfernen zu müssen.

c) Kräftiges Durchrühren beider Phasen mit einem motorgetriebenen Rührer, Hohlrührerextraktor (s. Abb. **45** und **234**, S. **1277**) oder Vibromischer.

d) Vakuummischen: Der Schütteltrichterhals wird an eine Vakuumpumpe angeschlossen und von unten durch den Ablaßhahn gerade genügend Luft eingelassen, daß eine gute Durchmischung der Phasen erreicht wird. Dieses Verfahren ist nur dann anwendbar, wenn kein leichtflüchtiges Lösungsmittel benützt wird und wenn eine Oxydationsgefahr durch die eingeleitete Luft nicht besteht.

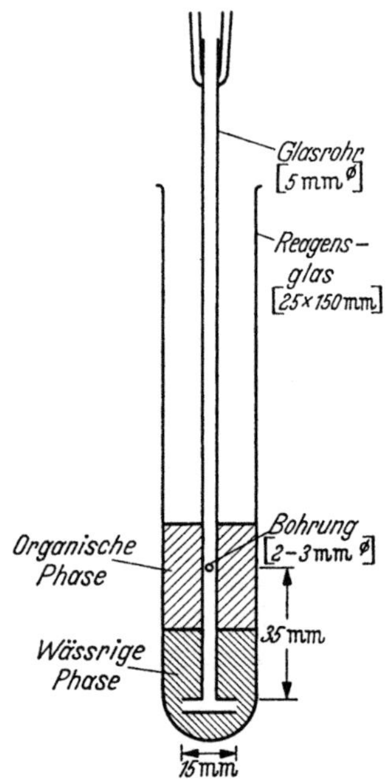

Abb. **45**. Hohlrührerextraktor mit Reagensglas [*9b*]

Die Extraktionsarten b) und c) weisen gegenüber dem manuellen Ausschütteln gewisse Vorteile auf, z. B. auch beim Arbeiten mit radioaktiven Isotopen, um eine Gefährdung des Personals zu vermeiden. Bei der Anwendung von Apparaturen zur mechanischen Ausschüttelung muß aber darauf geachtet werden, daß keine Verunreinigungen während des Arbeitsprozesses auftreten. Für Extraktionen wurde auch ein Scheidetrichter mit Magnetrührer (mit Teflon überzogen) vorgeschlagen [*9a*].

Extraktionen aus HF-haltigen Lösungen müssen in Schütteltrichtern aus Kunststoff[1] durchgeführt werden. Wenn solche nicht verfügbar sind, kann man eine Extraktion evtl. in einer Polyäthylenflasche durchführen, wobei die leichtere Phase abgehebert wird [*10*]. Besser aber stellt man sich zu diesem Zweck einen Polyäthylenschütteltrichter[1] selbst her [*11*]:

Von einer Polyäthylenflasche wird der Boden entfernt und ein Polyäthylentrichter angeschweißt. Auf das Trichterrohr wird ein weicher Polyvinylchloridschlauch aufgeschoben und mit einem Quetschhahn verschlossen bzw. an das Trichterrohr ein Polyäthylenhahn angeschweißt. Für diesen Zweck

[1] Polypropylenschütteltrichter mit Teflonhahn sind im Handel erhältlich.

soll möglichst dünnwandiges Material verwendet werden, damit man die Flüssigkeitsspiegel gut beobachten kann. In einer anderen Arbeit [*12*] wurden Polyäthylenschütteltrichter auf einem ähnlichen Weg hergestellt, indem von zwei 100 ml-Polyäthylenflaschen mit Schraubverschluß die Bodenflächen entfernt und anschließend die beiden Flaschenteile zusammengeschweißt wurden. Der eine Schraubverschluß dient als Schütteltrichterstopfen, der andere als Ablaßhahn, nachdem der Schraubverschluß durchbohrt, ein Kunststoffrohr angeschweißt und daran ein kurzes Stück Kunststoffschlauch mit Quetschhahn angebracht worden war. In derselben Arbeit wird auch die Herstellung von Pipetten und Meßkolben aus Polyäthylen beschrieben.

1.1.2. Kontinuierliche Extraktion

Für die kontinuierliche Extraktion findet man in der Literatur zahlreiche Gerätetypen angegeben, die alle nach dem folgenden Grundvorgang arbeiten: Das organische Lösungsmittel wird im Destillierkolben (s. Abb. 46) abdestilliert, die Dämpfe kondensieren im Rückflußkühler, das Kondensat durchströmt in möglichst feiner Verteilung die zu extrahierende wäßrige Lösung und fließt durch das Überlaufrohr in den Destillierkolben zurück. Bei diesem Kreislauf wird das zu extrahierende Element kontinuierlich durch stets frisches Lösungsmittel extrahiert. Diese Extraktionsmethode wendet man

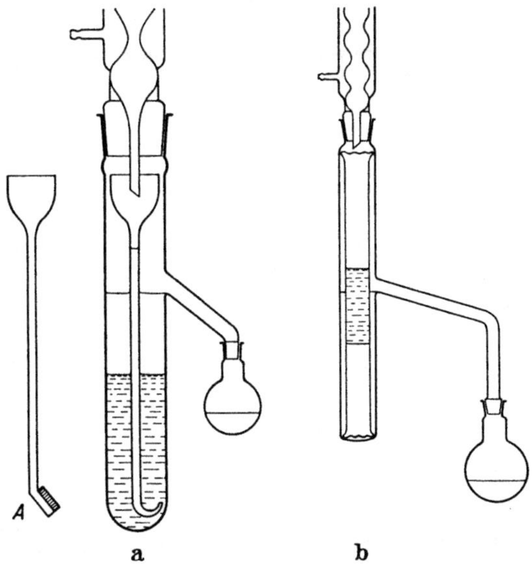

Abb. 46a u. b. Perforatoren. a Für spezifisch leichtere organische Lösungsmittel, *A* Glasfritteneinsatz. b Für spezifisch schwerere organische Lösungsmittel

mit Erfolg an, wenn der Verteilungskoeffizient klein ist oder große Mengen des betreffenden Elementes extrahiert werden müssen, so daß bei der Extraktion im Schütteltrichter eine zu große Zahl von Ausschüttelungen notwendig wäre. Von einer Behandlung der vielstufigen kontinuierlichen Extraktion sei hier abgesehen und auf die entsprechende Literatur verwiesen [*1*, *2*], da sie in der Spurenanalyse wenig Anwendung findet.

Grundsätzlich muß zwischen Geräten für organische Lösungsmittel die leichter, und für solche, die schwerer als Wasser sind, unterschieden werden. Ihre Arbeitsweise ist aus den in Abb. 46 gezeigten Extraktoren, von denen zahlreiche Varianten verwendet werden, ersichtlich. Eine Weiterentwicklung stellen die nebenstehend abgebildeten

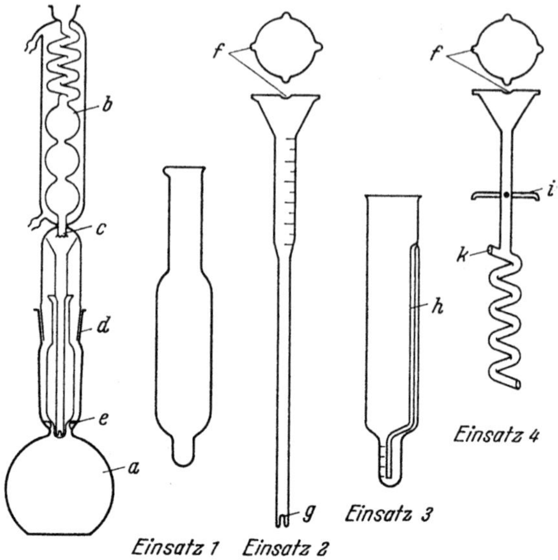

Abb. 47. Extraktionsapparatur für kleine Substanzmengen [*13*]; Einsatz *1*: Extraktionsgefäß für spezifisch leichte Lösungsmittel; Einsatz *2*: dazugehöriger Trichter; Einsatz *3*: Extraktionsgefäß für spezifisch schwere Lösungsmittel; Einsatz *4*: dazugehöriger Trichter; *a* Rundkolben, *b* Kühleroberteil, *c* Verteilerkrone, *d* Schliff, *e* Einschnürungen, *f* Vorsprünge, *g* Schlitze, *h* Überlaufrohr, *i* Stützen, *k* Ansaugöffnung

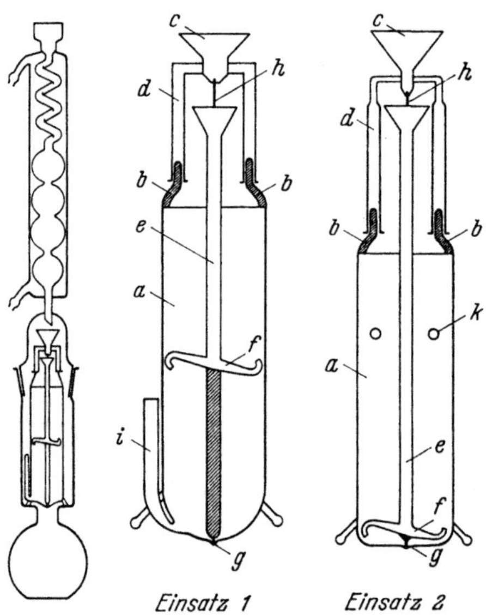

Abb. 48

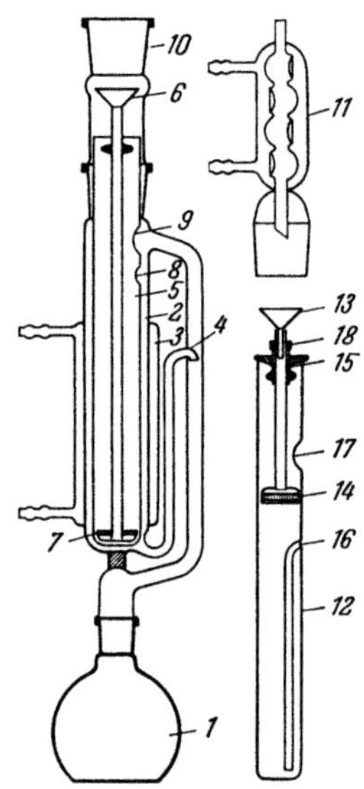

Abb. 49

Abb. 48. Extraktionsapparatur für große Substanzmengen [*13*]; Einsatz *1*: Extraktionsgefäß für spezifisch schwere Lösungsmittel; Einsatz *2*: Extraktionsgefäß für spezifisch leichte Lösungsmittel; *a* Extraktionsgefäß, *b* Glasstäbe, *c* Sammeltrichter, *d* Trägeraufsatz, *e* Einsatztrichter, *f* Capillarflügel mit Auslauföffnungen, *g* Platindraht, *h* Glasstab mit Platindrahtspitze, *i* Überlaufrohr, *k* Überlauföffnungen

Abb. 49. Perforator [*14*]; *1* Rundkolben, *2* Aufsatz, *3* Kühlmantel, 4 Überlauf, *5* Extraktionsgefäß für spezifisch leichte Lösungsmittel, *6* Sammeltrichter, *7* Verteilerfritte, *8* Überlauföffnung, *9* Dampfdurchlaß, *10* Zwischenstück, *11* Kühler, *12* Extraktionsgefäß für spezifisch schwere Lösungsmittel, *13* Sammeltrichter, *14* Verteilerfritte, *15* Führung, *16* Überlauf, *17* Dampfdurchlaß, *18* Teflonring

(s. Abb. 47 und 48) Extraktionsapparaturen für kleine und große Substanzmengen dar [*13, 13a*] (F. Ströhlein & Co., Düsseldorf).

Die am Kolbenhals angebrachten Einschnürungen *e* ermöglichen ein freies Hindurchtreten der entwickelten Lösungsmitteldämpfe. Die Extraktionsapparatur für größere Substanzmengen (Abb. 48) weist ein größeres Extraktionsgefäß und einen am unteren Ende auf einer Platindrahtspitze *g* und am oberen Ende auf einem dünnen Glasstab *h* drehbar gelagerten Einsatztrichter *e* auf. Dieser Einsatztrichter weist für spezifisch leichtere Extraktionsmittel am unteren Ende, für spezifisch schwerere Extraktionsmittel auf halber Höhe 4 Capillarflügel *f* auf, durch deren Auslauföffnungen das Extraktionsmittel in feinem Strahl ausströmt, wodurch der Trichter während der Extraktion in rotierende Bewegung versetzt und eine gute Durchmischung des Extraktionsgutes erreicht wird.

Eine ebenso universell verwendbare Apparatur für Extraktionen mit leichten und schweren organischen Lösungsmitteln zeigt Abb. 49, die gegenüber dem vorhin beschriebenen Gerät (s. Abb. 47 u. 48) den Vorteil des einfacheren Aufbaues hat [*14*]. Weiterhin streichen hier die heißen Lösungsmitteldämpfe nicht am Extraktionsgefäß vorbei und der umgebende Kühlmantel (3) sorgt für eine gute Kühlung des Lösungsmittels im Aufsatz (2) und damit auch der Probelösung im Extraktionsgefäß (5).

1.2. Durchführung der Extraktion

Ist die zu extrahierende Probelösung in einen Schütteltrichter übergeführt worden, so sind im allgemeinen noch Einstellung des pH-Wertes und einige Reagenszusätze vor der Extraktion, gemäß der jeweiligen Arbeitsvorschrift, erforderlich. Gewöhnlich erfolgt der Zusatz von Pufferlösungen, Reagentien und organischen Lösungsmitteln mittels eines Meßzylinders, falls in der Arbeitsvorschrift nicht ausdrücklich die Verwendung von Pipetten bzw. genauer Volumina vorgeschrieben wird. Die genaue Einstellung bzw. Korrektur des pH-Wertes wird durch tropfenweisen Zusatz von HCl oder Ammoniak (meist 6n) mittels eines Tropfers (s. Abb. 50) vorgenommen. Zwecks Vermeidung von Verunreinigungen legt man einige Milliliter an HCl bzw. Ammoniak in einen Mikrobecher

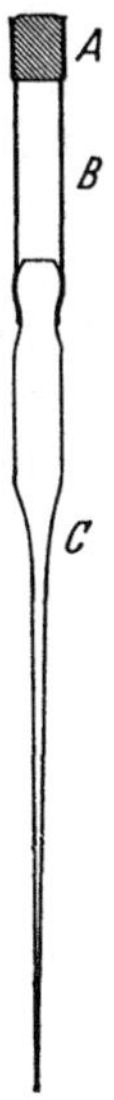

Abb. 50. Tropfer; *A* Glasstopfen, *B* Plastikschlauch, *C* Glascapillare

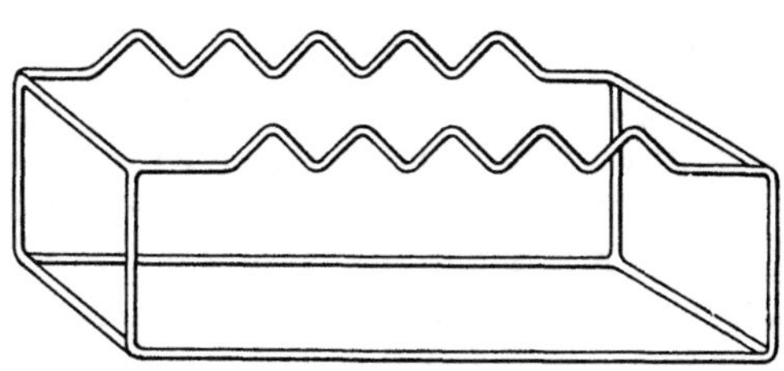

Abb. 51. Gestell aus Glas oder Kunststoff

vor und entnimmt aus diesem und nicht aus den Reagensflaschen mit dem Tropfer die für die pH-Einstellung erforderliche Menge an Reagens. Für die Messung des pH-Wertes der Probelösung entnimmt man mit einem Glasstab einen Tropfen aus dem Schütteltrichter und bringt ihn auf einen kleinen Streifen Spezialindicatorpapier (mit 0,2 pH-Stufen), das mit einer Kunststoffpinzette gehalten werden soll. Falls der Glasstab von der Probelösung nicht genügend benetzt wird, entnimmt man die dem Tropfen entsprechende Flüssigkeitsmenge mit einer dünnen Glascapillare, die in die Lösung kurz eingetaucht und dann auf den pH-Papierstreifen ausgeblasen wird. Wenn ein Indicator die Extraktion nicht stört und nicht in die organische Phase übergeht, kann der pH-Wert noch einfacher durch Zusatz von 1–2 Tropfen einer geeigneten Indicator-Lösung zur wäßrigen Probelösung eingestellt werden. Glasstäbe, Tropfer und Pipetten werden auf einem Gestell aus Glas oder Kunststoff abgelegt (s. Abb. **51**), den Stopfen des Schütteltrichters legt man in eine kleine gereinigte Glasschale. Das stellenweise übliche Befestigen des Schliffstopfens am Schütteltrichterhals ist wegen der Verunreinigungsmöglichkeit nicht zu empfehlen.

Nach Einstellung des pH-Wertes und Zusatz der Reagentien sowie des organischen Lösungsmittels (z. B. $CHCl_3$) wird der Schütteltrichter mit dem Stopfen verschlossen, umgedreht und dann kräftig geschüttelt. Bei der ersten Extraktion wird dabei kurz nach dem ersten guten Durchmischen durch Drehen des Hahnes entlüftet, wobei sorgfältig darauf zu achten ist, daß der Druckausgleich langsam erfolgt, um eine Verunreinigung des Ablaßrohres durch Tropfen der wäßrigen bzw. zu extrahierenden Phase möglichst zu vermeiden. Falls in der Arbeitsvorschrift nichts anderes angegeben ist, so genügt im allgemeinen eine Extraktionsdauer von 1 min mit einer Schüttelgeschwindigkeit von 2–3 Schüttelschlägen/sec und eine 1–2malige Wiederholung des Extraktionsvorganges. Nach der ersten Extraktion wird der Stopfen vom Schütteltrichter entfernt und im Falle eines spezifisch schwereren organischen Lösungsmittels ($d > 1$, z. B. $CHCl_3$) der Extrakt in ein geeignetes Gefäß durch das Ablaßrohr abgelassen. Eine evtl. durch eingedrungene Probelösung vorhandene Verunreinigung wird vor dem Ablassen des Extraktes beseitigt. Dies kann durch Ausspülen des Ablaßrohres mit Wasser oder Lösungsmittel und nachfolgendes Trocknen mittels Filtrierpapier geschehen.

Wenn eine Emulsionsbildung auftritt und die beiden Phasen sich nach der Extraktion nur langsam bzw. schwer trennen, kann man die Trennung dadurch beschleunigen, daß der Inhalt des Schütteltrichters drehend geschwenkt oder mit einem Glasstab langsam gerührt wird. Oft kann eine beschleunigte Trennung auch durch Zentrifugieren erreicht werden. Die Emulsionsbildung läßt sich auch durch weniger kräftiges Schütteln vermindern. Sie läßt sich in manchen Fällen ferner durch Verwendung eines besonderen Lösungsmittelgemisches oder eines anderen geeigneten Lösungsmittels umgehen. Falls ein Lösungsmittelsystem leicht zur Emulsionsbildung neigt, so läßt sich dieses schließlich dadurch vermeiden, daß man die Extraktion statt im Schütteltrichter kontinuierlich in einem Extraktionsapparat durchführt. Bei stabilen Emulsionen, vor allem in Anwesenheit von festem Bodenkörper und nur einmaliger Ausschüttelung, lassen sich die Schwierigkeiten einer quantitativen Abtrennung des organischen Extraktes umgehen, indem man einen aliquoten Teil des emulsionsfreien Extraktes zur Analyse verwendet [*14a*]. Diese Arbeitsweise setzt aber voraus: a) genau abgemessenes Volumen des organischen Lösungsmittels, b) zur Vermeidung einer übermäßigen Volumenänderung der organischen Phase gegenseitige Sättigung der benützten Reagenslösungen und reproduzierbare Arbeitsbedingungen.

Oft erhält man einen getrübten Extrakt, der für eine photometrische Messung unbrauchbar ist. Die Trübung wird meist durch feinverteiltes Wasser oder Reagens verursacht. In ersterem Fall kann eine Klärung durch längeres Stehenlassen erreicht werden. Ist aber dadurch eine Klärung nicht erzielbar oder ein längeres Stehenlassen aus bestimmten Gründen nicht möglich, so läßt sich die Trübung mittels Filtration durch ein trockenes quantitatives Filtrierpapier (manchmal wird hierfür Baumwoll-, Glas- oder Quarzwatte empfohlen) beseitigen. Es ist dabei zu berücksichtigen, daß das Filtrierpapier einen Teil des extrahierten Spurenelement-Komplexes adsorptiv zurückhalten kann. Auf jeden Fall sollte das Filter nach dem Filtrieren mit reinem organischem Lösungsmittel nachgewaschen werden. Will man dies umgehen, so läßt sich im organischen Extrakt fein verteiltes Wasser mit Hilfe eines Trocknungsmittels (z. B. Na_2SO_4 sicc.) ohne Schwierigkeiten und Spurenelementverluste entfernen. Zu diesem Zweck setzt man dem aufgefüllten Extrakt eine kleine Menge Trocknungsmittel vor dem Photometrieren zu und läßt kurze Zeit stehen. Es wird besonders darauf hingewiesen, daß das Entfernen von im organischen Extrakt feinverteilten, oft nur schwer feststellbaren Wassertröpfchen grundsätzlich vorzunehmen ist. Eine Nichtbeachtung dieser notwendigen Maßnahme führt bei der anschließenden photometrischen Bestimmung der Spurenelemente häufig zu wechselnden und mitunter sogar sehr stark streuenden Meßwerten. Schließlich läßt sich eine durch Wasser hervorgerufene Trübung des Extraktes (z. B. $CHCl_3$-Extrakt) öfter auch dadurch beseitigen, daß man dem Extrakt vor dem Auffüllen eine kleine Menge eines organischen Lösungsmittels zusetzt, in dem sowohl das Wasser als auch das für die Extraktion verwendete organische Solvens löslich sind, z. B. Methanol, Äthanol, Aceton u. a. m.

Wenn ein Komplex in mehreren organischen Lösungsmitteln löslich bzw. durch diese extrahierbar ist, so sind bei der Wahl des Lösungsmittels folgende Faktoren maßgebend: eine geringe Flüchtigkeit, die leichte Trennbarkeit der beiden Phasen, seine Dichte (schwerer oder leichter als Wasser), eine geringe Löslichkeit im Wasser, der im Handel erhältliche Reinheitsgrad, der Preis und in diesem Zusammenhang die Möglichkeit zur Rückgewinnung des Lösungsmittels, weiters die Toxicität (bei annähernd gleichwertigen Lösungsmitteln sollte jenem mit dem günstigeren MAK-Wert, s. Tab. 228, S. 1519, der Vorzug gegeben werden) und die Brennbarkeit. Die Extrahierbarkeit des betreffenden Elementes (Verteilungskoeffizient und Trennfaktor) und schließlich die Leichtigkeit und Einfachheit, mit der das extrahierte Element aus der organischen Phase erhalten bzw. der Bestimmung zugeführt werden kann, werden außerdem von ausschlaggebender Bedeutung sein.

Die Frage, ob ein Lösungsmittel, das schwerer oder leichter als Wasser ist, bevorzugt werden soll, läßt sich nicht allgemeingültig beantworten. Es können, abhängig von dem entsprechenden Analysengang, beide Möglichkeiten von Vorteil sein. Soll das zu bestimmende Spurenelement durch ein- oder mehrmalige Extraktion in die organische Phase übergeführt und in dieser quantitativ bestimmt werden, so wäre ein Lösungsmittel, das schwerer als Wasser ist, vorzuziehen. Wird nämlich ein leichteres organisches Lösungsmittel verwendet, so verunreinigt man beim Ablassen der wäßrigen Phase das Ablaßrohr des Schütteltrichters und ist gezwungen, dieses zu reinigen, bevor danach die organische Phase, abgelassen werden kann. Dies erscheint recht umständlich, zumal damit auch noch eine Nachreinigung der organischen Phase verbunden sein kann. In einem solchen Fall empfiehlt es sich, die organische Phase quantitativ von oben mit Hilfe einer mit Saugballon versehenen Pipette oder mittels Absaugglocke (s. Abb. 18, S. 115) abzusaugen. Soll andererseits durch ein- oder mehrmalige Extraktion ein Hauptbestandteil in die organische Phase übergeführt und damit vom zu bestimmenden Spurenelement abgetrennt werden (z. B. Abtrennung des Eisens aus salzsaurer Lösung mit Diäthyl- oder Diisopropyläther), so ist ein organisches Lösungsmittel, das leichter als Wasser ist, vorzuziehen. Man kann hier anstelle des Absaugens der organischen Phase von oben natürlich auch die wäßrige Phase in einen zweiten Schütteltrichter ablassen; man muß dann aber den ersten Schütteltrichter für die nächste Extraktion sofort reinigen, was Zeit und Arbeit in Anspruch nimmt. Verwendet man dagegen zur Abtrennung des Hauptbestandteiles ein organisches Lösungsmittel, das schwerer als Wasser ist, so verunreinigt man beim Ablassen der organischen Phase das Ablaßrohr des

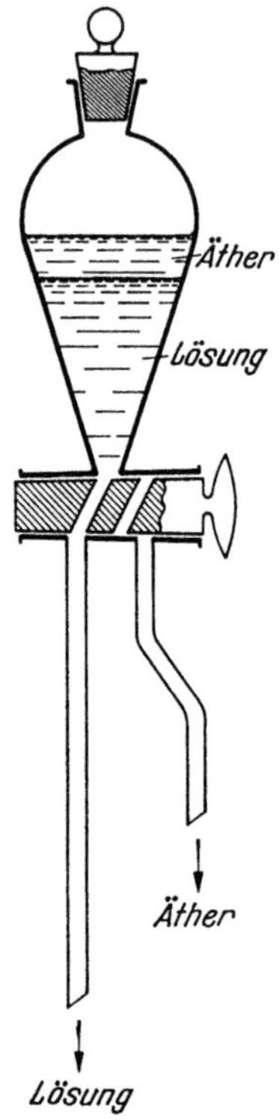

Abb. 52. Doppelwegschütteltrichter [*15*]

Schütteltrichters im Hinblick auf die später abzulassende wäßrige Phase. Zur Vermeidung einer Verunreinigung des Ablaßrohres wurde die Verwendung eines Doppelwegschütteltrichters (s. Abb. **52**) empfohlen [*15*]. Für die Extraktion mit organischen Lösungsmitteln, die leichter als Wasser sind, wurde eine Polyäthylenflasche verwendet, die mit einem durchbohrten Stopfen verschlossen ist; aus der Bohrung führt ein U-förmig gebogenes Rohr, das in der Flasche mit dem Stopfen abschließt und oberhalb des Flaschenhalses mit einem Einweghahn versehen ist [*15a*]. Die Trennung der Phasen erfolgt durch Zusammendrücken der Polyäthylenflasche. Für die Extraktion mit einem leichteren organischen Lösungsmittel ($d < 1$), bei welcher der organische Extrakt anschließend mehrmals mit Wasser und wäßrigen Lösungen gewaschen werden muß, wird zur Vermeidung des wiederholten Abnehmens und Abspülens des Schliffstopfens die Verwendung eines Schütteltrichters mit einem als kleinen Trichter ausgebildeten Stopfen empfohlen, bei dem alle Lösungen ohne Entfernen des Stopfens zugefügt werden können [*15b*]. Der Trichterstopfen arbeitet nach dem Prinzip der Tropfflaschen, weist aber zwei einander gegenüberliegende Bohrungen für den Einlauf der Lösungen und für das Entweichen der Luft auf und Öffnen und Schließen erfolgen dabei durch Drehen um 90°. Für die Ausätherung von Fe wurde ein aus zwei aufeinander gesetzten Schütteltrichtern mit Zweiweghähnen und Trichtern bestehendes Ausschüttelungsgerät beschrieben [*15c*], um Probenverluste zu vermeiden. Schließlich ist der Hustinx-Kolben zu erwähnen [*15d*], der eine Kombination von Erlenmeyerkolben und Schütteltrichter darstellt: Der Kolbenhals ist als Ablaßrohr mit Hahn ausgebildet und ein seitlicher Schliffstutzen dient zur Füllung. Dieser abstellbare, heizbare Schütteltrichter hat den Vorteil, daß man viele Operationen (Lösen der Proben, Extraktion) im gleichen Gefäß durchführen kann.

Nach durchgeführter Extraktion wird das im Extrakt oder in der wäßrigen Phase befindliche Spurenelement der Bestimmung zugeführt. Diese erfolgt oft direkt in der organischen Phase, z. B. bei gefärbten Komplexen auf photometrischem oder bei Isotopen auf radiometrischem Wege, bei der Bestimmung mittels Flammenphotometrie oder AAS gegebenenfalls durch Versprühen des organischen Extraktes im Zerstäuberbrenner. Je nach der Arbeitsvorschrift wird dabei entweder unter definierten Arbeitsbedingungen mit einem genau abgemessenen Volumen an Extraktionsmittel beispielsweise einmal ausgeschüttelt und der Extrakt der Messung zugeführt oder es wird mehrmals mit nicht genau abgemessenen Anteilen an Extraktionsmittel extrahiert, die Fraktionen in einem Meßkolben gesammelt, mit reinem Lösungsmittel bis zur Marke aufgefüllt und nach guter Durchmischung ein aliquoter Teil für die Messung verwendet. Wenn das betreffende Element nicht direkt im organischen Extrakt bestimmt werden kann oder sich im Extrakt eine Elementgruppe befindet, wodurch weitere Trennungsoperationen notwendig sind, so ist die Überführung des Einzelelementes oder auch der Elementgruppe aus der organischen in eine wäßrige Phase erforderlich. Dafür stehen mehrere Möglichkeiten zur Verfügung, deren Anwendung von der Art des Elementkomplexes abhängig ist. Als erstes sei die Rückextraktion der Elemente erwähnt, bei der die organische Phase mit einem bestimmten Volumen dest. Wassers geschüttelt wird, das meist den jeweiligen Anforderungen entsprechende Reagenszusätze (Säure, Lauge, Puffer, Maskierungs-, Oxydations- oder Reduktionsmittel) enthält. Dabei wird der in der organischen Phase vorliegende Elementkomplex zerstört bzw. das Element quantitativ in die wäßrige Phase übergeführt. Dieses elegante Verfahren hat nicht nur als Möglichkeit der raschen und mit geringem Aufwand verbundenen Überführung eines Elementes in die gewünschte Bestimmungsform eine Bedeutung, sondern auch in solchen Fällen, wo das organische Lösungsmittel schwer flüchtig ist (s. weiter unten) oder anschließend noch weitere Trennungsoperationen durchzuführen sind und schließlich auch bei der Reinigung und Rückgewinnung von organischen Lösungsmitteln und Reagentien. Die zweite Möglichkeit zur Überführung eines Elementes aus der organischen in eine wäßrige Phase besteht darin, daß man den organischen Extrakt beispielsweise in einen Destillationskolben überführt und das Lösungsmittel abdestilliert oder ihn in eine Quarzschale gibt und das Lösungsmittel durch Erhitzen verflüchtigt (bei brennbaren und toxischen organischen Lösungsmitteln sind die einschlägigen Vorsichtsmaßregeln zu beachten!). Meist wird dabei zur Zerstörung des Metallkomplexes und Vermeidung von Verlusten gleichzeitig ein wenig Wasser und Säure zum organischen Extrakt in die Quarzschale als „Auffangmedium“ für das Spurenelement hinzugefügt. Falls der Extrakt von einer organischen Extraktion (z. B. Carbamate, Oxinate, Dithizonate u. a. m.) stammt, so muß der Rückstand der organischen Metallkomplexe mineralisiert werden. Die Veraschung wird meist auf nassem Wege durch Abrauchen mit einigen Millilitern HNO_3, $HNO_3/HClO_4$ oder H_2SO_4 durchgeführt. Manchmal reagiert der Rückstand der Metallkomplexe auch bei vorsichtigem Zusatz der erwähnten Mineralsäuren sehr heftig, was unter anderem auch einen Verlust an Spurenelementen zur Folge haben kann. Beispielsweise ist dies beim Zusatz von HNO_3 zum Rückstand der Metallthiocyanatkomplexe der Thiocyanat/Diäthyläther-Extraktion der Fall. Man vermeidet solche heftigen Reaktionen indem man einige Tropfen konzentrierter oder verdünnter Säure bereits in der Kälte dem Extrakt vor dem Abdampfen des organischen Lösungsmittels zufügt. Die Reaktion verläuft dabei ruhiger: einmal durch die Verdünnung der Metallkomplexe im organischen Lösungsmittel, zum anderen durch den laufenden Entzug der bei der Reaktion freiwerdenden Wärme durch das leicht flüchtige, verdampfende organische Lösungsmittel. Eine weitere Möglichkeit zur Vermeidung heftiger Reaktionen liegt in der Vorverkohlung der Metallkomplexe auf trockenem Wege durch vorsichtiges, langsames Erhitzen im elektrischen Muffelofen bis etwa 350° C. Schließlich kann die Überführung von Elementen aus der organischen in eine wäßrige Phase durch Abdampfen des organischen Lösungsmittels, trockene Veraschung und Lösen des Veraschungsrückstandes in Mineralsäuren durchgeführt werden. Sowohl bei der erwähnten Vorverkohlung als auch der Veraschung der Metallkomplexe ist aber besonders auf deren mögliche Flüchtigkeit zu achten.

2. Spurenfällung

Die Spurenfällung wird in der Regel analog ausgeführt wie übliche „Makrofällungen" in der analytischen Chemie. Nach den vorliegenden Richtlinien (s. S. **57**, **358**) und Vorschriften (s. S. **358**ff., **375**ff., **1379**ff.) setzt man der Probelösung Spurenfänger und Fällungsreagens zu, fällt die Spurenelemente aus, trennt den erhaltenen Niederschlag durch Filtrieren mit einem quantitativen Filterpapier oder durch Zentrifugieren ab und verarbeitet den Niederschlag, um die isolierten Spurenelemente in die gewünschte Endbestimmungsform überzuführen. Bei dieser Arbeitsweise stellt der Spurenfällungsniederschlag nur eine Zwischenphase im Analysengang dar. Davon abweichend kann der Niederschlag bei der Emissionsspektralanalyse und Röntgenspektrometrie auch als Endbestimmungsform dienen.

Bei der Emissionsspektralanalyse wird der erhaltene Niederschlag auf zwei Arten verwendet:

a) Man löst den Niederschlag auf und führt die Lösung entweder der Lösungsspektralanalyse (Stabelektroden, Radelektroden usw., s. S. **128**, **156**) unmittelbar zu oder vermischt die Lösung mit Graphitpulver und stopft das getrocknete Pulver (gegebenenfalls nach Vermischen mit weiteren Zusätzen, s. S. **150**) in eine Trägerelektrode, die anschließend abgefunkt wird.

b) Man vermischt den getrockneten Niederschlag mit Graphitpulver und gegebenenfalls weiteren Zusätzen von Hand in einer Reibschale oder in einer Mixer-Kugelschwingmühle und stopft das Pulvergemisch in eine Trägerelektrode, die anschließend abgefunkt wird.

Für die unmittelbare Verwendung der Spurenfällung als Bestimmungsform bei der Röntgenspektrometrie wird der Niederschlag mit Hilfe eines plan eingespannten Rundfilters (Papier- oder Membranfilter) abfiltriert. Hierzu verwendet man eine zerlegbare Filtriereinrichtung (s. Abb. **53**) aus Glas oder Kunststoff, die man selbst herstellen kann, teilweise aber auch im Handel erhält. Der Durchmesser der vom Niederschlag belegten Fläche richtet sich nach dem verfügbaren Röntgengerät und liegt in der Regel bei

20–30 mm ⌀. Der mit dem Rundfilter getrocknete Niederschlag wird dann unmittelbar für die Röntgenfluorescenzanalyse verwendet (s. S. 160).

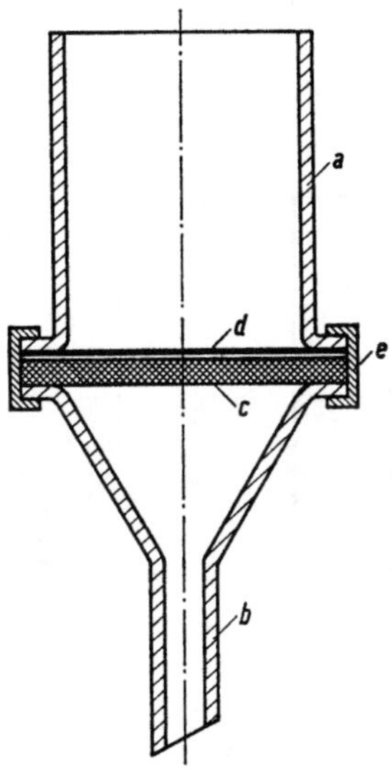

Abb. 53. Filtriereinrichtung. *a* Oberteil, *b* Unterteil, *c* Fritte, *d* Filter, *e* Spann- oder Schraubvorrichtung

3. Ionenaustausch- und Verteilungschromatographie

Ionenaustauscher werden meist als gekörnte Austauscherharze in Säulenform eingesetzt (s. S. 364), wozu relativ einfache Glasapparaturen (s. Abb. 54; s. a. Abb. 103, S. 617 u. Abb. 190, S. 1109) mit verschiedenen Varianten Verwendung finden. Das Harzbett ist unten mit einer Glasfritte und oben mit Glaswatte oder an beiden Enden mit Glaswatte abgeschlossen. Bei der Apparatur A ist das Auslaufrohr über das obere Harzbettende geführt, damit das Harzbett stets unter Flüssigkeit steht. Bei einiger Sorgfalt kann man aber auf diese Ausführungsform verzichten und die zweckmäßigere Apparatur B verwenden. Zweckmäßig sind folgende Säulenabmessungen: 12–14 mm innerer ⌀, Harzbettlänge 15–20 cm, Gesamtsäulenlänge 30 cm, Auslaufrohr mit 2–4 mm innerem ⌀. Eine Körnung des Austauscherharzes von 0,2–0,4 mm ist optimal. Bei Bedarf wird das verfügbare Austauscherharz in einer Achatreibschale zerkleinert und gesiebt. Vor der Verwendung werden die Ionenaustauscherharze gereinigt (s. a. S. 100): Kationenaustauscher durch mehrfaches Waschen mit 5n HCl, Anionenaustauscher durch mehrfache abwechselnde Behandlung mit 1n HCl und 0,5n NaOH. Für die Herstellung der Austauschersäule wird das gereinigte, in Wasser gequollene Austauscherharz in einem Becherglas in Wasser suspendiert und die Suspension in das Glasrohr eingefüllt. Die Regenerierung der Austauscher erfolgt in der Säule meist nach den Richtlinien des Herstellers wie der Elutionsvorgang: im allgemeinen Kationenaustauscher mit 3–4n HCl, Anionenaustauscher mit 1n NaOH, 1n NaCl oder 1n HCl, wobei zuletzt mit Wasser ausgewaschen und unter Wasser stehen gelassen wird.

Die analytische Anwendung der Ionenaustauschersäule für Trennungen und Anreicherungen (s. S. 364) verläuft in drei Abschnitten: a) Sorption (Aufgabe und Durchlauf der Probelösung, wobei die Elemente auf der Säule festgehalten werden), b) Waschen (in der Säule noch vorhandene Probelösung wird mit Wasser ausgewaschen), c) Elution (die auf der Säule festgehaltenen Elemente werden mit einer geeigneten Lösung, z. B. verdünnte Säure, Lösung von Salzen oder Komplexbildnern, eluiert). Eine Durchflußgeschwindigkeit von 0,5–2 ml/cm²/min ist beispielsweise günstig bei einem Harzbett von ~100–120 mm Länge und 10–12 mm i.-⌀. Bei der Anwendung

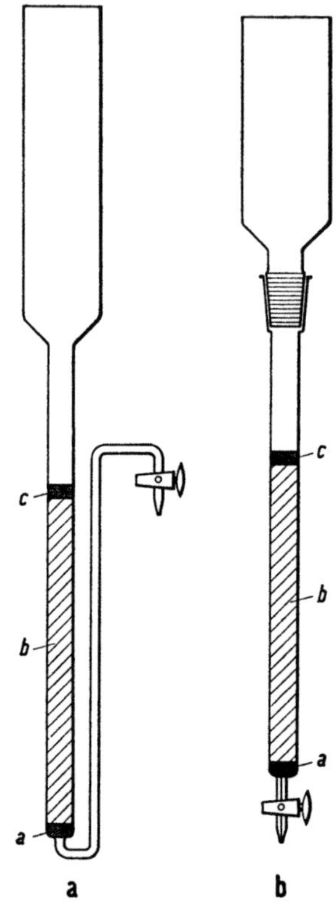

Abb. **54** a u. b. Ionenaustauschersäulen, *a* Glasfritte oder -watte, *b* Harzbett, *c* Glaswatte

einer Austauschersäule muß deren Durchbruchskapazität (von der Säule quantitativ festgehaltene Anzahl Milliäquivalente der Ionen) beachtet werden, da sonst ein Teil der Elemente in den Durchlauf gelangt. Die Durchbruchskapazität ist in der Regel kleiner als die berechnete Gesamtkapazität [Anzahl Milliäquivalente/g Austauscherharz × Gewicht (in g) der Austauscherharzfüllung] der Säule und hängt ab von Austauscherkörnung, Säulenmaßen, Durchflußgeschwindigkeit, Temperatur und Zusammensetzung der Probelösung. Von diesen Parametern und der Konzentration der Elutionslösung wird auch die Elution beeinflußt. Bei der Benützung der Austauschersäule ist darauf zu achten, daß das Harzbett stets von Lösung oder Wasser überschichtet ist, damit keine Luft in das Harzbett eindringt. Wenn eine größere Zahl von Elementen auf der Säule getrennt werden soll, so muß empirisch der zeitliche Austritt der einzelnen Elemente beim Eluieren in Abhängigkeit von der Durchflußgeschwindigkeit ermittelt werden (s. S. **364**). Bei dessen Kenntnis können die einzelnen Elemente in den entsprechenden

Eluatfraktionen von Hand oder mit Hilfe eines automatischen Fraktionssammlers aufgefangen und der Bestimmung zugeführt werden.

In der Regel werden die Elemente auf die oben beschriebene Weise von der Austauschersäule eluiert und im Eluat die Endbestimmung durchgeführt. Falls eine Elution nicht möglich ist, so kann der Austauscher verascht und die Asche für die Endbestimmung verwendet werden. Mit Hilfe der Röntgenspektrometrie können die Elemente unmittelbar im zur Tablette verpreßten Austauscherharz bestimmt werden (s. S. 161). Neben den gekörnten Austauscherharzen werden für bestimmte Aufgaben auch *Ionenaustauschermembranen* und *-filtrierpapiere* angewandt. Bei undurchlässigen Membranen arbeitet man nach der batch-Methode, indem man die Membran einige Zeit in der Probelösung liegen läßt und anschließend die von der Membran festgehaltenen Elemente auf beliebige Art bestimmt. Durchlässige Membranen und Ionenaustauschfiltrierpapiere spannt man in eine Filtriereinrichtung (s. Abb. 53, s. S. 231) plan ein, saugt die Probelösung durch, wäscht nach und bestimmt anschließend die festgehaltenen Elemente. Ionenaustauschmembranen und -filtrierpapiere eignen sich besonders für die unmittelbare Bestimmung der Elemente in diesen mittels Röntgenspektrometrie (s. S. 161).

Fallweise lassen sich Lösungsmittelextraktionen in Form der Verteilungschromatographie schneller durchführen, indem man das Extraktionsmittel an einem feinkörnigen Träger adsorbiert und die zu extrahierende Lösung rasch durch eine dünne Schicht des Trägermaterials durchsaugt [*15e*]. Für diese Technik eignen sich vor allem zähflüssige Extraktionsmittel, wie Diisobutylcarbinol (DIBC), Di-2-äthylhexylorthophosphorsäure, TBP, Trioctylamin und höhere Alkohole.

Für die Isolierung von Pa und Sb(V) wurden 10 g Hostaflon C2-Pulver (Polytrifluormonochloräthylen, Hoechst) mit 5 ml DIBC verrührt, davon 1 g auf einem Glasfaserfilter in einer Nutsche (20 mm i.-⌀) ausgebreitet, festgedrückt und mit einem zweiten Glasfaserfilter bedeckt [*15e*]. Durch diese Chromatographieschicht saugt man rasch die zu extrahierende Lösung. Aus 2 ml 9n HCl-Lösung werden bei einer Saugzeit von 15 sec 99,9% des Pa und ~97,5% des Sb(V) (bei 3 sec Saugzeit ~90% beider Elemente) in der Chromatographieschicht festgehalten. Anschließend kann mit 9 n HCl nachgewaschen und dann mit 15 ml Wasser (7–8 sec Saugzeit) eluiert [96–98% des Sb(V)] werden.

4. Maßnahmen zur Selektivitätsänderung

Zur Abtrennung und Anreicherung finden Reagentien Anwendung, die meist nicht spezifisch sind und daher eine mehr oder weniger große Zahl von Elementen gleichzeitig erfassen. Wenn bei bestimmten spurenanalytischen Aufgaben in einer Substanz möglichst alle Spurenelemente bestimmt werden sollen, so ist eine geringe Selektivität des angewandten Reagenses erwünscht und zur Erweiterung des Reaktionsbereiches wendet man mehrere organische Reagentien nacheinander oder aber auch gleichzeitig nebeneinander an [*16–36*] (s. S. 69).

Vielfach interessiert aber nur der Gehalt an bestimmten Einzelelementen. Um in solchen Fällen mit unspezifischen Reagentien brauchbare analytische Bestimmungen und Trennungen durchführen zu können, ist eine entsprechende Änderung und Einstellung der Arbeitsbedingungen erforderlich. Eine Beeinflussung und Änderung der Selektivität ist durch folgende Maßnahmen möglich:

1. Änderung von pH-Wert bzw. Normalität (Molarität) der wäßrigen Lösung.
2. Änderung des Valenzzustandes des Elementes.

3. Hintereinanderschaltung verschiedener Extraktionsgänge in bestimmter Reihenfolge (einschließlich Rückextraktion).

4. Zusatz von Maskierungsmitteln zur Probelösung.

5. Verdrängungsreaktionen.

Von den angeführten Möglichkeiten zur Beeinflussung der Selektivität werden meist mehrere gleichzeitig angewandt. Auf die sich durch die unter 1. und 2. angeführte Variation von pH-Wert bzw. Normalität und Valenzzustand ergebenden analytischen Möglichkeiten braucht hier nicht näher eingegangen zu werden, da der Abschnitt III (s. S. 241ff.) darüber genügend Einblick gibt.

Tabelle 36. Arbeitsweisen zur Erhöhung der

Arbeitsweise	Grundvorgang	Anwendung Disubstituiertes Carbamat[1]
Positive Selektion	Extraktion des zu bestimmenden Elementes; Maskierung der störenden Metalle	a) Cu-Bestimmung in Metallen [*64*], Legierungen [*65*], Böden [*66*], Pflanzenaschen [*45*], Wässer [*67*] u. a. (Maskierung der Störelemente mit ÄDTE) [*43*] b) Bi-Bestimmung (Maskierung der Störelemente mit KCN + ÄDTE bei pH 11—14) [*47, 68—70*] c) Co-Bestimmung in Stählen und Ni-Salzen (Maskierung der Störelemente mit ÄDTE) [*71*] d) Spurenanalyse von Reinststoffen [*26—30*] u. a. Material [*23—25, 31, 36*]
Negative Selektion	Extraktion der störenden Metalle; gegebenenfalls Maskierung des zu bestimmenden Elementes	a) Mg-Bestimmung in Ni-Legierungen [*72*] b) Al-Bestimmung in Ni- und Fe-Legierungen [*73*] c) Mn-Bestimmung (Maskierung des Mn mit Cystein) [*74*] d) Ca- und Mg-Bestimmung in Mineralwässern [*75*]
Verdrängungsreaktionen	a) Selektive Verdrängung des zu bestimmenden Elementes durch ein nicht störendes Metall b) Selektive Verdrängung der störenden Metalle, während das zu bestimmende Element als Komplex in der organische Phase verbleibt c) Extraktion mit Metall-Carbamat bzw. -Dithizonat: selektive Verdrängung durch das zu bestimmende Element	a) Mn-Bestimmung in Ni-, Co- und Cu-Legierungen [*76*] b) Co-Bestimmung in Metallen und Salzen [*71*] c) Cu-Bestimmung mit Pb-Carbamat [*77*] Hg-Spurenbestimmung [*78*] Cu-Bestimmung mit Zn-Dibenzyldithiocarbamat in pflanzlichem Material [*79*], Bier [*80*] und Farbstoffen [*81*]

[1] Teilweise nach [*63*].

Hinsichtlich der unter 3. angeführten Möglichkeit sei hervorgehoben, daß es bei genügender Kenntnis des Reaktionsbereiches der verschiedenen Extraktionsreagentien möglich ist, durch stufenweises Ändern der Extraktionsbedingungen sowie durch ein entsprechendes Aneinanderreihen verschiedener Extraktionen unter bestimmten Arbeitsbedingungen und in einer bestimmten Reihenfolge dem analytischen Problem entsprechende Trennungsgänge [*36a*] aufzustellen (s. S. **1379** ff.). So kann einmal durch die einzelnen Extraktionsstufen jeweils eine Gruppe von störenden Elementen abgetrennt werden, bis zuletzt nur mehr das zu bestimmende Element allein oder neben einer begrenzten Zahl anderer, die Bestimmung des gesuchten Elementes nicht störender Elemente übrig bleibt, so daß dieses nun der Bestimmung zugeführt werden kann

Selektivität unspezifischer organischer Reagentien[1]

	Anwendung	
	8-Hydroxychinolin	Dithizon
	a) Al-Bestimmung in Nickel [*82*] (Maskierung der Störelemente mit KCN) [*83*] b) Al-Bestimmung in Stahl, Eisenerz [*84*], Metallen und Legierungen [*85*] (Maskierung der Störelemente mit H_2O_2) c) Al-Bestimmung in Eisen, Stahl und Nichteisenlegierungen (Maskierung der Störelemente mit KCN + ÄDTE) [*53*] d) Al-Bestimmung in Industrieabwässern (Maskierung von störendem Fe mit 1,10-Phenanthrolin) [*41*] e) Al-Bestimmung in Thorium (Maskierung von Th mit 4-Sulfobenzol-arsonsäure) [*86*] f) Spurenanalyse von Reinststoffen [*32*] u. a. Material [*22—25*]	a) Pb-Bestimmung in Stahl [*89, 90*], Polyvinylchlorid [*91*] u. a. organischem Material [*92, 93*] (Maskierung von Fe u. a. Störelementen mit KCN) b) In-Bestimmung in Germanium [*94*] (Maskierung der Störelemente mit KCN) c) Zn-Bestimmung in Al-Legierungen [*95*] und Kobalt [*96*] (Maskierung der Störelemente mit KCN + $Na_2S_2O_3$) d) Spurenanalyse von Reinststoffen [*28—30, 32*] u. a. Material [*22—25, 31*]
	a) Al-Bestimmung (vorangehende Abtrennung von störendem Fe) [*83*] b) Al-Bestimmung in Alkalien (vorangehende Abtrennung von störendem Cu, Ni und Fe) [*87*] c) Mg-Bestimmung in pflanzlichem Material (vorangehende Abtrennung der Störelemente) [*88*]	a) Pb-Bestimmung in biologischem Material [*97*] und Stahl [*98*] (vorangehende Abtrennung von störendem Bi) b) In-Bestimmung in Germanium [*94*] (vorangehende Abtrennung von störendem Bi)
		b) Cd-Bestimmung in biologischem Material [*76a*]
		c) Ag-Bestimmung mit Cu-Dithizonat [*99, 99a*]

[*37–40a*]. Zum anderen gibt es bei Anwendung von mehrstufigen Extraktionsgängen die Möglichkeit, durch die einzelnen Extraktionsstufen jeweils eines von mehreren zu bestimmenden Elementen allein oder zusammen mit einer geringen Zahl anderer, nicht störender Elemente abzutrennen und der Bestimmung zuzuführen [*39, 40, 40a*]. Bei der Aufstellung und Anwendung derartiger extrahierter Trennungsvorgänge ist vor allem auf die richtige Auswahl und Reihenfolge der einzelnen Extraktionen zu achten, damit keines der von der vorangegangenen Extraktion verbliebenen Elemente und Reagentien die folgende Extraktionsstufe stört und außerdem mit einer möglichst geringen Zahl von Extraktionen das gestellte analytische Problem gelöst wird. In diesem Zusammenhang sei noch die Rückextraktion zur Erhöhung der Selektivität erwähnt. Wenn beispielsweise ein organischer Extrakt die gesamte Menge eines zu bestimmenden Elementes neben kleinen Mengen anderer mitextrahierter, jedoch störender Elemente enthält, so läßt sich die Abtrennung von den letztgenannten meist über eine Rückextraktion erreichen. Dabei wird der organische Extrakt mit Wasser, welches das Extraktionsreagens oder ein Maskierungsmittel enthält, geschüttelt, wobei die geringen Mengen der Störelemente in die wäßrige Phase übergehen und die Hauptmenge des zu bestimmenden Elementes in der organischen Phase verbleibt. Andererseits kann man das zu bestimmende Element durch Schütteln mit Wasser (mit geeignetem Reagenszusatz: Säure, Lauge, Puffer, Maskierungsmittel) erneut aus der organischen in die wäßrige Phase zurückführen, während die Störelemente in der organischen Phase verbleiben oder ganz bis teilweise mit in die wäßrige Phase gehen. Im letztgenannten Falle kann eine quantitative Abtrennung des zu bestimmenden Elementes von den Störelementen durch eine neuerliche selektive Extraktion erreicht werden.

Mit Hilfe von Maskierungsmitteln können Störelemente in nicht störende Komplexe übergeführt und auf diese Weise die Selektivität eines Reagenses erhöht werden [*40b*]. Die Maskierungsmittel sind in stark sauren Lösungen ohne wesentliche Wirkung, weshalb ihre Anwendung auf den schwach sauren bis alkalischen Bereich beschränkt ist (z. B. Metallchelatextraktionen). Die am meisten angewandten Maskierungsmittel sind Tartrat, Citrat, Cyanid, Fluorid, Thiosulfat, Thiocyanat, Äthylendiaminotetraessigsäure (ÄDTE). Von diesen findet besonders die ÄDTE häufig Anwendung in den verschiedensten Zweigen der analytischen Chemie [*42*], bei Spurenanalysen in Verbindung mit organischen Reagentien, wie z. B. mit Carbamat [*43–50*] (s. S. **297** ff.), Dithizon [*51, 52*] (s. S. **317** ff.), Oxin [*53, 54*] (s. S. **327** ff.) und anderen Reagentien [*55–62*]. Daneben werden öfters auch organische Reagentien, die sich durch höhere Selektivität auszeichnen, zur Maskierung der betreffenden Elemente verwendet, beispielsweise die Maskierung von Fe(II) mit 1,10-Phenanthrolin bei der Bestimmung von Al mit Oxin/$CHCl_3$ [*41*] in eisenhaltigen Wässern. Auch können mehrere Maskierungsmittel gleichzeitig der Probelösung zugesetzt werden, wodurch man eine gesteigerte Selektivität der betreffenden Extraktion erreicht.

Über die verschiedenen Arbeitsweisen einschließlich der Anwendung von Maskierungsmitteln und der weiter unten besprochenen Verdrängungsreaktionen zur Erhöhung der Selektivität unspezifischer Reagentien gibt Tab. **36** durch einige Beispiele einen schematischen Überblick. Weiterhin findet man im Abschnitt III (s. S. **241** ff.) bei den einzelnen Reagentien und in den Arbeitsvorschriften Angaben über die Anwendung von Maskierungsmitteln.

Die auf S. **234** unter **5.** angeführten Verdrängungsreaktionen finden öfters Anwendung, da sie eine elegante Methode zur Steigerung der Selektivität unspezifischer Reagentien darstellen. Die in schwer löslichen Verbindungen oder in wenig dissoziierten Komplexen gebunden vorliegenden Ionen können gegen andere Ionen ausgetauscht werden, wenn die entsprechenden Verbindungen der Austauschionen noch weniger dissoziiert sind. In vielen Fällen sind derartige als Austausch- oder Verdrängungsreaktionen bezeichnete Umsetzungen die Grundlage analytischer Trennungs- und Bestimmungsverfahren und besitzen häufig ein hohe Maß an Selektivität. Auch bei den innerkomplexen Verbindungen der disubstituierten Carbamidsäuren sind solche Verdrängungsreaktionen möglich. Auf empirischem Wege wurden für eine Anzahl von Elementen, die mit Na-DDTC extrahierbare Komplexe bilden, Verdrängungsreihen für die Umsetzung zwischen zwei miteinander nicht mischbaren Phasen (wäßriger und organischer) aufgestellt, bei denen jeweils ein Element die nachfolgenden Elemente aus dem Carbamatkomplex verdrängt [*63, 100, 101*] (s. S. **304** ff.). Auch mit anderen Reagentien wurden Verdrängungsreaktionen durchgeführt, so z. B. mit Bis-(thiosalicylaldehyd)-äthylendiimin (Umsetzung zwischen wäßriger und $CHCl_3$-Phase) [*102*]. Eine ähnliche Verdrängungsreihe wurde für Metallkomplexe mit Schiffschen Basen in homogener organischer Phase ermittelt [*103*]. Auch wurde eine Affinitätsreihe für Metallkomplexe des Dithizons aufgestellt [*99*]. Aus ihren Dithizonat-Komplexen werden Tl durch Co [*76a*] und Cu durch Ag [*99, 99a*] verdrängt. Wegen der guten Löslichkeit der Dithiocarbamate in zahlreichen organischen Lösungsmitteln arbeitet man bei Verdrängungsreaktionen mit einer organischen, mit Wasser nicht mischbaren Phase, die das Carbamat eines Metalles Me_1 gelöst enthält, und einer wäßrigen Phase, in der ein Salz des Metalles Me_2 gelöst ist. Beim Schütteln der beiden Phasen miteinander wird sich ein Gleichgewicht nach Gl. (1) einstellen:

$$m\,[Me_2^{n+}]_{aqu} + n\,[Me_1(DDTC)_m]_{org} \rightleftarrows n\,[Me_1^{m+}]_{aqu} + m\,[Me_2(DDTC)_n]_{org} \qquad (1)$$

DDTC = Diäthyldithiocarbamat.

Bei Vernachlässigung der Aktivitätskoeffizienten gilt für die Verteilung zweier Elemente Me_1 und Me_2 bei Anwesenheit von Diäthyldithiocarbamidsäure (HDDTC) auf eine wäßrige und eine organische Phase die Gl. (2):

$$\frac{[Me_1(DDTC)_m]_{org}^n}{[Me_2(DDTC)_n]_{org}^m} = \frac{\left(\frac{K_{Me_1}}{V_{Me_1}} \cdot [Me_1^{m+}]_{aqu}\right)^n}{\left(\frac{K_{Me_2}}{V_{Me_2}} \cdot [Me_2^{n+}]_{aqu}\right)^m}, \qquad (2)$$

wobei

$$K_{Me} = \frac{[Me(DDTC)_x]_{aqu}}{[Me^{x+}]_{aqu} \cdot [DDTC^-]_{aqu}^x} \qquad (3)$$

die Stabilitätskonstante des innerkomplexen Diäthyldithiocarbamates und

$$V_{Me} = \frac{[Me(DDTC)_x]_{aqu}}{[Me(DDTC)\ ]_{org}} \qquad (4)$$

den Verteilungskoeffizienten für die Verteilung des Metalldithiocarbamates zwischen wäßriger und organischer Phase darstellen [*101*].

Bei Kenntnis von K_{Me} und V_{Me} oder auch nur der Quotienten K/V für die verschiedenen Metalldithiocarbamate sowie der in Frage kommenden Aktivitätskoeffizienten sollte man danach Aussagen darüber machen können, ob bzw. in welchem Ausmaß ein Austausch zwischen Me_1 und Me_2 erfolgt, wenn eine Lösung von Me_1-DDTC in einem organischen Lösungsmittel mit einer wäßrigen Lösung eines Salzes von Me_2 geschüttelt wird. Ist nun das Verhältnis von

$$K_{Me_2} = \frac{[Me_2(DDTC)_n]_{aqu}}{[Me_2^{n+}] \cdot [DDTC^-]_{aqu}^n} \qquad (5)$$

und

$$V_{Me_2} = \frac{[Me_2(DDTC)_n]_{aqu}}{[Me_2(DDTB)_n]_{org}} \tag{6}$$

des Carbamates des Metalles Me_2 sehr viel größer als das entsprechende Verhältnis des Me_1-Komplexes

$$\left(\frac{K_{Me_2}}{V_{Me_2}}\right)^m \gg \left(\frac{K_{Me_1}}{V_{Me_1}}\right)^n, \tag{7}$$

dann sollte eine weitgehende Verdrängung des Metalles Me_1 aus seinem Carbamatkomplex durch das Metall Me_2 zu erwarten sein *[63]*, wobei Me_1 in die wäßrige Phase übergeführt wird. Die bei solchen Verdrängungen zwischen wäßriger und organischer Phase ausgetauschten Mengen von Me_1 und Me_2 sind dann äquivalent, wenn die Menge des insgesamt in der organischen Phase vorhandenen Reagenses nur durch die Menge von Me_1 bestimmt ist. Dazu ist erforderlich, daß bei der vorangegangenen Extraktion des Me_1-DDTC der stets vorhandene Reagensüberschuß vollständig in der wäßrigen Phase verbleibt und praktisch kein oder nur geringe, vernachlässigbare Mengen an Reagens in die organische Phase gelangen. Deshalb muß man berücksichtigen, daß die freie, undissoziierte HDDTC durch CCl_4 mit fallendem pH-Wert in steigendem Maße extrahiert wird *[48]*. In wäßrigen Lösungen mit pH-Werten oberhalb etwa 8 ist die HDDTC so weitgehend dissoziiert ($K_{0°C} \sim 4{,}5 \cdot 10^{-4}$) *[101]*, daß nur noch ein geringer Teil als undissoziierte HDDTC vorliegt. Hält man deshalb bei pH-Werten etwa > 8 den Reagensüberschuß in mäßigen Grenzen, so sind die Mengen an nicht als Me_1-DDTC-Komplex gebundener, mitextrahierter HDDTC so gering, daß sie in vielen Fällen vernachlässigt werden können. Mit zunehmendem pH-Wert kann die Menge des Reagensüberschusses beträchtlich gesteigert werden, ohne daß Störungen durch mitextrahiertes, nicht im Chelatkomplex gebundenes Reagens auftreten. Aufgrund der vorhergehenden Ausführungen empfiehlt es sich daher, das Metall, welches als Carbamatkomplex einer Verdrängungsreaktion zugeführt werden soll, bei dessen quantitativer Bestimmung oberhalb pH 8 als Carbamat zu extrahieren.

Zwar ist die Löslichkeit einiger Metallcarbamate in CCl_4 kleiner als in anderen organischen Lösungsmitteln, doch genügt diese im allgemeinen; außerdem hat das CCl_4 gegenüber den anderen Lösungsmitteln den Vorteil, daß es geringere Mengen an HDDTC extrahiert.

Literatur

1. Brooks, R. R.: Talanta **12**, 505 (1965).
2. Brooks, R. R.: Talanta **12**, 511 (1965).
2a. Hecker, E.: Verteilungsverfahren im Laboratorium. Weinheim/Bergstr.: Verl. Chemie 1955.
2b. Rauen, H. M., Stamm, W.: Gegenstromverteilung. Berlin-Göttingen-Heidelberg: Springer 1953.
3. Winter, O. B., Robinson, H. M., Lamb, F. W., Miller, E. J.: Ind. Eng. Chem., Anal. Ed. **7**, 265 (1935).
4. Bambach, K.: Ind. Eng. Chem., Anal. Ed. **11**, 400 (1939).
5. Heftmann, E.: Chemist-Analyst **42**, 73 (1953).
6. Biefeld, L. P., Patrick, T. M.: Ind. Eng. Chem., Anal. Ed. **14**, 275 (1942).
7. Fischer, H., Passer, M., Leopoldi, G.: Mikrochem. verein. Mikrochim. Acta **30**, 307 (1942).
8. Francis, A. C.: Analyst **82**, 293 (1957).
9. Francis, A. C., Pilgrim, A. J.: Analyst **82**, 289 (1957).
9a. Oertli, E., Perrine, T. D.: Chem. Ing. Techn. **32**, 554 (1960).
9b. Waterbury, G. R., Bricker, C. E.: Analyt. Chem. **29**, 129 (1957).
10. Milner, G. W. C., Wood, A. J.: Ministry of Supply, Great Britain, Atomic Energy Research Establishment, Unclassified Rept. C/R 895 (1952).
11. Milner, G. W. C., Barnett, G. A., Smales, A. A.: Analyst **80**, 380 (1955).
12. Bock, R., Herrmann, M.: Z. anorg. allg. Chem. **284**, 288 (1956).

13. Malissa, H., Brockmann, H.: Chem.-Ing. Techn. **28**, 290 (1956).
13a. Koch, W., Malissa, H.: Arch. Eisenhüttenw. **27**, 13 (1956).
14. Guyer, H.: Chimia 13, 163 (1959).
14a. Law, S. L., Green, T. E.: Analyt. Chem. **41**, 1008 (1969).
15. Rasin-Streden, R., Dauschan, W., Zemek, O.: Mikrochim. Acta (Wien) **1956**, 512.
15a. Steele, T. W.: Analyst **85**, 153 (1960).
15b. Golterman, H. L., Wurtz, I. M.: Analyt. chim. Acta **25**, 295 (1961).
15c. Niedermaier, T.: Z. anal. Chem. **207**, 186 (1965).
15d. Egli, R. A.: Z. anal. Chem. **194**, 401 (1963).
15e. Denig, R., Trautmann, N., Herrmann, G.: Z. anal. Chem. **216**, 41 (1966).
16. Mitchell, R. L., Scott, R. O.: J. Soc. chem. Ind. **66**, 330 (1947).
17. Mitchell, R. L.: The spectrographic analysis of soils, plants and related materials, Commonwealth Bureau of Soil Science, Harpenden, England, 1948.
18. Mitchell, R. L., Scott, R. O.: Spectrochim. Acta **3**, 367 (1948).
19. Mitchell, R. L.: Mikrochem. verein. Mikrochim. Acta **36/37**, 1042 (1951).
20. Gorbach, G., Pohl, F.: Mikrochem. verein. Mikrochim. Acta **36/37**, 486 (1951).
21. Gorbach, G., Pohl, F.: Mikrochem. verein. Mikrochim. Acta **38**, 258 (1951).
22. Gorbach, G., Pohl, F.: Mikrochem. verein. Mikrochim. Acta **38**, 328 (1951).
23. Pohl, F. A.: Z. anal. Chem. **139**, 241 (1953).
24. Pohl, F. A.: Z. anal. Chem. **139**, 423 (1953).
25. Pohl, F. A.: Z. anal. Chem. **141**, 81 (1954).
26. Pohl, F. A.: Angew. Chem. **66**, 603 (1954).
27. Pohl, F. A.: Z. anal. Chem. **142**, 19 (1954).
28. Koch, O. G.: Mikrochim. Acta (Wien) **1958**, 92.
29. Koch, O. G.: Mikrochim. Acta (Wien) **1958**, 151.
30. Koch, O. G.: Mikrochim. Acta (Wien) **1958**, 347.
31. Koch, O. G., Dedic, G. A.: Chemist-Analyst **46**, 88 (1957).
32. Koch, O. G.: Mikrochim. Acta (Wien) **1958**, 402.
33. Koch, O. G., Dedic, G. A.: Zbl. Bakteriol. II. Orig. **110**, 178 (1957).
34. Koch, O. G., Dedic, G. A.: Zbl. Bakteriol. II. Orig. **110**, 490 (1957).
35. Dedic, G. A., Koch, O. G.: Phyton **9**, 65 (1957).
36. Doll, W., Specker, H.: Z. anal. Chem. **161**, 354 (1958).
36a. West, P. W., Mukherji, A. K.: Analyt. Chem. **31**, 947 (1959).
37. Hynek, R. J., Wrangell, L. J.: Analyt. Chem. **28**, 1520 (1956).
38. Luke, C. L.: Analyt. Chem. **28**, 1276 (1956).
39. Specker, H., Hartkamp, H.: Z. anal. Chem. **145**, 260 (1955).
40. Meyer, S., Koch, O. G.: Mikrochim. Acta (Wien) **1958**, 744.
40a. Meyer, S., Koch, O. G.: Mikrochim. Acta (Wien) **1959**, 720.
40b. Cheng, K. L.: Analyt. Chem. **33**, 783 (1961).
41. Goto, K.: Chem. and Ind. **1957**, 329; ref. Z. anal. Chem. **159**, 150 (1957).
42. Flaschka, H.: Angew. Chem. **69**, 707 (1957).
43. Šedivec, V., Vašák, V.: Collect. Českoslov. chem. Commun. **15**, 260 (1950).
44. Jewsbury, A.: Analyst **78**, 363 (1953).
45. Forster, W. A.: Analyst **78**, 614 (1953).
46. Claassen, A., Bastings, L.: Z. anal. Chem. **153**, 30 (1956).
47. Bode, H.: Z. anal. Chem. **144**, 165 (1955).
48. Bode, H.: Z. anal. Chem. **142**, 414 (1954).
49. Bode, H.: Z. anal. Chem. **143**, 182 (1954).
50. Bode, H.: Z. anal. Chem. **144**, 90 (1955).
51. Vašák, V., Šedivec, V.: Collect. Českoslov. chem. Commun. **15**, 1076 (1950); ref.: Z. anal. Chem. **137**, 223 (1952/53).
52. Friedeberg, H.: Analyt. Chem. **27**, 305 (1955).
53. Claassen, A., Bastings, L., Visser, J.: Analyt. chim. Acta **10**, 373 (1954).
54. Taylor, R. P., Furman, N. H.: Analyt. Chem. **27**, 309 (1955).
55. Adams, J. A., Booth, E., Strickland, J. D. H.: Analyt. chim. Acta **6**, 462 (1952).
56. Banerjee, S., Sundaram, A. K., Sharma, H. D.: Analyt. chim. Acta **10**, 256 (1954).
57. Willard, H. H., Martin, E. L., Feltham, R.: Analyt. Chem. **25**, 1863 (1953).
58. Cheng, K. L.: Analyt. Chem. **26**, 1894 (1954).
59. Cheng, K. L.: Analyt. Chem. **28**, 1738 (1956).
60. Cheng, K. L.: Chemist-Analyst **45**, 67 (1956).

61. Cheng, K. L., Bray, R. H.: Analyt. Chem. **27**, 782 (1955).
62. Cheng, K. L.: Analyt. Chem. **30**, 1027 (1958).
63. Eckert, G.: Z. anal. Chem. **155**, 23 (1957).
64. Cluley, H. J.: Analyst **79**, 561 (1954).
65. Pohl, H.: Analyt. chim. Acta **12**, 54 (1955).
66. Cheng, K. L., Bray, R. H.: Analyt. Chem. **25**, 655 (1953).
67. Jenkins, E. N.: Analyst **79**, 209 (1954).
68. Bode, H.: Angew. Chem. **66**, 756 (1954).
69. Oosting, M.: Mikrochim. Acta (Wien) **1956**, 528.
70. Cheng, K. L., Bray, R. H., Melstedt, S. W.: Analyt. Chem. **27**, 24 (1955).
71. Pribil, R., Kobrova, M., Jenik, J.: Chem. listy **47**, 842 (1953).
72. Noddack, W., Eckert, G., Riedel, K.: Z. anal. Chem. **147**, 417 (1955).
73. Eckert, G.: Z. anal. Chem. **153**, 261 (1956).
74. Sag, G.: Bull. Soc. chim. France **16**, 30 (1949).
75. Quentin, K. E.: Z. Lebensmittel-Unters. Forsch. **102**, 106 (1955).
76. Eckert, G.: Z. anal. Chem. **148**, 14 (1955).
76a. Saltzman, B. E.: Analyt. Chem. **25**, 493 (1953).
77. Šedivec, V., Vašák, V.: Chem. listy **45**, 435 (1951); ref. Z. anal. Chem. **137**, 268 (1952/53).
78. Vašák, V., Šedivec, V.: Chem. listy **45**, 437 (1951; ref. Z. anal. Chem. **137**, 224 (1952/53).)
79. Andrus, S.: Analyst **80**, 514 (1955).
80. Stone, I., Ettinger, R., Gantz, C.: Analyt. Chem. **25**, 893 (1953).
81. Martens, R. I., Githens, R. E., Sr.: Analyt. Chem. **24**, 991 (1952).
82. Yokosuka, S.: Jap. Analyst **5**, 71 (1956); ref. Z. anal. Chem. **154**, 195 (1957).
83. Gentry, C. H. R., Sherrington, L. G.: Analyst **71**, 432 (1946).
84. Kassner, J. L., Ozier, M. A.: Analyt. Chem. **23**, 1453 (1951).
85. Luke, C. L.: Analyt. Chem. **24**, 1122 (1952).
86. Margerum, D. W., Sprain, W., Banks, C. V.: Analyt. Chem. **25**, 249 (1953).
87. Kenyon, O. A., Bewick, H. A.: Analyt. Chem. **24**, 1826 (1952).
88. Sideris, C. P.: Ind. Eng. Chem., Anal. Ed. **12**, 232 (1940).
89. Wakamatsu, S.: Jap. Analyst **5**, 509 (1956); ref. Z. anal. Chem. **157**, 304 (1957).
90. Milner, G. W. C., Nall, W. R.: Analyt. chim. Acta **6**, 420 (1952).
91. Rees, W. T.: Analyst **75**, 160 (1950).
92. Vesterberg, R., Sjöholm, O.: Mikrochem. verein. Mikrochim. Acta **38**, 81 (1951).
93. Vesterberg, R.: Mikrochem. verein. Mikrochim. Acta **36/37**, 967 (1950/51).
94. Luke, C. L., Campbell, M. E.: Analyt. Chem. **28**, 1340 (1956).
95. Fischer, H., Leopoldi, G.: Aluminium **25**, 356 (1943).
96. Young, R. S.: Metallurgia **36**, 347 (1947).
97. Willoughby, C. E., Wilkins, E. S., Jr., Kraemer, E. O.: Ind. Eng. Chem., Anal. Ed. **7**, 285 (1935).
98. Bricker, L. G., Proctor, K. L.: Ind. Eng. Chem., Anal. Ed. **17**, 511 (1945).
99. Iwantscheff, G.: Das Dithizon und seine Anwendung in der Mikro- und Spurenanalyse, Verl. Chemie, Weinheim/Bergstr. 1972.
99a. Minczewski, J., Maleszewska, H.: Chem. analit. (Warszawa) **3**, 655 (1958); ref. Z. anal. Chem. **171**, 198 (1959).
100. Wickbold, R.: Z. anal. Chem. **152**, 295 (1956).
101. Bode, H., Tusche, K.: Z. anal. Chem. **157**, 414 (1957).
102. Beck, G.: Mikrochem. verein. Mikrochim. Acta **33**, 188 (1947).
103. Pfeiffer, P., Thielert, H., Glaser, H.: J. prakt. Chem. **152**, 145 (1939).

III. Arbeitsbereich der wichtigsten Anreicherungsreagentien

Vorbemerkungen

Im allgemeinen genügen bei einem gestellten spurenanalytischen Problem die in der entsprechenden Arbeitsvorschrift gebrachten Hinweise zur zufriedenstellenden Durchführung der Spurenanalyse. Steht aber eine geeignete Arbeitsvorschrift nicht zur Verfügung, so daß die Ausarbeitung einer neuen Vorschrift erforderlich wird, dann muß man unter anderem ein geeignetes Reagens für die Abtrennung bzw. Bestimmung des Elementes auswählen. Da das notwendige Studium einzelner Arbeitsvorschriften und Literaturquellen oft recht zeitraubend ist, findet man im vorliegenden Abschnitt den Arbeitsbereich der wichtigsten Anreicherungsreagentien zusammengestellt (s. S. **259** ff.).

Die Tab. **37** zeigt die wichtigsten, bei Extraktionen vorkommenden Komplexarten. In den meisten Metallextraktionssystemen ist die Verdrängung von Wassermolekülen aus der Koordinationssphäre des Metallions die Grundlage für die Bildung des extrahierbaren Metallkomplexes [*2*—*4*]. Je nach den dabei stattfindenden Vorgängen (Extraktion von neutralen Molekülen oder Metallchelaten mit inerten Lösungsmitteln bzw. Umsetzung des Metallions mit einem aktiven Solvens) kann man die Extraktionssysteme in drei Gruppen einteilen:

1. Einfache Koordinationssysteme, bei denen undissoziierte Moleküle (kovalente Verbindungen, wie z. B. $AsCl_3$, $GeCl_4$) in der wäßrigen Phase vorliegen und diese ohne chemischen Eingriff vom organischen Lösungsmittel (mit kleiner Dielektrizitätskonstante, wie z. B. CCl_4) extrahiert werden [*1*].

2. Chelatkomplexe, die einen ähnlichen Extraktionsmechanismus wie Gruppe 1. aufweisen. Die koordinierten Wassermoleküle des Metallions werden vom Chelatbildner (z. B. Oxin, Carbamat usw.) verdrängt und der entstandene neutrale Chelatkomplex vom inerten Lösungsmittel (CCl_4, $CHCl_3$) aufgenommen (gelöst, extrahiert).

3. Metall-Solvens-Komplexe, bei denen das Extraktionsmittel selbst eine chemische Bindung mit dem Metallkation eingeht. Das Metallkation als Lewis-Säure (Elektronenacceptor) und das organische Lösungsmittel als Lewis-Base (Elektronendonator) bilden eine Donator-Acceptorbindung aus und der gebildete, hydrophobe Komplex geht in die organische Phase. Hierzu eignen sich Solventien mit koordinationsfähigem O-, S- oder N-Atom (mit großer Dielektrizitätskonstante), wie z. B. Äther, Alkohole, Ketone, Ester. Neben diesen Systemen ist hier noch die Bildung von Ionenassoziationskomplexen anzuführen, auf denen beispielsweise die Extraktion mit Aminen sowie die Ausschüttelung von komplexen Ionen beruht.

Neben dieser Einteilung ist verschiedentlich eine vereinfachte (allerdings unexakte) Aufteilung in den Bereich der anorganischen Extraktion, der im wesentlichen die oben angeführten Gruppen 1 und 3 umfaßt, und den Bereich der organischen Extraktion, hauptsächlich die oben angeführte Gruppe 2 umfassend, in Verwendung.

Tabelle 37. Zusammenstellung extrahierbarer Metallkomplexe (nach [*4, 5, 7—15*])

Komplexart		Reaktions- bzw. Reagensgruppe	Reagens	Metallkomplex
I. Chelat-Komplexe (innere Komplexe)				
A. 4-gliedrige Ringsysteme	1.	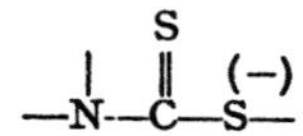 Dialkyldithiocarbamate	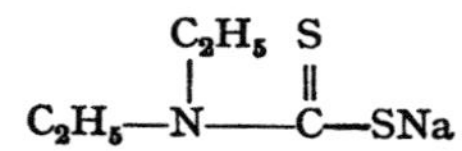 Natriumdiäthyldithiocarbamat	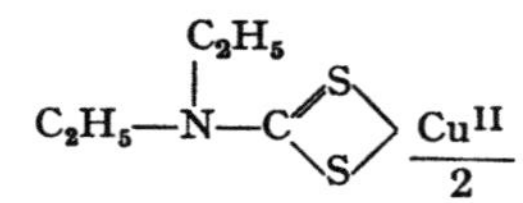
	2.	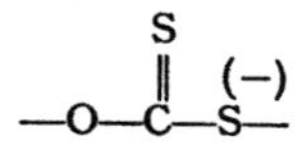 Xanthate	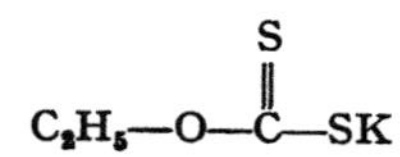 Kaliumxanthat	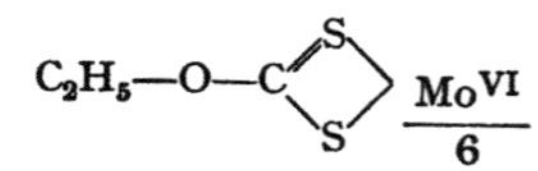
B. 5-gliedrige Ringsysteme	1.	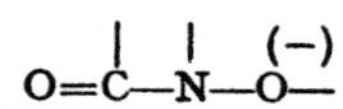	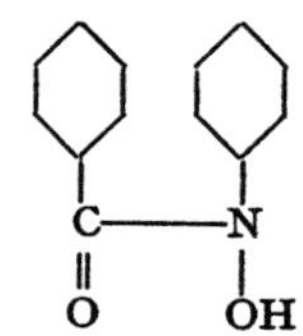 N-Benzoylphenylhydroxylamin	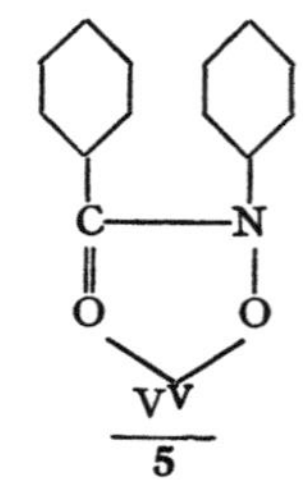
	2.	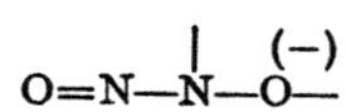	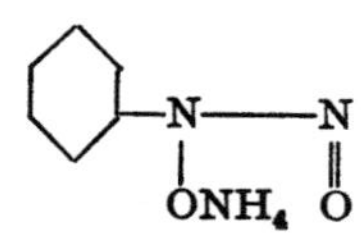 Cupferron	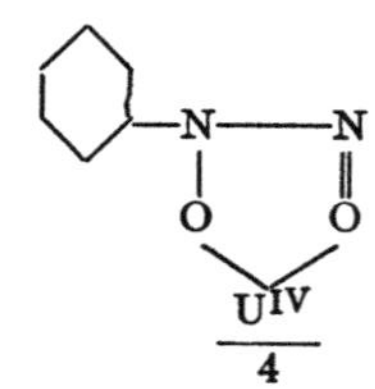

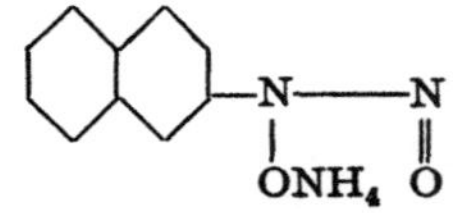
Neocupferron

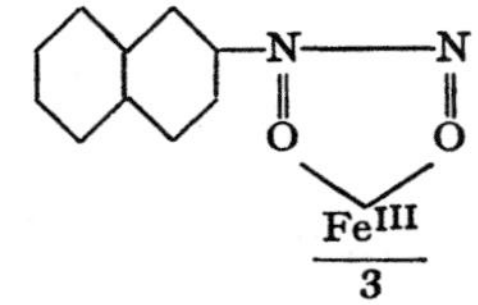

3.

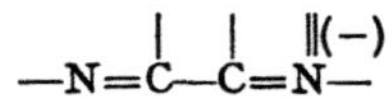
α-Dioxime

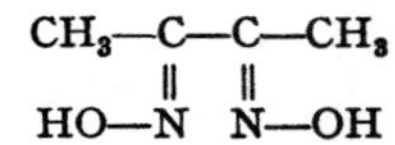
Dimethylglyoxim

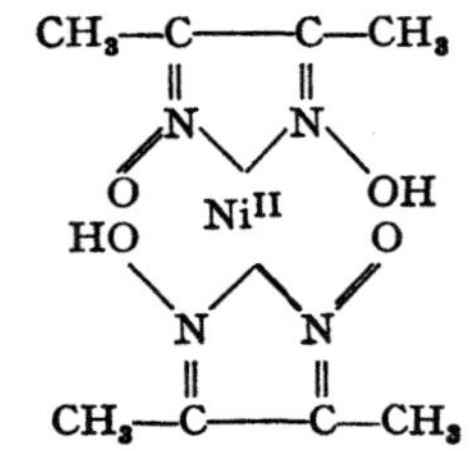

oder

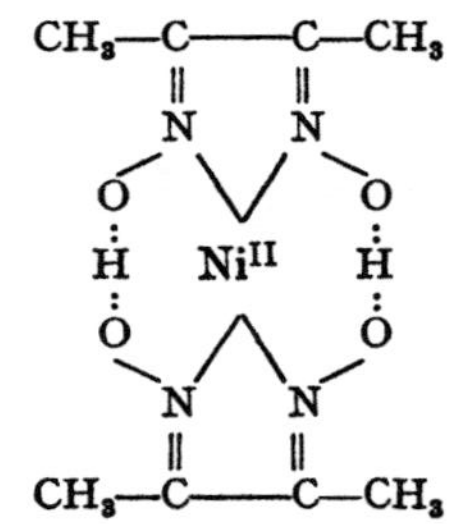

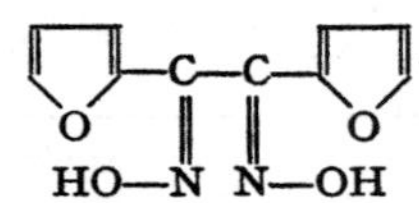
Furildioxim

Tabelle 37 (Fortsetzung)

Komplexart	Reaktions- bzw. Reagensgruppe	Reagens	Metallkomplex
		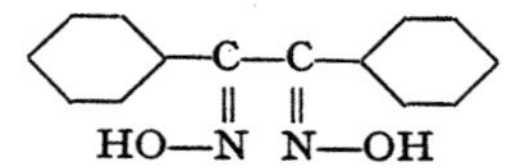 Benzildioxim	
	4. —NH—N=C—S— (−)	Dithizon[1] (Diphenylthiocarbazon) und Derivate	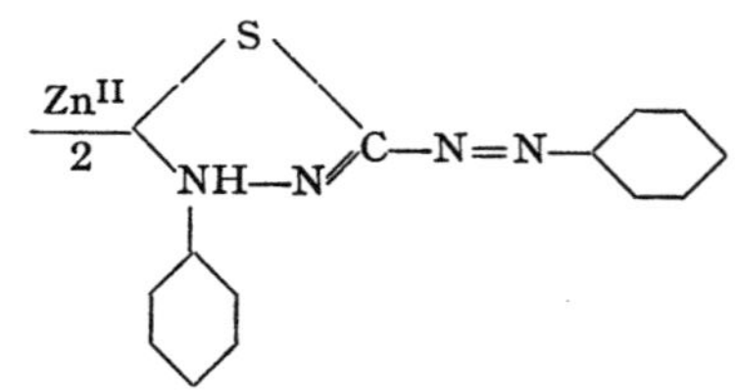
		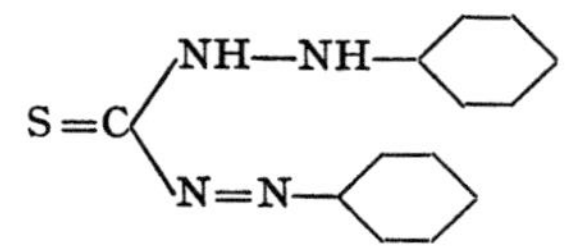 Ketoform	
		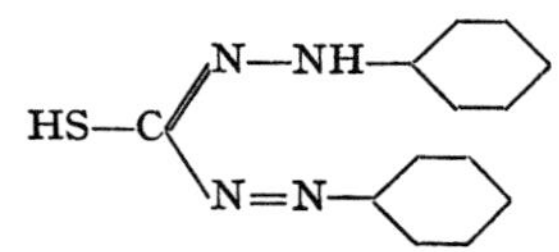 Enolform	
	—N=N—C—S— (−)		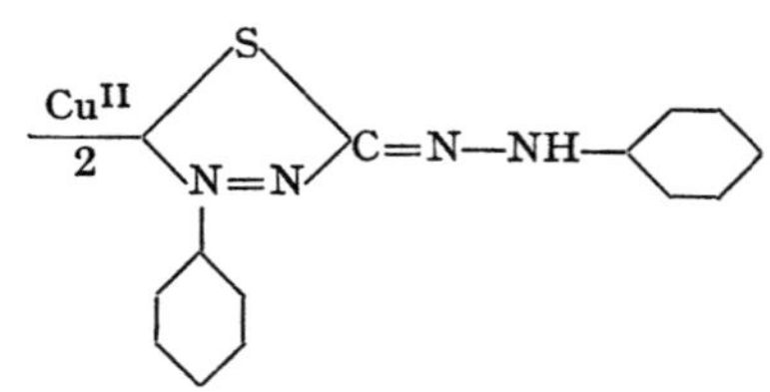

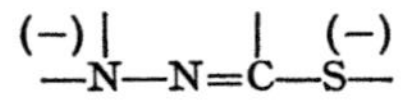

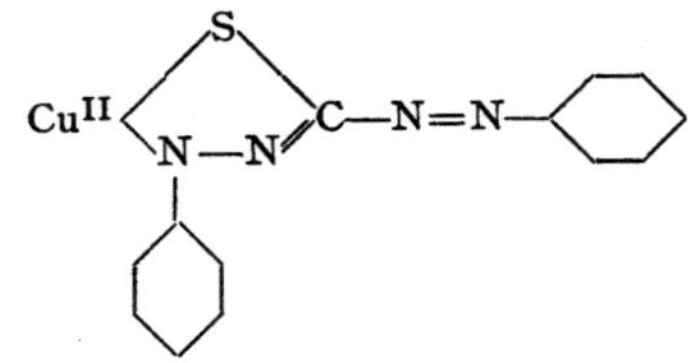

5.

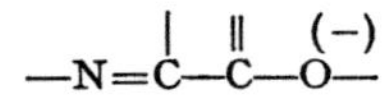

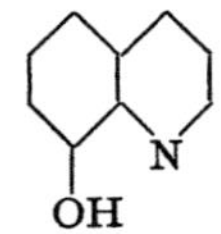

8-Hydroxychinolin
und
Derivate

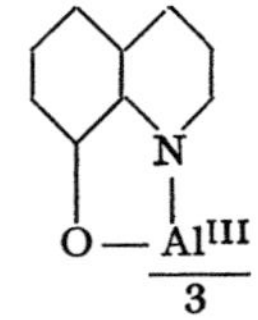

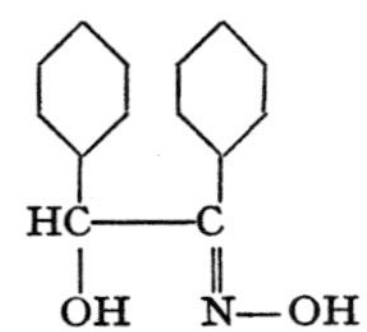

α-Benzoinoxim

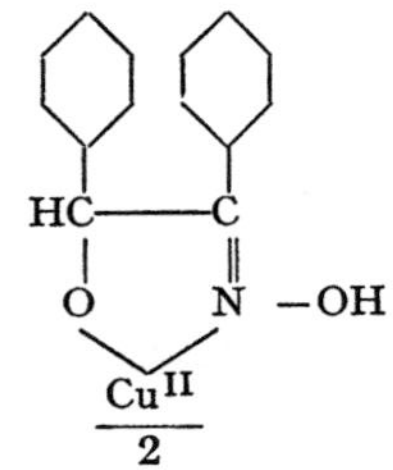

6.

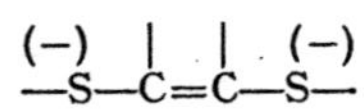

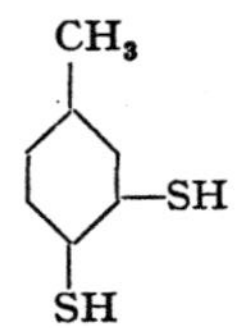

Toluol-3,4-dithiol
(Dithiol)

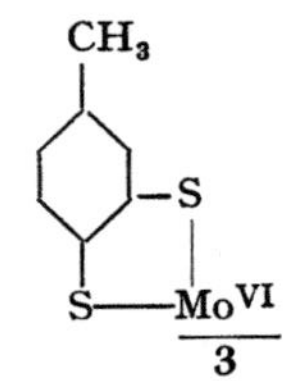

Tabelle 37 (Fortsetzung)

Komplexart	Reaktions- bzw. Reagensgruppe	Reagens	Metallkomplex
C. 6-gliedrige Ringsysteme	1. 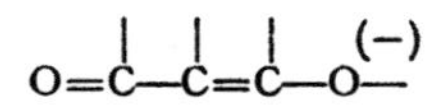 β-Diketone	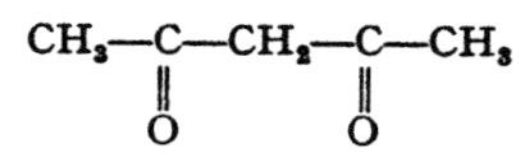 Acetylaceton	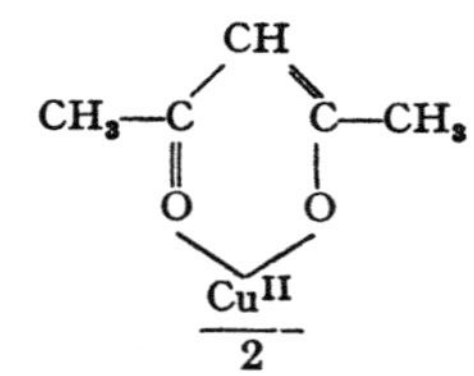
		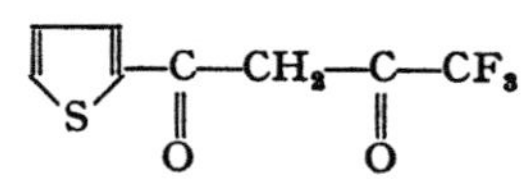 Thenoyltrifluoraceton	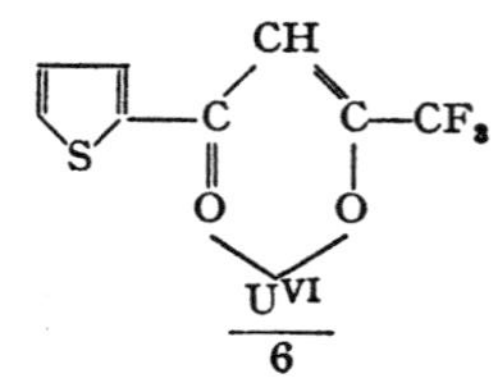
		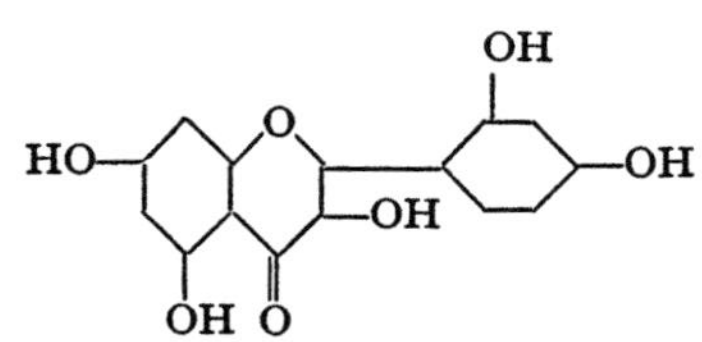 Morin	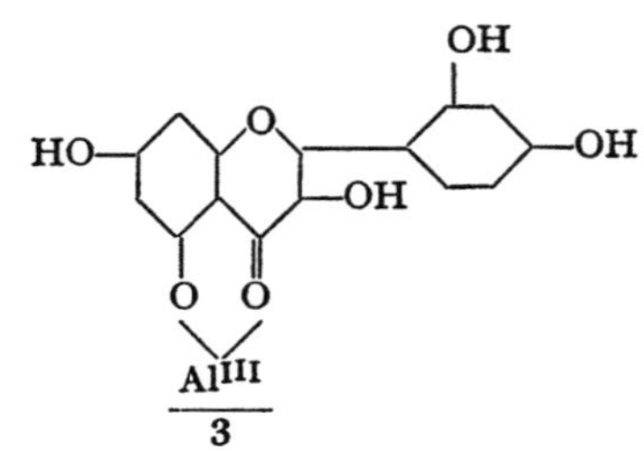

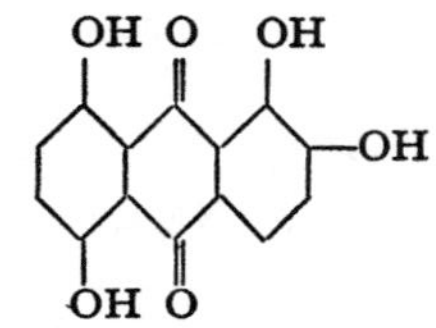

Chinalizarin

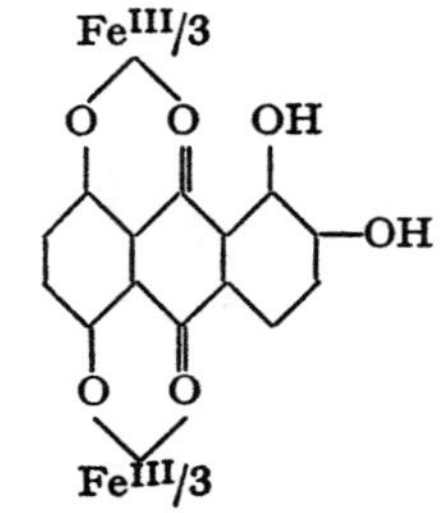

oder

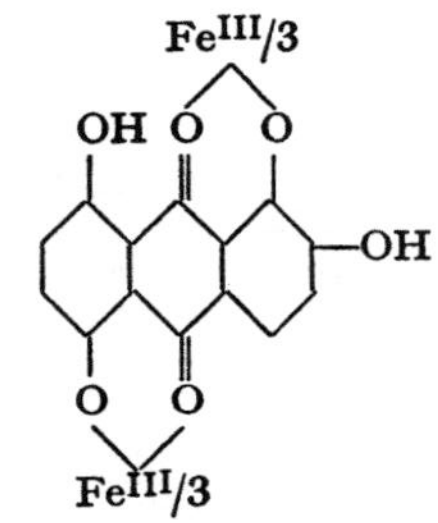

2. $O{=}N{-}\overset{|}{C}{=}\overset{|}{C}{-}\overset{(-)}{O}{-}$

Nitrosonaphthole

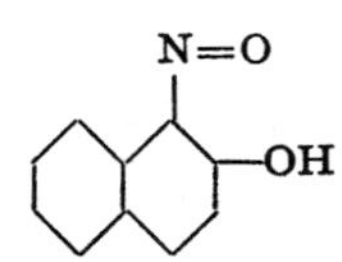

1-Nitroso-2-naphthol

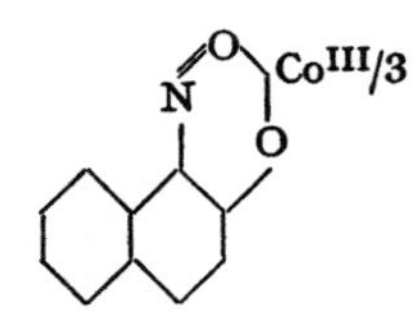

Tabelle 37 (Fortsetzung)

Komplexart	Reaktions- bzw. Reagensgruppe	Reagens	Metallkomplex
	3. 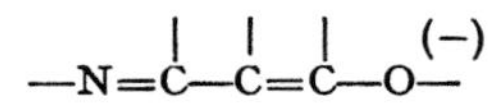	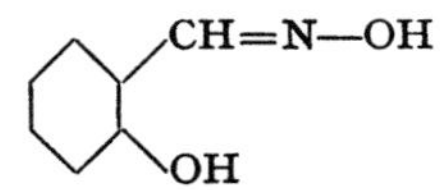 Salicylaldoxim	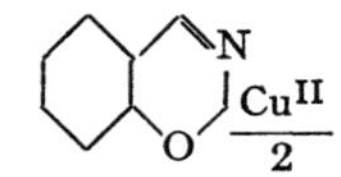
	4. 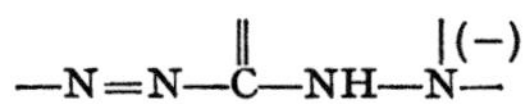	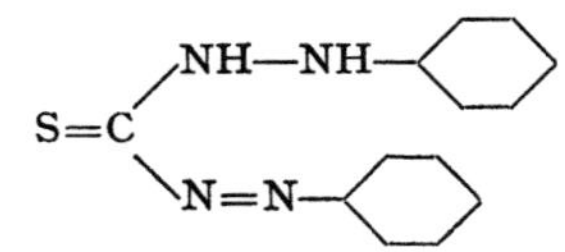 Dithizon[1] Ketoform	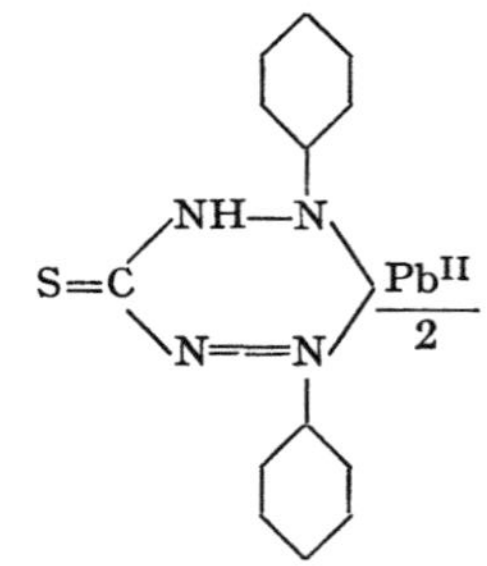
D. Mehrgliedrige bzw. mehrzähnige Ringsysteme	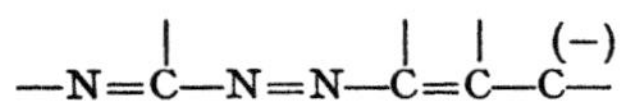	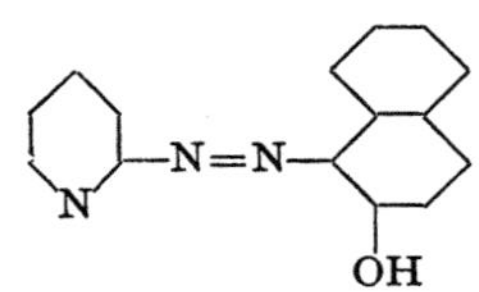 1-(2-Pyridylazo)-2-naphthol[2]	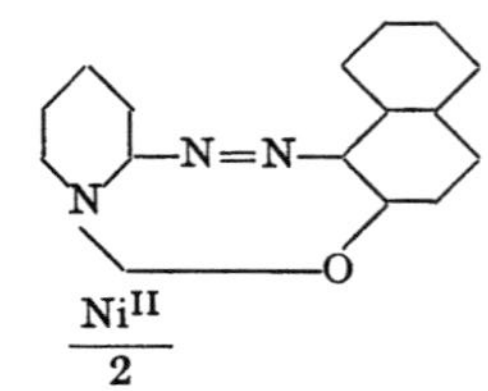
	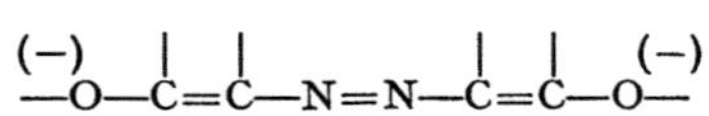	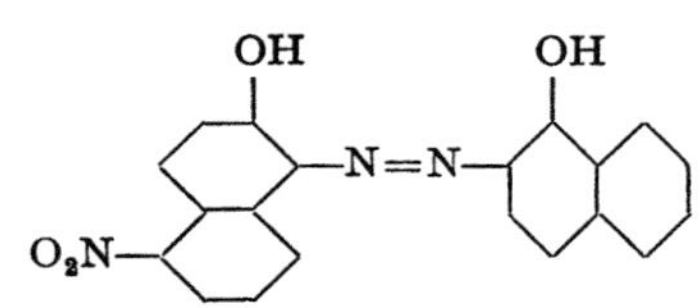 Erio OS[3]	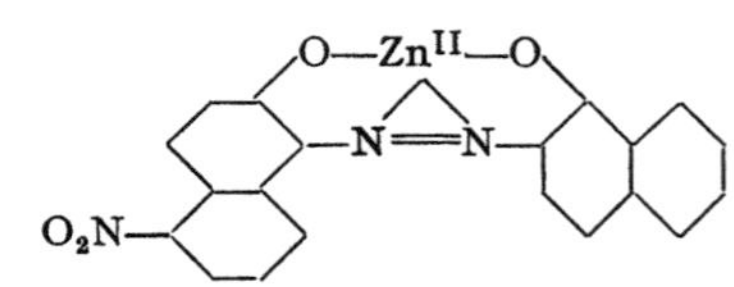

		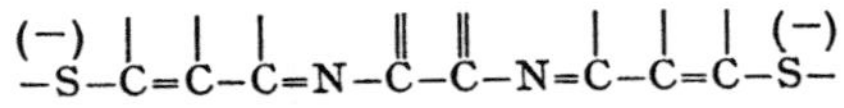	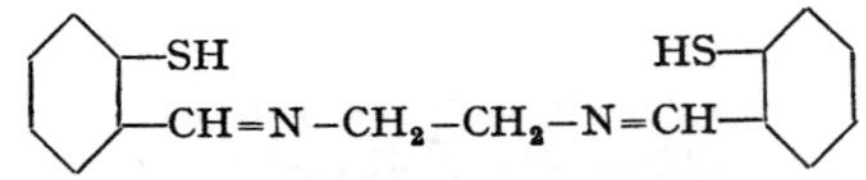 Bis-(thiosalicylaldehyd)-äthylen-diimin[4]	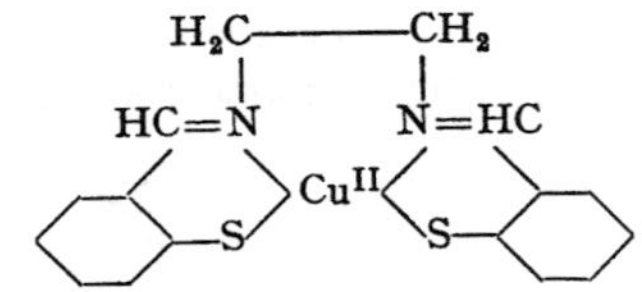
II. Ionenassoziations-Komplexe (Anlagerungs-komplexe)				
A. Metall im Kation des Ionenpaares enthalten	1.	Alkylphosphorsäuren	$(C_4H_9O)_3P{=}O$ Tri-n-butylphosphat (TBP)	$[La(TBP)_3]^{3+}, 3NO_3^-$ oder $[La(NO_3)_3(TBP)_3]$ Tri-(Tri-n-butylphosphato)-La(III)-nitrat[5] $[UO_2(TBP)_2]^{2+}, 2NO_3^-$ oder $[UO_2(NO_3)_2(TBP)_2]$ Bis-(Tri-n-butylphosphato)-uranyl (II)-nitrat[6] $[Fe(TBP)_3]^{3+}, 3SCN^-$ oder $[Fe(SCN)_3(TBP)_3]$ Tri-(Tri-n-butylphosphato)-Fe(III)-thiocyanat[7]
	2.	Carbonsäuren	$C_9H_{19}COOH$ Caprinsäure	$[Cu(C_9H_{19}COOH)_4]^{2+}, 2OH^-$ Tetra-(Caprinsäure)-Cu(II)-hydroxid[8]

Tabelle 37 (Fortsetzung)

Komplexart	Reaktions- bzw. Reagensgruppe	Reagens	Metallkomplex
	3. Kationische Chelatkomplexe a) Phenantholine	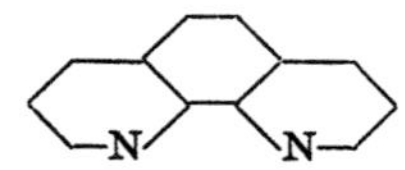 1,10-Phenanthrolin	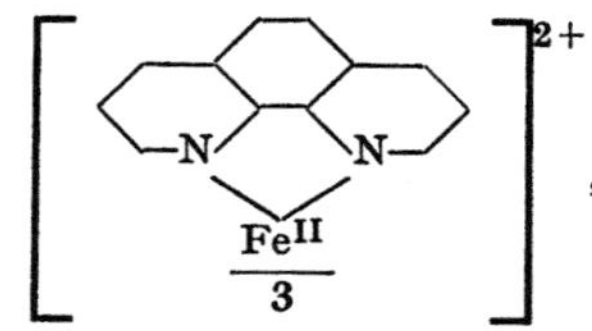 , ClO_4^- Tri-(1,10-phenanthrolino)-Fe (II)- -perchlorat
		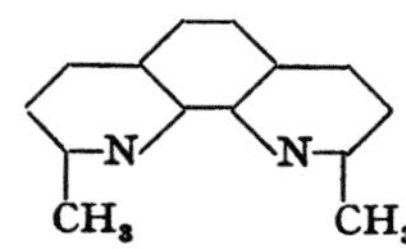 2,9-Dimethyl-1,10-phenanthrolin (Neocuproin)	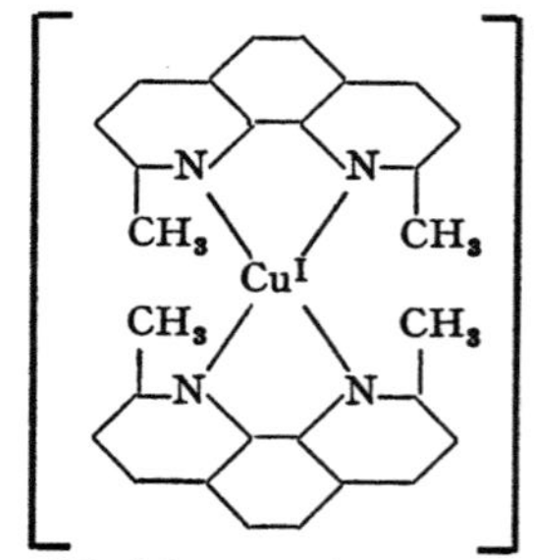 , ClO_4^- Bis (Neocuproino)-Cu (I)-perchlorat
		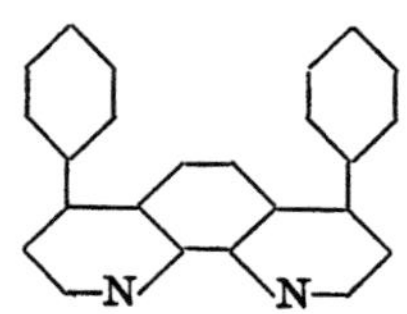 4,7-Diphenyl-1,10-phenanthrolin (Bathophenanthrolin)	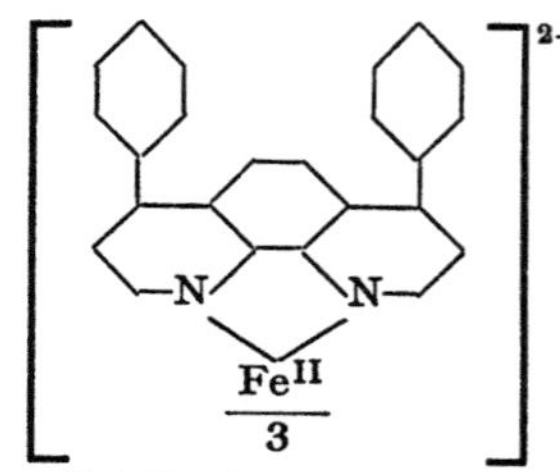 , $2Cl^-$ Tri-(Bathophenanthrolino)-Fe (II)- -chlorid

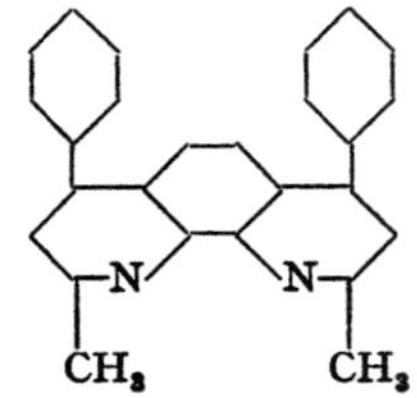

2,9-Dimethyl-4,7-Diphenyl-1,10-phenanthrolin (Bathocuproin)

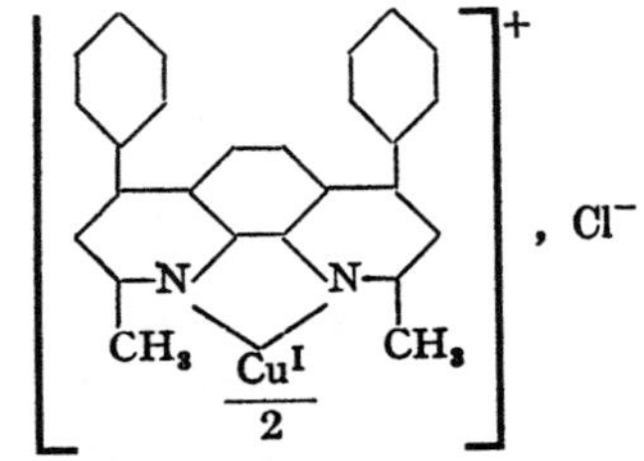

Bis-(Bathocuproino)-Cu (I)-chlorid

b) Polypyridyle

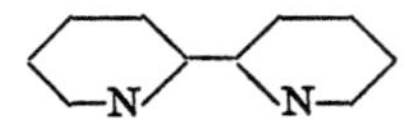

α, α′-Dipyridyl

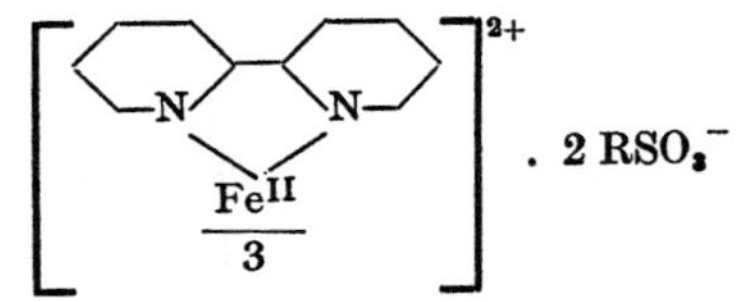

R = langkettige Alkylgruppe

Tri-(α,α′-Dipyridylo)-Fe (II)-alkylsulfonat[9]

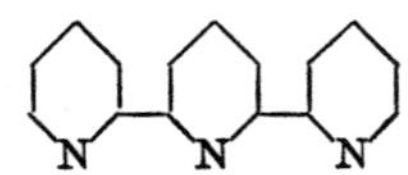

α,α′,α″-Tripyridyl

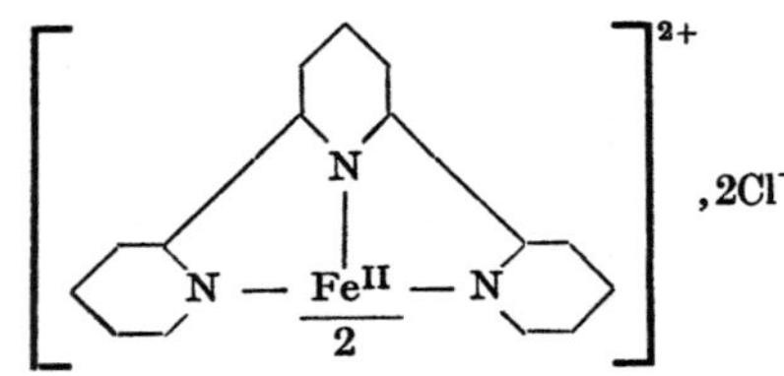

Bis-(α,α′,α″-Tripyridylo)-Fe (II)-chlorid

Tabelle 37 (Fortsetzung)

Komplexart		Reaktions- bzw. Reagensgruppe	Reagens	Metallkomplex
			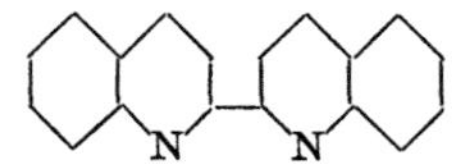 Dichinolyl (Cuproin)	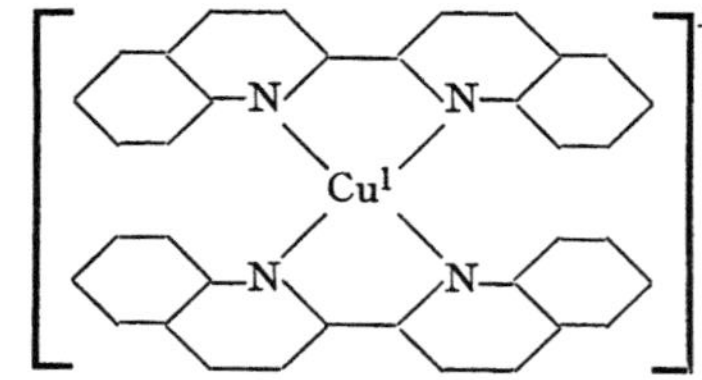 , Cl^- Bis-(Cuproino)-Cu (I)-chlorid
	4.	Nitrate[10, 11]	$(C_2H_5)_2O$ Diäthyläther	$[UO_2((C_2H_5)_2O)_2]^{2+}$, 2 NO_3^- Bis-(Diäthyläthero)-uranyl (II)-nitrat
	5.	Trialkylphosphinoxide	$(C_8H_{17})_3P{=}O$ Trioctylphosphinoxid	$[Fe((C_8H_{17})_3P{=}O)_3]^{3+}$, 3 Cl^- Tri-(Trioctylphosphinoxido)-Fe (III)-chlorid
B. Metall im Anion des Ionenpaares enthalten[12]	1.	Halogenide[13]	$(C_2H_5)_2O$ Diäthyläther	$(C_2H_5)_2OH^+$, $[Fe((C_2H_5)_2O)Cl_4]^-$ Diäthylätheroxonium-tetrachloro-(Diäthyläthero)-ferrat (III)
			$(C_4H_9O)_3P{=}O$ Tri-n-butylphosphat (TBP)	$H[FeCl_4(TBP)_2]$ Bis-(Tri-n-butylphosphato)-tetrachloroeisen (III)-säure[13]
			$(C_4H_9)_3NHCl$ Tri-n-butylammoniumchlorid	2 $(C_4H_9)_3NH^+$, $[PtCl_6]^{2-}$ Bis-(Tri-n-butylammonium)-hexachloro-platinat (IV)

		$(C_6H_5)_4AsCl$ Tetraphenylarsoniumchlorid	$(C_6H_5)_4As^+$, $[BF_4]^-$ Tetraphenylarsonium-tetrafluorobo-rat (III)[14]
		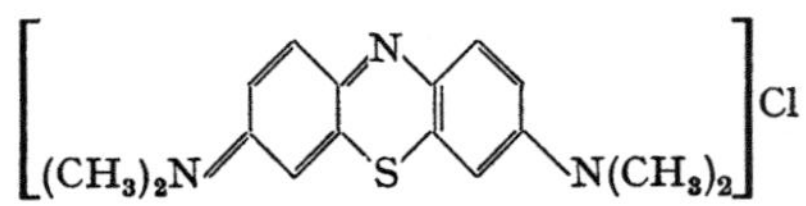 Methylenblau	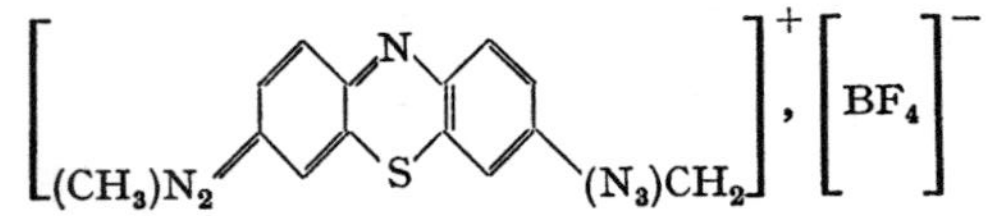 Methylenblau-tetrafluoroborat (III)[15]
2.	Nitrate	$[(C_3H_7)_4N]NO_3$ Tetrapropylammoniumnitrat	$[(C_3H_7)_4N]^+ [UO_2(NO_3)_3]^-$ Tetrapropylammonium-trinitrato-uranylat (II)[16]
		$(C_2H_5)_2O$ Diäthyläther	$2(C_2H_5)_2OH^+$, $[Ce(NO_3)_6]^{2-}$ Bis-(Diäthylätheroxonium)-hexanitra-to-cerat (IV)
			$(C_2H_5)_2OH^+$, $[Au(NO_3)_4]^-$ Diäthylätheroxonium-tetranitrato-aurat (III)
3.	Thiocyanate	$(C_6H_5)_3(CH_3)AsCl$ Triphenylmethyl-arsoniumchlorid	$2(C_6H_5)_3(CH_3)As^+$, $[Cu(SCN)_4]^{2-}$ Bis-(Triphenylmethylarsonium)-tetrathiocyanato-cuprat (II)
		$(C_4H_9)_3NHCl$ Tri-n-butylammoniumchlorid	$3(C_4H_9)_3NH^+$, $[Fe(SCN)_6]^{3-}$ Tri-(Tri-n-butylammonium)-hexa-thiocyanato-ferrat (III)
4.	Oxyanionen	$(C_6H_5)_4AsCl$ Tetraphenylarsoniumchlorid	$(C_6H_5)_4As^+$, $[MnO_4]^-$ Tetraphenylarsonium-permanganat

Tabelle 37 (Fortsetzung)

Komplexart	Reaktions- bzw. Reagensgruppe	Reagens	Metallkomplex
		$(C_4H_9)_3NHCl$ Tri-n-butylammoniumchlorid	$(C_4H_9)_3NH^+$, $[ReO_4]^-$ Tri-n-butylammonium-perrhenat
	5. Cyanide[17]	$(C_4H_9)_3NHCl$ Tri-n-butylammoniumchlorid	$4\,(C_4H_9)_3NH^+$, $[Fe(CN)_6]^{4-}$ Tetra-(Tri-n-butylammonium)-hexa-cyano-ferrat (II)
		$(C_4H_9)_3NHCl$ Tri-n-butylammoniumchlorid	$3\,(C_4H_9)_3NH^+$, $[Fe(CN)_6]^{3-}$ Tri-(Tri-n-butylammonium)-hexa-cyanoferrat (III)
	6. Anionische Chelatkomplexe	$(C_4H_9)_3NHCl$ Tri-n-butylammoniumchlorid	$(C_4H_9)_3NH^+$, 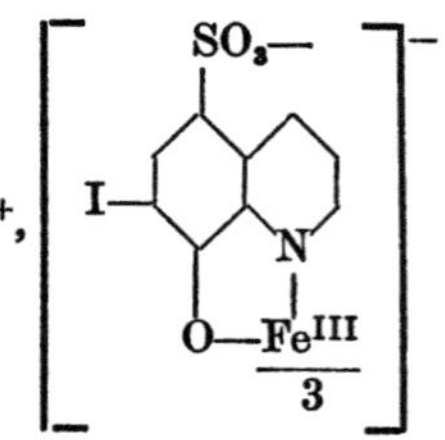 Tri-(Tri-n-butylammonium)-triferronato-ferrat (III)[18]
		$C_6H_5)_4AsCl$ Tetraphenylarsoniumchlorid	$(C_6H_5)_4As^+$, 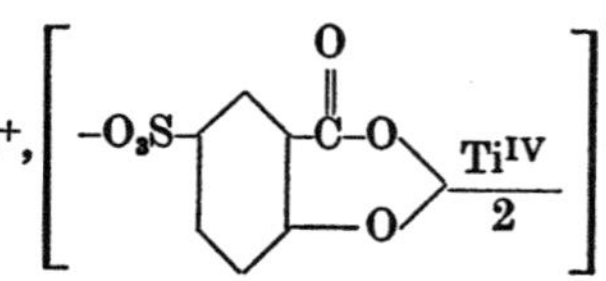 Bis-(Tetraphenylarsonium)-disulfosalicylato-titanat (IV)

$(C_4H_9)_3NHCl$

Tri-n-butylammoniumchlorid

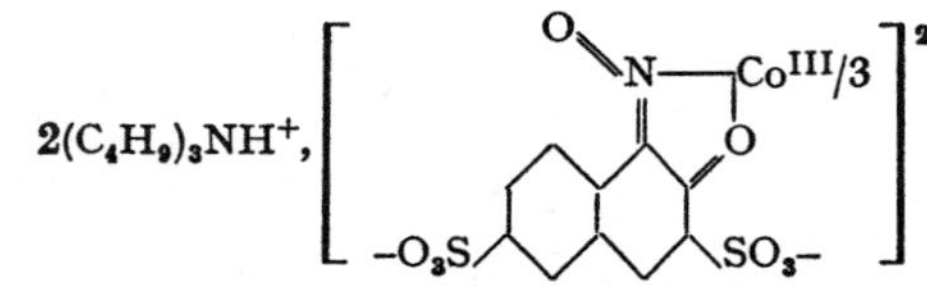

Hexa-(Tri-n-butylammonium)-tri-(Nitroso-R-Salz)-kobaltat(III)

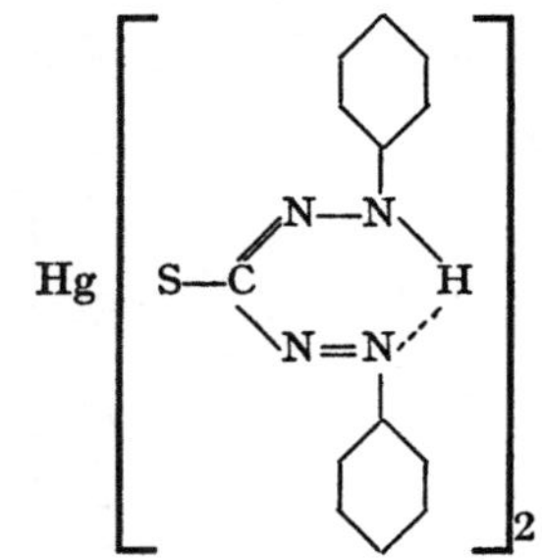

---

1 Über die Struktur der Dithizonate herrscht Unklarheit, weshalb in der Literatur verschiedene Formeln angegeben sind; nach [*16*] wird auch noch die nebenstehende Formel angegeben.

2 Nach [*17*].

3 Nach [*18*].

4 Nach [*19*].

5 Nach [*20*]; s. a. Fußnote 13 zu B. 1.

6 Nach [*3*].

7 Nach [*4—8*].

8 Nach [*21*]: $(C_9H_{19}COO)_2Cu$.

9 Nach [*22*].

10 Uranylnitrat soll auch in anionischer Form mit MIBK und Tetrapropylammonium aus $Al(NO_3)_3$-haltiger Lösung extrahierbar sein (s. II. B. 2., S. 253).

11 s. a. unter II. A. 1., S. 249.

12 Das mit diesen Metall enthaltenen Anionen assoziierte Kation ist im allgemeinen ein „Onium"-Typ (s. a. S. 850); Oxonium: ROH_2^+, R_2OH^+, R_2COH^+; Ammonium: RNH_3^+, $R_2NH_2^+$, R_3NH^+, R_4N^+; Arsonium: R_4As^+; Phosphonium: R_4P^+; Stibonium: R_4Sb^+; Sulfonium: R_3S^+.

13 Nach weiteren Untersuchungsergebnissen wird das Fe als Tetrachloroeisen(III)-säure, $H[FeCl_4]$, extrahiert, ebenso Ga ($HGaCl_4$), Cu ($HCuCl_3$) u. a. [*4, 23, 24*]. Bei Extraktion aus LiCl-Lösung liegen die Chloro-Komplexe als $LiFeCl_4$, $LiGaCl_4$ und $LiCuCl_3$ vor. Inwieweit dabei Lösungsmittelmoleküle koordinativ eingreifen und den Chloro-Komplex stabilisieren, läßt sich noch nicht eindeutig oder erst teilweise positiv beantworten [*4, 23, 25, 26*]. Die Isolierung einer Verbindung $KAg_2I_3 \cdot 6$ Cyclohexanon und $BiI_3 \cdot$ Cyclohexanon bei der Extraktion von Ag und Bi aus jodidhaltiger Lösung mit Cyclohexanon ist ein Hinweis für die koordinative Bindung der organischen Lösungsmittelmoleküle bei Verteilungsverfahren [*4, 24*]. Die Bildung von Oxoniumverbindungen in der hier angegebenen Art ist wahrscheinlich. Mit 1—5% TBP in Benzol wird Fe(III) aus 7—9n HCl-Lösung als $H[FeCl_4(TBP)_2]$, aus <4 nHCl als $[FeCl_3(TBP)_3]$ extrahiert, während im mittleren Säurekonzentrationsbereich beide Komplexe nebeneinander vorkommen [*4, 27*]; für Ga wurde der Komplex $H[GaCl_4(TBP)_2]$ angegeben [*4*]. Ausnahmen sind z. B. Ge und As, die mit CCl_4 nicht in Form der oben genannten Assoziationskomplexe als Chlorosäuren, sondern als $GeCl_4$ und $AsCl_3$ extrahiert werden [*1*]. Auch Sn und Sb werden nicht als Chlorokomplexe, sondern als Chloride extrahiert [*24*]. Für die Extraktion dieser Elemente mit TBP wurden die Komplexe $AsCl_3(TBP)$, $SbCl_3(TBP)$ und $SnCl_4(TBP)_2$ angegeben [*4*]. Cr(VI), Mo(VI), W(VI) und V(V) werden als Isopolysäuren oder Oxychloride ausgeschüttelt [*4, 28, 29*].

14 Nach [*30—32*].

15 Nach [*33*].

16 Nach [*34*].

17 Nach [*35*].

18 Ferron: **7-Jod-8-Hydoxychinolin-5-sulfosäure.**

Die O=P-Gruppe ist stärker polarisiert als die Carbonylgruppe, weshalb organische Verbindungen mit der O=P-Gruppe stärkere Elektronendonatoren und damit bessere Extraktionsmittel sind als z. B. Äther oder Ketone. Unterschiede in der Donatorstärke des Solvens sowie der Einfluß der Extraktionsbedingungen sind die Ursache für das unterschiedliche Ausmaß der Verdrängung anorganischer Liganden durch Solvensmoleküle, weshalb für viele Extraktionssysteme nicht nur ein, sondern mehrere Komplexe unterschiedlicher Zusammensetzung bekannt sind. Beispielsweise wurde eine vollständige Verdrängung der Wassermoleküle durch Solvensmoleküle bei der Extraktion von Uranylnitrat mit Tributylphosphat (TBP) als $[UO_2(NO_3)_2(TBP)_2]$ [*3–5*] und von Eisen(III)-thiocyanat mit TBP als $[Fe(SCN)_3(TBP)_3]$ [*4–8*] festgestellt. Demgegenüber ist die Ausschüttelung des $Fe(SCN)_3$ mit Diäthyläther (Ä) als $[Fe(SCN)_4]^- \cdot Ä_2$ ein Beispiel einer teilweisen Verdrängung [*4*]. Die Zusammensetzung der extrahierten Komplexe ist nicht nur hinsichtlich Art und Zahl der koordinierten Solvens-Moleküle vom verwendeten organischen Lösungsmittel abhängig. In einigen Fällen ist auch die Zahl der Halogenid-Liganden in der extrahierten anorganischen Verbindung vom Extraktionsmittel abhängig [*4*], da die Moleküle der organischen Lösungsmittel einen oder mehrere Halogenid-Liganden verdrängen können. So wird z. B. Bi aus jodidhaltiger wäßriger Lösung mit Cyclohexanon bevorzugt als BiI_3, mit Glykolestern der schwefeligen Säure und der Kohlensäure vorwiegend als $[BiI_4]^-$ extrahiert [*4, 8a*]. Co wird aus thiocyanathaltiger Lösung mit TBP vorzugsweise als $[Co(SCN)_3]^-$, mit niederen Ketonen anscheinend hauptsächlich als $[Co(SCN)_4]^{2-}$ extrahiert [*4*]. Fe geht aus thiocyanathaltiger Lösung mit TBP und Cyclohexanon als $Fe(SCN)_3$ und mit Diäthyläther, 1,2-Propylenglykolkarbonat und Amylalkohol als $Fe(SCN)_4^-$ in die organische Phase über [*8a*]. Weiterhin ist die Zahl der Halogenid-Liganden von der herrschenden Halogenid-Konzentration abhängig. Beispielsweise wird das Hg aus einer Lösung mit niedriger Hg-Konzentration und in Anwesenheit eines Jodid-Überschusses mit Cyclohexanon oder TBP als $Me[HgI_3(TBP)_3]$ ausgeschüttelt, während bei hoher Hg-Konzentration der Komplex die Zusammensetzung $HgI_2(TBP)_4$ aufweist [*4, 7–9*]. Die Extraktion des Fe erfolgt mit TBP aus stark salzsaurer Lösung als $H[FeCl_4(TBP)_2]$ und bei niedrigerer Säurenormalität als $[FeCl_3(TBP)_3]$, während im dazwischenliegenden Säurekonzentrationsbereich beide Komplexarten auftreten (s. S. **255**). Schließlich kann ein durch die Konstitution des Lösungsmittel-Moleküls bedingter Einfluß auf die Extraktion infolge sterischer Behinderung der Komplexbildung des extrahierten Kations mit den Lösungsmittel-Molekülen auftreten [*4*]. Mit den Komplexarten und ihrer Zusammensetzung befassen sich noch weitere Arbeiten [*36–41*].

Hinsichtlich der Extrahierbarkeit mit einzelnen organischen Lösungsmitteln läßt sich ganz allgemein feststellen, daß koordinationsungesättigte Chelate (Koordinationszahl des Zentralatoms größer als das Doppelte der Ladungszahl, zweizähniges Reagens) besser extrahiert werden durch Ketone, Ester sowie teilweise auch durch Alkohole und weniger gut durch Äther, Kohlenwasserstoffe und Halogenkohlenwasserstoffe [*42*]. Koordinationsgesättigte Chelate (Koordinationszahl des Zentralatoms nicht größer als das Doppelte der Ladungszahl, zweizähniges Reagens) werden durch verschiedenartige organische Lösungsmittel extrahiert, einschließlich jener ohne Sauerstoff mit relativ niedriger Polarität.

Zur Gruppe der Ionenassoziationskomplexe zählt man auch die Extraktion mit „flüssigen Ionenaustauschern" [*43–45*], deren Reaktionsmechanismus jenem der Ionenaustauscherharze analog ist. Als flüssige Anionenaustauscher verwendet man langkettige aliphatische primäre, sekundäre und tertiäre Amine oder quartäre Ammoniumsalze, wie z. B. die sekundären Amine Amberlite LA. 1 [N-Dodecenyl(trialkylmethyl)amin] und Amberlite LA. 2 [N-Lauryl(trialkylmethyl)amin], als flüssige Kationenaustauscher organische Phosphorsäuren, Sulfonsäuren, Carbonsäuren und Fluorcarbonsäuren, wie z. B. Di-(2-Äthylhexyl)orthophosphorsäure und Dinonylnaphthalinsulfonsäure. Die flüssigen Ionenaustauscher sind in Wasser nicht löslich, dagegen in organischen Solventien. Sie vereinigen Vorteile der Extraktion und der Ionenaustauscher, weisen aber auch Nachteile auf: Bildung von Emulsionen, teilweise Giftigkeit (Raumentlüftung!), notwendige Rückextraktion der Elemente für die Endbestimmung. Der Reaktionsmechanismus bei der Extraktion mit Aminen kann einerseits als Anionenaustausch mit Ionentransport und andererseits als Ionenassoziation (Bildung einer neutralen, extrahierbaren Verbindung) aufgefaßt werden [s. Gl. (1) und (2)].

$$R_3NH^+X^- + H^+X^- \rightleftarrows R_3NH^+Y^- + H^+X^-, \tag{1}$$

$$mR_3NH^+X^- + MX_n \rightleftarrows (R_3NH)_mMX_{(m+n)}. \tag{2}$$

Der Reaktionsmechanismus nach Gl. (1) und (2) geht aus den folgenden zwei Beispielen hervor. Die Extraktion von Fe verläuft nach Gl. (3)–(5) (Verbindungen in der organischen Phase unterstrichen):

$$Fe^{3+} + 4\,Cl^- \rightleftarrows FeCl_4^-, \tag{3}$$

$$R_3N + H^+ + Cl^- \rightleftarrows \underline{R_3NH^+Cl^-}, \tag{4}$$

$$R_3NH^+Cl^- + FeCl_4^- \rightleftarrows \underline{R_3NH^+FeCl_4^-} + Cl^-. \tag{5}$$

Die Extraktion des U erfolgt nach Gl. (6)–(7)

$$UO_2^{2+} + SO_4^{2-} \rightleftarrows UO_2SO_4, \tag{6}$$

$$\underline{(R_3NH)_2SO_4 + UO_2SO_4} \rightleftarrows \underline{(R_3NH)_2UO_2(SO_4)_2} \tag{7}$$

oder nach Gl. (8)–(9)

$$UO_2^{2+} + 2\,SO_4^{2-} \rightleftarrows UO_2(SO_4)_2^{2-}, \tag{8}$$

$$\underline{(R_3NH)_2SO_4} + UO_2(SO_4)_2^{2-} \rightleftarrows \underline{(R_3NH)_2UO_2(SO_4)_2} + SO_4^{2-}. \tag{9}$$

Abschließend sei noch auf die Ausführungen der Abschnitte über Extraktion (s. S. 63, 259ff.), Spurenfällung (s. S. 57, 358ff.) und Ionenaustauschchromatographie (s. S. 55, 364ff.) verwiesen.

Literatur

1. Fischer, W., Harre, W., Freese, W., Hackstein, K. G.: Angew. Chem. **66**, 165 (1954).
2. Schwarzenbach, G.: Analyt. Chem. 32, 6 (1960).
3. McKay, H. A. C.: Progress in Nuclear Energy, Ser. III, Process chemistry, Vol. I, 122 (1956); ref. in Lit. Nr. 27.
4. Specker, H., Cremer, M., Jackwerth, E.: Angew. Chem. **71**, 492 (1959).
5. Jackwerth, E., Specker, H.: Z. anal. Chem. **168**, 340 (1959).
6. Specker, H., Jackwerth, E.: Naturwiss. **46**, 446 (1959).
7. Jackwerth, E., Specker, H.: Z. anal. Chem. **176**, 81 (1960).
8. Jackwerth, E., Specker, H.: Angew. Chem. **72**, 587 (1960).

8a. Specker, H., Jackwerth, E., Hövermann, G.: Z. anal. Chem. **177**, 10 (1960).

9. Specker, H., Jackwerth, E.: Z. anal. Chem. **167**, 416 (1959).
10. Morrison, G. H., Freiser, H.: Analyt. Chem. **30**, 632 (1958).
11. Morrison, G. H., Freiser, H.: Solvent extraction in analytical chemistry. New York: J. Wiley & Sons 1957.

12. Martell, A. E., Calvin, M.: Chemistry of the metal chelate compounds. New York: Prentice Hall Inc. 1952; A. E. Martell, Calvin, M.: Die Chemie der Metallchelatverbindungen, übersetzt von H. Specker. Weinheim/Bergstr. : Verl. Chemie 1958.
13. Hein, F.: Chemische Koordinationslehre. Leipzig: Verl. Hirzel 1954.
14. Feigl, F.: Chemistry of specific, selective and sensitive reactions. New York: Academic Press Inc. 1949.
15. Morrison, G. H., Freiser, H.: Analyt. Chem. **32**, 37R (1960).
16. Irving, H., Cooke, S. J. H., Woodger, S. C., Williams, R. J. P.: J. chem. Soc. **1949**, 1847.
17. Cheng, K. L., Bray, R. H.: Analyt. Chem. **27**, 782 (1955).
18. Flaschka, H.: Mikrochim. Acta (Wien) **1956**, 784.
19. Beck, G.: Mikrochem. verein. Mikrochim. Acta **33**, 188 (1947).
20. Peppard, D. F., Driscoll, W. J., Sironen, R. J., McCarty, S.: J. inorg. nuclear Chem. **4**, 326 (1957).
21. West, P. W., Lyons, T. G., Carlton, J. K.: Analyt. chim. Acta **6**, 400 (1952).
22. Powell, R., Taylor, C. G.: Chem. and Ind. **1954**, 726.
23. Bankmann, E., Specker, H.: Z. anal. Chem. **162**, 18 (1958).
24. Specker, H.: Angew. Chem. **70**, 658 (1958).
25. Kato, S., Ishii, R.: Sci. Pap. Inst. physic. Chem. Res. (Tokyo) **36**, 82 (1939).
26. Axelrod, J., Swift, E. H.: J. Am. chem. Soc. **62**, 33 (1940).
27. Specker, H., Cremer, M.: Z. anal. Chem. **167**, 110 (1959).
28. Specker, H.: Angew. Chem. **70**, 403 (1958).
29. Specker, H.: Arch. Eisenhüttenw. **29**, 467 (1958).
30. Coursier, J., Huré, J., Platzer, R.: Analyt. chim. Acta **13**, 379 (1955).
31. Coursier, J., Huré, J., Platzer, R.: Commissariat à l'Energie Atomique, Rapport No. 404 (1955).
32. Ducret, L., Seguin, P.: Analyt. chim. Acta **17**, 207 (1957).
33. Ducret, L.: Analyt. chim. Acta **17**, 213 (1957).
34. Maeck, W. J., Booman, G. L., Elliott, M. C., Rein, J. E.: Analyt. Chem. **30**, 1902 (1958).
35. Ziegler, M., Glemser, O.: Angew. Chem. **68**, 620 (1956).
36. Specker, H., Werding, G.: Z. anal. Chem. **200**, 337 (1964).
37. Ziegler, M., Winkler, H.: Z. anal. Chem. **195**, 241 (1963).
38. Specker, H., Werding, G., Schiewe, G.: Z. anal. Chem. **206**, 161 (1964).
39. Henning, K., Specker, H.: Z. anal. Chem. **241**, 81 (1968).
40. Umland, F., Janssen, A.: Fortschr. chem. Forsch. **6**, 582 (1966).
41. Kettrup, A., Specker, H.: Fortschr. chem. Forsch. **10**, 238 (1968).
42. Alimarin, I. P., Zolotov, Y. A.: Talanta **9**, 891 (1962).
43. Coleman, C. F., Blake, C. A., Jr., Brown, K. B.: Talanta **9**, 297 (1962).
44. Giannotti, C.: Chim. analytique **46**, 625 (1964).
45. Green, H.: Talanta **11**, 1561 (1964).

1. Extraktion

1.1. Chloride

Die Ausschüttelung von Fe(III)-chlorid mit Diäthyläther [1–3] ist eines der ältesten, am eingehendsten untersuchten und am häufigsten angewandten Extraktionsverfahren. Gegenüber anderen Lösungsmitteln zur Ausschüttelung des Fe(III)-chlorides weist Diäthyläther trotz seiner häufigen Anwendung verschiedene Nachteile auf: Die Extraktion ist nur innerhalb eines begrenzten Aciditätsbereiches durchführbar; der Extraktionskoeffizient ist relativ klein (aus 6n HCl-Lösung wird das Fe(III)-chlorid zu 99,3% extrahiert, was etwa $D \sim 100$ entspricht [4]); die vollständige Extraktion des Fe(III) ist mitunter, infolge teilweiser photochemischer Reduktion zu nicht extrahierbarem Fe(II), schwierig durchführbar; schließlich ist noch die leichte Entflammbarkeit des Diäthyläthers zu erwähnen. Wegen ihres höheren Siedepunktes und hinsichtlich der Abhängigkeit der Extraktion von der Acidität sind Diisopropyläther oder Dichlordiäthyläther im Gebrauch vorteilhafter. Beim Diisopropyläther liegt zwar das Maximum der Extraktion bei höherer Säurekonzentration, doch ist der Extraktionskoeffizient um mehr als eine Zehnerpotenz größer. Auch die geringere Löslichkeit in der wäßrigen Phase ist ein Vorteil. Äther mit noch größeren Molekulargewichten bieten gegenüber Diisopropyläther keinen Vorteil [4] (s. Abb. 55).

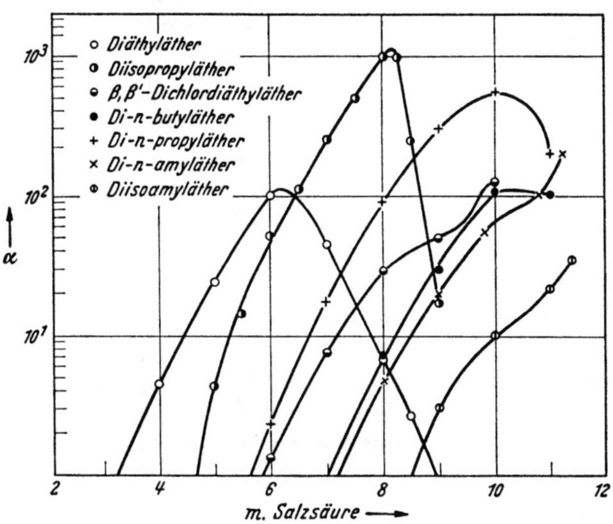

Abb. 55. Verteilung von $FeCl_3$ in verschiedenen Äthern ($V_0 : V_w = 25:25$ ml; vorgegeben: 250 mg Fe) [4], α = Verteilungskoeffizient

Vergleichende Untersuchungen [4, 5] ergaben, daß organische Lösungsmittel mit den Gruppen >C=O oder ⩾P=O zur Extraktion von Fe(III)-chlorid besonders gut geeignet sind [6, 7]. Ketone weisen gegenüber Diäthyläther eine Reihe von Vorteilen auf [4]: Sie lassen sich leicht handhaben, bilden keine Peroxide, sind nicht leicht flüchtig, die Phasen trennen sich schnell, der Extraktionskoeffizient ist unter gleichen Arbeitsbedingungen etwa zwei Zehnerpotenzen höher als bei Diäthyläther. Durch eine Ausschüttelung z. B. mit Methylisobutylketon (MIBK) wird das Fe(III)-chlorid zu 99,99% ausgeschüttelt. Mit der Zunahme der Extraktionskoeffizienten ist im allgemeinen eine Abnahme der Selektivität verbunden. Durch Zugabe inerter Lösungsmittel (Kohlenwasserstoffe, chlorierte Kohlenwasserstoffe) läßt sich die Selektivität verbessern [6, 8]. Sie läßt sich auch steigern, wenn die Extraktion statt aus 7n HCl-Lösung mit MIBK aus 7n LiCl-Lösung vorgenommen wird [8, 9] (s. Tab. 40). Auf diese Weise kann Fe(III) durch eine Ausschüttelung quantitativ abgetrennt werden von: Alkalien, Erdalkalien, Al, Ti, Zr, Pb, As(V), Bi, V(V), Cr(VI), Mn, Co, Ni, Ag, Cd, Zn, Cu (99%), U (95,5%).

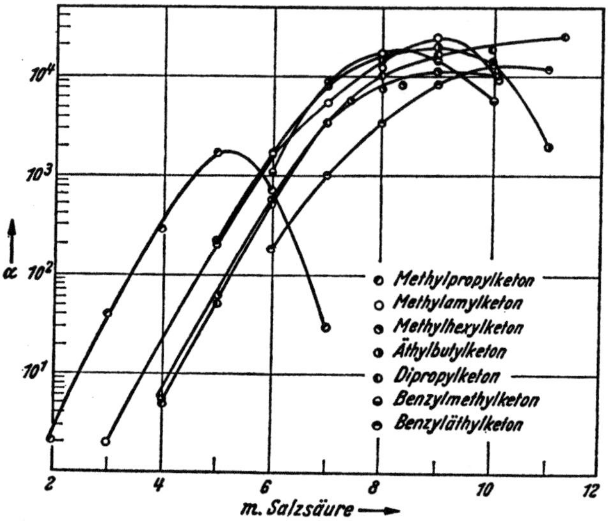

Abb. 56. Verteilung von $FeCl_3$ in verschiedenen Ketonen ($V_0 : V_w = 25:25$ ml; vorgegeben: 200 mg Fe) [4], α = Verteilungskoeffizient

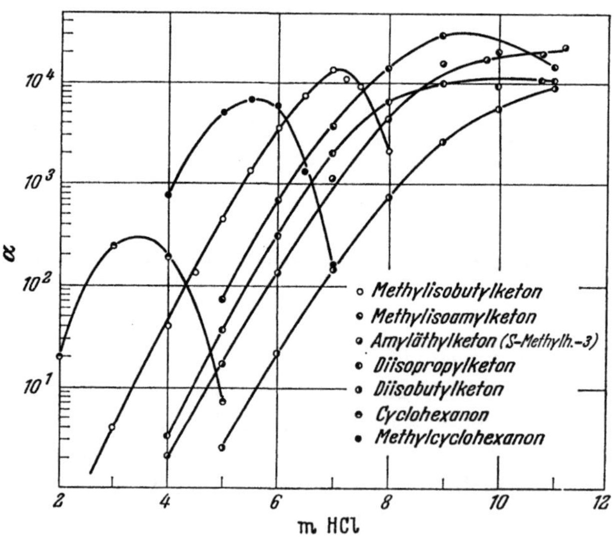

Abb. 57. Verteilung von $FeCl_3$ in verschiedenen Ketonen (Bedingungen wie in Abb. 56) [4]

Weitere Elemente [As(III), Sb(III), In, Sn, Ga] können durch eine zweite Extraktion nach Reduktion des Fe(III) mit Ascorbinsäure abgetrennt werden [*6, 9*]. Die Ausbildung der Maxima in Abhängigkeit von der Säurekonzentration ist bei den niedrigen Ketonen wie bei den Äthern durch die zunehmende Löslichkeit mit steigender Salzsäurekonzentration bedingt. Diese Erscheinung ist besonders beim Cyclohexanon ausgeprägt, das schon mit 5n HCl vollständig mischbar ist. Unter den geprüften Ketonen (s. Abb. 56 u. 57) erscheint MIBK am günstigsten. Ein gewisser Nachteil dieses Lösungsmittels ist die Neigung zur Emulsionsbildung in Anwesenheit von Fettspuren [*10*], weshalb die Glasgeräte vollkommen fettfrei sein sollen. Hierzu wird von anderer Seite festgestellt, daß auch die vollständige Abwesenheit von Fettspuren das fallweise Auftreten von Emulsionen nicht verhindert, weshalb die Verwendung eines Gemisches von MIBK/Amylacetat (im Verhältnis 1:1 bzw. 2:1) empfohlen wird [*11*] (s. Tab. 40). Bei Verwendung dieses Gemisches treten keine Emulsionen auf, auch ist die Abtrennung der beiden Phasen infolge des größeren Unterschiedes ihrer Brechungsindices leichter durchführbar. Günstig läßt sich Fe(III) mit Methyläthylketon/CCl_4 (3:2) extrahieren [*11a*]: aus 4n HCl zu 97%, aus 5n HCl zu ~98%, aus 6n HCl zu ~99,9%. Aus 6n HCl werden dabei Al, Cr(III), Mn(II), Ni, Th und Ti nicht ausgeschüttelt, während folgende Elemente in unterschiedlichem Ausmaß (in %) in die organische Phase gehen: Co (0,1), Ga (100), In (100), U (14) und Zn (6,5).

Auch Ester der Essigsäure, wie z. B. Amylacetat [*12*], sind zur Extraktion von Fe(III)-chlorid geeignet. Ihre Extraktionskoeffizienten liegen in der Größenordnung zwischen denen von Äthern und Ketonen (s. Abb. 58). Gegenüber den Ketonen weisen sie keine Vorteile auf. Die Extraktionskoeffizienten der Phosphorsäuretrialkylester sind wesentlich höher (s. Abb. 58). Durch eine Ausschüttelung werden mit Tributylphosphat (TBP) mehr als 99,999% Fe und mit Triamylphosphat mehr als 99,9999% Fe ($D > 10^6$) extrahiert [*4*] (s. a. S. 283).

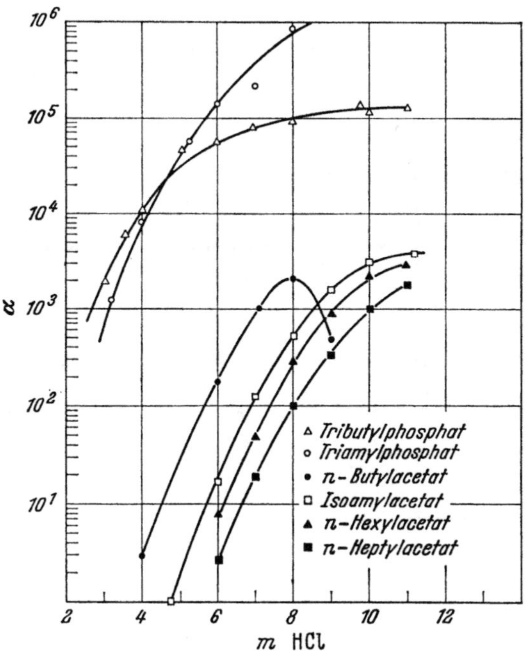

Abb. 58. Verteilung von $FeCl_3$ in verschiedenen Lösungsmitteln (Bedingungen wie in Abb. 56) [*4*]

Tabelle 38. Die Extraktion der Chloride aus 6n HCl-Lösung mit Diäthyläther

Li	Be											B	C	N	O	F
Na	Mg											Al	Si	P	S	Cl
K	Ca	Sc	Ti	V	Cr	Mn	Fe	Co	Ni	Cu	Zn	Ga	Ge	As	Se	Br
Rb	Sr	Y	Zr	Nb	Mo	Tc	Ru	Rh	Pd	Ag	Cd	In	Sn	Sb	Te	I
Cs	Ba	La	Hf	Ta	W	Re	Os	Ir	Pt	Au	Hg	Tl	Pb	Bi	Po	At
Fr	Ra	Ac														
			Ce	Pr	Nd	Pm	Sm	Eu	Gd	Tb	Dy	Ho	Er	Tm	Yb	Lu
			Th	Pa	U	Np	Pu	Am	Cm	Bk	Cf	Es	Fm	Md	No	

——— = mäßige bis gute Extraktion (51—100%)
——— = schlechte bis mäßige Extraktion (6—50%)
-------- = schlechte Extraktion (0,1—5%)

Tabelle 39. Die Extraktion der Chloride aus 6n HCl-Lösung mit Diäthyläther [*2, 3, 13—21*] sowie aus 7,7n HCl-Lösung mit Diisopropyläther [*22—24*]

Element	% extrahiert		Element	% extrahiert	
	Diäthyläther	Diisopropyläther		Diäthyläther	Diisopropyläther
Ag	0; Sp.	<1[1]	P (als H_3PO_4)	0[2]	0,1; 62[5]
Al	0	0; <1[1]	Pa	Sp.	
As (III)	68	67[1]	Pb	0	<1[1]
As (V)	2—4		Pd (II)	0	<1[1]
Au (III)	95—100	~ 99[1]	Pt (IV)	Sp.	<1[1]
B	0		Re	0,8	
Be	0		Rh	0	
Bi	0	<1[1]	Ru (III), (IV)		<0,01[10]
Ca	0	<1[1]	S (als H_2SO_4)		0,3[5]
Cd	0	<1[1]	Sb (III)	6	2,3[6]
Co	0	0; <1[1]	Sb (V)	81; 56[8]; 90[9]	99,9[6]; 99[8]
Cr (III)	0	0,01; <1[1]	Sc	0	
Cu (II)	0,05	0; <1[1]	Se	Sp.	
Fe (II)	0	<1[1]	Sn (II)	15—30	
Fe (III)	99; 99,88[2]	99,9; ~ 99[1]	Sn (IV)	17	<1[1]
		99,8[3]	Te (IV)	34	<1[1]
Ga (III)	97	>99,9[7]; ~ 99[1]	Th	0	
Ge	40—60		Ti (IV)	0	0; <1[1]
Hg (II)	0,2		Tl (I)	0; ~ 10	
In (III)	0,1; 2,5; 4,1[4]	<1[1]	Tl (III)	90—95	~ 99[1]
Ir	0,3; 5		U	0	
Mg	0	<1[1]	V (IV)	Sp. (0)[2]	0,08; 0,4[5]
Mn (II)	0	0; <1[1]	V (V)	Sp.; 32[2]	22; 43[5]; <1[1]
Mo (VI)	76—90	21; 45[5]; 8[1]	W	0	
Nb	Sp		Zn	0,2	0; <1[1]
Ni	0; (Sp. ?)	0; <1[1]	Zr	0	<1[1]
Os	0		S. E.	0	

Sp. = Spur.

[1] Aus 6n HCl [*25*].
[2] Nach [*26*].
[3] Aus 8n HCl [*27*].
[4] Aus 7n HCl [*17*].
[5] In Anwesenheit von Fe(III).
[6] Aus 5—7n HCl.
[7] Aus 7n HCl.
[8] Nach [*45*], Volumenverhältnis $V_0 : V_w = 1:1$.
[9] Nach [*45*], $V_0 : V_w = 2:1$.
[10] Aus 8n HCl [*46*].

Tabelle 40. Extraktion der Chloride aus 7n HCl- und 7m LiCl-Lösung mit MIBK und MIBK/Amylacetat[1] [*9, 11*]

Element	% extrahiert				Element	% extrahiert			
	I	II	III	IV		I	II	III	IV
Ag	0	<0,01	<0,01	0	Ni	~ 1	<0,01	<0,01	0
Al	0	<0,01	<0,01	0	P (als H_3PO_4)		0,5—4	0,5—4	
As (III)	~ 88	80	80	33,4	Pb	0	<0,01	<0,01	0
As (V)	~ 3,5	25	18	0	Pd		<1	<1	
Au (III)		>99	>99		Pt (IV)		~ 0,5	~ 0,5	
B (als H_3BO_3)		0,3	0,3		Sb (III)	69,2	46	59	47
Ba	0	<0,01	<0,01	0	Sb (V)		94	>99	
Be	0	<0,01	<0,01	0	Se (IV)		5,8	6,0	
Bi	0,5	<0,01	<0,01	0	Se (VI)		4,0	2,5	
Ca	0	<0,01	<0,01	0	Sn (IV)	~ 93	30	78	90,8
Cd	12—13	2,9	4,2	0	Sr	0	<0,01	<0,01	0
Co	2—3	0,10	0,18	0	Te (IV)		42	97	
Cr (III)	0	<0,01	<0,01	0	Te (VI)		0,6	4	
Cr (VI)	~ 98[2]			0	Th	~ 1	<0,01	<0,01	0
	(100)				Ti (IV)	0	1,0	0,6	0
Cu (II)	4	0,3	0,8	1,0	Tl (I)		<0,01	<0,01	
Fe (III)	99,996	>99,9	>99,9	99,944	Tl (III)		>99	>99	
Ga	>99,9	90	99	>99,9	U (VI)	~ 22	<0,05	<0,05	4,5
Ge		97	94		V (V)	~ 81	28	21	0
Hg (II)		5	6		W (VI)		49[3]	20[3]	
In	~ 94	16	48	~ 60	Y		<0,05	<0,05	
K		<0,01	<0,01		Zn	5—6	1,8	4,0	0,8
Li	0			0	Zr	0	<0,05	<0,05	0
Mg	0	<0,01	<0,01	0	S.E.: La		<0,05	<0,05	
Mn (II)	0,7	<0,01	<0,01	0	Ce (III)	0	<0,01	<0,01	
Mo (VI)	~ 96	74	92	0	Ce (IV)		<0,01	<0,01	
Na		<0,01	<0,01		Nd		<0,05	<0,05	

[1] 70—85% 3-Methyl-butylacetat und 15—30% 2-Methyl-butylacetat. I: 7n HCl und MIBK [*8, 9*]; II: 7n HCl und MIBK/Amylacetat (1:1) [*11*]; III: 7n HCl und MIBK/Amylacetat (2:1) [*11*]; IV: 7n LiCl und MIBK [*8, 9*].

[2] Cr (VI) wird quantitativ extrahiert. Das in der wäßrigen Phase vorliegende Cr wird während der Extraktion durch HCl zu Cr (III) reduziert und als solches nicht extrahiert.

[3] Mit Zusatz von 1 ml konz. H_3PO_4/25 ml Lösung.

Zur Ausschüttelung der Chloride fanden auch noch andere organische Lösungsmittel Anwendung, wie z. B. n-Butanol, Diisopropylcarbinol, Amylalkohol, 2-Octanol, 2-Äthylhexanol, 2-Äthylhexanol (83%)/Petroläther (17%) [*32*], Diisobutylcarbinol [*35*], Caprylalkohol [*31*], Cyclohexanol [*33*], Cyclohexanon [*33*], Diisobutylcarbinol/n-Heptan 1:1) [*34*], Äthylacetat [*28, 29*], Amylacetat [*12*], Methylamylketon/Bromoform (3:1) [*5*], Diisopropylketon [*38*], MIBK [*39, 40*], Benzol [*30*], CCl_4 [*36*]. Erwähnenswert ist die Extraktion von As (III) und Ge (IV) mit Benzol bzw. CCl_4 aus 11n HCl als $AsCl_3$ (*E* % 94) und $GeCl_4$ (*E* % 99,5) [*30, 36*] (s. a. S. 431ff., 741ff.).

Die Tab. 41 zeigt die Extraktion des Fe mit verschiedenen Lösungsmitteln in Abhängigkeit von der Säurekonzentration. Daraus geht hervor, daß MIBK, TBP und Triamylphosphat die günstigsten Extraktionsmittel für Fe sind.

Tabelle 41. Der Einfluß der Säurekonzentration auf die Extraktion des

Organisches Lösungsmittel	nHCl; % Fe(III) extrahiert					
	1	2	3	4	5	5,5
Diäthyläther [*4, 41*]		1	17,8	81,5	<96	
Diisopropyläther [*42—44*]		0	0,4	12,1	80,9	
Dichlordiäthyläther [*37*]		0	~2	6	25	
MIBK [*10*]		25	77	98,4	99,8	99,93
MIBK [11]	1,9	12,1	68,7	97,4	99,7	99,90
Amylacetat [*12*]					~ 85	~ 87,7
Amylacetat [*11*]	0,003	0,08	1	13,8	62,9	
MIBK/Amylacetat (2:1) [*11*]	0,2			94,4	99	99,60
MIBK/Amylacetat (1:1) [*11*]	0,3			95,2	99	
TBP [*4*]	79,1	99,3	99,942	99,988	99,9972	
Triamylphosphat [*4*]	67,0	98,4	99,917	99,987	99,9978	
Methylhexylketon [*5*]					97,6	

Literatur

1. Rothe, J.W.: Stahl u. Eisen **12**, 1052 (1892).
2. Langmuir, A.C.: J. Am. chem. Soc. **22**, 102 (1900).
3. Speller, F.N.: Chem. News **83**, 124 (1901).
4. Bankmann, E., Specker, H.: Z. anal. Chem. **162**, 18 (1958).
5. Kuznetsov, V.I.: Z. allgem. Chem. (USSR) **17**, 175 (1947).
6. Specker, H.: Angew. Chem. **70**, 403 (1958).
7. Bankmann, E., Specker, H.: Angew. Chem. **69**, 733 (1957).
8. Specker, H.: Arch. Eisenhüttenwes. **29**, 467 (1958).
9. Doll, W., Specker, H.: Z. anal. Chem. **161**, 354 (1958).
10. Specker, H., Doll, W.: Z. anal. Chem. **152**, 178 (1956).
11. Claassen, A., Bastings, L.: Z. anal. Chem. **160**, 403 (1958).
11a. Gagliardi, E., Wöss, H.P.: Z. anal. Chem. **248**, 302 (1969).
12. Wells, J.E., Hunter, D.P.: Analyst **73**, 671 (1948).
13. Mylius, F.: Z. anorg. allg. Chem. **70**, 203 (1911).
14. Mylius, F., Hüttner, C.: Ber. dtsch. chem. Ges. **44**, 1315 (1911).
15. Swift, E.H.: J. Am. chem. Soc. **46**, 2375 (1924).
16. Irving, H.M.: Quart. Rev. (chem. Soc., Lond.) **5**, 200 (1951).
17. Irving, H.M., Rossotti, F.J.C.: Analyst **77**, 801 (1952).
18. Noyes, A.A., Bray, W.C., Spear, E.B.: J. Am. chem. Soc. **30**, 515, 585 (1908).
19. Wada, I., Ato, S.: Sci. Pap. Inst. physic. chem. Res. (Tokyo) **1**, 70 (1922).
20. Kern, E.F.: J. Am. chem. Soc. **3**, 689 (1901).
21. Fresenius, R., Jander, G.: Handbuch der analytischen Chemie, Bd. III, Tl. 3. Berlin: Springer 1942.
22. Dodson, R.W., Forney, G.J., Swift, E.H.: J. Am. chem. Soc. **58**, 2573 (1936).
23. Edwards, F.C., Voigt, A.F.: Analyt. Chem. **21**, 1204 (1949).
24. Nachtrieb, N.H., Fryxell, R.E.: J. Am. chem. Soc. **71**, 4035 (1949).
25. Pohl, F.A., Bonsels, W.: Z. anal. Chem. **161**, 108 (1958).
26. Grindley, D.N., Burden, E.H.W.J., Zaki, A.H.: Analyst **79**, 95 (1954).
27. Craft, C.H., Makepeace, G.R.: Ind. Eng. Chem., Anal. Ed. **17**, 206 (1945).
28. Lenher, V., Kao, C.H.: J. physic. Chem. **30**, 126 (1926).
29. White, C.E., Rose, H.J.: Analyt. Chem. **25**, 351 (1953).
30. Green, M., Kafalas, J.A.: J. chem. Physics **22**, 760 (1954).
31. Garwin, L., Hixson, A.N.: Ind. Eng. Chem. **41**, 2303 (1949).
32. Orlandini, K.A., Wahlgren, M.A., Barclay, J.: Analyt. Chem. **37**, 1148 (1965).
33. Boswell, C.R., Brooks, R.R.: Analyt. chim. Acta **33**, 117 (1965).
34. Lowe, R.W., Prestwood, S.H., Rickard, R.R., Wyatt, E.I.: Analyt. Chem. **33**, 874 (1961).
35. Moore, F.L., Reynolds, S.A.: Analyt. Chem. **29**, 1596 (1957).

Fe(III) aus HCl-Lösung mit verschiedenen organischen Lösungsmitteln

nHCl; % Fe(III) extrahiert							
6	7	8	8,5	9	10	11	12
<99; 99,3	97,8	87	~73	~45			
98,1	99,5	99,8	99,6	94			
61	~88	97	98	99			
99,95	99,98	~99					
99,91	99,985—99,990	99,667			keine Phasentrennung		
~90	~94	~97	~98	~98,7	99,6 (10,2n)		
	98,9	99,83		99,933	99,9697	99,980	99,985
99,87	99,975—99,980	99,983—99,987		99,985—99,987	99,91		
99,83	99,966—99,975	99,983—99,985		99,987	99,95		
99,9982	99,9985	99,9986		99,9987	99,999	99,99925	
99,99912	99,9995	99,99987		>99,9999	>99,9999	>99,9999	
98,9	99,5	99,8		99,66	99,63		

36. Fischer, W., Harre, W., Freese, W., Hackstein, K. G.: Angew. Chem. **66**, 165 (1954).
37. Axelrod, J., Swift, E. H.: J. Am. chem. Soc. **62**, 33 (1940).
38. Golden, J., Maddock, A. G.: J. inorg. Nuclear Chem. **2**, 46 (1956).
39. Raine, P. A.: Analyst **74**, 364 (1949).
40. Dean, J. A., Beverly, M. L.: Analyt. Chem. **30**, 977 (1958).
41. Dodson, R. W., Forney, G. J., Swift, E. H.: J. Am. chem. Soc. **58**, 2573 (1936).
42. Nachtrieb, N. H., Fryxell, R. E.: J. Am. chem. Soc. **70**, 3552 (1948).
43. Nachtrieb, N. H., Conway, J. G.: J. Am. chem. Soc. **70**, 3547 (1948).
44. Myers, R. J., Metzler, D. E., Swift, E. H.: J. Am. chem. Soc. **72**, 3767 (1950).
45. Schweitzer, G. K., Storms, L. E.: Analyt. chim. Acta **19**, 154 (1958).
46. Potts, L. W., Lingane, P. J.: Analyt. chim. Acta **44**, 460 (1969).

1.2. Bromide

Zahlreiche Elemente sind nicht nur als Chloride, sondern auch als Bromide extrahierbar. Die Extraktionskoeffizienten von Chloriden und Bromiden zeigen z. T. bemerkenswerte Unterschiede, so daß die Bromidextraktion bei bestimmten analytischen Problemen fallweise Anwendung findet.

Tabelle 42. Extraktion der Bromide aus 4,5—5n HBr-Lösung mit Diäthyläther [*2, 3*]

Li	Be											B	C	N	O	F
Na	Mg											Al	Si	P	S	Cl
K	Ca	Sc	Ti	V	Cr	Mn	Fe	Co	Ni	Cu	Zn	Ga	Ge	As	Se	Br
Rb	Sr	Y	Zr	Nb	Mo	Tc	Ru	Rh	Pd	Ag	Cd	In	Sn	Sb	Te	I
Cs	Ba	La	Hf	Ta	W	Re	Os	Ir	Pt	Au	Hg	Tl	Pb	Bi	Po	At
Fr	Ra	Ac														
			Ce	Pr	Nd	Pm	Sm	Eu	Gd	Tb	Dy	Ho	Er	Tm	Yb	Lu
			Th	Pa	U	Np	Pu	Am	Cm	Bk	Cf	Es	Fm	Md	No	

——— = mäßige bis gute Extraktion (51—100%)
——— = schlechte bis mäßige Extraktion (6—50%)
··········· = schlechte Extraktion (0,1—5%)

Tabelle 43. Extraktion der Bromide mit Diäthyläther (in %) [*2, 3*]

Element	nHBr												
	0	0,1	0,2	0,5	1	2	3	4	4,5	5	5,5	5,75	6
As(III)					3,0		6,7	22,8		63,1			72,9
Au(III)				99[3]	99,5		>99,9	99[3]	97,2			91,6	73[3]
Cd(II)					0,4								0,9
Co(II)					0,01								0,08
Cu(II)					0,5		1,5			4,2			6,2
Fe(III)		0[3]		0[3]	<0,1; 0[3]	0,2[3]; 1,4	55,0; 9,5[3]	97,1; 69,5[3]		97,1; 72,5[3]			94,6; 60[3]
Ga(III)		0[3]		0[3]	0[3]	0,9; 0[3]	1,5; 0,5[1]	54,8; 16,9[1]; 3,6[3]	40,4[1]	96,7; 28,9[1]; 53[3]	95,7; 11,8[1]		95,0; 57[3]; 8,9[1]
Hg	94,0	58,3	30,0	3[3]; 4,9	1[3]; 3,4	0,2[3]	2,3	0,3[3]					0,3[3]; 1,5
In(III)				1,7	15,0; 3,2[3]	85,2; 19,2[3]	98,6; 89,3[3]	99,9; 99[3]		99,4			99[3]; 93,5
Mo(VI)						0,16		2,8		25,0			54,1
Ni					<0,03								<0,03
Sb(III)						37,9	22,3	14,9		9,0			6,1
Sb(V)									97,4	95,4	91,7		79,6
Se(IV)					0,3			3,5		18,3			31,0
Sn(II)					32	64	79	84		78			36
Sn(IV)					11,5	45,2	73,6	85,4		77,4			45,1
Te(IV)				0,3[3]	0,7; 2[3]	3[3]		3[3]					3[3]; 2,2
Tl(I)		11,7[1]		61,7[1]	99,9[1]		99,8[1] (3,2n)		97,0[1] (4,3n)	77,3[1]	41,5[1] (5,3n)		6,2[1] (6,4n)
Tl(III)		99[3]		99[3]	>99,9	>99,9		>99,9		99,6[3]			99,0
V(IV)					∼0,001								∼0,001
Zn					1,3; 1,4[2]	5,0; 3,3[2]	10,0[2]	4,9; 8,9[2]		9,2[2]			3,6

[1] Nach [*3*].
[2] Nach [*4*].
[3] Nach [*4a*].

In Tab. 43 ist die Extrahierbarkeit einer Reihe von Elementen als Bromide mit Diäthyläther zusammengestellt. Alle übrigen, in Tab. 43 nicht angeführten Elemente – mit Ausnahme von Ir(IV), Re(VII) und Cu(I) – werden in einem nur geringen, vernachlässigbaren Ausmaß extrahiert. Aus 2,9n HBr-Lösung werden mit MIBK extrahiert: Au 99,9–100%, Fe 54%, Os 56%, Pd 20,5% und Pt 13,5% [*1*], von 3,5n HBr aufwärts Se(IV) zu >99% [7].

Tabelle 44. Extraktion der Bromide mit MIBK (in %) [*5*]

Element	n HBr	m NH_4Br				
		0	1	2	3	4
Fe(III)	0		1,6	2,8	6,7	25,8
	0,76		6,1	24,0	57,6	87,7
Sn(II)	0,76	78,3	88,6	88,1	85,2	79,4
Sn(IV)	0,76	18,8	51,7	72,3	83,8	89,1
Zn	0		4,6	7,5	8,6	8,2
	0,76		11,2	16,0	15,0	12,0

Fe(II) und Al werden mit MIBK nicht extrahiert, Mn(II) nur wenig. Nur bei hohen Konzentrationen an HBr und NH_4Br werden bis zu 14% Mn, einige % Ni und wenig Co extrahiert. Es ist so möglich, Fe(III) von Mn, Al, Co und evtl. von Ni abzutrennen. Methyläthylketon ist für die Extraktion weniger geeignet.

Tabelle 45. Extraktion der Bromide mit MIBK (in %) [*5*]

Element	m NH_4Br	n HBr				
		0	0,76	1,52	3,04	3,80
Cu(I)	2,0	7	34	41	50	
Cu(II)	2,0	2	3	7	37	
Fe(III)	2,0	2,8	24,0	76,2	100,0	100,0
Sn(II)	2,0		88,1	93,9	97,0	97,6
Sn(IV)	2,0		72,3	88,8	97,7	98,6
Zn	2,0	7,5	16,0	24,1	39,1	50,5

Zur Extraktion von Bromiden fanden auch Benzol und Diisopropyläther Anwendung. So lassen sich mit Benzol aus 10,0m H_2SO_4/0,03m HBr-Lösung folgende Elemente extrahieren (in %) [*8*]: As(III) (99,4), Bi (10), Ge (98,2), Hg (II) (74,1), Sb(III) (99,4), Se(IV) (95,6), Sn(II) (95,7) und Te(IV) (5,5); zu <1% Al, Au(III), Ba, Br^-, Fe(III), In, Mg, Mn(II), Nb, Ni, Np, Pa, Rb, Re(VII), Ti(IV) und Zn; zu <0,1% Co, Cr(III), Cu(II), Ga, Hf, La, Mo(VI), Na, Sc, Ta und Y.

Tabelle 46. Extraktion der Bromide aus 5n HBr-Lösung mit Diisopropyläther [6]

Element	% extrahiert	Element	% extrahiert	Element	% extrahiert
Ag	< 1	Fe(III)	35; 0,14—1[2]	Pt(II)	< 1; 0,10[2]
Al	< 1	Ga(III)	29	Rh	0,07[2]
As(III)	31	In(III)	~ 99;	Ru	0,00[2]
Au(III)	~ 99;		~ 91—93[1]	Sb(V)	6,5
	~ 96—100[2]	Ir	0,03[2]	Sn(IV)	6,5
Bi	< 1	Mg	< 1	Te(IV)	1,4
Ca	< 1	Mn(II)	< 1	Ti(IV)	< 1
Cd	< 1	Mo(VI)	< 1	Tl(III)	~ 99
Co(II)	< 1	Ni	< 1	V(V)	< 1
Cr(III)	< 1	Os	~ 25—33[2]	Zn	< 1; 0,7[1]
Cu(II)	< 1	Pb	< 1	Zr	< 1
Fe(II)	< 1	Pd(II)	< 1; 0,16[2]		

[1] Nach [4].
[2] Aus 2,5—3n HBr-Lösung [1].

Literatur

1. McBryde, W. A. E., Yoe, J. H.: Analyt. Chem. **20**, 1094 (1948).
2. Bock, R., Kusche, H., Bock, E.: Z. anal. Chem. **138**, 167 (1953).
3. Irving, H. M., Rossotti, F. J. C.: Analyst **77**, 801 (1952).
4. Kosta, L., Hoste, J.: Mikrochim. Acta (Wien) **1956**, 790.
4a. Wada, I., Ishii, R.: Bull. Inst. physic. chem. Res. (Tokyo) **13**, 264 (1934).
5. Denaro, A. R., Occleshaw, V. J.: Analyt. chim. Acta **13**, 239 (1955).
6. Pohl, F. A., Bonsels, W.: Z. anal. Chem. **161**, 108 (1958).
7. Bock, R., Jacob, D. (unter Mitarbeit von Fariwar, M., Frankenfeld, K.): Z. anal. Chem. **200**, 81 (1964).
8. Grimanis, A. P., Hadzistelios, I.: Analyt. chim. Acta **41**, 15 (1968).

1.3. Jodide

Über die mit Äther extrahierbaren Metalljodide gibt Tab. 47 Auskunft, Einzelheiten über die Extraktionsbedingungen und die Extraktionsausbeute enthält Tab. 48.

Die Extraktion des InI_3 aus 1,5n HI-Lösung wird durch 0,5m-Konzentrationen an Br^-, CN^-, F^-, Citronensäure oder Na_2HPO_4 nicht gestört und beträgt 99,9—100% des vorhandenen In. In Anwesenheit von 0,5m KCl wird sie auf 99,8% herabgesetzt und beträgt bei 1,5n HCl/1,5m KI 99,5% [1]. Aus einer, überschüssiges KI und 5% HCl enthaltenden Lösung läßt sich Pb(II) zu 97% mit Methylisopropylketon extrahieren, während As(III), Cd, Cu, Pt, Rh, Ru, Sb(III), Sn(IV) und Zn teilweise in die organische Phase übergehen [2]. In Abwesenheit von Pb ist die Extraktion von Rh und Ru gering. Zahlreiche Metalle können als Jodide auch aus schwach saurer, neutraler und schwach ammoniakalischer Lösung mit Cyclohexanon/Tetrahydrofuran extrahiert werden [3]. Cd konnte von Zn [3] und In von Ga [4] durch Extraktion der Jodide mit Cyclohexanon abgetrennt werden, da schon bei geringen Jodidkonzentrationen (0,1—0,25m) hohe Trennfaktoren ($\geqq 10^5$) erzielbar waren (s. a. bei Cd und In, S. 568, 781). Das in Wasser schwer lösliche Silberjodid ist in Cyclohexanon bei 4fach molarem Überschuß an Jodidionen leicht löslich und läßt sich mit diesem organischen Lösungsmittel aus neutraler oder saurer Lösung in Anwesenheit eines 40—100fachen Überschusses an Jodidion extrahieren [5, 6]. Die Extraktion soll außerdem sowohl aus ammoniakalischer als auch stark saurer Lösung gelingen.

Tabelle 47. Extraktion der Jodide aus 6,9n HI-Lösung mit Diäthyläther [12]

Li	Be											B	C	N	O	F	
Na	Mg											Al	Si	P	S	Cl	
K	Ca	Sc	Ti	V	Cr	Mn	Fe	Co	Ni	Cu	Zn	Ga	Ge	As	Se	Br	
Rb	Sr	Y	Zr	Nb	Mo	Tc	Ru	Rh	Pd	Ag	Cd	In	Sn	Sb	Te	I	
Cs	Ba	La	Hf	Ta	W	Re	Os	Ir	Pt	Au	Hg	Tl	Pb	Bi	Po	At	
Fr	Ra	Ac															
			Ce	Pr	Nd	Pm	Sm	Eu	Gd	Tb	Dy	Ho	Er	Tm	Yb	Lu	
			Th	Pa	U	Np	Pu	Am	Cm	Bk	Cf	Es	Fm	Md	No		

——— = mäßige bis gute Extraktion (51—100%)
——— = schlechte bis mäßige Extraktion (6—10%)

Tabelle 48. Extraktion der Jodide mit Diäthyläther [1, 12] und Benzol [14] (in %)

Element	Diäthyläther		Benzol	Element	Diäthyläther		Benzol
	6,9n HI [1]	1,5m KI/ 1,5n H_2SO_4 [12]	0,01m KI/ 5m H_2SO_4 [14]		6,9n HI [1]	1,5m KI/ 1,5n H_2SO_4 [12]	0,01m KI/ 5m H_2SO_4 [14]
Al	0	< 0,1	0,05	Pa			0,9
As (III)	62		44,4	Pb	0		
Au	100		0,2	Pd	0		
Ba	0		0,2	Pt	0		
Be	0	0		Re (VII)			0,01
Bi	34,2	< 10		Ru	0		
Ca	0			Sb (III)	100; 99,9[4]	< 50	99,8
Cd	100	100	0,01	Sc			0,02
Co	0		0,003	Se (IV)			85,1
Cr (III)	0		0,01	Sn (II)	100	100	99,0
Cu (II)		< 10		Ta			0,04
Fe (II)	0	0		Te (IV)	5,5		
Fe (III)			0,1	Th	0		
Ga	0	0	0,09	Ti	0		0,05
Ge			0,08	Tl (I)	99,6—99,9[1]		
Hf			0,01	Tl (III)	99,5—99,9[2]		
Hg (II)	100	33	51,2	U	0		
In	7,8	99,8[3]	0,08	V	0		
Ir	0			W (VI)		< 1,0	
Mg			0,6	Y			0,03
Mn (II)	0		0,06	Zn	10,6	33	0,5
Mo (VI)	6,5	< 1,0	0,01	Zr	0		
Nb			0,9	S.E.: La			0,004
Ni	0		0,2	T.U.: Np			0,2
Os	0						

[1] 0,5—2,0n HI.
[2] 0,05—2,0n HI.
[3] 0,5—2,5n HI.
[4] 5m H_2SO_4 oder 5m $HClO_4$ und 0,005—0,02m KI [13].

Neben Diäthyläther, Methylisopropylketon und Cyclohexanon wurden auch andere organische Lösungsmittel wie MIBK, Methyl-n-propylketon, Methyl-n-amylketon, n-Amylalkohol, Äthylacetat und Benzol für die Extraktion der Jodide verwendet.

Die Polyjodide der Alkalimetalle lassen sich aus wäßriger Lösung mit Nitrobenzol und Äthylacetat [7–9], Diäthyläther [10], n-Pentanol, Amylacetat und Nitromethan [11] extrahieren, während Benzol, $CHCl_3$, Schwefelkohlenstoff, Tetrahydrofuran, TBP, und Di-n-butyläther ungeeignet sind. Von den genannten Lösungsmitteln eignet sich Nitromethan am besten. Durch Extraktion mit einem Gemisch von Nitromethan/Benzol (1:1) kann Rb von K abgetrennt werden (die organische Phase enthält: 13,2% K und 88,5% Rb, Trennfaktor $\beta_{Rb, K} = 51$) [11]. Die Erdalkalimetalle sollen sich sehr ähnlich wie die Alkalimetalle verhalten [11].

Literatur

1. Irving, H. M., Rossotti, F. J. C.: Analyst **77**, 801 (1952).
2. West, P. W., Carlton, J. K.: Analyt. chim. Acta **6**, 406 (1952).
3. Hartkamp, H., Specker, H.: Naturwiss. **43**, 421 (1956).
4. Hartkamp, H., Specker, H.: Angew. Chem. **68**, 678 (1956).
5. Specker, H., Hartkamp, H.: Naturwiss. **43**, 516 (1956).
6. Specker, H.: Angew. Chem. **69**, 397 (1957).
7. Dawson, H. M., Gawler, R.: J. chem. Soc. **81**, 524 (1902).
8. Dawson, H. M.: J. chem. Soc. **93**, 1308 (1908).
9. Dawson, H. M., Leslie, M. S.: J. chem. Soc. **99**, 1601 (1911).
10. Sakellaridis, P.: Bull. Soc. chim. France **18**, 610 (1951).
11. Bock, R., Hoppe, T.: Analyt. chim. Acta **16**, 406 (1957).
12. Kitahara, S.: Bull. Inst. physic. chem. Res. (Tokyo) **24**, 454 (1948).
13. Ramette, R. W.: Analyt. Chem. **30**, 1158 (1958).
14. Grimanis, A. P., Hadzistelios, I.: Analyt. chim. Acta **41**, 15 (1968).

1.4. Fluoride

Vergleicht man die in den Tab. 49 und 50 aufgezeigte Extrahierbarkeit der Fluoride durch Diäthyläther mit jener der Chloride, Bromide, Thiocyanate und Nitrate, so sieht man, daß im allgemeinen wenig Fluoride in die organische Phase gehen. Außerdem

Tabelle 49. Extraktion der Fluoride aus 20m HF-Lösung mit Diäthyläther [9]

Li	Be											B	C	N	O	F
Na	Mg											Al	Si	P	S	Cl
K	Ca	Sc	Ti	V	Cr	Mn	Fe	Co	Ni	Cu	Zn	Ga	Ge	As	Se	Br
Rb	Sr	Y	Zr	Nb	Mo	Tc	Ru	Rh	Pd	Ag	Cd	In	Sn	Sb	Te	I
Cs	Ba	La	Hf	Ta	W	Re	Os	Ir	Pt	Au	Hg	Tl	Pb	Bi	Po	At
Fr	Ra	Ac														
			Ce	Pr	Nd	Pm	Sm	Eu	Gd	Tb	Dy	Ho	Er	Tm	Yb	Lu
			Th	Pa	U	Np	Pu	Am	Cm	Bk	Cf	Es	Fm	Md	No	

——— = mäßige bis gute Extraktion (51—100%)
——— = schlechte bis mäßige Extraktion (6—50%)
.... = schlechte Extraktion (0,1—5%)

Tabelle 50. Extraktion der Fluoride mit Diäthyläther (in %) [*9, 10*]

Element	m HF				
	1	5	10	15	20
Ag	< 0,05	< 0,05	< 0,05	< 0,05	< 0,05
Al	< 0,1	< 0,1	< 0,1	< 0,1	0,2
As(III)	10,0	18,5; 62[4]	30,2	34,6	37,7
As(V)	< 0,1	1,7	4,6	10,8	13,6
Au[1]					
Ba[2]	0	0	0	0	0
Be	< 0,05	< 0,05	0,5	1,9	4,0
Bi[2]	0	0	0	0	0
Ca[2]	0	0	0	0	0
Cd	< 0,05	0,2	0,6	0,9	1,4
Co	< 0,2	< 0,2	< 0,2	0,5	1,7
Cr(III)	< 0,1	< 0,1	< 0,1	< 0,1	< 0,1
Cu(II)	< 0,1	< 0,1	< 0,1	1,0	1,3
Fe(II)	< 0,1	< 0,1	< 0,1	< 0,1	< 0,1
Fe(III)	< 0,1	< 0,1	< 0,1	< 0,1	< 0,1
Ga	< 0,05	< 0,05	< 0,05	< 0,05	< 0,05
Ge(IV)	< 0,2	< 0,2	0,5	2,7	6,7
Hg(II)	< 0,05	< 0,05	< 0,05	0,9	2,7
In	< 0,05	< 0,05	< 0,05	< 0,05	< 0,05
Ir[1]					
Mg[2]	0	0	0	0	0
Mn(II)	< 0,05	< 0,05	0,2	0,5	1,3
Mo(VI)	0,7	1,8; 9,1[3]	3,0	5,8	9,3
Nb(V)	0,6	4,2	32,4	51,9	65,8
Ni	< 0,05	< 0,05	< 0,05	0,5	0,7
Os[1]					
P	< 0,1	1,1	3,1	9,9	14,8
Pb[2]	0	0	0	0	0
Pd(II)[2]	0	0	0	0	0
Pt[1]					
Re(VII)	0,05	10,8	61,2	64,0	61,8
Rh(III)[2]	0	0	0	0	0
Ru[1]					
Sb(III)	< 0,05	0,3; 0,4[3]	1,9	3,8	6,3
Sb(V)	< 0,1	< 0,1	< 0,1	< 0,1	< 0,1
Se(IV)	0,06	2,2; 3,1[4]	7,4	11,6	12,9
Si	< 0,1	< 0,1	< 0,1	< 0,1	< 0,1
Sn(II)	~ 0,5	2,0; 100[4]	3,8		4,9
Sn(IV)	~ 0,5	0,6; 100[3,4]	5,0		5,2
Sr[2]	0	0	0	0	0
Ta	1,2	43,6	79,2	79,3	79,3
Te(IV)	0,01	2,0	6,6	19,2	23,0
Th[2]	0	0	0	0	0
Ti	< 0,05	< 0,05	< 0,05	< 0,05	< 0,05
Tl(I)	< 0,05	< 0,05	< 0,05	< 0,05	< 0,05
Tl(III)[1]					
U(VI)	< 0,2	< 0,2	< 0,2	0,5	1,1
V(III)	< 0,05	0,3	3	9	12
V(V)	< 0,1	0,4	1,7	5,3	8,5
W(VI)	< 0,5	< 0,5	< 0,5	< 0,5	< 0,5
Zn	< 0,1	< 0,1	< 0,1	0,2	0,9
Zr	0,4	0,5	0,5	1,2	2,9
S.E.[2]	0	0	0	0	0

[1] Fluorid in HF-Lösung unbeständig.
[2] Schwer lösliche Fluoride.
[3] Aus 3,5 m HF.
[4] Aus 4,6 m HF.

werden dabei niemals mehr als 90% extrahiert, wenn von den widersprechenden Angaben für Sn(II) und Sn(IV) abgesehen wird. Die Fluorid-Extraktion mit Diäthyläther ist auf Nb, Ta und Re beschränkt. Das Fluorid/Diäthyläthersystem dürfte daher wegen der umständlichen und gewisse Vorsichtsmaßregeln erfordernden Arbeitstechnik nur in Ausnahmefällen in Frage kommen.

Aus einer 10m HF/6m H_2SO_4/2,2m NH_4F-Lösung werden mit MIBK extrahiert: Mo(VI) 9,7%, Nb(V) 96%, Ta(V) 99,6%, W(VI) 26%, während Al, Fe, Ga, Mn, Sn, U und Zr nicht in die organische Phase übergehen [*1*]. Für die Extraktion aus 10 mHF/6m H_2SO_4-Lösung mit MIBK betragen die Extraktionskoeffizienten: Ta >250, Nb 67 und Zr $2{,}5 \cdot 10^{-2}$ [*2*]. Aus einer wäßrigen, 6,3m H_2SO_4/1,6m HF-Lösung werden 95,6% an vorhandenem Nb durch MIBK extrahiert [*3*]. Ta wird aus einer 0,4m HF/6m H_2SO_4-Lösung mit MIBK zu 98%, mit Diisopropylketon zu 98%, mit Dichlordiäthyläther zu 84% und mit n-Amylacetat zu 74% extrahiert [*4*]. Mit Diisopropylketon lassen sich Nb und Ta [*5*] (s. S. 1146) und mit Diisobutylcarbinol Nb und Pa [*6*] trennen. Zur extraktiven Abtrennung des Nb von anderen Elementen diente auch Methyläthylketon [*7*]. Aus 8m HCl/0,6m HF/$AlCl_3$-gesättigter Lösung wird Pa(V) mit Diisopropylketon quantitativ extrahiert (~100%) [*8*].

Literatur

1. MILNER, G. W. C., BARNETT, G. A., SMALES, A. A.: Analyst **80**, 380 (1955).
2. MILNER, G. W. C., EDWARDS, J. W.: Analyt. chim. Acta **13**, 230 (1955).
3. WATERBURY, G. R., BRICKER, C. E.: Analyt. Chem. **30**, 1007 (1958).
4. WATERBURY, G. R., BRICKER, C. E.: Analyt. Chem. **29**, 1474 (1957).
5. STEVENSON, P. C., HICKS, H. G.: Analyt. Chem. **25**, 1517 (1953).
6. MOORE, F. L.: Analyt. Chem. **27**, 70 (1955).
7. CROUTHAMEL, C. E., HJELTE, B. E., JOHNSON, C. E.: Analyt. Chem. **27**, 507 (1955).
8. GOLDEN, J., MADDOCK, A. G.: J. inorg. Nuclear Chem. **2**, 46 (1956).
9. BOCK, R., HERRMANN, M.: Z. anorg. allg. Chem. **284**, 288 (1956).
10. KITAHARA, S.: Bull. Inst. physic. chem. Res. (Tokyo) **25**, 165 (1949).

1.5. Nitrate

Mit der Extraktion der Nitrate hat man sich eingehend befaßt. Aus den nebenstehenden Tabellen kann entnommen werden, daß ihr Hauptanwendungsgebiet bei den Elementen Au, Ce, Th, U und den T. U. liegt.

Bei Zusatz von Nitratsalzen zu einer Probelösung beobachtet man den bekannten Aussalzeffekt. So werden nach Zusatz von Nitraten (bis zur Sättigung) folgende Th-Mengen extrahiert (in %): $LiNO_3$ 56,5, $NaNO_3$ 0,67, KNO_3 0,15, NH_4NO_3 0,36, $Mg(NO_3)_2$ 43,8, $Ca(NO_3)_2$, 56,9, $Sr(NO_3)_2$, 0,18, $Ba(NO_3)_2$ 0,08, $Zn(NO_3)_2$ 80,9, $Al(NO_3)_3$ 54,1, $Fe(NO_3)_3$ 73,6 [*1*]. Einen ähnlichen Aussalzeffekt beobachtet man auch bei U und den T.U. Die Nitrate von Np(VI), Pu(VI) und Am(VI) verhalten sich bei der Extraktion ähnlich wie das Uranylnitrat [*2–5*].

Zur Abtrennung des Th von La durch Extraktion aus 1n HNO_3/$LiNO_3$-gesättigter Lösung erwiesen sich bei der Überprüfung von Diäthyläther, Diisopropyläther, β,β'-Dichlordiäthyläther, Äthylacetat, Amylacetat, Amylalkohol, Methyl-n-propylketon, MIBK, Diäthylketon und Di-n-propylketon die beiden Lösungsmittel MIBK ($\beta = 12000$) und Diäthylketon am geeignetsten [*1*]. La, Ce, Pr, Nd, Sm, Gd und Dy wurden von U getrennt, indem die Nitrate in wasserfreiem Diäthyläther gelöst und die ätherische Phase mit Wasser geschüttelt wurde, wobei das U in der organischen Phase verbleibt [*6*]. Nitrate lassen sich weiterhin mit Aminen (s. S. 276), TBP und anderen phosphororganischen Verbindungen (s. S. 283) extrahieren.

Tabelle 51. Extraktion der Nitrate aus 8n HNO_3-Lösung mit Diäthyläther [1, 7]

Li	Be											B	C	N	O	F
Na	Mg											Al	Si	P	S	Cl
K	Ca	Sc	Ti	V	Cr	Mn	Fe	Co	Ni	Cu	Zn	Ga	Ge	As	Se	Br
Rb	Sr	Y	Zr	Nb	Mo	Tc	Ru	Rh	Pd	Ag	Cd	In	Sb	Sb	Te	I
Cs	Ba	La	Hf	Ta	W	Re	Os	Ir	Pt	Au	Hg	Tl	Pb	Bi	Po	At
Fr	Ra	Ac														
			Ce	Pr	Nd	Pm	Sm	Eu	Gd	Tb	Dy	Ho	Er	Tm	Yb	Lu
			Th	Pa	U	Np	Pu	Am	Cm	Bk	Cf	Es	Fm	Md	No	

——— = mäßige bis gute Extraktion (51—100%)
——— = schlechte bis mäßige Extraktion (6—50%)
.... = schlechte Extraktion (0,1—5%)

Tabelle 52. Extraktion der Nitrate aus 8n HNO_3-Lösung mit Diäthyläther [1, 7]

Element	% extrahiert	Element	% extrahiert	Element	% extrahiert
Ag	2,4	Hg(II)	4,7	Tl(I)	< 0,5
Al	0,06	In	0,1	Tl(III)	7,7
As(V)	14,4	Mn(II)	0,2	U(VI)	65
Au(III)	97	Mn(VII)	< 0,5[1]	V(V)	2,0
Be	1,4	Mo(VI)	0,6	Y	0,1
Bi	6,8	Ni	0,06	Zn	0,1
Cd	0,3	P [als		Zr	~ 8
Co	0,2	$(NH_4)_2HPO_4$]	20,4	S.E.:	
Cr(VI)	> 15[1]	Pb	0,5	La	0,1
Cu(II)	0,5	Sb(V)	< 1	Ce(IV)	96,8
Fe(III)	0,13	Sc	0,1	T.U.:	
Ga	< 0,2	Tc(VII)	~ 90	Np(VI)	82
Ge(IV)	2,2	Th	34,6		
		Ti	≪ 0,5		

[1] Zersetzung.

Literatur

1. Bock, R., Bock, E.: Z. anorg. allg. Chem. **263**, 146 (1950).
2. Glueckauf, E., McKay, H. A. C.: Nature (Lond.) **165**, 594 (1950).
3. Glueckauf, E., McKay, H. A. C., Mathieson, A. R.: Trans. Faraday Soc. **47**, 437 (1951).
4. McKay, H. A. C., Mathieson, A. R.: Trans. Faraday Soc. **47**, 428 (1951).
5. Asprey, L. B., Stephanou, S. G., Penneman, P. A.: J. Am. chem. Soc. **72**, 1425 (1950).
6. Hirt, R. C., Nachtrieb, N. H.: Analyt. Chem. **20**, 1077 (1948).
7. Attrep, M., Jr.: Analyt. Chem. **34**, 1349 (1962).

1.6. Thiocyanate

Einzelne Elemente bilden mit Thiocyanat extrahierbare, verschieden gefärbte Komplexe: gelb [U(VI), Bi, Nb, Re], rosa [Ru(III)], rot-purpurrot (Fe, Mo, W), blau (Co). In Anwesenheit von Pyridin werden wasserunlösliche Pyridin-Thiocyanat-Komplexe [Co, Cu, Fe, Mn, Ni, V(IV)] gebildet, die ebenfalls mit organischen Lösungsmitteln extrahierbar sind. Neben Diäthyläther werden für die Extraktion Amylalkohol, Butylalkohol, MIBK, Butylacetat, TBP usw. verwendet.

Aus neutraler, NH_4HF_2 enthaltender wäßriger Lösung läßt sich Mn als Thiocyanat durch Extraktion mit Butylphosphat/Äther (3:2) von Fe abtrennen [*1*]. Das Mn kann aus der organischen Phase durch konz. HCl wieder rückgeschüttelt werden. Tc(V) ist aus 3–5m H_2SO_4- oder HCl-saurer, acetonhaltiger Lösung als Thiocyanat mit Diäthyläther extrahierbar [*2*]. Über die Extraktion der Thiocyanate mit Diäthyläther und die dabei erzielbare Ausbeute geben die Tab. 53 und 54 Aufschluß.

Außer den in Tab. 54 genannten Elementen sind als Thiocyanate mit Äther noch Au(III) [*3*], V(III) [*4*], Nb(III) [*5*], Rh(III) [*6*] (auch mit Methylisopropylketon [*7*]), Os(VIII), Ru(III) (mit Methylisopropylketon [*7*]), W [*8, 9*] und Re [*10–13*] extrahierbar. Praktisch nicht oder nur in Spuren werden Alkali- und Erdalkalimetalle [*14, 15*], S.E. (mit Ausnahme von Sc) [*15, 16*], Th [*15*], Mn(II) [*15*], Fe(II), Pt, Rh, Ag, Pb und Tl(I) [*14*], Zr und Hf [*15*] als Thiocyanate extrahiert. Von anderer Seite wird berichtet, daß aber auch Zr und Hf weitgehend extrahiert werden können [*17, 18*]. U ist bei pH 3,5–3,9 mit TBP/CCl_4 (1:2) als Thiocyanat extrahierbar, wobei ein Zusatz von ÄDTA die Mitextraktion von Fe verhindert [*19*]. Tc(V)-Thiocyanat kann mit n-Butylacetat quantitativ extrahiert werden (s. a. S. 1161) [*20*].

Tabelle 53. Extraktion der Thiocyanate mit Diäthyläther bei verschiedenen Säure- und Thiocyanatkonzentrationen

Li	Be											B	C	N	O	F
Na	Mg											Al	Si	P	S	Cl
K	Ca	Sc	Ti	V	Cr	Mn	Fe	Co	Ni	Cu	Zn	Ga	Ge	As	Se	Br
Rb	Sr	Y	Zr	Nb	Mo	Tc	Ru	Rh	Pd	Ag	Cd	In	Sn	Sb	Te	I
Cs	Ba	La	Hf	Ta	W	Re	Os	Ir	Pt	Au	Hg	Tl	Pb	Bi	Po	At
Fr	Ra	Ac														
			Ce	Pr	Nd	Pm	Sm	Eu	Gd	Tb	Dy	Ho	Er	Tm	Yb	Lu
			Th	Pa	U	Np	Pu	Am	Cm	Bk	Cf	Es	Fm	Md	No	

▬▬ = mäßige bis gute Extraktion (51—100%)
—— = schlechte bis mäßige Extraktion (6—50%)
.... = schlechte Extraktion (0,1—5%)

Tabelle 54. Extraktion der Thiocyanate aus 0,5n HCl-Lösung mit Diäthyläther (in %) [*14, 15*]
Volumenverhältnis Äther: Wasser = 1:1

Element	m NH_4SCN 0,5	1	2	3	4	5	6	7
Ag	schwer löslich →							0,1[1]
Al				1,1		9,0	19,7	48,9
As (III)		0,4[4]						0,4[4]
As (V)		0,1					0,03	
Be		3,8	24,3	49,7		84,1		92,2
Bi		0,3						0,1
Ca								0,04
Cd		0,1						0,2
Co (II)		3,6	37,7	58,2		74,9		75,2
Cr (III)		0,06[2]						3,4[2]
Cu (I)			2,9			0,4		
Fe (III)		88,9		83,7		75,5		53,3; 51,8
Ga (III)	18,3	65,4		90,5				99,3
Ge (IV)		< 0,3						< 0,5
Hg (II)	0,15[1]	0,15[1,2] 2,2[1,3]						0,65[1,2] 1,4[1,3]
In (III)	26,0	51,5	75,1	75,3		68,3		47,6; 59,2
Li								0,04[1]
Mg								0,02
Mn (II)								0,17
Mo (V)		99,3		97,2				97,3
Ni		0,01[1,2] < 0,02[1,3]						0,003[1,2] < 0,003[1,3]
Pb	schwer löslich →							
Pd (II)		1,7						< 0,1
Sb (III)	← Hydrolyse →							2,2
Sc (III)		12,7	55,4	79,8	84,6			89,0; 94,1
Sn (IV)		99,3		99,9		>99,9		>99,9
Ti (III)	14,7	58,8	80,5	84,0		79,8		76,3
Ti (IV)								1; 13,0; 2,4
Th								0,13
Tl (I)	schwer löslich →							
U (VI)		45,1	41,4	29,4		13,8		6,7; 4,6
V (IV)	10,7	15,0	13,1	8,7				2,2
Y[5]								0,07
Zn		96,0		97,4		94,8		92,8
Zr								0,034
S.E.:								
La								0,002

[1] Neutrale Lösung.
[2] Volumenverhältnis Äther: Wasser = 10:1.
[3] Volumenverhältnis Äther: Wasser = 6:1.
[4] 0,8n HCl-Lösung.
[5] Yttererdengemisch mit 70% Y_2O_3.

Tabelle 55. Extraktion der Thiocyanate mit MIBK [*21*]

Element	m NH_4SCN	n HCl	extrahiert %
Co (II)	>4	0,5	99,9
Fe (III)	$\leqq 6$	1	97
Mo (V)	0,5—3	3	99,9
Ti (III)	3	0,5	96
Ti (IV)	3	2—3	78
V (II)	3	5	67
V (III)	6	0,5	96
V (IV)	7	0,5	78
W (V)	3	1—3	99,9
W (VI)	3	1—7	99

Literatur

1. KINNUNEN, J., MERIKANTO, B.: Chemist-Analyst **43**, 95 (1954).
2. CROUTHAMEL, C. E.: Analyt. Chem. **29**, 1756 (1957).
3. WEST, T. S.: Metallurgia **53**, 91 (1956).
4. ROSENHEIM, A., HILZHEIMER, E., WOLFF, J.: Z. anorg. allg. Chem. **201**, 170 (1931).
5. ALIMARIN, I. P., PODVALNAJA, R. L.: J. anal. Chem. (USSR) **1**, 30 (1946).
6. BARBIERI, G. A.: Atti Reale Acad. naz. Lincei [*6*], Rend. **13**, 433 (1931).
7. WEST, P. W., CARLTON, J. K.: Analyt. chim. Acta **6**, 406 (1952).
8. FEIGL, F., KRUMHOLZ, P.: Angew. Chem. **45**, 674 (1932).
9. SANDELL, E. B.: Ind. Eng. Chem., Anal. Ed. **18**, 163 (1946).
10. NODDACK, I., NODDACK, W.: Z. anorg. allg. Chem. **181**, 17 (1929).
11. GEILMANN, W., WRIGGE, F. W., WEIBKE, F.: Z. anorg. allg. Chem. **208**, 217 (1932).
12. HOFFMAN, J. I., LUNDELL, G. E. F.: J. Res. nat. Bur. Standards **23**, 497 (1939).
13. HURD, L. C., HISKEY, C. F.: Ind. Eng. Chem., Anal. Ed. **10**, 623 (1938).
14. BOCK, R.: Z. anal. Chem. **133**, 110 (1951).
15. FISCHER, W., BOCK, R.: Z. anorg. allg. Chem. **249**, 146 (1942).
16. NODDACK, I.: Z. anorg. allg. Chem. **225**, 337 (1935).
17. FISCHER, W., CHALYBAEUS, W.: Z. anorg. allg. Chem. **255**, 79 (1948).
18. FISCHER, W., CHALYBAEUS, W., ZUMBUSCH, M.: Z. anorg. allg. Chem. **255**, 277 (1948).
19. CLINCH, J., GUY, M. J.: Analyst **82**, 800 (1957).
20. HOWARD, O. H., WEBER, C. W.: Analyt. Chem. **34**, 530 (1962).
21. NAMIKI, M., KAKITA, Y., GOTO, H.: Sci. Rep. Res. Inst. Tohoku Univ., Ser. A., **14**, 239 (1962); ref. Z. anal. Chem. **199**, 443 (1964).

1.7. Amine

Vielfach werden Elemente mit Hilfe von Aminen der allgemeinen Formel RH_2N, R_2HN, R_3N, $R_3NH^+X^-$ extrahiert, wozu neben niedermolekularen vor allem langkettige Amine Anwendung finden. Im allgemeinen nimmt die Extraktionsfähigkeit ab in der Reihenfolge: quartäre, tertiäre, sekundäre, primäre Amine. Wegen des Ionenaustauschmechanismus quartärer Ammoniumverbindungen werden die Amine auch als „flüssige Anionenaustauscher“ (s. S. 256) bezeichnet.

Besonders häufig verwendet man für Extraktionen das Tri-n-octylamin [*1—3*] und das Tri-isooctylamin (s. Tab. 56). Da Th keine anionischen Komplexe mit dem Chloridion bildet, läßt sich das anionische Uranylion aus HCl-Lösung selektiv durch Extraktion mit Tri-isooctylamin/Benzol abtrennen [*4*]. Aus 2—6n HNO_3-Lösung kann Np(IV) (in Anwesenheit von Ferrosulfamat und Hydrazin) mit 10% Tri-isooctylamin/Xylol quantitativ extrahiert werden [*5*]. Am, Cm, Pu(III) und weitgehend U(VI) werden nicht extrahiert; F^-, $Cr_2O_7^{2-}$, SO_4^{2-}, PO_4^{3-} stören. Aus 0,2–0,5n Lösung (HCl-, HNO_3- oder $HClO_4$-hältig) läßt sich mit 20% Tri-isooctylamin/CCl_4 ein zwischen Co(II) und Thiocyanat gebildeter Komplex extrahieren und photometrisch bestimmen; Mn(II), Ni und Zn reagieren dabei nicht [*6*]. Doch läßt sich beispielsweise Zn aus 2n [*7*] bzw. 3n [*8*] HCl-Lösung mit 5% Tri-isooctylamin/Xylol bzw. /$CHCl_3$ sehr wirksam von Ni bzw. Co trennen. Die Extraktion mit 3% Tri-isooctylamin/CCl_4 aus 1,3n HNO_3- und 0,24n HF-haltiger Lösung ermöglicht eine Trennung von Ta ($E\% \approx 88$) und Nb ($E\% < 2$) [*9*]. Zn (und In) läßt sich mit 8% Methyldioctylamin/Trichloräthylen aus 3n HCl-Lösung [*8*] bzw. 5% Methyldioctylamin/Xylol [*10*] weitgehend quantitativ extrahieren (s. a. S. 1328).

Mit 5% Primene JM-T/Xylol wird Pu(IV) aus 1m H_2SO_4-Lösung zu 98,9% extrahiert und kann mit 8n HCl aus der organischen Phase rückgeschüttelt werden [*11*]. Auch Bi, Hf, Os, Sn(IV), Th, W, Zr, Np(IV) lassen sich ausschütteln.

Tabelle 56. Extraktion der Elemente mit Tri-isooctylamin/Xylol[1]

Element	*D*				
	HCl[2]				
	1n	4n	5n	8n	≧ 10n
Ag	80	5		0,1	
Al	<0,01	<0,01		<0,01	
Au	25000	30000		30000	
Ba	<0,01	<0,01		<0,01	
Bi	900	85		2	
Ca	<0,01	<0,01		<0,01	
Cd	150	200		60	
Co	<0,01	0,3		15; 16[4,5]	
Cu	<0,1	4		8; 0,5[4,6]	
Fe(III)	10; 24[4,7]	40		90	
Ga	0,7	1100		100	
Hf	<0,01	<0,01		<0,01	
In	0,4	75		90	
Ir	<0,1	<0,1		<0,1	
Mg	0,01	<0,01	<0,01	<0,01	
Mn	<0,01	<0,1		0,8; <0,01[4,8]	
Mo	0,2	20		50	
Nb	<0,01	<0,1		100	100[3]
Ni	<0,01	<0,01		<0,01	
Os	800	800		800	
Pa	<0,01	10	100[3]	1200	100[3]
Pb	0,6	0,3		0,7	
Pt	300				
Ra	<0,1	<0,1		<0,01	
Re	700	200		25	
Ru	0,3	0,6		0,7	
Ru(IV)	3[3]	2,6[3]		1,5[3]	0,4[3]
Sc	<0,01	<0,01		<0,01	
Se(IV)	<0,1	0,2		10	
Sr	<0,01			<0,01	
Ta	<0,01	<0,01	<0,01	<0,01	
Tc	350	200		70	

Tabelle 56 (Fortsetzung)

Element	D				
	HCl[2]				
	1n	4n	5n	8n	≧ 10n
Te	0,2	60		40	
Th	<0,01[3]	<0,01[3]	<0,01[3]	<0,01[3]	<0,01[3]
Ti	<0,01	<0,01	<0,01	<0,01	0,2
Tl(I)	0,3	0,5		0,5	
U(VI)	11	50	50[3]	90; 100[3]	100[3]
V	0,2	5		90	
W	8	7		5	
Y	<0,01	<0,01	<0,01	<0,01	
Zn	200				
Zr	<0,1	<0,01[3]		1; 9[3]	100[3]
S.E.	<0,01	<0,01	<0,01	<0,01	<0,01
T.U.: Np(IV)	<0,01[3]	0,03[3]	0,2[3]	50[3]	100[3]
Np(V)	<0,01	<0,1		70	
Np(VI)		50[3]	100[3]	100[3]	
Pu(III)	<0,01[3]	<0,01[3]	<0,01[3]	<0,01[3]	
Pu(IV)	<0,01[3]	0,03[3]	0,2[3]	50[3]	100[3]
Pu(VI)		50[3]	100[3]	100[3]	100[3]
Am(III)	<0,01[3]	<0,01[3]	<0,01[3]	<0,01[3]	<0,01[3]
Cm(III)	<0,01[3]	<0,01[3]	<0,01[3]	<0,01[3]	<0,01[3]

[1] Falls nicht anders angegeben: 0,11 m (= 3,9%) Tri-isooctylamin/Xylol.
[2] Näherungswerte.
[3] Mit 5% Tri-isooctylamin/Xylol (nach [*4*]).
[4] Mit 5% Tri-isooctylamin/CCl_4 (nach [*23*]).
[5] Aus 7,7n HCl.
[6] Aus 7,2n HCl.
[7] Aus 1,9n HCl.
[8] Aus 9,1n HCl.

Mit Tribenzylamin/$CHCl_3$ kann Fe aus ~ 6n HCl von Al(III), Hf, Nb, Ni, Si, Ta, Th, Ti, Zr, Alkali- und Erdalkalimetallen abgetrennt werden [*12*] (s. a. S. 695). Mit 0,1% Tribenzylamin/$CHCl_3$ werden aus 1n HCl-Lösung folgende Elemente (in *E* %) extrahiert [*13*]: Au (100), Cr(VI) (100), Hg (>95), Sb (>90); die folgenden Elemente werden nur zu 1–0,5% (Cd, Co, Ga, Mo(VI), Ni, Zn) und zu <0,5% die Elemente As(V), Cr(III), Cu, Fe(III), Mn, Sc, U(VI), V(V), Ce(IV) (und andere S.E.) und Erdalkalimetalle extrahiert.

Von Interesse ist die Extraktion des U als Tetrapropylammonium-uranylnitrat $[(C_3H_7)_4N]^+[UO_2(NO_3)_3]^-$ (s. Tab. 57) [*14*], da mit diesem Extraktionssystem 99,8% des vorhandenen U extrahiert werden und die Selektivität relativ hoch ist, so daß das U von den in Reaktor-Brennstoffelementen vorkommenden Spaltprodukten abgetrennt werden kann. Die Extraktion des U als Tetrapropylammonium-uranyltrinitrat wird durch folgende Anionen nicht gestört (Molverhältnis Anion:U = 10:1) (s. a. S. 1236 bzw. 1245): Acetat, AsO_4^{3-}, $B_4O_7^{2-}$, Br^-, BrO_3^-, Citrat, Cl^-, ClO_3^-, ClO_4^-, CN^-, $Cr_2O_7^{2-}$, Formiat, F^-, $[Fe(CN)_6]^{3-}$, I^-, IO_3^-, Oxalat, PO_4^{3-}, SO_4^{2-}, $S_2O_3^{2-}$, $S_2O_8^{2-}$, SCN^-, SiO_3^{2-}, Tartrat, VO_3^-; eine Störung tritt in Anwesenheit von WO_4^{2-} und in geringerem Ausmaß von $[Fe(CN)_6]^{4-}$ auf [*14*]. Aus 0,2–3,7n HNO_3 kann Ce(IV) zu ~ 99% als Tetrapropyl-

Tabelle 57. Extraktion der Kationen (in %) im System Tetrapropylammoniumnitrat-Aluminiumnitrat-MIBK [*14*]; Arbeitsbedingungen: 4,0 ml 2,8m $Al(NO_3)_3$-Lösung [die Acidität mit Ammoniak um 1n abgestumpft (s. S. 1246)], mit einem Gehalt von 0,1% Tetrapropylammoniumnitrat, 2,0 ml MIBK und 0,5 ml Probelösung (4 mg U/ml); Extraktionszeit: 3 min; wenn nicht anders angegeben, wurden alle Kationen als Nitrate zugesetzt (die Elemente wurden zum Großteil als Radioisotope überprüft)

Kation	Molverhältnis, Kation:U				Bemerkungen
	10:1	10:1, kein U[8]	1:1	0,1:1	
Ag	0,13	0,11	0,13	0,20	6a
Al	<0,01				
Au(III) (Cl^-)	98,3	98,5	99,5		2
Ba	0,03	0,0053			1
B	1,52		8,00	26,7	
Be	0,041		0,065		
Bi	0,21				6a
Ca	0,0047		0,0094	0,058	5,6b
Cd	0,087	0,069	0,44	6,47	6a
Co(II)	0,015	0,071			1
Cr(III) (Cl^-)	0,37	0,58	0,34	0,086	6b
Cr(III)	0,0075	0,0043	0,019		5,6b
Cs	0,0011	0,00063	0,0012	0,0013	1
Cu(II)	0,15		0,11	0,28	1
Fe(III)	0,099	0,18	0,049	0,17	2,5
Ga(III)	<0,01				2,5
Hf(IV)				0,043	4
Hg(I)	2,43	2,79	11,5	12,7	1
Hg(II)	1,81	2,25	7,09	34,1	1
In(III) (Cl^-)	11,5	14,9	6,39	0,23	2
Mg	0,0036		0,0024		
Mn(II)	0,013	0,016	0,012	0,0046	1
Mo(VI)	<1,0				6c
Na	0,0091	0,0050	0,0055	0,0088	1
Ni	0,0075	0,0051	0,018	0,017	1
Pb	0,013		0,046		
Pd(II) (Cl^-)	13,2		5,72	2,93	6b
Pt(IV) (Cl^-)	0,024		0,14	0,95	
Ru	~ 10				
Sb(III)	0,011				6b
Sn(IV)	<0,1				
Sr	0,00066		0,00040		1
Tc(VII)				>10	6c
Th(IV)	8,1	28,3	7,4	23,3	
Tl(I)	0,021	0,019	0,020	0,035	6a
U(VI)			99,89		1
V(V)	<0,01				
W(V)	0,000059	0,000048			3
Y(III)	1,51	1,67	1,38	1,57	1
Zn	0,035	0,041	0,033	0,093	1
Zr(IV), Nb(V)	0,00044	0,00028	0,0018	0,021	6d
S.E.:					
La(III)	0,24		0,20	0,21	1
Ce(III)	0,54	0,76	0,43	0,55	5,6b
Ce(IV)	1,14	1,41	1,18	1,44	1
Pr(III)	1,00	1,39	0,64	0,71	1
Pm(III)				1,70	6a, 7
Sm(III)	1,48				1

Tabelle 57 (Fortsetzung)

Kation	Molverhältnis, Kation: U				Bemerkungen
	10:1	10:1, kein U[8]	1:1	0,1:1	
Gd (III)	1,23	1,91	0,75	1,30	1
Tm (III)	3,03				1
T.U.:					
Np				40,0	7
Pu				43,4	7

Bemerkungen:

1 Aufgelöst in HNO_3.
2 Aufgelöst in Königswasser.
3 Aufgelöst in NaOH.
4 Aufgelöst in HNO_3 und HF.
5 Chlorid durch Abrauchen mit HNO_3 und Fällung mit $AgNO_3$ entfernt.
6 Radioisotope verwendet als: a) Nitrat
b) Chlorid
c) Ammoniumsalz
d) Oxalat.
7 Radioisotop in konz. HNO_3 gekocht.
8 In Abwesenheit von U, jedoch die gleichen Elementkonzentrationen wie in der vorhergehenden Spalte mit dem Molverhältnis 10:1.

ammoniumnitratocerat (0,1–0,25m TPAN) mit Nitroäthan/n-Hexan (9:1) isoliert und aus dem organischen Extrakt mit 1% H_2O_2/2n HCl-Lösung als Ce(III) rückgeschüttelt werden [*15*]. Al, Cr, Fe, Ni, Zr, SO_4^{2-}, NO_3^-, ClO_4^- und PO_4^{3-} stören nicht.

Eingehende Untersuchungen über die Extraktion zahlreicher Elemente mit den quartären Ammoniumbasen bzw. -salzen Tetrahexylammoniumjodid (THA), Tetrabutylammonium-(TBA) und Tetrapropylammoniumhydroxyd (TPA) in Form von Assoziationskomplexen der allgemeinen Formel $[(R_4N)^+(Me^{x+}A_{x+1})^-]$ mit MIBK aus 0,2–5n NaOH-, H_2SO_4-, HF-, HCl- und HNO_3-Lösung ergaben eine Reihe von Trennungsmöglichkeiten (V_0:V_w = 1:1, Extraktionsdauer 5 min) [*16*], deren wichtigste Daten nachfolgend angeführt sind (unter hier nicht angegebenen Arbeitsbedingungen werden die angeführten Elemente sowie hier nicht genannte Elemente mit wechselnden Ausbeuten zwischen 5–90% ausgeschüttelt). Aus NaOH-Lösung werden die folgenden Elemente durch MIBK extrahiert[1] [*16*]: mit einer Ausbeute von >98% mit THA Ag (0,2–5n), Au(III) (0,2n) und Hg(II) (0,2–1n), mit TBA Re(VII) (0,2–5n), mit TPA Re(VII) (5n) und sowohl mit THA, als auch TBA oder TPA Tc(VII) (0,2–5n); aus 0,2–5n NaOH-Lösung werden hingegen sowohl mit THA als auch TBA oder TPA mit einer Ausbeute von ~5% Ge(IV), Pa(V), Th(IV) und Tl(I), mit einer Ausbeute von <1% Al, As(III), Ba, Be, Bi, Cd, Ce(III), Co, Cr(III), Cr(VI), Cu(II), Fe(III), Ga, Hf(IV), In, Ir(III), La, Mn(II), Mo(VI), Na, Nb, Ni, Pb, Po(IV), Rh(III), Ru(III), Sb(III), Sc, Se(IV), Sn(IV), Ta, Te(IV), Ti(III), U(IV), U(VI), V(V), Y, Zn, Zr(IV), Np(IV), Np(VI), Pu(IV), Pu(VI) und Am(III) extrahiert. Aus H_2SO_4-Lösung werden durch MIBK extrahiert[1] [*16*]: Mit THA mit einer Ausbeute von >98% Ag (0,2–5n), Bi (0,2–1n), Hg(II) (0,2–5n), Pd(II) (0,2–5n), Pt(IV) (5n), Sb(III) (5n), Sn(IV) (5n) und Tc(VII) (0,2–5n), mit einer Ausbeute von 95–98% Cd (0,2–5n) und Cu(II) (5n); mit TBA mit einer Ausbeute von >98% Pd(II) (0,2–5n), Re(VII) (0,2–5n) und

1 Die zugehörige Normalität der wäßrigen Lösung bei den einzelnen Elementen jeweils in ( ) angegeben.

Tc(VII) (0,2–5n); mit TPA Au(III) (1–5n) mit einer Ausbeute von ~97%; aus 0,2–5n H_2SO_4-Lösung werden sowohl mit THA, als auch mit TBA oder TPA mit einer Ausbeute von >98% Ta, mit einer solchen von 3–10% Ge(IV), Pa(V), Ru(III), Th(IV) und Zn und zu <1% Al, Ba, Be, Ce(III), Co, Cr(III), Fe(III), Ga, Hf(IV), Ir(III), La, Mn(II), Na, Nb, Ni, Rh(III), Sc, Ti(III), Tl(I), U(IV), U(VI), V(V), Y, Zr, Np(IV), Np(VI), Pu(IV), Pu(VI) und Am(III) extrahiert. Aus HF-Lösung werden durch MIBK extrahiert[1] [*16*]: mit THA mit einer Ausbeute von >98% Ag (0,2–5n), Bi (0,2n), Cd (0,2–1n), Cu(II) (0,2–5n), Hg(II) (0,2–1n), Pd(II) (0,2–5n) und Tc(VII) (0,2–5n); mit TBA mit einer Ausbeute von >98% Re(VII) (0,2–5n) und Tc(VII) (0,2–5n), zu ~97% Pd(II) (0,2–5n) und zu ~95% Cr(VI) (0,2–2n); mit TPA mit einer Ausbeute von ~98% Tc(VII) (0,2–5n) und zu ~95% Re(VII) (5n); aus 0,2–5n HF-Lösung werden sowohl mit THA, als auch TBA oder TPA mit einer Ausbeute von >98% Au(III) und Ta, mit einer solchen von 3–10% Al, Cr(III), Hf(IV), Pa(V) und Ru(III) und zu <1% Ba, Be, Ce(III), Co, Fe(III), Ga, Ir(III), La, Mn(II), Na, Nb, Ni, Rh(III), Sc, Ti(III), Tl(I), U(VI), Y, Zr(IV), Np(IV), Np(VI), Pu(IV), Pu(VI) und Am(III) extrahiert. Aus HCl-Lösung werden durch MIBK extrahiert[1] [*16*]: mit THA mit einer Ausbeute von >98% Ag (0,2–5n), Bi(0,2–1n), Cd(0,2–5n), Cu(II) (5n), Hg(II) (0,2–5n), In (1–5n), Pb (0,2–5n), Pd(II) (0,2–5n), Pt(IV) (5n), Sb(III) (0,2–5n), Sn(IV) (0,2–5n), Tc(VII) (0,2–5n), U(VI) (5n) und W(VI) (0,2n), mit einer Ausbeute von ~98% Re(VII) (5n) und Te(IV) (0,2–5n) und zu ~96% Zn(1–5n); mit TBA mit einer Ausbeute von >98% Bi (0,2–1n), Cr(VI) (0,2–5n), Fe(III) (2–5n), Hg(II) (0,2–1n), In (5n), Po(IV) (5n), Re(VII) (0,2–1n), Sb(III) (5n), Sn(IV) (5n), Tc(VII) (0,2–1n) und W(VI) (0,2n), mit einer Ausbeute von ~98% Te(IV) (5n) und zu ~95% Cd (1n); mit TPA mit einer Ausbeute von >98% Fe(III) (5n) und Te(IV) (5n), mit einer Ausbeute von ~98% Po(IV) (5n) und zu ~95% Au(III) (5n) und Tc(VII) (0,2–1n); sowohl mit THA als auch TBA oder TPA werden mit einer Ausbeute von >98% Ga (5n) und Ta (0,2–5n), aus 0,2–5n HCl-Lösung mit einer Ausbeute von 3–10% Co, Cr(III) und Nb, zu 3–5% Th(IV) und Np(IV) und zu <1% Al, Ba, Be, Ce(III), Hf, Ir(III), La, Mn(II), Na, Ni, Rh(III), Sc, Ti(III), Tl(I), V(V), Y, Zr(IV) und Am(III) extrahiert. Aus HNO_3-Lösung werden durch MIBK extrahiert[1] [*16*]: mit THA mit einer Ausbeute von >98% Ag (0,2–1n), Cu(II) (0,2n), Hg(II) (0,2–1n), In(0,2–1n). Pb (0,2n), Pd(II) (0,2–1n), Sb(III) (0,2–1n) und Tc(VII) (0,2–1n), zu ~98% Au(III) (0,2–5n) und Bi (0,2n) und zu ~95% Cd (0,2n); mit TBA mit einer Ausbeute von >98% Re (VII) (0,2n), Tc(VII) (0,2–1n) und W(VI) (0,2n) und zu ~98% Au(III) (0,2–5n) und Pd(II) (0,2n); mit TPA mit einer Ausbeute von ~98% Au(III) (2–5n); aus 0,2–5n HNO_3-Lösung werden sowohl mit THA, als auch TBA oder TPA mit einer Ausbeute von >98% Ta, mit einer Ausbeute von 3–10% As(III), Ge(IV), Se(IV) und Zn und zu <1% Al, Ba, Be, Ce(III), Co, Cr(III), Fe(III), Ga, Hf, Ir(III), La, Mn(II), Na, Nb, Ni, Rh(III), Sc, Ti(IV), V(V), Y, Zr(IV) und Am(III) extrahiert.

Co(II), Fe(III) [*17, 18*], Ga und In [*18*], Tc(VII) [*19*] bzw. Tl(III) und Zn [*17*] lassen sich mit verschiedenen langkettigen, quartären Ammoniumhalogeniden unter den nachfolgenden Bedingungen praktisch vollständig ($E\% \approx 100$) extrahieren: mit 0,1m Hyamin (Benzyldiisobutylphenoxyäthoxyäthyldimethylammoniumchlorid)/1,2-Dichloräthan Fe(III) (>6n HCl), Zn (~4n HCl bzw. besser 5–6m LiCl), Co(II) (>8m LiCl), Tl(III) (4–5n HCl) [*17*], mit 0,176–0,2m Methyltricaprylammoniumchlorid (Aliquat S)/Toluol Fe(III) (2–12n HCl), In (>6m LiCl), Ga (2–12m LiCl bzw. 4–12n HCl), mit 0,176–0,2m Methyltricaprylammoniumchlorid/$CHCl_3$ Fe(III) (5–10n

[1] s. S. 280, Fußnote 1.

HCl), Ga (3–12m LiCl), In (>7m LiCl)), Tc(VII) (9n HCl–pH 13, auch 4m H_2SO_4-pH 13) [19], mit 0,2m Methyltricaprylammoniumjodid/Toluol Co(II) (≧ 10m LiCl), mit 0,2m Methyltricaprylammoniumbromid/Toluol Fe(III) (2–12n HCl), mit 0,2m Methyltriisooctylammoniumbromid/Toluol Fe(III) (2–12n HCl), Co(II) (≧ 7m LiCl), mit 0,2m Methyltri-n-hexylammoniumbromid/Toluol Co(II) (≧ 7m LiCl), mit 0,2m Dimethyl-2,2'-diäthyldihexylammoniumbromid/Toluol Co(II) (≧ 8m LiCl), Fe(III) (2–10n HCl) [18]. Mit 30% Methyltricaprylammoniumchlorid/Xylol wurden außerdem die Actiniden/Lanthaniden-Gruppe, sowie Ag, Nb, Zn und Zr weitgehend extrahiert [20]. Mit 30% Methyltricaprylammoniumnitrat/Xylol wurden folgende Elemente aus 0,02n HNO_3/2,4n $Al(NO_3)_3$-Lösung extrahiert (in *E*%): Ce (97,0), Am (90,6), Pm (81,3), Cf (72,2), Ru (~ 70), Bk (68,9), Cm (65,9), Eu (62,4), Tm (20,9), Y (16,6), Zr, Nb (1,4); Al, Ba, Cr, Cs, Fe, Ni und Sr werden in nur geringem Maße extrahiert. Mit 30% Methyltricaprylammoniumthiocyanat/Xylol ergibt sich aus 0,6m NH_4SCN/0,1n H_2SO_4-Lösung folgende Extrahierbarkeit (in *E*%): Am (99,9), Bk und Cf (je >99,0), Cm (98,8), Yb (87,7), Tm (73,4), Eu (30,7), Pm (24,6), Y (13,4), Ce (6,3), La (3,1) [21]. Eine Erhöhung der Säurekonzentration senkt die Extrahierbarkeit in verschieden hohem Maße. Besondere Bedeutung hat dies beispielsweise für die Trennung des Am von Eu. Unter sonst vergleichbaren Bedingungen werden bereits aus 0,2n H_2SO_4 von Am noch 91,4% (desgleichen 90–98% von Cm, Bk und Cf), aber nur noch 7,6% von Eu (bzw. 1–8% von La, Ce, Pm, Y) extrahiert.

Niedermolekulare Amine, wie z. B. Tri-n-butylamin, eignen sich ebenfalls zur Extraktion anionischer Komplexe. Weiterhin können einige nicht oder nur unvollständig extrahierbare Chelatkomplexe nach Zusatz von n-Butylamin gut extrahiert werden, beispielsweise Mg- und Ca-Oxinat als $C_4H_9NH_3[MgOx_3]$ und $C_4H_9NH_3[CaOx_3]$ mit $CHCl_3$ (s. S. 554, 798).

Weitere Einzelheiten über Amin-Extraktionen findet man in den einzelnen Elementabschnitten und in der Literatur [22].

Literatur

1. Beyermann, K.: Z. anal. Chem. **200**, 183 (1964).
2. Ko, R.: Analyt. Chem. **36**, 1290 (1964).
3. Ko, R.: Analyt. Chem. **36**, 2513 (1964).
4. Moore, F. L.: Analyt. Chem. **30**, 908 (1958).
5. Schneider, R. A.: Analyt. Chem. **34**, 522 (1962).
6. Selmer-Olsen, A. R.: Analyt. chim. Acta **31**, 33 (1964).
7. Ott, W. L., MacMillan, H. R., Hatch, W. R.: Analyt. Chem. **36**, 363 (1964).
8. Mahlman, H. A., Leddicotte, G. W., Moore, F. L.: Analyt. Chem. **26**, 1939 (1954).
9. Marchart, H., Hecht, F.: Mikrochim. Acta (Wien) **1962**, 1152.
10. Andrew, T. R., Nichols, P. N. R.: Analyst **90**, 161 (1965).
11. Bruenger, F. W., Stover, B. J., Atherton, D. R.: Analyt. Chem. **35**, 1671 (1963).
12. Baeckmann, A. v., Glemser, O.: Z. anal. Chem. **187**, 429 (1962).
13. Fasolo, G. B., Malvano, R., Massaglia, A.: Analyt. chim. Acta **29**, 569 (1963).
14. Maeck, W. J., Booman, G. L., Elliott, M. C., Rein, J. E.: Analyt. Chem. **30**, 1902 (1958).
15. Marsh, S. F., Maeck, W. J., Booman, G. L., Rein, J. E.: Analyt. Chem. **34**, 1406 (1962).
16. Maeck, W. J., Booman, G. L., Kussy, M. E., Rein, J. E.: Analyt. Chem. **33**, 1775 (1961).
17. Wilson, A. M., Churchill, L., Kiluk, K., Hovsepian, P.: Analyt. Chem. **34**, 203 (1962).
18. Good, M. L., Srivastava, S. C., Holland, F. F., Jr.: Analyt. chim. Acta **31**, 534 (1964).
19. Salaria, G. B. S., Rulfs, C. L., Elving, P. J.: Analyt. Chem. **35**, 983 (1963).
20. Moore, F. L.: Analyt. Chem. **38**, 510 (1966).
21. Moore, F. L.: Analyt. Chem. **36**, 2158 (1964).
22. Kettrup, A., Specker, H.: Fortschr. chem. Forsch. **10**, 238 (1968).
23. McClellan, B. E., Benson, V. M.: Analyt. Chem. **36**, 1985 (1964).

1.8. Organische P- und P—S-Verbindungen

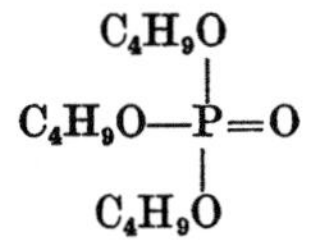

Tri-n-butylphosphat

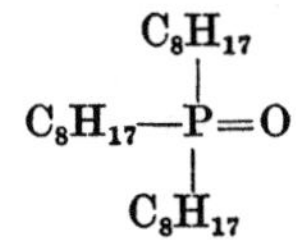

Tri-n-octylphosphinoxid

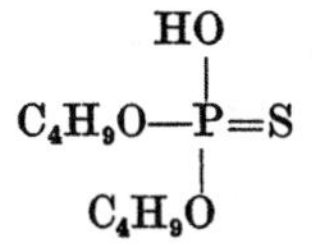

Di-n-butylthiophosphorsäure

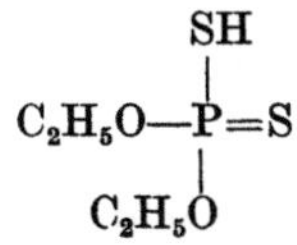

Diäthyldithiophosphorsäure

Diese Gruppe umfaßt folgende Verbindungen der allgemeinen Formel: Phosphite $(RO)_3P$, Phosphorsäureester $(RO)_3P{=}O$, Phosphonsäureester $(RO)_2RP{=}O$, Phosphinsäureester $(RO)R_2P{=}O$, Phosphinoxyde $R_3P{=}O$; weiterhin die analogen Verbindungen mit einem oder zwei Schwefelatomen anstelle von Sauerstoff, wie z. B. Phosphinsulfid $R_3P{=}S$, Thiophosphorsäureester $(RO)_3P{=}S$, Dithiophosphorsäureester $(RO)_2(SH)\,P{=}S$. Die organischen Radikale können teilweise durch Wasserstoff ersetzt sein. Je nachdem, ob die drei OH-Gruppen des Phosphorsäuremoleküls vollständig oder nur teilweise durch organische Radikale besetzt sind, liegen neutrale oder einbasisch bzw. zweibasisch saure Verbindungen vor.

Sehr verbreitete Anwendung hat Tri-n-butylphosphat (TBP), unverdünnt oder im Gemisch mit verschiedenen inerten Lösungsmitteln, gefunden. In Tab. 58 und 59 ist die Extraktion der Elemente mit TBP und TBP-Gemischen zusammengestellt. Aus 1n H_2SO_4-Lösung kann Cr(VI) quantitativ mit TBP extrahiert werden [*1*]. Außer aus HCl-Lösung läßt sich Tc(VII) aus 1m H_2SO_4-Lösung zu ~96% mit 45% TBP/Kerosin ausschütteln [*2*]. Se(IV) wurde aus ~5—>7,6n HBr-Lösung mit TBP quantitativ extrahiert; allerdings gelingt es nur schwer, das Element aus dem organischen Extrakt rückzuschütteln [*3*]. Die Verteilung von Cd, Co, Cu, Ni, Pb und Zn mit reinem TBP aus 7n HCl-Lösung wird durch die Anwesenheit von Fe bis zu 0,1m Fe-Lösung nicht beeinflußt, nimmt aber mit steigender Fe-Konzentration ab, um aus 1m Fe-Lösung fast Null zu sein. Mit 0,6m TBP/Benzol (oder Isooctan) aus 7n HCl-Lösung (1m Fe-Lösung) wird Fe(III) zu 99,9% extrahiert, wobei Co, Cu, Ni und Pb quantitativ, Cd zu 99% und Zn zu 97% in der wäßrigen Phase verbleiben [*4*]. Mit TBP läßt sich Fe(III) als Thiocyanat zu 99,9996% extrahieren (s. a. S. 693ff.) [*5*]. Hinsichtlich weiterer mit Gemischen von TBP möglicher Extraktionen s. a. S. 259ff.).

Mit 0,025m Di-n-octylmethylendiphosphonat/Kerosin (oder Octan) läßt sich u. a. Ti (20—100 µg/ml Probelösung) aus 1—4n H_2SO_4-Lösung in Anwesenheit von H_2O_2 quantitativ extrahieren und im Extrakt auch photometrisch bestimmen [*7*].

Von sauren phosphororganischen Verbindungen hat neben der Mono- und Di-n-butylphosphorsäure insbesondere die Bis-2-Äthylhexylorthophosphorsäure (BÄHP) als Extraktionsmittel häufige Anwendung gefunden. Über die Extraktion der Elemente aus HCl-, $HClO_4$- bzw. HNO_3-Lösung mit 0,75m BÄHP/Petroläther informieren die Tab. 60, 61 und 62. Über die Arbeitsbedingungen zur Abtrennung des Ce(IV) von anderen S.E. oder der S.E. gemeinsam von anderen Elementen mittels BÄHP s. S. 1077. Mit 50%

Tabelle 58. Extraktion mit TBP (unverdünnt)

Element	*D*							
	HCl[1]				HNO_3[1]			
	1n	4n	6n	9n	1n	3,5n	6n	11n
Ag	20	6	0,7	0,1	<0,1	<0,01	<0,01	<0,01
Al	<0,01	<0,01	<0,01	<0,01	<0,01	<0,01	<0,01	<0,01
As					0,4	0,1	0,1	0,1
As(III)	0,3	5	30	55				
Au	9000	10000	30000	50000	9500	2700	250	6
Ba	<0,01	<0,01	<0,01	<0,01	<0,01	<0,01	<0,01	—
Bi	30	2	0,6	0,1	4	0,8	0,3	<0,1
Ca	<0,01	<0,01	0,01	<0,1	<0,01	<0,01	<0,01	<0,01
Cd	3	40	2	8	<0,01	<0,01	<0,01	<0,01
Co	<0,01	<0,1	2	1,5	<0,01	<0,01	<0,01	—
Cr	—	<0,01	<0,01	<0,1	<0,01	<0,01	<0,01	<0,01
Cu	0,01	0,6	0,9	0,8	<0,01	—	—	<0,01
Fe					—	<0,01	0,01	0,7
Fe(III)	50	6500	8000	7000	<0,01	—	—	—
Ga	2	800	1000	1500	—	<0,01	<0,01	<0,01
Ge	<0,1	4	80	70				
Hf	—	<0,1	0,8	—	—	0,4	9	—
Hg[5]	85	90	55	9	10	1	0,6	0,4
In	6	300	300	55	<0,01	<0,01	<0,01	<0,1
Ir	<0,1	<0,1	<0,1	<0,1	0,6	<0,1	<0,01	<0,01
Mg	<0,01	<0,01	0,01	<0,1	<0,01	<0,01	<0,01	<0,01
Mn	<0,01	<0,1	<0,1	0,3	<0,01	<0,01	<0,01	0,01
Mo	5	450	500	250	<0,1	<0,1	0,01	0,2
Nb	4	15	600	3000	0,3	5	7	35
Ni	<0,01	<0,01	<0,01	<0,1	—	<0,01	<0,01	<0,01
Os	7	10	8	5	45	8	6	5
Pa	—	8	600	1000	3	30	70	—
Pb	—	0,7	0,1	<0,1	<0,1	<0,01	<0,01	<0,01
Pd	0,7	3	3	0,9	5	<0,1	<0,1	<0,01
Pt	7	30	2	4	3	0,3	<0,1	<0,01
Ra	<0,01	<0,01	<0,01	<0,01	<0,1	0,01	<0,01	<0,01
Re	150	450	80	10	25	3	0,5	0,1
Rh	0,4							
Ru	0,2	0,4	0,3	0,2	8	3	0,5	<0,1
Sb	—	60	750	1000				
Sc	<0,01	<0,1	4	350	0,5	0,9	4	60
Se(IV)	0,3	—	0,5	10				
Se(VI)	<0,1	0,3	0,4	0,6				
Sn(II)	10		4	3				
Sn(IV)	—	—	—					
Sr	<0,01	<0,01	<0,01	<0,1	—	<0,01	<0,01	<0,01
Ta	700	150	550	4000	<0,01	<0,01	<0,01	<0,01
Tc	75	80	100	50	35	4	0,7	0,8
Te(IV)	0,8	600	750	700	—	<0,01	<0,01	<0,01
Te(VI)	—	—	<0,1	<0,1				
Th	<0,01	<0,01	<0,1	1	7	50	85	550
Ti	<0,01	<0,1	<0,1	0,7	<0,01	0,01	<0,1	—
Tl					—	0,1	<0,1	0,01
Tl(I)	<0,1	<0,1	<0,1	<0,1				
Tl(III)	6000	9000	10000	8000	0,5	6[4]	—	—
U(VI)	0,6	55	95	80	45	100	350	—
V	0,1	9	50	75	<0,1	<0,1	—	<0,1

Tabelle 58 (Fortsetzung)

Element	D							
	HCl[1]				HNO_3[1]			
	1n	4n	6n	9n	1n	3,5n	6n	11n
W	400	550	250	100	55	6	0,6	<0,1
Y	<0,01	<0,01	<0,01	<0,1	0,1	0,7	1	20
Zn	8	50	10	3	<0,01	<0,01	<0,01	<0,01
Zr	<0,1	0,1	8	5500	—	—	7	—
S.E.: La	<0,01	<0,01	<0,01	0,1	<0,1	0,2	<0,1	<0,1
Ce(III)	<0,01	<0,01	<0,01	<0,1				
Ce(IV)					100[2]	—	—	—
Lu					—	—	—	45
T.U.:								
Np(IV)	—	<0,1	7	600	—	40	100	100
Np(V)	—	<0,01	0,1	30	<0,1	0,1	5	—
Np(VI)	—	100	800	550	—	60	100	—
Pu(IV)					100[3]	—	—	—
Pu(VI)					70; 100[3]	85	100	80
Cm	—	—	—	<0,1				
Am	—	—	—	<0,1				

— = Keine Extraktion.
[1] Näherungswerte.
[2] Nach [*14*].
[3] In gleichzeitiger Anwesenheit von 10m NH_4NO_3 (nach [*15*]).
[4] Aus 2n HNO_3 (nach [*16*]).
[5] Nach [*32*] wird Hg(II) bereits aus 0,01—0,14n HCl zu 98,6—98,9% ($D \leqq 90$) extrahiert.

BÄHP/Toluol wurden weiterhin verschiedene T.U. (Am, Cf, Cm, Fm) aus HCl-Lösung extrahiert [*6*].

Von Alkyl- bzw. Arylphosphinoxyden wurde insbesondere das Tri-n-octylphosphinoxyd (TOPO) auf seine Verwendbarkeit für Extraktionen geprüft. Die Tab. 63 enthält Werte über das Extraktionsverhalten aus HCl- oder HNO_3-Lösung. Mit Tributylphosphinoxyd (TBPO)/Toluol läßt sich Au, Ga, U und Pa weitgehend selektiv extrahieren (s. Tab. 64).

Auch die schwefelhaltigen Verbindungen Tri-n-octylphosphinsulfid (TOPS) bzw. Tri-n-butylphosphinsulfid (TBPS) wurden als organische Extraktionsreagentien herangezogen. Aus Versuchen mit TOPS wird angenommen, daß aus HCl-Lösung eine größere Selektivität als aus HNO_3-Lösung und eine höhere Selektivität im Vergleich zu TOPO erzielt werden kann [*8*] (s. Tab. 65). Mit 5% TBPS/CCl_4 lassen sich ebenfalls Ag(I) (aus Wasser) und Hg(II) (aus 0,1n HCl-Lösung) selektiv zu >99% extrahieren [*9*]. Teilweise extrahiert werden Bi (aus 0,1n HCl), Cu(II) (aus 0,1n HCl oder verdünntem Ammoniak), Pb (aus Wasser), Zn (aus verdünntem Ammoniak), Zr (aus 1n HCl). Nicht oder zu <5% werden extrahiert: Al, B (mit 0,05m TBPS/Cyclohexan), Cd, Co, Cr(III), Fe(III), Ir, Mn, Ru, Se(IV), Sb(III), Sn(II), Sr, Th, Tl(III), V(V) (mit Cyclohexanon) und Ce.

Thio- und Dithiophosphorsäuren sowie ihre Derivate fanden ebenfalls als Extraktionsreagentien Anwendung. Die Tab. 66, 67, 68 zeigen die Extraktion von Elementen mit Di-n-butylthiophosphorsäure, Diäthyldithiophosphorsäure (DÄDTP) und Di-n-butyldithiophosphorsäure (DBDTP). Da die freien Säuren zur Hydrolyse neigen, wird

Tabelle 59. Extraktion mit TBP-Gemischen

Lösungsmittel	Element	Säurekonzentration	% extrahiert	Literatur
20% TBP/Benzol	Ag	6n HCl[2]	—	[16]
TBP/Benzol (1:2)	Au (III)	12n HCl	94	[17]
25% TBP/Benzol	Ga	4n HCl	> 99	[16]
20% TBP/Benzol	Ga	6n HCl	> 99	[16]
40% TBP/Isooctan	Hf	10n HNO_3	96,5	[18]
TBP/Benzol (1:2)	Ir (IV)	12n HCl	25	[17]
TBP/Hexan (1:1)	Ir (IV)	6n HCl	~ 99	[19]
TBP/Benzol (1:2)	Pd (II)	12n HCl	18	[17]
15% TBP/Hexan	Pd (II)	als Jodid	> 95	[19]
TBP/Benzol (1:2)	Pt (IV)	12n HCl	52	[17]
15% TBP/Hexan	Pt (II)	als Jodid	> 95	[19]
40% TBP/Isooctan	Th	10n HNO_3	94	[18]
15—100% TBP/Benzol	Tl (III)	2n—6n HCl	> 99	[16]
TBP/Diäthyläther (1:1)	U	4,7n HNO_3 (4—8n HNO_3)	~ 86[3]	[20]
TBP/MIBK (1:1)	U	7n HCl; 4,7n HNO_3 (4—8n HNO_3)	~ 99; ~ 86[3]	[20]
TBP/Isooctan (1: 3)	U	6m $NaNO_3$; pH 3	~ 99	[21]
TBP/Isooctan (1:10)	U	1,6m $Al(NO_3)_3$; 3n HNO_3; pH 3—6 (HNO_3)	99; 86; 99	[22]
5% TBP/Isooctan	U	1,6m $Al(NO_3)_3$	~ 99	[23]
20% TBP/Benzol	W (VI)	6n HCl[1]	—	[16]
40% TBP/Isooctan	Zr	10n HNO_3	99,3	[18]
40% TBP/Isooctan	Ce (IV)	10n HNO_3	100	[18]

— = Keine Extraktion.
[1] In Anwesenheit von Weinsäure.
[2] In Anwesenheit von Ammoniumpersulfat.
[3] Nach 5maligem Waschen der organischen Phase mit dem gleichen Volumen 4,7n HNO_3 (etwa 2,7% des vorhandenen U gehen je Waschvorgang verloren).

Tabelle 60. Extraktion mit 0,75m Bis(2-Äthylhexyl)orthophosphorsäure/Petroläther [24]

Element	% extrahiert aus HCl[1]					
	1n	3n	5n	7n	9n	11n
As (III)	—	—	10	38	80	82
As (V)	—	—	—	—	—	—
Au (III)	—	—	1	6	18	35
Bi	—	—	—	—	—	—
Cd	—	—	—	—	—	—
Co	—	—	—	—	—	—
Cr (III)	—	—	—	3	8	10
Cu (II)	—	—	—	—	—	—
Fe (III)	55	65	10	15	58	75
Ga	—	2	25	75	80	83
Ge (IV)	—	—	20	66	80	88
Hf (IV)	100	100	100	100	100	100
Hg (II)	8	5	1	—	—	—
In	40	—	—	—	—	—
Ir	—	—	—	—	—	—

Tabelle 60 (Fortsetzung)

Element	% extrahiert aus HCl[1]					
	1n	3n	5n	7n	9n	11n
Mn	—	—	—	3	7	10
Mo(VI)	90	93	85	68	55[2]	60
Nb(V)	75	92	95	97	98	100
Ni	—	—	—	—	—	—
Os(IV)	50	48	45	43	42	40
Pd	—	—	—	—	—	—
Pt(IV)	—	—	2	5	8	12
Re(VII)	—	—	—	—	2	5
Rh(III)	—	—	—	—	—	—
Ru(III)	5	2	—	—	—	—
Sb(III)	85	10	1	4	9	12
Sb(V)	—	10	25	53	95	98
Sc	100	100	100	100	100	100
Se(IV)	—	—	—	—	5	10
Sn(II)	35	10	5	3	5	5
Sn(IV)	45	15	10	10	10	10
Ta(V)	50	20	4	1	3	5
Tc(VII)	—	5	10	15	18	20
Te(IV)	—	—	—	—	—	—
Ti(IV)	100	95	90	90	95	100
Tl(I)	—	—	—	—	—	—
Tl(III)	—	—	—	2	8	13
W(VI)	55	49	70	70	70	72
Y	90	40	—	—	—	20
Zn	—	—	—	—	—	—
Zr	95	100	100	100	100	100
S.E.: La	—	—	—	—	—	—
Ce(III)	—	—	—	—	< 0,1[3]	—
Pr	—	—	—	—	—	—
Nd	—	—	—	—	—	—
Sm	22	—	—	—	—	—
Eu, Gd	40	—	—	—	—	—
Tb	70	12	—	—	—	5
Dy	80	18	10	4	6	10
Ho	85	30				
Er	90	45	20	10	10	30
Tm	90	45	23	20	22	48
Yb	100	88	70	65	63	90

— = Keine Extraktion.

[1] Näherungswerte.

[2] Nach [*25*] wird Mo mit 1,5m BÄHP/Toluol quantitativ extrahiert.

[3] Nach [*25*] beträgt die Extraktion von Ce(III) mit 1,5m BÄHP/Toluol aus 8n HCl-Lösung $E\,\% = <0{,}1$, aus 0,01n HCl $E\,\% = >99$.

Tabelle 61. Extraktion mit 0,75 m Bis(2-Äthylhexyl)orthophosphorsäure/Petroläther [24]

Element	% extrahiert aus $HClO_4$ [1]					
	1n	3n	5n	7n	9n	11n
Ag(I)	—	—	—	—	—	—
As(III)	—	—	—	—	—	—
As(V)	—	—	—	—	—	—
Au(III)	1	2	5	32	70	75
Bi	95	65	70	92	95	98
Cd	—	—	—	—	—	—
Co(II)	—	—	—	—	—	—
Cr(III)	—	—	—	—	—	—
Cr(VI)	45	23	10	10	1	1
Cu(II)	—	—	2	1	4	7
Fe(III)	20	8	10	20	90	92
Ga(III)	5	2	1	9	70	47
Ge(IV)	—	—	1	30	90	90
Hf(IV)	98	95	92	92	95	98
Hg(II)	15	18	20	20	10	5
In(III)	100	98	98	98	98	100
Ir(IV)	—	—	—	—	—	—
Mn(II)	—	—	—	—	—	—
Mo(VI)	100	100	100	100	100	100
Nb(V)	42	90	100	100	100	100
Ni	—	—	—	—	—	—
Os(IV)	35	38	40	42	50	60
Pb	1	1	2	3	6	10
Pd(II)	3	3	5	8	50	54
Pt(IV)	5	7	10	15	40	45
Re(VII)	1	1	1	1	1	50
Rh(III)	—	—	—	—	—	—
Ru(III)	5	2	1	1	8	10
Sb(III)	90	82	80	60	65	70
Sb(V)	1	5	10	95	100	100
Sc	90	92	94	96	98	100
Se(IV)	—	—	—	—	—	—
Sn(II)	70	52	58	68	80	95
Sn(IV)	64	50	70	80	90	97
Ta(V)	97	70	40	20	58	60
Tc(VII)	—	—	—	—	—	<2,5
Te(IV)	1	1	1	5	30	70
Ti(IV)	95	98	100	100	100	100
Tl(I)	—	—	—	—	—	—
Tl(III)	10	12	14	17	3	1
W(V)	60	50	65	80	85	99
Y(III) [2]	99	80	50	40	90	90
Zn	4	2	1	—	8	25
Zr(IV)	100	100	100	100	100	100
S.E. [2]: La	5	2	1	10	90	98
Ce(III)	10	1	1	20	95	100
Pr	10	2	1	20	90	90
Nd	15	1	1	20	95	100
Sm	45	2	1	30	95	98
Eu	75	8	1	5	90	98
Gd	85	10	2	20	95	100
Tb	97	30	15	28	95	98
Dy	95	46	19	22	92	95

Tabelle 61 (Fortsetzung)

Element	% extrahiert aus $HClO_4$[1]					
	1n	3n	5n	7n	9n	11n
Ho	95	60	30	33	90	92
Er	100	80	60	50	96	100
Tm	95	80	70	60	95	98
Yb	98	100	97	95	98	100
Lu	100	100	94	90	95	98

— = Keine Extraktion. [1] Näherungswerte. [2] Nach [*26*] ist auch Toluol geeignet.

Tabelle 62. Extraktion mit 0,75 m Bis(2-Äthylhexyl)orthophosphorsäure/Petroläther [*24*]

Element	% extrahiert aus HNO_3[1]					
	1n	3n	5n	7n	9n	11n
Ag(I)	—	—	—	—	—	—
As(III)	—	—	—	—	—	—
As(V)	—	—	—	—	—	—
Au(III)	—	—	—	—	—	—
Bi	80	9	2	1	1	1
Cd	—	—	—	—	—	—
Co	—	—	—	—	—	—
Cr(III)	—	—	—	—	—	—
Cr(VI)	66	80	68	60	50	1
Cu(II)	—	—	—	—	—	—
Fe(III)	30	32	55	88	100	100
Ga	3	1	1	1	2	5
Ge	—	—	—	—	—	—
Hf(IV)	100	100	100	100	100	100
Hg(II)	15	12	10	5	2	1
In	98	98	95	93	90	86
Ir(IV)	—	—	—	—	—	—
Mn(II)	—	—	—	—	—	—
Mo(VI)	90	96	99	100	100	100
Nb(V)	60	100	100	100	100	100
Ni(II)	—	—	—	—	—	—
Os(IV)	30	15	15	17	48	75
Pb	10	8	2	1	1	1
Pd	3	2	1	1	1	1
Pt(IV)	—	—	—	—	—	—
Re(VII)	—	—	—	—	—	—
Rh	—	—	—	—	—	—
Ru(III)	2	1	1	1	1	1
Sb(III)	88	80	50	10	15	48
Sb(V)	1	1	2	5	10	32
Sc(III)	100	100	100	100	100	100
Se(IV)	—	—	—	—	—	—
Sn(II)	60	33	42	51	68	80
Sn(IV)	67	44	40	45	50	60
Ta(V)	95	85	72	85	92	98
Tc(VII)	1	2	5	5	6	8
Te(IV)	—	—	—	—	—	—
Th						> 98[2]

Tabelle 62 (Fortsetzung)

Element	% extrahiert aus HNO_3[1]					
	1n	3n	5n	7n	9n	11n
Ti (IV)	100	92	100	100	100	100
Tl (I)	—	—	—	—	—	—
Tl (III)	16	10	5	2	1	1
U						> 98[2]
W (VI)	70	70	90	95	98	100
Y	98	65	35	30	35	45
Zn	—	—	—	—	—	—
Zr	100	100	100	100	100	100
S. E.: La	6	2	1	1	1	1
Ce (III)	8	4	2	1	1	1
Ce (IV)						> 99[2]
Pr	5	2	1	1	1	1
Nd	10	4	2	1	1	1
Sm	25	2	3	5	6	8
Eu	54	5	4	5	8	10
Gd	60	6	5	5	6	9
Tb	92	13	8	10	13	19
Dy	98	25	15	15	18	25
Ho	100	40	17	17	22	35
Er	100	65	40	35	40	45
Tm	90	72	48	41	45	55
Yb	98	96	93	84	82	82
Lu	97	95	85	79	76	81
T. U.: Np (IV)						97[2]
Pu (IV)						99[2]

— = Keine Extraktion. [1] Näherungswerte. [2] Nach [*19*] aus 10n HNO_3 mit 0,75m BÄHP/n-Heptan.

Tabelle 63. Extraktion mit 5% TOPO/Toluol

Element	D[1]								
	HCl				HNO_3				
	1n	4n	7n	8n	1n	3,5n	6n	7n	11n
Ag	0,9	—		< 0,1	< 0,01	< 0,01	< 0,01		< 0,1
Al	< 0,01	< 0,01		< 0,01	< 0,01	< 0,01	—		—
As (III)	< 0,1	0,8		40					
As (V)	0,01	0,25	e[3]	0,8	< 0,01	< 0,01	< 0,01		< 0,01
Au	75000	75000		95000	800	100	3	e[3]	0,4
Ba	< 0,01	< 0,01		< 0,01	< 0,01	< 0,01	< 0,01		< 0,01
Bi	110	0,1		< 0,1	6	< 0,01	< 0,01		< 0,01
Ca	< 0,01	—		< 0,01	< 0,01	< 0,01	—		—
Cd	0,7	—		1,5	< 0,01	—	—		—
Co	< 0,01	< 0,1		0,9	< 0,01	< 0,01	< 0,01		< 0,01
Cr (III)	< 0,01	< 0,01		< 0,01	< 0,01	< 0,01	< 0,01		< 0,01
Cr (VI)	100[2,3]		100[2,3]		e[3]			e[3]	
Cu	< 0,1	0,5		0,5	< 0,01	< 0,01	< 0,01		< 0,01
Fe (II)			e[3]	e[3]					
Fe (III)	100[2]	100[3]	100[2,3]		< 0,01	< 0,01	< 0,01		< 0,01
Ga	< 0,1	2500		8000	< 0,01	< 0,01	< 0,01		< 0,01

Tabelle 63 (Fortsetzung)

Element	D^1								
	HCl				HNO_3				
	1n	4n	7n	8n	1n	3,5n	6n	7n	11n
Hf	<0,1; 100[2]	0,7	100[2]	4	30	15	10		10
Hg	15	60		15	1,5	0,4	0,4		0,5
In	40	75	e[3]	85	<0,1	<0,01	<0,01		<0,01
Ir	<0,01	<0,01		<0,01	<0,01	<0,01	<0,01		<0,01
Mg	<0,01	<0,1		<0,1	<0,01	<0,01	—		—
Mn	<0,01	<0,1		<0,1	<0,01	<0,01	<0,01		<0,01
Mo	60	800		40	0,4	<0,1	<0,1		0,4
Nb	0,8	80		600	0,4	0,7	1,0		4
Ni	<0,01	<0,01		<0,01	<0,1	<0,1	<0,1		<0,1
Os	40	50		55	0,8	0,3	0,3		0,3
Pa	4	3,5		30	250	60	200		150
Pb	<0,1	<0,1		—	<0,1	0,01	0,01		<0,1
Pd	0,4	1,5		0,5		<0,01	<0,01		<0,01
Pt	0,85	25		7	<0,01	<0,01	<0,01		<0,01
Ra	<0,01	<0,01		<0,01					
Re	10	35		9	0,1	<0,01	<0,01		<0,01
Ru	0,3	0,3		0,2	0,3	<0,01	<0,01		<0,01
Sb(III)	<0,01	1	100[2]	4,5	<0,01	<0,01	—		—
Sc	<0,1	35		85	3	0,8	0,6		0,6
Se(IV)	<0,1	<0,1		0,9	<0,01	<0,01	<0,01		<0,01
Si					—	—	<0,01		—
Sn	100	100		300	0,25	0,4	0,7		0,9
Sn(IV)	100[2]		100[2]		e[3]				e[3]
Sr					<0,01	<0,01	—		—
Ta	0,5	0,4		0,7	<0,01	0,1	0,1		0,1
Tc	50	200		65					
Th	<0,1	4,5	100[2,3]	70; 100[3]	95	80	65	e[3]	20
Ti	—	0,25	100[2]	40; 100[3]	<0,1	<0,1	<0,1	e[3]	0,4
Tl	0,5	0,4		0,3	0,1	0,1	0,1		0,3
U(VI)	1200	30000		7000	2500	150	450		40
V	0,1	0,9		0,8	0,6	<0,1	<0,1		0,2
V(IV)			100[2]						
V(V)					e[3]			e[3]	
W	2	8		15	0,7	<0,1	<0,1		—
Y	<0,01	<0,01		<0,01	<0,1	<0,01	<0,01		<0,01
Zn	90; e[2]	110		0,6	<0,01	<0,01	<0,01		—
Zr(IV)	0,2; 100[2]	100[3]; 400	100[2,3]	100	9,5	40; 100[3]	100[3]		70
S.E.: La					0,01	<0,01	<0,01		<0,01
Ce	—	<0,01		<0,01	<0,1	<0,01	<0,01		<0,01
Tm	0,01	<0,01		<0,1	<0,1	<0,01	<0,01		<0,01
Lu	<0,01	<0,01		0,01	<0,1	<0,01	<0,01		<0,01
T.U.:									
Pu(III)					<0,001[4]				
Pu(IV)					500[4]				
Pu(VI)					500[4]				

— = Keine Extraktion.
e = Teilweise extrahiert.

[1] Näherungswerte.
[2] Mit 0,2m (= 7,7%) TOPO/Benzol.
[3] Mit 0,1m (= 3,9%) TOPO/Cyclohexan.
[4] Aus 2n HNO_3 mit 0,05m TOPO/Cyclohexan extrahiert (nach [*28*]).

Tabelle 64. Extraktion mit 1% TBPO/Toluol

Element	D[1] HCl 1n	4n	8n	Element	D[1] HCl 1n	4n	8n
As	<0,01	0,4	—	Pt	<0,1	0,4	—
Au	850	2500	—	Ra	<0,01	<0,01	<0,01
Ba	<0,01	<0,01	—	Re	1	3	—
Bi	6	<0,1	—	Ru	<0,1	0,5	<0,01
Ca	<0,01	<0,01	<0,01	Sb	<0,1	0,6	6
Cd	<0,1	<0,1	—	Sc	0,1	0,5	1
Co	<0,01	<0,01	<0,01	Se	<0,1	0,1	0,8
Cr	<0,01	<0,01	<0,01	Sn	3	60	35
Cu	<0,01	0,1	—	Sr	<0,01	<0,01	<0,01
Fe	0,2	2	2	Ta	0,3	0,6	—
Ga	<0,1	150	—	Tc	4	1	5
Hf	0,1	0,9	45	Th	<0,1	<0,1	<0,1
Hg	25	8	0,4	Ti	<0,1	<0,1	0,5
In	2	5		Tl	0,2	4	100
Ir	<0,01	<0,1		U	85	900	250
Mg	<0,01	—		V	<0,01	0,4	—
Mn	<0,01	<0,01		W	1	70	85
Mo	5	45		Y	<0,01	<0,01	<0,01
Nb	<0,1	<0,1	45	Zn	8	0,3	<0,01
Ni	—	—	<0,01	Zr	0,5	4	15
Os	7	7	5	S.E.: La	<0,01	<0,01	<0,01
Pa	0,8	25	350	Ce	<0,01	<0,01	<0,01
Pb	0,3	<0,1	—	Lu	<0,01	<0,01	<0,01
Pd	<0,1	—	—	T.U.: Np	<0,01	<0,1	<0,1

[1] Näherungswerte. — = Keine Extraktion.

Tabelle 65. Extraktion mit 0,05 m TOPS/Cyclohexan [8]

Element	D HCl 1n	3n	5n	7n	HNO_3 1n	3n	5n	7n
Ag(I)					3740	2110	798	494
As(III)	0,002	0	0,003	0,255	0	0,004	0,005	0,310
Au(III)	6280	12700	14300	13300				
Bi					0	0	0	0
Cd					0,006	0,003	0,006	0,002
Cu(II)	0,008	0,007	0,010	0				
Fe(II)	0	0	0	0				
Fe(III)	0	0	0	0				
Ga	0,013	0	0,021	0,021				
Hg(II)[1]	586	112	51	42	10600	91,7	38,6	26,3
Mo(VI)	0,009	0,011	0,005	0,005	2,95	3,21	3,34	3,61
Pb					0,009	0,004	0,008	0,009
Pd(II)	0,222	0,176	0,120	0,033	950	180	104	72
Pt(IV)	0	0	0	0				
Se(IV)					0,089	0,164	0,101	0,125
Sn(II)	0,147	0,042	0,008	0,008				
Th(IV)					0	0	0,003	0,045
U(VI)	0	0,058	0,057	0,018	0	0	0	0,121
Zn					0,008	0,007	0,016	0,017
S.E.: Lu					0	0	0	0

[1] Mit Nitrobenzol anstelle von Cyclohexan.

Tabelle 66. Extraktion mit 0,22 m Di-n-Butylthiophosphorsäure/CCl_4[2] [29]

Element	D[1]								
	HCl				H_2SO_4				
	0,05 n	0,1 n	1 n	6 n	0,05 n	0,1 n	1 n	5 n	10 n
Ag (I)	100	1000	7000	<0,1		0,7	4000	8000	9000
As (III)	7	7	8	10	8	9	10	12	<13
Au (I)	900	1000	3000	5000	2000	3000	5000	6000	7000
Bi	3000	4000	500	0,8	7000	8000	8000	9000	>9000
Cd	1000	800	100	8	2000	1000	700	1	
Co (II)	—	—	—	—	—	—	—	—	—
Cr (III)	—	—	—	—	—	—	—	—	—
Cr (VI)	4	5	1	—	6	6	3	0,1	—
Cs	—	—	—	—	—	—	—	—	—
Cu (II)		3000	2000	500	900	1000	4000	5000	6000
Fe (II)	—	—	—	—	—	—	—	—	—
Fe (III)	30	50	0,1	—	20	50	0,1	—	—
Ga	50	3	—	—	40	3	<0,1	—	—
Hg (II)		0,1	7000	4000					
In (III)	6000	80	<0,1	—	3000	200	0,1		
Ir (IV)	—	—	—	—	—	—	—	—	—
K	—	—	—	—	—	—	—	—	—
Mn (II)	—	—	—	—	—	—	—	—	—
Mo (VI)	30	10	3	0,5	20	10	3	0,1	
Nb (V)					30	40	7	0,1	
Ni (II)	—	—	—	—	—	—	—	—	—
Pb	2000	3000	1000	1	2000	3000	300	0,8	
Pd (II)	10	800	4000	8000	0,1	10	1000	2000	
Pt (IV)	—	—	—	—	—	—	—	—	—
Rb	—	—	—	—	—	—	—	—	—
Re (VII)	—	—	—	—	—	—	—	—	—
Sb (III)					0,8	0,7	0,5	0,1	
Se (IV)		1000	3000	4000	200	300	700	800	>900
Sn (II)	80	30	<0,1	—	5	2	<0,1		
Sr	—	—	—	—	—	—	—	—	—
Tl (I)		100	3	0,1	20	5	0,3	<0,1	
Y		0,3			1	<0,1			
Zn	4000	30	0,1	—	600	100	0,8	<0,1	—
S. E.: La	0,1	—	—	—	0,1				

— = Keine Extraktion. [1] Näherungswerte. [2] 5%ige Reagenslösung.

Tabelle 67. Extraktion der Elemente mit Diäthyldithiophosphorsäure/CCl_4[1] [30]

Element	HCl-Konzentration	% extrahiert[2]	H_2SO_4-Konzentration	% extrahiert[2]
Ag (I)	0,1—3 n (< 0,1—7 n)	100	0,1—15 n	100
Al	—	—	—	—
As (III)	0,1—6 n	100	0,1—15 n	100
As (V)	(0,1— ~6 n)	u. v.	15 n (0,1—15 n)	~95
Au (III)	0,1— ~3,5 n (< 0,1—7,5 n)	~85	0,1— ~11,3 n (< 0,1—15 n)	~85
Ba	—	—	—	—
Be	—	—	—	—
Bi	0,1—4 n (0,1—5,5 n)	100	0,1—15 n	100
Ca	—	—	—	—
Cd	(~0,1—1 n)	u. v.	0,1—0,5 n (< 0,1—10,5 n)	95—100
Cs	—	—	—	—
Cu (II)	0,1—5 n (< 0,1—10 n)	100	0,1—12 n (< 0,1—15 n)	100

Tabelle 67 (Fortsetzung)

Element	HCl-Konzentration	% extrahiert[2]	H_2SO_4-Konzentration	% extrahiert[2]
Fe(II)	—	—	—	—
Fe(III)	u.v.		u.v.	
Ga	—	—	—	—
Ge(IV)	(0,1—3n)	—	(0,1—15n)	—
Hg(II)	0,1—6n (< 0,1—10n)	100	0,1—15n	100
In	0,1n	~90	0,1n (<0,1—6,5n)	~96
Ir	(0,1—10n)	—	(0,1—15n)	—
K	—	—	—	—
Li	—	—	—	—
Mg	—	—	—	—
Mn(II)	—	—	—	—
Mo[3]	5n (2,5—10n)	≧90	15n (2,5—15n)	~95
Na	—	—	—	—
Nb	—	—	—	—
Ni	u.v.		u.v.	
Os(IV)	(0,1—8n)	u.v.	(0,1—12n)	u.v.
Pb	0,1—1,8n (< 0,1—3n)	100	0,1—8n (< 0,1—14,5n)	100
Pd(II)	0,1—10n	100	0,1—15n	100
Pt(II)	(0,1—10n)	—	(0,1—12n)	u.v. (25— 9%)
Pt(IV)	(0,1—10n)	—	(0,1—15n)	u.v. (20—45%)
Rb	—	—	—	—
Re(VII)	(5—10n)	u.v.	(~8—15n)	u.v.
Rh	(0,1—10n)	—	(0,1—15n)	—
Ru(III)	(0,1—10n)	—	(0,1—15n)	—
Sb(III)	0,1—5,5n (< 0,1—7n)	100	0,1—13n (< 0,1—15n)	100
Sb(V)	(0,5— ~7n)	u.v.	(0,1—15n)	u.v.
Se(IV)[4]	0,1—10n	100	0,1—15n	100
Se(VI)	(0,1—3n)	—	(0,1—15n)	—
Sn(II)	(0,1—9n)	u.v.	(0,1—15n)	u.v.
Sn(IV)	(0,1—9n)	—	(0,1—9n)	—
Sr	—	—	—	—
Ta	—	—	—	—
Te(IV)	0,1—10n	100	0,1—15n	100
Te(VI)	(0,1—6n); (10n)	—; u.v. (~60)	(0,1—15n)	—
Th	—	—	—	—
Ti	—	—	—	—
Tl(I)	(0,1n)	~5	(0,1n)	~5
Tl(III)	(0,1—1n)	~5	(0,1—1n)	~5
V(III)	—	—	—	—
W(VI)	(0,1—10n)	—	(0,1—15n)	—
Zn	—	—	—	—
Zr	—	—	—	—
S.E.: La	—	—	—	—

— = Keine Komplexbildung bzw. Extraktion.

( ) = Beginn bzw. Ende der Extraktion in Klammer gesetzt, in diesem Bereich unvollständige Extraktion.

u.v. = Unvollständige Extraktion.

[1] Extraktionsansatz: 24 ml Probelösung (200 μg Element enthaltend) + 1 ml Reagenslösung (25 mg des Natriumsalzes/ml enthaltend), mit 25 ml CCl_4 extrahiert.

[2] Näherungswerte.

[3] Mit Hydrazinsulfat reduziert.

[4] Nach [3] werden aus 5n H_2SO_4 mit 0,2% DÄDTP/$CHCl_3$ bei zweimaliger Extraktion von 36 μg Se (IV) noch 96% ausgeschüttelt, doch wird mit weiter abnehmender Se-Konzentration die Verteilung immer ungünstiger.

Tabelle 68. Extraktion der Elemente mit 0,2 m Di-n-butyldithiophosphorsäure/CCl_4 [12]

Element	D[1]									
	HCl					H_2SO_4				
	0,03n	0,1n	1n	5n	9n	0,03n	0,1n	1n	5n	9n
Ag (I)[4]		9	400	500	400		5	900	900	7
Al	—	—	—	—	—					
As (III)	8	10	30	70	1000					
Au (III)		<1	9000	9000	100		6	700	5000	
B	—	—	—	—	—					
Ba	—	—	—	—	—	—	—	—	—	—
Bi		4	9000	10000	<1		10	10000	10000	100
Ca	—	—	—	—	—	—	—	—	—	—
Cd	<1	8000	8000	2			100	500	300	30
Co (II)	35	3				50	4			
Cr (III)	—	—	—	—	—	—	—	—	—	—
Cr (VI)						10	7	4	<1	
Cs	—	—	—	—	—	—	—	—	—	—
Cu (II)[4]		<1	10000				4	500	2000	
Fe (II)	—	—	—	—	—	—	—	—	—	—
Fe (III)	7	9	3	<1			8	3	<1	
Ga	7	<1								
Hg (II)[4]		1[5]	9000	10000	10		7	3000	3000	100
In	< 1000	10000	9000	4000	<1		1000	5000	300	
Ir	—	—	—	—	—	—	—	—	—	—
K	—	—	—	—	—					
Li	—	—	—	—	—					
Mg	—	—	—	—	—					
Mn (II)	—	—	—	—	—	—	—	—	—	—
Mo (VI)	10	90	250	70	10		80	50	<1	
Na	—	—	—	—	—					
Ni (II)	800	100	10	5	<1	900	100	10	4	<1
Os (IV)		4	4	1			1	3	<1	
Pb			80	10000						
Pd[4]	2	6	900	700	600		5	900	800	100
Rb	—	—	—	—	—					
Re (VII)				<1	5					
Ru (IV)	—	—	—	—	—	—	—	—	—	—
Sb (III)		1	80	40	1			100	70	3
Sc	—	—	—	—	—					
Se (IV)	300	700	800	900	1000		600	700	700[2]	
Sn (II)		800	10	2			900	80	10	3
Sr	—	—	—	—	—	—	—	—	—	—
Tc (VII)		1	8	10	<1					
Te (IV)			2	8	<1		7	100	70	3
Tl (III)	700	300	25	<1						
V (V)	—	—	—	—	—					
Y	—	—	—	—	—	—	—	—	—	—
Zn[3,4]	4000	200	5	<1		2000	300	40	5	
S.E.: La	—	—	—	—	—	—	—	—	—	—

— = Keine Komplexbildung bzw. Extraktion.

[1] Näherungswerte.

[2] Nach [3] werden aus 5n H_2SO_4 mit 0,2% DBDTP/$CHCl_3$ bei zweimaliger Extraktion von 36 µg Se(IV) noch 88% ausgeschüttelt, doch wird mit weiter abnehmender Se-Konzentration die Verteilung immer ungünstiger.

[3] Nach [31] kann Zn bereits aus 0,001—~0,07n HCl-Lösung zu ~99% extrahiert werden.

[4] Auch aus alkalischer Lösung (pH 10) können Ag, Hg(II) und Pd(II), aus ammoniakalischer Lösung (bis pH 8) können Cu(II) und Zn quantitativ extrahiert werden.

[5] Mit Äthylacetat, n-Amylalkohol oder Diisopropyläther werden hier bedeutend höhere Extraktionsausbeuten als mit CCl_4 erzielt.

die Anwendung ihrer Na- [*10*] oder NH_4-Salze [*11*] als Reagentien empfohlen. Durch Substituenten mit steigender C-Zahl wird die Hydrolyse gefördert, die Wasserlöslichkeit nimmt etwas ab, der Verteilungskoeffizient nimmt aber stark zu [*11*]. So werden beispielsweise die mit DÄDTP nicht oder nur unvollständig extrahierten Elemente Au(III), Ni(II), Tl(III) und Zn mit DBDTP vollständig extrahiert. Für Cs, das mit DBDTP keine Reaktion zeigt, ist mit DÄDTP eine mäßige Extrahierbarkeit festzustellen [*12*]. Aus dem organischen Extrakt kann eine größere Zahl von Elementen mit geeigneten wäßrigen Lösungen [z. B. 0,1n NaOH für Bi, Cu(II), Fe(III), Ga, Sb(III), Sn(II), Zn; verdünntes NH_4OH für Cd, Cu, Ni, Zn] in die wäßrige Phase rückgeschüttelt werden.

Von Säureamiden der Alkylthiophosphorsäuren wurden N,N',N''-Trihexylthiophosphorsäuretriamid (I) und N,N',N''-Hexabutylthiophosphorsäuretriamid (II) in ihrem Extraktionsverhalten gegenüber 33 Elementen geprüft [*13*]. Es wurde festgestellt, daß sie zur quantitativen Extraktion von Ag(I), Cu(I) und Hg(II) sehr geeignet und wirksamer als die Alkylthiophosphate sind (s. a. die Elementabschnitte Ag, Cu, Hg). Mit 0,0026m Reagens/$CHCl_3$ werden durch (I) µg-Mengen der Elemente unter nachfolgenden Bedingungen quantitativ extrahiert: Ag(I) aus 0,1–6n HNO_3, Hg(II) aus <0,1–9n HNO_3, H_2SO_4 oder HCl, Cu(I) aus 0,1–6n HCl, ferner nahezu quantitativ aus HCl-Lösung Au(III) und aus HNO_3-Lösung Pd(II). Durch (II) werden Ag(I) und Hg(II) aus 2–4n HNO_3-Lösung quantitativ extrahiert. Aus 0,1–4n HCl-, HNO_3- oder H_2SO_4-Lösung wurden mit beiden Reagentien die folgenden Elemente nicht extrahiert ($D \leqq 0{,}01$): Bi, Cd, Ce(III), Co(II), Cr(III), Cr(VI), Cs, Cu(II), Fe(III), Ir(IV), La, Mn(II), Mo(VI), Nb(V), Ni(II), Pb, Re(VII), Ru(IV), Sb(III), Se(IV), Sn(II), Sr, Tl(III), Y, Zn, Zr(IV). Da Cu(II) im Gegensatz zu Cu(I) nicht extrahiert wird, eignet sich (I) zur selektiven Cu-Isolierung [*13*].

Literatur

1. Tuck, D. G.: Analyt. chim. Acta **27**, 296 (1962).
2. Campbell, M. H.: Analyt. Chem. **35**, 2052 (1963).
3. Bock, R., Jacob, D. (unter Mitarbeit von Fariwar, M., Frankenfeld, K.): Z. anal. Chem. **200**, 81 (1964).
4. Specker, H., Shirodker, R.: Z. anal. Chem. **214**, 401 (1965).
5. Jackwerth, E.: Z. anal. Chem. **206**, 335 (1964).
6. Gavrilov, K. A., Gvuzdz, E., Starý, J., Wang Tung Seng: Talanta **13**, 471 (1966).
7. Goričan, H., Grdenič, D.: Analyt. Chem. **36**, 330 (1964).
8. Elliott, D. E., Banks, C. V.: Analyt. chim. Acta **33**, 237 (1965).
9. Hitchcock, R. B., Dean, J. A., Handley, T. H.: Analyt. Chem. **35**, 254 (1963).
10. Bode, H., Arnswald, W.: Z. anal. Chem. **185**, 99 (1962).
11. Zucal, R. H., Dean, J. A., Handley, T. H.: Analyt. Chem. **35**, 988 (1963).
12. Handley, T. H., Dean, J. A.: Analyt. Chem. **35**, 254 (1963).
13. Handley, T. H.: Analyt. Chem. **36**, 2467 (1964).
14. Warf, J. C.: J. Am. chem. Soc. **71**, 3257 (1949).
15. Metz, C. F.: Analyt. Chem. **29**, 1748 (1957).
16. De, A. K., Sen, A. K.: Talanta **14**, 629 (1967).
17. Beyermann, K.: Z. anal. Chem. **200**, 183 (1964).
18. Culkin, F., Riley, J. P.: Analyt. chim. Acta **32**, 197 (1965).
19. Faye, G. H., Inman, W. R.: Analyt. Chem. **35**, 985 (1963).
20. Eberle, A. R., Lerner, M. W.: Analyt. Chem. **29**, 1134 (1957).
21. Paige, B. E., Elliott, M. C., Rein, J. E.: Analyt. Chem. **29**, 1029 (1957).
22. Francois, C. A.: Analyt. Chem. **30**, 50 (1958).
23. Wood, D. F., McKenna, R. H.: Analyt. chim. Acta **27**, 446 (1962).
24. LaFleur, P. D. Becker, D. A.: Activation Analysis Section: Summary of Activities, July 1969 to June 1970. NBS Techn. Note 548. Washington: U. S. Dept. of Commerce, National Bureau of Standards Dec. 1970.

25. McCown, J. J., Larsen, R. P.: Analyt. Chem. **33**, 1003 (1961).
26. Pierce,, T. B., Peck, P. F.: Analyst **88**, 217 (1963).
27. McCown, J. J., Larsen, R. P.: Analyt. Chem. **32**, 597 (1960).
28. Baltisberger, R. J.: Analyt. Chem. **36**, 2369 (1964).
29. Handley, T. H.: Analyt. Chem. **35**, 991 (1963).
30. Bode, H., Arnswald, W.: Z. anal. Chem. **185**, 179 (1962).
31. Handley, T. H., Zucal, R. H., Dean, J. A.: Analyt. Chem. **35**, 1163 (1963).
32. Morris, D. F. C., Williams, J. H.: Talanta **9**, 623 (1962).

1.9. Carbamatderivate[1]

1.9.1. Natriumdiäthyldithiocarbamat[1]

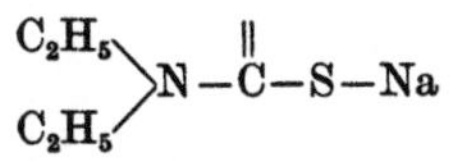

Zahlreiche Elemente bilden mit Na-DDTC in Wasser schwerlösliche, in organischen Lösungsmitteln dagegen leichtlösliche Komplexe. Eine zusammenfassende Übersicht der Fällung und Extrahierbarkeit der Metalle mit Na-DDTC geben die Tab. 69 und 70. Halogenkohlenwasserstoffe zeigen sich für die Carbamatextraktion besser geeignet als Äther, höhere Alkohole oder Ester. Unter den Halogenkohlenwasserstoffen zeigen diejenigen mit endlichem Dipolmoment, wie Äthylenchlorid, 1,2-Dichloräthylen, Trichloräthylen, 1,1',2,2'-Tetrachloräthan, Monochlorbenzol oder $CHCl_3$, ein bedeutend größeres Lösungsvermögen (rund eine Größenordnung oder mehr) als solche mit dem resultierenden Moment Null, wie z. B. Perchloräthylen, CCl_4 [*1*].

Tabelle 69. Extraktion mit Na-DDTC und organischen Lösungsmitteln

Li	Be											B	C	N	O	F
Na	Mg											Al	Si	P	S	Cl
K	Ca	Sc	Ti	V	Cr	Mn	Fe	Co	Ni	Cu	Zn	Ga	Ge	As	Se	Br
Rb	Sr	Y	Zr	Nb	Mo	Tc	Ru	Rh	Pd	Ag	Cd	In	Sn	Sb	Te	I
Cs	Ba	La	Hf	Ta	W	Re	Os	Ir	Pt	Au	Hg	Tl	Pb	Bi	Po	At
Fr	Ra	Ac														
			Ce	Pr	Nd	Pm	Sm	Eu	Gd	Tb	Dy	Ho	Er	Tm	Yb	Lu
			Th	Pa	U	Np	Pu	Am	Cm	Bk	Cf	Es	Fm	Md	No	

——— = Vollständige Extraktion
——— = Teilweise Extraktion

[1] Die exakte Bezeichnung der freien Säure lautet Carbamid- bzw. Dithiocarbamidsäure und dementsprechend die ihrer Salze Carbamidate bzw. Dithiocarbamidate. Allgemein hat sich aber der kürzere Ausdruck Carbamate bzw. Dithiocarbamate eingebürgert, weshalb dieser auch hier Anwendung findet.

Tabelle 70. Fällung und Extraktion mit Na-DDTC und organischen Lösungsmitteln [2—7]

Element	Fällung pH	pH der vollständigen Extraktion							
					CCl_4				
		$CHCl_3$	Andere organ. Lösungsmittel	CCl_4	+ KCN	+ ÄDTA	Einfluß von Anionen		Extinktions-maximum nm
							keine Störung	Störung	
Ag	2—14	2,6— 5[21] 2 —14	3[17]	4—11	4— 8[10] 8—11[11]	4 —11	A, B, C D, E		340
Al	—	—		—	—	—			—
As(III)	2— 6	3 — 6[21] 2 — 6		4— 5,8		4 — 5,8	A, B, D		440
Au(III)	2—14	2 —14		4—11[10] 3— 5	4— 8[10] 8—11[11]	4 —11[10]			410, 474
Ba	—	—		—	—	—			—
Be	—	—		—	—	—			—
Bi	2— 9	2 — 9		4—11	8—11	4 —11	A, B, C[1], D[1]		366
Ca	—	—		—	—	—			—
Cd	2—14	2n HCl- -pH 9,5[21] 2 —14	3[17] 1,5—9[20]	4—11	8—11	4 — 6[10] 8 —11[11]	A, B, C, D[1], E		340
Co(II)	2—14	2 —14 6 — 8[15]		4—11	8—11[11]	4 — 6[10] 6 —11[11]	A, B, D, E		650, 480 367, 323
Cr(III)	2— 6	2 — 6		4—11[11]					
Cr(VI)		0 — 6[15]							
Cu(II)	2—14	2 —14 1 — 3,5[15, 16]		4—11 3— 5	4— 8[10] 8—11[11]	4 —11	A, B, D, E	C	436
Fe(II)	2— 9	2 — 9							
Fe(III)	2— 9	2 — 9 0 —10[15]		4— 9,8	8— 9[10]	4 — 6[10] 6 —11[11]	B	A[2], B[3] (oberhalb pH 9)[4,5] C, D, E, G[2,6—8]	600 515
Ga(III)			3[17]	4— 5,5(?)		4 —11[11]			
Ge	—	—		—	—	—			—

Hg(II)	2—14	3n HCl- -pH 5,6[21] 2 —14 3[19, 26]	3[17]	4—11	4— 8,5[10]	4 —11	A, B, C, D, E		340
In(III)			3[17]	4—10	8—11	4 5 — 7[10] 7 —11[11]	A, B	D	
Ir(IV)	2—14 s.l.			6—11[10] s.l.	8—11[11]				
Mg	—	—		—	—	—			—
Mn(II)	2— 9	2 — 9	6,5[17]	6— 9	8— 9	4 —11[11]	A, B, D	G[2, 9]	505 355
Mo(VI)	2— 9	2 — 9	3[17]	4[10] 5—11[11]					
Nb(V)	2— 6[24]			4— 5,5[10]		4 — 5,5[11]			
Ni	2—14	2 —14		4—11	8—11[11]	4 — 5,5[10] 5,5—11[11]	A, B, D, E		393 326
Os(IV)	2—14 s.l.			4— 5[11] 5—11[10]	8—11[11]	5 —11[10]			
Pb	2—14	3 — 9,5[21] 2 —14 st. s.[19, 26]	st. s.[13,17]	4—11	8—11	5 — 7[10] 4 — 5(?) 7 —11[11]	A, B, E	C, D	340
Pd(II)	2—14			4—11	8—11[11]	4 —11	A, B, D, E		305, 348
Po		1 —6[10, 27]		1— 6[10, 27]					
Pt(IV)	2—14 s.l.			4—11[10] s.l.	8—11[11]	4 —11[10]			
Re(VII)	—	—		—	—	—			—
Rh(III)	2—14 s.l.			4—11[10] s.l. n.qu.	8—11[10] s.l., n.qu.				
Ru(III)	2—14 s.l.			6—11[10] s.l., n.qu.	8—11[11]				
Sb(III)	2— 9	2 — 9		4— 9,5 4— 8,2[10]	8— 9,5	4 — 9,5	A, B, C	D	
Sc(III)	—	—		—	—	—			—
Se(IV)	2— 9 n.qu.	3 — 5 3[18]	3[17]	4— 6,2		4 — 6,2	A, B, D		

Tabelle 70 (Fortsetzung)

Element	Fällung pH	pH der vollständigen Extraktion							
					CCl_4				
		$CHCl_3$	Andere organ. Lösungsmittel	CCl_4	+ KCN	+ ÄDTA	Einfluß von Anionen		Extinktions-maximum nm
							keine Störung	Störung	
Sn (II)	2—14	2 —14		3— 5					
Sn (IV)	2—14	2 —14		4— 5,8		4 — 5[10]	A, B, D		
Sr	—	—		—	—	—			—
Ta	—[24]	—		—	—	—			—
Te (IV)	2— 9	3 — 5		4— 8,8	8— 8,8	4 —8,8	A, B, C, D		428
Te (VI)	2— 9 n.qu.	3 —5		3— 5					
Th (IV)	—	—		—	—	—			—
Ti (IV)	—	—		—	—	—			—
Tl (I)	2—14	2[25] 2 —14		4—11	8—11	4 — 6,5 6,5— 8[10] 8 —11[11]	A, B, C, D, E		410—420
Tl (III)	2—14	2 —14	3[17]	4—11	8—11	4 —11	A, B, C, E		426
U (VI)	2— 6	6 6,5— 8,5[15]	6,5— 8,5[12–14]	4— 8[11]		4 — 8[11]		A, D	
V (IV)	2—6	2 — 6		3— 5					
V (V)	2— 6	2 — 6 2[22]	3[17] 2 u. 6[23]	4— 5,9		5 — 6[10]	A, B, D		
W (VI)	1— 2	1 — 2	1 — 1,5[17]	4[10] 5—11[11]					
Y (III)	—	—		—	—	—			—
Zn	2— 9	2 — 9	3[17]	4—11	4— 8[10] 8—11[11]	4 5 —11[11]	A, B, E	D, F	
Zr (IV)	—	—		—	—	—			—
S.E.:									
La (III)	—	—		—	—	—			—
T.U.									
Pu (IV)			3[14, 28]						

Erläuterungen zur Tabelle 70

n. qu. = nicht quantitativ.
s. l. = Reaktion sehr langsam.
st. s. = Stark saure Lösung.
A Citrat.
B Tartrat.
C Borat.
D Phosphat.
E Glykokoll.
F Ammonium.
G Pyrophosphat.
[1] Nur bei Anwesenheit von Tartrat keine Störung.
[2] Maskierung.
[3] Große Mengen.
[4] Nach [8].
[5] Nach [9].
[6] Nach [10].
[7] Nach [11].
[8] Nach [12].
[9] Nach [7].
[10] Unvollständige Extraktion.
[11] Keine Extraktion.
[12] Vollständig extrahierbar mit Isoamylalkohol.
[13] Vollständig extrahierbar mit Diäthyläther.
[14] Vollständig extrahierbar mit Amylacetat.
[15] Nach [13].
[16] Nach [14].
[17] Nach [15] mit Äthylacetat.
[18] Nach [16].
[19] Nach [17].
[20] Nach [18] mit Äthylacetat.
[21] Nach [19].
[22] Nach [20]; mit einer Ausschüttelung rund 90% extrahierbar.
[23] Nach [20] mit MIBK.
[24] Nach [21].
[25] Nach [22] (s. a. S. 1199).
[26] Nach [23].
[27] Nach [71].
[28] Nach [72].
— = Keine Fällung oder Extraktion bei pH 4—11.

Wegen der großen Zersetzlichkeit des Na-DDTC in stark sauren Lösungen [24, 25] dürfte es sich bei der angegebenen Extraktion des Re mit Carbamat/Äthylacetat [15] aus konzentriert salzsaurer Lösung nicht um eine Carbamat-Extraktion handeln, da sich überdies Perrhenate durch Ester aus saurer Lösung in beträchtlichem Maße extrahieren lassen [5]. Nach anderen Angaben sollen einige Elemente noch aus 0,1 n HCl-Lösung mit Na-DDTC/$CHCl_3$ extrahierbar sein (Ausbeute in %) [25a]: As (100), Co (100), Cu (100), Fe (100), Pb (100), Sb (99), V (99), Ni (98), Sn (97), Bi (85), Cd (43), Zn (24).

Tabelle 71. Die Extrahierbarkeit des Cu mit Na-DDTC in Abhängigkeit vom pH-Wert [24]

pH	% extrahiert
1,05	30
2,00	55
3,04	57
4,05	82
5,00	98
6,02	101

Tabelle 72. Einfluß der Zeit auf die Stabilität des Na-DDTC [24]

pH	Reaktionszeit min	Cu, gefunden %
1,05	0	61,6
	30	0
	60	0
6,02	0	98,0
	30	96,4
	60	64,0

Eingehende Untersuchungen mit Cu zeigten, daß dieses bei niedrigen pH-Werten unvollständig extrahiert wird (s. Tab. 71) [24]. In dem untersuchten Bereich von pH 1–6 wird das Cu mit Na-DDTC erst bei pH 5–6 vollständig extrahiert. Wie aus Tab. 72 hervorgeht, ist dies auf die Zersetzung des Reagenses [26] und auch des bereits gebildeten Kupferkomplexes bei niedrigen pH-Werten in Abhängigkeit von der Reaktionszeit bis

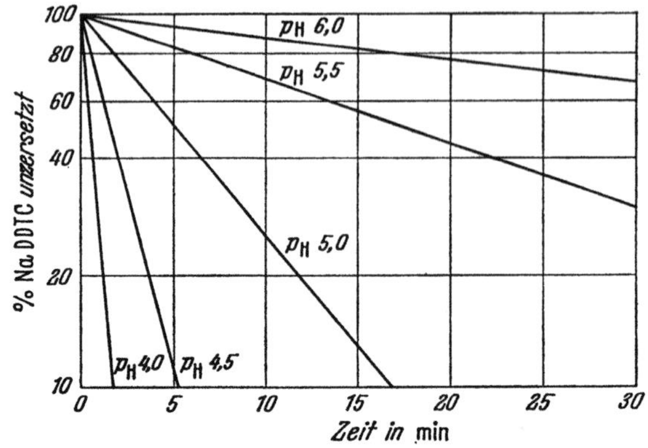

Abb. 59. Einfluß des pH-Wertes auf die Zersetzungsgeschwindigkeit des Na-DDTC [*25*]

zum Zeitpunkt der Extraktion zurückzuführen. Den Einfluß des pH-Wertes auf die Zersetzungsgeschwindigkeit des Na-DDTC zeigt Abb. 59 [*25*]. In Tab. 73 sind die Halbwertszeiten des Zerfalls von Na-DDTC angegeben. Der Zerfall verläuft nach Gl. (1)

$$\begin{matrix} C_2H_5 \\ C_2H_5 \end{matrix}\!\!>\!N-\overset{\overset{\displaystyle S}{\|}}{C}-S-Na+H^+ \longrightarrow \begin{matrix} C_2H_5 \\ C_2H_5 \end{matrix}\!\!>\!NH+CS_2+Na^+ . \qquad (1)$$

Die Halbwertszeit nimmt von einer Stufe des pH-Wertes zur nächsten um eine Zehnerpotenz zu. Demnach ist die Zerfallsgeschwindigkeit der Wasserstoffionenkonzentration direkt proportional. Dies ist bei jenen Elementen zu berücksichtigen, für die eine Extrahierbarkeit bei niedrigem pH-Wert in Tab. 70 angegeben ist, weshalb die Extraktion in diesen Fällen so rasch wie möglich und mit einem großen Reagensüberschuß durchgeführt werden muß. Besonders wenn der erhaltene organische Extrakt direkt zur photometrischen Bestimmung des extrahierten Elementes verwendet werden soll, ist ein Arbeiten unter etwa pH 6,0 weniger gut geeignet als oberhalb dieses pH-Wertes. Ist man aber gezwungen, unterhalb pH 6,0 zu arbeiten, so muß die Extraktion, wie bereits erwähnt, rasch und mit einem der Zersetzung entsprechenden Reagensüberschuß durchgeführt werden.

Andere disubstituierte Carbamate, wie das Dibenzyldithiocarbamat [*27*] und besonders das Tetramethylendithiocarbamat (I) [*28*], weisen gegenüber dem Na-DDTC eine größere Stabilität auf. Eine diesbezügliche Untersuchung von (I) [*25*] zeigte, daß sich hier die Halbwertszeit ebenfalls um eine Zehnerpotenz verringert, wenn der pH-Wert um eine Einheit erniedrigt wird. Die Zerfallsgeschwindigkeit ist jedoch wesentlich geringer als bei Na-DDTC. Die Halbwertszeit beträgt bei pH 2,4 69 min und bei pH 3,0 270 min. Im Bereich von ~ pH 2 bis ~ 3n HCl oder H_2SO_4 beträgt die Halbwertszeit bei 20 °C von (I) 55 min, von Na-DDTC ~ 10 sec, während nach 10 min langem Schütteln einer CCl_4-Lösung von Diäthylammoniumdiäthyldithiocarbamat (II) mit 0,1–4n HCl-, 0,1–10n H_2SO_4- oder 0,1–1,5n HNO_3-Lösungen noch ~ 74% von (II) unzersetzt sind [*29, 29a*]. Die pH-Werte gleicher Zersetzungsgeschwindigkeit von (I) und Na-DDTC liegen um 3,7 pH-Einheiten auseinander. Danach ist ein Arbeiten mit (I) bis herunter zu etwa pH 2,3 noch durchaus möglich, ohne daß die Zersetzlichkeit des Reagenses stört. Mit (II)/CCl_4 lassen sich aus 10n H_2SO_4-Lösung quantitativ extrahieren: Cu, Ag, Hg, In, Tl, Sn, As, Sb, Bi, Se, Mo, Pd, Pt, aus 1n H_2SO_4-Lösung außerdem noch Cd, Pb und Te.

Aus 10n HCl-Lösung können mit (II)/CCl_4 nur Pd und Pt quantitativ extrahiert werden, aus 6n HCl-Lösung außerdem noch Cu, Hg, Tl, As, Sb und Se.

Tabelle 73. Halbwertszeit des Zerfalls von Na-DDTC bei verschiedenen pH-Werten [25]

pH	Halbwertszeit	pH	Halbwertszeit
2,0	0,3 sec[1]	6,0	51 min
3,0	3 sec[1]	7,0	8,3 Std
4,0	30 sec	8,0	3,5 Tage[1]
4,5	1,5 min	8,5	11 Tage
5,0	4,9 min	9,0	35 Tage[1]
5,5	16,5 min		

[1] Extrapolierte Werte.

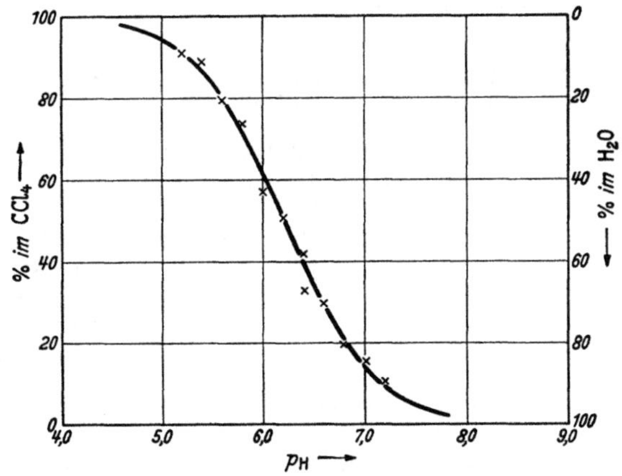

Abb. 60. Verteilung von Diäthyldithiocarbamidsäure zwischen wäßriger Phase und CCl_4 [25]

Die freie Diäthyldithiocarbamidsäure wird unterhalb pH 8,0 mit fallendem pH-Wert in zunehmendem Ausmaß extrahiert (s. Abb. 60) und weist unterhalb von etwa 390 nm eine merkliche Extinktion auf. Deshalb ist eine photometrische Bestimmung von Elementen als Carbamatverbindungen direkt im CCl_4-Extrakt unterhalb 390 nm nur dann möglich, wenn die Extraktion oberhalb pH 8,0 durchgeführt wird. Die mit abnehmendem pH-Wert zunehmende Unsicherheit läßt sich auch dann nicht beseitigen, wenn man den CCl_4-Extrakt der Analysenlösung gegen den Extrakt einer Blindlösung mißt, die vom gleichen pH-Wert wie die Probelösung ist und mit derselben Reagensmenge versetzt war. Es sind vor allem 3 Ursachen für auftretende Fehler: 1. Durch Bildung der Metallcarbamatverbindung wird Reagens verbraucht, während die Blindlösung gegenüber der Probe dann einen zu hohen Reagensgehalt aufweist; 2. Geringe Unterschiede im pH-Wert von Probe- und Blindlösung haben einen merklichen Einfluß auf die Menge der extrahierten Diäthyldithiocarbamidsäure; 3. Die Zersetzung des Reagenses kann, vor allem bei pH <6, im Zeitpunkt der Extraktion in Probe- und Blindlösung nicht gleich weit fortgeschritten sein.

Die disubstituierten Carbamate sind, wie aus den angeführten Tab. 69 und 70 bzw. 79, 80 und 81 hervorgeht, ebenso wie z. B. Dithizon und 8-Hydroxychinolin keine spezifischen Reagentien. Trotzdem können bei zweckmäßiger Wahl der Arbeitsbedingungen und Anwendung von Maskierungsmitteln spezifische Bestimmungen und Trennungen durchgeführt werden (s. Tab. 74). Dem gleichen Zweck dienen auch Verdrängungsreaktionen [*30–32*] (s. S. 236 und Tab. 75 und 76), die öfters herangezogen werden. Auf empirischem Wege wurden für eine Anzahl von Elementen, die mit Na-DDTC extrahierbare Komplexe bilden, Verdrängungsreihen für die Umsetzung zwischen einer organischen, mit Wasser nicht mischbaren und einer wäßrigen Phase aufgestellt, bei denen jeweils ein Element die nachfolgenden Elemente aus ihrem Carbamatkomplex verdrängt [*31–33*]. Die hier in den nachfolgenden Tabellen angegebenen Verdrängungsreihen weisen einige Differenzen untereinander auf, die auf die unterschiedlichen Reaktionsbedingungen zurückzuführen sein dürften.

Tabelle 74. Selektivität der Extraktion mit Na-DDTC/CCl_4 bei bestimmten pH-Werten und Zusatz von Maskierungsmitteln [*5*]

pH	Maskierungsmittel		Extrahierte Elemente	Bemerkungen
	KCN	ÄDTA		
≧ 11			Ag, Bi, Cd, Co, Cu, Hg, Ir[1], Ni, Pb, Pd, Tl(III), Zn, Au[1], Pt[1], Os[1], Rh[1], Ru[1]	
10 —11		+	Cu, Bi, Au[1], Pd, Pt[1], Os[1], Tl(III), Ag, Hg	Bei schnellem Arbeiten stören Rh, Ru und Ir nicht, da diese langsam reagieren. Bei der photometrischen Bestimmung des Cu bei 600 nm stört Au nicht
11	+		Cd, Bi, Tl(I), Pb	Gute Abtrennung des Cd von Zn
11	+	+	Bi, Tl(III)	
8— 9	+		Mn, Bi, Cd, In, Pb, Sb, Te, Tl	Fe und Hg werden unvollständig extrahiert; bei der photometrischen Bestimmung des Mn bei 505 nm stört von den extrahierten Elementen nur Fe
9,2	+	+	Sb, Bi, Te(IV), Tl(III)	In größerer Menge stört die Anwesenheit von Hg, As, Se und Cu
8,5— 8,8	+	+	Sb, Bi, Te(IV), Tl(III)	Größere Mengen von Cu und Hg stören; gute Abtrennung des Te von Se[2]

\+ = Maskierungsmittel der Probelösung zugesetzt.
[1] Unvollständig extrahiert.
[2] Nach [*6*].

Die in den Tab. 75 und 76 angegebene Verdrängungsreihe wurde bei pH 9 und 12 in Anwesenheit von Tartrat bzw. ÄDTA und KCN mit $CHCl_3$ als organischem Lösungsmittel aufgestellt. Ein höher stehendes Element in dieser Reihe verdrängt die tiefer stehenden Elemente aus ihren Carbamatkomplexen, d. h. das höher stehende Element reagiert bevorzugt vor den tiefer stehenden Elementen mit Carbamat (z. B. Hg ver-

Tabelle 75. Verdrängungsreihe der in alkalischer, tartrathaltiger Lösung mit Carbamat reagierenden Elemente [33]

Ammoniak/ Tartrat, pH ~9	NaOH/ Tartrat, pH ~12	Farbe der Fällung bzw. des $CHCl_3$-Extraktes
Hg	Hg	farblos[1]
Ag	Ag	gelblich
Cu	Cu	intensiv gelbbraun
Ni[2]	Ni[2]	grünstichig gelb
Co[3]	Co[3]	grün
Pb	Pb	farblos
Bi	Bi	gelb
Cd	Cd	farblos
Tl(III)	Tl(III)	farblos
Sb(III)	—	hellgelb
Zn	—	farblos
Mn(II)	—	rotbraun, unbeständig
Fe(III)	—	rotbraun bis schwarz

[1] Erst in höherer Konzentration (> 50 mg Hg/50 ml $CHCl_3$) leicht gelbstichig.
[2] Umsetzung unvollständig.
[3] Keine Umsetzung des Co-Carbamates mit den höher stehenden Elementen.

Tabelle 76. Verdrängungsreihe der in alkalischer, tartrathaltiger Lösung in Anwesenheit von Maskierungsmitteln mit Carbamat reagierenden Elemente [33]

Ammoniak/Tartrat, pH ~9		NaOH/Tartrat, pH ~12	
+ ÄDTA	+ KCN	+ KCN	+ ÄDTA + KCN
Hg	—	—	—
Ag	—	—	—
Cu	—	—	—
(Pb)[1]	Pb	Pb	(Pb)[1]
Bi	Bi	Bi	Bi
—	Cd	Cd	—
Tl(III)	Tl(III)	Tl(III)	Tl(III)
Sb(III)	Sb(III)	—	—

[1] Pb wird durch ÄDTA überwiegend, jedoch nicht vollständig maskiert.

drängt Cu aus seinem Cu-DDTC-Komplex). Wenn von den angeführten Elementen z. B. Hg, Cu und Pb gleichzeitig in einer wäßrigen Lösung anwesend sind und man Carbamatlösung in kleinen Anteilen zu dieser Lösung hinzufügt, so ist eine ausgeprägte Reaktionsfolge zu beobachten: zuerst fällt das Hg vollständig als weißer Niederschlag aus, dann folgt die gelbe Cu-Carbamatfällung, um schließlich durch die wiederum weiße Fällung des Pb-Carbamates abgelöst zu werden. Dies ist auf die unterschiedlichen Löslichkeitsprodukte der Carbamate der in den Tabellen angeführten Elemente zurückzuführen, von denen das Hg-Carbamat das kleinste Löslichkeitsprodukt aufweist, während jenes der darauffolgenden Elemente immer mehr ansteigt. Zwei Elemente der angeführten Verdrängungsreihe zeigen Unregelmäßigkeiten: Ni-Carbamat setzt sich nur unvollständig mit Cu- oder Hg-Salzlösung um, während sich Co-Carbamat mit den beiden Elementen überhaupt nicht umsetzt.

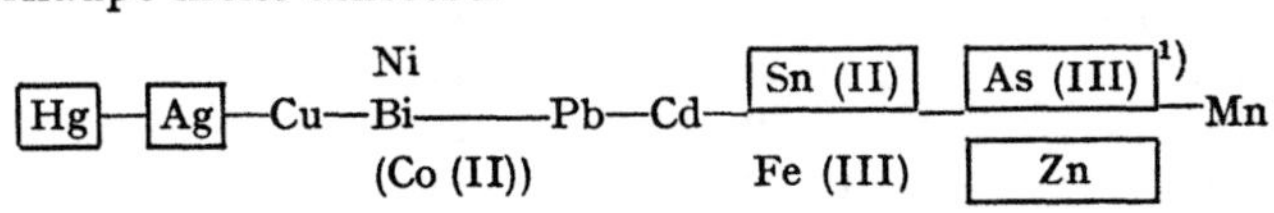

[1] Die eingerahmten Elemente bilden in organischen Lösungsmitteln farblos gelöste Carbamatkomplexe.

Eine weitere Verdrängungsreihe wurde für pH 5,6 in Abwesenheit von Hilfskomplexbildnern (Tartrat usw.) mit $CHCl_3$ als organischem Lösungsmittel aufgestellt [*31*, *34*]. Von den darin angeführten Elementen nimmt das Löslichkeitsprodukt der mit Na-DDTC gebildeten Metallkomplexe von links nach rechts zu. Von dem in Frage kommenden Element werden jeweils alle folgenden Elemente aus ihren Carbamatkomplexen verdrängt. Mit sehr großer Geschwindigkeit und praktisch quantitativ werden die Metalle

Mn, Zn, Cd, Pb, As, Sn, Fe, Ni – nicht aber Co – durch Cu und Hg aus ihren Carbamatkomplexen verdrängt. Cu wird durch Ag weitgehend und durch Hg quantitativ verdrängt. Weitere Einzelheiten sind Tab. 77 zu entnehmen, aus der hervorgeht, daß neben dem pH-Wert auch das $Me_1:Me_2$-Verhältnis und die Schütteldauer einen Einfluß auf die Vollständigkeit der Verdrängungsreaktion ausüben. Wo mehrere Elemente an der gleichen Stelle der Verdrängungsreihe stehen, war eine eindeutige Einordnung bisher nicht möglich. Bei der Cu-Bestimmung mit Pb-Carbamat [*35*] nahm man an, daß das Pb nur durch Cu verdrängt wird. Die Verdrängung geht rasch vor sich, doch wird das Pb nach der oben angegebenen Verdrängungsreihe auch noch durch Ni, Co und Bi verdrängt. Der Austausch durch Ni, Co und Bi verläuft aber im Gegensatz zu dem von

Tabelle 77. Metallaustausch bei Diäthyldithiocarbamat-Komplexen [*31*]. pH 5,6; organische Phase $CHCl_3$

$$m\,[Me_2^{n+}]_{aqu} + n\,[Me_1(DDTC)_m]_{org} \rightleftarrows n\,[Me_1^{m+}]_{aqu} + m\,[Me_2(DDTC)_n]_{org}$$

$[Me_1(DDTC)_m]_{org}$ Me_1	$[Me_2^{n+}]_{aqu}$ Me_2	$Me_1:Me_2$	Schüttelzeit min	Austausch von Me_1 gegen Me_2 in % von Me_1
Mn(III)	Zn	1: 2,8	10	97,4
Mn(III)	Zn	1: 2,8	15	> 99,5
Fe(III)	Zn	1: 15,7	15	≦ 1
Fe(III)	Cd	1: 8,5	15	94,6
Fe(III)	Cd	1: 85	15	100
Fe(III)	Pb	1: 2	15	94,8
Fe(III)	Pb	1: 8,5	15	> 99,5
Fe(III)	Sn(II)	1: 2	15	24,5
Zn	Fe(III)	1: 1	15	15,6
Zn	Fe(III)	1: 1	30	21,8
Zn	Fe(III)	1: 10	15	32,9
Zn	Fe(III)	1: 10	30	54,0
Zn	Ni	1: 1	15	30,5
Zn	Ni	1: 1	30	38,7
Zn	Ni	1: 1	60	45,0
Zn	Ni	1: 10	30	100
As(III)	Fe(III)	1: 0,47	15	16,4
As(III)	Fe(III)	1: 2,1	15	24,5
As(III)	Fe(III)	1: 2	60	100
Sn(II)	Fe(III)	1: 2	15	51,7
Sn(II)	Fe(III)	1: 2	60	77,1
Sn(II)	Fe(III)	1: 50	30	100
Ni	Zn	1:100	10	0
Ni	Cd	1: 10	15	0
Ni	Pb	1: 10	15	< 1
Pb	Ni	1: 1	15	≈ 30
Pb	Cu(II)	1: 0,5	15	50,8
Sb(III)	Ni	1: 2	15	4,9
Bi	Pb	1: 20	15	0
Ag	Cu(II)	1: 1	15	~ 1,3
Ag	Cu(II)	1: 10	15	15,3
Cu(II)	Ag	1: 1	15	78,6
Cu(II)	Ag	1: 5	15	98,7
Cu(II)	Hg(II)	1: 0,5	15	50,0
Cu(II)	Hg(II)	1: 0,25	15	25,7
Cu(II)	Hg(II)	1: 1,1	15	100

Pb—Cu so verzögert, daß Störungen leicht zu vermeiden sind. Ähnliches gilt auch für den Fall, daß Cd statt Pb verwendet wird. Die gehemmte Verdrängung des Co durch Hg wurde bei der Bestimmung von Co in Nickel analytisch ausgewertet [*36*]: im Gegensatz zur Verdrängung des Co durch Hg verläuft jene von Ni durch Hg praktisch sofort. Die Bestimmung von Hg-Spuren erfolgte durch Messung der Extinktionsabnahme beim Schütteln mit einer Cu-Carbamatlösung [*37*]. Bei der Mn-Bestimmung in Nickellegierungen [*31*, *34*] wird das Mn durch Zn verdrängt, wobei die gleichzeitig anwesenden Carbamate von Ni, Co, Fe und Cu nicht verdrängt werden und somit nicht stören. Verdrängungsreaktionen bilden auch die Grundlage bei der Zweiphasentitration mit Na-DDTC-Maßlösung [*33*, *38*—*44*], wobei es sich einesteils um die Verdrängung eines

Tabelle 78. Verdrängungsreihe der mit Na-DDTC/CCl_4 in Abwesenheit von Hilfskomplexbildnern extrahierbaren Elemente bei pH 8,5 und 11 [*32*]

	Me_2 → / Me_1 ↓	in wäßriger Phase eingesetzt: pH 11												pH 8,5				
		Hg (II)	Pd (II)	Ag (I)	Cu (II)	Tl (III)	Ni (II)	Bi (III)	Pb (II)	Co (II)	Cd (II)	Tl (I)	Zn (II)	In (III)	Sb (III)	Fe (III)	Te (IV)	Mn (II)
als DDTC-Verbindung in CCl_4 eingesetzt, pH 11	Hg (II)	o																
	Pd (II)		o															
	Ag (I)	x		o	T													
	Cu (II)	x	x	x	o													
	Tl (III)	x	x	x	x	o												
	Ni (II)	x	x	x			o											
	Bi (III)	x	x	x	x	x		o			T							
	Pb (II)	x	x	x	x	x	x	x	o									
	Co (III)									o								
	Cd (II)	x	x	x	x	x	x	T	x	T	o	T						
	Tl (I)	x	x	x	x	x	x	x	x	x	T	o	T					
	Zn (II)	x	x	x	x	x	x	x	x	x	T	T	o					
als DDTC-Verbindung in CCl_4 eingesetzt, pH 8,5	In (III)	x	x	x	x	x	x	x	x	x	x	x	x	o				
	Sb (III)	x	x	x	x	x	x	x	x	x	x	x	x		o	T		
	Fe (III)	x	x	x	T	x	T	x	T	T	x	T	T	T	T	o	T	
	Te (IV)	x	x	x	x	x	x	x	x	x	x	x[1]	x	x	x	T	o	
	Mn (III)	x	x	x	x	x	x	T	x	x	x	x	x	x	x	x	x	o

[1] Bei der Verdrängung von Te aus Te$(DDTC)_4$ durch wäßrige Tl(I)-Lösungen entsteht als Folge einer zu Te(II) und Tl(III) führenden Redoxreaktion zwischen Te(IV) und Tl(I) in gewissem Umfang Tl$(DDTC)_3$.

Kein Zeichen: es hat keine Verdrängung stattgefunden, d. h. die Verteilung von Me_1 und Me_2 auf die beiden Phasen hat sich während der Versuchsdauer nicht verändert.

x: Es hat vollständige Verdrängung stattgefunden, d. h. das in stöchiometrischem Unterschuß eingesetzte Element ist innerhalb der Meßgenauigkeit quantitativ mit einer äquivalenten Menge des im Überschuß angewandten Elementes ausgetauscht worden; die im Überschuß über ein Verhältnis der Äquivalentgewichte wie 1:1 eingesetzten Mengen an Me_1 bzw. Me_2 sind in derjenigen Phase verblieben, in der sie vor Beginn des Schüttelns vorlagen.

T: Es hat teilweise Verdrängung stattgefunden, d. h. es sind nach Beendigung des Schüttelns sowohl Me_1 als auch Me_2 in beiden Phasen in meßbaren Mengen vorhanden. In einigen Fällen ist es hier möglich, durch Vergrößerung der in der wäßrigen Phase eingesetzten Menge an Me_2 oder durch Verlängerung der Schütteldauer eine vollständige Verdrängung von Me_1 zu erreichen.

Elementes durch ein anderes, anderenteils um die Verdrängung des Dithizons aus dem Metalldithizonat-Komplex durch Carbamat zur Anzeige des Umschlagspunktes handelt. Das in der angegebenen Verdrängungsreihe für $CHCl_3$ Gesagte gilt im Prinzip auch für CCl_4 bzw. statt für Na-DDTC auch für Pentamethylendithiocarbamat. Doch ergeben sich beim Wechsel des organischen Lösungsmittels oft starke Unterschiede in der Austauschgeschwindigkeit.

Aufgrund eingehender Untersuchungen [*32, 45*] wurde die in Tab. 78 wiedergegebene Verdrängungsreihe für die bei pH 8,5 und 11 in Abwesenheit von Hilfskomplexbildnern mit Na-DDTC/CCl_4 extrahierbaren Elemente aufgestellt (Arbeitsbedingungen bei der Verdrängungsreaktion: 5 min geschüttelt, $Me_1 : Me_2 = 1:2$ bis $1:5$). Me_1 liegt als Carbamatkomplex in organischer Phase vor und wird durch Me_2 (in der wäßrigen Phase) verdrängt. Die Reihenfolge der Elemente ist so gewählt, daß jeweils das betreffende Element die nachfolgenden (von oben nach unten in Spalte Me_1, bzw. von links nach rechts in Spalte Me_2) verdrängt.

1.9.2. Andere disubstituierte Carbamate

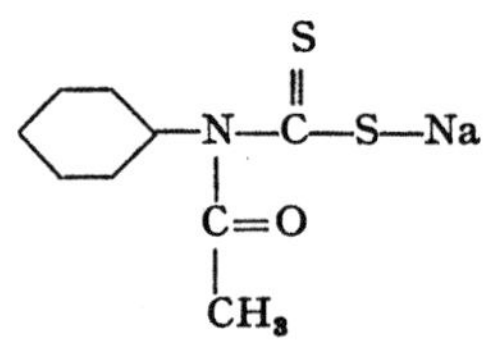

Natrium-N,N·-phenyl-acetyl-dithiocarbamat (I)

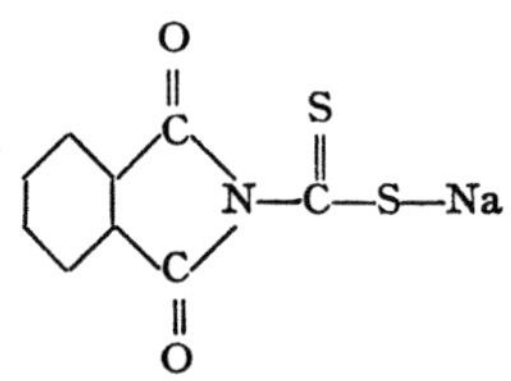

Natrium-N,N'-phthalyl-dithiocarbamat (II)

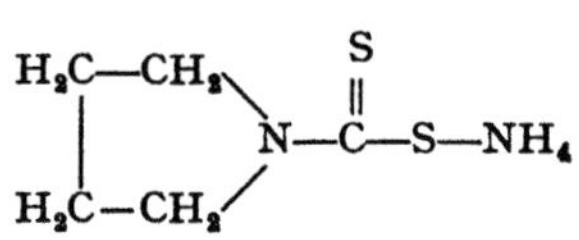

Ammonium-tetramethylen-dithiocarbamat (III)

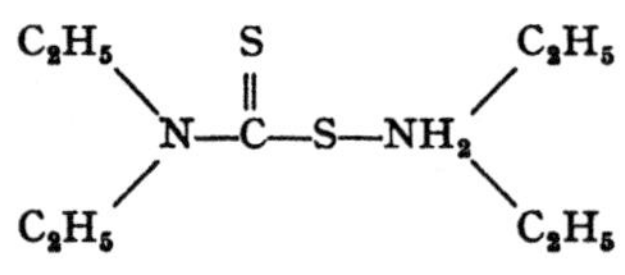

Diäthylammonium-diäthyldithiocarbamat (IV)

Durch Einführung anderer Amine an die Stelle des Diäthylamins im Molekül des Na-DDTC kann der Reaktionsbereich der Carbamate geändert werden. Als Reaktionsprodukte der sekundären Amine Acetanilid, Phthalimid, Succinimid bzw. Pyrrolidin erhielt man N,N'-phenylacetyl-DTC, N,N'-phthalyl-DTC, Succinyl-DTC (jeweils die Na-Salze) bzw. Tetramethylen-DTC (Ammonium-Salz) [*46*], aus der Umsetzung des Diäthylamin das DADDTC [*29a*]. Die nachstehenden Tab. 79–83 zeigen die Reaktionsbereiche einiger disubstituierter Carbamatderivate, die für analytische Zwecke Bedeutung erlangt haben. Das Ammoniumtetramethylen-dithiocarbamat (ATDTC) (III) (in der Literatur und im Handel häufig unrichtig auch Ammonium-pyrrolidin-dithio-

Tabelle 79. Reaktion der Elemente mit Natrium-N,N'-phenyl-acetyl-dithiocarbamat und Natrium-N,N'-phthalyl-dithiocarbamat bei verschiedenen pH-Werten [46]

Li	Be											B	C	N	O	F
Na	Mg											Al	Si	P	S	Cl
K	Ca	Sc	Ti	V	Cr	Mn	Fe	Co	Ni	Cu	Zn	Ga	Ge	As	Se	Br
Rb	Sr	Y	Zr	Nb	Mo	Tc	Ru	Rh	Pd	Ag	Cd	In	Sn	Sb	Te	I
Cs	Ba	La	Hf	Ta	W	Re	Os	Ir	Pt	Au	Hg	Tl	Pb	Bi	Po	At
Fr	Ra	Ac														
			Ce	Pr	Nd	Pm	Sm	Eu	Gd	Tb	Dy	Ho	Er	Tm	Yb	Lu
			Th	Pa	U	Np	Pu	Am	Cm	Bk	Cf	Es	Fm	Md	No	

——— = Natrium-N,N'-phenyl-acetyl-dithiocarbamat
.... = Natrium-N,N'-phthalyl-dithiocarbamat

Tabelle 80. Reaktion der Elemente mit Ammoniumtetramethylen-dithiocarbamat [46, 47]

Li	Be											B	C	N	O	F
Na	Mg											Al	Si	P	S	Cl
K	Ca	Sc	Ti	V	Cr	Mn	Fe	Co	Ni	Cu	Zn	Ga	Ge	As	Se	Br
Rb	Sr	Y	Zr	Nb	Mo	Tc	Ru	Rh	Pd	Ag	Cd	In	Sn	Sb	Te	I
Cs	Ba	La	Hf	Ta	W	Re	Os	Ir	Pt	Au	Hg	(Tl)	Pb	Bi	Po	At
Fr	Ra	Ac														
			Ce	Pr	Nd	Pm	Sm	Eu	Gd	Tb	Dy	Ho	Er	Tm	Yb	Lu
			Th	Pa	U	Np	Pu	Am	Cm	Bk	Cf	Es	Fm	Md	No	

——— = Ammoniumtetramethylen-dithiocarbamat
——— = Ammoniumtetramethylen-dithiocarbamat bei pH 7—8 + KCN
( ) = Ammoniumtetramethylen-dithiocarbamat bei pH 12,5 + KCN + Weinsäure

carbamat genannt) weist gegenüber dem Na-DDTC einen größeren Reaktionsbereich und eine höhere Beständigkeit bei niedrigen pH-Werten auf. Eine gleichfalls hohe Säurebeständigkeit zeigt das Diäthylammonium-diäthyldithiocarbamat (IV) (DADDTC). Mit ATDTC/$CHCl_3$ können einige Elemente aus stark sauren Lösungen extrahiert werden [*25a*] (Ausbeute in %): aus 0,1n HCl-Lösung As (100), Bi (100), Co (100), Cu (100), Ni (100), Pb (100), Sb (100), Sn (97), V (97), Zn (80) und Fe (73); aus 1n HCl-Lösung As (100), Bi (100), Cu (100), Ni (100), Sb (99), Pb (96) und Sn (96); aus 6n HCl-Lösung Cu (99), Sb (99), Sn (96), As (93), Bi (90) und Ni (90); andere Elemente werden bei den angeführten Säurekonzentrationen mit geringerer Ausbeute im organischen Extrakt gefunden. Im wesentlichen analog ist die Extraktion der genannten Elemente aus 1n H_2SO_4-, 1n $HClO_4$- und 1n H_3PO_4-Lösung [*25a*]. Eine starke Abweichung in den Ausbeuten zeigen aus 1n H_3PO_4-Lösung lediglich Co (100) und Fe (100). Ganz allgemein gilt

Tabelle 81. Fällung der Elemente mit Natrium-N,N'-phenyl-acetyl-dithiocarbamat (I), Natrium-N,N'-phthalyl-dithiocarbamat (II) und Ammoniumtetramethylen-dithiocarbamat (III) [46]

Element	pH-Bereich[4]			Element	pH-Bereich[4]		
	I	II	III		I	II	III
Ag	2— 4	2—14	2—14	Os	—	2—14[1]	2—14[1]
Al	—	—	—	Pb	2—14	2— 8	2—14
As(III)	2— 3	2— 3	2— 6	Pd	2—14	2—14	2—14
As(V)	—	—	—	Pt	2—14	2—14	2—14
Au	2— 8	2—14	2—14	Re			+[2]
B	—	—	—	Rh	2—14	2—14	2—14
Ba	—	—	—	Ru	—	2—14	2—14
Be	—	—	—	Sb(III)	2— 4	2— 4	2— 9
Bi	2—14	2— 8	2—14	Sb(V)	—	—	—
Ca	—	—	—	Sc	—	—	—
Cd	2—14	2—14	2—14	Se	2—14	2—14[1]	2— 9[1]
Co	2—14	2—14	2—14	Sn(II)	2— 8	2— 8	2— 8
Cr	—	—	2— 6	Sr	—	—	—
Cu	2—14	2—14	2—14	Ta	—	—	—[3]
Fe(II)	8—14	8—14	2—14	Tc			+[2]
Fe(III)	2—14	2—14	2—14	Te	2—14	2—14[1]	2— 6[1]
Ga			+[2]	Th	—	—	—
Ge	—	—	—, +[2]	Ti	—	—	—
Hg	2—14	2—14	2—14	Tl	2—14	2—14	2—14
In			+[2]	U	—	—	2— 4
Ir	—	2—14	2—14	V	— ?	2— 3	2— 6
Mg	—	—	—	W	—	—	2
Mn	—	2—14	2—14	Y	—	—	—
Mo	2— 3	2— 3	2— 6	Zn	8— 9	8— 9	2—14
Nb	—	—	2— 4;	Zr	—	—	—
			4— 5[3]	S.E.:			
			(2— 6)[3]	La	—	—	—
Ni	2— 8	2— 8	2—14	Ce	—	—	—

[1] Unvollständige Fällung.
[2] Nach [47].
[3] Nach [21].
[4] Vollständige Fällung; Beginn und Ende der Fällung in Klammer gesetzt.

noch für alle Carbamatderivate, daß ihre Ammoniumsalze für das analytische Arbeiten günstiger als die entsprechenden Natriumsalze sind, da letztere beim Reagenszusatz den pH-Wert stark verschieben, wodurch eine genaue pH-Einstellung schwierig ist und außerdem mehr Reagentien dazu verwendet werden müssen. Über die Extrahierbarkeit des V-Tetramethylendithiocarbamates mit $CHCl_3$ [20] s. S. 1282.

Falls man auf die eigene präparative Darstellung von Carbamatderivaten angewiesen ist, muß dabei vor allem auf spurenfreie Bedingungen geachtet werden. Je nachdem, ob man das Natriumsalz oder das Ammoniumsalz darstellt, erfolgt die Bildung der Carbamate nach den Gl. (1) und (2):

$$R_2{=}NH + CS_2 + NaOH \rightarrow R_2{=}N{-}\overset{\overset{\displaystyle S}{\|}}{C}{-}S{-}Na + H_2O \qquad (1)$$

$$R_2{=}NH + CS_2 + NH_4OH \rightarrow R_2{=}N{-}\overset{\overset{\displaystyle S}{\|}}{C}{-}S{-}NH_4 + H_2O \qquad (2)$$

Im Nachfolgenden sind die Arbeitsvorschriften für die Darstellung von ATDTC und DADDTC angegeben.

Ammonium-tetramethylen-dithiocarbamat *[46]*: 45 ml Pyrrolidin, reinst, werden in 100 ml Äthylalkohol gelöst und in einen 300 ml-Erlenmeyerkolben gegeben. Der Kolben wird mit einem Rückflußkühler versehen und mit Eis gekühlt. Nach etwa 30 min füllt man in drei Anteilen insgesamt 30 ml CS_2 durch den Kühler unter Umschwenken hinzu und hierauf ebenfalls durch den Kühler 75 ml 8n Ammoniak. Bereits beim Eintragen des CS_2 erfolgt eine starke Erwärmung, die durch Eiskühlung vermindert werden soll. Nach dem vollständigen Abkühlen scheidet sich die Verbindung in weißen Kristallen ab. Man saugt ab und wäscht auf der Nutsche mit reinem Äthylalkohol aus. Ausbeute: 45g, etwa 50% der Theorie. Fp (nach dreimaligem Umkristallisieren aus Äthylalkohol) 128—130° C.

Das Natrium-tetramethylen-dithiocarbamat läßt sich auf analoge Weise wie das Ammoniumsalz darstellen, wenn statt Ammoniak die äquivalente Menge Natronlauge verwendet wird *[28]*.

Diäthylammonium-diäthyldithiocarbamat *[29a]*: 20 g Diäthylamin werden in 40 ml Äther gelöst. Zu dieser Lösung läßt man unter Kühlen und Rühren tropfenweise eine Lösung von 10 g CS_2 in 40 ml Äther zulaufen. Unter Erwärmung bildet sich das Reagens, das aus Äther umkristallisiert wird; es ergibt farblose Nadeln.

Tabelle 82. Extraktion mit DADDTC und organischen Lösungsmitteln

Li	Be											B	C	N	O	F
Na	Mg											Al	Si	P	S	Cl
K	Ca	Sc	Ti	V	Cr	Mn	Fe	Co	Ni	Cu	Zn	Ga	Ge	As	Se	Br
Rb	Sr	Y	Zr	Nb	Mo	Tc	Ru	Rh	Pd	Ag	Cd	In	Sn	Sb	Te	I
Cs	Ba	La	Hf	Ta	W	Re	Os	Ir	Pt	Au	Hg	Tl	Pb	Bi	Po	At
Fr	Ra	Ac														
			Ce	Pr	Nd	Pm	Sm	Eu	Gd	Tb	Dy	Ho	Er	Tm	Yb	Lu
			Th	Pa	U	Np	Pu	Am	Cm	Bk	Cf	Es	Fm	Md	No	

——— = vollständige Extraktion
——— = teilweise Extraktion

Tabelle 83. Extraktion mit DADDTC und organischen Lösungsmitteln *[48—52]*

Element	pH der vollständigen Extraktion[1]			
	$CHCl_3$	Literatur	CCl_4	Literatur
Ag	4n[3]	*[63]*	3,6n-pH 12[2] (5,3n-pH 12)[2]	*[52]*
			10n-pH 12[3]	*[52]*
Al	—		—	
As(III)	4n—6n[2]; ~2n[2,4]	*[49; 53, 59]*	5,2n-pH 5,5[2] (10n-pH 7)[2]	*[52]*
	1n—10n[3]	*[48, 50, 63]*	6,5n-pH 5,5[3] (10n-pH 7)[3]	*[52]*
	4—45 Gew.-% HF	*[56]*		
As(V)	—[3]	*[48, 50]*		
Au(III)			1—12[2, 3, 5, 6]	*[52]*
Bi	4n—6n[2]; ~2,2n[2,4]	*[49, 61, 65; 53]*	3,8n-pH 12[2] (5,2n-pH 12)[2]	*[52]*
	4n—10n[3]	*[63, 50, 49, 51]*		
	3n[3]/2n[2]	*[48]*	10n-pH 12[3]	*[52]*
	3n[3]/3n[2]; 3n[7]	*[49; 54]*		
	3—4[8]; 7,5—8[8]	*[58; 57]*		

Tabelle 83 (Fortsetzung)

Element	pH der vollständigen Extraktion[1]			
	$CHCl_3$	Literatur	CCl_4	Literatur
Cd	1,5n[2,9]	*[61]*	1—12[2] (2n-pH 12)[2]	*[52]*
	4n[3]	*[63]*	1n-pH 12[3] (6,4n-pH 12)[3]	*[52]*
	7,5—8[8]	*[57]*		
	—[10]; —[11]	*[48; 49]*		
Co(II)	4,6[3]; 7,5—8[8]	*[51; 57]*	2,4—12[2,3] (0,3n-pH 12)[2,3]	*[52]*
	—[12]	*[63]*		
Cr(III)	—[13,14]	*[61]*	—[2,3]	*[52]*
Cr(VI)	5,3n[2]; 4n[3]	*[61; 63]*	8n-pH 7,3[2,5]; 3n-pH 7,3[3,5]	*[52]*
			5[3,15]	*[52]*
Cu(II)	1n—6n[2]; ~2,2n[2,4]	*[60, 49, 61; 53]*	7,5n-pH 12[2] (9,2n-pH 12)[2]	*[52, 66]*
	4n—10n[3]	*[63, 49—51]*	10n-pH 12[3]	*[52]*
	3n[3]/2n[2]	*[48]*		
	3n[3]/3n[2]; 3n[7]	*[49; 54]*		
	4—45 Gew.-% HF	*[56]*		
	7,5—8[8]; 9,6—10,6[16,17]	*[57; 62, 64]*		
Fe(II)			2,7—10[2,3] (1,2—12)[2,3]	*[52]*
Fe(III)	5,3n[2,5]; 4n[3,5]	*[61; 63, 50]*	7,2n—0,1n[2,5]	*[52]*
	3n[3]/2n[2,5]	*[48]*		
	3n[3]/3n[2,5]	*[49]*	2,7—10[2,3] (1—12)[2,3]	*[52]*
	4,6[3]; 7,5—8[8]	*[51; 57]*		
Ga(III)			4,2—6,5[2,3] (1,5—8,5)[2,3]	*[52]*
Ge(IV)	5,3n[2]; —[13,12,25]	*[61; 61, 63, 53]*		
Hg(II)	4n[3]; ~2,2n[2,4]	*[63; 53]*	6n-pH 12[2] (8,4n-pH 12)[2]	*[52]*
	3n[3]/2n[2]; 7,5—8[8]	*[48; 57]*	10n-pH 12[3]	*[52]*
In(III)	1,5n[2]; —[14]	*[61]*	0,7n-pH 9,8[2] (3,4n-pH 11,3)[2]	*[52]*
	4n[3]	*[63]*	2n-pH 9,8[3] (10n-pH 11,3)[3]	*[52]*
Ir(IV)			—[22]	*[52]*
Mn(II)	4,6[3]	*[51]*	5,7—9,4[2,3] (4,4—10,7)[2,3]	*[52]*
	—[13,14,12,10,11]	*[61, 63, 48, 49]*		
Mo(VI)	1,5n[2], 5,3n[2]	*[61]*	1,8n-pH 4,7[2,18] (10n-pH 6,3)[2,18]	*[52]*
	4n[3,5]	*[63]*	10n-pH 4,7[3,18] (10n-pH 6,3)[3,18]	*[52]*
Nb(V)	2n-pH 3,5[2,5]	*[52]*	10n-pH 12[2,3,5]	*[52]*
Ni	4,6[3]; 7,5—8[8]	*[51; 57]*	2—12[2,3] (0,8n-pH 12)[2,3]	*[52]*
	—[10,12]	*[48, 63]*		
Os(IV)			4,6—9[2,3,5]	*[52]*
Pb	1,5n—2n[2]; ~2n[2,20]	*[61; 55]*	1n-pH 12[2] (2,8n-pH 12)[2]	*[52, 66]*
	6n[3]; 6n—10n[3,5]	*[57; 57, 49]*	4n-pH 12[3] (10n-pH 12)[3]	*[52]*
	~4n[7]; 3—4[8]; 7,5—8[8]	*[63; 58; 57]*		
	—[14,21,10,11]	*[61, 65, 48, 49]*		
Pd(II)			10n-pH 12[2,3]	*[52]*
Pt(II)			10n-pH 12[2,3]	*[52]*
Pt(IV)			—[2,3]; ~7— ~9[5]	*[52]*
Rh(III)			—[22]	*[52]*
Ru(III)			—[22]	*[52]*
Sb(III)	1n—10n[3]	*[50, 63]*	5,8n-pH 9,4[2] (7,1n-pH 10,8)[2]	*[52]*
			10n-pH 9,4[3] (10n-pH 10,8)[3]	*[52]*
Sb(V)	—	*[50, 61]*	—	*[52]*
Se(IV)	4n[3]	*[63]*	5n-pH 5,6[2] (10n-pH 7,2)[2]	*[52]*
			10n-pH 5,6[3] (10n-pH 7,2)[3]	*[52]*
Sn(II)	1n—10n[3]	*[50, 63]*	4,4n—1n[2,23] (8n-pH 2,3)[2,23]	*[52]*
			10n—0,2n[3,23] (10n-pH 2,3)[3,23]	*[52]*
Sn(IV)	—[12,14,24]	*[50, 63, 61, 60]*	7n—0,1n[2,5]; 1,4—6,8[2,3,5]	*[52]*
	1,5n[2,5]	*[61]*		

Tabelle 83 (Fortsetzung)

Element	pH der vollständigeu Extraktion[1]			
	$CHCl_3$	Literatur	CCl_4	Literatur
Te(IV)	4n[3]	[63]	1,5n-pH 8,8[2] (8n-pH 10)[2]	[52]
			3,2n-pH 8,8[3] (10n-pH 10)[3]	[52]
Tl(I)			3,3—12[2,3] (1—12)[2,3]	[52]
Tl(III)			6n-pH 12[2] (8,2n-pH 12)[2]	[52]
			10n-pH 12[3]	[52]
U(VI)	6,2—8[2,3] (4,3—9,1)[2,3]	[52]	—[2,3]	[52]
	—[13,14,12]	[61, 63]		
V(V)	—[13,14,12]	[61, 63]	4—5,4[2,3] (0,5n-pH 6,5)[2,3]	[52]
W(VI)	5,3n[2]; 1[2,5]	[61; 52]	—[2,3]	[52]
	4n[3,5]	[63]		
Zn	1,5n[2,5]; 7,5—8[8]	[61; 57]	2,5—12[2,3] (0,3n-pH 12)[2,3]	[52]
	—[14,12,10,11]	[61, 63, 48, 49]		

— = Keine Extraktion.

[1] Die pH-Werte für Beginn und Ende der Extraktion sind in Klammer gesetzt; dabei findet allerdings noch keine vollständige Extraktion statt.

Bei einer Reihe von Elementen ist die Ausbeute von der Reagenskonzentration abhängig, die im allgemeinen mit steigender Reagenskonzentration zunimmt. Für die Extraktionen fanden verschiedene DADDTC-Konzentrationen Anwendung: mit $CHCl_3$ 0,04%ig [52], 0,1%ig [53], 0,2%ig [54], 0,4%ig [52], 0,5%ig [55, 56], 0,7%ig [48, 57—61], 1%ig [49—51, 54, 62—64] und 3%ig [65], mit CCl_4 0,04%ig [52], 0,25%ig [52] und 1,6%ig [66].

[2] Aus salzsaurer Lösung.
[3] Aus schwefelsaurer Lösung.
[4] Gleichzeitig bis 1,4 m Oxalsäure.
[5] Unvollständige Extraktion.
[6] Bei pH 4—12 ~ 30—40% extrahiert.
[7] Aus perchlorsaurer Lösung.
[8] Aus citrathaltiger Lösung.
[9] 50% extrahiert.
[10] Aus 3n H_2SO_4/2n HCl-Lösung.
[11] Aus 3n H_2SO_4/3n HCl-Lösung.
[12] Aus 4n H_2SO_4-Lösung.
[13] Aus 1,5n HCl-Lösung.
[14] Aus 5,3n HCl-Lösung.
[15] Mit 0,25%iger DADDTC/CCl_4-Lösung.
[16] Aus ammoniakalischer Lösung.
[17] In Anwesenheit von ÄDTE.
[18] Mit CCl_4/Amylalkohol (4:1) extrahiert.
[19] Bei < pH 2.
[20] Gleichzeitig ~1,5 m $(NH_4)_2SO_4$/~2 m NH_4Cl.
[21] Aus 6n HCl-Lösung.
[22] Aus 10n-pH 10 salzsaurer oder schwefelsaurer Lösung.
[23] In Anwesenheit von Thioglykolsäure.
[24] Aus 1n HCl-Lösung.
[25] Aus ~2,2n HCl/~1,4 m Oxalsäure-Lösung.

Die Untersuchung über die Reaktionsfähigkeit und Extrahierbarkeit der Metalle mit disubstituierten Carbamatderivaten, deren sekundäre Aminkomponente Diphenylamin-4,4'-disulfonsäure (Natriumsalz), Indol oder p-Aminosalicylsäure ist, zeigte bei wenigen Elementen einen Unterschied im Vergleich zu Na-DDTC [2]. Ausgehend von N-Methylglucamin, von Pyrrolidin-2-carbonsäure oder von Dinatriumcyanamid wurden

N-Methyl-N-glucityl-DTC (Natriumsalz), α-Carboxy-N-N-cyclotetramethylen-DTC (Calciumsalz) oder N-N-Nitrilo-DTC (Natriumsalz) hergestellt, die in schwach sauren Lösungen eine Halbwertszeit von mehreren Stunden besitzen und deren Komplexe mit zahlreichen Elementen sich durch weitgehende Wasserlöslichkeit auszeichnen [69].

1.9.3. Monosubstituierte Carbamate[1]

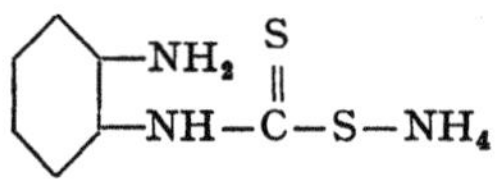

o-Aminophenyl-dithiocarbamid-
saures Ammonium (I)

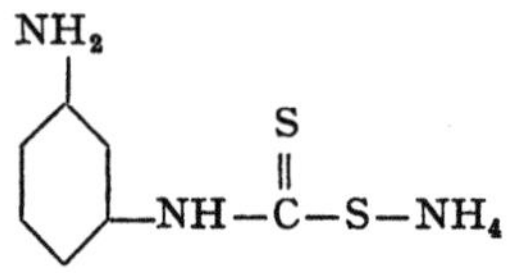

m-Aminophenyl-dithiocarbamid-
saures Ammonium (II)

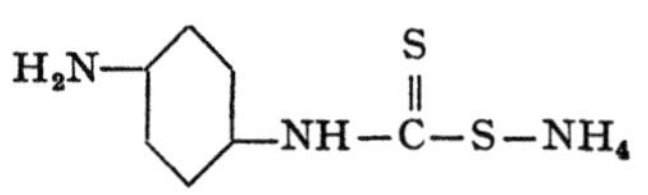

p-Aminophenyl-dithiocarbamid-
saures Ammonium (III)

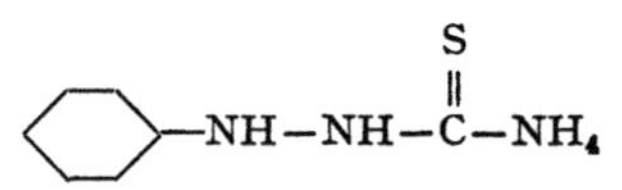

Anilino-dithiocarbamid-
saures Ammonium (IV)

Neben den disubstituierten wurden auch monosubstituierte Carbamate auf ihre analytische Verwendbarkeit untersucht, die allerdings weniger Anwendung finden. Ausgehend von den Derivaten des o-, m- und p-Phenylendiamin bzw. von Phenylhydrazin wurden die Ammoniumverbindungen des o-, m- und p-Aminophenyl-DTC [67] bzw. des Anilino-DTC [68] erhalten. Sie geben mit zahlreichen Elementen Fällungen, die in organischen Lösungsmitteln löslich sind (s. Tab. 84–86). Von gewisser Bedeutung erscheint demgegenüber die Synthese von wasserlöslichen monosubstituierten Carbamaten. So werden die Herstellung und Eigenschaften des Glycin-DTC (als Ammoniumsalz [73] bzw. als Calciumsalz [69]; ausgehend von Glykokoll) sowie die DTC von

Tabelle 84. Reaktion der Elemente mit o- und m-Aminophenyl-dithiocarbamidsaurem Ammonium [67]

Li	Be											B	C	N	O	F
Na	Mg											Al	Si	P	S	Cl
K	Ca	Sc	Ti	V	Cr	Mn	Fe	Co	Ni	Cu	Zn	Ga	Ge	As	Se	Br
Rb	Sr	Y	Zr	Nb	Mo	Tc	Ru	Rh	Pd	Ag	Cd	In	Sn	Sb	Te	I
Cs	Ba	La	Hf	Ta	W	Re	Os	Ir	Pt	Au	Hg	Tl	Pb	Bi	Po	At
Fr	Ra	Ac														
			Ce	Pr	Nd	Pm	Sm	Eu	Gd	Tb	Dy	Ho	Er	Tm	Yb	Lu
			Th	Pa	U	Np	Pu	Am	Cm	Bk	Cf	Es	Fm	Md	No	

——— = o-Aminophenyl-dithiocarbamidsaures Ammonium
——— = m-Aminophenyl-dithiocarbamidsaures Ammonium

[1] s. Fußnote 1 auf S. 297.

Alanin, Valin, Leucin und Glykokoll [70] (als Bariumsalze) beschrieben. Ihre mit zahlreichen Elementen gebildeten meist wasserlöslichen Komplexe können zur Niederschlagsbildung neigen.

Tabelle 85. Reaktion der Elemente mit p-Aminophenyl-dithiocarbamidsaurem Ammonium [67] und Anilino-dithiocarbamidsaurem Ammonium [68]

Li	Be											B	C	N	O	F
Na	Mg											Al	Si	P	S	Cl
K	Ca	Sc	Ti	V	Cr	Mn	Fe	Co	Ni	Cu	Zn	Ga	Ge	As	Se	Br
Rb	Sr	Y	Zr	Nb	Mo	Tc	Ru	Rh	Pd	Ag	Cd	In	Sn	Sb	Te	I
Cs	Ba	La	Hf	Ta	W	Re	Os	Ir	Pt	Au	Hg	Tl	Pb	Bi	Po	At
Fr	Ra	Ac														
			Ce	Pr	Nd	Pm	Sm	Eu	Gd	Tb	Dy	Ho	Er	Tm	Yb	Lu
			Th	Pa	U	Np	Pu	Am	Cm	Bk	Cf	Es	Fm	Md	No	

——— = p-Aminophenyl-dithiocarbamidsaures Ammonium
——— = Anilino-dithiocarbamidsaures Ammonium

Tabelle 86. Fällung der Elemente mit Ammonium-o-aminophenyl-dithiocarbamat (I), Ammonium-m-aminophenyl-dithiocarbamat (II), Ammonium-p-aminophenyl-dithiocarbamat (III) und Ammonium-anilino-dithiocarbamat (IV) [67, 68]

Element	pH-Bereich der vollständigen Fällung[1]				Element	pH-Bereich der vollständigen Fällung[1]			
	I	II	III	IV		I	II	III	IV
Ag	1—11	1—11[2]	1—11	2—11	Hg (II)	1— 9	1—11	1—11	2— 7
Al	—	—	—	—[7,8,9]	In	5— 9	1— 9	4— 9	
As (III)	1— 5	—	1— 6		Ir	1— 7[2]	4— 6	4— 6	
As (V)	—	—	1— 5	—[7,8,9]	Mg	—	—	—	
Au	1— 7	1— 5	1— 6		Mn (II)	5— 7	—	4— 6	—[7,8]
B	—	—	—		Mo (VI)	1— 6	1— 6	1— 6	2— 7;
Ba	—	—	—						—[9]
Be	—	—	—		Nb	—			
Bi	1—11[3]	1—11	1—11	2—11	Ni	5—11	1— 9	1—11	2—11
Ca	—	—	—		Pa	—			
Cd	5—11	1—11	1—11	2—11	Pb	5—11	1—11	1—11	2—11
Co	5—11	1—11	1—11	2—11	Pd (IV)	5— 9	1— 9	1—11	2—11
Cr (III)	—	—	—	—[7,8,9]	Pt (IV)	1— 9	1— 9	1— 6	7;—[8,9]
Cr (VI)	1— 5	5— 7	—		Rh (III)	—	—	—	—[7,8,9]
Cu	1—11	1—11	1—11	2—11	Sb (III)	—	1—11[2]	—	7;—[8,9]
Fe (II)	[5]	5— 7	4— 9		Sb (V)	—	1— 5	—	
Fe (III)	5— 7	1—11	1— 6[6]	2— 7;	Sc	—	—	—	
				—[9]	Se	1— 5	1—11	1— 9	
Ge	—	—	—		Sn (II)	—	1—11	1— 9	
Hf	—	—	—		Sn (IV)	1— 7	1— 6	1— 5	
Hg (I)	1— 9	1— 6	1— 6	2— 7	Sr	—	—	—	

Tabelle 86. (Fortsetzung)

Element	pH-Bereich der vollständigen Fällung[1]				Element	pH-Bereich der vellständigen Fällung[1]			
	I	II	III	IV		I	II	III	IV
Ta	—				U(VI)	—	4— 6	4— 9	2—11
Te(IV)	5—11	1— 9[4]	1—11[2]	7—11;	V(V)	—	1— 5	1— 5	—[7,9]
				—[8,9]	W(VI)	—	—	—	—[7,8,9]
Th	—	—	—		Y	—	—	—	
Ti	—	—	—		Zn	5— 9	5— 9	1—11	7;—[8,9]
Tl(I)	5—11	5—11	1—11	2— 6;	Zr(IV)	—	—	—	—[7,8,9]
				8—11;	S.E.:	—	—	—	
				—[7]	Ce(III)				—[7]

— = Keine Extraktion.
[1] Mit $CHCl_3$ extrahierbar.
[2] In $CHCl_3$ schwer löslich, mit $CHCl_3$ teilweise extrahierbar.
[3] Bei pH 11 nicht extrahierbar.
[4] Nur aus saurer Lösung extrahierbar.
[5] Nicht quantitativ.
[6] In $CHCl_3$ unlöslich und nicht extrahierbar.
[7] In neutraler Lösung.
[8] In saurer Lösung.
[9] In ammoniakalischer Lösung

Literatur

1. Eckert, G.: Z. anal. Chem. **153**, 261 (1956).
2. Malissa, H., Miller, F. F.: Mikrochem. verein. Mikrochim. Acta **40**, 63 (1953).
3. Miller, F. F., Gedda, K., Malissa, H.: Mikrochem. verein. Mikrochim. Acta **40**, 373 (1953).
4. Bode, H.: Z. anal. Chem. **143**, 182 (1954).
5. Bode, H.: Z. anal. Chem. **144**, 165 (1955).
6. Bode, H.: Z. anal. Chem. **144**, 90 (1955).
7. Drabkin, D. L.: J. Assoc. Offic. Agr. Chemists **22**, 320 (1939).
8. Haddock, L. A., Evers, N.: Analyst **57**, 495 (1932).
9. Hoar, T. P.: Analyst **62**, 657 (1937).
10. Warburg, O.: Biochem. Z. **187**, 255 (1927).
11. Drabkin, D. L., Wagonner, C. S.: J. biol. Chem. **89**, 51 (1930).
12. McFarlane, W. D.: Biochem. J. **26**, 1022 (1932); ref. Z. anal. Chem. **101**, 71 (1935).
13. Lacoste, R. J., Earing, M. H., Wiberley, S. E.: Analyt. Chem. **23**, 871 (1951).
14. Claassen, A., Bastings, L.: Z. anal. Chem. **153**, 30 (1956).
15. Černichov, J. A., Dobkina, B. M.: Zavodskaja Laborat. (USSR) **15**, 1143 (1949).
16. Goto, H., Kakita, Y.: Sci. Rep. Res. Inst. Tohoku Univ. Ser. A **7**, 365 (1955).
17. Tompsett, S. L.: Analyst **63**, 250 (1938).
18. Černichov, J. A., Dobkina, B. M.: Zavodskaja Laborat. (USSR) **15**, 906 (1949).
19. Sudo, E.: Sci. Rep. Res. Inst. Tohoku Univ. Ser. A **6**, 137, 142 (1954); ref. Z. anal. Chem. **149**, 201 (1956).
20. Bock, R., Gorbach, S.: Mikrochim. Acta (Wien) **1958**, 593.
21. Malissa, H.: Mikrochim. Acta (Wien) **1958**, 726.
22. Rooney, R. C.: Analyt. chim. Acta **19**, 428 (1958).
23. Tompsett, S. L.: Analyst **61**, 591 (1936).
24. Martin, A. E.: Analyt. Chem. **25**, 1260 (1953).
25. Bode, H.: Z. anal. Chem. **142**, 414 (1954).
25a. Malissa, H., GomiščEk, S.: Z. anal. Chem. **169**, 401 (1959).
26. Martin, A. E.: Analyt. Chem. **25**, 1853 (1953).
27. Martens, R. I., Githens, R. E., Sr.: Analyt. Chem. **24**, 991 (1952).
28. Gleu, K., Schwab, R.: Angew. Chem. **62**, 320 (1950).
29. Bode, H.: Angew. Chem. **70**, 658 (1958).
29a. Bode, H., Neumann, F.: Z. anal. Chem. **169**, 410 (1959).

30. MALATESTA, L.: Chim. e Ind. (Milano) **23**, 319 (1941).
31. ECKERT, G.: Z. anal. Chem. **155**, 23 (1957).
32. BODE, H., TUSCHE, K.: Z. anal. Chem. **157**, 414 (1957).
33. WICKBOLD, R.: Z. anal. Chem. **152**, 259 (1956).
34. ECKERT, G.: Z. anal. Chem. **148**, 14 (1955).
35. ŠEDIVEC, V., VAŠÁK, V.: Chem. listy **45**, 435 (1951); ref. Z. anal. Chem. **137**, 268 (1952/53).
36. PRIBIL, R., KOBROVA, M., JENIK, J.: Chem. listy **47**, 842 (1953).
37. VAŠÁK, V., ŠEDIVEC, V.: Chem. listy **45**, 437 (1951); ref. Z. anal. Chem. **137**, 224 (1952/53).
38. FRITZ, J. S., SUTTON, S. A.: Analyt. Chem. **28**, 1300 (1956).
39. WICKBOLD, R.: Z. anal. Chem. **152**, 262 (1956).
40. WICKBOLD, R.: Z. anal. Chem. **152**, 266 (1956).
41. WICKBOLD, R.: Z. anal. Chem. **152**, 338 (1956).
42. WICKBOLD, R.: Z. anal. Chem. **152**, 342 (1956).
43. WICKBOLD, R.: Z. anal. Chem. **153**, 21 (1956).
44. WICKBOLD, R.: Z. anal. Chem. **153**, 24 (1956).
45. BODE, H.: Angew. Chem. **69**, 397 (1957).
46. MALISSA, H., SCHÖFFMANN, E.: Mikrochim. Acta (Wien) **1955**, **187**.
47. SCHÖFFMANN, E., MALISSA, H.: Arch. Eisenhüttenwes. **28**, 623 (1957).
48. STRAFFORD, N., WYATT, P. F., KERSHAW, F. G.: Analyst **70**, 232 (1945).
49. STRAFFORD, N., WYATT, P. F., KERSHAW, F. G.: Analyst **78**, 624 (1953).
50. WYATT, P. F.: Analyst **80**, 368 (1955).
51. WYATT, P. F.: Analyst **78**, 656 (1953).
52. BODE, H., NEUMANN, F.: Z. anal. Chem. **172**, 1 (1960).
53. LUKE, C. L., CAMPBELL, M. E.: Analyst. Chem. **25**, 1588 (1953).
54. LOUNAMAA, K.: Z. anal. Chem. **150**, 7 (1956).
55. *Analytical Methods Committee*, Foodstuffs Sub-Committee. Analyst **79**, 397 (1954).
56. LOUNAMAA, K.: Z. anal. Chem. **146**, 422 (1955).
57. *Analytical Methods Committee*, Foodstuffs Sub-Committee, Analyst **73**, 304 (1948).
58. HART, H. V.: Analyst **76**, 692 (1951).
59. PAYNE, S. T.: Analyst **77**, 278 (1952).
60. DICKINSON, D., HOLT, R.: Analyst **79**, 104 (1954).
61. MAYNES, A. D., MCBRYDE, W. A. E.: Analyt. Chem. **29**, 1259 (1957).
62. CLULEY, H. J.: Analyst **79**, 561 (1954).
63. LUKE, C. L.: Analyt. Chem. **28**, 1276 (1956).
64. BORCHARDT, L. G., BUTLER, J. P.: Analyt. Chem. **29**, 414 (1957).
65. TERTOOLEN, J. F. W., DETMAR, D. A., BUIJZE, C.: Z. anal. Chem. **167**, 401 (1959).
66. LOCKWOOD, H. C.: Analyst **79**, 143 (1954).
67. GAGLIARDI, E., HAAS, W.: Mikrochim. Acta (Wien) **1955**, **864**.
68. MUSIL, A., HAAS, W.: Mikrochim. Acta (Wien) **1958**, **756**.
69. BODE, H., TUSCHE, K. J., WAHRHAUSEN, H. F.: Z. anal. Chem. **190**, 48 (1962).
70. MUSIL, A., IRGOLIC, K.: Z. anal. Chem. **208**, 352 (1965).
71. ISHIMORI, T., TATEDA, A.: J. chem. Soc. Japan (Nippon Kagaku Zasshi), Pure Chem. Sect. **78**, 78 (1957); ref.: Chem. Abstr. **52**, 7895 (1958).
72. HARVEY, B. G., HEAL, H. G., MADDOCK, A. G., ROWLEY, E. L.: J. chem. Soc. (London) **1947**, 1010.
73. HAAS, W., WINTERSTEIN, P.: Mikrochim. Acta (Wien) **1961**, **787**.

1.10. Dithizon und seine Derivate

1.10.1. Dithizon

$$S{=}C\begin{cases} NH{-}NH{-}C_6H_5 \\ N{=}N{-}C_6H_5 \end{cases}$$

Das bereits vor längerer Zeit dargestellte [*1*] und später unter der Bezeichnung Dithizon (Dz) als Nachweisreagens für Schwermetalle [*2*] eingeführte Diphenylthiocarbazon stellt eine kristallisierte Verbindung vor, die weder in Wasser noch in verdünnten Mineralsäuren, wohl aber in verdünntem Ammoniak und vor allem gut in verschiedenen organischen Lösungsmitteln löslich ist. Zwischen der Reaktionsfähigkeit der Metalle bzw. der Beständigkeit der gebildeten Metalldithizonate und der Elektronenkonfiguration der Kationen sollen Zusammenhänge bestehen [3]. Sowohl die Neigung zur Komplexbildung als auch der dafür optimale pH-Bereich nehmen in der Reihenfolge Kationen der Übergangsmetalle mit unvollständiger Elektronenschale über diese mit 18 Außenelektronen nach der Gruppe mit 18 + 2 Außenelektronen stark ab. Verschiedene der mit Dz reagierenden Metalle vermögen entweder nur den Imid-Wasserstoff (s. I) zu ersetzen und die sog. Keto-Komplexe zu bilden (s. III), oder aber auch den Wasserstoff der Thiolverbindung (s. II) und einen als Enol bezeichneten Komplex (s. IV) zu geben (s. a. S. 244ff.).

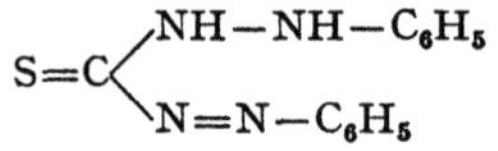

(I)

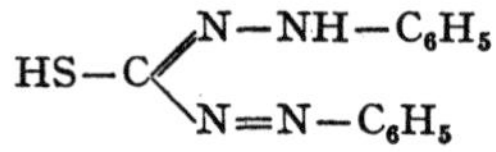

(II)

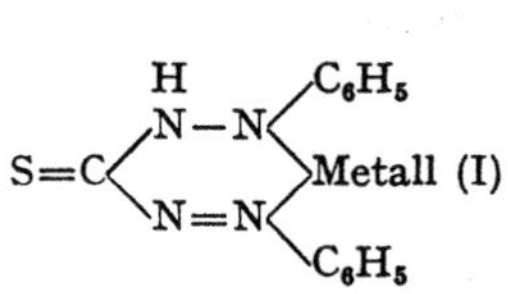

(III)

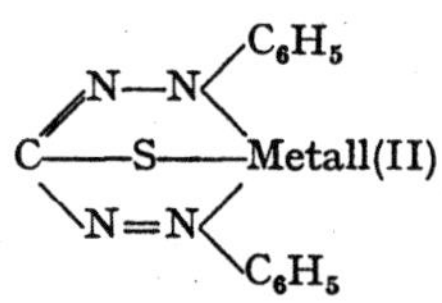

(IV)

Es konnte gezeigt werden, daß Dz in der Thiolform (II) eine schwache Säure ist. Beide Formen (I) und (II) sollen nebeneinander in der Lösung vorkommen, wobei das Gleichgewicht vom verwendeten Lösungsmittel abhängt, jedoch nicht von der Zeit, Konzentration oder Beleuchtung [4]. Für die Komplexbildung ist das Vorhandensein eines sauren Thiolwasserstoffes wesentlich. Die primären Komplexe (III) werden vorzugsweise in saurem, die sekundären (IV) in alkalischem Milieu gebildet. Bei einer Säurebehandlung in An- oder Abwesenheit von Dz erfahren die sekundären Komplexe eine Umlagerung in primäres Dithizonat gemäß der nachstehenden Gleichung:

$$\mathrm{Me(II)Dz} + \mathrm{H_2Dz} \xrightleftharpoons{H^+} \mathrm{Me(II)\,(HDz)_2}$$

$$2\,\mathrm{Me(II)Dz} + 2\,\mathrm{H^+} \rightleftharpoons \mathrm{Me(II)\,(HDz)_2} + \mathrm{Me^{2+}}$$

Über die mit Dz reagierenden Metalle und die Bedingungen für die Extrahierbarkeit der Metallkomplexe geben zusammenfassend die Tab. 87 und 88 Auskunft. Wie daraus

Tabelle 87. Extraktion mit Dz und organischen Lösungsmitteln

Li	Be											B	C	N	O	F
Na	Mg											Al	Si	P	S	Cl
K	Ca	Sc	Ti	V	Cr	Mn	Fe	Co	Ni	Cu	Zn	Ga	Ge	As	Se	Br
Rb	Sr	Y	Zr	Nb	Mo	Tc	Ru	Rh	Pd	Ag	Cd	In	Sn	Sb	Te	I
Cs	Ba	La	Hf	Ta	W	Re	Os	Ir	Pt	Au	Hg	Tl	Pb	Bi	Po	At
Fr	Ra	Ac														
			Ce	Pr	Nd	Pm	Sm	Eu	Gd	Tb	Dy	Ho	Er	Tm	Yb	Lu
			Th	Pa	U	Np	Pu	Am	Cm	Bk	Cf	Es	Fm	Md	No	

hervorgeht, ist Dz an und für sich ein Gruppenreagens, das im allgemeinen mehrere Elemente gleichzeitig erfaßt [*5*, *6*]. Wendet man die früher (s. S. **233** ff.) genannten Maßnahmen zur Selektivitätssteigerung an, so läßt sich die Anzahl gleichzeitig reagieren-

Tabelle 88. Extraktion mit Dz und $CHCl_3$ bzw. CCl_4

Element	Komplex	pH der Extraktion[4]	Organisches Lösungsmittel	Farbe des Komplexes
Ag	AgHDz	1 — 7 (—1,5—14)	CCl_4	gelb
Au	$Au(HDz)_3$	~2 (0—7)	CCl_4	gelb
	Au_2Dz_3 ?	~8 (2—8,5)	$CHCl_3$	rotbraun
Bi	$Bi(HDz)_3$	4 — 6[2] (< 0— > 11)	$CHCl_3$	
		1 — 6[1] (0—?)	$CHCl_3$	
		3 — 8 (0,5—11)	CCl_4	orangegelb
		5 —10 (2—10)	$CHCl_3$	orangegelb
Cd	$Cd(HDz)_2$	6 —14 (4—14,5)	CCl_4	rot
		6,5—14,0	$CHCl_3$	rot
Co	$Co(HDz)_2$	6,5—10,5 (4—13)	CCl_4	violett
		8 —11,5 (4,5—11,5)	$CHCl_3$	violett
	CoDz	13 —14,5 (8—14,5)	CCl_4	bräunlich
Cu	$Cu(HDz)_2$	2 — 5 (0,5—7)	CCl_4	rotviolett
	CuDz	7 —14 (5—14,5)	$CHCl_3$, CCl_4	gelbbraun
Fe	$Fe(HDz)_2$	7,5— 8,5 (6,5—11)	CCl_4	violettrot
Ga	$Ga(HDz)_3$	4,5— 6,0[7] (~3— > 6);	CCl_4	rotviolett
		2,5—3[8]	CCl_4	rotviolett
Ge	?	?	C_6H_6	rotbraun
Hg	$Hg(HDz)_2$	1 — 4 (—1,5—7)	CCl_4	orange
	HgDz	7 —14 (4—14,5)	CCl_4	rotviolett
In	$In(HDz)_3$	5 — 6,5 (2—8); < 2,5— > 6[7]	CCl_4	rot
		8 — 9,5 (6,5—10,5)	$CHCl_3$	
Mn	$Mn(HDz)_2$	~10	$CHCl_3$	braunviolett
Ni	$Ni(HDz)_2$	6 — 9,5 (4—12)	CCl_4	braunviolett
Pb	$Pb(HDz)_2$	6,5—10,5 (3,5—13,5)	CCl_4	rot
		7,5—11 (4,5— ?)	$CHCl_3$	rot
Pd	$Pd(HDz)_2$	—1 — 4 (—1,5— ?)	CCl_4	fahlgrün
		1 — 4	$CHCl_3$	
Po	$Po(HDz)_4$?	0 — 5 (0— > 9)	CCl_4	
	$Po(Dz)_2$?	0 — 5 (0— > 9)	$CHCl_3$	
Pt	$Pt(HDz)_2$	0,5— 4 (—1— ?)	CCl_4	braungelb
Sn	$Sn(HDz)_2$	5 — 9 (2,5—10)	CCl_4	rot
		6,5—10 (3,5— ?)	$CHCl_3$	rot
Te	$Te(HDz)_4$?	0 — 1[3]	CCl_4	
Tl	TlHDz	~14,5[5] (7,5—15)	CCl_4	rosa
		11 —14,5[6]	$CHCl_3$	rosa
Zn	$Zn(HDz)_2$	6 — 9,5 (3—12)	CCl_4	rot
		7 —10 (3,5— ?)	$CHCl_3$	rot

[1] Radium E aus salzsaurer Lösung nach [*10*].
[2] Radium E aus salpetersaurer Lösung nach [*10*].
[3] Nach [7].
[4] Die pH-Werte für Beginn und Ende der Extraktion sind in Klammer gesetzt; dabei findet allerdings noch keine vollständige Extraktion statt.
[5] Maximal ~50% extrahiert.
[6] Maximal ~80% extrahiert.
[7] Nach [*27*] aus 0,1 m Essigsäure-Natriumacetat-Pufferlösung.
[8] Nach [*27*].

der Elemente beschränken. Die Tab. 89 enthält Hinweise für die Art und Wirkungsweise verschiedener Maskierungsmittel. Schließlich macht man sich auch die Unbeständigkeit einzelner Metalldithizonate gegen Säuren, Alkalien oder anorganische Salzlösungen zunutze, um Einzelelementbestimmungen mit Dz spezifisch zu gestalten. Hinweise auf die Resistenz gebildeter Metalldithizonate enthält die Tab. 90. Wie schon erwähnt, lassen sich die Metalldithizonate mit verschiedenen organischen Lösungsmitteln extrahieren, unter denen CCl_4 und $CHCl_3$ infolge ihres höheren spezifischen Gewichtes bevor-

Tabelle 89. Maskierungsmöglichkeit der mit Dz extrahierbaren Metalle unter gleichzeitiger Berücksichtigung des pH-Bereiches

Maskierungsmittel	pH-Bereich	es werden maskiert	es reagieren mit Dz	Bemerkungen
	sauer		Ag, Au, Bi, Cu, Hg, In, Pd, Po, Pt, Sn	
	neutral		Ag, (Au), Bi, Cd, Co, Cu, Hg, In, Ni, Pb, Po, Sn, Zn	
	alkalisch		Ag, Bi, Cd, Co, Cu, Fe, Hg, In, Mn, Ni, Pb, Po, Sn, Tl, Zn	
CN^-	schwach sauer	Au, Co, Ni, Pd[1]	Ag, Cu, Hg, In, Pd, Po	
	alkalisch	Ag, Au, Cd, Co, Cu, Hg, Ni, Pd, Zn	Bi, In, Pb, Po, Sn(II), Tl(I)	
SCN^-	sauer	Ag, Hg[1]	Au, Cu, Hg	
$CN^- + SCN^-$	sauer	Ag, Au, Hg[1], Pd	Cu, Hg	
$S_2O_3^{2-}$	schwach sauer	Ag, Au, Bi, Cd[1], Co[1], Cu, Hg, Ni[1], Pb, Pd[1]	Cd, Co, In, Ni, Pd, Sn(II), Zn	Cd, Co und Ni reagieren immer, wenn sie in größerer Menge vorhanden sind
$CN^- + S_2O_3^{2-}$	schwach sauer	Ag, Au, Bi, Cd, Co, Cu, Hg, Ni, Pb, Pd[1]	Sn(II), Zn	
I^-	sauer	Ag, Hg	Au, Cu, Pd	auch Br^- statt I^-
Citrat oder Tartrat		[2]	[2]	
ÄDTA	sauer	Bi, Cd, Co, Cu[1], Ni, Pb, Tl(I), Zn	Ag, Hg	
	alkalisch	Bi, Cd, Co, Cu, In, Ni, Pb, Tl(I), Zn	Cu[3]	
Na-DDTC	schwach sauer[4]	Ag, Co, Cu, Hg, Ni, Pb	Bi, Cd, Zn	
	alkalisch	Cd[1], Co, Cu, Hg, Ni, Pb	Zn	
Natrium-bis-(2-hydroxyäthyl)-dithiocarbamat	schwach sauer	Bi, Cd, Cu, Ni, Pb		
	alkalisch	Cd, Ni	Zn	

[1] Nur schwach oder unvollständig maskiert; die Wirksamkeit der Maskierung ist von der vorhandenen Elementkonzentration abhängig.

[2] Citrat oder Tartrat stören im allgemeinen die Extraktion nicht. Mit zunehmender Konzentration hemmen sie die Extraktion einzelner Elemente mehr oder weniger stark, können diese aber beim entsprechenden pH-Wert kaum so quantitativ unterbinden, daß damit selektive Trennungen erreicht werden.

[3] Bei Zusatz von Ca bei pH 9 extrahierbar [*11*].

[4] Nach [*20*].

Tabelle 90. Resistenz der Metalldithizonate gegen Säure- oder Alkalibehandlung

	Säuren					Alkalien			Verschiedenes			
Dithizonat des	≧ 6n H_2SO_4	6n HCl	1n HCl	0,1—1n HCl	0,01—0,1n HCl	0,01n Ammoniak	≧ 1n NaOH	6n NaOH	10% NaCl + 0,015n HCl	1% KSCN + 0,1n H_2SO_4	0,01n HCl + 2% KI	0,1n Ascorbinsäure
Ag				O	+		O		+	+	+	
Au				O								
Bi					+[1]	+					+	+
Cd				+			O					+
Co		+		O			O					
Cu	+	+		O			O				O	
Fe						O						
Hg	O	+	+	O		O	O		O	O	+	
In						+						
Ni				O			O					
Pb				+	+		O					+
Pd	O			O			O					
Po				O	O							
Pt			O					O				
Tl				+	+	+		O				+
Zn				+		O	+	+				

+ = Komplex wird zersetzt.
O = Komplex wird nicht zersetzt.
[1] Für $Bi(HDz)_3/CHCl_3$-Lösung; $Bi(HDz)_3/CCl_4$ wird erst durch $>0{,}1$ n Mineralsäure zersetzt.

Tabelle 91. Die Vorteile von CCl_4 und $CHCl_3$ bei ihrer Anwendung als Extraktionsmittel mit Dz [8]

Vorteilhaftere Verwendung von			
CCl_4	$CHCl_3$	Anwendungsgebiet	Vorteile
+		qualitative Nachweise	Färbungen leicht und unterschiedlich erkennbar
+		kolorimetrische (Einfarben-) Verfahren	leichtere Auswaschbarkeit des Dz-Überschusses
	+	Mischfarbenverfahren (z. B. Pb-Bestimmung) (pH 7—9,5)	noch kein Übergang von Dz in die wäßrige Phase im Gegensatz zu CCl_4
	+	direkte Titration (z. B. Pb-Bestimmung) (pH 7—9,5)	noch kein Übergang von Dz in die wäßrige Phase im Gegensatz zu CCl_4
+		Titration von Ag und (indirekt) von anderen Metallen (über Ag)	keine merkliche HCl-Abspaltung; raschere Entmischung als mit $CHCl_3$
+		Metalltrennungen in alkalischen Lösungen (z. B. Cd/Zn)	Möglichkeit zur schärferen Trennung
	+	Abtrennung von Metallmengen über etwa 100 µg	größeres Lösungsvermögen im Vergleich zu CCl_4

zugt werden. Die vorteilhafteste Verwendung jedes dieser beiden Lösungsmittel für die verschiedenen Anwendungsgebiete wurde tabellarisch aufgezeigt [*8*] und sei nachfolgend wiedergegeben (s. Tab. 91). Einzelheiten über die Bestimmung eines Elementes mit Dz findet man im jeweiligen Abschnitt des gesuchten Elementes. In Abb. 61 sind die Extinktionskurven für Dz/CCl_4 und Dz/$CHCl_3$ wiedergegeben. Über die analytische Verwendung des Dz ist eine ausführliche Monographie [*5*] geschrieben worden, welcher weitere Einzelheiten entnommen werden können.

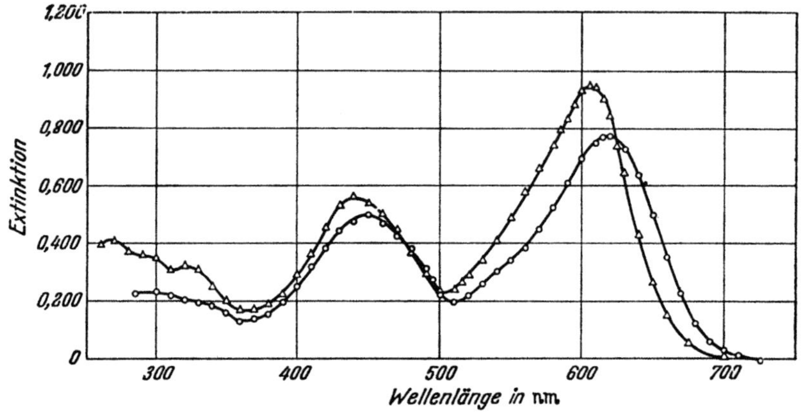

Abb. 61. Extinktionskurven von Dithizon in CCl_4 (○——○) und Dithizon in $CHCl_3$ (△——△)

Fe(II) und Fe(III) bilden mit Dz bei pH 9 eine gelbe Verbindung, die in konzentrierten Säuren löslich ist und kein Dithizonat sein soll [*9*]. Um eine Störung durch diese Verbindung zu vermeiden, soll die Bestimmung anderer Metalle mit Dz bei Anwesenheit von Fe nicht im Bereich von pH 8–10 durchgeführt werden. Die gelbe Verbindung läßt sich, falls es notwendig ist, wie folgt abtrennen: Aus der Dithizonatlösung (A) entfernt man die gelbe Verbindung durch zweimaliges Schütteln mit verdünnter Salzsäure (1 + 2), die vereinigten Säureextrakte (B) wäscht man frei von Dz und fügt die Waschauszüge zu Lösung (A). Der Säureauszug (B) wird mit Ammoniak alkalisch gemacht und die gelbe Verbindung mit zwei Anteilen CCl_4 extrahiert. Man nimmt die Lösung (A) und dann etwas frische Dz-Lösung, um mit dieser die Metalle aus Lösung (B) zu extrahieren.

Insbesondere vor seiner Verwendung in der quantitativen photometrischen Analyse muß Dz auf seine Reinheit und die Abwesenheit von Oxydationsprodukten geprüft werden, da es sich über mehrere Zwischenprodukte leicht zu Diphenylthiocarbodiazon ($C_{13}H_{10}N_4S$) oxydiert. Nach neueren Untersuchungen [*22, 22a*] sind für die Zersetzung von Dz-Lösungen in organischen Solventien mannigfache photochemische und oxydative Reaktionen verantwortlich; experimentell wurde festgestellt, daß unter Einwirkung verschiedener milder Oxydationsmittel vorwiegend die orangefarbene meso-ionische Verbindung 2,3-Diphenyl-2,3-dihydrotetrazolium-5-thiolat ($C_{13}H_{10}N_4S$), unter Säureeinwirkung die purpurfarbene Verbindung 2-Phenalyzobenzo-1,3,4(4H)-thiadiazol ($C_{13}H_{10}N_4S$) entsteht. Während Dz mit verschiedenen Schwermetallen reagiert, vermag zwar das Diphenylthiocarbodiazon keine Metallkomplexe zu bilden, löst sich aber sehr gut in organischen Lösungsmitteln mit gelber bis braunroter Färbung, hingegen nicht in Wasser, sauren oder alkalischen wäßrigen Lösungen. Der Wirkwert des Dz wird maßanalytisch gegenüber einer standardisierten Silbernitratlösung bestimmt und muß mindestens 98% betragen [5]. Das Produkt „Dithizon z. A., Merck, Darmstadt" erfüllt beispielsweise diese Forderung. Wird eine 0,01%ige Dz-Lösung in CCl_4 mit verdünntem metallfreiem Ammoniak (1 + 99) kurze Zeit geschüttelt, so muß die organische Phase danach schwach gelb sein. Meist wird die Reinheit einer solchen Dz-Lösung ausreichen. Wenn die Bestimmung sehr geringer Metallmengen mit ihrer optimalen Extrahierbarkeit im Alkalischen (Pb, Cd, Tl) vorgenommen werden soll, so ist es zweckmäßig, auch für die garantierte Abwesenheit von kleinen Mengen der oxydierten Form durch spezielle Reinigung des käuflichen Handelsproduktes Dz zu sorgen, sofern es nicht den früher genannten Wirkwert aufweist und seine Dz/$CHCl_3$-Lösung von 12,5 µMol Stärke (entsprechend 3,205 mg Dz/l $CHCl_3$ bei einem Wirkwert von 98%) bei 605 nm und 20° C einen Extinktionsmodul von $0{,}485 \pm 0{,}015\ cm^{-1}$ besitzt.

Über verschiedene Wege zur präparativen Darstellung des Dz wird zusammenfassend berichtet und eine Arbeitsvorschrift von Phenylhydrazin ausgehend angegeben [5].

Zur Reinigung des käuflichen Dz sind mehrere Verfahren bekannt geworden. Ein relativ einfacher Reinigungsprozeß besteht darin, aus einer nahezu gesättigten Lösung von Dz in $CHCl_3$ das Lösungsmittel bei rund 40° C unter gefiltertem Luftstrom soweit zu verdampfen, daß etwa ein Drittel bis die Hälfte des Dz auskristallisiert. Man wäscht das auskristallisierte Dz auf einer Glasfritte mehrmals mit CCl_4 und trocknet dann bei Raumtemperatur. Durch diese Reinigung gelingt beispielsweise die Steigerung des Wirkwertes von ursprünglich 94% auf 98% und die Befreiung von Oxydationsprodukten des Dz. Von einem Handelsprodukt mit etwa 94% Wirkwert ausgehend wird bei rund 75%iger Ausbeute ein praktisch hundertprozentig reines Dz-Präparat erhalten [5], wenn man 18 g des Handelsproduktes bei rund 30° C in einem Liter $CHCl_3$ löst, durch ein Faltenfilter filtriert und das Filtrat mit der 3- bis 4fachen Menge Petroläther versetzt, worauf das Dz in tiefblauschwarzen verfilzten Nadeln ausfällt.

Ein umständlicheres, aber wirksames Verfahren besteht in der Ausnutzung der unterschiedlichen Lösungseigenschaften des Dz und seines Oxydationsproduktes in Ammoniaklösung. 1 g des zu reinigenden Dz wird in 100 ml $CHCl_3$ gelöst. Nach Filtration wird die $CHCl_3$-Lösung mehrmals (etwa 4mal) mit je 100 ml metallfreiem verdünntem Ammoniak (1 + 99) extrahiert. Die vereinigten ammoniakalischen Extrakte, die das Dz enthalten, werden mit verdünnter HCl angesäuert, wobei das Dz ausfällt, und nun durch mehrmalige Extraktion mit je 20 ml $CHCl_3$ das Reagens wieder in die organische Phase übergeführt. Nachdem die vereinigten $CHCl_3$-Extrakte mehrmals mit Wasser gewaschen wurden, wird das $CHCl_3$ auf dem Wasserbad bei höchstens 50° C verdampft und das Dz-Präparat im Exsiccator vollständig getrocknet. Die Aufbewahrung des Reagenses muß in einer dunklen Schliffflasche an einem kühlen Ort erfolgen. Bei der Extraktion des Dz mit Ammoniak verbleibt etwa anwesendes Carbodiazon in der $CHCl_3$-Phase. Es wird vermutet, daß dieses zu Dz reduziert und in dieser Form ebenfalls mit Ammoniak extrahiert werden kann, wenn die Ammoniaklösung eine bestimmte Menge Hydroxylamin enthält.

Um zu einer geeigneten, reinen Dz-Lösung bestimmter Konzentration zu gelangen, wird ein Verfahren angegeben, das die zusätzliche Herstellung eines gereinigten festen Dz-Präparates umgeht [12]. Eine Dz/$CHCl_3$-Lösung wird zweimal mit dem 10fachen Volumen verdünntem Ammoniak (1 + 99) extrahiert. Die vereinigte wäßrige Phase wird filtriert, das Filtrat mit HCl (1 + 1) versetzt, um Dz auszufällen und der Niederschlag wieder mit $CHCl_3$ extrahiert. Die Konzentration des Dz in $CHCl_3$ wird nun durch Division des Extinktionswertes der bei 606 nm in einer 1 cm-Küvette gemessenen Lösung durch den Wert der molaren Extinktion des Dz in $CHCl_3$ bei dieser Wellenlänge ($40{,}6 \cdot 10^3$) errechnet. Diese doppelt gereinigten Dz-Lösungen sind auch über längere Zeit haltbar und können daher in bestimmter Konzentration vorrätig gehalten werden.

Über die allgemeine Empfindlichkeit von Dz-Lösungen sowohl in $CHCl_3$ als auch in CCl_4 wird Verschiedenes berichtet. Wesentlich ist die Verwendung reinster, von oxydierenden Stoffen freier organischer Lösungsmittel; dies gilt für den sauren pH-Bereich in noch stärkerem Maße als für den alkalischen. Alle Dz-Lösungen müssen dunkel und kühl aufbewahrt werden. Durch Überschichten mit einer wäßrigen 0,1m SO_2-Lösung lassen sich Dz/CCl_4-, nicht aber $Dz/CHCl_3$-Lösungen stabilisieren, doch können sie nicht für Arbeiten bei leicht reduzierbaren Metallen verwendet werden. Vergleichende Untersuchungen über eine geeignete Deckschicht zur gesteigerten Haltbarkeit von Dz-Lösungen in CCl_4 ergaben für Hydroxylaminhydrochlorid das beste, für schweflige Säure das schlechteste Resultat, zwischen denen sich das Ergebnis für 0,1n H_2SO_4 einordnen ließ [*13*]. Im allgemeinen können 0,01%ige Stammlösungen in CCl_4 unter entsprechenden Bedingungen längere Zeit (einige Wochen) vorrätig gehalten werden, von denen die gewöhnlich 0,001%igen Arbeitslösungen durch Verdünnung hergestellt werden. Auch Standard-Dz-Lösungen sollen Monate lang ohne merkliche Zersetzung in einer gut verschlossenen Flasche im Dunkeln und in einem Kühlschrank aufbewahrt werden können [*14*]. Wenn nicht genügend reine Lösungsmittel ($CHCl_3$, CCl_4) zur Verfügung stehen, so müssen solche vor der Bereitung von Reagenslösungen, wie z. B. Dz-Lösungen, von den Verunreinigungen befreit werden. Eine solche Reinigung ist insbesondere dann notwendig, wenn der damit erhaltene Extrakt direkt zur photometrischen Bestimmung eines Elementes verwendet und daher eine eindeutige Färbung bei möglichst niedrigem Blindwert erzielt werden soll. Die Reinigung einer guten Handelsware ist aber dann nicht erforderlich, wenn der Extrakt etwa vorher verascht und das betreffende Element mit einem anderen Reagens danach photometrisch oder auf einem anderen analytischen Wege bestimmt wird. Einzelheiten über die Gewinnung entsprechend reiner Lösungsmittel, die sich auch auf die Regenerierung bereits gebrauchter Lösungen beziehen, wurden schon früher angegeben (s. S. **97** ff.).

Neben den bereits früher besprochenen spurenanalytischen Grundregeln soll auch ein besonderes Augenmerk auf die Abwesenheit von oxydierenden Stoffen wegen ihrer schädigenden Wirkung auf das Dz gerichtet werden. Oxydierende Stoffe müssen daher, falls sie in der Probe anwesend sind, durch Reduktionsmittel zerstört werden. An geeigneten Reduktionsmitteln werden H_2SO_3, $Na_2S_2O_3$, H_2S, $(HN_4)_2S$, Hydroxylaminhydrochlorid empfohlen [*8*]. Glasgeräte dürfen vor ihrer Verwendung nicht mit Aceton gespült werden, da sich aus Aceton und Hydroxylaminhydrochlorid Acetoxim und aus diesem mit freiem Chlor 2-Chloro-2-nitrosopropan bildet, welches Dz zersetzt und so bei der Hg-Bestimmung (beim Rückschütteln des Hg aus dem $Dz/CHCl_3$-Extrakt mit $Na_2S_2O_3$, Zusatz von NaClO und Hydroxylaminhydrochlorid, s. S. **761**) zu Minderbefunden führt [*28*]. Auch andere Carbonylverbindungen müssen abwesend sein, da diese analoge Chloronitrosoverbindungen bilden.

1.10.2. Di-β-naphthylthiocarbazon

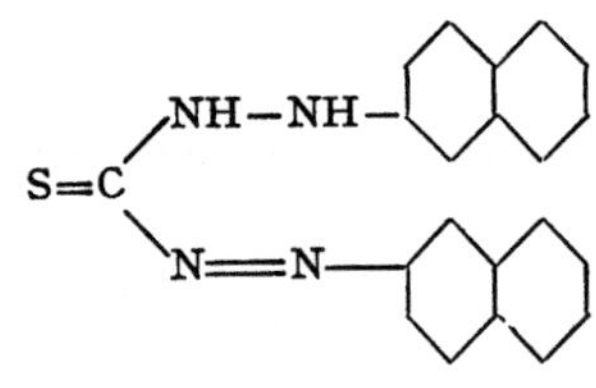

Unter den bisher bekannt gewordenen Dz-Derivaten besitzt nur das Di-β-naphthylthiocarbazon (DNz) einige analytische Bedeutung. DNz weist ähnliche Eigenschaften und den nahezu gleichen Reaktionsbereich wie das Dz selbst auf. Jüngeren Arbeiten zufolge reagiert $DNz/CHCl_3$ im sauren pH-Bereich [*23*] mit Ag (I), Au(III), Bi(III), Hg(II), Os(III), Pb(II), Pd(II); im alkalischen Bereich [*23, 26*] mit As(V), Bi(III), Cd(II), Co(III), Cu(II), Fe(III), Hg(II), In(III), Ir(III), Mn(II), Ni(II), Os(III),

Pb(II), Pt(II), Re(VII), Rh(III), Sb(III, V), Sn(II), Tl(I), Zn(II). Die Tab. 92 enthält die Extraktionsdaten einiger näher untersuchter Elemente. Abgesehen vom pH-Bereich wird auch der Art anwesender Salze für die Extrahierbarkeit der Elemente mit DNz ein Einfluß zugesprochen [*26*]. Durch Rückschütteln des organischen Extraktes mit verschiedenen Reagentien lassen sich weitere Trennungen ermöglichen (s. Tab. 93). Im Vergleich zum Dz findet das DNz eine nur relativ begrenzte analytische Anwendung, da es kaum wesentliche Vorteile bietet. Die Bestimmung von Zn soll mit diesem Reagens hinsichtlich der Arbeitstechnik (weniger kritische pH-Einstellung, quantitative Extraktion auch in Anwesenheit von Na-DDTC) vorteilhafter und jene

Tabelle 92. Extraktion mit DNz und $CHCl_3$ [*23*]

Element	pH der Extraktion[1]
Ag(I)	0 — 6 (<0—>12)
	8,5 – 10,5[3]
Bi(III)	(< 2 —>11)[2]
Cd(II)	~10,5[3]
Cu(II)	~10,5[3]
Hg(II)	0 —>12
Pb(II)	~ 6 —>11,5
	(~ 4,5—>12)
Tl(I)	~10 —>12
	(9 — ?)
Zn(II)	7,0—>12 (>4— ?)
	~ 7,5—10 (5—>10)[4]

[1] Die pH-Werte für Beginn und Ende der Extraktion sind in Klammer gesetzt; dabei findet allerdings noch keine vollständige Extraktion statt.
[2] Unvollständig extrahiert.
[3] Nach [*26*].
[4] Nach [*25*].

Tabelle 93. Resistenz der Metall-Di-β-naphthylthiocarbazonate [*26*]

DNz des	0,1 n Ascorbinsäure	0,1 n H_2SO_4	0,1—1 n HCl	0,1—1 n HBr	0,1 n KCN
Ag			+	+	+
Au			+	+	
Bi		+	+	+	
Cd		+	+	+	+
Cu				+	+
Hg				+	
Mn				+	+
Ni					+
Pb	+	+	+	+	
Tl	+	+	+	+	
Zn		+	+	+	+

+ = Komplex wird zersetzt.

des Hg empfindlicher und der Hg-Komplex stabiler sein. Ganz allgemein zeigen die Dz-Derivate mit zunehmendem Molekulargewicht eine Erhöhung des molaren Extinktionskoeffizienten bis zum dreifachen Betrag und eine steigende Affinität zu Schwermetallen. Aus diesen Gründen und wegen seiner geringen Acidität soll DNz – im alkalischen Bereich – für die Erfassung der Schwermetallspuren in Wasser- und Abwasserproben etwas vorteilhafter als Dz selbst sein [*26*]. Im Gegensatz zum Dz läßt sich das DNz aus einer $CHCl_3$-Lösung mit einer ammoniakalischen Lösung nicht ausschütteln; die Ausschüttelung ist aber aus einer CCl_4-Lösung möglich, da die Löslichkeit des Reagenses in CCl_4 wesentlich geringer ist.

Über die Reinheitsanforderungen an das Reagens bestehen unterschiedliche Ansichten. Die meisten Arbeiten betonen die Notwendigkeit, das Handelsprodukt einem mehrfachen Auswaschvorgang zur weitgehenden Beseitigung der Verunreinigungen zu unterziehen [*15–19, 26*]. In einer jüngeren Arbeit [*24*] wurde ein in $CHCl_3$ gelöstes DNz über eine Al_2O_3-Säule geschickt und anschließend sowohl das gereinigte DNz als auch die isolierten Verunreinigungen näher untersucht. Der Reinigungseffekt betrug in diesem Fall 93,8%, die Ausbeute an DNz allerdings nur 16,9%. Da sich im Absorptionsmaximum des reinen DNz, das bei 650 nm liegt, kein Störeinfluß durch die Verunreinigungen und auch keine Komplexbildung durch diese mit einer Reihe von Elementen ergab, glauben diese Autoren, daß eine besondere Reinigung zumindest dann nicht erforderlich ist, wenn nur bei der genannten Wellenlänge photometriert wird.

Ein einfaches und leistungsfähiges Reinigungsverfahren, das eine Ausbeute von etwa 60% liefert, sei aber hier noch wiedergegeben [*19*]:

Chloroform. 1 l $CHCl_3$ (aus einer Glasapparatur redestilliert) wird in einen 2 l-Schütteltrichter gegeben. Hinzu fügt man 50 ml einer wäßrigen Lösung von 10 g Hydroxylaminhydrochlorid/50 ml dest. Wasser (mit Ammoniak gegen Phenolrot alkalisch gemacht) und schüttelt gut durch. Nach der Phasentrennung filtriert man das $CHCl_3$ durch ein Filtrierpapier in eine dunkle Flasche, in welche 20 ml absoluter Alkohol vorgelegt sind. Nach gutem Durchmischen wird das $CHCl_3$ im Kühlschrank aufbewahrt. Das so behandelte $CHCl_3$ wird für die Reinigung des DNz verwendet.

Di-β-naphthylthiocarbazon. 0,5 g DNz werden in einem 100 ml-Becherglas in 30 ml des nach obiger Vorschrift behandelten $CHCl_3$ unter gelindem Erwärmen gelöst, nach dem Abkühlen auf Raumtemperatur in einen rotierenden Vakuumverdampfer übergeführt und auf etwa 5 ml eingeengt. Nun fügt man 25 ml Alkohol hinzu, mischt durch Umschwenken und kühlt sofort durch Eintauschen in ein Aceton/Trockeneis-Gemisch (etwa 10 min lang) ab. Das auskristallisierte Reagens wird unter Nachspülen mit 10 ml Alkohol abfiltriert, mit Alkohol gewaschen und an der Luft getrocknet. Die Ausbeute soll etwa 0,3 g betragen.

Literatur

1. Fischer, E.: Liebigs Ann. Chem. **190**, 118 (1878).
2. Fischer, H.: Wiss. Veröff. Siemens-Werken *4*, H. 2, 158 (1925).
3. Fischer, H.: Wiss. Veröff. Siemens-Werken **1940**, Werkstoff-Sonderheft, 217.
4. Irving, H. M.: Analyt. Chem. **29**, 857 (1957).
5. Iwantscheff, G.: Das Dithizon und seine Anwendung in der Mikro- und Spurenanalyse. Weinheim/Bergstr.: Verl. Chemie 1972.
6. Freiser, H.: Chemist-Analyst **50**, 62 (1961).
7. Mabuchi, H.: Bull. chem. Soc. Japan **29**, 842 (1956).
8. Fischer, H.: Angew. Chem. **50**, 919 (1937).
9. Dawson, E. C.: Analyst **73**, 618 (1948).
10. Bouissières, G., Ferradini, C.: Analyt. chim. Acta **4**, 610 (1950).
11. Friedeberg, H.: Analyt. Chem. **27**, 305 (1955).
12. Landry, A. S., Redondo, S. F.: Analyt. Chem. **26**, 732 (1954).
13. Fischer, H., Leopoldi, G.: Z. anal. Chem. **119**, 161 (1940).
14. Bambach, K., Burkey, R. E.: Ind. Eng. Chem., Anal. Ed. **14**, 904 (1942).
15. Hubbard, D. M., Scott, E. W.: J. Am. chem. Soc. **65**, 2390 (1943).
16. Cholak, J., Hubbard, D. M.: Ind. Eng. Chem., Anal. Ed. **18**, 149 (1946).

17. Suprunovich, I. B.: J. allg. Chem. (USSR) **8**, 839 (1938).
18. Hubbard, D. M.: Ind. Eng. Chem., Anal. Ed. **12**, 768 (1940).
19. Hubbard, D. M.: Analyt. Chem. **28**, 1802 (1956).
20. Wickbold, R.: Z. anal. Chem. **152**, 266 (1956).
21. Pierce, T. B., Peck, P. F.: Analyt. chim. Acta **27**, 392 (1962).
22. Irving, H. M. N. H., Mahnot, U. S., Rupainwar, D. C.: Analyt. chim. Acta **49**, 261 (1970).
22a. Irving, H. M. N. H., Kiwan, A. M., Rupainwar, D. C., Sahota, S. S.: Analyt. chim. Acta **56**, 205 (1971).
23. DuBois, R. J., Knight, S. B.: Analyt. Chem. **36**, 1316 (1964).
24. DuBois, R. J., Knight, S. B.: Analyt. Chem. **36**, 1313 (1964).
25. Martin, A. E.: Analyt. Chem. **25**, 1853 (1953).
26. Lombardi, O. W.: Analyt. Chem. **36**, 415 (1964).
27. Iwantscheff, G., Jörrens, C.: Analyt. chim. Acta **38**, 470 (1967).
28. Lee, D. F., Roughan, J. A.: Analyst **94**, 306 (1969).

1.11. 8-Hydroxychinolin

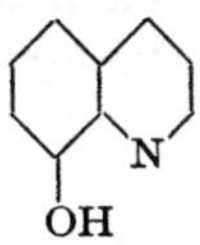

Eines der bekanntesten und sehr häufig angewandten Reagentien ist das 8-Hydroxychinolin (Oxin), das nach seiner Einführung als analytisches Fällungsreagens [*1*–*6*] in der Folge in steigendem Maße für Extraktionen Anwendung fand.

Die Literaturangaben über die pH-Bereiche der Ausfällung von Metallen mit Oxin beziehen sich meist auf Versuche mit reinen Salzlösungen einzelner Elemente. Es wird aber darauf hingewiesen, daß eine befriedigende Trennung bei Anwesenheit mehrerer Metalle in der Lösung nach diesen pH-Angaben häufig nicht möglich ist, sondern der betreffende pH-Bereich dann viel begrenzter ist [*7*]. So beginnt die teilweise Mitfällung von Mg bei der Ausfällung von Zn mit Oxin bei pH 5,5, während, wenn das Mg allein in der Lösung enthalten ist, unter denselben Bedingungen der Fällungsbeginn bei pH 7,5 liegt [*8*]. Zn und Mg können mit Oxin nur getrennt werden, wenn das Zn bei pH 4,6–5,5 ausgefällt wird. Fe(III) und Al können getrennt werden, wenn die Fällung von Fe(III) mit Oxin bei pH 3,5–4,0 durchgeführt wird. Bei pH 4,10 beginnt die Mitfällung des Al mit dem Fe(III) [*7*].

Aufgrund mathematischer Berechnungen über die Verteilung des Oxins [*9*] zwischen Wasser und $CHCl_3$ in Abhängigkeit vom pH-Wert wurde gefunden, daß bei gleichen Volumina der beiden Phasen und konstanter Oxinmenge infolge seines amphoteren Charakters Oxin nur zwischen pH 5–9 ($\cong$ 10) bei 18° C vollständig in der organischen Phase sein müßte. Spätere praktische Extraktionsversuche [*10*] zeigten, daß Oxin fast vollständig nur zwischen etwa pH 6–8 in der $CHCl_3$-Phase ist, obwohl auch bereits unter pH 3 und über pH 11 noch ein Teil des Oxins in die organische Phase übergeht. Über die Verteilung des Oxins zwischen Wasser und Benzol wird berichtet [*11*], daß seine maximale Verteilung ins Benzol zwischen rund pH 5–10 liegt. Eine neuere Untersuchung über das Verteilungsverhalten des Oxin zwischen Wasser (pH 6,5–7,0) und organischen Lösungsmitteln hat die Brauchbarkeit der Halogenkohlenwasserstoffe wie $CHCl_3$, insbesondere aber auch Bromchlormethan und Dibrommethan [*37*] bestätigt. Das Extinktionsmaximum von Oxin in $CHCl_3$, Toluol und auch Benzol liegt zwischen 315 bis 317 nm [*10*–*12*].

Während die ersten Arbeiten mit relativ niedrigen Oxinkonzentrationen (z. B. 0,01%) durchgeführt wurden, wobei gewöhnlich mehrere Ausschüttelungen erfolgten, zeigten spätere Versuche, daß höhere Reagenskonzentrationen (1–10%) zu guten und oft sogar besseren Ergebnissen führten. Da Oxin mit mehr als 40 Elementen reagiert, deren Oxinate häufig extrahierbar sind, ist es wenig selektiv. So ist es notwendig, seine Selektivität unter anderem durch Verwendung von Komplexbildnern zu heben, wozu sich beispielsweise CN^-, ÄDTA, Weinsäure u. a. m. eignen.

Sieht man von den hier nicht interessierenden gewichts- und maßanalytischen Bestimmungsmöglichkeiten ab, so lassen sich die Metalloxinate photometrisch auf verschiedene Weise bestimmen. Dabei muß man zwischen den indirekten und direkten Methoden unterscheiden.

Indirekte Methoden:

a) die Bildung einer gefärbten Verbindung durch eine Kupplungsreaktion mit diazotierten Aminen;

b) die Reduktion von Heteropolysäuren in basischer Lösung durch Oxin unter Bildung der entsprechenden niederwertigen blau gefärbten Oxyde (Molybdänblau);

c) Lösung des Metalloxinates in verdünnter Mineralsäure unter Zusatz von $FeCl_3$ ergibt eine Grünfärbung oder Umlagerung in Fe(III)-oxinat von grünschwarzer Färbung;

d) Lösung des Metalloxinates in verdünnter HCl und Messung der Extinktion des Oxins im streng gefilterten UV-Bereich.

Direkte Methode:

Extraktion der Metallkomplexe mit $CHCl_3$, wobei häufig gelb gefärbte, vereinzelt auch grünschwarze Lösungen erhalten werden, und Messung der Extinktion des Extraktes.

In den Tab. 94 und 95 ist der Reaktionsbereich des Oxins und in Tab. 96 dieser in Anwesenheit von ÄDTA zusammengestellt. Über die analytische Anwendung des Oxins und insbesonders auch seiner Derivate ist eine sehr ausführliche Monographie geschrieben worden [6], in der weitere Einzelheiten zu finden sind.

Tabelle 94. Extraktion mit Oxin und organischen Lösungsmitteln

Li	Be											B	C	N	O	F
Na	Mg											Al	Si	P	S	Cl
K	Ca	Sc	Ti	V	Cr	Mn	Fe	Co	Ni	Cu	Zn	Ga	Ge	As	Se	Br
Rb	Sr	Y	Zr	Nb	Mo	Tc	Ru	Rh	Pd	Ag	Cd	In	Sn	Sb	Te	I
Cs	Ba	La	Hf	Ta	W	Re	Os	Ir	Pt	Au	Hg	Tl	Pb	Bi	Po	At
Fr	Ra	Ac														
			Ce	Pr	Nd	Pm	Sm	Eu	Gd	Tb	Dy	Ho	Er	Tm	Yb	Lu
			Th	Pa	U	Np	Pu	Am	Cm	Bk	Cf	Es	Fm	Md	No	

——— = mit verschiedenen organischen Lösungsmitteln extrahierbar
——— = mit $CHCl_3$ extrahierbar

Tabelle 95. Fällung und Extraktion mit Oxin

Element	Fällung		Extraktion			Extinktions-maximum nm
	pH-Bereich	Literatur	pH-Bereich	Lösungsmittel	Literatur	
Ac	~5,7[19, 3]; >7,5	*[83]*				
Ag	6,1 —11,6[4]	*[13]*[1]	8— 9[44]	$CHCl_3$	*[85]*	
	(3,6— ?)		(4,5—>12)			
Al	4,4— 9,8	*[14]*	4,3— 4,6[6]	$CHCl_3$	*[17, 18]*	
	(<3— ?)		4,8— 6,5 u.	$CHCl_3$[7]	*[19, 20]*	
	4,7 — ?[14]	*[15]*	8,0—11,5		*[26]*	
	(3,9—11,4)		(3,0—12,2)			
	4,4— 6,7	*[16]*	<4 — 9	$CHCl_3$	*[9]*	
			4,6— 9,6	$CHCl_3$, CCl_4, Benzol, Toluol, Xylol	*[21, 22]*	
			4,3— 4,6[15]	$CHCl_3$	*[23]*	390—400
			8 —11	$CHCl_3$	*[24]*	390—400
As(III)	—	*[3]*				
As(V)	—	*[3]*				
Au(III)	+; ~5,7[19, 3] — —>7,5[3]	*[3; 83]*				
Ba	—; >7,5[3]	*[3; 83]*	11,3[39, 40]	$CHCl_3$ + n-Butyl-amin	*[82]*	~380
Be	—; —; >7,5	*[3; 13; 83]*	6 —10[3, 8]	$CHCl_3$	*[85]*	375
			11,3[41, 42]	$CHCl_3$	*[82]*	375
			11,3[9, 42]	$CHCl_3$ + n-Butylamin	*[82]*	385
Bi	4,8— 9,4[30]	*[14]*	4,0— 5,2	$CHCl_3$	*[18]*	395
	(3,5—12,8)					
	5,0— 8,3	*[13]*	3 —10[44]	$CHCl_3$	*[85]*	390
	(4,4— ?)		(1,5—>11)			
	schwach H_2SO_4-sauer bis schwach alkalisch[31]	*[27]*				
Ca	9,2—13	*[14, 28]*	13	Äthylenglykol-monobutyläther + $CHCl_3$	*[29]*	
	(<7 — ?)					
	9,5—12,4[3]	*[13]*				
	>7,5[3]	*[83]*	11,3[8]; 12	$CHCl_3$	*[30, 84]*	370—375
			11 —12[9]	$CHCl_3$ + n-Butylamin	*[30]*	375
			(9,9—13,5)			
Cd	5,7—14,6	*[31]*	5,5—10,5[44]	$CHCl_3$	*[85]*	380
	5,4— ?	*[14, 15]*	(3,5—>11)			
	(4,3—>13)		11,0—11,6	$CHCl_3$ + n-Butylamin	*[87]*	340
			(>9,0—>13,0)			
Co	4,3—14,5[13]	*[8]*	~4 —11,5[44]	$CHCl_3$	*[85]*	400
			(2—>11,5)			
	4,2—11,6	*[14]*	7 —9	$CHCl_3$	*[87]*	
	(3,1—>13)		(~5—>10)			
	>7,5[3]	*[83]*	~7,5—~9[16]	$CHCl_3$	*[38]*	
			(~6—>12)			
Cr(III)	~6[28]	*[33]*	[29]	$CHCl_3$/Benzol	*[33]*	425
	3,7—11,6[3, 13]	*[13]*	6 —8	$CHCl_3$	*[87]*	
	schwach alkalisch	*[34, 35, 36]*	(3—11,5)			
Cr(VI)	—	*[13]*				

Tabelle 95 (Fortsetzung)

Element	Fällung		Extraktion			Extinktions-maximum nm
	pH-Bereich	Literatur	pH-Bereich	Lösungsmittel	Literatur	
Cu (II)	5,3—14,6[18]	*[31]*	2,7—>7[6,16]	$CHCl_3$	*[17, 18]*	410
	(3,5—?)		2,8—14[10]	$CHCl_3$	*[20]*	
	3 —13	*[13]*	(1,5—14)			
			2,8—12	$CHCl_3$, Toluol, Benzol, Xylol	*[22]*	
			>3—<7	$CHCl_3$	*[25]*	
			<8,0	$CHCl_3$	*[39]*[34]	
Fe (III)	2,8—11	*[14]*	1,9— 3,0[6]	$CHCl_3$	*[17, 18]*	470; 570
	(2,5—?)		2,5—12,5[10]	$CHCl_3$	*[20]*	
			(1,5—14)			
Ga	3,6—11,0	*[13]*	3,0— 6,2	$CHCl_3$	*[41]*	392,5
	(1,8—?)		(1,8—10,0)			
	7,0— 8,0[18]	*[40]*	2,6— 3,0	$CHCl_3$	*[42]*	
	3,1—>7,5	*[41]*	2,5— 2,8	$CHCl_3$	*[43]*	
	(2,8—?)					
	2 — 7,5	*[9]*	2 — 5,1	$CHCl_3$	*[9]*	
			(<1—?)			
			2,2—12[45]	$CHCl_3$	*[85]*	
Hf	4,5—>11,3[2]	*[13]*	2[44]; 4,5—11	$CHCl_3$	*[64; 65]*	385
	(3,5—?)					
Hg (I)	5,2— 8,1[4]	*[13]*	(>7—>12)	$CHCl_3$	*[81]*	395
	(<3,7—>8,2)					
Hg (II)	4,8— 7,4[4]	*[13]*	7,5—11,5	$CHCl_3$	*[81]*	390
	(3,4—?)		(>4—>12)			
In	2,5— 3,0	*[3, 40]*	3,2— 4,5[6]	$CHCl_3$	*[17, 18, 44]*	400
			(1,9—?)			
	2,8—7,5;>7,5	*[9; 83]*	3 — 5	$CHCl_3$	*[9]*	
			2,5—>11,5[45]	$CHCl_3$	*[85]*	400
			(1,5—>11,5)			
Ir	—; ~5,7[19,3] — —>7,5[3]	*[3; 83]*				
Mg	9,4—12,7[13]	*[8, 31]*	10,2	Äthylenglykol-monobutyläther + $CHCl_3$	*[29]*	
	(7,5—?)					
	8,2—>12	*[14]*				
	(<7,0—?)					
	7,5—?	*[7]*	10,5—13,6	$CHCl_3$ + n-Butylamin	*[45]*	
	(5,5—?)					
Mn (II)	5,9— 9,5	*[14]*	6,5—11[44]	$CHCl_3$	*[85]*	395
	(4,4—?)		(~5 —11)			
	~5,7[19,3]	*[83]*				
Mo (VI)	3,6— 7,3)[13]	*[8, 31]*	1,6— 5,6[7]	$CHCl_3$	*[20]*	
	(3,1—?)		(0— 6,8)			
	3,3— 7,6	*[46]*	~2 — 6	$CHCl_3$	*[87]*	
	(<1 —?)		(~1 —>9)			
	2,2; >7,5[3]	*[47[32]; 83]*	0,7— 1,6[50]	$CHCl_3$	*[89]*	368
Nb (V)	6,5—? (4,3—?)	*[49]*[5]	3 —10,5[48]	$CHCl_3$	*[50]*	385
	~5,7[19] —>7,5	*[83]*	(>2 —~11,5)			
	7 — 8[20]	*[67]*	6	$CHCl_3$	*[84]*	
Ni	4,5—14,6[13]	*[8, 31]*	6,7—?[6]	$CHCl_3$	*[17, 18]*	395
	(4,2—?)		(2,5—?)			
	4,6—10,0	*[14]*	4,5 — 9,2[10]	$CHCl_3$	*[20]*	
	(2,8—?)		(2,5—>12)			

Tabelle 95 (Fortsetzung)

Element	Fällung		Extraktion			Extinktions-maximum nm
	pH-Bereich	Literatur	pH-Bereich	Lösungsmittel	Literatur	
Ni	>7,5[3]	[83]	~8,5—~12,5 (<8 —>13)	$CHCl_3$ + n-Butylamin	[38]	
Os	—; ~5,7[19,3] — —>7,5[3]	[3; 83]				
P	~1,2n[37] ~5n[38]	[51] [6]		Äther[37], Iso-amylalkohol[37]	[51, 6]	
Pa	~5,7[19]—>7,5	[83]	10	$CHCl_3$	[84]	
Pb	8,4—12,3 (>5—>12,8)	[14]	6 —10; 8,5	$CHCl_3$	[85; 84]	400
Pd(II)	3,0—11,9 (<2,2—>11,9)	[13]	1; 0—10[45,47]	$CHCl_3$	[84; 85]	425
Pt	—; —	[3; 83]				
Ra	7,5[3]	[83]				
Re(VII)	—; —	[13; 83]				
Rh	—; ~5,7[19,3] — —>7,5[3]	[3; 83]				
Ru	—; ~5,7[19,3] — —>7,5[3]	[3; 83]				
Sb(III)[17]	—; ~5,7[19,3] — >7,5[3]; 6(1,5—7)	[3; 83] [52[35]]	[27]	$CHCl_3$	[25]	
Sb(V)[17]	—; —	[3; 83]				
Sc	6,5—8,5	[53]	8,0 — 8,5	$CHCl_3$	[53]	373
	~5,7[19,3]	[83]	4,5 —10[44] (<3—>10)	$CHCl_3$	[85]	380
			9,7—10,5[33] (5 —>12)	Benzol, $CHCl_3$, Methylpropyl-keton	[11]	378
Sn(II)			~7—~10[19,30] (>3 —12)	$CHCl_3$	[38]	
Sn(IV)	—	[13]	2,5— 5,5[7] (0 —10)	$CHCl_3$	[20]	
	~5,7[19,3]— —>7,5[3]	[83]	0,7— 1,6[50]	$CHCl_3$	[89]	382
Sr	—; >7,5[3]	[13; 83]	11,3[26]	$CHCl_3$	[54]	
			11,3[39,43]	$CHCl_3$ + n-Butylamin	[82]	~380
Ta	~5,7[19]—>7,5	[83]				
Th	3,9— ?	[55, 57]	4,9	$CHCl_3$, MIBK	[56]	380
	4,3— ?; ~5,7[19]— —>7,5	[56; 83]	~3,3[44]	$CHCl_3$	[85]	380
			~7—>8,3[19,49] (6— ?)	$CHCl_3$	[48]	~375
	4,4— 8,8 (3,8—12,4)	[14]				
	4,7— ?[3]	[13]				
Ti(IV)	>6,5[5]	[49]	2,5— 5,0[23]	$CHCl_3$	[58]	
	<3,7— 8,7	[13]	2 — 4,5[44] (<1 —> 4,5)	$CHCl_3$	[85]	
			3,5— 9 (~ 2,5—11)	$CHCl_3$	[87]	
Tl(I)	[3]; —	[41; 83]				
Tl(III)	3,8—>8 (3,0— ?)	[41]	6,5— 7,0[12]	$CHCl_3$	[41]	400—402
	~5,7[19,3] — —>7,5[3]	[83]	3,5— 9	$CHCl_3$	[87]	
			3,5—11,5[45]	$CHCl_3$	[85]	400

Tabelle 95 (Fortsetzung)

Element	Fällung		Extraktion			Extinktions-maximum nm
	pH-Bereich	Literatur	pH-Bereich	Lösungsmittel	Literatur	
U(VI)	5,7— 9,8[13]	[31]	4—9[24]	$CHCl_3$	[60, 85]	425[22]
	(4,8— ?)		7,2— 8,1[21]	$CHCl_3$	[61]	
	4,1—8,8	[14]	8,9	$CHCl_3$	[62]	400; 440[25]
	(3,1—12)		6,5—>9	MIBK	[32]	
			(<4 —>9)			
	5,0— 9,0	[59]				
V(IV)	<4,5—12,7[3]	[13]	~3 —~ 5[3]	$CHCl_3$	[38]	
V(V)	2,7— 6,1	[46]	3,5— 4,5	$CHCl_3$	[63]	550
	(1,2— 7,1)		2 — 6[44]	$CHCl_3$	[85]	
			(1,0— 9)			
	2,0— 5,3	[13]				
	(1,5— 7,0)					
			3 — 4[36]	$CHCl_3$	[66]	
	~5,7[19,3] —	[83]	4[36]	MIBK	[66]	
	—>7,5[3]					
W(VI)	5,0— 5,7[19]	[31]	2,5	$CHCl_3$	[84]	
	(3,5— ?)					
	5[21]; >7,5[3]	[68; 83]				
Y	4,8—>8,0	[57]	3,8[6]	CCl_4	[57]	
	(3,9— ?)					
	5,9— 9,3	[13]	~10,5[44]	$CHCl_3$	[38]	
	(5,6— ?)		(7 —12)			
	~5,7[19,3]	[83]				
Zn	4,6—13,4[13]	[8]	4 — 5[44]	$CHCl_3$	[85]	
	(3 — ?)		8—11	$CHCl_3$	[87]	370
			(6,6—14)			
	4,4—13,6	[14]	8,8— 9,5[46]	$CHCl_3$	[86]	
	(3 — ?)		(<5,0 —>10,0)			
	4,5— ?	[15]	10 —11,7	$CHCl_3$ + n-Butylamin	[87]	400
	(2,7— ?)					
Zr	5,2—10,0	[13]	1,5— 4[44]	$CHCl_3$	[85]	380
	(3,7—12,5)					
S.E.:						
La	6,5—10,3	[13]	7 —10[44]	$CHCl_3$	[85]	380
	(5,6— ?)					
	7,1— ?; ~5,7[19,3]	[70; 83]				
Ce(III)	~5,7[19,3]	[83]	9,9—10,5	$CHCl_3$	[71]	505
	9,4— ?; >7,5	[70; 83]	(9,2—11,8)	Amylacetat	[72]	470
			~8,8— ?[19,49]	$CHCl_3$	[48]	~375, 520
			(7 — ?)			
Ce(IV)	>7,5	[83]				
Pr	—[17]; ~5,7[19,3]	[69, 73; 83]				
	>7,5	[83]				
Nd	—[17]; ~5,7[19,3];	[69, 73; 83]	>8,5	$CHCl_3$	[74; 84]	
	>7,5	[83]				
Pm	~5,7[19,3], >7,5					
Sm	+; ~5,7[19,3];	[69; 83]	6 —8,5[8]	$CHCl_3$	[64]	370
	>7,5	[83]				
Eu	~5,7[19,3], >7,5	[83]				
Gd	+; ~5,7[19,3];	[69; 83]				
	>7,5	[83]				

Tabelle 95 (Fortsetzung)

Element	Fällung		Extraktion			Extinktionsmaximum nm
	pH-Bereich	Literatur	pH-Bereich	Lösungsmittel	Literatur	
Tb	~5,7[19,3], >7,5	[*83*]				
Dy	~5,7[19,3], >7,5	[*83*]				
Ho	~5,7[19,3], >7,5	[*83*]				
Er	~5,7[19,3], >7,5	[*83*]	>8,5	$CHCl_3$	[*74; 84*]	
Tm	~5,7[19,3], >7,5	[*83*]				
Yb	~5,7[19,3], >7,5	[*83*]				
Lu	~5,7[19,3], >7,5	[*83*]				
T.U.:						
Np	~5,7[19]—>7,5	[*83*]	[27]		[*77*]	
Pu(IV)	+(≅8 ?)	[*75*]	≅8	Amylacetat	[*75*]	
	~5,7[19]—>7,5 ?	[*83*]	4; 1n HNO_3/ 10m-NH_4NO_3	$CHCl_3$	[*84; 76*]	
Pu(VI)	5; ~5,7[19]—>7,5	[*75; 83*]	4 — 8	Amylacetat	[*75*]	
Am			[27]		[*77*]	
Cm			[27]		[*77*]	
Bk			[27]		[*77*]	
Cf			[27]		[*77*]	

( ) = Beginn und Ende der Fällung bzw. Extraktion in Klammer gesetzt; die pH-Angaben ohne Klammer stellen die optimalen Arbeitsbedingungen dar.
— = Keine Oxinatbildung festgestellt.
\+ = Fällung ohne nähere Angaben.
1 Versuchsanordnung [*13*]: 20—30 mg Metall als saure Chloridlösung + 5 g Ammoniumacetat + 10 ml Oxinlösung (2%ig in 1n CH_3COOH) in 150 ml Gesamtvolumen, Fällung in der Hitze in Abwesenheit von Komplexbildnern.
2 Fällung teilweise als Hydroxid.
3 Fällung bzw. Extraktion unvollständig.
4 Metalle in Form von Nitratsalzen anstelle der Chloride.
5 In tartrathaltiger Lösung: auf diesem Wege Trennung des Nb von Ti und Ta durch Fällung mit Oxin bei pH 6,0; Ta bildet bis pH 8,0 kein Oxinat.
6 Bei den angegebenen pH-Werten ist die Extraktion quantitativ, wenn 25 ml wäßriger Phase viermal mit je 5 ml 0,01 m Oxinlösung (in $CHCl_3$) extrahiert werden.
7 50 ml wäßriger Phase mit 10 ml 1%iger Oxinlösung (in $CHCl_3$) in Abwesenheit von Tartrat extrahiert.
8 Mit 7—9% Oxin in $CHCl_3$.
9 Mit 2% Oxin + 2% n-Butylamin in $CHCl_3$.
10 Wie unter [7], aber in Anwesenheit von Tartrat.
11 Wie unter [7], aber in Anwesenheit von Tartrat und Kaliumferricyanid.
12 Extraktion des Tl(III)-Oxinates erfolgt nur zu rund 89%.
13 2% Oxin in CH_3COOH.
14 10 ml 0,033m Al-Lösung + 10 ml 0,1m Oxinlösung auf 100 ml mit Wasser auffüllen und tropfenweise mit 0,1n NaOH bis zum Beginn der Fällung versetzen.
15 10—150 μg Al mit insgesamt 50 ml, 1—10 μg Al mit insgesamt 10 ml 1%iger Oxinlösung (in $CHCl_3$) extrahieren.
16 In Anwesenheit von Tartrat.
17 Bisherige wenige Ergebnisse widersprechend.
18 Quantitativ nur in tartrathaltiger und ammoniakalischer, aber nicht in alkalischer Lösung.
19 In Anwesenheit von Acetatpuffer.
20 99% Ausbeute; in Anwesenheit von Oxalat und Harnstoff in der Wärme fällen.
21 In Anwesenheit von Ammoniumacetatpuffer.
22 Extinktionsmaximum bei 370 nm, Messungen erfolgten jedoch bei 425 nm, um den Blindwert möglichst gering zu halten.
23 In Anwesenheit von H_2O_2.

[24] U wurde auch durch mehrmaliges Ausschütteln bei pH ∼3 extrahiert *[60]*; über weitere Arbeiten s. S. 1269.

[25] 400 nm für kleinere, 440 nm für höhere U-Gehalte.

[26] 1 m Oxinlösung (in $CHCl_3$).

[27] Oxinatkomplex in organischen Solventien löslich; ohne nähere Angaben.

[28] Die Cr(III)-Fällung ist nur in Abwesenheit von Tartrat und Anwesenheit von wenigstens der zweifachen Menge an Fe(III) vollständig.

[29] Der Komplex wird aus einer Aluminiumoxid-Chromatogramm-Säule mit dem 1:1-Lösungsmittelgemisch eluiert und das Eluat photometriert.

[30] In Anwesenheit von Tartrat und im alkalischen Bereich von NH_4Cl.

[31] In Anwesenheit von Tartrat oder Acetat und Ammoniak; Halogenide müssen abwesend sein, wenn Bi-Oxinat quantitativ ausfallen soll.

[32] Nur das im sauren Bereich vorliegende Kation MoO_2^{2+} ist zur Oxinatbildung befähigt; im alkalischen Bereich fällt kein Mo-Oxinat aus, weshalb auch eine Maskierung mit ÄDTA überflüssig ist.

[33] Ohne Hydrolyse von Sc-Oxinat nur in Anwesenheit von wenigstens 20 Molekülen Oxin je Sc-Atom extrahierbar.

[34] S. a. Tab. 96.

[35] In Anwesenheit von HCl oder auch von Weinsäure.

[36] Mit 0,5%iger schwach essigsaurer Oxinlösung.

[37] Als Heteropolysäure in Form des P-V-Mo-Oxin-Komplexes aus HNO_3-saurer Lösung.

[38] Als Heteropolysäure in Form des P-Mo-Oxin-Komplexes aus HCl-saurer Lösung.

[39] Mit 5% Oxin + 4 Vol.-% n-Butylamin in $CHCl_3$.

[40] Die Ausbeute beträgt ∼40%; sowohl in Abwesenheit als auch in Anwesenheit von 2 Vol-% n-Butylamin wird kein Ba extrahiert.

[41] Mit 1,2% Oxin in $CHCl_3$.

[42] Die Ausbeute beträgt ∼30%; die Extraktion ist hingegen vollständig, wenn man das Reagens getrennt zufügt und nach 30 min Standzeit mit $CHCl_3$ extrahiert.

[43] Die Ausbeute beträgt in Abwesenheit von n-Butylamin 25%, mit 2 Vol.-% n-Butylamin 76%.

[44] 0,1 m Oxinlösung (in $CHCl_3$).

[45] 0,01 m Oxinlösung (in $CHCl_3$).

[46] 5% Oxin in CH_3COOH.

[47] Nur bei den höheren pH-Werten in wenigen Minuten quantitativ.

[48] 1% Oxin in CH_3COOH.

[49] 0,2% Oxin in $CHCl_3$.

[50] Mit 4% Oxin in schwefelsaurer Lösung und bei Sn(IV) in Anwesenheit von NH_4Cl.

Tabelle 96. Fällung und Extraktion der Elemente mit Oxin und $CHCl_3$ in Anwesenheit von ÄDTA

Element	Fällung			Extraktion		
	pH-Bereich		Literatur	pH-Bereich		Literatur
Al	5[6]	N	*[68, 78]*	∼ 8	N	*[39]*
	5,3[6]	N	*[79]*	10,5		*[85]*
				(8,5—>11)	E	
Be				∼7[5]	E	*[85]*
Bi	5[6]	N	*[68, 78]*			
	5,3[6]	N	*[79]*			
Cd	5[6]	N	*[68, 78]*			
	5,3[6]	N	*[79]*			
Co	5[6]	N	*[68, 78]*	∼ 8	N	*[39]*
	5,3[6]	N	*[79]*			
Cr	5[4,6]	N	*[68, 78]*			
Cu	5[6]	N	*[68, 78]*	6,5—9[7]	E	*[39]*
	5,3[6]	N	*[79]*	9,0[1]		*[39]*
				(2,5—>9)	E	
				≧ 12		*[38]*
				(∼10—>13)	E	

Tabelle 96 (Fortsetzung)

Element	Fällung			Extraktion		
	pH-Bereich		Literatur	pH-Bereich		Literatur
Fe(III)	5[6]	N	*[68, 78]*	~ 8	N	*[39]*
	5,3[6]	N	*[79]*	10,5		*[85]*
				(~8,5—>10,5)	E	
Ga(III)				10,5	E	*[85]*
				(8,5—>11,5)		
Hg(II)	5[6]	N	*[68, 78]*			
In(III)				11,5	E	*[85]*
				(9—>12)		
Mg				10,5—13,6[2]	N	*[45]*
Mn(II)	5[6]	N	*[68, 78]*	~ 8	N	*[39]*
	5,3[6]	N	*[79]*			
Mo	8,4[3]	N	*[79]*	~ 8[3]	E	*[39]*
Nb(V)				6 —10,5	E	*[50]*
				(4—>10,5)		
Ni	5[6]	N	*[68, 78]*	~ 8	N	*[39, 48]*
	5,3[6]	N	*[79]*	< 6[7]	N	*[48]*
P	5,3[6]	N	*[79]*			
Pb	5[6]	N	*[68, 78]*			
	5,3	N	*[79]*			
Th(IV)	>7	F	*[88]*			
	5,3[6]	N	*[79]*			
Ti				7,9— 9,0	E	*[39]*
				8,5—>9	E	*[85]*
				(1—>9)		
U(VI)	5[6]	N	*[68, 78]*	~8	E	*[39]*
				7—>8	E	*[85]*
				(4,5—>8)		
	5—9	F	*[79]*			
	>7	F	*[78]*			
V	8,4	N	*[79]*	~ 8[1]	E	*[39]*
V(III)				4,1— 5,6[7]	E	*[39]*
V(IV)	?	N	*[80]*			
V(V)	?	N	*[80]*	4	N	*[38, 66]*
W	5[6]	F	*[68, 78]*	~ 8	E	*[39]*
W(VI)	8,4	N	*[79]*	2,5— 3,5	E	*[85]*
Zn	5[5,6]	N	*[68, 78]*			
	5,3[6]	N	*[79]*			
Zr	5,3[6]	N	*[79]*			
S.E.	5,3[6]	N	*[79]*			

[1] Bis zu 95%.
[2] In Anwesenheit von n-Butylamin.
[3] Die Bildung von Mo-Oxinat erfolgt nur im sauren Bereich mit dem Kation MoO_2^{2+}, aber nicht im alkalischen Bereich, weshalb eine Maskierung mit ÄDTA überflüssig erscheint *[47]*.
[4] In der Wärme.
[5] Nur teilweise Fällung bzw. unvollständige Extraktion.
[6] In Anwesenheit von Ammoniumacetat/Essigsäure-Puffer.
[7] Bei Verwendung von Ca-ÄDTA quantitativ extrahierbar.
N = Im angeführten pH-Bereich nicht gefällt bzw. nicht extrahiert.
F = Im angeführten pH-Bereich gefällt.
E = Im angeführten pH-Bereich extrahiert.

Literatur

1. BERG, R.: J. prakt. Chem. **115**, 180 (1927).
2. BERG, R.: Z. anal. Chem. **70**, 341 (1927); **71**, 23, 171, 369 (1927).
3. BERG, R.: Die analytische Verwendung von o-Oxychinolin (Oxin) und seiner Derivate. Stuttgart: Enke-Verl. 1938.
4. FLAGG, J. F.: Organic reagents used in gravimetric and volumetric analysis. New York: Interscience Publ. 1948.
5. PRODINGER, W.: Organische Fällungsmittel in der quantitativen Analyse. Stuttgart: Enke-Verl. 1954.
6. HOLLINGSHEAD, R. G. W.: Oxine and its derivatives, Vol. 1—4. London: Butterworths Scientific Publications 1954/56.
7. MOYER, H. V., REMINGTON, W. J.: Ind. Eng. Chem., Anal. Ed. **10**, 212 (1938).
8. FLECK, H. R., WARD, A. M.: Analyst **58**, 388 (1933).
9. LACROIX, S.: Analyt. chim. Acta **1**, 260 (1947).
10. MOELLER, T., PUNDSACK, F. L.: J. Am. chem. Soc. **75**, 2258 (1953).
11. UMLAND, F., PUCHELT, H.: Analyt. chim. Acta **16**, 334 (1957).
12. POKRAS, L., KILPATRICK, M., BERNAYS, P. M.: J. Am. chem. Soc. **75**, 1254 (1953).
13. BOCK, R., UMLAND, F.: Angew. Chem. **67**, 420 (1955).
14. GOTÔ, H.: Sci. Rep. Tohoku Imp. Univ. [1], **26**, 391 (1937).
15. BORREL, M., PÂRIS, R. A.: Analyt. chim. Acta **6**, 389 (1952).
16. MILLER, C. C., CHALMERS, R. A.: Analyst **78**, 686 (1953).
17. MOELLER, T.: Ind. Eng. Chem., Annal. Ed. **15**, 270 (1943).
18. MOELLER, T.: Ind. Eng. Chem., Anal. Ed. **15**, 346 (1943).
19. GENTRY, C. H. R., SHERRINGTON, L. G.: Analyst **71**, 432 (1946).
20. GENTRY, C. H. R., SHERRINGTON, L. G.: Analyst **75**, 17 (1950).
21. SUDÔ, E.: Sci. Rep. Tohoku Imp. Univ., Ser. A **4**, 268 (1952).
22. SUDÔ, E.: J. chem. Soc. Japan, Pure Chem. Sect. **72**, 718 (1951).
23. PARKS, T. D., LYKKEN, L.: Analyt. Chem. **20**, 1102 (1948).
24. TULLO, J. W., STRINGER, W. J., HARRISON, G. A. F.: Analyst **74**, 296 (1949).
25. GORBACH, G., POHL, F.: Mikrochem. verein. Mikrochim. Acta **38**, 258 (1951).
26. KAMBARA, T., HASHITANI, H.: Analyt. Chem. **31**, 567 (1959).
27. BERG, R.: Z. anal. Chem. **72**, 177 (1927).
28. NÄSÄNEN, R.: Acta chem. scand. **5**, 1293 (1951).
29. LUKE, C. L., CAMPBELL, M. E.: Analyt. Chem. **26**, 1778 (1954).
30. UMLAND, F., MECKENSTOCK, K. U.: Z. anal. Chem. **165**, 161 (1959).
31. FLECK, H. R.: Analyst **62**, 378 (1937).
32. CLAYTON, R. F., HARDWICK, W. H., MORETON-SMITH, M., TODD, R.: Analyst **83**, 13 (1958).
33. BLAIR, A. J., PANTONY, D. A.: Analyt. chim. Acta **14**, 545 (1956).
34. TAYLOR-AUSTIN, E.: Analyst **63**, 710 (1938).
35. DUPUIS, T., DUVAL, C.: Compt. rend. Acad. Sci. Paris **227**, 772 (1948).
36. DUPUIS, T., DUVAL, C.: Analyt. chim. Acta **3**, 345 (1949).
37. MOTTOLA, H. A., FREISER, H.: Talanta **14**, 864 (1967).
38. UMLAND, F.: Z. anal. Chem. **190**, 186 (1962).
39. TAYLOR, R. P., FURMAN, N. H.: Analyt. Chem. **27**, 309 (1955).
40. GEILMANN, W., WRIGGE, F. W.: Z. anorg. allg. Chem. **209**, 129 (1932).
41. MOELLER, T., COHEN, A. J.: Analyt. Chem. **22**, 686 (1950).
42. SANDELL, E. B.: Ind. Eng. Chem., Anal. Ed. **13**, 844 (1941).
43. DUDLEY, H. C.: J. Pharmacol. exp. Therap. **95**, 482 (1949).
44. MILNER, G. W. C.: Analyst **76**, 488 (1951).
45. UMLAND, F., HOFFMANN, W.: Analyt. chim. Acta **17**, 234 (1957).
46. GOTÔ, H.: Sci. Rep. Tohoku Imp. Univ., [1], **26**, 418 (1938).
47. RAMANA RAO, D. V.: Analyt. chim. Acta **17**, 538 (1957).
48. GOTÔ, K., RUSSELL, D. S., BERMAN, S. S.: Analyt. Chem. **38**, 493 (1966).
49. BELEKAR, G. K., ATHAVALE, V. T.: Analyst **82**, 630 (1957).
50. MOTOJIMA, K., HASHITANI, H.: Analyt. Chem. **33**, 48 (1961).
51. MAKSIMOVA, N. V., KOZLOVSKIJ, M. T.: J. analyt. Chem. (USSR) **2**, 353 (1947).
52. PIRTEA, T. I.: Z. anal. Chem. **118**, 26 (1939/40).
53. POKRAS, L., BERNAYS, P. M.: Analyt. Chem. **23**, 757 (1951).
54. DYRSSEN, D.: Svensk kem. Tidskr. **67**, 311 (1955).

55. ESWARANARAYANA, N., RAGHAVA RAO, B. S. V.: Analyt. chim. Acta **11**, 339 (1954).
56. MOELLER, T., RAMANIAH, M. V.: J. Am. chem. Soc. **75**, 3946 (1953).
57. MURTHY, A. S., SARMA, T. P., RAGHAVA RAO, B. S. V.: Z. anal. Chem. **145**, 418 (1955).
58. GARDNER, K.: Analyst **76**, 485 (1951).
59. CLAASSEN, A., VISSER, J.: Recueil Trav. chim. Pays-Bas **65**, 211 (1946).
60. HÖK, B.: Svensk kem. Tidskr. **65**, 106 (1953).
61. EBERLE, A. R., LERNER, M. W.: Analyt. Chem. **29**, 1134 (1957).
62. SILVERMAN, L., MOUDY, L., HAWLEY, D. W.: Analyt. Chem. **25**, 1369 (1953).
63. TALVITIE, N. A.: Analyt. Chem. **25**, 604 (1953).
64. DYRSSEN, D., DAHLBERG, D.: Acta chem. Scand. **7**, 1186 (1959).
65. MOTOJIMA, K., HASHITANI, H., YOSHIDA, H.: Japan Analyst (Bunseki Kagaku) **11**, 659 (1962).
66. BOCK, R., GORBACH, S.: Mikrochim. Acta (Wien) **1958**, 593.
67. KOSTA, L., DULAR, M.: Talanta **8**, 265 (1961).
68. PŘIBIL, R., SEDLÁŘ, V.: Collect. Trav. chim. Tchécoslov. (Collect. czechoslov. chem. Commun.) **16**, 69 (1951); ref. Z. anal. Chem. **135**, 361 (1952).
69. MANNELLI, G.: 10. Internat. Congr. Chemie, Rom 1938, Bd. II, S. 718; ref. in Lit. Nr. 6.
70. MISUMI, S.: J. chem. Soc. Japan, Pure Chem. Sect. **73**, 931 (1952).
71. WESTWOOD, W., MAYER, A.: Analyst **73**, 275 (1948).
72. MISUMI, S.: J. chem. Soc. Japan, Pure Chem. Sect. **74**, 67 (1953).
73. RAMSEY, W. J., DOUGLAS, D. L., YOST, D. M.: J. Am. chem. Soc. **72**, 2782 (1950).
74. MOELLER, T., JACKSON, D. E.: Analyt. Chem. **22**, 1393 (1950).
75. HARVEY, B. G., HEAL, H. G., MADDOCK, A. G., ROWLEY, E. L.: J. chem. Soc. (London) **1947**, 1010.
76. METZ, C. F.: Analyt. Chem. **29**, 1748 (1957).
77. IRVING, H. M.: Quart. Rev. (Chem. Soc. London) **5**, 200 (1951).
78. PŘIBIL, R., MALÁT, M.: Collect. Trav. chim. Tchécoslov. **15**, 120 (1950).
79. SEN SARMA, R. N., MALLIK, A. K.: Analyt. chim. Acta **12**, 329 (1955).
80. MALINEK, M.: Chem. listy **48**, 38 (1955).
81. UMLAND, F., HOFFMANN, W.: Z. anal. Chem. **168**, 268 (1959).
82. UMLAND, F., HOFFMANN, W., MECKENSTOCK, K. U.: Z. anal. Chem. **173**, 211 (1960).
83. HOFFMAN, J. I.: Chemist-Analyst **49**, 126 (1960).
84. FREISER, H.: Chemist-Analyst **50**, 94 (1961).
85. STARÝ, J.: Analyt. chim. Acta **28**, 132 (1963).
86. MEDLIN, W. L.: Analyt. Chem. **32**, 632 (1960).
87. MOTOJIMA, K., HASHITANI, H.: Japan Analyst **9**, 151 (1960).
88. MURTHY, T. S., SARMA, D. V. N.: Z. anal. Chem. **161**, 114 (1958).
89. EBERLE, A. R., LERNER, M. W.: Analyt. Chem. **34**, 627 (1962).

1.12. 8-Hydroxychinaldin

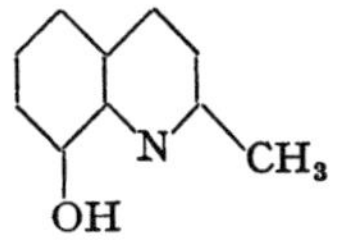

Das Reagens 8-Hydroxychinaldin (2-Methyl-8-hydroxychinolin) ist analytisch von Bedeutung, da es ebenso wie 8-Hydroxychinolin einen großen Reaktionsbereich aufweist, im Gegensatz zu letzterem aber nicht mit Al reagiert.

Tabelle 97. Fällung der Elemente mit 8-Hydroxychinaldin bei verschiedenen pH-Werten

Li	Be											B	C	N	O	F
Na	Mg											Al	Si	P	S	Cl
K	Ca	Sc	Ti	V	Cr	Mn	Fe	Co	Ni	Cu	Zn	Ga	Ge	As	Se	Br
Rb	Sr	Y	Zr	Nb	Mo	Tc	Ru	Rh	Pd	Ag	Cd	In	Sn	Sb	Te	I
Cs	Ba	La	Hf	Ta	W	Re	Os	Ir	Pt	Au	Hg	Tl	Pb	Bi	Po	At
Fr	Ra	Ac														
			Ce	Pr	Nd	Pm	Sm	Eu	Gd	Tb	Dy	Ho	Er	Tm	Yb	Lu
			Th	Pa	U	Np	Pu	Am	Cm	Bk	Cf	Es	Fm	Md	No	

——— = vollständig
——— = unvollständig

Tabelle 98. Fällung und Extraktion (mit $CHCl_3$) der Elemente mit 8-Hydroxychinaldin

Element	Fällung[1]		Extraktion	
	pH-Bereich	Literatur	pH-Bereich	Literatur
Ag	+[2,4]	[3]	—[3,11,12]	[16]
Al	—[2,3,4]	[3]	—[10]; —[3,11,12]	[5, 6; 16]
Ba	—[2,4]	[3]		
Be	—[2,4,6]	[3, 4]	7,5—8,5; —[3,11]; 9,5[3]	[7; 16; 16]
Bi	—[2,3]; +[2]	[3]	5—6; 5[3]; 9,5[3]	[5, 6; 16; 16]
Ca	—[2]; +[4]	[3]	—[10]; —[3,1, 12]	[5, 6; 16]
Cd	+[2,4]	[3]	9,2; —[3,11]; 9,5[3]	[8; 16; 16]
Co	(3,8); >5,2	[3; 9]	6 —9,2; 5—6; —[3,11]; 9,5[3]	[8; 5, 6; 16; 16]
Cr (III)	+[2,4]; ~6[7]; 4—8[14]	[3; 10; 18]	[8]; —[3,11,12]	[10; 16]
Cr (VI)			—[9]; 5[3]; —[3,12]	[8; 16; 16]
Cu	>4,5 (2,9)	[3, 9]	9,2; 5—6; 5[3]; 9,5[3]	[8; 5, 6; 16; 16]
	>4,3 (3,2)	[11]		
Fe (II)	+[2,4]	[3]	9,2	[8]
Fe (III)	>5; >5,7; 9,0	[3; 9; 8]	9,2; 5—6; 5[3]; 9,5[3]	[8; 5, 6; 16; 16]
	(3,1); (>2,6)	[9; 12]		
Ga	5,3—8,6[6]	[4, 13]	5,3—7	[14]
	5,3—7	[14]		
Hg	[6]	[4]	5[3]; 9,5[3]	[16; 16]
In	5,3—8,4	[4, 14]		
Mg	>8,9 (7,6)	[3, 9]	—[10]; —[3,11,12]	[5, 6; 16]
	>8,7 (6,1)	[11]		
Mn (II)	>6,6 (5,0)	[3, 9]	9,2; —[3,11]; 9,5[3]	[8; 16; 16]
Mn (VII)			9,2[6]	[8]
Mo (VI)	+[2]; —[4]	[3]	—[9]; 5[3]; —[3,12]	[8; 16; 16]
Nb (V)			—[9]; —[3,11,12]	[8; 16]
Ni	(4,6); >6,5	[3; 11]	6 —9,2; —[3,11]; 9,5[3]	[8; 16; 16]
	9,0	[8]	5 —6	[5, 6]
Pb	—[2]; >8[4]	[3]	6 —9,2; —[3,11]; 9,5[3]	[8; 16; 16]
	8,4—12,3	[4]		
	9,0	[8]		
Sb (III)			9,2; —[3,11,12]	[8; 16]

Tabelle 98 (Fortsetzung)

Element	Fällung[1]		Extraktion	
	pH-Bereich	Literatur	pH-Bereich	Literatur
Sc	>7,5; 6,5—8,5	[4]		
Sn (IV)	—[2,3]	[3]	9,2; —[3,11,12]	[8; 16]
Sr	—[2]; +[4]	[3]		
Ta	—[9]	[8]	—[3,11,12]	[16]
Th	~8[4]	[4]	—[9]; —[3,11,12]	[8; 16]
Ti (IV)	+[2,4]	[3]	9,2[6]; 5—6; —[3,11]; 9,5[3]	[8; 5, 6; 16; 16]
Tl (III)	+	[15]	—[9]	[8]
U (VI)	~8[4]	[4]	—[3,11]; 9,5[3]	[16; 16]
V (IV)	+	[10]	5[3]; —[3,12]	[16; 16]
V (V)	+[2]; —[4,5]	[3]	—[9]; —[3,12]	[8; 16]
	+	[10]	5 —6; 5[3]	[5, 6; 16]
W (VI)	+[2]; —[4]	[3]	—[9]; 5[3]; —[3,12]	[8; 16; 16]
Y	+[6]	[4]		
Zn	>5,3 (3,4)	[3, 9]	6 —9,2; —[3,11]; 9,5[3]	[8; 16; 16]
	9,0	[8]		
	>5,3 (3,0)	[11]		
Zr	[6]	[4]	—[9]; 5—6; —[3,11,12]	[8; 5, 6; 16]
S. E.:				
La	+	[4]		
Ce (III)			9,7—10,5[13] (8—>11)	[17]
			9,5[3]	[16]

\+ = Fällung.
— = Keine Fällung bzw. Extraktion.

[1] Beginn der Fällung bzw. Beginn und Ende der Extraktion in Klammer gesetzt.
[2] In Essigsäure/Acetat-Lösung (>pH 5,5 ?).
[3] In Anwesenheit von Tartrat.
[4] In ammoniakalischer Lösung (>pH 8 ?).
[5] Bei kleinen Elementmengen.
[6] Unvollständig.
[7] Die Fällung des Cr (III) ist nur in Abwesenheit von Tartrat und Anwesenheit von wenigstens der 2fachen Menge an Fe vollständig.
[8] Der Komplex wird aus einer Al_2O_3-Chromatogramm-Säule mit $CHCl_3$/Benzol (1:1) bzw. Trichloräthylen/Benzol (1:1) eluiert und dann bei 410 nm photometriert.
[9] Bei pH 9,2.
[10] Bei pH 5—6.
[11] Bei pH 5.
[12] Bei pH 9,5.
[13] Mit 0,1% 8-Hydroxychinaldin in Aceton; in Anwesenheit von Maleinsäure als Hilfskomplexbildner; mit CCl_4 extrahiert.
[14] Quantitativ gefällt nur in der Hitze; unter diesen Bedingungen ist eine anschließende Extraktion mit 2% 8-Hydroxychinaldin in Essigsäure und $CHCl_3$ als Lösungsmittel mit photometrischer Bestimmung bei 410 nm möglich.

Aus dieser Tatsache ergeben sich für das 8-Hydroxychinaldin nützliche Trennungs- und Bestimmungsmöglichkeiten, teils allein mit dem Reagens, teils in Kombination mit 8-Hydroxychinolin und anderen Reagentien. Obwohl das 8-Hydroxychinaldin seit längerer Zeit bekannt ist [*1*, *2*], wurde erst spät mit systematischen Untersuchungen über seine analytische Anwendbarkeit begonnen [*3*, *4*]. Erschöpfende bzw. vollständige Angaben über die Reaktionsmöglichkeiten sowohl hinsichtlich der Fällung als auch insbesondere hinsichtlich der Extraktion der Elemente mit diesem Reagens fehlen noch.

Das Studium des Einflusses von Maskierungsmitteln auf die Extraktion der Elemente aus tartrathaltiger Lösung bei pH 9,5 mit 8-Hydroxychinaldin/$CHCl_3$ ergab folgendes Resultat [16]: In Anwesenheit von H_2O_2 werden Ag, Al, Ca, Ce, Cr(III), Cr(VI), Mg, Mo(VI), Nb, Sb, Sn, Ta, Th, Ti, U, V(IV), V(V), W(VI) und Zr nicht, Be, Bi, Cd, Co, Cu, Fe, Hg, Mn, Ni, Pb und Zn hingegen extrahiert; in Anwesenheit von KCN werden Ag, Al, Ca, Cd, Co, Cr, Cu, Fe, Hg, Mg, Mo, Nb, Ni, Sb, Sn, Ta, Th, U, V, W, Zn und Zr nicht extrahiert, während Be, Bi, Ce, Mn, Pb und Ti extrahiert werden. In Anwesenheit von KCN und H_2O_2 werden Ag, Al, Ca, Cd, Ce, Co, Cr, Cu, Fe, Hg, Mg, Mn, Mo, Nb, Ni, Sb, Sn, Ta, Th, Ti, U, V, W, Zn und Zr nicht extrahiert, hingegen aber Be, Bi und Pb; in Anwesenheit von KCN, H_2O_2 und Formaldehyd werden Ag, Al, Ca, Ce, Co, Cr, Fe, Hg, Mg, Mn, Mo, Nb, Ni, Sb, Sn, Ta, Th, Ti, U, V, W und Zr nicht extrahiert, während Be, Bi, Cd, Cu, Pb und Zn extrahiert werden.

Literatur

1. Wallach, O., Wüsten, M.: Ber. dtsch. chem. Ges. **16**, 2010 (1883).
2. Doebner, O., Miller, W. v.: Ber. dtsch. chem. Ges. **17**, 1705 (1884).
3. Merritt, L. L., Walker, J. K.: Ind. Eng. Chem., Anal. Ed. **16**, 387 (1944).
4. Phillips, J. P., Emery, J. F., Price, H. P.: Analyt. Chem. **24**, 1033 (1952).
5. Motojima, K.: Bull. chem. Soc. Japan **29**, 455 (1956).
6. Motojima, K., Hashitani, H.: Bull. chem. Soc. Japan **29**, 458 (1956).
7. Motojima, K.: Bull. chem. Soc. Japan **29**, 71 (1956); ref. Z. anal. Chem. **156**, 134 (1957).
8. Hynek, R. J., Wrangell, L. J.: Analyt. Chem. **28**, 1520 (1956).
9. Phillips, J. P., Merritt, L. L.: J. Am. chem. Soc. **71**, 3984 (1949).
10. Blair, A. J., Pantony, D. A.: Analyt. chim. Acta **14**, 545 (1956).
11. Borrel, M., Paris, R. A.: Analyt. chim. Acta **6**, 389 (1952).
12. Phillips, J. P., Price, H. P.: J. Am. chem. Soc. **73**, 4414 (1951).
13. Irving, H. M., Butler, E. J., Ring, M. F.: J. chem. Soc. **1949**, 1489.
14. Hollingshead, R. G. W.: Analyt. chim. Acta **12**, 401 (1955); Chem. and Ind. **1954**, 1260.
15. Borrel, M., Pâris, R. A.: Analyt. chim. Acta **5**, 573 (1951).
16. Hynek, R. J.: ASTM Spec. Tech. Publ. No. 238, 36 (1958).
17. Misumi, S., Nagano, N.: Analyt. Chem. **34**, 1723 (1962).
18. Tandon, J. P., Mehrotra, R. C.: Z. anal. Chem. **176**, 87 (1960).

1.13. Cupferron

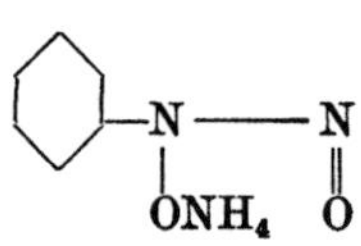

Seit seiner Einführung als Fällungsreagens [1] hat sich das Cupferron (Ammoniumsalz des Phenylnitrosohydroxylamins) besonders für Trennungen gut bewährt. Da die in Wasser schwer löslichen Metallcupferonate in organischen Lösungsmitteln leicht löslich sind, findet das Reagens auch für Extraktionen häufig Anwendung. Eine Übersicht über Fällung und Extraktion der Elemente mit Cupferron geben die Tab. 99 und 100. Die Reaktion der Elemente in An- und Abwesenheit von Maskierungsmitteln sowie die Extrahierbarkeit der Komplexe mit MIBK [2] zeigt Tab. 101.

Unter Verwendung von Sn(II) oder Sn(IV) als Spurenfänger läßt sich Nb(V) durch Fällung mit Cupferron bei pH 4,5–5,5 in Anwesenheit von Tartrat und ÄDTA quantitativ von Ta(V) abtrennen, wenn die beiden Elemente bis zu einem Mengenverhältnis von 1:30 bzw. 30:1 in der Lösung vorhanden sind [3]. Auf diesem Wege kann Nb(V) von fast allen Elementen mit Ausnahme von U, Be, Ti und Phosphat abgetrennt werden.

In Anwesenheit des 100fachen Überschusses von Fe (bezogen auf Nb) und anderen 3wertigen Elementen ist eine doppelte Fällung erforderlich.

Tabelle 99. **Extraktion der Elemente mit Cupferron und organischen Lösungsmitteln**

Li	Be											B	C	N	O	F	
Na	Mg											Al	Si	P	S	Cl	
K	Ca	Sc	Ti	V	Cr	Mn	Fe	Co	Ni	Cu	Zn	Ga	Ge	As	Se	Br	
Rb	Sr	Y	Zr	Nb	Mo	Tc	Ru	Rh	Pd	Ag	Cd	In	Sn	Sb	Te	I	
Cs	Ba	La	Hf	Ta	W	Re	Os	Ir	Pt	Au	Hg	Tl	Pb	Bi	Po	At	
Fr	Ra	Ac															
			Ce	Pr	Nd	Pm	Sm	Eu	Gd	Tb	Dy	Ho	Er	Tm	Yb	Lu	
			Th	Pa	U	Np	Pu	Am	Cm	Bk	Cf	Es	Fm	Md	No		

═══ = gut extrahierbar
─── = mäßig extrahierbar

Tabelle 100. Fällung und Extraktion der Elemente mit Cupferron und organischen Lösungsmitteln

Element	Fällung		Extraktion		
	pH-Bereich	Literatur	pH-Bereich	Lösungsmittel	Literatur
Ag	neutral[3]	[4, 38]	neutral[1,3]	$CHCl_3$	[8]
Al	neutral bis	[4, 38]	3,5—9[1] (1,5—> 10)	$CHCl_3$	[8]
	schwach sauer		4 —5 (1—8)	$CHCl_3$	[6]
			5,5—5,7[8]	MIBK	[2]
	2 —5; 5,5—5,7[8]	[5; 2, 38]			
As(III)	—	[4]			
As(V)	—	[4]			
Be	5,5—5,7[8]	[2]	3,8—8,7[1]	$CHCl_3$	[8]
			5,5—5,7[8]	MIBK	[2]
Bi	sauer (HCl, H_2SO_4)[9]	[4, 9]	2 —12[1] (~0,2—> 12)	$CHCl_3$	[8]
			sauer	Toluol, Methyläthylketon	[10]
	schwach sauer	[38]			
	H_2SO_4 (1 + 9)	[38]			
	HCl (1 + 9)	[38]			
Cd	neutral	[4]	neutral[1,3]	$CHCl_3$	[8]
Co(II)	neutral bis schwach essigsauer	[4, 38]	5 —12[1] (~2—> 12)	$CHCl_3$	[8]
Cr(III)	neutral bis schwach sauer[3]	[4, 38]	+	Äthylacetat	[12]
Cu(II)	schwach sauer[9]	[13, 38]	2 —10[1] (0—> 12)	$CHCl_3$	[8]
	H_2SO_4 (1 + 9)[3]	[38]			
Fe(III)	HCl (1 + 4)	[13]	0 —5[1]	$CHCl_3$	[8]
	H_2SO_4 (1 + 4)	[15]	1,2n HCl	$CHCl_3$, Äthylacetat	[5, 16]
	H_2SO_4 (1 + 9)	[38]	H_2SO_4 (1 + 9)	$CHCl_3$, Diäthyläther, Äthylacetat	[17]
	5,5—5,7[8]	[2, 38]	5,5—5,7[8]	MIBK	[2]

Tabelle 100 (Fortsetzung)

Element	Fällung		Extraktion		
	pH-Bereich	Literatur	pH-Bereich	Lösungsmittel	Literatur
Ga	0,3m H_2SO_4	*[18]*	1,5—>12[1]	$CHCl_3$	*[8]*
	H_2SO_4 (1 + 12)[9]	*[19]*			
Hf	1,2n HCl	*[20, 38]*	[10]	$CHCl_3$	*[7]*
	H_2SO_4 (1 + 9)	*[20, 38]*	5,5—5,7[8]	MIBK	*[2]*
	5,5—5,7[8]	*[2, 38]*			
Hg (II)	neutral[3]	*[4, 38]*	2 —5[1] (~0,5—10)	$CHCl_3$	*[8]*
	schwach sauer	*[10]*	schwach sauer	Benzol; $CHCl_3$	*[10; 21]*
In (III)	schwach sauer	*[10, 38]*	3 —8[1] (~1—>10)	$CHCl_3$	*[8]*
	H_2SO_4 (1 + 9)[3]	*[38)*	sauer	$CHCl_3$, Benzol	*[10]*
Mn (II)	neutral[3]	*[4, 38]*	4,5—9[1,3]	$CHCl_3$	*[8]*
			5,5—9[4] (<3—>9)	Benzol/Isoamylalkohol (1:1)	*[11]*
Mo (VI)	6n H_2SO_4	*[40]*	6n H_2SO_4	Isoamylalkohol	*[40]*
	(<1n—>7n)		0 —2[1] (0—6,5)	$CHCl_3$	*[8]*
	HCl (1 + 9)	*[38]*	HCl (2 + 9)	Äthylacetat	*[17]*
	H_2SO_4 (1 + 9)	*[38]*	H_2SO_4 (2 + 9)[3]	$CHCl_3$	*[22]*
Nb (V)	H_2SO_4 (1 + 9)[2]	*[23, 38]*	0 —9[1]	$CHCl_3$	*[8]*
	HCl (1 + 4)	*[22]*	5,5—5,7[8]	MIBK	*[2]*
	4,5—5,5[7]	*[3, 38]*			
	5,5—5,7[8]	*[2, 38]*			
Ni	neutral[3]	*[4, 38]*	9 —12[1,3]	$CHCl_3$	*[8]*
Pa	schwach sauer	*[38]*	0,1—4n mineralsauer	Amylacetat, $CHCl_3$, Diäthyläther, MIBK, Nitromethan	*[36, 37]*
Pb	neutral bis schwach essigsauer[3]	*[4, 10, 38]*	3 —9[1] (~1—>10)	$CHCl_3$	*[8]*
Pd (II)	1,2n HCl	*[20, 38]*	0 —12[1]	$CHCl_3$	*[8]*
	H_2SO_4 (1 + 9)	*[20, 38]*			
Po	1,2n HCl	*[20, 38]*			
	H_2SO_4 (1 + 9)	*[20, 38]*			
Sb (III)	schwach sauer[9]	*[4, 38]*	0 —11[1]	$CHCl_3$	*[8]*
	1,2n HCl	*[20]*	H_2SO_4 (1 + 9)	$CHCl_3$	*[22]*
	H_2SO_4 (1 + 9)	*[20]*			
Sc	schwach sauer	*[38]*	3—>12[1,3] (0,5—>12)	$CHCl_3$	*[8]*
Sn (II)	1,5n sauer bis schwach sauer[9]	*[24]*	[10]	Benzol; $CHCl_3$	*[10; 7]*
			5,5—5,7[8]	MIBK	*[2]*
	5,5—5,7[8]	*[2]*			
Sn (IV)	verd. mineralsauer	*[4]*	[10]	$CHCl_3$	*[10]*
	1,5n sauer[9]	*[24, 38]*	1,2n HCl	Äthylacetat	*[17]*
	schwach sauer[5]	*[25, 38]*	5,5—5,7[8]	MIBK	*[2]*
	5,5—5,7[8]	*[2, 38]*			
Ta (V)	HCl (1 + 4)	*[26]*	5,5—5,7[8]	MIBK	*[2]*
	stark H_2SO_4-sauer[2]	*[23]*			
	H_2SO_4 (1 + 9)	*[38]*			
	5,5—5,7[8]	*[2, 38]*			
Th	schwach essigsauer	*[15, 38]*	1,2n HCl	Äthylacetat; Diäthyläther	*[17]* *[29]*
	H_2SO_4 (1 + 9)[3]	*[38]*	2,5—9[1] (1—~10,6)	$CHCl_3$	*[39]*
Ti	sauer	*[15, 30]*	[10]	$CHCl_3$	*[7, 22]*
			1,2n HCl	$CHCl_3$	*[5]*
				Äthylacetat	*[17]*
Ti (IV)			0 —5[1] (0—10)	$CHCl_3$	*[8]*
			5,5—5,7[8]	MIBK	*[2]*
Tl (I)	schwach sauer	*[38]*			

Tabelle 100 (Fortsetzung)

Element	Fällung pH-Bereich	Fällung Literatur	Extraktion pH-Bereich	Extraktion Lösungsmittel	Extraktion Literatur
Tl(III)	schwach essigsauer	[20]	1n HCl	o-Dichlorbenzol	[31]
			2,5—7,5[8]	$CHCl_3$	[8]
U(IV)	sauer	[32]	H_2SO_4 (1 + 19)[6]	Diäthyläther	[22]
	5,5—5,7[8]	[2]	5,5—5,7[8]	MIBK	[2]
U(VI)	neutral	[33, 38]	H_2SO_4 (1 + 9)[9]	$CHCl_3$	[22]
	5,5—5,7[8]	[2, 38]	5,5—5,7[8]	MIBK	[2]
	H_2SO_4 (1 + 9)[3]	[38]			
V(IV)	HCl (1 + 99)	[34]	0,1n HCl	Äthylacetat	[14]
	H_2SO_4 (1 + 99)	[34]			
V(V)	HCl (1 + 99) bis (1 + 9)	[34, 38]	1,2n HCl	Äthylacetat	[17]
	H_2SO_4 (1 + 99)	[34]	H_2SO_4 (1 + 9)	Diäthyläther	[22]
	5,5—5,7[8]	[2]			
			2 —2,8	$CHCl_3$	[35]
			1,5—4	MIBK	[35]
			5,5—5,7[8]	MIBK	[2]
W	H_2SO_4 (1 + 19) bis (1 + 4)[3]	[15]	0 —1[1,3]	$CHCl_3$	[8]
	6n H_2SO_4	[40]	6n H_2SO_4	Isoamylalkohol	[40]
	H_2SO_4 (2 + 3)	[22]			
	H_2SO_4 (1 + 9)	[38]			
Y	schwach sauer	[38]	4,5—9[1,3] (~3—> 12)	$CHCl_3$	[8]
Zn	neutral[3,9]	[10, 38]	8,5—10,5[1,3]	$CHCl_3$	[8]
Zr	H_2SO_4 (1 + 19) bis (2 + 3)	[15, 38]	0 —3,5[1] (0—11)	$CHCl_3$	[8]
	5,5—5,7[8]	[2, 38]	5,5—5,7[8]	MIBK	[2]
S.E.:					
La(III)	schwach sauer	[38]	4 —10[1,3] (3—> 11)	$CHCl_3$	[8]
Ce(III)	schwach sauer	[38]	[10]	$CHCl_3$	[7]
	H_2SO_4 (1 + 9)	[38]	5,5—5,7[8]	MIBK	[2]
	5,5—5,7[8]	[38]			
Ce(IV)	schwach sauer	[10, 38]	sauer	$CHCl_3$; [10]	[10]
	H_2SO_4 (1 + 9)	[38]	2	Butylacetat	[27, 28]
	5,5—5,7[8]	[38]	5,5—5,7[8]	MIBK	[2]
Fr	schwach sauer	[38]	5,5—5,7[8]	MIBK	[2]
Nd	+; schwach sauer	[10; 38]	5,5—5,7[8]	MIBK	[2]
Sm	schwach sauer	[38]	5,5—5,7[8]	MIBK	[2]
Eu	schwach sauer	[38]	5,5—5,7[8]	MIBK	[2]
Gd	schwach sauer	[38]	5,5—5,7[8]	MIBK	[2]
Tb	schwach sauer	[38]	5,5—5,7[8]	MIBK	[2]
Dy	schwach sauer	[38]	5,5—5,7[8]	MIBK	[2]
Ho	schwach sauer	[38]	5,5—5,7[8]	MIBK	[2]
Er	schwach sauer	[38]	5,5—5,7[8]	MIBK	[2]
Tm	schwach sauer	[38]	5,5—5,7[8]	MIBK	[2]
Yb	schwach sauer	[38]	5,5—5,7[8]	MIBK	[2]
Lu	schwach sauer	[38]	5,5—5,7[8]	MIBK	[2]

( ) = Beginn und Ende der Extrahierbarkeit in Klammer gesetzt.

— = Keine Fällung bzw. Extraktion.

+ = Fällung bzw. Extraktion ohne nähere Angaben.

1 Mit 0,005—0,05m Cupferron.

2 Bei Zusatz von Weinsäure + Oxalsäure.

3 Fällung bzw. Extraktion unvollständig.

4 Mit 0,3m Cupferron.

Fußnoten zu Tabelle 100 (Fortsetzung)

[5] Bei Zusatz von HF + Borsäure.

[6] Im Mikrogrammbereich in Anwesenheit von gesättigtem Hg-Zn-Amalgam mittels wäßriger Cupferronlösung; im Bereich größerer Elementmengen (Makrobereich) in Anwesenheit von Hydroxylaminhydrochlorid mittels wäßriger Cupferronlösung.

[7] In Anwesenheit von Tartrat und ÄDTA.

[8] In Anwesenheit von Citrat und ÄDTA.

[9] Bei Cupferron-Überschuß.

[10] Cupferronat-Komplex in organischen Lösungsmitteln löslich, ohne nähere Angaben.

[11] Extraktion in Gegenwart von H_3PO_4 sowohl bei An- als auch bei Abwesenheit von Fe unvollständig.

Tabelle 101. **Reaktion der Elemente mit Cupferron in Abwesenheit von Maskierungsmitteln, sowie die Fällung und Extraktion mit MIBK in Anwesenheit von ÄDTA und Citrat [2]**

Li	Be											B	C	N	O	F
Na	Mg											Al	Si	P	S	Cl
K	Ca	Sc	^{3}Ti^{4}	V^{5}	Cr	Mn	Fe^{3}	Co	Ni	Cu	Zn	Ga	Ge	As	Se	Br
Rb	Sr	Y	Zr	Nb	Mo	Tc ?	Ru ?	Rh	Pd	Ag	Cd	In	^{2}Sn^{4}	Sb	Te	I
Cs	Ba	La	Hf	Ta	W	Re	Os	Ir	Pt	Au	Hg	Tl	Pb	Bi	Po	At
Fr ?	Ra ?	Ac														
			^{3}Ce^{4}	Pr	Nd	Pm ?	Sm	Eu	Gd	Tb	Dy	Ho	Er	Tm	Yb	Lu
			Th	Pa	^{4}U^{6}	Np ?	Pu ?	Am ?	Cm ?	Bk ?	Cf ?	Es ?	Fm ?	Md ?	No ?	

——— = Fällung findet unter geeigneten Bedingungen in Abwesenheit von Maskierungsmitteln statt.

——— = Bei pH 5,5—5,7 in Anwesenheit von ÄDTA und Citrat weiße Fällung bzw. farbloser Extrakt in MIBK.

– – – – = Bei pH 5,5—5,7 in Anwesenheit von ÄDTA und Citrat gelbe Fällung bzw. gelber Extrakt in MIBK; Fe(III) und V(V) geben keine Färbung im organischen Lösungsmittel.

? = nicht geprüfte Elemente.

Die Zahlen neben dem Element geben dessen Wertigkeit unter den entsprechenden Arbeitsbedingungen an.

Fluorid verhindert die Fällung von Al, Be, Ce(IV) und U(VI).

Literatur

1. Baudisch, O.: Chemiker-Ztg. **33**, 1298 (1909).
2. Cheng, K. L.: Analyt. Chem. **30**, 1941 (1958).
3. Majumdar, A. K., Ray Chowdhury, J. B.: Analyt. chim. Acta **19**, 18 (1958).
4. Pinkus, A., Martin, F.: Chim. et Ind., Sonder-Nr. 182 (Mai 1927); ref. in Lit. Nr. [22].
5. Meunier, P.: Compt. Rend. Acad. Sci. Paris **199**, 1250 (1934); ref. Z. anal. Chem. **107**, 226 (1936).
6. Rooney, R. C.: Analyst **83**, 546 (1958).
7. Gorbach, G., Pohl, F.: Mikrochem. verein. Mikrochim. Acta **38**, 258 (1951).
8. Stary, J., Smižanská, J.: Analyt. chim. Acta **29**, 545 (1963).
9. Pinkus, A., Dernies, J.: Bull. Soc. chim. Belgique **37**, 267 (1928).
10. Auger, V., Lafontaine, L., Caspar, C.: Compt. Rend. Acad. Sci. Paris, **180**, 376 (1925).
11. Fritz, J. S., Richard, M. J., Bystroff, A. S.: Analyt. Chem. **29**, 577 (1957).
12. West, T. S.: Metallurgia **54**, 47 (1956).
13. Biltz, H., Hödtke, O.: Z. anorg. allg. Chem. **66**, 426 (1910).
14. Stander, C. M.: Analyt. Chem. **32**, 1296 (1960).
15. Lundell, G. E. F., Knowles, H. B.: Ind. Eng. Chem., Ind. Ed. **12**, 344 (1920).
16. Paulais, R.: Compt. Rend. Acad. Sci. Paris **206**, 783 (1938).
17. Foster, M. D., Grimaldi, F. S., Stevens, R. E.: US geol. Survey Rept. 2 (1944); ref. in Lit Nr. [22].

18. SCHWARZ V. BERGKAMPF, E.: Z. anal. Chem. **90**, 333 (1932).
19. SCHERRER, J. A.: J. Res. nat. Bur. Standards **15** II, 585 (1935).
20. PRODINGER, W.: Organische Fällungsmittel in der quantitativen Analyse. Stuttgart: Enke-Verl. 1954.
21. MORRISON, G. H.: Analyt. Chem. **22**, 1388 (1950).
22. FURMAN, N. H., MASON, W. B., PEKOLA, J. S.: Analyt. Chem. **21**, 1325 (1949).
23. PIED, H.: Compt. Rend. Acad. Sci. Paris **179**, 897 (1924).
24. PINKUS, A., CLAESSENS, J.: Bull. Soc. chim. Belgique **31**, 413 (1927).
25. FURMAN, N. H.: Ind. Eng. Chem., Ind. Ed. **15**, 1071 (1923).
26. CUNNINGHAM, T. R.: Ind. Eng. Chem., Anal. Ed. **10**, 233 (1938).
27. HAGIWARA, Z.: Technol. Rep. Tohoku Imp. Univ. Sendai, Japan **18**, 16 (1953); ref. in: MORRISON, G. H., FREISER, H., Solvent extraction in analytical chemistry. New York: J. Wiley & Sons 1957.
28. HAGIWARA, Z.: Technol. Rep. Tohoku Imp. Univ. Sendai, Japan **19**, 73 (1954); ref. in: MORRISON, G. H., FREISER, H. usw., s. Lit. Nr. [27].
29. WEST, T. S.: Metallurgia **53**, 234 (1956).
30. BELLUCCI, I., GRASSI, L.: Atti Accad. naz. Lincei **22**, 30 (1913).
31. MILLER, C. C., CHALMERS, R. A.: Analyst **78**, 686 (1953).
32. AUGER, V.: Compt. Rend. Acad. Sci. Paris **170**, 995 (1920).
33. MARTINI, A.: Mikrochemie **6**, 152 (1928).
34. TURNER, W. A.: Amer. J. Sci. **42** (IV), 109 (1916).
35. BOCK, R., GORBACH, S.: Mikrochim. Acta (Wien) **1958**, 593.
36. MADDOCK, A. G., MILES, G. L.: J. chem. Soc. **1949**, Suppl. 248.
37. MADDOCK, A. G., MILES, G. L.: J. chem. Soc. **1949**, Suppl. 253.
38. CHENG, K. L.: Chemist-Analyst **50**, 126 (1961).
39. DYRSSEN, D.: Svensk kem. Tidskr. **64**, 213 (1952).
40. ALLEN, S. H., HAMILTON, M. B.: Analyt. chim. Acta **7**, 483 (1952).

1.14. 1-(2-Pyridylazo)-2-naphthol

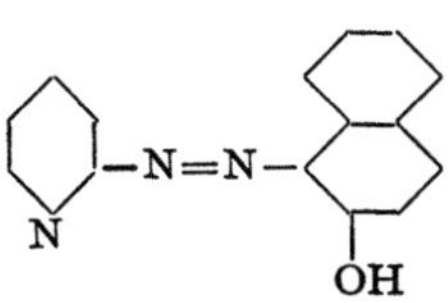

1-(2-Pyridylazo)-2-naphthol (PAN) bildet mit einer größeren Zahl von Elementen gefärbte Komplexe, die häufig mit $CHCl_3$, vereinzelt auch mit anderen Lösungsmitteln extrahierbar sind [*1*–*4*] (s. Tab. 102 und 103). Der Fe(II)-Komplex ist nicht extrahierbar. ÄDTA maskiert alle mit PAN reagierenden Elemente mit Ausnahme von Ag und

Tabelle 102. Fällung und Extraktion der Elemente mit PAN und organischen Lösungsmitteln

Li	Be											B	C	N	O	F
Na	Mg											Al	Si	P	S	Cl
K	Ca	Sc	Ti	V	Cr	Mn	Fe	Co	Ni	Cu	Zn	Ga	Ge	As	Se	Br
Rb	Sr	Y	Zr	Nb	Mo	Tc	Ru	Rh	Pd	Ag	Cd	In	Sn	Sb	Te	I
Cs	Ba	La	Hf	Ta	W	Re	Os	Ir	Pt	Au	Hg	Tl	Pb	Bi	Po	At
Fr	Ra	Ac														
			Ce	Pr	Nd	Pm	Sm	Eu	Gd	Tb	Dy	Ho	Er	Tm	Yb	Lu
			Th	Pa	U	Np	Pu	Am	Cm	Bk	Cf	Es	Fm	Md	No	

Tabelle 103. Fällung und Extraktion der Elemente mit PAN und organischen Lösungsmitteln

Element	Fällung		Extraktion		
	pH-Bereich	Literatur	pH-Bereich	Lösungsmittel	Literatur
Cd			7 —10	$CHCl_3$	[8]
Co	2 —10²	[9]	5 —10	$CHCl_3$	[3]
Co(III)			3 —6	$CHCl_3$	[10]
Cu	9 —>11	[9]	3 —10	$CHCl_3$	[3]
Fe(III)	3,5—>10	[9]	3 —6	$CHCl_3$	[3]
Ga			3,6—5; 5—6⁵	$CHCl_3$; Diisopropyläther	[11; 12]
Hg(II)			6 —7,5	$CHCl_3$	[11]
In			5 —6⁵; 5,3—6,7	Isoamylalkohol; $CHCl_3$	[12; 13]
Ir(IV)			4,6—>5,9⁴	$CHCl_3$	[14]
Mn	9 —>11	[9]	9 —>10 (5—>11)	$CHCl_3$	[4]
Ni	5 —>10	[9]	~ 5,5—10	$CHCl_3$, C_6H_6	[11]
Pb	10 —11¹	[9]	?	CCl_4	[1]
Pd(II)			3 —4	$CHCl_3$	[11]
Rh(III)			4,1—>5,6⁴	$CHCl_3$	[14]
Ti	~ 6¹	[9]			
U(VI)			10 (5,5—>11)	o-Dichlorbenzol	[2]
V	~ 4,5	[9]	3,5—4,5	$CHCl_3$	[15]
Y			9 —10³	Diäthyläther	[11]
Zn	6	[9]	6 —10	$CHCl_3$	[8]
Zr			~ 1n HNO_3	$CHCl_3$	[16]

( ) = Beginn und Ende der Fällung bzw. Extraktion in Klammer gesetzt; die pH-Angaben ohne Klammer stellen die optimalen Arbeitsbedingungen dar.

¹ Fällung bzw. Extraktion unvollständig.

² In Abwesenheit von Acetat vollständig.

³ Nur bei ausreichendem Reagensüberschuß quantitativ.

⁴ Komplexbildung erfolgt nur bei Erhitzen.

⁵ In Anwesenheit von 24% N,N-Dimethylformamid.

U(VI). Beim Schütteln der $CHCl_3$-Extrakte mit ÄDTA-Lösung sind die Panate aller Elemente außer Cu, Ga und In beständig [3]. CN^- maskiert alle Elemente mit Ausnahme von Bi und Pb. Bei gleichzeitiger Anwesenheit von ÄDTA und KCN reagiert nur U(VI) mit PAN [2]. F^- verhindert eine Reaktion von PAN mit Bi, Fe(III), Hg(II), Pb, Pt und Th. Citrat maskiert Bi, Fe(III), Pb, Pt und Th. Weitere Hinweise über die Anwendung des PAN findet man in den einzelnen Elementabschnitten.

Neben PAN fanden noch 4-(2-Pyridylazo)-1-naphthol [5] sowie PAN-Halogenderivate [6, 7] analytische Anwendung.

Literatur

1. Cheng, K. L., Bray, R. H.: Analyt. Chem. **27**, 782 (1955).
2. Cheng, K. L.: Analyt. Chem. **30**, 1027 (1958).
3. Berger, W., Elvers, H.: Z. anal. Chem. **171**, 185 (1959).
4. Püschel, R.: Z. anal. Chem. **221**, 132 (1966).
5. Betteridge, D., Todd, P. K., Fernando, Qu., Freiser, H.: Analyt. Chem. **35**, 729 (1963).
6. Shibata, S., Goto, K., Kamata, E.: Analyt. chim. Acta **45**, 279 (1969).
7. Shibata, S., Furukawa, M., Kamata, E., Goto, K.: Analyt. chim. Acta **50**, 439 (1970).
8. Berger, W., Elvers, H.: Z. anal. Chem. **171**, 255 (1959).
9. Püschel, R., Lassner, E., Martin, W. Martin, D.: Mikrochim. Acta (Wien) **1969**, 145.
10. Goldstein, G., Manning, D. L., Menis, O.: Analyt. Chem. **31**, 192 (1959).

11. Shibata, S.: Analyt. chim. Acta 25, 348 (1961).
12. Cheng, K. L., Goydish, B. L.: Analyt. chim. Acta 34, 154 (1966).
13. Shibata, S.: Analyt. chim. Acta 23, 434 (1960).
14. Stokely, J. R., Jacobs, W. D.: Analyt. Chem. 35, 149 (1963).
15. Staten, F. W., Huffman, E. W. D.: Analyt. Chem. 31, 2003 (1959).
16. Rolf, R. F.: Analyt. Chem. 33, 125 (1961).

1.15. N-Benzoyl-N-phenylhydroxylamin

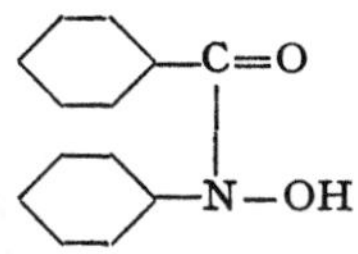

N-Benzoyl-N-phenylhydroxylamin (BPH) gibt mit einer Reihe von Elementen stabile, in organischen Lösungsmitteln lösliche Komplexe (s. Tab. 104, 104a), die vorwiegend zur Trennung einzelner Elemente, aber auch zur photometrischen Bestimmung von V [1–6] (s. S. 1288), Ti [7–9] (s. S. 1213), Nb [10, 11], Zr [11] und Ce(IV) [12]. Die Fällung erfolgt in der Regel mit 2–2,5fach stöchiometrischem BPH-Überschuß; ein 2,5–3facher Überschuß ist vor allem bei Ga, Hg, Nb, Ta, Ti, W und Zr erforderlich. Die Extraktion wird meist durch Schütteln mit BPH/$CHCl_3$-Lösung, weniger häufig mit BPH/Benzol oder BPH/Isoamylalkohol durchgeführt. Vereinzelt setzt man das BPH der Probelösung als alkoholische Lösung zu und extrahiert anschließend mit $CHCl_3$. Weitere Einzelheiten über die analytische Anwendung des BPH und seiner Derivate findet man in einer Monographie [61].

Tabelle 104. Fällung und Extraktion der Elemente mit BPH

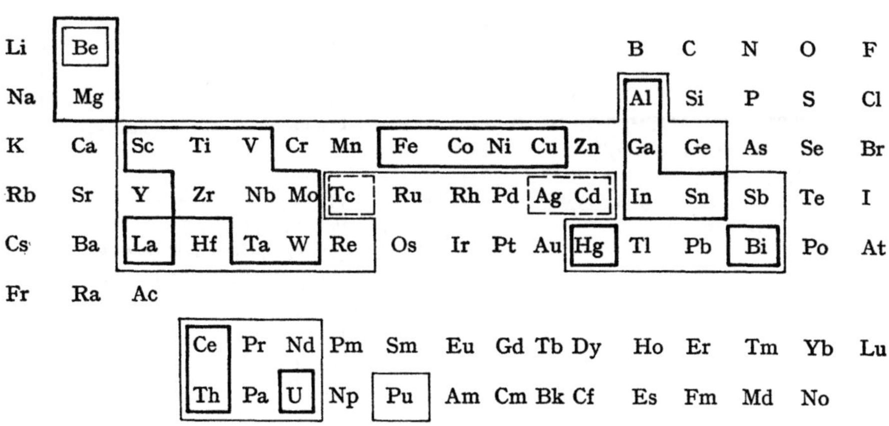

—— = Fällung
—— = Extraktion
– – – – = teilweise bzw. unvollständige Extraktion

Tabelle 104a. Fällung und Extraktion der Elemente mit BPH

Element	Fällung		Extraktion	
	pH-Bereich	Literatur	pH-Bereich	Literatur
Ag			1[1,2,3c,4h,13]	*[42—44]*
Al	3,6—6,4, 4[1,42,44], 5,1[32] 3,0—8,0	*[13—15]*	3,6[1], 6[1,2,3c,4c,13] 1 n—11 n HCl[4n]	*[42—44]* *[45]*
B			1 n—11 n HCl[4n]	*[45]*
Ba			1 n—11 n HCl[4n]	*[45]*
Be	5,5—6,5[1], 5[19]—8	*[14]*	6,5[1], 1 n—11 n HCl[4n]	*[42, 45]*
Bi	6,0[8,45]—6,8[1,6,7], 6,0—6,4[9]	*[16]*	4[1]; 2—13[2,3c,4c,13] 0,1 n HCl[2a,3c,4c], 1 n—11 n HCl[4n]	*[42, 43; 44]* *[46, 45]*
Ca			1 n—11 n HCl[4n]	*[45]*
Cd			10[1]—11[2,3c,4d,13]; 1 n—11 n HCl[4n]	*[42, 44; 45]*
Co	5,5[19]—6,5[1]	*[17]*	10[1]—11[2,3c,4c,13]; 1 n—11 n HCl[4n]	*[42, 44; 45]*
Cr (III)			3[1], 3—4[2,3c,4l,13] 1 n—11 n HCl[4n]	*[42—44]* *[45]*
Cr (VI)			1 n HCl[2a,3e,4], 11 n HCl[4k]	*[45]*
Cu	3,6—6,0, 4[1,44], 3,8[10]	*[13]*	3,6[1], 4—11[2,3c,4c,13]	*[42, 44]*
Fe (II)			5[1]	*[42]*
Fe (III)	3,0—5,5, 4[1,44], 3,5[10,42], 4,5[32], 4[6,39],—0,6—10,0	*[13—15, 18]*	0—1[1], 2—3[2,3c,4c,13] 0,5 n H_2SO_4, 1 n HCl[2a,3e,4m]	*[42, 44]* *[47, 45]*
Ga	1,6—3,5 (1—3,5), 2,5[10]—3,0[1,31], 2—2,3[12,42]	*[19, 20]*	3,1[1]—3,8[2b,3d-3e,4c,5i] 1 n—11 n HCl[4n]	*[42, 48]* *[45]*
Ge	≧ 2 n $HClO_4$[15]	*[21]*	≧ 3 n HCl[2,3a,14] ≧ 2 n $HClO_4$, ≧ 12 n H_2SO_4	*[21]*
Hf			1 n—2 n HCl[2a,3e,4c], 5 n HCl[2a,3e,4], ≳ 10 n HCl[2a,3e,4c]	*[45, 49]*
Hg (II)	3,0[16]—6,0, 3,5—4[1,17]	*[22]*	8[1]—8,5[2,3c,4], 7,5—9,0[2,3c,4,13] 1 n—11 n HCl[4n]	*[42—44]* *[45]*
In	4,3—8,0 (3,9—8,0), 4,8[33]—5,3[1,6], 5,8—6,6[11] 4,5[42]	*[19, 15]* *[23*	5,3[1]—5,6[2b,3c-3e,4c,5i] 1 n—11 n HCl[4n]	*[42, 48]* *[45]*
Mg	8,0—9,0[1]	*[24]*	1 n—11 n HCl[4n]	*[45]*
Mn (II)			10[1,3c,4c,13] 1 n—11 n HCl[2a,3e,4k]	*[42—44, 45]*
Mo (VI)	0,01 n—2,5 n HCl[1], 0,2 n HCl[20] 1 n HCl[38], 1 n HNO_3[18] 1,0—1,5[6,39]	*[25]* *[22]* *[18]*	1[1]; 1 n—8 n HCl[2a,3e,4c]	*[42; 45, 49]*
Nb	3,5 n H_2SO_4[21], 1 n H_2SO_4[26] 3,5—6,5[23], 6[24]	*[26—31]*	3,5[1]; 4,5—5,0[3a,4b,24], pH 12—24 n H_2SO_4[46] 1 n HCl/0,05 m KF[2,3d,5-5b,49,50], 0,01 n HCl/0,05 m KF[2,3d,5-5b,51] 3 n HNO_3; 1 n—11 n HCl[2a,3e,4a-4c]	*[42; 50, 51]* *[52, 53]* *[54; 45, 49]*
Ni	5,5[19]—6,5	*[17]*	9[1]—11[2,3c,4b,13]; 1 n—11 n HCl[4n]	*[42, 44; 45]*
Pa			4 n—18 n H_2SO_4[2f,3,48] > 10,5 n HCl/0,025 m KF[2b,3b,5a,5e,5f,5h] 10 n—11 n HCl	*[55, 56]* *[53]* *[57]*
Pb			9[1], 7,8—8,2[2b,3c-3e,4b,5i] 7—11[2,3c,4b,13], 1 n—11 n HCl[4n]	*[42, 48]* *[44, 45]*
Pd			3[1]	*[42]*

Tabelle 104a (Fortsetzung)

Element	Fällung		Extraktion	
	pH-Bereich	Literatur	pH-Bereich	Literatur
Re(VII)			5n HCl[4k], 10n HCl[2b,3,4]	[49]
			10n H_2SO_4[4l]	
Ru			1n—11n HCl[4n]	[45]
Sb(III)			0—1[1], 0,7n—20n H_2SO_4[4]	[42, 58]
			1,0n HCl[2a,3c—3e,4a]	[45, 46, 49]
Sb(V)			9,4n $HClO_4$[2b,3e,4b]	[46]
Sc	5,4[1,27]	[32]	5,2[1], 4,5[2d,27], 1n—11n HCl[4n]	[42, 32, 45]
Sn(II)			0—1[1]	[42]
Sn(IV)	0,1n—5n HCl[1], 0,5—1,0[10]	[33, 19]	0—1[1], 10n—20n H_2SO_4[4]	[42, 58]
			0,8n HCl[2b,3c—3e,4a,5k,47]	[48]
			1n—2n HCl[2a,3e,4a]	[45, 49]
			4n $HClO_4$[2b,3c—3e,56]	[46]
Sr			1n—11n HCl[4n]	[45]
Ta	3,5n H_2SO_4[21]—pH 1,5[22],	[34]	0[1], 20n H_2SO_4[4]	[42, 51]
	1[25], 1n H_2SO_4[26]	[26, 30]	1n—2n HCl/0,4—0,05m KF[2a,3c,4b,5c,5d,50]	[49, 53]
			1n HCl[2a,4,5e], 3n HCl[4e]	[45, 49]
			6n—7n HCl[4a—4],	
			10n—11n HCl[4c]	
Tc			1n HCl[2a,3e,4l], 6,5n HCl[4d],	[45]
			11n HCl[4i]	
Th	4,0—8,5 ($>$2—8,5),	[15, 35, 36]	4,5[1,2b,2e,27,42]	[42, 59]
	4,0—5,0[1,19,30], 4,8		3[2e], 1n—11n HCl[4n]	[36, 45]
	7,0—8,5[29]			
Ti(IV)	0,12n[45]—0,5n[31] HCl	[13-15, 37]	0—1[1]; 1n—2n HCl[2a,3e,4d]	[42; 45, 49]
	0,02n—0,5n H_2SO_4[35,36]	[38]	8n HCl[2a,3e,4c]	
	0,2n HCl[14,34]	[19, 37]	5n—10n HCl[28], 0,5n H_2SO_4,	[32, 47]
	1,0—1,5[6,39], —0,9—10,0	[18]	12n—22n H_2SO_4	
Tl(I)			$\geqq$ 10,5[1,2b,3c—3e,4c,5i]	
			($>$8,2—$>$10,5)	[42, 48]
			9,8—11,6[2b,4a],	[60]
			1n—11n HCl[4n]	[45]
U(VI)	5,2[42]—5,6[1,37]	[23, 39]	3,5[1], 4,5[42], 1n—11n HCl[4n]	[42, 59, 45]
V(IV)			1n—11n HCl[4n]	[45]
V(V)	3,8[32], 1,0—1,5[6,39]	[15]	6,5[1], 0,5n H_2SO_4,	[42, 47]
			18n—22n H_2SO_4	
	—0,8—7,0		1n—6n HCl[2a,3e,4a—4b],	[45, 49]
			8n HCl[4], 11n HCl[4c]	
W(VI)	0,05n—1,0n HCl[38, 6+38]	[18]	3[1], 1n—2n HCl[2a,3e,4]	[42, 45]
			5n—$>$6n HCl[4a]	[49]
Y			6[1], 1n—11n HCl[4n]	[42, 45]
Zn			9[1]—11[2,3c,4c,13];	[42-44; 45]
			1n—11n HCl[4n]	
Zr	2n HCl[28], 2,4n HCl[38]	[32, 39]	0—1[1], 1n—8n HCl[28],	[42, 32]
			1n—2n H_2SO_4	
	3,6n H_2SO_4[40]	[40]	3n HNO_3, 1n—2n HCl[2a,3e,4c]	[54, 45, 49]
	0,5n—0,6n HCl[31,41]	[15, 41]	5n HCl[2a,3e,4a],	
	oder H_2SO_4		$>$8n HCl[2a,3c,4c]	
S.E.:				
La	6,4—7,2, 6,7[43]	[23]	8[1], 1n—11n HCl[4n]	[42, 45]
Ce(III)	6,5—7,5[1]	[35]	7[1], 1n—11n HCl[4n]	[42, 45]
Ce(IV)	4,8—5,2[42]	[23]	0—1[1], 1n—11n HCl[4n]	[42, 45]
Pr			6[1], 1n—11n HCl[4n]	[42, 45]
Nd			6[1], 1n—11n HCl[4n]	[42, 45]

Tabelle 104a (Fortsetzung)

Element	Fällung		Extraktion	
	pH-Bereich	Literatur	pH-Bereich	Literatur
T.U.:				
Np			1n—11n HCl^{4n}	*[45]*
Pu(IV)			3n $HNO_3^{1,2c,3,4c,5g,52,54}$	*[54]*
			1n—6n HNO_3^{53}, 1n—11n HCl^{4n}	*[45]*

( ) = Beginn und Ende der Fällung bzw. Extraktion in Klammern gesetzt.

[1] Optimale Bedingungen.

[2–2f] Extraktion mit: [2] 0,2% $BPH/CHCl_3$, [2a] 0,5—0,6% $BPH/CHCl_3$, [2b] 0,9—2% $BPH/CHCl_3$, [2c] 8,5% $BPH/CHCl_3$, [2d] 0,5% BPH/Isoamylalkohol, [2e] 3% BPH/Isoamylalkohol, [2f] 2% BPH/Benzol.

[3–3e] Extraktionsdauer: [3] 1 min, [3a] 3 min, [3b] 6 min, [3c] 9—10 min, [3d] 12 min, [3e] 15 min.

[4–4n] Extraktionsausbeute $E\%$: [4] 80—90, [4a] 91—95, [4b] 96—99, [4c] 99—100, [4d] 70—79, [4e] 60—69, [4f] 50—59, [4g] 40—49, [4h] 30—39, [4i] $\sim$25, [4k] $<$5, [4l] 6—10, [4m] 11—20, [4n] keine oder unbedeutende Extraktion.

[5–5k] Rückextraktion mit: [5] Königswasser, [5a] 7m H_2O_2 (mit Ammoniak auf pH 10—11 eingestellt), [5b] 6n Ammoniak, [5c] 2,5n Ammoniak, [5d] 2m H_2O_2 (mit Ammoniak auf pH 10—11 eingestellt), [5e] 1m Oxalsäure, [5f] 0,6n HF, [5g] 3,5m H_2SO_4, [5h] 5n HCl/0,6n HF, [5i] $\sim$0,1—1n HCl, [5k] 3n HCl/gesättigte Oxalsäure-Lösung.

[6] In Anwesenheit von 1% Tartrat.

[7] Es stören nicht: CN^-, F^-, PO_4^{3-}, Tartrat, Citrat, Oxalat, Ascorbinsäure.

[8] Abtrennung von Al oder Sn in Anwesenheit von 1% Tartrat + Oxalat.

[9] Abtrennung von Cd, Co, Cu, Hg(II), Mn, Ni, Pd oder Zn in Anwesenheit von 1% Tartrat + KCN.

[10] Abtrennung von In und Mg.

[11] Abtrennung von Cu, Ni oder Zn in Anwesenheit von 2% Tartrat + KCN.

[12] Abtrennung von Al, Cu, Ce(III), Th oder U bzw. von Al, Be, Fe(II) und Zn in Anwesenheit von Ascorbinsäure.

[13] Aus NO_3^--haltiger Lösung.

[14] Abtrennung von Ga und Ce(III).

[15] Fällung in HCl- oder H_2SO_4-Lösung unvollständig.

[16] Abtrennung von Tl(I) und Zn.

[17] Abtrennung von As, Bi, Sb und W in Anwesenheit von Tartrat, von Ag, Cd, Co, Ni und Pb in Anwesenheit von Citrat, von Sn(IV) in Anwesenheit von Oxalat, von In in Anwesenheit von F^-.

[18] Abtrennung von Hg(II).

[19] Abtrennung von Mg.

[20] Abtrennung von Co, Cu, Ni oder Cr(VI), sowie von Fe(III) und V(IV) in Anwesenheit von ÄDTA bzw. von Ti in Anwesenheit von H_2O_2 + ÄDTA.

[21] Abtrennung von Al, As(III, V), Be, Cd, Ce(III, IV), Co, Cr(III), Cu, Fe(III), Hg(II), Mg, Mn, Ni, PO_4^{3-}, Th, U(VI) und Zn; unlösliche Sulfate bildende Elemente sowie Mo, Ti, V, W und Zr stören.

[22] Die Probelösung ist gleichzeitig $\sim$0,07n HF.

[23] Abtrennung von Al, As(III, V), Ba, Be, Bi, Ca, Cd, Ce(III, IV), Co, Cr(III, VI), Cu, Fe(III), Hg(II), Mg, Mn, Ni, P, Pb, S.E., Sb(III), Sn(IV), Sr, Th, U(VI), W und Zn in Anwesenheit von 5% Weinsäure + ÄDTA; Mo, Ti, V und Zr stören und müssen abwesend sein.

[24] Abtrennung von Ta in Anwesenheit von 5% (bei Fällung) bzw. 3% (bei Extraktion) Weinsäure.

[25] Abtrennung von Nb in Anwesenheit von 5% Weinsäure.

[26] Abtrennung des Nb + Ta von Ti in Anwesenheit von $\sim$2,5% Weinsäure + 0,3% ÄDTA + 0,1% H_2O_2.

[27] Abtrennung von S.E.; Ce(IV) fällt teilweise mit aus und muß daher mit Hydroxylaminhydrochlorid zu Ce(III) reduziert werden.

[28] Abtrennung von Sc.

[29] Abtrennung von U in Anwesenheit von Ammoniumcarbonat.

[30] Abtrennung in Ammoniumacetat-haltiger Lösung: bei pH 4,8—5,0 von Ce(III) (mit Hydroxylaminhydrochlorid oder Ascorbinsäure reduziert) u. a. S.E., bei pH 4,5 von U(VI).

[31] Abtrennung von Th.
[32] Abtrennung von Th in Anwesenheit von Weinsäure.
[33] Abtrennung von Th in Anwesenheit von Thioglykolsäure.
[34] Abtrennung von Cu, Fe, V(IV) und Zr in Anwesenheit von ÄDTA.
[35] Abtrennung von Al, Ce(III), Co, Cr(III), Mn, Ni, Th, U(VI) und Zn.
[36] Abtrennung von Cu, Fe(III) und V(IV) in Anwesenheit von Mg-ÄDTA.
[37] Abtrennung von Bi, Ce(III), Pb und Th in Anwesenheit von Mg-ÄDTA.
[38] Abtrennung von U.
[39] Abtrennung von W.
[40] Abtrennung von Al, Cr, Fe, Nb, S.E., Ta, Ti und V in Anwesenheit von 5% Weinsäure + 0,15% H_2O_2.
[41] Abtrennung von Al, Bi, Cd, Cr(III), Cu, Mg, Mn, Ni, Pb, S.E., Th, U, Y und Zn.
[42] Abtrennung von La.
[43] Abtrennung von Cu, Fe(II), Ni und Zn in Anwesenheit von KCN.
[44] Abtrennung von Be, Cd, Co, Mg, Mn, Ni, Pb, U(VI) und Zn.
[45] Abtrennung von As(V), Be, La, Pb, Sb(III), Th und U(VI) in Anwesenheit von 1% Tartrat + Citrat.
[46] Aus 18—22n H_2SO_4 muß 15 min extrahiert werden ($E\% = 99{,}9$; bei 3 min ist die Extraktion unvollständig).
[47] Abtrennung von Sb(V).
[48] Hf, Nb, Ti und Zr werden nicht extrahiert, wenn sie mit HF, Oxalsäure und H_2O_2 maskiert werden.
[49] Abtrennung von Zr.
[50] Abtrennung von Pa.
[51] Abtrennung von Ta.
[52] Abtrennung von U(VI), Np(V) und Am(III).
[53] 3n HNO_3 ist vorzuziehen, da sich BPH in 4—6n HNO_3 zersetzt.
[54] Abtrennung von mitextrahiertem Nb und Zr durch Rückschüttelung des Pu(IV) mit 3,5m H_2SO_4 (3 min).
[55] Abtrennung von Alkali-, Erdalkalimetallen, Ag, Cd, In, Pd, Ru, Rh, S.E., Te(IV, VI), Th und U.
[56] Abtrennung von Bi.

Literatur

1. Shome, S.C.: Analyt. Chem. **23**, 1186 (1951).
2. Ryan, D.E.: Analyst **85**, 569 (1960).
3. Priyadarshini, U., Tandon, S.G.: Analyt. Chem. **33**, 435 (1961).
4. Patrovsky, V.: Chem. Listy **60**, 1545 (1966).
5. Pilkington, E.S., Wilson, W.: Analyt. chim. Acta **47**, 461 (1969).
6. Hofer, A., Heidinger, R.: Z. anal. Chem. **246**, 125 (1969).
7. Žarovskii, F.G., Špak, E.A., Piskunova, E.V.: Ukrain. Chim. J. **28**, 1104 (1962).
8. Schwarberg, J.E., Moshier, R.W.: Analyt. Chem. **34**, 525 (1962).
9. Afghan, B.K., Marryatt, R.G., Ryan, D.E.: Analyt. chim. Acta **41**, 131 (1968).
10. Villarreal, R., Barker, S.A.: Analyt. Chem. **41**, 611 (1969).
11. Shigematsu, T., Nishikawa, Y., Goda, S., Hirayama, H.: Bull. Inst. Chem. Res. Kyoto Univ. **43**, 347 (1965).
12. Murugaiyan, P., Das, M.S.: Analyt. chim. Acta **48**, 155 (1969).
13. Shome, S.C.: Analyst **75**, 27 (1960).
14. Das, J., Shome, S.C.: Analyt. chim. Acta **24**, 37 (1961).
15. Das, B., Shome, S.C.: Analyt. chim. Acta **33**, 462 (1965).
16. Das, B., Shome, S.C.: Analyt. chim. Acta **40**, 338 (1968).
17. Sinha, S.K., Shome, S.C.: Analyt. chim. Acta **21**, 459 (1959).
18. Kaimal, V.R.M., Shome, S.C.: Analyt. chim. Acta **31**, 268 (1964).
19. Das, H.R., Shome, S.C.: Analyt. chim. Acta **27**, 545 (1962).
20. Alimarin, I.P., Hamid, S.A.: J. anal. Chim. (USSR) **18**, 1332 (1963).
21. Alimarin, I.P., Sokolova, I.V., Smolina, E.V.: Vestnik Moscow Univ. Chim. **23**, 67 (1968).
22. Das, B., Shome, S.C.: Analyt. chim. Acta **35**, 345 (1966).
23. Das, B., Shome, S.C.: Analyt. chim. Acta **32**, 52 (1965).
24. Cardwell, T.J., Magee, R.J.: Microchem. J. **13**, 467 (1968).
25. Sinha, S.K., Shome, S.C.: Analyt. chim. Acta **24**, 33 (1961).
26. Majumdar, A.K., Mukherjee, A.K.: Z. anal. Chem. **189**, 339 (1962).

27. Majumdar, A. K., Mukherjee, A. K.: Naturwiss. **44**, 491 (1957).
28. Majumdar, A. K., Mukherjee, A. K.: Analyt. chim. Acta **19**, 23 (1958).
29. Majumdar, A. K., Mukherjee, A. K.: Analyt. chim. Acta **21**, 245 (1959).
30. Langmyhr, F. J., Hongslo, T.: Analyt. chim. Acta **22**, 301 (1960).
31. Majumdar, A. K., Pal, B. K.: Analyt. chim. Acta **24**, 497 (1961).
32. Alimarin, I. P., Yun-hsiang, C.: Talanta **8**, 317 (1961).
33. Ryan, D. E., Lutwick, G. D.: Canad. J. Chem. **31**, 9 (1953).
34. Moshier, R. W., Schwarberg, J. E.: Analyt. Chem. **29**, 947 (1957).
35. Sinha, S. K., Shome, S. C.: Analyt. chim. Acta **21**, 415 (1959).
36. Alimarin, I. P., Yun-hsiang, C.: Vestnik Moscow Univ. Chim. **15**, 53 (1960).
37. Kaimal, V. R. M., Shome, S. C.: Analyt. chim. Acta **27**, 298 (1962).
38. Kaimal, V. R. M., Shome, S. C.: Analyt. chim. Acta **29**, 286 (1963).
39. Das, J., Shome, S. C.: Analyt. chim. Acta **27**, 58 (1962).
40. Alimarin, I. P., Yun-hsiang, C.: Talanta **9**, 9 (1962).
41. Ryan, D. E.: Canad. J. Chem. **38**, 2488 (1960).
42. Shendrikar, A. D.: Talanta **16**, 51 (1969).
43. Chwastowska, J., Minczewski, J.: Chem. Anal. (Warsaw) **9**, 791 (1964).
44. Chwastowska, J.: Chem. Anal. (Warsaw) **12**, 469 (1967).
45. Vita, O. A., Levier, W. A., Litteral, E.: Analyt. chim. Acta **42**, 87 (1968).
46. Lyle, S. J., Shendrikar, A. D.: Analyt. chim. Acta **36**, 286 (1966).
47. Žarovskii, F. G.: Ukrain. Chim. J. **25**, 245 (1959).
48. Lyle, S. J., Shendrikar, A. D.: Analyt. chim. Acta **32**, 575 (1965).
49. Förster, H., Schwabe, K.: Analyt. chim. Acta **45**, 511 (1969).
50. Alimarin, I. P., Petrukhin, O. M., Yun-hsiang, C.: Dokl. Akad. Nauk SSSR **136**, 1073 (1961).
51. Alimarin, I. P., Petrukhian, O M.: Russ. J. anorg. Chem. **7**, 612 (1962).
52. Lyle, S. J., Shendrikar, A. D.: Radiochim. Acta **3**, 90 (1964).
53. Lyle, S. J., Shendrikar, A. D.: Talanta **12**, 573 (1965).
54. Chmutova, M. K., Petrukhin, O. M., Zolotov, Yu. A.: J. anal. Chim. (USSR) **18**, 588 (1963).
55. Palshin, E. S., Myasoedov, B. F., Novikov, Yu. P.: J. anal. Chim. (USSR) **18**, 657 (1963).
56. Myasoedov, B. F., Palshin, E. S., Palei, P. N.: J. anal. Chim. (USSR) **19**, 105 (1964).
57. Lyle, S. J., Shendrikar, A. D.: Talanta **13**, 140 (1966).
58. Rakovskii, E. E., Petrukhin, O. M.: J. anal. Chim. (USSR) **18**, 539 (1963).
59. Dyrssen, D.: Acta chem. Scand. **10**, 353 (1956).
60. Schweitzer, G. K., Norton, A. D.: Analyt. chim. Acta **30**, 119 (1964).

1.16. Acetylaceton

$$CH_3-\underset{\underset{O}{\|}}{C}-CH_2-\underset{\underset{O}{\|}}{C}-CH_3$$

Die 1,3-Diketone, wie z. B. das Acetylaceton, sind sehr gute Komplexbildner, die mit vielen Elementen in organischen Lösungsmitteln lösliche Komplexe bilden. Ihre gute Löslichkeit erlaubt auch die Extraktion größerer Mengen bestimmter Elemente. Die Extraktionen werden teils mit Acetylaceton [*1*, *2*] allein, teils mit Gemischen von Acetylaceton und CCl_4 (1:4) [*3*, *4*], $CHCl_3$ (1:1) [*5*], Benzol usw. durchgeführt (Tab. 105 und 106). Im ersteren Falle dient das Acetylaceton gleichzeitig als Komplexbildner und als Lösungsmittel. Dies kann mitunter von Vorteil sein, da manche Acetylacetonate in diesem Reagens leichter löslich sind als in einem Lösungsmittelgemisch. Zum anderen hat beispielsweise das Gemisch Acetylaceton/$CHCl_3$ den Vorteil, schwerer als Wasser zu sein. Be läßt sich aus der Acetylaceton/Benzol-Phase mit 5n HCl rückschütteln [*6*]. Bei gleichzeitiger Anwesenheit von Äthylendinitrilotetraessigsäure kann U(VI) ungehindert mit Acetylaceton extrahiert werden, während Cu(II) und einige andere Elemente teilweise oder vollständig maskiert werden [*13*].

Tabelle 105. **Extraktion der Elemente mit Acetylaceton**

Li	Be											B	C	N	O	F
Na	Mg											Al	Si	P	S	Cl
K	Ca	Sc	Ti	V	Cr	Mn	Fe	Co	Ni	Cu	Zn	Ga	Ge	As	Se	Br
Rb	Sr	Y	Zr	Nb	Mo	Tc	Ru	Rh	Pd	Ag	Cd	In	Sn	Sb	Te	I
Cs	Ba	La	Hf	Ta	W	Re	Os	Ir	Pt	Au	Hg	Tl	Pb	Bi	Po	At
Fr	Ra	Ac														
			Ce	Pr	Nd	Pm	Sm	Eu	Gd	Tb	Dy	Ho	Er	Tm	Yb	Lu
			Th	Pa	U	Np	Pu	Am	Cm	Bk	Cf	Es	Fm	Md	No	

Tabelle 106. Extraktion der Elemente mit Acetylaceton

Element	pH-Bereich	% extrahiert	Literatur	Element	pH-Bereich	% extrahiert	Literatur
Ag	[1]	—	*[14]*	Mn	∼4		*[12]*
Al	4 — 6	93	*[2]*		5,5 — 6,5[2]	10— 20	*[5]*
	9 —12		*[7]*		∼12		*[7]*
	0,95— 4,4	10—90	*[5]*	Mo (VI)	—0,8 (6n)-2,0[2]	96— 98	*[5]*
Ba	—	—	*[6, 8]*	Ni	0 — 6	0	*[12]*
Be	1 — 3,5	97,5	*[1]*	Pb	7 — 8	78— 83	*[13]*
	5 —10[1]		*[9, 10]*	Pd	< 1—> 8[1]	97—100	*[14]*
	4 — 5[1]	97—100	*[6, 8, 11]*	Ru (III)	≧ 4,5		
Bi	0,5 — 1	12— 13	*[13]*	Sc	3,5 — 9[1]	97—100	*[14]*
Ca	—	—	*[6, 8]*	Sn (II)	4 — 9[1]	10— 75	*[14]*
Cd	[1]	—	*[14]*	Sr	—	—	*[6, 8]*
Co (II)	0 —6,0	0	*[5]*	Th (IV)	5 —> 9[1]	97—100	*[14]*
Co (III)	—0,3 (2n)-2	95— 99,5	*[12]*	Ti (IV)	0 — 1,6[2]	10— 76	*[5]*
Cr (III)	—0,3 (2n)-2[2]	99— 99,5	*[5, 12]*	Tl (III)	∼2,3 —> 10[1]	97—100	*[14]*
Cr (III)[3]	0 — 6,0[2]	0	*[5]*	U (VI)	4 — 7	96— 98	*[13]*
Cr (III)	11,5—12[4]	∼95	*[19]*		(< 1—> 7)		
Cu	2 — 5	85— 87,3	*[1]*	V (III)	2; 2,4—3[2]	93; ∼99,9	*[12, 15]*
	0,5 — 2,7	10— 87	*[5]*	V (IV)	0 — 2,5[2]	10— 73	*[5, 12]*
Fe (II)	0 — 2,5[2]	0	*[5]*		2,3 — 4,0[2]	82	*[15]*
Fe (III)	0 (1n)	50	*[2]*	V (V)	2,15[2]	68	*[15]*
	—0,3 (2n)-1,5[2]	10— 99,9	*[2, 5]*	W (VI)	0 — 4,5	0	*[5]*
	3 — 7		*[7]*	Zn	6 — 7	60— 70	*[1, 12]*
Ga	2,5 — 6	96	*[2]*		4,0 — 6,0	10— 60	*[5]*
Hf (IV)	2 — 3			Zr (IV)	2 — 3	73	*[12]*
Hg (II)	4 —10[1]	10—25	*[14]*		0,9 — 2,3	10— 70	*[5]*
In	2,8 — 6	99	*[2]*	T. U.:			
	5,5 — 9[1]	97—100	*[14]*	Pu (IV)	2 —10[1]		*[16, 17, 18]*
	(3—> 9)						
Mg	—	—	*[6, 8]*				

[1] Extraktion mit Acetylaceton/Benzol-Gemisch.

[2] Extraktion mit Acetylaceton/$CHCl_3$-Gemisch (1:1).

[3] Als hydratisiertes Ion.

[4] Unter Zusatz von Butylamin und 1 min Erhitzen auf 70° C.

— = Keine Extraktion.

Literatur

1. STEINBACH, J. F., FREISER, H.: Analyt. Chem. **25**, 881 (1953).
2. STEINBACH, J. F., FREISER, H.: Analyt. Chem. **26**, 375 (1954).
3. ABRAHAMCZIK, E.: Mikrochem. verein. Mikrochim. Acta 33, 209 (1947).
4. ABRAHAMCZIK, E.: Angew. Chem. **61**, 96 (1949).
5. MCKAVENEY, J. P., FREISER, H.: Analyt. Chem. **29**, 290 (1957).
6. TORIBARA, T. Y., SHERMAN, R. E.: Analyt. Chem. **25**, 1594 (1953).
7. ABRAHAMCZIK, E.: Mikrochem. verein. Mikrochim. Acta 36/37, 104 (1950/51).
8. TORIBARA, T. Y., CHEN, P. S., Jr.: Analyt. Chem. **24**, 539 (1952).
9. ADAMS, J. A., BOOTH, E., STRICKLAND, J. D. H.: Analyt. chim. Acta **6**, 462 (1952).
10. BOLOMEY, R. A., BROIDO, A.: US Atomic Energy Commission Rept. ORNL-196 (Dec. 1948).
11. NEUMAN, W. F., KOSEL, G. E.: US Atomic Energy Commission Rept. UR-35 (June 1948).
12. STEINBACH, J. F.: Ph. D. thesis, University of Pittsburgh, 1953; ref. in Lit. Nr. [**5**] und in: MORRISON, G. H., FREISER, H., Solvent extraction in analytical chemistry. New York: J. Wiley & Sons 1957.
13. KRISHEN, A., FREISER, H.: Analyt. Chem. **29**, 288 (1957).
14. STARY, J., HLADKY, E.: Analyt. chim. Acta **28**, 227 (1963).
15. MCKAVENEY, J. P., FREISER, H.: Analyt. Chem. **30**, 526 (1958).
16. HARVEY, B. G., HEAL, H. G., MADDOCK, A. G., ROWLEY, E. L.: J. chem. Soc. **1947**, 1010.
17. RYDBERG, J.: Ark. Kemi **9**, 190 (1955).
18. RYDBERG, J.: Svensk kem. Tidskr. **87**, 499 (1955).
19. BEYERMANN, K.: Z. anal. Chem. **190**, 4 (1962).

1.17. Thenoyltrifluoraceton

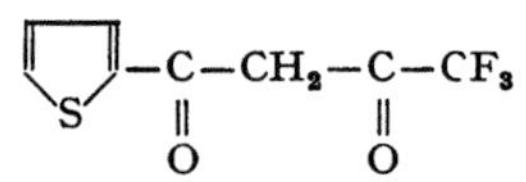

Ebenso wie das Acetylaceton bildet auch das Thenoyltrifluoraceton (TTA) mit zahlreichen Elementen Komplexe, die zur Extraktion besonders gut geeignet sind. Trotz des relativ großen Reaktionsbereiches (s. Tab. 107 und 108) findet dieses Reagens vor allem zur Extraktion und Trennung der Actiniden, des Zr, Hf, Cs^{134} und Sn^{113} Anwendung. Bei gleichzeitiger Verwendung von 0,1 m TTA + 0,01 m TBP in CCl_4 lassen sich bei pH 6,6 99% an Ca und 30% an Sr (Ausgangskonzentration beider Elemente $< 10^{-7}$) extrahieren [*127*]. Sr wird durch anschließendes Waschen des Extraktes mit p-Nitrophenol entfernt. Auch eine Reihe anderer Elemente läßt sich durch Rückschütteln weiter isolieren (z. B. Sn^{113} mit Weinsäure oder H_2SO_4; Cs^{134} mit verdünnten Säuren).

Tabelle 107. Extraktion der Elemente mit TTA

Li	Be											B	C	N	O	F
Na	Mg											Al	Si	P	S	Cl
K	Ca	Sc	Ti	V	Cr	Mn	Fe	Co	Ni	Cu	Zn	Ga	Ge	As	Se	Br
Rb	Sr	Y	Zr	Nb	Mo	Tc	Ru	Rh	Pd	Ag	Cd	In	Sn	Sb	Te	I
Cs	Ba	La	Hf	Ta	W	Re	Os	Ir	Pt	Au	Hg	Tl	Pb	Bi	Po	At
Fr	Ra	Ac														
			Ce	Pr	Nd	Pm	Sm	Eu	Gd	Tb	Dy	Ho	Er	Tm	Yb	Lu
			Th	Pa	U	Np	Pu	Am	Cm	Bk	Cf	Es	Fm	Md	No	

Tabelle 108. Extraktion der Elemente mit TTA[1]

Element	pH-Bereich	Literatur	Element	pH-Bereich	Literatur
Ac	>7	[2]	Sr	>10	[3]
Al	5,5	[3]	Th	>0,8	[2, 8, 9]
	5 —>7[6] (2—>7)	[1]		1[2]	[38]
Be	6 —7	[3]		3 —4[2,12]	[38]
Bi	>2	[2]	Tl (I)	>6,5	[2]
Ca	8,2	[3, 4]	Tl (III)	>3,5	[2]
Co (II)	5,1—6,8[7]; ~7,7[13]	[22; 31]	U (VI)	3,5—8,0	[25]
	~5 —8,5[14]	[32]	W (VI)	9n—10n HCl[11]	[36]
Co (III)	3,2—5,5[2]	[33]	Y	>6; >3	[3; 9a]
Cr (III)	5,3—6,0	[23]	Zr	2n $HClO_4$[2]	[5, 6, 10]
Cs[9]	~8,5	[29]		[2,5]	[19, 10]
Cu (II)	2,4—6,0	[24]	S.E.:		
	1,5[6]	[28]	Ce (IV)	1n H_2SO_4[2]	[20, 39]
Fe (III)	2 —3; 4; 1,5[6]	[3; 4a; 28]	La	>4,5	[7, 9a]
Hf	2n $HClO_4$	[5, 6]	Eu	>3,4[3]	[9a, 11]
In	~3	[21]	Yb	>3,4[3]	[9a, 11]
Mn (II)	6,7—8[7]	[34]	T.U.:		
Mn (III)	0,5n—1,5n H_2SO_4[2]	[31]	Np (IV)	0,5n—1n HCl	[12, 13[2], 14[2]]
Mo (VI)	0,7n—9n HCl[11,16]	[36]		1n HCl[2]	[40]
Ni	5,3—8,0	[26]	Np (V)	~8[15]	[32]
Pa	[4]	[7]	Pu (IV)	0,5n—1n HNO_3	[12, 15—18]
Pb	>4	[2]	Am (III)	4,0—5,0[1,2,8]	[27]
Pd (II)	4,5—8,8[11]	[37]		(~2,5—>5,0)	
Po	>1,5	[2]	Cm	>3,5	[11]
Pt (IV)	5n—9n HCl[11]	[37]	Bk (IV)	~2,5;	[11; 35]
Sc (III)	2,5—>6[2]	[38]		0,5n—3,5n HNO_3	
	5 —6[2,12]	[38]	Cf	~3	[11]
Sn (IV)[10]	0,5n—5n HCl	[30]	Es	~3	[11]
	0,6n—3,6n H_2SO_4	[30]	Fm	~3	[11]

[1] 0,1—0,5m in Benzol.
[2] Oder in Xylol extrahiert.
[3] In Toluol extrahiert.
[4] Stark saure Lösung.
[5] Starke HNO_3- oder HCl-Lösung.
[6] In MIBK extrahiert; Extraktionsbereich abhängig von der anwesenden Acetatkonzentration.
[7] 0,1m TTA in Aceton; Extraktionsmittel Aceton/Benzol (1:1).
[8] 0,5m TTA in $CHCl_3$.
[9] Für Cs^{134} mit 0,5m TTA in Nitromethan oder Nitrobenzol und in Anwesenheit von ≧ 0,3m Li.
[10] Für Sn^{113} mit 0,5m TTA in MIBK.
[11] 0,15m TTA/Butanol; für Mo, Pt und W Butanol + Acetophenon (5 + 8).
[12] In Anwesenheit von Weinsäure.
[13] 0,01m TTA in Benzol.
[14] 0,01m TTA in n-Butanol oder in Methyläthylketon.
[15] 0,01m TTA in Isobutanol.
[16] 3n—9n HCl ist optimal.

Literatur

1. Eshelman, H. C., Dean, J. A.: Analyt. Chem. **31**, 183 (1959).
2. Hagemann, F.: J. Am. chem. Soc. **72**, 768 (1950).
3. Bolomey, R. A., Wish, L.: J. Am. chem. Soc. **72**, 4483 (1950).
4. Broido, A.: US Atomic Energy Commission Rept., AECD-2616.
4a. Cefola, M., Miccioli, B.: US Atomic Energy Commission Report, NYO-721 (1951); ref. in Lit. Nr. [19].

5. Huffman, E. H., Beaufait, L. J.: J. Am. chem. Soc. **71**, 3179 (1949).
6. Connick, R. E., McVey, W. H.: J. Am. chem. Soc. **71**, 3182 (1949).
7. Hyde, E. K.: Proceedings of the International Conference on the Peaceful Uses of Atomic Energy, Vol. 7, United Nations, New York 1956, p. 281; ref. in: G. H. Morrison, Freiser, H., Solvent in analytical chemistry. New York: J. Wiley & Sons 1957.
8. Day, R. A., Jr., Stoughton, R. W.: J. Am. chem. Soc. **72**, 5662 (1950).
9. Perkins, R. W., Kalkwarf, D. R.: Analyt. Chem. **28**, 1989 (1956).
9a. Bronaugh, H. J., Suttle, J. F.: US Atomic Energy Commission Report. LA-1561 (1953); ref. in Lit. Nr. [**19**].
10. Moore, F. L.: Analyt. Chem. **28**, 997 (1956).
11. Magnusson, L. B., Anderson, M. L.: J. Am. chem. Soc. **76**, 6207 (1954).
12. Magnusson, L. B., Hindman, J. C., LaChapelle, T. J.: US Atomic Energy Commission Declassified Rept., ANL-4066 (Oct. 1944).
13. Moore, F. L.: Analyt. Chem. **29**, 941 (1957).
14. Moore, F. L.: Analyt. Chem. **30**, 1368 (1958).
15. Peppard, D. F., Studier, M. H., Gergel, M. V., Mason, G. W., Sullivan, J. C., Mech, J. F.: J. Am. chem. Soc. **73**, 2529 (1951).
16. Sullivan, J. C., Hindman, J. C.: J. Am. chem. Soc. **76**, 5931 (1954).
17. Cuninghame, J. G., Miles, G. L.: J. Inorg. Nuclear Chem. **3**, 54 (1956).
18. Moore, F. L., Hudgens, J. E., Jr.: Analyt. Chem. **29**, 1767 (1957).
19. Moore, F. L.: ASTM Spec. Tech. Publ. No. **238**, 13 (1958).
20. Smith, G. W., Moore, F. L.: Analyt. Chem. **29**, 448 (1957).
21. Sunderman, D. N., Ackermann, I. B., Meinke, W. W.: Analyt. Chem. **31**, 40 (1959).
22. De, A. K., Majumdar, S. K.: Analyt. chim. Acta **27**, 153 (1962).
23. Majumdar, S. K., De, A. K.: Analyt. Chem. **32**, 1337 (1960).
24. Khopkar, S. M., De, A. K.: Z. anal. Chem. **171**, 241 (1959).
25. Khopkar, S. M., De, A. K.: Analyst **85**, 376 (1960).
26. De, A. K., Rahaman, M. S.: Analyt. chim. Acta **27**, 591 (1962).
27. Stokely, J. R., Jr., Moore, F. L.: Analyt. Chem. **39**, 994 (1967).
28. Goldstein, G., Manning, D. L., Menis, O.: Talanta **2**, 52 (1959).
29. Crowther, P., Moore, F. L.: Analyt. Chem. **35**, 2081 (1963).
30. Stokeley, J. R., Moore, F. L.: Analyt. Chem. **36**, 1203 (1964).
31. Onishi, H., Toita, Y.: Talanta **11**, 1357 (1964).
32. Alimarin, I. P., Zolotov, Y. A.: Talanta **9**, 891 (1962).
33. De, A. K., Rahaman, M. S.: Analyt. chim. Acta **34**, 233 (1966).
34. De, A. K., Rahaman, M. S.: Analyt. Chem. **35**, 159 (1963).
35. Moore, F. L.: Analyt. Chem. **38**, 1872 (1966).
36. De, A. K., Rahaman, M. S.: Analyt. Chem. **36**, 685 (1964).
37. De, A. K., Rahaman, M. S.: Analyst **89**, 795 (1964).
38. Ashbrook, A. W.: Analyst **88**, 113 (1963).
39. Onishi, H., Banks, C. V.: Analyt. Chem. **35**, 1887 (1963).
40. Schneider, R. A.: Analyt. Chem. **34**, 522 (1962).

1.18. Verschiedenes

Neben Acetylaceton und Thenoyltrifluoraceton fanden auch noch andere 1,3-Diketone für Extraktionen Anwendung, wie z. B. 2-Furoyltrifluoraceton [*1*], Benzoylaceton und Dibenzoylmethan [*2*]. Mit Salicylaldoxim und verschiedenen organischen Lösungsmitteln wurden Cd, Co, Cu, Hg, Mg, Mn, Ni, Pb, Pd und Zn extrahiert und z. T. auch photometrisch bestimmt [*3–5*]. Aliphatische Arsinsäuren [*6, 7*] und Diphenylarsinsäure [*8*] wurden als Fällungs- und Extraktionsreagentien untersucht.

Die kationischen Arsonium-, Phosphonium- und Sulfoniumkomplexe setzen sich mit anionischen Komplexen zu mehr oder weniger wasserunlöslichen Verbindungen um, die mit organischen Lösungsmitteln extrahiert werden können. Erwähnt sei hier die Extraktion von BF_4^-, MnO_4^-, ReO_4^- und Os(IV) mit Tetraphenylarsoniumchlorid (TPA)/$CHCl_3$ (s. S. 472ff.). Darüber hinaus kann man noch viele andere anionische Komplexe mit

TPA/$CHCl_3$ ausschütteln, wie Polyphenolkomplexe des Ti, Thiocyanatkomplexe von Cu und Fe, Polysäuren (Arsenate, Phosphate, Vanadate) usw. Auch mit Tetraphenylphosphoniumion (TPP) wurden Polysäuren [*9*], ReO_4^- [*10*], $Cr_2O_7^{2-}$, MnO_4^-, SCN^-, ClO_4^- und I^- [*11*] umgesetzt und mit $CHCl_3$ extrahiert, wodurch ihre Abtrennung von einer Reihe anderer Anionen möglich ist. Mit TPP/Äthylenchlorid wurde V(V) photometrisch neben Al, Co, Cu, Ti und Zn bestimmt [*12*]. Zur Extraktion und Bestimmung im Extrakt besser bewährt hat sich für Mo Benzyltriphenylphosphoniumchlorid und insbesondere o-Dichlorbenzyltriphenylphosphoniumchlorid, dessen Komplex mit Mo(V)-thiocyanat aus HCl-Lösung mit $CHCl_3$ extrahiert wird [*13*]. Die Untersuchung des Extraktionsverhaltens der zwischen Triphenyl-n-propyl- und Triphenylisopropylphosphoniumionen und verschiedenen anionischen Metallkomplexen gebildeten Verbindungen zeigte für Thiocyanate und Ketone die besten Ergebnisse [*14*]. Doch konnte auf diesem Wege auch mit anderen Solventien, in denen eine geringere Löslichkeit der zuletzt genannten Komplexe zu verzeichnen ist, über verschiedene Trennungsgänge eine Identifizierung von Au, Cd, Cu, Pd, Sb und Zn erreicht werden [*15*] (s. a. S. **459**). Analog lassen sich die Triphenylsulfoniumverbindungen von ClO_4^-, MnO_4^-, ReO_4^-, I^- und $Cr_2O_7^{2-}$ mit $CHCl_3$ gut ausschütteln [*16*].

Literatur

1. McIntyre, R. T., Berg, E. W., Campbell, D. N.: Analyt. Chem. **28**, 1316 (1956).
2. Starý, J., Hladký, E.: Analyt. chim. Acta **28**, 227 (1963).
3. Dahl, I.: Analyt. chim. Acta **41**, 9 (1968).
4. Eshelman, H. C., Dean, J. A.: Analyt. Chem. **33**, 1339 (1961).
5. Eshelman, H. C., Dyer, J., Armentor, J.: Analyt. chim. Acta **32**, 411 (1965).
6. Pietsch, R.: Mikrochim. Acta (Wien) **1962**, 37.
7. Pietsch, R., Ludwig, P.: Mikrochim. Acta (Wien) **1964**, 1082.
8. Pietsch, R.: Mikrochim. Acta (Wien) **1963**, 111.
9. Ziegler, M., Glemser, O.: Angew. Chem. **68**, 522 (1956).
10. Tribalat, S.: Analyt. chim. Acta **4**, 228 (1950).
11. Bock, R., Jainz, J.: Z. anal. Chem. **198**, 315 (1963).
12. Liteanu, C., Lukács, I., Strusievici, C.: Analyt. chim. Acta **29**, 574 (1963).
13. Neeb, R.: Z. anal. Chem. **182**, 10 (1961).
14. Senise, P., Pitombo, L. R. M.: Anais da Associação Brasileira de Quimica XX, 93 (1961).
15. Senise, P., Pitombo, L. R. M.: Analyt. chim. Acta **26**, 89 (1962).
16. Bock, R., Hummel, C.: Z. anal. Chem. **198**, 176 (1963).

2. Spurenfällung

Früher wurde bereits darauf hingewiesen (s. S. 57ff.), daß Spurenelemente mit Hilfe von Spurenfängern (Spurenträger, -sammler, Kollektor) ausgefällt werden können. Im vorhergehenden Abschnitt III.1 (s. S. 297ff.) sind die Bedingungen für die Fällung der Elemente mit organischen Reagentien zusammengestellt, so daß man hiernach Spurenfällungen unter Zusatz eines geeigneten Spurenfänger-Elementes (10–100 mg) durchführen kann. Der nachfolgende Überblick beschränkt sich deshalb auf die wichtigsten anorganischen Spurenfällungen. Weitere Hinweise auf die Anwendung der Spurenfällung findet man im Abschnitt 5.3 (s. S. 57ff.) und bei den Arbeitsvorschriften (s. S. 357 ff, 1397 ff).

2.1. Spurenfällung mit Schwermetallsulfiden

Tab. 109 zeigt die mit einigen Schwermetallsulfiden hauptsächlich mitgefällten Spurenelemente. Die Spurenfällung erfolgt im allgemeinen in HCl- oder H_2SO_4-saurer Lösung (mit HgS in 4– ≦ 6n HCl, mit CuS in 2– ≦ 4n HCl oder H_2SO_4, mit PbS in 0,1– ≦ 0,3n HCl, mit CdS in 0,4– ≦ 1n HCl oder H_2SO_4), wobei man unter Berücksichtigung der zu fällenden Elemente bei Bedarf eine niedrigere Säurekonzentration wählt [günstige Fällungsbedingungen für einige Elemente als Sulfide: As(V) 8–10n HCl, As(III) 5– ≦ 6n HCl, Ge 3–6n H_2SO_4, Sb(III) 2,5– ≦ 3n HCl, Bi ≦ 2n HCl, Ag 1n HNO_3, Mo 0,1–1n H_2SO_4, Zn pH 2,5 (H_2SO_4), Sn pH 3–5, Co, Ni pH 4,5–5,5, Fe(II) pH 6,5, Mn pH 7–9]. So erfolgt beispielsweise die quantitative Mitfällung von Zr, Nb und U nur aus <1n Lösungen [*1*]. Neben der Säurekonzentration beeinflussen auch Maskierungsmittel [*2*] die Mitfällbarkeit einzelner Elemente. Weitere Einzelheiten sind in den einschlägigen Elementabschnitten erwähnt (z. B. s. S. 1406). Neben den hier behandelten Spurenfängern fanden seltener auch noch andere Anwendung: mit Re_2S_7 wurden Ru und Ir quantitativ und Rh unvollständig in 0,2n HCl-Lösung [*3*] ausgefällt, mit Bi_2S_3 erfolgte in ~ 0,6n HCl-Lösung die Ausfällung von Ru [*4*].

Tabelle 109. Spurenfällung mit Schwermetallsulfiden

Li	Be											B	C	N	O	F
Na	Mg											Al	Si	P	S	Cl
K	Ca	Sc	Ti	V	Cr	Mn	Fe	Co	Ni	Cu	Zn	Ga	Ge	As	Se	Br
Rb	Sr	Y	Zr	Nb	Mo	Tc	Ru	Rh	Pd	Ag	Cd	In	Sn	Sb	Te	I
Cs	Ba	La	Hf	Ta	W	Re	Os	Ir	Pt	Au	Hg	Tl	Pb	Bi	Po	At
Fr	Ra	Ac														
			Ce	Pr	Nd	Pm	Sm	Eu	Gd	Tb	Dy	Ho	Er	Tm	Yb	Lu
			Th	Pa	U	Np	Pu	Am	Cm	Bk	Cf	Es	Fm	Md	No	

Spurenfänger:

HgS ——— ; CuS – – – – ; PbS ━━━ ; CdS - - - - - -

Die Durchführung der Spurenfällung erfolgt in der Regel nach dem Einstellen der Säurekonzentration und dem Hinzufügen des Spurenfänger-Elementes (ca. 50–100 mg) entsprechend den aus der „makro"-analytischen Chemie bekannten Richtlinien.

2.2. Spurenfällung mit Metallhydroxiden

Tab. 110 zeigt die bei Hydroxidfällungen mit $Al(OH)_3$ und $Fe(OH)_3$ mitgefällten Spurenelemente. Im allgemeinen wird aus schwach ammoniakalischen Lösungen gefällt, indem den mit Ammoniak neutralisierten Probelösungen ein gewisser Ammoniaküberschuß zugegeben wird. Die Mitfällungen erfolgten vorwiegend im μg- und mg-, seltener im ng-Bereich. Durch Zusatz von Maskierungsmitteln [*2*] und Beachtung der Elementwertigkeit läßt sich die Spurenfällung selektiver gestalten, worauf in den Elementabschnitten gegebenenfalls hingewiesen ist. Bei Verwendung von NaOH zur Fällung werden verschiedentlich andere Mitfällungen als mit Ammoniak beobachtet. Mit $Fe(OH)_3$ als Spurenfänger und NaOH wird Ti quantitativ mitgefällt, während Mo und W in der natronalkalischen Lösung verbleiben [*5*]. Bei As erfolgte nur mit Ammoniak, aber nicht mit NaOH eine quantitative Mitfällung an $Fe(OH)_3$ [*6*]. Während im pH-Bereich 3–6,5 mit Ammoniak und 40–60 mg Fe(III) als Spurenfänger $\leqq$ 5μg Se(IV) [Se(VI) fällt nicht] quantitativ ausgefällt wurde [*7*], ist von anderer Seite [*8*] dafür der Bereich pH 4–9 sowohl mit KOH (bei 90° C) als auch mit Ammoniak (bei 20° C) als geeignet angegeben. Nur Tc(IV), nicht aber Tc(VI, VII), wird mit $Fe(OH)_3$ als Träger und Ammoniak mitgefällt; da Re unter diesen Bedingungen in Lösung bleibt, ist auf diesem Wege beispielsweise eine Trennung der beiden Elemente möglich [*9*]. Obwohl Ce(IV) mit $Fe(OH)_3$ mitfällt, wurde an Seewasserproben festgestellt, daß dies quantitativ nur bei gleichzeitig hohem Phosphatgehalt erfolgt, im Gegensatz zu $Ti(OH)_4$ als Spurenfänger, das deshalb bei diesen Proben für die Mitfällung von Ce(IV) als geeigneter angesehen wurde [*10*].

Arbeitsvorschriften für die Mitfällung an $Al(OH)_3$ findet man auf S. 860, an $Fe(OH)_3$ auf S. 435, 514, 801.

Tabelle 110. Spurenfällung mit Metallhydroxiden

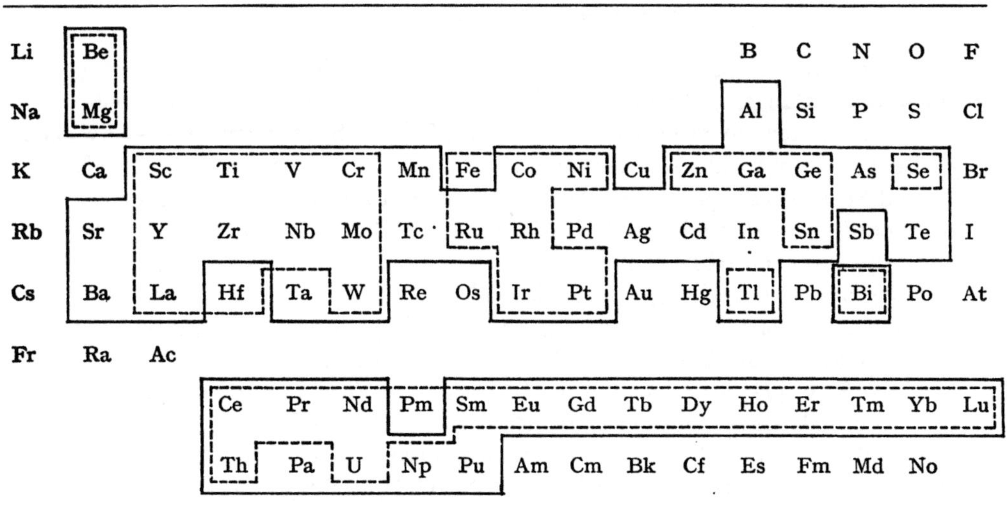

Spurenfänger: $Fe(OH)_3$ ——— ; $Al(OH_3)$ – – – –

2.3. Spurenfällung mit $MnO_2 \cdot H_2O$

Mit Mn(IV)oxidhydrat als Spurenfänger (Braunsteinfällung) lassen sich eine Reihe von Spurenelementen mitfällen (s. Tab. 111). Soweit Einzeluntersuchungen vorliegen, beziehen sie sich auf Elementmengen im mg- und μg-Bereich, vereinzelt auch auf ng-Mengen. Im allgemeinen wird aus 0,1– >1n saurer (häufig HNO_3-, mitunter auch H_2SO_4- oder vereinzelt $HClO_4$-saurer) Lösung gefällt, doch erscheint auch ein größerer Säurekonzentrationsbereich, insbesondere mit verdünnteren Lösungen, für eine quantitative Mitfällung geeignet [*11*]. So liegen beispielsweise für Bi, Fe, Pb, Sb und Sn auch Ergebnisse aus 0,008n HNO_3-Lösung vor. Nach anderen Arbeiten soll sich Bi nur aus < 0,1n HNO_3-Lösung [*12*], Pb aus 0,008n HNO_3-Lösung [*13*] quantitativ mitfällen lassen. Se(IV) wurde bei pH 5–7,5 mitgefällt [*8*]. Arbeitsvorschriften für die Braunsteinfällung findet man auf S. 535, 1022ff., 1137ff., 1224.

Tabelle 111. Spurenfällung mit $MnO_2 \cdot H_2O$

Li	Be											B	C	N	O	F
Na	Mg											Al	Si	P	S	Cl
K	Ca	Sc	Ti	V	Cr	Mn	Fe	Co	Ni	Cu	Zn	Ga	Ge	As	Se	Br
Rb	Sr	Y	Zr	Nb	Mo	Tc	Ru	Rh	Pd	Ag	Cd	In	Sn	Sb	Te	I
Cs	Ba	La	Hf	Ta	W	Re	Os	Ir	Pt	Au	Hg	Tl	Pb	Bi	Po	At
Fr	Ra	Ac														
			Ce	Pr	Nd	Pm	Sm	Eu	Gd	Tb	Dy	Ho	Er	Tm	Yb	Lu
			Th	Pa	U	Np	Pu	Am	Cm	Bk	Cf	Es	Fm	Md	No	

.... = teilweise Mitfällung.

2.4. Spurenfällung mit As, Se und Te

Die Elemente As, Se und Te wirken bei ihrer Ausfällung durch Reduktion zum Metall als Spurenfänger und haben den Vorteil, daß sie nach der Fällung, teilweise durch Verflüchtigung, leicht zu entfernen sind. Über mitfällbare Spurenelemente –vorwiegend im μg-Bereich – gibt Tab. 112 Aufschluß. Im allgemeinen wird aus 2–3n HCl-Lösung an Te und Se mitgefällt (s. S. 465, 1033, 1064ff., 1168ff.). Für Pb an Te wurde aus HCl-Lösung bei pH 1,6–2,0 und mit Hydrazinhydrat als Reduktionsmittel mitgefällt (s. S. 945); für Po wurde 1n HCl-Lösung und $SnCl_2$ als Reduktionsmittel angegeben [*14*]. Bei Anwendung einer Druckfällung auf dem siedenden Wasserbad wurden aus 5n HCl-Lösung mit 100 mg Te mg-Mengen von Au, Ag, Pd, Pt und Se weitgehend quantitativ mitgerissen, während die Mitfällung für Hg, Ir, Os, Pb, Rh und Ru unvollständig verlief [*15*]. Von anderer Seite [*4*] wurde aus ~4n HCl-Lösung bei 80°C mit 100 μg Te als Spurenfänger und H_2PO_2 als Reduktionsmittel gefällt, wobei bis zu 50 μg Au, Hg, Pd, Pt und Se quantitativ, Ag und Rh aber unvollständig mitgefällt wurden. Für die Mitfällung von Se oder Te an As aus ~6n HCl-Lösung s. S. 1063. μg-Mengen Se (IV) wurden an ≧ 2 mg Te auch aus H_2SO_4-Lösung bei pH 0,5–1 und mit NaH_2PO_2 als Reduktionsmittel mitgefällt [*8*].

Tabelle 112. Spurenfällung mit As, Se und Te

Li	Be											B	C	N	O	F
Na	Mg											Al	Si	P	S	Cl
K	Ca	Sc	Ti	V	Cr	Mn	Fe	Co	Ni	Cu	Zn	Ga	Ge	As	Se	Br
Rb	Sr	Y	Zr	Nb	Mo	Tc	Ru	Rh	Pd	Ag	Cd	In	Sn	Sb	Te	I
Cs	Ba	La	Hf	Ta	W	Re	Os	Ir	Pt	Au	Hg	Tl	Pb	Bi	Po	At
Fr	Ra	Ac														
			Ce	Pr	Nd	Pm	Sm	Eu	Gd	Tb	Dy	Ho	Er	Tm	Yb	Lu
			Th	Pa	U	Np	Pu	Am	Cm	Bk	Cf	Es	Fm	Md	No	

Spurenfänger:
As ——— ; Se – – – – ; Te ·········

2.5. Spurenfällung mit Metallfluoriden

In Tab. 113 sind die mit einigen Metallfluoriden hauptsächlich mitgefällten Spurenelemente zusammengestellt. Im allgemeinen erfolgt die Fällung von μg-Mengen der Spurenelemente in 0,5–2n HNO_3- oder $HClO_4$-Lösung mit 10–100 mg La [*16–18*], Th [*19*], Ca [*20*] oder Y als Spurenfängerelement unter Zusatz von HF (40%) und teilweise auch festem NH_4F (die Lösung enthält dann etwa 0,5–4n F^-); diese Lösung wird eine Std gekocht oder für mehrere Std stehen gelassen.

Tabelle 113. Spurenfällung mit Metallfluoriden

Li	Be											B	C	N	O	F
Na	Mg											Al	Si	P	S	Cl
K	Ca	Sc	Ti	V	Cr	Mn	Fe	Co	Ni	Cu	Zn	Ga	Ge	As	Se	Br
Rb	Sr	Y	Zr	Nb	Mo	Tc	Ru	Rh	Pd	Ag	Cd	In	Sn	Sb	Te	I
Cs	Ba	La	Hf	Ta	W	Re	Os	Ir	Pt	Au	Hg	Tl	Pb	Bi	Po	At
Fr	Ra	Ac														
			Ce	Pr	Nd	Pm	Sm	Eu	Gd	Tb	Dy	Ho	Er	Tm	Yb	Lu
			Th	Pa	U	Np	Pu	Am	Cm	Bk	Cf	Es	Fm	Md	No	

Spurenfänger:
ThF_4 ——— ; LaF_3 – – – – ; YF_3 ········· ; CaF_2 ———

2.6. Spurenfällung mit AgCl, AgBr, AgI, $AgIO_3$, AgSCN und AgCN

Die mit den einzelnen Spurenfängern fällbaren Elemente sind in Tab. 114 zusammengestellt.

Tabelle 114. Spurenfällung mit Ag-Niederschlägen [*21*]

Element	% ausgefällt														
	Spurenfänger AgCl			AgBr			AgI			$AgIO_3$		AgSCN		AgCN	
	ml Fällungslösung[1] 10	10,5	15	10	10,5	15	10	10,5	15	10,5	15	1	10	1	10
Au (III)	84	24	12	99	60	45									
Bi	20	48	96	35	98	>99	6	88	23	>99	>99	< 1	11		
Cd	8	13	64	6	8	25	5	12	3	60	84	< 1	7	< 10	< 10
Ce (III)	< 5	< 5	< 5	< 5	< 5	< 5	< 5	< 5	< 5	52	91	< 5	< 5	< 5	< 5
Ce (IV)	< 5	< 5	< 5	< 5	< 5	< 5	< 5	< 5	< 5	63	96	< 5	< 5	< 5	< 5
Co	< 5	< 5	< 5	< 5	< 5	< 5	< 5	< 5	< 5	< 5	< 5	1	5	1	10
Cr (III)	< 5	< 5	< 5	< 10	< 10	< 10	< 10	< 10	< 10	72	95	< 10	< 10		
Cu	< 5	< 5	< 5	< 5	< 5	< 5	< 1	35	>99	14	29	< 1	10	2	21
Fe (III)	< 5	< 5	< 5	< 5	< 5	< 5	< 5	< 5	< 5	96	97	< 1	15	< 10	< 10
Ga	< 5	< 5	< 5	< 5	< 5	< 5	< 5	< 5	< 5	32	79	< 5	< 5	< 10	< 10
Hg (II)	96	95	91	96	81	19	>99	91	17	98	96	8	>99		
In	< 5	< 5	< 5	< 5	< 5	< 5	< 5	< 5	< 5	81	>99	< 1	12		
La	< 5	< 5	< 5	< 5	< 5	< 5	< 5	< 5	< 5	53	95	< 5	< 5	< 5	< 5
Mn (II)	< 5	< 5	< 5	< 5	< 5	< 5	< 5	< 5	< 5	< 5	< 5	< 5	< 5	< 5	< 5
Ni	< 5	< 5	< 5	< 5	< 5	< 5	< 5	< 5	< 5	< 5	< 5	< 1	11	< 5	< 5
Pb	< 1	27	87	51	23	>99	5	48	96	94	>99	< 1	3	< 5	< 5
Pd	97	96	79	42	99	89	15	98	47	98	>99	>99	>99	>99	>99
Rh	< 5	< 5	< 5	< 5	< 5	< 5	< 10	< 10	< 10			< 10	< 10	< 5	< 5
Sn (IV)	< 5	< 5	< 5	< 10	< 10	< 10	< 10	< 10	< 10	>98	>98	< 10	< 10	< 10	< 10
Th (IV)	< 5	< 5	< 5	< 5	< 5	< 5	< 1	7	12	87	91	< 1	< 1	< 5	< 5
Tl (I)	2	55	84	4	85	62	1	>99	>99	15	46	2	51	< 5	< 5
Tl (III)	78	96	98	21	88	54	1	>99	>99	89	94	2	51		
U (VI)	< 5	< 5	< 5	< 5	< 5	< 5	< 5	< 5	< 5	50	80	< 5	< 5	< 5	< 5
Zn	< 5	< 5	< 5	< 5	< 5	< 5	< 5	< 5	< 5	< 5	< 5	< 5	< 5	< 5	< 5

[1] Nach der Arbeitsvorschrift (s. S. 362) zur Probelösung + 10,0 ml 0,1 m $AgNO_3$-Lösung hinzugefügt.

Arbeitsvorschrift [*21*]

Zu ~ 40 ml der ~ 0,35n HNO_3-sauren Probelösung fügt man bei Raumtemperatur unter Rühren 10,0 ml 0,1 m $AgNO_3$-Lösung (~ 100 mg Ag) und 1,0–15,0 ml 0,1 m Fällungslösung (NaCl, NaBr, NaI, $NaIO_3$, NaSCN oder NaCN) (das Volumen der Fällungslösung richtet sich nach der beabsichtigten Spurenfällung gemäß Tab. 114; nach dem Zusatz der Reagentien und gegebenenfalls Wasser sollen ~ 60 ml 0,25n HNO_3-saure Probelösung vorliegen). Man rührt nun 3 min, läßt absitzen und zentrifugiert oder filtert dann den Niederschlag ab. Die Volumina von $AgNO_3$-Lösung und Fällungslösung müssen genau abgemessen werden, da je nach dem $AgNO_3$/Fällungsreagens-Verhältnis ein unterschiedlicher Spurenfällungseffekt erzielbar ist.

Literatur

1. Götte, H., Pätze, D.: Angew. Chem. **69**, 608 (1957).
2. Cheng, K. L.: Analyt. Chem. **33**, 783 (1961).
3. Beyermann, K.: Z. anal. Chem. **200**, 183 (1964).
4. Luke, C. L.: Analyt. chim. Acta **41**, 237 (1968).
5. Hibbitts, J. O., Kallmann, S., Giustetti, W., Oberthin, H. K.: Talanta **11**, 1464 (1964).
6. Ploum, H.: Arch. Eisenhüttenwes. **27**, 761 (1956).
7. Chau, Y. K., Riley, J. P.: Analyt. chim. Acta **33**, 36 (1965).
8. Bock, R., Jacob, D. (unter Mitarbeit von M. Fariwar und K. Frankenfeld): Z. anal. Chem. **200**, 81 (1964).
9. Jasim, F., Magee, R. J., Wilson, C. L.: Talanta **4**, 17 (1960).
10. Hamson, B. L.: Analyst **89**, 651 (1964).
11. Burke, K. E.: Analyt. Chem. **42**, 1536 (1970).
12. Ogden, D., Reynolds, G. F.: Analyst **89**, 538 (1964).
13. Reynolds, G. F., Tyler, F. S.: Analyst **89**, 579 (1964).
14. Rushing, D. E.: Analyt. Chem. **38**, 900 (1966).
15. Bode, H., Hettwer, E.: Z. anal. Chem. **173**, 285 (1960).
16. Perkins, R. W., Kalkwarf, D. R.: Analyt. Chem. **28**, 1989 (1956).
17. Moore, F. L.: Analyt. Chem. 30, 1368 (1958).
18. Gräbner, H. J.: Z. anal. Chem. **201**, 401 (1964).
19. Bornong, B. J., Moriarty, J. L.: Analyt. Chem. **34**, 871 (1962).
20. Onishi, H., Banks, C. V.: Talanta **10**, 399 (1963).
21. Jackwerth, E., Graffmann, G.: Z. anal. Chem. **251**, 81 (1970).

3. Ionenaustauschchromatographie

In den Tab. 117–122 sind die Verteilungskoeffizienten D der Elemente für einige wichtige Ionenaustauschsysteme zusammengestellt. Für deren praktische Anwendung seien noch einige Erläuterungen gebracht. Der Verteilungskoeffizient D wird in der Regel experimentell nach der batch-Technik ermittelt, indem man definierte Mengen von Element-Lösungen und Austauscherharz in einem Erlenmeyerkolben unter Schütteln 24 Std miteinander reagieren läßt, anschließend die vom Austauscherharz sorbierte Elementmenge analytisch bestimmt und den Wert von D nach der Definition von Gl. (1)

$$D = \frac{\frac{M_I}{G_I}}{\frac{M_L}{V_L}} = \frac{[M_I]}{[M_L]} \tag{1}$$

D = Verteilungskoeffizient
M_I = Vom Ionenaustauscherharz sorbierte Elementmenge, in Gramm oder Mol oder Äquivalentgewicht
G_I = Verwendete Menge Ionenaustauscherharz, in Gramm (getrocknet gewogen)
M_L = Nach dem Ionenaustausch in der Lösung verbliebene Elementmenge, in Gramm oder Mol oder Äquivalentgewicht
V_L = Gesamtvolumen der Lösung, in Milliliter
$[M_I]$ = M_I pro Gramm trockener Ionenaustauscher
$[M_L]$ = M_L pro Milliliter Lösung

ermittelt. Demgegenüber wendet man die Ionenaustauscher meist in Säulenform an (s. S. 231). Auch wird die Größe von D vom Verhältnis q (Gl. (2))

$$q = \frac{M_{\text{ges}}}{Q_{\text{ges}}} \tag{2}$$

M_{ges} = Gesamtionenmenge im Austauschsystem, Äquivalente
Q_{ges} = Gesamtkapazität des Ionentauschers, Äquivalente

bei einzelnen Elementen mehr oder weniger stark beeinflußt, indem D mit abnehmendem q zunimmt (s. Tab. 115), wobei die Änderung von D vor allem bei hohen D-Werten zum Teil erheblich sein kann. Trotz dieser Einschränkungen sind die Relationen zwischen den D-Werten der einzelnen Elemente gültig und stellen eine brauchbare Grundlage für die Durchführung von Trennungen dar.

Für das Ausmaß der Trennung von zwei Elementen A und B ist noch der Trennfaktor nach Gl. (3) definiert

$$\alpha = \frac{D_A}{D_B}, \tag{3}$$

α = Trennfaktor,
D_A, D_B = Verteilungskoeffizienten von zwei Elementen A und B.

Bei der Planung eines Trennsystems muß das Verhalten der einzelnen Elemente in jeder Elutionsstufe berücksichtigt werden, um den Zeitpunkt des Säulenaustrittes abschätzen zu können. Beispielsweise kann ein in der ersten Elutionsstufe nicht eluiertes Element auf der Säule weiterwandern und in der nächsten Elutionsstufe früher als erwartet austreten. Für Elutionssysteme mit $q < 0{,}02$ läßt sich die benötigte Menge Elutionslösung bis zum Auftreten des Peak-Maximums eines Elementes nach Gl. (4) be-

Tabelle 115. Der Einfluß von q auf D

Element	Probelösung	D			
		$q = 0,4$	$q = 0,1$	$q = 0,01$	$q = 0,001$
Cd (II)	0,5n HCl	6,5	6,5	6,6	6,6
Al (III)	2,0n HCl	12,5	13,4	13,6	13,9
Cu (II)	1,0n HCl	17,5	18,9	19,1	19,3
Co (II)	1,0n HCl	21,3	23,5	23,8	24
Zn (II)	1,0n $HClO_4$	28,8	33,8	35	36
Be (II)	0,5n HCl	42,1	51	54	56
Al (III)	1,0n HCl	61	87		
Zn (II)	0,5n HCl	64	82	88	91
Cu (II)	0,5n HCl	65	84		
Zn (II)	0,5n $HClO_4$	87	135	143	147
Th (IV)	2,0n HCl	239	922		
Zr (IV)	2,0n HCl	425	435		
Th (IV)	1,0n HCl	2049	17420		
Zr (IV)	1,0n HCl	7250	7300		

rechnen.

$$\bar{v} = D\,G, \tag{4}$$

$\bar{v}$ = Volumen Elutionslösung, in ml,
D = Verteilungskoeffizient,
G = Menge trockenes Austauscherharz in der Säule, in g.

Bei $q > \sim 0,02$ treten mit steigendem q-Wert einige Änderungen an den Elutions-Peaks auf: die Peaks werden flacher und breiter, die Lage des Peak-Maximums verschiebt sich nach links (es tritt im Eluat früher auf, s. Abb. 62), die Peaks werden einsei-

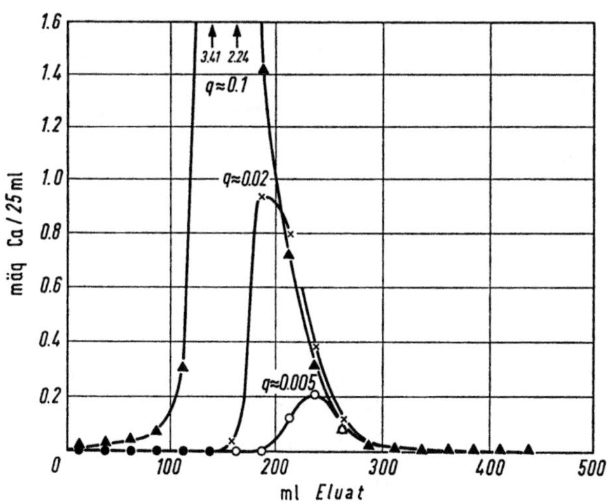

Abb. 62. Der Einfluß von q auf die Elutionskurven von Ca [1]

tig asymmetrisch. Aus diesem Grunde soll man Austauschersäulen nicht überlasten und bei $q \sim 0{,}1$, keinesfalls aber bei $q > 0{,}4$ arbeiten. Auf Grund experimenteller Ergebnisse können Richtwerte für die Elution von Kationen abgeleitet werden (für eine Säule mit 10 g trockenem Austauscherharz, Harzbettlänge 22 cm, 11,5 mm i. ⌀, Durchflußgeschwindigkeit 2,5 ± 0,5 ml/min) [1]: Kationen mit $D \leqq 12$ werden mit 250–300 ml vollständig eluiert (größere Eluatmengen sind bei asymmetrischen Peaks erforderlich), bei $D \approx 20$ sind hierzu 300–400 ml erforderlich (wenn D von q relativ wenig beeinflußt wird), bei $D = 50-60$ und $q \approx 0{,}1$ erscheinen die ersten Elementspuren bei ~ 300 ml Eluat (bei kleinerem q tritt das Element später im Eluat auf, d. h. bei größerem Eluatvolumen). Durch eine tabellarische Anordnung der entsprechenden Verteilungskoeffizienten (s. Tab. 116) und Berücksichtigung der oben angeführten Gesichtspunkte lassen sich befriedigende Voraussagen über die Elutionssequenz der einzelnen Elemente machen. Im Zweifelsfall muß die Elutionssequenz der einzelnen Elemente experimentell ermittelt werden.

Für die Anwendung von Ionenaustauschern zur Trennung von Elementen ist die Frage von Interesse, unter welchen Bedingungen eine Trennung von zwei Elementen möglich ist. Würde man die batch-Technik (s. S. 364) anwenden, so lassen sich nach Gl. (3) zwei Elemente A und B mit $\alpha \geqq 100$ trennen. Mit den üblichen Ionenaustauschersäulen dagegen sind Trennungen schon bei kleineren Differenzen von D_A und D_B durchführbar. Nach den oben angeführten Richtwerten und dem nachfolgenden Beispiel werden Elemente mit etwa $D \leqq 15$ eluiert und zwei Elemente bei etwa $D_A - D_B \geqq 25$ getrennt. Doch sollte man für die Elution nach Möglichkeit die Bedingungen mit $D \approx 1$ wählen, da mit sinkendem D auch Elutionsvolumen und -zeit abnehmen, und für Trennungen möglichst große Unterschiede der Verteilungskoeffizienten anstreben.

Die praktische Anwendung der in den Tab. 117–122 zusammengestellten D-Werte sei an einem Beispiel gezeigt. Nach einer tabellarischen Anordnung der zu trennenden Elemente entsprechend ihren D-Werten (s. Tab. 116) führt man die Trennung wie folgt durch:

Tabelle 116. Verteilungskoeffizienten D zur Trennung von V(V), U(VI), Sc und Y

	D			
Kation	0,5n H_2SO_4	1n H_2SO_4	2n H_2SO_4	4n HCl
V(V)	6,7			
U(VI)	29,2	9,6		
Sc	141	34,9	8,5	
Y	1380	253	49,9	8,6

Trennung von V(V), U(VI), Sc und Y (s. Abb. 63). ~ 25 ml 0,5n H_2SO_4-saure Probelösung (versetzt mit 2 Tropfen H_2O_2 (30%)) schickt man durch die Säule (20,0 g trockenes Austauscherharz enthaltend, 20 mm ⌀, Durchflußgeschwindigkeit 3,0 ± 0,2 ml), wäscht mit wenig 0,5n $H_2SO_4(H_2O_2)$ nach und eluiert der Reihe nach: 200 ml 0,50n H_2SO_4 (+ 8 Tropfen H_2O_2) für V(V), 350 ml 1,00n H_2SO_4 für U(VI), 400 ml 2,00n H_2SO_4 für Sc und 500 ml 4,00n HCl für Y.

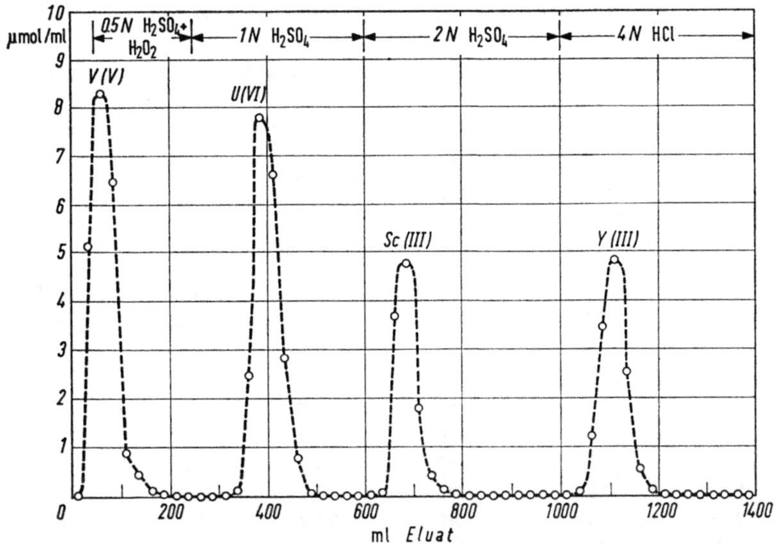

Abb. 63. Trennung von V(V), U(VI), Sc und Y [2]

Tabelle 117. Verteilungskoeffizienten *D* für den stark sauren Kationenaustauscher AG 50W-X8 (Dowex 50) aus HCl-Lösung ($q = 0{,}4$) [1]

	D						
	HCl						
Element	0,1n	0,2n	0,5n	1,0n	2,0n	3,0n	4,0n
Al	8200	1900	318	60,8	12,5	4,7	2,8
As(III)	1,4	1,6	2,2	3,8	2,2		
Au(III)	0,5	0,1	0,4	0,8	1,0	0,7	0,2
Ba	> 10000	2930	590	126,9	36	18,5	11,9
Be	255	117	42	13,3	5,2	3,3	2,4
Bi	Fällung	Fällung	< 1,0	1,0	1,0	1,0	1,0
Ca	3200	790	151	42,4	12,2	7,3	5,0
Cd	510	84	6,5	1,5	1,0	0,6	
Co	1650	460	72	21,2	6,7	4,2	3,0
Cr(III)	1130	262	73	26,7	7,9	4,8	2,7
Cu(I)	1510	420	65	17,5	4,3	2,8	1,8
Fe(II)	1820	370	66	19,8	4,1	2,7	1,8
Fe(III)	9000	3400	225	35,5	5,2	3,6	2,0
Ga	> 10000	3036	260	42,6	7,8	3,2	0,4
Hg(II)	1,6	0,9	0,5	0,3	0,3	0,2	0,2
Mg	1720	530	88	21	6,2	3,5	3,5
Mn	2230	610	84	20,2	6,0	3,9	2,5
Mo(V)	10,9	4,5	0,3	0,8	0,2	0,4	0,3
Ni	1600	450	70	21,9	7,2	4,7	3,1
Pt(IV)				1,4			
Sb(III)	Fällung	Fällung	Fällung	Fällung	2,8		
Se(IV)	1,1	0,6	0,8	0,6	1,0		0,7
Sn(IV)	~ 10000	45	6,2	1,6	1,2		
Sr	4700	1070	217	60,2	17,8	10,0	7,5
Th	> 100000	> 100000	~ 100000	2049	239	114	67
Ti(IV)	> 10000	297	39	11,9	3,7	2,4	1,7
U(VI)	5460	860	102	19,2	7,3	4,9	3,3
V(IV)		230	44	7,2			
V(V)	13,9	7,0	5,0	1,1	0,7	0,2	0,3
Y	> 100000	> 10000	1460	144,6	29,7	13,6	8,6
Zn	1850	510	64	16,0	3,7	2,4	1,6
Zr(IV)	> 100000	> 100000	~ 100000	7250	489	61	14,5
S.E.: La	> 100000	100000	2480	265,1	48	18,8	10,4
Ce(III)	> 100000	100000	2460	264,8	48	18,8	10,5

Tabelle 118. Verteilungskoeffizienten D für den stark sauren Kationenaustauscher AG 50W-X8 (Dowex 50) aus HNO_3-Lösung ($q = 0{,}4$) [2]

	D						
	HNO_3						
Element	0,1n	0,2n	0,5n	1,0n	2,0n	3,0n	4,0n
Ag(I)	156	86	36,0	18,1	7,9	5,4	4,0
Al	>10000	3900	392	79	16,5	8,0	5,4
As(III)	<0,1	<0,1	<0,1	<0,1	<0,1	<0,1	<0,1
Ba	5000	1560	271	68	13,0	6,0	3,6
Be	553	183	52	14,8	6,6	4,5	3,1
Bi	893	305	79	25,0	7,9	3,7	3,0
Ca	1450	480	113	35,3	9,7	4,3	1,8
Cd	1500	392	91	32,8	10,8	6,8	3,4
Co	1260	392	91	28,8	10,1	6,1	4,7
Cr(III)	5100	1620	418	112	27,8	19,2	10,9
Cu(II)	1080	356	84	26,8	8,6	4,8	3,1
Fe(III)	>10000	4100	362	74	14,3	6,2	3,1
Ga	>10000	4200	445	94	20,0	9,0	5,8
Hf(IV)	>10000	>10000	>10000	2400	166	61	20,8
Hg(I)	>10000	7600	640	94	33,5	19,2	13,6
Hg(II)	4700	1090	121	16,9	5,9	3,9	2,8
In	>10000	>10000	680	118	23,0	10,1	5,8
Mg	794	295	71	22,9	9,1	5,8	4,1
Mn(II)	1240	389	89	28,4	11,4	7,1	3,0
Mo(VI)	Fällung	5,2	2,9	1,6	1,0	0,8	0,6
Nb(V)	11,6	6,3	0,9	0,2	0,1	0,1	0,1
Ni(II)	1140	384	91	28,1	10,3	8,6	7,3
Pb	>10000	1420	183	35,7	8,5	5,5	4,5
Pd	97	62	23,5	9,1	3,4	2,7	2,5
Rh(III)	78	44,7	19,5	7,8	4,1	2,1	1,0
Sc	>10000	3300	500	116	23,3	11,6	7,6
Se(IV)	<0,5	<0,5	<0,5	<0,5	<0,5	<0,5	<0,5
Sr	3100	775	146	39,2	8,8	6,1	4,7
Te(IV)[1]	40,3	19,7	8,5	5,0	2,4	0,6	0,2
Th(IV)	>10000	>10000	>10000	1180	123	43,0	24,8
Ti(IV)	1410	461	71	14,6	6,5	4,5	3,4
Tl(I)	173	91	41,0	22,3	9,9	5,8	3,3
U(VI)	659	262	69	24,4	10,7	7,4	6,6
V(IV)	495	157	35,6	14,0	4,7	3,0	2,5
V(V)	20,0	10,9	4,9	2,0	1,2	0,8	0,5
Y	>10000	>10000	1020	174	35,8	13,9	10,0
Zn	1020	352	83	25,2	7,5	4,6	3,6
Zr(IV)	>10000	>10000	>10000	6500	652	112	30,7
S.E.: La	>10000	>10000	1870	267	47,3	17,1	9,1
Ce(III)	>10000	>10000	1840	246	44,2	15,4	8,2
Yb	>10000	>10000	1150	193	41,3	16,0	9,0
Er	>10000	>10000	1100	182	38,8	14,9	8,0
Sm	>10000	>10000	1000	169	29,8	10,9	7,2
Gd	>10000	>10000	1000	167	29,2	10,8	6,9

[1] Bei $q = 0{,}2$.

Tabelle 119. Verteilungskoeffizienten *D* für den stark sauren Kationenaustauscher Ag 50W-X8 (Dowex 50) aus H_2SO_4-Lösung (q = 0,4) [2]

	D						
	H_2SO_4						
Element	0,1 n	0,2 n	0,5 n	1,0 n	2,0 n	3,0 n	4,0 n
Al	>10000	8300	540	126	27,9	10,6	4,7
As(III)	<0,1	<0,1	<0,1	<0,1	<0,1	<0,1	<0,1
Be	840	305	79	27	8,2	3,9	2,6
Bi[1]	>10000	>10000	6800	235	32,3	11,3	6,4
Cd	1420	540	114	45,6	14,8	6,6	4,3
Co	1170	433	126	42,9	14,2	6,2	5,4
Cr(III)	198	176	126	55	18,7	0,9	0,2
Cu(II)	1310	505	128	41,5	13,2	5,7	3,7
Fe(II)	1600	560	139	46,0	15,3	9,8	6,6
Fe(III)	>10000	2050	255	58	13,5	4,6	1,8
Ga	>10000	3500	618	137	26,7	10,0	4,9
Hf(IV)	2690	1240	160	12,1	1,7	1,0	0,7
Hg(II)	7900	1790	321	103	34,7	16,8	12,2
In	>10000	3190	376	87	17,2	6,5	3,8
Mg	1300	484	124	41,5	13,0	5,6	3,4
Mn	1590	610	165	59	17,4	8,9	5,5
Mo(VI)	Fällung	5,3	2,8	1,2	0,5	0,3	0,2
Nb(V)	14,2	7,4	4,0	1,9	0,7	0,5	0,3
Ni	1390	590	140	46,0	16,5	6,1	2,8
Pd	109	71	32,5	13,9	6,0	3,8	2,7
Rh(III)	80	49,3	28,5	16,2	4,5	2,2	1,3
Sc	5600	1050	141	34,9	8,5	4,4	3,4
Se(IV)	<0,5	<0,5	<0,5	<0,5	<0,5	<0,5	<0,5
Te(IV)	Fällung	30,8	9,8	5,2	2,6	0,6	0,3
Th(IV)	>10000	3900	263	52	9,0	3,0	1,8
Ti(IV)	395	225	45,8	9,0	2,5	1,0	0,4
Tl(I)	452	236	97	49,7	20,6	11,6	8,7
Tl(III)	6500	1490	205	47,4	12,0	7,2	5,2
U(VI)	596	118	29,2	9,6	3,2	2,3	1,8
V(IV)	1230	490	140	46,6	11,5	2,4	0,4
V(V)	27,1	15,2	6,7	2,8	1,2	0,7	0,4
Y	>10000	>10000	1380	253	49,9	18,0	9,4
Zn	1570	550	135	43,2	12	4,9	4,0
Zr(IV)	546	474	98	4,6	1,4	1,2	1,0
S.E.: La	>10000	>10000	1860	329	68	24,3	12,1
Ce(III)	>10000	>10000	1800	318	66	23,8	11,8
Sm	>10000	>10000	1460	269	56	20,1	10,0
Yb	>10000	>10000	1330	249	48,1	17,3	8,8
Gd	>10000	>10000	1390	246	46,6	17,9	8,9
Er	>10000	>10000	1300	242	48,6	16,7	8,5

[1] Für q = 0,06.

Tabelle 120. Verteilungskoeffizienten *D* für den stark basischen Anionenaustauscher Dowex 1 aus HCl-[*4*] und HNO_3-[*3*]Lösung

	D						
	HCl			HNO_3			
Element	1n	4n	7n	0,1n	1n	5n	10n
Ag	~700	~20	~4				
Ag (I)				k. A.	k. A.	k. A.	k. A.
Al	k. A.	k. A.	k. A.	k. A.	k. A.	k. A.	k. A.
As (III)		~1	~9				
As (V)				k. A.	k. A.	k. A.	k. A.
Au (III)		>100000	~70000		~2500	~950	~ 400
B				k. A.	k. A.	k. A.	k. A.
Ba	k. A.	k. A.	k. A.	k. A.	k. A.	k. A.	k. A.
Be	k. A.	k. A.	k. A.	k. A.	k. A.	k. A.	k. A.
Bi	~20000	~600	~100	<1	~10	~40	~6
Ca	k. A.	k. A.	k. A.	k. A.	k. A.	k. A.	k. A.
Cd	~2000	~950	~150	k. A.	k. A.	k. A.	k. A.
Co			~10				
Co (II)				k. A.	k. A.	k. A.	k. A.
Cr (III)				k. A.	k. A.	k. A.	k. A.
Cr (VI)	>100000	>100000	>100000				
Cu (I)		~85	~35				
Cu (II)		~4	~10	k. A.	k. A.	k. A.	k. A.
Fe (II)			~1				
Fe (III)		~400	~ 10000	k. A.	k. A.	k. A.	k. A.
Ga		~1000	~ 100000	k. A.	k. A.	k. A.	k. A.
Ge			~20				
Hf				<1	<1	<1	<1
Hg (II)					~6	~9	~4
In	~5	~10	~9	k. A.	k. A.	k. A.	k. A.
Ir (III)	~35	~3,5		k. A.	k. A.	k. A.	k. A.
Ir (IV)			~800				
Mg	k. A.	k. A.	k. A.	k. A.	k. A.	k. A.	k. A.
Mn (II)				k. A.	k. A.	k. A.	k. A.
Mo (VI)				~40	~6		
Ni (II)	k. A.	k. A.	k. A.	k. A.	k. A.	k. A.	k. A.
Os (III)	10000	~3000	~1000				
P (V)				k. A.	k. A.	k. A.	k. A.
Pa		~4	~300				
Pa (V)					~1	~250	~550
Pb	~40	~7	~1		~1	~1	
Pd (II)	~3	~300	~85	~40	~90	~75	~15
Po (IV)	>100000	>100000	>100000				
Pt (IV)	~6000	~1000	~750				
Ra	k. A.	k. A.	k. A.				
Re (VII)	~1500	~ 250	50	~1000	~150	~9	~1
Rh (III)	~20	~3		<1	<1	<1	<1
Rh (IV)	>100000	>100000	>100000				
Ru (IV)		~450	~95	~15	~30	~7	~1
Sb (III)	~2500	~750	~250				
Sb (V)		~650	~80000	k. A.	k. A.	k. A.	k. A.
Sc	k. A.	k. A.	k. A.	k. A.	k. A.	k. A.	k. A.
Sn (II)	~800	~400	~100				
Sn (IV)	~750	~7500	~9500	<1	<1	<1	<1
Sr	k. A.	k. A.	k. A.	k. A.	k. A.	k. A.	k. A.

Tabelle 120 (Fortsetzung)

	D						
	HCl			HNO_3			
Element	1n	4n	7n	0,1n	1n	5n	10n
Tc(VII)	~3000	~700	~400	~3500	~500	~30	~6
Te(IV)	>100000	>100000	>100000	k.A.	k.A.	k.A.	k.A.
Th	k.A.	k.A.	k.A.		~2	100	~350
Ti(IV)				k.A.	k.A.	k.A.	k.A.
Tl(I)				<1	<1	<1	<1
Tl(III)		~ 70000	~80000	~7	~9	~20	~35
U(IV)			~10				
U(VI)					~2	~9	~15
V(V)				k.A.	k.A.	k.A.	k.A.
Y	k.A.	k.A.	k.A.	k.A.	k.A.	k.A.	k.A.
Zn	~500	~800	~200	k.A.	k.A.	k.A.	k.A.
Zr			~1			~4	~3
S.E.[1]: La	k.A.	k.A.	k.A.			~7	~3
Ce(III)	k.A.	k.A.	k.A.		~1	~7	~1
Ce(IV)	k.A.	k.A.	k.A.				
Pr						~4	
Nd				<1	<1	<1	<1
T.U.[1]:							
Np(IV)					~20	~1500	~3500
Np(V, VI)					~3	~9	~25
Pu(III)				k.A.	k.A.	k.A.	k.A.
Pu(IV)					~80	~5500	~7500

k.A. = Keine Adsorption.

[1] Pm, Sm, Eu, Gd, Tb, Dy, Ho, Er, Tm, Yb, Lu, sowie Am und Cm (alle als III-wertige Elemente geprüft) zeigen keine Adsorption.

Tabelle 121. Verteilungskoeffizienten *D* für den stark basischen Anionenaustauscher AG 1-X8 (Dowex 1) aus H_2SO_4-Lösung [*5*]

	D							
	H_2SO_4							
Element	0,01n	0,03n	0,1n	0,2n	0,5n	1,0n	2,0n	3,0n
As(III)	2,4	1,5	0,9	0,6	<0,5	<0,5	<0,5	<0,5
As(V)	1,3	0,8	0,6	<0,5	<0,5	<0,5	<0,5	<0,5
Bi			17,7	4,7	2,1	0,9	0,5	<0,5
Cr(III)	5,1	3,4	2,1	0,7	0,5	<0,5	<0,5	<0,5
Cr(VI)	25000	18000	12000	7800	4400	2100	800	435
Fe(III)	54	39,9	15,6	9,1	3,6	1,4	0,9	0,6
Ga	1,2	0,8	0,6	<0,5	<0,5	<0,5	<0,5	<0,5
Hf	Fällung	>1000	4700	701	57	12,0	3,2	1,9
In	7,4	5,1	2,4	0,8	<0,5	<0,5	<0,5	<0,5
Ir(III)	625	525	388	270	218	160	118	92
Ir(IV)	1010	690	450	310	220	180	160	160
Mo(VI)	60000	527	533	671	484	232	52	13,7
Mo(VI)[1]			2560	1400	451	197	74	43,3
Nb(V)[1]			120	96	3,4	<0,5	<0,5	<0,5
Rh(III)	39,0	30,0	12,8	5,4	0,9	<0,5	<0,5	<0,5

Tabelle 121 (Fortsetzung)

Element	*D* H_2SO_4 0,01 n	0,03 n	0,1 n	0,2 n	0,5 n	1,0 n	2,0 n	3,0 n
Sc	64	44,5	21,5	10,9	4,8	2,6	1,5	0,9
Se (IV)	8,1	5,3	1,1	<0,5	<0,5	<0,5	<0,5	<0,5
Ta (V)[1]			1860	1070	310	138	50	11,4
Th (IV)	116	82	34,6	21,4	8,3	3,7	2,0	1,1
Ti (IV)[1]	Fällung	Fällung	Fällung	0,5	<0,5	<0,5	<0,5	<0,5
U (VI)	1160	1130	521	248	91	26,6	9,3	4,8
V (IV)	3,4	1,7	0,9	<0,5	<0,5	<0,5	<0,5	<0,5
V (V)	1410	320	6,5	3,3	1,6	0,7	<0,5	<0,5
V (V)[1]	370	102	45,4	10,9	4,6	2,5	2,1	1,9
W (VI)[1]			528	357	337	222	127	96
Zr (IV)	Fällung	>1000	1350	704	211	47,3	11,0	5,2
S.E.: Yb	1,2	0,8	0,6	<0,5	<0,5	<0,5	<0,5	<0,5

[1] In Anwesenheit von H_2O_2.

Tabelle 122. Verteilungskoeffizienten *D* für den stark basischen Anionenaustauscher Dowex 1 X 8 aus essigsaurer Lösung[1] [*6*]

Element	D^2 CH_3COOH 2 m	6 m	10 m	12 m	14 m	16 m	17 m
Ag (I)	30000	30000	30000	30000	30000	100000	
Al (III)	<1	<1	<1	<1	<1	<1	<1
As (III)						1	30
As (V)		40	31	28	25	20	40
Au (III)			290000	280000	270000	280000	300000
Bi		65	180	2000			
Cd	4	80	2000	25000			
Co (II)					<5	150	200000
Cr (III)						<10	10
Cr (VI)		250	250	250	250	250	250
Cu (II)					<10	1200	200000
Fe (III)						12	60
Ga			12	20	100		>99000
Ge (IV)					5	18	50
Hf (IV)	>50000	>50000	>50000	>50000	>50000	>50000	<50000
Hg (II)		25000	28000	30000	32000	35000	50000
In			12	40	1500	50000	>110000
Ir (IV)		1200	1500	1600	Fällung		
Mn (II)					3	220	20000
Mo (VI)		<15000	16000	19000	21000	25000	30000
Ni (II)						<1	25
Os (IV)		250	350	200	Fällung		
Pb			1,6	35	1000	20000	>46000
Pd (II)	37000	40000	100000	110000	130000	140000	150000
Po (IV)		1500	15000	40000	100000	150000	200000
Pt (IV)	>200000	>200000	>200000	>200000	>200000	>200000	>200000

Tabelle 122 (Fortsetzung)

Element	D[2]						
	CH_3COOH						
	2m	6m	10m	12m	14m	16m	17m
Re(VII)		40000	35000	39000	50000	100000	150000
Rh(III)		150	170	190	220	320	600
Ru(III)		25	40	100	Fällung		
Sb(III)					20	2000	100000
Sb(V)		50	80	110	150	250	10000
Sc(III)							22
Se(IV)		<1	1,5	2	6	20	70
Sn(IV)		Hydrolyse	10	50	5000	45000	
Ta(V)	>400000	>400000	>400000	>400000	>400000	>400000	>400000
Tc(VII)		16000	13000	11000	10000	14000	25000
Te(IV)		95	95	95	250		
Th(IV)		65	65	65	65	140	1000
Ti(IV)	Fällung	Fällung	<10	<10			
Tl(III)		200	800	1000	1200	1600	
U(VI)	27	260	170	170	400	2000	20500
V(III)					<1	30	180
W(VI)		200000	160000	160000	170000	200000	320000
Y(III)						2	160
Zn			40	1100	32000		
Zr(IV)	>4000	3400	3100	Fällung			
S.E.:							
La(III)					16		
Eu(III)					13	1200	407000
Lu(III)					35	250	
T.U.:							
Np(VI)						15	1000

[1] Alkali- und Erdalkalimetalle werden nicht adsorbiert.
[2] Näherungswerte.

Literatur

1. Strelow, F. W. E.: Analyt. Chem. **32**, 1185 (1960).
2. Strelow, F. W. E., Rethemeyer, R., Bothma, C. J. C.: Analyt. Chem. **37**, 106 (1965).
3. Faris, J. P., Buchanan, R. F.: Analyt. Chem. **36**, 1157 (1964).
4. Kraus, K. A., Nelson, F.: Proc. Intern. Confer. Peaceful Uses Atomic Energy, Geneva 1955, **7**, 113 (1956).
5. Strelow, F. W. E., Bothma, C. J. C.: Analyt. Chem. **39**, 595 (1967).
6. Winkel, P. van den, de Corte, F., Hoste, J.: Analyt. chim. Acta **56**, 241 (1971).

IV. Die Bestimmung einzelner Elemente

Einführung

Zum Gebrauch der nachfolgenden Vorschriften für die Bestimmung der einzelnen Elemente seien noch einige Hinweise gegeben. Den einzelnen Elementabschnitten sind jeweils die Empfindlichkeit S_M und die Bestimmungsgrenze L_Q (s. S. 19ff.) der beschriebenen Bestimmungsmethoden vorangestellt. Für die photometrischen Verfahren sind S_M und L_Q in $\mu g \cdot ml^{-1} \cdot cm^{-1}$ (μg Element pro ml Meßlösung und je cm Küvettenschichtdicke) angegeben (wenn nicht besonders vermerkt, stets für 1 cm-Küvetten; der entsprechende Zahlenwert für eine andere Küvettenschichtdicke errechnet sich aus der Definition: ist z. B. für eine 1 cm-Küvette $L_Q = 0{,}5$ angegeben, so ergibt sich für eine 5 cm-Küvette $L_Q = 0{,}1$). Bei den angegebenen L_Q-Werten handelt es sich um jene Elementkonzentration, die einer Extinktion von $E = 0{,}025$ entspricht, da diese Konzentration in der Regel noch mit hinreichender Genauigkeit, d. h. meist mit einem relativen Fehler von $\leqq \pm 10\%$, bestimmt werden kann [*1–3*][1]. S_M stellt demgegenüber die $E = 0{,}001$ entsprechende Elementkonzentration dar.

Die angegebenen Konzentrationen sind als abgerundete, relative Richtwerte aufzufassen, da auch die jeweiligen Arbeitsbedingungen eine Rolle spielen. Die Konzentrationsangaben beziehen sich stets auf die Lösung, in der die endgültige Messung vorgenommen wird (bei Extraktionen also auf die organische Phase, sofern das Element daraus nicht wieder in die wäßrige Lösung rückgeschüttelt wird). In letzterem Fall ist jeweils mit dem Reagens auch das verwendete Lösungsmittel angeführt. Es wird der Einfachheit halber dabei angenommen, daß – was praktisch meist der Fall ist – das Element bei der Ausschüttelung vollständig in die organische Phase übergeht. Die bei einigen Verfahren vorkommende unvollständige Extraktion wurde also vernachlässigt, da für den Analytiker in erster Linie jene Mindestmenge eines Elementes, die in der wäßrigen Lösung vorliegen muß, von Interesse ist und nicht jene, die tatsächlich in der organischen Phase vorhanden ist, um den der Bestimmungsgrenze entsprechenden Meßwert zu ergeben. Auf diese Weise wird die Berechnung der für eine Analyse erforderlichen Element- bzw. Probemenge vereinfacht, da Extraktionskoeffizienten nicht berücksichtigt werden brauchen. Mit Hilfe der angeführten Bestimmungsgrenzen kann jene erforderliche Mindestmenge eines Elementes, die sich mit einem Verfahren gerade noch mit ausreichender Genauigkeit bestimmen läßt, berechnet werden, indem man – unter Voraussetzung der meist zutreffenden Gültigkeit des Beerschen Gesetzes – den Wert ($\mu g \cdot ml^{-1} \cdot cm^{-1}$) mit der Anzahl Milliliter des Endvolumens der Meßlösung multipliziert und durch die verwendete Küvettenschichtdicke (in cm) dividiert. Die so erhaltene Anzahl Mikrogramm multipliziert man beispielsweise noch mit dem Faktor

---

[1] Die Werte für L_Q sind aus zwei Gründen nicht nach der statistischen Definition (s. S. 20ff.) berechnet: einerseits fehlen meist hierzu die erforderlichen Zahlenangaben in der Literatur, andererseits können die unterschiedlichen Arbeitsbedingungen in den einzelnen Laboratorien zu stark unterschiedlichen, nicht vergleichbaren L_Q-Werten führen.

12–24, falls es erwünscht ist, die Bestimmung im optimalen Meßbereich ($E = 0{,}300 - 0{,}600$) mit größter Genauigkeit [*4, 5*] durchführen zu können, oder mit den Faktoren 1 und 40, um den Arbeitsbereich der Eichkurve (für $E = 0{,}025 - 1{,}000$) festzulegen. Wo ein Verfahren die Bestimmung einer der Extinktion von 0,025 entsprechenden Elementmenge nicht mehr erlaubt, ist neben dem Wert der Bestimmungsgrenze die zugehörige Extinktion in Klammer gesetzt worden.

Neben den Werten für S_M und L_Q der photometrischen Verfahren sind auch noch jene anderer Bestimmungsmethoden angegeben. Bei L_Q handelt es sich dabei um jene Elementkonzentration oder -menge, die – wenn nicht anders angegeben – mit einem relativen Fehler von etwa $\pm$ 10% bestimmbar ist, bei S_M meist um die 1% Durchlässigkeit oder Absorption (1% des Meßbereiches, z. B. bei Flammenphotometrie und AAS) entsprechende Elementkonzentration oder -menge. Hinsichtlich der praktischen Anwendung dieser Zahlenwerte gelten auch hier die vorhergehenden Ausführungen zur Photometrie.

Vor den einzelnen Arbeitsvorschriften findet man am Ende der zugehörigen allgemeinen Ausführungen jeweils den bei unmittelbarer Anwendung des Verfahrens erzielbaren Bestimmungsbereich B (Konzentrationsbereich des interessierenden Elementes in % oder ppm), den auftretenden Fehler (s, V, F_r oder F_{rm}) und den erforderlichen Zeitbedarf Z, soweit diese bekannt sind, angeführt. Jeder Arbeitsvorschrift sind die benötigten Reagentien vorangestellt. Von einigen Ausnahmen abgesehen sind bei diesen keine Reinheitsangaben oder Hinweise zu ihrer Reinigung vermerkt, da diese Frage bereits früher eingehend behandelt wurde (s. S. **87** ff.). Es sei hier nochmals ausdrücklich darauf hingewiesen, daß der Reinheit der Reagentien besondere Aufmerksamkeit zu schenken ist, daß p.a.-Qualität in jedem Fall die Mindestforderung ist und darüber hinaus das Ausmaß einer erforderlichen Nachreinigung aus dem Bestimmungsbereich eines Verfahrens beurteilt werden kann. Bei dem zur Analyse verwendeten Wasser handelt es sich stets um destilliertes oder deionisiertes Wasser gemäß den Ausführungen auf S. **88** ff. Bei flüssigen konzentrierten Reagentien ist die Konzentration jeweils in Klammer als Dichte oder Prozentgehalt angegeben. Für verdünnte Lösungen und Lösungsmittelgemische sind die zu mischenden Volumteile ebenfalls in Klammer angeführt (z. B. HCl (1 + 3) bedeutet: 1 Volumteil HCl (1,19) mit 3 Volumteilen Wasser verdünnen; z. B. Butanol/$CHCl_3$(1:3) bedeutet: 1 Volumteil Butanol mit 3 Volumteilen $CHCl_3$ mischen). Für die Herstellung von verdünnten Säuren oder Ammoniak ist dabei stets das unverdünnte Reagens als Ausgangslösung heranzuziehen, dessen Konzentration (Dichte, Prozent) entweder aus den Reagentien zur Arbeitsvorschrift ersichtlich ist oder anderenfalls dafür die üblichen Konzentrationen für konzentrierte Reagentien gelten (HCl(1,19), HNO_3(1,40), H_2SO_4(1,84) $HClO_4$(70%), H_3PO_4(1,70), HF(40%), Ammoniak(0,91)). Die Konzentration der Reagenslösungen ist meist in Prozent angegeben: z. B. Ammoniumtartrat, 10%ige wäßrige Lösung bedeutet 10 g Ammoniumtartrat in 100 ml aufgefüllter Lösung; Oxin, 0,1%ig in $CHCl_3$ bedeutet 0,1 g Oxin in 100 ml aufgefüllter $CHCl_3$-Lösung. Die in den Vorschriften angegebenen Einwaagen an Probematerial sind stets mit der üblichen Genauigkeit einer Analysenwaage durchzuführen.

Literatur

1. MEYER, S., KOCH, O. G.: Arch. Eisenhüttenw. **31**, 711 (1960).
2. MEYER, S., KOCH, O. G.: Arch. Eisenhüttenw. **32**, 67 (1961).
3. MEYER, S., KOCH, O. G.: Z. anal. Chem. **179**, 175 (1961).
4. KORTÜM, G.: Kolorimetrie, Photometrie und Spektrophotometrie, Berlin-Göttingen-Heidelberg: Springer 1962.
5. AGTERDENBOS, J.: Z. anal. Chem. **154**, 401 (1957).

Ag — Silber

Tabelle 123. Empfindlichkeit S_M und Bestimmungsgrenze L_Q der Verfahren

Verfahren	$\mu g\ Ag \cdot ml^{-1} \cdot cm^{-1}$	
	S_M	L_Q
Dithizon (Mischfarbe)/CCl_4	0,004—0,008 (620 nm)	0,1—0,2 (620 nm)
Merkupral/Benzol-Äthanol	~ 0,012 (445—450 nm)	~ 0,3 (445—450 nm)
Di-n-Butylammoniumsalicylat/MIBK-Pyrogallolrot	~ 0,012 (390 nm)	~ 0,3 (390 nm)
Phenanthrolin-Brompyrogallolrot	~ 0,002 (635 nm)	~ 0,05 (635 nm)
Phenanthrolin-Brompyrogallolrot/Nitrobenzol	0,004 (590 nm)	~ 0,09 (590 nm)
Phenanthrolin-2,4,5,7-Tetrabromfluorescein	~ 0,006 (550 nm)	~ 0,15 (550 nm)
Phenanthrolin-2,4,5,7-Tetrabromfluorescein/Nitrobenzol	~ 0,004 (550 nm)	~ 0,1 (550 nm)

A. Trennungen

Ag kann aus 6n mineralsaurer Lösung durch Extraktion mit Dz/CCl_4 von einer größeren Zahl von Elementen, aber nicht von Au, Hg, Pd und nur zu geringerem Teil von Cu abgetrennt werden. Einzelheiten hierüber sind auf S. **378**ff. wiedergegeben. Ag(I) kann auch mit den Triamiden der Trihexylthiophosphorsäure bzw. Hexabutylthiophosphorsäure aus 0,1–6n HNO_3-Lösung in $CHCl_3$ extrahiert werden [*1*]. Von **33** geprüften Elementen werden nur Cu und Hg quantitativ, Au und Pd teilweise mitextrahiert (s. a. S. **283**). Ag läßt sich aus neutraler oder schwach saurer (pH ~ 3) Lösung mit Isopropenylacetylen/CH_2Cl_2 in Anwesenheit von Tributylammoniumacetat [*2, 3*] oder bei pH 5 als Tributylammoniumthiocyanat mit CH_2Cl_2 [*4*] extrahieren und so von Pb abtrennen (s. a. S. **924**). Das ternäre Ionenassoziationsprodukt zwischen dem Ag-Di-n-Butylaminkomplex und Stearin- oder Salicylsäure kann aus schwach alkalischer Lösung mit MIBK extrahiert (Ausbeute 96–98%) und aus dem Extrakt das Ag mit 1n HNO_3 rückgeschüttelt werden [*5*]. In Anwesenheit von $NaNO_3$ und Anthranilsäure-Diessigsäure als Hilfskomplexbildner ist die Selektivität des Verfahrens so groß, daß nur Hg(II) stört. Aus 0,1–7n HNO_3-Lösung kann Ag(I) mit 1maliger Extraktion quantitativ mit Isooctylthioglycolat/Cyclohexan (1 : 10) extrahiert und aus dem organischen Extrakt mit 10–12n HCl rückgeschüttelt werden [*6*]. Au(III), Bi(III), Cu(II), Hg(II) werden vollständig, Sb(III) und Sn(IV) werden teilweise mitextrahiert. Nicht extrahiert werden aus 0,1n HNO_3-Lösung die Elemente Al(III), Cd, Co(II), Cr(III), Fe(III), Mn(II), Mo(VI), Ni(II), Pb, S.E., U(VI), Zn und Erdalkalimetalle.

Durch Fällung des Ag mit p-Dimethylaminobenzylidenrhodanin in Anwesenheit von ÄDTA [*7*] gelingt die Trennung von Al, Co, Cu, Fe, Ni, Pb und Zn. Von anderer Seite [*8*] wurden aus 0,01–0,5n HNO_3-Lösung 0,05–50 μg Ag an frisch hergestelltes Reagens unter magnetischem Rühren gesammelt. Nach dem Lösen des Niederschlages in HNO_3 (1,40) erfolgt die Ag-Bestimmung auf photometrischem Wege. Eine weitere Arbeit [*9*] verwendete als Sammler für Ag (0,2–20 μg) aus hochreinem Bleimetall aus 0,2n HNO_3-Lösung 5–20 mg Dithizon-Pulver, wobei Ultraschall zur Beschleunigung des Vorganges diente. Wenn Ag in saurer (für Pb auch neutraler) Lösung mit Dithio-β-Isoindigo gefällt und der Niederschlag mit n-Butanol gelöst wird, kann es so von Cu, Pb und Tl abgetrennt werden [*10*].

Von den öfter angewendeten Verfahren der Spurenfällung zur Isolierung geringer Mengen Ag sei besonders auf die Mitfällung mit metallischem Te [*11*] verwiesen, die seine Abtrennung von größeren Mengen an As, Co, Cu, Fe(III), Ni, Pb u.a.m. und bei Lösen der Fällung in HNO_3 auch von mitgefälltem Au und den Pt-Metallen gestattet. Vor der eigentlichen Bestimmung des Ag in Reinstkupfer [*12*] wurde es als Bromid an TlBr aus 3–4n HNO_3-Lösung mitgefällt und damit von anwesendem Au, Hg, Pd, Pt und einer größeren Menge Cu abgetrennt. Das restliche Cu wird bei der anschließenden Extraktion mit Dz durch ÄDTE maskiert.

Zur Ag-Anreicherung für seine Bestimmung in Wässern diente der Anionenaustauscher AG 1-X 8 [*13*] (aus salzsaurer Probelösung von pH 1,0). Mit Aceton/HNO_3 (1,42)/Wasser-Gemisch (Volumenverhältnis = 100:5:5) wurde Ag eluiert (s. a. S. 386).

B. Dithizon

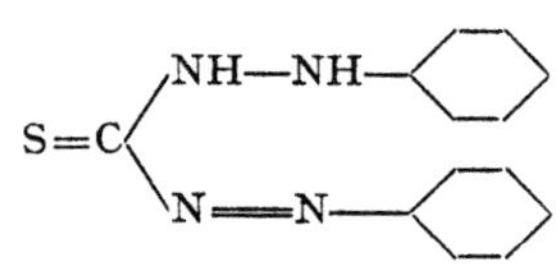

Ag bildet mit Dithizon (Dz) in saurer (4n bis nahezu neutraler) Lösung ein gelbes primäres Dithizonat AgHDz (Ketoverbindung), das in Wasser unlöslich, aber in $CHCl_3$ oder CCl_4 löslich ist [*14–20*]. Oberhalb pH 1,5 wird Ag quantitativ extrahiert [*20*]; aus stärker saurem Medium (bis 8n H_2SO_4) ist allerdings eine höhere Dz-Konzentration erforderlich. In neutraler oder alkalischer Lösung bildet Ag mit Dz das rotviolette sekundäre Dithizonat Ag_2Dz (Enolverbindung), das in $CHCl_3$ bzw. CCl_4 nur wenig löslich ist. Die bereits gebildete Ketoverbindung läßt sich in alkalischer Lösung nicht mehr in die Enolform überführen. Es ist deshalb möglich, bei der „Einfarben"-Methode den Überschuß des Dz durch Schütteln mit verdünntem Ammoniak zu entfernen. Wenn die Extraktion des Ag mit Dz in saurer Lösung durchgeführt wird, stören Metalle nicht, die erst in neutraler oder alkalischer Lösung mit dem Reagens reagieren (z. B. Pb, Zn und Bi), sofern sie in der Lösung nicht in sehr großer Konzentration anwesend sind. Ag reagiert mit Dz auch in Gegenwart von Pyrophosphat [*21*], das der Lösung zugesetzt wird, um die störenden Metalle mit Ausnahme von Hg als farblose Komplexe in Lösung zu halten. Die Ag-Bestimmung wird gestört durch Hg(II), Au(III), Pd(II), Pt(II), Halogene, S^{2-}, $S_2O_3^{2-}$, CN^- und SCN^-. Wenn nicht längere Wartezeiten eingeschaltet werden, stören Br^-, CN^- und SCN^- bis zur einfachen stöchiometrischen Menge nicht. Für die Extraktion des Ag wird ein pH-Wert von 2 empfohlen [*22*], sie ist aber bei pH 2 in Anwesenheit von Cl^- unvollständig. Unter bestimmten Bedingungen stört aber Cl^- nicht [*22*]: bei pH 3–3,5 läßt sich das Ag aus einer 1%igen Chloridlösung und bei pH 5 aus einer 20%igen NH_4Cl-Lösung quantitativ extrahieren. Ein höherer pH-Wert ist nicht zu empfehlen, da sich sonst Ag_2Dz bildet. Aus der organischen Phase läßt sich das Ag mit einer 20%igen NaCl/0,03 n HCl-Lösung rückschütteln. Als einfachere Modifikation wird die Extraktion des AgHDz (zusammen mit HgHDz) bei der Analyse von reinsten Uranverbindungen bei pH 3 in Gegenwart von ÄDTA empfohlen [*23*], wodurch eine Mitextraktion von Bi, Cd, Co, Cu, Ni und Zn verhindert wird. Ag kann von mitextrahiertem Hg (und Cu) durch Schütteln mit einer 1% KSCN/0,1 n H_2SO_4-Lösung abgetrennt werden, wobei das Ag in die wäßrige Phase übergeht. Kleine Mengen Cu (bis etwa zum Verhältnis Ag:Cu = 1:100) stören die Bestimmung nicht, wenn diese nach der „Mischfarben"-Methode mit $Cu(HDz)_2$ als Reagens durchgeführt wird. Größere Cu-Mengen stören jedoch die Bestimmung auch nach diesem Verfahren. Der Vorteil der Bestimmung mit $Cu(HDz)_2$ gegenüber dem anderen Verfahren ist, daß sich das $Cu(HDz)_2$ mit im Überschuß in der Lösung vorhandenen Metallen nur dann umsetzt, wenn es sich um edlere Elemente handelt. Deshalb ist in diesem Falle eine besondere Reinigung der Reagentien zur Entfernung der Metallverunreinigungen nicht unbedingt erforderlich. Bei den „Mischfarben"-Verfahren bilden sich gelbgrüne Mischfarben zwischen dem gelben AgHDz und dem überschüssigen grünen Dz, bzw. gelblich-orange bis orange-violette Mischfarben zwischen dem gelben AgHDz und dem violetten $Cu(HDz)_2$. Das Mischfarbenverfahren mit reinem Dz wird bei Abwesenheit von Cu angewendet, während bei dessen Anwesenheit die Bestimmung des Ag zweckmäßiger mit $Cu(HDz)_2$ durchgeführt wird.

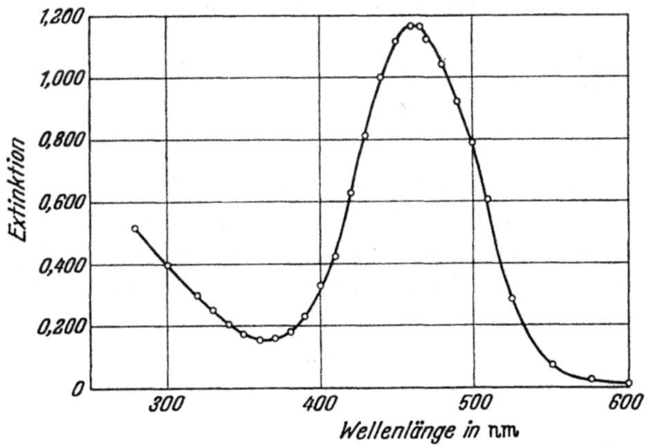

Abb. 64. Extinktionskurve von Ag-Dithizonat in CCl_4

Das Extinktionsmaximum des AgHDz liegt bei 462 nm (s. Abb. 64). Das Beersche Gesetz ist sowohl nach dem „Einfarben"- als auch nach dem „Mischfarben"-Verfahren erfüllt. Die Eichkurven verlaufen bis etwa 2,5 μg Ag/ml organisches Lösungsmittel linear.

Da das AgHDz mit geringsten Mengen der Anionen Cl^-, Br^-, I^- und S^{2-} reagiert, wird es zu deren Nachweis im Ultramikrobereich benützt [*25*]. Die Extinktion des freiwerdenden Dz wird dann in Äthylacetat /$CHCl_3$(2,5:1) bei 598 nm photometrisch bestimmt, bei welcher Wellenlänge der AgHDz-Komplex selbst keine Extinktion aufweist.

Mit Dz/$CHCl_3$ wurde ferner Ag (0,0005–0,005%) in Blei und Bleioxyd aus 3,5 n $HClO_4$-Lösung extraktiv titrimetrisch neben 5 g Pb und 250 μg Cu bestimmt [*24*]. 1 – > 10 ppm Ag in Uranverbindungen wurden nach Isolierung des Ag mit Dz/CCl_4 bei pH 3 (s. a. S. 377) und anschließendem Photometrieren des durch Cl^--Zusatz aus dem Silberkomplex in Freiheit gesetzten Dz bestimmt [*23*].

Mischfarben-Verfahren [*14*]

Arbeitsvorschrift

Reagentien

Dz, 0,001%ig in CCl_4.

$Cu(HDz)_2$; eine 0,001%ige Dz-Lösung wird etwa 1—2 min lang mit einem Überschuß einer verdünnten $CuSO_4$-Lösung (0,05 n H_2SO_4) geschüttelt, die CCl_4-Lösung mit 0,01 n H_2SO_4 gewaschen, um noch darin suspendierte Tropfen der $CuSO_4$-Lösung zu entfernen.

Bestimmung mit Dz

Die Probelösung soll etwa 0,5 n H_2SO_4-sauer sein. Ein aliquoter Teil der Probelösung (etwa 2,5–25 μg Ag enthaltend) wird in einen Schütteltrichter gegeben, 10,0 ml Dz-Lösung (2 ml für je 1–5 μg Ag) zugefügt, 1 min lang geschüttelt und danach bis zur Phasentrennung stehengelassen. Die organische Phase muß noch eine leichte Grünfärbung aufweisen, da sonst zuviel Ag in der Lösung anwesend ist. Die CCl_4-Phase wird abgelassen und in einer 1 cm-Küvette bei 620 nm gegen CCl_4 photometriert.

Bestimmung mit $Cu(HDz)_2$ [*17*]

Man verfährt wie oben bei der Bestimmung mit Dz beschrieben, wobei mit 10,0 ml $Cu(HDz)_2$-Lösung 1–2 min extrahiert wird.

Einfarben-Verfahren [*14*]

Arbeitsvorschrift

Reagentien

Dz, 0,005%ig in CCl_4.
Ammoniak (1 + 999).

Die 0,4–0,5 n H_2SO_4-saure Probelösung, die etwa 0,5 – 10 μg Ag enthält, wird in einem Schütteltrichter mit 5 ml Dz-Lösung 1–2 min geschüttelt und nach der Phasentrennung die CCl_4-Schicht in einen zweiten Schütteltrichter abgelassen. Die Extraktion wird mit 2 ml-Anteilen Dz-Lösung so lange fortgesetzt, bis die organische Phase unverändert grün bleibt (entsprechend einer vollständigen Extraktion des Ag). Zuletzt wird die wäßrige Lösung noch mit 1–2 ml reinem CCl_4 gewaschen, dieser ebenfalls zum gesammelten Extrakt gegeben und die wäßrige Phase verworfen.

Die AgHDz-Lösung wird 2mal mit je 10 ml 0,1 n H_2SO_4 gewaschen, um Metalle zu entfernen, die in alkalischer Lösung mit Dz reagieren. Dann entfernt man den Dz-Überschuß, indem man die CCl_4-Lösung mehrmals so lange mit je 10 ml Ammoniak (1 + 999) wäscht, bis die Waschlösung farblos bleibt. Der Extrakt wird mit CCl_4 auf ein bekanntes Volumen aufgefüllt und in einer 1 cm-Küvette bei 462 nm gegen CCl_4 photometriert.

1. Abwasser

Aus der Abwasserprobe wird Ag zusammen mit den Begleitelementen mit 0,01%iger Dz/CCl_4 extrahiert und aus dem Extrakt mit Thiocyanatlösung selektiv rückgeschüttelt. Nach dem Säureaufschluß der eingedampften Thiocyanatphase wird nun Ag mit Dz nach dem Mischfarbenverfahren photometrisch bestimmt. Bei Verwendung von 100 ml Probe stören bis zu 50 mg organischen Materials (Tannin) und je 50 μg Cu, Fe (III), Hg und Pb nicht.

B: 2 – > 20 μg Ag in 1 l Probe. F_r: ± 10%

Arbeitsvorschrift [*26*]

Reagentien

H_2SO_4 (1,84); 0,5 n H_2SO_4.
2 n HNO_3.
CCl_4 p. a. (zur Bereitung von Dz-Lösung A).
CCl_4; nachgereinigt (zur Bereitung von Dz-Lösung B): CCl_4 p. a. wird 2 Wochen mit Brom unterschichtet. Dann destilliert man das CCl_4 unter Rückfluß mit NaOH, schüttelt das Destillat mit einer Lösung von $NH_2OH.HCl$, trennt die Phasen und destilliert das CCl_4 erneut.
Dz-Lösung A; 0,01%ig in CCl_4 p. a.
Dz-Lösung B; 0,0004%ig in nachgereinigtem CCl_4: zur Entfernung von Cu [*27*] schüttelt man je 100 ml dieser Lösung kräftig mit 100 ml Wasser + 5 ml Ammoniak (0,88) aus. Nach der Phasen-

trennung wird die organische Phase verworfen. Die ammoniakalische Phase wird 2mal mit je 5 ml CCl_4 nachgewaschen und der Waschextrakt verworfen. Zur gewaschenen ammoniakalischen Lösung fügt man 200 ml CCl_4 p. a. und so viel HCl, bis die wäßrige Phase beim Schütteln farblos ist. Die so gereinigte Dz/CCl_4-Phase wird abgetrennt und in einer dunklen Glasflasche aufbewahrt.

NH_4SCN; 2%ige Lösung in 1% H_2SO_4 (aufbewahren in einer dunklen Flasche, die 25 ml Dz/CCl_4-Lösung enthält).

Harnstoff; 10%ige wäßrige Lösung (Aufbewahrung wie bei NH_4SCN-Lösung).

Hydroxylaminsulfat; 20%ige wäßrige Lösung (Aufbewahrung wie bei NH_4SCN-Lösung).

Standard-Ag-Lösung; 0,1574 g $AgNO_3$ p. a. in 1 l 0,5 n H_2SO_4.

Ag-Verdünnungslösung, 0,0001%ig; unmittelbar vor Gebrauch aus der Standard-Lösung herstellen.

Über das Vorbehandeln der Glasgefäße bei der Bestimmung kleinster Ag-Mengen s. S. 384.

In einem 500 ml-Schütteltrichter fügt man zu 100 ml Abwasserprobe 11 ml H_2SO_4 (1,84) und schüttelt anschließend 1 min mit 5 ml Dz-Lösung aus. Nach dem Ablassen der organischen Phase in ein 20 ml-Zentrifugenglas wird noch 2mal mit je 5 ml Dz-Lösung extrahiert. Eine an der Phasengrenze auftretende schaumige Emulsion muß zur organischen Phase mit abgelassen werden. Die wäßrige Phase wird danach verworfen. Der vereinigte organische Extrakt wird zentrifugiert, die abgesetzte wäßrige Schicht mittels Pipette abgezogen, 2 ml Wasser zur organischen Phase zugegeben, erneut zentrifugiert und das Waschwasser danach abgezogen. Nach dem Überführen der organischen Lösung in einen 50 ml-Schütteltrichter wird das Zentrifugenglas mit 4 ml NH_4SCN-Lösung nachgewaschen und diese in den Schütteltrichter übergeführt. Man schüttelt nun 1 min aus und pipettiert nach der Phasentrennung die wäßrige, das AgHDz enthaltende Phase möglichst quantitativ in einen 25 ml-Quarztiegel. Die Rückextraktion mit NH_4SCN-Lösung wird 2mal wiederholt. Die organische Phase wird schließlich verworfen, die restlichen Tropfen wäßrige Phase zu den vereinigten Auszügen im Quarztiegel zugefügt. Man versetzt mit 1,5 ml H_2SO_4 (1,84), verdampft unter einer Infrarotlampe und zuletzt mit Unter- und Oberhitze zur Trockene. Der Rückstand wird in 0,3 ml 2n HNO_3 aufgenommen und in der Wärme vollständig gelöst. Man versetzt mit 1 ml Harnstofflösung, 1 ml Hydroxylaminsulfatlösung und hält für 5 min nahe dem Siedepunkt unter der Infrarotlampe. Danach läßt man, mit einem Uhrglas bedeckt, auf Raumtemperatur abkühlen. Die Lösung wird nun, unter 2maligem Nachwaschen mit je 2 ml 0,5 n H_2SO_4, in einen Mikroschütteltrichter (~ 7 ml Volumen) übergeführt. Man fügt 1 ml Dz-Lösung B hinzu und extrahiert 2 min (z. B. mittels Durchblasen eines mit Dz/CCl_4-Lösung vorgesättigten N_2-Stromes). Nach der Phasentrennung wird der in eine 1 cm-Mikroküvette (mit Deckel) übergeführte Mischfarbenextrakt bei 620 nm gegen Dz-Lösung B photometriert. Ein Blindwert, ausgehend von 100 ml Wasser, muß durch das Verfahren mitgeführt und von den Ergebnissen abgezogen werden. Für die Eichkurve werden abgestufte Mengen Ag-Lösung im Bereich von 0,2–1,5 μg Ag in getrennte Quarztiegel mit 0,3 ml 2n HNO_3 vorgelegt und mit dem oben angeführten Zusatz von Harnstoff- und Hydroxylaminsulfatlösung fortgefahren.

Wenn noch geringere Ag-Mengen bestimmt werden sollen, kann das Ausgangsvolumen an Probelösung bis 500 ml betragen; es muß dann insgesamt 5mal nacheinander mit je 5 ml Dz-Lösung A extrahiert und der vereinigte organische Extrakt auf 2 Zentrifugengläser verteilt werden.

Wenn der Ag-Gehalt der Probe hoch ist und dementsprechend nach dem Ausschütteln mit Dz-Lösung B sich eine reine Gelbfarbe anstatt der Mischfarbe durch überschüssiges Dz zeigt, so muß solange mit getrennten 1 ml-Anteilen an Dz-Lösung B zusätzlich extrahiert werden, bis eine grünliche Mischfarbe bestehen bleibt. Die zusätzlich erforderliche Menge an x ml Dz-Lösung muß zuletzt durch Multiplikation mit dem abgelesenen Ag-Wert in Anrechnung gebracht werden.

2. Metalle und Legierungen

2.1. Zink [14, 17]

B: 0,0001–0,002% Ag und darüber. F_r: ± 10%.

Arbeitsvorschrift

Reagentien

12,5 µm $Cu(HDz)_2$-Lösung (1 ml = 2,7 µg Ag); 100 ml einer 25 µm Dz/CCl_4-Lösung werden in einem Schütteltrichter mit 50 ml einer 50 µm $CuSO_4$/0,01 n H_2SO_4-Lösung 2 min geschüttelt. Die organische Phase läßt man in einen zweiten Schütteltrichter ab und wäscht 2mal mit je 30 ml 0,01 n H_2SO_4 von mitgerissenem Cu frei. Die erhaltene Cu-dithizonat-Lösung ist etwa 12,5 µm.
5 n HNO_3.
Harnstoff.

10 g Zink werden in 100–125 ml HNO_3 gelöst, die Lösung eingeengt, unter Zusatz von einigen Tropfen HNO_3 mit heißem Wasser aufgenommen und nach Zusatz von 0,5–1 g Harnstoff einige min lang gekocht, um Reste von salpetriger Säure zu zerstören. Nach dem Abkühlen wird die Lösung auf pH 1–2 eingestellt und im Meßkolben auf 100 ml aufgefüllt. Ein aliquoter Teil der Probelösung (etwa 10 µg Ag enthaltend) wird in einem Mischzylinder anteilweise mit $Cu(HDz)_2$-Lösung versetzt, nach jedem Zusatz $^1/_2$ min geschüttelt, bis eine Mischfarbe zwischen Gelborange und Orangeviolett erreicht ist. Diese Mischfarbe vergleicht man mit einer analog hergestellten Vergleichsreihe oder führt eine Vergleichstitration mit einer bekannten Ag-Menge durch.

2.2. Reinstkupfer

Das Ag wird von der Hauptmenge an Kupfer (sowie allenfalls Au, Hg, Pd und Pt) durch Spurenfällung mit TlBr als Kollektor abgetrennt und nach dem Lösen des Niederschlages mit Dz nach dem Mischfarbenverfahren photometrisch bestimmt.

B: 0,00005–0,001% Ag und darüber.

Arbeitsvorschrift [12]

Reagentien

HNO_3 (1,41).
2 n H_2SO_4, H_2SO_4 (1 + 1).
Tl_2SO_4-Lösung; 1 g Tl in 10 ml 2 n H_2SO_4 unter Eintauchen eines Platindrahtes lösen, die Lösung auf 100 ml auffüllen.
KBr, 0,5%ige wäßrige Lösung.
Waschlösung; 100 ml 2 n H_2SO_4 mit 5 ml 0,5%iger KBr-Lösung versetzen.
ÄDTA, 5%ige wäßrige Lösung.
Natriumacetat, 10%ige wäßrige Lösung.
Dz-Lösungen;

a) unverdünnt: 20 mg Dz in 500 ml reinem CCl_4 lösen und 20 min mit 100 ml 1 n H_2SO_4 und einer Spatelspitze Na_2SO_3 mechanisch rühren. In einer dunklen Glasflasche, mit der Reduktionslösung überschichtet, aufbewahren.
b) verdünnt: 1 Teil Dz-Lösung a) + 5 Teile CCl_4.

$KMnO_4$ 0,1%ige wäßrige Lösung.
Na_2SO_3, 5%ige wäßrige Lösung.

1 g Kupfer wird in 5 ml HNO_3 (1,41) gelöst und danach mit 10 ml Wasser versetzt. Nach dem Abkühlen werden 5 ml Tl_2SO_4-Lösung und unter Umrühren langsam 5 ml KBr-Lösung zugegeben. Danach wird zentrifugiert und der Niederschlag 2mal mit je 10 ml Waschlösung nachgewaschen. Den gewaschenen Niederschlag führt man mit 10 ml H_2SO_4 (1 + 1) in ein Becherglas über und dampft bis auf 2–3 ml ein. Zur abge-

kühlten Lösung fügt man vorsichtig 10 ml Wasser zu, versetzt dann mit je 5 ml ÄDTA- und Natriumacetat-Lösung und stellt den pH-Wert der Lösung auf 5 mit verdünntem Ammoniak bzw. verdünnter H_2SO_4 ein. Man extrahiert nun das Ag mit Anteilen von je 3 ml Dz-Lösung a), bis der letzte Extrakt grün gefärbt bleibt. Die vereinigten organischen Extrakte wäscht man mit 10 ml 2n H_2SO_4 nach. Anschließend wird das AgHDz durch 30 sec langes Schütteln mit einem Gemisch aus 15 ml 2n H_2SO_4 und 2 ml $KMnO_4$-Lösung zerlegt. Nach der Phasentrennung wird der organische Extrakt verworfen. Die wäßrige Phase wird mit 1 ml Na_2SO_3-Lösung zur Entfärbung versetzt.

In einem Schütteltrichter wird nun das Ag aus der wäßrigen Lösung 2mal mit je 5,0 ml Dz-Lösung b) extrahiert. Die vereinigten organischen Extrakte werden in einem Zentrifugenglas 90 sec bei ~ 4000 U/min zentrifugiert. Man photometriert in einer 2 cm-Küvette bei 620 nm gegen Dz-Lösung b).

Wenn bei der Endbestimmung 10 ml Dz-Lösung b) nicht ausreichen (Gehalte $> 0{,}001\%$ Ag), so wird mit weiteren 5 ml-Anteilen Dz-Lösung b) bis zur Grünfärbung des letzten Extraktes ausgeschüttelt und der Mehrverbrauch an Dz-Lösung in Rechnung gesetzt, doch soll das gesamte Extraktionsvolumen in diesem Fall 25 ml nicht überschreiten, andernfalls muß mit einem entsprechend kleineren Volumen an wäßriger Phase nach der Vorextraktion weitergearbeitet werden.

3. Luft

B: 25–250 µg Ag/m³. F_r: ± 5%.

Man saugt 100 l Luft (5–25 l/min) durch ein Filter (s. S. 177), verascht das Filter mit HNO_3 (1,40), dampft fast zur Trockene ein, nimmt mit Wasser auf und bestimmt darin das Ag nach dem Mischfarbenverfahren (s. S. 379).

C. Merkupral

Als Merkupral wird der Komplex des Tetraäthylthiuramdisulfids (Dikupral) mit Cu bezeichnet, der sich auf Grund einer Verdrängungsreaktion zur photometrischen Bestimmung von Ag und Hg (s. S. 777) eignet [*28*]. Der intensiv gelbbraun gefärbte Komplex wird durch Ag- oder Hg(II)-Ionen entfärbt, wobei die Farbschwächung dem Ag- oder Hg-Gehalt linear proportional verläuft. Zur Extraktion des Merkupral-Komplexes eignet sich Benzol am besten, in dem die Farbintensität längere Zeit stabil bleibt. Die Entfärbung des Merkuprals durch Ag verläuft infolge Bildung einer innerkomplexen Ag-Verbindung rascher als die durch Hg, so daß Extraktionszeiten von 1 min bereits genügen. Zum Ansäuern von Ag-Lösungen muß H_2SO_4 verwendet werden, die bis zu einem Gehalt von 10% nicht stört, da HCl Fällungen ergibt, während HNO_3 die Bestimmung stört. Von besonderer Bedeutung ist die relativ geringe Störanfälligkeit durch andere Elemente. Bis zum 500fachen Überschuß stören folgende Elemente nicht: Al, Ba, Ca, Cr, Cu, Mg, Mn, Mo (VI), Ni, Pb, Sn (IV), Th (IV), Ti (IV), Tl (I), V (V), W (VI) und Zn; bis zum 50fachen Überschuß stören nicht: As (V), Bi, Cd, Co und Sb(III). Fe (III) kann bis zur 5000fachen Menge anwesend sein, Hg darf nicht vorhanden sein.

Das Extinktionsmaximum liegt bei 445–450 nm [*29*]. Die Eichkurve verläuft bis 5 µg Ag/ml Benzol linear.

Arbeitsvorschrift [*28*]

Reagentien

10 mg Merkupral in 250 ml Benzol; das Merkupral wird aus gleichen Teilen einer gesättigten Tetraäthylthiuramdisulfidlösung in 50%igem Äthanol und einer gesättigten $CuSO_4$-Lösung in 50%igem

Äthanol hergestellt, die man 48 Std reagieren läßt. Die danach auskristallisierte dunkle Komplexverbindung wird abgesaugt, zuerst mit Wasser, zuletzt mit einer kleinen Menge Äthanol gewaschen und getrocknet.

Die Probelösung (10–125 μg Ag enthaltend) wird in einem Schütteltrichter mit 2 ml der Reagenslösung und danach mit 15 ml Benzol versetzt und 1 min kräftig geschüttelt. Nach der Phasentrennung wird die Benzolschicht in einen 25 ml-Meßkolben übergeführt, mit Äthanol aufgefüllt und in einer 1 cm-Küvette bei 445–450 nm gegen Benzol photometriert.

1. Erze

B: 0,002–0,03% Ag. F_r: ± 3%.

Arbeitsvorschrift [*30*]

0,2–2 g Probe werden in einer Platinschale mit Wasser befeuchtet, vorsichtig mit etwa 15 ml $HF/HClO_4/HNO_3$-Mischung (30:5:1) versetzt und bis zum Auftreten dichter $HClO_4$-Nebel eingedampft. Danach wird nochmals mit dem Säuregemisch befeuchtet und wieder abgeraucht. Man spült quantitativ in einen 100 ml-Meßkolben über, kocht vorsichtig kurz auf dem Wasserbad auf, kühlt ab und füllt mit Wasser bis zur Marke auf. Danach filtriert man durch ein trockenes Blaubandfilter in ein trockenes Becherglas, führt einen aliquoten Teil (etwa 7–50 μg Ag enthaltend) des Filtrates in einen Schütteltrichter über, extrahiert 3–4 min mit 15 ml Merkupral/Benzol-Lösung und arbeitet wie oben beschrieben weiter.

D. Ternäre Komplexe

1. Di-n-Butylammoniumsalicylat-Pyrogallolrot

Nach der Extraktion mit Di-n-Butylammoniumsalicylat/MIBK [*5*] (s. a. S. **377**) wurde das Ag direkt im organischen Extrakt nach Zusatz einer äthanolischen (wasserfreien) Brompyrogallolrotlösung bei 390 nm photometriert [*31*]. Für den Bereich von 1–10 μg Ag/ml ist vor dem Photometrieren eine Standzeit von 20 min angegeben. Das Verfahren wird im wesentlichen nur durch Hg (II) (s. a. S. **377**) gestört, das aber mit ÄDTA (erforderliche Menge muß durch komplexometrische Titration bestimmt werden) maskiert werden kann. In Abwasser konnten mit diesem Verfahren noch 0,01–0,1 μg Ag bestimmt werden, wenn aus 1 l Probe extraktiv angereichert wurde; vor dem Photometrieren ist aber in diesem Fall eine Standzeit von 1,5–1,75 Std erforderlich. Für die Extraktion dieser kleinsten Ag-Gehalte empfehlen sowohl diese [*31*] als auch andere Autoren [*26*], mit Silicon überzogene Glasgeräte zur Vermeidung von Adsorptionsverlusten zu verwenden.

2. Phenanthrolin-Brompyrogallolrot

Im Bereich von pH 7 erfolgt rasch die Bildung eines ternären, blau gefärbten Komplexes zwischen Ag-1,10-Phenanthrolin und Brompyrogallolrot zu $[Ag\text{-}(phen)_2]_2^+ BPR^{2-}$ [*32*], mit einem Extinktionsmaximum bei 635 nm ($\varepsilon = 51000$). Die Farbbildung ist relativ zeit- und pH-unabhängig (pH 3–10). Da Maskierungsmittel wie ÄDTA, F^- und H_2O_2 nicht stören, läßt sich Ag auf diese Weise weitgehend selektiv bestimmen. Nur Au (III), CN^- und $S_2O_3^{2-}$ stören. Bei zunehmenden Ag-Gehalten fällt der blaue Komplex als gelatinöser Niederschlag aus, so daß Ag-Gehalte photometrisch nur von 0,02–0,2 μg/ml Lösung (4 cm-Küvette) bestimmbar sind. Der Farbkomplex läßt sich aber aus nahezu neutraler, wäßriger Lösung mit Nitrobenzol extrahieren und der organische Extrakt bei 590 nm photometrieren [33]. Auf diese Weise können 0,05–2,5 μg Ag/ml Extrakt (4 cm-Küvette) bestimmt werden. Obwohl die Empfindlichkeit des Extraktionsverfahrens etwas geringer ist ($\varepsilon = 32000$) kann durch Zusatz von ÄDTA, Hg (II) und Br^- als Maskierungsmittel die obengenannte Störung durch CN^- eliminiert werden, so daß nur noch $S_2O_3^{2-}$ und große Mengen Au stören.

3. Phenanthrolin-2,4,5,7-Tetrabromfluorescein

Im Bereich pH 4–8 bildet Ag (I) mit 1,10-Phenanthrolin den Komplex $[Ag\text{-}(phen)_2]^+$ (s. a. S. 386), der sich mit Tetrabromfluorescein (TBF) zum ternären, nicht fluoreszierenden Komplex $[Ag\text{-}(phen)_2]_2^+ TBF^{2-}$ umsetzt [34, 35]. Das Extinktionsmaximum liegt bei 550 nm. Die Farbbildung erfolgt sofort und bleibt lange unverändert (über 15 Tage). Das Beersche Gesetz ist im Bereich von 0,10–2,00 μg Ag/ml erfüllt ($\varepsilon = 35000$). Bei pH 8 läßt sich der Komplex mit Nitrobenzol extrahieren und ebenfalls bei 550 nm photometrieren ($\varepsilon = 55000$). Er bleibt 12 Std stabil. Das Beersche Gesetz gilt wie oben. Mit ÄDTA als Maskierungsmittel (ein 10000facher Überschuß gegenüber Ag (I) stört nicht) lassen sich von den geprüften 33 Kationen und 15 Anionen alle Störungen mit Ausnahme dieser durch Ir (IV) und CN^- beseitigen.

Die Ag-Bestimmung in wäßriger Lösung kann noch empfindlicher gestaltet werden, wenn die durch die Zugabe von Ag (I)-Ionen zur Eosin-Phenanthrolin-Lösung verursachte Fluorescenzabnahme gemessen wird [35], da das Eosin selbst in Gegenwart von 1,10-Phenanthrolin fluoresciert. Das Anregungsmaximum liegt bei 300 nm, das Emissionsmaximum bei 545 nm. Es lassen sich auf diese Weise bis zu 4 ppb Ag (Eichkurve linear für 0,1–1 μg Ag (I) in 25 ml) mit einer Reproduzierbarkeit von ± 2,7% bestimmen. Hinsichtlich pH-Bereich, Fluorescenzstabilität, Maskierungsmitteln und Störungen gilt das oben Gesagte.

Arbeitsvorschrift [34]

Reagentien

0,1 m ÄDTA.
$Na_2HPO_4 \cdot 12\,H_2O$, 18%ige wäßrige Lösung.
Nitrobenzol.
0,001 m 1,10-Phenanthrolin (in Wasser) (PHEN).
Natriumacetat.3 H_2O; 34,02 g des Salzes in 250 ml Wasser lösen.
0,0001 m 2,4,5,7-Tetrabromfluorescein (TBF); 647,9 mg in 1 l Wasser.
bidest. Wasser für alle Arbeiten.

a) Verfahren in wäßriger Lösung. Man fügt nacheinander in einen 50 ml-Meßkolben je 1 ml ÄDTA-, 1,0 ml PHEN-Lösung, bis zu 20 ml Probelösung (mit ≦ 100 μg Ag), 1 ml Acetatpufferlösung und 15,0 ml TBF-Lösung. Nach dem Auffüllen mit Wasser bis zur Marke und Mischen wird in einer 1 cm-Küvette bei 550 nm gegen den Blindwert photometriert.

b) Extraktionsverfahren. Man fügt in einen 100 ml-Schütteltrichter nacheinander wie oben ÄDTA, PHEN, die Probelösung (≦ 50 μg Ag), 1 ml Phosphatpufferlösung, 15,0 ml TBF, extrahiert mit 25,0 ml Nitrobenzol und photometriert den Extrakt wie oben.

E. Verschiedenes

An weiteren Reagentien zur photometrischen Bestimmung von Ag sind zu erwähnen: Na-DDTC/CCl_4 ($\varepsilon_{340} = 5400$) [11, 36], p-Dimethylaminobenzylidenrhodanin ($\varepsilon_{595} = 23200$) [9, 37–39], p-Diäthylaminobenzylidenrhodanin ($\varepsilon_{495} = 41000$) [49], Pyrogallolrot ($\varepsilon_{390}$

= 10000) [41], 1,10-Phenanthrolin [42], Thio-Michlers Keton [4,4'-Bis-(dimethylamino-)-thiobenzophenon] ($\varepsilon_{520} = 93800$) [43], Nilblau + Jodid/$CHCl_3$ ($\varepsilon_{626} = 52470$) [44]. Mit Oxin-5-sulfonsäure wurde Ag fluorimetrisch (375 nm/485 nm; $L_Q = 0{,}013$ µg · ml $^{-1}$ · cm^{-1}) bestimmt. Mittels der AAS wurde Ag in Wässern (0,1–10 µg/l) nach vorangehender Isolierung durch Ionenaustauscher und Extraktion mit Ammoniumtetramethylendithiocarbamat/MIBK bestimmt [13].

Literatur

1. Handley, T. H.: Analyt. Chem. **36**, 2467 (1964).
2. Ziegler, M., Glemser, O.: Z. anal. Chem. **153**, 246 (1956).
3. Ziegler, M., Sbrzesny, H., Glemser, O.: Z. anal. Chem. **167**, 96 (1959).
4. Ziegler, M., Sbrzesny, H., Glemser, O.: Z. anal. Chem. **171**, 250 (1959).
5. Betteridge, D., West, T. S.: Analyt. chim. Acta **26**, 101 (1962).
6. Fritz, J. S., Gillette, R. K., Mishmash, H.: Analyt. Chem. **38**, 1869 (1966).
7. Ringbom, A., Linko, E.: Analyt. chim. Acta **9**, 80 (1953).
8. Mizuike, A., Fukuda, K.: Analyt. chim. Acta **44**, 193 (1969).
9. Fukuda, K., Mizuike, A.: Analyt. chim. Acta **51**, 77 (1970).
10. Gagliardi, E., Theis, M., Klementschitz, W.: Mikrochim. Acta (Wien) **1954**, 653.
11. Bode, H.: Z. analyt. Chem. **144**, 165 (1955).
12. Angermann, W., Bastius, H.: Neue Hütte **9**, 36 (1964).
13. Chao, T. T., Fishman, M. J., Ball, J. W.: Analyt. chim. Acta **47**, 189 (1969).
14. Fischer, H., Leopoldi, G., Uslar, H. v.: Z. anal. Chem. **101**, 1 (1935).
15. Fischer, H., Weyl, W.: Wiss. Veröff. Siemens-Werken **14**, 41 (1935).
16. Fischer, H.: Angew. Chem. **50**, 919 (1937).
17. Fischer, H., Leopoldi, G.: Metall u. Erz **35**, 119 (1938).
18. Fischer, H., Passer, M., Leopoldi, G.: Mikrochem. verein. Mikrochim. Acta **30**, 307 (1942).
19. Bleyer, B., Nagel, G., Schwaibold, J.: Scientia pharmac. **10**, 121 (1939).
20. Wichmann, H. J.: Ind. Eng. Chem., Anal. Ed. **11**, 66 (1939).
21. Alekseev, R. I.: Betriebslaboratorium (USSR) **7**, 415 (1938).
22. Friedeberg, H.: Analyt. Chem. **27**, 305 (1955).
23. Mareček, J., Singer, E.: Z. anal. Chem. **203**, 336 (1964).
24. Jones, P. D., Newman, E. J.: Analyst **87**, 66 (1962).
25. Kirsten, W. J.: Mikrochim. Acta (Wien) **1955**, 1086.
26. Pierce, T. B.: Analyst **85**, 166 (1960).
27. The Joint A.B.C.M.-S.A.C. Committee on methods for the analysis of trade effluents: Analyst **82**, 443 (1957).
28. Michal, J., Zýka, J.: Chem. listy **51**, 56 (1957); Collect. czechoslov. chem. Commun. **22**, 1135 (1957); ref. Z. anal. Chem. **158**, 364 (1957).
29. Michal, J., Pavlíková, E., Zýka, J.: Z. anal. Chem. **159**, 321 (1958).
30. Michal, J., Pavlíková, E., Zýka, J.: Z. anal. Chem. **160**, 277 (1958).
31. Dagnall, R. M., West, T. S.: Analyt. chim. Acta **27**, 9 (1962).
32. Dagnall, R. M., West, T. S.: Talanta **11**, 1533 (1964).
33. Dagnall, R. M., West, T. S.: Talanta **11**, 1627 (1964).
34. El-Ghamry, M. T., Frei, R. W.: Analyt. Chem. **40**, 1986 (1968).
35. El-Ghamry, M. T., Frei, R. W., Higgs, G. W.: Analyt. chim. Acta **47**, 41 (1969).
36. Sudo, E.,: Sci. Rep. Res. Inst. Tohoku Univ., Ser. A **6**, 137. 142 (1954); ref. Z. anal. Chem. **149**, 201 (1956).
37. Keller, K., Krumholz, P.: Mikrochemie **7**, 213 (1929).
38. Schoonover, I. C.: J. Res. nat. Bur. Standards **15**, 377 (1935).
39. Cave, G. C. B., Hume, D. N.: Analyt. Chem. **24**, 1503 (1952).
40. Sandell, E. B., Neumayer, J. J.: Analyt. Chem. **23**, 1863 (1951).
41. Dagnall, R. M., West, T. S.: Talanta **8**, 711 (1961).
42. Vydra, F.: Talanta **10**, 753 (1963).
43. Cheng, K. L.: Mikrochim. Acta (Wien) **1967**, 820.
44. Likussar, W., Raber, H.: Analyt. chim. Acta **50**, 173 (1970).
45. Ryan, D. E., Pal, B. K.: Analyt. chim. Acta **44**, 385 (1969).

Al — Aluminium

Tabelle 124. Empfindlichkeit S_M und Bestimmungsgrenze L_Q der Verfahren

Verfahren	µg Al · ml⁻¹ · cm⁻¹	
	S_M	L_Q
Aluminon	0,002 (520—540 nm)	0,05 (520—540 nm)
Chromazurol	0,0006 (545 nm)	0,014 (545 nm)
Eriochromcyamin	0,0004 (535 nm)	0,010 (535 nm)
8-Hydroxychinolin/	0,0004 (260 nm);	0,01 (260 nm); 0,1 (395 nm)
$CHCl_3$	0,004 (395 nm)	0,004 (fluorimetrisch)
Stilbazo	0,0013 (500 nm)	0,033 (500 nm)
Polarographie		~0,01—0,2[1]
Atomabsorptionsspek-trophotometrie	1,2[1,2]	0,3—0,5[1,3]
		0,0001[1,3,4]; 0,01 ng[3,4,5]

[1] µg · ml⁻¹.
[2] Für 1% Absorption.
[3] $F_r = \pm 10\%$.
[4] Flammenlose AAS (Graphitrohrküvette).
[5] Mit 0,100 ml Probelösung.

A. Trennungen

1. Abtrennung durch Extraktion

Aus einer ~ 6n HCl-Lösung, die Fe(III) und Al enthält, geht das erstere beim Ausschütteln mit Diäthyläther in diesen über, während das letztere in der wäßrigen Phase zurückbleibt. Bei nicht zu großen Fe-Mengen soll die Lösung nach 3 Ausschüttelungen weitgehend eisenfrei sein. Auf diese Weise läßt sich Fe auch von anderen Elementen abtrennen [1] (s. S. 259ff.). Das Fe darf nicht in zweiwertiger Form vorliegen, auch sollen keine ätherzersetzenden Stoffe wie Chlor, HNO_3 u.a.m. in der Lösung enthalten sein. Die HCl-Konzentration muß so gewählt werden, daß die wäßrige Lösung nach dem Ausschütteln etwa 6,5n HCl ist (s. S. 259ff.).

Die Extraktion mit Diisopropyläther [2] ist derjenigen mit Diäthyläther überlegen. Bei der Ausschüttelung von beispielsweise 250 mg Fe aus 5,5–6,5n HCl-Lösung erreicht man mit Diäthyläther eine Ausbeute von 99%. Mit steigender Normalität nimmt die Wirksamkeit schnell ab. Mit Diisopropyläther beträgt die Extraktion aus 6,5n HCl ebenfalls 99%, bei 7,75–8,0n HCl 99,9%. Mit abnehmender Fe-Konzentration nimmt die Ausbeute bei beiden Lösungsmitteln ab, die extrahierte Fe-Menge ist aber mit Diisopropyläther größer. Bei 1 mg vorgelegtem Fe werden durch Diisopropyläther 96% und durch Diäthyläther 80% extrahiert. Man erhält also mit Diisopropyläther bei dreimaliger Extraktion eine befriedigende, praktisch quantitative Abtrennung des Fe von Al u. a. Elementen (s. S. 259ff.). Auch sind die Volumenänderungen der beiden Phasen mit Diisopropyläther bedeutend geringer als mit Diäthyläther. H_3PO_4 und Mo gehen mit dem Fe(III) in die Ätherphase über. Große Mengen von V(V) werden extrahiert.

β,β'-Dichlordiäthyläther [3, 4] weist gegenüber Amylacetat, das ebenfalls zur Fe-Abtrennung verwendet werden kann, einige Vorteile auf: es ist schwerer als Wasser, nicht feuergefährlich, kann leicht durch Waschen mit angesäuertem Wasser regeneriert werden (ebenso auch Amylacetat), ist in stark saurer Lösung weniger löslich und vor allem auch billiger. Allerdings extrahiert es Fe(III) etwas weniger gut als Amylacetat, so daß gegenüber letzterem eine Ausschüttelung zusätzlich durchgeführt werden muß.

Der im Handel erhältliche Dichlordiäthyläther muß durch Dampfdestillation nachgereinigt werden. Die erste Fraktion ist oft gefärbt. Die Anfangs- und Endfraktion des Destillates müssen verworfen werden. Das Destillat selbst wird anschließend getrocknet.

Nach der Extraktion des Fe mit Dichlordiäthyläther bei der Bestimmung von Al in Stahl ist die wäßrige Lösung grün gefärbt, was auf die Bildung von photochemisch reduziertem Fe(II) zurückgeführt wurde [*5*]. Es konnte aber festgestellt werden, daß dieses „reduzierte Fe" nicht oxydierbar ist und die Grünfärbung vielmehr durch die Anwesenheit kleiner, aus der zu analysierenden Stahlprobe stammenden Mengen von Cu, Ni und Mn bedingt ist [*3*]. Nachfolgend ist die Arbeitsvorschrift mit β,β'-Dichlordiäthyläther bei der Al-Bestimmung in Stahl angegeben.

Arbeitsvorschrift [*3*]

5 g Stahl löst man in HCl, oxydiert mit HNO_3 und fügt zur Entfernung der Kieselsäure einige Tropfen HF hinzu. Man dampft bis zur Sirupdicke ein, läßt abkühlen und bringt mit HCl(1,19) auf 50 ml. Die Lösung wird in einen Schütteltrichter übergeführt [unter Nachspülen mit HCl(1,19), die Lösung soll jetzt 9n HCl sein]. Man extrahiert mit 100 ml Dichlordiäthyläther, läßt dann die organische Phase ab und wiederholt die Extraktion 2mal mit je 50 ml Lösungsmittel. Die von Fe befreite Lösung wird dann für die Al-Bestimmung nach einem der bekannten Verfahren verwendet.

Fe kann durch Extraktion aus 10–12n HCl-Lösung mit Amylacetat rasch und befriedigend abgetrennt werden [*6*]. Die Hauptnachteile des Amylacetates sind seine relative Kostspieligkeit, seine gewisse Löslichkeit in stark saurer Lösung und die mit Schwierigkeiten verbundene Durchführung von Blindwerten. Ketone sollen zur Entfernung von Fe besser geeignet sein als Äther [*7*]. Es wird ein Lösungsmittelgemisch von Methylamylketon/Bromoform (3 : 1) empfohlen, das schwerer als Wasser ist und für welches ein Verteilungskoeffizient bei Extraktion aus 8n HCl-Lösung von 3300 angegeben wird. Fe läßt sich auch vorteilhaft von Al mit MIBK, TBP oder anderen organischen Lösungsmitteln extraktiv abtrennen (s. S. 259ff.).

Kleine Mengen Fe können von Al als Fe(III)-Thiocyanat durch Extraktion mit Amylalkohol [*8, 9*] oder Isoamylalkohol [*10*] abgetrennt werden. Aus 0,5–1n HCl-Lösung, die 0,1m an NH_4SCN ist, läßt sich das Fe(III)-Thiocyanat auch mit einem Gemisch von Amylalkohol/Äther (5 : 2) [*11*] oder Diäthyläther [*12, 13*] extrahieren. Cu geht dabei ebenfalls in die organische Phase. Zu berücksichtigen ist, daß Al bei hohen Thiocyanat-Konzentrationen ebenfalls teilweise extrahiert wird. Die Trennung mit Thiocyanat wird nicht so häufig angewendet, da der Verteilungskoeffizient nicht sehr günstig ist, so daß keine großen Fe-Mengen abgetrennt werden können, und die Extraktion durch zahlreiche Anionen gestört wird.

Größere Mengen Fe lassen sich von Al durch Extraktion mit Tri-n-butylammoniumthiocyanat/Isoamylacetat bei pH 1–5 abtrennen [*14*] (s. S. 695, 715).

Die Abtrennung des Ga läßt sich auf dieselbe Weise wie die des Fe mit Diäthyläther durchführen. Am günstigsten arbeitet man dabei mit einer ~ 6n HCl-Lösung [*15, 16*], die 3mal mit dem gleichen Volumen [*15*], bzw. 1mal mit demselben und 2mal mit dem sechstel Volumen [*16*] an Äther ausgeschüttelt wird. Es werden so etwa 97% des Ga extrahiert. Bei kleinen Ga-Mengen (7,6–10,2 mg) [*16*] ist die Extraktion praktisch quantitativ; nach anderen Angaben soll dies nicht ganz der Fall sein [*17, 18*]. Hinsichtlich weiterer Trennungsmöglichkeiten s. S. 259ff.

Al kann bei pH 3,4–3,9 (pH vor dem Buttersäurezusatz 9,2–10,0) als Butyrat mit $CHCl_3$ extrahiert werden [*19*]. In Anwesenheit von ÄDTA kann Be von Al durch Extraktion bei dem genannten pH-Wert mit Buttersäure/$CHCl_3$ abgetrennt werden, wobei das Al in der wäßrigen Phase bleibt.

Durch Cupferron-Extraktion aus H_2SO_4 (1 + 9)-Lösung lassen sich Fe(III), Ti, Zr, V, Sn(IV) u. a. von Al abtrennen [*20*] (s. S. 340ff.). Bei der Bestimmung von Al in biologischem Material wurde das Fe durch Extraktion aus verdünnter H_2SO_4-Lösung mit Cupferron/Benzol-Äther (1 : 1) abgetrennt [*21*].

Kleine Mengen Al können mit Oxin/$CHCl_3$ bei pH 4,5–5,0 von den Erdalkalimetallen, Mg, Be, Mn, Cr(III) und den S. E. abgetrennt werden. Viele andere Metalle, u. a. auch das Fe, werden gleichzeitig mitextrahiert, weshalb diese Methode begrenzte Anwendbarkeit hat. Ebenso läßt sich Al bei pH 9 extrahieren, wobei Cu, Zn, Ni und Fe mit KCN maskiert werden können, W und Mo in der wäßrigen Phase bleiben, während Be, Mg u. a. unter diesen Bedingungen mit Oxin reagieren. Durch Extraktion mit 8-Hydroxychinaldin/$CHCl_3$ bei pH 9,2 können Cd, Co, Cu, Fe, Mn, Ni, Pb, Sb, Sn, Ti und Zn von Al abgetrennt werden [*92*], doch wird dabei Al teilweise mitextrahiert [*24*].

Die Bestimmung von 3–50 µg Al mit Oxin/$CHCl_3$ läßt sich durch eine vorangehende Extraktion mit N-Benzoyl-N-phenylhydroxylamin/Benzol nach der folgenden Arbeitsvorschrift selektiv gestalten [*25*]. Dabei stören nicht: 150 mg U(VI), je 10 mg von Cr(VI), Cs, Fe(III), K, Li, Mg, Mo(VI), Na, Ni, Pb, Sb(V), Sr und Th, je 1 mg von Ba, Be, Bi, Ca, Cd, Ce(IV), Co, Cu, In, La, Mn(VII), Nb, Pd, Pt(IV), Re(VII), Rh, Ru, Sn(IV), S. E., V(V), Y, Zn und Zr, sowie 0,5 mg Ga, je 100 mg Formiat, Acetat, Oxalat, Triäthanolamin, $B_4O_7^{2-}$, ClO_4^-, NO_3^-, SO_4^{2-}, CN^-, Br^-, I^-, 50 mg Tartrat und 15 mg H_2O_2.

Arbeitsvorschrift [*25*]

Die schwach saure Probelösung (3—50 µg Al enthaltend) versetzt man in einem Schütteltrichter mit 1 ml Thioglykolsäure (80%), stellt mit Ammoniumcarbonat/Hexametaphosphat-Pufferlösung (5 g Natriummetaphosphat und 200 g Ammoniumcarbonat mit Wasser auf 1 l aufgefüllt) auf pH 8—9,5 ein, fügt noch 1—5 ml Pufferlösung im Überschuß, 1 ml KCN-Lösung (5%ig) sowie 1 ml H_2O_2 (1,2%ig) hinzu und verdünnt mit Wasser auf 30 ml. Die Lösung wird mit 1 ml N-Benzoyl-N-phenylhydroxylamin-Lösung (2%ig in Äthanol oder Aceton) versetzt, gemischt und nach 5 min Standzeit mit 15—20 ml Benzol 1 min extrahiert. Man wäscht den organischen Extrakt 1 mal mit 10—15 ml Wasser, rückextrahiert das Al durch Schütteln (1 min) mit 15—20 ml 0,20 n HCl, stellt die abgetrennte wäßrige Phase mit Ammoniumcarbonatlösung (20%ig) auf pH 9 ein und bestimmt das Al mit Oxin/$CHCl_3$ nach S. 411.

2. Abtrennung durch Fällung mit Natriumhydroxyd

Zur Bestimmung von Al in Berylliumsalzen wird das Al als Oxinat extrahiert und photometrisch bestimmt [*22*], wobei störendes Fe und andere Elemente vorher durch einmalige Fällung mit NaOH entfernt werden, was von anderer Seite [*23*] aber als unzureichend gefunden wurde. Eine quantitative Trennung des Al von Fe ist durch eine NaOH-Fällung nicht zu erreichen, da stets ein Teil des Al infolge Adsorption und Okklusion in den Niederschlag geht und Fe im Filtrat verbleibt. Dies macht sich besonders im Mikrogramm-Bereich bemerkbar. So konnten z. B. bei der Trennung von 52 µg Al von 64 µg Fe mit NaOH im Niederschlag rund 30% des Al und 58% des Fe festgestellt werden, während die Restmenge der Elemente im Filtrat war [*11*] (s. a. S. 392). Außer Fe werden vor allem noch Co, Cr(III), Cu, Mg, Mn, Nb, Ni, S. E., Ta, Ti und Zr ausgefällt, während neben Al noch As, Au, Be, Cr(VI), Mo, Pb, Sb, Sn, V, W und Zn im Filtrat bleiben (s. a. S. 359).

3. Abtrennung durch Elektrolyse mit einer Quecksilberkathode

Die elektrolytische Abscheidung zahlreicher Schwermetalle an einer Quecksilberkathode ermöglicht auf einfache Weise deren Abtrennung von Al. Diese Methode wurde zur Bestimmung von Al in Stählen [*26–32*], in Al-Legierungen [*33*] und Zinkgußlegierungen [*34*] angewendet. Es ist allerdings selbst bei sorgfältigem Arbeiten nicht ganz einfach, auf diesem Wege die letzten Spuren der an der Hg-Kathode elektrolytisch abscheidbaren Elemente vollständig aus der Lösung zu entfernen. So konnte festgestellt werden, daß stets oder meist einige Mikrogramm der betreffenden Elemente, wie z. B. Fe, in der Lösung verbleiben [*11, 35*]. Ebenso können kleine Mengen Hg derselben Größenordnung von der Hg-Kathode in die Lösung gelangen. Außerdem ist auch zu berücksichtigen, daß bei gleichzeitiger Abscheidung mehrer Elemente eine gegenseitige Beeinflussung auftreten kann, die ihre Ursache in den elektrochemischen Eigenschaften (Stellung in der Spannungsreihe, Überspannung usw.) und in der Neigung der mehrwertigen Elemente zur Reduktion durch Ausbildung eines Redox-Puffersystems haben. Es wird deshalb nach der Elektrolyse mit der Hg-Kathode vielfach noch vor der Bestimmung des Al eine Entfernung der verbliebenen und nicht abgeschiedenen Restmenge an störenden Elementen durch Extraktion, z. B. mit Cupferron/$CHCl_3$ oder 8-Hydroxychinaldin/$CHCl_3$, vorgenommen (s. die nachfolgenden Arbeitsvorschriften). Fe-Spuren sollen sicher durch Extraktion des Fe-Oxinates bei pH 2 mit $CHCl_3$ vor der eigentlichen Al-Bestimmung mit Oxin/$CHCl_3$ in Wolframoxyd [*35*] und in Berylliumsalzen [*23*] entfernbar sein.

An der Hg-Kathode sind nachfolgende Elemente in saurer Lösung abscheidbar: Fe, Co, Ni, Cr, Cu, Cd, Zn, Mo, Bi, Sn, Ge, Ag, Hg, Au, Rh, Pd, Re, Ir, Pt, Ga, In, Po, Tl [*36–40*]. Doch sollen Ge und Re aber niemals hinreichend quantitativ abtrennbar sein [*40*]. Da man meist in H_2SO_4-Lösung arbeitet, werden Metalle, die schwerlösliche Sulfate bilden, schon vor der Elektrolyse abgetrennt, wie z. B. Pb. In Lösung bleiben außer Al, den Alkali- und Erdalkalimetallen noch Be, Ti, Zr, V, U, B, Hf, Sc, Y, Th, W, La, Nb[1], Ta[1], Mg, S. E., H_3PO_4, Kieselsäure und H_3BO_3. Entfernt, aber nicht quantitativ abgeschieden, werden Os (teilweise flüchtig als OsO_4 an der Anode), Se und Te (beide zu Metall reduziert, aber nicht amalgamiert und durch Filtration entfernbar), Pb (teilweise an der Kathode als Metall, teilweise an der Anode als PbO_2 abgeschieden) und As (teilweise verflüchtigt als Arsin an der Kathode, der Rest geht ins Hg). Bei geringer Säurekonzentration (0,1 n) lassen sich auch As, Se, Ga und Cr vollständig abscheiden, doch amalgamieren As und Se nur zu geringerem Teil; der größere Teil bleibt als fein verteilter Niederschlag suspendiert im Elektrolyten bzw. auf der Kathodenoberfläche abgesetzt und ist durch Filtration, allerdings schwierig, zu entfernen [*40*]. Cr läßt sich nur in 3wertiger Form abscheiden, während Cr(VI) unter Säureverbrauch über $Cr_2(SO_4)_3$ zu $Cr(OH)_3$ hydrolysiert und außerdem einen Metallniederschlag auf der Kathode gibt. Mn, Ru und Sb werden unvollständig abgeschieden [*36, 40*]. Die quantitative Abscheidung des Ir ist schwierig (s. a. S. **57** ff.). Bei der Abscheidung des Mn fällt die Hauptmenge als MnO_2 aus, ein Teil wird zu Metall reduziert, während ein kleiner Rest als $KMnO_4$ in Lösung verbleibt [*39, 41*]. Dies ist nicht sehr schwerwiegend, da die in der Lösung verbleibende Restmenge an Mn die Bestimmung des Al mit Aluminon im allgemeinen nicht stört. Eine quantitative Entfernung auch des Mn soll übrigens erzielbar sein, wenn man die Elektrolyse in einer Essigsäure/Acetat-Lösung durchführt [*42*]. Auch Mo läßt sich nicht immer mit Sicherheit quantitativ abscheiden. Bei zu geringer Säurekonzentration und zu hoher Stromdichte kann es zur Abscheidung von

---

[1] Diejenigen kleinen Mengen an Nb und Ta, die in schwach saurer Lösung beständig sind.

Oxyden des niedrigerwertigen Mo kommen, die nicht wieder in Lösung gehen. Bei höheren Mo-Gehalten empfiehlt es sich daher, das Mo vor der Elektrolyse auf anderem Wege abzutrennen. Die besten elektrolytischen Bedingungen für eine quantitative Mo-Abscheidung sind 0,6–1,0 Amp./cm² und 1,2–1,4n H_2SO_4-Lösung [*43, 44*]. Bei Anwendung einer rotierenden Anode kann so 0,1 g Mo in 50 min abgeschieden werden. Von anderer Seite wird dieselbe Mo-Menge bei 0,1 Amp./cm² aus 0,1n H_2SO_4-Lösung in eineinhalb Stunden zu 99,3%, in 8 Std zu 99,98%, aus 1,5n H_2SO_4-Lösung in 4 Std zu 98%, in 8 Std zu 99,3% abgeschieden [*40*]. Auch hier waren größere Mo-Mengen nicht quantitativ abtrennbar.

Chlorionen sollen in der Lösung möglichst nicht anwesend sein, da sie die Platinanode angreifen, doch kann in Anwesenheit von Hydroxylaminhydrochlorid auch in Cl^--haltiger Lösung elektrolysiert werden. Nitrate stören nicht, sollen aber vermieden werden [*37*]. Die Elektrolyse kann weiter auch in $HClO_4$-Lösung oder auch bei Anwesenheit von H_3PO_4 durchgeführt werden [*30, 38, 39*]. In Gegenwart von Ammoniumsalzen bildet sich bei Schwefelsäurekonzentrationen unter 0,1n störendes Ammoniumamalgam; die Störung kann durch Temperaturerhöhung ausgeschaltet werden [*40*].

Die Abscheidungsgeschwindigkeit in 0,05–0,5n H_2SO_4-Lösung bei einer Stromdichte von 0,12 Amp./cm² beträgt etwa 0,029–0,025 g Fe/min [*30*]. Nach anderen Angaben [*45*] können bei 0,5 Amp./cm² in 1 Std 0,5 g der Elemente Zn, Fe, Cu, Cr, Ni, Cd, Pb

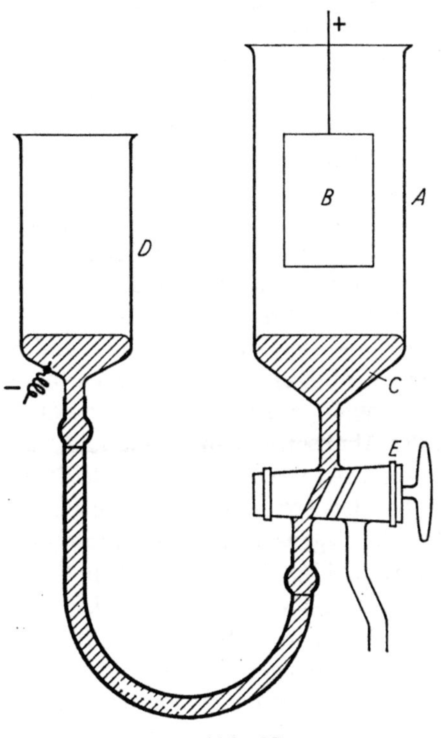

Abb. 65

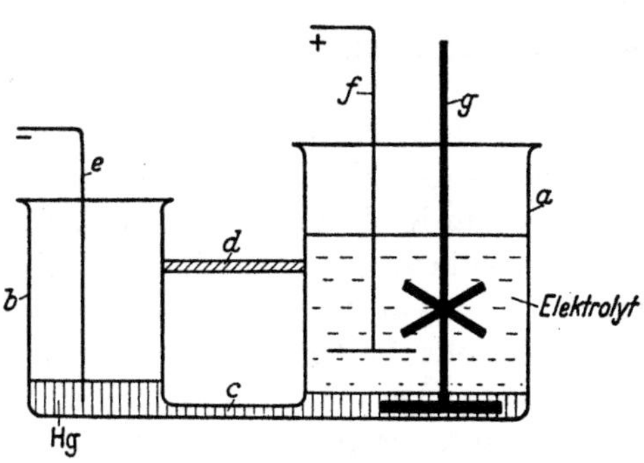

Abb. 66

Abb. 65. Elektrolysiereinrichtung mit Quecksilberkathode [*46*]; *A* Elektrolysiergefäß, *B* Platin-Rühranode, *C* Quecksilberkathode, *D* Niveaugefäß, *E* Doppelweghahn

Abb. 66. Elektrolysiereinrichtung mit Quecksilberkathode [*40*]; *a* Elektrolysiergefäß, *b* Quecksilbervorratsgefäß, *c* Verbindungsrohr, *d* Glasbrücke, *e* Platindraht, *f* Platinanode, *g* Doppelrührer

und Sn abgeschieden werden. Für die ersten 5 Elemente werden folgende Mengen (in µg) genannt, die danach noch in der Lösung verbleiben: Zn 42, Fe 27, Cu 22, Cr 6 und Ni 2.

Es empfiehlt sich im allgemeinen, eine etwa 0,1—0,2n H_2SO_4-Lösung zu elektrolysieren (kathodische Stromdichte 0,15 Amp./cm² bei 7—10 V). Eine höhere Säurekonzentration ist zu vermeiden, da sonst die Abscheidung nicht quantitativ erfolgt. An der Hg-Kathode können etwa 5 g Metall/50—60 cm³ Hg ohne Störung abgeschieden werden. Elektrolyt und Hg sollen gerührt werden. Manchmal ist es bei sehr großen Einwaagen zweckmäßig, die Abtrennung der Hauptbestandteile in zwei Stufen vorzunehmen. Die Vortrennung (1. Stufe) des Fe kann z. B. durch Ausäthern erfolgen, woran sich dann die Elektrolyse (2. Stufe) anschließt. Abb. 65 zeigt eine häufig verwendete Ausführungsform [*46*] der Elektrolysiereinrichtung mit Hg-Kathode [*47*]. Eine andere Einrichtung ist in Abb. 66 wiedergegeben [*40*]. Damit wurden aus H_2SO_4-Lösung (etwa 1 g Metall/150 ml) bei einer kathodischen Stromdichte von 0,1 Amp./cm² mindestens 99,99% der nachfolgend genannten Elemente bei den angeführten Säurekonzentrationen entfernt; Cu, Sn: 1,5n H_2SO_4 (1,5 bzw. 8 Std); Cu: 0,1—6n H_2SO_4 (4—8 Std); Fe, In, Tl, Co, Ni: 0,1n H_2SO_4 (für Fe 4, für alle übrigen Elemente 8 Std); Cd, Zn: 0,1—1,5n H_2SO_4 (8 Std); Bi: 0,5n H_2SO_4 (8 Std).

4. Isolierung des Aluminiums bei seiner Bestimmung in Eisen und Stahl

Zahlreiche Arbeiten befassen sich mit der Bestimmung von Al in Stahl, da diesem häufig mit Schwierigkeiten verbundenen Verfahren in der Stahlerzeugung besondere Bedeutung zukommt. Die zur Bestimmung des Al üblichen Fällungsverfahren [*29, 48*] sind für Al-Gehalte im Bereich von 0,01—0,0001% und weniger aus bekannten Gründen nicht anwendbar. Gehalte bis herab zu 0,001% lassen sich spektrochemisch bestimmen, doch ist der relative Fehler an der unteren Grenze bereits verhältnismäßig groß [*49*]. Für kleine Al-Gehalte werden daher vor allem photometrische Verfahren bevorzugt.

Die Hauptschwierigkeit besteht in der quantitativen Abtrennung der störenden großen Mengen an Fe vom Al. Zur Trennung kommen vor allem die Extraktion des Fe aus HCl-Lösung mit organischen Lösungsmitteln und die elektrolytische Abscheidung des Fe zusammen mit anderen Elementen an einer Hg-Kathode [*50*] in Betracht. Da diese beiden Arten der Fe-Abtrennung für Industrielaboratorien umständlich und zeitraubend sind, wird daneben auch noch häufig ein Schnellverfahren angewendet [*51, 51a*], bei dem das Fe mit NaOH als Hydroxyd ausgefällt und das im Filtrat als Aluminat vorliegende Al anschließend photometrisch bestimmt wird. Das letztgenannte Verfahren hat zwar den Vorzug der Schnelligkeit, liefert aber weniger genaue Ergebnisse, da durch den $Fe(OH)_3$-Niederschlag beträchtliche Mengen des Al absorbiert bzw. okkludiert und deshalb zu niedrige Werte mit größerer Streuung erhalten werden. Eine vergleichende Überprüfung [*52*] der drei Verfahren ergab, daß bei der Trennung durch Elektrolyse mittels der Hg-Kathode keine Al-Verluste auftreten. Im Gegensatz zu anderen Literaturangaben soll beim Ätherverfahren ein Verlust von rund 11% des vorhandenen Al auftreten [*52*], was aber in einer anderen Arbeit nicht bestätigt werden konnte [*53*]. Beim Schnellverfahren ist bei der NaOH-Trennung mit Verlusten von etwa 25% zu rechnen, doch kann der Verlust auch größer sein und bis zu 36% betragen [*54*]. Es können aber alle 3 Verfahren angewendet werden, wenn man die Eichkurven analog den Bestimmungsverfahren aufstellt und so die genannten Al-Verluste mit in die Eichkurve eingehen. Al-Verluste durch Adsorption an $Fe(OH)_3$ lassen sich durch Zusatz von H_3BO_3 [*51a, 51b*] oder $Na_2B_4O_7 \cdot 10\ H_2O$ [*51c*] und solche an $Ni(OH)_2$ durch Zusatz von NaCN [*51b*] zur NaOH-Fällungslösung (6% H_3BO_3 und 10% NaCN in 40%iger NaOH) oder der Fällung zur Probelösung stark vermindern oder weitgehend vermeiden.

Wenn man, wie in dem oben geschilderten Fall, die Wahl zwischen mehreren Verfahren hat, so sollte man grundsätzlich solche vermeiden, welche, wie z. B. die NaOH-Trennung, mit einem großen Verlust des zu bestimmenden Spurenelementes verbunden sind. Obwohl der Verlust mit in die Eichkurve aufgenommen und stets ein Blindwert durchgeführt wird, ist erfahrungsgemäß der bei solchen Verfahren auftretende Fehler verhältnismäßig größer als bei anderen Methoden, da auch bei genauer Einhaltung der Arbeitsbedingungen die auftretenden Adsorptions- und Okklusionseffekte bzw. die Niederschlagsoberfläche des $Fe(OH)_3$ nicht genau reproduzierbar sind. Falls daher die Genauigkeit im Vordergrund steht, sollte man ein anderes Verfahren vorziehen.

Zur Vermeidung zeitraubender Trennungsgänge sowie der oben geschilderten Al-Verluste und Fehlerquellen wurden auch Schnellverfahren entwickelt, bei denen das Al ohne vorangehende Abtrennung des Fe nach Reduktion des letzteren mit Ascorbinsäure unmittelbar in der Probelösung photometrisch bestimmt wurde [*51a*, *54a*].

B. Aluminon

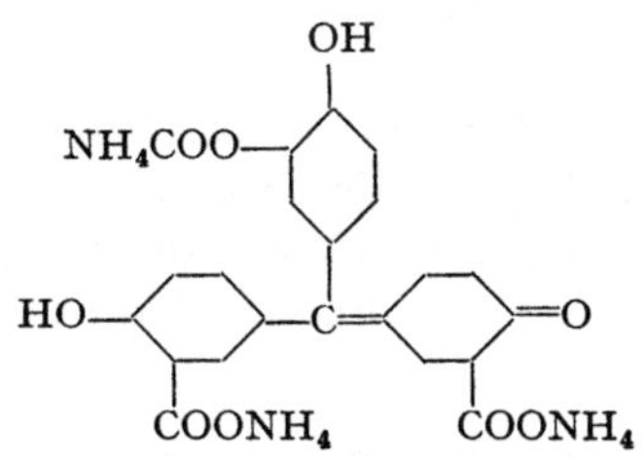

In schwach saurer bis neutraler Lösung bildet Al mit Aluminon (Ammoniumsalz der Aurintricarbonsäure) einen tiefroten Farblack. Die Bildung und Stabilität des Farblackes sind von mehreren Faktoren, wie pH-Bereich, Temperatur, Zeit, Konzentration des Reagenses und des Elementes sowie der Verwendung eines Schutzkolloides abhängig, die daher bei Anwendung einer Arbeitsvorschrift streng beachtet werden müssen. Der optimale pH-Wert liegt um 5,3; die größte Farbintensität wird dann bei Raumtemperatur nach 15 min erreicht. Das Extinktionsmaximum liegt im Bereich von 520–540 nm (s. Abb. 67). Das Beersche Gesetz ist im Bereich von 0,05–1 μg Al/ml erfüllt ($\varepsilon = 11000$). In ammoniakalischer Lösung unterbleibt die Farblackbildung,

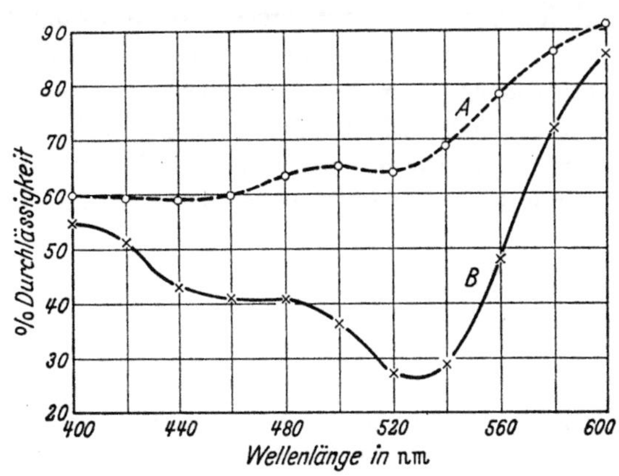

Abb. 67. Durchlässigkeitskurven von Al + Aluminon (*B*) und Aluminon (*A*) [*59*]

doch ist der bereits in schwach saurem Medium mit Al vorgebildete Farblack unter leichtem Verblassen noch beständig, während die durch Cr hervorgerufene Färbung dabei zerstört wird. Zur Stabilisierung der Farbe werden Gelatine, Gummi arabicum oder Stärke als Schutzkolloide verwendet. Die Farbe ist 3–4 Std stabil [*54b*].

Von Fremdmetallen stört Fe infolge Farblackbildung am empfindlichsten. Eine Störung von $\leqq 0{,}5$ µg Fe(III)/ml läßt sich durch Reduktion mit Thioglykolsäure beseitigen [*54b*]. Auch Cr, V, Ti, Cu und die S. E. dürfen nur in geringer Menge anwesend sein, da sie die Extinktion der Farblösung erhöhen [*55*]. Es ist daher meist nötig, bei Al-Bestimmungen mit Aluminon in den verschiedensten Materialien die mehr oder weniger zahlreich vorhandenen Fremdelemente vor der eigentlichen Bestimmung abzutrennen. Störendes Cr(III) wird in das nicht störende Cr(VI) übergeführt [*56*]. Größere Cr-Mengen müssen durch Zusatz von konz. HCl zur $HClO_4$-Lösung als Chromylchlorid verflüchtigt werden. Die Bestimmung von 0,25 µg Al/ml wird nicht gestört durch (in µg/ml) [*56*]: Cl^- (600), ClO_4^- (2250), NO_3^- (3000), SO_4^{2-} (1800), Mn(II) (5), SiO_3^{2-} (0,875), Ni(12,5), CrO_4^{2-} (5), MoO_4^{2-} (7,5), VO_3^- (0,5), Cu(II) (0,625); sie wird gestört durch (in µg/ml) [*56*]: $S_2O_8^{2-}$ (5000), MnO_4^- (0,1) und PO_4^{3-} (von 0,5 aufwärts). $<0{,}15$ µg F^-/ml stören nicht [*54b*]. Hinsichtlich des Einflusses von Fremdionen s. a. S. 396 u. 397.

Die im allgemeinen verwendeten Aluminon-Lösungen haben den Nachteil der geringen Stabilität, die eine schlechte Reproduzierbarkeit bedingt. Deshalb wurde eine modifizierte Aluminon-Lösung empfohlen [*56a*], die diese Nachteile nicht aufweist. Die Lösung ist 1 Monat haltbar und liefert reproduzierbare Werte. Die Reagenslösung wird wie folgt hergestellt [*56a*]:

500 g Ammoniumacetat werden in Wasser gelöst, filtriert und mit Wasser auf 1 l aufgefüllt. Zu dieser Lösung fügt man 80 ml Eisessig, 1 g Aluminon (in 100 ml Wasser gelöst), 2 g Benzoesäure (in 300 ml Isopropylalkohol gelöst), 450 ml Isopropylalkohol und füllt mit Wasser auf 2 l auf. Nun löst man 10 g Gelatine in 250 ml heißem Wasser, versetzt mit 500 ml kaltem Wasser, filtriert, füllt mit Wasser auf 1 l auf und fügt die Aluminon-Lösung unter Umrühren hinzu. Die Lösung muß nach dem Abkühlen klar sein und wird in Polyäthylenflaschen im Dunkeln aufbewahrt.

1. Wässer

Die Bestimmung von Al in Wässern kann nach der folgenden Arbeitsvorschrift B. 2. für biologisches Material durchgeführt werden [*20*]. Hierzu wird eine dem Al-Gehalt entsprechende Probemenge zur Entfernung des Fe mit Thiocyanat/Äther oder Cupferron/$CHCl_3$ nach vorhergehender Einstellung der geeigneten Acidität extrahiert. Nach der Extraktion wird die wäßrige Lösung erhitzt, um das noch vorhandene organische Lösungsmittel zu entfernen, und anschließend mit der Bestimmung des Al fortgefahren. Aluminon wurde auch zur Bestimmung von Al in Abwässern empfohlen [*57*].

Bei der nachfolgenden Arbeitsvorschrift [*54b*] muß bei Proben mit $> 0{,}3-1$ mg F^-/l bzw. mit > 1 mg Fe/l der Eichlösung die entsprechende Menge F^- bzw. Fe zugesetzt werden. Der störende Einfluß von Ca in Konzentrationen von $> 20°$ dH wird durch Verdünnen vermieden.

B: 20–400 µg Al/l und darüber.

Arbeitsvorschrift [*54b*]

Reagentien

Thioglykolsäure, 1%ige wäßrige Lösung (täglich frisch hergestellt).

Aluminon-Pufferlösung; 250 g Ammoniumacetat werden in 500 ml Wasser gelöst, mit 40 ml Eisessig versetzt, 0,5 g Aluminon (in 25 ml Wasser gelöst) und 2,0 g Benzoesäure (in 10 ml Methanol gelöst) hinzugefügt und mit Wasser auf 1 l aufgefüllt. Zu dieser Lösung gibt man 5 g Gelatine (in

400 ml Wasser von 60° C gelöst und nach dem Abkühlen auf 500 ml mit Wasser aufgefüllt). Die Mischung soll 3 Tage vor Gebrauch hergestellt werden und ist 3 Monate haltbar.

Die farblose und klare Wasserprobe soll das Al in Ionenform enthalten. F^- in einer Konzentration > 1 mg/l und organische Stoffe werden durch Abrauchen mit H_2SO_4 (1,84) beseitigt. Nach Entfernung der Störsubstanz versetzt man 50,0 ml annähernd neutraler Probe in einem 100 ml-Meßkolben mit 2 ml Thioglykolsäurelösung, läßt 2 min stehen, fügt dann 15,0 ml Aluminon-Pufferlösung hinzu und erhitzt 15 min im siedenden Wasserbad. Anschließend wird sofort auf Raumtemperatur abgekühlt, mit Wasser zur Marke aufgefüllt (die Meßlösung soll jetzt pH 5,3—5,4 aufweisen) und in einer 5 cm-Küvette bei 530 nm gegen Wasser photometriert.

2. Organisches Material

Bei der Bestimmung von Al in biologischem Material liegen neben 0—300 µg Al bis zu 10 mg Fe vor, das die Bestimmung mit Aluminon stört. In der nachfolgenden Arbeitsvorschrift [*20*] wird das Fe zusammen mit vorhandenem Cu durch Extraktion mit Cupferron/$CHCl_3$ aus 4—5n H_2SO_4-Lösung entfernt. Da bei dem üblichen Aluminonverfahren mit Acetatpuffer die Farbintensität des Farblackes abnimmt, wird nach dem üblichen Farbentwickeln in acetatgepufferter Lösung der Farbüberschuß des Reagenses durch Pufferung der Lösung mit Ammoniumboratpuffer auf pH 6,0 ± 0,5 entfernt. Auf diese Weise wird eine gute Reproduzierbarkeit und erhöhte Empfindlichkeit erreicht und ein Verblassen der Farbe vermieden.

B: 0,0001—0,02% Al und darüber. F_r: ± 10%.

Arbeitsvorschrift [*20*]

Reagentien

Aluminon, 0,2%ige, wäßrige Lösung; diese soll einige Tage vor Gebrauch hergestellt werden;
Gummi arabicum, 5%ige wäßrige Lösung;
Ammoniumacetatpuffer; 156 g Ammoniumacetat + 108 g NH_4Cl mit Wasser auf 1 l aufgefüllt;
Ammoniumboratpuffer; 93 g H_3BO_3 in 1 l 1n Ammoniak lösen, filtrieren, mit Wasser auf 0,8n Alkalität verdünnen;
Cupferron, 6%ige wäßrige Lösung;
$CHCl_3$;
Hydroxylaminhydrochlorid, 10%ige wäßrige Lösung.

2 g organisches Material werden mit H_2SO_4/HNO_3/$HClO_4$ aufgeschlossen, durch wiederholtes Eindampfen bis zur Trockene unter Zusatz von Wasser die vorhandene HNO_3 entfernt, der Rückstand mit Wasser und H_2SO_4 aufgenommen, so daß die Lösung 5—6 H_2SO_4-sauer ist. Die Lösung wird in einen 50 ml-Schütteltrichter übergeführt; das Volumen soll nicht mehr als 20—25 ml betragen und nicht mehr als 10 mg Fe enthalten. Man fügt 2,5 ml Cupferronlösung hinzu, mischt gut durch und extrahiert mit 10 ml $CHCl_3$. Nach dem Ablassen der organischen Phase wird der Vorgang unter Zusatz von 0,5 ml Cupferronlösung und 10 ml $CHCl_3$ wiederholt. Hierauf wird 2mal mit je 5 ml $CHCl_3$ nachgeschüttelt, um noch vorhandenes Cupferron aus der wäßrigen Phase zu entfernen. Das in der wäßrigen Phase vorhandene $CHCl_3$ wird durch Erhitzen verjagt, die Lösung mit 10n Ammoniak gegen Methylrot als Indicator neutralisiert, mit 5,0 ml 5n HCl angesäuert und der Indicator durch Zusatz von 2 Tropfen gesättigten Bromwassers zerstört. Der Brom-Überschuß wird mit 0,5 ml Hydroxylaminhydrochlorid-Lösung herabgesetzt und danach die Lösung im Meßkolben mit Wasser auf 100 ml gebracht. Davon werden 20 ml Lösung in einem 50 ml-Meßkolben mit Wasser auf 30 ml verdünnt, 1,0 ml Gummi arabicum-Lösung, 5,0 ml Ammoniumacetatpufferlösung und 2,0 ml Aluminonlösung zugesetzt, gemischt, 5 min zum Sieden erhitzt, auf Raumtempe-

ratur abgekühlt, 4,0 ml Ammoniumboratlösung zugesetzt und mit Wasser zur Marke aufgefüllt. Nach 5 min wird bei 525 nm photometriert unter Verwendung einer 1 cm-Küvette für 5–70 μg Al oder einer 5 cm-Küvette für 0,5–10 μg Al. Wenn die Al-Menge mehr als 70 μg beträgt, so verwendet man einen kleineren aliquoten Teil und fügt genügend HCl hinzu, daß vor dem Zusatz des Acetatpuffers 1,0 ml 5n HCl anwesend ist.

3. Metalle und Legierungen

Aluminon fand zur Bestimmung von Al in Stahl [*56*, *58*] und Pb-Sb-Sn-Legierungen [*60*] Anwendung, wobei Störelemente vorher abgetrennt werden.

3.1. Eisen

Das zu beschreibende Verfahren verwendet eine Einwaage von 10 g Eisen. Zur Entfernung so großer Fe-Mengen ist die Hg-Elektrolyse ungeeignet, weshalb das Fe durch Extraktion mit Diäthyl- oder Diisopropyläther und anschließend mit Cupferron/$CHCl_3$ abgetrennt wird. In der verbleibenden wäßrigen Phase erfolgt die Al-Bestimmung mit Aluminon auf photometrischem Wege.

Bei der Ausgangsmenge von 10 g Probematerial wird das Fe bei zweimaliger Ätherextraktion bis auf 2–3 mg entfernt. Da das durch den Äther reduzierte Fe(II) von Cupferron nicht extrahiert wird, oxydiert man es mit einigen Tropfen HNO_3. Auch wird vor der Cupferron-Extraktion NH_4Cl zugesetzt, da sich hierdurch das Fe(III) besser extrahieren läßt. Wird nach dem Cupferron-Zusatz sofort mit $CHCl_3$ ausgeschüttelt, so ist die Fe-Extraktion von pH 0,8 aufwärts vollständig; bei tieferem pH-Wert bleiben hingegen bis zu 0,3 mg Fe (in 50 ml) in der wäßrigen Phase. Läßt man zwischen dem Reagenszusatz und der Ausschüttelung die Lösung 5 min stehen, so ist sie von pH 0,2 aufwärts quantitativ, wobei weniger als 5 μg Fe (in 50 ml) in der wäßrigen Phase verbleiben. Dies ist von Bedeutung, da Al mit Cupferron oberhalb pH 0,5 ebenfalls und bei pH 3,2–4,0 sogar quantitativ extrahiert wird.

Der pH-Wert muß sowohl bei der Cupferron-Extraktion als auch bei der Bestimmung mit Aluminon mittels einer Glas/Kalomel-Elektrode auf $\pm$ 0,05 pH genau eingestellt werden, da eine pH-Änderung von 0,1 einem Fehler von 5% der vorhandenen Al-Menge entspricht. Bei der Bestimmung des Al mit Aluminon in saurer Lösung stört Cr(III) (200 μg Cr $\equiv$ 40 μg Al) wenn die Lösung erhitzt wird. Entwickelt man die Färbung bei Raumtemperatur, so stört bis zu 1 mg Cr(III) nicht. Weiterhin hat die Farbentwicklung bei Raumtemperatur den Vorteil, daß bis zu 100 μg Al anwesend sein können, ohne daß der Al-Farblack auszufallen beginnt, während beim Erhitzen dies schon ab 50–60 μg Al der Fall ist. In dem nachfolgenden Verfahren stören Milligramm-Mengen der im Eisen enthaltenen Elemente wie Cr, Ni und Mn nicht. Cu stört nur wenig (300 μg Cu $\equiv$ 8 μg Al) und wird außerdem fast vollständig bei pH 0,5 durch Cupferron entfernt. Ebenso werden auch Ti und V bei der Cupferron-Extraktion vollständig erfaßt. Falls größere Mengen störender, durch Cupferron nicht extrahierbarer Elemente anwesend sind, so läßt sich nach der Fe-Entfernung durch Cupferron auch das Al mit demselben Reagens bei pH 3,5 extrahieren und nach trockener Veraschung des Extraktes bei 450–500° C mit Aluminon bestimmen.

B: 0,001–0,005% Al und darüber. *s* : $\pm$ 0,0005% Al.

Arbeitsvorschrift [*59*]

Reagentien

Ammoniumacetatlösung; 115 g Ammoniumacetat in Wasser gelöst, mit Wasser auf 300 ml aufgefüllt und vor Verwendung filtriert;

Aluminon, 0,2%ige wäßrige Lösung.

10 g Probe werden in HCl (1,19) unter Zusatz einer Mindestmenge HNO_3 (für die Oxydation des Fe) gelöst, zur Trockene eingedampft, der Rückstand in 80 ml HCl aufgenommen und erneut fast zur Trockene eingedampft. Man fügt 50 ml HCl (1,12) hinzu, führt in einen Schütteltrichter unter Nachspülen mit der gleichen Säure über. Das Fe wird mit Diäthyl- oder Diisopropyläther, wie früher beschrieben, extrahiert, die wäßrige Phase abgelassen und auf dem Wasserbad zur Entfernung des Äthers erhitzt. Man oxydiert mit einigen Tropfen HNO_3, dampft fast zur Trockene ein, fügt ein kleines Volumen HCl (1,12) hinzu, wiederholt die Ätherextraktion und behandelt die wäßrige Phase wie früher angegeben. Die auf ein kleines Volumen eingeengte wäßrige Lösung verdünnt man mit Wasser auf 50 ml, fügt 3 g NH_4Cl zu, stellt genau auf pH 0,3–0,4 ein, führt in einen Schütteltrichter über, fügt 0,1 g Cupferron (in wenig Wasser aufgelöst) hinzu, läßt mindestens 5 min stehen und extrahiert mehrmals mit $CHCl_3$ bis zur Farblosigkeit der organischen Phase. Zur Entfernung des $CHCl_3$ wird die wäßrige Phase erhitzt, mit Wasser auf 50 oder 100 ml aufgefüllt, ein aliquoter Teil (meist 10–20 ml) mit 1 g NH_4Cl, 5,0 ml Aluminonlösung und 5 ml Ammoniumacetatlösung versetzt, auf pH 4,9–5,0 eingestellt und auf 50 ml aufgefüllt. Nach 15 min wird bei 530 nm unter Verwendung einer 1 cm-Küvette photometriert.

3.2. Blei, Antimon, Zinn und ihre Legierungen

Durch Verwendung von Thioglykolsäure als Maskierungsmittel bei der Bestimmung von Al mit Aluminon wird deren Spezifität gesteigert. Die Al-Bestimmung wird durch 100 µg der folgenden Elemente (einzeln anwesend, bei 515 nm photometriert) wenig oder nicht gestört: Ge, As(V), Sb(V), Mo(VI), Hg(II), Tl(I), Tl(III), Cd, Zn, Ni, Fe(III), Fe(II), Mn, Mg, Si, W, Ta, Nb, Y, In, U(VI), Ga, Ce(III), Ce(IV), La, Sm, Nd, Pr, B, P, Ba, Sr und Ca. Eine Trübung tritt durch Pb, Bi, Sn und Ag auf, eine schwache Braunfärbung durch den Thioglykolsäure-Zusatz, die bei 515 nm etwas absorbiert, und Co. Folgende Elemente bilden mit Aluminon einen roten Farblack: Be, Sc, Cr(III), Cr(VI), V(VI), V(V), Cu(I), Cu(II), Ti, Zr, Hf und Th. Die entstehende Störung (ausgedrückt in µg Al) durch 100 µg des betreffenden Elementes beträgt für Be 75, Sc 10, für die übrigen Elemente einschließlich Co etwa 5.

Im vorliegenden Verfahren werden die störenden Elemente Pb, Bi, Ag, Sn, Co, Cr(III), Cr(VI), Cu(I) und Cu(II) durch Elektrolyse mit einer Hg-Kathode abgetrennt. Anschließend werden Ti, Zr, Fe(III) [teilweise auch V(V), Hf, Th] und einige nicht störende Elemente durch Extraktion mit Cupferron/$CHCl_3$ entfernt. Nach Maskierung von V(IV), V(V), Ce(III) und Ce(IV) mit H_2O_2 wird das Al bei pH 5 mit Oxin/$CHCl_3$ extrahiert. Dieser Schritt trennt Al von Be, Sc u. a. Elementen einschließlich der verbliebenen Spuren an Pb, Cr(III), Cr(VI) und Y ab. Der Zusatz von H_2O_2 verhindert die Extraktion von U(VI), Ti und Zr (falls diese anwesend sind) durch Oxin nicht. In dem nach der Oxin-Ausschüttelung erhaltenen Extrakt wird das Al mit Aluminon/Thioglykolsäure bestimmt. U(VI) stört aber bei der Aluminon-Bestimmung nicht. Die oben angegebene Störung durch je 100 µg Hf oder Th wird durch das Cupferron-Oxin/H_2O_2-Verfahren beseitigt.

Da bei diesem Verfahren ein Al-Verlust von 5–10%, auftritt, ist es nötig, die Eichkurven analog der Arbeitsvorschrift aufzustellen. Wenn der Blindwert sorgfältig durchgeführt wird, so liegt er bei 3–4 µg Al. Beim Neutralisieren soll stets ein Maskierungsmittel anwesend sein, um eine Hydrolyse des Al zu vermeiden. Aus diesem Grunde soll auch der Zusatz eines Überschusses von Ammoniak vermieden werden.

B: 0,0001–0,005% Al. F_r: ± 5–10%.

Arbeitsvorschrift [*61*]

Reagentien

Cupferron, 1%ige wäßrige Lösung (täglich frisch hergestellt);

$CHCl_3$;

m-Kresolpurpur-Indicatorlösung; 0,1 g Reagens in 10 ml Wasser unter Zusatz von 1 Plätzchen NaOH auflösen und mit Wasser auf 100 ml auffüllen;

Ammoniumtartrat, 10%ige wäßrige Lösung (in Polyäthylenflasche);

H_2O_2 (3%), täglich frisch hergestellt;

pH 5-Pufferlösung; 30 g $CH_3COONa \cdot 3\,H_2O$ + 4 ml Eisessig in Wasser lösen und auf 500 ml auffüllen; der pH-Wert dieser Lösung soll 5,0—5,1 sein (in Polyäthylenflasche);

Oxin, 1%ig in $CHCl_3$;

Thioglykolsäure, 4%ige wäßrige Lösung (wöchentlich frisch herstellen);

HBr/Br_2-Gemisch, 20 ml Brom in 180 ml HBr (1,49) gießen;

Aluminon-Puffer-Gemisch; 500 g Ammoniumacetat + 1 l Wasser + 80 ml Eisessig miteinander mischen, wenn nötig filtrieren; hinzu fügt man eine Lösung von 1,000 g Aluminon in 50 ml Wasser, danach eine Lösung von 2 g Benzoesäure in 20 ml Methanol und füllt mit Wasser auf 2 l auf; 10 g Gelatine in 250 ml Wasser in der Wärme lösen, unter Rühren in 500 ml Wasser gießen, abkühlen und auf 1 l auffüllen; Aluminon- und Gelatinelösung werden vereinigt und im Dunkeln aufbewahrt.

Blei

10,0 g Probe werden in 50 ml HNO_3 (1 + 3) unter schwachem Erwärmen gelöst, auf 100 ml verdünnt, auf Raumtemperatur abgekühlt und 5,5 ml H_2SO_4 (1 + 1) hinzugefügt (jedoch nicht zu dem parallel durchgeführten Blindwert). Der Niederschlag wird abfiltriert, mit Wasser gewaschen, der Niederschlag verworfen, zum Filtrat 2 ml $HClO_4$ zugesetzt und bis zum Auftreten weißer Nebel abgeraucht. Schließlich wird auf 1 ml eingedampft, um vorhandene HNO_3 und den Überschuß an $HClO_4$ zu vertreiben. Man kühlt ab, fügt 10 ml Wasser hinzu, kocht auf, kühlt und verdünnt mit Wasser auf 45 ml. Die Lösung wird in ein 100–150 ml-Elektrolysiergefäß mit 30 ml Hg filtriert, nach dem Waschen des Niederschlages das Filtrat mit Wasser auf 50 ml verdünnt und die Hg-Kathoden-Elektrolyse wie weiter unten beschrieben durchgeführt.

Antimon

2,0 g Probe werden in 20 ml HBr/Br_2-Gemisch in einem Becherglas, das mit einem Uhrglas bedeckt ist, unter schwachem Erwärmen gelöst. Die Lösung wird auf 3–4 ml eingeengt, wobei die Heizplatte zwecks Vermeidung von Al-Verlusten eine Temperatur von 150–175° C aufweisen soll. Danach wird das Uhrglas entfernt und zur Trockene eingedampft, die Seitenwände des Becherglases mit 10 ml HBr gespült, abermals nach Bedecken mit dem Uhrglas erhitzt, danach abgekühlt, 2 ml HBr und 2 ml $HClO_4$ hinzugefügt und wieder bei angehobenem Uhrglas erhitzt, um die HBr zu vertreiben. Nach dem Einengen auf 1 ml wird abgekühlt, 10 ml Wasser zugesetzt, aufgekocht, gekühlt, mit Wasser auf 50 ml verdünnt und, wie bei Blei, in ein Elektrolysiergefäß mit Hg-Kathode übergeführt.

Zinn, Zinnlegierungen, Lötmetall und Bleilegierungen

2,0 g Probe werden in 10 ml HBr/Br_2-Gemisch in einem Becherglas, bedeckt mit einem Uhrglas, gelöst (eventuell unter Abkühlen in einem Eisbad, falls die Reaktion zu heftig ist). Es wird so lange leicht erwärmt, bis die Probe vollständig gelöst ist. Dann fügt man 5 ml $HClO_4$ hinzu und erhitzt, um Sn, Sb und As zu verflüchtigen, solange bis HBr und Br_2 vollständig verjagt sind. Falls danach die Lösung trüb ist infolge von noch vorhandenem Sb, fügt man weitere 5 ml HBr hinzu und wiederholt das Erhitzen. Falls es notwendig ist, wird der Vorgang noch ein drittes Mal wiederholt. Wenn Pb anwesend ist, muß darauf geachtet werden, daß die Lösung beim Erhitzen nicht stößt. Ein auftretender Niederschlag von $PbBr_2$ wird durch weiteres Erhitzen in Lösung gebracht. Die Lösung wird dann auf 1 ml eingedampft, um den Überschuß an $HClO_4$ zu entfernen, danach abgekühlt, mit 10 ml Wasser versetzt, aufgekocht, abgekühlt und auf 50 ml verdünnt.

Falls die Probe mehr als 5% Pb enthält, fügt man H_2SO_4 (1 + 1) tropfenweise hinzu, bis das vorhandene Pb ausgefällt ist [1 g Pb reagiert mit etwa 0,5 ml H_2SO_4 (1 + 1); ein zu großer Schwefelsäure-Überschuß ist zu vermeiden. Dem Blindwert wird die zur Fällung verwendete Menge an H_2SO_4 nicht zugesetzt]. Der Niederschlag wird abfiltriert, nachgewaschen, das Filtrat in die Elektrolysierzelle mit Hg-Kathode gegeben (30 ml Hg). Es wird mit rotierender Netzanode, deren unteres Ende etwa 10–12 mm über der Hg-Oberfläche steht, 30 min (oder länger, falls notwendig) bei 4–5 Amp. elektrolysiert. Nach beendeter Elektrolyse wird die Lösung in einen Schütteltrichter übergeführt, 1 ml Cupferronlösung zugesetzt und, wie bei der Herstellung der Eichkurve, weiter verfahren.

Herstellung der Eichkurve

Man führt 0, 2, 4, 6, 8 und 10 ml Al-Stammlösung (10 μg Al/ml) in 150 ml-Schütteltrichter über, fügt 1 ml $HClO_4$ (70%) hinzu und verdünnt mit Wasser auf 50 ml. Man versetzt mit 1 ml Cupferronlösung, mischt und extrahiert mit 15 ml $CHCl_3$ 1 min. Nach der Phasentrennung wird die organische Phase abgelassen und verworfen. Nach Zusatz von 1 Tropfen m-Kresolpurpurlösung und 2 ml Ammoniumtartratlösung neutralisiert man mit Ammoniak bis zum Farbumschlag, fügt 1 ml H_2O_2 und danach 15 ml pH 5-Pufferlösung hinzu und extrahiert mit 25 ml Oxin/$CHCl_3$ 5 min. Die organische Phase wird in ein trockenes 100 ml-Becherglas abgelassen und nun auf einer Heizplatte bei 150 bis 160°C zur Trockene eingedampft, 1 ml $HClO_4$ zugesetzt, abgeraucht, abgekühlt, 10 ml Wasser zugegeben, aufgekocht und nach dem Abkühlen mit Wasser auf 50 ml verdünnt. Die Lösung wird mit 2 ml Thioglykolsäure und 1 Tropfen m-Kresolpurpurlösung versetzt, mit Ammoniak bis zum Farbumschlag neutralisiert, die Lösung in einen 100 ml-Meßkolben übergeführt, mit 15,0 ml Aluminon-Pufferlösung versetzt, 5 min auf dem siedenden Wasserbad erhitzt, anschließend abgekühlt und mit Wasser bis zur Marke aufgefüllt. Nach 1–2 min wird in einer 1 cm-Küvette bei 525 nm gegen Wasser photometriert.

3.3. Nickellegierungen

Ni und andere störende Elemente wie Fe, Co, Cu, Mn usw. werden durch Extraktion mit Na-DDTC/$CHCl_3$ entfernt und anschließend das Al in der wäßrigen Phase mit Aluminon photometrisch bestimmt. Außer $CHCl_3$ kann Äthylenchlorid oder Trichloräthylen mit gleichem Erfolg verwendet werden. Folgende Elemente stören nicht oder werden als Carbamate entfernt: Ni, Fe, Co, Cu, Mn, Mo, V, Pb, Zn, Cd, Sn und Si. Bei Anwesenheit von W, Ti und Cr müssen diese vorher abgetrennt werden.

B: 0,002–0,1% Al. F_r: ± 6%.

Arbeitsvorschrift [*55*]

Reagentien

Ammoniumacetatpuffer; 470 ml Ammoniak (0,91) werden unter Kühlung mit 430 ml Eisessig versetzt und mit Wasser auf 1 l aufgefüllt;

Na-DDTC, 5,7%ige wäßrige Lösung;

Aluminon; 100 mg Reagens und 0,5 g Gelatine werden in etwa 50 ml Wasser gelöst; man versetzt mit 10 ml Ammoniumacetatpuffer sowie mit 20 ml einer 2%igen Lösung von Benzoesäure in Methanol und füllt mit Wasser auf 100 ml auf;

$CHCl_3$; die Eignung des organischen Lösungsmittels wird durch Vergleich der Extinktionen von zwei Bestimmungen bekannter, vorgelegter Al-Mengen mit und ohne vorangehende Extraktion mit Na-DDTC/$CHCl_3$ überprüft.

Die Einwaage wird so gewählt, daß voraussichtlich 3–20 μg Al zur Bestimmung gelangen. Nach dem Auflösen der Probe in möglichst wenig HNO_3 (1 + 1) raucht man zur Überführung in die Chloride mit HCl (1,19) zur Trockene ab, nimmt mit Wasser auf und führt in einen 100 ml-Schütteltrichter über. Mit 2 ml Ammoniumacetatpuffer-Lösung stellt man auf pH 5,2 ein, fügt 2 ml Na-DDTC-Lösung hinzu und extrahiert mit 15–20 ml $CHCl_3$. Man wiederholt die Extraktion bis zur Farblosigkeit der organischen Phase, läßt die wäßrige Phase in ein Becherglas ab und verjagt das noch vorhandene $CHCl_3$ durch Erhitzen. Nach dem Abkühlen führt man die Lösung in einen 50 ml-Meßkolben über, fügt 2 ml Ammoniumacetatpuffer-Lösung und 2 ml Aluminon-Lösung hinzu erhitzt 20 min auf dem siedenden Wasserbad, kühlt ab, füllt mit Wasser zur Marke auf und photometriert in einer 3 cm-Küvette bei 520 nm gegen Wasser.

C. Chromazurol

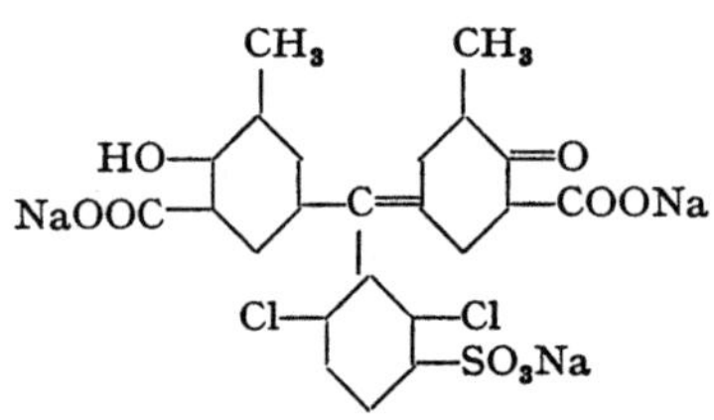

Al bildet mit Chromazurol S (Natriumsalz der 3″-Sulfo-2″, 6″-dichloro-3,3′-dimethyl-4-hydroxyfuchson-5,5′-dicarbonsäure; Solochrombrilliantblau B; Polytropblau R) in schwach saurer Lösung einen tiefroten Farblack [*61a–61f*]. Dieser weist im Vergleich zu den Farblacken mit Aluminon und Eriochromcyanin neben analogen Eigenschaften einige Vorteile auf: zur Farbentwicklung muß nicht wie bei Aluminon erhitzt werden, geringere Eigenfärbung des Reagenses, größere Farbstabilität und geringere Störung durch Fremdionen. Die Farbe wird stark beeinflußt durch pH-Wert, Reagens- und Pufferkonzentration. Die entwickelte Farbe erreicht bei pH 5,5–5,8 [*61d, 61e*] bzw. pH 5,7–6,1 [*61c*] ihr Intensitätsmaximum. Da die Farbintensität nach einem Teil der Beobachtungen [*61d, 61e*] oberhalb pH 5,8 steil abfällt, empfiehlt es sich, die Farbe bei pH 5,7 ± 0,1 (Einstellung mit pH-Meter) zu entwickeln. Aus dem gleichen Grunde erfolgte die Farbentwicklung mit geringerer Empfindlichkeit auch bei pH 4,6 [*61d*]. Das Extinktionsmaximum liegt bei 545–546 nm [*61c–61e*] (s. Abb. 68). Bei dieser Wellenlänge ist das Beersche Gesetz nicht erfüllt: unterhalb $E \approx 0{,}100$ (~ 0,05 μg Al/ml, mit 1 cm-Küvette) ist die Eichkurve gekrümmt bzw. sie geht nicht durch den Nullpunkt, darüber ist sie linear. Der brauchbare Eichkurvenbereich liegt innerhalb 0,02–0,4 μg Al/ml. Bei 567,5 nm geht die Eichkurve durch den Nullpunkt und das Beersche Gesetz ist im Bereich von 0,03–1,2 μg Al/ml erfüllt, bei allerdings geringerer Empfindlichkeit ($\varepsilon = 21600$) [*61d*]. Die Farbintensität nimmt mit steigender Menge zugesetzten Puffersalzes sowie durch Neutralsalze (NaCl, $NaNO_3$, Na_2SO_4) ab, weshalb man aus den einzelnen Arbeiten unterschiedliche Werte für den molaren Extinktionskoeffizienten erhält (jeweils g Natriumacetat-Trihydrat/100 ml): bei 545 nm und pH ~ 5,7 mit ~ 0,3 g $\varepsilon = 70000$ [*61c*] und $\varepsilon = 74700$, mit ~ 1,3 g $\varepsilon = 47000$ [*61e*], mit ~ 4,8 g $\varepsilon \approx 35000$ [*61d*]; bei 567,5 nm und pH 4,6 mit ~ 4,8 g $\varepsilon = 21600$ [*61d*], mit ~ 0,05 g $\varepsilon = 38400$

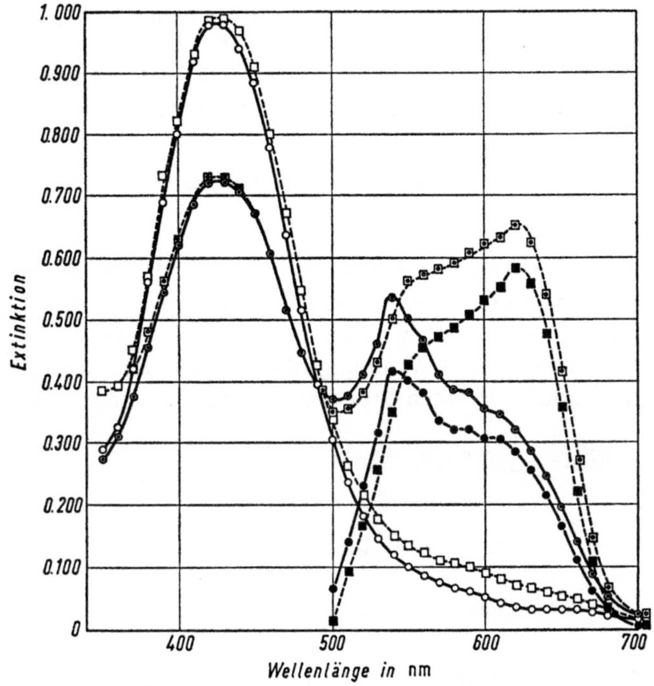

Abb. 68. Extinktionskurven von Al + Chromazurol S (◎—◎ gegen Wasser, •—• gegen Blindlösung 1 gemessen), Chromazurol S (Blindlösung 1, ○—○ gegen Wasser gemessen), Al + Chromazurol S + Polyvinylalkohol (▣—▣ gegen Wasser, ■—■ gegen Blindlösung 2 gemessen) und Chromazurol S + Polyvinylalkohol (Blindlösung 2, □—□ gegen Wasser gemessen)

[*61d*]. Bei pH 4,6 ist die Farbe sofort voll entwickelt [*61d*], bei pH 5,7 ist eine Standzeit von 10–20 min zur vollen Farbentwicklung erforderlich [*61c, 61e, 61f*]. Die Farbe ist 1–2 Std stabil.

Der Zusatz von Polyvinylalkohol (Polyviol) als Schutzkolloid führt ähnlich wie bei Eriochromcyanin zu einer Erhöhung der Farbstabilität und Empfindlichkeit sowie zu einer Verschiebung des Extinktionsmaximums nach 620 nm ($\varepsilon = 73400$) [*61f*].

Die Bestimmung von 0,2–0,8 µg Al/ml wird nicht gestört durch (in µg/ml) [*61c, 61d*]: Bi(40), Ca(80), Cd(80), Co(80), Cr(III, VI) (10), Mg(40), Mn(II) (80), Mo(1), Ni(40), P(1), Pb(80), Sb(III) (80), Si(10), V(40), W(10), Zn(40), PO_4^{3-}(10); bei pH 4,6 stören weiterhin nicht [*61d*] Cu(II) (80), Fe(III) (80). Es stören (µg/ml) [*61c, 61d, 61g*] Be, Cu(>80), Fe(III) (>80), Hf, Mo, Pd, Sc, Sn, Th, Ti, U, V, W (>10), Y, Zr, F^-, PO_4^{3-} (> 10). Die Sörung durch Fe läßt sich mit Ascorbinsäure oder Thioglykolsäure, jene durch Cu mit $Na_2S_2O_3$ oder Thioglykolsäure beseitigen.

Arbeitsvorschrift

Reagentien

Chromazurol S, 0,1%ig in Wasser/Methanol (oder Äthanol) (1:1)
Ascorbinsäure, 2%ige wäßrige Lösung (tägl. frisch hergestellt)
übrige Reagentien wie bei Verfahren D. 2.1.3. (s. S. 408), die Pufferlösung auf pH 5,7 eingestellt.

Die schwach saure Probelösung (2–40 µg Al enthaltend) versetzt man in einem 100 ml-Meßkolben der Reihe nach mit 10 ml Ascorbinsäure-Lösung, 5,0 ml Chromazurol-

Lösung und 20 ml Pufferlösung, füllt mit Wasser zur Marke auf und photometriert nach einer Standzeit von 20 min in einer 1 cm-Küvette bei 545 nm gegen den Blindwert. Die aufgefüllte Farblösung soll pH 5,7 ± 0,1 aufweisen; bei Bedarf muß die Probelösung zu Beginn auf den entsprechenden pH-Wert eingestellt werden.

1. Metalle und Legierungen

1.1. Stahl

Chromazurol S wurde mehrfach zur Bestimmung von Al in Stahl verwendet [*61a–61c, 61e, 61f*]. Nachfolgend sind zwei Verfahren mit wahlweiser Abtrennung von Fe und anderen Störelementen durch Extraktion oder Laugenfällung sowie ein direktes Verfahren angeführt, die alle denselben Bestimmungsbereich aufweisen. Zur Bestimmung von Gehalten $<0{,}003\%$ Al muß man einen entsprechend größeren aliquoten Teil der Probelösung verwenden.

B: 0,003–0,1% Al. $s = \pm 0{,}001\%$ Al.

Arbeitsvorschrift

1.1.1. Extraktionsverfahren

Reagentien

Wie bei der allgemeinen Arbeitsvorschrift (S. 401) und bei den Verfahren D. 2.1.1. (S. 407) und D. 2.1.3. (S. 408).

Säurelösliches Al[1]. Nach Verfahren D. 2.1.1 (S. 407) werden 5 g Stahl gelöst und das Fe extrahiert.

In Abwesenheit von Störelementen wird die Fe-freie Lösung eingedampft, mit verdünnter HCl aufgenommen, mit Wasser aufgefüllt und ein aliquoter Teil (≡ 0,05 g Stahl) zur Bestimmung nach der allgemeinen Arbeitsvorschrift (S. 401) verwendet, wobei man anwesendes Fe und Cu mit 1 ml 10%iger Thioglykolsäure maskiert.

Anwesende Störelemente entfernt man aus der Fe-freien Probelösung entweder nach Verfahren D. 2.1.1 oder nach Verfahren D. 2.1.3. In letzterem Fall wird die Fe-freie Lösung eingedampft, mit 20 ml HCl (1 + 4) aufgenommen und anschließend die Laugenfällung durchgeführt. In beiden Fällen erfolgt die Endbestimmung nach der allgemeinen Arbeitsvorschrift mit einem aliquoten Teil (≡ 0,05 g Stahl) der Probelösung.

1.1.2. Natronlaugeverfahren

Reagentien

Wie bei Verfahren C. 1.1.1.

Säurelösliches Al[1]; *Säureunlösliches Al*[1]. Man führt die Laugenfällung nach Verfahren D. 2.1.3 (s. S. 408) und die Endbestimmung nach der allgemeinen Arbeitsvorschrift (s. S. 401) durch.

1.1.3. Direktes Verfahren (Schnellverfahren)

Reagentien

Chromazurol S, 0,1%ig in Wasser/Methanol (oder Äthanol) (1:1)
übrige Reagentien wie bei Verfahren D. 2.1.4. (S. 409).

Säurelösliches Al[1]; *Gesamt-Al.* Man führt Lösen der Probe und Ausziehen nach Verfahren D.2.1.4 (s. S. 409), die Endbestimmung nach der allgemeinen Arbeitsvorschrift (s. S. 401) durch.

---

[1] s. Fußnote [1] auf S. 406.

D. Eriochromcyanin

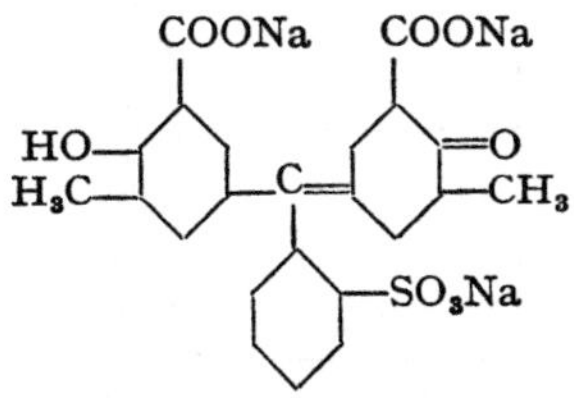

Eriochromcyanin R bildet mit Al in saurer Lösung einen rotvioletten Farblack, dessen Entwicklungszeit durch die Wasserstoffionenkonzentration beeinflußbar ist [*62, 63, 63a, 63b, 64*]. Es wird angenommen, daß der Farbstoff in einer neutralen, gelb gefärbten, und einer sauren, orange gefärbten Modifikation auftritt, von welchen nur die letztere zur Lackbildung geeignet ist [*65, 66*]. Diese Eigenschaft bedingt auch ein andersartiges Verhalten verschieden alter Farbstofflösungen; dieser anfänglichen Schwierigkeit begegnete man später durch Ansäuern der Farblösungen mit HCl zur Verhinderung des Alterns [*67, 68*]. Während frühere Arbeiten den Farblack bei pH 3,8–6 entwickelten und dementsprechend lange Zeiten zwischen 4 und 20 Std bis zur vollen Farbentwicklung benötigten, arbeitete man später ein Verfahren mit Kurzzeit-Entwicklung aus [*62*], das ohne Wartezeit die Messung des quantitativ gebildeten Farblackes gestattet. Man fügt eine mit HCl angesäuerte Eriochromcyaninlösung von rund pH 2,5 zu der bei gleichem pH-Wert gehaltenen Al-Lösung, mischt und setzt unter Umschwenken nun so viel Acetatpufferlösung zu, bis die Probelösung auf pH 6 gebracht ist. Die Farblackbildung erfolgt zwar nicht bei pH 2,5, sondern erst innerhalb der höheren pH-Stufen während des Zufügens des Acetatpuffers. Doch überwiegt in der angesäuerten Eriochromcyaninlösung bei pH 2,5 die saure, für die Lackbildung verantwortliche Farbstoffmodifikation so stark, daß bereits eine quantitative Reaktion mit dem Al eintritt. Während der Farblack selbst um den Neutralpunkt beständig ist, hellt sich die Farbe des unverbrauchten Reagenses mit abnehmender Wasserstoffionenkonzentration nach gelb auf, was für eine colorimetrische Auswertung von Bedeutung ist, bei welcher zur Erhöhung der Genauigkeit dann besser eine Wartezeit von 45 min nach erfolgter Lackbildung eingehalten wird. Bei Benützung eines Spektralphotometers kann aber sofort gemessen werden. Schon ein früheres Verfahren [*69*] arbeitete bei pH 2,5, doch wird dort keine saure Farbstofflösung verwendet, weshalb eine gewisse Wartezeit bis zum Auffüllen mit Acetatpufferlösung erforderlich ist, um die notwendige Umwandlung des Eriochromcyanins in die reaktionsfähige saure Form zu ermöglichen. Das Extinktionsmaximum des Farbkomplexes liegt bei 528–530 nm (s. Abb. 69). Das Beersche Gesetz ist im Bereich von 0,02–0,5 μg Al/ml erfüllt. Die Farbintensität wird außer durch den pH-Wert auch durch die zugesetzte Menge an Puffersalz beeinflußt (Abnahme der Intensität mit steigender Puffermenge), weshalb für die Empfindlichkeit der Farbreaktion unterschiedliche Angaben vorliegen ($\varepsilon_{530} = 45000$; $\varepsilon_{535} = 68000-76000$). Durch Zusatz von Polycycloketoamin (Fa. Amchem Products, Ambler/Pa., USA; 0,05% in der Farblösung) oder anderen tertiären, heterocyclischen Fettsäureaminen (Fettsäure = Laurin-, Öl- oder Stearinsäure) läßt sich die Farbe stabilisieren (~ 5 Std stabil), wobei gleichzeitig das Extinktionsmaximum nach 595 nm verschoben und die Empfindlichkeit erhöht wird ($\varepsilon = 100000$) [*71*].

Die Bestimmung mit Eriochromcyanin wird durch eine Reihe von Elementen gestört, weshalb oft eine Isolierung des Al erforderlich ist. Das Ausmaß der Störungen hängt auch vom pH-Wert ab, bei dem die Farbentwicklung vorgenommen wird. Bei

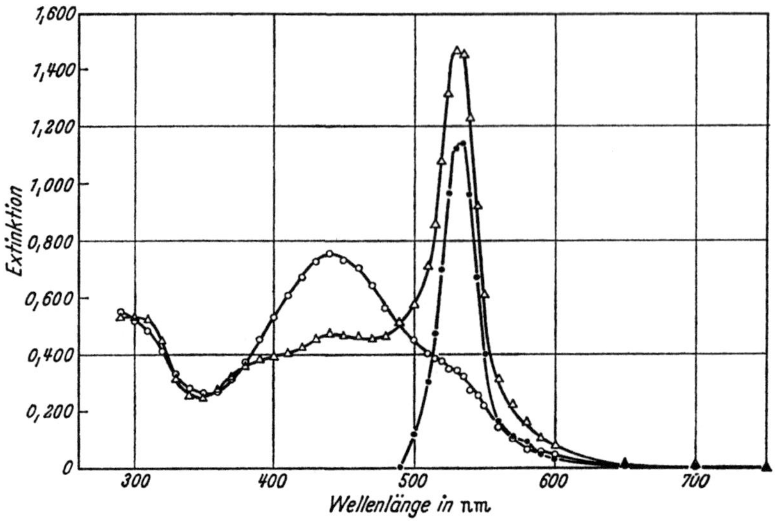

Abb. 69. Extinktionskurven von Al + Eriochromcyanin (△—△) gegen Wasser, •—• gegen Blindlösung gemessen) und Eriochromycanin (Blindlösung) (○—○)

pH 3,8 stören Cr, Ni und V. Eine Störung von bis zu 5 µg/ml an Fe und Mn kann durch Thioglykolsäure beseitigt werden. Ti stört nicht. Bei pH 5,4–5,6 stören Cr, Fe, Mg; es stören nicht <2,5 µg/ml an Fe, Mg, Mn, Ni, Zn, <25 µg Cu/ml und PO_4^{3-}. Bei pH 5,8–6 stören kleinere Mengen Cr, Cu, Cd, Mn, Ni, Pb, PO_4^{3-} nicht; größere Mengen Cd, Fe (II), Mn, Ni und Zn stören hingegen. Hinsichtlich des Einflusses von Fremdionen s. a. S. 405. Im Vergleich zu Aluminon weist Eriochromcyanin eine geringere Fehleranfälligkeit gegenüber Temperatur- und pH-Schwankungen auf.

1. Organisches Material, Lebensmittel

Störendes Fe und Cu werden mit Cupferron/$CHCl_3$ bei pH 0,4, anschließend das Al bei pH 4,8 mit dem gleichen Reagens von Phosphat abgetrennt und im Extrakt das Al mit Eriochromcyanin photometrisch bestimmt [*62*].

Die Abtrennung des Fe und anderer Schwermetalle von Al mit Cupferron/$CHCl_3$ wurde in anderen Arbeiten bei pH 1,0 durchgeführt und Al anschließend bei pH 4–5 als Cupferronat nephelometrisch [*70*] bzw. nach Extraktion mit $CHCl_3$ mit Eriochromcyanin photometrisch bestimmt [*68*]. In Übereinstimmung mit anderen Beobachtungen [*59*] wurde hier festgestellt, daß Al bei der Cupferron-Extraktion bei pH 1,0 bereits teilweise in die organische Phase übergeht; Fe wird vollständig und Cu teilweise extrahiert, während Mn in der wäßrigen Phase bleibt. Obwohl Mn bei pH 4,8 mit Cupferron nicht reagiert, geht etwas Mn bei der Al-Cupferronat-Extraktion mit in die organische Phase. Das Mn stört jedoch die Al-Bestimmung mit Eriochromcyanin nicht, während die Störung durch das restliche Cu durch Reduktion mit Thioglykolsäure beseitigt wird. 15–100 mg PO_4^{3-} verursachen eine starke Verzögerung der Bildung des Al-Cupferronats, wodurch beträchtliche Fehler entstehen. Die Störung läßt sich vermeiden, wenn man nach der Cupferron-Extraktion der Schwermetalle gleich bei pH 0,4 Cupferron zusetzt und dann erst auf pH 4,8 einstellt und den Al-Komplex extrahiert. 10–100 µg Al können dann innerhalb der normalen Fehlergrenze neben 100 mg PO_4^{3-} bestimmt werden. Mit dem nachfolgend beschriebenen Verfahren können 10–100 µg Al mit einem relativen

Fehler von $\pm$ 2–6% bestimmt werden, wobei Gehalte von 10 mg-% Fe(III), 7,2 mg-% Cu(II), 3,0 mg-% Mn(II), 200 mg-% PO_4^{3-}, 21,2 mg-% SiO_2 und 2,0 mg-% F^- nicht stören. Mit dem Verfahren wurden Gehalte von 0,0001–0,01% Al in verschiedenen Lebensmitteln und 400–4000 µg Al/l in Getränken bestimmt.

Arbeitsvorschrift [*62*]

Reagentien

Cupferron, 5%ige wäßrige Lösung (täglich frisch herzustellen);
Ammoniumacetat, 20%ige wäßrige Lösung;
H_2O_2 (1,5%);
NaOH, 1%ige wäßrige Lösung;
Phenolphthalein, 1%ige alkoholische Lösung;
Thioglykolsäure (80%);
Acetatpuffer (pH 5,4); 116,25 g krist. Natriumacetat + 8,5 ml Eisessig mit Wasser auf 1 l aufgefüllt;
Acetatpuffer (pH 6,0); 54,8 g Ammoniumacetat + 21,8 g Natriumacetat + 1,2 ml Eisessig mit Wasser auf 1 l aufgefüllt;
Eriochromcyanin; 1 g Reagens in einem 1 l-Meßkolben in etwas Wasser gelöst, mit 4 ml 1n HCl versetzt und mit Wasser bis zur Marke aufgefüllt; die Lösung ist haltbar.

Das Probematerial mit einem Gehalt von etwa 10–100 µg Al wird in einer Platinschale bei 500–550°C auf trockenem Wege verascht, die Asche mit HCl und Wasser ausgezogen, der unlösliche Rückstand mit Na_2CO_3 sicc. aufgeschlossen, die erkaltete Schmelze in 2n HCl gelöst und mit der ersten Lösung vereinigt. Falls viel Kieselsäure anwesend ist, wird diese vor dem Aufschluß mit Na_2CO_3 aus dem unlöslichen Rückstand durch Abrauchen mit HF/H_2SO_4 entfernt und anschließend der Soda-Aufschluß durchgeführt. Die wäßrige Lösung wird in einer Platinschale auf dem Wasserbad zur Trockene eingedampft, in der Kälte mit 2 ml HCl (1,19) versetzt, auf dem siedenden Wasserbad erneut abgeraucht bis die HCl vollständig vertrieben ist. Dann fügt man 10 ml 1n HCl zu, dampft auf 5 ml ein und führt in einen 100 ml-Schütteltrichter über, wo das Volumen dann nach Nachwaschen mit Wasser 20 ml betragen soll. Die Lösung wird mit HCl auf pH 0,4 gebracht, 1 ml Cupferronlösung zugegeben, nach 3–4 min mit 5 ml $CHCl_3$ 6 min extrahiert, die organische Phase abgelassen und die Extraktion mit 5 und 2,5 ml $CHCl_3$ bis zur Farblosigkeit des Extraktes wiederholt. Danach fügt man 1 ml Cupferronlösung hinzu, stellt durch Zusatz von 10 ml Ammoniumacetatlösung auf pH 4,8 ein, fügt weitere 0,5 ml Cupferronlösung hinzu, läßt unter mehrmaligem Umschütteln 30 min stehen und extrahiert dann das Al durch Ausschütteln mit 5, 5 und 2,5 ml $CHCl_3$. Der in einer Platinschale vereinigte organische Extrakt wird verascht, der Rückstand mit 1,0 g Na_2CO_3 sicc. aufgeschlossen, die erkaltete Schmelze in 10 ml 2n HCl gelöst und zum Austreiben des CO_2 15 min in ein siedendes Wasserbad gestellt. Eventuell sich dabei abscheidender Braunstein wird durch 1–2 Tropfen H_2O_2 gelöst.

Langzeitentwicklung

Die Lösung wird in einen 100 ml-Meßkolben übergeführt, mit 2 Tropfen Thioglykolsäure und 1 Tropfen Phenolphthalein versetzt, mit NaOH neutralisiert, mit 20 ml Acetatpuffer auf pH 5,4 gebracht, mit 15,0 ml Eriochromcyaninlösung (die durch Zusatz von 0,4 ml 1n HCl auf 100 ml auf pH 3 eingestellt wurde) versetzt und mit Wasser auf 100 ml aufgefüllt. Nach 19 Stunden wird bei 530 nm photometriert (0,25 cm- bzw. 1cm-Küvette).

Kurzzeitentwicklung

Die in den 100 ml-Meßkolben übergeführte Probelösung wird mit 2 Tropfen Thioglykolsäure und 1 Tropfen Phenolphthalein versetzt, mit NaOH neutralisiert, durch Zusatz von 0,7 ml 1n HCl auf pH 2,1 eingestellt, wobei das Volumen nicht mehr als 25 ml betragen soll. Hierauf fügt man 15,0 ml Eriochromcyaninlösung (welche abweichend durch Zusatz von 0,6 ml 1n HCl auf 100 ml auf pH 2,5 eingestellt wurde) hinzu, versetzt anschließend unter Umschwenken mit 20 ml Acetatpuffer von pH 6 und füllt mit Wasser bis zur Marke auf. Man kann sofort, besser aber nach 45 min, bei 530 nm photometrieren (0,25 cm- bzw. 1 cm-Küvette).

Die Herstellung der Eichkurve für den Bereich von 10–100 μg Al erfolgt analog der Arbeitsvorschrift, wobei der Salzeinfluß (durch das Auflösen der Sodaschmelze) durch Zusatz von 10 ml 10,69%iger NaCl-Lösung/100 ml-Ansatz berücksichtigt wird, weiterhin 2 Tropfen Thioglykolsäure zugesetzt werden und dann nach der Arbeitsvorschrift weitergearbeitet wird.

2. Metalle und Legierungen

2.1. Stahl[1]

In einer vergleichenden Untersuchung [*52*] wurden drei Verfahren zur Al-Bestimmung in Stahl untersucht (s. S. 392 f.), die sich in der Art der Eisenabtrennung unterscheiden, während die Bestimmung des Al jeweils mit Eriochromcyanin durchgeführt wird. Das Fe wird durch Elektrolyse mit der Hg-Kathode, durch Extraktion und beim Schnellverfahren durch NaOH-Fällung abgetrennt. Nach den Untersuchungsergebnissen kann man alle drei Verfahren anwenden, wenn die Eichkurven nach den Bestimmungsverfahren aufgestellt werden. Wichtig ist, insbesondere beim Schnellverfahren, die genaue Einhaltung der einmal gewählten Arbeitsbedingungen, da man sonst streuende Werte erhalten würde. Nach den Untersuchungsergebnissen sind dann unter solchen Arbeitsbedingungen das Elektrolyse- und Ätherverfahren hinsichtlich der Standardabweichung gleichwertig, während man mit dem Schnellverfahren eine etwas größere Streuung der Werte erhält. Eriochromcyanin fand auch an anderer Stelle zur Bestimmung von Al in Stahl Anwendung [*72*].

Nachfolgend sind die Arbeitsvorschriften der drei Verfahren mit den jeweils günstigsten Arbeitsbedingungen sowie ein direktes Verfahren ohne Fe-Abtrennung (s. S. 393, 409) beschrieben.

B: 0,003–0,1% säurelösliches Al (bei Verfahren D. 2.1.1, D. 2.1.2, D. 2.1.3 und D. 2.1.4); 0,0003–0,01% säureunlösliches Al (bei Verfahren D. 2.1.3).

s: ± 0,001% säurelösliches Al; ± 0,0001% säureunlösliches Al.

---

[1] Bei der Bestimmung von Al in Stahl werden häufig zwei Anteile getrennt, nämlich „säurelösliches Al (s. l. Al)" und „säureunlösliches Al (s. ul. Al)", sowie außerdem deren Summe als „Gesamt-Al" ermittelt. Grob abgegrenzt stellen dabei den Anteil an „s. l. Al" das im Stahl enthaltene metallische Al, feinkörniges Aluminiumnitrid und ein Teil des als Mischoxyd in verschiedener Form an SiO_2 oder CaO gebundenen und als Korund (in sehr feinkörniger Form in Mineralsäure teilweise löslich) vorliegenden Al_2O_3, während grobkörniges Aluminiumnitrid und der größere Teil an vorhandenem Al_2O_3-Mischoxyd und an Korund als „s. ul. Al" erfaßt werden. Unterschiede im Stahlherstellungsprozeß bedingen von Stahlsorte zu Stahlsorte auch Unterschiede bei den als Einschlüsse vorliegenden Al-Verbindungen hinsichtlich Korngröße, Teilchenform und -oberfläche sowie in der mengenmäßigen Verteilung des Al auf die einzelnen Verbindungen. Diese Faktoren bestimmen und ergeben eine verschiedene Löslichkeit der Al-Verbindungen gegenüber verdünnter Mineralsäure. Auch Säureart und -konzentration [*125*] sowie die Lösungstemperatur (Heizplattentemperatur) [*126*] haben in diesem Zusammenhang einen gewissen Einfluß auf die gefundenen Al-Werte. Aus den angeführten Gründen ist eine chemisch exakte, anteilmäßig stets gleichbleibende Trennung zwischen „s. l. Al" und „s. ul. Al" nicht möglich und die erhaltenen Werte werden immer nur als Näherungswerte zu betrachten sein. Zur Erzielung möglichst reproduzierbarer und vergleichbarer Werte müssen daher die Arbeitsbedingungen sehr genau eingehalten und das benützte Verfahren jeweils angegeben werden. Eine andere — allerdings zeitraubendere und aufwendigere — Möglichkeit zur Bestimmung des Gehaltes an Al-Verbindungen besteht in der Rückstandsanalyse (s. S. 1443ff.).

Arbeitsvorschrift

2.1.1. Extraktionsverfahren [52][2]

Reagentien

HCl (1,19); HCl (2 + 1);
$KClO_3$;
Diisopropyläther, MIBK;
H_2O_2 (3%);
NaOH, 40%ige wäßrige Lösung;
übrige Reagentien wie bei Verfahren D. 2.1.3. (s. S. 408).

Säurelösliches Al[3]

5 g Stahl werden mit 60 ml HCl (2 + 1) in einem 400 ml-Becherglas gelöst, die Lösung mit genau 0,125 g $KClO_3$ oxydiert, bis zum Beginn der Salzbildung eingeengt, dann mit heißem Wasser auf etwa 50 ml verdünnt, nochmals wie vorher eingeengt, mit Wasser in einen 50 ml-Meßkolben übergespült und zur Marke aufgefüllt. Falls die Lösung nach dem ersten Einengen trüb ist, so schaltet man eine Filtration durch ein Weißbandfilter ein.

10 ml Probelösung werden mit 15 ml (bei Diisopropyläther) oder 20 ml (bei MIBK) HCl (1,19) versetzt und unter Zusatz einiger Tropfen H_2O_2 (30%) 2–3mal mit je 20 ml Diisopropyläther oder MIBK bis zur Farblosigkeit der wäßrigen Lösung extrahiert.

Die praktisch eisenfreie Lösung wird weitgehend eingeengt, mit Wasser auf etwa 100 ml verdünnt und nach Erwärmen auf etwa 60°C H_2S eingeleitet. Der Sulfidniederschlag wird mit einem Weißbandfilter abfiltriert, der Niederschlag mit H_2S-haltigem Wasser gewaschen, das Filtrat auf 50 ml eingeengt, mit 1 ml H_2O_2 oxydiert und auf 15–20 ml eingeengt. Die noch warme Lösung wird unter Rühren in eine Platinschale von 150 ml Inhalt, die eine frische Mischung von 10 ml NaOH und 10 ml H_2O_2 enthält, übergespült und gekocht, bis die Sauerstoffentwicklung aufgehört und der entstandene Niederschlag sich zusammengeballt hat. Der Niederschlag wird mit einem Weißbandfilter abfiltriert; man fängt das Filtrat in einer zweiten Platinschale auf, wäscht das Filter viermal mit heißem Waschwasser (5 ml NaOH + 500 ml Wasser) und säuert das Filtrat mit genau 10 ml HCl (1,19) an, engt die Lösung in einer Platin- oder Quarzschale ein, spült in einen 100 ml-Meßkolben über und füllt mit Wasser zur Marke auf. Man entnimmt daraus 5 ml Lösung, führt diese in einen 100 ml-Meßkolben über und führt die Bestimmung wie unter 2.1.3 angegeben durch.

2.1.2. Elektrolysenverfahren [52]

Reagentien

H_2SO_4 (1 + 9); HCl (1 + 1);
NaOH, 30%ige wäßrige Lösung;
übrige Reagentien wie bei Verfahren D. 2.1.1. und D. 2.1.3. (s. S. 408).

Säurelösliches Al[3]

0,2 g Stahl werden mit 7 ml H_2SO_4 (1 + 9) in einem 100 ml-Becherglas gelöst, durch ein Weißbandfilter filtriert, gut nachgewaschen und die Lösung, deren Volumen etwa 40–50 ml betragen soll, in die Elektrolysenapparatur übergeführt. Eine Quecksilberfüllung reicht für eine größere Anzahl von 0,2 g-Proben aus. Ist die Apparatur mit frischem Quecksilber versehen worden, so elektrolysiert man zunächst zwei Stahlproben unmittelbar nacheinander je 30 min bei 4 Amp. und gießt die so behandelten Lösungen weg, weil die ersten Elektrolysen an frischen Quecksilberelektroden zu falschen Ergebnissen

---

[2] Teilweise geändert.
[3] s. Fußnote [1] auf S. 406.

führen. Ist die Apparatur so vorbereitet worden, elektrolysiert man die Lösungen unlegierter Stähle 30 min bei 4 Amp., Lösungen chromlegierter Stähle nacheinander 30 min bei 2 Amp., dann 30 min bei 3 Amp. und zuletzt 30 min bei 4 Amp.

Ohne vorher den Strom zu unterbrechen, wird nun die von Fe befreite Lösung in ein 250 ml-Becherglas übergeführt und mit 5 ml H_2S-Wasser (gesättigt, frisch hergestellt) aufgekocht. Der entstandene Niederschlag wird durch ein Rotbandfilter abfiltriert, mit H_2S-haltigem Waschwasser (frisch hergestellt) nachgewaschen und das Filtrat auf etwa 10 ml eingeengt. Man spült die noch heiße Lösung in eine Platinschale, die ein frisches Gemisch von 5 ml 30%iger NaOH und 5 ml H_2O_2 enthält, über, kocht vorsichtig bis keine Sauerstoffentwicklung mehr auftritt und filtriert den entstandenen Niederschlag durch ein Rotbandfilter. Das Filtrat fängt man in einer zweiten Platinschale auf, wäscht das Filter mit Waschwasser (5 ml 40%ige NaOH + 500 ml Wasser), säuert die Lösung mit 2 ml HCl (1 + 1) an, führt sie in einen 100 ml-Meßkolben über und füllt zur Marke auf. Man entnimmt hiervon 25 ml Lösung, gibt diese in einen 100 ml-Meßkolben und führt die Bestimmung wie unter D.2.1.3. angegeben durch.

2.1.3. Natronlaugeverfahren (Schnellverfahren)

Reagentien

Mischsäure; 200 ml HCl (1,19) + 50 ml HNO_3 (1,40) + 50 ml Wasser;
NaOH, 40%ige wäßrige Lösung mit 6% H_3BO_3;
Phenolphthalein, 0,1%ig in Äthylalkohol;
HCl (1+9); HCl (1+1);
$K_2S_2O_7$;
Eriochromcyaninlösung; 0,1 g Reagens in Wasser gelöst, 0,6 ml HCl (1 + 9) zugesetzt und mit Wasser auf 100 ml aufgefüllt; die Lösung ist 8 Tage haltbar;
Acetatpufferlösung; 274 g Ammoniumacetat und 109 g Natriumacetat werden in Wasser gelöst, mit 6 ml Eisessig versetzt (auf pH 6,4 eingestellt) und mit Wasser auf 1 l aufgefüllt; 50 ml dieser Lösung werden mit Wasser auf 250 ml verdünnt. Die Pufferlösung soll einen pH-Wert von 6,4 aufweisen.

Säurelösliches Al[1]

1 g Stahl wird mit 20 ml Mischsäure in einem 250 ml-Becherglas gelöst, die Stickoxyde verkocht und zu der heißen Lösung unter Rühren 20 ml NaOH-Lösung hinzugefügt. Man rührt noch 2—3 min, bringt den Inhalt des Becherglases in einen 100 ml-Meßkolben, kühlt auf 20° C ab und füllt mit Wasser zur Marke auf. Man filtriert mit einem trockenen, laugenfesten Filter in ein trockenes Becherglas, entnimmt vom Filtrat 5,0 ml, gibt diese in einen 100 ml-Meßkolben, fügt einen Tropfen Phenolphthaleinlösung hinzu, neutralisiert mit HCl (1 + 9) genau bis zum Farbumschlag, fügt 0,4 ml HCl (1 + 9) im Überschuß hinzu und versetzt mit 5,0 ml Eriochromcyaninlösung. Man wartet etwa 5 min, fügt 20 ml Acetatpufferlösung hinzu, füllt mit Wasser zur Marke auf und photometriert in einer 1 cm-Küvette bei 530 nm oder mit Filter S 53 (Elko II-Photometer, Zeiss) gegen den Blindwert. Der Blindwert wird nach der Vorschrift mit Al-freiem Stahl durchgeführt.

Z: 20 Bestimmungen in 4 Std.

Aufstellung der Eichkurve: Al-freier Stahl wird mit bekannten Al-Mengen aus einer Al-Stammlösung versetzt und nach der Arbeitsvorschrift gearbeitet.

Säureunlösliches Al[1]

5 g Stahl werden in 50 ml HCl (1 + 1) gelöst, aufgekocht, durch ein Weißbandfilter filtriert, mit heißem Wasser gewaschen und das Filter mit dem Rückstand verascht. Die Asche wird mit 0,5 g $K_2S_2O_7$ aufgeschlossen, die Schmelze in 20 ml HCl (1 + 1)

---

[1] s. Fußnote[1] auf S. 406

gelöst, in einen 100 ml-Meßkolben übergespült, in dem sich 20 ml NaOH-Lösung befinden. Der Inhalt des Meßkolbens wird so lange schwach erhitzt, bis sich der $Fe(OH)_3$-Niederschlag zusammengeballt hat. Man kühlt ab, füllt mit Wasser zur Marke auf, entnimmt nach dem Abfiltrieren 10,0 ml Filtrat und fährt wie oben angegeben fort.

Z: 10 Bestimmungen in 4 Std.

Aufstellung der Eichkurve: 0,5 g $K_2S_2O_7$ werden mit bekannten Mengen Al aus einer Al-Stammlösung versetzt und nach der Arbeitsvorschrift gearbeitet.

2.1.4. Direktes Verfahren (Schnellverfahren)

Nach dem Lösen der Probe wird das Fe mit Ascorbinsäure bei pH 5 reduziert und das Al unmittelbar in der Probelösung mit Eriochromcyanin photometrisch bestimmt. Gehalte bis zu 5% Mn, 4% Ni, 3% Cr, 1% Cu, 0,5% P, 0,5% Ti, je 0,1% As, Sn und W, sowie $< 0,1\%$ V stören nicht. Höhere Gehalte an Cr, Mo, Ni, Ti, V und W stören. Bei Stählen mit höheren Si-Gehalten muß das Si durch Abrauchen mit HF/H_2SO_4 vorher entfernt werden.

Arbeitsvorschrift [*54a*]

Reagentien

Mischsäure; 150 ml HNO_3 (1,40) und 180 ml HCl (1,19) werden mit Wasser auf 1 l verdünnt;
H_2O_2 (3%);
Ascorbinsäure, 2%ige wäßrige Lösung (täglich frisch hergestellt);
Eriochromcyanin, wie bei Verfahren D. 2.1.3. (s. S. 408);
Pufferlösung; 60 g Natriumacetat (Trihydrat) werden mit Wasser auf 1 l aufgefüllt;

Säurelösliches Al[1]

0,5 g Probematerial werden in einem 100 ml-Meßkolben mit 10,0 ml Mischsäure in der Wärme gelöst, mit 5 ml H_2O_2 oxydiert, Stickoxyde und überschüssiges Peroxyd verkocht, nach dem Abkühlen mit Wasser zur Marke aufgefüllt und durch ein trockenes Filter filtriert. 10,0 ml des Filtrates, sowie 10,0 ml einer ebenso behandelten Blindprobe von Al-freiem Stahl versetzt man in 100 ml-Meßkolben nacheinander mit 10 ml Ascorbinsäure-Lösung, 5,0 ml Eriochromcyanin-Lösung und 25 ml Pufferlösung, füllt mit Wasser zur Marke auf und photometriert nach 5 min in einer 1 cm-Küvette bei 530–540 nm (Filter S 53 oder Hg 546, Elko II-Photometer, Zeiss) gegen den Blindwert. Die Eichkurve wird nach der Arbeitsvorschrift mit Al-freiem Stahl und abgestuften Al-Zusätzen aufgestellt.

Gesamt-Al

2,5 g Probematerial werden in einem Becherglas mit 50 ml Mischsäure in der Wärme gelöst und die Lösung über ein kleines, dichtes Filter in einen 500 ml-Meßkolben filtriert. Das Filter wird mit kaltem Wasser ausgewaschen, in einem kleinen Quarztiegel verascht und der Rückstand mit 2 g $K_2S_2O_7$ aufgeschlossen. Die erkaltete Schmelze löst man unter Erwärmen in einem Teil des Filtrates, führt die Lösung in den 500 ml-Meßkolben über, füllt mit Wasser zur Marke auf und fährt mit der Bestimmung des Al wie unter „Säurelösliches Al" fort.

---

[1] s. Fußnote [1] auf S. 406.

E. 8-Hydroxychinolin

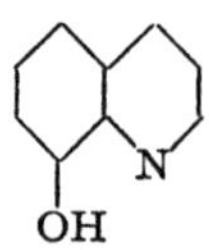

Al kann mit 8-Hydroxychinolin (Oxin)/$CHCl_3$ extrahiert und durch Photometrieren der gelb gefärbten $CHCl_3$-Lösung quantitativ bestimmt werden. Gegenüber den üblichen Bestimmungsverfahren durch Bildung von Farblacken (Aluminon, Eriochromcyanin) hat diese Methode den Vorteil, daß der organische Extrakt eine echte Lösung darstellt, der gebildete Komplex stabiler und gegen pH-Schwankungen unempfindlicher ist. Der Nachteil des Verfahrens liegt allerdings darin, daß das Oxin kein spezifisches Reagens ist, daher zahlreiche Elemente stören und Al deshalb vorher durch geeignete Trennungsoperationen isoliert werden muß.

Das Al-Oxinat wird bei pH 4,5–6,5 und pH 8–11,5 [*35, 91*] (nach anderen Angaben bei pH 4,9–9,4 [*78*]) vollständig extrahiert. Im Bereich von pH 6,5–8 ist die Extraktion unvollständig, was auf die bevorzugte Bildung von $Al(OH)_3$ an Stelle von Al-Oxinat zurückgeführt wird. Zur Extraktion wird eine 1%ige Oxinlösung in $CHCl_3$ empfohlen, da das Al bei Verwendung einer schwächeren Oxinlösung (weniger als 0,5%ig) nicht vollständig mit einer Ausschüttelung extrahiert werden kann. Wie Untersuchungen ergaben [*75*], ist Oxin selbst zwischen pH 5–9, mit einem Maximum bei pH 7, durch $CHCl_3$ extrahierbar.

Untersuchungen [*35*] über den Einfluß anderer Elemente ergaben, daß W, Ca und Cr(III) weder bei pH 5 noch bei pH 9 ausgeschüttelt werden. Zr, Mo(VI) und V(V) reagieren nur bei pH 5, jedoch nicht bei pH 9. Umgekehrt reagieren Be, Mg, Mn, Ce(III), Nd und Pr nur bei pH 9 und nicht bei pH 5. Bei beiden pH-Stufen werden mit Oxin ausgeschüttelt: Bi, Cd, Ce(IV), Co, Cu, Fe(II), Fe(III), Hg(I), Hg(II), Ni, Pb, Sb, Sn(II), Ti, U und Zn. Bei den $CHCl_3$-Extrakten der Oxinate von Mg, Cd und Zn nimmt die Farbe ab und ein unlöslicher Niederschlag fällt nach einiger Zeit bei wiederholtem Schütteln aus. Dies wird darauf zurückgeführt, daß zuerst die wasserfreien Oxinate mit $CHCl_3$ ausgeschüttelt werden und danach unlösliche Dihydrate ausfallen. In Anwesenheit von Aminen können diese Elemente aber ohne Schwierigkeiten extrahiert werden, ohne daß unlösliche Dihydrate ausfallen (s. S. 282, 327ff., 798ff.). 50 µg Al konnten bei pH 5 in Anwesenheit von 0,1 g Be, Cr, Mg und Mn und bei pH 9 in Anwesenheit großer Mengen Mo und W bestimmt werden. Während F^- die Al-Extraktion bei pH 5 und pH 9 stört, haben Acetat, Cl^-, NO_3^- und SO_4^{2-} keinen Einfluß. Die Extraktion wird auch durch große Mengen Tartrat und in geringem Maße durch Phosphat gestört. Bei der Extraktion von 10 µg Al bei pH 8,0 findet man in Anwesenheit von 0,5 g Ammoniumcitrat bzw. -tartrat nur 25% bzw. 82% des vorhandenen Al. Cl^- verhindert die Reaktion von Hg(I) und Hg(II) mit Oxin. In cyanidhaltiger Lösung können 50 µg Al neben 0,1 g Cu, Co, Cd, Ni oder Zn bestimmt werden. Ebenso kann Fe durch CN^- in Ferrocyanid übergeführt und maskiert werden, während Thioglykolsäure als Maskierungsmittel nicht geeignet ist. Mäßige Mengen Fe können auch durch eine Oxinextraktion bei pH 2 vor der Al-Extraktion entfernt werden. Kleine Mengen Fe(II) können mit 1,10-Phenanthrolin [*88, 96*] oder α-Picolinsäure [*75 a*] maskiert und dadurch dessen Extraktion bei pH 5 verhindert werden. Hinsichtlich des Einflusses anderer Elemente auf die Al-Bestimmung s. a. S. 411 ff.

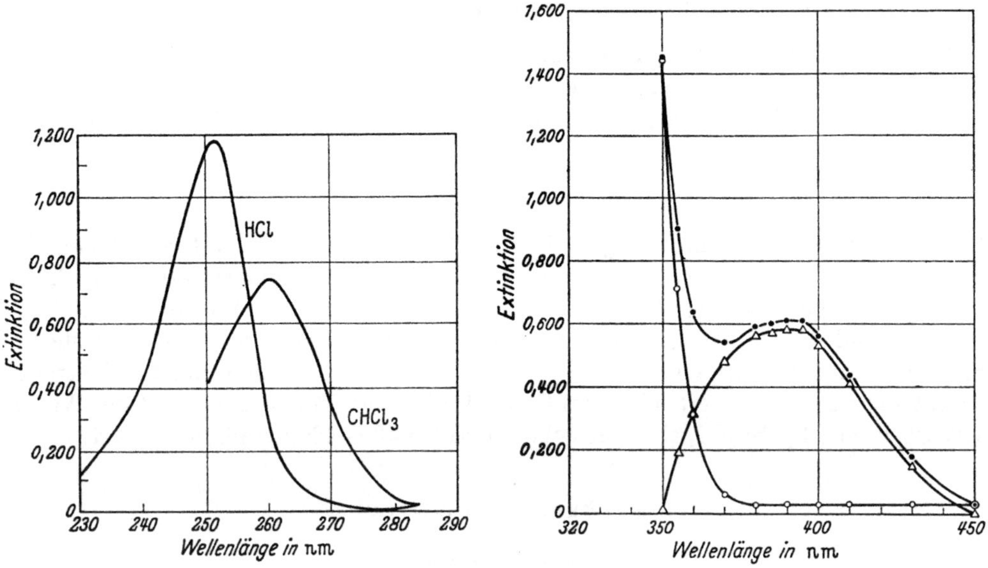

a b

Abb. 70a und b. Extinktionskurven von Al-Oxinat. a In HCl und in $CHCl_3$ im UV-Bereich [*81*]. b Al-Oxinat/$CHCl_3$ (•——•) und Oxin/$CHCl_3$ (○——○) gegen $CHCl_3$, bzw. Al-Oxinat/$CHCl_3$ gegen Oxin/$CHCl_3$ (△——△) im sichtbaren Bereich gemessen

Für das Extinktionsmaximum des Al-Oxinats werden verschiedene Angaben gemacht: 385 nm [*76*], 389 nm [*77*], 390 nm [*78*], 395 nm [*35, 79*], 388 nm [*80*] und für den UV-Bereich 260 nm [*81*] (s. Abb. 70). Der extrahierte Komplex ist 24 Std stabil und das Beersche Gesetz im Bereich von 0,1–5 µg Al/ml erfüllt ($\varepsilon_{390} = 6700$). Oxin/$CHCl_3$ fand daneben auch zur fluorimetrischen Bestimmung des Al Anwendung (Primär-/Sekundärstrahlung 365/560 nm und 405/518 nm) [*82, 91*]. Die fluorimetrische Bestimmung von Al wird durch die 20fache Menge an Bi, Cd, Co, Cu, Fe(III), Mo, Ni, Sn(II), Tl, U und Zn nicht gestört. Ga und In stören.

Arbeitsvorschrift [*35*]

Die 10–50 µg Al enthaltende Probelösung wird im Schütteltrichter auf pH 5 oder in Anwesenheit von Tartrat auf pH 9 eingestellt, mit Wasser auf 50 ml verdünnt, 3 min lang mit 10 ml Oxinlösung (1%ig in $CHCl_3$) extrahiert, die organische Phase abgelassen und evtl. fein verteiltes Wasser durch Trocknen mit wasserfreiem Na_2SO_4 entfernt. Der Extrakt wird in eine 1 cm-Küvette übergeführt und bei 395 nm (385–410 nm) gegen $CHCl_3$ photometriert.

Zweckmäßig ist es auch, die 7,5–125 µg Al enthaltende Probelösung einmal mit 10 ml und 2mal mit je 5 ml Oxinlösung zu extrahieren, die vereinigten Extrakte in einem 25 ml-Meßkolben mit frischer Oxinlösung bis zur Marke aufzufüllen und gegen Oxinlösung zu photometrieren (s. a. S. 1444ff.).

1. Wässer

In einer anderen Arbeit [*83*] wurde Al in Industriewässern nach Abtrennung von Störelementen durch Extraktion und Ionenaustausch mit Oxin/$CHCl_3$ photometrisch und fluorimetrisch bestimmt.

1.1. Eisenhaltige Industriewässer

Störendes Fe wird mit Hydroxylaminhydrochlorid reduziert und mit 1,10-Phenanthrolin maskiert. Die Bestimmung des Al mit Oxin wird hier durch folgende Elemente gestört: Zr, Mo(VI), V(V), Sb, Bi, Cd, Ba, Co, Cu, Pb, Hg(I), Hg(II), Sn(II), Ti, U und Zn.

Arbeitsvorschrift [*88*]

Zu 30 ml Probelösung, die weniger als 4 mg Al/l enthalten soll, fügt man 0,5 ml HCl (1 + 9) und 1 ml 10%ige Hydroxylaminhydrochlorid-Lösung. Man erwärmt kurz, kühlt dann ab, fügt 3 ml 0,12%ige 1,10-Phenanthrolinlösung (reicht zur Maskierung von 9 mg Fe/l aus) und 0,5 ml 40%ige Natriumacetat-Trihydrat-Lösung zu, versetzt weiterhin mit 3 ml Oxinlösung (2 g Oxin und 5 ml Eisessig in 200 ml Lösung) und 2 ml Natriumacetatlösung und extrahiert mit 10 ml $CHCl_3$ 1 min lang. Der Extrakt wird mit Wasser gewaschen, mit 1 g Na_2SO_4 sicc. getrocknet und bei 400–420 nm photometriert.

2. Organisches Material

2.1. Pflanzenmaterial

Nach nasser Veraschung werden Störelemente durch Extraktion mit Na-DDTC/$CHCl_3$ entfernt und das Al mit Oxin photometrisch bestimmt. Die Bestimmung von 4 ppm Al im getrockneten Pflanzenmaterial wird durch folgende Elementgehalte (in %) nicht gestört: Ca 4,0, Cu 0,005, Fe 0,03, Mn 0,1, P 0,2 und Zn 0,03. Bei 20 ppm Al stören die 5-fachen Elementmengen nicht.

B : $\geqq$ 2 ppm Al. *V* : $\pm$ 6%.

Arbeitsvorschrift [*87*]

Reagentien

Oxin, 2%ig in $CHCl_3$

Pufferlösung; 275 ml Eisessig und 310 ml Ammoniak (0,91) werden mit Wasser auf 750 ml verdünnt und auf pH 6,2 eingestellt;

Na-DDTC, 3%ige wäßrige Lösung

1,0 g getrocknetes Probematerial wird mit $HNO_3/H_2SO_4/HClO_4$ naß verascht (s. S. 193ff.), der Veraschungsrückstand mit 6n HCl aufgenommen, unlösliche Kieselsäure abzentrifugiert und die Probelösung mit Wasser auf 100 ml (bei > 8 ppm Al) bzw. 50 ml (bei < 8 ppm Al) aufgefüllt. Davon führt man 25,0 ml Probelösung in einen 125 ml-Schütteltrichter über, versetzt mit 1 ml 1n Essigsäure, neutralisiert mit 6n Ammoniak (gegen Thymolblau-Indikator), fügt 5,0 ml Pufferlösung hinzu und verdünnt mit Wasser auf 50 ml. Die Lösung soll jetzt pH 5,1–5,2 aufweisen, andernfalls ist nachzustellen. Nach Zusatz von 2 ml Na-DDTC-Lösung wird 3mal mit je 5 ml $CHCl_3$ 5 min extrahiert, die organischen Phasen verworfen und die wäßrige Lösung 15 min stehen gelassen. Schließlich extrahiert man mit 5,0 ml Oxin-Lösung 5 min, filtriert den organischen Extrakt in eine 1 cm-Küvette und photometriert bei 385 nm gegen einen Blindwert.

2.2. Bier

Nach der Veraschung der Bierprobe wird das Al bei pH 8–11 mit Oxin/$CHCl_3$ extrahiert und im Extrakt fluorimetrisch bestimmt. Die Veraschung wird auf nassem Wege durchgeführt, da die trockene Veraschung bei 500–550°C zu Verlusten führte (bis zu 20% des vorhandenen Al).

Fe und andere Elemente, die bei pH 8—11 als gefärbte Oxinate extrahiert werden, stören durch Absorption der Fluorescenzstrahlung. Fe kann durch Extraktion mit Oxin bei pH 2,0 entfernt werden. Bei der nachfolgenden Arbeitsvorschrift ist aber im allgemeinen eine Abtrennung des Fe nicht notwendig. Es ist lediglich erforderlich, den Extrakt 4- bis 20fach mit $CHCl_3$ zu verdünnen, um die Fluorescenz des Oxins und eine Störung durch gefärbte Oxinate anderer Elemente klein zu halten. Nach der Arbeitsvorschrift geben 50 μg der folgenden Elemente keine Fluorescenz: Ag, Bi, Ca, Ce, Co, Cr, Cu, Fe, Hg, Mg, Mn, Mo, Ni, Pb, Sn, Th, Tl, U, V und W. Cd und Zn geben eine schwache gelbe bzw. grünlichgelbe Fluorescenz, die durch die Bildung eines Niederschlages schwächer wird. Je 50 μg der beiden Elemente geben eine etwa 2 μg Al entsprechende Störung. Mit dem Verfahren lassen sich Al-Gehalte bis herab zu 0,01 μg Al/ml Bier bestimmen. Bei der Bestimmung von 0,02—0,11 μg Al/ml Bier lag der Fehler bei ± 0,01 μg Al/ml.

Arbeitsvorschrift [*89*]

Reagentien

Oxin, 0,2%ig in $CHCl_3$

25 ml Bierprobe werden in einem Kjeldahl-Kolben zur Sirupkonsistenz eingedampft und anschließend mit HNO_3/H_2SO_4 auf nassem Wege verascht. Die Veraschungslösung wird mit 40 ml Wasser verdünnt und nach dem Abkühlen in einen 150 ml-Schütteltrichter übergeführt. Man fügt 10 ml Oxinlösung hinzu, schüttelt einige Sekunden, stellt dann mit verdünntem Ammoniak auf pH 8—11 ein und extrahiert 30 sec lang. Nach der Phasentrennung wird die organische Phase in einen 20 ml-Meßkolben abgelassen, die wäßrige Lösung noch zweimal mit je 4 ml $CHCl_3$ nachgewaschen, die beiden Fraktionen ebenfalls in den Meßkolben abgelassen und zur Marke aufgefüllt. Man überführt den Extrakt in einen Erlenmeyerkolben, trocknet ihn mit 1 g Na_2SO_4 sicc., verdünnt einen aliquoten Anteil davon 4-, 10- oder 20fach mit $CHCl_3$ und führt die Verdünnung der Fluorescenz-Messung (Primärstrahlung 365 nm, Sekundärstrahlung $\geqq$ 560 nm) zu. Die Eichkurve wird unter Vorlage von 0—80 μg Al auf analoge Weise aufgestellt.

3. Metalle und Legierungen

Mehrfach wurde Oxin verwendet zur Bestimmung von Al in Stahl [*24, 51c, 77, 78, 90—94a*], Gußeisen [*95*], Bronze [*91*], Nickel [*97*], Thorium [*98*] und Uran [*100*].

3.1. Eisen und Stahl

Al kann als Oxinat in alkalischer, tartrathaltiger Lösung in Anwesenheit von Fe bestimmt werden, wenn dieses durch CN^- als Ferrocyanid maskiert wird. CN^- verhindert auch die Störung durch Ag, Cd, Co, Cu, Ni und Zn, während die Elemente Mg, Mn, Pb, Ti, V und Zr stark stören. Die meisten störenden Elemente können vorher durch Elektrolyse mit der Hg-Kathode entfernt werden [*78*], doch verbleibt die Störung durch V und Ti. Diese beiden Elemente sind durch H_2O_2 maskierbar, allerdings dürfen dann nur begrenzte Mengen Ti anwesend sein [*77*].

Durch Verwendung von ÄDTA kann die Extraktion des Al mit Oxin selektiver durchgeführt werden. Man stellte dabei fest, daß Al mit Oxin/$CHCl_3$ aus einer ÄDTA-haltigen Lösung bei pH 8—9 nicht extrahiert werden kann, daß es aber vollständig ausgeschüttelt wird, wenn man Oxin als alkoholische Lösung zusetzt und nach einstündigem Stehen bei Raumtemperatur mit $CHCl_3$ extrahiert. Das notwendige Stehen von 1 Std läßt sich durch Erhitzen nicht abkürzen. Nach 15 min langem Stehen findet man 50%, nach 30 min 60–70%, nach 45 min 85–90%, nach 60 min 100% und nach 90 min ebenfalls 100% des vorhandenen Al.

Es wurden die folgenden Ionen (in Mengen von 25–100 mg) geprüft: Ag, As(III), As(V), Au(III), BO_3^{3-}, Ba, Be, Bi, Br^-, Ca, Cd, Ce(III), Co, Cr(III), Cs, Cu, F^-, Ga, Ge, Hg(I), Hg(II), I^-, In, La, Li, Mg, Mn, Mo, Nb, Ni, PO_4^{3-}, Pb, Pt(IV), Sb(III), Sb(V), Sc, Se(IV), Se(VI), Si, Sn(IV), Sr, Ta, Te(IV), Te(VI), Th, Ti, Tl, U(VI), V(IV), V(V), W, Zn und Zr. Von diesen stören bei dem nachfolgend angeführten Verfahren (in Anwesenheit von ÄDTA und KCN bei pH 8,5–9) nur Bi, Ga, In, Nb, Sb(III), Sb(V), Ta, Ti, U(VI), V(IV) und Zr, indem sie ebenfalls als Oxinate extrahiert werden (s. Tab. 125).

Tabelle 125. Störung der Al-Bestimmung durch die in Anwesenheit von ÄDTA und KCN als Oxinate extrahierbaren Elemente [*80*]

Element	anwesend µg	Störung ausgedrückt als µg Al
V(IV)	100	~ 7
Ti	10	~ 4
Zr	10	~10
U	200	~ 5
Ga	10	~10
In	10	~ 3
Bi	1000	~ 1,6
Sb	1000	~11

Se(IV), Te(IV), Au(III) und Pt(IV) werden durch Sulfit zum metallischen Element reduziert, lösen sich aber nach Zusatz von ÄDTA und KCN und stören daher nicht. Be fällt als Hydroxyd aus, doch geht eine kleine Menge Be in die $CHCl_3$-Phase als sehr schwach gefärbter Komplex über. Bis zu 15 µg Be stören nicht besonders, bei größeren Mengen bis zu 5 mg werden die Al-Werte um etwa 5–25 µg Al zu hoch.

Von den Anionen stören nicht: Cl^-, SO_4^{2-}, ClO_4^-, CH_3COO^-, Br^- und I^-. Konzentrierte HNO_3 stört in Mengen von mehr als 1 ml, H_3PO_4 bei mehr als 200 mg, da in beiden Fällen die vollständige Reduktion des Fe unterbunden wird. Auch mehr als 10 mg F^- verhindern die Extraktion des Al.

Bei der Bestimmung von Al in Stahl stören von den angeführten Elementen vor allem Ti, V, Ta und Nb. Komplexe dieser Elemente mit H_2O_2 werden mit Oxin bei pH 7,5–8,5 nicht extrahiert. Deshalb schüttelt man den ersten $CHCl_3$-Extrakt, der Al und diese Elemente enthält, mit 2 n HCl aus, wodurch alle Elemente und das überschüssige Oxin in die wäßrige Phase übergehen. Wenn nun die wäßrige Phase mit einem Überschuß an H_2O_2 versetzt, alkalisch gemacht und mit $CHCl_3$ geschüttelt wird, so geht nur Al in die organische Phase. Auf dieselbe Weise läßt sich Al auch von U abtrennen. Bei Anwesenheit von V(IV) wird dieses im ersten Extraktionsgang sehr langsam vor dem Al extrahiert, so daß zahlreiche Extraktionen notwendig sind, um das Al quantitativ auszuschütteln. Sind jedoch 0,5–1 mg Ti zugegen, so werden V und Al sehr rasch extrahiert, weshalb sich bei V-Anwesenheit ein Zusatz von Ti empfiehlt, falls dieses Element nicht schon von Anfang an in der Probelösung enthalten ist. V(V) wird nicht extrahiert, doch wird dieses bei dem nachfolgend beschriebenen Verfahren durch Sulfit oder Kochen der alkalischen Lösung zu V(IV) reduziert.

Bis zu 25 mg Th stören nicht. Größere Mengen verhindern die Al-Extraktion und bei 100 mg Th unterbleibt sie vollständig, wobei ein Niederschlag von Th-Oxinat ausfällt. In Anwesenheit von Sc muß ein Überschuß an Oxin zugesetzt werden, da sonst kein Al extrahiert wird. Bei Verwendung von 1 ml 5%iger Oxinlösung ist 1 mg Sc maximal zulässig.

Kleine Fe-Mengen (< als 50 mg) können durch Kochen der alkalischen ÄDTA-KCN-Lösung reduziert werden. Bei größeren Mengen Fe muß ein Reduktionsmittel angewendet werden. Zur Reduktion in alkalischer Lösung sind Hydroxylaminhydrochlorid, Hydrazinsulfat und Na_2SO_3 ungeeignet, da sie in großem Überschuß die quantitative Extraktion des Al verhindern. Ammoniumbisulfit ist für diese Reduktion am besten geeignet. Durch Kochen wird der Überschuß an Sulfit verflüchtigt.

Der benötigte Zusatz an ÄDTA und KCN beträgt:

für 0,1 g Eisen oder Stahl 1 g ÄDTA und 3 g KCN,
für 0,5 g Eisen oder Stahl 3 g ÄDTA und 5 g KCN,
für 1,0 g Eisen oder Stahl 8 g ÄDTA und 8 g KCN.

Bei Verwendung des nachfolgenden Verfahrens als universelle Methode muß noch die Störungsanfälligkeit durch Bi, Ga, Sb, Zr, In und Be berücksichtigt werden. Die ersten 4 Elemente können aus 2n HCl-Lösung mit $CHCl_3$ in Form ihrer Cupferronate extrahiert werden. In läßt sich von Al durch Extraktion mit Diäthyldithiocarbamat/$CHCl_3$ bei pH 3,5 abtrennen, nachdem vorher das Oxin entfernt worden ist. $Be(OH)_2$ stört in der wäßrigen Phase nicht, wenn man eine kleine Menge Netzmittel zusetzt. Die kleine extrahierte Be-Menge läßt sich von Al durch eine Oxin-Extraktion bei pH 5,0 abtrennen. Die im Verfahren angegebene Reagensmenge (1 ml 5%iger Oxin-Lösung) genügt für die Ausfällung von etwa 5 mg Ti, Zr, V usw. Bei höheren Elementmengen muß entsprechend mehr Reagens zugesetzt werden.

Der Reagentien-Blindwert liegt in der Größenordnung von 1–2 µg Al. Hohe Blindwerte können durch einen hohen Al-Gehalt der Reagentien NaCN bzw. KCN und Cupferron verursacht werden. NaCN oder KCN kann man, wie folgt, von seinem Al-Gehalt reinigen: Man löst 10 g in 100 ml Wasser, fügt 5 g $NaHSO_4$ hinzu um den pH-Wert herabzusetzen, versetzt mit 1 ml 5%iger Oxinlösung und extrahiert mit $CHCl_3$ bis zur Al-Freiheit. Statt des festen Cyanids kann man diese Lösung verwenden.

Das vorliegende Verfahren fand Anwendung zur Bestimmung von Al in Eisen, unlegiertem und legiertem Stahl, Ferrovanadin und Ferrotitan.

B: 0,003–7% Al. F_{rm}: ± 5–10%.

Arbeitsvorschrift [*80*]

Reagentien

Oxin, 5%ig in Äthylalkohol;
ÄDTA;
KCN oder NaCN;
Ammoniumbisulfitlösung; man leitet SO_2 in 6n Ammoniak ein, bis die Lösung gegen Lackmus gerade sauer reagiert;
H_2O_2 (3%);
Cupferron, 6%ige wäßrige Lösung; frisch hergestellt;
Natriumacetat, 10%ige wäßrige Lösung;
Natriumacetatpuffer (pH 5); man mischt 70 ml 0,2m Natriumacetatlösung mit 30 ml 0,2m Essigsäure. Der pH-Wert dieser Lösung mit Wasser 1:5 verdünnt soll 5,0 sein;
Na-DDTC, 2%ige wäßrige Lösung, frisch hergestellt;
Ti-Lösung; man löst $K_2TiO(C_2O_4)_2 \cdot 2\,H_2O$ in Wasser, fügt H_2SO_4 hinzu, erhitzt zur Zerstörung der Oxalsäure bis zum Auftreten der SO_3-Nebel und verdünnt dann mit Wasser auf einen Gehalt von 1 mg Ti/ml und 2n H_2SO_4.

Zur Bestimmung des säurelöslichen Al[1] in Eisen und Stahl wird die Einwaage in H_2SO_4 (1 + 9) oder HCl (1 + 1) gelöst, mit wenig HNO_3 oxydiert und nach der allgemeinen Arbeitsvorschrift fortgefahren. Zur Bestimmung des Gesamt-Al wird der unlösliche Rückstand abfiltriert, das Filter verascht, mit HF/H_2SO_4 abgeraucht, mit $KHSO_4$ aufgeschlossen und nach dem Lösen der erkalteten Schmelze in verdünnter H_2SO_4 mit dem Filtrat vereinigt. W-haltige Stähle werden mit HCl oder H_2SO_4 und HNO_3 behandelt, die abgeschiedene W-Säure abfiltriert oder in der Lösung belassen, da sie sich beim Zusatz von ÄDTA und KCN vollständig auflöst. Bei Gehalten über 0,01% Al verwendet man 0,1 g Einwaage, bei Gehalten unter 0,01% Al 0,5–1 g Einwaage.

Allgemeine Arbeitsvorschrift

Die Probe mit einem Gehalt von 2–100 μg Al wird in H_2SO_4, HCl[1] oder $HClO_4$ (bis zu 50 ml Säure) gelöst. Mehr als 1 ml konz. HNO_3 darf nicht anwesend sein. Die Lösung wird auf 1n freie Säure eingestellt, 2 ml Ammoniumbisulfitlösung hinzugefügt (bei Anwesenheit von mehr als 50 mg Fe), 2 min gekocht, abgekühlt und bei Anwesenheit von V 1 ml Ti-Lösung zugesetzt. Man fügt genügend ÄDTA hinzu (mindestens 1 g oder etwa die 10fache Menge der anwesenden Elemente, die mit ÄDTA Komplexe bilden), rührt die Lösung und stellt mit 6n Ammoniak gegen Lackmus gerade alkalisch ein.

Man fügt festes KCN hinzu (oder NaCN in äquivalenter Menge, falls große Mengen Perchlorat anwesend sind). Die Menge an zugesetztem KCN soll mindestens 3 g betragen oder etwa der 10fachen Menge der anwesenden Elemente, die mit CN^- Komplexe bilden, entsprechen. Die Lösung wird zum Sieden erhitzt, 3 min gekocht, auf Raumtemperatur abgekühlt, in einen 125 ml-Schütteltrichter übergeführt, 1,0 ml Oxinlösung zugesetzt (wenn große Mengen jener Elemente anwesend sind, die mit Oxin in Gegenwart von ÄDTA und KCN reagieren, fügt man entsprechend mehr Reagens zu) und 1 Std bei Raumtemperatur stehen gelassen. Wenn ein Niederschlag von $Be(OH)_2$ entsteht, so fügt man einige Tropfen Netzmittel (z. B. Tergitol, Carbide and Carbon Chemicals) hinzu, um den Niederschlag in der wäßrigen Phase verteilt zu erhalten. Danach extrahiert man mit 10 ml $CHCl_3$ 1 min, läßt die organische Phase ab, wiederholt die Extraktion mit weiteren 5 ml $CHCl_3$ bis der Oxinat-Niederschlag in Lösung gegangen ist und der letzte Extrakt farblos erscheint. Im allgemeinen genügen 3–4 Ausschüttelungen.

Die in einem zweiten Schütteltrichter vereinigten Extrakte wäscht man mit 25 ml Wasser, läßt die $CHCl_3$-Phase in einen dritten Schütteltrichter ab, extrahiert die wäßrige Phase mit 5 ml $CHCl_3$, läßt letztere gleichfalls in den dritten Schütteltrichter ab und verwirft die wäßrige Phase. Zum vereinigten organischen Extrakt fügt man nun 25 ml 2n HCl, schüttelt 1 min und verwirft die $CHCl_3$-Phase (wenn große Mengen an Oxinaten anwesend sind, wird die $CHCl_3$-Phase noch einmal mit 10 ml 2n HCl geschüttelt, die $CHCl_3$-Phase dann verworfen und der zweite Säureauszug mit dem ersten vereinigt). Die so erhaltene salzsaure Lösung wird anschließend nach A. oder B. weiter verarbeitet.

A. Be anwesend

Zur salzsauren Lösung fügt man einige Tropfen Methylorange, versetzt mit konz. Ammoniak bis zum Farbumschlag, 5 ml Acetatpuffer-Lösung, 10 ml $CHCl_3$ und schüttelt 1 min lang. Die organische Phase wird abgelassen und die Extraktion nach 2mal mit je 5 ml $CHCl_3$ wiederholt. Die wäßrige Lösung wird verworfen, der vereinigte organische Extrakt mit 25 ml 2n HCl geschüttelt, die organische Phase verworfen und nach B. fortgefahren.

---

[1] s. Fußnote[1] auf S. 406.

B. Be abwesend

Zur salzsauren Lösung fügt man 20 ml H_2O_2, einige Tropfen Phenolrot und nach 1 min 6n Ammoniak bis zum Farbumschlag von gelb auf rot. Die Lösung wird mit 10 ml $CHCl_3$ extrahiert und nach C., D., E. oder F. fortgefahren.

C. Bi <0,5 mg, Sb <0,1 mg; Zr, Ga und In abwesend

Der $CHCl_3$-Extrakt wird in einen 25 ml-Meßkolben abgelassen, die Extraktion 2mal mit je 5 ml $CHCl_3$ wiederholt und der vereinigte organische Extrakt mit $CHCl_3$ bis zur Marke aufgefüllt. Die $CHCl_3$-Lösung wird durch ein kleines trockenes Filter in eine geeignete Küvette filtriert, wobei die ersten 5 ml verworfen werden, und bei 390 nm gegen $CHCl_3$ photometriert. Bei Vorliegen von 10–100 µg Al verwendet man eine 1 cm-Küvette, bei 5–50 µg Al eine 2 cm-Küvette und bei 2 bis 25 µg Al eine 4 cm-Küvette.

D. Bi>0,5 mg, Sb>0,1 mg; Zr und Ga anwesend; In abwesend

Der $CHCl_3$-Extrakt wird in einen Schütteltrichter abgelassen, die Extraktion noch 2mal mit je 5 ml $CHCl_3$ wiederholt und der vereinigte organische Extrakt mit 25 ml 2n HCl 1 min lang geschüttelt. Die $CHCl_3$-Phase wird verworfen und zur salzsauren Lösung 5 ml Cupferron-Lösung gegeben. Nach dem Mischen extrahiert man mit 10 ml $CHCl_3$, verwirft den organischen Extrakt und wiederholt die Extraktion mit weiteren 5 ml $CHCl_3$-Anteilen bis sich der vorhandene Cupferron-Niederschlag gelöst hat. Falls es nötig ist, fügt man mehr Cupferron hinzu. Die salzsaure Lösung wird in ein 100 ml-Becherglas abgelassen, mit 1 ml H_2SO_4 (1,84) und 1 ml HNO_3 versetzt und die Lösung bis zum Auftreten der SO_3-Nebel erhitzt. Wenn sich die Lösung dabei dunkel färbt, fügt man tropfenweise HNO_3 hinzu. Die Lösung wird abgekühlt, mit 20 ml Wasser verdünnt, unter Nachwaschen mit wenig Wasser in einen Schütteltrichter übergeführt, 1,0 ml Oxinlösung und einige Tropfen Phenolrot zugesetzt, 6n Ammoniak bis zum Farbumschlag hinzugefügt, abgekühlt und mit 10 + 5 + 5 ml $CHCl_3$ extrahiert. Der vereinigte Extrakt wird in einem 25 ml-Meßkolben mit $CHCl_3$ zur Marke aufgefüllt und wie unter C. angegeben photometriert.

E. Bi <0,5 mg, Sb <0,1 mg; Zr und Ga abwesend; In anwesend

Der $CHCl_3$-Extrakt wird in einen Schütteltrichter abgelassen, die Extraktion noch 2mal mit je 5 ml $CHCl_3$ wiederholt und der vereinigte organische Extrakt mit 25 ml 2n HCl 1 min lang geschüttelt. Die $CHCl_3$-Phase wird verworfen, zur salzsauren Lösung im Überschuß gesättigtes Bromwasser (etwa 8 ml) gegeben und das Dibromhydroxychinolin und der Bromüberschuß mit $CHCl_3$ extrahiert bis die organische Phase vollständig farblos erscheint. Zur wäßrigen Lösung gibt man 1–2 Tropfen Methylorange, 3 ml Natriumacetatlösung und stellt mit Ammoniak auf pH 4 ein. Nun versetzt man mit 10 ml Na-DDTC-Lösung und extrahiert 2mal mit je 10 ml $CHCl_3$. Die organische Phase wird verworfen, die wäßrige Lösung in ein 100 ml-Becherglas abgelassen, 10 ml 6n HCl zugesetzt und zur Zerstörung des noch vorhandenen Carbamates einige min gekocht. Nach dem Abkühlen führt man die Lösung in einen Schütteltrichter über, fügt 1,0 ml Oxinlösung und einige Tropfen Phenolrot hinzu, versetzt mit 6n Ammoniak bis zum Farbumschlag und fährt wie unter D. angegeben fort.

F. Bi >0,5 mg, Sb >0,1 mg; Zr, Ga und In anwesend

Man arbeitet nach den Angaben unter D. bis einschließlich dem Abrauchen der cupferronhaltigen Lösung mit H_2SO_4. Der H_2SO_4-saure Rückstand wird mit 25 ml Wasser verdünnt, mit 1–2 Tropfen Methylorange und 3 ml Natriumacetatlösung versetzt und mit

Ammoniak auf pH ~ 4 eingestellt. Es folgt die Extraktion mit Carbamat und die anschließende Al-Bestimmung gemäß den Angaben unter E.

Aufstellung der Eichkurve

Zu 50 ml Lösung, jeweils 0, 5, 10, 20, 40, 60, 80 und 100 µg Al sowie 25 ml 2n HCl enthaltend, fügt man einige Tropfen Phenolrot, 1,0 ml Oxinlösung und 6n Ammoniak bis zum Farbumschlag. Man extrahiert mit 10 + 5 + 5 ml $CHCl_3$, füllt in einem 25 ml-Meßkolben mit $CHCl_3$ bis zur Marke auf und photometriert wie in der Arbeitsvorschrift angegeben.

3.2. Beryllium

B: ≧ 0.0005% Al

Arbeitsvorschrift [*95a*]

Reagentien

HCl (1 + 2); H_2SO_4 (1 + 8);
o-Phenanthrolin, 0,025%ige wäßrige Lösung;
Hydroxylaminhydrochlorid, 2%ige wäßrige Lösung;
Pufferlösung; man mischt 3 Teile 3m Natriumacetatlösung und 1 Teil 4m NaOH;
Oxin-Lösung; man löst 5 g Oxin in 25 ml Eisessig und füllt mit Wasser auf 500 ml auf;
$CHCl_3$

0,4 g Probe löst man mit 25 ml HCl (1 + 2) oder H_2SO_4 (1 + 8), füllt in einem 100 ml-Meßkolben mit Wasser zur Marke auf, versetzt einen aliquoten Teil von 25,0 ml in einem 125 ml-Schütteltrichter mit 2 ml Hydroxylaminhydrochlorid-Lösung, 2 ml Phenanthrolin-Lösung und 10 ml Pufferlösung. Die Lösung wird mit einigen Tropfen HCl auf pH 5,0 eingestellt, 3 ml Oxin-Lösung zugesetzt, mit 10 ml $CHCl_3$ 2 min extrahiert, der organische Extrakt in einen 25 ml-Meßkolben (1,0 g Na_2SO_4 sicc. enthaltend) abgelassen, die Extraktion mit 3 ml Oxin-Lösung und 10 ml $CHCl_3$ wiederholt, mit $CHCl_3$ zur Marke aufgefüllt und in einer 5 cm-Küvette bei 392 nm gegen Wasser photometriert. Ein Blindwert wird abgezogen. Die Eichkurve stellt man mit Reinstberyllium unter Zusatz bekannter Al-Mengen auf.

3.3. Calcium

Vorhandenes Fe wird mit 1,10-Phenanthrolin maskiert und kann dabei gleichzeitig photometrisch vor dem Al bestimmt werden.

B: 0,001–0,02% Al. F_r: ± 2%.

Arbeitsvorschrift [*96*]

Reagentien

HNO_3 (1,40);
Hydroxylaminhydrochlorid, 10%ige wäßrige Lösung;
1,10-Phenanthrolin, 0,1%ige wäßrige Lösung;
Pufferlösung; 200 g Ammoniumacetat und 100 ml Eisessig werden mit Wasser auf 1 l aufgefüllt;
Oxin, 1%ig in $CHCl_3$;
$CHCl_3$;
Na_2SO_4 sicc.

Zu 1 g Probe fügt man in einem bedeckten 100 ml-Becherglas langsam 10 ml Wasser, nach Ablauf der Reaktion 6 ml HNO_3 und erhitzt bis zum vollständigen Lösen. Nach dem Abkühlen fügt man 1 ml Hydroxylaminhydrochlorid-Lösung, 20 ml 1,10-Phenanthrolin-Lösung und 30 ml Pufferlösung hinzu, stellt auf pH 5 ein, füllt auf 100 ml auf und läßt 30 min stehen. Der Fe-Gehalt läßt sich durch anschließendes Photometrieren bei 515 nm ermitteln.

50 ml dieser Lösung (von der Fe-Bestimmung) führt man in einen Schütteltrichter über, extrahiert mit genau 10 ml Oxinlösung, läßt den Extrakt in einen 25 ml-Meßkolben ab, wäscht die wäßrige Lösung mit 10 ml $CHCl_3$ nach, füllt den vereinigten Extrakt mit $CHCl_3$ bis zur Marke auf, trocknet mit 1 g Na_2SO_4 sicc. und photometriert in einer 1 cm-Küvette bei 395 nm gegen $CHCl_3$.

3.4. Thorium

Es gelten die Ausführungen zu Verfahren E. 4.1 (s. S. 419).
B: 1–2000 ppm Al. *V:* 3–5%. *Z:* ~ 1 Std.

Arbeitsvorschrift

Reagentien

H_2SiF_6; 1 ml 30%ige Säure verdünnt man mit Wasser auf 2 l;
übrige Reagentien wie bei Verfahren E. 4.1. (s. S. 419).

1 g Probe wird in einem 100 ml-Becherglas mit 50 ml HNO_3 (1 + 1) und 1–2 ml H_2SiF_6 unter Erwärmen gelöst, in einem 100 ml-Meßkolben mit Wasser zur Marke aufgefüllt, davon 10,0 ml Lösung in einem 50 ml-Becherglas mit 3 ml $HClO_4$ versetzt und mit dem Abrauchen nach Verfahren E. 4.1 fortfahren.

3.5. Wolfram

Arbeitsvorschrift [*99*]

79,3 mg Wolfram (in einem Diamantmörser zerkleinert), entsprechend 100 mg WO_3, werden in einem Platintiegel an der Luft über dem Teclubrenner bei etwa 800° C oxydiert (Dauer etwa 15–20 min) und dann nach E. 4.4 (s. S. 422) weitergearbeitet.

3.6. Nichteisenlegierungen

Man verfährt nach den Richtlinien der unter E. 3.1 [*80*] (s. S. 413) angegebenen Arbeitsvorschrift.

4. Verschiedenes

Mit Oxin wurde Al fluorimetrisch in Mineralsäuren und Ouarz [*82*], sowie photometrisch in Uranverbindungen [*100*] bestimmt.

4.1. Thoriumoxid

Durch Extraktion mit TTA/Hexon werden störendes Th, Zr, Fe und Cu weitgehend, Mo, Ti, U und V teilweise abgetrennt. In der Lösung verbliebenes Ti, U und V werden mit H_2O_2, Th mit Nitrilotriessigsäure maskiert. Eine Störung von Cd, Cu, Ni und Zn beseitigt man durch Waschen mit Cyanidlösung. Die Bestimmung von 50 µg Al nach Verfahren a) und b) wird nicht gestört durch 100 mg Th, je 1000 µg Cd, Ce(III), Cu, Mo, Ni, U(VI), V(V), W, Zn und Zr, sowie je 500 µg Fe(III) und Ti(IV). Es stören Co, Cr(III), Mn(II) und Sn(IV). Cr und Sn lassen sich als Chloride verflüchtigen. Nach Verfahren c) kann man durch Extraktion mit Na-DDTC/$CHCl_3$ Cd, Co, Cu, Mn, Ni, Sn und Zn abtrennen, so daß dann Verfahren b) nicht erforderlich ist. Hier stören nicht: je 1000 µg Mn, Ni, Sn, Zn und je 200 µg Cd, Co und Cu. Cr(III) stört und muß vorher verflüchtigt werden. Bei Verfahren c) verursacht das nicht extrahierte, restliche Th einen Al-Verlust, weshalb reproduzierbar gearbeitet und die Eichkurve über das gesamte Verfahren aufgestellt werden muß. Zur Vermeidung dieser Schwierigkeit kann wahlweise nach Verfahren d) gearbeitet werden, wobei je 1000 µg Cd, Co, Cu, Mn, Mo, Ni, U, W, Zn und 500 µg Cr(III, VI) nicht stören, Sn und Ti aber stören. Sn läßt sich vorher verflüchtigen und Ti muß hier abwesend sein.

B: 1–2000 ppm Al. *V:* 3–5%. *Z:* ~ 1 Std.

Arbeitsvorschrift [*100a*]

Reagentien

HNO_3 (1 + 1); HF (40%); $HClO_4$ (70%); HCl (1,19);
Ammoniak (1 + 1); H_2O_2 (3%);
Ammoniumacetat (I), 50%ige wäßrige Lösung;
Ammoniumacetat (II); 200 g Ammoniumacetat werden in Wasser gelöst, 70 ml Ammoniak (0,91) zugesetzt und mit Wasser auf 1 l aufgefüllt;
Cyanidlösung; 40 g NH_4NO_3, 20 g KCN und 10 ml Ammoniak (0,91) werden mit Wasser auf 1 l aufgefüllt;
0,2m Nitrilotriessigsäure (NTA); 40 g NTA werden in 200 ml Wasser mit 2n NaOH auf pH 7 eingestellt und mit Wasser auf 1 l aufgefüllt;
Oxin, 2%ig in 1m Essigsäure;
Na-DDTC, 2%ige wäßrige Lösung;
0,5m Thenoyltrifluoraceton (TTA); 110 g TTA werden in 1 l Hexon gelöst;
4-Methyl-2-pentanon (Hexon); $CHCl_3$.

a) Allgemeine Vorschrift

0,1 g Probe löst man in einem 50 ml-Becherglas unter Erwärmen in 20 ml HNO_3 (1 + 1) und einigen Tropfen HF, fügt nach dem Lösen 3 ml $HClO_4$ hinzu und dampft bis zum Rauchen ein. Bei Bedarf fügt man jetzt zur Verflüchtigung von Cr und Sn 0,5–1 ml HCl hinzu und raucht erneut ab. Nach dem Abkühlen wird mit 5 ml Wasser und 8 ml Ammoniumacetat (I)-Lösung versetzt, mit $HClO_4$ auf pH 1,5 eingestellt, mit Wasser auf 25 ml verdünnt, 2mal mit je 10 ml TTA-Lösung 5 min und 1mal mit 10 ml Hexon 3 min mechanisch extrahiert (Hohlrührerextraktor, s. S. 222) und die organischen Extrakte verworfen. Die wäßrige Lösung führt man in ein 150 ml-Becherglas über und fährt nach e) fort.

b) Cd, Ni und Zn anwesend

Man arbeitet nach a) und e) einschließlich der Extraktion des Al, schüttelt den Oxin-Extrakt in einem 250 ml-Schütteltrichter 2 min mit 100 ml Cyanidlösung, führt die organische Phase in einen 50 ml-Meßkolben über und fährt nach e) fort.

c) Co, Mn und Ti anwesend

Man verfährt nach a) einschließlich TTA-Extraktion, versetzt die wäßrige Lösung mit 2 ml Na-DDTC-Lösung, stellt auf pH 9 ein, extrahiert 2 min mit 20 ml $CHCl_3$, verwirft die organische Phase und behandelt die wäßrige Lösung nach e).

d) Co und Mn anwesend, Ti abwesend

Man arbeitet wie bei c), stellt jedoch auf pH 1,5 ein und extrahiert 2mal mit je 20 ml $CHCl_3$. Die organischen Extrakte werden verworfen, die wäßrige Lösung in einem 150 ml-Becherglas mit Wasser auf 75 ml verdünnt, mit 5 ml NTA-Lösung und 15 ml Ammoniumacetat (I)-Lösung, versetzt, mit Ammoniak auf pH 5 eingestellt und mit der Oxin-Extraktion nach e) fortgefahren.

e) Aufstellung der Eichkurve

In 150 ml-Bechergläser werden steigende Mengen Al-Stammlösung (für die photometrische Bestimmung 1–200 µg Al, für die fluorimetrische Bestimmung 0,1–10 µg Al) vorgelegt, mit Wasser auf 75 ml verdünnt, mit 5 ml NTA-Lösung, 2 ml H_2O_2 (3%), 2 ml Ammoniumacetat(II)-Lösung und 2 ml Oxin-Lösung versetzt und mit Ammoniak auf pH 8 eingestellt. Man extrahiert die Lösung in einem 250 ml-Schütteltrichter 2mal mit je 20 ml $CHCl_3$ 2 min, füllt den vereinigten organischen Extrakt in einem 50 ml-Meßkolben mit $CHCl_3$ zur Marke auf, trocknet mit ~ 1 g Na_2SO_4 sicc. und photometriert in einer 1 cm-, 2 cm- oder 5 cm-Küvette bei 390 nm gegen den Blindwert oder führt die fluorimetrische Messung wie bei Verfahren E. 2.2 (s. S. 412) durch.

4.2. Alkalien

Nach dem vorliegenden Verfahren können 10–200 µg Al in Proben bestimmt werden, die 200 µg Fe, 100 µg Cu, 5 µg Ni und 10 µg Mn enthalten. Nach dem Oxinzusatz muß die Probelösung 15 min lang auf 60–70° C erhitzt werden, um das vorhandene Al quantitativ zu erfassen. Obwohl die Anwesenheit von Tartrat stört [*35*], können die in dieser Vorschrift zugesetzten 0,3 g/80 ml Lösung vernachlässigt werden. Sie verursachen keinen wesentlichen Al-Verlust, sind aber nötig, um kleine Mengen Fe (bis zu 5,6 µg Fe) zu maskieren. Die Eichkurve muß allerdings unter den gleichen Arbeitsbedingungen aufgestellt werden. Das Al wird quantitativ ausgeschüttelt, wenn einmal 2 min und einmal 1 min mit je 10 ml $CHCl_3$ extrahiert wird. Fe und Cu werden mit Oxin vollständig, Ni teilweise bei pH 2,8 ausgeschüttelt. Bei der Bestimmung von 100 µg Al beträgt die Standardabweichung ± 0,2 µg Al.

Arbeitsvorschrift [*101*]

Reagentien

Weinsäure, 10%ige wäßrige Lösung;
Ammoniumacetat-Puffer, 20%ig in 1n Ammoniak;
Oxin, 2%ig in 1n CH_3COOH;
Ammoniak (1 + 3);
$CHCl_3$.

Die Alkali-Probe wird in Wasser gelöst und mit HCl auf pH 4 angesäuert. Bei kieselsäure-haltigen Proben wird die Alkalilösung in die Säure gegossen, um eine Ausfällung von Kieselsäure zu vermeiden. Ein aliquoter Teil (bis zu 200 µg Al_2O_3 enthaltend) wird in ein 100 ml-Becherglas übergeführt, 3 ml Weinsäurelösung, 2 ml Ammoniumacetat-Pufferlösung und 2 ml Oxinlösung zugesetzt. Danach stellt man mit Ammoniak auf pH 6,6 ± 0,2 ein, erwärmt 15 min lang auf dem Wasserbad auf 60–70° C und kühlt ab.

Wenn Cu, Fe und Ni entfernt werden müssen, wird die Lösung nach dem Oxin-Zusatz mit HCl (1 + 3) zuerst auf pH 2,8 eingestellt, in einen Schütteltrichter übergeführt und mit zweimal 10 ml $CHCl_3$ extrahiert. Zur wäßrigen Lösung fügt man 1 ml Oxinlösung, stellt mit Ammoniak (1 + 3) auf pH 6,6 ± 0,2 ein (in Anwesenheit von Mn auf pH 5,7), erwärmt 15 min auf dem Wasserbad auf 60–70° C und kühlt dann ab. Nach der Wärmebehandlung wird die wäßrige Lösung in beiden Fällen auf 80 ml mit Wasser verdünnt, das Al-Oxinat mit zweimal 10 ml $CHCl_3$ extrahiert, die Extrakte nach der Filtration durch ein Papierfilter mit $CHCl_3$ auf 50 ml aufgefüllt und bei 390 nm in einer 1 cm-Küvette photometriert.

4.3. Glas

Die Bestimmung erfolgt nach der unter E.3.1 (s. S. 413) angegebenen Arbeitsvorschrift.

4.4. Wolframoxyd

Ein bereits früher angegebenes Verfahren zur Bestimmung von Al in Wolframoxyd [*35*] hat sich bei einer Überprüfung nicht bewährt [*99*]. Nach dem Aufschluß der Probe und Lösen der Schmelze wird in der vorliegenden Arbeitsvorschrift das Al als Oxinat extrahiert und fluorimetrisch bestimmt. Im Gegensatz zum Al-Oxinat fluorescieren die sonst noch in Wolfram oder Wolframoxyd vorkommenden Metallverunreinigungen und $CHCl_3$-löslichen Oxinate nicht.

B: 0,0005–0,005% Al. F_r: ± 4%.

Arbeitsvorschrift [*99*]

Reagentien

$KNaCO_3$; $Na_2B_4O_7$;
Oxin, 0,5%ig in $CHCl_3$;
Essigsäure (1 + 1);
Ammoniak (1 + 3);
$CHCl_3$.

100 mg Wolframoxyd werden im Platintiegel mit einer Mischung von 100 mg $KNaCO_3$ und 100 mg $Na_2B_4O_7$ vorsichtig aufgeschlossen, nach dem Erkalten in möglichst wenig Wasser gelöst und in einen 50 ml-Schütteltrichter übergeführt. Nach Zusatz von 0,5 ml Oxinlösung wird kurz geschüttelt, mit Exsigsäure auf pH 4,6 eingestellt, nach Zusatz von 2 ml $CHCl_3$ genau 30 sec lang geschüttelt, mit Ammoniak auf pH 9,0 eingestellt und noch 1 min geschüttelt. Der organische Extrakt wird abgelassen und die Extraktion mit den gleichen Mengen Oxin und $CHCl_3$ wiederholt. Zuletzt wird die wäßrige Lösung mit 1–2 ml $CHCl_3$ nachgewaschen. Der vereinigte organische Extrakt wird mit Na_2SO_4 sicc. getrocknet und der fluorimetrischen Messung zugeführt. Zur halbquantitativen Bestimmung des Al wird die Fluorescenz des Al-Komplexes mit analog hergestellten Standardlösungen verglichen. Zur quantitativen Bestimmung des Al empfiehlt es sich, den vereinigten organischen Extrakt vor dem Trocknen auf ein bekanntes Volumen aufzufüllen. Hinsichtlich der Fluorescenz-Messung s. Verfahren E.2.2., S. 412.

F. Polarographie

Grundsätzlich läßt sich das Al auf polarographischem Wege bestimmen, die direkte Bestimmung bietet jedoch Schwierigkeiten, da u. a. der pH-Bereich für eine befriedigende Ausführung begrenzt und kritisch ist [*102–105*]. Günstiger ist die polarographische Bestimmung des Al in Anwesenheit von Solochromviolett RS (Solochrome Violet RS; Pontachrome Violet SW) [*53, 106–112*] oder Superchromgarnet Y (5-Sulfo-2′, 4′, 2-trihydroxyazobenzol) [*112a*]. Der Farbstoff wird – je nach den Arbeitsbedingungen – bei etwa –0,2 V (gegen gesättigte Kalomelelektrode) reduziert. In Anwesenheit von Al wird die Stufenhöhe vermindert, wobei gleichzeitig eine zweite Stufe bei etwa –0,4 V auftritt. Letztere ist der Al-Konzentration direkt proportional. Für die beiden Stufen wurden in Solochromviolett RS/Ammoniumacetat/$HClO_4$-Lösung bei pH 5,6 Halbstufenpotentiale von –0,34 V [*106*] bzw. –0,18 V [*109*] und –0,53 V [*106*] bzw. –0,36 V [*109*] (gegen gesättigte Kalomelelektrode), für Superchromgarnet Y bei pH 5,75–0,63 V [*112a*] (gegen Ag/AgCl) angegeben.

Die Eichkurve ist im Bereich von 1–4 μg Al/ml (in 0,02%iger Solochromviolett RS-Lösung) bzw. 0,2–1,2 μg Al/ml (in 0,005%iger Farbstofflösung) bzw. 0,02–0,3 μg Al/ml (in 0,001%iger Farbstofflösung) linear [*53*]. Die Bestimmung wird durch die 1000fache Menge Ca, Mg und Zn, die 500fache Menge Mn, die 100fache Menge an As(V), B und Be und die 30fache Menge PO_4^{3-} nicht gestört. Eine Störung verursachen As(III), Cd, Co, Cr, Cu, Fe(II), Fe(III), Mo, Ni, Pb, Sb, Sn, Th, Ti(IV), U, V(V), Zr, F^-, Citrat und Oxalat [*53, 109*].

Das Verfahren fand zur Bestimmung von Al in Beryllium [*110*], Gußeisen [*53*] und Thoriumverbindungen [*112a*] Anwendung.

1. Metalle und Legierungen

1.1. Gußeisen

Nachfolgend werden drei Verfahren zur Bestimmung des säurelöslichen Al[1] (Verfahren A, B und C) und des säureunlöslichen Al[1] beschrieben.

Bei Verfahren A werden die störenden Elemente durch Extraktion mit Carbamat/$CHCl_3$ entfernt, das Al mit Cupferron/$CHCl_3$ bei pH 4,5 extrahiert und polarographisch bestimmt. Bei Verfahren B wird das Fe extraktiv mit Butylacetat entfernt, während die Abtrennung der Störelemente bei Verfahren C durch Hg-Elektrolyse erfolgt. Beim letztgenannten Verfahren zur Bestimmung des säureunlöslichen Al wird eine feste Probe anodisch aufgelöst, um auf diese Weise durch einen möglichst geringen Verbrauch an Reagentien einen möglichst geringen Blindwert zu erhalten. Bei Verwendung von Glasgeräten wurde in der genannten Arbeit [*53*] ein Blindwert von 6 µg Al, mit Quarzglas- oder Kunststoffgefäßen dagegen ein solcher von 1,8 µg Al erhalten. 98–100% des vorhandenen Al werden wiedergefunden. Mit den Verfahren A und B wurden Al-Gehalte in verschiedenen Eisensorten in den genannten Bereichen, mit Verfahren C 0,00003–0,00004% Al und mit dem vierten Verfahren 0,00016–0,002% Al bestimmt. Der relative Fehler der Verfahren A, B und C liegt innerhalb ±5%.

Arbeitsvorschrift [*53*]

Reagentien

5n $HClO_4$, für Gehalte über 0,01% Al p.a.-Qualität, für Gehalte unter 0,01% Al redest. $HClO_4$ oder „bleifrei für Nahrungsmittelanalyse"; 500 ml $HClO_4$ (60%) mit Wasser auf 1 l verdünnt (in Polyäthylenflasche);
HCl (1,18), hinsichtlich der Reinheit gilt das vorher Gesagte;
HCl (1 + 1);
HNO_3 (1,42), hinsichtlich der Reinheit gilt das vorher Gesagte;
$CHCl_3$;
Eisessig;
2m Natriumacetatlösung, 272 g Natriumacetat werden in Wasser gelöst und auf 1 l aufgefüllt;
Na-DDTC, 20%ige wäßrige Lösung, täglich frisch hergestellt;
Cupferron, 1%ige wäßrige Lösung; Ungelöstes wird abzentrifugiert; täglich frisch hergestellt;
Isobutylacetat; falls zu hohe Blindwerte erhalten werden, reinigt man das Lösungsmittel durch 10 min langes Schütteln mit dem halben Volumen an 5n HCl.
Solochromviolett RS, 0,05%ige wäßrige Lösung (in Polyäthylenflasche).

Herstellung der Eichkurven

In eine Serie von 50 ml-Meßkolben legt man 0, 4, 8, 12, 16 und 20 ml Al-Stammlösung (10 µg Al/ml) vor, fügt einen Tropfen Methylrotindikator-Lösung hinzu, macht mit 1n NaOH gerade alkalisch, versetzt dann mit 1,0 ml 5n $HClO_4$, 5 ml 2m Natriumacetat-Lösung, 20 ml Solochromviolett-Lösung und füllt bis zur Marke auf. Die Meßkolben stellt man für 5 min in ein Wasserbad von 55°–70°C, kühlt dann ab und nimmt die Polarogramme zwischen –0,50 und –0,85 V auf (in der Originalarbeit wurde ein Kathodenstrahlpolarograph verwendet). Die Al-Stufe tritt bei etwa –72 V (gegen Hg-pool-

[1] s. Fußnote 1 auf S. 406.

Anode) auf. Mikroampere werden gegen µg Al/50 ml bei der Aufstellung der Eichkurve aufgetragen. Für den Bereich von 10–60 µg Al verfährt man wie bei dem vorhin beschriebenen Bereich von 40–200 µg Al, indem man aber davon abweichend 0, 1, 2, 3, 4, 5 und 6 ml Al-Stammlösung (10 µg Al/ml) vorlegt und 5,0 ml Solochromviolett-Lösung verwendet. Unmittelbar nach dem Auffüllen zur Marke werden die Lösungen in Polyäthylen-Stopfenflaschen übergeführt und darin erwärmt. Für den Bereich von 1–15 µg Al verfährt man wie beim Bereich für 10–60 µg Al, nur legt man 0, 1, 3, 5, 7, 10, 12 und 15 ml Al-Stammlösung (1 µg Al/ml) vor und verwendet 1,0 ml Solochromviolett-Lösung.

Verfahren A (0,002—0,2% Al)

1,0 g Probe löst man ohne Erhitzen in 20 ml HCl (1 + 1), kühlt, füllt im Meßkolben auf 100 ml auf, zentrifugiert die Lösung bei 2000 U.p.m. und pipettiert von der überstehenden Lösung 10 ml in einen 150 ml-Schütteltrichter über. Man versetzt mit 5,0 ml Eisessig, 10 ml Natriumacetat-Lösung und 20 ml Na-DDTC-Lösung, schüttelt 10–20 sec und extrahiert mit 30 ml $CHCl_3$. Die organische Phase wird abgelassen und erneut mit 10 ml $CHCl_3$ extrahiert. Nach dem Ablassen des Extraktes prüft man durch tropfenweisen Zusatz von Na-DDTC-Lösung die Vollständigkeit der Extraktion. Falls die auftretende Fällung nicht rein weiß sondern gefärbt ist, so fügt man 5 ml Na-DDTC-Lösung hinzu und extrahiert wieder mit 10 ml $CHCl_3$. Die wäßrige Lösung wird einige Male mit $CHCl_3$ gewaschen, wobei auch der Stopfen und Hals des Schütteltrichters gespült werden (im allgemeinen genügen 25 ml Na-DDTC-Lösung und 50–60 ml $CHCl_3$). Der Extrakt wird verworfen, zur wäßrigen Lösung 1,0 ml Cupferron-Lösung gefügt, 1–2 min stehen gelassen, danach mit 15 ml $CHCl_3$ extrahiert, die organische Phase in ein 50 ml-Becherglas abgelassen und die Extraktion mit 10 und 5 ml $CHCl_3$ wiederholt. Der vereinigte Extrakt wird zur Trockene eingedampft, 1,0 ml HNO_3 und 2,0 ml 5n $HClO_4$ zugefügt und der Extrakt mit aufgelegtem Uhrglas verascht. Falls der Extrakt von evtl. vorhandenem Cr grün gefärbt war, so wird die Lösung beim Auftreten der weißen Nebel orange gefärbt sein. In diesem Fall fügt man 2,0 ml 5n $HClO_4$ hinzu, dampft ein bis zum Auftreten der weißen Nebel, versetzt mit 0,5–1,0 ml HCl, um das Cr zu verflüchtigen, und setzt diese Arbeitsweise so lange fort, bis das gesamte Cr als CrO_2Cl_2 verflüchtigt worden ist. Dann dampft man zur Trockene ein (bei Abwesenheit von Cr wird nach dem Veraschen sofort zur Trockene eingedampft). Der Rückstand wird in 1,0 ml 5n $HClO_4$ gelöst, in einen 50 ml-Meßkolben übergeführt, mit 5,0 ml 2m Natriumacetat-Lösung und 1,0, 5,0 oder 20,0 ml Solochromviolett-Lösung (je nach dem vorliegenden Al-Gehalt) versetzt, zur Marke aufgefüllt und bei Zusatz von 1,0 bzw. 5,0 ml Solochromviolett-Lösung in Polyäthylen-Stopfenflaschen übergeführt. Die Bestimmung wird nun durchgeführt wie bei den Eichkurven beschrieben.

Wenn der $CHCl_3$-Extrakt gelb oder braun ist (durch Ti oder Fe), so wird der Eindampfrückstand in 1,0 ml 5n $HClO_4$ gelöst, in einen 150 ml-Schütteltrichter übergeführt, auf 50–60 ml verdünnt und 1,0 ml Cupferron-Lösung zugefügt. Man extrahiert mit 10 ml $CHCl_3$, läßt die organische Phase ab, wäscht mit 10 ml $CHCl_3$ und wiederholt die Extraktion bis der Extrakt farblos ist. Dann versetzt man mit 10 ml 2m Natriumacetat-Lösung und extrahiert das Al nach Zusatz von 1,0 ml Cupferron-Lösung wie beim ersten Mal.

Verfahren B (0,0004—0,004% Al, in einfachem Gußeisen)

5 g Probe werden ohne Erhitzen in 40 ml HCl und 10 ml HNO_3 gelöst, abgekühlt, 3 min lang bei 2000 U.p.m. zentrifugiert und die überstehende Lösung in einen 250 ml-Schütteltrichter übergeführt. Man fügt 150 ml Isobutylacetat hinzu, extrahiert 30 sec

lang, läßt die wäßrige (untere) Phase in ein 150 ml-Becherglas ab, dampft zur Trockene ein, fügt 5,0 ml HNO_3 und 4,0 ml 5n $HClO_4$ hinzu und dampft bis zum Auftreten der weißen Nebel ein. Wenn die organische Substanz zerstört ist, kühlt man ab, führt die Lösung in einen 150 ml-Schütteltrichter über, fügt 15 ml 2m Natriumacetat-Lösung und 20 ml Na-DDTC-Lösung hinzu und fährt dann wie unter Verfahren A beschrieben fort.

Verfahren C (<0,0004% Al in einfachem Gußeisen oder <0,005% Al in legiertem Gußeisen)

Es wird eine feste, bleistiftförmige Probe verwendet und die der gewünschten Einwaage entsprechende Länge berechnet. Zur anodischen Auflösung wird eine Zelle [*113*] mit einer 50 ml-Platinschale verwendet, in der sich 20 ml Hg befinden. Die Schale wird als Kathode angeschlossen, 20 ml Wasser und 2,0 ml 5n $HClO_4$ zugefügt. Die Probe wird als Anode geschaltet und bei 3–5 Amp. elektrolysiert, wobei sie entsprechend der fortschreitenden Auflösung allmählich tiefer gesenkt werden muß und weiterhin durch Zusatz von Wasser das Volumen des Elektrolyten auf 20 ml gehalten werden muß. Die Platinschale wird im fließenden Wasser gekühlt und das Hg von Zeit zu Zeit mit einem Kunststoffspatel umgerührt. Wenn die berechnete Länge an Probe aufgelöst ist, entfernt man das Reststück, wäscht, trocknet und wägt dieses und ermittelt aus der Gewichtsdifferenz die aufgelöste Probemenge. Mit einer Platinanode setzt man die Elektrolyse fort bis im Elektrolyt kein Eisen nachgewiesen werden kann. Nach beendeter Elektrolyse wird die Lösung rasch dekantiert, bei 2000 U.p.m. 2 min lang zentrifugiert und die überstehende Lösung in ein 150 ml-Becherglas übergeführt. Nach Zusatz von 2–3 Tropfen H_2O_2 (30%) kocht man einige Minuten auf, kühlt, führt in einen 150 ml-Schütteltrichter über, fügt 1,0 ml Cupferron-Lösung hinzu, extrahiert mit 10 ml $CHCl_3$ und wiederholt die Extraktion bis zur Farblosigkeit des Extraktes. Zur wäßrigen Lösung fügt man 20 ml 2m Natriumacetat-Lösung, 1 ml Cupferron-Lösung, extrahiert das Al und fährt, wie in Verfahren A angegeben wurde, fort.

Bestimmung des säureunlöslichen Al[1]

10 g Probe werden unter Erwärmen in 100 ml HCl (1 + 1) gelöst, durch ein möglichst kleines Filter filtriert, dieses mit heißer HCl (1 + 19) gewaschen, getrocknet und in einem Platintiegel bei 700 bis 800° C verascht. Der Rückstand wird mit 2–3 ml HF und 10 Tropfen H_2SO_4 (1 + 4) abgeraucht. Danach wird dieser mit 1,0 g Na_2CO_3 aufgeschlossen, die Schmelze in heißem Wasser gelöst, 5 ml HCl und 1–2 Tropfen HNO_3 zugesetzt und fast zur Trockene eingedampft. Der Rückstand wird in 1,0 ml HCl gelöst, in einen 150 ml Schütteltrichter übergeführt, 5,0 ml Eisessig und 10 ml 2m Natriumacetatlösung, sowie nach Umschwenken 10 ml Na-DDTC-Lösung zugesetzt. Man fährt dann nach Verfahren A fort. Falls der Gehalt an säureunlöslichem Al oberhalb von 0,002% liegt, so muß das Al mit einer größeren Cupferronmenge extrahiert werden und die Bestimmung des Al in einem aliquoten Teil, der weniger als 200 µg Al enthält, durchgeführt werden.

G. Stilbazo

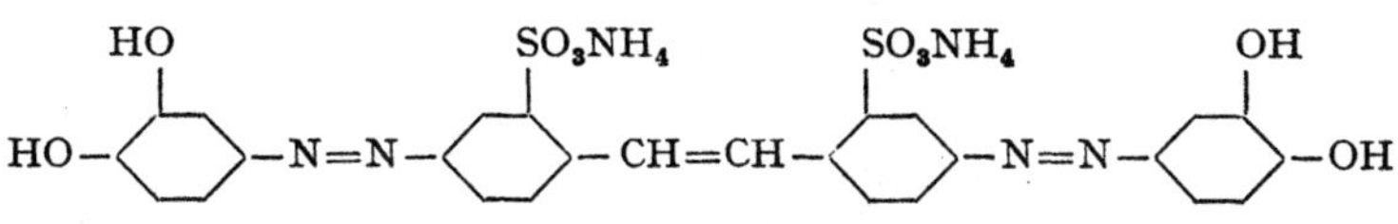

Das Reagens Stilbazo (4,4′[(Azo)-3,4-dihydroxybenzol]-stilben-2,2′-disulfosäure, Ammoniumsalz) eignet sich zur photometrischen Bestimmung von Al [*114–117*]. Als

[1] s. Fußnote 1 auf S. 406.

optimaler pH-Wert wurde für die Farbreaktion ein Bereich von 5,2–5,6 [*114*] bzw. 5,5–5,65 [*115, 117*] ermittelt. Das Extinktionsmaximum liegt bei 500–515 nm [*115, 117*] ($\varepsilon = 19500$). Das Beersche Gesetz ist im Bereich von 0,03–0,8 µg Al/ml erfüllt und die Farbe 3 Std stabil [*117*]. Es stören Oxalat, Tartrat, Citrat, Nitrilotriessigsäure, ÄDTA, F^-, im Mengenverhältnis Element: Al weiterhin Cr(III), Cu, Fe(II), Fe(III), Mo(VI), Sn(II), Ti(IV), V(IV), V(V) und W(VI) [*117*]. Die Bestimmung von 0,3 µg Al/ml wird durch folgende Ionen (in µg/ml) nicht gestört [*117*]: As(III) (100), As(V) (10), Ca(300), Cd(30), Co(300), Cr(VI) (4), Mg(300), Mn(II) (300), Ni(30), Pb(30), Sn(IV) (30), Zn(30), Nb(3), PO_4^{3-}(5), Cl^-(1000, als NaCl), SO_4^{2-}(10000, als Na_2SO_4), NO_3^-(1000, als $NaNO_3$) und NH_4^+ (1000, als NH_4Cl). Fe(III) stört infolge Bildung einer braunschwarzen Färbung. Es kann zu Fe(II) reduziert und mit Ascorbinsäure maskiert werden [*114*]; doch kann Ascorbinsäure auch gleichzeitig zur Reduktion und Maskierung verwendet werden. Dabei üben 2 mg Fe keinen, 4 mg einen vernachlässigbaren Einfluß aus, wenn bei der Aufstellung der Eichkurve die gleiche Fe-Menge anwesend ist [*115*]. Falls mehr als 0,1 mg Ti, das eine rotviolette bis braune Färbung gibt, anwesend ist, wird dieses mit 5,7-Dibrom-8-hydroxychinolin entfernt [*114*] oder bei einem für Nitrierstähle mit $\leqq 2\%$ Al angegebenen Verfahren durch Ausfällung mit p-Oxyphenylarsinsäure beseitigt [*115*]. Weiterhin findet man in der letztgenannten Arbeit noch Vorschriften für Stähle mit $\leqq$ 15% Al zur direkten Al-Bestimmung in der Probelösung ohne vorhergehende Abtrennung von Störelementen.

Stilbazo fand zur photometrischen Bestimmung von Al in Gußeisen [*116*], Stahl [*115, 116, 118*], Eisenerz und verschiedenem organischen Material [*114*] Anwendung.

Arbeitsvorschrift [*117*]

Reagentien

Stilbazo, 0,012%ige wäßrige Lösung.

Pufferlösung; 24 g Natriumacetattrihydrat werden in Wasser gelöst, auf 1 l aufgefüllt und mit Eisessig auf pH 5,65 eingestellt.

Die Probelösung (2,5–20 µg Al enthaltend) versetzt man in einem 25 ml-Meßkolben mit 5,0 ml Stilbazo-Lösung sowie 10 ml Pufferlösung, füllt mit Wasser zur Marke auf und photometriert in einer 1 cm-Küvette bei 500 nm gegen den Blindwert.

H. Atomabsorptionsspektrophotometrie

Für die Bestimmung mittels AAS verwendet man den N_2O/C_2H_2-Brenner und die Linie Al 3092,7. Die Eichkurve ist im Bereich von 0,3–>5 µg Al/ml linear. Falls die Al-Konzentration der Probelösung unterhalb L_Q liegt, extrahiert man das Al zweckmäßig nach den früher angegebenen Richtlinien (s. S. 410) mit Oxin/MIBK und sprüht den organischen Extrakt direkt in die Flamme ein. Mit der flammenlosen AAS unter Anwendung der Graphitrohrküvette (HGA-72, Perkin-Elmer) erreicht man eine tiefere Bestimmungsgrenze [*118a*] (s. S. 387, Tab. 124).

Die Bestimmung des Al mit der N_2O/C_2H_2-Flamme ist weitgehend störungsfrei. Si und Ti stören in unterschiedlichem Ausmaß [*118b, 118c*]. Der Gehalt an Mineralsäure und Fe in der Probelösung beeinflußt das Meßsignal [*118d*] und sollte deshalb in Probe- und Eichlösungen innerhalb ±5–10% konstant und identisch sein. Probe- und Eichlösungen sollten zweckmäßig 0,1% K (als KCl) oder ein anderes leicht ionisierbares Element enthalten, um die zu ~10% auftretende Ionisation des Al zu unterdrücken.

Mittels AAS wurde Al in verschiedenen Materialien (Wässer, organisches Material, Metalle, Mineralien) bestimmt, wobei man die Probelösung direkt in die Flamme einsprühte oder das Al vorisolierte.

1. Unlegierter und legierter Stahl

1.1. Bestimmung mit N_2O/C_2H_2-Brenner

B: 0,004–0,4% Al. *s:* ±0,001% Al. *Z:* 10–15 min.

Arbeitsvorschrift [*118d*]

a) Säurelösliches Al. 2,0 g Probematerial werden in einem 100 ml-Meßkolben mit 25 ml Mischsäure [3 Teile HCl (1,19) + 1 Teil HNO_3 (1,40) + 2 Teile Wasser] unter Erwärmen gelöst, nach dem Erkalten mit Wasser zur Marke aufgefüllt, evtl. auf der Oberfläche schwimmende Kieselsäure mit einem Saugheber abgezogen (oder die Lösung durch ein trockenes Filter filtriert) und die Lösung (oder das Filtrat) in die Flamme eingesprüht.

Zur Aufstellung der Eichkurve verwendet man Eichlösungen, die mit Ferrum reductum unter Zusatz abgestufter Mengen Al-Stammlösung nach der Arbeitsvorschrift hergestellt werden.

b) Gesamt-Al. Der unlösliche Anteil der nach a) erhaltenen Lösung wird abfiltriert, Filter mit Rückstand in einem Platintiegel verascht, die Asche mit ~1 g Borax/Soda aufgeschlossen, die Schmelze mit 5 ml HCl (1 + 1) gelöst, die Lösung zum Filtrat gegeben, mit Wasser zur Marke aufgefüllt und in die Flamme eingesprüht.

1.2. Bestimmung mittels flammenloser AAS

Man verwendet die Graphitrohrküvette (z. B. HGA-72, Perkin-Elmer).

B: 5–100 ppm Al. *s:* ±1,1 ppm Al. *Z:* ~15 min.

Arbeitsvorschrift [*nach 118e*]

Säurelösliches Al. 0,5 g Probematerial löst man mit 10 ml H_2SO_4 (1 + 4), oxydiert mit wenig HNO_3 oder H_2O_2, füllt mit Wasser auf 100 ml auf, filtriert bei Bedarf durch ein trockenes Filter und gibt 20 µl (bei höheren Al-Gehalten 10 µl) Probelösung in die Graphitrohrküvette.

I. Verschiedenes

Zur photometrischen Bestimmung des Al fanden auch die folgenden Reagentien Anwendung: Arsenazo {[7-(2-Arsonophenylazo)-1,8-dioxy-3,6-disulfosaures Na-Salz]} [*119*], Pontachromblauschwarz R (Na- oder Zn-Salz von 4-Sulfo-2-hydroxy-α-naphthalin-azo-β-naphthol) [*31, 99*], Alizarin S (Alizarinsulfosäure, Alizarinrot; Na- oder Ca-Salz) [*8, 120–122, 127*], Ferron (nach vorangehender Fe-Entfernung durch Ausäthern) [*123*], 5-Sulfo-4′-diäthylamino-2′,2-dihydroxyazobenzol (nach vorangehender Isolierung durch Extraktion mit Triisooctylamin/Toluol; $\varepsilon_{540} = 41000$) [*124*], 1-(1-Hydroxy-4-methyl-2-phenylazo)-2-naphthol-4-sulfosäure + Methyltricaprylammoniumchlorid/$CHCl_3$ ($\varepsilon_{570} = 42000$) [*128*], Brenzcatechinviolett [*129*] sowie Brenzcatechinviolett + Cetyltrimethylammoniumbromid ($\varepsilon_{670} = 53000$) [*130*]. Auf fluorimetrischem Wege wurde Al bestimmt mit 2-Naphthol-3-carbonsäure (370 nm/460 nm; $L_Q = 2\ ng \cdot ml^{-1} \cdot cm^{-1}$) [*131*] und mit Morin (440 nm/525 nm; $L_Q = 0{,}5\ ng \cdot ml^{-1} \cdot cm^{-1}$) [*132*].

Literatur

1. ROTHE, J.W.: Stahl u. Eisen **12**, 1052 (1892).
2. DODSON, R.W., FORNEY, G.J., SWIFT, E.H.: J. Am. chem. Soc. **46**, 668 (1926).
3. ELLIOTT, C., ROBINSON, J.W.: Analyt. chim. Acta **13**, 235 (1955).
4. ELLIOTT, C., ROBINSON, J.W.: Analyt. chim. Acta **13**, 309 (1955).
5. BELCHER, R., GIBBONS, D., WEST, T.S.: Chem. and Ind. **127**, 8 (1954).
6. WELLS, J.E., HUNTER, D.P.: Analyst **73**, 671 (1948).
7. KUZNETSOV, V.I.: Z. allgem. Chem. (USSR) **17**, 175 (1947).
8. MUSAKIN, A.P.: Z. anal. Chem. **105**, 351 (1936).
9. MUSAKIN, A.P.: Zavodskaja Lab. **9**, 507 (1940).
10. FAINBERG, S.J., ZAGLODINA, T.V.: Zavodskaja Lab. **11**, 1109 (1945).
11. STRAFFORD, N., WYATT, P.F.: Analyst **68**, 319 (1943).
12. KULBERG, L.M.: Voprosy Pitanija **8**, Nr. 5, 75 (1939).
13. KULBERG, L.M., ROVINSKAJA, E.I.: Zavodskaja Lab. **9**, 145 (1940).
14. ZIEGLER, M., GLEMSER, O.: Z. anal. Chem. **157**, 19 (1957).
15. SWIFT, E.H.: J. Am. chem. Soc. **46**, 2375 (1924).
16. SCHERRER, J.A.: J. Res. Nat. Bur. Standards **15 II**, 585 (1935).
17. MOSER, L., BRUKL, A.: Mh. Chem. **47**, 668 (1926).
18. PAPISH, J., HOAG, L.E.: J. Am. chem. Soc. **50**, 2118 (1928).
19. BANERJEE, S., SUNDARAM, A.K., SHARMA, H.D.: Analyt. chim. Acta **10**, 256 (1954).
20. STRAFFORD, N., WYATT, P.F.: Analyst **72**, 54 (1947).
21. CHOLAK, J., HUBBARD, D.M., STORY, R.V.: Ind. Eng. Chem., Anal. Ed. **15**, 57 (1943).
22. MERVEL, R.V.: J. anal. Chem. (Moskau) **2**, 103 (1947); ref. Z. anal. Chem. **131**, 50 (1950).
23. RAINE, P.A.: Analyst **74**, 364 (1949).
24. DAGNALL, R.M., WEST, T.S., YOUNG, P.: Analyst **90**, 13 (1965).
25. VILLARREAL, R., KRSUL, J.R., BARKER, S.A.: Analyt. Chem. **41**, 1420 (1969).
26. KAR, H.A.: Metals and Alloys **6**, 156 (1935).
27. PETERS, F.: Chemist-Analyst **24**, 4 (1935).
28. MORSING, J.: Jernkontorets Ann. **121**, 143 (1937).
29. KLINGER, P.: Arch. Eisenhüttenw. **13**, 21 (1939/40).
30. PAVLISH, A.E., SULLIVAN, J.D.: Metals and Alloys **11**, 56 (1940).
31. WEISSLER, A., WHITE, C.E.: Ind. Eng. Chem., Anal. Ed. **18**, 530 (1946).
32. BLAIR, D., POVER, K., GRIFFITHS, D.L., WOOD, J.H.: Talanta **7**, 80 (1960).
33. BROPHY, D.H.: Ind. Eng. Chem. **16**, 963 (1924).
34. CRAIGHEAD, C.M.: Ind. Eng. Chem., Anal. Ed. **2**, 188 (1930).
35. GENTRY, C.H.R., SHERRINGTON, L.G.: Analyst **71**, 432 (1946).
36. LUNDELL, G.E.F., HOFFMAN, J.I.: Outlines of methods of chemical analysis. New York: Wiley & Sons 1938.
37. HILLEBRAND, W.F., LUNDELL, G.E.F.: Applied inorganic analysis. New York: Wiley & Sons 1929.
38. LUNDELL, G.E.F., HOFFMAN, J.I., BRIGHT, H.A.: Ind. Eng. Chem. **15**, 1064 (1923).
39. LUNDELL, G.E.F., HOFFMAN, J.I., BRIGHT, H.A.: Chemical analysis of iron and steel. New York 1931.
40. BOCK, R., HACKSTEIN, K.G.: Z. anal. Chem. **138**, 339 (1953).
41. ZWENIGORODSKAJA, V.M.: Z. anal. Chem. **100**, 267 (1935).
42. HOLLER, A.C., YEAGER, J.P.: Ind. Eng. Chem., Anal. Ed. **14**, 719 (1942).
43. MERRILL, J.L., RUSSELL, A.S.: J. chem. Soc. **1929**, 2389.
44. PARKS, T.D., JOHNSON, H.O., LYKKEN, L.: Analyt. Chem. **20**, 148 (1948).
45. JOHNSON, H.O., WEAVER, J.R., LYKKEN, L.: Analyt. Chem. **19**, 481 (1947).
46. KOCH, W.: Arch. Eisenhüttenw. **12**, 69 (1938).
47. MELAVEN, A.D.: Ind. Eng. Chem., Anal. Ed. **2**, 180 (1930).
48. KLINGER, P.: Arch. Eisenhüttenw. **8**, 337 (1934/35).
49. SCHLIESSMANN, O.: Arch. Eisenhüttenw. **14**, 211 (1940/41).
50. ETHERIDGE, A.T.: Analyst **54**, 141 (1929).
51. SEUTHE, A.: Stahl u. Eisen **64**, 493 (1944).

51a. HILL, U.T.: Analyt. Chem. **31**, 429 (1959).

51b. BURKE, K.E.: Analyt. Chem. **38**, 1608 (1966).

51c. BLAZEJAK-DITGES, D.: Z. anal. Chem. **246**, 241 (1969).

52. WERZ, W., NEUBERGER, A.: Arch. Eisenhüttenw. **26**, 205 (1955).

53. ROONEY, R.C.: Analyst **83**, 546 (1958).
54. MEYER, S., KOCH, O.G.: unveröffentlicht 1956.
54a. DOLESCHEL, H.H.: Stahl u. Eisen **81**, 448 (1961).
54b. GIEBLER, G.: Z. anal. Chem. **184**, 401 (1961).
55. ECKERT, G.: Z. anal. Chem. **153**, 261 (1956).
56. CRAFT, C.H., MAKEPEACE, G.R.: Ind. Eng. Chem., Anal. Ed. **17**, 206 (1945).
56a. OWEN, A.G., PRICE, W.J.: Analyst **85**, 221 (1960).
57. The Joint A.B.C.M.-S.A.C. Committee on Methods for the analysis of trade effluents: Analyst **82**, 443 (1957).
58. TEMIRENKO, T.P.: Zavodskaja Lab. **13**, 621 (1947).
59. SHORT, H.G.: Analyst **75**, 420 (1950).
60. SCHERRER, J.A., MOGERMAN, W.D.: J. Res. Nat. Bur. Standards **21**, 107 (1938).
61. LUKE, C.L.: Analyt. Chem. **24**, 1122 (1952).
61a. KASHKOVSKAIA, E.A., MUSTAFIN, I.S.: Zavodskaja Laborat. **24**, 1189 (1958).
61b. HOSOYA, M., KAKITA, Y., GOTO, H.: Sci. Rep. Res. Inst. Tohoku Univ., Ser. A**13**, 206 (1961).
61c. BROCKMANN, H., KELLER, H.: Arch. Eisenhüttenwes. **35**, 367 (1964).
61d. PAKALNS, P.: Analyt. chim. Acta **32**, 57 (1965).
61e. BUCK, L.: Chim. analytique **47**, 10 (1965).
61f. THIERIG, D.: Arch. Eisenhüttenw. **41**, 895 (1970).
61g. BISWAS, S.D., SETH, R.L., DEY, A.K.: Talanta **12**, 119 (1965).
62. THALER, H., MÜHLBERGER, F.H.: Z. anal. Chem. **144**, 241 (1955).
63. ALTEN, F., WEILAND, H., KNIPPENBERG, E.: Z. anal. Chem. **96**, 91 (1934).
63a. RICHTER, F.: Z. anal. Chem. **126**, 426 (1943).
63b. RICHTER, F.: Z. anal. Chem. **127**, 113 (1944).
64. THRUN, W.E.: Analyt. Chem. **20**, 1117 (1948).
65. MILLNER, T., KUNOS, F.: Z. anal. Chem. **113**, 102 (1938).
66. MILLNER, T.: Z. anal. Chem. **113**, 83 (1938).
67. EEGRIWE, E.: Z. anal. Chem. **108**, 268 (1937).
68. HADORN, H.: Mitt. Gebiete Lebensmitteluntens. Hyg. **48**, 314 (1947).
69. WERNER, O.: Beih. Z. Ver. dtsch. Chemiker **48**, 92 (1944).
70. MEUNIER, P.: Compt. Rend. Acad. Sci. Paris **199**, 1250 (1934); ref. Z. anal. Chem. **107**, 226 (1936).
71. HILL, U.T.: Analyt. Chem. **38**, 654 (1966).
72. SCHOLES, P.H., SMITH, D.V.: J. Iron Steel Inst. **200**, 729 (1962).
73.—74. —
75. LACROIX, S.: Analyt. chim. Acta **1**, 260 (1947).
75a. MAJUMDAR, A.K., SEN, B.: Analyt. chim. Acta **8**, 384 (1953).
76. MARGERUM, D.W., SPRAIN, W., BANKS, C.V.: Analyt. Chem. **25**, 249 (1953).
77. KASSNER, J.L., OZIER, M.A.: Analyt. Chem. **23**, 1453 (1951).
78. WIBERLEY, S.E., BASSETT, L.G.: Analyt. Chem. **21**, 609 (1949).
79. MOELLER, T.: Ind. Eng. Chem., Anal. Ed. **15**, 346 (1943).
80. CLAASSEN, A., BASTINGS, L., VISSER, J.: Analyt. chim. Acta **10**, 373 (1954).
81. PARKS, T.D., LYKKEN, L.: Analyt. Chem. **20**, 1102 (1948).
82. REES, W.T.: Analyst **87**, 202 (1962).
83. NOLL, C.A., STEFANELLI, L.J.: Analyt. Chem. **35**, 1914 (1963).
84.—86. —
87. FRINK, C.R., PEASLEE, D.E.: Analyst **93**, 469 (1968).
88. GOTO, K.: Chem. and Ind. **1957**, 329; ref. Z. anal. Chem. **159**, 150 (1957).
89. TULLO, J.W., STRINGER, W.J., HARRISON, G.A.F.: Analyst **74**, 296 (1949).
90. KAKITA, Y., YOKOYAMA, Y.: Sci. Rep. Res. Inst. Tohoku Univ. Ser. A**8**, 332 (1956); ref. Z. anal. Chem. **158**, 374 (1957).
91. GOON, E., PETLEY, J.E., MCMULLEN, W.H., WIBERLEY, S.E.: Analyt. Chem. **25**, 608 (1953).
92. HYNEK, R.J., WRANGELL, L.J.: Analyt. Chem. **28**, 1520 (1956).
93. SPECKER, H., KUCHTNER, M., HARTKAMP, H.: Z. anal. Chem. **142**, 166 (1954).
94. SPECKER, H., HARTKAMP, H.: Z. anal. Chem. **140**, 353 (1953).
94a. ZIBULSKY, H., SLOWINSKI, M.F., WHITE, J.A.: Analyt. Chem. **31**, 280 (1959).
95. ROONEY, R.C.: B.C.I.R.A. Journal Res. Dev. **7**, 436 (1958).
95a. POLLOCK, E.N., ZOPATTI, L.P.: Analyt. chim. Acta **28**, 68 (1963).
96. SPRAIN, W., BANKS, C.V.: Analyt. chim. Acta **6**, 363 (1952).
97. YOKOSUKA, S.: Japan Analyst **5**, 71 (1956); ref. Z. anal. Chem. **154**, 195 (1957).
98. MARGERUM, D.W., SPRAIN, W., BANKS, C.V.: Analyt. Chem. **25**, 249 (1953).

99. Danneil, A.: Techn. wiss. Abh. Osram-Ges., Bd. 7, S. 350. Berlin-Göttingen-Heidelberg: Springer 1958.
100. Ashbrook, A. W., Ritcey, G. M.: Canad. J. Chem. 39, 1109 (1961).
100a. Goldstein, G., Manning, D. L., Menis, O.: Talanta 2, 52 (1959).
101. Kenyon, O. A., Bewick, H. A.: Analyt. Chem. 24, 1826 (1952).
102. Stackelberg, M. v.: Polarographische Arbeitsmethoden. Berlin: W. de Gruyter 1950.
103. Kolthoff, I. M., Lingane, J. J.: Polarography. New York: Interscience Publ. Co. 1952.
104. Heyrovský, J.: Polarographisches Praktikum. Berlin-Göttingen-Heidelberg: Springer 1960.
105. Reynolds, G. F., Webber, T. J.: Analyt. chim. Acta 19, 293 (1958).
106. Willard, H. H., Dean, J. A.: Analyt. Chem. 22, 1264 (1950).
107. Dean, J. A., Bryan, H. A.: Analyt. chim. Acta 16, 87 (1957).
108. Dean, J. A., Bryan, H. A.: Analyt. chim. Acta 16, 94 (1957).
109. Perkins, M., Reynolds, G. F.: Analyt. chim. Acta 18, 616 (1958).
110. Perkins, M., Reynolds, G. F.: Analyt. chim. Acta 18, 625 (1958).
111. Perkins, M., Reynolds, G. F.: Analyt. chim. Acta 19, 54 (1958).
112. Perkins, M., Reynolds, G. F.: Analyt. chim. Acta 19, 194 (1958).
112a. Florence, T. M.: Analyt. Chem. 34, 496 (1962).
113. Chirnside, R. C., Cluley, H. J., Proffit, P. M. C.: Analyst 82, 18 (1957).
114. Kuznetsov, V. I., Karanovitch, G. G., Drapkina, D. A.: Zavodskaja Lab. 16, 787 (1950).
115. Jean, M.: Analyt. chim. Acta 10, 526 (1954).
116. Agrinskaja, N. A.: Zavodskaja Lab. 23, 279 (1957); ref. Z. anal. Chem. 159, 152 (1957).
117. Wetlesen, C. U., Omang, S. H.: Analyt. chim. Acta 24, 294 (1961).
118. Wetlesen, C. U.: Analyt. chim. Acta 26, 191 (1962).
118a. Welz, B.: CZ-Chemie-Technik 1, 455 (1972).
118b. Ramakrishna, T. V., West, P. W., Robinson, J. W.: Analyt. chim. Acta 39, 81 (1967).
118c. Ferris, A. P., Jepson, W. B., Shapland, R. C.: Analyst 95, 574 (1970).
118d. König, P., Schmitz, K. H., Thiemann, E.: Z. anal. Chem. 244, 232 (1969).
118e. Schöffmann, E.: Vortrag im Unterausschuß f. analyt. Fragen, Chemikerausschuß des VDEh (Dez. 1972).
119. Kuznetsov, V. I., Golubzowa, R. B.: Zavodskaja Lab. 21, 1422 (1955).
120. Barton, C. J.: Analyt. Chem. 20, 1068 (1948).
121. Parker, C. A., Goddard, A. P.: Analyt. chim. Acta 4, 517 (1950).
122. Oelschläger, W.: Z. anal. Chem. 154, 321 (1957).
123. Bril, J.: Mikrochim. Acta (Wien) 1958, 212.
124. Florence, T. M.: Analyt. Chem. 37, 704 (1965).
125. Meyer, S., Koch, O. G.: Unveröffentlicht (1961).
126. Koch, O. G.: Unveröffentlicht (1962).
127. Corbett, J. A., Guerin, B. D.: Analyst 91, 490 (1966).
128. Woodward, C., Freiser, H.: Talanta 15, 321 (1968).
129. Donaldson, E. M.: Talanta 18, 905 (1971).
130. Chester, J. E., Dagnall, R. M., West, T. S.: Talanta 17, 13 (1970).
131. Kirkbright, G. F., West, T. S., Woodward, C.: Analyt. Chem. 37, 137 (1965).
132. Will III, F.: Analyt. Chem. 33, 1360 (1961).

As — Arsen

Tabelle 126. Empfindlichkeit S_M und Bestimmungsgrenze L_Q der Verfahren

Verfahren	µg As · ml⁻¹ · cm⁻¹	
	S_M	L_Q
Arsenmolybdänblau	0,003 (840—850 nm)	0,075 (840—850 nm)
	0,007 (Filter S 75; 750—800 nm)	0,18 (Filter S 75; 750—800 nm)
Dithiol/CCl_4	0,0003 (680 nm)	0,0074 (680 nm)
Silberdiäthyldithiocarbamat	0,0056 (538 nm)	0,14 (538 nm)

A. Trennungen

Zur Abtrennung des As wird die Destillation des $AsCl_3$ oder $AsBr_3$ aus salz- oder bromwasserstoffsaurer Lösung, die Verflüchtigung von AsH_3 und die Extraktion des As selbst oder der Störelemente verwendet. Bei der Destillation aus salzsaurer Lösung [*2, 3*] gehen im allgemeinen nur Re und Ge immer und teilweise auch Hg mit dem As ins Destillat, während sich Sb, Se, Sn, Os und Ru unter bestimmten Bedingungen anders verhalten [*4*] oder nur zu geringerem Teil abdestillieren. Bei der Destillation aus HBr/Br_2-Lösung wird das As von Se und Ge ebenfalls begleitet [*5*]. Aus schwefelsaurer Lösung kann As(V) auch als Bromid in einer speziellen Destillationsapparatur übergetrieben werden [*6*]. Mit As(V) geht allerdings Sn ins Destillat über.

Die Apparaturen zum Abdestillieren des As als $AsCl_3$ bestehen meist aus einem Rundkolben, einem U-förmigen oder V-förmigen (Rundkolben 60° geneigt) Überleitungsrohr mit Tropfenfänger (im kolbenseitigen Rohrschenkel), einem senkrecht stehenden Kugel- oder Schlangenkühler (am zweiten U-Schenkel) und einer Vorlage (Becherglas), in die das verjüngte Kühlerende eintaucht. Oft ist noch am Überleitungsrohr oberhalb des Destillationskolbens ein Einlauftrichter mit Absperrhahn angebracht, durch den Reagenzien in die geschlossene Apparatur eingegeben werden können. Die Teile sind durch Schliffe miteinander verbunden.

Entsprechende Destillationsapparaturen wurden in mehrfachen Varianten verwendet und beschrieben [*4, 19, 32*] (s. Abb. 76, S. 442).

Die Verflüchtigung des As als AsH_3 ist aus Lösungen, die keine großen Mengen an reduzierbaren Schwermetallen enthalten, quantitativ. Mäßige Fe-Gehalte stören nicht. Bei der Verflüchtigung von 5—10 µg As in Anwesenheit von 10 mg Cu (in 50 ml Lösung) gehen 100% des As in die Vorlage, bei 25 mg Cu werden 55% und bei ≧ 50 mg Cu nur noch ~ 5% des As verflüchtigt [*1*]. Ebenso stört anwesendes Pt [*12*]: in Anwesenheit von 10 µg Pt werden nur 75% des As verflüchtigt, bei 100 µg Pt 50% und bei 1000 µg Pt 25%. Eine Störung von Cr(VI) beseitigt man durch Reduktion zu Cr(III). In Anwesenheit von 50 mg Co und Ni tritt ein As-Verlust von etwa 40% auf. Die Isolierung des As durch Verflüchtigung als AsH_3 fand in einer Reihe von Arbeiten Anwendung [*8—12*] und Destillationsapparate wurden in verschiedenen Ausführungen beschrieben (s. S. 432, 441, 444, 452). Neben der üblichen Methode mit Zink/HCl erscheint die Entwicklung von AsH_3 auf elektrolytischem Wege (5—7 V, 0,25 Amp./cm²) für Routineanalysen besonders zweckmäßig [*12a*]. Eine zur Absorption kleinster As-Mengen und für Serienanalysen geeignete Apparatur zeigt Abb. 71, bei der 4 ml Absorptionslösung ausreichend sind und

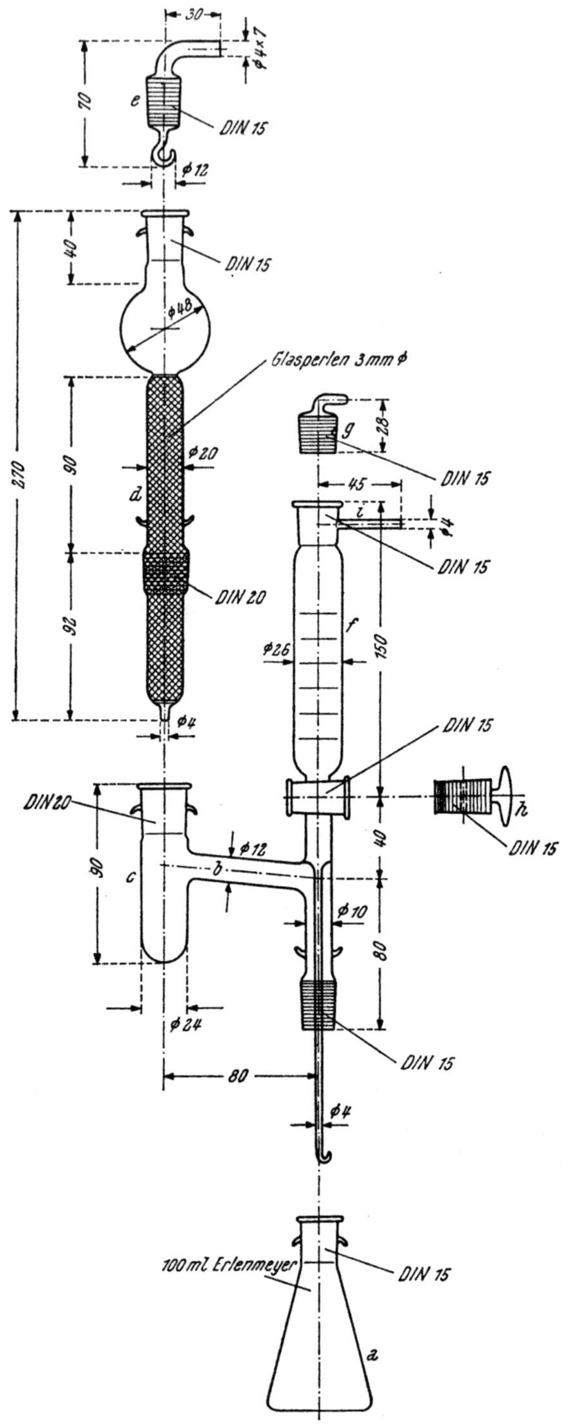

Abb. 71. Apparatur zur Isolierung von As als AsH_3 [*12c*]. *a* Entwicklungskolben, *b* Verbindungsrohr, in welches von *c* her ein Pfropfen von mit Bleiacetat getränkter und getrockneter Watte eingeführt wird, *c* Sammelgefäß, *d* Perlenrohr mit Sicherheitskugel, *e* Schliffstopfen mit Entlüftungsrohr, *f* graduierter Hahntrichter (5, 10, 15, 20, 25, 30 ml), *g* Schliffstopfen mit Öffnung im Schliff, *i* Ansatzrohr, das durch Drehen des Schliffstopfens mit dem Hahntrichter in Verbindung gebracht werden kann

die sich auch für Luftanalysen eignet. Mit dieser Apparatur wird die Isolierung wie folgt durchgeführt [*12b, 12c*]:

In das Sammelgefäß *c* werden 4,0 ml Absorptionslösung (0,4%ig an KI und 0,25%ig an Jod) gegeben, 0,5 ml 5%ige $NaHCO_3$-Lösung hinzugefügt und mit den Teilen *d* und *e* zusammengesetzt (Schliffe nicht fetten). Man gibt die Probelösung in den Kolben *a*, versetzt mit 2 ml 15%iger KI-Lösung und 2 ml 40%iger $SnCl_2$-Lösung (in 20%iger HCl), erwärmt auf 80° C, kühlt wieder ab, gibt 3 g Zinkgranalien hinzu und verbindet sofort mit der Apparatur. Durch den Hahntrichter *f* werden 25 ml HCl (1,19) (in 5 ml-Anteilen im Abstand von 12—15 min) zugefügt, wobei durch das Ansatzrohr *i* ein kleiner Überdruck anzuwenden ist. Nach 60—75 min nimmt man die Apparatur auseinander, hebt das Perlenrohr *d* aus dem Sammelgefäß *c*, führt die Absorptionslösung aus Teil *c* in einen Meßkolben über, wäscht Teil *d* 3mal mit 1—1,5 ml Wasser aus (man fängt die Waschlösung in Teil *c* auf), gibt die Waschlösung ebenfalls in den Meßkolben und führt darin die photometrische Bestimmung des As als As-Mo-blau durch.

$AsCl_3$ läßt sich aus stark salzsaurer oder salz- und schwefelsaurer Lösung auch leicht durch organische Lösungsmittel wie CCl_4, $CHCl_3$, Benzol usw. extrahieren [*7*] (s. S. **741**), während As(V) und andere Elemente nur zu etwa 0,001–0,0001% in die organische Phase übergehen. Da Ge unter diesen Bedingungen extrahiert wird, kann es auf diesem Wege von As(V) abgetrennt werden. Aus 8–10n HCl-Lösung wird As(III) mit Benzol praktisch quantitativ extrahiert und so von Bi und Sb(III) abgetrennt [*12d*]. As(V) läßt sich aus 14–17n H_2SO_4/0,8% KBr-Lösung mit CCl_4 quantitativ ausschütteln [*12e*]. As(III) und andere Metalle geben mit Xanthat durch CCl_4 extrahierbare Komplexe [*13, 14*]. Zur Entfernung der das As begleitenden Störelemente können zwei verschiedene Wege eingeschlagen werden. Im ersten Fall [*13*] wird das in salzsaurer Lösung gebildete As-Xanthat mit CCl_4 extrahiert. Aus dem organischen Extrakt werden nun Sb und andere Metall-Xanthate durch Auswaschen mit $SnCl_2$-haltiger konz. HCl entfernt. Nach Verdampfen des CCl_4 wird As mit Brom zu As(V) oxydiert und nach dem Arsenmolybdänblau-Verfahren bestimmt. Im zweiten Fall [*14*] wird As zusammen mit $Fe(OH)_3$ ausgefällt. Der As-haltige Niederschlag wird in einem H_2SO_4/HNO_3-Gemisch gelöst, danach die HNO_3 abgeraucht, As mit KI reduziert und nach Entfernung des I_2-Überschusses mit $Na_2S_2O_3$ in der schwefelsauren Lösung mit K-Xanthat der As-Xanthat-Komplex gebildet. Dieser wird mit CCl_4 extrahiert, durch Säure zersetzt, As mit Brom zu As(V) oxydiert, der Br_2-Überschuß entfernt und in der wäßrigen Phase das As nach dem Arsenmolybdänblau-Verfahren bestimmt. Im Vergleich zu dem erstgenannten Verfahren gestattet das zweite, wesentlich geringere As-Mengen abzutrennen. Ähnlich wird das As in einer anderen Arbeit isoliert [*14a*]: Extraktion von As(III) mit 0,5% Kaliumäthylxanthat/CCl_4 aus 0,07–4n H_2SO_4-Lösung, rückschütteln mit Br_2-Wasser und anschließende Bestimmung als As-Mo-blau. Zur Isolierung des As findet weiterhin die Extraktion mit Carbamat/$CHCl_3$ (s. S. 438), mit Cupferron/$CHCl_3$ (Abtrennung von Fe und Sn) und vor allem als Heteropolysäure (s. S. 451, **895**ff., **1091**ff.) Anwendung.

As wird als As-Mo-Säure am günstigsten mit i-Butanol aus 0,5–1,5n HCl-Lösung ($D = 124$), mit Diäthyläther/i-Butanol (5 + 1) aus 0,5–1,5n HCl-Lösung ($D = 124$) und mit MIBK aus 0,1–1,8n HCl-Lösung ($D > 100$) extrahiert [*14b*]. P läßt sich von As am besten durch Extraktion als P-Mo-säure mit $CHCl_3$/n-Butanol (7 + 3) aus 0,35n HCl-Lösung ($D_{As} = 0{,}0014$, $D_P = 30$, $\beta = 20000$) und mit geringerem Trenneffekt mit n-Butylacetat aus 1,2n HCl-Lösung ($D_{As} = 0{,}044$, $D_P = > 100$, $\beta = 2000$) abtrennen, wobei As in der wäßrigen Phase bleibt [*14b*]. Die vorangehende Extraktion der P-Mo-säure erfolgte auch mit Isobutylacetat (in Anwesenheit von Nb und Ti mit Isoamylalkohol) aus 1–1,2n H_2SO_4- oder 0,9–1,3n HCl-Lösung, woran sich die Extraktion der As-Mo-säure aus derselben Lösung mit n-Butanol, das Waschen der organischen Phase mit

0,3n H_2SO_4 und die photometrische Bestimmung als As-Mo-blau anschloß [*14c*] (durch die Trennoperationen entsteht ein As-Verlust bei Isobutylacetat von 7–10%, bei Isoamylalkohol von 25%).

P kann durch Extraktion (1mal 1 min; $V_0:V_w = 1:1$; jede Phase 10 ml) als P-Mo-säure mit Isobutylacetat aus HCl- oder HNO_3-Lösung bei pH 0,7–1,0 selektiv und quantitativ von As, Si und Ge abgetrennt werden [*14d*–*14f*] (s. S. 895). Die organische Phase wird für die P-Bestimmung verwendet und aus derselben wäßrigen Lösung (oder aus einer anderen Probelösung in Abwesenheit von P unter den oben genannten Extraktionsbedingungen) As als As-Mo-säure mit 5 ml Äthylacetat/Butanol (1 : 1) quantitativ (im Bereich von pH 0,6–1,2) extrahiert (1 min), anschließend 5 ml Isoamylacetat zugesetzt (zur besseren Phasentrennung; statt Isoamylacetat kann auch $CHCl_3$ verwendet werden), erneut 30 sec geschüttelt, aus der abgetrennten organischen Phase mitextrahierte Mo-säure durch 2maliges Waschen mit je 10 ml 1%iger HNO_3 entfernt und der organische Extrakt für die As-Bestimmung verwendet [*14f*]. As wird auf diese Weise selektiv von Si und Ge abgetrennt. Aus der verbliebenen wäßrigen Lösung (oder einer anderen Lösung, 10 ml Volumen, As + P enthaltend, Ge muß abwesend sein, pH 0,6–1,2) läßt sich nach Zusatz von 2 ml Citronensäurelösung (10%ig, mit NaOH auf pH 3,2 eingestellt) Si als Si-Mo-säure selektiv mit 10 ml MIBK ausschütteln und der organische Extrakt für die Si-Bestimmung verwenden [*14f*].

As läßt sich durch Spurenfällung (s. a. S. 358) mit $Fe(OH)_3$ [*14*], $NH_4MgPO_4 \cdot 6\,H_2O$ [*1*] und Se [*14g*] als Spurenfänger sowie mit Thionalid (Kokristallisation) [*14h*] isolieren. Große Mengen Se kann man durch Fällung mit SO_2 ohne As-Verluste abtrennen [*14i*].

B. Arsenmolybdänblau-Verfahren

As(V) bildet mit Ammoniummolybdat die Heteropolysäure $[As(Mo_3O_{10})_4]^{3-}$ (s. S. 896ff., 1094ff.), die durch Reduktion in den Arsenmolybdänblau-Komplex (As-Mo-blau) übergeführt wird. Der Komplex kann bei guter Nachweisempfindlichkeit photometrisch bestimmt werden; die ursprünglichen Untersuchungen sind colorimetrisch durchgeführt worden [*15*]. Von verschiedenen Reduktionsmitteln ($SnSl_2$, Hydrochinon, reduziertes Molybdatreagens [*15*], Hydrazinsulfat [*6, 16*]) findet Hydrazinsulfat die meiste Verwendung, da man trotz der für die Farbbildung erforderlichen Erhitzung einen stabilen

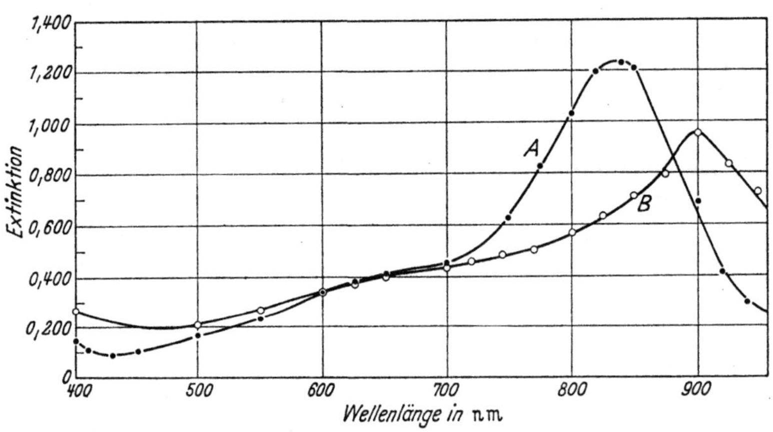

Abb. 72. Extinktionskurve von Arsenmolybdänblau. *A* nach [*16*], *B* nach [*33*]

Komplex erzielt. Von wesentlicher Bedeutung für die Farbintensität ist die herrschende Säurekonzentration, die weder zu hoch sein darf, da sonst zu wenig As gefunden wird, noch zu tief, da sonst auch das schwerer reduzierbare Molybdatreagen seine störende Blaufärbung ergibt. Über die günstigste Konzentration des verwendeten Reagenses und der anwesenden Säure werden allerdings verschiedene Angaben gemacht: Einmal werden 0,25n H_2SO_4-Lösung unter Verwendung von 0,05%iger $(NH_4)_6Mo_7O_{24}$-Lösung [*17*], weiterhin 0,5n H_2SO_4-Lösung mit 0,1%iger $(NH_4)_6Mo_7O_{24}$-Lösung [*18, 19*], schließlich auch etwa 0,2n HCl-Lösung und 1%ige $(NH_4)_6Mo_7O_{24}$-Lösung [*20*] angegeben [*20a*]. Das Extinktionsmaximum des Komplexes liegt bei 840 nm [*16*] (s. Abb. 72). Bei Verwendung von reduziertem Molybdatreagens [*15*] liegt das Extinktionsmaximum bei 900 nm [*33*]. Das Beersche Gesetz ist im Bereich von 0,05–2 µg As/ml (840 nm) bzw. 0,2–7 µg As/ml (750 nm) erfüllt (ε_{840}= 24500).

Arbeitsvorschrift

Reagentien

$(NH_4)_6Mo_7O_{24} \cdot 4\,H_2O$, 1%ige wäßrige Lösung. Hydrazinsulfat, 0,1%ige wäßrige Lösung.

~ 25 ml Probelösung [0,4–1n H_2SO_4- oder HCl-sauer; 4–150 µg As(V) enthaltend] versetzt man in einem 50 ml-Meßkolben mit 5 ml $(NH_4)_6Mo_7O_{24}$-Lösung und 5 ml Hydrazinsulfat-Lösung, verdünnt mit Wasser auf ~ 45 ml, erhitzt im Wasserbad 20 min auf 85–90°C, füllt nach dem Abkühlen mit Wasser zur Marke auf (die aufgefüllte Lösung soll 0,2–0,5n H_2SO_4- oder HCl-sauer sein) und photometriert in einer 1 cm-Küvette bei 840 nm gegen den Blindwert (mit denselben Reagens- und Säuremengen).

1. Wässer

Nach Anreicherung mit Thionalid wurde As in Seewasser nach dem As-Mo-blau-Verfahren photometrisch bestimmt [*14h*].

1.1. Naturwässer [*14*]

As wird zusammen mit $Fe(OH)_3$ gefällt, der Niederschlag mit einem H_2SO_4/HNO_3-Gemisch gelöst, das As aus schwefelsaurer Lösung durch Extraktion mit Xanthat/CCl_4 isoliert und anschließend als As-Mo-blau bestimmt. Phosphat und Silikat stören nicht, jedoch viele andere Elemente. Se fällt teilweise mit KI aus, der Rest wird bei der Ausschüttelung mit CCl_4 erfaßt und entfernt.

B: ≧ 1 ppb As. F_r: ± 5%.

Arbeitsvorschrift [*14*]

Reagentien

HNO_3 (1,40); H_2SO_4 (1,84); H_2SO_4 (1 + 9);
Ammoniak (1 + 3);
$FeCl_3$-Lösung; 4,84 g $FeCl_3 \cdot 6\,H_2O$ werden in 25 ml H_2SO_4 (1,84) gelöst und mit Wasser auf 100 ml aufgefüllt;
KI, 25%ige wäßrige Lösung;
$Na_2S_2O_3$, 5%ige wäßrige Lösung;
Kaliumxanthat, 0,1%ige wäßrige Lösung;
CCl_4;
Brom/CCl_4 (1 + 25);
$(NH_4)_6Mo_7O_{24} \cdot 4\,H_2O$, 2%ige wäßrige Lösung;
Hydrazinsulfat, 0,1%ige wäßrige Lösung.

Zu einer geeigneten Menge der Wasserprobe mit einem Gehalt von 1–5 μg As gibt man je Liter Probe 1 ml einer schwefelsauren $FeCl_3$-Lösung, erwärmt auf 70–80°C, neutralisiert mit Ammoniak (1 + 3) und fügt unter ständigem Rühren je Liter Lösung 1 ml Ammoniak (1 + 3) im Überschuß zu. Nach dem Abkühlen wird der Niederschlag abfiltriert und in einem geeigneten Aufschlußkolben [21] (s. Abb. 73), der mit einem

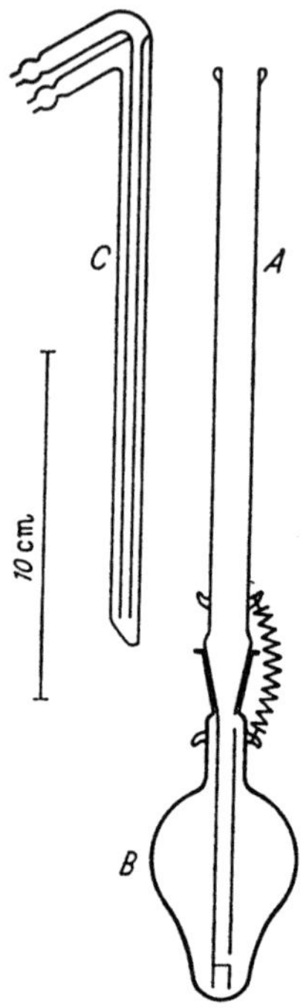

Abb. 73. Aufschlußkolben (*B*) mit Schornstein (*A*) und Stabkühler (*C*) [21]

Schornstein und einem Stabkühler versehen ist, mit 2 ml HNO_3 und 5 ml H_2SO_4 behandelt. Zur vollständigen Mineralisation erhitzt man die Lösung 1–3 Std unter wiederholten HNO_3-Zugaben; danach wird sie in eine Quarzschale übergeführt und die überschüssige HNO_3 auf dem Wasserbad verdampft. Den Rückstand verdünnt man mit 25 ml Wasser, erwärmt (Wasserbad) und versetzt mit 2 ml KI-Lösung. Nach dem Abkühlen gibt man tropfenweise $Na_2S_2O_3$-Lösung zu, bis das ausgeschiedene Jod entfernt ist; ein Reagensüberschuß muß aber vermieden werden. Das As wird aus der in einen 100 ml-Schütteltrichter übergeführten Lösung mit 5 ml Kaliumxanthat-Lösung und 3 ml CCl_4 durch kräftiges, 2 min langes Schütteln extrahiert. Nach Ablassen der organischen Phase in einen 25 ml-Schütteltrichter wiederholt man die Extraktion. Der vereinigte organische Extrakt wird nacheinander erst mit 1,2 ml H_2SO_4 (1 +9), 2 ml Wasser und einem bis mehreren Millilitern Brom/CCl_4, danach allein mit 3 ml Wasser sorgfältig geschüttelt. Den vereinigten Säure- und Wasserauszug wäscht man zur Entfernung des restlichen Broms zweimal mit je 3 ml CCl_4, spült mit 3 ml Wasser in einen 10 ml-Meßkolben über, fügt 0,4 ml $(NH_4)_6Mo_7O_{24}$-Lösung und 0,4 ml Hydrazinsulfat-Lösung hinzu. Man füllt mit Wasser bis zur Marke auf. Der Kolben wird 30 min im siedenden Wasser erhitzt, abgekühlt und die Farblösung in einer 1 cm- oder 2 cm-Küvette bei 840 nm photometriert.

2. Organisches Material

Die Veraschung von biologischem Material muß unter Verwendung stark oxydierender Säuren im Überschuß unter möglichster Vermeidung der Anwesenheit von HCl oder Chloriden vorgenommen werden (s. a. S. 183 ff.). Zweckmäßig ist es auch, die ersten Anteile der Dämpfe bei der nassen Veraschung aufzufangen, ihrerseits mit HNO_3 zu veraschen und danach mit dem veraschten Hauptanteil der Probe zu vereinigen [*23*]. Auf Grund eingehender Untersuchungen [*23a*] führt man die Veraschung am zweckmäßigsten mit $HNO_3/H_2SO_4/HClO_4$ nach Vorschrift 4.2.5 (s. S. 193) und Isolierung und Bestimmung des As nach Verfahren B.2.3 (s. S. 438) durch. Das As-Mo-blau-Verfahren fand mehrfach Anwendung zur Bestimmung von As in biologischem Material [*16*] und Erdöl [*3*].

2.1. Abtrennung des As durch Extraktion mit Xanthat/CCl_4 [*14*]

In den entsprechend aufgeschlossenen biologischen Proben mit einem Gehalt von 1–5 μg As wird das As nach Verfahren B.1.1 abgetrennt und bestimmt.

2.2. Abtrennung des As durch Destillation als $AsBr_3$

In Gemüse und Obst [*24*] kann As, nach seiner Isolierung mittels Destillation als $AsBr_3$, nach der As-Mo-blau-Methode meist störungsfrei bestimmt werden. Anwesendes Sn, wie beispielsweise bei Konservenware, destilliert zusammen mit As über und fällt als Metazinnsäure unter teilweiser Mitfällung von As aus, so daß man zu niedrige As-Werte erhält. Je nach den vorliegenden As- und Sn-Mengen können Verluste bis 90% des vorhandenen As auftreten. In solchen Fällen hat sich die extraktive Abtrennung des Sn mittels Cupferron/$CHCl_3$ vor Durchführung der As-Destillation bewährt. Auf diesem Wege wird das As auch in Anwesenheit von Sn praktisch quantitativ erfaßt. Wichtig ist die Durchführung eines Blindwertes, da die Reagentien wechselnde As-Gehalte aufweisen.

B: $\geqq$ 0,02 ppm As; $s = \pm$ 0,2–0,4 μg As.

Arbeitsvorschrift [*22, 24*]

Reagentien

KBr, 30%ige wäßrige Lösung;
$(NH_4)_6Mo_7O_{24}$-Lösung; 1,0 g $(NH_4)_6Mo_7O_{24} \cdot 4\,H_2O$ wird in 40 ml Wasser + 10 ml H_2SO_4 (1,84) gelöst und mit Wasser auf 100 ml aufgefüllt;
Hydrazinsulfat, 0,10%ige wäßrige Lösung;
Cupferron, 5%ige wäßrige Lösung; täglich frisch hergestellt;
HNO_3 (1,40); H_2SO_4 (1,84).

5–50 g Probe werden mit HNO_3 und H_2SO_4 verascht. Ein aliquoter Teil (nicht mehr als 30 μg As und 5 ml H_2SO_4 enthaltend) wird in einen 250 ml-Destillationskolben (s. Abb. 74) übergeführt, einige Glasperlen zugesetzt und mit H_2SO_4 auf ein Gesamtvolumen von 5 ml gebracht. Man erhitzt bis zum Auftreten der SO_3-Dämpfe, kühlt und fügt 5,0 ml Wasser hinzu. In den Tropftrichter des Destillationskolbens gibt man 3,0 ml KBr-Lösung, setzt das Zwischenstück auf, erhitzt bis sich Kondenswasser in diesem bildet, fügt 3,0 ml Wasser durch den oberen Schliff des Zwischenstückes hinzu und verbindet mit dem Kühler. Die KBr-Lösung wird in den Kolben abgelassen und mit 2 ml Wasser nachgespült. Die Destillation wird bis zum Auftreten schwacher Nebel durchgeführt (Dauer etwa 4–9 min). Das Destillat wird durch die obere Öffnung des Zwischenstückes unter Nachwaschen mit 3mal 2 ml Wasser in ein 25 ml-Becherglas übergeführt, mit 5n NaOH neutralisiert, von dort in einen 25 ml-Meßkolben gegeben und mit wenig Wasser nachgewaschen. Man fügt in den Meßkolben 3,0 ml 1,0n HCl, 2,0 ml $(NH_4)_6Mo_7O_{24}$-Lösung und 2,0 ml Hydrazinsulfatlösung hinzu, mischt gut durch und füllt mit Wasser zur Marke auf. Der Meßkolben wird 20 min im siedenden Wasserbad erhitzt, gekühlt und bei 740 oder 840 nm (1 cm-Küvette) photometriert.

Zur Aufstellung der Eichkurve versetzt man steigende As-Mengen (2–30 μg) in 25 ml-Meßkolben mit 3 ml 1n HCl und verfährt nach der Arbeitsvorschrift.

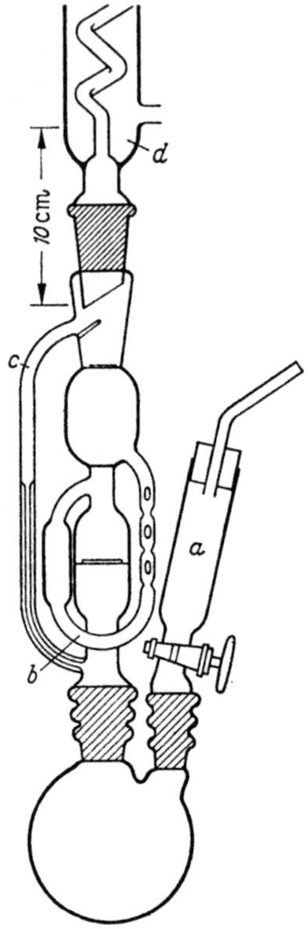

Abb. 74. Destillationsapparatur zur Isolierung von As als $AsCl_3$ [*6*]. *a* Tropftrichter, *b* Falle, *c* Capillarrohr, *d* Rückflußkühler

Anwesenheit von Sn

Ein aliquoter Teil der veraschten Probe wird in ein 50 ml-Becherglas übergeführt und bis zum Auftreten von SO_3-Dämpfen erhitzt. Nach dem Abkühlen führt man in einen 100 ml-Schütteltrichter über, verdünnt mit Wasser (etwa 10%ig an H_2SO_4), kühlt, fügt 2 ml Cupferron-Lösung und 10 ml $CHCl_3$ hinzu und schüttelt 2 min lang. Die organische Phase wird verworfen und die wäßrige Lösung erneut mit 10 ml $CHCl_3$ extrahiert. Danach führt man die wäßrige Lösung in den Destillationskolben über und fährt, wie oben beschrieben, fort.

2.3. Abtrennung des As durch Extraktion mit Carbamat/$CHCl_3$

Zur weitgehenden Isolierung kleiner Mengen As(III) wird die Extraktion mit DADDTC/$CHCl_3$ aus HCl-Lösung verwendet [*25*]. Mit Na-DDTC ist die As-Extraktion unvollständig. Nach Verdampfen des Lösungsmittels und Zerstören der organischen Substanz wird das As nach dem As-Mo-blau-Verfahren photometrisch bestimmt. Die Extraktion des As ist über den Bereich von 1–10n H_2SO_4 vollständig. Mit As werden Cu, Hg, Bi und Ge mitextrahiert, während Pb (bei mindestens 2n HCl), Zn, Cd, Ni und Fe(II) in der wäßrigen Phase verbleiben. Eine Abtrennung des Bi, Cu und Hg ist möglich, wenn das As während der Extraktion in der fünfwertigen Stufe vorliegt [*25a*]. Die Extraktion wird zu diesem Zweck in Anwesenheit von H_2O_2 durchgeführt; Sb und Sn verbleiben bei dieser Trennung beim As. Falls die von der Veraschung erhaltene Probelösung > 1000 µg an Schwermetallen (z. B. Bi, Cu, Hg, Sb, Sn) oder viel unlösliche Substanz enthält, wird das As vor der Carbamat-Extraktion noch durch Destillation als $AsCl_3$ vorisoliert. Von großer Bedeutung ist die Reinheit des verwendeten DADDTC; es sind nämlich noch Verunreinigungen vorhanden, die mit Ge $CHCl_3$-lösliche Komplexe bilden, weshalb eine zusätzliche Reinigung durch Umkristallisieren empfohlen wird [*25*].

B: ≧ 0,2 ppm As. *V:* ±5–15%.

Arbeitsvorschrift [*25—25b*]

Reagentien

H_2O_2 (30%);
DADDTC, 1%ig in $CHCl_3$, täglich frisch hergestellt, in dunkler Flasche aufbewahren;
$CHCl_3$;
Bromwasser, gesättigt;
Thioglykolsäure, 10%ige wäßrige Lösung;
KI-Ascorbinsäure-Lösung; 15 g KI und 2,5 g Ascorbinsäure werden in Wasser gelöst und auf 100 ml aufgefüllt; täglich frisch hergestellt.

5 g Probematerial werden wahlweise nach den Vorschriften a.1 bis a.4 und nach a.5.2.1. (s. S. 193f.) verascht [bei kleinerer Einwaage verwendet man < 10 bis ≧ 5 ml H_2SO_4 (1,84)] und nach a) oder b) fortgefahren. Wenn die Veraschungslösung < 1000 µg Schwermetalle und keine oder nur wenig unlösliche Substanz enthält, verdünnt man mit 15 ml Wasser, kocht ~ 5 min, kühlt auf ~ 70°C, versetzt mit 10 ml HCl (1,19), kühlt ab, filtriert bei Bedarf unlösliche Substanz ab, führt in einen Erlenmeyerkolben über und fährt nach c) fort.

a) Destillation (Probelösung enthält > 1000 µg Schwermetalle oder viel unlösliche Substanz). Man führt die Veraschungslösung [8–10 ml H_2SO_4 (1,84)] mit wenig Wasser in den Destillationskolben (100–200 ml) über, erhitzt bis zum Rauchen, kühlt ab, versetzt mit 7 ml Wasser und kühlt ab. Dann werden 5 g Reduktionsgemisch (5 g NaCl + 0,5 g Hydrazinsulfat + 0,02 g KBr mischt man in einer Reibschale) zugefügt, der Destillationsapparat zusammengesetzt (das senkrechte Kühlerende taucht in einen eisgekühlten 25 ml-Meßzylinder mit 15 ml Wasser), 10 ml HCl (1,19) durch den Einlauftrichter (mit Hahn) hinzugegeben, innerhalb 30 min zum Sieden erhitzt und 3–5 min destilliert, bis die Vorlage 25 ml aufweist. Man führt die Vorlage in einen Erlenmeyerkolben über und fährt nach c) fort.

b) Abtrennung von Bi, Cu und Hg. Die etwa 40 ml betragende Probelösung [4–8 ml H_2SO_4 (1,84) enthaltend], in der das As in 5wertiger Stufe vorliegt, wird mit 1 ml H_2O_2 versetzt und mit 10 ml Carbamatlösung extrahiert. Der organische Extrakt wird verworfen, mit $CHCl_3$ nachgewaschen und die Extraktion bis zur Farblosigkeit der organischen Phase wiederholt; zuletzt wird mit 5 ml $CHCl_3$ nachgewaschen. Die wäßrige Lösung wird in einen Erlenmeyerkolben abgelassen, 1 ml H_2O_2 zugefügt, 15 min gekocht, 1 ml Bromwasser zugesetzt und der Überschuß an Brom verkocht. Falls sich das Brom beim Zusatz sofort entfärbt (infolge H_2O_2-Überschusses), so wird mehr Bromwasser zugefügt, der Überschuß durch Kochen vertrieben, der Kolben von der Heizplatte genommen und nach c) fortgefahren.

c) Extraktion und Bestimmung. Zur ~ 40° C warmen Probelösung (40–45 ml) werden 2 ml Thioglykolsäurelösung und 1 ml KI-Ascorbinsäure-Lösung hinzugefügt, nach 15 min langem Stehen gekühlt und wieder mit 1 ml KI-Ascorbinsäure-Lösung versetzt. Die wäßrige Lösung wird in einen Schütteltrichter übergeführt, mit 5 ml Carbamatlösung extrahiert und zweimal mit je 1 ml $CHCl_3$ nachgewaschen. Die Extraktion wird mit weiteren 2 ml Reagenslösung wiederholt und mit zweimal 1 ml $CHCl_3$ nachgewaschen. Der vereinigte organische Extrakt wird zur Entfernung evtl. mitextrahierter Phosphat-Spuren mit 10 ml 1n H_2SO_4 gewaschen, in einen Erlenmeyerkolben abgelassen, nach Zusatz von 5 ml Wasser, 5 ml 5n H_2SO_4 und 1 ml HNO_3 (1,40) das $CHCl_3$ verdampft und abgeraucht. Falls der Rückstand nicht farblos sein sollte, wird das Abrauchen mit HNO_3 fortgesetzt. Unter wiederholtem Wasserzusatz wird noch einige Male abgeraucht, um die HNO_3 restlos zu entfernen. Danach wird der Rückstand in Wasser aufgenommen und die Bestimmung als As-Mo-blau nach der allgemeinen Arbeitsvorschrift (S. 435) mit einer 2 cm-Küvette und einem Endvolumen von 25 ml (mit entsprechend kleineren Reagensmengen) durchgeführt.

2.4. Abtrennung des As durch Verflüchtigung als AsH_3

Nach dem Aufschluß des organischen Materials mit konz. HCl unter Rückfluß wird das As als AsH_3 verflüchtigt und nach dem As-Mo-blau-Verfahren photometrisch bestimmt. Gegenüber anderen Methoden hat die vorliegende Arbeitsweise den Vorteil des geringeren Zeitbedarfes. Das Verfahren wurde mit befriedigenden Ergebnissen zur Bestimmung von As in tierischem und pflanzlichem Material angewendet.

B: 0,0001–0,005% As. *s*: ± 0,00001–0,00009% As.

Arbeitsvorschrift [*26*]

Reagentien

HCl (1,19);

KI, 30%ige wäßrige Lösung; vor der Verwendung frisch herstellen;

$SnCl_2$, 40%ige wäßrige Lösung; 20 g $SnCl_2 \cdot 2\,H_2O$ in 16 ml HCl (1,19) gelöst und mit Wasser auf 50 ml aufgefüllt;

HgI_2; man mischt das Reagens gründlich mit überschüssiger 0,001n I_2-Lösung, filtriert ab, wäscht mit kaltem Wasser, spült mit Alkohol und Äther und trocknet an der Luft;

Absorptionspulver; man löst 100 mg gereinigtes HgI_2 in 10 ml Aceton, vermischt gut mit 1 g Cellulosepulver, verflüchtigt das Aceton unter Rühren im warmen Luftstrom;

$Pb(CH_3COO)_2$, 10%ige wäßrige Lösung;

Tween 80[1], wäßrige Lösung (1:1000) (Netzmittel);

Octylalkohol;

Zn-Metall, arsenfrei, Körnung 1 mm ∅;

Jodstammlösung, 0,02n; 2,54 g Jod und 8 g KI in Wasser gelöst und auf 1 l aufgefüllt; in dunkler Flasche aufbewahrt, alle 2 Wochen frisch hergestellt;

Alginat;

Jodlösung, 0,001n; 10 mg Alginat in 60 ml Wasser unter Erwärmen auf 70° C gelöst, abgekühlt, 5 ml 0,02n Jodlösung zugefügt und mit Wasser auf 100 ml aufgefüllt; vor Verwendung frisch hergestellt;

$(NH_4)_6Mo_7O_{24} \cdot 4\,H_2O$, 1%ige wäßrige Lösung; man löst 1 g Reagens in einem heißen Gemisch von 14 ml H_2SO_4 (1,84) und 60 ml Wasser, kühlt ab und füllt mit Wasser auf 100 ml auf; vor Verwendung frisch hergestellt;

Hydrazinsulfat, 0,15%ige wäßrige Lösung; vor Verwendung frisch hergestellt.

1 g zerkleinerte Probe wird in einem 125 ml-Stehkolben mit 15 ml HCl versetzt, der Rückflußkühler mit Kühlfinger (s. Abb. 75) aufgesetzt und auf dem Wasserbad etwa 1 Std bis zur Verflüssigung der Probe erhitzt. Der Kühlfinger wird mit 5mal 10 ml Was-

---

[1] Fluka AG, Buchs SG/Schweiz.

ser abgespült, der Kolben abgekühlt, 2 ml KI-Lösung und 3 Tropfen $SnCl_2$-Lösung zugesetzt, und 15 min stehen gelassen Das untere Ende des Überleitungsrohres A wird mit Watte verschlossen, mit Quarzsand gefüllt, letzterer mit $Pb(CH_3COO)_2$-Lösung befeuchtet. das Absorptionsrohr B mit 0,15 g Absorptionspulver, gefolgt von 0,15 g HgI_2, gefüllt, und beide Rohrteile miteinander verbunden. Nach 15 min fügt man in den Kolben 1 ml Tween-Lösung 7–8 Tropfen Octylalkohol sowie 5 g Zn-Metall und setzt das Absorptionssystem auf. Man läßt in einem Wasserbad von 25°C 1 Std lang stehen.

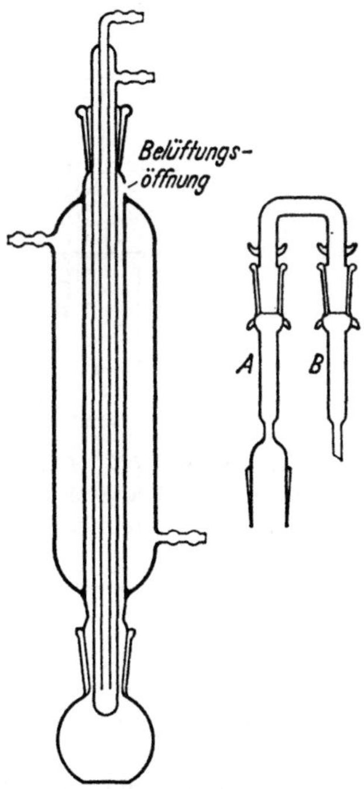

Abb. 75. Apparatur zum Aufschluß von biologischem Material und zur Verflüchtigung von As als AsH_3 [*26*]. *A* Überleitungsrohr, *B* Absorptionsrohr

Man entfernt das Absorptionsrohr, führt dessen Ende in einen 10 ml-Meßkolben ein und eluiert das Pulver mit 4mal 2 ml 0,001n Jodlösung. Man versetzt mit 1 ml $(NH_4)_6Mo_7O_{24}$-Lösung, mischt, fügt 0,4 ml Hydrazinsulfat-Lösung hinzu und stellt nach dem Mischen 20 min lang in ein siedendes Wasserbad. Danach kühlt man rasch ab, füllt mit Wasser zur Marke auf und photometriert bei 740 nm.

3. Metalle und Legierungen

Das As-Mo-blau-Verfahren fand mehrfach Anwendung zur Bestimmung von As in Eisen und Stahl [*14c, 19, 27, 29, 33*], Wismut [*12a, 14c*], Kupfer [*28*], Antimon [*14c*], Bunt- und Weißmetallen [*14c*] und Germanium [*35, 36*].

3.1. Eisen und Stahl

Das As wird mit Hilfe der nebenstehenden Apparatur (s. Abb. 76) als $AsCl_3$ abdestilliert und anschließend als As-Mo-blau photometrisch bestimmt.

B: 5–800 ppm As. F_r: ± 5–10%.

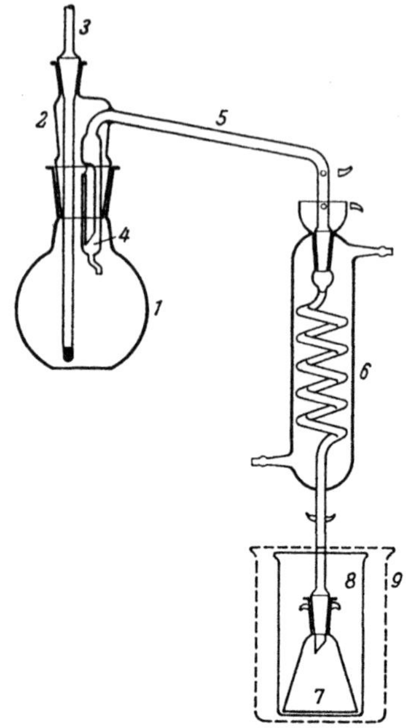

Abb. 76. Apparatur zur Destillation von As als $AsCl_3$ [32]. *1* 250 ml-Stehkolben, *2* Aufsatz, *3* Thermometer, *4* Dephlegmator, *5* Ableitungsrohr, *6* Schlangenkühler, *7* Trichter, *8* 150 ml-Becherglas (Vorlage), *9* Becherglas (zur Hälfte mit Kühlwasser gefüllt)

Arbeitsvorschrift [32][1]

Reagentien

HCl (1,19); HNO_3 (1,40); H_3PO_4 (1,70); H_2SO_4/H_3PO_4 (1 + 2); H_2SO_4 (1,84);

$ZnCl_2$-Lösung, 80%ig; 400 g $ZnCl_2$ sicc. werden in einem 800 ml-Becherglas mit 100 ml Wasser versetzt, nach Bedecken mit einem Uhrglas bis zum vollständigen Lösen schwach erwärmt, abgekühlt, und der Stand des Flüssigkeitsspiegels mit einer Marke gekennzeichnet. Man versetzt mit 1 g KBr und soviel HCl (1,19), daß der Flüssigkeitsspiegel etwa 1 cm über der Marke steht. Die Lösung wird bis $^1/_2$ cm unter die Marke durch Erhitzen eingeengt und nach dem Erkalten mit Wasser bis zur Marke wieder aufgefüllt. Diese Lösung wird in einer Glasstopfen-Flasche aufbewahrt.

Königswasser; 160 ml HNO_3 (1 + 1) und 60 ml HCl (1,19) werden unmittelbar vor Verwendung gemischt;

Quarzsand, mit Säure gewaschen und geglüht.

1 g Probe wird in 20 ml HNO_3 (1 + 1) gelöst. Die Einwaage erfolgt in den Destillierkolben. Man hängt über den Kolbenrand einen Glashaken, setzt einen Glastrichter auf und gießt durch diesen die zum Lösen verwendete Säure. Nach anfänglichem Kühlen wird später unter schwachem Erwärmen das Lösen vervollständigt. Unter kurzem Lüften des Trichters fügt man etwa 0,5 g Quarzsand und danach durch den Trichter 15 ml H_2SO_4/H_3PO_4-Gemisch hinzu. Nach Umschwenken erhitzt man fast zum Sieden, zerstört durch tropfenweisen Zusatz von 98–100%iger Ameisensäure die vorhandene HNO_3 (bis keine braunen Dämpfe mehr entweichen) und kühlt danach ab. Nach Zusatz von 10 ml $ZnCl_2$-Lösung und 10 ml HCl spült man Trichter, Glashaken und Schliff mit möglichst wenig Wasser ab. Durch einen zweiten trockenen Trichter fügt man 1 g KBr sowie je Gramm Probematerial 1 g Hydrazinsulfat zu. Das Destilliergerät wird unter Dichten der Schliffe mit 2–3 Tropfen H_3PO_4 (1,70) zusammengesetzt. Die Vorlage wird

[1] Teilweise geändert.

mit 10 ml Wasser beschickt. Man erhitzt langsam bis zu einer Temperatur von 135° C. Danach wird das Destillat entfernt, wobei man Kühler und Trichter mit möglichst wenig Wasser nachspült. Das Destillat wird nach Zusatz von 10 ml HNO_3 zur Trockene eingedampft (nicht über 130° C), 10 ml 5n H_2SO_4 hinzugefügt, auf dem siedenden Wasserbad ~ 10 min erhitzt und nach dem Abkühlen die photometrische Bestimmung nach der allgemeinen Arbeitsvorschrift (s. S. 435) durchgeführt (1 cm- oder 5 cm-Küvette).

3.2. Eisen und Stahl

Das As in der Probe wird durch Behandlung mit HNO_3 und $HClO_4$ in die 5wertige Stufe übergeführt, nach Reduktion mit $SnCl_2$ als AsH_3 abgetrennt und nach dem As-Mo-blau-Verfahren photometrisch bestimmt. Für Gehalte außerhalb des Bestimmungsbereiches muß eine entsprechend geänderte Probemenge verwendet werden. Die Eichkurve wird mit Normalstählen oder mit Ferrum reductum unter Zusatz bekannter As-Mengen aus Stammlösungen aufgestellt. Alle in der Vorschrift angegebenen Reagens-Zusätze müssen mit geeigneten Pipetten erfolgen.

B: 0,0005–0,08% As. F_r: ±5–10%. *Z:* 1,5 Std für eine Einzelbestimmung; 3 Std für 10 Proben.

Arbeitsvorschrift [*11*][1]

Reagentien

HNO_3 (1,40); HNO_3 (1 + 1); $HClO_4$ (70%); HCl (1,19);
KI, 15%ige wäßrige Lösung;
$SnCl_2$-Lösung; 40 g $SnCl_2 \cdot 2\,H_2O$ in 100 ml HCl (1,19) lösen;
$HgCl_2$, 0,3%ige wäßrige Lösung;
6n H_2SO_4;
0,02n $KMnO_4$-Lösung;
Zink, granuliert, As-frei, Körnung etwa 1 mm ⌀;
$(NH_4)_6Mo_7O_{24}$-Lösung; 1 g $(NH_4)_6Mo_7O_{24} \cdot 4\,H_2O$ wird in 10 ml Wasser und 90 ml 6n H_2SO_4 gelöst;
Hydrazinsulfat, 0,15%ige wäßrige Lösung;
$(NH_4)_6Mo_7O_{24}$/Hydrazinsulfat-Lösung; kurz vor Gebrauch werden für jede Bestimmung 2 ml $(NH_4)_6Mo_7O_{24}$-Lösung mit 2 ml Hydrazinsulfat-Lösung und 6 ml Wasser vermischt.

1 g Probe wird in einem 250 ml-Becherglas, das bei 50 ml mit einer Marke versehen ist, in 15 ml HNO_3 (1 +1) gelöst. Die Probe wird bis zum vollständigen Lösen der Späne erhitzt, mit 10 ml Wasser versetzt und nochmals einige min gekocht. Nach Zugabe von 25 ml $HClO_4$ wird bis zum starken Rauchen erhitzt. Nach dem Abkühlen verdünnt man mit 50 ml Wasser und engt durch Kochen bis zur 50 ml-Marke ein. Man spült die Lösung in einen 250 ml-Meßkolben über und füllt nach dem Abkühlen bis zur Marke auf. Von dieser Stammlösung werden genau 25 ml (mit nicht mehr als 80 µg As) in das 50 ml oder 100 ml fassende Erlenmeyerkölbchen der Apparatur zur Verflüchtigung des AsH_3 eingebracht (s. Abb. 77). Man setzt 5 ml HCl, 2 ml KI-Lösung und 1 ml $SnCl_2$-Lösung zu und läßt 30 min bei Raumtemperatur stehen. Unterdessen wird das Absorptionsgefäß mit 1 ml $HgCl_2$-Lösung, 0,2 ml 6n H_2SO_4 und 1 ml 0,02n $KMnO_4$-Lösung beschickt. Zur reduzierten Stammlösung im Erlenmeyerkolben fügt man 2 g metallisches Zink, setzt rasch den Schliffstopfen mit dem Überleitungsrohr auf den Kolben und taucht, sobald die Gasentwicklung begonnen hat, das Einleitungsrohr in das Absorptionsgefäß so weit ein, daß die Spitze beinahe den Gefäßboden berührt. Den Wasserstoff läßt man 20 min durchströmen. Nach dieser Zeit muß die Absorptionslösung noch von überschüssigem $KMnO_4$ violett gefärbt sein. Ist die $KMnO_4$-Farbe nicht mehr vorhanden, so ist entweder HCl in das Absorptionsgefäß mit übergegangen oder der As-Gehalt der Probe war zu

[1] Teilweise geändert.

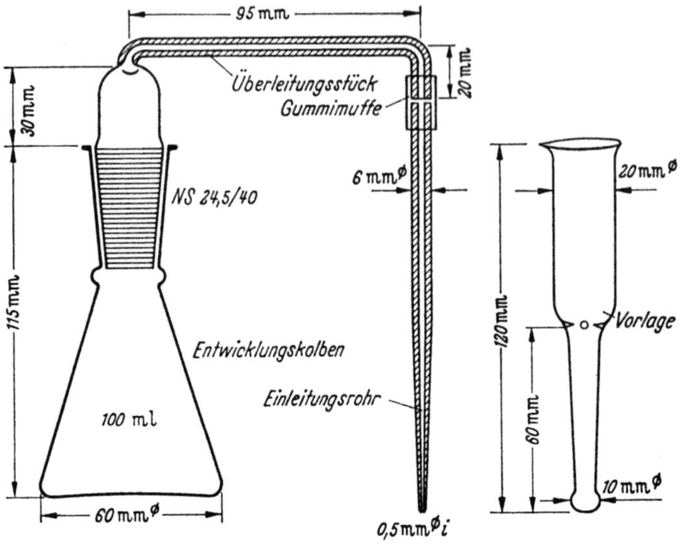

Abb. 77. Apparatur zur Verflüchtigung von As als AsH_3 [*11*] (teilweise geändert)

hoch. Die Probe ist in beiden Fällen nicht mehr zu verwenden. Nach der Wasserstoffentwicklungszeit von 20 min entfernt man das Absorptionsgefäß unter sorgfältigem Abspülen des Einleitungsrohres mit Wasser und führt den Inhalt des Absorptionsgefäßes in einen 50 ml-Meßkolben über. Das Volumen der Lösung im Meßkolben darf 20–25 ml nicht überschreiten.

Nach Zusatz von 10 ml $(NH_4)_6Mo_7O_{24}$/Hydrazinsulfat-Lösung wird 15 min lang auf dem Wasserbad bei 85–90° C erhitzt. Nach dem Abkühlen auf Raumtemperatur füllt man mit Wasser bis zur Marke auf und photometriert gegen Wasser in einer 1 cm- oder 5 cm-Küvette bei 840 nm (oder Filter S 75 bei Elko II-Photometer, Zeiss).

Es wird auch empfohlen [*4*] als Vergleichslösung an Stelle von Wasser eine nach der Vorschrift analog behandelte Absorptionslösung zu verwenden: Man mischt 1 ml $HgCl_2$-Lösung, 0,2 ml 6n H_2SO_4 und 1 ml 0,02n $KMnO_4$-Lösung in einem 50 ml-Meßkolben und erhitzt die Lösung auf dem Wasserbad 5 min lang. Danach fügt man 10 ml $(NH_4)_6Mo_7O_{24}$/Hydrazinsulfat-Lösung zu, erhitzt 15 min auf dem Wasserbad bei 85–90° C und füllt nach dem Abkühlen mit Wasser zur Marke auf. Ein parallel durchgeführter Blindwert ist in Abzug zu bringen.

3.3. Blei und Bleilegierungen

Zur Bestimmung kleinster As-Gehalte in Blei und Bleilegierungen kann As nach der Destillation als $AsCl_3$ nach dem As-Mo-blau-Verfahren bestimmt werden [*19*]. Das Verfahren lieferte in anderen Händen [*34*] nicht immer reproduzierbare Werte und wurde durch Erhöhung der Reduktionsmittelkonzentration und Herabsetzung der Temperatur bei der Entwicklung der Komplexfarbe entsprechend modifiziert.

B: 0,0001–0,2% As. F_r: ± 5–10%.

Arbeitsvorschrift [*34*]

Reagentien

H_2SO_4 (1,84);
HCl (1,19);

HBr (48%)
HNO_3 (1,40);
Hydrazinsulfat;
$(NH_4)_6Mo_7O_{24}$/Hydrazinsulfat-Lösung; 10 ml $(NH_4)_6Mo_7O_{24}$-Lösung (1%ig in 5m H_2SO_4) und 1 ml 1%ige wäßrige Hydrazinsulfat-Lösung werden mit Wasser auf 100 ml verdünnt. Die Lösung ist täglich frisch herzustellen.

0,1–1 g Probe wird mit 3–12 ml H_2SO_4 unter Erwärmen bis zum Rauchen gelöst. Nach dem Abkühlen setzt man 0,3 g Hydrazinsulfat zu und führt in den Destillierkolben unter Nachspülen mit möglichst wenig Wasser über. Man versetzt mit 20 ml HCl und 2 ml HBr und destilliert unter Durchleiten von CO_2 bis die Temperatur 109–111°C erreicht. Als Vorlage verwendet man 15 ml HCl (1 + 1). Die Destillation wird wiederholt; die vereinigten Destillate werden nach Zusatz von 3 ml HNO_3 zur Trockene eingedampft (nicht über 130°C). Der Trockenrückstand wird in 30 ml $(NH_4)_6Mo_7O_{24}$/Hydrazinsulfat-Lösung aufgenommen und 15 min bei 80 ±2°C erwärmt. Nach dem Abkühlen füllt man in einem 50 ml-Meßkolben mit derselben Reagenslösung zur Marke auf und photometriert bei 840 nm gegen eine analog durchgeführte Blindlösung.

3.4. Germanium

Nach dem Lösen der Germaniumprobe in H_2O_2/Oxalsäure wird das As durch Extraktion mit DADDTC/$CHCl_3$ aus 3n HCl-Lösung abgetrennt, wobei Ge mit Oxalsäure maskiert wird. Der Extrakt wird mit $HNO_3/HClO_4$ verascht und anschließend das As nach dem As-Mo-blau-Verfahren photometrisch bestimmt. P und Zr stören die Bestimmung auf jeden Fall, doch führen auch größere Mengen an Si, Ge, W, Nb und Ta zu geringeren As-Werten. Se und Au fallen als Metalle aus. Der Blindwert soll etwa 0,2–0,4 µg As betragen.

B: 0,00001–0,0001% As und darüber.

Arbeitsvorschrift [*20*]

Reagentien

$HClO_4$ (70—72%); Ammoniak (0,91); H_2O_2 (30%); Oxalsäure;
Methylrot, 0,02%ige wäßrige Lösung;
$KBrO_3$, 0,03%ige wäßrige Lösung;
$(NH_4)_6Mo_7O_{24} \cdot 4\,H_2O$, 1%ige wäßrige Lösung, in Polyäthylenflasche aufbewahrt;
Hydrazinsulfat, 0,16%ige wäßrige Lösung;
DADDTC, 0,1%ig in $CHCl_3$; das Reagens wird vorher durch Umkristallisieren gereinigt, wozu man 20 g Reagens in 250 ml Diäthyläther löst, unter Rückfluß erwärmt, etwas Aktivkohle zusetzt, filtriert; man kühlt in einem Eisbad ab, trocknet in einem Vakuumexsiccator und bewahrt das Reagens im Kühlschrank auf. Die Reagenslösung in $CHCl_3$ wird alle 3—4 Tage frisch hergestellt und im Kühlschrank aufbewahrt.
KI, 20%ige wäßrige Lösung;
$Na_2S_2O_5$, 5%ige wäßrige Lösung;
HCl/HNO_3-Gemisch; 60 ml HCl (1,19) werden mit 40 ml Wasser gemischt und 1 ml HNO_3 (1,40) zugesetzt;
$CHCl_3$.

Aufstellung der Eichkurve

0, 1,0, 2,0, 3,0, 4,0 und 5,0 ml As-Stammlösung (1 µg As/ml) werden in 10 ml-Meßkolben gegeben, 0,2 ml $HClO_4$ zugesetzt und mit Wasser auf 5 ml verdünnt. Man fügt einen Tropfen Methylrot hinzu, neutralisiert mit Ammoniak bis zum Umschlag auf gelb, fügt tropfenweise HCl (4 + 6) bis zum Umschlag auf rot und dann 0,5 ml im Überschuß hinzu. Man versetzt mit 0,2 ml $KBrO_3$-Lösung, erwärmt, rührt zur Entfärbung der Lösung, kühlt ab, fügt 0,5 ml $(NH_4)_6Mo_7O_{24}$-Lösung unter Mischen und danach 0,5 ml

Hydrazinsulfat-Lösung hinzu und füllt mit Wasser zur Marke auf. Die Lösung wird auf dem siedenden Wasserbad 15 min lang erhitzt, abgekühlt und bei 840 nm in einer 5 cm-Küvette gegen Wasser photometriert.

Analyse

2,0 g zerkleinertes Material (Körnung 0,15 mm, durch ein Platinsieb abgesiebt) werden in einem 250 ml-Erlenmeyerkolben mit 12 g Oxalsäure, 25 ml Wasser und 5 ml H_2O_2 unter Erwärmen gelöst, die Lösung schwach gekocht (etwa 5 min), weitere 5 ml H_2O_2 zugesetzt und das Erwärmen bis zum vollständigen Lösen fortgesetzt. Die überstehende Lösung wird in einen zweiten Erlenmeyerkolben dekantiert, zum noch ungelösten Rückstand im ersten Erlenmeyerkolben erneut 2 g Oxalsäure, 10 ml Wasser und 2 ml H_2O_2 zugesetzt und unter Erwärmen gelöst. Das Lösen der gesamten Probe kann in 20 min durchgeführt werden. Beide Lösungen werden vereinigt, 20 ml HCl zugesetzt und mit Wasser auf 100 ml verdünnt. Zur Zerstörung des H_2O_2 wird unter Zusatz von 2 g Oxalsäure schwach gekocht. Von einer auftretenden Trübung wird abfiltriert. Zur 50° C warmen Lösung fügt man 2 ml KI-Lösung und 2 ml $Na_2S_2O_5$-Lösung und führt sie in einen 150 ml-Schütteltrichter über. Nach einer Standzeit von 15 min stellt man die Lösung auf 35° C ein und extrahiert mit 15 ml DADDTC-Lösung. Der organische Extrakt wird durch Glaswolle in einen 50 ml-Erlenmeyerkolben abgelassen; man wäscht die wäßrige Lösung mit 2 ml $CHCl_3$ nach und vereinigt beide organischen Extrakte. Die wäßrige Phase wird verworfen. Zum organischen Extrakt fügt man 0,5 ml $HClO_4$ und 1 ml HNO_3, erhitzt auf einer Heizplatte von 175° C bis zum Auftreten der $HClO_4$-Nebel, kühlt ab, fügt 2 ml HCl/HNO_3-Gemisch hinzu und dampft erneut bis zum Rauchen ein. Die Wände des Erlenmeyerkolbens werden mit 2–3 ml Wasser abgespült, die Lösung durch einen kleinen Trichter in einen 10 ml-Meßkolben übergeführt und nach Zusatz von 1 Tropfen Methylrotlösung und Neutralisieren wie bei der Aufstellung der Eichkurve angegeben fortgesetzt.

3.5. Selen

Die Hauptmenge an Se wird durch Fällung mit SO_2 abgetrennt, dann As(III) mit Na-DDTC/$CHCl_3$ extrahiert, nach Oxydation zu As(V) restliches Se mit Na-DDTC/$CHCl_3$ abgetrennt und As als As-Mo-blau photometrisch bestimmt. Zur Analyse finden ausschließlich Quarz- und Kunststoffgefäße Anwendung.

B: $\geqq$ 0,2 ppm As. *V:* ±0,5–10%.

Arbeitsvorschrift [*14i*]

Reagentien

HNO_3 (1,40); H_2SO_4 (1,84); H_2O_2 (30%);

Na_2MoO_4-Lösung; 6,85 g Natriummolybdat $Na_2MoO_4 \cdot 2\,H_2O$ und 400 mg Hydrazinsulfat werden in einem Polyäthylenerlenmeyer in 100 ml Wasser gelöst, dazu anschließend 100 ml H_2SO_4 (1,84) gegeben. Die Lösung wird nun abgekühlt, mit 0,5 l Wasser weiter verdünnt und nach erneutem Abkühlen auf 1 l aufgefüllt.

Na-DDTC, 1%ige wäßrige Lösung (täglich frisch hergestellt);

$CHCl_3$.

2 g Selen werden unter Rückfluß mit 10–15 ml HNO_3 (1,40) gelöst, die klare Lösung zur Trockene eingedampft und das in Nadeln kristallisierte SeO_2 in 2–3 ml Wasser gelöst. Anschließend wird nochmals abgedampft bis zur Trockene und das SeO_2 in 50 ml 10n HCl gelöst. In diese mit Eis und Spiritus auf 0° C gekühlte Lösung leitet man 90 min einen mäßigen Strom von SO_2-Gas, welches man entweder einer Stahlflasche entnimmt oder selbst aus $Na_2S_2O_5$ und Schwefelsäure entwickelt. Dabei darf die Tempera-

tur der Selenlösung 5° C nicht übersteigen. Nach dem Einleiten läßt man 1–2 Std stehen und filtriert dann das ausgefallene Selen durch ein Faltenfilter ab. Der Niederschlag wird mit 10 ml Wasser ausgewaschen. In die klare Lösung leitet man etwa 10 min Stickstoff oder Preßluft ein, um die Hauptmenge SO_2 auszublasen.

Die Lösung wird in einen Scheidetrichter übergeführt, auf 2–3° C abgekühlt und mit 5 ml einer ebenfalls gekühlten 1%igen Na-DDTC-Lösung und 5 ml $CHCl_3$ etwa 1 min kräftig geschüttelt, anschließend wird die $CHCl_3$-Phase in einen 50 ml-Rundkolben aus Quarz abgelassen. Der Vorgang wird 3mal wiederholt und zum Schluß einmal nur mit $CHCl_3$ ohne Reagens nachgewaschen.

Der vereinigte organische Extrakt wird dann 1–2 Std mit 10 ml HNO_3 (1,40) und 0,5 ml H_2SO_4 (1,84) unter Rückfluß (s. Abb. 43, S. 208) gekocht, wobei nach 10 min langem Kochen bereits das $CHCl_3$ abdestilliert werden kann. Nach dem Aufschluß wird bis zum Auftreten der Schwefelsäuredämpfe eingeengt und nach dem Abkühlen mit Wasser in einen Scheidetrichter übergeführt, wobei das Volumen 20 ml nicht übersteigen soll. Nach Zusatz von 15 Tr. H_2O_2 (30%) wird 2mal mit je 1 ml 1%iger Na-DDTC-Lösung und 5 ml $CHCl_3$ extrahiert, die organischen Extrakte verworfen und die wäßrige Lösung eingedampft bis zur völligen Zerstörung des H_2O_2. Die schwefelsaure Lösung wird sodann mit Ammoniak auf pH 3–4 gebracht, mit Wasser auf insgesamt 20 ml aufgefüllt und dazu 5 ml Na_2MoO_4-Lösung gegeben. Nach 30 min langem Erhitzen im siedenden Wasserbad wird abgekühlt und in einer 5 cm-Küvette bei 840 nm gegen eine analog behandelte Blindlösung photometriert.

3.6. Silicium

Das unter B.3.4 beschriebene Verfahren zur Bestimmung von As in Germanium wurde auch auf Silicium-Proben angewandt. Hier ist besonders auf die exakte pH-Einstellung und die genaue Einhaltung der vorgeschriebenen Volumina zu achten, um eine Fällung zu vermeiden. Bei der Extraktion gehen Spuren von Si mit dem As in die $CHCl_3$-Phase, doch wird diese Störung durch das Dehydratisieren der Kieselsäure mit $HClO_4$ beseitigt.

B: 0,0001–0,001% As.

Arbeitsvorschrift [*20*]

Reagentien

NaOH, 20%ige wäßrige Lösung;
übrige Reagentien wie bei Verfahren B.3.4 (s. S. 445).

0,5 g zerkleinerte Probe (analog wie bei Germanium hergestellt) werden in einer Platinschale mit 5 ml NaOH-Lösung nach Bedecken mit einem Uhrglas in der Wärme gelöst. Nach der ersten heftigen Reaktion wird das Uhrglas mit Wasser abgespült und der Lösevorgang unter schwachem Sieden beendet. Dabei wird etwas Wasser zugesetzt, falls das Lösungsvolumen unter 2 ml sinkt. Das Lösen der Probe ist in etwa 20 min durchgeführt. Die Lösung wird mit Wasser auf 20 ml gebracht, 1 ml H_2O_2 zugesetzt, zugedeckt und bis zum Zerstören des vorhandenen Peroxydes gekocht. Nach dem Abkühlen auf Raumtemperatur wird mit Wasser auf 50 ml verdünnt, mit HCl gegen Kongorotpapier gerade angesäuert und in ein 150 ml-Becherglas filtriert. Platinschale und Filter werden mit wenig Wasser nachgewaschen. Zur Lösung fügt man 25 ml HCl, erwärmt auf 50°C, versetzt mit 2 ml KI-Lösung sowie 2 ml $Na_2S_2O_5$-Lösung und fährt, wie unter Verfahren B.3.4 beschrieben, fort (s. S. 445f.).

4. Silicate

4.1. Silicatgestein

Nach dem Aufschluß des Probematerials wird das As als AsH_3 abgetrennt und anschließend nach dem As-Mo-blau-Verfahren photometrisch bestimmt. Geringe Mengen Sb, wie sie in Silicatgestein vorkommen, sollen nicht stören. Die Bestimmung wird weiterhin durch Mengen bis zu 1 mg von Ag, Cu, Ge und Te, sowie durch größere Mengen von Co, Cr, Mo, Ni, V und W nicht gestört.

B: 0,0001–0,004% As.

Arbeitsvorschrift [*37*]

Reagentien

NaOH;
Na_2O_2;
HCl (1,19);
Jod/KI-Lösung; 0,25 g Jod und 0,4 g KI werden in wenig Wasser gelöst und auf 100 ml aufgefüllt;
$NaHCO_3$, 4,2%ige wäßrige Lösung;
$Na_2S_2O_5$, 5%ige wäßrige Lösung; täglich frisch herzustellen;
$(NH_4)_6Mo_7O_{24}$/Hydrazinsulfat-Lösung; man verwendet die unter B.3.2. (s. S. 443) angeführten Einzellösungen. Unmittelbar vor dem Gebrauch mischt man je 10 ml $(NH_4)_6Mo_7O_{24}$- und Hydrazinsulfat-Lösung und füllt mit Wasser auf 100 ml auf. Anstelle der Mischung können die beiden Lösungen anteilmäßig auch getrennt der Probelösung zugesetzt werden;
übrige Reagentien wie bei Verfahren B.3.2. (s. S. 443).

Zu 2,5 g in einem Nickeltiegel geschmolzenem NaOH fügt man 0,5 g der zerkleinerten Probe und 0,25 g Na_2O_2. Die Probe wird bei dunkler Rotglut aufgeschlossen, die erkaltete Schmelze mit 8 ml Wasser auf dem siedenden Wasserbad gelöst, die Lösung durch ein kleines Filter filtriert. Das Filter wird zehnmal mit je 1–2 ml Wasser oder 0,1%iger NaOH gewaschen. Das mit der Waschlösung in einem 50 ml- oder 100 ml-Erlenmeyerkolben der Entwicklungsapparatur (s. Abb. 77, S. 444) vereinigte Filtrat soll 25 ml nicht überschreiten. Man fügt zur abgekühlten Lösung tropfenweise 11 ml HCl, 2 ml KI-Lösung, 1 ml $SnCl_2$-Lösung und läßt nach dem Mischen 15–30 min bei Raumtemperatur stehen (oder erhitzt 5 min auf 80–90°C und kühlt danach auf Raumtemperatur ab). In das Absorptionsgefäß legt man 1,0 ml Jod/KI-Lösung und 0,2 ml $NaHCO_3$-Lösung vor, fügt in den Entwicklungskolben 2,0 g Zink und verbindet rasch die Entwicklungsapparatur. Nach einer Entwicklungszeit von 30 min (die Absorptionslösung soll noch überschüssiges Jod enthalten) wird das Absorptionsrohr entfernt. 5,0 ml $(NH_4)_6Mo_7O_{24}$/Hydrazinsulfat-Lösung und ein Tropfen $Na_2S_2O_5$-Lösung zur Absorptionslösung zugesetzt (die Jodfarbe soll nun verschwunden sein); man erhitzt 15 min auf dem siedenden Wasserbad, führt nach dem Abkühlen in einen 10 ml-Meßkolben über und füllt mit Wasser zur Marke auf. Die Lösung wird in einer 1 cm- oder 2 cm-Küvette bei 840 nm gegen eine Blindlösung photometriert. Herstellung der Blindlösung: 1,0 ml Jod/KI-Lösung, 0,2 ml $NaHCO_3$-Lösung, 5,0 ml $(NH_4)_6Mo_7O_{24}$/Hydrazinsulfat-Lösung und 1 Tropfen $Na_2S_2O_5$-Lösung werden miteinander vermischt. 15 min auf dem siedenden Wasserbad erhitzt und mit Wasser auf 10,0 ml aufgefüllt.

4.2. Silicate [*14*]

In der entsprechend aufgeschlossenen Probe mit einem Gehalt von 1–5 μg As wird dieses nach Verfahren B.1.1 (S. 435) isoliert und photometrisch bestimmt.

4.3. Silicatgestein

Zur Anreicherung des As dient im vorliegenden Falle die Extraktion als Carbamat aus stark HF-saurer Lösung, nachdem die Gesteinsprobe mit HF bei 150°C in einer Druckbombe (s. S. 212) aufgeschlossen wurde. Das nach der oxydativen Zersetzung des Extraktes mit Mischsäure vorliegende As(V) kann nun nach dem As-Mo-blau-Verfahren photometrisch, oder bei Serienanalysen besser spektrographisch mit MgO als Trägersubstanz und Te als Bezugselement bestimmt werden.

Zum Aufschluß im geschlossenen Gefäß wurde einer Stahlbombe ein aus einem Teflonstab gedrehter Zylinder von 30 ml Fassungsvermögen eingepaßt, der einen Teflondeckel unter dem Bombenverschluß erhielt. Von verschiedenen Gesteinsarten und Mineralien (Granit, Gabbros, Serpentingestein, Anorthit, Petavit, Muscovit, Beryll) konnten mit Ausnahme des Berylls, der nur zu etwa 90% in Lösung ging, in einer Stunde bei 150°C im Trockenschrank vollständige Aufschlüsse erzielt werden. Die Teflonauskleidung zeigte infolge ihrer großen Resistenz nach rund 100 Analysen noch keinen merklichen Angriff. Vor dem Aufschluß in der Bombe wurde die zerkleinerte und gesiebte Probe mit $HClO_4$ abgeraucht, um etwa vorhandene Sulfide zu oxydieren. Durch Zusatz von Na_2SO_3 in die Aufschlußbombe wird das As(V) zu dem für die Extraktion erforderlichen As(III) reduziert.

Im Gegensatz zu As(III) wird vorhandenes Fe(II) in Anwesenheit genügend großer Mengen an HF mit Carbamat nicht extrahiert. Nur Cu wird quantitativ und Bi teilweise mitextrahiert. Die Zerstörung des Carbamat-Komplexes mit Mischsäure nach dem Abdampfen des $CHCl_3$ führt meist nicht zu Verlusten, wenn die H_2SO_4 höchstens bis zur Hälfte ihres zugesetzten Volumens abgeraucht wird. Die Gefahr von As-Verlusten läßt sich sicher bei Anwendung von $Mg(NO_3)_2$ und HNO_3 zur Veraschung vermeiden.

B: 0,0002–0,01% As. F_r : ± 5–10%.

Arbeitsvorschrift [*38*]

Reagentien

$HClO_4$ (70%);
HF (40%), redest.;
2n H_2SO_4;
$(NH_4)_2SO_3$-Lösung, hergestellt durch Einleiten von SO_2 in Ammoniak;
NH_4I;
DADDTC, 0,5%ig in $CHCl_3$;
Mischsäure; H_2SO_4 (1,84)/HNO_3 (1,40)/$HClO_4$ (70%) (2 + 1 + 1);
Ammoniak, destill. Wasser mit NH_3-Gas gesättigt;
$(NH_4)_6Mo_7O_{24}$-Lösung; 5 g $(NH_4)_6Mo_7O_{24} \cdot 4\,H_2O$ werden in 70 ml H_2SO_4 (1,84) + 300 ml Wasser gelöst und mit Wasser auf 500 ml aufgefüllt;
Hydrazinsulfat, 0,15%ige wäßrige Lösung;
α-Dinitrophenol (Indicator pH 2,8—4,5), 0,1%ige wäßrige Lösung.

Die Probe wird in einem Stahlmörser zerkleinert und vollständig durch ein Sieb mit 1600 Maschen/cm² gesiebt. 1,0 g des gesiebten Pulvers wird in einer Platinschale mit 4 ml $HClO_4$ versetzt und unter starken Rauchen der Säure 5–10 min lang erhitzt. Nach dem Erkalten fügt man 15 ml HF hinzu und bringt den Inhalt der Schale in die Bombe. Man spült mit einigen Millilitern Wasser nach und gibt in die Bombe noch 2 ml $(NH_4)_2SO_3$-Lösung und einige Kristalle (~10 mg) NH_4I. Die Bombe wird geschlossen, etwa 1 Std im Trockenschrank bei 150° C gehalten, hierauf in fließendem Wasser gekühlt und anschließend geöffnet. Ist die Lösung trüb, wird sie sofort zentrifugiert (paraffinierte Gefäße). Die Fällung wird mit verdünnter HF (1 + 9) gewaschen. Die klare Lösung wird in einer kleinen Polyäthylenflasche mit 15 ml DADDTC-Lösung 2 min geschüttelt.

Die Phasen werden in einem Scheidetrichter (Polyäthylentrichter mit durchsichtigem Schlauch versehen) getrennt. Die wäßrige Lösung wird noch zweimal mit je 5 ml DADDTC-Lösung extrahiert und darauf mit $CHCl_3$ gewaschen. Der vereinigte $CHCl_3$-Extrakt wird mit 2n H_2SO_4 gewaschen, das $CHCl_3$ auf dem Wasserbad abdestilliert und zu dem Rückstand 4 ml Mischsäure hinzugegeben. Auf der Heizplatte wird nun der größte Teil der HNO_3 und $HClO_4$ abgeraucht (bis zum Rauchen der H_2SO_4). Nach dem Erkalten spült man die Lösung mit einigen Millilitern Wasser in einen Meßkolben von 10–50 ml Volumen. Man versetzt mit einigen Tropfen Indicator-Lösung und neutralisiert die Lösung mit Ammoniak bis zur beginnenden Gelbfärbung. Nun fügt man ein Zehntel des Meßkolbenvolumens an Molybdatlösung und ein Hundertstel des Meßkolbenvolumens an Hydrazinsulfat-Lösung hinzu, füllt mit Wasser zur Marke auf, erhitzt 15 min im Wasserbad und photometriert nach dem Abkühlen der Lösung in einer 1 cm- oder 2 cm-Küvette bei 840 nm gegen den Blindwert.

5. Verschiedenes

Nach dem As-Mo-blau-Verfahren wurde As bestimmt in Germaniumdioxyd [*35*, *39*] und Germaniumtetrachlorid [*39*].

5.1. Germaniumdioxyd [*20*]

Bestimmungsbereich und Blindwert sind dieselben wie bei Verfahren B.3.4 (s. S. 445.)

Arbeitsvorschrift [*20*]

Reagentien

Wie bei Verfahren B.3.4. (s. S. 445)

3,0 g zerkleinerte Probe werden in einem 250 ml-Erlenmeyerkolben nach Zusatz von 20 ml Wasser und 15 g Oxalsäure unter Bedecken mit einem Uhrglas und schwachem Erwärmen gelöst. Wenn das Lösen möglichst vollständig ist (kleine Mengen unlöslichen Materials werden vernachlässigt) fügt man 1 ml H_2O_2 hinzu, erhitzt 1–2 min lang, versetzt mit 20 ml Wasser und 20 ml HCl und kocht nach Bedecken mit dem Uhrglas 2–3 min zur Zerstörung des H_2O_2-Überschusses. Die Lösung wird, wenn nötig, filtriert. Der Lösungsvorgang beträgt etwa 15 min. Die Lösung wird auf 100 ml verdünnt, auf Raumtemperatur eingestellt, eine auftretende Fällung von Oxalsäure mit Glaswolle abfiltriert, auf 50°C gebracht und nach Reduktion des As mit KI und $Na_2S_2O_5$, wie unter Verfahren B.3.4 beschrieben, fortgefahren.

5.2. Luft

B: 40–1500 µg As/m³. F_r: ± 5%.

Man saugt 100 l Luft (1 l/min, s. S. 177) durch die Absorptionsapparatur (s. Abb. 71, S. 432) und bestimmt anschließend das As nach dem As-Mo-blau-Verfahren (s. S. 435).

C. Dithiol

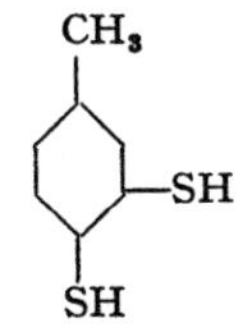

Mit hoher Empfindlichkeit läßt sich As durch eine Vervielfachungsreaktion indirekt bestimmen, indem man zuerst das As als As-Mo-säure mit tertiärem Amylalkohol/1,2-Dibromäthan (1 : 1) extrahiert, den Komplex mit alkalischer Lösung zerlegt und anschließend das Mo mit Dithiol bei 680 nm (s. S. 827) photometrisch bestimmt [*40*] (ε = 252000). Die Extraktion der As-Mo-säure kann auch mit anderen organischen Lösungsmitteln durchgeführt werden (s. S. 433). Hinsichtlich der Vermeidung von Störungen durch Ge, P und Si (s. S. 895ff., 902ff., 1091, 1094ff.).

Arbeitsvorschrift [*40*]

Reagentien

$(NH_4)_6Mo_7O_{24} \cdot 4\ H_2O$, 2%ig in 2n HCl;
Tert. Amylalkohol/1,2-Dibromäthan (1:1);
Ammoniumcitrat, 4%ig in 2,5n Ammoniak;
Dithiol, 1%ige wäßrige Lösung;
Hydrazinsulfat, gesättigte wäßrige Lösung;

In ~ 20 ml neutraler Probelösung wird As(III) mit 0,1n $KMnO_4$-Lösung zu As(V) oxydiert, 10 ml $(NH_4)_6Mo_7O_{24}$-Lösung hinzugefügt und 3mal mit je 10 ml tert. Amylalkohol/1,2-Dibromäthan extrahiert. Den vereinigten organischen Extrakt wäscht man 2mal mit je 15 ml 0,6n HCl (mit tert. Amylalkohol gesättigt), verwirft die Waschlösungen, schüttelt dann 50 sec mit 10 ml Ammoniumcitrat-Lösung und verwirft die organische Phase. Die wäßrige Lösung wird mit 12,5 ml 9n H_2SO_4, 0,5 ml Dithiol-Lösung sowie mit 1 ml Hydrazinsulfat-Lösung versetzt und 10 min stehen gelassen. Man extrahiert anschließend 30 sec mit 5,0 ml CCl_4 und photometriert den organischen Extrakt in einer 1 cm-Küvette bei 680 nm gegen den Blindwert.

D. Silberdiäthyldithiocarbamat

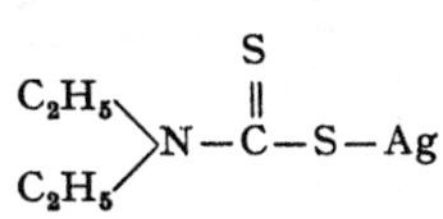

Leitet man AsH_3 in eine Silberdiäthyldithiocarbamat (AgDDTC)/Pyridin-Lösung (mindestens 0,2%ig [*41*]), so entsteht eine tiefrote Farbe [*45*], die durch ausgeschiedenes, kolloidales Ag nach Gl. (1) (wahrscheinlich über eine Zwischenstufe und Umsetzung der freien HDDTC mit Pyridin)

$$AsH_3 + 6\ AgDDTC \rightarrow 6\ Ag + 3\ HDDTC + As(DDTC)_3 \qquad (1)$$

hervorgerufen wird [*41*], mit einem Extinktionsmaximum bei 538 nm [*1*] bzw. 540 nm [*12, 42, 46*] bzw. 545 nm [*43*] (s. Abb. 78). Das Beersche Gesetz ist im Bereich von 0,15–6 μg As/ml erfüllt (ε_{538} = 13500). Die Farbe ist 4 Std stabil. Mit dem AsH_3 werden auch Sb und Ge als Wasserstoffverbindungen verflüchtigt und stören, da sie analoge

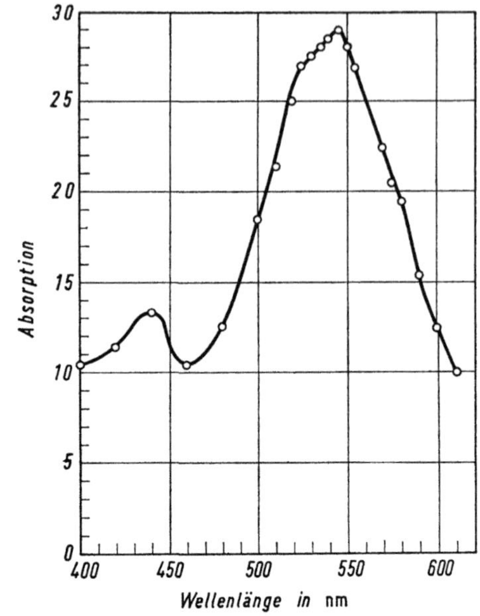

Abb. 78. Absorptionskurve von As + Ag-DDTC [43]

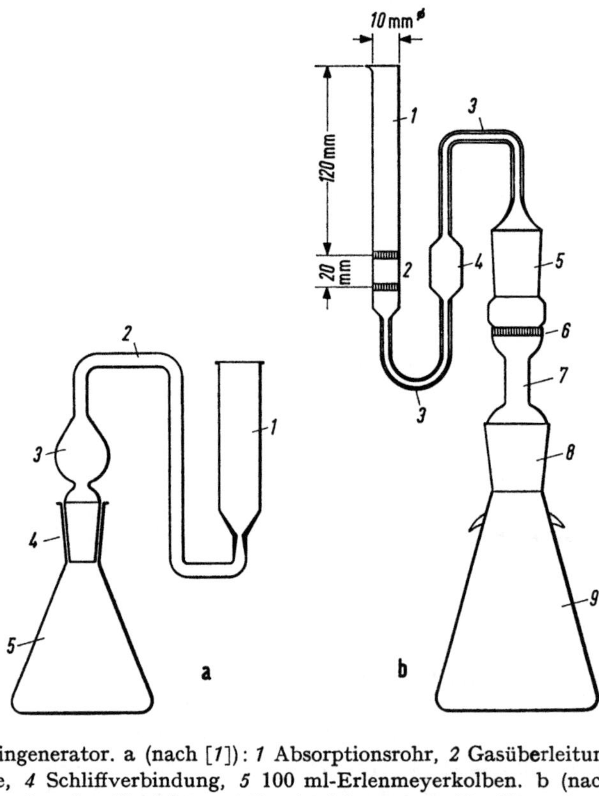

Abb. 79a u. b. Arsingenerator. a (nach [1]): 1 Absorptionsrohr, 2 Gasüberleitungsrohr, 3 Glaskugel für Bleiacetatwatte, 4 Schliffverbindung, 5 100 ml-Erlenmeyerkolben. b (nach [47]): 1 Absorptionsrohr, 2 und 6 weitporige Glasfritten, 3 Gasüberleitungsrohr (Capillare, 2 mm i.-∅), 4 Reservoir (3 ml Volumen), 5 und 8 Schliffverbindungen, 7 Verbindungsteil, 9 125 ml-Erlenmeyerkolben

Farbreaktionen geben mit Extinktionsmaxima für Sb bei 510 nm und für Ge bei 490 nm [*42*]. Bei 540 nm gibt Sb 8% der Extinktion des As-Komplexes. Störungen durch H_2S und PH_3 werden mit Hilfe von Bleiacetat-Baumwollwatte beim Entwickeln des AsH_3 ausgeschaltet.

Statt der üblichen 0,5%igen AgDDTC/Pyridin-Lösung kann man mit gleich gutem Erfolg eine 0,25% AgDDTC + 0,165% l-Ephedrin/$CHCl_3$-Lösung verwenden [*44*], die den Vorteil der Vermeidung des unangenehmen Pyridin-Geruches und der um 70% niedrigeren Chemikalienkosten aufweist. Mit dieser Lösung liegt das Extinktionsmaximum bei 505 nm ($\varepsilon_{505} = 15000$).

Zur Entwicklung des AsH_3 und Umsetzung mit AgDDTC wird ein Arsingenerator (s. Abb. 79) verwendet, wobei die Entwicklungszeit in der Regel 60 min beträgt. In der Literatur wurden mehrere Varianten beschrieben, die sich hauptsächlich in den Außenmaßen, Glasfritten im Absorptionsrohr [*46, 47*] und einem zweiteiligen (Kugelschliff) Gasüberleitungsrohr [*12, 48*] unterscheiden. Durch Kochen der Probelösung läßt sich die Entwicklungszeit auf 15 min abkürzen, doch ist in diesem Fall ein Rückflußkühler zwischen Entwicklungskolben und dem als Kugelrohr ausgebildeten Absorptionsaufsatz erforderlich [*43, 49*] (s. Verfahren D.3.1., S. 454).

Arbeitsvorschrift

Reagentien

AgDDTC, 0,5%ig in Pyridin;
KI, 15%ige wäßrige Lösung;
$CuSO_4 \cdot 5\,H_2O$, 2%ige wäßrige Lösung;
$SnCl_2 \cdot 2\,H_2O$, 0,33%ig in HCl (1,16);
Zinkgranalien;
Bleiacetatwatte; Baumwollwatte wird mit 10%iger wäßriger Bleiacetat-Lösung getränkt, ausgepreßt und getrocknet.

~ 40 ml Probelösung (0,4–16 µg As enthaltend) versetzt man im Kolben des Arsingenerators (s. Abb. 79) mit 10 ml $SnCl_2$-Lösung, 5 ml KI-Lösung sowie 1 ml $CuSO_4$-Lösung und läßt 15 min stehen. In die Erweiterung des Absorptionsaufsatzes wird Bleiacetatwatte, in das Absorptionsrohr 3,00 ml AgDDTC-Lösung gegeben, in den Kolben 8 ± 0,1 g Zinkgranalien hinzugefügt, die Apparatur sofort zusammengesetzt [der Schliff wird mit H_2SO_4 (1,84) abgedichtet] und zur Gasentwicklung 60 min stehen gelassen. Danach führt man die Absorptions-Lösung in eine 1 cm-Küvette über und photometriert bei 538 nm gegen AgDDTC-Lösung.

1. Wässer

B: ≧ 0,5 ppb As. *V*: 1–8%.

Arbeitsvorschrift [*48*]

Reagentien

8n H_2SO_4;
$SnCl_2 \cdot 2\,H_2O$, 40%ig in HCl (1,19);
übrige Reagentien wie bei der allgemeinen Arbeitsvorschrift (s. S. 453).

Bei Gehalten von 25–1000 µg As/l gibt man 20 ml Probe in den Arsingenerator (s. Abb. 79). Bei Gehalten < 25 µg As/l wird bis zu 1 l Probe nach Zusatz von HNO_3 und H_2SO_4 eingedampft, die HNO_3 abgeraucht und der Eindampfrückstand zur Analyse verwendet. Die Probe versetzt man im Kolben des Arsingenerators mit 30 ml 8n H_2SO_4, bringt bei Bedarf mit Wasser auf 50 ml, fügt 2 ml KI-Lösung, 8 Tropfen $SnCl_2$-Lösung hinzu und fährt nach einer Standzeit von 15 min und Zusatz von 6 ± 0,1 g Zinkgranalien nach der allgemeinen Arbeitsvorschrift (s. S. 453) fort.

2. Biologisches und anderes organisches Material

Mit AgDDTC erfolgte die photometrische Bestimmung von As in biologischem Material [*50*] und Erdöl [*12, 46, 47*].

2.1. Erdöl

B: 1–200 ppb As. *Z*: ~ 2 Std.

Arbeitsvorschrift [*12*]

Reagentien

H_2SO_4 (1,84); H_2O_2 (30%);
übrige Reagentien wie bei Verfahren D.1. (S. 453).

Man legt 15 ml H_2SO_4 und 20 ml H_2O_2 sowie 1–2 Siedekugeln in einen 500 ml-Kjeldahlkolben vor, kühlt auf 0–5° C ab, fügt bis zu 100 ml Probe (0,1–20 μg As enthaltend) hinzu und mischt vorsichtig durch Umschwenken (bei manchen Proben, besonders mit hohem Olefin-Gehalt, kann eine heftige Reaktion auftreten, die man durch Kühlen mit Eiswasser verhindert). Wenn sich die Mischung verdunkelt, fügt man mehr H_2O_2 hinzu. Die Mischung wird dann 1 min kräftig geschüttelt, anschließend 30 min unter Rückfluß gekocht, nach dem Abkühlen die wäßrige Phase im Scheidetrichter unter Nachwaschen mit 10 ml Wasser abgetrennt (bei schwer trennbarem Gemisch und bei Probemengen < 10 ml wird die Probe abgedampft) und in den Kjeldahlkolben zurückgegeben. Man erhitzt die Lösung bis zum Rauchen (bei auftretender Verkohlung unter Zusatz von H_2O_2), kühlt ab, führt unter Nachwaschen mit Wasser in den 125 ml-Kolben des Arsingenerators über, verdünnt mit Wasser auf 65 ± 5 ml und fährt mit dem Zusatz von KI-Lösung nach Verfahren D.1. (s. S. 453) fort (Messung mit 1 cm- oder 5 cm-Küvette).

3. Metalle und Legierungen

3.1. Eisen und Stahl

Für die Entwicklung und Absorption des AsH_3 findet ein modifizierter Arsingenerator Anwendung: 200 ml-Erlenmeyerkolben mit aufgesetztem Schlangenkühler (10 cm lang), auf dem sich der Absorptionsaufsatz (senkrecht stehendes, 14 cm langes Kugelrohr) befindet.

B: 10–400 ppm As. *s* : ± 3 ppm As.

Arbeitsvorschrift [*43, 49*]

Reagentien

HNO_3 (1 + 1); $HClO_4$ (70%); HCl (1 + 1);
AgDDTC, 1%ig in Pyridin;
$SnCl_2$-Lösung; 100 g $SnCl_2 \cdot 2\,H_2O$ werden mit 100 ml HCl (1,19) gelöst;
Übrige Reagentien wie bei der allgemeinen Arbeitsvorschrift (s. S. 453).

1 g Stahl oder Roheisen wird in einem 250 ml-Becherglas mit 15 ml HNO_3 (1 + 1) und 10 ml $HClO_4$ gelöst, bis zum Auftreten der $HClO_4$-Nebel erhitzt und nach dem Abkühlen mit Wasser in einem 200 ml-Meßkolben zur Marke aufgefüllt. Bei hohem Si-Gehalt wird die Lösung filtriert. In das obere Kühlerende des Arsingenerators gibt man Bleiacetatwatte und in den Absorptionsaufsatz 3,0 ml AgDDTC-Lösung. In den Kolben des Arsingenerators gibt man 25,0 ml Probelösung (bei Gehalten > 200 ppm As verwendet man 10,0 ml Probelösung unter Zusatz von 15 ml Wasser und 0,6 ml $HClO_4$), 25 ml HCl (1 + 1) und 5 ml KI-Lösung, versetzt tropfenweise mit $SnCl_2$-Lösung bis zum Verschwinden der Braunfärbung und gibt noch 2–3 Tropfen im Überschuß hinzu. Nach

Zusatz von 5 g Zinkgranalien wird der Kolben sofort mit dem Kühler verbunden, mittels Heizplatte 15 min im leichten Sieden gehalten, anschließend die AgDDTC-Lösung in einem 25 ml-Meßkolben mit Pyridin zur Marke aufgefüllt und in einer 5 cm-Küvette bei 538 nm gegen den Blindwert (mit 1 g Ferrum reductum nach der Arbeitsvorschrift hergestellt) photometriert.

3.2. Kupfer

As wird durch Spurenfällung mit Magnesiumammoniumphosphat als Spurenfänger von Cu abgetrennt und anschließend die Umsetzung von AsH_3 mit AgDDTC vorgenommen.

B: ≧ 0,5 ppm As. *V* : ± 5%.

Arbeitsvorschrift [*1*]

Reagentien

HNO_3 (1,40); H_2O_2 (30%);
Ammoniak (0,91);
Magnesiamischung; 5,5 g $MgCl_2 \cdot 6\,H_2O$ und 7 g NH_4Cl werden mit 8 ml Ammoniak + 92 ml Wasser gelöst;
Phosphat-Lösung; 10 g $(NH_4)_2HPO_4$ und 20 g NH_4Cl werden in 100 ml Wasser gelöst;
Übrige Reagentien wie bei der allgemeinen Arbeitsvorschrift (s. S. 453).

1 g Kupfer wird in einer Mischung von 5 ml H_2O_2, 50 ml Wasser und 5 ml HNO_3 gelöst, zum Sieden erhitzt, auf ~ 30 ml eingedampft, nach dem Abkühlen 10 ml Ammoniak, 20 ml Wasser, 10 ml Magnesiamischung sowie tropfenweise 6 ml Phosphatlösung zugesetzt. Es wird gründlich durchgemischt und zur Bildung eines gut filtrierbaren Niederschlages 30 min stehen gelassen. Der Niederschlag wird abfiltriert und mit 30—40 ml 3%igem Ammoniakwasser gewaschen. Dann wird der Niederschlag durch portionsweise Zugabe von 15 ml $SnCl_2$-Lösung direkt aus dem Filter in den 100 ml-Erlenmeyer-Kolben des Arsenwasserstoffgenerators gelöst. Das Filter wird mit 10 ml 3%iger HCl nachgewaschen. Nach Zugabe von 30 ml Wasser und 5 ml KI-Lösung wird die Lösung 15 min stehen gelassen und nach der allgemeinen Arbeitsvorschrift (s. S. 453) fortgefahren.

4. Verschiedenes

Bei der Bestimmung von As in Germaniumdioxyd wurde das As weitgehend nach Verfahren B.3.4 (s. S. 445) mit DADDTC/$CHCl_3$ isoliert und anschließend mit AgDDTC photometrisch bestimmt [*42*].

4.1. Kupfersalze

Isolierung und Bestimmung des As sowie Bestimmungsbereich und Fehler sind dieselben wie bei Verfahren D.3.2 (s. S. 455).

Arbeitsvorschrift [*1*]

Reagentien

Wie bei Verfahren D.3.2.

Kupfer(I)-Salze: 1 g Probe wird in 5 ml HNO_3 gelöst, 5 ml Wasser und 10 ml gesättigtes Bromwasser zugesetzt, auf dem Wasserbad das überschüssige Brom vertrieben, 10 ml Ammoniak zugegeben und mit dem Zusatz der Magnesiamischung nach Verfahren D.3.2 fortgefahren.

Kupfer(II)-Salze: 1 g Probe wird in 10 ml Wasser gelöst und nach Zusatz von 1 ml HNO_3 und 10 ml gesättigtem Bromwasser wie bei Kupfer(I)-Salz unter Verwendung von 5 ml Ammoniak fortgefahren.

4.2. Flußsäure

B: ≧ 0,04 ppm As. *V*: ± 3%. *Z*: 1,25 Std/Bestimmung.

Arbeitsvorschrift [*51*]

Reagentien

$SnCl_2 \cdot 2\,H_2O$, 1%ig in HCl (1,19);
Übrige Reagentien wie bei Verfahren D.4.1. (s. S. **455**).

Man verwendet den Arsingenerator (s. Abb. 79) in geänderter Ausführung: statt des Glaserlenmeyerkolbens wird eine 100 ml-Polyäthylenweithalsflasche benützt und der Absorptionsaufsatz hat statt des Schliffes ein Glasrohr, das in einen durchbohrten Gummistopfen gesteckt ist.

10 g Probe versetzt man in der Polyäthylenflasche mit 15 ml Wasser, 10 ml $SnCl_2$-Lösung sowie 5 ml KI-Lösung und fährt mit dem Zusatz von 8 g Zinkgranalien nach Verfahren D.4.1 fort.

4.3. Hexafluorokieselsäure, Tetrafluoroborsäure und Alkalifluoride

B: ≧ 0,04 ppm As. *V*: ± 3%. *Z*: 1,25 Std/Bestimmung.

Arbeitsvorschrift [*51*]

Reagentien

Wie bei Verfahren D.4.2.

Man arbeitet wie bei Verfahren D.4.2, nur bei Alkalifluoriden werden nicht 15 ml Wassər sondern 30 ml Wasser + 20 ml HCl (1,19) zugesetzt.

4.4. Schwefel

B: 5–30 ppm As. *s*: ± 1 ppm As.

Arbeitsvorschrift [*52*]

Reagentien

2,5 n KOH; 2,5 n Ammoniak; H_2O_2 (6%);
Übrige Reagentien wie bei Verfahren 1 (s. S. 453).

0,5 g Probe werden in einem 200 ml-Erlenmeyerkolben (As-freies Glas, z. B. Duran 50 oder Quarzglas) mit 5 ml KOH versetzt, der Kolben mit einem Stopfen (mit Steigrohr) verschlossen und bis zur klaren Lösung erhitzt. Man verdünnt mit Wasser auf 50 ml, fügt 5 ml Ammoniak und tropfenweise unter Rühren 40 ml H_2O_2 bei 50–60°C hinzu, dampft zur Trockene ein, versetzt mit 1 ml H_2SO_4 (1,84) und dampft 15 min ein. Der Rückstand wird mit 25 ml 8n H_2SO_4 versetzt, in den Kolben des Arsingenerators überführt, mit Wasser auf 50 ml verdünnt und nach Verfahren 1 (s. S. 453; jedoch mit 15 Tropfen $SnCl_2$-Lösung) fortgefahren.

E. Verschiedenes

As läßt sich durch Umsetzung von AsH_3 mit Ag-p-Sulfamidbenzoesäure und Photometrieren des entstehenden braunen Ag-Sols bei ~ 420 nm bestimmen [*53*]. An weiteren photometrischen Reagentien wurden zur As-Bestimmung herangezogen: Na-pyrrolidindithiocarbamat/$CHCl_3$ [*55*] und 8-Mercaptochinolin/CCl_4 ($\varepsilon_{380} = 19000$) [*56*]. Die Bestimmung von 0,0002–0,006% As in Wolfram und Wolframverbindungen erfolgte ohne vorangehende Isolierung mittels Emissionsspektralanalyse [54]. Mit Hilfe der Röntgenspektrometrie wurde As in Schlacken (Isolierung durch Extraktion als $AsCl_3/CCl_4$ oder Destillation des AsH_3) [57] sowie in Cu-, Fe- bzw. Ni-Legierungen (Isolierung durch Fällung mit Se) [14g] bestimmt.

Tabelle 126a. Nachtrag — Weitere Verfahren[1]

Bestimmungsmethode	Probematerial; Verfahren; Bestimmungsbereich	Literatur
Ph	Wäßrige Lösung; Isol: Dest AsH_3; Best: AgDDTC; *B:* s. S. 451.	[58]
Ph	Stahl; Isol: Dest AsH_3; Best: AgDDTC; *B:* 0,003—0,15% As; *Z:* 2 Std/Serie von 12 Bestimmungen.	[59]
AAS	Wäßrige Lösung, organisches Material; Isol: Dest AsH_3; Best: flammenlose AAS (erhitzte 15 cm-Vycorglasrohrküvette), As 1937; *B:* 0,02—>0,4 µg As.	[60]
Esp	Wässer, organisches Material; Isol: Dest AsH_3; Best: Mikrowellen-Plasmalichtquelle, As 2350; *B:* ≧ 5 ppb As bzw. ≧ 5 ng As; F_r: ± 10%.	[61]
Esp	Wässer; Isol: Dest AsH_3; Best: He-Entladungsrohr als Lichtquelle, As 2288; L_D: 1 ppb As bzw. 1 ng As; F_r: ± 5%.	[62]
AAS	Wässer; Isol: Dest als AsH_3 und Ex als As-Mo-säure/MIBK; Best: Mo 3133; *B:* 0,1—100 ppm As; F_r: ± 5%.	[63]

[1] Abkürzungen s. S. XVI, XXIV.

Literatur

1. MEYER, J.: Z. anal. Chem. **210**, 84 (1965).
2. SCHAAF, E.: Z. anal. Chem. **126**, 298 (1943).
3. LIEDERMAN, D., BOWEN, J. E., MILNER, O. I.: Analyt. Chem. **30**, 1543 (1958).
4. HOFFMAN, J. I., LUNDELL, G. E. F.: J. Res. nat. Bur. Standards **22**, 465 (1939).
5. ROBINSON, W. O., DUDLEY, H. C., WILLIAMS, K. T., BYERS, H. G.: Ind. Eng. Chem. Anal. Ed. **6**, 274 (1934).
6. MAGNUSON, H. J., WATSON, E. B.: Ind. Eng. Chem., Anal. Ed. **16**, 339 (1944).
7. FISCHER, W., HARRE, W.: Angew. Chem. **64**, 600 (1952).
8. ROGERS, D., HERON, A. E.: Analyst **71**, 414 (1946).
9. MILTON, R., DUFFIELD, W. D.: Analyst **67**, 279 (1942).
10. BERKHOUT, H. W., JONGEN, G. H.: Chemist-Analyst **43**, 60 (1954).
11. SANDELL, E. B.: Ind. Eng. Chem., Anal. Ed. **14**, 82 (1942).
12. LIEDERMAN, D., BOWEN, J. E., MILNER, O. I.: Analyt. Chem. **31**, 2052 (1959).
12a. JACKWERTH, E.: Z. anal. Chem. **211**, 254 (1965).
12b. PAVELKA, F.: Mikrochim. Acta (Wien) **1964**, 1121.
12c. PAVELKA, F.: Mikrochim. Acta (Wien) **1965**, 117.
12d. BEARD, H. C., LYERLY, L. A.: Analyt. Chem. **33**, 1781 (1961).
12e. ŠTUDLAR, K.: Talanta **8**, 272 (1961).
13. KLEIN, A. K., VORHES, F. A., Jr.: J. Assoc. Offic. Agr. Chemists **22**, 121 (1939).
14. SUGAWARA, K., TANAKA, M., KANAMORI, S.: Bull. chem. Soc. Japan **29**, 670 (1956); ref. Z. anal. Chem. **157**, 119 (1957).
14a. DREULLE, N.: Chim. analytique **43**, 165 (1961).
14b. WÜNSCH, G., UMLAND, F.: Z. anal. Chem. **247**, 287 (1969).
14c. PAKALNS, P.: Analyt. chim. Acta **47**, 225 (1969).
14d. PAUL, J.: Mikrochim. Acta (Wien) **1965**, 830.
14e. PAUL, J.: Mikrochim. Acta (Wien) **1965**, 836.
14f. RAMAKRISHNA, T. V., ROBINSON, J. W., WEST, P. W.: Analyt. chim. Acta **45**, 43 (1969).

14g. BURKE, K. E., YANAK, M. M.: Analyt. Chem. **41**, 963 (1969).
14h. PORTMANN, J. E., RILEY, J. P.: Analyt. chim. Acta **31**, 509 (1964).
14i. EBNER, E.: Z. anal. Chem. **206**, 106 (1964).
15. ZINZADZE, C.: Ind. Eng. Chem., Anal. Ed. **7**, 230 (1935).
16. SULTZABERGER, J. A.: Ind. Eng. Chem., Anal. Ed. **15**, 408 (1943).
17. CHANEY, A. L., MAGNUSON, H. J.: Ind. Eng. Chem., Anal. Ed. **12**, 691 (1940).
18. MORRIS, H. J., CALVERY, H. O.: Ind. Eng. Chem., Anal. Ed. **9**, 447 (1937).
19. RODDEN, C. J.: J. Res. nat. Bur. Standards **24**, 7 (1940).
20. LUKE, C. L., CAMPBELL, M. E.: Analyt. Chem. **25**, 1588 (1953).
20a. JEAN, M.: Chim. analytique **37**, 163 (1955).
21. TANAKA, M., KANAMORI, S.: Analyt. chim. Acta **14**, 263 (1956).
22. HOFFMAN, I., ROWSOME, M.: Analyst **85**, 151 (1960).
23. HUBBARD, D. M.: Ind. Eng. Chem., Anal. Ed. **13**, 915 (1941).
23a. *Analytical Methods Committee*. Metallic impurities in organic matter sub-committee: Analyst **85**, 643 (1960).
24. BARTLET, J. C., WOOD, M., CHAPMAN, R. A.: Analyt. Chem. **24**, 1821 (1952).
25. STRAFFORD, N., WYATT, P. F., KERSHAW, F. G.: Analyst **70**, 232 (1945).
25a. WYATT, P. F.: Analyst **80**, 368 (1955).
25b. *Analytical Methods Committee*. Metallic impurities in organic matter sub-committee: Analyst **85**, 629 (1960).
26. OLIVER, W. T., FUNNELL, H. S.: Analyt. Chem. **31**, 259 (1959).
27. MIGEON, E., MIGEON, J.: Chim. analytique **43**, 276 (1961).
28. SCHOLES, I. R., WATERMAN, W. R.: Analyst **88**, 374 (1963).
29. FOGG, A. G., MARRIOTT, D. R., BURNS, D. T.: Analyst **97**, 657 (1972).
30.—31. —
32. PLOUM, H., SCHAEFER, E.: Arch. Eisenhüttenw. **27**, 637 (1956).
33. BOHNSTEDT, U., BUDENZ, R.: Z. anal. Chem. **159**, 95 (1957/58).
34. POHL, H.: Z. anal. Chem. **134**, 177 (1951/52).
35. GOTO, H., KAKITA, Y.: Sci. Rep. Res. Inst. Tohoku Univ., Ser. A **8**, 243 (1956); ref. Z. anal. Chem. **158**, 373 (1957).
36. GREEN, M., KAFALAS, J. A.: J. chem. Physics. **22**, 760 (1954).
37. ONISHI, H., SANDELL, E. B.: Mikrochim. Acta (Wien) **1953**, 34.
38. LOUNAMAA, K.: Z. anal. Chem. **146**, 422 (1955).
39. PAYNE, S. T.: Analyst **77**, 278 (1952).
40. WATSON, C. A.: Proc. Soc. Analyt. Chem. **6**, 185 (1969).
41. BODE, H., HACHMANN, K.: Z. anal. Chem. **241**, 18 (1968).
42. FOWLER, E. W.: Analyst **88**, 380 (1963).
43. MARTIN, F., FLORET, A.: Bull. Soc. chim. France, Mém. **32**, 404 (1965).
44. BODE, H., HACHMANN, K.: Z. anal. Chem. **229**, 261 (1967).
45. VAŠAK, V., ŠEDIVEC, V.: Chem. Listy **46**, 341 (1952).
46. POWERS, G. W., Jr., MARTIN, R. L., PIEHL, F. J., GRIFFIN, J. M.: Analyt. Chem. **31**, 1589 (1959).
47. ALBERT, D. K., GRANATELLI, L.: Analyt. Chem. **31**, 1593 (1959).
48. FRESENIUS, W., SCHNEIDER, W.: Z. anal. Chem. **203**, 417 (1964).
49. STAATS, G.: Persönl. Mitteilung (1970).
50. DAL CORTIVO, L. A., CEFOLA, M., UMBERGER, C. J.: Analytic. Biochem. **1**, 491 (1960).
51. MEYER, J.: Z. anal. Chem. **229**, 409 (1967).
52. STEINKE, I.: Z. anal. Chem. **240**, 184 (1968).
53. CIUHANDU, G., ROCSIN, M.: Z. anal. Chem. **172**, 268 (1960).
54. VELEKER, T. J.: Analyt. Chem. **32**, 1181 (1960).
55. KOVÁCS, E., GUYER, H., LÜSCHER, W.: Z. anal. Chem. **208**, 321 (1965).
56. STARÁ, V., STARÝ, J.: Talanta **17**, 341 (1970).
57. SCHLÜNZ, M., KÖSTER-PFLUGMACHER, A.: Z. anal. Chem. **234**, 188 (1968).
58. GASTINGER, E.: Mikrochim. Acta (Wien) **1972**, 526.
59. BHARGAVA, O. P., DONOVAN, J. F., HINES, W. G.: Analyt. Chem. **44**, 2402 (1972).
60. CHU, R. C., BARRON, G. P., BAUMGARNER, P. A. W.: Analyt. Chem. **44**, 1476 (1972).
61. LICHTE, F. E., SKOGERBOE, R. K.: Analyt. Chem. **44**, 1480 (1972).
62. BRAMAN, R. S., JUSTEN, L. L., FOREBACK, C. C.: Analyt. Chem. **44**, 2195 (1972).
63. YAMAMOTO, Y., KUMAMARU, T., HAYASHI, Y., KANKE, M., MATSUI, A.: Talanta **19**, 1633 (1972).

Au — Gold

Tabelle 127. Empfindlichkeit S_M und Bestimmungsgrenze L_Q der Verfahren

Verfahren	µg Au · ml⁻¹ · cm⁻¹	
	S_M	L_Q
Bromoaurat	0,04 (380 nm)	1,0 (380 nm)
p-Dimethylaminobenzylidenrhodanin/Isoamylacetat	0,016 (515 nm)	0,4 (515 nm)
p-Diäthylaminobenzylidenrhodanin	0,012 (500 nm)	0,3 (500 nm)
Rhodamin B/Isopropyläther (photometrisch)	0,003 (565 nm)	0,08 (565 nm)
Rhodamin B/Isopropyläther (fluorimetrisch)		0,06[a] (Anregung 550 nm Messung 575 nm)
Thio-Michler's Keton/Isoamylalkohol	0,001 (550 nm)	0,03 (550 nm)
Methylviolett/Trichloräthylen	0,002 (600 nm)	0,04 (600 nm)
Kristallviolett/Toluol	0,003 (605 nm)	0,07 (605 nm)
Tetron (N,N'-Tetramethyl-o-tolidin)	0,004 (480 nm)	0,1 (480 nm)

[a] s = ± 0,009 µg Au/ml.

A. Trennungen

Au läßt sich von einer größeren Zahl von Elementen als Chloroaurat oder Bromoaurat mit verschiedenen organischen Lösungsmitteln extraktiv abtrennen. Untersuchungen über die Extraktion von Goldchlorwasserstoffsäure mit Diäthyläther [*1*, *2*] aus salzsaurer Lösung — bei allerdings höherer Au-Konzentration — wurden schon frühzeitig vorgenommen. Mit n-Butanol gelingt eine Isolierung des Au aus HCl-Lösung bei pH 2–6 [*3*]. Auch MIBK [*4–6*] (aus 0,5–>6n HCl) oder Mesityloxid [*7*] (aus 4,5–5,5n HCl) eignen sich hierfür. Aus 1n HCl-Lösung läßt sich Au(III) mit Methyläthylketon/$CHCl_3$ (1 : 1) bei 2maligem Ausschütteln quantitativ extrahieren und so von Cu, Fe und Pb isolieren [*8*].

$AuCl_4^-$ ergibt mit Br^- infolge Umlagerung zu $AuBr_4^-$ eine orangegelbe, durch verschiedene organische Lösungsmittel wie Diäthyläther, Diisopropyläther, MIBK, Äthylacetat extrahierbare Färbung [*9*], wodurch mit der Isolierung auch eine unmittelbare photometrische Bestimmung des isolierten Au im organischen Extrakt möglich ist (s. S. 461). Mit Diisopropyläther oder Äthylacetat läßt sich das Au aus 5% HBr-Lösung quantitativ von den Platinmetallen mit Ausnahme des Os isolieren und aus dem organischen Extrakt mit Wasser rückschütteln [*9*, *10*]. Auch für Au-Mengen im ng-Bereich ist dieses Trennverfahren gültig [*11*]. Von anderer Seite wurde $AuBr_4^-$ aus 1,75n HBr-Lösung mit 0,01m TOPO/$CHCl_3$ extrahiert und der Komplex im organischen Extrakt ebenfalls direkt photometrisch bestimmt [*12*] (s. a. S. 461).

Von Vorteil erscheint auch die Isolierung der Au-Salze mit Diisobutylketon in Anwesenheit von Trioctylmethylammoniumchlorid, die aus HCl-Lösung bei pH 0–4, aus HCN-Lösung bei pH 4–10 quantitativ verläuft [*13*]. Ca, Co(II), Cu(II), Fe(II), Fe(III), Mg, Mn(II), Ni(II), Zn, SO_4^{2-}, SO_3^{2-}, NO_3^-, NH_4^+ stören in mäßigen Mengen nicht. Ag darf nur in Spuren anwesend sein. Über die Abtrennung und photometrische Bestimmung von Au als Tetrabutylammoniumtetrachloroaurat(III) [*14*] bzw. als Polyäthylenglykol-Gold(III)-saccharinat [*15*] s. S. 470.

ng- und mg-Mengen Au(III) konnten ferner aus HCl (1,19) mit TBP/Benzol (1:2) oder n- bzw. Tri-n-octylamin/$CHCl_3$ (1:2) quantitativ extrahiert werden [*11*].

Au(III) gibt in HCl-Lösung bei pH 0–1 als Thiocyanat-Komplex mit Triphenyl-iso-propylphosphoniumsalzen eine mit Toluol oder Benzol extrahierbare Verbindung, die sich zur Isolierung im µg-Bereich eignet [*16*]. Von einer großen Zahl von anderen Elementen ist unter denselben Bedingungen nur noch Cd, Sb(III, V) und Zn teilweise extrahierbar, während die analogen Verbindungen des Ag, Cu(II), Fe(III), Pd(II) und Pt(IV) nur mit anderen organischen Lösungsmitteln extrahiert werden.

Schließlich läßt sich Au auch mittels Spurenfällung durch Reduktion zum Metall isolieren und von einer Reihe von Elementen abtrennen. Dieses Verfahrens bediente man sich mehrfach vor der Au-Bestimmung in Böden, Erzen, Gesteinen. Häufig wird Te als Spurenfänger herangezogen [*17–20*]. Zur Reduktion wird $SnCl_2$ oder H_2SO_3 und Hydrazinhydrochlorid verwendet, wobei letzteres Reduktionsgemisch eine geringere Blindwertfarbe ergeben soll [*20, 21*]. Bei Proben mit hohem Eisengehalt muß die Reduktionsmittelmenge erhöht werden. Zur Vermeidung von Adsorptionsverlusten an den Gefäßwänden beim Erhitzen wird der Zusatz von NaCl (1 mg) empfohlen [*20*]. mg- und ng-Mengen Au wurden auch an Se (aus H_2SO_4-Lösung) quantitativ mitgefällt [*11*]. Pd, Pt und teilweise Ir begleiten das Au bei der Fällung. Von anderer Seite [*22*] wird Au als Sulfid, zusammen mit Hg und Hydrazinsulfat als Reduktionsmittel gefällt. Von Hg als Sammler über die Bildung von Amalgam in salzsaurer Lösung machte man bei der Au-Bestimmung in Kupfer [*23*] und in Bleikonzentraten [*24*] Gebrauch. Nach dem Verdampfen des Hg bei etwa 350°C in Stickstoffatmosphäre kann nach dem Aufnehmen des Rückstandes in Säure das von Cu und Pb abgetrennte Au photometrisch bestimmt werden (s. a. S. 462).

Für die Isolierung des Au wird ferner Silbersulfid empfohlen, das auf einer Cellulosesäule adsorbiert angewendet wird [*25*]. Das auf der Säule bei pH 1–1,5 aus HNO_3-Lösung abgeschiedene Au_2S_3 wird mit der Cellulose verascht und nach dem Lösen des Rückstandes in $HNO_3 + HCl$ das Au photometrisch bestimmt. Es gelingt von Au bis zu $1:10^6$ der folgenden Fremdelemente abzutrennen: Co(II), Cu(II), Fe(III), Mn(II), Ni(II), Pb(II). Hg und Pd fallen mit Au aus. An PbS können auch ng-Mengen Au (u. a. Platinmetalle) noch quantitativ mitgefällt werden [*11*].

Auch Ionenaustauscher werden für die Isolierung und insbesondere Anreicherung geringer Au-Mengen herangezogen; so adsorbiert $AuCl_4^-$ stark an Anionenaustauschern aus 0,12–12n HCl-Lösung, doch erfolgt auch aus HNO_3- und HCN-Lösung Adsorption. Zur Abtrennung des Au(III) (10 µg Au) von Cu(II) (5 g) wird Amberlite IRA-400 aus < 2,5n HCl/HNO_3-Lösung vorgeschlagen, da Cu(II) hier nicht adsorbiert wird [*26*]. Da ein Eluieren des Au meist nicht quantitativ gelingt, empfiehlt sich die trockene Veraschung des Harzes, um nach Lösen des Veraschungsrückstandes Au in geeigneter Weise bestimmen zu können. Der Veraschungsvorgang wurde umgangen, indem Au(III) aus HCl-Lösung bei 2n-pH 5 auf einer Austauschersäule von Chromosorb W (mit 2% Polyschiff-Base beladen) adsorbiert wurde [*27*]. Das Verfahren wurde auf natürliche Wässer angewendet, in denen das Au neben einem relativ hohen Salzgehalt sowohl als Ion als auch in kolloidaler Form vorkommt. Aus der Säule werden dann das Au und die organische Phase mit HCl (1,19) eluiert und im Eluat mit $KMnO_4$ der organische Komplex zerstört. Aus dieser Lösung wird nun Au mit MIBK ($V_w : V_0 \cong 10 : 1$) extrahiert und mittels AAS bestimmt (s. a. S. 470). Das Verfahren gestattet die Trennung und Isolierung von 5 ppb Au neben 1% Fe(III) + Ni(II) + Cu(II). Hg(II) stört; bis zu 100 ppm können aber durch NH_4I gebunden werden.

B. Bestimmung als Bromoaurat

Im Bereich von pH 1–7 läßt sich $AuCl_4^-$ durch HBr zu orangegelbem $AuBr_4^-$ umlagern [9] (s. a. S. 459). Die Farbe ist im Bereich pH 1–2 mehrere Stunden stabil. Das Extinktionsmaximum liegt bei 380 nm ($\varepsilon = 4800$). Das Beersche Gesetz gilt für 1–40 µg Au/ml. Cl^- darf höchstens bis zum Dreifachen der Br^--Menge anwesend sein; PO_4^{3-}, NO_3^-, SO_4^{2-} und F^- stören nicht. Die photometrische Bestimmung in wäßriger Lösung ist in Anwesenheit von Platinmetallen nicht möglich, weshalb Au dann durch Extraktion isoliert und so von allen Platinmetallen, ausgenommen Os, abgetrennt wird. Zur Extraktion wurde ursprünglich Diisopropyläther vorgeschlagen [9]; nach neueren vergleichenden Untersuchungen [10] erfolgt eine quantitative Extraktion des Au aber nur mit Äthylacetat.

Die Bestimmung von 10 µg Au/ml wird weiters durch folgende Elementmengen nicht gestört [9]: 100 µg/ml an Al, As(V), Ca, Co, Cu, Mg, Mn, Pb oder Zn, 1000 µg Te/ml und 2000 µg Hg(II)/ml. Pd, Pt, Rh und Ir werden bis zu 0,16%, Ru wird überhaupt nicht durch Diisopropyläther mitextrahiert. Wird die organische Phase mit 4n HBr nach der Extraktion gewaschen, so können diese Spuren der Pt-Metalle aus ihr entfernt werden. Die Elemente Cr(III), Fe(III) und Ni stören. Die Extraktion des Fe(III) steigt mit zunehmender HBr-Konzentration an, so daß diese nicht höher als erforderlich (2,5–3n) sein soll. Geringe mitextrahierte Mengen an Fe können durch Zusatz von H_3PO_4 maskiert werden.

Arbeitsvorschrift [10]

Reagentien

HBr (48%); 4n HBr; HCl (1,19); HNO_3 (1,40)
Äthylacetat.

Die Probelösung ($\geqq$ 25 µg Au enthaltend) wird mit HBr (48%) auf 5% HBr eingestellt. Danach wird zweimal mit je 15 ml Äthylacetat extrahiert. Der vereinigte organische Extrakt wird mit 5 ml 4n HBr gewaschen und die Waschlösung verworfen. Man dampft die organische Phase am Wasserbad zur Trockene ab, löst den Rückstand in Königswasser, entfernt die HNO_3 durch dreimaliges sorgfältiges Verdampfen in Anwesenheit von 50 mg NaCl und wenigen Tropfen HCl (1,19) und versetzt zuletzt mit 1 ml HCl (1,19). Man führt die Lösung in einen 50 ml-Meßkolben, in den 5 ml HBr (48%) vorgelegt waren, über. Nach dem Auffüllen wird in einer 1 cm- oder 5 cm-Küvette bei 380 nm photometriert.

Von anderer Seite [12] wurde $AuBr_4^-$ aus 1,75n HBr-Lösung mit 0,01m TOPO/$CHCl_3$ extrahiert und bei 395 nm direkt photometriert. Das Beersche Gesetz gilt für ~ 2–30 µg Au/ml ($\varepsilon = 4630$). Diese Bestimmung wird nur von Ir(IV) und Sn(II) empfindlich gestört; bis zur 50fachen Menge an Nb stört nicht. Da Sn(IV) nicht stört, kann Sn(II) durch H_2O_2 oder $KMnO_4$ vorher oxydiert werden. Die 100–1000fache Menge der folgenden Elemente stört nicht: Ag(I), Be(II), Bi(III), Ce(III), Dy(III), La(III), Mo(VI), Os(IV), Pb(II), Pd(II), Pt(IV), Rh(III), Ru(III), Sb(III), Sc(III), Sn(IV), Ta(V), Te(IV), Ti(IV), U(VI), W(VI) und Zr(IV). Weiterhin stört nicht die > 1000fache Menge an Al(III), As(V), Ba(II), Cd(II), Co(II), Cr(III), Cu(II), Fe(III), Ga(III), Hg(II), Mg(II), Mn(II), Na, Ni(II), Se(VI), Th(IV), V(IV) und Zn(II).

C. Rhodanin-Verfahren

p-Dimethyl- [*28, 29*] und p-Diäthylaminobenzylidenrhodanin [*30*] bilden mit Au(III) [sowie mit Ag, Pd(II), Pt, Hg und Cu(I)] rotviolette, leicht lösliche Verbindungen, die sich für eine empfindliche photometrische Au-Bestimmung eignen. Es bildet sich eine kolloide Lösung der Au(I)-Verbindung, die genügend stabil ist, so daß der Zusatz eines Schutzkolloides nicht erforderlich ist. Der Au-Rhodanin-Komplex ist auch mit organischen Lösungsmitteln extrahierbar.

1. p-Dimethylaminobenzylidenrhodanin

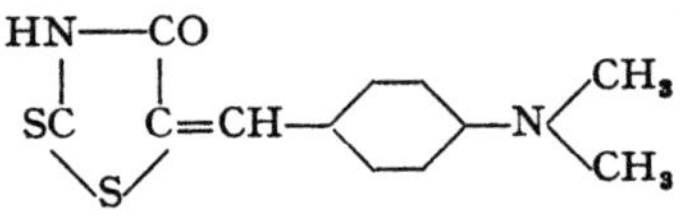

Der Au-Komplex mit p-Dimethylaminobenzylidenrhodanin (DMR) wurde mit $CHCl_3$/Benzol (3 : 1) aus verdünnter HNO_3-Lösung extrahiert und im Extrakt kolorimetrisch bestimmt [*28*]. Für die Extraktion von Au-DMR erwies sich von $CHCl_3$, CCl_4, $CHCl_3$/Benzol (3 : 1), Diäthyläther, Isoamylalkohol und Isoamylacetat das letztgenannte Lösungsmittel am geeignetsten [*31*]. Eine Säurekonzentration von 0,12n HCl ist dabei am günstigsten. In Isoamylacetat zeigt die gelbe Farbe des DMR ein Extinktionsmaximum bei 455 nm und das rotorange gefärbte Au-DMR ein solches bei 510–515 nm [*31*]. Das Beersche Gesetz erscheint im Bereich von 0,4–5 µg Au/ml erfüllt. 10 min nach der Extraktion beginnt die Farbe langsam zu verblassen. Der Reagensüberschuß soll nicht zu hoch sein (zweckmäßig 50–100%). Mit 1 ml 0,004%iger DMR-Lösung können ~ 30 µg Au in den Komplex übergeführt werden. Das Extraktionsverfahren besitzt gegenüber den sonst in wäßriger Lösung durchgeführten Rhodanin-Verfahren eine bessere Reproduzierbarkeit.

Arbeitsvorschrift [*31*]

Reagentien

6n HCl.

p-Dimethylaminobenzylidenrhodanin (DMR), 0,004%ig in Isoamylacetat; man stellt die Lösung durch Verdünnen einer 0,04%igen äthanolischen DMR-Lösung mit Isoamylacetat her.

Isoamylacetat.

Die schwach saure bis neutrale Probelösung (1–10 µg Au enthaltend) versetzt man mit 0,10 ml 6n HCl, verdünnt mit Wasser auf 5,0 ml (die Lösung soll jetzt 0,12n HCl sein), fügt 0,30 ml DMR-Lösung hinzu und extrahiert mit 10,0 ml Isoamylacetat 15 min auf einer Schüttelmaschine. Nach der Phasentrennung wird der organische Extrakt durch Watte in eine 4 cm-Küvette filtriert und innerhalb 10 min bei 515 nm gegen den Blindwert photometriert.

Mit DMR in wäßriger Lösung wurden 4–110 ppm Au in Kupfer photometrisch bei 562 nm bestimmt, wobei zur vorangehenden Au-Isolierung nach dem Lösen der Probe in HNO_3 und HCl die Adsorption an Amberlite IRA-400 (s. a. S. 460) diente [*26*]. Der Zeitbedarf beträgt 2–3 Std.

Von anderer Seite [*23*] wurde Au durch Amalgamieren mit Hg isoliert (s. a. S. 460) und anschließend wie oben photometrisch bestimmt. Cu, Fe und Hg, sowie geringe

Mengen Ag, Bi, Cd, Pt, Sb und Zn stören nicht. Pd stört. Für 1–100 ppm Au liegt der relative Fehler innerhalb ±5%.

2. p-Diäthylaminobenzylidenrhodanin

In der nachfolgenden Arbeitsvorschrift wird die vorhergehende Isolierung des Au durch Spurenfällung mit Te als Spurenfänger angewendet [*30*]. Bei der photometrischen Bestimmung des Au muß die Säurekonzentration genau eingehalten werden. Nach dem Reagenszusatz ist die maximale Farbintensität nach 1–2 min erreicht. Danach verblaßt die Farbe allmählich (in einer halben Stunde nimmt die Extinktion um etwa 10% ihres Wertes ab). Das Beersche Gesetz ist im Bereich von 0,2–2 µg Au/ml erfüllt. Eine Störung von Ag wird durch dessen Abtrennung als Chlorid beseitigt. In 0,1n HCl-Lösung stören bis 50 µg Hg(II) nicht. Eine Störung durch bis zu 3 µg Pd wird mit Dimethylglyoxim behoben, welches die Au-Bestimmung nicht beeinträchtigt. 0,8 µg Pt(IV)/ml stören in 1n HCl-Lösung nicht. Fe(III) ruft mit dem Reagens eine Braunfärbung hervor und stört deshalb. Eine Störung von 0,1 mg Fe kann durch Zusatz von NaF beseitigt werden. Oxydierende Stoffe müssen abwesend sein, da sie ebenfalls eine störende Färbung erzeugen. Durch die Spurenfällung mit Te wird das Au von großen Mengen (0,5 g) Fe, Cu, Pb, As u. a. Elementen abgetrennt, während Pd, Pt, Hg und Ag mitgefällt werden. Nach dem Verfahren werden 0,5–8 µg Au mit einem relativen Fehler von ±5% bestimmt.

Arbeitsvorschrift [*30*]

Reagentien

p-Diäthylaminobenzylidenrhodanin, 0,05%ig in absolutem Äthylalkohol.

$SnCl_2$-Lösung; 20 g $SnCl_2 \cdot 2\,H_2O$ werden in 2n HCl gelöst und mit 2n HCl auf 100 ml aufgefüllt.

$TeCl_4$-Lösung; 100 mg gefälltes Tellur werden mit 1—2 ml HNO_3 behandelt und zur Trockene eingedampft. Der Rückstand wird in 1 ml HCl aufgenommen und erneut abgeraucht. Den Rückstand löst man in HCl (1,19) und füllt nach Überführen in einen 100 ml-Meßkolben mit Wasser zur Marke auf (1 mg Te/ml).

NaF, 1%ige wäßrige Lösung.

Bis zu 50 ml Probelösung (2–10 µg Au enthaltend) werden auf 2,5n HCl eingestellt, mit 0,2 ml $TeCl_4$-Lösung versetzt und 5 ml $SnCl_2$-Lösung hinzugefügt. Falls die Lösung nicht vollständig reduziert ist, setzt man mehr $SnCl_2$ zu; danach fügt man noch 3–5 ml $SnCl_2$-Lösung im Überschuß zu. Man erhitzt bis zum Sieden und beläßt eine halbe Stunde bei Siedehitze bis der Niederschlag sich zusammengeballt hat. Er wird durch einen Filtertiegel filtriert und fünfmal mit je 5 ml HCl (1 + 4) gewaschen. Der Niederschlag wird in wenig Königswasser gelöst, die Lösung zur Trockene eingedampft, der Eindampfrückstand mit 10–20 µl Königswasser befeuchtet und anschließend bei Raumtemperatur wieder vollständig trocknen gelassen.

Zum trockenen Rückstand fügt man 0,30 ml 2,0n HCl, 1 ml Wasser und bringt in Lösung. Die Lösung wird in einen 5 ml-Meßzylinder mit Schliffstopfen übergeführt und mit Wasser auf 3,5 ml gebracht (eine auftretende Trübung muß vorher abfiltriert werden). Man versetzt mit 0,25 ml NaF-Lösung, mischt, setzt 0,30 ml Rhodanin-Lösung zu, füllt mit Wasser zur Marke auf und photometriert nach 10 min bei 500 nm in einer 1 cm-Küvette.

Kleinere Au-Mengen (0,2–2 µg Au) werden nach der gleichen Vorschrift verarbeitet, wobei die Messung schließlich nicht photometrisch, sondern visuell durch Farbvergleich mit einer Standardreihe vorgenommen wird.

D. Rhodamin B

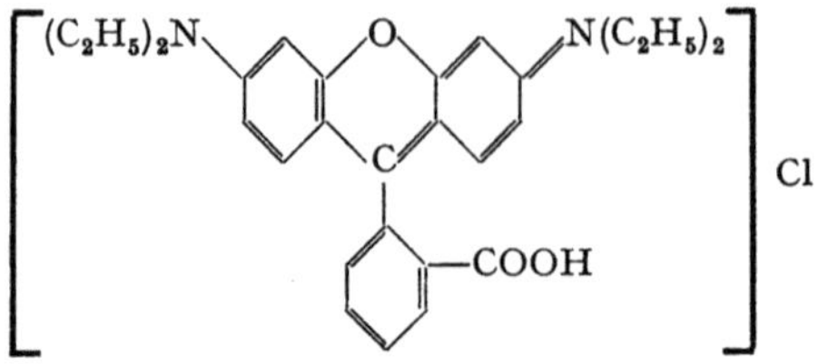

Au(III) bildet als $AuCl_4^-$ mit Rhodamin B in saurer Lösung einen violettgefärbten Assoziationskomplex, der mit organischen Lösungsmitteln, wie Benzol, Diisopropyläther u. a. m., extrahierbar ist [*32*]. Über die Reaktion anderer Elemente mit dem Reagens s. a. S. **733** ff., **1027** ff. u. **1222** ff. Es stören vor allem Sb, Tl, Pt und V; diese können durch Spurenfällung mit MnO_2 als Spurenfänger von Au abgetrennt werden. Das im Filtrat verbleibende Au kann anschließend durch Spurenfällung mit Te als Spurenfänger isoliert und mit Rhodamin B photometrisch bestimmt werden. Die Farbintensität wird von der HCl-Konzentration stark, von der Cl^--Konzentration in einem weiteren Bereich (0,5–1,5m NH_4Cl) wenig beeinflußt [*32*]. Die HCl-Konzentration muß daher genau eingehalten werden (in der folgenden Arbeitsvorschrift ist 0,5n HCl am günstigsten).

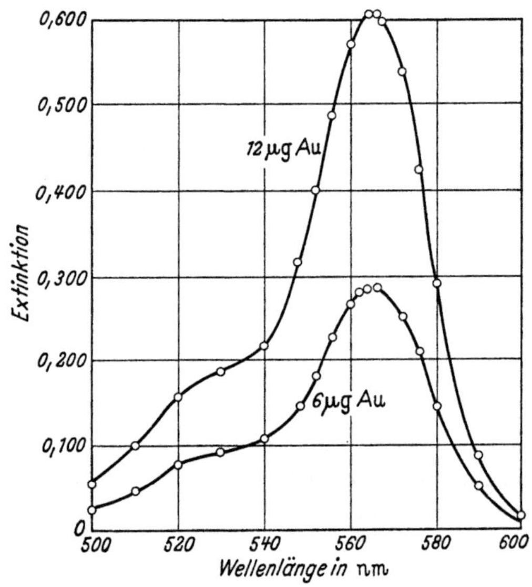

Abb. 80. Extinktionskurven von Au + Rhodamin B/Benzol [*21*]

Aus Abb. 80 ist ersichtlich, daß das Extinktionsmaximum des Farbkomplexes in Benzol bei 565 nm liegt [*21*] ($\varepsilon = 61000$). Auch die Extinktionsmaxima der Rhodamin-B-Komplexe von Sb(V), Tl(III) und Ga liegen im Bereich von 560–565 nm. Da bei der Extraktion mit Benzol Schwierigkeiten auftreten (saubere Trennung der beiden Phasen, Trübung des Benzol-Extraktes), wird diese mit Diisopropyläther vorgezogen, die einen klaren, leicht abtrennbaren Extrakt ergibt. Mit dem vorliegenden Verfahren können 0,1–3 µg Au/ml mit einem relativen Fehler von ±10% bestimmt werden.

Arbeitsvorschrift [*32*]

Reagentien

Rhodamin B, 0,04%ige wäßrige Lösung;
5n HCl;
NH_4Cl, gesättigte wäßrige Lösung (150 g in 500 ml);
Diisopropyläther.

Die Probelösung (bis 30 µg Au enthaltend) wird mit 2,5 ml 5n HCl, 5,0 ml NH_4Cl-Lösung versetzt und mit Wasser auf 15 ml gebracht. Man fügt 5,0 ml Reagenslösung hinzu, extrahiert mit 10,0 ml Diisopropyläther und photometriert den organischen Extrakt bei 565 nm in einer 1 cm-Küvette gegen Diisopropyläther.

1. Silicatgestein

In der nachfolgenden Arbeitsvorschrift wird der Au-Komplex mit Benzol extrahiert und die obenerwähnte Trübung durch 5 min langes Zentrifugieren bei 2000 U/min beseitigt. Die Bestimmung wird in 0,75n HCl/1,4m NH_4Cl-Lösung durchgeführt. Die Eichkurve ist im Bereich von < 0,1–1,2 µg Au/ml Benzol linear. 12 µg Au werden mit 10 ml Benzol durch einmalige Extraktion praktisch quantitativ ausgeschüttelt. Die Farbe ist 30 min stabil, nach einer Stunde hat die Extinktion um etwa 7% abgenommen. Die Bestimmung von Au ohne vorangehende Spurenfällung mit Te wird durch 1,1 mg Pt, 0,5 mg Hg(II) und 0,11 mg Fe(III) nicht gestört. 1,1 mg Fe(III) stören (äquivalent 0,9 µg Au), ebenso 0,10 mg Sn(II) (äquivalent 0,8 µg Au), weshalb nur ⩽100 µg Sn(II) anwesend sein darf. Aus diesem Grunde werden bei der Spurenfällung an Stelle von Sn(II) als Reduktionsmittel H_2SO_3 und Hydrazinhydrochlorid verwendet. Gemäß der Arbeitsvorschrift stören nach vorangehender Spurenfällung mit Te folgende Elemente die Au-Bestimmung nicht: 0,99 mg Sb(III), 1,1 mg Ga, je 1 mg von Ag, As(III), Bi, Hg(II), Mo, Pt, Tl(I) und W, je 10 mg von Cu, Ni, P (als KH_2PO_4), Pb, Sn(II) und Zn, 51 mg Al, sowie 100 mg Fe(III).

B: 0,007–0,13% Au. F_r : ±8%.

Arbeitsvorschrift [*21*]

Reagentien

$TeCl_4$-Lösung (1 mg Te/ml); 100 mg Te werden mit 1 oder 2 ml HNO_3 (1,40) behandelt, zur Trockene eingedampft, 1 ml HCl (1,19) zugesetzt und erneut zur Trockene eingedampft. Der Rückstand wird in 10 ml HCl (1,19) gelöst und mit Wasser auf 100 ml aufgefüllt.
H_2SO_3, mit SO_2 gesättigtes Wasser; die Lösung ist einige Tage haltbar;
Hydrazinhydrochlorid, 15%ige wäßrige Lösung; die Lösung ist einige Tage haltbar;
NH_4Cl, 30%ige wäßrige Lösung.
Rhodamin B, 0,2%ige wäßrige Lösung.

Isolierung des Au

Zu etwa 80 ml 3n HCl-saurer Probelösung [< 1–10 µg Au(III) enthaltend] fügt man 1,0 ml Te-Lösung, erhitzt zum Sieden, versetzt mit 15 ml H_2SO_3, 10 ml Hydrazinhydrochlorid-Lösung, schließlich mit weiteren 20 ml H_2SO_3 und hält 5–15 min am Siedepunkt oder bis der Niederschlag sich zusammengeballt hat. Dann läßt man die Lösung 1 Std auf der Seite stehen. Der Niederschlag wird mit einem Glas- oder Porzellanfiltertiegel (Porenweite 5–10 µm) abfiltriert, 5mal mit 2n HCl gewaschen, in Königswasser gelöst und die Lösung in einem 20- oder 50 ml-Becherglas auf dem Wasserbad zur Trockene eingedampft, wobei ein allzu langes Erhitzen des Trockenrückstandes zu vermeiden ist.

Bestimmung des Au

Der Rückstand wird mit einem Tropfen Königswasser befeuchtet und 1–2 min stehen gelassen. Dann fügt man 2,5 ml 6n HCl hinzu und führt in einen Schütteltrichter über, in den 1,0 ml Wasser vorgelegt ist. Das Becherglas wird mit 5,0 ml NH_4Cl-Lösung und 10,5 ml Wasser nachgewaschen und die Waschflüssigkeiten ebenfalls in den Schütteltrichter übergeführt. Nach dem Mischen versetzt man mit 1,0 ml Rhodamin B-Lösung, extrahiert mit 10,0 ml Benzol, zentrifugiert die organische Phase 5 min bei 2000 U/min und photometriert in einer 1 cm-Küvette bei 565 nm gegen Benzol.

Zur Aufstellung der Eichkurve versetzt man aliquote Anteile von 0, 0,8, 2,0, 4,0, 7,0 und 10,0 µg Au mit 2,5 ml 6n HCl und 5,0 ml NH_4Cl-Lösung, bringt mit Wasser auf 19 ml und arbeitet nach der Arbeitsvorschrift weiter.

Silicatgestein

1,0 g Probematerial versetzt man in einer Platinschale mit 5 ml H_2SO_4 (1 + 1) und 10 ml HF (40%), erhitzt bis zum Auftreten der SO_3-Nebel, fügt nach dem Abkühlen einige Milliliter Wasser hinzu und wiederholt das Abrauchen. Der Rückstand wird mit wenig Wasser in ein 100 ml-Becherglas übergeführt, auf der Heizplatte bis zum Rauchen erhitzt, nach dem Abkühlen mit 6 ml HCl (1,19) und 2 ml HNO_3 (1,40) versetzt und nach Bedecken mit einem Uhrglas auf dem Wasserbad erhitzt. Nach der heftigen Reaktion wird das Uhrglas entfernt, die Lösung auf ein kleines Volumen eingedampft, abgekühlt, 1 ml 6n HCl zugesetzt und erneut auf ein kleines Volumen eingedampft. Man fügt nun 25 ml 6n HCl hinzu und erhitzt unter gelegentlichem Rühren 20–30 min auf dem Wasserbad. Dann versetzt man mit 20 ml Wasser, filtriert einen unlöslichen Rückstand ab, wäscht das Filter mit 3n HCl nach, sammelt das Filtrat in einem 200 ml-Becherglas und fügt die Waschflüssigkeit hinzu. Das Gesamtvolumen soll ~ 80 ml nicht überschreiten. Wenn die in dieser Lösung enthaltene Au-Menge > 10 µg sein sollte, so verwendet man einen aliquoten Teil der Lösung. Man fährt nun nach der oben angegebenen Arbeitsvorschrift fort.

Ebenfalls in Gesteinsproben wurde Au nach seiner Mitfällung an Te auch mit Rhodamin B im Diisopropylätherextrakt fluorimetrisch bestimmt [*20*] (Fluorescenzmessung bei 575 nm, Anregung bei 550 nm). Es können Au-Gehalte bis zu 0,02 ppm herab mit $s = \pm 0{,}003$ ppm bestimmt werden.

E. Thio-Michler's Keton

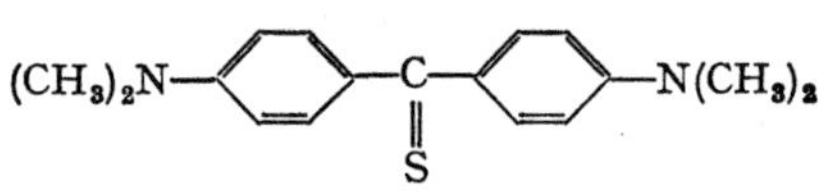

4,4'-Bis(dimethylamino)thiobenzophenon oder Thio-Michler's Keton (TMK) gibt mit Au und insbesondere anderen Edelmetallen gefärbte Verbindungen, die mit verschiedenen organischen Lösungsmitteln extrahiert werden können [*33*]. Das bei pH 3 in acetatgepufferter Lösung gebildete Au(III)-TMK ist rotviolett. Das Extinktionsmaximum liegt bei 545 nm ($\varepsilon = 150000$), wo das Reagens allein wenig absorbiert. Mit Isoamylalkohol, n-Butanol, Isobutanol oder Hexanol erhält man rot gefärbte Extrakte. Der Nachteil der hohen Lichtempfindlichkeit von Reagens und Au-Komplex bei der Extraktion mit Isoamylalkohol [*33*] konnte durch Verwendung von n-Butanol, Anwendung kombinierter Reagenslösungen und lichtgeschützte Aufbewahrung derselben weitgehend ausgeschaltet werden [*34*]. Das Beersche Gesetz gilt für ~0,1–2 µg Au/ml.

Die Elemente Ag(I), Cu(I), Hg(II), Ir(III), Pd(II), Pt(IV), Rh(III), Ru(III) stören, da sie ebenfalls gefärbte Verbindungen mit dem Reagens geben. Cl^-, $Cr_2O_7^{2-}$, SO_4^{2-}, Acetat und Tartrat stören nicht, hingegen aber Citrat, ÄDTA und CN^-. Zahlreiche andere Elemente stören in der 10—100fachen Menge gegenüber Au nicht [33]. Bei der nachfolgenden Arbeitsvorschrift beträgt $s = \pm 0{,}7\,\mu g$ Au.

Arbeitsvorschrift [34]

Reagentien

TMK-Lösung A; Man löst 35 mg Reagens zusammen mit 5 g Natriumacetat · 3 H_2O in 850 ml absolutem Äthanol und 150 ml Eisessig (die Lösung muß im Dunkeln aufbewahrt und weitgehend vor Licht- und Lufteinwirkung geschützt bleiben);

TMK-Lösung B; Man löst 35 mg Reagens zusammen mit 9,6 g Natriumacetat · 3 H_2O in 800 ml n-Butanol und 164 ml Eisessig (die Aufbewahrung muß wie bei TMK-Lösung A erfolgen).

a) Verfahren in wäßriger Lösung: In einem 50 ml-Meßkolben werden 20 ml Probelösung (0—50 µg Au enthaltend) mit 20 ml TMK-Lösung A versetzt, mit Wasser zur Marke aufgefüllt und in einer 1 cm-Küvette bei 545 nm gegen den Blindwert photometriert.

b) Extraktionsverfahren: In einem 100 ml-Schütteltrichter werden 30 ml Probelösung (0—50 µg Au enthaltend) mit 20,0 ml TMK-Lösung B 1 min ausgeschüttelt. Nach einer Standzeit von 20 min zentrifugiert man einen Teil des organischen Extraktes ab und photometriert anschließend in einer 0,5 cm-Küvette bei 540 nm gegen den Blindwert.

F. Fuchsinfarbstoffe

1. Methylviolett

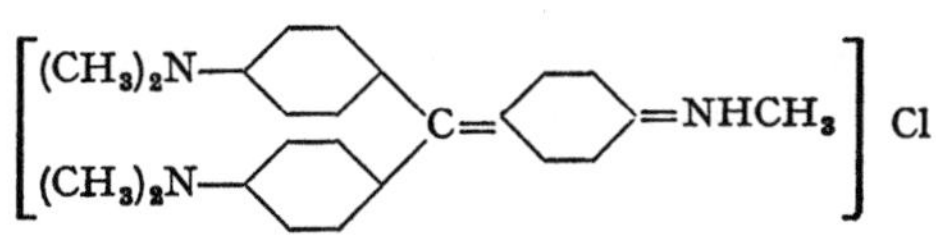

$AuCl_4^-$ bildet ebenso wie ClO_4^-, IO_4^-, BF_4^-, $SbCl_4^-$, $TlCl_4^-$, $BiCl_4^-$ und andere Ionen des gleichen Typs mit Kationen bestimmter basischer Farbstoffe Assoziationskomplexe, die oft in Wasser wenig, in organischen Lösungsmitteln hingegen gut löslich sind. Dies gilt auch für den von $AuCl_4^-$ mit Methylviolett gebildeten Komplex, der mit Trichloräthylen extrahierbar ist [35]. Der günstigste pH-Bereich für die Extraktion liegt bei pH 0,8—1,1. Das Extinktionsmaximum liegt bei 600 nm ($\varepsilon = 115000$). Das Beersche Gesetz ist im Bereich von 0,05—1,5 µg Au/ml Trichloräthylen erfüllt. Pt bildet mit dem Reagens einen Niederschlag, der nicht extrahierbar ist. Au kann von Pt abgetrennt werden, wenn die Extraktion bei pH 0 durchgeführt wird. Unter diesen Bedingungen werden zwar nur 60% des vorhandenen Au extrahiert, eine durch den Pt-Niederschlag hervorgerufene Störung wird aber hierbei vermieden und das Beersche Gesetz ist erfüllt.

Arbeitsvorschrift [35]

Zu 10 ml Probelösung von pH ~ 1 fügt man 3 ml 0,04%ige wäßrige Reagenslösung, 3 ml 0,2n HCl und extrahiert 3 min mit 15 ml Trichloräthylen (redestilliert, mit 1n NaOH und Wasser gewaschen, zuletzt rektifiziert, Kp 87°C). Nach der Phasentrennung wird die organische Phase in einer 1 cm-Küvette bei 600 nm photometriert.

Zur Erzielung reproduzierbarer Ergebnisse nach dieser Methode wird die Verwendung von Teflon-Gefäßen sowie Quarzküvetten und eine spezielle Reinigung der verwendeten

Gefäße empfohlen [*10*], da der gefärbte Au-Komplex hartnäckig an den Glaswänden der verschiedenen Arbeitsgefäße haftet. Es ist deshalb erforderlich, Glasgefäße als auch Quarzküvetten jedesmal mit Aceton zu reinigen und mit Trichloräthylen nachzuwaschen.

2. Kristallviolett

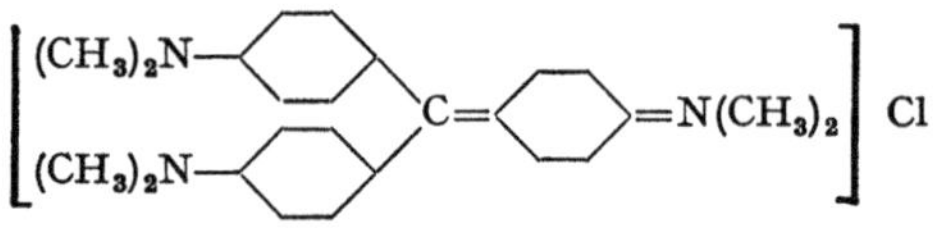

Au(III) bildet als Bromid oder Iodid in saurer Lösung mit Kristallviolett (Hexamethyl-p-rosanilin) einen durch Toluol extrahierbaren Ionenassoziationskomplex. Das Extinktionsmaximum liegt bei 605 nm ($\varepsilon = 70000$). Das Beersche Gesetz gilt im Bereich von 0,05–1 µg Au/ml [*36*]. Der relative Fehler liegt für die niedrigen Werte bei ± 10%. Hg(II) und Tl(III) stören infolge Bildung analoger Komplexe mit dem Reagens. Hg muß daher vorher durch Verflüchtigen entfernt werden. Tl kann mit Natriummetabisulfit reduziert werden. Von anderen Elementen wie As, Bi, Cd, Co, Cu, Mn, Mo, V, W, Zn stören größere Mengen.

Das nachfolgende Verfahren wurde zur Au-Bestimmung in verschiedenem organischem Material nach trockener Veraschung bei 550–650° C und in natürlichen Wässern angewendet.

Arbeitsvorschrift [*36*]

Reagentien

KI, 2,5%ige wäßrige Lösung;
$Na_2S_2O_5$, 20%ige wäßrige Lösung;
ÄDTA, 5%ige wäßrige Lösung,
Reagenslösung: man löst 1 g Kristallviolett in 100 ml Äthylenglykolmonomethyläther und verdünnt 1 Teil dieser Lösung mit 9 Teilen Wasser;
Toluol, schwefelfrei;
5n HCl.

Zu 50 ml schwach saurer Probelösung fügt man 1 ml KI-Lösung. Überschüssiges freies Jod wird tropfenweise mit $Na_2S_2O_5$-Lösung reduziert und danach 5 Tropfen als Überschuß zugegeben. Man versetzt mit 2 ml ÄDTA-Lösung und mischt. Nun wird mit 5,0 ml Reagenslösung versetzt und durchgemischt. Die Lösung soll nun eine Grünfärbung zeigen; ist sie blau oder tiefgrün gefärbt, fügt man 2–5 ml 5n HCl hinzu. Man versetzt nun mit 5,0 ml Toluol und schüttelt vorsichtig 10mal durch. Das Schütteln wird nach weitgehender Phasentrennung wiederholt. Nach dem völligen Trennen der Phasen filtriert man den organischen Extrakt ab und photometriert (innerhalb von 20 min) in einer 1 cm-Küvette bei 605 nm.

G. Tetron

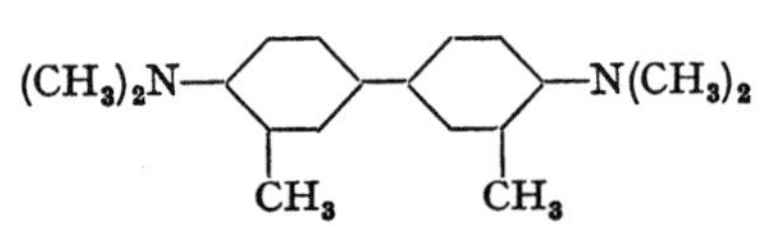

Die gelbe Farbreaktion, die Au(III) mit o-Tolidin in saurer Lösung gibt, ist schon lange als Nachweis [*37*] und später zur Au-Bestimmung [*38*] bekannt geworden. Fe(III), Os, Ru, V, W, NO_3^- und Chlor stören; Ir und Rh dürfen nur in geringer Menge anwesend sein.

Im Vergleich zu o-Tolidin etwa 2mal empfindlicher ist die Farbreaktion mit Tetron (N,N'-Tetramethyl-o-tolidin) [*17*]. Mit Au(III) bildet das Reagens in 0,8n H_2SO_4 innerhalb von 3–4 min eine tiefgelbe Färbung, die 20–25 min stabil bleibt. Danach verblaßt die Farbe allmählich; direktes Sonnenlicht fördert das Verblassen und soll daher vermieden werden. Das Extinktionsmaximum liegt bei 480 nm ($\varepsilon = 50000$). Das Beersche Gesetz ist im Bereich von < 0,1–> 0,8 µg Au/ml erfüllt. Es stören nicht Ag, As, Co, Cu, Fe(III), Hg, Mn(II), Ni, Pb, Sb, Se, Sn, Te, Tl, Zn. Ce(IV), Ir(IV), Mn(IV), CrO_4^{2-} und NO_3^- stören. Das Verfahren wurde zur photometrischen Bestimmung von Au in Kupfer- und Bleikonzentraten sowie in Eisenpyrit nach vorangehender Isolierung des Au mit Äthylmethylketon/$CHCl_3$ aus HCl-Lösung [*8*] und in Anodenkupfer mittels vorangehender Isolierung an Dowex II [*17*] herangezogen (s. unten). Außer der extraktiven Isolierung des Au kann bei den Konzentraten auch die Mitfällung des Au an Te verwendet werden [*17*]. Der relative Fehler liegt innerhalb ±7,5%, bei Anodenkupfer innerhalb ±4,5%.

Arbeitsvorschrift [*8*, *17*]

Reagentien

HCl (1,19); 1n HCl;
HNO_3 (1,40); HNO_3 (1 + 1);
Methyläthylketon;
$CHCl_3$;
Tetron, 0,1%ige Lösung in H_2SO_4 (1 + 20);
Austauschersäule, gefüllt mit Dowex II; (310 mesh, Cl^--Form; in einer Soxhlet-Filtrierpapierhülse; Harzbett: ~10 mm ⌀, 10 mm lang).

Isolierung des Au

a) Extraktion: 10–20 ml der klaren salzsauren Probelösung [1n HCl; 0,5–10 µg Au(III) enthaltend] werden in einem Schütteltrichter 2mal mit je 10 ml Methyläthylketon/$CHCl_3$-Gemisch (1 : 1) extrahiert. Den vereinigten Extrakt wäscht man mit 10 ml 1n HCl nach. Der gewaschene Extrakt wird nach Überführen in einen Porzellantiegel unter einer Infrarotlampe zur Trockene verdampft und anschließend bei 700° C die organische Substanz verascht.

b) Ionenaustauscher: 20 ml salzsaure Probelösung (~ 1,2n) läßt man mit einer Geschwindigkeit von 1 ml/min durch die Säule fließen. Danach wird mit 10 ml HCl (1 + 9) nachgewaschen. Die Hülse mit dem Austauscherharz wird hierauf in einem Porzellantiegel bei 800° C verascht.

Bestimmung des Au

Der jeweilige Trockenrückstand wird mit 10–15 Tropfen Königswasser versetzt (mit Uhrglas bedecken) und zum Lösen 15 min erhitzt. Man verdampft danach gerade zur Trockene, nimmt in 4–5 Tropfen HCl (1,19) auf und verdampft abermals. Nun fügt man 1 ml Reagenslösung zu, beläßt zur vollen Farbentwicklung 10 min, führt dann mit Wasser in einen 10 ml-Meßkolben über und füllt mit Wasser zur Marke auf (falls erforderlich auch ein anderes Endvolumen). Man photometriert in einer 2 cm-Küvette bei 480 nm gegen den Blindwert. Am besten werden 2 Eichkurven angelegt, eine für 0,5–7 µg Au/g Probe (mit 10 ml Endvolumen) und eine für 5–30 µg Au/g Probe (mit 25 ml Endvolumen).

Konzentrate

0,5–2,0 g Probematerial werden in einem Porzellantiegel bei 700° C erhitzt, um Flotationsreagentien und Sulfide zu entfernen. Nach dem Abkühlen versetzt man mit 10–

15 ml Königswasser, läßt 1–2 Std stehen und zersetzt schließlich durch Erhitzen auf dem Sandbad. Man dampft fast zur Trockene ein, nimmt mit 5 ml HCl (1,19) auf und wiederholt den Eindampfvorgang nochmals auf dem Sandbad und zuletzt auf dem Wasserbad. Der Trockenrückstand wird nun in 30 ml 1n HCl gelöst, in einen 50- oder 100 ml-Meßkolben übergeführt und mit 1n HCl zur Marke aufgefüllt. Ausfallende Kieselsäure setzt sich am Gefäßboden ab. Von der überstehenden klaren Lösung verwendet man 10 oder 20 ml und fährt damit weiter nach a) mit der Isolierung und Bestimmung des Au fort.

Anodenkupfer

0,1–0,5 g Probe werden in 6 ml HNO_3 (1 + 1) gelöst. Danach fügt man 2 ml HCl (1,19) hinzu und verdünnt mit Wasser auf 20 ml. Man fährt mit der Isolierung des Au nach b) und der Bestimmung fort.

H. Verschiedenes

An weiteren Reagentien für die photometrische Bestimmung von Au sind noch zu erwähnen: Dz/$CHCl_3$ ($\varepsilon_{450} = \sim 24000$) [*39*], Brilliantgrün/Toluol [*18, 39a*], Methylenblau/$CHCl_3$ [*24*], Phenyl-α-pyridyl-ketoxim/$CHCl_3$ [*40*], 2,2'-Dipyridyl-ketoxim/Dichlormethan [*41*], Pyridin-N-Oxyd/CH_2Cl_2 [*42*], Polyäthylenglykolchloroaurat bzw. Polyäthylenglykolbromoaurat/CH_2Cl_2 [*43, 44*], Natriumsaccharinat-Polyäthylenglykol-400/CH_2Cl_2 [*15*], Isonicotinsäurehydrazid (520 nm; $L_Q = 0{,}5$ µg Au · ml^{-1} · cm^{-1}) [*45*], Chlorpromazin · HCl (530 nm; $L_Q = 0{,}3$ µg Au · ml^{-1} · cm^{-1}) [*46*], Natriumazid/n-Butanol (330 nm; $L_Q = \sim 1$ µg Au · ml^{-1} · cm^{-1}) [*47*], Tetraphenylarsoniumchlorid/$CHCl_3$ [*48*] und Tetrabutylammoniumperchlorat/$CHCl_3$ ($\varepsilon_{312} = 5080$) [*14*]. Zur Bestimmung kleiner Au-Mengen fanden weiterhin die Amperometrie ($\geqq 35$ ng Au) [*50*], die Emissionsspektrographie [*49*], die Röntgenspektrometrie (nach Mitfällung an Te) [*19*]/die AAS [*4, 27*] und AFS [*51*] (jeweils nach Isolierung durch Extraktion als $AuCl_4^-$, MIBK) Anwendung. In Übersichtsreferaten [*52–54*] sind weitere Trenn- und Bestimmungsverfahren zitiert.

Literatur

1. Mylius, F.: Z. anorg. allg. Chem. **70**, 203 (1911).
2. Mylius, F., Hüttner, C.: Ber. dtsch. chem. Ges. **44**, 1315 (1911).
3. West, P. W., McCoy, T. C.: Analyt. Chem. **27**, 1820 (1955).
4. Strelow, F. W. E., Feast, E. C., Mathews, P. M., Bothma, C. J. C., van Zyl, C. R.: Analyt. Chem. **38**, 115 (1966).
5. Spitzer, H., Tesik, G.: Z. anal. Chem. **232**, 40 (1967).
6. Law, S. L., Green, T. E.: Analyt. Chem. **41**, 1008 (1969).
7. Shinde, V. M., Khopkar, S. M.: Analyt. chim. Acta **43**, 146 (1968).
8. Jordanov, N., Mareva, S., Krasnobaeva, N., Nedyalkova, N.: Talanta **15**, 963 (1968).
9. McBryde, W. A. E., Yoe, J. H.: Analyt. Chem. **20**, 1094 (1948).
10. Chow, A., Beamish, F. E.: Talanta **10**, 883 (1963).
11. Beyermann, K.: Z. anal. Chem. **200**, 183 (1964).
12. Holbrook, W. E., Rein, J. E.: Analyt. Chem. **36**, 2451 (1964).
13. Groenewald, T.: Analyt. Chem. **41**, 1012 (1969).
14. Bravo, O., Iwamoto, R. T.: Analyt. chim. Acta **47**, 209 (1969).
15. Ziegler, M.: Z. anal. Chem. **188**, 335 (1962).
16. Senise, P., Pitombo, L. R. M.: Analyt. chim. Acta **26**, 89 (1962).
17. Daiev, C., Jordanov, N.: Talanta **11**, 501 (1964).
18. Stanton, R. E., McDonald, A. J.: Analyst **89**, 767 (1964).
19. Pietzner, H., Werner, H.: Z. anal. Chem. **221**, 186 (1966).
20. Marinenko, J., May, I.: Analyt. Chem. **40**, 1137 (1968).

21. ONISHI, H.: Mikrochim. Acta (Wien) **1959**, 9.
22. ASSARSSON, G. O., PETERSEN, K., ASKLUND, A. M.: Z. anal. Chem. **174**, 194 (1960).
23. MIZUIKE, A.: Talanta **9**, 948 (1962).
24. GANTCHEV, N., DIMITROVA, A.: Mikrochim. Acta (Wien) **1969**, 1257.
25. ZIEGLER, M., MATSCHKE, H. D.: Z. anal. Chem. **191**, 188 (1962).
26. MIZUIKE, A., IIDA, Y., YAMADA, K., HIRANO, S.: Analyt. chim. Acta **32**, 428 (1965).
27. ZLATKIS, A., BRUENING, W., BAYER, E.: Analyt. Chem. **41**, 1692 (1969).
28. POLUEKTOV, N. S.: Trudy Wsesojus. Konfer. Analyt. Chim. **2**, 393 (1943); ref. Chem. Abstr. **39**, 3494 (1945).
29. MEREJKOVSKY, B. K.: Bull. Soc. Chim. biol. **15**, 1336 (1933).
30. SANDELL, E. B.: Analyt. Chem. **20**, 253 (1948).
31. COTTON, T. M., WOOLF, A. A.: Analyt. chim. Acta **22**, 192 (1960).
32. MACNULTY, B. J., WOOLLARD, L. D.: Analyt. chim. Acta **13**, 154 (1955).
33. CHENG, K. L., LOTT, P. F., in: Proceedings of the international symposium on microchemical techniques (Pensylvania State University 1961). Interscience, New York 1961, pp. 317—331.
34. CHRISTOPHER, A. J.: Analyst **94**, 397 (1969).
35. DUCRET, L., MAUREL, H.: Analyt. chim. Acta **21**, 74 (1959).
36. KOTHNY, E. L.: Analyst **94**, 198 (1969).
37. POLLARD, W. B.: Analyst **44**, 94 (1919).
38. SCHREINER, H., BRANTNER, H., HECHT, F.: Mikrochem. verein. Mikrochim. Acta **36/37**, 1056 (1951).
39. ERDEY, L., RADY, G.: Z. anal. Chem. **135**, 1 (1952).
39a. FOGG, A. G., BURGESS, C., BURNS, D. T.: Analyst **95**, 1012 (1970).
40. SEN, B.: Analyt. chim. Acta **21**, 35 (1959).
41. HOLLAND, W. J., BOZIC, J.: Analyt. Chem. **39**, 109 (1967).
42. ZIEGLER, M., STEPHAN, G.: Mikrochim. Acta (Wien) **1970**, 628.
43. ZIEGLER, M.: Z. anal. Chem. **182**, 166 (1961).
44. ZIEGLER, M., MATSCHKE, H. D.: Z. anal. Chem. **184**, 166 (1961).
45. ADIL, A. S., AYAZ, A. A., AHMAD, I., HASHMI, M. H.: Mikrochim. Acta (Wien) **1970**, 606.
46. KUM-TATT, L.: Analyt. chim. Acta **26**, 478 (1962).
47. CLEM, R. G., HUFFMAN, E. H.: Analyt. Chem. **37**, 1155 (1965).
48. MURPHY, J. W., AFFSPRUNG, H. E.: Analyt. Chem. **33**, 1658 (1961).
49. BEAMISH, F. E.: Analyt. Chem. **33**, 1059 (1961).
50. BEYERMANN, K.: Z. anal. Chem. **200**, 161 (1964).
51. MATOUŠEK, J., SYCHRA, V.: Analyt. chim. Acta **49**, 175 (1970).
52. BEAMISH, F. E.: Talanta **14**, 991 (1967).
53. BEAMISH, F. E.: Talanta **14**, 1133 (1967).
54. BEAMISH, F. E., LEWIS, C. L., VAN LOON, J. C.: Talanta **16**, 1 (1969).

Tabelle 128. Empfindlichkeit S_M und Bestimmungsgrenze L_Q der Verfahren

Verfahren	μg B · ml^{-1} · cm^{-1}			
	S_M		L_Q	
Carminsäure	0,002—0,003	(610—590 nm)	0,05—0,08	(610—590 nm)
Chinalizarin	0,006	(600 nm)	0,15	(600 nm)
Curcumin (Rubrocurcumin)	0,0002	(555 nm)	0,005	(555 nm)
Curcumin (Rosocyanin)	0,000056	(555 nm)	0,0014	(555 nm)
1,1'-Dianthrimid	0,0008	(620—640 nm)	0,02	(620—640 nm)
Methylenblau/Dichloräthan	0,00017	(660 nm)	0,004	(660 nm)
Emissionsspektralanalyse			0,1[1]	

[1] μg auf der Elektrode; relativer Fehler $\pm$ 10%.

Bei der Verarbeitung von Probematerial und -lösungen muß die Flüchtigkeit des B berücksichtigt werden (s. a. S. 183ff. 210ff. 112). In einer Arbeit [*1*] wurden die trockene Veraschung bei 500° C und 600° C, die nasse alkalische, sowie die nasse saure Veraschung vergleichend untersucht. Es zeigte sich, daß bei trockener Veraschung bis 600° C keine B-Verluste auftreten, weshalb eine alkalische Vorbehandlung des zu veraschenden Probematerials nicht notwendig ist (Versuchsmaterial: Kräuter, Gräser, Raps, Lein, Zuckerrüben und Luzernemehl). Demgegenüber führt die nasse saure Veraschung in Abhängigkeit von Säureart, deren Siedepunkt und Konzentration, zu teilweise empfindlichen Verlusten an Borsäure (s. Tab. 129).

Die Daten in Tab. 129 decken sich teilweise mit den Ergebnissen einer anderen Untersuchung [*2*] über die Flüchtigkeit der H_3BO_3 beim Eindampfen von Lösungen. Nur geringe B-Verluste von < 3% treten auf beim Eindampfen von H_3BO_3-Lösungen in Wasser, 1%iger H_2SO_4, 1%iger $HClO_4$ und HNO_3 (1,40) bis auf ein Restvolumen von ~ 5%

Tabelle 129. Flüchtigkeit der Borsäure beim Erhitzen mit verschiedenen Säuren; a) Abdampfen bei 130° C, b) Abdampfen bei 160° C und anschließendes Erhitzen auf 240° C [*29*]

Behandlung	Vorgelegt μg B	Lösungsmittel	Gefunden μg B
a)	100	20 ml bidest. Wasser	8; 4
a)	100	20 ml 5n H_2SO_4	101; 102
a)	100	20 ml 5n H_3PO_4	101; 104
b)	100	20 ml 5n CH_3COOH	20; 16
b)	100	20 ml 5n HNO_3	32; 20
b)	100	20 ml 5n HCl	4; 4
b)	100	20 ml 5n H_2SO_4	80; 76
b)	100	20 ml 5n H_2SO_4 + 10 ml 25% HCl	85; 82
b)	100	20 ml 5n H_2SO_4 + 20 ml 25% HCl	77; 77
b)	100	20 ml 5n H_3PO_4	98; 100
b)	100	20 ml 5n H_3PO_4 + 10 ml 25% HCl	100; 98
b)	100	20 ml 5n H_3PO_4 + 20 ml 25% HCl	98; 99

der Lösungen auf dem Wasserbad bei ~ 75° C. Unter diesen Bedingungen liegt beim Eindampfen von HCl (1 + 2) bei einem Restvolumen von 20% bzw. 5% bereits ein Verlust von 10% bzw. 20% vor. Dampft man Lösungen auf dem Wasserbad bei ~ 75°C über Nacht (~ 16 Std) zur Trockene ein, so treten folgende Verluste auf: bei Wasser 96%, bei HCl (1 + 2) 56%, bei HNO_3 (1 + 9) 96,5%. Diese Verluste treten nicht auf, wenn man den Lösungen im 12fach molaren Überschuß (bezogen auf H_3BO_3) Mannitol zusetzt. Beim Erhitzen von H_2SO_4 (1,84) und $HClO_4$ (72%) auf ≧ 228°C bzw. Abrauchen wird das B verflüchtigt (beim Abrauchen von $HClO_4$ sind bereits nach 5 min ~ 98% des B verflüchtigt), doch lassen sich diese Verluste beim Erhitzen unter Rückfluß vermeiden.

A. Trennungen

Die Destillation als Borsäuremethylester wird zur B-Isolierung am häufigsten angewendet. Weniger häufig verwendet man dazu Extraktionsverfahren. Schließlich wurden Trennungen auch durch Elektrolyse mittels Hg-Kathode, NaOH-Fällung und Ionenaustauscher durchgeführt.

1. Extraktion

Die Abtrennung der Borsäure von großen Mengen Kieselsäure durch Perforation ist bei der Analyse von Halbleitersilicium von Bedeutung [*6*]. Auf Grund der guten Löslichkeit der Borsäure in Alkoholen werden diese für Extraktionen herangezogen. Die größte Löslichkeit weist Borsäure in Methanol auf (17,68 g/100 ml). Da aber Methanol vollständig mit Wasser mischbar ist, kann dieser Alkohol nur in Kombination mit einem Äther zur Extraktion angewendet werden. Von den höheren Alkoholen erscheint n-Butanol hinsichtlich Wasser- und Borsäure-Löslichkeit (3,76 g/100 ml) zur direkten Extraktion der Borsäure am geeignetsten, doch empfiehlt sich, wegen der besseren Phasentrennung auch hier die Verwendung eines Alkohol-Äther-Gemisches. Wegen der relativ niedrigen Verteilungskoeffizienten [n-Butanol/Diäthyläther(1 : 1): $D = 0{,}238-0{,}431$ bei 0–2n H_2SO_4; n-Butanol/Diisopropyläther (1 : 1): $D = 0{,}265-0{,}450$ bei 0–2n H_2SO_4] wird das Alkohol/Äther-System nur wenig zur Ausschüttelung verwendet. Die Abtrennung der Borsäure von großen Mengen Kieselsäure wird daher in der nachfolgenden Arbeitsvorschrift [*6*] mittels Perforation unter Verwendung des Lösungsmittelsystems Wasser/Methanol/Diisopropyläther durchgeführt. Bei der Verteilung zwischen gleichen Volumina Wasser und Diisopropyläther geht Methanol bei Raumtemperatur zu etwa 80% in die wäßrige Phase über. Trotz des niedrigen Verteilungskoeffizienten $D_{25°} = 0{,}178$ des Systems erscheint die Perforation damit aus verschiedenen Gründen aussichtsreicher als mit höheren Alkoholen.

Durch Verwendung eines besonders konstruierten Perforators (s. Abb. 81) und die Anwesenheit von wenig Wasser im Destillationskolben wird die Bildung und Verflüchtigung des Borsäuretrimethylesters im Destillationskolben verhindert und damit ein Kreislauf der Borsäure im Perforator bzw. die Einstellung eines Verteilungsgleichgewichtes vermieden.

Die Perforationsapparatur besteht aus dem Perforator mit Fritteneinsatz und aus dem in der Abb. 81 nicht dargestellten Dimroth-Kühler und dem 100 ml-Destillationskolben. Der Fritteneinsatz mit grobporiger Fritte (G 1) trägt oben ein U-Rohr als Wasserabscheider mit einem zur Vermeidung von Siphonwirkung oben offenen Überlaufrohr. Die in der Abbildung nebeneinander gezeichneten 3 Rohre werden zweckmäßig im Dreieck angeordnet. Der Fritteneinsatz wird durch 2 Einstiche im Perforator gehalten. so daß genügend Platz für den Magnetrührer unterhalb der Fritte verbleibt. Der Perforator ist mit je einem Ablaufrohr für Wasser und Methanol/Diisopro-

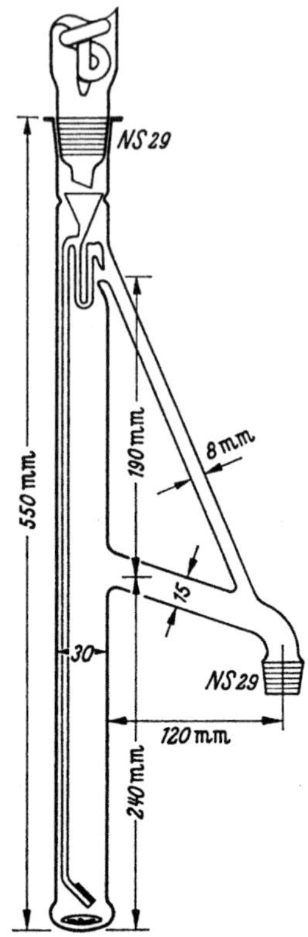

Abb. 81. Perforator zur Borsäureextraktion mit Methanol/Diisopropyläther [6]

pyläther versehen. Unmittelbar unterhalb des Wasser-Ablaufrohres ist der Perforator soweit eingedrückt, daß das Wasser aus dem Überlaufrohr gut in den Destillationskolben zurücklaufen kann.

Die Extraktion von 0,1—10000 μg B ist mit Hilfe des Perforators in 180—240 min zu 88—100% vollständig. Sie wird durch anwesende Kieselsäure nicht beeinflußt. Da die Kieselsäure durch die Magnetrührung und Durchperlung in Suspension gehalten wird, können anfangs adsorbierte B-Spuren im Verlaufe der Perforation desorbiert und extrahiert werden. Obwohl die pH-Abhängigkeit im sauren Bereich gering ist, empfiehlt sich das Arbeiten bei pH 2—3, womit man sich genügend weit außerhalb des isoelektrischen Bereiches der Kieselsäure befindet. Die Einhaltung dieses pH-Bereiches wird durch zugesetztes Methylorange, das nicht extrahiert wird, kontrolliert.

Besondere Beachtung ist bei der Perforation von Mikrogramm-Mengen und weniger Borsäure der Einschleppung von B-Spuren aus Reagentien und Geräten zu widmen. Da Jenaer Geräteglas 20 bei 3stündiger Perforation 5—25 μg B abgibt, muß für die Extraktion von B-Mengen unter 1 mg ein Quarzglas-Perforator verwendet werden. Für B-Mengen über 1 mg kann eine Glasapparatur benützt werden, die vor der erstmaligen Verwendung mit Methanol/HCl längere Zeit ausgedämpft und danach hinreichend mit heißem bidestilliertem Wasser gespült wurde. Auch dest. Wasser und Methanol sowie die im Handel erhältliche NaOH p.a. weisen Gehalte von 10^{-4} bis 10^{-6}% bzw. 10^{-4} bis 10^{-5}% B auf. Es ist daher notwendig, sowohl das Wasser als auch das Methanol über NaOH in Quarzapparaturen zu redestillieren und dann in Polyäthylenflaschen aufzubewahren. Eine um 1—2 Zehnerpotenzen reinere NaOH stellt man sich durch Lösen von reinem metallischem Natrium in borfreiem Wasser her und bewahrt auch diese in Polyäthylenflaschen auf. Auch die elektrolytische Darstellung aus NaCl, das durch Perforation von B gereinigt wurde, ist möglich. Gegenüber der Destillation ist das Verfahren um mehrere Zehnerpotenzen empfindlicher und ermöglicht die verlustlose Isolierung von Nanogramm-Mengen B aus Gramm-Mengen Kieselsäure.

Arbeitsvorschrift [6]

Die wäßrige, saure oder alkalische Probelösung (bis 2 g Kieselsäure enthaltend) wird mit 3n H_2SO_4 oder 3n NaOH auf pH 2—3 gebracht, indem man nach Zusatz von Methylorange-Indikatorlösung auf Orangefarbe einstellt und dann noch 5 Tropfen 3n Säure zufügt. Die Lösung führt man nun durch einen langstieligen Polyäthylentrichter in den Perforator über und spült mit Wasser bis 50 ml Lösungsvolumen nach (50 ml-Marke am Perforator). Man setzt den Magnetrührer in Betrieb, fügt 60 ml Methanol und 20 ml Diisopropyläther durch den Polyäthylentrichter hinzu und setzt nach Phasendurchmischung den Fritteneinsatz ein. Das U-Rohr des Wasserabscheiders wird mit Wasser gefüllt, der Kühler aufgesetzt und der Destillationskolben mit 55 ml Diisopropyläther und 20 ml Wasser beschickt. Man bringt den Äther zum Sieden und perforiert 3 Std lang. Mit dem Magnetrührer wird mäßig gerührt. Nach beendeter Perforation führt man den Extrakt aus dem Destillationskolben in eine Platinschale über, versetzt mit etwa 1 ml 0,5n NaOH, dampft zur Trockene ein und bestimmt im Trockenrückstand das B nach einem der später beschriebenen Verfahren.

BF_4^- läßt sich als Ionenassoziationskomplex extrahieren: z. B. mit a) Methylenblau/1,2-Dichloräthan (s. S. 498), b) Tetraphenylarsoniumchlorid/$CHCl_3$ [7] und d) Tetrabutylammoniumhydroxid (TBA)/MIBK [8]. Während für die Komplexbildung mit a) eine Standzeit von 2 Std und mit b) von 18 Std erforderlich ist, kann das B mit c) sofort nach dem Reagenszusatz aus 1,5m H_2SO_4/3m HF/0,3m TBA-Lösung vollständig extrahiert (3 min schütteln) werden.

2. Destillation als Borsäuremethylester

Zur Isolierung von B wird sowohl die einfache Destillation als auch die Kreislaufdestillation durchgeführt.

2.1. Einfache Destillation

Für die Abtrennung von kleinen B-Mengen (< 20 µg) durch einfache Destillation hat sich die nebenstehende Quarzglasapparatur gut bewährt [9] (s. Abb. 82). Vor der

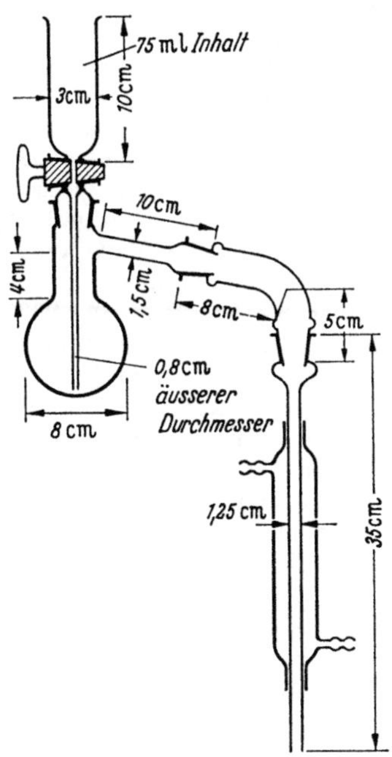

Abb. 82. Quarzglasapparatur zur Destillation sehr kleiner Bormengen als Methylester [9] (Kühlermantel aus Geräteglas)

Destillation muß das Probematerial auf geeignete Weise gelöst werden. In der Lösung liegt das B meist als Borsäure vor. Verluste durch Verflüchtigung von Borhydrid treten beim Lösen nicht auf, wenn die Lösung alkalisch oder in der sauren Lösung ein Oxydationsmittel enthalten ist. Organisches Material wird – nach Benetzung mit einer wäßrigen Suspension von 0,1 bis 0,2 g $Ca(OH)_2$ und Trocknen – bei $<600°C$ auf trockenem Wege verascht, die Asche im Platintiegel mit 1–2 g NaOH geschmolzen, in 10–15 ml Wasser in der Wärme gelöst und in den Destillationsapparat übergeführt. Vor der Destillation muß aus der Probelösung das Wasser entfernt werden, was am zweckmäßigsten in der Destillationsapparatur durchgeführt wird. Verluste treten beim Eindampfen bis zu einem Gehalt des Rückstandes von 2–3 ml nicht auf. Am günstigsten erwies es sich, wenn der pH-Wert der Probelösung vor dem Abdestillieren des Wassers zwischen pH 1,5–2 liegt. Falls keine Hydroxydfällung auftritt, so hat auch ein pH-Wert von 4–5 keinen Einfluß auf das Ergebnis.

Arbeitsvorschrift [*9*]

Destillation

Die hier angeführte Arbeitsweise ist für Probelösungen geeignet, deren Rückstand in Methanol löslich ist. 5—15 µg B werden zu 97% wiedergefunden. Die Asche von organischem Material soll nicht mehr als 0,05 g betragen. Die 10—15 ml betragende Probelösung wird in den Destillationskolben übergeführt, einige Tropfen 0,05%iger Thymolblaulösung zugesetzt, mit 2,5n $HClO_4$ neutralisiert und etwas mehr Säure (nicht mehr als 2—3 Tropfen) bis zur bleibenden Rotfärbung zugefügt. Das Volumen wird mit Wasser auf 25 ml gebracht, die Destillationsapparatur zusammengesetzt und das Wasser in eine Platinschale, in welche Glycerin und NaOH mit einem Tropfen Thymolblau-Indicatorlösung vorgelegt sind (s. S. 477), bis auf ein Restvolumen von 2 ml (oder bis $NaClO_4$ auskristallisiert) überdestilliert. Dann fügt man durch den Tropftrichter 35 ml Methanol hinzu, destilliert auf dem Wasserbad (bei 85° C) ab, behandelt den Rückstand mit weiteren 15 ml Methanol und destilliert erneut (bei 95° C) bis zur Trockene ab. Während der Destillation muß das Kühlerende stets in die wäßrige Lösung der Vorlage eintauchen; diese muß durch den Indicator während der gesamten Destillation blau gefärbt sein.

Für Substanzen, die in Methanol nur teilweise löslich sind, wird die Destillation, wie folgt, durchgeführt, wobei 5—15 µg B zu 85—90% wiedergefunden werden: 10 g Probe werden in den Destillationskolben gegeben, in 35 ml Wasser gelöst, mit wenig Methylrotindicator versetzt und mit 1n HCl gerade angesäuert. Die Apparatur wird zusammengesetzt und das Wasser auf einem Glycerinbad bei 125° C bis zur Trockene abdestilliert. Die Temperatur des Glycerinbades wird dann auf 140° C erhöht. Das Destillat wird, wie bereits oben beschrieben, in einer Platinschale gesammelt. Nach dem Abkühlen des Destillationskolbens werden 35 ml Methanol zugesetzt und, wie oben beschrieben, abdestilliert. Danach löst man den Rückstand im Destillationskolben erneut mit 15 ml Wasser auf, destilliert dieses ab, fügt 15 ml Methanol hinzu und wiederholt die Destillation. Im vereinigten Destillat wird das B anschließend photometrisch bestimmt.

Die nachfolgende Variante, bei der 1—10 µg B zu 94—98% wiedergefunden werden können, wird bei Substanzen angewendet, deren große Salzmenge ein vollständiges Eindampfen zur Trockene nicht gestattet. Die bis zu 50 ml Volumen betragende Probelösung wird im Destillationskolben nach Zusatz von Methylrotindicator mit 2n HCl schwach angesäuert, die Apparatur zusammengesetzt und das Wasser bis zum halben Volumen der Lösung abdestilliert. Anschließend steigert man die Temperatur in einem Ölbad auf 220° C, bis das Wasser aufhört überzudestillieren. Das Destillat wird verworfen. Nach dem Abkühlen wird das Kühlerende in eine Vorlage von 25 ml Wasser [Glycerin, NaOH und Thymolblauindicator enthaltend (s. unten)] in einer Platinschale eingetaucht, in den Destillationskolben 50 ml Methanol zugesetzt (die Flüssigkeitshöhe wird außen am Kolben markiert), der Rückstand unter gelindem Erwärmen gelöst und dann auf dem Wasserbad auf 85° C erhitzt. Während der Destillation wird durch allmähliches Zufügen von weiteren 50 ml Methanol der Flüssigkeitsspiegel konstant gehalten, wobei nach jedem Zusatz der Kolbeninhalt durch mäßiges Schwenken durchgemischt wird. Im Destillat wird das B photometrisch bestimmt.

Eindampfen des Destillates

Nach der Isolierung des B durch Destillation wird seine Bestimmung im allgemeinen im Eindampfrückstand des Destillates durchgeführt. Beim Eindampfen treten bedeutende B-Verluste auf, wenn dem Destillat nicht große Alkali-Mengen zugesetzt sind. Falls das Bestimmungsverfahren (z. B. mit Curcumin) nur die Anwesenheit kleiner Mengen an Alkali zuläßt, vermeidet man Verluste, wenn das Destillat mindestens ein Verhältnis von Wasser:Methanol = 1:2 aufweist und neben etwas Alkali noch Glycerin enthält [*9*]. Es tritt dann nur ein B-Verlust von 4% auf; für genaue Bestimmungen kann der erhaltene Wert um 4% korrigiert werden. Die günstigsten Arbeitsbedingungen sind nachfolgend angegeben.

Für Methode 1 und 2 des Curcumin-Verfahrens (s. S. 483f.) wird das Methanol-Destillat in einer Platinschale (7,5—9 cm ⌀), in welche 2—3 ml Glycerin-NaOH-Lösung (1% NaOH, 0,1% NaCl, 3% Glycerin) und eine dem halben Methanolvolumen entsprechende Menge Wasser (am zweckmäßigsten das aus der Probelösung abdestillierte Wasser) vorgelegt sind, gesammelt. Für die Methode 3 des Curcumin-Verfahrens (s. S. 484) sammelt man das Methanoldestillat in einer Platinschale (5 cm ⌀), in welche 12 ml Wasser und 1,0 ml Glycerin-NaOH-Lösung (0,4% NaOH, 1% Glycerin) vorgelegt sind. Auf dem Wasserbad wird das Destillat zur Trockene eingedampft, das Glycerin auf 150—250° C erhitzt und anschließend die B-Bestimmung im Rückstand durchgeführt.

Es sei noch auf einige Fehlerquellen hingewiesen. Wenn ein Methanol-Destillat in der Platinschale aufbewahrt werden muß, so ist die Schale mit einem Quarzglasdeckel oder einem umgestürzten Glasgefäß zu bedecken. Bei Verwendung von Glas, bzw. wenn Glasgefäße in der Nähe des Destillates stehen, dürfen allerdings keine HF-Dämpfe in der Nähe sein, da sonst größere B-Mengen in die Probe gelangen können [*9*]. Weiterhin ist zu berücksichtigen, daß die Destillationsapparatur 0,5–1% der vorhandenen B-Menge festhält, was zwar keinen Einfluß auf das Ergebnis hat, wenn stets die gleiche Größenordnung an B zur Bestimmung gelangt. Dies führt aber dann zu erheblichen Fehlern, wenn nach einer großen eine kleine B-Menge mit derselben Apparatur isoliert werden soll. Es ist daher zweckmäßig, für die einzelnen Mengenbereiche gesonderte Apparaturen zu verwenden.

Wenn das Probematerial in wasserfreiem Methanol löslich bzw. gelöst ist, so treten beim anschließenden Abdestillieren des Borsäuremethylesters keine Verluste auf. So konnte das B beim Lösen von Metallproben, wie Beryllium, Zirkonium, Thorium und Uran, in wasserfreiem Brom/Methanol nach dem Überdestillieren der Hälfte des vorhandenen Methanols bereits quantitativ im Destillat wiedergefunden werden [*9a*].

2.2. Kreislaufdestillation

Im Gegensatz zur einfachen Destillation wird hier das Methanol im Kreislauf geführt, so daß für die Isolierung des B weniger Methanol erforderlich ist. Apparaturen zur Kreislaufdestillation findet man in der Literatur beschrieben [*9b*, *9c*], doch finden sie zu Spurenanalysen wenig Anwendung.

3. Ionenaustauscher

Neben den oben angeführten Verfahren werden in zunehmendem Maße Ionenaustauscher zur Isolierung von B eingesetzt. Ihre Anwendung ist besonders dann zu empfehlen, wenn das B von großen Mengen anderer Schwermetallionen abgetrennt werden soll, wie z. B. bei der Bestimmung von B in Metallen und Legierungen.

In einer Arbeit über die Bestimmung von B in Stahl wurden die verschiedenen Isolierungsverfahren miteinander verglichen [*10*]. Das Laugenfällungsverfahren führt zu befriedigenden Ergebnissen, hat aber den Nachteil, daß die alkalische Lösung mit Glasgefäßen nicht in Berührung kommen darf, weshalb ausschließlich Quarzglasgefäße verwendet werden müssen, und beim Filtrieren organische Stoffe aus dem Filter herausgelöst werden, die bei der photometrischen Bestimmung infolge entstehender bräunlicher Färbungen stören. Die Elektrolyse mit der Hg-Kathode erwies sich als ungeeignet, da einerseits das in der Lösung verbliebene V und gelöstes Hg die anschließende photometrische Bestimmung mit 1,1′-Dianthrimid stören, andererseits weitere Maßnahmen zur Entfernung der beiden Störelemente das Verfahren zu umständlich gestalten. Die Destillation liefert zufriedenstellende Ergebnisse, hat aber den Nachteil, daß die Quarzapparatur kostspielig ist und das Verfahren für Serienanalysen weniger geeignet erscheint. Die Isolierung mit Ionenaustauschern führt zu guten Ergebnissen und ist auch für Serienanalysen geeignet.

Zur Abtrennung der Störelemente wird ein einzelner Ionenaustauscher [*11*] oder ein Austauschergemisch [*12, 13*] verwendet. So fanden bei der Bestimmung von B in Stahl der Kationenaustauscher Amberlite IR 120 [*10*], in Titan [*14*] und Titanlegierungen [*15*] der Kationenaustauscher Dowex 50 bzw. Dowex 50-X8 [*16*], in Glas [*12*], in synthetischer Blutasche und Stahl [*13*] ein Gemisch aus dem stark sauren Kationenaustauscher Nalcite HCR (Dowex 50) und dem schwach basischen Anionenaustauscher Amberlite IR 45 Anwendung. Da der Ionenaustauscher stets kleine B-Mengen abgibt, muß die Austauschersäule in den Reagentienblindwert eingeschlossen werden. In der letztgenannten Arbeit wurde weiterhin beobachtet [*13*], daß die Austauschersäule einerseits kleine B-Mengen festhält, andererseits je nach der Menge des zum Spülen verwendeten dest. Wassers verschieden große Blindwerte ergibt. Deshalb wird die Austauschersäule zur Erzielung eines konstanten Blindwertes vor der Analyse kontinuierlich mit dest. Wasser gespült und die Probelösung anschließend ohne Unterbrechung des Durchflusses durch die Austauschersäule geschickt, wobei ein aliquoter Teil der letzten Spülwasserfraktion vor dem Probenzusatz für die Ermittlung des Blindwertes Verwendung findet. Die Wiederverwendung regenerierter Säulen führt zu keinen befriedigenden Ergebnissen, weshalb gebrauchte Austauschersäulen verworfen werden sollen. Schließlich hat auch die Salzkonzentration der Probelösung einen Einfluß auf die im Durchlauf gefundene B-Menge, weshalb die Salzkonzentration stets genau eingehalten werden muß (z. B. Lösen der Probe unter Rückfluß) [*13*]. Unter Berücksichtigung dieser Gesichtspunkte konnten recht gut übereinstimmende Werte erhalten werden [*13*], die allerdings um einen bestimmten, nicht vernachlässigbaren Betrag vom Sollwert abwichen, so daß eine entsprechende Korrektur der Eichkurve notwendig wäre. Bei der Bestimmung von B in Stahl mit 0,0027% B betrugen die Standardabweichungen $\pm$0,00013% B und der gefundene Wert im Mittel aber 0,0043% B, mit 0,019% B die Standardabweichung $\pm$0,00055% B und der gefundene Wert im Mittel aber 0,0226% B [*13*].

Eine Durchsicht der bisher bekannten, mit Ionenaustauschern arbeitenden Verfahren zeigt, daß sie — von Einzelarbeiten [*10*] abgesehen — bei der Bestimmung von größeren B-Gehalten durchaus befriedigende, bei der Bestimmung von B-Spuren hingegen keine befriedigenden Ergebnisse liefern und für Gehalte von 0,005—0,001% B an abwärts im allgemeinen ungeeignet sind und hier die Anwendung der Destillation oder Extraktion am zweckmäßigsten ist.

B. Carminsäure

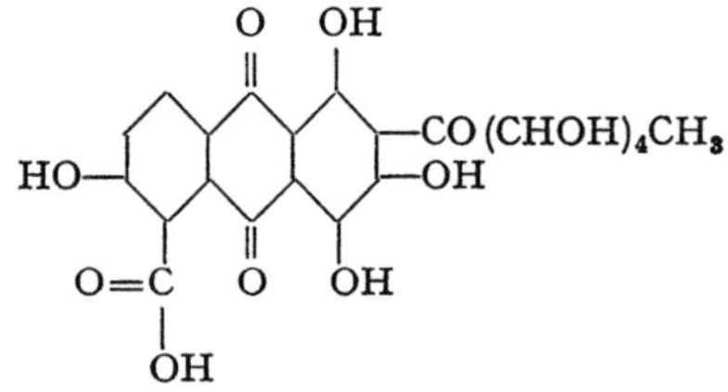

In konz. H_2SO_4 ändert sich die rote Farbe der Carminsäure bei Zusatz von B nach blau [*14, 17—20*]. Das Extinktionsmaximum des Farbkomplexes liegt bei 585—600 nm, während das Reagens ein Maximum bei 520 nm hat (s. Abb. 83). Die größte Empfindlichkeit erreicht man, wenn bei 610 nm photometriert wird [*19*]. Das Beersche Gesetz ist im Bereich von 0,05–1,6 µg B/ml erfüllt. Der Wassergehalt der Probe hat einen Einfluß auf die Farbintensität und die erforderliche Entwicklungsdauer des Farbkomplexes, weshalb dieser berücksichtigt werden muß. Ein steigender Wassergehalt kürzt die Entwicklungsdauer ab, setzt aber die Empfindlichkeit herab [*19*]. Eine Störung durch NO_3^- und NO_2^- kann durch Zusatz von HCl beseitigt werden [*17*]. Die Bestimmung wird durch Alkali- und Erdalkalimetalle, Al, Be, Ce, Fe, Ge, Mo, Si, U, V, sowie durch Cl^-, F^-, NH_4^+ und

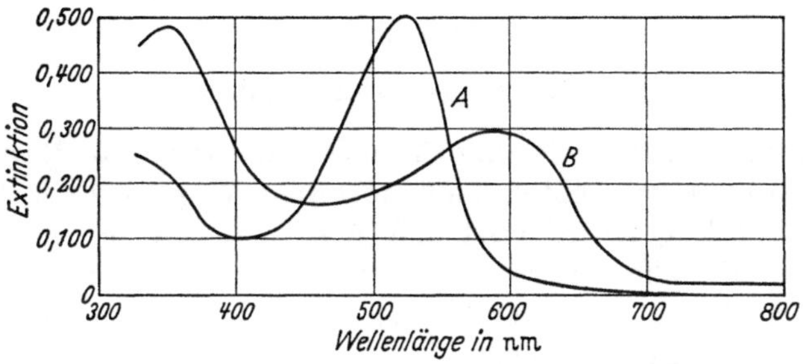

Abb. 83. Extinktionskurven von Carminsäure (*A*) und B + Carminsäure (*B*) [*17*]

PO_4^{3-} nicht gestört. Saure Zr-Lösungen geben mit dem Reagens einen Farbumschlag von Gelb nach Rot, bei größeren Gehalten eine Fällung. Ti gibt ebenfalls eine rote Fällung, während Ce, Nb und Sc die Empfindlichkeit verringern [*21*]. Außer in den hier angeführten Materialien fand das Reagens auch noch zur Bestimmung von B in Stahl [*13, 21, 47*], Titan [*14*], Al-U-Legierungen [*22*], Fluoriden [*23*] und Mineralien [*24*] Anwendung.

Arbeitsvorschrift 1 [*17*]

Reagentien

Carminsäure-Lösung, 0,025%ig in H_2SO_4 (1,84).
H_2SO_4 (1,84); HCl (1,19).

Zu 2 ml Probelösung (2–35 µg B enthaltend) fügt man 2–3 Tropfen HCl (1,19), 10,00 ml H_2SO_4 (1,84), kühlt, versetzt mit 10,00 ml Carminsäure-Lösung und photometriert nach 45 min langem Stehen in einer 1 cm-Küvette bei 585–600 nm.

Arbeitsvorschrift 2 [*19*]

Reagentien

$Ca(OH)_2$-Suspension, 8 g CaO/l Wasser, in Polyäthylenflasche aufbewahrt.
H_2SO_4-Lösung; 2 l H_2SO_4 (1,84) werden sorgfältig zu einer Mischung von 100—120 ml Wasser und 5 ml HCl (1,19) gegossen. Die für eine optimale Farbentwicklung erforderliche Wassermenge innerhalb der angeführten Grenzen muß experimentell ermittelt werden.
Carminsäure-Lösung, 0,1%ig in H_2SO_4 (1,84).

Bis zu 250 ml Probelösung werden in einem 500 ml-Erlenmeyerkolben mit 25 ml $Ca(OH)_2$-Suspension versetzt, auf dem Wasserbad bei 90° C zur Trockene eingedampft, 40,0 ml H_2SO_4-Lösung hinzugefügt und der Rückstand unter Schütteln gelöst. Die Lösung versetzt man mit 10,0 ml Reagens-Lösung, läßt 90 min bei Raumtemperatur stehen und photometriert bei 610 nm in einer 1 cm-Küvette gegen den Blindwert.

1. Wässer

1.1. Naturwässer [20]

Je nach dem vorliegenden B-Gehalt werden 250–1000 ml Wasser mit NaOH-Lösung stark alkalisch gemacht, in einer Quarz- oder Platinschale zur Trockene eingedampft, aus dem Rückstand das B durch Destillation isoliert und mit Carminsäure photometrisch bestimmt.

Falls die Wasserprobe keine störenden Bestandteile enthält, kann das B auch unmittelbar im Trockenrückstand bestimmt werden.

2. Organisches Material

2.1. Tierisches Material [18]

Das getrocknete Probematerial (mit einem Gehalt bis zu 30 μg B) wird in einer Platinschale mit 0,1 g Li_2CO_3 gemischt und auf trockenem Wege verascht. Die Asche wird in 2 ml HCl (1 + 1) gelöst, zentrifugiert und von der überstehenden klaren Lösung ein aliquoter Teil für die photometrische Bestimmung mit Carminsäure verwendet. Das Verfahren fand zur Bestimmung von 1–8 μg B/g Harn, Blut und tierisches Gewebe mit einem Fehler von $\pm$ 1 μg B Anwendung.

C. Chinalizarin

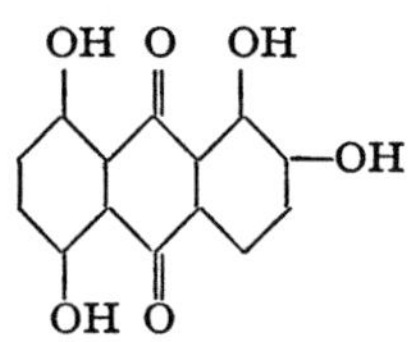

Chinalizarin reagiert in konz. H_2SO_4 mit B unter Farbveränderung von Rosa nach Blau [25–29]. Es ist weniger störanfällig als die anderen Reagentien. Das Extinktionsmaximum liegt bei 600 nm. Chinalizarin hat den Nachteil, daß sich die Extinktionskurven von Reagens und B-Komplex nur wenig unterscheiden. Das Beersche Gesetz ist im Bereich von 0,15–6 μg B/ml nur teilweise erfüllt. Für den Bereich von etwa 0–45 μg B/ml ist die Eichkurve gekrümmt. Geringe Schwankungen in der H_2SO_4-Konzentration beeinflussen die Farbintensität. Ge gibt mit dem Reagens eine schwache Färbung. NO_3^- und große Mengen F^- müssen abwesend sein. Das Reagens fand zur Bestimmung von B in Pflanzenmaterial [26, 28], Böden [26], Stahl [27], hochtemperaturbeständigen Legierungen [30] und Siliciumtetrachlorid [30a] Anwendung.

1. Pflanzenmaterial [28]

Arbeitsvorschrift

Reagentien

Chinalizarin-Lösung, 0,45%ig in H_2SO_4 (96%);
H_2SO_4 (1 + 99).

1 g getrocknetes Pflanzenmaterial wird nach Befeuchten mit 5 ml gesättigtem Kalkwasser getrocknet, auf trockenem Wege verascht und die Asche mit 15,0 ml H_2SO_4 (1 + 99) ausgezogen. Zu 1,0 ml Filtrat (1–8 μg B enthaltend) fügt man 10,0 ml Reagenslösung, läßt nach dem Abkühlen in fließendem Wasser 20 min bei Raumtemperatur

(oder bei Abkühlen an der Luft 24 Std bei Raumtemperatur) stehen und photometriert in einer 1 cm- oder 2 cm-Küvette bei 620 nm gegen den Blindwert.

D. Curcumin

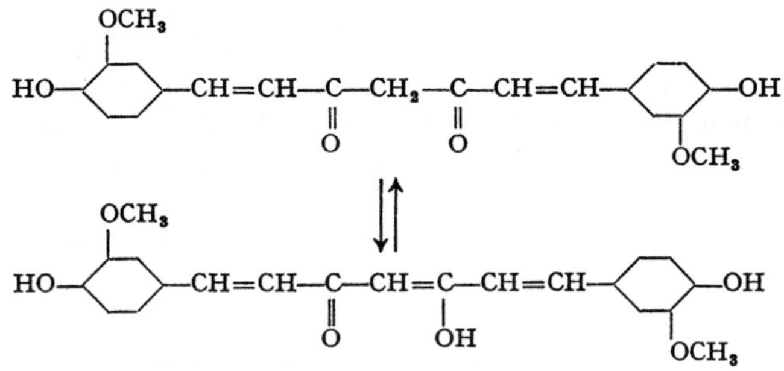

(I)

(II)

Das in Keto (I)- [*31, 32*] und Enolform (II) [*33, 34*] auftretende gelb gefärbte Curcumin bildet mit B in wäßriger, saurer Lösung einen rosarot gefärbten Komplex. Die Farbreaktion stellt unter den bekannten Methoden den empfindlichsten B-Nachweis dar. Je nach den Reaktionsbedingungen bilden sich zwei verschieden zusammengesetzte Farbkomplexe: das Rosocyanin (III) und das Rubrocurcumin [*35, 34*].

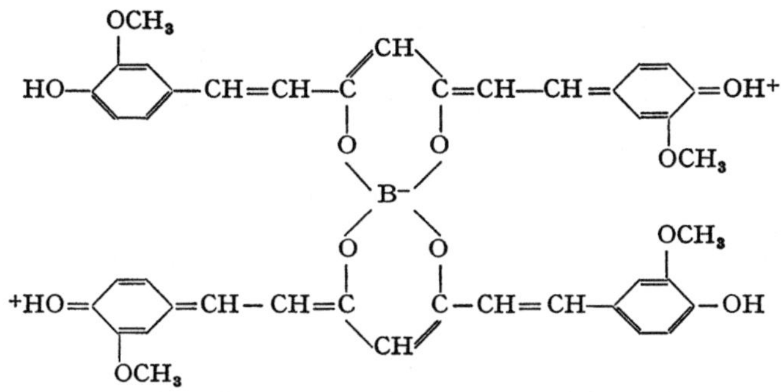

(III)

Rubrocurcumin bildet sich in Anwesenheit von Oxalsäure [*37*], enthält im Gegensatz zu Rosocyanin nur ein Molekül Curcumin sowie ein Molekül Oxalsäure je B-Atom und weist demzufolge eine geringere Nachweisempfindlichkeit auf ($\varepsilon = 40000$). Das analytisch bedeutendere Rosocyanin enthält je B-Atom 2 Mokelüle Curcumin und bietet daher die ~4fache Nachweisempfindlichkeit ($\varepsilon_{555} = 180000$) [*34, 36*]. Eine Farbreaktion zwischen B und Curcumin findet nur statt, wenn das Curcumin durch Anwesenheit starker Säuren (HCl, H_2SO_4, H_3PO_4, CCl_3COOH) protonisiert ist (Farbumschlag von gelb nach rot).

Die Protonisierung des Curcumins und damit die Bildung des Farbkomplexes erfolgt nur bei weitgehender Abwesenheit von Wasser: bis zu 0,30 ml Wasser/100 ml Endvolumen (Arbeitsvorschrift 4) stören nicht, bei 0,5 ml Wasser ist die Farbintensität um 20%, bei 1,0 ml Wasser um 70% niedriger. Ein Überschuß an freiem Wasser läßt sich durch Zusatz von Essigsäureanhydrid [*36a*], Propionsäureanhydrid (durch Oxalylchlorid katalysiert) [*35a*] oder Isopropenylacetat (durch HCl katalysiert) [*35b*] beseitigen. Das protonisierte Curcumin ist wenig stabil [*35c*] und zersetzt sich rasch beim Erhitzen. Die zur Farbentwicklung angewandten Eindampfmethoden (Arbeitsvorschrift 1 und 2) erfordern deshalb eine genaue Einhaltung der Arbeitsbedingungen (Temperatur,

Verdampfungsrate, Luftfeuchtigkeit), damit die einzelnen Stufen der Farbentwicklung (Protonisierung des Curcumins beim Erreichen einer bestimmten Säurekonzentration, Bildung des Farbkomplexes, Eindampfen zur Trockene) in zeitlich richtiger Reihenfolge ablaufen. Den Nachteil der notwendigen genauen Eindampfbedingungen vermeidet man bei der Farbentwicklung in H_2SO_4/CH_3COOH-Lösung [*36*] (Arbeitsvorschrift 4), doch hat dieses Verfahren wieder den Nachteil, daß sich einige Elemente des Eindampfrückstandes als Hydroxyde in H_2SO_4/CH_3COOH nicht vollständig lösen (B-Verlust). In diesem Fall muß auf das Eindampfen verzichtet und ein kleines Volumen Probelösung für die Farbreaktion (bei verminderter Empfindlichkeit) verwendet werden. Da das Extinktionsmaximum des protonisierten Curcumins ebenfalls bei 555 nm liegt ($\varepsilon = 60200$), muß es nach der Bildung des Rosocyanins durch Verdünnen mit Äthanol [*36*] oder Neutralisieren mit Ammoniumacetat

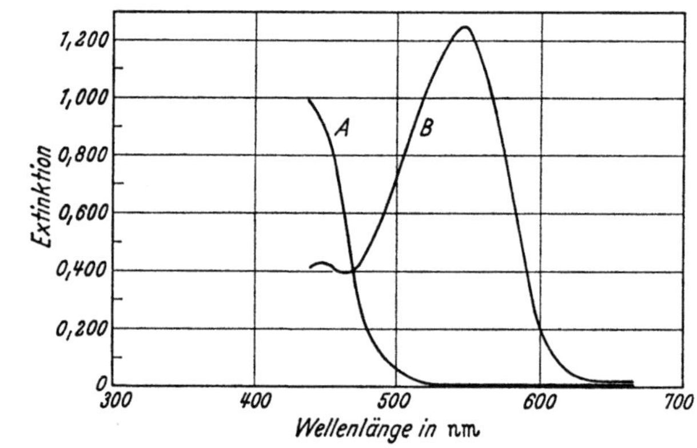

Abb. 84. Extinktionskurven von Curcumin (*A*) und B + Curcumin (*B*) [*39*]

[*36b*] in die Normalform überführt werden. Gegenüber dem Verdünnen mit Alkohol (Arbeitsvorschrift 4) weist die Neutralisationsmethode (Arbeitsvorschrift 5) ein kleineres Endvolumen auf, so daß ~ 4mal kleinere B-Mengen bestimmt werden können. Das Extinktionsmaximum des Rubrocurcumins und Rosocyanins liegt bei 555 nm [*34, 36*] bzw. 540 nm (s. Abb. 84). Das Beersche Gesetz ist im Bereich von 0,005–0,2 µg B/ml (Rubrocurcumin) bzw. 0,0014–0,06 µg B/ml (Rosocyanin) erfüllt. Die Farbe ist in Äthanol bei Raumtemperatur 1–2 Std stabil [*34*], bei 0°C bis zu 5 Tage [*36c*], in Äthanol/ 0,1 Vol.% CH_3COOH bei Raumtemperatur bis zu 3 Wochen [*36*].

Verdünnt man nach der Farbentwicklung mit Wasser, so fallen Farbkomplex und überschüssiges Curcumin in der wäßrigen Lösung aus. Die unlöslichen Verbindungen wurden mit einem Asbestfilter abfiltriert und überschüssiges Curcumin mit Diäthyläther ausgewaschen [*36, 36d*] oder überschüssiges Curcumin aus der Farblösung mit Diäthyläther extrahiert und der Farbkomplex an der Phasengrenze Wasser/Äther angereichert [*36e*], in beiden Arbeiten schließlich der so isolierte Farbkomplex mit Äthanol gelöst und photometriert. Beide Verfahren erscheinen zur Isolierung des Farbkomplexes bei sehr kleinen B-Mengen weniger geeignet als die Extraktion. Aus wäßriger H_2SO_4/CH_3COOH-Lösung läßt sich der Farbkomplex als $[B(Curc)_2]^+[HSO_4]^- \cdot 2\,H_2O$ mit Methyläthylketon/$CHCl_3$/Phenol (I) oder Cyclohexanon/Phenol (II) extrahieren (die H_2O-Moleküle des Komplexes sind dabei wahrscheinlich durch Phenol verdrängt) und im organischen Extrakt photometrieren [*36f*] (für I: $\varepsilon = 141600$, für II: $\varepsilon = 137000-146100$; Arbeitsvorschrift 6). B (0,5–100 ppm) kann man auch als H_3BO_3 aus 0,01–5m H_2SO_4-, 1–2n HCl-, 3n HNO_3-Lösung [*36h, 36i*] bzw. aus HCl-Lösung bei pH 2–8 [*36g*] mit 2-Äthyl-1,3-hexandiol/$CHCl_3$ (1 + 9) ausschütteln (5 min, $V_0 : V_w = 1:2$, $E\% = 96-100$) und in der organischen Phase mit Curcumin photometrisch bestimmen [*36i*] ($\varepsilon_{550} = 196000$ in 2-Äthyl-1,3-hexandiol [*36i*]).

Ge bildet mit Curcumin eine Färbung, doch beträgt die Extinktion nur etwa $^1/_{10}$ der äquivalenten B-Menge. Die Bestimmung von 1 µg B wird nicht gestört durch je 10 mg Al, Be, Ca, Ce, Co, Cr, Cu, Fe, K, Mg, Mn, Nb, Ni, Pb, Sn, Ta, Ti, U, Zn, Zr, PO_4^{3-} und Cl^-, 5 mg Mo, V und W, sowie 300 mg Na (als NaOH) [*36, 37a*]. Große Salzmengen vermindern die gebildete Farbkomplex-Menge. Die zugesetzte Menge an NaOH darf in Verfahren 3 überhaupt nicht, in Verfahren 1 und 2 um nicht mehr als 50% erhöht werden. F^- stört die B-Bestimmung [*38*] und muß daher vollständig abwesend sein. Weiterhin stören ClO_4^-, NO_3^- und NO_2^-, bis zu 1 µg $NaNO_3$/ml können jedoch noch vernachlässigt werden [*39*]. Störendes NO_3^- kann durch Erhitzen der H_2SO_4/CH_3COOH-Lösung und Zusatz von Anilin entfernt werden [*36*] (Arbeitsvorschrift 4).

Sehr kleine Mengen im Bereich von 200–1000 pg B lassen sich quantitativ bestimmen ($s = \pm 60$ pg B), indem man das in HCl/Eisessig gebildete Rosocyanin in wenig Aceton löst, die Farblösung auf Chromatographiepapier aufträgt und den Farbfleck (~ 5 mm ⌀) photometriert [*39a, 39b*].

Neben den angeführten Materialien fand Curcumin auch zur Bestimmung von B in Pflanzengewebe [*40*], Seewasser [*40a*] und wäßrigen Lösungen [*40b*] Anwendung.

I. Bestimmung ohne Extraktion des Farbkomplexes

Arbeitsvorschrift 1 (Rubrocurcumin) [*34*]

Das Verfahren ist für Trockenrückstände mit einem Gehalt von 0,02 g NaOH/Na_2CO_3 und 2–15 µg B (als Borat) geeignet. s: ± 0,1 µg B.

Reagentien

Glycerin-NaOH-Lösung; 1 g NaOH + 0,1 g NaCl + 3 (± 0,3) ml Glycerin werden mit Wasser auf 100 ml aufgefüllt.

Curcumin Oxalsäure-Lösung; man stellt ein Alkohol-Wasser-Gemisch der Dichte d = 0,809 ± 0,0005 her (etwa 35 ml Wasser auf 1 l absoluten Alkohol). Zu 700 ml Alkohol-Wasser-Gemisch (frisch hergestellt) fügt man 15,0 g Oxalsäure-dihydrat, 12,5 ml HCl (1,18) und 85 ml Wasser hinzu; wenn alles aufgelöst ist, fügt man 1,00 g Curcumin hinzu und füllt mit Wasser auf 1 l auf. Die Lösung ist mehrere Wochen haltbar.

Nachdem das B durch Destillation aus der Probe isoliert worden ist (s. S. **476**), wird das Destillat, welches 2 ml Glycerin-NaOH-Lösung enthält (s. S. **477**), in der Platinschale (7,5–9 cm ⌀) auf dem Wasserbad bei 85–90° C zur Trockene eingedampft und zur Entfernung des Glycerins die Platinschale zunächst mindestens 10 min lang langsam auf 150–250° C und zuletzt $^1/_2$ min auf dunkle Rotglut erhitzt. Nach dem Abkühlen fügt man 10,0 ml Curcumin-Lösung hinzu und erhitzt auf dem Wasserbad zur Farbentwicklung auf 55–60° C unter zeitweisem Umschwenken während der ersten 5 min (Wasserbad thermostatisch geregelt, Platinschalen auf dem Wasser frei schwimmend und durch Drahtgitter festgehalten). Man läßt die Platinschale auf dem Wasserbad, bis die Lösung vollständig zur Trockene verdampft ist und die HCl-Dämpfe restlos entfernt sind. Die Platinschale wird vom Wasserbad entfernt, der Rückstand nach dem Abkühlen unter Rühren in 10 ml Äthylalkohol (mit einem Wassergehalt zwischen 5–25 Vol.-%) gelöst, die Farblösung unter Nachspülen mit kleinen Anteilen Alkohol-Wasser-Gemisch in einen

50 ml-Meßkolben übergeführt und zur Marke aufgefüllt. Die Lösung wird in eine 1 cm- oder 2 cm-Küvette filtriert und bei 555 nm photometriert.

Arbeitsvorschrift 2 (Rubrocurcumin) [*34*]

Das Verfahren ist für Trockenrückstände mit einem Gehalt von 0,02 g $NaOH/Na_2CO_3$ und 0,5–4 μg B (als Borat) geeignet. *s*: ± 0,06 μg B.

Reagentien

Curcumin-Oxalsäure-Lösung; man stellt die Reagens-Lösung wie in Vorschrift 1 her, wobei 15,0 g Oxalsäure-dihydrat, 25,0 ml HCl (1,18), 75 ml Wasser und 0,35 g Curcumin verwendet werden. Die Lösung soll nicht länger als 1—2 Wochen aufbewahrt werden.

Man arbeitet nach den Angaben in Arbeitsvorschrift 1 und verwendet davon abweichend einen Zusatz von 5,0 ml Curcumin-Lösung und photometriert in einer 4 cm-Küvette.

Arbeitsvorschrift 3 (Rosocyanin) [*34*]

Das Verfahren ist für Trockenrückstände mit einem Gehalt von 0,004 g NaOH/ Na_2CO_3 und 0,01–0,2 μg B (als Borat) geeignet. *s*: ± 0,0015–0,011 μg B.

Reagentien

Glycerin-NaOH-Lösung; 0,4 g NaOH + 1,0 ml Glycerin werden mit Wasser auf 100 ml aufgefüllt.

Curcumin-Lösung; 0,125 g Reagens werden in 15 ml Aceton gelöst und mit Wasser auf 25 ml aufgefüllt. Die Lösung ist eine Woche haltbar.

Essigsäure, 5 Vol.-%ig.

o-Chlorphenol-Lösung; 12 ml Reagens (redestilliert, mit 50%iger H_2SO_4 gewaschen und über Na_2SO_4 getrocknet) versetzt man mit 2,0 ml $HClO_4$ (60%) und unter Rühren mit 3,0 ml Essigsäureanhydrid. Die Lösung wird in einer dunklen Flasche aufbewahrt und bei einer auftretenden Verfärbung verworfen.

o-Chlorphenol; redestilliert, mit 50%iger H_2SO_4 gewaschen und über Na_2SO_4 getrocknet.

Nach der Isolierung des B durch Destillation wird das Destillat in einer Platinschale (5 cm ⌀), in welche 1 ml Glycerin-NaOH-Lösung vorgelegt wurde (s. S. **476–477**), wie in Arbeitsvorschrift 1 beschrieben zur Trockene eingedampft und das Glycerin entfernt. Zuletzt wird auf helle Rotglut erhitzt bis der Rückstand schmilzt und das Erhitzen beendet, wenn der Kohlenstoff verschwunden ist. Nach dem Abkühlen versetzt man mit 1,0 ml Wasser und 0,40 ml Curcumin-Lösung, neutralisiert durch tropfenweisen Zusatz von 5%iger Essigsäure bis zum Farbumschlag nach gelb, fügt einen Tropfen Essigsäure im Überschuß hinzu und dampft die Lösung auf dem siedenden Wasserbad zur Trockene ein. Zum Rückstand fügt man 1,00 ml o-Chlorphenol hinzu, bedeckt die Platinschale mit einem Bakelitdeckel und erhitzt auf einem Ölbad unter Umschwenken 5 min lang auf 50° C. Man fügt 0,200 ml o-Chlorphenol-Lösung hinzu und läßt die bedeckte Schale nach kurzem Durchmischen genau 15 min lang auf dem Ölbad bei 50° C. Dann entfernt man die Schale vom Ölbad, verdünnt unmittelbar danach mit 2–5 ml Äthylalkohol (mit einem Wassergehalt von etwa 15 Vol.-%) und füllt mit diesem in einem 10 ml-Meßkolben bis zur Marke auf. Die Lösung wird in eine 4 cm-Küvette filtriert und die Extinktion bei 555 nm (E_1) und 630 nm (E_2) gemessen. Die Extinktion wird entsprechend $E = E_1 - 1{,}95\ E_2$ korrigiert (Korrektur des durch Zersetzung des Curcumins hervorgerufenen Blindwertes) und für die Berechnung verwendet. Die Eichkurve wird nach der Vorschrift unter Verwendung der Korrektur aufgestellt.

Arbeitsvorschrift 4 (Rosocyanin) [*36*]

B: 0,04–1,5 und 0,14–6 μg B.

Reagentien

H_2SO_4/CH_3COOH, unter Kühlen fügt man vorsichtig 50 ml H_2SO_4 (1,84) zu 50 ml Eisessig;
Curcumin, 0,125%ig in Eisessig;
NaOH, 10%ige wäßrige Lösung.
Äthanol, wasserfrei.

a) NO_3^--abwesend

Die Probelösung oder das Borsäure/Methanol-Destillat versetzt man in einer Platinschale oder einem Polyäthylenbecher mit 1 ml NaOH, dampft auf dem Wasserbad zur Trockene ein, fügt 3,0 ml Curcumin-Lösung hinzu und löst den Rückstand unter Erwärmen (5 min auf 60° C). Nach dem Abkühlen auf Raumtemperatur werden 3,0 ml H_2SO_4/CH_3COOH zugesetzt, mit einem Polyäthylenstab durchgerührt, 20 min bei ~25° C stehen gelassen und mit Äthanol unter Rühren auf 30 ml verdünnt. Man führt die Suspension unter Nachwaschen mit Äthanol in einen 100 ml-Meßkolben über, füllt mit Äthanol zur Marke auf, filtriert je nach B-Menge in eine 1 cm- oder 4 cm-Küvette und photometriert bei 555 nm gegen den Blindwert.

b) $\leqq$ 30 mg NO_3^--anwesend

Man löst den nach a) nach Zusatz von NaOH erhaltenen Eindampfrückstand unter Erwärmen mit 1,5 ml Eisessig, fügt 1,5 ml H_2SO_4 (1,84) hinzu, erhitzt bis zum Rauchen, raucht 2 min ab, entfernt von der Heizplatte und versetzt die heiße Lösung mit 0,15 ml Anilinsulfat-Lösung [2%ig in H_2SO_4 (1,84)] und fährt mit der Farbentwicklung nach a) fort.

Arbeitsvorschrift 5 (Rosocyanin) [*36b*]

B: 0,01—0,4 und 0,35—1,5 µg B

Reagentien

Ammoniumacetat-Lösung, 250 g Ammoniumacetat und 300 ml Eisessig werden mit Wasser auf 1 l aufgefüllt;
übrige Reagentien wie bei Arbeitsvorschrift 4 (s. S. 485).

0,50 ml wäßrige Probelösung versetzt man in einem Polyäthylenkolben mit 3,00 ml Curcumin-Lösung, 3,00 ml H_2SO_4/CH_3COOH, läßt 0,5—4 Std stehen, fügt 15,0 ml Ammoniumacetat-Lösung hinzu und photometriert in einer 1 cm- oder 4 cm-Küvette bei 555 nm gegen den Blindwert.

II. Extraktion des Farbkomplexes

Arbeitsvorschrift 6 (Rosocyanin) [*36f*]

B: 0,02—0,9 µg B. *V*: ± 2—5%.

Reagentien

Phenol/Methyläthylketon/$CHCl_3$ (PMC), 10%ige Phenol-Lösung in Methyläthylketon/$CHCl_3$ (5:2);
Phenol/Cyclohexanon (PC), 1%ige Phenol-Lösung in Cyclohexanon;
übrige Reagentien wie bei Arbeitsvorschrift 4 (s. S. 485).

a) Extraktion mit PMC

Man verfährt in einer Platinschale nach Arbeitsvorschrift 4 a) bis einschließlich der Standzeit von 20 min, fügt dann 20 ml Wasser hinzu, mischt und führt mit 80 ml Wasser in einen Schütteltrichter über. 10 ml PMC werden zuerst in die Platinschale gegeben (Auswaschen von Farbkomplexresten), danach in den Schütteltrichter übergeführt und 1 min extrahiert. Nach der Phasentrennung wiederholt man die Extraktion mit weiteren 6 ml PMC, füllt den vereinigten organischen Extrakt in einem 10 ml-Meßkolben (~ 7 ml

PMC gehen in die wäßrige Phase) mit PMC zur Marke auf, filtriert bei Bedarf und photometriert in einer 1 cm-Küvette bei 555 nm gegen PMC.

b) Extraktion mit PC

Man arbeitet wie unter a), extrahiert jedoch mit 15 ml und 4 ml PC, versetzt den vereinigten organischen Extrakt mit 1 ml Aceton, füllt mit PC auf 10 ml auf und photometriert wie unter a).

1. Wässer

Man behandelt 1–10 ml Probe in einer Platinschale nach Arbeitsvorschrift 4 oder 5. Bei Anwesenheit von Störelementen wird das B vorher durch Destillation (s. S. 476) isoliert.

B: ≧ 4 ppb B.

2. Organisches Material

1 g getrocknetes Probematerial verascht man bei 500–600°C und behandelt die Asche nach Arbeitsvorschrift 4, 5 oder 6 (s. S. 484 f.). Bei Anwesenheit von Störelementen isoliert man das B durch Destillation (s. S. 476).

B: ≧ 0,04 ppm B.

3. Metalle und Legierungen

Curcumin fand weiterhin Anwendung zur Bestimmung von B in Eisen und Stahl [*36*, *36*a, *42a*], Aluminium [*36*], Kupfer [*42b*], Kupferlegierungen [*42b*], Magnesium [*36*], Natrium [*41*], Nickel [*42b*, *43*], Silicium [*46*, *48*], Uran [*42*, *50*], Zirkonium [*36*, *36d*, *51*], Zirkoniumlegierungen [*36*, *36d*, *41c*].

3.1. Eisen, unlegierter und legierter Stahl

Das Verfahren eignet sich auch für legierte Stähle mit 18% Cr und 10%Ni bzw. bei halber Einwaage mit 57% Ni, 14% Co, 20% Cr, 4% Mo, 1,2% Al und 3% Ti.

B: 1,4–300 ppm B. *s*: ± 0,2–1,8 ppm B.

Arbeitsvorschrift [*37a*]

Reagentien

H_2SO_4 (1 + 3);
NaF, 4%ige wäßrige Lösung;
Ammoniumacetat-Lösung, 225 g Ammoniumacetat und 300 ml Eisessig werden mit Wasser auf 1 l aufgefüllt;
übrige Reagentien wie bei Arbeitsvorschrift 4 (s. S. 485).

0,25 g Probe werden mit 10 ml H_2SO_4 (1 + 3) in einem langhalsigen Quarzkolben (oder unter Rückfluß) unter Erwärmen gelöst. Einen unlöslichen Rückstand filtriert man ab, wäscht mit Wasser, gibt das Filter in einen Platintiegel, fügt 1 ml 30%ige Na_2CO_3-Lösung hinzu, trocknet, verascht und schmilzt 15 min. Die erkaltete Schmelze wird im Proben-Filtrat gelöst (wenn säurelösliches und -unlösliches B bestimmt werden sollen, so behandelt man den Na_2CO_3-Aufschluß getrennt nach der Vorschrift) und die Probelösung in einem 25 ml-Meßkolben mit Wasser zur Marke aufgefüllt. Zwei aliquote Teile von je 0,500 ml Probelösung führt man in zwei 30 ml-Plastikflaschen über, fügt in eine Flasche 100 μl NaF-Lösung (diese Lösung dient als Blindlösung) und behandelt danach beide Lösungen gleich, läßt 1 Std stehen, versetzt mit 3,00 ml H_2SO_4/CH_3COOH, läßt 5 min stehen, gibt 3,00 ml Curcumin-Lösung hinzu, läßt 2 Std bei 25°C (Thermostat) stehen, versetzt mit 15,0 ml Ammoniumacetat-Lösung, läßt wieder 10 min bei 25°C stehen und photometriert dann in einer 1 cm- oder 5 cm-Küvette bei 555 nm gegen die Blindlösung. Ein analog durchgeführter Reagentienblindwert wird abgezogen.

3.2. Aluminium [*37a*]

Man führt die Analyse nach Verfahren D.3.1 durch, wobei das Probematerial in 5 ml HCl (1,19) gelöst wird.

3.3. Beryllium

B: 0,04–6 ppm B.

Arbeitsvorschrift [*36*]

Reagentien

H_2SO_4 (1,84); Methanol;
übrige Reagentien wie bei Arbeitsvorschrift 4 (s. S. 485).

In einer Destillationsapparatur (s. S. 475) geeigneter Größe versetzt man 1 g Probematerial mit 10 ml Wasser, 40 ml Methanol und unter Kühlen tropfenweise mit 10 ml H_2SO_4 (1,84), fügt nach dem Lösen noch 60 ml Methanol hinzu und destilliert (40Tropfen Destillat/min) 70 ml Destillat in einen Polyäthylenbecher mit einer Vorlage von 2 ml NaOH. Das Destillat wird langsam (1–2 Std) zur Trockene eingedampft und der Rückstand nach Arbeitsvorschrift 4 (s. S. 485) weiterbehandelt.

3.4. Germanium

B: 0,1–1 ppm B. F_r: ± 10%.

Arbeitsvorschrift [*45*]

0,10 g pulverisierte und feingesiebte Probe wird in einer Platinschale (100 ml) mit 3 ml 5%iger NaOH versetzt und auf dem siedenden Glaswasserbad unter zeitweiligem Zusatz von je 0,5 ml H_2O_2 (30%) (insgesamt 4 ml) gelöst. Mit 1 ml H_2O_2 spült man die Wände der Platinschale ab, engt auf ein kleines Volumen ein, versetzt mit 10 ml Wasser und löst darin die Salze. Nach dem Abkühlen versetzt man mit 25 ml Methanol, filtriert, wäscht das Filter mit Methanol nach, dampft das vereinigte Filtrat in der Platinschale zur Trockene ein und isoliert und bestimmt das B wie unter D.3.9. angegeben.

3.5. Hafnium

Die Analyse wird nach Verfahren D.3.11 (s. S. 494) durchgeführt.

3.6. Magnesium

Man führt die Analyse nach Verfahren D.3.3 (s. S. 487) durch. *B*: 0,04–6 ppm B.

3.7. Nickel

B: 0,3–60 ppm B. *V*: ± 2–10%.

Arbeitsvorschrift [*43a*]

Reagentien

$HClO_4$ (72%);
Phenol, 10%ig in Eisessig (tägl. frisch hergestellt);
Übrige Reagentien wie bei Arbeitsvorschrift 4 (s. S. 485).

0,100 g Probe wird in einem Quarzreagensglas (8 mm ⌀, 300 mm lang) mit 0,50 ml $HClO_4$ unter Erwärmen (Sandbad) gelöst, nach dem Lösen das Reagensglas mit dem offenen Ende in einen 100 ml-Meßkolben gesteckt (die Probelösung erstarrt beim Herabfließen an der Reagensglaswand), das Reagensglas mit dem erstarrten Probenrückstand zurückgenommen und letzterer mit 1,0 ml Phenol-Lösung unter Erwärmen gelöst. Die Lösung führt man in den Meßkolben über, gibt in das Reagensglas 3,0 ml Curcumin-Lösung, führt in den Meßkolben über, gibt dann in das Reagensglas 3,0 ml H_2SO_4/CH_3COOH, führt abermals in den Meßkolben über, läßt 30 min stehen, füllt mit Äthanol zur Marke auf und photometriert in einer 1 cm- oder 5 cm-Küvette bei 555 nm gegen Wasser. Ein Reagentienblindwert wird abgezogen.

3.8. Nickel

B: 0,00002–0,0006% B.

Arbeitsvorschrift [*44*]

0,10 g Probematerial wird in einem 100 ml-Quarzkolben unter Rückfluß mit 1 ml HCl-$PtCl_4$-Lösung [2,5 ml 1%ige $PtCl_4$-Lösung mit 500 ml HCl (1 + 1) gemischt] gelöst und die abgekühlte Lösung mit 25 ml Methanol versetzt. Das B wird durch Destillation abgetrennt [*45, 46*] (s. S. 476 und Verfahren D.3.4) und anschließend mit Curcumin photometrisch bestimmt (s. S. 483 ff. und Verfahren D.3.9).

3.9. Silicium [*45*]

Durch eine vorangehende Ausfällung der Kieselsäure wird die Borbestimmung empfindlicher gestaltet. Dabei ist eine doppelte Fällung erforderlich, um die bei der ersten Fällung mitgerissenen Bormengen von rund 15% mitzuerfassen. Daran schließt sich die Isolierung des B durch Destillation und die photometrische Bestimmung mit Curcumin [*39*] an. Das Verfahren erfordert eine sehr genaue Einhaltung der vorgeschriebenen Arbeitsbedingungen.

B: 0,00001–0,0001% B. F_r: ± 10%.

Arbeitsvorschrift [*45*]

Reagentien

NaOH, 5%ige wäßrige Lösung, in Polyäthylenflasche aufbewahrt, täglich frisch hergestellt.
Oxalsäure, rekristallisiert;
Äthylalkohol, redestilliert (unter Zusatz von 2 ml 5%iger NaOH in den Destillationskolben auf je 350 ml Äthylalkohol);
Methanol, redestilliert (wie bei Äthylalkohol);
Curcumin-Oxalsäure-Lösung; 0,0050 g Curcumin + 0,500 g Oxalsäure werden in 50,0 ml Äthylalkohol aufgelöst; täglich frisch hergestellt;
H_2SO_4 (1,84) (Reinigung: zu 2 ml H_2SO_4 fügt man in einem 100 ml-Quarz-Erlenmeyerkolben 20 ml Methanol und erhitzt bis zum Auftreten weißer Nebel).
H_2O_2 (30%) (Reinigung: in zwei 250 ml-Bechergläser gibt man je 5 g Kationen-Anionenaustauscher-Gemisch Amberlite MB-1, fügt in das eine Becherglas 25 ml H_2O_2, rührt 2 min lang kräftig und filtriert dann sofort in eine dunkle Flasche. Mit dem zweiten Becherglas verfährt man ebenso und filtriert durch das gleiche Filter. Die beiden Filtrate werden in der dunklen Flasche vermischt. Vor dem Verwerfen müssen Ionenaustauscher und Filter mit Wasser gewaschen werden, um einen Brand oder eine Explosion zu vermeiden).
HCl (1 + 1).

0,10 g zerkleinerte und gesiebte Probe (Körnung ~ 0,15 mm) wird in einer 100 ml-Platinschale mit 4 ml NaOH versetzt, unter kurzem Erwärmen gelöst und auf dem siedenden Wasserbad fast zur Trockene eingedampft. Die Schalenwände werden mit 3–4 ml Wasser abgespült und erneut zur Trockene eingedampft. Diesen Vorgang wiederholt man etwa 4–6mal, zuletzt unter Aufrühren mit einem Polyäthylenstab, bis die

Probe nahezu vollständig gelöst ist. Der Trockenrückstand wird unter Erwärmen in 5 ml Wasser gelöst, die Lösung vom Wasserbad entfernt und unter Rühren mit 25 ml Methanol versetzt. Man rührt so lange weiter, bis Natriumsilikat und NaOH vollständig ausgefällt sind. Der Niederschlag wird durch ein mit Säure gewaschenes, mit Methanol befeuchtetes Filter abfiltriert (Polyäthylentrichter), wobei nur wenig Niederschlag auf das Filter mitgehen und nicht nachgewaschen werden soll. Das Filtrat wird in einer zweiten Platinschale gesammelt und auf dem Wasserbad wieder zur Trockene eingedampft. Zum Niederschlag der ersten Platinschale fügt man abermals 1 ml NaOH und 4 ml Wasser zu und löst den Niederschlag unter Erwärmen. Nach dem Abkühlen versetzt man mit 25 ml Methanol und führt Fällung und Filtration mit demselben Filter wie vorhin beschrieben durch. Das 2. Filtrat wird in einer 3. Platinschale aufgefangen, einmal mit wenig Methanol nachgewaschen und das Filter verworfen. Das 2. Filtrat in der 3. Platinschale wird ebenfalls zur Trockene eingedampft. Die zwei Eindampfrückstände werden gesondert bis zum Photometrieren verarbeitet. Jeder der Eindampfrückstände wird mit genau 1,0 ml Wasser vollkommen befeuchtet und unter leichtem Erwärmen möglichst weitgehend gelöst. Man versetzt unter Rühren mit 25 ml Methanol und danach mit 1 ml H_2SO_4 (1,84), führt ohne Rücksicht auf eine eventuelle Fällung von Na_2SO_4 unter Nachwaschen mit Methanol in einen 100 ml-Quarzdestillationskolben (s. Abb. 85) über und fügt 3–4 Kristalle SiC hinzu. Als Vorlage dient eine mit 2 ml NaOH und 8 ml Methanol gefüllte Platinschale. Man destilliert nun (Heizplatte von 170° C) so lange, bis das Methanol vollständig, aber nicht das Wasser übergegangen ist. Das Destillat wird zur Trockene eingedampft, der Trockenrückstand nach dem Abkühlen in 1 ml HCl (1 + 1) gelöst, genau 2,0 ml Curcumin-Oxalsäurelösung hinzugefügt und bei 55° C (± 1° C) zur Trockene eingedampft (bis kein HCl-Geruch mehr wahrnehmbar ist). Der Rückstand wird in genau 15,0 ml Äthylalkohol gelöst, in eine Küvette dekantiert und bei 540 nm photometriert.

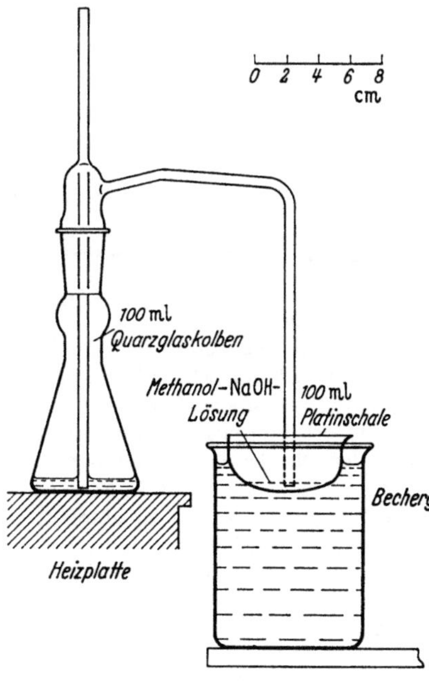

Abb. 85. Quarzdestillationsapparatur zur Bestimmung von B in Silicium [*45*]

3.10. Silicium [*49a*]

Um die während der Analyse auftretenden Verunreinigungen und damit die Unsicherheit bei der Bestimmung sehr kleiner B-Gehalte möglichst niedrig zu halten, wird zum Lösen der Probe und zur Isolierung des B ein im Vergleich zu anderen Verfahren abweichender Weg eingeschlagen [*49a*]. Die Probe wird in unzerkleinertem Zustand der Analyse zugeführt und mit Brom in einer Apparatur (s. Abb. **42**d, S. **181**) im „geschlossenen System" (s. S. **110**) gelöst. Über dem Mittelteil mit Fritte der Apparatur ist ein Röhrenofen von 100 mm Höhe und etwa 27 mm innerem Durchmesser angebracht. Da das Lösungsmittel im Kreislauf geführt wird, kommt man mit einem Minimum an Reagens aus. Auf diese Weise gelingt die Bromierung von 1–20 g Silicium mit etwa der theoretischen Menge Brom. Da das entstehende $SiBr_4$ und BBr_3 durch Feuchtigkeit leicht hydrolysiert werden, muß letztere aus der Apparatur möglichst weitgehend ferngehalten werden. Dies gelingt aber nicht vollständig, weshalb ein Teil des B bereits in der Apparatur im unteren Kühlerteil und in der $SiBr_4$-Phase in hydrolysierter Form vorliegt. Anschließend wird das B zunächst von der Hauptmenge an Si abgetrennt, indem die Bromierungs-Phase mit einem wasserhaltigen organischen Lösungsmittel (CCl_4) vermischt und anschließend das $SiBr_4$ abdestilliert wird. Infolge der leichteren Hydrolysierbarkeit des BBr_3 wird letzteres dabei vollständig hydrolytisch gespalten und während der anschließenden Destillation treten keine Verluste an B auf. Im Destillationsrückstand wird dann das restliche Si hydrolysiert, wobei die Analysenbedingungen sorgfältig eingehalten werden müssen, um reproduzierbare Werte zu erhalten. Das Hydrolysat soll am günstigsten auf pH 1–2 eingestellt werden. Fehler können dabei entstehen durch Übergehen von nicht hydrolysiertem $SiBr_4$ in den Extrakt bei der anschließenden Perforation oder durch B-Verluste infolge Adsorption oder Okklusion an grob ausgefallener Kieselsäure. Die Trennung von Borsäure und Kieselsäure erfolgt danach mittels Perforation (s. Abb. **81**, S. **473** f.). Zuletzt wird das B mit Curcumin photometrisch bestimmt.

B: von 0,0000001% B aufwärts. F_r: ±10–20% bei Gehalten von >0,000001% B; ±20–50% bei Gehalten von 0,000001–0,0000001% B.

Arbeitsvorschrift [*49a*]

Reagentien

HF (40%) p. a.
HNO_3 (1,40) p. a.
H_2SO_4 (1,84) p. a.
Brom, über H_2SO_4 (1,84) p. a. redest.
CCl_4 p. a., für Chromatographie;
Hydrazinhydrat, in Quarzapparatur redest.
15m Ammoniak; aus Ammoniakgas und bidest. Wasser in Polyäthylenflasche unter Eiskühlung herstellen und im Kühlschrank aufbewahren.
Methanol; über NaOH in Quarzapparatur redest. und in Polyäthylen aufbewahren.
Diisopropyläther (peroxydfrei); mit $FeSO_4$-Lösung schütteln und über NaOH redestillieren.
0,5n NaOH, (Titrisol, Merck) in Polyäthylen aufbewahren;
HBr (40%) p. a., in Quarzapparatur redest. und in Polyäthylen aufbewahren.
3n HBr, durch Verdünnen aus der redestillierten Säure herstellen.
Äthylalkohol, über NaOH in Quarzapparatur redest. und in Polyäthylen aufbewahren.
Phenolphthalein-Indicatorlösung, 0,1%ig in redest. Äthylalkohol; in Polyäthylen aufbewahren.
Trichloressigsäure, p. a., 30%ig in redest. Äthylalkohol;
Curcumin, 0,05%ig in redest. Äthylalkohol; das feste Reagens muß vor dem Lösen gepulvert und homogenisiert werden.
Stickstoffgas, reinst, in Stahlflaschen.

Reinigung der Geräte

Sämtliche Quarzgeräte werden mit verdünnter HF (1 + 1) gereinigt, mit bidestilliertem

Wasser gespült und bei 105° C im Trockenschrank getrocknet. Platintiegel werden mit Seesand (für Platingeräte) gereinigt, anschließend in HCl ausgekocht und mit bidestilliertem Wasser gewaschen.

Probenahme und Aufschluß des Siliciums

Die Siliciumprobe wird in einem Quarzbecher mit HF und HNO_3 (1 : 4) zweimal je 3 min lang geätzt, dazwischen und danach mit bidestilliertem Wasser gewaschen. Zuletzt spült man bis zum vollständigen Entfernen der Säure (Prüfen des Wassers mit pH-Papier). Danach wird mit Methanol gespült, im Trockenschrank bei 105° C 1 Std getrocknet und im gleichen Gefäß im Exsiccator abkühlen gelassen.

Einwaagen

Die Einwaage von 2–20 g, je nach Borgehalt, erfolgt auf einem abgeätzten Quarzuhrglas unter Hantieren mit einer Polystyrol- oder Platinspitzen-Pinzette aus dem im Exsiccator aufbewahrten Silicium. Die Einwaage wird in die vom Trockenschrank noch heiße Bromierungsapparatur eingeführt. Wenn ein feinkörniges Silicium zur Analyse vorliegt, muß mit Quarzscherben bedeckt werden, um ein Hochtragen bei der Bromierung zu verhindern.

Bromierung des Siliciums und Verflüchtigung des Hauptanteils an $SiBr_4$

Man setzt die Bromierungsapparatur zusammen, indem man zunächst den Rückflußkühler mit einem Tropfen H_2SO_4 (1,84) als Schmiermittel auf das Mittelstück aufsetzt. Vorher ist der Rückflußkühler oben mit einem Chlorcalciumrohr versehen worden, durch welches über einen Chlorcalciumturm getrockneter Stickstoff (etwa 50 l/Std) geleitet wird. Das untere Ende des Rücklaufrohres des Mittelstückes wird mit einer Polyäthylenkappe verschlossen, so daß der Stickstoffstrom über die Probe und durch die Fritte streichen muß. Auf diese Weise wird Feuchtigkeit weitgehend ausgeschaltet.

Nach 10 min beschickt man den Quarzkolben der Bromierungsapparatur mit 4,25 ml Brom/g Einwaage an Silicium, gibt einen Quarzsiedestab hinein, entfernt die Verschlußkappe vom Rücklaufrohr und hält den Kolben von unten so an die Apparatur, daß der Stickstoffstrom die Luft aus dem Kolben verdrängt. Nun wird der Stickstoffstrom zwischen Trockenturm und Stahlflasche unterbrochen und gleichzeitig der Kolben, nach Schmieren des Schliffes mit H_2SO_4, angesetzt. Die Apparatur ist nun geschlossen, der Druckausgleich erfolgt über das Chlorcalciumrohr und den Trockenturm.

Man bringt nun unter den Quarzkolben ein Paraffinölbad im Becherglas und setzt ein Thermometer für 250° C in das Ölbad ein. Das Kühlwasser wird jetzt erst aufgedreht und durch den Rückflußkühler geleitet. Der Mantelofen am Mittelstück wird so verschoben, daß die Fritte im unteren Drittel des Ofens liegt. Man führt bis in die Höhe der Fritte ein Thermoelement (Ni–NiCr) ein und dichtet beiderseits den Heizraum mit Quarzwolle ab. Mit einer Asbestplatte schirmt man das Rücklaufrohr des Mittelstückes gegen den Ofen ab.

Man erhitzt nun den Mantelofen. Bei Erreichen von etwa 250° C beginnt man, auch das Ölbad zu erhitzen. Hierauf steigert man die Temperatur des Mantelofens auf 600–750° C und hält die Temperatur des Ölbades so, daß der Kolbeninhalt stets in gleichmäßigem langsamem Sieden verbleibt. Da die Bromierung stark exotherm verläuft, muß nach ihrem Beginn die Heizung durch den Mantelofen stark vermindert werden. Man regelt die Temperatur so, daß die Anzeige innerhalb 750 und 850° C verbleibt.

Die Bromierung dauert etwa 60–90 min. Nach ihrer Beendigung wird die Heizung abgestellt, das Ölbad entfernt, der Mantelofen mit Kaltluft abgekühlt und das Wasser aus dem Kühler abgelassen.

Nun erfolgt die Spülung der Apparatur. Aus einer kleinen Spritzflasche mit Gummigebläse wird der Rückflußkühler von oben mit etwa 20 ml CCl_4 in den unteren Teil der Apparatur gespült und abgenommen. Nach Schrägstellung des Mittelstückes mit dem Kolben spült man dreimal mit je 10 ml CCl_4, indem man nach jeder Spülung durch kurzes Lockern der Schliffe das über der Fritte angesammelte Lösungsmittel in den Kolben laufen läßt. Der Kolbeninhalt wird durch Schwenken gemischt und der Kolben an eine Quarzdestillationsapparatur mit Claisenaufsatz und absteigendem Liebigkühler (Schliffe mit H_2SO_4 geschmiert) angesetzt, mit einem Ölbad versehen und durch langsames Abdestillieren von Bromresten, Lösungsmitteln und $SiBr_4$ auf ein Volumen von 4 ml eingeengt. Die entsprechende Markierung ist vorher durch Einritzen und Schwarzfärben anzubringen.

Während die vorgenannte Destillation läuft, wird die Bromierungsapparatur mit Wasser und Methanol gewaschen. Man nimmt dazu 2 Quarzkolben (A und B) von 100 ml Inhalt mit NS 29 Hülsen, die eine Marke bei 30, 40 und 50 ml haben. Man spült zuerst den Rückflußkühler mit 10 ml bidestilliertem Wasser aus einer Spritzflasche in Kolben A und mit 10 ml Methanol aus einer Polyäthylen-Spritzflasche in Kolben B. Hierauf spült man das Mittelstück der Apparatur mit insgesamt 20 ml Wasser in 3 Anteilen (wie oben bei CCl_4 beschrieben) einschließlich der Schliffe in Kolben A und analog mit Methanol in Kolben B.

Hydrolyse

Der Kolben mit den 4 ml Destillationsrückstand wird in einem Wasserbad abgekühlt, abgenommen und mit 40 ml CCl_4 versetzt. Bei der folgenden Hydrolyse muß die freiwerdende Wärme wirksam abgeführt und die Hydrolyse bei Raumtemperatur beendet werden, um eine Kieselsäure möglichst definierter Form reproduzierbar zu erhalten. Dies wird erwirkt, indem der Kolben mit dem mit CCl_4 gelösten Rückstand nach Entfernen des Quarzstabes und Einbringen eines mit Teflon überzogenen Magnetrührers in ein Eiswasserbad gestellt wird, das seinerseits auf einem langsam laufenden Magnetrührwerk steht. Man läßt so 10 min lang abkühlen. Es muß dabei darauf geachtet werden, daß das Eiswasserbad durch Vorhandensein ausreichender Mengen Eis tatsächlich 0°C aufweist. Nun stellt man das Magnetrührwerk auf höchste Umdrehungszahl und gießt 20 ml Waschwasser aus Kolben A auf einmal in den Destillationskolben und bedeckt sofort mit einem Quarzuhrglas. Man läßt das Rührwerk so lange fortlaufen, bis sich die wäßrige Phase zu einer Gallerte zusammensetzt. Nun löst man mit einem gekrümmten Quarzstab die Gallerte von der Wandung, zerteilt sie etwas und läßt mit einer kleinen Umdrehungszahl noch weitere 10 min bedeckt hydrolysieren.

Nach dieser Zeit nimmt man den Destillationskolben aus dem Wasserbad und dekantiert vorsichtig das Lösungsmittel, bringt den Kolben in das Eiswasserbad zurück und gießt bei wiederum hoher Umdrehungszahl das restliche Wasser aus Kolben A ein. Hierbei homogenisiert sich der Inhalt. Man setzt nun 5 Tropfen Hydrazinhydrat zur Reduktion noch vorhandenen freien Broms hinzu und titriert mit 15m Ammoniak aus einer Polyäthylenbürette, die man sich aus einem Schlauch selbst anfertigt, bis pH 1,5 (Tüpfeln auf pH-Papier).

Man ersetzt nun das Eiswasserbad durch ein leeres 600 ml-Becherglas, in das man Wasser von 35°C bis zum Schliffansatz des Kolbens einfüllt und läßt nun bei hoher Umdrehungszahl des Rührwerks 1 Std laufen. Hierbei erfolgt die Hydrolyse von geringen eingeschlossenen Siliciumbromidresten. Kurz vor Ende dieser Zeit wird der pH-Wert nochmals kontrolliert und, falls erforderlich, korrigiert. Damit ist die Hydrolyse beendet. Der Teflonrührer wird mit Hilfe einer Polystyrolpinzette entfernt.

Perforation des Hydrolysates

Man füllt nun das Volumen mit Wasser auf 50 ml auf (eingeritzte Marke am Kolben). Das Volumen darf keinesfalls größer sein, da sonst Störungen bei der Perforation auftreten können.

Hierauf füllt man den Kolbeninhalt durch einen Polyäthylentrichter mit verlängertem Rohr in den Quarzperforator, in welchem ein Teflonmagnetrührer bei mittlerer Umdrehungszahl läuft, ein und spült den Kolben in drei Anteilen mit dem Methanol aus Kolben B nach. An der Wand anhaftendes Kieselsäuregel wird mit dem gekrümmten Quarzstab gelöst.

Der Kolben B wird mit etwas Methanol ausgespült und dieses in den Perforator gegossen, bis das Volumen im letzteren 100 ml beträgt (eingeritzte Marke); erst wenn die Durchmischung vollständig ist, füllt man 20 ml Diisopropyläther ein, entfernt den Trichter und stellt das Rührwerk für einige Sekunden ab, damit eingeschlossene Luft entweichen kann. Unterdessen setzt man den Fritteneinsatz ein. Der Wasserabscheider wird bis zum Überlauf mit bidestilliertem Wasser gefüllt. Man schaltet das Rührwerk wieder ein und setzt den Destillationskolben mit 25 ml bidestilliertem Wasser und 60 ml Diisopropyläther sowie den Quarzkühler an die Apparatur an. Der Schliff des Kühlers wird mit etwas bidestilliertem Wasser gedichtet. Der Kühler wird oben mit einer über den Schliff gestülpten Glaskappe abgeschlossen. Man erhitzt des Destillationskolben mittels einer Pilzheizhaube und beginnt mit der Zeitmessung für die Extraktion, welche 3 Std bei ständiger Rührung in mittlerer Geschwindigkeit dauert, vom Aufsteigen der ersten Ätherperlchen an.

Photometrische Bestimmung mit Curcumin

Nach beendeter Perforation und Entfernen des Heizpilzes kühlt man den Kolben durch Einstellen in ein Kaltwasserbad. Man nimmt dann den Kolben vom Perforator ab, setzt ohne Berühren der Kolbenwand zum Extrakt 1 ml 0,5n NaOH hinzu und prüft nach kräftigem Umschwenken den pH-Wert mit Hilfe eines Quarzstabes und pH-Papier. Er soll mindestens pH 11 betragen; ist dies nicht der Fall, so wird 0,5n NaOH entsprechend zugesetzt.

Danach führt man den Kolbeninhalt in einen 50 ml-Platintiegel über und spült zweimal mit 1–2 ml bidestilliertem Wasser nach. Der Äther wird bei 60–70° C auf einem Aluminium-Heizblock verflüchtigt, wobei die Oberfläche mit einem Quarzstrahler mäßig bestrahlt wird. Nach dem Verdunsten des Äthers und Steigerung der Heizblocktemperatur auf 100–110° C und leichtem Senken des Quarzstrahlers wird nun das Wasser verdampft.

Der Trockenrückstand im Tiegel wird nach dem Abkühlen mit 0,2 ml bidestilliertem Wasser aufgenommen und nach Zusatz von 2 Tropfen 0,1 %iger Phenolphthalein-Indicator-Lösung mit Hilfe eines Quarzstäbchens aus einer Membranbürette mit 3n HBr bis zum Verschwinden der Rotfärbung titriert. Man setzt nun 0,5 ml Trichloressigsäure zu, rührt mit dem Quarzstäbchen gut durch, wobei man die Wandung des Tiegels bis oben hin gut abspült. Unter gleichzeitigem Einschalten eines Chronometers auf 10 min setzt man 1,0 ml Curcumin-Lösung zu und rührt mit dem Quarzstab unter Benetzen der Wandung bis oben gut durch. Die Lösung muß jetzt klar sein. Man entfernt den Quarzstab und bedeckt den Tiegel. Nach Ablauf der 10 min wird der Tiegel für genau 60 min auf genau 105° C (Thermostat) erhitzt. Nach dem Abkühlen wird der Tiegelinhalt in etwas Äthylalkohol gelöst, unter mehrmaligem Nachwaschen mit Äthylalkohol in einen 25 ml-Meßkolben übergeführt und mit Äthylalkohol zur Marke aufgefüllt. Das im Äthylalkohol unlösliche Salz verbleibt dabei im Tiegel. Die Lösung wird gut durchgeschüttelt und nach Zentrifugieren in einer 4 cm-Küvette bei 540 nm gegen Wasser photometriert.

Aufstellung der Eichkurve

Es werden zunächst Silicium-Proben mit bekanntem B-Gehalt hergestellt. 4950 mg von einem in einer Achatschale vorzerkleinerten Silicium werden in einer Achatkugelmühle mit 50 mg amorphem Bor 18 Std gemahlen. Mit dem so erhaltenen Pulver mit 1% B wird auf analoge Weise ein Silicium-Pulver mit 0,01% B hergestellt. Von Silicium-Pulver mit 0,01% B entsprechen 10 mg Einwaage 1 µg B. Die Eichpunkte werden durch gemeinsame Bromierung von 10 g reinstem Si (mit $<$ 0,0000001% B) mit abgestuften Zusätzen zwischen 1–50 mg Si-Pulver (mit 0,01% B) genau nach der Arbeitsvorschrift ermittelt. Das B-haltige Si-Pulver muß dabei so in die Bromierungsapparatur eingebracht werden, daß eine vollständige Bromierung gewährleistet ist. Am zweckmäßigsten beschickt man deshalb die Fritte in aufeinanderfolgenden Schichten von: feinste Quarzsplitter, gröbere Quarzsplitter, Quarzscherben, 5–7 g reinstes Silicium, Borhaltiges Si-Pulver (in einem kleinen Quarzröhrchen mit Fritte mit der Öffnung nach unten eingebracht), Rest der Einwaage an reinstem Silicium, Quarzscherben. Der Stickstoffstrom muß so gering eingestellt sein, daß von der Pulvermischung nichts verstäubt wird. Der Nullpunkt der Eichkurve wird mit 10 und 20 g reinstem Silicium (ohne Zusatz von B-haltigem Si-Pulver) ermittelt, wobei beide Einwaagen den gleichen Nullpunkt ergeben müssen, falls das Reinstsilicium tatsächlich $<$ 0,0000001% B enthält.

3.11. Zirkonium

B: 0,1–40 ppm B.

Arbeitsvorschrift [*36e*]

Reagentien

H_2SO_4 (1,84); $(NH_4)_2SO_4$;
übrige Reagentien wie bei Arbeitsvorschrift 4 und 6 (s. S. 485).

1,0 g Probematerial wird unter Rückfluß durch Erhitzen mit 5,0 g $(NH_4)_2SO_4$ und 15 ml H_2SO_4 (1,84) gelöst, abgekühlt und in einem 50 ml-Meßkolben mit H_2SO_4/CH_3COOH zur Marke aufgefüllt. Einen aliquoten Teil von 10,0 ml Probelösung versetzt man in einer Platinschale mit 3,0 ml Curcumin-Lösung, läßt 30 min stehen und fährt dann nach a) oder b) fort.

a) Ohne Extraktion

Die Farblösung wird in einen Schütteltrichter übergeführt, mit Diäthyläther extrahiert (das überschüssige Curcumin geht in die Ätherphase, das Rosocyanin sammelt sich an der Phasengrenze Äther/Wasser an) und die Extraktion bei Bedarf wiederholt (die Ätherphase soll farblos sein). Man verwirft die Hauptmenge von wäßriger Phase und Ätherphase, löst das Rosocyanin mit dem Rest an wäßriger und organischer Phase mit Methanol, füllt auf 15,0 ml auf und photometriert in einer 1 cm- oder 4 cm-Küvette bei 555 nm gegen den Blindwert.

b) Mit Extraktion

Man führt die Farblösung in einen Schütteltrichter über und fährt mit der Extraktion nach Arbeitsvorschrift 6 (s. S. 485) fort.

4. Verschiedenes

Mit Hilfe von Curcumin erfolgte die Bestimmung von B in Uranylchloridlösungen [*42*], Urandioxyd [*36*], Berylliumoxyd [*50*] und Disiliciumhexachlorid [*50a*].

4.1. Germaniumdioxyd [*45*]

Arbeitsvorschrift

0,20 g pulverisierte Probe werden in einer Platinschale mit 3 ml 5%iger NaOH versetzt und unter kräftigem Rühren mit einem Polyäthylenstab vollständig gelöst. Die Lösung versetzt man mit 7 ml Wasser und 25 ml Methanol und fährt, wie unter D.3.9 (s. S. 488) angegeben, fort: Filtrieren, Eindampfen, Isolieren des B durch Destillation und photometrische Bestimmung mit Curcumin.

4.2. Uranoxyd [*37a*]

Man führt die Analyse mit einer Einwaage von 295 mg U_3O_8 (entsprechend 250 mg U) nach Verfahren D.3.1 (s. S. 486) durch.

4.3. Luft

B: 0,2–120 bzw. 10–6000 µg B/m³. F_r: ± 5%.

a) B-O-Verbindungen. Man saugt 50 l Luft durch ein Filter (5–25 l/min, s. S. 177), löst die B-Verbindungen mit heißem Wasser oder verdünnter HCl vom Filter oder aus der Filterasche, alkalisiert mit wenig NaOH, füllt mit Wasser auf 100 ml auf und bestimmt in einem aliquoten Teil von 1,0 oder 2,0 ml (Meßbereich 10–6000 µg B/m³) das B nach Arbeitsvorschrift 4, 5 oder 6 (s. S. 484f.).

b) BF_3, B_2H_6. Man saugt 50 l Luft durch Waschflaschen (1–5 l/min), die mit 0,5–1%iger NaOH beschickt sind, und bestimmt anschließend in der gesamten Absorptionslösung oder einem aliquoten Teil davon das B nach Arbeitsvorschrift 4, 5 oder 6 (s. S. 484f.).

E. 1, 1'-Dianthrimid

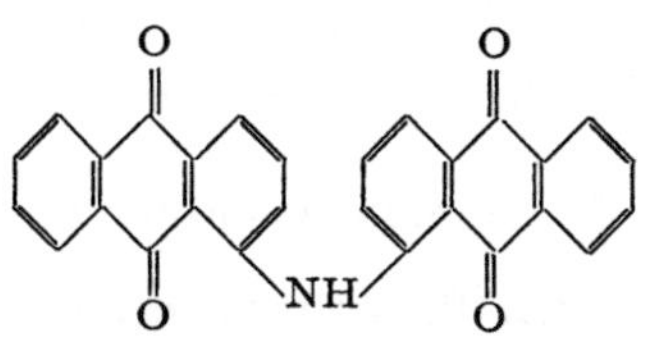

1,1'-Dianthrimid (1,1'-Dianthrachinoylamin) bildet in konz. H_2SO_4 mit B einen Komplex, wobei sich die Farbe von gelbgrün nach blau ändert [*52*]. Es ist weniger störanfällig als die übrigen mit B in konz. H_2SO_4 reagierenden Bestimmungsreagentien. Die Farbentwicklung ist von der Temperatur und der Erhitzungsdauer abhängig. Im allgemeinen wird der Farbansatz 3–5 Std (vereinzelt bis zu 16 Std) auf 90–95°C in einem Ofen (auf 90°C erhitzt man zweckmäßiger auf dem Wasserbad) erhitzt. Die Temperatur muß dabei genau eingehalten werden, da Schwankungen von 2–3°C bereits zu Fehlern führen [*10*]. Das Erhitzen soll in geschlossenen Gefäßen erfolgen, um B-Verluste zu vermeiden. Die entwickelte Farbe ist in geschlossenen Gefäßen und in Abwesenheit von Feuchtigkeit mehrere Tage stabil. Von anderer Seite [*53*] wurden folgende Reaktionsbedingungen als günstig empfohlen: 0,4 mg Dianthrimid/ml, 93–95 Gew.-% H_2SO_4, 0,3–1,0 µg B/ml, Erhitzungsdauer 1–1,5 Std bei 100°C oder 4–5 Std bei 80°C. Das Extinktionsmaximum liegt bei 620–640 nm [*52, 53a*] (s. Abb. 86). Das Beersche Gesetz ist im Bereich von 0,02–0,5 µg B/ml erfüllt (ε_{620}=9000–18400). Die Bestimmung von 0,3 µg B/ml wird durch die 30000fache Menge an Ca, Mg, Fe(III), PO_4^{3-}, die 1000fache Menge an Be, Mn, Zn und die 100fache Menge an Co, Si und Sn(IV) nicht gestört. Die 30000fache

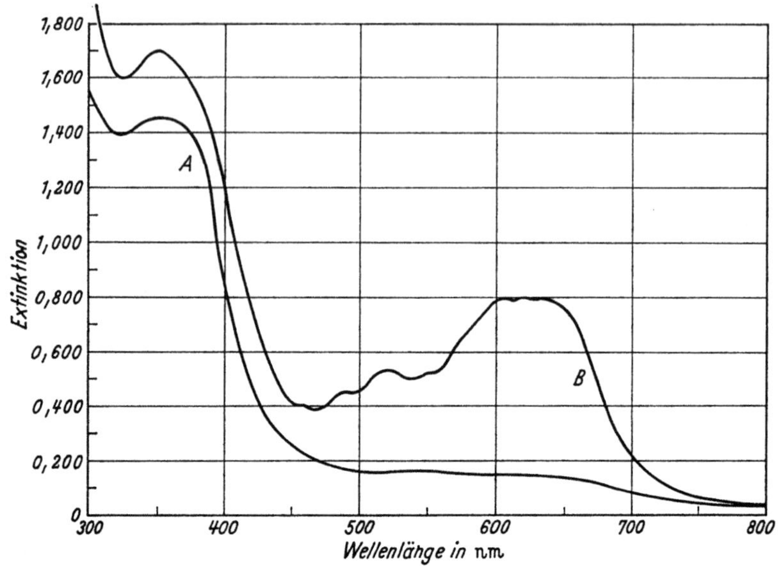

Abb. 86. Extinktionskurven von 1,1'-Dianthrimid (*A*) und B + 1,1'-Dianthrimid (*B*) [*52*]

Menge NH_4Cl und Ammoniumoxalat vermindern die Farbintensität um 10%. Weiterhin stören nicht: As(III), As(V), CrO_4^{2-}, Fe(II), W(VI), Cl^-, SO_4^{2-}, IO_4^- und ClO_4^-. NO_3^- muß abwesend sein, ebenso stören auch V(V) [*10*] und Mo [*53b*]. Bei Zusatz von Hydrazinsulfat stören nur Ge, Te, Co, Ni, Cu, Cr, Br^-, I^-, F^- und V [*53c*]. Die Störung von Ge und Te läßt sich mit Hydroxylaminhydrochlorid beseitigen.

Neben den angeführten Arbeitsvorschriften fand das Reagens Anwendung zur Bestimmung von B in Pflanzenmaterial [*52*], Milch und Milchprodukten [*53d*], Aluminium [*53c, 54*], Mineraldüngemitteln [*55*], Nickellegierungen [*58*] und Stahl [*56, 57*].

1. Organisches Material

1.1. Pflanzenmaterial

B: 0,0005–0,005% B in Pflanzentrockensubstanz. F_r: ± 2%.

Arbeitsvorschrift [*1*]

Reagentien

1 n H_2SO_4;
Hydrazinsulfat;
H_2SO_4 (1,84);
1,1'-Dianthrimidlösung, 0,05%ig in H_2SO_4 (1,84).

2,0 g getrocknetes Pflanzenmaterial werden in einer 50 ml-Quarzschale auf trockenem Wege bei 600°C verascht. Zur Asche fügt man 1 Spatelspitze Hydrazinsulfat, spült sie mit 1 n H_2SO_4 in einen 50 ml-Meßkolben, erhitzt zur Reduktion oxydierender Verbindungen und Lösung der Metalloxyde kurze Zeit auf dem Wasserbad, kühlt auf Raumtemperatur ab, füllt mit 1 n H_2SO_4 zur Marke auf und filtriert durch ein B-freies Filter. 2,5 ml des Filtrates führt man in eine 100 ml-Schliffstopfenflasche über und versetzt mit 12,5 ml H_2SO_4 (1,84) und 5 ml Dianthrimidlösung. Nach Verschließen der Schliffflasche erhitzt man im Trockenschrank 5 Std lang auf 70°C und photometriert danach in einer 2 cm-Küvette bei 620 nm (bei ELKO II-Photometer, Zeiss, Filter I 61,5).

2. Metalle und Legierungen

2.1. Stahl

Die Störelemente werden durch Ionenaustauscher entfernt und das B anschließend mit 1,1'-Dianthrimid photometrisch bestimmt. Das Verfahren eignet sich für unlegierte und niedrig legierte Stähle mit < 2% Cr und < 5% V.

B: 0,0005–0,02% B. *s*: ± 0,0004–0,0005% B bei 0,005% B.

Arbeitsvorschrift [*10*]

Reagentien

Ionenaustauschersäule, etwa 25 cm lang und 1,5 cm innerer Durchmesser, mit Kationenaustauscher Amberlite IR 120 etwa 15 cm hoch gefüllt. Regenerierung: 200 ml 20 Vol.-% HCl läßt man mit einer Geschwindigkeit von 3 ml/min durchlaufen und wäscht mit 250 ml Wasser.

H_2SO_4 (1,84); HCl (1,19);

H_2SO_4 (7,5 Vol.-%); 75 ml H_2SO_4 (1,84) gießt man in 900 ml Wasser, kühlt und füllt auf 1 l auf.

H_2SO_4 (50 Vol.-%);

1,1'-Dianthrimid-Lösung, 0,02%ig in H_2SO_4 (1,84); Stammlösung: 0,4%ig in H_2SO_4 (1,84); zur Herstellung der Dianthrimid-Lösung verdünnt man 5,0 ml Stammlösung mit H_2SO_4 (1,84) auf 100 ml;

HCl (20 Vol.-%).

H_2SO_3, mit SO_2 gesättigtes Wasser;

Na_2CO_3 sicc.

0,50 g Probematerial werden unter Rückfluß in 10 ml H_2SO_4 (7,5 Vol.-%) unter Erwärmen gelöst. Für Cr-Stähle verwendet man zum Lösen 2,2 ml HCl (1,19) + 8 ml Wasser. Die abgekühlte Lösung filtriert man durch ein mit Säure gewaschenes Filter, wäscht mit Wasser nach, der unlösliche Rückstand wird zur späteren Verarbeitung aufbewahrt, während das Filtrat im 50 ml-Meßkolben zur Marke aufgefüllt wird. 20,0 ml dieser Lösung läßt man durch die Ionenaustauschersäule mit einer Geschwindigkeit von 1–2 ml/min laufen und wäscht mit 10 ml Wasser bei gleicher Durchflußgeschwindigkeit nach. Die Säule spült man mit weiteren 140 ml Wasser mit einer Geschwindigkeit von 3 ml/min durch. Das vereinigte Eluat wird mit Na_2CO_3 gegen Lackmus neutralisiert, auf 20 ml eingeengt und in eine Platinschale oder ein 50 ml-Becherglas übergeführt. Die Lösung wird auf weniger als 5 ml eingeengt, in einem Meßzylinder mit Wasser auf 5 ml aufgefüllt, davon 2,5 ml in ein trockenes 50 ml-Becherglas übergeführt und mit 10 ml H_2SO_4 (1,84) versetzt. Nach dem Abkühlen führt man die Lösung unter Nachspülen mit H_2SO_4 (1,84) in einen 50 ml-Meßkolben über, fügt 5,0 ml 1,1'-Dianthrimid-Lösung hinzu und füllt mit H_2SO_4 (1,84) zur Marke auf. Nach gutem Durchmischen wird die Lösung in einer Schliffflasche mit lose aufsitzendem Stopfen in einem Ofen 16 Std lang auf 95° C ± 1° erhitzt. Danach kühlt man auf Raumtemperatur ab und photometriert bei 640 nm in einer 4 cm-Küvette.

Säureunlösliches B

Der im Filter verbliebene unlösliche Rückstand wird in einem Platintiegel nach Bedecken mit einem kleinen Anteil einer von 0,5 g Na_2CO_3 sicc. entnommenen Menge bei möglichst niedriger Temperatur verascht. Die Asche wird mit dem restlichen Na_2CO_3 sicc. bedeckt und bei 1000° C aufgeschlossen. Die abgekühlte Schmelze löst man in 3 ml Wasser und 1 ml H_2SO_4 (50 Vol.-%). Wenn die Lösung gelb gefärbt ist, versetzt man mit 1–2 ml H_2SO_3 bis die Lösung grün gefärbt ist. Wenn nötig, wird die Lösung filtriert und im Filtrat das B, wie oben beschrieben, bestimmt. Hierzu soll nicht mehr als 1,5 ml wäßriger Lösung verwendet werden. Wenn der aliquote Teil kleiner ist, so wird die bei der Bestimmung anwesende Wassermenge auf insgesamt 2,5 ml ergänzt.

2.2. Titan und Titanlegierungen

Die Isolierung des Bors erfolgt durch Destillation. Jeweils bis zu 20% der folgenden Legierungselemente stören nicht: Al, Ca, Cr, Cu, Fe, Mg, Mn, Mo, N, P, Si, V, Zn und 0,5% C. In der Arbeit wird ein Blindwert von 0,0002% B angegeben.

B: 0,0004–0,10% B. F_r: ± 18% bei 0,0004–0,008% B; ± 6,5% bei > 0,008% B.

Arbeitsvorschrift [*58a*]

Reagentien

1,1′-Dianthrimid-Lösung, 0,02%ig in H_2SO_4 (1,84); wie in Verfahren E. 2.1. hergestellt.

$FeSO_4$-Lösung; 7,5 g $FeSO_4 \cdot 7\,H_2O$ werden in einem Gemisch von 100 ml Wasser und 15 ml H_2SO_4 (1,84) gelöst und mit Wasser auf 250 ml aufgefüllt.

Methanol, absolut.

H_2SO_4 (1,84); H_2SO_4 (1 + 6);

Ammoniak (0,90);

NaOH;

H_2O_2 (30%).

a) 0,0000—0,0080% B

0,5 g Probe werden unter Rückfluß und Erwärmen in 35 ml H_2SO_4 (1 + 6) gelöst, die Lösung abgekühlt, der Rückflußkühler entfernt, durch Zusatz von 2 ml H_2O_2 vorhandenes Titanborid und Borhydrid oxydiert und 5 ml $FeSO_4$-Lösung hinzugegeben. Es wird nun bis zum Verschwinden des gelb gefärbten Peroxy-Titansäure-Komplexes wieder unter Rückfluß weiter erhitzt, bis ein Niederschlag auszufallen beginnt. Nach einer Siedezeit von weiteren 10 min kühlt man die Lösung ab, fügt 20 ml Methanol hinzu und isoliert das B durch Destillation. Hierzu verwendet man ein Trikresylphosphatbad als Heizquelle und ein eisgekühltes Becherglas als Vorlage. Man beendet die Destillation, wenn kein Destillat mehr übergeht, aber noch keine SO_3-Nebel auftreten. Zum abgekühlten Destillationsrückstand fügt man 50 ml Methanol, wiederholt die Destillation und verfährt in der angegebenen Weise noch ein drittes Mal. Zum vereinigten Destillat fügt man eine Pille NaOH und 10 ml Ammoniak. Die Lösung wird zur Trockene eingedampft, nach dem Abdampfen die Seitenwände des Becherglases mit wenig Wasser abgespült und erneut eingedampft. Der abgekühlte Rückstand wird in 2 ml H_2SO_4 (1,84) gelöst, mit 5 ml Reagens-Lösung versetzt, 3 Std auf 90°C erhitzt, mit H_2SO_4 (1,84) auf ein entsprechendes Volumen gebracht und in einer 1 cm- oder 2 cm-Küvette bei 620 nm gegen den Blindwert photometriert.

b) 0,008—0,10% B

Die Bestimmung wird wie unter a) durchgeführt, das Destillat mit Wasser auf 500 ml verdünnt, ein entsprechender aliquoter Teil ausgezogen und nach Zusatz von NaOH und Ammoniak wie oben angegeben fortgefahren.

F. Methylenblau

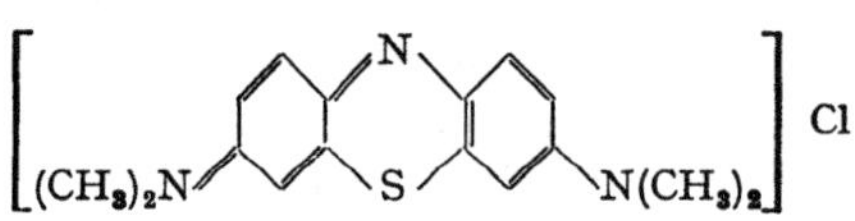

Der Komplex BF_4^- bildet mit Fe(II)-1,10-Phenanthrolin einen rot gefärbten und mit Methylenblau einen blauviolett gefärbten Komplex, die in Wasser wenig und in organischen Lösungsmitteln leicht löslich sind. Der letztgenannte Komplex erscheint zur quantitativen B-Bestimmung geeignet [49]. Der Methylenblau-Komplex ist mit 1,2-Dichloräthan [49, 59] und 1,2-Dichlorpropan [60] gut extrahierbar, mit Monochlorbenzol, Monobrombenzol und Dichlorbenzol wenig und mit Diäthyläther, $CHCl_3$, CCl_4, Dibromäthan, 1,1',1''-Trichloräthan, Tetrachloräthan, Tetrabromäthan, Trichloräthylen, 1,2-Dichloräthylen, Tetrachloräthylen, β,β'-Dichlordiäthyläther und Dichlorisopropyläther nicht extrahierbar [49, 60]. 1,2-Dichloräthan ist für die Extraktion besser geeignet als 1,2-Dichlorpropan [60]. Unter den Arbeitsbedingungen von F. 1.2. werden durch eine Ausschüttelung mit 1,2-Dichloräthan 80–85% der vorhandenen B-Menge extrahiert [49]. Methylenblau selbst wird durch 1,2-Dichloräthan nicht extrahiert, hingegen Methylenblaufluorohydrat neben dem Methylenblaufluoroborat. Da es sich bei ersterem um eine stark gefärbte Verbindung handelt, wird diese aus der organischen Phase mit Wasser ausgewaschen. Dabei geht allerdings eine geringe Menge an Methylenblaufluoroborat gleichfalls in die Waschlösung über [49]. Die Anwesenheit von H_2SO_4, H_3PO_4 oder H_2SO_4/H_3PO_4 führt bei pH 1 zu befriedigenden Ergebnissen, während HNO_3, $HClO_4$, HCl bei pH 1 sowie hohe Konzentrationen an HF für die Extraktion ungünstig sind [60]. Am günstigsten ist die Extraktion bei pH 2–4, da hier die Extinktionsdifferenz zwischen Probe und Blindwert am größten ist. Bei pH < 2, d. h. mit steigender Säurekonzentration, nimmt die Extinktionsdifferenz ab, da die Extrahierbarkeit des Methylenblaufluorohydrates zunimmt, während die des Methylenblaufluoroborates abnimmt. Da aber in Metallösungen oberhalb pH 1,5–2 Metalle ausfallen können, führt man die Extraktion am günstigsten bei pH 1 durch [60]. Die HF-Konzentration hat einen wesentlichen Einfluß auf die Ergebnisse. Eine gute Reproduzierbarkeit erzielt man bei genau abgemessenen HF-Mengen und einer Endkonzentration der wäßrigen Phase $< 0{,}30$m HF. Mit steigender HF-Konzentration nimmt die Bildungsgeschwindigkeit des BF_4^- zu. Am günstigsten ist ein Zusatz von 10 ml 5%iger HF zu 40 ml Lösung [60]. Eine weitere Erhöhung der HF-Konzentration ist wegen der Zunahme des Blindwertes ungünstig. Die vollständige Umsetzung des B zu BF_4^- erfordert eine Standzeit von 18 Std [49]. Die Bildung von BF_4^- wird bei entsprechender HF-Konzentration durch Fe katalytisch beschleunigt, so daß eine Standzeit von 2 Std ausreichend ist [60]. Löst man z. B. Stahl bereits in HF-Lösung, so ist die Umsetzung zu BF_4^- bereits nach dem Lösen der Probe (5–10 min) vollständig [61, 62]. Statt HF kann man auch eine 5%ige NaF-Lösung

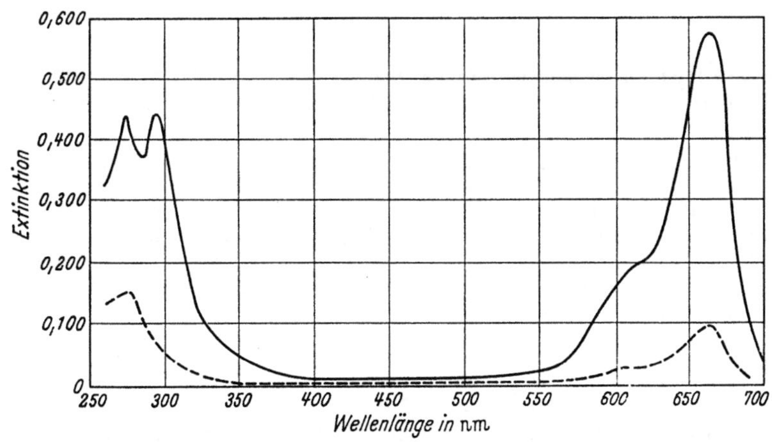

Abb. 87. Extinktionskurven von Methylenblaufluoroborat/1,2-Dichloräthan (———) und Methylenblaufluorohydrat/1,2-Dichloräthan (- - - - -) [74]

verwenden [63]. Das Methylenblau muß in 4fach molarem Überschuß der Lösung zugesetzt werden. Das Extinktionsmaximum des Komplexes liegt bei 660 nm [60] (s. Abb. 87). Das Beersche Gesetz ist im Bereich von 0,008–0,033 µg B/ml Dichloräthan erfüllt, darüber ist die Eichkurve leicht gekrümmt [60] ($\varepsilon = 65000$). Der Farbkomplex ist 6 Std stabil. Es stören nicht (molare Konzentrationen) [49, 60, 64]: 0,4 m an Na, V(V), Cl^-; 0,02 m an Al, Ba, Be, Cd, Fe(III), Li, Mg, Ni, Pb, Se, Si, Ti, U(VI), Zn, Zr, Acetat, Citrat, Oxalat, PO_4^{3-}, NH_4^+, CN^-, SO_4^{2-}, $S_2O_3^{2-}$, $S_2O_7^{2-}$; 0,001 m an Bi, Ce(IV), Cr(VI), Mn(VII), W, Br^-, BrO_3^-. Dagegen stören $4 \cdot 10^{-6}$m an ClO_4^-, IO_4^-; 10^{-5}m an Hg(II), Mo, Sb(III), $Fe(CN)_6^{4-}$, I^-; 10^{-4}m an As(III), $Fe(CN)_6^{3-}$, NO_3^-, SCN^-, $S_2O_8^{2-}$. Durch 1,2-Dichloräthan sind ClO_4^-, SCN^-, CCl_3COO^- quantitativ, MnO_4^- und NO_3^- teilweise extrahierbar [49, 60]. Eine mögliche Mitextraktion von FeF_4^- läßt sich durch Zusatz von H_3PO_4 verhindern [61]. Die Störung des As beseitigt man durch Waschen des organischen Extraktes mit 3%iger Natriumcitratlösung [65].

1. Metalle und Legierungen

In anderen Arbeiten wurde Methylenblau verwendet zur photometrischen Bestimmung von B in Stahl [61, 63, 66–68] und Silicium [49].

Bei den nachfolgenden zwei Verfahren F.1.1 und F.1.2 stören nicht [62, 68]: 20% Cr, 20% Ni, 3% Mo, 4% W, 1% V, 2% Mn, 3% Ti, 1% Cu und 0,01% As. 3% V stören nicht, wenn das V mit 10 ml 0,5%iger $FeSO_4$-Lösung reduziert wird [68]. Bis zu 2% Nb stört nicht, wenn man es durch Fällung mit H_2SO_3 nach dem Lösen der Probe abtrennt. Eine Störung von $\leqq 0{,}1\%$ As beseitigt man durch Waschen des organischen Extraktes mit dem halben Volumen 3%iger Natriumcitratlösung [61d, 65].

1.1. Eisen und Stahl

Das nachfolgende Verfahren eignet sich zur Bestimmung von B in Eisen, unlegiertem und legiertem Stahl.

B: 0,0002–0,025% B. *s*: ± 0,0001% B.

Arbeitsvorschrift [60]

Reagentien

2,5n H_2SO_4;
2,5n H_3PO_4;
HF (5%);
0,1m $KMnO_4$;
$(NH_4)_2Fe(SO_4)_2 \cdot 6\,H_2O$, 4%ige wäßrige Lösung;
0,001m Methylenblau; 3,739 g Reagens werden in 1 l Wasser gelöst und diese Lösung vor Gebrauch 10fach verdünnt.
1,2-Dichloräthan.
Na_2CO_3 sicc.
B-Standardlösung (10 µg B/ml), hergestellt durch Auflösen der entsprechenden Menge Borsäure in Wasser. Eine Standardlösung mit 1 µg B/ml als BF_4^- wird hergestellt durch Zusatz von 5 ml HF (5%) zu 50 ml B-Standardlösung. Nach 24 Std wird diese Lösung mit Wasser auf 500 ml verdünnt.
Alle HF-enthaltenden Lösungen werden unterhalb 5° C aufbewahrt und zur Aufbewahrung, mit Ausnahme von Dichloräthan, Polyäthylenflaschen verwendet.

Säurelösliches B

0,10 g Probe wird in 5,0 ml 2,5n H_2SO_4 und 5,0 ml 2,5n H_3PO_4 in einem 100 ml-Kolben unter Rückfluß bei 95–98°C gelöst (borfreie Gefäße!). Bei korrosionsbeständigem Stahl verwendet man 10,0 ml 2,5n H_2SO_4. Die Lösung führt man in einen graduierten Polyäthylenzylinder über, indem man mit wenig Wasser nachwäscht, und füllt auf 20,0 ml auf. Man versetzt mit 5,0 ml HF (5%), verschließt den Zylinder und schüttelt. Nach einer Standzeit von 2 Std bei Raumtemperatur fügt man tropfenweise $KMnO_4$-Lösung bis zur bleibenden Rosafärbung hinzu und versetzt mit 2,0 ml $(NH_4)_2Fe(SO_4)_2$-Lösung. Danach führt man die Lösung in einen Polyäthylenkolben über und verdünnt auf 50 ml. Nach Zusatz von 10,0 ml Methylenblau-Lösung extrahiert man 1 min mit 25,0 ml Dichloräthan, entnimmt nach der Phasentrennung 5,0 ml der organischen Phase und verdünnt letztere mit Dichloräthan in einem Meßkolben auf 25,0 ml. Danach photometriert man in einer 1 cm-Küvette bei 660 nm gegen Dichloräthan. Ein Blindwert wird in Abzug gebracht.

Säureunlösliches und Gesamt-B

Wenn säurelösliches und säureunlösliches B bestimmt werden sollen, verfährt man nach der oben angegebenen Vorschrift, wobei man vor dem Überführen der Probelösung in den graduierten Polyäthylenzylinder die Lösung vorher abfiltriert (Polyäthylentrichter) und den Rückstand mit möglichst wenig Wasser (etwa 4 ml) wäscht. Das Filter wird in einem Platintiegel zunächst bei 250° C und schließlich bei 550° C verascht, mit 1,0 g Na_2CO_3 aufgeschlossen, die erkaltete Schmelze mit 5,0 ml 2,5n H_2SO_4 und 5,0 ml 2,5n H_3PO_4 gelöst, die Lösung unter Nachwaschen in einen graduierten Polyäthylenzylinder übergeführt und mit Wasser auf 20,0 ml aufgefüllt. Nach Zusatz von 5,0 ml HF (5%) fährt man nach der oben angegebenen Vorschrift fort. Die getrennte Verarbeitung von Filtrat und Rückstand der Probe ergibt jeweils das säurelösliche und säureunlösliche B. Vereinigt man beide, so erhält man Gesamt-B. Im letzteren Fall vereinigt man beide Lösungen in einer 200 ml-Polyäthylenflasche und bringt vor der Extraktion auf 100 ml. Die Extraktion führt man anschließend, ebenso wie die Bestimmung, nach der oben angegebenen Vorschrift durch, doch muß dann eine Eichkurve verwendet werden, die mit 100 ml wäßriger Lösung aufgestellt wurde. Für niedrige Gehalte an Bor und insbesondere hinsichtlich säureunlöslichen Bors empfiehlt es sich, 0,20–1,0 g Probe zu verwenden und dementsprechend mehr Reagentien zuzusetzen mit Ausnahme von Na_2CO_3, von dem im allgemeinen 2,0 g ausreichen. Vor der Farbentwicklung und Extraktion entnimmt man einen aliquoten Teil entsprechend 0,10 g Probematerial, verdünnt diesen auf 50,0 ml und behandelt wie oben angegeben.

1.2. Stahl

B: 0,2–100 ppm B. *s*: ± 0,1–2 ppm B. *Z*: 2 Std/6 Proben.

Arbeitsvorschrift [*62*]

Reagentien

HF (40%). HF (5%). H_3PO_4 (3 + 2). H_2O_2 (30%).

8m NH_4HF_2, man löst 91 g NH_4HF_2 in 150 ml siedendem Wasser und filtriert.

Hexamethylentetramin, 40%ige wäßrige Lösung (vor Gebrauch frisch hergestellt).

0,01 m Methylenblau; 0,8 g Reagens löst man in 200 ml Wasser, filtriert durch einen Glasfiltertiegel und füllt mit Wasser auf 250 ml auf.

1,2-Dichloräthan.

B-Stammlösung (50 µg B/ml); man löst 0,287 g Borsäure in Wasser und füllt auf 1 l auf.

BF_4^--Lösung A (1 µg B/ml); 5,0 ml B-Stammlösung versetzt man in einer 125 ml Polyäthylenflasche mit 20 ml Wasser und 2,5 ml HF (5%), mischt, läßt 24 Std stehen und füllt mit Wasser auf 250 ml auf (die Lösung ist 6 Monate haltbar).

BF_4^--Lösung B (0,1 µg B/ml); man versetzt 10,0 ml BF_4^--Lösung A in einem Polyäthylenbecher mit 1 ml HF (5%) und 80 ml Wasser, mischt und füllt mit Wasser auf 100 ml auf (vor Gebrauch frisch hergestellt).

Analyse

Man führt die Analyse nach der Vorschrift zur Aufstellung der Eichkurve durch, wobei man anstelle der B-Stammlösung Wasser zusetzt und je nach B-Gehalt die folgenden Einwaagen anwendet: 0,100 g Probematerial bei 0,2–40 ppm B, 0,050 g Probematerial + 0,050 g B-freies Eisen bei 40–70 ppm B und 0,030 g Probematerial + 0,070 g B-freies Eisen bei 70–100 ppm B.

Aufstellung der Eichkurve

Man versetzt jeweils 0,100 g B-freies Eisen in 6 125 ml-Polyäthylenenghalsflaschen (Nr. 1–6) der Reihe nach mit 1 ml NH_4HF_2-Lösung, 1 ml H_3PO_4 (3 + 2), 0,5 ml HF (40%) und 2,0 ml H_2O_2 (30%), verschließt die Flaschen und schwenkt leicht, um das Probematerial mit den Reagentien in Kontakt zu bringen. Nach einer Standzeit von 20–25 min werden die Lösungen in 125 ml-Polypropylenschütteltrichter übergeführt, wobei die Flaschen Nr. 1–6 mit 10 (Nr. 1), 9,5 (Nr. 2), 9 (Nr. 3), 8 (Nr. 4), 7 (Nr. 5) und 6 ml (Nr. 6) Wasser nachgespült werden. Man fügt in die Schütteltrichter (Nr. 1–6) 0 (Nr. 1), 0,5 (Nr. 2), 1,0 (Nr. 3), 2,0 (Nr. 4), 3,0 (Nr. 5), und 4,0 ml (Nr. 6) BF_4^--Lösung A (für den Bereich 5–40 ppm B) bzw. BF_4^--Lösung B (für den Bereich < 5 ppm B), sowie unter Mischen jeweils 5 ml Hexamethylentetramin-Lösung und 1,0 ml Methylenblau-Lösung. Mit 15,0 ml Dichloräthan wird 5 min mechanisch extrahiert, zur Phasentrennung 2–4 min stehen gelassen, der organische Extrakt in einem zweiten Schütteltrichter mit 10 ml Wasser 30 sec leicht geschüttelt (zur Entfernung des Methylenblau-Überschusses) und nach 5 min Standzeit durch ein trockenes Filter filtriert. Man photometriert den unverdünnten (bei 0,2–1 ppm B) oder verdünnten (bei 1–5 ppm B werden 10 ml, bei 5–100 ppm B 5 ml organischer Extrakt mit Dichloräthan auf 25 ml verdünnt) organischen Extrakt in einer 1 cm-Küvette bei 650 nm gegen Dichloräthan. Ein Blindwert, mit 0,100 g B-freiem Eisen nach der Arbeitsvorschrift hergestellt, wird abgezogen.

G. Emissionsspektralanalyse

Für die Bestimmung sehr kleiner B-Gehalte finden vor allem die Linien B 2496,8 und B 2497,7 Anwendung. Gehalte bis herab zu 2 ppm B wurden in Stahl mit diesen Linien spektrographisch [*69, 70*] und mit den Linien B 2089,6 und B 1825,9 spektrometrisch [*71*] bestimmt.

Sehr geringe B-Mengen in Silicium konnten auf emissionsspektrographischem Wege nach folgendem Verfahren bestimmt werden [*72*]: Die Siliciumprobe wird in NaOH gelöst, der Salz-Überschuß durch Elektrodialyse in einer Polyäthylenzelle entfernt, die Lösung anschließend eingedampft und aus der zurückbleibenden Kieselsäure das Natriumborat mit Wasser ausgezogen, wobei auch etwas Kieselsäure in Lösung geht. Im Eindampfungsrückstand des wäßrigen Auszuges wird das B spektrographisch im Gleichstrombogen und Argonatmosphäre (zur Unterdrückung der Störung durch das vorhandene Si) mit In als innerem Standard unter Anwendung des Linienpaares B 2497,7/In 2560,2 bestimmt. Nach diesem Verfahren können 0,001–1 µg B/g Silicium mit einer Genauigkeit von $\pm$ 5–26% bestimmt werden. Bei Verwendung von besonders gereinigter NaOH soll sogar die Bestimmung von 0,0001 µg B/g Silicium möglich sein. In anderen Arbeiten wird die emissionsspektrographische Bestimmung von bis herab zu 0,1 ppb B in Reaktorgraphit [*73, 73a*], 0,8–4 ppb B in Siliciumtetrachlorid [*74–76*], 0,05–1 ppm B in Uran und Plutonium [*77*] und 0,1–2 ppm B in Urantetrafluorid [*77a*] beschrieben.

1. Verschiedenes

1.1. Germaniumtetrachlorid

Die Analyse wird nach Verfahren G.1.2 durchgeführt.

1.2. Siliciumtetrachlorid

Das B wird mit Triphenylchlormethan angereichert [*75, 76, 78*], der abgetrennte Komplex mit NaOH zersetzt [*78*] und das freigesetzte B spektrographisch bestimmt. *B*: $\geqq$ 0,06 ppb B. *s*: $\pm$ 0,01–0,02 µg B bzw. $\pm$ 0,02 ppb B.

Arbeitsvorschrift [*78*]

Reagentien

Triphenylchlormethan (TCM);
0,1 n NaOH

Spektrographische Arbeitsbedingungen

Elektroden: Graphit 6,15 mm ⌀, untere mit Bohrung 4,15 mm ⌀ und 8 mm tief, obere mit 90°-Spitze;
Elektrodenabstand: 3 mm;
Anregung: Gleichstrombogen 17 Amp. in Ar-Atmosphäre (5 l/min);
Vorbelichtung: keine; Belichtung: 60 sec;
Innerer Standard: Sb;
Analysen-Linienpaare: B 2497,7/Sb 2481,7 für 0,03—2,50 µg B.

Bis zu 500 g Probe versetzt man in einem 500 ml-Becherglas mit 100 mg TCM, läßt 30 min an einem kühlen Ort stehen, dampft den Überschuß an $SiCl_4$ ab (Ölbad 90–100° C), fügt 5 ml 0,1 n NaOH zum Rückstand, spült die Becherglaswand mit wenig Wasser ab und filtriert durch ein Papierfilter in ein Quarzwägegläschen unter Nachwaschen mit wenig Wasser. Zum Filtrat werden 100 mg Graphitpulver/Sb_2O_3-Gemisch (1 + 1) gegeben, zur Trockene eingedampft, der Rückstand in die untere Elektrode gestopft und im Gleichstrombogen angeregt.

Zur Aufstellung der Eichkurve stellt man eine Verdünnungsreihe mit hochreinem $SiCl_4$ und BBr_3 her und behandelt aliquote Teile der Lösungen (enthaltend 0,05, 0,15, 0,20, 0,30, 0,50, 1,50 und 2,50 µg B) nach der Arbeitsvorschrift.

1.3. Trichlorsilan

Die Analyse von $SiHCl_3$ führt man nach Verfahren G.1.2 durch.

H. Verschiedenes

Neben den früher beschriebenen Reagentien sind zur photometrischen Bestimmung von B noch zu erwähnen: Tetrabromchrysazin [*79, 80*], Diaminochrysazin [*9a*], Diaminoanthrarufin, Tribromanthrarufin [*81*], Azomethin H [*82, 83*], 5-Benzamido-1,1'-bis (anthrachinon) amin, 5-p-Toluidino-1,1'-bis (anthrachinon) amin [*84*] und Chromotropsäure [*85*], Monomethylthionin/1,2-Dichloräthan [*61*], Oxazinderivate [*94*] und Nilblau A/o-Dichlorbenzol (2–1000 ppm B in Stahl, $\varepsilon_{647} = 51500$) [*100*]. Zur fluorimetrischen Bestimmung von B wurden Diaminochrysazin [*9a*], Benzoin [*86–90*] und 2-Hydroxy-4-methoxy-4-chlorbenzophenon [*95–98, 101*] verwendet. Mittels Röntgenspektrometrie wurde B (1–40 µg) nach vorangehender Fällung als Bariumborotartat bestimmt [*99*]. Ein Übersichtsreferat zitiert weitere Verfahren [*93*].

Neben den angeführten Verfahren eignet sich auch die klassische, alkalimetrische Titrationsmethode unter Anwendung von Sorbit mit potentiometrischer Endpunktsanzeige zur Erfassung kleiner B-Gehalte und fand zur Bestimmung von 0,0001–0,05% B in unlegierten und legierten Stählen Anwendung [*91*].

Literatur

1. BARON, H.: Z. anal. Chem. **143**, 339 (1954).
2. FELDMAN, C.: Analyt. Chem. **33**, 1916 (1961).
3.–5.–
6. POHL, F. A.: Z. anal. Chem. **157**, 6 (1957).
7. COURSIER, J., HURÉ, J., PLATZER, R.: Analyt. chim. Acta **13**, 379 (1955).
8. MAECK, W. J., KUSSY, M. E., GINTHER, B. E., WHEELER, B. V., REIN, J. E.: Analyt. Chem. **35**, 62 (1963).
9. SPICER, G. S., STRICKLAND, J. D. H.: Analyt. chim. Acta **18**, 523 (1958).
9a. EBERLE, A. R., LERNER, M. W.: Analyt. Chem. **32**, 146 (1960).
9b. American Society for Testing and Materials, ASTM Methods for chemical analysis of metals, ASTM, Philadelphia 1956.
9c. EHRLICH, P., KEIL, T.: Z. anal. Chem. **165**, 188 (1959).
10. *B.I.S.R.A. Methods of analysis committee.* J. Iron Steel Inst. **189**, 227 (1958).
11. MARTIN, J. R., HAYES, J. R.: Analyt. Chem. **24**, 182 (1952).
12. WOLSZON, J. D., HAYES, J. R., HILL, W. H.: Analyt. Chem. **29**, 829 (1957).
13. CALLICOAT, D. L., WOLSZON, J. D., HAYES, J. R.: Analyt. Chem. **31**, 1437 (1959).
14. CALKINS, R. C., STENGER, V. A.: Analyt. Chem. **28**, 399 (1956).
15. CODELL, M., NORWITZ, G.: Analyt. chim. Acta **11**, 233 (1954).
16. NEWSTEAD, E. G., GULBIERZ, J. E.: Analyt. Chem. **29**, 1673 (1957).
17. HATCHER, J. T., WILCOX, L. V.: Analyt. Chem. **22**, 567 (1950).
18. SMITH, W. C., GOUDIE, A. J., SIVERTSON, J. N.: Analyt. Chem. **27**, 295 (1955).
19. CALLICOAT, D. L., WOLSZON, J. D.: Analyt. Chem. **31**, 1434 (1959).
20. KAWAGUCHI, H.: Japan Analyst **4**, 307 (1955).
21. PIPER, E., HAGEDORN, H.: Arch. Eisenhüttenw. **28**, 373 (1957).
22. PUPHAL, K. W., MERRILL, J. A., BOOMAN, G. L., REIN, J. E.: Analyt. Chem. **30**, 1612 (1958).
23. ROSS, W. J., MEYER, A. S., Jr., WHITE, J. C.: Analyt. Chem. **29**, 810 (1957).
24. FLEET, M. E.: Analyt. Chem. **39**, 253 (1967).
25. SCHARRER, K., GOTTSCHALL, R.: Z. Pflanzenernähr., Düng. Bodenkunde **39**, 178 (1935).
26. BERGER, K. C., TRUOG, E.: Ind. Eng. Chem., Anal. Ed. **11**, 540 (1939).
27. WEINBERG, S., PROCTOR, K. L., MILNER, O.: Ind. Eng. Chem., Anal. Ed. **17**, 419 (1945).
28. MACDOUGALL, D., BIGGS, D. A.: Analyt. Chem. **24**, 566 (1952).
29. RIPLEY-DUGGAN, B. A.: Analyst **78**, 183 (1953).
30. JONES, A. H.: Analyt. Chem. **29**, 1101 (1957).
30a. HAAS, C. S., PELLIN, R. A., EVERINGHAM, M. R.: Analyt. Chem. **36**, 245 (1964).
31. KARRER, P.: Lehrbuch der organischen Chemie. Stuttgart: G. Thieme 1950.
32. WELCHER, F. J.: Organic analytical reagents, Vol. I—IV, New York: D. Van Nostrand Co., Inc., 1947/48.
33. BELLAMY, L. J., SPICER, G. S., STRICKLAND, J. D. H.: J. chem. Soc. **1952**, 4653.
34. SPICER, G. S., STRICKLAND, J. D. H.: Analyt. chim. Acta **18**, 231 (1958).
35. SPICER, G. S., STRICKLAND, J. D. H.: J. chem. Soc. **1952**. 4644, 4650.
35a. UPPSTRÖM, L. R.: Analyt. chim. Acta **43**, 475 (1968).
35b. GRIFFITH, G. R., LAIRD, R. M.: Analyt. chim. Acta **59**, 302 (1972).
35c. DYRSSEN, D. W., NOVIKOV, Y. P., UPPSTRÖM, L. R.: Analyt. chim. Acta **60**, 139 (1972).
36. HAYES, M. R., METCALFE, J.: Analyst **87**, 956 (1962).
36a. HARRISON, T. S., COBB, W. D.: Analyst **91**, 576 (1966).
36b. GREENSTEAD, R. R., SNIDER, S.: Analyst **92**, 532 (1967).
36c. WILLIAMS, D. E., VLAMIS, J.: Analyt. Chem. **33**, 1098 (1961).
36d. HAYES, M. R., METCALFE, J.: Analyst **88**, 471 (1963).
36e. ELWELL, W. T., WOOD, D. F.: Analyst **88**, 475 (1963).
36f. THIERIG, D., UMLAND, F.: Z. anal. Chem. **211**, 161 (1965).
36g. DYRSSEN, D., UPPSTRÖM, L., ZANGEN, M.: Analyt. chim. Acta **46**, 55 (1969).
36h. AGAZZI, E. J.: Analyt. Chem. **39**, 233 (1967).

36i. MAIR Jr., J. W., DAY, H. G.: Analyt. Chem. **44**, 2015 (1972).
37. NAFTEL, J. A.: Ind. Eng. Chem., Anal. Ed. **11**, 407 (1939).
37a. TOLK, A., TAP, W. A., LINGERAK, W. R.: Talanta **16**, 111 (1969).
38. SCHÄFER, H.: Z. anal. Chem. **110**, 11 (1937).
39. DIBLE, W. T., TRUOG, E., BERGER, K. C.: Analyt. Chem. **26**, 418 (1954).
39a. UMLAND, F., THIERIG, D., MÜLLER, G.: Z. anal. Chem. **215**, 401 (1966).
39b. UMLAND, F., JANSSEN, A.: Z. anal. Chem. **249**, 186 (1970).
40. WINSOR, H. W.: Analyt. Chem. **20**, 176 (1948).
40a. GREENHALGH, R., RILEY, J. P.: Analyst **87**, 970 (1962).
40b. CRAWLEY, R. H. A.: Analyst **89**, 749 (1964).
41. RYNASIEWICZ, J., SLEEPER, M. P., RYAN, J. W.: Analyt. Chem. **26**, 935 (1954).
42. SILVERMAN, L., TREGO, K.: Analyt. chim. Acta **15**, 439 (1956).
42a. BORROWDALE, J., JENKINS, R. H., SHANAHAN, C. E. A.: Analyst **84**, 426 (1959).
42b. PAKALNS, P.: Analyst **94**, 1130 (1969).
42c. FREEGARDE, M., CARTWRIGHT, J.: Analyst **87**, 214 (1962).
43. CHIRNSIDE, R. C., CLULEY, H. J., PROFFIT, P. M. C.: Analyst **82**, 18 (1957).
43a. ANDREW, T. R., NICHOLS, P. N. R.: Analyst **91**, 664 (1966).
44. LUKE, C. L.: Analyt. Chem. **30**, 1405 (1958).
45. LUKE, C. L.: Analyt. Chem. **27**, 1150 (1955).
46. LUKE, C. L., FLASCHEN, S. S.: Analyt. Chem. **30**, 1406 (1958).
47. BLUM, H., EDER, A.: Radex-Rundschau **1954**, 123.
48. DUCRET, L., SEGUIN, P.: Analyt. chim. Acta **17**, 207 (1957).
49. DUCRET, L.: Analyt. chim. Acta **17**, 213 (1957).
49a. POHL, F. A., KOKES, K., BONSELS, W.: Z. anal. Chem. **174**, 6 (1960).
50. COURSIER, J., HURÉ, J., PLATZER, R.: Commissariat à l'Energie Atomique, Rapport No.404, (1955).
50a. SCHNEER, A., HALMOS, T., SZEKELY, T.: Z. anal. Chem. **182**, 178 (1961).
51. PLATZER, R.: Persönl. Mitteilung (1956).
52. ELLIS, G. H., ZOOK, E. G., BAUDISCH, O.: Analyt. Chem. **21**, 1345 (1949).
53. DANIELSSON, L.: Talanta **3**, 138 (1959).
53a. LANGMYHR, F. J., ARNESEN, R. T.: Analyt. chim. Acta **29**, 419 (1963).
53b. LANGMYHR, F. J., SKAAR, O. B.: Analyt. chim. Acta **25**, 262 (1961).
53c. KERIN, D.: Mikrochim. Acta (Wien) **1964**, 670.
53d. RABER, H., LIKUSSAR, W.: Mikrochim. Acta (Wien) **1970**, 577.
54. BREWSTER, D. A.: Analyt. Chem. **23**, 1809 (1951).
55. ROTH, H., BECK, W.: Z. anal. Chem. **141**, 404 (1954).
56. DANIELSSON, L.: Talanta **3**, 203 (1959).
57. LEEB, A. J., HECHT, F.: Radex-Rundschau **1960**, 62.
58. BURKE, K. E., ALBRIGHT, C. H.: Talanta **13**, 49 (1966).
58a. CODELL, M., NORWITZ, G.: Analyt. Chem. **25**, 1446 (1953).
59. PASZTOR, L. C., BODE, J. D.: Analyt. chim. Acta **24**, 467 (1961).
60. PASZTOR, L. C., BODE, J. D., FERNANDO, Q.: Analyt. Chem. **32**, 277 (1960).
61. ROSOTTE, R.: Chim. analytique **44**, 208 (1962).
62. BHARGAVA, O. P., HINES, W. G.: Talanta **17**, 61 (1970).
63. VERNON, F., WILLIAMS, J. M.: Analyt. chim. Acta **51**, 533 (1970).
64. SKAAR, O. B.: Analyt. chim. Acta **28**, 200 (1963).
65. GRÄBNER, H. J.: Persönl. Mitteilung (1966).
66. TAKEYAMA, S., GOTO, H.: Sci. Rep. Res. Inst. Tohoku Univ., Ser. A**15**, 144 (1963).
67. LÜDEMANN, K. F., ZIMMERMANN, R., WEMME, H.: Neue Hütte **11**, 755 (1966).
68. BLAZEJAK-DITGES, D.: Z. anal. Chem. **247**, 20 (1969).
69. STEINBERG, R. H.: Appl. Spectroscopy **7**, 176 (1953).
70. RUNGE, E. E., BROOKS, L. S., BRYAN, F. R.: Analyt. Chem. **27**, 1543 (1955).
71. HÖLLER, P., SLICKERS, K.: Arch. Eisenhüttenw. **39**, 129 (1968).
72. MORRISON, G. H., RUPP, R. L.: Analyt. Chem. **29**, 892 (1957).
73. BRANDENSTEIN, M., JANDA, I., SCHROLL, E.: Mikrochim. Acta (Wien) **1960**, 935.
73a. ROSSI, G., SOLDANI, G.: Analyst **97**, 124 (1972).
74. VELEKER, T. J., MEHALCHNIK, E. J.: Analyt. Chem. **33**, 767 (1961).
75. VECSERNYÉS, L., HANGOS, I.: Z. anal. Chem. **208**, 407 (1965).
76. PČELINCEVA, A. F., RAKOW, N. A., SLJUSAREWA, L. P.: Zavodskaja Laborat. **28**, 677 (1962).
77. WENZEL, A. W., PIETRI, C. E.: Analyt. Chem. **36**, 2082 (1964).

77a. Alduán, F. A., Capdevila, C., Roca, M.: Z. anal. Chem. **263**, 128 (1973).
78. Kawasaki, K., Higo, M.: Analyt. chim. Acta 33, 497 (1965).
79. Yoe, J. H., Grob, R. L.: Analyt. Chem. **26**, 1465 (1954).
80. Karpen, W. L.: Analyt. Chem. 33, 738 (1961).
81. Cogbill, E. C., Yoe, J. H.: Analyt. Chem. **29**, 1251 (1957).
82. Capelle, R.: Analyt. chim. Acta **24**, 555 (1961).
83. Capelle, R.: Analyt. chim. Acta **25**, 59 (1961).
84. Grob, R. L., Yoe, J. H.: Analyt. chim. Acta **14**, 253 (1956).
85. Kuemmel, D. F., Mellon, M. G.: Analyt. Chem. **29**, 378 (1957).
86. White, C. E., Neustadt, M. H.: Ind. Eng. Chem., Anal. Ed. **15**, 599 (1943).
87. White, C. E., Weissler, A., Busker, D.: Analyt. Chem. **19**, 802 (1947).
88. White, C. E., Hoffman, D. E.: Analyt. Chem. **29**, 1105 (1957).
89. Parker, C. A., Barnes, W. J.: Analyst **85**, 828 (1960).
90. Elliott, G., Radley, J. A.: Analyst **86**, 62 (1961).
91. Gräbner, H. J.: Z. anal. Chem. **184**, 327 (1961).
92. Pasztor, L. C., Fernando, Q.: Analyt. Chem. 32, 1630 (1960).
93. Capelle, R.: Chim. analytique **45**, 303 (1963).
94. Skaar, O. B.: Analyt. chim. Acta 32, 508 (1965).
95. Marcantonatos, M., Monnier, D., Daniel, J.: Analyt. chim. Acta **35**, 309 (1966).
96. Monnier, D., Marcantonatos, M.: Analyt. chim. Acta **36**, 360 (1966).
97. Monnier, D., Liebich, B., Marcantonatos, M.: Z. anal. Chem. **247**, 188 (1969).
98. Liebich, B., Monnier, D., Marcantonatos, M.: Analyt. chim. Acta **52**, 305 (1970).
99. Luke, C. L.: Analyt. chim. Acta **45**, 377 (1969).
100. Gagliardi, E., Höllinger, W.: Mikrochim. Acta (Wien) **1972**, 136.
101. Monnier, D., Menzinger, C. A., Marcantonatos, M.: Analyt. chim. Acta **60**, 233 (1972).

Be — Beryllium

Die hohe Toxicität des Be erfordert bei der Durchführung der Analysen besondere Vorsichtsmaßnahmen, vor allem bei der AAS, Emissionsspektralanalyse und Gaschromatographie (Absaugen der entstehenden Dämpfe bzw. Abgase).

Tabelle 130. Empfindlichkeit S_M und Bestimmungsgrenze L_Q der Verfahren

Verfahren	µg Be · ml⁻¹ · cm⁻¹ S_M	L_Q
Chromazurol, pH 4,9	0,00044 (568 nm)	0,011 (568 nm)
Chromazurol, pH 6,7	0,00068 (540 nm)	0,017 (540 nm)
Chromazurol/Polyvinylalkohol	0,00018 (615 nm)	0,0046 (615 nm)
8-Hydroxychinaldin/$CHCl_3$	~ 0,002 (photometrisch; 380 nm)	~ 0,05 (photometrisch; 380 nm) ~ 0,01 (fluorimetrisch)
Morin		~ 0,001 (fluorimetrisch)
Atomabsorptionsspektrophotometrie	0,002 µg/ml[4]	0,1 µg/ml[3]
Emissionsspektralanalyse		0,1 ng[1,3]
Gaschromatographie	~ 0,4 pg; ~ 0,4 ng/ml[2]	4 pg[3]; 4 ng/ml[2,3]

[1] Auf der Elektrode.
[2] Im Benzolextrakt.
[3] $F_r = \pm 10\%$.
[4] Für 1% Absorption.

A. Trennungen

Bei der Bestimmung von Be fiel der Extraktion anfangs vorwiegend die Aufgabe zu, die störenden Elemente abzutrennen. Dabei handelt es sich im allgemeinen um die Entfernung von Al und Fe, wobei aber beispielsweise bis zu ~ 1 mg Al in der Probe bei der Bestimmung mit Morin nicht stört [*1*, *2*]. Beide Elemente lassen sich als Oxinate mit $CHCl_3$ von Be abtrennen [*3*], Fe außerdem aus HCl-Lösung mit Amylacetat [*4*], Diäthyläther [*4*] oder β,β'-Dichlordiäthyläther [*5*, *6*]. Auch Cupferron/$CHCl_3$ kann beispielsweise zur Abtrennung von Fe(III), Ti, V(V), Sn(IV), Zr u. a. Elementen dienen.

Über die Möglichkeit, Be selbst als Acetylacetonat-Komplex mit Benzol zu extrahieren, wurde schon früher berichtet [*3*, *7*]. Sie fand dann in erster Linie zur Abtrennung des Be von den in biologischem Material anwesenden Alkali- und Erdalkalimetallen und von Phosphat in Verbindung mit anderen Trennungsverfahren vor der eigentlichen fluorimetrischen Be-Bestimmung Anwendung [*8*, *9*], später mit $CHCl_3$ als Solvens auch für die Isolierung des Be vor der fluorimetrischen Bestimmung in biologischem Material, Stahl und Erzen [*1*], Uran-, Zirkonium-, Thorium-Metall, Kupferlegierungen [*10*] und Luftproben [*1*, *10*]. Auch anstelle der sonst üblichen Mitfällung des Be mit $Fe(OH)_3$ hat sich die extraktive Anreicherung als Be-Acetylacetonat bewährt [*10*, *11*].

Der pH-Bereich und die Dauer der Extraktion als Acetylacetonat sind von der Anwesenheit komplexbildender Kationen bzw. von Anionen abhängig. Bei zu niedrigem pH-Wert bildet sich kein Be-Komplex, bei zu hohem pH-Wert bedingt die stärkere Ionisation des Acetylacetons seine zunehmende Löslichkeit in der wäßrigen Phase und damit eine Verminderung der Extraktion des Komplexes in die organische Phase. Sobald andere Kationen neben Be vorhanden sind, sollte aber für eine quantitative Extraktion der pH-Wert so niedrig als möglich sein. Dieser Umstand sowie die verwendeten unterschiedlichen Konzentrationen an Acetylaceton erklären wohl die verschiedenen Angaben einzelner Autoren, welche pH-Werte zwischen 3–6 [*8*, *9*] und 5–11 [*1*, *12*] als optimal empfehlen. Die Gefahr von Hydroxydfällungen bei höheren pH-Werten läßt sich durch ÄDTA in fast allen Fällen ausschalten. Mit Be wird Al auch in Anwesenheit von ÄDTA (letzteres stört auch in größerer Menge nicht) teilweise extrahiert, Fe(III) allein hingegen nur wenig, mit Al zusammen in etwas größerem Ausmaß. U(VI) wird im sauren Bereich mit Be auch bei Zusatz von ÄDTA vollständig, Sc, Th, Y und Zr wenig, La und Li jedoch nicht extrahiert [*1*]. Durch Zusatz von $Na_2S_2O_4$ in Anwesenheit von ÄDTA wird aber nicht nur die Reduktion zum kaum extrahierbaren U(IV)-Acetylacetonat, sondern auch eine Reduktion des Fe(III)-ÄDTA-Komplexes in saurer und alkalischer Lösung erzielt, welche die Be-Extraktion auch in Anwesenheit großer Fe-Mengen gestattet. Eine verlustfreie Extraktion des Be-Acetylacetonates ist bei Auftreten einer Kieselsäure-Fällung nicht möglich. F^- verhindert die Extraktion, während kleinere Mengen an Citrat, Tartrat, Oxalsäure, $Na_2B_4O_7$ und CN^- nicht stören. In Anwesenheit von 50–100 mg PO_4^{3-} genügt eine Extraktionsdauer von 15 min bei pH 4,5 [*8*, *9*] (5 min mit Acetylaceton und 10 min mit Benzol), in Anwesenheit von 6 g PO_4^{3-} ist hingegen eine Dauer von 2 Std erforderlich. Zur Abtrennung von weniger als 0,1 µg Be/g Knochenasche wird deshalb die Anwendung eines Kationenaustauschers, bei höheren Gehalten eine Phosphatfällung empfohlen [*9*]. Von anderer Seite [*1*] wird berichtet, daß Pyrophosphat durch die Bindung des Be in Form eines wasserlöslichen Komplexes sowohl seine Fällung als Hydroxyd als auch seine Extraktion mit Acetylaceton verhindert. Bei der Verarbeitung P-reichen organischen Materials müssen daher die gebildeten Pyrophosphate durch $HClO_4$ zersetzt werden, wenn Be danach als Acetylacetonat isoliert werden soll (s. S. 515). Auf diese Weise gelang die direkte Extraktion von bis zu 10^{-4} µg Be aus 1 g gelöster Knochenasche praktisch quantitativ, während für größere Mengen an Probematerial auch eine zusätzliche Calciumphosphatfällung notwendig ist.

Da das Be-Acetylacetonat durch Säure leicht zersetzt wird, kann Be mit 5n HCl aus der organischen Phase rückgeschüttelt werden. In einer anderen Arbeit [*1*] wird das Be aus dem Acetylaceton/$CHCl_3$-Extrakt in der Wärme mit $HClO_4/HNO_3$ in die wäßrige Phase übergeführt, wozu allerdings zwecks Vermeidung von Verlusten eine gewisse Erfahrung notwendig sein dürfte. Bei Verwendung kombinierter Trennungsverfahren (Veraschung der organischen Substanz, Calciumphosphatfällung, Elektrolyse und Extraktion mit Acetylaceton/Benzol [*8*, *9*] bzw. Veraschung und Acetylaceton-Extraktion in Anwesenheit von ÄDTA [*1*]) mit nachfolgender fluorimetrischer Bestimmung mit Morin konnten in biologischem Material (Harn, Knochen, tierisches Material) 10^{-4} µg und weniger Be mit einer Ausbeute von 95–99% bestimmt werden. Demgegenüber konnten mit Fällungsmethoden allein nur 50–70% [*8*] bzw. bis 80% [*13*] des Be erfaßt werden. Außer von Al soll sich Be auch von Cr und verschiedenen zweiwertigen Kationen mit Acetylaceton/CCl_4 in Anwesenheit von ÄDTA abtrennen lassen [*14*].

Be bildet auch mit TTA einen durch Benzol und andere organische Lösungsmittel extrahierbaren Komplex [*15*], der allerdings weitgehend säurestabil ist, weshalb Be aus der organischen Phase nur schwer rückgeschüttelt werden kann. Im Gegensatz zu Be-Acetylacetonat ist das Be-TTA nicht flüchtig. Bei pH 6,7 sind nach 30 min Extraktionsdauer 92% des Be extrahiert. Der optimale pH-Wert scheint bei 7 zu liegen. Fe wird bei pH 6,4 nur wenig (~ 18% nach 30 min) extrahiert (optim. pH-Wert 2–3). Mit HCl (1,19) läßt sich Be aus der organischen Phase teilweise rückschütteln (nach 6 Std etwa 40%). Al wird bei pH 5,5 rasch extrahiert (nach 30 min ~ 88%), aber langsam bei pH 3,4 (nach 30 min ~ 11%); Cu wird bei pH 3,4 rasch extrahiert (nach 30 min ~ 93%). Fe und Cu werden rasch (in 50 min), Al langsam (6 Std) rückgeschüttelt [*15*]. Im Gegensatz zu Be wird Al in Anwesenheit von ÄDTA mit TTA/$CHCl_3$ nicht extrahiert [*1*]; da die Komplexbildung zwischen ÄDTA und Al in saurer Lösung aber verzögert ist, sollen die Lösungen nur schwach saure bis nahezu neutrale Reaktion aufweisen und aufgekocht werden [*10*].

Be kann mit 0,005–0,25m Trifluoracetylaceton/Benzol (oder Toluol, $CHCl_3$) bei pH 6–7 aus 0,02m ÄDTA-Lösung extrahiert (30 min Schüttelzeit, $E\,\% = 99{,}9$) und von Co ($E\,\% = 0{,}3$), Zn ($E\,\% = 0{,}6$) und Fe ($E\,\% = 5{,}4$) abgetrennt werden [*16*].

Zur Be-Abtrennung werden auch verschiedene Spurenfällungs-Methoden angewendet. Erwähnt sei die Mitfällung an $Al(OH)_3$ aus ammoniakalischer Lösung unter Zusatz von Thioglykolsäure zur Maskierung des Fe [*18*]. Mit Be und Al fallen dann nur Fe-Spuren, Erdalkalien, Co, Ni, Cr, Ti und S.E. aus. Der Niederschlag soll bei möglichst niedriger Temperatur getrocknet und geglüht werden, da bei zu hoher Temperatur gebildetes BeO sich in einer nachfolgenden Alkalihydroxydschmelze nicht vollständig löst. Außerdem darf die Menge der mitfallenden Begleitelemente nicht zu hoch sein, da sonst die Löslichkeit des BeO in der Schmelze ebenfalls beschränkt ist. Weiterhin kann Be auch bei pH 6–6,3 mit $Fe(OH)_3$ mitgefällt und danach das Fe und andere Elemente durch Elektrolyse mit der Hg-Kathode entfernt werden [*11, 13*]. Vor der spektrographischen Bestimmung in Luftproben wurde das Be auch durch Mitfällen an Calciumphosphat isoliert [*19*]. µg-Mengen Be lassen sich aus ~ 250 ml Lösung nach Zusatz von 1 g NH_4Cl bei pH 8–10 mit Methylenblau (20 ml 1%ige Lösung) und Tanninsäure (7 ml 10%ige Lösung) quantitativ ausfällen [*17, 17a*] und von K, Li, Na, Se(IV), Sn(II) und Sr abtrennen. Zahlreiche andere Elemente werden mitgefällt: zu 90–100% Co, Cr(VI), Cu, Fe(III), Hf, La, Mn(II), Mo, Ni, Pb, Sc, Sm, Th, U, W, Y, Zn, weiterhin (in %) As(III) (29), Ca(6), Ga(87), Mg(15) und Tl(I)(25).

Mit Hilfe des Kationenaustauschers AG 50W-X8 läßt sich Be von Al, Fe, Y, Ce u. a. Elementen abtrennen (s. S. 364 f.).

B. Chromazurol

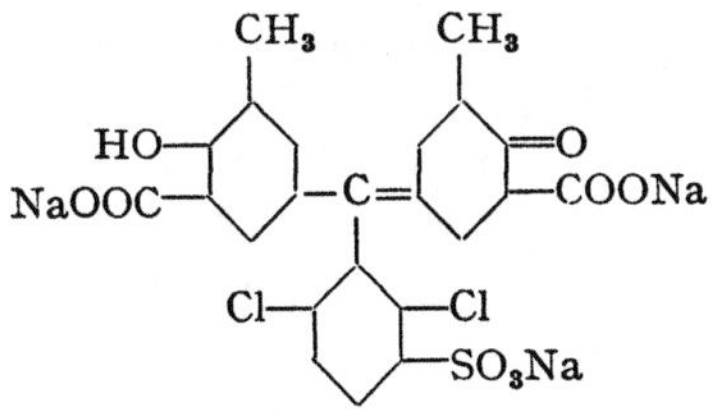

Be bildet mit Chromazurol S (Natriumsalz der 3″-Sulfo-2″,6″-dichloro-3,3′-dimethyl-4-hydroxyfuchson-5,5′-dicarbonsäure; Solochrombrillantblau B; Polytropblau R) in schwach saurer Lösung einen violettroten Farblack [*20–24*] unterschiedlicher Zusammensetzung: bei pH 4,8 $BeRH^-$, bei pH 6,7 $Be_2R_2^{4-}$. Die Extinktionskurve ist jener des Al-Farblackes ähnlich (s. S. 401). Die Farbentwicklung erfolgte in einzelnen Arbeiten bei verschiedenen pH-Werten und die Farbintensität wird vom pH-Wert, sowie von Pufferart und -konzentration beeinflußt (s. a. S. 400), so daß für ε verschiedene Angaben vorliegen. Das Extinktionsmaximum liegt für pH 4,9 bei 568 nm ($\varepsilon = 19500$ bis 21400), für pH 6,7 bei 540 nm ($\varepsilon = 13200$) [*24*] (s. Abb. 88). Der Zusatz von Polyvinylalkohol bei pH ~ 6,5 führt zur Verschiebung des Extinktionsmaximums nach 615 nm, Erhöhung der Empfindlichkeit ($\varepsilon = 52000$) und Änderung der Farbe nach braun-grün. Das Beersche Gesetz ist je nach den Arbeitsbedingungen in folgenden Bereichen erfüllt: bei pH 4,9 und pH 6,7 0,01–0,3 µg Be/ml, bei pH 6,5 mit Polyvinylalkohol-Zusatz 0,005–0,13 µg Be/ml. In Anwesenheit von 0,25 mmol ÄDTA als Maskierungsmittel ist die Empfindlichkeit um ~15% geringer. Die Farbe ist ~5 Std stabil.

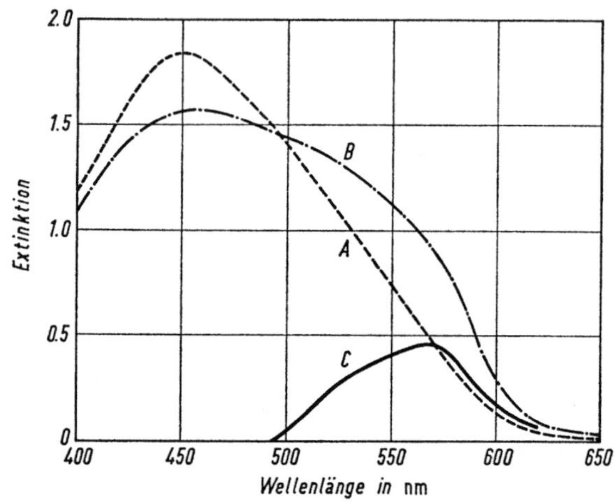

Abb. 88. Extinktionskurven von Chromazurol S (*A* Blindlösung, gegen Wasser gemessen) und Be + Chromazurol S (*B* gegen Wasser, *C* gegen Blindlösung gemessen) [*23*]

Die Bestimmung des Be wird durch andere Elemente in folgenden Konzentrationsverhältnissen (mol Fremdelement/mol Be) nicht gestört [*24*]: nach Vorschrift a) bei pH 4,9 (ohne ÄDTA; mit ÄDTA) Al (0,1; 80), Ba (150; –), Bi (5; 500), Ca (150; –), Cr(III) (0,2; 100), Cu (0,1; 160), Fe(III) (0,05; 60), Ga (0,2; 500), In (0,1; 500), Mg (120; 2000), Ni (5; 125), Pd 0,1; 450), U(VI) (0,1; 20), Y (0,5; 550), Zn (300; 5000), Zr (0,1; 10), Cl^- (600; –), NO_3^- (480; –), SO_4^{2-} (270; –), CO_3^{2-} (60; –), PO_4^{3-} (50; –), ClO_4^- (2500; –), Tartrat (120; –), Oxalat (9; –), ÄDTA (70; –); nach Vorschrift a) bei pH 6,7 (ohne ÄDTA; mit ÄDTA + Ca) Al (0,1; 40), Ba (500; –), Bi (1; 125), Ca (500; –), Cr(III) (1; 20), Cu (2; 25), Fe(III) (1,0; 50), Ga (2; 200), In (1,5; 400), Mg (300; 500), Ni (5; 100), Pb (20; 500), Pd (1; 50), U(VI) (1; 2 bzw. 120[1]), Y (3; 100), Zn (35; 650), Zr (0,5; 10), Cl^- (1200; –), NO_3^- (1500; –), SO_4^{2-} (150; –), CO_3^{2-} (15; –), PO_4^{3-} (0,5; –), ClO_4^- (1500; –), Tartrat (25; –), Oxalat (15; –), ÄDTA (7; –); nach Vorschrift b) (ohne ÄDTA; mit ÄDTA + Ca) Ag (30; 270), Al (0,2; 50), Ba (3000; –), Bi (1; 20), Ca (3000; –), Cd (30; 305), Co (12; 160), Cr(III) (0,5; 42), Cu (0,1; 85), Fe(III) (0,15; 32), Ga (2; 30), Hg(II) (30; 365), In (4; 50), La (3; 20), Mg (1500; –), Mn(II) (10; 140), Ni (15; 170), Pb (25; 60), Pd (2; 310), Sc (6; 55), Th (8; 25), Ti (2; 10), U(VI) (2; 4), V(IV) (50; 160), Y (4; 22), Zn (25; 135), Zr (3; 3), Cl^- (2550; –), NO_3^- (4000; –), SO_4^{2-} (100; –), F^- (0,1; –), CO_3^{2-} (30; –), PO_4^{3-} (15; –), ClO_4^- (4000; –), Tartrat (3,5; –), Oxalat (20; –), ÄDTA (20; –).

[1] In Anwesenheit von 0,05% Hydroxylaminhydrochlorid.

Arbeitsvorschrift [*24*]

Reagentien

0,0025 m und 0,001 m Chromazurol S, ~ 0,15%ige und ~ 0,06%ige wäßrige Lösung (2 Tage haltbar);
1 m Pyridin-Pufferlösung; 81,3 ml Pyridin und 42 ml HNO_3 (1,39) werden mit Wasser auf 1 l aufgefüllt und auf pH 5,0 eingestellt;
1 m Acetat-Pufferlösung (Natriumacetat mit Eisessig auf pH 5,0 eingestellt);
1 m Tris(hydroxymethyl)aminomethan (TRIS)-Pufferlösung (mit HNO_3 oder $HClO_4$ auf pH 6,7 eingestellt);
1 m Hexamethylentetramin (HMT)-Pufferlösung (mit HNO_3 oder $HClO_4$ auf pH 6,5 eingestellt);
0,1 m ÄDTA-Lösung; 0,1 m $Ca(NO_3)_2$-Lösung;
Polyvinylalkohol, 4%ige wäßrige Lösung.

a) Bestimmung bei pH 4,9 oder 6,7

~ 25 ml schwach saure Probelösung (0,5–15 µg Be enthaltend) versetzt man in einem 50 ml-Meßkolben mit 5,0 ml 0,0025 m Chromazurol-Lösung, bei Bedarf mit 2,5 ml ÄDTA-Lösung (Farbentwicklung bei pH 4,9) oder 2,5 ml ÄDTA-Lösung + 3,0 ml $Ca(NO_3)$-Lösung (Farbentwicklung bei pH 6,7), 5 ml Pyridin (pH 5)- oder Acetat (pH 5)- oder TRIS (pH 6,7)-Pufferlösung, füllt mit Wasser zur Marke auf (die aufgefüllte Lösung soll jetzt pH 4,9 ± 0,1 oder pH 6,7 ± 0,2 aufweisen) und photometriert nach einer Standzeit von 20 min in einer 1 cm-Küvette bei 568 nm (pH 4,9) bzw. 540 nm (pH 6,7) gegen den Blindwert.

b) Bestimmung bei pH 6,5 mit Zusatz von Polyvinylalkohol

~ 25 ml schwach saure Probelösung (0,25–6,5 µg Be enthaltend) versetzt man in einem 50 ml-Meßkolben mit 5,0 ml 0,001 m Chromazurol-Lösung, 10 ml Polyvinylalkohol-Lösung, bei Bedarf mit 2,5 ml ÄDTA-Lösung und 3,0 ml $Ca(NO_3)_2$-Lösung, 5 ml HMT-Lösung, füllt mit Wasser zur Marke auf (die Lösung soll jetzt pH 6,5 ± 0,2 aufweisen) und photometriert nach 20–30 min Standzeit in einer 1 cm-Küvette bei 615 nm gegen den Blindwert.

C. 8-Hydroxychinaldin

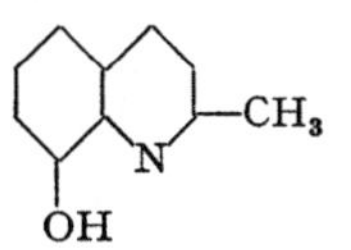

1. Photometrische Bestimmung

Be bildet mit 8-Hydroxychinaldin einen Komplex, der mit $CHCl_3$ extrahierbar ist. Das Verfahren ist für Gehalte von 3–30 µg Be/40 ml geeignet [*25*]. Der Komplex wird 15–30 min nach dem Reagenszusatz bei pH 7,5–8,5 quantitativ extrahiert (unmittelbar nach dem Reagenszusatz ist die Extraktion unvollständig), wonach der Extrakt beim Extinktionsmaximum von 380 nm gegen die Blindlösung photometriert wird. Die Extinktion des Blindwertes ist bei dieser Wellenlänge gering. Erst unterhalb 370 nm steigt die Absorption des Reagenses steil an. Das Beersche Gesetz ist bei 380 nm im Bereich von 0,1–3 µg Be/ml $CHCl_3$ erfüllt. Die Extinktion des in brauner Flasche aufbewahrten, getrockneten Extraktes ist mindestens 3 Tage beständig. Große Mengen an Alkalien, NH_4^+, Acetat, SO_4^{2-}, NO_3^-, ferner bis 1 mg PO_4^{3-}, bis 15 mg Mg, bis 5 mg Ca und bis 100 µg Al stören nicht. Größere Mengen von Al führen zur Ausfällung von $Al(OH)_3$ und zu Be-Verlusten infolge Okklusion. Die Bestimmung wird gestört durch

Tartrat, Bi, Cd, Cr, Co, Cu, Fe, In, Ni, Sn, Ti und Zn. Alle Elemente mit Ausnahme von Ti lassen sich elektrolytisch mit der Hg-Kathode abtrennen. Mit Cyanid können auch Cd, Cu, Fe, Ni und Zn maskiert werden. Als Oxinate lassen sich Al, Cu, Fe, Ni und Ti vor der Be-Bestimmung durch mehrfache Extraktion mit $CHCl_3$ bei pH 4,5—5,0 abtrennen, wenn von Al und Fe nicht mehr als je 20 mg und von Ti nicht mehr als 10 mg/40 ml Lösung vorliegen (Zugabe 5%iger Oxinacetat-Lösung in ausreichender Menge). Nach der Abtrennung wird die Lösung auf etwa 40 ml eingedampft und dann Be unter Berücksichtigung etwa noch vorhandener kleiner Mengen an Fe bestimmt. Fe gibt mit 8-Hydroxychinaldin einen tief dunkelblauen $CHCl_3$-Extrakt mit 2 Extinktionsmaxima bei 470 und 580 nm. Das Beersche Gesetz ist bei beiden Wellenlängen bis zu Gehalten von mindestens 50 mg Fe erfüllt. Da der Be-Komplex bei 580 nm nicht absorbiert, kann Be neben kleinen Mengen Fe durch Messung bei 380 und 580 nm und rechnerische Auswertung bestimmt werden.

Arbeitsvorschrift [*25*]

Reagentien

8-Hydroxychinaldin, 1%ige wäßrige Lösung; 2 g Reagens werden mit 4 ml Eisessig versetzt und mit Wasser auf 200 ml aufgefüllt.

NH_4Cl, 10%ige wäßrige Lösung.

2n Ammoniak.

a) Abwesenheit von Fe

Etwa 35 ml der schwach sauren Probelösung (3—30 µg Be enthaltend) werden mit 5 ml NH_4Cl-Lösung und 3 ml Reagenslösung versetzt, mit 2n Ammoniak auf pH 8,0 genau eingestellt und mit Wasser auf 50 ml gebracht. Nach 30 min extrahiert man 1 min lang mit 10,0 ml $CHCl_3$. Der organische Extrakt wird in eine braune Flasche abgelassen, die 1 g wasserfreies Na_2SO_4 enthält, und kurz geschüttelt. Anschließend photometriert man in einer 1 cm-Küvette bei 380 nm gegen die Blindlösung.

b) Anwesenheit von Fe

Man verfährt wie unter a) und photometriert bei 380 und 580 nm. Für den Be-Gehalt gilt dann:

$$C_{Be} = \frac{\alpha_{580}^{Fe} \cdot E_{380} - \alpha_{380}^{Fe} \cdot E_{580}}{\alpha_{380}^{Be} \cdot \alpha_{580}^{Fe}}$$

α_λ^{Me} = spezieller Extinktionskoeffizient.
E_λ = Extinktionsmeßwert.

Bei Verwendung eines Beckman-DU-Spektralphotometers mit 1 cm-Küvette fanden die Autoren unter den genannten Reaktionsbedingungen $\alpha_{380}^{Fe} = 0{,}0098$, $\alpha_{580}^{Fe} = 0{,}0085$ und $\alpha_{380}^{Be} = 0{,}0352$. Bei der Bestimmung von 5—30 µg Be neben 10—25 µg Fe liegen die gefundenen Abweichungen zwischen —1,1 und +0,6 µg Be.

2. Fluorimetrische Bestimmung

Das Verfahren gestattet ohne Schwierigkeit die Erfassung von 0,3—3,0 µg Be/40 ml Lösung [*26*]. In diesem Bereich verläuft die Eichkurve linear. Alle bei dem vorher angeführten photometrischen Verfahren angegebenen Störelemente stören auch hier. Weiterhin sind nur bis 10 µg Al zulässig.

Arbeitsvorschrift [*26*]

Man verfährt nach den unter a) zur photometrischen Bestimmung gemachten Angaben und mißt die Fluorescenz des Extraktes (beim Beckman-DU-Spektralphotometer finden ein Primärfilter mit einer Durchlässigkeit bei 360 nm und ein Sekundärfilter mit einer solchen oberhalb 430 nm Anwendung). Als Standardlösung dient eine 0,1n H_2SO_4/Chininsulfat-Lösung.

D. Morin

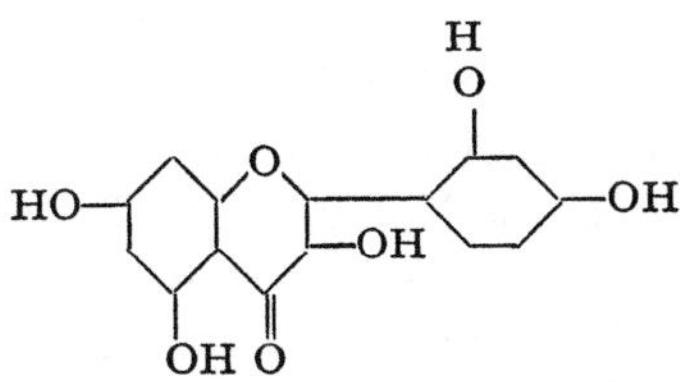

Be bildet mit Morin in natronalkalischer Lösung einen gelbgrün fluorescierenden Komplex, der sich zur fluorimetrischen Bestimmung von Be-Mengen im Nanogramm-Bereich eignet [*27*]. Die Fluorescenz des Komplexes wird durch den Salzgehalt der Probe beeinflußt. Ein Zusatz bestimmter Mengen von NaCl, $NaClO_4$ und Na_2SO_4 bewirken eine Fluorescenzzunahme, während die Fluorescenz des freien Morins demgegenüber abnimmt [*11*]. Innerhalb einer NaOH-Konzentration von 0,02–0,1n im Endvolumen ist die Fluorescenz des Be-Komplexes konstant, bei weiterer Konzentrationserhöhung nimmt sie merklich ab. Die Eigenfluorescenz des Morins hingegen beginnt bei einer NaOH-Konzentration von 0,02n an bereits abzunehmen. Der mit dem Morin-Reagens eingebrachte Äthanol-Gehalt bewirkt in steigender Konzentration eine Erhöhung der Blindwert-Fluorescenz, aber nicht derjenigen des Be-Komplexes; die Äthanol-Menge muß daher genau festgelegt werden [*2*].

Als geeignete Morinkonzentration im Farbansatz wurden $0{,}5 \cdot 10^{-3}$% [*11*], $2 \cdot 10^{-5}$% [*28*], $3 \cdot 10^{-4}$% [*1*] oder auch $1-2 \cdot 10^{-4}$% [*2*] angegeben. Die größte Fluorescenzintensität wurde bei einer Morin-Konzentration von $0{,}5 \cdot 10^{-4}$% gefunden, doch ist die erzielbare Empfindlichkeitssteigerung mit der Gefahr einer Vergrößerung der Fehler durch Temperatur- und Konzentrationsschwankungen verbunden [*1*]. Die Empfindlichkeit des Morins gegen Oxydation und damit die Neigung des Be-Komplexes zum Verblassen kann durch Zusatz von wenig Stannit als Reduktionsmittel verhindert werden. Es wurde auch beobachtet, daß Triäthanolamin die Reproduzierbarkeit der Fluorescenz günstig beeinflußt, was möglicherweise auf eine Komplexbildung dieses Reagenses mit Fe, das infolge Neigung zur Hydroxydbildung stark stört, zurückzuführen ist [*1*]. Der Komplex des Fe-Triäthanolamins wird durch ÄDTA in Lösung gehalten, zeigt aber trotzdem noch eine gewisse Eigenfluorescenz. Auf die Verwendung von Stannit soll verzichtet werden können, wenn durch Zusatz von Diäthylentriaminopentaessigsäure (DTPE), teilweise zusammen mit Triäthanolamin, verschiedene, die Morin-Oxydation fördernde Elemente komplex gebunden werden. Allerdings wird besonders auf die daneben bestehen bleibende Gefahr durch Oxydation aus der Luft oder unter Umständen aus dem verwendeten destillierten Wasser hingewiesen [*10*]. In Anwesenheit von ÄDTA stören bis zu 1 mg der folgenden Elemente nicht: Al, As, B (als BO_3^{3-} oder $B_4O_7^{2-}$), Ca, Cd, Ga, In, Mg, Pb und Zn [*27, 1*]. Die Elemente Ag, Bi, Hg (wahrscheinlich auch Au und die Pt-Metalle) stören in Mengen über 10 µg, da sie vom Stannit zum Metall reduziert werden [*1*]. PO_4^{3-} und F^- stören nicht, hingegen beeinträchtigt $P_2O_7^{4-}$ und auch Tartrat [*2*] die Fluorescenz des Be-Komplexes. Ebenfalls fluorescierende und dadurch störende Komplexe bilden mit Morin die S.E., Li und in schwächerem Ausmaß Th und Zr. Durch Verwendung von DTPE kann die Störung durch La, Sc und Y beseitigt werden [*10*]. Die Eichkurve verläuft im Bereich von 0–40 ng Be/ml linear

[*1, 11, 29*]. Meist erfolgt die fluorimetrische Bestimmung mit einer Primärstrahlung von 360 nm [*1*], 430 nm [*2*] oder ~ 465 nm [*10*] und die Messung der Sekundärstrahlung bei 480 nm [*30*], ~ 520 nm [*2, 10*] oder 540 nm [*1*].

1. Organisches Material

1.1. Knochen und anderes biologisches Material

PO_4^{3-} wird aus salpetersaurer Lösung als $BiPO_4$ ausgefällt und überschüssiges Bi mit H_2S entfernt. Anschließend erfolgt die Isolierung des Be mit $Fe(OH)_3$ als Spurenfänger bei pH 6–6,3 und die Abtrennung des Fe mittels Elektrolyse. Eine zweite Möglichkeit zur Isolierung des Be besteht darin, daß nach der Abtrennung des Bi als Sulfid und großer Mengen Ca als Sulfat mit anschließender Elektrolyse der Lösung das Be mit Acetylaceton/Benzol extrahiert wird. In beiden Fällen erfolgt schließlich die Bestimmung des Be mit Morin. Dabei soll ein geringer Zusatz an ÄDTA noch vorhandene Ca-Spuren maskieren.

B: Von 0,05 µg Be (entsprechend 0,000025% Be bezogen auf Asche) bzw. bei höheren Einwaagen von 0,00001% Be aufwärts.

Arbeitsvorschrift [*11*]

Reagentien

HNO_3 (1,40); 0,3n HNO_3; H_2SO_4 (1,84); 4n H_2SO_4;
0,1m $Bi(NO_3)_3$, in 0,5n HNO_3.
4n Ammoniak; 1n NaOH.
1,5m Na_2CO_3; 3m Na_2SO_4;
$SnCl_2 \cdot 2H_2O$, 1%ige wäßrige Lösung in 0,5n NaOH.
ÄDTA, 30%ige wäßrige Lösung.
Acetylaceton.
Benzol.
NaCl.
HCl (1,19); 5n HCl;
Morin, 0,02%ige alkoholische Lösung.

a) Spurenfällung

Nach der Veraschung der Probe wird 0,1–1 g Asche (0,05–0,5 µg Be enthaltend) in 10 ml HNO_3 (1,40) gelöst, fast zur Trockene eingedampft und nach erneutem HNO_3-Zusatz das Eindampfen wiederholt. Den Überschuß an HNO_3 neutralisiert man mit 1,5m Na_2CO_3, stellt mit 1,6 ml HNO_3 (1,40) auf 0,5n ein (bezogen auf 50 ml Endvolumen), erhitzt die Lösung fast zum Sieden und versetzt die heiße Lösung in 0,5 ml-Anteilen mit $Bi(NO_3)_3$-Lösung, solange sich ein sichtbarer Niederschlag bildet. Ein Überschuß von 1–2 ml $Bi(NO_3)_3$-Lösung ist empfehlenswert (der Überschuß wird durch Tüpfeln mit H_2S geprüft). Zur Ausfällung von 50 mg Phosphat sind 6,5 ml $Bi(NO_3)_3$-Lösung erforderlich. Der Niederschlag wird abfiltriert, 2mal mit je 5 ml heißer 0,3n HNO_3 gewaschen, das Filtrat in einem 250 ml-Erlenmeyerkolben mit H_2S gesättigt und das ausgefallene Bi_2S_3 abfiltriert. Zur Entfernung des H_2S kocht man das Filtrat 10–20 min lang, versetzt danach mit 5 ml $FeCl_3$-Lösung (2 mg Fe/ml, 0,1n HCl), stellt mit 4n Ammoniak auf pH 6–6,3 ein, kocht 1 min, filtriert den Niederschlag ab und wäscht 2mal mit heißem Wasser nach. Den Niederschlag löst man in 1 ml heißer 4n H_2SO_4, wäscht mit etwas Wasser nach, dampft die Lösung bis zum Auftreten von SO_3-Nebeln ein, versetzt nach dem Abkühlen mit 5–8 ml Wasser und erhitzt bis zum vollständigen Lösen. Die Lösung führt man in eine Elektrolysierzelle mit Hg-Kathode über, elektrolysiert 10–15 min lang bei 0,3 Amp. und 6–8 V, versetzt dann mit 2 ml 1n

NaOH und setzt dann die Elektrolyse noch 40 min lang fort. Ohne den Strom zu unterbrechen, wird die Lösung in einen 20 ml-Meßkolben übergeführt, mit 1n NaOH neutralisiert und mit soviel 3m Na_2SO_4-Lösung versetzt (unter Berücksichtigung des NaOH-Verbrauches), um die Lösung auf eine Endkonzentration von 0,75 m zu bringen. Dann fügt man 2 ml frisch hergestellte $SnCl_2$-Lösung, 0,1 ml ÄDTA-Lösung und 0,5 ml Morin-Lösung hinzu, füllt zur Marke mit Wasser auf und mißt die Fluorescenz (s. S. 514).

b) Acetylaceton-Extraktion

Man verfährt wie unter a) beschrieben bis einschließlich der Abtrennung des Bi-Überschusses als Sulfid. Das Filtrat versetzt man dann mit 1 ml H_2SO_4 (1,84) (bei hohem Ca-Gehalt muß entsprechend mehr H_2SO_4 zugesetzt werden), dampft bis zum Rauchen ein, fügt 8–10 ml Wasser hinzu, filtriert das ausgefällte $CaSO_4$ ab und elektrolysiert das Filtrat wie bereits oben beschrieben. Das Volumen der Lösung beträgt nun etwa 30–35 ml. Die Lösung wird in ein 100 ml-Becherglas übergeführt, mit einigen Tropfen Eisessig und danach mit einigen Tropfen Ammoniak (0,91) versetzt, bis pH 4–5 erreicht ist. Die Lösung wird in einem 125 ml-Schütteltrichter mit 4 ml Acetylaceton versetzt, 5 min mechanisch gerührt, 20 ml Benzol hinzugesetzt und abermals 15 min mechanisch gerührt. Der pH-Wert der wäßrigen Lösung wird korrigiert, die Extraktion wiederholt, die wäßrige Phase verworfen, 15 ml 5n HCl zugegeben und 15 min mechanisch gerührt. Die Säurephase wird in eine Platinschale übergeführt, zur Trockene eingedampft und vorhandene organische Substanz durch kurzes Glühen zerstört. Man fügt 5 ml HCl (1,19) hinzu, verdampft den größten Teil davon, neutralisiert die restliche Säure mit 1n NaOH und führt die Lösung in einen 10 oder 20 ml-Meßkolben über. Die Lösung wird mit genügend NaCl versetzt (unter Berücksichtigung des NaOH-Verbrauches), um eine Endkonzentration von 1,5m zu erreichen; anschließend erfolgt der Zusatz von $SnCl_2$- und Morin-Lösung und die Messung der Fluorescenz.

1.2. Biologisches Material

Bei größeren Einwaagen von Ca-reichen Proben wird die Hauptmenge an Ca zuerst als Sulfat, der Rest danach als Phosphat ausgefällt. Der gebildete Berylliumpyrophosphat-Komplex wird in der Wärme durch $HClO_4$ zersetzt und anschließend das Be in Anwesenheit von ÄDTA aus neutraler bis schwach ammoniakalischer Lösung durch Extraktion mit Acetylaceton/$CHCl_3$ isoliert. Nach Zerstören des organischen Komplexes erfolgt die fluorimetrische Bestimmung mit Morin in Anwesenheit von Triäthanolamin und ÄDTA. Bei kleineren Einwaagen oder Ca-armen Proben kann die Probelösung nach Lösen des Be-Pyrophosphates in $HClO_4$ unmittelbar der Extraktion mit Acetylaceton/$CHCl_3$ zugeführt werden. In der Arbeit [*1*] werden zwei Eichkurven für den Bereich von 0,1–0,5 µg Be bzw. 0,5–2,5 µg Be/26 ml verwendet.

B: 0,1–2,5 µg Be/g Knochenasche bzw. von 0,1 µg Be aufwärts für 1,5 l Harn.

Arbeitsvorschrift [*1*]

Reagentien

$HClO_4$ (72%); HNO_3 (1,40); H_2SO_4 (1 + 1); Ammoniak (0,91);
ÄDTA, 10%ige wäßrige Lösung.
$(NH_4)_2SO_4$, 5%ige wäßrige Lösung.
Acetylaceton
$CHCl_3$
Morin, 0,0078%ig; 7,8 mg Reagens werden in 25 ml Äthanol gelöst, mit 25 ml 8m $NaClO_4$ (eisenfrei) versetzt, 2 Tropfen 10%ige ÄDTA-Lösung zugefügt und mit Wasser auf 100 ml aufgefüllt.
Alkali-Stannit-Lösung; 1,50 g $SnCl_2 \cdot 2H_2O$ werden in 2 ml Wasser gelöst, 25 ml kaltes Wasser zugesetzt und die Suspension unter Rühren in eine Lösung von 2,40 g NaOH in 10 ml Wasser

gegossen und die Lösung mit Wasser auf 50 ml aufgefüllt. Die Lösung muß vor Gebrauch frisch hergestellt werden.

Piperidin-Pufferlösung; 10,0 g Hydrazinsulfat und 5,00 g ÄDTA werden in einem 250 ml-Becherglas mit 30 ml Wasser und 50,0 ml Piperidin (redest.) versetzt und bis zur klaren Lösung gerührt. Man füllt mit Wasser auf 100 ml oder auf 500 ml auf, je nachdem, ob bei der fluorimetrischen Bestimmung mit 10 oder 25 ml Endvolumen gearbeitet wird.

8,2 m $NaClO_4$-Lösung; zu 300 ml Wasser fügt man 500 g $NaClO_4$ sicc., versetzt mit 2—3 Tropfen 8 n NaOH und filtriert durch ein Glasgewebefilter. Zu dem klaren Filtrat fügt man 10 mg Hydrazinsulfat. Wenn ein Chlorgeruch auftritt, wird entsprechend mehr Reduktionsmittel zugesetzt. Dann fügt man 5 Tropfen 0,01%ige Chininsulfatlösung und $HClO_4$ (72%) hinzu, bis im UV-Licht eine blaue Fluorescenz auftritt; man fügt noch 1 Tropfen $HClO_4$ im Überschuß zu. Andererseits kann die Lösung auch durch Neutralisieren von 165 g NaOH mit $HClO_4$ und entsprechender Weiterbehandlung, wie vorher beschrieben, hergestellt werden.

Waschlösung; 1 ml H_2SO_4 (1,84) und 2 ml 10%ige ÄDTA-Lösung werden in einem 100 ml-Meßkolben mit Wasser verdünnt, 2 Tropfen 0,1%ige Phenolrot-Indikatorlösung, sowie Ammoniak bis zum Farbumschlag hinzugesetzt und mit Wasser zur Marke aufgefüllt.

Triäthanolamin-ÄDTA-Lösung; 5 g ÄDTA und 3 ml farbloses Triäthanolamin werden in 95 ml Wasser gelöst.

Chininsulfat, 0,01%ige Lösung; 50 mg Chininsulfat werden in Wasser gelöst, 10 ml $HClO_4$ (72%) zugesetzt und mit Wasser auf 500 ml aufgefüllt.

8,2 n NaOH; 1 n NaOH.

a) Knochen

1,0 g Knochenasche wird mit 5 ml $HClO_4$ in einem 250 ml-Becherglas nach Bedecken mit einem Uhrglas bis zum Lösen gekocht und danach zur Sirupkonsistenz eingedampft. Dann fügt man 3 ml $HClO_4$ und 30 ml Wasser hinzu, erhitzt zum Sieden und dampft dann die Lösung bis zum Auftreten der ersten $HClO_4$-Nebel ein. Man verdünnt mit Wasser auf 25 ml, versetzt mit 40 ml ÄDTA-Lösung und führt dann die später beschriebene Acetylaceton-Extraktion durch.

Zur Erzielung einer größeren Empfindlichkeit werden 10 g Knochenasche mit 20 ml $HClO_4$ in einem 400 ml-Becherglas gelöst, zur Sirupkonsistenz eingedampft, anschließend mit 5 ml $HClO_4$ und 40 ml Wasser bis zum Auftreten der ersten $HClO_4$-Dämpfe gekocht, dann 100 ml Wasser zugefügt und die Lösung zum Sieden erhitzt. Man versetzt die heiße Lösung unter Rühren mit 13 ml H_2SO_4 (1 + 1), kühlt im fließenden Wasser ab und läßt den Niederschlag unter gelegentlichem Umrühren absitzen. Der Niederschlag von $CaSO_4$ wird unter dreimaligem Nachwaschen mit $(NH_4)_2SO_4$-Lösung abfiltriert, das Filtrat in das 400 ml-Becherglas zurückgeführt und das restliche Ca, wie unter b),,Harn" näher beschrieben, als Phosphat ausgefällt und, wie dort angegeben, weiter verfahren.

b) Harn

Während des Sammelns der Proben werden 2% HCl zugesetzt. 1500 ml angesäuerte Harnprobe werden in einem 2 l-Becherglas zum Sieden erhitzt und mit Ammoniak (0,91) bis zur bleibenden Fällung versetzt. Die Lösung wird 15 min lang erhitzt, das Becherglas von der Heizplatte genommen und sorgfältig dekantiert, nachdem sich der gelatinöse Niederschlag abgesetzt hat. Die restliche Lösung mit Niederschlag wird durch ein mit Filterschleim versetztes Filter filtriert, das 2 l-Becherglas mit 5 ml HNO_3 und 10 ml $HClO_4$ gespült, diese Waschlösung in ein 250 ml-Becherglas übergeführt und in diese das Filter mit dem Niederschlag gegeben. Man löst in der Hitze in dem mit einem Uhrglas bedeckten Becherglas. Falls eine schwarze Färbung auftreten sollte, so versetzt man mit wenig HNO_3, um die organische Substanz vollständig zu veraschen. Die $HClO_4$-saure Lösung wird auf etwa 5 ml eingeengt, mit 30 ml Wasser versetzt und bis zum Auftreten der ersten $HClO_4$-Dämpfe eingeengt. Man fügt 15 ml Wasser hinzu, erhitzt zum Sieden, fügt 2 ml H_2SO_4 (1 + 1) hinzu, kühlt dann unter fließendem Wasser unter gelegentlichem

Rühren ab und filtriert den abgesetzten Niederschlag von $CaSO_4$ unter zweimaligem Nachwaschen mit $(NH_4)_2SO_4$-Lösung ab. Man extrahiert nun anschließend das Be unter Zusatz von 20 ml ÄDTA-Lösung mit Acetylaceton/$CHCl_3$. Bei Probemengen von 250 ml abwärts entfällt die an die Ca-phosphatfällung angeschlossene Fällung von $CaSO_4$.

Zu der mit ÄDTA, wie oben angegeben, versetzten, sauren Probelösung werden 2 Tropfen 0,1%iger Phenolrotlösung zugegeben und unter Kühlen mit Ammoniak nahezu neutralisiert. Man führt die Lösung in einen 125 ml- oder 250 ml-Schütteltrichter über, fügt 0,25 ml Acetylaceton tropfenweise zu, schüttelt kurz durch und versetzt tropfenweise mit Ammoniak bis zum Farbumschlag des Indicators. Falls eine Trübung auftreten sollte, so muß erneut angesäuert und mehr ÄDTA zugesetzt werden. Man extrahiert 2mal je 2 min mit je 10 ml $CHCl_3$, wobei vor der zweiten Extraktion nochmals 2–3 Tropfen Acetylaceton zugegeben werden. Der vereinigte organische Extrakt wird in einem zweiten Schütteltrichter mit dem gleichen Volumen Waschlösung 1 min lang geschüttelt, die organische Phase in ein 100 ml-Becherglas abgelassen, in welches 3 ml $HClO_4$ und 3 ml HNO_3 vorgelegt sind. Die Waschlösung wird nach Zusatz von 2 Tropfen Acetylaceton mit 10 ml $CHCl_3$ extrahiert und der Extrakt ebenfalls in das Becherglas abgelassen. Das Becherglas wird mit einem Uhrglas bedeckt, unter vorsichtigem Erwärmen das $CHCl_3$ verdampft und nach beendeter Reaktion des Acetylacetons mit HNO_3 die Lösung bis auf ein sehr kleines Volumen (0,5 ml oder weniger $HClO_4$) eingeengt.

Zu der eingedampften Lösung fügt man 3,00 ml 8,2n NaOH und 3 Tropfen Chininsulfatlösung. Man neutralisiert durch tropfenweisen Zusatz von $HClO_4$, bis eine blaue Fluorescenz im UV-Licht auftritt. Man gibt einen weiteren Tropfen $HClO_4$ im Überschuß zu, führt in einen 25 ml-Meßkolben über (das Gesamtvolumen darf 17 ml nicht überschreiten), versetzt mit 0,5 ml Triäthanolamin-ÄDTA-Lösung und tropfenweise 1n NaOH bis zum Verschwinden der Fluorescenz. Man gibt noch 2 Tropfen 1n NaOH im Überschuß zu. Nach Zusatz von 0,5 ml Alkali-Stannit-Lösung wird durchgemischt, dann fügt man 5,00 ml verdünnte Piperidin-Pufferlösung zu und mischt erneut schnell durch. Man füllt mit Wasser zur Marke auf, mischt gut durch und setzt dann 1,00 ml Morinlösung zu (die Pipette soll dabei unter die Flüssigkeitsoberfläche eintauchen). Die Fluorescenz der Lösung wird nach genauer Temperatur-Einstellung im Thermostat unter Verwendung eines Primärfilters von 360 nm und eines Sekundärfilters von 540 nm (maximale Durchlässigkeit, Beckman DU Spektralphotometer) in einer 1 cm-Quarzküvette gemessen.

Die zweieinhalbfache Zunahme der Empfindlichkeit erreicht man, wenn mit einem Endvolumen von 10 ml gearbeitet wird. In diesem Falle wird der vereinigte organische Extrakt in einem 50 ml-Becherglas verascht, auf ein kleines Volumen eingedampft, 1,00 ml 8,2n NaOH, 1 Tropfen Chininsulfatlösung und 1 ml starke Piperidin-Pufferlösung zugegeben. Man arbeitet wie oben angegeben in einem 10 ml-Meßkolben. Die hierzu verwendete Morinlösung setzt sich wie folgt zusammen: 3,3 mg Morin werden in 25 ml Äthylalkohol gelöst und die Herstellung wie bei der unter Reagentien beschriebenen Morinlösung vervollständigt.

2. Stahl

Die unter D. 1.2. angegebene Arbeitsweise wurde auch zur Bestimmung von Be in Stahl [*1*] verwendet.

3. Silicate

Bis zu 0,02% Cr_2O_3 stört nicht.

B: 0,0005–0,02% Be und darüber. F_r: ±10%.

Arbeitsvorschrift [*29*]

Reagentien

HF (40%); 6n H_2SO_4; HCl (1,19).

Thioglykolsäure (80%).

Waschlösung; 10 ml HCl (1,19) und 10 ml Ammoniak (0,91) mit Wasser auf 1 l auffüllen. Kurz vor Verwendung zu 100 ml dieser Lösung 2 ml Thioglykolsäure (mit Ammoniak neutralisiert) zufügen.

$Na_4P_2O_7$, gesättigte wäßrige Lösung.

Methylorange, 0,01%ige Lösung.

NaOH, 3%ige wäßrige Lösung; Ammoniak (1 + 1).

NaCl-Lösung; 3 g NaOH werden in etwa 50 ml Wasser gelöst, 1 ml Methylorange-Lösung zugegeben, mit HCl (1 + 1) neutralisiert und mit Wasser auf 100 ml aufgefüllt.

$Al_2(SO_4)_3$-Lösung (50 mg Al_2O_3/ml); 32,6 g $Al_2(SO_4)_3 \cdot 18\,H_2O$ werden unter Zusatz von 2 ml 6n H_2SO_4 in Wasser gelöst und mit Wasser auf 100 ml aufgefüllt. Die Lösung soll weitgehend Be-frei sein, was man mit Morin überprüft.

Morin, 0,05%ige äthanolische Lösung.

0,25 g der fein zerkleinerten Probe werden in einer Platinschale (oder Tiegel) mit 2 ml 6n H_2SO_4 und 3 ml HF aufgeschlossen, zur Trockene eingedampft, mit 0,5 ml 6n H_2SO_4 und einigen Millilitern Wasser aufgenommen und erneut bis zur Trockene eingedampft, bis keine SO_3-Dämpfe mehr entweichen. Der Rückstand wird mit 2 ml HCl (1,19) und 20 ml Wasser versetzt, zum Sieden erhitzt und in ein kleines Becherglas übergeführt (ein geringer unlöslicher Rückstand oder eine auftretende Trübung wird vernachlässigt, größere Mengen müssen gesondert aufgeschlossen werden). Die kalte Lösung wird mit Ammoniak (1 + 1) bis zu einer auftretenden Fällung versetzt, der Niederschlag durch tropfenweisen Zusatz von HCl gerade wieder gelöst und zum Sieden erhitzt. Man versetzt mit 2,5 ml Thioglykolsäure und einem geringen Überschuß an Ammoniak (1 + 1) (erkennbar am Geruch oder mit Indikatorpapier), hält einige Minuten fast zum Sieden, filtriert den Niederschlag ab und wäscht diesen 4mal mit heißer Waschlösung und einmal mit Wasser nach. Der Niederschlag wird auf dem geöffneten Filter über Nacht an der Luft getrocknet und mit Hilfe eines Spatels möglichst vollständig vom Filter in einen Nickeltiegel übergeführt. Bei basischem Gestein mit niedrigem Be-Gehalt kann der am Filter haftende Niederschlagsrest vernachlässigt werden. Bei kieseligem Gestein ist es zweckmäßiger, das Filter in einem Platintiegel zu veraschen und die Asche dem Niederschlag im Nickeltiegel beizufügen.

Der Inhalt im Nickeltiegel wird mit 0,75 g NaOH aufgeschlossen, die erkaltete Schmelze in 13 ml Wasser unter Zusatz von 2–3 Tropfen Äthanol (zur Reduktion von etwa vorhandenem Manganat) gelöst (15–30 min stehen lassen) und unter Nachwaschen mit wenig Wasser in einen 50 ml-Meßkolben filtriert. Das Filter wird mit seinem Inhalt verascht und im Nickeltiegel erneut wie vorhin beschrieben mit NaOH aufgeschlossen, die kalte Schmelze gelöst und das in einem kleinen Becherglas gesammelte Filtrat nach Zusatz von 0,1 ml Methylorange-Lösung mit HCl (1 + 1) neutralisiert. Die neutralisierte Lösung wird in den Meßkolben hinzugefügt und mit Wasser zur Marke aufgefüllt.

Davon werden 20 ml Lösung in einem 25 ml-Meßkolben (oder 30 ml-Meßkolben) übergeführt, mit 5 ml $Na_4P_2O_7$-Lösung und 0,20 ml Morinlösung versetzt, mit Wasser auf dasselbe Volumen wie die Standardreihe gebracht (oder zur Marke aufgefüllt) und die Fluorescenz gemessen. Bei Gehalten über 0,0003% verwendet man einen aliquoten Teil von 10 ml Probelösung und füllt auf 20 oder 25 ml Endvolumen auf. Zur Aufstellung der Vergleichsreihe versetzt man abgestufte Be-Mengen (für basisches Gestein, z. B. 0, 0,05, 0,1 und 0,15 µg Be; für kieseliges Gestein z. B. 0,1, 0,2, 0,3 und 0,4 µg Be) mit jeweils 10 ml NaCl-Lösung, der erforderlichen $Al_2(SO_4)_3$-Lösung (entsprechend der im aliquoten Teil der Probelösung enthaltenen Al-Menge), 10 ml NaOH-Lösung, 5 ml

$Na_4P_2O_7$-Lösung und 0,20 ml Morinlösung. Die Fluorescenz wird mit den unter D. 1.2. angegebenen Filtern gemessen. Anstelle von $Na_4P_2O_7$-Lösung kann auch eine entsprechende Menge 10%iger ÄDTA-Lösung verwendet werden.

4. Luft [*1*]

B: 0,1– >25 µg Be/m³. F_r: ±5–10%.

Man saugt 100–1000 l Luft durch ein Filter (10–25 l/min, s. S. 177). Anschließend wird das Filter mit der gesammelten Staubprobe in einem 250 ml-Erlenmeyerkolben mit 3 ml H_2SO_4 (1,84) und 10 ml HNO_3 (1,40) unter Erhitzen und wiederholtem Zusatz von HNO_3 verascht. Wenn die Lösung nur noch schwach gelb gefärbt ist, fügt man noch einige Tropfen $HClO_4$ zur restlosen Veraschung hinzu. Dann versetzt man mit 3 g Na_2SO_4 sicc., dampft zur Trockene ein und erhitzt, bis der Rückstand zu schmelzen beginnt. Die abgekühlte Schmelze nimmt man mit 10 ml HCl (1,19) und 20 ml Wasser auf, kocht bis die Hauptmenge an Säure verdampft ist, verdünnt danach mit Wasser auf 30 ml und filtriert die Lösung durch ein mit wenig Filterschleim versehenes Filter unter Nachwaschen mit Wasser in einen 100 ml-Meßkolben. Falls die unlöslich gebliebene Rückstandsmenge groß ist und beträchtliche Mengen Be enthält, wird das Filter verascht, die Asche mit H_2SO_4/HF abgeraucht, mit Na_2CO_3 aufgeschlossen, die Schmelze gelöst, mit HCl angesäuert, gekocht und die Lösung mit dem Filtrat vereinigt. Die Lösung wird nun mit Wasser zur 100 ml-Marke aufgefüllt und ein aliquoter Teil für die Bestimmung verwendet. Wenn die anwesende Be-Menge im Bestimmungsbereich des Verfahrens liegt, so führt man 1,0 ml Lösung unmittelbar der Bestimmung zu. Bei größeren Be-Mengen wird entsprechend verdünnt; bei kleineren Be-Mengen wird ein größerer aliquoter Teil zuerst der Acetylaceton-Extraktion unterworfen. Die Bestimmung erfolgt nach der unter D. 1.2. angegebenen Vorschrift.

E. Atomabsorptionsspektrophotometrie

Für die Bestimmung mittels AAS verwendet man den N_2O/C_2H_2-Brenner und die Linie Be 2348,6. Mit der O_2/C_2H_2-Flamme ist die Nachweisempfindlichkeit wesentlich geringer ($S_M = 0{,}9$ µg/ml) [*31*]. Wenn die Be-Konzentration in der Probelösung hinreichend hoch ist (s. S. 507), wird die Lösung unmittelbar versprüht. Andernfalls führt man vorher eine Anreicherung des Be gemäß den Richtlinien der vorhergehenden Abschnitte durch. Bei Verwendung eines 75 mm-Schlitzbrenners ist die Eichkurve im Bereich von 0,1–2,5 µg Be/ml linear [*31*].

Ein Zusatz von organischen Lösungsmitteln zur Probelösung erhöht das Meßsignal (Zusatz, Vol.-%; Signalerhöhung, %) [*31*, *32*]: Essigsäure (5–20; 15–20), Methanol (20; 11), Äthanol (20; 13), Propanol (20; 21), Aceton (20; 15), Diäthylenglycoldiäthyläther (5; 25). Die Bestimmung von 1 µg Be/ml wird nicht gestört durch je 5 Vol.-% von HCl (1,19), H_2SO_4 (1,84)[1], HNO_3 (1,40) und $HClO_4$ (72%), sowie je 100 µg/ml von [*31*]: Ag, Al, As(V), B, Ba, Bi, Ca, Cd, Ce(IV), Co, Cr(III), Cs, Cu, Fe(III), Hg, K, Li, Mg, Mn(II), Mo(VI), Na, Ni, P, Pb, Pd, Rb, Sb(V), Se(IV), Si, Sn, Sr, Te(IV), Ti(IV), U(VI), V(V), W(VI), Zn, Zr, F^-, Cl^-, Br^-, I^-, Citrat, Tartrat, Oxalat. Höhere Ionenkonzentrationen stören jedoch in der Regel. Während die Bestimmung von 4 µg Be/ml durch jeweils 10 mg/ml an Ni und Ti (IV) nicht gestört wird, verursachen folgende

[1] Im Bereich bis ~ 1,4 Vol.-% H_2SO_4 (1,84) nimmt das Meßsignal zu, bei 1,4—5 Vol.-% wieder ab und bei 5 Vol.-% liegt kein Einfluß vor [*32*].

Elemente eine unterschiedliche Veränderung des Meßsignals (Signaländerung, ± %) [*32*]: je 4 mg/ml von Nb(V) (+2) und V(V) (+9); je 10 mg/ml von Al(−43), Bi (+7,5), Ca (+11), Cd (+15), Co (+13), Cr(III) (+7,5), Cu(II) (+11), Hg(II) (+13), K (+17), Fe(III) (+7,5), Mn(II) (+6), Mo(VI) (+17), Mg (−4), Na (+7,5), Pb (+17), Se(IV) (+7), Si (−19), Sn(II) (+17), Sr (+15), Te(IV) (+2), Th (+9), U(VI) (+13), Zn (+6), Zr (+15).

1. Wasser

B: 0,1−2,5 ppm Be. *s*: ±0,01 ppm Be.

Je nach Be-Gehalt wird das Probematerial unmittelbar versprüht oder vorher das Be mit Acetylaceton angereichert und der organische Extrakt versprüht.

2. Organisches Material

Nach der Veraschung (s. S. **193**ff.) des Probematerials wird die Asche in verdünnter Säure gelöst und wie unter E. 1 fortgefahren.

3. Luftstaub

Die Staubprobe wird nach D. 4. (s. S. **519**) behandelt und mit der erhaltenen Probelösung nach E. 1. fortgefahren.

F. Emissionsspektralanalyse

Die emissionsspektrographische Bestimmung des Be erfolgt sowohl mit Hilfe des Hochspannungsfunkens als auch des Gleichstrombogens unter Verwendung der Linien Be 3130,4 und Be 3131,1 sowie je nach Arbeitsbedingung mit Cu 3128,7, Mo 3132,6, Lu 2969,8 oder C 3036,3 als innerem Standard. Die Emissionsspektralanalyse wird zur Untersuchung verschiedenartiger Materialien eingesetzt, wie z. B. Wässer [*33*], biologisches Material, Reinststoffe (s. S. **1379**ff.), Mineralsäuren (s. S. **1437**ff.), Luftstaubproben [*19, 34–37*]. Je nach Probematerial und Problemstellung wird das Probematerial unmittelbar angeregt oder vorher eine Anreicherung durchgeführt. Bei letzterer kann der Hauptbestandteil durch Extraktion (s. S. **1408**) oder Destillation (s. S. **1411**ff., **1437**ff.), weiterhin das Be durch Extraktion [*31*], Destillation [*38*] (Verdampfungsanalyse, s. S. **61**, **1217**ff., **1230**) oder Spurenfällung (s. S. **1382**) abgetrennt werden.

1. Wasser

Zur Bestimmung in Wasserproben von Erdölfeldern [*33*] wurde das Be zuerst bei pH 7 (in Anwesenheit von 200 mg ÄDTA) mit 2 ml Acetylaceton/10 ml $CHCl_3$ extrahiert und anschließend der organische Extrakt unmittelbar in den Plasmabogen eingesprüht (0,5 ml/min, Gleichstrombogen 18 Amp., 220 V, Vorbelichtung 5 sec, Belichtung 15 sec; Linien Be 3131,1/C 3036,3; L_Q = 5 ng Be/10 ml $CHCl_3$ bzw. ~ 0,1 ng Be auf der Elektrode).

2. Luft

Die Ermittlung des Be-Gehaltes in Luftstaubproben erfolgte nach durchgeführter Probenahme (s. S. **176**f.) durch direktes Abfunken der Papierfilter mit Hilfe der rotierenden Plattform-Technik [*36*] (Ag-Elektroden, Hochspannungsfunke 0,005 μF, 40 μH, 4 Amp., Belichtung 60 sec; Linien Be 3130,4, Be 3131,1/Mo 3132,6; L_Q = ~ 3 ng Be auf der Elektrode). In einer weiteren Arbeit [37] zur Bestimmung von Be in Luftstaubproben wird die Probenahme mit einem Papierfilter durchgeführt (s. S. 177), das Filter im Platintiegel verascht, die Asche gewogen, im Gewichtsverhältnis Asche:innerer Standard:Graphitpulver = 10:1:20 gemischt (innerer Standard: $CaCO_3$ mit 1% Lu_2O_3) und abgefunkt (Gleichstrombogen 11 Amp., 220 V, in CO_2-Atmosphäre 7 l/min, Belichtung = vollständiger Abbrand; vorgeformte Graphitelektroden von Ultra Carbon obere Typ 5001, untere Typ 5440 (s. Abb. 38, S. 151); Elektrodenabstand 2 mm; Linien Be 2348,6/Lu 2657,8 für 0,01–10 ppm Be in der Asche, Be 3131,1/Lu 2969,8 für 2–100 ppm Be, Be 3321,1/Lu 3312,1 für 10–600 ppm Be; Aufstellung der Eichkurven mit Mischungen von Be-Stammlösung mit einem der Staubprobenasche entsprechenden Oxydgemisch; L_Q = 0,01 ppm Be in der Asche bzw. 0,1 ng Be auf der Elektrode).

G. Gaschromatographie

Nach Extraktion mit Trifluoracetylaceton (TFA)/Benzol läßt sich Be als $Be(TFA)_2$ gaschromatographisch einfach und empfindlich bestimmen [39, 40], indem man einen Teil des organischen Extraktes in den Gaschromatographen einspritzt. Als Detektor wird hauptsächlich der Elektroneneinfangdetektor verwendet, da Flammenionisations- und Wärmeleitfähigkeitsdetektor ein um mehrere Zehnerpotenzen höheres L_Q aufweisen (s. S. 35). Aus dem organischen Extrakt muß der störende TFA-Überschuß mit 0,01 m NaOH ausgewaschen werden. Für die Aufstellung der Eichkurve wird die Peakhöhe verwendet. Die Eichkurve ist gekrümmt und umfaßt den Bereich von 4–60 ng Be/ml Benzolextrakt bzw. 4–60 pg Be (entsprechend einer Einspritzmenge von 1,0 µl Benzolextrakt). Hiernach zeichnet sich die gaschromatographische Bestimmung im Vergleich zu den photometrischen Verfahren durch ein niedriges L_Q [µg] aus. Bei besonders niedrigen Be-Mengen kann man 5–10 µl Benzolextrakt einspritzen. Ein Kontakt mit Metall führt zur Zersetzung des $Be(TFA)_2$, weshalb der Probenextrakt beim Einspritzen in den Gaschromatographen nicht mit Metallteilen des Einspritzblocks in Berührung kommen, sondern unmittelbar auf die Kolonne (Säule) aufgegeben werden soll [40c]. $Be(TFA)_2$ zersetzt sich auch bei Detektortemperaturen > 120° C [40c]. Als günstigste Meßbedingungen werden empfohlen [40c]: Borosilicatglassäule, silanisiert, 1 m lang, 3,0 mm i.-ø, Füllung 5% SE-52 auf Gas-Chrom Z; Einspritzblock 130° C, Säule 105° C, Detektor 120° C; Trägergas Methan/Argon (10:90), 55 ml/min.

Die Bestimmung von 10–50 ng Be wird durch die Anwesenheit folgender Elementmengen in der wäßrigen Probelösung nicht gestört [39]: je 1 µg Al, Co, Cu, Fe, Mg, Mn und Zn, 2 µg $Ca(H_2PO_4)_2 \cdot H_2O$, 6 µg NaF, je 10 µg KNO_3 und $CaCl_2 \cdot 2\,H_2O$ und 24 µg Na_2SO_4. Größere Mengen an Störelementen maskiert man mit ÄDTA: z. B. in Anwesenheit von 10 mg ÄDTA/ml wird die Bestimmung von 0,10 µg Be/ml durch 50 µg Fe/ml nicht gestört [40). Be wurde gaschromatographisch bestimmt in Blut [40, 40a, 40c], anderem organischem Material [40, 40a, 40c], Gesteinen und Staub [40b]. Die optimalen Bedingungen zur Bestimmung des Be in organischem Material werden in einer Arbeit [40c] eingehend beschrieben.

Die nachfolgende Arbeitsvorschrift ist allgemein anwendbar auf wäßrige Lösungen. Biologisches Material wird vorher verascht und die so erhaltene Probelösung nach der Arbeitsvorschrift weiter behandelt. Bei Harnproben kann man das Be wahlweise direkt aus der Probe oder nach vorhergehender Veraschung extrahieren [40].

B: 4–60 ng Be. *V*: ±5–10%.

Arbeitsvorschrift [*39*, *40*]

Reagentien

1 m Natriumacetat-Pufferlösung, mit Eisessig auf pH 6,0 eingestellt;
0,01 m NaOH; 0,1 m NaOH;
0,1 m ÄDTA-Lösung;
0,005 m und 0,05 m Trifluoracetylaceton (TFA) in Benzol.

Gaschromatograph. Elektroneneinfangdetektor.

Kolonne: aus Teflon, 1,2 m 0,06″ ⌀ (oder 0,125″ ⌀), Füllung mit 5% SE 52 (Methylphenylsilicongummi) auf Gas Chrom Z (60—80 mesh), Kolonnenabschluß mit Teflonwolle.

Temperatur: Kolonne 80° C (oder 100° C), Einspritzkammer 168° C (oder 100° C), Detektor 200° C (oder 125° C).

Trägergas: Stickstoff, 50 ml/min (oder bis 67 ml/min).

1,00 ml Probelösung (4–60 ng Be, pH ~ 6) versetzt man mit 0,50 ml ÄDTA-Lösung, 1,00 ml Natriumacetat-Pufferlösung und 1,00 ml 0,005 m TFA/Benzol, extrahiert 60 min (Schüttelmaschine), zentrifugiert anschließend 1 min zur Phasentrennung, verwirft die wäßrige Phase, wäscht 0,50 ml des organischen Extraktes 15 sec mit 0,50 ml 0,01 m NaOH, trennt die Phasen und spritzt 1,0 μl (bei Bedarf auch 5 oder 10 μl) des organischen Extraktes in den Gaschromatographen ein.

Wahlweise kann man auch mit den 5fachen Mengen an Probelösung und Reagentien arbeiten, wobei man die Extraktion mit 0,05 m TFA/Benzol und das Waschen mit 0,1 m NaOH durchführt.

Falls keine Störelemente anwesend sind, kann der Zusatz von ÄDTA unterbleiben.

H. Verschiedenes

Zur photometrischen Bestimmung des Be wurden weiterhin verwendet: p-Nitrophenylazoorcinol [*41–43*] (das Beersche Gesetz ist allerdings nicht erfüllt), Sulfosalicylsäure [*6*], 2-Phenoxychinizarin-3,4-disulfosäure [*44*], Aluminon [*45–47*], Eriochromcyanin [*48*], Oxin (s. S. 327ff.), Acetylaceton/$CHCl_3$ ($\varepsilon_{295} = 31600$) [*12*], Eriochrombrillantviolett B ($\varepsilon_{560} = 59500$) [*49*], Fast sulphon black ($\varepsilon_{630} = 13700$) [*52*] und Thorin ($\varepsilon_{522} = 12000$) [*53*]. 2-Naphthol-3-carbonsäure dient zur fluorimetrischen Be-Bestimmung (380 nm/460 nm; $L_Q \geqq 0{,}2$ ppb Be) [*51*]. Ein Übersichtsreferat [*50*] enthält Hinweise auf weitere Verfahren.

Literatur

1. Sill, C. W., Willis, C. P.: Analyt. Chem. **31**, 598 (1959).
2. May, I., Grimaldi, F. S.: Analyt. Chem. **33**, 1251 (1961).
3. Neuman, W. F., Kosel, G. E.: Atomic Energy Commission, Rept. *UR*-35 (June 1948).
4. Young, R.: J. Chem. Educ. **26**, 357 (1949).
5. Axelrod, J., Swift, E. H.: J. Am. chem. Soc. **62**, 33 (1940).
6. Meek, H. V., Banks, C. V.: Analyt. Chem. **22**, 1512 (1950).
7. Bolomey, R. A., Broido, A.: Atomic Energy Commission, *ORNL* 196 (December 1948).
8. Toribara, T. Y., Chen, P. S., Jr.: Analyt. Chem. **24**, 539 (1952).
9. Toribara, T. Y., Sherman, R. E.: Analyt. Chem. **25**, 1594 (1953).
10. Sill, C. W., Willis, C. P., Flygare, J. K., Jr.: Analyt. Chem. **33**, 1671 (1961).
11. Laitinen, H. A., Kivalo, P.: Analyt. Chem. **24**, 1467 (1952).
12. Adam, J. A., Booth, E., Strickland, J. D. H.: Analyt. chim. Acta **6**, 462 (1952).
13. Klemperer, F. W., Martin, A. P.: Analyt. Chem. **22**, 828 (1950).
14. Alimarin, I. P., Gibalo, I. M.: J. anal. Chim. (USSR) **11**, 389 (1956); ref. Z. anal. Chem. **156**, 435 (1957).
15. Bolomey, R. A., Wish, L.: J. Am. chem. Soc. **71**, 4483 (1950).
16. Scribner, W. G., Borchers, M. J., Treat, W. J.: Analyt. Chem. **38**, 1779 (1966).

17. Sudhalatha, K.K.: Talanta **10**, 934 (1963).
17a. Desai, S.R., Sudhalatha, K.K.: Talanta **14**, 1346 (1967).
18. Fischer, W., Wernet, J.: Angew. Chem. A **60**, 129 (1948).
19. Powell, R.J., Phennah, P.J., Still, J.E.: Analyst **85**, 347 (1960).
20. Wood, J.H.: Mikrochim. Acta (Wien) **1955**, 11.
21. Mustafin, I.S., Matveev, L.O.: Zavodskaja Laborat. **24**, 259 (1958).
22. Silverman, L., Shideler, M.E.: Analyt. Chem. **31**, 152 (1959).
23. Pakalns, P.: Analyt. chim. Acta **31**, 576 (1964).
24. Sommer, L., Kubáň, V.: Analyt. chim. Acta **44**, 333 (1969).
25. Motojima, K.: Bull. chem. Soc. Japan **29**, 71 (1956); ref. Z. anal. Chem. **156**, 134 (1957).
26. Motojima, K.: Bull. chem. Soc. Japan **29**, 75 (1956); ref. Z. anal. Chem. **156**, 135 (1957).
27. Sandell, E.B.: Ind. Eng. Chem., Anal. Ed. **12**, 762 (1940).
28. Welford, G., Harley, J.: Am. ind. Hyg. Assoc. Quart. **13**, 4 (1952).
29. Sandell, E.B.: Analyt. chim. Acta **3**, 89 (1949).
30. Bril, J., Pruvot, E.: Mikrochim. Acta (Wien) **1960**, 577.
31. Ramakrishna, T.V., West, P.W., Robinson, J.W.: Analyt. chim. Acta **39**, 81 (1967).
32. Fleet, B., Liberty, K.V., West, T.S.: Talanta **17**, 203 (1970).
33. Collins, A.G., Pearson, C.A.: Analyt. Chem. **36**, 787 (1964).
34. Merrill, J.R., Honda, M., Arnold, J.R.: Analyt. Chem. **32**, 1420 (1960).
35. Brash, M.P.: Appl. Spectroscopy **14**, 43 (1960).
36. Wheeler, G.V., Ryder, W.A., Arnold, K.R.: Appl. Spectroscopy **16**, 18 (1962).
37. O'Neil, R.L.: Analyt. Chem. **34**, 781 (1962).
38. Geilmann, W., de Alvaro Estebaranz, A.: Z. anal. Chem. **190**, 60 (1962).
39. Ross, W.D., Sievers, R.E.: Talanta **15**, 87 (1968).
40. Foreman, J.K., Gough, T.A., Walker, E.A.: Analyst **95**, 797 (1970).
40a. Taylor, M.L., Arnold, E.L.: Analyt. Chem. **43**, 1328 (1971).
40b. Eisentraut, K.J., Griest, D.J., Sievers, R.E.: Analyt. Chem. **43**, 2003 (1971).
40c. Kaiser, G., Grallath, E., Tschöpel, P., Tölg, G.: Z. anal. Chem. **259**, 257 (1972).
41. Osborn, G.H., Stross, W.: Metallurgia **30**, 3 (1944).
42. Stross, W., Osborn, G.H.: J. Soc. chem. Ind. **63**, 249 (1944).
43. Vinci, F.A.: Analyt. Chem. **25**, 1580 (1953).
44. Owens II, E.G., Yoe, J.H.: Analyt. Chem. **32**, 1345 (1960).
45. Kosel, G.E., Neuman, W.F.: Analyt. Chem. **22**, 936 (1950).
46. Luke, C.L., Campbell, M.E.: Analyt. Chem. **24**, 1056 (1952).
47. Crawley, R.H.A.: Analyt. chim. Acta **22**, 413 (1960).
48. Hill, U.T.: Analyt. Chem. **30**, 521 (1958).
49. Uesugi, K.: Analyt. chim. Acta **49**, 89 (1970).
50. Smythe, L.E., Whittem, R.N.: Analyst **86**, 83 (1961).
51. Kirkbright, G.F., West, T.S., Woodward, C.: Analyt. Chem. **35**, 1914 (1963).
52. Cabrera, A.M., West, T.S.: Analyt. Chem. **35**, 311 (1963).
53. Keil, R.: Z. anal. Chem. **262**, 273 (1972).

Bi — Wismut

Tabelle 131. Empfindlichkeit S_M und Bestimmungsgrenze L_Q der Verfahren

Verfahren	µg Bi · ml⁻¹ · cm⁻¹ S_M	L_Q
Natriumdiäthyldithiocarbamat/CCl_4	0,04 (400 nm); 0,024 (370 nm)	0,9 (400 nm); 0,6 (370 nm)
Natriumtetramethylendithiocarbamat/CCl_4	~ 0,024 (360 nm)	~ 0,6 (360 nm)
Dithizon/CCl_4	0,003 (490 nm)	0,07 (490 nm)
Iodid (in wäßriger Lösung)	0,04 (460 nm); 0,008 (337 nm)	0,6 (460 nm); 0,2 (337 nm)
Iodid-Brucin/$CHCl_3$	0,02 (425—430 nm)	0,5 (425—430 nm)
Atomabsorptionsspektrophotometrie	0,7[1, 2]	0,27[1, 3]

[1] µg · ml⁻¹.
[2] Für 1% Absorption.
[3] F_r: ± 10%.

A. Trennungen

Neben Fällungsmethoden besitzen verschiedene Extraktionsverfahren für die Abtrennung des Bi Bedeutung. Bei der Verwendung von Dz kann Bi aus alkalischer, KCN-haltiger Lösung von Ag, Au(III), Cd, Co, Cu, Hg, Ni, Pd und Zn, aber nicht von Pb, Tl(I) und Sn(II) abgetrennt werden. Die Dithizonate von Bi, Pb und Tl können durch Ausschütteln mit sauren Lösungen von pH 2,5—3,5 getrennt werden, wobei nur die beiden letztgenannten in die wäßrige Phase übergehen. Außerdem wird Bi in Anwesenheit von 20% CH_3COOH bei pH 2,5 mit Dz/$CHCl_3$ extrahiert, während Pb zurückbleibt. Über Einzelheiten der Abtrennung des Bi als Dithizonat wird in den Arbeitsvorschriften berichtet.

Vorteilhaft ist ferner zur Bi-Abtrennung auch die Extraktion mit Cupferron/$CHCl_3$ (s. S. **538**) aus 0,1n HNO_3-Lösung [*1*], wobei Bi von Cd, Co, Fe(III), Ga, Hg, Mo(VI), Ni, Pb, Sn(IV), Ti, U(IV), Zn, Zr und anderen Elementen weitgehend oder vollständig abgetrennt wird. Unter den anderen nachfolgend beschriebenen Vorschriften besitzt auch das Carbamat-Verfahren Bedeutung für die Isolierung des Bi (s. a. S. **542**). Der zur photometrischen Bestimmung geeignete gefärbte $[BiI_4]^-$-Komplex (s. S. **537** u. **541**) läßt sich auch vorteilhaft zur extraktiven Abtrennung des Bi heranziehen, z. B. für die Bi-Isolierung aus verschiedenen Eisen- und Nichteisenmetallen und -legierungen [*1a, 1b*]. Die Bi-Extraktion erfolgte dabei mit MIBK aus 2,3n HCl-Lösung in Anwesenheit von 0,09m Ascorbinsäure und 0,2m KI. Zur Vermeidung von Mitextraktionen anderer Metalle in Form von Jodosäuren wird auch die Extraktion aus saurer Lösung (1—5n H_2SO_4- oder 2n $HClO_4$-Lösung) bei niedriger Jodidkonzentration (~0,005m) als BiI_3 mit Isoamylacetat empfohlen [*1c, 1d*] (Einzelheiten und Arbeitsvorschrift s. S. **535** f.). Bi kann weiterhin von einer Anzahl anderer Elemente, aber nicht von Fe(III) und U, durch Extraktion der Bi-Verbindung der Di-n-Butylarsinsäure aus salpetersaurer Lösung (pH 2) mit $CHCl_3$ abgetrennt werden [*1e*]. Mit Isooctylthioglykolat/Cyclohexan (1:10) wird Bi(III) aus 0,1–3n HNO_3- oder $HClO_4$-Lösung weitgehend quantitativ extrahiert [*1f*]. Ag(I), Au(III), Cu(II) und Hg(II) werden wie Bi, die Elemente Pb, Sb(III), Sn(IV) und Zn teilweise extrahiert. Aus dem organischen Extrakt wird Bi mit 4–12n HCl rückgeschüttelt. Unter den genannten Bedingungen werden aus 0,1n HNO_3-Lösung folgende Elemente nicht extrahiert: Al(III), Cd, Co(II), Cr(III), Fe(III), Mn(II), Mo(VI), Ni(II), Pb, S.E., U(VI), Zn und Erdalkalimetalle. Schließlich können auch andere Störelemente von Bi durch Extraktion entfernt werden, wie dies z. B. bei Eisenproben für Fe mit Diisopropyläther [*2*], MIBK [*2a, 2b*] oder Isobutylacetat [*3*] erfolgte. Eine hochselektive Anreicherung von Bi und weiteren Spurenelementen in Quecksilber wird erreicht durch das Verfahren der „fraktionierten Extraktion" [*3a, 3b*]. Bei beschränkter Zugabe von NH_4I [*3a*] oder HI [*3b*] wird der Hauptbestandteil allein als HgI_2 und HgI_3^- mit Cyclohexanon isoliert, während die Spurenmetalle in der wäßrigen Phase bleiben.

Bi läßt sich auch an Anionen- und Kationenaustauschern isolieren. An Dowex 21K wurde Bi aus ~ 0,25n HCl adsorbiert und anschließend mit 1m H_2SO_4 eluiert; während Al, Co(II), Cu, Fe(II), Fe(III), Ga, Hf, In, Pb, Sc, Th, Ti(III), Ti(IV), U(IV), V(IV), V(V), Y, Zr und die S.E. nicht adsorbiert werden, verbleiben Ag, Au(III), Ir(IV), Pd(II) und Pt(IV) beim Eluieren des Bi auf der Säule [*3c*]. Mit Dowex 2X8 wurde Bi als Chlorokomplex bei der Bestimmung in Stahl isoliert [*3d*]. Beim Durchgang der hier 2,5n salzsauren Probelösung werden mit Bi die Elemente As, Cr, Fe, Mo, Ni, Pb, Pt, Sb, Sn, Ti, V, W, Zn und Zr adsorbiert. Beim nachfolgenden Auswaschen der Harzsäule mit 2,5n HCl und danach mit 0,1n HCl werden Fe, Mo, Pb, Sn, Ti und Zn weitgehend eliminiert. Bi selbst wird danach mit 1n H_2SO_4-Lösung, die 4% Thioharnstoff enthält, eluiert. Aus Seewasserproben konnte Bi aus 0,1n HCl-Lösung an De-Acidite FF adsorbiert und mit 1n HNO_3 danach eluiert werden [*3e*] (s. a. S. 530). Für die Bi- (und Pb-) Bestimmung in Stahl bzw. Meeressedimenten [*3f*] wird an Dowex 1X8 (100–200 mesh, NO_3^--Form) Bi (und Pb) (20 µg – 5 mg jedes Elementes) aus einem 95% Methanol/5% 5n HNO_3-haltigen Medium adsorbiert. Mit 1n HCl wird zuerst Pb, anschließend mit 1n HNO_3 Bi eluiert und nach dem Eindampfen der Eluate zur Trockene die Elemente in geeigneter Weise bestimmt. Ag, Al, Cd, Co, Cr(III), Cu, Fe(III), Hf, Mn(II), Mo(VI), Ni, S.E., Ti, U(VI), V, Zn, Zr, Alkali-, Erdalkalimetalle und Anionen stören nicht auf der Säule. Bei der Bestimmung von Bi-Spuren in metallischem Kupfer kann eine Trennung sowohl mittels Anionen- als auch Kationenaustauscher erfolgen, wobei entweder Bi am Austauscher haftet und Cu in den Durchfluß geht, oder umgekehrt [*3g*]. Auf radiochemischem Wege wurde Bi mittels Amalgamaustausch aus H_2SO_4-Lösung isoliert, indem es aus dem Amalgam mit gesättigter $CuSO_4$-Lösung in 1n HNO_3 selektiv und nahezu quantitativ entfernt wird [*3h*]. Für die Isolierung des Bi (und anderer Spurenelemente) aus reinem Quecksilber wurde das letztere nach Lösen in HNO_3 durch Ameisensäure selektiv zum Metall reduziert und auf diese Weise die elektropositiveren Begleitelemente abgetrennt [*3i*]. Durch geeignete Bestimmungsverfahren gelingt es so den Verunreinigungsbereich zwischen 10^{-6}–10^{-7}% zu erfassen.

Zur Isolierung von Mikrogramm-Mengen Bi haben sich außerdem die Mitfällung des Bi_2S_3 an CuS [*4*], des $Bi(OH)_3$ an $Fe(OH)_3$ [*5–8*], sowie diese an MnO_2 [*9–12*] bewährt. Größere Pb-Mengen sollen als Chlorid ohne wesentliche Bi-Verluste abtrennbar sein. Auch die Möglichkeit, eine Reihe von bei einer Bi-Bestimmung störenden Elementen (Os, Ru, Ge, Se, Re und Hg) durch Destillation zu entfernen, wurde mit Erfolg angewendet [*3c*].

B. Carbamate

I. Natriumdiäthyldithiocarbamat

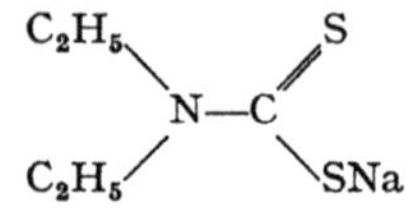

Das gelbe Bi-Diäthyldithiocarbamat [Bi(DDTC)$_3$] ist von pH 4–11 quantitativ extrahierbar und Bi kann im Extrakt photometrisch bestimmt werden. Zur Extraktion wurde anfangs Diäthyläther [*13*], dann aber vorwiegend $CHCl_3$ [*14–16*] oder CCl_4 [*17–20*] angewendet.

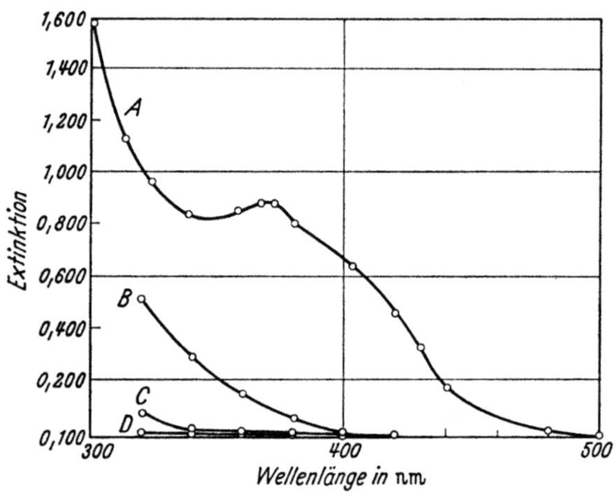

Abb. 89. Extinktionskurven verschiedener Carbamate in CCl_4 [*17*]. *A* Bi, *B* Hg(II), *C* Pb, *D* Ag

Die Extinktionskurve (s. Abb. 89) zeigt bei 366–370 nm ein Maximum. Das Beersche Gesetz ist im Bereich von 1–30 μg Bi/ml CCl_4 erfüllt [*17*]. Von den störenden Elementen können Fe, Ni, Cu, Mn, Co und Zn bei pH 7–10 durch ÄDTA und KCN maskiert werden, während Hg, Pb und Tl(III) in die organische Phase mitgehen [*17–21*]. Erst bei pH 11 wird nur noch Tl(III) mit Bi extrahiert. Tartrat, Citrat, PO_4^{3-}, BO_3^{3-}, Acetat, NO_3^-, SO_4^{2-}, Cl^- und ClO_4^- stören nicht.

1. Bleilegierungen

Für Bleikonzentrate und Kupferprodukte wurde eine, dem nachfolgend beschriebenen Verfahren analoge Bi-Bestimmung angewendet [*22, 23*]. Für die Extraktion wird anstelle von $CHCl_3$ oder CCl_4 n-Pentanol und n-Butanol verwendet, in denen das Bi(DDTC)$_3$ lichtbeständiger sein soll.

Bei der nachfolgenden Arbeitsvorschrift [*17*] wird die Bi-haltige Probe in Säure gelöst, mit ÄDTA und KCN versetzt und bei pH 7–8 mit Na-DDTC/CCl_4 extrahiert. Mit Weinsäure können Hydroxyd-Fällungen durch etwa anwesendes Sb oder Be vermieden werden. Wenn Hg und Pb in größerer Menge anwesend sind, empfiehlt es sich, den Extrakt bei 400 nm zu photometrieren, da diese Carbamate hier eine praktisch vernachlässigbare Extinktion aufweisen. Demgegenüber wird von anderer Seite die

Durchführung der Extraktion bei pH 11–12 vorgeschlagen, wonach die Extinktion bei 366 nm störungsfrei gemessen werden kann [*18*]. Tl(III) muß vorher zu Tl(I) reduziert werden. Bei den nachfolgenden Verfahren [*17*] können bis zu 2 mg an Tl und Pb, bis zu 5 mg Hg und von allen übrigen Elementen mehr als 100 mg neben Bi anwesend sein.

B: 0,001–0,1% Bi. F_r: ±3% bei Gehalten von 0,09% Bi.

Arbeitsvorschrift [*17*]

Reagentien

HNO_3 (1 + 3); Ammoniak (0,91).
ÄDTA; Weinsäure.
NaCN, 5%ige wäßrige Lösung.
Na-DDTC, 0,2%ige wäßrige Lösung, in dunkler Flasche kühl aufbewahren.
CCl_4.

Die Probe wird in 20 ml HNO_3 (allenfalls eine entsprechende HNO_3/HCl-Mischung) in der Wärme gelöst. Nach dem Abkühlen setzt man 3 g ÄDTA und 10 g Weinsäure zu und stellt mit Ammoniak auf pH 7–8 ein. Man bringt die Lösung in einen 100 ml-Meßkolben und füllt mit Wasser zur Marke auf. Je nach dem Bi-Gehalt wird ein aliquoter Teil von 10–25 ml der Lösung in einen Schütteltrichter übergeführt, 10 ml Wasser, 2 ml NaCN-Lösung und 1 ml Na-DDTC-Lösung hinzugefügt und mit 10,0 ml CCl_4 30–60 sec kräftig extrahiert. Die Extinktion der organischen Phase wird nach Filtrieren bei 400 nm (oder 370 nm) gemessen. Die Extinktionsmessung muß sofort nach der Extraktion erfolgen, da bei längerem Stehen eine Trübung auftritt.

II. Tetramethylendithiocarbamat

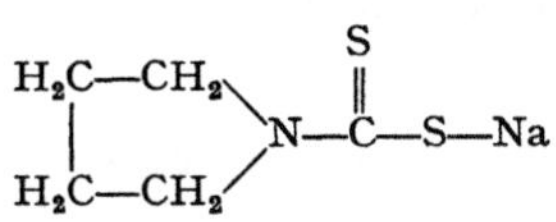

Das Extinktionsmaximum des Bi-Tetramethylendithiocarbamates [$Bi(TDTC)_3$] wird mit 357 nm [*23a*] (für $CHCl_3$ und MIBK) bzw. 360 nm ($\varepsilon = 9860$) [*40*] (für CCl_4) angegeben. Das Beersche Gesetz gilt im Bereich von ~0,5–>20 µg Bi/ml CCl_4 [*40*]. Im alkalischen Bereich ist die Eigenabsorption des Reagenses gering. Störende Elemente wie Cd, Co, Cu, Fe, Mn, Ni, Sn(IV), Sb, Zn können bei pH ~8–10 mit ÄDTA und KCN maskiert werden; Ag und Hg lassen sich erst bei pH >10 mit KCN maskieren. Tl und Sn stören nicht als Tl(I) bzw. Sn(II) im alkalischen Bereich. Cl^-, SO_4^{2-}, NO_3^- stören nicht.

1. Zink (Fein-, Walz- und Hüttenrohzink)

Die Bi-haltige Probe wird in Säure unter Zusatz von H_2O_2 gelöst. Vor der Carbamatextraktion mit CCl_4 bei pH 9–9,5 in ammoniakalischer Lösung versetzt man mit ÄDTA, Citronensäure und KCN. Bei Anwesenheit größerer Mengen Pb, Ag und/oder Hg, deren Carbamate die Extraktionsmessung bei 360 nm beeinflussen, photometriert man bei 420 nm. Bei Tl-Anwesenheit muß dieses mit H_2SO_3 reduziert werden.

B: 0,001–0,1% Bi; F_r: ±5%.

Arbeitsvorschrift [*40*]

Reagentien

Na-TDTC-Lösung; man löst 2,5 g Natriumtetramethylendithiocarbamat in wenig Wasser, filtriert durch ein Papierfilter und extrahiert 2—3mal mit $CHCl_3$. Die danach verbleibende wäßrige

Lösung wird nochmals filtriert und anschließend mit Wasser auf 100 ml aufgefüllt. Sie ist täglich frisch herzustellen.

ÄDTA-Lösung; 120 g Na_2-ÄDTA werden in ~ 600 ml Wasser unter Zusatz von Ammoniak (1 + 1) gelöst. Man filtriert und füllt anschließend auf 1 l auf. Der pH-Wert soll nun 7—8 betragen.

Citronensäure, 10%ige wäßrige Lösung.

KCN, 5%ige wäßrige Lösung.

Pufferlösung pH 8,5; Zu 500 ml einer 53,5 g NH_4Cl enthaltenden Lösung fügt man 50 ml 2n Ammoniaklösung und füllt anschließend mit Wasser auf 1 l auf.

a) In Abwesenheit von Tl

1,00 g feine Zinkspäne werden in einem 200 ml-Becherglas in 10–15 ml HCl (1 + 1) unter Zusatz von 10–15 Tropfen H_2O_2 (30%) gelöst. Nach dem Lösen wird überschüssiges H_2O_2 verkocht und die Lösung in einem 100 ml-Meßkolben zur Marke aufgefüllt. Von dieser Stammlösung werden 10–30 ml in einen Schütteltrichter übergeführt. Für je 0,1 g Zink versetzt man nacheinander mit 5 ml ÄDTA-Lösung, 5 ml Citronensäure-, 2 ml KCN- und 2 ml Na-TDTC-Lösung. Vor der Zugabe von KCN und nach jeder Reagenszugabe muß, falls erforderlich, der pH-Wert mit Ammoniak (1 + 1) wieder auf pH 7–7,5 gebracht werden. Man extrahiert anschließend 2–3 min lang mit 10,0 ml (oder bei Bedarf entsprechend mehr) CCl_4, filtriert den Extrakt durch ein trockenes Filter und photometriert sofort in einer 1 cm-Küvette bei 360 nm (oder bei 420 nm in Anwesenheit der früher genannten Störelemente) gegen CCl_4.

b) In Anwesenheit von Tl

Von der unter a) hergestellten Stammlösung werden 10–30 ml in einem kleinen Erlenmeyer-Kolben mit 3–5 ml gesättigter H_2SO_3-Lösung bei 80–90° C einige Minuten lang erhitzt. Danach wird das überschüssige H_2SO_3 verkocht und die Lösung nach dem Abkühlen und Überführen in einen Schütteltrichter wie unter a) angegeben weiter behandelt.

2. Gußeisen und unlegierter Stahl

Nach dem Lösen der Probe in HCl wird die im Verlauf des Arbeitsganges störende Kieselsäure durch Rösten und Kohlenstoff durch Oxydieren entfernt. Das Eisen wird aus ~ 7n HCl-Lösung mit MIBK extraktiv entfernt. Anschließend wird Bi mit TDTC und CCl_4 extrahiert und wie bei B.II.1. photometrisch bestimmt. Bei Anwesenheit größerer Pb-Gehalte muß auch hier, wegen der bei 360 nm störenden Extinktion des $Pb(TDTC)_2$, der Bi-Komplex bei 420 nm gemessen werden.

B: 0,0006–>0,01% Bi. F_r: ±5% im Bereich von 0,002% Bi.

Arbeitsvorschrift [*2a*]

Reagentien

HCl (1,19); HCl (1 + 1)
$KClO_3$
MIBK
übrige Reagentien wie bei Verfahren B.II.1.

2,0 g Probe (feine Späne) werden in einem 200 ml-Becherglas in 30 ml HCl (1 + 1) gelöst, danach zur Trockene eingedampft und zur Entwässerung der Kieselsäure geröstet. Danach versetzt man den Rückstand mit 10 ml HCl (1,19), spült Deckglas und Becherglaswände mit 10–20 ml Wasser ab und erwärmt, bis alles Lösliche gelöst ist. Man oxydiert durch Zusatz von 8–10 Tropfen H_2O_2 (30%) je 4–5mal nacheinander. Anschließend wird das überschüssige H_2O_2 verkocht. Man setzt in kleinen Anteilen insgesamt 0,5 g $KClO_3$ zu und kocht kurz auf. Nach Zusatz von wenig Wasser wird durch ein Schwarzbandfilter in ein 200 ml-Becherglas filtriert. Man wäscht das ursprüngliche Becherglas und das Filter mit wenig HCl (1 + 9) nach, fügt diese Nachwaschlösung und 10 ml HCl (1,19) zur Probelösung und engt diese nun auf ein Volumen von rund 10 ml ein. In einem 250 ml-Schütteltrichter werden nun 100–120 ml MIBK mit 30 ml HCl (1 + 1) zur Sättigung durchgeschüttelt, nach etwa 30 sec Trennzeit mit 10–20 Tropfen HCl (1,19) zur Beschleunigung der Phasentrennung versetzt und schließlich die wäßrige Phase abgetrennt und verworfen. In den Schütteltrichter bringt man nun unter Nachspülen mit möglichst wenig 7n HCl die Probelösung ein. Man extrahiert 1–2 min. Nach der Phasentrennung wird die wäßrige, das Bi enthaltende Phase in ein Becherglas abgelassen und auf 5–10 ml eingeengt. Wenn mehr als 200 μg Bi anwesend sind, muß die Lösung in einen 100 ml-Meßkolben übergeführt und nach dem Auffüllen zur Marke das Bi in einem aliquoten Anteil der Lösung bestimmt werden. Bei einem Gehalt unter 200 μg Bi wird zur eingeengten Probelösung wie bei Verfahren B. II. 1. a) mit dem Zusatz von 5 ml ÄDTA-Lösung in der Bi-Bestimmung fortgefahren, doch sind anstelle von 2 ml KCN-Lösung hier 5 ml zuzusetzen.

C. Dithizon

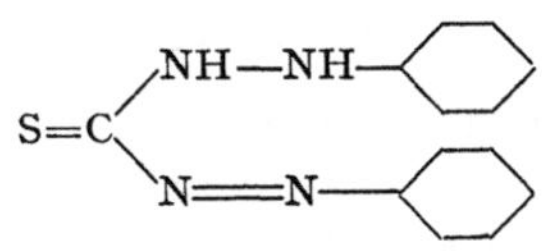

Bi bildet mit Dithizon (Dz) bei pH 3–10 ein primäres Dithizonat $Bi(HDz)_3$, das orangegelb bis orangerot gefärbt ist und mit $CHCl_3$ oder CCl_4 extrahiert werden kann. Bei hohen pH-Werten wird $Bi(HDz)_3$ in zunehmendem Maße zersetzt. Doch soll mit einer Dz/$CHCl_3$-Lösung Bi auch noch bei pH 10 extrahierbar sein [*24*]. Mit $CHCl_3$ liegt der pH-Wert der vollständigen Extrahierbarkeit um etwa 1,5 pH-Einheiten höher als jener mit CCl_4. Mit $CHCl_3$ ist die Extraktion in Abwesenheit von Komplexbildnern sowie aus ~ 0,1 m KCN-Lösung von pH 5 aufwärts (mit CCl_4 von pH 3) (Extraktionsbeginn mit $CHCl_3$: pH 2, mit CCl_4: pH 0,5) vollständig, aus ~ 1 m NaCl-Lösung von pH 6 an (mit CCl_4 von pH 5) (Extraktionsbeginn mit $CHCl_3$: pH 3,5, mit CCl_4: pH 2,5), aus ~ 0,1 m Kaliumnatriumtartrat- oder Natriumcitrat-Lösung von pH 10,3 an (mit CCl_4 von pH 8,3) (Extraktionsbeginn mit $CHCl_3$: pH 7,5, mit CCl_4: pH 6) vollständig [*35, 41*]. Das Extinktionsmaximum liegt bei 490 nm ($\varepsilon = 80000$) (s. Abb. 90). Das Beersche Gesetz ist im Bereich von 0,07–2,5 μg Bi/ml CCl_4 erfüllt. Da von den anderen mit Dz

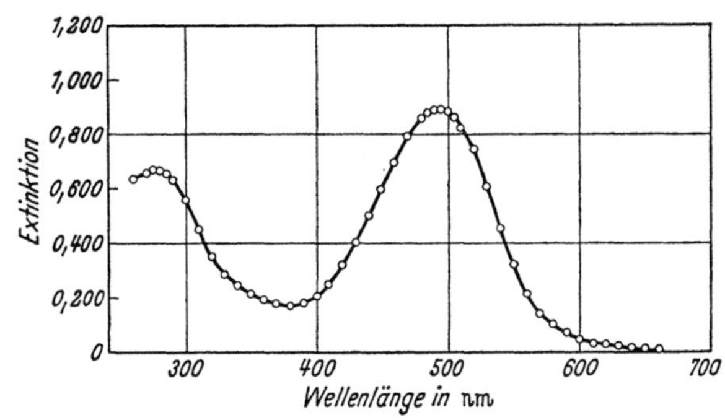

Abb. 90. Extinktionskurve von Bi-Dithizonat in $CHCl_3$

reagierenden Schwermetallen eine größere Anzahl sich ähnlich wie Bi verhält, ist es erforderlich, Maßnahmen zur Steigerung der Selektivität durch die Wahl geeigneter Arbeitsbedingungen und Anwendung von Komplexbildnern vorzunehmen. Über die Vollständigkeit der Bi-Extraktion sind in der Literatur widersprechende Ergebnisse zu finden. Diese beziehen sich vor allem auf die anfangs öfter verwendete Extraktion aus basischer, Citronensäure enthaltender Lösung. Unter solchen Bedingungen wird einerseits [*4*, *25*] auf ungünstige, andererseits [*24*, *26*] demgegenüber unter bestimmten, später noch näher beschriebenen Voraussetzungen auf brauchbare Ergebnisse hingewiesen. Durch Arbeiten bei höheren pH-Werten und mit Dz-Überschuß läßt sich die an und für sich stark hemmende Wirkung von Citrat und Tartrat vermindern. Wie bereits kurz erwähnt, kann das Bi in Anwesenheit von KCN neben Ag, Cd, Cu, Zn (Hg, Co, Ni u. a.) extrahiert werden, während Sn(II), Tl(I) und Pb sich ebenfalls wie Bi verhalten. Durch mehrmalige Extraktion bei pH 2–3 kann $Bi(HDz)_3$ quantitativ extrahiert werden, während Pb (Tl und Zn) erst von pH 4 aufwärts (bzw. in alkalischer Lösung) ausschüttelbar ist [*27*]. Die Störung durch Sn(II) läßt sich durch Oxydation zur höherwertigen, mit Dz nicht reagierenden Stufe vermeiden. Br^- und I^- stören stärker als Cl^- das einen Bi-Chlorokomplex bildet [*28*]. Größere Mengen an Cl^- stören auch im alkalischen Bereich.

1. Wässer

Für die Bestimmung in natürlichen Wässern wurde Bi aus 10 l-Proben (0,1 n salzsauer) am Anionenaustauscher De-Acidite FF angereichert, wobei mit Bi geringe Mengen an Cd, Sn und Zn, ferner Au, In und Tl adsorbiert werden. Von diesen haftet beim nachfolgenden Eluieren des Bi mit 1 n HNO_3 Au auf dem Harz, während Cd, Sn und Zn vor Bi eluiert und daher entfernt werden. Für die photometrische Bestimmung des Bi mit Dz eignet sich eine Modifikation der bei C.2.1. angeführten Arbeitsvorschrift [*24*]. Hinsichtlich weiterer Störelemente vergleiche man dort. Da Tl in den natürlichen Wässern nicht oder nur in äußerst geringen Mengen vorliegt, entfällt hier eine Reduktion mit Na_2SO_3. Die Dz-Extraktionen erfolgen hier bei pH 9,0 (entgegen pH 9,5 [*24*]). Es wird hier die Einfarbe bei 495 nm gemessen, da hierdurch eine bessere Reproduzierbarkeit und größere Nachweisempfindlichkeit erreicht werden sollte.

B: $\geqq$ 0,04 µg Bi/l Wasserprobe. F_{rm}: ±6%.

Arbeitsvorschrift [*3e*]

Reagentien

Dz, 0,003%ig in $CHCl_3$
Natriumcitrat, 10%ige wäßrige Lösung (mit 0,006%iger Dz-Lösung in $CHCl_3$ gereinigt)
NH_4CN, 1%ige Lösung in 0,1 n Ammoniak
HCl (1,18)
1n HNO_3
2n Ammoniak
übrige Reagentien wie bei C.2.1., Arbeitsvorschrift [*24*] (s. S. 532)
Austauscher-Säule: Man wäscht das Harz De-Acidite FF (100—200 mesh) mit 1n HCl und Wasser; danach füllt man damit eine Austauschersäule, so, daß ihr Durchmesser 0,6 cm und ihre Länge 7,5 cm betragen. Die fertige Säule wird mit 250 ml 1 n HNO_3 und 50 ml 0,5 n HCl gewaschen. (Nach dem Gebrauch kann das Harzbett mit 100 ml 1n HNO_3 und 50 ml 0,5 n HCl regeneriert werden; nach 4 Bi-Bestimmungen muß das Harzbett erneuert werden).

Die Wasserprobe wird durch Glaswolle filtriert. Danach werden auf 10 l Wasserprobe 90 ml HCl (1,18) (bei Meerwasser) (oder 550 ml bei Wässern ohne Salzgehalt) zugesetzt und die Wasserprobe mit einer Durchlaufgeschwindigkeit von 120–170 ml/Std über die Austauschersäule geschickt. Der Durchlauf wird verworfen. Mit 285 ml 1 n

HNO_3 wird das Bi nun eluiert, wobei die ersten 35 ml des Eluates entfernt werden. Das Eluat wird in einem Schütteltrichter nach Zusatz von 2 ml KCN-Lösung, 2 ml Natriumcitratlösung und 20 ml Ammoniak (0,88) 3mal mit je 10 ml 0,006%iger Dz-Lösung extrahiert. Der vereinigte organische Extrakt wird 2mal mit je 5 ml Pufferlösung geschüttelt; jeder Anteil der nach dem Extrahieren abgetrennten Pufferlösung wird noch mit 1 ml 0,006%iger Dz-Lösung ausgeschüttelt und diese beiden Dz-Extrakte zur vereinigten organischen Dz-Phase zugegeben. Bi wird nun aus dem organischen Dz-Extrakt durch 3maliges Ausschütteln mit je 5 ml HNO_3 (1 + 98) aus der organischen Phase rückgeschüttelt. Die vereinigten sauren Phasen versetzt man mit 0,5 ml Natriumcitratlösung und verdünnt mit HNO_3 (1 + 98) auf 30 ml. Zu 25 ml dieser Lösung fügt man in einem Schütteltrichter 0,5 ml KCN-Lösung, 3,2 ml 2n Ammoniak und extrahiert mit 3,0 ml 0,003%iger Dz-Lösung. Nach der Phasentrennung wird der organische Extrakt noch mit 5 ml NH_4CN-Lösung geschüttelt und danach in einer 1 cm-Küvette bei 495 nm gegen $CHCl_3$ photometriert. Der Blindwert wird unter Verwendung von 10 l angesäuerter Wasserprobe, aus der das Bi durch Adsorption an den Ionenaustauscher entfernt worden ist, nach der Arbeitsvorschrift ermittelt.

2. Organisches Material

Bi wurde in Gewebe [*24*], Blut [*4, 24*], Harn [*4, 24, 25*] und anderem biologischem Material [*29*] sowie in pharmazeutischen Mitteln [*30, 31*] mit Dz bestimmt. Bei der extraktiven Titration [*25*] mit $Dz/CHCl_2$ bei pH 4 ohne Citrat, PO_4^{3-} und KCN wurden Gehalte von 2–200 µg Bi in Anwesenheit bis zu ebensoviel Pb störungsfrei ermittelt.

In einem früheren Verfahren [*4*] wurde das Bi nach Veraschung des biologischen Materials auf trockenem oder nassem Wege [*32*] mit Cu als Spurenfänger durch Sulfidfällung isoliert, wobei neben Bi auch Sn(II), Tl(I), Pb und andere Elemente mitausfallen. Sn(II) wird später oxydiert und somit entfernt [*33*]. Nach Lösen des Sulfidniederschlages wird in Anwesenheit von KCN bei pH 9,5 mit $Dz/CHCl_3$ wiederholt extrahiert (zur Abtrennung von Cu). Aus der organischen Phase werden Bi und Pb mit HNO_3 rückgeschüttelt und danach bei pH 2 mit $Dz/CHCl_3$ Bi allein extrahiert [*34*]. Es folgt eine erneute Rückschüttelung des Bi mit HNO_3, Extraktion in Anwesenheit von KCN bei pH 9,5 mit $Dz/CHCl_3$ und Photometrieren des Extraktes.

2.1. Biologisches Material

Gegenüber dem Verfahren [*4*] ist die nachfolgende Arbeitsvorschrift [*24*] (s. Analysenschema) insofern vorteilhafter, als eine Sulfidfällung zur Isolierung des Bi nicht erforderlich ist. Nur bei der Bestimmung von Bi in größeren Mengen Ca- und P-reichen Materials, wie z. B. Knochen, empfiehlt es sich, eine Vorisolierung mittels Sulfidfällung durchzuführen und nach dem Lösen des Sulfidniederschlages in HNO_3 nach der hier folgenden Vorschrift fortzufahren.

Sn(II) und Tl(I) stören nicht, da beide Elemente zur höheren Wertigkeit oxydiert und dann nicht extrahiert werden. Pb und möglicherweise vorhandenes Tl(I) werden extrahiert, aber mit Pufferlösung von pH 3,4 rückgeschüttelt. Tl(III) soll aber zu einer Oxydation des Dz führen können [*35*]. Wenn kleine Mengen Bi neben großen Pb-Mengen bestimmt werden sollen, so kann es vorkommen, daß das Bi mit der 1%igen HNO_3 nicht vollständig rückgeschüttelt werden kann; die Ursache ist der große Überschuß an freiem Dz, das bei der Rückschüttelung des Pb mit Pufferlösung (pH 3,4) aus dem $Pb(HDz)_2$ frei wurde und das Bi in der organischen Phase zurückhält. In diesem Fall läßt sich das Bi mit einer 5%igen HNO_3 vollständig rückextrahieren. Bei solchen

Analysenschema

Veraschung

↓ + KCN, pH 9,5

$Dz/CHCl_3$-Extraktion: Pb, Bi, Tl(I)

↓

Rückextraktion mit Pufferlösung (pH 3,4)

↓ organische Phase: Bi — ↓ wäßrige Phase verwerfen: Pb, Tl(I)

organische Phase: Bi

↓

Rückextraktion mit verd. HNO_3

↓ organische Phase verwerfen — ↓ wäßrige Phase: Bi

wäßrige Phase: Bi

↓ + KCN, pH 9,5

$Dz/CHCl_3$-Extraktion

↓

Photometrieren: Bi

Proben ist es aber notwendig, das Bi aus der HNO_3-Lösung erneut zu extrahieren, die Behandlung mit Pufferlösung (pH 3,4) anzuschließen und dann erst die endgültige Bestimmung vorzunehmen. Es empfiehlt sich, 2 Eichkurven von 0–10 und von 0–50 μg Bi aufzustellen. Die Standardabweichung beträgt für den ersten Bereich ±0,1 μg Bi, für den zweiten ±0,5 μg Bi.

Arbeitsvorschrift [*24*]

Reagentien

H_2SO_4 (1,84).
$HClO_4$ (70%).
HNO_3 (1,40).
HNO_3 (1 + 99).
Ammoniak (0,9).
Ammoniumcitrat, 40%ige wäßrige Lösung.
Na_2SO_3, 20%ige wäßrige Lösung.
KCN, 10%ige wäßrige Lösung (sulfidfrei).
Kaliumhydrogenphthalat-Pufferlösung, pH 3,4.
Dz, 0,006%ig in $CHCl_3$.
$CHCl_3$.

Das Probematerial (bis zu 100 ml Harn bzw. bis zu 20 g Blut oder Gewebe) wird mit 20 ml H_2SO_4, 5 ml $HClO_4$ und 20 ml HNO_3 verascht, in 50 ml Wasser gelöst und in ein 400 ml-Becherglas übergeführt. Unter Eiskühlung versetzt man mit 15 ml Ammoniumcitratlösung, 50 ml Na_2SO_3-Lösung und unter Rühren mit 100 ml Ammoniak.

Die Lösung wird in einem 500 ml-Schütteltrichter mit 5 ml KCN-Lösung versetzt, mit Wasser auf 400 ml verdünnt und wiederholt mit 10 ml-Anteilen Dz-Lösung extrahiert, bis die organische Phase unverändert grün bleibt. Für 10 μg Bi genügen 3 Ausschüttelungen, für 10–50 μg Bi 4 Extraktionen. Für je 50 μg Bi mehr sind weitere 10 ml Dz-Lösung erforderlich. Man arbeitet mit höchstens 50 μg Bi weiter. Der organische Extrakt wird mit 50 ml Wasser gewaschen, die Waschlösung mit weiteren 5 ml Dz-Lösung ausgeschüttelt und beide $CHCl_3$-Phasen vereinigt.

Der vereinigte organische Extrakt wird 1–2 min lang mit 50 ml Pufferlösung (pH 3,4) geschüttelt, nach dem Ablassen der $CHCl_3$-Phase die wäßrige Lösung mit 5 ml Dz-Lösung extrahiert und beide $CHCl_3$-Phasen vereinigt. In Anwesenheit großer Pb-Mengen wird die Behandlung der $CHCl_3$-Phase mit neuer Pufferlösung wiederholt. Die vereinigten organischen Extrakte werden nun 2mal mit je 25 ml HNO_3 (1 + 99) 1–2 min lang ausgeschüttelt, die $CHCl_3$-Phase verworfen und die vereinigte wäßrige Lösung mit 5 ml $CHCl_3$ gewaschen.

Zur wäßrigen Lösung fügt man nun 20 ml Ammoniak (0,2 g KCN enthaltend) und extrahiert mit 15,0 ml Dz-Lösung 1 min. Die organische Phase wird in eine Küvette filtriert und bei 505 nm gegen $CHCl_3$ photometriert. Für die Herstellung des Blindwertes geht man von 50 ml HNO_3 (1 + 99) aus und verfährt nach der Arbeitsvorschrift.

2.2. Biologisches Material mit hohem Phosphatgehalt

Analysenschema

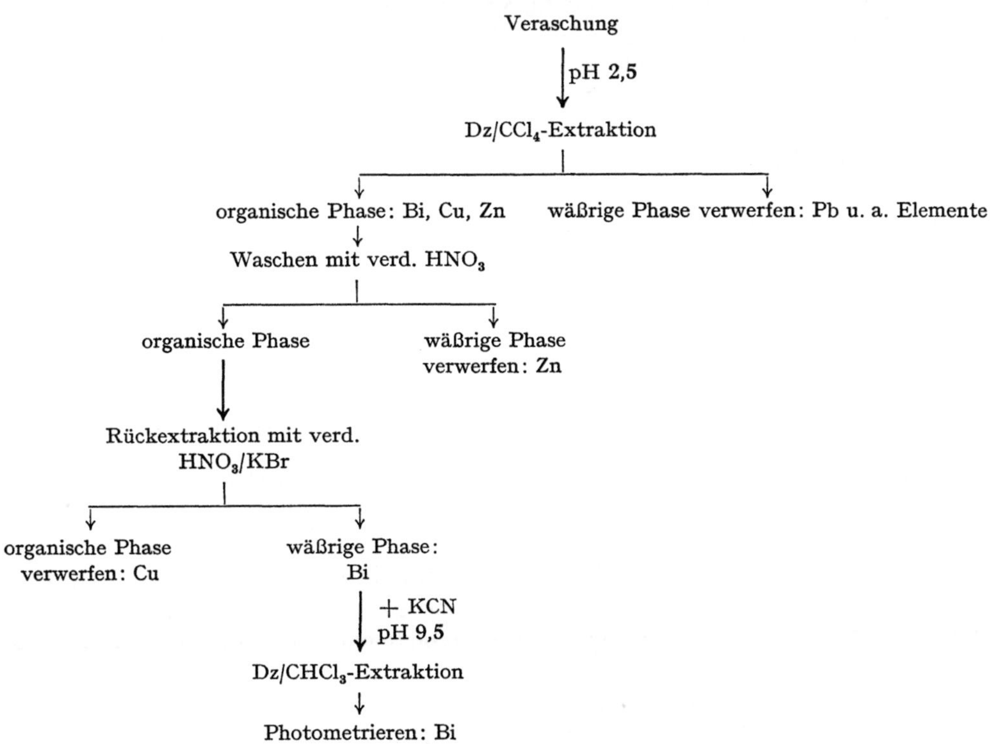

Bei der Bestimmung von Bi in organischem Material mit hohem Phosphat-Gehalt läßt sich das Verfahren C.2.1., bei dem das Bi aus alkalischer Lösung isoliert wird, schwierig anwenden, während das Verfahren mit Sulfidfällung [*4*] zu langwierig ist. Demgegenüber wurde beispielsweise für Knochenproben ein unter C.4. für Sedimentgestein erwähntes Verfahren [*1d*] vorgeschlagen, das die Bestimmung von ~0,1 μg Bi/ml Extrakt in Anwesenheit bis zu 100 mg Fe [als Fe(II)], bzw. bis zu 1 g $Ca_3(PO_4)_2$ gestattet (s. S. 535). In der nachfolgenden Vorschrift [*29*] wird die Isolierung des Bi aus saurer Lösung vorgenommen. Bei pH 2,5 in 20%iger Essigsäure wird eine maskierende Wirkung von Chlorid vermieden, weshalb bis 1 g Chlorid nicht stört; unterhalb pH 2 stört es aber. Der pH-Wert von 2,5 muß daher genau eingehalten werden, und es empfiehlt sich außerdem, die Asche in HNO_3 zu lösen. Unter den angegebenen Arbeitsbedingungen stört bis 1 g Phosphat nicht, weshalb die Analyse von Knochen keine Schwierigkeiten bereitet. Bei höherem Fe-Gehalt der Probe kann eine Fällung von Eisenphosphat auftreten, besonders wenn sich die Lösung beim Einstellen auf pH 2,5 erwärmt, was daher vermieden und die Extraktion sofort nach der pH-Einstellung durchgeführt werden soll. Wenn trotzdem nach der ersten Extraktion Eisenphosphat ausfällt, muß die Lösung, zum Auflösen des Niederschlages angesäuert, erneut auf pH 2,5 eingestellt und anschließend die Extraktion mit Dz durchgeführt werden. Anderenfalls treten Verluste von etwa 10% des vorhandenen Bi auf.

Bei pH 2,5 werden neben Bi auch noch Cu, Zn und beträchtliche Mengen Essigsäure in die CCl_4-Phase mitextrahiert. Da die Anwesenheit von Essigsäure nachher in der zur Bi-Bestimmung verwendeten wäßrigen Phase Schwierigkeiten bei der pH-Einstellung bereitet, ist zu ihrer Entfernung ein Waschen mit 0,2%iger HNO_3 erforderlich, wobei gleichzeitig Zn abgetrennt wird. Cu wird bei der Rückschüttelung mit 0,2%iger HNO_3/KBr abgetrennt. Restliches Zn und Cu wird schließlich durch die Anwesenheit von KCN bei der Bi-Bestimmung mit Dz/$CHCl_3$ maskiert. Mit dem Verfahren wurde Bi in tierischem Gewebe, verschiedensten Organen und Knochen bestimmt.

B: 0,00005–0,005% Bi. F_r: ±5%.

Arbeitsvorschrift [*29*]

Reagentien

Dz-Lösung 7 mg/l $CHCl_3$
Dz-Lösung, 100 mg/l CCl_4.
$CHCl_3$; CCl_4;
HNO_3 (1,40).
HNO_3 (0,2%).
Eisessig.
14n Ammoniak.
KCN (sulfidfrei).
Ammoniak-Cyanid-Lösung; 25 g KCN und 40 ml 14n Ammoniak werden mit Wasser auf 1 l aufgefüllt; Aufbewahrung in paraffinierter oder in Polyäthylen-Flasche.
KBr, 40%ige wäßrige Lösung, mit einem Tropfen 2n NaOH schwach alkalisch gemacht.
2n NaOH.
Thymolblauindicatorlösung, 0,04%ig.

Das Probematerial wird bei 500° C trocken verascht und die Asche in HNO_3 (1,40) gelöst. Zum Auslösen der Asche von 10 g Gewebe genügen im allgemeinen 2 ml HNO_3 (1,40). Die Probelösung oder ein aliquoter Teil davon (nicht mehr als 10 µg Bi enthaltend) wird in einen 250 ml-Schütteltrichter übergeführt, mit 10 ml Eisessig versetzt, mit Wasser auf 50 ml verdünnt und mit 2n NaOH nach Zusatz von 5 Tropfen Thymolblauindikatorlösung auf pH 2,5 eingestellt. Die Lösung muß stets kalt sein. Nun extrahiert man das Bi wiederholt mit jeweils 10 ml Dz/CCl_4, bis der letzte Extrakt grün bleibt. Der vereinigte organische Extrakt wird in einem 2. Schütteltrichter mit 50 ml 0,2%iger HNO_3 etwa 1 min kräftig geschüttelt, dann in einem 3. Schütteltrichter die organische Phase mit 50 ml 0,2%iger HNO_3 und 5 ml KBr-Lösung gewaschen. Die organische Phase verwirft man, die verbliebene wäßrige Lösung wäscht man mit 5 ml CCl_4 und verwirft dieses ebenfalls. Die wäßrige Lösung wird sorgfältig von restlichen Tröpfchen CCl_4 befreit, danach 5 ml Ammoniak-Cyanid-Lösung zugesetzt (wodurch die Lösung auf pH 9,5 eingestellt wird) und mit 10,0 ml Dz/$CHCl_3$ 1 min extrahiert. Der Extrakt wird filtriert und in einer 1 cm- oder 5 cm-Küvette bei 490 nm gegen $CHCl_3$ photometriert.

3. Metalle und Legierungen

3.1. Kupfer

Vor der Bestimmung von 0,0002–0,005% Bi in Kupfer und Legierungen [*36*, *37*] bzw. rund 0,005% Bi in Kupfer, Silber, Eisen, Quecksilber, Zinn und Antimon [*26*] durch Extraktion als Iodowismutat wurde Bi mit Dz isoliert. Einzelheiten hierzu sind in Abschnitt E. II. mitgeteilt (s. S. **539** f.).

Bei der folgenden Arbeitsvorschrift wird Bi zuerst mit MnO_2 ausgefällt und so von Cu abgetrennt, danach aus ammoniakalischer KCN-Lösung, bei der das restliche Cu maskiert ist, mit Dz/CCl_4 extrahiert und aus der organischen Phase mit verdünnter HNO_3 rückgeschüttelt. Pb zeigt dabei das gleiche Verhalten wie Bi. Die endgültige Bi-Bestimmung erfolgt durch Titration mit Dz/CCl_4 bei pH 3.

B: 0,001–0,01% Bi. F_r: ±5–10%.

Arbeitsvorschrift [*39*]

Reagentien

HNO_3 (1 + 1).
HNO_3 (1 + 19).
8n Ammoniak.
Ammoniak (1 + 9).
KBr, 20%ige wäßrige Lösung.
$KMnO_4$, 3%ige wäßrige Lösung.
6n H_2SO_4.
Na_2SO_3, 20%ige wäßrige Lösung.
Citronensäure, 50%ige wäßrige Lösung.
KCN, 25%ige wäßrige Lösung (sulfidfrei).
Dz, 5 mg/100 ml CCl_4.
Dz-Titrierlösung, 3 mg/500 ml CCl_4.
CCl_4.

Das Probematerial (5–25 μg Bi enthaltend) wird in HNO_3 (1 + 1) gelöst, die Stickoxyde verkocht und nach dem Abkühlen mit Ammoniak zunächst auf pH 4 eingestellt und dann die Lösung mit HNO_3 auf einen Gehalt von 0,02n HNO_3 gebracht. Man erhitzt zum Sieden; dann werden 5 ml KBr- und 3 ml $KMnO_4$-Lösung hinzugefügt und bis zum Verschwinden der violetten Farbe weiter gekocht. Der entstandene Braunstein-Niederschlag wird durch einen Filtertiegel abfiltriert, 2mal mit je 5 ml Wasser gewaschen und im Filtrat die Fällung wiederholt. Die vereinigten Niederschläge werden in 5 ml einer Mischung aus gleichen Teilen 6n H_2SO_4 und Na_2SO_3-Lösung gelöst, mit 4 ml Citronensäurelösung versetzt, mit verdünntem Ammoniak schwach alkalisch gemacht und 8 ml KCN-Lösung zugegeben. Die Lösung wird im Schütteltrichter wiederholt mit je 5 ml Dz-Lösung bis zur bleibenden Grünfärbung des letzten Extraktes ausgeschüttelt und der vereinigte organische Extrakt mit 5 ml Wasser gewaschen. Aus der organischen Phase wird das Bi 2mal mit je 5 ml HNO_3 (1 + 19) rückgeschüttelt und die organische Phase verworfen. Den vereinigten wäßrigen Extrakt bringt man mit Ammoniak (1 + 9) auf pH 3, wäscht 1–2mal mit CCl_4 und verwirft dieses. Die Lösung wird nun mit Dz-Titrierlösung bis zum Farbumschlag nach braun extraktiv titriert. Die Titrierlösung wird mit einer Bi-Eichlösung eingestellt.

4. Gesteine

Bi kann für die Bestimmung in Sediment- und Phosphatgestein aus 2n $HClO_4$-Lösung als BiI_3 mit Isoamylacetat extrahiert und im organischen Extrakt nach Schütteln mit

KCN-haltiger Dz-Lösung bei pH 10,4–10,5 in $Bi(HDz)_3$ übergeführt und dieses photometrisch gemessen werden [1 d]. Bei pH > 10,5 nimmt die Bi-Extraktion ab, unterhalb dieses pH-Wertes steigt der Dz-Gehalt im Isoamylacetat an. Pb wird nur zu 1–2% seines Gehaltes als Jodid mitextrahiert und der größte Teil davon beim Waschen der organischen Phase mit der perchlorsauren Waschlösung wieder entfernt. Verbleibende Mengen an Pb, die – bezogen auf die Einwaage – 400 µg nicht überschreiten, stören nicht. Tl(I) wird als Jodid geringfügig extrahiert; bis zu 100 µg stören nicht. Tl(III) muß abwesend sein. Hg(II) stört, doch können noch 100 µg durch Thiocyanat maskiert werden, falls es bei der Probenvorbereitung nicht verflüchtigt wurde. Bis zu 100 mg Fe stören als Fe(II) nicht, wobei SO_3^{2-} und Ascorbinsäure geeignete Reduktionsmittel sind. Folgende Elemente können neben Bi im genannten Überschuß anwesend sein: Al(III) (25000 ×), Ti(IV) (10000 ×), V(V) (2000 ×), Sb(III) (500 ×), Cu(II) (125 ×), Sn(II), As(V) (je 100 ×), Cd(II) (50 ×), In(III) (25 ×). Das Verfahren wird weiterhin nicht gestört durch den 100000fachen Überschuß an Erdalkalimetallen, PO_4^{3-}, NO_3^-, den 6000fachen Überschuß an F^-, den 3000fachen Überschuß an Cl^-.

B: von 0,0001% Bi aufwärts. F_{rm}: ± 5%.

Arbeitsvorschrift [1 d]

Reagentien

$HClO_4$ (70%)
HF (40%)
Na_2SO_3
Ascorbinsäure
NaI, 2,1%ige (= 0,14 m) wäßrige Lösung

Waschlösung: man löst 0,4 g Na_2SO_3 und 0,2 g Ascorbinsäure in wenigen ml 2 n $HClO_4$, fügt 0,5 ml der 2,1%igen NaI-Lösung hinzu und füllt mit 2 n $HClO_4$ auf 10 ml auf.

Dz-Stamm-Lösung, 0,01%ig; man löst 10 mg Dz in 100 ml Puffer-Cyanid-Lösung und kann sie bis zu 2 Wochen im Kühlschrank aufbewahren.

Dz-Lösung, 0,0005%ig; 5 ml Dz-Stammlösung werden kurz vor Gebrauch mit Puffer-Cyanid-Lösung auf 100 ml aufgefüllt.

Puffer-Cyanid-Lösung: man löst 20 g sekund. Ammoniumcitrat, 10 g Na_2SO_3 und 30 g KCN in 800 ml Wasser, stellt mit Ammoniak auf pH 9 ein und reinigt die Lösung von Pb durch mehrmaliges Ausschütteln mit kleinen Anteilen einer 0,02%igen Dz/CCl_4-Lösung. Anschließend wird mit Ammoniak (0,88) auf pH 10,5 gebracht, mit Wasser auf 1 l aufgefüllt und die Lösung in einer Polyäthylenflasche aufbewahrt.

Isoamylacetat: 5 Teile Lösungsmittel werden mit 1 Teil einer wäßrigen, 1% NaOH und 1% Na_2SO_3 enthaltenden Lösung je 3 mal durch Schütteln gewaschen; anschließend wird 1—2 mal mit Wasser nachgewaschen. Man destilliert in Anwesenheit von Benzol (10 ml auf 250—300 ml Ester) und sammelt die Fraktion zwischen 137—142° C.

1 g feinpulverisiertes Probematerial wird, wie im Abschnitt „Kupfer", bei F.3.1. (s. S. 684) beschrieben, unter Berücksichtigung der erforderlichen Säuremengen aufgeschlossen. Der Eindampfrückstand wird in wenigen ml $HClO_4$ (70%) und Wasser gelöst. Man führt die Lösung in einen Schüttelrichter über und ergänzt auf 20 ml, wobei die Endlösung nun 2,0 n $HClO_4$ betragen muß und $\leqq$ 5 µg Bi enthalten darf. Man fügt 0,8 g Na_2SO_3, 0,4 g Ascorbinsäure und 1,00 ml NaI-Lösung hinzu und läßt solange stehen, bis allenfalls freies Jod reduziert ist. Danach extrahiert man 2 mal je 3 min mit je 5,0 ml Isoamylacetat. Der vereinigte Extrakt wird mit 10 ml Waschlösung ausgeschüttelt und diese danach verworfen. Die organische Phase wird nun mit 15,0 ml Dz-Lösung 1 min geschüttelt. Nach Abtrennen der wäßrigen Phase wird der organische Extrakt innerhalb von 10 min in einer 1 cm-Küvette bei 480 nm gegen Isoamylacetat photometriert.

D. Jodid-Verfahren

I. Bestimmung in wäßriger Lösung

Neben der Dithizon-Methode hat zur Bi-Bestimmung auch das Jodid-Verfahren weitere Verbreitung gefunden. Der orangefarbige Jodowismutkomplex $[BiI_4]^-$, der sich nach Zusatz von KI in gewissem Überschuß zu einer sauren Bi-Lösung bildet, wird für kleinere Bi-Gehalte zu deren photometrischer Bestimmung verwendet [*26, 42–44*]. Das Extinktionsmaximum liegt bei 460 nm ($\varepsilon = 7700$). Das Beersche Gesetz ist im Bereich von 0,6–20 μg Bi/ml erfüllt. Zur vollen Farbentwicklung ist ein Zusatz von mindestens 0,66% KI nötig, doch ist es angezeigt, mit etwas mehr als 1% KI zu arbeiten. Der Jodid-Zusatz ist von der Bi-Konzentration abhängig. Die Möglichkeit der Bildung freien Jods durch etwa anwesende oxydierende Stoffe muß wegen dessen starker Eigenfärbung auf jeden Fall durch Zusatz von Reduktionsmitteln verhindert werden; anderenfalls müßte das freie Jod vor der photometrischen Bestimmung entfernt werden. Über die Verwendbarkeit einer Reihe von Reduktionsmitteln liegen verschiedene Erfahrungen vor. H_2SO_3 oder Na_2SO_3 eignen sich gut, wenn sie nicht in zu großer Menge zugesetzt werden, da es sonst zur Bildung einer ebenfalls gelb gefärbten Verbindung (wahrscheinlich einer Jod-Sulfinsäure) kommt. Auch die, allerdings langsamer reagierende H_3PO_2 bzw. NaH_2PO_2 sind verwendbar [*44*]. Ascorbinsäure allein reicht als Reduktionsmittel nicht aus, hingegen ist die Kombination von Ascorbinsäure mit H_2SO_3, Na_2SO_3 oder SO_2 brauchbar [*45*]. Auch die Mischung H_3PO_2 mit H_2SO_3 findet Anwendung, obgleich von anderer Seite darauf hingewiesen wird, daß sich dabei H_2SO_3 zu elementarem Schwefel reduziert. Ein Überschuß an Mineralsäuren muß vermieden werden, da die Färbung des $[BiI_4]^-$ durch höhere Konzentration von F^-, NO_3^- und Cl^- geschwächt wird. Auch bei Anwesenheit von größeren Mengen verschiedener Elemente (Cd, As, S.E. u. a.) tritt eine Farbschwächung auf; sofern sie auf der Bildung eines entsprechenden Metalljodid-Komplexes beruht, kann sie meist durch Erhöhung des KI-Zusatzes beseitigt werden. Eine größere Anzahl von Elementen stört aber auf jeden Fall entweder durch Bildung gefärbter Verbindungen (Pd, Pt, Sb, Sn) oder durch Bildung einer Metalljodidfällung, die mehr [Pb, Tl(I)] oder weniger stark [Ag, Cu(I)] das zu bestimmende Bi mitreißt. Bei der Bestimmung von Bi in Roheisen [2] ohne Abtrennung des störenden Cu wird mit einer Konzentration von 5% KI gearbeitet, wobei sich der gebildete CuI-Niederschlag im Jodid-Überschuß wieder löst und danach bei Cu-Gehalten unter 0,10% keine Störung zeigen soll. Als Reduktionsmittel wird dabei nur Ascorbinsäure verwendet. Bei Anwesenheit von größeren Mengen eines oder mehrerer der vorerwähnten Elemente muß eine Vorisolierung des Bi vorgenommen werden. Sie erfolgte beispielsweise bei der Bi-Bestimmung in Kupfer [*44*] durch Adsorption des Bi an Kieselsäurepulver bei pH 9, während Cu als Ammonium-Komplex in Lösung bleibt. Nach Elution des Bi mit H_2SO_4 erfolgt seine Bestimmung als Jodid wie bei der später beschriebenen Bi-Bestimmung in Blei. Bei Einwaagen von 2 g konnten so 0,0005–0,5% Bi mit einem maximalen relativen Fehler von −7% bestimmt werden. Bei der Bi-Bestimmung in Stählen [*3d*] erfolgte die Isolierung mittels Ionenaustauscher (s. a. S. **525**) und die Bestimmung als Jodid in analoger Weise. Bei Einwaagen von 5 g für den niedrigsten Gehaltsbereich bzw. von 1 g für die höheren Gehalte können 0,0005–0,1% Bi bestimmt werden. Zur Bestimmung kleinster Bi-Mengen in Quecksilber [*3a, 3b, 3i*] nach der bei „Trennungen" (s. S. **525**) erwähnten Isolierung diente ebenfalls das Jodid-Verfahren in wäßriger Lösung. In dem nachfolgend beschriebenen Verfahren erfolgt die Vorisolierung durch Extraktion mit Cupferron/CHC_3.

Das Jodid-Verfahren soll noch empfindlicher sein, wenn man die Extinktion im UV-Bereich bei 337 nm mißt [*46*].

1. Metalle und Legierungen

1.1. Blei und Bleilegierungen

Aus Bleiproben wurde Bi auch durch Adsorption an Kieselsäurepulver abgetrcnnt, daraus mit H_2SO_4 eluiert und danach als Jodid in wäßriger Lösung mit H_3PO_2 alsReduktionsmittel bestimmt [*44*]. Vor der Bi-Isolierung muß das Blei als Chlorid ausgefällt werden; eine Fällung als Sulfat führt zu Bi-Verlusten. Auf diesem Wege konnten noch 10 µg Bi in 20 g Probematerial bestimmt werden, entsprechend 0,00005% Bi. Für die Bestimmung in Weichblei [*48*] wurde das Bi, nach vorangehender Entfernung des Pb durch Fällung, mit Thionalid gefällt und der Komplex bei pH 1—2 mit $CHCl_3$ extrahiert. Bi-Thionalid wird dann mit H_2SO_4 zerstört und das Bi in der wäßrigen Lösung als Jodid bestimmt.

Aus technischen Bleiproben konnte Bi mittels Cupferron abgetrennt und dann photometrisch als $[BiI_4]^-$ bestimmt werden [*1*]. Von Toluol, CCl_4 und $CHCl_3$ ist letzteres, infolge seines größten Lösungsvermögens, am besten geeignet. Bei pH 1 werden die Cupferronate von Ag, As, Cd, Co, Ni, Pb, Se, Te und Zn nicht extrahiert. Die Störung durch mitextrahierte Cupferronate von Cu, Fe, Sb und Sn kann durch Rückschütteln des Bi-Komplexes in verdünnte Säure weitgehend vermindert werden, da die Löslichkeit der extrahierten, zuerst genannten Cupferronate mit zunehmender Verdünnung der Säure abnimmt. Der in gleicher Weise wie Bi reagierende Sn-Komplex stört die photometrische Bi-Bestimmung nicht. Die bei pH 1 auftretende Hydrolyse von Sb und Sn wird durch Weinsäure-Zusatz verhindert. Bei Bleiproben mit einem höheren Gehalt an den mit Cupferron reagierenden Elementen muß eine größere Menge Cupferron zugesetzt werden, um eine quantitative Erfassung des Bi zu gewährleisten. Für je 5 mg der Gesamtmenge an Cu + Fe + Sb + Sn ist die Cupferron-Menge um 20 mg zu vermehren.

B: $\geqq 10^{-5}$% Bi.

Arbeitsvorschrift [*1*]

Reagentien

HNO_3 (1 + 1); 2n HNO_3; 2n H_2SO_4; Ammoniak (0,89); 2n Ammoniak.
Weinsäure, 50%ige wäßrige Lösung.
Cupferron, 1%ige wäßrige Lösung; in dunkler Flasche kühl aufbewahrt, höchstens 10 Tage haltbar.
$CHCl_3$.
SO_2-Lösung, gesättigte, wäßrige Lösung; frisch hergestellt.
KI, 20%ige wäßrige Lösung; in dunkler Flasche aufbewahrt.

Die Bleiprobe wird in verdünnter HNO_3 (1 + 1) unter Erwärmen gelöst. Falls Sb oder Sn anwesend sind, wird Weinsäurelösung zugesetzt. Die abgekühlte Lösung führt man in einen Schütteltrichter über und verdünnt mit Wasser auf ein entsprechendes Volumen (bei Einwaagen bis zu 10 g auf 25 ml, bei höheren Einwaagen auf ein entsprechend größeres Volumen). Durch tropfenweisen Zusatz von Ammoniak (0,89) wird die salpetersaure Lösung soweit abgestumpft, bis sich der an der Eintropfstelle bildende weiße Niederschlag beim Umschwenken gerade auflöst. Danach wird auf pH 1 gebracht (mit 2n Ammoniak bzw. 2n HNO_3). Nach Zusatz von 1 ml Cupferronlösung extrahiert man mit 5 ml $CHCl_3$ und wiederholt die Extraktion nach dem Ablassen der organischen Phase noch zweimal. Der vereinigte $CHCl_3$-Extrakt wird mit 5 ml Wasser gewaschen und anschließend in einem 2. Schütteltrichter mit 10 ml 2n H_2SO_4 kräftig ausgeschüttelt. Die Extraktion mit 2n H_2SO_4 wird in einem 3. Schütteltrichter wiederholt. Die beiden wäßrigen, Bi-haltigen Auszüge werden in einem 25 ml-Meßkolben vereinigt, mit 3 Tropfen SO_2- und 4 Tropfen KI-Lösung versetzt, nach Durchmischen mit Wasser zur Marke aufgefüllt und bei 460 nm photometriert.

2. Stahl

Bei dem nachfolgenden Verfahren für die Bestimmung von Bi in unlegierten Stählen und Automatenstahl wird zuerst das Fe durch Extraktion entfernt und anschließend Bi in der wäßrigen Lösung als Jodowismutat photometrisch bestimmt. Bis 0,5% Cu, 0,5% Pb und 0,1% Sn im Stahl stört nicht. Bis zu 0,1% As und 0,1% Sb im Stahl stören nicht, da sie mit abgetrennt werden. Bis zu 0,05% Se und 0,1% Te im Stahl stören nicht, wenn die aufgefüllte Farblösung zur Entfernung der durch diese Elemente gebildeten Niederschläge mitttels Blaubandfilter vor dem Photometrieren filtriert wird.

B: 0,003–0,12% Bi. *s:* ±0,001% Bi. *Z:* ~2 Std.

Arbeitsvorschrift [*2b*]

Reagentien

HCl (1,19); 7n HCl
HNO_3 (1,40)
10n H_2SO_4
H_2O_2 (30%)
MIBK (mit 7n HCl gesättigt)
Ascorbinsäure, 2%ige wäßrige Lösung
Na_2SO_3, 1%ige wäßrige Lösung
KI, 20%ige wäßrige Lösung

1,0 g Stahl wird mit 30 ml HCl (1,19) in einem 250 ml-Becherglas gelöst und danach auf die Hälfte des Volumens eingeengt. Nachdem man tropfenweise mit HNO_3 oxydiert hat bis keine weitere Reaktion erfolgt, engt man bis fast zur Trockene ein. Man nimmt mit 20 ml 7n HCl auf, löst den Rückstand durch Erwärmen, führt die Lösung unter Nachspülen mit 7n HCl in einen 100 ml-Meßkolben über und füllt mit 7n HCl zur Marke auf. In einen 125 ml-Schütteltrichter werden von dieser Lösung 20,0 ml pipettiert und nach Versetzen mit 2–3 Tropfen H_2O_2 mit 25 ml MIBK durch 1 min langes Schütteln das Fe extrahiert. Der organische Extrakt wird verworfen. Die salzsaure Phase wird in ein 100 ml-Becherglas gegeben, mit 15 ml 10n H_2SO_4 versetzt und vorsichtig bis zum Rauchen der H_2SO_4 eingedampft. Man zerstört restliche organische Substanz durch Zusatz von 1–2 Tropfen HNO_3. Nach dem Abkühlen wird die Lösung vorsichtig mit wenig Wasser versetzt und unter Nachspülen mit wenig Wasser in einen 50 ml-Meßkolben übergeführt. Zur abgekühlten Lösung werden der Reihe nach 5 ml Ascorbinsäurelösung, 2 ml Na_2SO_3-Lösung und 10 ml KI-Lösung zugegeben und mit Wasser zur Marke aufgefüllt. Nach einer Standzeit von 5 min wird in einer 5 cm-Küvette bei 450–460 nm gegen Wasser photometriert. Ein mit Ferrum reductum oder Bi-freiem Stahl hergestellter Blindwert wird in Abzug gebracht.

II. Bestimmung in organischen Lösungsmitteln

Der Komplex $[BiI_4]^-$ ist auch in höheren Alkoholen oder Estern löslich, wodurch eine gewisse Zahl von Störelementen ausgeschaltet und die Empfindlichkeit der Methode gesteigert werden können. Das Extinktionsmaximum liegt im allgemeinen bei 460 nm. Für die gebildete Färbung gilt das Beersche Gesetz etwa in den gleichen Grenzen wie in wäßriger Lösung. Über den Einfluß des Reduktionsmittels auf die Komplexbildung und -farbe gelten die im Abschnitt D. I. bereits angeführten Hinweise. Für das nachfolgend beschriebene Verfahren [26] werden H_2SO_3 und H_3PO_2 verwendet. Da auch das freie Jod für sich eine Extinktion gibt, wurde von anderer Seite [44] statt dessen als Reduktionsmittel Ascorbinsäure mit Na_2SO_3 herangezogen. Der mit Amylalkohol/Äthylacetat, Diäthylketon oder Amylacetat extrahierte Komplex $[BiI_4]^-$ wird bei 460 nm photometriert; allerdings ist seine Stabilität in jedem Falle gering. Die Extraktion des Komplexes mit Amylalkohol/Äthylacetat (3 : 1) [26] gelingt in Gegenwart von Alkali- und Erdalkalimetallen, Al, Co, Cr, Mg, Mn, Ni, U und Zn. Nur sehr geringe Mengen von Pb und Tl(I) stören nicht, solange sie löslich bleiben, während Ag, Cu, Fe, Sb und andere auf jeden Fall stören und bei deren Anwesenheit eine Isolierung des Bi mittels Dz aus alkalischer, Citrat und KCN enthaltender Lösung erforderlich ist. Das Verfahren gestattet die Bestimmung von 5–100 µg Bi in Kupfer oder den oben erwähnten Metallen in Anwesenheit von maximal 500 µg Pb oder Tl. Zur Beseitigung größerer, die Bi-Bestimmung störender Pb-Mengen wurde zwischen die Vorisolierung mit $Dz/CHCl_3$ aus ammoniakalischer, KCN-haltiger Lösung und die extraktive Bi-Bestimmung als Jodid eine Ausfällung des Pb als Sulfat geschaltet [37]. Nach diesem Verfahren können 0,0002 bis 0,005% Bi in Kupfer bestimmt werden.

Außer dem in Anwesenheit eines deutlichen Jod-Überschusses gebildeten $[BiI_4]^-$-Komplexes kann Bi auch als BiI_3 extrahiert werden, das sich bevorzugt bilden soll, wenn nur eine geringe Jodidkonzentration (~ 0,005 m) gegeben wird [1c]. Die Extraktion verläuft aus 1–5n H_2SO_4- oder 2n $HClO_4$-Lösung quantitativ. Isoamylacetat wurde als das geeignetste Lösungsmittel für BiI_3 gefunden. Für weitere Einzelheiten siehe Arbeitsvorschrift C.4. [1d] (s. S. 535).

1. Metalle und Legierungen

1.1. Silber, Kobalt, Chrom, Kupfer, Eisen, Quecksilber, Nickel, Antimon, Zinn, Zink u.a.m.

B: 0,0005–0,01% Bi. F_r: ± 10%.

Arbeitsvorschrift [26]

Reagentien

H_2SO_4 (1,84).
Ammoniak (0,91).
Ammoniak (10%).
H_2SO_3, 5%ige wäßrige Lösung.
H_3PO_2 (30%).
H_2O_2 (30%).
Jodlösung.
KI, 10%ige wäßrige Lösung.
Amylalkohol/Äthylacetat (3:1).
Citronensäure.
KCN
Dz, 0,1%ig in $CHCl_3$.

1,0 g Probematerial (5–100 µg Bi enthaltend) wird in geeigneter Säure gelöst und vorhandene Stickoxyde ausgekocht. Eventuell vorhandenes Sn(II) muß mit Fe(III) zu Sn(IV) oxydiert werden. Die Probelösung wird in einen Schütteltrichter übergeführt, mit 2 g Citronensäure versetzt (in Anwesenheit großer Eisenmengen fügt man bis zu 10 g hinzu) und mit konz. Ammoniak unter Kühlen neutralisiert. Nun macht man die Lösung mit 10 ml 10%igem Ammoniak alkalisch, versetzt mit 2 g KCN (in Anwesenheit großer Mengen Ag, Cu oder anderer mit KCN maskierbarer Elemente verwendet man 5–10 g) und extrahiert die gekühlte Lösung 4mal mit je 15 ml Dz-Lösung. Den vereinigten organischen Extrakt wäscht man 2–3mal mit 10 ml Wasser, dampft danach in einem 100 ml-Erlenmeyerkolben zur Trockene ein, versetzt mit 1 ml H_2SO_4 und verascht sorgfältig unter tropfenweisem Zusatz von H_2O_2. Die saure Lösung wird mit Wasser auf 15–20 ml verdünnt, in einen Schütteltrichter übergeführt und vorhandenes SO_2 durch tropfenweisen Zusatz einer sehr verdünnten Jodlösung zerstört. Die nun etwa 2n-schwefelsaure Lösung versetzt man mit 4 Tropfen H_2SO_3, 2 ml H_3PO_2 und 5 ml KI-Lösung. Anschließend extrahiert man den gebildeten Komplex $[BiI_4]^-$ mit 2–3 ml-Anteilen Amylalkohol/Äthylacetat, bis der letzte Extrakt farblos ist und füllt dann mit frischem Lösungsmittel auf ein bestimmtes Volumen auf (bei 5–20 µg Bi beträgt das Endvolumen 5 ml, bei 20–100 µg Bi 10–25 ml). Den Extrakt photometriert man in einer 1 cm-Küvette bei 460 nm.

E. Jodid-Brucin-Verfahren

Unter den in der Mikrogravimetrie und -volumetrie angewandten Komplexen [Base] $[BiI_4]$ sind einige in wäßriger Lösung und in $CHCl_3$ unlöslich. Eine extrahierbare Verbindung bildet sich bei Anwendung von Brucin als organischer Base [*16*]. Das Extinktionsmaximum des in $CHCl_3$ gelösten Komplexes liegt bei 425–430 nm (s. Abb. 91).

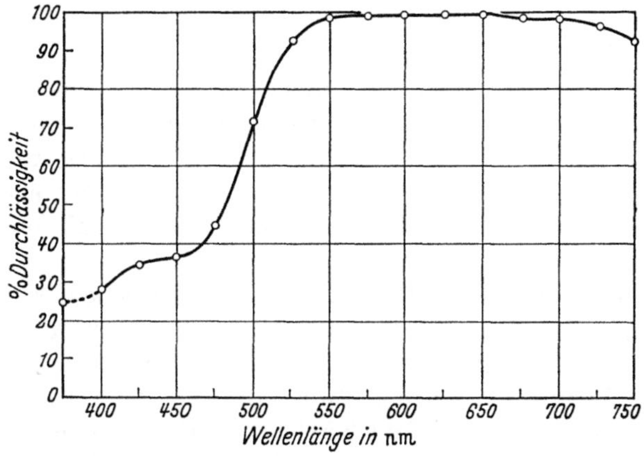

Abb. 91. Durchlässigkeitskurve von Brucin-$[BiI_4]$ in $CHCl_3$ [*16*]

Das Beersche Gesetz ist unter den nachfolgend angegebenen Arbeitsbedingungen im Bereich von 0,5–16 µg Bi/ml $CHCl_3$ erfüllt. Störungen können bei Anwesenheit von Ag, Cu, Hg und Pb auftreten, da diese Ionen das Bi okkludierende Niederschläge geben. Cd stört wahrscheinlich infolge Komplexbildung mit Jodid ebenso wie bei der Bestimmung des Bi als Jodid [*42*]. Sb und Sn stören, da sie gleichfalls mit Jodid und Brucin extrahierbare gefärbte Komplexe bilden. Die Störung ist jedoch im Vergleich zur Extraktion des Bi als Jodid geringer. Eine Störung durch oxydierende Stoffe kann durch Zusatz von H_2SO_3 vermieden werden.

Wenn eine der oben angeführten Störungen zu befürchten ist, so kann das Bi vor der Bestimmung mit Carbamat isoliert werden [*19*]. Sind größere Mengen der störenden Ionen vorhanden, so muß vor der Abtrennung mittels Carbamat mehr KCN und/oder

ÄDTA zugefügt werden, wofür sich die Verwendung 10%iger Lösungen empfiehlt. Zur Maskierung beispielsweise von 250 mg Cu sind etwa 10 ml 10%ige KCN-Lösung, von 250 mg Pb etwa 15 ml 10%ige ÄDTA-Lösung notwendig. Bei der unmittelbaren Bestimmung von 150 µg Bi stören bis zu 5 mg der nachfolgenden Elemente nicht: Ag, Al, As, Co, Cr(III), Fe(III), Mn(II), Ni und Zn. Bi kann noch neben derselben Menge Hg(II) direkt bestimmt werden, wenn die doppelte Menge an KI verwendet wird und der organische Extrakt vor der Messung vom ausgefallenen HgI (letzteres gilt auch für Ag) abfiltriert wird. Bei vorangehender Abtrennung des Bi als Carbamat konnten kleine Bi-Mengen noch neben der rund 10000fachen Menge an Cu oder Pb (bis 500 mg Cu bzw. 250 mg Pb) bestimmt werden.

Arbeitsvorschrift [*16*]

Reagentien

Brucin, 1%ig in 25%iger Citronensäurelösung.
KI, 10%ige wäßrige Lösung.
Na-DDTC, 0,1%ig in 2%iger Na_2CO_3-Lösung.
Natriumkaliumtartrat, 10%ige wäßrige Lösung.
ÄDTA, 2,5%ige und 10%ige wäßrige Lösung.
KCN, 2,5%ige und 10%ige wäßrige Lösung.
$CHCl_3$.
HNO_3 (1,2); HNO_3 (1,40).
2n NaOH.
2m Na_2CO_3.
2n H_2SO_4.
H_2SO_3, 1 Teil bei 20° C gesättigter Lösung + 1 Teil Wasser.

Die Probe (etwa 10–400 µg Bi enthaltend) wird unter Erwärmen in möglichst wenig HNO_3 (1,40) gelöst, die Säure durch Abrauchen vertrieben und der Rückstand mit etwa 50 ml Wasser aufgenommen. Die Lösung wird in einen Schütteltrichter übergeführt, auf 1–2n H_2SO_4 eingestellt (bei Anwesenheit von Pb wird die Lösung salzsauer gemacht), 2 ml H_2SO_3, 3 ml KI-Lösung und 5 ml Brucinlösung zugefügt. Nach Durchmischen extrahiert man mit 5 ml-Anteilen $CHCl_3$ und filtriert die Extrakte durch Glaswolle in einen 25 ml-Meßkolben. In den meisten Fällen genügen 3 Extraktionen. Man füllt mit $CHCl_3$ zur Marke auf und photometriert bei 425–430 nm in einer 1 cm-Küvette gegen $CHCl_3$.

Bei Anwesenheit geringer Mengen störender Elemente versetzt man die saure Lösung mit 2 ml Natriumkaliumtartrat-Lösung, 2n NaOH (bis die Lösung gerade alkalisch reagiert), 3 ml 2m Na_2CO_3-Lösung, 2 ml 2,5%iger ÄDTA-Lösung und 2 ml 2,5%iger KCN-Lösung. Mit NaOH stellt man auf pH 11–12 ein, fügt 5 ml Na-DDTC-Lösung hinzu und extrahiert 3mal mit je 5 ml $CHCl_3$. Der $CHCl_3$-Extrakt wird in ein Becherglas, das 35 ml 2n H_2SO_4 enthält, abgelassen, unter vorsichtigem Erhitzen das $CHCl_3$ verdampft und das Carbamat zerstört. Die Lösung wird in den Schütteltrichter übergeführt und, wie oben beschrieben, fortgefahren.

Organisches Material wird zuerst auf nassem Wege mit $H_2SO_4/HClO_4$ verascht, mit Wasser auf 50 ml verdünnt und nach Überführung in einen Schütteltrichter, wie oben beschrieben, das Bi bestimmt.

F. Atomabsorptionsspektrophotometrie

Mittels AAS läßt sich Bi unter Anwendung des Luft/C_2H_2-Brenners und der Linie Bi 2231 ($S_M = 0{,}7$ µg Bi · ml^{-1}) störungsfrei bestimmen. Die Eichkurve ist im Bereich von 0,25–10 µg Bi/ml linear. Daneben können noch andere Linien mit geringerer

Empfindlichkeit benutzt werden: Bi 2228 ($S_M = 1{,}5$ µg Bi · ml^{-1}), Bi 3068 ($S_M = 2$ µg Bi · ml^{-1}), Bi 2062 ($S_M = 5{,}5$ µg Bi · ml^{-1}). Wegen starker Hydroxylabsorption ist die Linie Bi 3068 in der Luft/C_2H_2-Flamme schwierig anzuwenden. Liegt die Bi-Konzentration der Probelösung unterhalb L_Q, so wird das Bi z. B. mit DADDTC/MIBK [*49*], Ammoniumtetramethylendithiocarbamat/MIBK [*50*], Dz/CCl_4 [*51*] oder 5% TOPO/MIBK (s. S. **543**f.) [*52*] extrahiert (s. a. S. **283**ff.) und der organische Extrakt in die Flamme eingesprüht. Durch MIBK wird die Nachweisempfindlichkeit um den Faktor 12 gesteigert im Vergleich zur wäßrigen Lösung [*52*].

Mittels AAS wurde Bi bestimmt in Blut (0,025–1 ppm Bi) [*49*], Gußeisen, Stahl (1–100 ppm Bi) [*50, 51, 53*] und Bleilegierungen [*53*].

1. Harn

B: 0,05–0,4 ppm Bi. F_{rm}: ±3%.

In normalen Harnproben wurde ein Gehalt von 0,02 ppm Bi gefunden.

Arbeitsvorschrift [*54*]

Reagentien

Ammoniumtetramethylendithiocarbamat (ATDC), 4%ige wäßrige Lösung.
Methyl-n-amylketon, MIBK.

In einem 300 ml-Schütteltrichter stellt man 200,0 ml (oder 100,0 ml) Harnprobe mit verdünnter HCl auf pH 2,8 ein, versetzt mit 2 ml ATDC-Lösung (frisch hergestellt) und 2,5 ml Methyl-n-amylketon (Heptanon-2) (oder 10,0 ml MIBK), extrahiert 1–2 min und läßt 5–10 min zur Phasentrennung stehen. Die untere wäßrige Phase wird bis auf einen kleinen Rest abgelassen, der organische Extrakt zentrifugiert und in die Flamme eingesprüht.

2. Metalle und Legierungen

2.1. Stahl

B: 0,005–0,100% Bi. *s:* ±0,001% Bi. *Z:* 15–20 min.

Arbeitsvorschrift [*55*]

1,0 g Probematerial wird in einem Becherglas mit 10 ml Mischsäure [3 Teile HCl (1,19) + 1 Teil HNO_3 (1,40) + 3 Teile Wasser] unter Erwärmen gelöst, nach dem Abkühlen in einem 100 ml-Meßkolben mit Wasser zur Marke aufgefüllt, bei Bedarf unlösliche Kieselsäure durch ein trockenes Filter abfiltriert, und die Lösung bzw. das Filtrat in die Flamme eingesprüht.

2.2. Eisen, unlegierter und legierter Stahl

Bi wird aus ~1n HCl/6% KI/2% Ascorbinsäure-Lösung mit 5% TOPO/MIBK extrahiert und der organische Extrakt in die Flamme eingesprüht. Gleichzeitig werden Pb, Sb und Sn quantitativ ausgeschüttelt und können im organischen Extrakt ebenfalls mittels AAS bestimmt werden. ≦50 mg Cu stören nicht; größere Mengen stören, da bei >100 mg Cu eine Fällung von CuI auftritt. Weiterhin stören HNO_3, Fe(III) und größere Mengen Zn. H_2SO_4 und H_3PO_4 stören nicht.

B: 1–100 ppm Bi. *s:* ±0,1 µg Bi/ml organischer Extrakt.

Arbeitsvorschrift [*52*]

Reagentien

HCl (1,19), HNO_3 (1,40), Ameisensäure, Ascorbinsäure.

Tri-n-octylphosphinoxyd (TOPO), 5%ig in MIBK.

Jodidlösung, 30%ig an KI und 10%ig an Ascorbinsäure in HCl (1 + 9) (täglich frisch hergestellt).

Elementstammlösung (1000 µg/ml); man löst 0,2585 g Triphenylwismut (Eastman 2442) sowie (falls auch Pb, Sb und Sn bestimmt werden sollen) 0,2632 g Bleicyclohexanbutyrat (Eastman 10395), 0,2900 g Triphenylstibin (Eastman 1553) und Dibutylzinn-bis-(2-äthylcapronat) (Eastman 10427) in 10 ml 2-Äthylcapronsäure + 20 ml MIBK und füllt mit MIBK auf 100 ml auf. Durch Verdünnen der Stammlösung (1000 µg/ml) mit MIBK stellt man eine verdünnte Stammlösung (50 µg/ml) her.

Einwaage und Volumen der Extraktionslösung werden so gewählt, daß die Bi-Konzentration im organischen Extrakt innerhalb 1–10 µg Bi/ml liegt.

1,0 g (bei Bedarf 5,0 g oder 10,0 g) Probematerial wird in einem Becherglas mit 15 ml HCl und 5 ml HNO_3 (bei 5,0 g: 30 ml HCl + 10 ml HNO_3; bei 10,0 g: 60 ml HCl + 20 ml HNO_3) unter Erwärmen gelöst, auf ~5 ml eingedampft, 10 ml HCl hinzugefügt (bei Bedarf Graphit und Kieselsäure abfiltriert), erhitzt und zur Zerstörung der HNO_3 tropfenweise Ameisensäure hinzugefügt, bis keine braunen Dämpfe mehr entweichen. Man dampft fast zur Trockene ein, versetzt mit 5 ml HCl, spült die Becherwand mit ~5 ml Wasser ab, fügt 4 g Ascorbinsäure [Fe(III) muß jetzt vollständig reduziert sein, erkennbar am Verschwinden der gelben Farbe] sowie 15 ml Jodidlösung hinzu, führt unter Nachwaschen in einen 150 ml-Schütteltrichter über und stellt die Lösung mit Wasser auf 50 ml ein. Nun werden 10,0 ml oder 5,0 ml TOPO/MIBK hinzugefügt, 30 sec extrahiert, nach der Phasentrennung die wäßrige Lösung verworfen, der organische Extrakt (eine etwa vorhandene Emulsion beseitigt man durch kurzes Zentrifugieren) in ein mit Stopfen verschlossenes Reagensglas (oder Kölbchen) übergeführt und ein Teil davon in die Flamme eingesprüht.

Zur Aufstellung der Eichkurve stellt man Eichlösungen mit entsprechenden Bi-Konzentrationen durch Verdünnen der verdünnten Stammlösung (50 µg/ml) mit MIBK her und sprüht diese in die Flamme ein.

2.3. Aluminium [*52*]

B: 1–100 ppm Bi. *s:* ±0,1 µg Bi/ml organischer Extrakt.

Man löst 1,0 g Probematerial mit 15 ml HCl (1,19) (5,0 g mit 30 ml HCl bzw. 10,0 g mit 60 ml HCl) unter tropfenweisem Zusatz von H_2O_2 (30%), dampft auf ~5 ml ein und fährt mit dem Abspülen der Becherwand nach Verfahren F.2.2. fort (Ascorbinsäure muß nur in Anwesenheit von Fe zugefügt werden).

2.4. Nickel [*52*]

B: 1–100 ppm Bi. *s:* ±0,1 µg Bi/ml organischer Extrakt.

Man löst 1,0 g Probematerial mit 10 ml HNO_3 (1,40) + 10 ml Wasser (5,0 g mit 30 ml HNO_3 + 30 ml Wasser bzw. 10,0 g mit 60 ml HNO_3 + 60 ml Wasser) unter Erwärmen, versetzt mit 10 ml HCl (1,19), erhitzt und fährt mit dem Zusatz von Ameisensäure nach Verfahren F.2.2. fort.

G. Verschiedenes

Außer den besprochenen wurden auch noch die nachfolgend genannten Reagentien für die photometrische Bi-Bestimmung verwendet: Thioharnstoff (teilweise nach Isolierung durch Extraktion mit DADDTC/CCl_4 [*12, 58, 59, 61–63, 66*], Ammoniumtetramethylendithiocarbamat/$CHCl_3$ ($\varepsilon_{357} = 21400$) [*23a, 67*], Brenzcatechinviolett

(580 nm, $E_{0,050} = \sim 0,4\ \mu g \cdot ml^{-1} \cdot cm^{-1}$), Oxin/$CHCl_3$ ($\varepsilon_{395} = 11000$) [*38*], 7-[α-(o-Carbomethoxyanilino)-benzyl]-8-hydroxychinolin/$CHCl_3$ (395—400 nm; $L_Q = 1,5\ \mu g \cdot ml^{-1} \cdot cm^{-1}$) [*56*], Thorin (535 nm; $L_Q = 0,5\ \mu g \cdot ml^{-1} \cdot cm^{-1}$) [*3c, 57*], Xylenolorange ($\varepsilon_{540-545} = 24000$) [*60, 64*] und 1,3-Bis-[8'-mercaptotheophyllinil-(7')]-propan (Dinatriumsalz)/$CHCl_3$ (405 nm; $L_Q = 0,5\ \mu g \cdot ml^{-1} \cdot cm^{-1}$) [*65*]. Mittels Voltammetrie wurde Bi (≧ 4 ng/g bei 10 ml Endvolumen) in hochreinem Handelskupfer bestimmt [*3g*]. In biologischem Material wurde Bi durch Emissionsspektrographie bestimmt [*32*]. Nach Isolierung durch Extraktion als BiI_4^-/MIBK wurde Bi (2—130 µg/g) mittels AAS bestimmt [*1b*].

Literatur

1. Bode, H., Henrich, G.: Z. anal. Chem. **135**, 98 (1952).
1a. Luke, C. L.: Analyt. chim. Acta **39**, 447 (1967).
1b. Headridge, J. B., Richardson, J.: Analyst **95**, 930 (1970).
1c. Mottola, H. A., Sandell, E. B.: Analyt. chim. Acta **24**, 301 (1961).
1d. Mottola, H. A., Sandell, E. B.: Analyt. chim. Acta **25**, 520 (1961).
1e. Pietsch, R., Pichler, E.: Mikrochim. Acta (Wien) **1962**, 954.
1f. Fritz, J. S., Gillette, R. K., Mishmash, H.: Analyt. Chem. **38**, 1869 (1966).
2. Margerie, J. C., Drouzy, M.: Mém. sci. Rev. Métallurgie **1959**, 47.
2a. Kovacs, E., Guyer, H.: Z. anal. Chem. **187**, 188 (1962).
2b. Koch, O. G.: Z. anal. Chem. **255**, 269 (1971).
3. Rooney, R. C.: Analyst **83**, 83 (1958).
3a. Jackwerth, E.: Z. anal. Chem. **202**, 81 (1964).
3b. Jackwerth, E.: Z. anal. Chem. **206**, 269 (1964).
3c. Mottola, H. A.: Analyt. chim. Acta **29**, 261 (1963).
3d. Léontovitch, N.: Chim. analytique **47**, 458 (1965).
3e. Portmann, J. E., Riley, J. P.: Analyt. chim. Acta **34**, 201 (1966).
3f. Ahluwalia, S. S., Korkisch, J.: Z. anal. Chem. **208**, 414 (1965).
3g. van Dyck, G., Verbeek, F.: Z. anal. Chem. **249**, 89 (1970).
3h. Orbe, F. E., Qureshi, I. H., Meinke, W. W.: Analyt. Chem. **35**, 1436 (1963).
3i. Meyer, J.: Z. anal. Chem. **219**, 147 (1966).
4. Hubbard, D. M.: Ind. Eng. Chem., Anal. Ed. **11**, 343 (1939).
5. Smout, A. J. G., Smith, J. L.: Analyst **58**, 475 (1933).
6. Bannister, C. O., Doyle, W. M.: Analyst **60**, 33 (1935).
7. Robinson, R. G.: Analyst **64**, 402 (1939).
8. Ballard, C. W., Ballard, E. J.: Analyst **74**, 53 (1949).
9. Blumenthal, H.: Z. anal. Chem. **74**, 33 (1928).
10. Park, B.: Ind. Eng. Chem., Anal. Ed. **6**, 188 (1934).
11. Kallman, S., Pristera, F.: Ind. Eng. Chem., Anal. Ed. **13**, 8 (1941).
12. Hall, C. J.: Analyst **77**, 318 (1952).
13. Tompsett, S. L.: Analyst **63**, 250 (1938).
14. Strafford, N., Wyatt, P. F., Kershaw, F. G.: Analyst **70**, 232 (1945).
15. Lacoste, R. J., Earing, M. H., Wiberley, S. E.: Analyt. Chem. **23**, 871 (1951).
16. Oosting, M.: Mikrochim. Acta (Wien) **1956**, 528.
17. Cheng, K. L., Bray, R. H., Melstedt, S. W.: Analyt. Chem. **27**, 24 (1955).
18. Bode, H.: Angew. Chem. **66**, 756 (1954).
19. Bode, H.: Z. anal. Chem. **143**, 182 (1954).
20. Bode, H.: Z. anal. Chem. **144**, 165 (1955).
21. Cheng, K. L., Bray, R. H.: Analyt. Chem. **25**, 655 (1953).
22. Kinnunen, J., Wennerstrand, B.: Chemist-Analyst **43**, 88 (1954).
23. Kinnunen, J., Wennerstrand, B.: Chemist-Analyst **45**, 109 (1956).
23a. Kalt, M. B., Boltz, D. F.: Analyt. Chem. **40**, 1086 (1968).
24. Hubbard, D. M.: Analyt. Chem. **20**, 363 (1948).
25. Reith, J. F., van Dijk, C. P.: Chem. Weekbl. **36**, 343 (1939).
26. Haddock, L. A.: Analyst **59**, 163 (1934).
27. Fischer, H., Leopoldi, G.: Z. anal. Chem. **119**, 161 (1940).
28. Bouissières, G., Ferradini, C.: Analyt. chim. Acta **4**, 610 (1950).

29. LAUG, E. P.: Analyt. Chem. **21**, 188 (1949).
30. BLEYER, B., NAGEL, G., SCHWAIBOLD, J.: Scientia pharmac. **10**, 121 (1939).
31. KLUCHESKY, E. F., LONGLEY, B. J., KOZELKA, F. L.: J. Pharmacol. exp. Therapeut. **74**, 395 (1942).
32. CHOLAK, J.: Ind. Eng. Chem., Anal. Ed. **9**, 26 (1937).
33. HUBBARD, D. M.: Ind. Eng. Chem., Anal. Ed. **9**, 493 (1937).
34. WILLOUGHBY, C. E., WILKINS, E. S., Jr., KRAEMER, E. O.: Ind. Eng. Chem., Anal. Ed. **7**, 285 (1935).
35. IWANTSCHEFF, G.: Das Dithizon und seine Anwendung in der Mikro- und Spurenanalyse. Weinheim: Verl. Chemie 1972.
36. *Chemical Subcommittee* of the Fiscal Policy Joint Committee of the Brit. Brass, Copper and Nickel Silver Industries. Analyst **60**, 554 (1935).
37. *Chemical Subcommittee* of the Fiscal Policy Joint Committee of the Brit. Brass, Copper and Nickel Silver Industries. Chem. Trade J. **97**, 31 (1935).
38. MOELLER, T.: Ind. Eng. Chem., Anal. Ed. **15**, 346 (1943).
39. YAO, YU-LIN: Ind. Eng. Chem., Anal. Ed. **17**, 114 (1945).
40. KOVÁCS, E., GUYER, H.: Z. anal. Chem. **186**, 267 (1962).
41. KOROLEFF, F.: Merentutkimuslaitoksen Julkaisu Havsforskuingsinstitutets Skrift, Helsinki, Nr. **145**, 7 (1950); ref.: in Lit. Nr. [35].
42. WIEGAND, C. J. W., LANN, G. H., KALICH, F. V.: Ind. Eng. Chem., Anal. Ed. **13**, 912 (1941).
43. SPROULL, R. C., GETTLER, A. O.: Ind. Eng. Chem., Anal. Ed. **13**, 462 (1941).
44. ENGLIS, D. T., BURNETT, B. B.: Analyt. chim. Acta **13**, 574 (1955).
45. GIACOMINO, N. J.: Ind. Eng. Chem., Anal. Ed. **17**, 456 (1945).
46. LISICKI, N. M., BOLTZ, D. F.: Analyt. Chem. **27**, 1722 (1955).
47. MALAT, M.: Z. anal. Chem. **186**, 418 (1962).
48. LILIE, H.: Z. anal. Chem. **159**, 196 (1958).
49. DELVES, H. T., SHEPHERD, G., VINTER, P.: Analyst **96**, 260 (1971).
50. HOFTON, M. E., HUBBARD, D. P.: Analyt. chim. Acta **62**, 311 (1972).
51. KISFALUDI, G., LENHOF, M.: Analyt. chim. Acta **55**, 442 (1971).
52. BURKE, K. E.: Analyst **97**, 19 (1972).
53. HEADRIDGE, J. B., SMITH, D. R.: Talanta **19**, 833 (1972).
54. WILLIS, J. B.: Analyt. Chem. **34**, 614 (1962).
55. KOCH, O. G.: unveröffentlicht (1973).
56. RÖBISCH, G.: Analyt. chim. Acta **48**, 161 (1969).
57. MOTTOLA, H. A.: Analyt. chim. Acta **27**, 136 (1962).
58. MAHR, C.: Z. anal. Chem. **97**, 96 (1934).
59. GROSHEIM-KRYSKO, K. W.: Z. anal. Chem. **121**, 399 (1941).
60. CHENG, K. L.: Talanta **5**, 254 (1960).
61. BENDIGO, B., BELL, R. K., BRIGHT, H. A.: J. Res. nat. Bur. Standards **47**, 252 (1951).
62. POHL, H.: Angew. Chem. **64**, 608 (1952).
63. ASMUS, E.: Z. anal. Chem. **142**, 255 (1954).
64. ONISHI, H., ISHIWATARI, N.: Talanta **8**, 753 (1961).
65. ASMUS, E., MARSEN, G.: Z. anal. Chem. **225**, 252 (1967).
66. THOMPSON, J. H., PETERS, B. W.: Analyst **84**, 180 (1959).
67. LAU, H. K. Y., DROLL, H. A., LOTT, P. F.: Analyt. chim. Acta **56**, 7 (1971).

C — Kohlenstoff

Tabelle 132. Empfindlichkeit S_M und Bestimmungsgrenze L_Q der Verfahren

Verfahren	µg C	
	S_M	L_Q
Coulometrie	0,5[1]	5
Gaschromatographie	0,5	5

[1] Ein Zählwerkschritt.

A. Trennungen

In der Regel wird der C als CO_2 durch Verbrennung im Sauerstoffstrom (s. Abschnitt B.) vom Probematerial abgetrennt. Bei einzelnen Bestimmungsmethoden und vor allem bei sehr kleinen C-Gehalten ist anschließend eine weitere Anreicherung des C aus dem O_2/CO_2-Gemisch erforderlich. Zur Isolierung des CO_2 werden angewendet: Kondensation in einer mit flüssiger Luft beschickten Kühlfalle, Adsorption an Molekularsieb und Absorption in NaOH- oder $Ba(OH)_2$-Lösung. Eine Isolierung des CO_2 mittels Kühlfalle ist erforderlich, wenn nur ein definiertes, kleines Gasvolumen für die Messung verwendet wird (z. B. bei der Gaschromatographie, Massenspektrometrie) und die CO_2-Konzentration im O_2/CO_2-Gemisch bzw. allgemein im CO_2/Trägergas-Gemisch unterhalb L_Q liegt. Im Gegensatz hierzu erübrigt sich die CO_2-Isolierung, wenn das gesamte O_2/CO_2-Gemisch während des Verbrennungsvorganges zur integrierenden Registrierung der CO_2-Menge durch die Apparatur geleitet werden kann (z. B. bei der Coulometrie).

Auch flüchtige C-Verbindungen (Kohlenwasserstoffe) in der Luft oder im Wasser reichert man am zweckmäßigsten mit einer Kühlfalle an: bei Luftproben leitet man die Luft selbst durch die Kühlfalle, bei Wasserproben führt man die C-Verbindungen durch Einleiten eines inerten Gases in die Kühlfalle über.

B. Bestimmungsmethoden

Die Möglichkeiten zur Bestimmung des C sind relativ beschränkt. In Metallen können Gehalte bis herab zu $\sim 0{,}001\,\%$ C mit Hilfe der Emissionsspektralanalyse mit der Analysenlinie C 1930 (oder C 2478,6) unmittelbar bestimmt werden, wenn man das Metall als Elektrode verwendet. Dieses Verfahren findet vor allem in der Produktionskontrolle von Stahl u. a. Metallen unter Einsatz von Spektrometern Anwendung. Die übrigen Methoden beruhen auf der Überführung des C in CO_2 (seltener in CO) durch Verbrennung in O_2-Atmosphäre in den üblichen Verbrennungsöfen und Messung der CO_2-Menge bzw. -Konzentration.

CO_2 und CO lassen sich in geringen Mengen photometrisch bestimmen. Beim CO sind vor allem folgende Farbreaktionen die Grundlage der photometrischen Bestimmung: die Reaktion von CO mit I_2O_5 (Schützesches Reagens), mit $PdCl_2$ und mit Silber-Natrium-Sulfamidbenzoat [*1*]. CO_2 verändert die Farbe eines pH-Indicators (z. B. Phenolphthalein) aufgrund der pH-Änderung bei der Absorption in wäßriger Lösung. Photometrische

Verfahren finden wegen ihres Arbeits- und Zeitaufwandes nur vereinzelt Anwendung und die Farbreaktionen haben vorwiegend Bedeutung bei der halbquantitativen Bestimmung geringer Mengen von CO u. a. gasförmigen C-Verbindungen in der Luft mit Hilfe von Prüfröhrchen (Dräger). Erwähnt sei schließlich noch die selten angewandte Möglichkeit, C mit S zu CS_2 und diesen mit $(C_2H_5)_2NH$ zu Diäthyldithiocarbamat umzusetzen und letzteres mit Cu photometrisch zu bestimmen. Ebenso wird auch die mikrovolumetrische und manometrische Bestimmung nur wenig verwendet, obwohl auf diese Weise ein tiefes L_Q erreicht werden kann.

Sieht man von den oben erwähnten Methoden ab, so kommen für die Bestimmung kleiner Mengen an CO und CO_2 elektrochemische und physikalische Methoden in Betracht: für CO_2 *Coulometrie, Konduktometrie* und *Infrarotabsorption*, für CO und CO_2 *Gaschromatographie* (Thermokonduktometrie) und *Massenspektrometrie*.

Im Handel erhält man mehr oder weniger vollautomatische Geräte für die C-Bestimmung in Metallen auf der Grundlage der Coulometrie[1], Konduktometrie[2], Infrarotabsorption[3] und Thermokonduktometrie[4], bei denen der gefundene %C-Gehalt bei gegebener Einwaage direkt angezeigt wird. Demgegenüber bedarf es bei Anwendung der Gaschromatographie und Massenspektrometrie selbst gebauter Apparaturen. Beim Coulometer und Konduktometer wird das CO_2 in $Ba(OH)_2$ oder NaOH absorbiert, wo es zu einer pH-Änderung mit anschließender coulometrischer Titration und elektrometrischer Endpunktanzeige (Coulometer) bzw. zu einer Änderung der elektrischen Leitfähigkeit (Konduktometer) führt. Bei den übrigen Gerätetypen hingegen erfolgt die Messung in der Gasphase. Auf eine eingehende Erläuterung von Aufbau und Funktionsweise der Apparaturen wird im vorliegenden Rahmen verzichtet, zumal ausführliche Betriebsanleitungen des Geräteherstellers zur Verfügung stehen.

Wird der Blindwert durch entsprechende Maßnahmen (Vermeidung von Geräteteilen und Gasleitungen aus Gummi oder Kunststoff, sorgfältiges Ausglühen von Verbrennungsrohr und -schiffchen, Verwendung von Rohren und Schiffchen aus Al_2O_3 oder Quarzglas[5], Reinigen des Sauerstoffes, Wahl des Zuschlagstoffes bzw. Verbrennung ohne Zuschlagstoff) niedrig gehalten, so erreicht man bei entsprechender Geräteeinstellung mit dem Coulometer eine Bestimmungsgrenze von $L_Q \approx 5$ μg C. Bei den Geräten auf der Grundlage der Konduktometrie[2] und Infrarotabsorption[3] liegt L_Q in ähnlicher Größenordnung. Bei weitgehend ausgeschaltetem Blindwert kann man – meßtechnisch gesehen – mit dem Gaschromatographen (mit Wärmeleitfähigkeitsdetektor) noch $L_Q \approx 0{,}05$ μg C (als CO oder CO_2 gemessen) erreichen. Führt man das CO_2 mit H_2 an einem Ni-Kontakt in CH_4 über und verwendet zur Messung einen Flammenionisationsdetektor, so gelangt man bis $L_Q \approx 0{,}005$ μg C. Auf Grund der Blindwertschwankungen liegt aber L_Q höher und man findet meist Angaben im Bereich von $L_Q \approx 5$ μg C [*4*]. Mit Hilfe eines Kleinmassenspektrometers läßt sich $L_Q = 0{,}001-0{,}01$ μg C (je nach gemessener Masse m/e = 12, 28 oder 44; als CO oder CO_2 gemessen) erzielen [*5, 6*], doch hängen auch hier die tatsächlich erreichbaren Grenzwerte von den Blindwertverhältnissen ab.

Die Geräte müssen jeweils zu Beginn einer Analysenserie geeicht werden. Da einerseits hinreichend genaue Standardproben mit $\leq$ 100 ppm C in der Zusammensetzung des Probematerials in der Regel nicht zur Verfügung stehen und andererseits Standardmetallproben mit höherem C-Gehalt zur Eichung wenig geeignet sind, verwendet man

---

[1] z. B. Coulometer CTA 5 C, Fa. Schoeps, Duisburg, und Coulomat 7011, Fa. Ströhlein, Düsseldorf.
[2] z. B. Carmhograph 12, Fa. Wösthoff, Bochum.
[3] z. B. Carsulmat, Fa. Ströhlein, Düsseldorf.
[4] z. B. Leco Low carbon determinator, Fa. Laboratory Equipment Corp., St. Joseph/Mich., USA.
[5] Keramikrohre und -schiffchen adsorbieren nach dem Ausglühen sehr rasch wieder CO_2.

für die Eichung möglichst homogene Substanzen mit hohem, aber sehr genauem C-Gehalt als Standardproben. Als Eichsubstanz hierzu gut geeignet ist Kaliumhydrogenphthalat. Dieses hat den Vorteil der leichten Dosierbarkeit, indem man von einer wäßrigen Lösung bekannten Gehaltes ein entsprechendes Volumen mittels Halbmikro- oder Mikrobürette in ein Porzellanschiffchen gibt, bei 120° C trocknet und anschließend damit die Eichung durchführt. Parallel muß der Blindwert mit dem gleichen Volumen des verwendeten Wassers berücksichtigt werden.

Bei Verwendung von Eichsubstanzen mit einer vom Probematerial unterschiedlichen Zusammensetzung muß deren unterschiedliche Verbrennungscharakteristik (Verbrennungsgeschwindigkeit), vor allem bei den Apparaturen mit einer Absorptionslösung im Meßteil (Coulometer, Konduktometer), berücksichtigt werden [*2*]. Außer von einigen konstant zu haltenden Parametern (Druck, Temperatur, Konzentration und pH-Wert der Absorptionslösung, Gasströmungsgeschwindigkeit, Geometrie der Absorptionszelle) ist die Absorption des CO_2 in der Absorptionslösung auch noch von der CO_2-Konzentration im Verbrennungssauerstoff abhängig. Da die CO_2-Konzentration von der Verbrennungscharakteristik bestimmt wird, führen Eichsubstanzen, die eine vom Probematerial unterschiedliche Verbrennungscharakteristik aufweisen, ohne besondere Vorsichtsmaßregeln zu mehr oder weniger falschen Analysenergebnissen. Diese Schwierigkeit läßt sich beseitigen, indem man zwischen Verbrennungsofen und Meßapparatur ein Puffervolumen entsprechender Größe (z. B. leere Waschflasche oder Mischkugel) schaltet, wodurch ein gleichmäßigerer, ähnlicher CO_2-Durchsatz/Zeiteinheit in der Meßzelle auch bei verschieden schnell verbrennenden Substanzen erreicht wird.

Bei der Verbrennung von Metallen in Widerstandsöfen ist den meist zur Steuerung des Verbrennungsablaufes erforderlichen Zuschlagstoffen hinsichtlich des Blindwertes besondere Beachtung zu schenken. Für die Bestimmung von C in hochschmelzenden Metallen [*2*] bewährte sich CuO mit 6 ppm C als Zuschlagmittel, doch finden auch andere Substanzen Anwendung, wie z. B. Bi, Cu, Pb und Sn ($\sim$ 5 ppm C). Durch Erhitzen zur hellen Rotglut kurz vor Gebrauch läßt sich der C-Gehalt von Pb und Cu auf $\sim$1 ppm C vermindern [*7*]. Mit einem Induktionsofen genügender Leistung (HF-Generator mit 1 kW HF-Leistung, Leerlauffrequenz 5,8 MHz, Induktionsspule aus 4 Windungen doppelt gewickeltem Kupferrohr, i.-⌀ der Spule 24 mm) mit waagerechtem Verbrennungsrohr läßt sich die Verbrennung ohne Zuschlagstoff durchführen, so daß auf diese Weise ein niedrigerer Blindwert und damit ein tieferes L_Q erreicht wird.

1. Wässer

Der Gehalt an Gesamt-C läßt sich bestimmen, indem man eine kleine Menge der Wasserprobe im Widerstandsofen direkt verdampft und verbrennt, wobei die CO_2-Menge thermokonduktometrisch gemessen wird[1] ($L_Q \approx 1-10$ ppm C).

Mit Hilfe einer im Handel erhältlichen Apparatur[2] kann der Gehalt an anorganischem und organischem C im Wasser bestimmt werden ($L_Q \approx 1-10$ ppm C) [*8*]. Die Apparatur besteht aus zwei Oxydationssäulen A (für anorganischen C: gelöstes CO_2, gelöste Carbonate und Hydrogencarbonate) und B (für Gesamt-C), auf die jeweils 0,2 ml Wasser gegeben werden, und dem IR-Analysator, in dem die Menge des gebildeten CO_2 gemessen wird. Säule A enthält Quarzstücke mit aufgetragener H_3PO_4 (1,71) und ist auf 150° C erhitzt, Säule B ist mit Asbest/Co_2O_3-Katalysator beschickt und auf 950° C erhitzt. Synthetische Luft dient als Oxydationsmittel und Trägergas. Die Differenz der Werte beider Säulen ergibt den Gehalt an organischem C.

---

[1] Im Handel steht hierzu die Apparatur Leco Aquacarb zur Verfügung.

[2] Total organic carbon analyzer Beckman.

Der in Wasser gelöste, organisch gebundene C läßt sich sicher durch nasse Veraschung mit $K_2Cr_2O_7$ in 12,8–14,1 n H_2SO_4 bestimmen [9]:

Hierzu stellt man die Wasserprobe im Veraschungskolben (Rundkolben mit seitlich eingeführtem Thermometer und Gaseinleitungsrohr, sowie aufgesetztem kurzem Rückflußkühler, von dessen oberem Ende ein Glasrohr zu einem elektrisch beheizten, mit CuO gefülltem Quarzrohr und anschließend in eine Absorptionszelle mit KOH oder $Ba(OH)_2$ führt) mit H_2SO_4 (1,84) auf 12,8—14,1 n H_2SO_4 ein, Durch Einleiten von Inertgas wird der anorganische C ausgetrieben, dann $K_2Cr_2O_7$ zugesetzt, auf 140—160° C erhitzt, 15—20 min Inertgas durchgeleitet und das übergetriebene CO_2 wahlweise maßanalytisch oder coulometrisch bestimmt.

Hinsichtlich der Isolierung flüchtiger C-Verbindungen aus Wasserproben s. Abschnitt A (S. 547).

2. Metalle und Legierungen

Bei der Analyse von Metallen muß beachtet werden, daß der C in diesen nicht nur in freier und gebundener Form enthalten ist, sondern bei Anwesenheit von Alkalimetallen auch als Carbonat vorliegen kann. Bei unsachgemäßer Aufbewahrung des Probematerials kann C auch oberflächlich adsorbiert sein (Kohlenwasserstoffe, s. S. 112), insbesondere bei Metallpulvern [2].

Die übliche Zerkleinerung des Probematerials durch Zerspanung (Fräsen, Bohren usw.) führt oft zu einer scheinbaren Erhöhung des C-Gehaltes infolge Adsorption an der vergrößerten Probenoberfläche [2]. Für die Analyse verwendet man daher zweckmäßiger kompakte Probenstücke geeigneter Größe.

Zur Bestimmung von freiem C [10] und Gesamt-C [11] in Natrium wurde das Na zuerst abdestilliert, der zurückgebliebene C zu CO_2 verbrannt und die CO_2-Menge manometrisch gemessen ($L_Q \approx 5$ ppm C).

2.1. Reinsteisen

Die Bestimmung des C erfolgt als CO_2 mittels Coulometer.

B: $\geqq$ 1 ppm C. V: $\pm$ 10%. Z: 10 min.

Arbeitsvorschrift

2–5 g Probematerial werden ohne Zuschlagstoff oder mit 200–500 mg Wismut, Zinn, Blei oder Kupfer als Zuschlagstoff im Sauerstoffstrom bei 1250° C verbrannt (Verbrennungsdauer 4–5 min).

2.2. Molybdän

Die Bestimmung des C erfolgt als CO_2 mittels Coulometer.

B: $\geqq$ 15 ppm C. s: $\pm$ 2 ppm C. Z: 10 min.

Arbeitsvorschrift [2]

Probenvorbereitung: Mit wassergekühlter Trennscheibe schneidet man 3–5 mm dicke Streifen und zerkleinert diese mit dem Seitenschneider zu Blöckchen mit ~ 3–5 mm Kantenlänge. Die Oberfläche der Blöckchen wird der Reihe nach wie folgt gebeizt: 30 sec mit HF/HNO_3 (10 + 1), 60 sec mit HF/HCl (1 + 1), mit Wasser und danach mit Äthanol gewaschen; zuletzt wird mit warmer Luft getrocknet.

Analyse: 1 g Probematerial wird mit 2 g CuO versetzt und im Sauerstoffstrom bei 1250° C verbrannt (Verbrennungsdauer 4 min).

2.3. Niob

Bestimmungsmethode, B, s und Z sind dieselben wie bei Verfahren B.2.2 (s. S. 550).

Arbeitsvorschrift [*2*]

Probenvorbereitung und Analyse werden wie bei Verfahren B.2.2 (s. S. 550) durchgeführt. Davon abweichend reinigt man die Oberfläche der Probeblöckchen (2–3 mm Kantenlänge) durch Abbeizen in der angegebenen Reihenfolge mit: HF/HNO_3/Wasser (2 + 2 + 1), Wasser und Äthanol.

2.4. Silicium

Der C wird als CO_2 gaschromatographisch bestimmt.

B: ≧ 10 ppm C. *V*: ± 13%.

Arbeitsvorschrift [*4*]

Reagentien

10n NaOH; 6n HCl;
Oxydationsgemisch, $PbCl_2$ + $PbCrO_4$ + Weichglas (20 + 10 + 1), bei 600° C geglüht;
Quarzglaspulver; man zerreibt frisch geglühte Quarzwolle.

Apparatur

s. Abb. 92 u. 93; die einzelnen Teile sind durch Kupferleitungen miteinander verbunden.

Gaschromatograph

Säule: 1 m, 5 mm ⌀, Silicagel (Körnung 0,1—0,5 mm), 50° C;
Trägergas: Helium, 65 ml/min;
Detektor: Wärmeleitfähigkeitsdetektor, 150° C.

5 abgestufte Einwaagen von etwa 100, 200, 300, 400 und 500 mg der zerkleinerten Probe werden in Quarz-Zentrifugengläser (15 mm ⌀, 100 mm hoch) mit jeweils 6 ml 10n NaOH versetzt, bei heftiger Reaktion gekühlt, anschließend in die Bohrungen eines Aluminiumheizblockes (s. Abb. 17, S. 115) gesetzt, mit Kühlerkugeln abgedeckt und 24 Std bei 80° C stehen gelassen. In einem 6. Zentrifugenglas wird gleichzeitig ein Blindwert mitgeführt. Nach dem Lösen fügt man 10 mg Quarzglaspulver als Träger für den ungelöst zurückgebliebenen Kohlenstoff hinzu, verschließt mit einer nicht netzbaren Kunststoffolie, schüttelt kräftig und zentrifugiert dann 10 min mit 3000 U/min. Danach wird die klare, überstehende Lösung mit einer Capillare (s. Abb. 18, S. 115) abgesaugt,

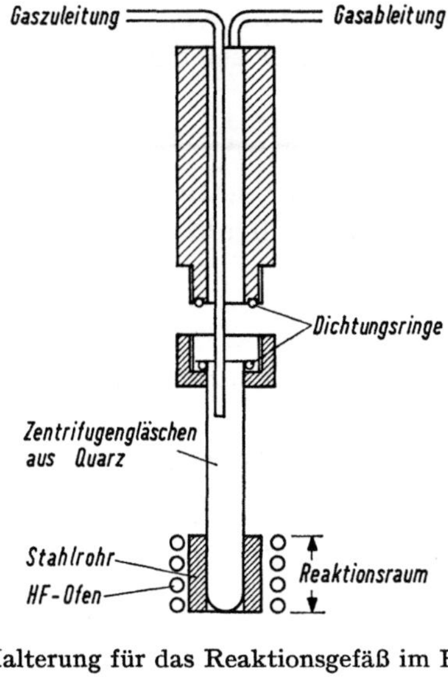

Abb. 92. Halterung für das Reaktionsgefäß im HF-Ofen [*4*]

der Rückstand 3mal mit je 6 ml Wasser gewaschen (ohne aufzuwirbeln), 3 min zentrifugiert und das Waschwasser abgesaugt. Zur Entfernung eventuell vorhandener Carbonate versetzt man den Rückstand mit 3 Tropfen 6n HCl, schüttelt, wirbelt nach Zusatz von 6 ml Wasser auf, zentrifugiert 3 min, saugt ab und trocknet den Rückstand 1 Std bei 105° C.

Zum getrockneten Rückstand werden 300 mg Oxydationsgemisch hinzugefügt, das Zentrifugenglas in den HF-Ofen (s. Abb. 92) eingesetzt, im Heliumgasstrom (65 ml/min) 5 min bei 600° C aufgeschlossen und das freiwerdende CO_2 in der Kühlfalle (mit Silicagel

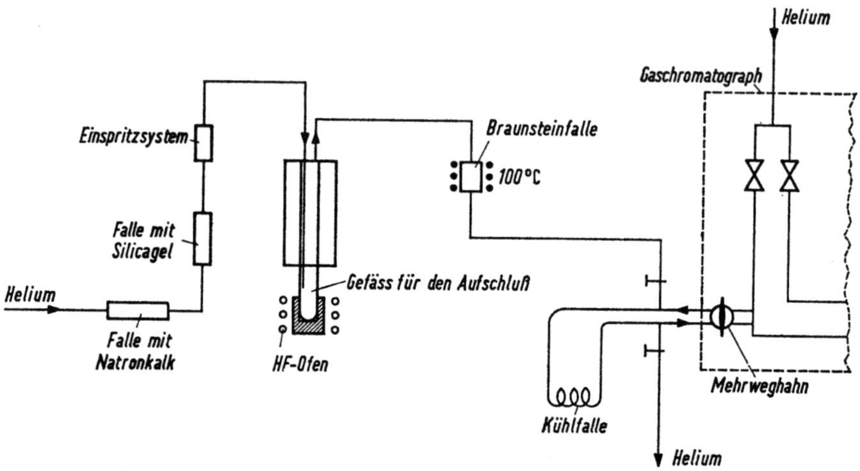

Abb. 93. Apparatur zur gaschromatographischen Bestimmung von C in Silicium [4]

gefüllt, mit flüssigem Stickstoff gekühlt) ausgefroren (s. Abb. 93). 7 min nach Aufschlußende schaltet man den Heliumgasstrom 1 ab, erwärmt die Kühlfalle auf 80–90° C und leitet das CO_2 durch Umstellen des Mehrweghahnes mit Heliumgasstrom 2 in die Meßzelle des Gaschromatographen. Mit Hilfe der Peakhöhen oder -flächen der erhaltenen Schreiberausschläge und einer nach der Arbeitsvorschrift aufgestellten Eichkurve wird der C-Gehalt unter Abzug des Blindwertes berechnet. Hinsichtlich der Eichung s. S. **548** f.

2.5. Tantal

Die Bestimmung des C erfolgt als CO_2 mittels Coulometer.
B: $\geqq$ 7,5 ppm C. s: $\pm$ 1 ppm C. Z: 10 min.

Arbeitsvorschrift [2]

Probenvorbereitung und Analyse führt man wie bei Verfahren B.2.3 (s. S. 550) durch, nur verwendet man davon abweichend eine Einwaage von 2 g Probematerial.

2.6. Wolfram

Die Bestimmung des C erfolgt als CO_2 mittels Coulometer.
B: $\geqq$ 4 ppm C. s: $\pm$ 0,5 ppm C. Z: 10 min.

Arbeitsvorschrift [2]

Probenvorbereitung: Das Probematerial zerschlägt man zwischen zwei Molybdänblechen zu 3–5 mm großen Bröckchen und reinigt die Oberfläche des zerkleinerten Materials wie folgt: Abbeizen 60 sec mit HF/HNO_3 (10 + 1), Waschen mit Wasser und dann mit Äthanol, zuletzt Trocknen mit Warmluft.

Analyse: 4 g Probematerial werden mit 2 g CuO versetzt und im Sauerstoffstrom bei 1250° C verbrannt (Verbrennungsdauer 5 min).

3. Verschiedenes

3.1. Urandioxid

Die Bestimmung des C erfolgt als CO_2 mittels Coulometer.

B: ≧ 5 ppm C. *s*: ± 1 ppm C. *Z*: 15 min.

Arbeitsvorschrift [12]

0,5–1 g gepulvertes Probematerial werden ohne Zuschlagstoff im Sauerstoffstrom (Quarzschiffchen und -rohr) bei 1050° C verbrannt (Verbrennungsdauer ~ 3 min).

Tabelle 132a. Nachtrag — Weitere Verfahren[1]

Bestimmungsmethode	Probematerial; Verfahren; Bestimmungsbereich	Literatur
Ph	Luft; Isol: Molekularsieb 5 Å; Best: Ag-p-Sulfamidbenzoat; *B*: ≧ 0,1 ppm CO; *V*: ± 10% bei 1 ppm CO.	[13]
GC	Wasser; Best: Flammenionisationsdetektor; L_D = 0,2 ppm C.	[14]
Gasvolumetrie	Silicium; Best: Messung des CO_2-Volumens; *B*: ≧ 5 ppm C; *V*: ± 15—20%.	[15]
Allgemeines	Fehlerquellen bei der Probenvorbereitung und Analyse von Halbleitersilicium.	[16]

[1] Abkürzungen s. S. XVI, XXIV.

Literatur

1. Ciuhandu, G., Chicu, A.: Z. anal. Chem. **255**, 35 (1971).
2. Lassner, E.: Mikrochim. Acta (Wien) **1970**, 820.
3. Koch, W., Lemm, H.: Arch. Eisenhüttenw. **41**, 427 (1970).
4. Bonsels, W., Lambert, J. L.: Z. anal. Chem. **245**, 247 (1969).
5. Koch, O. G.: Unveröffentlicht (1966).
6. Koch, O. G., Reinhard, R.: Z. anal. Chem. **231**, 420 (1967).
7. Green, I. R., Still, J. E., Chirnside, R. C.: Analyst **87**, 530 (1962).
8. Bannert, C.: Glas-Instrumenten-Techn. **15**, 518 (1971).
9. Schmid, H.: Glas-Instrumenten-Techn. **15**, 1105 (1971).
10. Walker, J. A. J., France, E. D.: Analyst **90**, 228 (1965).
11. Sinclair, V. M., Drummond, J. L., Smith, A. W.: Analyst **91**, 582 (1966).
12. Neeb, K. H., Duda, R., Franke, R., Leyfarth, R., Stöckert, H.: Z. anal. Chem. **215**, 161 (1966).
13. Bock, R., Bockholt, B.: Z. anal. Chem. **260**, 274 (1972).
14. Eggertsen, F. T., Stross, F. H.: Analyt. Chem. **44**, 709 (1972).
15. Schnöller, M.: Z. anal. Chem. **259**, 101 (1972).
16. Martin, J., Schnöller, M., Haas, E.: Z. anal. Chem. **259**, 105 (1972).

Ca — Calcium

Tabelle 133. Empfindlichkeit S_M und Bestimmungsgrenze L_Q der Verfahren

	µg Ca · ml⁻¹ · cm⁻¹	
Verfahren	S_M	L_Q
8-Hydroxychinolin/n-Butylamin-$CHCl_3$	0,008 (375 nm)	0,2 (375 nm)
Glyoxal-bis-(2-hydroxyanil)	0,0024 (520 nm)	0,06 (520 nm)
Atomabsorptionsspektrophotometrie	0,03 µg/ml[1]	0,01—0,05 µg/ml[3]
Emissionsspektralanalyse		5 —100 ng[2,3]
Flammenphotometrie		0,02 µg/ml[3]
Röntgenspektrometrie		4µg[3]

[1] Für 1% Absorption.
[2] Auf der Elektrode.
[3] $F_r = \pm 10\%$.

A. Trennungen

Für die Isolierung des Ca eignen sich vor allem die Extraktionsverfahren, bei denen die meisten Störelemente durch Gruppenreagentien, wie z. B. Carbamat, Cupferron, Oxin usw. (s. S. **259** ff., **297** ff.), extrahiert werden. Das in der wäßrigen Phase verbleibende Ca kann anschließend auf geeignete Weise bestimmt werden. Daneben leisten auch Ionenaustauscher und die Elektrolyse mit Hg-Kathode gute Dienste.

Eine größere Zahl von Elementen läßt sich mit Acetylaceton/Pyridin bei pH 5,2 extrahieren (E%) und so von Ca abtrennen [*1*]: Al (96), Bi (96), B (2), Ce (III) (90), Co (II) (96), Cr (III) (98), Cu (97), Fe (III) (97), Mn (II) (70), Mo (VI) (53), Nb (93), Ni (96), Pb (81), Se (VI) (1), Sn (IV) (96), Ta (88), Ti (IV) (6), Tl (I) (2), V (V) (100), W (VI) (2), Zn (87) und Zr (91); nicht ausgeschüttelt werden As (V), Ca, Mg, P, S, Sb (V) und Te (VI). $\leqq$ 30 µg Ca kann durch Extraktion mit Naphthensäure/Cyclohexylamin/MIBK (10:3:87) bei pH 8 von der 20fachen Menge an Cr (III), Fe (III), K, Li, Mg, Mo (VI), Na, P, Si, Sn (II), Sr, V (V), W (VI) und Zn abgetrennt und der organische Extrakt unmittelbar für die Bestimmung mittels AAS verwendet werden [*2*]. Al, Sb, Ti und Zr stören und müssen durch eine Vorextraktion mit Naphthensäure/MIBK (20:80) bei pH 5 (in Anwesenheit von Cyclohexylamin) entfernt werden.

B. 8-Hydroxychinolin-Butylamin

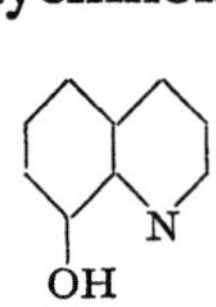

Unter den bei der analytischen Verwendung von 8-Hydroxychinolin (Oxin) üblichen Arbeitsbedingungen wird das Ca bekanntlich nicht ausgeschüttelt. Mit steigender Oxinkonzentration der organischen Phase nimmt aber die Extraktion des Ca bei pH 11,3 zu.

Das Ca wird mit 9%iger Oxin/$CHCl_3$-Lösung bei pH 11,3 quantitativ als $Ca(Ox)_2$ extrahiert [1]. Die Farbe ist nicht stabil, kann aber durch Zusatz von 4% Methanol stabilisiert werden. Das Ca läßt sich auch mit niedrigerer Oxinkonzentration der $CHCl_3$-Phase in Anwesenheit von n-Butylamin als $C_4H_9NH_3[Ca(Ox)_3]$ (s. a. S. 282) extrahieren, was günstiger ist [3]. Der so erhaltene Extrakt ist bei Zusatz von 4% Methanol praktisch mehrere Stunden stabil und nimmt nach 30–60 min nur um 1–2% des Extinktionswertes ab. Eine bessere Stabilisierung läßt sich durch einen erhöhten Methanol-Zusatz und/oder Amin-Gehalt erreichen. Dies ist aber nicht zweckmäßig, weil dadurch die Extinktion

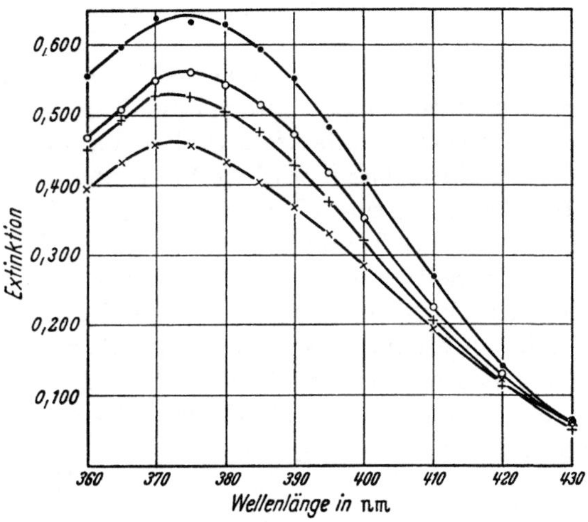

Abb. 94. Extinktionskurven von Ca-Oxinat/$CHCl_3$ [3]; ×——× ohne weitere Zusätze, +——+ $CHCl_3$-Lösung enthält 4% Methanol, ○——○ $CHCl_3$-Lösung enthält 2% n-Butylamin, •——• $CHCl_3$-Lösung enthält 4% Methanol + 2% n-Butylamin

sowohl des Komplexes als auch der reinen Oxin-Lösung und damit der Blindwert ansteigt. Die Extinktionszunahme beträgt (je cm Küvettenschichtdicke) 0,102 Extinktionseinheiten je 1% n-Butylamin in einer 2%igen Oxin/$CHCl_3$-Lösung und 0,088 Extinktionseinheiten je 1% Methanol-Zusatz in einer 2% Oxin und 2% n-Butylamin enthaltenden $CHCl_3$-Lösung. Die Extraktion des Ca ist mit einer $CHCl_3$-Lösung mit 2% Oxin und 2% n-Butylamin bei pH 11,3 am günstigsten ($E\% = 100$). Das Extinktionsmaximum liegt für $Ca(Ox)_2$ bei 370 nm und für $C_4H_9NH_3[Ca(Ox)_3]$ bei **375** nm (s. Abb. 94). Die molaren Extinktionskoeffizienten betragen für $Ca(Ox)_2$ 4560, für $Ca(Ox)_2$ + 4% Methanol 5290, für $C_4H_9NH_3[Ca(Ox)_3]$ 5610 und für $C_4H_9NH_3[Ca(Ox)_3]$ + 4% Methanol 6370.

Die Extraktion des Ca wird durch 0,1n und 0,01n ÄDTA, 0,1n und 0,01n Nitrilotriessigsäure und 0,1n F^- vollständig verhindert. Eine Verschiebung des günstigsten pH-Wertes für die Extraktion tritt ein durch (in Klammer: pH-Wert der maximalen Extraktion und % extrahiertes Ca): 0,1n Tartrat (11,7; 98,5), 0,1n Oxalat (11,62; 94,8), 0,1n PO_4^{3-} (11,5; 97,5) 0,1n Citrat (11,85; 89,0), 0,01n F^- (11,27; 98,5). Ohne Einfluß auf die Extraktion sind CN^--, Acetat, SO_4^{2-}, Cl^-, NO_3^- und ClO_4^-.

Große Mengen Alkalimetalle, B, Ge(IV), Sn(IV), As, Sb, Cr(III), Cr(VI), Mo, W, Se, Te, Re und Platinmetalle (außer Pd) stören nicht. Ti, V und U können durch Zusatz von

1–3 ml H_2O_2 (30%), große Mengen Cu, Ag, Au, Hg(II), Ni, Pd und bis zu 40 mg Fe(II) durch 0,5–2 g KCN maskiert werden. Fe(III) wird zu diesem Zweck zu Fe(II) reduziert und Hg(I) zu Hg(II) oxydiert. Bis zu 10 mg Cd und Zn können durch eine Vorextraktion mit 0,1% Oxin + 2% n-Butylamin/$CHCl_3$-Lösung abgetrennt werden, wobei KCN abwesend sein muß, da sonst die Extraktion schleppend und unvollständig verläuft. Bei größeren Mengen Fe(II), Zn, Cd sowie den weiter unten angeführten höchst zulässigen Mengen an Sr und Ba versetzt man die Lösung am zweckmäßigsten mit einem Überschuß an KCN (1–2 g) und extrahiert das Ca, wobei kleine Anteile der Störelemente mitgehen. Aus dem vereinigten $CHCl_3$-Extrakt wird das Ca, begleitet von kleinen Mengen der Störelemente, mit 0,2n HCl rückgeschüttelt. In der wäßrigen Phase werden dann die letzten Anteile an Fe, Zn und Cd durch Vorextraktion, Sr und Ba durch wiederholte Verteilung entfernt.

Bis zu 50 mg Bi lassen sich durch Vorextraktion aus $HClO_4$-saurer Lösung bei pH 2,5 mit 1%iger Oxinlösung abtrennen. Von Sr werden etwa 5–10%, von Ba 1–3% unter den Bedingungen der Ca-Extraktion mitextrahiert. Bei Gegenwart des 50fachen Sr-, bzw. des 200–300fachen Ba-Überschusses wird die Verteilung nach folgendem Schema durchgeführt: Extraktion des Ca mit einem Teil des Sr und/oder Ba, Rückextraktion mit 0,2n HCl, wobei sich auf Grund des Amin-Gehaltes der $CHCl_3$-Phase ein pH-Wert von 7,5–8,5 einstellt, erneute Extraktion des Ca aus der wäßrigen Phase, Rückextraktion usw. Nach 4maliger Wiederholung von Extraktion und Rückschüttelung ist das Ca quantitativ von Sr und Ba abgetrennt. Bis zu 10 mg Mg können mit einer 0,1% Oxin + 2% n-Butylamin/$CHCl_3$-Lösung durch 8–10malige Vorextraktion entfernt werden. Dieses Verfahren ist nur bis zum 50fachen Mg-Überschuß anwendbar. Von den nicht maskierbaren Elementen können bzw. müssen durch Vorextraktion bei Abwesenheit von Amin entfernt werden: Al, Sc, Y, S. E., In, Ga, Tl(III), Sn(II), Pb, Zr, Hf, Th, Nb, Mn(II), Mn(III) und Co. Tl(I) muß zu diesem Zweck zu Tl(III) oxydiert werden. Bei größeren Mengen Zr (> 5 mg), Th und S. E. (> 10 mg) führt die Vorextraktion zu keiner quantitativen Abtrennung. Bei Anwesenheit von Bi und Al beginnt man die Vorextraktion bei pH 2,5. Ein großer Teil der restlichen Elemente läßt sich dann vorteilhaft bei pH 9 entfernen; einige Elemente wie Sc, S.E., Zr und Th sind schneller und vollständiger bei pH 11 extrahierbar. Außer Tartrat und H_2O_2 dürfen keine weiteren Komplexbildner bei der Vorextraktion anwesend sein, da diese sonst bei einigen Elementen unvollständig ist. In Gegenwart von Be ist die Ca-Bestimmung nicht durchführbar, da 30% des Be mitextrahiert werden. Eine Abtrennung des Be ist durch Extraktion mit 8-Hydroxychinaldin/$CHCl_3$ bei pH 7,5–8,5 möglich [*4*].

Das Beersche Gesetz ist im Bereich von 0,4–10 μg Ca/ml $CHCl_3$ erfüllt. Für den Bereich von 0,2–5 μg Ca/ml $CHCl_3$ werden 2 cm-Küvetten verwendet. Wegen der hohen Eigenextinktion der Amin-haltigen Oxin/$CHCl_3$-Lösung können größere Schichtdicken nicht verwendet werden. Der relative Fehler beträgt im Bereich von 0,8–9,6 μg Ca/ml ± 2% und für 0,16–0,64 μg Ca/ml ± 10%. Das Verfahren wurde zur Bestimmung von 0,001–0,15% Ca in Alkali-, Ammonium-, Erdalkali-, Kupfersalzen und Lithiumkarbonat verwendet.

Arbeitsvorschrift [*3*]

Reagentien

Oxin 0,1%ig, in $CHCl_3$, 2%ig an n-Butylamin.
Oxin, 2,0%ig in $CHCl_3$.
Oxin, 2,0%ig in $CHCl_3$, 2%ig an n-Butylamin.
n-Butylamin.
1 n Kaliumnatriumtartrat-Lösung.

1 n NaOH.
1 n Ammoniak.
0,2 n HCl.
Na_2SO_4 sicc.
KCN; $NaHSO_3$.
H_2O_2 (30%).

Eine Durchschnittsprobe von 0,5–1,0 g Probematerial wird gelöst oder in geeigneter Weise aufgeschlossen und, je nach dem Ca-Gehalt, auf 100 bzw. 250 ml aufgefüllt. Ein aliquoter Teil der im allgemeinen schwach sauren Lösung (50–200 μg Ca enthaltend) wird mit 5 ml Tartrat-Lösung versetzt und nach Verfahren A oder B weiter gearbeitet.

Verfahren A: Anwesenheit großer Mengen Al, Bi und Co

Die perchlorsaure Lösung wird auf einen pH-Wert von 2,0–3,0 eingestellt, bei gleichzeitiger Anwesenheit von V, U und Ti mit 1–3 ml H_2O_2 versetzt und in einem Schütteltrichter auf 50 ml aufgefüllt. Dann wird mit je 20 ml 2%iger Oxin/$CHCl_3$-Lösung solange vorextrahiert, bis die organische Phase farblos bleibt. Nach Einstellen der Lösung auf pH 9–10 mit 1n Ammoniak wird erneut mit 2%iger Oxin/$CHCl_3$-Lösung vorextrahiert. Zur vollständigen Entfernung von S.E., Sc, Zr und Mg stellt man mit 1n Ammoniak auf pH 11,0 ± 0,5 ein und extrahiert bis zur Farblosigkeit der organischen Phase mit 0,1%iger Oxin + 2% n-Butylamin/$CHCl_3$-Lösung. Dann wird die wäßrige Lösung mit 1n NaOH auf pH 11,6 ± 0,2 eingestellt und das Ca durch 2malige Extraktion mit je 25 ml 2%iger Oxin + 2% n-Butylamin/$CHCl_3$-Lösung ausgeschüttelt. Die vereinigten $CHCl_3$-Extrakte werden im Meßkolben auf 50 ml aufgefüllt, mit einer Spatelspitze Na_2SO_4 sicc. getrocknet und ein Teil der Lösung zu 1 ml Methanol in einen 25 ml-Meßkolben bis zur Marke gegeben. Die Lösung wird gegen eine in gleicher Weise behandelte Reagentien-Blindlösung bei 375 nm (Filter S 38E, Elko II-Photomter, Zeiss) photometriert. Die Eichkurve wird auf analoge Weise hergestellt.

Verfahren B: Anwesenheit großer Mengen Fe, Zn, Cd sowie Sr und Ba

Die schwach saure, tartrathaltige Lösung wird zur Reduktion von Fe(III) mit 1–2 g $NaHSO_3$ versetzt, kurzzeitig erhitzt, mit wenig Ammoniak neutralisiert und nach Zugabe von 1–2 g KCN etwa 5 min auf 80–100° C gehalten. Nachdem die Lösung abgekühlt ist, wird sie in einen 140 ml-Schütteltrichter übergeführt, auf etwa 50 ml aufgefüllt und im Bedarfsfall mit einigen Tropfen 1n NaOH bzw. 1n HCl auf pH 11,6 ± 0,2 eingestellt. Dann extrahiert man 2mal mit je 25 ml 2%iger Oxin + 2% n-Butylamin/$CHCl_3$-Lösung, wobei das gesamte Ca, geringe Anteile Fe, Zn, Cd sowie Sr, Ba und andere Elemente extrahiert werden. Die vereinigten $CHCl_3$-Extrakte werden mit 50 ml 0,2n HCl geschüttelt, wobei sich der pH-Wert der wäßrigen Lösung durch den Amin-Gehalt der $CHCl_3$-Phase auf pH ~ 8 einstellen soll. In der wäßrigen Phase befinden sich nun das gesamte Ca, Spuren von Fe, Zn, Cd sowie geringe Anteile an Sr, Ba und anderen Elementen (z. B. Mg, Co). Die Lösung wird mit 1n Ammoniak auf pH 11,0 ± 0,5 eingestellt und die Reste dieser Elemente (außer Sr und Ba) mit 0,1%iger Oxin + 2% n-Butylamin/$CHCl_3$-Lösung extrahiert. Anschließend wird bei pH 11,3 ± 0,1 (ohne Tartrat) in bekannter Weise das Ca quantitativ extrahiert. Reste Sr und Ba werden durch zweimalige Wiederholung der Reextraktion bei pH ~ 8 und Extraktion bei pH ~ 11,3 beseitigt. Die Bestimmung des Ca erfolgt wie unter Verfahren A.

Bei gleichzeitiger Anwesenheit großer Mengen Fe und Al (Bi, Co) wird die Hauptmenge an Fe zweckmäßig durch Ätherextraktion aus 6n HCl entfernt und anschließend nach Verfahren A fortgefahren.

C. Glyoxal-bis-(2-hydroxyanil)

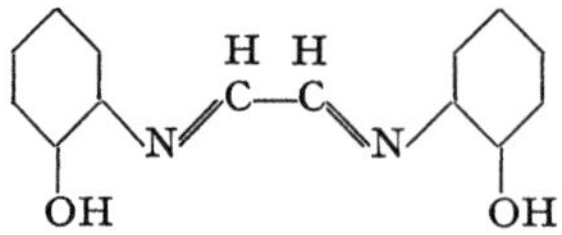

(I)

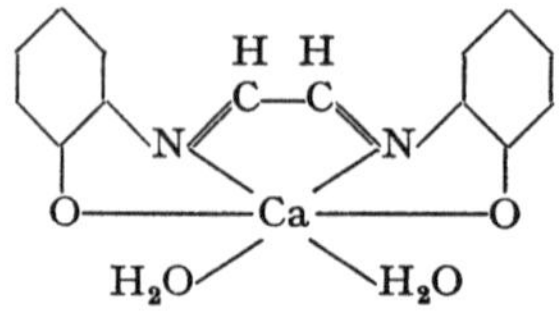

(II)

Glyoxal-bis-(2-hydroxyanil) (GBHA) (I) bildet außer mit den zweiwertigen Metallen Cd, Co, Cu, Mn, Ni, Zn, sowie U (VI) [*5, 6*] in alkalischer Lösung auch mit Ca, Sr und Ba stark gefärbte, schwer lösliche Komplexe [*7, 8*]. Mit Ausnahme des wasserlöslichen U (VI)-GBHA-Komplexes sind die übrigen Komplexe in Wasser und unpolaren organischen Lösungsmitteln schwer löslich [*5*]. Ersetzt man die 2 H_2O-Moleküle im Ca-Komplex (II) durch polare organische Verbindungen, z. B. Alkohole, so wird der Komplex in organischen Lösungsmitteln löslich und kann mit $CHCl_3$ extrahiert werden [*8, 9*]. Schüttelt man eine 0,8n NaOH-wäßrige, Ca-GBHA enthaltende Lösung mit $CHCl_3$, so erhält man einen trüben, rot gefärbten Extrakt, der sich nach Zusatz von 10–20 Vol.-% Methanol klärt. Extrahiert man 20 μg Ca aus 50 ml 0,8n NaOH/10^{-3}m GBHA-Lösung mit 50 ml $CHCl_3$/Alkohol (1 : 1)-Gemisch, so nimmt die Extraktion mit steigender Kettenlänge des verwendeten Alkohols zu. Unter diesen Bedingungen beträgt die Ausbeute (in %) an extrahiertem Ca mit den einzelnen Alkoholen bei einmaliger Ausschüttung: Methanol 15, Äthanol 48, Propanol 55, n-Butanol 68, n-Pentanol 95 und n-Hexanol 99. Eine klare Lösung erhält man auch in einer verdünnten NaOH-Lösung mit 50 Vol.-% Methanol oder Äthanol. Die photometrische Bestimmung erfolgt sowohl in Wasser/Alkohol-Lösung [*8, 11, 12*] als auch im $CHCl_3$-Extrakt [*9, 13, 14*].

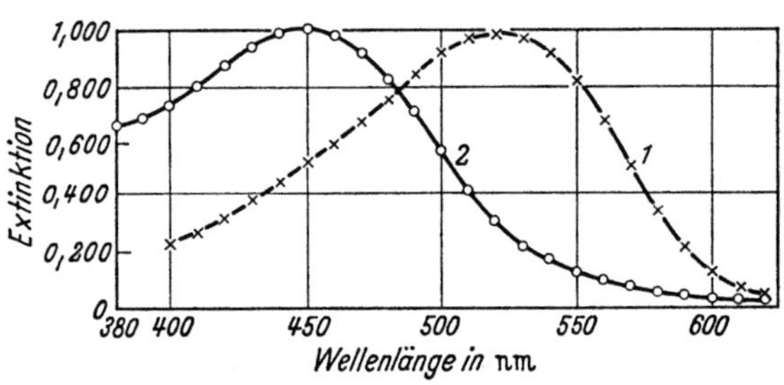

Abb. 95. Extinktionskurven von Ca + Glyoxal-bis-(2-hydroxyanil) [*3*] und Glyoxal-bis-(2-hydroxyanil) [*4*] in 0,04 n NaOH in 50%igem Methanol [*8*]

Die Komplexbildung ist von 10^{-3}m GBHA an aufwärts und zwischen 0,04–0,12n NaOH vollständig. Bei höheren NaOH-Konzentrationen erfolgt eine Abnahme der Komplexbildung, da auch das Na einen Komplex mit dem Reagens bildet. Das Extinktionsmaximum des Ca-GBHA liegt in wäßriger Lösung bei 520–524 nm [*8, 12*] ($\varepsilon_{520} = 16350$; in 0,01m Tartratlösung $\varepsilon_{520} = 14900$ [*8*]), in 1-Octanol/2-Octanol (1 : 4) (aus 0,4–1,5n NaOH-Lösung extrahiert) bei 545 nm [*10a*]und in $CHCl_3$ bei 535 nm [*9*], jenes des GBHA in wäßriger Lösung bei 450 nm [*8*] (s. Abb. 95). Das Beersche Gesetz ist im Bereich von 0,06–2,4 μg Ca/ml erfüllt. Die Extinktion nimmt in 0,04n NaOH in den ersten 30 min nach dem Auffüllen um ~ 3% ab, um in den nächsten 30 min konstant zu bleiben.

In 0,16n NaOH nimmt sie um ~ 9%/30 min ab. Die Farbe ist im $CHCl_3$-Extrakt 1 Std stabil und nimmt nach 2 Std um 4% ab, wenn man die Farbentwicklung vor allem in Abwesenheit von CO_3^{2-} und unter den Arbeitsbedingungen von Arbeitsvorschrift 3 durchführt [*14*].

Die Bestimmung von 20 µg Ca nach Arbeitsvorschrift 1 (in 0,01 m Tartrat-Lösung) wird durch folgende Elementmengen (in mg) nicht gestört: Al (4), As (III) (20), As (V) (20), Be (0,040), Cr (VI) (25), Cs (10–15), K (20), Li (20), Mg (0,080), Mn (III) (0,1), Mo (VI) (25), Na (40), Pt (IV) (20), Rb (20), S. E. (1 mg Oxyd), Sb (III) (2,5), Se (IV) (25), Sn (IV) (1), Te (IV) (25), Th (0,060), Ti (IV) (0,040), Tl (I) (25), V (V) (25), W (VI) (25) und Zr (0,060); in 0,05 m KCN-Lösung Ag (25), Au (III) (22), Cd (20), Co (25), Cu (II) (15), Fe (II) (20), Hg (II) (25), Ni (25), Pd (II) (20), U (VI) (0,040) und Zn (20). Fe (III) wird vorher zu Fe (II) reduziert. Be und Mg binden das Reagens, weshalb größere Mengen nicht anwesend sein dürfen. Ba und Sr bilden wie Ca gefärbte Komplexe. Sehr kleine Mengen können mit Na_2CO_3 maskiert werden. In 0,001 m Na_2CO_3-Lösung stören 200 µg Ba und 20 µg Sr nicht. Sehr kleine Mengen an Bi, Cr (III), Pb und U (VI) stören die Ca-Bestimmung durch Reagensverbrauch, U (VI) außerdem durch Eigenfärbung. Die Anwesenheit bis zur 4000fachen Menge (bezogen auf Ca) von Pb, Bi, Sn, Sb (Cd, As, Ag, Hg, Cu usw.) stört nicht, wenn man die Elemente vorher durch H_2S-Fällung abtrennt. Eine Abtrennung von anderen Störelementen ist durch Extraktion des Ca-GBHA mit $CHCl_3$/Hexanol (1 : 1) aus 0,8n NaOH-Lösung möglich, wobei anschließend das Ca rückgeschüttelt und in der wäßrigen Phase bestimmt wird. Die Extraktion ist in Anwesenheit größerer Mengen Komplexbildner, wie 0,02 m Na_2CO_3 und 0,02 m Tartrat, oder Reagens verbrauchender Kationen [Mg, Be, U (VI)] unvollständig. In diesem Fall muß der Extraktionsgang wiederholt werden. Auf diese Weise können 20 µg Ca neben jeweils 1 mg Be oder Mg und 2 mg U bestimmt werden. Bei Anwendung der Extraktion aus 0,01 m Na_2CO_3/0,01 m Tartrat-Lösung ist diese auch neben größeren Mengen von Sr und Ba möglich. Sr wird zu etwa 3%, Ba zu < 1% extrahiert. In Verbindung mit der anschließenden Bestimmung nach Arbeitsvorschrift 2 können 20 µg Ca neben 200 µg Sr bzw. 500 µg Ba bestimmt werden. Bei Arbeitsvorschrift 4 wird die Bestimmung durch die 10fache Menge an Mg und $^1/_{10}$ an Fe und Sr (bezogen auf Ca) nicht gestört [*9*].

Von Anionen stören in 0,08n NaOH-Lösung (als günstigste Konzentration) nicht: Cl^-, NO_3^-, ClO_4^-, 0,01 n SO_4^{2-}, 0,001 n F^-, 0,001 n CO_3^{2-}, 0,001 n Citrat, 0,01 n Acetat und 0,01–0,05n CN^- (bei 0,05n CN^- setzt man die NaOH-Konzentration zweckmäßig auf 0,03n herab). Die Bildung des Ca-GBHA-Komplexes wird teilweise verhindert durch (% Ca gefunden): 0,001 n PO_4^{3-} (6), 0,001 n Oxalat (35), 0,01 n Citrat (47,9) und 0,1 n CO_3^{2-} (76,2); einen geringen Einfluß üben 0,01 n Tartrat (92,5) und 0,1 n Borat (92,5) aus. Die Komplexbildung wird vollständig verhindert durch jeweils 0,01 n an ÄDTA, F^-, Oxalat und PO_4^{3-}. Die 100fache Menge an P stört die Ca-Bestimmung nach Arbeitsvorschrift 3 nicht, wenn die Probelösung vor dem GBHA-Zusatz 0,5n HCl-sauer ist [*14*].

GBHA fand zur Bestimmung von Ca in Milch [*12*] und Blutplasma [*14*] Anwendung. Arbeitsvorschrift 1 weist einen Fehler von $V = \pm 3\%$ auf.

Arbeitsvorschrift 1 [*8*]

Reagentien

Glyoxal-bis-(2-Hydroxyanil), 0,05%ig in Methanol.
0,1 m Kaliumnatriumtartrat-Lösung.
0,1 n NaOH; 2 n NaOH.

Die schwach saure Probelösung (1,5–60 µg Ca enthaltend) versetzt man in einem 50 ml-Meßkolben mit 5 ml Tartrat-Lösung, verdünnt mit Wasser auf etwa 20 ml, stellt mit 0,1 n NaOH auf pH 6–7 ein, fügt 25 ml GBHA-Lösung hinzu und läßt bis zur Abkühlung auf Raumtemperatur 30 min stehen. Dann fügt man 2 ml 2 n NaOH hinzu, füllt mit Wasser zur Marke auf und photometriert in einer 2 cm-Küvette bei 520 nm gegen eine Blindlösung.

Arbeitsvorschrift 2 [*8*]

Reagentien

Wie in Arbeitsvorschrift 1.
1 n HCl; 0,01 n HCl.
0,1 n Na_2CO_3.
0,5 n KCN.
GBHA, 0,6%ig in Methanol.
$CHCl_3$/n-Hexanol (1:1).

Das Probematerial wird auf geeignete Weise aufgeschlossen und auf ein bestimmtes Volumen gebracht. Ein aliquoter Teil davon (150–300 μg Ca enthaltend) wird in einen 250 ml-Meßkolben übergeführt und – falls neutral – mit 25 ml 1 n HCl versetzt. Man verdünnt mit Wasser auf etwa 200 ml, erwärmt auf ~ 80° C und leitet unter gelegentlichem Schütteln 20 min H_2S-Gas ein. Nach Abkühlen und Auffüllen bis zur Marke mit Wasser werden etwa 75 ml Lösung 10 min zentrifugiert (3000 U/min). Von dieser Lösung werden 25,0 ml (15–30 μg Ca enthaltend) in ein 50 ml-Becherglas übergeführt, mit 5 ml Tartrat-Lösung versetzt, auf ein Volumen von ~ 10 ml eingedampft und mit 0,1 n NaOH neutralisiert (pH 6–7). Diese Lösung wird dann je nach Anwesenheit der verschiedenen Fremdkationen weiter behandelt. Sind die Elemente in den oben angeführten Mengen anwesend, die noch keine Störung verursachen, so kann das Ca direkt in der Probelösung nach Arbeitsvorschrift 2 bestimmt werden. Sind größere Mengen (insbesondere von Be, Mg, Sr, Ba und U) vorhanden, so fügt man zur Lösung 10 ml 2 n NaOH und 5 ml 0,1 n Na_2CO_3, bei Gegenwart größerer Mengen Zn, Ni, Co und Fe auch 5 ml 0,5 n KCN-Lösung hinzu, versetzt mit 2 ml 0,6%iger GBHA-Lösung und extrahiert zweimal mit je 25 ml $CHCl_3$/Hexanol (1 : 1). Das Ca wird aus dem vereinigten organischen Extrakt mit 20 ml 0,01 n HCl rückgeschüttelt, die organische Phase verworfen und die wäßrige Phase in einen 50 ml-Meßkolben abgelassen. Anschließend bestimmt man das Ca nach Arbeitsvorschrift 2, gegebenenfalls in 0,05 n KCN und/oder 0,001 n Na_2CO_3-Lösung. Wenn durch die Extraktion das Ca nur von Mg, Be, U und verschiedenen 3- und 4-wertigen Elementen abgetrennt werden soll, so ist bei der nachfolgenden Bestimmung die Gegenwart von Tartrat nicht mehr erforderlich (~ 10% tieferes L_Q).

Arbeitsvorschrift 3 [*9, 12*]

Reagentien

GBHA, 0,5%ig in Äthanol; täglich frisch hergestellt.
0,25n NaOH, CO_3^{2-}-frei.
$CHCl_3$.

2,0 ml neutrale Probelösung (0,3–12 μg Ca enthaltend) versetzt man in einem Reagensglas mit 2,0 ml GBHA-Lösung, kühlt im Eiswasserbad, mischt, kühlt wieder, fügt 1,0 ml NaOH hinzu, mischt, läßt im Eiswasserbad 15 min stehen, extrahiert mit 5,0 ml kaltem $CHCl_3$, zentrifugiert, bringt den abgetrennten organischen Extrakt auf Raumtemperatur und photometriert den organischen Extrakt in einer 1 cm-Küvette bei 535 nm gegen den Blindwert.

1. Uranoxyd

Das U wird wahlweise durch Fällung, Extraktion oder Ionenaustausch abgetrennt und anschließend das Ca mit GBHA/$CHCl_3$ photometrisch bestimmt.

B: ≧ 3 ppm Ca. F_{rm}: ± 5%.

Arbeitsvorschrift [*13*]

Reagentien

6n HNO_3; 1n HNO_3; 1m H_2SO_4; H_2O_2 (30%).
TBP, 20%ig in CCl_4.
CCl_4.
Hydroxylaminhydrochlorid, 10%ige wäßrige Lösung.
Anionenaustauschersäule, 8 mm i-Ø, mit 5 ml Anionenaustauscher Nalcite SAR (30—50 mesh) gefüllt, mit 25 ml 1m H_2SO_4 und anschließend 50 ml Wasser gespült.

Eine entsprechende Menge Uranoxyd (U_3O_8, UO_2, UO_3; $(NH_4)_2U_2O_7$ wird in U_3O_8 übergeführt) wird in wenig 6n HNO_3 gelöst, mit Wasser verdünnt und auf pH 1–3 gebracht.

a) Fällung

2–10 ml Uranylnitratlösung (100–500 mg U_3O_8 und ≧ 3 μg Ca enthaltend) versetzt man in einem Zentrifugenglas mit 1 ml H_2O_2, mischt, hält 20 min im Kühlschrank, zentrifugiert und filtriert die überstehende Flüssigkeit in einen Platintiegel. Den Niederschlag im Zentrifugenglas versetzt man mit 2–3 Tropfen H_2O_2 und 5–7 ml Wasser, rührt um, zentrifugiert und filtriert die Waschflüssigkeit durch dasselbe Filter in den Platintiegel. Das Filtrat wird auf 3–5 ml eingedampft, in einem 25 ml-Meßkolben zur Marke aufgefüllt und ein aliquoter Teil für die Ca-Bestimmung verwendet.

b) Extraktion

Zu 2 ml Uranylnitratlösung (100 mg U_3O_8 und ≧ 1,5 μg Ca enthaltend) fügt man 5 ml 6n HNO_3, extrahiert 5mal mit je 1 ml TBP/CCl_4 und anschließend 2mal mit je 2 ml CCl_4, verwirft die organischen Extrakte und filtriert die wäßrige Phase in einen Platintiegel. Die Lösung wird unter Zusatz von 1 Tropfen $HClO_4$ zur Trockene eingedampft, der Rückstand mit 2 ml Wasser und 1 Tropfen 2n HCl gelöst, in einen 10 ml-Meßkolben übergeführt, zur Marke aufgefüllt und ein aliquoter Teil für die Ca-Bestimmung verwendet.

c) Ionenaustausch

Man verwendet eine Uranylsulfatlösung, indem man die vorhandene Uranylnitratlösung mit wenig H_2SO_4 abraucht und mit Wasser verdünnt. Im Falle von $(NH_4)_2U_2O_7$ werden 5 g mit 1m H_2SO_4 unter Erwärmen gelöst und in einem 100 ml-Meßkolben mit Wasser zur Marke aufgefüllt. Die Lösung soll pH 1–2 aufweisen. Einen aliquoten Teil der Lösung (100 mg U_3O_8 und ≧ 0,3 μg Ca enthaltend) verdünnt man mit Wasser auf 10–12 ml, schickt die Lösung durch die Austauschersäule (5–8 Tropfen/min), wäscht mit 10 ml Wasser nach, dampft den Durchlauf in einer Platinschale zur Trockene ein, löst den Rückstand mit 1 Tropfen 1n HCl und 2 ml Wasser und verwendet die Lösung für die Ca-Bestimmung.

Zur Regenerierung der Austauschersäule gibt man der Reihe nach auf: 25 ml 1n HNO_3, 25 ml Wasser, 25 ml 1m H_2SO_4 und 50 ml Wasser.

d) Ca-Bestimmung

Zu 2,0 ml der nach a), b) oder c) erhaltenen Probelösung fügt man 2 Tropfen Hydroxylaminhydrochlorid-Lösung, mischt und fährt nach Arbeitsvorschrift 3 (s. S. 560) fort.

D. Atomabsorptionsspektrophotometrie

Die Bestimmung des Ca mittels der AAS wird mit der Linie Ca 4227 und dem Luft/C_2H_2- oder N_2O/C_2H_2-Brenner durchgeführt. Mit der Luft/C_2H_2-Flamme erhält man eine nahezu lineare Eichkurve. Der optimale Arbeitsbereich liegt innerhalb 1–10 μg Ca/ml wäßriger Lösung. Eine teilweise Ionisierung insbesondere in der N_2O/C_2H_2-Flamme unterdrückt man durch Zusatz von 1000 ppm K. Mit dem N_2O/C_2H_2-Brenner (S_M = 0,05 μg Ca · ml^{-1}) treten praktisch keine Störungen auf, mit dem Luft/C_2H_2-Brenner (S_M = 0,1 μg Ca · ml^{-1}) hingegen stört eine große Zahl von Ionen [*14a*]. Trotzdem wird meist der Luft/C_2H_2-Brenner verwendet. Die Störungen sind im Mischkammerbrenner geringer und jene durch 500 μg Si/ml, 1000 μg Al/ml und 1000 μg P/ml lassen sich durch Zusatz von 10 mg La/ml oder 10 mg ÄDTA/ml weitgehend verhindern. Eine Störung durch P im Verhältnis von Ca:P = 1:4 beseitigt man durch 2500 ppm Sr oder 10000 ppm ÄDTA, im Verhältnis von Ca:P = 1:40 durch 10000 ppm La oder Sr. Ca wurde mittels AAS in verschiedensten Materialien direkt in der Probelösung bestimmt. Bei kleinen Ca-Gehalten ist eine Isolierung des Ca durch Extraktion (s. S. 259ff.) oder andere Trennungsmethoden notwendig.

Zur Bestimmung von Ca in Phosphorsäure und deren Salzen (≧ 2 ppm Ca) sowie in Polypropylen (nach trockener Veraschung) wurde das Ca aus der Probelösung bei pH 13 mit Oxin/3-Methyl-1-butanol extrahiert und der organische Extrakt unmittelbar in die Flamme eingesprüht [*15*].

1. Organisches Material

1.1. Serum, Harn

Der Normalgehalt beträgt in Serum 90–110 ppm Ca, in Harn 1,40–3,65 mg Ca/ml.

Am zweckmäßigsten verdünnt man 0,1–0,25 ml Probe im Verhältnis 1 : 20 bis 1 : 50 unter Zusatz von 5%iger La-Lösung und sprüht die verdünnte Lösung (10000 ppm La enthaltend) in eine Luft/C_2H_2-Flamme [*16*].

Bei Serum (~ 100 ppm Ca) wird für genaue Analysen das Eiweiß mit Trichloressigsäure entfernt [*17*]: 0,5 ml Serum versetzt man in einem Zentrifugenglas mit 0,25 ml $SrCl_2$-Lösung (5%ig an Sr), 3,25 ml Wasser und 1,00 ml Trichloressigsäure. Für Routineanalysen genügt aber das Verdünnen mit La-Lösung oder mit 2%iger ÄDTA-Lösung (die verdünnte Lösung enthält 10000 ppm ÄDTA).

1.2. Schmieröl

Die Bestimmung von 100–>1500 ppm Ca wird nach Verfahren E.2.3 (Abschnitt „Zink", S. 1345) durchgeführt.

2. Metalle und Legierungen

In einer anderen Arbeit [*1*] wurden zur Bestimmung von Ca in rostfreiem Stahl (5–60 ppm Ca) zunächst Cr, Fe, Ni u. a. Elemente (s. S. 554) durch Extraktion mit Acetylaceton/Pyridin abgetrennt und anschließend die Probelösung in die Flamme eingesprüht.

2.1. Unlegierter und legierter Stahl [*18*]

B: 5–200 ppm Ca. *s*: ± 1,5 ppm Ca.

Die Bestimmung wird nach Verfahren C.2.1 (s. Abschnitt „Magnesium", S. 804) durchgeführt. Die dort genannten Legierungselemente stören hier ebenfalls nicht.

E. Emissionsspektralanalyse

Ca läßt sich mit Hilfe der Emissionsspektralanalyse mit der Linie Ca 3179,3 recht empfindlich bestimmen [*19, 20*]. Wenn die Art des Probematerials oder ein zu niedriger Ca-Gehalt die unmittelbare Anregung nicht gestattet, so trennt man zunächst am zweckmäßigsten die Hauptbestandteile bzw. die Störelemente durch Extraktion mit Gruppenreagentien ab, engt die wäßrige Phase auf ein kleines Volumen ein und bestimmt das darin verbliebene Ca mittels Lösungsspektralanalyse (s. S. 128). Hinsichtlich der Bestimmung von Ca in Gallium, Schlackeneinschlüssen u. a. m. s. S. 1379ff.

F. Flammenphotometrie

Für die Bestimmung findet die Linie Ca 4227 Anwendung. Bei niedrigen Ca-Gehalten wird in der Regel der Hauptbestandteil abgetrennt [*21, 22*]. Eine Erhöhung des Meßsignals erreicht man durch Zusatz von Aceton zur Probelösung [*21, 22*]. Schwankungen des Meßsignals infolge wechselnder Mengen an Aceton, As, P und Sb in der Probelösung berücksichtigt man durch Verwendung von Sr als innerem Standard [*21*].

1. Metalle

1.1. Arsen

Der Hauptbestandteil wird durch Chlorierung und Chloriddestillation entfernt. Im Destillationsrückstand findet man das Ca (ebenso auch K, Li und Na) mit einer Ausbeute von > 99,6%.

B: $\geqq$ 0,2 ppm Ca. F_r: $\pm$ 10–15%.

Arbeitsvorschrift [*21*]

Reagentien

HCl (1 + 1); Aceton;
Sr-Lösung, 100 µg Sr/ml.

Destillationsapparatur

Die vollständig aus Quarzglas hergestellte Apparatur, deren Teile durch Schliffe miteinander verbunden sind, besteht aus einem 30 ml-Rundkolben mit Gaseinleitungsrohr, aufgesetzter kleiner Kolonne, daran anschließendem Luftkühler mit Quarzkolben als Vorlage. Das zur Chlorierung verwendete Chlorgas wird einer Stahlflasche entnommen, zunächst durch zwei Waschflaschen mit H_2SO_4 (1,84) und dann in den Destillationskolben geleitet.

1,0 g Probematerial wird in den trockenen Destillationskolben eingewogen und unter leichtem Erwärmen (zur Regulierung der Reaktionsgeschwindigkeit) Chlorgas durchgeleitet (2–3 Blasen/sec). Wegen des langsamen Verlaufes der Chlorierung kann man bei Bedarf die Probe im Kolben unter Chlor über Nacht stehen lassen und die Destillation am folgenden Tag durchführen. Nach beendeter Chlorierung evakuiert man die Apparatur mit einer Wasserstrahlpumpe, destilliert die Chloride im Vakuum durch vorsichtiges Erhitzen ab, wobei man zur Erleichterung der Destillation einen langsamen Chlorstrom durch die Apparatur leitet. Der Destillationsrückstand wird mit 3 ml HCl (1+ 1) gelöst, auf 1 ml eingeengt, mit einigen ml Aceton versetzt und in einen 10 ml-Meßkolben übergeführt. Nach Zusatz von 50 µl Sr-Lösung füllt man mit Aceton zur Marke auf und verwendet einen aliquoten Teil von 2 ml für die flammenphotometrische Bestimmung (O_2/H_2-Brenner, Linien Ca 4227 und Sr 4607; Meßgröße für die Auswertung: Ca/Sr-Verhältnis).

1.2. Antimon [*21*]

B: ≧ 0,2 ppm Ca. F_r: ± 10–15%.

Man führt die Bestimmung nach Verfahren F.1.1 (s. S. **563**) durch; davon abweichend wird jedoch vor dem Einleiten von Chlorgas die Luft aus der Apparatur mit Stickstoff verdrängt und der Destillationskolben während der Chlorierung nicht erhitzt.

2. Verschiedenes

2.1. Phosphor [*21*]

Die Destillationsausbeute beträgt ~ 98%.

B: ≧ 0,2 ppm Ca. F_r: ± 10–15%.

Die Bestimmung erfolgt nach Verfahren F.1.1 (s. S. **563**); davon abweichend wird zur Probe im Destillationskolben 0,2 ml Wasser hinzugefügt und der Destillationskolben während der Chlorierung mit Wasser gekühlt.

2.2. Uranoxyd

Das U wird durch Extraktion mit TBP abgetrennt und das dabei in der wäßrigen Phase verbliebene Ca (Ausbeute für Ca, ebenso auch für Li und Na, beträgt ~ 96%) flammenphotometrisch bestimmt. Ohne Verdünnung der Endprobelösung sind Gehalte von < 10 ppm Ca bestimmbar.

B: ≧ 10 ppm Ca. F_r: ± 5%. *Z*: 4–5 Std.

Arbeitsvorschrift [*22*]

Reagentien

HNO_3 (1,40); 6n HNO_3; H_2SO_4 (1,84).
TBP, mit 6n HNO_3 gewaschen.
Kerosin, mit 2n HNO_3 gewaschen.
Aceton.

1 g gepulvertes Probematerial wird in einem 50 ml-Becherglas mit 15 ml 6n HNO_3 + 1 ml HNO_3 (1,40) unter Erwärmen gelöst und nach dem Abkühlen das U im Becherglas mit 3mal je 10 ml TBP jeweils 3 min mittels Hohlrührerextraktor (s. Abb. 45, S. **222**) extrahiert, wobei die organische Phase nach jeder Extraktion mit einer Pipette abgezogen und verworfen wird. Zuletzt extrahiert man 1mal 3 min mit 10 ml Kerosin, verwirft die organische Phase, versetzt die wäßrige Lösung mit 1 ml H_2SO_4 (1,84), engt auf ~ 1 ml ein, verdünnt mit Wasser und 20 ml Aceton, führt in einen 25 ml-Meßkolben über und füllt zur Marke auf (die Lösung soll 80 Vol.-% Aceton enthalten). Ein aliquoter Teil davon wird mit Wasser im Verhältnis 1 : 1 verdünnt und damit das Ca flammenphotometrisch bestimmt (O_2/H_2-Brenner, Linie Ca 4227).

G. Röntgenspektrometrie

Nach dem folgenden Verfahren können Gehalte von ≧ 10 ppm Ca in Natrium nach dessen Umsetzung zu Na_2SO_4 unmittelbar in letzterem röntenspektrometrisch mit der CaKα-Linie bestimmt werden. Bei kleineren Ca-Gehalten ist eine vorangehende Anreicherung des Ca erforderlich (s. Verfahren 3.11.1, S. **1417**).

1. Natrium

Gehalte von 5 ppm Ca können mit $F_r \approx \pm 20\%$ bzw. bei längerer Meßzeit mit niedrigerem Fehler bestimmt werden.

B: ≧ 10 ppm Ca. F_{rm}: ± 5%.

Arbeitsvorschrift [*23*]

Reagentien

H_2SO_4 (1,84). Methanol.

Meßbedingungen

Cr-Röhre, 55 kV, 36 mA, LiF-Kristall, Ca-Kα-Linie 113,01°, Untergrund 115,01°, Zählzeit 1 min, Probe gedreht.

1 g Probematerial wird in einer Platinschale mit 10 ml Methanol und 5 ml Wasser gelöst, mit 1,5 ml H_2SO_4 versetzt, vorsichtig zur Trockene eingedampft und das Wasser durch leichtes Glühen bis zum Schmelzen entfernt. Von diesem Salz schmilzt man 1 g in einem Platintiegel (Geräteplatin II, 95% Pt/5% Au, Boden ⌀ 19 mm, oben 30 mm ⌀, 35 mm hoch), läßt erkalten, setzt die erhaltene Scheibe ungeachtet eventueller Sprünge in einen Halter (Spectrosil-Quarzglas) ein und mißt die Ca-Konzentration. Bei Bedarf wird ein Reagentienblindwert [hergestellt mit Na_2SO_4 (Suprapur) + Reagentien] abgezogen.

Zur Aufstellung der Eichkurve versetzt man jeweils 1 g Na_2SO_4 (Suprapur) im Platintiegel mit steigenden Ca-Mengen, dampft zur Trockene ein, schmilzt und mißt.

H. Verschiedenes

Die Endbestimmung des isolierten Ca läßt sich auch auf komplexometrischem Wege mit ÄDTE-Lösung und Eriochromschwarz T, Murexid oder Calcon als Indikatoren durchführen. Mikromaßanalytisch ist es möglich, mittels einer Mikromembranbürette (s. S. 119) unter Berücksichtigung einer besonderen Arbeitstechnik mit 0,001 m ÄDTE-Lösung und Eriochromschwarz T bis zu 0,040 μg Ca (≡ 1 μl 0,001 m ÄDTE-Lösung) herab mit einer Abweichung von ± 0,020 μg Ca noch quantitativ zu erfassen [*24*]. Die Bestimmung von ≧ 2 ppm Ca in Soda erfolgte nach vorhergehender Isolierung mittels Kationenaustauscher Dowex A-1 auf komplexometrischem Wege [*25*]. Darüber hinaus fanden für die photometrische Ca-Bestimmung auch Calcichrome [Cyclotris-7-(1-azo-8-hydroxynaphthalin-3,6-disulfosäure)] ($\varepsilon_{615} = 7600$) [*26*] und Chlorophosphonazo III ($\varepsilon_{669} = 64000$) [*27*] Anwendung.

Tabelle 133a. Nachtrag — Weitere Verfahren[1]

Bestimmungsmethode	Probematerial, Verfahren, Bestimmungsbereich	Literatur
Ph	Phosphatlösung. Isol: IoA Amberlite IRC-50; Best: Glyoxal-bis(2-hydroxyanil).	[*28*]
AAS	Wäßrige Lösung. Best: N_2O/C_2H_2-Brenner, Ca 4227	[*29, 30*]
AAS	Molybdän, Wolfram. Isol: —; Best: N_2O/C_2H_2-Brenner, Ca 4227. *B:* 20—1000 ppm Ca. *s:* ± 4—12 ppm Ca.	[*31*]
AAS	Molybdän, -verbindungen. Isol: Gelchromatographie Sephadex G-10; Best: Luft/C_2H_2-Brenner. *B:* ≧ 20 ppm Ca; *V:* ± 5—10%.	[*32*]
FS	Zirkonium, -legierungen. Isol: —; Best: N_2O/C_2H_2-Brenner, Ca 4226,7. *B:* 6—20 ppm Ca; *s:* ± 0,8—1,8 ppm Ca.	[*33*]

[1] Abkürzungen s. S. XVI, XXIV.

Literatur

1. Headridge, J. B., Richardson, J.: Analyst **94**, 968 (1969).
2. Szego, L., Calvert, J. M.: Analyt. chim. Acta **42**, 1 (1968).
3. Umland, F., Meckenstock, K. U.: Z. anal. Chem. **165**, 161 (1959).
4. Motojima, K.: Bull. chem. Soc. Japan **29**, 71 (1956); ref. Z. anal. Chem. **156**, 134 (1957).
5. Bayer, E.: Ber. dtsch. chem. Ges. **90**, 2325 (1957).
6. Bayer, E., Möllinger, H.: Angew. Chem. **71**, 426 (1959).
7. Goldstein, D., Stark-Mayer, C.: Analyt. Chim. Acta **19**, 437 (1958).
8. Umland, F., Meckenstock, K. U.: Z. anal. Chem. **176**, 96 (1960).
9. Williams, K. T., Wilson, J. R.: Analyt. Chem. **33**, 244 (1961).
10. Florence, T. M., Morgan, J.: Australian Atomic Energy Commission, Rept. AAEC/E-60 (1961); ref. Analyt. Abstr. **8**, 4496 (1961).

10a. Keil, R.: Z. anal. Chem. **253**, 15 (1971).

11. Kerr, J. R. W.: Analyst **85**, 867 (1960).
12. Nickerson, T. A., Moore, E. E., Zimmer, A. A.: Analyt. Chem. **36**, 1676 (1964).
13. Abrao, A.: Analyt. Chem. **37**, 437 (1965).
14. Kuczerpa, A. V.: Analyt. Chem. **40**, 581 (1968).

14a. Ramakrishna, T. V., Robinson, J. W., West, P. W.: Analyt. chim. Acta **36**, 57 (1966).

15. Yanagisawa, M., Suzuki, M., Takeuchi, T.: Talanta **14**, 933 (1967).
16. Willis, J. B.: Analyt. Chem. **33**, 556 (1961).
17. Willis, J. B.: Spectrochim. Acta **16**, 259 (1960).
18. Taylor, M. L., Belcher, C. B.: Analyt. chim. Acta **45**, 219 (1969).
19. Meyer, S., Koch, O. G.: Spectrochim. Acta **15**, 549 (1959).
20. Owens, E. B.: Appl. Spectroscopy **13**, 105 (1959).
21. Neeb, K. H.: Z. anal. Chem. **200**, 278 (1964).
22. Neeb, K. H., Duda, R., Franke, R., Leyfarth, R., Stöckert, H.: Z. anal. Chem. **215**, 161 (1966).
23. Schneider, H., Schönwald, D., Schumann, H.: Z. anal. Chem. **247**, 175 (1970).
24. Flaschka, H., Sadek, F.: Mikrochim. Acta (Wien) **1957**, 1.
25. van der Reyden, A. J., van Lingen, R. L. M.: Z. anal. Chem. **187**, 241 (1962).
26. Herrero-Laucina, M., West, T. S.: Analyt. Chem. **35**, 2131 (1963).
27. Ferguson, J. W., Richard, J. J., O'Laughlin, J. W., Banks, C. V.: Analyt. Chem. **36**, 796 (1964).
28. Hunter, G.: Analyst **97**, 233 (1972).
29. Komárek, J., Jambor, J., Sommer, L.: Z. anal. Chem. **262**, 94 (1972).
30. Neumann, G. M.: Talanta **19**, 1202 (1972).
31. Neumann, G. M.: Z. anal. Chem. **258**, 180 (1972).
32. Karajannis, S., Ortner, H. M., Spitzy, H.: Talanta **19**, 903 (1972).
33. Ghersini, G., Omenetto, N., Benetti, P.: Analyst **97**, 182 (1972).

Cd — Cadmium

Tabelle 134. Empfindlichkeit S_M und Bestimmungsgrenze L_Q der Verfahren

Verfahren	µg Cd · ml⁻¹ · cm⁻¹ S_M	L_Q
Dithizon/$CHCl_3$	0,0016 (518—520 nm, 605 nm)	0,04 (518—520 nm, 605 nm)
Dithizon/CCl_4	0,0016 (520 nm); 0,002 (620 nm)	0,04 (520 nm); 0,05 (620 nm)
Polarographie		~ 1[1]
Voltammetrie		5—40[2]
Atomabsorptions-spektrophotometrie	0,04[1,4]	0,025[1,3]

[1] µg · ml⁻¹.
[2] ng · ml⁻¹.
[3] $F_r = \pm 10\%$.
[4] Für 1% Absorption.

A. Trennungen

Im pH-Bereich von 4–11 läßt sich Cd mit Na-DDTC/CCl_4 quantitativ extrahieren, wobei im alkalischen Gebiet Weinsäure (oder deren Salze) zur Vermeidung einer Hydroxydfällung zugesetzt werden muß. In Anwesenheit von ÄDTA läßt es sich bei pH 4–6 nur unvollständig ausschütteln, über pH 8 kann $Cd(DDTC)_2$ auch nicht mehr gefällt werden. Demgegenüber hat KCN im Bereich von pH 8–11 keinen Einfluß, so daß bei pH 11 aus KCN-haltiger Lösung $Cd(DDTC)_2$ von anwesendem Zn mit CCl_4 extraktiv abgetrennt werden kann. Bi, Tl und Pb begleiten das Cd in die organische Phase. Zur Abtrennung des Cd wird folgende Vorschrift angegeben [*1*, *2*]:

Eine bis 300 µg Cd enthaltende Lösung wird in einem Schütteltrichter mit 5 ml 20%iger K-Na-Tartrat-Lösung versetzt, mit Ammoniak auf pH 11,0 eingestellt, danach 2 g KCN und 1 ml 0,2%ige wäßrige Na-DDTC-Lösung hinzugefügt. Nach dem Mischen extrahiert man das Cd 1 min mit 10 ml CCl_4.

Mit der Extraktion verschiedener Elemente als Halogenide aus meist stark halogenwasserstoffsauren Lösungen mittels aliphatischer und cyclischer Äther, Ketone, Phosphorsäureester u. a. m. erzielt man zum Teil sehr gute Trenneffekte; doch läßt sich die Selektivität der Trennungen praktisch nicht beeinflussen und die hohen Säurekonzentrationen sind nachteilig. Man fand aber [*3*], daß die Ionen zahlreicher Schwermetalle auch aus schwach sauren, neutralen und schwach ammoniakalischen Lösungen von Alkali- und Ammoniumhalogeniden sehr gut extrahiert werden können. Dabei kommt man mit verhältnismäßig geringen Salzkonzentrationen aus; auch können die Verteilungskoeffizienten durch geringe Veränderungen der Säure- bzw. Ammoniakgehalte entscheidend beeinflußt werden. Dies gilt beispielsweise für die Extraktion von Cd und Zn aus Lösungen von Kalium- oder Ammoniumjodid mit Cyclohexanon und mit Gemischen von Cyclohexanon und Tetrahydrofuran (s. Tab. 135).

Unter günstigen Bedingungen lassen sich für die Trennung des Cd von Zn Trennfaktoren von $\beta \geqq 10^5$ erreichen. Cd kann schon aus 0,1 m KI-Lösung quantitativ aus-

Tabelle 135. Extraktion von Zn und Cd [3]: je 20,0 ± 0,04 mg Zn bzw. Cd wurden vorgelegt, mit 0,25 Mol KI/l sowie mit Ammoniak bzw. H_2SO_4 versetzt (Unterphase vor der Extraktion). Volumen der Unterphase 50 ml

Mol/l			% in der Unterphase[2]	
NH_3	H_2SO_4	Extraktionsmittel (ml)	Zn	Cd
1,25	—	40 Cyclohexanon + 10 Tetrahydrofuran (THF)	99,84	12,71
0,50	—	40 Cyclohexanon + 10 THF	99,15	0,56
0,25	—	40 Cyclohexanon + 10 THF	99,35	0,14
—	—	40 Cyclohexanon + 10 THF	65,45	0,35
—	0,05	40 Cyclohexanon + 10 THF	69,89	0,00
—	0,25	40 Cyclohexanon + 10 THF	73,72	0,00
—	0,50	40 Cyclohexanon + 10 THF	75,52	0,00
0,25	—	40 Cyclohexanon + 10 THF	99,60	0,14
0,25	—	50 Cyclohexanon + 10 THF	100,05	0,50
0,25	—	50 Diäthyläther	100,1	96,40
0,25	—	50 Methylisobutylketon	99,92	32,12
0,25[1]	—	50 Cyclohexanon	99,89	0,28

[1] Als Jodid dient hier 0,25 Mol NH_4I/l.
[2] % der Gesamtmenge Me(II) in der Unterphase.

geschüttelt werden. Hier erweist sich Cyclohexanon gegenüber aliphatischen Ketonen und Äthern als vorzügliches Extraktionsmittel.

Cd läßt sich aus schwach saurer Lösung als Thiocyanat mit verschiedenen organischen Lösungsmitteln extrahieren; am besten geeignet ist dazu Butylphosphat allein oder im Gemisch mit gleichen Teilen Methyläthylketon bzw. Methyl-n-propylketon [4].

Bei gleichzeitiger Anwesenheit von größeren Mengen Zn kann Cd auch als Sulfid gefällt und nach dem Auflösen der Fällung zuerst Zn allein als Thiocyanat aus 0,8–1n HCl/17% NH_4SCN-Lösung durch 2malige Extraktion mit Amylalkohol/Äther (1 : 4) entfernt und anschließend aus der neutralisierten Lösung (etwa 60 ml Volumen) nach Zusatz von 2 g NH_4HF_2 und 4 g NH_4SCN das Cd mit Methyl-n-amylketon/Butylphosphat (1 : 1) extrahiert werden [4]. Von großen Mengen Cu wurde Cd nach Maskierung des Cu mit Thioharnstoff durch Extraktion aus neutraler Lösung (mit etwa 20–25% NH_4SCN) mit Methyläthylketon/n-Butylphosphat (1 : 1) abgetrennt [4]. Verschiedentlich wurde die Bildung stabiler Pyridin-Thiocyanat-Schwermetallkomplexe, die mehr oder weniger gut in $CHCl_3$ und CCl_4 löslich sind, beobachtet [5–7]. Auf diesem Wege läßt sich Cd noch von der 1000fachen Menge an Ag, Hg(II) und Cu(I), jedoch nicht von Cu(II), Co, Ni, Pb und Zn abtrennen.

Cd bildet mit 2-Merkaptobenzthiazol einen Komplex, der aus ammoniakalischer Lösung mit $CHCl_3$ extrahiert werden kann. Die Extraktion diente zur Abtrennung von Cd-Spuren von Ni aus einer Vernickelungsbadlösung [8], wobei ein Zusatz von Tartrat eine Hydroxydfällung von Mn und anderen Metallen verhindert. Das mit 6n HCl in die wäßrige Phase rückgeschüttelte Cd kann dann nach einem Dithizonverfahren bestimmt werden. Geringe Ni-Spuren begleiten das Cd und werden durch Dimethylglyoxim gebunden. Fe und Cu stören und müssen vorher durch Extraktion mit Cupferron entfernt werden. Auf diese Weise können 10–60 μg Cd in Gegenwart von 60 mg Ni mit einem relativen Fehler innerhalb ±5% bestimmt werden. Von anderer Seite [8a] wurden ebenfalls 2-Mercaptobenzthiazol, außerdem aber auch Oxin, 5,7-Dichlor- und 5,7-Dibromoxin als geeignete Komplexbildner für Cd bei Extraktion mit $CHCl_3$ aus alkalischer Lösung angegeben.

Die Abtrennung kleiner Ni-Mengen ist auch durch Behandlung eines Ni- und Cd-Dithizonat enthaltenden Extraktes mit 0,01n-Säure möglich, bei der nur das Ni fast quantitativ im organischen Extrakt verbleibt. Durch 2maliges Nacheinanderschalten dieser Arbeitsweise läßt sich die 10^2fache Menge Ni von Cd trennen. Ferner ist die Abtrennung des Ni mit Dimethylglyoxim/$CHCl_3$ bei pH 8–9 zu empfehlen [*9*]. Von anderer Seite [*10*] wird für die Co- und Ni-Abtrennung anstelle einer alkoholischen Dimethylglyoximlösung eine solche in 2% NaOH empfohlen. Es können dabei bis zur 100fachen Menge Co, aber wegen Niederschlagsbildung nur bis zur 10fachen Menge Ni gegenüber Cd störungsfrei getrennt werden.

Kleinere Mengen Cu(II), Hg(II) und Au(III) (10–100fache Menge gegenüber Cd) können vor Cd bei pH <3 als Dithizonate abgetrennt werden. Andererseits lassen sich die aus alkalischer Lösung gemeinsam extrahierten Dithizonate durch Behandlung mit verdünnter wäßriger Lösung von pH <2 trennen, wobei Cd allein in die wäßrige Phase übergeht [*11*] (s. a. S. **571**).

Die Abtrennung des Cd-Dithizonates von diesem des Zn wird durch Verwendung von CCl_4 [*12, 13*] als organischem Solvens erleichtert, da Cd-Dithizonat sich darin schwerer löst. Zn-Dithizonat ist in Lauge leichter löslich als in CCl_4, so daß es bei der alkalischen Extraktion des Cd mit Dz/CCl_4 je nach vorhandener Menge mehr oder weniger ausschließlich in der wäßrigen Phase verbleibt. Beim Waschen mit 0,5n NaOH lassen sich weiterhin auch mitextrahierte Dithizonate des Bi, In, Pb und Tl zerlegen. Es wurde aber nachgewiesen [*13a*], daß hierbei auch bereits Cd-Verluste auftreten. Von anderer Seite [*14*] wird bemerkt, daß bei dieser hohen Alkalität bei Extraktion mit $CHCl_3$ infolge des Übergehens von Dz in die wäßrige Phase auch Cd-Dithizonat nur mehr unvollständig extrahiert wird (Verwendung einer 0,075%igen Dz-Lösung in $CHCl_3$). Cd (2–10 µg) läßt sich von der 10^4–10^7fachen Menge Zn abtrennen, indem der bei pH 4–6 mit Natriumdiäthyl-Dithiophosphat gebildete Cd-Komplex mit CCl_4 extrahiert wird; Cd kann mit tartrathaltiger NaOH aus dem Extrakt rückgeschüttelt werden [*14a*]. Von anderer Seite [*13a*] wurde Cd durch Extraktion als Jodid aus schwefelsaurer 0,1m KI-Lösung bei pH 3 mit Amberlite LA-2/Xylol (1%) von großen Mengen Zn abgetrennt. Cd wird aus dem organischen Extrakt mit 1m Na_2CO_3-Lösung rückgeschüttelt. Für die Spurenanreicherung von Cd aus Quecksilber und dessen Verbindungen diente das Verfahren der „fraktionierten Extraktion", bei dem der Hauptbestandteil extraktiv entfernt wird [*14b, 14c*].

Zur Isolierung geringster Mengen Cd eignet sich ferner die Verdampfungsanalyse, wobei in Verbindung mit geeignetem Bestimmungsverfahren (spektrographische, photometrische oder polarographische) 10^{-2}–10^{-6}% Cd in Mineralien, Oxyden, Metallen und technischen Produkten bestimmt wurden [*15, 16, 16a*] (s. a. S. **61**, **1217** ff.). Bei zinkoxydreichem Material kann CdO zuerst im Wasserstoffstrom bei 300° C zum Metall reduziert und anschließend bei ~ 800° C im Stickstoffstrom verdampft werden, ohne daß ZnO reagiert. Bei stark schwefelhaltigem Material wird durch einen Eisenzuschlag eine Schwefelabscheidung unterbunden.

Mittels Ionenaustauschern gelingt es, Cd von mehreren Elementen, darunter auch Zn, abzutrennen. Zur Cd-Bestimmung in Kupfer- und Aluminium-Legierungen werden am Anionenaustauscher Dowex 1-X8 Al, Cd (und Cu), Zn aus einer 5n HNO_3-haltigen Äthanol-Lösung (10:90) adsorbiert und nach dem Auswaschen der anderen Elemente das Cd allein mit 1n HNO_3 eluiert [*16b*]. Dowex 1-X4 (Cl'-Form) diente zur Adsorption des Cd aus Uran und seinen Verbindungen [*16c*]. Beim Eluieren des Cd mit 0,5n HNO_3 gehen Spuren von U und Pb mit ins Eluat. Ebenfalls mit Dowex-1 (Cl'-Form) wurde Cd aus Berylliumproben und Berylliumoxyd isoliert [*21*]. Von den mitadsorbierten Elementen Au, Hg, Ir, Pb, Pd, Pt, Rh, Tl und Zn gehen beim Eluieren des Cd mit 3n HNO_3 Zn und Pb quantitativ, Hg und Tl teilweise mit ins Eluat. Zn und Cd lassen sich aber voneinander mittels Kationenaustauscher aus 0,3m HI/0,075m H_2SO_4-Lösung trennen, indem hier der Cd-Jodid-Komplex im Gegensatz zu Zn nicht adsorbiert wird [*16d*].

Auch die Sulfidfällung aus schwach saurer Lösung mit Cu, Zn oder Hg als Spurenfänger wurde verschiedentlich verwendet [*4, 12, 17–19*]. Mit Ni als Spurenfänger kann Cd im µg-Bereich mit Benzotriazol bei pH 8,25 quantitativ mitgefällt und dadurch von allen Elementen, ausgenommen Ag, Co, Cu, Ni und Zn, abgetrennt werden [*21*]. Im Milligrammbereich soll sich Brucinjodid gut zur Ausfällung von Cd und damit zu dessen Abtrennung von großen Mengen Zn eignen [*22*].

B. Dithizon und Di-β-naphthylthiocarbazon

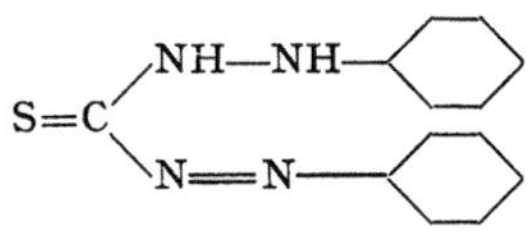

(I)

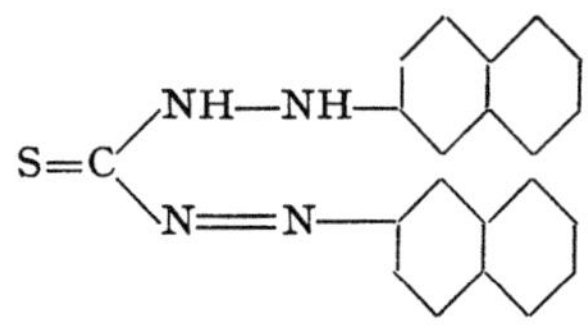

(II)

Cd bildet in sehr schwach saurer bis stark alkalischer Lösung mit Dithizon (Dz) (I) ein primäres Dithizonat, $Cd(HDz)_2$, das mit organischen Solventien bei pH > 6–14 mit rötlicher Farbe extrahierbar ist. Seine Löslichkeit in $CHCl_3$ und die Stabilität der Lösung sind besser als diese in CCl_4, doch wird das letztgenannte Lösungsmittel häufiger verwendet, weil es einerseits eine Trennungsmöglichkeit für Cd- und Zn-Dithizonat bietet [*12, 13*], andererseits bei längerem Kontakt zwischen $CHCl_3$ und $Cd(HDz)_2$ in alkalischer Lösung über die Bildung einer wasserlöslichen, die Cd-Extraktion hemmenden Verbindung berichtet wird [*23*]. Aus diesem Grund wird empfohlen, einen Alkali-Zusatz zu wäßrigen, mit $CHCl_3$- aber auch CCl_4-gesättigten Phasen erst unmittelbar vor einer Cd-Extraktion mit Dz vorzunehmen. Nach anderen Angaben [*11*] soll eine hohe Reinheit des organischen Lösungsmittels von besonderer Bedeutung für eine befriedigende Stabilität der $Cd(HDz)_2$-Lösung sein.

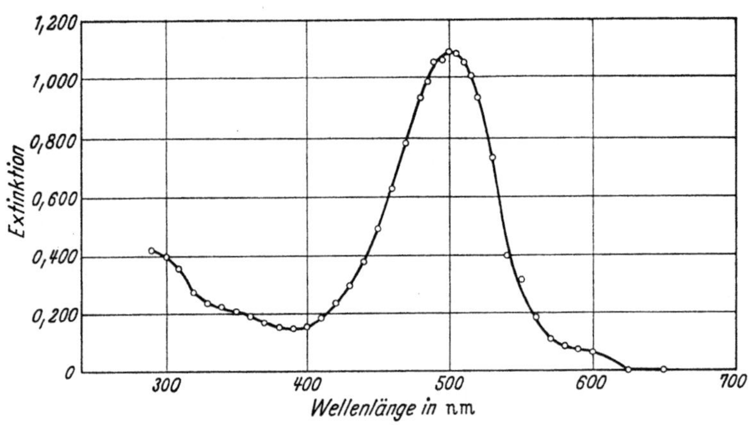

Abb. 96. Extinktionskurve von Cd-Dithizonat in $CHCl_3$

Das Extinktionsmaximum des $Cd(HDz)_2$ liegt bei 505–520 nm (s. Abb. 96). Cd kann einerseits nach dem Mischfarbenverfahren bei dieser Wellenlänge nach Extraktion aus schwach alkalischer Lösung unter Verwendung von CCl_4 oder $CHCl_3$ bestimmt werden. Andererseits läßt sich auch die Einfarbenmethode anwenden, indem bei der Extraktion aus stark alkalischer Lösung das überschüssige Dz in der wäßrigen Phase verbleibt und nun entweder (besonders bei niedrigen Cd-Gehalten) das rote $Cd(HDz)_2$ direkt bei 520 nm, oder nach seiner Zersetzung mit verdünnter Mineralsäure die äquivalente Menge des freien grünen Dz bei 620 nm gemessen wird ($\varepsilon_{520} = 88000$ in CCl_4 bzw. 85600 in $CHCl_3$, $\varepsilon_{620} = 65600$ in CCl_4 bzw. 80000 in $CHCl_3$). Bei Verwendung von CCl_4 im Einfarbenverfahren sollte möglichst die grüne Dz-Lösung photometriert werden, da sich $Cd(HDz)_2$ in CCl_4 relativ rasch zersetzt. Ein weiterer Vorteil ist ferner, daß auch in CCl_4 allenfalls ungelöst gebliebenes, gelb ausgeflocktes $Cd(HDz)_2$ bei der Säurebehandlung zerlegt und somit bei der Messung des freien Dz erfaßt wird. Das Beersche Gesetz ist im Bereich von 0,04–0,8 [*9*, *23*] bzw. ~1,2 µg Cd/ml CCl_4 bzw. $CHCl_3$ [*20*] nach dem Einfarbenverfahren bei 515–520 nm sowie bei 620 nm bzw. 605 nm erfüllt.

Von den mit Dz ebenfalls reagierenden Schwermetallen werden mit Cd im alkalischen Bereich Au, Co, Hg, Tl und teilweise Ag, Bi, Cu, Fe(II), In, Ni, Pb und Zn mitextrahiert. Davon läßt sich Tl-Dithizonat bereits durch Waschen mit Wasser hydrolysieren, kleinere Mengen der Dithizonate von Bi, In, Pb und Zn durch Waschen des Extraktes mit 0,5n NaOH beseitigen [*12*]. Andererseits kann aber auch $Cd(HDz)_2$ von den Dithizonaten des Ag, Co, Cu, Hg und Ni durch Waschen des Extraktes mit 0,01–0,2n HCl allein in die wäßrige Phase übergeführt werden [*11*]. Co und Ni werden besser vor der Dithizon-Extraktion mit Dimethylglyoxim maskiert bzw. extraktiv entfernt [*9*]. Liegen neben kleinen Mengen Cd größere Mengen an Ag, Au, Cu, Hg oder Pd vor, so empfiehlt sich in solchen Fällen auch deren vorherige extraktive Entfernung bei pH <3 [*12*]. Eine bei pH >14 auftretende Oxydation des Dz durch Mn kann durch Zusatz von Hydroxylaminhydrochlorid behoben werden [*13*]. Weitere Möglichkeiten der Cd-Isolierung wurden bereits oben im Abschnitt A (s. S. **567** ff.) besprochen. Die Extraktion des $Cd(HDz)_2$ wird ferner durch große Mengen Tartrat und Citrat nur im neutralnahen Bereich, durch KCN in größerer Konzentration auf jeden Fall gehemmt.

Hinsichtlich der Anwendung von Di-β-naphthylthiocarbazon zur photometrischen Bestimmung von Cd siehe Verfahren B.2.2. (S. **573**).

1. Abwässer

Zur Cd-Bestimmung in Abwässern wurde das für biologisches Material unter B.2.4 beschriebene Verfahren [*23*] vorgeschlagen [*24*]. Zur Extraktion wird eine allerdings 10fach konzentriertere und durch Ausschütteln des Dz in die alkalische Phase vorgereinigte Dz-Lösung empfohlen.

2. Organisches Material

Außer in den nachfolgend beschriebenen Verfahren fand Dz auch in anderen Arbeiten zur Bestimmung von Cd in verschiedenem biologischem Material [*11*], Harn [*26*], Fruchtmark [*26a*] und PVC-Material [*26a*] Anwendung.

2.1. Mischfarbenverfahren mit $Dz/CHCl_3$

Das nachfolgende Verfahren gestattet die Bestimmung von 5–50 µg Cd neben größeren Mengen an Ag, Co, Cu, Hg, Zn, Pb (bis 100 mg) sowie Ni (50 mg), die mit Ausnahme von Pb und Zn zusammen mit Cd aus stark alkalischer tartrathaltiger Lösung extrahiert werden. Bei der anschließenden Behandlung mit saurer Pufferlösung (pH 2) wird nur $Cd(HDz)_2$ zerlegt und kann aus schwach alkalischer Lösung danach mit $Dz/CHCl_3$ bestimmt werden. Bestimmungsbereich und Fehler sind etwa dieselben wie bei Verfahren B. 2.2.

Analysenschema

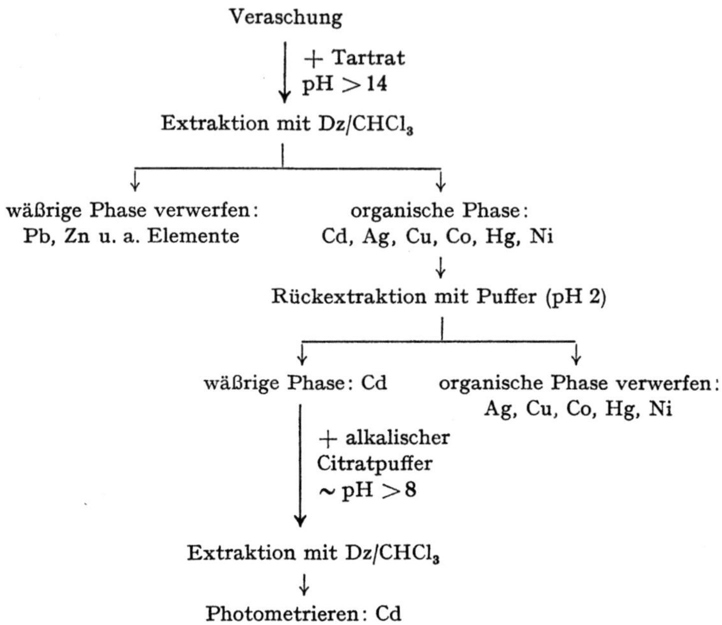

Arbeitsvorschrift [*25*]

Reagentien

Kaliumnatriumtartrat, 20%ige wäßrige Lösung.

Hydroxylaminhydrochlorid, 20%ige wäßrige Lösung.

Citratpufferlösung; man löst 30 g H_3BO_3, 65 g KOH und 20 g Citronensäure in möglichst wenig Wasser, fügt 100 ml 20%ige Hydroxylaminhydrochlorid-Lösung hinzu, reinigt die Lösung durch wiederholtes Ausschütteln mit Dz-Lösung, entfernt restliches Dz durch Waschen mit $CHCl_3$ und füllt mit Wasser auf 1 l auf.

KOH, 25%ige wäßrige Lösung.

Pufferlösung (pH 2); nach Clark und Lubs, jedoch die doppelte Konzentration.

Dz-Stammlösung; 0,02%ig in $CHCl_3$.

Dz-Arbeitslösung, 0,002%ig in $CHCl_3$.

Eine bis zu 50 µg Cd enthaltende Probemenge wird auf nassem Wege verascht, zur erkalteten Lösung 5 ml Kaliumnatriumtartrat-Lösung und 1 ml Hydroxylaminhydrochlorid-Lösung zugefügt und in einem Schütteltrichter mit Wasser auf 50 ml aufgefüllt. Die Lösung wird mit KOH-Lösung alkalisch gemacht und weitere 5 ml im Überschuß hinzugefügt. Nun extrahiert man wiederholt mit 5–10 ml Anteilen Dz-Arbeitslösung, bis die wäßrige Phase braun gefärbt bleibt. Für die Extraktion von 50–75 µg Cd werden etwa 30 ml Dz-Arbeitslösung benötigt. Den vereinigten organischen Extrakt versetzt man mit 5 ml Dz-Stammlösung, wäscht dann mit 50 ml Wasser und schüttelt anschließend in einem 2. Schütteltrichter mindestens 2 min lang mit 50 ml Pufferlösung (pH 2). Wenn mehr als 60 µg Cd anwesend sind, wird die organische Phase mit einem zweiten Anteil Pufferlösung erneut geschüttelt. Die $CHCl_3$-Phase wird danach verworfen und die vereinigte wäßrige Lösung mit wenig $CHCl_3$ gewaschen. Zur wäßrigen Lösung fügt man nun 20 ml Citratpufferlösung und extrahiert 2 min mit der entsprechenden Menge Dz-Lösung; für 0–5 μg Cd verwendet man hierzu 10,0 ml 0,0004 %ige Dz-Lösung, für größere Cd-Mengen eine 0,0008 %ige Dz-Lösung, wobei für 5–10 μg Cd 10,0 ml, für 10–20 μg Cd 20,0 ml und für 20–50 μg Cd 50,0 ml dieser Lösung Anwendung finden. Nach der Phasentrennung wird der Extrakt in einer 1 cm- oder 2 cm-Küvette nach Filtrieren durch Glaswolle bei 515 nm gegen $CHCl_3$ photometriert.

2.2. Mischfarbenverfahren mit Di-β-naphthylthiocarbazon

Zur Veraschung des Probematerials wird der Aufschluß mit $H_2SO_4/HNO_3/HClO_4$ der trockenen Veraschung bei 500° C vorgezogen, weil dabei keine Cd-Verluste auftreten. Die

Analysenschema

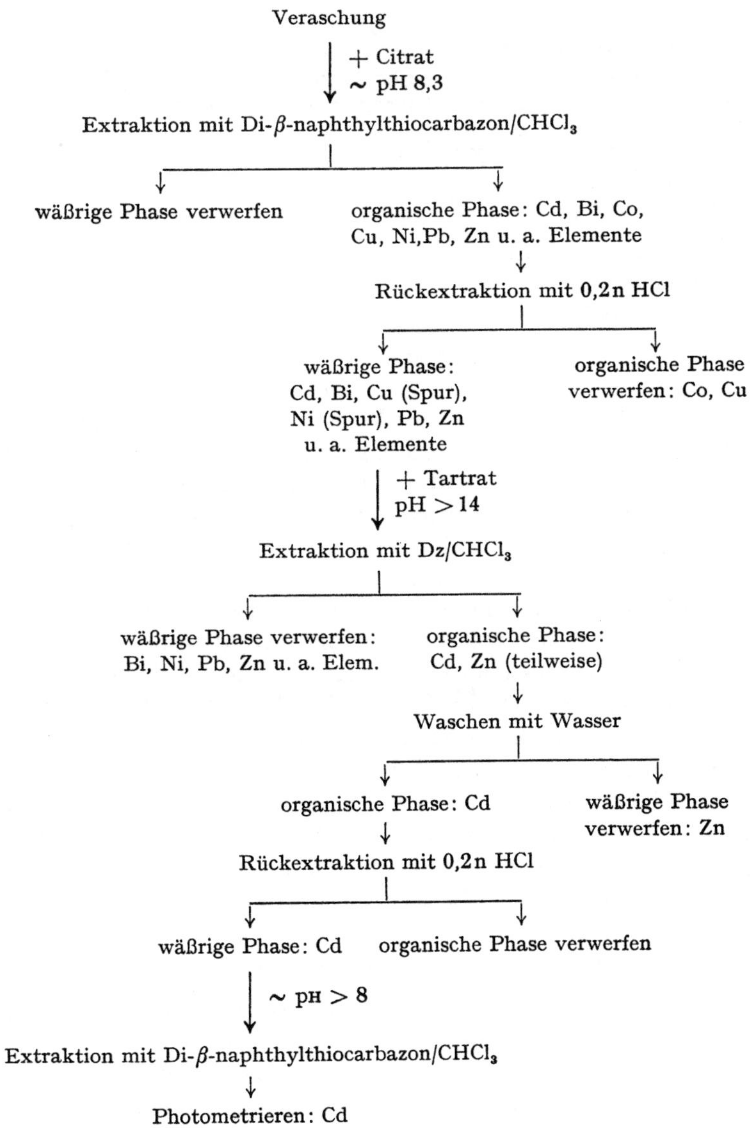

Extraktion des Cd läßt sich mit Di-β-naphthylthiocarbazon rascher als mit Dz durchführen, da das erstere und seine Metallkomplexe in alkalischer wäßriger Lösung unlöslich sind. Allerdings ist es dadurch noch nicht möglich, Cd von Störelementen wie z. B. Zn und Pb quantitativ abzutrennen, da alle Metallkomplexe mit Di-β-naphthylthiocarbazon gleichmäßig extrahiert werden. Deshalb ist eine Isolierung des Cd nach dem angeführten Schema erforderlich, die zur Vermeidung von Cd-Verlusten sorgfältig durchgeführt werden muß. Das isolierte Cd läßt sich mit Di-β-naphthylthiocarbazon bei 540 nm gut bestimmen, wobei im Gegensatz zu Dz keine besonders strengen pH-Bedingungen erforderlich sind. 0,1–5 μg Cd können mit einer Abweichung von $\pm$ 0,1 μg Cd bestimmt werden, bis zu 50 μg Cd mit einer solchen von $\pm$ 1 μg Cd. Mit dem Verfahren wurde Cd in Harn, Faeces, Blut, Gewebe und anderem biologischem Material bestimmt.

B: 0,000001–0,005% Cd. F_r: $\pm$ 5–10%.

Arbeitsvorschrift [27]

Reagentien

H_2SO_4 (1,84); HNO_3 (1,40); $HClO_4$ (70%).
Ammoniumcitratlösung; 400 g Citronensäure werden in 600 ml Wasser gelöst, mit konz. Ammoniak gegen Phenolrot alkalisch gemacht und mit Wasser auf 1 l aufgefüllt.
Di-β-naphthylthiocarbazon-Lösung A, 0,02%ig in $CHCl_3$.
Di-β-naphthylthiocarbazon-Lösung B, 0,002%ig in $CHCl_3$.
Dz-Lösung A, 0,001%ig in $CHCl_3$.
Dz-Lösung B, 0,01%ig in $CHCl_3$.
0,2n HCl, Zn-frei.
Natriumtartrat, 25%ige wäßrige Lösung.
NaOH, 25%ige wäßrige Lösung.
Ammoniak (0,91); Ammoniak (1 + 19).

5–100 ml bzw. 5–20 g organisches Material werden auf nassem Wege verascht, die abgekühlte Lösung unter Nachspülen in einen 125 ml-Schütteltrichter übergeführt, mit 15 ml Ammoniumcitratlösung versetzt, mit Wasser auf 50 ml verdünnt und mit Ammoniak (0,91) auf pH 8,3 eingestellt. Die Lösung wird wiederholt mit 5 ml-Anteilen Di-β-naphthylthiocarbazonlösung A extrahiert, bis der Extrakt keine Farbveränderung mehr aufweist. Der vereinigte organische Extrakt wird nun mit 50 ml Wasser gewaschen, die Waschlösung mit 5 ml $CHCl_3$ geschüttelt und letzteres zum organischen Extrakt hinzugefügt. Dann schüttelt man die $CHCl_3$-Phase mit 50 ml 0,2n HCl, verwirft die organische Phase und wäscht die saure Lösung mit $CHCl_3$. Die wäßrige Phase versetzt man mit 5 ml Natriumtartratlösung und 20 ml NaOH-Lösung und verdünnt mit Wasser auf 100 ml. Nun wird wiederholt mit jeweils 5 ml Dz-Lösung A extrahiert, bis der letzte Extrakt farblos ist, wobei die einzelnen Extrakte in einen 2. Schütteltrichter abgelassen werden, in den 5 ml Dz-Lösung B vorgelegt sind. Der vereinigte organische Extrakt wird mit 50 ml Wasser gewaschen und anschließend das Cd mit 50 ml 0,2n HCl rückgeschüttelt. Die saure wäßrige Phase versetzt man mit 50 ml Ammoniak (1 + 19), extrahiert mit 5,0 ml Di-β-naphthylhiocarbazonlösung B, verdünnt nach der Phasentrennung die abgetrennte organische Phase oder einen aliquoten Teil davon mit $CHCl_3$ auf das fünffache Volumen und photometriert in einer 2 cm-Küvette bei 540 nm.

2.3. Einfarbenverfahren mit Dz/CCl_4

Die Bestimmung in verschiedenem biologischem Material und in Nahrungsmitteln erfolgt nach Veraschung auf nassem und trockenem Wege durch Extraktion des $Cd(HDz)_2$ aus stark alkalischer Lösung mit Dz/CCl_4 und anschließender photometrischer Messung des Extraktes bei 515 nm. Die Abtrennung der Störelemente erfolgt gemäß dem vorliegenden Analysenschema. Anwesendes Co verbleibt nach der Abtrennung des Ni mit Dimethylglyoxim/$CHCl_3$ in der wäßrigen Phase, wo es durch das genannte Reagens komplex gebunden ist. Zur Erhöhung der Lichtstabilität der Dithizonatlösungen wird in der vorliegenden Arbeit die Verwendung von Arbeitsgeräten aus dunklem Glas empfohlen.

B: 0,000001–0,005% Cd. F_{rm}: ± 5–10%.

Analysenschema

Veraschung
↓ pH 2,0—2,3
Extraktion mit Dz/CCl_4

↓ wäßrige Phase: Cd, Co, Ni
↓ organische Phase verwerfen Cu, Hg, Co (teilweise), Ni (teilweise)

wäßrige Phase: Cd, Co, Ni
↓ + Citrat, Tartrat pH 8,5—9,0
Extraktion mit Dimethylglyoxim/$CHCl_3$

↓ wäßrige Phase: Cd, Co
↓ organische Phase verwerfen: Ni

wäßrige Phase: Cd, Co
↓ pH > 14
Extraktion mit Dz/CCl_4
↓
Photometrieren: Cd

Arbeitsvorschrift [9]

Reagentien

1 n H_2SO_4.
1 n HCl.
1 n Ammoniak.
NaOH, 20%ige wäßrige Lösung.

Dz; 0,2 g Reagens werden in 500 ml CCl_4 gelöst, filtriert, in einem 5 l-Schütteltrichter mit 2 l 0,02 n Ammoniak geschüttelt, die organische Phase verworfen und die ammoniakalische Lösung mit 100 ml-Anteilen CCl_4 extrahiert, bis der CCl_4-Extrakt eine rein grüne Farbe aufweist. Die CCl_4-Extrakte werden verworfen. Nun fügt man 500 ml CCl_4 und 45 ml 1 n HCl in den Schütteltrichter und extrahiert das Dz aus der wäßrigen Phase, die dann verworfen wird. Die organische Phase wird mit CCl_4 auf 2 l aufgefüllt.

Ammoniumcitratpufferlösung; 113 g Ammoniumcitrat und 266 g Kaliumnatriumtartrat werden in 4 l Wasser gelöst, mit Ammoniak (0,91) auf pH 8,5—9,0 eingestellt und in einem großen Schütteltrichter mit 200 ml 0,05%iger Dz/$CHCl_3$-Lösung extrahiert. Die organische Phase wird verworfen und die wäßrige Lösung mit $CHCl_3$ gewaschen.

Dimethylglyoxim-Lösung; 2,0 g Reagens werden in 250 ml verdünntem Ammoniak (10 ml Ammoniak (0,91) mit Wasser auf 250 ml verdünnt) gelöst, filtriert und mit Wasser auf 1 l aufgefüllt.

Eine dem Cd-Gehalt entsprechende Probemenge (im allgemeinen 5–10 g getrocknetes Material) wird mit 25 ml 2 n H_2SO_4 versetzt und zur Trockene eingedampft. Anschließend verascht man bei 550° C, löst die Asche in 10 ml 1 n HCl, filtriert den unlöslichen Rückstand ab, neutralisiert das Filtrat in einem 100 ml-Meßkolben mit 1 n Ammoniak, fügt 4 ml 1 n HCl hinzu und füllt mit Wasser bis zur Marke auf. Ein aliquoter Teil der Lösung (nicht mehr als 20 μg Cd enthaltend) wird in einen 125 ml-Schütteltrichter übergeführt, mit 1 ml 0,2 n HCl je 5 ml Probelösung (wenn weniger als 10 ml Probelösung verwendet werden) oder mit 1 ml 0,2n Ammoniak je 5 ml Probelösung (wenn mehr als 10 ml Probelösung verwendet werden) versetzt und wiederholt mit jeweils 10 ml Dz-Lösung extrahiert bis der letzte Extrakt unverändert grün gefärbt ist. Die wäßrige Phase wird 2mal mit 6–8 ml CCl_4 gewaschen. Nun fügt man 45 ml Ammoniumcitratpufferlösung, 5 ml Dimethylglyoximlösung hinzu und extrahiert zweimal mit 15 ml und 10 ml $CHCl_3$. Die organischen Phasen werden verworfen und die wäßrige Lösung mit 5 ml CCl_4 gewaschen. Die wäßrige Lösung versetzt man mit 25 ml NaOH-Lösung, extrahiert mit 10 ml Dz-Lösung und läßt die organische Phase in einen 25 ml-Meßkolben ab. Die wäßrige Lösung wäscht man nun 3mal mit 5 ml CCl_4, gibt diese Extrakte ebenfalls in den Meßkolben und füllt mit CCl_4 bis zur Marke auf. Man mißt die Extinktion innerhalb 30 min nach der Extraktion bei 515 nm.

2.4. Einfarbenverfahren mit Dz/$CHCl_3$

Bei der Cd-Bestimmung in verschiedenem biologischem Material können mehrere Elemente mit Ausnahme von Tl und Hg durch einen geringen Zusatz von KCN maskiert werden, wobei lediglich kleine Mengen von Pb und Zn das Cd in die organische Phase begleiten. Die allgemein als ungünstig bekannte Wirkung von CN^- auf die Extrahierbarkeit des Cd wird durch Anwendung eines Dz-Überschusses und nur kleiner CN^--Mengen ausgeschaltet. Die Abtrennung der Störelemente ist aus dem vorliegenden Analysenschema ersichtlich. Anwesendes Tl wird durch Schütteln mit Co-Lösung aus seinem

Analysenschema

Veraschung
↓ + Tartrat + KCN, pH > 14
Extraktion mit Dz/$CHCl_3$

- ↓ wäßrige Phase verwerfen: Cu, Ag, Ni, Co, Pb, Zn, Bi
- ↓ organische Phase: Cd, Hg, Tl, Pb (Spur), Zn (Spur)

↓
mit Co-Lösung waschen

- ↓ wäßrige Phase verwerfen: Co, Tl
- ↓ organische Phase: Cd, Co, Hg, Pb (Spur), Zn (Spur)

↓
Rückextraktion mit Weinsäurelösung

- ↓ wäßrige Phase: Cd, Co, Pb (Spur)
- ↓ organische Phase verwerfen: Hg, Zn (Spur)

↓ + KCN, pH > 14
Extraktion mit Dz/$CHCl_3$
↓
Photometrieren: Cd

Dithizonatkomplex verdrängt. Falls kein Tl anwesend ist, so unterbleibt dieser Arbeitsgang. Durch Zusatz von Hydroxylaminhydrochlorid wird eine Störung durch Mn beseitigt [*12, 13*]. Die Bestimmung von 5 µg Cd wird durch die Anwesenheit von 5–10 mg Ni, Co, Fe, Cu, Ag, Bi, Sn, Mn, Pb und Zn sowie 100 µg Hg und Tl nicht gestört. Wenn viel Ca- und Mg-Phosphat anwesend sind, muß die Weinsäurekonzentration entsprechend erhöht werden. Das vorliegende Verfahren hat denselben Anwendungsbereich wie die unter B. 2.2 und B. 2.3 beschriebenen Arbeitsvorschriften.

Arbeitsvorschrift [*23*]

Reagentien

Kaliumnatriumtartrat, 25%ige wäßrige Lösung.
NaOH, 40%ige wäßrige Lösung.
NaOH-KCN-Lösung A, 40%ig an NaOH und 1%ig an KCN.
NaOH-KCN-Lösung B, 40%ig an NaOH und 0,05%ig an KCN.
Hydroxylaminhydrochlorid, 20%ige wäßrige Lösung.
$CHCl_3$.
Dz-Arbeitslösung, 0,008%ig in $CHCl_3$.
Dz-Standard-Lösung, 0,0008%ig in $CHCl_3$; die Lösung soll erst 1—2 Tage nach der Herstellung gemäß der Vorschrift eingestellt und diese nach einigen Wochen überprüft werden.
HNO_3 (1,40); $HClO_4$ (70%).
Weinsäure, 2%ige wäßrige Lösung.
Co-Waschlösung; 0,10 g $CoSO_4 \cdot 7\,H_2O$ und 5 g Kaliumnatriumtartrat werden in Wasser gelöst, eine Lösung von 40 g $NaHCO_3$ in Wasser hinzugefügt und mit Wasser auf 1 l aufgefüllt.

Das Probematerial wird auf nassem Wege mit $HNO_3/HClO_4$ verascht. Bei Harnproben werden 50 ml durch langsames Erhitzen auf 400° C verascht und nach dem Lösen der Asche dann 5 ml Kaliumnatriumtartrat-Lösung zur Vermeidung einer Fällung zugefügt. Ein aliquoter Teil der Probelösung (weniger als 100 µg Cd enthaltend) wird in einen Schütteltrichter übergeführt und nach Zusatz von wenig Thymolblauindicatorlösung bis zum Farbumschlag auf Gelb mit NaOH-Lösung versetzt. Die Lösung wird mit Wasser auf 25 ml verdünnt und mit 1 ml Kaliumnatriumtartrat-Lösung, 5 ml NaOH-KCN-Lösung A und 1 ml Hydroxylaminhydrochlorid-Lösung versetzt. Die Lösung wird mit 15 ml Dz-Arbeitslösung extrahiert und die organische Phase in einen 2. Schütteltrichter abgelassen, in welchen 25 ml kalter Weinsäurelösung (Kühlschranktemperatur) vorgelegt sind. Die wäßrige Lösung wird nun mit 10 ml $CHCl_3$ gewaschen und der Extrakt ebenfalls in den 2. Schütteltrichter abgelassen. Die wäßrige Lösung muß eine Orangefärbung aufweisen, anderenfalls war die Probemenge zu groß gewählt. Der 2. Schütteltrichter wird 2 min lang geschüttelt und daraus die $CHCl_3$-Phase abgelassen und verworfen. Falls mehr als 10 µg Cd anwesend sind, so wird ein aliquoter Teil davon für den weiteren Arbeitsgang verwendet und dieser mit Weinsäurelösung auf 25 ml gebracht. Die wäßrige Lösung wird mit 5 ml $CHCl_3$ gewaschen und die organische Phase verworfen. Man versetzt mit 0,25 ml Hydroxylaminhydrochlorid-Lösung und genau 15,0 ml Dz-Standardlösung. Man fügt 5 ml NaOH-KCN-Lösung B hinzu und schüttelt unmittelbar danach 1 min lang. Sowohl hier als auch bei der oben angeführten 1. Extraktion mit Dz-Arbeitslösung soll der Kontakt der organischen Phase mit der stark alkalischen wäßrigen Lösung so kurz wie möglich sein. Der organische Extrakt wird durch Glaswolle in eine 2 cm-Küvette filtriert und bei 518 nm photometriert.

Einstellung der Dithizon-Standard-Lösung

In eine Serie von Schütteltrichtern werden steigende Cd-Mengen bis herauf zu 10 µg vorgelegt, mit Weinsäurelösung auf 25 ml gebracht und dann nach der Arbeitsvorschrift beginnend bei der Rückschüttelung mit Weinsäurelösung fortgefahren. Die so erhaltenen Meßwerte dienen zur Aufstellung der Eichkurve.

Abtrennung von Tl

Im allgemeinen genügt die oben angeführte Arbeitsvorschrift, da Tl im biologischen Material selten vorkommt. Bei seiner Anwesenheit wird Tl wie folgt abgetrennt:

Der organische Extrakt der ersten Extraktion wird in einem Schütteltrichter mit 25 ml Co-Waschlösung 2 min lang geschüttelt. Dann läßt man die $CHCl_3$-Phase in einen 2. Schütteltrichter ab, in welchen 25 ml gekühlte Weinsäurelösung vorgelegt sind. Die Co-Waschlösung wird mit 5 ml Dz-Standardlösung 2 min lang geschüttelt, der Extrakt gleichfalls in den 2. Schütteltrichter abgelassen und dann nach der oben angeführten Vorschrift fortgefahren.

3. Metalle und Legierungen

Cd-Gehalte zwischen 0,01–0,4% wurden in Blei und Bleilegierungen mit $Dz/CHCl_3$ nach dem Einfarbenverfahren ohne vorherige Pb-Abtrennung bestimmt [*20*]. Mit einer Dz/CCl_4-Vorextraktion aus stark alkalischer Lösung wird Cd von Pb getrennt, hierauf mit rund 0,05n HCl rückgeschüttelt, erneut als Dithizonat mit $CHCl_3$ aus stark alkalischer Lösung extrahiert und bei **520** nm photometriert. Sollen geringere Cd-Mengen nachgewiesen werden, oder sind außer Pb noch größere Mengen an Zn bzw. störende Mengen Ag, Cu, Sn, Sb, Bi, As, Co und Ni anwesend, so werden dafür die Sulfidfällung, Elektrolyse und die Sulfatmethode zur Isolierung herangezogen. Wegen weiterer Einzelheiten muß auf die Originalliteratur [*20*] verwiesen werden.

Bei der Bestimmung kleiner Cd-Mengen in Uran [*28*] wird das Cd zunächst mit anderen Elementen aus alkalischer Lösung mit Dz/CCl_4 extrahiert, mit 0,01n HCl rückgeschüttelt, aus der salzsauren Lösung die Begleitelemente mit Dz/CCl_4 entfernt, schließlich das Cd aus alkalischer Lösung mit Dz/CCl_4 ausgeschüttelt und bei **520** nm photometriert.

Für die Cd-Bestimmung in Beryllium und Berylliumoxyd [*21*] bis herab zu ~ 0,0001% wurde nach der Spurenfällung mit Benzotriazol und Ni als Kollektor und einer weiteren Isolierung des Cd an Dowex-1 die Endstufe des auf S. **576** beschriebenen Einfarbenverfahrens mit $Dz/CHCl_3$ [*23*] angewendet. Bei Gehalten > 0,01% Zn muß das Zn in geeigneter Weise abgetrennt werden (z. B. mittels Kationenaustauscher [*16d*], s. S. **569** f.).

Bei der Reinheitskontrolle von Quecksilber und dessen Verbindungen [*14b, 28a*] erfolgte die Endbestimmung des angereicherten Cd nach dem beschriebenen Einfarbenverfahren [*23*] mit $Dz/CHCl_3$. Es lassen sich Gehalte $\geqq 10^{-6}$% Cd bestimmen.

$\geqq$ 0,3 ppm Cd in Zirkonium-Legierungen wurden nach extraktiver Isolierung mit TOA mit $Dz/CHCl_3$ photometrisch bestimmt [*28b*].

3.1. Zink und Zinklegierungen

Gehalte bis herab zu 0,01% Cd wurden in Abwesenheit von Störelementen extraktiv mit Dz direkt aus der bis zur Wiederauflösung des Zn alkalisch gemachten Probelösung bestimmt [*18*]. Bei kleineren Gehalten ist hingegen eine Anreicherung des Cd unter gleichzeitiger Abtrennung von Störelementen und der Hauptmenge an Zn notwendig. Neben der partiellen Sulfidfällung [*12, 18*] der Schwermetalle bei nur teilweiser Ausfällung des ZnS besteht eine elegante Möglichkeit in der Extraktion als Thiocyanat mit Pyridin/$CHCl_3$ [*12*]. Von den störenden Elementen Cu, Ag, Au, Hg, Pd, Ni und Co werden nach der Sulfidfällung Cu und Ag und allenfalls andere Elemente durch Vorextraktion mit Dz aus schwach saurer Lösung entfernt. Durch das Thiocyanat-Pyridinverfahren läßt sich Cd [zusammen mit Ni, Co, Zn, Pb und Cu(II)] von Ag, Hg und Cu(I) aus schwach saurer Lösung abtrennen. Von anderer Seite [13a] wurden $\geqq$ 0,00005% Cd in Zink mit $F_{rm} = \pm$ 3,5% mit Dz/CCl_4 nach dem Einfarbenverfahren bestimmt. Die Isolierung des Cd erfolgte durch Extraktion als Jodid mit sekundärem Amin/Xylol (s. a. S. 569). Bei der nachfolgenden Cd-Bestimmung mit Dz in stark alkalischer Lösung sind die Dithizonate von Pb und Zn (sowie von Sn, Bi und Tl) nicht beständig oder lösen sich und stören daher nicht. Auch Alkali-, Erdalkalimetalle, Al, Fe und As verursachen keine Störung, größere Mengen Mn werden durch Hydroxylaminhydrochlorid reduziert. Unter Anwendung der Sulfidfällung wurden 500–7000 µg Cd neben 25 g Zn mit einem mittleren relativen Fehler von $\pm$ 6% bestimmt. Bei Anwendung der Extraktion als Thiocyanat konnten 7–30 µg Cd neben je 30 mg Ag, Hg bzw. Cu mit einem relativen Fehler von $\pm$ 10% bestimmt werden. Sind keine Störelemente (oder höchstens bis zu 100 µg) in der Probe anwesend, so lassen sich 5–40 µg Cd mit Dz/CCl_4 direkt extrahieren und mit einem mittleren relativen Fehler von $\pm$3% photometrisch bestimmen.

B: 0,0002–0,01% Cd. F_r: $\pm$ 5–10%.

Arbeitsvorschrift [12]

Reagentien

NH_4SCN-Lösung A, 25%ige wäßrige Lösung.
NH_4SCN-Lösung B, 2%ige wäßrige Lösung.
Pyridin/$CHCl_3$-Gemisch, 5 ml Pyridin + 100 ml $CHCl_3$.
H_2SO_4 (1%).
HNO_3 (1,40); HNO_3 (1 + 3).
Natriumacetat, 5%ige wäßrige Lösung.
H_2SO_3 (1%) oder mit SO_2 gesättigtes Wasser.
Ammoniak (0,91); Ammoniak (1 + 1).
$Na_2S \cdot 9\,H_2O$, 1%ige wäßrige Lösung.
NaOH, 10%ige und 2%ige wäßrige Lösung.
Kaliumnatriumtartrat, 20%ige wäßrige Lösung.
Dz, 0,004%ig in CCl_4.

Wahlweise isoliert man das Cd durch Sulfidfällung oder durch Thiocyanat-Extraktion.

25 g Probematerial werden in HNO_3(1 + 3) gelöst, mit Ammoniak (1 + 1) neutralisiert, in der Wärme unter kräftigem Rühren tropfenweise mit Na_2S-Lösung versetzt, bis nur mehr reinweißes ZnS ausfällt, 1 Std in der Wärme stehen gelassen und der Niederschlag ohne Nachwaschen abfiltriert. Man verwirft das Filtrat, löst den Niederschlag in HNO_3(1 + 3), dampft die Lösung auf ein kleines Volumen ein und füllt in einem 100 ml-Meßkolben mit Wasser zur Marke auf. Ein aliquoter Teil von 5,0 oder 10,0 ml wird zur Isolierung und Bestimmung des Cd wie nachfolgend angegeben weiterbehandelt oder auf pH 2 eingestellt, Ag und Cu durch Extraktion mit Dz/CCl_4 abgetrennt und anschließend mit der Bestimmung des Cd mit Dz/CCl_4 wie unten angegeben fortgefahren.

1–25 g Probematerial werden in HNO_3 (1 + 3) gelöst und anschließend mit Ammoniak fast neutralisiert. Die schwach saure Probelösung oder ein aliquoter Teil davon (3–40 µg Cd enthaltend) wird in einen Schütteltrichter übergeführt. In Anwesenheit von sehr viel Cu muß dieses mit H_2SO_3 reduziert werden, da nur Cu(I) mit anwesendem Ag und Hg bei der Extraktion des Cd in der wäßrigen Phase verbleibt. In diesem Fall wird die saure Probelösung mit Na_2CO_3-Lösung bis zum Auftreten einer Trübung abgestumpft, die Trübung durch wenige Tropfen H_2SO_3 wieder gelöst und die Lösung zum Sieden erhitzt. Man setzt nun 5–6 ml H_2SO_3 (z. B. auf 30 mg Cu) hinzu, kocht kurz auf und kühlt auf Raumtemperatur ab. Man stumpft nun die Lösung, wie später angegeben, mit Natriumacetat ab und verfährt weiter wie im Falle der Abtrennung von Ag und Hg. Der Zusatz an NH_4SCN-Lösung A muß so bemessen werden, daß der zuletzt ausfallende

Niederschlag von CuSCN wieder vollständig gelöst ist. Der pyridinhaltige Extrakt ist meist durch geringe Mengen Cu noch grünlich gefärbt. Diese Cu-Reste werden in der nachfolgend beschriebenen Weise vor Ausführung der Cd-Bestimmung durch Extraktion mit Dz entfernt.

Die schwach saure, Ag und Hg enthaltende Probelösung wird im Schütteltrichter mit NH_4SCN-Lösung A versetzt (bei Ag setzt man soviel NH_4SCN zu, bis ein zuerst ausfallender Niederschlag von AgSCN wieder gelöst ist; bei Hg fügt man etwa 5 ml je 10 mg Hg zu). Die schwach saure Lösung wird nun gerade bis zur Rötung von blauem Kongopapier abgestumpft, anteilweise mit insgesamt 15 ml Pyridin/$CHCl_3$-Gemisch extrahiert und der vereinigte organische Extrakt einmal mit dem gleichen Volumen NH_4SCN-Lösung B gewaschen. Bei Gegenwart von Hg kann der $CHCl_3$-Extrakt von geringen, noch mitextrahierten Mengen Hg schwach rosa gefärbt sein. Der $CHCl_3$-Extrakt wird auf dem Wasserbad zur Trockene eingedampft, der Rückstand mit 3 ml HNO_3 (1,40) abgeraucht, danach mit 2–3 ml H_2SO_4 aufgenommen und mit Wasser in einen Schütteltrichter übergespült. Die Lösung extrahiert man bis zur bleibenden Grünfärbung mit Dz-Lösung. Der Extrakt enthält die noch vorhanden gewesenen Spuren an Ag, Hg und Cu und wird verworfen. Die wäßrige Lösung wird mit Wasser auf etwa 10 ml verdünnt, bei Anwesenheit von mit Lauge fällbaren Elementen mit einer ausreichenden Menge Kaliumnatriumtartrat-Lösung versetzt und dann zur Lösung das gleiche Volumen 10%iger NaOH hinzugefügt. Man führt die Lösung in einen Schütteltrichter über, extrahiert mit kleinen Anteilen Dz-Lösung bis zur Farblosigkeit des letzten Extraktes, wäscht den vereinigten organischen Extrakt 2mal mit 2%iger NaOH und einmal mit Wasser. Hierauf wird das rote $Cd(HDz)_2$ durch Schütteln mit 1n HCl zerlegt, die organische Phase mit CCl_4 auf 20 ml aufgefüllt und in einer 1 cm-Küvette bei 620 nm gegen CCl_4 photometriert.

Wird anstelle von CCl_4 mit $CHCl_3$ extrahiert, so kann auch die Extinktion der roten $Cd(HDz)_2$-Lösung bei 520 nm gemessen werden.

Anstelle der photometrischen Bestimmung kann Cd nach seiner Isolierung auch indirekt maßanalytisch über AgHDz bestimmt werden [*12*, *29*].

3.2. Zinn [*12*]

Cd-Gehalte unter 0,01% können durch Verflüchtigung des Sn als $SnBr_4$ [*30*] isoliert und anschließend mit Dz photometrisch bestimmt werden.

Mit einem Br_2/HBr-Gemisch [20 ml Br_2 + 100 ml HBr (40%)] wird die Zinnprobe (auf 100–250 mg Sn je 5–10 ml Reagensgemisch) versetzt und auf dem Wasserbad abgeraucht. Den Rückstand löst man unter Erwärmen in verdünnter HCl, stumpft die Säure mit NaOH ab und extrahiert anwesendes Cu mit Dz, wobei Cd in der wäßrigen Phase verbleibt. Nach Zusatz von Tartrat und Lauge extrahiert man nun das Cd wie vorher bei Verfahren B.3.1 beschrieben mit Dz/CCl_4. 5–30 µg Cd können neben 250 mg Sn mit einem relativen Fehler von $\pm 7\%$ bestimmt werden.

4. Silicatgestein

Der Cd-Gehalt von Silicatgestein bewegt sich in der Größenordnung von $10^{-5}\%$. Cd muß daher vor seiner eigentlichen Bestimmung extraktiv angereichert werden. Von anderer Seite [*31*] wurde Cd (zusammen mit Co, Cu, Ni, Pb und Zn) aus citrathaltiger Lösung bei pH 8,9 mit Dz/CCl_4 isoliert und dann polarographisch bestimmt (s. S. 582). In dem nachfolgend beschriebenen Bestimmungsverfahren [*13*] mit Dz/CCl_4 (Einfarbe) muß Cd auch von vorhandenen Störelementen abgetrennt werden. Die empfindlichste

Störung wird durch Ni verursacht; sobald mehr als 0,03–0,04% Ni anwesend sind, wird die Farbe des roten $Cd(HDz)_2$ von der braunen des $Ni(HDz)_2$ verdeckt. Die Mitextraktion störender Mengen an Ni mit Cd wird hier durch Zusatz eines schwachen Ammoniaküberschusses zur ammoniumcitrathaltigen Lösung vor der ersten Dz-Extraktion weitgehend verhindert. Durch Zusatz von Hydroxylaminhydrochlorid wird eine Oxydation von Mn, die eine unvollständige Extraktion des Cd zur Folge hätte, vermieden. Bi, Co, Cu, Pb, Sn(II), Tl und Zn stören in kleinen Mengen nicht. Sie werden mit Cd extrahiert, bei der anschließenden Rückschüttelung mit verd. HCl gehen außer Cd noch Bi, Pb, Sn(II), Tl und Zn in die wäßrige Phase über. Sind höhere Gehalte dieser Elemente anwesend, so können sie die vollständige Rückschüttelung des Cd aus der organischen Phase mit verd. HCl ungünstig beeinflussen. Bei der nachfolgenden Extraktion aus stark alkalischer Lösung geht nur Cd in die organische Phase und wird sofort bei 520 nm photometrisch bestimmt. Die Originalarbeit enthält auch Hinweise über die kolorimetrische Bestimmung des Cd mit Vergleichslösungen. Das kolorimetrische Verfahren gestattet die sichere Bestimmung von 0,02–0,3 μg Cd aus Einwaagen von 0,5 g (entsprechend etwa 0,000005% Cd) mit einem relativen Fehler von ± 12,5–25%.

B: von ~ 0,00001% Cd aufwärts.

Arbeitsvorschrift [*13*]

Reagentien

$HClO_4$ (70%); HF (40%); HCl (1,19); Ammoniak (0,91); Na_2CO_3 sicc.

Dz-Lösung A, 0,02%ig in CCl_4.

Dz-Lösung B, 0,001%ig in CCl_4; Beim Schütteln von 1 ml dieser Lösung mit 10 ml Wasser und 2—3 ml 25%iger NaOH soll die CCl_4-Phase farblos sein. Diese Lösung soll erst kurz vor der Verwendung aus der stärkeren Dz-Lösung hergestellt werden.

Natriumcitrat, 10%ige wäßrige Lösung; Die Lösung wird durch Zusatz einiger Tropfen konz. Ammoniak auf 100 ml Lösung und anschließendes Schütteln mit Dz-Lösung A von Schwermetallen befreit.

NaOH, 25%ige wäßrige Lösung.

0,01 n HCl, ebenfalls mit Dz-Lösung A gereinigt.

Hydroxylaminhydrochlorid.

0,5 g fein pulverisiertes Probematerial werden in einer Platinschale mit wenig Wasser, 1 ml $HClO_4$ und 5 ml HF zur Trockene abgeraucht und der Vorgang mit wenig Wasser und 0,5 ml $HClO_4$ wiederholt. Der Rückstand wird in der Wärme in 1 ml HCl (1,19) und 5 ml Wasser gelöst, mit 10 ml Natriumcitratlösung und 0,1 g Hydroxylaminhydrochlorid versetzt, mit Ammoniak gegen Lackmus neutralisiert und 2 Tropfen Ammoniak im Überschuß noch hinzugefügt. Sollte diese Lösung eine Trübung aufweisen, so wird abfiltriert und mit Wasser nachgewaschen (Filtrat: Lösung I). Das Filter wird verascht, die Asche mit 0,15–0,2 g Na_2CO_3 in der Achatreibschale zerrieben, im Platintiegel aufgeschlossen, die erkaltete Schmelze in Wasser gelöst, ein unlöslicher Rückstand abfiltriert und möglichst weitgehend in der Wärme in verd. HCl gelöst. Die vereinigten beiden Lösungen der Schmelze werden mit 2–3 ml Natriumcitratlösung und wenigen Kristallen Hydroxylaminhydrochlorid versetzt, mit Ammoniak neutralisiert und 2 Tropfen Ammoniak im Überschuß hinzugefügt (Lösung II).

Lösung I wird im Schütteltrichter mit 5 ml Dz-Lösung A extrahiert und die organische Phase abgelassen. Der Vorgang wird so lange wiederholt, bis der letzte Extrakt unverändert grün gefärbt ist. Gesondert wird die Lösung II auf dieselbe Weise behandelt. Der vereinigte organische Extrakt wird mit 5 ml Wasser gewaschen, die wäßrige Phase verworfen und die CCl_4-Phase 2mal mit je 5 ml 0,01 n HCl geschüttelt. Die vereinigte salzsaure Phase wird mit wenig CCl_4 gewaschen, das CCl_4 möglichst weitgehend abgetrennt und verworfen. Die wäßrige Cd-haltige Lösung versetzt man nun mit 2,5 ml

NaOH-Lösung, extrahiert mit genau 1,0 ml Dz-Lösung B und photometriert den Extrakt sofort (eventuell nach Auffüllen auf ein bekanntes Volumen) in einer 1 cm-Küvette bei 520 nm (bei längerem Stehen verblaßt die Farbe!) gegen CCl_4.

5. Luft [25]

B: 4–500 µg Cd/m³. F_r: ± 5–10%.

Man saugt 100 l Luft durch ein Filter (5–25 l/min, s. S. 177), löst die Staubprobe in der Wärme mit 10%iger HNO_3 vom Filter und bestimmt anschließend das Cd in der Lösung nach Verfahren B.2.1 (s. S. 571).

C. Polarographie und Voltammetrie

Für die Erfassung sehr kleiner Cd-Gehalte wird das polarographische Verfahren herangezogen, das trotz häufig notwendiger Vorisolierung des Cd einen relativ geringen Arbeitsaufwand erfordert. Auf diese Weise wurde Cd in Uran (≧ 0,000001%) [16c], Hafnium (≧ 0,0002%) und Silicatgestein (≧ 0,00002%) [31] bestimmt. Die Messung erfolgt bei einem Halbstufenpotential von −0,7 V.

Mit Hilfe des hochempfindlichen Verfahrens der anodischen Amalgamvoltammetrie wurde Cd (u. a. Elemente) bei der Reinheitskontrolle von Quecksilber (≧ 0,00001% [14c] bzw. ≧ 0,000001% [28a]) und im Nanogramm-Bereich in verschiedenem biologischem Material [32] (s. S. 1391 ff.) bestimmt.

1. Biologisches und anderes organisches Material

In einer früheren Arbeit [27] wurde Cd in Blut, Harn, Faeces, Gewebe (aus Probemengen bis zu 100 ml bzw. 20 g) nach nasser Veraschung und extraktiver Anreicherung mittels Di-β-naphthylthiocarbazon/$CHCl_3$ (oder Dz), Rückschütteln des Cd (u. a. Elemente) mit 0,2n HCl (s. Verf. B.2.2, Arbeitsvorschrift [27], S. 573) und Abdampfen der wäßrigen Phase polarographisch in 3 ml 0,1n KCl- und 0,1n HCl-haltiger Endlösung (1,5–> 500 µg Cd enthaltend) bestimmt. Die nachfolgende Arbeitsvorschrift [26a] für die Cd-Bestimmung in verschiedenem organischem Material (PVC, Fruchtmark u. a. m.) basiert auf dem vorgenannten Verfahren. Die gegenüber Cd 10fache Menge an Pb stört nicht.

B: 1–10 µg Cd/ml Endlösung.

Arbeitsvorschrift [26a]

Reagentien

$HClO_4$ (10%); 10 ml $HClO_4$ (60%) werden mit Wasser auf 100 ml verdünnt.
Dz-Lösung C, 0,05%ig in $CHCl_3$; im Kühlschrank aufbewahren.
weitere Reagentien wie bei Verfahren B.2.2. (s. S. 573).

Aufstellung der Eichkurve

In mehrere 100 ml-Meßkolben werden Cd-Gehalte zwischen 100 und 1000 µg vorgelegt und mit 0,2n HCl zur Marke aufgefüllt. Nach dem Einfüllen eines aliquoten Anteiles der jeweiligen Lösung in die Meßzelle und dem Verdrängen der Luft durch Einleiten von Stickstoff wird zwischen −0,5 und −0,9 V (Halbstufenpotential −0,7 V; Hg-pool-Anode) das Polarogramm aufgenommen.

Analyse

Nach nasser Veraschung einer geeigneten Menge an Probematerial mit $H_2SO_4/HNO_3/HClO_4$ oder H_2O_2 (50%)/H_2SO_4 (s. S. 193ff., 193f.) wird die Probelösung mit 50 ml Wasser versetzt und abermals bis zum Auftreten der SO_3-Nebel eingedampft. Nach dem Abkühlen fügt man 100 ml Wasser und 40 ml Ammoniumcitrat-Lösung hinzu, stellt mit Ammoniak (0,91) auf pH 8,3 ein und führt die Lösung in einen Schütteltrichter über. Man extrahiert mit 5 ml Dz-Lösung C und läßt nach der Phasentrennung die organische Phase in einen 2. Schütteltrichter ab. Man wiederholt das Ausschütteln mit 5 ml-Anteilen Dz-Lösung C, bis der letzte Extrakt grün bleibt. Den im 2. Schütteltrichter vereinigten organischen Extrakt wäscht man mit 50 ml Wasser nach. Dieses Waschwasser wird nach dem Abtrennen noch mit 5 ml $CHCl_3$ geschüttelt und die $CHCl_3$-Phase zum Dz-Extrakt zugefügt. Der Dz-Extrakt wird nun 1 min mit 50 ml 0,2n HCl ausgeschüttelt und nach der Phasentrennung die organische Phase verworfen. Die wäßrige Phase wird mehrmals nacheinander mit wenigen ml $CHCl_3$ ohne zu schütteln nachgewaschen, danach in ein 100 ml-Becherglas (mit 2 Glaskügelchen) abgelassen und auf ein geringes Volumen eingeengt. Man versetzt mit 1 ml $HClO_4$ (10%) und dampft langsam bis fast zur Trockene ein. Der feuchte Rückstand wird nach dem Erkalten in soviel 0,2n HCl gelöst, daß der Gehalt dieser Lösung zwischen 1–10 µg Cd/ml beträgt. Man fährt nun mit der Überführung der Lösung in die Meßzelle und mit der Bestimmung wie bei dei Aufstellung der Eichkurve beschrieben fort.

D. Atomabsorptionsspektrophotometrie

Unter Anwendung der Linie Cd 2288 und des Luft/C_2H_2-Brenners kann das Cd mittels AAS ohne wesentliche Störungen bestimmt werden. Der optimale Arbeitsbereich liegt innerhalb 0,5–5 µg Cd/ml wäßriger Lösung. Mit der Graphitrohrküvette erreicht man $L_Q = 0{,}005$ µg Cd · ml^{-1} [*33*].

Mittels AAS wurde Cd bestimmt in Blut [*34*], Zinklegierungen ($S_M \approx 0{,}08$ ppm Cd; 5 mg Probematerial in einem induktionsbeheizten Graphittiegelofen geschmolzen bzw. verdampft) [*35*] und anderen Materialien.

1. Organisches Material

1.1. Harn [*36*]

Der Cd-Gehalt des Harns gesunder Personen beträgt 0–0,025 ppm Cd, jener von Industriearbeitern, die Cd-Staub ausgesetzt sind, bis zu 0,6 ppm Cd.

B: 0,05–1 ppm Cd. V_m: ±6%.

Man sprüht die unverdünnte Probe direkt in die Flamme ein.

1.2. Harn

B: ≧ 0,025 ppm Cd.

Arbeitsvorschrift

Reagentien

Wie bei Verfahren D. 1.3.

10,0 ml Harn stellt man in einem Schütteltrichter mit NaOH auf pH 6,0–7,5 ein, versetzt mit 1 ml Na-DDTC-Lösung sowie 2,5 ml MIBK und extrahiert 2 min. Die wäßrige Lösung wird verworfen, der organische Extrakt zentrifugiert und in die Flamme eingesprüht.

1.3. Blut

B: ≧ 0,015 ppm Cd.

Arbeitsvorschrift

Reagentien

HNO_3 (1,40); $HClO_4$ (70%); 3n NaOH.
Trichloressigsäure, 5%ige wäßrige Lösung.
Na-DDTC, 1%ige wäßrige Lösung (frisch hergestellt).
MIBK.

5,0 ml Blut versetzt man in einem Zentrifugenglas mit 10 ml Trichloressigsäure, mischt, läßt 1 Std stehen, zentrifugiert, dekantiert die überstehende Lösung in einen Schütteltrichter, wäscht den Rückstand mit 10 ml Trichloressigsäure, zentrifugiert erneut und gibt die Waschlösung ebenfalls in den Schütteltrichter. Mit dem Einstellen auf pH 6,0–7,5 wird nach Verfahren D. 1.2. fortgefahren.

1.4. Gewebe

Nach nasser Veraschung mit $HNO_3/HClO_4$ führt man die Bestimmung nach Verfahren D. 1.3. durch.

E. Verschiedenes

An weiteren photometrischen Reagentien für die Bestimmung von Cd sind zu erwähnen: Cadion [p-(Nitrobenzol)-diazoaminobenzol-p-azobenzol] (Extinktionsmaximum 560 nm, $L_Q \geqq 0{,}05\,\mu g \cdot ml^{-1} \cdot cm^{-1}$) [*37*], PAN/$CHCl_3$ [*38, 39*], Na-DDTC/$CHCl_3$ bzw. Ammoniumtetramethylendithiocarbamat/$CHCl_3$ ($\varepsilon_{262} = 32700$ bzw. 35000) [*41, 42*] und 1-(5-Chloro-2-pyridylazo)-2-naphthol/$CHCl_3$ ($\varepsilon_{566} = 66000$) [*43*]. Mit 3,5'-Bis(dicarboxymethylaminomethyl)-4,4'-dihydroxy-trans-stilben wurde Cd fluorimetrisch (Anregung 360 nm/Messung 440 nm, $L_Q = 0{,}1\,\mu g \cdot ml^{-1} \cdot cm^{-1}$) bestimmt [*40*]. Zur Cd-Bestimmung in biologischem Material wurde nach Isolierung des Cd durch Extraktion mit Di-β-naphthylthiocarbazon/$CHCl_3$ die Emissionsspektralanalyse angewendet [*27*].

Literatur

1. Bode, H.: Z. anal. Chem. **144**, 165 (1955).
2. Morrison, G. H., Freiser, H.: Solvent extraction in analytical chemistry. New York: Wiley & Sons 1957.
3. Hartkamp, H., Specker, H.: Naturwiss. **43**, 421 (1956).
4. Kinnunen, J., Wennerstrand, B.: Chemist-Analyst **43**, 34 (1954).
5. Spacu, G., Dick, J.: Z. anal. Chem. **71**, 97, 185, 442 (1927).
6. Spacu, G., Dick, J.: Z. anal. Chem. **72**, 289 (1927).
7. Spacu, G., Dick, J.: Z. anal. Chem. **73**, 279, 356 (1928).
8. Serfass E. J. Levine W. S., Smith, G. F., Duke, F.: Plating **35**, 458 (1948).
8a. Schweitzer, G. K., Randolph, D. R.: Analyt. chim. Acta **26**, 567 (1962).
9. Shirley, R. L., Benne, E. J., Miller, E. J.: Analyt. Chem. **21**, 300 (1949).
10. Petzold, A., Lange, I.: Z. anal. Chem. **146**, 1 (1955).
11. Klein, A. K., Wichmann, H. J.: J. Assoc. Off. Agric. Chemists **28**, 257 (1945).
12. Fischer, H., Leopoldi, G.: Mikrochim. Acta **1**, 30 (1937).
13. Sandell, E. B.: Ind. Eng. Chem., Anal. Ed. **11**, 364 (1939).
13a. Knapp, J. R., R. E. van Aman, and J. H. Kanzelmeyer: Analyt. Chem. **34**, 1374 (1962)
14. de Voe, J. R., and W. W. Meinke: Analyt. Chem. **31**, 1428 (1959).
14a. Bode, H., u. K. Wulf: Z. anal. Chem. **219**, 32 (1966).
14b. Jackwerth, E.: Z. anal. Chem. **202**, 81 (1964).
14c. Jackwerht, E.: Z. Anal. Chem. **206**, 269 (1964).
15. Geilmann, W.: Z. anal. Chem. **160**, 410 (1958).
16. Geilmann, W.: u. Neeb K.: Z. anal. Chem. **165**, 251 (1959).
16a. Geilmann, W., Hepp, H.: Z. anal. Chem. **200**, 241 (1964).

16b. Korkisch, J., Feik, F.: Analyt. chim. Acta **32**, 110 (1965).
16c. Nakashima, F.: Analyt. chim. Acta **28**, 54 (1963).
16d. Kallmann, S., Oberthin, H., Liu, R.: Analyt. Chem. **32**, 58 (1960).
17. Fairhall, L. T., Prodan, L.: J. Amer. chem. Soc. **53**, 1321 (1931).
18. Fischer, H., Leopoldi, G.: Metall u. Erz. **35**, 119 (1938).
19. Townsend, F. E., Cade, G. N., Jr.: Ind. Eng. Chem., Anal. Ed. **12**, 163 (1940).
20. Silverman, L., Trego, K.: Analyst **77**, 143 (1952).
21. Hibbits, J. O., Kallmann, S., Oberthin, H., Oberthin, J.: Talanta **8**, 106 (1961).
22. Thompson, T. L.: Ind. Eng. Chem., Anal. Ed. **13**, 164 (1941).
23. Saltzman, B. E.: Analyt. Chem. **25**, 493 (1953).
24. *Joint A.B.C.M.-S.A.C. Committee on methods for the analysis of trade effluents*: Analyst **82**, 764 (1957).
25. Church, F. W.: J. ind. Hyg. Toxicol. **29**, 34 (1947).
26. Smith, J. C., Kench, J. E., Lane, R. E.: Biochem. J. **61**, 698 (1955).
26a. *Analytical Methods Committee*. Metallic impurities in organic matter sub-committee: Analyst **94**, 1153 (1969).
27. Cholak, J., Hubbard, D. M.: Ind. Eng. Chem. Anal. Ed. **16**, 333 (1944).
28. Rodriguez-Pasqués, R. H., Possidoni-de-Albinati, J. F.: An. Assoc. quim. argent. **44**, 90 (1956); ref. Z. anal. Chem. **157**, 302 (1957).
28a. Meyer, J.: Z. anal. Chem. **219**, 147 (1966).
28b. Ghersini, G., Mariottini, S.: Talanta **18**, 442 (1971).
29. Fischer, H., Leopoldi, G., v. Uslar, H.: Z. anal. Chem. **101**, 1 (1935).
30. Fischer, H., Leopoldi, G.: Angew. Chem. **47**, 90 (1934).
31. Stanton, R. E., McDonald, A. J., Carmichael, I.: Analyst **87**, 134 (1962).
32. Morsches, B., Tölg, G.: Z. anal. Chem. **250**, 81 (1970).
33. Welz, B.: CZ-Chemie-Technik **1**, 455 (1972).
34. Delves, H. T., Shepherd, G., Vinter, P.: Analyst **96**, 260 (1971).
35. Headridge, J. B., Smith, D. R.: Talanta **19**, 833 (1972).
36. Willis, J. B.: Analyt. Chem. **34**, 614 (1962).
37. Chavanne, P., Geronimi, C.: Analyt. chim. Acta **19**, 377 (1958).
38. Berger, W., Elvers, H.: Z. anal. Chem. **171**, 255 (1959).
39. Berger, W., Elvers, H.: Z. anal. Chem. **199**, 166 (1964).
40. Budesinsky, B., West, T. S.: Analyst **94**, 182 (1969).
41. Boltz, D. F., Havlena, E. J., Jr.: Analyt. chim. Acta **30**, 565 (1964).
42. Kalt, M. B., Boltz, D. F.: Analyt. Chem. **40**, 1086 (1968).
43. Shibata, S., Furukawa, M., Ishiguro, Y.: Mikrochem. Acta (Wien) **1972**, 721.

Co — Kobalt

Tabelle 136. Empfindlichkeit S_M und Bestimmungsgrenze L_Q der Verfahren

Verfahren	µg Co · ml⁻¹ · cm⁻¹ S_M	L_Q
1-Nitroso-2-naphthol/$CHCl_3$	0,0018—0,0026 (415—425 nm) 0,0022 (317 nm)	0,045—0,065 (415—425 nm) 0,055 (317 nm)
2-Nitroso-1-naphthol/$CHCl_3$	0,0012 (308 nm) 0,0016 (365 nm) 0,004 (530 nm)	0,030 (308 nm) 0,040 (365 nm) 0,10 (530 nm)
Nitroso-R-Salz	0,002 (420 nm) 0,004 —0,007 (500—530 nm)	0,050 (420 nm) 0,10—0,17 (500—530 nm)
Nitroso-R-Salz-Trioctylmethylammoniumchlorid/$CHCl_3$	0,002 (500 nm)	0,050 (500 nm)
1-(2-Pyridylazo)-2-naphthol/$CHCl_3$	0,003 (640 nm) 0,0024 (590 nm)	0,074 (640 nm) 0,059 (590 nm)
Thiocyanat/Isoamylalkohol	0,008 (310 nm) 0,052 (620 nm)	0,20 (310 nm) 1,30 (620 nm)
Thiocyanat-Tri-n-butylammoniumsalz/Amylalkohol	0,050 (620 nm)	1,25 (620 nm)
Emissionsspektralanalyse		0,001[1,3]
Atomabsorptionsspektrophotometrie	0,2[2,4]	0,05[2,3]

[1] µg auf der Elektrode.
[2] µg · ml⁻¹.
[3] $F_r = \pm 10\%$.
[4] Für 1% Absorption.

A. Trennungen

Viel Fe läßt sich von Co durch Ätherextraktion aus HCl-Lösung entfernen [*1*] (s. a. S. **259** ff.). Mit den Nitroso-naphtholen und organischen Lösungsmitteln ($CHCl_3$, CCl_4 u.a.) kann Co von großen Mengen Fe, Ni und zahlreichen anderen Elementen auf extraktivem Wege abgetrennt werden. 10—50 mg Co wurden durch Extraktion mit 1-Nitroso-2-naphthol/$CHCl_3$ aus verdünnter HCl-Lösung von gleichen Mengen Ni abgetrennt [*2*]. Weitere Hinweise zur Anwendung der Nitrosonaphthole findet man in den noch folgenden Reagensabschnitten. Ebenso kann Co als Thiocyanat mit verschiedenen organischen Lösungsmitteln extrahiert und von einer Reihe von Elementen abgetrennt werden. Das Co kann durch Extraktion mit Carbamat/CCl_4 aus citrathaltiger Lösung bei pH 6,5 von kleinen Mengen Fe abgetrennt werden. Bei Anwesenheit von viel Ca und PO_4^{3-} ist dieses Verfahren einer Abtrennung mit Dithizon vorzuziehen, da wegen des niedrigen pH-Wertes Fällungen leichter vermieden werden.

Viel Cu wird am zweckmäßigsten auf elektrolytischem Wege entfernt. Geringere Mengen Ag, Au, Cu, Hg, Pd und Pt können durch Extraktion mit Dz/CCl_4 aus saurer Lösung bei pH 1—2 [*3, 4*] abgetrennt werden, während das Co praktisch vollständig in der wäßrigen Phase bleibt. Aus einer citrathaltigen Lösung wurde das Cu bei pH 3—4 mit einer 0,2%igen Dz/$CHCl_3$-Lösung extraktiv von Co abgetrennt, wobei kein Co in die organische Phase mit übergeht [5]; durch anschließende Extraktion bei pH 8 wird das Co in die organische Phase übergeführt. Unter Verwendung einer 0,05%igen Dz/CCl_4-Lösung liegt der Extraktionsbeginn des Co aus einer acetatgepufferten (0,02m) Lösung bei pH 3 und die Extraktion ist bei pH 6,2 vollständig. Aus einer citratgepufferten (0,02m) Lösung ist die Extraktion des Co erst bei pH $>$8,5 vollständig. Das Co läßt sich unter letztgenannten Bedingungen von Fe(III), Ti, Cr, V und anderen Elementen, die keine Dithizonate bilden, abtrennen. Eine Erhöhung der Citratkonzentration erschwert die Co-Extraktion. Wird statt CCl_4 als organisches Lösungsmittel $CHCl_3$ verwendet, so muß der pH-Wert um etwa 2 Einheiten höher sein, um das Co in demselben Ausmaß zu extrahieren. Bi, Cd, Ni, Pb, Tl(I) und Zn gehen gleichfalls in die organische Phase über. Mit 0,01n HCl können Cd, Pb, Tl(I) und Zn rückgeschüttelt werden. In stört bei pH $>$9 nicht.

Ni bildet in Anwesenheit von Thiocyanat und Pyridin bei pH 4,6 einen mit $CHCl_3$ extrahierbaren Komplex $NiPy_4(SCN)_2$, während anwesendes Co unter diesen Bedingungen in der wäßrigen Phase bleibt [7]. Co bildet bei pH 5,6 einen Komplex $CoPy_4(SCN)_2$, der mit MIBK extrahiert werden kann.

Co kann durch Extraktion aus 8,3n HCl-Lösung mit TBP/Toluol (2 : 1) von Ni abgetrennt und anschließend im Extrakt photometrisch bestimmt werden [8].

Zn läßt sich von Co durch Extraktion mit Tribenzylamin/$CHCl_3$ oder Methyldioxtylamin/Trichloräthylen abtrennen, wobei das Co in der wäßrigen Phase zurückbleibt [9] (s. u. „Zink", S. 1328).

Eine Isolierung des Co ist aus 9n HCl-Lösung mit Hilfe des Anionenaustauschers Dowex 1X8 möglich (s. S. 615).

Bei der Analyse von Eisen, Stahl und Ferrolegierungen verwendet man oft die ZnO-Fällung, durch die Fe, Cr, Cu, Mo, Nb, Ta, Ti, V, W und Zr abgetrennt werden können (s. a. S. 608).

B. 1-Nitroso-2-naphthol

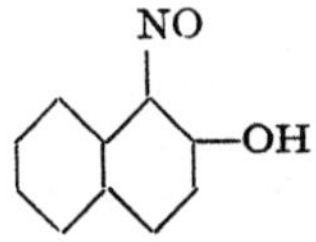

Der mit $CHCl_3$ extrahierte, orangerote Komplex des Co-1-Nitroso-2-naphthols (α-Nitroso-β-naphthol) weist im UV-Bereich bei 317 nm ein höheres Extinktionsmaximum [12] als bei 415–425 nm [12, 13] auf (s. Abb. 97; $\varepsilon_{317} = 26500$, $\varepsilon_{415} = 33000$, $\varepsilon_{425} = 23700$) Das Beersche Gesetz ist im Bereich von 0,05–2 µg Co/ml (bei 415–425 nm) erfüllt. Die günstigste Säurekonzentration für die Extraktion des Co liegt bei pH 4,0–5,5. Nach dem Zusatz des Reagenses muß die Lösung vor der Extraktion mit $CHCl_3$ noch einige Zeit stehen, wofür als günstigste Zeitdauer 2 Std ermittelt wurde. Kürzere Standzeit ergibt eine geringere Extinktion, während mehr als 2 Std zu keiner Erhöhung führen. Der extrahierte Komplex ist 1 bis mehrere Tage stabil. Einen Fehler von weniger als 3% bei der Bestimmung von 1 µg Co/ml verursachen (µg/ml): Cl^- (500), NO_3^- (500), ClO_4^- (500), SO_4^{2-} (500), W (500), Al (200), Cd (200), Cr (200), Mo (200), Zn (200), Mn (II) (150), Ni (50), Pb (50), V (V) (20), Sn (II) (10) und Ti (IV) (5). Cu (II) und Fe (III) müssen abwesend sein. Weiterhin stören Alkali- und Erdalkalimetalle, As, Hg und Sb nicht [14]. Störendes Fe kann durch Ätherextraktion entfernt werden. Mitextrahiertes Cu und Ni lassen sich mit 2n HCl rückschütteln [15]. Fe(III) kann mit Citrat maskiert, Sn(II) mit H_2O_2 zu nicht störendem Sn(IV) oxydiert werden.

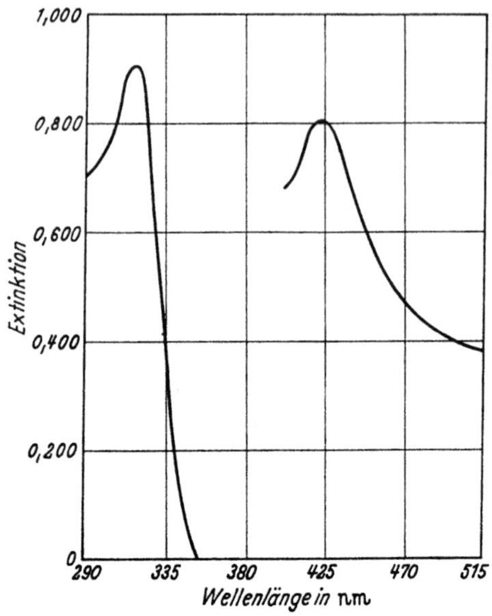

Abb. 97. Extinktionskurven von Co(III) + 1-Nitroso-2-naphthol in $CHCl_3$ [*12*]

Einer häufigeren Verwendung des 1-Nitroso-2-naphthols stellt sich die Schwierigkeit entgegen, das Reagens in genügender Reinheit zu erhalten. Die in dem Reagens enthaltenen, gefärbten Verunreinigungen, die Oxydations- und Reduktionsprodukte, sowie Metallkomplexe sein können, verursachen streuende Fehler. Zur Reinigung des Reagenses wird folgendes Verfahren empfohlen [*13*]:

10 g Reagens werden in 300 ml 95%igem Methanol gelöst, 25 ml 20%ige wäßrige NaOH hinzugefügt, einige Stunden an einem kühlen Ort stehen gelassen, danach das ausgefallene grüne Na-Salz abfiltriert und mit wenig Alkohol gewaschen. Das Na-Salz suspendiert man in 250 ml Alkohol, fügt 7 ml Eisessig hinzu und erwärmt bis zum vollständigen Lösen. Nun versetzt man die Lösung mit 4 g Aktivkohle, kocht auf, filtriert und fügt nach dem Abkühlen 25 ml 20%ige NaOH hinzu. Nach längerem Stehen wird das Na-Salz wie vorhin abfiltriert und das so erhaltene hellgrüne kristalline Pulver bei 50° C getrocknet. Eine Suspension des so gereinigten Na-Salzes in verdünnter Essigsäure ist in einer dunklen Flasche einige Monate ohne Verfärbung haltbar.

Arbeitsvorschrift

Reagentien

Ammoniumcitrat-Lösung; 250 g Citronensäure werden in 60 ml Wasser gelöst und mit 250 ml Ammoniak (0,91) auf pH 5,0 eingestellt.

1-Nitroso-2-naphthol (NN)-Lösung; 1 g Reagens wird in 200 ml Wasser, welches 10 ml 5n NaOH enthält, unter Schütteln und Zusatz von 1 g Aktivkohle gelöst und nach dem Abfiltrieren mit Wasser auf 1 l aufgefüllt.

0,25n NaOH; H_2O_2 (30%).

10–20 ml neutrale Probelösung (1,2–50 μg Co enthaltend) versetzt man mit 1 ml H_2O_2, läßt 5 min stehen, fügt 10 ml Ammoniumcitratlösung (die Lösung soll jetzt pH 4–5 aufweisen) sowie 10 ml NN-Lösung hinzu (wahlweise fügt man die NN-Lösung zu der zum Sieden erhitzten Lösung und kühlt anschließend ab) und läßt 2 Std stehen. Dann extrahiert man 3mal mit je 10 ml $CHCl_3$, füllt die vereinigten Extrakte mit $CHCl_3$ auf 50 ml auf und photometriert in einer 2 cm-Küvette bei 317 nm oder 415 nm gegen den Blindwert.

1. Seewasser

B: 0,25–10 ppb Co. F_r: ± 17% bei 0,3 ppb. *Z*: ~ 1 Std.

Arbeitsvorschrift [*15*]

Reagentien

1-Nitroso-2-naphthol (NN), 1%ig in Äthanol (0,5 g Aktivkohle zugesetzt, vor Gebrauch abfiltriert).
Natriumcitrat, 20%ige wäßrige Lösung.
2n HCl; H_2O_2 (30%).
Waschlösung; 50 ml 1n NaOH + 10 ml Natriumcitratlösung + 1 ml H_2O_2 (mit $CHCl_3$ gesättigt).
$CHCl_3$; Äthanol.

750 ml Probe versetzt man in einem 1 l-Schütteltrichter mit 25 ml Natriumcitratlösung, 1 ml H_2O_2 sowie 1 ml NN-Lösung, mischt, läßt 10 min stehen und extrahiert (1 min) mit 8 ml und 3mal je 4 ml $CHCl_3$. Den vereinigten organischen Extrakt wäscht man (1 min) der Reihe nach 3mal mit je 5 ml Waschlösung, 1mal mit 5 ml 2n HCl, 1mal mit 5 ml Waschlösung, 1mal mit 5 ml 2n HCl, füllt die organische Phase in einem 50 ml-Meßkolben mit Äthanol zur Marke auf und photometriert in einer 10 cm-Küvette bei 410 nm gegen den Blindwert.

2. Organisches Material

Das nachfolgend beschriebene Verfahren stellt eine Verbesserung einer früher beschriebenen Methode [*14*] dar, in welcher für die Extraktion des Co-Komplexes der Bereich von pH 3–4 empfohlen wurde. Das Co wird mit 1-Nitroso-2-natphol/$CHCl_3$ extrahiert, mitextrahierte störende Metalle durch Chromatographie an einer Al_2O_3-Säule entfernt und das Co dann photometrisch bestimmt.

Einige zwei- und dreiwertige Metalle bilden mit 1-Nitroso-2-naphthol gefärbte, mit $CHCl_3$ extrahierbare Verbindungen. Der Reagensüberschuß wird gleichfalls mitextrahiert und kann aus der organischen Phase durch Schütteln mit NaOH oder durch Chromatographie an der Al_2O_3-Säule entfernt werden. Die Nitrosonaphthol-Komplexe der zweiwertigen Metalle werden aus der $CHCl_3$-Lösung an der Al_2O_3-Säule adsorbiert und können so von den dreiwertigen Metallen abgetrennt werden. Im Co-Komplex liegt das Co infolge Oxydation durch den Reagensüberschuß in dreiwertiger Form vor und wird daher an der Säule nicht festgehalten. Cr bildet mit dem Reagens einen roten, mit $CHCl_3$ extrahierbaren Komplex, der ein Extinktionsmaximum bei 416 nm aufweist. Dessen Störung kann durch Zusatz von Citrat verhindert werden. Im Gegensatz hierzu wird in einer anderen Arbeit [*14*] angegeben, daß Cr(III) und Cr(VI) mit 1-Nitroso-2-naphthol nicht reagieren, was dort wahrscheinlich auf eine vorherige Ausfällung des Cr als Phosphat zurückzuführen sein dürfte. Fe(III) bildet mit dem Reagens einen braunen, $CHCl_3$-löslichen Komplex mit dem Extinktionsmaximum bei 408 nm. Der Komplex wird an der Al_2O_3-Säule nicht adsorbiert und stört daher bei der Co-Bestimmung. In Anwesenheit großer Fe-Mengen sind Phosphat, Citrat oder Fluorid als Maskierungsmittel ungeeignet. Da der Fe(II)-Komplex an der Säule adsorbiert wird, läßt sich die Störung von Fe beseitigen, wenn man es vorher zu Fe(II) reduziert. Hierzu setzt man der alkalischen Lösung, die zur Entfernung des Reagensüberschusses dient, Hydroxylamin zu. Der grüngefärbte Fe(II)-Komplex fällt beim Schütteln der $CHCl_3$-Phase mit verdünnter NaOH als blauer Niederschlag aus. An der Al_2O_3-Säule wird er als grünblaues Band adsorptiv festgehalten. Die Eisensalze können durch einen Reagensüberschuß oxydiert und reduziert werden, so daß man stets ein Gemisch der Fe(II)- und Fe(III)-Komplexe erhält. Der Fe(II)-Komplex wird durch Schütteln der $CHCl_3$-Phase mit HCl teilweise in den Fe(III)-Komplex übergeführt. Zn gibt mit dem Reagens einen braunen, in $CHCl_3$ unlöslichen Niederschlag, der durch NaOH zerstört wird. Cu und Ni geben gelbe bis braune $CHCl_3$-Lösungen und an der Al_2O_3-Säule ähnlich gefärbte Adsorptionsbanden. Durch Schütteln mit NaOH wird die $CHCl_3$-Lösung weitgehend entfärbt. Unter den nachfolgend angeführten Arbeitsbedingungen bilden die Elemente Al, Bi, Mg und Mn mit 1-Nitroso-2-naphthol keine gefärbten Verbindungen. Mit dem vorliegenden Verfahren wurde Co in Leber bestimmt.

B: 0,05–10 ppm Co. F_r: ± 5%.

Arbeitsvorschrift [*13*]

Reagentien

1-Nitroso-2-naphthol, 1%ige wäßrige Lösung; 0,5 g des gereinigten Na-Salzes werden in 5 ml Eisessig unter schwachem Erwärmen gelöst, abgekühlt und mit Wasser auf 50 ml aufgefüllt. Die so erhaltene Suspension wird in dunkler Flasche aufbewahrt und muß vor Gebrauch geschüttelt werden. 10 ml der Reagenslösung sollen bei der Blindwertbestimmung eine farblose Lösung ergeben.

Al_2O_3-Säule; 8—10 mm innerer Durchmesser, 50 mm lang, am unteren Ende verjüngt, so daß das Ende in den Hals eines 10 ml-Meßzylinders eingeführt werden kann. Die Säule ist mit 1 g Al_2O_3 gefüllt, mit einer dünnen Schicht Cellulose bedeckt, die ihrerseits von einer Schicht von 0,5 cm Na_2SO_4 sicc. bedeckt ist. Die Eignung des Al_2O_3 überprüft man, indem man eine verdünnte Lösung des Co-Komplexes in alkoholfreiem $CHCl_3$ durch die Säule schickt und mit einigen ml alkoholfreiem $CHCl_3$ nachwäscht. Die Farbe des Co-Nitrosonaphtholates muß dabei frei durch die Säule wandern. Anderenfalls muß das Al_2O_3 an der Luft ausgebreitet so lange liegen (am besten über Nacht), bis es die gewünschten Eigenschaften aufweist. Die Anwesenheit von Alkohol im $CHCl_3$ hat einen großen Einfluß auf die chromatographische Adsorption der Komplexe. Die Verwendung alkoholfreien $CHCl_3$ ist aber nicht notwendig, da die Waschungen der organischen Phase zur Entfernung des Alkohols ausreichen.

Natriumhexametaphosphat, 50%ige wäßrige Lösung, vor Gebrauch frisch hergestellt.

Phenolphthalein, 1%ig in 95%igem Äthanol.

6n NaOH.

Eisessig.

$CHCl_3$.

Alkalische Hydroxylamin-Lösung, 5%ig an KOH und 0,5%ig an Hydroxylaminhydrochlorid.

1–20 g Probematerial werden auf geeignete Weise verascht und die erhaltene mineralsaure Lösung für die Bestimmung verwendet. Die etwa 20–50 ml betragende saure Lösung (bis 10 µg Co enthaltend) versetzt man mit 0,5 g Natriumcitrat, 1 Tropfen Phenolphthalein-Lösung und neutralisiert mit NaOH. Dann fügt man 1 ml Eisessig hinzu, 5 ml Reagenslösung, kocht 1 min lang, kühlt ab und führt in einen Schütteltrichter über. Nun extrahiert man nacheinander mit 4 ml, 3 ml und zuletzt 2 ml $CHCl_3$, wobei jeder einzelne Extrakt mit jeweils 10 ml alkalischer Hydroxylamin-Lösung gewaschen wird, und läßt die Extrakte durch die Al_2O_3-Säule in einen 10 ml-Meßzylinder laufen. Der vereinigte Extrakt wird mit $CHCl_3$ zur Marke aufgefüllt und in einer 1 cm-Küvette (bei kleineren Co-Mengen in einer Küvette größerer Schichtdicke) bei 415 nm gegen den Blindwert photometriert.

Bei der Verarbeitung großer Probemengen sowie bei Material mit hohen Phosphat-, Ca- und Fe-Gehalten können Störungen durch Fällungen auftreten. In solchen Fällen empfiehlt es sich, eine Vorextraktion des Co nach folgender Vorschrift vorzunehmen: Nach Veraschen von 50–100 g Probematerial wird die erhaltene mineralsaure Lösung mit einigen Tropfen Phenolphthalein-Lösung und 10 ml Natriumhexametaphosphat-Lösung versetzt, mit 6n NaOH schwach alkalisch gemacht, mit Essigsäure angesäuert und dann 2 ml Eisessig im Überschuß zugefügt. Zur sauren Lösung, die möglichst keine unlöslichen Rückstände aufweisen soll, setzt man 20 ml Nitrosonaphthol-Lösung zu, erhitzt 1 min zum Sieden, kühlt ab und extrahiert mit mehreren Anteilen $CHCl_3$. Die einzelnen $CHCl_3$-Extrakte werden mit alkalischer Hydroxylamin-Lösung gewaschen, durch die Säule geschickt, der vereinigte organische Extrakt zur Trockene eingedampft, der Rückstand mit einigen Tropfen H_2SO_4 und HNO_3 erhitzt, nach dem Abkühlen mit einigen Millilitern Wasser versetzt und abgeraucht. Der so erhaltene Rückstand wird für das oben beschriebene Bestimmungsverfahren verwendet.

C. 2-Nitroso-1-naphthol

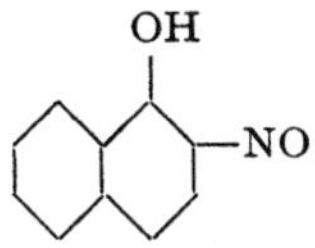

Co bildet in saurer Lösung mit 2-Nitroso-1-naphthol (β-Nitroso-α-naphthol) einen roten Komplex, der mit organischen Lösungsmitteln, wie Benzol [*16*], Toluol, Xylol, CCl_4 [*17*], $CHCl_3$ [*18*], Brombenzol u. a., mit rosa bis rubinroter Farbe extrahierbar ist. Das Reagens hat im Vergleich zu Nitroso-R-Salz oft den Vorteil, daß Isolierung und photometrische Bestimmung des Co im Extrakt in einem Arbeitsgang durchgeführt werden können. $CHCl_3$ ist für die Extraktion am günstigsten. Die Ausfällung des Co mit dem Reagens vor der Extraktion wird in der Hitze [*19–22*] oder in der Kälte [*4, 18, 23*] vorgenommen. Bei Ausfällung in der Kälte wird die Lösung nach dem Reagenszusatz $^1/_2$ Std [*23*] bis mehrere Stunden [*4*] stehen gelassen, da die Reaktion bei Raumtemperatur nur langsam abläuft. Das Co ist bei Reaktion in der Kälte erst nach mehreren Stunden Standzeit vollständig ausgefällt [*4*] (je nach der vorhandenen Reagensmenge 2–24 Std); eine vollständige Ausfällung des Co in Konzentrationen bis herab zu 0,1 μg Co/ml wäßriger Lösung und darunter kann unter Vermeidung der mehrstündigen Standzeit erreicht werden, wenn man die Lösung nach dem Reagenszusatz 30 min lang intensiv schüttelt [*18*]. Bis 100 μg Co können anschließend durch eine einmalige, 1 min lange Extraktion mit 25 ml $CHCl_3$ quantitativ ausgeschüttelt werden. Der optimale pH-Bereich für die Extraktion des Co liegt bei 2,5–5 [*23*] bzw. bei 4 [*4*], in Anwesenheit von Citrat wird es im Bereich von pH 2–9 quantitativ extrahiert. Die rosa bis rubinrote Färbung ist gegen HCl (1,19), 10n H_2SO_4, 5n HNO_3 und 10n NaOH beständig. So läßt sich der Reagensüberschuß aus der organischen Phase durch Ausschütteln mit verd. NaOH entfernen.

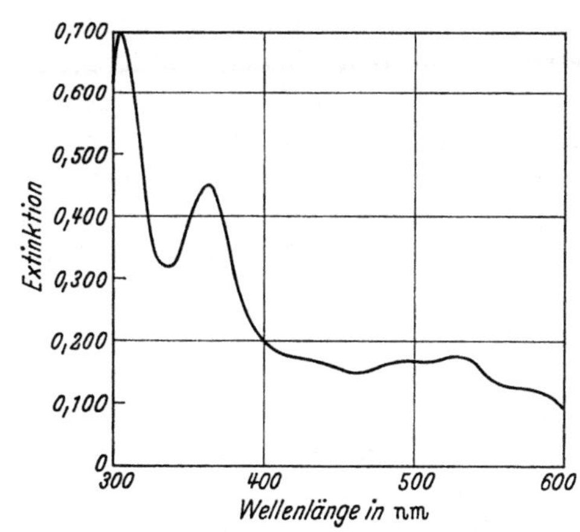

Abb. 98. Extinktionskurve von Co + 2-Nitroso-1-naphthol in Toluol [*4*]

Durch Schütteln mit konz. HCl können mitextrahierte Komplexe von Fe, Cu und Cr zerstört und aus der organischen Phase entfernt werden [*17*]. Die Extinktionsmaxima des Komplexes liegen in Toluol [*19*] und $CHCl_3$ [*23, 4*] bei 530–535 nm, 308–309 nm [*4*] und 365–367 nm [*4, 18*] (s. Abb. 98), in Isoamylacetat bei 510 nm [*24*] (in CCl_4 $\varepsilon_{535} = 11780$ [*25*]; in $CHCl_3$ $\varepsilon_{308} = 56000$ [*25a*], $\varepsilon_{365-367} = 37500$ [*25a*] — 44000 [*25b*], $\varepsilon_{530} = 14700$ [*25a*] — 16000 [*25b*]). Die Farbe ist bis 8 Wochen stabil, das Beersche Gesetz ist von 0,1–4 µg Co/ml $CHCl_3$ (530 nm) erfüllt.

Die Bestimmung von 10–50 µg Co wird unter den Bedingungen der nachfolgenden Arbeitsvorschrift C.2.1 (s. S. 596) durch 100 mg der folgenden Elemente nicht gestört: Ag, Al, As(III), As(V), Ba, Be, Bi, B (als Borat), Ca, Cd, Ce(III), Cr(III), F^-, Ga, Ge (als Germanat), Hg(II), I^-, Fe(III), La, Mg, Mn, Mo, Nb, Ni, P (als Phosphat), Pb, Sb(III), Sb(V), Se(IV), Se(VI), Si, Sn(IV), Sr, Ta, Th, Ti, Tl(I) (nur 25 mg geprüft), U(VI) (nur 50 mg geprüft), V(V), W, Zn und Zr. Obwohl Au und Pt selbst nicht extrahiert werden, ergibt die Anwesenheit von 1–2 mg derselben zu hohe Werte (+ 5 bis + 10 µg Co) (unter den Arbeitsbedingungen von Verfahren C.1.1 [*19*] sollen bis 5 mg Au nicht stören). Eine Störung durch anwesendes Pt, das beispielsweise aus den Platingeräten in die Probelösung gelangte, läßt sich durch Abtrennung des Pt mittels Anionenaustauscher, Extraktion mit Dz/CCl_4 bei pH 1–2 oder rechnerische Korrektur der gemessenen Extinktion beseitigen [*4*]. Pd wird extrahiert und stört die Co-Bestimmung. Es kann mit Dimethylglyoxim/$CHCl_3$ aus verd. mineralsaurer Lösung entfernt und der Überschuß des Dimethylglyoxims mit HNO_3 zerstört werden. Sn(II) und Fe(II) stören, die Störung kann durch Oxydation mit H_2O_2 vermieden werden. In der Arbeitsvorschrift C.2.1 (s. S. 596) wird H_2O_2 zugesetzt, da durch die Anwesenheit von Citrat ein Teil des Fe zu Fe(II) reduziert wird. In diesem Zusammenhang wird von anderer Seite vermutet, daß der günstige Einfluß des zugesetzten H_2O_2 eher auf eine Beseitigung der Störung durch anwesendes Mn zurückzuführen wäre [*4*]. Große Mengen Ni bilden besonders oberhalb pH 4 mit 2-Nitoso-1-naphthol einen roten, störenden Niederschlag, der sich in der organischen Phase ansammelt. Wenn man die Reaktion bei pH 3,0–3,8 durchführt und die $CHCl_3$-Phase mit 2n HCl schüttelt, so wird der Ni-Komplex zerstört und das Ni geht in die HCl-Phase über. Um das Co quantitativ zu extrahieren, muß nur mehr Reagens zugesetzt werden: bei Anwesenheit von mehr als 100 mg Ni muß man für jede weiteren 250 mg Ni 2 ml Reagenslösung mehr hinzufügen. So ist es möglich, einige µg Co in Anwesenheit von 1 g Ni zu bestimmen. 25 mg Cu stören nicht. Cu bildet einen braunen, $CHCl_3$-löslichen Komplex, der durch Schütteln mit HCl und NaOH zerstört wird. Das Cu bindet aber Reagens, weshalb das Co bei ansteigender Cu-Menge unvollständig extrahiert wird. In Anwesenheit von 50 mg Cu und 4 ml Reagenslösung wurden 90% des Co gefunden, während bei 100 mg Cu die gefundene Co-Menge nur mehr 10% betrug. 100 mg Cu lassen sich zwar durch einen großen Überschuß an Jodid und Thiosulfat maskieren, in Anwesenheit von Fe wird dieses jedoch zu störendem Fe(II) reduziert. Am zweckmäßigsten ist dann die Entfernung des Cu auf elektrolytischem Wege. Ammoniumsalze stören nicht. Bei der Durchführung der Reaktion in der Hitze führt die Anwesenheit von 1000 µg Mn bei der Bestimmung von 5 µg Co zu einem relativen Fehler von + 16,5% (535 nm), + 25% (365 nm) bzw. + 21% (310 nm), was besonders bei Mn-reichem Material (Kleie, Düngemittel) von Bedeutung ist [*4*]. Eine Störung durch Mn tritt nicht auf, wenn man die Reaktion in der Kälte durchführt und durch Zusatz von H_2O_2 anwesendes Mn zu Mn(II) reduziert bzw. in der zweiwertigen Stufe hält.

2-Nitroso-1-naphthol hoher Reinheit gab in frisch zubereiteter Lösung einen Blindwert, der 1 µg Co entspricht [*23*]. Beim Stehen nimmt dieser um etwa 1 µg Co pro Tag zu. Reagensproben aus anderer Quelle ergaben Blindwerte bis zu 10 µg Co. Der Blindwert läßt sich auf einige µg Co herabsetzen, wenn die Reagenslösung vor Gebrauch mit Aktivkohle geschüttelt wird [*23*].

Arbeitsvorschrift [*18*]

Reagentien

Natriumcitrat, 40%ige wäßrige Lösung.
2n HCl; 2n NaOH;
H_2O_2 (30%).
2-Nitroso-1-naphthol (NN), 1%ig in Eisessig, mit 1 g Aktivkohle geschüttelt und filtriert.
$CHCl_3$.

Etwa 10 ml Probelösung (bei Messung bei 530, 365 bzw. 308 nm entsprechend 1,2 bis 50, 0,5–20 bzw. 0,04–15 µg Co enthaltend) werden in einem 100 ml-Schütteltrichter mit 20 ml Natriumcitrat-Lösung versetzt, mit 2n HCl auf pH 3–4 eingestellt, 1 ml H_2O_2 und nach 5 min Standzeit 4 ml NN-Lösung hinzugefügt und auf der Schüttelmaschine 30 min lang geschüttelt. Anschließend extrahiert man einmal 1 min mit 25,0 ml $CHCl_3$, wäscht den Extrakt in einem 2. Schütteltrichter 1 min mit 20 ml 2n HCl und danach mit 20 ml 2n NaOH. Nach der Phasentrennung filtriert man die organische Phase in eine 2 cm-Küvette und photometriert bei 530 nm, 365 nm oder 308 nm gegen $CHCl_3$.

1. Organisches Material

1.1. Pflanzliches Material

Mit 2-Nitroso-1-naphthol/$CHCl_3$ wurde Co in Pflanzenmaterial (B: $\geqq$ 0,05 ppm Co) auch in einer anderen Arbeit bestimmt [*25b*]. Bei Anwesenheit von viel Ca darf die citrathaltige Lösung nicht mehr zum Sieden erhitzt werden, um ein Ausfallen von Ca-citrat zu vermeiden.

B: $\geqq$ 0,05 ppm Co. F_r: $\pm$ 3,5% bei 0,1–0,2 ppm Co.

Arbeitsvorschrift [*19*]

Reagentien

HCl (1 + 1); HF (40%); H_2SO_4 (1,84); HNO_3 (1,40); Eisessig.
Natriumcitrat-Lösung; 500 g Natriumcitrat werden in Wasser unter Zusatz von 50 ml 10n NaOH und Erwärmen gelöst und mit Wasser auf 1 l aufgefüllt.
Natriumacetat-Lösung, 50%ige wäßrige Lösung.
2-Nitroso-1-naphthol (NN), 1%ige Lösung in Eisessig.
Toluol.
10n NaOH; 2n NaOH.

Das getrocknete Probematerial wird bei 500° C verascht und die Asche in HCl (1 + 1) gelöst. Bei Material mit hohem Kieselsäuregehalt wird letztere durch Abrauchen der Asche mit HF/H_2SO_4 entfernt und anschließend erst der Rückstand in HCl (1+1) gelöst. Die saure Probelösung (bis zu 30 µg Co enthaltend) wird in einem 300 ml-Erlenmeyer-kolben mit Schliffstopfen mit 1 ml HNO_3 versetzt und kurz zum Sieden erhitzt. In die etwas abgekühlte Lösung, deren Volumen mindestens 50 ml betragen soll, gibt man 10 ml Natriumcitrat-Lösung und einige Tropfen Phenolphthalein-Lösung und neutralisiert mit 10n NaOH. Nun fügt man 5 ml Eisessig hinzu, wobei eine evtl. auftretende Fällung wieder verschwindet. Wenn die freie Säuremenge der ursprünglichen Probelösung bekannt oder nicht sehr groß ist, stumpft man sie mit Natriumacetat-Lösung ab und versetzt wie früher mit Eisessig, wobei auch hier darauf geachtet werden muß, daß die Essigsäurekonzentration wenigstens 5% betragen muß. Nach kurzem Erwärmen auf dem Wasserbad auf 80–90° C fügt man 1 ml NN-Lösung hinzu, kühlt etwas ab und schüttelt im gleichen Kolben mit 25,0 ml Toluol kurz aus, um Co-Verluste zu vermeiden. Man führt den ganzen Inhalt in einen 300 ml-Schütteltrichter über, schüttelt 5 min lang, läßt die wäßrige Phase ab, wäscht mit wenig Wasser nach, schüttelt dann mit 20 ml 2n NaOH, wäscht wieder mit wenig Wasser nach und wiederholt das Ausschütteln mit NaOH. Der organische Extrakt wird bei 530 nm photometriert.

1.2. Futtermittel

Futtermittel können nach Verfahren C.1.1 analysiert werden. In der nachfolgenden Arbeitsvorschrift wird eine, durch anwesende große Mn-Mengen hervorgerufene Störung durch Zusatz von H_2O_2 beseitigt. Störendes Pt (von den Platingefäßen) wird vor der Co-Bestimmung durch Extraktion mit Dz/CCl_4 bei pH 1—2 [*3*] oder zweckmäßiger als Chlorokomplex mittels Anionenaustauscher abgetrennt. Bei Serienanalysen kann man die Abtrennung des Pt umgehen, indem man die hervorgerufene Störung durch ein Näherungsverfahren rechnerisch berücksichtigt. Zu diesem Zweck mißt man die Extinktionen des Extraktes bei 365 nm und 420 nm, multipliziert die Extinktion bei 365 nm mit 0,4 und erhält den Wert, den eine Lösung des reinen Co-Komplexes bei 420 nm haben müßte. Stimmt dieser errechnete Wert mit dem gefundenen überein, dann ist keine Korrektur anzubringen. Im anderen Fall ist die Differenz d gegen den gemessenen Wert zu bilden und aus dem Diagramm (s. Abb. 99) der Wert x zu suchen. Um diesen Betrag ist die gemessene Extinktion bei 365 nm zu vermindern um die richtige Extinktion bei dieser Wellenlänge zu erhalten, mit deren Hilfe man dann aus der Eichkurve die Konzentration an Co bestimmen kann. Das angeführte Korrektur-Diagramm ist für einen Co-Gehalt von 2—5 µg in 25 ml Toluol mit 5 cm-Küvetten gültig. Bei hohen Co-Gehalten (> 10 µg Co) ist die Störung durch Pt schon so gering, daß eine Korrektur vernachlässigbar ist. Wenn eine hohe Genauigkeit erwünscht ist, muß jedoch eine Trennung durchgeführt werden, da in solchen Fällen der erhöhte Zeit- und Arbeitsaufwand nicht ins Gewicht fällt.

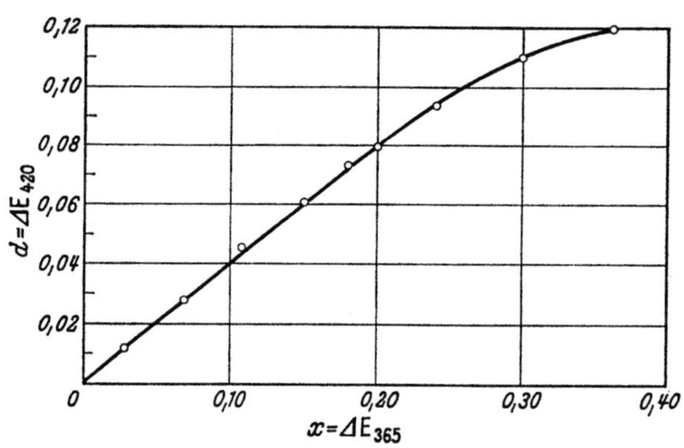

Abb. 99. Korrekturdiagramm [*4*]

Die in den Proben enthaltene Kieselsäure muß nach dem Veraschen durch Abrauchen mit H_2SO_4/HF entfernt werden, da sie beträchtliche Mengen Co einschließt, was zu Verlusten von 28—36% des vorhandenen Co führen kann [*4*].

Mit dem nachfolgenden Verfahren wurden Gehalte von 0,06—9 ppm Co in Futtermitteln (Luzerne, Heu, Knochenschrot, Futterkalk, Palmkernbrot, Lebermehl, Heringsmehl und Mischfutter) bestimmt.

Arbeitsvorschrift [*4*]

Reagentien

HCl (1,19); HCl (1 + 1); H_2SO_4 (1,84); HF (40%).

Natriumcitrat, 40%ige wäßrige Lösung; 325,8 g Citronensäure werden in 500 ml Wasser und 186 g NaOH in 300 ml Wasser gelöst. Nach dem Zusammengießen beider Lösungen wird auf pH 7 eingestellt und auf 1 l aufgefüllt.

2-Nitroso-1-naphthol (NN), 1%ig in Eisessig; mit 1 g Aktivkohle geschüttelt und filtriert (s. S. 596).

H_2O_2 (3%).

Toluol.

2n HCl; 2n NaOH.

1–20 g getrocknetes Probematerial werden bei 550° C in einer Quarzschale verascht, die Asche in HCl gelöst und in einen 100 ml-Meßkolben filtriert. Die abfiltrierte Kieselsäure wird mit dem Filter im Platintiegel verascht, mit H_2SO_4/HF abgeraucht, der Rückstand in HCl gelöst, in den 100 ml-Meßkolben übergeführt und mit Wasser zur Marke aufgefüllt. 25–50 ml der Probelösung werden in einen 300 ml-Erlenmeyerkolben mit Schliffstopfen einpipettiert. Man setzt 10 ml Citratpuffer (bei kalkhaltigen Proben die doppelte Menge) zu und bringt mit 2n HCl oder NaOH auf pH 4. Man versetzt mit 10 ml H_2O_2 und 1,0 ml filtrierter NN-Lösung, bringt das Lösungsvolumen auf 100 ml und beläßt über Nacht. Da die Störung durch Pt mit steigender Menge des Reagenses bei gleicher Menge Co und Pt steigt, ist das Arbeiten mit 1 ml NN-Lösung und über Nacht stehen lassen günstiger. Bei hohen Co-Gehalten kann man ohne Fehler mit 2 ml NN-Lösung arbeiten und schon nach 2stündigem Stehen weiterarbeiten. Am nächsten Morgen fügt man 25,0 ml Toluol hinzu, schüttelt 5 min und trennt beide Phasen nach Überführen in einen 125 ml-Schütteltrichter. Die organische Phase wäscht man mit 20 ml 2n NaOH und wiederholt den Vorgang. Der organische Extrakt wird durch ein Filter filtriert und in einer 5 cm-Küvette bei 310 oder 365 nm photometriert.

Trennung des Co von Pt

Wenn keine geeignete Kolonne verfügbar ist, füllt man eine Bürette mit Schliffhahn mit dem Anionenaustauscher Dowex 2X8 (20–50 mesh) bis zu einer 20 ml entsprechenden Höhe. Der Austauscher wird mit 2n HCl in die Chloridform gebracht und mit Wasser gewaschen bis das Eluat einen pH-Wert von 5 aufweist. Nun gibt man die Probelösung, die mit verdünnter Lauge auf pH 1–2 gebracht wurde, auf die Säule, läßt die Lösung in rascher Tropfenfolge durchfließen und fängt die ersten 20 ml in einem Becherglas auf. Nun stellt man einen 300 ml-Erlenmeyerkolben als Vorlage unter die Bürette, wäscht zuerst mit den ersten 20 ml nach und dann mit soviel Wasser, bis der Durchlauf einen pH-Wert von 5 wieder erreicht hat. Der Inhalt des Erlenmeyerkolbens wird, wie oben beschrieben, für die Co-Bestimmung verwendet. Der Austauscher kann mit 6n HCl regeneriert werden. Dieses Verfahren ist in Anwesenheit großer Mengen H_3PO_4 ungeeignet (z. B. bei Phosphatdünger, phosphathaltigen Futtermitteln und Knochenasche) da Co-Verluste auftreten.

Trennung bei hohem H_3PO_4-Gehalt oder großen Mengen anorganischer Salze

Die Probelösung wird nach der oben angeführten Arbeitsvorschrift behandelt, wobei der Zusatz von Natriumcitrat verdoppelt wird. Nach Stehen über Nacht ist meist reichlich Calciumcitrat ausgefallen. Man extrahiert 1 min mit 20 ml $CHCl_3$ und löst durch Zusatz von 2n HCl den Kalkniederschlag auf. Man führt in einen Schütteltrichter über und läßt die $CHCl_3$-Phase in einen Erlenmeyerkolben ab. Die wäßrige Lösung wird in den Reaktionskolben zurückgeführt, erneut mit 10 ml $CHCl_3$ extrahiert und die Phasentrennung wieder im Schütteltrichter vorgenommen. Diesen Vorgang setzt man bis zur Farblosigkeit des letzten Extraktes fort. Der vereinigte Extrakt wird nun eingeengt, mit $CHCl_3$ in eine Quarzschale übergespült und mittels Oberflächenerhitzer zur Trockene eingedampft. Man fügt 1 ml 10%ige $MgSO_4$-Lösung und 1 ml 25%ige H_2SO_4 zu, raucht auf dem Sandbad zur Trockene ab und verascht bei 550° C. Die erhaltene Asche befeuchtet man mit wenigen Tropfen HNO_3 (1,40), verdampft unter dem Oberflächenerhitzer und setzt die Veraschung in der elektrischen Muffel solange fort, bis die Asche weiß ist. Die Asche nimmt man dann mit 1 ml Königswasser auf, verdampft auf dem Wasserbad zur Trokkene und löst mit 5 ml 0,1n HCl. Nun wird 1 g Dowex 2 (200–400 mesh) in der Chloridform zugegeben, einige Male gut umgeschüttelt, in einen Erlenmeyer-Schliffkolben filtriert und in diesem die Co-Bestimmung, wie oben beschrieben durchgeführt.

2. Metalle und Legierungen

2.1. Eisen und Stahl

2-Nitroso-1-naphthol fand auch in anderen Arbeiten Anwendung zur Bestimmung von Co in Reinsteisen (≧ 1 ppm Co) [*25a*] sowie Eisen und Stahl (≧ 10 ppm Co) [*25c*]. Das Verfahren ist auf Eisen, unlegierte und legierte Stähle anwendbar.

B: ≧ 1 ppm Co. F_r: ±5%.

Arbeitsvorschrift [*23*][1–6]

Reagentien

Natriumcitrat, 40%ige wäßrige Lösung.

2-Nitroso-1-naphthol (NN), 1%ig in Eisessig; zur Lösung fügt man 1 g Aktivkohle, schüttelt vor Gebrauch und filtriert die benötigte Menge Lösung ab.

$CHCl_3$.

Mischsäure; 200 ml HCl (1,19) werden mit 50 ml HNO_3 (1,40) und 50 ml Wasser gemischt.

H_2O_2 (3%).

2n HCl; 2n NaOH.

1,0 g Eisen oder Stahl wird in einem 250 ml-Becherglas in 20 ml Mischsäure gelöst und die nitrosen Dämpfe verkocht. Je nach dem Probengehalt verwendet man die gesamte Lösung oder einen aliquoten Teil davon zur Analyse. Die verdünnte mineralsaure Probelösung (nicht mehr als 200 μg Co enthaltend) wird in einem 100 ml-Becherglas mit 10 ml Natriumcitrat-Lösung versetzt[3], mit Wasser auf 50–75 ml verdünnt und mit 2n HCl oder 2n NaOH auf pH 3–4 eingestellt. Man kühlt auf Raumtemperatur ab, versetzt mit 10 ml H_2O_2 und nach kurzer Zeit mit 2 ml NN-Lösung[5] und läßt mindestens 30 min bei Raumtemperatur stehen. Danach führt man die Lösung in einen 125 ml-Schütteltrichter über, spült mit 2mal 5 ml $CHCl_3$ nach, fügt noch weitere 15 ml $CHCl_3$ hinzu und extrahiert 1 min lang. Der organische Extrakt wird in einen 50 ml-Meßkolben abgelassen, die Extraktion 2mal mit je 10 ml $CHCl_3$ wiederholt und die vereinigten Extrakte

---

[1] Au und Pt-Metalle müssen abwesend sein.

[2] Fe muß vor Zusatz von Citrat in der 3wertigen Stufe vorliegen.

[3] 10 ml Citrat-Lösung genügen für 350 mg Fe. Bei Verarbeitung von 0,5 g Probe verwendet man 15 ml, für 1 g Probe 25—30 ml Citrat-Lösung. Bei der pH-Einstellung mit NaOH tritt eine Fällung von $Fe(OH)_3$ auf, die durch Erwärmen gelöst werden kann. Wenn die Lösung frei von Ammonsalzen ist, so kann die Neutralisation mit Ammoniak durchgeführt werden, wobei keine Hydroxydfällung auftritt.

[4] Mehr als 25 mg Cu stören und müssen entfernt werden.

[5] In Anwesenheit von > 100 mg Ni soll der pH-Wert nach dem Reagenszusatz zwischen 3,0—3,8 liegen und für jede weiteren 250 mg Ni müssen zusätzlich weitere 2 ml Reagenslösung zugefügt werden.

[6] > 1 g Ammoniumsalze ergeben zu niedrige Werte.

mit $CHCl_3$ zur Marke aufgefüllt. Die $CHCl_3$-Lösung wird in einen Schütteltrichter übergeführt, mit 20 ml 2n HCl gewaschen, anschließend 2mal mit je 20 ml 2n NaOH geschüttelt und bei 530 nm photometriert. Für 20–200 µg Co verwendet man eine 1-cm-Küvette, für 10–100 µg Co eine 2 cm-Küvette und für 1–40 µg Co eine 5 cm-Küvette.

2.2. Eisen und Stahl

Das nachfolgend beschriebene Verfahren fand auch zur Bestimmung von Co in hochlegierten Stählen, Ferromangan, Ferrochrom, Ferroniob, Ferrotitan, Ferrosilicum, Ferromolybdän, Ferrovanadin, Ferrowolfram, Mischmetall, Nickelmagnesiumlegierung und Nickel Anwendung [*26a*], wobei der Lösungsvorgang dem Probematerial entsprechend angepaßt wird (in Anwesenheit größerer Mengen Nb, Ta, Ti, W oder Zr fügt man neben den zum Lösen verwendeten Säuren noch ~ 10 ml HF hinzu).

Obwohl das Fe von Co durch anschließendes Schütteln des organischen Extraktes mit HCl abgetrennt werden kann, wird zur Vermeidung eines großen Verbrauches an 2-Nitroso-1-naphthol in der nachfolgenden Arbeitsvorschrift das Fe vorher durch Extraktion mit Isobutylacetat und bei $pH < 1$ mit Cupferron/$CHCl_3$ abgetrennt, anschließend das Co mit 2-Nitroso-1-naphthol/Benzol extrahiert und photometriert.

B: 0,1 – ≧ 200 ppm Co. F_r: ± 5–10%.

Arbeitsvorschrift [*26*]

Reagentien

HCl (1,16—1,18); HNO_3 (1,42); $HClO_4$ (60%).
Cupferron, 6%ige wäßrige Lösung; vor Gebrauch frisch hergestellt und filtriert.
$CHCl_3$.
2m Natriumacetat; 272 g $CH_3COONa \cdot 3\,H_2O$ werden in Wasser gelöst und auf 1 l aufgefüllt.
Benzol.
1n NaOH.
2-Nitroso-1-naphthol (NN), 0,1%ig in Methanol.

Aufstellung der Eichkurven

Es werden 2 Eichkurven verwendet. Bereich I: 1–20 µg Co/20 ml Benzol für Gehalte von 1–200 ppm Co und darüber. Bereich II: 0,5–10 µg Co/20 ml Benzol für Gehalte von 0,1–40 ppm Co. Abgestufte Co-Mengen werden im 100 ml-Schütteltrichter mit 1,0 ml HCl, 20 ml Natriumacetat-Lösung und 10 ml NN-Lösung versetzt, nach kurzem Schütteln 2 min stehen gelassen und dann mit 20,0 ml Benzol 30 sec extrahiert. Die organische Phase wird jeweils 10–20 sec nacheinander mit 10 ml Wasser, 10 ml HCl, 10 ml Wasser, 10 ml 1n NaOH und 10 ml Wasser gewaschen und durch ein Filter in eine 4 cm-Küvette filtriert. Bei der Eichkurve mit Bereich I photometriert man bei 530 nm, bei jener mit Bereich II bei 365 nm gegen Benzol.

10—200 ppm Co

1,0 g Eisen oder Stahl wird in einem 150 ml-Becherglas in 25 ml HCl und 5 ml HNO_3 ohne Erwärmen gelöst, nach dem Lösen abgekühlt und in einem 100 ml-Meßkolben mit Wasser zur Marke aufgefüllt. Nach dem Absetzen von Graphit und Kieselsäure entnimmt man von der überstehenden Lösung 10 ml und gibt in einen 100 ml-Schütteltrichter. Man fügt 25 ml Cupferron-Lösung hinzu, schüttelt durch, versetzt mit 30 ml $CHCl_3$, schüttelt 30 sec und läßt die organische Phase unter Nachspülen von Stopfen und Hals des Schütteltrichters mit wenig $CHCl_3$ ab. Durch tropfenweisen Zusatz von Cupferron-Lösung prüft man die Vollständigkeit der Fällung: wenn die Fällung weiß ist, war diese vollständig, bei gefärbter Fällung fügt man weitere 5 ml Cupferron-Lösung hinzu und extrahiert mit 10 ml $CHCl_3$. Die wäßrige Lösung wird mit weiteren 10 ml $CHCl_3$-Anteilen bis zur Farblosigkeit gewaschen. Die wäßrige Lösung wird in ein 100 ml-Becherglas abgelassen, zur Trockene eingedampft, mit 5,0 ml HNO_3 und 3,0 ml $HClO_4$ versetzt und die organische Substanz im bedeckten Becherglas durch Abrauchen zerstört. Die abgekühlte Lösung wird unter Nachwaschen mit Wasser in einen 100 ml-Schütteltrichter übergeführt, mit Wasser auf ein Volumen von 25 ml gebracht, mit 25 ml 2m Natriumacetat-Lösung und 10 ml Reagenslösung (für jede 3 mg Co + Ni) versetzt, 2 min stehen gelassen und mit 20,0 ml Benzol extrahiert. Wenn viel Ni anwesend ist, löst sich das Komplex-Gemisch in Benzol nicht leicht; in diesem Falle versetzt man mit 20 ml HCl und schüttelt kurz. Die wäßrige Phase wird verworfen und der organische Extrakt wie bei der Aufstellung der Eichkurve beschrieben mit Wasser, Säure, Wasser, Lauge und Wasser gewaschen, in eine 4 cm-Küvette filtriert und bei 530 nm gegen Benzol photometriert (Verwendung von Eichkurve mit Bereich I). Für höhere Gehalte wird der organische Extrakt vor dem Photometrieren mit Benzol auf 25 ml, 50 ml oder 100 ml aufgefüllt.

1—80 ppm Co

1,0 g Probematerial wird in einem 150 ml-Becherglas mit 25 ml HCl und 5 ml HNO_3 in der Kälte gelöst, falls notwendig durch Glaswolle in einen 250 ml-Schütteltrichter filtriert und mit HCl (1,18) nachgewaschen, wobei das Volumen der Lösung kleiner als 100 ml sein soll. Man fährt wie im nachfolgenden Abschnitt für 0,1–40 ppm Co fort. Der erhaltene Extrakt wird mit der 4 cm-Küvette (für Gehalte von 1–20 ppm Co) oder 1 cm-Küvette (für Gehalte von 4–80 ppm Co) bei 530 nm gegen Benzol photometriert (Verwendung der Eichkurve mit Bereich I).

0,1—40 ppm Co

5,0 g Probematerial werden in einem 400 ml-Becherglas in 30 ml HCl und 10 ml HNO_3 in der Kälte gelöst, falls notwendig durch Glaswolle in einen 250 ml-Schütteltrichter filtriert und mit HCl (1,18) nachgewaschen, wobei das Volumen der Lösung kleiner als 100 ml sein soll. Man extrahiert 30 sec mit 150 ml Isobutylacetat, läßt die wäßrige Phase in ein 150 ml-Becherglas ab, dampft fast zur Trockene ein und versetzt mit 5 ml HNO_3 und 5,0 ml $HClO_4$. Man dampft bis zum Auftreten weißer Nebel ein, raucht dann im zugedeckten Becherglas 2–3 min ab, überführt die Lösung nach dem Abkühlen in einen 150 ml-Schütteltrichter, wobei das Volumen unterhalb 25–30 ml betragen soll. Man fügt 25 ml Cupferronlösung hinzu und extrahiert das Fe nach der oben angeführten Arbeitsvorschrift für 0,001–0,02% Co. Die wäßrige Lösung wird in ein 100 ml-Becherglas abgelassen, 10 ml HNO_3 hinzugefügt und im bedeckten Becherglas bis zum Auftreten der $HClO_4$-Nebel eingedampft. Man raucht bis zur Zerstörung der organischen Substanz ab, führt die Lösung nach dem Abkühlen in einen 150 ml-Schütteltrichter über und führt die Co-Bestimmung nach der vorhin erwähnten Arbeitsvorschrift durch. Der erhaltene Extrakt wird in eine 4 cm-Küvette (für Gehalte von 0,1–2 ppm Co) oder eine 1 cm-Küvette (für 0,4–8 ppm Co) filtriert und bei 365 nm gegen Benzol photometriert (Verwendung von Eichkurve mit Bereich II). Für Gehalte von 2–40 ppm Co wird der organische Extrakt vor dem Photometrieren mit Benzol auf 100 ml aufgefüllt.

2.3. Nichteisenlegierungen [*23*]

Die Analyse wird nach Verfahren C.2.1 (s. S. 596) durchgeführt.

2.4. Nickel [*23*]

Die Analyse wird nach Verfahren C.2.1. (s. S. 596) durchgeführt. Die Bestimmung von Co in Reinnickel ergab übereinstimmende Werte nach dem vorliegenden Verfahren und mit Tetraphenylarsoniumchlorid [*27*].

2.5. Natrium

B: 0,05 – ≧ 2 ppm Co. F_r: ±5%.

Arbeitsvorschrift [*25*]

Reagentien

2-Nitroso-1-naphthol (NN), 0,01%ige wäßrige Lösung; das Reagens wird in wenig Wasser unter Zusatz von 2 Tropfen 1n NaOH gelöst und dann auf das entsprechende Volumen mit Wasser aufgefüllt.

Borat-Pufferlösung; 19 g $Na_2B_4O_7 \cdot 10\,H_2O$ werden in 800 ml Wasser gelöst, 10 ml Ammoniak (0,91) zugegeben und mit Wasser auf 1 l aufgefüllt.

Ammoniumcitrat, 10%ige wäßrige Lösung.

KCN, 10%ige wäßrige Lösung.

NaCl, 1%ige wäßrige Lösung.

HCl (1,19).

CCl_4.

NaOH, 4%ige wäßrige Lösung.

10 g Probematerial werden rasch eingewogen, in ein Reagensglas übergeführt, ein rascher Strom von Stickstoff eingeleitet und tropfenweise Wasser hinzugefügt. Nach dem vollständigen Lösen wird die Lösung in ein 250 ml-Becherglas übergeführt, mit HCl neutralisiert, 1 ml Ammoniumcitrat-Lösung hinzugefügt und mit Boratpuffer auf pH 6,5 eingestellt. Die Lösung wird in einen 250 ml-Schütteltrichter übergeführt, mit 50 ml NN-Lösung versetzt und 3 min mit 20,0 ml CCl_4 extrahiert. Der Extrakt wird in einen 125 ml-Schütteltrichter abgelassen, in welchem 10 ml NaOH und 1 Tropfen KCN-Lösung vorgelegt sind. Man schüttelt 15 sec, wäscht die organische Phase mit 10 ml NaCl-Lösung, filtriert den Extrakt durch Watte in eine 5 cm-Küvette und photometriert bei 535 nm.

Zur Herstellung der Eichkurve wird eine Serie mit bekannten Co-Mengen (0–10 µg) auf ein Volumen von 100 ml gebracht, 25 g NaCl (entsprechend 10 g Na-Metall) hinzugefügt und nach der Arbeitsvorschrift fortgefahren.

3. Böden und Gesteine

3.1. Böden [*19*]

Die Analyse wird nach Verfahren C. 1.1 (s. S. **593**) durchgeführt. In einer anderen Arbeit [*28*] wird das Co bei pH 6,5 mit 2-Nitroso-1-naphthol/CCl_4 extrahiert, wobei Fe in der wäßrigen Phase verbleibt, welches nur bei pH <4 extrahiert wird. Mitextrahiertes Cu und Ni sowie der Reagensüberschuß werden durch Schütteln mit KCN-Lösung entfernt.

3.2. Böden und Gesteine

Im Gegensatz zu den vorhergehenden Arbeitsvorschriften wird der Co-Komplex hier mit Isoamylacetat bei pH 8,5 extrahiert und anschließend bei 530 nm photometriert. Die Bestimmung von 1 µg Co in 10 ml Probelösung wird durch 1 mg der folgenden Elemente nicht gestört: Bi, Cr(III), Cr(VI), Fe(III), Mo(VI), Ag, Ti, V(V), Zn und Zr. Die Elemente Cu(II), Fe(II), Mn(II), Mn(VII), Ni, Pd(II) und Sn(II) stören dagegen. Die Störung von Cu und Ni wird durch Schütteln der organischen Phase mit 1n HCl und 1n NaOH beseitigt. Fe(II) und Sn(II) oxydiert man mit Bromwasser [1 ml gesättigtes Bromwasser ist für 10 mg Fe(II) bei Raumtemperatur erforderlich]. Mn(II) und Pd(II) maskiert man mit $Na_2S_2O_3$, Mn(VII) muß vorher noch reduziert werden.

B: 2,5–100 ppm. Co. F_r: ± 2–5%.

Arbeitsvorschrift [*24*]

Reagentien

Na_2CO_3 sicc.

Ammoniumcitrat, 20%ige wäßrige Lösung; mit Ammoniak gegen Phenolphthalein bis zum Farbumschlag nach Rosa versetzt.

Ammoniak (0,90).

Bromwasser, gesättigt.

1n HCl; 1n NaOH.

Isoamylacetat.

2-Nitroso-1-naphthol (NN), 0,04%ige wäßrige Lösung; das Reagens wird in 8 Tropfen 1n NaOH und 1 ml Wasser gelöst und danach mit Wasser auf 100 ml aufgefüllt. Die Reagenslösung ist 3 Wochen haltbar.

Phenolphthalein, 1%ig in Äthylalkohol.

$Na_2S_2O_3$, 10%ige wäßrige Lösung.

2,0 g Probematerial werden mit 4 g Na_2CO_3 aufgeschlossen, die Schmelze in verdünnter HCl gelöst und nach dem Abtrennen der Kieselsäure auf 100 ml aufgefüllt [6 ml HCl (1,19) enthaltend]. 10 ml Probelösung werden in einen 125 ml-Schütteltrichter übergeführt (0,5–20 μg Co enthaltend), mit 0,5 ml Bromwasser oxydiert, mit 10 ml Ammoniumcitrat-Lösung, 1 ml $Na_2S_2O_3$-Lösung und 1 Tropfen Phenolphthalein-Lösung versetzt und durch tropfenweisen Zusatz von Ammoniak bis zum Farbumschlag auf Rosa eingestellt. Man fügt 2 ml NN-Lösung hinzu, extrahiert 1 min mit 5,0 ml Isoamylacetat, läßt zur Phasentrennung 1 Std stehen und verwirft dann die wäßrige Phase. Die organische Phase wird 30 sec mit 5 ml 1n HCl geschüttelt, 2 min stehen gelassen, das Schütteln dreimal wiederholt und danach die wäßrige Phase verworfen. Auf analoge Weise schüttelt man die organische Phase 2mal mit 5 ml 1n NaOH, wiederholt den Vorgang mit abermals 5 ml 1n NaOH und wäscht schließlich den organischen Extrakt mit 5 ml 1n HCl durch 2maliges Ausschütteln. Der organische Extrakt wird durch Watte in eine 1 cm-Küvette filtriert und bei 530 nm photometriert.

3.3. Silicatgestein

B: 1,5–60 ppm Co. F_r: ±5%.

Arbeitsvorschrift [*28a*]

Reagentien

HNO_3 (1,40); HF (40%); HCl (1,19); 0,4n HCl.

Citrat-Lösung; 200 g Ammoniumcitrat + 20 g $Na_2S_2O_3 \cdot 5\,H_2O$ + 120 ml Ammoniak werden mit Wasser auf 1 l aufgefüllt.

2-Nitroso-1-naphthol (NN); 0,2 g NN löst man in 5 ml 1n NaOH und verdünnt mit Wasser auf 100 ml.

Waschlösung; 40 g NaOH + 20 g Hydroxylaminhydrochlorid mit Wasser auf 1 l aufgefüllt.

Übrige Reagentien wie bei Verfahren C.3.2. (s. S. 599).

1,0 g Probematerial löst man in einer Teflonschale mit 6 ml HNO_3 und 20 ml HF unter Erwärmen auf dem Wasserbad, dampft zur Trockene ein, nimmt mit 25 ml 0,4n HCl auf, verdünnt auf 100,0 ml und führt in eine Polyäthylenflasche über, unter Verwerfen unlöslicher Fluoride.

25,0 ml Probelösung werden in einem 100 ml-Schütteltrichter der Reihe nach mit 1 ml Bromwasser, 10 ml Citratlösung und 1,0 ml NN-Lösung versetzt, mit 8,0 ml Isoamylacetat 1 min extrahiert und 1 Std stehen gelassen. Man verwirft die wäßrige Phase, wäscht den organischen Extrakt der Reihe nach mit 10 ml 1n HCl (90 sec), 2mal mit jeweils 10 ml Waschlösung (15 sec) sowie 10 ml 1n HCl (30 sec) und photometriert in einer 2 cm-Küvette bei 530 nm gegen Wasser.

4. Verschiedenes

4.1. Düngemittel

Die Analyse wird nach Verfahren C. 1.1 (s. S. 593) oder C. 1.2 (s. S. 594) durchgeführt.

D. Nitroso-R-Salz

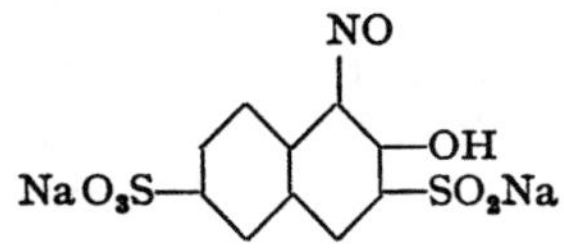

Das gelb gefärbte Nitroso-R-Salz (NRS) bildet mit Co einen rotgefärbten, wasserlöslichen Komplex [*5*, *29*], der in verdünnter mineralsaurer (heißer salpetersaurer) Lösung stabil ist. Diese Eigenschaft macht die Co-Bestimmung nahezu spezifisch. Der Co-Komplex bildet sich im Bereich von pH 2,5–8 (am günstigsten ist pH 5 und darüber [*30*]), unterhalb pH 2,5 findet keine Reaktion statt. Bei Raumtemperatur ist sie in etwa 5 min, bei Siedetemperatur in etwa 3 min vollständig. Der Co-Komplex hat ein Extinktionsmaximum bei 380 nm (s. Abb. 100), doch zeigt das Reagens bei dieser Wellenlänge annähernd die gleiche Extinktion. Gegen das Reagens gemessen ergibt sich ein Extinktionsmaximum bei 415–420 nm. Da aber das Reagens bei dieser Wellenlänge noch eine beträchtliche Extinktion aufweist, werden zur Ausschaltung von Schwankungen in der Reagenskonzentration 500 nm [*30*] und 550 nm [*31*] als zweckmäßigste Wellenlänge, mit allerdings geringerer Empfindlichkeit, empfohlen ($\varepsilon_{420} = 29000$, $\varepsilon_{500} = 14000$, $\varepsilon_{546} = 9000$). In der Literatur findet man auch noch andere Wellenlängen angegeben: 420 nm [*32*], 530 nm [*33*], 520 nm [*34*]. Das Beersche Gesetz ist im Bereich von 0,1–2 µg Co/ml

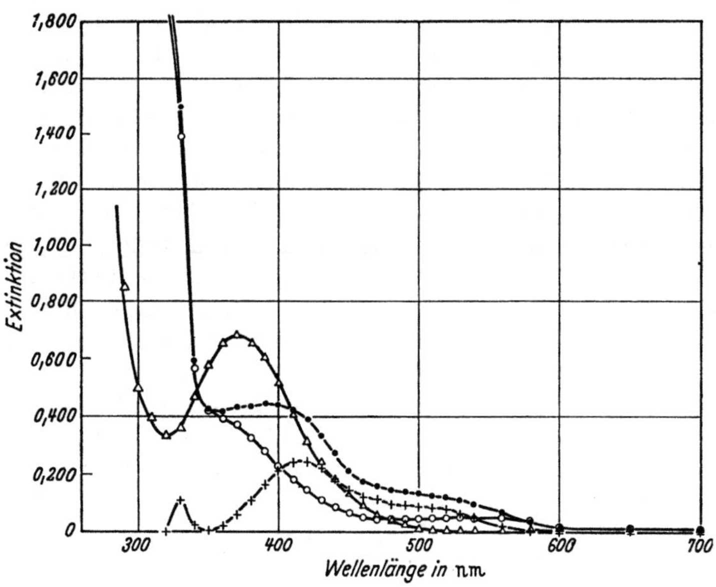

Abb. 100. Extinktionskurven von Co + Nitroso-R-Salz (nach Verf. II mit Zusatz von HNO_3, •——• gegen Wasser, +——+ gegen Blindlösung gemessen) und Nitroso-R-Salz (Blindlösung, nach Verf. II mit Zusatz von HNO_3, ○——○) (△——△ nach Verf. II ohne Zusatz von HNO_3)

(420 nm) bzw. 0,3–5 µg Co/ml (530 nm) erfüllt. Die Farbe des Co-Komplexes wird bei längerem Stehen am Tageslicht schwächer, weshalb man die Lösung nach der Farbentwicklung bis zur Messung im Dunkeln stehen läßt. Bei der Bestimmung des Co wird im allgemeinen nach der Komplexbildung Mineralsäure zugesetzt, um die anderen Komplexe an störenden, anwesenden Schwermetallen zu zerstören, während der Co-Komplex unverändert bleibt. Mit 1 n HNO_3 kann man die braunen Ni- und Cu-Komplexe zerstören. Zu dem gleichen Zweck wird auch HCl empfohlen [33]. Der Reagensüberschuß kann durch Kochen mit 2n HNO_3 in die heller gefärbte Nitrosäure übergeführt werden. Das überschüssige Reagens läßt sich auch mit Bromwasser oder Bromat [35] zerstören, doch ist dies bei geeigneter Wahl der Wellenlänge nicht erforderlich. Alkali- und Erdalkalimetalle, Cl^-, SO_4^{2-}, NO_3^-, Acetat und Citrat stören nicht. Ammoniumsalze vermindern die Farbintensität in alkalischer Lösung. CN^-, oxydierende und reduzierende Stoffe sollen abwesend sein. Vorteilhaft ist die Durchführung der Reaktion in Anwesenheit von Citrat, da hierdurch das Ausfallen von Metallhydroxyden verhindert wird. Die Bestimmung von 1,6 µg Co/ml bei pH 5,5 in acetathaltiger Lösung wird durch die Anwesenheit von 120 µg/ml der folgenden Elemente nicht gestört [36]: Bi, Cd, Ce (III), Hg (II), Mn (II), Mo (VI), Pb, Sb (III), Sn (IV), U(VI), V(VI) und Zn. Eine Störung beginnt oberhalb der angeführten Konzentrationen (µg/ml) durch folgende Elemente: Ce (IV) 4, Cr (III) 16, Cr (VI) 1,6, Cu (II) 12–40, Fe (II) 16, Fe (III) 2,4, Ni 96, Sn (II) 40 und V (IV) 40. Eine Störung durch größere Konzentrationen der zuletzt genannten Elemente kann durch Maskierung mit KF vor dem Reagenszusatz behoben werden [36]. Ce (IV), Cr (VI) und Fe (III) können auch mit Acetat maskiert werden (Erhitzen der Lösung vor dem Reagenszusatz). Eine Störung durch Fe (II) kann durch einen Reagensüberschuß oder durch Ansäuern mit HCl [Zerstörung des Fe (II)-Komplexes] und erneute pH-Einstellung beseitigt werden. V (IV) und Sn (II) stören, da sie Co (III) reduzieren. Dies kann außer durch Maskierung mit KF durch Oxydation mit Br_2 vermieden werden [36]. Die in biologischem Material im allgemeinen enthaltenen Mengen an Ni, Cu und Zn stören nicht [37]. Fe und Cu stören die Bestimmung des Co bis zu einem Mengenverhältnis von Fe : Cu : Co = 500 : 20 : 1 nicht [38, 39]. Bei ungenügendem Reagensüberschuß stören Cu und Ni, da diese Reagens verbrauchen, wodurch die Komplexbildung des Co teilweise oder ganz verhindert wird, was zu niedrige Werte zur Folge hat. Diese Störung durch nicht allzu große Mengen an Ni und Cu läßt sich vermeiden, wenn die Bestimmung mit einem genügenden Reagensüberschuß in citrathaltiger Lösung bei pH 8 nach Verfahren I durchgeführt wird. Wenn Cu in störenden Mengen anwesend ist, so entfernt man dieses zweckmäßig durch Dz-Extraktion aus saurer Lösung und isoliert anschließend das Co mit Dz aus alkalischer Lösung, wobei es teilweise von vorhandenem Ni begleitet wird. Fe (II) und Fe (III) bilden einen grünen, Ce (IV) einen roten und Cr (III), Ni und Cu (II) einen braunen NRS-Komplex [36]. Pd gibt eine Rotfärbung, die beim Kochen verblaßt. Größere Mengen Fe stören durch die Eigenfärbung der Ionen. Fe (III) kann mit F^- maskiert werden [40].

Bei dem nachfolgend beschriebenen Verfahren II in acetathaltiger Lösung stören 5 mg Al, Zn, Mg und Ca, 2,5 mg Mn, 1 mg Cu und 0,5 mg Cr nicht [41]. 2–10 mg Fe können anwesend sein, wenn bei 500 nm photometriert wird. Verfahren II ist einfacher als die Bestimmung in citrathaltiger Lösung (Verfahren I), doch ist letzteres durch andere Elemente weniger gestört. 2–10 µg Co lassen sich ohne Störung neben 5–10 mg Fe, 1–10 mg Cu und 0,1–0,2 mg Ni bestimmen.

Der Co-NRS-Komplex läßt sich auch mit Trioctylmethylammoniumchlorid/$CHCl_3$ bei pH 0,8–5,4 extrahieren [41] (Verfahren III). Die Farbe ist im Extrakt 24 Std stabil und weist ein Extinktionsmaximum bei 500 nm auf. Die Extraktion wird durch NO_3^-

gestört; keine Störung verursachen Cl^-, SO_4^{2-}, F^-, Acetat und Citrat. Fe läßt sich durch F^- maskieren. Die 2000fache Menge an Fe, Mn, Ni und die 20000fache Menge an Ca stört nicht in Anwesenheit von Natriumcitrat; eine Störung durch die 2000fache Menge Cu beseitigt man durch Zusatz von 0,5 g $(NH_4)_2HPO_4$.

Die Bestimmung von Co in Seewasser mit NRS erfolgte nach vorangehender Isolierung durch Carbonatfällung und Extraktion mit Dz/CCl_4 [*42*].

Arbeitsvorschrift

Reagentien

Nitroso-R-Salz (NRS), 0,2%ige wäßrige Lösung; im Dunkeln aufbewahrt einige Monate haltbar.
0,2m Citronensäure; 4,2g Reagens (Monohydrat) werden in Wasser gelöst und auf 100 ml aufgefüllt.
Borat-Phosphat-Pufferlösung; 6,2 g H_3BO_3 und 35,6 g $Na_2HPO_4 \cdot 2\,H_2O$ werden in Wasser unter Zusatz von 500 ml 1,0n NaOH gelöst und auf 1 l aufgefüllt.
HNO_3 (1,40).
HCl (1 + 1); HNO_3 (1 + 9).
NaCl, gesättigte wäßrige Lösung.
Ammoniumacetat, 6,8%ige wäßrige Lösung (pH 6).
Trioctylmethylammoniumchlorid (Aliquat; TOMA), 5%ig in $CHCl_3$. 1 l Lösung schüttelt man jeweils 10 min der Reihe nach mit 200 ml NaOH (20%ig), 200 ml HCl (1 + 1) sowie 200 ml NaCl (20%ig), wäscht mit wenig Wasser nach und filtriert durch ein trockenes Filter.

I. Bestimmung in citrathaltiger Lösung [*5*]

Bis zu 5 ml der nahezu neutralen Probelösung (0,25–10 μg Co enthaltend) werden mit 1,0 ml Citronensäurelösung und 1,2 ml Borat-Phosphat-Pufferlösung versetzt, wonach die Lösung pH 8,0 aufweisen soll. Man fügt 0,50 ml NRS-Lösung unter Rühren hinzu, kocht 1 min, versetzt mit 1,0 ml HNO_3 (1,40) und kocht wieder 1 min lang. Die Lösung wird im Dunkeln abgekühlt, mit Wasser auf 10 ml aufgefüllt und in einer 1 cm- oder 2 cm-Küvette bei 420 nm (oder einer der oben angeführten Wellenlängen) gegen den Blindwert photometriert.

II. Bestimmung in acetathaltiger Lösung [*29*]

Die Probelösung (0,25–10 μg Co enthaltend) wird fast zur Trockene eingedampft, 1 ml HNO_3 (1,40) hinzugefügt und anschließend gerade zur Trockene eingedampft. Der Rückstand wird in 5 ml Wasser unter Zusatz von 0,25 ml HCl (1 + 1) und 0,25 ml HNO_3 (1 + 9) aufgenommen und, falls erforderlich, kurz aufgekocht. Nun fügt man 0,50 ml NRS-Lösung und 1,0 g Natriumacetat hinzu und überprüft den pH-Wert, der jetzt 5,5 betragen soll. Man kocht 1 min lang, versetzt mit 1,0 ml HNO_3 (1,40), kocht nochmals 1 min, kühlt im Dunkeln auf Raumtemperatur ab, füllt mit Wasser im Meßzylinder auf 10 ml auf und photometriert in einer 1 cm- oder 2 cm-Küvette bei 420 nm (in Anwesenheit von >2 mg Fe bei 500–550 nm) gegen den Blindwert.

III. Extraktion des Farbkomplexes [*41*]

Die schwach saure Probelösung (0,25–10 μg Co enthaltend) versetzt man in einem 150ml-Schütteltrichter mit 0,50 ml NRS-Lösung, 2 ml NaCl-Lösung und 0,5 ml Ammoniumacetatlösung, verdünnt auf 25 ml (die Lösung soll jetzt pH 5–6 aufweisen), läßt 15 min stehen, extrahiert 2 min mit 5,0 ml TOMA-Lösung, filtriert die organische Phase in eine 1 cm-Küvette und photometriert bei 500 nm gegen einen Blindwert.

In Anwesenheit von Fe, Mn und Ni fügt man zusätzlich zur Probelösung 10 ml 0,5m Natriumacetatlösung (pH 6), verlängert die Standzeit auf 1 Std und fügt anschließend vor der Extraktion 2 ml 0,1n HCl hinzu.

1. Organisches Material

Bei der Bestimmung des Co in biologischem Material mit Nitroso-R-Salz muß das Co vorher von anderen störenden Schwermetallen abgetrennt werden. Zu seiner Isolierung werden in den zahlreichen Arbeiten [*5, 33, 34, 37, 44, 45*] verschiedene Wege beschritten. Nach der Veraschung kann das Co in Anwesenheit von Citrat bei pH 8,5 mit Dz/CCl_4 extrahiert werden, wobei das Fe in der wäßrigen Phase verbleibt; der organische Extrakt wird dann verascht und anschließend das Co mit Nitroso-R-Salz bestimmt [*5, 44*]. Eine zweite Möglichkeit ist die Extraktion des Co als Thiocyanat in Anwesenheit von Citrat bei pH 3,5 mit Amylalkohol/Äther, wobei das Fe in der wäßrigen Phase bleibt, Rückextraktion des Co mit 2m Ammoniak, Verwerfen der organischen Phase und nach Zerstören des Thiocyanates die photometrische Bestimmung mit Nitroso-R-Salz [*37*]. In einer anderen Arbeit [*45*] werden zuerst Fe mit Diisopropyläther und Cu mit Dz/$CHCl_3$ entfernt, Co mit 1-Nitroso-2-naphthol/CCl_4 isoliert und nach Veraschung des Extraktes das Co mit Nitroso-R-Salz bestimmt. Auf ähnliche, allerdings einfachere Weise wird Co im nachfolgenden Verfahren D. 1.1 sowie in biologischem Material, ebenfalls nach Isolierung mit 1-Nitroso-2-naphthol/$CHCl_3$ [*46a*], bestimmt. In Verfahren D. 1.2 findet man eine weitere Möglichkeit zur Isolierung und Bestimmung kleiner Co-Mengen beschrieben.

Co wurde mit Nitroso-R-Salz auch in Nahrungsmitteln [*45, 46*] und Milch [*43*] bestimmt.

1.1. Tierisches Material

Der günstigste pH-Bereich für die Extraktion des Co mit 1-Nitroso-2-naphthol/$CHCl_3$ liegt bei pH 3–4. Die beispielsweise bei der Co-Bestimmung in Knochen auftretenden Polyphosphate stören die Reaktion des Co mit dem Reagens, können aber durch Behandlung mit HNO_3 in nicht störende Phosphate übergeführt werden. Bei einer Knochenprobe von 25 g ist die Komplexbildung nach 15 min Standzeit vollständig. Die Extraktion von Fe(III) wird durch Maskierung mit Phosphat verhindert, wofür das aus den Knochenproben vorhandene Phosphat genügt. Bei Gewebe wird die Asche aus diesem Grund in H_3PO_4 gelöst. Geringe Mengen von mitextrahiertem Fe(II) stören nicht. Ni wird kaum extrahiert; der mitextrahierte Cu-Komplex wird durch Waschen mit HCl zerstört. Größere Cu-Mengen können durch vorherige Extraktion mit Dz/$CHCl_3$ bei pH 2 aus der Probelösung entfernt werden [*45*]. Zur Vermeidung von Co-Verlusten muß der Veraschung der 1-Nitroso-2-naphthol-Komplexe besonderes Augenmerk geschenkt werden. Bei der Bestimmung des Co mit Nitroso-R-Salz wird im Gegensatz zu anderen Verfahren zum Lösen der Extraktasche H_3PO_4 verwendet, da diese eine Störung durch Fe viel besser verhindert. An Stelle von HNO_3 findet HCl zur Zersetzung störender Metallkomplexe Anwendung, da erstere etwa die Hälfte der Farbe des Reagensüberschusses zerstört und so die Ursache für eine Farbinstabilität ist. 99–100% an vorhandenem Co werden wiedergefunden, bei Knochenmehl etwa 95%. Die Bestimmung von 25 μg Co wird durch 25 mg Fe, 5 mg Ni und 1 mg Cu nicht gestört.

B: 0,01–10 ppm Co.

Arbeitsvorschrift [*33*]

Reagentien

HNO_3 (1,40); HNO_3 (1 + 1); HCl (1,19); HCl (1 + 99).

Methylorange, 0,1%ige wäßrige Lösung.

Natriumcitrat-Lösung; 500 g werden in einem Schütteltrichter in Wasser gelöst, auf etwa 1 l gebracht, mit NaOH auf pH 9 eingestellt und mit Dz/$CHCl_3$ gereinigt. Man stellt mit Citronensäure auf pH 7 ein, entfernt den Überschuß an Dz mit $CHCl_3$ und füllt mit Wasser auf 1 l auf.

1-Nitroso-2-naphthol; 2,5 g Reagens werden in 125 ml Eisessig gelöst und mit Wasser auf 250 ml aufgefüllt.

Na_2SO_4, 10%ige wäßrige Lösung (mit wasserfreiem Salz hergestellt).
Nitroso-R-Salz (NRS), 0,1%ige wäßrige Lösung.
H_3PO_4 (1 + 49).
Natriumacetat, 50%ige wäßrige Lösung.
$CHCl_3$.

1–100 g Probematerial werden auf trockenem Wege (bei Einwaagen > 15 g) bei höchstens 700° C oder auf nassem Wege (bei Einwaagen < 15 g) mit HNO_3 in Quarzschalen verascht. Knochen können in HNO_3 (1 + 1) auf dem Wasserbad gelöst werden. Die so erhaltene Asche wird in HNO_3 (1 + 1) gelöst, auf dem Wasserbad 1–2 Std zur Trockene eingedampft, Gewebeasche dann mit 25 ml H_3PO_4 (1 + 49), Knochenasche in 25 ml Wasser unter Zusatz von 0,25 ml-Anteilen HNO_3 (1,40) und leichtem Erwärmen gelöst. Nach dem Abkühlen führt man die Lösung in einen Schütteltrichter über, fügt 1 Tropfen Methylorange hinzu und stellt mit Natriumcitrat-Lösung auf pH 3–4 (Umschlag auf orange) ein. Man versetzt mit 5 ml 1-Nitroso-2-naphthol und läßt eine Stunde unter gelegentlichem Schütteln stehen. Der Co-Komplex wird dann mit 10 ml-Anteilen $CHCl_3$ jeweils 3 min extrahiert bis der letzte Extrakt farblos ist, wozu allgemein 3 Extraktionen ausreichen. Die vereinigten Extrakte werden in einem zweiten Schütteltrichter 2 min lang mit 25 ml HCl (1 + 99) ausgeschüttelt, die $CHCl_3$-Phase in ein 125 ml-Becherglas abgelassen, die salzsaure Phase mit 5 ml $CHCl_3$ nachgewaschen und letzteres dem Extrakt zugefügt. Der Extrakt wird auf dem Wasserbad zur Trockene eingedampft, der Rückstand mit 0,5 ml HNO_3 (1,40) aufgenommen, 1 ml Na_2SO_4-Lösung zugegeben und auf der Heizplatte zur Trockene eingedampft. Man fügt erneut 1 ml HNO_3 hinzu, bedeckt das Becherglas mit einem Uhrglas, dampft wieder zur Trockene ein und wiederholt die Behandlung mit weiteren 0,5 ml-Anteilen HNO_3 (insgesamt 3–4 ml HNO_3) bis eine weiße Asche vorliegt. Die Asche wird in 5 ml H_3PO_4 (1 + 49) gelöst, 1,0 ml NRS-Lösung und 2 ml Natriumacetat-Lösung hinzugefügt, wobei nach jedem Zusatz gemischt wird. Man erhitzt die Lösung 3 min auf dem siedenden Wasserbad, fügt 0,75 ml HCl (1,19) hinzu und erhitzt 2 min. Die Erhitzungszeiten müssen genau eingehalten werden (Stoppuhr). Die Lösung wird rasch abgekühlt, in einem Meßzylinder mit Wasser auf 10 ml aufgefüllt und in einer 1 cm- oder 2 cm-Küvette bei 530 nm gegen den Blindwert photometriert.

1.2. Blutserum

Analysenschema

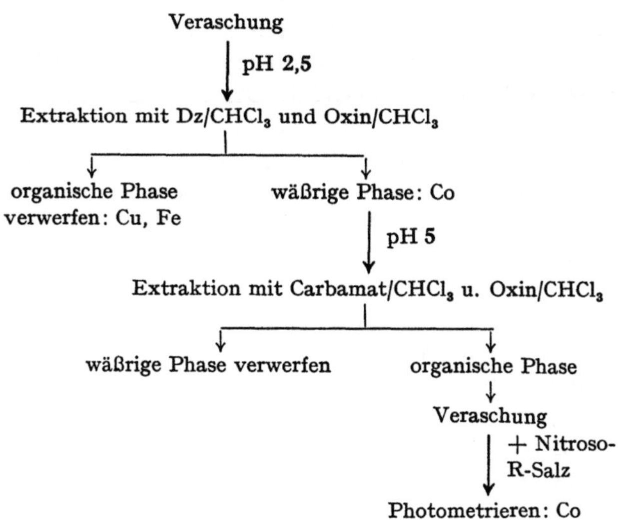

Bei der Extraktion mit Carbamat ist Oxin beteiligt, da fast der gesamte Oxin-Überschuß von der Fe-Extraktion bei pH 2,5 in der wäßrigen Phase verbleibt (s. S. 327). 0,02 µg Co werden unter den angegebenen Arbeitsbedingungen durch Carbamat/Oxin/$CHCl_3$ verlustlos extrahiert. Ein evtl. hoher Phosphatgehalt des Probematerials stört nicht. Wichtig ist die vollständige Veraschung der organischen Substanz im Rückstand des Co-Carbamat-Extraktes, da eine evtl. verbleibende geringe Gelbfärbung (nach Zusatz des Acetatpuffers erkennbar) zu hohe Werte ergeben würde.

B: 3–30 ppb Co. F_r: ±5%.

Arbeitsvorschrift [*34*]

Reagentien

Mischsäure, H_2SO_4 (1,84)/HNO_3 (1,40) (1 + 1).
$HClO_4$ (70%); 0,1 n HCl; HNO_3 (1,40); Ammoniak (1 + 1).
Oxin, 1%ig in $CHCl_3$.
Dz, 0,02%ig in $CHCl_3$.
Ammoniumtartrat, 10%ige wäßrige Lösung.
Na-DDTC, 2%ige wäßrige Lösung.
$NaNO_3$, 10%ige wäßrige Lösung.
Natriumacetat, 10%ige wäßrige Lösung.
Nitroso-R-Salz (NRS), 0,05%ige wäßrige Lösung.
$CHCl_3$.
H_2O_2 (30%).

10 ml Blutserum (3–60 ng Co enthaltend) werden in einem Quarz-Erlenmeyerkolben mit 5 ml Mischsäure und 10 ml $HClO_4$ verascht und auf dem Sandbad zur Trockene abgeraucht. Der Rückstand wird in 50 ml 0,1 n HCl gelöst, die Lösung in einen 100 ml-Schütteltrichter übergeführt und nach Zusatz einiger Tropfen Thymolblau-Indicatorlösung mit verdünntem Ammoniak auf pH 2,5 (orangegelbe Färbung) eingestellt. Nun extrahiert man das Cu mit 10 ml Dz-Lösung 5 min lang, läßt den Extrakt ab und wäscht mit 10 ml $CHCl_3$ nach. Nach Zusatz eines Tropfens H_2O_2 extrahiert man das Fe mit 10 ml Oxin-Lösung 2 min, läßt den Extrakt ab und wäscht die wäßrige Phase noch 2–3mal mit 10 ml $CHCl_3$ nach. In den so erhaltenen Extrakten können nach dem Vertreiben des $CHCl_3$ und Veraschen Fe und Cu getrennt bestimmt werden. Wenn eine getrennte Erfassung von Fe und Cu nicht erforderlich ist, so können beide durch gleichzeitigen Zusatz von Dz- und Oxinlösung in einem Arbeitsgang extrahiert und entfernt werden.

Die verbleibende wäßrige Lösung versetzt man nun mit 3 ml Ammoniumtartrat-Lösung, stellt mit verdünntem Ammoniak auf pH 5 ein, fügt 5 ml Carbamat-Lösung hinzu und extrahiert 3mal mit je 10 ml $CHCl_3$. Der vereinigte organische Extrakt wird auf wenige Milliliter eingeengt, diese dann in einem Quarz-Spitzbecher unter einem Oberflächenverdampfer zur Trockene gebracht, 0,2 ml $NaNO_3$-Lösung, 0,25 ml Mischsäure und 1 ml $HClO_4$ hinzugefügt und durch Erhitzen auf dem Mikro-Universalheizblock oder Sandbad mit aufgesetzter Kühlerkugel verascht. Nach dem Veraschen wird zur Trockene abgeraucht, zum Trockenrückstand 0,5 ml Acetat-Puffer und 0,2 ml NRS-Lösung zugefügt, 1 min im siedenden Wasserbad erhitzt, 0,2 ml HNO_3 hinzugefügt, erneut 1 min erhitzt und danach rasch abgekühlt. Nun füllt man mittels einer 1 ml-Auswaschpipette mit vereinfachter Membranpumpe unter Nachwaschen mit Wasser auf 1 ml auf und führt die Lösung in einen Spitzbecher über. (Man zentrifugiert, wenn eine von $PbSO_4$ und $BaSO_4$ herrührende geringe Trübung auftreten sollte; Pb und Ba können aus den Mineralsäuren, bzw. Pb auch aus dem Serum stammen.) Die Lösung wird in eine 10 cm-Capillarküvette (3 mm *i*-⌀, 0,7 ml Volumen) gefüllt und bei 520 nm photometriert.

2. Metalle und Legierungen

NRS fand in anderen Arbeiten Anwendung zur Bestimmung von Co in Eisen und Stahl [*47, 48, 53, 54, 58, 59, 60*], Ferrolegierungen [*59*], Aluminiumlegierungen [*50*], Chrom [*59*], Nickel [*51, 52, 59*], Wolfram und -legierungen [*55*], Zirkonium [*56*].

2.1. Eisen und Stahl

Die Bestimmung des Co in Eisen und Stahl erfolgte sowohl ohne Vorabtrennung unmittelbar in der Probelösung [*47, 48, 57*] als auch nach Abtrennung des Fe durch Extraktion mit Äther [*6, 49*] oder MIBK sowie durch ZnO-Fällung [*6, 53, 54, 58, 59*] (s. S. 587). Für Routineuntersuchungen läßt sich das Co ohne Vorisolierung direkt in der Probelösung bis herab zu 20 ppm Co mit ausreichender Reproduzierbarkeit bestimmen (Verfahren D.2.1.2). Für genaue Bestimmungen und insbesondere bei kleineren Co-Gehalten um $\leqq$ 40 ppm Co ist die Abtrennung des Fe durch Ausäthern (Verfahren D.2.1.1) am zweckmäßigsten. Mn verringert die Extinktion, weshalb bei der Aufstellung der Eichkurve eine entsprechende Mn-Menge (maximaler Zusatz entsprechend 1% Mn im Probematerial reicht auch für höhere Mn-Gehalte aus) anwesend sein muß [*6*]. Cu muß bei kleineren Co-Gehalten berücksichtigt werden, da es die Extinktion erhöht: 100 μg Cu/ml Meßlösung erhöhen den gefundenen Wert um 0,2–0,3 μg Co/ml Meßlösung. Ni verbraucht Reagens.

2.1.1. Extraktionsverfahren

B: 1–400 ppm Co. F_{rm}: ±5%.

Arbeitsvorschrift [*49*]

Reagentien

7n HCl; HNO_3 (1,40).
H_2O_2 (30%).
Methylisobutylketon (MIBK) (mit 7n HCl gesättigt).
Übrige Reagentien wie bei der Arbeitsvorschrift auf S. 603.

1,0 g Eisen oder Stahl wird in einem 250 ml-Becherglas in 20 ml 6n HCl gelöst, mit einigen Tropfen H_2O_2 oder HNO_3 oxydiert und zur Trockene eingedampft. Den Rückstand nimmt man mit 25 ml 7n HCl auf, spült in einen 100 ml-Meßkolben über, füllt mit 7n HCl bis zur Marke auf und mischt gut durch. Daraus werden je nach Co-Gehalt 5,0 ml (für 10–400 ppm Co mit 1 cm-Küvette bzw. 5–200 ppm Co mit 2 cm-Küvette), 10,0 ml (für 2,5–100 ppm Co, 2 cm-Küvette) oder 25,0 ml (für 1–40 ppm Co, 2 cm-Küvette) entnommen und in einen 125 ml-Schütteltrichter gebracht. Das Fe wird durch 1–3malige Extraktion mit je 20–25 ml MIBK abgetrennt, die wäßrige Phase in ein 100 ml-Becherglas abgelassen und vorsichtig zur Trockene eingedampft. Der Rückstand wird in 5 ml Wasser aufgenommen, kurz aufgekocht und die Co-Bestimmung nach Verfahren I (s. S. 603) durchgeführt.

2.1.2. Direktes Verfahren

B: 20–800 ppm Co. F_r: ±3–5%. *Z*: 25 min.

Arbeitsvorschrift [*57*]

Reagentien

HCl (1,19); HNO_3 (1,40);
Mischsäure; 150 ml H_3PO_4 (1,70) + 150 ml H_2SO_4 (1,84) + 700 ml Wasser.
Acetat-Lösung; 320 g Natriumacetat sicc. werden mit Wasser auf 1 l aufgefüllt.
Nitroso-R-Salz (NRS), 0,3%ige wäßrige Lösung

a) 2,0 g Probematerial (Eisen und unlegierter Stahl) werden in einem 250 ml-Becherglas mit 60 ml Mischsäure unter Erwärmen gelöst, durch tropfenweisen Zusatz von HNO_3 oxydiert, bis zum beginnenden Rauchen eingeengt, nach dem Abkühlen mit Wasser auf ~ 50 ml verdünnt, evtl. ausgeschiedene Salze durch Kochen gelöst, abgekühlt, in einem 100 ml-Meßkolben mit Wasser zur Marke aufgefüllt und nach c) fortgefahren.

b) Bei legiertem Stahl löst man 2,0 g Probematerial in einem 250 ml-Becherglas mit 30 ml HCl/HNO_3 (3 + 1) und fährt dann mit dem Zusatz von 60 ml Mischsäure wie unter a) fort.

c) Von der unter a) erhaltenen Probelösung gibt man je 10,0 ml in zwei 100 ml-Meßkolben A und B, versetzt unter Umschütteln mit je 30 ml Acetat-Lösung und fügt nur in Meßkolben A 10,0 ml NRS-Lösung hinzu. Nach einer Standzeit von 5 min (bei hohen Ni-Gehalten 15 min) wird mit je 10 ml HNO_3 versetzt, nach weiteren 5 min Standzeit mit Wasser zur Marke aufgefüllt und beide Lösungen A und B werden nun in einer 5 cm-Küvette bei 546 nm gegen Wasser (oder Lösung A gegen Lösung B) photometriert. Ein Reagentienblindwert (ohne Probe, Berücksichtigung der NRS-Eigenfärbung) wird abgezogen.

2.1.3. ZnO-Verfahren

Arbeitsvorschrift [*6*]

Reagentien

H_2O_2 (15%).
ZnO.
HNO_3 (1 + 1); HNO_3 (1 + 2).
Natriumcitrat, 25%ige wäßrige Lösung.
Nitroso-R-Salz (NRS), 0,5%ige wäßrige Lösung.

1,0 g Probematerial wird in einem 100 ml-Meßkolben mit 10 ml HNO_3 (1 + 1) gelöst, die nitrosen Gase verkocht, 3 ml H_2O_2 hinzugefügt, 2 min gekocht, mit Wasser auf 30 ml verdünnt und, unter Umschwenken, eine Aufschlämmung von 5 g ZnO hinzugefügt. Nach kurzem Aufkochen kühlt man ab, füllt zur Marke auf, schüttelt und filtriert. 50 ml des Filtrates werden in einem 100 ml-Meßkolben mit 10 ml Natriumcitrat-Lösung und 10 ml NRS-Lösung versetzt, nach 15 min 10 ml HNO_3 (1 + 2) hinzugefügt, mit Wasser zur Marke aufgefüllt und in einer 1 cm-Küvette bei 546 nm photometriert.

Manche Stähle (z. B. Sicromal) lösen sich nicht in HNO_3; dann wird mit 15 ml HCl (1 + 1) gelöst und mit etwa 1 g $KClO_3$ oxydiert. Das Chlor wird dann durch Kochen vertrieben und, wie oben angegeben, fortgefahren.

2.2. Titan, Zirkonium und deren Legierungen

Es stören nicht in Anwesenheit von Ti bis zu 20% Mn, 10% Al und 5% Fe, in Anwesenheit von Zr mindestens jeweils 5% an Pb, Al, Fe, Mn, Zn, Mg oder W. In der Arbeitsvorschrift werden weiterhin Maßnahmen zur Beseitigung einer Störung durch Gehalte von bis zu 20% Sn oder Mo, 5% Cu, Cr oder V, sowie 2,5% Ni angegeben.

B: 0,0002–0,006% Co. *s*: ± 0,00003% Co bei 0,002% Co.

Arbeitsvorschrift [*61*]

Reagentien

H_2SO_4 (1 + 49); HNO_3 (1,42); HCl (1,18); HBr (48%); $NaHSO_4$ sicc.
HBF_4; zu 280 ml HF (40%) (auf 10° C gekühlt) fügt man in kleinen Anteilen 130 g H_3BO_3 hinzu und bewahrt in einer Polyäthylenflasche auf.
NH_4F, 10%ige wäßrige Lösung.
Nitroso-R-salz, 0,2%ige wäßrige Lösung.

Ammoniumacetatpuffer-Lösung, 50%ige wäßrige Lösung.
$KMnO_4$, 2%ige wäßrige Lösung.
$NaNO_2$, 0,1%ige wäßrige Lösung.
Br_2; Br_2-Wasser, gesättigt.

Aufstellen der Eichkurve

In Bechergläsern legt man steigende Co-Mengen vor: jeweils 0, 0,25, 0,50, 1,0 und 1,5 ml Co-Stammlösung (10 µg Co/ml), fügt zu jedem Ansatz (einschließlich Blindwert) 10 ml H_2SO_4 (1 + 49) und einige Tropfen HNO_3 und versetzt mit 10 ml NH_4F-Lösung. Man erhitzt zum Sieden, läßt etwas abkühlen, fügt 0,50 ml Nitroso-R-Salz-Lösung und 7,5 ml Ammoniumacetat-Lösung hinzu, läßt 5 min stehen, versetzt mit 6 ml HNO_3 und nach weiteren 5 min mit 0,5 ml Br_2-Wasser. Man läßt die Lösung wieder 5 min stehen, kocht dann zur Entfernung des Br_2-Überschusses 5 min, kühlt ab, filtriert durch ein Filter in einen 50 ml-Meßkolben, füllt mit Wasser zur Marke auf und photometriert in einer 5 cm-Küvette bei 420 nm.

Probematerial mit $<$0,1% Sn

0,25 g Probematerial[1] werden in 10 ml H_2SO_4 (1 + 49) und 1 ml HBF_4 unter leichtem Erwärmen gelöst. Man fügt einige Tropfen HNO_3 hinzu [in genügender Menge um vorhandene Ti(III)-Salze zu oxydieren], läßt 5 min stehen um Fe vollständig zu oxydieren[2], versetzt dann mit 10 ml NH_4F-Lösung, erhitzt zum Sieden und fährt, wie bei der Aufstellung der Eichkurve, fort[3,4].

Probematerial mit $>$0,1% Sn

0,25 g Probematerial werden in einem Gemisch von 10 ml HCl, 10 ml HBr und 0,25 ml HBF_4 unter gelindem Erwärmen gelöst, 1 ml Br_2 zugefügt, zur Trockene eingedampft und 15 min bei etwa 300° C geröstet. Man kühlt ab, fügt 10 ml HBr und 1 ml Br_2 hinzu, indem man mit diesen Reagentien gleichzeitig die Wand des Becherglases abspült. Man dampft zur Trockene ein, röstet weitere 15 min und schließt den Rückstand mit 2—3 g $NaHSO_4$ sicc. auf. Die abgekühlte Schmelze löst man in 10 ml NH_4F-Lösung (eine Fäl-

---

[1] $>$0,025% Cu stört die Bestimmung. Eine Störung durch bis zu 5% Cu kann vermieden werden, wenn man die Lösung vor dem Zusatz von HNO_3 filtriert, um ausgefallenes Cu zu entfernen. Bei der Analyse Zr-haltiger Proben ist ein Zusatz von 0,1 g Ti erforderlich, um eine befriedigende Cu-Ausfällung zu erreichen.
Bis zu 5% Cr stören dann nicht, wenn man zum Photometrieren als Vergleichslösung eine analog behandelte Probe ohne Zusatz von Nitroso-R-Salz verwendet. Der Einfluß von $<$0,25% Cr ist überhaupt vernachlässigbar.

[2] $>$0,005% Mo stören die Analyse Ti-haltigen Materials, während bei Zr-haltigen Proben erst $>$5% Mo eine Störung hervorrufen. Eine Störung durch bis zu 20% Mo kann vermieden werden, wenn man die Lösung nach der Oxydation mit HNO_3 durch tropfenweisen Zusatz von $KMnO_4$-Lösung oxydiert. Der Überschuß an $KMnO_4$ wird dann durch tropfenweisen Zusatz von $NaNO_2$-Lösung beseitigt.

[3] $>$0,1% Ni stört die Bestimmung. Eine Störung durch bis zu 2,5% Ni kann vermieden werden, wenn man für je 0,1% an anwesendem Ni 0,5 ml Nitroso-R-Salzlösung zufügt. In Anwesenheit von $>$0,25% V bis zu insgesamt 5% V fügt man 1 ml Nitroso-R-Salzlösung für jede 0,5% an vorhandenem V hinzu und photometriert auch hier gegen eine Vergleichslösung, die mit dem gleichen Probematerial ohne Zusatz von Nitroso-R-Salz hergestellt wird.

[4] Sobald $>$1,0 ml Nitroso-R-Salzlösung (0,2%) verwendet werden, ist die Menge an Br_2-Wasser, wie folgt, zu erhöhen:

Nitroso-R-Salzlösung, ml	Br_2-Wasser, ml
1,0— 5,0	1,5
5,0—10,0	2,5
10,0—12,5	3,5

lung von NaF stört nicht), erhitzt zum Sieden und fährt, wie bei der Aufstellung der Eichkurve, fort.

3. Böden, Erze und Gesteine

3.1. Böden

Nach dem Aufschluß des Probematerials ist eine Isolierung des Co erforderlich. Diese kann durch Extraktion mit 2-Nitroso-1-naphthol/$CHCl_3$ oder Dz/CCl_4 erfolgen. Anschließend wird der Extrakt verascht und das Co mit Nitroso-R-Salz bestimmt. Falls ein hoher Cu-Gehalt vorliegt, so kann dieses vorher mit Dz/CCl_4 aus saurer Lösung entfernt werden. Die Isolierung des Co mit Dz/CCl_4 wird aus einer citrathaltigen Lösung bei pH 8–9 [*10*] vorgenommen.

B: ≧ 0,5 ppm Co. F_r: ±5–10%.

Arbeitsvorschrift [*62*]

Reagentien

HF (40%); H_2SO_4 (1,84); HCl (1,19); HCl (1 + 1); HCl (1 + 9); $HClO_4$ (70%).
Natriumcitrat, 10%ige wäßrige Lösung.
Dz, 0,01%ig in CCl_4.
Ammoniak (0,91); Na_2CO_3 sicc; übrige Reagentien wie bei der Arbeitsvorschrift auf S. 603.

0,5–1 g fein pulverisierte Probe wird in einer Platinschale nach Zusatz von 2–3 ml Wasser, 1–2 ml H_2SO_4 und 5–10 ml HF abgeraucht und das Abrauchen nach Bedarf wiederholt. Der Trockenrückstand wird mit 1–2 ml HCl und 5–10 ml Wasser auf dem siedenden Wasserbad gelöst, mit 10–20 ml Natriumcitrat-Lösung (entsprechend der Einwaage) versetzt, die kalte Lösung mit Ammoniak gegen Lackmus neutralisiert und 2–3 Tropfen im Überschuß hinzugefügt (~ pH 8). Ein unlöslicher Rückstand wird unter Nachwaschen mit verdünnter ammoniakalischer Natriumcitrat-Lösung und Wasser abfiltriert, das Filter mit dem Rückstand verascht, mit wenig (etwa 0,1–0,2 g) Na_2CO_3 aufgeschlossen, die erkaltete Schmelze in Wasser unter Zusatz von HCl (1 + 9) gelöst, mit 2–3 ml Natriumcitrat-Lösung versetzt und schwach ammoniakalisch gemacht (~ pH 8).

Je nach dem Co-Gehalt wird das gesamte Filtrat oder ein aliquoter Teil davon wiederholt mit jeweils 10 ml Dz-Lösung extrahiert, bis sich die organische Phase nicht mehr rot färbt. Auf die gleiche Weise verfährt man mit der vom Aufschluß stammenden Lösung. Der vereinigte organische Extrakt wird mit Wasser gewaschen, das CCl_4 abdestilliert und der Rückstand mit 0,5–1 ml H_2SO_4 und 0,5–1 ml $HClO_4$ verascht. Der Trockenrückstand wird in 1 ml HCl (1 + 1) unter Zusatz von 1–2 Tropfen HNO_3 unter Erwärmen gelöst, fast zur Trockene eingedampft, mit 3–5 ml Wasser aufgenommen und die photometrische Bestimmung mit Nitroso-R-Salz nach Verfahren D.I oder D.II (s. S. 603) vorgenommen.

3.2. Erze [*49*]

2 g Probematerial werden in HCl (1 + 1) gelöst, tropfenweise mit H_2O_2 [oder mit wenig HNO_3 (1,40)] oxydiert und zur Trockene eingedampft. Den Rückstand nimmt man in 25 ml 7n HCl auf und filtriert die Kieselsäure ab. Das Filter mit dem Rückstand wird verascht, mit HF/H_2SO_4 abgeraucht und der Rückstand mit $NaKCO_3$ aufgeschlossen. Die Schmelze löst man mit HCl auf, dampft zur Trockene ein, nimmt in 7n HCl auf, vereinigt mit dem Filtrat von der Kieselsäure-Abtrennung, führt die Lösung in einen 100 ml-Meßkolben über und fährt nach dem Auffüllen bis zur Marke mit 7n HCl, wie bei Verfahren D.2.1.1 beschrieben, fort. Eine bei der pH-Einstellung vor dem Reagenszusatz evtl. durch Al und Ti hervorgerufene Trübung muß durch Filtration entfernt werden.

3.3. Gesteine

Die Analyse wird nach Verfahren D.3.1 (s. S. 610) durchgeführt.

4. Verschiedenes

Mit NRS wurde Co bestimmt in Erz [*57, 59*], Kupfererz [*65*], Schlacke [*50, 57*], Zement [*66*] und Staub [*66a*].

4.1. Schlacken [*49*]

Die Analyse wird nach Verfahren D.3.2 durchgeführt.

4.2. Luft

B: 2,5–1000 µg Co/m³. F_r: ±5%.

Man saugt 100 l Luft durch ein Filter (5–25 l/min, s. S. 177), löst die Probe mit HNO_3 (1 + 1), HCl (1 + 1) oder HCl (1 + 1)/HNO_3 (1 + 1) vom Filter, dampft die Lösung zur Trockene ein, nimmt mit Wasser und wenig HCl oder HNO_3 auf und bestimmt in der gesamten Lösung (2,5–100 µg Co/m³) oder im zehnten Teil (25–1000 µg Co/m³) davon das Co nach Arbeitsvorschrift I, II oder III (s. S. 603).

E. 1-(2-Pyridylazo)-2-naphthol

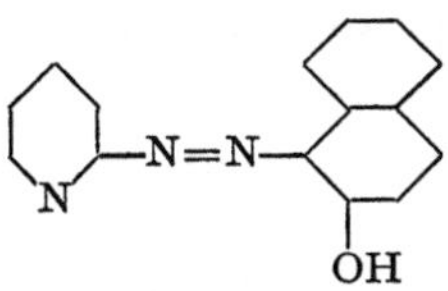

Co(III) bildet mit 1-(2-Pyridylazo)-2-naphthol (PAN) in saurer Lösung einen Komplex, der mit $CHCl_3$ mit grüner Farbe extrahierbar ist [*63, 64*]. CCl_4, Amylalkohol und Xylol sind zur Extraktion weniger gut geeignet. Der günstigste pH-Bereich liegt bei pH 3–6. Der Co(III)-PAN-Komplex weist 2 Extinktionsmaxima, bei 590 und 640 nm auf (s. Abb. 101), von denen das letztere wegen der geringeren Störanfälligkeit günstiger ist. Das Beersche Gesetz ist im Bereich von 0,07–2,5 µg Co/ml $CHCl_3$ erfüllt (ε_{640} = 20000, ε_{590} = 25000 [*64*], ε_{628} = 21000 [*70*]). Die Farbe ist mindestens 24 Std stabil.

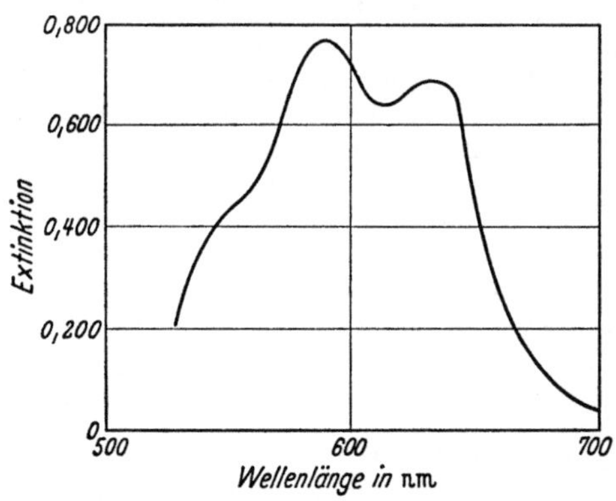

Abb. 101. Extinktionskurve von Co (III) + 1-(2-Pyridylazo)-2-naphthol in $CHCl_3$ [*64*]

Außer Co(III) geben mit PAN noch Bi, Cd, Ce(IV), Cu(II), Eu(II), Fe(II), Fe(III), Hg(II), In(II), La(III), Ni, Pb, Pd, Pt, Sc(III), Sn(II), Th, U(VI) und Zn mehr oder weniger intensive Färbungen oder Fällungen, die meist mit Amylalkohol oder CCl_4 extrahierbar sind [*63*]. Keine sichtbare Reaktion konnte mit Al, As(III), As(V), B, Ba, Be, Br^-, BrO_3^-, Ca, Cl^-, ClO_4^-, Cr(VI), Cs, Ge, Hg(I), F^-, I^-, Ir, K, Li, Mg, NO_2^-, NO_3^-, Na, Os, Mo(VI), PO_4^{3-}, Rh, Ru, SO_4^{2-}, SO_3^{2-}, Sb, Sr, Te, Ti, W(VI), Zr, Acetat, Citrat, Tartrat, Oxalat, Malonat, CN^-, OCN^-, SCN^- und $S_2O_3^{2-}$ beobachtet werden. ÄDTA maskiert alle Elemente, CN^- alle Elemente ausgenommen Bi und Pb; F^- maskiert Bi, Fe(III), Hg(II), Pb, Pt und Th, während Citrat eine ähnliche Wirkung wie F^- aufweist mit Ausnahme von Hg(II) [*63*]. Die Bestimmung von 3 µg Co wird in Anwesenheit von Citrat durch jeweils 1 mg Al, Bi, Cr(III), Cr(VI), F^-, Mn(II), Mo(VI), PO_4^{3-}, Sb(V), Sn(IV), Th(IV), Ti(IV), U(VI), V(V), W(VI) und Zr(IV), 0,3 mg Fe(III), sowie jeweils 0,1 mg Cd, Ni und Zn nicht gestört [*64*]. Eine Störung durch Cu und Ni tritt auf, wenn das Mengenverhältnis Cu : Co = 1 : 1 und Ni : Co = 10 : 1 überschritten wird, sowie durch die Anwesenheit von mg-Mengen an Cd, Fe(III) und Zn [*64*].

1. Thoriumdioxyd

In dem nachfolgenden Verfahren wird das Co von den Störelementen durch einen Anionenaustauscher abgetrennt und anschließend im Eluat mit PAN photometrisch bestimmt. Von den in der Probe vorhandenen Elementen Th(IV), Co, Fe(III), Ni, Cr(III), U(VI), Zr(IV), Al, Ti(IV), Mn(II), V(V), Mo(VI), Zn und Cd wird das Co nach dem Trennungsgang von Zr, V und Spuren an Fe, Ti und U begleitet. Von diesen wird Fe durch Citrat maskiert, während die restlichen Elemente nicht stören. 300 mg Citronensäure stören die Farbreaktion des Co nicht und genügen für die Maskierung von 1 mg Fe, Zn und Cd. Cu muß abwesend sein, da es durch den Ionenaustauscher nicht entfernt wird und die Farbreaktion stört. Bei der Bestimmung von 2–6 µg Co in einer Probe von 1,5 g ThO_2, 3 mg Fe, je 200 µg Ni und Cr, sowie je 50 µg Mn, Al, Zn, Zr, U, Ti und Mo wurden 96–100% des vorhandenen Co wiedergefunden.

B: 0,15 – ≧ 6 ppm Co. F_r: ±5–10%.

Arbeitsvorschrift [*64*]

Reagentien

PAN, 0,1%ig in Äthylalkohol.
KIO_4, gesättigte wäßrige Lösung.
Ammoniumacetat, 50%ige wäßrige Lösung.
Citronensäure, 10%ige wäßrige Lösung.

HCl (1,19); 10n HCl; 4n HCl; HNO_3 (1 + 1); HF (40%).

Anionenaustauscher, Dowex 1–X 10 (50–100 mesh);

Austauschersäule: 5 cm hoch, 1 cm ⌀, mit Anionenaustauscher gefüllt, mit Glaswatte beidseitig abgeschlossen. Die Säule wird mit etwa 50 ml 10n HCl gewaschen, bevor eine Probelösung durchgeschickt wird. Nach der Verwendung regeneriert man die Säule durch Waschen mit etwa 50 ml Wasser. Da einige Elemente (Zn, Mo) irreversibel adsorbiert werden, muß der Austauscher, noch bevor seine Kapazität in dieser Hinsicht erschöpft ist, verworfen werden.

3,0 g Thoriumdioxyd (oder ThO_2-Abfälle) werden in einem 50 ml-Becherglas mit 20 ml HNO_3 (1 + 1) unter Zusatz einiger Tropfen HF unter gelindem Erwärmen gelöst. Die Lösung wird zur Trockene eingedampft, 10 ml HCl (1,19) zugefügt, erneut zur Trockene abgeraucht und dieser Vorgang noch einmal wiederholt. Der Rückstand wird in 10 ml 10n HCl gelöst, gerade zum Sieden gebracht und die heiße Lösung durch die Austauschersäule geschickt (Durchflußgeschwindigkeit höchstens 2 ml/min). Die Säule wird mit 20 ml heißer 10n HCl gewaschen und der Durchlauf und die Waschlösung verworfen. Das Co wird von der Säule mit 30 ml 4n HCl eluiert und das Eluat zur Trockene eingedampft. Der Rückstand wird in 15 ml Wasser, welchem 5 Tropfen HCl (1,19) zugegeben wurden, gelöst, 2 ml Citronensäurelösung, 2 ml Ammoniumacetat-Lösung und 1 Tropfen KIO_4-Lösung hinzugefügt. Der pH-Wert der Lösung soll jetzt etwa 4,5 betragen. Man setzt 0,5 ml PAN-Lösung zu, führt in einen 60 ml-Schütteltrichter über, extrahiert 3 min mit 5,0 ml $CHCl_3$, läßt zur Phasentrennung 15 min stehen und photometriert den Extrakt in einer 1 cm-Küvette bei 640 nm gegen den Blindwert.

F. Thiocyanat

Co bildet mit NH_4SCN einen Komplex $(NH_4)_2[Co(SCN)_4]$, der mit Amylalkohol [*67*], Butylalkohol [*68*], Äthylacetat [*69*], Äther/Amylalkohol (3:1) [*71*] bzw. (2:1) [*37*] ($E\% = 99{,}7$, bei 3maliger Ausschüttelung), Methylisopropylketon [*72*], Acetylaceton [*73, 73a*] und anderen mit blauer Farbe extrahierbar ist. Der optimale pH-Bereich für die Extraktion des Co-Thiocyanates mit Isoamylalkohol liegt bei pH 3,0–5,3 [*12*]. Bei Verwendung von HCl und H_2SO_4 erhält man keine reproduzierbaren Ergebnisse, was wahrscheinlich auf den Fe-Gehalt der Säuren zurückzuführen ist. Die Extraktion mit Amylalkohol/Diäthyläther (3 : 1) ist bei pH 0,9–1 am günstigsten [*71*]. Co kann als Thiocyanat auch in wäßriger Lösung photometrisch bestimmt werden, wobei gleichzeitig Aceton [*74*] oder Äthylalkohol [*75*] zugesetzt werden muß. Die Bestimmung in wäßriger Lösung ist allerdings störanfälliger als Extraktionsverfahren. Wie aus Abb. 102 zu ersehen ist, weist der Co-Komplex im UV-Bereich bei 312 nm ein Extinktionsmaximum auf, das eine 5- bis 6mal so große Extinktion besitzt [*12*] wie das zweite Maximum bei 620 nm, bei dem meistens die photometrischen Bestimmungen vorgenommen werden ($\varepsilon_{620} = 1150$). Das Beersche Gesetz ist im Bereich von 0,2–10 μg Co/ml erfüllt. Der extrahierte Co-Komplex ist über 24 Std stabil.

Fe(III), Cu, U, Bi, Ni und andere Elemente stören, da sie mit Thiocyanat ebenfalls Komplexe bilden. Störendes Fe läßt sich, falls nicht zu große Mengen anwesend sind durch $P_2O_7^{4-}$ [*76*] oder F^- maskieren. Die Störung durch kleine Mengen Fe(III) und Cu(II) kann auch durch Reduktion mit $SnCl_2$ beseitigt werden [*77*]. Die 10fache Menge Ni stört noch nicht merklich. Folgende Element- bzw. Ionenkonzentrationen (μg/ml)

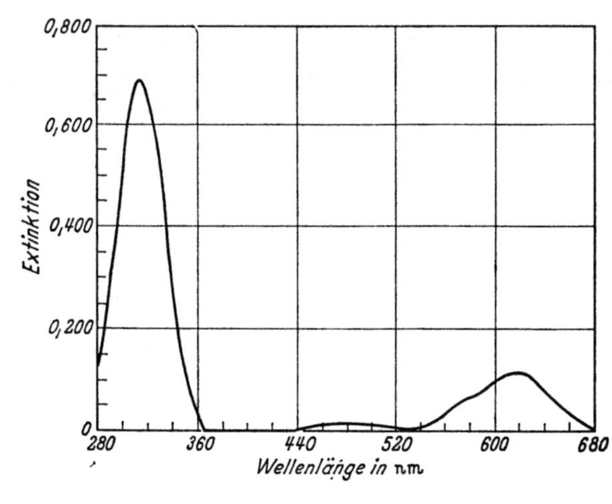

Abb. 102. Extinktionskurve von Co-Thiocyanat in Isoamylalkohol [*12*]

verursachen bei der Bestimmung von 6 µg Co/ml durch Extraktion mit Isoamylalkohol bei pH 3,0–5,3 einen Fehler von <3%: Acetat, As, Ca, Cd, Cl^-, K, Mg, Na, NH_4^+, NO_3^- und SO_4^{2-} (je 1000); Al, Mo(VI), Zn und Tartrat (je 100); Mn(II) (75), IO_3^- (50), Pb (25), Cu (10), V(V) (10) und Ni (5). Cr(III), Cr(VI), Fe(III), Sn(IV), Ti(IV), U(VI), $[Fe(CN)_6]^{4-}$ und Citrat müssen abwesend sein. Cr, Mn, Ni, Mo, Ti, U und Zn bilden bei pH 0,9–1 keine in Amylalkohol/Diäthyläther (3:1) löslichen, gefärbten Komplexe [*71*]. Unter diesen Bedingungen stören Alkali- und Erdalkalimetalle, Al, As, Bi, P, Pb, Si und mäßige Mengen Cu nicht. Störendes Fe und V werden mit Ammoniumacetat und Weinsäure maskiert.

Thiocyanat fand unter anderem zur Bestimmung von Co in Beryllium [*73a*], Berylliumoxyd [*73a*], Erzen [*71, 72*] und Gesteinen [*62, 71*] Anwendung.

Gewisse Alkyl- oder Aryl-Oniumionen bilden mit Co-Thiocyanat leuchtend blaue wasserunlösliche, aber $CHCl_3$-lösliche Verbindungen [*78*], deren Extinktionsmaximum im organischen Extrakt in der Regel bei 620 nm liegt. Für die Extraktion des $Co(SCN)_4^{2-}$ und photometrische Bestimmung in der organischen Phase fanden Anwendung: Tetraphenylarsoniumchlorid/$CHCl_3$ [*27, 80*], Triphenylmethylarsoniumchlorid/$CHCl_3$ (Extinktionsmaximum 627 nm) [*82*], Tetraphenylphosphoniumchlorid/$CHCl_3$ [*83*], Tri-n-butylammoniumsalz/Amylalkohol [*84–86, 89–91*], Hyamin 1622 (Di-isobutylphenoxyäthoxyäthyldimethylbenzylammoniumchlorid)/Benzol [*87*], Aliquat 336 (Tricaprylmethylammoniumchlorid)/Benzol [*88*] und Tri-isooctylamin/CCl_4 [*92*].

Co-Thiocyanat bildet bei pH 2–6 (optimal ist pH 5–6) mit Tri-n-butylamin oder -ammoniumsalz einen in Wasser schwer löslichen, blauen Komplex, der mit Butyl-, Amyl- oder Octylalkohol, Butyl- oder Amylacetat, Acetophenon, Cyclohexanon, $CHCl_3$, CCl_4 u. a. m. extrahierbar ist [*84–86, 89–91*]. Das Extinktionsmaximum liegt bei 612 bis 614 nm (in Amylalkohol) [*89, 90*]. Das Beersche Gesetz ist im Bereich von 2,5–50 µg Co/ml Amylalkohol erfüllt. Die Farbe ist mehrere Tage stabil. Ähnlich wie Co reagieren noch Cr(III), Cu(II), Fe(III), Pd(II), Rh(III), Ru(II), U(VI) u. ä. Zur Bestimmung des Co neben größeren Mengen Fe(III) und Cu(II) müssen Fe(III) mit KF maskiert und Cu(II) mit $Na_2S_2O_3$ reduziert werden. Hierzu verfährt man wie in der Arbeitsvorschrift angegeben, nur daß nach dem Zusatz der Pufferlösung festes KF bis zur Entfärbung zugefügt und vorhandenes Cu(II) mit etwas 50%iger $Na_2S_2O_3$-Lösung reduziert wird. Auf diese Weise sind 10 µg Co neben 200 mg Fe mit einem maximalen Fehler von 2% bestimmbar. Dies entspricht 0,005% Co in Eisen und Stahl.

Co wurde bestimmt: mit Thiocyanat-Tetraphenylarsoniumchlorid/$CHCl_3$ in Stahl [*27, 80*], Nickellegierungen [*27*], mit Thiocyanat-Tri-n-butylammoniumsalz/Amylalkohol in Stahl, Eisenkies, Glas, Zink, Zinkoxyd [*91*], Kupfer-, Eisen-, Mangan- und Nikkelsalzen [*90*], Silicatgestein [*93*].

Arbeitsvorschrift 1 [*12*]

Reagentien

NH_4SCN, 44%ige wäßrige Lösung.
Isoamylalkohol, mit NH_4SCN gesättigt und durch einen Glasfrittentiegel filtriert.

Die Probelösung (10–500 µg Co enthaltend) wird in einem 50 ml-Meßkolben mit $HClO_4$ auf pH 3,0–5,3 eingestellt, 25 ml NH_4SCN-Lösung hinzugefügt und mit Wasser zur Marke aufgefüllt. Die Lösung wird in einem 150 ml-Schütteltrichter einmal mit 20 ml und 2mal mit 10 ml Isoamylalkohol extrahiert, die in einem 50 ml-Meßkolben vereinigten organischen Extrakte werden mit Isoamylalkohol aufgefüllt und in einer 1 cm-Quarzküvette bei 312 nm gegen Isoamylalkohol photometriert.

Arbeitsvorschrift 2 [*90*]

Reagentien

Pufferlösung (pH 5,2); 10 ml Eisessig und 80 g Natriumacetat werden in Wasser gelöst und mit Wasser auf 1 l aufgefüllt.

$Na_2S_2O_3$, 20%ige wäßrige Lösung.

KF, 20%ige wäßrige Lösung.

KSCN, 50%ige wäßrige Lösung.

Tri-n-butylammoniumacetat; 10 ml durch Fraktionieren im Vakuum gereinigtes Tri-n-butylamin werden mit 17 ml Eisessig gemischt, mit Wasser auf 50 ml aufgefüllt, 15 min mit pulverisierter Aktivkohle geschüttelt und filtriert. Die Lösung bleibt längere Zeit farblos.

Isoamylalkohol.

Bis zu 5 ml der nicht zu stark sauren Probelösung (0,5—20 μg Co enthaltend) werden in einem zylindrischen 15 ml-Schütteltrichter mit 2 ml Pufferlösung, 2—5 Tropfen KF-Lösung, 2—5 Tropfen $Na_2S_2O_3$-Lösung und 0,5 ml KSCN-Lösung vermischt. Nach Zusatz von 5 Tropfen Tri-n-butylammoniumacetat und kräftigem Durchschütteln extrahiert man mit 1,5 ml Amylalkohol. Der organische Extrakt wird durch Watte filtriert und mit Hilfe eines Mikromeßkolbens (s. S. 120) unter Nachwaschen mit 0,5 ml Amylalkohol auf 2 ml aufgefüllt. Der Extrakt wird in einer Capillarküvette (5 cm Schichtdicke, etwa 1 ml Volumen) bei 620 nm photometriert.

G. Emissionsspektralanalyse

1. Organisches Material

1.1. Blut

Nach der Veraschung des Probematerials wird die Asche in HCl gelöst, das Fe durch Extraktion mit Diisopropyläther entfernt, das Co von den übrigen Aschebestandteilen mittels einer Anionenaustauschersäule abgetrennt und anschließend mit Ni als Bezugselement spektrographisch bestimmt. Nach dem hier beschriebenen Verfahren können noch 2 ng Co quantitativ von den übrigen Elementen, die im Blut enthalten sind, abgetrennt werden. Für die Analyse wird eine Blutprobe verwendet, die mindestens 2 ng Co enthält. Nach den Angaben der Autoren [*94*] ist das Dz-Verfahren in diesem Konzentrationsbereich ungeeignet, da mit diesem stets größere Verluste an Co auftreten. Das Verfahren wurde mit radioaktivem ^{60}Co überprüft. Bei der Co-Abtrennung mit der Ionenaustauschersäule tritt ein Verlust von etwa 5% auf, der aber ohne wesentliche Bedeutung ist.

Das Eindampfen des Ionenaustauscheluates, in dem sich das Co befindet, wird unter einem Glassturz mit einer Infrarotlampe durchgeführt (s. Abb. 13, S. 110), um Verunreinigungen aus der Luft zu vermeiden, die in diesem Konzentrationsbereich zu besonders großen Fehlern führen würden. Die so auf ein kleines Volumen eingeengte Lösung wird für die spektrographische Bestimmung auf vorerhitzte Graphitstabelektroden aufgebracht (s. S. 128ff.). In der vorliegenden Arbeit wurde zum Erhitzen der Elektroden ein durch eine Heizplatte erhitzter, mit entsprechenden Bohrungen versehener Specksteinblock verwendet. Die spektrographische Bestimmung des Co wird mittels des Gleichstrombogens unter Anwendung der Kathodenglimmschicht-Methode durchgeführt. Zur Erzielung einer zufriedenstellenden Genauigkeit muß das Co vollständig von Ni und anderen Elementen abgetrennt werden. Die nach der Isolierung beim Co zurückbleibende Menge an Ni muß <25 ng (10% der als Bezugselement zugesetzten Ni-Menge) sein, diejenige von Na und Fe (die unter den im biologischen Material vorkommenden Elementen am meisten Störungen verursachen) jeweils $<25\,\mu g$. Das Verfahren fand zur Bestimmung von Co in Blut und Blutfraktionen mit Gehalten von 0,06–0,4 ng Co/ml Anwendung.

In einer anderen Arbeit [*94a*] wurde die Bestimmung von Co im Blut praktisch nach derselben Vorschrift durchgeführt, wobei davon abweichend die Anregung mit dem Hochspannungsfunken (17 kV, 20 µH, 0,024 µF) und Kupferelektroden, die Auswertung mit den Linien Co 2541/Ni 2607 bzw. Co 2663/Ni 2607 erfolgte.

B: 1–500 ng Co. F_r: $\pm 12-30\%$.

Arbeitsvorschrift [*94*]

Reagentien

HCl; wasserfreies HCl-Gas wird durch eine Waschflasche mit konz. H_2SO_4 geschickt, durch Glaswolle geleitet, anschließend durch eine mit Wasser (HCl-gesättigt) beschickte Waschflasche geleitet und anschließend in, auf 0° C gekühltem, tridestilliertem Wasser gelöst. Es soll eine Säure mit einer Konzentration von >9 n hergestellt werden. Nach Ermittlung der Säurekonzentration stellt man damit durch Verdünnung 9,0 n, 4,0 n und 0,01 n HCl her.

Diisopropyläther, alkoholfrei, redestilliert.

Anionenaustauscher Dowex 1—X 8 (50—100 mesh); Austauschersäule: Form und Abmessungen der Säule sind aus Abb. 103 ersichtlich. Der Austauscher wird als wäßrige Suspension eingefüllt.

Natriumheparin, Co-frei.

Spektrographische Arbeitsbedingungen

Elektroden: Graphit, National Carbon, 3,2 mm ⌀, 38 mm lang; obere: plan; untere: Probenelektrode, mit Bohrung 2,4 mm ⌀, 3,0 mm tief, mit Graphit-Al_2O_3-Gemisch gefüllt, als Kathode.

Graphit-Al_2O_3-Gemisch: Reinstes Al_2O_3 wird hergestellt, indem man $Al(NO_3)_3 \cdot 9\,H_2O$ in bidestillierter, konstant siedender HCl löst, die Lösung durch die Austauschersäule schickt und im Durchlauf das $Al(OH)_3$ mit redest. Ammoniak ausfällt, den Niederschlag mehrmals mit heißem tridest. Wasser wäscht und in der elektrischen Muffel glüht. Gleiche Teile Al_2O_3 und Graphitpulver werden durch Reiben in einer Mullitreibschale gründlich vermischt.

Elektrodenabstand: 10 mm.

Anregung: ARL-Anregungsgerät, Gleichstrombogen, 14 Amp.

Spektrograph: ARL 2 m-Gitterspektrograph, 2. Ordnung, Spaltbreite 0,060 mm.

Auswertung: ARL-Comparator-Densitometer.

Vorfunkzeit: keine; Belichtungszeit: 3,0 sec.

Photographische Emulsion: Kodak S. A. 2.

Entwickeln: Kodak D 19,5 min bei 21° C; Unterbrechen: 4,5 ml Eisessig in 350 ml Wasser, 15 sec; Fixieren: Kodak-Schnellfixier, 5 min; Wässern: 15 min; Trocknen: an der Luft.

Innerer Standard: Ni.

Analysen-Linienpaar: Co 3453,5/Ni 3452,9.

Probenahme

Hierzu wendet man entweder die Transfusionstechnik an oder man benützt eine kalibrierte Injektionsspritze. Für Probemengen <100 ml verwendet man eine 50 ml-Injektionsspritze (subcutan) mit speziellen Nadeln aus Platin-Ruthenium-Legierung. Der Nadelhals mit dem Ansatzstück ist vergoldet. Die Spritze und die Nadel müssen ebenso wie die Glasgeräte unter entsprechenden Vorsichtsmaßregeln spurenfrei gereinigt und anschließend in gereinigten Glasgefäßen durch Erhitzen auf 160° C über Nacht sterilisiert werden. Zur Verhinderung der Blutkoagulation legt man in der Spritzenkammer 1,5 mg Natriumheparin vor. Die entnommene Probe wird in die Quarzschale zur Veraschung (oder in Polyäthylenflaschen, wenn eine Aufteilung in Blutfraktionen durchgeführt werden soll) übergeführt. Für Probemengen >100 ml verwendet man die normale Transfusionseinrichtung. Sie muß nach den einschlägigen Richtlinien Co-frei gemacht worden sein; in die Flaschen werden 1,5 mg Natriumheparin/50 ml Probe und einige Tropfen tridestilliertes Wasser vorgelegt. Man verwendet Nadeln aus rostfreiem (möglichst Co-freiem) Stahl und Polyäthylenschläuche. Die nach den medizinischen Richtlinien entnommenen Proben werden entweder im Kühlschrank aufbewahrt oder der Veraschung zugeführt.

Veraschung

Die Probe wird in einer 100 ml-Quarzschale in der Eindampfvorrichtung (s. Abb. 13, S. 110) zur Trockene eingedampft und verkohlt. Anschließend wird die Quarzschale mit einem Uhrglas aus Quarz bedeckt, in einer elektrischen Muffel langsam auf 450° C erhitzt und bis zur vollständigen Veraschung bei dieser Temperatur belassen. Wenn beim Lösen der Asche noch unverbrannter Kohlenstoff festgestellt wird, so filtriert man diesen durch einen Glasfiltertiegel ab, verascht ebenfalls in der Muffel und löst die Asche, indem man den Filtertiegel beim nächsten Arbeitsschritt zum Abfiltireren unlöslicher Substanz verwendet.

Lösen der Asche

Die Asche wird mit 5 ml 4n HCl unter Erwärmen gelöst, in der Eindampfvorrichtung auf 1 ml eingeengt, dazu 2 ml 9n HCl gefügt und abgekühlt. Dabei fallen gewisse unlösliche Chloride aus (eine Überprüfung mit ^{60}Co ergab, daß sie keine nachweisbaren Co-Mengen enthalten). Die kalte überstehende Lösung wird dann durch den oben verwendeten Glasfiltertiegel (mittlere Porenweite) dekantiert, die Quarzschale und der Salzniederschlag mit 1 ml-Anteilen 9n HCl gespült und die Waschsäuren ebenfalls durch den Tiegel abgesaugt. Insgesamt 7 ml 9n HCl werden zum Nachwaschen verwendet.

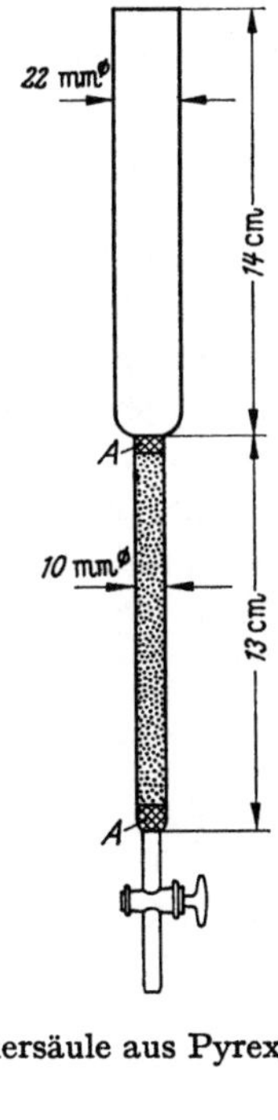

Abb. 103. Ionenaustauschersäule aus Pyrexglas [*94*]. *A* Pyrexglaswolle

Extraktion des Fe

Die 9n HCl-Lösung wird in einem 30 ml-Schütteltrichter mit 10 ml-Anteilen Diisopropyläther extrahiert und die Ätherphasen mittels einer Capillare von oben abgesaugt. Bei

Plasmaproben genügt eine Extraktion, in den anderen Fällen sind 2 Ausschüttelungen erforderlich. Die wäßrige Lösung wird in ein Becherglas abgelassen, zur Entfernung des Äthers 1–2 min gekocht und nach dem Abkühlen für die Isolierung des Co verwendet.

Isolierung des Co

Die Austauschersäule wird mit 30 ml 0,01 n HCl und anschließend mit 5 ml 9 n HCl gewaschen, die Probelösung dann durch die Säule geschickt (Durchflußgeschwindigkeit 0,75–1 ml/min) und mit 20 ml 9 n HCl bei gleicher Durchflußgeschwindigkeit nachgewaschen (Entfernung von nicht adsorbierten Aschebestandteilen einschließlich Alkali- und Erdalkalimetallen, Ni, Mn und anderen Elementen). Nun eluiert man das Co mit 30 ml 4 n HCl bei gleicher Durchflußgeschwindigkeit und sammelt das Eluat in einem Becherglas aus Polyäthylen. Cu, Fe und Zn werden dabei von der Säule zurückgehalten. Nun fügt man zur Co-haltigen Lösung 0,25 μg Ni (als Ni-chlorid aus einer Stammlösung) und dampft die Lösung vorsichtig in der Eindampfvorrichtung auf etwa 0,05 ml ein, wobei darauf zu achten ist, daß die gesamte Probe in einem Tropfen vereinigt wird. Beim Erreichen des genannten Volumens der Lösung unterbricht man das Erwärmen, kühlt ab und führt sofort die spektrographische Bestimmung durch, um bei längerem Stehen ein Eintrocknen zu vermeiden.

Spektrographische Bestimmung

Die auf 0,05 ml eingeengte Probelösung wird mit Hilfe einer Mikropipette (eine solche aus Polyäthylen wird empfohlen) auf die erhitzte Probenelektrode aufgebracht. Nach dem Eintrocknen wird die Elektrode mindestens 1 Std bei 110° C getrocknet, eingespannt und als Kathode geschaltet. Die Probenelektrode wird im Elektrodenhalter so justiert, daß 1 mm des Kathodenendes und 3 mm des anschließenden Lichtbogens auf dem Gitter abgebildet werden. Nach dem Öffnen des Verschlusses wird der Bogen mit Hilfe des Zündfunkens eingeschaltet.

Aufstellung der Eichkurve: Entsprechende Verdünnungen mit Hilfe von Co- und Ni-Stammlösungen werden mit den Konzentrationen 0,01, 0,03, 1,0, 3,0 und 10,0 μg Co/ml und konstanter Ni-Konzentration von 5,0 μg Ni/ml hergestellt. Diese Lösungen sollen 4 n HCl-sauer sein. Durch Eindampfen von jeweils 50 μl (= 0,05 ml) dieser Lösungen auf den Elektroden in der früher beschriebenen Weise erhält man Elektroden mit Co-Mengen von 0,5–500 ng. Sie werden nach der Vorschrift abgefunkt und die Intensitätsverhältnisse des obengenannten Linienpaares mit Untergrundkorrektur (der schwächste Untergrund zwischen den beiden Linien) gegen die Co-Menge in Nanogramm graphisch aufgetragen.

1.2. Tierisches Gewebe

Das direkte Verfahren (Verfahren 1.2.1), mit welchem das Co direkt in der Asche ohne vorherige Abtrennung bestimmt wird, gestattet die Bestimmung höherer Co-Gehalte: von „Co-Normalgehalt" (dieser liegt in den einzelnen Organen von Kaninchen, Hunden und Ratten im allgemeinen innerhalb 0,005–0,086 μg Co/g, vereinzelt bis zu 0,259 μg Co/g frisches Gewebe) + 0,025 μg Co/g frisches Probematerial an aufwärts, bzw. von „Co-Normalgehalt" + 0,005 μg Co/2 mg Asche an aufwärts. Knochenproben müssen nach Verfahren 1.2.2 oder einer anderen Arbeitsvorschrift untersucht werden. 0,005 bis 0,050 μg Co/2 mg Asche werden zu 89%, 0,10–0,35 μg Co/2 mg Asche zu 100% wiedergefunden. F_r: ±10%.

Das Anreicherungsverfahren (Verfahren 1.2.2) eignet sich zur Bestimmung von „Co-Normalgehalten". Nach der Veraschung wird das Co mit 1-Nitroso-2-naphthol/$CHCl_3$

extrahiert [33]. Als Trägersubstanz bei der spektrographischen Bestimmung dient Al_2O_3. Zu diesem Zweck wird nach der Extraktion der $CHCl_3$-Lösung $Al(NO_3)_3$ zugesetzt. Nach der Veraschung des Extraktes werden LiCl und Graphitpulver als spektrographischer Puffer zugefügt. Dieser Puffer unterdrückt Cyanbanden und Untergrund und verstärkt die Intensität der Analysenlinien [96]. Mit diesem Puffer erreicht man im Gleichstrombogen $L_Q = 0{,}005$ µg Co auf der Elektrode, bei einer 30 g-Probe von frischem Gewebe $L_Q = 0{,}001$ µg Co/g. Im Mittel werden 94% des vorhandenen Co wiedergefunden. F_r: -2 bis -10%.

1.2.1. Direktes Verfahren

Arbeitsvorschrift [95]

Reagentien

6n HCl.

Paraffinwachs-Lösung, 20%ig in Benzol.

Co-Standard-Lösung; 50 µg Co/ml, 0,1n HCl; von dieser Lösung werden entsprechende Verdünnungen hergestellt.

Pd-Standard-Lösung; 20 mg $PdCl_2 \cdot 2\,H_2O$ werden in Wasser gelöst und auf 100 ml aufgefüllt. 1 Teil dieser Lösung wird mit 9 Teilen Wasser verdünnt und ergibt so eine Konzentration von 0,5 µg Pd/50 µl.

Spektrographisches Puffergemisch; 1,000 g Graphitpulver und 0,400 g LiCl werden durch Reiben in einer Mullit- oder Achatreibschale sorgfältig gemischt.

Spektrographische Arbeitsbedingungen

Elektroden: Graphit, 7,9 mm ⌀, 38 mm lang; obere: gespitzt, als Kathode; untere: Probenelektrode, mit Bohrung 4,5 mm ⌀, 3 mm tief, als Anode.

Elektrodenabstand: 10 mm.

Anregung: Gleichstrombogen, 220 V, 9 Amp.

Spektrograph: Bausch & Lomb, Littrow-Spektrograph, Spaltbreite 0,010 mm.

Vorfunkzeit: keine; Belichtungszeit: 25—35 sec.

Photographische Emulsion: Kodak III-0.

Innerer Standard: Pd.

Analysen-Linienpaare: Co 3453,5/Pd 3460,8;

Co 3455,2/Pd 3460,8 (Bei der Bestimmung höherer Co-Gehalte bis zu 50 µg Co/2 mg Asche, z. B. bei Lunge, Pankreas).

Das Probematerial wird in Quarzschalen bei 500° C verascht, die Asche in 6n HCl und heißem Wasser gelöst und die Lösung soweit eingeengt, daß sie einen Aschegehalt von 2 mg/50 µl aufweist (der Aschegehalt des Probematerials wird vorher auf üblichem Wege ermittelt). Die Bohrung der Probenelektrode wird mit Paraffinwachslösung wasserdicht gemacht und dann mit etwa 10 mg spektrographischem Puffergemisch gefüllt. Auf die so gefüllte Elektrode bringt man 50 µl Probelösung auf. Die Elektrode wird nun 15–20 min bei 85° C getrocknet, nach dem Abkühlen 50 µl Pd-Standardlösung aufgebracht, erneut 1 Std bei 105° C getrocknet und anschließend abgefunkt. Die Auswertung erfolgt mit Untergrundkorrektur.

Für die Aufstellung der Eichkurven wird empfohlen, für jede Art von Probematerial eigene Eichkurven zu verwenden. Mit Gewebe von normalen Tieren (mit „Co-Normalgehalt") stellt man Asche her, die den Standardlösungen zugesetzt wird, um einen Gehalt von 2 mg Asche/50 µl einzustellen. Die Asche wird als Co-frei betrachtet, da das „direkte Verfahren" den „Co-Normalgehalt" nicht erfassen kann. Zweckmäßig wird die hierzu verwendete Asche vorher auf Co geprüft. Auf die nach der Vorschrift vorbereiteten Elektroden bringt man 0,000, 0,005, 0,010, 0,025, 0,050, 0,125, 0,250, 0,500 und 1,25 µg Co auf, trocknet nach der Vorschrift, bringt dann auf die Elektroden jeweils 0,5 µg Pd auf und fährt nach der Arbeitsvorschrift fort.

1.2.2. Anreicherungsverfahren

Arbeitsvorschrift [*95*]

Reagentien

HNO_3 (1,40); HNO_3 (1 + 1); HCl (1 + 99).

H_3PO_4 (1 + 49).

Methylorange-Indicator, 0,1%ige wäßrige Lösung.

1-Nitroso-2-naphthol-Lösung; 2,5 g Reagens werden in 125 ml Eisessig gelöst und mit Wasser auf 250 ml aufgefüllt.

Natriumcitrat-Lösung; 423 g Natriumcitrat · 2 H_2O werden in fast 1 l Wasser gelöst, mit NaOH auf pH 9 gebracht und die Verunreinigungen mit 0,01%iger Dz/$CHCl_3$-Lösung entfernt. Die wäßrige Lösung wird mit Citronensäure auf pH 7 eingestellt, der Dz-Überschuß mit $CHCl_3$ entfernt und die Lösung mit Wasser auf 1 l aufgefüllt.

$Al(NO_3)_3$-Lösung; 1,472 g $Al(NO_3)_3$ · 9 H_2O werden in 20 ml Äthylalkohol gelöst. 2 ml dieser Lösung enthalten eine 20 mg Al_2O_3 äquivalente Menge.

Das Probematerial wird, wie in der vorhergehenden Vorschrift, verascht, die Asche gelöst und aus der Lösung das Co durch Extraktion mit 1-Nitroso-2-naphthol/$CHCl_3$ nach Verfahren D.1.1 (s. S. 604) isoliert. Der $CHCl_3$-Extrakt wird in eine Quarzschale, in welche 2 ml $Al(NO_3)_3$-Lösung vorgelegt sind, gegeben, auf dem Wasserbad zur Trockene eingedampft, mit 5 ml HNO_3 (1,40) abgeraucht und der Trockenrückstand entweder auf trockenem Wege bei 450° C oder auf nassem Wege mit HNO_3 verascht. Von der Asche werden mehrere Einwaagen zu je 5,0 mg mit jeweils 5 mg LiCl-Graphit-Puffergemisch (s. Verfahren G.1.2.1) durch Reiben in einer Achatreibschale sorgfältig gemischt und die Mischung in nach Verfahren G.1.2.1 vorbereitete Graphitelektroden auf analoge Weise eingefüllt. Nach Aufbringen von 0,5 μg Pd werden die Elektroden zunächst 20 min bei 80–85° C und danach 90 min bei 105° C getrocknet. Die Spektralanalyse wird nach Verfahren G.1.2.1 durchgeführt.

Zur Herstellung der Eichkurven wird eine Serie bekannter Co-Mengen im Bereich von 0,03–1,00 μg Co in Quarzschalen gegeben, in welche 2 ml $Al(NO_3)_3$-Lösung und 5 ml 1-Nitroso-2-naphthol-Lösung vorgelegt sind. Das Lösungsgemisch wird eingedampft, verascht und der Spektralanalyse gemäß der Arbeitsvorschrift zugeführt.

H. Atomabsorptionsspektrophotometrie

Das Co kann mit der Linie Co 2407 und dem Luft/C_2H_2-Brenner ($S_M = 0{,}2$ μg Co · ml^{-1}) bestimmt werden. Infolge Selbstabsorption und einiger Ionenlinien ist die Eichkurve im oberen Bereich gekrümmt. Der optimale Arbeitsbereich liegt innerhalb 4–40 μg Co/ml wäßriger Lösung. Für höhere Co-Gehalte ist die Linie Co 3527 ($S_M = 3$ μg Co · ml^{-1}) am besten geeignet. Folgende Elementgehalte (μg/ml) stören nicht [*97*, *98*]: Cr (5000), Cu (1000), Mn (2400), Mo (1000), Ni (4000), P (50), S (50), Si (500), Ti (400), V (400) und W (2000). Bei der Bestimmung von Co in Eisen und Stahl treten mit dem Luft/C_2H_2-Brenner sowohl in reduzierender als auch in oxydierender Flamme Störungen durch die Matrix auf, weshalb hier die Verwendung des praktisch störungsfreien N_2O/C_2H_2-Brenners ($S_M = 0{,}7$ μg Co · ml^{-1} mit der Linie 2407) zweckmäßig ist [*99*]. Nach anderen Erfahrungen aber läßt sich für die Analyse von unlegierten und legierten Stählen auch die brenngasarme Luft/C_2H_2-Flamme ohne Störungen verwenden [*98*]. Liegt der Co-Gehalt der Probelösung unterhalb L_Q, so extrahiert man das Co zweckmäßig mit Ammoniumtetramethylendithiocarbamat/MIBK (s. S. 621) und sprüht den organischen Extrakt in die Flamme ein.

Mittels AAS wurde Co in verschiedensten Materialien bestimmt, wie Wasser [*100*], Seewasser [*101*], Blut [*102*], Stahl [*98, 99*], Molybdän, Wolfram [*103*], Plutonium [*104*] u. a. m.

Mit der flammenlosen AAS (Graphitrohrküvette) erreicht man $L_Q = 1$ ng Co [*105*].

1. Serum, Harn

Serumproben werden naß verascht, das Co mit Carbamat/MIBK bei pH 2–4 extrahiert [s. Verfahren F. 1. (Abschnitt „Wismut") S. **543**, Verfahren D. 1.2. (Abschnitt „Cadmium") S. **583**, s. a. S. **297** ff.] und der organische Extrakt in die Flamme eingesprüht.

Harnproben sprüht man direkt in die Flamme ein (*B:* $\geqq 0{,}05$ ppm Co) oder man behandelt sie wie Serumproben (s. oben).

2. Eisen, unlegierter und legierter Stahl

Mit der brenngasarmen Luft/C_2H_2-Flamme stören folgende Gehalte nicht [*98*]: 25% Cr, 5% Cu, 12% Mn, 2,5% Mo, 20% Ni, 2% Ti und 2% V.

B: 0,001–0,500% Co. F_{rm}: ±3% [*99*] bzw. *s:* ±0,002% Co [*98*]. *Z:* 15–20 min.

Arbeitsvorschrift [*98, 99*]

Die nach Verfahren F.2.1. (Abschnitt „Wismut", s. S. **543**) bzw. H.1.1. (Abschnitt „Aluminium", s. S. **427**) erhaltene Probelösung wird in die N_2O/C_2H_2- [*99*] bzw. Luft/C_2H_2-Flamme [*98*] eingesprüht. Im Bereich von 0,001–0,02% Co ist eine Skalenexpansion erforderlich.

I. Verschiedenes

Für die photometrische Co-Bestimmung wurden auch folgende Reagentien angewendet: Äthylxanthogenat/$CHCl_3$ (oder CCl_4 u. a. m.; pH 4,7, pH 9) [*106*], α-Furilmonoxim/$CHCl_3$ [*107*], 2,2'-Dipyridylketoxim/$CHCl_3$ ($\varepsilon_{388} = 19500$) [*108*], 2,2'-Pyridylmonoxim ($\varepsilon_{408} = 17000$) [*109*], Isonitrosodimedon (Isonitrosodimethyldihydroxyresorcinol) [$\varepsilon_{374} = 19680$; Cu(II), Fe(III) und Ni(II) reagieren ebenfalls] [*110, 111*], Nitrosoresorcinmonomethyläther/Benzol (3-Methoxy-5-nitrosophenol) [*112*], 4-(2-Pyridylazo)-resorcinol ($\varepsilon_{510} = 56000$, $L_Q = \sim 0{,}03\ \mu g \cdot ml^{-1} \cdot cm^{-1}$) [*113, 114*], Acid monochrome green S/Butanol ($\varepsilon_{625} = 32000$) [*115*], Oxin/$CHCl_3$, Zn-Diäthyldithiocarbamat/Benzol ($\varepsilon_{325} = 25300$) [*116*], Dithiooxamid [*117*], N,N'-Bis(3-dimethylaminopropyl)-dithiooxamid [*118*], 6-Nitroso-3-dimethylaminophenol/1,2-Dichloräthan ($\varepsilon_{456} = 60000$) [*119*] und 3-[(5-Chloro-2-pyridyl)azo]-2,6-diaminopyridin ($\varepsilon_{620} = 36900$) [*120*].

Literatur

1. Salyer, D., Sweet, T. R.: Analyt. Chem. **29**, 2 (1957).
2. Harris, W. F., Sweet, T. R.: Analyt. Chem. **26**, 1648 (1954).
3. Scharrer, K., Taubel, N.: Landwirtsch. Forsch. **7**, 105 (1954/55).
4. Schüller, H.: Mikrochim. Acta (Wien) **1959**, 107.
5. Marston, H. R., Dewey, D. W.: Austr. J. exp. Biol. med. Sci. **18**, 343 (1940).
6. Graue, G., Eckhardt, S., Gradtke, W.: Angew. Chem. **71**, 28 (1959).
7. Forsythe, J. H. W., Magee, R. J., Wilson, C. L.: Talanta **1**, 249 (1958).
8. Musil, A., Weidmann, G.: Mikrochim. Acta (Wien) **1959**, 476.
9. Mahlman, H. A., Leddicotte, G. W., Moore, F. L.: Analyt. Chem. **26**, 1939 (1954).
10. Ellis, G. H., Thompson, J. F.: Ind. Eng. Chem., Anal. Ed. **17**, 254 (1945).
11. Cronheim, G.: Ind. Eng. Chem., Anal. Ed. **14**, 445 (1942).
12. Lundquist, R., Markle, G. E., Boltz, D. F.: Analyt. Chem. **27**, 1731 (1955).

13. Middleton, G., Stuckey, R. E.: Clin. chim. Acta **1**, 135 (1956).
14. Paulais, R.: Ann. pharmac. franc. **4**, 101 (1946).
15. Kentner, E., Zeitlin, H.: Analyt. chim. Acta **49**, 587 (1970).
16. Cardini, C. E., Jung W., Fuksman, M.: An. Asoc. quim. Argent. **31**, 191 (1943).
17. Boyland, E.: Analyst **71**, 230 (1946).
18. Nielsch, W.: Mikrochim. Acta (Wien) **1959**, 723.
19. Baron, H.: Z. anal. Chem. **140**, 173 (1953).
20. Baron, H.: Landwirtsch. Forsch. **6**, 13 (1954).
21. Baron, H.: Landwirtsch. Forsch. **7**, 82 (1955).
22. Pontet, M.: Chim. analytique **37**, 372 (1955).
23. Claassen, A., Daamen, A.: Analyt. chim. Acta **12**, 547 (1955).
24. Clark, L. J.: Analyt. Chem. **30**, 1153 (1958).
25. Silverman, L., Seitz, R. L.: Analyt. chim. Acta **20**, 340 (1959).
25a. Tran-Van-Danh, Spitz, J., Mathien, C.: Analyt. chim. Acta **36**, 204 (1966).
25b. Ssekaalo, H.: Analyt. chim. Acta **51**, 503 (1970).
25c. Needleman, M.: Analyt. Chem. **38**, 915 (1966).
26. Rooney, R. C.: Metallurgia **58**, 205 (1958).
26a. Rooney, R. C.: Metallurgia **62**, 175 (1960).
27. Affsprung, H. E., Barnes, N. A., Potratz, H. A.: Analyt. Chem. **23**, 1680 (1951).
28. Almond, H.: Analyt. Chem. **25**, 166 (1953).
28a. Bodart, D. E.: Chem. Geol. **6**, 133 (1970).
29. McNaught, K. J.: Analyst **67**, 97 (1942).
30. Ovenston, T. C. J., Parker, C. A.: Analyt. chim. Acta **4**, 142 (1950).
31. Claassen, A., Westerveld, W.: Rec. Trav. chim. Pays-Bas **67**, 720 (1948).
32. Willard, H. H., Kaufman, S.: Analyt. Chem. **19**, 505 (1947).
33. Saltzman, B. E.: Analyt. Chem. **27**, 284 (1955).
34. Pohl, F. A., Demmel, H.: Analyt. chim. Acta **10**, 554 (1954).
35. Shipman, W. H., Lai, J. R.: Analyt. Chem. **28**, 1151 (1956).
36. Shipman, W. H., Foti, S. C., Simon, W.: Analyt. Chem. **27**, 1240 (1955).
37. Bayliss, N. S., Pickering, R. W.: Ind. Eng. Chem., Anal. Ed. **18**, 446 (1946).
38. Troitskaja, M. I., Zaglodina, T. V.: Zavodskaja Lab. **13**, 145 (1947).
39. Hall, A. J., Young, R. S.: Analyt. Chem. **22**, 497 (1950).
40. Pascual, J. N., Shipman, W. H., Simon, W.: Analyt. Chem. **25**, 1830 (1953).
41. Adam, J., Přibil, R.: Talanta **18**, 733 (1971).
42. Forster, W., Zeitlin, H.: Analyt. chim. Acta **34**, 211 (1966).
43. Kiermeier, F., Winkelmann, H.: Z. Lebensmittel-Unters. Forsch. **115**, 309 (1961).
44. Parks, R. Q., Hood, S. L., Hurwitz, C., Ellis, G. H.: Ind. Eng. Chem., Anal. Ed. **15**, 527(1943).
45. Houk, A. E. H., Thomas, A. W., Sherman, H. C.: J. Nutrition **31**, 609 (1946).
46. Sylvester, N. D., Lampitt, L. H.: J. Soc. chem. Ind. **59**, 57 (1940).
46a. Dewey, D. W., Marston, H. R.: Analyt. chim. Acta **57**, 45 (1971).
47. Willmer, T. K.: Arch. Eisenhüttenw. **29**, 159 (1958).
48. Haywood, F. W., Wood, A. A. R.: J. Soc. chem. Ind. **62**, 37 (1943).
49. Koch, O. G.: Unveröffentlicht (1958).
50. Stross, W., Stross, G.: Metallurgia **45**, 315 (1952).
51. Luke, C. L.: Analyt. Chem. **32**, 836 (1960).
52. Athavale, V. T., Gulavane, S. V., Tillu, M. M.: Analyt. chim. Acta **23**, 487 (1960).
53. Pinsl, H.: Arch. Eisenhüttenw. **13**, 333 (1939/40).
54. Putsché, H. M., Malooly, W. F.: Analyt. Chem. **19**, 236 (1947).
55. Norwitz, G., Gordon, H.: Analyt. Chem. **37**, 417 (1965).
56. Vogel, J., Monnier, D., Haerdi, W.: Analyt. chim. Acta **24**, 55 (1961).
57. Koch, K. H., Ohls, K., Sebastiani, E., Riemer, G.: Z. anal. Chem. **249**, 307 (1970).
58. Sandell, E. B.: Ind. Eng. Chem., Anal. Ed. **14**, 82 (1942).
59. *B.I.S.R.A.* Methods of Analysis Committee. J. Iron Steel Inst. **191**, 236 (1959).
60. Dean, J. A.: Analyt. Chem. **23**, 1096 (1951).
61. Wood, D. F., Clark, R. T.: Talanta **2**, 1 (1959).
62. Sandell, E. B., Perlich, R. W.: Ind. Eng. Chem., Anal. Ed. **11**, 309 (1939).
63. Cheng, K. L., Bray, R. H.: Analyt. Chem. **27**, 782 (1955).
64. Goldstein, G., Manning, D. L., Menis, O.: Analyt. Chem. **31**, 192 (1959).
65. Young, R. S., Pinkney, E. T., Dick, R.: Ind. Eng. Chem., Anal. Ed. **18**, 474 (1946).
66. Haerdi, W., Vogel, J., Monnier, D.: Analyt. chim. Acta **24**, 365 (1961).

66a. Keenan, R. G., Flick, B. M.: Analyt. Chem. **20**, 1238 (1948).
67. Grahame, D. C., Seaborg, G. T.: J. Amer. chem. Soc. **60**, 2524 (1938).
68. Foglino, N., Bertoldi, S.: Ann. Chim. applicata 32, 206 (1942).
69. Vanossi, R.: An. Asoc. quim. argent. **30**, 112 (1942).
70. Püschel, R., Lassner, E., Katzengruber, K.: Z. anal. Chem. **223**, 414 (1966).
71. Young, R. S., Hall, A. J.: Ind. Eng. Chem., Anal. Ed. **18**, 264 (1946).
72. Kinnunen, J., Merikanto, B., Wennerstrand, B.: Chemist-Analyst **43**, 21 (1954).
73. Brown, W. B., Steinbach, J. F.: Analyt. Chem. 31, 1805 (1959).
73a. Hibbits, J. O., Rosenberg, A. F., Williams, R. T.: Talanta **5**, 250 (1960).
74. Tomula, E. S.: Z. anal. Chem. **83**, 6 (1931).
75. Uri, N.: Analyst 72, 478 (1947).
76. Zwenigorodskaja, V. M.: Zavodskaja Lab. **7**, 1350 (1938).
77. Kitson, R. E.: Analyt. Chem. **22**, 664 (1950).
78. Potratz, H. A., Rosen, J. M.: Analyt. Chem. **21**, 1276 (1949).
79. —
80. Pepkowitz, L. P., Marley, J. L.: Analyt. Chem. **27**, 1330 (1955).
81. Willard, H. H., Smith, G. M.: Ind. Eng. Chem., Anal. Ed. **11**, 186 (1939).
82. Ellis, K. W., Gibson, N. A.: Analyt. chim. Acta **9**, 275 (1953).
83. Shinagawa, M., Matsuo, H., Kohara, R.: Jap. Analyst **5**, 29 (1956); ref. Z. anal. Chem. **154**, 136 (1957).
84. Ziegler, M., Glemser, O.: Z. anal. Chem. **152**, 241 (1956).
85. Ziegler, M., Glemser, O.: Z. anal. Chem. **152**, 245 (1956).
86. Ziegler, M., Glemser, O.: Angew. Chem. **68**, 411 (1956).
87. Gundersen, N., Jacobsen, E.: Analyt. chim. Acta **42**, 330 (1968).
88. Wilson, A. M., McFarland, O. K.: Analyt. Chem. **35**, 302 (1963).
89. Ziegler, M., Glemser, O., Preisler, E.: Angew. Chem. **68**, 436 (1956).
90. Ziegler, M., Glemser, O., Preisler, E.: Mikrochim. Acta (Wien) **1956**, 1526.
91. Ziegler, M., Glemser, O., Preisler, E.: Z. anal. Chem. **158**, 358 (1957).
92. Selmer-Olsen, A. R.: Analyt. chim. Acta **31**, 33 (1964).
93. Stanton, R. E., McDonald, A. J., Carmichael, I.: Analyst **87**, 134 (1962).
94. Thiers, R. E., Williams, J. F., Yoe, J. H.: Analyt. Chem. **27**, 1725 (1955).
94a. Kabiel, A. M., Hanna, Z. G., Youssif, Y. S.: Appl. Spectr. **22**, 183 (1968).
95. Keenan, R. G., Kopp, J. F.: Analyt. Chem. **28**, 185 (1956).
96. Keenan, R. G., White, C. E.: Analyt. Chem. **25**, 887 (1953).
97. McPherson, G. L.: Atom. Absorp. Newsletter **4**, 186 (1965).
98. Cobb, W. D., Foster, W. W., Harrison, T. S.: Analyt. chim. Acta **60**, 430 (1972).
99. Fleming, H. D.: Analyt. chim. Acta **59**, 197 (1972).
100. Sachdev, S. L., Robinson, J. W., West, P. W.: Analyt. chim. Acta **38**, 499 (1967).
101. Brooks, R. B., Presley, B. J., Kaplan, I. R.: Talanta **14**, 809 (1967).
102. Delves, H. T., Shepherd, G., Vinter, P.: Analyst **96**, 260 (1971).
103. Neumann, G. M.: Z. anal. Chem. **259**, 337 (1972).
104. Vienney, J.: Analyt. chim. Acta **55**, 37 (1971).
105. Welz, B., Wiedeking, E.: Z. anal. Chem. **252**, 111 (1970).
106. Pilipenko, A. T., Ulko, N. V.: J. anal. Chim. (USSR) **10**, 299 (1955).
107. Martinek, J., Hovorka, V.: Chem. listy **50**, 1450 (1956); ref. Z. anal. Chem. **156**, 306 (1957).
108. Holland, W. J., Bozic, J.: Talanta **15**, 843 (1968).
109. Stupavsky, S., Holland, W. J.: Mikrochim. Acta (Wien) **1970**, 115.
110. Shome, S. S.: Analyt. chim. Acta **3**, 679 (1949).
111. van den Bossche, W., Hoste, J.: Analyt. chim. Acta **18**, 564 (1958).
112. Peach, S. M.: Analyst **81**, 371 (1956).
113. Pollard, F. H., Hanson, P., Geary, W. J.: Analyt. chim. Acta **20**, 26 (1959).
114. Yotsuyanagi, T., Yamashita, R., Aomura, K.: Analyt. Chem. **44**, 1091 (1972).
115. Bagreev, V. V., Zolotov, Y. A.: Talanta **15**, 988 (1968).
116. Motojima, K., Tamura, N.: Analyt. chim. Acta **45**, 327 (1969).
117. Jacobs, W. D., Yoe, J. H.: Analyt. chim. Acta **20**, 332 (1959).
118. Jacobs, W. D., Yoe, J. H.: Analyt. chim. Acta **20**, 435 (1959).
119. Motomizu, S.: Analyt. chim. Acta **56**, 415 (1971).
120. Shibata, S., Furukawa, M., Goto, K.: Talanta **20**, 426 (1973).

Cr — Chrom

Tabelle 137. Empfindlichkeit S_M und Bestimmungsgrenze L_Q der Verfahren

Verfahren	µg Cr · ml⁻¹ · cm⁻¹ S_M	L_Q
Diphenylcarbazid/wäßrige Lösung, /Benzol-Äthanol (1 + 2) oder /MIBK-Aceton (9 + 1)	0,0015 (540 nm)	0,038 (540 nm)
Gaschromatographie	0,03—0,2[1]; 0,01[2]	0,3—2[1,3]; 0,1[2,3]
Atomabsorptionsspektrophotometrie	0,15[4,5]	0,025—0,050[3,4]

[1] pg
[2] ng · ml^{-1} (im Benzolextrakt).
[3] $F_r = \pm 10\%$.
[4] µg · ml^{-1}.
[5] Für 1% Absorption.

A. Trennungen

Die Löslichkeit der Perchromsäure in organischen Lösungsmitteln ermöglicht die Abtrennung des Cr von störenden Elementen. Mit Äthylacetat wird Cr(VI) in Anwesenheit von H_2O_2 aus schwach saurer Lösung quantitativ extrahiert (allerdings nicht mehr im ng-Bereich [*1*]) und kann aus dem organischen Extrakt durch Schütteln mit NaOH wieder in die wäßrige Phase zurückgebracht werden [*2, 3*]. Die optimalen Bedingungen für die Extraktion sind [*3*]: pH 1,7 ± 0,2, 0,02m H_2O_2, 10° C oder weniger (wegen der Instabilität der Perchromsäure). Durch einmaliges Ausschütteln werden 93–96% des Cr extrahiert. Bei 10° C und darunter gehen bei 3maliger Extraktion 98–99% des Cr, bei 20–25° C 95–96% und bei 29° C nur mehr 60% in die organische Phase über. In wäßriger Lösung zersetzt sich die Perchromsäure sehr rasch, während sie in Äthylacetat über 30 min stabil ist. Nach ihrer Bildung muß sie daher sofort extrahiert werden. Die Anwesenheit von 50 mg Fe, Hg, V, Ti, Ni oder Mo stört nicht. Bei Extraktion mit 25% TBP/Benzol aus 0,02–0,075n H_2SO_4-Lösung oder bei pH 1,3–1,8 aus HCl- oder H_2SO_4-Lösung, einer H_2O_2-Konzentration von 2,2–21,1 mMol und ≦ 10° C wird eine Ausbeute von 99,2–100% Cr(VI) erzielt, wobei die Farbe wesentlich stabiler (Farbminderung 1,5% in 12 Std) als in Äthylacetat sein soll [*4*]. Der Extrakt kann auch bei 585 nm direkt photometriert werden. Folgende Elemente stören nicht (in mg): Cu(II) (80), Ni (80), Co (50), Fe(III) (50), V (30), Mo (16), Ti (3). Auch reines TBP ist zur Extraktion mit nachfolgendem Photometrieren des Extraktes geeignet [*5*]. Mit Tri-n-octylphosphinoxyd/Benzol läßt sich Cr(VI) ebenfalls aus saurer Lösung ausschütteln [*6*]; auf diesem Wege wurde Cr in Alkalimetallen bestimmt und als DPC-Komplex im Extrakt photometriert (s. Verfahren B.II.1, S. 638). Qualitative Versuche mit anderen Lösungsmitteln ergaben eine Extrahierbarkeit von Cr(VI) aus 0,1n HCl mit Diäthyläther, Isoamylalkohol, MIBK [*7*]. MIBK wurde bereits früher erfolgreich zur Trennung des Cr(VI) im µg-Bereich von V(V) und Fe(III) herangezogen [*8–12*]. Am günstigsten arbeitet man bei

0–10° C und 1n HCl, um Fe(III) ohne Cr-Verluste in der wäßrigen Phase zurückzuhalten. Bis zu 100 μg Fe(III)/ml (bei Maskierung mit H_3PO_4 bis zu 500 μg/ml) stören nicht. Durch 1maliges Waschen mit 1n HCl können bis zu 97,5% des Fe(III) aus dem organischen Extrakt rückextrahiert werden. Bis zu 25 μg V/ml und je 2,5 μg/ml an Mo(VI) und Sn(IV) stören nicht; diese Grenzen können beim Waschen des organischen Extraktes mit 1n HCl noch überschritten werden. Da Cr(VI) in der Ketonphase, besonders in Berührung mit der wäßrigen Lösung, langsam zersetzt wird, ist eine rasche Phasentrennung erforderlich. Auch müssen die Extrakte sofort weiter verarbeitet oder andernfalls bei 0° C aufbewahrt werden, wo sie bis zu 4 Std stabil sein sollen. Über die Anwendung dieses Isolierungsverfahrens in Verbindung mit der photometrischen Messung als DPC-Komplex direkt im Extrakt s. S. **637**. Von anderer Seite [*13*] wurde unter analogen Bedingungen zur Erzielung einer 99 %igen Extraktion des Cr(VI) mit MIBK eine Schütteldauer von nur 2–4 sec als ausreichend empfohlen, da bei längerem Schütteln die Verteilung, vermutlich durch Reduktion, abnimmt. Demgegenüber wurde bei Versuchen im ng- und μg-Bereich unter ebenfalls möglichst niedrigen Temperaturbedingungen und bei einer Schütteldauer von 15 sec 2n HCl als optimal festgestellt; <2n HCl führte hier zu ungünstigerer Cr-Verteilung [*1*]. Neben MIBK können auch andere Ketone für die Extraktion des Cr(VI) unter folgenden optimalen Bedingungen verwendet werden (n HCl; *E*%) [*7*]: Methyläthylketon (1,0; 88), Methylisopropylketon (1,0–1,5; 87), Methyl-n-propylketon (2,0–3,0; 99), Diäthylketon (1,5–2,0; 93), MIBK (3,0; 96), Methylphenylketon (2,5–3,0; 93). Benzol, n-Heptan, CCl_4, $CHCl_3$, sowie HNO_3-, H_2SO_4-, $HClO_4$-, 0,1n NaOH, bzw. 0,1m Na_2CO_3-Lösungen eignen sich nicht für die Extraktion von Cr(VI). Cr(VI) läßt sich weiterhin auch mit Mesityloxyd aus 0,5–2n HCl/2,5m KCl-Lösung bereits durch 1maliges Ausschütteln zu 98,6% extrahieren und kann aus dem organischen Extrakt mit 0,1n NH_4OH und Wasser rückgeschüttelt werden [*14*].

Cr(VI) wurde weiterhin mit verschiedenen Aminen extrahiert. Mit 1% Tribenzylamin/$CHCl_3$ läßt es sich bereits aus $\geqq$ 0,1n HCl- oder H_2SO_4-Lösung quantitativ ausschütteln und so von mehreren Elementen abtrennen [*15*] (s. a. S. **276**). Es kann dann im organischen Extrakt photometrisch bestimmt (s. S. **641**) oder mit verdünnter NaOH rückgeschüttelt werden. Mit 0,01m Tri-n-octylamin/Benzol oder mit 1% Aliquat-336/$CHCl_3$ wurde Cr(VI) quantitativ ähnlich wie mit Äthylacetat (s. S. **624**) extrahiert und im Extrakt auch photometrisch bestimmt [*16*] (s. S. **641**). Aus dem Octylamin/Benzol-Extrakt läßt sich Cr aber mit 10% KOH auch rückschütteln. Mit Tetrabutylammoniumhydroxyd/MIBK kann Cr(VI) aus 1n HCl extrahiert und aus der organischen Phase mit 2n NaOH/3m NH_4Cl-Lösung rückgeschüttelt werden [*17*].

$Cr_2O_7^{2-}$ läßt sich als Tetraphenylarsoniumverbindung bei pH 1–5 [*18*] bzw. als Tetraphenylphosphoniumverbindung bei pH 0,1 – >3 [*19*] mit $CHCl_3$ weitgehend quantitativ extrahieren und so von zahlreichen Anionen, aber nicht von I^-, SCN^-, ClO_3^-, ClO_4^-, MnO_4^-, ReO_4^- abtrennen. Auch die Triphenylsulfoniumverbindung des $Cr_2O_7^{2-}$ läßt sich mit $CHCl_3$ noch gut, aber nicht quantitativ extrahieren [*20*], doch besteht eine starke Neigung zur Zersetzung.

Eine weitere Isolierungsmöglichkeit bietet sich in der Verwendung von Acetylaceton/$CHCl_3$ bei pH 2, wobei Cr(III) in der wäßrigen Phase verbleibt [*21*], während Al, Fe, Mo, Ti und V in die organische Phase übergehen. Das so isolierte Cr(III) kann bei pH 6 mit Acetylaceton/$CHCl_3$ (1:1) extrahiert und im Extrakt auch photometrisch bestimmt werden. Für die Abtrennung kleiner Mengen Cr aus Reintantal wurde der bei pH ~ 6 in der Hitze gebildete Komplex zwischen Cr(III) und Acetylaceton mit $CHCl_3$ extrahiert [*22*]. Bei anderen Untersuchungen [*1*] mit ng- und μg-Mengen Cr(III) hat sich jedoch nur eine unvollständige Komplexbildung mit Acetylaceton, selbst beim Erwärmen, ergeben. Demgegenüber ließen sich durch den Zusatz von Butylamin zu Acetylaceton (1:2) und kurzfristiges Erwärmen auf 70° C ng- und µg-Mengen Cr(III) bei 2maliger Ausschüttelung zu >90% extrahieren [*1*]. Eine Rückextraktion des Cr durch Säuren oder Laugen gelingt nicht [*1*, *23*]; in solchen Fällen muß die organische Phase naß verascht werden. Au, Be, Bi, Co, In, Mn, Platinmetalle, Ce(III), Y, Eu, teilweise auch Ag und Hg, stören durch eigene extrahierbare Komplexe. Versuche mit Dicyclohexylamin oder Benzylamin führten, insbesondere im µg-Bereich, zu schlechteren Extraktionsausbeuten [*1*]. Mit Trifluoracetylaceton/Benzol wurden geringe Mengen Cr(III) durch Komplexbildung in der Hitze bei pH 5,8–6,2 aus vorher veraschten Blut- und Urinproben isoliert und die Isolate gaschromatographisch bestimmt [*24*] (s. S. 639). Mit 0,15m Thenoyltrifluoraceton/Benzol läßt sich Cr(III) bei pH 5,75 quantitativ extrahieren [*25*]. Für die Isolierung aus Seewasser wurde auch die Kokristallisation bei pH 9,0 mit 5,7-Dibrom-8-hydroxychinolin geprüft, die >99% des Cr anreichert [*26*]; allerdings soll Cr anschließend schwierig aus dem Reagens zu isolieren sein. In anderen Arbeiten wurden ng- und µg-Mengen Cr(III) aus verschiedenen natürlichen Alkali-Salzlösungen [*27*] und Harnproben [*28*, *29*] in der Wärme mit geschmolzenem Oxin zur Reaktion gebracht, anschließend die Oxinate in $CHCl_3$ gelöst und durch Behandeln mit 6n bzw. 3n HCl der Oxin-Überschuß und andere Oxinate, aber nicht diese des Cr(III) (Mo und Ru) aus dem Extrakt entfernt (*E*% für Cr = 85–95).

Durch Mitfällung an Hydroxyden können ng- und µg-Mengen Cr(III) gut isoliert werden. Als Träger eignen sich [*1*, *26*]: Al (bei pH 7,5–8,0), Be, Fe (bei pH 7,0–9,0), Ti, Zr. Die Mitfällung an Braunstein verläuft jedoch nicht quantitativ [*1*, *26*] (s. a. S. 360). Auch hat sich mit verschiedenen organischen Fällungsreagentien, mit und ohne Zusatz von Spurenfängern, keine quantitative Mitfällung des Cr erzielen lassen [*1*, *26*]. Nach [*30*] wird aber bei pH >5 und Erwärmen auf 70° C ein Cr(III)-Pyrrolidindithiocarbaminat nahezu quantitativ gefällt. Doch wurde zur Abtrennung verschiedener Fremdelemente von Cr die Spurenfällung mehrfach angewendet. So wird zur Entfernung des Fe neben der Hydroxydfällung [*3*], bei der das gesamte Cr zur Vermeidung von Verlusten zur 6wertigen Stufe aufoxydiert ist, auch die Ätherextraktion aus salzsaurer Lösung angewendet. In beiden Fällen gelingt die Fe-Abtrennung aber nicht quantitativ. Durch die Ätherextraktion läßt sich außerdem Mo entfernen [*31*]. Aus saurer Lösung kann Fe zusammen mit V als Cupferronat gefällt und durch Extraktion mit $CHCl_3$ von Cr(III) abgetrennt werden. Auf analoge Weise können V und Fe auch als Oxinate bei pH ~ 4 von Cr(VI) abgetrennt werden. Vor der Cr-Bestimmung mit Diphenylcarbazid in Silicatgesteinen [*32*] und in Mineralsalzlösungen [*31*] wurde V, sobald es in mehr als 10facher Menge gegenüber Cr anwesend ist, auf die letztgenannte Weise entfernt. Bei der Cr-Bestimmung in Erzen wurde Ni vorher durch Extraktion mit Dimethylglyoxim/$CHCl_3$ bei pH 8 abgetrennt [*33*], bei der Bestimmung in Nickel [*34*] erfolgte die Abtrennung des Ni von Cr(VI) durch Ausfällung des ersteren als Ammoniumperchlorat. Für eine befriedigende Abtrennung des Cu wird dessen Extraktion mit Dz aus stark saurer Lösung empfohlen, wobei Cr in 3wertiger Stufe vorliegen muß [*34*]. Schließlich läßt sich Fe(III) von Cr mittels Anionenaustauscher aus HCl-Lösung trennen, wobei das Fe(III) am Austauscher verbleibt, während Cr zu >99% in den Durchlauf geht [*26*]. Bei Sorptionsversuchen mit ng- und µg-Mengen Cr(VI) an Dowex 1X8 (Nitratform) bei pH 2,0–1,5 mit anschließendem Nachwaschen und Eluieren mit verdünnter HNO_3, ging das Cr zu 98–94% ins Eluat [*1*].

B. Diphenylcarbazid

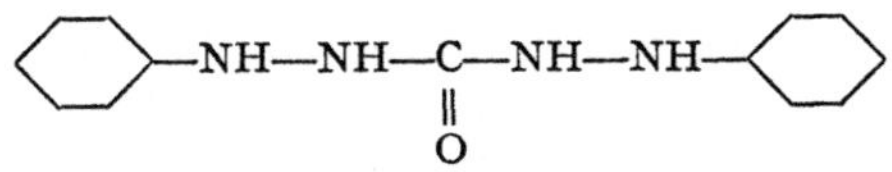

Das photometrische Verfahren mit Diphenylcarbazid (DPC) besitzt gegenüber der anfangs häufig verwendeten Chromat- oder Dichromat-Methode eine bedeutend höhere Empfindlichkeit, ist allerdings nicht störungsfrei. Die Messung der entstehenden rotvioletten Färbung [*12*] erfolgt vorwiegend in wäßriger Phase, doch wurden auch Extrakte des gebildeten Komplexes mit verschiedenen organischen Alkoholen photometriert, deren widersprechende Ergebnisse hinsichtlich ihrer Eignung mit der Reduzierbarkeit des Cr(VI) in Zusammenhang stehen dürften. Nach neueren Untersuchungen [*36*] geht der gebildete Farbstoff in die organische Phase; Cr selbst wird aber nur teilweise extrahiert [*1, 13, 36*]. Als günstig erwies sich für die quantitative Extraktion mit Isoamylalkohol [*37*], Amylalkohol bzw. Cyclohexanol [*36*], die wäßrige Phase nach der erfolgten Farbstoffentwicklung vor der Extraktion mit Neutralsalzen zu sättigen. Ferner läßt sich der wasserlösliche Komplex des Cr(VI)-DPC bei Zusatz eines langkettigen Alkylsulfates oder -sulfonates mit $CHCl_3$ extrahieren [*38*].

I. Bestimmung in wäßriger Lösung

Cr(VI) gibt mit DPC in mineralsaurer Lösung einen rotvioletten Komplex, welcher auf der Reduktion des Cr unter gleichzeitiger Oxydation des Reagenses zu Diphenylcarbazon beruht [*39*]. Nach neueren Untersuchungen [*40*] soll noch eine Komplexbildung zwischen Cr(III) und dem entstandenen Diphenylcarbazon folgen. Mit DPC reagiert Cr(III) in Abwesenheit von Oxydationsmitteln nicht. Da Cr zur Komplexbildung in der 6wertigen Stufe vorliegen muß, wird es vorher oxydiert, wofür eine Reihe von Oxydationsmitteln empfohlen werden: $(NH_4)_2S_2O_8$ [*3, 31, 41, 42, 43*] [auch mit $AgNO_3$ als Katalysator [*43–46*] (nach [*1*] insbesondere im ng-Bereich geeignet; Entfernung von vorhandenem MnO_4^- und des Ag mit HCl, oder mit H_2SO_4 und H_3PO_4 [*41*]], AgO [*47*], $HClO_4$ [*42*], Permanganat [*43, 48, 49*] (mit Ag^+ als Katalysator im µg-Bereich, aber nicht im ng-Bereich geeignet [*1*]; Entfernung des MnO_4^--Überschusses mit NaN_3 oder KBr [*50*]), $(NH_4)_2Ce(NO_3)_6$ (Entfernung des Überschusses mit NaN_3 [*10, 26*] oder $NaNO_2$ [*10*]), Brom in alkalischer Lösung [*51, 52*] (Bromüberschuß verkochen bzw. zusätzlich mit Phenollösung entfernen) bzw. für unlösliches Material und in alkalischem Medium der Aufschluß mit Na_2O_2 [*3, 32, 53, 54*] oder auch Na_2CO_3 mit und ohne Chlorat oder Nitrat [*32*]. Außer den genannten Reagentien wurden auch H_2O_2 oder Alkohol zur Beseitigung des Permanganat-Überschusses verwendet [*31*]. $HClO_4$ ist nicht günstig, da kleine Cr-Mengen unvollständig oxydiert werden.

Die Komplexbildung erfolgt sofort und ist recht stabil in 0,2n H_2SO_4-Lösung. Sie ist außerdem auch in Anwesenheit von HCl, HNO_3, H_3PO_4 sowie gewisser organischer Säuren möglich, allerdings sind Stabilität und Farbintensität in allen solchen Fällen verschieden und meist ungünstiger als in H_2SO_4-Lösung. Essigsäure setzt die Empfindlichkeit des Nachweises besonders stark herab, da die Farbe rasch verblaßt. Als besonders günstig für die Farbstabilität soll die Anwendung von 0,1n $HClO_4$ [*45*] und von Phthalsäure sein. Die Störung der Komplexfarbe durch einzelne Elemente (insbesondere Fe) kann durch verschiedene Anionen noch verstärkt oder aber geschwächt werden. So ist diese durch Fe in schwefelsaurer Lösung geringer als bei gleichzeitiger Anwesenheit von HCl. In $<0{,}2$n Lösung erfolgt die Farbentwicklung nur langsam, in $>0{,}2$n Lösung zersetzt sich die Farbe rasch. Von besonderer Bedeutung ist die Reagensherstellung. Das nahezu wasserunlösliche weiße DPC ist in verschiedenen organischen Lösungsmitteln oder in wäßrigen Mischungen von diesen löslich und die Lösung weist in frischem Zustand keine Färbung auf oder darf höchstens schwach gelblich sein. Auch soll nur reines DPC, das kein Phenylsemicarbazid enthält, angewendet werden [*56*]. Je nach Eignung des Lösungsmittels vertieft sich die Farbe beim Aufbewahren mehr oder weniger rasch über Gelb nach Braun, wahrscheinlich infolge teilweiser Oxydation zu Diphenylcarbazon. Aus diesem Grunde wird im allgemeinen die jeweils frische Herstellung des Reagenses – meist in Aceton/Wasser oder Äthanol/Wasser, mit oder ohne Säure-Zusatz – empfohlen. Eine 0,1%ige DPC-Lösung in Eisessig (oder Aceton) + H_3PO_4 (85%) ist nach ihrer Herstellung nur 5 min haltbar [*35*]. Wie früher erwähnt, soll sich eine für längere Zeit stabile Reagenslösung herstellen lassen, wenn 0,25 g DPC zusammen mit 4,0 g kristallisiertem Phthalsäureanhydrid in 100 ml 95%igem Äthanol gelöst werden. Zur vollen Farbentwicklung des Cr-DPC-Komplexes soll im Konzentrationsbereich von ng Cr/ml bis µg Cr/ml ein Verhältnis von 10 Mol Reagens je Mol Cr bereits ausreichen [*35*], doch soll zweckmäßig ein Reagensüberschuß (z. B. $\geqq$ 100fach molar [*26, 35*]; nach anderen Angaben aber mindestens 1000fach molar [*52*]) angewendet werden. Bei geringerer Reagenskonzentration tritt eine Verzögerung der Farbentwicklung auf [*57–59*]. Die Haltbarkeit sowohl der reinen Reagenslösung als auch des Farbkomplexes ist unter wasserfreien Bedingungen größer als bei Vorliegen einer wäßrigen Lösung. Keine Haltbarkeit weisen basische Lösungen und Methanol auf. Wasserfreies, schwach saures Aceton und Äthylacetat liefern die besten Ergebnisse, die Reagenslösung und der Cr-DPC-Komplex sind mehr als 1 Monat stabil. Nach anderen Erfahrungen [*35*] ist bei ng- und µg-Mengen Cr die Färbung mit DPC in Eisessig/H_3PO_4(85%) bei Raumtemperatur nur für 30 min stabil, falls die Lösungen verschlossen stehen.

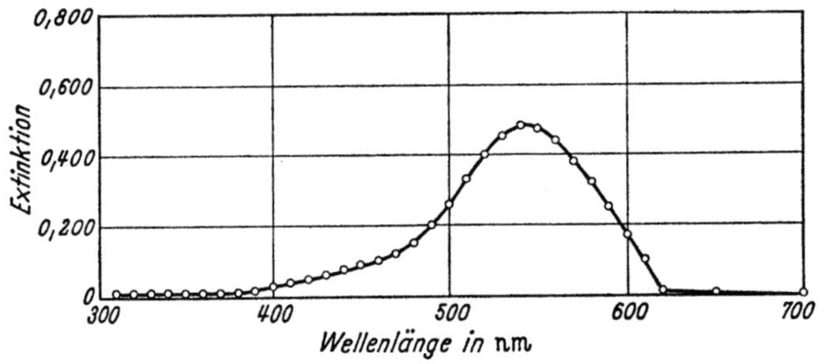

Abb. 104. Extinktionskurve von Cr + Diphenylcarbazid

Das Extinktionsmaximum des Komplexes liegt bei 540 nm ($\varepsilon = 34200$) [*52*] (s. Abb. 104), das Beersche Gesetz gilt im Bereich von 0,04–1,6 µg Cr/ml. In 0,2n H_2SO_4-Lösung reagieren nicht mit DPC [*60*]: Alkali- und Erdalkalimetalle, Ag, Al, As, Bi, Cd, Co, Hg, Mn(II), Ni, Pt, Sb, Sn, Ti, U, Zn, sowie nicht zu große Mengen an Au, Pb und W. Die empfindlichste Störung wird von Mo(VI) verursacht, das in mineralsaurer Lösung noch in höherer Verdünnung ebenfalls einen violett gefärbten Komplex gibt [*61*], doch kann Cr noch neben der 10fachen Menge Mo mit einem Fehler von rund 1% bestimmt werden. Von anderer Seite wird demgegenüber erst eine etwa 300fache Mo-Menge als störend empfunden [*31*]. Hg(I) und Hg(II) geben mit DPC (noch intensiver allerdings mit Diphenylcarbazon) eine blaue bzw. blauviolette Färbung, doch ist diese, insbesondere in Anwesenheit von HCl, wenig stabil und stört die Cr-Bestimmung daher selten. Al, Co, Ag und Ni stören nicht bis zur 1000fachen Menge, W(VI) nicht bis zur 100fachen und Cu(II) nicht bis zur 10fachen Menge. Elemente, die unlösliche Chromate oder Sulfate bilden, müssen abwesend sein. V(V) und Fe geben gelbe bis braune Färbungen. Da die Färbung des V-DPC rasch verblaßt, kann Cr(VI) noch neben der 10fachen V-Menge relativ zufriedenstellend bestimmt werden, wenn die photometrische Messung erst 10 min nach der Komplexbildung erfolgt [*31*]. Ist der V-Gehalt größer, so muß das V vorher durch Extraktion mit Oxin oder Cupferron abgetrennt werden. Die Störung durch Fe(III) [und Fe(II)] wirkt sich bei Überschreiten des Verhältnisses Cr:Fe = 1:5 in zunehmendem Maße aus, wobei in Abwesenheit von HCl die durch Fe vermehrte Farbintensität anfangs geringer ist und erst beim Stehen zunimmt. Dies gilt insbesondere für die Anwesenheit von H_3PO_4. Bei 540 nm wird durch die 50fache Menge Fe 1 µg Cr, bei niedrigerer Wellenlänge sogar noch etwas mehr vorgetäuscht [*57*]. Cr soll aber auch neben größeren Mengen Fe bestimmbar sein, wenn letzteres durch entsprechend große Mengen H_3PO_4 maskiert wird [*41, 48, 60, 62*]; allerdings muß die Messung der Extinktion sofort erfolgen. Auch Pt (bei Aufschlüssen vom Platintiegel stammend) wird fallweise als Fehlerquelle genannt. Nicht zu hohe Mengen an Neutralsalzen stören im allgemeinen nicht, größere Mengen Na_2SO_4 [*31*], sowie Cl^- und F^- [*49*] verursachen aber eine Störung. Von anderer Seite wird in Anwesenheit von H_3PO_4 ein besonders starker Störeinfluß auf die Färbung durch verschiedene Oxydationsmittel, Co, Cu, Fe, Os, Pd, Pt, Rh, Ru angegeben [*35*].

1. Wässer

Zur Cr-Bestimmung in Abwasser wird der Eindampfrückstand in einer Nickelschale mit Alkalicarbonat aufgeschlossen, im wäßrigen Auszug nach Ansäuern mit H_2SO_4 reduzierende Stoffe durch Kochen mit $KClO_3$ zerstört und anschließend der Komplex mit DPC gebildet [*63*]. Das nachfolgende Verfahren [*26*] diente zur Bestimmung von Cr in Seewasser. Von großer Bedeutung zur Vermeidung von Cr-Verlusten ist die Aufbewahrung der Wasserproben in Polyäthylengefäßen; Pyrex- oder Normalglas sind ungeeignet.

B: $\geqq$ 0,5 µg Cr/l Wasserprobe.

Arbeitsvorschrift [*26*]

Reagentien

HNO_3 (1,42); HCl (1,19); 1n HCl, 2n HCl; 2,5n H_2SO_4.

Boratpufferlösung: 19,07 g $Na_2B_4O_7 \cdot 10\,H_2O$ + 4,0 g NaOH/l.

$FeCl_3$-Lösung, 1 mg Fe(III)/ml enthaltend.

0,02n $(NH_4)_2Ce(NO_3)_6$ in 1n H_2SO_4.

NaN_3, 4%ige wäßrige Lösung (unmittelbar vor Gebrauch frisch hergestellt).

DPC-Lösung; 0,25%ig in Aceton (im Kühlschrank aufbewahrt 1 Monat haltbar).

NH_4Cl, 1,5%ige wäßrige Lösung.

H_2O_2 (30%).

Ionenaustauschersäule: Innen-⌀ 8 mm, gefüllt mit Austauscherharz De-Acidite FF (100—200 mesh, mit 1n HCl gewaschen, Harzbettlänge 50 mm). Man regeneriert das Harzbett, indem man 50 ml 1n HCl und dann 4mal 10 ml HCl (1,19) durchlaufen läßt. Das gebrauchte Harzbett kann noch 2mal verwendet werden, nachdem es jeweils erneut mit 1n HCl bzw. HCl (1,19) regeneriert wurde.

Man filtriert die Seewasserprobe möglichst bald nach ihrer Entnahme (Filterporenweite 0,5 µm) in eine Polyäthylenflasche und fügt für je 2 l Wasser 4 ml 2n HCl hinzu. Man kann sie so im Dunkeln bis zu 3 Wochen aufbewahren. In einem 4 l-Erlenmeyerkolben werden nun zu 2 l filtrierter Wasserprobe 4 ml $FeCl_3$-Lösung zugegeben, die Lösung auf 50—60° C erwärmt, unter Rühren 60 ml Boratpufferlösung zugefügt (pH der

Probelösung dann ca. 7,5) und über Nacht stehen gelassen. Danach filtriert man die überstehende klare Flüssigkeit durch ein Glasfaserfilter [⌀ 3 cm; mit 50 ml eines Gemisches aus 50 ml HNO_3 (1,42) + 150 ml HCl (1,19) + 200 ml Wasser vorgereinigt], spült den Niederschlag mit Hilfe von NH_4Cl-Lösung auf das Filter und wäscht mehrfach mit NH_4Cl-Lösung. Der Trichter mit Glasfaserfilter und Niederschlag wird auf die Ionenaustauschersäule gesetzt, der Niederschlag durch tropfenweisen Zusatz von insgesamt 5 ml HCl (1,19) gelöst und dann noch 3mal mit je 5 ml HCl (1,19) nachgewaschen. Das Fe bleibt am Austauscher sorbiert, während das Cr ins Eluat geht, das in einem 50 ml-Quarzbecherglas aufgefangen und anschließend auf dem Wasserbad zur Trockene eingedampft wird. Man versetzt den Rückstand mit 0,5 ml H_2O_2 und 5 ml Wasser, bedeckt mit einem Quarzuhrglas, erhitzt auf dem Wasserbad zur Zerstörung der organischen Substanz und dampft anschließend nach Entfernen des Uhrglases zur Trockene ein. Zum Trockenrückstand fügt man 2 ml $(NH_4)_2Ce(NO_3)_6$-Lösung, 2 ml 2,5n H_2SO_4, 4–5 ml H_2O_2, setzt ein Uhrglas auf und erhitzt 45 min auf der Heizplatte. Zur abgekühlten Lösung fügt man soviel NaN_3-Lösung, bis die gelbe Färbung des überschüssigen Ce(IV) beseitigt ist und gibt nun noch 1 Tropfen NaN_3-Lösung als Überschuß hinzu. Man führt die Lösung unter Verwendung von höchstens 15 ml Wasser in einen 25 ml-Meßkolben über, fügt 2 ml DPC-Lösung hinzu, füllt mit Wasser zur Marke auf und photometriert nach 15 min Standzeit bei 540 nm in einer 4 cm-Küvette gegen Wasser. Für den Blindwert wird empfohlen, eine Seewasserprobe zu verwenden, aus der das Cr durch die $Fe(OH)_3$-Fällung vorher entfernt worden ist.

2. Organisches Material

Das Verfahren B.I.2.3 [*64*] wurde auch zur Bestimmung von Cr in Filtrierpapier verwendet, nachdem die Probe bei 460° C trocken und, wenn nötig, danach noch mit HNO_3 vollständig verascht worden war.

Nahrungs- und Futtermittel wurden mit H_2SO_4, H_2O_2 und HNO_3 naß verascht, danach Cr mit Na_2O_2 oxydiert und mit DPC photometrisch bestimmt [*65*]. In Most und Wein [*46*] wurde Cr, nach entweder trockener Veraschung bei $\leqq 500°$ C oder nasser mit H_2SO_4/H_2O_2, mit $(NH_4)_2S_2O_8$ und $AgNO_3$ oxydiert und nach Isolierung als Cr(VI) aus HCl-Lösung mit MIBK (s. S. 624, nach [*7*]) in wäßriger Lösung als DPC-Komplex bestimmt.

Unter Verwendung von 3–4 mg Einwaage fand DPC auch zur Bestimmung von 0,1–0,25% Cr in Catgut-Fäden Anwendung [*66*].

2.1. Blut

Bei einem anderen Verfahren [*45*] wurde nach nasser Veraschung der roten Blutkörperchen das störende Fe mit Cupferron/$CHCl_3$ abgetrennt und anschließend das in der wäßrigen Phase verbleibende Cr mit DPC photometrisch bestimmt. Cr kann in Blut auch nach Verfahren B.I.2.2 [*51*] bestimmt werden.

Bei der folgenden Vorschrift [*57*] werden bis zu 2 ml Blutprobe trocken oder naß, darüberliegende Mengen nur naß mit HNO_3 und H_2O_2 verascht.

B: 0,03–0,3 µg Cr/ml Probe. *s*: ±0,005 µg Cr/ml.

Arbeitsvorschrift [*57*]

Reagentien

HNO_3 (1,40).
HCl (1,19).
H_2O_2 (30%).

Ammoniak (1 + 4).
Carbonat-Gemisch, äquimolare Mischung von Na_2CO_3 und K_2CO_3.
$KClO_3$.
NaCl, 0,3%ige wäßrige Lösung.
H_2SO_4, 25 Vol.-%ig; Spuren reduzierender Substanzen werden durch tropfenweisen Zusatz verdünnter $KMnO_4$-Lösung zur heißen schwefelsauren Lösung bis zur bleibenden schwachen Rosafärbung zerstört.
Diphenylcarbazid-Lösung; 1 g Phthalsäureanhydrid wird in heißem Äthanol gelöst, nach dem Abkühlen in einen 25 ml-Meßkolben übergeführt, in welchen 62,5 mg Reagens eingewogen wurden, und mit Äthanol zur Marke aufgefüllt. Die Lösung wird im Kühlschrank gut verschlossen aufbewahrt.
Statt der eben angeführten Reagenslösung kann die folgende verwendet werden [*58*], die eine größere Haltbarkeit aufweist:
0,25%ig in schwach angesäuertem Aceton.

Die Veraschung auf trockenem Wege wird bei 525—540° C durchgeführt. Bei Anwendung der nassen Veraschung versetzt man 10—15 ml Probe in einem Kjeldahl-Kolben mit 3 ml HNO_3, nach einigen Minuten mit 0,5 ml H_2O_2 und erhitzt die Lösung, wobei eine Siedekugel ein Stoßen verhindert. Sobald sich schwache braune Dämpfe entwickeln, setzt man einen kleinen Trichter auf, vermindert die Flamme und läßt die heftige Reaktion ablaufen. Anschließend erhitzt man stärker bis zur Trockene, kühlt dann etwas ab, versetzt mit 1 ml HNO_3, raucht abermals zur Trockene ab und verascht dann über Nacht bei 500° C. Den abgekühlten Trockenrückstand versetzt man mit 1 ml HNO_3, raucht wieder zur Trockene ab, erhitzt bis zum Auftreten brauner Dämpfe über der Flamme und wiederholt diesen Vorgang. Zum Veraschungsrückstand fügt man 6 ml HCl und 3 Tropfen H_2O_2, erhitzt bis nahezu zur Trockene, wobei die Dämpfe mit KI-Stärke-Papier auf Chlor und Nitrosylchlorid geprüft werden. Sowie dieser Test negativ ausfällt, dampft man zur Trockene ein. Diesen Trockenrückstand löst man unter Erhitzen in 1 ml HCl, spült den aufgesetzten Trichter mit 2 ml Wasser ab, erhitzt bis zum Sieden, führt unter Nachspülen mit wenig Wasser in eine Platinschale über und dampft darin zur Trockene ein.

Wenn die Probe nur auf trockenem Wege verascht wurde, versetzt man die Asche in der Platinschale mit 1 ml Wasser, 200 mg Carbonat-Gemisch und 20 mg $KClO_3$. Wenn die Probe auf nassem Wege verascht wurde, verwendet man 1 ml Ammoniak (1 + 4) anstelle von Wasser. Zum Lösen der Salze erhitzt man auf dem Wasserbad, dampft zur Trockene ein und erhitzt dann auf 750° C. In Anwesenheit von Chromit hält man die Schmelze 10 min bei dieser Temperatur. Zur erkalteten Schmelze fügt man 1 ml Wasser und löst unter Erwärmen auf dem Wasserbad (die Platinschale ist dabei mit einem Uhrglas bedeckt). Die Lösung wird unter Nachspülen mit Wasser in ein Zentrifugenglas übergeführt, bei 2000—2500 U/min zentrifugiert, die überstehende klare Lösung in einen 10 ml-Meßzylinder übergeführt, der Rückstand im Zentrifugenglas mit 1 ml Wasser und anschließend mit 2 ml NaCl-Lösung unter jeweiligem Zentrifugieren gewaschen und die Waschlösungen mit der Probelösung im Meßzylinder vereinigt. Man fügt 0,5 ml H_2SO_4 hinzu, mischt gut durch, versetzt mit 0,50 ml Reagenslösung, füllt mit Wasser zur Marke auf und photometriert in einer 1 cm- oder 2 cm-Küvette bei 543 nm innerhalb 5—15 min nach dem Auffüllen. Zur Aufstellung der Eichkurve verwendet man die gleiche Menge von Normalblut unter Zusatz bekannter Cr-Mengen und zieht von den so erhaltenen Meßwerten den Blindwert (Normalblut ohne Cr-Zusatz) ab, da die so erhaltene Kurve etwas niedriger liegt als die mit Cr-Lösung allein aufgestellte Eichkurve.

2.2. Gewebe

B: 0,03–1,0 ppm Cr. F_r: ±5–10%.

Arbeitsvorschrift [*51*]

Reagentien

HCl (1,19); HNO_3 (1,42); H_2SO_4 (1,84); H_2SO_4 (1 + 3).
Brom-NaOH-Lösung; 6 ml Bromwasser werden mit 94 ml 4%iger NaOH gemischt.
Phenol, 1,2%ige wäßrige Lösung.
Diphenylcarbazid, wie bei Verfahren B.I.2.1.

10–20 g Probematerial werden mit 2–3 ml H_2SO_4 (1,84) und 10 ml HNO_3 in einem Becherglas (mit Uhrglas bedeckt) naß verascht; man raucht 30 min lang ab, versetzt nach dem Abkühlen mit 5 ml HNO_3, raucht erneut ab und wiederholt den Vorgang, falls nötig. Man raucht zur Trockene ab, erhitzt 30 min auf 550° C und behandelt den Rückstand, falls dieser nicht vollständig verascht ist, erneut mit 2 ml HNO_3 und nach dem Eindampfen wieder 30 min bei 550° C. Der weiße bis rötliche Rückstand wird mit 1 ml HCl und 2 ml HNO_3 versetzt, mit aufgelegtem Uhrglas einige Minuten erhitzt, danach das Uhrglas entfernt und die Lösung zur Trockene eingedampft. Danach werden die Seitenwände mit 10 ml Wasser abgespült und nochmals zur Trockene eingedampft. Nach dem Abkühlen versetzt man mit 25 ml Wasser und 2 ml Brom-NaOH-Lösung (bei Bedarf fügt man noch 4%ige NaOH bis zur deutlich alkalischen Reaktion hinzu), bedeckt mit einem Uhrglas und kocht die Lösung unter gelegentlichem Rühren 30 min. Die Lösung wird dann auf 4 ml eingeengt, nach dem Abkühlen unter Nachwaschen mit wenig Wasser in ein Zentrifugenglas übergeführt und zentrifugiert. Die überstehende klare Lösung wird in einen 10 ml-Meßzylinder übergeführt, der Rückstand mit 1 ml Wasser gewaschen und die Waschlösung nach dem Zentrifugieren mit der Probelösung vereinigt. Man fügt in den Meßzylinder 0,5 ml H_2SO_4 (1 + 3) hinzu, entfernt freies Br_2 durch Zusatz von 0,5 ml Phenollösung, fügt 0,50 ml Reagenslösung hinzu, füllt mit Wasser zur Marke auf und photometriert in einer 1 cm-Küvette nach 10–15 min bei 540 nm.

2.3. Eiweiß

Die organische Substanz wird wiederholt mit HNO_3/H_2O_2 verascht. Die Oxydation des Cr mit Brom und die Bestimmung erfolgen wie bei den vorhergehenden Verfahren.

B: 0,1–5 μg Cr. *s*: ±0,02–0,06 μg Cr.

Arbeitsvorschrift [*64*]

Reagentien

HNO_3 (1,40); HCl (1,19).
H_2O_2 (30%); H_2SO_4 (1 + 7);
Weitere Reagentien wie bei Verfahren B.I.2.2.

Das Probematerial (bis 5 μg Cr enthaltend) versetzt man mit 0,5 ml HNO_3 und einigen Tropfen H_2O_2 [zur Reduktion von Cr(VI)], läßt etwa 30 min stehen und verascht, wobei nach Bedarf weitere Mengen HNO_3 verwendet werden. Die Asche wird in 4–5 ml Wasser unter gelindem Erwärmen gelöst (bei Bedarf fügt man einige Tropfen Königswasser hinzu, dampft zur Trockene ein und nimmt erneut mit Wasser auf), fügt 0,5 ml Brom-NaOH-Lösung hinzu und erhitzt 20 min am siedenden Wasserbad. Nach dem Abkühlen stellt man durch Zusatz von 10–20 Tropfen H_2SO_4 (1 + 7) auf pH 1,3 bis 1,7 ein (wenn dabei keine Gelbfärbung durch freies Brom auftritt, ist die Veraschung unvollständig oder die Brom-NaOH-Lösung unbrauchbar), führt in einen 10 ml-Meßzylinder unter Nachwaschen mit wenig Wasser über, fügt 0,5 ml Phenollösung hinzu und fährt nach B.I.2.2. fort.

2.4. Pflanzliches Material

In einer anderen Arbeit [*67*] wird aus veraschtem pflanzlichem Material die Kieselsäure mit HF/H_2SO_4 entfernt, der Rückstand mit $K_2S_2O_7$ aufgeschlossen, die Schmelze in HCl gelöst und dann Cr mit Al und Fe als Spurenfänger aus ammoniakalischer Lösung mitgefällt. Nach der Oxydation des Cr mit $(NH_4)_2S_2O_8/AgNO_3$ und der Entfernung der Hauptmenge an Al und Fe wird Cr mit DPC bestimmt. Mit dem nachfolgenden Verfahren [*31*] wurde Cr in Heuproben bestimmt.

B: 1,5–20 μg Cr.

Arbeitsvorschrift [*31*]

Reagentien

0,02n NaOH; 2n NaOH; 2n H_2SO_4; H_2O_2 (30%).
$(NH_4)_2S_2O_8$, 10%ige wäßrige Lösung.
Phenolphthalein, 0,1%ig in Aceton.
Diphenylcarbazid, 0,25%ig in Aceton/Wasser (1:1); täglich frisch hergestellt.

1–10 g getrocknetes Probematerial verascht man auf trockenem oder nassem Wege (s. S. **193**ff.) und löst die Asche in verdünnter HCl. Die so erhaltene Probelösung (bis 20 μg Cr enthaltend) wird in einer Quarzschale auf dem Wasserbad zur Trockene einggedampft, der Rückstand mit 1 ml $(NH_4)_2S_2O_8$-Lösung oder mit 1–2 ml H_2O_2 benetzt und 10 ml 2n NaOH hinzugefügt. Man rührt mit einem Glasstab gut durch und dampft zur Trokkene ein. Nach Zusatz von 50 ml Wasser (eine durch Mn hervorgerufene Grünfärbung wird durch Zusatz einiger Tropfen Äthanol beseitigt) läßt man unter gelegentlichem Umrühren 1 Std auf dem siedenden Wasserbad. Danach filtriert man durch ein mit heißer 0,02n NaOH gewaschenes Filter in einen 100 ml-Erlenmeyerkolben, wäscht Schale, Filter und Rückstand mit heißer 0,02n NaOH, versetzt das Filtrat mit einem Tropfen Phenolphthaleinlösung und soviel 2n H_2SO_4, daß die rote Farbe des Indicators gerade verschwindet. Man setzt sofort 2 ml DPC-Lösung und erst danach 5 ml 2n H_2SO_4 zu und mischt gut durch (Entfernung des Hauptteiles an vorhandenem CO_2). Die Lösung wird unter Nachwaschen mit Wasser in einen 50 ml-Meßkolben übergeführt, mit Wasser zur Marke aufgefüllt und in einer 2 cm-Küvette bei 540 nm photometriert.

2.5. Harn

Bei Harnproben wurden zur Oxydation des Cr verschiedene Verfahren angewendet. Da eine Oxydation im alkalischen Bereich bei Anwesenheit größerer Mengen P und Ca, deren Ausfallen Cr-Verluste bedingt, schlecht durchführbar erscheint, wurde die Oxydation beispielsweise durch Zusatz von $NaBiO_3$ in saurer Lösung vervollständigt [*51*]. Daneben wird auch die bereits früher beschriebene Oxydation mit Br_2 angewendet [*64*], wobei eine nach dem Zusatz von Hypobromit auftretende Fällung durch das nachfolgende Ansäuern gelöst wird und so zu keiner Störung führt. Im allgemeinen kann die Harnprobe trocken verascht werden. Wenn hingegen schwarze, noch unveraschte Teilchen verbleiben, die Cr als Oxyd oder Phosphat einschließen und sich in HNO_3 allein nicht lösen, empfiehlt sich die Veraschung auf nassem Wege. Bei dem nachfolgenden Verfahren [*49*] wird mit Permanganat in schwefelsaurer Lösung oxydiert.

B: 0,02–0,3 μg Cr/ml Probe (2 cm-Küvette), 0,01–0,12 μg Cr/ml Probe (5 cm-Küvette).

Arbeitsvorschrift [*49*]

Reagentien

HNO_3 (1,40).
0,5 n H_2SO_4;
4 m NaH_2PO_4-Lösung;
0,1 n $KMnO_4$, (0,3%ige wäßrige Lösung);
NaN_3, 5%ige wäßrige Lösung.
Weitere Reagentien wie bei Verfahren B.I.2.2.

50 ml Harn werden in einem Becherglas über Nacht bei 100° C zur Trockene eingedampft, der Rückstand wiederholt mit 0,5–1 ml-Anteilen HNO_3 abgeraucht und nach einem Verbrauch von insgesamt 7 ml HNO_3 auf 400° C erhitzt, bis eine weiße Asche vorliegt. Bei Bedarf wird zur Vervollständigung der Veraschung mehr Säure angewandt. Zur Asche fügt man 2 ml HNO_3, erhitzt ohne Sieden unter Rückfluß 1–2 min um die Phosphate in Orthophosphorsäure überzuführen [Polyphosphat maskiert Cr(III)], fügt 10 ml Wasser hinzu und löst unter Rühren die Asche. Die Lösung wird auf dem Wasserbad gerade zur Trockene eingedampft und, falls sich die Asche in HNO_3 nicht vollständig lösen sollte, das Erhitzen unter Rückfluß mit anschließendem Eindampfen wiederholt. Den Rückstand löst man in 10 ml H_2SO_4, fügt 0,5 ml $KMnO_4$-Lösung hinzu und erhitzt 20 min auf 100° C. Die Rosafärbung muß dabei bis zuletzt vorhanden sein, andernfalls wird mehr Permanganat zugesetzt. Den Überschuß an $KMnO_4$, sowie vorhandenes MnO_2 beseitigt man durch Zusatz von 3–5 Tropfen NaN_3-Lösung (die einzelnen Tropfen mit einem Zeitabstand von 10 sec zusetzen) unter Vermeidung eines Überschusses. Nach dem Abkühlen wird, wenn erforderlich, filtriert, das Filtrat in einem 25 ml-Meßkolben mit 1,0 ml DPC-Lösung und 2,5 ml NaH_2PO_4-Lösung versetzt, mit Wasser zur Marke aufgefüllt und in einer 2 cm- oder 5 cm-Küvette bei 540 nm photometriert.

3. Metalle und Legierungen

Mit DPC wurden nicht nur Gehalte $<0{,}01\%$, sondern auch $>0{,}01\%$ Cr in Metallen und Legierungen bestimmt. Während in letzteren Fällen die Störanfälligkeit nicht so groß ist, muß das Cr bei der Bestimmung kleinerer Gehalte vor allem von der Hauptmenge an Fe sowie von größeren Mengen anderer Legierungselemente vor der Bestimmung abgetrennt werden. Cr-Gehalte herab bis zu 0,001% in Stahl, Gußeisen und Legierungen lassen sich bestimmen, indem man Cr(VI) mit MIBK aus 1 n HCl extrahiert und nach Zusatz von DPC den organischen Extrakt photometriert [*11*] (s. a. S. **624** f.). In einer anderen Arbeit [*54*] werden Fe und andere Legierungselemente von Cr(VI) (mit $KMnO_4$ oxydiert) durch Fällung mit Na_2CO_3 abgetrennt. Verfahren zur Bestimmung von $>0{,}01\%$ Cr mit DPC sind ferner für Stahl [*48, 68*], Roheisen und unlegierten Stahl [*69*] ohne vorhergehende Fe-Abtrennung beschrieben worden.

Kleine Cr-Gehalte wurden mit DPC in Aluminium [*70*], Aluminiumlegierungen [*62*], Beryllium ($\geqq$ 0,6 ppm Cr) [*50*], Alkalimetallen [*71*] (s. S. 638), Kupferlegierungen [*72*], Titanlegierungen [*43*], Lithium [*73*] und Reintantal ($\geqq$ 5 ppm Cr) [*22*] bestimmt.

3.1. Nickel

Bei dem nachfolgenden Verfahren wird Cu, das zu einer Herabsetzung der Extinktion führt, als Dithizonat entfernt.

B: 0,001–0,02% Cr. F_r: ± 2–5%.

Arbeitsvorschrift [*34*]

Reagentien

HNO_3 (1 + 1).
H_2SO_4 (1 + 1); H_2SO_4 (1 + 9).
$HClO_4$ (70%); HF (40%); H_2SO_3, 6%ig.
Dz, 0,1%ig in $CHCl_3$; im Kühlschrank aufbewahrt.
$CHCl_3$.
$KMnO_4$, 1%ige wäßrige Lösung.
$MnSO_4 \cdot 4\,H_2O$, 1%ige wäßrige Lösung.
Ammoniak (0,91).
Diphenylcarbazid, 1%ig in Methanol; vor Gebrauch frisch herzustellen.

Aufstellung der Eichkurve

Von einer Cr-Stammlösung gibt man jeweils 0, 40, 80 und 120 µg Cr in 125 ml-Erlenmeyerkolben. Durch Zusatz von 3 Tropfen H_2SO_3 wird das Cr reduziert, 5 ml HNO_3 hinzugefügt, mit Wasser auf 55 ml verdünnt und in 125 ml-Schütteltrichter übergeführt. Die Lösung in den verschiedenen Schütteltrichtern wird mit 35 ml Dz-Lösung extrahiert, die organische Phase verworfen, mit 10 ml $CHCl_3$ nachgewaschen und letzteres ebenfalls verworfen. Die wäßrige Lösung wird mit 15 ml $CHCl_3$ geschüttelt, nach Verwerfen der organischen Phase die wäßrige Lösung in 250 ml-Erlenmeyerkolben übergeführt und 0,5 ml H_2SO_4 (1 + 1) und 10 ml $HClO_4$ hinzugefügt. Nun dampft man jede Lösung bis zum Auftreten von $HClO_4$-Dämpfen ein, fügt nach dem Abkühlen 50 ml Wasser, 1 Tropfen $KMnO_4$- und 1 Tropfen $MnSO_4$-Lösung hinzu und kocht 3 min. Man kühlt auf 70° C ab, fügt 25 ml Ammoniak hinzu und filtriert nach Abkühlen auf Raumtemperatur in 100 ml-Meßkolben. Das Filtrat wird im Meßkolben mit Wasser zur Marke aufgefüllt, ein aliquoter Teil von 25,0 ml Lösung in ein 150 ml-Becherglas pipettiert, 50 ml Wasser zugefügt und mit H_2SO_4 (1 + 1) gegen Kongorot neutralisiert. Am zweckmäßigsten tüpfelt man mit Kongorotpapier; ein der Lösung zugesetztes Stück Kongorotpapier muß daraus so rasch wie möglich entfernt werden, um eine Reduktion des Cr zu vermeiden. Die Lösung wird nun sofort in einen 100 ml-Meßkolben übergeführt, am fließenden Wasser auf Raumtemperatur abgekühlt, 5 ml H_2SO_4 (1 + 9) und danach 1,0 ml DPC-Lösung zugefügt, mit Wasser zur Marke aufgefüllt und 1 min danach in einer 5 cm-Küvette bei 540 nm photometriert.

Analyse des Probematerials

0,5 g Probe werden in einem 125 ml-Erlenmeyerkolben mit 10 ml HNO_3 (1 + 1) und, wenn die Probe kein W enthält, 1 Tropfen HF unter Erwärmen gelöst. Man entfernt das Uhrglas, kocht bis zum Austreiben der braunen Dämpfe, kühlt auf Raumtemperatur ab, fügt 45 ml Wasser hinzu, filtriert etwa ausgefallene Wolframsäure ab und führt in einen 125 ml-Schütteltrichter über. Man fährt nun, wie bei der Aufstellung der Eichkurve beschrieben, mit der Dz-Extraktion bis einschließlich der photometrischen Cr-Bestimmung fort. Wenn der Dz-Extrakt bei Anwesenheit großer Cu-Mengen rot gefärbt ist, wiederholt man die Ausschüttelung mit weiteren 10 ml-Anteilen Dz-Lösung bis der letzte Extrakt grün gefärbt bleibt.

4. Böden, Erze, Gesteine und Mineralien

DPC fand zur Bestimmung von Cr in Böden [*67, 74*], Erzen [*3*], Gesteinen und Mineralien [*32, 54*] Anwendung. Das nachfolgend beschriebene Verfahren B.I.4.1 kann auch auf Bodenproben angewandt werden.

4.1. Gesteine und Mineralien

In einer anderen Arbeit [*54*] wird das Probematerial mit Na_2O_2 im Korundsintertiegel aufgeschlossen, da diese Tiegelmaterial im Vergleich zu Eisen-, Nickel- und Porzellantiegeln den niedrigsten Cr-Gehalt aufweist. Nach dem Lösen der Schmelze muß die Lösung zur zerstörung des H_2O_2 2 Std auf dem siedenden Wasserbad erhitzt werden, um eine nachfolgende Reduktion des Cr(VI) beim Ansäuern zu vermeiden. Aus demselben Grunde ist, da noch H_2O_2-Reste anwesend bleiben, die Lösung sofort nach dem Neutralisieren mit DPC zu versetzen, um das Cr(VI) komplex zu binden, ehe man durch weiteres Ansäuern auf die optimale Säurekonzentration von 0,2n H_2SO_4 einstellt. Bei V-Mengen im Verhältnis V:Cr< 10:1 wird die photometrische Messung 15 min nach dem Auffüllen durchgeführt, bei V-Mengen V:Cr > 10:1 entfernt man das V mit Oxin/$CHCl_3$ wie in dem nachfolgenden Verfahren [*32*]. Fe kann durch Fällung allein bei dieser Arbeitsweise nicht entfernt werden, da beim Neutralisieren auch das aus dem Tiegelmaterial in großen Mengen vorhandene Al mit ausfällt und mehr als 10% des vorhandenen Cr mitreißt. Das Fe wird daher nach dem Lösen der Schmelze aus der H_2SO_4-Lösung mit dem stark sauren Kationenaustauscher I (Merck) entfernt [*54*] und anschließend wie in der folgenden Arbeitsvorschrift [*32*] fortgefahren.

B: 0,0001 – ≧ 0,02% Cr. F_r: ± 5–10%.

Arbeitsvorschrift [*32*]

Reagentien

Na_2CO_3 sicc.
2n H_2SO_4; 6n H_2SO_4.
Oxin, 2,5%ig in 2n Essigsäure.
$CHCl_3$.
Diphenylcarbazid, wie bei Verfahren B.I.2.1. [*57*].

Anwesenheit größerer V-Mengen (V:Cr > 10:1)

0,5 g feinpulverisierte Probe werden mit der 5fachen Menge Na_2CO_3 in einem Platintiegel aufgeschlossen, die abgekühlte Schmelze in heißem Wasser gelöst, mit einigen Tropfen Alkohol Manganat reduziert und in einen 25 ml-Meßkolben filtriert. Nach dem Auffüllen mit Wasser wird ein aliquoter Teil von 5–15 ml Lösung in einen Schütteltrichter übergeführt, mit 2n H_2SO_4 neutralisiert, durch Schütteln vorhandenes CO_2 ausgetrieben, 0,1 ml Oxin-Lösung hinzugefügt und mit 3 ml $CHCl_3$ extrahiert. Der Extrakt wird verworfen und erneut mit 3 ml $CHCl_3$ ausgeschüttelt. Man wiederholt die Extraktion, bis der Extrakt farblos ist. Die wäßrige Lösung wird in einen 25 ml-Meßkolben filtriert, das Filtrat mit 6n H_2SO_4 auf 0,2n H_2SO_4 eingestellt, 1,0 ml DPC-Lösung hinzugefügt, mit Wasser zur Marke aufgefüllt und bei 540 nm photometriert.

Wenn die Probe Chromit enthält, so führt man den Aufschluß mit 2,5 g Na_2CO_3 sicc. und 0,25 g $NaNO_3$ durch. Statt dessen kann man die Probe auch mit Na_2O_2 aufschließen. In beiden Fällen muß das Cr dann im angesäuerten Filtrat mit Persulfat oxydiert werden. Wenn die Möglichkeit einer Reduktion des Cr während des oben beschriebenen Analysenganges besteht, ist eine Oxydation des Cr nach der V-Abtrennung erforderlich. Zu diesem Zweck wird die nach der Oxinextraktion verbliebene wäßrige Lösung auf ~ 0,5n H_2SO_4 eingestellt, mit 1 ml 1%iger $AgNO_3$-Lösung und 0,5 g $(NH_4)_2S_2O_8$ versetzt, 10 min gekocht, eine auftretende Fällung abfiltriert und dann die photometrische Bestimmung wie oben angegeben durchgeführt.

Anwesenheit kleiner V-Mengen (V:Cr < 10:1)

Die Probe wird wie oben beschrieben aufgeschlossen, die Schmelze in höchstens 5 ml heißem Wasser gelöst und in einen 25 ml-Meßkolben filtriert. Das Filtrat wird mit 6n H_2SO_4 auf 0,2n H_2SO_4 eingestellt, durch Schütteln vorhandenes CO_2 ausgetrieben, 1,0 ml DPC-Lösung hinzugefügt, mit Wasser zur Marke aufgefüllt und 10–15 min danach bei 540 nm photometriert. Für die einzelnen Gehaltsbereiche verwendet man folgende Küvetten: 5 cm-Küvette 0,0001–0,002% Cr, 2 cm-Küvette 0,0002–0,004% Cr, 1 cm-Küvette 0,0004–0,008% Cr. Für höhere Gehalte verwendet man eine kleinere Einwaage oder ein Endvolumen von 50 ml (in letzterem Fall unter Zusatz von 2,0 ml Reagenslösung).

5. Verschiedenes

Zur Bestimmung von Cr in Glas [*60*] wurde die Probe mit HF/H_2SO_4 aufgeschlossen und in der erhaltenen Lösung nach Oxydation mit $(NH_4)_2S_2O_8/AgNO_3$ die Bestimmung mit DPC durchgeführt.

5.1. Luft

Für die Ermittlung des Cr-Gehaltes in Luft fand DPC ebenfalls mehrfach Anwendung [*52, 75*]. Bei der nachfolgenden Arbeitsvorschrift wird Cr(III) und Cr(VI) in NaOH absorbiert und anschließend mit Bromwasser zu Cr(VI) oxydiert.

B: $\geqq$ 0,4 µg Cr/100 l Luft. F_r: ±5%.

Arbeitsvorschrift [*52*]

Reagentien

1n NaOH; 3n H_2SO_4.
DPC, 2%ige alkoholische Lösung.
Bromwasser, gesättigte Lösung.

Man saugt die erforderliche Menge Luft (maximale Strömungsgeschwindigkeit 100 l/Std) durch eine mit 10 ml 1n NaOH gefüllte Absorptionswaschflasche, führt danach die Absorptionslösung unter Nachspülen in einen 50 ml-Meßkolben über, versetzt mit 5 ml Bromwasser, fügt ein Siedesteinchen zu und kocht kurz auf. Zu der noch heißen Lösung werden 5 ml 3n H_2SO_4 gegeben, zum Vertreiben des Bromüberschusses nochmals 2–3 min gekocht und dann abgekühlt. Man versetzt die Lösung (pH 1–2) nun mit 5 ml DPC-Lösung, füllt mit Wasser zur Marke auf und photometriert nach 15 min in einer 1 cm- oder 5 cm-Küvette bei 540 nm gegen Wasser.

II. Bestimmung in organischen Lösungsmitteln

Im Gegensatz zu den im Abschnitt B. eingangs erwähnten Arbeiten, bei denen der in wäßriger Lösung gebildete Cr-DPC-Komplex nachträglich mit organischen Lösungsmitteln extrahiert wurde, ist in anderen Arbeiten das auf extraktivem Wege isolierte Cr direkt im organischen Extrakt mit DPC photometrisch bestimmt worden. So hat man 0,2–0,6 µg Cr neben 1 g eines beliebigen anderen Elementes näherungsweise durch Extrahieren als Perchromsäure mit Äthylacetat und Zusatz von DPC zum organischen Extrakt ermittelt [*53*]. Außerdem läßt sich Cr(VI) mit MIBK extrahieren (s. S. 624f.) und im MIBK-Extrakt nach Zusatz von DPC photometrisch bestimmen [*11, 75a*]. Zur Farbentwicklung in der Ketonphase mit DPC ist eine HCl-Konzentration von 0,0006–0,003n mit photometrischer Messung 15 min nach der Farbbildung am günstigsten. Zur Vermeidung einer Trübung fügt man auch 10 Vol.-% Aceton zum MIBK-Extrakt [*75a*]. Das Beersche Gesetz gilt im Bereich von 0,04–1,6 µg Cr/ml MIBK.

Cr(VI) wurde auch aus saurer Lösung mit Tri-n-octyl-phosphinoxyd in verschiedenen Kohlenwasserstoffen extrahiert [*6*] und im Extrakt mit DPC photometrisch bestimmt

[71]. Die Extraktion verläuft nur aus 1–2n HCl oder 1m H_2SO_4 quantitativ [71]. Die Verteilung des Cr erfolgt rasch und eine Verlängerung der Schütteldauer hat eher eine Abnahme des extrahierten Cr zur Folge, die möglicherweise auf eine eintretende Reduktion zurückzuführen ist. Ein zusätzlicher Gehalt an Chloriden beeinflußt die Extraktion kaum, ein solcher an Sulfat über die zur Extraktion erforderliche 1 m H_2SO_4 und ganz besonders an Nitrat setzt den Extraktionskoeffizienten herab. Außer Benzol eignet sich auch Cyclohexanol zur Extraktion. Bei Extraktion aus H_2SO_4-Lösung ist die Farbe etwa 1 Std konstant und beginnt danach langsam zu verblassen. Erfolgt die Extraktion aus HCl-Lösung, so nimmt die danach gebildete Komplexfarbe innerhalb der ersten Stunde um etwa 5%, innerhalb der 2. Std um etwa 1% und dann noch langsam während 1 Woche zu. In diesem Fall sind reproduzierbare Messungen erst nach 1 Std erhältlich. Nach der Komplexbildung in der organischen Phase wird diese mit Äthanol als Verdünnungslösung auf das erforderliche Volumen aufgefüllt [71]. Das Extinktionsmaximum liegt bei 550 nm. Im Vergleich dazu geben CCl_4, $CHCl_3$ oder Benzol als Verdünnungslösung eine 25–30% geringere, Aceton eine um ~ 75% verminderte Farbintensität. Der gesamte Arbeitsgang muß ohne Unterbrechung durchgeführt werden. Eine zwischen erfolgter Extraktion und vor der Komplexbildung eingeschaltete Unterbrechung von 1 Std führt bereits zu einer Abnahme des Extinktion um 25%, eine solche nach erfolgter Komplexbildung und vor dem Auffüllen mit Äthanol zu einer Abnahme von rund 9%. Die Temperatur hat zwischen 20° und 45° C keinen Einfluß. Das Beersche Gesetz gilt bis zu 0,8 µg Cr/ml [71].

Die Extraktion von Cr(VI) mit MIBK und Farbentwicklung mit DPC im organischen Extrakt fand zur Bestimmung von Cr in Serum (1–50 ng Cr/ml, mit 1 ml Probe) [75a], Stahl, Gußeisen und Legierungen (≧ 10 ppm Cr) [11] Anwendung.

1. Alkalimetalle

B: 0,2–1 ppm Cr. F_r: ±9%.

Arbeitsvorschrift [71]

Reagentien

H_2SO_4 (1,84); 5m H_2SO_4.
AgO.
0,2m Tri-n-octylphosphinoxyd (TOPO); man löst 7,72 g Reagens in 100 ml Benzol und bewahrt im Dunkeln auf.
Diphenylcarbazid (DPC), 0,25%ig in absolut. Äthanol; vor Gebrauch frisch herzustellen.
Äthanol.

10 g Probe werden in Wasser gelöst und die Lösung (2–10 µg Cr enthaltend, Volumen <80 ml und 5 Vol.-%ig an H_2SO_4) in einem 150 ml-Becherglas mit 3 ml H_2SO_4 (1,84) und etwa 100 mg AgO versetzt. Nach gutem Durchmischen kocht man 5 min, kühlt auf Raumtemperatur ab, verdünnt mit Wasser auf 50 ml (falls erforderlich), führt in einen 125 ml-Schütteltrichter über und stellt mit 5 m H_2SO_4 auf 1m schwefelsaure Reaktion ein. Nun fügt man 5 ml TOPO-Lösung hinzu, schüttelt 2 min und führt den organischen Extrakt in ein Reagensglas über, in welches Silicagel (indicatorfrei) vorgelegt ist. Man gibt 2,0 ml DPC-Lösung in einen 10 ml-Meßzylinder, fügt 3,0 ml des organischen Extraktes hinzu, füllt mit Äthanol zur Marke auf und photometriert in einer 1 cm-Küvette bei 540 nm gegen die Blindlösung (bis spätestens 1 Std nach dem Auffüllen).

C. Gaschromatographie

Nach Extraktion mit Trifluoracetylaceton (TFA)/Benzol kann das Cr als $Cr(TFA)_3$ gaschromatographisch bestimmt werden [*24, 76*] (s. S. 35). Wegen der höheren Nachweisempfindlichkeit wird hauptsächlich der Elektroneneinfangdetektor verwendet. Der störende TFA-Überschuß muß aus dem organischen Extrakt durch Waschen mit NaOH entfernt werden. Für die Aufstellung der Eichkurve und Auswertung wird die Peakflächensumme der im Mengenverhältnis von 4:1 auftretenden trans-$Cr(TFA)_3$ und cis-$Cr(TFA)_3$ verwendet. Wegen des tiefen L_Q kann die Analyse mit kleinen Probemengen durchgeführt werden, was bei bestimmten Problemen, z. B. bei Blutuntersuchungen, von Bedeutung ist.

Die Bestimmung von 1 µg Cr/ml Probe wird nicht gestört durch [*24*]: je 0,5 µg/ml As, Hg, Li, Mn, Pb und Sr, je 1 µg/ml Ba, Cu, Ni und Zn, 400 µg K/ml, 100 µg Ca/ml und 50 µg P/ml.

1. Blutserum und Harn

B: ≧ 0,5 ppm Cr. F_r: ±7%.

Arbeitsvorschrift [*24*]

Reagentien

Mischsäure, HNO_3 (1,40)/$HClO_4$ (60%)/H_2SO_4 (1,84) (3 + 3 + 1).
übrige Reagentien wie bei der Arbeitsvorschrift auf S. 522 (Abschnitt „Beryllium").
Gaschromatograph. Elektroneneinfangdetektor.
Kolonne: aus Glas, 3 m lang, 6,4 mm i.-⌀, Füllung mit 5% QF-1 auf WAW Chromosorb (60—80 mesh) vorbehandelt mit Dimethyldisilazan.
Temperatur: Kolonne 150° C, Einspritzkammer 175° C, Detektor 200° C.
Trägergas: Argon/Methan (95%/5%), 80 ml/min.

0,20 ml Probe versetzt man mit 0,2 ml Mischsäure und 0,2 ml Wasser, verascht bei 190° C (bei Blut) bzw. 200° C (bei Harn), stellt danach die erhaltene Probelösung auf pH 5,8–6,2 ein, extrahiert 45 min bei 70° C mit 0,50 ml oder 1,00 ml 0,005 m TFA/Benzol, trennt und wäscht die organische Phase wie bei der Arbeitsvorschrift auf S. 522 und spritzt 1,0 oder 3,0 µl Benzolextrakt in den Gaschromatograph.

D. Atomabsorptionsspektrophotometrie

Cr wird mit der Linie Cr 3579 und dem Luft/C_2H_2-Brenner ($S_M = 0{,}1$ µg Cr · ml^{-1}) oder dem N_2O/C_2H_2-Brenner ($S_M = 0{,}5$ µg Cr · ml^{-1}) bestimmt. Der optimale Arbeitsbereich liegt innerhalb 2–20 µg Cr/ml wäßriger Lösung. Störungen treten vor allem in kälteren und brenngasreicheren Flammen auf. In der Luft/C_2H_2-Flamme werden die Meßwerte durch Al, Ba, Ca, Cu und Mg erhöht, durch K, Na, Sn, Sr und Zn vermindert [*77*]. Auch die Oxydationsstufe des Cr hat einen Einfluß: die Meßwerte werden bei Cr(III) durch Fe, Mn und Ni vermindert [*77, 78*], bei Cr(VI) hingegen durch Fe erhöht [*77*]. Die Störung von Fe kann durch Zusatz von 2% NH_4Cl kontrolliert werden [*79*]. Mit dem N_2O/C_2H_2-Brenner treten praktisch keine Störungen auf. Die Matrix des Probematerials muß aber stets bei den Eichlösungen berücksichtigt werden. Für höhere Cr-Gehalte eignet sich die Linie Cr 4254 ($S_M = 0{,}5$ µg Cr · ml^{-1}). Liegt der Cr-Gehalt der Probelösung unterhalb L_Q, so extrahiert man das Cr zweckmäßig mit Carbamat/MIBK

(s. S. 297ff.) oder als Cr(VI) mit MIBK [80] (s. S. 624f. und Verfahren D.1.1., S. 640) und sprüht den organischen Extrakt in die Flamme ein.

Mit der flammenlosen AAS (Graphitrohrküvette) erreicht man $L_Q = 0{,}5$ ng Cr [81].

Mittels AAS wurde Cr in verschiedenen Materialien bestimmt, wie Wässer (Graphitstab-Atomisator) [82], Blut (Graphitstab-Atomisator) [82], Molybdän, Wolfram [83], Natrium ($\leqq$ 10 ppm Cr) [84], Plutonium ($\geqq$ 5 ppm Cr) [85], Uranverbindungen [86], Aluminiumsalze [87] und Plutoniumnitratlösungen (0,1–8 ppm Cr) [88].

1. Organisches Material

1.1. Serum, Harn

B: $\geqq$ 0,05 ppm Cr.

Der Normalgehalt in Serum beträgt 0,03 (0,01–0,06) ppm Cr [80, 89, 90]; nach einer anderen Arbeit [75a] soll er bei $\leqq$ 5 ppb Cr liegen (s. a. Tab. 137a, S. 641). Serumproben werden bei Gehalten $\geqq$ 0,1 ppm Cr nach Verdünnen mit Wasser im Verhältnis (1 + 1), Harnproben mit $\geqq$ 0,05 ppm Cr unbehandelt in die Flamme eingesprüht.

Bei kleineren Cr-Gehalten bzw. erwünschter höherer Genauigkeit extrahiert man Cr(VI) mit MIBK nach folgender Arbeitsvorschrift.

B: $\geqq$ 10 ppb Cr. *s:* $\pm$3 ppb Cr.

Arbeitsvorschrift [80]

1–10 g Probematerial verascht man mit 10 ml $HNO_3/H_2SO_4/HClO_4$ (3 + 1 + 1) bis zum Auftreten der SO_3-Nebel, kühlt ab, versetzt mit 5 ml Wasser sowie 1 ml 0,01 m $KMnO_4$-Lösung, kocht 5 min, falls die Rosafärbung verschwindet fügt man mehr $KMnO_4$-Lösung bis zur bleibenden Färbung hinzu, und kühlt im Eisbad auf 5° C ab. Die Lösung wird unter Nachwaschen mit 2mal 1 ml Wasser in einen 30 ml-Schütteltrichter übergeführt, 2 ml HCl (1,19) und 5 ml MIBK (beides auf 5° C gekühlt) hinzugefügt, 30 sec extrahiert und der organische Extrakt nach der Phasentrennung in die Flamme eingesprüht.

1.2. Schmieröl

Für die Elementstammlösungen zur Aufstellung der Eichkurven verwendet man öl- und MIBK-lösliche, metallorganische Verbindungen (Cyclohexanbutyrate, Naphthenate u. a. m.; NBS-Standards), die in metallfreiem Öl bzw. in MIBK unter Zusatz von 2-Äthylcapronsäure (zur Stabilisierung der Stammlösung) gelöst werden (s. a. Verfahren F.2.2., Abschnitt „Wismut" S. 543).

B: 0,5–100 ppm Cr. *V:* $\pm$1–3%.

Arbeitsvorschrift [91—93]

Reagentien

Cr-Stammlösung (500 µg Cr/ml); 0,521 g Tris(1-phenyl-1,3-butandiono)Cr ($\equiv$ 50 mg Cr; NBS Standard 1078) werden unter Erwärmen in 4 ml 2-Äthylcapronsäure + 6 ml 6-Methyl-2,4-heptandion gelöst und mit Cr-freiem Schmieröl auf 100 ml aufgefüllt.
MIBK.

Man verdünnt 1 Teil Probe mit 9 Teilen MIBK (bei Bedarf wird ein größeres Verdünnungsverhältnis gewählt) und sprüht in die C_2H_2-arme Flamme ein. Zur Aufstellung der Eichkurve behandelt man eine Cr-Standardreihe (durch Verdünnen der Cr-Stammlösung mit Cr-freiem Schmieröl hergestellt) wie die Probe.

E. Verschiedenes

Für die photometrische Cr-Bestimmung dienten auch nachstehend genannte Reagentien: Xylenolorange ($\varepsilon_{530} = 19000$) [*94*], Methylthymolblau ($\varepsilon_{560} = 11000$) [*94*], 8-Hydroxychinaldin/$CHCl_3$ [*95*], Chromazurol S [*96*], die Extraktion als Perchromsäure mit Äthylacetat [*97*] bzw. mit Tri-n-octylamin/C_6H_6 [*16*] oder 1% Aliquat 336/$CHCl_3$ [*16*], weiterhin 1% Tribenzylamin/$CHCl_3$ (335 nm bzw. 458 nm; $L_Q = 2$ bzw. 15 $\mu g \cdot ml^{-1} \cdot cm^{-1}$) [*15*] und 5% Triphenylselenoniumchlorid/CH_2Cl_2 [*98*]. Nach seiner Isolierung mittels Oxinschmelze wurde Cr (0–20 ng) in Harn emissionsspektralanalytisch bestimmt [*29*].

Tabelle 137a. Nachtrag — Weitere Verfahren[1]

Bestimmungsmethoden	Probematerial, Verfahren, Bestimmungsbereich	Literatur
AAS	Harn. Isol: —; Best: Graphitküvette HGA 70 (Perkin-Elmer), 20 µl Probe (unbehandelt oder 1 Teil Probe + 1 Teil HNO_3 naß verascht) verwendet; gefundener Normalgehalt: 11,7 (3—38) ppb Cr. *B:* ≧ 2,5 ppb Cr; *V:* ±2—10%.	[*99*]

[1] Abkürzungen s. S. XVI, XXIV.

Literatur

1. Beyermann, K.: Z. anal. Chem. **190**, 4 (1962).
2. Foster, M. D.: U.S. Dept. Interior. geol. Surv., Bull. **950**, 15 (1946).
3. Brookshier, R. K., Freund, H.: Analyt. Chem. **23**, 1110 (1951).
4. Sastri, M. N., Sundar, D. S.: Z. anal. Chem. **195**, 343 (1963).
5. Tuck, D. G.: Analyt. chim. Acta. **27**, 296 (1962).
6. White, J. C., Ross, W. J.: ORNL-2326 (Jul. 1957).
7. Katz, S. A., McNabb, W. M., Hazel, J. F.: Analyt. chim. Acta **27**, 405 (1962).
8. Weinhardt, A. E., Hixson, A. N.: Ind. Eng. Chem. **43**, 1676 (1951).
9. Bryan, H. A., Dean, J. A.: Analyt. Chem. **29**, 1289 (1957).
10. Blundy, P. D.: Analyst **83**, 555 (1958).
11. Dean, J. A., Beverly, M. L.: Analyt. Chem. **30**, 977 (1958).
12. Banks, C. V., O'Laughlin, J. W.: Analyt. Chem. **28**, 1338 (1956).
13. Dinstl, G., Hecht, F.: Mikrochim. Acta (Wien) **1962**, 321.
14. Shinde, V. M., Khopkar, S. M.: Z. anal. Chem. **249**, 239 (1970).
15. Fasolo, G. B., Malvano, R., Massaglia, A.: Analyt. chim. Acta **29**, 569 (1963).
16. Sastri, M. N., Sundar, D. S.: Analyt. chim. Acta **33**, 340 (1965).
17. Maeck, W. J., Kussy, M. E., Rein, J. E.: Analyt. Chem. **34**, 1602 (1962).
18. Bock, R., Beilstein, G.: Z. anal. Chem. **192**, 44 (1963).
19. Bock, R., Jainz, J.: Z. anal. Chem. **198**, 315 (1963).
20. Bock, R., Hummel, C.: Z. anal. Chem. **198**, 176 (1963).
21. McKaveney, J. P., Freiser, H.: Analyt. Chem. **30**, 1965 (1958).
22. Hofer, A., Heidinger, R.: Z. anal. Chem. **233**, 415 (1968).
23. Hellwege, H. E., Schweitzer, G. K.: Analyt. chim. Acta **29**, 46 (1963).
24. Savory, J., Mushak, P., Sunderman, F. W., Jr., Estes, R. H., Roszel, N. O.: Analyt. Chem. **42**, 294 (1970).
25. Majumdar, S. K., We, A. K.: Analyt. Chem. **32**, 1337 (1960).
26. Chuecas, L., Riley, J. P.: Analyt. chim. Acta **35**, 240 (1966).
27. Gillet, A. C., Jr.: Z. anal. Chem. **247**, 163 (1969).
28. Beyermann, K., Rose, H. J., Jr., Christian, R. P.: Analyt. chim. Acta **45**, 51 (1969).
29. Manning, C. D., Beyermann, K.: Analyt. chim. Acta **51**, 342 (1970).
30. Malissa, H., Kotzian, H.: Talanta **9**, 997 (1962).

31. Oelschläger, W.: Z. anal. Chem. **145**, 81 (1955).
32. Sandell, E. B.: Ind. Eng. Chem., Anal. Ed. **8**, 336 (1936).
33. Aubry, J., Laplace, G.: Bull. Soc. chim. France **1951**, 204.
34. Luke, C. L.: Analyt. Chem. **30**, 359 (1958).
35. Cazeneuve, P.: Bull. Soc. chim. France **25**, 761 (1901).
36. Beyermann, K.: Z. anal. Chem. **191**, 345 (1962).
37. Delaney, J. E.: Water Pollution Abstr., Dept. Sci. Ind. Research **26**, 323 (1953).
38. Powell, R., Taylor, C. G.: Chem. and Ind. **1954**, 726.
39. Bose, M.: Analyt. chim. Acta **10**, 201, 209 (1954).
40. Marchart, H.: Analyt. chim. Acta **30**, 11 (1964).
41. Malzew, W. F., Temirenko, T. P.: Zavodskaja Lab. **10**, 357 (1941); ref. Chem. Zbl. **1942 II**, 2509.
42. Singer, L., Chambers, W. A., Jr.: Ind. Eng. Chem., Anal. Ed. **16**, 507 (1944).
43. Norwitz, G., Codell, M.: Analyt. chim. Acta **9**, 546 (1953).
44. Pinsl, H.: Arch. Eisenhüttenw. **10**, 139 (1936/37).
45. Miller, D. O., Yoe, J. H.: Clin. chim. Acta **4**, 378 (1959).
46. Beyermann, K., Eschnauer, H.: Z. Lebensmittelunters.- u. Forsch. **118**, 308 (1962).
47. Appelbaum, J., Mashall, J.: Analyt. chim. Acta **35**, 409 (1966).
48. Pieters, H. A. J., Hanssen, W. J., Geurts, J. J.: Analyt. chim. Acta **2**, 377 (1948).
49. Saltzman, B. E.: Analyt. Chem. **24**, 1016 (1952).
50. Pollock, E. N., Zopatti, L. P.: Analyt. chim. Acta **28**. 68 (1963).
51. Urone, P. F., Anders, H. K.: Analyt. Chem. **22**, 1317 (1950).
52. Pilz, W.: Z. anal. Chem. **219**, 350 (1966).
53. Vanossi, R.: An. Soc. ci. argent. **160**, 37 (1955).
54. Fröhlich, F.: Z. anal. Chem. **170**, 383 (1959).
55. Ege, J. F., Jr., Silverman, L.: Analyt. Chem. **19**, 693 (1947).
56. Allen, T. L.: Analyt. Chem. **30**, 447 (1958).
57. Cahnmann, H. J., Bisen, R.: Analyt. Chem. **24**, 1341 (1952).
58. Urone, P. F.: Analyt. Chem. **27**, 1354 (1955).
59. Sano, H.: Analyt. chim. Acta **27**, 398 (1962).
60. Hecht, F., Gottlieb, A.: Mikrochem. verein. Mikrochim. Acta **35**, 523 (1950).
61. Wenger, P., Duckert, R., Rusconi, Y.: Helv. chim. Acta **27**, 1839 (1944).
62. Tichonova, A. A.: Zavodskaja Lab. **15**, 108 (1949).
63. Hansen, A.: Z. anal. Chem. **134**, 427 (1952).
64. Grogan, C. H., Cahnmann, H. J., Lethco, E.: Analyt. Chem. **27**, 983 (1955).
65. Miller, C. F.: Chemist-Analyst **25**, 10 (1936).
66. Weiss, H. V., Siler, V. E., Buechler, P. R.: Analyt. Chem. **23**, 797 (1951).
67. van der Walt, C. F. J., van der Merve, A. J.: Analyst **63**, 809 (1938).
68. Koch, W.: Arch. Eisenhüttenw. **12**, 69 (1938).
69. Willmer, T. K.: Arch. Eisenhüttenw. **29**, 159 (1958).
70. Erdey, L., Inczedy, J.: Acta chim. Acad. Sci. hung. **4**, 289 (1954).
71. Mann, C. K., White, J. C.: Analyt. Chem. **30**, 989 (1958).
72. Kitagawa, H., Aimoto, Y.: Japan Analyst **4**, 144 (1955).
73. Friedman, H. A.: Analyt. Chem. **32**, 137 (1960).
74. Davidson, A. M. M., Mitchell, R. L.: J. Soc. chem. Ind. **59**, 232 (1940).
75. Silverman, L., Ege, J. F., Jr.: J. ind. Hyg. Toxicol. **29**, 136 (1947).
75a. Agterdenbos, J., Broekhoven, L. van, Jütte, B. A. H. G., Schuring, J.: Talanta **19**, 341 (1972).
76. Albert, D. K.: Analyt. Chem. **36**, 2034 (1964).
77. Yanagisawa, M., Suzuki, M., Takeuchi, T.: Analyt. chim. Acta **52**, 386 (1970).
78. Barnes, L., Jr.: Analyt. Chem. **38**, 1083 (1966).
79. Giammarise, A.: Atom. Absorp. Newsletter **5**, 113 (1966).
80. Feldman, F. J., Knoblock, E. C., Purdy, W. C.: Analyt. chim. Acta **38**, 489 (1967).
81. Welz, B., Wiedeking, E.: Z. anal. Chem. **252**, 111 (1970).
82. Tessari, G., Torsi, G.: Talanta **19**, 1059 (1972).
83. Neumann, G. M.: Z. anal. Chem. **259**, 337 (1972).
84. Scarborough, J. M., Bingham, C. D., De Vries, P. F.: Analyt. Chem. **39**, 1394 (1967).
85. Vienney, J.: Analyt. chim. Acta **55**, 37 (1971).
86. Walker, C. R., Vita, O. A.: Analyt. chim. Acta **43**, 27 (1968).
87. Marshall, G. B., West, T. S.: Analyst **95**, 343 (1970).

88. Ganivet, M., Benhamou, A.: Analyt. chim. Acta **47**, **81** (1969).
89. Mertz, W.: Physiol. Revs. **49**, 163 (1969).
90. Niedermeier, W., Griggs, J. H., Johnson, R. S.: Appl. Spectroscopy **25**, **53** (**1971**).
91. Burrows, J. A., Heerdt, J. C., Willis, J. B.: Analyst. Chem. **37**, **579** (1965).
92. Means, E. A., Ratcliff, D.: Atom. Absorp. Newsletter **4**, **174** (**1965**).
93. Sprague, S., Slavin, W.: Atom. Absorp. Newsletter **4**, 367 (1965).
94. Cheng, K. L.: Talanta **14**, **875** (1967).
95. Motojima, K., Hashitani, H.: Analyt. Chem. **33**, 239 (1961).
96. Malát, M.: Naturwiss. **48**, **569** (1961).
97. Glasner, A., Steinberg, M.: Analyt. Chem. **27**, 2008 (1955).
98. Ziegler, M., Pohl, K.: Z. anal. Chem. **204**, 413 (1964).
99. Ross, R. T., Gonzalez, J. G., Segar, D. A.: Analyt. chim. Acta **63**, **205** (**1973**).

Cu — Kupfer

Tabelle 138. Empfindlichkeit S_M und Bestimmungsgrenze L_Q der Verfahren

Verfahren	µg Cu · ml⁻¹ · cm⁻¹ S_M		L_Q	
Bis-cyclohexanon-oxalyldihydrazon	0,004	(595—606 nm)	0,10	(595—606 nm)
Natriumdiäthyldithiocarbamat/$CHCl_3$	0,004 —0,0048	(435—440 nm)	0,10 —0,12	(435—440 nm)
Diäthylammoniumdiäthyldithio-carbamat/$CHCl_3$	0,0048	(435—440 nm)	0,12	(435—440 nm)
Bleidiäthyldithiocarbamat/$CHCl_3$	0,0048	(435—440 nm)	0,12	(435—440 nm)
Zinkdibenzyldithiocarbamat/CCl_4	0,004	(435 nm)	0,10	(435 nm)
Cuproin/Isoamylalkohol	0,01	(546 nm)	0,25	(546 nm)
Neocuproin/Isoamylalkohol	0,008	(454 nm)	0,20	(454 nm)
Bathocuproin/Isoamylalkohol	0,0044	(479 nm)	0,11	(479 nm)
1,5-Diphenylcarbazid	0,0004	(495 nm)	0,010	(495 nm)
1,5-Diphenylcarbazid/Benzol	0,0012	(540 nm)	0,029	(540 nm)
Dithizon/CCl_4 (Einfarbenverfahren)	0,0014	(550 nm);	0,035	(550 nm);
	0,0018	(510 nm)	0,045	(510 nm)
Dithizon/CCl_4 (Mischfarbenverfahren)	0,0022—0,0026	(510—550 nm);	0,055—0,065	(510—550nm);
	0,002	(620 nm)	0,05	(630 nm)
Atomabsorptionsspektrophotometrie	0,10—0,15[1,2]		0,010—0,025[1,3]	

[1] µg · ml⁻¹.
[2] Für 1% Absorption.
[3] $F_r = \pm 10\%$.

Wegen seiner weiten Verbreitung und großen Bedeutung als Spurenelement befaßten sich zahlreiche Arbeiten mit der Bestimmung von Cu. Man findet in der Literatur daher eine große Fülle von Arbeitsvorschriften, die eine Auswahl des für ein Analysenproblem zweckmäßigsten Verfahrens oft nicht einfach gestaltet. Unter den bekannten Reagentien zur Cu-Bestimmung fanden die häufigste Anwendung das „klassische" Dz und die Carbamat-Derivate. Diese zeichnen sich durch ihre Empfindlichkeit aus, sind aber wenig selektiv. In jüngerer Zeit wandte sich das Interesse mehr und mehr zum Teil empfindlicheren und vor allem selektiveren und nahezu spezifischen Reagentien zu. Es sind dies vor allem die Cuproin-Derivate und das Biscyclohexanon-oxalyldihydrazon, die in steigendem Maße (trotz des hohen Preises der Cuproin-Derivate) zur Cu-Bestimmung Anwendung finden. Die Anwendung des Bis-cyclohexanon-oxalyldihydrazons, der Carbamat-Derivate, deren Selektivität durch Maskierungsmittel gesteigert werden kann, und der Cuproin-Derivate tritt gegenüber dem Dz mehr in den Vordergrund, während das Dz außer zur Bestimmung öfters für Trennungen und zur Cu-Isolierung verwendet wird.

In einer Arbeit [*1*] wurden 4 Reagentien hinsichtlich ihrer Eignung zur Cu-Bestimmung vergleichend überprüft: Bis-cyclohexanon-oxalyldihydrazon (I), Cuproin (II), Neocuproin (III) und Zink-Dibenzyldithiocarbamat (IV). Die Bestimmung von Cu mit (I) wird durch andere Elemente praktisch nicht gestört, falls diese in nicht zu großen Mengen anwesend sind. Bei (II) und (III) tritt nur eine Störung durch Fe(III) auf, das aber durch

Tartrat maskiert werden kann. Mit (IV) reagieren mehrere störende Elemente. Bei Verwendung eines Spektralphotometers soll die Empfindlichkeit von (IV) [*2*] und (I) [*3*] etwa gleich groß, bei Verwendung eines Filterphotometers jene von (I) dreimal so groß sein [*1*]. (I) weist eine zweieinhalbfach höhere Empfindlichkeit wie (II) auf, während sie von (II) und (III) etwa gleich groß ist. Abb. 105 zeigt die Stabilität der Cu-Complexe mit den einzelnen Reagentien. (IV) verhält sich analog wie der Cu-Komplex mit Na-DDTC. Daraus geht hervor, daß die Komplexe von (I), (II) und (III) befriedigend stabil sind,

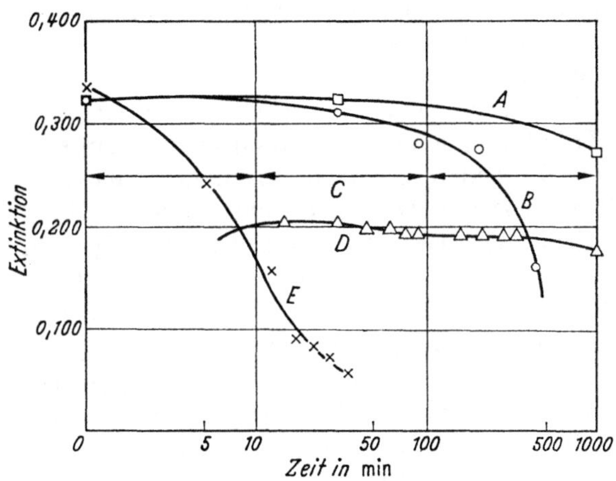

Abb. 105. Farbstabilität der Cu-Komplexe [*1*]; *A* mit Na-DDTC in Fluorescenzlicht, *B* mit Na-DDTC in diffusem Tageslicht, *C* mit 2,2′-Dichinolyl und Neocuproin bei jeder Lichtart, *D* mit Bis-cyclohexanon-oxalyldihydrazon bei jeder Lichtart, *E* Na-DDTC in Sonnenlicht

der Cu-Carbamat-Komplex dagegen am Tageslicht nicht längere Zeit stehen darf. Als Reagenslösung ist nur (II) 3 Monate haltbar; (I), (III) und (IV) müssen täglich frisch hergestellt werden. (III) kann auch im Kühlschrank längere Zeit aufbewahrt werden. Nach anderen Angaben ist auch (I) 3–4 Monate haltbar [*4*]. (II) und (III) haben den Nachteil, daß sie verhältnismäßig kostspielig sind, was ihre breitere analytische Anwendung behindert. Die Kosten für (I) und (IV) sind etwa gleich groß. Hinsichtlich Einfachheit, Empfindlichkeit und Ökonomie ist (I) den übrigen drei Reagentien überlegen, in bezug auf Farbstabilität der Cu-Komplexe trifft dies aber vor allem für (II) und (III) zu, gefolgt von (I), welcher auch noch eine für die Praxis ausreichende Stabilität aufweist.

Nach den Ergebnissen einer anderen vergleichenden Untersuchung [*5*] über die Eignung von Na-DDTC/CCl_4(I), Bis-cyclohexanon-oxalyldihydrazon(II), Oxalyldihydrazid (III), Neucuproin/$CHCl_3$(IV) und Cuproin/Amylalkohol(V) zur Bestimmung von Cu in Speisewasser für Hochdruckkessel im Bereich von 1–10 μg Cu/l eignen sich (IV) und (V) zur Anreicherung und Cu-Bestimmung aus einer größeren Probemenge besser als (I) bis (III). Bei Anwendung von (I), (II) und (III) ist eine vorangehende Anreicherung des Cu durch Kationenaustauscher erforderlich. (I) hat weiterhin den Nachteil einer geringen Selektivität. Als günstigstes Reagens wird (V) den übrigen Reagentien für die genannte Analyse vorgezogen [*5*]. In einer anderen Arbeit [*6a*] brachte ein Vergleich von Dithizon, Neocuproin und Bis-cyclohexanon-oxalyldihydrazon zur Bestimmung von Cu in biologischem Material für Dithizon die besten Ergebnisse.

A. Trennungen

Trotz der hohen Selektivität einiger Cu-Reagentien ist die vorangehende Isolierung des Cu in zahlreichen Fällen erforderlich. Hierzu finden in erster Linie die Extraktionsverfahren Anwendung. Unter diesen sind vor allem die Extraktion mit Dz/CCl_4 und mit Carbamat/$CHCl_3$ zu nennen. Mit ersterem erfolgt sie im allgemeinen aus 0,1–1n HCl-Lösung, wodurch Cu von Cd, Co, Fe, Mn, Pb, Zn und anderen Elementen abgetrennt werden kann. Weitere Einzelheiten findet man an anderer Stelle bereits beschrieben (s. S. **297**ff. und **317**ff.). Große Fe-Mengen können durch Äther-Extraktion abgetrennt werden. Die meisten Komplexe des Cu mit den nachfolgend angeführten Reagentien sind mit organischen Lösungsmitteln extrahierbar und ermöglichen die Abtrennung des Cu von zahlreichen anderen Elementen.

Fügt man zu einer Suspension von Kupferjodür Tri-n-butylammoniumacetat, so läßt sich der entstehende Tributylammonium-CuI-Komplex z. B. mit Methylenchlorid leicht vollständig extrahieren [*6*]. Andere Elemente zeigen ein ähnliches Verhalten. Cu kann als Jodid und als Thiocyanat mit Äthylacetat extrahiert werden [*7*]. Bei der Cu-Bestimmung in biologischem Material mittels Aktivierungsanalyse fand die Extraktion mit Cupferron/CCl_4 zur Isolierung des Cu Anwendung [*8*]. Aus 0,07–0,15m Halogenid-Lösung (KBr, KCl, NH_4Cl, NaCl, HCl) kann Cu(I) (durch Erhitzen mit Ascorbinsäure auf 60° C reduziert) mit 10% Triphenylphosphit/CCl_4 extrahiert (10 min) und so von Ag, Al, As(III), B, Ba, Bi, Ca, Cd, Co, Cr(III), Cs, Eu, Fe(II), Hg(I), Hg(II), Ir, K, La, Li, Mg, Mn, Mo, Na, Ni, Nb, Os, Pb, Pd(II), Pt (II), Ru, Sb(III), Se, Sn(II), Sr, Ta, Ti(III), Tl(I), V(IV), Zn und Zr abgetrennt werden [*8a*]. Aus der organischen Phase läßt sich das Cu mit 1n Ammoniak rückschütteln.

Unter den Fällungsverfahren wird die Spurenfällung des Cu als Sulfid mit z. B. Pb als Spurenfänger [*9*] öfters angewendet. Zur Abtrennung großer Mengen Fe und anderer Elemente von nicht zu kleinen Cu-Mengen eignet sich die Ammoniak-Fällung, wobei das Cu im Filtrat verbleibt. Diese Trennungsmethode findet beispielsweise beim Schnellverfahren zur Bestimmung von Cu in Eisen und Stahl [*10*] Anwendung.

B. Bis-cyclohexanon-oxalyldihydrazon

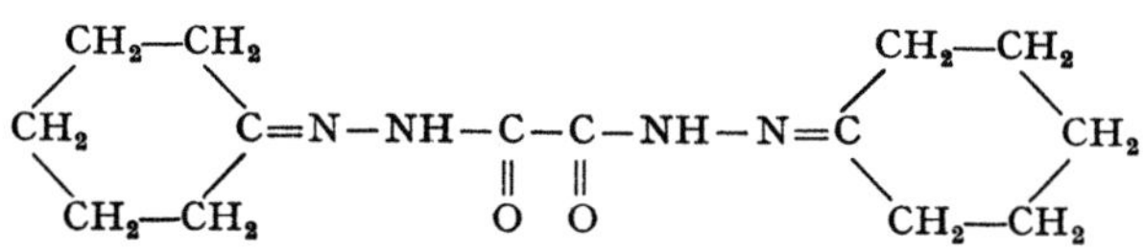

Cu bildet mit Bis-cyclohexanon-oxalyldihydrazon [BCO; Oxalsäure-bis(cyclohexylidenhydrazid), Cuprizon] in alkalischer Lösung einen wasserlöslichen, blauen Komplex [*2, 11*]. Der günstigste pH-Bereich liegt bei pH 7–10, nach anderen Angaben [*4*] bei pH 7,5–9,5. Unterhalb pH 6,5 bildet sich der Farbkomplex nicht und oberhalb pH 13 verblaßt die Farbe [*12*]. In Anwesenheit von Fe liegt das pH-Optimum bei 8,0–9,5 [*4*], in Anwesenheit von Ammoniumcitrat + Ammoniak bei pH 8,7–9,4, von Natriumcitrat + NaOH bei pH 7,8–8,3, von Ammoniumcitrat + NaOH bei pH 8,4–9,5 bzw. pH 8,9–10,0 (bei erhöhter Menge Ammoniumcitrat) [*13*]. Das Extinktionsmaximum liegt bei 595–600 nm (s. Abb. 106). Das Beersche Gesetz ist im Bereich von 0,1–4 µg Cu/ml erfüllt ($\varepsilon_{590} = 16000$). Das Farbintensitätsmaximum ist sofort bis 5 min nach dem Reagenszusatz erreicht [*4, 10*]. In Anwesenheit von Citrat ist die Farbentwicklung allerdings verzögert und etwas gehemmt [*10*], weshalb dann eine Wartezeit von

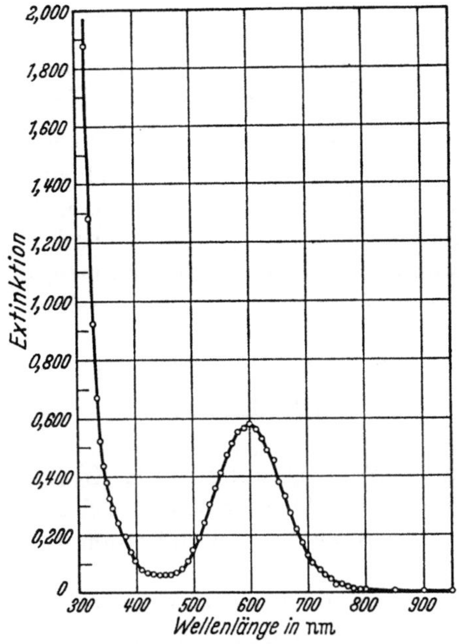

Abb. 106. Extinktionskurve von Cu + Bis-cyclohexanon-oxalyldihydrazon [*10*]

30 min erforderlich ist; in anderen Arbeiten wird eine Wartezeit von 10–15 min [*12*] und 30 min [*13*] empfohlen. Das Farbmaximum ist hier nach $1^1/_2$ Std erreicht und bleibt dann 2 Std stabil [*10*]. Die Farbe ist in Abwesenheit von Citrat mindestens 5 Std stabil [*10*] (im Dunkeln bis zu 3 Tagen [*3*]) und Temperaturschwankungen zwischen 18° und 28° C haben keinen Einfluß auf die Farbintensität. Die Bestimmung von 1–100 µg Cu wird durch 100 µg der folgenden Ionen nicht gestört: Ag, Al, As(V), Ba, Be, Bi, Ca, Cd, Co(II), Cr(III), Cr(VI), Fe(II), Fe(III), Hg(I), Hg(II), K, Li, Mg, Mn(II), Mo(VI), Na, Nb, Pb, Sb(V), Sn(II), Sr, Ta, Th, Ti, U(VI), V, W(VI), Zn, NH_4^+, Cl^-, Br^-, F^-, I^-, CO_3^{2-}, HCO_3^-, ClO_4^-, NO_3^-, NO_2^-, SO_4^{2-}, SO_3^{2-}, PO_4^{3-}, SCN^-, Tartrat, Citrat, Oxalat und Acetat. Durch Ni und Cr(VI) wird eine grünblaue Färbung hervorgerufen, die aber wenig stört. Die 500fache Menge Fe(III) stört in Anwesenheit von Citrat nicht [*4*]. In Anwesenheit von 10 mg der genannten Ionen muß man 5 ml 10%ige Ammoniumcitratlösung zusetzen, um eine Fällung zu vermeiden; hierbei stören Co(II), Cr(III), Cr(VI), Fe(II), Fe(III), Ni und U(VI), während Hg(I), Hg(II) und Sn(II) teilweise ausfallen. Die übrigen genannten Ionen stören nicht. Die Bestimmung von 1 µg Cu/ml wird durch 0,5 µg ÄDTA/ml sowie 3 mg Citrat/ml nicht gestört; hingegen stört $<0{,}1$ µg CN^-/ml und 6 mg Citrat/ml hemmen die Farbbildung [*3*]. Das Reagens wurde zur Bestimmung von Cu in Wasser [*5*], Zellstoff, Papier [*14*], Pflanzenmaterial [*15–16a*], Blutserum [*3*], Stahl [*4, 10, 12, 13, 17*], hochlegiertem Stahl [*18*], Titan, Zirkonium und deren Legierungen [*19*], Petroleumfraktionen [*19a*], Cadmiumsulfid ($\geqq$ 2,5 ppm) [*19b*], Quecksilber [*19c, 19d*], Quecksilberverbindungen [*19c*] und Wismut [*19e*] verwendet.

Arbeitsvorschrift [*2, 4, 10, 12*]

Reagentien

Ammoniumcitrat, 10%ige wäßrige Lösung;
6n und 1n Ammoniak;

6n und 1n HCl;
Phenolphthalein, 0,1%ig in Äthanol;
Bis-cyclohexanon-oxalyldihydrazon (BCO); 0,1 g BCO wird in 10 ml Äthanol und 10 ml Wasser unter Erwärmen gelöst und mit 50%igem Äthanol auf 100 ml aufgefüllt.

Die schwach saure Probelösung (1–40 µg Cu enthaltend) wird in einem 50 ml-Meßkolben mit 1 ml Ammoniumcitrat-Lösung und 2–3 Tropfen Phenolphthaleinlösung versetzt, bis zum Farbumschlag auf Rosa tropfenweise 6n bzw. 1n Ammoniak zugefügt und anschließend durch tropfenweisen Zusatz von 6n bzw. 1n HCl gerade bis zum Umschlag auf Farblos eingestellt. Man fügt 10 ml BCO-Lösung hinzu, füllt mit Wasser zur Marke auf und photometriert in einer 5 cm-Küvette bei 595–600 nm gegen Wasser.

1. Organisches Material

1.1. Gelatine [1]

B: 0,5–20 ppm Cu. F_r: ±5%.

2 g Gelatine werden der Reihe nach mit 10 ml HNO_3 (1,40), 2 ml H_2SO_4 (1,84) und 4 ml $HClO_4$ (70%) abgeraucht, die Asche in Wasser gelöst und das Cu nach der oben angeführten Vorschrift (s. S. 648) photometrisch bestimmt.

2. Metalle und Legierungen

2.1. Eisen und Stahl

Nach den Angaben einer Arbeit [12] zur photometrischen Bestimmung von 0,01–1% Cu in Stahl (unmittelbar in der Ammoniumcitrathaltigen Lösung ohne vorangehende Isolierung des Cu) verursacht die Anwesenheit von 100 mg der eingangs angeführten Elemente (s. S. 647) (entsprechend einem Gehalt von 50% im Stahl) nur durch wenige Elemente eine meßbare Störung (äquivalent in % Cu): Fe (0,01), Cr(III) (0,10), Cr(VI) (0,02), Co (0,05), Ni (0,01). Der Einfluß von Fe ist durch Aufstellung einer entsprechenden Eichkurve vernachlässigbar. Die Störung durch Ni fällt bei den meisten Stählen nicht ins Gewicht. Cr(III) gibt auch in Anwesenheit von Citrat eine Fällung [4] und wird daher zu Cr(VI) oxydiert. Die Störung durch Cr und Co kann durch eine Korrektur berücksichtigt werden. In einer anderen Arbeit [13] fand man, daß die photometrische Bestimmung von Cu in Stahl unmittelbar in der Probelösung in Anwesenheit von Ammoniumcitrat durch Gehalte von 10% und mehr an Al, As, Cr, Mg, Mn, Mo, Pb, Ti, V und 20% Ni nicht gestört wird; 2% Co stören dagegen bereits. Obwohl das Verfahren [12] den Vorteil der Einfachheit und des geringen Zeitbedarfes aufweist, zeigte eine Überprüfung [10] bei der Bestimmung von Gehalten im Bereich von 0,01% Cu unbefriedigende Ergebnisse. Zur Bestimmung kleiner Cu-Gehalte empfiehlt es sich daher, Fe und andere Störelenente durch eine vorangehende Ammoniakfällung abzutrennen [10]. Gehalte von <0,001% Cu können bestimmt werden, wenn das Fe durch Ätherextraktion entfernt wird. Die nachfolgende Arbeitsvorschrift eignet sich als Schnellverfahren für Eisen und Stahl und wird durch folgende Gehalte nicht gestört: 0,5% Ni, 1% Co, Pb, Ti und V, 5% Mn und W, 10% Al und Mo, sowie 20% Cr (höhere Gehalte an Ni und Co stören). Eine Störung durch Gehalte bis 20% Ni kann durch Zusatz von Citronensäure zum Farbansatz beseitigt werden.

B: 0,0005–0,2% Cu. *s*: ± 0,00015% Cu bei Gehalten von 0,001–0,02% Cu; ± 0,0012% Cu bei Gehalten von 0,01–0,2% Cu. *Z*: 30 min.

Arbeitsvorschrift [10]

Reagentien

Mischsäure; 200 ml HCl (1,19) werden mit 50 ml HNO_3 (1,40) und 50 ml Wasser gemischt.

$HClO_4$ (70%); HNO_3 (1 + 1);
Ammoniak (0,91); Ammoniak (1 + 9);
Phenolphthalein, 0,1%ig in Äthanol;
HCl (1 + 9);
Bis-cyclohexanon-oxalyldihydrazon (BCO); 0,1 g BCO wird in 10 ml Äthanol und 10 ml Wasser unter Erwärmen gelöst und mit Wasser auf 200 ml aufgefüllt.

I. Eisen und Stahl mit Gehalten <0,5% Ni

a) 0,0005—0,02% Cu

2,0 g Probe werden in einem 250 ml-Becherglas in 20 ml Mischsäure gelöst. Man verkocht die nitrosen Dämpfe, fügt zu der heißen Lösung unter Rühren (Rührwerk) 30 ml Ammoniak (0,91) hinzu und rührt etwa 2–3 min gut durch. Nun führt man die Lösung mit dem ausgefallenen Niederschlag unter Nachwaschen mit Wasser in einen 100 ml-Meßkolben über und füllt nach dem Abkühlen mit Wasser zur Marke auf. Man schüttelt gut durch, filtriert durch ein trockenes Filter und führt 25,0 ml des Filtrates in einen anderen 100 ml-Meßkolben über. Nach Zusatz von 2–3 Tropfen Phenolphthaleinlösung neutralisiert man mit HCl (1 + 9) bzw. Ammoniak (1 + 9) gerade bis zum Umschlag auf farblos, fügt 20 ml BCO-Lösung hinzu, füllt mit Wasser zur Marke auf und photometriert in einer 5 cm-Küvette bei 600 nm gegen Wasser. Der Blindwert wird in gleicher Weise mit 2 g Ferrum reductum durchgeführt.

b) 0,01—0,2% Cu

0,5 g Probe werden in einem 250 ml-Becherglas in 10 ml Mischsäure gelöst, nach der oben angeführten Arbeitsvorschrift fortgefahren und vom Filtrat 10,0 ml für den Farbansatz verwendet. Der Blindwert wird in gleicher Weise mit 0,5 g Ferrum reductum durchgeführt.

Bei Roheisen und schwerlöslichen Stählen verwendet man zum Lösen anstelle von Mischsäure die gleiche Menge eines Gemisches von 3 Teilen $HClO_4$ und 1 Teil HNO_3 (1 + 1), erhitzt bis zum Auftreten der weißen Nebel und fährt dann wie oben unter a) und b) angegeben fort.

II. Stähle mit 0,5—20% Ni

Die Probe wird je nach Qualität in 10 oder 20 ml Mischsäure, Königswasser, Salpetersäure-Schwefelsäure [20 Teile HNO_3 (1 + 1) + 1 Teil H_2SO_4 (1 + 3)], H_2SO_4 (1 + 3) oder HCl (1,19) gelöst, bei Verwendung der beiden letztgenannten Säuren mit HNO_3 (1 + 1) oxydiert und wie oben fortgefahren. Abweichend davon werden in den zum Farbansatz vorgesehenen 100 ml-Meßkolben 5 ml 25%ige Citronensäurelösung vorgelegt und nach 30 min photometriert. Als Vergleichslösung dient ein zweiter Auszug des Filtrates, der wie der Farbansatz jedoch ohne Zusatz von BCO-Lösung behandelt wird. Ein Blindwert nach Vorschrift I wird abgezogen.

2.2. Titan und Titanlegierungen

Für Gehalte von 0,0005–0,01% Cu wird die Bestimmung mit Na-DDTC empfohlen. Folgende Legierungsbestandteile stören nicht: 20% Mn oder Sn, 10% Al, 5% Cr, Fe, Ni oder Mo; über 2,5% V vermindern die Extinktion und 10% V verhindern die Farbbildung. Eine Störung durch bis zu 5% V kann durch Verwendung einer kleineren Probemenge vermieden werden, so daß die V-Menge bei der Bestimmung 1,25 mg nicht überschreitet.

B: 0,002–0,08% Cu. *s*: ± 0,0002% Cu bei einem Gehalt von 0,02% Cu. *Z*: 8 Std für 30 Bestimmungen.

Arbeitsvorschrift [*19*]

Reagentien

HCl (2 + 1);

HBF_4; zu 280 ml HF (40%) fügt man in kleinen Anteilen unter gleichzeitigem Kühlen auf 10° C 130 g H_3BO_3 und bewahrt in Polyäthylenflasche auf.

HNO_3 (1,42).

Ammoniumcitrat, 20%ige wäßrige Lösung;

Neutralrot-Indicator, 0,05%ige wäßrige Lösung;

NaOH, 10%ige wäßrige Lösung.

Natriumboratpufferlösung; 15,46 g H_3BO_3 werden in 250 ml Wasser gelöst und auf 500 ml aufgefüllt (Lösung A). 2,0 g NaOH werden in 75 ml Wasser gelöst und auf 100 ml aufgefüllt (Lösung B). Zu 400 ml Lösung A fügt man 60 ml Lösung B und mischt gut durch.

Bis-cyclohexanon-oxalyldihydrazon (BCO), 0,5%ig in 50%igem Äthanol.

Aufstellung der Eichkurve (0,002—0,08% Cu)

In eine Serie von 50 ml-Meßkolben legt man jeweils 0,5, 1,0, 2,0, 3,0 und 4,0 ml Cu-Stammlösung (10 µg Cu/ml) vor, fügt 8,0 ml Ammoniumcitratlösung und einen Tropfen Neutralrot-Indicator-Lösung hinzu und schüttelt. Man versetzt mit NaOH-Lösung bis zum Farbumschlag von Rot nach Gelb und gibt 1 ml NaOH-Lösung im Überschuß hinzu. Nach Zusatz von 5 ml Natriumboratpufferlösung und 1 ml BCO-Lösung füllt man mit Wasser zur Marke auf und photometriert in einer 5 cm-Küvette bei 595 nm gegen Wasser.

Ausführung

0,5 g Probematerial werden in 15 ml HCl (2 + 1) und 1 ml HBF_4 unter Erwärmen gelöst, durch tropfenweisen Zusatz von HNO_3 oxydiert und durch 2–3 min langes Kochen die nitrosen Dämpfe vertrieben. Nach dem Abkühlen führt man in einen 50 ml-Meßkolben über, füllt mit Wasser zur Marke auf, entnimmt einen aliquoten Teil von 5,0 ml, versetzt diesen in einem 50 ml-Meßkolben mit 8,0 ml Ammoniumcitratlösung und fährt, wie bei der Aufstellung der Eichkurve angegeben, fort.

2.3. Zirkonium und Zirkonium-Legierungen [*19*]

Die Analyse wird nach Verfahren B.2.2 durchgeführt. Es gelten die dort gebrachten Ausführungen, es ist nur hinzuzufügen, daß auch 5% Mg keine Störung verursachen.

3. Silicatgesteine

Nach Isolierung des Cu mit Dz nach Verfahren F.2.1 kann die Bestimmung mit BCO nach der Vorschrift auf S. 647 f. erfolgen.

4. Luft

B: 10–4000 µg Cu/m³. F_r: ±5%.

Man saugt 100 l Luft durch ein Filter (5–25 l/min, s. S. 177), löst die Probe mit HNO_3 (1 + 1) vom Filter und bestimmt in der gesamten Lösung oder im zehnten Teil (100–4000 µg Cu/m³) davon das Cu nach der Arbeitsvorschrift auf S. 647 f.

C. Carbamate

I. Natriumdiäthyldithiocarbamat

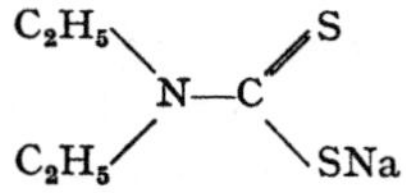

Natriumdiäthyldithiocarbamat (Na-DDTC) wurde bereits vor langer Zeit als analytisches Reagens für Cu eingeführt [*20, 21*] und fand in zahlreichen Arbeiten Anwendung [*22–27*]. Die Bildung des braunen Komplexes dient neben der gewichtsanalytischen Bestimmung auch als Grundlage zur photometrischen Bestimmung. Letztere kann in wäßriger Lösung [*25*] unter Stabilisierung der Färbung durch Zusatz eines organischen Schutzkolloides, z. B. Gummi arabicum [*28, 29*] oder Pektin [*30*] oder unter Erhöhung der Löslichkeit des Komplexes durch Zusatz von Alkohol [*31*] durchgeführt werden. Wegen der größeren Stabilität des Farbkomplexes und der geringeren Störanfälligkeit wird dessen Ausschüttelung mit organischen Lösungsmitteln und die photometrische Bestimmung im organischen Extrakt jener in wäßriger Lösung vorgezogen. Das $Cu(DDTC)_2$ wurde mit verschiedenen organischen Lösungsmitteln extrahiert: CCl_4 [*5, 22, 32–34*], $CHCl_3$ [*35–37*], Amylalkohol [*38, 39*], Isoamylalkohol [*40–42*], Isoamylacetat [*43–45*], Diäthyläther [*42*], Essigsäureäthylester [*42*] und Xylol.

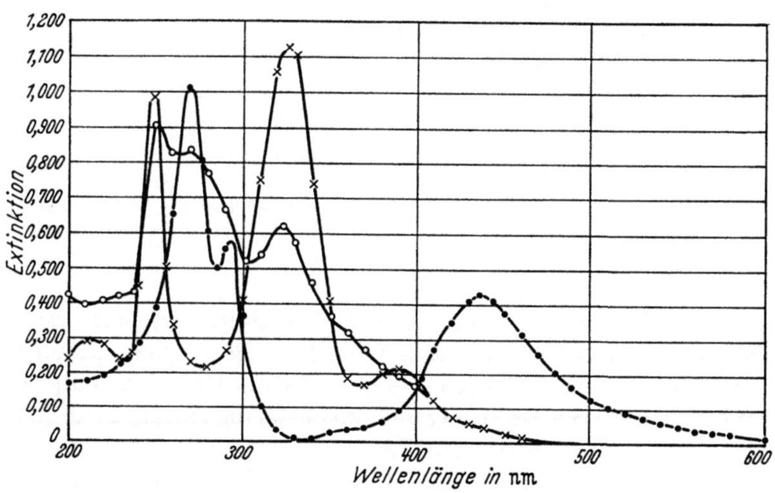

Abb. 107. Extinktionskurven der Carbamate von Cu (•——•), Ni (×——×) und Co (○——○) in $CHCl_3$ [*47*]

Im Anschluß an die Extraktion des $Cu(DDTC)_2$ läßt sich das Cu im Extrakt außer auf photometrischem auch auf flammenphotometrischem Wege [*46*] und mittels AAS bestimmen. Dafür eignen sich besonders aliphatische Ester, Ketone, Phenylmethyläther, Benzol, Toluol und Xylol.

Der $Cu(DDTC)_2$-Komplex wird bei pH 4–11 gebildet und ist innerhalb dieses pH-Bereiches mit organischen Lösungsmitteln mit brauner Farbe extrahierbar. Das Extinktionsmaximum liegt bei 436 nm (s. Abb. 107) [*47*], nach anderen Angaben bei 440 nm

[19] ($\varepsilon_{436} = 16800$ in Xylol, $\varepsilon_{435-440} = 13000-16000$ in $CHCl_3$, CCl_4 u. a. m.). Das Ausmaß der Störung durch Ni, Co, Bi und Fe geht aus den Abb. 107 und 108 hervor [47]. Das Beersche Gesetz ist im Bereich von 0,1–5 µg Cu/ml $CHCl_3$ erfüllt [47]. Der Cu-Komplex weist in $CHCl_3$ eine größere Stabilität als in CCl_4 auf. Im hellen Tageslicht ist er in $CHCl_3$ mindestens 30 min stabil, in diffusem Tageslicht mehrere Stunden [37]. Der Farbkomplex soll dem Tageslicht nicht bzw. möglichst wenig ausgesetzt werden [48]. Der Zusatz von Hydroxylamin fördert die Extraktion des $Cu(DDTC)_2$ mit CCl_4 [49].

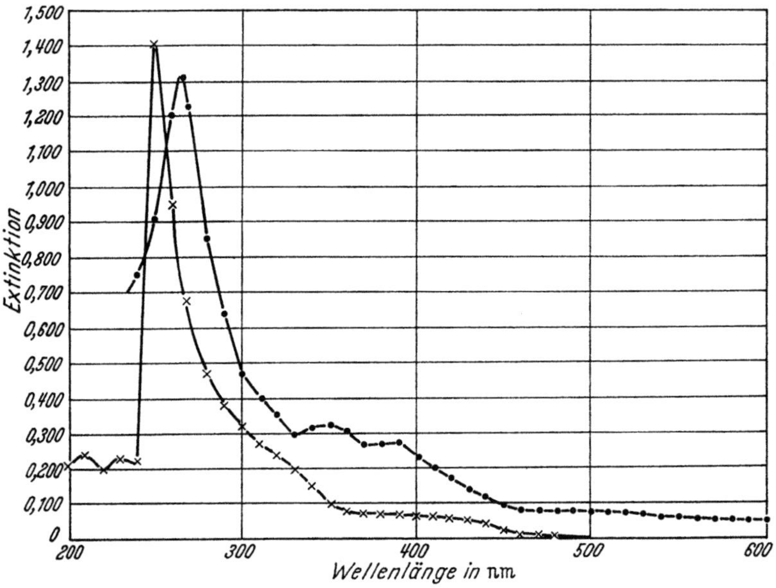

Abb. 108. Extinktionskurven der Carbamate von Bi (●——●) und Fe (×——×) in $CHCl_3$ [47]

Ein Nachteil des Na-DDTC ist seine geringe Selektivität, weshalb besondere Maßnahmen (Wahl des pH-Wertes, Maskierungsmittel) zur Beseitigung der Störung durch eine Anzahl von Elementen erforderlich sind (s. S. **233** ff.). Oberhalb von pH 9 wird das Cu in Anwesenheit von ÄDTA langsamer und unvollständig extrahiert als in dessen Abwesenheit [37]. Bei pH 8,0–8,8 zeigt ÄDTA keinen nachteiligen Einfluß. Die Bestimmung von 2,5–125 µg Cu mit Na-DDTC/$CHCl_3$ bei pH 8,5 in Anwesenheit von Ammoniumcitrat und ÄDTA (Arbeitsvorschrift, S. **654** f.) wird durch Anwesenheit von 100 mg der folgenden Elemente nicht gestört [37, 48, 50]: Alkalimetalle, Al, As(III), As(V), B (als Borat), Ba, Be, Ca, Cd, Ce(III), Cr(III), Cr(VI) (in Mengen von 2 mg), Ga, Ge, In, La, Mg, Mo(VI), Pb, Sb(V), Sc, Se(IV), Se(VI), Sn(IV), Sr, Te(VI), Th, Ti, U(VI), V(V), W(VI), Y, Zn und Zr. Nach anderen Angaben [51, 52] soll Borat stören. Bis zu 5 µg S^{2-}/ml, 1 µg CN^-/ml, 26 µg H_2O_2/ml und 1 µg Hydroxylamin/ml stören nicht [53]. Der Zusatz von ÄDTA ist nur nötig, um Fe(III), Mn(II), Ni und Co zu maskieren. In Abwesenheit von ÄDTA stören 1–5 mg Fe(III), 1–5 mg Mn(II), 10 µg Ni und ebensoviel Co nicht. Bei Zusatz von 1 g ÄDTA stören 100 mg dieser Elemente nicht [37, 48, 50]. Im allgemeinen soll die ÄDTA-Menge das 10fache der Summe von Fe, Mn, Co und Ni betragen.

Bei Verwendung von 5 ml Reagenslösung führt die Anwesenheit von 100 mg Pb zu einer unvollständigen Extraktion des Cu. Deshalb müssen für je 100 mg Pb 5 ml Reagenslösung zugesetzt werden. Bei pH 5–6 ist die Extraktion des Cu auch mit geringen Reagensmengen selbst in Anwesenheit von einigen Grammen Pb vollständig [*37*].

Da der Hg-Komplex stärker als der Cu-Komplex ist, reagiert das Hg vor dem Cu mit dem Reagens. In diesem Fall muß ein genügender Reagensüberschuß zugesetzt werden. Bei Verwendung von 5 ml Reagenslösung dürfen nicht mehr als 1,5–2 mg Hg anwesend sein. ÄDTA hat darauf keinen Einfluß [*37*].

Ag verhält sich ähnlich wie Hg. 1 mg Ag verbraucht 3–4 ml Reagenslösung, ist extrahierbar und gibt bei 436 nm eine 1 μg Cu äquivalente Extinktion. ÄDTA hat keinen Einfluß auf Ag. Am zweckmäßigsten ist die Abtrennung des Ag als AgCl. Die Adsorption von Cu ist bei der Ausfällung von bis zu 250 mg Ag vernachlässigbar.

Au wird auch in Anwesenheit von ÄDTA extrahiert. 1 mg Au gibt bei 436 nm eine Extinktion, die 50 μg Cu äquivalent ist.

Auch in ÄDTA-Anwesenheit wird Pt(IV) teilweise extrahiert und ergibt folgende Cu-Mehrwerte: 1 mg Pt (+ 0,8 μg Cu), 5 mg Pt (+ 1,5 μg Cu), 25 mg Pt (+ 1,5–2,5 μg Cu).

Os(III) und Os(IV) wird auch in Anwesenheit von ÄDTA teilweise extrahiert. 1 mg Os gibt eine Extinktion, die 25–30 μg Cu äquivalent ist.

Pd(II) wird in ÄDTA-Anwesenheit vollständig extrahiert. 1 mg Pd gibt eine 11 μg Cu äquivalente Extinktion. Da das Cu zuerst extrahiert wird, kann die mitextrahierte Pd-Menge durch Anwendung einer kleinen Reagensmenge begrenzt werden. Eine Abtrennung des Cu von Pd ist möglich, wenn man den $CHCl_3$-Extrakt mit 25 ml konz. HCl schüttelt. Dabei geht das Cu in die Säurephase, während das Pd quantitativ in der organischen Phase verbleibt.

Sb(III) wird in An- und Abwesenheit von ÄDTA quantitativ extrahiert. In ÄDTA-Abwesenheit wird zuerst das Cu extrahiert, so daß bei einer konstanten Reagensmenge von 5 ml 2–100 mg Sb einen Mehrwert von +1,5–3 μg Cu ergeben. Bei größerem Reagens-Zusatz wird der Fehler größer. Mitextrahiertes Sb kann durch Schütteln der organischen Phase mit einer verdünnten Pb-Lösung (0,5–1 mg/ml) in die wäßrige Phase übergeführt werden, wobei das Cu in der organischen Phase bleibt. Weiterhin kann Sb durch Schütteln mit 1 n NaOH aus der organischen Phase entfernt werden, wobei durch 1 maliges Schütteln 90% des vorhandenen Sb in die wäßrige Phase übergehen [*53*]. In Anwesenheit von ÄDTA werden Cu und Sb(III) gleichzeitig und langsam extrahiert, so daß die Cu-Bestimmung gestört ist. Die Schwierigkeit läßt sich durch Oxydation des Sb(III) zu Sb(V) vermeiden, da bis 100 mg Sb(V) in An- und Abwesenheit von ÄDTA nicht stören.

Te(IV) wird in An- und Abwesenheit von ÄDTA bei pH 4–8,8 mitextrahiert, wobei zuerst das Cu in die organische Phase überzugehen scheint. Trotzdem wird selbst bei begrenzter Reagensmenge stets Te neben Cu in der organischen Phase zu finden sein. 100 μg Te(IV) geben eine 10 μg Cu äquivalente Extinktion. Aus der organischen Phase läßt sich das Te durch Schütteln mit 1 n NaOH abtrennen, doch ist hierzu wiederholtes, längeres Extrahieren notwendig. Es läßt sich aber einfach und schnell durch 1 min langes Schütteln mit verdünnter Pb-Lösung (~ 1 mg Pb/ml) aus der organischen Phase entfernen. So können Spuren von Cu neben 100 mg Te(IV) bestimmt werden. Noch einfacher läßt sich die Störung durch Te verhindern, wenn man Te(IV) zu Te(VI) oxydiert, da Te(VI) mit Carbamat nicht reagiert. Te(IV) kann durch Einleiten eines Chlorstromes in die salzsaure Lösung oxydiert und der Chlor-Überschuß durch Einleiten von Luft entfernt werden.

Tl(I) wird in ÄDTA-Abwesenheit bei pH 5—11 vollständig extrahiert. Bei ÄDTA-Anwesenheit findet eine Extraktion oberhalb pH 8 nicht statt. Unter den nachfolgend beschriebenen Arbeitsbedingungen stören 100 mg Tl(I) nicht. Tl(III) wird in An- und Abwesenheit von ÄDTA vollständig extrahiert. 1 mg Tl(III) gibt eine 20 µg Cu äquivalente Extinktion. Tl(III) läßt sich durch Schütteln mit 6n NaOH, 6n HCl oder Pb-Lösung aus der organischen Phase nicht entfernen. Die Störung durch Tl(III) läßt sich vermeiden, wenn man es mit gesättigter H_2SO_3 in ammoniakalischer Citratlösung zu Tl(I) reduziert. Für 100 mg Tl(III) genügen 2 ml H_2SO_3. Die Reduktion kann auch neben großen Mengen an Fe(III) durchgeführt werden. Unter diesen Bedingungen werden Te(VI) und Sb(V) mit H_2SO_3 nicht reduziert.

Bi wird in An- und Abwesenheit von ÄDTA extrahiert. 1 mg Bi gibt eine 50 µg Cu äquivalente Extinktion. Es darf nicht mehr als 1 mg Bi anwesend sein, da das Cu bei größeren Bi Mengen und Anwesenheit von ÄDTA unvollständig extrahiert wird. Die Bestimmung des Cu aus der Differenz der Extinktionen einer Probe mit KCN (Bi) und ohne KCN (Cu + Bi) [*45*] ist bei kleinen Cu-Mengen ungenau. Das Bi kann aus der organischen Phase durch Schütteln mit 1n NaOH entfernt werden, wobei durch eine Extraktion 80—85%, durch 2 Extraktionen 97% des vorhandenen Bi in die wäßrige Phase übergehen [*53*]. Doch verläuft die Reaktion langsam, so daß zur vollständigen Entfernung des Bi 2mal 2 min lang mit je 15 ml 1n NaOH geschüttelt werden muß. Schneller läßt sich das Bi durch 30 sec langes Schütteln mit 25 ml 5—6n HCl in die wäßrige Phase überführen. Der Cu-Komplex bleibt hingegen bei 3 min langem Schütteln mit 6n HCl stabil. Mit 7n HCl verblaßt der Cu-Komplex bereits. Die zur vollständigen Zerstörung des Bi-Komplexes notwendige Säurekonzentration hängt von der Bi-Konzentration ab. <1 mg Bi als Carbamat wird durch Schütteln mit 4n HCl zerstört; 3,5 mg Bi (entsprechend 10 ml Reagenslösung) werden durch 5n HCl unvollständig, durch 6n HCl aber vollständig zerstört. Dieses Verfahren ist daher nur für Bi-Mengen unter 3 mg anwendbar. In Abwesenheit von ÄDTA verhindert Pb die Extraktion des Bi [*47*], doch muß die Pb-Menge mindestens das 20fache der Bi-Menge betragen. In Anwesenheit eines ÄDTA-Überschusses findet aber eine Maskierung des Bi durch Pb nicht statt, da das Pb durch ÄDTA stark gebunden wird. Schließlich kann das Bi durch Schütteln mit einer Pb-Lösung aus der organischen Phase entfernt werden. Die Pb-Menge muß mindestens das 100fache der Bi-Menge betragen. Bei Verwendung von 25 ml Pb-Lösung (4 mg Pb/ml) und 2 min Schütteldauer beträgt die höchst zulässige Bi-Menge 1 mg.

Die nachfolgende Arbeitsvorschrift [*37*] richtet sich nach den Angaben früherer Arbeiten [*54, 55*], wobei die oben angeführten Fehlerquellen berücksichtigt werden. Das Cu wird aus ammoniakalischer Lösung in Anwesenheit von Ammoniumcitrat und ÄDTA mit Na-DDTC/$CHCl_3$ extrahiert und photometrisch bestimmt.

Arbeitsvorschrift [*37*]

Reagentien

Ammoniumcitrat-Lösung; 210 ml Ammoniak (0,91) werden mit 150 ml Wasser gemischt, unter gleichzeitigem Rühren und Kühlen 200 g Citronensäure hinzugefügt, mit Ammoniak schwach alkalisch gemacht, vorhandenes Cu durch Extraktion mit Na-DDTC/$CHCl_3$ entfernt, durch Kochen das organische Lösungsmittel ausgetrieben und mit Wasser auf 500 ml aufgefüllt.

ÄDTA; 10 g Reagens werden in Wasser gelöst und auf 100 ml aufgefüllt;

Kresolrot, 0,1%ige wäßrige Lösung;

Ammoniak (0,91);

Na-DDTC, 0,1%ige wäßrige Lösung; alle 2—3 Tage frisch hergestellt.

$CHCl_3$;

Pb-Lösung; 3,7 g Bleiacetat und 5 g Citronensäure werden in 150—200 ml Wasser gelöst, mit Ammoniak neutralisiert und auf pH 5—6 eingestellt. Man fügt 10 ml Na-DDTC-Lösung hinzu, extrahiert mit 25 ml $CHCl_3$, verwirft den Extrakt und prüft mit weiteren 5 ml Reagenslösung und $CHCl_3$, ob das gesamte Cu entfernt ist. Durch Kochen wird das $CHCl_3$ entfernt, die Lösung abgekühlt, mit Ammoniak auf pH 8,5 eingestellt und mit Wasser auf 500 ml aufgefüllt (4 mg Pb/ml).

Zur Probelösung (1,5–60 μg Cu enthaltend) fügt man 5 ml Ammoniumcitrat-Lösung, 10 ml ÄDTA-Lösung und 2 Tropfen Kresolrot-Indicator. Man fügt Ammoniak bis zum Farbumschlag (pH ~ 8,5) hinzu, verdünnt mit Wasser auf 50 ml, kühlt und führt in einen 150 ml-Schütteltrichter über. Das Volumen soll jetzt 60–75 ml betragen. Man versetzt mit 5 ml Na-DDTC-Lösung und extrahiert 1–2 min mit 10 ml $CHCl_3$. Der organische Extrakt wird in einen 25 ml-Meßkolben abgelassen, die Extraktion mit 2mal 5 ml $CHCl_3$ wiederholt, der vereinigte organische Extrakt mit $CHCl_3$ zur Marke aufgefüllt, durch ein trockenes Filter in eine 2 cm-Küvette filtriert (wobei die ersten ml verworfen werden) und bei 436 nm gegen $CHCl_3$ photometriert.

1. Wässer

B: ≧ 0,5ppb Cu.

Arbeitsvorschrift [*53*]

Reagentien

Ammoniumcitrat, 20%ige wäßrige Lösung; 173 g Citronensäure werden in 800 ml Wasser gelöst, 165 ml Ammoniak (0,91) hinzugefügt, gekühlt und mit Wasser auf 1 l aufgefüllt.
Na-DDTC, 1%ige wäßrige Lösung; im Kühlschrank aufbewahrt, wöchentlich frisch hergestellt;
ÄDTA;
$CHCl_3$.

500 ml Probe werden mit 0,5 g ÄDTA versetzt und 30 min stehen gelassen. In der Zwischenzeit versetzt man 50 ml Ammoniumcitrat-Lösung in einem 750 ml-Schütteltrichter mit 10 ml Na-DDTC-Lösung und extrahiert 2mal mit je 10 ml $CHCl_3$ 2 min lang. Beide Extrakte werden verworfen. Man extrahiert nun ein drittes Mal mit 10 ml $CHCl_3$ durch 5 min, trennt den organischen Extrakt so vollständig als möglich ab, zentrifugiert und photometriert in einer 4 cm-Küvette bei 432 nm gegen $CHCl_3$. Dieser Wert dient als Blindwert, der durch vorhandene Cu-Spuren und extrahierte Dithiocarbamidsäure hervorgerufen wird. Nun entfernt man möglichst weitgehend noch vorhandene Tröpfchen $CHCl_3$ aus dem Schütteltrichter, fügt danach die Probelösung hinzu und extrahiert 5 min mit 10 ml $CHCl_3$. Nach der Phasentrennung wird der organische Extrakt in einen 10 ml-Meßzylinder abgelassen und durch mehrmaliges Nachwaschen mit 0,5 ml-Anteilen $CHCl_3$ zur Marke aufgefüllt. Der Extrakt wird in einer 4 cm-Küvette bei 432 nm gegen $CHCl_3$ photometriert. Wenn die Probe mehr als 15 μg Cu enthält, füllt man den Extrakt auf ein Endvolumen von 25 ml oder 50 ml auf.

Anwesenheit von störendem Bi und Sb

Man extrahiert das Cu nach der oben angegebenen Vorschrift, führt den auf 10 ml aufgefüllten Extrakt in einen 100 ml-Schütteltrichter über und schüttelt 3 min lang mit dem gleichen Volumen carbonatfreier 1n NaOH (am zweckmäßigsten hergestellt aus 4%iger NaOH, die man durch eine kurze Säule eines stark basischen Anionenaustauschers schickt und die erste Fraktion des Durchlaufes verwirft). Man wiederholt den Vorgang und photometriert dann den organischen Extrakt nach vorangehendem Zentrifugieren wie oben angegeben.

2. Organisches Material

Mit Na-DDTC wurde Cu bestimmt in Pflanzenmaterial [*22, 49, 50, 56, 58*], Bier [*56, 58*], tierischem Material [*49, 58*], Polyvinylchlorid [*57*] und Mineralöl [*58a*].

2.1. Biologisches Material

B: 1–50 µg Cu. F_r: ±5%.

Arbeitsvorschrift [*48*]

Reagentien

Na-DDTC, 1%ige wäßrige Lösung;
ÄDTA-Citrat-Lösung; 20 g Ammoniumcitrat und 5 g ÄDTA werden in Wasser gelöst und auf 100 ml aufgefüllt;
Ammoniak (0,91);
CCl_4.

Nach Veraschung des Probematerials und Lösen der Asche in HCl und Wasser wird die 25–50 ml betragende Probelösung (1–50 µg Cu enthaltend) in einem Schütteltrichter mit 10 ml ÄDTA-Citrat-Lösung versetzt und mit 1–2 ml Ammoniak auf pH 7–10 eingestellt. Man fügt 1 ml Na-DDTC-Lösung hinzu, extrahiert 2 min lang mit 10,0 ml CCl_4 und wiederholt nach der Phasentrennung die Extraktion mit weiteren 5,0 ml CCl_4. Der vereinigte organische Extrakt wird in einer 1 cm- oder 2 cm-Küvette bei 436 nm gegen CCl_4 photometriert.

2.2. Blut und Serum

Das Cu liegt im Serum fast vollständig als Cu-Proteid vor [*60*]. Zur Überführung des Serum-Kupfers in den Ionen-Zustand wird das Serum entweder mineralisiert [*38*] oder mit HCl hydrolysiert und die Eiweißstoffe mit Trichloressigsäure ausgefällt [*31*]. Man ist der Ansicht, daß das Cu auch durch wiederholte Behandlung des Serums mit heißer Trichloressigsäure in Freiheit gesetzt werden kann [*30, 61*]. Das Cu soll auch durch einfache Fällung mit kalter Trichloressigsäure quantitativ in das Filtrat übergehen [*62, 63*]. Mit Radio-Kupfer wurde aber nachgewiesen, daß dabei nur zwei Drittel des vorhandenen Cu von den Eiweißstoffen abgetrennt werden [*64*]. Die Bestimmung von Cu in Serum wird im wesentlichen nur durch Fe gestört. Diese Störung kann durch Maskierung des Fe mit $Na_4P_2O_7$ beseitigt werden.

B: 0,1–4 µg Cu/ml Probe. F_r: ±4,5%.

Arbeitsvorschrift [*59*]

Reagentien

H_2SO_4 (1,84); $HClO_4$ (70%);
Isoamylalkohol
$Na_4P_2O_7/K_2CO_3$-Lösung, 4%ig an $Na_4P_2O_7 \cdot 10\ H_2O$ und 50%ig an K_2CO_3;
Na-DDTC, 0,5%ige wäßrige Lösung.

In einem 25 ml-Reagensglas mit Schliffstopfen werden 0,5 ml Blut mit 0,25–0,50 ml H_2SO_4 und 4 Tropfen $HClO_4$ verascht, danach 6,5 ml Wasser und tropfenweise 2 ml $Na_4P_2O_7/K_2CO_3$-Lösung zugegeben. Nach gutem Durchmischen fügt man 2,0 ml Isoamylalkohol und 3 Tropfen Na-DDTC-Lösung zu, schüttelt kräftig durch und läßt zur Phasentrennung 30–60 min stehen. Der organische Extrakt wird abgetrennt, zentrifugiert und in einer 5 cm-Mikroküvette (1 ml Volumen) bei 436 nm gegen Isoamylalkohol photometriert.

2.3. Treibstoff

Aus dem Treibstoff wird das Cu mit 0,1 n HCl und aus der Säurephase mit Na-DDTC/CCl_4 extrahiert und photometrisch bestimmt. 1 µg Fe/ml stört nicht, darüber hinaus gehende Fe-Mengen müssen abwesend sein.

B: 0,01–5 µg Cu/ml Treibstoff. F_r: ±10%.

Arbeitsvorschrift [*65*]

Reagentien

0,1 n HCl;
Na-DDTC, 0,1%ige wäßrige Lösung;
Ammoniak (0,91);
$CHCl_3$; CCl_4.

200 ml Treibstoff werden in einem 500 ml-Schütteltrichter mit 30 ml 0,1 n HCl 3 min ausgeschüttelt und die untere Schicht nach der Phasentrennung in einen zweiten 500 ml-Schütteltrichter abgelassen. Der Vorgang wird noch 2mal wiederholt. In den 2. Schütteltrichter fügt man 5 ml Ammoniak und entfernt eine vorhandene Färbung durch wiederholte Extraktion mit 40 ml-Anteilen $CHCl_3$. Zuletzt wäscht man 1mal mit 40 ml CCl_4. Die organischen Extrakte werden verworfen. Zur wäßrigen Lösung fügt man 10 ml Na-DDTC-Lösung und extrahiert 2 min lang mit 40 ml CCl_4. Den organischen Extrakt läßt man in einen 100 ml-Meßkolben ab, wiederholt die Extraktion noch einmal, füllt den vereinigten organischen Extrakt mit CCl_4 zur Marke auf und photometriert sofort in einer 5 cm-Küvette bei 440 nm gegen CCl_4.

Falls sich das Cu mit 0,1 n HCl nicht quantitativ ausschütteln läßt, verascht man 25–50 g Probe unter Zusatz von 10 ml H_2SO_4 (1,84) in einem Becherglas (zuerst Oberhitze, dann Heizplatte, zuletzt in der Muffel bei 500° C), nimmt die Asche mit verd. HCl auf und extrahiert dann das Cu wie oben beschrieben (Endvolumen 25 ml CCl_4-Lösung).

3. Metalle und Legierungen

Höhere Cu-Gehalte wurden mit Na-DDTC/CCl_4 in Aluminiumliegerungen bestimmt [*66*]. Das Reagens fand auch zur Bestimmung von Cu in Tantal [*67*], Calcium und Magnesium [*68*] Anwendung. In Lithium wurde Cu mit Na-DDTC/ Isoamylalkohol [*69*] photometrisch bestimmt.

3.1. Nichteisenmetalle

Aus ammoniakalischer, citrathaltiger Probelösung wird das Cu nach Zusatz von ÄDTE mit Na-DDTC/$CHCl_3$ extrahiert und photometrisch bestimmt. Bi wird in Anwesenheit von Pb nicht ausgeschüttelt. Da größere Bi-Gehalte fast nur in Bleilegierungen vorkommen, ist eine Störung durch Bi nicht zu befürchten und bleibt daher in der Arbeitsvorschrift unberücksichtigt. Mit dem vorliegenden Verfahren wurde Cu in Bleilegierungen (mit 0,004–0,1% Bi, 0,2–10% Sb, bzw. 0,04% Bi, 2% Sb, 0,7% Sn), Aluminium, Aluminium-, Magnesium- und Zinklegierungen, Cadmium, Zinn, Graphit und Gummiasche bestimmt.

B: 0,0001–4% Cu. F_r: $\pm 5-15\%$.

Arbeitsvorschrift [*47*]

Reagentien

HNO_3 (1,40); HCl (1,19);
H_2O_2 (30%);
Ammoniumcitrat-Lösung; 400 g Citronensäure werden in 500 ml Wasser gelöst, mit Ammoniak (0,91) gegen Lackmus neutralisiert und mit Wasser auf 1 l aufgefüllt;
Ammoniak (0,91);
Na-DDTC, 1%ige wäßrige Lösung;
ÄDTE; 50 g Äthylendiamintetraessigsäure werden mit 50 ml Ammoniak (0,91) versetzt und mit Wasser auf 250 ml aufgefüllt;
$CHCl_3$.

0,1–1 g Probe werden in 1–5 ml HNO_3 (für Zink-, Blei- und Magnesiumlegierungen) bzw. 1–10 ml HCl unter Zusatz von etwas H_2O_2 oder HNO_3 (für Aluminium- und Zinnlegierungen) unter Erwärmen gelöst, nach dem Verdünnen die Stickoxyde bzw. überschüssiges H_2O_2 verkocht und bei größeren Einwaagen auf ein entsprechendes Volumen aufgefüllt. Die gesamte Probelösung oder ein aliquoter Teil davon (entsprechend 0,1 g Einwaage) wird in einen 100 ml-Schütteltrichter übergeführt, 2 ml Ammoniumcitrat- und 10 ml ÄDTE-Lösung hinzugefügt, mit Ammoniak gegen Lackmus neutralisiert und 3 ml Ammoniak im Überschuß zugefügt. Man gibt 10 ml Na-DDTC-Lösung hinzu und extrahiert 10 min lang mit 25 ml $CHCl_3$. Der organische Extrakt wird in einen 50 ml-Meßkolben abgelassen, die Extraktion noch 2mal mit je 10 ml $CHCl_3$ und 3–5 min Schüttelzeit wiederholt (der letzte Extrakt muß farblos sein). Der vereinigte organische Extrakt wird mit $CHCl_3$ zur Marke aufgefüllt, durch ein trockenes Filter filtriert und in einer 1–5 cm-Küvette bei 436 nm gegen den Blindwert photometriert.

3.2. Blei und Bleilegierungen

Die Störung durch Ni und Co beseitigt man durch Zusatz von Dimethylglyoxim, wobei der Ni-Niederschlag abgeschieden wird, während der Co-Komplex in Lösung bleibt. Die Störung durch Bi wird in einer Parallelprobe durch Zusatz von KCN berücksichtigt und von der gemessenen Extinktion Cu + Bi in Abzug gebracht. In einer abgekürzten Ausführung der Arbeitsvorschrift wird zunächst die Extinktion von Cu + Bi gemessen, dann die ätherische Phase mit KCN-Lösung geschüttelt und danach die Extinktionsmessung wiederholt (Extinktionsdifferenz = Cu-Carbamat). Die Störung durch Bi läßt sich auch nach den früher angegebenen Richtlinien (s. S. **654**) berücksichtigen. Die Verwendung von ÄDTA bei vorliegendem Verfahren dürfte zweckmäßig sein (s. S. **652** ff.).

B: 0,00005–0,01% Cu. *s*: ±0,00005% Cu. *Z*: 30 min.

Arbeitsvorschrift [*70*]

Reagentien

HNO_3 (1,40);
H_2SO_4 (1 + 1);
Dimethylglyoxim, 0,5%ige ammoniakalische wäßrige Lösung;
Ammoniak (0,91);
Ammoniumcitrat-Lösung; 250 g Citronensäure werden in 250 ml Wasser gelöst und 250 ml Ammoniak (0,91) hinzugefügt;
KCN. 0,5%ige wäßrige Lösung;
Na-DDTC, 0,5%ige wäßrige Lösung;
Diäthyläther.

2 Einwaagen von je 5 g Probematerial werden getrennt in 300 ml-Bechergläsern mit 15 ml Wasser und 7 ml HNO_3 gelöst, auf ein kleines Volumen eingeengt und mit wenig Wasser aufgenommen. Man fügt 10 ml H_2SO_4 hinzu, kühlt ab und filtriert den Niederschlag unter Nachwaschen mit kaltem Wasser ab. Das Filtrat wird mit Ammoniak gegen Lackmus neutralisiert, in Anwesenheit von Ni oder Co 1 ml Dimethylglyoxim-Lösung zugegeben und nach 5 min langem Stehen filtriert. Zu einer der beiden Lösungen fügt man 10 ml Ammoniak, 10 ml Ammoniumcitrat-Lösung und 10 ml Na-DDTC-Lösung. Nach dem Abkühlen führt man in einen 200 ml-Schütteltrichter über, extrahiert mit 25 ml Diäthyläther, führt die Ätherphase in einen 100 ml-Meßkolben über, wäscht mit Äther nach und füllt zur Marke auf. Der Extrakt wird in einer 1–5 cm-Küvette bei 436 nm gegen Diäthyläther photometriert.

Die zweite Lösung wird nach dem Neutralisieren (mit Ammoniak) mit KCN-Lösung (für jedes 0,01% Cu + Bi je 1 ml Lösung) versetzt, 10 ml Ammoniak, 10 ml Ammoniumcitrat- und 10 ml Na-DDTC-Lösung zugefügt und die Extraktion, wie oben angegeben, durchgeführt. Aus der Extinktionsdifferenz ermittelt man den Cu-Gehalt.

Abgekürztes Verfahren

Eine Einwaage von 5 g wird, wie oben angegeben, behandelt, nach dem Photometrieren der Extrakt in einem Schütteltrichter mit 30 ml Wasser und 5 ml KCN-Lösung versetzt und danach 1 min geschüttelt. Die wäßrige Phase wird verworfen und der organische Extrakt photometriert. Die Extinktionsdifferenz beider Messungen entspricht dem Cu-Gehalt.

3.3. Titan und Titanlegierungen

Nach dem Lösen der Probe wird das Cu aus ammoniakalischer, citrathaltiger Lösung in Anwesenheit von ÄDTA mit Na-DDTC/$CHCl_3$ extrahiert und photometrisch bestimmt. Folgende Legierungsbestandteile stören nicht: bis 0,5% Ni, bis 2,5% Fe, 20% Sn oder Mo, 10% Al, 5% Mg, Cr oder V. Mehr als 0,25% Mn stören. Bis zu 20% Mn stören jedoch nicht, wenn man den Extrakt anschließend 10 min mit Ammoniak (1 + 10) schüttelt, wobei das Mn als Hydroxyd ausfällt und in die wäßrige Phase übergeht, während das Cu in der organischen Phase verbleibt.

B: 0,0002–0,01% Cu. *s*: ±0,0001% Cu.

Arbeitsvorschrift [*19*]

Reagentien

H_2SO_4 (1 + 4);
Ammoniak (0,94); Ammoniak (1 + 10);
Citronensäure, 60%ige wäßrige Lösung;
ÄDTA, 0,75%ige wäßrige Lösung;
Na-DDTC, 0,1%ige wäßrige Lösung;
$CHCl_3$;
übrige Reagentien wie bei Verfahren B.2.2. (s. S. 649f.).

Aufstellung der Eichkurve

Jeweils 0,5 g Cu-freies Titan werden in 6 Bechergläsern mit 25 ml H_2SO_4 (1 + 4) und 0,5 ml HBF_4 unter Erwärmen gelöst, mit wenig HNO_3 oxydiert und durch 2–3 min langes Kochen die nitrosen Dämpfe vertrieben. Nach dem Abkühlen fügt man in je eines der Bechergläser 1,0, 2,0, 3,0, 4,0 und 5,0 ml Cu-Stammlösung (10 µg Cu/ml) und verwendet die Lösung des 6. Becherglases als Blindwert. Die einzelnen Lösungen werden nun folgendermaßen weiter behandelt. Man fügt 5 ml Citronensäure- und 5 ml ÄDTA-Lösung hinzu und neutralisiert mit Ammoniak gegen Lackmuspapier. Nach dem Abkühlen gibt man 2 ml Ammoniak im Überschuß zu, versetzt mit 10 ml Na-DDTC-Lösung, führt in einen 100 ml-Schütteltrichter über und extrahiert 1 min lang mit 10 ml $CHCl_3$. Der organische Extrakt wird in einen 50 ml-Meßkolben abgelassen, in welchem 1 g Na_2SO_4 sicc. vorgelegt ist; dann wiederholt man die Extraktion 2mal mit je 10 ml $CHCl_3$, füllt den vereinigten organischen Extrakt mit $CHCl_3$ zur Marke auf und photometriert in einer 5 cm-Küvette bei 440 nm gegen $CHCl_3$.

Ausführung

0,5 g Probe werden in 25 ml H_2SO_4 (1 + 4) und 0,5 ml HBF_4 unter Erwärmen gelöst, mit wenig HNO_3 oxydiert und durch 2–3 min langes Kochen die nitrosen Dämpfe verjagt. Nach dem Abkühlen fügt man 5 ml Citronensäure-Lösung hinzu und fährt, wie bei der Aufstellung der Eichkurve angegeben, fort.

Wenn >0,25% Mn anwesend ist, wird der vereinigte organische Extrakt in einem Schütteltrichter mit 5 ml Ammoniak (1 + 10) 10 min lang geschüttelt und anschließend die organische Phase, wie oben angegeben, photometriert.

3.4. Zirkonium und Zirkonium-Legierungen [*19*]

Die Analyse wird nach Verfahren C.I.3.3 durchgeführt, wobei die dort gebrachten allgemeinen Ausführungen auch hier zutreffen.

4. Böden [*48*]

Nach geeigneter Vorbehandlung des Probematerials wird die Analyse nach Verfahren C.I.2.1 durchgeführt.

5. Verschiedenes

Unter Verwendung von ÄDTA als Maskierungsmittel wurde Cu mit Na-DDTC in Natriumhydroxyd photometrisch bestimmt [*29*]. Das Reagens fand auch zur Bestimmung von Cu in Tantaloxyd [*67*] und Phosphor [*70a*] Anwendung.

II. Diäthylammoniumdiäthyldithiocarbamat

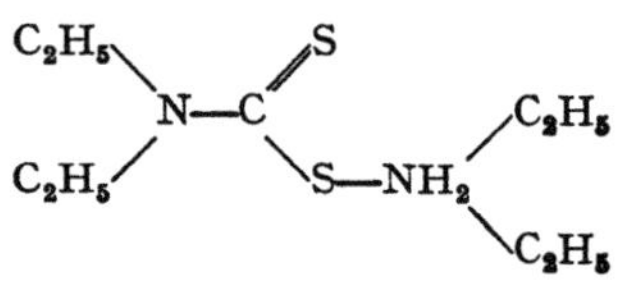

Diäthylammoniumdiäthyldithiocarbamat (DADDTC) weist gegenüber Na-DDTC insofern Vorteile auf, als es im Gegensatz zu letzterem in $CHCl_3$ löslich und in saurer Lösung beständiger ist [*71–73*], wodurch die Störung einiger Elemente vermieden werden kann (s. S. **297** ff.). Weiterhin wird der pH-Wert einer wäßrigen Probelösung durch den Reagens-Zusatz nicht so stark zum alkalischen Bereich hin verschoben wie durch Na-DDTC. Das Beersche Gesetz ist im Bereich von 0,12–5 µg Cu/ml $CHCl_3$ erfüllt ($\varepsilon = 13000$). Die Bestimmung mit DADDTC läßt sich selektiver gestalten, wenn man das Cu zuerst mit Neocuproin/$CHCl_3$ extrahiert (s. S. **674**, Verfahren D.II.2.3) und im organischen Extrakt mit DADDTC umsetzt [*73a*]. DADDTC wurde in verschiedenen Arbeiten zur Bestimmung von Cu vorgeschlagen [*71, 74*]. Das Reagens fand zur Cu-Bestimmung u. a. in Papier, Zellstoff und Zellstoff-Ablauge [*75*] Anwendung.

1. Biologisches und anderes organisches Material

Das Verfahren ist auf verschiedenste Materialarten allgemein anwendbar. Störendes, mitextrahiertes Bi und Te werden aus dem organischen Extrakt mit 1 n NaOH ausgewaschen.

B: ≧ 2 µg Cu. F_r: ± 5%.

Arbeitsvorschrift [*75a*]

Reagentien

6n Ammoniak

ÄDTA-Citrat-Lösung; 20 g Ammoniumcitrat + 5 g ÄDTA werden mit Wasser auf 100 ml aufgefüllt (mit DADDTC-Lösung gereinigt).

KCN, 5%ige wäßrige Lösung.

1 n NaOH, mit DADDTC-Lösung gereinigt.
DADDTC, 0,1%ig in CCl_4.

Eine entsprechende Menge Probematerial wird wahlweise trocken oder zweckmäßiger naß nach Verfahren a) (s. S. 193) verascht und die erhaltene Probelösung mit Wasser auf ein geeignetes Volumen aufgefüllt. Einen aliquoten Teil von 25,0 ml (2–80 μg Cu enthaltend) versetzt man in einem Schütteltrichter mit 10 ml ÄDTA-Citrat-Lösung, stellt mit 6n Ammoniak auf pH 8,5 ein (Farbumschlag von Thymolblauindicator auf grün), kühlt, extrahiert 2 min mit 15,0 ml DADDTC-Lösung, läßt die organische Phase unmittelbar nach der Phasentrennung (ein längerer Kontakt mit der wäßrigen Lösung und Lichteinfluß verursachen ein Verblassen der Farbe) durch Baumwollwatte ab und photometriert in einer 1 cm-Küvette bei 436 nm gegen den Blindwert.

Danach schüttelt man den organischen Extrakt mit 10 ml KCN-Lösung: bei Abwesenheit von Bi und Te ist die CCl_4-Phase jetzt farblos. Wenn eine bleibende Färbung deren Anwesenheit anzeigt, so wiederholt man die Bestimmung mit einem zweiten aliquoten Teil von 25,0 ml Probelösung, wäscht den erhaltenen organischen Extrakt 2mal mit je 10 ml 1 n NaOH und einmal mit 10 ml Wasser und photometriert wie oben angegeben.

2. Metalle und Legierungen

Höhere Cu-Gehalte wurden in unlegierten und legierten Stählen, Aluminiumlegierungen und Weißmetall mit DADDTC/$CHCl_3$ in alkalischer, ÄDTA-haltiger Lösung bestimmt [*76*].

2.1. Blei

Zwar wird die Bestimmung von Cu mit Na-DDTC/$CHCl_3$ in ammoniakalischer, Citrat- und ÄDTA-haltiger Lösung in Anwesenheit großer Bleimengen durch Bi nicht gestört [*47*], doch soll in Anwesenheit eines großen Pb-Überschusses eine 100%ige Ausbeute an Cu schwierig zu erzielen sein [*77*]. Aus saurer Lösung ist das Cu hingegen in Anwesenheit eines großen Pb-Überschusses in einem Arbeitsgang mit DADDTC/$CHCl_3$ vollkommen extrahierbar [*77*]. Das bei stark saurer Lösung nur in geringer Menge mitextrahierte Pb stört die Cu-Bestimmung nicht, da die Absorption des $Pb(DDTC)_2$ erst bei etwa 420 nm beginnt.

Cu läßt sich bekanntlich auf Grund der unterschiedlichen Stärke der CN^--Komplexe vorzüglich von Bi und Pb trennen. Die dafür bekannten Zerstörungsmöglichkeiten, wie Abrauchen mit H_2SO_4 oder Differenz-Messung der Extinktion der mit und ohne KCN erhaltenen Extrakte, sind hier nicht befriedigend. Die CN^--Komplexe werden daher mit Formaldehyd zerstört. Die CN^--Komplexe von Zn, Cd, Ni usw. werden von Formaldehyd leicht zerstört [*78*], der sehr beständige Cu-Cyankomplex in alkalischer Lösung dagegen nicht angegriffen. Letzterer ist in stark saurer Lösung gegenüber Formaldehyd bedeutend weniger stabil, so daß sich das Cu mit DADDTC/$CHCl_3$ extrahieren läßt [*77*]. Bei der Bestimmung von 1 μg Cu und darunter könnte Dithizon verwendet werden, doch sollte die Isolierung selbst auch mittels DADDTC vorgenommen werden. Wegen der geringeren Löslichkeit des Ag-Komplexes dürfen nicht mehr als 50 μg Ag anwesend sein. Bei größeren Ag-Mengen und auch, wenn eine hohe Genauigkeit der Cu-Bestimmung notwendig ist, wird die vorausgehende Ausfällung als AgCl empfohlen. Von anderen, aus saurer Lösung extrahierbaren Elementen, z. B. Fe(III), As, Sn, Sb [*71*, *79*], hat nur Fe(III) eine merkliche Absorption bei 440 nm. Diese Störung kann z. B. durch Reduktion mit Hydrazin leicht beseitigt werden.

B: 0,1–100 ppm Cu. F_r: ±5%.

Arbeitsvorschrift [*77*]

Reagentien

$HClO_4$ (70%); HCl (1,19);
DADDTC, 0,2%ig in $CHCl_3$;
Ammoniumcitrat-Lösung; 50 g Citronensäure werden in Wasser gelöst, mit Ammoniak auf pH 9,0 eingestellt, mit Wasser auf 1 l aufgefüllt und mit Dz gereinigt;
KCN, 5%ige wäßrige Lösung;
Formaldehyd, 40%ige wäßrige Lösung, mit Dz gereinigt.

0,5–10 g Bleiprobe (10–50 µg Cu enthaltend) wird in $HClO_4$ gelöst, mit Wasser auf 50–100 ml verdünnt (die Lösung soll etwa 3n an $HClO_4$ sein) und 2mal mit je 5 ml DADDTC-Lösung extrahiert. Die wäßrige Phase wird verworfen, der vereinigte organische Extrakt mit 10 ml Ammoniumcitrat- und 10 ml KCN-Lösung versetzt und geschüttelt. Die organische Phase wird möglichst genau abgetrennt und verworfen, die wäßrige Phase mit 3–4 ml $CHCl_3$ gewaschen und letzteres möglichst vollständig abgetrennt. Die wäßrige Phase versetzt man mit 3 ml Formaldehyd, schüttelt um, fügt 5 ml HCl hinzu und extrahiert die Lösung nach dem Erkalten mit 10,0 ml DADDTC-Lösung und photometriert in einer 1 cm-Küvette bei 440 nm gegen DADDTC-Lösung.

III. Bleidiäthyldithiocarbamat

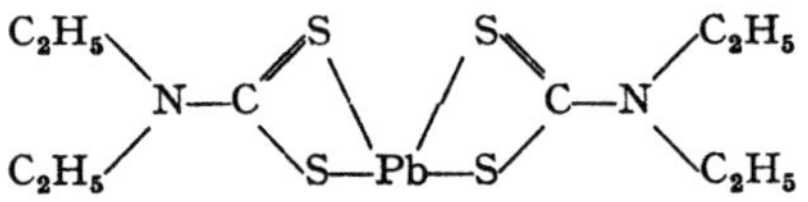

Die Bestimmung des Cu beruht auf der Umsetzung

$$Cu^{2+} + Pb(DDTC)_2 \rightarrow Cu(DDTC)_2 + Pb^{2+},$$

indem die Probelösung mit einer $Pb(DDTC)_2/CHCl_3$-Lösung geschüttelt und die Extinktion des gebildeten Cu-Carbamates photometrisch gemessen wird. Das Beersche Gesetz ist im Bereich von 0,12–5 µg Cu/ml $CHCl_3$ erfüllt ($\varepsilon = 13000$). Dieses Verfahren ist selektiver als die Extraktion mit Na-DDTC/$CHCl_3$ [*37, 80*]. Von den bei dem früher angeführten Verfahren [*37*] (s. S. 654) störenden Elementen wird hier keine Störung verursacht durch: 25 mg Au, Pd, Pt, Os(IV) oder Os(III); 100 mg Te(IV), Te(VI), Tl(I), Sb(III) oder Sb(V); 1 g Co, Ni, Fe(III) oder Mn. Die einzigen, hier störenden Elemente sind unter bestimmten Bedingungen [*37*]: Ag, Bi, Hg, Pb und Tl(III).

Ag reagiert vor dem Cu mit dem Reagens, so daß nicht mehr als 500 µg davon anwesend sein dürfen. Das Ag läßt sich als Chlorid ohne Cu-Verluste entfernen. Hg verhält sich wie Ag, so daß nicht mehr als 500 µg davon anwesend sein dürfen. Tl(III) verhält sich ebenso. Durch Reduktion zu Tl(I) kann diese Störung vermieden werden. Bei Anwesenheit von 0,05–100 mg Bi werden 0,05–0,5 mg Bi mitextrahiert, die sich durch Schütteln mit 5n HCl aus der organischen Phase entfernen lassen. Bei Verwendung konzentrierterer $Pb(DDTC)_2$-Lösungen wird mehr Bi extrahiert. In Anwesenheit steigender Pb-Mengen wird die Cu-Extraktion unvollständiger. Wenn z. B. 21 µg Cu vorgelegt sind, findet man in Anwesenheit von: 5 mg Pb – 21 µg Cu, 10 mg Pb – 20 µg Cu, 20 mg Pb – 18 µg Cu, 40 mg Pb – 16 µg Cu, 100 mg Pb – 14 µg Cu. Zur vollständigen Extraktion des Cu muß in diesem Fall die Schütteldauer auf mindestens 15 min ausgedehnt werden. Eine Erhöhung der $Pb(DDTC)_2$-Konzentration hat keinen Einfluß. Bei pH 5–6 wird das Cu hingegen mit einer Schütteldauer von 1–2 min vollständig extrahiert.

$Pb(DDTC)_2/CHCl_3$ wurde zur Bestimmung von Cu in Wässern [*81*], Erzwässern [*81*], destilliertem und besonders gereinigtem Wasser [*82*], sowie in sehr reinen Cadmium- und Zinksalzen verwendet [*82*].

Arbeitsvorschrift [*37*]

Reagentien

$Pb(DDTC)_2$-Lösung; 0,20 g $Pb(CH_3COO)_2 \cdot 3\,H_2O$ werden in Wasser gelöst, 1 g Kaliumnatriumtartrat hinzugefügt, mit NaOH gerade alkalisch gemacht, 10 ml 10%ige KCN-Lösung und 0,25 g Na-DDTC zugesetzt und mit 500 ml $CHCl_3$ geschüttelt. Man fügt eine Spatelspitze Na-DDTC hinzu; falls eine Fällung auftritt, schüttelt man wieder. Man wiederholt den Zusatz von Na-DDTC, bis keine Fällung mehr auftritt. Man extrahiert mit einem neuen Anteil an $CHCl_3$ und wäscht den vereinigten organischen Extrakt 2mal mit Wasser, um CN^--Spuren zu entfernen. Die $CHCl_3$-Lösung wird durch ein trockenes Filter filtriert und mit $CHCl_3$ auf 2 l gebracht. Die Lösung wird in dunkler Flasche aufbewahrt. 1 ml ist ~ 17 µg Cu äquivalent. In 3—4 Wochen nimmt die Stärke der Lösung um etwa 10% ab; an diffusem Tageslicht zersetzt sie sich noch rascher.

Weitere Reagentien s. S. 654, Arbeitsvorschrift [*37*].

Zur Probelösung (1,5–60 µg Cu enthaltend) fügt man 5 ml Ammoniumcitrat-Lösung und 2 Tropfen Kresolrotindicator. Man fügt Ammoniak (0,91) bis zum Farbumschlag (pH ~ 8,5) hinzu, verdünnt auf 50 ml mit Wasser, kühlt und führt in einen 150 ml-Schütteltrichter über. Das Volumen soll jetzt 60–75 ml betragen. Nun gibt man 18 bis 20 ml $Pb(DDTC)_2$-Lösung hinzu und schüttelt 1–2 min. Der organische Extrakt wird in einen trockenen 25 ml-Meßkolben abgelassen, die wäßrige Phase 2mal mit je 2 ml $CHCl_3$ gewaschen, der vereinigte organische Extrakt mit $CHCl_3$ zur Marke aufgefüllt, durch ein trockenes Filter filtriert (wobei die ersten Milliliter verworfen werden) und in einer 2 cm-Küvette bei 436 nm gegen $CHCl_3$ photometriert.

1. Blutserum

Das nachfolgende Verfahren eignet sich für Serienuntersuchungen. Gehalte von 0,2–3,7 µg Cu/ml Blutserum wurden mit $F_{rm} = \pm 4\%$ bestimmt.

Arbeitsvorschrift [*82a*]

Reagentien

$Pb(DDTC)_2$-Lösung; 0,05 g Bleiacetat werden in Wasser gelöst, 2,5 ml 10%ige Kaliumnatriumtartrat-Lösung zugegeben, mit 2n KOH alkalisiert, Cu- und Fe-Spuren durch Zusatz von 2,5 ml 1m KCN maskiert und das Pb durch Zusatz einer wäßrigen Lösung von 0,06 g Na-DDTC ausgefällt. Der Niederschlag wird durch einen Glasfrittentiegel G4 abfiltriert, mit Wasser gewaschen, mit n-Butanol gelöst und mit letzterem auf 500 ml aufgefüllt. Die Lösung wird in dunkler Flasche aufbewahrt.

6n HCl;

Trichloressigsäure (20%);

p-Nitrophenol, 1%ig in Äthanol;

8n Ammoniak;

0,5n H_2SO_4;

ÄDTA, 2,5%ige wäßrige Lösung.

1 ml Serum wird mit 6 ml Wasser verdünnt, mit 1 ml HCl versetzt und 10 min stehen gelassen. Dann fügt man 2 ml Trichloressigsäure hinzu und filtriert nach 10 min. 5 ml des Filtrates versetzt man mit 1 ml ÄDTA-Lösung und 1 Tropfen p-Nitrophenol-Lösung, neutralisiert mit Ammoniak bis zur Gelbfärbung und säuert mit H_2SO_4 bis zum Verschwinden der Farbe an. Die Lösung wird mit 5,0 ml $Pb(DDTC)_2$-Lösung extrahiert und der organische Extrakt in einer 5 cm-Mikroküvette bei 436 nm photometriert.

IV. Zinkdibenzyldithiocarbamat

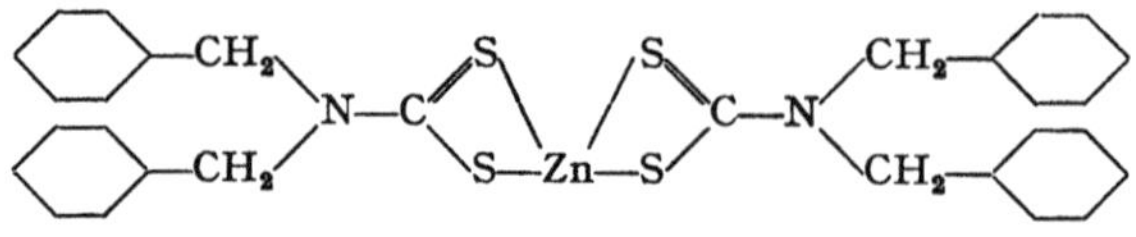

Zinkdibenzyldithiocarbamat (ZnDBDTC) weist gegenüber Na-DDTC einige Vorteile auf. Es ist in organischen Lösungsmitteln, wie CCl_4, Benzol, löslich und in Anwesenheit mäßiger Säuremengen anwendbar. Die Extraktion des Cu ist aus 1–5n HCl- und 1–2n H_2SO_4-saurer Lösung quantitativ, aus mehr als 2n H_2SO_4- oder HNO_3-saurer Lösung aber unvollständig. Das Beersche Gesetz ist im Bereich von 0,10–4 µg Cu/ml CCl_4 erfüllt ($\varepsilon = 16000$). Weiterhin weist ZnDBDTC eine etwas geringere Störung durch andere Elemente auf, seine Selektivität ist aber gemäß der Verdrängungsreihe (s. S. **304** ff.) geringer als die des Pb(DDTC)$_2$. Durch 0,5 g der folgenden Elemente wird keine Färbung erzeugt, bzw. Cu vorgetäuscht [*86*]: Al, As(III), As(V), Ag(0,001 g), Ca, Cd, Cr(III), Fe(II), Hg(II) (0,2 g), Mn(II), Pb, Sb(III), Sb(V) (0,1 g), Sn(IV), U(VI) and Zn. Mehr als 1 µg Bi, 10 mg Ni, 10 mg Co und 100 mg Fe(III) täuschen Cu vor. Ag, Hg und Sb verhindern die vollständige Extraktion des Cu, da sie einen Teil des Reagenses verbrauchen. Dies läßt sich durch eine größere Reagensmenge umgehen, doch wird dadurch die mitextrahierte Menge an gefärbten Carbamatkomplexen (Bi, Co, Fe, Ni; falls diese anwesend sind) vergrößert. Die Störung durch Hg wird durch Zusatz von KBr verhindert. 10 mg Hg stören die vollständige Extraktion von 40 µg Cu nicht, wenn 5 ml 40%ige KBr-Lösung zugesetzt werden; allerdings ist dann eine 3 min lange Extraktionsdauer erforderlich. ZnDBDTC zeigt als Reagenslösung eine höhere Stabilität als Na-DDTC; sie ist bis zu 2 Monate haltbar. Ebenso ist der Cu(DBDTC)$_2$-Komplex dem Tageslicht gegenüber stabiler, als der Cu(DDTC)$_2$-Komplex. Der pH-Wert der Probelösung wird durch den Reagenszusatz praktisch nicht verändert.

ZnDBDTC/CCl_4 wurde zur Cu-Bestimmung in Trinkwasser [*83a*], Kesselwasser ($\geqq$ 2 ppb Cu) [*83b*], Bier und Würze [*83*], Pflanzenmaterial [*84*], Papier, Zellstoff und Zellstoffablauge [*75*], Fetten und Ölen [*85*], sowie in Farbstoffen und Gummichemikalien [*86*] verwendet.

1. Farbstoffe und Gummichemikalien

B: 1–40 ppm Cu. *s*: ±0,5 ppm Cu.

Arbeitsvorschrift [*86*]

Reagentien

H_2SO_4 (1,84); HNO_3 (1,40); HCl (1,19);
H_2O_2 (30%);
ZnDBDTC, 0,01%ig in CCl_4; wenn das Reagens aus Zinksalz und Natriumdibenzyldithiocarbamat selbst hergestellt wird, läßt sich ein kleinerer Blindwert erzielen. Natriumdibenzyldithiocarbamat kann durch Umsetzung von Dibenzylamin, CS_2 und NaOH erhalten werden.
8n H_2SO_4;
0,5n $KMnO_4$;
Hydroxylaminhydrochlorid, 10%ige wäßrige Lösung.

1 g Probematerial (bis 40 µg Cu enthaltend) wird mit 10 ml H_2SO_4 und 5 ml HNO_3 verascht, falls erforderlich weitere Anteile beider Säuren zugesetzt, zuletzt 5 ml H_2O_2 zugefügt und bis zum Auftreten von SO_3-Dämpfen gekocht. Falls es notwendig ist, wird

der Zusatz von H_2O_2 wiederholt; man kühlt etwas ab, fügt 50–100 ml Wasser zu und kocht wieder bis zum Auftreten der SO_3-Dämpfe. Man erhitzt weiter, bis 5 ml H_2SO_4 zurückbleiben, kühlt dann ab und verdünnt mit Wasser auf 50 ml. Die abgekühlte Lösung führt man in einen 250 ml-Schütteltrichter über, verdünnt auf 100 ml (die Lösung soll jetzt 1n an H_2SO_4 sein), extrahiert mit 10,0 ml ZnDBDTC-Lösung, filtriert den organischen Extrakt durch Baumwolle in eine 1 cm-Küvette und photometriert bei 435 nm.

Abtrennung des Cu von Ni und Co

Der vorhin erhaltene organische Extrakt wird in diesem Fall in einen 2. Schütteltrichter abgelassen und der erste Schütteltrichter mit CCl_4 nachgewaschen. Zur Lösung im 2. Schütteltrichter gibt man nun 30 ml Wasser, 5 ml 8n H_2SO_4 und 2 ml $KMnO_4$-Lösung. Man schüttelt einige sec, fügt dann 3 ml Hydroxylaminhydrochlorid-Lösung zu, schüttelt kurz durch, läßt dann 5 min stehen, verwirft die organische Phase und extrahiert aus der wäßrigen Lösung das Cu, wie oben angegeben.

Abtrennung von Bi

Aus stark salzsaurer Lösung läßt sich das Bi nicht leicht extrahieren, während das Cu, bei allerdings verlängerter Extraktionsdauer, vollständig in die organische Phase übergeht. Zur schwefelsauren, Bi und Cu enthaltenden Lösung fügt man für 30–40 ml Probelösung jeweils 5 ml HCl (1,19) hinzu, führt die Extraktion mit ZnDBDTC/CCl_4 wie oben beschrieben durch, führt den organischen Extrakt unter Nachwaschen des Schütteltrichters in einen 2. Schütteltrichter über und fügt dazu 5 ml 8n H_2SO_4 und 2 ml $KMnO_4$-Lösung. Man schüttelt einige sec, versetzt nach der Phasentrennung mit 3 ml Hydroxylaminhydrochlorid-Lösung, schüttelt kurz durch und läßt 5 min stehen. Nach Zusatz von 25 ml HCl (1,19) läßt man den organischen Extrakt ab und verwirft ihn. Die wäßrigsaure Lösung extrahiert man nun 3 min lang mit 10 ml Reagenslösung und photometriert wie früher angegeben.

V. Andere Carbamatderivate

Zn-diäthyldithiocarbamat/Butylacetat wurde zur Bestimmung von Cu in photographischem Entwickler angewandt [*87*]. Dibenzylammoniumdibenzyldithiocarbamat, K-dibenzyldithiocarbamat, Dibenzyldithiocarbamidsäure fanden neben ZnDBDTC zur Bestimmung von Cu in Fetten und Ölen Anwendung [*85*]. Mit Hilfe von Cd-diäthyldithiocarbamat/CCl_4 können 0,005–0,06% Cu in Nickellegierungen für Oxydkathoden mit einem relativen Fehler von $\pm 3\%$ bestimmt werden [*88*]. Die Bestimmung von Cu in biologischem Material wurde mit PbDBDTC/$CHCl_3$ durchgeführt [*87a*]. Weiterhin wurden Natriumpyrrolidindithiocarbamat/CCl_4 ($\geq 0{,}005\%$ Cu in Stahl) [*87b*] und Ammoniumpyrrolidindithiocarbamat/$CHCl_3$ ($\varepsilon_{435} = 13500$, $\varepsilon_{269} = 34000$) [*87c*] verwendet.

D. Cuproin und seine Derivate

I. Cuproin

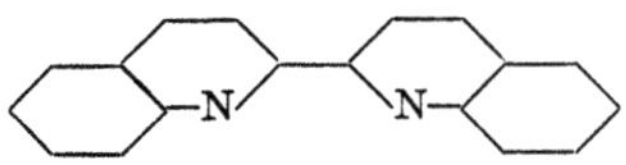

(I)

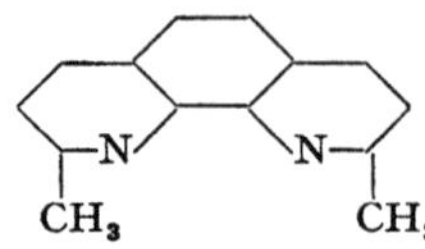

(II)

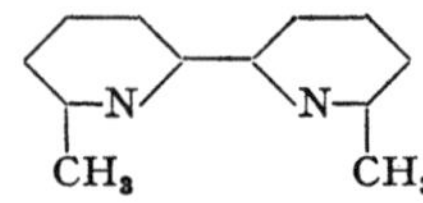

(III)

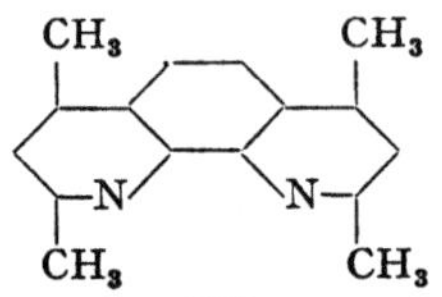

(IV)

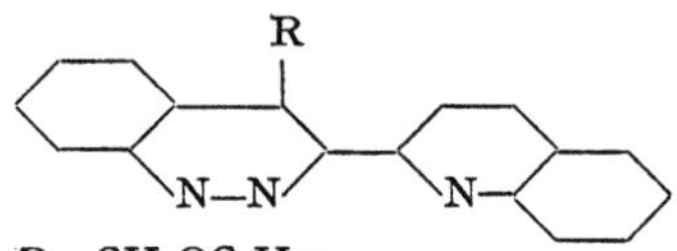

$R{=}CH_3OC_6H_4{-}$

(V)

Cuproin (2,2'-Dichinolyl) (I), Neocuproin (2,9-Dimethyl-1,10-phenanthrolin) (II), 6,6'-Dimethyl-2,2'-dipyridyl (III), 2,4,7,9-Tetramethyl-1,10-phenanthrolin (IV) und 3-(2'-Chinolyl)-4'-p-methoxycinnolin (V) sind empfindliche Cu-Reagentien [*88a*], aus deren Formeln ersichtlich ist, daß sie alle die kupferspezifische Struktur von (I) aufweisen.

Der molare Extinktionskoeffizient dieser Reagentien beträgt 6430 (I), 7950 (II), 6570 (III), 8860 (IV) und 8500 (V) [*89*]. Obwohl die anderen Reagentien empfindlicher als Cuproin sind, wird letzteres im allgemeinen vorgezogen, da es genügend empfindlich ist und vor allem den Vorteil der leichten Herstellung aufweist. Außerdem ist der Cuproin-Komplex gegen Luftoxydation stabil, was bei einigen Komplexen der anderen Reagentien nicht der Fall ist. Das auf Cu spezifische [*90, 91*] Cuproin bildet mit Cu(I) in Gegenwart von Äthanol oder von Essigsäure einen purpurroten Komplex, der in Wasser unlöslich ist und bei Verdünnung sofort unter raschem Verblassen der Farbe rot ausfällt [*92, 93*]. Der Komplex ist in organischen Lösungsmitteln löslich. Von den untersuchten organischen Solventien Amylalkohol, Benzylalkohol, Hexylalkohol, $CHCl_3$, Benzol, CCl_4, Isoamylalkohol, Äthylacetat und Amylacetat weist Isoamylalkohol den besten Verteilungskoeffizienten auf. Dieser beträgt bei einem Verhältnis von Wasser: Isoamylalkohol = 10:1 und 25° C $D = 1680$. Bei einer einmaligen Ausschüttelung blieben 0,85% des vorhandenen Cu in der wäßrigen Phase zurück. Bei einem Verhältnis von Wasser: Isoamylalkohol = 1:1 genügt eine Extraktionsdauer von 50 sec, bei einem sol-

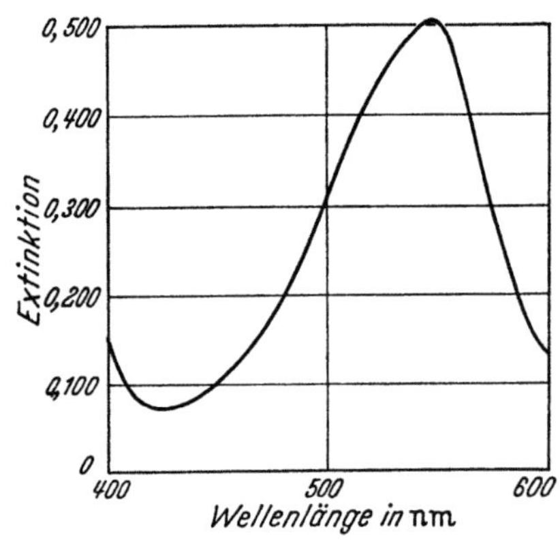

Abb. 109. Extinktionskurve von Cu(I) + Cuproin in Isoamylalkohol [*89*]

chen von 10:1 sind zur vollständigen Extraktion 2 min erforderlich. Die Extraktion ist im Bereich von pH 2–9 vollständig [*89, 93*], nach anderen Angaben [*94, 95*] im Bereich von pH 4,0–7,5 nach 30 sec Schüttelzeit, während sie bei pH 3,5 noch nach 8 min unvollständig ist [*94*]. Das Extinktionsmaximum des Komplexes liegt bei 546 nm (s. Abb. 109). Der Farbkomplex ist eine Woche stabil [*94*]. Das Beersche Gesetz ist im Bereich von 0,25–10 µg Cu/ml erfüllt. Folgende Kationen und Anionen stören in 1000facher Menge (bezogen auf Cu) die Cu-Bestimmung nicht [*48, 89, 93–95*]: Al, As(III), As(V), Ba, Bi (100fache Menge), Ca, Cd, Co, Cr, Fe(II), Fe(III), K, Li, Mg, Mn(II), Mo(VI), NH_4^+, Na, Ni, Sb(III), Sn(II), Sr, Ti(IV), U, V(V), W(VI), Zn, Acetat, Borat (bei genügendem Zusatz von Hydroxylaminhydrochlorid), Br^-, I^- (nach anderen Angaben [*93*] soll I^- stören), Cl^- ClO_3^- (bei genügendem Zusatz von Hydroxylaminhydrochlorid), ClO_4^-, NO_3^-,NO_2^-, SO_4^{2-}, HSO_3^-, PO_4^{3-}, CO_3^{2-}, HCO_3^-, Tartrat und Malonat. Die Bestimmung von 10 µg Cu wird weiterhin nicht durch die 5–10fache Menge an Bi, Ga, Pb, Hg, Tl, Ag, Si (als Silicat) und F^- gestört [*95*]. Hingegen stören die Anionen CN^-, SCN^-, Oxalat, Citrat, ÄDTA, $S_2O_3^{2-}$, SiO_3^{2-} (teilweise), BrO_3^- (Br wird extrahiert), IO_3^- (I wird extrahiert), $[Fe(CN)_6]^{3-}$, $[Fe(CN)_6]^{4-}$ und OCN^- [*48, 93*].

1. Wasser

An anderer Stelle findet man Verfahren beschrieben [*5, 89, 93*], mit denen unter Verwendung von Cuproin/Isoamylalkohol noch 0,02 µg Cu/ml Wasser mit einem relativen Fehler von ±2% bestimmt werden können.

1.1. Seewasser

Bei der Bestimmung kleiner Cu-Gehalte ist die Verwendung einer großen Probemenge erforderlich. Wegen der großen Wasserlöslichkeit von Isoamylalkohol (2,67 g/100 ml Wasser bei 22° C) wird die Extraktion des Cu(I)-Cuproin-Komplexes mit n-Hexanol (Löslichkeit: 0,5 g/100 ml Wasser) bei pH 4,3–5,8 durchgeführt. Ein Gehalt von 1 µg Cu/ml wird durch eine einmalige Extraktion zu 99% erfaßt. Bei einem Gehalt von 0,01 µg Cu/ml sind zwei Ausschüttelungen erforderlich, um 97% des Cu zu extrahieren. Nach der vorliegenden Vorschrift werden durch 3malige Extraktion 99% des vorhandenen Cu erfaßt. Ein Verblassen des Cu-Komplexes wird durch Zusatz von Hydrochinon zum n-Hexanolextrakt verhindert.

B: 1–30 µg Cu/l Seewasser. F_r: ±2,5% bei Gehalten von 20–30 µg Cu/l.

Arbeitsvorschrift [*95*]

Reagentien

Cuproin, 0,03%ig in n-Hexanol (über NaOH redest.);
Hydroxylaminhydrochlorid, 25%ige wäßrige Lösung; mit 0,01%igem Dz/CCl_4 gereinigt;
Natriumacetatpufferlösung; 136 g $CH_3COONa \cdot 3\,H_2O$/l, ebenfalls mit Dz/CCl_4 gereinigt;
Hydrochinon, 1%ig in Äthanol.

Die Wasserprobe wird durch einen Glasfrittentiegel filtriert; 900 ml des Filtrates werden in einem 1 l-Schütteltrichter mit 5 ml Hydroxylaminhydrochlorid- und 10 ml Natriumacetatpufferlösung versetzt. Nach Zusatz von 8 ml Cuproinlösung wird 5 min ausgeschüttelt. Nach der Phasentrennung läßt man die wäßrige Phase in einen zweiten Schütteltrichter ab, versetzt sie mit 2 ml Hydroxylaminhydrochlorid-Lösung und extrahiert mit 3 ml Reagenslösung 3 min lang. Die Extraktion wird mit weiteren 3 ml Reagenslösung wiederholt. Der vereinigte organische Extrakt wird in einem 10 ml-Meßzylinder, in dem 0,5 ml Hydrochinonlösung vorgelegt sind, mit Hexanol zur Marke aufgefüllt und in einer 4 cm-Küvette bei 540 nm photometriert.

2. Organisches Material

In anderen Arbeiten wurde die Bestimmung von Cu mit Cuproin/Isoamylalkohol in pflanzlichem Material [*48*], Wein [*96*], Gelatine [*1*] und Lampenruß [*89*] beschrieben.

2.1. Pflanzliches Material

B: 1,2–500 μg Cu. F_r: ±5%.

Arbeitsvorschrift [*89, 93*]

Reagentien

H_2SO_4 (1,84); $HClO_4$ (70%); HNO_3 (1,40);
Weinsäure, 50%ige wäßrige Lösung;
Hydroxylaminhydrochlorid, 15%ige wäßrige Lösung;
NaOH, 30%ige wäßrige Lösung;
Cuproin, 0,02%ig in Isoamylalkohol.

Das getrocknete Probematerial (12–500 μg Cu enthaltend) wird bei 450° C auf trockenem Wege verascht und die Asche in 6n HCl gelöst oder auf nassem Wege mit $H_2SO_4/HClO_4/HNO_3$ (1 + 1 + 3) verascht und der Rückstand mit Wasser aufgenommen. Zur Probelösung fügt man 2 ml Weinsäurelösung und 2 ml Hydroxylaminhydrochlorid-Lösung, stellt mit NaOH auf pH 4,7 ein (das Volumen beträgt etwa 50 ml) und extrahiert in einem 100 ml-Schütteltrichter jeweils 3 min lang 1 mal mit 20 ml und 3 mal mit je 10 ml Cuproinlösung. Die Extrakte werden in einem 50 ml-Meßkolben gesammelt, mit dem 4. Extrakt zur Marke aufgefüllt und in einer 1 cm-Küvette bei 546 nm photometriert.

Wahlweise kann man von einer Probemenge mit kleinerem Cu-Gehalt ausgehen (1,2–50 μg Cu enthaltend), indem man die auf oben angegebenem Wege erhaltene Probelösung auf 25° C einstellt (die gewählte Temperatur muß stets konstant eingehalten werden), einmal 3 min lang mit 5 ml Cuproinlösung extrahiert, den Extrakt zentrifugiert und wie oben angegeben photometriert.

2.2. Tierisches Material und Blutplasma [*89*]

5 g Gewebe oder 5 ml Blutplasma werden nach Verfahren D.I.2.1 naß verascht und analysiert. Auf diesem Wege wurden Gehalte von 1–11 μg Cu/g in verschiedenen Organen bzw. 1–1,3 μg Cu/ml Blutplasma bestimmt.

2.3. Pflanzliches und tierisches Material [*95*]

Eine entsprechende Probemenge (1–40 μg Cu enthaltend) wird mit $HNO_3/HClO_4$ naß verascht, der Eindampfrückstand mit Wasser aufgenommen, filtriert und nach Verfahren D.I.4.1.a) (s. S. 671) das Cu bestimmt.

2.4. Mineralöl

Aus dem Mineralöl wird das Cu mit HCl ausgeschüttelt, aus der salzsauren Phase mit Cuproin/$CHCl_3$ extrahiert und photometrisch bestimmt. Zur Vergrößerung des Volumens der salzsauren Phase wird der HCl methanolhaltiges oder reines Äthanol zugesetzt. Dem Mineralöl wird zur Herabsetzung des spez. Gewichtes Petroläther oder n-Heptan zugesetzt.

B: 3–100 μg Cu/10–100 g Probematerial. F_r: ±5%. *Z*: 50 min für 4 Bestimmungen.

Arbeitsvorschrift [*97*]

Reagentien

HCl, 10 Vol.-%; 10 ml HCl (1,19) werden mit 90 ml methanolhaltigem oder reinem Äthanol gemischt;
Natriumacetat, 30%ige wäßrige Lösung;
Hydroxylaminhydrochlorid, 10%ige wäßrige Lösung;
Cuproin, 0,10%ig in methanolhaltigem oder reinem Äthanol;
Petroläther (Kp 60—80° C) oder n-Heptan;
Methanolhaltiges oder reines Äthanol.

10–100 g Probe werden in einem 250 ml-Schütteltrichter mit dem gleichen Volumen Petroläther verdünnt, mit 10 ml HCl geschüttelt und die Säurephase in einen 100 ml-Schütteltrichter abgelassen. Die Extraktion wird mit weiteren 10 ml HCl wiederholt. Bei Probemengen >20 g wird zuletzt mit 10 ml methanolhaltigem Äthanol nachgewaschen. Zur vereinigten Säurephase fügt man 10 ml Natriumacetat- und 10 ml Hydroxylaminhydrochlorid-Lösung, versetzt mit 5 ml Cuproin-Lösung und schüttelt gut durch. Der Komplex wird mit 10 ml $CHCl_3$ extrahiert, der organische Extrakt in einen 50 ml-Meßkolben abgelassen und die Extraktion mit 5 ml $CHCl_3$ wiederholt. Der vereinigte organische Extrakt wird mit Äthanol zur Marke aufgefüllt und in einer 5 cm-Küvette bei 546 nm photometriert.

Falls sich das Cu mit HCl nicht quantitativ ausschütteln läßt, wird die Probe verascht (s. Verfahren C.I.2.3, S. 656).

3. Metalle und Legierungen

Außer in den nachfolgend angeführten Vorschriften wurden auch in anderen Arbeiten Verfahren zur Bestimmung von Cu in Eisen, legiertem Stahl [*89, 93, 98, 98a, 98b*], unlegiertem Stahl [*94, 98, 98a, 98b*], Phosphorbronze, Aluminium- und Zinklegierungen [*94*] beschrieben.

3.1. Eisen, unlegierter und legierter Stahl

Die nachfolgende Arbeitsvorschrift [*100*] ist eine Modifikation eines an anderer Stelle früher beschriebenen Verfahrens [*99*]. Zur Entfernung der überschüssigen HNO_3 wird hier Ameisensäure verwendet [*100*] und dadurch ein wiederholtes Eindampfen [*99*] vermieden. Nach der Reduktion des Cu(II) mit schwefeliger Säure wird zur Verhinderung einer Reoxydation noch $FeCl_2$-Lösung zugefügt, wodurch die Vorschrift auch zur Bestimmung von Cu in Ferrolegierungen, insbesonders Ferrochrom, Ferrovanadin, Ferrotitan, wie auch in Chrommetall, angewendet werden kann. Nach der Reduktion wird das Cu(I) mit Cuproin/Amylalkohol bei pH 5–6 extrahiert und photometrisch bestimmt. Bei Gehalten über 5% Cr erhält man mit dem an anderer Stelle angegebenen Verfahren [*89*] keine befriedigenden Ergebnisse. Ein steigender Cr-Gehalt führt zu niedrigeren Cu-Werten. Wenn das in der Probelösung anwesende Cr und Fe zu Cr(III) und Fe(II) reduziert werden (zur Verhinderung einer Reoxydation des Cu), so erhält man hingegen gute Ergebnisse [*99*]. Hydroxylaminhydrochlorid und Hydrazin sind zur Reduktion bei Raumtemperatur unzureichend. Wird die Reduktion bei Siedehitze durchgeführt, so findet man mit Hydroxylamin 85% des vorhandenen Cu wieder; bei Anwendung von Hydrazin oder H_2SO_3 wird das Cu quantitativ erfaßt.

B: 0,0005–>0,2% Cu. F_r: ±5–10%.

Arbeitsvorschrift [*99, 100*]

Reagentien

HCl (1,19); HNO_3 (1,40);
Ameisensäure (98—100%);

Ammoniak (2 + 3);
Natriumacetat, 5%ige wäßrige Lösung;
H_2SO_3; mit SO_2 gesättigtes Wasser;
$FeCl_2$-Lösung; 500 g $FeCl_2 \cdot 4\,H_2O$ werden in 1900 ml Wasser und 100 ml HCl (1,19) gelöst.
Citronensäure, 50%ige wäßrige Lösung;
Cuproin, 0,05%ig in Amylalkohol.

0,5 g Probe werden in wenig HCl gelöst, mit HNO_3 oxydiert, nach dem Einengen mit 10 ml HCl und tropfenweise mit etwa 5 ml Ameisensäure versetzt und erneut eingeengt. Die Lösung verdünnt man mit heißem Wasser auf etwa 25 ml, fügt 25 ml H_2SO_3 hinzu, kocht etwa 5 min, worauf man 15 ml $FeCl_2$-Lösung zusetzt und noch einige Minuten auf der Heizplatte beläßt. Bei Cu-Gehalten unter 0,02% verarbeitet man die ganze Lösung, die ein möglichst kleines Volumen haben soll, weiter. Bei höheren Cu-Gehalten wird die abgekühlte Probelösung in einem 100 ml-Meßkolben mit Wasser zur Marke aufgefüllt und davon 20 ml Lösung (bei 0,02–0,06% Cu) bzw. 10 ml Lösung (bei 0,04–0,20% Cu) weiter verarbeitet. Die Probelösung versetzt man in einem kleinen Becherglas mit 2–3 ml Citronensäurelösung, alkalisiert dann mit Ammoniak und stellt mit Citronensäurelösung auf pH 5–6 ein. Nach Zusatz von 2 ml Natriumacetat-Lösung führt man die Lösung in einen 100 ml-Schütteltrichter über, bringt mit Wasser auf etwa 40 ml und extrahiert 2 min lang mit 10,0 ml Cuproin-Lösung. Der organische Extrakt wird durch ein trockenes Filter in eine 1 cm-Küvette filtriert und bei 546 nm photometriert.

3.2. Ferrolegierungen

Die Analyse wird nach Verfahren D.I.3.1 durchgeführt. Die Methode wurde zur Cu-Bestimmung in Ferromolybdän, Ferrowolfram, Ferrotitan, Ferromangan. Ferrovanadin und Ferrochrom angewendet.

Arbeitsvorschrift [*99*, *100*]

Ferrovanadin, -mangan und -molybdän

Die Probe wird in verdünnter HNO_3 gelöst, etwas eingeengt, 10 ml HCl (1,19) und tropfenweise etwa 5 ml Ameisensäure zugegeben, ziemlich weitgehend eingedampft, mit Wasser auf 25 ml verdünnt und, wie früher angegeben, fortgefahren.

Ferrochrom

Die Probe wird, wie für Stahl angegeben, gelöst.

Ferrotitan

Die Probe wird in HCl und etwas HNO_3, sowie gegebenenfalls einigen Tropfen HF gelöst. Man arbeitet weiter, wie bei Stahl angegeben.

Ferrowolfram

Die Probe wird unter Luftzutritt 1–2 Std bei 800° C geglüht, anschließend in HCl gelöst, mit HNO_3 oxydiert und dann, wie bei Stahl angegeben, fortgefahren. Ausfallende Wolframsäure verursacht keine Störung; sie wird vor dem Zusatz der Citronensäure abfiltriert.

3.3. Kobalt [*99*, *100*]

Das Probematerial wird, wie unter Ferrovanadin angegeben, behandelt.

3.4. Nickel [*99*, *100*]

Das Probematerial wird, wie unter Ferrovanadin angegeben, behandelt.

3.5. Mangan [*100*]

Das Probematerial wird, wie unter Ferrovanadin angegeben, behandelt.

3.6. Chrom [*100*]

Das Probematerial wird, wie für Stahl angegeben, behandelt.

3.7. Aluminium [*100*]

Das Probematerial wird, wie unter Stahl angegeben, behandelt.

4. Mineralien, Gesteine und Oxyde

In anderen Arbeiten fand Cuproin Anwendung zur Bestimmung von Cu in Bauxit, Ton u. a. Mineralien [*94*], sowie in Silicatgestein [*100a*].

4.1. Silicat- und Carbonatgestein

B: 5–>250 ppm Cu. F_r: ±2,5–3,5%.

Arbeitsvorschrift [*95*]

Reagentien

HNO_3 (1,40); HCl (1,19); HF (40%), 4n HNO_3; $KHSO_4$;
Octylalkohol;
weitere Reagentien wie bei Verfahren D.I.1.1.

a) Silicatgestein

0,6–1 g feinpulverisierte Probe wird in einem Platintiegel mit 2 ml HNO_3 und 15 ml HF in bedecktem Zustand über Nacht auf dem Wasserbad gehalten. Danach dampft man auf dem Wasserbad zur Trockene ein und schließt den Rückstand mit 1,5–2 g geschmolzenem $KHSO_4$ auf. Die Schmelze wird auf dem Wasserbad mit 100 ml Wasser, welches 1,5 ml HCl enthält (~ 0,18n HCl), gelöst und die abgekühlte Lösung in einem 250 ml-Meßkolben zur Marke aufgefüllt. Davon werden 100 ml Lösung (<80 μg Cu enthaltend) in einem 250 ml-Schütteltrichter mit 2,5 ml Hydroxylaminhydrochlorid- und 25 ml Natriumacetat-Lösung versetzt und das Cu mit 6, 2,5 und 2 ml Cuproin-Lösung, wie bei Verfahren D.I.1.1 (s. S. 667) beschrieben, extrahiert und unter Verwendung einer geeigneten Küvette photometriert.

b) Carbonatgestein

5 g Probematerial werden in einem Quarzkolben mit 30 ml 4n HNO_3 gelöst und zu starkes Schäumen durch Zusatz eines Tropfens Octylalkohol vermindert. Die Lösung wird zur Trockene eingedampft, bei Anwesenheit von organischem Material 10–15 ml HNO_3 (1,40) hinzugefügt und zur Trockene abgeraucht. Der Rückstand wird anschließend 2mal mit je 15 ml HCl abgeraucht, mit 100 ml ~ 0,18n HCl gelöst und danach mit Wasser auf 250 ml aufgefüllt. Man fährt, wie unter a) Silicatgestein angegeben, fort.

4.2. Nickeloxyd [*100*]

Das Probematerial wird in einem Nickeltiegel mit Na_2CO_3/Na_2O_2 aufgeschlossen, die Schmelze in Wasser gelöst und mit HCl angesäuert. Freies Chlor entfernt man durch Kochen, füllt die erkaltete Lösung auf ein entsprechendes Volumen auf, engt einen aliquoten Teil in einem Becherglas auf etwa 20 ml ein und fährt nach Verfahren D.I.3.1. fort.

II. Neocuproin

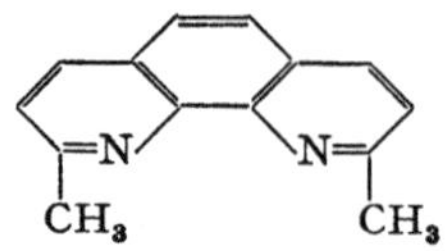

Cu(I) bildet bei pH 3–10 mit Neocuproin (2,9-Dimethyl-1,10-phenanthrolin) einen orange gefärbten Komplex, der im genannten pH-Bereich durch n-Amylalkohol, Isoamylalkohol oder n-Hexanol extrahierbar ist [*101*]. Der letztgenannte Alkohol ist das beste Extraktionsmittel. Der Komplex ist bei pH 2,3–9,0 innerhalb 30 sec Schütteldauer auch mit $CHCl_3$/Äthanol vollständig extrahierbar [*102*]. Das Extinktionsmaximum liegt

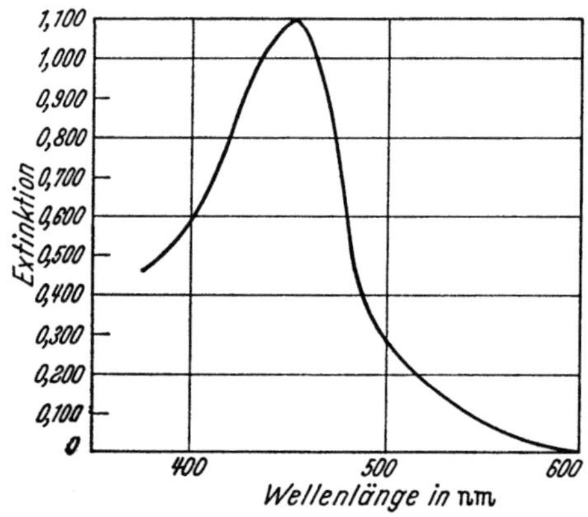

Abb. 110. Extinktionskurve von Cu(I) + Neocuproin in Isoamylalkohol [*101*]

bei 454 nm [*101*] (s. Abb. 110) bzw. 457 nm [*102*] (in $CHCl_3$/ Äthanol), das Beersche Gesetz ist im Bereich von 0,2–8 μg Cu/ml organisches Lösungsmittel erfüllt ($\varepsilon = 7950$). Die Farbe ist mindestens 4 Tage stabil [*102*]. Die Einführung der beiden CH_3-Gruppen in das Phenanthrolin-Molekül in 2,9-Stellung bewirkt die Extrahierbarkeit des Cu-Komplexes mit organischen Lösungsmitteln und verhindert die Bildung des bekannten roten Komplexes, der bei der Reaktion von Fe(II) mit Phenanthrolin entsteht. Das Neocuproin ist in Anwesenheit anderer Kationen spezifisch für Cu. Die Cu-Bestimmung wird durch die Anwesenheit von jeweils 50 μg der nachfolgenden Elemente nicht gestört [*102–104*]: Ag, Al (15 mg), As, Au, B, Ba, Bi, Ca, Cd, Ce, Co, Cr, Cs, Fe(III) (15 mg), Ga, Ge, Hf, Hg, In, Ir, K, La, Li, Mg, Mn(II) (15 mg), Mo(VI) (15 mg), Na, Nb, Nd, Ni, Os, P, Pb, Pd, Pt, Rb, Re, Rh, Ru, Sb, Sc, Se, Si, Sm, Sn, Sr, Ta, Te, Th, Ti, Tl, U, V (15 mg), W, Y, Zn und Zr. In Anwesenheit von Be erhält man zu niedrige Werte, was auf eine Adsorption des Cu an kolloidales $Be(OH)_2$ zurückgeführt wird [*103*]. Diese Störung läßt sich vermeiden, wenn man der Probelösung Hydroxylaminhydrochlorid und Natriumcitrat vor der Neutralisation und Farbentwicklung zusetzt [*103*]. Cl^-, SO_4^{2-}, NO_3^-, ClO_4^-, NaF (0,9 g), NH_4Cl (6,7 g), Tartrat, Citrat und Acetat stören nicht [*101*, *102*]; ebenso stören PO_4^{3-} und $P_2O_7^{4-}$ nicht, obwohl bei deren Anwesenheit 2–3 Extraktionen notwendig sind, um Cu vollständig auszuschütteln. CN^- darf nur in Mengen < 1 mg anwesend sein, S^{2-} muß abwesend sein. Durch große Mengen NO_3^-, ClO_4^- und Halogene entsteht beim Zusatz des Reagenses ein orangegelber Niederschlag, der aber nicht stört. IO_4^-, NO_2^-, SCN^- und $[Fe(CN)_6]^{3-}$ sollen abwesend sein.

Das Reagens fand außer in den nachfolgend angeführten Vorschriften auch zur Bestimmung von Cu in Wasser [*5*], Nahrungsmitteln [*104b*], Beryllium [*104a*] und Berylliumoxyd [*104a*] Anwendung.

1. Organisches Material

1.1. Gelatine

B: 0,5–40 ppm Cu. F_r: ±5%.

Arbeitsvorschrift [*1*]

Reagentien

HNO_3 (1,40); $HClO_4$ (70%); H_2SO_4 (1,84);
Pufferlösung pH 5; 57 g Natriumacetat sicc. und 17,0 ml Eisessig werden in Wasser gelöst, nahezu auf 1 l aufgefüllt, auf pH 5,0 eingestellt und dann auf 1 l aufgefüllt;
Neocuproin, 0,075%ig in Pufferlösung pH 5; im Kühlschrank aufbewahrt;
Auscorbinsäre;
Weinsäure, 50%ige wäßrige Lösung;
Isoamylalkohol (Kp 128—132° C; vor dem Destillieren mit 10%iger $Na_2S_2O_5$-Lösung geschüttelt und mit $MgSO_4$ sicc. getrocknet).

2,0 g Probe werden in einem 100 ml-Erlenmeyerkolben mit 10 ml HNO_3, 2 ml H_2SO_4 und 4 ml $HClO_4$ verascht und der Überschuß an $HClO_4$ durch Abrauchen entfernt. Nach dem Abkühlen wird die Lösung mit 10 ml Wasser verdünnt, einige Minuten aufgekocht und abgekühlt. Nun fügt man 2 ml Weinsäurelösung hinzu, stellt auf pH 5 ein und versetzt mit 10 ml Pufferlösung. Nach Zusatz von 3 ml Neocuproinlösung und etwa 50 mg Ascorbinsäure verdünnt man mit Wasser auf 50 ml und bringt die Lösung mittels Thermostaten-Wasserbades auf 25° ±0,5° C. Man extrahiert 3 min mit 10,0 ml Isoamylalkohol (ebenfalls auf 25° C eingestellt) und photometriert den Extrakt in einer 1 cm- oder 2 cm-Küvette bei 454 nm gegen Isoamylalkohol.

2. Metalle und Legierungen

In anderen Arbeiten findet man Vorschriften zur photometrischen Bestimmung von Cu mit Neocuproin in Gußeisen, unlegiertem [*101*, *102*] und legiertem Stahl, Bleiautomatenstahl, Ferrowolfram [*102*], Wolfram und -legierungen [*104c*], Bleizinnlegierungen, Aluminium [*105*], Tellur und Wismuttellurid [*104d*] beschrieben.

2.1. Wolfram

Die Bestimmung des Cu wird nach einem, an anderer Stelle bereits beschriebenen Verfahren [*102*] durchgeführt. Wolfram wird in den Phosphorwolframsäurekomplex übergeführt, Citrat zur Vermeidung einer Hydrolyse zugesetzt, das Cu bei pH 4–7 mit Neocuproin/$CHCl_3$-Äthanol extrahiert und photometrisch bestimmt. Mit dem Verfahren wurden Gehalte von 0,0002–0,005% Cu bestimmt. Als Blindwert wird 0,0003% Cu angegeben.

Arbeitsvorschrift [*106*]

Reagentien

HNO_3 (1,40); HF (40%); H_3PO_4 (1,70);
Natriumcitrat, 4%ige wäßrige Lösung;
Natriumacetat, 20%ige wäßrige Lösung;

Hydroxylaminhydrochlorid;
Neocuproin, 0,1%ig in Äthanol;
$CHCl_3$.

1,0 g Probe wird mit 2 ml HNO_3 und 2 ml HF in einer bedeckten Platinschale gelöst, der Deckel mit wenig Wasser abgespült, 2 ml H_3PO_4 zugefügt und zur Entfernung von HNO_3 und HF zur Sirupkonsistenz eingeengt. Der kalte Rückstand wird unter Rühren in 25 ml Natriumcitrat-Lösung gelöst, abgekühlt und 1 g Hydroxylaminhydrochlorid und 20 ml Natriumacetat-Lösung hinzugefügt. Nach Überführen in einen 100 ml-Schütteltrichter versetzt man die wäßrige Lösung mit 10 ml Neocuproin-Lösung, läßt 10 min stehen und extrahiert dann mit 10 ml $CHCl_3$. Die organische Phase wird in einen 50 ml-Meßkolben abgelassen und die Extraktion mit 5 ml $CHCl_3$ wiederholt. Der vereinigte organische Extrakt wird mit Äthanol zur Marke aufgefüllt und in einer 5 cm-Küvette bei 457 nm photometriert.

2.2. Titan

Es wird das in einer anderen Arbeit [*102*] beschriebene Verfahren in modifizierter Form angewendet. Die Anwesenheit von >2 mg Cr(III) stört, wahrscheinlich infolge komplexer Bindung eines Teiles des Reagenses. Größere Cr-Mengen werden daher zweckmäßig durch Abrauchen mit $HClO_4$ und HCl als CrO_2Cl_2 verflüchtigt. Schließlich kann die Störung durch Cr vermieden werden, wenn vor der Reduktion des Cu durch Hydroxylaminhydrochlorid H_2SO_3 zugesetzt wird.

B: 0,0003–1% Cu. F_r: ±4%.

Arbeitsvorschrift [*104*]

Reagentien

H_2SO_4 (1,84); HNO_3 (1,40); $HClO_4$ (70%); HCl (1,19);
HBF_4 (35—38%);
Hydroxylamin-Citrat-Lösung; 50 g Hydroxylaminhydrochlorid und 300 g Natriumcitrat · 5 H_2O werden in Wasser gelöst und auf 1 l aufgefüllt.
6n Ammoniak;
Neocuproin, 0,2%ig in Äthanol;
$CHCl_3$.

0,5 g Probe (bei Gehalten von <0,004% Cu 1–4 g) werden in einem 600 ml-Becherglas mit einem Gemisch von 80 ml Wasser, 20 ml H_2SO_4 und 5 ml HBF_4 unter Erwärmen gelöst, durch tropfenweisen Zusatz von HNO_3 oxydiert und wieder erhitzt. Man fügt 10 ml $HClO_4$ hinzu, dampft bis zum Auftreten weißer Nebel ein und versetzt tropfenweise mit HCl, bis orangegefärbte Dämpfe von CrO_2Cl_2 nicht mehr entweichen. Die Lösung wird bis zum Auftreten von SO_3-Dämpfen eingedampft, nach dem Abkühlen 50 ml Wasser zugegeben, kurz erwärmt und in einen 100 ml-Meßkolben filtriert. Die abgekühlte Lösung wird zur Marke aufgefüllt. Davon werden 25,0 ml Lösung (bei Gehalten von >0,08% Cu entsprechend weniger) in einem 150 ml-Becherglas mit 10 ml Hydroxylamin-Citrat-Lösung versetzt, mit Ammoniak auf pH 4–6 eingestellt und in einen 125 ml-Schütteltrichter übergeführt. Nach Zusatz von 10 ml Neocuproin-Lösung extrahiert man mit 10 ml $CHCl_3$ und läßt den organischen Extrakt in einen 25 ml-Meßkolben ab, in welchen 2–3 ml absolutes Äthanol vorgelegt sind. Die Extraktion wiederholt man zweimal mit 3 ml und 2 ml $CHCl_3$, füllt den vereinigten organischen Extrakt mit absolutem Äthanol zur Marke auf und photometriert in einer 2 cm-Küvette bei 452 nm.

2.3. Germanium

Das an anderer Stelle beschriebene Verfahren [*102*] findet hier Anwendung.
B: 0,00001–0,0001% Cu.

Arbeitsvorschrift [*103*]

Reagentien

Hydroxylaminhydrochlorid, 10%ige wäßrige Lösung;
Natriumcitrat, 30%ige wäßrige Lösung;
Neocuproin, 0,1%ig in absolutem Äthanol; im Kühlschrank aufbewahrt;
Ammoniak (0,91); 6n Ammoniak;
$CHCl_3$;
weitere Reagentien siehe unter Abschnitt „Phosphor“, Verfahren D.3.3., S. 914.

Aufstellung der Eichkurve

In 100 ml-Bechergläser werden jeweils 0, 2,0, 4,0, 6,0, 8,0 und 10,0 ml Cu-Stammlösung (2 μg Cu/ml) vorgelegt, 0,5 ml $HClO_4$ hinzugefügt und mit Wasser auf 50 ml verdünnt. Man versetzt mit 2 ml Hydroxylaminhydrochlorid-Lösung und 2 ml Natriumcitratlösung und stellt mit Ammoniak auf pH ~ 4 ein. Nach Zusatz von 2 ml Neocuproin-Lösung führt man die Lösung in einen 150 ml-Schütteltrichter über, extrahiert mit 15,0 ml $CHCl_3$, filtriert die organische Phase durch Glaswolle in eine 5 cm-Küvette und photometriert bei 457 nm.

Ausführung

Das Probematerial wird, wie im Abschnitt „Phosphor“ unter Verfahren D.3.3 (S. 914) angegeben, gelöst und das Ge abdestilliert. Das Volumen der Probelösung wird auf 0,5 ml eingeengt, 50 ml Wasser zugegeben und danach, wie bei der Aufstellung der Eichkurve angegeben, fortgefahren.

2.4. Beryllium

B: ≧ 4 ppm Cu.

Arbeitsvorschrift [*106a*]

Reagentien

Hydroxylaminhydrochlorid, 25%ige wäßrige Lösung.
Übrige Reagentien wie bei Verfahren E.3.2. (Abschnitt „Aluminium“, S. 418) und D.II.2.3. (S. 675)

Von der nach Verfahren E.3.2 (S. 418) mit entsprechender Einwaage erhaltenen Probelösung versetzt man einen aliquoten Teil (≦ 0,25 g Probe in ≦ 25 ml Lösung) in einem Becherglas mit 10 ml Hydroxylaminhydrochlorid-Lösung, 20 ml Natriumcitratlösung und 10 ml Neocuproin-Lösung, stellt mit Ammoniak oder HCl auf pH 5,0 bis 5,5 ein und führt in einen 125 ml-Schütteltrichter über. Nun wird mit 10 ml und 5 ml $CHCl_3$ jeweils 45 sec extrahiert, die organischen Extrakte in einem 25 ml-Meßkolben (darin sind 4 ml Äthanol vorgelegt) mit $CHCl_3$ zur Marke aufgefüllt und in einer 5 cm-Küvette bei 457 nm gegen Wasser photometriert.

2.5. Plutonium

Die Analyse wird in einer glove-box durchgeführt.
B: ≧ 5 ppm Cu. F_r: ±4%.

Arbeitsvorschrift [*106b*]

Reagentien

6n HCl
Übrige Reagentien wie bei Verfahren D.II.2.3. (S. 675).

0,25–1 g Probematerial (5–200 µg Cu enthaltend) löst man in möglichst wenig (2–4 ml) 6n HCl, versetzt der Reihe nach mit 5 ml Hydroxylaminhydrochlorid-Lösung, 10 ml Wasser sowie 10 ml Natriumcitratlösung (die Lösung soll jetzt pH 3–9 aufweisen), fügt 5,0 ml Neocuproin-Lösung hinzu, extrahiert 30 sec mit 25,0 ml $CHCl_3$, füllt mit der organischen Phase einen 25 ml-Meßkolben (in den 5,0 ml Äthanol vorgelegt sind) bis zur Marke auf und photometriert in einer 1 cm- oder 2 cm-Küvette bei 457 nm gegen den Blindwert.

3. Silicatgestein, Erze und Oxyde

In einer Arbeit wird die photometrische Bestimmung von Cu in Mangan- und Wolframerz mit Neocuproin/$CHCl_3$-Äthanol beschrieben [*102*].

Zur Bestimmung sehr kleiner Cu-Gehalte in Germaniumdioxyd wird die Probe wie im Abschnitt „Phosphor" unter Verfahren D.4.1, S. 916 angegeben, gelöst und die Bestimmung nach Verfahren D.II.2.3 [*103*] vorgenommen.

3.1. Silicatgestein

B: ≧3 ppm Cu. F_r: ±5%.

Arbeitsvorschrift [*106c*]

Reagentien

Ascorbinsäure, 5%ige wäßrige Lösung.
Neocuproin, 0,1%ig in Äthanol.
Pufferlösung; 160 g Natriumacetat (Trihydrat) + 160 g Ammoniumcitrat mit Wasser auf 1 l auffüllen.
$CHCl_3$.
Übrige Reagentien siehe unter Abschnitt „Kobalt", Verfahren C.3.3, S. 600.

25,0 ml Probelösung (nach Verfahren C.3.3, S. 600 erhalten) versetzt man in einem 100 ml-Schütteltrichter mit 5 ml Ascorbinsäure-Lösung, mischt, wartet 3 min, fügt 1,0 ml Neocuproin-Lösung sowie 10 ml Pufferlösung hinzu, läßt wieder 3 min stehen, extrahiert dann 1 min mit 8,0 ml $CHCl_3$ und photometriert in einer 2 cm-Küvette bei 457 nm gegen $CHCl_3$.

III. Bathocuproin

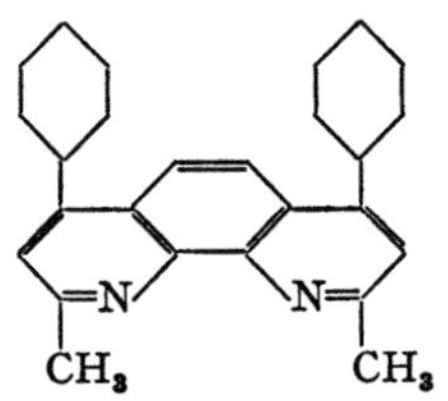

Bathocuproin (2,9-Dimethyl-4,7-diphenyl-1,10-phenanthrolin) reagiert, ebenso wie Cuproin und Neocuproin, mit Cu(I) unter Bildung eines orangegefärbten Komplexes, der im Bereich pH 4–10 [*107*] bzw. pH 1,5–6,3 [*107a*] mit n-Hexanol [*107*], n-Amylalkohol [*107a*], Isoamylalkohol, $CHCl_3$ u.a.m. extrahierbar ist. Das Extinktionsmaximum liegt bei 479 nm (s. Abb. 111; $\varepsilon = 14200$). Das Beersche Gesetz ist im Bereich von 0,11–4,5 µg Cu/ml organisches Lösungsmittel erfüllt. Hinsichtlich der Störung durch andere Ionen gelten hier die bereits bei den 2 vorhergehenden Cuproinderivaten gebrachten Ausführungen. Der relative Fehler der Bestimmung liegt bei ±5%.

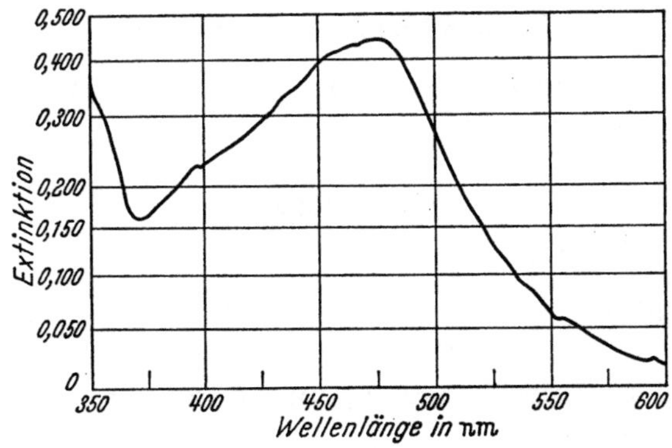

Abb. 111. Extinktionskurve von Cu(I) + Bathocuproin in Hexanol [75]

Arbeitsvorschrift [107]

Reagentien

Bathocuproin, 0,01 m in n-Hexanol;
n-Hexanol;
Hydroxylaminhydrochlorid, 10%ige wäßrige Lösung;
Ammoniak (1 + 3);
Ammoniumacetat, 10%ige wäßrige Lösung.

Die schwach saure Probelösung (1—45 µg Cu enthaltend) wird in einem 100 ml-Schütteltrichter mit 2 ml Hydroxylaminhydrochlorid-Lösung und 5 ml Ammoniumacetat-Lösung versetzt und mit Ammoniak auf pH 7 eingestellt. Man fügt 1,0 ml Bathocuproin-Lösung und 4,0 ml n-Hexanol hinzu, extrahiert 2 min lang, füllt den organischen Extrakt nach der Phasentrennung in einem 10 ml-Meßzylinder mit n-Hexanol zur Marke auf und photometriert in einer 1 cm-Küvette bei 479 nm.

1. Organisches Material

1.1. Papier, Zellstoff und Zellstoffablauge

B: 0,5—20 ppm Cu.

Arbeitsvorschrift [75]

Reagentien

HNO_3 (1,40); $HClO_4$ (70%);
Ammoniak (0,91);
Hydroxylaminhydrochlorid, 10%ige wäßrige Lösung;
Bathocuproin, 0,01 m in n-Hexanol;
n-Hexanol.

1,0 g bzw. 10 ml Probe werden mit 20 ml HNO_3 und 5 ml $HClO_4$ in einem Kjeldahlkolben verascht, die Lösung bis zum Auftreten der $HClO_4$-Nebel erhitzt, die abgekühlte Lösung mit Wasser auf 25 ml verdünnt und einige Minuten gekocht. Die abgekühlte Lösung wird mit Ammoniak gegen Kongorotpapier neutralisiert, 10 Tropfen Ammoniak im Überschuß zugefügt und nach dem Abkühlen in einen 100 ml-Schütteltrichter übergeführt. Nach Zusatz von 2 ml Hydroxylaminhydrochlorid-Lösung, 1,0 ml Bathocuproinlösung und 5,0 ml n-Hexanol schüttelt man 2 min und photometriert den organischen Extrakt in einer 1 cm-Küvette bei 479 nm.

2. Metalle und Legierungen

Außer in den nachfolgend genannten Materialien wurde Cu mit Bathocuproin auch in Blei und Nickel bestimmt [*107b*].

2.1. Molybdän

B: ≧5 ppm Cu. F_r: ±5%.

Arbeitsvorschrift [*107a*]

Reagentien

HF (40%); HNO_3 (1,40); HCl (1,19); Ammoniak (0,91); Ameisensäure.

Bathocuproin (BC), 0,07%ig in Äthanol.

Ammoniumtartrat, 25%ige wäßrige Lösung; 125 g Ammoniumtartrat + 1 g Hydroxylaminhydrochlorid löst man in ~ 350 ml Wasser, fügt 20 ml BC-Lösung hinzu, läßt 1 Std. stehen, extrahiert dann 3mal mit je 15 ml $CHCl_3$/n-Amylalkohol (3:1) sowie 3mal mit $CHCl_3$, filtriert und füllt mit Wasser auf 500 ml auf.

H_3BO_3, 5%ige wäßrige Lösung (0,1%ig an Hydroxylaminhydrochlorid; mit 30 ml BC-Lösung/~ 800 ml Lösung gereinigt, s. oben).

Ascorbinsäure, 10%ige wäßrige Lösung (alle 2 Tage frisch hergestellt; mit 5 ml BC-Lösung/~ 60 ml Lösung gereinigt, s. oben).

n-Amylalkohol; $CHCl_3$.

Aufstellung der Eichkurve

In einem 250 ml-Becherglas mischt man 20,0 ml Ammoniumtartrat-Lösung, 40,0 ml H_3BO_3-Lösung und 20,0 ml Ascorbinsäure-Lösung, stellt mit Ammoniak mittels pH-Meter auf pH 5,5 ein und füllt in einem 20 ml-Meßkolben mit Wasser zur Marke auf. Von dieser Lösung werden jeweils 20,0 ml in sechs 60 ml-Schütteltrichter (mit einer Marke bei 25 ml, Nr. 1–6) gegeben, in Nr. 1–5 aufsteigend jeweils 1, 2, 3, 4 bzw. 5 ml Cu-Stammlösung (5 ppm Cu) hinzugefügt (Nr. 6 ist der Blindwert), mit Wasser bis zur 25 ml-Marke aufgefüllt und gemischt. In jeden Schütteltrichter gibt man nun 2,0 ml BC-Lösung, mischt, läßt 10 min stehen, extrahiert dann 2 min mit jeweils 10,0 ml n-Amylalkohol, läßt zur Phasentrennung 5 min stehen, zentrifugiert die abgetrennte organische Phase 30 sec und photometriert anschließend in einer 2 cm-Küvette bei 476 nm gegen den Blindwert.

Analyse

a) Parallel wird ein Reagentienblindwert mitgeführt. 0,500 g gepulvertes Probematerial werden in einem 250 ml-Teflonbecher mit 2 ml HF versetzt, mit einem Teflondeckel bedeckt, durch den Becherausguß tropfenweise 1–2 ml HNO_3 hinzugefügt, bis die gesamte Probe gelöst ist (wenn ein Teil ungelöst bleibt, so erhitzt man gelinde bis zur vollständigen Lösung). Man entfernt den Deckel und wäscht die Becherwand mit wenig Wasser ab.

b) Nun fügt man zur Probe und zum Reagentienblindwert jeweils 2 ml HCl, erhitzt bis die dunkelbraune Färbung verschwindet und die Lösung blaßgelb wird.

c) Mit 3 ml Ameisensäure wird der HNO_3-Überschuß zerstört, bis zur Beendigung der Stickoxydentwicklung leicht erhitzt, die Becherwand mit wenig Wasser abgespült und auf ~ 5 ml eingedampft. Man versetzt mit 10 ml Wasser und 10 ml Ammoniumtartrat-Lösung, erhitzt leicht 5–10 min ohne zu kochen (die Lösung soll jetzt klar sein), fügt 20 ml H_3BO_3-Lösung hinzu und läßt 20 min stehen.

d) Man versetzt die Lösung mit 10 ml Ascorbinsäurelösung, mischt, stellt mit Ammoniak auf pH 5,5 (pH-Meter) ein und füllt in einem 100 ml-Meßkolben mit Wasser zur Marke auf. Ein aliquoter Teil von 4,0–20,0 ml der Probe- und Blindlösung wird in zwei

60 ml-Schütteltrichter übergeführt, mit Wasser zur 25 ml-Marke aufgefüllt und wie bei der Aufstellung der Eichkurve fortgefahren.

2.2. Niob [*107a*]

B: ≧ 5 ppm Cu. F_r: ± 5%.

Man führt die Analyse nach Verfahren D.III.2.1 durch, wobei man den Schritt b) fortläßt.

2.3. Tantal [*107a*]

B: ≧ 5 ppm Cu. F_r: ± 5%.

Man führt die Analyse nach Verfahren D.III.2.2 durch.

2.4. Wolfram [*107a*]

B: ≧ 5 ppm Cu. F_r: ± 5%.

Man führt die Analyse nach Verfahren D.III.2.2 durch.

E. Diphenylcarbazid

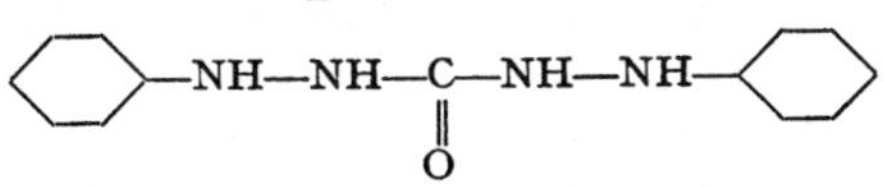

Cu(II) bildet mit 1,5-Diphenylcarbazid (DPC) in alkalischer Lösung einen violett gefärbten Komplex, der in Benzol, $CHCl_3$, CCl_4 und Isoamylalkohol löslich und daher mit diesen organischen Lösungsmitteln extrahierbar ist [*108, 108a*]. Das Cu kann demnach mit dem Reagens in wäßriger Lösung [*108*] (Arbeitsvorschrift I) oder nach vorangehender Extraktion in der Benzolphase [*108a*] (Arbeitsvorschrift II) photometrisch bestimmt werden. Mit Benzol kann die Empfindlichkeit des Verfahrens gelegentlich auf die Hälfte herabsinken; diese Schwierigkeit kann durch Reinigung des Benzols mit einer Al_2O_3-Säule beseitigt werden. Die Ausbeute der Extraktion mit Benzol beträgt 95%. Den Einfluß des pH-Wertes auf die Farbintensität bei der Bestimmung in wäßriger Lösung zeigt Abb. 112 (Kurve a). Der pH-Wert muß genau eingehalten werden. Eine

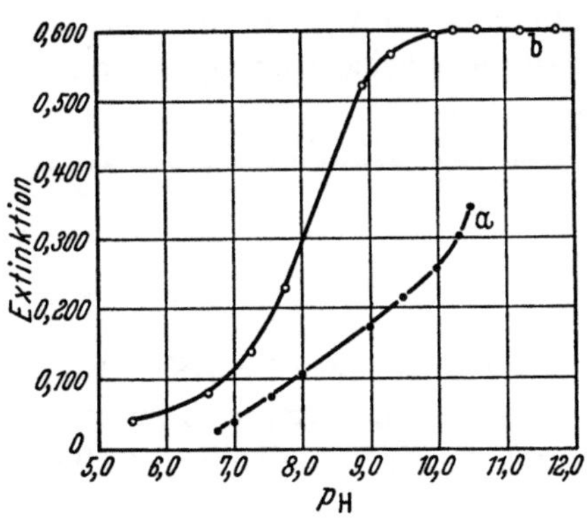

Abb. 112

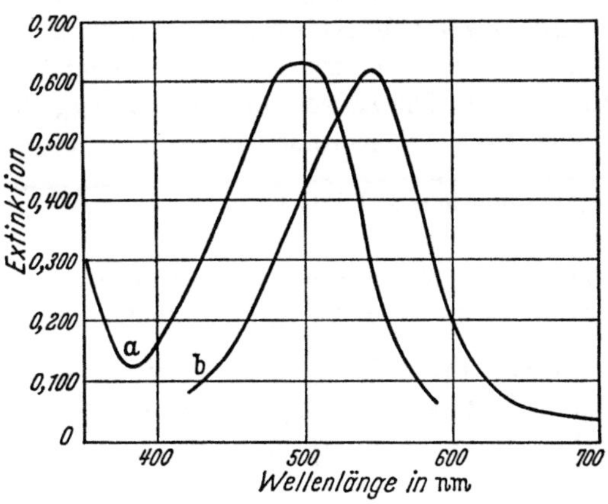

Abb. 113

Abb. 112. pH-Einfluß auf die Farbentwicklung des Cu-Diphenylcarbazid-Komplexes. *a* in wäßriger Lösung [*108*], *b* bei Extraktion mit Benzol [*108a*]

Abb. 113. Extinktionskurve von Cu + Diphenylcarbazid. *a* in wäßriger Lösung [*108*], *b* in Benzol [*108a*]

Schwankung von $\pm 0{,}01$ pH entspricht einem Fehler von $\pm 2\%$. Die genauesten Werte erhält man im Bereich von pH 8,0–9,5 [*108*]. Der günstigste pH-Wert für die Extraktion liegt bei 10–12 [*108a*] (s. Abb. 112, Kurve b). Das Extinktionsmaximum liegt in wäßriger Lösung bei 495 nm [*108*] (s. Abb. 113, Kurve a), in Benzol bei 535–545 nm [*108a*] (s. Abb. 113, Kurve b) ($\varepsilon_{495} = 158800$ in wäßriger Lösung, $\varepsilon_{540} = 55000$ in Benzol). In wäßriger Lösung ist das Beersche Gesetz im Bereich von 0,01–0,26 µg Cu/ml, in Benzol im Bereich von 0,03–1,0 µg Cu/ml Benzol erfüllt. Nur innerhalb der ersten 8 min nach der Farbentwicklung in wäßriger Lösung erhält man befriedigende Werte, eine längere Standzeit ergibt größere Streuungen. Am günstigsten ist eine Standzeit von 4–7 min. Die Farbreaktion kann durch erhöhte Temperatur beschleunigt werden, weshalb die Bestimmung stets bei gleicher Temperatur durchgeführt werden muß. Die alkoholische Reagenslösung für die Farbentwicklung in wäßriger Lösung muß unter Luftabschluß aufbewahrt werden. Beim Stehen an der Luft ist sie nach 1 Std infolge Oxydation unbrauchbar. Bei der Bestimmung durch Extraktion mit Benzol hingegen ist die Farbe 24 Std stabil und die hierzu verwendete Reagenslösung 2 Wochen haltbar.

Die Bestimmung von 0,1 µg Cu/ml in wäßriger Lösung wird durch folgende Ionen nicht gestört (die Störung verursacht einen Fehler unter $\pm 6\%$) [*108*]: durch 1000 µg/ml an F^-, Cl^-, Br^-, I^-, $B_4O_7^{2-}$, NO_2^-, NO_3^-, CrO_4^{2-}, WO_4^{2-}, CO_3^{2-}, HCO_3^-, AsO_4^{3-}, SO_4^{2-}, SO_3^{2-}, $C_2H_3O_2^-$, $C_2O_4^{2-}$, NH_4^+, Na, K, Ba, Ca; durch 500 µg/ml an Citrat, $Cr_2O_7^{2-}$, Li, Pb, Ag; durch 100 µg/ml an PO_4^{3-}, $P_2O_7^{4-}$, $S_2O_3^{2-}$, Mg, Al, Zn, Sr; durch 10 µg/ml an MoO_4^{2-}; durch 1 µg/ml an Fe(III) und Ce(IV); durch 0,1 µg/ml an Cd, Mn(II), Co und Hg(II). Die Cu-Bestimmung wird durch die gleiche Menge Cr(III) gestört. Eine Störung durch Hydroxydbildung [Fe(III), Mn(II), Cd] kann durch Zusatz von 500 µg Citrat/ml verhindert werden. 10 µg Hg(II)/ml können durch Jodid maskiert werden. Eine höhere Konzentration von Mo läßt sich durch Oxalat maskieren. Purine und Purinderivate verhindern die Farbreaktion, weshalb sie z. B. bei der Bestimmung von Cu in biologischem Material vorher mit HNO_3/H_2SO_4 zerstört werden müssen. Bei der Bestimmung von 0,1 µg Cu beträgt die Standardabweichung $\pm 0{,}006$ µg Cu entsprechend einem relativen Fehler von $\pm 6\%$.

Die Bestimmung von 1 µg Cu mittels Benzolextraktion wird durch jeweils 100 µg an Ba, Ca, Cr(VI), K, Mg, Pb, U(VI) und Zn, sowie 10 µg an Cd, Co und Ni nicht gestört [*108a*]. Hg(II), Fe(III) und Mn(II) stören. 100 µg Hg(II) stören nicht, wenn man 1 ml 5%ige KI-Lösung zusetzt. Jeweils 10 µg Fe und Mn stören in Anwesenheit von 100 µg Citrat nicht. Die Anwesenheit von 100 µg PO_4^{3-} verursacht keine Störung. Der relative Fehler nach Arbeitsvorschrift II beträgt ± 2–3%.

Arbeitsvorschrift I [*108*]

Reagentien

Pufferlösung pH 9,0, nach Clark und Lubs;
1,5-Diphenylcarbazid, 0,1%ig in Äthanol.

1,0 ml Probelösung (0,03–0,75 µg Cu enthaltend) wird in einer 1 cm-Küvette mit 1,0 ml Pufferlösung auf pH 9,0 eingestellt, 1,0 ml Wasser hinzugefügt, nach Zusatz von 0,2 ml Diphenylcarbazidlösung gut durchgerührt und innerhalb 4–7 min bei 495 nm photometriert.

Arbeitsvorschrift II [*108a*]

Reagentien

1,5-Diphenylcarbazid, 0,01%ig in Benzol; 10 mg Reagens löst man in 50 ml Benzol, erhitzt zum Sieden und füllt nach dem Abkühlen mit Benzol auf 100 ml auf;
$Na_3PO_4 \cdot 12\,H_2O$, gesättigte wäßrige Lösung (pH ~ 12).

Die Probelösung (0,15—5 μg Cu enthaltend) wird in einem Zentrifugenröhrchen (mit Schliffstopfen) mit 2 ml Na_3PO_4-Lösung versetzt, mit Wasser auf 5,0 ml verdünnt und mit 5,0 ml Reagenslösung 1 min extrahiert. Anschließend zentrifugiert man 2 min und photometriert in einer 1 cm-Küvette bei 540 nm gegen einen Blindwert.

F. Dithizon

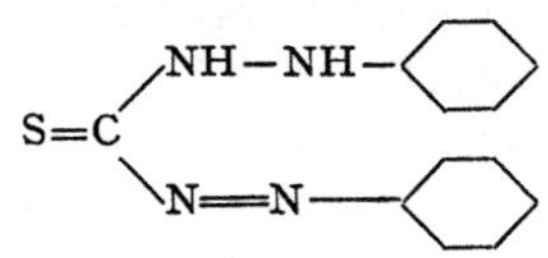

Cu bildet mit Dithizon (Dz) in saurer [Ketoform, violetter Farbkomplex, primäres $Cu(HDz)_2$] und alkalischer [Enolform, gelbbrauner Farbkomplex, sekundäres CuDz] Lösung Dithizonate, von denen das in saurer Lösung (pH 2—4) gebildete $Cu(HDz)_2$ die empfindlichere Bestimmungsform darstellt. Dieses findet für die quantitative Cu-Bestimmung ausschließlich Anwendung. Das Mischfarbenverfahren ist genauer als das Einfarbenverfahren, da wegen der nicht sehr hohen Alkalibeständigkeit des $Cu(HDz)_2$ leicht ein Teil davon beim Entfernen des Dz-Überschusses mit verdünntem Ammoniak in CuDz übergehen kann. Zur Vermeidung dieses Bleicheffektes wurde deshalb in einer Arbeit der Dz-Überschuß aus der CCl_4-Phase mit $Na_4P_2O_7/Na_2CO_3$-Lösung entfernt [*109*]. Das $Cu(HDz)_2$ ist mit CCl_4 leichter extrahierbar als mit $CHCl_3$. Das Extinktionsmaximum des $Cu(HDz)_2$ liegt bei 550 nm (s. Abb. 114). Für das Mischfarbenverfahren eignen sich

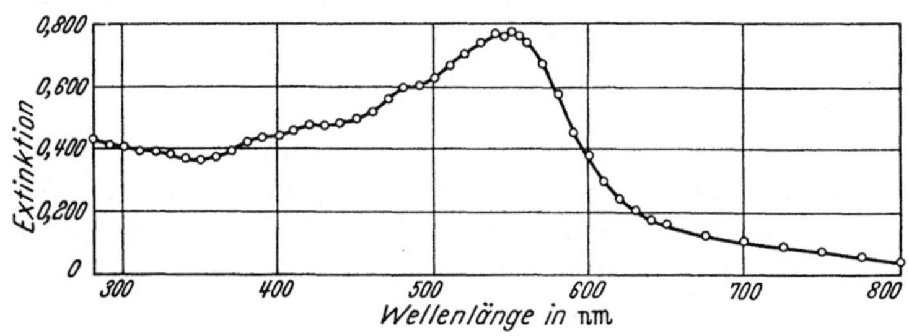

Abb. 114. Extinktionskurve von Cu-Dithizonat in CCl_4

die Wellenlängen 510—520 nm, 550 nm und 620 nm, für das Einfarbenverfahren 510 nm und 550 nm ($\varepsilon_{550} = 45200$, $\varepsilon_{620} = 32800$ in CCl_4). Die Farbe ist etwa 1 Std stabil [*110*], das Beersche Gesetz im Bereich von etwa 0,05—2 μg Cu/ml CCl_4 erfüllt. Bei pH $<3,0$ werden mit Dz außer Cu noch Au, Ag, Bi, Hg, Pd, Pt und Sn(II) extrahiert [*111, 112*]. Durch Extraktion aus saurer Lösung (~ pH 1—2) kann das Cu von Co, Mn, Ni, Pb, Zn und anderen Elementen abgetrennt werden. Mitextrahiertes Zn kann durch Waschen mit 0,1 n HCl entfernt werden. Cd, In(III) und Tl(I) stören bis zur 100000fachen Menge nicht [*113, 114*]. Die Bestimmung von Cu mit Dz/CCl_4 bei pH 2 wird durch jeweils 10 mg Al, Cr, Fe, Mn, Mo, Ni, Pb, Sn und V (in Anwesenheit von Hydroxylaminhydrochlorid) nicht gestört [*110*]; in Abwesenheit von Hydroxylaminhydrochlorid stört V. Fe(III) wird nicht extrahiert, oxydiert aber das Dz. In kleinen Mengen (bis zum 1000-fachen Überschuß) stört es aber nicht. Zur Beseitigung einer Störung durch Fe(III) kann

H_3PO_4 zur Maskierung zugesetzt werden. Große Fe(III)-Mengen (> 50 mg) stören hingegen und müssen vorher, z. B. durch Ausäthern, entfernt werden. In 0,1–1n saurer Lösung reagieren noch mit Dz Ag, Au, Bi, Hg und Pd. Ag kann als Chlorid abgetrennt werden; die danach verbleibenden kleinen Ag-Mengen reagieren in HCl-saurer Lösung mit Dz unvollständig und können durch I^- oder Br^- maskiert werden. Mitextrahiertes Ag kann weiterhin aus dem organischen Extrakt mit 0,5n HCl rückgeschüttelt werden [*119, 120*]. Ebenso verhindert ein Zusatz von Br^- oder I^- [*113–116*] zur sauren Lösung eine Reaktion des Hg(II) mit Dz. Kleine Hg-Mengen können aus der $CHCl_3$-Phase, welche die Dithizonate von Cu und Hg enthält, durch Schütteln mit 40%iger KBr-Lösung und 0,25n HCl [*115*] bzw. 0,2n salzsaurer KI- oder KBr-Lösung [*111*] (mit $Na_2S_2O_3$ entfärbt) entfernt werden. Das letztgenannte Verfahren erscheint zweckmäßiger als eine Maskierung des Hg durch Zusatz von KI, da bei Zusatz einer zu großen Menge KI das $Cu(HDz)_2$ durch freiwerdendes Jod oxydiert wird [*111*]. Cu kann auch durch Rückschüttelung mit 6n HCl aus der CCl_4-Phase von mitextrahiertem Hg abgetrennt werden [*117*], wobei Hg in der organischen Phase verbleibt. Auf dieselbe Weise kann Bi aus der organischen Phase durch Schütteln mit 2%iger KI/0,01n HCl-Lösung entfernt werden [*118, 119*]. Andererseits kann eine Extraktion des Bi bei pH 3 mit Dz/CCl_4 durch Zusatz von KI oder KBr zur wäßrigen Lösung verhindert werden [*116*]. In Gegenwart größerer Sn-Mengen ist es zweckmäßig, das Sn durch Abdampfen mit Br_2/HBr zu verflüchtigen [*113, 114*]. $S_2O_3^{2-}$, S^{2-} und $[Fe(CN)_6]^{4-}$ stören die Bestimmung.

Zahlreiche Arbeiten [*114, 121, 122*] befassen sich mit der Bestimmung von Cu mit Dz sowohl nach dem Einfarbenverfahren [*123, 124*] als auch nach dem Mischfarbenverfahren [*119, 125–127*] und in den verschiedensten Materialien, wie Wasser [*123, 129–132*], biologischem Material und Lebensmitteln [*111, 116, 128, 131, 133–136*], homöopathischen Mitteln [*129*], Mineralölen [*137*], Kabelölen und Kabelpapier [*138*], Staub und Rauch [*139*], Vernickelungsbädern [*140*], Erzen [*127*], Böden [*134, 135, 141*], Feinzink [*128*], Reinstaluminium [*125*], Eisen und Stahl [*111, 120*], Lötmetall [*111*] und Uranverbindungen [*141 a*].

Bei der polarographischen Bestimmung von Cu in Blut und Harn wurde das Cu bei pH 10 mit Dz/$CHCl_3$ isoliert und mitextrahierte Störelemente durch Waschen mit KI/HCl-Lösung entfernt [*142*]. In einer anderen Arbeit [*143*] wird das Cu bei der polarographischen Bestimmung in Pflanzenmaterial, Stallmist und Bodenextrakten durch Extraktion mit Dz/CCl_4 bei pH 1 isoliert.

Arbeitsvorschrift

Reagentien

Dz, 0,001%ig in CCl_4;
0,08n Ammoniak;
0,1n H_2SO_4.

Mischfarbenverfahren

10 ml Probelösung (0,25–10 μg Cu enthaltend) werden in einem Schütteltrichter bei Anwesenheit von Störelementen auf pH 1–2, bei deren Abwesenheit auf pH 2–3 eingestellt und 2 min lang mit 5,0 ml Dz-Lösung extrahiert. Bei Anwesenheit größerer Cu-Mengen zeigt der Extrakt die rotviolette Farbe des $Cu(HDz)_2$, weil ein Überschuß an freiem Dz fehlt. In diesem Fall wiederholt man die Extraktion mit weiteren kleinen Anteilen Dz-Lösung bis der letzte Extrakt grün gefärbt ist, füllt die vereinigten Extrakte mit Dz-Lösung auf ein bekanntes Volumen auf, filtriert durch Glaswolle und photometriert in einer 1 cm-Küvette bei 510–520, 550 oder 620 nm gegen Dz-Lösung.

Einfarbenverfahren

Die auf pH 1–2 eingestellte Probelösung wird wie oben beschrieben extrahiert, der vereinigte organische Extrakt 2mal mit je 5 ml Ammoniak 10 min geschüttelt, dann mit 5 ml H_2SO_4 gewaschen, durch Glaswolle filtriert und in einer 1 cm-Küvette bei 510 oder 550 nm gegen CCl_4 photometriert.

1. Organisches Material

1.1. Fette und Öle

Die bei der trocknen Veraschung von Fetten und Ölen bekannten mechanischen Verluste werden bei der hier angewandten Veraschungstechnik vermieden, die außerdem den Vorteil hat, daß die Vorveraschung einer 50 g-Probe in etwa 2 Std durchführbar ist. In der Arbeit wird weiterhin angegeben, daß ein Analytiker 12 Proben nebeneinander verarbeiten kann.

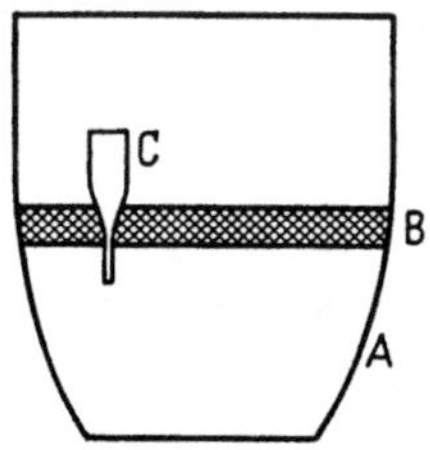

Abb. 115. Anordnung zur trockenen Veraschung von Fett und Öl [*144*]. *A* Quarztiegel, *B* Decke aus Glas- oder Quarzwolle, *C* Mikrotrichter

Bei dieser Arbeitsweise läßt man die Probe aus einem kleinen Schütteltrichter in einen, auf dunkle Rotglut erhitzten Quarztiegel tropfen. Mechanische Verluste werden durch die in Abb. 115 gezeigte Anordnung vermieden. In halber Höhe ist in den Quarztiegel eine 5 mm dicke Decke aus Glas- oder Quarzwolle eingelegt, welche die entstehenden Dämpfe filtriert. In die Decke ist ein 20—30 mm langer Mikrotrichter (ein Quarzglasrohr mit 5 mm innerem Durchmesser wird zu einer Spitze mit 1—2 mm innerem Durchmesser ausgezogen) eingesetzt, durch den das Fett oder Öl auf den Tiegelboden tropft, ohne die Decke zu benetzen.

Mit diesem Verfahren wurden Gehalte von 0,1 µg Cu/g mit einer Standardabweichung von $\pm 0{,}04$ µg Cu/g bestimmt.

Arbeitsvorschrift [*144*]

Reagentien

HCl (1,19).
Übrige Reagentien wie bei der vorhergehenden Arbeitsvorschrift (S. 682).

Das Öl oder geschmolzene Fett wird durch Rühren gut durchmischt, ein 125 ml-Schütteltrichter zur Vermeidung von Benetzungsverlusten mit einem aliquoten Teil der Probe ausgespült und dann 50 g der Probe in diesen gegeben. Man läßt nun die Probe auf die oben beschriebene Weise mit einer Tropfgeschwindigkeit von 1 Tropfen/4–5 sec in den erhitzten Quarztiegel tropfen. Ein zu großes Ansammeln von Probe im Tiegel soll vermieden werden. Nachdem die gesamte Probe verkohlt bzw. verflüchtigt ist, wird noch 5 min weiter erhitzt, dann mit einem Deckel so bedeckt, daß noch Luft hinzutreten kann und die Veraschung im elektrischen Muffelofen bei 450° C zu Ende geführt. Der Rückstand wird in 5 ml HCl gelöst, die Decke aus Glaswolle mit einem Glasstab in die HCl gedrückt und 10 ml Wasser hinzugefügt. Die Lösung wird unter Nachwaschen durch Glaswolle in ein 50 ml-Becherglas filtriert, das Filtrat zur Trockene eingedampft und parallel dazu mit 5 ml HCl ein Blindwert durchgeführt. Der Eindampfrückstand wird gelöst und in der Lösung das Cu mit Dz nach dem oben beschriebenen Verfahren photometrisch bestimmt.

2. Metalle und Legierungen

2.1. Titan und Titanlegierungen

B: 0,0001–1% Cu. F_r: ±2–5%.

Arbeitsvorschrift [*110*]

Reagentien

H_2SO_4 (1 + 1);
H_2O_2 (30%);
6n Ammoniak;
Dz, 0,0008%ig in CCl_4; im Kühlschrank aufbewahrt;
Citronensäure, 50%ige wäßrige Lösung;
Hydroxylaminhydrochlorid; 20%ige wäßrige Lösung; täglich frisch hergestellt.

0,5–1,0 g Probe werden in einem 250 ml-Becherglas in 30–50 ml H_2SO_4 gelöst, durch tropfenweisen Zusatz von H_2O_2 oxydiert und der Überschuß an H_2O_2 verkocht. Man kühlt etwas ab, wäscht die Wände des Becherglases ab, kocht 5–10 min und kühlt auf Raumtemperatur ab. Die Lösung wird auf ein bekanntes Volumen aufgefüllt und ein aliquoter Teil in einen 125 ml-Schütteltrichter übergeführt. Nach Zusatz von 5 ml Citronensäurelösung und 5 ml Hydroxylaminhydrochlorid-Lösung stellt man mit Ammoniak auf pH 2 ein, kühlt ab, versetzt mit 25 ml Dz-Lösung und schüttelt auf einer Schüttelmaschine 10 min lang. Nach der Phasentrennung führt man den organischen Extrakt in einen 25 ml-Meßkolben über, füllt mit Dz-Lösung zur Marke auf, läßt 15 min im Dunkeln stehen und photometriert in einer 5 cm-Küvette bei 520 nm gegen Dz-Lösung.

Aufstellung der Eichkurve

In fünf 125 ml-Schütteltrichter gibt man jeweils 10 ml Ti-Stammlösung (1 g Cu-freies Titan wird in H_2SO_4 gelöst, mit H_2O_2 oxydiert, der Überschuß des letzteren verkocht und mit Wasser auf 100 ml aufgefüllt), sowie 1,0, 3,0, 5,0, 7,0 und 9,0 ml Cu-Stammlösung (1 µg Cu/ml). Man versetzt jeweils mit 5 ml Citronensäurelösung, 5 ml Hydroxylaminhydrochlorid-Lösung und fährt nach der oben angeführten Vorschrift fort.

3. Böden und Gesteine

3.1. Silicatgestein

In dem nachfolgenden Verfahren wird das Cu nach entsprechendem Aufschluß der Probe aus alkalischer Lösung mit Dz/CCl_4 vorisoliert und der Extrakt mit 0,01–0,02n HCl gewaschen: Pb und Zn gehen in die wäßrige Phase und können dort bestimmt werden, während Cu, Ni und Co in der organischen Phase verbleiben. Der Extrakt wird verascht und das Cu anschließend mit Dz/CCl_4 photometrisch bestimmt. Die Vorisolierung des Cu kann auch durch Extraktion mit Dz/CCl_4 aus etwa 0,2–0,3n saurer Lösung erfolgen.

B: $\geqq$ 1 ppm Cu.

Arbeitsvorschrift [*145*]

Reagentien

$HClO_4$ (70%); HF (40%);
6n HCl; 0,02n HCl;
Natriumcitrat, 10%ige wäßrige Lösung; mit 0,01%iger Dz/CCl_4-Lösung gereinigt;
Na_2CO_3 sicc.
Dz, 0,01%ig in CCl_4;
Dz, 0,001%ig in CCl_4;
Ammoniak (0,91); Ammoniak (1 + 1).
6n H_2SO_4.

0,25 g feinpulverisierte Probe werden in einer Platinschale mit 0,5 ml $HClO_4$, 3 ml Wasser und 2–3 ml HF abgeraucht, der Vorgang mit 2 ml HF wiederholt, dann erneut 0,5 ml $HClO_4$ und 2 ml Wasser hinzugefügt und zur Trockene eingedampft. Den Rückstand löst man unter Erwärmen mit 2 ml 6n HCl und 5 ml Wasser, fügt 5 ml Natriumcitrat-Lösung hinzu und alkalisiert nach dem Abkühlen mit Ammoniak (0,91) gegen Lackmuspapier. Man gibt 0,25 ml Ammoniak (0,91) im Überschuß hinzu, filtriert den unlöslichen Rückstand unter Nachwaschen ab, verascht das Filter und schließt mit 0,15 g Na_2CO_3 auf. Die erkaltete Schmelze wird in 2–3 ml Wasser unter Erwärmen gelöst, ein unlöslicher Rückstand abfiltriert und letzterer nach dem Veraschen, wie oben angegeben, mit wenig HF/$HClO_4$ abgeraucht, in 1 ml 6n HCl und wenigen ml Wasser gelöst und nach Zusatz von 0,5 ml Natriumcitratlösung mit Ammoniak alkalisiert. Das Filtrat des Soda-Aufschlusses wird gleichfalls mit 0,5 ml Natriumcitratlösung versetzt, mit HCl neutralisiert, mit Ammoniak gegen Lackmus alkalisch gemacht und dann die auf diesem Wege erhaltenen 3 Lösungen getrennt verarbeitet. Das erste Filtrat wird nun mit 5 ml-Anteilen 0,01%iger Dz-Lösung wiederholt extrahiert, bis der letzte Extrakt grün ist. Auf dieselbe Weise verfährt man auch mit den anderen 2 Lösungen unter Verwendung kleinerer Dz-Anteile. Die gesammelten Extrakte der drei Lösungen werden vereinigt und mit einigen ml schwach ammoniakalischen Wassers gewaschen. Die CCl_4-Lösung wird mit 10 ml 0,02n HCl geschüttelt (wenn die organische Phase dabei nicht grün wird oder keine Mischfarbe bekommt, sondern rot gefärbt bleibt, so fügt man genügend Dz-Lösung hinzu und schüttelt 1 min weiter) und die Extraktion 2 min lang mit weiteren 10 ml 0,02n HCl wiederholt. Die vereinigte saure Lösung wird mit wenig CCl_4 gewaschen und kann für die Bestimmung von Pb und Zn verwendet werden. Der organische Extrakt wird nun in einem 100 ml-Erlenmeyerkolben zur Trockene eingedampft, mit 0,5 ml H_2SO_4 und 0,2 ml $HClO_4$ verascht, mit 10 ml Wasser verdünnt und mit Ammoniak (1 + 1) neutralisiert. Nach Zusatz eines Tropfens 6n H_2SO_4 füllt man die Lösung in einem 25 ml-Meßkolben mit Wasser zur Marke auf; ein aliquoter Teil von 5,0 ml (bis 5 µg Cu enthaltend) wird mit Wasser auf etwa 10 ml verdünnt, auf 0,05 — 0,1n HCl oder H_2SO_4 eingestellt und in einem Schütteltrichter 2 min mit 5,0 ml 0,001 %-iger Dz-Lösung extrahiert (wenn der Extrakt keine Mischfarbe aufweist, wird die Extraktion mit weiteren 5,0 ml der Dz-Lösung wiederholt). Der Extrakt wird in einer 1 cm-Küvette bei 510, 550 oder 620 nm gegen 0,001%ige Dz-Lösung photometriert.

3.2. Böden

Die Analyse kann nach entsprechendem Aufschluß der Probe nach Verfahren F.3.1 durchgeführt werden.

G. Atomabsorptionsspektrophotometrie

Cu läßt sich mit der Linie Cu 3247,5 (3248) ($S_M = 0{,}15\ \mu g\ Cu \cdot ml^{-1}$) und dem Luft/$C_2H_2$-Brenner störungsfrei bestimmen. Für höhere Cu-Gehalte eignen sich die Linien Cu 3274 ($S_M = 0{,}3\ \mu g\ Cu \cdot ml^{-1}$), Cu 2226 ($S_M = 2\ \mu g\ Cu \cdot ml^{-1}$) und Cu 2492 ($S_M = 10\ \mu g\ Cu \cdot ml^{-1}$). Mit der Linie Cu 3248 liegt der optimale Arbeitsbereich innerhalb 2–20 µg Cu/ml wäßriger Lösung. Liegt der Cu-Gehalt der Probelösung unterhalb L_Q, so extrahiert man das Cu zweckmäßig mit Carbamat/MIBK (s. S. 297ff. und Verfahren G. 1.1., G. 1.2., S. 686) und sprüht den organischen Extrakt in die Flamme ein.

Mit der flammenlosen AAS (Graphitrohrküvette) erreicht man $L_Q = 0{,}015$ ng Cu bzw. $L_Q = 0{,}15\ ng\ Cu \cdot ml^{-1}$ (bei 100 µl Probe) [*145a, 145b*].

Mittels AAS wurde Cu in verschiedensten Materialien bestimmt, wie Wasser [*145c*], Seewasser [*145d, 145e*], Serum (mit 5 µl-Probe, Graphitstab-Atomisator [*145f*]; mit 2 µl-Probe, Graphitrohrküvette [*145b*]), Blut [*145g*], Harn [*145b*], Niob, Tantal (1–10 ppm Cu) [*145h*], Plutonium (≧ 5 ppm Cu) [*145i*], Silberchlorid [*145j*] und Uranverbindungen [*145k*].

1. Organisches Material

1.1. Organisches Material

B: ≧ 0,05 ppm Cu (bei 1 g Probe und 5 ml Probelösung bzw. MIBK-Extrakt). F_r: ±5%.

Arbeitsvorschrift [*145l*]

Das Probematerial wird trocken oder naß verascht (s. S. 196ff.) und die erhaltene Probelösung in die Flamme eingesprüht.

Bei der Bestimmung sehr kleiner Cu-Gehalte oder bei aschereichem Material wird man das Cu nach der Veraschung aus der Probelösung zweckmäßig mit Ammoniumtetramethylendithiocarbamat/MIBK (s. S. 297ff. und Verfahren F. 1., Abschnitt „Wismut“, S. 543) extrahieren und den organischen Extrakt in die Flamme einsprühen.

Bei Fetten und Ölen mit < 0,1 ppm Cu läßt sich die schwer durchführbare Veraschung vermeiden, indem man die Probe mit einem organischen Lösungsmittel (z. B. Pentylacetat) verdünnt und diese Lösung in die C_2H_2-arme Flamme einsprüht. Allerdings muß diese Arbeitsweise bei der Eichung berücksichtigt werden.

1.2. Serum, Harn

B: ≧ 0,02 ppm Cu.

Der Normalgehalt von Blut bzw. Serum beträgt 1,1 (0,9–1,2) ppm Cu. Die Serum-Probe wird mit dem gleichen Volumen Wasser verdünnt und in die Flamme eingesprüht. Die Eichlösungen werden durch Zusatz von Albumin oder von synthetischem Plasmaexpander („Haemaccel“, Behringwerke, Marburg/Deutschland) [*145m*] an die Viscosität der Probelösungen angeglichen. Harnproben sprüht man direkt in die Flamme ein.

Zur Erzielung einer höheren Genauigkeit kann man auch 1–5 ml Serum mit 2mal 5–10 ml Trichloressigsäure wie bei Verfahren D. 1.3. (Abschnitt „Cadmium“, S. 553f.) enteiweißen, anschließend nach Zusatz von 1–5 ml 1%iger ÄDTA-Lösung das Cu mit Ammoniumtetramethylendithiocarbamat/MIBK extrahieren (s. a. S. 297ff., 651) und den organischen Extrakt in die Flamme einsprühen. Bei Harnproben werden 10 ml mit HNO_3/H_2SO_4 naß verascht und dann wie bei Serumproben fortgefahren.

1.3. Schmieröl [*145n—145p*]

B: 0,1–20 ppm Cu. *V:* ±1–3%.

Man führt die Bestimmung wie bei Verfahren D.1.2. (Abschnitt „Chrom", S. 640) durch und verwendet für die Cu-Stammlösung Cu-cyclohexanbutyrat [NBS Standard 1056; 0,313 g (= 50 mg Cu) in 2 ml Xylol + 4 ml 2-Äthylhexylamin unter Erwärmen gelöst, 2 ml 2-Äthylcapronsäure hinzugefügt und mit Cu-freiem Schmieröl auf 100 g verdünnt].

1.4. Erdöl, Erdölfraktionen

B: ≧ 0,05 ppm Cu.

Man verdünnt 1 Teil Probe mit 3 Teilen Xylol (bei Bedarf wird ein anderes Verdünnungsverhältnis gewählt) und sprüht in die C_2H_2-arme Flamme (s. a. Verfahren G.1.3., Abschnitt „Nickel", S. 883) ein. Die Eichkurve wird analog wie bei Verfahren G.1.3. (s. oben) aufgestellt.

H. Verschiedenes

Zur photometrischen Cu-Bestimmung fanden weiterhin Anwendung: Indirektes Verfahren über das bei der Umsetzung von Cu^{2+} + KI freigesetzte I_2, dessen Menge mit der durch I_2 katalysierten Reaktion As^{3+}/Ce^{4+} erfaßt wird (photometrische Messung des Ce^{4+}; *B:* 0,03 µg Cu/0,2 ml Augenkammerwasserprobe) [*146*], α-Benzoinoxim/$CHCl_3$ ($\varepsilon_{440} = 2800$) [*147–149*], 6-Methyl-pyridin-2-aldoxim [*150*], Salicylaldoxim/n-Amylacetat ($\varepsilon_{344} = 8200$) [*151*], Methyl-2-pyridyl-ketoxim [*152*], Salicylaldimid [*153*], Chinolin-2-aldehyd-2-chinolylhydrazon/Benzol ($\varepsilon = 58000$) [*154, 155*], Bis-acetessigsäureäthylester-oxalsäuredihydrazon (Neocuprizon) ($\varepsilon_{585} = 13900$) [*156*], Oxalyldihydrazid ($\varepsilon_{540} = 20000$) [*5, 157–159*], Dithiooxamid ($\varepsilon_{400} = 10000$) [*160–167*], N,N'-Bis(3-dimethylaminopropyl)-dithiooxamid [*168*], 2-Furoyltrifluoraceton/ bzw. TTA/organische Solventien (z. B. Butanol, Methylisopropylketon, MIBK) [*169–172*], Thiocyanat/TBP [*173*], Thiocyanat + Pyridin/$CHCl_3$ ($\varepsilon_{415} = 1600$) [*174–182*], Thiocyanat + Benzidin/$CHCl_3$ [*183*], Thiocyanat + o-Anisidin/$CHCl_3$ [*184*], Thiocyanat + Triphenylmethylarsoniumchlorid/o-Dichlorbenzol [*185*], Salicylsäure + Pyridin/$CHCl_3$ (oder CCl_4 u.a.m.) [*186*], N,N'-Bis-salicyliden-2,3-diaminobenzofuran/Benzol ($\varepsilon_{510} = 15200$) [*187*], 3-Methyl-5-hydroxy-5-(d-arabino-tetrahydroxybutyl)-thiazolidin-2-thion ($\varepsilon_{432} = 13500$) [*188*], Styrylcupferron (Äthanolaminsalz des 4-Stilbenyl-nitrosohydroxylamins)/organische Solventien [*189*], 3-Hydroxy-1,3-diphenyltriazin/$CHCl_3$ (oder CCl_4, Benzol) [*190*], 6,7-Dimethyl-2,3-di(2-pyridyl)chinoxalin-Methylorange/Dichloräthylen ($\varepsilon_{418} = 29300$) [*191*], Variaminblau (4-Amino-4'-methoxydiphenylammoniumchlorid) [*192*], Alizarinschwarz SN ($\varepsilon_{650} = 28000$) [*193*], Oxin/$CHCl_3$ [*194*], 7-[α-(o-Carbomethoxyanilino)-benzyl]-8-hydroxychinolin/$CHCl_3$ [*195*], 4,4'-Dihydroxy-2,2'-bichinolin/Isoamylalkohol ($\varepsilon_{5?5} = 6900$) [*196*], 8-Hydroxy-5-metoxytetrabromoxin/$CHCl_3$ [*197*], 8-Hydroxychinaldin/$CHCl_3$-C_6H_6 (1:1) ($\varepsilon_{400} = 4700$) [*198, 199*], 2,3,8,9-Dibenzo-4,7-dimethyl-5,6-dihydro-1,10-phenanthrolin/$CHCl_3$ ($\varepsilon_{554} = 7590$) [*200*], Bathocuproindisulfosäure [*201, 202*]. Auf fluorimetrischem Wege wurde Cu nach seiner Isolierung mit Neocuproin/$CHCl_3$ mit Phenanthrolin-Rose bengal/$CHCl_3$ (Anregung 560 nm, Messung 570 nm; $\varepsilon = 62500$) bestimmt [*203*]. Mit Salicylaldoxim/$CHCl_3$ (oder n-Amylacetat) extrahiertes Cu aus Eisenlegierungen [*204*] bzw. Dz/$CHCl_3$-Kerosin extrahiertes Cu aus Pflanzenmaterial [*205*] wurde der direkten flammenphotometrischen Bestimmung zugeführt. Kleine Cu-Gehalte wurden auch auf polarographischem Wege [*142, 143, 206, 207*], in Zikronium und Hafnium mittels Square wave-Polarographie [*208*], sowie ferner mittels inverser Voltammetrie in Salzsäure, Schwefelsäure (≧ 0,01 ppm Cu) [*209*] und in Quecksilber [*19d*] bestimmt. Hinsichtlich der emmissionsspektrographischen Bestimmung von Cu s. S. **1379** ff.

Tabelle 138a. Nachtrag — Weitere Verfahren[1]

Bestimmungsmethode	Probematerial, Verfahren, Bestimmungsbereich	Literatur
Ph	Augenkammerwasser. Best: Cu^{2+} + KI → I_2/Polyvinylalkohol, 490 nm. *B:* 0,3—0,8 ppm Cu.	[*210*]

[1] Abkürzungen s. S. XVI, XXIV.

Literatur

1. Russell, G., Hart, P. J.: Analyst **83**, 202 (1958).
2. Johnson, W. C.: Organic reagents for metals, Vol. I, Chadwell Heath, Essex, England: Hopkin & Williams Ltd. 1955.
3. Peterson, R. E., Bollier, M. E.: Analyt. Chem. **27**, 1195 (1955).
4. Wetlesen, C. U.: Analyt. chim. Acta **16**, 268 (1957).
5. Tuck, B., Osborn, E. M.: Analyst **85**, 105 (1960).
6. Ziegler, M.: Naturwiss. **45**, 622 (1958).
6a. Butler, E. J., Forbes, D. H. S.: Analyt. chim. Acta **33**, 59 (1965).
7. Vanossi, R.: An. Asoc. quim. argent. **38**, 117 (1950).
8. Maddock, R. S., Meinke, W. W.: Progress Rept. No. 8, U.S. AEC Project No. 7 (Nov. 1959).
8a. Handley, T. H., Dean, J. A.: Analyt. Chem. **33**, 1087 (1961).
9. Greenleaf, C. A.: J. Assoc. Offic. Agr. Chemists **24**, 337 (1941).
10. Meyer, S., Koch, O. G.: Arch. Eisenhüttenw. **32**, 67 (1961).
11. Nilsson, G.: Acta chem. Scand. **4**, 205 (1950).
12. Haywood, L. J. A., Sutcliffe, P.: Analyst **81**, 651 (1956).
13. Capelle, R.: Chim. analytique **42**, 69 (1960).
14. Wetlesen, C. U., Gran, G.: Svensk. Papperstidning **55**, 212 (1952).
15. Williams, T. R., Morgan, R. R. T.: Chem. and Ind. **1954**, 461.
16. Somers, E., Garroway, J. L.: Chem. and Ind. **1957**, 395.
16a. Middleton, K. R.: Analyst **90**, 234 (1965).
17. Freegarde, M., Jones, B.: Analyst **84**, 716 (1959).
18. Elliott, C. R., Preston, P. F., Thompson, J. H.: Analyst **84**, 237 (1959).
19. Wood, D. F., Clark, R. T.: Analyst **83**, 509 (1958).
19a. Lambdin, C. E., Taylor, W. V.: Analyt. Chem. **40**, 2196 (1968).
19b. Cabane-Brouty, F.: Analyt. chim. Acta **47**, 511 (1969).
19c. Jackwerth, E.: Z. anal. Chem. **202**, 81 (1964).
19d. Meyer, J.: Z. anal. Chem. **219**, 147 (1966).
19e. Jackwerth, E.: Z. anal. Chem. **211**, 254 (1965).
20. Delépine, M.: Compt. rend. Acad. Sci. Paris **146**, 981 (1908).
21. Delépine, M.: Bull. Soc. chim. France **3**, 652 (1908).
22. Nydahl, F.: Z. anal. Chem. **116**, 315 (1939).
23. Schoorl, N.: Chem. Weekbl. **29**, 338 (1932).
24. Laget, E.: Ann. Chim. analyt. Chim. appl. **17**, 145 (1935).
25. Callan, T., Henderson, J. A. R.: Analyst **54**, 650 (1929).
26. Moseley, H. W., Rohwer, A. G., Moore, M. C.: Science (New York) **79**, 507 (1934).
27. High, J. H.: Analyst **72**, 60 (1947).
28. Hoar, T. P.: Analyst **62**, 657 (1937).
29. Jewsbury, A.: Analyst **78**, 363 (1953).
30. Ruždič, I., Blaževič, K.: Mikrochim. Acta (Wien) **1956**, 288.
31. Schmidt, H. G.: Biochem. Z. **302**, 256 (1939).
32. Haddock, L. A., Evers, N.: Analyst **57**, 495 (1932).

33. CHILTON, J. M.: Analyt. Chem. **25**, 1274 (1953).
34. CHILTON, J. M.: Analyt. Chem. **26**, 940 (1954).
35. SYLVESTER, N. D., LAMPITT, L. H.: Analyst **60**, 376 (1935).
36. KARSTEN, P., RADEMAKER, S. C., WALRAVEN, J. J.: Analyt. chim. Acta **2**, 705 (1948).
37. CLAASSEN, A., BASTINGS, L.: Z. anal. Chem. **153**, 30 (1956).
38. MCFARLANE, W. D.: Biochem. J. **26**, 1022 (1932); ref. Z. anal. Chem. **101**, 71 (1935).
39. HOOGLAND, P. L.: Analyt. chim. Acta **2**, 831 (1948).
40. COULSON, E. J.: J. Assoc. Offic. Agr. Chemists **20**, 178 (1937).
41. THATCHER, R. W.: J. Amer. chem. Soc. **55**, 4524 (1933).
42. PICOTTI, M., BALDASSI, G.: Mikrochem. verein. Mikrochim. Acta **30**, 77 (1942).
43. PARKS, R. Q., HOOD, S. L., HURWITZ, C., ELLIS, G. H.: Ind. Eng. Chem., Anal. Ed. **15**, 527 (1943).
44. DRABKIN, D. L.: J. Assoc. Offic. Agr. Chemists **21**, 202 (1938).
45. DRABKIN, D. L.: J. Assoc. Offic. Agr. Chemists **22**, 320 (1939).
46. BODE, H., FABIAN, H.: Z. anal. Chem. **162**, 328 (1958).
47. POHL, H.: Analyt. chim. Acta **12**, 54 (1955).
48. CHENG, K. L., BRAY, R. H.: Analyt. Chem. **25**, 655 (1953).
49. KIMURA, K., MURAKAMI, Y.: Mikrochem. verein. Mikrochim. Acta **36/37**, 958 (1950/51).
50. FORSTER, W. A.: Analyst **78**, 614 (1953).
51. BODE, H.: Z. anal. Chem. **143**, 182 (1954).
52. BODE, H.: Z. anal. Chem. **144**, 165 (1955).
53. JENKINS, E. N.: Analyst **79**, 209 (1954).
54. ŠEDIVEC, V., VAŠÁK, V.: Collect. Czech. chim. Commun. **15**, 260 (1950).
55. ŠEDIVEC, V., VAŠÁK, V.: Chem. listy **44**, 103 (1950).
56. AULT, R. G., HUDSON, E. J., WHITHOUSE, A. G. R.: J. Inst. Brewing **61**, 39 (1955).
57. REES, W. T.: Analyst **75**, 160 (1950).
58. STONE, I.: Ind. Eng. Chem., Anal. Ed. **14**, 479 (1942).
58a. HOWARD, J. M., SPAUSCHUS, H. O.: Analyt. Chem. **35**, 1016 (1963).
59. BRAUN, L., SCHEFFER, L.: Biochem. Z. **304**, 397 (1940).
60. EISLER, B., ROSDAHL, K. G., THEORELL, H.: Biochem. Z. **286**, 435 (1936).
61. CARTWRIGHT, C. E., JONES, P. J., WINTROBE, M. M.: J. biol. Chem. **160**, 593 (1945).
62. TOMPSETT, S. L.: Biochem. J. **28**, 1544 (1934).
63. LOCKE, A., MEIN, E. R., ROSBACH, D. O.: J. clin. Invest. **11**, 527 (1937).
64. YOSHIKAWA, H., HAHN, P. F., BALE, W. F.: Proc. Soc. exp. biol. Med. **49**, 285 (1942).
65. LIVINGSTONE, J. K., LAWSON, N. D.: Analyt. Chem. **25**, 1917 (1953).
66. PATRIDGE, R. F.: Ind. Eng. Chem., Anal. Ed. **17**, 422 (1945).
67. HASTINGS, J., MCCLARITY, T. A., BRODERICK, E. J.: Analyt. Chem. **26**, 379 (1954).
68. ABBEY, S.: Analyt. Chem. **20**, 630 (1948).
69. FRIEDMAN, H. A.: Analyt. Chem. **32**, 137 (1960).
70. WILLMOTT, P. L., RAYMOND, F. J.: Analyst **75**, 24 (1950).
70a. NORWITZ, G., COHEN, J., EVERETT, M. E.: Analyt. Chem. **36**, 142 (1964).
71. STRAFFORD, N., WYATT, P. F., KERSHAW, F. G.: Analyst **70**, 232 (1945).
72. BODE, H.: Angew. Chem. **70**, 658 (1958).
73. BODE, H., NEUMANN, F.: Z. anal. Chem. **169**, 410 (1959).
73a. LUKE, C. L.: Analyt. chim. Acta **32**, 286 (1965).
74. WYATT, P. F.: Analyst **78**, 656 (1953).
75. BORCHARDT, L. G., BUTLER, J. P.: Analyt. Chem. **29**, 414 (1957).
75a. *Analytical Methods Committee*. Metallic impurities in organic matter Sub-committee: Analyst **88**, 253 (1963).
76. CLULEY, H. J.: Analyst **79**, 561 (1954).
77. LOUNAMAA, K.: Z. anal. Chem. **150**, 7 (1956).
78. KRUMHOLZ, P., HÖNEL, F.: Mikrochim. Acta **2**, 177 (1937).
79. WYATT, P. F.: Analyst **80**, 368 (1955).
80. ŠEDIVEC, V., VAŠÁK, V.: Chem. listy **45**, 435 (1951); ref. Z. anal. Chem. **137**, 268 (1952/53).
81. KOVAŘÍK, M., VINŠ, V.: Z. anal. Chem. **147**, 401 (1955).
82. VALCHA, J.: Chem. Zvesti **10**, 368 (1956); ref. Z. anal. Chem. **155**, 238 (1957).
82a. DEZSÖ, I., FÜLÖP, T.: Mikrochim. Acta (Wien) **1959**, 592.
83. STONE, I., ETTINGER, R., GANTZ, C.: Analyt. Chem. **25**, 893 (1953).
83a. ABBOTT, D. C., HARRIS, J. R.: Analyst **87**, 497 (1962).
83b. WILSON, A. L.: Analyst **87**, 884 (1964).
84. ANDRUS, S.: Analyst **80**, 514 (1955).

85. Abbott, D. C., Polhill, R. D. A.: Analyst **79**, 547 (1954).
86. Martens, R. I., Githens, R. E., Sr.: Analyt. Chem. **24**, 991 (1952).
87. Levenson, G. I. P.: Analyst **73**, 31 (1948).
87a. Dittel, F.: Z. anal. Chem. **229**, 188 (1967).
87b. Kovács, E., Guyer, H.: Z. anal. Chem. **209**, 388 (1965).
87c. Looyenga, R. W., Boltz, D. F.: Talanta **19**, 82 (1972).
88. Riedel, K.: Z. anal. Chem. **159**, 25 (1957/58).
88a. Schilt, A. A.: Analytical applications of 1,10-phenanthroline and related compounds. Oxford: Pergamon Press 1969.
89. Hoste, J., Eeckhout, J., Gillis, J.: Analyt. chim. Acta **9**, 263 (1953).
90. Hoste, J.: Analyt. chim. Acta **4**, 23 (1950).
91. Hoste, J.: Research (Lond.) **1**, 713 (1948).
92. Breckenridge, J. G., Lewis, R. W. J., Quick, L. A.: Canad. J. Res. **17** B, 258 (1939).
93. Hoste, J., Heiremans, A., Gillis, J.: Mikrochem. verein. Mikrochim. Acta **36/37**, 349 (1950/51).
94. Guest, R. J.: Analyt. Chem. **25**, 1484 (1953).
95. Riley, J. P., Sinhaseni, P.: Analyst **83**, 299 (1958).
96. Peynaud, E.: Chim. analytique **36**, 187 (1954).
97. Hackett, C. E. S.: Analyt. chim. Acta **12**, 358 (1955).
98. *B.I.S.R.A.*: Methods of analysis committe. J. Iron Steel Inst. **182**, 301 (1956).
98a. Shanahan, C. E. A., Jenkins, R. H.: Analyst **86**, 166 (1961).
98b. Gräbner, H. J.: Z. anal. Chem. **182**, 401 (1961).
99. Elwell, W. T.: Analyst **80**, 508 (1955).
100. Leeb, A. J., Hecht, F.: Z. anal. Chem. **168**, 101 (1959).
100a. Stanton, R. E., McDonald, A. J., Carmichael, I.: Analyst **87**, 134 (1962).
101. Smith, G. F., McCurdy, W. H., Jr.: Analyt. Chem. **24**, 371 (1952).
102. Gahler, A. R.: Analyt. Chem. **26**, 577 (1954).
103. Luke, C. L., Campbell, M. E.: Analyt. Chem. **25**, 1588 (1953).
104. Frank, A. J., Goulston, A. B., Deacutis, A. A.: Analyt. Chem. **29**, 750 (1957).
104a. Hibbits, J. O., Davis, W. F., Menke, M. R.: Talanta **4**, 101 (1960).
104b. Jones, P. D., Newman, E. J.: Analyst **87**, 637 (1962).
104c. Norwitz, G., Gordon, H.: Analyt. Chem. **37**, 417 (1965).
104d. Nebesar, B.: Analyt. Chem. **36**, 1961 (1964).
105. Fulton, J. W., Hastings, J.: Analyt. Chem. **28**, 174 (1956).
106. Crawley, R. H. A.: Analyt. chim. Acta **13**, 373 (1955).
106a. Pollock, E. N., Zopatti, L. P.: Analyt. chim. Acta **28**, 68 (1963).
106b. Lindsay, J. W., Plock, C. E.: Talanta **16**, 414 (1969).
106c. Bodart, D. E.: Chem. Geol. **6**, 133 (1970).
107. Smith, G. F., Wilkins, D. H.: Analyt. Chem. **25**, 510 (1953).
107a. Penner, E. M., Inman, W. R.: Talanta **10**, 407 (1963).
108. Turkington, R. W., Tracy, F. M.: Analyt. Chem. **30**, 1699 (1958).
108a. Stoner, R. E., Dasler, W.: Analyt. Chem. **32**, 1207 (1960).
109. Mehurin, R. M.: J. Assoc. Offic. Agr. Chemists **18**, 192 (1935).
110. Pender, H. W.: Analyt. Chem. **30**, 1915 (1958).
111. Bendix, G. H., Grabenstetter, D.: Ind. Eng. Chem., Anal. Ed. **15**, 649 (1943).
112. Fischer, H.: Angew. Chem. **47**, 685 (1934).
113. Fischer, H., Leopoldi, G.: Wiss. Veröff. Siemens-Werken **12**, H. 1, 44 (1933).
114. Fischer, H., Leopoldi, G.: Angew. Chem. **47**, 90 (1934).
115. Laug, E. P., Nelson, K. W.: J. Assoc. Offic. Agr. Chemists **25**, 399 (1942).
116. Morrison, S. L., Paige, H. L.: Ind. Eng. Chem., Anal. Ed. **18**, 211 (1946).
117. Friedeberg, H.: Analyt. Chem. **27**, 305 (1955).
118. Greenleaf, C. A.: J. Assoc. Offic. Agr. Chemists **25**, 385 (1942).
119. Fischer, H., Leopoldi, G.: Metall u. Erz **35**, 86 (1938).
120. Fischer, H., Passer, M., Leopoldi, G.: Mikrochem. verein. Mikrochim. Acta **30**, 307 (1942).
121. Liebhafsky, H. A., Winslow, E. H.: J. Am. chem. Soc. **59**, 1966 (1937).
122. van Duuren, A. J.: Chem. Weekbl. **37**, 269 (1940).
123. Urbach, C.: Stufenphotometrische Trinkwasseranalyse. Wien: Urban & Schwarzenberg 1937.
124. Numata, J., Matsukawa, D.: J. Biochem. (Tokyo) **30**, 395 (1939).
125. Fischer, H.: Angew. Chem. **50**, 919 (1937).
126. Grubitsch, H., Sinigoj, J.: Z. anal. Chem. **114**, 30 (1938).
127. Sandell, E. B.: Ind. Eng. Chem., Anal. Ed. **9**, 464 (1937).

128. Schwaibold, J., Lesmüller, A.: Biochem. Z. **300**, 331 (1939).
129. Reith, J. F., van Dijk, C. P.: Pharm. Weekbl. **77**, 813, 842, 865 (1940).
130. Abrahamczik, E.: Mikrochem. verein. Mikrochim. Acta **25**, 228 (1938).
131. Strohecker, R., Riffart, H., Haberstock, J.: Z. Unters. Lebensmittel **74**, 155 (1937).
132. Wattenberg, H.: Z. anorg. allg. Chem. **251**, 86 (1943).
133. Schwaibold, J., Bleyer, B., Nagel, G.: Biochem. Z. **297**, 324 (1938).
134. Scharrer, K., Kühn, H.: Bodenkunde u. Pflanzenernähr. **21/22**, 344 (1940).
135. Scharrer, K.: Z. anal. Chem. **128**, 435 (1948).
136. Kratz, P. D., Lewis, J. I., Feldman, A.: Analyt. Chem. **24**, 524 (1952).
137. Assaf, A. G., Hollibaugh, W. C.: Ind. Eng. Chem., Anal. Ed. **12**, 695 (1940).
138. Race, H. H.: Am. Inst. electr. Engin. techn. Papers 39 (1939).
139. Moskowitz, S., Burke, W. J.: J. ind. Hyg. Toxicol. **20**, 457 (1938).
140. Knapp, B. B.: Proc. Am. Electroplater's Soc. (June) **1944**, 109; ref. C. A. **39**, 1368 (1945).
141. Hibbard, P. L.: Ind. Eng. Chem., Anal. Ed. **10**, 615 (1938).
141a. Mareček, J., Singer, E.: Z. anal. Chem. **203**, 336 (1964).
142. Hubbard, D. M., Spettel, E. C.: Analyt. Chem. **25**, 1245 (1953).
143. Räker, K. O.: Z. anal. Chem. **173**, 57 (1960).
144. Coleman, R. D., Thompson, J. B., Branum, I.: Analyt. Chem. **20**, 365 (1948).
145. Sandell, E. B.: Ind. Eng. Chem., Anal. Ed. **9**, 464 (1937).
145a. Welz, B.: CZ-Chemie-Technik **1**, 455 (1972).
145b. Welz, B., Wiedeking, E.: Z. anal. Chem. **252**, 111 (1970).
145c. Ramakrishna, T. V., Robinson, J. W., West, P. W.: Analyt. chim. Acta **37**, 20 (1967).
145d. Brooks, R. R., Presley, B. J., Kaplan, I. R.: Talanta **14**, 809 (1967).
145e. Magee, R. J., Rahman, A. K. M.: Talanta **12**, 409 (1965).
145f. Glenn, M., Savory, J., Hart, L., Glenn, T., Winefordner, J.: Analyt. chim. Acta **57**, 263 (1971).
145g. Delves, H. T., Shepherd, G., Vinter, P.: Analyst **96**, 260 (1971).
145h. Kirkbright, G. F., Peters, M. K., West, T. S.: Analyst **91**, 411 (1966).
145i. Vienney, J.: Analyt. chim. Acta **55**, 37 (1971).
145j. Edwards, J. W., Lominac, G. D., Buck, R. P.: Analyt. chim. Acta **57**, 257 (1971).
145k. Walker, C. R., Vita, O. A.: Analyt. chim. Acta **43**, 27 (1968).
145l. *Analytical methods committee.* Metallic impurities in organic matter sub-committee: Analyst **96**, 741 (1971).
145m. Ringhardtz, I., Welz, B.: Z. anal. Chem. **243**, 190 (1968).
145n. Burrows, J. A., Heerdt, J. C., Willis, J. B.: Analyt. Chem. **37**, 579 (1965).
145o. Means, E. A., Ratcliff, D.: Atom. Absorp. Newsletter **4**, 174 (1965).
145p. Sprague, S., Slavin, W.: Atom. Absorp. Newsletter **4**, 367 (1965).
146. Calmé, P., Gerhard, J. P., Kraeminger, E.: Mikrochim. Acta (Wien) **1969**, 1276.
147. Dunleavy, R. A., Wiberley, S. E., Harley, J. H.: Analyt. Chem. **22**, 170 (1950).
148. Nance, K. W.: Analyt. Chem. **23**, 1034 (1951).
149. Madera, J.: Analyt. Chem. **27**, 2003 (1955).
150. Hartkamp, H.: Z. anal. Chem. **176**, 185 (1960).
151. Simonsen, S. H., Burnett, H. M.: Analyt. Chem. **27**, 1336 (1955).
152. Banerjea, D., Tripathi, K. K.: Analyt. Chem. **32**, 1190 (1960).
153. Alimarin, I. P., Korenewa, W. W.: Zavodskaja Lab. **22**, 402 (1956); ref. Z. anal. Chem. **154**, 352 (1957).
154. Sims, G. G., Ryan, D. E.: Analyt. chim. Acta **44**, 139 (1969).
155. Abraham, J., Wimpe, M., Ryan, D. E.: Analyt. chim. Acta **48**, 431 (1969).
156. Ackermann, G., Kaden, W.: Z. anal. Chem. **234**, 409 (1968).
157. Gran, G.: Analyt. chim. Acta **14**, 150 (1956).
158. Capelle, R.: Chim. analytique **42**, 127 (1960).
159. Capelle, R.: Chim. analytique **48**, 498 (1966).
160. Center, E. J., MacIntosh, R. M.: Ind. Eng. Chem., Anal. Ed. **17**, 239 (1945).
161. Lemoine, A.: Analyt. chim. Acta **6**, 528 (1952).
162. Jacobs, W. D., Yoe, J. H.: Analyt. chim. Acta **20**, 332 (1959).
163. Ringbom, A.: Metall u. Erz **40**, 228 (1943).
164. Quandel, K.: Arch. Eisenhüttenw. **14**, 601 (1940/41).
165. West, P. W., Compere, M.: Analyt. Chem. **21**, 628 (1949).
166. Wallard, H. H., Mosher, R. E., Boyle, A. J.: Analyt. Chem. **21**, 598 (1949).
167. Miller, W. L., Geld, I., Quatinetz, M.: Analyt. Chem. **22**, 1572 (1950).

168. Jacobs, W. D., Yoe, J. H.: Analyt. chim. Acta **20**, 435 (1959).
169. Berg, E. W., McIntyre, R. T.: Analyt. Chem. **27**, 195 (1955).
170. McIntyre, R. T., Berg, E. W., Campbell, D. N.: Analyt. Chem. **28**, 1316 (1956).
171. Khopkar, S. M., De, A. K.: Z. anal. Chem. **171**, 241 (1959).
172. Berg, E. W., Day, M. C.: Analyt. chim. Acta **18**, 578 (1958).
173. Melnick, L. M., Freiser, H.: Analyt. Chem. **27**, 462 (1955).
174. Biazzo, R.: Ann. Chim. applicata **16**, 96 (1926).
175. Ansbacher, S., Remington, R. E., Culp, F. B.: Ind. Eng. Chem., Anal. Ed. **3**, 314 (1931).
176. Benoit, C.: Ann. Chim. analyt. Chim. appl. **12**, 66 (1930).
177. Chalk, L. J.: Analyst **55**, 187 (1930).
178. Elvehjem, C. A., Lindow, W. C.: J. biol. Chem. **81**, 435 (1929).
179. Kleinmann, H., Klinke, J.: Arch. path. Anat. **275**, 422 (1930).
180. Nitzescu, I. I., Georgescu, I.: Compt. Rend. Soc. Biol. **117**, 1135 (1934).
181. Schönheimer, R., Oshima, F.: Hoppe-Seyler's Z. physiol. Chem. **180**, 249 (1929).
182. Moeller, T., Zogg, R. E.: Analyt. Chem. **22**, 612 (1950).
183. Kopeliovitsch, V. M.: Zavodskaja Lab. **11**, 475 (1945).
184. Ubeda, F. B., Gonzales, E. L.: An. Real. Soc. españ. Fisica Quim., Ser. B, **44**, 215 (1948).
185. Ellis, K. W., Gibson, N. A.: Analyt. Chim. Acta **9**, 368 (1953).
186. Gordieyeff, V. A.: Analyt. Chem. **22**, 1166 (1950).
187. Ishii, H., Einaga, H.: Analyst **94**, 1038 (1969).
188. Corbett, J. A.: Talanta **13**, 1089 (1966).
189. Drefahl, G., Geissler, A.: Z. anal. Chem. **160**, 34 (1958).
190. Sogani, N. C., Bhattacharyya, S. C.: Analyt. Chem. **28**, 1616 (1956).
191. Foster, D., Trusell, F.: Analyt. chim. Acta **47**, 154 (1969).
192. Gregorowicz, Z.: Z. anal. Chem. **171**, 246 (1959).
193. Hosain, M., West, T. S.: Analyt. chim. Acta **33**, 164 (1965).
194. Umland, F., Weyer, F. G.: Klin. Wschr. **33**, 237 (1955).
195. Wyatt, P. F.: Analyst **78**, 656 (1953).
196. Schilt, A. A., Hoyle, W. C.: Analyt. Chem. **41**, 344 (1969).
197. Momose, T., Ohkura, Y.: Jap. Analyst **5**, 332 (1956); ref. Z. anal. Chem. **156**, 130 (1957).
198. Blair, A. J., Pantony, D. A.: Analyt. chim. Acta **14**, 545 (1956).
199. Blair, A. J., Pantony, D. A.: Analyt. chim. Acta **16**, 121 (1956).
200. Ackermann, G., Angermann, W.: Talanta **15**, 79 (1968).
201. Blair, D., Diehl, H.: Talanta **7**, 163 (1961).
202. Zak, B., Cavanaugh, G. A., Williams, L. A.: Chemist-Analyst **50**, 8 (1961).
203. Bailey, B. W., Dagnall, R. M., West, T. S.: Talanta **13**, 1661 (1966).
204. Dean, J. A., Lady, J. H.: Analyt. Chem. **28**, 1887 (1956).
205. Massey, H. F.: Analyt. Chem. **29**, 365 (1957).
206. Samuel, B. W., Brunnock, J. V.: Analyt. Chem. **33**, 203 (1961).
207. Scholes, P. H.: Analyst **86**, 116 (1961).
208. Wood, D. F., Clark, R. T.: Analyst **87**, 342 (1962).
209. Specker, H., Schiewe, G., Trüb, H.: Z. anal. Chem. **190**, 144 (1962).
210. Calmé, P., Gerhard, J. P., Kraeminger, E.: Mikrochim. Acta (Wien) **1972**, 173.

Fe — Eisen

Tabelle 139. Empfindlichkeit S_M und Bestimmungsgrenze L_Q der Verfahren

Verfahren	µg Fe · ml⁻¹ · cm⁻¹ S_M	L_Q
1,10-Phenanthrolin	0,0050 (508 nm)	0,13 (508 nm)
Bathophenanthrolin/Isoamylalkohol	0,0025 (533 nm)	0,063 (533 nm)
Thiocyanat, wäßrige Lösung	0,0088 (480 nm)	0,22 (480 nm)
Thiocyanat/Isobutanol	0,0052 (485 nm)	0,13 (485 nm)
Thiocyanat/Wasser-Aceton	0,0040 (480 nm)	0,10 (480 nm)
Thiocyanat/TBP	0,0029 (503 nm)	0,073 (503 nm)
Thiocyanat-Tri-n-butylammonium/Amylacetat	0,0026 (480 nm)	0,066 (480 nm)
Atomabsorptionsspektrophotometrie	0,2[1,2]	0,05[1,3]

[1] $\mu g \cdot ml^{-1}$.
[2] Für 1% Absorption.
[3] $F_r = \pm 10\%$.

A. Trennungen

Eines der bekanntesten Trennungs- und Anreicherungsverfahren ist die Extraktion des Fe mit Diäthyläther aus 6n HCl-Lösung [*1*], mit Amylacetat aus konz. HCl-Lösung [*2*], mit Äthylacetat [*3*], mit Diisopropyläther aus 8n HCl-Lösung [*4–6*], mit Ketonen, Alkylphosphaten [*7–9*] u. a. (s. S. **259** ff.). Ebenso wie die auf diesem Wege am häufigsten durchgeführte Abtrennung großer Mengen an störendem Fe lassen sich diese Extraktionsverfahren auch zur Anreicherung und Isolierung kleiner Fe-Mengen anwenden [*7, 10, 11*]. Bei größeren Fe-Mengen empfiehlt es sich, die Extraktion nicht von Hand aus, sondern mittels eines Perforators (s. S. **221** ff.) durchzuführen. Für die kontinuierliche Extraktion von großen Mengen Fe aus HCl-Lösung mit Diäthyläther im Extraktionsapparat wird statt H_2O_2 der Zusatz von einigen Millilitern Brom zur vollständigen Oxydation des Fe empfohlen [*12*]. Eine Trennung des Fe(II) von Fe(III) soll durch Jodid-Extraktion mit organischen Lösungsmitteln möglich sein [*13*].

Nachfolgend ist eine Arbeitsvorschrift zur Extraktion großer [Verfahren a)] und kleiner [Verfahren b)] Mengen von Fe mit MIBK/Amylacetat beschrieben [*7*] (s. a. S. **259** ff.). Den Einfluß der Fe-Konzentration auf den Extraktionskoeffizienten zeigt Tab. 140. Bei der Extraktion von Milligramm- oder Mikrogramm-Mengen an Fe aus 7n HCl-Lösung wurde keine Änderung der Extraktionsausbeute beobachtet, wenn die

Tabelle 140. Einfluß der Fe-Konzentration in 7n HCl-Lösung auf den Extraktionskoeffizienten *D* bei Extraktion mit MIBK/Amylacetat (2:1) [*7*]

Fe-Konzentration mg Fe/50 ml	1000	500	250	10	5	1
D	600	5000	4500	~ 5000	~ 5000	> 1000

Lösung 3,5m HNO_3- oder 2,5m H_2SO_4-sauer war. 1 g NH_4Cl/25 ml oder 1 g $(NH_4)_2SO_4$/25 ml stören nicht. $HClO_4$ wird zu einem großen Ausmaß extrahiert. Verfahren b) wurde zur Bestimmung kleiner Mengen Fe in Nickelkathoden und in Gallium bei Anwesenheit von Al angewendet.

Arbeitsvorschrift [7]

Reagentien

MIBK;

Amylacetat (AA) (das in der Arbeit [7] verwendete Handelsprodukt enthielt 70—85% 3-Methylbutylacetat (Isoamylacetat) und 15—30% 2-Methylbutylacetat);

Gemisch (1 + 1), 1 Volumteil MIBK + 1 Volumteil AA;

Gemisch (2 + 1), 2 Volumteile MIBK + 1 Volumteil AA;

HCl (1,19); 7n HCl.

a) Extraktion großer Fe-Mengen

Die Probelösung wird in einem Schütteltrichter auf eine Säurekonzentration von 7n HCl eingestellt. Das Volumen soll zwischen 20—100 ml liegen und die Fe-Konzentration 0,5—1 g Fe/50 ml nicht überschreiten. Anwesende HNO_3 oder H_2SO_4 in Konzentrationen $<2{,}5$m stören nicht. Die Lösung wird mit dem gleichen Volumen Lösungsmittelgemisch (1 + 1) oder (2 + 1) 15 sec geschüttelt, die wäßrige Phase in einen zweiten Schütteltrichter abgelassen und die Extraktion mit dem gleichen Volumen Lösungsmittelgemisch wiederholt. Die nun Fe-freie wäßrige Lösung wird abgetrennt, der vereinigte organische Extrakt einmal mit 50 ml 7n HCl gewaschen (Rückschüttelung kleiner mitextrahierter Mengen von z. B. Co, Cu, Ti), die saure Waschlösung mit einem kleinen Volumen Lösungsmittelgemisch gewaschen (Entfernung mitextrahierter Fe-Spuren) und die saure Waschlösung mit der Fe-freien wäßrigen Lösung vereinigt.

b) Extraktion kleiner Fe-Mengen (< 1 mg)

Die Probelösung wird wie unter a) beschrieben behandelt und mit dem gleichen Volumen Lösungsmittelgemisch 15 sec extrahiert. Nach der Phasentrennung wird die wäßrige Lösung abgelassen und verworfen. Der organische Extrakt wird mit dem gleichen Volumen 7n HCl 15 sec gewaschen und die saure Waschlösung verworfen. Der organische Extrakt wird 30 sec mit 25 ml Wasser geschüttelt, die wäßrige Lösung abgelassen und in dieser das Fe nach einem der nachfolgend beschriebenen Verfahren bestimmt.

Bei der Abtrennung von µg-Mengen Fe von g-Mengen anderer Elemente durch Extraktion mit MIBK oder MIBK/Benzol (2:1) aus 7n HCl-Lösung muß berücksichtigt werden, daß vom Hauptbestandteil kleine Mengen mitextrahiert werden und bei der anschließenden Bestimmung stören können. So werden aus 7n HCl-Lösung, die jeweils 1 g/100 ml an Co, Cu, Ni oder Zn enthält, extrahiert (in %) ($V_o:V_w = 50:100$) [*13a*]: mit MIBK/Benzol (2:1) Co (0,05), Cu (0,08–0,14), Ni (0,09) und Zn (0,16), mit MIBK Cu (0,8–1,1). Die mitextrahierten Elemente lassen sich jedoch aus der MIBK/Benzol (2:1)-Phase durch 1–2maliges Waschen mit 7n HCl, aus der MIBK-Phase durch 2–3-maliges Waschen mit 7n HCl weitgehend entfernen. Gegenüber MIBK erwies sich MIBK/Benzol (2:1) wegen der besseren Phasentrennung als günstiger [*13a*]. In Anwesenheit von 2–4 g Al/100 ml wird das Fe infolge des Aussalzeffektes bereits aus 1n HCl-Lösung mit MIBK vollständig extrahiert [*13b*]. Bei der Extraktion mit MIBK treten bei einem Phasenverhältnis von $V_0:V_w = 1:1$ leicht Emulsionsbildung und langsame Phasentrennung auf, was leicht durch $V_0:V_w = 1:2$ vermieden wird [*13b*].

Das Fe läßt sich als Thiocyanat durch 2–3malige Extraktion mit einem Gemisch von Diäthyläther/Tetrahydrofuran (1:1) aus einer 2–3n HCl/2–4m NH_4SCN-Lösung von Al abtrennen [*14*]. Auf dieselbe Weise kann das Fe aus einer 3n HCl/2,5m NH_4SCN-Lösung von Ce abgetrennt werden [*15*]. Statt Tetrahydrofuran können auch andere cyclische Äther und statt Diäthyläther auch CCl_4, Benzol, Toluol, Heptan u. a. verwendet werden.

Fe kann durch Extraktion mit Tri-n-butylammonium-Thiocyanat/Isoamylacetat bei pH 1–5 von Al abgetrennt werden [*16*].

Fe(III) läßt sich mit Acetylaceton/$CHCl_3$ (1:1) bei pH 1,5 extrahieren [*17*]. Bei der Bestimmung in Nichteisenlegierungen wurde das Fe mit Acetylaceton extrahiert und der Extrakt der flammenphotometrischen Bestimmung direkt zugeführt [*18*]. Fe(III) kann bei pH 2 mit TTA/Benzol extrahiert werden [*19–21*], doch ist dieses Trennverfahren wenig selektiv. Eine wesentlich höhere Selektivität erreicht man nach Versuchen mit ^{59}Fe durch Extraktion des Fe aus 10m HNO_3-Lösung mit 0,5m TTA/Xylol, wobei ~ 92% des vorhandenen Fe in die organische Phase übergehen [*22*]. Bei niedrigerer Säurekonzentration ist die Ausbeute geringer. Unter diesen Bedingungen werden Zr, Hf, Pa und Nb (~ 94%) mitextrahiert, während Np, Pu, Am, Cm und andere Elemente nicht extrahiert werden. Aus der organischen Phase können mit 0,25m HF/0,25m HNO_3 Zr, Hf, Pa und Nb (~ 98%) rückgeschüttelt werden, während Fe praktisch vollständig in der organischen Phase verbleibt (~ 0,5% gehen in die Waschlösung über). In der Lösung vorhandenes HF hemmt die Extraktion des Fe mit TTA/Xylol in starkem Maße. Ein Zusatz von H_2O_2 stört nicht, maskiert aber Nb (<1% Nb wird extrahiert) und Pa; aus einer 10m HNO_3/3% H_2O_2-Lösung wird außer Fe nur noch Zr extrahiert. Letzteres läßt sich anschließend aus der organischen Phase mit 0,25m HF/0,25m HNO_3 weitgehend auswaschen. Eventuell in der organischen Phase verbliebene Zr-Spuren können schließlich durch Rückextraktion mit konz. HCl abgetrennt werden, wobei Fe vollständig in die wäßrige Phase übergeht und Zr in der organischen Phase verbleibt. Diese Arbeitsweise fand in Verbindung mit Fällungen zur radiometrischen Bestimmung von Fe in Lösungen von homogenen Reaktoren Anwendung [*22*], erscheint aber auch für andere analytische Probleme zur selektiven Isolierung von Fe-Spuren geeignet.

Mit 0,01m Tri-n-octylphosphinoxyd (TOPO)/Cyclohexan kann Fe(III) aus 6n HCl-Lösung extrahiert und durch Rückschütteln mit 3m H_2SO_4 weitgehend von Störelementen isoliert werden [*22a, 22b*]. Fe läßt sich mit 0,2m Tribenzylamin/$CHCl_3$ aus 5–7n HCl-Lösung extrahieren und so von Al, Hf, Nb, Ni, Si, Ta, Th, Ti und Zr abtrennen [*22c*].

Fe(III) läßt sich mit Cuperron und $CHCl_3$, CCl_4 oder Äther aus 10 Vol.-%iger H_2SO_4-Lösung oder bei pH 1–2 extrahieren [*23, 24*]. Für die Extraktion mit Cupferron/$CHCl_3$ erwies sich innerhalb des untersuchten Bereiches von 1–4n HCl eine Säurekonzentration von 1n HCl am günstigsten [*25, 26*]. Zur Isolierung von radioaktivem Fe aus biologischem Material [*26*] wurde die nach nasser (mit HNO_3) oder trockener (bei 500–600° C) Veraschung erhaltene Asche in HCl gelöst, das Fe aus 1–2n HCl-Lösung mit Cupferron/$CHCl_3$ extrahiert und der Extrakt verascht. Nach Lösen der Asche in HCl wird das Fe elektrolytisch abgeschieden und die Radioaktivität gemessen. Nach diesem Verfahren werden im allgemeinen 95–100% des vorhandenen Fe mit einem relativen Fehler von ±5% gefunden.

Weitere Extraktionsmöglichkeiten für die Isolierung des Fe sind (s. a. S. 259ff.): Extraktion aus essigsaurer Acetatlösung mit Oxin/$CHCl_3$, Abtrennung kleiner Cu-Mengen von Fe mit Dz/CCl_4, Extraktion von Fe(II) mit o-Nitrosophenol/Petroläther bei pH 5,2. Fe(II) läßt sich bei pH 8–9 mit Isonitrosoacetophenon/$CHCl_3$ extrahieren [*28, 29*]. Bei den angeführten Extraktionen muß aber berücksichtigt werden, daß auch eine mehr oder weniger große Zahl anderer Elemente mit diesen Reagentien reagiert und diese daher ebenfalls mitextrahiert werden können.

Mit Hilfe der Verteilungschromatographie (reversed-phase chromatography; column extraktion) mit 2–Octanon als stationärer Phase auf einem inerten Träger (gekörntes Polytetrafluoräthylen, z. B. Haloport F oder Fluoropak, in Säulenform) läßt sich Fe(III) aus 6–8n HCl-Lösung isolieren und so von der 5000fachen (molaren) Menge an Bi, Cd, Ce(III), Cr(III), Cu, Co, Hg(II), Ni, Th, U(VI) und Zn, der 2500fachen Menge V(IV) und der 1000fachen Menge Mo, Ti und Zr abtrennen [*33, 34*]. Das auf der Säule sorbierte Fe und 2-Octanon werden anschließend mit Methanol und Äther [*33*] oder mit 2-Propanol [*34*] eluiert und im Eluat das Fe mit 1,10-Penanthrolin photometrisch bestimmt.

Fe wurde auch durch Spurenfällung als Hydroxyd mit MnO_2 [*31*] oder $Al(OH)_3$ [*32*] als Spurenfänger und als Sulfid mit CdS [*31*] als Spurenfänger isoliert.

B. Phenanthroline

I. 1,10-Phenanthrolin

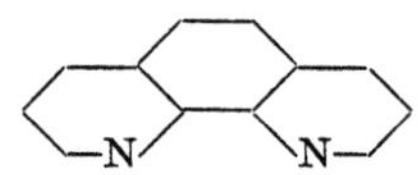

Neben dem Thiocyanat, das einige Nachteile aufweist, finden heute das 1,10-Phenanthrolin und dessen Derivate [*38*] für die Bestimmung kleiner Fe-Mengen am häufigsten Anwendung, da diese Reagentien empfindlich sind und eine recht genaue Fe-Bestimmung erlauben. Bei einer vergleichenden Untersuchung der Reagentien Thiocyanat, Sulfosalicylsäure, 2,2'-Dipyridyl, Salicylsäure und 1,10-Phenanthrolin zur Bestimmung von Fe erwies sich das letztgenannte wegen seiner Nachweisempfindlichkeit, Farbstabilität und der Arbeitsbedingungen am geeignetsten [*39*]. Das Fe(II) bildet mit 1,10-Penanthrolin (o-Phenanthrolin; PH) einen orangeroten, wasserlöslichen Komplex $[Fe\,(PH)_3]^{2+}$ (Ferroin) [*40–47*]. Der günstigste pH-Bereich liegt bei 2–9. Die Farbe ist mehrere Monate stabil. Das Extinktionsmaximum liegt bei 508 nm ($\varepsilon = 11\,100$) (s. Abb. 116). Das Beersche Gesetz ist im Bereich von 0,13–5 µg Fe/ml erfüllt. Als Reduktionsmittel eignen sich Hydroxylaminhydrochlorid [*44, 48, 49*], Ascorbinsäure und Hydrochinon [*43*]. Letzteres soll in Anwesenheit von Citrat verwendet werden [*50, 51*], doch wird für diesen Zweck auch $Na_2S_2O_4$ empfohlen [*52, 52a*]. Wesentlich ist dabei, daß die Natriumcitrat-Lösung erst nach erfolgtem Zusatz von PH und Hydrochinon hinzugefügt wird,

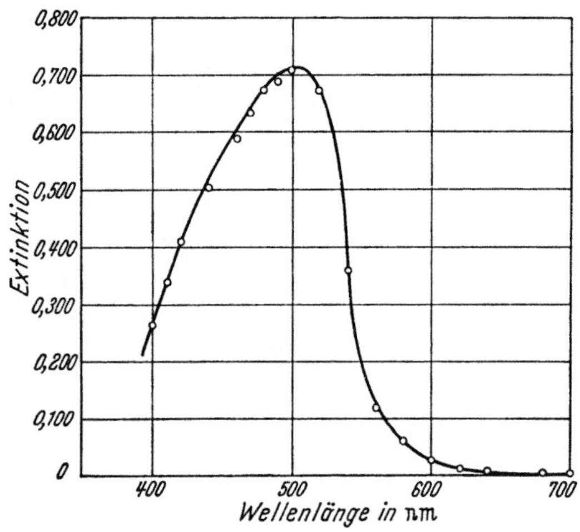

Abb. 116. Extinktionskurve von Fe(II) + 1,10-Phenanthrolin

wonach das Farbmaximum erst bei 30 min Standzeit erreicht ist [*50*]. Es wird hingegen sofort nach dem Auffüllen erreicht, wenn man die saure Probelösung der Reihe nach mit Hydrochinon, PH und Natriumcitrat versetzt, dann auf pH 1 einstellt, 10 min stehenläßt, anschließend mit Ammoniak auf pH 3,0–3,5 bringt und mit Wasser auf ein bekanntes Volumen auffüllt. In Anwesenheit von viel Natriumcitrat (z. B. 5 g) muß allerdings bei gleicher Arbeitsweise in einem Wasserbad 10 min auf 50° C erhitzt werden. Die Verwendung von Natriumcitrat als Puffersubstanz empfiehlt sich vor allem bei biologischem Material mit hohem P- und Al-Gehalt, um Phosphat-Fällungen und damit Fe-Verluste zu vermeiden, was vor allem bei Verwendung von Natriumacetat als Puffersubstanz vorkommen kann [*51*].

Eine störungsfreie Fe-Bestimmung ist in Anwesenheit der nachfolgenden zulässigen Elementkonzentrationen in Anwesenheit eines Reagensüberschusses möglich (µg/ml, erforderlicher pH-Wert) [*44, 49*]: Al (500; 25, pH 4,55[1]), As(III) (500), As(V) (500), B (5, pH 4,55[1]), Ba (500), Be (50, pH 3,0–5,5), Ca (500; 25, pH 4,55[1]), Cd (50), Co (10, pH 3–5; 5, pH 4,55[1]), Cr(VI) (10, pH 4,55[1]), Cu(II) (10, pH 2,5–4,0; 8, pH 4,55[1]), Hg(I) (10, pH 3–9), Hg(II) (1), K (500), Li (500), Mg (500; 25, pH 4,55[1]), Mn(II) (500; 50, pH 4,55[1]), Mo(VI) (100, pH > 5,5; 8, pH 4,55[1]), NH_4^+ (500), Na (500), Ni (2; 6, pH 4,55[1]), P (5, pH 4,55[1]), Pb (500), Si (25, pH 4,55[1]), Sn(II) (20, pH 2–3; 25, pH 4,55[1]), Sn(IV) (50, pH 2,5), Sr (500), V(IV) (4,5, pH 4,55[1]), W(VI) (5; 5, pH 4,55[1]) und Zn (10). Weiterhin stören folgende Anionen nicht (500 µg/ml): Acetat, Citrat, Cl^-, NO_3^-, NO_2^- (pH > 2,5), SO_4^{2-}, SO_3^{2-}, Br^-, I^-, ClO_3^-, SCN^-, F^- (pH > 4,0), Tartrat (pH > 3,0), Oxalat (pH > 6,0), $P_2O_7^{4-}$ (50 µg/ml, pH > 6,0) und PO_4^{3-} (20 µg/ml, pH 2–9). Cd, Hg(II) und Zn bilden wenig lösliche Komplexe, Ag und Bi geben Niederschläge. CN^- stört bei der Fe-Bestimmung. Störende Mengen $P_2O_7^{4-}$ bilden sich bei der Veraschung von biologischem Material; es wird durch Erhitzen der sauren Lösung [HCl (1 + 1)] in Phosphat übergeführt. Nach anderen Untersuchungen [*43*] stört $P_2O_7^{4-}$ im Verhältnis 1 : 250 die Bestimmung bei pH 3,5 mit Hydrochinon als Reduktionsmittel nicht, wenn man die aufgefüllte Farblösung bis zur Messung wenigstens 30 min stehenläßt. Eine Reihe von Elementen kann maskiert werden: Al, Mo, Sb, Sn, Th, Ti, U, W und Zn mit Citrat, Bi, Cd, Cr und Zn mit ÄDTA, Cu mit Thioglykolsäure, Ta mit Tartrat.

Nach weiteren Untersuchungen wird die Bestimmung von 100 µg Fe/100 ml Endvolumen (Versuchsansatz: die aufgefüllte, auf pH 4,0 eingestellte Farblösung von 100 ml enthält 20 ml 1 n HCl, 5 ml 40%ige Natriumacetatlösung, 2 ml 10%ige Hydroxylaminhydrochloridlösung und 15 ml 0,2%ige PH-Lösung; Messung nach 1 Std Standzeit) bei pH 4,0 durch jeweils 10 mg folgender Elemente nicht gestört [*53*]: Al, As(III), B, Be, Br^-, Ca, Ce(IV), Cs, Dy, Er, Eu, F^-, Ga, Ge, Gd, Hf, Ho, I^-, In, K, La, Li, Lu, Mg, Mn(II, VII), Na, Nb, Nd, P[2] (als PO_4^{3-}), Pr, Pt, Rb, Re, Sc, Si, Sm, Sr, Ta, Tb, Th, Tm, U(VI), V, Y, Yb und Zn; jeweils 10 mg Au, Ba, Cd, Se, Ir und Zr geben Fällungen, stören aber nicht. In Anwesenheit von 1 g Citronensäure stören weiterhin nicht jeweils 10 mg Bi, Mo, Pb, Sb(III), Sn, Te, Ti, Tl, W und Zr; Cd[2], Hg und Ir geben in Anwesenheit von 1 g Citronensäure Fällungen, stören aber nicht. Folgende Elemente (jeweils 10 mg) stören in An- und Abwesenheit von 1 g Citronensäure (in Klammer ist der verursachte rel. Fehler in % bei der Bestimmung von 100 µg Fe angegeben) [*53*]: Co (–37), Cr(III) (+15), Cr(VI) (+15), Cu (–100), Ni (–100), Pd (+7), Rh (+22) und Sn (–53); jeweils 1 mg dieser Elemente stört jedoch nicht. Jeweils 10 mg Cu oder Sn stören nicht, wenn 15 ml 0,3%iger PH-Lösung im Farbansatz verwendet werden.

---

[1] In Anwesenheit von 5 mg Ammoniumtartrat/ml [*49*].

[2] Der Farbansatz muß in Anwesenheit von 10 mg des Elementes zur vollen Farbentwicklung über Nacht stehen.

In 0,1–0,2 m Citrat/0,05–0,2 m ÄDTA-Lösung wird die Farbe bei pH 5,0–6,5 in 25 min bei Raumtemperatur voll entwickelt [*53a*]. Bei höherer Konzentration an Citrat und/oder ÄDTA muß die Lösung zur vollen Farbentwicklung noch 15 min auf 60° C erhitzt und nach dem Abkühlen 25 min stehen gelassen werden. In 0,1 m Citrat/0,05 m ÄDTA-Lösung (Arbeitsvorschrift I. c., s. S. 699) wird die Bestimmung von 55 µg Fe/25ml durch folgende Elementmengen (mg/25 ml) nicht gestört [*53a*]: Ag (5), Al (27), As(III) (75), B (2,2), Ba (55), Bi (209), Ca (8), Cd (112), Ce(III) (140), Cr(III, VI) (5,2), Cu (1,6), Ga (14), Ge (73), Hf (18), Hg(II) (40), Ho (165), In (23), Ir (5,8), K (120), La (28), Mg (24), Mn(II) (55), Mn(VII) (5,5), Mo(VI) (24), Na (69), Nb (19), Ni (0,7), Os(IV) (5,7), P (31), Pb (207), Pd(II) (3,5), Pt(IV) (6), Rh (3), S (190), Sb(III) (10), Sc (11), Si (14), Sn(II, IV) (24), Th (232), Ti (12), Tl(III) (20), U(VI) (238), V(IV) (20), W (92), Y (7), Zn (65), Zr (91), Cl^- (630), F^- (19) und I^- (380). Co (>0,6 mg) und Ru (3 mg) stören. Eine Reihe von Metallionen, wie Co, Cr, Cu, Dy, Ho, Mn, Mo, Nd, Ni, Pd, Pt, Ru, Ti, U und V, sind gefärbt oder bilden gefärbte Komplexe mit ÄDTA, was mit der Blindlösung kompensiert werden muß.

Das Perchlorat-Salz des von Fe(II) und PH gebildeten Ferroin-Komplexes ist bei pH 2–9 mit $CHCl_3$, Nitrobenzol [*54*] oder Propylencarbonat (4-Methyl-1,3-dioxolan-2-on) [*54a*] extrahierbar. $CHCl_3$ ist für die Extraktion ungünstiger, da mehrere Ausschüttelungen nötig sind und der Komplex in der organischen Phase nach einiger Zeit auszufallen beginnt. Mit Nitrobenzol genügt eine Extraktion, wobei nur einige Sekunden geschüttelt zu werden braucht. Im Vergleich zum Ferroin-Komplex in wäßriger Lösung zeigt das Ferroin-Perchlorat in Nitrobenzol ein Extinktionsmaximum bei 513 nm ($\varepsilon = 13500$), in Propylencarbonat bei 510 nm ($\varepsilon = 11400$). Durch die Extraktion kann die Störung durch einige Elemente vermieden werden. Wegen der Toxizität des Nitrobenzols (s. S. 227, 1519ff.) müssen die Extraktionen im gut entlüfteten Säureabzug durchgeführt werden oder man verwendet anstelle von Nitrobenzol besser Propylencarbonat (Arbeitsvorschrift II, S. 700). Von anderer Seite [*22a, 22b*] wurde in einem aliquoten Teil des nach doppelter Extraktion mit TOPO/Cyclohexan (s. S. 695) erhaltenen Extraktes Fe mit Hydrochinon reduziert und anschließend mit PH/Isopropylalkohol bei 510 nm photometrisch bestimmt. Bei diesem Verfahren stören nur Te, U, die gegenüber Fe 10fache Menge an Ga, Mo, Sb, W und die 50fache Menge Si. Das Verfahren fand zur Fe-Bestimmung in Beryllium und Berylliumoxyd [*22a*] sowie Yttrium [*22b*] Anwendung.

Die wasserlöslichen Komplexe von Fe(II)-2,2′-Dipyridyl(I) und Fe(II)-PH(II) lassen sich bei Zusatz einer geringen Menge Teepol mit $CHCl_3$ extrahieren [*55*]. Es zeigte sich, daß die Extraktion bei Anwesenheit von langkettigen Alkylsulfaten oder -sulfonaten möglich ist. Versuche wurden mit Zusätzen von Natriumdioctylsulfosuccinat (Manoxol O.T.) in Natriumacetat-Pufferlösung und bekannten Mengen von (I) und (II) durchgeführt. Das Molverhältnis für eine vollständige Extraktion muß für Manoxol O.T. zu Fe bei (I) 2,3 und bei (II) 2,4 sein. Es scheint sich eine (I)- bzw. (II)-Alkylsulfat-(oder -sulfonat)-Verbindung im Molverhältnis 1:2 zu bilden: $Fe(C_{10}H_8N_2)_3\,(SO_3R)_2$ und $Fe(C_{12}H_8N_2)_3\,(SO_3R)_2$, R = langkettige Alkylgruppe. Dabei muß ein Überschuß von Manoxol O.T. angewendet werden. Das Ferroin kann mit Azofarbstoffen zu ternären Komplexen umgesetzt und mit 1,2-Dichloräthan extrahiert werden, wodurch man ein tieferes L_Q erzielt [*55a*].

Eine Senkung von L_Q läßt sich erreichen, indem man das gebildete $[Fe(PH)_3]^{2+}$ auf einer Silicagelsäule (12 mm i-⌀, Füllung 50 mm hoch, Körnung 0,2–0,3 mm) bei pH 2–9 adsorbiert (Durchflußgeschwindigkeit 3 ml/min), mit 10–20%iger alkalischer (mit Ammoniak auf pH 11 eingestellt), wäßriger oder gesättigter methanolischer KI-Lösung eluiert und im Eluat photometriert [*55b*]. Mit dieser Arbeitsweise wurde Fe ($\geqq$ 10 ppm) in Chrom, Molybdän, Nickel und Wolfram bestimmt [*55c*].

Nach der Isolierung des Fe mit MIBK oder MIBK/Benzol (2:1) aus 7n HCl-Lösung läßt sich das Fe mit Wasser rückschütteln und anschließend mit PH photometrisch bestimmen. Günstiger ist es jedoch, die organische Phase gleich mit 10 ml des für die photometrische Bestimmung geeigneten Reagensgemisches (30 ml 0,2%ige PH-Lösung +30 ml 5%ige Hydroxylaminhydrochlorid-Lösung +30 ml 4m Na-acetat +10 ml Wasser) zu schütteln, mit Wasser auf 25 ml aufzufüllen und zu photometrieren [*13a, 13b*].

I. Bestimmung in wäßriger Lösung

Arbeitsvorschrift [*10, 11, 50, 53a, 74*]

Reagentien

1,10-Phenanthrolin (PH), 0,25%ige wäßrige Lösung; das Reagens wird unter Erwärmen gelöst, im Kühlschrank aufbewahrt und bei einer auftretenden Verfärbung verworfen.
Hydroxylaminhydrochlorid, 10%ige wäßrige Lösung.
Hydrochinon, 1%ige wäßrige Lösung; im Kühlschrank aufbewahren und bei Verfärbung verwerfen;
Natriumacetat, 25%ige wäßrige Lösung;
Natriumcitrat, 25%ige wäßrige Lösung;
PH, 1%ige wäßrige Lösung;
Citrat/ÄDTA-Lösung, 11%ig an Ammoniumcitrat und 9%ig an ÄDTA;
HCl (1,19); 3n HCl; 3n Ammoniak; Pyridin.

a) Abwesenheit störender Stoffe [*10, 11, 74*]

Die schwach saure Probelösung (3,3–130 μg Fe enthaltend) wird in einem 25 ml-Meßkolben mit 1 ml Hydroxylaminhydrochlorid-Lösung versetzt, gut durchgemischt, 2 ml Natriumacetatlösung hinzugefügt und mit 3n HCl bzw. 3n Ammoniak auf pH 3,5 eingestellt. Danach gibt man 2 ml 0,25%ige PH-Lösung zu, füllt mit Wasser zur Marke auf und photometriert nach 10 min (in Anwesenheit von viel Phosphat nach $^1/_2$ oder 1 Std) in einer 1 cm-Küvette bei 508 nm gegen Wasser.

Wenn auf ein Endvolumen von 10 ml aufgefüllt wird und H_2O_2 anwesend ist, arbeitet man nach Verfahren 5.7.1. im Abschnitt „Elementgruppen" (s. S. 1444 f.).

b) Anwesenheit von viel Phosphat und Al [*50*]

Die schwach saure Probelösung (3,3–130 μg Fe enthaltend) wird in einem 25 ml-Meßkolben mit 1 ml Hydrochinonlösung und 2 ml 0,25%iger pH-Lösung versetzt, mit Natriumcitratlösung auf pH 3,5 eingestellt und mit Wasser zur Marke aufgefüllt. Nach 30 min photometriert man in einer 1 cm-Küvette bei 508 nm gegen Wasser.

c) Maskierung mit Citrat/ÄDTA [*53a*]

Die schwach saure Probelösung (3,3–130 μg Fe enthaltend) versetzt man in einem 25 ml-Meßkolben mit 0,5 ml HCl (1,19) und mischt (wenn hierbei durch anwesendes W eine Fällung entsteht, verwirft man die Lösung und fügt die 0,5 ml HCl erst nach dem Zusatz von Pyridin hinzu), fügt der Reihe nach unter jeweiligem Mischen 1,5 ml Hydroxylaminhydrochlorid-Lösung, 5 ml Citrat/ÄDTA-Lösung, 2,0 ml 1%ige PH-Lösung sowie 3 ml Pyridin (wenn bei Anwesenheit von W zu Beginn keine HCl zugesetzt wurde, so erfolgt jetzt der Zusatz) hinzu und füllt mit Wasser zur Marke auf. Enthält die aufgefüllte Lösung nur die zugesetzte Citrat/ÄDTA-Menge, so wird nach einer Standzeit von 25 min photometriert. Bei größerem Gehalt an Maskierungsmitteln (durch die Probelösung zusätzlich eingebracht) wird hingegen die aufgefüllte Lösung 15 min auf 60° C erhitzt, auf Raumtemperatur abgekühlt, 25 min stehen gelassen und in einer 1 cm-

Küvette bei 507 nm gegen Wasser photometriert. Ein mitgeführter Reagentienblindwert und bei Bedarf eine Probenblindlösung wird in Abzug gebracht.

II. Extraktion des Ferroins

Arbeitsvorschrift [*54a*]

Reagentien

1m $NaClO_4$; Äthanol.
Propylencarbonat (4-Methyl-1,3-dioxolan-2-on).
Übrige Reagentien wie bei Arbeitsvorschrift I (s. S. 699); alle Reagenslösungen, außer 1m $NaClO_4$, werden mit PH/Propylencarbonat gereinigt.

Man behandelt die Probelösung (1,3–50 µg Fe enthaltend) in einem Schütteltrichter nach Arbeitsvorschrift I.a) bis einschließlich dem Zusatz von PH-Lösung, fügt 5 ml $NaClO_4$-Lösung hinzu, sättigt die Lösung unter Schütteln mit Propylencarbonat[1], extrahiert dann jeweils 1 min mit 5, 2 und 1 ml Propylencarbonat, füllt die organischen Extrakte in einem 10 ml-Meßkolben mit Äthanol zur Marke auf und photometriert in einer 1 cm-Küvette bei 510 nm gegen Propylencarbonat.

1. Wasser

Mit PH wurde Fe in Seewasser [*56*] bestimmt.

B: 6,5–250 ppb Fe. F_r: ±5%.

200 ml Wasserprobe behandelt man nach Verfahren II (s. oben).

B: 0,06–>13 ppm Fe. F_r: ±5%.

10 ml Wasserprobe (bei > 13 ppm verwendet man eine kleinere Probemenge) behandelt man nach Verfahren I.a), I.b) oder I.c) unter Verwendung einer 1 cm-, 2 cm- oder 5 cm-Küvette.

2. Organisches Material

PH fand in anderen Arbeiten Anwendung zur Bestimmung von Fe in Fruchtsäften [*41*], biologischem Material [*43, 50, 51, 57–60*] und Pflanzenölen [*61*].

2.1. Organisches Material

B: $\geqq$ 0,1 ppm Fe. F_r: ±5%.

1–10 g Probematerial verascht man auf trockenem oder nassem Wege (s. S. 193ff.), löst den Veraschungsrückstand in HCl und bestimmt das Fe nach Verfahren I.a), I.b), I.c) oder II unter Verwendung einer 1 cm-, 2 cm- oder 5 cm-Küvette.

2.2. Erdölprodukte

Keine Fe-Verluste treten bei der trockenen Veraschung auf, wenn man ~ 25 g Probematerial in einem Platintiegel mit 10% (des Probengewichtes) Schwefel versetzt, zunächst mit dem Bunsenbrenner bis zur Entzündung erhitzt, nachher auf einem Heißluftbad verkohlt und zuletzt in der Muffel bei 550° C zu Ende verascht [*61a*]. Die Fe-Bestimmung in der Asche erfolgt dann mit PH nach Verfahren I.b) oder I.c) (Endvolumen 5 ml, 5 cm-Mikroküvette).

B: 0,01 – >100 ppm Fe. F_r: ±5%.

---

[1] Hierzu fügt man zunächst 15 ml Solvens/100 ml Lösung, schüttelt, und versetzt mit weiteren 5 ml-Anteilen, bis eine organische Phase sichtbar wird. Die Wasserlöslichkeit des Propylencarbonats beträgt je nach Salzgehalt der Lösung 10–21 ml Solvens/100 ml Lösung.

Arbeitsvorschrift [*62*]

Reagentien

H_2SO_4 (1,84); HCl (1 + 1).
Übrige Reagentien wie bei Verfahren I.a—c) (s. S. 699).

10–100 g Probe versetzt man in einem Becher (Vycorglas) mit 5–50 ml H_2SO_4 (0,5 ml H_2SO_4/g Probe); > 100 g Probe verascht man in mehreren kleinen Anteilen nacheinander), mischt, stellt auf eine kalte Heizplatte, erhitzt langsam zunächst mit einem Oberflächenstrahler, anschließend auch mit der Heizplatte bis zur Verkohlung der Probe. Nach vollständiger Veraschung in einer Muffel bei 475–525° C wird die Asche in 5 ml HCl (1 + 1) unter Erwärmen gelöst, auf dem Wasserbad eingedampft, in einem 25 ml-Meßkolben mit Wasser zur Marke aufgefüllt und ein aliquoter Teil davon oder die gesamte (noch nicht auf 25 ml aufgefüllte) Probelösung nach Verfahren I.a), I.b) oder I.c) unter Verwendung einer 1 cm-, 2 cm- oder 5 cm-Küvette weiterbehandelt.

3. Metalle und Legierungen

Mit PH wurde Fe bestimmt in Aluminiumlegierungen [*47, 63, 64*], Lithium [*65*], Calcium [*66*], Cadmium [*66a*], Chrom [*54*], Kupfer [*66b*], Kupferlegierungen [*67*], Mangan, Nickel [*54*], Tantal [*68*], Titanlegierungen [*49*], Zinn- und Bleilegierungen [*69*], Wismut [*70, 71*], Vanadin [*54*], Wolfram und Wolframlegierungen [*72*], Plutonium [*73*] und Zink [*54, 66a*].

3.1. Aluminium

In einer anderen Arbeit [*75*] wurde das Fe durch Extraktion mit MIBK aus 5,5–7n HCl-Lösung isoliert, mit Wasser rückgeschüttelt und anschließend mit PH photometrisch bestimmt. Wegen des Aussalzeffektes (s. S. 694) erfolgt die Isolierung in der nachfolgenden Arbeitsvorschrift mit MIBK aus 1n HCl-Lösung, wonach das Fe durch Schütteln mit einem PH-Reagensgemisch unmittelbar in den Farbkomplex übergeführt wird.

B: 0,2–50 ppm Fe. *s*: ±0,03 ppm Fe bei 2–7 ppm Fe.

Arbeitsvorschrift [*13b*]

Reagentien

HCl (1 + 1); HNO_3 (1,40).
$HgCl_2$, 5%ige wäßrige Lösung.
PH-Lösung; 30 ml 0,2%ige PH-Lösung + 30 ml 5%ige Hydroxylaminhydrochloridlösung + 30 ml 4m Natriumacetatlösung + 10 ml Wasser.
MIBK.

5,0 g Probematerial (bei >50 ppm Fe verwendet man 1 g Probe) werden in einem 600 ml-Becherglas mit kleinen Anteilen von insgesamt 125 ml HCl (1 + 1) (15 Tropfen $HgCl_2$-Lösung enthaltend) unter Erwärmen gelöst, mit einigen Tropfen HNO_3 oxydiert, bis zur Salzbildung eingedampft, mit 50 ml Wasser und einigen Tropfen HNO_3 gelöst, gekühlt, in einen 250 ml-Schütteltrichter übergeführt, mit 10 ml HCl (1,19) versetzt und mit Wasser auf 125 ml verdünnt. Nun extrahiert man 2mal jeweils 5 min mit je 60 ml MIBK, verwirft die wäßrige Phase, schüttelt den vereinigten organischen Extrakt 1 min mit 10 ml PH-Lösung und läßt die gefärbte wäßrige Lösung in einen 25 ml-Meßkolben ab (die Lösung soll pH ~ 4 aufweisen, andernfalls wird auf pH ~ 4 eingestellt, in den Schütteltrichter zurückgegeben, nochmals geschüttelt und wieder in den Meßkolben abgelassen). Die organische Phase wird 2mal mit Wasser gewaschen, die Waschlösungen in den Meßkolben abgelassen, mit Wasser zur Marke aufgefüllt (bei 5 g Einwaage und 25–50 ppm Fe füllt man auf 50 ml auf; bei 1 g Einwaage und 0,6–130 ppm Fe verwendet man ein Endvolumen von 25 ml, bei 130–260 ppm Fe 50 ml) und in einer 1 cm-, 2 cm- oder 5 cm-Küvette bei 508 nm gegen Wasser photometriert.

3.2. Aluminium, Kupfer, Magnesium, Nickel und Zink

Wegen der Störung durch große Mengen anderer Kationen wird das Fe vorher durch Extraktion aus 5,5–7n HCl-Lösung mit MIBK isoliert, aus der organischen Phase mit Wasser rückgeschüttelt und mit 1,10-Phenanthrolin photometrisch bestimmt.

B: 1–260 ppm Fe. F_r: ±5%.

Arbeitsvorschrift [*75*, *76*]

Reagentien

HNO_3 (1,40); HF (40%); HNO_3 (1 + 1);
5,5n HCl; 6n HCl;
MIBK;
weitere Reagentien wie bei Verfahren I auf S. 699.

1 g Probe von Aluminium, Magnesium und Zink [*75*] wird in 6n HCl gelöst, mit HNO_3 oxydiert, bzw. 1 g von Kupfer [*75*] und Nickel [*76*] wird in wenig HNO_3 (1 + 1) gelöst, und zur Trockene eingedampft. Anwesendes Si wird bei Bedarf mit HF/H_2SO_4 entfernt. Den Rückstand der mit HNO_3 gelösten Proben löst man in wenig HCl und dampft erneut ein. Den Rückstand löst man in wenig 5,5n HCl und führt unter Nachspülen mit der gleichen Säure in einen Schütteltrichter über. Das Volumen der Lösung soll etwa 25 ml betragen. Man extrahiert 2mal 1 min mit je 10 ml MIBK, verwirft die wäßrige Lösung, wäscht den vereinigten organischen Extrakt 2mal (30 sec) mit je 20 ml 5,5n HCl und verwirft auch die saure Waschlösung. Aus dem organischen Extrakt wird das Fe 2mal mit je 10 ml Wasser 30 sec rückgeschüttelt und in der wäßrigen Phase nach Verfahren I.a), b) oder c) (s. S. 699) (nach Einengen der Lösung oder Überführen in einen 50 ml-Meßkolben und entsprechender Vergrößerung der Reagentienzusätze) photometrisch bestimmt (1 cm- oder 5 cm-Küvette).

2.3. Calcium

Die Bestimmung des Fe erfolgt nach dem im Abschnitt „Aluminium", S. 418, angegebenen Verfahren E.3.3.

3. Verschiedenes

Mit PH wurde Fe bestimmt in Phosphor [*76a*], Quarz [*76b*] und Silicaten [*76c*].

3.1. Luft

B: 3 – ≧ 6500 µg Fe/m³. F_r: ±5%.

Je nach Luftreinheit saugt man 20–200 l Luft (bei >6500 µg Fe/m³ entsprechend weniger) durch ein Papier- oder Membranfilter (2–20 l/min), verascht das Filter, löst den Veraschungsrückstand mit HCl/HNO_3, dampft zur Trockene ein, löst mit wenig HCl (1 + 9), verdünnt mit Wasser und bestimmt das Fe nach Verfahren I.a), I.b) oder I.c) (s. S. 699) unter Verwendung einer 1 cm-, 2 cm- oder 5 cm-Küvette.

II. Bathophenanthrolin

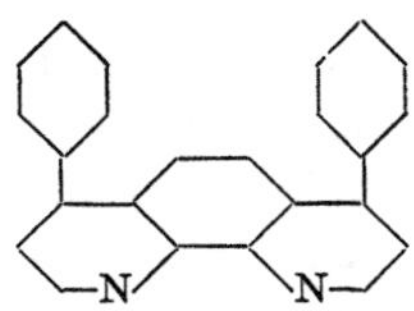

Das Bathophenanthrolin (4,7-Diphenyl-1,10-Phenanthrolin) (BP) weist gegenüber dem sonst gebräuchlichen 1,10-Phenanthrolin eine größere Empfindlichkeit auf [*38a*, 77]. Der Fe(II)-BP-Komplex ist mit Isobutyl-, n-Amyl-, Isoamylalkohol, n-Hexanol, Propylencarbonat [*54a*], Isoamylacetat [*77a*], $CHCl_3$ oder Nitrobenzol extrahierbar. n-Hexanol ist infolge seiner geringeren Wasserlöslichkeit ein geeignetes Extraktionsmittel, $CHCl_3$ wegen seines höheren spezifischen Gewichtes von Vorteil. Mit n-Hexanol und $CHCl_3$ (bis 100 μg Fe) genügt eine Ausschüttelung, mit Isoamylalkohol sind zwei erforderlich. Isoamylalkohol extrahiert sowohl den Farbkomplex als auch den Reagensüberschuß. So ist es möglich, neben dem organischen Lösungsmittel auch das Reagens zurückzugewinnen [*78*]. Durch Zusatz von NH_4ClO_4 wird die Extraktion mit $CHCl_3$ verbessert [*78a*, *78b*]. Das Extinktionsmaximum liegt bei 533 nm ($\varepsilon = 22400$ in Isoamylalkohol; s. Abb. 117). Das Beersche Gesetz ist im Bereich von 0,06–2,5 μg Fe/ml Isoamylalkohol-, $CHCl_3$-, n-Hexanol-, Propylencarbonat- oder Nitrobenzol-Äthanol-Gemisch erfüllt. Der extrahierte Farbkomplex ist bis zu 8 Monate stabil [*79*]. Der günstigste pH-Wert für die maximale Farbentwicklung liegt bei 4–7; optimal ist pH 5,5 [*79a*]. Unter pH 2 erfolgt die Farbentwicklung langsam, über pH 9 verblaßt die Farbe beim Stehen [*80*]. Wegen der zur Reduktion des Fe geeigneten Reagentien s. S. 696.

Die Anionen Cl^-, SO_4^{2-}, NO_3^-, Citrat, Acetat, BO_3^{3-}, PO_4^{4-}, ClO_4^- und mäßige Mengen F^- stören nicht. In Anwesenheit von Cu können einige Anionen wie z. B. I^-, SCN^-, CN^-, $S_2O_3^{2-}$, S^{2-} und PO_4^{3-} Fällungen verursachen, die aber nicht stören. Li, Na, K, Be, Mg, Ca, Sr, Ba, S.E., Th, Ti, Zr, V(IV), V(V), Cr(III), W(VI), U(VI), Fe(III), Ru(III),

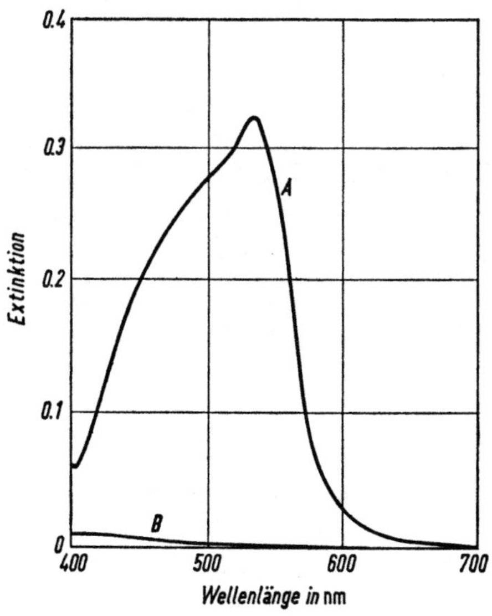

Abb. 117. Extinktionskurven von Fe(II) + Bathophenanthrolin (*A*) und Bathophenanthrolin (*B*) in Isoamylacetat [*77a*]

Os(VIII), Pd(III), Pt(IV), Nb, Ta, Ag, Zn, Cd, Hg(I), Hg(II), Mo(VI), Al, Ga(III), Tl(I), Sn(II), Sn(IV), Pb, As(III), As(V) und Bi stören nicht. Tellurate und Selenate werden durch Hydroxylaminhydrochlorid zum Metall reduziert. Co gibt eine gelbe, aber nicht extrahierbare Färbung. Cu bildet mit BP in neutraler oder alkalischer Lösung einen gelben Bis-Komplex, der beim Ansäuern in den farblosen Mono-Komplex übergeht. Cu stört daher bei den gewählten Arbeitsbedingungen nicht. Nach anderen Beobachtungen wird die Bestimmung von 10 µg Fe bei pH 4–5,5 bereits durch 5 µg Cu gestört [*79a*]; maskiert man aber das Cu mit Thioharnstoff, so stören bei pH 4 $\leqq$ 1000 µg Cu, bei pH 5,5 $\leqq$ 50 µg Cu nicht. Bis zum Verhältnis Fe:Mn(II) < 1:200 bzw. Fe: Ni < 1:100 tritt keine Störung auf; bei Vorliegen größerer Mn-Mengen (bis 1:500) bzw. Ni-Mengen ist eine störungsfreie Fe-Extraktion nur nach Erhöhung des Reagenszusatzes möglich [*52a*]. Eine Störung durch die Anwesenheit von 0,1 g $P_2O_7^{4-}$, 0,5 g NaF oder Natriumoxalat, 1 g H_3PO_4, Oxalsäure oder Citronensäure sowie 2,5 g Milchsäure wird vermieden, wenn man zunächst das Fe in 1–2n $HClO_4$-Lösung mit Ascorbinsäure reduziert, BP hinzufügt und dann erst auf pH 4–6 einstellt [*78a*].

Rückgewinnung (Regenerierung) von BP [*78, 81*]: Da das Reagens sehr kostspielig ist, empfiehlt sich seine Rückgewinnung aus den Extraktabfällen und Wiederverwendung nach entsprechender Reinigung. Der organische Extrakt (zweckmäßig verarbeitet man verschiedene organische Lösungsmittel getrennt) wird im Vakuum zur Trockene eingedampft, der Rückstand zur Zerstörung des Fe-Komplexes mit 10n NaOH erwärmt, die Lösung mit Benzol extrahiert, der Benzolextrakt eingedampft und der Rückstand aus Benzol umkristallisiert. Das so erhaltene Reagens kann für Analysen wieder verwendet werden. Die Ausbeute beträgt etwa 80%.

Arbeitsvorschrift [*77*]

Reagentien

Bathophenanthrolin (BP), 0,033%ig in 50%igem Äthanol.
Hydroxylaminhydrochlorid, 10%ige wäßrige Lösung; mit BP und Isoamylalkohol gereinigt;
Natriumacetat, 10%ige wäßrige Lösung; mit BP und Isoamylalkohol gereinigt;
Isoamylalkohol.

100 ml Probelösung (0,3–64 µg Fe enthaltend) werden in einem 125 ml-Schütteltrichter mit 2 ml Hydroxylaminhydrochlorid-Lösung und 4 ml Natriumacetat-Lösung versetzt (pH ~ 4) und nach Zusatz von 4 ml BP-Lösung mit 10 ml Isoamylalkohol extrahiert. Nach 5 min Standzeit werden die Phasen getrennt und die Extraktion mit weiteren 10 ml Lösungsmittel wiederholt. Der vereinigte organische Extrakt wird in einem 25 ml-Meßkolben mit Äthanol zur Marke aufgefüllt und in einer 1 cm- (1,6–64 µg Fe), 2 cm- oder 5 cm-Küvette (0,3–13 µg Fe) bei 533 nm photometriert.

1. Wässer

Zur Bestimmung von Fe in Kraftwerkskondensatwasser wurde das Fe aus 0,1n HCl-Lösung mit 0,5m Di-(2-äthylhexyl)-orthophosphorsäure/Cyclohexan extrahiert und in der organischen Phase mit BP photometrisch bestimmt [*78b*].

1.1. Wasser

B: $\geqq$ 1 ppb Fe. F_r: ±5%.

Unter Verwendung einer 100 ml-Probe und einer 5 cm-Küvette können nach der oben angegebenen Vorschrift [*77*] Gehalte bis 3 ppb Fe herab bestimmt werden. Dieses Verfahren ermöglicht in modifizierter Form [*82*] noch die Bestimmung von 1 ppb Fe, indem man die analog behandelte Probelösung mit 10 ml BP-Lösung und 5,0 ml n-Hexanol 10 min extrahiert und die organische Phase in einer 2 cm-Küvette photometriert.

1.2. Kesselspeisewasser

B: 1,5–60 ppb Fe. *s*: ±0,2–0,5 ppb Fe. *Z*: 15 min.

Arbeitsvorschrift [*82a—82c*]

Reagentien

Ammoniak (0,91).
m-Kresolpurpur, 0,02%ige wäßrige Lösung (mit 2 Tropfen Ammoniak/100 ml versetzt).
Bathophenanthrolin (BP), 0,1%ig in Isopentanol.
Pufferlösung; 60 g Natriumacetat + 200 ml Essigsäure in 1 l Lösung (mit Essigsäure oder Ammoniak auf pH 4,0 eingestellt; mit BP gereinigt).
Isopentanol; Äthanol.
Übrige Reagentien wie bei der Arbeitsvorschrift [77] (s. S. 704).

a) Gelöstes Fe [*82a*]

200 ml Probe (bei der Probenahme auf 0,1n HCl angesäuert) versetzt man in einem Schütteltrichter unter Mischen mit 2,0 ml Hydroxylaminhydrochlorid-Lösung, 1,0 ml m-Kresolpurpur-Lösung und tropfenweise mit Ammoniak bis zum Farbumschlag nach gelb. Nun werden 10 ml Pufferlösung zugesetzt, gemischt, 4,0 ml BP-Lösung hinzugefügt, 1 min geschüttelt, 2–40 min stehen gelassen, 21 ml Isopentanol zugesetzt, 2 min extrahiert und 10–60 min stehen gelassen. Man verwirft die wäßrige Lösung, läßt die organische Phase unter Nachwaschen mit Äthanol in einen 25 ml-Meßkolben ab, füllt mit Äthanol zur Marke auf und photometriert in einer 5 cm-Küvette bei 534 nm gegen Isopentanol.

b) Gesamt-Fe [Gelöstes + Ungelöstes (Oxyd, Hydroxyd)] [*82b, 82c*]

200 ml Probe werden mit 1 Vol% Thioglykolsäure (mit Kationenaustauschersäule Amberlite IR-120 gereinigt) versetzt, 1 Std im Wasserbad auf 80° C erhitzt, abgekühlt, in einen Schütteltrichter übergeführt und mit dem Zusatz von 10 ml Pufferlösung nach Verfahren a) fortgefahren.

2. Organisches Material

In anderen Arbeiten fand BP Anwendung zur Bestimmung von Fe in Treibstoff [*82d*] und pflanzlichem Material [*82e*].

2.1. Serum

Nach der Eiweißausfällung erfolgt die photometrische Bestimmung des Serum-Fe mit BP/Isoamylalkohol. Die Arbeitsvorschrift muß genau eingehalten werden, um Störungen durch unvollständige Entfernung des proteingebundenen Fe, Mitfällung des Serum-Fe oder das Auftreten von Färbungen zu vermeiden. 95–100% des vorhandenen Fe werden wieder gefunden. F_r: ±5%.

Eine Modifikation des vorliegenden Verfahrens [*79*] wurde in einer anderen Arbeit [*80*] beschrieben, wobei die Hydrolyse mit 0,2n HCl und Trichloressigsäure durchgeführt wird und BP/Isopropanol-Isoamylalkohol (3:1)-Lösung Verwendung findet.

Arbeitsvorschrift [*79*]

Reagentien

Trichloressigsäure, 20%ige wäßrige Lösung, 1%ig an Thioglykolsäure;
Natriumacetat, gesättigte wäßrige Lösung;
Bathophenanthrolin (BP), 0,08%ig in Isoamylalkohol;
Isoamylalkohol;
Äthanol.

1–2 ml Serum werden in einem 15 ml-Zentrifugenglas mit Wasser auf 6 ml gebracht, 2 ml Trichloressigsäure zugesetzt, 5–10 min stehen gelassen, dann 10–15 min in ein Wasserbad von 90–95° C gestellt und zentrifugiert. Die überstehende klare Lösung wird in einen 25 ml-Meßzylinder mit Schliffstopfen dekantiert, der Niederschlag erneut mit 2 ml Wasser und 0,5 ml Trichloressigsäure versetzt und gemischt. Man stellt wieder 5 bis 10 min in das Wasserbad von 90–95° C, zentrifugiert dann und dekantiert die überstehende Lösung in den Meßzylinder. Zur vereinigten wäßrigen Lösung fügt man 2 ml Natriumacetat-Lösung (die Lösung soll jetzt pH 4,0–5,0 aufweisen), 2,0 ml BP-Lösung (0,5 ml je 1 µg Fe) und extrahiert mit 6,0 ml Isoamylalkohol. Vom organischen Extrakt entnimmt man mit einer Pipette 5 ml, versetzt mit 0,5 ml Äthanol und photometriert in einer 2 cm-Küvette bei 535 nm.

2.2. Serum

Zugesetztes Fe wird zu 93–103% wiedergefunden. Die Ergebnisse stimmen mit den bei trockener Veraschung gefundenen Werten überein. Mit dem Verfahren wurden Gehalte von 160–180 µg Fe/100 ml Serum bestimmt.

Arbeitsvorschrift [*83*]

Reagentien

1 n HCl.
Hydrazinsulfat, gesättigte wäßrige Lösung.
Äthanol, absol.
weitere Reagentien wie bei Verfahren B. II. 2.1.

1 ml Serum wird mit 3 ml Wasser verdünnt, 2 ml 1 n HCl zugefügt und 30 min im siedenden Wasserbad erhitzt. Zum abgekühlten Hydrolysat fügt man 2 ml Natriumacetat-Lösung, 6,0 ml BP-Lösung und 0,5 ml Hydrazinsulfat-Lösung. Man schüttelt 15 min. Nach dem Zentrifugieren werden 5,0 ml des organischen Extraktes mit 0,5 ml Äthanol versetzt und bei 530 nm photometriert.

2.3. Harn

Für die Reduktion des Fe kann statt Hydroxylaminhydrochlorid auch Hydrazinhydrochlorid verwendet werden. Untersuchungen mit ^{59}Fe zeigten, daß das Fe zu 98,5 bis 101,9% wiedergefunden wird. 0,12–0,5 µg Fe/ml Probe werden mit einem relativen Fehler von ±2% bestimmt.

Statt der in dieser Vorschrift [*84*] verwendeten $H_2SO_4/HNO_3/H_2O_2$ erfolgt die Veraschung in einer anderen Arbeit [*85*] mit $HNO_3/HClO_4$, wodurch sie rascher durchgeführt, größere Probemengen verarbeitet und kleinere Gehalte bestimmt werden können. Die Veraschung läßt sich so in 30–45 min durchführen. Die bei Extraktion mit Isoamylalkohol durch anwesende Perchlorate verursachten Trübungen werden durch Anwendung von Nitrobenzol als Extraktionsmittel vermieden.

Arbeitsvorschrift [*84*]

Reagentien

HNO_3 (1,40), H_2SO_4 (1,84);
H_2O_2 (30%);
$KMnO_4$, 0,2%ige wäßrige Lösung;
Hydroxylaminhydrochlorid, 20%ige wäßrige Lösung;
Natriumacetat, gesättigte wäßrige Lösung; mit BP/Isoamylalkohol gereinigt;
Bathophenanthrolin (BP), 0,08%ig in Isoamylalkohol;
Isoamylalkohol.

5–10 ml Harn werden in einem 250 ml-Erlenmeyerkolben mit 0,75 ml H_2SO_4 und 5 ml HNO_3 versetzt und unter Rückfluß auf etwa 250° C erhitzt, bis die Lösung nahezu farblos ist. Nach mäßigem Abkühlen und Abspülen der Seitenwände mit wenig Wasser fügt man 5 ml H_2O_2 hinzu, erhitzt neuerlich bis zum Aufhören der Reaktion und wiederholt diesen Vorgang mit 2 ml H_2O_2. Danach erhitzt man 1 Std bei höchstens 250° C, kühlt dann ab, spült die Seitenwände mit soviel Wasser ab, daß wenigstens 20 ml zugesetzt wurden. Man versetzt tropfenweise bis zur bleibenden Rosafärbung mit $KMnO_4$-Lösung, gibt dann 3 ml Hydroxylaminhydrochlorid-Lösung, 15 ml Natriumacetat-Lösung und 4,0 ml BP-Lösung zu. Man verschließt den Kolben mit einem Schliffstopfen und schüttelt 60–90 sec. Nach der Phasentrennung wird der organische Extrakt abgezogen und bei 533 nm photometriert.

2.4. Pflanzliches Material

B: ≧ 0,3 ppm Fe. F_r: ±5%.

1 g getrocknetes Probematerial verascht man auf trockenem oder nassem Wege (s. S. 193) und bestimmt in der Veraschungslösung das Fe nach der Arbeitsvorschrift [77] auf S. 704 unter Verwendung einer 0,1%igen BP-Lösung und 1 cm-, 2 cm- oder 5 cm-Küvetten.

3. Metalle und Legierungen

Mit BP wurde Fe bestimmt in Wolfram, Chrom, Niob, Tantal, Titan, Vanadin, Al-Ti-V-Legierungen, Urancarbid [*52a*] und Quecksilber [*86*].

3.1. Arsen

B: ≧ 0,5 ppm Fe. F_r: ± 5%.

Arbeitsvorschrift [*87*]

Reagentien

HNO_3 (1,40); 6n HCl; 1n Ammoniak.
Hydroxylaminhydrochlorid, 20%ige wäßrige Lösung (mit BP gereinigt).
Natriumcitrat, 30%ige wäßrige Lösung (mit PH-$NaClO_4$/$CHCl_3$ gereinigt, s. S. 698).
Bathophenanthrolin (BP), 0,065%ige Lösung in Äthanol.
$CHCl_3$.

0,5 g Probematerial löst man in einem 50 ml-Quarzbecher (mit Quarzuhrglas bedeckt) mit 5 ml HNO_3 und 1 ml HCl, verdampft den Säureüberschuß unter einem Oberflächenverdampfer und führt die Lösung unter Nachwaschen mit 10 ml Wasser in einen 50 ml-Schütteltrichter über. Nun werden unter Mischen 2 ml Hydroxylaminhydrochlorid-Lösung, 2 ml BP-Lösung sowie 10 ml Natriumcitrat-Lösung hinzugefügt, mit Wasser auf ~ 25 ml verdünnt, gemischt und 15 min stehen gelassen. Man stellt mit Ammoniak auf pH 4,0–4,5 ein, extrahiert 2mal je 2 min mit jeweils 3 ml $CHCl_3$, füllt die organischen Extrakte in einem 10 ml-Meßkolben mit $CHCl_3$ zur Marke auf und photometriert in einer 5 cm-Küvette bei 533 nm gegen $CHCl_3$.

3.2. Beryllium

B: 0,6–130 ppm Fe. F_r: ±5%.

Arbeitsvorschrift [*88*]

Reagentien

HCl (1 + 2); H_2SO_4 (1 + 8).

Natriumacetat, 25%ige wäßrige Lösung.
$CHCl_3$.
Übrige Reagentien wie bei der Arbeitsvorschrift [77], auf S. 704.

0,5 g Probe löst man mit 30 ml HCl (1 + 2) oder H_2SO_4 (1 + 8), führt in einen Schütteltrichter über, versetzt mit 2 ml Hydroxylaminhydrochlorid-Lösung, 5 ml BP-Lösung sowie 20 ml Natriumacetat-Lösung, stellt auf pH 4,0 ein, extrahiert 2mal je 2 min mit jeweils 10 ml $CHCl_3$, füllt die organischen Extrakte in einem 25 ml-Meßkolben mit $CHCl_3$ zur Marke auf und photometriert in einer 1 cm-, 2 cm- oder 5 cm-Küvette bei 533 nm gegen $CHCl_3$.

3.3. Gallium und Galliumarsenid [87]

B: ≧ 0,5 ppm Fe. F_r: ±5%.

1,0 g Gallium wird mit 1 ml HCl und 1 ml HNO_3 in einem 50 ml-Quarzbecher (mit Quarzuhrglas bedeckt) erhitzt bis die Dämpfe verschwinden, noch 3mal je 1 ml HCl bzw. HNO_3 zugesetzt und mit dem Verdampfen des Säureüberschusses wie bei Verfahren B.II.3.1 fortgefahren.

Galliumarsenid wird nach Verfahren B.II.3.1 analysiert.

3.4. Molybdän

B: 6–1200 ppm Fe. F_r: ±3%.

Arbeitsvorschrift [79a]

Reagentien

Bathophenanthrolin (BP), 0,03%ig in 50%igem Äthanol.
Hydroxylaminhydrochlorid, 10%ige wäßrige Lösung.
Thioharnstoff, 5%ige wäßrige Lösung.
Übrige Reagentien wie bei Verfahren D.III.2.1. „Kupfer", (s. S. 678). Die Reagenslösungen werden mit BP analog wie bei Verfahren D.III.2.1. gereinigt, wobei man folgende Mengen BP-Lösung verwendet: bei der Ammoniumtartrat-Lösung 10 ml, bei der H_3BO_3-Lösung 20 ml, bei der Hydroxylaminhydrochlorid- und der Ascorbinsäure-Lösung jeweils 5 ml.

Aufstellung der Eichkurve

Wie bei Verfahren D.III.2.1 legt man in das 250 ml-Becherglas Tartrat-, H_3BO_3- und Ascorbinsäure-Lösung und zusätzlich noch 10 ml Hydroxylaminhydrochlorid-Lösung vor, stellt auf pH 5,5 ein, füllt auf 200 ml auf, führt aliquote Teile von jeweils 20,0 ml in die Schütteltrichter über, fügt die Fe(II)-Stammlösung (5 ppm) hinzu und verdünnt jeweils auf 25 ml. Nach Zusatz von je 2 ml Thioharnstoff-Lösung mischt man, läßt 5 min stehen, versetzt mit jeweils 4,0 ml BP-Lösung, mischt, läßt 15 min stehen, fährt dann mit der Extraktion wie bei Verfahren D.III.2.1 (S. 678) fort und photometriert in einer 1 cm-Küvette bei 536 nm gegen den Blindwert.

Analyse

Man arbeitet wie bei Verfahren D.III.2.1. nach a) bis c), versetzt die Lösung dann mit 2 ml H_2SO_4 (1 + 1), 10 ml Ascorbinsäure-Lösung sowie 5 ml Hydroxylaminhydrochlorid-Lösung, mischt, läßt 10 min stehen und fährt dann mit der Einstellung auf pH 5,5 nach d) fort.

3.5. Niob [79a]

B: 6–1200 ppm Fe. F_r: ±3%.

Man führt die Analyse nach Verfahren B.II.3.4 durch, wobei man den Schritt b) fortläßt.

3.6. Tantal [*79a*]

B: 6–1200 ppm Fe. F_r: ±3%.
Man führt die Analyse nach Verfahren B.II.3.5 durch.

3.7. Wolfram [*79a*]

B: 6–1200 ppm Fe. F_r: ±3%.
Man führt die Analyse nach Verfahren B.II.3.5 durch.

3.8. Wolfram

Nach dem Lösen der Probe wird das Wolfram mit Citronensäure in Lösung gehalten, Fe mit $Na_2S_2O_4$ reduziert, mit BP/$CHCl_3$-Äthanol extrahiert und photometrisch bestimmt. In Anwesenheit von Citronensäure sind Hydroxylaminhydrochlorid, Hydrazinhydrochlorid und Hydrochinon als Reduktionsmittel ungeeignet. H_3PO_4 kann als Maskierungsmittel für W nicht verwendet werden, da es die Bildung des Fe-BP-Komplexes verhindert. In Anwesenheit von $Na_2S_2O_4$ bildet Co einen braunen extrahierbaren Komplex. In Abwesenheit starker Reduktionsmittel bildet Co keinen Komplex. Unter den Arbeitsbedingungen entspricht 1% Co = 0,018% Fe, so daß eine Störung durch geringe Co-Gehalte vernachlässigt werden kann. Es konnte festgestellt werden, daß der Blindwert unter den gegebenen Arbeitsbedingungen verhältnismäßig hoch ist und etwa 0,002 bis 0,003% Fe beträgt. Als Hauptverunreinigungsquellen hierfür werden $Na_2S_2O_4$ (0,0005% Fe), Citronensäure (0,0006% Fe) und NaOH (0,0003% Fe) angegeben; deshalb müssen die Reagentien nachgereinigt werden, wonach der Blindwert dann bei 0,0003% Fe liegt.

B: 0,6–120 ppm Fe. F_r: ±5%.

Arbeitsvorschrift [*52*]

Reagentien

HF (40%); HNO_3 (1,40);

Citronensäure, 10%ige wäßrige Lösung; zu 500 ml Lösung fügt man 5 ml 2%ige Cupferron-Lösung und extrahiert nach 15 min Standzeit mit 20 ml $CHCl_3$. 3 Ausschüttelungen entfernen die vorhandenen Metallkomplexe und 2 weitere den Cupferron-Überschuß.

NaOH, 10%ige wäßrige Lösung; die Lösung wird zum Sieden erhitzt, 1 ml 2%ige $MgCl_2$-Lösung hinzugefügt und nach 10 min das ausgefällte $Mg(OH)_2$ mit dem mitausgefallenen $Fe(OH)_3$ abfiltriert. Die so gereinigte Lösung wird in Polyäthylenflasche aufbewahrt.

$Na_2S_2O_4$, 10%ige wäßrige Lösung; vor Gebrauch frisch hergestellt und auf je 50 ml Lösung 10 ml BP-Lösung hinzugefügt und 2mal mit je 10 ml $CHCl_3$ extrahiert.

Bathophenanthrolin (BP), 0,05%ig in absolutem Äthanol.

$CHCl_3$;

Äthanol.

1,0 g Probe (bei Gehalten >0,012% Fe <1 g Probe) wird in einer bedeckten Platinschale mit 2 ml HF und 1 ml HNO_3 gelöst, der Deckel mit Wasser abgespült und 20 ml Citronensäure-Lösung hinzugefügt. Die Lösung wird auf dem Wasserbad zur Trockene eingedampft und der Rückstand unter Erwärmen mit 10 ml NaOH-Lösung gelöst (wenn die Reaktion nicht deutlich alkalisch ist, müssen noch einige Tropfen NaOH-Lösung mehr zugefügt werden). Nun fügt man 20 ml Citronensäure-Lösung hinzu (der pH-Wert der Lösung soll nun zwischen 4–7 betragen), führt in einen Schütteltrichter über, versetzt mit 20 ml $Na_2S_2O_4$-Lösung und läßt 15 min stehen. Nach Zusatz von 20 ml BP-Lösung extrahiert man jeweils mit 10 und 5 ml $CHCl_3$, füllt den vereinigten organischen Extrakt in einem 50 ml-Meßkolben mit Äthanol zur Marke auf und photometriert in einer 1 cm- oder 5 cm-Küvette bei 533 nm.

3.9. Wismut

Der Zusatz der Maskierungsmittel ÄDTA und Natriumcitrat verhindert eine Ausfällung des Bi und dient zur pH-Einstellung. BP muß vor den Maskierungsmitteln zur 2n HCl-Lösung hinzugefügt werden, da sonst das Fe maskiert und keine Farbreaktion stattfinden würde.

B: 0,00003–0,001% Fe. F_r: ±5–10%.

Arbeitsvorschrift [*81*]

Reagentien

Bathophenanthrolin, 0,2%ig; 0,5 g BP werden in 175 ml Äthanol gelöst und mit Wasser auf 250 ml aufgefüllt;
Natriumcitrat, 50%ige wäßrige Lösung;
ÄDTA, 4%ige wäßrige Lösung;
$SnCl_2 \cdot 2\,H_2O$, 10%ig in 2n HCl.
HCl (1,19); 6n HCl; 2n HCl;
HNO_3 (1,42);
n-Hexanol;
Äthanol.

Die Probe wird in einem Gemisch von 6n HCl und HNO_3 (1,42) gelöst (je 1 g Wismut 10 ml HCl und 0,5 ml HNO_3). Die Lösung wird unter einem Oberflächenerhitzer fast zur Trockene eingedampft, der Rückstand in HCl (1,19) wieder gelöst und das Eindampfen wiederholt. Man löst den Rückstand erneut in HCl (1,19) und verdünnt mit Wasser, so daß die Lösung 0,2 g Bi/ml und etwa 2n HCl aufweist. Mittels einer Pipette bringt man 5 ml dieser Lösung in ein 10 ml-Becherglas, versetzt mit 0,2 ml $SnCl_2$-Lösung und kocht. Nach dem Abkühlen führt man sie in einen 100 ml-Schütteltrichter über, spült das Becherglas 2mal mit je 5 ml Äthanol und zuletzt mit 2 ml 2n HCl nach und fügt die Waschlösungen in den Schütteltrichter. Nun setzt man 4 ml BP-Lösung hinzu und mischt gut durch. Man versetzt mit einer Mischung von 20 ml ÄDTA- und 10 ml Natriumcitrat-Lösung und rührt, um einen sich bildenden Niederschlag zu lösen. Nach einer Standzeit von 5 min extrahiert man mit 10 ml n-Hexanol, füllt den organischen Extrakt in einem 25 ml-Meßkolben mit Äthanol fast zur Marke auf, fügt 0,2 ml 2n HCl zu, schüttelt, bis eine klare Lösung erhalten wird, füllt mit Äthanol zur Marke auf, filtriert die Lösung in eine 5 cm-Küvette und photometriert bei 533 nm.

4. Verschiedenes

Mit BP wurde Fe bestimmt in Saphir- und Rubinkristallen [*88a*], Molybdänverbindungen [*78a, 88b*], $SbCl_3$, $Na_2WO_4 \cdot 2\,H_2O$, $Na_4P_2O_7 \cdot 10\,H_2O$, NaF, Natriumoxalat, H_3PO_4, Wein-, Oxal-, Citronen- und Milchsäure [*78a*].

C. Thiocyanat

Fe(III) bildet mit Thiocyanat einen rotgefärbten Komplex, der schon seit langem vielfach zur photometrischen Bestimmung verwendet wird. Für bestimmte Zwecke ist die Methode recht brauchbar. Ein Nachteil dieser Farbreaktion ist aber die geringe zeitliche Stabilität des Komplexes. Er ist lichtempfindlich, verblaßt mit der Zeit und seine Farbintensität wird von pH-Wert, Salzkonzentration, Säureart, Temperatur und Reaktionszeit beeinflußt [*89–92*]. Durch geeignete Maßnahmen lassen sich aber diese Nachteile in erträglichen Grenzen halten. Demgegenüber sind an Vorteilen anzuführen: Billigkeit des Thiocyanates, die Einfachheit und Schnelligkeit des Bestimmungsverfahrens. Über die Zusammensetzung des Fe-Thiocyanat-Komplexes werden verschiedene Angaben gemacht: $[Fe(SCN)_4]^-$ [*93*], $Fe(SCN)^{2+}$ und $Fe(SCN)_2^+$ [*94*] sowie $Fe[Fe(SCN)_6]$ [*95*]. Die Art des gebildeten Komplexes soll von der Thiocyanat-Konzentration abhängen. Es soll stets ein Reagensüberschuß zugesetzt werden, da hierdurch die Farbstabilität größer wird und Störungen durch andere Ionen herabgesetzt werden. Allgemein sind Konzentrationen von 0,3m Thiocyanat, 0,5n HNO_3 oder 0,1n HCl (pH 1–2) günstig. Der Zusatz von Oxydationsmitteln wie Persulfat oder Peroxyd erhöht die Farbstabilität. Durch Zusatz eines wasserlöslichen organischen Lösungsmittels (Aceton [*90*], Methyläthylketon und Aceton [*96*]) erreicht man eine Erhöhung der Farbintensität, der Stabilität des Komplexes, der Empfindlichkeit und Genauigkeit. Demselben Zweck dient die Extraktion mit wasserunlöslichen organischen Lösungsmitteln. Ein Zusatz von Aceton ist allerdings nur dann möglich, wenn die Lösung keine in Wasser/Aceton ausfallenden Salze enthält.

Für die Extraktion des Fe-Thiocyanates wurden verschiedene organische Lösungsmittel angewendet: Isobutylalkohol [*97*], Isoamylalkohol [*98, 99*], Diäthyläther [*100–102*], Äthylacetat [*103*], Isoamylalkohol/Diäthyläther [*104*], TBP [*105–106a*] und MIBK.

Durch Extraktion mit Äthylacetat konnten mikrochemisch noch 0,003 µg Fe/30 µl nachgewiesen werden [*3, 103, 107*]. Gegenüber Isoamylalkohol, Isopropylalkohol, Petroläther und $CHCl_3$ erwies sich Diäthyläther am günstigsten, da mit diesem der Komplex am vollständigsten extrahiert und die höchste Extinktion erreicht wird. Der Verteilungskoeffizient des Fe-Thiocyanates zwischen Wasser und Diäthyläther beträgt bei 28° C $D = 8{,}09$. Zur Erreichung einer Farbstabilität wurde der Komplex auch mit Diäthyläther, der mit SO_2 gesättigt ist, extrahiert [*108, 109*].

TBP ist ebenso wie Diäthyläther leichter als Wasser, hat aber gegenüber letzterem den Vorteil der Unbrennbarkeit und geringeren Flüchtigkeit. Die Extraktion soll mit TBP rascher durchführbar und mit geringeren Kosten verbunden sein [*105*]. Gebrauchtes TBP läßt sich leicht rückgewinnen, indem man die Hauptmenge des im organischen Lösungsmittel enthaltenen Fe-Thiocyanates mit H_2SO_4 (1 + 1) ausschüttelt. Die kleine restliche Fe-Menge wird durch Extraktion mit Ammoniak (0,91) entfernt und zuletzt das TBP mit Wasser nachgewaschen. Das Molverhältnis von Thiocyanat: Fe muß mindestens 4–5 betragen [*105*], um die maximale Extraktion des Fe-Komplexes zu erreichen. Bis zu einem Molverhältnis von 9,6 bleibt die extrahierte Fe-Menge konstant, so daß eine Erhöhung der Thiocyanatkonzentration unnötig ist. Ein pH-Wert von 2,0 ist zu empfehlen. Mit einem TBP/CCl_4 (1:1 oder 1:1,2), das schwerer als Wasser ist, kann man mit einer Ausschüttelung rund 95% des vorhandenen Fe extrahieren [*105*]. Von den oben genannten Solventien ist TBP eines der wirksamsten Extraktionsmittel ($E\% = 99{,}9996$ bei 2maliger Ausschüttelung) [*106a*].

Das Extinktionsmaximum liegt in wäßriger Lösung bei 475–480 nm, in Diäthyläther bei 500 nm [*100*] (s. Abb. 118), in TBP bei 503 nm [*106a*]; für die photometrische Bestimmung fanden Wellenlängen im Bereich von 470–550 nm Anwendung ($\varepsilon_{480} = 6300$ in wäßriger Lösung, $\varepsilon_{480} = 14000$ in Wasser/Aceton (2:3) [*90*], $\varepsilon_{485} = 10600$ in Isobutanol, $\varepsilon_{503} = 19100$ in TBP [*106a*]). Das Beersche Gesetz ist in wäßriger Lösung im Bereich von 0,2–~5 µg Fe/ml (0,1–0,5n HCl oder 0,5n HNO_3 und 0,3m KSCN), nach anderen Angaben [*90*] bis herauf zu 10 µg Fe/ml (in HCl-Lösung bei pH 1,5), in Wasser/Aceton-Lösung im Bereich von 0,1–4 µg Fe/ml und in Isobutylalkohol im Bereich von 0,13–5 µg Fe/ml erfüllt. Im Gegensatz zur geringen Stabilität in wäßriger Lösung ist der Komplex in Diäthyläther [*100*] und Isobutylalkohol [*97*] bis 4 Std, in TBP bis 8 Std (im Dunkeln aufbewahrt bis 1 Monat) [*106a*] stabil.

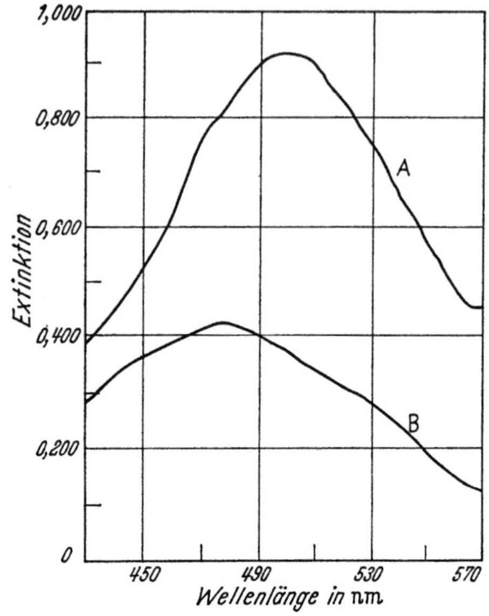

Abb. 118. Extinktionskurven von Fe(III)-Thiocyanat in Diäthyläther (*A*) und in Wasser (*B*) [*100*]

Mehrere Elemente bilden verschieden stark gefärbte, in verschiedenem Ausmaß extrahierbare Komplexe: Bi, Co, Cu, Mo, Ti, Nb, Ni, U, V, Ru, Ir, Os, Hg(II), Cd, Zn, Sb(III), die teils durch ihre Färbung, teils durch den Reagensentzug stören. Ag und Hg(I) bilden unlösliche Thiocyanate. Mit TBP mitextrahiertes Ni ($E\% \approx 63$) stört bei ausreichendem SCN^--Überschuß nicht, da es sich im Gegensatz zu Fe aus dem organischen Extrakt mit 0,5n HCl vollständig auswaschen läßt (für die Extraktion mit TBP und anschließendem Waschen mit 0,5n HCl: $D_{Fe} = 1100$, $D_{Ni} = 0{,}002$, $\beta_{Fe/Ni} = 550000$) [*106a*]. F^-, Metaphosphat, $P_2O_7^{4-}$ und Oxalat stören die Komplexbildung. Eine Störung durch F^-, Ortho-, Meta- oder Pyrophosphat läßt sich durch Zusatz von Al- oder Zr-Salzlösung beseitigen [*103, 110*]. Die 250fache Menge an Acetat, Tartrat, Citrat, CN^- und Phosphat stört nicht.

Arbeitsvorschrift

Reagentien

KSCN, 20%ige wäßrige Lösung;
$K_2S_2O_8$, 2%ige wäßrige Lösung;
Aceton;
NH_4SCN, 40%ige wäßrige Lösung.
0,5n HCl; Na_2SO_4 sicc.;
TBP.

a) Bestimmung in wäßriger Lösung

Die saure Probelösung [10–250 μg Fe(III) enthaltend] wird in einem 100 ml-Meßkolben mit soviel HCl oder HNO_3 versetzt, daß die zur Marke aufgefüllte Lösung 0,1–0,5n mineralsauer ist, 5 ml $K_2S_2O_8$-Lösung und 15,0 ml KSCN-Lösung hinzugefügt, mit Wasser zur Marke aufgefüllt und unmittelbar in einer 2 cm-Küvette bei 480 nm photometriert.

Anstelle von $K_2S_2O_8$-Lösung kann auch 1,0 ml 3%iges H_2O_2 zugefügt werden.

Weiterhin kann die Bestimmung auch auf die Weise durchgeführt werden, daß man die schwach saure Probelösung mit 5 ml KSCN-Lösung (20%ig an NH_4Cl) und unter Schütteln mit 5 ml 20%iger $HClO_4$ versetzt, mit Wasser auf 100 ml auffüllt und unmittelbar danach photometriert. Da die Farbe hier rasch verblaßt, muß stets die gleiche Zeit zwischen dem Auffüllen und Messen der Extinktion eingehalten werden.

b) Bestimmung in Wasser/Aceton-Lösung

Die saure Probelösung [5–200 µg Fe(III) enthaltend] wird in einem 100 ml-Meßkolben auf die unter a) angegebene Normalität eingestellt, mit 15,0 ml KSCN-Lösung und 50 ml Aceton versetzt, mit Wasser zur Marke aufgefüllt und wie unter a) photometriert.

c) Extraktion mit TBP [*106a*]

~20 ml schwach saure Probelösung (0,35–70 µg Fe enthaltend) versetzt man in einem 100 ml-Schütteltrichter mit 20 ml NH_4SCN-Lösung (die Lösung soll 20%ig an NH_4SCN sein), extrahiert 2mal jeweils 1 min mit 10 ml und 5 ml TBP, verwirft die wäßrige Phase, wäscht den vereinigten organischen Extrakt 2mal jeweils 1 min mit je 10 ml 0,5n HCl und verwirft die Waschlösungen. Der organische Extrakt wird in einem 25 ml-Meßkolben (in den 2 g Na_2SO_4 sicc vorgelegt sind) mit TBP zur Marke aufgefüllt, gemischt bis die Lösung klar ist und nach ~1 Std Standzeit in einer 1 cm- (2–70 µg Fe) oder 5 cm-Küvette (0,35–14 µg Fe) bei 503 nm gegen den Blindwert photometriert.

1. Organisches Material

Fe wurde mit Thiocyanat in Wein, Bier, Malz- und Fruchtsaftgetränken [*111*] sowie in PVC-Material [*112*] bestimmt.

1.1. Serum

Hämoglobinfreies Serum wird mit HNO_3 versetzt, um das vorhandene Eiweiß auszufällen, proteingebundenes Fe abzuspalten und das freie Fe in die 3-wertige Stufe überzuführen.

B: 0,8–2 µg Fe/ml Serum. F_r: ±3%.

Arbeitsvorschrift [*100*]

Reagentien

1n HNO_3;
3m KSCN;
Diäthyläther, peroxydfrei.

Das klare, hämoglobinfreie Serum (1,5 ml) wird mit 4,5 ml Wasser verdünnt und mit 6 ml 1n HNO_3 angesäuert. Nach wenigstens 5 min Standzeit wird vom Niederschlag abzentrifugiert. 8 ml der überstehenden klaren Flüssigkeit werden in einen 60 ml-Schütteltrichter übergeführt und 1,6 ml KSCN-Lösung zugesetzt. Man fügt das dreifache Volumen peroxydfreien Diäthyläther zu und schüttelt 1 min. Nach zweimaliger Wiederholung des Extraktionsvorganges werden die drei Ätherphasen vereinigt, bis auf ein geringes Volumen abgedampft und danach auf genau 5 ml mit Äther aufgefüllt (wenn erforderlich, kann auch auf 10 ml aufgefüllt werden) und in einer 1 cm-Küvette bei 500 nm photometriert.

1.2. Nahrungsmittel

B: 0,0001–0,012% Fe. F_{rm}: ±4%.

Arbeitsvorschrift [*97*]

Reagentien

H_2SO_4 (1,84); HNO_3 (1,40); HCl (1,19);
$HClO_4$ (72%);
H_2O_2 (30%);
$K_2S_2O_8$, 2%ige wäßrige Lösung; wenige Tage im Kühlschrank haltbar;
KSCN, 20%ige wäßrige Lösung; wenige Tage im Kühlschrank haltbar;
Isobutylalkohol.

Eine entsprechende Probemenge (3–5 g, je nach dem zu erwartenden Fe-Gehalt) wird in einem 300 ml-Kolben mit 10 ml HNO_3 versetzt und leicht erwärmt. Nach Abklingen der ersten deutlichen Reaktion fügt man 2 ml H_2SO_4 zu und erhitzt. Flüssige Proben werden in Anwesenheit von 10 ml HNO_3 bis auf ein kleines Volumen eingeengt und danach erst H_2SO_4 zugesetzt. Man versetzt die zu veraschenden Proben von Zeit zu Zeit tropfenweise mit HNO_3 und erhitzt weiter, bis nur mehr eine schwache Dunkelfärbung vorhanden ist. Man kühlt ab, fügt 1 ml $HClO_4$ zu und erhitzt, bis die Lösung klar ist. Durch weiteres Erhitzen bis zum Auftreten der weißen SO_3-Dämpfe wird die überschüssige $HClO_4$ zerstört. Zur abgekühlten, klaren Lösung fügt man 40 ml Wasser und erhitzt wieder bis zum Auftreten der weißen Dämpfe und beläßt wenigstens 5 min bei Siedehitze. Man kühlt ab, versetzt mit 10 ml Wasser und füllt die Lösung nach Überführen in einen 100 ml-Meßkolben unter Nachwaschen mit Wasser nach Abkühlen auf Raumtemperatur zur Marke auf.

Proben mit hohem Fettgehalt verascht man zweckmäßiger in einem 300 ml-Kolben unter Zusatz von 5 ml H_2O_2 und 2 ml H_2SO_4 unter vorsichtigem Erhitzen. Nach einiger Zeit setzt man weitere 5 ml H_2O_2 zu und erhitzt wieder. Nach dieser Vorveraschung wird nach Zusatz von HNO_3 in der oben beschriebenen Weise vollständig verascht.

Ein aliquoter Anteil von 25,0 ml wird in einen 125 ml-Schütteltrichter übergeführt und mit genau 5 ml HCl (1,19) versetzt. Man fügt 1 ml $K_2S_2O_8$-Lösung zu und mischt. Nach Zusatz von 10,0 ml KSCN-Lösung und 25,0 ml-Isobutylalkohol wird 2 min extrahiert. Die wäßrige Phase wird verworfen. Nach einer Standzeit von 10 min wird die organische Phase von den letzten Wasserresten befreit und in einem trockenen 50 ml-Erlenmeyerkolben unter Zusatz von wenig Na_2SO_4 sicc. übergeführt. Man photometriert bei 485 nm gegen den Blindwert (1 cm- oder 5 cm-Küvette).

2. Metalle und Legierungen

Thiocyanat wurde unter anderem auch verwendet zur Bestimmung von Fe in Calcium, Magnesium [*113*] und Uranlegierungen [*115*].

2.1. Wismut-Legierungen

Obwohl Bi eine gelbe Färbung gibt, wird es nicht extrahiert. In der Lösung muß genügend Thiocyanat anwesend sein, um das Bi vollständig in den Thiocyanat-Komplex überzuführen.

B: 0,0003—0,01% Fe. F_r: ±5%.

Arbeitsvorschrift [*114*]

Reagentien

HNO_3 (1,40); $HClO_4$ (70%); HCl (1,19); 1 n HCl;
MIBK;
NH_4SCN-Lösung; 20 g Reagens werden in Wasser gelöst und auf 80 ml gebracht. Man setzt 2,5 ml 1 n HCl zu und extrahiert 2mal mit je 10 ml MIBK.

0,5 g Probe werden in 1 ml HNO_3 und 2 ml Wasser vollständig gelöst, danach 1,5 ml $HClO_4$ zugesetzt und die Lösung bis zum Auftreten der $HClO_4$-Dämpfe eingeengt. Nach dem Abkühlen und Zusatz von 12 ml Wasser führt man in einen 150 ml-Schütteltrichter unter Nachwaschen mit 4 ml Wasser über. Man versetzt mit 3 ml HCl (1,19), 10 ml NH_4SCN-Lösung und extrahiert 2 mal mit je 5 ml MIBK. Die vereinigten organischen Extrakte werden in einem 20 ml-Meßkolben mit dem Lösungsmittel aufgefüllt. Man photometriert bei ~ 490 nm in einer 2 cm-Küvette.

2.2. Nickel

B: 0,3–14 ppm Fe. F_r; ± 5%.

Arbeitsvorschrift [*106a*]

Reagentien

HNO_3 (1,40).
Übrige Reagentien wie bei Arbeitsvorschrift c) (s. S. 713).

1 g Probematerial wird in einem 100 ml-Becherglas mit 5 ml Wasser und 10 ml HNO_3 unter Erwärmen gelöst, zur Trockene eingedampft, der Rückstand mit 10 ml Wasser und 10 ml NH_4SCN-Lösung gelöst, in einen Schütteltrichter übergeführt und nach Arbeitsvorschrift c) (s. S. 713) fortgefahren (5 cm-Küvette).

3. Verschiedenes

3.1. Nickel-, Chrom- und Manganverbindungen [*106a*]

B: ≧ 0,03 ppm Fe. F_r: ± 5%.

Nickelnitrat: 10 g Probe löst man in 20 ml NH_4SCN-Lösung und fährt nach Verfahren C.2.2. fort.

Nickelchlorid und -sulfat: Man löst 10 g $NiCl_2 \cdot 6\,H_2O$ in 20 ml NH_4SCN-Lösung, 10 g $NiSO_4 \cdot 6\,H_2O$ in 10 ml Wasser (Dampfbad) sowie 40 ml NH_4SCN-Lösung. Die Lösung wird jeweils im Schütteltrichter mit 10 ml TBP überschichtet, 0,2 ml 0,3%iges H_2O_2 zugesetzt und sofort mit der Extraktion nach Verfahren C.2.2 fortgefahren.

Nickeloxyd und -carbonat wird nach Verfahren C.2.2 analysiert.

Chrom- und Manganverbindungen werden wie Nickelchlorid analysiert.

D. Thiocyanat-Tri-n-butylammoniumsalz

Fe(III) bildet bei Zusatz von NH_4SCN und Tri-n-butylammoniumacetat einen roten Komplex $[NH(C_4H_9)_3]_3[Fe(SCN)_6]$, der in Wasser unlöslich, aber durch Amylacetat extrahierbar ist [*117, 36, 118, 119*]. Gegenüber der Bestimmung des Fe mit Thiocyanat hat das Verfahren mit Tri-n-butylammoniumthiocyanat (TBT) den Vorteil, daß es nicht dieselbe Störanfälligkeit aufweist. Das mit Amylacetat extrahierte Fe-TBT weist ein Extinktionsmaximum bei 480 nm auf ($\varepsilon_{480} = 21200$). Für die Reaktion ist ein pH-Bereich von 0,5–4,3 am günstigsten. Die Farbe ist bei Verwendung von frischem Tributylammoniumacetat 24 Std und bei älterem Reagens 3 Std stabil. Der Fe-TBT-Komplex läßt sich auch mit Amylalkohol, Butylacetat, Hexylacetat und Octylacetat extrahieren. Amylalkohol scheint gegenüber den Estern weniger gut geeignet zu sein, da bei der Extraktion von 10 μg Fe mit den angeführten organischen Lösungsmitteln folgende

Extinktionen erhalten werden: Amylalkohol 0,75, Butylacetat 0,91, Amylacetat 0,95, Hexylacetat 1,00 und Octylacetat 1,05. Das Beersche Gesetz ist im Bereich von 0,07 bis 2,5 μg Fe/ml Ester erfüllt.

Alkali- und Erdalkalimetalle stören nicht. SiO_3^{2-}, PO_4^{3-} und 15 mg F^- sind ebenfalls ohne Einfluß. Größere Fluoridmengen können durch Zusatz von Al maskiert werden. Die Bestimmung des Fe ist neben anderen Elementen in folgenden Mengenverhältnissen (Fe(III): Me) spezifisch: 1:1000000 Al, Cr(III) und Mn(II), 1:40000 Cd, 1:25000 Cu und Ti, 1:20000 P (als PO_4^{3-}) und Pb, 1:4000 Bi, 1:3000 Ni, 1:2000 Sb(III) und 1:800 Sn(IV).Cr, Mn und Al stören nicht. Größere Ni- und Cu-Mengen und mehr als der zweifache Überschuß an Co stören und werden daher als Pyridin-thiocyanatkomplexe $[NiPy_4](SCN)_2$, $[CoPy_4](SCN)_2$, $[CuPy_2](SCN)_2$ vorher durch Extraktion mit $CHCl_3$ abgetrennt. Dabei ist es wegen des Pyridin-Gehaltes notwendig, das Fe mit Sulfosalicylsäure in Lösung zu halten. Obwohl diese in saurer Lösung die Bildung des Fe-TBT-Komplexes nicht beeinflußt, muß aber die Eichkurve in diesem Fall unter gleichen Bedingungen aufgenommen werden, da die Höhe der Extinktion durch die Gegenwart von Sulfosalicylsäure verändert wird. Bis 25 mg Zn stören neben 2,5 μg Fe nicht. Zn und Cd lassen sich ebenfalls als $[ZnPy_2](SCN)_2$ bzw. $[CdPy_2](SCN)_2$ abtrennen: für 50 mg Zn sind 4 ml, für 50 mg Cd 2 ml Pyridin und jeweils 8 ml $CHCl_3$ erforderlich. Von Cd stören aber bis 50 mg neben 2,5 μg Fe nicht, bei Anwesenheit von 150 mg Cd muß man 1 ml Tributylammoniumacetat verwenden, um eine Störung zu vermeiden. Bei größeren Mengen an Pb tritt ein weißer Niederschlag auf und auch bei Sn entsteht eine Fällung. Es können jedoch 2 mg Sn durch Zusatz von 0,4 ml 40%iger Kaliumnatriumtartratlösung maskiert werden. Eine auftretende Trübung in Anwesenheit von 5 mg Sb stört nicht und kann abfiltriert werden. Bi stört durch Gelbfärbung der organischen Phase, doch sind bis 10 mg Bi neben 2,5 μg Fe zulässig. MoO_4^{2-} und WO_4^{2-} stören durch Gelbfärbung. Die Bestimmung von 2,5 μg Fe wird aber durch 10 μg Mo(VI) und 25 μg W(VI) sowie ferner durch 1,5 mg Ti noch nicht gestört; bis 15 mg Ti können durch 0,4 ml 40%ige Kaliumnatriumtartratlösung maskiert werden. Das Verfahren wurde zur Bestimmung von Fe in Aluminiumlegierungen, Zinkoxyd, Glas, Messing mit Gehalten von 0,2–3% Fe und weiterhin in Wässern und biologischem Material angewendet, eignet sich aber auch für kleinere Fe-Gehalte, wie z. B. 0,0001% Fe in Aluminium, Chrom und Mangan, 0,001% Fe in Nickel (nach Verfahren b) und Zink, 0,002% Fe in Cadmium und 0,004–0,005% Fe in Kupfer und Blei.

a) Allgemeine Arbeitsvorschrift [*119*]

Reagentien

Pufferlösung (pH 3,4); 50 g Natriumacetat und 500 g Eisessig werden mit Wasser auf 1 l gebracht;

NH_4SCN, 50%ige wäßrige Lösung;

Tributylammoniumacetat; Tri-n-butylamin wird durch Vakuumdestillation gereinigt. Das destillierte Tributylamin wird mit wenig konz. NH_4SCN-Lösung geschüttelt und eine sich bildende Rotfärbung durch Umschütteln mit Aktivkohle und anschließende Filtration entfernt. Durch Neutralisieren von Eisessig mit Tributylamin in geringem Überschuß wird das Reagens so bereitet, daß nach kräftigem Durchschütteln eine obere dünne Tributylaminschicht erhalten bleibt;

Thioharnstoff (zur Maskierung von Cu-Spuren);

Amylacetat.

20–30 ml der HCl- oder H_2SO_4-haltigen Probelösung [0,3–12 μg Fe(III) enthaltend] werden in einem Schütteltrichter mit 2 ml Pufferlösung und 4 ml NH_4SCN-Lösung vermischt, 0,5 ml Tributylammoniumacetat und wenige mg Thioharnstoff zugesetzt und mit 4 ml Amylacetat kräftig geschüttelt. Die organische Phase wird in einen 5 ml-Meßkolben übergeführt und nach Auffüllen mit Amylacetat in einer 1 cm-Küvette bei 480 nm gegen Amylacetat photometriert.

b) Abtrennung von Ni, Co und Cu [*119*]

Reagentien

Sulfosalicylsäure, 15%ige wäßrige Lösung;
Natriumacetat;
Pyridin;
$CHCl_3$;
weitere Reagentien wie bei obigem Verfahren a).

Die nicht zu stark saure Probelösung wird, abhängig von der vorhandenen Fe-Menge, mit 2–4 ml Sulfosalicylsäurelösung und 0,5–1,0 g Natriumacetat vermischt. Man fügt 4 ml NH_4SCN-Lösung und 2 ml Pyridin je 100 mg Ni(II) zu, mischt und versetzt mit 8 ml $CHCl_3$. Die Hauptmenge des Ni kann durch einmalige Extraktion abgetrennt werden. Nach Verwerfen der organischen Phase fügt man zur wäßrigen Phase 4 ml Pufferlösung, 2 ml NH_4SCN-Lösung, 0,5 ml Tributylammoniumacetat und extrahiert wie bei Verfahren a). Die Abtrennung von Co erfolgt wie bei Ni: in Anwesenheit von 5 mg Co verwendet man 1 ml Pyridin, von 10 mg Co 2 ml Pyridin und jeweils 4 ml $CHCl_3$. Auf die gleiche Weise wird auch Cu abgetrennt: für die verschiedenen Cu-Mengen verwendet man jeweils 1 ml Sulfosalicylsäure- und 4 ml der NH_4SCN-Lösung, für 1–5 mg Cu 1 ml Pyridin und 4 ml $CHCl_3$, für 10 mg Cu 2 ml Pyridin und 4 ml $CHCl_3$ und für 50 mg Cu 10 ml Pyridin und 1mal 8 ml und 1mal 4 ml $CHCl_3$. Schließlich ist hier nach der pH-Einstellung noch der Zusatz von 4 ml 10%iger Thioharnstofflösung erforderlich.

1. Salzsäure [*36*]

B: $\geqq 0{,}005$ ppm Fe. F_r: $\pm 5\%$.

10–30 ml konz. HCl p. a. (von HCl geringerer Reinheit entsprechend weniger) werden in einer durch einen Absaugtrichter von oben geschützten Platinschale bis auf 1 ml abgedampft. Man verdünnt auf 10 ml mit Wasser, stumpft die Säure mit Natriumacetat auf pH 3,5 ab, versetzt mit 4 ml NH_4SCN-Lösung und 0,5 ml Tributylammoniumacetat [Reagentien s. Verf. a), S. 716] und extrahiert nach Durchmischen kräftig mit 5,0 ml Amylacetat. Man photometriert die organische Phase bei 480 nm (2 cm-Küvette).

E. Atomabsorptionsspektrophotometrie

Fe läßt sich mit der am häufigsten benutzten Linie Fe 2483 ($S_M = 0{,}2$ µg Fe · ml^{-1}) und dem Luft/C_2H_2-Brenner bestimmen, wobei nur eine kleine Zahl von Elementen stört. Der optimale Arbeitsbereich liegt innerhalb 2–20 µg Fe/ml wäßriger Lösung. Daneben ist noch eine Reihe anderer Linien anwendbar, wie z. B. die Wellenlängen (S_M in µg · ml^{-1}) 2488 (0,2), 2523 (0,2), 2719 (0,3), 3021 (0,4), 2501 (0,4), 2167 (0,5), 3720 (0,7), 2967 (0,8) u. a. m. Al [*119a*], Co, Cu, Ni [*119b*] und Si [*119a, 119c*] stören. Die Störung von Co, Cu und Ni ist in HCl-Lösung geringer als in HNO_3- und H_2SO_4-Lösung. Die Störung von Si beseitigt man durch 200 ppm Ca [*119d*], jene von Co, Cu und Ni durch 0,04m Ca, besser aber durch 0,01m Oxin (eine der Summe der Störelemente äquimolare Menge) [*119b*]. Liegt der Fe-Gehalt der Probelösung unterhalb L_Q, so extrahiert man das Fe zweckmäßig mit MIBK aus 7n HCl-Lösung, mit Carbamat/MIBK oder Oxin/MIBK (s. S. 297ff.). Bei einem Vergleich von 3 Reagentien (Extraktion mit 5 ml Reagenslösung aus 100 ml wäßriger Lösung mit 0,1 ppm Fe und

Einsprühen des organischen Extraktes in die Flamme) erwies sich Oxin am günstigsten (pH-Wert der Extraktion; AAS-Meßwert in Extinktion) [*119e*]: 0,2% Cupferron/MIBK (pH 3/5/7; $E = 0{,}160/0{,}200/0{,}017$), 0,2% Oxin/MIBK (pH 5/7/9; $E = 0{,}185/0{,}195/0{,}190$), Na-DDTC/MIBK (pH 5/7/9; $E = 0{,}073/0{,}170/0{,}010$).

Mit der flammenlosen AAS (Graphitrohrküvette) erreicht man $L_Q = 0{,}015$ ng Fe bzw. $L_Q = 0{,}15$ ng Fe · ml^{-1} (bei 100 µl Probe) [*119f, 119g*]. Mittels AAS wurde Fe in verschiedenen Materialien bestimmt, wie Wasser [*119e, 119h*], Seewasser [*119i*], Blut [*119j*], Pflanzenmaterial [*119c*], Molybdän, Wolfram [*119k*], Natrium ($\leqq$ 10 ppm Fe) [*119l*], Plutonium ($\geqq$ 5 ppm Fe) [*119m*], Böden [*119c*], Wolframcarbid [*119n*], Silberchlorid [*119o*], Uranverbindungen [*119p*], Plutoniumnitratlösungen (0,1–8 ppm Fe) [*119q*] und Luft [*119h*].

1. Organisches Material

1.1. Serum, Harn

B: $\geqq$ 0,1 ppm Fe. F_r: ±2–3%.

Der Normalgehalt von Serum beträgt 0,8–1,6 ppm Fe. Serumproben werden 2fach mit Wasser verdünnt und direkt in die Flamme eingesprüht. Die Viscosität der Probelösung berücksichtigt man bei den Eichlösungen nach Verfahren G. 1.2. (Abschnitt „Kupfer", S. 686). Wahlweise kann man die Probe mit Trichloressigsäure nach Verfahren B. II. 2.1. (S. 705) enteiweißen und das erhaltene Filtrat (abzentrifugierte Lösung) in die Flamme einsprühen, oder aber aus dem Filtrat das Fe mit Carbamat/MIBK, Oxin/MIBK (s. S. 297ff., 717) bzw. nach Verfahren B. II. 2.1. (s. S. 705) mit Bathophenanthrolin/MIBK extrahieren und den erhaltenen organischen Extrakt in die Flamme einsprühen. Harnproben werden direkt in die Flamme eingesprüht.

1.2. Schmieröl [*119r—119t*]

B: 0,5–50 ppm Fe. *V:* ±1–3%.

Man führt die Analyse nach Verfahren D. 1.2. (Abschnitt „Chrom", S. 640) durch und verwendet für die Fe-Stammlösung Fe(III)-cyclohexanbutyrat [NBS Standard 1079; 0,259 g (≡ 50 mg Fe) löst man unter Erwärmen in 3 ml Xylol + 4 ml 2-Äthylcapronsäure + 3 ml 6-Methyl-2,4-heptandion und verdünnt mit Fe-freiem Schmieröl auf 100 g].

1.3. Erdöl, Erdölfraktionen

B: $\geqq$ 0,25 ppm Fe.

Die mit Xylol 5fach verdünnte Probe sprüht man in die C_2H_2-arme Flamme ein (s. a. Verfahren G. 1.3., Abschnitt „Nickel", S. 883). Die Eichkurve wird analog wie bei Verfahren E. 1.2. (s. oben) aufgestellt.

F. Verschiedenes

Für die photometrische Bestimmung von Fe sind auch zahlreiche andere Reagentien vorgeschlagen bzw. verwendet worden, von denen noch die nachfolgenden genannt seien: Triphenylmethylarsoniumthiocyanat [*120*], Isonitrosoacetophenon [*28, 29, 121*], Oxin [*122, 123*], Chinolinsäure [*133*], Ferron (7-Jod-8-Hydroxychinolin-5-sulfosäure) [*140* bis *141b*], N-Amino-dithiocarbamidsaures Hydrazonium [*134*], 1-Nitroso-2-naphthol [*124*], 1-Nitroso-hydroxylamino-tetrahydronaphthalin und das entsprechende 2-Nitroso-Derivat [*135*], Nitroso-R-Salz [*136*], PAN/$CHCl_3$ ($\varepsilon_{764} = 15500$ [*164*]) [*165*], Sulfosalicylsäure [*127–132*], Salicylsäure [*138, 139*], Salicylaldoxim [*137*], Pyridin-2-aldoxim [*159*], Chinisatinoxim ($\varepsilon_{660} = 16200$) [*163*], Phenyl-2-pyridylketoxim/Isoamylalkohol ($\varepsilon_{550} = 15600$) [*166, 167*], Phenyl-2-pyridylketoxim/$CHCl_3$ (Extinktionsmaximum 570 nm; Bestimmungsbereich 0,05–1 ppm) [*168*], Bis-2,6-pyridindiamidoxim ($\varepsilon_{523} = 16800$) [*169*], 2(2-Pyridyl)-benzimidazol [*125*], 4,4′-substituierte 2,2′-Dipyridyle [*126*], 2,2′-Dipyridyl ($\varepsilon = 8600$) [*142–145a*], 2,2′, 2″-Tripyridyl ($\varepsilon = 11500$) [*142, 146*], 2,4,6-Tripyridyl-s-triazin ($\varepsilon = 22600$) [*150–152*], Oximidobenzotetronsäure [*157*], 2,6-Bis(4-äthyl-2-pyridyl)-4-phenylpyridin ($\varepsilon_{570} = 27100$) [*161*], 2,3,5,6-Tetrakis-(2′-pyridyl)-pyrazin ($\varepsilon_{585} = 19800$) [*162*], 3-(4-Phenyl-2-pyridyl)-5,6-diphenyl-1,2,4-triazin/Isoamylalkohol ($\varepsilon_{561} = 28700$) [*170*], Thioglykolsäure [*147–149*], Nitrosoresorcinmonomethyläther (3-Methoxy-5-nitrosophenol) [*153*], Tiron [*160*], 4,7-Dihydroxy-1,10-phenanthrolin [*154*], 6-Hydroxy-1,7-phenanthrolin [*155*], Bathophenanthrolindisulfosäure (4,7-Diphenyl-1,10-phenanthrolindisulfosäure) [*156*], Xylenolorange [*158*] und 4-(2-Pyridylazo)resorcinol ($\varepsilon_{500} = 56000$) [*171*]. Mit 2,2′,2″-Terpyridin wurde Fe (0,01–0,5 ppm) fluorimetrisch (Anregung 313 nm/Messung 350 nm) bestimmt [*172*]. In Kupfer und Silber wurde Fe (0,07–2500 ppm; Gleichstrombogen) mittels Emissionsspektralanalyse bestimmt [*173*].

Literatur

1. Grindley, D. N., Burden, E. H. W. J., Zaki, A. H.: Analyst **79**, 95 (1954).
2. Wells, J. E., Hunter, D. P.: Analyst **73**, 671 (1948).
3. Vanossi, R.: An. Asoc. quim. argent. **43**, 151 (1955).
4. Westwood, W., Presser, R.: Analyst **76**, 191 (1951).
5. Dodson, R. W., Forney, G. J., Swift, E. H.: J. Am. chem. Soc. **58**, 2573 (1936).
6. Ashley, S. E. Q., Murray, W. M., Jr.: Ind. Eng. Chem., Anal. Ed. **10**, 362 (1938).
7. Claassen, A., Bastings, L.: Z. anal. Chem. **160**, 403 (1958).
8. Doll, W., Specker, H.: Z. anal. Chem. **161**, 354 (1958).
9. Bankmann, E., Specker, H.: Z. anal. Chem. **162**, 18 (1958).
10. Meyer, S., Koch, O. G.: Mikrochim. Acta (Wien) **1958**, 744.
11. Meyer, S., Koch, O. G.: Mikrochim. Acta (Wien) **1959**, 720.
12. Malissa, H., Brockmann, H.: Chem.-Ing.-Techn. **28**, 290 (1956).
13. Hartkamp, H., Specker, H.: Naturwiss. **43**, 421 (1956).
13a. Jackson, H., Phillips, D. S.: Analyst **87**, 718 (1962).
13b. Jackson, H., Phillips, D. S.: Analyst **87**, 712 (1962).
14. Specker, H., Hartkamp, H.: Z. anal. Chem. **140**, 353 (1953).
15. Specker, H., Kuchtner, M.: Z. anal. Chem. **144**, 25 (1955).
16. Ziegler, M., Glemser, O.: Z. anal. Chem. **157**, 19 (1957).
17. McKaveney, J. P., Freiser, H.: Analyt. Chem. **29**, 290 (1957).
18. Dean, J. A., Lady, J. H.: Analyt. Chem. **27**, 1533 (1955).
19. Bolomey, R. A., Wish, L.: J. Am. chem. Soc. **72**, 4483 (1950).
20. Cefola, M., Micciolo, B.: U.S. Atomic Energy Commission Report, NYO-721 (1951). ref. in F. L. Moore, ASTM Spec. Tech. Publ. No. 238, 13 (1958).
21. Khopkar, S. M., De, A. K.: Analyt. chim. Acta **22**, 223 (1960).
22. Moore, F. L.: Analyt. Chem. **31**, 1148 (1959).
22a. Hibbits, J. O., Davis, W. F., Menke, M. R.: Talanta **4**, 61 (1960).
22b. Hibbits, J. O., Davis, W. F., Menke, M. R.: Talanta **6**, 28 (1960).
22c. Baeckmann, A. v., Glemser, O.: Z. anal. Chem. **187**, 429 (1962).
23. Paulais, R.: Compt. Rend. Acad. Sci. Paris **206**, 783 (1938).
24. Beck, A. B.: Austr. J. exptl. biol. Med. Sci. **23**, 311 (1945).
25. Sandell, E. B., Cummings, P. F.: Analyt. Chem. **21**, 1356 (1949).
26. Peterson, R. E.: Analyt. Chem. **24**, 1850 (1952).
27. —
28. Kröhnke, F.: Ber. dtsch. chem. Ges. **60**, 527 (1927).
29. Abrahamczik, E.: Mikrochem. verein. Mikrochim. Acta **25**, 228 (1938).
30. —

31. Otozai, K., Mizumoto, K.: Mikrochim. Acta (Wien) **1961**, **217**.
32. Gottlieb, A.: Mikrochem. verein. Mikrochim. Acta **39**, **176** (1952).
33. Fritz, J.S., Hedrick, C.E.: Analyt. Chem. **34**, 1411 (1962).
34. Wade, M.A., Yamamura, S.S.: Analyt. Chem. **36**, 1861 (1964).
35.—37. —
38. Schilt, A.A.: Analytical applications of 1,10-phenanthroline and related compounds. Oxford: Pergamon-Press 1969.
39. Bencze, B.: Z. anal. Chem. **128**, 179 (1948).
40. Blau, F.: Mh. Chem. **19**, 647 (1898).
41. Saywell, L.G., Cunningham, B.B.: Ind. Eng. Chem., Anal. Ed. **9**, 67 (1937).
42. Thiel, A., Heinrich, H., van Hengel, E.: Ber. dtsch. chem. Ges. **71**, 756 (1938).
43. Hummel, F.C., Willard, H.H.: Ind. Eng. Chem., Anal. Ed. **10**, 13 (1938).
44. Fortune, W.B., Mellon, M.G.: Ind. Eng. Chem., Anal. Ed. **10**, 60 (1938).
45. Kolthoff, I.M., Lee, T.S., Leussing, D.L.: Analyt. Chem. **20**, 985 (1948).
46. Elliott, C.R., Preston, P.F., Thompson, J.H.: Analyst **84**, 237 (1959).
47. Pepi, M.S.: Ind. Eng. Chem., Anal. Ed. **18**, 111 (1946).
48. Brown, E.G., Hayes, T.J.: Analyt. chim. Acta **7**, 324 (1952).
49. Norwitz, G., Codell, M.: Analyt. chim. Acta **11**, **350** (1954).
50. Bandemer, S.L., Schaible, P.J.: Ind. Eng. Chem., Anal. Ed. **16**, 317 (1940).
51. Cowling, H., Benne, E.J.: J. Assoc. Offic. Agr. Chemists **25**, 555 (1942).
52. Crawley, R.H.A., Aspinal, M.L.: Analyt. chim. Acta **13**, 376 (1955).
52a. Gahler, A.R., Hamner, R.M., Shubert, R.C.: Analyt. Chem. 33, 1937 (1961).
53. Hibbits, J.O., Davis, W.F., Menke, M.R.: Talanta **8**, 163 (1961).
53a. Yamamura, S.S., Sikes, J.H.: Analyt. Chem. **38**, 793 (1966).
54. Margerum, D.W., Banks, C.V.: Analyt. Chem. **26**, 200 (1954).
54a. Stephens, B.G., Suddeth, H.A.: Analyt. Chem. **39**, 1478 (1967).
55. Powell, R., Taylor, C.G.: Chem. and Ind. **1954**, 726.
55a. Knížek, M., Musilová, M.: Talanta **15**, **479** (1968).
55b. Vydra, F., Marková, V.: Talanta **9**, 449 (1962).
55c. Vydra, F., Marková, V.: Talanta **10**, 339 (1963).
56. Simons, L.H., Monaghan, P.H., Taggart, M.S., Jr.: Analyt. Chem. **25**, 989 (1953).
57. Parks, R.Q., Hood, S.L., Hurwitz, C., Ellis, G.H.: Ind. Eng. Chem., Anal. Ed. **15**, **527** (1943).
58. Pringle, W.J.S.: Analyst **71**, 490 (1946).
59. Tompsett, S.L., McAllister, R.A.: Analyst **74**, **315** (1949).
60. Scheibl, F., Saffer, D.: Hoppe-Seyler's Z. physiol. Chem. **298**, 272 (1954).
61. Vioque, A., Villagran, M. del P.: Mikrochim. Acta (Wien) **1956**, 804.
61a. Agazzi, E.J., Burtner, D.C., Crittenden, D.J., Patterson, D.R.: Analyt. Chem. **35**, 332 (1963).
62. Milner, O.I., Glass, J.R., Kirchner, J.P., Yurick, A.N.: Analyt. Chem. **24**, **1728** (1952).
63. Ryan, J.A., Bothan, G.H.: Analyt. Chem. **21**, 1521 (1949).
64. Jackson, H., Bailey, R.E., Williams, L.H.: Metallurgia **51**, 309 (1955).
65. Friedman, H.A.: Analyt. Chem. **32**, 137 (1960).
66. Sprain, W., Banks, C.V.: Analyt. chim. Acta **6**, 363 (1952).
66a. Vydra, F., Marková, V.: Z. anal. Chem. **192**, **347** (1963).
66b. Vydra, F., Přibil, R.: Z. anal. Chem. **186**, 295 (1962).
67. Goodman, W.: Ind. Eng. Chem., Anal. Ed. **19**, **141** (1947).
68. Hastings, J., McClarity, T.A., Broderick, E.J.: Analyt. Chem. **26**, 379 (1954).
69. Ota, K.: Jap. Analyst **5**, 3 (1956).
70. Holmes, D.G.: Analyst **82**, **528** (1957).
71. Jackwerth, E.: Z. anal. Chem. **211**, **254** (1965).
72. Norwitz, G., Gordon, H.: Analyt. Chem. **37**, **417** (1965).
73. Plock, C.E., Caldwell, C.E.: Analyt. Chem. **39**, 1472 (1967).
74. Mehlig, J.P., Hulett, H.R.: Ind. Eng. Chem., Anal. Ed. **14**, 869 (1942).
75. Specker, H., Doll, W.: Z. anal. Chem. **152**, **178** (1956).
76. Riedel, K.: Z. anal. Chem. **159**, **110** (1957).
76a. Norwitz, G., Cohen, J., Everett, M.E.: Analyt. Chem. **36**, 142 (1964).
76b. Gottlieb, A.: Mikrochem. verein. Mikrochim. Acta **35**, 320 (1950).
76c. Shell, H.R.: Analyt. Chem. **22**, 326 (1950).
77. Smith, G.F., McCurdy, W.H., Jr., Diehl, H.: Analyst **77**, 418 (1952).
77a. Clark, L.J.: Analyt. Chem. **34**, 348 (1962).

78. Smith, G. F., Cagle, F. W., Jr.: Analyt. Chem. **20**, **574** (1948).
78a. Cluley, H. J., Newman, E. J.: Analyst **88**, 3 (1963).
78b. Cerrai, E., Ghersini, G.: Analyst **93**, 606 (1968).
79. Peterson, R. E.: Analyt. Chem. **25**, **1337** (1953).
79a. Penner, E. M., Inman, W. R.: Talanta **9**, 1027 (1962).
80. Peters, T., Giovanniello, T. J., Apt, L., Ross, J. F., Trakas, A. P.: J. Lab. clin. Med. **48**, 280 (1956); ref. Z. anal. Chem. **156**, 390 (1957).
81. Booth, E., Evett, T. W.: Analyst **83**, 80 (1958).
82. Knapp, W. G.: Analyt. Chem. **31**, **1445** (1959).
82a. Wilson, A. L.: Analyst **89**, 389 (1964).
82b. Wilson, A. L.: Analyst **89**, 402 (1964).
82c. Tetlow, J. A., Wilson, A. L.: Analyst **89**, 442 (1964).
82d. Short, F. R., Eyster, H. C., Scribner, W. G.: Analyt. Chem. **39**, 251 (1967).
82e. Quinsland, D. E., Jones, D. C.: Talanta **16**, 282 (1969).
83. Kingsley, G. R., Getchell, G.: Clin. Chem. **2**, **175** (1956); ref. Z. anal. Chem. **155**, 396 (1957).
84. Seven, M. J., Peterson, R. E.: Analyt. Chem. **30**, 2016 (1958).
85. Collins, P., Diehl, H.: Analyt. Chem. **31**, 1692 (1959).
86. Dagnall, R. M., Smith, R., West, T. S.: Analyst **92**, 20 (1967).
87. Knižek, M., Galik. A,: Z. anal. Chem. **213**, **254** (1965).
88. Pollock, E. N., Zopatti, L. P.: Analyt. chim. Acta **28**, 68 (1963).
88a. Chirnside, R. C., Cluley, H. J., Powell, R. J., Proffitt, P. M. C.: Analyst **88**, **851** (1963).
88b. Galliford, D. J. B., Newman, E. J.: Analyst **87**, 68 (1962).
89. Peters, C. A., French, C. L.: Ind. Eng. Chem., Anal. Ed. **13**, 604 (1941).
90. Woods, J. T., Mellon, M. G.: Ind. Eng. Chem., Anal. Ed. **13**, **551** (1941).
91. Hacker, W., Zimmermann, A., Rechmann, H.: Z. anal. Chem. **129**, 104 (1949).
92. Ovenston, T. C. J., Parker, C. A.: Analyt. chim. Acta **3**, **277** (1949).
93. Schlesinger, H. J.: J. Am. chem. Soc. **63**, **1765** (1941).
94. Bent, H. E., French, C. L.: J. Am. chem. Soc. **63**, **568** (1941).
95. Schlesinger, H. I., Valkenburgh, H. B. van: J. Am. chem. Soc. **53**, 1212 (1931).
96. Baily, P.: Analyt. Chem. **29**, **1534** (1957).
97. Thompson, J. B.: Ind. Eng. Chem., Anal. Ed. **16**, 646 (1944).
98. Daniel, H. A., Harper, H. J.: J. Assoc. Offic. Agr. Chemists **17**, 286 (1934).
99. Moore, C. V., Arrowsmith, W. R., Quilligan, J. J., Jr., Read, J. T.: J. clin. Invest. **16**, 613 (1937).
100. Jones, F.: Analyt. Chem. **21**, 1216 (1949).
101. Barkan, G.: Klin. Wschr. **16**, 300 (1937).
102. Vanossi, R.: An. Asoc. quim. argent. **30**, 112 (1942).
103. Vanossi, R.: An. Asoc. quim. argent. **29**, 48 (1941).
104. Rediske, J. H., Palmer, R. F., Cline, J. F.: Analyt. Chem. **27**, **849** (1955).
105. Melnick, L., Freiser, H., Beeghly, H. F.: Analyt. Chem. **25**, 856 (1953).
106. Aven, M., Freiser, H.: Analyt. chim. Acta **6**, 412 (1952).
106a. Jackwerth, E.: Z. anal. Chem. **206**, **335** (1964).
107. Vanossi, R.: An. Soc. ci. argent. **131**, **137** (1941).
108. Steinhäuser, K., Ginsberg, H.: Z. anal. Chem. **104**, 385 (1936).
109. Ginsberg, H.: Metallwirtsch. **16**, 1107 (1937).
110. Wirth, H. E.: Ind. Eng. Chem., Anal. Ed. **14**, 722 (1942).
111. Roberts, H. L., Beardsley, C. L., Taylor, L. V.: Ind. Eng. Chem., Anal. Ed. **12**, **365** (1940).
112. Rees, W. T.: Analyst **75**, 160 (1950).
113. Abbey, S.: Analyt. Chem. **20**, 630 (1948).
114. Kirby, K. W., Crawley, R. H. A.: Analyt. chim. Acta **19**, 363 (1958).
115. McCown, J. J., Kudera, D. E.: Analyt. Chem. **34**, 870 (1962).
116. —
117. Ziegler, M., Glemser, O.: Angew. Chem. **68**, 411 (1956).
118. Ziegler, M., Glemser, O., Petri, N.: Z. anal. Chem. **153**, 241 (1956).
119. Ziegler, M., Glemser, O., Petri, N.: Z. anal. Chem. **154**, **81** (1957).
119a. Ferris, A. P., Jepson, W. B., Shapland, R. C.: Analyst **95**, **574** (1970).
119b. Ottaway, J. M., Coker, D. T., Rowston, W. B., Bhattarai, D. R.: Analyst **95**, **567** (1970).
119c. Allan, J. E.: Spectrochim. Acta **15**, **800** (1959).
119d. Platte, J. A., Marcy, V. M.: Atom. Absorp. Newsletter **4**, 289 (1965).
119e. Jones, J. L., Eddy, R. D.: Analyt. chim. Acta **43**, 165 (1968).

119f. WELZ, B.: CZ-Chemie-Technik **1**, 455 (1972).
119g. WELZ, B., WIEDEKING, E.: Z. anal. Chem. **252**, 111 (1970).
119h. SACHDEV, S.L., ROBINSON, J.W., WEST, P.W.: Analyt. chim. Acta **38**, 499 (1967).
119i. BROOKS, R.R., PRESLEY, B.J., KAPLAN, I.R.: Talanta **14**, 809 (1967).
119j. DELVES, H.T., SHEPHERD, G., VINTER, P.: Analyst **96**, 260 (1971).
119k. NEUMANN, G.M.: Z. anal. Chem. **259**, 337 (1972).
119l. SCARBOROUGH, J.M., BINGHAM, C.D., DE VRIES, P.F.: Analyt. Chem. **39**, 1394 (1967).
119m. VIENNEY, J.: Analyt. chim. Acta **55**, 37 (1971).
119n. BELCHER, C.B.: Analyt. chim. Acta **29**, 340 (1963).
119o. EDWARDS, J.W., LOMINAC, G.D., BUCK, R.P.: Analyt. chim. Acta **57**, 257 (1971).
119p. WALKER, C.R., VITA, O.A.: Analyt. chim. Acta **43**, 27 (1968).
119q. GANIVET, M., BENHAMOU, A.: Analyt. chim. Acta **47**, 81 (1969).
119r. BURROWS, J.A., HEERDT, J.C., WILLIS, J.B.: Analyt. Chem. **37**, 579 (1965).
119s. MEANS, E.A., RATCLIFF, D.: Atom. Absorp. Newsletter **4**, 174 (1965).
119t. SPRAGUE, S., SLAVIN, W.: Atom. Absorp. Newsletter **4**, 367 (1965).
120. DWYER, F.P., GIBSON, N.A.: Analyst **76**, 548 (1951).
121. KRÖHNKE, F.: Gas- und Wasserfach **70**, 510 (1927).
122. HAMLIN, A.G.: J. Textile Inst. **43**, 234 (1952).
123. UMLAND, F., WEYER, F.G.: Klin. Wschr. **33**, 237 (1955).
124. VANOSSI, R.: An. Soc. ci. argent. **131**, 226 (1941).
125. WALTER, J.L., FREISER, H.: Analyt. Chem. **26**, 217 (1954).
126. SMITH, G.F., BANICK, W.M.: Analyst **83**, 661 (1958).
127. GINDIN, L.M., KOUBA, E.F.: Zavodskaja Lab. **23**, 150 (1957); ref. Z. anal. Chem. **158**, 377 (1957).
128. ALTEN, F., WEILAND, H., HILLE, E.: Z. anorg. allg. Chem. **215**, 81 (1933).
129. DIEHL, A., PETER, O.: Z. anal. Chem. **103**, 161 (1935).
130. DIETRICH, K., SCHMITT, K.: Z. anal. Chem. **111**, 176 (1937).
131. BAUER, R., EISEN, J.: Angew. Chem. **52**, 459 (1939).
132. PFEIFFER, R.: Z. anal. Chem. **126**, 81 (1943).
133. MAJUMDAR, A.K., BAG, S.P.: Analyt. chim. Acta **21**, 324 (1959).
134. MUSIL, A., HAAS, W.: Mikrochim. Acta (Wien) **1959**, 481.
135. MOMOSE, T., UEDA, Y., IWASAKI, M.: Jap. Analyst **5**, 271 (1956); ref. Z. anal. Chem. **156**, 129 (1957).
136. SIDERIS, C.P.: Ind. Eng. Chem., Anal. Ed. **14**, 756 (1942).
137. HOWE, D.E., MELLON, M.G.: Ind. Eng. Chem., Anal. Ed. **12**, 448 (1940).
138. MEHLIG, J.P.: Ind. Eng. Chem., Anal. Ed. **10**, 136 (1938).
139. SCOTT, R.O.: Analyst **66**, 142 (1941).
140. YOE, J.H.: J. Am. chem. Soc. **54**, 4139 (1932).
141. SWANK, H.W., MELLON, M.G.: Ind. Eng. Chem., Anal. Ed. **9**, 406 (1937).
141a. ZIEGLER, M., GLEMSER, O., PETRI, N.: Z. anal. Chem. **154**, 170 (1957).
141b. ZIEGLER, M., GLEMSER, O., PETRI, N.: Angew. Chem. **69**, 174 (1957).
142. MOSS, M.L., MELLON, M.G.: Ind. Eng. Chem., Anal. Ed. **14**, 862 (1942).
143. VENTURA, S., WHITE, J.C.: Analyst **79**, 39 (1954).
144. GASSNER, K.: Z. anal. Chem. **153**, 81 (1956).
145. HERRE, E.: Brennstoff. Wärme. Kraft **13**, 456 (1961).
145a. FRESENIUS, W., SCHNEIDER, W.: Z. anal. Chem. **209**, 340 (1965).
146. MORRIS, R.L.: Analyt. Chem. **24**, 1376 (1952).
147. SWANK, H.W., MELLON, M.G.: Ind. Eng. Chem., Anal. Ed. **10**, 7 (1938).
148. LEUSSING, D.L., KOLTHOFF, I.M.: J. Am. Chem. Soc. **75**, 3904 (1953).
149. LEUSSING, D.L., NEWMAN, L.: J. Am. chem. Soc. **78**, 552 (1956).
150. COLLINS, P.F., DIEHL, H., SMITH, G.F.: Analyt. Chem. **31**, 1862 (1959).
151. COLLINS, P.F., DIEHL, H.: Analyt. chim. Acta **22**, 125 (1960).
152. ZAK, B., CAVANAUGH, G.A., WILLIAMS, L.A.: Chemist-Analyst **50**, 8 (1961).
153. PEACH, S.M.: Analyst **81**, 371 (1956).
154. SCHILT, A.A., SMITH, G.F., HEIMBUCH, A.: Analyt. Chem. **28**, 809 (1956).
155. DUSWALT, J.M., MELLON, M.G.: Analyt. Chem. **33**, 1782 (1961).
156. BLAIR, D., DIEHL, H.: Talanta **7**, 163 (1961).
157. BHAT, A.N., JAIN, B.D.: Analyt. chim. Acta **25**, 343 (1961).
158. CHENG, K.L.: Talanta **3**, 147 (1959).
159. HARTKAMP, H.: Z. anal. Chem. **170**, 399 (1959).
160. YOE, J.H., JONES, A.L.: Ind. Eng. Chem., Anal. Ed. **16**, 111 (1944).

161. Smith, G. F., Banick, W. M.: Analyt. chim. Acta **18**, 269 (1958).
162. Pflaum, R. T., Smith, C. J., Jr., Buchanan, E. J., Jr., Jensen, R. E.: Analyt. chim. Acta **31**, 341 (1964).
163. Ayres, G. H., Roach, M. K.: Analyt. chim. Acta **26**, 332 (1962).
164. Püschel, R., Lassner, E., Katzengruber, K.: Z. anal. Chem. **223**, 414 (1968).
165. Shibata, S., Goto, K., Nakashima, R.: Analyt. chim. Acta **46**, 146 (1969).
166. Trusell, F., Diehl, H.: Analyt. Chem. **31**, 1978 (1955).
167. Chernin, R., Simenson, E. R.: Analyt. Chem. **36**, 1093 (1964).
168. Kempf, Th.: Z. anal. Chem. **231**, 200 (1967).
169. Wehking, M. W., Pflaum, R. T., Tucker, E. S.: Analyt. Chem. **38**, 1950 (1966).
170. Schilt, A. A., Hoyle, W. C.: Analyt. Chem. **39**, 114 (1967).
171. Yotsuyanagi, T., Yamashita, R., Aomura, K.: Analyt. Chem. **44**, 1091 (1972).
172. Fink, D. W., Pivnichny. J. V., Ohnesorge, W. E.: Analyt. Chem. **41**, 833 (1969).
173. Tymchuk, P., Desaulniers, J. A. H., Russell, D. S., Berman, S. S.: Appl. Spectrosc. **21**, 151 (1967).

Ga — Gallium

Tabelle 141. Empfindlichkeit S_M und Bestimmungsgrenze L_Q der Verfahren

Verfahren	µg Ga · ml⁻¹ · cm⁻¹ S_M	L_Q
Hämatein	0,002 (590 nm)	0,04 (590 nm)
8-Hydroxychinolin/$CHCl_3$	0,01 (393 nm)	0,25 (393 nm) 0,17 (fluorimetrisch)
Rhodamin B/Chlorbenzol-CCl_4 (3:1)	0,001 (562 nm)	0,022 (562 nm)
Rhodamin B/Benzol	0,002[1] (565 nm; $V_0:V_w = 1:1$)	0,04[1] (565 nm; $V_0:V_w = 1:1$)
	0,0024[1] (565 nm; $V_0:V_w = 2:1$)	0,06[1] (565 nm; $V_0:V_w = 2:1$)
	0,004[1] (550 nm-Filter; $V_0:V_w = 2:1$)	0,09[1] (550 nm-Filter; $V_0:V_w = 2:1$) 0,02[1] (fluorimetrisch; $V_0:V_w = 2:1$)
Malachitgrün/Benzol	0,003[1] (635 nm; $V_0:V_w = 1:1,7$)	0,06[1] (635 nm; $V_0:V_w = 1:1,7$)

[1] Extraktionskoeffizient vernachlässigt (s. S. 375, 733).

A. Trennungen

Ga läßt sich aus HCl-Lösung mit Diäthyläther, Diisopropyläther oder MIBK ausschütteln und dabei von Ag, Al, Bi, Ca, Co, Cr, Cu(II), Fe(II), Mg, Mn, Ni, Os, Pb, Pd, Pt(IV), Rh, S.E., Th und W weitgehend bis vollständig abtrennen; Cd und In verbleiben nur bei der Extraktion mit Äthern nahezu vollständig in der wäßrigen Phase, aber nicht bei dieser mit MIBK. Doch ist eine quantitative Trennung von Cd möglich, wenn Ga mit MIBK aus 7m LiCl-Lösung extrahiert wird; In begleitet das Ga weitgehend (s. a. S. 259ff.). Für die Extraktion mit Diäthyläther ist eine Säurekonzentration von 5,5–6n HCl ($D \sim 17$) [*1*, *2*] bzw. 6–6,5n HCl [*3*] (~ 95% des vorhandenen Ga gehen bei einmaliger Ausschüttelung in die organische Phase) am günstigsten [*1*, *2*], bei Verwendung von Diisopropyläther ($D \sim 200$) [*4*]) und MIBK 7n HCl. Au und Fe [*5*] gehen praktisch quantitativ, Mo [*5*] zum Großteil, As, Tl, Sn, Ge, Se, In, Ir und Re ebenfalls mehr oder weniger weitgehend [*1*, *5*] mit Ga in die Diäthyläther-Phase über. Von den genannten Elementen lassen sich vor der Extraktion quantitativ entfernen: Tl durch Extraktion als Bromid aus 1n HBr-Lösung (s. S. 1215), Ge, As und Se durch Abdestillieren als Bromide im brombeladenen Luftstrom [*5*, *6*]. Von anderer Seite [*7*] wird Sn vor der Ga-Anreicherung als SnI_4 aus H_2SO_4-NaI-Lösung mit Benzol entfernt; anwesendes Fe wird dabei gleichzeitig zu nicht extrahiertem Fe(II) reduziert (s. a. S. 728). Vor der Ga-Anreicherung mit Diisopropyläther wurden Au, Fe(III) und Tl(III) durch $SnCl_2$ zu nicht extrahiertem metallischem Au, Fe(II) bzw. Tl(I) reduziert [*8*]. Durch mehrmaliges Waschen des Diisopropylätherextraktes mit 7,5n HCl (mit dem Solvens vorgesättigt) können teilweise mitextrahierte andere Metalle (As, Ge, Mo, Sb, Sn, Te) weitgehend entfernt werden. Zur praktisch vollständigen Extraktion des Ga empfiehlt es sich, die 5,5–6n HCl-Lösung 2–3mal mit dem halben bis gleichen Volumen Diäthyläther (mit HCl gesättigt) auszuschütteln und den vereinigten organischen Extrakt 1–3mal mit 5,5–6n HCl zu waschen [*1, 5, 9, 10*]. In Gegenwart von Al ist zu beachten, daß oft kleine Mengen $AlCl_3$ in die Ätherphase übergehen, doch läßt sich das Ga mit Cupferron vom Al wieder trennen [*11, 12*]. Bei der Ga-Bestimmung in Aluminium-Legierungen [*12*] wurden die genannten Verfahren [*9, 11*] erfolgreich angewendet. Für die Bestimmung von Ga-Spuren in Hüttenaluminium wurde zur quantitativen Abtrennung von Al die Isolierung des Ga mit MIBK aus 12m LiCl/3n HCl-Lösung eingesetzt (s. a. S. **728**) [*7*]. Für die vor der Ga-Extraktion nötige Entfernung von Fe(III) wird dessen Reduktion empfohlen, z. B. mit $TiCl_3$, wobei sowohl Fe(II) als auch das dabei entstehende $TiCl_4$ von den Äthern nicht aufgenommen werden und auch in eingeschleppten Spuren nicht stören [*10, 13, 13a*]. Aus H_2SO_4-Lösung ist Ga in Anwesenheit von Ammoniumhalogeniden als Chlorid, nicht aber als Bromid oder Jodid, durch Diäthyläther und andere organische Lösungsmittel extrahierbar [*14*]. Bei der Abtrennung des Ga von der 5fachen U-Menge erwies sich Diäthyläther am günstigsten. Eine Trennung des Ga und In ist durch Extraktion des letzteren als Jodid aus 0,2n H_2SO_4-Lösung mit Cyclohexanon möglich [*15–17*] (s. u. „Indium", S. **781**). Ga verbleibt praktisch quantitativ in der wäßrigen Phase.

Die Trennung von Ga und Al durch Extraktion des Ga-Thiocyanates mit Diäthyläther [*18*] ist durch ein- oder zweimaliges Ausschütteln nicht vollständig durchführbar, weshalb bei den üblichen Konzentrationsverhältnissen von Al zu Ga (etwa 1000:1) eine größere Anzahl von Extraktionen erforderlich wäre. Durch Zusatz von Tetrahydrofuran kann die Verteilung von Ga-Thiocyanat zwischen Diäthyläther und Wasser sehr stark verbessert werden. Während beispielsweise aus 1,5m NH_4SCN/1n H_2SO_4-Lösung bei einmaligem Ausschütteln mit 50 ml Diäthyläther nur 87% Ga extrahierbar sind, werden unter gleichen Bedingungen mit Diäthyläther/Tetrahydrofuran (20 ml + 30 ml) >99,9% Ga erfaßt [*19*]. Um eine brauchbare Trennung bei nur einmaliger Ausschüttelung zu erzielen, werden zwei verschiedene Arbeitsbedingungen angegeben. Bei einem Überschuß von Al neben wenig Ga soll aus ~ 1,3–1,8n NH_4SCN/4n H_2SO_4-Lösung ausgeschüttelt werden, wobei das Al quantitativ in der wäßrigen Phase bleibt, während das Ga zu 99% in einer Ausschüttelung extrahiert wird. Durch eine 2malige Extraktion unter denselben Bedingungen ist Ga in der wäßrigen Phase nicht mehr nachweisbar. Bei einem Überschuß an Ga soll aus ~ 1,8n NH_4SCN/2,8n H_2SO_4-Lösung extrahiert werden: Ga geht vollständig in die organische Phase, während Al nicht vollständig in der wäßrigen Phase verbleibt.

Bei intensivem Schütteln ist nach 1 min das Verteilungsgleichgewicht erreicht. Ein längeres Schütteln führt bei höherer Säure- und Thiocyanatkonzentration zu Zersetzungsprodukten des Thiocyanates, die ein genaues Abtrennen der Phasen stören. Fe(III), Co, Sn, Zn und Cu gehen mit dem Ga in die organische Schicht; die Alkalien, Erdalkalien, Ni, Mn u. a. bleiben hingegen in der wäßrigen Phase [*19*].

Ga kann sowohl aus HCl-Lösung [*21*], als auch als Thiocyanat [*21*] sowie als Benzoat [*20*] mit Äthylacetat extrahiert werden. Als Benzoat wurde Ga von Zn getrennt, wobei In das Ga in die organische Phase begleitet; beide Elemente können mit 0,1n HCl rückgeschüttelt werden. Aus 6n HCl-Lösung läßt sich Ga als Acetylacetonat mit Äther ausschütteln und auf diese Weise von Al abtrennen [*22*]. Zur Isolierung des Ga wird auch empfohlen [*23*], die Probelösung bei pH 3 mit Acetylaceton oder mit Acetylaceton/$CHCl_3$ (1:1) zu extrahieren. ~ 95% des Ga gehen bei einer Extraktion in die organische Phase. Bei pH 1,2 werden durch eine Ausschüttelung nur 50% des Ga, gleichzeitig aber auch nur 4% von In und 22% von Al erfaßt. Durch mehrfache Extraktionen und Rückschüttelung bei pH $\leqq$ 1,2 kann auf diese Weise aber eine gute Abtrennung des Ga vom In erreicht werden. Eine Störung durch Al kann durch F^- verhindert werden.

mg- und μg-Mengen Ga lassen sich aus ≧ 2,5n HCl-Lösung zu 99,98% mit 0,05 m Tetraphenylarsoniumchlorid/o-Dichlorbenzol isolieren; allerdings ist eine Schütteldauer von 10 min erforderlich. In Anwesenheit von LiCl bei einer Gesamt-Chlorid-Konzentration von 2,5m kann die HCl-Konzentration auf den zehnten Teil (≧ 0,25n) herabgesetzt werden. Es stören nicht: Al, Cd, Co, Hg(II), MnO_4^-, MoO_4^{2-}, Ni, PO_4^{3-}, Sn(II), Tl(I), WO_4^{2-}, Zn und F^-.

Ga gibt mit Natrium-, aber nicht mit Ammoniumtetramethylen-dithiocarbamat bei pH 3–4,5 in HCl- oder H_2SO_4-Lösung ein schwer lösliches Carbamat. Oberhalb pH 5 nimmt dessen Löslichkeit allerdings rasch zu, so daß bei pH 6 Ga-Mengen von 0,1 mg und darüber in 10 ml Lösung überhaupt nicht mehr gefällt werden können [*24*]. Eine Fällung von $Ga(OH)_3$ kann durch Zusatz begrenzter Mengen Tartrat (<200 mg je 10 ml Lösung) vermieden werden; ÄDTA eignet sich nicht dafür, Citrat schlechter als Tartrat. Ga-Mengen unter 0,2 mg je 10 ml Lösung wurden auf diese Weise nephelometrisch, größere Ga-Mengen hingegen gravimetrisch bestimmt [*10*]. Noch geringere Ga-Gehalte wurden vor der nephelometrischen Bestimmung durch Ätherextraktion aus HCl-Lösung angereichert. Die Abtrennung des Ga von einigen störenden Elementen konnte auch bei pH 8–9 mittels Diäthyldithiocarbamat/$CHCl_3$ oder /CCl_4 erfolgen, bei der Ga quantitativ in der wäßrigen Phase verbleibt. Bei Anwesenheit höherer Fe-Konzentrationen muß vorher mit $TiCl_3$, reduziert werden.

Aus saurer Lösung läßt sich Ga mit Oxin/$CHCl_3$ sowie mit Rhodamin B/Benzol ausschütteln, worauf weiter unten noch näher eingegangen wird.

Für eine Trennung von Ga und In wurde das Extraktionsverhalten ihrer Dithizonate geprüft [*24a*]. Aus 0,1m Essigsäure/Acetat-Pufferlösung wird Ga zu ~ 95% bei pH 5,0 bis 5,3 mit 0,001m Dz/CCl_4 extrahiert; die Extraktion des In-Dithizonates verläuft quantitativ bei pH <2,5 – >6,0, während bei pH <3,0 keine Ga-Extraktion stattfindet. Ga läßt sich aus $HClO_4$-Lösung bei pH 2–8,5 mit 0,005m Cupferron/$CHCl_3$ bzw. bis pH 9,5 mit 0,05m Cupferron/$CHCl_3$ quantitativ extrahieren [*24b, 24c*]. Über die Möglichkeit Ga mit BPH/$CHCl_3$ von anderen Elementen zu trennen [*24d*], s. S. **347**.

Ga kann aus 2n H_2SO_4-Lösung mit Cupferron gefällt und so von Al, Cr, Sc, S.E. U(VI) und Zn abgetrennt werden [*9, 12*]. Mit $MnO_2 \cdot H_2O$ als Spurenfänger läßt sich Ga (Mengen zwischen 0,5 μg – 1 mg geprüft) aus H_2SO_4- oder HCl-Lösung bei pH 1,5–1,6 quantitativ mitfällen [*25*]; nach dieser Isolierung kann Ga photometrisch mit Rhodamin B bestimmt werden.

B. Hämatein

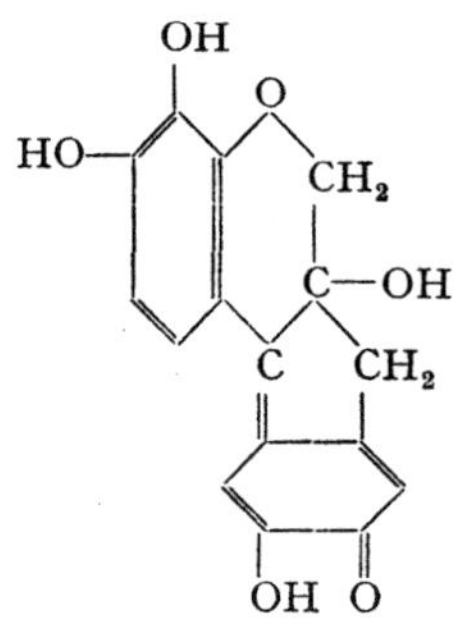

Ga bildet mit Hämatein bei pH 3,5 (pH <4) einen rotvioletten, bei pH 5–6 einen blauen Komplex [*7*], in denen im ersten Fall ein 1:2-Gallium-Hämatein-Komplex vorliegt, mit steigendem pH-Wert hingegen ein 1:1-Komplex. Die Komplexbildung ist pH-

und konzentrationsabhängig und die Komplexe sind in Wasser schwer löslich, so daß ein Schutzkolloid zur Stabilisierung benötigt wird. Bei pH <4 liegt das Extinktionsmaximum bei ~530 nm, doch ist dieser pH-Bereich wegen der Zersetzlichkeit von Reagens und Komplex für eine photometrische Bestimmung nicht geeignet. Das Extinktionsmaximum des blauen Komplexes liegt bei 620 nm (s. Abb. 119), sofern der

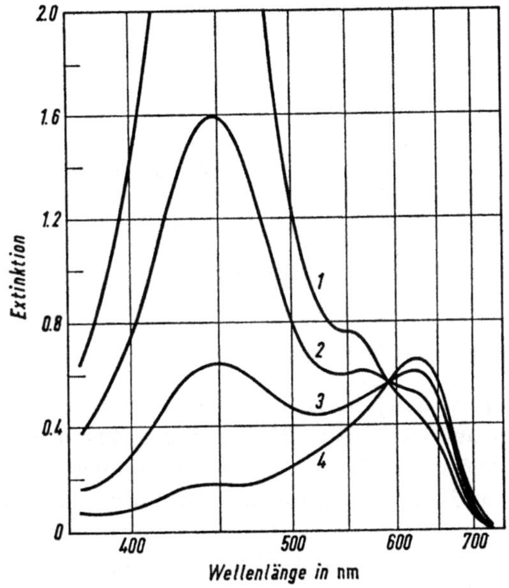

Abb. 119. Extinktionskurven und isosbestischer Punkt von Ga + Hämatein bei pH 5,7. *1:* 0,5 μMol Ga + 0,5 μMol Hämatein/50 ml; *2:* 0,5 μMol Ga + 3,5 μMol Hämatein/50 ml; *3:* 0,5 μMol Ga + 1,7 μMol Hämatein/50 ml; *4:* 0,5 μMol Ga + 0,8 μMol Hämatein/50 ml [7]

Hämateinüberschuß nicht zu groß ist. Eine bei pH 5,5–6 beobachtete Zeitabhängigkeit der Extinktionswerte trifft nur für die ersten 10 min nach dem Reaktionsansatz zu. Zur Erzielung reproduzierbarer Bedingungen wird die Ga-Bestimmung im isosbestischen Punkt, in dem ein Gleichgewicht beider Komplexe bei ~590 nm vorliegt, bei pH 4,6 in acetatgepufferter Lösung durchgeführt ($\varepsilon_{590} = 39700$). Das Beersche Gesetz gilt für 0,04–1,5 μg Ga/ml. Es stören auf jeden Fall Al und Sn, die ebenfalls Hämatein-Komplexe bilden.

Arbeitsvorschrift [7]

Reagentien

Pufferlösung: 68 g Natriumacetat · 3 H_2O und 30 g Essigsäure werden in 1 l Wasser gelöst.

Schutzkolloid: 50 g Polyviol M 05/140 (Wacker-Chemie) in 1 l heißem Wasser lösen und nach dem Abkühlen filtrieren.

Hämatein, 0,05%ig in Dioxan (die Lösung ist nur bei Wasserausschluß haltbar).

Dioxan (über Natrium destilliert und aufbewahrt).

~20 ml schwach saure Probelösung (2–75 μg Ga enthaltend) versetzt man in einem 50 ml-Meßkolben der Reihe nach mit 10 ml Pufferlösung, 5 ml Schutzkolloid und 2 ml Reagenslösung, füllt mit Wasser zur Marke auf und photometriert nach 10 min in einer 1 cm-Küvette bei 590 nm gegen den Blindwert.

1. Aluminium

Vor der Bestimmung ist eine Abtrennung des Ga von störendem Al, Fe und Sn erforderlich. Hierzu wird letzteres als SnI_4 aus H_2SO_4-Lösung mit Benzol extrahiert. Dabei wird auch störendes Fe(III) nahezu vollständig zu nicht extrahierbarem Fe(II) reduziert. Anschließend wird Ga aus LiCl/HCl-Lösung mit MIBK isoliert und nach Rückschütteln in der wäßrigen Phase mit Hämatein photometrisch bestimmt.

B: ≧ 10 ppm Ga. *s*: ± 1,6 ppm Ga.

Arbeitsvorschrift [7]

Reagentien

HCl (1,19); 10 m H_2SO_4;
5 m NaI (frisch herzustellen).
LiCl/HCl-Lösung: 510 g LiCl werden mit Wasser zu ~ 600 ml suspendiert. Nach dem Abkühlen versetzt man vorsichtig mit 380 ml HCl (1,12). Nach vollständigem Lösen wird auf Raumtemperatur abgekühlt.
0,1 n NaOH.
Ascorbinsäure, 2%ige wäßrige Lösung (frisch herzustellen).
H_2O_2 (30%);
Benzol; MIBK.
Übrige Reagentien wie bei der Arbeitsvorschrift S. 727.

1,0 g Aluminiumspäne wird in 5 ml HCl und 20 ml H_2SO_4 gelöst, nach dem Lösen mit ~ 25 ml Wasser versetzt und anwesendes Kupfer durch Zusatz eines Tropfens H_2O_2 gelöst. Man führt die Probelösung unter Nachwaschen mit 10 ml H_2SO_4 in einen Schütteltrichter über, versetzt mit 5 ml NaI-Lösung und extrahiert nun 1 min mit 20 ml Benzol. Nach der Phasentrennung wird die organische Phase verworfen, die wäßrige Phase in einem zweiten Schütteltrichter mit 20 ml LiCl/HCl-Lösung versetzt und mit 25 ml MIBK extrahiert. Man verwirft die wäßrige Phase und wäscht die organische Phase mit einem Gemisch aus 10 ml LiCl + 10 ml Wasser nach. Die organische Phase wird nun über wenig Filterflockenmasse in einen weiteren Schütteltrichter abgelassen, mit 10 ml MIBK Schütteltrichter und Filter nachgewaschen und die organische Waschlösung zur organischen Phase gegeben. Mit 10 ml NaOH und anschließend 10 ml Wasser wird das Ga aus der organischen Phase rückextrahiert. Man vereinigt die wäßrigen Phasen in einem 50 ml-Meßkolben, fügt 10 ml Pufferlösung sowie 2 ml Ascorbinsäurelösung hinzu und fährt dann mit dem Zusatz von Schutzkolloid und Reagenslösung nach der Arbeitsvorschrift auf S. 727 fort.

C. 8-Hydroxychinolin

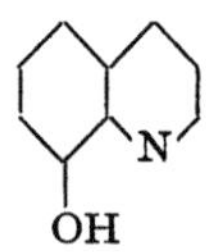

Ga bildet bei pH 2,6–3,0 mit 8-Hydroxychinolin (Oxin) einen gelben Komplex [26], der mit $CHCl_3$ [27] und Äthylacetat [21] extrahierbar ist. Nach anderen Angaben [28] ist die Extraktion des Ga bei pH 3,0–6,2 (Extraktionsbeginn pH 1,8, Extraktionsende pH 10,1) vollständig. Der gelbe Extrakt zeigt im UV-Licht eine gelbe Fluorescenz und eignet sich sowohl zur photometrischen als auch zur fluorimetrischen Bestimmung des Ga. Das Extinktionsmaximum liegt bei 393 nm (s. Abb. 120), der molare Extinktionskoeffizient beträgt 7120 [13a]. Das Beersche Gesetz ist im Bereich von 0,25–11 µg

Ga/ml $CHCl_3$ erfüllt. Die Farbe ist mehrere Stunden stabil. Infolge der geringen Selektivität des Reagenses wird die Ga-Bestimmung durch zahlreiche Elemente gestört (s. S. **327** ff.). Bei Zusatz von Maskierungsmitteln wird die Extraktion von 1—100 µg Ga mit Oxin/$CHCl_3$ bei pH 2,5 durch folgende Elementmengen nicht gestört [*13a*]: bis 100 mg Ag(I), As(III), Cd, Co(II), Cr(III), Mn(II), Pb, Pt(IV), Sb(III), Te, Tl(I), Zn, Y, Sc, S.E., Alkalimetalle, Erdalkalimetalle und Au(III) [bei Zusatz von 0,5 g

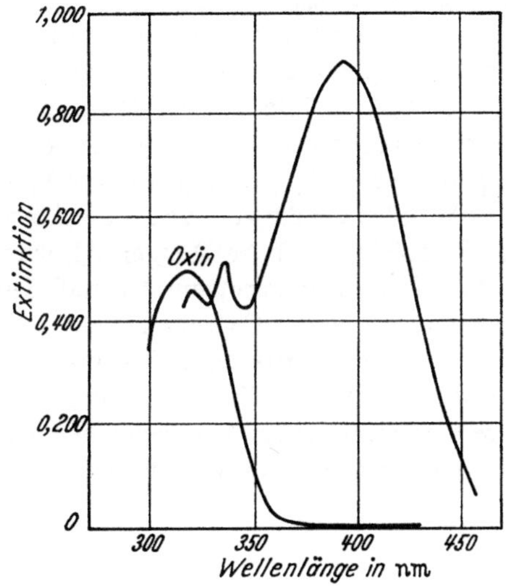

Abb. 120. Extinktionskurven von Ga-Oxinat und Oxin in $CHCl_3$ [*28*]

$Na_2S_2O_3 \cdot 5\,H_2O$; ohne diesen nur bis 1 mg Au(III)]; bis 50 mg Ge(IV) (>50 mg bis 300 mg Ge wurden mit Citronensäure maskiert), Th(IV) und Cr(VI); bis 30 mg W(VI) und Al; bis 20 mg Hg(II) und U(VI); bis 10 mg Bi, Cu(II), Zr(VI), Fe(III) [bei Zusatz von 2 g Ascorbinsäure, aber nur 3 mg Fe(III) bei Zusatz von 0,5 g Ascorbinsäure] und In [bei Zusatz von 1 ml H_3PO_4 (1,71), aber nur 10 µg In ohne PO_4^{3-}]; bis 5 mg Pd(II), Ni(II), Ti(III) und Ti(IV) (Ni und Ti bei Maskierung mit 0,3 g Sulfosalicylsäure, ohne diese nur bis 1 mg); $\leqq$50 mg Re(IV), bis $\leqq$30 µg Sn(IV) und V(V); bis $\leqq$10 µg Mo(VI) und Nb(V). Wird Ga durch vorangehende Ätherextraktion isoliert, so stören bei der anschließenden Bestimmung bei pH 3,5 nur Mo(VI), Tl(III) und Fe(III) [*3*]. Durch Zusatz einer kleinen Menge $Pb(NO_3)_2$ kann störendes Mo als $PbMoO_4$ ausgefällt werden und verbleibt dann bei der Oxinextraktion in der wäßrigen Phase. Die Störung durch Tl(III) kann durch Reduktion zu Tl(I) beseitigt werden. Eine Störung durch Fe(III) kann vermieden werden, wenn man dieses vor dem Ausäthern mit $TiCl_3$ reduziert. Wenn der Bestimmung mit Oxin/$CHCl_3$ bei pH 2,5 eine Ga-Isolierung mit Diisopropyläther aus 6n HCl-Lösung unter vorangehender Reduktion von Fe(III) mit $TiCl_3$ vorgeschaltet wird, so sollen neben 1—100 µg Ga bis 100 mg der früher erwähnten Elemente einzeln oder im Gesamtbetrag nicht stören [*13a*]. Weiterhin tritt keine Störung durch die das Ga in die Diäthylätherphase begleitenden Elemente auf, wenn man das Ga mit Oxin/$CHCl_3$ aus alkalischer, KCN-haltiger Lösung extrahiert. Die Bestimmung von 25 µg Ga wird dann durch die Anwesenheit von jeweils 100 µg der folgenden Elemente nicht gestört [*3*]: Ag,

Al, As(V), Au, B, Ba, Be, Bi, Cd, Ca, Ce, Co, Cr(III), Cs, Cu, Fe(III), Ge, Hf, Hg(II), In, Ir, K, La, Li, Mg, Mn, Mo(VI), Na, Nb, Ni, Os, P, Pb, Pd, Pr, Pt, Rb, Re, Rh, Ru, Sb(V), Sc, Se, Si, Sm, Sn(IV), Sr, Ta, Th, Te, Ti, Tl(III), U(VI), V(V), W, Y, Zn und Zr. Eine Arbeitsvorschrift zur photometrischen Bestimmung des Ga findet man unter Verfahren C.2.1 (s. S. 731) beschrieben.

Die fluorimetrische Bestimmung des Ga [*27, 29*] ist empfindlicher und weniger störanfällig als das photometrische Verfahren. 0,025 µg Ga/ml $CHCl_3$ geben eine gerade noch visuell wahrnehmbare Fluorescenz, während von 0,25 µg Ga/ml aufwärts Konzentrationsunterschiede von 10% (mit einiger Übung 5–7%) der vorliegenden Ga-Menge visuell unterschieden werden können [*29*]. Bei Verwendung eines Fluorimeters (Anregung UV-Lampe, Messung 470–610 nm) liegt die Bestimmungsgrenze etwas tiefer (0,17 µg Ga/ml) und man erhält im Bereich von 0,17–1,7 µg Ga/ml $CHCl_3$ eine lineare Eichkurve [*30*]. Von den bei pH 2,6–3,0 extrahierbaren Oxinaten geben außer Ga nur wenige Elemente eine Fluorescenz. Bei pH 3 geben eine 0,1 µg Ga äquivalente Fluorescenz (in µg): In(50), Be (10000), Li (100000), Sc (4000); bei pH 2,6 verursacht die Anwesenheit von 1000 µg In eine 0,1 µg Ga äquivalente Fluorescenz. Große Mengen Al, sowie Fe(II) stören nicht; Fluorid und Citrat stören, Phosphat nur in geringem Ausmaß. Durch eine Reihe anderer Elemente, die zwar keinen fluorescierenden Extrakt geben, entsteht insofern eine Störung, als die in der organischen Phase auftretende Färbung [Cu(II), Fe(III), Mo(VI), V(V)] oder Emulsion (Ti) das UV-Licht und die Fluorescenz absorbieren. Deshalb wird auch bei der fluorimetrischen Bestimmung das Ga durch eine vorangehende Ätherextraktion isoliert. Eine Beschreibung der Arbeitsweise findet man in den nachfolgenden zwei Abschnitten C.1 und C.3.

1. Organisches Material

Zur Veraschung der Proben (tierische Organe und Gewebe) muß H_2SO_4 (1,84) verwendet werden [*31*], bei Probemengen über 5 mg unter Zusatz von Se. Sowohl anwesende HNO_3 als auch $HClO_4$ würden die spätere Fluorescenzmessung ungünstig beeinflussen. Die trockene Veraschung führt zu beträchtlichen Ga-Verlusten (bis zu 50%). Wie sich gezeigt hat [*10, 32*], können Ga-haltige Lösungen mit H_2SO_4, aber nicht mit HCl verlustlos bis zur Trockene abgeraucht werden. Im letzteren Fall muß selbst bei Wasserbad-Temperatur entweder auf ein völliges Abrauchen verzichtet, oder es muß vorher eine ausreichende Menge H_2SO_4 zugesetzt werden. Nach beendeter Veraschung wird die Probe mit fester NaOH alkalisiert. Man versetzt mit Oxinlösung und extrahiert die gebildeten Oxinate mit $CHCl_3$. Nach Verdampfen des organischen Lösungsmittels werden die Oxinate trocken verascht und die Metalloxyde in verdünnter HCl gelöst. Zur Reduktion von Fe(III), dessen vorhandene Menge nicht zu groß sein darf, wird genügend Hydroxylaminhydrochlorid zugesetzt, danach der pH-Wert auf genau 2,6–2,8 eingestellt und Ga unter exakter Beibehaltung des pH-Wertes mit Oxin/$CHCl_3$ extrahiert. Der Extrakt wird im Fluorimeter bei 635 nm gemessen. Der genauen Einhaltung des pH-Bereiches ist große Aufmerksamkeit zu widmen, da nur in diesem die Störung durch etwa anwesendes In und Sc, die im biologischen Material allerdings äußerst selten anzutreffen sind, genügend gering ist. Im Oxinatextrakt enthaltene Natriumsalze, insbesondere zusammen mit Spuren anderer Metallionen, bedingen eine Herabsetzung der Fluorescenz. Aus diesem Grunde wird empfohlen, allenfalls Ga-freien Gewebeproben bekannte Mengen Ga zuzusetzen und diese als Gewebeblindproben neben den unbekannten Proben zu analysieren. Als Arbeitsvorschrift für die fluorimetrische Bestimmung dient das später für Silicatgestein [*29*] angegebene Verfahren C.3.1.

2. Metalle

2.1. Germanium

Ge wird nach dem Lösen der Probe durch Destillation abgetrennt, Ga durch Ätherextraktion isoliert, aus alkalischer, KCN-haltiger Lösung mit Oxin/$CHCl_3$ extrahiert und photometrisch bestimmt.

B: 0,0001–0,001% Ga und darüber. F_r: ±5–10%.

Arbeitsvorschrift [3]

Reagentien

m-Kressolpurpur-Indicator, 0,1%ig; 0,1 g Reagens wird in 10 ml Wasser, dem vorher ein Plätzchen NaOH zugesetzt wurde, unter leichtem Erwärmen gelöst. Nach dem Abkühlen füllt man mit Wasser auf 100 ml auf;

KCN, 10%ige wäßrige Lösung in Polyäthylenflasche;

Oxin, 1%ig in $CHCl_3$; vor Gebrauch frisch herzustellen;

Diäthyläther, mit Säure gewaschen; 200 ml wasserfreier Äther werden in einem 500 ml-Schütteltrichter mit 30 ml HCl (1 + 1), in welcher vorher etwa 50 mg Na_2SO_3 gelöst wurden, unter öfterem Lüften des Stopfens vorsichtig geschüttelt. Nach dem Druckausgleich schüttelt man kräftig noch 30 sec, verwirft die Säurephase nach der Phasentrennung und wiederholt den gesamten Extraktionsvorgang mit sämtlichen Reagenszusätzen noch zweimal;

HCl (1,19); HCl (1 + 1); $HClO_4$ (70%);

Ammoniak (0,91);

$CHCl_3$.

Man löst die Probe in der Hitze in 2 ml $HClO_4$ und 50 ml HNO_3/HCl-Gemisch (1 + 5) und destilliert das Ge ab, wie dies ausführlich bei „Phosphor“ (s. S. 914) beschrieben ist, doch unterbleibt bei der Destillation der Zusatz von HBr. Wenn das Ge vollständig verflüchtigt ist, raucht man zur Trockene ab, um die $HClO_4$ vollständig zu verjagen. Nach dem Abkühlen versetzt man mit 25 ml HCl (1 + 1), erhitzt zum Sieden und kühlt dann ab. Man führt unter Nachwaschen mit wenig HCl (1 + 1) in einen 125 ml-Schütteltrichter über, bringt mit HCl (1 + 1) auf 25 ml, fügt 25 ml des säuregewaschenen Äthers zu und schüttelt vorsichtig unter Lüften des Stopfens bis der Überdruck entwichen ist. Danach extrahiert man kräftig 30 sec. Man verwirft die Säurephase. Zur Ätherphase fügt man 2 ml HCl (1 + 1) und schüttelt 10 sec. Nach abermaligem Entfernen der Säurephase wiederholt man noch einmal diesen Waschvorgang. Zur Ätherphase fügt man danach 15 ml Wasser und schüttelt nach Entweichen des Überdruckes kräftig 30 sec. Die wäßrige Phase wird in einen 125 ml-Kolben abgelassen. Man wiederholt die Rückextraktion mit 10 ml Wasser und vereinigt dann die wäßrigen Phasen im Kolben. Durch kurzes Erhitzen vertreibt man aus diesem die letzten Ätherreste und kühlt ab. Danach überführt man die wäßrige Lösung unter Nachwaschen mit möglichst wenig Wasser in einen neuen 125 ml-Schütteltrichter. Man versetzt mit einem Tropfen Indicatorlösung und danach tropfenweise mit soviel Ammoniak bis gerade ein Umschlag nach Gelb eintritt. Man versetzt sofort mit 5 ml KCN-Lösung und mischt gut durch. Man fügt 20,0 ml Oxin-Lösung zu und extrahiert kräftig 30 sec lang. Nach der Phasentrennung wird der organische Extrakt bis auf etwa 2 ml durch ein trockenes Filtrierpapier in ein trockenes Kölbchen filtriert. Dabei soll das Kölbchen entfernt werden, wenn gerade noch 1 ml der $CHCl_3$-Lösung im Papierfilter vorhanden ist. Nach kräftigem Umschwenken füllt man eine 5 cm-Küvette und photometriert bei 400 nm gegen $CHCl_3$.

Zur Aufstellung der Eichkurve verwendet man Ga_2O_3, das man unter leichtem Erwärmen in HCl (1,19) löst und danach mit HCl (1 + 1) entsprechend verdünnt (5 µg Ga/ml); von dieser Ga-Lösung legt man 0, 1,0, 3,0, 5,0 und 7,0 ml in eine Reihe von 125 ml-Schütteltrichtern vor, bringt mit HCl (1 + 1) auf 25 ml und setzt mit der Ätherextraktion nach der oben angeführten Arbeitsvorschrift fort.

3. Silicate und Oxyde

3.1. Silicatgestein

Um Ga von den in Silicatgestein ebenfalls anwesenden und früher (s. S. 729) als störend beschriebenen Elementen abzutrennen, wird vor der Oxinbestimmung eine Ätherextraktion durchgeführt. In der Originalarbeit [*29*] wird das anwesende Fe(III) vor der Ätherextraktion mit Silberpulver reduziert und für die Extraktion Diäthyläther verwendet; es empfiehlt sich jedoch gemäß Arbeitsvorschrift [*33*] (s. S. 735) das Fe(III) mit $TiCl_3$ [*13*] zu reduzieren und Diisopropyläther zu verwenden. Die mit Ga in den Ätherextrakt übergehenden Fe(III)-Spuren, sowie vorhandene geringe V-Mengen werden dann vor der Extraktion mit Oxin/$CHCl_3$ durch Zusatz ausreichender Mengen Hydroxylaminhydrochlorid reduziert. Mo stört, sobald es in größerer Menge anwesend ist, da es zu einer Gelbfärbung des sonst farblosen Probenextraktes führt und die Werte für Ga dann zu gering ausfallen. Größte Bedeutung kommt der Verwendung reinsten Äthers zu, da bereits geringste Mengen einer organischen Verbindung zu einer Fluorescenz in der Blindprobe, entsprechend 0,1 μg Ga, führen. Wenn sehr kleine Ga-Mengen zu bestimmen sind, die Qualität des Äthers aber fraglich ist, so wird man am besten mit einer Blindlösung als Vergleichslösung arbeiten, die durch Verdampfen des in der beschriebenen Weise gereinigten Äthers und nach Zusatz aller anderen Reagentien hergestellt wurde. Es werden unter Umständen durch unvollständige Extraktionen des Ga mit Äther manchmal zu geringe Werte erhalten. Es hat sich daher meist bewährt, eine Korrektur von 5–10% vorzunehmen. Das vorliegende Verfahren fand auch zur Bestimmung von Ga in Bauxit Anwendung [*13*].

B: 0,0005–0,007% Ga. F_r: ±10%.

Arbeitsvorschrift [*29, 30*]

Reagentien

$TiCl_3$, 20%ige salzsaure Lösung (~ 7n HCl); man wäscht die Lösung mit etwa 1/3 des Volumens an Diisopropyläther zweimal aus, um Spuren von Ga zu entfernen.

Diisopropyläther, peroxydfrei, p.a.; 100 ml des Äthers werden in einem Schütteltrichter mit 10 ml $KMnO_4$-Lösung (2%ig in 2n H_2SO_4) kräftig geschüttelt und nach der Phasentrennung die wäßrige Phase verworfen. Diesen Vorgang wiederholt man dreimal. Danach schüttelt man die Ätherphase mit schwefeliger Säure aus. Man verwirft die Säurephase, wäscht die Ätherphase dreimal mit Wasser und danach einmal mit 50 ml HCl (1 + 1). Diese Ätherreinigung ist täglich vorzunehmen.

7n HCl; 6n H_2SO_4; HF (40%); HCl (1,19); 0,20n HCl; 0,1n HCl.

NaCl, 10%ige wäßrige Lösung;

Hydroxylaminhydrochlorid, 20%ige wäßrige Lösung;

0,20m Kaliumhydrogenphthalat; 20,41 g Salz in 500 ml Wasser;

Oxin-Lösung 0,10 g Reagens werden in wenig Wasser unter Zusatz von 0,6 ml 6n Essigsäure gelöst und auf 100 ml aufgefüllt;

$CHCl_3$.

Ga-Standard-Lösung, 5 μg Ga/ml 6,05n HCl.

0,25 g der pulverisierten Gesteinsprobe werden in einer Platinschale mit 2 ml 6n H_2SO_4 und 3 ml HF abgeraucht und vorsichtig eingedampft [Vermeidung der Zersetzung von $Fe_2(SO_4)_3$]. Der Trockenrückstand wird in 0,5 ml 6n H_2SO_4 und 1–2 ml Wasser aufgenommen und danach erneut die überschüssige H_2SO_4 abgeraucht. Der lösliche Anteil des Rückstandes wird in 7–8 ml 7n HCl unter leichtem Erwärmen und öfterem Umrühren gelöst, ein vorhandener unlöslicher Rückstand abfiltriert, mit etwa 5 ml schwach salzsaurem Wasser nachgewaschen und zu dem Filtrat die Waschlösung und noch 7 ml HCl (1,19) hinzugefügt. Der unlösliche Rückstand wird gesondert auf entsprechende

Weise aufgeschlossen, die erkaltete Schmelze gelöst, auf 7n HCl eingestellt und mit dem Filtrat vereinigt. Nun extrahiert man das Ga mit Diisopropyläther nach Arbeitsvorschrift [*33*] (s. S. 735). Unter Nachspülen mit 1–2 ml Äther wird die Ätherphase zusammen mit 0,5 ml NaCl-Lösung in ein kleines Becherglas abgelassen und der Äther, nach Abdecken mit einem Uhrglas, bei niedriger Temperatur verdunstet. Nach Abnehmen des Uhrglases wird das Wasser vollständig verdampft. Zum erkalteten Trockenrückstand werden 2,0 ml 0,20n HCl zugesetzt und unter Umrühren alles gelöst. Unter Nachspülen auch des Uhrglases mit insgesamt 3 ml Wasser wird die Lösung in einen 25 ml-Schütteltrichter übergeführt, mit 1 ml Hydroxylaminhydrochlorid-Lösung und 6 ml Kaliumhydrogenphthalatlösung gut gemischt und 20 min bei Raumtemperatur stehen gelassen. Man fügt 0,25 ml Oxinlösung hinzu, extrahiert 30 sec mit 2,0 ml oder 6,0 ml $CHCl_3$ und fluorimetriert (Anregung UV-Lampe, Messung 470–610 nm) den organischen Extrakt sofort nach der Phasentrennung.

3.2. Germaniumdioxyd [*3*]

Die Bestimmung wird nach Verfahren C.2.1 durchgeführt.

D. Rhodamin B

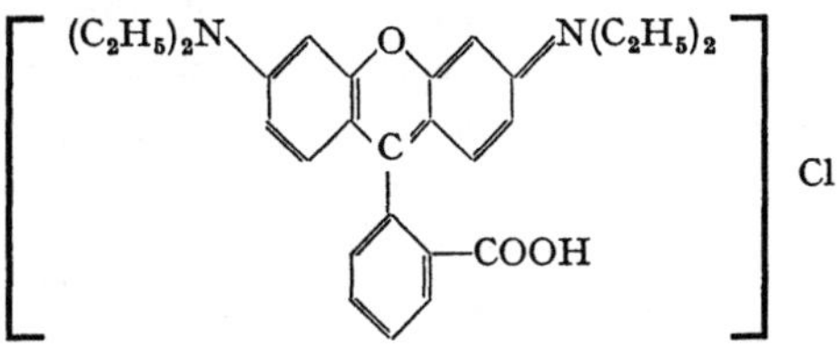

Ga bildet mit Rhodamin B in saurer Lösung einen Komplex, der mit Benzol extrahierbar ist [*33, 34*]. Der Extrakt ist rotviolett gefärbt und zeigt im UV-Licht eine orangegelbe Fluorescenz. Der Komplex ist weiterhin auch noch mit Monochlorbenzol und $CHCl_3$ extrahierbar, während er durch CCl_4 nicht extrahiert wird [*35*]. $CHCl_3$ ist aber ungeeignet, da auch der Reagensüberschuß in die organische Phase übergeht. Hinsichtlich der Phasentrennung erwies sich ein Gemisch von Chlorbenzol/CCl_4 (3:1) am geeignetsten. Für die Ausschüttelung des Komplexes ist eine Säurekonzentration von 6n HCl am günstigsten. Da in schwefelsaurer Lösung in Abwesenheit von Cl^- keine Reaktion stattfindet, ist die Komplexbildung auf eine Umsetzung von Galliumchlorosäure mit dem Reagens zurückzuführen. Im Gegensatz zu den Komplexen der übrigen mit Rhodamin B reagierenden Elemente zeigt der Ga-Komplex eine größere Wasserlöslichkeit, worauf die geringere Ausbeute der Benzolextraktion zurückgeführt wird [*33, 34*]. Mit Benzol beträgt der Extraktionskoeffizient $D = 0{,}57$ [6,0n HCl/0,036% Rhodamin B (0,00076m); ~36% des vorhandenen Ga gehen in die organische Phase über]. Wegen der unvollständigen Extraktion ist das System gegen Schwankungen der Säure- und Reagenskonzentration empfindlich, weshalb das Volumen der wäßrigen Phase stets konstant zu halten ist. Obwohl in der Originalarbeit über reproduzierbare Ergebnisse berichtet wird [*33*], fand man aus den angeführten Gründen in einer anderen Arbeit Streuungen von $\pm 15\%$ [*35*]. Mit Chlorbenzol/CCl_4 (3:1) hingegen werden durch eine Ausschüttelung $>99{,}5\%$ des vorhandenen Ga extrahiert; Analysenstreuungen treten nicht auf und man erreicht eine größere Empfindlichkeit [*35*]. Das Extinktionsmaximum liegt bei 562–565 nm (s. Abb. 121). Der molare Extinktionskoeffizient beträgt in Chlorbenzol/CCl_4 (3:1) 78710

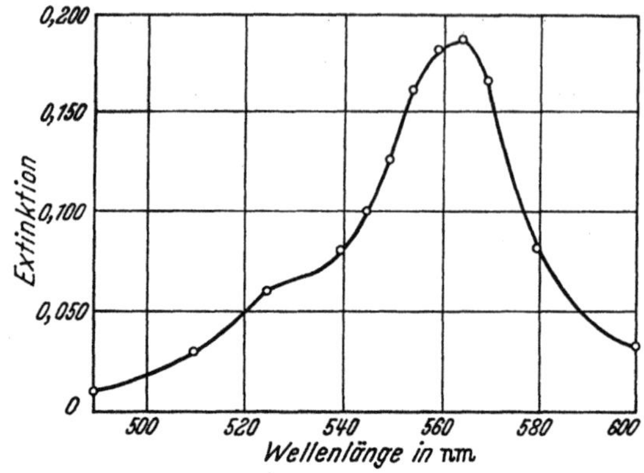

Abb. 121. Extinktionskurve von Ga + Rhodamin B in Benzol [33]

(gegenüber ~ 60000 in Benzol, wahrscheinlich infolge der unvollständigen Extraktion). Das Beersche Gesetz ist im Bereich von 0,02–0,9 μg Ga/ml Chlorbenzol/CCl_4 erfüllt. Bei Verwendung von Benzol zur Extraktion ist das Beersche Gesetz im Bereich von 0,04 bis 1,6 μg Ga/ml ($V_0{:}V_w = 1{:}1$) bzw. 0,06–2,2 μg Ga/ml ($V_0{:}V_w = 2{:}1$) bzw. 0,10–3,6 μg Ga/ml (550 nm-Filter; $V_0{:}V_w = 2{:}1$) erfüllt. Bei der fluorimetrischen Bestimmung ist die Eichkurve im Bereich von 0,02–0,2 μg Ga/ml Benzol bzw. 0,1 bis 1 μg Ga/ml (geringere Empfindlichkeitsstufe des Fluorimeters) annähernd linear. Durch die Anwesenheit von $TiCl_3$ erhält man einen niedrigeren Reagentienblindwert, wahrscheinlich infolge Verhinderung einer Oxydation des Rhodamin B [35].

Außer Ga bilden noch Au(III), Fe(III), Sb(V) und Tl(III) mit Rhodamin B in Benzol lösliche, W(VI) einen in Benzol unlöslichen Komplex. Eine Störung durch die ersten vier Elemente läßt sich durch Reduktion vermeiden [33, 34], nach anderen Angaben soll aber auch Tl (I) stören [35]. Zweckmäßiger ist es daher, Ga vorher durch Ätherextraktion unter gleichzeitiger Reduktion von anwesendem Fe(III) mit $TiCl_3$ zu isolieren. Die Bestimmung von 0,5–10 μg Ga mit Rhodamin B/Benzol wird bei vorangehender Isolierung durch Ätherextraktion durch die Anwesenheit folgender Elementmengen (mg) nicht gestört [33, 34] (bei einem auftretenden relativen Fehler von ±5%): Ag(0,1), Al(40 bis 100), As(III) (1), Au(III) (0,1), Ba (10), Be (1), Bi (1), Ca (10), Cd (1), Co (10), Cr(III) (10), Cu(II) (10), Fe(III) (100), Ge (1), Hg(II) (1), In (1), K (10), Li (10), Mg (10), Mn (II) (10), Mo(VI) (1), Na (10), Ni (10), P (10, als Na_2HPO_4), Pb (10), Pt(IV) (1), Sb(III) (0,5), Sc (1), Se (1), Sn(II) (10), Sr(10), Ta(1), Te (1), Tl(III) (0,5), V(V) (1), W(VI) (1), Y (1), Zn (10), Zr (1), F^- (10) und I^- (10). Unter den mit Diisopropyläther extrahierbaren Elementen täuscht deren Anwesenheit bei Anwendung des empfindlicheren Verfahrens Rhodamin B/Chlorbenzol-CCl_4 bei Vorhandensein von $TiCl_3$ (ohne vorangehende Ätherextraktion) die nachfolgenden Ga-Mengen (μg) vor [35]: 100 μg Sb(III): 0,04; 10000 μg Sb(III): 2,3; 100 μg As(III): 0,04; 10000 μg As(III): 0,9; jeweils 100 μg von Ge(IV): 0,00; von Au(III): 0,03; von In(III): 0,01; von Fe(III): –0,01; von Mo(VI): –0,02; von Tl(I): 1,1 und Sn(II): 0,00. Von diesen stören Sb(III), As(III) und Tl(I) merklich. Von den angeführten Elementen werden durch Äther aus einer mit $TiCl_3$ reduzierten Lösung nur As(III) und Sb(III) extrahiert. Bei vorangehender Isolierung des Ga mit Diisopropyläther aus einer $TiCl_3$-haltigen Lösung stört die Anwesenheit von 10 mg Tl(I) nicht. Eine Störung durch As(III) und Sb(III) vermeidet man, wenn der Ätherextrakt anschließend mit HBr eingedampft wird [35].

Arbeitsvorschrift [*33*]

Reagentien

$TiCl_3$, 20%ige salzsaure Lösung (~ 7n HCl); Ga-Spuren werden durch zweimaliges Ausschütteln mit $^1/_3$ des Volumens an Diisopropyläther entfernt;
Diisopropyläther, peroxydfrei; man schüttelt 100 ml des Äthers mit 10 ml 2%iger $KMnO_4$-Lösung (2n H_2SO_4-sauer) und wiederholt nach Abtrennen der wäßrigen Phase den Vorgang dreimal. Danach schüttelt man mit 10 ml H_2SO_3, verwirft die Säurephase und wäscht die Ätherphase zuerst dreimal mit Wasser und danach mit 50 ml HCl (1 + 1) aus;
NaCl, 10%ige wäßrige Lösung;
Hydroxylaminhydrochlorid, 10%ige wäßrige Lösung;
Rhodamin B, 0,5%ig in HCl (1 + 1);
Ga-Standardlösung, 10 μg Ga/ml 6n HCl; mindestens 2 Wochen stabil.

Die Probelösung (0,5–10 μg Ga in 5–10 ml enthaltend), welche 7n HCl-sauer sein soll, wird in einem Schütteltrichter mit 2 ml $TiCl_3$-Lösung versetzt. Bei Fe-Mengen > 100 mg ist der Zusatz an $TiCl_3$ entsprechend zu erhöhen. Nach 5 min extrahiert man mit 8–10 ml Diisopropyläther 20–30 sec lang. Die wäßrige Phase wird in einem zweiten, mit HCl (1 + 1) gespülten Schütteltrichter neuerlich mit 5 ml Äther extrahiert. Nach Verwerfen der wäßrigen Phase vereinigt man die beiden Ätherextrakte unter Nachwaschen der Schütteltrichter mit 1 ml Lösungsmittel. Man schüttelt die Ätherphase 10 sec lang kräftig mit einer Mischung von 1 ml 7n HCl und 0,5 ml $TiCl_3$-Lösung. Nach Entfernen der wäßrigen Lösung wiederholt man den Waschvorgang noch einmal, verwirft dann auch die zweite Waschflüssigkeit und schüttelt die Ätherphase noch mit 1 ml 7n HCl kurz aus. Man entfernt auch die salzsaure Phase, führt den Ätherextrakt unter Nachwaschen des Schütteltrichters mit 1–2 ml Äther in ein 50 ml-Becherglas über, fügt 0,3 ml NaCl-Lösung zu und verdampft den Äther in der Wärme nach Aufsetzen eines Uhrglases. Wenn eine Trübung des Äthers durch mit $TiCl_3$ fällbare Substanzen zu verzeichnen ist, filtriert man vorerst durch Glaswolle. Nach dem Abkühlen löst man den Rückstand in 5 ml 6n HCl und überführt möglichst quantitativ in einen trockenen Schütteltrichter. Man versetzt mit 0,40 ml Rhodamin B-Lösung, 0,1 ml Hydroxylaminhydrochlorid-Lösung, mischt durch und extrahiert 1 min lang mit 10,0 ml (oder 5,0 ml) Benzol. Nach der Phasentrennung läßt man den Extrakt durch Glaswolle ab und photometriert die klare Lösung in einer 1 cm-Küvette bei 565 nm.

1. Silicatgestein und Mineralien

1.1. Silicatgestein [*33*]

Der Aufschluß des Probematerials erfolgt nach Verfahren C.3.1 (s. S. 732), die Bestimmung wird mit Rhodamin B/Benzol nach der oben angegebenen Vorschrift [*37*] durchgeführt. B: ≧ 2 ppm Ga. F_r: ±5–15%.

1.2. Silicatgestein und Mineralien

Ga wird durch Extraktion mit Diisopropyläther isoliert und anschließend mit Rhodamin B/Chlorbenzol-CCl_4 photometrisch bestimmt.

B: 0,00004 – > 0,009% Ga. F_{rm}: ±1,6% bei Gehalten von 0,002% Ga.

Arbeitsvorschrift [*35*]

Reagentien

H_2SO_4 (1,84); HF (40%); HCl (1,19); HNO_3 (1,40); HBr (48%); Brom;
6,5n HCl;
$TiCl_3$, 15%ige wäßrige Lösung;
Diisopropyläther (über NaOH frisch destilliert);

6,5n HCl/11% $TiCl_3$-Lösung; 260 ml HCl (1,19) und 33 ml 15%ige $TiCl_3$-Lösung werden mit Wasser auf 500 ml aufgefüllt;
Rhodamin B, 0,5%ige wäßrige Lösung; vor Gebrauch filtrieren;
Chlorbenzol/CCl_4-Gemisch; 125 ml CCl_4 werden mit 500 ml Monochlorbenzol gemischt.

Silicatische Mineralien

0,1–0,5 g der fein pulverisierten Probe (2,5–7,5 µg Ga enthaltend) werden in einem Platintiegel mit 1 ml H_2SO_4 und 15 ml HF versetzt und nach Aufsetzen eines Deckels über Nacht im Wasserbad erhitzt. Danach verdampft man die HF und erhitzt unter Verwendung eines Oberflächenverdampfers bis zum Auftreten weißer Dämpfe. Nach dem Abkühlen löst man den Rückstand in 50 ml 6,5n HCl.

Sulfidische Mineralien

Man löst 1,0 g pulverisierte Probe in 3 ml Brom und 20 ml HCl/HNO_3 (1 + 1) und dampft zur Trockene ein. Nach Aufnehmen mit 5 ml HCl dampft man erneut ein. Bei Vorhandensein größerer Mengen an As oder Sb versetzt man mit 5 ml HBr und raucht erneut zur Trockene ab. Der Rückstand wird in 50 ml 6,5n HCl gelöst.

Oxydische Mineralien

0,1–1,0 g Probe (bis 10 µg Ga enthaltend) schließt man in einem Platintiegel mit der 10fachen Gewichtsmenge an $K_2S_2O_7$ auf und löst die erkaltete Schmelze in 50 ml 6,5n HCl.

Carbonat-Mineralien

Man löst 2–3 g Probe in verdünnter HCl, filtriert falls erforderlich, und bringt mit HCl auf die Normalität von 6,5n.

Die entsprechend vorbereitete Probelösung wird in einen 250 ml-Schütteltrichter übergeführt, mit genügend $TiCl_3$-Lösung versetzt (gewöhnlich reichen 5 ml) und zweimal mit dem der Probelösung entsprechenden Volumen Diisopropyläther extrahiert. Die vereinigten organischen Extrakte werden in ein 100 ml-Becherglas abgelassen und auf dem Wasserbad der Äther verdampft. In das Becherglas setzt man 5 ml 6,5n HCl/1% $TiCl_3$-Lösung zu und löst den Rückstand nach Bedecken mit einem Uhrglas bei 70–80° C. Nach dem Abkühlen führt man in einen 50 ml-Schütteltrichter, in den 8 ml Chlorbenzol/CCl_4-Gemisch vorgelegt sind, über. Nach Zusatz von 0,5 ml Rhodamin B-Lösung extrahiert man 10 min. Nach der Phasentrennung filtriert man den organischen Extrakt durch Glaswolle in einen 10 ml-Meßzylinder, in den 1,0 ml Äthylalkohol vorgelegt wurde. Die wäßrige Phase wird mit 1 ml Lösungsmittel nachgewaschen und dieses nach der Phasentrennung ebenfalls in den Meßzylinder abgelassen. Nach dem Auffüllen mit Lösungsmittel bis zur Marke wird der Extrakt bei 562 nm in einer 1 cm-Küvette photometriert.

E. Malachitgrün

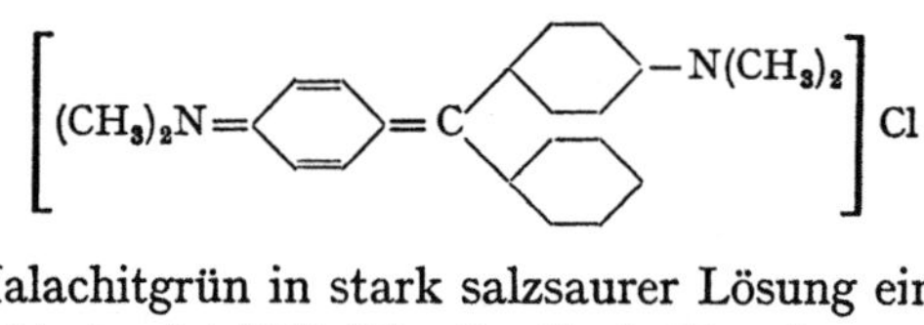

Ga bildet mit Malachitgrün in stark salzsaurer Lösung einen blaugrünen Komplex, der mit Benzol extrahierbar ist [*36*]. Die günstigste Säurekonzentration liegt bei 6,0–6,5n HCl. Das Extinktionsmaximum liegt bei 635 nm [*37*] (s. Abb. 122). Die Eichkurve ist im Bereich von 0,06–1 µg Ga/ml Benzol fast linear. Die Farbbildung muß in reduzierendem

Medium durchgeführt werden, da das Oxydationsprodukt des Farbstoffes ebenfalls mit Benzol extrahiert wird. Als Reduktionsmittel wird $TiCl_3$ verwendet. Die Farbe ist 3 Std stabil. Der Extraktionskoeffizient beträgt $D = 2{,}74$ ($V_0 : V_w = 1:1{,}7$), weshalb das Ga durch eine Ausschüttelung nicht vollständig (~ 73%) extrahiert wird. Trotzdem wird auf eine mehrfache Ausschüttelung verzichtet, um eine Verdünnung der Farbmeßlösung zu vermeiden. Die Anwesenheit nachfolgender Elementmengen verursacht bei der Bestimmung von 2 µg Ga einen relativen Fehler unter ± 10%: 50 mg von K, Na, NH_4F und

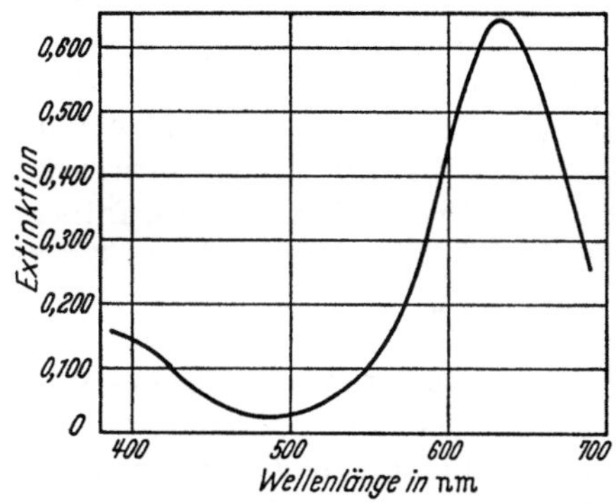

Abb. 122. Extinktionskurve von Ga + Malachitgrün in Benzol [*36, 37*]

Ammoniumoxalat; 25 mg von As(V), Ba, Be, Bi, Ca, Co, Cr(III), Cs, Li, Mg, Mn(II), NH_4^+, Ni, Pb, Rb, Sc(III), Sr, Th(IV), Ti(IV), U(VI), Zn und Zr(IV); 15 mg von Fe(III); 10 mg von Ag, Al, Cd, Eu(III), Gd(III), Hg(II), Ho(III), Nb(V), Nd(III), Os(VIII), Pd(II), Pr(III), Pt(IV), Rh(III), Se(IV), Sm(III), Ta(V), Tb(III), Tm(III), V(V), Y (III) und Yb(III); 5 mg von Au(III), Cu, Hf(IV), In(III), La(III), Mo(VI), Sb(III) und Te(IV); 4 mg von Er(III) und Lu(III); 3 mg Dy(III); 1,5 mg Ge(IV); 1 mg W(VI); 0,5 mg Tl(I) und 0,1 mg Sn(IV). Au, Pd, Se und Te werden durch $TiCl_3$ zum Metall reduziert. Cu, Mo, Sb und Tl geben gefärbte Extrakte. Nitrat und andere oxydierende Stoffe müssen abwesend sein.

Arbeitsvorschrift [*36, 37*]

Reagentien

HCl (1,19); HCl (1 + 1); HCl (1 + 3);

$TiCl_3$, 15%ig in 4,6n HCl;

Malachitgrün-Lösung; 2 g Farbstoff (die rote Chloridverbindung) werden unter Rühren in einer Reibschale in 100 ml HCl (1 + 3) gelöst, danach filtriert und in einer dunklen Flasche aufbewahrt.

Diisopropyläther; 500 ml peroxydfreier Äther (Vorbereitung wie bei [*33*], S. 735) werden mit 250 ml HCl (1 + 1) geschüttelt und der Äther nach der Phasentrennung mit 0,01 g Diphenylamin (pro Liter Äther) stabilisiert und in einer dunklen Flasche aufbewahrt.

5 ml Probelösung [0–5 µg Ga in HCl (1 + 1) enthaltend] werden in einem trockenen 25 ml-Schütteltrichter mit 1 ml HCl (1,19) und 0,5 ml $TiCl_3$-Lösung versetzt und kräftig gemischt. Nach 5 min fügt man 2,0 ml Reagenslösung zu, mischt und extrahiert nach Zusatz von 5,0 ml Benzol 2 min lang. Der organische Extrakt wird in einer 1 cm-Küvette bei 635 nm gegen Benzol photometriert.

1. Mineralien und Aschen

Mit den nachfolgenden Vorschriften [36] können ohne vorangehende Abtrennung des Ga Gehalte bis herab zu 0,001% Ga, bei vorhergehender Isolierung mittels Ätherextraktion bis zu 0,0001% Ga mit einem relativen Fehler von etwa ±5% bestimmt werden.

1.1. Bauxit [36]

0,25 g der fein pulverisierten Probe werden in einer Platinschale im Muffelofen geglüht, danach mit 1 ml H_2SO_4 (1 + 1) und 5 ml HF (40%) versetzt und abgeraucht. Man wiederholt diesen Vorgang mit 1 ml H_2SO_4 (1 + 1) und rund 3 ml HF (40%). Man raucht zur Trockene ab, doch muß eine Zersetzung von Eisensulfat vermieden werden. Der Rückstand wird unter Erwärmung in etwa 10 ml HCl (1 + 1) aufgenommen, die Lösung unter Nachwaschen mit HCl (1 + 1) in einen 50 ml-Meßkolben übergeführt und mit dieser Säure zur Marke aufgefüllt. Falls erforderlich, filtriert man die Lösung durch ein trockenes Filter; ein aliquoter Anteil von 5,0 ml wird der früher genannten Bestimmung zugeführt.

1.2. Aschen [36]

0,1 g Probe wird, wie bei Bauxit beschrieben, aufgeschlossen. Der Trockenrückstand wird in etwa 10 ml HCl (1 + 1) aufgenommen, in einen 500 ml-Meßkolben übergeführt und mit Wasser zur Marke aufgefüllt. Für die Ga-Bestimmung wird ein aliquoter Teil von 1–2 ml entnommen, mit HCl auf eine Säurekonzentration von (1 + 1) gebracht und auf 5 ml mit HCl (1 + 1) verdünnt. Man verfährt zur Bestimmung wie früher beschrieben.

1.3. Zinksulfiderze [36]

0,25 g fein pulverisierte Probe werden mit 5–10 ml HNO_3/HCl (3 + 1) und, wenn nötig, einigen Tropfen Brom zersetzt. Danach fügt man 2 ml H_2SO_4 (1 + 1) zu und dampft bis zum Auftreten der weißen Säurenebel ein. Nach dem Abkühlen setzt man einige ml Wasser zu und raucht zur Trockene ab. Der Rückstand wird, wie bei Bauxit beschrieben, weiter verarbeitet.

Liegt der Ga-Gehalt der Probe unter 0,001%, so wird der Rückstand der entsprechend zersetzten Probe in etwa 10 ml HCl (1 + 1) aufgenommen und Ga durch die nachfolgende Ätherextraktion isoliert (falls erforderlich kann auch mit einem aliquoten Anteil der Probelösung weiter gearbeitet werden). Die salzsaure Lösung wird mit 15%iger $TiCl_3$-Lösung (im allgemeinen genügen 2–5 ml) versetzt und danach mit HCl auf eine Säurekonzentration von 7n gebracht. Nach 5 min extrahiert man zweimal mit demselben Volumen Diisopropyläther. Die vereinigten Extrakte werden in einem Becherglas nach Zusatz von 0,3 ml 10%iger NaCl-Lösung zur Trockene eingedampft. Der Rückstand wird unter Erwärmen in 5 ml HCl (1 + 1) vollständig gelöst, unter Nachwaschen mit wenig Säure in einen 10 ml-Meßkolben übergeführt und mit derselben Säurekonzentration zur Marke aufgefüllt. Für die früher beschriebene Ga-Bestimmung wird ein aliquoter Anteil von 5,0 ml verwendet.

F. Verschiedenes

Zur photometrischen Ga-Bestimmung fanden auch folgende Reagentien Anwendung: PAR [4-(2-Pyridylazo)-resorcinol] ($\varepsilon_{520-530} = 28000$) [*24c, 39, 40*], PAN [$\varepsilon_{545} = 14700$ (bzw. 24900, wenn nach vorangehender Ga-Isolierung aus 7n HCl/Diisopropyläther der Farbansatz in mit Diisopropyläther gesättigter wäßriger Lösung erfolgt)] [*41*] und 1-(2,4-

Dihydroxyphenylazo)-2-naphthol-4-sulfonsäure (Extinktionsmaximum 560 nm; nach vorangehender Ga-Isolierung aus 7,5 n HCl/Diisopropyläther ist der Bestimmungsbereich 0,07–2,5 ppm) [*8*]. Außerdem wurde Ga auch fluorimetrisch bestimmt mit 5,7-Dibrom-8-hydroxychinolin/$CHCl_3$ (nach vorangehender Ga-Isolierung aus 7n HCl/Diisopropyläther ist der Bestimmungsbereich 0,017–>0,2 µg/ml $CHCl_3$) [*30, 38*] oder mit 2,2'-Pyridylbenzimidazol (Anregung 347 nm/Messung 413 nm; Bestimmungsbereich 70 bis 700 ppb Ga) [*20*]. Ein Übersichtsreferat zitiert weitere Reagentien zur photometrischen Bestimmung von Ga [*42*].

Tabelle 141a. Nachtrag — Weitere Verfahren[1]

Bestimmungsmethode	Probematerial, Verfahren, Bestimmungsbereich	Literatur
Trennung	Wäßrige Lösung. Isol: Ex 19% Mesityloxyd/MIBK (1 mal 30 sec) aus 0,5 n HCl/8 m LiCl-Lösung ($V_0 : V_w = 1:2,5$; $E\% = 100$), Rückextraktion (2 mal) mit Wasser ($V_0 : V_w = 1:1$).	[*43*]
Trennung	Wäßrige Lösung. Ex 3% N-Benzylanilin/$CHCl_3$ (2 mal 1 min) aus 6,5—7,5 n HCl-Lösung ($V_0 : V_w = 1:2$; $E\% = 94,6$), Rückextraktion (2 mal) mit Wasser ($V_0 : V_w = 1:1$).	[*44*]

[1] Abkürzungen s. S. XVI, XXIV.

Literatur

1. Swift, E. H.: J. Am. chem. Soc. **46**, 2375 (1924).
2. Grahame, D. C., Seaborg, G. T.: J. Am. chem. Soc. **60**, 2524 (1938).
3. Luke, C. L., Campbell, M. E.: Analyt. Chem. **28**, 1340 (1956).
4. Nachtrieb, N. H., Fryxell, R. E.: J. Am. chem. Soc. **71**, 4035 (1949).
5. Wada, I., Ishii, R.: Scient. Pap. Inst. Phys. Chem. Res. (Tokyo) **34**, 787 (1937/38).
6. Wada, I., Ishii, R.: Scient. Pap. Inst. Phys. chem. Res. (Tokyo) **24**, 135 (1934).
7. Graffmann, G., Jackwert, E., Lohmar, J., Ufer, W.: Z. anal. Chem. **246**, 12 (1969).
8. Chang, The-Liang, Yoe, J. H.: Analyt. chim. Acta **29**, 344 (1963).
9. Scherrer, J. A.: J. Res. Nat. Bur. Standards **15 II**, 585 (1935).
10. Geilmann, W., Bode, H., Kunkel, E.: Z. anal. Chem. **148**, 161 (1955/56).
11. Fresenius, R., Jander, G.: Hdbch. der analytischen Chemie, Bd. III, Tl. 3. Berlin: Springer 1942.
12. Gastinger, E.: Z. anal. Chem. **140**, 252 (1953).
13. Lacroix, S.: Analyt. chim. Acta **2**, 167 (1948).
13a. Keil, R.: Z. anal. Chem. **247**, 172 (1970).
14. Milner, G. W. C., Wood, A. J., Woodhead, J. L.: Analyst **79**, 272 (1954).
15. Hartkamp, H., Specker, H.: Naturwiss. **43**, 421 (1956).
16. Hartkamp, H., Specker, H.: Angew. Chem. **68**, 678 (1956).
17. Hartkamp, H., Specker, H.: Talanta **2**, 67 (1959).
18. Bock, R.: Z. anal. Chem. **133**, 110 (1951).
19. Specker, H., Bankmann, E.: Z. anal. Chem. **149**, 97 (1956).
20. Bark, S. L., Rixon, A.: Analyt. chim. Acta **45**, 425 (1969).
21. Vanossi, R.: An. Asoc. quim. argent. **43**, 151 (1955).
22. Wold, A., Baird, J. H., Hough, C. R.: Analyt. Chem. **26**, 546 (1954).
23. Steinbach, J. F., Freiser, H.: Analyt. Chem. **26**, 375 (1954).
24. Bode, H.: Z. anal. Chem. **142**, 414 (1954).
24a. Pierce, T. B., Peck, P. F.: Analyt. chim. Acta **27**, 392 (1962).
24b. Starý, J., Smižanská, J.: Analyt. chim. Acta **29**, 545 (1963).
24c. Vadasdi, K. G.: Analyt. chim. Acta **44**, 471 (1969).
24d. Lyle, S. J., Shendrikar, A. D.: Analyt. chim. Acta **32**, 575 (1965).

25. Biskupsky, V. S.: Analyt. chim. Acta **46**, 149 (1969).
26. Geilmann, W., Wrigge, F. W.: Z. anorg. allg. Chem. **209**, 129 (1932).
27. Sandell, E. B.: Ind. Eng. Chem., Anal. Ed. **13**, 844 (1941).
28. Moeller, T., Cohen, A. J.: Analyt. Chem. **22**, 686 (1950).
29. Sandell, E. B.: Analyt. Chem. **19**, 63 (1947).
30. Ladenbauer, I., Slama, O.: Mikrochim. Acta (Wien) **1956**, 1219.
31. Dudley, H. C.: J. Pharmacol. **95**, 482 (1949).
32. Hillebrand, W. F., Lundell, G. E. F., Bright, H. A., Hoffman, J. I.: Applied inorganic analysis. New York: Wiley & Sons 1953.
33. Onishi, H., Sandell, E. B.: Analyt. chim. Acta **13**, 159 (1955).
34. Onishi, H.: Analyt. Chem. **27**, 832 (1955).
35. Culkin, F., Riley, J. P.: Analyst **83**, 208 (1958).
36. Jankovský, J.: Talanta **2**, 29 (1959).
37. Jankovský, J.: persönl. Mitteilung (1960).
38. Moeller, T., Cohen, A. J.: Analyt. chim. Acta **4**, 316 (1950).
39. Dwivedi, C. D., Munshi, K. N., Dey, A. K.: Chemist-Analyst **55**, 13 (1966).
40. Hniličková, M., Sommer, L.: Z. anal. Chem. **193**, 171 (1963).
41. Cheng, K. L., Goydish, B. L.: Analyt. chim. Acta **34**, 154 (1966).
42. Fogg, A. G., Burgess, C., Burns, D. T.: Talanta **18**, 1175 (1971).
43. Chavan, M. B., Shinde, V. M.: Analyt. chim. Acta **59**, 165 (1972).
44. Khosla, M. M. L., Rao, S. P.: Analyt. chim. Acta **61**, 156 (1972).

Ge — Germanium

Tabelle 142. Empfindlichkeit S_M und Bestimmungsgrenze L_Q der Verfahren

Verfahren	µg Ge · ml⁻¹ · cm⁻¹ S_M	L_Q
Phenylfluoron, wäßrige Lösung	0,0008 (510 nm)	0,021 (510 nm)
Phenylfluoron/Benzylalkohol	0,0005 (505 nm)	0,013 (505 nm)
Phenylfluoron/MIBK	0,0004 (504 nm)	0,010 (504 nm)

A. Trennungen

Kleine Mengen Ge lassen sich von anderen Elementen wie Ag, Al, As(V), B, Ba, Bi, Ca, Cd, Co, Cr(III), Cu(II), Fe(II), Fe(III), Ga, Hg(II), In, K, Mg, Mn(II), Mo(VI), Na, Nb, Ni, Pb, Ru, Sb(III), Se(IV), Si, Sn(IV), Ta, Te(IV), Ti, Tl(III), V(IV), W(VI), Zn und Zr, sowie PO_4^{3-} und SO_4^{2-} durch Extraktion des $GeCl_4$ aus 9n HCl-Lösung mit CCl_4 weitgehend bis quantitativ abtrennen [*1–8*]. Umgekehrt wurden auch die Verunreinigungen von metallischem Ge auf diesem Wege untersucht [*9*]. Schüttelt man eine 8–9n HCl-Lösung mit dem gleichen Volumen CCl_4 aus, so gehen die Elemente in etwa folgendem Ausmaß (in %) in die organische Phase über [*4, 10*]: Ge (98–99), As(III) (70–73), As (V) (0,001–0,003), B (<0,002), Hg (II) (0,005–0,002), Sb (III) (0,005 bis 0,004), Sb(V) (0,008–0,02), Se(IV) (0,003–0,02), Sn(IV) (0,0006) und Te(IV) (<0,005). Nach den Angaben einer anderen Arbeit beträgt der Extraktionskoeffizient für 7n HCl ~ 2, für 8n HCl ~ 50 und 9n HCl ~ 500 [*5*]. Ge kann auch mit $CHCl_3$ [*2, 4, 11*] oder Benzol [*4*] ausgeschüttelt werden. OsO_4 geht dabei ebenfalls in die organische Phase über [*2, 11*]. Eine Extraktion von As(III) läßt sich vermeiden, wenn man dieses vorher mit $KClO_3$ zu As(V) oxydiert [*10*]. Das als $GeCl_4$ in der organischen Phase befindliche Ge läßt sich mit Wasser rückschütteln [*3, 5*]. Von anderer Seite [*6*] wird die Rückextraktion des Ge aus der CCl_4-Phase mit Ammoniumoxalat/Oxalsäure-Lösung empfohlen, die rasch unter Bildung des Komplexes Oxalato-Germaniumsäure erfolgt.

Außer den genannten Lösungsmitteln kann $GeCl_4$ auch mit MIBK oder Methylisopropylketon aus 7,5n HCl-Lösung extrahiert und anschließend im Extrakt direkt photometrisch bestimmt werden [*12, 13*]. Gegenüber der Destillation hat die Extraktion mit CCl_4 aus HCl-Lösung den Vorteil, daß die Trennung einfacher und rascher durchführbar ist und nur wenig HCl das Ge begleitet.

$GeBr_4$ läßt sich in einem kontinuierlich verlaufenden Extraktionsgang (5 Std) aus 6n HBr-Lösung [HBr (48%) mit KBr und Äther gesättigt] gut mit Äther, aber nur mäßig mit CCl_4 extrahieren [*14*]. Nach beendeter Extraktion wird das Ge mit Wasser rückgeschüttelt und einer photometrischen Bestimmung (oder einer gravimetrischen bei höheren Ge-Gehalten) zugeführt. Experimentell waren mit 100 ml Äther noch Mengen bis 700 µg, mit CCl_4 demgegenüber nur bis rund 20 µg Ge extrahierbar. Um die Mitextraktion des bei der späteren Ge-Bestimmung meist störenden Fe(III) zu verhindern, wurde $TiCl_3$ vor der Extraktion zugesetzt.

Ge läßt sich auch mit N-Benzoyl-N-Phenylhydroxylamin (BPH)/$CHCl_3$ isolieren und so von verschiedenen Elementen abtrennen [*15*] (s. S. 347).

Ge kann von zahlreichen störenden Elementen durch Destillation des bei 86° C siedenden $GeCl_4$ abgetrennt werden [*2, 3, 16–19*]. Im allgemeinen wird aus HCl (1 + 1)-Lösung destilliert. Mit Ge gehen As(III), Sn, Sb und F über. Wenn As während der Destillation mittels Durchleiten von Chlor oder durch Zusatz von $KMnO_4$ in der fünfwertigen Stufe gehalten wird, geht Ge allein über. As kann auch durch Zusatz von Kupferpulver in den Destillationskolben als Arsenid zurückgehalten werden [*20*]. Wenn anwesendes F^- die anschließende Bestimmung des Ge stört, so kann es durch vorangehendes Austreiben als H_2SiF_6 aus H_2SO_4-Lösung entfernt werden; anschließend destilliert man das Ge aus salzsaurer Lösung ab. Bei Abwesenheit von Sn, Sb, Si und Pb kann Ge auch aus einer Mischung von H_2SO_4 und wenig HCl bei höherer Temperatur (~ 120°C) überdestilliert werden.

B. Phenylfluoron

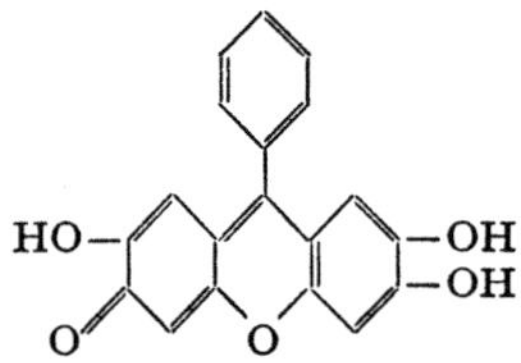

a) Bestimmung in wäßriger Lösung

Ge(IV) bildet in 0,2–1,5n H_2SO_4- oder HCl-Lösung mit Phenylfluoron (9-Phenyl-2,3,7-trihydroxy-6-fluoron; 2,3,7-Trihydroxy-9-phenylxanthen-6-on) einen rotgefärbten, in Wasser wenig löslichen Komplex [*5, 7, 8, 21–23*]. Da der Komplex nur in kolloidaler Verteilung vorliegt und daher langsam ausfällt, ist bei der Bestimmung von Ge in wäßriger Lösung der Zusatz von Gummi arabicum [*18*], Gelatine [*6*] oder noch besser Polyvinylalkohol [*24*] als Stabilisierungsmittel erforderlich. Eine Erhöhung der Säurekonzentration bewirkt eine Verzögerung der Farbentwicklung, die Erniedrigung ein rasches Ausfallen des Reagenses. Eine Erhöhung der Reagenskonzentration fördert die Schnelligkeit der Farbbildung. In HCl-Lösung erfolgt die Farbentwicklung nur wenig rascher als in H_2SO_4-Lösung und benötigt in 1n HCl mit ~ 0,01% Reagensgehalt etwa 30 min zur Erzielung des Farbmaximums. Im allgemeinen erfolgt die Bestimmung in HCl-Lösung, doch findet auch diese in H_2SO_4-Lösung Anwendung [*18, 22*]. Die gebildete Farbe ist in Anwesenheit von Gummi arabicum 14 Std stabil; nach 2–3 Tagen flockt der Komplex aus [*18*]. Um die für die Farbentwicklung erforderliche Wartezeit von 30–60 min zu vermeiden, wurde von anderer Seite [*7*] die Farbbildung unter Zusatz eines Puffergemisches (Natriumacetat-Essigsäure) bei pH 3,1 vorgenommen, worin die volle Farbentwicklung nach 1–2 min erreicht ist. Danach wird die Lösung mit Säure wieder auf pH 1,8 gebracht, wobei andere störende Metallkomplexe verblassen. Bei dieser Arbeitsweise verblaßt die Farbe des Ge-Komplexes aber nach 10–15 min. Das Extinktionsmaximum liegt bei 510 nm ($\varepsilon = 87000$) (s. Abb. 123). Das Beersche Gesetz ist im Bereich von 0,02–0,9 μg Ge/ml erfüllt. Die Bestimmung des Ge in ~ 1n HCl-Lösung wird durch folgende Elementmengen nicht gestört [*18*]: bis zu ihrer Löslichkeitsgrenze durch BO_3^{3-}, Ca, K, Na und NH_4^+; die 1000fache Konzentration (bezogen auf die Ge-Konzentration) an Ag, Al, Be, Cd, Co, Cr(III), Cu(II), Fe(II), Hg(II), Li, Mg, Mn(II), Ni, Zn, Cl^- und PO_4^{3-}; kleinere Konzentrationen (Vielfaches der Ge-Konzentration) an As(III) (50), As(V) (100), Bi (10), Fe(III) (10), Ga (<1), Mo(VI) (<1), Sb(III) (<1), Sn(II) (<1), Sn(IV) (<1) und Ti(IV) (2). Außer den letztgenannten

Elementen stören auch Nb, Ta, W und Zr [5]. Stark oxydierende Stoffe müssen abwesend sein, z. B. Ce(IV), CrO_4^{2-}, MnO_4^- und V(V). Bei der Bestimmung von Ge in Kohlenaschen stört der Mn-Gehalt, weil das Mn beim Alkaliaufschluß in Manganat oder Permanganat übergeführt wird, welches HCl zu Cl_2 oxydiert; die Störung beseitigt man durch Zusatz von $FeSO_4$ (weniger günstig ist Oxalat) [25]. Die Störung durch die angeführten Elemente ist in den meisten Fällen ohne praktische Bedeutung, da das Ge im allgemeinen vor der Bestimmung durch Extraktion [5—7] oder Destillation [18] isoliert

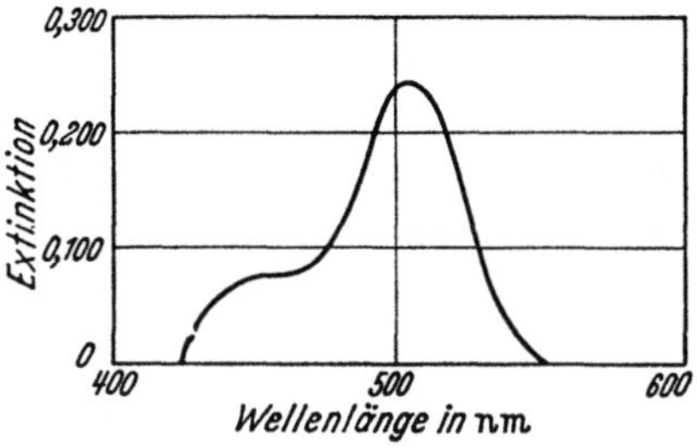

Abb. 123. Extinktionskurve von Ge + Phenylfluoron in wäßriger Lösung [13]

wird. Bei Isolierung durch Extraktion konnte für die Bestimmung von 0,5—10 μg Ge eine Störung durch folgende Elemente (in mg) nicht festgestellt werden [5, 7]: Al (80), As(III) (10), Bi (10—50), Ca (70), Cr (10), Cu (10), F^- (10), Fe(III) (10—100), Ga (2—10), Hf (10), Mg (40), Mo(VI) (10—50), Nb(V) (1), Ni (10), Sb(III) (10—60), Se (10), Sn(IV) (10—50), Te (10), Ti (IV) (10—75), V (10), W (VI) (10), Zn (10) und Zr (10). Die Bestimmung von 20—300 μg Ge wird unter Verwendung der Destillation zur Isolierung durch 1 g Na_2CO_3 und je 10 mg der Oxyde von Ag, Al, As(III), B, Cu(II), Cr(III), Fe(III), Ga, K, Mg, Mn(II), Mo(VI), Ni, P, Pb, Sb(III), Si, Sn(IV), Ti(IV), V(V) und Zn nicht gestört [18].

Führt man die Farbentwicklung bei pH 3,1 durch mit anschließendem Einstellen auf pH 1,8 beim Auffüllen [7], so wird die Bestimmung von 40 μg Ge durch je 100 μg von Fe(III), Ga, Hf, Mo, Nb, Sb(III), Sn, Ta, Ti, V(V), W, Zr und 200 μg Bi gestört, sie wird jedoch nicht gestört durch je 100 μg von Ag, Al, As, Au, B, Ba, Be, Bi, Ca, Cd, Ce, Co, Cr, Cu, Cs, Hg, In, Ir, K, La, Li, Mg, Mn, Na, Nd, Ni, Os, P, Pb, Pd, Pr, Pt, Rb, Re, Rh, Ru, Sc, Se, Si, Sm, Sr, Te, Th, Tl, U, Y und Zn. Durch Zusatz von 2 ml 10%iger ÄDTA-Lösung (auf 50 ml Endvolumen) läßt sich die Störung der genannten 13 Störelemente mit Ausnahme von Sb(III), Mo(VI) und Nb beseitigen [7, 22], jene von diesen drei Elementen herabsetzen. Sb(III) wird vor der Farbentwicklung nahezu vollständig durch Abrauchen mit $HClO_4$ in nicht störendes Sb(V) übergeführt und restliches Sb(III) durch ÄDTA maskiert. Nach anderen Untersuchungen [28] wird aber Ge durch ÄDTE im sauren Bereich ebenfalls maskiert; nur in Anwesenheit von Acetatpuffer verläuft diese Reaktion relativ langsam, so daß hier bei der photometrischen Bestimmung von Ge mit Phenylfluoron die Maskierung von Störelementen mit ÄDTE möglich ist. 20 μg Sb(III) können durch Zusatz von 1 ml 1%iger Citronensäure-Lösung maskiert werden [22]. Die Störung durch Mo(VI) und Nb kann durch Zusatz von 2 ml H_2O_2 (3%) beseitigt werden [7]. Bei vorangehender Isolierung des Ge durch Extraktion mit CCl_4 stören je 10 mg aller genannten Elemente einschließlich der 13 Störelemente nach dem angeführten Verfahren [7] nicht. Wenn Probematerial mit H_2SO_4

abgeraucht werden muß, so können durch schwerlösliches basisches Chromsulfat oder infolge Hydrolyse von Sb(V) Verluste an Ge auftreten. Wenn viel Sb(V) anwesend ist, so muß es vor dem Verdünnen mit Wasser mit Hydrazinsulfat reduziert werden. Bei Anwesenheit von Fe und Ti empfiehlt sich zur Vermeidung von Ge-Verlusten ein Abrauchen mit $HClO_4$ [*7*].

Durch Verwendung von Dimethylaminophenylfluoron, das eine basische Gruppe enthält, wird der Ge-Farbkomplex in saurer Lösung löslich und es erübrigt sich die Verwendung eines Stabilisators [*26*].

Arbeitsvorschrift

Verfahren I [*5*]

Die Isolierung des Ge erfolgt durch Extraktion mit CCl_4, die Bestimmung durch Langzeitfarbentwicklung in ~ 0,6n HCl-Lösung.

Reagentien

CCl_4;
HCl (1,19);
0,02%ige Phenylfluoron-Lösung; 0,050 g festes Reagens wird in 40 ml HCl (1,19) gelöst und mit Äthylalkohol auf 250 ml aufgefüllt. Die Lösung ist einige Wochen stabil.
Gummi arabicum-Lösung; 1 g wird in 200 ml heißem Wasser gelöst und filtriert.

Die zu extrahierende Probelösung soll ein Volumen von 20—25 ml haben, 0,3—10 μg Ge enthalten und 8—9n an HCl sein. Die auf unter 20° C abgekühlte und von oxydierenden Stoffen (durch Zusatz von $FeSO_4 \cdot 7\,H_2O$) freie Lösung wird 2 min in einem Schütteltrichter mit 10—15 ml CCl_4 extrahiert. Die organische Phase wird in einen zweiten Schütteltrichter abgelassen und die Extraktion bei Bedarf wiederholt. Den organischen Extrakt wäscht man mit 3—5 ml 9n HCl und verwirft die Waschlösung. Die organische Phase schüttelt man nun 2 min kräftig mit 6,0 ml Wasser (bei > 5 μg Ge ein entsprechend größeres Volumen). Nach der Phasentrennung gibt man 5 ml der wäßrigen Lösung in einen 10 ml-Meßzylinder, versetzt mit 1 ml Gummi arabicum-Lösung und 3,0 ml Phenylfluoron-Lösung, füllt mit Wasser zur Marke auf und photometriert nach 1 Std Standzeit bei Raumtemperatur in einer 1 cm-Küvette bei 510 nm gegen einen Reagentienblindwert.

Verfahren II [*7*]

Die Isolierung des Ge erfolgt durch Extraktion mit CCl_4, die Bestimmung durch Kurzzeitfarbentwicklung bei pH 3,1.

Reagentien

NaOH, 5%ige wäßrige Lösung (in Polyäthylenflasche);

HCl (1,18); 9n HCl; HCl (1 + 9); H_2SO_4 (1 + 1); $HClO_4$ (70%);

Pufferlösung (pH 5); 900 g Natriumacetat (Trihydrat) werden in etwa 700 ml Wasser unter Erwärmen gelöst. Nach dem Abfiltrieren führt man die Lösung in einen 2 l-Meßkolben über, in welchen 480 ml Eisessig vorgelegt sind. Nach dem Abkühlen füllt man mit Wasser zur Marke auf.

Gummi arabicum-Lösung; 0,5 g pulverisiertes Gummiarabicum werden in 50 ml heißem Wasser unter Rühren gelöst und filtriert; täglich frisch hergestellt;

Phenylfluoron-Lösung; 0,050 g Reagens werden in einem 100 ml Becherglas mit 50 ml Methanol und 1 ml HCl unter Rühren gelöst, in einen trockenen 500 ml-Meßkolben übergeführt und mit Methanol zur Marke aufgefüllt. Die Lösung ist mindestens 1 Monat haltbar und soll nicht in einer Polyäthylenflasche aufbewahrt werden.

Hydrazinsulfat.

Aufstellung der Eichkurve

Man führt jeweils 0, 0,2, 0,5, 1,0, 2,0, 3,0 und 4,0 ml Ge-Stammlösung (10 µg Ge/ml) in 60 ml-Schütteltrichter über, versetzt mit 2 ml H_2SO_4 (1 + 1), verdünnt mit Wasser auf 7 ml und fügt 19 ml HCl (1,18) hinzu. Nach Zusatz von 20 ml CCl_4 extrahiert man 1 min. Nach der Phasentrennung läßt man die organische Phase in einen zweiten trockenen oder mit 9n HCl gespülten 60 ml-Schütteltrichter ab. Die Extraktion wird mit 2 ml CCl_4 wiederholt, der zweite Extrakt mit dem ersten vereinigt und anschließend der vereinigte Extrakt mit 2 ml 9n HCl gewaschen. Nach der Phasentrennung läßt man die organische Phase in einen dritten trockenen 60 ml-Schütteltrichter ab, fügt 12,0 ml Wasser zur organischen Phase hinzu, schüttelt 1 min und verwirft nach der Phasentrennung die CCl_4-Phase. Die wäßrige Lösung wird durch ein kleines Filter filtriert, das Filtrat in einem trockenen 50 ml-Kolben gesammelt und davon 10,0 ml in einen 50 ml-Meßkolben übergeführt. In den Meßkolben fügt man nun 1,5 ml H_2SO_4 (1 + 1), 10 ml Pufferlösung, 1 ml Gummi arabicum-Lösung und 10,0 ml Phenylfluoronlösung, wobei nach jedem Zusatz gemischt wird. Eine auftretende Fällung von Natriumacetat wird vernachlässigt. Nach einer Standzeit von 5 min verdünnt man mit HCl (1 + 9) zur Marke, mischt gut durch und photometriert in einer 1 cm-Küvette bei 510 nm gegen den Blindwert.

Analyse der Probe

Das Probematerial (nicht mehr als 40 µg Ge enthaltend) wird in einer geeigneten Säure in einem 50 ml-Kolben gelöst; Halogensäuren oder deren Salze dürfen dabei nicht verwendet werden. Organische Substanz muß zerstört werden. Schließlich fügt man 2 ml H_2SO_4 hinzu, dampft auf etwa 1,25 ml ein und führt parallel dazu einen Blindwert durch. Wenn die Probe weniger als 0,25 mg Sb enthält, fügt man 5 Tropfen $HClO_4$ hinzu und dampft auf ein Volumen von 0,75—1 ml ein. Andernfalls versetzt man mit 2 ml H_2SO_4 und etwa 0,1 g Hydrazinsulfat, dampft auf ein Volumen von 0,75—1 ml ein und kühlt ab. Wenn eine Fällung von Eisen- oder Chromsulfat vorhanden ist, fügt man 1 ml Wasser hinzu und erhitzt bis zum ersten Auftreten weißer Dämpfe. Wenn nötig wird der Zusatz von Wasser unter Erhitzen wiederholt, bis der Niederschlag vollständig gelöst ist, und dann abgekühlt. Unlösliche Sulfate von Pb, Ba oder Ca werden vernachlässigt. Man fügt 6 ml Wasser hinzu, führt die Lösung in einen 60 ml-Schütteltrichter über und wäscht mit 19 ml HCl (1,18) nach. Nach Zusatz von 20 ml CCl_4 fährt man wie oben bei der Aufstellung der Eichkurve fort.

Verfahren III [*18*]

Die Isolierung des Ge erfolgt durch Destillation und die Bestimmung durch Langzeitfarbentwicklung in ~ 1,2n HCl-Lösung.

Reagentien

HCl (1,19);

Phenylfluoron-Lösung; 0,030 g Reagens werden in 85 ml Äthylalkohol und 5 ml H_2SO_4 (1 + 6) unter Erwärmen gelöst und mit Alkohol auf 100 ml aufgefüllt;

Gummi arabicum, 0,5%ige wäßrige Lösung.

Die Probelösung (10—1000 µg Ge enthaltend) wird in einen 100 ml-Destillierkolben übergeführt und dieser mit der übrigen Destillationsapparatur verbunden. Nitrat und andere oxydierende Substanzen sollen abwesend sein. Man verdünnt mit Wasser auf etwa 25 ml, versetzt mit 25 ml HCl, destilliert mit einer Geschwindigkeit von etwa 2 ml/min und sammelt 20 ml Destillat unter gutem Kühlen in einem 25 ml-Meßzylinder. Das Destillat wird je nach dem Ge-Gehalt auf ein entsprechendes Volumen verdünnt und ein aliquoter Teil davon (2—50 μg Ge enthaltend, jedoch nicht mehr als die Hälfte des Destillates) in einen 50 ml-Meßkolben übergeführt. Man fügt 5 ml Gummiarabicum-Lösung und soviel HCl hinzu, daß im Meßkolben insgesamt 5 ml HCl (1,19) enthalten sind, wobei man annehmen kann, daß das Destillat 6n HCl ist. Man verdünnt mit Wasser auf 30 ml, stellt die Lösung auf 20° C ein, versetzt mit 15,0 ml Phenylfluoron-Lösung, füllt mit Wasser zur Marke auf und läßt 30 min bei 20° C stehen. Man photometriert anschließend in einer 1 cm-Küvette bei 510 nm gegen den Blindwert.

b) Bestimmung in organischen Lösungsmitteln

α) Extraktion mit Benzylalkohol [*27*]

Durch Extraktion des in wäßriger Phase gebildeten Komplexes Ge-Phenylfluoron mit Benzylalkohol gelingt eine zweifache Steigerung der Nachweisempfindlichkeit. Der Komplex wird in 0,5n HCl-Lösung gebildet und ist nach 5 min extrahierbar. Durch eine einmalige Extraktion ist das Ge praktisch quantitativ in der organischen Phase, doch wird empfohlen, in der Praxis ein- bis zweimal nachzuextrahieren. Die Reagenskonzentration beeinflußt die Farbintensität und damit die Messung erheblich. Mit einer Konzentration von 0,03% Phenylfluoron in Äthanol erhält man die besten Ergebnisse. Das Extinktionsmaximum liegt bei 505 nm (s. Abb. 124), der molare Extinktionskoeffizient

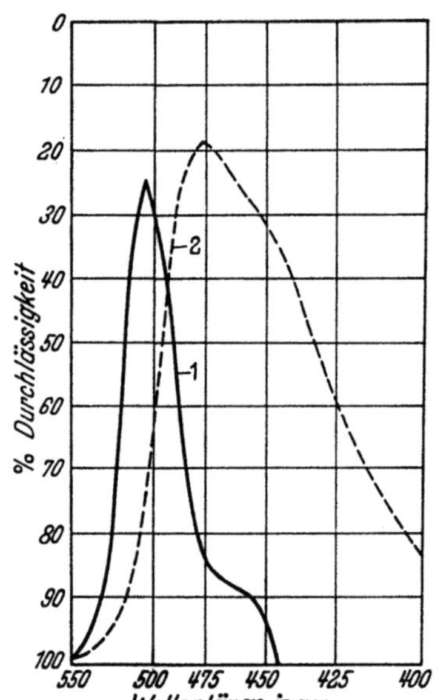

Abb. 124. Durchlässigkeitskurven von Ge + Phenylfluoron (*1*) und Phenylfluoron (*2*) in Benzylalkohol [*27*]

beträgt 144700. Im Bereich zwischen 0,01—0,5 μg Ge/ml ist das Beersche Gesetz im wesentlichen erfüllt. Die organische Komplexlösung ist 8 Tage stabil. Mo(VI), Bi, Sb(III) Sn(II) und Fe(III) stören auf jeden Fall, Ti(IV) und As(III) erst von 100fachem Überschuß aufwärts. Zur Abtrennung des Ge von Störelementen wird die Extraktion oder auch Destillation des $GeCl_4$ empfohlen.

Arbeitsvorschrift [*27*]

Reagentien

HCl (1,19);

Phenylfluoron-Lösung; 0,030 g Reagens werden in einem Gemisch von 85 ml Äthanol + 5 ml H_2SO_4 (1 + 6) auf dem siedenden Wasserbad gelöst und mit Äthanol auf 100 ml aufgefüllt;

Äthanol.

25 ml der 0,5n HCl-sauren Probelösung (0,6–12,5 µg Ge enthaltend) werden in einen Schütteltrichter gegeben, mit 5,0 ml Reagenslösung versetzt und 5 min stehen gelassen. Danach extrahiert man einmal mit 10 ml und zweimal mit 5 ml Benzylalkohol jeweils 3 min lang. Der vereinigte organische Extrakt wird in einem 25 ml-Meßkolben mit Äthanol zur Marke aufgefüllt und in einer 1 cm-Küvette bei 505 nm gegen den Blindwert photometriert.

β) Farbentwicklung in Methylisobutylketon-Äthanol [*13*]

Ge kann aus 7,5n HCl-Lösung quantitativ mit MIBK extrahiert [*7, 13*] und im organischen Lösungsmittel unter Zusatz von Äthanol mit Phenylfluoron photometrisch bestimmt werden [*13*]. Gegenüber der Bestimmung in wäßriger Lösung ist das Verfahren doppelt so empfindlich und die Farbreaktion ist sofort nach dem Reagenszusatz vollständig. Das Extinktionsmaximum liegt bei 504 nm (s. Abb. 125). Die Farbe ist im

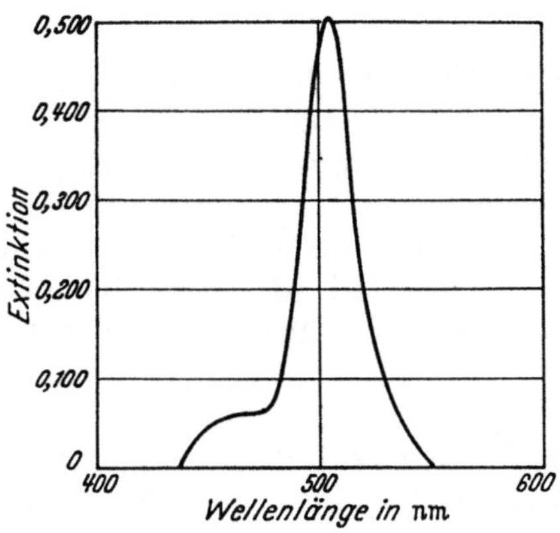

Abb. 125. Extinktionskurve von Ge + Phenylfluoron in MIBK-Äthanol [*13*]

Tageslicht 24 Std, im Dunkeln 2 Wochen stabil. Dies dürfte auf eine Peroxydbildung in der organischen Phase zurückzuführen sein. Die Eichkurve ist im Bereich von 0,01–0,4 µg Ge/ml MIBK-Äthanol annähernd linear. Von den in wäßriger Lösung störenden Elementen stört mindestens die zweihundertfache Menge (bezogen auf Ge) von As(III), As(V), Bi, Ga, Sn(IV), Ta(V) und Ti bei dem vorliegenden Verfahren nicht. Störendes Sn(II), Sb(III), Sb(V), Mo(VI), Fe(III) und Zr werden durch vorangehende Extraktion mit Cupferron/MIBK, störendes Nb(V) und W(VI) mit Thiocyanat/MIBK entfernt.

Arbeitsvorschrift [*13*]

Reagentien

HCl (1,18);
Phenylfluoronlösung; 0,050 g Reagens werden in 200 ml Äthanol [12,5 ml H_2SO_4 (1 + 6) enthaltend] auf dem Wasserbad bei 70° C gelöst und nach dem Abkühlen mit Äthanol auf 250 ml aufgefüllt;
Cupferron, gesättigte wäßrige Lösung; täglich frisch hergestellt;
NH_4SCN, 60%ige wäßrige Lösung;
Ascorbinsäure, gesättigte wäßrige Lösung; frisch hergestellt;
MIBK; Äthanol.

Zu 1,0 ml der 3,5n H_2SO_4-sauren Probelösung (0,4–2,5 µg Ge enthaltend) fügt man in einem Schüttelzylinder 0,1 ml Cupferronlösung, 0,5 ml MIBK und schüttelt. Wenn eine Emulsion auftreten sollte, so muß kurz zentrifugiert werden. Der organische Extrakt wird verworfen und die Extraktion drei- bis viermal mit jeweils 0,5 ml MIBK wiederholt. Zur verbliebenen wäßrigen Phase fügt man 1,0 ml MIBK und 2,0 ml HCl und schüttelt kräftig. Nach der Phasentrennung wird der farblose organische Extrakt in einen 10 ml-Meßzylinder übergeführt und die Extraktion zweimal mit jeweils 0,7 ml MIBK wiederholt. Zu dem vereinigten organischen Extrakt fügt man nun 3,0 ml Reagenslösung, füllt mit Äthanol zur Marke auf und photometriert bei 504 nm gegen den Blindwert.

Wenn die Probelösung weniger als 0,4 µg Ge/ml enthält, verwendet man 2,0–5,0 ml Probelösung statt 1,0 ml und vergrößert dementsprechend die einzelnen Reagenszusätze (Cupferronlösung und HCl), wobei eine zusätzliche Extraktion mit weiteren 0,5 ml MIBK bei der ersten Ausschüttelung empfehlenswert ist.

W anwesend

Nach der Cupferronextraktion fügt man 0,2 ml NH_4SCN-Lösung (bei Verwendung von 1,0 oder 2,0 ml Probelösung; bei 5,0 ml Probelösung versetzt man mit 0,5 ml Thiocyanatlösung) hinzu und erhitzt nach Zusatz von 0,1 ml Ascorbinsäurelösung/ml Probelösung 10 min auf dem Wasserbad auf 70°–75° C. Man läßt 10 min abkühlen und extrahiert mit 0,5 ml peroxydfreiem MIBK. Der organische Extrakt wird verworfen und die Extraktion fünfmal mit jeweils 0,5 ml MIBK wiederholt. Man setzt nun wie oben beschrieben mit der Extraktion mit MIBK unter gleichzeitigem Zusatz von HCl (1,18) fort.

Nb anwesend

Man verfährt wie oben für die Anwesenheit von W angegeben, wobei man dabei abweichend nach der ersten Ausschüttelung mit 0,5 ml MIBK weitere 0,2 ml NH_4SCN-Lösung zusetzt, wieder erhitzt und nach dem Abkühlen mit mindestens 10 weiteren Anteilen von 0,5 ml MIBK extrahiert. Man arbeitet dann wie unter dem vorhergehenden Absatz „W anwesend" weiter.

1. Kohle und Koks [*13*, *18*]

B: 0,4–90 ppm Ge (bei 0,5 g Probematerial). F_r: ±5%.

0,5 g fein pulverisierte Probe werden mit 1,5 g Na_2CO_3 in einem Platintiegel gemischt, mit 0,5 g Na_2CO_3 bedeckt und aufgeschlossen. Die abgekühlte Schmelze wird in 10 ml Wasser gelöst, in einen Destillationskolben übergeführt, mit 8 ml HCl (1 + 1) nachgespült und diese in den Destillationskolben hinzugefügt. Die Lösung wird umgeschwenkt, um das gebildete Kohlendioxyd zu vertreiben, und mit Wasser auf 25 ml verdünnt. Man fügt 25 ml HCl (1,19) hinzu und führt die Destillation durch. Die Bestimmung erfolgt dann nach Verfahren B.a) I, II, III (s. S. **744** ff.) oder B.b) *β*) (s. S. **748**).

2. Silicate

Zinkmineralien können mit H_3PO_4/HNO_3 aufgeschlossen werden [*6*]; anschließend führt man die Ge-Bestimmung nach dem folgenden Verfahren durch.

B: 0,00008–0,0016% Ge. F_r: ±5–10%.

Arbeitsvorschrift [*5*]

Reagentien

HF (40%); HNO_3 (1,40); HCl (1,19); H_2SO_4 (1 + 1);
CCl_4;
übrige Reagentien wie bei Verfahren B.a) I, II, III (s. S. 744ff.) oder B.b) *β*) (s. S. 748).

0,5 g fein pulverisierte Probe werden in einer Platinschale mit 3 ml H_2SO_4 (1 + 1), 0,5 ml HNO_3 und 5 ml HF abgeraucht. Nach dem Abkühlen fügt man 2–3 ml Wasser hinzu und erhitzt erneut bis zum Auftreten der weißen Nebel. Der Zusatz des Wassers und das Eindampfen wird wiederholt. Dann versetzt man mit 5 ml Wasser, erhitzt einige Minuten zum Sieden, um den Rückstand zu lösen, und führt nach dem Abkühlen in einen Schütteltrichter über, wobei man mit 5 ml HCl nachspült. Man läßt die Lösung im Schütteltrichter unter gelegentlichem Schütteln stehen, bis noch ungelöstes Material vollständig in Lösung gegangen ist. Bei hohem Ca-Gehalt kann ein unlöslicher Niederschlag von $CaSO_4$ auftreten, der aber nicht stört. Durch Zusatz von 10 ml HCl stellt man die Lösung auf 9n HCl ein, kühlt, falls erforderlich, ab und extrahiert das Ge mit 10 ml CCl_4. Danach führt man die Bestimmung nach Verfahren B.a) I, II, III, oder nach B.b) *β*) durch.

3. Flugstaub [*13*, *18*]

0,1 g Probematerial wird mit 0,5 g Na_2CO_3 in einem Platintiegel gemischt, mit 0,5 g Na_2CO_3 bedeckt und aufgeschlossen; wahlweise kann 0,1 g Probematerial auch mit 0,4 g NaOH in einem Nickeltiegel aufgeschlossen werden. Die erkaltete Schmelze des Na_2CO_3-Aufschlusses wird in 10 ml Wasser unter Erwärmen gelöst und unter Nachspülen mit 4 ml HCl (1 + 1) in einen Destillationskolben übergeführt. Man fährt nach Verfahren B. 1 (s. oben) fort. Die erkaltete Schmelze des NaOH-Aufschlusses löst man in heißem Wasser, versetzt in einem 25 ml-Meßkolben mit 12n H_2SO_4, so daß die aufgefüllte Probelösung ~ 0,4n H_2SO_4 ist. Mit einem aliquoten Teil führt man die Bestimmung nach Verfahren B. b) *β*) durch.

C. Verschiedenes

An weiteren Reagentien zur photometrischen Ge-Bestimmung sind noch zu erwähnen: Brompyrogallolrot ($\varepsilon_{550} = 20500$) [*29*], Catecholviolett/Cetyltrimethylammoniumbromid (Extinktionsmaximum 655 nm; nach vorangehender extraktiver Isolierung des Ge aus 9n HCl mit CCl_4 ist der Bestimmungsbereich 0,1–1 ppm Ge) [*30*], Ge-Mo-blau (Extinktionsmaximum 820–830 nm; $L_Q = 0{,}1\ \mu g \cdot ml^{-1} \cdot cm^{-1}$) [*31*], Ge-Mo-blau/MIBK (Extinktionsmaximum 785 nm; $L_Q = 0{,}5\ \mu g \cdot ml^{-1} \cdot cm^{-1}$) [*12*], Chinalizarinacetat [Extinktionsmaximum 500 nm; zur Bestimmung von Ge (≧ 2 ppm) in Erzen nach vorangehender Isolierung durch Extraktion aus HCl/CCl_4] [*6*] und p-Dimethylaminophenylfluoron (Extinktionsmaximum 513 nm; Bestimmungsbereich 0,04–0,24 ppm) [*32*].

Tabelle 142a. Nachtrag — Weitere Verfahren[1]

Bestimmungsmethode	Probematerial, Verfahren, Bestimmungsbereich	Literatur
Ph	Wäßrige Lösung. Isol: Ex mit Mesityloxyd aus 5n HCl/2m LiCl-Lösung (2 min, $V_0 : V_w = 1:2{,}5$), Rückextraktion mit Wasser ($E\% = 99{,}8$); Best: Phenylfluoron, 510 nm. *B:* 3—90 µg Ge; *V:* ±1%.	*[33]*
Ph	Wäßrige Lösung. Isol: Ex 30 Vol.-% TBP/Kerosin aus 6n HCl-Lösung, IoA Dowex 1X8 aus TBP/Methylglykol/12n HCl (3:6:1); Best: Brenzcatechinviolett, 555 nm. *B:* 0,03—0,6 µg Ge/ml Farblösung.	*[34]*

[1] Abkürzungen s. S. XVI, XXI V.

Literatur

1. Vanossi, R.: An. Soc. ci. argent. **139**, 29 (1945).
2. Vanossi, R.: An. Asoc. quim. argent. **35**, 120 (1947).
3. Newcombe, H., McBryde, W. A. E., Bartlett, J., Beamish, F. E.: Analyt. Chem. **23**, 1023 (1951).
4. Fischer, W., Harre, W.: Angew. Chem. **64**, 600 (1952).
5. Schneider, W. A., Jr., Sandell, E. B.: Mikrochim. Acta (Wien) **1954**, 263.
6. Strickland, E. H.: Analyst **80**, 548 (1955).
7. Luke, C. L., Campbell, M. E.: Analyt. Chem. **28**, 1273 (1956).
8. Šachova, Z. F., Motorkina, R. K., Maltseva, N. N.: J. anal. Chim. (USSR) **12**, 95 (1957); ref. Z. anal. Chem. **158**, 288 (1957).
9. Morrison, G. H., Dorfman, E. G., Cosgrove, J. F.: J. Am. chem. Soc. **76**, 4236 (1954).
10. Fischer, W., Harre, W., Freese, W., Hackstein, K. G.: Angew. Chem. **66**, 165 (1954).
11. Vanossi, R.: An. Asoc. quim. argent. **32**, 164 (1944).
12. Senise, P., Sant'Agostino, L.: Mikrochim. Acta (Wien) **1956**, 1445.
13. Senise, P., Sant'Agostino, L.: Mikrochim. Acta (Wien) **1959**, 572.
14. Ladenbauer, I., Slama, O., Hecht, F.: Mikrochim. Acta (Wien) **1955**, 118.
15. Lyle, S. J., Shendrikar, A. D.: Analyt. chim. Acta **32**, 575 (1965).
16. Geilmann, W., Brünger, K.: Z. anorg. allg. Chem. **196**, 312 (1931).
17. Hybbinette, A. G., Sandell, E. B.: Ind. Eng. Chem., Anal. Ed. **14**, 715 (1942).
18. Cluley, H. J.: Analyst **76**, 523 (1951).
19. Wunderlich, E., Göhring, E.: Z. anal. Chem. **169**, 346 (1959).
20. Aitkenhead, W. C., Middleton, A. R.: Ind. Eng. Chem., Anal. Ed. **10**, 633 (1938).
21. Gillis, J., Hoste, J., Claeys, A.: Analyt. chim. Acta **1**, 302 (1947).
22. Burton, J. D., Riley, J. P.: Mikrochim. Acta (Wien) **1959**, 586.
23. Stipanits, P., Hecht, F.: Z. anal. Chem. **152**, 185 (1956).
24. Oka, Y., Kanno, T.: Sci. Rep. Res. Inst. Tohoku Univ. Ser. A **7**, 396 (1955).
25. Kunstmann, F. H., Müller, E. F. E.: Analyst **84**, 324 (1959).
26. Kimura, K., Saito, K., Asada, M.: Bull. chem. Soc. Japan **29**, 635 (1956).
27. Hillebrant, A., Hoste, J.: Analyt. chim. Acta **18**, 569 (1958).
28. Konopik, N.: Z. anal. Chem. **225**, 416 (1966).
29. Popa, G., Paralescu, I.: Talanta **15**, 272 (1968).
30. Leong, C. L.: Talanta **18**, 845 (1971).
31. Boltz, D. F., Mellon, M. G.: Analyt. Chem. **19**, 873 (1947).
32. Campe, A., Hoste, J.: Talanta **8**, 453 (1961).
33. Dhond, P. V., Khopkar, S. M.: Analyt. chim. Acta **59**, 161 (1972).
34. Koch, W., Korkisch, J.: Mikrochim. Acta (Wien) **1973**, 101.

GPSR Compliance

The European Union's (EU) General Product Safety Regulation (GPSR) is a set of rules that requires consumer products to be safe and our obligations to ensure this.

If you have any concerns about our products, you can contact us on ProductSafety@springernature.com

In case Publisher is established outside the EU, the EU authorized representative is:

Springer Nature Customer Service Center GmbH
Europaplatz 3
69115 Heidelberg, Germany

Batch number: 10683448

Printed by Printforce, the Netherlands

Koch · Koch-Dedic Handbuch der Spurenanalyse Zweite Auflage Teil 2

O. G. Koch G. A. Koch-Dedic

Handbuch der Spurenanalyse

Die Anreicherung und Bestimmung von Spurenelementen unter Anwendung chemischer, physikalischer und mikrobiologischer Verfahren

Zweite, völlig neubearbeitete und erweiterte Auflage

Teil 2

Mit 125 Abbildungen

Springer-Verlag Berlin Heidelberg GmbH 1974

Dr. techn. Dipl.-Ing. OTHMAR G. KOCH
Dr. rer. nat. GERTRUD A. KOCH-DEDIC

D-6680 Neunkirchen/Saar, Goethestraße 24

ISBN 978-3-642-65424-4 ISBN 978-3-642-65423-7 (eBook)
DOI 10.1007/978-3-642-65423-7

Ursprünglich erschienen bei Springer-Verlag Berlin Heidelberg New York 1974
Softcover reprint of the hardcover 2nd edition 1974

Library of Congress
Catalog Card Number 72-83446.

Inhaltsverzeichnis Teil 2

IV. Die Bestimmung einzelner Elemente (Fortsetzung)

V. Multielement-Spurenanalyse. Die Bestimmung von Elementgruppen

VI. Die mikrobiologische Bestimmung von Spurenelementen

VII. Anhang

Allgemeine Hinweise

Erläuterungen zur Benutzung der Arbeitsvorschriften findet man auf S. 375 ff., 1379 ff. und 1459 ff., zu den verwendeten Reagentien auf S. 376.

Verwendete Abkürzungen

AAS	Atomabsorptionsspektrophotometrie
ÄDTA	Dinatriumsalz der Äthylendiamintetraessigsäure (Dihydrat)
ÄDTE	Äthylendiamintetraessigsäure
Amp	Ampere
B	Bestimmungsbereich
Best	Bestimmung
β	Trennfaktor
D	Verteilungskoeffizient
DADDTC	Diäthylammoniumdiäthyldithiocarbamat
Dest	Destillation
Dz	Dithizon
E	Extinktion
E%	Extraktionsausbeute
El	Elektrolyse
Esp	Emissionsspektralanalyse
Ex	Extraktion
F	Fluorimetrie
Flg	Fällung
Fp	Schmelzpunkt (Fließpunkt)
F_r	relativer Fehler
F_{rm}	mittlerer relativer Fehler
FS	Flammenspektrophotometrie
GC	Gaschromatographie
IoA	Ionenaustausch
Isol	Isolierung
Kp	Siedepunkt (Kochpunkt)
L_D	Nachweisgrenze
L_Q	Bestimmungsgrenze
MIBK	Methylisobutylketon
min	Minute
Na-DDTC	Natriumdiäthyldithiocarbamat
Oxin	8-Hydroxychinolin
PAN	1-(2-Pyridylazo)-2-naphthol
Ph	Photometrie
Pol	Polarographie
PVC	Polyvinylchlorid
Rö	Röntgenspektrometrie
s	Standardabweichung
sec	Sekunde
S. E.	Seltene Erden
S_M	Empfindlichkeit
Std	Stunde
TBP	Tri-n-butylphosphat
TOA	Tri-n-octylamin
TOPO	Tri-n-octylphosphinoxid
TTA	2-Thenoyltrifluoraceton
T. U.	Transurane
V	relative Standardabweichung (Varianz)
V_m	mittlere relative Standardabweichung (Varianz)
V_0	Volumen der organischen Phase
V_w	Volumen der wäßrigen Phase
V	Volt
Vol	Voltammetrie
Z	Zeitbedarf

Hf — Hafnium

Tabelle 143. Empfindlichkeit S_M und Bestimmungsgrenze L_Q der Verfahren

Verfahren	$\mu g\ Hf \cdot ml^{-1} \cdot cm^{-1}$	
	S_M	L_Q
Xylenolorange	0,004 (535—540 nm)	0,1 (535—540 nm)
Emissionsspektralanalyse		~ 0,5 μg
Röntgenspektrometrie		0,7 μg

A. Trennungen

Aufgrund eingehender Untersuchungen [*1*, *2*] ist eine Abtrennung des Hf von Zr durch mehrstufige Extraktion mit Thiocyanat/Diäthyläther möglich. Das Verfahren wurde zur Darstellung von Hf-Präparaten, jedoch nicht analytisch angewendet. Hinsichtlich der Extraktion von Hf mit TTA/Xylol aus 10n HNO_3-Lösung [*3*] und seiner Trennbarkeit von anderen Elementen s. auch S. 695. ^{181}Hf kann aus 9–12n HCl-Lösung mit 5%iger Methyl-di-n-octylamin/Xylol-Lösung extrahiert werden und verhält sich damit dem Zr sehr ähnlich [*4*]. Th wird dabei nicht extrahiert.

Eine Trennung von Zr und Hf ist mittels des Kationenaustauschers Dowex 50 möglich, indem man die an der Austauschersäule gebundenen Metalle mit 1n H_2SO_4 eluiert, wobei zuerst Zr in Freiheit gesetzt wird [*5*]. Auch in einer anderen Arbeit findet der Kationenaustauscher Dowex 50 in der H-Form zur Trennung von Zr und Hf Anwendung, wobei die adsorbierten Metalle mit einer 0,45m HNO_3/0,09m Citronensäure-Lösung eluiert werden [*6*]. Zu diesem Zweck wird die Austauschersäule (2,1 cm ⌀, 16 cm Höhe) mit Eluiersäure vorbehandelt und dann die Zr und Hf enthaltende 0,8m H_2SO_4-Lösung auf die Säule gebracht. Beide Metalle (~ 5 mg) werden vollständig zurückgehalten. Bei Eluieren mit einer Geschwindigkeit von 0,06 ml/cm²/min befinden sich über 99% des Zr in den ersten 1500 ml Eluat. Hf beginnt erst bei mehr als 2000 ml aufzutreten. Nach der Entfernung des Zr kann man das Hf mit einem kleinen Volumen Oxalsäure oder HNO_3 von der Säule eluieren. Für die Trennung von Zr und Hf fand auch der Kationenaustauscher Amberlite IR-120 [*7*] und Dowex 1X8 (in H_2SO_4-Lösung) [*8*, *9*] (s. Verfahren D 1, S. 755) Anwendung.

B. Xylenolorange

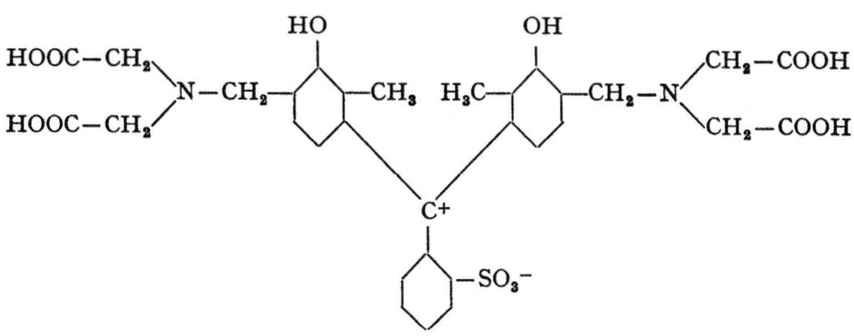

Mit Xylenolorange (s. S. 1369) gibt Hf in 0,2–0,3n $HClO_4$-Lösung einen orange gefärbten Komplex [*10*, *11*]. Auch Zr sowie Sn(II) und Mo geben gefärbte Komplexe. Das

Extinktionsmaximum für den Hf-Komplex liegt bei 530–540 nm ($\varepsilon = 15700$ [*11*] in 0,2n $HClO_4$, $\varepsilon = 48700$ [*10*] in 0,3n $HClO_4$ bzw. $\varepsilon = 25100$ [*10*] in 0,8n $HClO_4$; s. Abb. 252, S. 1369). Das Beersche Gesetz gilt für 0,1–4 µg Hf/ml (in 0,3n $HClO_4$-Lösung) bzw. für 0,28– ~ 10 µg Hf/ml (in 0,2n $HClO_4$-Lösung). Die Farbe ist sofort voll entwickelt und mindestens 24 Std stabil. In 0,8n $HClO_4$-Lösung geben in Anwesenheit von Hydroxylaminhydrochlorid nur Hf und Zr eine Farbreaktion. Mit H_2O_2 wird Zr vollständig, Hf nur zum Teil maskiert. Durch Zusatz von SO_4^{2-} als Demaskierungsmittel für Hf in Anwesenheit von H_2O_2 konnten ~ 90 µg Hf neben ≦ 50 µg Zr mit Xylenolorange bestimmt werden [*11*]. F^-, PO_4^{3-}, Citrat und ÄDTA bleichen den Farbkomplex.

Arbeitsvorschrift [*10*]

Reagentien

5n $HClO_4$; 1,5n $HClO_4$; H_2O_2 (30%)
Xylenolorange, 0,05%ige wäßrige Lösung.
$Na_2SO_4 \cdot 10\,H_2O$, 6,5%ige wäßrige Lösung.

a) Zr abwesend

Die Probelösung (5–100 µg Hf enthaltend) wird in einem 25 ml-Meßkolben mit 5,0ml 1,5n $HClO_4$ und 2,0 ml Xylenolorange-Lösung versetzt, mit Wasser zur Marke aufgefüllt und in einer 1 cm-Küvette bei 535 nm gegen den Blindwert photometriert.

b) Zr anwesend

Die Probelösung (5–100 µg Hf und ≦ 50 µg Zr enthaltend) versetzt man in einem 25 ml-Meßkolben mit 1,0 ml 5n $HClO_4$, 5,0 ml H_2O_2 sowie 5,0 ml Na_2SO_4-Lösung und fährt mit dem Zusatz von 2,0 ml Xylenolorange-Lösung nach a) fort.

C. Emissionsspektralanalyse

Die Bestimmung des Hf erfolgt in der Regel im Gleichstrombogen, wobei man die Linie Hf 2820,2 verwendet. Mittels Emissionsspektralanalyse wurde Hf in Zirkonium, Zirkoniumlegierungen [*12–14, 17–19*] und Zirkoniumdioxyd [*20, 21*] bestimmt.

1. Metalle und Legierungen

1.1. Zirkonium

B: 0,003–0,4% Hf. F_r: ±13% bei einem Gehalt von 0,006% Hf; ±4% bei einem Gehalt von 0,4% Hf.

Arbeitsvorschrift [*15*]

Spektrographische Arbeitsbedingungen

Elektroden: Graphit; obere: 6,35 mm ⌀, 20—30 mm lang, auf 3,2 mm abgedreht; untere: Probenelektrode, s. Abb. 126;
Elektrodenabstand: ~ 4 mm;
Anregung: Baird-Anregungsgerät, Gleichstrombogen, 230 V, 30 Amp.;
Spektrograph: Jarrell-Ash-21'-Gitterspektrograph, 15000 Strich/Zoll-Gitter, 3. Ordnung, Spaltbreite 0,020 mm, Spalthöhe 5mm, 4-Stufenfilter, Corningfilter 9863 (oberhalb 3950 Å undurchlässig, zur Ausschaltung einer an dieser Stelle auftretenden Cyanbande der 2. Ordnung);
Vorfunkzeit: 20 sec; Belichtungszeit: 30 sec;
Photographische Emulsion: Kodak S.A. 1;
Entwickeln: Kodak D 19, 3 min bei 21° C; Unterbrechen: 3%ige Essigsäure; Fixieren: Kodak-Fixierbad;
Innerer Standard: Zr;
Analysen-Linienpaare: Hf 2820,2/Zr 2820,6 in 3. Ordnung bei 0,003—0,1% Hf;
Hf 2820,2/Zr 2823,0 in 3. Ordnung bei 0,03 —0,4% Hf.

Vorbereitung der Probe

Das Probematerial (Metall oder Nitrat) wird durch Erhitzen unter Luftzutritt auf 900° C in Oxyd übergeführt. Chloridproben werden dagegen in Wasser gelöst, mit Ammoniak gefällt, abfiltriert und dann analog verglüht. 25 mg fein gepulvertes Oxydgemisch werden mit 20 mg Puffer (BaF_2 + Graphitpulver = 1:1) gemischt und in die Bohrung der Probenelektrode (s. Abb. 126) eingefüllt.

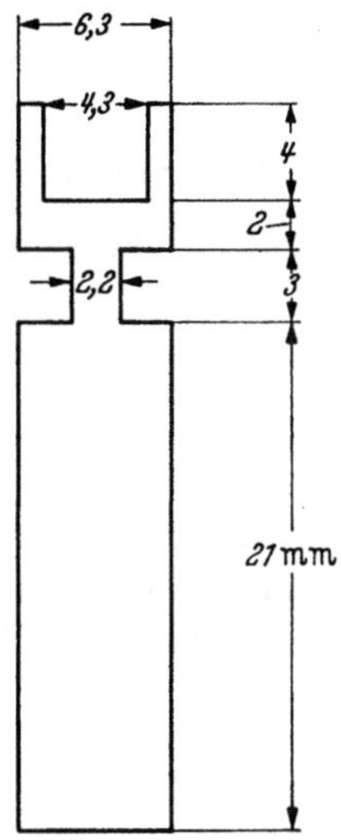

Abb. 126. Graphitelektrode [*15*]

Herstellung der Standardproben

Aus reinstem HfO_2 und ZrO_2 werden Stammlösungen hergestellt. Dazu löst man beide getrennt in HF, raucht mit H_2SO_4 ab und verdünnt mit Wasser auf ein bestimmtes Volumen. Aus Mischungen der beiden Lösungen werden die Elemente mit Ammoniak gefällt und wie oben verglüht.

1.2. Zirkonium

Es wird ähnlich wie in der vorhergehenden Arbeitsvorschrift C. 1.1 gearbeitet. *B*: 0,005–2% Hf. F_r: ±30%.

Arbeitsvorschrift [*16*]

Spektrographische Arbeitsbedingungen

Elektroden: Graphit (Ultra Carbon); obere: 3,2 mm ⌀, 38 mm lang, 20° Spitze; untere: Probenelektrode, 6,35 mm ⌀, 32 mm lang, für Oxyde mit 1 mm tiefer Bohrung, für Metallfeilspäne mit 1,25 mm tiefer Bohrung mit Mittelstift 1,6 mm ⌀, Wandstärke bei beiden Elektrodenarten 0,79 mm;

Elektrodenabstand: 4 mm;

Anregung: Spec-Power source unit, Gleichstrombogen, 220 V, 16 Amp.;

Spectrograph: Jarrell-Ash-21'-Gitterspektrograph, 15000 Strich/Zoll-Gitter, 2. Ordnung, Spaltbreite 0,040 mm, Spalthöhe 1,5 mm;

Auswertung: Jarrell-Ash comparator microphotometer;
Vorfunkzeit: 5 sec; Belichtungszeit: 50 sec;
Photographische Emulsion: Kodak S.A.2;
Entwickeln usw.: nach Kodak-Empfehlungen;
Innerer Standard: Zr;
Analysen-Linienpaare: Hf 2820,2/Zr 2828,5 in 2. Ordnung.

2. Oxyde und Silicate

2.1. Zirkoniumdioxyd [*15*, *16*]

Kleine Hf-Gehalte können in Zirkoniumdioxyd nach Verfahren C.1.1. oder C.1.2. bestimmt werden.

2.2. Zirkoniumdioxyd

B: 0,005–0,1% Hf. F_r: ±19% bei Gehalten von 0,005–0,007% Hf.

Arbeitsvorschrift [*23*]

50 mg feingepulverte Probe werden mit 1 ml Glycerin im Mörser 4 min verrieben. Die untere Elektrode hat eine konische Vertiefung von 1,5 mm, die obere Elektrode ist konisch gespitzt. Der Elektrodenabstand beträgt 3,5 mm. Vor Aufgabe der Suspension auf die Elektrode wird bei geschlossenem Spalt ein Wechselstrombogen von 10 sec Dauer übergeschickt, dann 1 Tropfen Suspension auf die untere Elektrode aufgebracht, nachdem das Glycerin verdampft ist 10 sec mit 20 Amp. abgefunkt, erneut 1 Tropfen Suspension aufgetragen und das Abfunken wiederholt, wobei insgesamt 4 Tropfen Suspension aufgetragen und abgefunkt werden. Die Auswertung erfolgt mit dem Analysen-Linienpaar Hf 2940,77/Zr 2942,3.

2.3. Silicate

Hf + Zr werden durch Fällung (Ausbeute 94–100%) isoliert und Hf unter Zusatz eines geeigneten Bezugselementes spektralanalytisch bestimmt.

B: ≧ 0,5 ppm Hf.

Arbeitsvorschrift [*27*]

5–10 g fein gepulverte Probe werden mit HF/HCl oder HF/H_2SO_4 in einer Platinschale abgeraucht, der Rückstand in 50 ml 2n HCl gelöst, durch Verdünnen mit Wasser auf 1n HCl eingestellt und 1–2 ml H_2O_2 (30%) (zur Maskierung von Ti) hinzugefügt. Nach Zusatz von 5–6 ml 20%iger Phenylarsonsäure-Lösung entsteht eine Fällung von Zr + Hf. Man läßt 24 Std stehen, filtriert den Niederschlag ab, wäscht diesen mit 0,1%iger Phenylarsonsäure-Lösung (in 0,1n HCl) und verascht danach $1^1/_2$– 2 Std bei 900–1000° C. Die Oxyde werden mit $K_2S_2O_7$ aufgeschlossen, die Schmelze mit 50 ml 6n HCl gelöst und 10–15 min auf dem Wasserbad erhitzt. Nach dem Abkühlen fügt man 1–2 ml H_2O_2 (30%) hinzu, versetzt mit 5 ml 2%iger Lösung von 4-Dimethylaminoazobenzol-4′-arsonsaurem Natrium, 30–50 ml Wasser und 10 ml 1%iger Methylorangelösung (zur vollständigen Fällung als Mitfällungsreagens; statt dessen kann auch eine beliebige andere Sulfosäure mit genügend großem Molekulargewicht, z. B. β-Naphthalinsulfosäure, verwendet werden). Nach 24 Std wird der Niederschlag abfiltriert, 2–3mal mit 0,1%iger Reagenslösung (in 0,1n HCl) nachgewaschen, bei 900–1000° C verascht und die Asche für die Analyse nach Verfahren C.1.1. oder C.1.2. verwendet.

D. Röntgenspektrometrie

Hf wurde mittels Röntgenspektrometrie in Eisen [*23*], Zirkoniummineralien und -konzentraten [*24*], Silicaten [*22*], Erzen, Mineralien [*25*] und Zirkonium [*9, 26*] bestimmt. Die Bestimmung von Hf bereitet wegen der Koinzidenz der Hf-Linien in 1. Ordnung und Zr-Linien in 2. Ordnung, d. h. Überlagerung von $HfL\alpha_1$ (1,569 Å) und $Zr_2K\alpha_1$ ($2 \times 0{,}786 = 1{,}572$ Å) bzw. $HfL\beta_1$ (1,374 Å) und $Zr_2K\beta_1$ ($2 \times 0{,}702 = 1{,}404$ Å), Schwierigkeiten. Man kann die Störung durch Impulshöhendiskriminierung beseitigen. Weiterhin läßt sich durch Senkung der Betriebsspannung der Röntgenröhre bevorzugt das langwelligere Spektrum anregen. Bei der Bestimmung kleiner Hf-Gehalte in Zirkonium beseitigt man die Zr-Störung am zweckmäßigsten durch Isolierung des Hf mittels Ionenaustausch und Spurenfällung [*9*].

1. Zirkonium

Hf wird durch Ionenaustausch und Spurenfällung isoliert und im Niederschlag röntgenspektrometrisch bestimmt.

B: $\geqq 40$ ppm Hf.

Arbeitsvorschrift [*9*]

Reagentien

Ionenaustauschersäule; die Säule (24 mm i-∅, Harzbettlänge 48—54 mm) wird mit Anionenaustauscher Dowex 1-X8 (AG 1-X8; 200—400 mesh. Chloridform) gefüllt, mit 10 Vol.-%iger H_2SO_4 bis zur Cl^--Freiheit gespült. Vor Verwendung spült man mit 50 ml 3 Vol.-%iger H_2SO_4 (Strömungsgeschwindigkeit 3 ml/min). Die gebrauchte Säule regeneriert man mit 50 ml-Anteilen 10 Vol.-%iger H_2SO_4, bis der Durchlauf mit 5 ml 1%iger Cupferron-Lösung keine oder nur wenig weiße Fällung gibt, und spült zuletzt mit 50 ml 3 Vol.-%iger H_2SO_4.

HF (40%); H_2SO_4 (1,84); H_2SO_4 (1 + 1); H_2SO_4, 3 Vol.-%ig; $HClO_4$ (70%).

Cupferron, 1%ige wäßrige Lösung (frisch hergestellt).

Fe(III)-Lösung, 50 µg Fe/ml.

Meßbedingungen

W-Röhre, 50 kV, 40 mA.

LiF-Kristall, $HfL\beta_1$-Linie 39,90° und $ZrK\alpha_1$-Linie 22,55°,

Zählzeit 100 sec.

0,50 g Probematerial wird in einem Platintiegel mit verdünnter HF gelöst, nach Zusatz von 5 ml H_2SO_4 (1,84) abgeraucht und nach dem Abkühlen mit Wasser auf 50,0 ml verdünnt. Je nach dem Hf-Gehalt gibt man 0,5 ml bzw. 5,0 ml Probelösung in ein 100 ml-Becherglas, versetzt mit 4 ml bzw. 3 ml H_2SO_4 (1 + 1) und dampft bis zum Auftreten der SO_3-Nebel ein, um das Hf und Zr zu depolymerisieren. Danach führt man ohne Verzögerung die Isolierung durch. Nach Verdünnung mit 60 ml Wasser wird die Lösung durch die Austauschersäule geschickt (3 ml/min), der 60 ml-Durchlauf verworfen und das Hf mit 200 ml 3 Vol.-%iger H_2SO_4 (Eluat 1) und danach mit nochmals 50 ml 3 Vol.-%iger H_2SO_4 (Eluat 2) eluiert. Eine weiße Färbung der Cupferronfällung im Eluat 2 zeigt einen Durchbruch von Zr an. Die 200 ml Eluat versetzt man mit 1 ml $HClO_4$, dampft auf 2 ml ein, kühlt und fügt 50 ml Wasser hinzu (Eluat 1). Zur Spurenfällung versetzt man Eluat 1 und 2 jeweils mit 1 ml Fe(III)-Lösung und 5 ml Cupferron-Lösung, filtriert den Niederschlag ab (s. S. 231), führt beide Niederschläge nacheinander in das Röntgenspektrometer ein und mißt die Intensität der $HfL\beta_1$-Linie. Eine Störung durch anwesendes Zr, insbesondere beim Niederschlag von Eluat 2, korrigiert man durch Messung der $ZrK\alpha_1$-Linie. Bei allen Messungen wird eine Untergrundkorrektur durchgeführt mit Hilfe einer Fällung mit Fe(III)-Lösung allein. Die Eich- und Korrekturkurven werden mit synthetischen Lösungen nach der Arbeitsvorschrift aufgestellt.

2. Silicate

Den nach Verfahren C.2.3. erhaltenen getrockneten Niederschlag der Spurenfällung mißt man nach Verfahren D. 1. Wahlweise kann die Isolierung des Hf nach dem Lösen und Abrauchen der Probe auch nach Verfahren D. 1 durchgeführt werden. *B:* $\geqq$ 0,5 ppm Hf.

E. Verschiedenes

Zur photometrischen Hf-Bestimmung wurden noch weitere, nachfolgend genannte Reagentien angewendet, die aber außer mit Hf auch mit einer Reihe von anderen Elementen gefärbte Komplexe bilden: Aluminon [*27*], 2-(2-Hydroxy-3,6-disulfo-1-naphthylazo)-benzolarsonsäure [*28*], Chinalizarinsulfosäure, Alizarin S [*29, 30*], Chinalizarin [*31*] und Methylthymolblau [*11*].

Literatur

1. Fischer, W., Chalybaeus, W.: Z. anorg. allg. Chem. **255**, 79 (1948).
2. Fischer, W., Chalybaeus, W., Zumbusch, M.: Z. anorg. allg. Chem. **255**, 277 (1948).
3. Moore, F. L.: Analyt. Chem. **31**, 1148 (1959).
4. Moore, F. L.: Analyt. Chem. **29**, 1660 (1957).
5. Lister, B. A. J.: J. chem. Soc. **1951**, 3123; ref. Z. anal. Chem. **136**, 139 (1952).
6. Benedict, J. T., Schumb, W. C., Coryell, C. D.: J. Am. chem. Soc. **76**, 2036 (1954); ref. Z. anal. Chem. **144**, 367 (1955).
7. Hoshino, Y.: J. chem. Soc. Japan, Pure Chem. Sect. **80**, 393 (1959); ref. Anal. Abstr. **7**, 443 (1960).
8. Strelow, F. W. E., Bothma, C. J. C.: Analyt. Chem. **39**, 595 (1967).
9. Luke, C. L.: Analyt. chim. Acta **41**, 453 (1968).
10. Cheng, K. L.: Talanta **3**, 81 (1959).
11. Cheng, K. L.: Analyt. chim. Acta **28**, 41 (1963).
12. Krjuger, G., Švangiradze, R. R., Mozgovaja, T. A.: J. anal. Chim. (USSR) **10**, 20 (1955); ref. Z. anal. Chem. **149**, 157 (1956).
13. Gusjackaja, E. V., Rusanov, A. K.: J. anal. Chim. (USSR) **10**, 75 (1955); ref. Z. anal. Chem. **149**, 157 (1956).
14. del Grosso, D. A., Landis, F. P.: U.S. Atomic Energy Commission Rept. KAPL-1539 (1956); ref. Anal. Abstr. **4**, 3902 (1957).
15. Mortimore, D. M., Noble, L. A.: Analyt. Chem. **25**, 296 (1953).
16. Gordon, N. E., Jr., Jacobs, R. M.: Analyt. Chem. **25**, 1605 (1953).
17. Dhumwad, R. K., Karkhanavala, M. D.: Analyt. chim. Acta **15**, 87 (1956).
18. Harter, G. J., Farrell, R. F.: U.S. Atomic Energy Commission Rept. WAPD-CTA (GLA)-162-10 (1958); ref. Anal. Abstr. **6**, 4343 (1959).
19. Rossi, G.: Spectrochim. Acta **16**, 25 (1960).
20. Kibisov, G. I.: J. anal. Chim. (USSR) **13**, 653 (1958); ref. Z. anal. Chem. **171**, 300 (1959).
21. Solodovnik, S. M., Kondrašina, A. I.: J. anal. Chim. (USSR) **14**, 248 (1959); ref. Z. anal. Chem. **173**, 185 (1960).
22. Tuzova, A. M., Nemodruk, A. A.: J. anal. Chim. (USSR) **13**, 674 (1958); ref. Z. anal. Chem. **171**, 149 (1959).
23. Birks, L. S., Brooks, E. J.: Analyt. Chem. **27**, 437 (1955).
24. Vajnštejn, E. Je., Ševaleevskij, I. D., Štauberg, I. F.: J. anal. Chim. (USSR) **10**, 14 (1955); ref. Z. anal. Chem. **149**, 447 (1956).
25. Narbutt, K. I., Bespalova, I. D.: Zavodskaja Lab. **24**, 617 (1958); ref. Z. anal. Chem. **167**, 197 (1959).
26. Despujols, J., Lumbroso, D.: J. Chim. physique Physico-Chim. biol. **53**, 108 (1956); ref. Z. anal. Chem. **154**, 318 (1957).
27. Yoe, J. H.: J. Am. chem. Soc. **54**, 1022 (1932).
28. Horton, A. D.: Analyt. Chem. **25**, 1331 (1953).
29. Mayer, A., Bradshaw, G.: Analyst **77**, 476 (1952).
30. Freund, H., Holbrook, W. F.: Analyt. Chem. **30**, 462 (1958).
31. Liebhafsky, H. A., Winslow, E. H.: J. Am. chem. Soc. **60**, 1776 (1938).

Hg — Quecksilber

Tabelle 144. Empfindlichkeit S_M und Bestimmungsgrenze L_Q der Verfahren

Verfahren	µg Hg · ml⁻¹ · cm⁻¹	
	S_M	L_Q
Dithizon/CCl_4	0,0044 (485—490 nm) 0,003 (620 nm)	0,11 (485—490 nm) 0,075 (620 nm)
Atomabsorptions-spektrophotometrie	0,0015—0,015 µg[1,2]	0,01—0,09 µg[1,3]

[1] Flammenloses Verfahren mit 10 cm-Gasküvette.
[2] Für 1% Absorption.
[3] $F_r = \pm$ 10%.

A. Trennungen

Auf die quantitative Extrahierbarkeit des Hg mit Diäthyläther aus 6,9n HI-Lösung wurde bereits verwiesen [*1*] (s. S. 268ff.). Auf diesem Wege kann Hg von Al, Ba, Be, Ca, Co, Cr, Cs, Fe(II), Ga, Ir, K, Mn, Ni, Pb, Pd, Pt, Os, Ru, Th, Ti, U, V und Zr abgetrennt werden. Au(III), Cd und Sb(III) werden mit Hg quantitativ, As(III), Bi, In, Mo(VI), Te(IV) und Zn teilweise mitextrahiert. Auch Äthylacetat ist anstelle von Äther zur Extraktion geeignet [*2*]. Als Jodid wurde Hg außerdem mit Cyclohexanon (auch mit aliphatischen Ketonen, Phosphorsäuretrialkylester und -triarylester usw.) quantitativ extrahiert [*3*].

Mit Na-DDTC/CCl_4 ist Hg bei pH 4—11 quantitativ extrahierbar [*4*]. Die Extraktion verläuft auch bei Anwesenheit von ÄDTA, sowie Citrat, Tartrat, BO_3^{3-}, PO_4^{3-} und Glykokoll, so daß Hg auf diese Weise von verschiedenen störenden Elementen abgetrennt werden kann. Ist KCN vorhanden, so wird Hg bei pH $<$8,5 als Carbamat ausgefällt, doch verläuft die anschließende Extraktion nicht quantitativ.

Hg(I) und Hg(II) lassen sich von einer großen Zahl anderer Elemente in Ab- bzw. beschränkter Anwesenheit von HCl auch durch Extraktion mit Äthylacetat [*5*] oder in Anwesenheit von Trichloressigsäure mit Butylacetat [*6*] bis zu 98% abtrennen.

Auf extraktivem Wege kann schließlich Hg mit Dz von den meisten Schwermetallen und von anderen Elementen, teilweise unter Verwendung von Komplexbildnern, abgetrennt werden. Eine Isolierung des Hg von Cd, Co, Fe, Ni, Pb und Zn ist mit Dz/CCl_4 im Überschuß aus 1n saurer Lösung möglich, wobei Hg in die organische Phase übergeht. Die Anwesenheit von Cl^- muß beschränkt bleiben, da es mit steigender Acidität die Extraktion in zunehmendem Maße hemmt. Von Cu kann Hg unter den gleichen Bedingungen besser durch Anwendung einer Dz/$CHCl_3$-Lösung abgetrennt werden. Zur Entfernung der 10—50fachen Cu-Menge wird die mehrmalige Extraktion aus 0,075—0,1n HCl-Lösung mit Dz/$CHCl_3$ empfohlen [*7*]. Durch Verwendung von ÄDTA sollen kleinere [*8, 9*], mit 1,2-Diaminocyclohexan-N,N,N',N'-tetraessigsäure auch größere Cu-Mengen als 1 mg während der Extraktion des Hg mit Dz/CCl_4 bei pH 5 maskiert werden können [*9*]; dasselbe gilt für Pb, Zn und kleine Mengen an Bi, Cd, Fe(III) und Mn. Durch Zusatz von I^- (oder Br^-) soll Hg mit Dz/CCl_4 nur bei pH 2,2 unter geeigneten Bedingungen fast nicht, hingegen Cu quantitativ extrahierbar sein; mit zunehmendem pH-Wert steigt aber die Extrahierbarkeit des Hg rasch an [*7, 9*]. Ein anderer für Cu verwendeter Komplexbildner ist Kaliumkobalticyanid [*10, 11*]. Schließlich wurde auch eine Trennung der gemeinsam extrahierten Dithizonate von Hg und Cu erreicht, wenn der Extrakt mit einer sauren KBr-Lösung [*12, 13*] oder mit einer verdünnten schwefelsauren, $Na_2S_2O_3$ enthaltenden Lösung [*14, 15*] geschüttelt wurde, wobei Hg in die wäßrige Phase geht. Doch soll im letztgenannten Fall Cu nicht quantitativ im organischen Extrakt verbleiben [*16, 17*]. Beim Reversionsverfahren [*18*] (s. S. 763) wird durch Schütteln mit einer gepufferten Jodidlösung ebenfalls nur Hg-Dithizonat allein zerlegt und danach das dabei frei gewordene Dz vergleichend photometriert. Andererseits wurde auch durch Schütteln eines Mischextraktes mit 9n Ammoniak nur das Cu-Dithizonat zerlegt [*19*]. Von geringen Mengen des empfindlich störenden Ag kann Hg am besten durch Schütteln der gemeinsamen Dithizinate mit Cl^--, Br^-- oder SCN^--Lösungen abgetrennt werden, da Ag allein in die wäßrige Phase geht [*20*]. Größere Ag-Mengen können durch Fällung entfernt werden.

$HgCl_2$ reagiert mit Ditolylquecksilber unter Bildung des mit $Dz/CHCl_3$ extrahierbaren Tolylquecksilberchlorid. Je 1 mg der Elemente Bi, Cd, Co, Cu, Fe, Mn, Ni und Zn stören nicht. Hg(II) kann aus HNO_3- oder H_2SO_4-Lösung (0,5n bis pH 5) mit 2-Methylthiophen/Diäthyläther quantitativ extrahiert ($E\% > 99$) und aus der organischen Phase mit 6–8n HCl rückgeschüttelt werden, wobei die Isolierung von 50 µg Hg(II) durch folgende Elementmengen (in mg) nicht gestört wird [*20a*]: Ag (2500), Al (650), As(III) (1800), Ca (1000), Cd (2800), Cr(VI) (1300), Co (1400), Cu (1600), Fe(II, III) (1400), Mn(II) (1300), Na (1700), Ni (1400), Pb (5000), Sb(III) (3000), Se(IV) (2000), Sn(II) (2900), Te(IV) (3200), Tl (5100), Zn (1400), NO_3^- (3500), SO_4^{2-} (3400) und Cl^- (3000).

Hierzu versetzt man 25 ml Probelösung [0,5—5000 µg Hg(II), mit Ammoniumacetat auf pH 5 abgepuffert] mit 1—2 ml 2-Methylthiophen, läßt 30 min unter Schütteln reagieren und extrahiert dann 4mal mit je 10 ml Diäthyläther. In Anwesenheit von $\geqq$ 1000 mg Cl^- wählt man 2 ml Reagens und 60 min Reaktionszeit.

Kleinste Mengen metallischen Hg, die in wäßriger Lösung in Anwesenheit eines starken Reduktans noch nicht gefällt werden, können durch Cyclohexan weitgehend extrahiert werden [*21*]. Die Rückextraktion aus der organischen Phase gelingt mit einer oxydierend wirkenden Lösung.

Studien über die Verteilung verschiedener Metalloxinate zwischen Wasser und organischen Lösungsmitteln [*22*] ergaben für $Hg(Ox)_2$ zwischen pH 7,5 und 11,5 eine quantitative, für $Hg_2(Ox)_2$ zwischen pH > 7,5 und > 12 eine teilweise Extrahierbarkeit.

Zur Anreicherung von Hg in Abwesenheit anderer gleichartig fällbarer Metalle wurde auch die Sulfidfällung aus saurer Lösung unter Verwendung von As, Cd oder Cu als Spurenfänger verwendet [*23—26*]. Unter reduzierenden Bedingungen eignet sich ferner Te als Spurenfänger für Hg, zumal es bei einer nachfolgenden Bestimmung mit Dz nicht stört. Hg(II) wird in Anwesenheit von ÄDTA bei pH 3 als Hg-ÄDTA-Komplex praktisch vollständig an AgI mitgefällt; nach Lösen der Fällung in NaSCN-Lösung kann es mit Dz photometrisch bestimmt werden [*26a*].

Die Isolierung des Hg erfolgt auch oft durch Destillation. Aus biologischem Material wurde Hg durch Übertreiben im Cl_2-Strom isoliert [*19, 29*]. Bei der Bestimmung in Legierungen wurde das zum Metall reduzierte Hg durch Dampfdestillation abgetrennt [*28*]. Aus Boden- und Gesteinsproben verflüchtigte man das Hg im Luftstrom [*27*]. Einfach und quantitativ (Ausbeute $\geqq$ 99%) läßt sich das mit $SnCl_2$ zum Metall reduzierte Hg (0,01–10 µg Hg bzw. 0,001–0,1 µg Hg/ml Lösung) aus $\leqq$ 12n H_2SO_4-, $\leqq$ 8n HNO_3-, $\leqq$ 4n HNO_3/8n H_2SO_4- [*30*], 0,7n HNO_3/4,5n H_2SO_4- [*30a*], 2,4n H_2SO_4- [*31*] und

1,3n HNO_3/1n HCl-Lösung [*31a*] mit Hilfe eines Luft- oder N_2-Stromes (15–120 l/Std) bei Raumtemperatur verflüchtigen, wobei das Hg entweder in einer 0,5% $KMnO_4$/3,6n H_2SO_4-Lösung absorbiert und anschließend mit Dz/$CHCl_3$ photometrisch [*30*] oder unmittelbar im Luftstrom mittels AAS [*30a*, *31*, *31a*] (s. S. 773) bestimmt wird. Das Isolierungsverfahren fand bei der Bestimmung von Hg in Kobalt, Nickel [*30a*], organischem Material [*30*, *31*, *31a*], Böden [*30*] und Gesteinen [*30a*] Anwendung. Für die anschließende photometrische Bestimmung mit Dz/$CHCl_3$ isoliert man das Hg nach der folgenden Arbeitsvorschrift.

Arbeitsvorschrift [*30*]

Die *Destillationsapparatur* setzt sich von links nach rechts der Reihe nach aus folgenden Teilen zusammen, die durch Kugelschliffe miteinander verbunden sind: 250 ml-Rundkolben mit Aufsatz (bis zum Kolbenboden reichendes Gaseinleitungsrohr und rechtwinkelig angesetztes Gaszu- und Gasableitungsrohr), Absorptionswaschflasche (180 mm hoch, 32 mm ∅; mit 25 ml Absorptionslösung beschickt; die Absorptionslösung stellt man kurz vor der Verwendung durch Mischen von 20 ml 0,6%iger $KMnO_4$-Lösung mit 5 ml 18n H_2SO_4 her), Kapillarrohr (50 mm lang, 0,5 mm i-∅) zur Regulierung der Strömungsgeschwindigkeit, leere Waschflasche, Absorptionsrohr (250 mm lang, 36 mm i-∅; beschickt mit Natronkalk, an beiden Enden mit Glaswolle abgeschlossen) Vakuumpumpe. Eine entsprechende Menge organischen Materials bzw. Bodenprobe wird mit H_2SO_4 und H_2O_2 unter Rückfluß aufgeschlossen (s. S. 196f.), der H_2O_2-Überschuß durch Zusatz (bis zur 15 min bleibenden Rotfärbung) von 5%iger $KMnO_4$-Lösung zerstört, zur abgekühlten Lösung 20 ml Reduktionslösung (250 ml 5m NaCl-Lösung + 75 ml 25%ige Hydroxylammoniumsulfat-Lösung + 175 ml Wasser) hinzugefügt und in den Destillationskolben übergeführt. Die Probelösung bzw. -Suspension (bei Bodenproben noch ungelöste Teile) soll ein Volumen von 125—150 ml aufweisen und die oben angeführten Säurekonzentrationen nicht überschreiten. Durch den Aufsatz fügt man zur Probelösung 5 ml $SnCl_2$-Lösung [25%ig in HCl (1,19)] und leitet sofort 30 min lang Luft (80 l/Std) durch. Anschließend versetzt man die Absorptionslösung mit 5 ml Reduktionslösung (50 ml 5m NaCl-Lösung + 60 ml 25%ige Hydroxylammoniumsulfat-Lösung + 390 ml Wasser), füllt mit Wasser in einem 50 ml-Meßkolben zur Marke auf und läßt 2 Std stehen. Mit der gesamten Lösung oder einem aliquoten Teil, den man mit H_2SO_4-Lösung (100 ml 18n H_2SO_4 + 750 ml Wasser + 5 ml 25%ige Hydroxylammoniumsulfat-Lösung + 10 ml 5m NaCl-Lösung, mit Wasser auf 1 l aufgefüllt), wird die Hg-Bestimmung nach dem Mischfarbenverfahren (s. S. 762f.) durchgeführt.

B. Dithizon

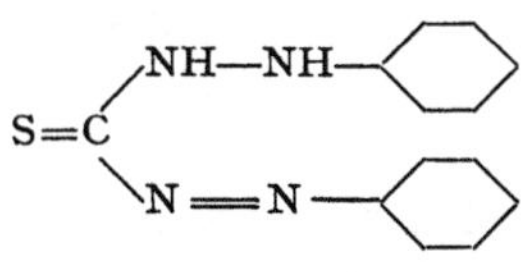

Im sauren Bereich gibt Hg(II) mit Dithizon (Dz) ein orange gefärbtes, primäres Dithizonat $Hg(HDz)_2$, im neutralen bis alkalischen Milieu ein violettrotes, sekundäres Dithizonat HgDz. Beide Komplexe sind in Wasser unlöslich, in CCl_4 oder $CHCl_3$ hingegen gut löslich. Auch Hg(I) bildet Dithizonate mit ähnlichen Eigenschaften, von denen sich $[Hg_2]$Dz allerdings auch in organischen Lösungsmitteln kaum löst. Zur Hg-Abtrennung und -Bestimmung wird fast ausschließlich das primäre Dithizonat des Hg(II) herangezogen, das sich auch noch in hoher Verdünnung bei Anwesenheit eines Dz-Überschusses quantitativ bildet. Es ist noch gegen 12n H_2SO_4 und bis zu 8n NaOH sehr stabil, während es bereits von verdünnter HCl oder HNO_3 leicht zerstört wird [*32*]. Die sekundäre Enolverbindung weist demgegenüber nur eine Stabilität bis zu 0,1n H_2SO_4 oder 3n NaOH auf. Durch Ausschütteln einer Lösung, die $Hg(HDz)_2$ und freies Dz in CCl_4 enthält, mit 0,015–0,6n Ammoniak läßt sich der Dz-Überschuß auswaschen und danach die Einfarbe des $Hg(HDz)_2$ messen. Vorübergehend bildet sich dabei die violette Farbe des HgDz, doch schlägt diese nach dem Entmischen der Phasen wieder in die orangegelbe Farbe des rückgebildeten $Hg(HDz)_2$ um [32]. Das Extinktionsmaximum des $Hg(HDz)_2$ in CCl_4 liegt bei 485 nm (s. Abb. 127; $\varepsilon = 71200$) bzw. in $CHCl_3$ bei 492 nm, das des HgDz bei 515 nm, während im Maximum des freien Dz bei 620 nm beide Dithizonate praktisch nicht absorbieren und daher auch das Mischfarbenverfahren, mit oder ohne Messung bei beiden Wellenlängen, anwendbar ist. Das Beersche Gesetz ist bei 485 nm im Bereich von 0,1–4 μg Hg/ml CCl_4 und bei 620 nm im Bereich von 0,08–3 μg Hg/ml CCl_4 erfüllt. Besondere Beachtung verdient die Tatsache, daß die Extrakte beider

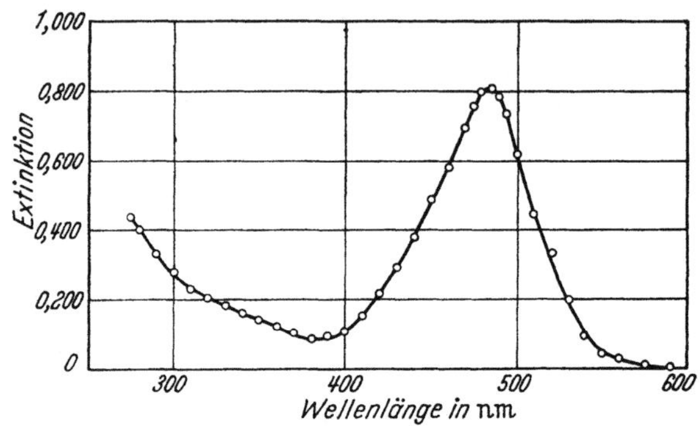

Abb. 127. Extinktionskurve von Hg-Dithizonat in CCl_4

Dithizonate in CCl_4 beträchtlich lichtempfindlich sind, wobei sich $Hg(HDz)_2$ in HgDz umlagert, welches sich seinerseits von orangegelb über braun und grau in ein schmutziges Grün verfärbt. Solche Lösungen nehmen, ins Dunkel gebracht, langsam wieder ursprüngliche Orangegelbfärbung an. Es wurde festgestellt, daß verschiedene verdünnte Säuren, die sich im organischen Lösungsmittel lösen, desensibilisierend wirken und durch ihren Zusatz die Lichtempfindlichkeit aufgehoben werden kann [33]. Die Wirkung der verschiedenen Säuren ist proportional ihrer Löslichkeit in CCl_4 oder $CHCl_3$, so daß 2n Essigsäure, 1n Propionsäure, 0,1n Monochloressigsäure oder schon 0,03n Trichloressigsäure zu diesem Zweck ausreichen.

Da bekanntlich außer Hg auch eine größere Zahl anderer Schwermetalle mit Dz reagiert, muß die Hg-Bestimmung erst durch eine Reihe von Maßnahmen selektiv gestaltet werden. So wurde beispielsweise bei der Bestimmung von $\geqq 0,5$ μg Hg in organischem Material nach nasser Veraschung aus der $\sim$ 1n H_2SO_4-Lösung eine Vorisolierung durchgeführt [33a]: noch vorhandene Stickoxide werden mit Hydroxylaminhydrochlorid entfernt, das Hg mit Dz/CCl_4 extrahiert, aus der organischen Phase das Hg mit $NaNO_2$/0,1n HCl rückgeschüttelt, nach Zerstörung von verbliebenem NO_2^- und Stickoxiden mit Hydroxylaminhydrochlorid/Harnstoff und Zusatz von ÄDTA das Hg in Anwesenheit von $\leqq 60$ μg Cu mit Dz/CCl_4 bzw. in Anwesenheit von $\leqq 600$ μg Cu mit $Dz/CHCl_3$ erneut extrahiert und photometriert (s. Verfahren B.1.1, S. 765). Empfindlichere Störungen werden durch die Anwesenheit von Au(III), Cu(II) und Pd(II) verursacht, während kleinere Mengen an Bi(III), Cd, Co, In, Ni, Pb, Tl(I) und Zn die Hg-Extraktion bei pH <0 nicht stören. Größere Mengen an Bi müssen aber entfernt werden, da sein Dithizonat in saurer Lösung ebenfalls stabil ist. Während geringe Mengen von Pd [$Pd(HDz)_2$ in CCl_4 absorbiert bei 640 nm] anwesend sein können, sobald

$Hg(HDz)_2/CCl_4$ bei 485 nm gemessen wird, müssen aber größere Mengen ebenfalls entfernt werden (z. B. mit Dimethylglyoxim/$CHCl_3$). Obwohl Cu(II) infolge seiner, im Verhältnis zu Hg geringeren Affinität für Dz erst nach dem Hg(II) in saurer Lösung reagiert, ist doch häufig eine Trennung beider Elemente erforderlich [*34*]. Dazu ist hervorzuheben, daß $Cu(HDz)_2$ von $CHCl_3$ viel langsamer als von CCl_4 extrahiert wird, wobei die Säurekonzentration zwischen 0,075 und 0,15n HCl liegen soll, da unterhalb dieses Bereiches $Cu(HDz)_2$ mitextrahiert und bei steigender HCl-Konzentration demgegenüber die Hg-Extraktion in zunehmendem Maße verhindert wird [*7, 35*]. Bei Anwesenheit größerer Mengen Cl^- sollen 1–25 µg Hg(II)/10 ml CCl_4 ohne Schwierigkeit bei pH >2 mit Dz/CCl_4 extrahierbar sein [*9*], wenn Cd, Pb, Zn usw. und <1 mg Cu(II) mit ÄDTA maskiert werden. >1 mg Cu(II) kann mit 1,2-Diaminocyclohexan-N,N,N',N'-tetraessigsäure wirksam maskiert werden. Oxydierende Substanzen (z. B. Cl_2, ClO^-) werden durch Behandeln mit H_2SO_3 entfernt. Aus wäßrig-saurer Probelösung, welche Br^- oder I^- und ein Reduktionsmittel enthält, wird Cu durch CCl_4 allein extrahiert, während Hg komplex gebunden in der wäßrigen Phase verbleibt. Analog dazu kann aus einem Cu- und Hg-Dithizonat enthaltenden Mischextrakt das Letztere durch Ausschütteln mit angesäuerter KBr-Lösung zerstört und als K_2HgBr_4 in die wäßrige Phase übergeführt werden [*13*]. Schüttelt man hingegen einen solchen Mischextrakt mit 9n Ammoniak, so soll nur das $Cu(HDz)_2$ zerlegt werden [*19*]. Beim Schütteln eines Cu- und Hg-Dithizonat enthaltenden Mischextraktes mit schwefelsaurer oder salzsaurer $Na_2S_2O_3$-Lösung geht nur das Hg in die wäßrige Phase, wonach das $Na_2S_2O_3$ mit $KMnO_4/H_2SO_4$ oder NaClO zerstört und der Überschuß an Oxydationsmittel mit Hydroxylaminhydrochlorid beseitigt werden muß, bevor das Hg erneut mit Dz extrahiert und bestimmt werden kann [*14, 15, 34, 36, 37*]. Hinsichtlich der Störung von Aceton bei dieser Arbeitsweise s. S. 324. Bei der Behandlung eines Hg- und Cu-Dithizonat enthaltenden Mischextraktes mit 6n HCl gehen beide Elemente in die wäßrige Phase; aus dieser kann Hg dann allein bei pH 2 mit Dz neuerlich extrahiert werden [*8*]. Als Maskierungsmittel für Cu werden ferner ÄDTE [*8*] oder $K_3[Co(CN)_6]$ [*10, 11, 35*] genannt, doch eignen sich diese in erster Linie nur in Anwesenheit geringer Cu-Mengen (10–20facher Cu-Überschuß). Größere Mengen Ag (bis zum Verhältnis 1:10000) müssen vor der Extraktion als AgCl ausgefällt und abfiltriert werden. Ag kann bis zum Verhältnis 1:100 gegenüber Hg mit diesem zusammen als Dithizonat extrahiert und aus dem Mischextrakt durch Cl^-, Br^- oder SCN^- entfernt werden. Andererseits soll Ag nicht mit Dz reagieren, wenn eine genügend hohe Konzentration an SCN^- in acetat-gepufferter Lösung bereits vor der Extraktion anwesend ist, um das Ag zu maskieren [*38, 39*]. Dies wird bei routinemäßigen Harnanalysen, die aus dem Ernährungsstoffwechsel Jod enthalten, durch den Zusatz von Ag^+/SCN^- ausgenützt, indem das Jodid durch Ag, der Ag-Überschuß durch SCN^- gebunden wird [*39a*].

Die Anionen I^-, S^{2-} und $S_2O_3^{2-}$ (bei pH <5) stören schon in kleinen Mengen. CN^-, SCN^- und Br^- in Konzentrationen von ~ 0,01 m aufwärts können die Ausschüttelung des Hg behindern. Größere Mengen Cl^- stören bei pH 1–2 nicht.

Das Einfarbenverfahren

Wie bereits oben erwähnt, ist $Hg(HDz)_2$ gegenüber verdünntem Ammoniak und Alkalien weitgehend stabil, während das freie Dz dabei rasch aus der organischen Phase ($CHCl_3$, CCl_4, Toluol) in die alkalisch-wäßrige Phase übergeht. Man erhält so einen Einfarbenextrakt, der im Extinktionsmaximum des $Hg(HDz)_2$ bei 490 nm photometriert wird. Auch allenfalls anwesendes $Cu(HDz)_2$ wird bei der alkalischen Waschung des Extraktes mit dem überschüssigen Dz entfernt. Man kann den organischen Extrakt auch durch eine Al_2O_3-Säule schicken [*39b*], wobei der Dz-Überschuß auf der Säule bleibt, während $Hg(HDz)_2$ mit $CCl_4/CHCl_3$ (1:1) eluiert und anschließend photometriert wird. Von Bedeutung ist beim Einfarbenverfahren die Lichtempfindlichkeit des $Hg(HDz)_2$, so daß die früher erwähnte Desensibilisierung vorgenommen werden sollte oder ansonsten im Dunkeln und rasch gearbeitet werden muß. Auf diese Weise wurde Hg in verschiedenem biologischen Material bestimmt [*7, 19, 40, 41, 39b*].

Arbeitsvorschrift

Reagentien

Dz, 0,0006%ig oder 0,001%ig in CCl_4;
2n Essigsäure;
0,5n H_2SO_4;
0,015n Ammoniak;
CCl_4.

20 ml 0,5–1n H_2SO_4-saure Probelösung [1,3–50 µg Hg(II) bzw. 0,5–20 µg Hg(II) enthaltend] extrahiert man wiederholt mit kleinen Anteilen Dz-Lösung, bis der letzte Extrakt grün bleibt (oder man extrahiert einmal mit 25,0 ml 0,0006%iger bzw. 15,0 ml 0,001%iger Dz-Lösung, wobei zuletzt das Auffüllen im Meßkolben entfällt); den vereinigten organischen Extrakt wäscht man mehrmals mit 10 ml 0,5n H_2SO_4, entfernt den Dz-Überschuß durch zweimaliges Schütteln mit 10 ml Ammoniak und schüttelt danach mit 10 ml Essigsäure (zur Desensibilisierung). Der organische Extrakt wird in einem 25 ml-Meßkolben mit CCl_4 zur Marke aufgefüllt und in der 2 cm- bzw. 5 cm-Küvette bei 485 nm gegen CCl_4 photometriert.

Das Mischfarbenverfahren

Der organische Extrakt kann entweder im Extinktionsmaximum des freien Dz um 620 nm gemessen oder direkt das im Bereich von 490 nm absorbierende $Hg(HDz)_2$ in Anwesenheit des Dz-Überschusses photometriert werden. Im ersteren Fall ergibt die Differenz zwischen vorgelegtem und gefundenem Dz die Menge des an Hg gebundenen Dz und damit die zu bestimmende Menge Hg. Beide Fälle erfordern die Verwendung einer standardisierten Dz-Lösung. Darüber hinaus kann man bei einer Bestimmung nach dem Mischfarbenverfahren die Extinktion ein und desselben Extraktes auch bei beiden Wellenlängen nacheinander messen [*33*]. Der Vorteil dieser Meßweise liegt darin, daß man hierfür keine besondere standardisierte Reagenslösung benötigt solange das Reagens einwandfrei ist, dieselbe Herkunft besitzt wie dieses der einmal damit aufgestellten Eichkurve und letztere linear verläuft. Auch hier empfiehlt sich eine Desensibilisierung des Extraktes, beispielsweise mit Essigsäure.

Nach dem Mischfarbenprinzip wurden kleine Mengen Hg in Wasser [*10, 11, 35, 42*], biologischem und anderem organischem Material [*16, 26, 34, 41, 43–46*], in Luft [*47, 48*], organischen Hg-Halogenidverbindungen [*49*], Holzkonservierungsmitteln [*11*] sowie verschiedenen Metallen (Silber, Wismut, Cadmium, Kupfer, Blei und Zink) [*50*] und Kupferlegierungen [*28*] bestimmt. Auch die Hg-Bestimmung mit Dz und organischen Hg-Verbindungen in Harn [*51, 52*], sowie in verschiedenem biologischen Material, in Böden, Fungiziden und in Luft [*52, 53*] erfolgte nach diesem Prinzip durch Messung des verbliebenen Dz-Überschusses. Durch Mischfarbentitration wurde Hg in Harn [*23, 25*], in Luft [*25*], in organischen Verbindungen [*54*] und in verschiedenem pflanzlichen und tierischen Material [*55*] bestimmt. Nach vorangehender Isolierung durch Verflüchtigung (s. S. 759) wurde das Hg in organischem Material und Bodenproben nach dem Mischfarbenverfahren bestimmt (0,2–10 µg Hg, $s = \pm 0{,}05$ µg Hg) [*30*].

Arbeitsvorschrift

Reagentien

Dz, 0,001%ig in CCl_4;
6n Essigsäure;
CCl_4.

20 ml 0,5–1n H_2SO_4-saure Probelösung [0,4–15 µg Hg(II) enthaltend] versetzt man mit 5 ml Essigsäure, schüttelt mit einigen Millilitern CCl_4 zur Sättigung der wäßrigen Phase kurz durch, trennt das CCl_4 sorgfältig ab und extrahiert danach mit 5,0 ml Dz-Lösung. Danach fügt man 5,0 ml CCl_4 hinzu, schüttelt kurz durch und photometriert nach der Phasentrennung in einer 2 cm-Küvette bei 620 nm gegen CCl_4 oder bei 485 nm gegen die wie oben mit CCl_4 verdünnte Reagenslösung.

Das Reversionsverfahren

Dieses Verfahren könnte man als Kombination des Mischfarben- mit dem Einfarbenverfahren betrachten. Auf diesem Wege gelingt es, Hg noch neben der 20fachen Menge Cu genau zu bestimmen. Zur Extraktion verwendet man eine Dz/$CHCl_3$-Lösung, da diese weniger Cu mitextrahiert als eine Dz/CCl_4-Lösung. Man erhält einen Mischfarbenextrakt, dessen Extinktion bei 605 nm (Dz-Überschuß) bestimmt wird. Im Anschluß daran wird der Extrakt revertiert, d. h. beim Ausschütteln mit einer auf pH ~ 4 mit Kaliumhydrogenphthalat gepufferten I^--Lösung das $Hg(HDz)_2$ allein zersetzt und der Extrakt erneut bei 605 nm photometrisch gemessen. Die Extinktionszunahme entspricht der an Hg gebunden gewesenen Menge Dz und ist äquivalent der zu bestimmenden Menge Hg. Die Reversion des Extraktes ist für $Hg(HDz)_2$ selektiv. Das Reversionsverfahren wurde verschiedentlich bei der Hg-Bestimmung in Harn [*39a*], anderem biologischen [*18, 39a, 56*] und verschiedenem organischen Material [*57, 58*] angewendet.

Arbeitsvorschrift [*18*]

Reagentien

Dz, 0,0007%ig in $CHCl_3$;
6n Essigsäure;
Reversionslösung (pH ~ 4): 10,2 g Kaliumhydrogenphthalat und 30 g KI werden in Wasser gelöst und auf 500 ml aufgefüllt.

20 ml 0,25–0,5n H_2SO_4-saure Probelösung [1,5–50 µg Hg(II) enthaltend] versetzt man mit 5 ml Essigsäure, extrahiert mit 20,0 ml Dz-Lösung und photometriert die Hälfte des Extraktes in einer 1 cm-Küvette bei 605 nm (E_I). Der zweite Teil des Extraktes wird mit dem gleichen Volumen Reversionslösung geschüttelt, dann ebenfalls bei 605 nm photometriert (E_{II}) und aus der Zunahme der Extinktion ($\Delta E = E_{II} - E_I$) die Hg-Menge ermittelt.

Die Bestimmung mit Ditolyl-Hg und Dithizon

Die durch Pflanzenschutzmittel u. ä. in Böden, biologischem Material, Luft oder anderem Material vorliegenden organischen Hg-Verbindungen lassen sich nur sehr schwer veraschen. Am besten hat sich ein Aufschluß mit H_2SO_4 (1,84) unter Zusatz von H_2O_2 (50%) bewährt [*59, 60*]. Mit $KMnO_4$ wird dann oxydiert und mit Hydroxylaminhydrochlorid danach reduziert. Zur Vermeidung von Hg-Verlusten durch Adsorption an den Glaswänden muß dann Cl^- zugesetzt werden.

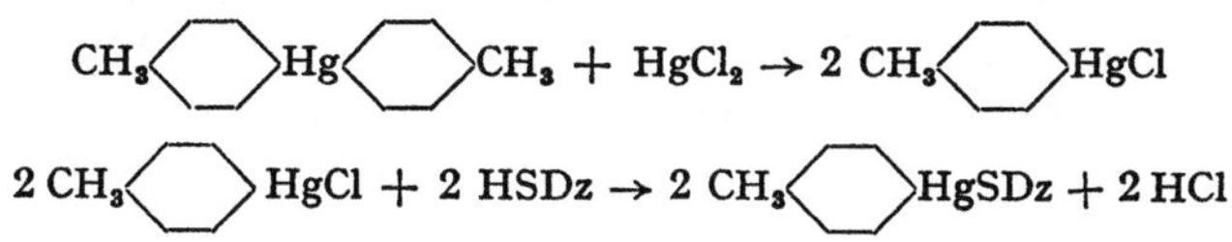

Es wurde festgestellt, daß sich Dz auch mit organischen Hg-Verbindungen des Typs R · Hg · Cl zu gefärbten, mit $CHCl_3$ extrahierbaren Verbindungen umsetzt [*53, 60, 61*]. Die Empfindlichkeit ist dieselbe wie die der normalen Reaktion von anorganischem $HgCl_2$ mit Dz. Vier verschiedene organische Di-aryl-Hg-Verbindungen reagieren quantitativ in der oben geschilderten Weise, erfordern aber verschiedene Reaktionsbedingungen [*53*]. Es sind dies Di-p-tolyl-Hg, Diphenyl-Hg, Dinitrophenyl-Hg und bis-m-(α,α,α-Trifluorotolyl)-Hg. Diphenyl-Hg reagiert mit $HgCl_2$ nur bei pH 4,3, wobei aber gerade bei dieser Acidität eine rasche Zersetzung des Reagenses stattfindet. Die Reaktion mit Di-nitrophenyl-Hg geht nur bei 2—4n H_2SO_4 und unter Ausschluß von Cl^- vor sich. Bei pH 2,0 reagiert bis-m-(α,α,α-Trifluorotolyl)-Hg jedoch sehr langsam. Demgegenüber ist Ditolyl-Hg relativ säurestabil und sein Löslichkeitsverhältnis ist günstiger als etwa das des Diphenyl-Hg; die Reaktion verläuft rascher als mit der fluorhaltigen Hg-Verbindung. Die Löslichkeit des p-Tolyl-HgCl in $CHCl_3$ ist so groß, daß eine Ausschüttelung genügen würde. Es werden jedoch zwei Extraktionen empfohlen, da $CHCl_3$ immer wieder durch seine gewisse Wasserlöslichkeit einen Verlust bedingt. Die Löslichkeit in Äthyl-, Methyl- und Isopropylalkohol ist nur gering, weshalb das Lösen unter Rückfluß in der Wärme erfolgen muß. In Aceton oder Äthoxyäthanol ist das Reagens zwar leichter löslich als in Äthylalkohol, doch zersetzt es sich später bei der Hg-Bestimmung und stört daher. 1000 μg an Fe, Co, Cu, Bi, Cd, Mn, Ni, Pb und Zn stören die Bestimmung nicht. Bei Anwesenheit von Ag muß zusätzlich die $CHCl_3$-Phase einmal mit 1n NaCl-Lösung extrahiert werden, um eine AgCl-Fällung bei der anschließenden Dithizonreaktion zu verhindern. Die Umsetzung mit Di-p-tolyl-Hg fand zur Bestimmung von Hg in Böden [*53*] (Verfahren B.3., s. S. 770), pflanzlichem und tierischem Material [*53*] und Harn [*51*] Anwendung. Auf analogem Wege wurde Phenyl-Hg in tierischem Gewebe und Harn mit Dz/$CHCl_3$ photometrisch bestimmt [*52*].

1. Organisches Material

Zur Hg-Bestimmung in biologischem Material mit Dz sind bereits zahlreiche Arbeitsvorschriften veröffentlicht worden, die sich voneinander mehr oder weniger stark unterscheiden. Einmal beziehen sich die zahlreichen Modifikationen auf die Art des Veraschungsvorganges, zum anderen auf die Bestimmung selbst und dabei insbesondere auf die Abtrennung des im organischen Material fast immer anzutreffenden und die Hg-Bestimmung in größerer Menge störenden Cu.

Je nachdem, ob Hg in festem oder flüssigem Material zu bestimmen ist, wird eine intensiv angreifende Veraschungsmethode oder nur eine einfache Säurebehandlung erforderlich sein. Die trockene Veraschung ist in jedem Fall unzulässig, da hierbei Hg-Verluste unvermeidlich sind (s. S. 183ff.). Zur Zerstörung festen organischen Materials, wie Gewebeproben oder auch der schwerer aufschließbaren Blutproben, wird häufig ein Säureaufschluß unter Zusatz stark oxydierender Stoffe empfohlen, z. B. die Behandlung mit HCl und $KClO_3$ durch mehrere Tage [*26, 46*], die Vorveraschung mit H_2SO_4/HNO_3 (1 + 1) unter Rückfluß [*15, 16, 62, 63*] oder H_2SO_4 und H_2O_2 [*35, 53*] (auch für organische Hg-Verbindungen geeignet) und in beiden Fällen eine abschließende Behandlung mit $KMnO_4$; weiterhin seien erwähnt das Kochen unter Rückfluß mit verdünnter HNO_3, Zusetzen gesättigter $KMnO_4$-Lösung und zuletzt Entfärben mit H_2O_2 [*44*], sowie ferner eine mehrstündige Behandlung mit H_2SO_4/HNO_3 (3 + 5) in einer speziellen Apparatur [*13*]. Das zuletzt genannte Verfahren hat sich auch für die Veraschung von Polyvinylchlorid [*57*], von Äpfelschalen [*58*] und von Äpfeln (hierbei unter Zusatz von Selenpulver als Katalysator [*64*] und abschließender Behandlung mit H_2O_2) [*34, 45*] bewährt. Die Beobachtung, daß sich um so mehr Hg verflüchtigt, je mehr Cl^- vorhanden ist, wurde sowohl zur Veraschung von festem als auch flüssigem organischem Material ausgenützt. Nach einer Vorveraschung mit H_2SO_4 in Anwesenheit von $CuSO_4$ und $(NH_4)_2SO_4$ wird das Hg nach Einleiten von gasförmigem Chlor als $HgCl_2$ überdestilliert [*19, 29*]. Organische Hg-Verbindungen wurden schließlich auch durch Reduktion mit Al-Pulver in alkalischem Medium unter Rückfluß (zuletzt unter Zusatz von wenig HNO_3) [*54*] oder mit H_2SO_4 und H_2O_2 (50%) [*59, 60, 65*] aufgeschlossen. Harnproben wurden ebenfalls durch Chlorieren [*26, 46*], weiters durch Kochen unter Rückfluß mit H_2SO_4 und $KMnO_4$ und nachfolgender Zerstörung des MnO_4^--Überschusses durch Oxalsäure [*7*] und Hydroxylaminhydrochlorid [*39a, 56, 66*] aufgeschlossen. Von anderer Seite wird ein Aufschluß mit HNO_3 und $KMnO_4$ unter Druck und Zerstörung des MnO_4^--Überschusses durch Zugabe von H_2SO_4 und ammoniakalischer Hydroxylaminlösung empfohlen [*40*]. Für Pflanzenöle, Reiskörner und -kleie hat sich die rasche Veraschung in einer Stahlbombe in O_2-Atmosphäre (unter Druck) in Anwesenheit von 1n HNO_3 bewährt [*39b*]. Die Oxydationsprodukte werden, wie auch bei Verfahren B.1.1 [*33a*] mit Harnstoff und Hydroxylaminhydrochlorid reduziert.

1.1. Organisches Material (Mischfarbenverfahren)

Mit der nachfolgenden Arbeitsvorschrift kann Hg in verschiedenstem organischem Material (biologisches Material, Lebensmittel, Fette, Syntheseprodukte) bestimmt werden. Die Ausbeute beträgt ~ 96%. Bis zu 60 μg Cu stören in Anwesenheit von ÄDTA nicht. Sind größere Cu-Mengen anwesend, so wird die Endbestimmung mit Dz/$CHCl_3$ durchgeführt, wobei auch 600 μg Cu nicht stören.

B: ≧ 0,5 μg Hg. F_r: ± 3%.

Arbeitsvorschrift [*33a*]

Reagentien

H_2SO_4 (1,84); HNO_3 (1,42).
Dz-Stammlösung, 0,05%ig in $CHCl_3$ (in dunkler Flasche im Kühlschrank aufbewahren)
Dz-Lösung A; 2 ml Dz-Stammlösung werden mit CCl_4 auf 100 ml verdünnt (täglich frisch herstellen)
Dz-Lösung B; 2 ml Dz-Stammlösung werden mit $CHCl_3$ auf 100 ml verdünnt (täglich frisch herstellen)
Hydroxylaminhydrochlorid[1], 20%ige wäßrige Lösung
0,1n HCl[1]
$NaNO_2$[1], 5%ige wäßrige Lösung
Harnstoff[1], 10%ige wäßrige Lösung
ÄDTA[1], 2,5%ige wäßrige Lösung
~ 4n Essigsäure[1]
$CHCl_3$; CCl_4.

Bis zu 10 g trocknes Probematerial werden im Kolben F der Veraschungsapparatur (s. Abb. 43, S. 208) mit dem Säuregemisch (20 ml H_2O + 5 ml H_2SO_4 + 50 ml HNO_3) und einigen Siedekugeln versetzt (bei feuchtem Probematerial wird die Wasserzugabe entsprechend verringert; bei > 10 g Probematerial müssen für jedes weitere g Trockengewicht zusätzlich 5 ml HNO_3 zugefügt werden). Man erhitzt langsam bis zum Kochpunkt der HNO_3 (116° C), stellt dann den Hahn A um und läßt das im Kondensatgefäß B gesammelte Destillat durch das Ablaßrohr C in einen Meßzylinder ab. Sobald das Aufschlußgemisch dunkel zu werden beginnt, läßt man ein wenig von dem inzwischen wieder angesammelten Destillat aus dem Kondensatgefäß B in den Aufschlußkolben zurückfließen. Man führt diese Arbeitsweise bei leichtem HNO_3-Überschuß so lange fort, bis die Lösung nicht mehr dunkel wird und SO_3-Nebel auftreten. Man läßt nun abkühlen, läßt das Destillat aus dem Kondensatgefäß B in den Kolben zurückfließen und vereinigt

[1] Mit Dz-Stammlösung bzw. $CHCl_3$ vorgereinigt (wie bei Verfahren B.1.2).

diese Lösung mit den ersten Destillat-Anteilen in dem Meßzylinder (Gesamtvolumen etwa 80–90 ml). Durch Titration von 1 ml dieser Lösung mit NaOH wird die Säurekonzentration bestimmt und danach durch Verdünnen mit Wasser die Gesamtlösung auf eine Normalität von 1n gebracht. Die jetzt ~ 400 ml betragende, 1n-saure Probelösung wird zum Kochen erhitzt, von der Heizplatte genommen und sofort, unter Durchmischen mit $^1/_{10}$ ihres Volumens an Hydroxylaminhydrochlorid-Lösung versetzt. Man läßt 15 min stehen, kühlt auf Raumtemperatur ab und führt in einen 500 ml-Schütteltrichter über. Wenn die Lösung Fett enthält, entfernt man dieses durch Ausschütteln mit CCl_4. Man schüttelt nun 1 min mit 10 ml Dz-Lösung A aus, läßt den organischen Extrakt in einen 150 ml-Schütteltrichter ab und wiederholt die Extraktionen mit weiteren 1 ml-Anteilen Dz-Lösung A, bis die Extrakte von 2 aufeinanderfolgenden Ausschüttelungen grün bleiben. Die wäßrige Lösung wird verworfen, zum vereinigten organischen Extrakt im 150 ml-Schütteltrichter nun 10 ml 0,1n HCl und 1 ml $NaNO_2$-Lösung hinzugefügt, 1 min kräftig geschüttelt und die organische Phase nach der Phasentrennung verworfen. Zur wäßrigen Phase wird 1 ml Hydroxylaminhydrochlorid-Lösung gegeben und für 15 min, unter gelegentlichem Schütteln, stehen gelassen. Dann versetzt man mit 1 ml Harnstoff- und 1 ml ÄDTA-Lösung. Aus einer 10 ml-Bürette werden nun 0,5 ml Dz-Lösung A (oder Dz-Lösung B bei hohen Cu-Gehalten) zugegeben, 10 sec kräftig geschüttelt und nach der Phasentrennung die organische Phase in einen anderen Schütteltrichter, in den 5 ml 4n Essigsäure vorgelegt sind, abgelassen. Die Extraktion wird mit weiteren 0,5 ml-Anteilen Dz-Lösung A (oder B) solange fortgesetzt, bis die organische Phase orangegrün wird. Man führt diese Arbeitsweise nun mit 0,2 ml-Anteilen Dz-Lösung A (oder B) und einer Schütteldauer von jeweils 30 sec solange fort, bis der letzte Extrakt durch eine graue Mischfarbe einen leichten Dz-Überschuß bzw. die vollständige Hg-Extraktion angibt. Man notiert den Verbrauch an ml zugesetzter Dz-Lösung. Aus einer anderen 10 ml-Bürette wird der vereinigte organische Extrakt mit CCl_4 (oder $CHCl_3$) auf 4,0 ml aufgefüllt, durch Glaswolle in eine 1 cm-Küvette filtriert und bei 485 nm (bzw. 492 nm) gegen den Blindwert photometriert.

Aufstellung der Eichkurve

Zu 10 ml 0,1n HCl-Lösung, jeweils 0, 0,5, 1,0, 2,0, 4,0, 6,0, 8,0 und 10,0 µg Hg enthaltend, fügt man 1 ml $NaNO_2$-Lösung und 1 ml Hydroxylaminhydrochlorid-Lösung, mischt gut durch und läßt 15 min stehen. Man fährt danach mit dem Zusatz von je 1 ml Harnstofflösung und ÄDTA-Lösung wie oben beschrieben fort.

1.2. Harn (Einfarbenverfahren)

Eine Überprüfung verschiedener Methoden [*7, 19, 62, 66*] führte insbesondere bei mehrere Tage alten Harnproben zu keinen restlos befriedigenden Werten [*40*].

B: 1–100 µg Hg. *s:* ± 1–3 µg Hg.

Arbeitsvorschrift [*40*]

Reagentien

HNO_3 (1,42);
H_2SO_4 (1 + 1);
5n HCl;
Ammoniak (0,88);
$KMnO_4$, 6%ige wäßrige Lösung;
Phenolrot-Indicator-Lösung;
Ammoniakalische Hydroxylaminlösung; 25 g Hydroxylaminhydrochlorid werden in etwa 60 ml Wasser gelöst, mit Ammoniak unter Zusatz von 0,2 ml Phenolrot-Indicator-Lösung alkalisiert (Rotfärbung) und abgekühlt. Man extrahiert mit 5 ml-Anteilen 0,01%iger $Dz/CHCl_3$-Lösung, bis der letzte Extrakt grün bleibt; der Dz-Überschuß wird durch mehrmaliges Extrahieren

mit je 10 ml $CHCl_3$ entfernt. Durch Erwärmen der Lösung wird das überschüssige $CHCl_3$ ausgetrieben, die Lösung abgekühlt und nach Filtrieren auf 250 ml aufgefüllt;
Dz/Toluol, 0,008%ig;
Toluol, schwefelfrei und redestilliert;
NaOH-Lösung; die 0,2n-Lösung muß 20 ml ammoniakalische Hydroxylaminlösung/l enthalten.

50 ml Harnprobe werden in eine geeignete Druckflasche von 350 ml Volumen eingebracht; man fügt 20 ml HNO_3 und 20 ml $KMnO_4$-Lösung hinzu, mischt vorsichtig und verschließt dann die Druckflasche. Man hält nun 2 Std am siedenden Wasserbad, nachdem man die Flasche ihrerseits in ein etwa 600 ml fassendes Becherglas mit Wasser eingesetzt hat. Nach dem Abkühlen schwenkt man die geschlossene Flasche mehrmals vorsichtig um und öffnet erst dann vorsichtig den Verschluß, den man zuletzt mit destilliertem Wasser zum Flascheninhalt abspült. Ist der Überschuß an $KMnO_4$ bereits verbraucht, so fügt man in Abständen soviel Anteile von 1 ml $KMnO_4$-Lösung hinzu, bis nach einer Standzeit von jeweils 2 min ein deutlicher Überschuß an $KMnO_4$ verbleibt. Dieses überschüssige Permanganat entfernt man hierauf durch entsprechenden Zusatz an ammoniakalischer Hydroxylaminlösung. Man versetzt mit wenigen Tropfen Indicator-Lösung und alkalisiert mit Ammoniak unter Abkühlen (Rotfärbung). Nach Zusatz von 18 ml H_2SO_4 (1 + 1) und 10 ml ammoniakalischer Hydroxylamin-Lösung führt man in einen 250 ml-Meßkolben über und füllt nach dem Abkühlen zur Marke auf. Man läßt für 3 Std oder aber über Nacht stehen. Ein aliquoter Anteil dieser Probelösung (mit höchstens 100 µg Hg) wird in einem 250 ml-Schütteltrichter mit 3 ml Dz-Lösung und 7 ml Toluol 30 sec extrahiert. Falls die organische Phase nicht die Grünfärbung von überschüssigem Dz zeigt, sondern die gelb-braune des $Hg(HDz)_2$, setzt man die Extraktion mit genau abgemessenen 0,5 ml-Anteilen Dz-Lösung solange fort, bis der Extrakt eine bleibende Grünfärbung zeigt. Die wäßrige Phase wird verworfen, die organische Phase mit 10 ml Wasser ohne Durchmischen nachgewaschen und die Waschlösung ebenfalls verworfen. Man schüttelt den organischen Extrakt 30 sec kräftig mit 10 ml 5n HCl, trennt die salzsaure Phase in einen 2. Schütteltrichter ab, wäscht den organischen Extrakt ohne zu schütteln zweimal mit je 50 ml Wasser nach und vereint die Waschlösungen mit der salzsauren Phase im zweiten Schütteltrichter. Der organische Extrakt wird verworfen. Die salzsaure Lösung wird mit 5 ml ammoniakalischer Hydroxylamin-Lösung, dem beim ersten Extraktionsgang verwendeten Gesamtvolumen an Dz-Lösung und 7 ml Toluol versetzt und 30 sec kräftig extrahiert. Nach Verwerfen der wäßrigen Phase wird der organische Extrakt ohne zu schütteln mit 10 ml Wasser gewaschen. Der Dz-Überschuß wird durch Schütteln (20 sec) mit 10 ml 0,2n NaOH-Lösung entfernt. Nach Abtrennen der wäßrigen Phase wiederholt man die Extraktion mit 0,2n NaOH. Der organische Extrakt wird über ein 0,5 g Na_2SO_4 sicc. enthaltendes Papierfilter in einen 25 ml-Meßkolben filtriert und unter Nachwaschen mit Toluol zur Marke aufgefüllt. Man photometriert in einer 4 cm- oder 1 cm-Küvette bei 485 nm gegen Toluol.

1.3. Organisches Material (Reversionsverfahren)

Das nachfolgende Verfahren wurde auf Apfelschalen angewendet, die mit dem Fungizid Phenyl-Hg-Chlorid behandelt waren.

B: 1,5–30 ppm Hg. F_r: ±4%.

Arbeitsvorschrift [*58*]

Reagentien

H_2SO_4 (1,84);
HNO_3 (1,40);

Reversionslösung; 10,2 g Kaliumhydrogenphthalat und 30 g KI werden mit Wasser auf 500 ml aufgefüllt;
Dz, 0,00065% in $CHCl_3$;
$CHCl_3$;
Methanol;
Hydroxylaminsulfat.

25 g frisches Probematerial wird gefriergetrocknet. Danach bringt man die Probe in einen 1-l-Rundkolben, versetzt mit 50 ml H_2SO_4/HNO_3-Gemisch (3 + 5), verschließt mit einem Rückflußkühler mit Kühlfinger und erhitzt vorsichtig. Nach etwa $^1/_2$ Std, wenn die Lösung klar zu werden beginnt, setzt man das Erhitzen vorsichtig weiter fort; nach etwa 4—5 Std ist die Lösung meist klar und nur noch schwach gelb. Da sich am Kühlfinger eine wachsartige Verbindung absetzen kann, muß in solchen Fällen der Veraschungsvorgang von Zeit zu Zeit unterbrochen und der Ansatz am Kühlfinger mit Wasser wieder zum Kolbeninhalt zurückgespült werden. Nach beendeter Veraschung wird, wenn erforderlich, von der noch vorhandenen wachsartigen Verbindung abfiltriert und das Filtrat auf 250 ml aufgefüllt. Ein aliquoter Teil von 50 ml wird mit 15 g Hydroxylaminsulfat versetzt und mit Wasser auf 100 ml aufgefüllt. 20,0 ml der so reduzierten Lösung werden mit Dz/$CHCl_3$ nach dem Reversionsverfahren [*18*] (s. S. 763) extrahiert und der Extrakt entsprechend photometriert.

1.4. Harn (Reversionsverfahren)

In einer früheren Arbeit [*56*] erfolgte die Bestimmung von Hg in Harn ($\leqq$ 25 ml Probe, 0,03—0,16 ppm Hg, F_r: ±7%) analog (jedoch ohne Maskierungszusätze) wie in der nachfolgenden Arbeitsvorschrift [*39a*]. Bei dieser wird I^- (bei Proben von Personen mit I^--haltigen Nahrungsmitteln oder Medikamenten) mit Ag^+ und der Ag-Überschuß mit SCN^-, sowie Cu mit ÄDTA maskiert. In Abwesenheit von I^- kann der Zusatz von Ag^+/SCN^--Lösung unterbleiben. Das Verfahren eignet sich auch für tierisches Gewebe.

B: $\geqq$ 0,03 ppm Hg. F_r: ±5%.

Arbeitsvorschrift [*39a*]

Reagentien

H_2SO_4 (1,84); $KMnO_4$; Ammoniak (0,91);
Hydroxylaminhydrochlorid, 50%ige wäßrige Lösung.
Verdünnungslösung; 5 ml H_2SO_4 + 5 ml Hydroxylamin-Lösung + 90 ml Wasser mischen.
ÄDTA/NaN_3-Lösung; man mischt 300 ml 3,7%ige ÄDTA-Lösung mit 150 ml 10%iger NaN_3-Lösung.
Ag^+/SCN^--Lösung; man mischt 220 ml 7,6%ige NH_4SCN-Lösung mit 20 ml 0,8%iger Ag_2SO_4-Lösung und füllt mit Wasser auf 500 ml auf.
Dz-Lösung A, 0,006 %ig in $CHCl_3$
Dz-Lösung B, 0,0006%ig in $CHCl_3$ (aus Dz-Lösung A hergestellt).
Reversionslösung; wie bei Verfahren B. 1.3, mit einigen Tropfen 0,1 n $Na_2S_2O_3$ versetzt.

50 ml Probe werden in der Veraschungsapparatur (s. Abb. 43, S. 208) unter Rückfluß naß verascht. Wahlweise kann die Analyse auch mit 25 ml Probe und den halben Reagensmengen (Veraschung bis einschl. Zusatz der Ag^+/SCN^--Lösung) durchgeführt werden.

In den Kolben F der Veraschungsapparatur legt man 5 g $KMnO_4$ sowie einige Glaskugeln und in das Kondensatgefäß B 10 ml H_2SO_4 vor, gibt in den Kolben 50 ml Probe, setzt die Apparatur zusammen, läßt die H_2SO_4 vorsichtig durch den Hahn A zufließen, erwärmt vorsichtig und kocht 30 min bei geöffnetem Hahn A. Sollte bis zu diesem Zeitpunkt das $KMnO_4$ vollständig entfärbt und gebildetes MnO_2 verschwunden sein (bis zum Kochen der H_2SO_4 muß gebildetes MnO_2 unzersetzt bleiben), so kühlt man ab, fügt noch 1 g $KMnO_4$ hinzu und erhitzt wieder zum Sieden bei offenem Hahn A. Dann wird der Hahn A geschlossen und bis zur vollständigen Veraschung weiter gekocht. Man kühlt ab, läßt das Kondensat aus dem Kondensatgefäß B in den Kolben ab, gibt durch den Kühler E 5 ml (oder mehr zur vollständigen Auflösung des MnO_2) Hydroxylamin-Lösung hinzu, erhitzt ~2 min bei geöffnetem Hahn A bis zur Beendigung der Gasentwicklung, kühlt ab, führt in einen 100 ml-Meßkolben über und füllt mit Wasser zur Marke auf.

50,0 ml Aufschlußlösung (0,75—10 µg Hg enthaltend; bei größeren Hg-Mengen verdünnt man einen kleineren aliquoten Teil der Probelösung mit Verdünnungslösung auf 50 ml) werden in einem Rührzylinder (~47 mm i-⌀, 200 mm hoch) übergeführt, mit 1,5 ml ÄDTA/NaN_3-Lösung sowie 5 ml Ag^+/SCN^--Lösung versetzt, mit Ammoniak auf pH 1,5—2,0 eingestellt und mit 10,0 ml Dz-Lösung B 2 min mechanisch extrahiert (mittels Vibro-Mischer oder Rührer, s. a. Abb. 45, S. 222). Man führt den Inhalt des Rührzylinders in einen Scheidetrichter über, läßt die organische Phase durch Watte (im trockenen Ablaßrohr) ab und führt die Messung (gegen Wasser) und Reversion mit dem gesamten Extrakt nach dem Reversionsverfahren [*18*] (s. S. 763) durch. Ein Blindwert wird abgezogen.

2. Metalle und Legierungen

In saurer Lösung reagieren beim fraktionierten Extrahieren mit Dz die Elemente Hg, Ag, Cu und Zn erst nacheinander in der angegebenen Reihenfolge. Auf dieser Eigenschaft baut die Hg-Bestimmung in Silber (bis 10^{-1}%), Kupfer (bis 10^{-3}%), Zink, Cadmium, Wismut und Blei (bis 10^{-4}%) auf [*20*]. Dabei werden Hg und Ag gemeinsam extrahiert und dann das AgHDz aus der organischen Phase durch Schütteln mit HCl als AgCl entfernt. Wenn das Verhältnis von Hg:Cu nicht größer als $1:10^3$ ist, kann das orangegelbe $Hg(HDz)_2$ auch allein vor dem violett gefärbten $Cu(HDz)_2$ extrahiert werden. Steigt demgegenüber der Gehalt an Cu an, so muß nach der Extraktion die organische Phase, die Hg vollständig und Cu bis zu größeren Mengen enthält, mit $KMnO_4$-Lösung ausgeschüttelt werden. Dabei wird Hg quantitativ mit nur wenig Cu in die wäßrige Phase übergeführt und kann nach neuerlicher Extraktion mit Dz dann bestimmt werden. Für die Bestimmung von ≧0,06 ppm Hg in Reinstsilber [*26a*] wurde nach der Mitfällung (Ausbeute 80—90%) als Hg-ÄDTA-Komplex an AgI (s. S. 758) ebenfalls das Mischfarbenverfahren angewendet. 1—>10 ppm Hg wurden in Uranverbindungen nach Isolierung des Hg (zusammen mit Ag) mit Dz/CCl_4 bei pH 3 und anschließendem Photometrieren der Mischfarbe (neben AgHDz, s. a. S. 378f.) bestimmt [*66a*]. Bei einem anderen Verfahren [*28*], das Hg in Kupfer und dessen Legierungen zu bestimmen gestattet (≧1 ppm Hg, F_r: ±10%), werden die Proben in H_2SO_4 unter Zusatz von H_2O_2 gelöst. Mit $SnSO_4$ wird das Hg zum Metall reduziert und dann naß überdestilliert. Das destillierte Hg wird in $KMnO_4/H_2SO_4$ gelöst, der Permanganatüberschuß mit H_2SO_3 zerstört und danach Hg nach dem Mischfarbenverfahren ermittelt. ≧2 ppm Hg wurden in Selen nach dem Einfarbenverfahren mit Dz/$CHCl_3$ photometrisch bestimmt [*67*].

2.1. Zink

B: ≧0,0001% Hg. F_r: ±10%.

Arbeitsvorschrift [*20*]

Reagentien

Dz, 0,0006%ig in CCl_4;
HNO_3 (1 + 1); HNO_3 (1 + 10);

Harnstoff;
Ammoniak (1 + 1);
$AgNO_3$, 0,1%ig in 0,1n HNO_3;
0,5n HCl.

5,0 g Probe löst man in 50 ml HNO_3 (1 + 1), dampft auf das halbe Volumen ein, versetzt mit 50 ml heißem Wasser und 1 g Harnstoff, kocht kurz auf und füllt nach dem Abkühlen in einem 100 ml-Meßkolben mit Wasser zur Marke auf. 10,0 ml dieser Lösung werden in einem 100 ml-Schütteltrichter mit Ammoniak bis zur beginnenden Fällung neutralisiert, mit HNO_3 (1 + 10) gegen Kongorotpapier bis zum Umschlag nach Blau und danach mit weiteren 5 ml HNO_3 (1 + 10) versetzt; man fügt 5 ml $AgNO_3$-Lösung hinzu (wenn das Zink sehr wenig Ag enthält) und verdünnt mit Wasser auf 50—60 ml. Die Lösung wird nun wiederholt mit 5 ml-Anteilen Dz-Lösung bis zum Auftreten einer Violettfärbung [von $Cu(HDz)_2$] extrahiert. Alle rein gelben Extrakte werden ohne den ersten Extrakt mit violetter Färbung in einem 2. Schütteltrichter gesammelt, mit 3 ml 0,5n HCl geschüttelt (eine orange-braune Verfärbung entsteht durch freies Dz, das aus dem zerlegten AgHDz stammt) und der erhaltene Mischfarbenextrakt auf bekannte Weise photometriert (s. S. 763).

3. Böden

Bei dem nachfolgenden Verfahren [*53*] wird bei pH 3,0—4,0 nach Zusatz einer alkoholischen Ditolyl-Hg-Lösung das entstehende p-Tolyl-HgCl mit $CHCl_3$ extrahiert. Im organischen Extrakt wird bei 0,3n essigsaurer Reaktion das Hg mit Dz umgesetzt. Bei 620 nm wird hierauf der Dz-Überschuß photometrisch gemessen. Die Eichkurve wird für den Bereich von 0—100 µg Hg, in dem sie linear verläuft, aufgestellt. Bei 480 nm liegt das Minimum der spektrophotometrisch ermittelten Kurve für p-Tolyl-Hg-Dithizonat. Liegen Methyl-Hg-Verbindungen zur Analyse vor, so ist größte Vorsicht vor Verlusten wegen deren Flüchtigkeit erforderlich.

B: 1—100 ppm Hg. F_r: ±5%.

Arbeitsvorschrift [*53*]

Reagentien

H_2SO_4 (1,84); 1,8n H_2SO_4;
H_2O_2 (50%);
$KMnO_4$, 3%ige wäßrige Lösung;
Hydroxylaminhydrochlorid, 20%ige wäßrige Lösung }
1n NaCl } mit Dz/$CHCl_3$ vorgereinigt
4m Natriumacetat; }
Ditolyl-Hg-Lösung; 20 mg Ditolyl-Hg werden in 200 ml redest. neutralem Äthylalkohol unter Rückfluß am Wasserbad gelöst. 6 Wochen in dunkler Flasche, aber ohne zu kühlen, haltbar;
0,3n Essigsäure;
Dz-Stammlösung, 0,1%ig in $CHCl_3$; im Dunklen unter Kühlen aufbewahren;
Dz-Arbeitslösungen; für die Bestimmung von 0—8 µg Hg wird die Stammlösung 30fach verdünnt, für die Bestimmung von 17—27 µg Hg 12fach verdünnt.

1,0 g Bodenprobe (gesiebt) wird in einem 125 ml-Kolben mit 5 ml H_2SO_4 (1,84) (bei Vorhandensein von > 15% an organischer Substanz 10 ml Säure) versetzt, nach Aufsetzen des Rückflußkühlers gemischt und nun unter kräftigem Umschwenken durch den Kühler tropfenweise H_2O_2 zugefügt. Der Zusatz von H_2O_2 soll so erfolgen, daß die Lösung immer eine deutliche, aber nicht zu heftige Reaktion zeigt, und wird solange fortgesetzt, bis keine Reaktion mehr eintritt und die Lösung eine helle Färbung aufweist. Nur bei Böden mit einem höheren Gehalt an organischem Material kann dies längere Zeit, etwa 1,5 Std, dauern. Danach erwärmt man vorsichtig und setzt weiterhin durch etwa 20 min noch tropfenweise H_2O_2 zu. Zuletzt hält man 2 min im Sieden und kühlt dann langsam, zuletzt im Kaltwasserbad, ab. Man fügt zur Lösung 15 ml Wasser, mischt und kühlt nochmals. Man versetzt mit soviel $KMnO_4$-Lösung, bis ein Permanganatüberschuß verbleibt. Nach Abspülen des Kühlers mit Wasser werden 6 ml Hydroxylaminhydrochlorid-Lösung zugesetzt und der Kühler abermals mit Wasser nachgewaschen. Nach 15 min wird die Lösung filtriert und unter Nachwaschen auf 100 ml mit 1n NaCl aufgefüllt.

Ein aliquoter Teil der Probelösung (0—8 μg oder 17—27 μg Hg enthaltend) wird in einen 250 ml-Schütteltrichter übergeführt und unter Nachwaschen mit Wasser auf ein Gesamtvolumen von 75 ml gebracht [wenn für die Veraschung 10 ml H_2SO_4 (1,84) benötigt worden sind, muß eine gegenüber dem Probevolumen doppelt so große Wassermenge zugesetzt werden]. Mit 4m Natriumacetat wird auf pH 3—4 eingestellt. Nach Zusatz von 1,0 ml Ditolyl-Hg-Lösung wird 3 min geschüttelt. Für den Bestimmungsbereich zwischen 17—27 μg Hg müssen 2,0 ml Reagenslösung verwendet werden. Man läßt nun noch 1 min stehen und extrahiert dann mit 9,5 ml $CHCl_3$ 1 min lang. Wenn die wäßrige Phase 150 ml oder darüber beträgt, so extrahiert man anstatt mit 9,5 ml zuerst 1 min mit 8,0 ml und danach noch 1 min mit 3,0 ml $CHCl_3$. Die organischen Extrakte werden in einem 2. Schütteltrichter, in den 25 ml 0,3n Essigsäure vorgelegt sind, vereinigt. Nach Zusatz von 1,0 ml Dz-Arbeitslösung in den zweiten Schütteltrichter wird 30 sec geschüttelt. Nach Auffüllen des organischen Extraktes in einem 10 ml-Meßkolben wird bei 620 nm photometriert.

Für die Aufstellung der Eichkurve enthält der erste Schütteltrichter 50 ml Wasser, 12,5 ml 1,8n H_2SO_4 und 3 ml Hydroxylaminhydrochlorid-Lösung.

4. Luft

Die Bestimmung von Hg in der Luft führt man am zweckmäßigsten mittels AAS (s. S. 773) durch. Zur chemischen Bestimmung wird das Hg zuerst durch ein geeignetes Verfahren sozusagen gesammelt, wobei die Methode sich nach der Art, in der das Hg vorliegt, richten muß. Im allgemeinen genügt das Einleiten der Luft in eine mit Wasser + HNO_3 als Sammler beschickte Wasch- bzw. Absorptionsflasche; bei fetthaltigen Luftproben wird ein Zusatz von 25% Äthanol zum Wasser empfohlen. Als allgemein guter Sammler wird auch eine 0,25% Jod enthaltende 3%ige KI-Lösung angegeben [*68*]. Andererseits wurden auch eine BrO^--Lösung (4 ml Brom + 100 ml 8%ige NaOH) [*47*], eine Lösung von 0,1n $KMnO_4$ + 2n H_2SO_4 [*48*, *69*], eine 10%ige $KMnO_4$-Lösung (10% H_2SO_4 enthaltend [*62*]) oder $KMnO_4$ allein, dessen Überschuß mit H_2O_2 danach zerstört wird [*70*], als Absorptionsflüssigkeiten verwendet. Schließlich wurde auch atmosphärisch vorhandenes Hg an Filtrierpapier gesammelt und die Hg-Salzpartikel danach in Königswasser ausgelaugt. Zur Sammlung von Hg-Dämpfen soll sich auch das Durchleiten durch eine Kühlfalle bewähren [*68*].

Die Weiterverarbeitung der Proben richtet sich nun wiederum nach der Art des verwendeten Sammlers. Sind die Hg-Dämpfe in BrO^--Lösung aufgefangen worden, so wird diese mit wenigen Tropfen HCl angesäuert, wodurch Br_2 frei wird und die Lösung sich bräunt. Man setzt solange tropfenweise 50%ige Hydroxylaminhydrochlorid-Lösung zu, bis Entfärbung eintritt. Man zersetzt nun tropfenweise mit verdünnter NaOH und neutralisiert so gegen Lackmuspapier. Mit HCl wird nun auf 0,1n HCl eingestellt und Hg dann nach dem Mischfarbenverfahren [*35*] bestimmt [*47*].

Filtrierpapier, das niedergeschlagene Hg-Salzpartikel enthält [*47*], wird in einem Becherglas mit 2—5 ml Königswasser ungefähr 10 min am siedenden Wasserbad ausgezogen. Danach wird durch ein Sinterfilter gegossen oder, nach Verdünnung, auf einem

Papierfilter nachgewaschen. Zur Lösung setzt man 5 ml 50%ige Hydroxylaminhydrochlorid-Lösung hinzu, um Nitrate zu zerstören. Danach wird sorgfältig zuerst mit 40%iger dann mit 1%iger NaOH neutralisiert. Nun wird mit HCl genau 0,1n sauer gemacht und Hg ebenfalls nach dem Mischfarbenprinzip [*35*] bestimmt.

Jod enthaltende Proben werden nach Zusatz von Ammoniumcitrat mit Hydroxylaminhydrochlorid oder $Na_2S_2O_5$ reduziert und danach bei pH 8,5 das Hg (und andere Schwermetalle) mit $Dz/CHCl_3$ angereichert [*68*]. Aus dem organischen Extrakt wird Hg als H_2HgBr_4 rückextrahiert, während Cu und Bi in der organischen Phase verbleiben. Hg wird dann bei pH 6 erneut mit $Dz/CHCl_3$ extrahiert und bei 485 nm photometriert. Die Eichkurve wird für 0–15 µg Hg/10 ml Extraktionslösung angelegt. Von anderer Seite [*48*] wird als Erfassungsgrenze 0,05 µg Hg genannt.

Aus Proben, die Alkohol enthalten, muß dieser nach vorsichtigem Zusatz von 5 ml HNO_3 zuerst durch kurzes Auskochen vollständig ausgetrieben werden. Proben, die biologisch-organische Substanzen enthalten, werden zuerst unter Rückfluß mit einem Säuregemisch (5 ml H_2SO_4 + 15 ml HNO_3) und 6–10 g $KMnO_4$ verascht.

B: 2–850 µg Hg/m³. F_r: ±2,5% bei Gehalten von 5–200 µg Hg/m³.

Arbeitsvorschrift [*68*]

Reagentien

HNO_3 (1,40);

0,1n HCl;

Phenolrot-Indicator, 0,04%ig in Äthanol;

Metakresolpurpur-Indicator; 0,05 g Indicator werden in 6 ml 0,05n NaOH gelöst und mit Wasser auf 100 ml aufgefüllt;

Pufferlösung; 300 g Na_2HPO_4 sicc. und 75 g K_2CO_3 werden in Wasser gelöst und auf 2 l aufgefüllt;

$CHCl_3$, mit Hydroxylaminhydrochlorid vorbehandelt; 1 l $CHCl_3$ wird mit 100 ml 0,5%iger Hydroxylaminhydrochlorid-Lösung (mit Ammoniak auf pH 7,5 eingestellt) geschüttelt, mit Wasser gewaschen und durch Filtrieren getrocknet;

Dz-Lösung, 0,05%ig in $CHCl_3$; von dieser Lösung werden bei Bedarf noch Verdünnungen hergestellt. Die Lösung soll 1 Tag vor Gebrauch vorbereitet werden;

KBr, 40%ige wäßrige Lösung;

Ammoniumcitrat-Lösung; 40 g Citronensäure · 1 H_2O werden mit 20 ml Wasser vermischt und langsam unter ständigem Rühren mit Ammoniak gegen Phenolrot alkalisiert und danach mit Wasser auf 100 ml aufgefüllt. Die fertige Lösung wird mit $Dz/CHCl_3$ extrahiert und mit reinem $CHCl_3$ nachgewaschen;

Hydroxylaminhydrochlorid, 20%ige wäßrige Lösung.

Man saugt 50–500 l Luft (1–2 l/min) durch eine Waschflasche (s. S. 176f.), die mit einer geeigneten Absorptionslösung (s. S. 771) beschickt ist, und behandelt die Absorptionslösung anschließend wie nachfolgend beschrieben.

Bei jodhaltigen Proben wird der Probelösung 5 ml Ammoniumcitrat- und 1 ml Hydroxylaminhydrochlorid-Lösung zugesetzt und kräftig geschüttelt. Nach dem Zusatz von 2 Tropfen Phenolrotindicator-Lösung stellt man mit Ammoniak auf pH 8,5 ein. Danach extrahiert man mit 5 ml-Anteilen Dz-Lösung (20 mg Dz/l $CHCl_3$), bis der letzte Extrakt grün bleibt. Die organischen Phasen werden in einem zweiten Schütteltrichter, in den 50 ml 0,1n HCl vorgelegt worden sind, vereinigt. Man fährt dann mit der Hg-Bestimmung mit dem Zusatz von Pufferlösung fort, wie dies weiter unten angegeben ist.

Proben, die Alkohol und/oder Wasser enthalten, werden in einem Kolben mit 5 ml HNO_3 versetzt. Man kocht vorsichtig 5 min, fügt nach kurzem Abkühlen erneut 5 ml HNO_3 zu und kocht wieder 5 min auf. Nach dem Abkühlen füllt man auf ein entsprechendes Volumen auf und entnimmt einen aliquoten Anteil in einen 250 ml-Schütteltrichter. Man versetzt mit 1 ml Hydroxylaminhydrochlorid-Lösung und bringt unter Verwendung von Metakresolpurpur-Indicator auf pH 2. Man extrahiert hierauf mit 5 ml-Anteilen Dz-Lösung (20 mg Dz/l $CHCl_3$), bis der letzte Extrakt grün bleibt. Die vereinigten organischen Extrakte werden 2 min mit 50 ml 0,1 n HCl geschüttelt. Der organische Extrakt wird in einen anderen Schütteltrichter abgelassen. Die saure wäßrige Phase wird zweimal mit je 3—5 ml $CHCl_3$ nachgewaschen und das $CHCl_3$ mit den Dz-Extrakten vereinigt. Die wäßrige Phase wird danach verworfen. Der organische Extrakt wird nach Zusatz von 50 ml 0,1 n HCl und 10 ml KBr-Lösung 2 min kräftig geschüttelt. Man verwirft die organische Phase, wäscht die wäßrige Lösung mit wenigen ml vorbehandeltem $CHCl_3$ nach und verwirft auch dieses nach der Phasentrennung. Die wäßrige, das Hg enthaltende Lösung wird nun, je nach dem vorliegenden Hg-Gehalt, zur Gänze verarbeitet, oder ein aliquoter Anteil, dessen Volumen man dann zweckmäßig mit 0,1 n HCl auf 50 ml auffüllt, verwendet. Zu dieser Probelösung setzt man 10 ml Pufferlösung hinzu, stellt auf pH 6 ein und extrahiert dann 2 min mit 10,0 ml Dz-Lösung (10 mg Dz/l $CHCl_3$). Nach Filtrieren durch Watte wird der Extrakt in einer 1 cm Küvette bei 485 nm gegen $CHCl_3$ photometriert. Wegen der Lichtempfindlichkeit soll der Einfluß von direktem Sonnenlicht oder starkem künstlichen Licht vermieden werden.

C. Atomabsorptionsspektrophotometrie

Zur Bestimmung des Hg mittels AAS wird die Linie 2536,5 verwendet, die jedoch mit der üblichen Luft/C_2H_2-Flamme ein nur geringes Nachweisvermögen aufweist[1] ($S_M = 15\ \mu g\ Hg \cdot ml^{-1}$, $L_Q = 2{,}5\ \mu g\ Hg \cdot ml^{-1}$). Deshalb ist ausschließlich die flammenlose Methode von Bedeutung, die ein wesentlich tieferes L_Q aufweist (s. Tab. 144, S. 757). Zur unmittelbaren Bestimmung der Hg-Dampf-Konzentration in der Luft stehen Instrumente[2,3] [*73*] (z. B. tragbare UV-Photometer) zur Verfügung, die auf der Grundlage der flammenlosen AAS arbeiten und die Absorption des UV-Lichtes bei 2536,5 Å durch den Hg-Dampf in der Luft messen. Dieses Verfahren ist recht empfindlich (die Bestimmungsgrenze liegt bei 5 µg Hg/m³ Luft) und infolge seiner Einfachheit der chemischen Methode überlegen. Eine gewisse Fehlerquelle besteht allerdings bei jenen Geräten, bei denen der 0-Punkt der Skala auf Hg-freie Luft eingestellt wird, da ohne entsprechende Kontrolle keine Sicherheit hinsichtlich einer vollständigen Hg-Freiheit vorliegt. Eine weitere Fehlerquelle stellt der Umstand dar, daß auch Dämpfe anderer Stoffe, wie z. B. Benzol und andere aromatische Kohlenwasserstoffe, halogenierte Kohlenwasserstoffe, Pyridin, SO_2, NO_2, Ozon und Aceton, bei der genannten Wellenlänge eine im Einzelfall verschieden starke Absorption aufweisen. Da auf diese Weise Hg vorgetäuscht werden kann, müssen derartige Stoffe abwesend sein. Das Hg läßt sich aber mit der flammenlosen AAS neben der ≤ 1000fachen Menge der erwähnten Störsubstanzen bestimmen, wenn man ein Atomabsorptionsspektralphotometer mit Monochromator und Deuteriumkompensator (zur Untergrundkorrektur; Perkin-Elmer 303) verwendet [*74*].

---

[1] Die empfindlichere Linie Hg 1849 ist mit den üblichen Brennern und AAS-Geräten infolge Absorption durch Flamme und Luft nicht meßbar. Sie läßt sich aber bei Einsatz eines Graphitstab-Atomisators (zur Überführung von O_2 in CO in Luftproben) und Argon-gespülten Monochromators [*71*] bzw. einer Stickstoff-abgetrennten/abgeschirmten N_2O/C_2H_2-Flamme und eines Stickstoff-gespülten optischen Systems (Monochromator und übrige Lichtwegteile) [*72*] anwenden, wobei man ein gegenüber der Linie Hg 2536,5 verbessertes Nachweisvermögen erreicht (bei der Analyse von Luftproben mit 48 cm-Gasküvette $S_M = 0{,}1\ \mu g\ Hg/m^3$ Luft und $L_Q \approx 2{,}5\ \mu g\ Hg/m^3$ Luft [*71*] bzw. bei der Analyse wäßriger Lösungen $S_M = 0{,}05—0{,}1\ \mu g\ Hg \cdot ml^{-1}$, $L_Q = 0{,}1—0{,}25\ \mu g\ Hg \cdot ml^{-1}$ [*72*]).

[2] H. Kruger Instruments, San Gabriel/Calif., USA; Beckman Instruments, München 45.

[3] s. Fußnote 1 a. S. 774.

Auf der Grundlage der flammenlosen AAS wurden Verfahren ausgearbeitet zur Bestimmung von Hg in Wasser [*74–76*], organischem Material [*31, 31a, 74, 75, 77–85*], Nickel, Kobalt [*30a*], Silicatgestein, geologisches Material [*30a, 75, 86–89*], Böden [*90*], Kohle [*91*], Luft [*71, 73, 74*] und Gasen [*74*].

Nach dem in den meisten Verfahren allgemein angewandten Arbeitsprinzip wird das Hg in der Probelösung zum Metall reduziert, anschließend das Hg(met.) mit einem Luft- oder N_2-Strom verflüchtigt (s. S. 774) und unmittelbar in die Gasküvette der Meßapparatur eingeleitet. Teilweise wird ein Lösen der Probe vermieden, indem man das Probematerial im Luft-, Sauerstoff- oder Trägergasstrom (Inertgas) erhitzt (organisches Material wird verbrannt) und den Gasstrom durch die Gasküvette leitet. In einer Arbeit [*88*] wurde das Probematerial (Silicatgestein) im H_2-Strom auf 900° C erhitzt, das verflüchtigte Hg in einer Kühlfalle (–196° C) aufgefangen, in HNO_3 gelöst und nach der allgemeinen Arbeitsweise bestimmt. Zur Vermeidung von Störungen durch flüchtige Stoffe (z. B. Crackprodukte bei organischem Material) und zur Erhöhung des Nachweisvermögens ($L_Q = 3$ ng Hg mit 15 cm-Gasküvette [*89*]) wird das Hg vor dem Einleiten in die Gasküvette durch Amalgamieren auf Golddraht isoliert [*75, 89, 91*], nach Beendigung des Verflüchtigungsvorganges durch kurzes Erhitzen auf 600–700° C aus dem Golddrahtkollektor [Quarzrohr, 15 mm ⌀, mit Füllung von ~ 10 g Golddrahtstücken (0,5 mm ⌀, ~ 2 mm lang)] freigesetzt und mittels Trägergas in die Gasküvette überführt. Gegenüber den üblichen chemischen Bestimmungsmethoden hat die vorliegende Methode den Vorteil des geringeren Zeitaufwandes bei tiefem L_Q. Die Messung kann mit einem handelsüblichen Spektralphotometer mit Gasküvette oder mit einem Atomabsorptionsspektralphotometer durchgeführt werden. Ein speziell zur Bestimmung von Hg in Luft, Wasser und organischem Material auf der Grundlage der unten angeführten Arbeitsvorschrift [*30a*] geeignetes Gerät erhält man im Handel[1]. Weiterhin wurde die Anwendung einer vollautomatischen Apparatur zur Bestimmung von Hg in biologischem Material (Blut, Harn u. a. m.; Durchsatz 30 Proben/Std) beschrieben [*83, 84*].

Unter Verwendung einer 10 cm-Gasküvette ist die Eichkurve im Bereich von 0,01–0,3 μg Hg [*31*] bzw. 0,02–7 μg Hg [*74*] linear. Die Bestimmung von 0,1 μg Hg wird nicht gestört durch je 100 μg As(III), Se(VI) und ÄDTA, die folgenden Elemente führen aber zu Minderbefunden (μg Störelement; % an vorgelegtem Hg gefunden) [*31*]: Ag (100; 90), Au (1; 40), Br^- (10000; 95), Cu (100; 95), I^- (10; 95 bzw. 1000; 65), Pd (1; 55); Pt (1; 55), $S_2O_3^{2-}$ (16000; 85). Weiterhin stört Te.

Destillationsapparatur

Alle Teile sind durch Kugelschliffe miteinander verbunden. Man verwendet einen 125—250 ml-Rundkolben [*30a, 31a*], bei kleinen Probemengen ein Reagensglas (100 mm lang, 16 mm i-⌀) mit Schliff [*31*], mit einem Aufsatz (Trichter mit Absperrhahn) für den $SnCl_2$-Zusatz, darunter seitliche Rohransätze für Gaszu- und Gasableitung, Gaseinleitungsrohr bis zum Kolbenboden. Bei Bedarf passiert der Luftstrom (zu dessen Reinigung) ein Aktivkohle/Goldpulver-Filter [*31*] vor dem Einleiten in den Destillationskolben. Der aus dem Kolben austretende Luftstrom wird über ein Baumwollwattefilter [*31*] oder eine leere Waschflasche und $Mg(ClO_4)_2$-Absorptionsrohr [*31a*] in die 10 cm- [*31, 31a*] oder 15 cm-Gasküvette [*30a*] mit Quarzfenstern eingeleitet, die im Spektral- bzw. Atomabsorptionsspektrophotometer (mit Hg-Entladungslampe bzw. Hg-Hohlkathodenlampe) eingesetzt ist. Zur Verflüchtigung des Hg verwendet man einen Luft- [*30a, 31*] oder N_2-Strom [*31a*], dessen Strömungsgeschwindigkeit an einem nach der Gasküvette angeschlossenen Strömungsmesser abgelesen wird.

---

[1] MAS-50 von Coleman Instruments Division of The Perkin Elmer Corp., 42 Madison St., Maywood/Ill. 60153, USA.

1. Wasser

B: 0,05–0,5 μg Hg. *V:* ±5%.

100 ml Wasserprobe stellt man mit H_2SO_4 auf ~ 4n H_2SO_4 (s. S. 758f.) ein, führt sie in den 250 ml-Destillationskolben über und fährt wie bei Verfahren C.2.2. fort.

2. Organisches Material

2.1. Harn

B: 0,01–0,3 ppm Hg. *s:* ±0,003–0,009 ppm Hg.

Arbeitsvorschrift [*31*]

Reagentien

H_2SO_4 (1,84).
$KMnO_4$, 6%ige wäßrige Lösung.
Hydroxylaminhydrochlorid, 20%ige wäßrige Lösung.
$SnCl_2 \cdot 2\,H_2O$, 20%ig in 2,5n HCl.

1,0 ml Harnprobe versetzt man im Destillation-Reagensglas (s. oben, Destillationsapparatur) unter Kühlen im Wasserbad mit 0,2 ml H_2SO_4, mischt, läßt einige Minuten stehen, fügt 1,5 ml $KMnO_4$-Lösung hinzu, mischt, und läßt, lose verschlossen, über Nacht stehen. Am nächsten Tag wird ein zweites, mit 3 ml Wasser beschicktes Reagensglas an die Destillationsapparatur angeschlossen, diese (Luftstrom 15 l/Std) und die Meßapparatur justiert, und das Reagensglas entfernt. Dann versetzt man die im ersten Reagensglas über Nacht gestandene Probelösung mit 0,3 ml Hydroxylaminhydrochlorid-Lösung, schließt das Reagensglas an die Destillationsapparatur, fügt 10 Tropfen $SnCl_2$-Lösung hinzu und treibt das Hg im Luftstrom in die 10 cm-Gasküvette über. Nach ~ 30 sec registriert der Schreiber den Peak und nach 2–3 min kann die nächste Probe analysiert werden. Die Peakhöhe verwendet man für die Auswertung.

Bei Harnproben mit viel Niederschlag verwendet man 10 ml Probe, die man mit den 10fachen Reagensmengen behandelt und davon dann 3 ml in das Reagensglas überführt.

2.2. Zellstoff und Papier

B: 0,05–0,5 μg Hg. *V:* ±5%.

Arbeitsvorschrift [*31a*]

Reagentien

Wie bei Verfahren C.2.1. (s. S. 775).

1,0 g zerkleinerte Probe versetzt man in einem 200 ml-Erlenmeyerkolben mit 5 ml frisch gemischter HNO_3/HCl (1 + 1), läßt unter mehrmaligem Schütteln 90 min bei 60–70° C stehen, kühlt auf Raumtemperatur ab, fügt 25 ml Wasser hinzu und führt in den 125 ml-Destillationskolben (s. oben, Destillationsapparatur) über. Nach Zusatz von 4 ml $SnCl_2$-Lösung und 1 Tropfen Antischaum-Lösung (2%ige wäßrige Lösung von „Antifoam 60", General Electric) wird das Hg mit einem N_2-Strom (50 l/Std) in die 10 cm-Gasküvette übergeleitet und nach ~ 30 sec der Peak (s. Verfahren C.2.1.) registriert.

3. Metalle und Legierungen

3.1. Kobalt und Nickel

B: 0,1–2 ppm Hg.

Arbeitsvorschrift [*30a*]

Reagentien

7n HNO_3; 18n H_2SO_4.
NaCl/Hydroxylamin-Lösung; man mischt 60 ml 25%ige Hydroxylaminsulfat-Lösung mit 50 ml 30%iger NaCl-Lösung und füllt mit Wasser auf 500 ml auf.
$KMnO_4$, 5%ige wäßrige Lösung.
$SnSO_4$, 10%ig in 0,5n H_2SO_4.

1,0 g Probematerial löst man im 250 ml-Destillations-Rundkolben (s. oben, Destillationsapparatur) mit 10 ml 7n HNO_3 ohne zu erhitzen, versetzt mit 25 ml 18n H_2SO_4, verdünnt mit Wasser auf 100 ml, kühlt auf 20° C, fügt 20 ml NaCl/Hydroxylaminlösung sowie 10 ml $SnSO_4$-Lösung hinzu und leitet das Hg im Luftstrom (je nach Bedarf 50–120 l/Std) in die 10 cm- oder 15 cm-Gasküvette über, wobei der Peak nach 0,5–3 min registriert wird (s. Verfahren C.2.1.).

4. Gestein

B: 0,1–2 ppm Hg. *s:* ±0,024 ppm Hg.

Arbeitsvorschrift [*30a*]

Reagentien

Wie bei Verfahren C.3.1.

1,0–4,0 g fein pulverisiertes Probematerial versetzt man im 250 ml-Destillationsrundkolben (s. oben, Destillationsapparatur) mit 25 ml H_2SO_4 (1,84) sowie in Zeitabständen mit 3mal je 1 ml H_2O_2 (50%), erhitzt gelinde zur Zerstörung des H_2O_2-Überschusses, kühlt auf 20° C ab, fügt 100 ml Wasser und $KMnO_4$-Lösung bis zur bleibenden Rotfärbung hinzu, kühlt wieder auf 20° C ab und fährt mit dem Zusatz der NaCl/Hydroxylamin-Lösung wie bei Verfahren C.3.1. fort.

5. Luft

B: 0,4–140 μg Hg/m³. F_r: ±5–10%.

Arbeitsvorschrift [*74*]

Reagentien

Absorptionslösung; 4 g $KMnO_4$ + 100 ml Wasser + 40 ml H_2SO_4 (1 + 1).
Hydroxylaminlösung; 25 ml 30%ige NaCl-Lösung + 30 ml 25%ige Hydroxylaminsulfat-Lösung.
$SnCl_2 \cdot 2\,H_2O$, 10%ige Lösung in 0,5n H_2SO_4 (täglich frisch hergestellt).

Man saugt 50 l Luft (0,5–1 l/min) durch eine Frittenwaschflasche (200–250 ml), die mit 30–50 ml Absorptionslösung beschickt ist (s. S. 176f.). Danach wird der Fritteneinsatz unter Nachwaschen mit wenig verdünnter H_2SO_4 und Wasser entfernt, mit 20 ml Hydroxylaminlösung versetzt (zur Entfernung von überschüssigem Oxydationsmittel), 10 ml $SnCl_2$-Lösung hinzugefügt, sofort ein Gaseinleitungsrohr ohne Fritte aufgesetzt, die Waschflasche mit der Gasmeßküvette (Schichtdicke 14 cm) verbunden, gereinigte Luft durch Waschflasche und Küvette geleitet und die Hg-Menge gemessen.

Zur Reinigung leitet man die Luft am zweckmäßigsten durch ein Absorptionsrohr mit Aktivkohle oder eine Waschflasche mit verdünnter HNO_3.

D. Verschiedenes

Zur photometrischen Bestimmung des Hg wurden auch nachfolgende Reagentien herangezogen: Di-β-naphthylthiocarbazon/$CHCl_3$ (Extinktionsmaximum 515 nm) [62], Cadion (p-Nitrobenzoldiazoaminobenzol-p-azobenzol) (Extinktionsmaximum 560 nm; $L_Q = 0{,}1\ \mu g \cdot ml^{-1} \cdot cm^{-1}$) [92], Antipyrin-Kaliumjodid/$CHCl_3$ (Extinktionsmaximum 330 nm; $L_Q = 0{,}5\ \mu g \cdot ml^{-1} \cdot cm^{-1}$) [93], Antipyrin-Thiocyanat/Amylalkohol-Äthylacetat (3:1) (Extinktionsmaximum 325 nm) [94], Merkupral/Benzol (Extinktionsmaximum 420–430 nm; Bestimmung von $\geqq 10$ ppm Hg in Erzen) [95, 96], Kristallviolett/Toluol (Extinktionsmaximum 605 nm; Bestimmung von $\geqq 1\ \mu g$ Hg/50 l Luft, Gase) [97] und $[HgBr_3]^-$ + Bindschedlers Grün/1,2-Dichloräthan ($\varepsilon_{740} = 170000$) [98].

Unter Anwendung einer besonderen Arbeitstechnik lassen sich auch mit Hilfe der Emissionsspektralanalyse kleine Hg-Mengen bestimmen. Zur Bestimmung von Hg in Wässern, Chemikalien und organischem Material wurde das Hg in der Probelösung zum Metall reduziert, das Hg(met.) aus der Lösung durch eine Latexmembran in einen Heliumträgergasstrom diffundiert, von diesem in eine Gleichstrombogenentladungsquarzzelle überführt und die Intensität der Emissionslinie Hg 2536,5 registriert (L_Q = 0,04 ppb Hg bzw. 4 ng Hg) [99]. Daneben wurde zur Bestimmung von Hg in organischem Material analog zur flammenlosen AAS (s. S. 773f.) das Hg in der Probelösung zum Metall reduziert, mittels Argonträgergas in eine Mikrowellenplasma-Lichtquelle eingeführt und die Emissionslinie Hg 2536,5 registriert (L_Q = 0,3 ng Hg bzw. mit einer 10 ml Probe L_Q = 0,01 ppb Hg) [100].

Literatur

1. Kitahara, S.: Rep. Sci. Res. Inst. Tokyo (Bull. Inst. physic. chem. Res. Tokyo) **24**, 454 (1948).
2. Vanossi, R.: An. Asoc. quim. argent. **36**, 93 (1948).
3. Jackwerth, E., Specker, H.: Z. anal. Chem. **167**, 269 (1959).
4. Bode, H.: Z. anal. Chem. **144**, 165 (1955).
5. Miller, C. C., Lowe, A. J.: J. chem. Soc. **1940**, 1258.
6. West, P. W., Duff, M. A.: Mikrochim. Acta (Wien) **1955**, 987.
7. Milton, R. F., Hoskins, J. L.: Analyst **72**, 6 (1947).
8. Friedeberg, H.: Analyt. Chem. **27**, 305 (1955).
9. Kato, T., Takei, S., Okagami, A.: Jap. Analyst **5**, 689 (1956); ref. Z. anal. Chem. **159**, 59 (1957).
10. Barnes, H.: J. Marine biol. Assoc. United Kingdom **26**, 303 (1946).
11. Barnes, H.: Analyst **71**, 578 (1946).
12. Irving, H., Cooke, S. J. H., Woodger, S. C., Williams, R. J. P.: J. chem. Soc. **1949**, 1847.
13. Laug, E. P., Nelson, K. W.: J. Assoc. Offic. Agr. Chemists **25**, 399 (1942).
14. Winkler, W. O.: J. Assoc. Offic. Agr. Chemists **21**, 220 (1938).
15. Klein, A. K.: J. Assoc. Offic. Agr. Chemists **35**, 537 (1952).
16. Barrett, F. R.: Analyst **81**, 294 (1956).
17. Barrett, F. R.: Med. J. Australia **2**, 411 (1955).
18. Irving, H., Andrew, G., Risdon, E. J.: J. chem. Soc. **1949**, 541.
19. Kozelka, F. L.: Analyt. Chem. **19**, 494 (1947).
20. Fischer, H., Leopoldi, G.: Metall u. Erz **38**, 154 (1941).
20a. Bock, R., Puff, H. J.: Z. anal. Chem. **255**, 14 (1971).
21. Moser, H. C., Voigt, A. F.: J. Am. chem. Soc. **79**, 1837 (1957).
22. Umland, F., Hoffmann, W.: Z. anal. Chem. **168**, 268 (1959).
23. Reith, J. F., van Dijk, C. P.: Chem. Weekbl. **37**, 186 (1940).
24. Ballard, A. E., Thornton, C. D. W.: Ind. Eng. Chem., Anal. Ed. **13**, 893 (1941).
25. van Zweet, W. L. C., Duran, J. C.: Chem. Weekbl. **38**, 186 (1941).
26. Vesterberg, R., Sjöholm, O.: Ark. Kem. Mineralog. Geol. **22A**, 1 (1946).
26a. Jackwerth, E., Döring, E., Lohmar, J.: Z. anal. Chem. **253**, 195 (1971).
27. Stock, A., Cucuel, F.: Naturwiss. **22**, 390 (1934).
28. Miller, W. L., Wachter, L. E.: Analyt. Chem. **22**, 1312 (1950).

29. Weiner, I. M., Müller, O. H.: Analyt. Chem. **27**, 149 (1955).
30. Kimura, Y., Miller, V. L.: Analyt. chim. Acta **27**, 325 (1962).
30a. Hatch, W. R., Ott, W. L.: Analyt. Chem. **40**, 2085 (1968).
31. Lindstedt, G.: Analyst **95**, 264 (1970).
31a. Lee, D. C., Laufmann, C. W.: Analyt. Chem. **43**, 1127 (1971).
32. Fischer, H.: Mikrochem. verein. Mikrochim. Acta **30**, 38 (1942).
33. Reith, J. F., Geritsma, K. W.: Recueil Trav. chim. **64**, 41 (1945).
33a. *Analytical Methods Committee.* Metallic impurities in organic matter sub-committee: Analyst **90**, 515 (1965).
34. *Analytical methods committee.* Scientific sub-committee of the advisory committee on poisonous substances used in agriculture and food storage; Association of british manufactures of agricultural chemicals; Recommended methods of analysis of pesticide residues in foodstuffs: Analyst **86**, 608 (1961).
35. Barnes, H.: Analyst **72**, 469 (1947).
36. Winkler, W. O.: J. Assoc. Offic. Agr. Chemists **18**, 638 (1935).
37. Winkler, W. O.: J. Assoc. Offic. Agr. Chemists **19**, 233 (1936).
38. Vašák, V., Šedivec, V.: Collect. czechoslov. chem. Commun. **15**, 1076 (1950); ref. Z. anal. Chem. **137**, 223 (1952/1953).
39. Warkany, J., Hubbard, D. M.: Lancet **849**, 29 (1948).
39a. Wülfert, K. (unveröffentlicht): Persönl. Mitteilung aus dem Gewerbehygienischen Institut des Norwegischen Staates, Oslo 1966.
39b. Fujita, M., Takeda, Y., Terao, T., Hoshino, O., Ukita, T.: Analyt. Chem. **40**, 2042 (1968).
40. Rolfe, A. C., Russell, F. R., Wilkinson, N. T.: Analyst **80**, 523 (1955).
41. Llacer, A. J.: An. Asoc. quim. argent. **27**, 49 (1939).
42. Wattenberg, H.: Z. anorg. allg. Chem. **251**, 86 (1943).
43. Fischer, H., Leopoldi, G.: Z. anal. Chem. **103**, 241 (1935).
44. *Association of Official Agricultural Chemists,* Official and Tentative Methods of Analysis of the Association of Official Agricultural Chemists, Washington, 1945.
45. Abbott, D. C., Johnson, E. I.: Analyst **82**, 206 (1957).
46. Vesterberg, R.: Mikrochem. verein. Mikrochim. Acta **36/37**, 967 (1950/51).
47. Milton, R. F., Duffield, W. D.: Analyst **72**, 11 (1947).
48. Kuzyatina, N. S.: Zavodskaja Lab. **8**, 174 (1939).
49. Stonestreet, G. O., Wright, G. F.: Canad. J. Res., Sect. B, **18**, 246 (1940).
50. Fischer, H., Leopoldi, G., von Uslar, H.: Z. anal. Chem. **101**, 1 (1935).
51. Miller, V. L., Swanberg, F., Jr.: Analyt. Chem. **29**, 391 (1957).
52. Miller, V. L., Lillis, D., Csonka, E.: Analyt. Chem. **30**, 1705 (1958).
53. Polley, D., Miller, V. L.: Analyt. Chem. **27**, 1162 (1955).
54. Eckert, H. W.: Ind. Eng. Chem., Anal. Ed. **15**, 406 (1943).
55. Roth, F. J.: J. Assoc. Offic. Agr. Chemists **40**, 302 (1957).
56. Gray, D. J. S.: Analyst **77**, 436 (1952).
57. Rees, W. T.: Analyst **75**, 160 (1950).
58. Arthington, W., Hulme, A. C.: Analyst **76**,211 (1951).
59. Melles, J. L., de Bree, W.: Recueil Trav. chim. **72**, 576 (1953).
60. Miller, V. L., Polley, D.: Analyt. Chem. **26**, 1333 (1954).
61. Miller, V. L., Gould, C. J.: Analyt. Chem. **23**, 1286 (1951).
62. Cholak, J., Hubbard, D. M.: Ind. Eng. Chem., Anal. Ed. **18**, 149 (1946).
63. Simonsen, D. G.: Am. J. clin. Pathol. **23**, 789 (1953).
64. Kunze, F. M.: J. Assoc. Offic. Agr. Chemists **31**, 439 (1948).
65. Ashley, M. G.: Analyst **84**, 692 (1959).
66. Hubbard, D. M.: Ind. Eng. Chem., Anal. Ed. **12**, 768 (1940).
66a. Mareček, J., Singer, E.: Z. anal. Chem. **203**, 336 (1964).
67. Pollock, E. N.: Talanta **11**, 1548 (1964).
68. *Committee on recommended analytical methods,* American Conference of Governmental Industrial Hygienists, Manual of analytical methods, recommended for sampling and analysis of atmospheric contaminants, Cincinnatti 1958.
69. Pjankow, W. A.: J. allg. Chem. (USSR) **19**, 224 (1949).
70. Drew, R. G., King, E.: Analyst **82**, 461 (1957).
71. Robinson, J. W., Slevin, P. J., Hindman, G. D., Wolcott, D. K.: Analyt. chim. Acta **61**, 431 (1972).
72. Kirkbright, G. F., West, T. S., Wilson, P. J.: Analyst **98**, 49 (1973).

73. Christian II, C.M., Robinson, J.W.: Analyt. chim. Acta **56**, 466 (1971).
74. Olivier, M.: Z. anal. Chem. **257**, 187 (1971).
75. Joensuu, O.I.: Appl. Spectroscopy **25**, 526 (1971).
76. Doherty, P.E., Dorsett, R.S.: Analyt. Chem. **43**, 1887 (1971).
77. Cumont, G.: Chim. analytiques **53**, 634 (1971).
78. Anderson, D.H., Evans, J.H., Murphy, J.J., White, W.W.: Analyt. Chem. **43**, 1511 (1971).
79. Magos, L.: Analyst **96**, 847 (1971).
80. Schaller, K.H., Strasser, P., Woitowitz, R., Szadkowski, D.: Z. anal. Chem. **256**, 123 (1971).
81. Kunkel, E.: Z. anal. Chem. **258**, 337 (1972).
82. Thomas, R.J., Hagstrom, R.A., Kuchar, E.J.: Analyt. Chem. **44**, 512 (1972).
83. Lindstedt, G., Skare, I.: Analyst **96**, 223 (1971).
84. Skare, I.: Analyst **97**, 148 (1972).
85. Omang, S.H.: Analyt. chim. Acta **63**, 247 (1973).
86. Omang, S.H., Paus, P.E.: Anylat. chim. Acta **56**, 393 (1971).
87. Goleb, J.A.: Appl. Spectroscopy **25**, 522 (1971).
88. Aston, S.R., Riley, J.P.: Analyt. chim. Acta **59**, 349 (1972).
89. Head, P.C., Nicholson, R.A.: Analyst **98**, 53 (1973).
90. Iskandar, I.K., Syers, J.K., Jacobs, L.W., Keeney, D.R., Gilmour, J.T.: Analyst **97**, 388 (1972).
91. O'Gorman, J.V., Suhr, N.H., Walker, P.L., Jr.: Appl. Spectroscopy **26**, 44 (1972).
92. Chavanne, P., Geronimi, C.: Analyt. chim. Acta **19**, 442 (1958).
93. Sudo, E.: Sci. Rep. Res. Inst. Tohoku Univ., Ser. A **8**, 367 (1956); ref. Z. anal. Chem. **159**, 224 (1958).
94. Sudo, E.: Sci. Rep. Res. Inst. Tohoku Univ., Ser. A **7**, 306 (1955); ref. Z. anal. Chem. **151**, 429 (1956).
95. Michal, J., Zýka, J.: Chem. listy, **51**, 56 (1957); Collect. czechoslov. chem. Commun. **22**, 1135 (1957); ref. Z. anal. Chem. **158**, 364 (1957).
96. Michal, J., Pavlíková, E., Zýka, J.: Z. anal. Chem. **159**, 321 (1958).
97. Kothny, E.L.: Analyst **94**, 198 (1969).
98. Tsubouchi, M.: Analyt. Chem. **42**, 1087 (1970).
99. Braman, R.S.: Analyt. Chem. **43**, 1462 (1971).
100. Lichte, F.E., Skogerboe, R.K.: Analyt. Chem. **44**, 1321 (1972).

In — Indium

Tabelle 145. Empfindlichkeit S_M und Bestimmungsgrenze L_Q der Verfahren

Verfahren	μg In · ml^{-1} · cm^{-1} S_M	L_Q
Dithizon/CCl_4	0,0016 (510 nm); 0,0012 (620 nm)	0,04 (510 nm); 0,03 (620 nm)
8-Hydroxychinolin/$CHCl_3$	0,010 (400 nm)	0,25 (400 nm); 0,1 (fluorimetrisch, visuell)

A. Trennungen

Für die Isolierung des In kommt vor allem die Extraktion aus halogenwasserstoffsauren Lösungen in Betracht. Im Gegensatz zu Ga, Fe u. a. Elementen ist In aus HCl-Lösung mit Äthern nicht extrahierbar; doch wird es mit MIBK nahezu vollständig ausgeschüttelt (s. a. S. 259ff.). Aus 4,5–5,5n HBr-Lösung läßt sich In mit Diäthyläther quantitativ extrahieren [*1–4*]. Die wäßrige Lösung wird zu diesem Zweck zwei- bis dreimal mit dem gleichen Volumen Äther geschüttelt, der vereinigte organische Extrakt dreimal mit wenig 4,5–5,5n HBr gewaschen, die Waschlösung ebenfalls mit Äther extrahiert, der zweite Ätherextrakt auch gewaschen und anschließend beide organischen Phasen vereinigt [*2*]. Die Ätherlösung enthält nun praktisch das gesamte In. Neben In gehen auch Au(III), Fe(III), Ga(III), Ir, Mo(VI), Re, Sb(V), Se(IV), Sn, Te, Tl(III) und Zn in die organische Phase über. Durch Rückschütteln des In mit 5n HCl wird es von Au, Fe, Ga, Mo, Sb, Te und Tl, die fast vollständig in der organischen Phase verbleiben, getrennt [*5*]. Für die Abtrennung des In vom Zn eignet sich Diisopropyläther besser als Diäthyläther [*5, 6*]. Während mit letzterem aus 3–5n HBr-Lösung 9–10% des vorhandenen Zn extrahiert werden ($D \approx 0{,}10$), gehen unter gleichen Bedingungen (3–6n HBr) mit Diisopropyläther nur $\approx$0,7% ($D \approx 0{,}007$; nach anderen Angaben [*5*] beträgt $D = 10^{-5}$) in die organische Phase über [*6*]. Aus 6n HBr-Lösung wird In mit Diisopropyläther zu 97–98% ($D \approx 33$–38; 10^{-3}–10^{-4}m In) extrahiert, in Anwesenheit von Zn-Mengen aus 4n HBr/2m $ZnBr_2$-Lösung zu $\approx$95% ($D = 20$). Auf diesem Wege ist es möglich, sehr kleine In-Gehalte in Zinkblende und in Zink zu bestimmen [*6*]. Für die Ausschüttelung wird die Verwendung von besonders gereinigtem, peroxidfreiem Diisopropyläther empfohlen [*5*]. Von anderer Seite [*7*] wurde für die In-Extraktion mit Diisopropyläther aus 6n HBr-Lösung in Anwesenheit großer Zn-Mengen eine Ausbeute von nur 92% erzielt. Die teilweise mitextrahierten Mengen an Zn, Pb und Cd, die eine anschließende In-Bestimmung mit Dz stören, werden durch Waschen des Ätherextraktes mit 6n HBr weitgehend entfernt und danach In mit Wasser aus dem organischen Extrakt rückgeschüttelt. Aus 4,5n HBr läßt sich In auch mit Methylpropylketon quantitativ und rascher als mit Diäthyläther extrahieren, wobei Tl und zum Großteil auch Fe, Cd und Sn das In begleiten [*8*]. Aus HBr-Lösung kann In auch mit Cyclohexanon extrahiert werden [*9*]. Die das In bei der Bromidextraktion mit Äther in die organische Phase begleitenden Elemente Au(III), Fe(III), Ga(III), Mo(VI), Sb(V) und Tl(III) können aber auch durch vorangehende Extraktion aus HCl-Lösung mit Äther entfernt werden. In Anwesenheit großer In-Mengen kann beim wiederholten Ausäthern des Fe zuletzt etwas In in die Ätherphase übergehen. In diesem Fall muß diese Ätherfraktion nach Eindampfen und Lösen des Rückstandes in 6n HCl erneut mit Äther extrahiert werden. Danach befindet sich das In vollständig in den vereinigten wäßrigen Phasen.

Weiterhin eignet sich zur In-Isolierung die Extraktion aus HI-Lösung mit verschiedenen organischen Lösungsmitteln [*3*, *9–14*]. Während In aus 6,9n HI-Lösung mit Diäthyläther nur zu 7,9% extrahiert wird [*12*], geht es aus 0,5–2,5n HI-Lösung quantitativ in die organische Phase über [*11*]; Al, Be, Fe(II) und Ga werden unter diesen Bedingungen kaum extrahiert. In mehr oder weniger starkem Ausmaß werden Bi, Cd, Cu, Hg, Sb, Sn(II), Tl(I), Tl(III) und Zn extrahiert. Anstelle einer HI-Lösung kann mit gleichem Erfolg ein Gemisch von KI/H_2SO_4 verwendet werden. Aus 2n H_2SO_4/2n KI- bis 2,4n H_2SO_4/2,4n KI-Lösung wird In zu 99,5–99,7%, Ga hingegen nur zu 1,6–0,6% extrahiert; auf diese Weise wurde In bei der aktivierungsanalytischen Bestimmung in Gallium isoliert [*10*].

Arbeitsvorschrift [*10*]

Reagentien

4n H_2SO_4;
4n KI-Lösung, wäßrige Lösung;
Diäthyläther, frisch destilliert.

0,5 g Gallium (bei Bedarf mehr) werden in 10 ml 4n H_2SO_4 gelöst, in einen Schütteltrichter übergeführt, 10 ml 4n KI-Lösung zugefügt und mit 5 ml Diäthyläther 3 min geschüttelt.

In und Ga lassen sich als Jodide mit Cyclohexanon quantitativ voneinander trennen [*9*, *13*, *14*]. Aus 0,1n H_2SO_4/0,25n KI-Lösung erhält man für In einen Trennfaktor von $\beta \approx 10^4$ bis $\geqq 10^5$ [*9*]. Cl^- und Br^- müssen abwesend sein. Auf demselben Wege kann In von Al, Fe und Erdalkalien abgetrennt werden [*14*]. Im Gegensatz zu den üblichen Extraktionsverfahren kommt man hier mit geringen Halogenid-Konzentrationen aus. Als Jodid läßt sich In auch mit Äthylacetat ausschütteln [*3*].

Als Benzoat kann In (zusammen mit Ga) bei pH 7,0 aus acetathaltiger Lösung mit Äthylacetat quantitativ extrahiert werden, während anwesendes Zn in der wäßrigen Phase bleibt [*15*]. In (und Ga) wird aus dem organischen Extrakt mit 0,1n HCl rückgeschüttelt.

Mit Acetylaceton und Acetylaceton/$CHCl_3$ (1:1) [*17*] bzw. 0,5m TTA/Benzol [*16*] kann In bei pH 3 bzw. pH 2,5–3,5, allerdings zusammen mit anderen Elementen, quantitativ extrahiert werden (s. a. S. 352 und S. 354).

Hinsichtlich einer Isolierung des In durch Extraktion mit verschiedenen Aminen (Methyldioctylamin, Aliquat S) und verschiedenen organischen P-Verbindungen (Bis-2-äthylhexylorthophosphorsäure, Di-n-butylthiophosphorsäure, Diäthyldithiophosphorsäure, Di-n-butyldithiophosphorsäure), die seine Trennung u. a. von Ga und Zn ermöglichen, sei auf den Abschnitt III (s. S. 276ff.) verwiesen. Mit 0,06m Dibutylphosphorsäure/Butyläther (1:1) wurde In, zusammen mit Zr, aus 1n HNO_3-Lösung (3% H_2O_2 enthaltend) quantitativ, Sn zu 50%, Mo und Y zu 15% extrahiert [*18*].

Darüber hinaus findet man weitere Angaben über die Anwendung von Oxin, Dz, Cupferron, PAN, N-Benzoyl-N-Phenylhydroxylamin in Abschnitt III (s. S. 317ff.). Ferner bildet In bei pH 9,0 in Anwesenheit von CN^- ein durch CCl_4 extrahierbares Diäthyldithiocarbamat [*19*, *20*].

Schließlich kann die Verdampfungsanalyse zur Isolierung kleiner In-Mengen mit z. B. anschließender spektrographischer Bestimmung zur Ermittlung von 10^{-2}–10^{-6}% In in Mineralien, Oxiden, Metallen und anderem Material verwendet werden [*21*, *22*] (s. S. 61, 1217ff., 1230, 1329).

Zur Isolierung des In werden verschiedentlich auch Ionenaustauscher eingesetzt. So wurde In ($\geqq 0{,}5\ \mu g$) vor seiner spektrographischen Bestimmung in Uran aus 1n HCl-Lösung an Dowex 1-X8 adsorbiert und mit Wasser eluiert [*22a*]. Für die In-Bestimmung in Seewasser mittels Aktivierungsanalyse ($\geqq 0{,}006$ ng In/l) wurde das In zuerst an Dowex A-1 angereichert, mit 3n HCl eluiert, das Eluat zur Entfernung größerer störender Mengen an Alkali- und Erdalkalimetallen auf den Anionenaustauscher Dowex AG2-X8 gegeben und davon das In mit 0,1n HCl erneut eluiert [*22b*]. Zur weiteren radiochemischen Abtrennung von verschiedenen Spurenelementen wurden die Bromid- und Jodid-Extraktion mit Diäthyläther (s. S. 781) sowie die Extraktion mit TTA/Benzol (s. S. 781) herangezogen und schließlich die In-Aktivität des gefällten In-Oxinates gemessen.

B. Dithizon

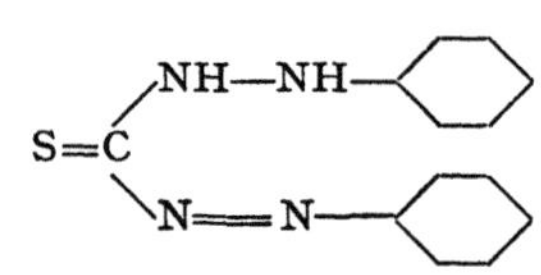

In bildet mit Dz ein rot gefärbtes primäres Dithizonat $In(HDz)_3$ [*3, 23*], das mit CCl_4 bei pH 5,2–6,3 (Extraktionsbeginn pH 2, Extraktionsende pH 8) und mit $CHCl_3$ bei pH 8,3–9,6 (Extraktionsbeginn pH 6,5, Extraktionsende pH 10,5) extrahiert wird. $In(HDz)_3/CCl_4$ ist im Gegensatz zur $CHCl_3$-Lösung etwas lichtempfindlich. In beiden Fällen liegt das Extinktionsmaximum bei 510–520 nm ($\varepsilon_{510} = 69000$ in $CHCl_3$ bzw. 87000 in CCl_4) (s. Abb. 128). Das Beersche Gesetz ist im Bereich vom 0,04–1,7 μg In/ml CCl_4 erfüllt. Ag, Au(III), Bi, Cd, Co, Cu(II), Hg(II), Ni, Pb, Pd(II), Sn(II), Tl(I) und Zn stören die Bestimmung. Von diesen können Ag, Au, Cu, Hg und Pd durch Extraktion mit Dz/CCl_4 bei pH < 2 abgetrennt werden. Cd, Co, Ni und Zn können mit KCN maskiert werden. Führt man die Extraktion bei pH $\sim 5{,}5$ mit Dz/CCl_4 durch, so stört Tl(I) nicht. Sn(IV) wird nicht mit Dz extrahiert. Während Citrat und Tartrat in steigender Menge (insbesondere im sauren Bereich) stören, kann CN^- (in nicht zu großer Menge) anwesend sein. Weiterhin stört auch PO_4^{3-} bereits in kleinen Mengen. Die Anwesenheit von Acetat ist für die Extıaktion mit Dz/CCl_4 besonders günstig.

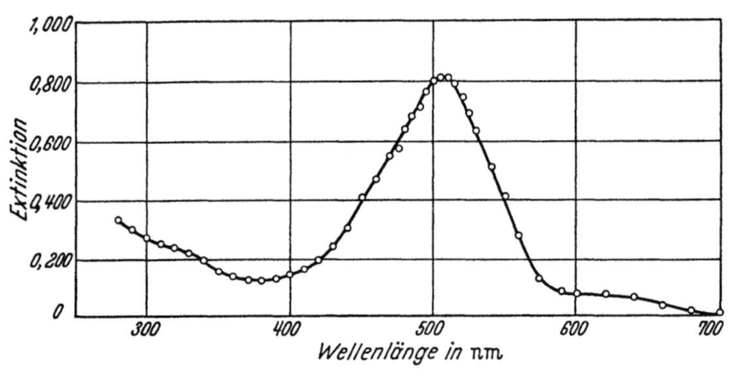

Abb. 128. Extinktionskurve von In-Dithizonat in CCl_4

Die nachfolgende Arbeitsvorschrift kann in Abwesenheit störender Metalle sowie in Anwesenheit kleiner Mengen mit KCN maskierbarer Elemente angewendet werden. In Anwesenheit von Störelementen empfiehlt sich sonst die Vorisolierung des Verfahrens für Zink und Zinkerz.

Arbeitsvorschrift [*23*]

Reagentien

Dz, 0,001%ig in $CHCl_3$;
KCN, 10%ige wäßrige Lösung;
2n Ammoniak.

50 ml der schwach sauren Probelösung (0,7—10 µg In enthaltend) werden im Schütteltrichter mit Ammoniak schwach alkalisch gemacht, 5 ml KCN-Lösung hinzugefügt, mit Ammoniak auf pH 9 eingestellt und mit 15 ml Dz-Lösung 1 min extrahiert. Nach der Phasentrennung photometriert man die organische Phase in einer 1 cm-Küvette bei 510 nm gegen Dz-Lösung.

1. Zink und Zinkerze

Zur Bestimmung von In in Zink und Zinkerz wird in einer Arbeit [*6*] zunächst eine Vorisolierung durch Extraktion des In mit Diisopropyläther aus ~4m HBr-Lösung vorgenommen (s. S. 780) und anschließend, je nach den noch vorhandenen Störelementen, das nachfolgende Verfahren [*23*] oder die unmittelbare Bestimmung mit Dz durchgeführt. Von anderer Seite [*7*] wurde für In-Gehalte von 0,0007—0,01% nach dem Lösen der Zink- oder Zinkoxidprobe in HCl und Vertreiben des Überschusses mit $HClO_4$ das In aus 6n HBr-Lösung mit Diisopropyläther extrahiert (s. S. 780) und nach dem Rückschütteln mit Wasser mit $Dz/CHCl_3$ bei pH 9,0 photometrisch bestimmt. Bei der nachfolgenden Arbeitsvorschrift [*23*] für Zinkerz können 10 µg In neben 10 mg Cu, Pb, Tl und Zn bestimmt werden; Al und Sn stören.

B: 1—10 µg In. F_r: ± 5—10%.

Arbeitsvorschrift [*23*]

Reagentien

Dz, 0,001%ig in $CHCl_3$;
KCN, 10%ige wäßrige Lösung;
KCN-Ammoniak-Lösung; 200 ml 10%ige KCN-Lösung versetzt man mit 150 ml Ammoniak (0,91) und verdünnt mit Wasser auf 1 l;
Natriumcitrat, 20%ige wäßrige Lösung;
Hydroxylaminhydrochlorid, 20%ige wäßrige Lösung;
Ammoniumacetatpuffer (pH 4,0); 57,5 ml Eisessig und 500 ml Wasser mit Ammoniak (0,91) auf pH 4,0 einstellen und mit Wasser auf 1 l auffüllen;
Oxin, 0,3%ig in $CHCl_3$;
Cupferron, 1%ige wäßrige Lösung; vor Gebrauch frisch herstellen;
HCl (1,19); HNO_3 (1,40); HNO_3 (1 + 99);
Brom;
$HClO_4$ (60%);
H_2SO_4 (1,84);
Ammoniak (0,91); Ammoniak (1 + 4);
Methylorange-Indicator, 0,1%ige wäßrige Lösung;
m-Kresolpurpur-Indicator, 0,1%ige wäßrige Lösung.

Die Probe (0,7—10 µg In enthaltend) wird nach Zusatz von einigen ml HNO_3 (1,40) zur Trockene abgeraucht. Bei Vorhandensein von Sn wird dieses nach Aufnehmen des Rückstandes in HCl als Bromid verdampft und danach erneut zur Trockene abgeraucht.

Der Rückstand wird nun mit wenigen Tropfen HNO_3 (1,40) (oder HCl, falls Sn anwesend war) befeuchtet und gelöst. Man versetzt mit 0,5 ml Natriumcitrat-Lösung und fügt 10 ml Wasser hinzu. Falls Tl anwesend ist, das aufoxydiert wurde, versetzt man noch mit 1 ml Hydroxylaminhydrochlorid-Lösung. Man stellt mit Ammoniak (1 + 4) gegen Methylorange auf pH 4 ein und fügt nun 25 ml der Pufferlösung (pH 4,0) hinzu. Danach extrahiert man 4mal mit je 5 ml Oxin/$CHCl_3$-Lösung und wäscht die Extrakte mit 25 ml der Pufferlösung (pH 4,0) nach. Die Puffer-Waschlösung wird ihrerseits mit 5 ml Oxin-Lösung ausgeschüttelt und dieser Extrakt mit den übrigen organischen Extrakten vereinigt. Man versetzt den vereinigten Extrakt mit 1 ml H_2SO_4 und verdampft vorsichtig das $CHCl_3$. Nach dem Abkühlen fügt man 1 ml HNO_3 (1,40) hinzu, erwärmt vorsichtig, versetzt nach dem Abklingen der Reaktion mit 1 ml $HClO_4$ und erhitzt langsam, später stärker bis zum Auftreten der SO_3-Dämpfe. Nach dem Abkühlen werden 25 ml Wasser und 1 ml Natriumcitrat-Lösung zugegeben. Bei Anwesenheit von Fe fügt man noch 1 ml Hydroxylaminhydrochlorid-Lösung hinzu und kocht kurz auf. Die abgekühlte Lösung wird mit 2 Tropfen m-Kresolpurpur-Lösung und soviel Ammoniak (0,91) versetzt, bis Orangefärbung eintritt. Nach dem Zusatz von 3 ml KCN-Lösung wird mit Ammoniak auf pH ~ 8,5 eingestellt (Purpurfärbung). Man führt die Lösung in einen Schütteltrichter über, fügt 5 ml der Cupferronlösung hinzu und extrahiert danach mit 5 ml-Anteilen Dz/$CHCl_3$-Lösung, bis der organische Extrakt grün bleibt. Nach Zusatz von 50 ml HNO_3 (1 + 99) wird In rückgeschüttelt. Die organische Phase wird verworfen und die wäßrige Phase mit 5 ml $CHCl_3$ nachgewaschen. Zur gewaschenen wäßrigen Phase fügt man 5 ml KCN-Ammoniak-Lösung, stellt den pH-Wert, falls noch erforderlich, auf 9,0 ein und fährt mit der Dz-Extraktion und photometrischen Bestimmung des In wie früher beschrieben (s. S. 783) fort.

2. Uran, Thorium und deren Salze

Große Mengen Bi müssen vor der In-Bestimmung durch Extraktion aus saurer Lösung mit Dz/$CHCl_3$ entfernt werden.

B: 1–10 ppm In. F_r: ±3%.

Arbeitsvorschrift [*24*]

Reagentien

Ammoniumcitrat, 50%ige wäßrige Lösung; die Lösung wird mit verd. Ammoniak gegen Thymolblau alkalisiert, mit 0,02%iger Dz/$CHCl_3$-Lösung gereinigt und mit $CHCl_3$ nachgewaschen;

Ammoniumcitrat, 10%ige wäßrige Lösung; hergestellt durch 5fache Verdünnung der 50%igen Ammoniumcitrat-Lösung;

2m Natriumacetat, mit Dz-Lösung gereinigt;

Acetat-Essigsäure-Pufferlösung (pH 5,5); 18 ml 2m Natriumacetat-Lösung und 20 ml 0,2n Essigsäure werden gemischt, mit Wasser auf 100 ml aufgefüllt, mit Dz/CCl_4-Lösung gereinigt und mit CCl_4 nachgewaschen;

KCN, 10%ige wäßrige Lösung; vor Verwendung mit Dz/$CHCl_3$ gereinigt;

HNO_3 (1,40); HNO_3 (1 + 1); HNO_3 (1 + 99);

Dz, 0,02%ig in $CHCl_3$; 40 mg Dz werden in 200 ml $CHCl_3$ gelöst, mit 10 ml Ammoniak (0,91) und 100 ml Wasser geschüttelt, die organische Phase verworfen, die ammoniakalische Lösung mit 50 ml $CHCl_3$ gewaschen und der organische Extrakt ebenfalls entfernt. Die wäßrige Lösung wird nun gekühlt, mit HCl angesäuert, mit 75 ml $CHCl_3$ das Dz extrahiert und die wäßrige Phase verworfen. Der organische Extrakt wird mit 100 ml Wasser gewaschen und nach der Phasentrennung mit $CHCl_3$ auf 200 ml aufgefüllt;

Dz, 0,02%ig in CCl_4, analog hergestellt;

Dz, 0,002%ig in CCl_4; frisch hergestellt durch 10fache Verdünnung der 0,02%igen Dz/CCl_4-Lösung;

Hydroxylaminhydrochlorid, 20%ige wäßrige Lösung; (Wegen der erforderlichen Reinigung zur Entfernung der Verunreinigungen s. unter „Blei", S. 930, Abschnitt C, Verfahren a).

$Na_2S_2O_3$, 20%ige wäßrige Lösung; mit Dz/CCl_4 gereinigt.

Aufstellung der Eichkurve

Steigende Mengen zwischen 0,2–10 µg In werden in 100 ml-Schütteltrichtern jeweils mit Wasser auf 20 ml verdünnt, mit 10 ml 10%iger Ammoniumcitrat-Lösung versetzt und mit HNO_3 auf pH 3,5–4 eingestellt. Man extrahiert die Lösung 3–4mal mit je 5 ml Dz/$CHCl_3$-Lösung, bis der letzte Extrakt grün bleibt, verwirft die organischen Extrakte und wäscht die wäßrige Phase mit $CHCl_3$ nach. Die wäßrige Lösung wird nun mit 2 ml KCN-Lösung und 0,2 ml Hydroxylaminhydrochlorid-Lösung versetzt, mit Ammoniak auf pH 9 eingestellt, 4–5mal mit je 5 ml Dz/$CHCl_3$-Lösung 2 min extrahiert und die wäßrige Phase verworfen. Der in einem 100 ml-Schütteltrichter vereinigte organische Extrakt wird 3mal mit 20 ml Wasser gewaschen, das In durch 2 min langes Schütteln mit 20 ml HNO_3 (1 + 99) rückextrahiert, die organische Phase verworfen und die saure Lösung mit CCl_4 gewaschen. Zur wäßrigen Lösung fügt man 13 ml Natriumacetatlösung und 2 ml $Na_2S_2O_3$-Lösung, stellt auf pH 5,5 ein, extrahiert 2 min mit 10,0 ml 0,002%iger Dz/CCl_4-Lösung und photometriert den Extrakt in einer 1 cm- oder 2 cm-Küvette bei 510 nm.

Analyse des Probematerials

Bei Uran- und Thoriumnitrat werden Mengen äquivalent 5 g der entsprechenden Oxide in wenig HNO_3 (1 + 1) gelöst und die Lösung auf dem Wasserbad bis zur Sirupdicke eingedampft. Uranoxid wird analog behandelt. Thoriumoxid wird mit HNO_3 (1,40) unter tropfenweisem Zusatz 1%iger HF gelöst und letztere durch wiederholtes Eindampfen mit HNO_3 entfernt. Uran- und Thoriummetall spült man mit Äther und Wasser ab, löst nach dem Trocknen wie bei den entsprechenden Oxiden und dampft die Lösungen gleichfalls auf dem Wasserbad bis zur Sirupkonsistenz ein. Dann verdünnt man mit Wasser auf 20 ml und fährt wie bei der Aufstellung der Eichkurve fort, wobei bei Verwendung von 5 g Probematerial 20 ml 50%ige Ammoniumcitrat-Lösung zugesetzt werden müssen.

C. 8-Hydroxychinolin

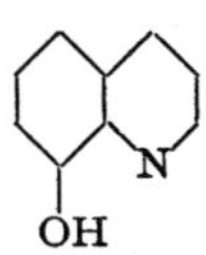

In bildet mit Oxin bei pH 3,2–4,5 einen gelben, mit $CHCl_3$ extrahierbaren Komplex [*25, 26*] (Extraktionsbeginn pH 1,9, Extraktionsende pH 5,5). Das Extinktionsmaximum liegt bei 395–400 nm [*27*] ($\varepsilon = 11500$) (s. Abb. 129), das Beersche Gesetz ist im Bereich von 0,25–18 µg In/ml $CHCl_3$ erfüllt. Führt man die Extraktion bei pH 3,5 durch, so wird die Bestimmung durch die Anwesenheit der gleichen Menge (bezogen auf In) Ag, Ca, Cr(III), Hg(II), Mg, Mn(II), Sn(IV) und Sr, durch die 5fache Menge Pb und die 10fache Menge Cd und Zn nicht gestört. Eine Störung verursachen Al, Bi, Co, Cu(II), Fe(II), Fe(III), Ga, Mo(VI), Ni, Sn(II), Tl(III) und V(V).

Bei der polarographischen Bestimmung kleiner Mengen In in Berylliumverbindungen wurde die Extraktion mit Oxin/$CHCl_3$ zur Abtrennung des In von Be und dem die polarographische Bestimmung störenden Cd herangezogen [*28*]. Da die polarographische Bestimmung störendes Fe und Mo das In begleiten, müssen sie vorher noch durch Ausäthern von In abgetrennt werden. Die Durchführung der photometrischen Bestimmung von In mit Oxin/$CHCl_3$ findet man im Abschnitt C. 1.2. (s. S. 787) beschrieben.

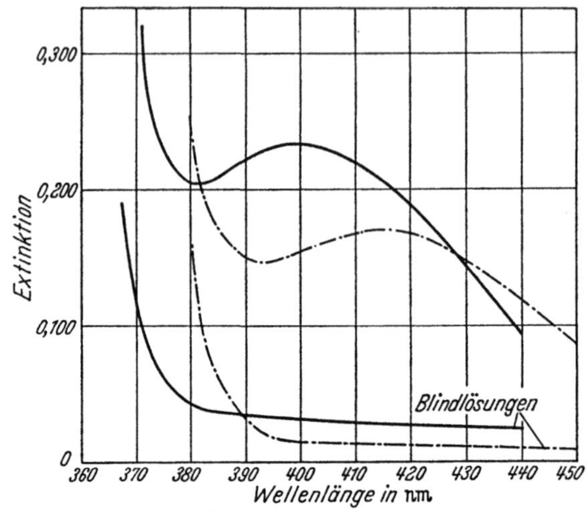

Abb. 129. Extinktionskurven der Blindlösungen und der In-Komplexe (jeweils 2 μg In/ml $CHCl_3$) mit Oxin (———) und mit Dibromoxin (—·—·—) in $CHCl_3$ [27]

Die $CHCl_3$-Lösung des bei pH 3,8 extrahierten In-Oxinates weist im UV-Licht eine Fluorescenz auf, welche die Grundlage für ein visuelles fluorimetrisches Verfahren bildet [29]. Von anderer Seite [30] wurde das bei pH 8 gebildete In-Oxinat mit Benzol extrahiert (angegebener Extraktionsbereich pH 5,1—8,2) und fluorimetrisch bei 535 nm gemessen (Anregung 365 nm). Ein mitextrahierter Reagensüberschuß vermindert die Fluorescenz des Komplexes. Der Komplex ist 24 Std stabil. Be, Cu, Fe, Ga, Ni und Zn stören. Im Bereich von 0,1—10 μg In/ml $CHCl_3$ weist das nachfolgend beschriebene visuelle Verfahren einen relativen Fehler von ± 10% auf (größte Genauigkeit bei 1—5 μg In/ml).

Arbeitsvorschrift (fluorimetrische Bestimmung) [29]

Reagentien

Oxin-Lösung; 0,1 g Oxin wird in 1 ml 4n Essigsäure unter schwachem Erwärmen gelöst und mit Wasser auf 100 ml aufgefüllt;

$CHCl_3$; das Lösungsmittel darf keine oder höchstens eine äußerst schwache Eigenfluorescenz aufweisen;

Kaliumhydrogenphthalat, 0,2 m wäßrige Lösung;

0,2 n HCl; 0,2 n NaOH;

In-Stammlösung; 0,1 g In-Metall (99,99%) wird in der Hitze in 20 ml 20%iger H_2SO_4 gelöst und nach dem Erkalten mit Wasser auf 1 l aufgefüllt (= 0,01%ige Lösung). Unmittelbar vor dem Gebrauch wird hiervon eine weitere Verdünnung im Verhältnis 1 : 10 hergestellt.

Aus der In-haltigen Probelösung müssen alle anderen mit Oxin extrahierbare Komplexe gebenden Elemente entfernt sein. Die Probelösung wird in einer Quarzschale zur Trockene eingedampft. Der Trockenrückstand wird in 1 ml 0,2n HCl gelöst, mit 2,5 ml der Kaliumhydrogenphthalat-Lösung versetzt und unter Nachspülen mit 4 ml Wasser in einen Schütteltrichter übergeführt. Man fügt 1 ml 0,2n NaOH und 0,25 ml Oxin-Lösung hinzu und füllt mit Wasser auf insgesamt 10 ml auf. Nach dem Durchmischen soll der pH-Wert nun 3,8 betragen. Man extrahiert die Lösung einmal mit 2 ml und einmal mit 1 ml $CHCl_3$. Die vereinigten organischen Phasen werden auf 5,0 ml mit $CHCl_3$ aufgefüllt und die Fluorescenz mit Standardlösungen verglichen (in der Originalarbeit UV-Lampe und Glaszylinder). Da bereits aus dem Glas gelöste Spuren an Al stören, empfiehlt sich die Verwendung von Quarzgefäßen.

1. Metalle

1.1. Gallium

Eine dem In-Gehalt entsprechende Menge der Gallium-Probe wird, wie früher beschrieben (s. S. 781) gelöst und das In aus ~ 2n HI-Lösung mit Diäthyläther [*10*] oder aus 0,1n H_2SO_4/0,25m KI-Lösung mit Cyclohexanon [*9*] extrahiert und anschließend nach Verfahren C. 1.2. mit Oxin/$CHCl_3$ photometrisch bestimmt.

1.2. Germanium

Durch die Vorisolierung mit Dz/$CHCl_3$ aus alkalischer, cyanidhaltiger Lösung kann In von allen Elementen außer Bi, Sn(II), Pb, Tl(I) und Tl(III) abgetrennt werden. Bi wird durch vorangehende Dz-Extraktion aus saurer Lösung entfernt. Anwesendes Sn(II) wird zu dem nicht störenden Sn(IV) oxydiert. Pb wird bei der anschließenden Extraktion des In mit Oxin bei pH 3,5 nicht extrahiert. Tl(III) wird vor der Oxin-Extraktion reduziert.

Bei der nachfolgenden Arbeitsvorschrift wird die Bestimmung von 30 µg In durch 100 µg der folgenden Elemente nicht gestört: Ag, Al, As(III), Au, B, Ba. Be, Bi, Ca, Cd, Ce, Co, Cr(III), Cs, Cu, Fe(III), Ga, Ge, Hf, Hg(II), K, La, Li, Mg, Mn, Mo(VI), Na, Nb, Nd, Ni, Os, P, Pb, Pd, Pr, Pt, Rb, Re, Ru, Sb(III), Sc, Se(IV), Si, Sm, Sn(IV), Sr, Ta, Te(IV), Th, Ti(IV), Tl(III), U(VI), V(V), W, Zn, Zr und Y. 100 µg Ir oder Rh stören, weiterhin > 100 µg Be.

B: 1—> 10 ppm In. F_r: ±2—5%.

Arbeitsvorschrift [*31*]

Reagentien

Puffer-Lösung (pH 3,5); 10 ml HNO_3 (1,40), 10 ml Ammoniak (0,91), 1 g Kaliumhydrogenphthalat werden nacheinander mit 500 ml Wasser gemischt und nach dem Abkühlen auf 1 l mit Wasser aufgefüllt. Man neutralisiert vorsichtig mit Ammoniak und stellt danach auf genau pH 3,5 ein;
$HClO_4$ (70%); $HClO_4$ (1 + 9); HNO_3 (1,40);
$CHCl_3$, redestilliert;
Oxin, 0,5%ig in $CHCl_3$;
m-Kresolpurpur-Indicator, 0,1%ige wäßrige Lösung, mit 1 Plätzchen NaOH versetzt;
Ammoniumcitrat, 10%ige wäßrige Lösung;
NaCN, 10%ige wäßrige Lösung; in Polyäthylenflasche aufbewahrt;
Dz, 0,1%ig in $CHCl_3$;
Dz, 0,01%ig in $CHCl_3$; durch Verdünnen von 0,1%iger Dz-Lösung mit $CHCl_3$ hergestellt;
Ammoniak-Waschlösung; man fügt 1 Tropfen Ammoniak (0,91) zu 5 ml Wasser; täglich frisch hergestellt;
$Na_2S_2O_5$, 1%ige wäßrige Lösung; alle 3 Tage frisch hergestellt.

Aufstellung der Eichkurve

0, 1,0, 2,0, 4,0, 6,0, 8,0 und 10,0 ml In-Stammlösung (5 µg In/ml) werden jeweils in 125 ml-Erlenmeyerkolben vorgelegt, mit 2 ml $HClO_4$ (1 + 9) versetzt, mit Wasser auf 20 ml verdünnt, 1 Tropfen m-Kresolpurpur-Indicator-Lösung, ein Stückchen Kongorotpapier hinzugefügt und mit Ammoniak bis zum Farbumschlag auf Gelb neutralisiert. Man setzt die Neutralisation mit Ammoniak (1 + 9) fort, bis das Kongorotpapier gerade auf Rot umzuschlagen beginnt. Die Lösungen führt man nun in 125 ml-Schütteltrichter über, spült mit 25 ml Pufferlösung (pH 3,5) nach und extrahiert mit 20,0 ml Oxinlösung Nach der Phasentrennung wird der organische Extrakt in einen 50 ml-Erlenmeyerkolben filtriert und nach gutem Durchmischen in einer 5 cm-Küvette bei 400 nm gegen $CHCl_3$ photometriert.

Analyse des Probematerials

Das Probematerial wird nach dem im Abschnitt „Phosphor" angegebenen Verfahren D.3.3. (s. S. 914) gelöst, das Ge abdestilliert und die vorhandene $HClO_4$ durch Erhitzen über der Flamme bis auf 0,2 ml verjagt. Nach dem Abkühlen werden die Wände des Destillationskolbens mit 10 ml Wasser abgespült und die Lösung in einen 125 ml-Schütteltrichter übergeführt, wobei 2mal mit je 5 ml Wasser nachgespült wird. Man versetzt nun mit 2 ml Ammoniumcitrat-Lösung und 1 Tropfen m-Kresolpurpur-Indicator-Lösung und neutralisiert mit Ammoniak bis zum Farbumschlag auf Gelb. Anschließend fügt man 5 ml $HClO_4$ (1 + 9) hinzu, extrahiert 2mal mit 10 ml 0,1%iger Dz-Lösung, wobei anschließend mit jeweils 2 ml $CHCl_3$ nachgewaschen wird, und verwirft die organischen Extrakte. Die wäßrige Lösung wird mit 5 ml $CHCl_3$ ausgeschüttelt und bei Vorliegen einer starken Rosafärbung (im Falle der Anwesenheit von Cr) mit weiteren 1—2 Tropfen m-Kresolpurpur-Indicator-Lösung versetzt. Nun neutralisiert man mit Ammoniak bis zum Farbumschlag auf Gelb und setzt die Neutralisation bis gerade zum Umschlag nach Purpur fort. Die Lösung wird mit 5 ml NaCN-Lösung versetzt und 3mal mit je 10 ml 0,01%iger Dz-Lösung extrahiert, wobei nach jeder Extraktion mit jeweils 2 ml $CHCl_3$ nachgewaschen wird. Die einzelnen Extrakte werden mit den $CHCl_3$-Waschfraktionen in einem 125 ml-Schütteltrichter gesammelt und die wäßrige Lösung verworfen. Den $CHCl_3$-Extrakt wäscht man mit 50 ml Ammoniak-Waschlösung, läßt die organische Phase in einen Erlenmeyerkolben unter Nachwaschen mit 2 ml $CHCl_3$ ab und verwirft die ammoniakalische Waschlösung. Zur organischen Phase fügt man 0,5 ml HNO_3 und verflüchtigt das $CHCl_3$ auf einer Heizplatte. Danach raucht man mit 1 ml $HClO_4$ (70%) ab und verjagt die $HClO_4$ bis auf 0,2 ml. Nach dem Abkühlen spült man die Innenwände des Kolbens mit 20 ml Wasser ab, wobei die Lösung farblos sein soll. Nach Zusatz von 1 ml $Na_2S_2O_5$-Lösung, einem kleinen Stückchen Kongorotpapier und 1 Tropfen m-Kresolpurpur-Indicator-Lösung fährt man mit der Neutralisation, Extraktion und photometrischen Bestimmung wie bei der Aufstellung der Eichkurve fort.

2. Germaniumdioxid [*31*]

Das Lösen der Probe erfolgt nach der im Abschnitt „Phosphor", S. 916 angegebenen Vorschrift D.4.1. unter Weglassen des HBr-Zusatzes; die Bestimmung des In wird nach Verfahren C.1.2. durchgeführt.

D. Verschiedenes

Zur photometrischen Bestimmung des In dienten auch die folgenden Reagentien: Thorin ($\varepsilon_{520-525} = 6100$) [*32*], PAR [4-(2-Pyridylazo)resorcinol] ($\varepsilon_{510} = 20000$) [*33*], PAN/$CHCl_3$ bzw. /Isoamylalkohol (letzteres bei gleichzeitiger Anwesenheit von Cd; $\varepsilon_{545} = 24500$ bzw. $\varepsilon_{560} = 19500$) [*34, 35*] und 5,7-Dibrom-8-Hydroxychinolin/$CHCl_3$ ($\varepsilon_{415} = 8900$) [*27*]. Auf fluorimetrischem Wege wurde In mit 2,2'-Pyridylbenzimidazol (Anregung 335 nm/Messung 411 nm) bestimmt [*15*].

Tabelle 145a. Nachtrag — Weitere Verfahren[1]

Methode	Probematerial. Verfahren.	Literatur
Trennung	Wäßrige Lösung. Isol: Ex 9% Benzylanilin/$CHCl_3$ aus 2m H_2SO_4/1,5m KI-Lösung ($V_o : V_w = 1:3$; $E\% = 100$), Rückextraktion mit 2n HCl.	[*36*]

[1] Abkürzungen s. S. XIII.

Literatur

1. WADA, I., ISHII, R.: Sci. Pap. Inst. Phys. Chem. Res. Tokyo **24**, 135 (1934).
2. WADA, I., ISHII, R.: Sci. Pap. Inst. Phys. Chem. Res. Tokyo **34**, 787 (1937/38).
3. VANOSSI, R.: An. Asoc. quim. argent. **38**, 363 (1950).
4. BOCK, R., KUSCHE, H., BOCK, E.: Z. anal. Chem. **138**, 167 (1953).
5. HUDGENS, J. E., NELSON, L. C.: Analyt. Chem. **24**, 1472 (1952).
6. KOSTA, L., HOSTE, J.: Mikrochim. Acta (Wien) **1956**, 790.
7. COLLINS, T. A., Jr., KANZELMEYER, J. H.: Analyt. Chem. **33**, 245 (1961).
8. OWENS, E. B.: Analyt. Chem. **32**, 1366 (1960).
9. HARTKAMP, H., SPECKER, H.: Angew. Chem. **68**, 678 (1956).
10. HOSTE, J., VAN DEN BERGHE, H.: Mikrochim. Acta (Wien) **1956**, 797.
11. IRVING, H. M., ROSSOTTI, F. J. C.: Analyst **77**, 801 (1952).
12. KITAHARA, S.: Rep. sci. Res. Inst. Tokyo (Bull. Inst. physic. chem. Res. Tokyo) **24**, 454 (1948).
13. HARTKAMP, H., SPECKER, H.: Naturwiss. **43**, 421 (1956).
14. HARTKAMP, H., SPECKER, H.: Talanta **2**, 67 (1959).
15. BARK, L. S., RIXON, A.: Analyt. chim. Acta **45**, 425 (1969).
16. SUNDERMAN, D. N., ACKERMANN, I. B., MEINKE, W. W.: Analyt. Chem. **31**, 40 (1959).
17. STEINBACH, J. F., FREISER, H.: Analyt. Chem. **26**, 375 (1954).
18. SCADDEN, E. M., BALLOU, N. E.: Analyt. Chem. **25**, 1602 (1953).
19. CLAASSEN, A., BASTINGS, L., VISSER, J.: Analyt. chim. Acta **10**, 373 (1954).
20. BODE, H.: Z. anal. Chem. **144**, 165 (1955).
21. GEILMANN, W.: Z. anal. Chem. **160**, 410 (1958).
22. GEILMANN, W., NEEB, K.: Z. anal. Chem. **165**, 251 (1959).

22a. SCHOENFELD, I.: The Determination of microgram quantities of In in high purity uranium. Israel Energy Commission, I A-817, May 1963, Technical Information Department, Rehovoth, Israel.

22b. MATTHEWS, A. D., RILEY, J. P.: Analyt. chim. Acta **51**, 287 (1970).

23. MAY, I., HOFFMAN, J. I.: J. Washington Acad. Sci. **38**, 329 (1948).
24. ATHAVALE, V. T., RAMACHANDRAN, T. P., TILLU, M. M., VAIDYA, G. M.: Analyt. chim. Acta **22**, 56 (1960).
25. MOELLER, T.: Ind. Eng. Chem., Anal. Ed. **15**, 270 (1943).
26. LACROIX, S.: Analyt. chim. Acta **1**, 260 (1947).
27. JOHNSON, J. E., LAVINE, M. C., ROSENBERG, A. J.: Analyt. Chem. **30**, 2055 (1958).
28. MILNER, G. W. C.: Analyst **76**, 488 (1951).
29. BOCK, R., HACKSTEIN, K. G.: Z. anal. Chem. **138**, 337 (1953).
30. ISHIBASHI, M., SHIGEMATSU, T., NISHIKAWA, Y.: J. chem. Soc. Japan, pure Chem. Sect. **77**, 1479 (1956); ref. Analyt. Abstr. **4**, 2135 (1957).
31. LUKE, C. L., CAMPBELL, M. E.: Analyt. Chem. **28**, 1340 (1956).
32. MOTTOLA, H. A.: Talanta **11**, 715 (1964).
33. DWIVEDI, C. D., MUNSHI, K. N., DEY, A. K.: Chemist-Analyst **55**, 13 (1966).
34. SHIBATA, S.: Analyt. chim. Acta **23**, 434 (1960).
35. CHENG, K. L., GOYDISH, B. L.: Analyt. chim. Acta **34**, 154 (1966).
36. KHOSLA, M. M. L., RAO, S. P.: Analyt. chim. Acta **58**, 389 (1972).

Ir — Iridium

Tabelle 146. Empfindlichkeit S_M und Bestimmungsgrenze L_Q der Verfahren

Verfahren	$\mu g\ Ir \cdot ml^{-1} \cdot cm^{-1}$	
	S_M	L_Q
$SnCl_2$-Verfahren	0,0038 (402 nm)	0,096 (402 nm)

A. Trennungen

Von den Platinmetallen können Os und Ru durch Verflüchtigung als Tetroxide von Ir abgetrennt werden [*1*]. Eine Abtrennung des Ir von Rh ist durch Extraktion mit Tetraphenylphosphoniumbromid/$CHCl_3$ aus 0–0,2n HCl-Lösung durchführbar [*2*]. Kleine Pd-Mengen lassen sich von Ir durch Extraktion mit Dimethylglyoxim/$CHCl_3$ abtrennen [*3*]. Aus HCl-Lösung ist Ir mit Pyridin oder Pyridin/$CHCl_3$ extrahierbar [*4, 5*], wobei Rh, merkliche Mengen Ru und wenig Pd in die organische Phase mit übergehen; nicht extrahiert werden dabei: Ag, Cd, Ce, La, In, Nb, Sb, Sn, Te, U und Zr. Durch mehrstufige Extraktion mit TBP aus HCl-Lösung kann Ir(IV) von Rh(III) abgetrennt werden [*6*]. Bei der Bestimmung von Ir mittels Aktivierungsanalyse wurden Au und Pt durch Extraktion mit Äthylacetat aus HCl-Lösung von Ir abgetrennt [*7*]. Eine Abtrennung des Pd und Pt von Ir ist durch Extraktion mit p-Nitrosodiphenylamin/Äthylacetat (oder $CHCl_3$) möglich [*8, 9*] (s. S. 960). Aus 0,17m $SnBr_2$/1,5m HBr/1,5n $HClO_4$-Lösung läßt sich der Rh-$SnBr_2$-Komplex mit Isopentanol extrahieren, während Ir in der wäßrigen Phase zurückbleibt [*9a*]. Ir, Pd, Pt und Rh können wie folgt voneinander getrennt werden [*9b*]: a) Aus 6n HCl/1% NaI-Lösung werden zunächst Pd + Pt als Jodide mit 15% TBP/Hexan extrahiert, wobei Ir + Rh in der wäßrigen Phase verbleiben. Aus dem organischen Extrakt schüttelt man Pd + Pt mit HNO_3 (1,40) zurück, um anschließend Pd durch Extraktion mit p-Nitrosodimethylanilin/$CHCl_3$ von Pt abzutrennen. b) Aus der anfangs bei a) verbliebenen wäßrigen Lösung, die das Ir + Rh enthält, extrahiert man Rh als Chlorid aus 6n HCl-Lösung mit TBP/Hexan, wobei Ir zurückbleibt.

Tracer-Mengen Ir (~ 0,3 µg) können bei 200° C aus H_2SO_4 (1,84) + $HClO_4$ (70%) (3 ml + 25 ml) im Cl_2-Gasstrom quantitativ (Ausbeute 95–100%) in ~ 1½ Std überdestilliert werden [*9c*]. Os und Ru verflüchtigen ebenfalls (als Tetroxide). Eine Abtrennung von Os und Ru wurde erreicht, indem das Probematerial mit Na_2O_2 aufgeschlossen, die Schmelze mit Wasser und H_2SO_4 (1,84) (+ wenig H_2O_2) gelöst und nach Überführen in den Destillationskolben zuerst Os und Ru quantitativ als Bromide (von Ir gehen nur $\leqq$ 0,01% ins Destillat) verflüchtigt wurden. Den Rückstand im Destillationskolben, der bis zu 30 µg Ir enthalten kann, unterwirft man nun nach Zusatz von 25 ml $HClO_4$ der oben genannten Destillation im Cl_2-Strom. Während Ir zu ~ 95% übergeht (das Destillat wird in Eiswasser aufgefangen), verbleiben etwa anwesendes Au, Cs, Mn, Sb, Se, Ta im Rückstand.

Ir und Rh können mittels Kationenaustauscher in Form ihrer Thioharnstoffkomplexe voneinander getrennt werden [*10*].

8—200 μg Rh können durch Reduktion zum Metall mit Sb-Pulver von 15—400 μg Ir abgetrennt werden, indem man die HCl- oder H_2SO_4-Lösung nach Zusatz von Sb-Pulver kocht [*11*]. Ir bleibt dabei in Lösung, und die in der Lösung anwesende Sb-Menge stört bei der anschließenden photometrischen Bestimmung des Ir mit $SnCl_2$ nicht. Weiterhin können jeweils 50—10000 μg Rh und Ir in 1,0n HCl-Lösung voneinander durch Zusatz von Cu-Pulver und 1stündiges Kochen der Lösung getrennt werden, wobei Rh ausgefällt wird und Ir in Lösung bleibt [*11a*].

B. Zinn(II)-chlorid-Verfahren

Erhitzt man eine Ir enthaltende Lösung nach Zusatz von $SnCl_2$ und HBr, so entsteht eine gelbe Färbung, die zur photometrischen Bestimmung des Ir geeignet ist [*12*]. Das Extinktionsmaximum liegt bei 402 nm (s. Abb. 130; $\varepsilon = 49600$). Das Beersche Gesetz

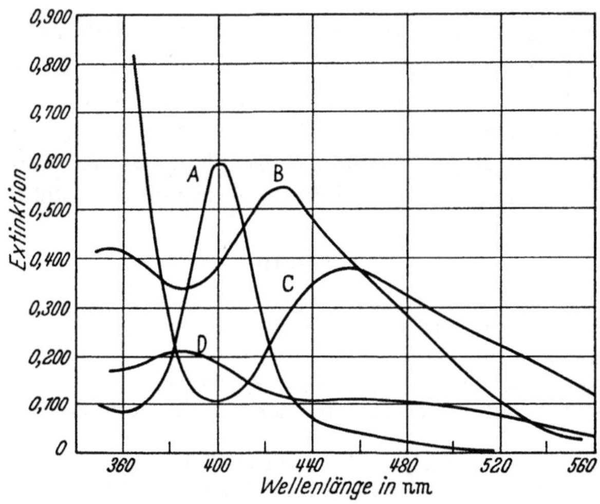

Abb. 130. Extinktionskurven von Ir (*A*), Rh (*B*), Pt (*C*) und Pd (*D*) mit $SnCl_2$ [*12*]

ist im Bereich von 0,1—4 μg Ir/ml erfüllt [*12, 13*]. Die Farbe bildet sich bei Raumtemperatur nicht. Beim Erhitzen auf dem siedenden Wasserbad ist sie nach 1 min vollständig entwickelt, verblaßt aber, wenn mehr als 2 min erhitzt wird, weshalb die Erhitzungsdauer nach der Arbeitsvorschrift genau eingehalten und anschließend rasch abgekühlt werden muß. Die Farbe ist 6 Std stabil. Pd, Pt und Rh müssen abwesend sein, da sie ebenfalls gelbe bis bräunliche Färbungen (s. Abb. 130) geben und daher stören. Die Anwesenheit der nachfolgenden Elemente (in μg/ml) verursacht einen relativen Fehler von 1%: Co(10), Cr(III) (13), Cu(II) (40), Fe(II) (16), Ni (20), Sb(III) (80) und Ti(IV) (6). Au(III) fällt als Metall aus. Oxydierende Stoffe müssen abwesend sein, wenn das gebildete Brom nicht ausgekocht wird. Die Probelösung soll nicht mehr als 0,5n-HCl-sauer sein. Ein Gehalt von bis zu 2 ml H_2SO_4 (1,84) in der Probelösung stört nicht. Wurde die Lösung mit diesem H_2SO_4-Gehalt abgeraucht, so ist es erforderlich, nach dem Abrauchen zur abgekühlten Lösung 5 ml HBr (40%) hinzuzufügen und in einem kleinen Becherglas mit aufgelegtem Uhrglas kräftig zu kochen, bis die Lösung nur mehr 1—2 ml HBr enthält. Die so behandelte Lösung kann zur Analyse verwendet werden. Von anderer

Seite [13] wurde die entwickelte Farbe mit Isoamylalkohol extrahiert, doch waren die Ergebnisse schlecht reproduzierbar.

Arbeitsvorschrift [12]

Reagentien

HBr (40%), redestilliert;
$SnCl_2 \cdot 2\,H_2O$, 25%ig in HBr (40%).

Die Probelösung (1,2—50 µg Ir enthaltend; <0,5n HCl) wird in ein 20 ml-Reagensglas übergeführt, mit Wasser auf 5 ml verdünnt, 5 ml HBr hinzugefügt und in ein siedendes Wasserbad gestellt. Nach 10 min fügt man 5 ml $SnCl_2$-Lösung hinzu, entfernt nach genau 2 min und kühlt sofort unter fließendem Wasser ab. Man führt in einen 25 ml-Meßkolben über, füllt mit Wasser zur Marke auf und photometriert in einer 2 cm-Küvette bei 402 nm gegen Wasser.

C. Verschiedenes

Für die photometrische Bestimmung von Ir fanden auch andere Reagentien Anwendung [14]: Tetraphenylphosphoniumbromid/$CHCl_3$ ($\varepsilon_{450,500} = 690$) [2], Benzidin [15], Malachitgrün [16], Leukokristallviolett ($\varepsilon_{590} = 48000$, $S_M = 0{,}004$) [17], p-Nitrosodimethylanilin ($\varepsilon_{530} = 19300$, $S_M = 0{,}01$) [18], o-Dianisidin ($\varepsilon_{530} = 12500$, $S_M = 0{,}016$) [19], PAN/$CHCl_3$ (550 nm, $S_M = 0{,}018$) [20], $Ce(SO_4)_2$ [21, 22] und $SnCl_2$/KI [24]. In Übersichtsreferaten findet man weitere Verfahren zusammengestellt [23, 25—27].

Literatur

1. Vanossi, R.: An. Soc. ci. argent. **153**, 49 (1952).
2. Neeb, R.: Z. anal. Chem. **154**, 17 (1957).
3. Young, R. S.: Analyst **76**, 49 (1951).
4. Irving, H. M.: Quart. Rev. (chem. Soc., London) **5**, 200 (1951).
5. Morrison, G. H., Freiser, H.: Solvent extraction in analytical chemistry. New York: Wiley & Sons 1957.
6. Berg, E. W., Senn, W. L., Jr.: Analyt. chim. Acta **19**, 109 (1958).
7. Meinke, W. W.: Progress Rept. No. 4, U.S. AEC Project No. 7 (Nov. 1957).
8. Ryan, D. E.: Analyst **76**, 167 (1951).
9. Ryan, D. E.: Analyst **76**, 310 (1951).
9a. Tertipis, G. G., Beamish, F. E.: Analyt. Chem. **34**. 623 (1962).
9b. Faye, G. H., Inman, W. R.: Analyt. Chem. **35**, 985 (1963).
9c. Gijbels, R., Hoste, J.: Analyt. chim. Acta **36**, 230 (1966).
10. Berg, E. W., Senn, W. L., Jr.: Analyt. Chem. **27**, 1255 (1955).
11. Westland, A. D., Beamish, F. E.: Mikrochim. Acta (Wien) **1956**, 1474.
11a. Tertipis, G. G., Beamish, F. E.: Analyt. Chem. **32**, 486 (1960).
12. Berman, S. S., McBryde, W. A. E.: Analyst **81**, 566 (1956).
13. Pantani, F., Piccardi, G.: Analyt. chim. Acta **22**, 231 (1960).
14. Beamish, F. E., McBryde, W. A. E.: Analyt. chim. Acta **18**, 551 (1958).
15. Khlopin, V. G.: Ann. Inst. Platine **1**, 324 (1926).
16. Kulberg, L. M.: Zavodskaja Lab. **5**, 170 (1936).
17. Ayres, G. H., Bolleter, W. T.: Analyt. Chem. **29**, 72 (1957).
18. Westland, A. D., Beamish, F. E.: Analyt. Chem. **27**, 1776 (1955).
19. Berman, S. S., Beamish, F. E., McBryde, W. A. E.: Analyt. chim. Acta **15**, 363 (1956).
20. Stokely, J. R., Jacobs, W. D.: Analyt. Chem. **35**, 149 (1963).
21. Ayres, G. H., Quick, Q.: Analyt. Chem. **22**, 1403 (1950).
22. Maynes, A. D., McBryde, W. A. E.: Analyst **79**, 230 (1954).
23. Beamish, F. E.: Talanta **12**, 789 (1965).
24. Berg, E. W., Youmans, H. L.: Analyt. chim. Acta **25**, 470 (1961).
25. Beamish, F. E.: Talanta **14**, 991 (1967).
26. Beamish, F. E.: Talanta **14**, 1133 (1967).
27. Beamish, F. E., Lewis, C. L., van Loon, J. C.: Talanta **16**, 1 (1969).

K — Kalium

Tabelle 147. Bestimmungsgrenze L_Q der Verfahren

Verfahren	µg K · ml⁻¹ L_Q
Flammenphotometrie	0,05

A. Flammenphotometrie

Zur Bestimmung findet das Liniendublett K 7699/7665 (Linie K 7682) Anwendung, wobei auch hier die Ausführungen bei Ca (s. S. 563) Geltung haben (s. a. S. 140ff.). Günstig ist der Meßbereich 0—10 ppm K und der Luft/C_2H_2-Brenner. In Anwesenheit von Störelementen empfiehlt sich der Zusatz von Cs + Al als spektroskopische Puffer zur Probelösung (s. S. 847) [*1—3*]. In einer Cs + Al als Puffer enthaltenden Probelösung (5 g CsCl + 25 g $Al(NO_3)_3 \cdot 9\, H_2O$/l) werden K-Gehalte durch folgende Elemente (in ppm) vorgetäuscht [*3*]: keine Störung (<0,01 ppm K) durch 850 ppm Sr, jeweils 750 ppm As und Ca, 600 ppm Mg, jeweils 510—540 ppm Ce und Zr, jeweils 500 ppm Al, Cd, Cu, Cs, Ga, Ge, Hg, Li, Ni, Pb, Se, Sn, Tl und Zn, 330 ppm B; 0,02 ppm K durch 530—540 ppm Bi und Th, jeweils 500 ppm Mn, Na und U, sowie 180 ppm Ba; 0,03—0,05 ppm K durch 500—510 ppm Co, La und W, sowie 450 ppm P; 0,06—0,09 ppm K durch 500 ppm Cr, Fe, Mo und Ti; 0,2 ppm K durch 500 ppm Sb; 0,45 ppm K durch 900 ppm Ba und 0,8 ppm K durch 500 ppm V. 500 ppm Rb täuschen 50 ppm K vor.

1. Organisches Material

Es gelten auch hier die entsprechenden Ausführungen für Na (s. S. 847). Die Bestimmung von K in Erdölprodukten wird analog nach Verfahren 1.1 (Abschnitt „Natrium", s. S. 847) durchgeführt.

2. Metalle

Zur flammenphotometrischen Bestimmung von ≧ 20 ppm K in Molybdän (und -verbindungen) wurde das K vorher mittels Gelchromatographie mit Sephadex G-10 isoliert [*5*].

2.1. Arsen [*4*]

B: ≧ 0,5 ppm K. F_r: ± 10—15%.

Man führt die Bestimmung nach Verfahren F. 1.1 (s. Abschnitt „Calcium", S. 563) durch, unter Verwendung der Linien K 7665, Sr 4607.

2.2. Antimon [*4*]

B: ≧ 0,5 ppm K. F_r: ± 10—15%.

Die Bestimmung erfolgt nach Verfahren F. 1.2 (s. Abschnitt „Calcium", S. 564) mit den Linien K 7665, Sr 4607.

3. Verschiedenes

3.1. Phosphor [4]

B: ≧ 0,5 ppm K. F_r: ± 10–15%.

Die Bestimmung wird mit den Linien K 7665, Sr 4607 nach Verfahren F.2.1 (s. Abschnitt „Calcium", S. 564) durchgeführt.

Literatur

1. Schuhknecht, W., Schinkel, H.: Z. anal. Chem. **143**, 321 (1954).
2. Schuhknecht, W., Schinkel, H.: Brennstoff-Chem. **42**, 292 (1961).
3. Schuhknecht, W., Schinkel, H.: Z. anal. Chem. **194**, 161 (1963).
4. Neeb, K.H.: Z. anal. Chem. **200**, 278 (1964).
5. Karajannis, S., Ortner, H.M., Spitzy, H.: Talanta **19**, 903 (1972).

Li — Lithium

Tabelle 148. Bestimmungsgrenze L_Q der Verfahren

Verfahren	$\mu g\ Li \cdot ml^{-1}$ L_Q
Flammenphotometrie	0,02

A. Flammenphotometrie

Man verwendet die Linie Li 6708, wobei auch hier die Ausführungen bei Ca (s. S. 563) gelten (s. a. S. 140ff.). Zweckmäßig ist der Meßbereich 0—10 ppm Li und der Luft/C_2H_2-Brenner. Eine Störung durch andere Elemente kann durch Zusatz von Cs + Al als spektroskopische Puffer zur Probelösung beseitigt werden (s. S. 847) [*1—3*]. In einer Cs + Al als Puffer enthaltenden Probelösung (5 g CsCl + 25 g $Al(NO_3)_3 \cdot 9\ H_2O$/l) werden Li-Gehalte durch folgende Elemente (in ppm) vorgetäuscht [*3*]: keine Störung (<0,01 ppm Li) durch 750 ppm As, 600 ppm Mg, 510—540 ppm Bi, Ce, La, Th, Zr, je 500 ppm Al, Cd, Cu, Ga, Ge, Hg, Ni, Pb, Sb, Se, Sn, Ti, Tl, U, Zn, 330 ppm B und 180 ppm Ba; 0,02 ppm Li durch jeweils 500 ppm Cs, Mn und Na, sowie 150 ppm Ca; 0,03—0,05 ppm Li durch je 500 ppm Co, Fe, Rb und W, sowie 450 ppm P; 0,08—0,1 ppm Li durch 900 ppm Ba und jeweils 500 ppm K und Mo; 0,15—0,18 ppm Li durch jeweils 500 ppm Cr und V; 0,36 ppm Li durch 750 ppm Ca und 0,42 ppm Li durch 170 ppm Sr. 850 ppm Sr täuschen 8 ppm Li vor.

1. Metalle

1.1. Arsen [*4*]

B: ≧ 0,2 ppm Li. F_r: ±10—15%.

Die Bestimmung wird nach Verfahren F. 1.1 (s. Abschnitt „Calcium", S. 563) mit den Linien Li 6708, Sr 4607 durchgeführt.

1.2. Antimon [*4*]

B: ≧ 0,2 ppm Li. F_r: ±10—15%.

Die Bestimmung erfolgt nach Verfahren F. 1.2 (s. Abschnitt „Calcium", S. 564) mit den Linien Li 6708, Sr 4607.

2. Verschiedenes

2.1. Phosphor [*4*]

B: ≧ 0,2 ppm Li. F_r: ±10—15%.

Die Bestimmung wird mit den Linien Li 6708, Sr 4607 nach Verfahren F. 2.1 (s. Abschnitt „Calcium", S. 564) durchgeführt.

2.2. Uranoxid [5]

B: $\geqq 0{,}1$ ppm Li. F_r: $\pm 10\%$. *Z:* 4–5 Std.

Man führt die Bestimmung mit der Linie Li 6708 nach Verfahren F.2.2 (s. Abschnitt „Calcium", S. 564) durch, wobei ein aliquoter Teil der auf 25 ml aufgefüllten Probelösung mit Aceton im Verhältnis 1:1 verdünnt wird.

Literatur

1. Schuhknecht, W., Schinkel, H.: Z. anal. Chem. **143**, 321 (1954).
2. Schuhknecht, W., Schinkel, H.: Brennstoff-Chem. **42**, 292 (1961).
3. Schuhknecht, W., Schinkel, H.: Z. anal. Chem. **194**, 161 (1963).
4. Neeb, K. H.: Z. anal. Chem. **200**, 278 (1964).
5. Neeb, K. H., Duda, R., Franke, R., Seyfarth, R., Stöckert, H.: Z. anal. Chem. **215**, 161 (1966).

Mg — Magnesium

Tabelle 149. Empfindlichkeit S_M und Bestimmungsgrenze L_Q der Verfahren

Verfahren	$\mu g\ Mg \cdot ml^{-1} \cdot cm^{-1}$	
	S_M	L_Q
8-Hydroxychinolin + n-Butylamin/$CHCl_3$	0,0044 (~ 380 nm)	0,11 (~ 380 nm)
8-Hydroxychinolin-Butylcellulosolve/$CHCl_3$	0,0056 (400 nm)	0,14 (400 nm)
Atomabsorptionsspektrophotometrie	0,01[3,4]	0,002—0,005[2,4]
Emissionsspektralanalyse		0,005 µg[1,2]

[1] Auf der Elektrode.
[2] $F_r = \pm 10\%$.
[3] Für 1% Absorption.
[4] $\mu g \cdot ml^{-1}$.

A. Trennungen

Zur Isolierung des Mg finden Extraktionsverfahren mit ausgesprochenen Gruppenreagentien Anwendung, wodurch die Hauptbestandteile und möglichst viele Störelemente ausgeschüttelt werden und das Mg in der wäßrigen Phase zurückbleibt, wo es anschließend auf geeignete Weise bestimmt werden kann. Erwähnt seien hier das Ausäthern aus 6—8n HCl-Lösung zur Abtrennung von Fe [*1*] und anderen Elementen, Carbamat/$CHCl_3$ [*2—4*] bei pH 3—5 zur Abtrennung von Cd, Co, Cu, Fe, Mn, Ni, Pb und Zn, Cupferron/$CHCl_3$ [*5*] zur Abtrennung von Ti und anderen Elementen, Oxin/$CHCl_3$ [*4, 6—9*], Acetylaceton/CCl_4 (1:4) [*10, 11*] zur Abtrennung von Al, Cu, Fe(III), Mn, Ti, U, V und anderen Elementen aus schwach alkalischer Lösung, Acetylaceton/$CHCl_3$ [*9*] zur Abtrennung von Be, Ce und Cr (s. S. 352). Bi kann als Jodid mit Diisopropyläther aus saurer Lösung abgetrennt werden [*8*]. mg-Mengen Be lassen sich von Mg durch Extraktion mit Perfluorbuttersäure/Diäthyläther bei pH 3—4 abtrennen [*16*]. Zur Abtrennung des Mg von U wurde letzteres mit TBP/CCl_4 aus 5n HNO_3 extrahiert [*17*].

Für die Isolierung des Mg fanden auch Fällungsverfahren Anwendung. Eine Reihe von Störelementen wurde durch Fällung als Hydroxide oder Sulfide [*3, 12*] abgetrennt, daneben erfolgte die Isolierung des Mg auch durch Spurenfällung als Hydroxid mit Al und anderen Elementen als Spurenfänger. Eine Fällung kann auch mit Oxin durchgeführt werden [*12—14*]. Die Elektrolyse mit der Hg-Kathode eignet sich ebenfalls zur Abtrennung zahlreicher Elemente. Einzelne Elemente lassen sich schließlich durch Destillation abtrennen. Bei der spektrographischen Bestimmung von 0,0001% Mg aufwärts in Aluminium wurde das Mg vorher durch Destillation bei 10^{-5} Torr und 925—1000° C isoliert [*15*].

B. 8-Hydroxychinolin

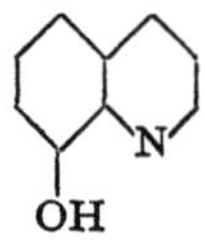

Mg kann aus ammoniakalischer Lösung mit 8-Hydroxychinolin (Oxin) gefällt werden. Das Mg-Oxinat ist sowohl in alkalischer Lösung als auch in HCl löslich und kann auf diesem Wege durch photometrische Messung der Oxin-Absorption bestimmt werden [*22, 23*]. Außerdem bediente man sich auch anderer indirekter Bestimmungsverfahren. So wurde das gefällte Mg-Oxinat in HCl gelöst, das dadurch frei gewordene Oxin mit Fe umgesetzt und letzteres direkt in wäßriger Lösung oder nach Extraktion mit $CHCl_3$ photometrisch gemessen [*24*]. Während die Bestimmung in wäßriger Lösung stark von der Konzentration der verwendeten Eisensalzlösung abhängig ist, spielt diese bei der Extraktionsmethode eine untergeordnete Rolle. Schließlich wurde auch die Messung der Farbintensität des nach der Mg-Oxinat-Fällung verbleibenden Reagensüberschusses versucht [*25*]. In Anwesenheit von Äthylenglykolmonobutyläther (Butylcellolsolve) [*3, 21*], Isoamylalkohol [*21*], Butylamin [*26*] oder Tetrabutylammoniumjodid [*21*] kann Mg-Oxinat mit $CHCl_3$ direkt extrahiert werden.

Die Extraktion verläuft unter Zusatz von Äthylenglykolmonobutyläther (Butylcellosolve) mit 3%iger Oxin/$CHCl_3$-Lösung bei pH 10,0—10,2 [*3*], mit 0,07%iger Oxin/$CHCl_3$-Lösung bei pH 6,50—8,00 ($D = 480$—490) bzw. bei pH 4,90 und 9,70 ($D = 200$) [*21*] quantitativ (Extinktionsmaximum 380 nm, $\varepsilon_{380} = 6120$). Nach anderen Ergebnissen [*27*] wird Mg mit 1,5%iger Oxin/Trichloräthan-Butylcellosolve (4:1)-Lösung am günstigsten bei pH 10,2—10,5 extrahiert ($E\% = 93$). Da eine große Zahl von Elementen stört, müssen diese vorher abgetrennt werden. Dazu wurden in der Praxis verschiedene Wege beschritten, die im einzelnen aus den später folgenden Arbeitsvorschriften zu ersehen sind.

Mg bildet mit Oxin und n-Butylamin [*26*] bzw. mit Tetrabutylammoniumjodid [*21*] die Komplexe $[(RNH_3)^+(MgOx_3)^-]$ bzw. $[(R_4N)^+(MgOx_3)^-]$, die mit $CHCl_3$ extrahierbar sind. Die Verwendung von aliphatischen Alkoholen anstelle von Aminen ist für die Extraktion weniger geeignet. Ein nachträglicher Zusatz einer kleinen Menge Alkohol zum $CHCl_3$-Extrakt eignet sich aber sehr gut zur Stabilisierung (Verhinderung von Trübungen). Das vorliegende Verfahren zur Extraktion des Mg mit Oxin-Butylamin/$CHCl_3$ ist jenem mit $CHCl_3$-Glykolmonobutyläther [*3*] überlegen: aus einer 10^{-4}m Mg-Salzlösung werden bei Gegenwart von 4% Glykolmonobutyläther mit einer 1%igen Oxin/$CHCl_3$-Lösung bei pH 11 nur etwa 30% des Mg extrahiert, während unter den gleichen Bedingungen bei Zusatz von 2% n-Butylamin die Extraktion schon mit einer nur 0,1%igen Oxin/$CHCl_3$-Lösung (etwa 0,007m) vollständig ist [*26*]. Der Komplex wird im Bereich von pH 10,5—13,6 vollständig extrahiert, am günstigsten ist ein pH-Wert von 11,0 $\pm$ 0,5. Die Konzentration an Amin und Oxin hat einen Einfluß auf die Extraktion des Mg. Die optimalen Bedingungen sind mit 2% an Butylamin und 0,007m Oxin-Lösung (etwa 0,1%ig) erfüllt. Eine Erhöhung der Oxinkonzentration ist unzweckmäßig, da der Blindwert unnötig vergrößert und die Trennung des Mg von anderen Elementen unscharf würde. Beispielsweise geht bei Gegenwart von 2% Amin und bei Oxinkonzentrationen über 0,02m das Ca bereits merklich mit in die $CHCl_3$-Phase. Auch bei Erhöhung des Aminzusatzes können Störungen durch Ca und Be auftreten. Die durch Ausschüttelung bei pH 10,5—11,5 gewonnenen Extrakte sind 2 Std stabil. Eine oberhalb pH 11,5 auftretende Trübung der organischen Phase wird vermieden, wenn man dem

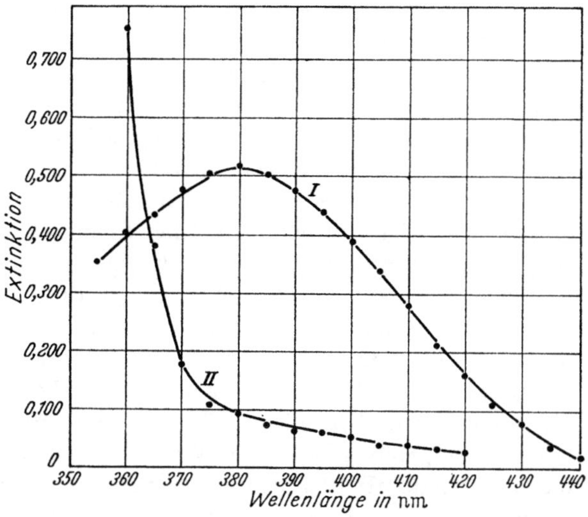

Abb. 131. Extinktionskurven von Mg-Oxinat (I) und Oxin (II) in $CHCl_3$ in Anwesenheit von n-Butylamin [26]

Extrakt nach der Phasentrennung 4% Methanol zur Stabilisierung zusetzt. Das Extinktionsmaximum des Mg-Oxin-Amin-Komplexes liegt bei 380 nm ($\varepsilon = 5600$; s. Abb. 131). Das Beersche Gesetz ist im Bereich von 0,1—4,5 μg Mg/ml $CHCl_3$ erfüllt.

Aus einer 0,2%igen Tetrabutylammoniumjodid/0,1 n KNa-Tartrat-Lösung [0,0052 m $(C_4H_9)_4NI$] wird das Mg mit einer 0,14%igen Oxin/$CHCl_3$-Lösung (0,01 m Oxin) bei pH 11,0—11,9, in Abwesenheit von Tartrat bei pH 11,0—11,6, vollständig ($E\% = 99$-100) extrahiert (Extinktionsmaximum 388 nm, $\varepsilon_{388} = 7080$) [27].

ÄDTA verhindert die Extraktion des Mg im Bereich von pH 10—13. In Gegenwart von F^- oder Sulfosalicylsäure ist die Extraktion bei pH 10—13 unvollständig. Acetat, Oxalat, Citrat, Tartrat, CN^-, SO_4^{2-}, Cl^-, PO_4^{3-} oder NO_3^- stören nicht im analytisch wichtigen Bereich von pH 11,0—11,5. Nur bei pH 12—13 wird die Extraktion bei Anwesenheit von Acetat, Oxalat oder CN^- unvollständig.

Alkali-, Erdalkalimetalle, Cr(III), Cr(VI), Mo, W, As, Sb, B, Se, Te, Re und die Platinmetalle (außer Pd in großen Mengen) stören nicht. Ca und Be werden nur dann teilweise mitextrahiert, wenn die Oxin- und Aminkonzentration mehr als dreimal so hoch wie in der Arbeitsvorschrift ist. Sn(IV) wird zwar nicht extrahiert, verhindert aber die vollständige Mg-Extraktion, wenn mehr als 5 mg Sn(IV) vorhanden sind. Größere Mengen müssen daher durch Vorextraktion als Sn(II)-Oxinat oder auf anderem Wege abgetrennt werden. Große Mengen Ti, V und U können durch H_2O_2 maskiert werden. Große Mengen Cu, Ag, Au, Ni, Pd und Hg(II) sowie bis zu 10 mg Cd, Fe(II) und Zn können mit KCN maskiert werden. Fe(III) muß vorher zu Fe(II) reduziert und Hg(I) zu Hg(II) oxydiert werden, um eine Maskierung mit KCN zu ermöglichen. Bis zu 15 mg Al können durch Zusatz von Triäthanolamin (je 1 ml für 2,5 mg Al) in der wäßrigen Phase zurückgehalten werden. Von den nicht maskierbaren Elementen können bzw. müssen durch Vorextraktion in Abwesenheit von Amin entfernt werden: Sc, S.E., In, Ga, Tl(III), Sn(II), Pb, Zr, Hf, Th, Bi, Nb, Ta, Mn(II), Mn(III) und Co sowie Al, wenn nur mit KCN maskiert wird, weiterhin auch Zn, Cd, Al, Fe(II) und Fe(III), falls die letztgenannten in größeren Mengen vorliegen. Tl(I) wird durch Vorextraktion nicht vollständig entfernt und muß daher zu Tl(III) oxydiert werden. Cu und Ni werden ebenfalls durch die Vorextraktion quantitativ entfernt.

Die Vorextraktion wird zweckmäßig zunächst bei pH 9 durchgeführt und danach bei pH 11–11,5 nochmals wiederholt. Bei Gegenwart großer Mengen Fe ist in manchen Fällen sogar eine Vorextraktion bei pH 5 angebracht. Außer Tartrat und H_2O_2 dürfen bei der Vorextraktion noch keine anderen Komplexbildner anwesend sein. Bei sehr großen Mengen anderer Elemente ist eine dann mehrfach durchzuführende Vorextraktion unbequem, so daß die vorherige Abtrennung solcher Elemente auf anderem Wege erforderlich wird (z. B. Fe durch Ätherextraktion aus salzsaurer Lösung). Eine vorherige Entfernung ist notwendig bei größeren Mengen an Zr (>5 mg), Bi (>5 mg), Th und S.E. (>7 mg), weil diese Elemente durch die Vorextraktion nur unvollständig entfernt werden. Zr und Bi können mit Cupferron/$CHCl_3$ aus 1n H_2SO_4-Lösung entfernt werden, ferner Th und S.E. als Oxalate aus 1n HNO_3-Lösung bei Abwesenheit von Ammonsalzen mit anschließender Vorextraktion. Schließlich läßt sich eine Mitextraktion einiger Elemente durch Erhöhung des pH-Wertes bei der Mg-Extraktion verhindern, so z. B. von Zn, Cd, Zr, Hf und Al oberhalb pH 12,5, von Ti oberhalb pH 13 und von V oberhalb pH 12. In diesen Fällen ist die $CHCl_3$-Lösung durch Zusatz von Methanol zu stabilisieren.

Das Verfahren fand zur Bestimmung von Mg (>0,03% Mg) in Zink [*26*], Aluminiumlegierungen [*26*], Calciummineralien [*26*], Gläsern [*27a*] und Calcium-Salzen (≧ 15 ppm Mg; Extraktion mit 2mal 5 ml Oxinlösung aus ~ 20 ml Probelösung, die ≦ 80 mg Ca und neben Tartrat außerdem noch 6% Natriumcitrat enthält) [*27*] Anwendung.

B: 5–200 μg Mg. F_r: ±5%.

Arbeitsvorschrift [*26*]

Reagentien

Oxin, 0,1%ig in $CHCl_3$;
1 m Kaliumnatriumtartrat-Lösung;
1 n Ammoniak;
n-Butylamin;
Na_2SO_4, sicc.; Methanol;
KCN;
H_2O_2 (30%).

0,5–1,0 g Probe werden in geeigneter Säure gelöst, anschließend die erforderlichen oder zweckmäßigen Vortrennungen (wie oben angegeben) durchgeführt und je nach dem Mg-Gehalt auf 100 oder 250 ml aufgefüllt. Ein aliquoter Teil (5–200 μg Mg enthaltend) der neutralen bis schwach sauren Lösung versetzt man in einem 150 ml-Schütteltrichter mit 5 ml Tartratlösung, bei Gegenwart von V, Ti und U je nach deren Menge mit 1–3 ml H_2O_2, verdünnt mit Wasser auf ~ 40 ml und stellt mit Ammoniak auf pH 9 ein. Man extrahiert die Lösung mehrmals mit 20 ml Oxin-Lösung, bis der letzte Extrakt farblos ist (bei Anwesenheit sehr großer Mengen an Störelementen verwendet man eine 1–3%ige Oxin-Lösung), und wiederholt die Vorextraktion dann (insbesondere bei Gegenwart von Zr, Sc und S.E.) bei pH 10,5–11,5, wobei im allgemeinen eine Ausschüttelung genügt. Dann fügt man 0,5–1 g KCN hinzu, versetzt mit 1 ml n-Butylamin, kontrolliert den pH-Wert, der 11,0 ± 0,5 betragen soll, und extrahiert das Mg nach einer der folgenden Varianten.

Erste Variante. In der Lösung dürfen keine $CHCl_3$-Tröpfchen von der Vorextraktion vorhanden sein. Man gibt 50,0 ml Oxin-Lösung hinzu, schüttelt 1 min, läßt einen Teil der CHCl-Phase in eine Schliffflasche zu einer Spatelspitze Na_2SO_4 sicc. ab, schüttelt kurz um und photometriert nach dem Absetzen die überstehende klare Lösung in einer 1 cm-Küvette bei 380 nm gegen eine Blindlösung.

Zweite Variante. Man gibt 20 ml Oxin-Lösung hinzu, schüttelt etwa 30 sec, läßt die $CHCl_3$-Phase möglichst vollständig in einen 50 ml-Meßkolben ab, wiederholt die Extraktion mit 20 ml Oxin-Lösung, fügt zu dem vereinigten organischen Extrakt 2 ml Methanol, füllt mit Oxin-Lösung zur Marke auf und photometriert in einer 1 cm-Küvette bei 380 nm gegen eine Blindlösung.

1. Organisches Material

1.1. Serum

B: 1,5–60 ppm Mg. F_r: ±1%.

Arbeitsvorschrift [*27*]

Reagentien

Trichloressigsäure, 10%ige wäßrige Lösung
0,1 m $Na_2S_2O_3$
Pufferlösung; 13,3 g NaCN, 20,0 g Ammoniumtartrat und 150 ml Ammoniak (0,91) füllt man mit Wasser auf 1 l auf.
Oxin, 1,5%ig in 1,1,2-Trichloräthan/Butylcellosolve (4:1).

2,0 ml Serum versetzt man in einem 10 ml-Meßkolben mit 3 ml Wasser, füllt mit Trichloressigsäure zur Marke auf, schüttelt und zentrifugiert in einem Zentrifugenrohr 10 min (2000 U/min). Die überstehende Flüssigkeit wird durch ein weitporiges, aschefreies Filter filtriert, 5,0 ml Filtrat in einem Schütteltrichter mit 1 ml $Na_2S_2O_3$-Lösung versetzt, 2 min gerührt, 10 ml Pufferlösung hinzugefügt und 10 min gerührt. Dann extrahiert man 5 min (mechanisch gerührt) mit 10,0 ml Oxin-Lösung, filtriert den organischen Extrakt in eine 1 cm-Küvette und photometriert bei 400 nm gegen den Blindwert.

2. Metalle und Legierungen

2.1. Nickel

Zur Entfernung der störenden Elemente wird Folgendes empfohlen:

a) die Ammoniak-Fällung für Al, Cr, Mn und die anderen mit dieser Fällung erfaßbaren Elemente, wobei Fe als Spurenfänger dient. Es ist dabei aber darauf zu achten, daß die Fe-Menge nicht zu groß ist, da sonst Verluste an Mg auftreten. Außerdem muß die Fällung von Ni unterbleiben. Eine Mg-Fällung wird durch die Anwesenheit einer bestimmten Menge Ammoniumsalz verhindert, doch darf diese nicht zu hoch sein, da sonst eine Störung der nachfolgenden Oxinextraktion eintritt.

b) Mit einer nachfolgenden $(NH_4)_2S$-Fällung werden Ni, Co, Cu, Zn und Pb abgetrennt. Da Ca-Oxinat teilweise mitextrahiert wird, muß auch Ca als Oxalat entfernt werden. Ba und Sr stören nicht.

c) Die nach diesen Fällungsmethoden noch verbliebenen Spuren einiger der genannten Elemente werden anschließend als Diäthyldithiocarbamate abgetrennt.

Die nach der Oxin-Extraktion erhaltene Mg-haltige $CHCl_3$-Lösung besitzt ihr Extinktionsmaximum bei 400 nm. Die Absorption des überschüssigen Reagenses ist dabei nur gering. Unter nahezu monochromatischen Bedingungen verläuft die Eichkurve linear. Mit dem Verfahren können 10–80 μg Mg in Anwesenheit von 100 μg Al, B, Ba, Be, Ca, Co, Cr, Cu, Fe, Mn, Mo, Sr, Ti, V, W und Zr bestimmt werden.

Die vorliegende Methode fand in vereinfachter Form in einer weiteren Arbeit zum Nachweis von Mg in Kathodennickel mit $<0{,}01\%$ Ca Anwendung [28]. Dabei wurden Ni, Co, Cu, Ag, Au und die Platinmetalle, nicht hingegen Cd und Zn durch Zusatz von 5 ml 10%iger KCN-Lösung nach der pH-Einstellung vor der Extraktion maskiert. Mn kann anstelle der Abtrennung mit Carbamat auch als Hydroxid wie Al und Cr gefällt werden, wobei es durch Zusatz von 1 ml 1%iger $(NH_4)_2S_2O_8$-Lösung nach dem Zusatz der $Fe(NO_3)_3$-Lösung oxydiert wird. Da Proben dieser Art meistens auch weniger Ca enthalten, ist es kaum erforderlich, dieses als Oxalat abzutrennen, sobald sein Gehalt in der Probe 100 µg nicht weit übersteigt. Durch diese Vereinfachung gegenüber dem früher beschriebenen Abtrennungsverfahren [3] vor der eigentlichen Mg-Bestimmung läßt sich die erforderliche Analysenzeit ohne Einbuße an Genauigkeit wesentlich verkürzen.

B: 0,001–0,1% Mg. F_r: ± 5–10%.

Arbeitsvorschrift [3]

Reagentien

HNO_3 (1 + 1); Ammoniak (0,91);

$Fe(NO_3)_3$-Lösung; 10 g reines Fe werden in 5 ml HNO_3 (1 + 2) gelöst; nach dem Austreiben der Stickoxide in der Hitze wird in einen 100 ml-Meßkolben übergeführt und nach Abkühlen zur Marke aufgefüllt;

Oxalsäure, 5%ige wäßrige Lösung;

Na-DDTC, 4%ige wäßrige Lösung; vor Gebrauch frisch herstellen und filtrieren;

Äthylenglykolmonobutyläther-Lösung (Butylcellosolve); 50,0 ml des Reagenses werden in einem 100 ml-Meßkolben mit Wasser verdünnt;

Oxin, 3%ig in $CHCl_3$; vor Gebrauch frisch herstellen.

Aufstellung der Eichkurve

0, 2,0, 4,0, 6,0 und 8,0 ml der Standard-Mg-Lösung (10 µg Mg/ml) werden jeweils in 100 ml-Bechergläsern mit 2 ml HNO_3 (1 + 1) versetzt und auf 40 ± 2 ml mit Wasser verdünnt. Die Lösungen werden mit Ammoniak gegen Kongorot neutralisiert. Man versetzt dann mit 5 ml Butylcellosolve-Lösung und fügt 10 ml Ammoniak zu. Man führt die Lösungen in 125 ml-Schütteltrichter über, fügt je 20,0 ml Oxin-Lösung hinzu und schüttelt 1 min. Von der organischen Phase werden nach der Phasentrennung rund 18 ml abfiltriert und bei 400 nm in einer 1 cm- oder 2 cm-Küvette gegen $CHCl_3$ photometriert.

Analyse der Nickelprobe

Je nach Mg-Gehalt wird zwischen 0,01–0,1 g Probe (oder mehr) eingewogen. Man löst unter schwachem Erwärmen in 2 ml HNO_3 (1 + 1). Ein evtl. vorhandener unlöslicher Rückstand von C, Si oder W wird vernachlässigt. Nach dem Abkühlen versetzt man mit 1 ml $Fe(NO_3)_3$-Lösung und füllt mit Wasser auf 40 ml auf. Man neutralisiert mit Ammoniak gegen Kongorot und setzt dann noch 1 ml Ammoniak im Überschuß zu. Dieser reicht aus, um eine Fällung des Ni zu verhindern, ohne jedoch die Hydroxide von Al und Cr zu lösen. Man erhitzt die Probelösung scharf auf 65–70° C, um die Fällung zu vervollständigen. Die Temperatur-Einhaltung ist wegen der Vermeidung einer Ni-Fällung wichtig. Die Niederschläge werden ohne nachzuwaschen abfiltriert. Zum möglichst quantitativ abgetrennten Filtrat setzt man 2 ml Oxalsäure-Lösung zu und leitet 5 min lang H_2S ein. Man läßt 5 min absitzen und filtriert danach die ausgefallenen Sulfide, ebenfalls ohne nachzuwaschen, ab. Zu dem möglichst quantitativ abgetrennten Filtrat werden einige Körnchen Siliciumcarbid zugesetzt, die Lösung zum Austreiben des restlichen $(NH_4)_2S$ 20 min in einem Becherglas aufgekocht und danach abgekühlt. Man fügt 5 ml Carbamat-Lösung hinzu und filtriert nach 10 min von den ausgefällten Carbamaten ab. Der Niederschlag wird einmal mit wenig Wasser nachgewaschen. Das Filtrat, das evtl. eine schwache Rosafärbung zeigen kann, wird mit Wasser auf 40 $\pm$ 2 ml aufgefüllt. Dann werden 5 ml Butylcellosolve-Lösung und 10 ml Ammoniak zugesetzt. In einem Schütteltrichter wird diese Lösung nach Zusatz von 20,0 ml Oxin-Lösung 1 min extrahiert, vom organischen Extrakt etwa 18 ml abfiltriert und wie bei der Aufstellung der Eichkurve photometriert.

2.2. Uran

Das U wird durch Extraktion mit TBP/CCl_4 und Oxin/$CHCl_3$ abgetrennt.
B: $\geqq$ 1 ppm Mg. *F_r:* $\pm 5\%$.

Arbeitsvorschrift [*17*]

Reagentien

HNO_3 (1,40)
TBP, 30%ig in CCl_4.
CCl_4; $CHCl_3$
Übrige Reagentien wie bei Verfahren B.2.1 (s. S. 802).

2,0 g Probematerial werden in 10 ml HNO_3 (1 + 1) gelöst, zur Trockene eingedampft, der Rückstand mit 10 ml Wasser gelöst, 5 ml HNO_3 (1,40) hinzugefügt und in einen 100 ml-Schütteltrichter übergeführt. Man extrahiert 3mal mit je 20 ml TBP, wäscht 2mal mit je 20 ml CCl_4, verwirft die organischen Extrakte, stellt die Lösung mit Ammoniak auf pH 7—8 ein, extrahiert 3—4mal mit je 20 ml Oxin-Lösung (bis der letzte Extrakt farblos ist), wäscht 2mal mit je 20 ml $CHCl_3$ und verwirft die organischen Extrakte. Nach Zusatz von 5 ml Butylcellosolve-Lösung und 10 ml Ammoniak wird mit 20,0 ml Oxin-Lösung 1 min extrahiert, der organische Extrakt in eine 1 cm-Küvette filtriert und bei 400 nm gegen $CHCl_3$ photometriert.

C. Atomabsorptionsspektrophotometrie

Die Bestimmung des Mg mit der AAS erfolgt mit der Linie Mg 2852 und dem Luft/C_2H_2-Brenner ($S_M = 0{,}01$ µg Mg · ml^{-1}). Der optimale Arbeitsbereich liegt innerhalb 0,1—2 µg Mg/ml wäßriger Lösung. Für höhere Mg-Gehalte eignet sich die Linie Mg 2525 ($S_M = 0{,}5$ µg Mg · ml^{-1}) mit einem optimalen Arbeitsbereich von 1—20 µg Mg/ml wäßriger Lösung. Mit der laminaren Luft/C_2H_2-Flamme ist die Bestimmung des Mg weitgehend störungsfrei bzw. die Zahl der Störungen gering. Es stören nicht [*29—32*]: jeweils 1000 ppm an Ba, Ca, Ce(III), Co, Cr(III), Cu, K, La, Li, Na, Ni, Pb, Sc, Sr, Y, Zn, Cl^-, Br^-, NO_3^-, SO_4^{2-}, PO_4^{3-} und ClO_4^-, weiterhin (in ppm) Fe(5000), Mn(20), Mo(40), Si(4), U u. a. m. $\geqq$ 20 µg Si/ml [*32*] und $\geqq$ 25 µg Al/ml [*30*] stören. Der Meßwert von 1 ppm Mg wird durch jeweils 1000 ppm der folgenden Elemente in unterschiedlichem Ausmaß vermindert (in %) [*31*]: Al(59), Be(76), Si(32), Ti(50), Zr(76) und F^-(92). Diese Störungen werden durch andere Elemente erhöht oder vermindert [*31*]. Art und Umfang der Störungen hängen jedoch stark von der Brennerart, Beobachtungshöhe über dem Brennerschlitz, Flammentemperatur, Oxidans/Brenngas-Kombination und -Verhältnis ab, weshalb man aufgrund unterschiedlicher Versuchsbedingungen in der Literatur hinsichtlich der Störungen einander widersprechende Angaben findet: die Störungen sind zahlreicher und größer mit kälteren Flammen (z. B. Luft/Propan), turbulenten Flammen und Brennern geringeren Zerstäubungsgrades. Zahlreiche Störungen lassen sich mit 1500 ppm Sr unterdrücken. In Anwesenheit von 1500 ppm Sr stören nicht (in ppm) [*30*]:

Al(100), Cr(500), Cu(250), Mn(100), Mo(250), Ni(250), P(25), Si(100), Ti(25), V(100), Zn(50), Zr(25). Eine Störung von anwesendem Eiweiß beseitigt man durch Zusatz von ÄDTA. Die Störung von jeweils 1000 ppm Al, Be, Ti und Zr läßt sich durch Zusatz von 1,6% 5-Sulfosalicylsäure beseitigen [*31*]. Mit der N_2O/C_2H_2-Flamme treten keine Störungen auf ($S_M = 0{,}02$ µg Mg · ml^{-1}). Eine Ionisierung des Mg in dieser Flamme unterdrückt man mit 1000 ppm K, 1500 ppm Na [*33*] oder 2500 ppm Sr [*29, 33*]. Die Zusätze dienen auch der Beseitigung bzw. Herabsetzung von Störungen und Matrixeffekten. Liegt der Mg-Gehalt der Probelösung unterhalb L_Q, so trennt man den Hauptbestandteil zweckmäßig ab, extrahiert das Mg z. B. mit Oxin/MIBK (s. S. 337 ff., 798) und sprüht den organischen Extrakt in die Flamme ein.

Mittels AAS wurde Mg in zahlreichen Materialien bestimmt, wie Eisen [*30*], Quecksilber [*34*], Molybdän und -verbindungen (≧ 20 ppm Mg) [*35*], Uran [*32, 36*], Plutonium (≧ 1 ppm Mg) [*37*], Uranverbindungen [*36*] und Silberchlorid [*38*]. Zur Bestimmung in Alkalicarbonaten (≧ 1 ppm Mg) wurde das Mg vorher bei pH > 11 mit Oxin/MIBK extrahiert und der Extrakt in die Flamme eingesprüht [*39*].

1. Organisches Material

1.1. Serum, Harn

Es genügt im allgemeinen, Serum (15–30 ppm Mg) mit Wasser im Verhältnis 1:20 bis 1:50 zu verdünnen unter Zusatz von Sr, ÄDTA oder La (s. Abschnitt „Calcium", S. 562) und die verdünnte Lösung (2500 ppm Sr, 10000 ppm ÄDTA oder 10000 ppm La enthaltend) in die Luft/C_2H_2-Flamme einzusprühen [*29*]. Bei Bedarf kann das Eiweiß wie üblich mit Trichloressigsäure entfernt werden. Bei Harn (10–250 ppm Mg) genügt eine Verdünnung mit Wasser im Verhältnis 1:25 bis 1:500 [*40*].

1.2. Schmieröl [*41–43*]

B: 0,05–2 ppm Mg. *V:* ± 1–3%.

Man sprüht die mit MIBK 10fach (bei höheren Gehalten noch mehr) verdünnte Probe in die C_2H_2-arme Flamme ein und verwendet für die Mg-Stammlösung Mg-cyclohexanbutyrat [NBS Standard 1061a; 0,725 g (≡ 50 mg Mg) löst man unter Erwärmen in 3 ml Xylol + 5 ml 2-Äthylcapronsäure und verdünnt mit Mg-freiem Schmieröl auf 100 g (500 µg Mg/g)].

2. Metalle und Legierungen

2.1. Unlegierter und legierter Stahl

Folgende Elementgehalte (%) im Stahl stören nicht: Al(2), Cr (30), Ni (20), P (0,5). Für die Analyse verwendet man ausschließlich Platin- und Kunststoffgefäße.

B: 5–200 ppm Mg. *s:* ± 0,7 ppm Mg.

Arbeitsvorschrift [*33*]

Reagentien

HF (40%); HNO_3 (1 + 1); $HClO_4$ (70%);
Ammoniak (0,91)
$SrCl_2 \cdot 6\,H_2O$; Na_2CO_3 sicc.

1,0 g Probematerial wird in einem 100 ml-Teflonbecher mit 450 ± 5 mg $SrCl_2$ versetzt, mit 15 ml HF und 10 ml HNO_3 (1 + 1) unter Erwärmen (Becher mit Teflondeckel bedeckt) gelöst und nach Zusatz von 10 ml $HClO_4$ 5 min abgeraucht. Man nimmt mit

15 ml Wasser auf, filtriert in eine gewogene Polyäthylenflasche (A), wäscht den Rückstand mit heißem Wasser (in Anwesenheit von WO_3 wäscht man mit Ammoniak), verwirft die Waschlösung und verascht das Filter in einem Platintiegel bei 600 °C. Die Asche wird mit 5 ml HF und 1 ml $HClO_4$ abgeraucht, zur Trockene eingedampft, 5 min geröstet und der Rückstand anschließend mit 345 ± 5 mg Na_2CO_3 15 min bei 1100° C aufgeschlossen. Die erkaltete Schmelze löst man mit 10 ml Wasser und 7 ml $HClO_4$, kocht 5 min, filtriert in die gewogene Polyäthylenflasche (A), verdünnt die Probelösung mit Wasser auf 107,0 g (Nettogewicht) und bestimmt darin Mg und Ca mittels AAS (N_2O/C_2H_2-Brenner, Linien Mg 2852, Ca 4227).

2.2. Nickel und Nickellegierungen [*44*]

B: $\geqq$ 0,005% Mg. F_r: ± 1–3%.

Man löst 0,050–0,100 g Probematerial in 5–10 ml HNO_3 (1 + 1) (bei >0,15% Si wird zuerst in HCl gelöst, zur Trockene eingedampft und dann mit HNO_3 gelöst) füllt mit Wasser auf 50,0 ml auf und sprüht die Lösung in die Flamme ein.

D. Emissionsspektralanalyse

Mg läßt sich recht empfindlich mit Hilfe der Emissionsspektralanalyse bestimmen, wobei hierzu oft die Linie Mg 2779,8, Mg 2802,7 und Mg 2852,1 verwendet werden (s. S. 1379). Beispielsweise können bis zu 5 ng Mg auf der Graphitelektrode quantitativ bestimmt werden. Ähnlich wie bei Ca wird auch bei Mg bei sehr niedrigen Gehalten eine Vorisolierung vorgenommen. Hinsichtlich der Bestimmung von Mg in verschiedenen Materialien s. S. 1379ff.

E. Verschiedenes

Zur photometrischen Bestimmung von Mg fanden noch andere Reagentien Anwendung: Besonders häufig Titangelb [*2, 5, 10, 12, 45–52*], weiterhin Thiazolgelb [*6, 51–55*], Brillantgelb [*56*], Solochromcyanin R 200 [*57*], 1-Azo-2-hydroxy-3-(2,4-dimethylcarboxanilido)-naphthalin-1'-(2-hydroxybenzol-5-sulfosaures Natrium) [*58, 59*] Bis-salicyliden-äthylendiamin [*60, 61*], Eriochromschwarz T [*4, 7, 62–67*], 7-[α-(o-Carbomethoxyanilino)-benzyl]-8-hydroxychinolin/$CHCl_3$ ($\varepsilon_{390-410} = 6450$) [*68*], Chlorophosphonazo III ($\varepsilon_{669} = 48000$) [*69*], Methylthymolblau ($\varepsilon_{610} = 15200$) [*70*], 5-(4-Nitrophenylazo)salicylat (Extinktionsmaximum 450 nm) [*71*], Chromotrop 2R ($\varepsilon_{570} = 37000$) [*72*], Magon [1-Azo-2-hydroxy-3-(2,4-dimethylcarboxyanilido)-naphthalin-1-(2-hydroxybenzol-5-sulfonat), Na-Salz] ($\varepsilon_{510} = 26000$) [*16*] und Barbitursäure-Polymethinfarbstoff (Extinktionsmaximum 632 nm; $L_Q = 0{,}05$ µg Mg · ml^{-1} · cm^{-1}) [*73*]. Auf fluorimetrischem Wege wurden 0,002–0,1 ppm Mg mit N,N'-Bis-salicyliden-2,3-diaminobenzofuran (Anregung 475 nm/Messung 545 nm) bestimmt [*74*].

Das isolierte Mg kann auch mikromaßanalytisch mit ÄDTA unter Beachtung besonderer Vorsichtsmaßregeln bis herab zu 0,02 µg Mg mit $s = \pm 0{,}01$ µg Mg bestimmt werden [*75*].

Literatur

1. Westwood, W., Presser, R.: Analyst **76**, 191 (1951).
2. Noddack, W., Eckert, G., Riedel, K.: Z. anal. Chem. **147**, 417 (1955).
3. Luke, C. L., Campbell, M. E.: Analyt. Chem. **26**, 1778 (1954).
4. Pohl, H.: Z. anal. Chem. **155**, 263 (1957).
5. Challis, H. J. G., Wood, D. F.: Analyst **79**, 762 (1954).
6. Kenyon, O. A., Oplinger, G.: Analyt. Chem. **27**, 1125 (1955).
7. Pohl, H.: Metall **10**, 709 (1956).
8. Kirby, K. W., Crawley, R. H. A.: Analyt. chim. Acta **19**, 363 (1958).
9. Riley, J. P.: Analyt. chim. Acta **21**, 317 (1959).
10. Abrahamczik, E.: Mikrochem. verein. Mikrochim. Acta **33**, 209 (1947).
11. Abrahamczik, E.: Angew. Chem. **61**, 96 (1949).
12. Graue, G., Marotz, R., Zöhler, A.: Angew. Chem. **67**, 123 (1955).
13. Berg, R.: Z. anal. Chem. **70**, 341 (1927); **71**, 23, 171, 369 (1927).
14. Bittel, R.: Z. anal. Chem. **137**, 273 (1952).
15. Youngdahl, C. A., de Boer, F. E.: Nature (Lond.) **184**, 54 (1959); ref. Z. anal. Chem. **174**, 209 (1960).
16. Apple, R. F., White, J. C.: Talanta **8**, 419 (1961).
17. Athavale, V. T., Bhasin, R. L., Jangida, B. L.: Analyst **87**, 217 (1962).
18.—20. —
21. Jankowski, S. J., Freiser, H.: Analyt. Chem. **33**, 776 (1961).
22. Deterding, H. C., Taylor, R. G.: Ind. Eng. Chem., Anal. Ed. **18**, 127 (1946).
23. Stone, K. G., Furman, N. H.: Ind. Eng. Chem., Anal. Ed. **16**, 596 (1944).
24. Sideris, C. P.: Ind. Eng. Chem., Anal. Ed. **12**, 232 (1940).
25. Hough, W. A., Ficklen, J. B.: J. Am. chem. Soc. **52**, 4752 (1930).
26. Umland, F., Hoffmann, W.: Analyt. chim. Acta **17**, 234 (1957).
27. Toribara, T. Y., Koval, L., Olive, J. F. P.: Talanta **10**, 1277 (1963).

27a. Geilmann, W., Tölg, G.: Glastechn. Ber. **34**, 253 (1961).

28. Luke, C. L.: Analyt. Chem. **28**, 1443 (1956).
29. Willis, J. B.: Spectrochim. Acta **16**, 273 (1960).
30. Belcher, C. B., Bray, H. M.: Analyt. chim. Acta **26**, 322 (1962).
31. Komárek, J., Jambor, J., Sommer, L.: Z. anal. Chem. **262**, 91 (1972).
32. Humphrey, J. R.: Analyt. Chem. **37**, 1604 (1965).
33. Taylor, M. L., Belcher, C. B.: Analyt. chim. Acta **45**, 219 (1969).
34. Meyer, J.: Z. anal. Chem. **219**, 147 (1966).
35. Karajannis, S., Ortner, H. M., Spitzy, H.: Talanta **19**, 903 (1972).
36. Walker, C. R., Vita, O. A.: Analyt. chim. Acta **43**, 27 (1968).
37. Vienney, J.: Analyt. chim. Acta **55**, 37 (1971).
38. Edwards, J. W., Lominac, G. D., Buck, R. P.: Analyt. chim. Acta **57**, 257 (1971).
39. Suzuki, M., Yanagisawa, M., Takeuchi, T.: Talanta **12**, 989 (1965).
40. Willis, J. B.: Analyt. Chem. **33**, 556 (1961).
41. Burrows, J. A., Heerdt, J. C., Willis, J. B.: Analyt. Chem. **37**, 579 (1965).
42. Means, E. A., Ratcliff, D.: Atom. Absorp. Newsletter **4**, 174 (1965).
43. Sprague, S., Slavin, W.: Atom. Absorp. Newsletter **4**, 367 (1965).
44. Andrew, T. R., Nichols, P. N. R.: Analyst **87**, 25 (1962).
45. Urbach, C., Baril, R.: Mikrochem. **14**, 343 (1934).
46. Gillan, W. S.: Ind. Eng. Chem., Anal. Ed. **13**, 499 (1941).
47. Ludwig, E. E., Johnson, C. R.: Ind. Eng. Chem., Anal. Ed. **14**, 895 (1942).
48. Stross, W.: Analyst **67**, 317 (1942).
49. Gardner, R. J.: Biochem. J. **40**, 828 (1946).
50. Pieters, H. A. J., Hanssen, W. J., Geurts, J. J.: Analyt. chim. Acta **2**, 241 (1948).
51. Hunter, J. G.: Analyst **75**, 91 (1950).
52. Glemser, O., Dautzenberg, W.: Z. anal. Chem. **136**, 254 (1952).
53. Drossdorff, M., Nearpass, D. C.: Analyt. Chem. **20**, 673 (1948).
54. Sterges, A. J., MacIntire, W. H.: Analyt. Chem. **22**, 351 (1950).
55. Young, H. Y., Gill, R. F.: Analyt. Chem. **23**, 751 (1951).
56. Taras, M.: Analyt. Chem. **20**, 1156 (1948).
57. Bacon, A.: Metallurgia **44**, 207 (1951).
58. Mann, C. K., Yoe, J. H.: Analyt. Chem. **28**, 202 (1956).

59. MANN, C. K., YOE, J. H.: Analyt. chim. Acta **16**, 155 (1957).
60. WHITE, C. E., CUTTITTA, F.: Analyt. Chem. **31**, 2083 (1959).
61. CUTTITTA, F., WHITE, C. E.: Analyt. Chem. **31**, 2087 (1959).
62. DIRSCHERL, W., BREUER, H.: Mikrochem. verein. Mikrochim. Acta **40**, 322 (1953).
63. HARVEY, A. E., Jr., KOMARMY, J. M., WYATT, G. M.: Analyt. Chem. **25**, 498 (1953).
64. SMITH, A. J.: Biochem. J. **60**, 522 (1955).
65. GASSER, J. K. R.: Analyst **80**, 482 (1955).
66. POLLARD, F. H., MARTIN, J. V.: Analyst **81**, 348 (1956).
67. ROONEY, R. C.: B.C.I.R.A. J. Res. Developm. **7**, 442 (1958).
68. UMLAND, F., PODDAR, B. K., MECKENSTOCK, K. U.: Z. anal. Chem. **185**, 362 (1962).
69. FERGUSON, J. W., RICHARD, J. J., O'LAUGHLIN, J. W., BANKS, C. V.: Analyt. Chem. **36**, 796 (1964).
70. METCALFE, J.: Analyst **90**, 409 (1965).
71. BETTERIDGE, D., YOE, J. H.: Talanta **9**, 355 (1962).
72. SHIBATA, S., UCHIUMI, A., SASAKI, S., GOTO, K.: Analyt. chim. Acta **44**, 345 (1969).
73. ASMUS, E., SCHNABEL, H.: Z. anal. Chem. **200**, 197 (1964).
74. DAGNALL, R. M., SMITH, R., WEST, T. S.: Analyst **92**, 20 (1967).
75. FLASCHKA, H., SADEK, F.: Mikrochim. Acta (Wien) **1957**, 1.

Mn — Mangan

Tabelle 150. Empfindlichkeit S_M und Bestimmungsgrenze L_Q der Verfahren

Verfahren	µg Mn · ml⁻¹ · cm⁻¹ S_M	L_Q
Natriumdiäthyldithiocarbamat/$CHCl_3$	0,011 (505 nm) 0,025 (578 nm)	0,28 (505 nm) 0,63 (578 nm)
Formaldoxim	0,0056 (450—455 nm)	0,14 (450—455 nm)
Leukomalachitgrün	0,00008 (620 nm)	~ 0,002 (620 nm)
Permanganat	0,022—0,025 (525 nm, 545 nm)	0,55—0,63 (525 nm, 545 nm)
Permanganat-Tetraphenylarsoniumchlorid/$CHCl_3$ (oder Dichloräthan)	~ 0,016 (528—532 nm)	~ 0,4 (528—532 nm)
Atomabsorptionsspektrophotometrie	0,10[1,2]	0,02—0,10[1,3]

[1] µg · ml⁻¹. [2] Für 1% Absorption. [3] $F_r = \pm 10\%$.

A. Trennungen

Die Extraktion fand sowohl für Trennungen als auch zur eigentlichen Bestimmung von geringen Mengen Mn bisher beschränkte Anwendung. Fe kann von Mn durch Extraktion aus HCl-Lösung mit Diäthyläther, Amylacetat [*1*] oder mit Diisopropyläther [*2—4*] abgetrennt werden. Vor der halbquantitativen Bestimmung des Mn als Permanganat wurden Pt, Ir und Rh durch Extraktion mit Äthylacetat aus 6n HCl-Lösung entfernt [*5*]. Weiterhin ist es möglich, Mn als MnO_4^- mit Pyridin [mit 4n NaOH (oder KOH) gesättigt] zu extrahieren [*6*]. MnO_4^{2-} wird nicht extrahiert [*7*]. Re(VII) und Tc(VII) werden ebenfalls ausgeschüttelt. Das Verfahren ist stark zeit- und temperaturabhängig, da MnO_4^- sehr rasch zu MnO_4^{2-} zersetzt wird. Über die Extrahierbarkeit des zwischen MnO_4^- und TPA-chlorid gebildeten Assoziationskomplexes, der sich auch zur photometrischen Bestimmung des Mn eignet, s. S. 819, Abschnitt E. Außerdem kann MnO_4^- aus H_2SO_4-Lösung als Triphenylsulfoniumverbindung mit $CHCl_3$ von einer Reihe von Anionen getrennt werden [*7a*] (s. a. S. 356).

Neben einer großen Zahl von anderen Elementen wurde auch das Mn in seinem Verhalten zu den verschiedenen Dithiocarbamaten näher untersucht [*8*]. Verschiedene substituierte Dithiocarbamate wurden nicht nur zur Abtrennung, sei es der Störelemente [*9*] oder des Mn selbst [*10*], sondern auch zur quantitativen Mn-Bestimmung herangezogen [*11*]. Co, Cu, Fe und Ni wurden vom Mn durch Extraktion aus KSCN und Cystein enthaltender Lösung mit Dibutylammoniumdibutyldithiocarbamat/$CHCl_3$ oder /CCl_4 abgetrennt [*9*]. Mn wurde durch Extraktion mit DADDTC/$CHCl_3$ aus citrathaltiger Lösung bei pH 7,5—8,0 von Ce abgetrennt und nach Veraschung des organischen Extraktes mit H_2SO_4/HNO_3 anschließend als Permanganat photometrisch bestimmt [*12*]. 0,001—0,02 µg Mn lassen sich aus Probelösungen mit hohem $Ca_3(PO_4)_2$-Gehalt (von veraschten Knochen, Milch) nach Zusatz von Natriumcitrat (2 g/g Probenasche) durch 3malige Extraktion mit Na-DDTC/$CHCl_3$ bei pH 5,3 vollständig isolieren [*12a*].

Vor der Bestimmung in Natriumhydroxid [13] wurde das Mn durch Ausschütteln mit Oxin/$CHCl_3$ bei pH 9 von anderen Elementen abgetrennt. Bei der Mn-Bestimmung mit PAN/$CHCl_3$ in Molybdän, Niob, Tantal und Wolfram wurden Mo, Nb, Ta und W aus HCl-Lösung mit Cupferron/$CHCl_3$ von Mn(II) abgetrennt [13a].

Zur Mn-Bestimmung in Stahl [1] mittels der komplexometrischen Titration [14] wurde das Mn durch Extraktion als Thiocyanat aus etwa neutraler Lösung in Anwesenheit von F^- mit Butylphosphat/Diäthyläther (3:2) isoliert [1]. Aus der organischen Phase läßt sich das Mn mit HCl (1,19) rückschütteln und in der wäßrigen Lösung nach einem der später beschriebenen Verfahren bestimmen.

Hinsichtlich der Abtrennung des Mn von Re und Tc mittels Anionenaustauscher IRA-400 s. S. 979.

Mn-Mengen im Milligramm-Bereich und darunter können als Permangansäure aus genau 10m H_2SO_4 in Anwesenheit von KIO_4 quantitativ überdestilliert werden [15]. Diese Art der Isolierung wurde für Stahlproben vorgeschlagen. Das Verfahren diente auch zur Abtrennung von trägerfreiem ^{54}Mn aus Fe-Targets (Ausbeute 85–90%; Destillationszeit 15 min) [16].

Mittels Anionenaustauscher Dowex-1X8 wurden Fe, Co, Cu und die Hauptmenge an Ca und Mg von Mn abgetrennt, die bei der photometrischen Bestimmung des Mn in Blut mit Benzohydroxamsäure stören [16a].

B. Natriumdiäthyldithiocarbamat

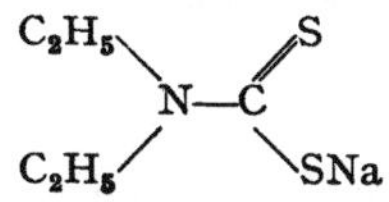

Mn(II) bildet mit Natriumdiäthyldithiocarbamat (Na-DDTC) in saurer und alkalischer Lösung einen in Wasser schwer löslichen, in $CHCl_3$ löslichen farblosen Komplex $Mn(DDTC)_2$, der durch Oxydation an der Luft leicht in das braunviolette $Mn(DDTC)_3$ des Mn(III) übergeht [8, 11, 16–24]. Die Oxydation ist nach höchstens 1 min langem Schütteln des Extraktes vollständig und vollzieht sich bereits während des Extraktionsvorganges, was leicht an der Farbvertiefung der zuerst farblosen organischen Phase nach braunviolett zu beobachten ist. Beim entsprechenden Komplex mit Tetramethylendithiocarbamat ist hierzu eine Schüttelzeit von mehreren Minuten erforderlich, während das Pentamethylendithiocarbamat in dieser Hinsicht zwischen diesen Zeiten liegt. Der braunviolette Extrakt des $Mn(DDTC)_3$ bildet die Grundlage zur photometrischen Bestimmung des Mn. Die Mn-Komplexe des Pentamethylen- und des Tetramethylendithiocarbamates [11] sind in $CHCl_3$ nur dann längere Zeit beständig, wenn der pH-Wert der wäßrigen Lösung vor der Extraktion zwischen 6,0 und 6,6 liegt. Beim $Mn(DDTC)_3$ wird demgegenüber erst unterhalb pH 6 und über pH 7 eine merkliche Zersetzung beobachtet. Von den drei Carbamaten ist der Komplex $Mn(DDTC)_3$ am beständigsten. In anderen Arbeiten wurde dieser bei pH 3–5 [10] und pH 5,7 [23, 24] aus HCl-Lösung extrahiert. Auch in Anwesenheit von Tartrat, PO_4^{3-} [19, 20] und Citrat [12, 20] kann Mn mit Na-DDTC/$CHCl_3$ bei pH 6–9 ausgeschüttelt werden. Die Lösungen von $Mn(DDTC)_3$ in CCl_4 zeigen zwei Extinktionsmaxima bei 355 und 505 nm sowie ein Minimum bei 450 nm (s. Abb. 132) ($\varepsilon_{505} = 4999$) [24a]. Das Extinktionsmaximum von 355 nm kann nur bei Arbeiten oberhalb von pH 8 verwendet werden [20]. Bei 578 nm und $CHCl_3$ als Solvens ist die Leerwertextinktion auch verhältnismäßig gering und wenig durch die Faktoren Zeit und Reagenszersetzung beeinflußt [11]. Das Beersche Gesetz ist bei

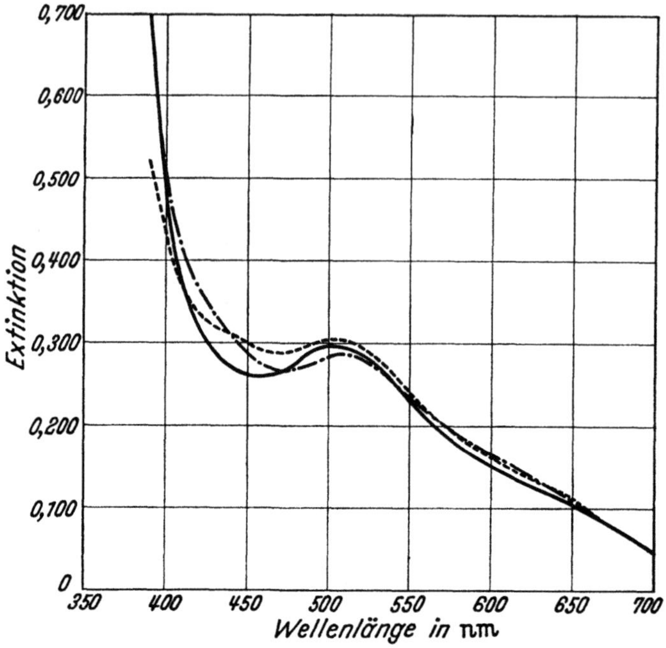

Abb. 132. Extinktionskurven von Mn(III)-Carbamaten in $CHCl_3$ [*11*]; ——— Diäthyldithiocarbamat, ----- Pentamethylendithiocarbamat, —·—·— Tetramethylendithiocarbamat

578 nm im Bereich von 0,63—25 µg Mn/ml $CHCl_3$ erfüllt. Die Mn-Bestimmung wird durch eine Reihe von Elementen gestört, welche ebenfalls gefärbte extrahierbare Carbamate bilden. Bei pH 8—9 sollen sich durch KCN die Elemente Fe und Hg teilweise, Ni, Co, Cu, Ag, Zn vollständig maskieren lassen, während Mn unbeeinflußt bleibt [*20*]. Von anderer Seite [*12*] wird hingegen bei einem Verhältnis von Mn : KCN = 1 : 10000 für den pH-Bereich von ~ 6—9 eine teilweise Maskierung des Mn bei der Extraktion mit DADDTC/$CHCl_3$ festgestellt. Zur Isolierung des Mn aus Aschelösung biologischer Proben [*24a*] wurde Mn(II) zusammen mit einem Teil von anwesendem Fe(III) bei pH 8,6 aus 0,25m Citrat/KCN (0,25%ig)-Lösung mit Na-DDTC/$CHCl_3$ extrahiert, das Mn mit 2,5n HCl rückgeschüttelt (Fe bleibt dabei in der organischen Phase), schließlich erneut bei pH 8,6 aus Citrat/KCN-Lösung mit Na-DDTC/$CHCl_3$ extrahiert und der organische Extrakt photometriert. Durch ÄDTA wird das Mn maskiert, ferner auch durch $P_2O_7^{4-}$. Bei Anwesenheit von Reduktionsmitteln wie SO_2 oder Hydroxylaminhydrochlorid unterbleibt die Carbamatfällung [*20*]; nach anderen Erfahrungen [*12*] wird die Extraktion von 100 µg Mn mit DADDTC/$CHCl_3$ bei pH 7,5—8,0 durch die Anwesenheit von jeweils 1 g an Hydroxylaminhydrochlorid und $Na_2S_2O_5$ nicht gestört. Aus diesen Gründen ist es daher notwendig, Störelemente vorher abzutrennen. Für eine Mn-Bestimmung in Stahl [*11*] wurden Fe, Cu, Co, Mo, U und V als Thiocyanate mit dem Lösungsmittelgemisch Tetrahydrofuran-Diäthyläther [*25*] entfernt. Obwohl neben Mn auch Cr einen Carbamatkomplex gibt, hat sich aber gezeigt, daß selbst ein großer Überschuß an Cr(III) nicht merklich stört. Liegt Ni in geringerer Menge als das zu bestimmende Mn vor, so kann es vernachlässigt werden, da der in $CHCl_3$ ebenfalls gelöste Ni-Carbamatkomplex bei 578 nm fast keine Extinktion aufweist. Erst bei einem Verhältnis von Ni : Mn = 1 : 1 erhöht sich die Mn-Extinktion um rund 5%. In solchen Fällen kann durch

Extraktion mit Dimethylglyoxim/$CHCl_3$ das Ni vor der Mn-Bestimmung entfernt werden.

Arbeitsvorschrift

Reagentien

6n HCl; 2,5n HCl; 6n Ammoniak.
Natriumcitrat, 25%ige wäßrige Lösung.
KCN, 2%ige wäßrige Lösung
Na-DDTC, 5%ige wäßrige Lösung.
$CHCl_3$.

a) ~ 20 ml schwach saure Probelösung (1,5—280 μg Mn enthaltend) versetzt man in einem 150 ml-Schütteltrichter mit 10 ml Natriumcitrat-Lösung sowie 5 ml KCN-Lösung, stellt mit HCl und Ammoniak auf pH 8,6 ein, fügt 2 ml Na-DDTC-Lösung hinzu, extrahiert 1 min mit 10 ml $CHCl_3$, läßt die organische Phase in einen zweiten Schütteltrichter ab und wiederholt die Extraktion mit weiteren 2 ml Na-DDTC-Lösung und 10 ml $CHCl_3$.

b) Die wäßrige Phase wird verworfen, aus dem vereinigten organischen Extrakt das Mn 2mal mit je 20 ml 2,5n HCl rückgeschüttelt und die $CHCl_3$-Phase verworfen. Man dampft die wäßrige Lösung zur Trockene ein, nimmt mit wenig 0,1n HCl und Wasser auf, extrahiert das Mn erneut wie unter a), füllt den organischen Extrakt in einem 25 ml-Meßkolben mit $CHCl_3$ zur Marke auf und photometriert in einer 1 cm- (7—280 μg Mn), 2 cm- (3,5—140 μg Mn) oder 5 cm-Küvette (1,5—56 μg Mn) bei 505 nm gegen $CHCl_3$.

C. Formaldoxim

HCH=NOH

Für den qualitativen Nachweis von Mn wurde vor längerer Zeit Formaldoxim (FO) empfohlen, das bereits mit Mn-Spuren in ammoniakalischer Lösung eine orange bis rote Färbung gibt [*26*]. Im Komplex soll Mn in der dreiwertigen Stufe vorliegen, wobei das zweiwertige Mn durch den Luftsauerstoff oxydiert wird; von anderer Seite [*27*] wird aber auch Mn(II) als reaktionsfähig bezeichnet. Die Farbbildung erfolgt sofort und die Färbung ist über 16 Std stabil, so daß das Reagens auch für die colorimetrische bzw. photometrische Mn-Bestimmung mehrfach Anwendung fand [*10, 27—35*]. Die Extinktion wird bei 450—455 nm gemessen (s. Abb. 133). Das Beersche Gesetz gilt im Bereich von 0,14—6 μg Mn/ml [*27—29*] ($\varepsilon = 11200$) [*36*].

Eine bemerkenswerte Störung verursacht Fe durch Bildung eines violetten Komplexes [*36*]. Sie läßt sich, ebenso auch jene des Cu [*35*], durch Maskieren mit CN^- in Anwesenheit von Tartrat und Entfernung des CN^--Überschusses mit Zn beseitigen [*10, 27*]. Außerdem kann Fe vorher durch Ausäthern entfernt werden. Die 10—15fache Menge Fe(II, III) stört nicht, wenn man den Fe-FO-Komplex nach der Farbentwicklung durch Zusatz von ÄDTA und Hydroxylaminhydrochlorid zerstört [*36a*]. Auch Cu (violett), Ni(IV) (goldbraun), Co (gelbgrün), Ce(IV) (gelb) und V(V) (braun-orange) geben gefärbte Komplexe [*36, 36b*). Diese, sowie größere Mengen U und die in alkalischer Lösung eine Trübung verursachenden Elemente Bi, Hg und Ti stören; deshalb wurde Mn zusammen mit Fe, Cu, Ni, Co und anderen Elementen als Carbamat mit $CHCl_3$ extrahiert und aus der organischen Phase das Mn allein durch Zn verdrängt [*10*]. Von anderer Seite [*35*] wurde Fe mit Cupferron/Methylenchlorid entfernt. Bei der Untersuchung in Pflanzenmaterial [*31*] wurde Fe als Phosphat und das ebenfalls störende PO_4^{3-} als

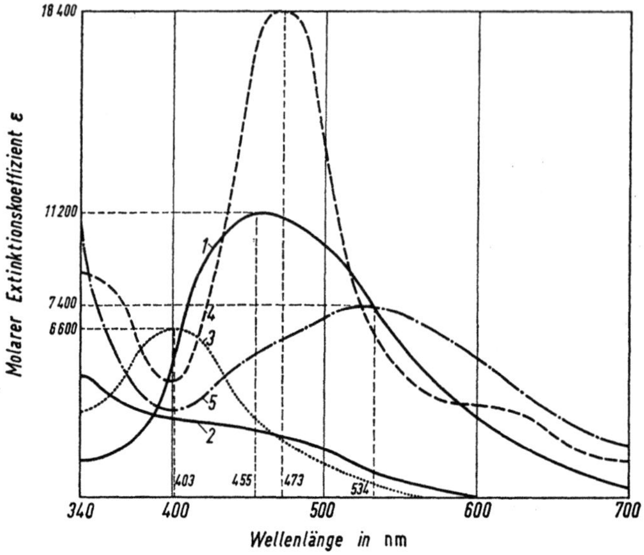

Abb. 133. Absorptionskurven der Komplexe von Formaldoxim mit Mn (*1*), Ce (*2*), V (*3*), Ni (*4*) und Fe (*5*) [*36*]

$Pb_3(PO_4)_2$ in essigsaurer Lösung ausgefällt. In anderen Arbeiten wird eine durch PO_4^{3-} gebildete Trübung durch Zusatz von Ammonium-Salzen und $Na_4P_2O_7$ [*35*] oder durch Zusatz von N-Hydroxyäthyläthylendiamintetraessigsäure (auch N,N'-Dihydroxyäthyläthylendiamindiessigsäure ist geeignet, während ÄDTA oder Diäthylentriaminpentaessigsäure in der Hitze eine $Fe(OH)_3$-Fällung nicht unterbinden) [*34*] verhindert. Die FO-Komplexe des Fe und Cu können im Gegensatz zu diesem des Mn in der Hitze zerstört werden [*34*]. Bis zu 100 µg Cd, Cr, Mo, Pb, Ti oder Zn bzw. 500 µg Al stören nicht [*34*]. Weiterhin verursachen Ag, As, Au, Pt, Sb, Sn und W keine Störung.

1. Wasser

B: 0,2–7 ppm Mn.

Arbeitsvorschrift [*36a*]

Reagentien

Formaldoxim (FO); man löst 8 g Hydroxylaminhydrochlorid in 100 ml Wasser, fügt 4 ml 37%ige Formaldehydlösung hinzu und füllt mit Wasser auf 200 ml auf.
Ammoniak (1 + 1); 0,1 m ÄDTA.
Hydroxylaminhydrochlorid, 10%ige wäßrige Lösung.

20,0 ml Probe (4–140 µg Mn enthaltend) versetzt man unter Rühren mit 1,0 ml FO-Lösung sowie 1,0 ml Ammoniak, läßt 2 min stehen, fügt 1,0 ml ÄDTA-Lösung sowie 2,0 ml Hydroxylamin-Lösung hinzu und photometriert nach 10 min Standzeit in einer 1 cm-Küvette bei 450 nm gegen einen Blindwert.

2. Organisches Material

Auch in anderen Arbeiten fand FO zur Bestimmung von Mn in Pflanzenmaterial [*28–31*] und in Textilien [*35*] Anwendung. In der vorliegenden Arbeit [*34*] wurde auf vorherige Abtrennungsgänge von störenden Elementen verzichtet, indem die entstehenden Fe- und Cu-FO-Komplexe durch Erhitzen zerstört und unschädlich gemacht werden, während durch Zusatz von N-Hydroxyäthyläthylendiamintetraessigsäure eine Metallphosphatfällung unterbunden wird.

B: 20–500 ppm Mn. F_r: ±1–2%.

Arbeitsvorschrift [*34*]

Reagentien

HNO_3 (1,40); $HClO_4$ (60%);

HÄÄDTA-Lösung; 10 g N-Hydroxyäthyläthylendiamintetraessigsäure werden in 100 ml Wasser gelöst;

Formaldoxim (FO); 20 g Paraformaldehyd und 55 g Hydroxylaminsulfat werden in kochendem Wasser gelöst und auf 100 ml aufgefüllt. Diese Stammlösung wird vor Gebrauch 10fach verdünnt;

NaOH, 10%ige wäßrige Lösung.

1,0 g des bei 105° C getrockneten und zerkleinerten Pflanzenmaterials wird in einem 250 ml-Becherglas mit 25 ml HNO_3 unter vorsichtigem Erwärmen unter Zudecken mit einem Uhrglas vollständig gelöst. Nach Zusatz von 2,5 ml $HClO_4$ wird bis zum Auftreten von $HClO_4$-Nebel abgeraucht. Falls die Lösung noch gefärbt ist, wiederholt man den Vorgang mit 5 ml HNO_3 und raucht wieder bis zum Auftreten der $HClO_4$-Nebel ab. Nun erst lüftet man das Uhrglas und erhitzt, bis die $HClO_4$ fast vollständig vertrieben ist. Nach dem Abkühlen setzt man 25 ml Wasser hinzu, kocht, filtriert in einen 100 ml-Meßkolben, kühlt ab, füllt zur Marke auf und entnimmt einen aliquoten Teil der Probelösung (7,5–50 μg Mn enthaltend), den man in einen 50 ml-Meßkolben überführt. Man verdünnt mit Wasser auf etwa 30 ml, setzt 5 ml HÄÄDTA-Lösung zu, neutralisiert mit NaOH-Lösung tropfenweise noch freie, vorhandene $HClO_4$ gegen Indicatorpapier. Man versetzt nun mit 1 ml FO-Arbeitslösung (10fach verdünnte Stammlösung), danach sofort (innerhalb 2 min) mit 2 ml NaOH-Lösung (da sich das Reagens in verdünnter Lösung rasch zersetzt) und stellt den offenen Meßkolben für 2 Std bei 65° C ins Wasserbad. Danach kühlt man ab, füllt zur Marke auf und photometriert in einer 2 cm- oder 5 cm-Küvette bei 450 nm gegen den Blindwert.

Die Eichkurve wird für 0–50 μg Mn mit $MnSO_4$-Stammlösung aufgestellt.

2. Metalle und Legierungen

2.1. Nickellegierungen

Aus einer Einwaage kann gleichzeitig Mg, das bei der Carbamat-Extraktion des Mn und der Störelemente nicht reagiert, mit Titangelb oder nach einem anderen Verfahren bestimmt werden.

B: 15–1000 ppm Mn. F_r: ±5%.

Arbeitsvorschrift [*10*]

Reagentien

Diäthyldithiocarbamidsäure (DDTC); 2 ml CS_2, gelöst in 25 ml $CHCl_3$, sowie 3,5 ml Diäthylamin, gelöst in 25 ml $CHCl_3$, werden miteinander vermischt und mit $CHCl_3$ auf 200 ml aufgefüllt. Die Lösung wird in einer braunen Flasche aufbewahrt;

Ammoniumacetatpuffer; 470 ml 15n Ammoniak + 430 ml Eisessig werden mit Wasser auf 1 l aufgefüllt;

2m Weinsäure;

Formaldoxim (FO); 10 g Paraformaldehyd und 22 g Hydroxylamin werden mit 100 ml Wasser gelöst, wobei man solange schwach erwärmt, bis man eine klare farblose Lösung erhält;

HNO_3 (1 + 1);

HCl (1,19); Ammoniak (0,91);
Zinkacetat, 10%ige wäßrige Lösung;
KCN, 10%ige wäßrige Lösung;
Hydroxylaminhydrochlorid, 1%ige wäßrige Lösung.

Eine entsprechende Menge (20–100 mg) Probematerial (2,5–25 μg Mn enthaltend) wird in möglichst wenig HNO_3 (1 + 1) gelöst und zwecks Überführung in die Chloride zweimal mit je 1 ml HCl zur Trockene abgeraucht. Der Trockenrückstand wird mit Wasser aufgenommen, in einen zylindrischen, kalibrierten 50–100 ml-Schütteltrichter übergeführt und auf pH 3–5 eingestellt. Das Volumen soll etwa 15–20 ml betragen. Man extrahiert einmal mit 15 ml und anschließend noch 3–4mal mit je 10 ml DDTC-Lösung, bis die $CHCl_3$-Phase völlig farblos bleibt. In der wäßrigen Lösung kann nun Mg auf geeignete Weise bestimmt werden. Der vereinigte organische Extrakt wird in einem zweiten Schütteltrichter zweimal mit einem Gemisch von jeweils 10 ml Zinkacetat-Lösung und 2 ml Ammoniumacetatpuffer 5 min geschüttelt. Die beiden wäßrigen Auszüge werden vereinigt und in einem 100 ml-Becherglas nach Zusatz von 1 ml 2m Weinsäure kurz aufgekocht. Man kühlt ab und versetzt mit Ammoniak, bis sich ausfallendes $Zn(OH)_2$ eben wieder gelöst hat. Nach dem Überspülen in einen 50 ml-Meßkolben werden in der angegebenen Reihenfolge folgende Zusätze gemacht: 2 ml KCN-Lösung, 1 ml Hydroxylaminhydrochlorid-Lösung, 2 ml FO-Lösung und 5 ml Ammoniak. Nach dem Auffüllen bis zur Marke wird nach 5 min in einer 2 cm- oder 5 cm-Küvette bei ~ 405 nm gegen den Blindwert photometriert.

D. Leukomalachitgrün

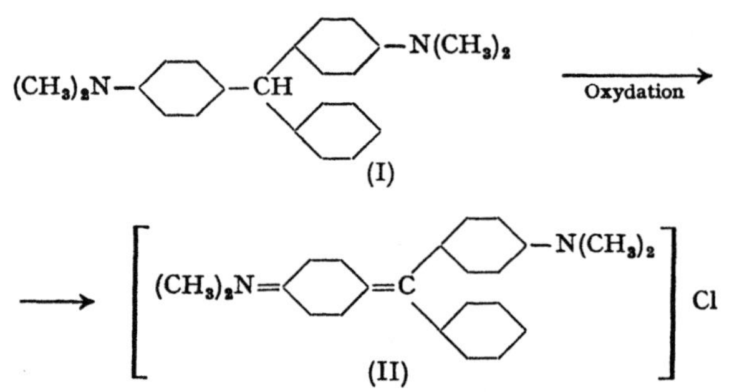

Das farblose Leukomalachitgrün (I) (4,4′-Tetramethyldiaminotriphenylmethan) (LMG) wird durch oxydierende Stoffe in das blaugrüne Malachitgrün (II) übergeführt. Die Umsetzung von LMG mit höherwertigem Mn stellt eine sehr empfindliche Farbreaktion dar. Die Grundlagen für das indirekte Verfahren mit LMG wurden mit IO_4^- als Oxydans einerseits in Anwesenheit von Milchsäure [*37*], andererseits in Anwesenheit eines HNO_3/H_3PO_4-Gemisches [*38*] ausgearbeitet. Im letzteren Falle erhielt man nach Durchführung der Reaktion bei 80° C mit LMG eine gelbe Farbverbindung, die allerdings sehr zeit- und temperaturabhängig ist. Durch Verwendung geringerer Mengen IO_4^-, die zur Überführung des Mn in MnO_4^- ausreichen, erhält man bereits bei Raumtemperatur in Anwesenheit von Essigsäure-Acetat-Puffer (pH 3,35) eine stabile blaugrüne Färbung. Das Extinktionsmaximum liegt bei 620 nm (s. a. Abb. 122, S. 737). Die Blindwertfärbung ist gering. Eine genaue pH-Einstellung ist allerdings erforderlich. Die Eichkurve verläuft im Bereich von 0,001–0,02 μg Mn/ml (2 cm-Küvette) nicht linear, sondern weist im oberen Teil eine zunehmende Krümmung auf. Außerdem läßt sich die Empfindlichkeit durch Extraktion der Farbverbindung mit $CHCl_3$ noch etwas steigern.

Beim nachfolgenden Verfahren [2] gibt in erster Linie Fe dieselbe Reaktion wie Mn und muß aus salzsaurer Lösung durch Extraktion mit Diisopropyläther abgetrennt werden. Auch I^- sowie Au(III), Ce(IV), Cr(VI), Ir(IV), V(V), $[Fe(CN)_6]^{3-}$, Oxalat, $S_2O_3^-$, CN^- oder reduzierende Substanzen stören. Ag, Al, Co, Cu, Pb, Ni, Zn stören in $>$ 100facher Menge (bezogen auf Mn), während Ca, Mg, K und Na auch in größeren Mengen anwesend sein können. Die Bestimmung von 0,05–1 μg Mn/50 ml wird durch die Anwesenheit folgender Ionenmengen (in mg/50 ml) nicht gestört: Al (0,1), As(III) (1), B (10), Ca (10), Co (0,1), Cu (0,2), Fe(II) (0,01), Fe(III) (0,002), K (10), Mg (8), Mo(VI) (0,5), Na (12), Ni (0,1), Pb (0,1), Zn (0,3), NH_4^+ (5), Br^- (0,5), Cl^- (15), I^- (0,001), F^- (0,5), CrO_4^{2-} (0,05), $Cr_2O_7^{2-}$ (0,05), HCO_3^- (5), IO_3^- (2), NO_3^- (2), NO_2^- (0,002), PO_4^{3-} (10), ClO_4^- (8), SiO_3^{2-} (1,5), SO_4^{2-} (12), SO_3^{2-} (0,01), $S_2O_3^{2-}$ (0,01), CN^- (0,2), Acetat (15), Citrat (0,1) und Oxalat (0,05).

Für die Bestimmung in Blutserum (0,36–$>$0,90 ng Mn/ml Serum) wurde nach trockener Veraschung die durch Mn katalysierte Oxydation des Malachitgrüns mit IO_4^- (bei 26° C und pH 3,6) verwendet, die eine sehr lange Reaktionszeit erfordert, aber weitgehend Linearität aufweist [39].

1. Pflanzenmaterial

B: 6–260 ppm Mn; F_r: $\pm 5\%$.

Arbeitsvorschrift [2]

Reagentien

HCl (1,19); 7n HCl;

Puffer-Lösung; 50 g Natriumacetat werden in Wasser und 400 ml Eisessig gelöst und mit Wasser auf 1 l aufgefüllt;

KIO_4, 0,2%ige wäßrige Lösung;

Leukomalachitgrün (LMG), 0,1%ige Lösung; 0,1 g Reagens wird in Wasser unter Zusatz von 1 ml HCl (1,19) bei 80° C gelöst und nach dem Abkühlen mit Wasser auf 100 ml aufgefüllt;

Diisopropyläther.

0,1 g getrocknetes Pflanzenmaterial wird in einer Quarzschale bei 550 °C trocken verascht, nach dem Abkühlen mit einigen Millilitern Wasser und 1 ml HCl benetzt, auf dem Sandbad zur Trockene eingedampft und zuletzt kurz geglüht. Man löst die Asche in 3 ml 7n HCl, führt die Lösung in einen kleinen Schütteltrichter über, wobei man mit 2 ml 7n HCl nachspült. Die Lösung wird mit 5 ml Diisopropyläther extrahiert und die wäßrige Lösung nach der Phasentrennung in der ursprünglich verwendeten Quarzschale auf dem Dampfbad zur Trockene eingedampft. Zum Trockenrückstand fügt man 15 ml Wasser, welches mit 0,5 ml 0,1n HCl angesäuert wurde, erhitzt bis zum Sieden und filtriert dann in einen 100 ml-Meßkolben. Nach dem Abkühlen füllt man mit Wasser bis zur Marke auf. Ein aliquoter Teil dieser Lösung (0,05–1 μg Mn enthaltend) wird in einen 50 ml-Meßkolben übergeführt, mit Wasser auf 35 ml verdünnt, 5 ml Pufferlösung hinzugefügt und dann unter Schütteln mit 5 ml KIO_4-Lösung versetzt. Nun erwärmt man die Lösung 30 min lang in einem Wasserbad auf genau 25° C und fügt dann 1,0 ml LMG -Lösung hinzu. Man füllt mit Wasser zur Marke auf, mischt gut durch und photometriert nach 1 Std Stehen im Wasserbad bei 25° C in einer 2 cm-Küvette bei 620 nm gegen Wasser. Ein Blindwert wird in Abzug gebracht.

E. Permanganat

Wenn nicht zu geringe Mn-Mengen bestimmt werden sollen, läßt sich auch die öfter verwendete photometrische Bestimmung als violett-rotes Permanganat MnO_4^- heranziehen, wobei entweder IO_4^- oder $S_2O_8^{2-}$, letzteres häufig mit $AgNO_3$ als Katalysator, zur Oxydation dienen. MnO_4^- kann auch — nach Oxydation sowohl mit IO_4^- [*40*] als auch mit $S_2O_8^{2-}$ [*41*] — mit Tetraphenylarsoniumchlorid (TPA) und verschiedenen organischen Solventien ($CHCl_3$ [*40, 40a*], Nitrobenzol [*41a*], Dichloräthan [*41*]) extrahiert und photometrisch bestimmt werden.

Die Oxydation des Mn mit IO_4^- wird vorwiegend mit KIO_4 [*41b—47*] in der heißen salpetersauren, schwefelsauren und bei höheren Fe-Gehalten phosphorsauren Probelösung durchgeführt. Die anwesenden Mengen an Säure und Mn sollen in einem bestimmten Verhältnis stehen, da ein zu hoher Säureüberschuß zu einer Verzögerung der Farbentwicklung oder auch zu einem raschen Verblassen der Färbung führen kann [*41b, 48, 49*]. Dies gilt vor allem bei der Bestimmung kleiner Mn-Mengen. In diesem Falle empfiehlt es sich, die in Arbeitsvorschrift I angegebene untere Grenze der Säurekonzentrationen einzuhalten. Eine Säurekonzentration zwischen 2,0—3,5n H_2SO_4 vor der Oxydation ist zweckmäßig. In Anwesenheit von 5 ml konz. H_3PO_4/100 ml Endvolumen ist eine Säurekonzentration von 3n HNO_3 während des Kochens (Oxydation) sowie von 0,8—2n HNO_3 beim Photometrieren der aufgefüllten Lösung ohne Einfluß auf das Meßergebnis [*49*]. Eine HNO_3-Konzentration außerhalb des angeführten Bereiches beeinträchtigt die Farbentwicklung. Bei der Extraktion mit 0,8% TPA/$CHCl_3$ führt ein Überschuß an IO_4^- zur Ausfällung des TPA, weshalb bei dieser Arbeitsweise bei pH 6,3 in Anwesenheit von HNO_3/H_3PO_4/Citronensäure für 1—50 μg Mn in 100 ml Probelösung eine Menge von 6 mg KIO_4 zur Oxydation und späteren Komplexstabilität als ausreichend empfohlen wird [*40*]. Bei Ca-reichen Proben ist, wegen der Niederschlagsbildung als $CaSO_4$, die Oxydation mit IO_4^- vorzuziehen. Bei Proben mit größeren Ti-Gehalten wird IO_4^- als Oxydationsmittel empfohlen [*50, 51*]. Reduzierende Substanzen können sowohl die Oxydation als auch die MnO_4^--Färbung selbst stören und müssen daher vorher entfernt werden. Desgleichen müssen andere oxydierbare anorganische oder organische Ionen wie Fe(II), SO_3^{2-}, NO_2^-, Br^-, I^-, Oxalat usw. durch Abrauchen zerstört werden. F^-, ClO_4^-, $P_2O_7^{4-}$, AsO_4^{3-} und BO_3^{3-} stören nicht. Besonders bei geringen Mn-Mengen empfiehlt es sich, für die Abwesenheit auch kleiner Mengen Cl^- durch vorheriges Abrauchen mit H_2SO_4 [*52*] oder H_2SO_4/HNO_3 [*53*] zu sorgen. Bei Anwesenheit hoher Cl^--Mengen wurde hingegen Mn durch Extraktion mit Oxin/$CHCl_3$ isoliert [*13*]. Gefärbte Kationen, wie bis zur 200fachen Menge an Co, Cu bzw. 100fachen Menge an Ni, stören insofern nicht, als man ihre Färbung durch Vergleichsmessung (Vergleichslösung) berücksichtigen kann. Nicht zu hohe Mengen an Cr(III) und Ce(III) werden durch IO_4^- mitoxydiert und stören dann nicht; allerdings hängt ihre quantitative Oxydierbarkeit von der Säurekonzentration ab. Eine Störung von Fe(III) kann durch Zusatz von H_3PO_4 beseitigt werden. Während sich eine Fällung von Ag, Pb und Hg bei höherer Säurekonzentration vermeiden läßt, stören Sn und Bi gerade unter solchen Bedingungen durch Auftreten einer Trübung [*42*]. Sehr niedrige Mn-Konzentrationen sollen von IO_4^- nur unvollständig oder sehr langsam vollständig oxydiert werden, weshalb die Anwendung von $S_2O_8^{2-}$ dafür empfohlen wird [*54*]. Allerdings konnten in einer anderen Arbeit [*40*] 1—50 μg Mn in 100 ml Arbeitslösung mit 6 mg KIO_4 in 5 min bei Raumtemperatur befriedigend oxydiert werden.

Die Oxydation des Mn mit $S_2O_8^{2-}$ erfolgt mit $K_2S_2O_8$ oder $(NH_4)_2S_2O_8$ in Anwesenheit von $AgNO_3$ [*54—62*] oder Ag_2SO_4 [*41*], wobei die schwefel- und salpetersaure Probelösung ebenfalls erhitzt wird. Für die Farbreaktion erwies sich eine Säurekonzentration von 0,5m HNO_3 oder 0,5m H_2SO_4 am zweckmäßigsten [*54*]. Die Extraktion des MnO_4^- mit TPA/Dichloräthan erfolgt am günstigsten aus 0,12—0,75m H_2SO_4-Lösung, da die Extinktion der organischen Phase durch H_3PO_4 und HNO_3 gemindert wird, während $HClO_4$ zur Ausfällung in Gegenwart von TPA führt [*41*]. Bei der nachfolgenden Arbeitsvorschrift II liegen folgende günstigste Konzentrationsverhältnisse vor: 0,3m HNO_3/ 0,15m H_3PO_4/0,0125m $HgSO_4$/0,00001m $AgNO_3$. Wenn in Anwesenheit großer Mn-Mengen bei der Oxydation MnO_2 ausfallen sollte, versetzt man die Lösung mit 2 ml konz. H_3PO_4, löst die Fällung durch 1—2 Tropfen 10%ige Hydroxylaminhydrochlorid-Lösung und oxydiert das Mn vollständig durch erneutes Erhitzen bis zum Siedepunkt [*54*]. Ein Zusatz von H_3PO_4 fördert die Oxydation [*63*] und verhindert eine Fällung von MnO_2 [*54*]. Zur Oxydation von Mn-Mengen von 5—5000 µg wird von einer Seite [*54*] eine wenigstens 0,1m-H_3PO_4/0,3m HNO_3-Lösung und 1% $(NH_4)_2S_2O_8$ als notwendig angegeben, während bereits sehr geringe Ag-Mengen als Katalysator ausreichen. Als günstig erwies sich eine Konzentration von 10^{-5}m $AgNO_3$. In einer anderen Arbeit [*57*] wird zur Bestimmung von Mn in Stahl bei höherer HNO_3-, $S_2O_8^{2-}$- und Ag-Konzentration in Abwesenheit von H_3PO_4 Mn zu MnO_4^- oxydiert. Dieses Verfahren soll auch in Anwesenheit höherer Ti-Mengen anwendbar sein, doch wird von anderer Seite [*50, 51*], wie bereits früher erwähnt, statt dessen die IO_4^--Oxydation empfohlen. Geringe Mengen Ti sollen bei der $S_2O_8^{2-}$-Oxydation nicht stören, wenn 2—10% H_2SO_4 anwesend sind [*61, 62*]. Eine Konzentration von 10^{-6}m HCl stört die Farbreaktion nicht, darüberliegende Konzentrationen stören bereits [*54*]. Größere Cl^--Mengen müssen deshalb entfernt werden. Cl^- kann durch Zusatz von $HgSO_4$ oder einer HNO_3/H_3PO_4-sauren Hg-Lösung maskiert werden. Unter den Arbeitsbedingungen der nachfolgenden Arbeitsvorschrift II stören auf diese Weise bis zu 85 mg Cl^-/100 ml nicht. Weiterhin tritt in Anwesenheit von 1,27 mg I^-/100 ml und 0,40 mg Br^-/100 ml keine Störung auf, während höhere Konzentrationen bereits stören. Wenn größere Mengen an organischer Substanz in der Probe vorhanden sind, so muß diese unter Erhöhung der $S_2O_8^{2-}$-Menge [2—5 g $(NH_4)_2S_2O_8$/ 100 ml] längere Zeit (je nach Art und Menge an organischer Substanz 5—15 min) erhitzt werden.

Außer den beiden genannten Oxydationsmitteln wurde noch $NaBiO_3$ allein [*64, 65, 65a*] oder zusammen mit $S_2O_8^{2-}$ [*66, 67*], besonders auch bei der Bestimmung geringer Mn-Mengen in Legierungen, verwendet. Ein gewisser Nachteil ist, daß der Bi-Überschuß vor der Bestimmung als MnO_4^- vollständig abgetrennt werden muß. Schließlich wurde Mn auch mit Ag_2O_2 zu MnO_4^- in 10%iger H_2SO_4-Lösung oxydiert [*58, 68*]. Cl^- wird dabei durch Zusatz von $AgNO_3$ gebunden.

Das Extinktionsmaximum liegt bei 525 und 545 nm in wäßriger Lösung ($\varepsilon_{525} = 2240$) [*67, 69*] (s. Abb. 134), 528 nm und 545 nm nach Extraktion mit TPA/Dichloräthan [*41*] bzw. 532 nm mit TPA/$CHCl_3$. Das Beersche Gesetz ist im Bereich von 0,6—25 µg Mn/ml erfüllt. Die entwickelte Farbe ist in Anwesenheit eines Überschusses an IO_4^- 2 Monate [*41b, 70*], in Anwesenheit eines solchen an $S_2O_8^{2-}$ mindestens 24 Std [*54*] stabil. Der mit $CHCl_3$ oder Dichloräthan extrahierte [$(TPA)^+MnO_4^-$]-Komplex ist nur 5 min stabil, weshalb sofort nach der Extraktion photometriert werden muß [*40, 41*]. In Anwesenheit von Cr(VI) empfiehlt es sich, je nach Höhe der Cr-Menge bei 545, bei 566 oder sogar 575 nm zu messen, da bei 545 nm bereits 70% der bei 525 nm vorhandenen Cr-Absorption ausgeschaltet sind, bei und über 575 nm diese hingegen nur mehr sehr geringfügig ist. Eine noch höhere Genauigkeit läßt sich erzielen, wenn man als Vergleichslösung eine MnO_4^--Lösung ähnlicher Durchlässigkeit verwendet und nach der photometrischen Bestimmung beide Lösungen durch Zusatz von H_2O_2 entfärbt. Eine erneute photo-

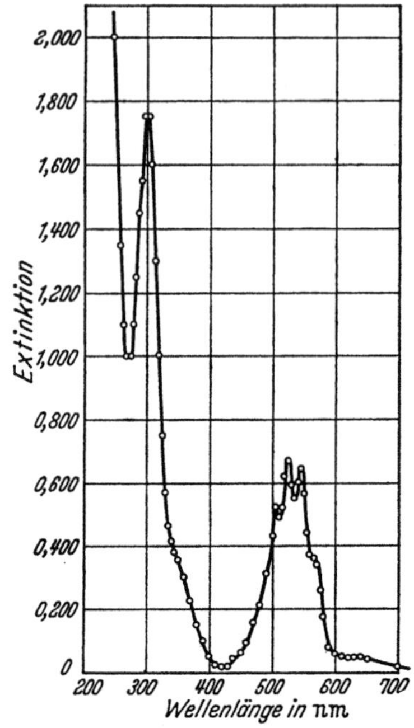

Abb. 134. Extinktionskurve von MnO_4^-

metrische Messung beider Lösungen gegeneinander ergibt nun den genauen Blindwert [*71*]. Bei Anwesenheit größerer Mengen an Störelementen soll mit $NaNO_2$ oder mit NaN_3 anstelle von H_2O_2 entfärbt werden [*72*]. Beim Extraktionsverfahren [Oxydation mit $(NH_4)_2S_2O_8$] kann bis zu 1 g Fe und bis je 1,5 g an Al, Co, Cu, Mg und Ni in 100 ml Probelösung neben $\leqq$ 80 µg Mn anwesend sein [*41*] (s. Verfahren E. 1.1, S. 819).

Die Permanganatmethode fand zur Bestimmung von Mn in verschiedenen Materialien Anwendung: teilweise nach vorangehender Isolierung durch Hydroxidfällung [*72a, 73*], in Wässern [*52*], in biologischem Material [*53*], Nahrungsmitteln [*37*], Eisen und Stahl [*59, 74–79, 41*], Aluminium [*41*], Aluminiumlegierungen [*80–83*], Calcium [*42*], Calciumcarbonat [*40*], Kupfer [*41*], Quecksilber [*84. 85*], Magnesium [*41, 42*], Nickel [*41*], Wolframcarbid [*86*], Erze [*71, 87, 88*], Hochofenschlacke [*89*], Böden [*50*], Zement [*90*], Gläser [*46*], Magnesia [*49*], Natriumhydroxid [*13, 91*], wobei in letzterem Fall das Mn durch vorangehende Extraktion mit Oxin/$CHCl_3$ isoliert wurde [*91*].

Arbeitsvorschrift I (Perjodatverfahren)

Reagentien

HNO_3 (1,40); H_2SO_4 (1,84); H_3PO_4 (1,70);
KIO_4;
KIO_4-Lösung; 2 g KIO_4 werden in 30 ml HNO_3 (5 + 2) unter Erwärmen gelöst und nach dem Abkühlen mit Wasser auf 100 ml aufgefüllt;
$NaNO_2$, 5%ige wäßrige Lösung.

Die Probelösung (60–2400 µg Mn enthaltend) versetzt man in einem 100 ml-Meßkolben mit so viel Säure, daß die zur Messung auf 100 ml aufgefüllte Lösung 5–15 ml HNO_3 + 5–10 ml H_3PO_4 oder 6–10 ml H_2SO_4 + 5–10 ml H_3PO_4 enthält. Dann verdünnt man mit Wasser auf 50–60 ml, fügt 0,2–0,5 g KIO_4 oder 10 ml KIO_4-Lösung hinzu und kocht 2—5 min lang. Dann kühlt man am fließenden Wasser ab, füllt mit Wasser zur Marke auf und photometriert in einer 1 cm-Küvette bei 525 oder 545 nm gegen Wasser.

In Anwesenheit störender, gefärbter Fremdionen photometriert man gegen eine Vergleichslösung, die durch Entfärben eines Teiles der Farblösung mittels einiger Tropfen $NaNO_2$-Lösung hergestellt wird. Falls die zu bestimmende Mn-Menge sehr klein ist und das Farblösungsendvolumen daher nur zur Füllung einer Küvette ausreicht, so wird die Entfärbung in der Küvette durchgeführt, indem man die Farblösung zuerst gegen Wasser photometriert (E_{I}), dann mit 2—3 Tropfen $NaNO_2$-Lösung in der Küvette entfärbt, erneut gegen Wasser photometriert (E_{II}) und aus der Extinktionsdifferenz ($E = E_{I} - E_{II}$) die Mn-Menge ermittelt.

Arbeitsvorschrift II (Peroxodisulfatverfahren) [*54*]

Reagentien

$HgSO_4/AgNO_3$-Lösung; 75 g $HgSO_4$ werden in 400 ml HNO_3 (1,40) und 200 ml Wasser gelöst, mit 200 ml H_3PO_4 (1,70) und 0,034 g $AgNO_3$ versetzt und nach dem Abkühlen mit Wasser auf 1 l aufgefüllt;

$(NH_4)_2S_2O_8$.

Die schwach saure Probelösung (60—2400 μg Mn enthaltend) versetzt man in einem 250 ml-Erlenmeyerkolben oder -Becherglas (mit Uhrglas) mit 5 ml $HgSO_4/AgNO_3$-Lösung, verdünnt mit Wasser auf etwa 90 ml, fügt 1 g $(NH_4)_2S_2O_8$ hinzu, kocht auf der Heizplatte 2 min lang und kühlt anschließend sofort am fließenden Wasser ab. Man führt in einen 100 ml-Meßkolben über, füllt mit Wasser zur Marke auf und photometriert in einer 1 cm-Küvette bei 525 oder 545 nm gegen Wasser.

Arbeitsvorschrift III (Extraktionsverfahren) [*41*]

Reagentien

Ag_2SO_4, 0,25%ige wäßrige Lösung.

$(NH_4)_2S_2O_8$

Dichloräthan

Tetraphenylarsoniumchlorid (TPA); man löst 0,9 g TPA in etwa 30 ml Wasser und fügt dazu 70 ml einer wäßrigen Lösung, die 0,3 g Ag_2SO_4 gelöst enthält. Nach dem vollständigen Ausfallen von AgCl wird die Lösung vor Gebrauch filtriert.

Die ~0,7n H_2SO_4-saure Probelösung (2—80 μg Mn enthaltend) wird mit 1 ml Ag_2SO_4-Lösung und 0,5—1 g $(NH_4)_2S_2O_8$ versetzt, 2 min zur Mn-Oxydation und anschließend bis zur Zerstörung des $S_2O_8^{2-}$-Überschusses gekocht, sofort in fließendem Wasser abgekühlt und in einen 100 ml-Schütteltrichter übergeführt. Man fügt 5,0 ml Dichloräthan und danach 2 ml der TPA-Lösung hinzu, schüttelt 1 min, kühlt den Schütteltrichter kurz unter fließendem Wasser (zur Erzielung eines klaren Extraktes), läßt sie organische Phase in eine 1 cm-Küvette ab und photometriert sofort bei 528 nm gegen Dichloräthan.

1. Metalle und Legierungen

1.1. Reinsteisen

H_3PO_4 und HNO_3 müssen abwesend sein.

B: 2—80 ppm Mn. *V:* ±4%.

Arbeitsvorschrift [*41*]

Reagentien

5n H_2SO_4; H_2O_2 (30%).

Weitere Reagentien wie bei Arbeitsvorschrift III., S. 819.

1,0 g Probe versetzt man in einem Becherglas mit 25 ml 5n H_2SO_4 sowie bei Bedarf in kleinen Anteilen mit H_2O_2, löst unter Erhitzen, kühlt ab, fügt 2 ml H_2O_2 hinzu, erhitzt bis das überschüssige H_2O_2 völlig zerstört ist und verdünnt mit Wasser auf 100 ml. Die Probelösung soll jetzt ~ 0,7n H_2SO_4 sein. Man fährt mit dem Zusatz von Ag_2SO_4-Lösung nach Arbeitsvorschrift III (s. S. 819) fort.

1.2. Aluminium

Mn läßt sich in Aluminium (2—80 ppm Mn) auch auf die Weise bestimmen [*41*], daß man 1 g Probematerial in 15 ml 5n NaOH löst, 50 ml 5n H_2SO_4 zufügt, mit Wasser auf 150 ml verdünnt und mit dem Zusatz von Ag_2SO_4-Lösung nach Arbeitsvorschrift III (s. S. 819) fortfährt.

B: 10—250 ppm Mn. *s:* ±5—10 ppm Mn.

Arbeitsvorschrift

Reagentien

HNO_3 (1,40); HNO_3 (1 + 2);
H_2O_2 (3%);
Übrige Reagentien wie in Arbeitsvorschrift II (s. S. 819).

2,0 g Probematerial werden in einem 400 ml-Becherglas mit 55 ml HNO_3 (1 + 2) unter Erwärmen gelöst, die Stickoxide verkocht, die Lösung noch einige Minuten sieden gelassen, nach dem Abkühlen in einen 100 ml-Meßkolben übergeführt und nach Arbeitsvorschrift II (s. S. 819) fortgefahren. Man photometriert in einer 5 cm-Küvette gegen eine Bezugslösung, die durch Entfärben eines aliquoten Teiles der aufgefüllten Probelösung mittels einiger Tropfen H_2O_2 oder mit einer analog behandelten zweiten Einwaage ohne Zusatz von $(NH_4)_2S_2O_8$ hergestellt wurde. Ein in gleicher Weise hergestellter Blindwert wird in Abzug gebracht.

1.3. Magnesium

Nach einer anderen Arbeit [*41*] kann Mn in Magnesium (2—80 ppm Mn) auf die Weise bestimmt werden, daß man 1 g Probe nach Verfahren E. 1.1. analysiert (jedoch ohne Zusatz von H_2O_2).

B: 5—100 ppm Mn. *s:* ±5 ppm Mn.

Arbeitsvorschrift [*42*]

Reagentien

HNO_3 (1,42);
KIO_4.

5,0 g Probe werden in einem 400 ml-Becherglas mit 100 ml Wasser und 40 ml HNO_3 versetzt, nach Abklingen der ersten Reaktion unter Erwärmen gelöst und die Stickoxide verkocht. Man entfernt von der Heizplatte, fügt 0,5 g KIO_4 unter Rühren hinzu, kocht 10—15 min lang, hält einige Minuten erwärmt, bis die Farbe voll entwickelt ist, kühlt ab, führt in einen 100 ml-Meßkolben über und füllt mit Wasser zur Marke auf. Man photometriert in einer 5 cm-Küvette bei 530 nm gegen den Blindwert.

1.4. Calcium

Der Anwendungsbereich ist der gleiche wie bei Verfahren E. 1.3.

Arbeitsvorschrift [*42*]

Reagentien

Wie bei Verfahren E. 1.3.

In ein 400 ml-Becherglas legt man 100 ml Wasser vor und fügt vorsichtig 5,0 g Probe hinzu. Wenn die Reaktion zu heftig wird, muß noch mehr Wasser zugegeben werden. Danach versetzt man mit 30 ml HNO_3 und verkocht die Stickoxide. Man entfernt von der Heizplatte und fährt wie bei Verfahren E. 1.3. fort.

Eichkurve

In 400 ml-Bechergläser legt man jeweils 0, 25, 50, 100, 200, 300, 400 und 500 µg Mn (0,0005–0,010% Mn bei 5 g Einwaage) vor, verdünnt mit Wasser auf etwa 80 ml, versetzt mit 14 ml HNO_3, verkocht die Stickoxide und fährt, wie oben angegeben, fort.

1.5. Kupfer und Nickel

B: 2–80 ppm Mn. *V:* ±4%.

Arbeitsvorschrift [*41*]

Reagentien

Wie bei Verfahren E. 1.1.

1,0 g Probe versetzt man in einem Becherglas mit 25 ml 5n H_2SO_4 und ~ 10 ml H_2O_2 (30%), löst unter Erhitzen, verkocht den H_2O_2-Überschuß, verdünnt nach dem Abkühlen mit Wasser auf 100 ml und fährt mit dem Zusatz von Ag_2SO_4-Lösung nach Arbeitsvorschrift III (s. S. 819) fort.

2. Luft

B: 0,6–24 mg Mn/m³. F_r: ±5%.

Man saugt 100 l Luft durch ein Filter (5–25 l/min, s. S. 177), löst die Probe mit HNO_3 (1 + 1) oder HCl (1 + 1) vom Filter, dampft die Lösung zur Trockene ein, löst den Rückstand mit wenig HNO_3, dampft fast zur Trockene ein, nimmt mit Wasser auf und bestimmt in der Lösung das Mn nach Arbeitsvorschrift I oder II (s. S. 818).

F. Atomabsorptionsspektrophotometrie

Mn kann mit dem Luft/C_2H_2-Brenner und der Linie Mn 2795 (S_M = 0,05 µg Mn · ml^{-1}) bzw. des meist benützten Linientripletts Mn 2795/2798/2801 (erforderliche spektrale Spaltbreite ~ 7 Å; S_M = 0,1 µg Mn · ml^{-1}) bestimmt werden. Der optimale Arbeitsbereich liegt innerhalb 2–20 µg Mn/ml wäßriger Lösung. Größere Störungen treten nicht auf. Ca, K, Mg, Na und P stören nicht, Si stört hingegen. Die Störung von Si läßt sich durch Zusatz von 200 µg Ca/ml (es stören dann 1000 µg Si/ml nicht) [*92*] oder durch Verwendung des N_2O/C_2H_2-Brenners (S_M = 0,3 µg Mn · ml^{-1}) beseitigen. Liegt der Mn-Gehalt der Probelösung unterhalb L_Q, so wird das Mn zweckmäßig mit Carbamat/MIBK extrahiert (s. S. 297 ff.) und der organische Extrakt in die Flamme eingesprüht.

Mit der flammenlosen AAS (Graphitrohrküvette) erreicht man L_Q = 0,005–0,1 ng Mn bzw. L_Q = 0,05 ng Mn · ml^{-1} (mit 100 µl Probe) [*93, 94*].

Mittels AAS wurde Mn in verschiedenen Materialien bestimmt, wie Wasser [*95*], Blut [*96*], Pflanzenmaterial [*97*], Molybdän, Wolfram (5–20 ppm Mn) [*98*], Natrium (≦ 10 ppm Mn) [*99*], Plutonium (≧ 2,5 ppm Mn) [*100*], Böden [*97*], Silberchlorid [*101*], Uranverbindungen [*102*] und Luft [*95*].

1. Organisches Material

Nach trockener oder nasser Veraschung wird die erhaltene Probelösung bei Gehalten >0,01 µg Mn/ml direkt in die Flamme eingesprüht, bei kleineren Gehalten das Mn bei pH 3–4 mit Carbamat/MIBK extrahiert (s. S. 297 ff., Verfahren F. 1, Abschnitt „Wismut“, S. 543, Verfahren D. 1.2, Abschnitt „Cadmium“, S. 583) und der organische Extrakt in die Flamme eingesprüht. Serumproben (Normalgehalt 0,1–0,4 ppm Mn) und Harnproben werden der erwähnten nassen Veraschung und Carbamatextraktion unterworfen. Für Harn (2,0–4,0 ppb Mn) erwies sich nach nasser Veraschung auch die Extraktion des Mn mit Cupferron/MIBK bei pH 7–7,5 als zweckmäßig [*103*]. Bei höheren Gehalten (>0,02 ppm Mn) kann man Harnproben auch direkt in die Flamme einsprühen.

G. Verschiedenes

Für die photometrische Bestimmung des Mn wurden auch folgende Reagentien herangezogen: Pyridin-2,6-dialdoxim [*104*], Pyridin-2,6-diacetoxim ($\varepsilon_{598} = 4150$) [*104*], 8-Hydroxychinaldin/$CHCl_3$ (Extinktionsmaximum 395 nm) [*105*], Aminochinolin/Benzylalkohol-$CHCl_3$ (1:1) (Extinktionsmaximum 550 nm; *B:* $\geqq 0{,}012$ ppm) [*65a*], Benzohydroxamsäure [$\varepsilon_{550} = 3630$; es wurden 0,4–10 ppm Mn (10 cm-Küvette) in Blutplasma und -zellen nach vorangehender Isolierung mittels Ionenaustauscher Dowex-1X8 bestimmt] [*16a, 106*], PAN/$CHCl_3$ ($\varepsilon_{562} = 48000$ [*13a*]; aus Molybdän, Niob, Tantal und Wolfram wurde Mn zuerst mit Cupferron/$CHCl_3$ isoliert) [*13a, 107*]. Auf fluorimetrischem Wege wurden 0,0025–2,5 ppm Mn mit 8-Hydroxychinolin-5-sulfosäure (Anregung 375 nm/Messung 485–490 nm) bestimmt [*108*].

Literatur

1. Kinnunen, J., Merikanto, B.: Chemist-Analyst **43**, 95 (1954).
2. Yuen, S. H.: Analyst **83**, 350 (1958).
3. Meinke, W. W.: Progress Rept. No. 4, U.S. AEC Project No. 7 (Nov. 1955).
4. Meinke, W. W.: Progress Rept. No. 6, U.S. AEC Project No. 7 (Nov. 1957).
5. Vanossi, R.: An. Asoc. quim. argent. **44**, 69 (1956).
6. Goishi, W., Libby, W. F.: J. Am. chem. Soc. **74**, 6109 (1952).
7. Hornig, H. C., Zimmerman, G. L., Libby, W. F.: J. Am. chem. Soc. **72**, 3808 (1950).
7a. Bock, R., Hummel, C.: Z. anal. Chem. **198**, 176 (1963).
8. Gleu, K., Schwab, R.: Angew. Chem. **62**, 320 (1950).
9. Sag, G.: Bull. Soc. chim. France **16**, 30 (1949).
10. Eckert, G.: Z. anal. Chem. **148**, 14 (1955).
11. Specker, H., Hartkamp, H., Kuchtner, M.: Z. anal. Chem. **143**, 425 (1954).
12. Clinch, J., Guy, M. J.: Analyst **83**, 429 (1958).
12a. Healy, W. B.: Analyt. chim. Acta **34**, 238 (1966).
13. Wlliams, D., Andes, R. V.: Ind. Eng. Chem., Anal. Ed. **17**, 28 (1945).
13a. Donaldson (Penner), E. M., Inman, W. R.: Talanta **13**, 489 (1966).
14. Flaschka, H.: Chemist-Analyst **42**, 56 (1953).
15. Strickland, J. D. H., Spicer, G.: Analyt. chim. Acta **3**, 543 (1949).
16. Pijck, J., Hoste, J.: Analyt. chim. Acta **26**, 501 (1962).
16a. Miller, D. O., Yoe, J. H.: Analyt. chim. Acta **26**, 224 (1962).
17. Wyatt, P. F.: Analyst **78**, 656 (1953).
18. Malissa, H., Miller, F. F.: Mikrochem. verein. Mikrochim. Acta **40**, 63 (1953).
19. Bode, H.: Z. anal. Chem. **143**, 182 (1954).
20. Bode, H.: Z. anal. Chem. **144**, 165 (1955).
21. Specker, H., Hartkamp, H.: Z. anal. Chem. **145**, 260 (1955).
22. Specker, H.: Arch. Eisenhüttenw. **26**, 267 (1955).
23. Meyer, S., Koch, O. G.: Mikrochim. Acta (Wien) **1958**, 744.
24. Meyer, S., Koch, O. G.: Mikrochim. Acta (Wien) **1959**, 720.
24a. Dittel, F.: Z. anal. Chem. **228**, 412 (1967).
25. Specker, H., Kuchtner, M., Hartkamp, H.: Z. anal. Chem. **142**, 166 (1954).
26. Denigès, G.: Compt. Rend. Acad. Sci. Paris **194**, 895 (1932).

27. Gottlieb, A., Hecht, F.: Mikrochem. verein. Mikrochim. Acta **35**, 337 (1950).
28. Sideris, C. P.: Ind. Eng. Chem., Anal. Ed. **9**, 445 (1937).
29. Wagenaar, G. H.: Pharmac. Weekbl. **75**, 641 (1938).
30. Wiese, A. C., Johnson, B. C.: J. biol. Chem. **127**, 203 (1939).
31. Sideris, C. P.: Ind. Eng. Chem., Anal. Ed. **12**, 307 (1940).
32. Waldbauer, L., Ward, N. M.: Ind. Eng. Chem., Anal. Ed. **14**, 727 (1942).
33. Kniphorst, L. C. E.: Chem. Weekbl. **42**, 328 (1946).
34. Bradfield, E. G.: Analyst **82**, 254 (1957).
35. Hamlin, A. G.: J. Textile Inst. **47**, T 445 (1956).
36. Marczenko, Z.: Analyt. chim. Acta **31**, 224 (1964).
36a. Goto, K., Komatsu, T., Furukawa, T.: Analyt. chim. Acta **27**, 331 (1962).
36b. Britt, R. D., Jr.: Analyt. Chem. **34**, 1728 (1962).
37. Schwarz, G., Fischer, O., Hagemann, B.: Dtsch. Molkerei-Ztg. **64**, 143 (1943).
38. Gates, E. M., Ellis, G. H.: J. biol. Chem. **168**, 537 (1947).
39. Fernandez, A. A., Sobel, C., Jacobs, S. L.: Analyt. Chem. **35**, 1721 (1963).
40. Richardson, M. L.: Analyst **87**, 435 (1962).
40a. Tribalat, S., Beydon, J.: Analyt. chim. Acta **6**, 96 (1952).
41. Goto, H., Kakita, Y.: Z. anal. Chem. **254**, 18 (1971).
41a. Matuszek, J. M., Jr., Sugihara, T. T.: Analyt. Chem. 33, 35 (1961).
41b. Mehlig, J. P.: Ind. Eng. Chem., Anal. Ed. **11**, 274 (1939).
42. Abbey, S.: Analyt. Chem. **20**, 630 (1948).
43. Pieters, H. A. J., Hanssen, W. J., Geurts, J. J.: Analyt. chim. Acta **2**, 377 (1948).
44. Strickland, J. D. H., Spicer, G.: Analyt. chim. Acta **3**, 517 (1949).
45. Waterbury, G. R., Hayes, A. M., Martin, D. S., Jr.: J. Am. chem. Soc. **74**, 15 (1952).
46. Hecht, F., Gottlieb, A.: Mikrochem. verein. Mikrochim. Acta **35**, 329 (1950).
47. High, J. H.: Analyst **68**, 368 (1943).
48. Richards, M. B.: Analyst **55**, 554 (1930).
49. Smith, G. W.: Analyt. Chem. **20**, 1085 (1948).
50. Hough, G. J.: Ind. Eng. Chem., Anal. Ed. **7**, 408 (1935).
51. Corbett, J. A.: Analyst **75**, 478 (1950).
52. Thompson, T. G., Wilson, T. L.: J. Am. chem. Soc. **57**, 233 (1935).
53. Cook, J. W.: Ind. Eng. Chem., Anal. Ed. **13**, 49 (1941).
54. Nydahl, F.: Analyt. chim. Acta **3**, 144 (1949).
55. Pinkus, A., Ramakers, L.: Bull. Soc. chim. Belgique **41**, 529 (1932).
56. Bendig, M., Hirschmüller, H.: Z. anal. Chem. **92**, 1 (1933).
57. Dozinel, C. M.: Chimia **4**, 86 (1949).
58. Kimura, K., Murakami, Y.: Mikrochem. verein. Mikrochim. Acta **36/37**, 727 (1951).
59. Boyd, J. R.: Analyt. Chem. **24**, 805 (1952).
60. Hackl, O.: Z. anal. Chem. **105**, 81 (1936).
61. Hackl, O.: Z. anal. Chem. **105**, 182 (1936).
62. Hackl, O.: Z. anal. Chem. **110**, 401 (1937).
63. Davis, H. C., Bacon, A.: J. Soc. chem. Ind. **67**, 316 (1948).
64. Schurk, H., Konopik, N.: Österr. Chemiker-Ztg. **51**, 63 (1950).
65. Přibil, R., Hornchova, E.: Chem. listy **44**, 101 (1950).
65a. Gustin, V. K., Sweet, T. R.: Analyt. Chem. **36**, 1674 (1964).
66. Müller, R. H., Mehlig, J. P.: Ind. Eng. Chem., Anal. Ed. **7**, 361 (1935).
67. Mehlig, J. P.: Ind. Eng. Chem., Anal. Ed. **7**, 27 (1935).
68. Murakami, Y.: Bull. chem. Soc. Japan **22**, 157 (1949).
69. Lange, B., Schusterius, C.: Z. physik. Chem. **A159**, 295 (1932).
70. Mehlig, J. P.: Ind. Eng. Chem., Anal. Ed. **13**, 819 (1941).
71. Young, I. G., Hiskey, C. F.: Analyt. Chem. **23**, 506 (1951).
72. Rowland, G. P., Jr.: Ind. Eng. Chem., Anal. Ed. **11**, 442 (1939).
72a. Chuiko, V. T.: J. angew. Chem. (USSR) **11**, 530 (1938).
73. Koroleff, F.: Acta chem. Scand. **1**, 503 (1947).
74. Murray, W. M., Jr., Ashley, S. E. Q.: Ind. Eng. Chem., Anal. Ed. **10**, 1 (1938).
75. Harrison, T. S.: Analyst **70**, 362 (1945).
76. Cooper, M. D.: Analyt. Chem. **25**, 411 (1953).
77. Pinsl, H.: Arch. Eisenhüttenw. **10**, 139 (1936).
78. Klinger, P., Koch, W., Blaschczyk, G.: Angew. Chem. **53**, 537 (1940).
79. Lingane, J. J., Collat, J. W.: Analyt. Chem. **22**, 166 (1950).

80. PAVELKA, F., MORTH, H.: Mikrochem. **13**, 305 (1933).
81. PINSL, H.: Aluminium **19**, 439 (1937).
82. PINSL, H.: Aluminium **20**, 706 (1938).
83. STELLJES, H. A. J., LANGER, P.: Aluminium **24**, 169 (1942).
84. MEYER, J.: Z. anal. Chem. **219**, 147 (1966).
85. JACKWERTH, E.: Z. anal. Chem. **202**, 81 (1964).
86. FUREY, J. J., CUNNINGHAM, T. R.: Analyt. Chem. **20**, 563 (1948).
87. HILLSON, H. D.: Ind. Eng. Chem., Anal. Ed. **16**, 560 (1944).
88. NEUBERGER, A., SCHÖFFMANN, E., HERKENHOFF, K.: Arch. Eisenhüttenw. **29**, 547 (1958).
89. NEUBERGER, A., SCHÖFFMANN, E., HERKENHOFF, K.: Arch. Eisenhüttenw. **29**, 35 (1958).
90. DIAMOND, J. J.: Analyt. Chem. **28**, 328 (1956).
91. MORAN, R. F., MCCUE, A. P.: Ind. Eng. Chem., Anal. Ed. **17**, 28 (1945).
92. PLATTE, J. A., MARCY, V. M.: Atom. Absorp. Newsletter **4**, 289 (1965).
93. WELZ, B.: CZ-Chemie-Technik **1**, 455 (1972).
94. WELZ, B., WIEDEKING, E.: Z. anal. Chem. **252**, 111 (1970).
95. SACHDEV, S. L., ROBINSON, J. W., WEST, P. W.: Analyt. chim. Acta **38**, 499 (1967).
96. DELVES, H. T., SHEPHERD, G., VINTER, P.: Analyst **96**, 260 (1971).
97. ALLAN, J. E.: Spectrochim. Acta **15**, 800 (1959).
98. NEUMANN, G. M.: Z. anal. Chem. **259**, 337 (1972).
99. SCARBOROUGH, J. M., BINGHAM, C. D., DEVRIES, P. F.: Analyt. Chem. **39**, 1394 (1967).
100. VIENNEY, J.: Analyt. chim. Acta **55**, 37 (1971).
101. EDWARDS, J. W., LOMINAC, G. D., BUCK, R. P.: Analyt. chim. Acta **57**, 257 (1971).
102. WALKER, C. R., VITA, O. A.: Analyt. chim. Acta **43**, 27 (1968).
103. ORMER, D. G. van, PURDY, W. C.: Analyt. chim. Acta **64**, 93 (1973).
104. HARTKAMP, H.: Angew. Chem. **72**, 349 (1960).
105. MOTOJIMA, K., HASHITANI, H., IMAHASHI, T.: Analyt. Chem. **34**, 571 (1962).
106. MILLER, D. O., YOE, J. H.: Talanta **7**, 107 (1960).
107. POLLOCK, E. N., ZOPATTI, L. P.: Analyt. chim. Acta **28**, 68 (1963).
108. PAL, B. K., RYAN, D. E.: Analyt. chim. Acta **47**, 35 (1969).

Mo — Molybdän

Tabelle 151. Empfindlichkeit S_M und Bestimmungsgrenze L_Q der Verfahren

Verfahren	μg Mo · ml^{-1} · cm^{-1}	
	S_M	L_Q
Dithiol/Isoamylacetat oder $CHCl_3$	0,0046 (665—680 nm)	0,11 (665—680 nm)
Thiocyanat-$SnCl_2$/Isoamylalkohol oder Isoamylalkohol-CCl_4	0,0064 (470 nm)	0,16 (470 nm)
Thiocyanat-$SnCl_2$/MIBK	0,0096 (500 nm)	0,24 (500 nm)
Thiocyanat-CuCl/Wasser-Aceton	0,0052 (460 nm)	0,13 (460 nm)
Thiocyanat-CuCl/Diäthyläther	0,0048 (470 nm)	0,12 (470 nm)
Thiocyanat-Hydrazinsulfat/Isobutanol	0,0108 (460 nm); 0,0076 (320 nm)	0,27 (460 nm); 0,19 (320 nm)

A. Trennungen

Mo (VI) wird aus 6n HCl-Lösung mit Diäthyläther extrahiert [*1*] und kann auf diese Weise von zahlreichen Elementen abgetrennt werden (s. S. 259ff.). Unter Verwendung gleicher Volumina von wäßriger und organischer Phase beträgt die Ausbeute etwa 70% [*2*]. Fe wird bekanntlich mitextrahiert und verbessert die Extraktion des Mo. Aus 6–7n HCl-Lösung läßt sich Mo auch mit MIBK extrahieren, wobei die Ausbeute 96–97% beträgt [*3*]. Mit TBP ist die Extraktion des Mo besser als mit MIBK, doch ist auch die Anzahl der gleichzeitig mitextrahierten Elemente größer.

Mo kann als Cupferronat bei pH ~ 1,6 mit $CHCl_3$ [*4–6*] oder Äthylnitrat [*7*] extrahiert werden. Dabei werden andere Elemente wie z. B. Fe (III), Ti, V (V), Sn (IV) und Cu mitextrahiert. Mo wird aus 0,25–2n HCl-Lösung mit Cupferron/$CHCl_3$ vollständig extrahiert ($E\% = 98–99$ bei einmaliger Ausschüttelung), wenn die Phasen innerhalb 5–60 min nach der Extraktion getrennt werden; bei längerer Standzeit der ungetrennten Phasen geht ein Teil des Mo infolge Zersetzung des Cupferronates zurück in die wäßrige Lösung [*7a*]. Noch 0,1 μg Mo läßt sich aus 1 l 0,25n HCl-Lösung mit einer einmaligen Extraktion (Zusatz von 5 ml 6%iger Cupferronlösung, 1 min mit 25 ml $CHCl_3$ geschüttelt) weitgehend ausschütteln ($E\% = 94–98$) [*7a*]. Im Milligrammbereich wurde Mo von V im Verhältnis 1:1 bis 1:10 durch Extraktion als Tributylammonium-Mo-thioglykolat mit Methylenchlorid bei pH <2 praktisch quantitativ abgetrennt [*8*]. Während der mit V gebildete Komplex erst im Bereich von pH 2,7–9 extrahiert wird, läßt sich der Mo-Komplex bereits ab pH 1,5 bis ins schwach alkalische Gebiet durch Methylenchlorid mit gelbroter bis tiefroter Farbe ausschütteln.

Durch Extraktion aus 6n H_2SO_4-Lösung mit Acetylaceton/$CHCl_3$ (1:1) wurde das Mo vor seiner Bestimmung in Stahl isoliert und so von Cr, Cu und W, die beim Thiocyanat-Verfahren stören, und von anderen Elementen abgetrennt [*9*]. Bei der Bestimmung des Mo in Pflanzen mit Dithiol [*6*] wird nach nasser Veraschung zuerst das Cu mit Dz entfernt, dann das Mo zusammen mit anderen Metallen mittels Cupferron/$CHCl_3$ bei pH 0–0,5 extrahiert, die Cupferronate zerstört und das Mo mit Dithiol/Amylacetat bestimmt.

Das Mo kann von Re durch hintereinandergeschaltete Chlorid- und Thiocyanat-Extraktionen abgetrennt werden: Re wird in Perrhenat übergeführt, das Mo aus HCl-Lösung mit Diäthyläther extrahiert, wobei die Hauptmenge des Mo und wenig Re in die organische Phase übergehen; das sowohl in der organischen als auch in der wäßrigen Phase vorhandene Mo wird durch eine anschließende Extraktion mit Thiocyanat/Diäthyläther vom begleitenden Re abgetrennt, beide Fraktionen vereinigt und das Mo als Thiocyanat photometrisch bestimmt [*10*]. Über die Abtrennung des Mo von Re [*11*] mit Xanthat/$CHCl_3$ s. S. 980.

Über eine Abtrennung des Mo zusammen mit Au, Fe, Ga, Te und Tl aus 4n-HCl-Lösung in Anwesenheit von wenig Br_2 durch Extraktion mit Äthylacetat wird von anderer Seite berichtet [*12*]. Beim Rückschütteln mit 0,3–0,4n HCl gehen nur Mo, Fe, Ga und Te wieder in die wäßrige Phase. Aus dieser werden nach Einstellen auf 1,5n HCl das Mo, Fe und Ga nach Zusatz von 8m Thiocyanat mit Äthylacetat abermals extrahiert. Mo wurde dann in dieser Lösung unter Zusatz von HCl und Thiosulfat halbquantitativ nachgewiesen.

Mo kann von W durch Extraktion des Mo-Dithiol-Komplexes mit Butylacetat aus mineralsaurer Lösung bei Anwesenheit von Citronensäure abgetrennt werden [*13*] (s. S. 829).

Kleine Mengen einer Anzahl von Elementen können durch Extraktion mit Dz von Mo(VI) abgetrennt werden. Mo(VI) wird mit α-Benzoinoxim in H_2SO_4-Lösungen von pH 2 bis 5 Vol.-% H_2SO_4 [*14*] bzw. pH 7 bis 2% H_2SO_4 [*15*] oder in HCl-Lösungen von 0,05–3n HCl [*16, 16a*] ausgefällt und mit $CHCl_3$ quantitativ extrahiert, wodurch es sich von den meisten Elementen (außer Cr, V und W) abtrennen läßt. Eine Störung durch W(VI) und V(V) kann durch Zusatz von KH_2PO_4 und Fe(II) vermieden werden [*14*]. Bei der polarographischen Bestimmung bis herab zu $2 \cdot 10^{-6}$% Mo in Gesteinen wurde das Mo vorher durch Extraktion mit α-Benzoinoxim/$CHCl_3$ von störenden Elementen abgetrennt [*17*].

Mittels Anionenaustauscher Dowex 1X8 kann Mo von Nb, Ta, Ti, W und Zr abgetrennt werden (s. S. 1147, 1200). Aus Seewasserproben (0,1n HCl/0,1m NH_4SCN) wurden Mo und W mit Dowex 1-X8 (SCN-Form) isoliert ($D_{Mo} = 10^5$, $D_W = 10^4$), mit 0,5n NaOH/0,5m NaCl eluiert und Mo mit Dithiol photometrisch bestimmt [*17a*]. W läßt sich im Eluat (pH 3,2) von Mo durch den Anionenaustauscher DEAE (Diäthylaminoäthylcellulose; Cl-Form) abtrennen ($D_{Mo} = 340$, $D_W = 25000$), wobei das Mo in den Durchlauf geht und W anschließend mit 0,1n NaOH/0,1m NaCl eluiert wird. Mo kann aus dem Wasser (0,1n HCl/6% H_2O_2) auch mit Dowex 1-X8 (Cl-Form) angereichert werden. Hinsichtlich der Abtrennung des Mo von Re mittels Dowex 1-X8 s. S. 979.

Mo läßt sich auch zusammen mit Au, Bi, Sb, Sn und Tl von einer Reihe anderer Elemente durch Mitfällung an Mangan(IV)oxidhydrat isolieren. Die Fällung des Mo aus 1 l Seewasser mit Mangan(IV)oxidhydrat läßt sich einerseits durch Zusatz von 20 ml 0,1%iger $MnSO_4$- und 2 ml 1%iger $KMnO_4$-Lösung und Kochen (pH 3,7; Ausbeute >99%) und andererseits bei Raumtemperatur durch Zusatz von 2 ml Äthanol und 2 ml 3%iger $KMnO_4$-Lösung (Ausbeute 100% bei pH 1,3–5,5) durchführen [*17b*]. Für die Isolierung des Mo aus Seewasser wurde auch $Th(OH)_4$ (pH 6) als Spurenfänger verwendet [*17c*]. Daneben fanden auch die Sulfidfällung mit Sb_2S_0 [*18–19a*] (auch als Druckfällung [*19, 19a*]) oder As_2S_3 [*20*] als Spurenfänger und die Fällung mit α-Benzoinoxim [*21, 22*] zur Isolierung des Mo Anwendung.

Bei der Bestimmung kleiner Mo-Gehalte in Eisen und Stahl kann das störende Fe wie bei dei Al-Bestimmung (s. S. 389) durch Fällung mit NaOH abgetrennt und danach im Filtrat das Mo als Thiocyanat photometrisch bestimmt werden [*23–27*]. Diese Arbeitsweise ist als Schnellverfahren für Betriebslaboratorien geeignet.

B. Dithiol

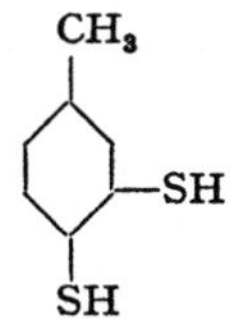

Dithiol (Toluol-3,4-dithiol) bildet mit Mo(VI) in mineralsaurer Lösung eine wenig lösliche Verbindung, die mit Butylacetat, Amylacetat, Isoamylacetat, $CHCl_3$, CCl_4, Benzol und Petroläther mit grüner Farbe extrahiert werden kann [*13, 19, 32–35*]. Die Extraktion verläuft aus 3,9–12n HCl- bzw. 1,8–14n-H_2SO_4-Lösung vollständig. Auch Mo(V) setzt sich unter Disproportionierung mit Dithiol um, indem gleichzeitig der grüne Mo(VI)-Komplex und ein roter Mo(IV)-Komplex gebildet werden. Für die photometrische Bestimmung findet der Mo(VI)-Komplex Anwendung. Das Extinktionsmaximum des Mo-Dithiol-Komplexes liegt bei 665–680 nm (s. Abb. 135) [*36*]. Das Beersche Gesetz ist im Bereich von 0,11–4,8 µg Mo/ml organisches Lösungsmittel erfüllt ($\varepsilon = 21000$). Die Farbe im Extrakt ist über 24 Std [*33*] bis zu 2 Wochen [*34*] stabil.

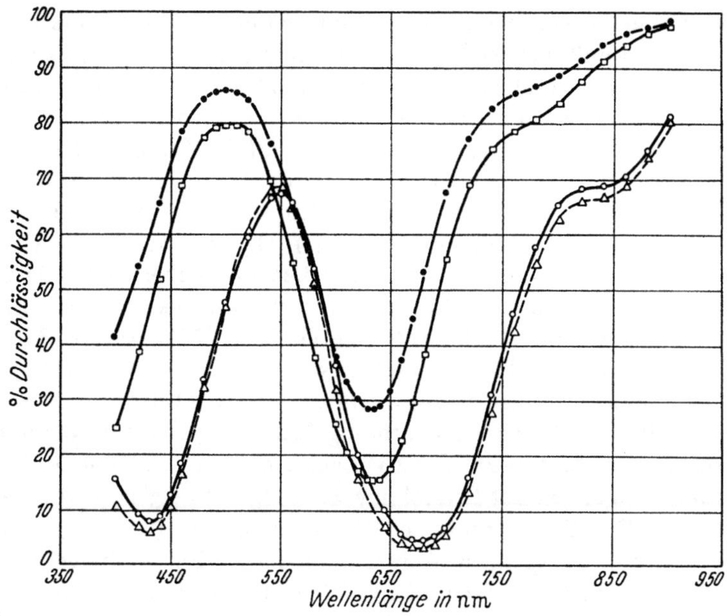

Abb. 135. Durchlässigkeitskurven von Mo + Dithiol und W + Dithiol in Petroläther [*36*]. △---△ Mo-Dithiol-Komplex in Anwesenheit von 2 mg Fe, ○—○ dasselbe in Abwesenheit von Fe, □—□ W-Dithiol-Komplex in Anwesenheit von Fe oder von H_3PO_4, ●—● dasselbe in deren Abwesenheit

Lösungen von Dithiol besitzen nur eine begrenzte Haltbarkeit. Als besonders störend erweist sich die große Empfindlichkeit des Dithiols gegenüber Oxydationsmitteln und Luftsauerstoff. Man setzt deshalb der Reagenslösung häufig Thioglykolsäure zu. Über die Haltbarkeit von Dithiollösungen findet man in der Literatur unterschiedliche Angaben. Teilweise wird die Lösung täglich frisch hergestellt [*37–39*]; nach anderen

Arbeiten [*6, 34, 36, 40—42*] ist sie bei Aufbewahrung im Kühlschrank eine bis mehrere Wochen verwendbar. In einer eingehenden Untersuchung über die Beständigkeit wäßriger alkalischer Dithiollösungen wurde festgestellt, daß sich mit bereits teilweise zersetztem Dithiol hergestellte Lösungen rascher zersetzen und die Anwesenheit von Luftsauerstoff, von Schwermetallspuren und erhöhte Temperatur beschleunigend wirken, während die Anwesenheit von Thioglykolsäure die Haltbarkeit einer Dithiollösung verlängert. Aufgrund dieser Untersuchungsergebnisse wird für die Herstellung und Handhabung von Dithiollösungen empfohlen [*43*]:

a) Die Verwendung von Dithiol, das im festen Zustand möglichst wenig mit Luftsauerstoff in Berührung gekommen, also noch fest und praktisch farblos ist.

b) Die Lösung soll unter Zusatz einer genügenden Menge Thioglykolsäure mit schwermetallspurenfreiem Wasser hergestellt werden.

c) die Reagenslösung soll zweckmäßig im Kühlschrank unter Schutzgas, am besten unter sauerstofffreiem Stickstoff, aufbewahrt werden.

d) die Lösung soll nicht unnötig lang dem Licht ausgesetzt werden.

Bei Beachtung dieser Hinweise ist eine Dithiollösung (z. B. 0,20 g Dithiol und 0,50 ml handelsübliche 80%ige Thioglykolsäure in 20 ml 1n NaOH gelöst und mit Wasser auf 100 ml aufgefüllt) wenigstens 2 Monate haltbar und für analytische Zwecke geeignet [*43*].

Zahlreiche Elemente geben mit Dithiol eine Fällung [*44—50*], die in den meisten Fällen in Butylacetat unlöslich ist [z.B. Fe(III) und Cu(II)]; hingegen sind die Dithiolkomplexe von W(VI) (mit blaugrüner Farbe) und Sn(II) löslich (s. a. S. 1311ff.). Die Bestimmung von 1—50 µg Mo wird nicht oder nur wenig gestört durch die Anwesenheit von bis zu 10 mg an Al, Ba, Be, Ca, Cd, Co, Cr(III), Fe(II), K, Mg, Mn(II), NH_4^+, Nb, Ni, Pb, Se, Si, Sr, Ta, Th(IV), Ti(IV), Tl(I), U(VI), V(V), Zn, Zr, Cl^-, NO_3^-, F^-, Tartrat, Citrat und Oxalat sowie 1 mg W. Eine mehr oder weniger große Störung verursachen 10 mg Ag, As(V), Bi, Cr(VI), Cu, Fe(III), Hg(I), Hg(II), Pd(II), Sb(V), Sn(II) und NO_2^-. Die Bestimmung von 1 µg Mo wird durch die Anwesenheit von 100 µg As oder Cu und 10 µg Re (relativer Fehler +2%) nicht gestört; sie wird jedoch durch 10—100 µg Pt (rel. Fehler +9 bis +90%) und 100 µg Re (rel. Fehler +47%) gestört [*34*]. Eine Komplexbildung des W mit Dithiol kann durch Zusatz von Citronensäure [*13*] oder Weinsäure [*32, 34*] verhindert werden. In Anwesenheit von 0,5 g Citronensäure stören bis zu 3 mg W nicht. Weiterhin läßt sich eine Störung durch W vermeiden, wenn man das Mo aus 4—4,6n HCl-Lösung bei 20—25° C mit Dithiol/Amylacetat extrahiert [*33, 35*], da das W unter diesen Bedingungen mit Dithiol nur sehr langsam reagiert und in der wäßrigen Phase bleibt. Die Extraktion muß bei Raumtemperatur (20—25° C) durchgeführt werden, da bei höherer Temperatur W in die organische Phase übergeht. Die Bestimmung von Mo wird durch die 100fache Menge W nicht gestört, wenn man die Extraktion aus 14n H_2SO_4 vornimmt [*36*] (s. a. S. 1312). Die Störung durch Fe (Schwarzfärbung der organischen Phase) läßt sich beseitigen, wenn Fe(III) mit KI zu Fe(II) und das freiwerdende Jod mit $Na_2S_2O_3$ [*34*] oder das Fe(III) mit Ascorbinsäure [*17b*] reduziert wird. Hierzu ungeeignet sind die folgenden Verbindungen: Ammoniumcitrat, Ammoniumtartrat, Citronensäure, Phosphorsäure, Weinsäure, Thioglykolsäure, Hydroxylaminhydrochlorid, NaF, Na_2SO_3, $Na_2S_2O_3$ oder $SnCl_2$. 1 µg Mo läßt sich so ohne Schwierigkeiten neben 50 mg Fe bestimmen [*34*]. 1,2 µg Mo konnten mit befriedigender Genauigkeit auch neben 50 mg Cu bestimmt werden. Cu bildet einen schwarzen, unlöslichen Dithiolkomplex, der durch Waschen der organischen Phase mit HCl (1,19) entfernt wird [*33, 35*]. Eine Fällung von Cu-Dithiolat führt aber ohne entsprechende

Gegenmaßnahmen zu Mo-Verlusten, die von der Cu-Menge und der Säurekonzentration abhängen. So fand man bei der Extraktion von 2,5–10 μg Mo mit Dithiol/Isoamylacetat je nach anwesender Cu-Menge und Säurekonzentration unterschiedliche Ausbeuten (n HCl/*E* %) [*50a*]: neben 20 μg Cu 0,5–2n/20–30%, 3n/45%, 5n/85%, 7–10n/100%; neben 50 μg Cu 0,5–3n/15–25%, 5n/60%, 7–10n/100%; neben 100 μg Cu 0,5–3n/10–15%, 5n/35%, 7–10n/100%; neben 1000 μg Cu 0,5–5n/0–2%, 7n/63% und 10n/100%. Hiernach führt die mit steigender Säurekonzentration verminderte Cu-Fällung gleichzeitig zu einem verminderten Mo-Verlust. In Anwesenheit von Ascorbinsäure/Citronensäure/Thioglykolsäure (s. Verfahren B. 1., S. 829) wird die Bestimmung von 10 μg Mo nicht gestört durch [*17b*]: je 100 μg Sn(II) oder Se, je 200 μg Fe oder W, je 500 μg Bi, Co, Cu, Ni, Pb, Sb oder Zn, 2 mg V(V) und 100 mg Mn.

Dithiol fand außer in den nachfolgend angeführten Arbeitsvorschriften noch zur Bestimmung von Mo in Seewasser [*17a*], biologischem Material [*16a, 17b*], Silicatgestein [*17b*], Stahl [*33*], Böden [*35*], Titandioxidpigmenten [*51*], Wolfram und Wolframverbindungen [*19*] Anwendung. Hinsichtlich der gleichzeitigen Bestimmung von Mo und W in Silicatgestein s. S. 1435 und in Tantal, Titan und Zirkonium s. S. 1423ff.

Arbeitsvorschrift [*13, 19*]

Reagentien

H_2SO_4 (1 + 3);
H_3PO_4 (1,70);
Citronensäure;
Dithiollösung; 0,2 g Dithiol löst man in 100 ml 1%iger NaOH, fügt 1 ml Thioglykolsäure (80%) hinzu und bewahrt im Kühlschrank auf;
Butylacetat;
$CHCl_3$.

Die schwach saure bis neutrale Probelösung (3–120 μg Mo enthaltend) versetzt man in einem Schütteltrichter mit 4 ml H_2SO_4 (1 + 3) und 3 Tropfen H_3PO_4 (in Anwesenheit von W weiterhin noch mit 0,5 g Citronensäure), verdünnt mit Wasser auf 20 ml und fügt 2 ml Dithiollösung hinzu. Nach einer Standzeit von 15 min extrahiert man 3mal mit 10, 5 und 5 ml Butylacetat oder $CHCl_3$, füllt die vereinigten organischen Extrakte in einem 25 ml-Meßkolben mit dem entsprechenden organischen Lösungsmittel zur Marke auf, entfernt eine evtl. auftretende Trübung durch Filtrieren und photometriert in einer 1 cm-Küvette bei 665–670 nm gegen das organische Lösungsmittel (s. a. S. 1312).

1. Wasser, Seewasser

Bei Wasserproben mit 30–1200 ppb Mo behandelt man 100 ml Probe nach der Arbeitsvorschrift [*13, 19*] auf S. 829.

Die Ausbeute des nachfolgenden Verfahrens beträgt 99,2%.

B: 0,5–22 ppb Mo. *V:* ±1%.

Arbeitsvorschrift [*17b*]

Reagentien

HCl (1,19); HCl (1 + 1);
$KMnO_4$, 3%ige wäßrige Lösung.
Äthanol.
SO_2-Lösung, gesättigt.
Reduktionslösung; 1 g Ascorbinsäure, 5 g Citronensäure und 5 g Thioharnstoff in 100 ml enthaltend.
Übrige Reagentien wie bei der Arbeitsvorschrift [*13, 19*] auf S. 829.

1 l Wasserprobe (durch 0,5 µm Membranfilter filtriert) stellt man mit HCl (1 + 1) auf pH 2,0 ein, versetzt mit 2 ml Äthanol sowie 2 ml $KMnO_4$-Lösung, mischt, läßt über Nacht stehen und filtriert dann den Niederschlag durch ein Glasfaserfilter ab. Der Niederschlag wird mit wenig Wasser gewaschen, mit ~ 15 ml SO_2-Lösung gelöst und in einem Becherglas auf ~ 6 ml eingedampft. Man führt die Lösung unter Nachwaschen mit ≦ 5 ml Wasser in einen 50 ml-Schütteltrichter über, versetzt mit 5 ml HCl (1,19) sowie 5 ml Reduktionslösung, mischt, fügt im Falle einer Gelbfärbung der Lösung noch weitere 3 ml Reduktionslösung hinzu, gibt 5,0 ml Dithiollösung hinzu und schüttelt gut durch. Nach 10 min Standzeit wird mit 5,0 ml n-Butylacetat extrahiert und der organische Extrakt in einer 1 cm-Küvette bei 670 nm gegen Butylacetat photometriert.

2. Organisches Material [*52*]

Nach der Veraschung auf nassem Wege mit $HNO_3/HClO_4/H_2SO_4$ wird die Bestimmung des Mo nach Verfahren B.3.2. (s. S. 831) durchgeführt. Mit dieser Vorschrift kann der Mo-Gehalt in pflanzlichem und tierischem Material, Nahrungsmitteln sowie tierischem Dünger bestimmt werden. Hinsichtlich der gleichzeitigen Bestimmung von Mo und W mit Dithiol/Petroläther in biologischem Material s. S. 1400, hinsichtlich dieser von Mo u. a. Elemente s. S. 1388ff.

3. Böden, Erze und Gesteine

3.1. Böden

In dem vorliegenden Verfahren wird das Mo mit Dithiol/Isoamylacetat aus 4n HCl-Lösung extrahiert und anschließend photometrisch bestimmt. Eine Störung von Fe(III) wird mit KI beseitigt. In Böden und Gesteinen sind selten mehr als 10 µg Re/g enthalten, weshalb eine Störung durch Re vernachlässigbar ist. Der Sn-Dithiol-Komplex weist ein Extinktionsmaximum unterhalb 470 nm auf [*6*], so daß Spuren dieses Elementes keinen wesentlichen Fehler verursachen. Auf die Verunreinigung des zum Aufschluß verwendeten Na_2CO_3 mit Mo sei besonders hingewiesen [*34*, *53*]. Man fand 0,1 µg Mo/g Na_2CO_3. Durch vollständiges Dehydratisieren der Kieselsäure können Mo-Verluste auftreten. Das Lösen des Schmelzkuchens soll nicht im Platintiegel erfolgen, da hierbei etwas Platin gelöst wird und man so zu hohe Mo-Werte erhält.

B: ≧ 1 ppm Mo. F_r: ±2%.

Arbeitsvorschrift [*34*]

Reagentien

Dithiol-Lösung; wie bei Verfahren auf S. 829;
Isoamylacetat;
KI, 50%ige wäßrige Lösung, täglich frisch bereitet;
$Na_2S_2O_3 \cdot 5\,H_2O$, 10%ige wäßrige Lösung, im Kühlschrank aufbewahrt;
Weinsäure, 50%ige wäßrige Lösung;
Na_2CO_3 sicc.;
HCl (1,19).

2,0 g pulverisiertes Probematerial mischt man mit 4,0 g Na_2CO_3 in einem 35 ml-Platintiegel und führt den Schmelzaufschluß auf übliche Weise durch. Den erkalteten Schmelzkuchen führt man in ein 250 ml-Becherglas über, wäscht den Platintiegel nur mit Wasser und gibt die etwa 30—40 ml betragende Waschlösung ins Becherglas dazu. Nach Zusatz von 20 ml HCl erhitzt man wenigstens 2 Std (oder über Nacht) auf dem siedenden Wasserbad unter gelegentlichem Rühren, dampft dann die Lösung fast zur

Trockene ein, versetzt mit 5 ml HCl und 25 ml Wasser und erhitzt noch 15 min auf dem Wasserbad. Die noch heiße Lösung wird in einen 100 ml-Meßkolben filtriert, der Rückstand auf dem Filter mit 2 Vol.-%iger HCl und zuletzt mit Wasser gewaschen und die Lösung nach dem Abkühlen mit Wasser zur Marke aufgefüllt. Die so hergestellte Probelösung soll etwa 6 ml HCl (1,19) enthalten. Einen aliquoten Teil von 25,0 ml führt man in einen 125 ml-Schütteltrichter über, versetzt mit 10 ml HCl (die Lösung soll jetzt ~ 4n HCl sein) und 1 ml KI-Lösung, mischt und läßt für 10 min stehen. Das freigewordene Jod reduziert man durch tropfenweisen Zusatz von $Na_2S_2O_3$-Lösung, bis die Entfärbung gerade eintritt. Nach Zusatz von 1 ml Weinsäurelösung wird kräftig geschüttelt, 2 ml Dithiollösung hinzugefügt, erneut 30 sec geschüttelt und 10 min stehen gelassen. Danach extrahiert man mit 5,0 ml Isoamylacetat und läßt bis zur Phasentrennung stehen (20—30 min). Die wäßrige Phase wird verworfen, der organische Extrakt durch Watte in eine 1 cm-Küvette filtriert und bei 680 nm gegen Isoamylacetat photometriert.

3.2. Böden

Nach Isolierung des Mo mit α-Benzoinoxim/$CHCl_3$ [*15*] erfolgt die photometrische Bestimmung mit Dithiol/n-Butylacetat. Zur Extraktion der Bodenprobe werden mehrere Lösungen angegeben: Ammoniumoxalat/Oxalsäure, 10%ige HCl, 10%ige HCl/0,36n H_2SO_4, Wasser usw., von denen sich die erstgenannte besonders gut zum Ausziehen des Mo eignet. Obwohl Cr(VI), V(V) und W(VI) in saurer Lösung mit α-Benzoinoxim reagieren, stören die ersten beiden Elemente in Mengen von jeweils 0,1 mg und weiterhin auch das W unter den gewählten Arbeitsbedingungen nicht.

B: 0,3—10 μg Mo. F_r: ±5—10%.

Arbeitsvorschrift [*52*]

Reagentien

Ammoniumoxalat/Oxalsäure-Lösung; 500 g Ammoniumoxalat und 250 g Oxalsäure in 20 l Wasser;
NH_4NO_3, 50%ige wäßrige Lösung;
HCl (1,16); H_2SO_4 (1,84), $HClO_4$ (60%); HNO_3 (1,40); H_2O_2 (15%);
α-Benzoinoxim, 2%ig in Äthanol; im Kühlschrank aufbewahrt;
$CHCl_3$;
Natriumcitrat-Lösung; 20 g Citronensäure werden mit 20 ml 10n NaOH und 280 ml Wasser gelöst und im Kühlschrank aufbewahrt;
Dithiol; 1 g Reagens wird in 500 ml 0,25n NaOH gelöst und nach Zusatz von 2,5 ml Thioglykolsäure (80%) in kleine Flaschen filtriert und im Kühlschrank aufbewahrt;
n-Butylacetat.

30 g Boden werden mit 150 ml Ammoniumoxalat/Oxalsäure-Lösung 4 Std geschüttelt vom klaren Filtrat ein aliquoter Teil eingedampft und der Trockenrückstand bei 500° C verascht. Bei Bedarf unterbricht man die Veraschung und benetzt mit einigen Tropfen NH_4NO_3-Lösung. Der Veraschungsrückstand wird mit 5 ml HCl aufgenommen, mit 2 ml H_2O_2 versetzt, auf dem Wasserbad eingedampft, nochmals mit HCl angefeuchtet und 2 Std bei 115° C getrocknet. Den Rückstand nimmt man mit 1—2 ml H_2SO_4 auf, führt mit Wasser in einen Schütteltrichter über, verdünnt mit Wasser auf etwa 100 ml, fügt 2 ml α-Benzoinoxim-Lösung hinzu und läßt unter gelegentlichem Umschütteln 30 min stehen. Nun extrahiert man 2mal (das 1. Mal 2 min, das 2. Mal 1 min) mit jeweils 10 ml $CHCl_3$, versetzt nochmals mit 0,5 ml α-Benzoinoxim-Lösung und extrahiert sofort 1 min mit 10 ml $CHCl_3$. Aus dem vereinigten organischen Extrakt wird nach Überführen in einen 100 ml-Erlenmeyerkolben auf dem Sandbad das $CHCl_3$ verflüchtigt. Nach dem Erkalten fügt man 0,5 ml H_2SO_4, 0,5 ml $HClO_4$ und einige Tropfen HNO_3

hinzu und verascht die organische Substanz. Den Veraschungsrückstand nimmt man mit 20 ml HCl auf, führt unter Nachspülen mit 7,5 ml Natriumcitrat-Lösung in einen Schütteltrichter über und versetzt unter Umschwenken mit 2,5 ml Dithiollösung. Nach einer Standzeit von 30—45 min extrahiert man mit 16,5 ml Butylacetat, verwirft die wäßrige Phase, filtriert den organischen Extrakt durch ein Filter und photometriert in einer 5 cm-Küvette bei 665—670 nm gegen Butylacetat.

3.3. Wolframerze

Die Bildung des störenden W-Dithiol-Komplexes wird hier durch Phosphorsäure-Citronensäure weitgehend unterdrückt, während der gleichzeitig gebildete Mo-Komplex mit Benzin extrahiert und anschließend photometriert wird. Bei <500 ppm Mo ist es erforderlich, die Extinktion bei 680 nm und 630 nm (Extinktionsmaximum des W-Komplexes) zu messen, um evtl. mitextrahiertes W zu berücksichtigen. Bei höheren Mo-Gehalten genügt die Extinktionsmessung bei 680 nm allein. Von anderen in Wolframerzen vorkommenden Elementen geht vor allem Sn beim Lösen der Alkalischmelze mit Mo in das Filtrat. Der rote, in Benzin unlösliche Sn-Dithiolkomplex sammelt sich an der Phasengrenze an, so daß der organische Extrakt filtriert werden muß. In Anwesenheit von viel Sn ist die Dithiol-Menge entsprechend zu vergrößern.

B: $\geqq 1$ ppm Mo. F_r: $\pm 2\%$.

Arbeitsvorschrift [*54*]

Reagentien

Dithiol-Lösung; 1 g Reagens wird in 300 ml 1%iger NaOH gelöst, mit 5 ml Thioglykolsäure (80%) versetzt und im Kühlschrank aufbewahrt;
Fe-Lösung; 1 g reines Fe wird in 20 ml H_2SO_4 (1 + 1) gelöst und mit Wasser auf 1 l aufgefüllt;
Benzin (Kp 100—132° C); mit H_2SO_4, NaOH und zuletzt mit Wasser waschen;
H_3PO_4 (1,75);
Citronensäure, 100%ige wäßrige Lösung; mit Kationenaustauscher geschüttelt;
NaOH;
Na_2CO_3, 2%ige wäßrige Lösung.

1,0 g pulverisiertes Probematerial wird mit 8 g NaOH in einem Eisen- oder Nickeltiegel aufgeschlossen, die erkaltete Schmelze mit Wasser und einigen Tropfen Äthanol gelöst und filtriert. Der Rückstand wird mit heißer Na_2CO_3-Lösung gewaschen und dann verworfen. Das Filtrat wird in einem Meßkolben mit Wasser auf 250 ml verdünnt. Ein aliquoter Teil (nicht mehr als 40 µg MoO_3 enthaltend) wird in eine Schliffstopfenflasche von 100 ml übergeführt, 10 ml Citronensäurelösung und 1 ml Fe-Lösung zugegeben. Man neutralisiert mit H_3PO_4 und versetzt mit noch weiteren 5 ml im Überschuß. Nach Verdünnen auf 50 ml versetzt man mit 5 ml Dithiollösung und läßt 1 Std stehen. Nun extrahiert man mit 10,0 ml Benzin, indem man 3mal 90 sec schüttelt, und photometriert den organischen Extrakt nach der Phasentrennung bei 630 und 680 nm.

3.4. Gesteine [*34*]

Die Analyse wird nach Verfahren B.3.1. (s. S. 830) durchgeführt.

4. Verschiedenes

4.1. Urantrioxid

Nach dem Lösen der Probe erfolgt die Bestimmung des Mo mit Dithiol/CCl_4. Butylacetat ist zur Extraktion ungeeignet, da etwas gelbes Uranylchlorid in die organische

Phase übergeht. Vor dem Zusatz des Dithiols wird zur Vervollständigung der Komplexfarbe Hydrazinsulfat als Reduktionsmittel zugegeben; Thioglykolsäure, Ascorbinsäure und SO_2 sind hierfür ungeeignet. Die Komplexbildung erfolgt bei 30–35° C. Bei hochreinem Urantrioxid werden Störungen durch andere Elemente nicht hervorgerufen. Mit dem nachfolgenden Verfahren wurden bei Einwaagen von 50 g Gehalte bis herab zu 0,00001% Mo bestimmt.

Arbeitsvorschrift [*55*]

Reagentien

Dithiol-Lösung, 0,2%ig in 1%iger NaOH;
HCl (1 + 1);
Hydrazinsulfat;
CCl_4.

Das Probematerial (1–8 µg Mo enthaltend) wird in 100 ml HCl (1 + 1) unter Erwärmen gelöst, in einen 125 ml-Schütteltrichter übergeführt, die Lösung auf 30–35° C eingestellt, 0,2–0,3 g Hydrazinsulfat zugegeben und zum Lösen des letzteren geschüttelt. Nach Zusatz von 2 ml Dithiollösung mischt man gut durch, läßt 10 min stehen, extrahiert nun mit 10,0 ml CCl_4, filtriert den organischen Extrakt durch ein Filter und photometriert in einer 1 cm-Küvette bei 670 nm gegen CCl_4.

4.2. Luft

B: 0,15–30 mg Mo/m³.

Man saugt 20 l (bei Gehalten von < 150 µg Mo/m³ entsprechend mehr) durch ein Filter (s. S. 177) und löst dann die Staubprobe je nach Löslichkeit mit Wasser oder HCl bzw. HNO_3 vom Filter. Liegen unlösliche Verbindungen in der Staubprobe vor, so wird das Filter verascht, die Asche mit Na_2CO_3/K_2CO_3 (bei Bedarf unter Zusatz von $NaNO_3$ oder Na_2O_2) aufgeschlossen, die erkaltete Schmelze mit Wasser gelöst und mit HCl angesäuert. Bei Gehalten von < 6 mg Mo/m³ wird die gesamte Probelösung, bei 6 bis 30 mg Mo/m³ 10 ml der auf 50 ml aufgefüllten Probelösung zur Bestimmung des Mo nach der Arbeitsvorschrift auf S. 829 verwendet.

C. Thiocyanat

In mineralsaurer Lösung und Anwesenheit eines Reduktionsmittels reagiert Mo(V) mit Thiocyanat unter Bildung eines gelben bis orangeroten Farbkomplexes. Meist wird als Reduktionsmittel $SnCl_2$ verwendet, daneben weniger häufig CuCl oder Hydrazinsulfat. Je nach den Reaktionsbedingungen können sich neben dem roten $Mo(SCN)_5$ noch Mo-Thiocyanatkomplexe verschiedener Zusammensetzung bilden, die eine geringere Farbintensität aufweisen oder farblos sind. Die erwähnten Schwierigkeiten der Reduktion mit $SnCl_2$ lassen sich umgehen, wenn man die Reduktion in Anwesenheit von ClO_4^- durchführt [*56*]: durch das ClO_4^- wird der Überschuß an $SnCl_2$ sowie gebildetes Mo(III) zu Mo(V) oxydiert. Die günstigsten Reaktionsbedingungen sind: $\leqq 4$ m H^+ Gesamtkonzentration (0,4 m $HClO_4$/2,5 m HCl), Molverhältnis $ClO_4^-/Sn^{2+} \geqq 0{,}25$, 0,6 bis 1,0 m SCN^- (Arbeitsvorschrift I.c.). Auf diese Weise erzielt man eine vollständige und definierte Reduktion von Mo(VI) zu Mo(V) und eine stabile Farbe (1 Std in wäßriger Lösung, 24 Std im Aliquat 336/$CHCl_3$-Extrakt) [*56*]. Mo(VI) wird durch einen Überschuß an $SnCl_2$ bei Raumtemperatur in $\leqq 4$ n HCl-Lösung weitgehend zu Mo(V), in > 6–9,4 n HCl-Lösung zu einem äquimolaren Gemisch von Mo(V) und Mo(III) reduziert [*56, 57*]. Bei letztgenannter Reduktion bildet sich zuerst Mo(IV), welches sofort in Mo(V) und Mo(III) übergeht [*61*]. Nur Mo(V) gibt den gefärbten Komplex, während dieser mit Mo(III) farblos ist. Weiterhin kann Mo(V)-Thiocyanat durch einen vorhandenen Überschuß an $SnCl_2$ teilweise reduziert [wahrscheinlich zu Mo(III)] werden. Diese Verhältnisse werden als Ursache dafür angesehen, daß man mit $SnCl_2$ als Reduktionsmittel nur 50—75% der theoretisch zu erwartenden Farbintensität erzielt. Deshalb werden einwertige Reduktionsmittel empfohlen, beispielsweise CuCl, welches Mo(VI) quantitativ in Mo(V) überführt. Für die farbverstärkende Wirkung von anwesendem oder zugesetztem Fe(III) beim $SnCl_2$-Verfahren erscheint neben der weiter unten angeführten Vorstellung einer Beteiligung des Fe an der Komplexbildung ein dem CuCl analoger Wirkungsmechanismus die mögliche Ursache. Die Farbintensität wird durch verschiedene Faktoren, wie Reagenskonzentration, Acidität u. a. m., beeinflußt, wobei besonders die Stabilisierung des gebildeten Farbkomplexes ein Problem darstellt, weil dieser bei längerem Stehen leicht verblaßt. Zur Erzielung einer möglichst hohen Farbstabilität bei der Farbentwicklung in wäßriger Lösung soll die Säurekonzentration 5% an HCl oder HCl + H_2SO_4 betragen und mehr als 0,6% an Thiocyanat (zweckmäßig etwa 1%) anwesend sein [*62*]. Die Konzentration des $SnCl_2$ ist von geringerer Bedeutung, da sowohl 0,04% als auch 0,8% $SnCl_2$ zum gleichen Ergebnis führen [*62*]. Für die Extraktion des Farbkomplexes mit Isoamylalkohol erwies sich eine Säurekonzentration von 1n ± 0,2n HCl als optimal [*2, 63*]. Bei der Extraktion mit Diisopropyläther hält man am zweckmäßigsten eine Säurekonzentration von ~ 1n—1,8n HCl ein [*18, 64*]. Folgende Schwankungen der Reagenskonzentration haben bei der Extraktion mit Isoamylalkohol/CCl_4 keinen Einfluß auf das Ergebnis: 0,72—1,8n HCl, 0,046—1,84m KSCN (0,44—1,78%) und 0,02—0,08m $SnCl_2$ (0,44—1,78%) [*65*]. Mit MIBK als Extraktionsmittel erfolgten die Farbentwicklung und Extraktion in/aus 0,6—1,4n HCl/3,6—4,1n H_2SO_4-Lösung [*66, 66a*]. Die Anwesenheit kleiner Mengen Fe führt zu einer Steigerung der Farbintensität beim Thiocyanat-$SnCl_2$-Verfahren, was auf eine Beteiligung des Fe an der Komplexbildung (gegenüber $Mo(III)_2[Mo(V)O(SCN)_5]_3$ in Abwesenheit von Fe nimmt man die Bildung von $Fe(II)\,[Mo(V)\,O\,(SCN)_5]$ in Anwesenheit von Fe an) zurückgeführt wird [*2, 9, 21, 63, 65, 67*]. Am günstigsten ist die Anwesenheit von 0,5—1 mg Fe [*2, 63, 66*].

Zur Stabilisierung der Farbe werden vielfach mit Wasser mischbare organische Lösungsmittel zugesetzt, z. B. Aceton [*26, 61, 68*], Äthylenglykolmonobutyläther [*9, 69*], Diäthylenglykolmonobutyläther [*70*]. Nicht nur eine Stabilisierung, sondern auch eine Steigerung der Empfindlichkeit und Genauigkeit sowie eine Beseitigung von Störungen läßt sich durch Extraktion mit organischen, mit Wasser nicht mischbaren Lösungsmitteln erreichen. So kann der Mo(V)-Thiocyanat-Komplex mit Diäthyläther [*21, 71, 72*], Diisopropyläther [*7, 18, 64, 73*], Diäthyläther(65%)/Petroläther(35%)-Gemisch [*62*], MIBK [*66*], Butylacetat [*74, 75*], Äthylacetat [*12*], Cyclohexanol [*62, 76*], Isoamylalkohol [*2, 63, 79*] und Isoamylalkohol/CCl_4 [*19, 65, 77, 78*] extrahiert werden. Diisopropyläther und Isoamylalkohol haben beispielsweise gegenüber Diäthyläther den Vorteil der geringeren Flüchtigkeit. Cyclohexanol weist neben seiner geringeren Flüchtigkeit noch weitere Vorteile auf: es ist für den Komplex ein gutes Lösungsmittel, beeinflußt den Farbkomplex nicht, seine Hydrolysenprodukte verursachen kein Verblassen der Farbe und es braucht nicht vorher mit den Reagentien gesättigt zu werden. Allerdings hat es den Nachteil, daß es sich langsamer von der wäßrigen Phase trennt und mitunter trübe Lösungen entstehen. Butylacetat ist zur Extraktion weniger geeignet, da diese von der Art der Sättigung des Lösungsmittels mit den Reagentien stark abhängt. Auch hat es den Nachteil, daß seine Hydrolysenprodukte ein Verblassen des Farbkomplexes verursachen. Mit Isoamylalkohol/CCl_4 erhält man im Vergleich zu Isoamylalkohol gleichmäßigere Ergebnisse [*65*], da die Löslichkeit des letztgenannten Lösungsmittels in der wäßrigen Phase durch die Salzkonzentration der Probelösung beeinflußt wird, während dies für das Lösungsmittelgemisch nicht zutrifft. Mo(V) kann weiterhin mit 5% Tricaprylmethylammoniumchlorid (Aliquat 336)-Thiocyanat/$CHCl_3$ extrahiert werden [*56*].

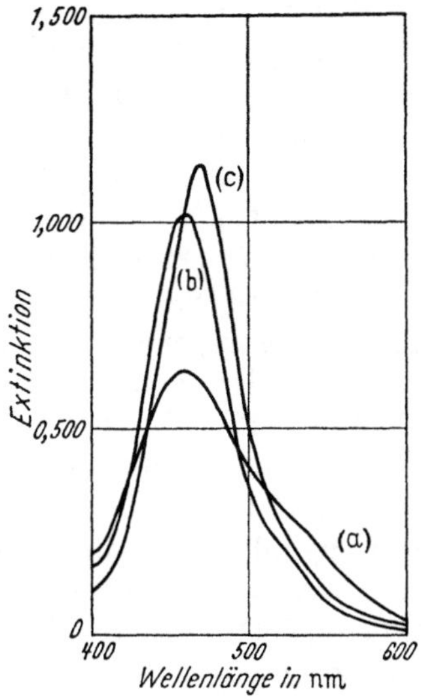

Abb. 136. **Extinktionskurven von Mo-Thiocyanat in verschiedenen Lösungsmitteln** [*61*] [*a* 0,6 m NH_4SCN in Wasser, *b* in Aceton/Wasser (3:2), *c* 0,5 m NH_4SCN in Diäthyläther]

Das Extinktionsmaximum liegt in Wasser/Aceton-Lösung bei 460 nm ($\varepsilon_{460} = 18700$) [*61*], in Diäthyläther bei 470 nm ($\varepsilon_{470} = 19500$) [*61*] (s. Abb. 136), in Isobutanol bei 460 nm und 320 nm ($\varepsilon_{460} = 8800$, $\varepsilon_{320} = 12900$) [*80*], in Isoamylalkohol/CCl_4 bei 470 nm ($\varepsilon_{470} = 15300$) [*65*], in 5% Aliquat 336/$CHCl_3$ bei 466 nm ($\varepsilon_{466} = 16400$) [*56*]. Das Beersche Gesetz ist in folgenden Bereichen erfüllt: 0,16—6 μg Mo/ml (in Isoamylalkohol oder Isoamylalkohol/CCl_4, 470 nm), 0,12—5 μg Mo/ml (in Wasser-Aceton, 460 nm bzw. in Diäthyläther, 470 nm), 0,25—10 μg Mo/ml (in MIBK, 500 nm bzw. Isobutanol, 460 nm). In wäßriger Lösung verblaßt die entwickelte Farbe unter ungünstigen Reaktionsbedingungen rasch. Unter optimalen Bedingungen ist die Farbe in wäßriger Lösung innerhalb der ersten 60 min [*62*], in organischen Lösungsmitteln wie Cyclohexanol [*62*] und Isoamylalkohol [*2, 63, 67*] mehrere Stunden stabil. Wird die Farbentwicklung in wäßriger Lösung unter Zusatz von Äthylenglykolmonobutyläther als Stabilisierungsmittel durchgeführt, so verblaßt die Farbe in Abwesenheit von Fe nach einigen Stunden, während sie in Anwesenheit von Fe mehrere Tage stabil ist [*9*]. Die Farbintensität des mit MIBK extrahierten Mo-Thiocyanates erreicht erst nach 18 Std ihr Maximum, während sie nach 2 Std um 10% niedriger ist [*66*]. Deshalb wird in der betreffenden Arbeit nach der Extraktion eine Standzeit von 2 Std vor dem Photometrieren der organischen Phase eingehalten (s. S. 841/842). Mo(V) läßt sich analog mit Thiocyanat-o-Dichlorbenzyltriphenylphosphoniumchlorid/$CHCl_3$ extrahieren und photometrisch bestimmen [*80a*]. Weiterhin kann man Mo(V) als Thiocyanat aus 2n HCl/0,8m KSCN-

Lösung mit 1% Tribenzylamin/$CHCl_3$ extrahieren, mit 6% H_2O_2 (mit NaOH schwach alkalisiert) rückschütteln und so von Bi, Ce, Co, Cr, Fe, Mn, Nb, Ni, Pb, Ru, Sb, Ti, U, V, W und Zr abtrennen [*80b*].

Die Bestimmung von 1—8 µg Mo/ml wäßriger Lösung mit Thiocyanat und Diäthyläther [*21*], Isobutylalkohol [*80*], Isoamylalkohol [*2, 63*] und MIBK [*66*] wird durch folgende Kationen und Anionen (in µg/ml wäßriger Lösung) nicht gestört [*2, 21, 63, 66, 66a, 80*]: Ag (100), Al (115), As(III) (115), Au (115), B (115), Ba (115), Be (115), Bi (115) Ca (3200), Cd (1000), Ce(III) (115), Ce(IV) (115), Co (115[1]), Cr(III) (115), Cr(VI) (50 nach [*80*]; 115 nach [*66*]), Cs(115), Cu(II) (2 nach [*80*]; 115 nach [*66*]), Dy (115), Er (115), Eu (115), Fe(II) (115 nach [*66*]; 1000[2] nach [*66a*]), Fe(III) (115 nach [*66*]; 5000[2] nach [*66a*]), Ga (115), Gd (115), Ge (115), Hf (115), Hg(II) (115), Ho (115), In (115), Ir (115), K (3200), La (115), Li (115), Lu (115), Mg (1000), Mn(II) (10 nach [*80*]; 115 nach [*66*]), Mn(VII) (115), Na (3200), Nb (115), Nd (115), Ni (115), Pb (3,2 nach [*21*]; 115 nach [*66*]), Pd(II) (0,5—1), Pr (115), Pt (IV) (~ 0,8), Rb (115), Rh(III) (0,5—1), Sb(III) (115), Sc (115), Se(115), Si (100), Sm (115), Sn (II) (115), Sn(IV) (115), Sr (115), Ta (115), Tb (115), Te (57, Lösung vor Extraktion filtriert [*66*]), Th (115), Ti (III) (16 nach [*21*]; 115 nach [*66*]), Ti(IV) (115), Tl(I) (115), Tm (115), U(VI) (115[1]; 1000[2]), V(V) (57; 100[2,3]), W (1000), Y (115), Yb (115), Zn (1000), Zr(IV) (16 nach [*21*]; 115[1] nach [*66*] bzw. 1000[2] nach [*66a*]), Cl^- (100), NO_3^- (1000), SO_4^{2-} (1280), PO_4^{3-} (3000), ClO_4^- (100), F^- (1150), Br^- (1150), I^- (11—100), SiO_3^{2-} (1280), Acetat (1000). Die folgenden Konzentrationen (in µg/ml) stören die Bestimmung, da sie einen Fehler von >3% verursachen [*2, 63, 66*]: Co (480), Cr(VI) (80), Cu (200), F^- (800), Pb (400), Re(VII) (1), Ti(III) (28), U(VI) (440), V (16) und W(VI) (6). Ag, Au, große Mengen Cu, Hg, Se und Te geben in organischen Lösungsmitteln unlösliche Verbindungen. Bei der Bestimmung nach Arbeitsvorschrift III (s. S. 839) müssen Fe(II), Fe(III), Mn(VII), Ti(IV) und V(V) abwesend sein [*80*]. Eine Störung durch 30 mg Ti und 5 mg Cr vermeidet man durch Maskierung des ersteren mit F^- und Verflüchtigung des Cr als CrO_2Cl_2 [*79*]. Weiterhin stören 200 mg Fe und 5 mg V nicht, wenn man den Isoamylalkohol-Extrakt mit $SnCl_2$-Lösung schüttelt, wodurch das Fe entfernt und V(V) zum wenig störenden V(III) reduziert wird [*79*] (s. Verfahren C.3.1., S. 842). V(III) wird durch Thiocyanat/Isoamylalkohol nicht extrahiert. Eine Störung durch V und W kann durch Zusatz von Tartrat oder Citrat unterdrückt werden [*26, 66, 66a*]. Weiterhin läßt sich eine Störung durch W auch verhindern, indem man bei 500 nm photometriert [*66*] (allerdings beträgt der molare Extinktionskoeffizient bei dieser Wellenlänge nur 10000). Störendes V und Cr können schließlich mit ÄDTA maskiert werden, so daß die beiden Elemente bei der Extraktion des Mo-Thiocyanates mit Isoamylalkohol/CCl_4 in der wäßrigen Phase bleiben [*78*]. Ti kann durch F^- maskiert werden [*78, 79*]. Mitextrahiertes Co und Zr werden aus der MIBK-Phase mit 2%iger Oxalsäure/1,2n HCl rückgeschüttelt [*66*]. Hohe F^--Gehalte können zu niedrige Mo-Werte verursachen. Eine Abtrennung des Fe ist nicht erforderlich, da der Fe-Thiocyanat-Komplex durch $SnCl_2$ [*25*] oder $Na_2S_2O_3$ [*12*] rasch zerstört wird. In Anwesenheit großer Mengen Fe wird zur Vermeidung einer Entstehung des roten Fe-Thiocyanates empfohlen [*87*], vor der Extraktion des Mo-Komplexes den Sauerstoff aus der Probelösung durch kurzes Einleiten von CO_2 (30 bis 120 sec) zu vertreiben.

---

[1] MIBK-Extrakt je einmal zuerst mit 2% Oxalsäure/1,2n HCl und dann mit 2,4n HCl gewaschen [*66*].

[2] MIBK-Extrakt je einmal zuerst mit 2% Oxalsäure/2% $SnCl_2$/2n HCl und dann mit 2,4n HCl gewaschen [*66a*].

[3] In Anwesenheit von 5 g Weinsäure [*66a*].

Unter den nachfolgenden allgemeinen Arbeitsvorschriften sind die unter I. angeführten $SnCl_2$-Verfahren mit Zusatz von Fe zur Probelösung für die meisten analytischen Aufgaben am zweckmäßigsten, da sie neben einer meist ausreichenden Empfindlichkeit durch mäßige Mengen anwesender Fremdelemente (vor allem Fe) nicht gestört werden. Die Extraktion in Vorschrift I. b) kann mit gleichem Erfolg auch mit Isoamylalkohol [*2, 63*] durchgeführt werden. Ein analoges Verfahren mit MIBK als Extraktionsmittel ist unter C.2.2. (s. S. 841) beschrieben.

In Arbeitsvorschrift II. a) erfolgt die Farbentwicklung in Wasser/Aceton-Lösung, in Arbeitsvorschrift II. b) wird der Farbkomplex mit Diäthyläther extrahiert [*61*]. Die in zahlreichen Arbeiten beobachteten Schwierigkeiten, daß bei der Reduktion mit $SnCl_2$, ebenso bei Abwesenheit von Fe und Cu, nur etwa 50—75% der theoretisch maximal erzielbaren Farbintensität erreicht wird, führt man auf eine unvollständige Reduktion des Mo(VI) zu Mo(V) [infolge teilweiser Reduktion zu Mo(IV) und Mo(III)] bzw. auf die schwierige Stabilisierung des gebildeten Farbkomplexes zurück [*61*]. Es wird daher die Reduktion mit Cu(I) in 4n HCl-Lösung empfohlen, die rasch und quantitativ verläuft. Vorhandenes und störendes Cu(II) wird nachher durch Zusatz von Sn(II) zu Cu(I) reduziert. Die Reaktion wird in 8n HCl-Lösung durchgeführt, um eine Mo-blau-Bildung zu verhindern. Die Bestimmung von 4—7 µg Mo/ml nach Verfahren II. a) wird durch ~ 2 µg Fe(III)/ml noch nicht, durch ~ 23 µg Fe(III)/ml bereits merklich gestört [*61*]. Es ist ein Nachteil dieser Vorschrift, daß bereits verhältnismäßig kleine Mengen Fe stören. Größere Mengen Fe müssen daher abgetrennt werden, wozu die Verwendung eines Ionenaustauschers empfohlen wird. Die 10000fache Menge Fe konnte mit dem Ionenaustauscher Dowex 50 (mit HCl-Lösung von pH 2 gesättigt) von Mo abgetrennt werden, indem die ~ 0,5n HCl-Probelösung durch die Austauschersäule geschickt und das Mo mit 0,04m NH_4SCN-Lösung eluiert wird [*61*]. Das Eluat wird durch Abrauchen auf 0,50 ml konz. H_2SO_4 eingeengt und dann die Bestimmung nach Verfahren II. a) durchgeführt.

In der nachfolgenden Arbeitsvorschrift III. wird die photometrische Bestimmung im UV-Bereich bei 320 nm vorgenommen, da das Extinktionsmaximum bei dieser Wellenlänge gegenüber demjenigen bei 460 nm den 1,4fachen Wert aufweist [*80*]. Als Reduktionsmittel dient hier Hydrazinsulfat, da Chlorozinn(II)-säure die Extinktionsmessung im UV-Bereich stört. Unter den Mineralsäuren erzielt man mit H_2SO_4 die besten Ergebnisse. Die Anwesenheit von HCl soll vermieden werden. Eine Wartezeit von 5—20 min zwischen dem Thiocyanat-Zusatz und der Extraktion hat keinen Einfluß auf das Ergebnis. Durch eine vorangehende Ätherextraktion aus salzsaurer Lösung können alle beim Thiocyanat-Verfahren störenden Elemente entfernt werden, mit Ausnahme von V, W und Re, die mit Mo in die organische Phase übergehen [*2*]. Setzt man der wäßrigen Lösung Citronensäure zu, so geht nur wenig V in die organische Phase, das nachher nicht stört.

Arbeitsvorschrift

I. Reduktion mit $SnCl_2$

a) Wasser/Äthylenglykolmonobutyläther-Verfahren [*9, 70*]

Reagentien

H_2SO_4 (1,84);
Äthylenglykolmonobutyläther;
KSCN, 6%ige wäßrige Lösung;
$SnCl_2$-Lösung; 17,5 g $SnCl_2 \cdot 2\,H_2O$ löst man in 12,5 ml HCl (1,19), fügt 12,5 ml Wasser hinzu und füllt mit HCl (1 + 1) auf 50 ml auf (frisch hergestellt);
Fe-Lösung (1 ml = 1 mg Fe); 0,7022 g $(NH_4)_2Fe(SO_4)_2 \cdot 6\,H_2O$ in 100 ml 0,2n H_2SO_4.

Die schwach saure Probelösung (12—500 μg Mo enthaltend) wird in einem 50 ml-Meßkolben mit 3 ml Fe-Lösung und soviel H_2SO_4 versetzt, daß die aufgefüllte Lösung 2,5 ml H_2SO_4 (1,84) enthält. Man verdünnt mit Wasser auf etwa 30 ml, versetzt mit 5,0 ml Äthylenglykolmonobutyläther, mischt und fügt 2,50 ml KSCN-Lösung hinzu. Man verdünnt auf 45 ml, versetzt mit 2,5 ml $SnCl_2$-Lösung, füllt mit Wasser zur Marke auf und photometriert nach 10 min in einer 1 cm-Küvette bei 470 nm gegen den Blindwert.

b) Extraktion mit Diisopropyläther [*18*, *21*, *73*, *82*]

Reagentien

HCl (1,19);
Fe-Lösung (1 ml = 1 mg Fe); 0,48 g $FeCl_3 \cdot 6\,H_2O$ werden in 100 ml 1 n HCl gelöst;
KSCN, 10%ige wäßrige Lösung;
$SnCl_2$-Lösung; 10 g $SnCl_2 \cdot 2\,H_2O$ werden in 100 ml 1 n HCl gelöst;
Diisopropyläther, redest., mit KSCN-Lösung und $SnCl_2$-Lösung gesättigt.

Die schwach saure Probelösung (6—250 μg Mo enthaltend) versetzt man mit 2 ml Fe-Lösung und 4,0 ml HCl (1,19). Man verdünnt mit Wasser auf 40 ml, fügt 5,0 ml KSCN-Lösung und 5,0 ml $SnCl_2$-Lösung hinzu und extrahiert dreimal mit 10, 5 und 5 ml Diisopropyläther. Die vereinigten organischen Extrakte werden in einem 25 ml-Meßkolben mit Äther zur Marke aufgefüllt und in einer 1 cm-Küvette bei 465—475 nm gegen Äther photometriert.

c) $SnCl_2/ClO_4^-$-Verfahren [*56*]

Reagentien

$SnCl_2 \cdot 2H_2O$, 36%ig in 5n HCl.
NaSCN, 25% wäßrige Lösung.

10 ml 0,4n $HClO_4$-Lösung (3,5—140 μg Mo enthaltend) versetzt man in einem 25 ml-Meßkolben mit 10 ml $SnCl_2$-Lösung, erhitzt 15 min auf 95° C im siedenden Wasserbad, kühlt im fließenden Wasser sofort ab, füllt mit 5 ml NaSCN-Lösung zur Marke auf und photometriert in einer 1 cm-Küvette bei 466 nm gegen Wasser.

Wahlweise kann der Farbkomplex extrahiert werden (z. B. mit 5% Aliquat/$CHCl_3$).

II. Reduktion mit $CuCl/SnCl_2$

a) Wasser/Aceton-Verfahren [*61*]

Reagentien

0,1 m CuCl-Lösung in HCl (1,19); man stellt die Lösung durch tropfenweisen Zusatz von 10%iger $SnCl_2$-Lösung [in HCl (1,19)] zu einer $CuCl_2$-Lösung her, wobei man einen kleinen $CuCl_2$-Überschuß bestehen läßt (an der grünen Farbe der Lösung erkennbar);
$SnCl_2$, 10%ig in HCl (1,19);
1,0 m NH_4SCN (in Aceton).

Die 4n HCl-saure Probelösung [3—120 μg Mo(VI) enthaltend; das Endvolumen soll eine Säurekonzentration von 0,3—1,0n HCl aufweisen] versetzt man in einem 25 ml-Meßkolben mit 5 Tropfen 0,1 m CuCl-Lösung, verdünnt mit etwas Wasser, fügt 15 ml NH_4SCN-Lösung hinzu und verdünnt mit Wasser auf etwa 24 ml. Nach Zusatz von 5 Tropfen $SnCl_2$-Lösung füllt man mit Wasser zur Marke auf und photometriert in einer 1 cm-Küvette bei 460 nm gegen den Blindwert.

b) Extraktion mit Diäthyläther [*61*]

Reagentien

0,1 m CuCl-Lösung, wie bei Verfahren II. a.);
3,0 m NH_4SCN, wäßrige Lösung;
Diäthyläther.

Zur 8,0 n HCl-sauren Probelösung [3—120 μg Mo(VI) enthaltend; niederwertiges Mo kann durch Brom leicht zu Mo(VI) oxydiert und der Bromüberschuß durch Kochen entfernt werden] fügt man 1 ml 0,1 m CuCl-Lösung (das Volumen soll nun 3,0 ml betragen) und 3,0 ml NH_4SCN-Lösung. Man extrahiert 2 mal mit je 10 ml Diäthyläther, füllt in einem 25 ml-Meßkolben mit Äther zur Marke auf und photometriert sofort in einer 1 cm-Küvette bei 470 nm gegen Äther.

III. Reduktion mit Hydrazinsulfat

Extraktion mit Isobutylalkohol [*80*]

Reagentien

KSCN, 5%ige wäßrige Lösung;
Hydrazinsulfat, 1%ige wäßrige Lösung;
NH_4SCN/Isobutylalkohol-Lösung; 2 g NH_4SCN werden in 50 ml Isobutylalkohol (frisch redest.) gelöst, kräftig gerührt und nach einer gewissen Standzeit die überstehende Lösung für die Extraktion verwendet. Für die Lösung kann auch n-Butylalkohol verwendet werden;
Isobutyl- oder n-Butylalkohol;
H_2SO_4 (1 + 1).

Die schwach saure Probelösung [14—540 μg bzw. 10—380 μg Mo(VI) enthaltend] versetzt man mit 2 ml H_2SO_4 (1 + 1), 1 ml Hydrazinsulfat-Lösung und 10 ml Wasser. Die Lösung wird auf dem Wasserbad 10 min auf 90—95° C erhitzt und dann auf Raumtemperatur abgekühlt. Man fügt 20 ml NH_4SCN/Isobutylalkohol-Lösung (oder n-Butylalkohol-Lösung) hinzu, extrahiert genau 5 min nach dem Reagenszusatz mit 15—17 ml Isobutylalkohol (oder n-Butylalkohol), wiederholt die Extraktion noch 2 mal und füllt die vereinigten Extrakte in einem 50 ml-Meßkolben mit Isobutylalkohol (oder n-Butylalkohol) zur Marke auf. Der Extrakt wird in einer 1 cm-Küvette bei 460 nm bzw. 320 nm (zweckmäßig 15 min nach dem Zusatz der Thiocyanat-Lösung) gegen das organische Lösungsmittel photometriert.

1. Organisches Material

Auch in anderen Arbeiten fand Thiocyanat zur Bestimmung von Mo in Pflanzenmaterial [*2, 21, 63, 78, 83*] Anwendung.

1.1. Pflanzliches und anderes biologisches Material

Die Veraschung erfolgt auf nassem Wege mit $HNO_3/HClO_4$, da die Kieselsäure bei der trockenen Veraschung stets Mo enthält.

B: 0,3—100 ppm Mo. F_r: ±6—10%.

Arbeitsvorschrift [*73*]

Reagentien

$HClO_4$ (70%);
HNO_3 (1,40); HCl (1,19);
H_2O_2 (30%);
NH_4SCN, 10%ige wäßrige Lösung;

$SnCl_2$-Lösung; 10 g $SnCl_2 \cdot 2\,H_2O$ in 10 ml HCl (1,19) gelöst und mit Wasser auf 100 ml aufgefüllt (täglich frisch herzustellen);
$FeCl_3 \cdot 6\,H_2O$, 10%ige wäßrige Lösung;
5 m $NaNO_3$-Lösung;
Diisopropyläther, mit $SnCl_2$- und NH_4SCN-Lösung täglich frisch zu sättigen.

1–10 g Probematerial (1–20 µg Mo enthaltend) werden mit $HNO_3/HClO_4$ naß verascht, danach zur Trockene eingedampft, mit 5 ml HNO_3 und 1 ml $HClO_4$ wieder aufgenommen und erneut eingedampft. Nach Zusatz von 1 ml H_2O_2 wird wieder zur Trockene eingedampft. Nach vollendeter Veraschung nimmt man den Rückstand in 70 ml Wasser auf, kocht 1 min, fügt 10 ml HCl (1,19) hinzu, filtriert unter Nachwaschen des Filters mit heißem Wasser und füllt nach dem Abkühlen auf 100 ml mit Wasser auf. Man führt die Lösung in einen Schütteltrichter über, versetzt mit 5 ml NH_4SCN-Lösung 1 ml $NaNO_3$-, 1 ml $FeCl_3$- und 5 ml $SnCl_2$-Lösung, mischt und extrahiert dann mit 10,0 ml Diisopropyläther. Falls die Probe 20 µg oder mehr Mo enthält, wiederholt man die Extraktion nach der Phasentrennung mit weiteren 10 ml des Äthers und vereinigt die organischen Extrakte. 10 min nach der Phasentrennung photometriert man in einer 1 cm-Küvette bei 475 nm gegen Äther.

1.2. Pflanzengewebe

Nach trockener Veraschung wird der Mo-Thiocyanat-Komplex mit Isoamylalkohol/CCl_4 extrahiert und photometrisch bestimmt. Die Veraschung kann auch auf nassem Wege nach Verfahren C. 1. 1. durchgeführt werden. Da man gleichmäßigere Ergebnisse bei der Anwesenheit von Fe erhält, wird dessen Zusatz zur Probe sowie bei den Eichkurven und dem Blindwert empfohlen.

B: 0,02–6 ppm Mo. F_r: ± 10%.

Arbeitsvorschrift [*65*]

Reagentien

Salzsaure Eisenlösung; 0,5 g $FeCl_3 \cdot 6\,H_2O$ und 520 ml HCl (1,19) werden mit Wasser auf 1 l gebracht (~ 6,5 n HCl-Lösung);
KSCN, 40%ige wäßrige Lösung;
$SnCl_2$-Lösung; 40 g $SnCl_2 \cdot 2\,H_2O$ werden in 20 ml 6,5 n HCl unter Zusatz von Wasser gelöst und mit letzterem auf 100 ml aufgefüllt;
Isoamylalkohol/CCl_4 (1:1).

1–10 g Probematerial wird bei 550° C verascht, die Asche mit wenig HCl und Wasser gelöst und die Lösung filtriert. Das Filtrat wird in einen Schütteltrichter übergeführt, mit 10 ml Eisenlösung versetzt und mit Wasser auf 45 ml verdünnt. Man fügt 3,0 ml Isoamylalkohol/CCl_4 hinzu, schüttelt 2 min, läßt zur Phasentrennung 10–15 min stehen und verwirft quantitativ die organische Phase. Nun versetzt man die wäßrige Lösung mit 1,0 ml KSCN-Lösung und 1,0 ml $SnCl_2$-Lösung, wobei man nach jedem Zusatz mischt. Man extrahiert 2 min mit 1,00 ml Isoamylalkohol/CCl_4, läßt zur Phasentrennung 15 min stehen und photometriert den Extrakt in einer 1 cm-Mikroküvette bei 470 nm gegen Wasser.

2. Metalle und Legierungen

Thiocyanat fand auch in anderen Arbeiten zur Bestimmung von Mo in Roheisen [*20*], niedrig und hoch legierten Stählen [*9, 25, 27, 69, 70, 84–87*], Ferrolegierungen [*9, 78*], Wolfram [*19, 88*], Niob [*88*] und Tantal [*88*] Anwendung.

2.1. Stahl

B: 0,001–0,25% Mo.

Arbeitsvorschrift [*71*]

Reagentien

H_2SO_4 (1 + 4);
H_2O_2 (30%);
KSCN, 5%ige wäßrige Lösung;
$SnCl_2 \cdot 2\,H_2O$, 30%ig in HCl (1 + 9);
Diäthyläther oder Diisopropyläther, mit KSCN- und $SnCl_2$-Lösung gesättigt.

0,2 g Probe werden in 10 ml H_2SO_4 (1 + 4) in der Wärme gelöst, 1 ml H_2O_2 zugesetzt, 5 min gekocht, unlösliches Material abfiltriert und mit Wasser gewaschen. Die Lösung wird auf 5 ml eingedampft; falls Wolframsäure ausgefallen ist, werden 0,5 g Weinsäure oder Citronensäure zugefügt und mit 2–4n NaOH schwach alkalisch gemacht. Nach Zusatz von 15 ml H_2SO_4 (1 + 4) führt man in einen Schütteltrichter über, verdünnt mit Wasser auf etwa 50 ml, kühlt die Lösung ab, fügt 5 ml KSCN-Lösung hinzu, schüttelt kurz und versetzt mit 5 ml $SnCl_2$-Lösung. Nach Abkühlen auf Raumtemperatur im fließenden Wasser wird mit 30 ml Diäthyläther (oder Diisopropyläther) 1 min extrahiert und die Extraktion mit 15–20 ml Äther wiederholt. Die vereinigten Extrakte werden in einem 50 ml-Meßkolben mit Äther bis zur Marke aufgefüllt und bei 460–470 nm in einer 1 cm-Küvette (bei Gehalten von 0,006–0,25% Mo), 2 cm-Küvette (0,003–0,1% Mo) oder 5 cm-Küvette (0,001–0,01% Mo) photometriert.

2.2. Beryllium

B: 0,0001–0,025% Mo. F_{rm}: ±4%.

Arbeitsvorschrift [*66*]

Reagentien

HCl (1,19); 6n HCl; 2,4n HCl;
H_2SO_4 (1,84); 6m H_2SO_4;
HF (40%); HNO_3 (1,40);
$KHSO_4$;
Citronensäure;
Bromwasser, gesättigt;
KSCN, 25%ige wäßrige Lösung;
$SnCl_2 \cdot 2\,H_2O$, 25%ig in HCl (1,19);
Oxalsäure, 2%ig in 1,2n HCl;
Fe-Lösung (1 ml = 1 mg Fe); 0,48 g $FeCl_3 \cdot 6\,H_2O$ werden in 33 ml HCl (1,19) gelöst und mit Wasser auf 100 ml aufgefüllt;
MIBK.

1,0 g Probematerial wird in einem mit Uhrglas bedeckten 150 ml-Becherglas tropfenweise mit 20 ml 6n HCl versetzt. Wenn die sehr heftige Reaktion nachgelassen hat, erhitzt man die Lösung und dampft auf 5 ml ein. Falls ein schwarzer Rückstand verbleibt, spült man die Wände des Becherglases mit Wasser ab und erhitzt von neuem. Ein unlöslicher Rückstand wird abfiltriert, mit Wasser gewaschen, das Filter – falls der Rückstand mitanalysiert werden soll – in das ursprüngliche Becherglas gebracht und bei 500° C verascht. Die Asche wird nach Pulverisieren mit 1 g $KHSO_4$ aufgeschlossen. Die erkaltete Schmelze löst man unter Erwärmen mit 10 ml H_2SO_4 (1,84), kühlt, spült das Becherglas mit wenig Wasser ab, fügt etwa 7 Tropfen HF, danach tropfenweise jeweils 1 ml HCl (1,19) und 1 ml HNO_3 hinzu und erhitzt bis zum Auftreten der SO_3-Nebel. Nach dem Abkühlen fügt man diese Lösung zum Filtrat und dampft auf 30 ml ein.

Die Probelösung wird in einen 250 ml-Schütteltrichter übergeführt, mit 1 g Citronensäure versetzt (zur Verhinderung einer Ausfällung von W) und 1 ml Fe-Lösung zugegeben. Man versetzt mit Wasser, HCl oder H_2SO_4, bis im Endvolumen von 70 ml Lösung 5 ml HCl (1,19) und 10 ml H_2SO_4 (1,84) enthalten sind. Nach Abkühlen auf Raumtemperatur werden 2 ml Bromwasser, 10 ml KSCN-Lösung und 5 ml $SnCl_2$-Lösung hinzugefügt, und nach dem Mischen wird mindestens 10 min stehen gelassen. Man extrahiert nun 90 sec mit 25,0 ml MIBK, verwirft nach der Phasentrennung die wäßrige Lösung, wäscht den organischen Extrakt 1 min mit 35 ml Oxalsäurelösung und verwirft die Waschlösung. Danach wird die organische Phase noch 1 min mit 35 ml 2,4n HCl geschüttelt und die saure Waschlösung ebenfalls verworfen. Der organische Extrakt wird im gut verschlossenen Schütteltrichter wenigstens 2 Std stehen gelassen. Danach zentrifugiert man 1 min und photometriert in einer entsprechenden Küvette bei 500 nm gegen MIBK (1 cm-Küvette: 0,0006–0,025% Mo, 2 cm-Küvette: 0,0003–0,0125% Mo, 5 cm-Küvette: 0,0001–0,005% Mo).

3. Böden und Gesteine

Weitere Vorschriften zur Bestimmung von Mo als Thiocyanat in Böden [*2*, *21*, *63*, *77*, *78*], Mineralien [*64*], Phosphatgestein [*7*] und Wolframerz [*26*] findet man an anderer Stelle beschrieben.

3.1 Böden

Die Bestimmung von Gesamt-Mo und dem von Pflanzen aufnehmbaren Mo-Gehalt erfolgt mit Thiocyanat/Isoamylalkohol. Störendes Cr wird als CrO_2Cl_2 verflüchtigt, Ti mit NaF maskiert und durch Waschen des organischen Extraktes mit $SnCl_2$-Lösung Fe entfernt und V(V) zu wenig störendem V(III) reduziert. Die Mo-Bestimmung nach dem vorliegenden Verfahren wird durch die Anwesenheit von 30 mg Ti, 5 mg Cr und 5 mg V nicht gestört.

B: 0,01–>2 ppm Mo. F_{rm}: etwa ±5%. *Z:* ~3 Std.

Arbeitsvorschrift [*79*]

Reagentien

HF (40%); H_2SO_4 (1,84); HCl (1,19); $HClO_4$ (70%);
NaF, 5%ige wäßrige Lösung;
KSCN, 20%ige wäßrige Lösung;
$SnCl_2 \cdot 2\,H_2O$, 40%ig in HCl (1 + 9);
Isoamylalkohol;
Ammoniumoxalat-Pufferlösung; 24,9 g Ammoniumoxalat und 12,6 g Oxalsäure werden in Wasser gelöst und auf 1 l aufgefüllt.

Gesamt-Mo

5,0 g Probematerial werden bei 450° C verascht, mit HF/H_2SO_4 abgeraucht, der Rückstand mit HCl gelöst, filtriert und das Filtrat zur Trockene eingedampft. Der Rückstand wird mit 5 ml HCl und 1 ml $HClO_4$ gelöst, zur Trockene eingedampft und der Vorgang wiederholt. Den kalten Rückstand löst man in 5,0 ml HCl (1,19), führt mit wenig Wasser in ein bei 32 ml graduiertes Reagensglas mit Schliffstopfen über, versetzt mit 5 ml NaF-Lösung, 1,5 ml KSCN-Lösung und 3 ml $SnCl_2$-Lösung und verdünnt mit Wasser auf 32 ml. Man fügt 10,0 ml Isoamylalkohol hinzu, schüttelt das verschlossene Reagensglas und läßt 20 min in einem Wasserbad von 25° C stehen. Die wäßrige Phase wird mit einer Saugpipette entfernt, die organische Phase mit 25 ml einer 1:25 verdünnten $SnCl_2$-Lösung geschüttelt und das Reagensglas im Wasserbad bis zum Verblassen der Farbe des Eisenthiocyanates stehen gelassen. Man entfernt die wäßrige Phase, schüttelt den organischen Extrakt noch einmal mit 25 ml verdünnter $SnCl_2$-Lösung, trennt die wäßrige Lösung ab und photometriert den durch ein trockenes Filter filtrierten organischen Extrakt in einer 5 cm-Küvette bei 465 nm gegen Isoamylalkohol.

Von Pflanzen aufnehmbares Mo

25 g lufttrockene Bodenprobe werden bei 25° C über Nacht mit 250 ml Ammoniumoxalat-Pufferlösung geschüttelt, der wäßrige Extrakt filtriert, ein aliquoter Teil des Filtrates in einem Quarzbecherglas eingedampft und 3—4 Std bei 450° C verascht. Der Veraschungsrückstand wird in HCl (1,19) gelöst und nach der oben angeführten Vorschrift weiterbehandelt.

3.2 Silicatgestein

B: 0,0001—0,02% Mo. F_r: ±10—15%.

Arbeitsvorschrift [*82*]

Reagentien

KSCN, 5%ige wäßrige Lösung;
$SnCl_2 \cdot 2\,H_2O$, 10%ig in 2n HCl;
Diäthyläther oder Diisopropyläther, mit KSCN- und $SnCl_2$-Lösung gesättigt;
Na_2CO_3 sicc.
HCl (1,19).

1,0 g Probe wird mit ~ 5 g Na_2CO_3 sicc. aufgeschlossen, die erkaltete Schmelze unter Erwärmen in Wasser gelöst, einige Tropfen Äthanol zugesetzt und unter nochmaligem Erhitzen das vorhandene Manganat reduziert. Ein unlöslicher Rückstand wird abfiltriert, das Filtrat mit Wasser auf 100 ml verdünnt, davon 50 ml in einen Schütteltrichter übergeführt, mit 8 ml HCl versetzt und im fließenden Wasser auf Raumtemperatur abgekühlt. Dann fügt man 3 ml KSCN-Lösung hinzu, mischt, versetzt mit 3 ml $SnCl_2$-Lösung, mischt abermals und läßt etwa 30—45 sec stehen. Man extrahiert mit 6—7 ml Diäthyl- oder Diisopropyläther und wiederholt die Extraktion mit 2—3 ml des Äthers. Die vereinigten Extrakte füllt man mit Äther auf 10 ml auf und photometriert in einer 1 cm-, 2 cm- oder 5 cm-Küvette bei 460—470 nm gegen Äther.

Wahlweise kann man die Analyse auch so durchführen, daß man das Probematerial in gleicher Weise wie oben aufschließt, die Schmelze in Wasser löst und das ganze Filtrat oder einen aliquoten Teil davon nach Verfahren I.b) (s. S. 838) weiter behandelt.

4. Verschiedenes

Kleine Mo-Gehalte wurden mit Thiocyanat in Wolframverbindungen bestimmt [*19*].

4.1. Berylliumoxid [*66*]

Durchführung der Analyse und Anwendungsbereich sind dieselben wie bei Verfahren C.2.2 (s. S. 841).

Arbeitsvorschrift [*66*]

1,0 g Probematerial wird in einem 150 ml-Becherglas mit 30 ml 6m H_2SO_4 unter Erhitzen gelöst, auf etwa 15 ml eingedampft und dann nach Verfahren C.2.2 fortgefahren.

4.2 Yttriumoxid [*66*]

Analyse und Anwendungsbereich sind dieselben wie bei Verfahren C.2.2 (s. S. 841).

D. Verschiedenes

An weiteren photometrischen Reagentien sind zu erwähnen: Kaliumxanthogenat/ $CHCl_3$ [*89*], Chloranilsäure [*90*], Quercetin [*91*], Oxin/$CHCl_3$ [*92*], Ammoniumdiäthanoldithiocarbamat [*93*], Na-DDTC/$CHCl_3$ [*94*], Zn-Dithiol [*95*], Mercaptochinolin/$CHCl_3$ [*96*], 2-Amino-4-chlorthiophenol/$CHCl_3$ [*97*] (s. S. 916), Pyrazin-2,3-dicarbonsäure [*98*], Thioessigsäure [*99, 100*], Solochromviolett [*101*], Methylfluoron [*102*], 3-Hydroxy-1-p-sulfonatophenyl-3-phenyltriazin [*103*], Brenzcatechinviolett-Cetyltrimethylammoniumbromid ($\varepsilon_{675} = 46000$) [*104*], Gallein-Cetyltrimethylammoniumbromid ($\varepsilon_{618} = 36900$) [*105*].

Mittels Atoamabsorptionsspektrophotometrie wurde Mo ($\geqq$ 3 ppb; Mo 3133, N_2O/ C_2H_2-Brenner) in Seewasser bestimmt nach vorangehender Isolierung mit Oxin/MIBK [*106*]. Nach vorangehender Isolierung durch Extraktion mit TBP wurde Mo ($\geqq$ 1 ppm; Mo 3170,4/Pd 3421,2; Gleichstrombogen) in Silikatgestein auf emissionsspektralanalytischem Wege bestimmt [*107*].

Literatur

1. West, T. S.: Analyt. chim. Acta **25**, 405 (1961).
2. Perrin, D. D.: New Zealand J. Sci. Tech. **28A**, 183 (1946).
3. Nelidow, I., Diamond, R. M.: J. physic. Chem. **59**, 710 (1955).
4. Bertrand, D.: Bull Soc. chim. France **6**, 1671 (1939).
5. Gibson, M.: Atomic Energy Research Establ. Harwell, England Rept. No. AERE C/M 64 (May 1950).
6. Piper, C. S., Beckwith, R. S.: J. Soc. chem. Ind. **67**, 374 (1948).
7. Robinson, W. O.: Soil Sci. **66**, 317 (1948).
7a. Healy, W. B., McCabe, W. J.: Analyt. Chem. **35**, 2117 (1963).
8. Ziegler, M., Horn, H. G.: Z. anal. Chem. **166**, 362 (1959).
9. McKaveney, J. P., Freiser, H.: Analyt. Chem. **29**, 290 (1957).
10. Hoffman, J. I., Lundell, G. E. F.: J. Res. nat. Bur. Standards **23**, 497 (1939).
11. Meloche, V. W., Martin, R. L., Webb, W. H.: Analyt. Chem. **29**, 527 (1957).
12. Vanossi, R.: An. Asoc. quim. argent. **43**, 151 (1955).
13. Bickford, C. F., Jones, W. S., Keene, J. S.: J. Am. pharmac. Assoc. **37**, 255 (1948).
14. Hoenes, H. J., Stone, K. G.: Talanta **4**, 250 (1960).
15. Jones, G. B.: Analyt. chim. Acta **10**, 584 (1954).
16. Jeffery, P. G.: Analyst **81**, 104 (1956).
16a. Oelschläger, W.: Z. anal. Chem. **188**, 190 (1962).
17. Sinjakova, S. I., Glinkina, M. I.: J. anal. Chim. (USSR) **11**, 544 (1956); ref. Z. anal. Chem. **157**, 118 (1957).
17a. Kawabuchi, K., Kuroda, R.: Analyt. chim. Acta **46**, 23 (1969).
17b. Chan, K. M., Riley, J. P.: Analyt. chim. Acta **36**, 220 (1966).
17c. Kim, Y. S., Zeitlin, H.: Analyt. chim. Acta **51**, 516 (1970).
18. Henrickson, R. B., Sandell, E. B.: Analyt. chim. Acta **7**, 57 (1952).
19. Buss, H., Kohlschütter, H. W., Miedtank, S.: Z. anal. Chem. **178**, 1 (1960).
19a. Buss, H., Kohlschütter, H. W., Walter, L.: Z. anal. Chem. **191**, 273 (1962).
20. Willmer, T. K.: Arch. Eisenhüttenw. **29**, 159 (1958).
21. Nichols, M. L., Rogers, L. H.: Ind. Eng. Chem. Anal., Ed. **16**, 137 (1944).
22. Melaven, A. D., Whetsel, K. B.: Analyt. Chem. **20**, 1209 (1948).
23. Kassler, J.: Chemiker-Ztg. **51**, 953 (1927).
24. Keune, O.: Techn. Mitt. Krupp **3**, 215 (1935).
25. Eder, A.: Arch. Eisenhüttenw. **11**, 185 (1937/38).
26. Grimaldi, F. S., Wells, R. C.: Ind. Eng. Chem., Anal. Ed. **15**, 315 (1943).
27. Klinger, P.: Arch. Eisenhüttenw. **14**, 157 (1940).
28.—31. —
32. Hamence, J. H.: Analyst **65**, 152 (1940).
33. Wells, J. E., Pemberton, R.: Analyst **72**, 185 (1947).

34. Clark, L. J., Axley, J. H.: Analyt. Chem. **27**, 2000 (1955).
35. North, A. A.: Analyst **81**, 660 (1956).
36. Allen, S. H., Hamilton, M. B.: Analyt. chim. Acta **7**, 483 (1952).
37. Law, N. H.: Analyst **67**, 283 (1942).
38. Miller, C. C., Lowe, A. J.: J. chem. Soc. **1940**, 1258.
39. Ovenston, T. C. J., Kenyon, C.: Analyst **80**. 566 (1955).
40. Dickinson, D., Holt, R.: Analyst **79**, 104 (1954).
41. Farnsworth, M., Pekola, J.: Analyt. Chem. **26**, 735)1954).
42. Onishi, H., Sandell, E. B.: Analyt. chim. Acta **14**, 153 (1956).
43. Bode, H., Schaaff, G.: Z. anal. Chem. **159**, 182 (1958).
44. Clark, R. E. D.: Analyst **61**, 242 (1936).
45. Clark, R. E. D.: Analyst **62**, 661 (1937).
46. Clark, R. E. D.: Analyst **82**, 177 (1957).
47. Clark, R. E. D.: Analyst **82**, 182 (1957).
48. Clark, R. E. D.: Analyst **82**, 760 (1957).
49. Clark, R. E. D.: Analyst **83**, 396 (1958).
50. Clark, R. E. D., Tamale-Ssali, C. E.: Analyst **84**, 16 (1959).
50a. Milham, P. J., Maksvytis, A., Barkus, B.: Analyt. Chem. **44**, 2102 (1972).
51. Stonhill, L. G.: Chemist-Analyst **47**, 68 (1958).
52. Scharrer, K., Eberhardt, W.: Z. Pflanzenernähr., Düng., Bodenkunde **73** 115 (1956).
53. Robinson, W. O., Edgington, G., Armiger, W. H., Breen, A. V.: Soil Sci. **72**, 267 (1951).
54. Jeffery, P. G.: Analyst **82**, 558 (1957).
55. Ashbrook A. W.: Chemist-Analyst **48**, 5 (1959).
56. Wilson, A. M., McFarland, O. K.: Analyt. Chem. **36**, 2488 (1964).
57. Bergh, A. A., Haight, G. P., Jr.: Inorg. Chem. **1**, 688 (1962).
58.—60. —
61. Crouthamel, C. E., Johnson, C. E.: Analyt. Chem. **26**, 1284 (1954).
62. Hurd, L. C., Allen, H. O.: Ind. Eng. Chem., Anal. Ed. **7**, 396 (1935).
63. Perrin, D. D.: New Zealand J. Sci. Tech. **27A**, 396 (1946).
64. Ward, F. N.: Analyt. Chem. **23**, 788 (1951).
65. Johnson, C. M., Arkley, T. H.: Analyt. Chem. **26**, 572 (1954).
66. Hibbits, J. O., Davis, W. F., Menke, M. R., Kallmann, S.: Talanta **4**, 104 (1960).
66a. Hibbits, J. O., Williams, R. T.: Analyt. chim. Acta **26**, 363 (1962).
67. Dick, A. T., Bingley, J. B.: Austral. J. exptl. Biol. Med. Sci. **25**, 193 (1947).
68. Ellis, R., Jr., Olson, R. V.: Analyt .Chem. **22**, 328 (1950).
69. Wrangell, L. J., Bernam, E. C., Kuemmel, D. F., Perkins, O.: Analyt. Chem. **27**, 1966 (1955).
70. Kapron, M., Hehman, P. L.: Ind. Eng. Chem., Anal. Ed. **17**, 573 (1945).
71. Cunningham, T. R., Hamner, H. L.: Ind. Eng. Chem., Anal. Ed. **3**, 106 (1931).
72. Sperl, R.: Chemiker-Ztg. **64**, 363 (1940).
73. Evans, H. J., Purvis, E. R., Bear, F. E.: Analyt. Chem. **22**, 1568 (1950).
74. James, L. H.: Ind. Eng. Chem., Anal. Ed. **4**, 89 (1932).
75. Heppel, D. H.: Ind. Chemist **16**, 173 (1940).
76. Hurd, L. C., Reynolds, F.: Ind. Eng. Chem., Anal. Ed. **6**, 477 (1934).
77. Bermejo-Martinez, F., Prieto-Bouza, A.: Inform. Quim. analit. **10**, 123 (1956); ref. Z. anal. Chem. **156**, 387 (1957).
78. Bermejo-Martinez, F., Prieto-Bouza, A.: Chemist-Analyst **46**, 66 (1957).
79. Grigg, J.: Analyst **78**, 470 (1953).
80. Markle, G. E., Boltz, D. F.: Analyt. Chem. **25**, 1261 (1953).
80a. Neeb, R.: Z. anal. Chem. **182**, 10 (1961).
80b. Yatirajam, V., Ram, J.: Analyt. chim. Acta **59**, 381 (1972).
81. Scaife, J. F.: Analyt. Chem. **28**, 1636 (1956).
82. Sandell, E. B.: Ind. Eng. Chem., Anal. Ed. **8**, 336 (1936).
83. Barshad, I.: Analyt. Chem. **21**, 1148 (1949).
84. Poole, G. M.: Iron Age **148**, 62 ,164 (1941).
85. Klinger, P., Koch, W., Blaschczyk, G.: Angew. Chem. **53**, 537 (1940).
86. Adelt, M., Gruendler, G. A.: Arch. Eisenhüttenw. **19**, 21 (1948).
87. Bünger, J.: Arch. Eisenhüttenw. **26**, 333 (1955).
88. Luke, C. L.: Analyt. chim. Acta **34**, 302 (1966).
89. Pavelka, F., Laghi, A.: Mikrochem. verein. Mikrochim. Acta **31**, 138 (1943).
90. Waterbury, G. R., Bricker, C. E.: Analyt. Chem. **29**, 129 (1957).

91. GOLDSTEIN, G., MANNING, D. L., MENIS, O.: Analyt. Chem. **30**, 539 (1958).
92. EBERLE, A. R., LERNER, M. W.: Analyt. Chem. **34**, 627 (1962).
93. HAAS, W., SCHWARZ, T.: Mikrochim. Acta (Wien) **1963**, 253.
94. SARMA, V. B., SURYANARAYANA, M.: Z. anal. Chem. **240**, 6 (1968).
95. STANTON, R. E., HARDWICK, A. J.: Analyst **93**, 193 (1968).
96. MAGEE, R. J., WITWIT, A.: Analyt. chim. Acta **29**, 27 (1963).
97. KIRKBRIGHT, G. F., YOE, J. H.: Talanta **11**, 415 (1964).
98. HARTKAMP, H.: Z. anal. Chem. **231**, 161 (1967).
99. WILL, F., YOE, J. H.: Analyt. Chem. **25**, 1363 (1953).
100. OTTERSON, D. A., GRAAB, J. W.: Analyt. Chem. **30**, 1282 (1958).
101. KORKISCH, J., OSMAN, M.: Z. anal. Chem. **171**, 349 (1959).
102. MAJUMDAR, A. K., SAVARIAR, C. P.: Analyt. chim. Acta **22**, 158 (1960).
103. SOGANI, N. C., BHATTACHARYYA, S. C.: Analyt. Chem. **33**, 1273 (1961).
104. BAILEY, B. W., CHESTER, J. E., DAGNALL, R. M., WEST, T. S.: Talanta **15**, 1359 (1968).
105. LEONG, C. L.: Analyst **95**, 1018 (1970).
106. CHAU, Y. K., LUM-SHUE-CHAN, K.: Analyt. chim. Acta **48**, 205 (1969).
107. EDGE, R. A., DUNN, J. D., AHRENS, L. H.: Analyt. chim. Acta **27**, 551 (1962).

Na — Natrium

Tabelle 152. Bestimmungsgrenze L_Q der Verfahren

Verfahren	µg Na · ml^{-1} L_Q
Flammenphotometrie	0,02

A. Flammenphotometrie

Zur Bestimmung verwendet man das Liniendublett Na 5896/5890 (Linie Na 5893), wobei auch hier die Ausführungen bei Ca (s. S. 563) gelten (s. a. S. 140ff.). Günstig ist der Meßbereich 0—10 ppm Na sowie der Luft/C_2H_2-Brenner. Durch Zusatz von Cs und Al als spektroskopische Puffer zur Probelösung (und entsprechend auch zur Eichlösung) beseitigt man die Störung durch andere Elemente [*1—3*]: mit Cs die gegenseitige Anregungsbeeinflussung (Ionisierbarkeit) der Alkalimetalle, mit Al den Störeinfluß (Querempfindlichkeit) der Erdalkalimetalle (s. a. S. 140ff.). Hierzu fügt man am zweckmäßigsten 5,0 ml Pufferlösung (50 g CsCl + 250 g $Al(NO_3)_3 \cdot 9\ H_2O$/l) auf 50 ml Endvolumen, so daß die Meßlösung einen Gehalt von 5 g CsCl + 25 g $Al(NO_3)_3 \cdot 9\ H_2O$/l aufweist [*3*]. In einer Cs + Al als Puffer enthaltenden Probelösung (5 g CsCl + 25 g $Al(NO_3)_3 \cdot 9\ H_2O$/l) werden Na-Gehalte durch folgende Elemente (in ppm) vorgetäuscht [*3*]: keine Störung (<0,01 ppm Na) durch 900 ppm Ba, 750 ppm As, 600 ppm Mg, 510—540 ppm Bi, Ce, La, je 500 ppm Al, Ga, Sb, Sn und Ti, 330 ppm B und 170 ppm Sr; 0,01 ppm Na durch 150 ppm Ca; 0,02 ppm Na durch 500 ppm Cd, Ni und Tl; 0,03—0,05 ppm Na durch 850 ppm Sr und jeweils 500 ppm Cs, Cu, Hg, K und Li; 0,07—0,1 ppm Na durch 500 bis 530 ppm Ge, Mn, Pb, Rb, Se, U, Zn und Zr; 0,15—0,20 ppm Na durch jeweils 500 ppm Co, Fe und Mo sowie 450 ppm P; 0,25 ppm Na durch 750 ppm Ca und 530 ppm Th; 0,3 ppm Na durch 500 ppm Cr; 0,65 ppm Na durch 500 ppm V.

1. Organisches Material

Im allgemeinen wird das Probematerial verascht, die Asche in Säure gelöst und die Lösung für die Bestimmung verwendet.

1.1. Erdölprodukte

In einigen Arbeiten wurde das Na aus der Probe (1—10 ppm Na) mit Wasser [*4*] oder Säure [*5*] extrahiert. Sicherer ist aber die Veraschung des Probematerials.

B: ≧ 0,1 ppm Na. F_r: ±5—10%.

Arbeitsvorschrift

Reagentien

HCl (1 + 99); H_2SO_4 (1,84); HF (40%).

10—50 ml Probematerial (1—100 µg Na enthaltend) erhitzt man in einem Quarzbecher (oder -schale) mittels Oberflächenverdampfer (bei <200° C) bis die Probe verkohlt ist, verascht in der Muffel bei ~ 500° C, löst die abgekühlte Asche in HCl (1 + 99), füllt mit dieser auf 10 ml auf und führt diese der flammenphotometrischen Bestimmung zu (Luft/C_2H_2-Brenner, Linie Na 5896/5890).

Falls die Probe störende Mengen Si enthält, führt man die Veraschung in einer Platinschale durch und entfernt die Kieselsäure aus der Asche mit H_2SO_4/HF.

2. Metalle

Zur flammenphotometrischen Bestimmung von ≧ 20 ppm Na in Molybdän (und -verbindungen) wurde das Na vorher mittels Gelchromatographie mit Sephadex G-10 isoliert [6].

2.1. Arsen [7]

B: ≧ 0,2 ppm Na. F_r: ± 10–15%.

Die Bestimmung wird nach Verfahren F. 1.1 (s. Abschnitt „Calcium", S. 563) mit den Linien Na 5896/5890, Sr 4607 durchgeführt.

2.2. Antimon [7]

B: ≧ 0,2 ppm Na. F_r: ± 10–15%.

Die Bestimmung erfolgt nach Verfahren F. 1.2 (s. Abschnitt „Calcium", S. 564) mit den Linien Na 5896/5890, Sr 4607.

3. Verschiedenes

3.1. Phosphor [7]

B: ≧ 0,2 ppm Na. F_r: ± 10–15%.

Die Bestimmung wird mit den Linien Na 5896/5890, Sr 4607 nach Verfahren F. 2.1 (s. Abschnitt „Calcium", S. 564) durchgeführt.

3.2. Uranoxid [8]

B: ≧ 2 ppm Na. F_r: ± 10%. *Z:* 4–5 Std.

Die Bestimmung erfolgt mit der Linie Na 5896/5890 nach Verfahren F. 2.2 (s. Abschnitt „Calcium", S. 564), wobei ein aliquoter Teil der auf 25 ml aufgefüllten Probelösung mit Wasser im Verhältnis 1:3 verdünnt wird.

Literatur

1. Schuhknecht, W., Schinkel, H.: Z. anal. Chem. 143, 321 (1954).
2. Schuhknecht, W., Schinkel, H.: Brennstoff-Chem. 42, 292 (1961).
3. Schuhknecht, W., Schinkel, H.: Z. anal. Chem. 194, 161 (1963).
4. Nelson, K. H., Grimes, M. D.: Analyt. Chem. 32, 594 (1960).
5. Barney II, J. E.: Analyt. Chem. 27, 1283 (1955).
6. Karajannis, S., Ortner, H. M., Spitzy, H.: Talanta 19, 903 (1972).
7. Neeb, K. H.: Z. anal. Chem. 200, 278 (1964).
8. Neeb, K. H., Duda, R., Franke, R., Seyfarth, R., Stöckert, H.: Z. anal. Chem. 215, 161 (1966).

Nb — Niob

Tabelle 153. Empfindlichkeit S_M und Bestimmungsgrenze L_Q der Verfahren

Verfahren	μg Nb · ml⁻¹ · cm⁻¹ S_M	L_Q
Brompyrogallolrot	0,0015[1] (610 nm)	0,038[1] (610 nm)
	0,0017[2] (610 nm)	0,043[2] (610 nm)
	0,0018[3] (610 nm)	0,045[3] (610 nm)
Phenylfluoron/MIBK-Äthanol-Wasser	0,004 (385 nm)	~ 0,10 (385 nm
4-(2-Pyridylazo)-resorcinol	0,0024[1] (550 nm)	0,060[1] (550 nm)
	0,0026[4] (550 nm)	0,065[4] (550 nm)
	0,0036[5] (550 nm)	0,098[5] (550 nm)
Thiocyanat/Wasser-Aceton oder /Äther	0,0026—0,0028 (383—385 nm)	0,064—0,068 (383—385 nm)

[1] In wäßriger Lösung.
[2] In 0,01 m ÄDTA-Lösung.
[3] In 0,01 m ÄDTA/2% Tartrat-Lösung.
[4] In 0,002 m ÄDTA-Lösung.
[5] In 0,002 m ÄDTA/5% Tartrat-Lösung.

A. Trennungen

Die Trennung der Elemente Nb und Ta ist im allgemeinen schwierig, weshalb sich eine Reihe von Arbeiten besonders mit diesem Problem befaßt. Eine Trennung der beiden Elemente durch Extraktion ist aufgrund der unterschiedlichen Konstitution ihrer Komplexe in wäßriger, mineralsaurer Lösung möglich [1]. Sie ist auf ein unterschiedliches Verhalten bei der Hydrolyse bzw. auf Unterschiede in der Stabilität der mittleren Hydrolysenstufen zurückzuführen. Unter gleichen Verhältnissen bevorzugt Nb mittlere Hydrolysenstufen (meist die NbO^{3+}-Stufe), Ta hingegen die Stufen TaX_5 (X = Anion) oder Ta_2O_5. Berücksichtigt man den Aufbau HCl- und HF-saurer Nb-Ta-Lösungen hinsichtlich ihres Hydrolysenzustandes, wie ihn die Abb. 137 schematisch für eine bestimmte Säurekonzentration vereinfacht darstellt, und hinsichtlich der steigenden Reaktionsfähigkeit (Bindungsfestigkeit) mit Basen in der Reihenfolge $(MeO_{>1}X_{<3} \cdot nX^-)_x$, $MeOX_5^{2-}$, MeX_7^{2-} (vgl. Abb. 137), so ist die unterschiedliche Extrahierbarkeit z. B. mit aliphatischen Aminen verständlich [1].

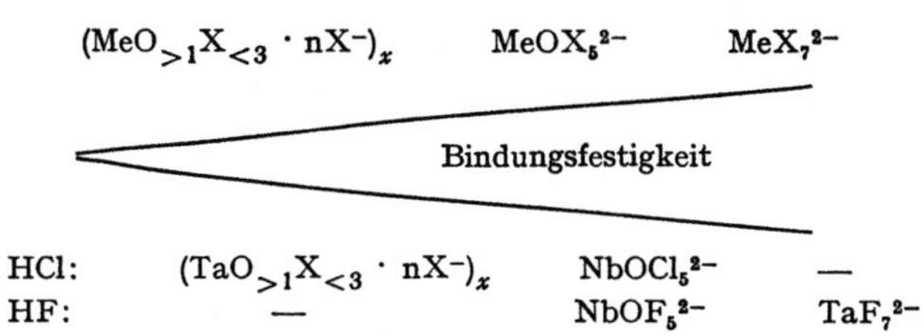

Abb. 137. Bindungsfestigkeiten an basischen Extraktionsmitteln oder an Austauscherbasen (schematisch) [1]

Es sei auch hervorgehoben, daß sich organische Extraktionsmittel und Anionenaustauscher gleichsinnig verhalten (z. B. langkettige Amine [2]); beide binden aus HCl-saurer Lösung bevorzugt Nb, aus F^--haltiger Lösung aber Ta. Diese Analogie erscheint verständlich, da man die Aufnahme des Anions als Oniumsalz in das Extraktionsmittel, z. B. Amine, Äther und Ketone (s. S. 241ff.) als Anionenaustausch beschreiben kann [1, 3], so daß man in der Literatur gelegentlich auch von flüssigen Ionenaustauschern spricht.

In stark HCl-saurer (F^--freier) Lösung wird also $NbOCl_5^{2-}$ extrahiert oder vom Austauscher gebunden und Ta bleibt in stärker hydrolysierter Stufe $(TaO_{>1}X_{<3} \cdot nX^-)_x$ in der wäßrigen Lösung zurück. In HF-saurer Lösung wird aber TaF_7^{2-} bevorzugt extrahiert und $NbOF_5^{2-}$ bleibt in der wäßrigen Phase. Berücksichtigt man schließlich, daß die Säurestärke in der Reihenfolge $H_2MeX_7 \ldots H_2MeOX_5 \ldots Me(OH)_5$ abnimmt, so erscheint die Reaktion bzw. Extraktion mit basischen Extraktionsmitteln oder Austauscherharzen sinnvoll als Funktion der Säurestärke [1]. Für die Oxalatokomplexe von Nb und Ta gelten analog die gleichen Feststellungen, wie sie für HCl-saure Lösungen beschrieben wurden.

Nb läßt sich aus HF/H_2SO_4-Lösung mit Diisobutylcarbinol extrahieren und auf diesem Wege von Pa abtrennen [4].

Mit Hilfe des Systems Nitrat/Diäthyläther kann U von Nb abgetrennt werden, wobei das letztere in der wäßrigen Phase verbleibt [5] (s. S. 272, 1234). Über die Extraktion aus HF-Lösung s. S. 270.

Nb läßt sich aus 3,6m H_2SO_4/2m HF/4% NH_4F-Lösung mit Äthylmethylketon extrahieren [6] und so von Fe, Ni und U trennen. Diese Extraktion ist aber weniger günstig als z. B. für die Isolierung von Ta [7] (s. S. 1146) und weist auch keinen Vorteil gegenüber einer Abtrennung des Nb von U durch Extraktion des Nb mit Cupferron/$CHCl_3$ [8] auf.

Mit Diisopropylketon ist Nb aus 6m HCl/9m HF-Lösung quantitativ extrahierbar und kann aus der organischen Phase mit Wasser rückgeschüttelt werden [9] (s. a. S. 1146). Das Verfahren fand zur Abtrennung des Nb von radioaktiven Spaltprodukten mit einem Reinigungsfaktor von 10^6 Anwendung. In einer anderen Arbeit wurde das Nb mit dem gleichen Solvens durch Extraktion aus 10n HCl-Lösung von radioaktiven Spaltprodukten (Reinigungsfaktor mindestens 10^3) abgetrennt [10]. Aus dem organischen Extrakt kann das Nb mit 6n HCl [10] oder 5%igem H_2O_2 [11] rückgeschüttelt werden. Bei einmaliger Extraktion mit Diisopropylketon und Rückschüttelung mit 6n HCl beträgt die Ausbeute nur 60%. Zweckmäßiger ist es daher, 2–3mal mit Diisopropylketon zu extrahieren und das Nb aus dem Extrakt mit 5%igem H_2O_2 3mal auszuschütteln [11].

MIBK ist leichter als Diisopropylketon erhältlich und hat gegenüber Äthylmethylketon den Vorteil der geringeren Löslichkeit in wäßriger Lösung. Die Extraktion mit MIBK aus 10m HF/6m H_2SO_4/2,2m NH_4F-Lösung fand zur Isolierung von Nb und Ta aus Uran- und Zirkonium-Legierungen Anwendung (4mal ausgeschüttelt) [11] (s. a. S. 1146), wobei man folgende Extraktionskoeffizienten (*D*) erzielt ($V_0:V_w = 1:1$; 1mal 5 min ausgeschüttelt): Nb (25), Ta (215), Al (0,0015), Fe (0,007), Ga (0,002), Mn (0,0035), Mo (0,1), Sn (0,007), Ti (0,011), U (0,007), W (~ 0,35) und Zr (0,008) (Ce und Th fallen als unlösliche Fluoride aus). Aus der MIBK-Phase können Nb und Ta am zweckmäßigsten mit 5%igem H_2O_2 rückgeschüttelt werden [11]. Nb wird besser rückextrahiert, doch genügt auch für Ta eine dreimalige Extraktion. Nb läßt sich durch Extraktion mit MIBK aus 6m H_2SO_4/10m HF/2,2m NH_4F-Lösung von Fe und Ti abtrennen [12].

In Anwesenheit eines KI-Überschusses (ein solcher von 10% über dem Molverhältnis Pd: KI = 1:4 ist ausreichend) kann Pd durch Extraktion mit MIBK aus ~ 7n H_2SO_4-

Lösung von Nb abgetrennt werden, wobei letzteres in der wäßrigen Phase verbleibt [13].

Über die Trennung des Nb von Ta durch Extraktion mit MIBK [14] bzw. MIBK/Diisobutylketon [15] s. S. 1146ff.

Hinsichtlich der Anwendung von Cyclohexanon zur extraktiven Abtrennung des Nb von Ta und Ti s. S. 1147. Aus 7n HCl/10 Vol.-% Butanol-Lösung wird Nb mit 0,15m TTA/Xylol vollständig (E% bei $\leqq$ 1 ppm Nb 99,7, bei 40 ppm Nb 97,1, bei 100 ppm Nb 95,0) extrahiert (5 min, $V_0:V_w = 1:1$), wobei die nachfolgenden Elemente in unterschiedlichem Ausmaß in die organische Phase gehen (E%) [15a]: Cs (<0,01), Sr (<0,01), Eu (<0,01), Ru (0,1), U (<0,1), Am (<0,01), Fe (48,0), Ta (97,4), Zr (99,5). Zr läßt sich von Nb abtrennen, indem man zuerst das Zr aus 7n HCl mit 0,5m TTA/Xylol ausschüttelt (Nb weist hier E% = 12,5 auf) und anschließend nach Zusatz von n-Butanol das Nb extrahiert.

Aus HCl-Lösung ist die Extraktion des Nb mit den einzelnen organischen Lösungsmitteln unterschiedlich (n HCl; E%) [15b]: Diäthyläther (6; 30), Diisopropyläther (8; 8), MIBK (6; 54), Diisopropylketon (11; 98), Isoamylacetat (11; 98), Tribenzylamin/$CHCl_3$ (11; 98), Di-n-octylmethylamin/Xylol (9; 98).

Durch Extraktion mit Di-n-butylphosphat/Mono-n-butylphosphat-Gemisch können Zr und Nb von anderen Elementen (Spaltprodukten), sowie unter bestimmten Arbeitsbedingungen die beiden Elemente auch selbst voneinander getrennt werden; im letzteren Fall verbleibt das Nb in der wäßrigen Phase [16] (s. S. 1353f.).

TBP fand zur Isolierung des Nb (Spaltprodukt) aus bestrahltem Uran Anwendung [17]. Dabei wird das Nb nach Trägerzusatz durch Fällung mit Oxalsäure von der Masse der übrigen Spaltprodukte abgetrennt, dann durch Extraktion mit TBP aus ~22% HF/~ 5,3m H_2SO_4-Lösung gereinigt, ausgefällt und anschließend radiochemisch bestimmt.

Nb kann mit 5% Methyldioctylamin/Xylol aus 8n HCl-Lösung quantitativ extrahiert werden [18], wobei Ta praktisch nicht (vernachlässigbar wenig) ausgeschüttelt wird (E% = für Nb 99,3, für Ta ~ 0,9). Das Nb kann aus der organischen Phase durch HNO_3, H_2SO_4 oder verdünnte HCl rückextrahiert werden. Nb und Ta werden nicht aus HNO_3-Lösung bis hinauf zu 10,6m bzw. aus H_2SO_4-Lösung bis hinauf zu 12m extrahiert. Aus 2m H_2SO_4 wird Ta hingegen ausgeschüttelt. Mit dem genannten Lösungsmittelsystem sind Nb-Ta-Trennungen möglich und wurden mit mg/ml-Konzentrationen durchgeführt. Eine Trennung von Nb und Ta (jeweils ~ 100 µg/ml) ist durch Extraktion mit 3% Triisooctylamin/CCl_4 aus 1,33n HNO_3/0,24n HF-Lösung möglich, wobei Ta in die organische Phase geht (E% = 98) und 98% des Nb in der wäßrigen Lösung bleibt [20]. Aus der organischen Phase kann Ta mit 6n HCl/H_3BO_3 (gesättigt)- bzw. 6n HNO_3/H_3BO_3(gesättigt)-Lösung rückgeschüttelt werden (Ausbeute 99,9% bzw. 99,99%). Nb wird durch Extraktion mit 8% Tribenzylamin/$CHCl_3$ oder Methylenchlorid aus 11n HCl-Lösung quantitativ von Ta getrennt [19] (aus 11n HCl-Lösung betragen die Verteilungskoeffizienten für $CHCl_3$ $D_{Nb} = 74{,}38$ und $D_{Ta} = 0{,}0025$, für CH_2Cl_2 $D_{Nb} = 80{,}50$ und $D_{Ta} = 0{,}0023$).

Aus salzsaurer, Nb und Ta enthaltender Lösung werden in Anwesenheit von NH_4SCN nach Zusatz von Tri-n-butylammoniumchlorid beide Elemente durch Isoamylacetat mehr oder weniger vollständig extrahiert. Wird hingegen noch Sulfit zugesetzt (Einleiten von SO_2 oder als Tributylammoniumsulfit), so wird vorzugsweise nur Nb extrahiert [21]. In Abwesenheit von Thiocyanat unterbleibt die Extraktion des Nb und Ta in beiden Fällen nahezu vollständig. Hinsichtlich der Extraktion als Thiocyanat s. a. S. 857.

Aus einer Ammoniumoxalat enthaltenden Lösung können Ta und Ti durch Extraktion mit Brenzcatechin/n-Butanol bei pH 3 von Nb abgetrennt und letzteres anschließend in der wäßrigen Phase analytisch bestimmt werden [*22*].

Nb läßt sich durch Extraktion aus H_2SO_4-Lösung mit Cupferron/$CHCl_3$ von U abtrennen [*8*]. Aus 7,2n H_2SO_4/1% Oxalsäure/1% Weinsäure-Lösung wird Nb mit Cupferron/$CHCl_3$ vollständig ausgeschüttelt ($E\% = 99{,}95$), teilweise begleitet von Ga (99), Nd (15), Ta (90) und Y (90), während Al, Ca, Co, Cr, In, Mg, Mn, Ni und Zn in der wäßrigen Phase bleiben [*22a*]. Nb wird mit N-Benzoyl-N-phenylhydroxylamin/Toluol aus 9–12n HCl-Lösung extrahiert [*22b*] und so aus Uranlegierungen isoliert. Aus 10n HCl-Lösungen gehen (E%) mit Nb (99,5) vor allem auch Hf (99), Mo(VI) (97), Ta (98), Ti (99,5), V(V) (96), W (92) und Zr (99,5) in die organische Phase, während vor allem Th, U und T.U. in der wäßrigen Lösung bleiben [*22c*]. Aus 1m H_2SO_4/2m NH_4SCN-Lösung werden Nb, Ta und Ti mit Äthylacetat extrahiert, wonach zuerst Ti mit 0,5n HCl und anschließend Ta mit 1n HF/6n HCl rückgeschüttelt werden [*22d*].

Eine Trennung von Zr und Nb ist durch Extraktion mit 0,005m Tri-n-butyl-phosphinoxid/CCl_4 aus 2n HNO_3-Lösung möglich, wobei das Zr mit einer Ausbeute von 95% in die organische Phase geht, während das Nb in der wäßrigen Lösung verbleibt [*23*].

Über die Trennung von Fe und Nb durch Extraktion mit 0,5m TTA/Xylol [*24*] mit anschließender Rückschüttelung des Nb oder dessen gleichzeitiger Maskierung findet man Hinweise auf S. 695.

Zur Isolierung des Nb aus HF-haltigen Lösungen wurden auch Anionenaustauscher eingesetzt (s. S. 860, 1147).

B. Brompyrogallolrot

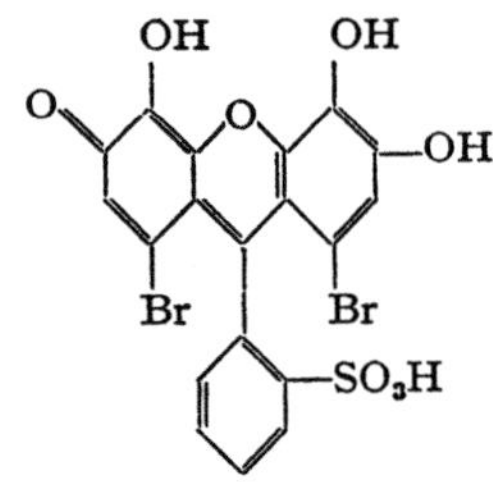

Brompyrogallolrot (BPR) bildet mit Nb(V) im optimalen Bereich von pH 5,8–6,6 einen blauen Farbkomplex [*25*]. Die Farbe wird durch Gelatinezusatz stabilisiert und verstärkt. Das Extinktionsmaximum liegt bei 610 nm [*25*] (s. Abb. 138; $\varepsilon_{610} = 60000$, $\varepsilon_{610} = 53000$ in 0,01m ÄDTA-Lösung, $\varepsilon_{610} = 49000$ in 2% Tartrat-Lösung, $\varepsilon_{610} = 47500$ in 0,01m ÄDTA/2% Tartrat-Lösung). Das Beersche Gesetz ist erfüllt im Bereich von 0,04–1,6 µg Nb/ml (sowohl in Abwesenheit von ÄDTA als auch in 0,01m ÄDTA-Lösung) bzw. 0,045–1,8 µg Nb/ml (in 0,01m ÄDTA/2% Tartrat-Lösung). Die Farbe ist in Abwesenheit von ÄDTA in 75 min, in ÄDTA-Anwesenheit in 90 min voll entwickelt. In Anwesenheit von Gelatine ist die voll entwickelte Farbe mehrere Stunden stabil.

Zahlreiche Elemente reagieren mit BPR, doch lassen sich die meisten mit ÄDTA maskieren. In Anwesenheit von ÄDTA (in 0,01m ÄDTA-Lösung, nach der Arbeitsvorschrift [*25*]) wird die Bestimmung des Nb durch die 1000fache Menge folgender Elemente nicht gestört [*25*]: As(III), Ba, Be, Bi, Ca, Cd, Ce(III), Co, Cr(III), Cu, Fe(II, III), Hg(II), La, Mg, Mn(II), Ni, Pb, Sn(IV), Sr, Zn, CN^-, F^-, PO_4^{3-} und Oxalat. Es stören in 1000facher Menge: Ag, Al, Ce(IV), Mo, Sb(V), Ta, Th, Ti, U(VI), V(V),

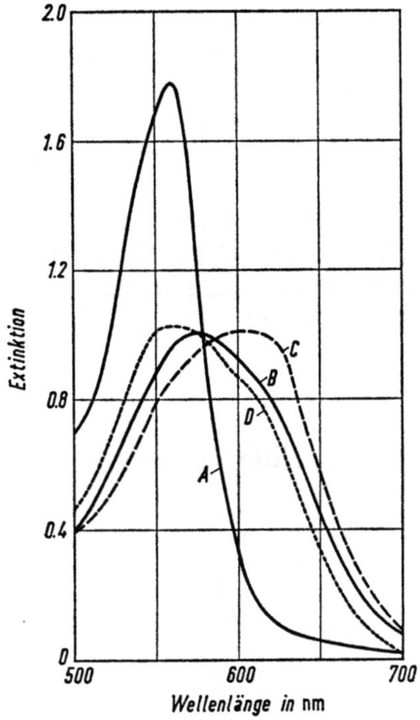

Abb. 138. Extinktionskurven von Brompyrogallolrot (*A*) und Niob + Brompyrogallolrot (*B* 0,3 ppm Nb, *C* 0,46 ppm Nb, *D* wie *B* in Anwesenheit von ÄDTA) gegen Wasser gemessen [*25*]

W(VI) und Zr. Die Störung durch diese Elemente läßt sich jedoch beseitigen. Ce(IV) und V(V) werden mit Ascorbinsäure zu nicht störendem Ce(III) und V(IV) reduziert; Al und Th werden mit F^- maskiert. In Anwesenheit von 2% Tartrat stören Mo, Sb, Ta, Ti und W nicht mehr. Mit PO_4^{3-} wird die Störung von U und Zr, mit CN^- jene von Ag vermieden. In Anwesenheit von Bi und Hg wird die Farbentwicklung verlangsamt, doch ist sie in 4 Std vollständig. Die 1000fache Menge Citrat mindert die Farbintensität um ~ 7%.

Nb-BPR läßt sich mit Di-n-octylamin/Isoamylacetat extrahieren und im organischen Extrakt photometrieren ($\varepsilon_{610} = 25000$) [*15b*]. Diese Arbeitsweise fand zur Bestimmung von Nb in Stahl (≧ 0,01% Nb) Anwendung [*15b*].

Arbeitsvorschrift [*25*]

Reagentien

Brompyrogallolrot (BPR), 0,014%ig in 50%igem Äthanol (wöchentlich frisch hergestellt).
Pufferlösung (pH 6,0); s. Arbeitsvorschrift [*28*] auf S. 856.
0,1 m ÄDTA, 3,7%ige wäßrige Lösung.
Gelatine, 1%ige wäßrige Lösung.

a) Abwesenheit von Störelementen

~ 5 ml auf pH 6,0 eingestellte Probelösung (0,8—32 μg Nb enthaltend) versetzt man in einem 100 ml-Meßkolben der Reihenfolge nach mit 10 ml ÄDTA-Lösung, 10 ml BPR-Lösung, 10 ml Puffer-Lösung sowie 1 ml Gelatine-Lösung (hier nicht mit Wasser verdünnen!), läßt 90 min stehen, füllt nun erst mit Wasser zur Marke auf und photometriert in einer 5 cm-Küvette bei 610 nm gegen den Blindwert.

b) Anwesenheit von Ag, Al, Ce(IV), Mo, Sb, Ta, Th, Ti, U, V(V), W und Zr

In Anwesenheit von Ce(IV) und V(V) fügt man genügend feste Ascorbinsäure zur Probelösung, um zu Ce(III) und V(IV) zu reduzieren.

In Anwesenheit von Al oder Th versetzt man die Probelösung mit 5 ml 0,2m NaF-Lösung. Bis zu 1 mg U oder Zr maskiert man durch Zusatz von 5 ml 0,1m Na_3PO_4-Lösung.

Zur Maskierung von Ag werden 5 ml 1%ige KCN-Lösung zugesetzt.

In Anwesenheit von Al oder Th versetzt man die Probelösung mit 5 ml 0,2m NaF-noch 10 ml 20%ige Ammoniumtartrat-Lösung hinzu.

Bei allen Maskierungszusätzen ist bei einer pH-Verschiebung wieder auf pH 6,0 einzustellen.

C. Phenylfluoron

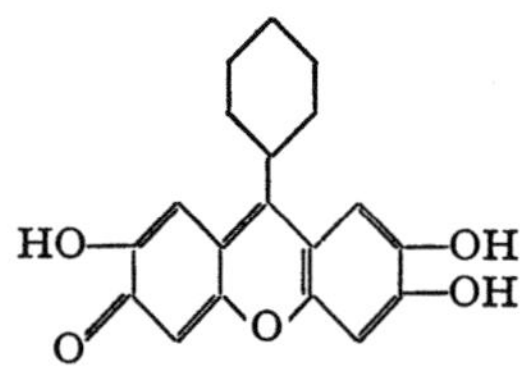

Das orangegelb bis gelb gefärbte Phenylfluoron (2,3,7-Trihydroxy-9-phenyl-6-fluoron) reagiert bei pH ~ 1 mit Nb unter Bildung einer braunroten Verbindung; die Farbreaktion kann aber auch in einem MIBK/Äthanol/Wasser-Gemisch durchgeführt werden [*26*]. Hinsichtlich der Reaktion von Phenylfluoron (PF) mit anderen Elementen s. S. 742, 1023 (Methylfluoron), 1134 u. 1150. Nb(V) wird in der nachfolgenden Vorschrift aus 7,5n HCl-Lösung (die 10%ig an H_2SO_4 und 10%ig an Weinsäure ist, in welcher der Pyrosulfat-Aufschluß gelöst ist) mit MIBK extrahiert, während Ta(V) in der wäßrigen Phase zurückbleibt. Im Extrakt kann das Nb mit PF photometrisch bestimmt werden. Das Extinktionsmaximum liegt bei 502 nm, das Beersche Gesetz ist im Bereich von 0,1—2 μg Nb/ml erfüllt. Die Farbe ist 24 Std stabil. Die Bestimmung von 10 μg Nb wird durch die Anwesenheit von 10—1000 μg Ta nicht gestört. Ta kann anschließend bestimmt werden, indem man die wäßrige Phase mit HF auf 2% HF einstellt, mit MIBK extrahiert und die Bestimmung nach der im Abschnitt „Tantal" (S. 1151f.) angegebenen Vorschrift durchführt [*27*].

Arbeitsvorschrift [*26*]

Reagentien

H_2SO_4 (1,84); HCl (1,18);
Weinsäure;
Phenylfluoron (PF), 0,02%ig in einem Gemisch von 95 ml Äthanol und 5 ml H_2SO_4 (1 + 6);
MIBK.

In ein Reagensglas mit Schliffstopfen gibt man 1,0 ml Probelösung (2—15 μg Nb enthaltend; 10%ig an H_2SO_4 und 10%ig an Weinsäure, womit die Pyrosulfat-Schmelze der Probe gelöst wurde), fügt 2,0 ml HCl hinzu und extrahiert 1mal mit 1 ml und 2mal mit 0,7 ml MIBK. Der vereinigte organische Extrakt wird in einem 10 ml-Meßzylinder mit 3 ml PF-Lösung versetzt, mit Wasser zur Marke aufgefüllt und in einer 1 cm-Küvette bei 502 nm photometriert.

D. 4-(2-Pyridylazo)-resorcinol

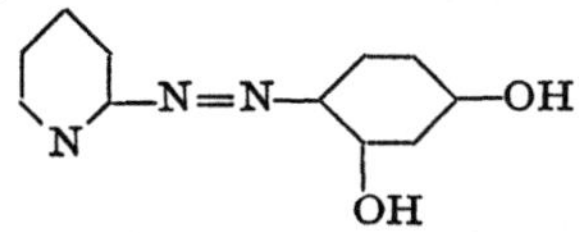

4-(2-Pyridylazo)-resorcinol (PAR) gibt mit Nb(V) in schwach saurer Lösung einen purpurroten Farbkomplex [*28*]. Für die Farbreaktion am günstigsten ist der Bereich von pH 5,6–6,4. Das Extinktionsmaximum liegt bei 550 nm [*28*] (s. Abb. 139; $\varepsilon_{550} = 38700$, $\varepsilon_{550} = 35600$ in 0,002m ÄDTA-Lösung, $\varepsilon_{550} = 23500$ in 0,002m ÄDTA/5% Weinsäure-Lösung). Das Beersche Gesetz ist erfüllt im Bereich von 0,06–2,4 μg Nb/ml (in Abwesenheit von ÄDTA und Tartrat) bzw. 0,07–2,6 μg Nb/ml (in 0,002m ÄDTA-Lösung) bzw. 0,10–4,0 μg Nb/ml (in 0,002m ÄDTA/5% Weinsäure-Lösung). Die Farbe ist in Abwesenheit von ÄDTA in 25 min, in Anwesenheit von ÄDTA in 40 min voll entwickelt und ist dann bis zu 5 Tage stabil.

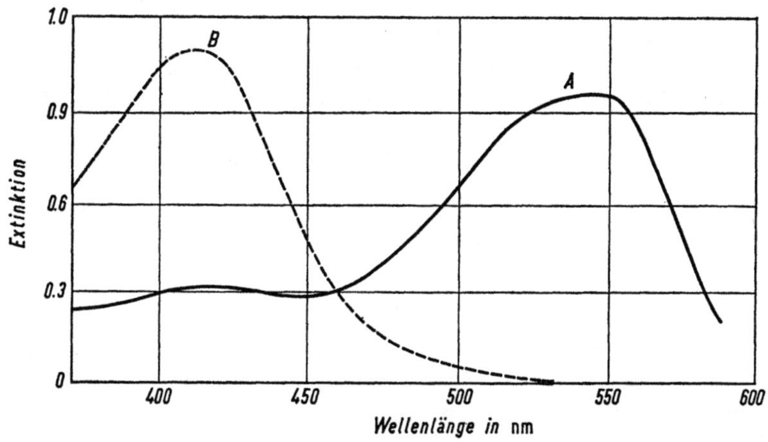

Abb. 139. Extinktionskurven von Nb + PAR (*A*) und PAR (*B*), gegen Wasser gemessen [*28*]

Zahlreiche Elemente geben mit PAR eine Farbreaktion (s. a. S. 947 ff.), doch können die meisten mit ÄDTA maskiert werden. In Anwesenheit von ÄDTA (0,002m ÄDTA-Lösung, nach der Arbeitsvorschrift [*28*]) wird die Bestimmung von 45 μg Nb durch jeweils 1 mg folgender Elemente nicht gestört [*28*]: Ag[1], Al, As(III), Ba, Be, Bi, Ca, Cd, Ce(IV)[2], Co[1], Cr(III), Cu[1], Fe(II, III), Hg(II), La, Mg, Mn, Mo(VI), NH_4^+, Ni, Pb, Sn (II, IV), Sr, Th, Ti, W, Zn und Zr. Ta, V(V) und U(VI) stören. Die Störung von V(V) läßt sich durch Zusatz von Zn beseitigen. U(VI) kann mit Ammoniumoxalat maskiert, die Ta-Störung durch Zusatz einer größeren Menge an Tartrat verhindert werden. Die Störung durch die meisten Elemente läßt sich vermeiden, wenn man die Farbreaktion in 1n HCl/0,2n $HClO_4$-Lösung durchführt, bei allerdings geringerer Empfindlichkeit ($\varepsilon_{536} = 13200$ [*29*], S_M bzw. $L_Q = 0{,}007$ bzw. 0,18 μg Nb · ml^{-1} · cm^{-1}), wobei Fe(III) zu Fe(II) reduziert und die Farbe anderer Ionen und des Cu-PAR-Komplexes mit einer

[1] 5 ml 1%ige KCN-Lösung zugesetzt.
[2] 5 ml 0,5%ige Ascorbinsäure-Lösung zugesetzt.

Vergleichslösung (in der Nb und Ta mit F^- maskiert sind) berücksichtigt wird [*29*]. Bei dieser Arbeitsweise stört nur Ta (50 bzw. 100 µg Ta täuschen 9 bzw. 15 µg Nb vor).

Arbeitsvorschrift [*28*]

Reagentien

4-(2-Pyridylazo)-resorcinol (PAR), 0,03%ige wäßrige Lösung.
Pufferlösung (pH 6,0); 80 g Ammoniumacetat + 6 ml Eisessig mit Wasser auf 1 l aufgefüllt.
0,02 m ÄDTA, 0,75% ige wäßrige Lösung.

a) Abwesenheit von Ta, V und U

Die auf pH 6,0 eingestellte Probelösung (1,4—52 µg Nb enthaltend) versetzt man in einem 100 ml-Meßkolben mit 10 ml ÄDTA-Lösung, 10,0 ml PAR-Lösung sowie 5 ml Pufferlösung, läßt 1 Std stehen, füllt dann mit Wasser zur Marke auf und photometriert in einer 5 cm-Küvette bei 550 nm gegen den Blindwert.

b) Anwesenheit von Ta, V und U

Zur Maskierung von anwesendem Ta fügt man zur Lösung (2—80 µg Nb enthaltend) vor dem PAR-Zusatz 10 ml 50%ige Weinsäure-Lösung und stellt mit Ammoniak (1 + 1) auf pH 6,0 ein. In Anwesenheit von V fügt man zur Lösung 1 ml 0,01 m $ZnSO_4$-Lösung (ausreichend für mindestens 1 mg VO_3^-) vor dem ÄDTA-Zusatz hinzu. Zur Maskierung von ~ 1 mg U(VI) fügt man zur Lösung 10 ml 0,1 m Ammoniumoxalat-Lösung.

1. Metalle und Legierungen

In anderen Arbeiten wurde PAR verwendet zur Bestimmung von Nb in Stahl [*29a, 29b, 29d*], Hafnium, Molybdän, Titan [*29c*], Uran (≧ 1 ppm Nb) [*22c*], Wolfram und Zirkonium [*29c*].

1.1. Stahl

Das Verfahren eignet sich für unlegierte und legierte Stähle. Ta stört. Bei Cr-Stählen muß das Cr mit HCl als CrO_2Cl_2 verflüchtigt werden. Die Farbe der Störelemente wird mit der Vergleichslösung (Kolben II) berücksichtigt, in der Nb (und Ta) mit F^- maskiert ist; im Farbansatz (Kolben I) ist Nb mit Al demaskiert.

B: 20—2000 ppm Nb. F_r: ±3%.

Arbeitsvorschrift [*29*]

Reagentien

10 n HCl; HNO_3 (1,40); HF (40%); $HClO_4$ (70%).
Weinsäure, 20%ige wäßrige Lösung.
Na_2SO_3, 10%ige wäßrige Lösung.
Ascorbinsäure, 3%ige wäßrige Lösung.
$AlCl_3 \cdot 6\,H_2O$, 80%ige wäßrige Lösung.
4-(2-Pyridylazo)-resorcinol (PAR); man löst 0,1 g PAR in Wasser, fügt 0,5 ml 10%ige NaOH-Lösung hinzu und füllt mit Wasser auf 100 ml auf.

1,0 g Probematerial wird in einem 250 ml-Becherglas mit 7 ml Wasser, 7 ml 10 n HCl, 7 ml HNO_3 und 0,5 ml HF unter Erwärmen gelöst, 13 ml $HClO_4$ hinzugefügt und erhitzt, bis die $HClO_4$-Dämpfe an der Becherwand kondensieren. Man kühlt ab, bringt mit $HClO_4$ auf 10 ml, versetzt mit 30 ml Wasser und 1 ml HF, führt in einen Teflonbecher über, erhitzt die Lösung 15 min auf 85° C, kühlt ab und füllt in einem 100 ml-Meßkolben, in den 10 ml Weinsäure-Lösung vorgelegt sind, mit Wasser zur Marke auf. Davon werden zwei aliquote Teile von je 10,0 ml in zwei 250 ml-Bechergläser gegeben, 0,5 ml 10 n HCl hinzugefügt, mit Wasser auf 35 ml verdünnt, mit 3 ml Na_2SO_3-Lösung versetzt, zum Kochen gebracht, 1 ml Ascorbinsäure-Lösung zugesetzt und 2,5 min gekocht. Man kühlt ab und führt in zwei 50 ml-Meßkolben über, in die Folgendes vorgelegt ist: Kolben I 4,5 ml 10n HCl und 3 ml $AlCl_3$-Lösung, Kolben II nur 4,5 ml 10n HCl. Nach Zusatz von jeweils 4,00 ml PAR-Lösung füllt man mit Wasser zur Marke auf, mischt und photometriert nach einer Standzeit von 15—20 min in einer 5 cm- (20—800 ppm Nb) oder 2 cm-Küvette (50—2000 ppm Nb) gegen den Blindwert. Als Meßwert dient die Differenz $E_I - E_{II}$.

E. Thiocyanat

Nb bildet in saurer Lösung mit Thiocyanat einen gelb gefärbten Komplex, der mit Diäthyläther [*30—33*], Diisopropyläther und β,β'-Dichlordiäthyläther extrahierbar ist. Am geeignetsten erscheint aber die Extraktion mit Diäthyläther [*31*], da Diisopropyläther leicht Peroxide bildet, welche die Bestimmung stören, und Dichlordiäthyläther sich nicht genügend rasch von der wäßrigen Phase trennt [*31*]. Der Nb-Thiocyanat-Komplex läßt sich weiterhin noch von den folgenden Lösungsmitteln extrahieren: Äthylacetat [*34—36*], Isoamylacetat, Methyläthylketon, Cyclohexanon und Cyclohexanol [*30*]. Äthylacetat ist neben Isoamylalkohol und -acetat das beste Solvens zur Extraktion des Nb aus 1m H_2SO_4/2—4m NH_4SCN-Lösung ($E\% = 99{,}5$) [*36a*]. Petroläther [*32*], Benzol, $CHCl_3$ und CCl_4 [*31*] extrahieren dagegen den Komplex nicht. In den unten angeführten Arbeitsvorschriften a) und b) sind die günstigsten Arbeitsbedingungen angegeben. Wichtig ist vor allem die richtige Reihenfolge der Reagenszusätze, da diese einen Einfluß auf die Farbentwicklung ausübt. Auch die Konzentration der Reagentien spielt eine Rolle. Das Maximum der Farbintensität erreicht man in 4,0n HCl-Lösung, der günstigste Arbeitsbereich liegt bei 3,75—4,25n HCl. Mit steigender Konzentration an $SnCl_2$ bzw. Thiocyanat nimmt die Farbintensität zu, während sie mit steigender Weinsäuremenge abnimmt, weshalb deren Zusatz genau erfolgen muß [*37, 38*]. Steigende SO_4^{2-}- und $S_2O_7^{2-}$-Konzentration vermindert die Extinktion [*36, 38*] (0,3 g $K_2S_2O_7$ verursachen einen Fehler von 2%, 0,6 g $K_2S_2O_7$ einen solchen von 7% [*36*]), doch kann dieser Fehler vermieden werden, wenn man die Eichkurve unter den Arbeitsbedingungen aufstellt. Nach Arbeitsvorschrift a) genügt für 1—20 µg Nb eine Extraktion, für 20—40 µg Nb sind 2 und für 60 µg Nb 3 Extraktionen notwendig. Da ein beträchtlicher Teil des Thiocyanates in die Ätherphase übergeht (etwa 60% der zugesetzten Menge), muß bei 3maliger Extraktion mehr Thiocyanat mit genügend HCl zugesetzt werden, damit die Lösung vor der 3. Ausschüttelung auch 4n HCl ist.

Das Extinktionsmaximum des Nb-Thiocyanat-Komplexes liegt bei 384—386 nm (s. Abb. 140; $\varepsilon_{383} = 35000$ in Wasser-Aceton bzw. $\varepsilon_{385} = 32400—36200$ in Diäthyläther) [*31*]. Das Beersche Gesetz ist im Bereich von 0,06—2,5 µg Nb/ml organisches Lösungsmittel erfüllt. Über die Art des Komplexes hat man noch keine genaue Kenntnis. Teils wird angenommen, daß es sich um einen Komplex mit dreiwertigem Nb handelt, teils wird demgegenüber auch die Ansicht vertreten [*30, 31*], daß das Nb im Komplex in fünfwertiger Stufe vorliegt, da sich der gelbe Farbkomplex auch ohne Reduktion bildet. Das $SnCl_2$ soll hauptsächlich die Aufgabe haben, oxydierende Stoffe und Fe(III) zu reduzieren. Der gebildete Farbkomplex soll innerhalb 5 min nach dem Zusatz der Reagentien und Durchmischen der aufgefüllten Probelösung mit Diäthyläther extrahiert werden [*31*]. Zwar nimmt die Farbintensität des Extraktes bei längerem Stehen der wäßrigen Lösung nach der Farbentwicklung zu und ist nach 30 min um 20% größer als zu Beginn und nach 5—6 Std Standzeit doppelt so groß geworden, doch bleibt nach so

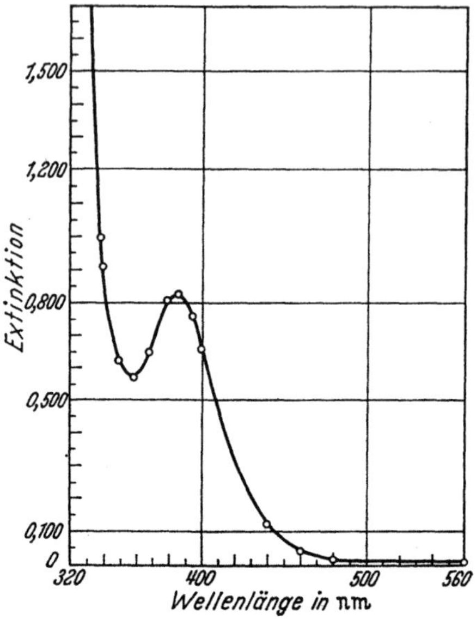

Abb. 140. Extinktionskurve von Nb-Thiocyanat in Diäthyläther [*31*]

langem Stehen ein nicht extrahierbarer Anteil des gelben Farbkomplexes in der wäßrigen Lösung zurück. Der extrahierte Farbkomplex erreicht nach 30 min Stehen eine über 2 Std konstante Intensität. Mit frisch hergestellten Reagenslösungen nimmt die Farbintensität des Ätherextraktes während 20 Std um ~ 7% ab, mit mehr als 1 Tag alten Lösungen hingegen während der gleichen Standzeit um ~ 29% zu [*39*]. Das Ansteigen der Farbintensität wird auf eine Polymerisation des Thiocyanates zurückgeführt. Fügt man dem Ätherextrakt zur Verhinderung einer Polymerisation ein gleiches Volumen Aceton zu, so ist die Extinktion mindestens 20 Std stabil [*39*]. Die Temperatur zwischen 5–25° C, nach anderen Angaben auch bis 32° C [*37*], und Licht haben keinen bemerkenswerten Einfluß. Direktes Sonnenlicht soll aber vermieden werden. Eine Stabilisierung des Farbkomplexes und eine Erhöhung der Farbintensität läßt sich durch Zusatz organischer, mit Wasser mischbarer Lösungsmittel wie Aceton [*6, 37, 38, 40–42*], Dioxan und Äthylenglykolmonomethyläther erzielen, wobei die Intensitätssteigerung durch die organischen Lösungsmittel in der genannten Reihenfolge abnimmt. Die Bestimmung durch Extraktion mit Diäthyläther ist aber allgemein vorzuziehen, da bei dieser Fremdelemente weniger stören. Nb-Thiocyanat läßt sich aus 3–5n HCl/0,6m KSCN-Lösung auch mit Tetraphenylarsoniumchlorid (0,03–0,05 mmol zugesetzt)/$CHCl_3$-Aceton (9:2) extrahieren [*42a*]. Störendes Fe(III) wird zu Fe(II) reduziert. In Anwesenheit von störendem Mo und W werden diese – unter Maskierung von Nb mit KF – zuerst auf dieselbe Weise als Thiocyanate ausgeschüttelt, anschließend Nb mit H_3BO_3 demaskiert, extrahiert und im organischen Extrakt photometriert ($\varepsilon_{390} = 36000$).

Unter den Arbeitsbedingungen der nachfolgenden Arbeitsvorschriften a) und b) wird die Bestimmung von ~ 1 µg Nb/ml wäßriger Probelösung durch folgende Kationen- und Anionenkonzentrationen (in mg/ml) nicht gestört [in Abwesenheit von Weinsäure nach Verfahren a); in Anwesenheit von Weinsäure nach Verfahren b)] [*31*]: Al (~ 1,7; 3,4), Co (3,7; 7,4), Cr(III) (3,3; 6,5), Fe(III) (0,10; 0,10), Mg (1,5; 3), Ni (0,10; 3,6), Ta (0,10; 0,10), Ti(IV) (–; 0,10), U(VI) (–; 0,10), NH_4^+ (0,25; 2,25), NO_3^- (0,86; 3,9), SO_4^{2-} (12;

6), PO_4^{3-} (1,2; 1,2) und BO_3^{3-} (0,82; 3,7). Folgende Ionenkonzentrationen (in mg/ml) stören die Bestimmung [nach Verfahren a); nach Verfahren b)] [*31*]: Al (3,4; –), Co (7,4; –), Cr(III) (6,5; –), Cu(II) (0,88; 0,88), Fe(III) (0,77; 0,77), Hg(II) (2,8; 2,8), Mg (3; –), Mo(VI) (1,3; 0,010), Ni (0,8; 7,3), Pt(IV) (0,010; 0,010), Ti(IV) (0,66; 0,66), U(VI) (0,010; 3,3), V(V) (0,010; 0,010), W(VI) (0,010; 0,010), NH_4^+ (1,1; –), NO_3^- (3,9; 7,8), SO_4^{2-} (–; 12), PO_4^{3-} (5,9; 5,9), BO_3^{3-} (3,7); –), F^- (0,26; 0,26) und $C_2O_4^{2-}$ (1,2; 1,2). Weiterhin soll Ta in großen Mengen stören, da es die Komplexbildung hemmt [*32*, *38*]; zur Vermeidung dieser Störung wird auch die Messung bei 400 nm empfohlen [*38*]. Mit Nb starke Komplexe bildende Ionen, wie z. B. F^-, PO_4^{3-} und $C_2O_4^{2-}$, müssen abwesend sein, da sie die Farbe unterdrücken. Störendes F^- kann durch Zusatz von Al (Molverhältnis $Al^{3+}:F^- = 1{,}5–2$) maskiert werden [*42b*]. Tartrat und kleine Mengen Sulfat stören nicht. Nach anderen Angaben sollen aber Tartrat und Sulfat die Farbe ein wenig unterdrücken, weshalb besonders letzteres auf einem Minimum gehalten werden muß [*37*]. Fügt man der 4n HCl/0,5m weinsauren Probelösung vor der Extraktion des Nb-Thiocyanates mit Diäthyläther kein $SnCl_2$ zu, sondern schüttelt den Extrakt anschließend mit $SnCl_2$/2n HCl-Lösung, so läßt sich eine Störung durch V vermindern und mitextrahiertes Fe(III)-Thiocyanat rückschütteln [*39*] (s. Verfahren E.2.2., S. 862). Unter diesen Bedingungen wird die Bestimmung von 20 µg Nb durch 1000 µg Fe(III), Ti(IV), U(VI), 500–1000 µg V, 200 µg Ta(V), 100 µg Mo(VI), W(VI) und 50–100 µg Bi nicht gestört [*39*]. Unter den Arbeitsbedingungen einer anderen Arbeit [*36*] (Verfahren E.2.1., S. 861: 25 ml Probelösung, 0,58n H_2SO_4/3,82n HCl, 2%ig an Weinsäure, 5%ig an NH_4SCN, 3,2%ig an $SnCl_2 \cdot 2\,H_2O$; Extraktion mit 20 ml Äthylacetat) wird die Bestimmung von 0,7–7 µg Nb durch folgende Elementmengen nicht gestört (in mg): Al (26), Bi (8,9), Ca (35), Ce(III) (21,3), Co (7,9), Cr(III) (6,8), Fe(III) (35), Mg (30), Ni (7,8), Pb (9,3), Sb(III) (8,4), Sc(III) (6,6), Ta(V) (2,5; keine Störung, wenn die Extraktion einschließlich Vorbereitung innerhalb 20 min durchgeführt wird), Th(IV) (8,8), Ti(IV) (6), Y(III) (19,8), Zn (8) und Zr(IV) (7,4 bei der Bestimmung von 0,7 µg Nn; ~3 bei der Bestimmung von 7 µg Nb). 0,7 µg Nb werden durch die folgenden Elementmengen (in µg) vorgetäuscht [*36*]: Re(VII) (4,6), W(VI) (9,5), Pt(IV) (11), V(V) (28), Mo(VI) (60), Cu(II) (880), Au(III) (1100) und U(VI) (11700).

Arbeitsvorschrift [*31*]

Reagentien

$SnCl_2 \cdot 2\,H_2O$, 15%ig in 4n HCl;
KSCN, 20%ige wäßrige Lösung, alle 2 Wochen frisch hergestellt, im Dunkeln aufbewahrt;
1m Weinsäurelösung; 9m HCl/1m Weinsäure-Lösung;
Diäthyläther, peroxidfrei und mit 4n HCl gesättigt.

a) Ohne Weinsäurezusatz

Falls das Probematerial in konz. HCl löslich ist, wird ein aliquoter Teil (1,5–70 µg Nb enthaltend; das Volumen soll nicht mehr als 4 ml betragen) in einen Schütteltrichter gegeben. Danach fügt man die Reagentien in folgender Reihenfolge hinzu: 3 ml $SnCl_2$-Lösung, soviel HCl, um das Endvolumen (14 ml) 4n ± 0,25n HCl zu machen, und 5 ml KSCN-Lösung. Man mischt und extrahiert innerhalb der nächsten 5 min mit 7 ml Diäthyläther und wiederholt die Extraktion noch einmal. Wenn mehr als 25 µg Nb vorhanden sind, muß mehr Thiocyanat zugesetzt und noch ein drittes Mal extrahiert werden. Den vereinigten organischen Extrakt füllt man in einem 25 ml-Meßkolben mit Äther fast bis zur Marke auf, läßt 1 Std bei <25° C stehen, füllt dann bis zur Marke auf und photometriert in einer 1 cm-Küvette bei 385 nm gegen Äther.

b) Mit Weinsäurezusatz

Diese Vorschrift ist für HCl-unlösliches Material vorgesehen. Die Probe wird mit der 50fachen Menge $KHSO_4$ oder $K_2S_2O_7$ aufgeschlossen und die erkaltete Schmelze in 1m Weinsäurelösung gelöst. 1 ml dieser Lösung (1,5—70 μg Nb enthaltend) gibt man in den Schütteltrichter und fügt die Reagentien in der angegebenen Reihenfolge hinzu: 3 ml $SnCl_2$-Lösung, 5 ml 9m HCl/1m Weinsäure-Lösung und 5 ml KSCN-Lösung. Man fährt wie unter a) beschrieben fort, wobei 2 Extraktionen genügen.

1. Metalle und Legierungen

Nb wurde nach dem Thiocyanat-Verfahren in Stahl [*38*, *42c*, *42d*], Titanlegierungen [*40*] und Tantal [*32*, *42e*] bestimmt.

1.1. Tantal

Nach dem Lösen der Probe werden Nb und Ta mittels Anionenaustauscher [*44*] getrennt, ersteres durch Spurenfällung mit $Al(OH)_3$ als Spurenfänger angereichert und als Thiocyanat durch Extraktion mit Diäthyläther photometrisch bestimmt. 20—40 μg Mo, Re, Ti und W verursachen eine 0,1—0,3 μg Nb äquivalente Störung, Mengen von < 10 μg der genannten Elemente, sowie bis zu 5 mg Be, Th, Y und Zr stören praktisch nicht. Pt stört, da es mit $SnCl_2$ einen gelben, durch Äther extrahierbaren Komplex gibt. Obwohl man das Ta aus dem Austauscherharz mit 4m NH_4Cl/1m NH_4F-Lösung quantitativ eluieren kann [*44*], wird empfohlen, für jede Analyse neuen Anionenaustauscher zu verwenden und das gebrauchte Harz zu verwerfen [*43*]. Bei der Bestimmung von 4—9 μg Nb betrug der mittlere Fehler ±0,05 μg.

B: 0,0001—0,01% Nb.

Arbeitsvorschrift [*43*]

Reagentien

HF (40%); HNO_3 (1,40);
3m HCl/0,1m HF-Waschlösung;
Anionenaustauscher Dowex 1X8, Chloridform;
Austauschersäule: Plexiglasrohr ~ 1 cm innerer ⌀, ~ 20—22 cm lang, am unteren Ende konisch verjüngt und mit einem capillar ausgezogenen Polyäthylenschlauch versehen, am oberen Ende ein Polyäthylentrichter aufgesetzt. Das verjüngte untere Ende wird mit einer kleinen Menge Polyäthylen- oder Teflonspänen gefüllt, anschließend das Rohr mit Austauscherharz bis zu einer Füllhöhe von 12 cm beschickt. Die Säule wird vor Gebrauch mit 100 ml 3m HCl/0,1m HF-Waschlösung gewaschen.
$AlCl_3$-Lösung; 4,5 g $AlCl_3 \cdot 6\,H_2O$ werden in 50 ml 6n HCl gelöst und zu 200 ml Wasser hinzugefügt;
$SnCl_2$-Lösung; 16 g $SnCl_2 \cdot 2\,H_2O$ werden in 120 ml HCl (1,19) gelöst und zu 80 ml Wasser hinzugefügt;
Methylrot-Indicatorlösung;
Ammoniak (0,91);
H_3BO_3, 4%ige wäßrige Lösung;
NH_4SCN, 20%ige wäßrige Lösung;
Diäthyläther.

Das Probematerial (nicht mehr als 10 μg Nb enthaltend) wird in einem 10 ml-Platintiegel (oder -schale) mit 1—2 ml (bei einer Einwaage von 100 mg) HF versetzt und in bedecktem Zustand bis zum vollständigen Lösen stehen gelassen. Zur Beschleunigung des Lösungsvorganges erwärmt man auf dem Wasserbad oder setzt HNO_3 tropfenweise zu, doch muß letztere nach dem Lösen durch Eindampfen wieder entfernt werden. Nach dem Entfernen des Platindeckels spült man die Innenwände des Platingefäßes mit einigen Tropfen HF ab, dampft die Lösung auf dem Wasserbad sorgfältig auf ein kleines

Volumen (etwa 0,25 ml) ein, wobei die Bildung einer festen Ta-Verbindung vermieden werden soll [andernfalls muß der Niederschlag in HF (40%) gelöst und dann erneut auf ein kleines Volumen eingedampft werden]. Die Lösung wird mit 3m HCl/0,1m HF-Waschlösung auf ~ 5 ml verdünnt. Auf die Austauschersäule gibt man 5 ml 3m HCl/0,1m HF-Waschlösung und unmittelbar danach die Probelösung, wobei man mit 15 ml der Waschlösung in mehreren Anteilen nachspült. Der Durchlauf wird in einem 250 ml-Polyäthylen-Becherglas aufgefangen. Sobald das Niveau der durchlaufenden Lösung noch etwas oberhalb der Harzfüllung ist, gibt man weitere Waschlösung auf die Säule, bis ein Gesamtdurchlauf von 200 ml vorliegt, wobei eine Unterbrechung des Flüssigkeitsstromes vermieden werden soll. Dieser Vorgang dauert etwa 2 Std. Der Durchlauf wird in mehreren Anteilen in einer 100 ml-Teflon-Abdampfschale bei 225—250° C auf der Heizplatte auf ein Volumen von etwa 2 ml eingedampft. Man versetzt mit 5 ml $AlCl_3$-Lösung und führt die Lösung mit 5 ml Wasser in ein 40 ml-Zentrifugenglas über. Man fügt einen Tropfen Methylrotindicator hinzu und macht mit Ammoniak schwach alkalisch. Nun wird 5 min zentrifugiert und die überstehende Lösung nach Dekantieren verworfen. Den Niederschlag von $Al(OH)_3$ löst man in 5 ml $SnCl_2$-Lösung, führt mit 5 ml H_3BO_3-Lösung in ein Reagensglas (25 × 150 mm) über, in welches 5,0 ml NH_4SCN-Lösung vorgelegt sind. Nach Zusatz von 5,0 ml Diäthyläther extrahiert man sofort 2 min mittels Hohlrührerextraktor (s. Abb. 45, S. 222) und photometriert unmittelbar nach der Phasentrennung in einer 1 cm-Küvette bei 386 nm gegen Äther.

2. Gesteine und Mineralien

Die Reaktion mit Thiocyanat fand in anderen Arbeiten zur Bestimmung von Nb in Erzen und Mineralien [*37*, *42*] Anwendung.

2.1. Gesteine und Mineralien

Durch einen Aufschluß mit NaOH wird das Probematerial in Lösung gebracht. Durch diesen Aufschluß wurden 2—20 μg Nb_2O_5 mit einer Ausbeute von mindestens 99% von je 15 mg der Oxide der vor allem störenden Elemente Mo, Re, V und W abgetrennt [*36*]. Für die Abtrennung der Kieselsäure sind zwei NaOH-Aufschlüsse erforderlich. Zwischen diesen wird eine Fällung mit Ammoniak zur Entfernung von großen Mengen Ca und Mg durchgeführt, da letztere sonst beim Lösen der Schmelze Kieselsäure zurückhalten. Vor dem 2. Aufschluß werden 3 mg MgO als Spurenfänger für das Nb zugesetzt. Eine bessere Wirkung hat ein Zusatz von 3,5 mg Fe + 3 mg MgO, der dann zweckmäßig erscheint, wenn die Probe kein Fe enthält. Wenn in der Probe keine Störelemente vorliegen, die durch den Aufschluß mit NaOH und die Ammoniakfällung entfernt werden, so kann man das Material auch mit HF/H_2SO_4 aufschließen. Platingeräte dürfen aber auch hier nicht verwendet werden, da das dabei in Lösung gehende Pt die Bestimmung stört. Das isolierte Nb wird als Thiocyanat durch Extraktion mit Äthylacetat photometrisch bestimmt. Eine Störung durch Fe wird verhindert und eine solche durch Ti weitgehend herabgesetzt, indem man den Extrakt mit salzsaurer $NH_4SCN/SnCl_2$-Lösung wäscht. Die Störungsfreiheit der hier beschriebenen photometrischen Bestimmung wurde bereits früher angegeben (s. S. 859).

B: 2—>80 ppm Nb. F_{rm}: ±5%.

Arbeitsvorschrift [*36*]

Reagentien

NaOH;
Ammoniak (1 + 19); Ammoniak (0,91);

HCl (1 + 1); HCl (1,19);
NH_4Cl, 2%ige wäßrige Lösung;
MgO;
$K_2S_2O_7$;
H_2SO_4 (1,84); H_2SO_4 (1 + 1);
Weinsäure, 25%ige wäßrige Lösung;
NH_4SCN, 25%ige wäßrige Lösung;
$SnCl_2 \cdot 2\,H_2O$, 40%ig in HCl (1,19);
Äthylacetat.

0,25 g fein pulverisierte Probe werden in einem Goldtiegel bei 600—700° C geglüht und anschließend mit 3 g NaOH bei 350—375° C 30—45 min aufgeschlossen. Die erkaltete Schmelze wird mit 90 ml Wasser gelöst und der Tiegel unter Nachspülen mit 10 ml Wasser entfernt. Man erhitzt die Probelösung auf dem Wasserbad 30 min, versetzt mit wenig Filterschleim und filtriert. Der Niederschlag wird mit Ammoniak (1 + 19) gewaschen und das Filtrat verworfen. Eine während des Nachwaschens im Filtrat auftretende weiße Fällung wird vernachlässigt. Der Niederschlag wird im ursprünglichen Becherglas mit 10 ml heißer HCl (1 + 1) gelöst und das Filter mit Wasser gewaschen. Man erhitzt diese Lösung und fällt mit Ammoniak beim Farbumschlag von Methylrot. Nach 5—10 min Standzeit filtriert man durch dasselbe Filter wie bei der ersten Filtration, wäscht mit heißer NH_4Cl-Lösung und verascht den Niederschlag anschließend bei 600° C im Goldtiegel. Die Asche wird mit 3 mg MgO gemischt, der NaOH-Aufschluß, Lösen der Schmelze, Filtration und Waschen mit verdünntem Ammoniak, wie oben beschrieben, wiederholt. Der danach erhaltene Niederschlag wird in einem Quarztiegel geglüht, mit 0,5—1 g $K_2S_2O_7$ aufgeschlossen und die erkaltete Schmelze mit 0,67 ml H_2SO_4 (1,84) unter Erwärmen über der offenen Flamme vorsichtig zersetzt. Nach dem Abkühlen wird der Tiegelinhalt mit 20 ml Lösungsgemisch [20 ml Weinsäure-Lösung + 65 ml HCl (1,19) + 35 ml Wasser] in kleinen Anteilen unter Überführen in ein 50 ml-Becherglas gelöst und der Tiegel mit zweimal je 1 ml Wasser nachgewaschen. Die so erhaltene Lösung wird bis zum beginnenden Sieden erhitzt, evtl. ausfallende Kieselsäure nach Zusatz von wenig Filterschleim abfiltriert und das Filtrat in einem 25 ml-Meßkolben mit Wasser zur Marke aufgefüllt. Ein aliquoter Anteil von 15,0 ml wird in einem 60 ml-Schütteltrichter mit Wasser auf 19,5 ml verdünnt. In einem 2. Schütteltrichter wird ein Blindwert mit 2 ml Weinsäure-Lösung, 0,8 ml H_2SO_4 (1 + 1), 13 ml HCl (1 + 1) und 3,7 ml Wasser angesetzt. Man versetzt nun jeden der beiden Schütteltrichter mit je 5 ml NH_4SCN- und 0,5 ml $SnCl_2$-Lösung, wobei nach jedem Zusatz gemischt wird. Man extrahiert 1 min mit 20 ml Äthylacetat, wäscht den organischen Extrakt 2mal mit 15 und 10 ml Waschlösung [26 ml HCl (1 + 1) + 13 ml Wasser + 10 ml NH_4SCN- + 1 ml $SnCl_2$-Lösung] und füllt in einem 25 ml-Meßkolben mit Äthylacetat zur Marke auf. Dann photometriert man in einer 5 cm-Küvette bei 385 nm gegen den Blindwert.

2.2. Gesteine und Mineralien

Nach dem Lösen des Probematerials wird das Nb als Thiocyanat durch Extraktion mit Diäthyläther photometrisch bestimmt. $SnCl_2$-Lösung wird der Probelösung vor der Extraktion nicht zugesetzt, sondern der Extrakt mit dieser geschüttelt. Dadurch wird eine Störung durch V und andere Elemente vermindert (s. S. 859). Die größte Störung verursachen Mo und W, weshalb auf ihre Anwesenheit qualitativ, z. B. mit Rhodamin B, in der Probelösung geprüft werden muß. Schlägt die rote Farbe des Reagenses nach Violett um, so sind Mo und W anwesend.

B: 20—1000 ppm Nb. F_{rm}: ±5%.

Arbeitsvorschrift [*39*]

Reagentien

$NaHSO_4$;
1 m Weinsäurelösung;
HCl/Weinsäure-Lösung, 15%ig in 9n HCl;
NH_4SCN, 20%ige wäßrige Lösung, täglich frisch hergestellt;
$SnCl_2 \cdot 2\,H_2O$, 10%ig in 2n HCl, täglich frisch hergestellt;
Aceton;
Diäthyläther, vor Gebrauch mit $SnCl_2$-Lösung geschüttelt.

0,2 g Probematerial werden mit 4 g $NaHSO_4$ aufgeschlossen, die erkaltete Schmelze in 10,0 ml Weinsäurelösung unter Erwärmen gelöst und filtriert. Vom Filtrat führt man einen aliquoten Teil von 1,0 (oder von 2,0) ml in einen Schütteltrichter über, versetzt mit 5,0 (oder 5,6) ml HCl/Weinsäure-Lösung, schüttelt und kühlt am fließenden Wasser auf 20 oder 25° C ab. Nach Zusatz von 5 ml NH_4SCN-Lösung wird innerhalb von 5 min mit 5 ml Diäthyläther 30 sec extrahiert, die wäßrige Phase verworfen, der organische Extrakt mit 2 ml $SnCl_2$-Lösung 10 sec geschüttelt, nach der Phasentrennung der Waschvorgang wiederholt [in Anwesenheit großer Mengen an Fe(III) oder Ti(IV) wird noch ein drittes Mal mit 2 ml $SnCl_2$-Lösung gewaschen], der organische Extrakt in einem 10 ml-Meßzylinder mit Aceton zur Marke aufgefüllt und in einer 1 cm-Küvette bei 385 nm photometriert.

3. Verschiedenes

3.1. Tantaloxid

Nb wurde in Tantaloxid als Thiocyanat bestimmt [*32*]. Nach Verfahren E.1.1. [*43*] (s. S. 860) läßt sich die Bestimmung von 0,0001–0,01% Nb durchführen.

F. Verschiedenes

An weiteren photometrischen Reagentien sind zu erwähnen: Tiron [*45*], PAN [*46, 55*], Pyrogallol [*47*], Xylenolorange ($\varepsilon_{535} = 16000$) [*48*], Hydrochinon [*49, 50*], Oxin/$CHCl_3$ [*51*] und Brenzcatechinviolett [*52*]. Weitere Informationen findet man in Übersichtsreferaten [*53, 54*].

Literatur

1. Schäfer, H.: Angew. Chem. **71**, 153 (1959).
2. Moore, F. L.: Analyt. Chem. **29**, 1660 (1957).
3. Schindewolf, U.: Z. Elektrochem. angew. physik. Chem. **62**, 335 (1958).
4. Moore, F. L.: Analyt. Chem. **27**, 70 (1955).
5. Northup, M. A.: Ind. Eng. Chem., Anal. Ed. **17**, 664 (1945).
6. Crouthamel, C. E., Hjelte, B. E., Johnson, C. E.: Analyt. Chem. **27**, 507 (1955).
7. Milner, G. W. C., Wood, A. J.: Ministry of Supply, Great Britain, Atomic Energy Research Establishment, Unclassified Rept. C/R 895 (1952).
8. Milner, G. W. C.: Atomic Energy Research Establishment Rept. C/R 825 (1952).
9. Stevenson, P. C., Hicks, H. G.: Analyt. Chem. **25**, 1517 (1953).
10. Hicks, H. G., Gilbert, R. S.: Analyt. Chem. **26**, 1205 (1954).
11. Milner, G. W. C., Barnett, G. A., Smales, A. A.: Analyst **80**, 380 (1955).
12. Balchin, L. A., Williams, D. I.: Analyst **85**, 503 (1960).
13. Duke, J. F., Strawpert, W.: Analyst **85**, 671 (1960).
14. Werning, J. R., Higbie, K. B., Grace, J. T., Speece, B. F., Gilbert, H. L.: Ind. Eng. Chem. **46**, 644 (1954).
15. Werning, J. R., Higbie, K. B.: Ind. Eng. Chem. **46**, 2491 (1954).

15a. Jurriaanse, A., Moore, F. L.: Analyt. Chem. **39**, 494 (1967).
15b. Ramakrishna, T. V., Rahim, S. A., West, T. S.: Talanta **16**, 847 (1969).
16. Scadden, E. M., Ballou, N. E.: Analyt. Chem. **25**, 1602 (1953).
17. Morris, D. F. C., Scargill, D.: Analyt. chim. Acta **14**, 57 (1956).
18. Leddicotte, G. W., Moore, F. L.: J. Am. chem. Soc. **74**, 1618 (1952).
19. Ellenburg, J. Y., Leddicotte, G. W., Moore, F. L.: Analyt. Chem. **26**, 1045 (1954).
20. Marchart, H., Hecht, F.: Mikrochim. Acta (Wien) **1962**, 1152.
21. Ziegler, M., Glemser, O., v. Baeckman, A.: Z. anal. Chem. **172**, 105 (1960).
22. Zaikovskÿ, F. V.: J. anal. Chim. (USSR) **11**, 269 (1956); ref. Z. anal. Chem. **155**, 136 (1957).
22a. Reed, J. F.: Talanta **10**, 347 (1963).
22b. Villarreal, R., Barker, S. A.: Analyt. Chem. **41**, 611 (1969).
22c. Vita, O. A., Levier, W. A., Litteral, E.: Analyt. chim. Acta **42**, 87 (1968).
22d. Mari, E. A.: Analyt. chim. Acta **29**, 312 (1963).
23. Umezawa, H., Hara, R.: Analyt. chim. Acta **23**, 267 (1960).
24. Moore, F. L.: Analyt. Chem. **31**, 1148 (1959).
25. Belcher, R., Ramakrishna, T. V., West, T. S.: Talanta **12**, 681 (1965).
26. Senise, P., Sant'agostino, L.: Analyt. chim. Acta **22**, 296 (1960).
27. Luke, C. L.: Analyt. Chem. **31**, 904 (1959).
28. Belcher, R., Ramakrishna, T. V., West, T. S.: Talanta **10**, 1013 (1963).
29. Pakalns, P.: Analyt. chim. Acta **41**, 283 (1968).
29a. Jenkins, N.: Metallurgia **70**, 95 (1964).
29b. Staats, G., Brück, H.: Z. anal. Chem. **230**, 271 (1967).
29c. Wood, D. F., Jones, J. T.: Analyst **93**, 131 (1968).
29d. Gagliardi, E., Höllinger, W.: Mikrochim. Acta (Wien) **1972**, 136.
30. Alimarin, I. P., Podvalnaja, R. L.: J. anal. Chim. (USSR) **1**, 30 (1946).
31. Lauw-Zecha, A. B. H., Lord, S. S., Jr., Hume, D. N.: Analyt. Chem. **24**, 1169 (1952).
32. Hastings, J., McClarity, T. A.: Analyt. Chem. **26**, 683 (1954).
33. Bukhsh, M. N., Hume, D. N.: Analyt. Chem. **27**, 116 (1955).
34. Vanossi, R.: An. Asoc. quim. argent. **41**, 127 (1953).
35. Vanossi, R.: An. Asoc. quim. argent. **42**, 59 (1954).
36. Grimaldi, F. S.: Analyt. Chem. **32**, 119 (1960).
36a. Mari, E. A.: Analyt. chim. Acta **29**, 303 (1963).
37. Marzys, A. E. O.: Analyst **79**, 327 (1954).
38. Freund, H., Levitt, A. E.: Analyt. Chem. **23**, 1813 (1951).
39. Ward, F. N., Marranzino, A. P.: Analyt. Chem. **27**, 1325 (1955).
40. Norwitz, G., Codell, M., Verderane, F. D.: Analyt. chim. Acta **9**, 561 (1953).
41. Bacon, A., Milner, G. W. C.: Analyt. chim. Acta **15**, 129 (1956).
42. Marzys, A. E. O.: Analyst **80**, 194 (1955).
42a. Affsprung, H. E., Robinson, J. K.: Analyt. chim. Acta **37**, 81 (1967).
42b. Canada, D. C.: Analyt. Chem. **39**, 381 (1967).
42c. White, G., Scholes, P. H.: Metallurgia **70**, 197 (1964).
42d. British Heavy Steel Association Niobium Analysis Panel: J. Iron Steel Inst. **204**, 1022 (1964).
42e. Luke, C. L.: Analyt. chim. Acta **34**, 165 (1966).
43. Bergstresser, K. S.: Analyt. Chem. **31**, 1812 (1959).
44. Cabell, M. J., Milner, I.: Analyt. chim. Acta **13**, 258 (1955).
45. Flaschka, H., Lassner, E.: Mikrochim. Acta (Wien) **1956**, 778.
46. Gagliardi, E., Wolf, E.: Mikrochim. Acta (Wien) **1967**, 104.
47. Catoggio, J. A., Rogers, L. B.: Talanta **9**, 377 (1962).
48. Cheng, K. L., Goydish, B. L.: Talanta **9**, 987 (1962).
49. Waterbury, G. R., Bricker, C. E.: Analyt. Chem. **30**, 1007 (1958).
50. Ikenberry, L., Martin, J. L., Boyer, W. J.: Analyt. Chem. **25**, 1340 (1953).
51. Kassner, J. L., Garcia-Porrata, A., Grove, E. L.: Analyt. Chem. **27**, 492 (1955).
52. Janoušek, I., Čechová, D.: Chemist-Analyst **55**, 19 (1966).
53. Elwell, W. T., Wood, D. F.: Analyt. chim. Acta **26**, 1 (1962).
54. Cockbill, H. M.: Analyst **87**, 611 (1962).
55. Schöffmann, E.: Arch. Eisenhüttenw. **43**, 45 (1972).

Ni — Nickel

Tabelle 154. Empfindlichkeit S_M und Bestimmungsgrenze L_Q der Verfahren

Verfahren	μg Ni · ml^{-1} · cm^{-1}	
	S_M	L_Q
Natriumdiäthyldithiocarbamat/Isoamylalkohol	0,0016 (325 nm); 0,0096 (385 nm)	0,040 (325 nm); 0,24 (385 nm)
Dimethylglyoxim/wäßrige Lösung	0,0037 (445—450 nm)	0,092 (445—450 nm)
Dimethylglyoxim/$CHCl_3$	0,017 (350 nm)	0,42 (350 nm)
α-Furildioxim/1,2-Dichlorbenzol oder $CHCl_3$	0,0033 (438 nm)	0,083 (438 nm)
Pyridin-2-aldehyd-2-chinolylhydrazon/Benzol	0,00086 (515 nm)	0,021 (515 nm)
Atomabsorptionsspektrophotometrie	0,2[1,2]	0,05[1,3]

[1] μg · ml^{-1}. [2] Für 1% Absorption. [3] $F_r = \pm 10\%$.

A. Trennungen

Große Mengen Fe können von Ni durch Ausäthern aus HCl-Lösung abgetrennt werden (s. S. 259ff.). Bei der Bestimmung von kleineren Ni-Gehalten in Stählen [*1*] wurden Fe, Co, Cu, Mo, V, U, Zn u. a. durch Extraktion als Thiocyanate mit Diäthyläther/Tetrahydrofuran abgetrennt.

Die Reaktion des Ni(II) mit Dimethylglyoxim besitzt besondere Bedeutung, da sie nicht nur zur Abtrennung kleiner Ni-Mengen, sondern auch zu deren quantitativer photometrischer Bestimmung nach Extraktion des Komplexes herangezogen werden kann. So wurde Ni vor seiner eigentlichen Bestimmung in Silicatgestein [*2*], biologischem Material [*3, 4*], Nahrungsmitteln [*3*], Bronze [*5, 6*], Stahl [*1, 3*], Wolfram-Pulver [*7*], Lithium [*8*], Böden und Erzen [*9*] von den anderen Elementen als Ni(II)-Dimethylglyoxim aus schwach ammoniakalischer Lösung und meist in Anwesenheit von genügend Citrat mit $CHCl_3$ oder Benzol/Amylalkohol (8:2) [*9*] extrahiert. Das mit verdünnter HCl in die wäßrige Phase rückgeführte Ni wurde danach mit Dimethylglyoxim [*2, 4*], Carbamat/Isoamylalkohol [*3, 7*] oder Dz [*10*] photometrisch bestimmt. Der größte Teil an Dimethylglyoxim verbleibt nach der Isolierung im $CHCl_3$. Bei diesem Trennungsgang stören Fe(III), Al, Cd, Zn, Cr, V, Mn u. a. in kleineren Mengen nicht. Wenn Mn in größerer Menge und höherer Oxydationsstufe anwesend ist, kann eine Oxydation des Ni eintreten. Da aber der Komplex des Ni(IV) nur in Wasser löslich ist, wird in solchen Fällen der Zusatz von Hydroxylaminhydrochlorid vor der Extraktion empfohlen [*4, 7, 11*], um Mn in der zweiwertigen Stufe zu halten. Größere Mengen an Cu und Co stören. Der Cu-Komplex geht zum Großteil mit Ni in die organische Phase, kann jedoch aus dieser mit Ammoniak (1 + 50) ausgezogen werden [*3, 12*]. Außer Cu werden auch mitextrahierte geringe Mn-Mengen ausgewaschen [*13*]. Co wird als Dimethylglyoxim-Komplex nur zu sehr geringem Teil von $CHCl_3$ extrahiert. Es verbraucht aber durch seine Komplexbildung viel Reagens. Wird ein Co/Ni-Verhältnis von 1000:1 nicht überschritten, so genügt es, entsprechend mehr Dimethylglyoxim anzuwenden. Bei einem ungünstigeren Elementverhältnis soll Co aber vorher entfernt werden. Bei der Ni-

Bestimmung als Dimethylglyoximat mit Benzol [*14*] sowie in Kobaltsalzen mit $CHCl_3$ [*15*] wurde die Störung von Co durch dessen vorheriges Überführen in das Kaliumcobalticyanid beseitigt. Die Abtrennung des Ni durch Nioxim (Cyclohexandiondioxim) mit Benzol gelingt auch von Cu und wurde bei der Ni-Bestimmung in Kupfersalzen angewendet [*16*]. Cu bildet dabei einen gelbbraunen, durch Benzol aber nicht extrahierbaren Komplex.

Vor der photometrischen Bestimmung des Ni mit Dimethylglyoxim in Bier wurden störendes Cu und Fe als Dithizonate abgetrennt [*17*].

Von großen Co-Mengen (bis zu 100 mg) kann das Ni bei pH ~ 7,5 durch Extraktion mit Salicylaldimin/$CHCl_3$ abgetrennt werden (Ni wird im Bereich von pH 7,5–9,9 quantitativ extrahiert) [*18, 19*], wobei anwesendes Cu mit in die organische Phase geht. Ni und Cu lassen sich aus dem Extrakt mit HCl (1 + 10) rückschütteln. Große Mengen Co (2 g) wurden als Thiocyanat von 1–10 µg Ni durch Extraktion mit MIBK ($E\% = 99{,}2$) aus 12% NH_4SCN/0,1–0,2n HCl-Lösung abgetrennt, wobei Ni praktisch vollständig in der wäßrigen Lösung bleibt [*19a*].

Bei der Bestimmung geringer Ni-Gehalte in Reinaluminium wurde das Ni zusammen mit Cu mit Carbamat/CCl_4 aus ammoniakalischer, tartrathaltiger Lösung extrahiert und so von der Hauptmenge an Al und Fe abgetrennt [*20*]. Nach Rückschütteln beider Elemente mit verdünnter HCl werden sie mit Dimethylglyoxim/$CHCl_3$ extrahiert, Cu durch Schütteln mit verdünntem Ammoniak aus dem Extrakt entfernt, Ni danach mit verdünnter HCl rückextrahiert und mit Dimethylglyoxim in wäßriger Lösung photometrisch bestimmt.

B. Natriumdiäthyldithiocarbamat

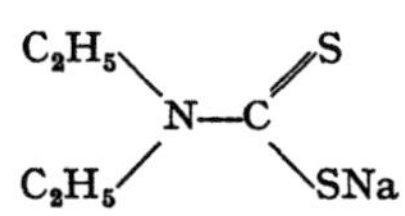

Ni bildet mit Natriumdiäthyldithiocarbamat (Na-DDTC) in saurer und alkalischer Lösung einen gelbgrünen Komplex, der mit Amylalkohol, $CHCl_3$ u. a. organischen Lösungsmitteln extrahierbar ist. Die Extinktionsmaxima des $Ni(DDTC)_2$ liegen bei 385 nm [*3*] und 325 nm [*21*] ($\varepsilon_{325} = 37000$ [*21*] in Isoamylalkohol, $\varepsilon_{326} = 34200–35200$ in CCl_4, $\varepsilon_{385-393} = 6100$ in Isoamylalkohol, $CHCl_3$ oder CCl_4) (s. Abb. 141). Isoamylalkohol weist die höchste, CCl_4 die schwächste Absorption auf, dazwischen liegen diese für $CHCl_3$ und Brombenzol. Das Beersche Gesetz gilt im Bereich von 0,24–10 µg Ni/ml Isoamylalkohol (385 nm) bzw. 0,04–1,6 µg Ni/ml Isoamylalkohol (325 nm). Da auch andere Elemente wie Cu, Bi, Co, Fe (letzteres jedoch nicht in citrathaltiger ammoniakalischer Lösung) stark gefärbte, extrahierbare Carbamate bilden, muß Ni vor der Bestimmung mit Carbamat von diesen Störelementen abgetrennt werden, wozu Dimethylglyoxim/$CHCl_3$ empfohlen wird. Vom mitextrahierten Cu wird der Extrakt durch Schütteln mit verdünntem Ammoniak befreit. Die Bestimmung von 0,1–4 µg Ni durch Extraktion mit Na-DDTC/Isoamylalkohol aus citrathaltiger Lösung bei pH 9,5 wird durch folgende Elementmengen (in µg) nicht gestört [*21*]: Al (10), B (10, als $B_4O_7^{2-}$), Ca (500), Cr(III) (10), K (20000), Li (10), Mg (400), Mn(II) (10), Na (20000), P (10, als PO_4^{3-}), Si (300, als SiO_3^{2-}), Sn(II) (10), Sr (10) und Zn (10); eine Störung verursachen Cu(II) (10), Fe(III) (4000) und Pb (10). Hinsichtlich des Reaktionsbereiches von Na-DDTC s. S. 297ff.

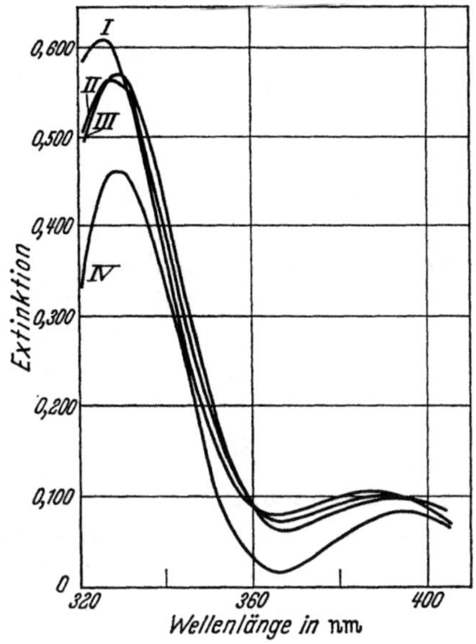

Abb. 141. Extinktionskurven von Ni-Carbamat in verschiedenen organischen Lösungsmitteln [21] (I: Isoamylalkohol, II: $CHCl_3$, III: Brombenzol, IV: CCl_4)

1. Organisches Material

1.1. Nahrungsmittel und anderes biologisches Material

Nach nasser Veraschung wird das Ni mit Dimethylglyoxim/$CHCl_3$ isoliert und mit Carbamat/Isoamylalkohol photometrisch bestimmt.

B: 0,00003–0,001% Ni (bei 10 g Probematerial) und darüber. F_r: ±5%.

Arbeitsvorschrift [3]

Reagentien

Ammoniumcitrat (I), 20%ige wäßrige Lösung; 200 g Reagens werden mit 600 ml Wasser gelöst, mit Ammoniak auf pH 9,0—9,5 eingestellt, in einem 1 l-Schütteltrichter mit 10 ml Dimethylglyoximlösung versetzt und 3mal mit je 30 ml $CHCl_3$ extrahiert. Nach dem Filtrieren wird mit Wasser auf 1 l aufgefüllt;

Ammoniumcitrat (II), 20%ige wäßrige Lösung; man verfährt wie bei der Herstellung der Lösung (I), fügt jedoch statt Dimethylglyoxim hier 10 ml Na-DDTC-Lösung hinzu und extrahiert mehrmals kräftig mit je 20 ml CCl_4, bis der letzte organische Extrakt farblos ist. Anschließend wird nochmals mit 5 ml Na-DDTC-Lösung und CCl_4 ausgeschüttelt und dann mit Wasser auf 1 l aufgefüllt;

Dimethylglyoxim; 0,1 g Reagens löst man in 20 ml Äthanol und füllt mit Wasser auf 100 ml auf.

Na-DDTC, 0,2%ige wäßrige Lösung;

Isoamylalkohol; $CHCl_3$;

0,5 n HCl;

HNO_3 (1,40); H_2SO_4 (1,84); $HClO_4$ (70%);

Ammoniak (1 + 50).

Das getrocknete Probematerial (2,5—100 µg Ni enthaltend) wird in einem 250 ml-Erlenmeyerkolben mit HNO_3/H_2SO_4 und zuletzt unter Zusatz von wenig $HClO_4$ naß verascht, die farblose Lösung abgekühlt und mit Wasser auf etwa 25 ml verdünnt. Die Lösung führt man in einen 125 ml-Schütteltrichter über, fügt 10 ml Ammoniumcitratlösung (I) hinzu, verdünnt mit Wasser auf etwa 40 ml und stellt mit Ammoniak auf pH 8,5–9,0 ein. Nach Zusatz von 5 ml Dimethylglyoxim-Lösung extrahiert man zweimal mit 10 und 5 ml $CHCl_3$ und sammelt die organischen Extrakte in einem zweiten Schütteltrichter, in welchen 25 ml Ammoniak (1 + 50) vorgelegt sind. Nach dem Ausschütteln mit Ammoniak verwirft man die wäßrige Phase und wäscht nochmals mit Wasser nach. Nach dem Abtrennen dieser zweiten Waschlösung wird die $CHCl_3$-Phase mit 25 ml 0,5n HCl geschüttelt, nach der Phasentrennung das $CHCl_3$ verworfen, die saure Lösung mit einigen ml CCl_4 geschüttelt und das letztere auch verworfen. Zur sauren Lösung fügt man 5 ml Ammoniumcitrat-Lösung (II), macht mit Ammoniak schwach alkalisch und gibt weitere 8–10 Tropfen Ammoniak im Überschuß hinzu. Man extrahiert mit 10,0 ml Isoamylalkohol und 5 ml Na-DDTC-Lösung 2 min und photometriert den organischen Extrakt in einer 1 cm-Küvette bei 385 nm gegen Isoamylalkohol.

1.2. Blut

Da Fe(III) und Cu(II) stören, werden diese mittels Anionenaustauscher entfernt, wobei auch Zn u. a. Elemente mitgehen; Pb wird durch Adsorption an einer $CaCO_3$-Säule entfernt. Das Verfahren fand zur Bestimmung von 0,025–0,067 μg Ni/ml Blut mit Abweichungen zwischen 0,005–0,009 μg Ni/ml Blut Anwendung.

Arbeitsvorschrift [*21*]

Reagentien

8,0n HCl; 0,5n HCl; 0,005n HCl;
Citronensäure, 20%ige wäßrige Lösung;
Na-DDTC, 0,2%ige wäßrige Lösung;
15m Ammoniak;
HNO_3 (1,40);
Natriumheparin;
Anionenaustauscher Dowex 1X8 (Chloridform); es wird eine Säule in Bürettenform von 28 cm Länge und 0,20 cm^2 Querschnitt verwendet;
$CaCO_3$-Säule, 8 cm Länge und 0,20 cm^2 Querschnitt;
H_2O_2 (30%);
Isoamylalkohol.

Das Probematerial wird mittels einer 30 ml-Injektionsspritze, die Natriumheparin enthält, gesammelt (s. S. 615ff.). Die Blutprobe (im allgemeinen 10 ml) wird in einem 125 ml-Erlenmeyerkolben mit 5 ml HNO_3 und 0,5 ml H_2O_2 versetzt und über Nacht auf dem siedenden Wasserbad erhitzt. Anschließend stellt man den Kolben auf eine kalte Heizplatte und erhitzt auf 330° C; man beläßt bei dieser Temperatur (etwa 15 min), bis keine sichtbare Reaktion mehr stattfindet. Nach dem Abkühlen versetzt man mit 0,5 ml HNO_3, bedeckt mit einem Uhrglas, dampft zur Trockene ein und erhitzt noch weitere 15 min. Dieser Vorgang wird wiederholt, bis ein weißer Rückstand vorliegt. Man versetzt nun mit je 0,5 ml 8,0n HCl und H_2O_2, bedeckt mit dem Uhrglas, dampft wieder zur Trockene ein, erhitzt weitere 15 min und wiederholt diese Behandlung noch dreimal, bis keine Stickoxide mehr entweichen. Nun fügt man 5 ml 8,0n HCl hinzu und erhitzt 15 min auf dem Wasserbad.

Die stark HCl-saure Lösung führt man in ein 30 ml Polyäthylenbecherglas über, stellt dieses in die in Abb. 13 (s. S. 110) dargestellte Einrichtung und dampft die Lösung auf etwa 1 ml ein oder bis gerade eine Fällung auftritt. Durch die mit 60 ml 0,005n HCl vorgewaschene Anionenaustauschersäule schickt man nun 14 ml 8,0n HCl, verwendet die letzten 5 ml des Durchlaufes für den Blindwert, gibt dann die eingeengte Probelösung mittels einer Saugpipette (Syringe-Pipette, s. S. 116ff. und 120ff.) unter Nachwaschen mit 3mal 0,5 ml 8,0n HCl auf die Säule und setzt die Elution mit 8,0n HCl bei einer

Geschwindigkeit von 0,25 ml/min fort, wobei man den nächsten Anteil Lösung jeweils dann aufgibt, wenn der Flüssigkeitsspiegel den Glaswolleabschluß am oberen Ende der Säule erreicht. Der Ni-freie Anteil des Durchlaufes (in der Originalarbeit mit 2 ml angegeben; die Flüssigkeitsmenge hängt vom verwendeten Austauscherharz und den Dimensionen der Säule ab und muß im Einzelfall jeweils experimentell ermittelt werden) wird verworfen und die nächsten 5 ml in einem Becherglas gesammelt. Probelösung und Blindwert dampft man auf 0,05–0,10 ml ein, verdünnt mit Wasser auf 1 ml oder weniger um einen vorhandenen Salzrückstand zu lösen, fügt 3 Tropfen Citronensäurelösung hinzu und neutralisiert durch tropfenweisen Zusatz von Ammoniak. Beide Lösungen werden nun jeweils unter Nachwaschen mit 3mal 0,2 ml Wasser durch eine $CaCO_3$-Säule geschickt und die Elution mit 2 ml Wasser unter Anwendung von Preßluft bei einer Geschwindigkeit von 0,15 ml/min fortgesetzt. Der Durchlauf wird in einem 30 ml-Schütteltrichter gesammelt.

Man versetzt die Lösung mit 0,50 ml Citronensäurelösung, stellt mit Ammoniak auf pH ~ 9,5 ein, fügt 1,0 ml Na-DDTC-Lösung hinzu, verdünnt mit Wasser auf 10 ml und mischt gut durch. Nun wird mit 3,0 ml Isoamylalkohol 2 min extrahiert, zur Phasentrennung 20 min stehen gelassen und danach der organische Extrakt in einer 1 cm-Küvette bei 325 nm gegen den Blindwert photometriert.

2. Metalle und Legierungen

Mit Na-DDTC wurde Ni in Kobalt bestimmt [*19a*].

2.1. Eisen und Stahl

B: 0,001–0,05% Ni und darüber. F_r: ±5%.

Arbeitsvorschrift [*3*]

0,2 g Probematerial werden im bedeckten Becherglas mit 15 ml HNO_3 (1 + 2) vorsichtig gelöst. Nach beendeter Reaktion setzt man 10 ml $HClO_4$ (70%) hinzu und erhitzt langsam bis zur vollständigen Lösung. Bei Gußeisen ist mehr HNO_3 erforderlich. Nach dem Abkühlen wird mit Wasser entsprechend verdünnt und mit der Isolierung und Bestimmung des Ni nach Verfahren B. 1.1. (s. S. 867) fortgefahren.

2.2. Wolframpulver

B: 0,0003–0,01% Ni und darüber. F_{rm}: ±5%.

Arbeitsvorschrift [*7*]

Reagentien

H_2O_2 (30%);
Hydroxylaminhydrochlorid;
Weitere Reagentien wie bei Verfahren B. 1.1. (s. S. 867).

1,0 g Probematerial (bei höheren Gehalten eine entsprechend kleinere Einwaage; zweckmäßig 10–50 µg Ni enthaltend) wird in einem bedeckten 100 ml-Becherglas unter Zusatz von wenig Wasser mit 5 ml H_2O_2 zunächst in der Kälte und zuletzt unter Erwärmen gelöst, nach dem Erkalten mit 10 ml Ammoniumcitratlösung (I) versetzt und mit Wasser auf etwa 40 ml verdünnt. Bei höheren Ni-Gehalten löst man eine entsprechende Probemenge in 10 ml H_2O_2, verdünnt auf 50 ml, entnimmt einen aliquoten Teil, versetzt diesen mit 10 ml Ammoniumcitratlösung und setzt dann wie folgt fort. Zur Lösung fügt man festes Hydroxylaminhydrochlorid bis die Lösung sauer reagiert, gibt noch einen kleinen Überschuß hinzu und setzt dann mit der Isolierung und Bestimmung des Ni nach Verfahren B.1.1. (s. S. 867) fort. Wenn die wäßrige Probelösung nach der zweiten Extraktion mit Dimethylglyoxim/$CHCl_3$ oder bereits früher eine durch Oxydation hervorgerufene Färbung aufweist, läßt man die Lösung in das Becherglas ab, versetzt mit einem Überschuß an Hydroxylaminhydrochlorid, stellt mit Ammoniak auf pH 8,5 ein, extrahiert im ersten Schütteltrichter ein drittes Mal mit 5 ml $CHCl_3$, vereinigt die $CHCl_3$-Phase mit den ersten organischen Extrakten im zweiten Schütteltrichter und fährt mit der Isolierung und Bestimmung des Ni nach Verfahren B.1.1. fort.

C. Dimethylglyoxim

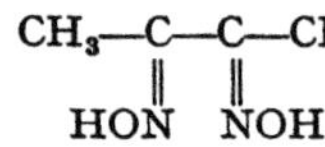

I. Bestimmung in wäßriger Lösung

Dimethylglyoxim (DG) gibt mit Ni in alkalischer Lösung bei gleichzeitiger Anwendung eines Oxydationsmittels eine weinrote oder braune Färbung. Der gebildete rote Farbkomplex enthält das Ni in 4 wertiger Stufe [*22*]. Abhängig von der Acidität der Probelösung bzw. der Reihenfolge, in welcher die Reagentien vor der Komplexbildung zugesetzt werden, erhält man eine verschiedene Färbung und Farbintensität der Lösung. Wird beispielsweise Bromwasser zur sauren Lösung zugesetzt und dann diese erst mit Ammoniak auf den erforderlichen pH-Wert vor Zusatz der DG-Lösung gebracht, so führt dies zu einer braun gefärbten Ni-Komplex-Lösung. Wird hingegen die Oxydation mit Bromwasser in der bereits neutralen bzw. alkalisierten Lösung vorgenommen und dann der Komplex gebildet, so zeigt dieser eine weinrote Färbung. Von anderer Seite [*13*] wird berichtet, daß unter Verwendung von $(NH_4)_2S_2O_8$ als Oxydans mit einem größeren Überschuß an DG sich nur der weinrote Komplex bildet; allerdings darf die Probelösung nicht zu stark alkalisch sein und keine zu große Menge des Oxydationsmittels enthalten. Auch wird der Zusatz des Reagenses bereits vor dem Alkalisieren empfohlen, wodurch man die Gefahr einer $Ni(OH)_2$-Fällung vermeidet. Es wurde durch weitere Untersuchungen bestätigt, daß bei der Reaktion zwischen Ni und DG zwei verschiedene Komplexverbindungen entstehen [*25*]. Der orangerote (braune) Komplex soll sich aus 1 Atom Ni und 2 Molekülen DG, der weinrote aus 1 Atom Ni und 4 Molekülen DG zusammensetzen, wobei man das Ni in der 3wertigen Stufe annimmt.

Zur Oxydation hat sich vorwiegend Bromwasser als günstig erwiesen [*1, 2, 17, 26–31*]. Peroxodisulfat [*4, 5, 13, 32–35*] oder Jod [*6, 36, 37*] wurden anstelle von Brom manchmal verwendet. $(NH_4)_2S_2O_8$ wird wegen seiner besseren Oxydationswirkung und höheren Löslichkeit dem Kaliumsalz vorgezogen [*13*]. Ein gewisser Überschuß an Oxydationsmittel in der ammoniakalischen Lösung soll günstig sein, da er die Empfindlichkeit der Farbreaktion vergrößert. Von dieser Möglichkeit wurde beispielsweise bei der Ni-Bestimmung in Stahl Gebrauch gemacht [*28*], um die ungünstige Wirkung von Verunreinigungen aus der Maskierung von Fe zugesetzten Weinsäure zu beseitigen. Ist zu wenig Oxydationsmittel vorhanden, so fällt das in wäßriger Lösung nahezu unlösliche Ni(II)-DG aus. Zum Alkalisieren dient vorwiegend Ammoniak. Bei Verwendung von Peroxodisulfat wurde hingegen mit NaOH alkalisiert [*4, 32*] und bei 560 nm photometriert, wobei allerdings keine hohe Empfindlichkeit erzielbar ist. Die Farbstabilität soll durch Erhöhung der Alkalität oder auch der DG-Menge gesteigert werden können [*38*]. Bei Anwesenheit von 0,005 ml Brom in 13 ml Gesamtlösung wird eine Konzentration von 0,33n Ammoniak als geeignet empfohlen, da höhere Konzentrationen zu einer geringen Stabilität der Farbe führten [30]. In wäßriger Lösung nimmt die Intensität nach erfolgter Farbreaktion beim Stehen noch zu, so daß man die Arbeitsbedingungen exakt einhalten muß, um reproduzierbare Ergebnisse zu erhalten. Innerhalb der ersten 5 min nach der Komplexbildung ändert sich die Farbe so wenig, daß man hier eine gute Reproduzierbarkeit erzielt. Wird der Komplex in 50%iger Äthanol-Lösung gebildet, so erfolgt die Farbbildung ebenfalls sofort, bleibt aber innerhalb der ersten 30 min nahezu konstant und nimmt auch danach nicht so stark zu wie in wäßriger Lösung. Es wurde deshalb auch ein Bestimmungsverfahren in äthylalkoholischer Lösung ausgearbeitet [29]. Bei der Farbentwicklung in wäßriger Lösung bei pH 11,5 ist die Farbe nach einer Standzeit von 30 min mindestens 24 Std stabil [39]. Führt man die Farbentwicklung nach Arbeitsvorschrift a) (s. S. 872) durch, so liegt das Extinktionsmaximum 4—20 min nach dem Auffüllen der Farblösung bei 445 nm ($\varepsilon_{445-450}$ = 16000 [29]), nach 40 min bei 450—455 nm und nach 2 Std bei 460—470 nm; bei Anwendung von Arbeitsvorschrift b) (s. S. 872) liegt es bei 460—470 nm (s. Abb. 142). Das Beersche Gesetz ist im Bereich von 0,1—4 µg Ni/ml erfüllt. Abhängig von der Wechselbeziehung zwischen Zeit und Farbintensität in wäßriger Lösung wurden verschiedene Wellenlängen (530 nm [39, 40], 540 nm [36], 560 nm [32]) zu Messungen herangezogen, beispielsweise auch um eine Störung etwa durch Co oder Fe weitgehend auszuschalten.

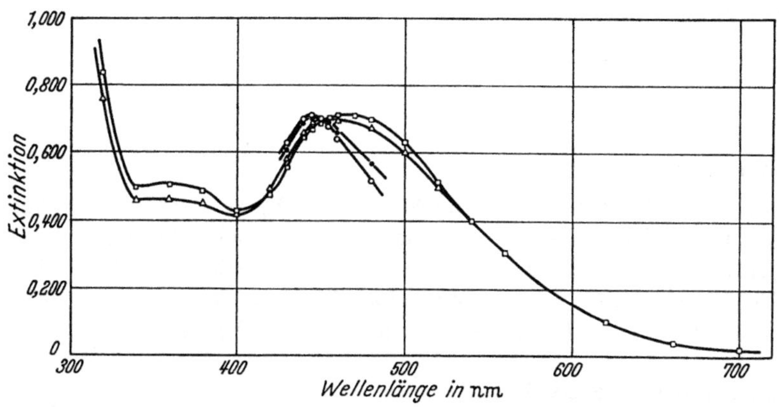

Abb. 142. Extinktionskurve von Ni + Dimethylglyoxim in wäßriger Lösung; nach Arbeitsvorschrift A: ○—○ 4 min nach dem Auffüllen der Farblösung, ●—● nach 18 min, △—△ nach 40 min, □—□ nach 110 min; nach Arbeitsvorschrift B: □—□

Die Bestimmung von 0,6—1 µg Ni/ml in tartrat- [4] oder citrathaltiger [39] Lösung bei pH ~ 11,5 wird nicht gestört durch (in µg/ml): Co (2), Cr(III) (2), Cu(II) (2) und Mn(II) (~ 10). Eine Störung wird verursacht durch (in µg/ml) Cu(II) (12), Mn(II) (> 12) sowie die gleichzeitige Anwesenheit von (jeweils 12 µg/ml) Al, Cu, Fe, Mn und Zn [4]. Die Bestimmung von 40 µg Ni/50 ml in citrathaltiger Lösung (3 ml 5%ige Citronensäure-Lösung/50 ml) bei pH 10,5 nach Arbeitsvorschrift b) (s. S. 872) wird nicht gestört durch [41]: jeweils 10 mg von Al, As(III), B, Ba, Be, Ca, Cd, Cs, Dy, Er, Eu, Ga, Gd, Ge, Hf, Ho, In, K, La, Li, Lu, Mg, Mo, Na, Nb, Nd, Pb, Pr, Rb, Sb(III), Sc, Se, Si, Sm, Sn(II), Sr, Ta, Te, Tb, Th, Tm, V, W, Y, Yb, Zn, Zr, Cl^-, Br^-, J^-, F^-, PO_4^{3-}, 5 mg Tl, 1,25 mg U(VI), jeweils 1 mg von Ag, Au, Bi, Hg, In, Ir, Pd, Pt, Re und Ti,

500 μg Cr(III), jeweils 200 μg Cr(VI) und Ce(IV), 100 μg Fe(III), 70 μg Co sowie jeweils 50 μg von Cu, Mn(II) und Rh. Fe und Al können durch Zusatz von Citrat oder besser noch Tartrat in gewisser Menge maskiert werden. Ist Cr in größerer Menge vorhanden, so erhält man zu hohe Werte. Führt man vor der Bestimmung von 1 μg Ni/ml in wäßriger Lösung eine Isolierung des Ni mit DG/$CHCl_3$ durch, so stören nicht (in μg/ml) [*4*]: Al (12), Ca (2000), Cd (12), Co (12), Cu(II) (12), Fe(III) (24), K (2000), Mg (140), Mn(II) (12), P (200, als KH_2PO_4) und Zn (12). Schließlich soll die Besitmmung von 10 μg Ni in wäßriger Lösung durch die Anwesenheit von 400 mg Fe, 100 mg Mn, 5 mg Cu oder 5 mg Co nicht gestört werden, wenn das Ni vorher mit DG/$CHCl_3$ aus wäßriger Lösung mit höherer Hydroxylaminhydrochlorid-Konzentration isoliert und der Extrakt mit Ammoniak (1 + 200) gewaschen wird [*13, 35*] (s. S. 874). Bei der Bestimmung in alkoholischer Lösung [*29*] kann eine Hydroxidfällung geringer Mengen an Fe(III), Al u. a. Elementen ebenfalls durch Citrat vermieden werden. In großen Mengen stören Se(IV), Cd, Zn und SCN^-. Au(III) und Cr(VI) stören in jeder Menge. As(V), Mo(VI), W(VI), Alkalimetalle und die meisten Anionen stören bis zur 300fachen Menge nicht.

Arbeitsvorschrift

Reagentien

Dimethylglyoxim (DG-Lösung A), 1%ig in Äthanol;
Dimethylglyoxim (DG-Lösung B), 1%ig in 0,25n NaOH; 1 g Reagens löst man in 5 ml 5n NaOH und verdünnt mit Wasser auf 100 ml;
Bromwasser, gesättigt;
Ammoniak (0,91);
Natriumtartrat, 20%ige wäßrige Lösung;
$K_2S_2O_8$, 4%ige wäßrige Lösung;
5n NaOH.

a) Oxydation mit Brom [*2, 17*]

Die salzsaure Probelösung (2,5—100 μg Ni enthaltend) versetzt man in einem 25 ml-Meßkolben mit 1 ml Bromwasser (die Lösung muß bräunlich gefärbt sein, sonst ist mehr Bromwasser zuzusetzen), 2 ml Ammoniak und kühlt im fließenden Wasser. Nach Zusatz von 1 ml DG-Lösung A füllt man mit Wasser zur Marke auf und photometriert innerhalb von 10 min in einer 1 cm-Küvette bei 445 nm gegen den Blindwert.

b) Oxydation mit Peroxodisulfat [*4*]

Die salzsaure Probelösung (5—200 μg Ni enthaltend) versetzt man in einem 50 ml-Meßkolben mit 2 ml Natriumtartrat-Lösung, 10 ml $K_2S_2O_8$-Lösung, 0,6 ml DG-Lösung B und 2,5 ml 5n NaOH. Man füllt mit Wasser zur Marke auf und photometriert nach 30 min Standzeit innerhalb von 2 Std in einer 1 cm-Küvette bei 460 nm gegen den Blindwert.

II. Extraktion von Ni(II)-Dimethylglyoxim

Die gelbe Lösung des Ni(II)-DG in $CHCl_3$ wurde außer zur Abtrennung des Ni auch verschiedentlich zu seiner photometrischen Bestimmung herangezogen [*15, 42—44*]. Als Extinktionsmaximum wird 326 nm [*45*], daneben auch der Bereich zwischen 320 und 380 nm ($\varepsilon_{350} = 3500$) [*42*] angegeben und zur Messung 366 nm empfohlen, da hier die Absorption des überschüssigen Reagenses minimal ist (s. Abb. 143). Bei mehrmaliger Extraktion können noch ~ 0,25 μg Ni/ml wäßriger Lösung, bei einmaliger Extraktion noch 2 μg Ni/ml quantitativ erfaßt werden [*43, 44, 46*]. Die Löslichkeit von Ni(II)-DG in $CHCl_3$ wird mit ~ 35 μg Ni/ml Lösungsmittel angegeben [*47, 48*]. Die

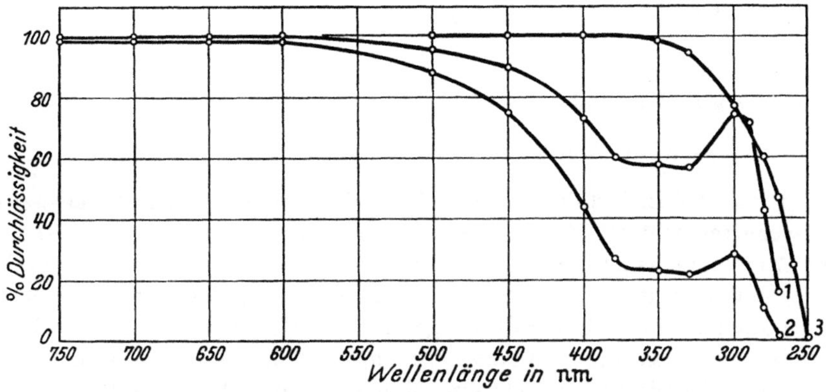

Abb. 143. Durchlässigkeitskurven von Ni + Dimethylglyoxim (Kurven 1 und 2) und von Dimethylglyoxim (Kurve 3) in $CHCl_3$ (gegen $CHCl_3$ gemessen) [42]

Fällung kann sowohl bei pH 6,5 als auch im alkalischen Bereich bei Anwesenheit geeigneter schwacher Komplexbildner vorgenommen werden. Im ersten Fall wird die Anwendung des im organischen Lösungsmittel gelösten Reagenses, im zweiten Fall des im Wasser gelösten Natriumdimethylglyoxims empfohlen [43]. Das Beersche Gesetz ist im Bereich von 0,4—16 µg Ni/ml $CHCl_3$ erfüllt (350 nm). Bei der Bestimmung von Ni in Wasser wurde das Ni(II)-DG in Pyridin gelöst und photometrisch bestimmt [49].

Arbeitsvorschrift [42]

Reagentien

Ammoniak (0,91);
Natriumtartrat, 10%ige wäßrige Lösung;
Dimethylglyoxim (DG), 1%ig in Äthanol;
$CHCl_3$;
Na_2SO_4 sicc.

Die schwach saure Probelösung (6—240 µg Ni enthaltend), versetzt man in einem Schütteltrichter mit 2 ml Natriumtartratlösung, macht durch tropfenweisen Zusatz von Ammoniak schwach alkalisch, fügt 1,0 ml DG-Lösung hinzu und extrahiert 3mal mit je 5,0 ml $CHCl_3$. Die organischen Extrakte werden in einem 50 ml-Erlenmeyerkolben mit Schliffstopfen gesammelt, in den 2 g Na_2SO_4 sicc. vorgelegt sind, und in einer 1 cm-Küvette bei 350 nm gegen den Blindwert photometriert.

1. Wasser

Zur Bestimmung von Ni in Seewasser ($\geqq$ 0,5 ppb Ni) [49a] wurde das Ni zuerst durch Spurenfällung (7 Tage Standzeit) mit Na_2CO_3 vorisoliert, nach dem Lösen des Niederschlages mit DG/$CHCl_3$ bei pH 8,0 extrahiert, aus dem Extrakt mit 0,5n HCl rückgeschüttelt (s. Verfahren C.4, S. 878) und in der wäßrigen Lösung nach Arbeitsvorschrift a) (s. S. 872) photometriert.

1.1. Wasser, Seewasser

Für Gehalte >30 ppb Ni verwendet man eine entsprechend kleinere Probemenge. *B:* 0,7—30 ppb Ni. F_{rm}: ±4%.

Arbeitsvorschrift [*49b*]

Reagentien

Ammoniak (0,91); 1 n HCl.
Natriumcitrat, 20%ige wäßrige Lösung.
$CHCl_3$.
Übrige Reagentien wie bei der Arbeitsvorschrift a) auf S. 872.

750 ml Probe (bei Bedarf durch ein 0,45 µm-Membranfilter filtriert) versetzt man in einem 1 l-Schütteltrichter mit 25 ml Natriumcitrat-Lösung und 5 ml DG-Lösung A, stellt mit Ammoniak auf pH 9—10 ein, extrahiert 1mal mit 10 ml und 3mal mit je 5 ml $CHCl_3$ und verwirft die wäßrige Lösung. Aus dem vereinigten organischen Extrakt wird das Ni 3mal mit je 5 ml 1n HCl rückgeschüttelt (30 sec), die organische Phase verworfen, zum vereinigten wäßrigen Auszug in einem 50 ml-Becherglas 1 ml Bromwasser hinzugefügt und 15 min stehen gelassen. Man stellt auf pH 10,4 ± 0,1 ein, führt in einen 25 ml-Meßkolben über und fährt mit dem Zusatz von 1 ml DG-Lösung A unter Verwendung einer 5 cm-Küvette nach Arbeitsvorschrift a) (s. S. 872) fort.

2. Organisches Material

DG wurde auch zur Bestimmung von Ni in Weizenfraktionen verwendet [*49c*].

2.1. Pflanzenmaterial

Durch Modifizierung eines früheren Verfahrens [*4*] sind bei dem vorliegenden Verfahren noch höhere Konzentrationen an Störelementen zulässig (s. S. 872). Nach nasser Veraschung wird das Ni mit DG/$CHCl_3$ isoliert, mit verd. HCl rückgeschüttelt und in der wäßrigen Phase mit DG photometrisch bestimmt.

B: 0,03—>100 ppm Ni. F_r: ±2—5%.

Arbeitsvorschrift [*13, 35*]

Reagentien

Natriumcitrat, 20%ige wäßrige Lösung;
Hydroxylaminhydrochlorid, 10%ige wäßrige Lösung;
Phenolphthalein, 0,1%ig in Äthanol;
Ammoniak (0,91); Ammoniak (1 + 200);
Dimethylglyoxim (DG), 1%ig in Äthanol;
Dimethylglyoxim (DG), 2,5%ig in 1n NaOH;
10n NaOH; HNO_3 (1,40), $HClO_4$ (70%); HCl (1,19); 0,5n HCl;
$(NH_4)_2S_2O_8$, 10%ige wäßrige Lösung.

1—20 g getrocknetes und zerkleinertes Probematerial werden mit $HNO_3/HClO_4$ auf nassem Wege verascht, der Trockenrückstand mit HCl gelöst und mit Wasser auf ein bekanntes Volumen gebracht (ein unlöslicher Rückstand wird vor dem Auffüllen abfiltriert, aufgeschlossen, gelöst und zum Filtrat zugefügt). Die gesamte Probelösung oder einen aliquoten Teil davon verwendet man für die Analyse.

Die salzsaure Probelösung wird in einem 125 ml-Schütteltrichter mit 10 ml Natriumcitratlösung, 5 ml Hydroxylaminhydrochloridlösung (in Anwesenheit von 100 mg Mn oder 400 mg Fe; 10 ml in Anwesenheit von 100 mg Mn + 100 mg Fe oder 5 mg Cu; 20 ml in Anwesenheit von 100 mg Mn + 100 mg Fe + 5 mg Cu) und 2 ml alkoholischer DG-Lösung versetzt. Man neutralisiert mit Ammoniak (0,91) gegen Phenolphthalein und fügt noch 3 Tropfen Ammoniak im Überschuß hinzu. Falls eine Trübung auftritt, gibt man noch etwas Natriumcitrat-Lösung bis zur Klärung hinzu. Man verdünnt mit Wasser auf 60 ml und extrahiert 3mal mit 10, 5 und 5 ml $CHCl_3$. Der in einen zweiten

Schütteltrichter abgelassene organische Extrakt wird 3mal mit je 10 ml Ammoniak (1 + 200) 45 sec gewaschen, die Waschlösung verworfen und aus dem organischen Extrakt das Ni mit 10 und 5 ml 0,5n HCl jeweils 90 sec rückgeschüttelt. Die salzsauren Phasen vereinigt man in einem 25 ml-Meßkolben, wäscht den Schütteltrichter mit wenig Wasser nach, versetzt die Lösung im Meßkolben mit 2 ml DG-Lösung (in 1n NaOH), 1 ml 10n NaOH und 0,3 ml $(NH_4)_2S_2O_8$-Lösung unter jedesmaligem Umschwenken. Man füllt mit Wasser zur Marke auf und photometriert nach 10 min in einer 1 cm-, 2 cm- oder 5 cm-Küvette bei 460 nm gegen den Blindwert. Wahlweise kann die Endbestimmung auch nach Verfahren b) (s. S. 872) durchgeführt werden.

2.2. Malzgetränke

Nach Abtrennung von Fe und Cu mittels Dz/CCl_4 wird Ni in wäßriger Lösung mit DG photometrisch bestimmt.

B: 0,005–0,2 µg Ni/ml Probe. F_r: ±5%.

Arbeitsvorschrift [*17*]

Reagentien
HCl (1 + 1); HCl (1 + 9);
Dz, 0,05%ig in CCl_4, in dunkler Flasche im Kühlschrank aufbewahrt;
Dimethylglyoxim (DG), 1%ig in Äthanol;
Bromwasser, gesättigt;
Ammoniak (0,89).

100 ml Würze oder „entgastes" Bier werden in einer Quarzschale zur Trockene eingedampft und bei 500–550° C trocken verascht. Zu der nun weißen Asche fügt man 2 ml HCl (1 + 1) und 2 ml Wasser hinzu und dampft auf dem Wasserbad zur Trockene ein. Den noch heißen Rückstand nimmt man in 1 ml HCl (1 + 9) und 2 ml Wasser auf und führt die Lösung unter Nachwaschen mit wenig Wasser in ein graduiertes 15 ml-Zentrifugenglas mit Polyäthylenstopfen über. Das Volumen soll nun 6 ml betragen. Man extrahiert 30 sec mit 4 ml Dz-Lösung, zieht den organischen Extrakt mit einer Pipette ab und wiederholt den Vorgang so lange, bis die organische Phase grün bleibt. Mit einer 5 ml-Pipette werden 5 ml der wäßrigen Phase in einen 10 ml-Meßzylinder übergeführt. Nach Zusatz von 0,5 ml DG-Lösung und Mischen versetzt man mit 1,0 ml Bromwasser und läßt 10 min stehen. Danach fügt man 0,5 ml Ammoniak hinzu und füllt nach dem Mischen mit Wasser zur Marke auf. Die Lösung wird 3 min bei 2500 U/min zentrifugiert und in einer 1 cm-Küvette bei 445 nm photometriert.

2.3. Erdölprodukte

B: 0,01–>10 ppm Ni. F_{rm}: ±5%.

Man verascht eine entsprechende Menge Probematerial auf trockenem Wege unter Zusatz von Schwefel [*49d*] oder auf nassem Wege [*49e*] (s. Verfahren B.2.2, Abschnitt „Eisen", S. 700), löst den Veraschungsrückstand in wenig HCl (1 + 1) und bestimmt darin das Ni nach Arbeitsvorschrift a) (s. S. 872) unter Zusatz von 2 ml 10%iger Ammoniumcitrat-Lösung sowie 2 ml 20%iger Natriumtartrat-Lösung und Verwendung einer 1 cm- oder 5 cm-Küvette.

3. Metalle und Legierungen

Andere Arbeiten beschreiben Verfahren zur Bestimmung von Ni mit Dimethylglyoxim in unlegierten und legierten Stählen [*1, 27, 28, 34, 36, 50–52*], Bronze [*5, 6*],

Magnesium [*53*], Calcium [*53*], Rein- und Reinstaluminium [*20*], Beryllium [*30, 41*], Kobalt [*54*], Wolfram [*54a, 54b*], Wolframlegierungen [*54a*] und Quecksilber [*54c, 54d*].

3.1. Eisen und Eisenverbindungen

Das nachfolgende Verfahren erscheint zur Bestimmung bis herab zu 0,001% Ni geeignet. Bei vorangehender Abtrennung des Fe durch Ausäthern dürften noch niedrigere Gehalte bestimmbar sein.

Arbeitsvorschrift [*44*]

Reagentien

Natriumdimethylglyoxim (NaDG), 5%ige wäßrige Lösung;
Natriumtartrat, 25%ige wäßrige Lösung;
$CHCl_3$;
Ammoniak (0,91);
HNO_3 (1,40); HCl (1,19);
Na_2SO_4 sicc.

5,0 g Späne werden in Königswasser gelöst, zur Trockene eingedampft, der Rückstand in Wasser gelöst und im 200 ml-Meßkolben mit Wasser zur Marke aufgefüllt. 10,0 ml dieser Lösung (oder eine dem Ni-Gehalt entsprechende andere Lösungsmenge) werden in einen Schütteltrichter gegeben, dazu nacheinander 20 ml Natriumtartratlösung, 2 ml Ammoniak, 10 ml NaDG-Lösung zugefügt und kurz geschüttelt. Dann extrahiert man 1 min mit 30,0 ml $CHCl_3$. Bei kleinen Ni-Gehalten extrahiert man zweckmäßiger 3mal mit 15,0, 10,0 und 5,0 ml $CHCl_3$. Zur Entfernung evtl. in der organischen Phase gelöster Eisenspuren wird der Extrakt in einem 2. Schütteltrichter mit 0,5 ml HCl, 5 ml Tartratlösung, 2 ml Ammoniak und 10 ml NaDG-Lösung versetzt und noch einmal 1 min geschüttelt. Die $CHCl_3$-Phase wird in einen 50 ml-Erlenmeyerkolben mit Schliffstopfen, in den 2 g Na_2SO_4 sicc. vorgelegt sind, abgelassen und anschließend in einer 1 cm-, 2 cm- oder 5 cm-Küvette bei 360—380 nm photometriert.

3.2. Molybdän

B: 1—800 ppm Ni. F_{rm}: ±3%.

Arbeitsvorschrift [*54e*]

Reagentien

Äthanol
Ammoniak (1 + 49).
Übrige Reagentien wie bei Verfahren D.III.2.1 (Abschnitt „Kupfer", S. 678) und Arbeitsvorschrift [*42*] auf S. 873).

Aufstellung der Eichkurve

In 6 125 ml-Schütteltrichter (Nr. 1—6) gibt man jeweils 2 ml Ammoniumtartrat-Lösung, fügt in Nr. 1—5 aufsteigend jeweils 2,5, 5, 7,5, 10 und 20 ml Ni-Stammlösung (10 µg Ni/ml) hinzu (Nr. 6 ist der Blindwert), verdünnt mit Wasser auf 100 ml, versetzt mit jeweils 5 ml $CHCl_3$ sowie 5 ml DG-Lösung, schüttelt 2 min und läßt 5 min stehen. Die organische Phase wird abgetrennt, die Extraktion 2mal mit 3 ml $CHCl_3$ (1 min) und 1 ml $CHCl_3$ (30 sec) wiederholt, die wäßrige Lösung verworfen, der vereinigte organische Extrakt mit 10 ml Ammoniak (1 + 49) 1 min geschüttelt und die $CHCl_3$-Phase in einen 25 ml-Meßkolben abgelassen. Man schüttelt (30 sec) die Waschlösung mit 1 ml $CHCl_3$, läßt die $CHCl_3$-Phase ebenfalls in den Meßkolben ab, füllt mit Äthanol zur Marke auf und photometriert in einer 5 cm- bzw. 1 cm-Küvette bei 350 nm gegen den Blindwert.

Analyse

Man arbeitet wie bei Verfahren D.III.2.1 (Abschnitt „Kupfer", S. 678) nach a) bis b) und fährt mit dem Zusatz von 10 ml Ammoniumtartrat-Lösung nach c) fort.

Die so erhaltene Lösung wird mit Ammoniak (0,91) auf pH 6,0 eingestellt, bei Gehalten von 1–400 ppm Ni die gesamte Lösung in einen 125 ml-Schütteltrichter übergeführt, mit Wasser auf 100 ml verdünnt und wie bei der Aufstellung der Eichkurve fortgefahren. Bei Gehalten von 200–800 ppm Ni wird von der auf pH 6,0 eingestellten und auf 100,0 ml verdünnten Lösung ein aliquoter Teil von 50,0 ml verwendet und analog weitergearbeitet.

Man verwendet eine 5 cm-Küvette bei 4–160 ppm Ni, eine 1 cm-Küvette bei 20–400 ppm Ni (Verwendung der gesamten Probelösung) bzw. 40–800 ppm Ni (Verwendung des aliquoten Teiles von 50,0 ml Probelösung).

Bei Gehalten von 1–40 ppm Ni kann das Ni wahlweise aus dem $CHCl_3$-Extrakt mit 10 und 5 ml 0,5n HCl rückgeschüttelt und nach Arbeitsvorschrift a) (s. S. 872) bestimmt werden.

3.3. Niob [*54e*]

B: 1–800 ppm Ni. F_{rm}: ±3%.

Man führt die Analyse nach Verfahren C.3.2 (s. S. 876) durch, wobei man den Schritt b) fortläßt.

3.4. Tantal [*54e*]

B: 1–800 ppm Ni. F_{rm}: ±3%.

Man führt die Analyse nach Verfahren C.3.3 (s. S. 876) durch.

3.5. Uran

B: 0,0001–0,02% Ni.

Arbeitsvorschrift [*39*]

Reagentien

HNO_3 (1,40); H_2SO_4 (1 + 1);
Bromwasser, gesättigt;
Ammoniak (1 + 1);
Ammoniumcarbonat, 25%ige wäßrige Lösung.
Ammoniumcitrat, 25%ige wäßrige Lösung.
NaOH, 25%ige wäßrige Lösung.
Dimethylglyoxim (DG), 1%ig in Äthanol.

Zwei Einwaagen von je 1,0 g werden in 100 ml-Bechergläsern mit HNO_3 gelöst, zur Trockene eingedampft, der Rückstand mit 1 ml H_2SO_4 (1 + 1) aufgenommen und mit Wasser auf 20 ml verdünnt. Man versetzt mit 2 ml Bromwasser, läßt 5 min stehen fügt zur Zerstörung des Bromüberschusses tropfenweise Ammoniak (1 + 1) hinzu, bis eine bleibende Fällung von Ammoniumdiuranat vorliegt. Nun werden 10 ml Ammoniumcarbonat- und 2 ml Ammoniumcitratlösung zugegeben, auf 20° C gekühlt, 8 ml NaOH-Lösung zugesetzt und mit NaOH auf pH 11,5 ± 0,5 eingestellt. In das eine Becherglas fügt man 2 ml DG-Lösung, während das 2. Becherglas für die Bezugslösung dient. Beide Lösungen füllt man danach in 50 ml-Meßkolben mit Wasser zur Marke auf und photometriert Probe- gegen Bezugslösung nach einer Standzeit von 30 min in einer 1 cm- oder 5 cm-Küvette bei 530 nm.

3.6. Wolfram [*54e*]

B: 1–800 ppm Ni. F_{rm}: ±3%.

Man führt die Analyse nach Verfahren C.3.3 (s. S. 877) durch.

4. Silicatgestein

Dimethylglyoxim fand in einer anderen Arbeit zur Ni-Bestimmung in Böden und Erzen [9] Anwendung.

B: 2,5—400 ppm Ni.

Arbeitsvorschrift [2]

Reagentien

HF (40%); $HClO_4$ (70%); HNO_3 (1,40); HCl (1,19); H_2SO_4 (1 + 1);
Na_2CO_3 sicc.;
Natriumcitrat, 10%ige wäßrige Lösung;
Ammoniak (0,91); Ammoniak (1 + 50);
Dimethylglyoxim (DG), 1%ig in Äthanol;
$CHCl_3$;
0,5n HCl.

0,5 g fein pulverisiertes Probematerial werden in einer Platinschale mit einigen ml Wasser, 1 ml $HClO_4$ und 5 ml HF abgeraucht. Das Abrauchen kann zweckmäßig auch mit 4 ml H_2SO_4 (1 + 1) und 5 ml HF durchgeführt werden. Die Mischung wird bis zum Auftreten weißer Nebel eingedampft und das Abrauchen bei Bedarf mit 1—2 ml HF wiederholt, der Trockenrückstand mit 0,5 ml $HClO_4$ und 2—3 ml Wasser aufgenommen und erneut zur Trockene eingedampft. Wenn mit H_2SO_4 aufgeschlossen wird, dampft man die Lösung bis zum Auftreten weißer Nebel ein, kühlt dann ab, versetzt mit 2—3 ml Wasser und erhitzt neuerdings bis zum Rauchen. Den Vorgang wiederholt man noch einmal. Den Rückstand nimmt man mit 1 ml HCl und 5 ml Wasser auf, erhitzt auf dem Wasserbad, fügt 10 ml Natriumcitrat-Lösung hinzu, kühlt ab, neutralisiert mit Ammoniak (0,91) gegen Lackmus und versetzt mit 1 ml Ammoniak im Überschuß. Ein unlöslicher Rückstand wird abfiltriert, mit wenig Wasser und verdünnter ammoniakalischer Natriumcitratlösung gewaschen und die Waschlösung mit dem Filtrat vereinigt. Das Filter wird verascht, im Platintiegel mit 0,2 g Na_2CO_3 aufgeschlossen, die erkaltete Schmelze mit wenig verdünnter HCl gelöst, 2—3 ml Natriumcitratlösung zugegeben, schwach ammoniakalisch gemacht und mit der Probelösung vereinigt (wahlweise kann der Ni-Gehalt der Schmelze gesondert bestimmt werden). Die Lösung wird nun in einem 50 ml-Meßkolben mit Wasser zur Marke aufgefüllt. Die Hälfte oder die gesamte Lösung wird in einem Schütteltrichter mit 3—4 ml DG-Lösung versetzt und 3mal mit 4—5 ml $CHCl_3$ extrahiert. Der vereinigte organische Extrakt wird mit 5 ml Ammoniak (1 + 50) gewaschen, die Waschlösung mit 1—2 ml $CHCl_3$ geschüttelt, beide organische Phasen vereinigt und daraus das Ni mit 2mal 5 ml 0,5n HCl rückgeschüttelt. Die salzsaure Lösung wird nach Verfahren a) (s. S. 872) unter Verwendung einer 1 cm- oder 2 cm-Küvette weiter behandelt.

5. Verschiedenes

DG fand weiterhin Anwendung zur Bestimmung von Ni in Kobaltoxyd [*54*], Kobaltsalzen [*15*], Kupfersalzen [*43*], Crack-Katalysatoren [*40*], Wolframoxyd [*54b*], Berylliumoxyd [*30, 41*].

5.1. Luft

B: 25—5000 μg Ni/m³ bzw. 75—15000 μg $Ni(CO)_4$/m³.

a) Ni-Staub

Man saugt 20 l Luft durch ein Papier- oder Membranfilter (s. S. 177), löst die Probe vom Filter mit wenig HNO_3 oder HCl/HNO_3 und Wasser, dampft zur Trockene ein, nimmt den Rückstand mit wenig HCl (1 + 3) und Wasser auf und fährt mit der Bestimmung nach Arbeitsvorschrift a) (s. S. 872) fort.

b) $Ni(CO)_4$

Man saugt 20 l Luft (~ 2 l/min) durch 1 bzw. 2 Waschflaschen (s. S. 176f.) mit jeweils 20 ml Absorptionslösung [3 ml H_2O_2 (30%) + 3 ml Ammoniak (0,91) + 50 ml Methanol], säuert danach die Absorptionslösung mit 6n HCl an, dampft zur Trockene ein und fährt wie unter a) fort.

D. Dithizon

Ni bildet in schwach saurer und alkalischer Lösung mit Dithizon (Dz) ein primäres, in CCl_4 und $CHCl_3$ mit braunvioletter Farbe lösliches Dithizonat $Ni(HDz)_2$ [*55*]. Da in diesem Bereich auch nahezu alle anderen mit Dz reagierenden Metalle sich quantitativ oder teilweise mit Dz umsetzen, ist eine vorangehende Isolierung des Ni erforderlich. Das $Ni(HDz)_2$ ist sowohl Säuren als auch verdünntem Ammoniak gegenüber relativ stabil. Die Extraktion mit CCl_4 erfolgt im schwach sauren bis schwach alkalischen Bereich mit $CHCl_3$ aus alkalischer Lösung. Die Extinktionsmaxima liegen bei 665 nm, 480 nm und 285 nm, wobei die letztgenannte Wellenlänge die größte Empfindlichkeit aufweist ($\varepsilon_{665} = 19000$, $\varepsilon_{480} = 30000$, $\varepsilon_{285} = 35000$ in CCl_4). Die Bestimmung kann nach dem Einfarbenverfahren mit photometrischer Messung des vom Dz-Überschuß durch Waschen mit verdünntem Ammoniak befreiten Extraktes bei einer der drei Wellenlängen, oder aber nach dem Mischfarbenverfahren bei 665 nm erfolgen. Auch die extraktive Titration ist vorteilhaft. Bis zur 100fachen Menge an Ag, Au, Cu, Bi, Hg können durch vorherige Extraktion aus saurer Lösung (pH <4) mit Dz/CCl_4 von Ni abgetrennt werden. Mit Ni in CCl_4 extrahierte Dithizonate von Cd, Pb, Tl und Zn lassen sich bis zum 10fachen Überschuß gegenüber Ni aus dem gemeinsamen Extrakt durch Waschen mit saurer Lösung (pH <4) entfernen. Bei der Bestimmung von Ni in Metallen [*10*] und Produkten der Erdölindustrie [*57*] mittels Dz wurde eine vorhergehende Isolierung mit Dimethylglyoxim/$CHCl_3$ angewendet. Mit Dz + 1,10 Phenanthrolin/$CHCl_3$ läßt sich Ni bei pH 5,5—11,0 als Mischkomplex extrahieren und bei 520 nm ($\varepsilon = 49100$) photometrieren [*56*].

E. α-Furildioxim

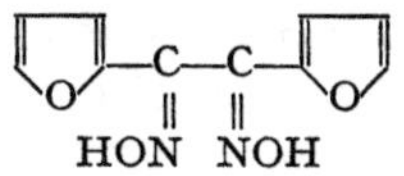

Ni bildet mit α-Furildioxim (FD) einen wasserunlöslichen Komplex, der bereits frühzeitig zur gewichtsanalytischen und colorimetrischen Bestimmung von Ni diente und aus natronalkalischer Lösung (bei pH 7,5—8,3 quantitativ) am besten mit 1,2-Dichlorbenzol [*58*] oder $CHCl_3$ [*45, 59*], aber auch mit anderen organischen Solventien (Äther, Äthylacetat) extrahiert und im Extrakt photometrisch bestimmt werden kann. Die Gegenwart von wenig Äthanol im Extrakt wird zur Vermeidung einer Trübung empfohlen. CCl_4, n-Amlalkohol, Nitromethan, Tributylamin und Trichloräthylen lösen den Komplex nicht. Gegenüber den meisten bekannten Oxim-Komplexen des Ni zeichnet sich das Ni-FD durch seine hohe Löslichkeit (bis 1 mg) und starke Färbung in den beiden oben zuerst genannten Lösungsmitteln aus. Das Extinktionsmaximum liegt bei 438 nm

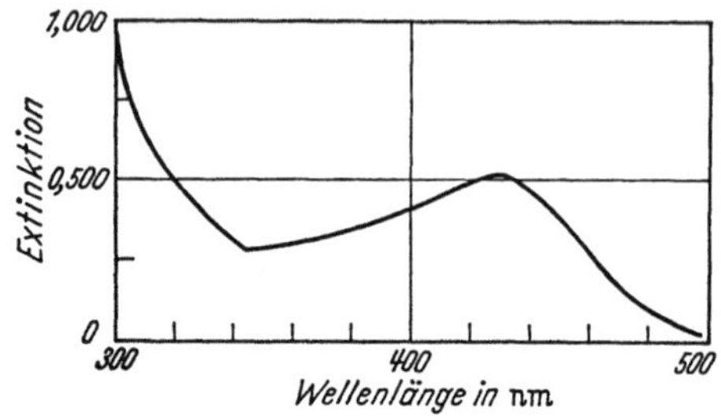

Abb. 144. Extinktionskurve von Ni + α-Furildioxim in $CHCl_3$ [45]

(ε_{438} = 17600 [58]; s. Abb. 144). Das Beersche Gesetz gilt im Bereich von 0,1–3 µg Ni/ml. Die Farbe ist 2 Wochen stabil. Die Extraktion und Bestimmung von 4 µg Ni/ml wäßriger Lösung wird durch jeweils 1 mg/ml der folgenden Ionen nicht gestört [58]: As(III), As(V), Ba, Ca, Cd, Cr(VI), K, Li, Mg, Mo(VI), Na, Se(VI), Sr, V(V), W(VI), Cl^-, Br^-, I^-, F^-, NO_3^-, NO_2^-, IO_3^-, ClO_3^-, PO_4^{3-}, SO_4^{2-}, SO_3^{2-}, HSO_3^-, $S_2O_3^{2-}$, $S_2O_8^{2-}$, SCN^-, BO_3^{3-}, $B_4O_7^{2-}$, Formiat, Acetat, Oxalat, Lactat, Salicylat, Benzoat (bis 10 mg/ml), Tartrat (bis 80 mg/ml). Pb- und Uranyl-Ionen bilden einen sehr geringen Niederschlag, der die Extraktion nicht stört. Folgende Ionen fallen beim pH-Wert der Extraktion aus, falls sie nicht maskiert werden: Al, Be, Bi, Ce, Co, Cr(III), Cu, Fe(II), Fe(III), Hg, Mn(II), Sb, Sn(II), Sn(IV), Th, Ti, Zn und Zr. MnO_4^- reagiert mit FD. Au, Ag, Pt und Pd bilden gelbe Lösungen mit FD. ClO_4^-, $P_2O_7^{4-}$, CN^-, IO_4^-, S^{2-} und Citrat verhindern die Extraktion von Ni. Kieselsäure fällt bei Anwesenheit von Äthanol aus und stört die Extraktion. Cu stört in tartrathaltiger Lösung. Bis 9 mg NH_4^+/ml neben 4 µg Ni/ml stören noch nicht; höhere NH_4^+-Konzentrationen verhindern hingegen die Farbbildung und Extraktion des Ni. Aus diesem Grunde kann das bei der Ni-Bestimmung mit Dimethylglyoxim angewendete Waschen des $CHCl_3$-Extraktes mit verdünntem Ammoniak zur Beseitigung einer Störung durch Cu [60] bei α-Furildioxim höchstens für kleine Cu-Konzentrationen empfohlen werden, da beim Waschen des Extraktes beispielsweise mit 10 ml Ammoniak (1 + 9) außer Cu auch bereits etwas Ni aus dem FD-Komplex in die wäßrige Phase übergeht [58]. Mitextrahierte Cu-Spuren werden durch Waschen des $CHCl_3$-Extraktes mit ammoniakalischer (1 + 50), 0,1%iger Kaliumnatriumtartratlösung entfernt [59]. In Anwesenheit von 2,5 g $Na_2S_2O_3$ + 10 mg Äthylendiamin stören bis zu 500 µg Cu bzw. 50 µg Co nicht [61], allerdings erfordert dann die Extraktion mit $CHCl_3$ eine Schüttelzeit von 15 min (4 Schüttelschläge/sec). Unter diesen Bedingungen stören außerdem nicht: 10 mg Fe(III), jeweils 2 mg Mn(II) oder Ti, jeweils 1 mg Cr(VI), Mo, Pd, Sn, V(V), Zn und Zr. Zur leichteren Einstellung auf pH 9 wird die Verwendung eines Acetat/Tartrat Borat-Puffers empfohlen [61].

FD fand zur Bestimmung von Ni in Kesselspeisewasser [62], Beryllium [63], Stahl [58], Magnesiumlegierungen [58], Plutoniumlösungen [45], Natriumhydroxid- und Natriumhypochloritlösungen [59] und Silicatgestein [64, 65] Anwendung.

Arbeitsvorschrift [58]

Reagentien

α-Furildioxim (FD), 0,1%ig in Äthanol (Reagens nach [66] hergestellt);
1,2-Dichlorbenzol, redest.; von Säurespuren durch Ausschütteln mit Natriumacetatlösung gereinigt;
Kaliumnatriumtartrat, 10%ige wäßrige Lösung;
Natriumacetat, 40%ige wäßrige Lösung;
NaOH, 20%ige wäßrige Lösung.

25 ml saure Probelösung (5—150 μg Ni enthaltend) versetzt man in einem Schütteltrichter mit 5 ml Kaliumnatriumtartratlösung und 10 ml Natriumacetat-Lösung. Man stellt mit NaOH-Lösung auf pH 8,1 ein, fügt 10 ml FD-Lösung hinzu, extrahiert mit 5 ml-Anteilen Dichlorbenzol, bis der letzte Extrakt farblos ist, füllt die vereinigten organischen Extrakte in einem 50 ml-Meßkolben mit dem Lösungsmittel zur Marke auf und photometriert in einer 1 cm-Küvette bei 438 nm gegen Dichlorbenzol.

F. Pyridin-2-aldehyd-2-chinolylhydrazon

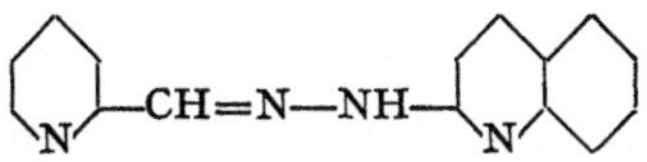

Ni bildet mit Pyridin-2-aldehyd-2-chinolylhydrazon (PAC) im optimalen Bereich von pH 8,5—11,5 einen Farbkomplex, der mit $CHCl_3$ [*67*] oder Benzol [*68*] extrahierbar ist und ein Extinktionsmaximum bei 480 nm (in $CHCl_3$, $\varepsilon_{480} = 50500$) bzw. 515 nm (in Benzol, $\varepsilon_{515} = 67000$) aufweist (s. Abb. 145). Das Beersche Gesetz ist im Bereich von

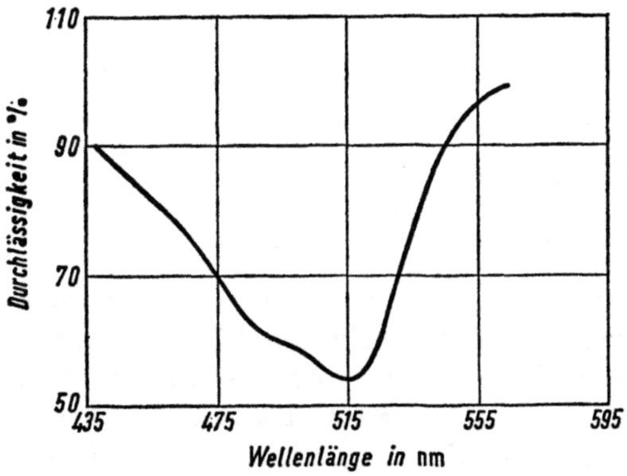

Abb. 145. Durchlässigkeitskurve von Ni + PAC in Benzol (gegen den Blindwert gemessen) [*68*]

0,03—1,2 μg Ni/ml $CHCl_3$ bzw. 0,02—0,8 μg Ni/ml Benzol erfüllt. Zur vollständigen Extraktion mit $CHCl_3$ und zur Vermeidung von Trübungen im Extrakt muß die Probelösung 20 Vol.-% Äthanol enthalten. Da hierbei Salze ausfallen können, erscheint die Ausschüttelung mit Benzol günstiger. Außer Ni geben noch Cd, Co ($\varepsilon_{510} = 30000$), Cu, Fe, Mn, Pb, Pd und Zn Farbreaktionen. Die Bestimmung von 0,6 ppm Ni (in wäßriger Lösung) wird nicht gestört durch jeweils 100 ppm von Al, Cr(III), Bi, Ca, K, Mg, Mn, Mo, Na, Pb, Sb(III), Sn(II, IV), W und 25 ppm Fe(III), sowie 100 ppm von Cl^-, Br^-, I^-, F^-, NO_3^-, SO_4^{2-}, $S_2O_8^{2-}$, PO_4^{3-}, BO_3^{3-}, SCN^-, Oxalat, Tartrat und Citrat. Es stören Cd, Co, Cu, Fe(II), Hg(II), Pd und Zn, CN^-, SiO_3^{2-}, ÄDTA. Die meisten Elemente können mit Thioglykolsäure maskiert werden, so daß dann nur noch Fe und Ni mit PAC reagieren [*67*]. Die Störung durch Fe läßt sich beseitigen, indem man Fe und Ni bei pH 10 mit Ascorbinsäure/KCN maskiert und Ni mit Formaldehyd selektiv demaskiert [*68*]. Da auch Ni durch Thioglykolsäure bei > 6,5 maskiert wird, muß bei deren Anwesenheit das PAC bei pH 3—5 zugesetzt und danach erst bei pH 10 extrahiert werden.

Arbeitsvorschrift [*67, 68*]

Reagentien

Pyridin-2-aldehyd-2-chinolylhydrazon (PAC), 0,05%ige wäßrige Lösung; das PAC wird in wenig HCl + Wasser gelöst und mit Ammoniak auf pH 3—4 eingestellt.

Herstellung des PAC: äquimolare Mengen von Pyridin-2-aldehyd und 2-Chinolylhydrazin werden in Äthanol in Anwesenheit von 1 Tropfen Essigsäure unter Rückfluß erhitzt. Das Reaktionsprodukt wird aus Äthanol/Wasser umkristallisiert (Fp 197° C).

Thioglykolsäure.

Natriumcitrat, 10%ige wäßrige Lösung.

Pufferlösung (pH 10,0); NH_4Cl/Ammoniak-Gemisch.

~ 5 ml schwach saure Probelösung (0,5—20 μg Ni enthaltend) versetzt man mit 10 ml Natriumcitrat-Lösung sowie 1 ml Thioglykolsäure, stellt auf pH 3—4 ein, fügt 5,0 ml PAC-Lösung und 10 ml Pufferlösung hinzu und läßt 10 min stehen. Danach wird 2mal mit je 10 ml Benzol extrahiert, der vereinigte organische Extrakt in einem 25 ml-Meßkolben mit Benzol zur Marke aufgefüllt und in einer 1 cm-Küvette bei 515 nm gegen den Blindwert photometriert.

1. Seewasser

B: 1—30 ppb Ni. F_r: ±3%.

Arbeitsvorschrift [*68*]

Reagentien

5n HCl; Ammoniak (0,91).

PAC, 1%ige wäßrige Lösung.

KCN, 5%ige wäßrige Lösung.

Ascorbinsäure, 20%ige wäßrige Lösung.

Formaldehyd, 5%ige wäßrige Lösung (frisch hergestellt).

Übrige Reagentien wie bei der Arbeitsvorschrift [*67*] auf S. 882.

250 ml Probe versetzt man mit 10 ml Natriumcitrat-Lösung, 20 ml Pufferlösung, 2,5 ml KCN-Lösung sowie 10 ml Ascorbinsäure-Lösung, erhitzt auf 70—80° C, kühlt auf Raumtemperatur ab und fügt 2,5 ml Formaldehyd-Lösung hinzu. Die Lösung wird mit 5n HCl auf pH 5,0 eingestellt, 2,50 ml PAC-Lösung sowie 5 ml Thioglykolsäure zugegeben, mit Ammoniak auf pH 10 eingestellt und 30 min stehen gelassen. Danach extrahiert man 2mal mit je 25 ml Benzol, füllt den vereinigten organischen Extrakt in einem 50 ml-Meßkolben mit Benzol zur Marke auf und photometriert in einer 5 cm Küvette bei 515 nm gegen den Blindwert.

G. Atomabsorptionsspektrophotometrie

Mit der Linie Ni 2320 ($S_M = 0{,}2$ μg Ni · ml^{-1}) und dem Luft/C_2H_2-Brenner (oxidierende, brenngasarme Flamme) kann das Ni weitgehend störungsfrei bestimmt werden. Die Eichkurve ist gekrümmt und der optimale Arbeitsbereich liegt innerhalb 2—25 μg Ni/ml wäßriger Lösung. Zur Vermeidung einer stärkeren Krümmung der Eichkurve sowie einer Verschlechterung von S_M infolge der benachbarten Emissionslinien 2317,2 Å und 2321,4 Å ist eine spektrale Spaltbreite von 2 Å anzuwenden. In brenngasarmer Flamme stören nicht Al, Co, Cr, Cu, Mn, Mo, V, W, HCl, HNO_3, H_2SO_4 und H_3PO_4 [*69*] In brenngasreicher Flamme hingegen treten Störungen auf, z. B. durch Cr und Fe. Mit dem N_2O/C_2H_2-Brenner ($S_M = 1$ μg Ni · ml^{-1}) vermeidet man die Störungen. Liegt der Ni-Gehalt der Probelösung unterhalb L_Q, so extrahiert man das Ni zweckmäßig mit 0,2% Dimethylglyoxim/MIBK bei pH 7—9 [*70*] oder Carbamat/MIBK (s. S. 297, 866) und sprüht den organischen Extrakt in die Flamme ein. Für höhere Ni-Gehalte eignet sich die Linie Ni 3415 ($S_M = 3$ µg Ni · ml^{-1}). Mit der flammenlosen AAS (Graphitrohrküvette) erreicht man $L_Q = 5$ ng Ni [*71*].

Mittels AAS wurde Ni bestimmt in Wasser [*70,72, 73*], Seewasser [*74, 75*], Blut [*76*], Fett [*77*], Mineralöl (5–30 ppm Ni, Graphitrohrküvette) [*78*], Kobalt ($\geqq$ 1 ppm Ni) [*78a*], Molybdän, Wolfram (5–20 ppm Ni) [*79*], Natrium ($\leqq$ 10 ppm Ni) [*80*], Plutonium ($\geqq$ 5 ppm Ni) [*81*], Uranverbindungen [*82*], Plutoniumnitratlösungen (0,1–8 ppm Ni) [*83*] und Luft [*72*].

1. Organisches Material

1.1. Serum, Harn

Serum (0,001–0,08 ppm Ni) und Harn wird naß verascht, das Ni mit Carbamat/MIBK extrahiert (s. S. 866, Verfahren F. 1., Abschnitt „Wismut", S. 543, Verfahren D. 1.2., Abschnitt „Cadmium", S. 583) und der organische Extrakt in die Flamme eingesprüht. Wahlweise kann das Bi aus der Harnprobe auch direkt extrahiert werden [*84*] (s. S. 543, Verfahren F. 1., Abschnitt „Wismut").

1.2. Schmieröl [*85–87*]

B: 0,5–50 ppm Ni. *V:* ±1–3%.

Man sprüht die mit MIBK 10fach (bei höheren Gehalten noch mehr) verdünnte Probe in die C_2H_2-arme Flamme ein und stellt die Ni-Stammlösung (500 µg Ni/g) mit 0,284 g Ni-cyclohexanbutyrat (NBS Standard 1065a) nach Verfahren C. 1.2. (Abschnitt „Magnesium", S. 804) her.

1.3. Erdöl, Erdölfraktionen [*88*]

B: $\geqq$ 0,25 ppm Ni. *V:* ±3%.

Die mit Xylol 4–5fach verdünnte Probe sprüht man in die C_2H_2-arme Flamme ein (s. a. Abschnitt „Kupfer", S. 687). Die Eichkurve wird analog wie bei Verfahren G. 1.2. (s. oben) aufgestellt.

2. Eisen und Stahl [*69*]

Es stören nicht 5% Al, 10% Co, 30% Cr, 10% Cu, 20% Mn, 5% Mo, 5% V und 20% W.

B: 0,005–0,5% Ni. *s:* ±0,001–0,003% Ni. *Z:* 15–20 min.

Die nach Verfahren F. 2.1. (s. S. 543, Abschnitt „Wismut") hergestellte Probelösung (W-haltige Stähle löst man in H_3PO_4/H_2SO_4, um eine Fällung von W-säure zu vermeiden) wird direkt in die Flamme eingesprüht (bei Gehalten >0,1% Ni verwendet man die Linie Ni 3415, bei <0,1% Ni die Linie Ni 2320).

H. Verschiedenes

An weiteren photometrischen Reagentien sind zu erwähnen: 1,2-Cyclohexandiondioxim (Nioxim) [*14, 89, 90*], 4-Methylcyclohexan-1,2-diondioxim (4-Methylnioxim)/Toluol (oder $CHCl_3$ u. a. m.) [*91, 92*], 4-Isopropyl-1,2-cyclohexandiondioxim/Xylol [*93*], 1,2-Cycloheptandiondioxim (Heptoxim)/$CHCl_3$ ($\varepsilon_{377} = 4660$) [*94, 95*], α-Benzildioxim/$CHCl_3$ [*96*], 4-tert-Butyl-1,2-cyclohexandiondioxim/Xylol ($\varepsilon_{386} = 4140$) [*97*], Pyridin-2,6-diacetoxim, syn-Phenyl-2-pyridylketoxim [*98*], 1,2,3-Cyclohexantriontrioxim ($\varepsilon_{430} = 4180$, $\varepsilon_{560} = 2140$) [*99*], Oxin/$CHCl_3$ ($\varepsilon_{395} = 4900$) [*100*], 7-[α-(o-Carbomethoxyanilino)-

benzyl]-8-hydroxychinolin/$CHCl_3$, 7-[α-(o-Carbomethoxyanilino)-picolyl]-8-hydroxychinolin/$CHCl_3$ [*101*], Pyridin-Thiocyanat/$CHCl_3$ [*102*], 3-Hydroxy-1,3-diphenyltriazin/Benzol (oder $CHCl_3$) [*103*], Solochrom ERS [*104, 111*], Dithiooxamid ($\varepsilon_{640} = 8930$) [*105*], N,N'-Bis (3-dimethylaminopropyl) dithiooxamid ($\varepsilon_{500} = 7150$) [*106*], 2,2'-Thiodiäthanthiol [*107*], Chinoxalin-2,3-dithiol [*108, 109*], Dinatriumäthyl-bis-(5-tetrazolylazo) acetattrihydrat ($\varepsilon_{505} = 25000$) [*110*], Triphenylmethylarsonium-Dithiooxalat/Acetophenon-$CHCl_3$ (55:45) [*112*], 2-Mercaptobenzothiazo/$CHCl_3$ [*113*], 1-Cyclopentan-1-dithiocarboxylsäure/$CHCl_3$ (530 nm, $L_Q = 0{,}15$ µg Ni · ml^{-1} · cm^{-1}) [*114*], 1-(2-Pyridylazo)-2-naphthol/$CHCl_3$ ($\varepsilon_{565} = 53000$) [*115, 116*] und Monothiotrifluoracetylaceton/n-Hexan ($\varepsilon_{251} = 28000$) [*117*].

Daneben wurden auch andere Bestimmungsmethoden angewandt: Flammenphotometrie (Extraktion des Ni mit Salicylaldoxim/MIBK bei pH 9,6, Einsprühen des organischen Extraktes in die Flamme [*118*], Polarographie ($\geqq$ 1 ppm Ni in Kobalt und -salzen) [*119*], Gaschromatographie [*120*].

Literatur

1. Specker, H., Hartkamp, H.: Z. anal. Chem. **145**, 260 (1955).
2. Sandell, E. B., Perlich, R. W.: Ind. Eng. Chem., Anal. Ed. **11**, 309 (1939).
3. Alexander, O. R., Godar, E. M., Linde, N. J.: Ind. Eng. Chem., Anal. Ed. **18**, 206 (1946).
4. Forster, W. A.: Analyst **78**, 560 (1953).
5. Seaman, H.: Ind. Eng. Chem., Anal. Ed. **16**, 354 (1944).
6. Haim, G., Tarrant, B.: Ind. Eng. Chem., Anal. Ed. **18**, 51 (1946).
7. Rohrer, K. L.: Analyt. Chem. **27**, 1200 (1955).
8. Friedman, H. A.: Analyt. Chem. **32**, 137 (1960).
9. Chowdhury, A. N., Sarma, B. D.: Analyt. Chem. **32**, 820 (1960).
10. Young, R. S., Strickland, E. H., Leibowitz, A.: Analyst **71**, 474 (1946).
11. Claassen, A., Bastings, L.: Recueil Trav. chim. **73**, 783 (1954).
12. Hall, A. J., Young, R. S.: Analyst **71**, 479 (1946).
13. Oelschläger, W.: Z. anal. Chem. **146**, 339 (1955).
14. Johnson, W. C., Simmons, M.: Analyst **71**, 554 (1946).
15. Nielsch, W.: Z. Metallkunde **50**, 236 (1959).
16. Johnson, E. A., Newman, E. J.: Analyst **81**, 318 (1956).
17. Kenigsberg, M., Stone, I.: Analyt. Chem. **27**, 1339 (1955).
18. Alimarin, I. P., Korenewa, W. W.: Zavodskaja Lab. **21**, 907 (1955).
19. Alimarin, I. P., Korenewa, W. W.: Zavodskaja Lab. **22**, 402 (1956); ref. Z. anal. Chem. **154**, 352 (1957).

19a. van Dank, T., Tardif, J. P., Spitz, J. P.: Analyt. chim. Acta **42**, 341 (1968).

20. Ginsberg, H.: Leichtmetallanalyse. Berlin. Verl: W. de Gruyter & Co. 1955.
21. Cluett, M. L., Yoe, J. H.: Analyt. Chem. **29**, 1265 (1957).
22. Davis, D. G., Bourdreaux, E. A.: J. electroanal. Chem. **8**, 434 (1964).

23.—24. —

25. Hooremann, M.: Analyt. chim. Acta **3**, 635 (1949).
26. Vanossi, R.: An. Asoc. quim. argent. **30**, 112 (1942).
27. Maassen, G.: Beih. Z. Ver. dtsch. Chemiker **48**, 70 (1944).
28. Makepeace, G. R., Craft, C. H.: Ind. Eng. Chem. Anal. Ed. **16**, 375 (1944).
29. Mitchell, A. M., Mellon, M. G.: Ind. Eng. Chem. Anal. Ed. **17**, 380 (1945).
30. Ovenston, T. C. J., Parker, C. A.: Analyt. chim. Acta **4**, 142 (1950).
31. Liberman, A.: Analyst **80**, 595 (1955).
32. Haar, K. ter, Westerveld, W.: Recueil Trav. chim. **67**, 71 (1948).
33. Mays, R. I.: Chemist-Analyst **35**, 62 (1946).
34. Hummon, C. G.: Steel **25**, 97 (1944).
35. Oelschläger, W.: Z. anal. Chem. **146**, 346 (1955).
36. Cooper, M. D.: Analyt. Chem. **23**, 875 (1951).
37. High, J. H.: Analyst **70**, 258 (1945).
38. Murty, G. V. L. N., Sen, N. B.: Proc. Indian Acad. Sci. **21** A, 73 (1945).

39. Athavale, V. T., Mahajan, L. M., Thakoor, N. R., Varde, M. S.: Analyt. chim. Acta **21**, 491 (1959).
40. Blackwell, A. T., Daniel, A. M., Miller, J. D.: Analyt. Chem. **28**, 1209 (1956).
41. Hibbits, J. O., Kallmann, S.: Talanta **10**, 181 (1963).
42. Nielsch, W.: Z. anal. Chem. **140**, 267 (1953).
43. Nielsch, W.: Z. anal. Chem. **150**, 114 (1956).
44. Nielsch, W., Giefer, L.: Mikrochim. Acta (Wien) **1956**, 522.
45. Taylor, C. G.: Analyst **81**, 369 (1956).
46. Poluektov, N. S., Spivak, F. G.: Zavodskaja Lab. **11**, 398 (1945).
47. Christopherson, H., Sandell, E. B.: Analyt. chim. Acta **10**, 1 (1954).
48. Nielsch, W.: Z. anal. Chem. **143**, 272 (1954).
49. Passamaneck, E.: Ind. Eng. Chem. Anal. Ed. **17**, 257 (1945).
49a. Forster, W., Zeitlin, H.: Analyt. chim. Acta **35**, 42 (1966).
49b. Kentner, E., Armitage, D. B., Zeitlin, H.: Analyt. chim. Acta **45**, 343 (1969).
49c. Hoffman, I.: Analyst **87**, 650 (1962).
49d. Agazzi, E. J., Burtner, D. C., Crittenden, D. J., Patterson, D. R.: Analyt. Chem. **35**, 332 (1963).
49e. Milner, O. I., Glass, J. R., Kirchner, J. P., Yurick, A. N.: Analyt. Chem. **24**, 1728 (1952).
50. Murray, W. M., Jr., Ashley, S. E. Q.: Ind. Eng. Chem., Anal. Ed. **10**, 1 (1938).
51. Adelt, M., Gruendler, G. A.: Arch. Eisenhüttenw. **19**, 21 (1948).
52. Dietrich, K., Schmitt, K.: Z. anal. Chem. **109**, 25 (1937).
53. Abbey, S.: Analyt. Chem. **20**, 630 (1948).
54. Gindin, L. M., Kouba, E. F.: Zavodskaja Lab. **23**, 19 (1957); ref. Z. anal. Chem. **158**, 377 (1957).
54a. Norwitz, G., Gordon, H.: Analyt. Chem. **37**, 417 (1965).
54b. Green, T. E.: Analyt. Chem. **37**, 1595 (1965).
54c. Jackwerth, E.: Z. anal. Chem. **202**, 81 (1964).
54d. Meyer, J.: Z. anal. Chem. **219**, 147 (1966).
54e. Penner, E. M., Inman, W. R.: Talanta **10**, 997 (1963).
55. Fischer, H., Weyl, W.: Wiss. Veröff. Siemens-Werken **14**, 41 (1935).
56. Math, K. S., Bhatki, K. S., Freiser, H.: Talanta **16**, 412 (1969).
57. Sherwood, R. M., Chapman, F. W., Jr.: Analyt. Chem. **27**, 88 (1955).
58. Gahler, A. R., Mitchell, A. M., Mellon, M. G.: Analyt. Chem. **23**, 500 (1951).
59. Mains, F., Raggett, R. E.: Chemist-Analyst **50**, 4 (1961).
60. Reed, S. A., Banks, C. V.: Proc. Iowa Acad. Sci. **55**, 267 (1948); ref. in Lit.-Nr. [**58**].
61. Bodart, D. E.: Z. anal. Chem. **247**, 32 (1969).
62. Wilson, A. L.: Analyst **93**, 83 (1968).
63. Pollock, E. N., Zopatti, L. P.: Analyt. chim. Acta **28**, 68 (1963).
64. Stanton, R. E., McDonald, A. J., Carmichael, I.: Analyst **87**, 134 (1962).
65. Bodart, D. E.: Chem. Geol. **6**, 133 (1970).
66. Reed, S. A., Banks, C. V., Diehl, H.: J. org. Chem. **12**, 792 (1947).
67. Singhal, S. P., Ryan, D. E.: Analyt. chim. Acta **37**, 91 (1967).
68. Afghan, B. K., Ryan, D. E.: Analyt. chim. Acta **41**, 167 (1968).
69. Kinson, K., Belcher, C. B.: Analyt. chim. Acta **30**, 64 (1964).
70. Jones, J. L., Eddy, R. D.: Analyt. chim. Acta **43**, 165 (1968).
71. Welz, B., Wiedeking, E.: Z. anal. Chem. **252**, 111 (1970).
72. Sachdev, S. L., Robinson, J. W., West, P. W.: Analyt. chim. Acta **38**, 499 (1967).
73. Platte, J. A., Marcy, V. M.: Atom. Absorp. Newsletter **4**, 289 (1965).
74. Rampon, H., Cuvelier, R.: Analyt. chim. Acta **60**, 226 (1972).
75. Brooks, R. R., Presley, B. J., Kaplan, I. R.: Talanta **14**, 809 (1967).
76. Delves, H. T., Shepherd, G., Vinter, P.: Analyst **96**, 260 (1971).
77. Price, W. J., Roos, J. T. H., Clay, A. F.: Analyst **95**, 760 (1970).
78. Omang, S. H.: Analyt. chim. Acta **56**, 470 (1971).
78a. Uny, G., Brule, M., Spitz, J.: Analyt. chim. Acta **44**, 29 (1969).
79. Neumann, G. M.: Z. anal. Chem. **259**, 337 (1972).
80. Scarborough, J. M., Bingham, C. D., DeVries, P. F.: Analyt. Chem. **39**, 1394 (1967).
81. Vienney, J.: Analyt. chim. Acta **55**, 37 (1971).
82. Walker, C. R., Vita, O. A.: Analyt. chim. Acta **43**, 27 (1968).
83. Ganivet, M., Benhamou, A.: Analyt. chim. Acta **47**, 81 (1969).
84. Willis, J. B.: Analyt. Chem. **34**, 614 (1962).
85. Burrows, J. A., Heerdt, J. C., Willis, J. B.: Analyt. Chem. **37**, 579 (1965).

86. Means, E. A., Ratcliff, D.: Atom. Absorp. Newsletter **4**, **174** (1965).
87. Sprague, S., Slavin, W.: Atom. Absorp. Newsletter **4**, 367 (1965).
88. Kerber, J. D.: Appl. Spectroscopy **20**, 212 (1966).
89. Ferguson, R. C., Banks, C. V.: Analyt. Chem. **23**, **448** (1951).
90. Monnier, D., Haerdi, W.: Analyt. chim. Acta **20**, 444 (1959).
91. Banks, C. V., Hooker, D. T.: Analyt. Chem. **28**, 79 (1956).
92. Blundy, P. D., Simpson, M. P.: Analyst **83**, **558** (1958).
93. McDowell, B. L., Meyer, A. S., Jr., Feathers, R. E., Jr., White, J. C.: Analyt. Chem. **31**, 931 (1959).
94. Ferguson, R. C., Banks, C. V.: Analyt. Chem. **23**, 1486 (1951).
95. Gillis, J., Hoste, J., van Moffaert, Y.: Chim. analytique **36**, **43** (1954).
96. Uzumasa, Y., Washizuka, S.: Bull. chem. Soc. Japan **29**, 403 (1956); ref. Z. anal. Chem. **155**, 382 (1957).
97. Barling, M. M., Banks, C. V.: Analyt. Chem. **36**, **2359** (1964).
98. Hartkamp, H.: Z. anal. Chem. **178**, 19 (1960).
99. Frierson, W. J., Marable, N.: Analyt. Chem. **34**, 210 (1962).
100. Gentry, C. H. R., Sherrington, L. G.: Analyst **75**, **17** (1950).
101. Umland, F., Meckenstock, K. U.: Z. anal. Chem. **177**, 244 (1960).
102. Forsythe, J. H. W., Magee, R. J., Wilson, C. L.: Talanta **1**, **249** (1958).
103. Sogani, N. C., Bhattacharyya, S. C.: Analyt. Chem. **28**, 1616 (1956).
104. Janauer, G. E., Korkisch, J.: Z. anal. Chem. **177**, **407** (1960).
105. Jacobs, W. D., Yoe, J. H.: Analyt. chim. Acta **20**, 332 (1959).
106. Jacobs, W. D., Yoe, J. H.: Analyt. chim. Acta **20**, **435** (1959).
107. Segall, J., Ariel, M., Shorr, L. M.: Analyst **88**, 314 (1963).
108. Forster, W., Zeitlin, H.: Analyt. Chem. **38**, 649 (1966).
109. Skoog, D. A., Lai, M., Furst, A.: Analyt. Chem. **30**, 365 (1958).
110. Jonassen, H. B., Chamblin, V. C., Wagner, V. L., Jr., Henry, R. A.: Analyt. Chem. **30**, 1660 (1958).
111. Janauer, G. E., Korkisch, J.: Z. anal. Chem. **179**, 241 (1961).
112. Cameron, A. J., Gibson, N. A.: Analyt. chim. Acta **24**, 360 (1961).
113. Walliczek, E. G.: Talanta **11**, **573** (1964).
114. Yokoyama, M., Takeshima, T.: Analyt. Chem. **40**, 1344 (1968).
115. Püschel, R., Lassner, E.: Mikrochim. Acta (Wien) **1965**, **17**.
116. Püschel, R., Lassner, E., Katzengruber, K.: Z. anal. Chem. **223**, **414** (1966).
117. Barratt, R. S., Belcher, R., Stephen, W. I., Uden, P. C.: Analyt. chim. Acta **58**, **107** (1972).
118. Eshelman, H. C., Dean, J. A.: Analyt. Chem. **33**, 1339 (1961).
119. Jackwerth, E., Höbel, H.: Z. anal. Chem. **213**, **81** (1965).
120. Barratt, R. S., Belcher, R., Stephen, W. I., Uden, P. C.: Analyt. chim. Acta **59**, **59** (1972).

Os — Osmium

Tabelle 155. Empfindlichkeit S_M und Bestimmungsgrenze L_Q der Verfahren

Verfahren	µg Os · ml⁻¹ · cm⁻¹ S_M	L_Q
1-Naphthylamin-4,6,8-trisulfosäure	0,0064 (555 nm)	0,16 (555 nm)
Thioharnstoff	0,0456 (480 nm)	1,14 (480 nm)
Tetraphenylarsoniumchlorid/$CHCl_3$	0,014 (375 nm)	0,35 (375 nm)

A. Trennungen

Die Extraktion wurde erst in verhältnismäßig junger Zeit für die Abtrennung des Os von anderen Elementen herangezogen [*1*]. Aus mineralsaurer Lösung ist Os mit $CHCl_3$ und CCl_4 als OsO_4 extrahierbar [*2*]. Für die Extraktion aus 0,6n H_2SO_4/0,7m H_3PO_4/5m HNO_3-Lösung in Abwesenheit von Salzen bei 25° C betragen die Verteilungskoeffizienten $D_{CHCl_3} = 19{,}1$ und $D_{CCl_4} = 13{,}0$ [*2*]. D wird durch Salze infolge eines Aussalzeffektes vergrößert. Tab. 156 zeigt, daß bereits 3 Extraktionen mit $CHCl_3$ in der Praxis genügen; bei Berücksichtigung eines Korrekturfaktors für das nichtextrahierte Os sogar schon 2. Ru (VIII) begleitet das Os (VIII) in die organische Phase und stört bei der anschließenden Bestimmung mit Thioharnstoff infolge Bildung eines blauen Komplexes. Wird Ru (VIII) vorher reduziert, so ist es nicht extrahierbar. Wenn Os (VIII) und Ru (VIII) in der Lösung vorliegen, ist es deshalb erforderlich, beide durch Fe (II) zu reduzieren und danach das Os allein mit konz. HNO_3 bei Raumtemperatur vor der Extraktion wieder zu oxydieren [*2*]. Chloroosmat ($OsCl_6^{2-}$) wird, besonders in Gegenwart eines Cl^--Überschusses, durch oxydierende Substanzen nur schwer in das extrahierbare OsO_4 übergeführt; etwa anwesende Chloride müssen daher zuerst unter Fe (II)-Zusatz (um das Os in der 4wertigen Stufe zu halten) durch Abrauchen mit H_2SO_4 bei möglichst niedriger Temperatur entfernt werden. Die Extraktion kann mit gleichem Erfolg wie die häufiger angewendete Destillation zur Isolierung des Os verwendet werden. Bei besonders kleinen Os-Mengen ist sie sogar noch vorteilhafter, da das Endvolumen für die photometrische Bestimmung kleiner gehalten werden kann als bei der Destillation, wodurch eine höhere Nachweisempfindlichkeit erreicht wird.

Tabelle 156. Ausbeute für die Extraktion von OsO_4 mit CCl_4 und $CHCl_3$; $V_0:V_w = 10:50$ [*2*]

Anzahl der Extraktionen	Ausbeute, % CCl_4	$CHCl_3$
1	72,2	79,3
2	92,3	95,7
3	97,9	99,1
4	99,4	99,8

Nach der Extraktion des Os mit $CHCl_3$ kann das Element durch Schütteln der vereinigten organischen Extrakte mit schwefelsaurer Thioharnstofflösung direkt photometrisch bestimmt werden. Auf diesem Wege wurden 5–1160 μg Os neben 1 g Cu(II) und Fe(III), 0,5 g Fe(II), 1 mg Pd(II) und Pt(IV) und 100 μg Ru(III) bestimmt [2].

Arbeitsvorschrift [2]

Reagentien

6n H_2SO_4; 1n H_2SO_4;
HNO_3 (1,40); H_3PO_4 (1,70);
$KMnO_4$, 5%ige wäßrige Lösung;
$(NH_4)_2Fe(SO_4)_2 \cdot 6\,H_2O$;
$CHCl_3$;
Thioharnstoff, 0,1m in 1n H_2SO_4.

~ 25 ml Probelösung (> 5 μg Os enthaltend) versetzt man (wenn das Os nicht in der 8wertigen Stufe vorliegt) mit 5 ml 6n H_2SO_4 und 2,5 ml H_3PO_4, fügt bis zur bleibenden Rosafärbung tropfenweise $KMnO_4$-Lösung hinzu [wenn viel Fe(II) anwesend ist, wird $KMnO_4$ in fester Form zugesetzt] und zerstört den $KMnO_4$-Überschuß durch Zusatz von 25 mg $(NH_4)_2Fe(SO_4)_2 \cdot 6\,H_2O$ (in fester Form oder als Lösung). Wenn die Rosafärbung nicht verschwunden ist, muß mehr Fe(II)-Salz zugesetzt werden. Die Lösung soll klar sein und zur Vermeidung von Os-Verlusten nicht erwärmt werden. Falls die beschriebene Oxydation unterbleiben kann, soll die Probelösung nicht mehr als 50 ml betragen. Man führt die Lösung in einen Schütteltrichter über, versetzt mit 15 ml HNO_3 (oder soviel Säure, um eine Konzentration von 5n HNO_3 einzustellen), kühlt auf 20—25° C und extrahiert noch 2—3mal mit 10 ml $CHCl_3$. Nach der Phasentrennung wiederholt man die Extraktion noch 2—3mal mit je 10 ml $CHCl_3$. Zum vereinigten organischen Extrakt fügt man 5,0 ml Thioharnstofflösung, schüttelt kräftig 5 min lang und photometriert nach der Phasentrennung die wäßrige Lösung in einer 1 cm-Küvette bei 480 nm gegen den Blindwert.

Os kann durch Extraktion aus 0,0–0,3n HCl-Lösung mit Tetraphenylarsoniumchlorid/$CHCl_3$ ($E\%$ = 80–90) von Ru abgetrennt werden [3]. Umgekehrt läßt sich Ru durch Extraktion aus 6n HCl-Lösung mit Diphenylthioharnstoff/$CHCl_3$ von der Hauptmenge an Os abtrennen [3]. Os läßt sich praktisch vollständig ausschütteln mit TBP [4] aus 3–4n HCl oder 1–4n HBr ($E\%$ = 99,5–99,8), mit 4% TOPO/Dibutyläther [5] aus 3–6n HCl oder 1–4n HBr ($E\%$ = 99,5–99,9), mit Tributylamin/$CHCl_3$-(1:4) [6] aus 1–12n HCl (E% = 98,5) oder 1–9n HBr (E% = 99,8–99,1), mit Tri-n-octylamin/Benzol (oder Dibutyläther) (1:4) [6] aus 6n HCl ($E\%$ = > 99,8), mit Tri-n-octylamin/$CHCl_3$ (1:4) [6] aus 1–12n HCl ($E\%$ = 99,0–99,2) oder 1–6n HBr ($E\%$ = 99,8–99,6), mit Cyclohexanon [7] aus 1n HCl (LiCl-gesättigt) oder 1–4n HBr (NaBr-gesättigt) (E% = 99,7–99,5). Os kann durch Extraktion mit MIBK aus 6n HBr-Lösung von Ru abgetrennt werden (D_{Os} = 206,5, D_{Ru} = 0,05) [8]. Os läßt sich mit 2% Amberlite LA 1/$CHCl_3$ aus 0,06n HCl-Lösung extrahieren ($E\%$ = 96), wobei Ru in der wäßrigen Lösung bleibt [9].

Aufgrund der Flüchtigkeit kann Os als OsO_4 oder Halogenoosmat unter geeigneten Bedingungen leicht von anderen Elementen, insbesondere den Platinmetallen, mittels Destillation abgetrennt werden. Als Chloroosmat kann es aus H_2SO_4-Lösung, bei Abwesenheit von Ru allerdings etwas schlechter und aus einer HNO_3-Lösung nur langsam, destilliert werden, weshalb die Anwesenheit von Cl^- vermieden werden sollte. Im Milligrammbereich läßt es sich quantitativ aus Säuregemischen von $HBr/HClO_4$, $HBr/H_3PO_4/HClO_4$, $HCl/HClO_4$ oder $HCl/H_3PO_4/HClO_4$ bei 200–220° C verflüchtigen [10]. Aus HBr/H_2SO_4 geht Os nicht leicht über, hingegen aber zusammen mit Ru aus $HClO_4$-Lösung [11] bzw. aus $HClO_4$ (70%) bei 150° C ($E\%$ ~ 99) [12]. Für den Mikrogrammbereich wird die Destillation aus H_2SO_4/HNO_3-Lösung empfohlen [13]. Os kann aus HNO_3-Lösung als OsO_4 quantitativ abdestilliert werden [14]. Ru verbleibt dabei in der Probelösung, wenn die HNO_3-Konzentration < 40 Vol.-% ist. Bei höherer Konzentration oder in Anwesenheit oxydierender Stoffe (z. B. Br_2) geht Ru ins Destillat über. Os und Ru werden aus einer $H_2SO_4/HClO_4/CrO_3$-Lösung quantitativ abdestilliert [*3, 15*]. Falls reduzierende Substanzen in der Probelösung anwesend sind, müssen sie vor der Destillation durch $KMnO_4$-Zusatz zerstört und überschüssiges $KMnO_4$ bzw. höherwertige Manganoxyde durch Fe(II) reduziert werden. Letzteres ist erforderlich, damit das Ru in der Lösung zurückbleibt. Os kann als OsO_4 aus siedender H_2O_2-Lösung verflüchtigt werden, wobei Ru nicht ins Destillat übergeht [*16*]. Os kann von Ru durch Destillation aus 12n H_2SO_4/H_2O_2 (30%) (40 + 50 ml)-Lösung bei 110° C abgetrennt werden, wobei Os ins Destillat geht [*12, 17*]. Als Vorlage werden mit SO_2 gesättigte 6n HCl [*3*], 0,05n KOH [*14*] und 6n HCl/Thioharnstoff-Lösung [*11*] verwendet. Die letztgenannte erscheint am günstigsten, da das Os dann unmittelbar in der Absorptionslösung photometrisch bestimmt werden kann. In diesem Fall verfährt man nach der folgenden Arbeitsvorschrift, verwendet aber abweichend als Vorlage 10 ml 6%ige Thioharnstoff/6n HCl-Lösung und füllt das Destillat ohne weiteren Zusatz im Meßkolben mit Wasser zur Marke auf.

Arbeitsvorschrift [*13*]

Reagentien
$KMnO_4$, 5%ige wäßrige Lösung;
$FeSO_4 \cdot 6\,H_2O$;
HNO_3 (1,40);
6n HCl—SO_2-Lösung; HCl (1 + 1) mit SO_2 gesättigt, vor Gebrauch frisch hergestellt.
Thioharnstoff, 10%ige wäßrige Lösung.

Die ~ 1n H_2SO_4-Probelösung (63—1250 μg Os enthaltend) versetzt man im Destillationskolben bis zur bleibenden Rötung mit $KMnO_4$-Lösung, fügt ~ 50 mg $FeSO_4 \cdot 6\,H_2O$ zur Zerstörung von Permanganat und anderen höheren Manganoxyden hinzu (das Volumen der Lösung soll jetzt 35 bis 40 ml betragen), verbindet nach Zusatz von Siedesteinchen mit dem Kühler und erhitzt langsam fast zum Sieden. Nun wird das Kühlerende in eine Vorlage von 10 ml 6n HCl—SO_2-Lösung getaucht, durch einen Tropftrichter 15 ml HNO_3 in den Destillationskolben hinzugefügt und innerhalb von 10—15 min 10 ml überdestilliert. Das Destillat führt man in einen 25 ml-Meßkolben über, versetzt mit 0,50 ml Thioharnstofflösung, füllt mit Wasser zur Marke auf und photometriert nach 5 min in einer 1 cm-Küvette bei 480 nm gegen den Blindwert.

Mittels Anionenaustauschpapier (Reeve Angel SB 2) läßt sich Os bei pH 1 (HCl-Lösung) von Cu, Fe und Ni abtrennen [*18*]. Mit Hilfe des Kationenaustauschers Dowex 50X8 (Na^+-Form) wurden μg-Mengen Os von $\leqq$ 20 g Cu, Fe und Ni aus HCl-Lösung bei pH 0,8—1,5 abgetrennt [*19*].

Beim Eindampfen von Os/HCl-Lösung beobachtete Os-Verluste [*19*] sind auf eine Hydrolyse und anschließende Adsorption an den Gefäßwänden zurückzuführen [*20*]. Die Probelösung soll deshalb beim Eindampfen 1—6n HCl aufweisen, wobei keine Verluste auftreten [*20*].

B. 1-Naphthylamin-4,6,8-trisulfosäure

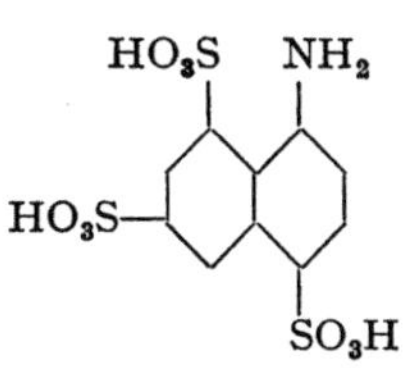

Os(VI) bildet mit 1-Naphthylamin-4,6,8-trisulfosäure (NATS) in schwach saurer Lösung einen wasserlöslichen Komplex, der nach Zusatz einer Pufferlösung von pH 1,0

violett, bei pH 3 purpurfarben, bei pH 6 hellblau und bei pH >8 blaßgrün wird [*14*]. Die isomere 1-Naphthylamin-3,5,7-trisulfosäure ist gegenüber NATS zur photometrischen Bestimmung des Os weniger gut geeignet [*21*]. Das Extinktionsmaximum des Komplexes mit NATS liegt bei 575 nm [*22*] (s. Abb. 146); das Reagens zeigt hier keine Absorption mehr, da sein Maximum unter 350 nm liegt. Das Beersche Gesetz gilt im Bereich von 0,16–6,5 μg Os/ml ($\varepsilon = 29800$ [*14*]). Der gebildete Komplex ist bei Raumtemperatur wenigstens 1 Monat und bei 50° C noch 10 Std stabil. Die wäßrige Reagenslösung ist gut haltbar, erst nach 1 Monat treten Zersetzungsprodukte auf, so daß dann

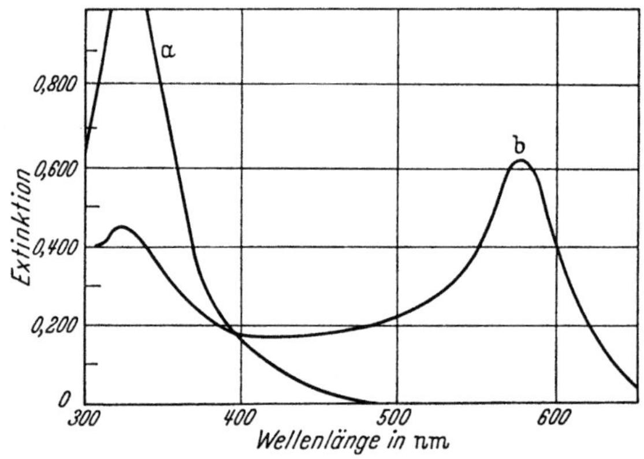

Abb. 146. **Extinktionskurve von Os + 1-Naphthylamin-4,6,8-trisulfosäure (*b*) und von 1-Naphthylamin-4,6,8-trisulfosäure (*a*)** [*22*]

erstere eine leichte Eigenabsorption zeigt. Zur Erzielung reproduzierbarer Ergebnisse erwiesen sich eine Temperatur von 40° C und ein pH-Wert von 1,5–2,5 am geeignetsten. Unterhalb von 35° C und oberhalb von 50° C ist die Komplexbildung verzögert bzw. gefährdet. So werden bei 15° C 4 Std bis zur vollen Farbentwicklung des Komplexes benötigt. Oxydationsmittel zerstören den Komplex. Folgende Elemente stören, wenn sie zu Os im Verhältnis von 1:1 oder darunter anwesend sind: Al, Co, Cr(III), Cu(II), Fe(II), Fe(III), Hg(II), Ir(IV), Mg, Mn(II), Ni(II), Pb, Pd(II), Pt(IV), Rh(III), Ru(III) Ru(VI), V(II) und Zn. Aus diesem Grunde muß Os vor der Bestimmung isoliert werden, wofür die Destillation aus HNO_3-Lösung als geeignet angegeben wird. Unter solchen Bedingungen kann dann bis zu 1 mg der nachfolgenden Elemente in der Ausgangsprobe anwesend sein: Co, Cu(II), Fe(III), Ir(IV), Ni(II), Pd(II), Pt(IV), Rh(III) oder Ru(III).

Arbeitsvorschrift [*14*]

Reagentien

$5 \cdot 10^{-4}$ m NATS, wäßrige Lösung;
Pufferlösung (pH 1,0); 97 ml 0,2 n HCl werden mit 50 ml 0,2 m KCl gemischt;
0,1 n HCl; 6 n HNO_3;
Na_2O_2;
$(NH_4)_2S_2O_8$;
0,05 n KOH.

Die schwach saure Probelösung [4–160 μg Os(VI) enthaltend]gwird in einem 25 ml-Meßkolben mit 5,0 ml NATS-Lösung versetzt und durch tropfenweisen Zusatz von

0,1n HCl auf pH 2,5–3 eingestellt. Man erhitzt die Lösung nun für 45 min im Wasserbad auf 40° C, fügt dann 10 ml Pufferlösung hinzu, füllt nach dem Abkühlen mit Wasser zur Marke auf und photometriert in einer 1 cm-Küvette bei 555 nm gegen den Blindwert.

Wenn die Probelösung Störelemente enthält, muß das Os durch Destillation vorher isoliert werden. Nach dem Lösen der Probe im Destillationskolben mit 6n HNO_3 destilliert man unter Durchleiten von gereinigter Luft, indem man 30 min im Sieden hält. Als Vorlage dienen 25 ml 0,05n KOH; bei Os-Mengen <100 µg genügen 5 ml. Legierungen oder andere, Os enthaltende, in 6n HNO_3 nicht lösliche Verbindungen werden zuerst mit Na_2O_2 oder $(NH_4)_2S_2O_8$ aufgeschlossen, dann in 6n HNO_3 (insgesamt 25 ml) gelöst und wie vorher die Lösung destilliert. Die alkalische Vorlage oder einen aliquoten Anteil führt man in einen 25 ml-Meßkolben über und fährt wie oben angegeben fort.

C. Thioharnstoff

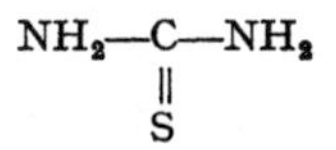

Os (VIII) und Os (IV) bilden in saurer Lösung mit Thioharnstoff einen roten, wasserlöslichen Komplex, in dem das Element in 3wertiger Form vorliegt [*2, 23*]. Das Extinktionsmaximum liegt bei 480 nm ($\varepsilon = 4220$) (s. Abb. 147) [*24*]. Das Beersche Gesetz

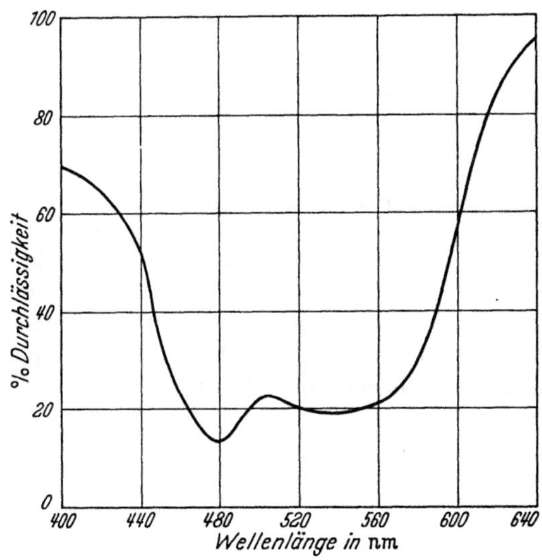

Abb. 147. Durchlässigkeitskurve von Os + Thioharnstoff [*24*]

gilt im Bereich von 1,1–45 µg Os/ml. Die Farbe ist 1–2 Wochen stabil. OsO_4 reagiert in H_2SO_4- und HCl-Lösung rasch bei Raumtemperatur, $OsCl_6^{2-}$ in HCl-Lösung hingegen nur langsam bei Raum- und Siedetemperatur. Durch Zusatz von $SnCl_2$, das die nötige Reduktion von Os (IV) zu Os (III) begünstigt, kann die Komplexbildung in diesem Falle beschleunigt werden, wobei man die Lösung gleichzeitig etwa 15 min auf dem siedenden Wasserbad erhitzt. Oxydierende Stoffe müssen bei der Komplexbildung immer abwesend sein, da sie das Reagens zersetzen. Säure- und Reagenskonzentration haben keinen wesentlichen Einfluß. Die Farbreaktion kann in 2—4n HCl- oder 0,2—1,5n H_2SO_4-Lösung durchgeführt werden. Mäßige Temperaturschwankungen haben keinen wesentlichen Einfluß. Führt man die Reaktion bei Raumtemperatur durch und photometriert bei 480 nm, so wird die Bestimmung von 20 µg Os/ml durch bis zu 5 µg Pd/ml und 2 µg Ru/ml nicht gestört; wird bei 540 nm photometriert, so stören 20 µg Pd/ml und 2 µg Ru/ml nicht. Mäßige Mengen von Ir, Pt und Rh verursachen keine Störung. In Anwesenheit störender Mengen der genannten Elemente muß Os vorher isoliert werden [*24—26*].

Zur verlustfreien Bestimmung von Os in organischen Verbindungen wird ein Aufschluß des Probematerials mit Na_2O_2 und Na_2CO_3 empfohlen [*27*]. Die Schmelze wird unter Rückfluß in Wasser gelöst und Os(VI) mit HBr in Os(IV) übergeführt. Bei der anschließenden Bestimmung mit Thioharnstoff muß entsprechend mehr $SnCl_2$ zugesetzt werden, um Os zu reduzieren und den Br_2-Überschuß zu beseitigen.

Neben der nachfolgenden Arbeitsvorschrift ist die Anwendung von Thioharnstoff zur photometrischen Bestimmung in Verbindung mit einer vorangehenden Isolierung durch Extraktion bzw. Destillation auch auf S. 888 und 889 beschrieben.

Arbeitsvorschrift [*24*]

Reagentien

Thioharnstoff, 10%ige wäßrige Lösung;
6m H_2SO_4.

Die Probelösung (60—2300 µg Os enthaltend) wird in einem 100 ml-Meßkolben mit Wasser auf 50 ml verdünnt, 10 ml 6m H_2SO_4 sowie 1,0 ml Thioharnstofflösung hinzugefügt, mit Wasser zur Marke aufgefüllt und nach 5 min in einer 2 cm-Küvette bei 480 nm gegen den Blindwert photometriert.

D. Tetraphenylarsoniumchlorid

Os(IV) gibt in saurer Lösung mit Tetraphenylarsoniumchlorid (TPA) einen gelben Niederschlag [*28*], der mit organischen Lösungsmitteln extrahiert werden kann [*29*]. Die Extinktionsmaxima für $CHCl_3$ liegen bei 346 und 375 nm [*29*] (s. Abb. 148; $\varepsilon_{346} = 17500$, $\varepsilon_{375} = 13400$). Die Messung im UV-Bereich ist gegen geringe Verunreinigungen störanfällig, wobei diese bei 346 nm davon stärker betroffen wird. Die Os-Bestimmung wird durch SO_4^{2-} nicht, durch SO_3^{2-} und ClO_4^- bereits in kleinen Mengen gestört. Ru und Rh geben mit TPA keine Reaktion. Os konnte noch neben der 100—200fachen

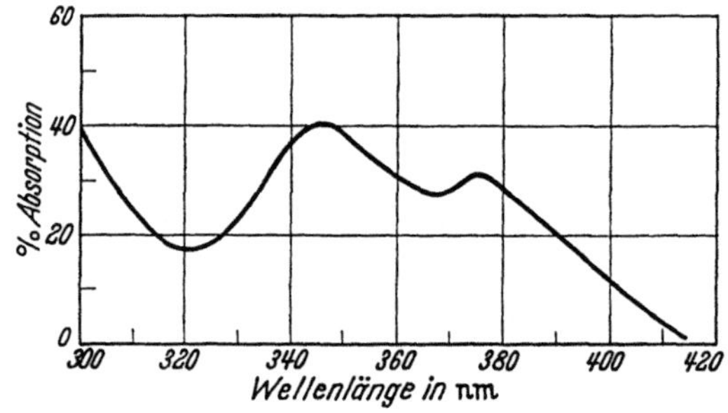

Abb. 148. Absorptionskurve von Os + Tetraphenylarsoniumchlorid in $CHCl_3$ [*29*]

Menge Ru mit TPA quantitativ nach dem später unter b) beschriebenen Verfahren bestimmt werden [*29*]. Die Extrahierbarkeit der Os-TPA-Verbindung erfolgt wegen des etwas ungünstigen Verteilungskoeffizienten langsam ($E\% = 80$—90), so daß zu einer quantitativen Extraktion ein mehrfaches Ausschütteln erforderlich ist. Auch ist sie stark abhängig von der Zusammensetzung der Arbeitslösungen, weshalb zur Erzielung reproduzierbarer Werte die Arbeitsbedingungen immer konstant gehalten werden sollen. Für die Bestimmung des Os bieten sich zwei Möglichkeiten: a) quantitative Extraktion durch mehrfaches Ausschütteln, b) eine einmalige Teilextraktion des Os unter strenger Konstanthaltung der Arbeitsbedingungen. Bei Verfahren a) stören Neutralsalze (bis 1—2 g NaCl/10 ml) und Volumenänderung der wäßrigen Lösung zwischen 8 und 12 ml die Vollständigkeit der Os-Extraktion nicht.

Arbeitsvorschrift [*29*]

Reagentien

Tetraphenylarsoniumchlorid (TPA), 1%ige wäßrige Lösung;
$CHCl_3$.

a) Die Probelösung (4,5—175 µg Os als $OsCl_6^{2-}$ enthaltend), die bis 1,2n HCl sein darf (höhere HCl-Konzentrationen setzen die Extinktion in zunehmendem Maße herab), wird mit 2 ml TPA-Lösung versetzt, mit Wasser auf 10 ml verdünnt und mit 5 ml $CHCl_3$ kräftig extrahiert. Nach der Phasentrennung wird der Extraktionsvorgang unter jedesmaligem Zusatz von 0,5 ml Reagenslösung und 5 ml $CHCl_3$ noch 3—4mal wiederholt. Der vereinigte organische Extrakt wird in einem 25 ml-Meßkolben mit $CHCl_3$ zur Marke aufgefüllt, durch ein trockenes Papierfilter filtriert und in einer 2 cm-Quarzküvette bei 375 nm gegen $CHCl_3$ photometriert. Ein Blindwert ist wegen der Eigenextinktion des Reagenses in Abzug zu bringen.

b) Die Probelösung (2,5—80 µg Os als $OsCl_6^{2-}$ und max. 0,5 g NaCl enthaltend) wird mit 2,0 ml TPA-Lösung versetzt und auf 20,0 ml aufgefüllt. Die Lösung darf nun nicht stärker als 0,2n (bis 0,3n) HCl sein. Man führt sie in einen Schütteltrichter über, extrahiert 3—5 min kräftig mit 10,0 ml $CHCl_3$, filtriert die organische Phase durch ein Filter und photometriert in einer 2 cm-Quarzküvette bei 375 nm gegen $CHCl_3$.

E. Verschiedenes

Eine Reihe von Derivaten des Thioharnstoffes und Thiosemicarbazids bildet mit Os gefärbte Verbindungen, die mit organischen Lösungsmitteln extrahierbar sind [*30*]. Von diesen erscheinen o,o′-Ditolylthioharnstoff und 1,4-Diphenylthiosemicarbazid am geeignetsten. Sieht man von der Extrahierbarkeit der beiden Komplexe aus saurer Lösung mit $CHCl_3$ ab, so bieten sie gegenüber Thioharnstoff keinen Vorteil.

An weiteren Reagentien zur photometrischen Os-Bestimmung sind zu erwähnen: KSCN/Äther (oder Amylalkohol) [*31*], Ephedrinhydrochlorid/CCl_4 [*32*], o-Aminophenol-p-sulfosäure [*33*], m-Aminobenzoesäure [*34*], die photometrisch meßbare katalytische Wirkung von Os(VIII) (oder besser Chloroosmat) auf die Reaktion zwischen As(III) und Ce(IV) (s. a. S. 1001) [*35*], Chinisatinoxim ($\varepsilon_{515} = 15500$) [*36*], 1,5-Diphenylcarbazid/CCl_4 (Komplexfarbe im Extrakt entwickelt; $L_Q = 0{,}16$ µg Os · ml^{-1} · cm^{-1}) [*37*], 1,5-Diphenylcarbazid/$CHCl_3$ [*38*], 3-Nitroso-2,6-pyridindiol ($\varepsilon_{550} = 24000$) [*39*]. Os (10—100 µg) wurde auch mittels Röntgenspektrometrie bestimmt nach vorangehender Isolierung an Anionenaustauschpapier [*18*]. In Übersichtsreferaten sind weitere Verfahren zur Bestimmung von Os erwähnt [*40—43*].

Literatur

1. VANOSSI, R.: An. Asoc. quim. argent. **35**, 120 (1947).
2. SAUERBRUNN, R. D., SANDELL, E. B.: Analyt. chim. Acta **9**, 86 (1953).
3. GEILMANN, W., NEEB, R.: Z. anal. Chem. **156**, 420 (1957).
4. MEIER, H., ZIMMERHACKL, E., ALBRECHT, W., BÖSCHE, D., HECKER, W., MENGE, P., RUCKDESCHEL, A., UNGER, E., ZEITLER, G.: Mikrochim. Acta (Wien) **1969**, 557.
5. MEIER, H., ZIMMERHACKL, E., ALBRECHT, W., BÖSCHE, D., HECKER, W., MENGE, P., RUCKDESCHEL, A., UNGER, E., ZEITLER, G.: Mikrochim. Acta (Wien) **1969**, 573.
6. MEIER, H., ZIMMERHACKL, E., ALBRECHT, W., BÖSCHE, D., HECKER, W., MENGE, P., RUCKDESCHEL, A., UNGER, E., ZEITLER, G.: Mikrochim. Acta (Wien) **1969**, 826.
7. MEIER, H., ZIMMERHACKL, E., ALBRECHT, W., BÖSCHE, D., HECKER, W., MENGE, P., RUCKDESCHEL, A., UNGER, E., ZEITLER, G.: Mikrochim. Acta (Wien) **1969**, 839.
8. BERG, E. W., MOSELEY, H. E.: Analyt. chim. Acta **47**, 360 (1969).
9. DINSTL, G., HECHT, F.: Mikrochim. Acta (Wien) **1963**, 895.
10. HOFFMAN, J. I., LUNDELL, G. E. F.: J. Res. nat. Bur. Standards **22**, 465 (1939).
11. ALLAN, W. J., BEAMISH, F. E.: Analyt. Chem. **24**, 1608 (1952).
12. CHUNG, K. S., BEAMISH, F. E.: Talanta **15**, 823 (1968).
13. SANDELL, E. B.: Ind. Eng. Chem., Anal. Chem. **16**, 342 (1944).
14. STEELE, E. L., YOE, J. H.: Analyt. chim. Acta **20**, 205 (1959).
15. GEILMANN, W., NEEB, R.: Z. anal. Chem. **156**, 411 (1957).
16. WESTLAND, A. D., BEAMISH, F. E.: Analyt. Chem. **26**, 739 (1954).
17. GIJBELS, R., HOSTE, J.: Analyt. chim. Acta **29**, 289 (1963).
18. TAYLOR, H., BEAMISH, F. E.: Talanta **15**, 497 (1968).
19. VAN LOON, J, C., BEAMISH, F. E.: Analyt. Chem. **36**, 1771 (1964).
20. FAYE, G. H.: Analyt. Chem. **37**, 296 (1965).
21. YOE, J. H., WINGFIELD, H. C.: Analyt. chim. Acta **14**, 446 (1956).
22. STEELE, E. L., YOE, J. H.: Analyt. Chem. **29**, 1622 (1957).
23. SAUERBRUNN, R., SANDELL, E. B.: J. Am. chem. Soc. **75**, 3554 (1953).
24. AYRES, G. H., WELLS, W. N.: Analyt. Chem. **22**, 317 (1950).
25. WHITMORE, W. F., SCHNEIDER, H.: Mikrochem. **17**, 279 (1935).
26. YOE, J. H., OVERHOLSER, L. G.: Ind. Eng. Chem., Anal. Ed. **14**, 435 (1942).
27. DWYER, F. P., GIBSON, N. A.: Analyst **76**, 104 (1951).
28. NEEB, R.: Z. anal. Chem. **152**, 158 (1956).
29. NEEB, R.: Z. anal. Chem. **154**, 23 (1957).
30. GEILMANN, W., NEEB, R.: Z. anal. Chem. **152**, 96 (1956).
31. HIRSCH, M.: Chemiker-Ztg. **46**, 390 (1922).
32. THOMPSON, S. O., BEAMISH, F. E., SCOTT, M.: Ind. Eng. Chem., Anal. Ed. **9**, 421 (1937).
33. MAJUMDAR, A. K., GUPTA, J. G. S.: Analyt. chim. Acta **22**, 306 (1960).
34. MAJUMDAR, A. K., GUPTA, J. G. S.: Z. anal. Chem. **179**, 13 (1961).
35. SAUERBRUNN, R. D., SANDELL, E. B.: Mikrochim. Acta (Wien) **1953**, 22.
36. AYRES, G. H., BRIGGS, T. C.: Analyt. Chem. **26**, 340 (1962).
37. GOLDSTEIN, G., MANNING, D. L., MENIS, O., DEAN, J. A.: Talanta **7**, 301 (1961).
38. GOLDSTEIN, G., MANNING, D. L., MENIS, O., DEAN, J. A.: Talanta **7**, 307 (1961).
39. McDONALD, C. W., CARTER, R., Jr.: Analyt. Chem. **41**, 1478 (1969).
40. BEAMISH, F. E.: Talanta **14**, 991 (1967).
41. BEAMISH, F. E.: Talanta **14**, 1133 (1967).
42. BEAMISH, F. E., LEWIS, C. L., VAN LOON, J. C.: Talanta **16**, 1 (1969).
43. BEAMISH, F. E.: Talanta **12**, 789 (1965).

P — Phosphor

Tabelle 157. Empfindlichkeit S_M und Bestimmungsgrenze L_Q der Verfahren

	μg P · ml⁻¹ · cm⁻¹			
Verfahren	S_M		L_Q	
Phosphormolybdänsäure/Butanol-$CHCl_3$ (1:4)	0,0013	(310 nm)	0,032	(310 nm)
Phosphorvanadomolybdänsäure/MIBK oder Isoamylalkohol	0,010	(400 nm);	0,25	(400 nm)
	0,017	(425 nm)	0,43	(425 nm)
Phosphormolybdänblau/wäßrige Lösung	0,0012	(830 nm);	0,029	(830 nm)
	0,0017	(735 nm)	0,042	(735 nm)
Phosphormolybdänblau/Isobutanol	0,0014	(725 nm)	0,034	(725 nm)
Indirekte photometrische Bestimmung:				
2-Amino-4-chlorthiophenol/$CHCl_3$	0,000086	(710 nm)	0,0022	(710 nm)
Dithiol/$CHCl_3$	0,00012	(680 nm)	0,0031	(680 nm)
Thiocyanat	0,00021	(470 nm)	0,0051	(470 nm)

A. Trennungen

Zur Isolierung geringer Mengen P dient neben der Spurenfällung mit $Al(OH)_3$ [*1*] bzw. der Entfernung der mit H_2S fällbaren Schwermetalle, der Verflüchtigung einzelner Elemente wie As, Ge und Sn aus $HBr/HClO_4$- [*2*] oder HBr/H_2SO_4-Lösung [*1*] oder der Bindung des P an Ionenaustauscher Permutit S oder Amberlite auch vereinzelt die Extraktion. So wurde beispielsweise Fe bei der P-Bestimmung in Erden [*3, 4*] mit Oxin abgetrennt. Über die Entfernung von Fe und anderen Elementen durch Ausschütteln mit weiteren Extraktionsreagentien und durch Elektrolyse mittels Hg-Kathode [*5*] sind Einzelheiten den einschlägigen Abschnitten zu entnehmen (s. S. 259ff., 57ff., 390ff.). U wurde von P durch Extraktion mit TBP/CCl_4 entfernt [*6*]. Aus konz. H_2SO_4-Lösung kann H_3PO_4 nahezu quantitativ mit mehr oder weniger As, Sb, V, Mo, U und Zr durch Diäthyläther extrahiert werden [*7*], während Ag, Al, Ba, Bi, Ca, Cd, Co, Cr, Cu, K, Mg, Mn, Na, Ni, Pb, Sn, Sr, Th, Ti, Zn und S.E. zurückbleiben. Schließlich fand auch das vorwiegend zur quantitativen Bestimmung des P dienende Verfahren der Extraktion des Phosphormolybdänsäurekomplexes mit Butanol/Diäthyläther (1:9) aus 1,3n H_2SO_4-Lösung zur Anreicherung von ^{32}P vor seiner radiochemischen Bestimmung in Reaktorabwässern Anwendung [*8*], wobei anwesendes Si in der wäßrigen Phase bleibt. Aus ~6n HCl kann P mit 15—20% Butanol/$CHCl_3$ zu 93—97% (±5%) und As zu 2—5% extrahiert [*9*] und so eine Trennung der Hauptmengen der beiden Elemente vorgenommen werden. Hinsichtlich der Trennung von P, As, Si und Ge durch Extraktion als Heteropolysäuren s. S. 433, 896ff. und 905ff. Ähnlich der auf S. 434 beschriebenen Arbeitsweise erfolgt die Trennung von P, As und Ge in einer anderen Arbeit [*10*]. P wird bei pH 0,8—1,0 als P-Mo-Säure mit Isobutylacetat extrahiert und im organischen Extrakt als P-Mo-blau bestimmt, anschließend Ge als Ge-Mo-säure bei pH 0,4 mit Isooctanol ausgeschüttelt, in der wäßrigen Phase wird As als As-Mo-blau bestimmt und schließlich aus der organischen Phase Ge mit Wasser rückgeschüttelt und ebenfalls als Ge-Mo-blau bestimmt.

Zur Bestimmung von P in Stahl und anderen Metallen als P-Mo-blau wurde P als PH_3 von der Matrix abgetrennt [Lösen der Probe in HCl und Einleiten in HNO_3 (1 + 1)] [*10a*].

B. Phosphormolybdänsäure

P (als Orthophosphat, PO_4^{3-}) bildet in saurer Lösung mit Molybdat (hinsichtlich des von den Reaktionsbedingungen abhängigen Kondensationsgrades des Molybdations s. S. 1095) die gelb-orange gefärbte Phosphormolybdänsäure $H_3P(Mo_3O_{10})_4$ (PMS). Dabei ist P als Zentralatom, das Molybdation als koordinierte Gruppe im Komplex vertreten. Die gebildete Heteropolysäure kann in der wäßrigen Lösung oder nach vorhergehender Extraktion mit organischen Lösungsmitteln im Extrakt photometriert werden. PMS bildet sich nur bei Anwendung eines Molybdat-Überschusses (s. a. S. 1094ff.). Für die Farbbildung am günstigsten sind 0,04m Molybdat und eine Säurekonzentration von 0,25m (als $HClO_4$ oder HNO_3). Die Extinktionsmessung in wäßriger Lösung wurde je nach vorhandener P-Konzentration bei 320, 380, 400, 420 oder 430 nm vorgenommen ($\varepsilon_{332} = 13000$, $\varepsilon_{360} = 4800$ [*11*] in wäßriger Lösung) [*11–15*]. Das Beersche Gesetz gilt im Bereich von 1–15 µg P/ml. Die Bestimmung läßt sich empfindlicher gestalten, wenn die Farbreaktion in acetonhaltiger Lösung und die Messung bei 320 nm vorgenommen wird [*15*] ($L_Q = 0{,}039$ µg P · ml^{-1} · cm^{-1}). Da außer P auch die Elemente As, Ge und Si Heteropolysäuren bilden (s. S. 1094ff.), stören sie die P-Bestimmung auf jeden Fall. Aus diesem Grunde ist auch auf eine mögliche Störung durch aus dem Geräteglas herausgelöste Si-Spuren zu achten. Die Bestimmung wird weiterhin durch Bi, Cu, F^-, Ni und W gestört. Um solche Störungen weitgehend auszuschalten, hat man den Komplex extrahiert und den Extrakt photometriert. Mit einem Gemisch von Butanol/$CHCl_3$ erzielte man eine gute Löslichkeit [*16*] und konnte den Komplex in Anwesenheit von As und Si selektiv extrahieren [*17, 18*]. Die Extraktion fand auch zur Abtrennung des Orthophosphats von kondensierten Phosphaten Anwendung. Es fanden aber auch noch die nachfolgenden weiteren Lösungsmittel Verwendung: Isobutanol [*19–24*], Isoamylalkohol [*25*], n-Octylalkohol [*26*], Butylacetat, Isobutanol/Benzol [*23*], Butanol/Diäthyläther [*8*], Amylalkohol/Diäthyläther (3:1) [*27*] und Diäthyläther [*28–31*]. Die Extraktion von PMS mit Äthylacetoacetat wurde zur Anreicherung und Abtrennung von Silikomolybdänsäure bei der Bestimmung von Phosphat in Wässern verwendet [*32*]. Doch wird von anderer Seite auch für die Heteropolysäuren des Si, As und Ge eine gute Löslichkeit in diesem Solvens angegeben [*16*]. Bei der Bestimmung von Silikomolybdänsäure wurde zur Entfernung von PMS Äthylacetat angewendet [*33*]. Ganz allgemein konnte beobachtet werden, daß Sauerstoff enthaltende Lösungsmittel, wie z. B. Ester, Ketone, Aldehyde und Äther, gute Extraktionsmittel für den Komplex [*34*], hingegen CS_2, CCl_4, $CHCl_3$, Benzol und Toluol ungeeignet sind [*35*]. Die Heteropolysäuren zeigen so ähnliche Eigenschaften, daß sie praktisch alle von den meisten Lösungsmitteln extrahiert werden und deshalb As, Si und Ge in größeren Mengen stören. Die Heteropolysäuren von P, As, Si und Ge werden von folgenden organischen Lösungsmitteln in wechselnden Mengen extrahiert [*16*]: 1-Butanol, 2-Butanol, 2-Methyl-1-propanol, 1-Pentanol, 1-Hexanol, 2,6-Dimethyl-4-heptanon, Äthylacetat, 1-Butylacetat, Amylacetat, Äthylacetoacetat, Diäthyläther und Diisopropyläther; nicht extrahiert werden sie durch $CHCl_3$, CCl_4 und Petroläther. Von den genannten Lösungsmitteln zeigt 1-Butylacetat die größte Selektivität (die photometrische Messung der unter gleichen Arbeitsbedingungen hergestellten Extrakte der Heteropolysäuren von vorgelegten 25 µg P, sowie jeweils 100 µg As, Si und Ge ergab bei 350 nm für die einzelnen Elemente in der genannten Reihenfolge die Extinktionen 0,310, 0,020, 0,002 und 0,006), gefolgt von Diäthyläther (Extinktionen 0,307, 0,093, 0,004 und 0,003) und Äthylacetat (Extinktionen 0,295, 0,088, 0,005 und 0,003) [*16*]. Für die Extraktion der Heteropolysäuren mit 1-Butanol wurden folgende optimalen Bedingungen angegeben [*16*]: Für P 0,025m Na_2MoO_4/0,96n HCl, für As 0,013m Na_2MoO_4/0,67n HCl, für Si und Ge 0,010m Na_2MoO_4/ 0,15n HCl. Die Extrahierbarkeit der Heteropolysäuren hängt ab von der Art des organischen Lösungsmittels, dem pH-Wert, der Molybdatkonzentration, Säureart und dem Neutralsalzgehalt. Mit höherer Mo-Konzentration ist auch eine höhere Säurekonzentration für die vollständige Extraktion der P-Mo-säure erforderlich. Eingehende Untersuchungen über die Extraktion der P-Mo-säure und Mo-säure mit verschiedenen Solventien ergaben folgende günstigste Bedingungen, bei denen die Ausschüttelung der Mo-säure möglichst gering ist ($D_{\text{P-Mo-säure}}$; $D_{\text{Mo-Säure}}$) [*35a*]: Diäthyläther/Isobutanol (5 + 1) 0,8n HCl/0,06m MoO_4^{2-} (> 100; 0,0024) und 0,3—0,6n HCl/0,006m MoO_4^{2-} (> 100; 0,0023), Isobutanol 0,9n HCl/0,06m MoO_4^{2-} (> 100; —), Butylacetat 1,0n HCl/0,06m MoO_4^{2-} (> 100; 0,00033) Diäthyläther 0,8n HCl/0,06m MoO_4^{2-} (70; 0,00013), $CHCl_3$/n-Butanol (7 + 3) 0,3—0,4n HCl/0,006 m MoO_4^{2-} (30; 0,0015).

Beim Butanol/$CHCl_3$-Gemisch ist ein bestimmtes Mischungsverhältnis erforderlich, da mit steigendem Gehalt an Butanol die Empfindlichkeit der P-Bestimmung zwar größer, aber die Störanfälligkeit auch erhöht wird. Mit sinkendem Butanol-Gehalt nehmen hingegen beide ab. Während in der Literatur auch eine Mischung von 25 Vol.-% 1-Butanol in $CHCl_3$ empfohlen worden ist [*36, 37*], die als Vorteile das gegenüber Wasser größere spezifische Gewicht und eine nur geringe Mitextraktion von gefärbten Stoffen (z. B. $FeCl_3$) aufweist, wurde demgegenüber wegen der damit verbundenen Selektivitätssteigerung ein Gemisch von 20 Vol.-% Butanol in $CHCl_3$ als günstiger beschrieben [*16*]. Bei der Wahl der Arbeitsbedingungen muß stets berücksichtigt werden, daß auch freies Molybdat-Ion eine Absorption aufweist. Durch die Extraktion erfolgt aber eine Abtrennung desselben, so daß das Molybdat bei solchen Arbeitsverfahren kaum in Frage kommt. Aus Abb. 149 ist zu entnehmen, daß die Extinktionsmaxima der extrahierten Heteropolysäuren im UV-Bereich liegen, jenes der PMS bei 310 nm (ε_{310} = 24400 in Butanol) [*16*]. Das Beersche Gesetz ist im Bereich von 0,03—1,2 µg P/ml Butanol/$CHCl_3$ erfüllt. Die Farblösungen sind wenigstens 14 Tage stabil.

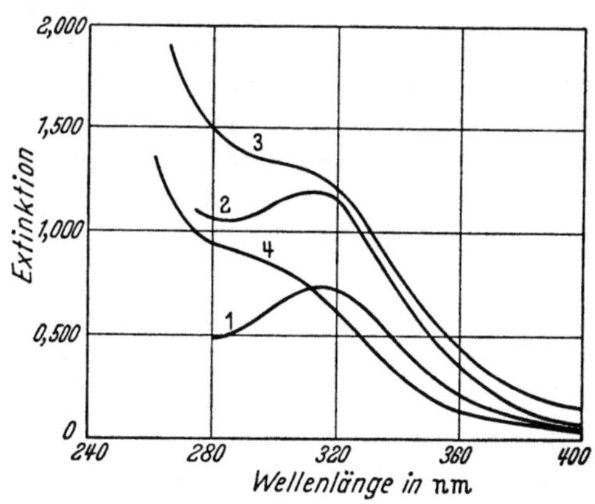

Abb. 149. Extinktionskurven von Phosphormolybdänsäure (*1*), Arsenmolybdänsäure (*2*), Silicomolybdänsäure (*3*) und Germaniummolybdänsäure (*4*) in Butanol [*16*]

Die Bestimmung von 25 μg P durch Extraktion mit 20 Vol.-% Butanol/$CHCl_3$ wird durch folgende Ionen nicht gestört [16]: jeweils 25 mg von B (als Borat), Ba, Be, Ca, Cd, Co, Cr(III), Cu(II), Hg(II), K, Li, Mg, Mn(II), Na, Ni, Se(IV), Sr, NH_4^+, Cl^-, Br^-, I^-, NO_3^-, IO_3^-, Acetat und Tartrat, 12,5 mg Al, jeweils 10 mg von Fe(III), W(VI) und Formiat, jeweils 5 mg von Si und Citrat, 4 mg As(V), sowie jeweils 1 mg von Ge, V(V), Zn, F^-, IO_4^- und MnO_4^-. Au(III), Bi, Cr(VI), Pb, Th(IV), U(VI), Zr(IV), NO_2^-, SCN^- und $S_2O_3^{2-}$ stören und müssen deshalb abwesend sein. Wichtig ist die genaue Einhaltung der angegeben Volumina der zuzusetzenden Lösungen, da Säure- und Molybdatkonzentration eine entscheidende Rolle spielen. Diese Methode kann erweitert werden, indem man Arsenmolybdänsäure mit 1-Butanol/Diäthyläther aus der nach der P-Extraktion zurückgebliebenen wäßrigen Phase ausschüttelt. Anschließend kann dann auch die Silicomolybdänsäure mit 1-Butanol extrahiert werden [36, 37].
Das nachfolgend beschriebene Verfahren [16] wurde von anderer Seite [38] zur Entfernung von Phosphat aus Proben angewendet, deren Gehalt an Ca und Mg anschließend mit ÄDTA titrimetrisch bestimmt wurde. Als Extraktionsmittel diente dabei ein n-Butanol/$CHCl_3$-Gemisch (1:1). Zur Bestimmung von Orthophosphat in Natriumpyrophosphat diente das PMS-Verfahren [18]. Der P-Gehalt in biologischem Material wurde auf photometrischem Wege als PMS in acetonhaltiger Lösung ermittelt [15].

Arbeitsvorschrift [16]

Reagentien

Molybdatlösung; 7,5 g $Na_2MoO_4 \cdot 2\,H_2O$ werden in 200 ml Wasser gelöst und nach Zusatz von 100 ml HCl (1,19) mit Wasser auf 500 ml aufgefüllt und in Polyäthylenflasche aufbewahrt.
1-Butanol/$CHCl_3$ (1:4).

15 ml der auf pH 5—9 eingestellten Probelösung (0,8—30 μg P als PO_4^{3-} enthaltend) werden in einem 125 ml-Schütteltrichter mit 10,0 ml Molybdatlösung versetzt und mit 10 ml Butanol/$CHCl_3$ 1 min extrahiert. Die organische Phase läßt man in einen 25 ml-Meßkolben ab, wiederholt die Extraktion mit 10 ml Butanol/$CHCl_3$, füllt die vereinigten organischen Extrakte mit Lösungsmittelgemisch zur Marke auf und photometriert in einer 1 cm-Quarzküvette bei 310 nm gegen Butanol/$CHCl_3$.

C. Phosphorvanadomolybdänsäure

In einer Orthophosphat- (PO_4^{3-}-) und Vanadat-Ionen enthaltenden sauren Probelösung bildet sich auf Zusatz von Molybdat (hinsichtlich des von den Reaktionsbedingungen abhängigen Kondensationsgrades des Molybdat-Ions s. S. 1095) die gelbe Phosphorvanadomolybdänsäure (P-V-Mo-säure). Dieser Komplex ist in wäßriger Lösung photometrisch bestimmbar, kann aber auch beispielsweise durch 3-Methyl-1-butanol, Diäthyläther [39], Isoamylalkohol [40], MIBK [40a, 40b], durch Gemische von n-Butanol/Diäthyläther bzw. n-Butylacetat, n-Butanol und Diäthyläther zusammen extrahiert werden [41]. Die Störanfälligkeit dieser Methode durch die anderen Heteropolysäuren bildenden Elemente (Si und As) ist geringer als bei den anderen Verfahren [42]. Es lassen sich 10 μg P/ml in Gegenwart von 50 μg As/ml oder 500 μg Si/ml auf diese Weise bestimmen [43, 44]. Optimal ist eine Säurekonzentration von ~ 0,5n HNO_3. An ihrer Stelle können auch H_2SO_4, $HClO_4$ und HCl angewendet werden. Eine zu hohe Säurekonzentration (>0,75n) verzögert die Farbbildung, während bei zu niedriger Säurekonzentration (<0,2n) auch in Abwesenheit von PO_4^{3-} eine orangegelbe Färbung entsteht. Die optimale VO_3^--Konzentration im Endvolumen soll ~ 0,002m, diese des

Molybdats ~ 0,01 m sein. Es ist zweckmäßig, erst nach der Einstellung der optimalen Säurekonzentration VO_3^- und Molybdat nacheinander zuzugeben. Die Extinktionskurve der P-V-Mo-säure ist jener der P-Mo-säure (s. Abb. 149, S. 897) ähnlich. Für die photometrische Bestimmung in wäßriger Lösung fanden die Wellenlängen 460 nm [*43*], 390 nm [*13*] und 315 nm [*45*], in Isoamylalkohol 426 nm [*40*], in MIBK 400—410 nm [*40a, 40b*], in Amylalkohol 308 nm ($S_M = 0{,}0012$ µg P · ml^{-1} · cm^{-1}) [*45a*] Anwendung (in wäßriger 0,05n HCl-, $HClO_4$- oder H_2SO_4-Lösung $\varepsilon_{315} = 20000$ [*45*]; in wäßriger 0,5n HCl-, $HClO_4$-, HNO_3- oder H_2SO_4-Lösung $\varepsilon_{400} = 2500$—2800 [*12, 43*], $\varepsilon_{410} = 2100$, $\varepsilon_{430} = 1300$, $\varepsilon_{440} = 1100$ [*12, 43*], $\varepsilon_{460} = 558$ [*43*], $\varepsilon_{480} = 430$ [*43*]; in MIBK $\varepsilon_{400} = 3100$—3110 [*45b, 45c*], $\varepsilon_{425} = 1740$—1820 [*45b—45d*]. $\varepsilon_{460} = 750$ [*45d*]). Das Beersche Gesetz ist in wäßriger Lösung je nach Wellenlänge im Bereich von 1,4—40 µg P/ml (bei 460 nm) [*43*] bzw. 0,04—1,6 µg P/ml (bei 315 nm) [*45*] erfüllt. Im organischen Extrakt gilt das Beersche Gesetz im Bereich von 0,4—20 µg P/ml (410—425 nm) [*40—40b, 45b—45d*]. Der gebildete P-V-Mo-säurekomplex ist in der wäßrigen Lösung vor der Extraktion bis zu 60 min stabil, in Isoamylalkohol bis zu 20 min unverändert, während danach die Extinktion schwach abnimmt [*40*]. Bei der Bestimmung in wäßriger Lösung ist die Farbe 4 Std konstant, steigt dann allmählich um 1—2%, um nach 24 Std weitere 2 Tage unverändert zu bleiben [*44*].

Die Bestimmung wird nicht gestört durch (in mg/ml[1]) [*43, 44*]: Ag, Al (2,5), As(III), Ba, Be, Ca (2,5), Hg(II), K (5), Mg (2,5), Mn(II), Na (5), Se(VI), Si (0,1), Sn(II), Sr, U(VI), Zn, Zr, NH_4^+, Br^-, SO_4^{2-}, SO_3^{2-}, CO_3^{2-}, ClO_3^-, IO_3^-, CN^-, $B_4O_7^{2-}$, $P_2O_7^{4-}$, Acetat, Tartrat (1), Citrat (10), Lactat (2), Oxalat (1), Formiat, Benzoat, Trichloressigsäure (15) und Salicylat. Weiterhin stören nicht (in µg/ml): Co (< 100), Cr (III) (< 10), Cu(II) (1000), Fe(III) (25), Ni (1000) und Brenztraubensäure (10). Von letztgenannter stören > 10 µg bereits [*44*]. As(V), Bi, Th, F^- und Cl^- hemmen die Farbbildung. Bei Einhaltung einer längeren Wartezeit (~ 30 min) bis zur vollen Farbentwicklung sind folgende Konzentrationen (in µg/ml) zulässig: Bi (400), As (V) (100), Cl^- (50) und F^- (50). Doch sollen auch ohne längere Standzeit 50 µg As(V)/ml und 500 µg F^-/ml nicht stören [*44*]. Nach anderen Angaben stören bereits > 2 µg Si/ml [*45e*] (10 µg Si/ml ergeben in 0,8n HNO_3-Lösung, nach 1 Std Standzeit eine Extinktion von $E = 0{,}090$/cm). Etwa 100 µg/ml an Fe(II), S^{2-}, $S_2O_3^{2-}$ und CNS^- stören, da sie nicht nur den gebildeten Komplex, sondern auch das überschüssige Molybdat zu Molybdänblau reduzieren. Ag, Ce(IV) und Sn(IV) stören durch Bildung von Trübungen. $Cr_2O_7^{2-}$, MnO_4^- und I^- müssen abwesend sein. Bei Anwesenheit großer Mengen an Fe(III), Silicat oder Cl^- empfiehlt es sich, die Probelösung vorerst mit $HClO_4$ bis fast zur Trockene abzurauchen, wodurch Cl^- entfernt und die ausgefällte Kieselsäure abfiltriert werden kann. Fe(III) hat bei 460 nm in $HClO_4$-Lösung eine geringere Absorption als in HCl-Lösung. Die Absorption größerer Mengen an Fe(III) kann durch Behandlung eines aliquoten Probevolumens nach der Vorschrift ohne Reagenszusatz und Verwendung als Blindwert berücksichtigt werden. Wenn man den Komplex durch Isoamylalkohol extrahiert, so wird die Bestimmung von 10—200 µg P durch 500 mg Fe, 100—200 mg Cu, 100 mg Cr(III) und 50 mg Ni nicht gestört [*40*]. Bei Zusatz von Citronensäure und sofortiger Extraktion mit MIBK nach der Farbentwicklung (s. S. 901) wird die Bestimmung von 100 µg P nicht gestört durch [*40a*]: 1 g Al, Co, Cu, Fe(III), Mg, Mn, Ni und Zn, 500 mg Bi, ≦ 100 mg Cr [mit $NaNO_2$ vorher zu Cr(III) reduziert], ≦ 50 mg Ti(IV), 10 mg Sb(V) und Sn(IV), 0,5 mg As und Si.

Als P-V-Mo-säure wurde P in Wasser [*45f*], Siliciumtetrachlorid [*45g*], Uranoxyd [*6*], Kalkstein [*46—48*], Kalk, Calciumhydroxyd und Calciumcarbid [*48*] auf photometri-

[1] Soweit für einzelne Ionen Zahlenangaben vorliegen.

schem Wege bestimmt. Das Verfahren fand auch zur Bestimmung von P-Verbindungen in der Luft Anwendung [*49, 49a*].

Arbeitsvorschrift [*43*]

Reagentien

HNO_3 (1,40); HNO_3 (1 + 2).

NH_4VO_3-Lösung; 2,5 g NH_4VO_3 werden in 500 ml siedendem Wasser gelöst. Nach dem Abkühlen fügt man 20 ml HNO_3 (1,40) hinzu, kühlt ab und verdünnt mit Wasser auf 1 l (in Polyäthylenflasche aufbewahren).

Molybdat-Lösung; 50 g $(NH_4)_6Mo_7O_{24} \cdot 4\,H_2O$ werden in 1 l warmem Wasser (50° C) gelöst. Wenn $Na_2MoO_4 \cdot 2\,H_2O$ verwendet wird, werden 65 g gelöst (in Polyäthylenflasche aufbewahren).

25 ml schwach saure Probelösung [35—1400 μg P (Messung bei 460 nm) bzw. 1—40μg P (Messung bei 315 nm) enthaltend], werden in einem 50 ml-Meßkolben mit 5 ml HNO_3 (1 + 2) und 5 ml NH_4VO_3-Lösung versetzt. Man fügt 5 ml Molybdat-Lösung hinzu, füllt mit Wasser zur Marke auf und mischt. Nach 5 min wird in einer 1 cm-Küvette bei 460 nm oder in einer 1 cm-Quarzküvette bei 315 nm gegen die Blindlösung photometriert.

1. Organisches Material

1.1. Blutplasma und Serum

Das Verfahren eignet sich auch für anderes organisches Material.

B: 0,0015—>0,04% anorganisch und organisch gebundener P. F_r: ±0,6—1%.

Arbeitsvorschrift [*44*]

Reagentien

NH_4VO_3-Lösung, wie bei Arbeitsvorschrift [*43*] (S. 900).

$(NH_4)_6Mo_7O_{24}$-Lösung; 100 g $(NH_4)_6Mo_7O_{24} \cdot 4\,H_2O$ werden in etwa 500 ml Wasser bei 50° C gelöst, nach dem Erkalten mit 100 ml H_2SO_4 (1,84) versetzt und nach dem Abkühlen mit Wasser auf 1 l aufgefüllt.

Reagensgemisch; Ein Teil NH_4VO_3-Lösung wird mit einem Teil $(NH_4)_6Mo_7O_{24}$-Lösung gemischt (mehrere Monate haltbar).

H_2SO_4 (1 + 9); H_2SO_4 (1,84); Trichloressigsäure, 10%ige wäßrige Lösung.

Eichkurve

Bekannte P-Mengen (7,5—300 μg P) werden in einem 50 ml-Meßkolben mit 10 ml H_2SO_4 (1 + 9) versetzt, 10 ml Reagensgemisch unter Umschütteln hinzugefügt, mit Wasser zur Marke aufgefüllt und nach 5 min in einer 2 cm-Küvette bei 405 nm gegen einen Blindwert photometriert.

Anorganischer Phosphor (PO_4^{3-}) in Blutplasma oder Serum

1,0 ml Plasma wird mit 1,0 ml Trichloressigsäure enteiweißt, zentrifugiert und evtl. filtriert. Von dieser Lösung wird 1,0 ml (= 0,5 ml Plasma) in einem 25 ml-Meßkolben mit 5 ml H_2SO_4 (1 + 9) und 5 ml Reagensgemisch versetzt, mit Wasser zur Marke aufgefüllt und wie oben angegeben photometriert.

Pyrophosphat ($P_2O_7^{4-}$) in Blutplasma oder Serum

Da $P_2O_7^{4-}$ selbst keine Farbreaktion gibt, muß es vor seiner Bestimmung zu PO_4^{3-} hydrolysiert werden. Nach der oben beschriebenen Bestimmung als PO_4^{3-} wird eine zweite Probe im 25 ml-Meßkolben mit 5 ml H_2SO_4 (1 + 9) versetzt, 2 min gekocht, nach dem Abkühlen 5 ml Reagensgemisch hinzugefügt und wie oben angegeben fortgefahren.

Gesamt-P in Vollblut und Plasma

0,2 ml Plasma werden in einem 50 ml-Kjeldahl-Kolben nach Zusatz einer Spatelspitze Selen-Reaktionsgemisch (oder eines anderen Katalysators) mit 1 ml H_2SO_4 (1,84) aufgeschlossen. Die klare Lösung verdünnt man mit etwas Wasser, erhitzt zur Hydrolyse evtl. vorhandenen $P_2O_7^{4-}$ bis zum Sieden und führt nach dem Abkühlen in einen 50 ml-Meßkolben über. Man fügt 10 ml Reagensgemisch hinzu, füllt mit Wasser zur Marke auf und photometriert wie oben angegeben.

2. Metalle und Legierungen

Mit dem P-V-Mo-säure-Verfahren wurde P bestimmt in Eisen, Stahl [*40, 43, 45d, 50–53a*], Aluminium [*45c*], Kupferlegierungen [*40, 45c*], Nickellegierungen [*45c*], Niob, Titan [*45b*], Uran [*6*], Wolfram [*45b*], Ferrotitan, Ferrowolfram [*53b*], Weißmetall, Zink [*45c*] und Zirkonium [*45b*].

2.1. Stahl

Das Verfahren eignet sich für unlegierte und legierte Stähle sowie Legierungen mit bis zu 3% Si, 25% Mn, 35% Cr, 30% Mo, 80% Ni, 2% V, 20% W, 6% Nb, 1% Ta, 5% Ti, 1% Zr, 10% Cu, 5% B, 0,2% As. $\leqq$ 1% Cr stört nicht; bei > 1% Cr wird das Cr als CrO_2Cl_2 verflüchtigt oder mit $NaNO_2$ reduziert. Nb, Ta und Ti werden mit BF_4^- maskiert.

B: 0,001–0,17% P. *s:* ±0,001–0,002% P. *Z:* 20–30 min.

Arbeitsvorschrift [*40a, 40b, 53b, 53c*]

Reagentien

HCl (1,19); HNO_3 (1,40); HNO_3 (1 + 1);
$HClO_4$ (70%); HF (40%); Ammoniak (0,91); NH_4Cl.
BF_4^--Lösung; 40 g H_3BO_3 löst man in 300 ml Wasser, fügt 100 ml HF (40%) hinzu und füllt mit Wasser auf 1 l auf (Kunststoff-Flasche!)
$NaNO_2$, 5%ige wäßrige Lösung.
$(NH_4)_6Mo_7O_{24} \cdot 4\,H_2O$, 15%ige wäßrige Lösung.
NH_4VO_3, 0,25%ige wäßrige Lösung.
Citronensäure, 50%ige wäßrige Lösung.
MIBK.

a) Stähle und Legierungen mit bis zu 25% Mn, 1% Cr, 80% Ni, 10% Cu, 0,2% As, 1% Zr und 5% B

0,5 g Probematerial werden in einem 300 ml-Erlenmeyerkolben je nach Löslichkeit mit 10 ml HNO_3 (1,40) gelöst und 15 ml $HClO_4$ zugefügt oder sofort mit 10 ml HNO_3 (1,40) + 15 ml $HClO_4$ gelöst. Man versetzt mit 10 Tropfen HF, erhitzt bis zum Auftreten der $HClO_4$-Nebel, fügt nach dem Abkühlen 50 ml Wasser und 10 ml HNO_3 (1 + 1) hinzu, löst ausgefallenes Mangan(IV)-oxydhydrat mit einigen Tropfen $NaNO_2$-Lösung und kocht 2 min mit aufgesetzter Siedeglocke zur Entfernung von Chlor. Die auf Raumtemperatur abgekühlte Probelösung wird mit 10,0 ml NH_4VO_3-Lösung und 15,0 ml $(NH_4)_6Mo_7O_{24}$-Lösung versetzt und 5 min stehen gelassen. Man führt unter Nachwaschen mit 25 ml Wasser in einen 250 ml-Schütteltrichter über, versetzt mit 10,0 ml Citronensäure-Lösung, extrahiert sofort 1mal 30 sec mit 50,0 ml MIBK (wahlweise extrahiert man 2mal 30 sec mit je 20 ml MIBK, filtriert die Extrakte durch Watte in einen 50 ml-Meßkolben und füllt mit MIBK zur Marke auf), filtriert durch Watte in eine 5 cm- (10–350 ppm P) oder 1 cm-Küvette (45–1760 ppm P) und photometriert bei 410 nm oder 425 nm gegen den Blindwert.

b) Stähle und Legierungen mit >1% Cr und ≦20% W

Man löst wie unter a) mit 10 ml HNO_3 (1,40) + 10 ml HCl, versetzt mit 10 Tropfen HF sowie 15 ml $HClO_4$, erhitzt bis zur vollständigen Oxydation des Cr, verflüchtigt Cr(VI) mit 2 g NH_4Cl und fährt dann nach dem Abkühlen mit dem Zusatz von 50 ml Wasser und 10 ml HNO_3 (1 + 1) nach a) fort. Ausgefallene W-Säure wird nicht abfiltriert; es wird hier 60 sec extrahiert. Bei W-haltigen Proben wird nach dem HF-Zusatz bis zur Salzausscheidung eingedampft und erst dann $HClO_4$ zugesetzt.

c) Stähle und Legierungen mit bis zu 6% Nb, 1% Ta und 5% Ti

Bei Gehalten von ≦3% Nb behandelt man 0,5 g, bei >3% Nb 0,25 g Probematerial nach a) oder b) bis zum Auftreten der $HClO_4$-Nebel, versetzt nach dem Abkühlen mit 50 ml Wasser, 10 ml HNO_3 (1 + 1) sowie 20 ml BF_4^--Lösung, kocht 2 min und fährt dann nach a) fort.

d) Stähle mit >1% Cr [*53c*]

Man löst wie unter a) oder b) mit 10 ml HNO_3 (1,40) oder 25 ml Königswasser [2 Teile HCl (1,19) + 1 Teil HNO_3 (1,40) + 1 Teil Wasser], versetzt mit 15 ml $HClO_4$ und 10–15 Tropfen HF, erhitzt bis die weißen Nebel eben entfernt sind, kühlt ab, fügt 50 ml Wasser, 10 ml HNO_3 (1 + 1) sowie 5 ml $NaNO_2$-Lösung hinzu, kocht 3–5 min bis die Stickoxyde zerstört sind und fährt nach dem Abkühlen mit dem Zusatz von NH_4VO_3-Lösung nach a) fort.

2.2. Ferromangan, Ferromolybdän, Ferrovanadin [*53b*]

B: 0,002–0,3% P. *s:* ±0,001–0,002% P. *Z:* 20–30 min.

Man führt die Analyse nach Verfahren C.2.1.a) (s. S. 901) mit 0,25 g Probematerial durch, wobei man ausfallende Mo- oder V-säure vor der Extraktion nicht abfiltriert.

2.3. Ferrochrom [*53b*]

B: 0,002–0,3% P. *s:* ±0,001–0,002% P. *Z:* 20–30 min.

Man erwärmt 0,25 g Probematerial im 300 ml-Erlenmeyer-Kolben mit 20 ml HCl (1,19) bis zum Lösungsbeginn, versetzt mit 20 ml HNO_3 (1,40), fügt nach dem Lösen 10 Tropfen HF sowie 15 ml $HClO_4$ hinzu, oxydiert das Cr, verflüchtigt Cr(VI) mit NH_4Cl und fährt nach dem Abkühlen mit dem Zusatz von 50 ml Wasser und 10 ml HNO_3 (1 + 1) nach Verfahren C.2.1.a) (s. S. 901) fort.

2.4. Ferrosilicium, Aluminium-Silicium, Calcium-Silicium [*53b*]

B: 0,001–0,17% P. *s:* ±0,001–0,002% P. *Z:* 20–30 min.

Man löst 0,5 g Probematerial in einer Platinschale mit 20 ml HNO_3 (1,40) und HF, raucht mit 15 ml $HClO_4$ ab, führt mit 50 ml Wasser in einen 300 ml-Erlenmeyerkolben über, kocht 2 min und fährt nach Verfahren C.2.1.a) fort.

D. Phosphormolybdänblau-Verfahren

Das Phosphat-Ion (PO_4^{3-}) bildet mit Molybdat-Ion (hinsichtlich des von den Reaktionsbedingungen abhängigen Kondensationsgrades des Molybdat-Ions s. S. 1095) die Heteropolysäure $H_3P(Mo_3O_{10})_4$ (s. S. 896ff., 1094ff.), die unter bestimmten Arbeitsbedingungen mittels eines Reduktionsmittels leichter zu Phosphormolybdänblau (P-Mo-blau) reduziert wird als das freie Molybdat-Ion, welches als Reagens zugesetzt wurde. Dies trifft vor allem für schwache Reduktionsmittel zu, welche die freie Molybdänsäure nicht angreifen. Für starke Reduktionsmittel wie $SnCl_2$ kann diese Deutung aber nicht gelten, da es das Mo (VI) zum farblosen Mo (V) reduziert, während nur die Zwischenstufe von Mo (VI) und Mo (V), das „Mo-blau" $[(MoO)^{3+}]_2\ [(MoO_4)^{2-}]_3 \cdot 6\,H_2O$, blau gefärbt ist. Hier wird die Entstehung der Blaufärbung in Anwesenheit von P auf die im Gegensatz zu Mo-blau größere Stabilität des P-Mo-blaus gegenüber dem Reduktionsmittel zurückgeführt [*54*]: Reduziert man freie Mo-säure, so bilden sich zwar unter günstigen Bedingungen 6 und 5wertiges Mo in dem Mengenverhältnis, wie es dem Mo-blau entspricht, aber sie treten nicht zu der gefärbten Verbindung zusammen; ist das komplexbildende Zentralatom P anwesend, so formt sich dagegen unter Einschluß des P die blaue, beständige Verbindung P-Mo-blau. Ein Hinweis für diese Deutung ist die Verwendung von unbeständigem Mo-blau als Reagens bei der Bestimmung von P nach dem Verfahren von ZINZADZE [*55*].

Die Reaktion zu P-Mo-blau bildet die Grundlage für eine photometrische Bestimmung des P, da die Intensität der gebildeten blauen Färbung proportional der vorhandenen P-Menge ist. Das im Überschuß vorhandene Molybdat stört nicht. Die Elemente Si, As und Ge bilden mit Molybdat gleichfalls reduzierbare Heteropolysäuren, weshalb sie Anlaß zu Störungen geben und geeignete Maßnahmen zu deren Vermeidung getroffen werden müssen. Die P-Mo-säure soll in wäßriger Lösung in zwei miteinander im Gleichgewicht befindlichen Modifikationen (einer gelben und einer farblosen) vorliegen [*56, 57*]. $SnCl_2$ reduziert beide Modifikationen, 1-Amino-2-naphthol-4-sulfosäure, Hydrazin und Ascorbinsäure nur die gelbe Modifikation. Bei tieferen Temperaturen liegt hauptsächlich die farblose Modifikation vor [*58*]. Eine Erhöhung der Temperatur und Erniedrigung der Säurekonzentration fördern die Bildung der gelben Modifikation (s. a. S. 905). Da man mit letzterer genaue und reproduzierbare Werte erhält, wird die Durchführung der Reaktion in der Wärme mit Hydrazin oder Ascorbinsäure als Reduktionsmittel empfohlen [*57*]. Eine wichtige Rolle bei der Komplexbildung spielen die herrschende Wasserstoffionenkonzentration und die Verwendung des geeigneten Reduktionsmittels. Bei hinreichend niedriger Säurekonzentration (0,2–0,3n H_2SO_4) wird auch Molybdat vor allem durch starke Reduktionsmittel zu Mo-blau reduziert [*59*] (s. a. S. 1100), welches mit dem durch Reduktion von P-Mo-säure entstandenen P-Mo-blau hinsichtlich seiner Zusammensetzung und der Extinktionskurve nicht identisch ist. Die Reduktionsgeschwindigkeit des Molybdats ist bei 0,2n H_2SO_4 am größten und vermindert sich schnell mit steigender Acidität. Wenn letztgenannte zum Zeitpunkt der Reduktion um 1n $HClO_4$ oder 1n H_2SO_4 liegt, so zeigt der Komplex in wäßriger Lösung ein Extinktionsmaximum bei 820—830 nm ($\varepsilon_{735} = 18500$ [*1*], $\varepsilon_{830} = 26800$ [*60*]) (s. Abb. 150). Es wurde dafür die Bezeichnung „Heteropolyblau" vorgeschlagen (in der Folge hier als P-Mo-blau bezeichnet) [*60*]. Die maximale Absorption des bei niedrigerer Säurekonzentration erhaltenen Komplexes liegt hingegen bei 650—700 nm und wurde demgegenüber als „Molybdänblau" bezeichnet [*59, 60*]. Da mit sinkender Säurekonzentration steigende und in Abhängigkeit vom verwendeten Reduktionsmittel wechselnde Mengen Mo-blau neben P-Mo-blau vorliegen, sollten solche Arbeitsbedingungen vermieden werden. Für die Bestimmung in wäßriger Lösung ist das Beersche Gesetz im Bereich von 0,03—1,2 µg P/ml (bei 830 nm) erfüllt [*60*]. Die Farbe ist 12 Std [*60*], nach anderen Angaben [*62*] bis 3 Monate stabil. Die Acidität ist für die Reduktion des gebildeten Komplexes insofern von Bedeutung, als beispielsweise bei Verwendung von $SnCl_2$ eine zu hohe Wasserstoffionenkonzentration die Mo-blau-Färbung verringert, eine zu geringe hingegen die Reduktion überhaupt unterbindet. Es wurde eine 2n HCl enthaltende $SnCl_2$-Lösung als ge-

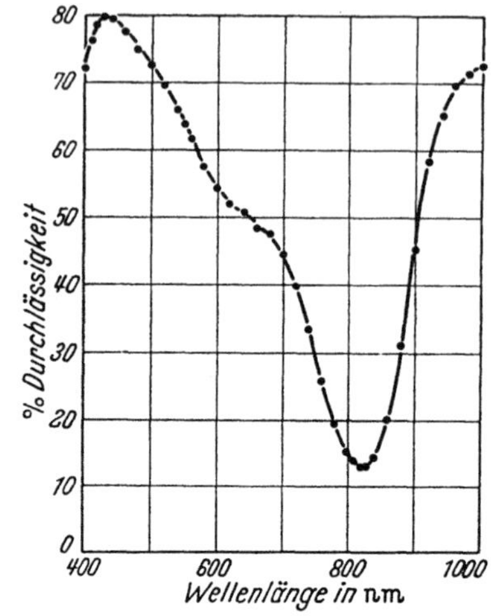

Abb. 150. Durchlässigkeitskurve von Phosphormolybdänblau [*60*]

eignet empfohlen [*2*]. Außerdem wird die Farbintensität des Komplexes auch durch die Anwesenheit der anderen Anionen, die nicht zur Herstellung der Reagenslösung dienten, beeinflußt [*63*]. Bei Verwendung von Hydrochinon wurde demgegenüber schon bei pH 2 in Anwesenheit von $SO_3^{2-}/S_2O_3^{2-}$ eine Reduktion erreicht [*64*].

Auch für die Bildung des Komplexes vor seiner Reduktion sind in der Literatur verschiedene Säurekonzentrationen angegeben: 0,05—1,5n [*20, 21, 61, 64*], 0,5—1,5n [*2*], 0,3n [*11*] oder 1,2n [*2, 64*]. Da größere Mengen an Fe(III) mit dem Molybdatreagens bei geringerer Acidität eine Fällung ergeben, wird in diesem Fall eine Säurekonzentration von 1,2—1,5n empfohlen [*2*]. Die Molybdatkonzentration soll bei ~ 0,04m liegen [*2*]. Von einer großen Zahl von Reduktionsmitteln haben sich $SnCl_2$ in HCl- oder H_2SO_4-Lösung, Hydrochinon, 1-Amino-2-naphthol-4-sulfosäure und Hydrazinsulfat am besten bewährt. Sie haben untereinander verschiedene Vorzüge bzw. Nachteile, die sich vor allem auf Störanfälligkeit, Acidität und Stabilität des Komplexes sowie Empfindlichkeit des Nachweises beziehen. So gestattet $SnCl_2$ die Anwesenheit sowohl höherer als auch geringerer Molybdatkonzentrationen, ist aber gegenüber Fe relativ störanfällig. Der letztgenannte Nachteil ist hingegen bei der 1-Amino-2-naphthol-4-sulfosäure nur gering, doch ist die Empfindlichkeit gegenüber P nicht so hoch wie bei $SnCl_2$. Mit Hydrochinon kann unter bestimmten Aciditätsbedingungen P in Anwesenheit von Si bestimmt werden. Auch ist der Komplex relativ stabil. Ein gewisser Nachteil ist hier das zur Reduktion erforderliche Erhitzen der Lösungen. Auch ist das Verfahren recht störanfällig. Mit Hydrazinsulfat erhält man einen sehr stabilen P-Mo-blau-Komplex, doch muß auch in diesem Fall auf Siedetemperatur gebracht werden. Schließlich sei noch auf die Möglichkeit mit dem Molybdänblaureagens (mit Mo-Pulver reduzierte schwefelsaure Molybdänsäure) nach Zinzadze [*55*] verwiesen. Auch hierbei entwickelt sich das Farbmaximum des P-Mo-blau nur in der Siedehitze sofort. Dieses Verfahren hat den Vorteil, daß stets das günstigste Mischungsverhältnis von Mo(VI) zu Mo(V) vorliegt, was bei Verwendung anderer Reduktionsmittel infolge ungenügender oder zu weitgehender Reduktion nicht immer zutrifft. Der Nachteil des Verfahrens ist die langwierige und umständliche Herstellung des Reagenses und dessen schlechte Handhabung, weshalb die Methode nicht häufig Anwendung findet. Auch ist die Empfindlichkeit nicht so hoch wie diese bei

Reduktion mit $SnCl_2$. Weiterhin kann die Intensität der gebildeten Komplexfarbe nicht durch Verdünnen verändert werden. Von anderer Seite [*65, 66*] wurde eine mit Ascorbinsäure reduzierte $(NH_4)_6Mo_7O_{24}$-Lösung verwendet, doch werden bei Raumtemperatur $1^1/_2$—2 Std bis zur vollen Komplexentwicklung benötigt. Die Reduktion mit Ascorbinsäure weist aber im Vergleich zur $SnCl_2$-Reduktion eine bessere Reproduzierbarkeit, größere Farbstabilität und geringere Salzfehler auf. Eine verkürzte Reaktionsdauer von 10 min mit Ascorbinsäure und eine Farbstabilität von 24 Std erreicht man in Anwesenheit von Sb in 0,4n H_2SO_4/0,006m MoO_4^{2-}/0,09% Ascorbinsäure/8 ppm Sb-Lösung (Zusatz eines H_2SO_4/MoO_4^{2-}/Ascorbinsäure/Sb-Gemisches zur Probelösung), wobei sich ein P-Sb-Mo-blau-Komplex (P:Sb = 1:1) bildet mit einem Extinktionsmaximum bei 882 nm (mit Ascorbinsäure allein bei 830 nm, mit $SnCl_2$ bei 710 nm) [*66a*]. Bei Seewasserproben wies diese Methode einen Salzfehler von 0,1%, die $SnCl_2$-Methode einen solchen von 15% auf. Mit der Herstellung des Mo-blau-Reagenses durch Reduktion von Na_2MoO_4 mit Hydrazinsulfat wird der Nachteil des Verfahrens nach Zinzadze [*55*] vermieden [*54*].

Vereinzelt wurde der reduzierte blaue Komplex mit einem organischen Solvens extrahiert, beispielsweise um eine Störung durch gleichzeitig anwesendes Fe(III) zu umgehen [*22, 67, 68*]. Wirksamer und vollständiger und daher öfter angewendet worden ist demgegenüber die Extraktion der gelben P-Mo-säure mit einem organischen Lösungsmittel (Butanol [*22*], Isobutanol [*2, 20, 21*], Octanol, Isobutanol/Benzol (1:1) [*69*]) mit anschließender Reduktion zu P-Mo-blau im Extrakt [*2, 20, 22, 26, 27, 64, 70*]. Die letztgenannte Extraktionsmethode hat den Vorteil geringerer Störanfälligkeit, da auf diese Weise eine Reihe von Störelementen und das Molybdat abgetrennt werden, sowie einer höheren Empfindlichkeit. Auf das Vorliegen eines Gleichgewichtes von gelber und weißer Modifikation [*56, 57*] der P-Mo-säure in wäßriger Lösung (s. a. S. 903) wurden die zu niedrig erhaltenen Werte bei der Bestimmung von P durch Extraktion der P-Mo-säure mit anschließender Reduktion in der organischen Phase zurückgeführt [*58, 71*]. Da mit steigender Temperatur zunehmende Mengen der gelben Modifikation gebildet werden und nur diese mit Octanol und Amylacetat extrahierbar ist, wird zur Extraktion eine Temperatur von mindestens 25° C empfohlen [*58*]. Auch soll die Extraktionsdauer etwa 10 min betragen, da die durch das Ausschütteln hervorgerufene Verschiebung des Gleichgewichtes und der dabei stattfindende Übergang der farblosen in die gelbe Modifikation einige Zeit dauern. In Isobutanol weist der P-Mo-blau-Komplex zwei Extinktionsmaxima bei 625 nm und 725 nm auf, von denen das letztere empfindlicher ist [*2*] (ε_{625} = 19200, ε_{725} = 22700 [*2*] in Isobutanol; ε_{725} = 16300 bzw. 20500 [*71a*] in Isobutylacetat; ε_{730} = 16200 in Isobutanol/Äthanol (1 + 4) [*23*]. Erfolgt die Bestimmung durch vorangehende Extraktion der P-Mo-Säure mit Isobutanol und anschließender Reduktion mittels $SnCl_2$ in der organischen Phase, so ist das Beersche Gesetz im Bereich von 0,03—1,4 μg P/ml Isobutanol (725 nm) erfüllt [*2*]. Die Farbe ist mindestens 20 min stabil, nach 1 Std hat die Extinktion um 3% abgenommen. Für die Reduktion der P-Mo-säure im Isobutanol-Extrakt wurde der Zusatz von $SnCl_2$/Glycerin-Lösung empfohlen (s. Arbeitsvorschrift II, S. 907) [*71b*]. Durch Anwendung der Ausschüttelung mit organischen Lösungsmitteln konnte die gleichzeitige Bestimmung von P und Si in einer Lösung erreicht werden [*72, 73*]. Bei Extraktion mit Isobutanol wird die gelbe P-Mo-säure im Bereich von 0,01—0,3n HCl, die Silicomolybdänsäure (Si-Mo-säure) ab 0,5—1,2n quantitativ extrahiert. Die entsprechenden Mo-blau-Komplexe werden danach durch Schütteln der jeweiligen Extrakte mit Metol (bei P) bzw. $SnCl_2$ (bei Si) gebildet und bei 730 nm die wäßrigen Lösungen photometriert [*72*]. Es können noch 0,4 μg P/ml und 0,13 μg Si/ml bestimmt werden [*73*]. 1 g der nachfolgenden Elemente bzw. Verbindungen stört bei Bestimmung von 100 µg P bzw. Si nicht: Al, Ba, Ca, K, Li, Mg, Na, Sr, KNO_3, NaCl, Na_2SO_4. Ferner stören nicht bis zu 50 mg S.E. (als Oxyde), sowie bis zu 10 mg F^-. Fe, Ti und Zr stören. Wird zur Bildung der extrahierbaren P-Mo-säure und Si-Mo-säure-Komplexe anstelle von $(NH_4)_6Mo_7O_{24} \cdot 4H_2O$ das $Na_2MoO_4 \cdot 2H_2O$ verwendet, so sind die späteren Mo-blau-Komplexe gegen Säure stabiler [*73*]. Eine Störung durch As und Si kann vermieden werden, indem man P als P-Mo-säure mit Isobutylacetat (s. S. 434, 895) extrahiert und durch Schütteln der organischen Phase mit 1-Amino-2-naphthol-4-sulfosäure-Lösung [*73a*] oder Ascorbinsäure/$SnCl_2$-Lösung [*71a*] als P-Mo-blau bestimmt. Von anderer Seite [*68*] wurden die in ~ 1,2n $HClO_4$/~ 0,2n HCl-Lösung gemeinsam anwesenden Elemente P und Si durch Reduktion mit 1-Amino-2-naphthol-4-sulfosäure in die Mo-blau-Komplexe übergeführt und nach Extraktion mit Diäthyläther der quantitativ extrahierte P-Mo-blau-Komplex bei 660 nm, der hingegen quantitativ in der wäßrigen Phase verbliebene Si-Mo-blau-Komplex bei 690 nm photometrisch bestimmt. Es sind auf diesem Wege noch ~ 1,4 µg P/ml bzw. ~ 0,3 µg Si/ml Lösung bestimmbar. Die in ~ 1,2n $HClO_4$/~ 0,2n HCl-Lösung mit 1-Amino-2-naphthol-4-sulfosäure reduzierten Mo-blau-Komplexe von P und Si zeigen mit organischen Lösungsmitteln eine unterschiedliche Extrahierbarkeit (Ausbeute in %: P; Si) [*68*]: Äthylacetat (100; 16,7), n-Propylacetat (98,3; 13,3), Isopropylacetat (98,3; 13,3), n-Butylacetat (—; 11,7), Isobutylacetat (98; 6,7), Isoamylacetat (79,3; 0), Diäthyläther (98,3; 1,7), $CHCl_3$ (< 1,7; 0), Tetrachloräthan (< 1,7; 0), CCl_4 (< 1,7; 0), Benzol (< 1,7; 0) und Petroläther (< 1,7; 0). n-Amylacetat und Dibutyläther bleichen die blaue Färbung nach gelbgrün. Danach erweist sich Diäthyläther für die Trennung der P-Mo-blau- und Si-Mo-blau-Komplexe als am günstigsten und fand in der obengenannten Arbeit [*68*] Anwendung. Werden die Mo-blau-Komplexe der beiden Elemente unter den gleichen Arbeitsbedingungen durch Reduktion mit Na_2SO_3 hergestellt, so sind sie mit keinem der genannten organischen Lösungsmittel extrahierbar.

Bei der Bestimmung als P-Mo-blau in wäßriger Lösung mit Hydrazinsulfat als Reduktans stören folgende Ionen nicht [*60*]: Al, Ca, Cd, Co, Cr(III), Cu(II), Fe(II), Mg, Mn(II), Ni, V(V), Zn, NH_4^+, Cl^-, Br^-, F^-, SiO_3^{2-}, BO_3^{3-}, Acetat und Citrat. Weiterhin entsteht keine Störung durch (in µg/ml): Fe(III) (≦ 200) und W(VI) (≦ 10). Ba, Bi, Pb und Sb(III) stören infolge auftretender Fällungen in H_2SO_4-Lösung. As(V), Sn(II) und NO_3^- müssen abwesend sein. Die zum Enteiweißen verwendete Trichloressigsäure hat in Abwesenheit von Si keinen wesentlichen Einfluß auf die P-Bestimmung [*74*]; in Anwesenheit von Silicat stört sie aber, da sie die durch Silicat und Molybdat hervorgerufene Färbung vierfach verstärkt. Bei Anwendung der Extraktion und $SnCl_2$ zur Reduktion in der organischen Phase stören die folgenden Ionen bis zum tausendfachen Überschuß nicht [*2*]: Ag, Al, Ba, Bi, Ca, Cd, Co, Cr(III), Cr(VI), Cu(II), Fe(II), Fe(III), K, Li, Mg, Mn(II), Na, Ni, Pb, Th(IV), U(VI), Zn, NH_4^+, Cl^-, Br^-, F^-, NO_3^-, NO_2^-, MnO_4^-, SO_4^{2-}, IO_3^-, CO_3^{2-}, Acetat, Citrat und Oxalat. Weiterhin wird die Bestimmung nicht gestört durch (in µg/ml): As(III) (≦ 50), Sn(IV) (≦ 25), I^- (≦ 50), SiO_3^{2-} (≦ 25) und SCN^- (≦ 50). Auch größere Mengen an Hg stören. As(V), Au(III), Ce(IV), Ge(IV), Sn(II), V(V), W(VI) und $S_2O_3^{2-}$ müssen abwesend sein. Ge und As können durch Verflüchtigung aus $HClO_4$/HBr-Lösung (Arbeitsvorschrift II) entfernt werden [*2, 75*]. Durch Zusatz von 5 ml 35%iger NaBr-Lösung und Abrauchen der $HClO_4$-Lösung können mindestens 25 mg As(V) und As(III) bzw. 25 mg Ge quantitativ abdestilliert werden [*2*] (s. a. S. 912). Zur Entfernung des As wurden analog auch 5 ml HBr (1 + 4) angewendet [*75*]. Man kann auch durch Zusatz von 10 ml konz. HCl und Abrauchen 25 mg Ge entfernen, doch werden so As(III) und As(V) nur unvollständig verflüchtigt, weshalb Bromid geeigneter ist. Die Menge der verwendeten $HClO_4$ zum Lösen und Oxydieren des NaBr-Überschusses ist nicht kritisch. Ein Verlust an P durch den NaBr-Zusatz wurde beim Abrauchen von synthetischen Proben nicht beobachtet [*2*]. Die nach dem Abrauchen mit $HClO_4$ verbleibende Fällung der Kieselsäure braucht nicht abfiltriert zu werden, da sie bei einer angeschlossenen P-Mo-säure-Extraktion in der wäßrigen Phase zurückbleibt. Außerdem können störende Mengen an Kieselsäure entfernt werden, indem man der Probelösung nach Zusatz von $HClO_4$ noch 2 Tropfen HF (40%) hinzufügt und die weitere Behandlung wie bei der Entfernung von As und Ge durchführt [*75*]. Bei einem tausendfachen NO_2^--Gehalt muß die doppelte Menge des Reduktionsmittels zugesetzt werden. Von der ausgefallenen Kieselsäure muß hingegen abfiltriert werden, wenn sie nach der Veraschung von biologischem Material mit $HNO_3/HClO_4$ zurückbleibt und die P-Bestimmung in wäßriger Phase stören würde [*76*]. Bei dem Verfahren nach ZINZADZE [*55*] hatten 2 mg Fe_2O_3 oder 10 g NO_3^- keinen Einfluß auf die Farbe. In einer Arbeit wurden mehrere Reduktionsverfahren miteinander verglichen [*76a*], in Übersichtsreferaten findet man zahlreiche Verfahren zusammengestellt [*76b—76d*].

Arbeitsvorschrift

I. Bestimmung in wäßriger Lösung [*60*]

Reagentien

Molybdat-Lösung; 25 g $Na_2MoO_4 \cdot 2\,H_2O$ in 1 l 10n H_2SO_4 lösen.
Hydrazinsulfat, 0,15%ige wäßrige Lösung.

25 ml Probelösung (1,5—60 µg P als PO_4^{3-} enthaltend und gegen Lackmus neutral) werden in einem 50 ml-Meßkolben mit 5 ml Molybdatlösung und 2 ml Hydrazinsulfatlösung versetzt. Man füllt mit Wasser zur Marke auf und mischt. Man hält die Lösung 10 min im siedenden Wasserbad und kühlt dann rasch ab. Wenn erforderlich, wird nochmals mit wenig Wasser auf die Marke eingestellt. Man photometriert bei 830 nm in einer 1 cm-Küvette gegen Wasser oder die Blindlösung.

II. Bestimmung in organischer Phase

Reagentien

Molybdat-Lösung; 25 g $Na_2MoO_4 \cdot 2\,H_2O$ werden in einem 250 ml-Meßkolben in Wasser gelöst und zur Marke aufgefüllt. Wenn erforderlich, filtriert man die Lösung.
$SnCl_2$-Lösung A; 2,38 g $SnCl_2 \cdot 2\,H_2O$ werden in 170 ml HCl (1,19) gelöst und mit Wasser auf 1 l aufgefüllt. Man fügt wenig Zinn (gekörnt) hinzu;
$SnCl_2$-Lösung B; 0,125 g $SnCl_2 \cdot 2\,H_2O$ in 100 ml Glycerin (die Lösung ist lange haltbar) [*71b*];
$HClO_4$ (72%);
Isobutanol;
NaBr, 35%ige wäßrige Lösung.

a) Extraktion [*2*]

25 ml Probelösung (1,5—60 µg P als PO_4^{3-} enthaltend und schwach sauer) werden in einem 100 ml-Becherglas mit 5 ml $HClO_4$ versetzt, mit Wasser auf 45 ml verdünnt und 5 ml Molybdatlösung hinzugefügt. Nach dem Mischen läßt man einige Minuten stehen. Man führt diese Lösung unter Nachwaschen mit wenig Wasser in einen 125 ml-Schütteltrichter über. Man extrahiert 1 min mit 40 ml Isobutanol. Nach der Phasentrennung verwirft man die wäßrige Phase. Der organische Extrakt wird zweimal mit je 25 ml Wasser gewaschen, die Waschwässer verworfen und nach b) oder c) fortgefahren.

b) Zweiphasen-Reduktion [*2*]

Zum wasserfreien Extrakt fügt man 25 ml $SnCl_2$-Lösung A und schüttelt 15 sec. Die wäßrige Phase wird verworfen; die organische Phase wird in einen 50 ml-Meßkolben abgelassen, der Schütteltrichter mit dem Solvens nachgewaschen und dieses mit dem

Extrakt vereinigt. Man füllt mit dem Lösungsmittel zur Marke auf und photometriert bei 725 nm in einer 1 cm-Küvette gegen die Blindlösung.

c) Einphasen-Reduktion [*71b*]

Wahlweise fügt man zu dem nach a) erhaltenen organischen Extrakt 1 ml $SnCl_2$-Lösung B und fährt mit dem Auffüllen im Meßkolben wie bei b) fort.

d) Entfernung von As und Ge [*2*]

Man versetzt die Probelösung mit 5 ml $HClO_4$ und 5 ml NaBr-Lösung und dampft bis zum Auftreten der dichten Nebel ein. Nach dem Abkühlen verdünnt man mit 40 ml Wasser und bestimmt P weiter nach der oben angegebenen Arbeitsvorschrift.

Wenn HNO_3 zum Lösen verwendet wurde, muß nach dem Zusatz von 5 ml $HClO_4$ ebenfalls bis zum Auftreten der dichten Nebel eingedampft werden.

1. Wässer

In Wässern kann P nach dem unter Arbeitsvorschrift I beschriebenen P-Mo-blau-Verfahren bestimmt werden, nachdem der aliquote Teil der Probe mit verd. H_2SO_4 bzw. verd. Ammoniak vorher gegen Phenolphthalein (Umschlag gerade auf farblos) neutralisiert wurde. Organisch gebundener P muß vorher durch Erhitzen mit $HClO_4$ in PO_4^{3-} übergeführt werden. Fe(III), As(V), NO_3^- und Tannin müssen abwesend sein. Eine Störung durch NO_2^- kann durch Zusatz von Sulfamidsäure zur Reagenslösung beseitigt werden [*77*].

Mit dem P-Mo-blau-Verfahren wurde P in Seewasser bestimmt [*1, 66a*].

1.1. Kesselwasser und Abwasser

Mit dem Verfahren können unter Verwendung von 100 ml Probe Gehalte von 3—600 µg P/l, mit einer kleineren Probemenge entsprechend höhere Gehalte, bestimmt werden. Mengen von 50 mg SiO_3^{2-}, 20 mg Fe, Anionen äquivalent zu 2 g NaCl, 50 mg $NaNO_3$, 5 g Na_2SO_4, 5 g $NaClO_4$ stören nicht. Organische Stoffe stören. As(V) stört ebenfalls. Diese Störung läßt sich durch Reduktion zu As(III) vermeiden, dann stören 10 mg As nicht. Bei größeren Mengen Cl^- und NO_3^- (2 g NaCl + 50 mg $NaNO_3$ stören) entfernt man diese durch Abrauchen mit H_2SO_4.

Arbeitsvorschrift [*62*]

Reagentien

$(NH_4)_6Mo_7O_{24}$-Lösung; 10 g $(NH_4)_6Mo_7O_{24} \cdot 4\,H_2O$ in 70 ml Wasser lösen und auf 100 ml verdünnen. Diese Lösung wird langsam unter Kühlen zu 300 ml H_2SO_4 (1 + 1) zugegeben.
Ascorbinsäure;
H_2SO_4 (1,84); HNO_3 (1,42); $HClO_4$ (60%);
1 n H_2SO_4;
1 n NaOH;
$Na_2S_2O_5$.

a) Kesselwasser

Man bringt eine geeignete Menge der neutralisierten Probe [1,5—60 µg P (mit 1 cm-Küvette), 0,8—30 µg P (mit 2 cm-Küvette), 0,3—12 µg P (mit 5 cm-Küvette) als PO_4^{3-} enthaltend] in einen 100 ml-Erlenmeyerkolben und stellt durch Verdünnen oder Eindampfen die Lösung auf ein Volumen von 40 ml ein. Man fügt 4,0 ml $(NH_4)_6Mo_7O_{24}$-Lösung hinzu, mischt, versetzt unter Rühren mit 0,1 g Ascorbinsäure und erhitzt nach deren Lösen 1 min bei Siedetemperatur. Nach dem Abkühlen und Überführen der Lösung in einen 50 ml-Meßkolben wird mit Wasser zur Marke aufgefüllt und in der entsprechenden Küvette bei 820 nm gegen den Blindwert photometriert.

b) Abwässer

(Chloride, Nitrate oder organisches Material enthaltend).
In einem 250 ml-Becherglas wird eine entsprechende Menge der Probe mit 1n H_2SO_4 oder 1n NaOH neutralisiert, danach 3 ml H_2SO_4 (1,84) zugesetzt und bis zum Auftreten der SO_3-Dämpfe erhitzt. Falls organisches Material anwesend ist, läßt man abkühlen, versetzt mit 1 ml HNO_3 und erhitzt wieder bis zum Rauchen. Man kühlt die Lösung abermals ab, fügt 1 ml HNO_3 und 1 ml $HClO_4$ hinzu, erhitzt erneut und hält 5 min im Sieden. Nach dem Abkühlen versetzt man mit 5 ml Wasser und erhitzt erneut bis zum Rauchen. Man kühlt ab, fügt 25 ml Wasser hinzu, kocht 5 min, neutralisiert die Lösung mit 2,5n NaOH, verdünnt mit Wasser auf 40 ml und verfährt weiter wie vorher bei a) angegeben.

Bei Anwesenheit von AsO_4^{3-} wird eine entsprechende Menge der Probe auf 30 ml gebracht, mit 1 g $Na_2S_2O_5$ sowie 12 ml 1n H_2SO_4 versetzt, gut durchgemischt und 4 Std stehen gelassen. Nach dem Zusatz von 4 ml $(NH_4)_6Mo_7O_{24}$-Lösung verfährt man weiter wie vorher bei a) angegeben.

1.2. Abwässer

Der Anwendungsbereich ist derselbe wie bei Verfahren D. 1.1.

Arbeitsvorschrift [*78*]

Reagentien

$(NH_4)_6Mo_7O_{24}$-Lösung, wie bei Verfahren D.1.1.
Metol/Sulfit-Lösung; 40 g $Na_2S_2O_5$ und 1 g $Na_2SO_3 \cdot 7\,H_2O$ werden in Wasser gelöst, 0,2 g Metol (p-Methylaminophenolsulfat) hinzugegeben und mit Wasser auf 100 ml aufgefüllt.
H_2SO_4 (1 + 2); H_2SO_4 (1,84); 10n NaOH.

a) Anorganischer P

Bis zu 10 ml Probe (bis 80 μg P enthaltend) werden mit H_2SO_4 auf 5n H_2SO_4 eingestellt und 15 min bei konstantem Volumen gekocht, um kondensierte Phosphate in PO_4^{3-} überzuführen. Nach dem Abkühlen filtriert man, wenn nötig, macht mit NaOH gegen Phenolphthalein fast neutral, versetzt mit je 5 ml $(NH_4)_6Mo_7O_{24}$- und Metol/Sulfit-Lösung und erhitzt 30 min auf dem siedenden Wasserbad. Danach kühlt man ab, führt in einem 50 ml-Meßkolben über, füllt mit Wasser zur Marke auf und photometriert in einer 1 cm- (2—80 μg P) oder 5 cm-Küvette (0,5—15 μg P) bei 650 nm gegen den Blindwert.

b) Gesamt-P

Bis zu 10 ml Probe versetzt man mit 0,3—0,5 ml H_2SO_4 (1,84) und erhitzt in einem Kjeldahlkolben, bis die Lösung farblos ist. Nach dem Abkühlen führt man unter Nachspülen in einen 50 ml-Meßkolben über, bringt mit Wasser auf 20 ml (wenn nötig, filtriert man die Lösung), neutralisiert fast mit NaOH gegen Phenolphthalein und füllt mit Wasser zur Marke auf. Einen aliquoten Teil der Lösung versetzt man mit 5 ml $(NH_4)_6Mo_7O_{24}$-Lösung und fährt nach a) fort.

2. Organisches Material

Außer den nachfolgend genannten Verfahren wurde P in Blut, Plasma, Serum, Harn [*23, 26, 65, 66, 79—80a*] und anderem organischem Material [*58, 81—81d*] als P-Mo-blau bestimmt.

Anstelle der trockenen Veraschung nach der Sauerstoff-Kolben-Methode und der nassen Veraschung wird die Umsetzung mit HI/CaI_2 empfohlen [*81 d*], die sich bei Insecticiden und anderen organischen P-Verbindungen bewährte, wie z. B. bei 2,2-Dichlorvinyldimethylphosphat, Trimethylphosphat, Methylparathion, 0,0,0-Tri-p-tolylphosphorothioat, 0,0,0-Triäthylphosphorothioat, Tricyclohexylphosphinoxyd, Phosdrin usw.:

Hierzu versetzt man die Probe in einem 30—50 ml-Tiegel mit 2 ml Reagens [50 ml HI (~ 50%), 0,6 g $Ca(OH)_2$, 50 ml Wasser und 500 g Phenol füllt man mit Essigsäure auf 1 l auf], erhitzt den bedeckten Tiegel auf dem siedenden Wasserbad 10 min (≧ 30 min bei Arylestern von Phosphaten, Phosphonamiden, Dithiophosphatestern wie z. B. 0,0,S-Triäthylphosphorodithioat; Dithiophosphatester werden mit Bromwasser vorbehandelt), entfernt dann den Deckel, verdampft Lösungsmittel und Reagensüberschuß, dampft ein und verkohlt auf der Heizplatte bzw. über offener Flamme und beendet die Veraschung im Muffelofen bei 700° C.

2.1. Harn und andere biologische Flüssigkeiten

Zur Bestimmung nur des anorganischen P neben organisch gebundenem P in Harn und anderem biologischem Material diente ein Verfahren, bei welchem die im butanolischen Extrakt vorliegende P-Mo-säure mit Hydrochinon zu P-Mo-blau reduziert wird [*64*]. Zur photometrischen Bestimmung kann sowohl das in wäßriger Lösung vorliegende P-Mo-blau als auch der mit Butanol extrahierte Komplex verwendet werden ($L_Q = 0{,}2\,\mu g$ $P \cdot ml^{-1} \cdot cm^{-1}$). Eine vergleichende Überprüfung von 1-Amino-2-naphthol-4-sulfosäure, Ascorbinsäure und Hydrochinon zeigte, daß mit letzterem auch bei relativ geringer Säurekonzentration (~ 0,2n bzw. ~ 0,04 n) eine bis zu mehreren Stunden anhaltende Farbstabilität in wäßriger Lösung erreicht werden kann. Da $SnCl_2$ oder $FeSO_4$ als Reduktionsmittel eine höhere Säurekonzentration benötigen, die bereits zur Hydrolyse der organischen P-Verbindungen führen kann, kamen sie hier nicht in Betracht. Wenn das in der Probe zu bestimmende anorganische Phosphat relativ störungsfrei neben den organischen P-Verbindungen vorliegt, empfiehlt es sich, bei geringerer Säurekonzentration (Methode II) zu arbeiten. Bei der Bestimmung des P nach Methode I sind folgende Mengenverhältnisse an störenden Ionen noch zulässig (Mengenverhältnis Fremdion: PO_4^{3-}): As(V) (5), NaF (15), Ammoniumoxalat (70), Natriumcitrat (150) und Natriumsilicat (2). Bei Methode II dürfen höchstens folgende Ionen anwesend sein (in µg/ml): SO_4^{2-} (4660), NO_3^- (156), Fe(III) (22), Natriumcitrat (3780). Die Farbentwicklung des P-Mo-blau in der wäßrigen Phase nach vorangehender Extraktion bietet den Vorteil, daß die Hauptmenge an Molybdat oder Molybdänsäure bereits entfernt ist und damit eine katalytische Wirkung des Molybdats auf den organisch gebundenen P ausgeschaltet ist. Außerdem ist auch das überschüssige Reduktionsmittel, da es sich bevorzugt im Alkohol löst, nicht mehr in der wäßrigen Phase anwesend. Falls der Gesamt-P-Gehalt bestimmt werden soll, so muß die Probe vorher naß verascht werden.

B: 5–125 µg P. F_r: ±2%.

Arbeitsvorschrift [*64*]

Reagentien

~ 10 n H_2SO_4; 280 ml H_2SO_4 (1,84) in Wasser auf insgesamt 1 l verdünnen;
1 n H_2SO_4; 0,2 n H_2SO_4;
Hydrochinon, 2%ige wäßrige Lösung;
$Na_2S_2O_5$, 15%ige wäßrige Lösung;
Na_2SO_3, 20%ige wäßrige Lösung;
$(NH_4)_6Mo_7O_{24} \cdot 4\,H_2O$, 5%ige wäßrige Lösung;
n-Butanol.

I. Anwesenheit von labilem Phosphat und von störenden Ionen

In einem 100 ml-Schütteltrichter werden nacheinander 10 ml Wasser, die Probelösung (6—125 μg P enthaltend), 5 ml 0,2n H_2SO_4 und 2 ml $(NH_4)_6Mo_7O_{24}$-Lösung gegeben. Man schüttelt kurz durch und läßt 1 min stehen. Es bildet sich der gelbe P-Mo-säure-Komplex, der mit 7—8 ml n-Butanol 30—60 sec lang ausgeschüttelt wird. Man verwirft die wäßrige Phase und schüttelt die organische Phase kurz mit 15 ml Wasser. Es bildet sich eine Emulsion, die anzeigt, daß die Säurekonzentration nur gering ist. Man setzt nun 1 ml Hydrochinon-Lösung hinzu, schüttelt durch, worauf sich eine grünliche Emulsion bildet. Auf Zusatz von 1 ml $Na_2S_2O_5/Na_2SO_3$-Gemisch (95 ml $Na_2S_2O_5$-Lösung + 5 ml Na_2SO_3-Lösung) und Schütteln verschwinden der gelbe Komplex und die Emulsion. Nach der Phasentrennung wird die nun blaue wäßrige Phase in einen 25 ml-Meßkolben abgefüllt, mit Wasser zur Marke aufgefüllt und in einer 1 cm-Küvette bei 720 nm gegen den Blindwert photometriert.

In Gegenwart störender Ionen verwendet man von der eben genannten Vorschrift abweichend 5 ml 1n H_2SO_4 und 5 ml Molybdat-Lösung. Auch empfiehlt es sich, den butanolischen Extrakt dann jeweils einmal mit 5 ml und 15 ml Wasser zu waschen. Nach der Emulsionsbildung wird, wie vorher angegeben, weitergearbeitet.

Bei Methode I kann der blaue Komplex auch in der organischen Phase gemessen werden, indem zur blauen wäßrigen Phase vor dem Auffüllen zur Marke 8 ml n-Butanol und 5 ml 1n H_2SO_4 zugesetzt werden. Beim Schütteln wird der blaue Komplex quantitativ extrahiert. Diese Arbeitsweise empfiehlt sich bei Vorhandensein störender Elemente. Unter Nachwaschen mit Butanol wird im Meßkolben auf 25 ml gebracht und photometriert.

II. Abwesenheit von labilem Phosphat und von störenden Ionen

Man pipettiert die Probelösung (5—125 μg P enthaltend) in einen 25 ml-Meßkolben und wäscht mit 10 ml Wasser die Kolbenwände nach. Hierauf fügt man nacheinander 5 ml 0,2n H_2SO_4, 2 ml $(NH_4)_6Mo_7O_{24}$-Lösung und 1 ml Hydrochinon-Lösung hinzu, mischt gut durch und läßt 10—20 min bei Raumtemperatur stehen. Danach wird 1 ml $Na_2S_2O_5/Na_2SO_3$-Gemisch zugesetzt, durchgemischt, mit Wasser zur Marke aufgefüllt und nach 10—15 min in einer 1 cm-Küvette bei 720 nm photometriert.

2.2. Treibstoffe und andere Erdölprodukte

Zur Bestimmung von 5—50 μg P/ml in Tritolylphosphat enthaltenden Treibstoffen wurde die Probe eingedampft, der Rückstand mit H_2SO_4/H_2O_2 naß verascht und das P-Mo-blau-Verfahren mit Hydrazinsulfat [*60*] angewandt [*82*]. Obwohl man auf diesem Wege gute Ergebnisse bei tritolylphosphathaltigen Proben erzielt, ist das Verfahren wegen der höheren Flüchtigkeit anderer als Zusätze in Treibstoffen verwendeter Organo-P-S-Verbindungen und der damit verbundenen Verluste nicht allgemein anwendbar, weshalb die Adsorption an ZnO mit anschließender Veraschung [*70, 83, 84*] und photometrischer Bestimmung als P-Mo-blau vorgeschlagen wird [*85*]. Schließlich wurde ein Schnellverfahren mit einem Zeitbedarf von etwa 20 min für Gehalte von 0,003—4% P in Schmierölen beschrieben, bei dem die Probe in einem Schöniger-Verbrennungskolben [*86—88*] in O_2-Atmosphäre verascht und der P als P-Mo-blau bestimmt wird [*88*].

B: 0,5—120 ppm P. *s:* ±0,56 ppm P. *Z:* 25 min.

Arbeitsvorschrift [*88a*]

Reagentien

Na_2CO_3 sicc.; H_2SO_4 (1 + 11).

Übrige Reagentien wie bei Arbeitsvorschrift I (s. S. 907).

Zu 3,0 g Na_2CO_3 in einem 15 ml-Platintiegel gibt man 2,00 ml (<60 ppm P) oder 1,00 ml (>60 ppm P) Probe, bedeckt mit weiteren 3,0 g Na_2CO_3, verascht die Probe mit offener Flamme und erhitzt dann bis zur klaren Schmelze. Die erkaltete Schmelze wird in einem 400 ml-Becherglas mit ~ 38 ml H_2SO_4 (1 + 11) gelöst, die Lösung (sie soll neutral bis schwach sauer sein) in einen 100 ml-Meßkolben übergeführt und nach Arbeitsvorschrift I (s. S. 907) unter Verwendung der doppelten Reagensmengen und einer 1 cm-, 2 cm- oder 5 cm-Küvette (bei 1 ml Probe für Gehalte von 3–120 ppm P, 1,5–60 ppm bzw. 0,6–24 ppm P) fortgefahren.

3. Metalle und Legierungen

Das P-Mo-blau-Verfahren fand in einer Reihe von Arbeiten Anwendung zur Bestimmung von P in Eisen, unlegierten und legierten Stählen [*5, 10a, 71a, 75, 89–92b*], Isolierungsrückständen [*92*], Kobalt, Nickel [*10a*], Aluminiumlegierungen [*92c*], Titan und Titanlegierungen [*93*].

3.1. Stahl

Das nachfolgende Verfahren eignet sich für unlegierte und legierte Stähle. Störungen werden durch mehrere Maßnahmen beseitigt: Si wird mit HF [*2, 75*], As mit HBr [*2, 92b, 93a*] und Cr als CrO_2Cl_2 [*92b, 93a*] verflüchtigt, ausfallendes Nb, Ta oder W abfiltriert [*92b, 93a*], Ti mit Ascorbinsäure [*92b, 93a*] und Zr mit ÄDTA/Tartrat [*93a*] maskiert. Für die Bestimmung in Anwesenheit von Ascorbinsäure [Verfahren f)] oder ÄDTA/Tartrat [Verfahren g)] müssen gesonderte, nach dem entsprechenden Verfahren aufgestellte Eichkurven verwendet werden [*92b*].

B: 1,5–1360 ppm P. F_r: ±1–5%.

Arbeitsvorschrift [*2, 93a*]

Reagentien

HNO_3 (1,40); HCl (1,19); HF (40%); $HClO_4$ (70%); $HClO_4$ (1 + 19); $HClO_4$ (1 + 49); HBr (48%); H_2SO_4 (1,84); 1 n H_2SO_4.
SO_2-Lösung, gesättigt.
$(NH_4)_6Mo_7O_{24}$-Lösung; 50 g $(NH_4)_6Mo_7O_{24} \cdot 4\,H_2O$ werden in 400 ml Wasser gelöst, mit 115 ml H_2SO_4 (1,84) versetzt und mit Wasser auf 1 l aufgefüllt.
ÄDTA, 5%ige wäßrige Lösung.
Ammoniumtartrat, 10%ige wäßrige Lösung.
Ascorbinsäure, 15%ige wäßrige Lösung.
$SnCl_2$-Vorratslösung, 40%ig in HCl (1,19).
$SnCl_2$-Lösung; 1 ml $SnCl_2$-Vorratslösung verdünnt man mit 200 ml 1 n H_2SO_4 (täglich frisch herzustellen).
Isobutanol; Methanol.

a) Lösen der Probe

0,5 g Probematerial wird in einem 200 ml-Erlenmeyerkolben mit 10 ml HNO_3 und 5 ml HCl gelöst, Si durch Zusatz von 10 Tropfen HF entfernt, einige min gekocht, 15 ml $HClO_4$ (70%) hinzugefügt, bis zum Auftreten der $HClO_4$-Nebel erhitzt und nach b), c) oder d) fortgefahren.

b) Stahl mit <0,5% Cr, <0,5% Ti

Man kühlt ab, löst die Salze mit wenig Wasser, versetzt mit 5 ml HBr, erhitzt bis zum beginnenden Rauchen der $HClO_4$, entfernt etwa noch anwesendes Cr wie unter c), dampft bis zur Sirupkonsistenz ein, kühlt im fließenden Wasser ab und fährt nach e), f) oder g) fort.

c) Stahl mit ≧ 0,5% Cr

Die nach a) erhaltene Lösung erhitzt man bis zur vollständigen Oxydation des Cr, verflüchtigt Cr(VI) durch Eintropfen von HCl, kühlt ab und fährt mit dem Zusatz von Wasser und HBr nach b) fort.

d) Nb, Ta und W anwesend

Man verdünnt die nach a) erhaltene Lösung mit 30 ml Wasser, filtriert den unlöslichen Rückstand ab, wäscht mit warmer $HClO_4$ (1 + 19), verwirft den Rückstand, engt das Filtrat durch Kochen bis zum Auftreten der $HClO_4$-Nebel ein und fährt nach b) oder c) fort. Beim Verdünnen nach e), f) oder g) etwa ausfallende W-säure wird erneut abfiltriert.

e) Ti und Zr abwesend

Den nach a) erhaltenen Eindampfrückstand löst man mit 50 ml Wasser, fügt 10 Tropfen SO_2-Lösung sowie einige Siedesteinchen hinzu, kocht 10 min, kühlt im Fließwasser ab, füllt in einem 100 ml-Meßkolben mit Wasser zur Marke auf und fährt nach h) fort.

f) ≧ 0,5% Ti anwesend

Den nach a) erhaltenen Eindampfrückstand löst man mit 20 ml Ascorbinsäure-Lösung (zur Maskierung von ≦ 3% Ti ausreichend), füllt im 100 ml-Meßkolben mit Wasser zur Marke auf und fährt nach h) fort.

g) Zr anwesend

Den nach a) erhaltenen Eindampfrückstand löst man mit 20 ml $HClO_4$ (1 + 19), versetzt mit 10 Tropfen SO_2-Lösung, 5 ml ÄDTA-Lösung sowie 5 ml Ammoniumtartrat-Lösung und füllt im 100 ml-Meßkolben mit Wasser zur Marke auf. Nach einer Standzeit von 2 Std wird nach h) fortgefahren.

h) Extraktion und Photometrieren

Von der nach e), f) oder g) erhaltenen Probelösung gibt man einen aliquoten Teil von 10,0 ml (1 cm-Küvette: 35—1360 ppm P), 20,0 ml (1 cm-Küvette: 17—680 ppm P; 2 cm-Küvette: 8,5—340 ppm P; 5 cm-Küvette: 3,5—140 ppm P) oder 50,0 ml (1 cm-Küvette: 7—270 ppm P; 2 cm-Küvette: 3—130 ppm P; 5 cm-Küvette: 1,5—50 ppm P) in einen 200 ml-Schütteltrichter, bringt mit $HClO_4$ (1 + 49) auf 50 ml, fügt 10 ml $(NH_4)_6Mo_7O_{24}$-Lösung hinzu und extrahiert 1 min mit 20 ml Isobutanol. Die wäßrige Phase wird verworfen, der organische Extrakt mit 15 ml $SnCl_2$-Lösung 30 sec geschüttelt, die wäßrige Phase erneut verworfen, der organische Extrakt in einem 50 ml-Meßkolben mit Methanol zur Marke aufgefüllt und in einer 1 cm-, 2 cm- oder 5 cm-Küvette bei 725 nm gegen den Blindwert photometriert.

3.2. Reinsteisen

Nach dem Lösen der Probe wird Fe durch Elektrolyse mit der Hg-Kathode und Hg durch H_2S-Fällung entfernt, Si mit HF und As mit HBr verflüchtigt.

B: ≧ 0,1 ppm P. F_r: ±24% 1 ppm P; ±5—10% bei höheren Gehalten.

Arbeitsvorschrift [*5*]

Reagentien

$HClO_4$ (72%); HNO_3 (1,40); HNO_3 (1 + 1);
HF (40%); HBr (48%);

KSCN, 5%ige wäßrige Lösung.
Na_2SO_3, 10%ige wäßrige Lösung.
Hydrazinsulfat, 0,15%ige wäßrige Lösung.
$(NH_4)_6Mo_7O_{24}$-Lösung; 20 g $(NH_4)_6Mo_7O_{24} \cdot 4\,H_2O$ werden in einer abgekühlten Lösung von 300 ml H_2SO_4 (1,84) und 500 ml Wasser gelöst und mit Wasser auf 1 l aufgefüllt.
$(NH_4)_6Mo_7O_{24}$/Hydrazinsulfat-Gemisch; in einem 100 ml-Meßkolben werden 25 ml $(NH_4)_6Mo_7O_{24}$-Lösung mit Wasser auf 80 ml gebracht, 10 ml Hydrazinsulfat-Lösung hinzugegeben und mit Wasser zur Marke aufgefüllt. Vor Gebrauch frisch herzustellen.

4,0 g Probematerial werden in einem mit einem Uhrglas bedeckten 600 ml-Becherglas mit 50 ml HNO_3 (1 + 1) gelöst, einige Tropfen HF sowie 28 ml $HClO_4$ hinzugegeben und bis zum Auftreten der $HClO_4$-Nebel eingedampft. Man raucht ab, bis die Salze ausfallen und nur noch wenig Säureüberschuß vorhanden ist. Nach dem Abkühlen spült man die Glaswände ab, verdünnt mit Wasser auf 75 ml und kocht 1 min. Die abgekühlte Lösung wird in eine mit 35 ml Hg beschickte, wassergekühlte Hg-Elektrolysierzelle (s. S. 391) übergeführt und mit einem rohrlosen Trichter bedeckt. Mittels eines durch die Trichterbohrung eingeführten Glasrohres wird Luft (1 Blase/sec) in das Hg eingeleitet. Man elektrolysiert 1 Std bei 15 Amp. Unter Stromfluß wird das Hg abgetrennt, die Lösung in das Becherglas zurückgebracht, bis zum Ausfallen der Salze eingedampft, nach dem Abkühlen mit Wasser auf 75 ml verdünnt, 1 min gekocht und die abgekühlte Lösung erneut bei 4 Amp elektrolysiert, bis beim Tüpfeln mit KSCN-Lösung nur mehr Spuren von Fe wahrnehmbar sind. Unter Stromfluß überführt man die Lösung wieder in das Becherglas, dampft auf 3 ml ein, verdünnt nach dem Abkühlen mit Wasser auf 75 ml, kocht 1 min und leitet 10 min H_2S ein. Man filtriert durch ein Filter, wäscht zweimal mit H_2S-gesättigtem Wasser nach und dampft das Filtrat bis zum Auftreten der $HClO_4$-Nebel ein. Nach dem Abkühlen wird mit 3 ml HBr (1 + 4) versetzt und gerade zur Trockene eingedampft. Man fügt 3,0 ml $HClO_4$ hinzu, raucht 2 min ab, versetzt nach dem Abkühlen mit 10 ml Wasser und kocht 1 min. Nach kurzem Abkühlen fügt man 15 ml Na_2SO_3-Lösung hinzu, kocht 30 sec und erhitzt nach Zusatz von 20 ml $(NH_4)_6Mo_7O_{24}$/Hydrazinsulfat-Gemisch gerade zum Sieden und hält 30 min auf dem Wasserbad bei Siedetemperatur. Nach dem Abkühlen führt man die Lösung in einen 50 ml-Meßkolben über, füllt mit verdünntem (1 + 4) $(NH_4)_6Mo_7O_{24}$/Hydrazinsulfat-Gemisch zur Marke auf und photometriert in einer 1 cm-, 2 cm- oder 5 cm-Küvette bei 830 nm gegen einen Blindwert.

3.3. Germanium

Ge wird als Chlorid zuerst aus $HCl/HNO_3/HClO_4$-Lösung und zuletzt aus $HCl/HClO_4$-Lösung abdestilliert, wobei darauf zu achten ist, daß P als PO_4^{3-} verbleibt, weshalb die Temperatur nicht zu hoch steigen darf. In Anwesenheit von Natriumfluoroborat stören nicht (jeweils 50 µg): Ag, Al, B, Ba, Be, Bi, Ca, Cd, Ce, Cr, Co, Fe, Ga, Ge, Hf, Hg, In, Ir, K, La, Li, Mg, Mn, Mo, Na, Nb, Nd, Ni, Os, Pb, Pd, Pt, Re, Rh, Ru, Sb, Sc, Sm, Sn, Sr, Ta, Te, Th, Ti, Tl, U, V, W, Y, Zn und Zr. As, Au, Cu, Se und Si stören. Doch können As und Se als Bromide verflüchtigt werden; Si wird mit heißer $HClO_4$ dehydratisiert. Cu (und Au) wird in µg-Mengen in verdünnter $HClO_4$-Lösung durch Zementation an Pb entfernt, wobei Fe nicht stört, wenn Chlorid abwesend ist.

B: 0,08–>3 ppm P.

Arbeitsvorschrift [*94*]

Reagentien

$HClO_4$ (70%); HNO_3 (1,42) redest.; HCl (4 + 6);
HCl redest.: 1 l HCl (1,19) versetzt man mit 2 g $(NH_4)_2Fe(SO_4)_2 \cdot 6\,H_2O$ und 500 ml Wasser und destilliert zur Entfernung des As, wobei die erste und letzte Fraktion von je 50 ml verworfen werden. Das Destillat enthält nach dem Mischen ~ 24% HCl.

HBr (48%) redest.
HNO_3/HCl (1 + 99); aus den redest. Säuren kurz vor Gebrauch herstellen.
HNO_3/HCl (1 + 5); in gleicher Weise herzustellen.
$KBrO_3$, 0,03%ige wäßrige Lösung.
Ammoniak (0,91); Ammoniak (1 + 1);
$NaBF_4$-Lösung; 5 g NaF und 30 g H_3BO_3 fügt man zu 300 ml Wasser, filtriert nach dem Lösen, bringt mit Wasser auf 500 ml und bewahrt in einer Polyäthylenflasche auf.
Methylrot, 0,02%ige wäßrige Lösung;
$(NH)_6Mo_7O_{24} \cdot 4\,H_2O$, 1%ige wäßrige Lösung.
Hydrazinsulfat, 0,16%ige wäßrige Lösung.
Blei, gepulvert.

Aufstellung der Eichkurve

0, 1,0, 2,0, 3,0, 4,0 und 5,0 ml P-Stammlösung (1 µg P/ml) werden in 25 ml-Meßkolben vorgelegt und mit Wasser auf etwa 10 ml verdünnt. Man versetzt mit 0,5 ml $HClO_4$, 1,25 ml $NaBF_4$-Lösung und 1 Tropfen Methylrotlösung, neutralisiert tropfenweise mit Ammoniak, bis die Lösung gerade nach Gelb umschlägt, gibt nun tropfenweise bis zum Umschlag nach Rot HCl (4 + 6) und danach noch 1,25 ml im Überschuß hinzu. Die Lösung wird mit 0,2 ml $KBrO_3$-Lösung versetzt, erwärmt und gerührt, um die Lösung zu entfärben. Nach dem Abkühlen fügt man 1,25 ml $(NH_4)_6Mo_7O_{24}$-Lösung hinzu, mischt, versetzt mit 1,25 ml Hydrazinsulfat-Lösung, füllt mit Wasser zur Marke auf und mischt gut durch. Man erhitzt die Lösung 5 min im siedenden Wasser; man entfernt sie, läßt 1 min stehen, kühlt danach rasch auf Raumtemperatur ab und photometriert sofort in einer 5 cm-Küvette bei 840 nm gegen Wasser.

Analyse

2,0 g fein zerkleinertes Probematerial werden in einem 125 ml-Erlenmeyerkolben mit 2 ml $HClO_4$ und 50 ml HNO_3/HCl (1 + 5) nach Bedecken mit einem Uhrglas unter Erwärmen (Heizplatte, etwa 250° C) gelöst. Man entfernt das Uhrglas, engt auf 5—10 ml ein, versetzt die Lösung bei beginnendem Trübwerden mit 15 ml HCl redest., bedeckt mit einem Uhrglas und löst ausgefälltes GeO_2 durch Kochen. Man engt die Lösung auf ~ 2 ml ein, entfernt das Uhrglas, erhitzt bis zum ersten Auftreten der dichten $HClO_4$-Nebel, kühlt etwas ab, fügt 15 ml HCl redest. hinzu und erhitzt wieder, um die letzten Spuren Ge zu verflüchtigen. Nach dem Auftreten der $HClO_4$-Nebel wird abgekühlt, 3 ml HBr hinzugegeben und über der Flamme auf 0,5 ml eingeengt, wobei As, Sb und Se verflüchtigt werden. Man kühlt ab, versetzt mit 15 ml Wasser und 0,2 g Bleipulver, bedeckt mit einem Uhrglas und kocht gelinde 15 min, um vorhandenes Cu abzuscheiden. Nach Zusatz von 1,25 ml $NaBF_4$-Lösung bedeckt man mit einem Uhrglas, kocht 1 min, um ausgefallenes $Zr_3(PO_4)_4$ zu lösen, filtriert nach dem Abkühlen in einen 25 ml-Meßkolben, wäscht 2mal mit Wasser nach und fährt nach Zusatz von 1 Tropfen Methylrotlösung wie bei der Aufstellung der Eichkurve fort.

3.4. Silicium

B: 0,1—6 ppm P. F_r: ±5—10%.

Arbeitsvorschrift [*95*]

Reagentien

$HClO_4$ (70%); HNO_3 (1,40); HF (40%); 0,1 n HCl.
Na_2MoO_4-Lösung; 685 mg $Na_2MoO_4 \cdot 2\,H_2O$ und 40 mg Hydrazinsulfat werden in 10 ml Wasser gelöst, unter Eiskühlung 10 ml H_2SO_4 (1,84) hinzugefügt und mit Wasser auf 100 ml aufgefüllt.

1,0 g Probematerial wird in einem 50 ml-Teflontiegel mit 0,5 ml $HClO_4$ sowie 5—7 ml HNO_3 versetzt, mit Hilfe eines Aluminiumheizblockes auf 90—100° C erhitzt, tropfenweise 15 ml HF hinzugefügt und dann zur Verflüchtigung von Säuren und SiF_4 auf 150° C erhitzt. Den Trockenrückstand überführt man mit 4mal 0,50 ml (Auswaschpipette, s. Abb. 19, S. 116) 0,1n HCl in einen 5 ml-Meßzylinder mit Schliffstopfen, versetzt mit 0,50 ml Na_2MoO_4-Lösung, erhitzt 30 min im siedenden Wasserbad, kühlt im fließenden Wasser und photometriert in einer 1 cm-Mikroküvette bei 820 nm gegen Wasser. Bei Gehalten von 3–6 ppm P arbeitet man mit den doppelten Mengen 0,1n HCl und Molybdat-Lösung und 5 ml Endvolumen. Die Aufstellung der Eichkurve erfolgt nach der Arbeitsvorschrift mit 100 mg P-freiem Silicium und Zusetzen abgestufter P-Mengen.

4. Verschiedenes

4.1. Germaniumdioxyd

B: 0,05–>2 ppm P.

Arbeitsvorschrift [*94*]

Reagentien

Wie bei Verfahren D.3.3.

3,0 g gepulvertes Probematerial werden in einem 125 ml-Erlenmeyerkolben mit 2 ml $HClO_4$ und 50 ml HNO_3/HCl (1 + 99) nach Bedecken mit einem Uhrglas unter Erwärmen (Heizplatte, etwa 200° C) und gelegentlichem Umschwenken gelöst; man entfernt das Uhrglas und läßt die Lösung eindampfen. Wenn die Lösung annähernd klar ist, erhöht man die Temperatur der Heizplatte, bedeckt mit dem Uhrglas und kocht, bis alles GeO_2 gelöst ist. Das Uhrglas wird entfernt, die Lösung bis zum Auftreten der dichten $HClO_4$-Nebel erhitzt, bei Bedarf (falls noch Ge anwesend sein sollte; im allgemeinen ist das Ge hier bereits vollständig verflüchtigt) noch 5 ml HCl redest. zugesetzt, erneut bis zum Auftreten der $HClO_4$-Nebel erhitzt, nach dem Abkühlen 3 ml HBr redest. hinzugegeben und nach Verfahren D.3.3. fortgefahren.

4.2. Luft

Nach dem P-Mo-blau-Verfahren wurden flüchtige organische P-Verbindungen in der Luft bestimmt [*49*].

B: 6–6000 µg P/m³. F_r: ±5%.

Man saugt 10–50 l Luft (1,5–2 l/min) durch eine Waschflasche (s. S. 176f.), die mit 10 ml bzw. 20 ml Absorptionslösung [2,5n NaOH für saure P-Verbindungen; 2,5n NaOH/Methylglykol (1 + 1) für verseifbare P-Verbindungen] beschickt ist [*96*], führt anschließend die Absorptionslösung in einen 100 ml-Erlenmeyerkolben über und dampft zur Trockene ein. Der Trockenrückstand wird mit 10 ml H_2SO_4/HNO_3 (1:3) naß verascht, fast zur Trockene eingedampft, mit 10 ml Wasser aufgenommen, kurz aufgekocht, abgekühlt und mit der Bestimmung nach der Arbeitsvorschrift I (s. S. 907) unter Verwendung einer 1 cm-, 2 cm- oder 5 cm-Küvette fortgefahren.

E. Indirekte photometrische Bestimmung

1. 2-Amino-4-chlorthiophenol

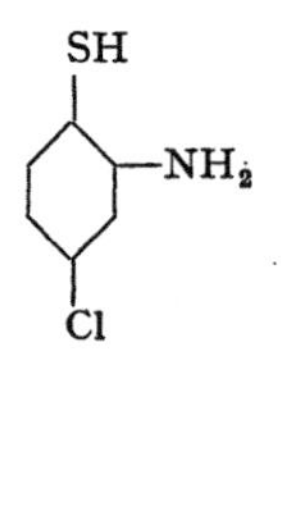

2. Dithiol

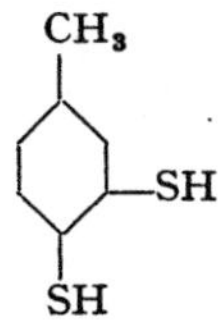

3. Thiocyanat, SCN^-

Wie As (s. S. 451) läßt sich auch P mit hoher Empfindlichkeit durch eine Vervielfachungsreaktion (s. S. 75) indirekt bestimmen, indem man zuerst den P als P-Mo-säure extrahiert, die Heteropolysäure mit alkalischer Lösung zerlegt und anschließend das Mo mit einem geeigneten Reagens photometrisch bestimmt. Die Empfindlichkeitssteigerung ergibt sich, wie schon früher erwähnt (s. S. 75) aus dem Atomverhältnis P: Mo = 1:12 in der Heteropolysäure. Diese Arbeitsweise setzt ein Extraktionssystem voraus, das eine quantitative Abtrennung der P-Mo-säure von überschüssigem MoO_4^{2-} bzw. Mo-säure gestattet. Hierzu sind erforderlich: ein möglichst hoher Verteilungskoeffizient für die P-Mo-säure, ein möglichst kleiner Verteilungskoeffizient für die freie Mo-säure und eine gute Phasentrennung. Alle drei Bedingungen sind bei der Extraktion mit Diäthyläther/Isobutanol (5 + 1) aus 0,4n HCl/0,006m MoO_4^{2-}-Lösung am besten erfüllt [*35a*] (s. S. 897).

Das indirekte Verfahren nach dem oben geschilderten Prinzip fand mehrfach Anwendung, jedoch in unterschiedlicher Ausführung der drei Arbeitsschritte a) Extraktion der P-Mo-säure, b) Zerlegung der P-Mo-säure, c) Bestimmung des Mo:

a) mit Diäthyläther/Isobutanol (5 + 1) aus 1,2n $HClO_4$/0,04m MoO_4^{2-}-Lösung [*97*], $CHCl_3$/Butanol (4 + 1) aus 1n HCl/0,024m MoO_4^{2-}-Lösung [*98*] nach einer früheren Arbeit [*16*] (s. S. 897), Diäthyläther/Isobutanol (5 + 1) aus 0,4n HCl/0,005m MoO_4^{2-}-Lösung [*99*];
b) mit 1m NH_4Cl/1m Ammoniak-Lösung [*95*], 2n Ammoniak [*98*], 0,1n NaOH [*99*];
c) Photometrieren des MoO_4^{2-} bei 230 nm (für P effektiv $\varepsilon_{230} = 57400$) [*97*], photometrische Bestimmung mit 2-Amino-4-chlorthiophenol [*98*] und Thiocyanat [*99*].

Je nach dem gewählten Reagens für die Bestimmung des Mo erzielt man einen unterschiedlich großen, effektiven molaren Extinktionskoeffizienten für P, der theoretisch das 12fache des für Mo bekannten ε beträgt, praktisch aber infolge von P-Verlusten oder geänderten Reaktionsbedingungen fallweise tiefer liegt: mit Thiocyanat $\varepsilon_{470} = 150600$ [*99*], mit 2-Amino-4-chlorthiophenol $\varepsilon_{710} = 96900$ (bei Verwendung eines Viertels der Probelösung) bzw. $\varepsilon_{710} = 359000$ [*98*], mit Dithiol $\varepsilon_{680} = 252000$ (s. S. 825ff.).

Je nach den gewählten, oben angeführten Arbeitsbedingungen werden hinsichtlich der auftretenden Störungen unterschiedliche Angaben gemacht. Folgende Ionenkonzentrationen verursachen keine Störung [*97*]: jeweils ≤ 500 µg/ml an Ag, Al, Ca, Co, Cr(III), Cr(VI), Cu(II), Fe(III), Mn(II), Mo(VI), Ni, Pb, V(V), Zn, NH_4^+, Br^-, Cl^-, F^-, ClO_4^-, MnO_4^-, SO_4^{2-}, Acetat, Oxalat, ≤ 200 µg NO_3/ml. Weiterhin wird die Bestimmung von 4 µg P nicht gestört durch die 100fache Menge an As(V), Ge, Si und Sb(III) sowie bei Zusatz von 3 mg Tiron durch die 30fache Menge an W [*98*]. Nach anderen Beobachtungen wird die Bestimmung von 3 µg P nicht gestört durch 1000fach molare Überschüsse an Al, Fe(III), NH_4^+, BO_3^{3-}, F^- und SO_4^{2-}; hingegen stören Ge, Si und V in 100fachem, W in 10fachem und As(III) in 1fachem Überschuß [*99*].

Arbeitsvorschrift [*98, 99*]

Reagentien

HCl (1,19); 3n HCl; 2n HCl; 0,4n HCl; 0,1n NaOH.
0,025m Molybdat-Lösung; 6,04 g $Na_2MoO_4 \cdot 2\ H_2O$/l.
Diäthyläther/Isobutanol (5 + 1);
Methanol; $CHCl_3$.
NH_4SCN, 50%ige wäßrige Lösung.
Pufferlösung (pH 2,2); 33,5 ml 0,2n HCl + 250 ml 0,2m KCl-Lösung verdünnt man mit Wasser auf 1 l.
$CuSO_4 \cdot 5\ H_2O$, 0,04%ig in ~ 0,04n H_2SO_4.
2-Amino-4-chlorthiophenol (AT), 4%ig in Äthanol (alle 2 Tage frisch hergestellt).

a) Isolierung des P [*99*]

≦ 15 ml neutrale Probelösung [für die Bestimmung nach b) α) 0,25–10 μg P, nach b) β) 0,09–3,6 μg P (1/4 des alkalischen Auszuges verwendet) bzw. 0,02–0,9 μg P (gesamten alkalischen Auszug verwendet), nach b) γ) 0,08–3 μg P enthaltend] versetzt man in einem 100 ml-Schütteltrichter mit 5 ml 2n HCl sowie 5 ml Molybdat-Lösung, verdünnt mit Wasser auf 25 ml, läßt 5–10 min stehen, extrahiert 1mal 1 min mit 25 ml Diäthyläther/Isobutanol (5 + 1) und verwirft die wäßrige Lösung (genaue Phasentrennung!). Der organische Extrakt wird 2mal mit je 20 ml 0,4n HCl gewaschen (1 min), die Waschlösungen verworfen, die organische Phase dann 2mal mit 10 und 5 ml 0,1n NaOH geschüttelt (1 min) und im vereinigten alkalischen Auszug das Mo nach b) bestimmt.

b) Photometrische Bestimmung des Mo

α) *Thiocyanat* [*99*]

Den nach a) erhaltenen alkalischen Auszug versetzt man in einem 50 ml-Meßkolben mit 1 ml $CuSO_4$-Lösung, 8,5 ml HCl (1,19), 7 ml Methanol sowie 10 ml NH_4SCN-Lösung, füllt mit 3n HCl zur Marke auf und photometriert nach 40–50 min Standzeit in einer 1 cm-Küvette bei 470 nm gegen den Blindwert.

β) *2-Amino-4-chlorthiophenol* [*98, 100*]

Den nach a) erhaltenen alkalischen Auszug (wahlweise verwendet man den gesamten Auszug oder man füllt diesen in einem 100 ml-Meßkolben mit Wasser zur Marke auf und verwendet einen aliquoten Teil von 25,0 ml) stellt man mit 0,4n HCl auf pH 2,2 ein, versetzt mit 3 ml Pufferlösung (pH 2,2), führt in einen 50 ml-Schütteltrichter über, verdünnt bei Bedarf mit Wasser auf 25 ml, fügt 0,25 ml AT-Lösung hinzu und läßt 15 min stehen. Dann wird mit 10,0 ml $CHCl_3$ 1 min extrahiert, der organische Extrakt in eine 1 cm-Küvette filtriert und sofort bei 710 nm gegen den Blindwert photometriert.

γ) *Dithiol*

Den nach a) erhaltenen alkalischen Auszug säuert man mit 3n HCl an und bestimmt dann das Mo nach der Arbeitsvorschrift [*13, 19*] auf S. 829.

Literatur

1. Levine, H., Rowe, J. J., Grimaldi, F. S.: Analyt. Chem. **27**, 258 (1955).
2. Lueck, C. H., Boltz, D. F.: Analyt. Chem. **28**, 1168 (1956).
3. Eisenberger, E., Przybylski, H. F.: Bodenkunde u. Pflanzenernähr. **17**, 252 (1940).
4. Eisenberger, E., Przybylski, H. F.: Bodenkunde u. Pflanzenernähr. **30**, 51 (1942).
5. Gates, O. R.: Analyt. Chem. **26**, 730 (1954).
6. Anderson, B., Wright, W. B., Jr.: U.S. Atomic Energy Comm. Y-900 (1952).

7. Morrison, G. H., Freiser, H.: Solvent extraction in analytical chemistry. New York: J. Wiley & Sons 1957.
8. Silker, W. B.: Analyt. Chem. **28**, 1782 (1956).
9. Ross, H. H., Hahn, R. B.: Talanta **7**, 276 (1961).
10. Paul, J.: Analyt. chim. Acta **35**, 200 (1966).
10a. Stolper, W.: Neue Hütte **9**, 234 (1964).
11. Boltz, D. F., Mellon, M. G.: Analyt. Chem. **20**, 749 (1948).
12. Barton, C. J.: Analyt. Chem. **20**, 1068 (1948).
13. Gee, A., Dietz, V. R.: Analyt. Chem. **25**, 1320 (1953).
14. Bernhart, D. N., Wreath, A. R.: Analyt. Chem. **27**, 440 (1955).
15. Hirata, A. A., Appleman, D.: Analyt. Chem. **31**, 2097 (1959).
16. Wadelin, C., Mellon, M. G.: Analyt. Chem. **25**, 1668 (1953).
17. Farrer, K. T. H., Muir, S. J.: Austral. chem. Inst. J. Proc. **11**, 222 (1944).
18. Mervel, R. V.: Zavodskaja Lab. **11**, 135 (1945).
19. Allen, R. J. L.: Biochem. J. **34**, 858 (1940).
20. Berenblum, I., Chain, E.: Biochem. J. **32**, 286 (1938).
21. Berenblum, I., Chain, E.: Biochem. J. **32**, 295 (1938).
22. Sideris, C. P.: Ind. Eng. Chem., Anal. Ed. **14**, 762 (1942).
23. Pons, W. A., Jr., Guthrie, J. D.: Ind. Eng. Chem., Anal. Ed. **18**, 184 (1946).
24. Tewari, K. K., Krishnan, P. S.: Analyt. chim. Acta **22**, 111 (1960).
25. Rainbow, C.: Nature (Lond.) **157**, 268 (1946).
26. Schaffer, F. L., Fong, J., Kirk, P. L.: Analyt. Chem. **25**, 343 (1953).
27. Gubser, H.: Chimia (Switz) **13**, 245 (1959).
28. Drozd, I. F.: Novosti Tekhniki **1936**, Nr. 44, 28.
29. Copaux, H.: Compt. Rend. Acad. Sci. Paris **173**, 656 (1921).
30. Raskin, L. D.: Zavodskaja Lab. **5**, 267 (1936).
31. Raskin, L. D., Miroshnichenko, D. T., Bondarenko, M. M.: Zavodskaja Lab. **7**, 860 (1938).
32. Stoll, K.: Z. anal. Chem. **112**, 81 (1938).
33. Huré, J., Ortis, T.: Bull. Soc. chim. France **16**, 834 (1949).
34. Keggin, J. F.: Proc. Roy. Soc. (Lond.) **144**, 75 (1934).
35. Scroggie, A. G.: J. Am. chem. Soc. **51**, 1057 (1929).
35a. Umland, F., Wünsch, G.: Z. anal. Chem. **225**, 362 (1967).
36. Alekseev, R. I.: Zavodskaja Lab. **11**, 123 (1945).
37. Filippova, N. A., Kuznetsova, L. I.: Zavodskaja Lab. **16**, 536 (1950).
38. Collier, R. E.: Chemist-Analyst **43**, 41 (1954).
39. Maksimova, N. V., Kozlovskii, M. T.: J. anal. Chim. (USSR) **2**, 353 (1947).
40. Elwell, W. T., Wilson, H. N.: Analyst **81**, 136 (1956).
40a. Kitagawa, H., Shibata, N.: Japan Analyst **8**, 302 (1959); ref. Z. anal. Chem. **175**, 446 (1960).
40b. Stetter, A.: pers. Mitteilung (1961).
41. Kinnunen, J., Wennerstrand, B.: Chemist-Analyst **40**, 35 (1951).
42. Baadsgaard, H., Sandell, E. B.: Analyt. chim. Acta **11**, 183 (1954).
43. Kitson, R. E., Mellon, M. G.: Ind. Eng. Chem., Anal. Ed. **16**, 379 (1944).
44. Pulss, G.: Z. anal. Chem. **176**, 412 (1960).
45. Michelsen, O. B.: Analyt. Chem. **29**, 60 (1957).
45a. Jakubiec, R., Boltz, D. F.: Mikrochim. Acta (Wien) **1969**, 181.
45b. Pakalns, P.: Analyt. chim. Acta **50**, 103 (1970).
45c. Pakalns, P.: Analyt. chim. Acta **51**, 497 (1970).
45d. Pakalns, P.: Analyt. chim. Acta **49**, 511 (1970).
45e. Lew, R. B., Jakob, F.: Talanta **10**, 322 (1963).
45f. Abbott, D. C., Emsden, G. E., Harris, J. R.: Analyst **88**, 814 (1963).
45g. Lancaster, W. E., Everingham, M. R.: Analyt. Chem. **36**, 246 (1964).
46. Willard, H. H., Center, E. J.: Ind. Eng. Chem., Anal. Ed. **10**, 1 (1938).
47. Brabson, J. A., Karchmer, J. H., Katz, M. S.: Analyt. Chem. **16**, 553 (1944).
48. Racicot, E. L.: Analyt. Chem. **23**, 1873 (1951).
49. May, R.: Analyt. Chem. **31**, 308 (1959).
49a. Talvitie, N. A., Perez, E., Illustre, D. P.: Analyt. Chem. **34**, 866 (1962).
50. Murray, W. M., Jr., Ashley, S. E. Q.: Ind. Eng. Chem., Anal. Ed. **10**, 1 (1938).
51. Hill, U. T.: Analyt. Chem. **19**, 318 (1947).
52. Baghurst, H. C., Norman, V. J.: Analyt. Chem. **27**, 1070 (1955).
53. Elwell, W. T., Wilson, H. N.: Analyst **82**, 453 (1957).

53a. LINDLEY, G.: Analyt. chim. Acta **25**, 334 (1961).
53b. SCHWARZ, H.: Mikrochim. Acta (Wien) **1969**, 677.
53c. BLAZEJAK-DITGES, D.: Mikrochim. Acta (Wien) **1972**, 65.
54. HAHN, F. L., LUCKHAUS, R.: Z. anal. Chem. **149**, 172 (1956).
55. ZINZADZE, C.: Ind. Eng. Chem., Anal. Ed. **7**, 227 (1935).
56. FERRARI, C.: Gazz. chim. ital. **81**, 795 (1951).
57. FERRARI, C.: Mikrochim. Acta (Wien) **1956**, 551.
58. KIRSTEN, W. J.: Z. anal. Chem. **181**, 1 (1961).
59. ECKERT, G.: Z. anal. Chem. **161**, 421 (1958).
60. BOLTZ, D. F., MELLON, M. G.: Analyt. Chem. **19**, 873 (1947).
61. GOLTERMAN, H. L., WURTZ, I. M.: Analyt. chim. Acta **25**, 295 (1961).
62. FOGG, D. N., WILKINSON, N. T.: Analyst **83**, 406 (1958).
63. DICKMAN, S. R., BRAY, R. H.: Ind. Eng. Chem., Anal. Ed. **12**, 665 (1940).
64. GING, N. S.: Analyt. Chem. **28**, 1330 (1956).
65. LOWRY, O. H., ROBERTS, N. R., LEINER, K. Y., WU, M. L., FARR, A. L.: J. biol. Chem. **207**, 1 (1954).
66. CHEN, P. S., Jr., TORIBARA, T. Y., WARNER, H.: Analyt. Chem. **28**, 1756 (1956).
66a. MURPHY, J., RILEY, J. P.: Analyt. chim. Acta **27**, 31 (1962).
67. ABRAHAMCZIK, E.: Mikrochem. verein. Mikrochim. Acta **25**, 228 (1938).
68. PAUL, J.: Analyt. chim. Acta **23**, 178 (1960).
69. MARTIN, J. B., DOTY, D. M.: Analyt. Chem. **21**, 965 (1949).
70. FETT, E. R., MATSUYAMA, G.: Chemist-Analyst **47**, 32 (1958).
71. KIRSTEN, W. J., CARLSSON, M. E.: Microchem. J. **4**, 3 (1960).
71a. PAKALNS, P.: Analyt. chim. Acta **40**, 1 (1968).
71b. HENRIKSEN, A.: Analyst **88**, 898 (1963).
72. RUF, E.: Z. anal. Chem. **151**, 169 (1956).
73. RUF, E.: Z. anal. Chem. **161**, 1 (1958).
73a. PAUL, J.: Mikrochim. Acta (Wien) **1965**, 830.
74. DELLAMONICA, E. S., BINGHAM, E. W., ZITTLE, C. A.: Analyt. Chem. **30**, 1986 (1958).
75. HAGUE, J. L., BRIGHT, H. A.: J. Res. nat. Bur. Standards **26**, 405 (1941).
76. KOENIG, R. A., JOHNSON, C. R.: Ind. Eng. Chem., Anal. Ed. **14**, 155 (1942).
76a. SIMS, R. P. A.: Analyst **86**, 584 (1961).
76b. JEAN, M.: Chim. analytique **37**, 125 (1955).
76c. JEAN, M.: Chim. analytique **37**, 163 (1955).
76d. JEAN, M.: Chim. analytique **44**, 195 (1962).
77. GREENBERG, A. E., WEINBERGER, L. W., SAWYER, C. N.: Analyt. Chem. **22**, 499 (1950).
78. *Joint A.B.C.M.-S.A.C.* Committee on methods for the analysis of trade effluents. Analyst **83**, 50 (1958).
79. BÖTTCHER, C. J. F., VAN GENT, C. M., PRIES, C.: Analyt. chim. Acta **24**, 203 (1961).
80. GOODWIN, J. F., THIBERT, R., MCCANN, D., BOYLE, A. J.: Analyt. Chem. **30**, 1097 (1958).
80a. SHIN, Y. S.: Analyt. Chem. **34**, 1164 (1962).
81. HARVEY, H. W.: Analyst **78**, 110 (1953).
81a. HASLAM, J., HAMILTON, J. B., SQUIRRELL, D. C. M.: Analyst **86**, 239 (1961).
81b. MCALOREN, J. T., REYNOLDS, G. F.: Talanta **10**, 145 (1963).
81c. TÖLG, G.: Z. anal. Chem. **194**, 20 (1963).
81d. SALIMAN, P. M.: Analyt. Chem. 36, 112 (1964).
82. HOFFMAN, F. F., JONES, L. C., Jr., ROBBINS, O. E., Jr., ALSBERG, F. R.: Analyt. Chem. **30**, 1334 (1958).
83. GOODLOE, P.: Ind. Eng. Chem., Anal. Ed. **9**, 527 (1937).
84. GERHARDT, P. B., DYROFF, G. V.: Analyt. Chem. **28**, 1725 (1956).
85. GRIFFING, M. E., LEACOCK, C. T., O'NEILL, W. R., ROZEK, A. L., SMITH, G. W.: Analyt. Chem. **32**, 374 (1960).
86. SCHÖNIGER, W.: Mikrochim. Acta (Wien) **1955**, 123.
87. SCHÖNIGER, W.: Mikrochim. Acta (Wien) **1956**, 869.
88. GEDANSKY, S. J., BOWEN, J. E., MILNER, O. I.: Analyt. Chem. **32**, 1447 (1960).
88a. GEDANSKY, S. J., BOWEN, J. E., MILNER, O. I.: Analyt. Chem. **33**, 968 (1961).
89. KATZ, H. L., PROCTOR, K. L.: Analyt. Chem. **19**, 612 (1947).
90. ADELT, M., GRUENDLER, G. A.: Arch. Eisenhüttenw. **19**, 21 (1948).
91. HILL, U. T.: Analyt. Chem. **23**, 1496 (1951).
92. BOHNSTEDT, U., BUDENZ, R.: Z. anal. Chem. **159**, 12 (1957/58).

92a. Bauer, G. A.: Analyt. Chem. **37**, 154 (1965).
92b. Theakston, H. M., Bandi, W. R.: Analyt. Chem. **38**, 1764 (1966).
92c. Mukai, K.: Talanta **19**, 489 (1972).
93. Codell, M., Mikula, J. J.: Analyt. Chem. **25**, 1444 (1953).
93a. Lounamaa, N., Fugman, W.: Z. anal. Chem. **199**, 352 (1964).
94. Luke, C. L., Campbell, M. E.: Analyt. Chem. **25**, 1588 (1953).
95. Pohl, F. A., Bonsels, W.: Mikrochim. Acta (Wien) **1962**, 97.
96. Pilz, W.: Mikrochim. Acta (Wien) **1965**, 34.
97. Lueck, C. H., Boltz, D. F.: Analyt. Chem. **30**, 183 (1958).
98. Djurkin, V., Kirkbright, G. F., West, T. S.: Analyst **91**, 89 (1966).
99. Umland, F., Wünsch, G.: Z. anal. Chem. **213**, 186 (1965).
100. Kirkbright, G. F., Yoe, J. H.: Talanta **11**, 415 (1964).

Pb — Blei

Tabelle 158. Empfindlichkeit S_M und Bestimmungsgrenze L_Q der Verfahren

Verfahren	µg Pb · ml⁻¹ · cm⁻¹ S_M	L_Q
Natriumdiäthyldithiocarbamat/CCl_4	0,013—0,015 (435—440 nm)	0,32—0,38 (435—440 nm)
Dithizon/CCl_4	0,0030 (520 nm);	0,075 (520 nm);
	0,0031 (620 nm)	0,079 (620 nm)
Dithizon/$CHCl_3$	0,0032 (518 nm);	0,081 (518 nm);
	0,0026 (605 nm)	0,064 (605 nm)
Jodid	0,030[1] (420 nm)	1,5[1] (420 nm)
4-(2-Pyridylazo)-resorcinol	0,0051 (520 nm)	0,13 (520 nm)
Atomabsorptionsspektrophotometrie	0,7[2,5]; 0,01[2,3,5]	0,1[5,6]; 0,06[3,5,6]
	0,1 ng[2,4]	0,6 ng[4,6]
Voltammetrie		~ 0,01[5,6]

[1] Für $E = 0{,}050$.
[2] Für 1% Absorption.
[3] Mit 10 cm-Nickelabsorptionsrohr.
[4] Mit Mikrotechnik in 10 µl Probe.
[5] $\mu g \cdot ml^{-1}$.
[6] $F_r = \pm 10\%$.

A. Trennungen

Fe(III) und eine Reihe anderer Elemente können durch Ausschütteln mit Äther [*1*—*4*] oder Isobutylacetat [*5*, *6*] aus HCl-Lösung von Pb abgetrennt werden (s. S. 259ff.). Schüttelt man eine reine Pb-Lösung in Abwesenheit von Fe aus, so treten sowohl mit Diäthyl- als auch mit Diisopropyläther keine Pb-Verluste auf; in Anwesenheit steigender Fe-Mengen tritt aber bei der Abtrennung des Fe mit Diäthyläther aus 6n HCl-Lösung ein steigender Verlust an Pb auf, da ein Teil des Pb das Fe in die organische Phase begleitet [*4*]. In Anwesenheit von 4 mg Fe/ml (Arbeitsbedingungen von Vorschrift C.3.1., s. S. 938) ist der auftretende Pb-Verlust vernachlässigbar klein und beträgt 2%. In Anwesenheit von 40 mg Fe/ml ist der Verlust an Pb bereits beträchtlich und beträgt 18—19%. Bei der Abtrennung von Fe aus 8n HCl mit Diisopropyläther treten derartige Verluste nicht auf, denn in Anwesenheit von 40 mg/Fe ml beträgt die Abnahme der Pb-Gehaltes 2% und kann daher vernachlässigt werden [*4*]. Bei der Abtrennung des Fe durch Ausschütteln von Hand aus ist Diisopropyläther dem Diäthyläther überlegen. Wird die Extraktion im Perforator durchgeführt, so ist Diäthyläther der Vorzug zu geben, da sich die Extraktion mit Diisopropyläther wegen seines höheren Siedepunktes langwieriger gestaltet. Zur Ausschüttelung des Fe eignen sich MIBK und 4-Methyl-2-pentanol sehr gut; sie haben aber den Nachteil, daß sie infolge ihrer höheren Siedepunkte beim anschließenden Eindampfen der Pb-haltigen, wäßrigen Phase schwieriger verjagt werden können, weshalb Diäthyl oder Diisopropyläther vorzuziehen sind [*4*]. Nach den geschilderten Erfahrungen erscheint die Anwendung von Diisopropyläther am zweckmäßigsten. Aus 3n HCl/2m LiCl-Lösung kann Pb mit 30% TBP/MIBK extrahiert und aus der organischen Phase mit Wasser rückgeschüttelt werden [*6a*].

Carbamat/$CHCl_3$ eignet sich auch zur Isolierung von Pb, doch ist die Extraktion wenig selektiv (s. S. 297ff.). Zur Abtrennung von großen Mengen Ca, PO_4^{3-}, Fe und anderen Ionen fand die Extraktion oft Anwendung. Pb wurde hierzu mit Na-DDTC/Äther aus citrathaltiger Lösung bei pH 7,5—8,0 [*8—12*] oder mit Na-DDTC/$CHCl_3$ aus tartrat- und cyanidhaltiger Lösung bei pH ~ 10 [*5*] bzw. citrat- und cyanidhaltiger Lösung bei pH ~ 8—9 [*7*] ausgeschüttelt, ebenso mit DADDTC/CCl_4 [*13*]. Mit DADDTC/$CHCl_3$ kann Bi aus 4—6n HCl-Lösung extrahiert und so von Pb abgetrennt werden [*14—19a*] (s. S. 925f., 934ff., 938ff., 941ff.). Nach anderen Ergebnissen [*4, 19a, 20*] ist eine Abtrennung des Bi nicht aus 6n, sondern erst aus 4n HCl-Lösung mit DADDTC/CCl_4 möglich (s. S. 939). Pb wird aus 1,5—2,0n HCl, bei pH 3—4 [*21*] sowie in schwach alkalischem Gebiet [*13*] vollständig ausgeschüttelt. Zur Abtrennung von Fe, PO_4^{3-}, Tl und Bi wurde Pb gemeinsam mit Tl und Bi bei pH ~ 7 mit Na-DDTC/Pentanol-Toluol (1:1) extrahiert und aus dem organischen Extrakt das Pb mit ~ 0,6n HCl rückgeschüttelt, während die übrigen Elemente in der organischen Phase verbleiben [*22, 23*]. Nach späteren Untersuchungen wird das Pb beim Rückschütteln mit ~ 0,6n HCl von einer kleinen Menge Bi begleitet, weshalb hierfür 0,1n HCl empfohlen wird, wobei das Bi dann in der organischen Phase bleibt [*24*]. Aus der Pentanol-Toluol-Phase soll das Pb mit 0,05—0,6n HCl, Bi hingegen mit 1,75n HCl (1,5—2,0n HCl) vollständig rückgeschüttelt werden können [*24*].

Fallweise wurden mit sog. „schwefelfreiem" Toluol zu niedrige Pb-Werte erhalten, weshalb es sich empfiehlt, das Toluol nachzureinigen [*23*]; man versetzt das Toluol-Pentanol-Gemisch bis zur tiefen Gelbfärbung mit Brom, nach 30 min entfärbt man das Lösungsmittelgemisch durch Schütteln mit Bisulfitlösung und wäscht schließlich mit Wasser. Mit dem so gereinigten Lösungsmittelgemisch erhält man zufriedenstellende Ergebnisse. Die Extraktion mit dem Lösungsmittelgemisch soll man zweckmäßig erst 15 min nach dem Carbamatzusatz durchführen und die Eichkurve auf die gleiche Weise aufstellen.

Am häufigsten wurde zur Isolierung mit meist anschließender Bestimmung des Pb die Extraktion mit Dz angewendet (s. a. S. 317ff.). Wegen der größeren Löslichkeit des $Pb(HDz)_2$ in $CHCl_3$ wird dieses Lösungsmittel vor allem für Trennungen herangezogen. Die verschiedenen Möglichkeiten zur Abtrennung von Störelementen mittels Dz findet man auf S. 926ff. angeführt.

Abtrennung des Pb von Bi mit Dz

Arbeitsvorschrift [*26, 27*]

Reagentien

Dz, 0,02%ig in $CHCl_3$;
Ammoniak, 5%ig;
HNO_3, 5%ig;
$CHCl_3$; CCl_4.

Die salpetersaure Lösung (2—200 µg Pb und bis 500 µg Bi enthaltend) wird mit Ammoniak auf pH 2,5 eingestellt (das Gesamtvolumen soll 25—35 ml betragen) und wiederholt 2—5 min zuerst mit 25 ml und anschließend mit jeweils 5 ml Dz-Lösung extrahiert, bis die unverändert grün bleibende Farbe des letzten Extraktes die Entfernung des Bi anzeigt. Die wäßrige Lösung wird nun mit $CHCl_3$ oder CCl_4 gewaschen und für die Bestimmung des Pb verwendet.

Pb läßt sich aus 0,6n HCl/2,5% NaI-Lösung durch Extraktion als Jodid mit Methylisopropylketon [*28, 29*] oder MIBK [*29a*] isolieren. Die Ausschüttelung kann auch mit Äthylacetat durchgeführt werden [*30*]. Andererseits kann Bi als Jodid mit Äthylacetat [*31*] oder als Thiocyanat (aus 5 Vol.-% HCl) mit Methylisopropylketon [*28*] extrahiert und von Pb abgetrennt werden. Führt man aus 5 Vol-% HCl die erwähnte Thiocyanat-

Extraktion und anschließend daran die Jodidextraktion durch, so wird das Pb auf diese Weise von Au(III), Bi, Cu(II), Fe(III), Hg(II), Pd(II), Pt(IV), Rh(III), Sb(III), Sn(IV) und Zn abgetrennt; Cd und Ru begleiten hingegen das Pb in die organische Phase [*28*]. Auch von anderer Seite [*32*] wird berichtet, daß eine Trennung von Pb und Sn durch Jodidextraktion mittels organischer Solventien möglich ist. Größere Mengen von Fe, Bi, Sn und anderen Elementen können mit Cupferron und $CHCl_3$, CCl_4 oder Äther bei pH >4 abgetrennt werden [*35–36*]; überschüssiges Reagens und Pb-Cupferronat müssen anschließend zerstört werden (z. B. mit Br_2 [*36*]). Bleijodid ist mit Methylenchlorid und $CHCl_3$ nicht extrahierbar, bei Zusatz von Tributylammoniumacetat oder -chlorid ist eine Ausschüttelung hingegen möglich [*37, 37a*]. Ebenso läßt sich Pb als Tributylammonium-Thiosulfat-Komplex mit Methylenchlorid, $CHCl_3$ und anderen organischen Lösungsmitteln aus neutraler Lösung extrahieren [*38*]. Ag kann durch Extraktion als Tributylammoniumthiocyanat mit Methylenchlorid bei pH 5 von Pb abgetrennt werden [*39*].

Sn und Bi [*4*] können auch durch Verflüchtigung als Bromid abgetrennt werden (s. S. 61ff., 939). Durch Verflüchtigung läßt sich aber auch Pb isolieren, welcher Umstand die Grundlage der Verdampfungsanalyse bildet (s. S. 61ff., 1217ff., 1329); sie wurde zur Bestimmung von Pb in organischem und verschiedenem anorganischem Material herangezogen [*40–42*].

Aus Tetrahydrofuran/5n HNO_3 (9:1)-Lösung läßt sich Pb mittels des Anionenaustauschers Dowex 1X8 isolieren [*33*]: auf der Säule bleiben Pb ($D = 250$) und die S.E. (La bis Nd), ins Eluat gehen Al, Bi, Ca, Cd, Co, Cu, Fe(III), Ga, Hf, In, Mg, Mn(II), Ni, Sc, S.E. (Sm bis Lu), Th, Ti, Tl(I), U(VI), Y, Zn und Zr. Pb wird anschließend mit Tetrahydrofuran/2,5n HNO_3 (4:1)-Lösung eluiert. Hinsichtlich der Abtrennung des Pb von Ce, Fe u. a. Elementen mittels Anionenaustauscher s. S. 1079f.

Schließlich fanden auch Spurenfällungen Anwendung: Ausfällung des Pb als Sulfid mit Ag oder Cu als Spurenfänger [*43–48*], als Sulfat [*49*] mit Ca [*50, 51*] bzw. Sr [*44*] als Spurenfänger, als Chromat, als Phosphat mit Ca [*52, 53*] oder Th [*34*] als Spurenfänger, Ausfällung mit Calciumoxalat als Spurenfänger [*54–56*], Abtrennung des Bi als Sulfid mit Cu als Spurenfänger [*57*]. Verschiedentlich wurde Pb auch elektrolytisch isoliert [*58–61*].

B. Natriumdiäthyldithiocarbamat

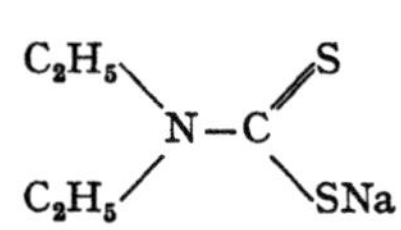

Pb bildet in saurer und alkalischer Lösung mit Na-DDTC einen in CCl_4 oder $CHCl_3$ löslichen farblosen Komplex. Die photometrische Bestimmung beruht auf der Verdrängungsreaktion (s. S. 236ff., 304ff.) zwischen Cu^{2+} und $Pb(DDTC)_2$, die beim Schütteln der organischen, das $Pb(DDTC)_2$ enthaltenden Phase mit einer $CuSO_4$-Lösung stattfindet [*18*]. Dabei geht das Pb in die wäßrige Lösung und die im organischen Extrakt enthaltene äquivalente Menge des braunen $Cu(DDTC)_2$ wird photometriert [*62*]. Das Extinktionsmaximum des $Cu(DDTC)_2$ in CCl_4 liegt bei 435 nm [*18*] ($\varepsilon_{435-440} = 13000-16000$ in CCl_4 oder $CHCl_3$; s. Abb. 107, S. 651). Das Beersche Gesetz ist im Bereich von 0,7–14 µg Pb/ml CCl_4 erfüllt. Da die Carbamate von Cu und Pb am Licht nicht stabil sind, soll rasch und vor direktem Lichteinfall geschützt gearbeitet werden. Das $Pb(DDTC)_2$ ist im hellen Tageslicht nach 30 min vollständig zersetzt [*18*]. Störendes

Bi wird vorher durch Extrahieren mit DADDTC/$CHCl_3$ aus 6n HCl-Lösung entfernt. Die Bestimmung von 20 µg Pb wird durch 20 mg Ag, Cd, Hg, Se und Te nicht gestört. Alle übrigen Einzelheiten findet man auf S. 651 ff. angegeben.

1. Metalle und Legierungen

1.1. Aluminiumlegierungen

Das nachfolgende Verfahren eignet sich für Aluminium und Aluminiumlegierungen, die bis zu etwa 14% Si, 12% Mg, 8% Zn, 4% Ni, je 2% Fe und Mn, je 1% Sn und Ti, 0,1% Bi und kein Tl enthalten. Einige Aluminiumlegierungen lösen sich in NaOH nicht vollkommen. In solchen Fällen wird der Aufschluß mit HNO_3 weitergeführt und die Lösung danach wieder alkalisiert. Die Schwierigkeit einer möglicherweise dabei auftretenden Bildung von Mangan(IV)oxydhydrat vermeidet man durch Versetzen der HNO_3-Lösung mit Natriumkaliumtartrat, bevor man sie alkalisch macht. In Anwesenheit von je ~ 100 mg Mg und Si tritt eine Trübung auf, die aber die Bestimmung nicht beeinflußt. Durch gleichzeitigen Zusatz von Citronensäure und Tartrat können größere Mengen einiger Metalle gebunden werden als mit Tartrat allein. Eine oft auftretende rötliche Färbung der alkalischen Lösung wird mittels Bromwasser beseitigt.

B: 0,0005–2% Pb. F_r: ±5%.

Arbeitsvorschrift [*18*]

Reagentien

HCl (1,19); 7n HNO_3;
NaOH, 25%ige wäßrige Lösung.
Kaliumnatriumtartrat, 20%ige wäßrige Lösung.
Natriumcitrat, 10%ige wäßrige Lösung.
KCN, 20%ige wäßrige Lösung.
$CuSO_4 \cdot 5\,H_2O$, 5%ige wäßrige Lösung.
Bromwasser;
CCl_4.
Na-DDTC, 1%ige wäßrige Lösung; wenn erforderlich filtrieren, in brauner Flasche aufbewahrt etwa ½ Woche haltbar.
DADDTC/$CHCl_3$; man löst 3 g Reagens in 100 ml $CHCl_3$, schüttelt diese Lösung 5 min mit 20 ml 6n HCl; im Dunklen aufbewahren. Täglich frisch herzustellen.

0,2 g (bei >0,01% Pb) bzw. 1,0 g (bei 0,0005–0,01% Pb) Probematerial löst man mit 10 ml bzw. 15 ml NaOH (bis auf einen geringen schwarzen Rückstand), neutralisiert mit 7n HNO_3, setzt 6 ml davon im Überschuß zu und erhitzt, bis sich alles gelöst hat (es darf höchstens eine Trübung bleiben, falls die Probe Si und/oder Mg enthält). Die Lösung der 0,2 g-Einwaage füllt man in einem 100 ml-Meßkolben mit Wasser zur Marke auf, versetzt einen aliquoten Teil davon (20–200 µg Pb enthaltend) in einem 250 ml-Becherglas mit 5 ml Kaliumnatriumtartratlösung und 5 ml Natriumcitratlösung, neutralisiert mit NaOH und setzt 5 ml NaOH im Überschuß zu. Nach Zugabe von 10 ml KCN-Lösung überführt man die Lösung in einen 250 ml-Schütteltrichter. Die Lösung der 1 g-Einwaage versetzt man mit 30 ml Kaliumnatriumtartratlösung und 20 ml Natriumcitratlösung, neutralisiert mit NaOH, versetzt mit 10 ml NaOH im Überschuß und erwärmt vorsichtig, bis die Lösung möglichst klar wird. Man oxydiert mit 10 ml Bromwasser, setzt 10 ml KCN-Lösung hinzu und überführt in einen 250 ml-Schütteltrichter. Nach Zugabe von 7,5 ml Na-DDTC-Lösung wird die Lösung mit 10 ml und 5 ml CCl_4 extrahiert und beide Extrakte durch Watte in einen 100 ml-Schütteltrichter filtriert. Man schüttelt den vereinigten organischen Extrakt 1 min mit 2 ml $CuSO_4$-Lösung, läßt den gelbbraunen Auszug in einen 25 ml-Meßkolben ab, schüttelt die $CuSO_4$-Lösung noch einmal mit 2 ml CCl_4, fügt die organische Phase zum ersten Extrakt hinzu, füllt mit CCl_4 zur Marke auf, filtriert durch Watte und photometriert in einer 1 cm- oder 2 cm-Küvette bei 435 nm gegen CCl_4.

Enthält die Legierung Bi, so versetzt man die KCN-haltige Lösung nach dem Überführen in den Schütteltrichter mit 20 ml Na-DDTC-Lösung, schüttelt die Mischung mit Anteilen von je 15 ml CCl_4 so lange aus, bis der letzte organische Extrakt fast farblos abläuft, und extrahiert dann noch mit 10 und 5 ml CCl_4. Der in einem 250 ml-Schütteltrichter vereinigte organische Extrakt wird mit 5 ml HCl 3 min geschüttelt, die organische Phase verworfen, die HCl-Lösung mit 5 ml Wasser versetzt, mit Anteilen von je 10 ml DADDTC/$CHCl_3$ so oft geschüttelt, bis der letzte organische Extrakt farblos erscheint, das Ausschütteln noch dreimal mit je 5 ml Reagenslösung wiederholt und die organischen Extrakte verworfen. Die wäßrige Phase versetzt man mit kleinen Mengen NaOH (insgesamt 15 ml, wobei der pH-Wert über 10 ansteigt), gibt 2 ml Na-DDTC-Lösung und 10 ml CCl_4 hinzu, schüttelt das $Pb(DDTC)_2$ aus und behandelt den farblosen Extrakt mit einer $CuSO_4$-Lösung, wie bereits oben angegeben.

Zur Aufstellung der Eichkurve gibt man in 250 ml-Bechergläser 0, 4, 8, 12 und 20 ml der Pb-Stammlösung (10 µg Pb/ml), fügt nacheinander 5 ml Kaliumnatriumtartratlösung, 5 ml NaOH und 10 ml KCN-Lösung hinzu und behandelt in einem 250 ml-Schütteltrichter wie früher beschrieben.

1.2. Kupfer und Kupferlegierungen

Das Verfahren eignet sich für Kupferlegierungen, die kein Tl enthalten.

B: 0,0005–2% Pb. F_r: ±5%.

Arbeitsvorschrift [*18*]

Reagentien

Wie bei Verfahren B.1.1.

0,2 g Probematerial (bei >0,01% Pb) löst man in 8 ml 7n HNO_3 (in Anwesenheit von Sn fügt man noch 5 Tropfen HCl hinzu), füllt in einem 100 ml-Meßkolben mit Wasser zur Marke auf, versetzt einen aliquoten Teil davon (20–200 µg Pb enthaltend) mit 5 ml Kaliumnatriumtartratlösung sowie 5 ml Natriumcitratlösung, neutralisiert mit NaOH, gibt davon 5 ml im Überschuß zu und erwärmt, bis sich eine etwaige Fällung löst. Nach dem Abkühlen fügt man 10 ml KCN-Lösung hinzu, überführt in einen Schütteltrichter und fährt nach Verfahren B.1.1. fort.

Bei Gehalten von 0,0005–0,01% Pb löst man 2,0 g Probematerial in 20 ml 7n HNO_3 (in Anwesenheit von Sn fügt man 3 ml HCl hinzu), versetzt mit 15 ml Kaliumnatriumtartratlösung und 40 ml Natriumcitratlösung, neutralisiert mit NaOH, gibt 5 ml davon im Überschuß zu und arbeitet wie oben weiter. Enthält die Legierung Bi, so behandelt man die KCN-haltige Lösung wie bei Verfahren B.1.1.

C. Dithizon

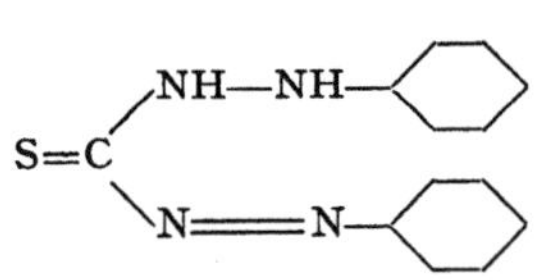

Pb bildet in schwach saurer und alkalischer Lösung mit Dithizon (Dz) ein karminrotes, primäres Dithizonat $Pb(HDz)_2$ [*63–68*], das mit $CHCl_3$ und CCl_4 extrahierbar ist.

Die Löslichkeit ist in $CHCl_3$ größer als in CCl_4. Anstelle von CCl_4 wurde wegen der geringeren Toxicität (s. S. 1519) für die Extraktion auch 1,1,1-Trichloräthan verwendet [*70*]. Mit $CHCl_3$ ist die Extraktion aus ~ 0,1 m Acetatlösung von pH 7,5 (mit CCl_4 von pH 7) aufwärts (Extraktionsbeginn mit $CHCl_3$: pH 4,5, mit CCl_4: pH 3,5) vollständig, aus ~ 1 m Cl^--Lösung von pH 8,4 an (mit CCl_4 von pH 7,8) (Extraktionsbeginn mit $CHCl_3$: pH 5,5, mit CCl_4: pH 4,5), aus ~ 0,2 m Tartrat- bzw. Citratlösung von pH 9 bzw. 9,4 an (mit CCl_4 von pH 8,6 bzw. 9,2) (Extraktionsbeginn mit $CHCl_3$: pH 6,1 bzw. 6,5, mit CCl_4: pH 5,4 bzw. 6) vollständig [*69, 71*]. Aus Citrat/CN^--haltiger Lösung ist die Extraktion mit CCl_4 innerhalb pH 7,5—11,5 (Extraktionsbeginn pH 5,7) vollständig ($E\% = >99$) [*72, 72a*]. Demzufolge kann das Pb aus dem $CHCl_3$-Extrakt mit einer wäßrigen Lösung von pH $<4{,}5$ und aus dem CCl_4-Extrakt mit einer solchen von pH $<3{,}5$ rückgeschüttelt werden. Bis pH 10,5 ist das $Pb(HDz)_2$ stabil [*27, 72*], nach anderen Angaben bis pH 11 [*45*] und pH 11,5 [*72a, 73*], so daß der Dz-Überschuß entfernt werden kann und die Bestimmung nach dem Einfarbenverfahren (mit Reagensüberschuß [*69*]) möglich ist. Das Pb kann noch bei pH 11,5 mit Dz/$CHCl_3$ [*73*], mit Dz/CCl_4 bei pH 10,8—11,5 vollständig (bei Reagensüberschuß) ausgeschüttelt werden, während das Dz im ersten Fall weitgehend, im zweiten Fall vollständig (>99%) in der wäßrigen Phase verbleibt [*72a, 74*]. Bei pH > 10,5 wird der Komplex angegriffen. Beim Arbeiten in diesem Bereich müssen deshalb die Arbeitsbedingungen genau eingehalten werden, um reproduzierbare Ergebnisse zu erhalten. Zur Bestimmung des Pb nach dem Einfarbenverfahren eignet sich hiernach die Extraktion mit Dz/CCl_4 bei pH 10,8—11,5, sicherer jedoch bei pH 10,8—10,9 [*72a*]. Da die Art und Konzentration der anwesenden Anionen den Extraktionsbereich beeinflußt, ist die Berücksichtigung des vorliegenden Puffersystems bzw. dessen Wahl von Wichtigkeit. Vor allem wird auf die Verwendung eines geeigneten Indicators hingewiesen [*72*]. Thymolblau wurde vielfach als günstiger Indicator verwendet [*27, 29, 46, 73, 75, 72*], da sein Umschlagsgrenzwert von pH 9,6 in der Praxis bei genauem Neutralisieren kaum überschritten wird; in diesem Bereich treten überdies auch bei Zusatz größerer Ammoniakmengen keine großen pH-Änderungen auf. An weiteren Indicatoren fanden Anwendung: Bromkresolpurpur [*55*], das mit einem Umschlagsgrenzwert von pH 6,8 weniger geeignet erscheint [*72*], Phenolrot [*76—78*] mit pH 8,2, Thymolphthalein [*35*] mit pH 10,5.

Das Extinktionsmaximum liegt bei 520 nm (s. Abb. 151). Weiterhin kann der Dz-Überschuß bei 605 nm (in $CHCl_3$) oder 620 nm (in CCl_4) bei der Anwendung des Reversionsverfahrens [*78*] gemessen werden. Für den molaren Extinktionskoeffizienten werden unterschiedliche Werte angegeben: in CCl_4 für $Pb(HDz)_2$ $\varepsilon_{520} = 72900$ [*67*],

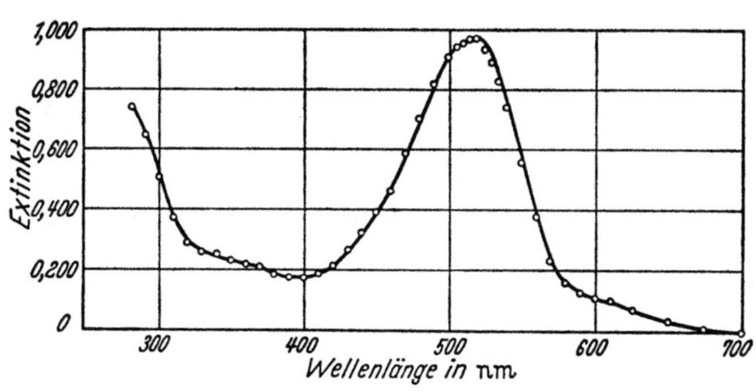

Abb. 151. Extinktionskurve von Pb-Dithizonat in $CHCl_3$

68600 [*79*], 68800 bzw. 66200 [*72a*], $\varepsilon_{620} = 3900$ [*67*]; in CCl_4 für Dz $\varepsilon_{620} = 36400$ [*67*], 34600 [*79*] bzw. 31000 [*80*]; in $CHCl_3$ für $Pb(HDz)_2$ $\varepsilon_{518} = 63600$ bzw. $\varepsilon_{510} = 63000$ [*73*]; in $CHCl_3$ für Dz $\varepsilon_{605} = 40000$. Das Beersche Gesetz ist im Bereich von 0,08–3,2 μg Pb/ml CCl_4 oder $CHCl_3$ erfüllt. Der Farbkomplex wird am Tageslicht zersetzt [*50*]; dunkel und kühl aufbewahrt ist dieser hingegen mehrere Stunden bis Tage stabil.

Mäßige Mengen Fe(III) stören in Anwesenheit von Citrat und Tartrat und Abwesenheit von CN^- nicht. Bei großen Fe-Mengen ist eine Vorisolierung mit einer konzentrierten Dz-Lösung erforderlich. Ag, Au(III), Cu(II), Hg(II) und Pd(II) können aus $\sim$ 1n mineralsaurer Lösung mit Dz abgetrennt werden. In Anwesenheit von CN^- stören nicht: Ag, Au(III), Cd, Co, Cu(II), Hg(II), Ni, Pd(II) und Zn. Bei größeren Zn-Mengen soll die Maskierung mit CN^- nicht vollständig sein [*59*]. Bei pH <7 wird Zn auch in Anwesenheit von CN^- mitextrahiert [*59, 72*]. Bi, In, Tl(I) und Sn(II) werden durch CN^- nicht maskiert [*65, 72*]. Zur Vermeidung der Störung durch Sn(II) wurde verschiedentlich bei Vorliegen nur geringer Mengen seine Oxydation zu Sn(IV), das mit Dz nicht reagiert, empfohlen [*56, 81*]. Doch kann während der Extraktion von Pb wieder eine teilweise Reduktion eintreten [*82*], weshalb es sicherer ist, das Sn z. B. durch Verflüchtigung als Bromid ganz zu entfernen. Überdies kann ausfallende Metazinnsäure zu Pb-Verlusten führen. Bei pH >10 stört In(III) bis zur 100fachen Menge nicht. Bei pH $\sim$ 7,5 (mit $Dz/CHCl_3$) [*83*] bzw. pH 6,0–6,4 (mit Dz/CCl_4) [*65*] stört Tl(I) in 20 bis 100facher Menge nicht. Mitextrahiertes Tl(I) kann mit Wasser von pH $\sim$ 7 oder 0,5%iger KCN-Lösung rückgeschüttelt werden [*27, 84*]. Es wurde auch die Überführung in Tl(III) empfohlen [*85*]. Die Bestimmung von Pb wird am meisten durch Bi gestört. Zur Beseitigung dieser Störung sind mehrere Wege angegeben worden. Aus saurer Lösung können 0,5–1 mg Bi mit einer konzentrierten Dz-Lösung (z. B. 0,02%ig [*26*]) bei pH $\sim$ 2 [*26, 45, 72, 77, 86–89*], pH 2,8–3,0 [*26, 77, 86, 90*], pH 3,0–3,5 [*56, 91*] bzw. pH 4,0 [*83*] von 20–40 μg Pb abgetrennt werden, wobei letzteres in der wäßrigen Phase verbleibt (s. S. 923). Dabei muß lange geschüttelt werden, da die Umsetzung langsam verläuft. Wenn Bi (bis zur 10fachen Menge) und Pb bei pH >7 gemeinsam extrahiert wurden, so läßt sich Pb aus dem $CHCl_3$-Extrakt mit Phthalatpufferlösung von pH 3,4 [*29, 65, 92*], aus dem CCl_4-Extrakt mit verdünnter HNO_3 von pH 2,3–2,5 [*78, 93, 94*] rückschütteln. Bi (bis zur 3fachen Menge) kann mit alkalischer 0,5–1%iger KCN-Lösung von pH >11 rückextrahiert werden, wobei das Pb in der organischen Phase verbleibt [*8, 55, 84, 95, 96*]; es können dabei Pb-Verluste auftreten [*27, 45, 56, 72, 84*]. Ungenügendes Auswaschen des Extraktes stellt gleichfalls eine Fehlerquelle dar [*97*]. Einerseits erhielt man Werte, die um 0,08–0,4 μg Pb zu hoch waren [*45*]; bei $CHCl_3$-Extrakten soll der Fehler auch noch größer sein. Andererseits wurde über Verluste von 0,6–0,8 μg Pb [*45*], 1,2–1,8 μg Pb [*84*] und 1,0 μg Pb [*27*] berichtet. Die Fehler sollen bei steter Einhaltung der Arbeitsbedingungen nicht stören. Zur Vermeidung der angeführten Fehlerquellen wird weiters die Anwendung des Mischfarbenverfahrens empfohlen [*45, 97*]. Bei einer Überprüfung der verschiedenen Rückschüttelungsverfahren erwies sich jenes mit verdünnter HNO_3 von pH 2,4 am günstigsten [*78*]. Pb läßt sich auch von der 500fachen Menge Bi abtrennen, indem man die auf pH 8–9 eingestellte Lösung so lange fraktioniert mit kleinen Anteilen Dz-Lösung extrahiert (dabei geht zuerst Pb in den Extrakt über), bis eine Fraktion die Rotorange-Farbe des $Bi(HDz)_3$ zeigt, und anschließend den vereinigten organischen Extrakt (Pb und teilweise Bi enthaltend) wie oben beschrieben mit saurer Lösung wäscht [*27*].

Unter den Anionen stören Halogenide, NO_3^-, SO_4^{2-}, PO_4^{3-}, CN^-, $[Fe(CN)_6]^{4-}$, Citrat und Tartrat nicht. Eine Fällung von $PbSO_4$ kann mit Ammoniumacetat gelöst werden. Höhere Konzentrationen von PO_4^{3-} hemmen die Extraktion etwas. Dies läßt sich durch Erhöhung des Citrat-Zusatzes und des pH-Wertes (pH 11,5) vermeiden [*53*, *81*]. Fällungen von Calcium- und Magnesiumphosphat können durch Citrat nicht verhindert, durch Zusatz von Natriumhexametaphosphat in alkalischer Lösung aber vermieden werden [*75*, *88*]. Große Mengen Citrat und Tartrat hemmen die Extraktion. $[Fe(CN)_6]^{3-}$ u. a. Oxydationsmittel oxydieren das Dz, weshalb in diesem Fall [bei Anwesenheit von Fe(III) und CN^-] ein Reduktionsmittel zugesetzt werden muß, wie Hydroxylamin [*98*–*101*], Hydrazin, Na_2SO_3 und $Na_2S_2O_3$ [*102*]. Zur Vermeidung einer Rückoxydation muß rasch gearbeitet werden; hierfür wird auch die Anwendung einer Stickstoff-Atmosphäre vorgeschlagen [*102*]. Weiterhin wird für die Bestimmung des Pb die oxydationsbeständigere Rotfärbung des $Pb(HDz)_2$ (Einfarbenverfahren) empfohlen [*59*]. Die oxydierende Wirkung des Cu(II) läßt sich ebenfalls durch Zusatz von Hydroxylamin vermeiden, wobei die Lösung aufgekocht werden muß [*27*]. Ist jedoch viel Fe und Cu anwesend, so muß das Pb zusammen mit Cu vorher aus ammoniakalischer, citrathaltiger Lösung in Abwesenheit von CN^- mit $Dz/CHCl_3$ oder $/CCl_4$ isoliert und aus dem Extrakt das Pb mit verdünnter Säure rückgeschüttelt werden. S^{2-} stört in jeder Menge. Wenn eine Fällung von kleineren Mengen Kieselsäure auftritt, so soll die Gesamtprobe zur Analyse verwendet werden, um Pb-Verluste durch Adsorption oder Okklusion zu vermeiden [*4*]. In diesem Fall muß die Lösung öfter und länger mit Dz-Lösung ausgeschüttelt werden, da die Extraktion des Pb durch die anwesende Kieselsäure erschwert ist. Doch erscheint dies zweckmäßiger als die Entfernung der Kieselsäure durch Abfiltrieren oder Abrauchen mit HF/H_2SO_4. Bei der Analyse von Probematerial mit hohem Si- und C-Gehalt (z. B. Roheisen) ist aber eine Abtrennung der die Extraktion störenden großen Mengen an ausgeschiedener Kieselsäure und Graphit durch Zentrifugieren erforderlich [*3*, *4*]. Auf verschiedene Fehlerquellen bei der Bestimmung von Pb mit Dz wurde hingewiesen: Reinheit der Reagentien [*50*, *51*, *77*], ungeeignetes Gefäßmaterial [*45*] und Säuregehalt von Filtrierpapier [*59*].

Die Bestimmung von Pb mit Dz kann nach dem Einfarben-, Mischfarben- oder Reversionsverfahren durchgeführt werden. Beim Einfarbenverfahren wird der Dz-Überschuß durch Waschen mit Ammoniak (1 + 199) oder 0,5–1%iger KCN-Lösung [*27*, *95*] entfernt, wobei letzteres wegen der gleichzeitigen Entfernung mitextrahierter Metallspuren günstiger ist. Die Entfernung des Dz-Überschusses stellt die empfindlichste Fehlerquelle des Einfarbenverfahrens dar, da bei zu niedrigem pH-Wert ein Dz-Rest in der organischen Phase verbleibt, bei zu hohem pH-Wert Pb-Verluste auftreten können. Als günstig wird eine Waschlösung mit einer pH = 11 entsprechenden KCN-Konzentration empfohlen [*72*].

Beim Mischfarbenverfahren entfallen diese Fehlerquellen, doch sind, zwecks Konstanthaltung des Dz-Überschusses in der organischen Phase, bei einer gegebenen Pb-Menge eine genaue Einstellung und Einhaltung des pH-Wertes und Verwendung von Dz-Lösungen bekannten und konstanten Reagensgehaltes erforderlich. Es ergibt sich somit bei beiden Verfahren die Notwendigkeit der genauen Einhaltung der einmal gewählten Arbeitsbedingungen. Die sog. Nachteile des Einfarben- und des Mischfarbenverfahrens suchte man durch Anwendung einer Mischfarbenmethode bei pH 11,5 zu beseitigen [*73*] (s. S. 932). Dabei wird das Pb bei pH 11,5 mit $Dz/CHCl_3$ extrahiert. Bei dieser Alkalität geht das überschüssige Dz nahezu vollständig in die wäßrige Phase, so daß es sich hierbei fast um ein Einfarbenverfahren handelt [*4*, *19*, *73*, *75*]. Das im organischen Extrakt verbliebene restliche Dz macht sich nur bei der Bestimmung kleinster Pb-Mengen bemerkbar [*4*, *22*]. Dieses Verfahren wird daher sowohl als Mischfarben- [*4*, *22*, *73*] als auch als Einfarbenverfahren [*75*] bezeichnet. Mit dieser Arbeitsweise ist es möglich, Pb über einen weiten Konzentrationsbereich hin mit nur einer Dz-Lösung annähernd konstanter Konzentration zu bestimmen, ohne daß die Volumina und Konzentrationen von Probe- und Reagenslösungen genau eingehalten werden müssen. Unter geeigneten Bedingungen ist die Extrahierbarkeit von $Pb(HDz)_2$ bei pH 11,5 praktisch quantitativ. Die Wirksamkeit dieses Mischfarbenverfahrens bei pH 11,5 (s. S. 932) wurde mit demjenigen bei pH 9,5 (s. S. 932) verglichen [*103*]. Es zeigte sich, daß die Reproduzierbarkeit bei dem erstgenannten etwas weniger gut, seine Genauigkeit hingegen etwas größer ist. Von besonderem Wert ist das Mischfarbenverfahren bei pH 11,5 hinsichtlich seiner Unempfindlichkeit gegen Phosphatstörungen. Während beim Extraktionsverfahren bei pH 9,5 bereits 0,5 mg PO_4^{3-} zu niedrige Pb-Werte bedingen, stören noch 5 mg PO_4^{3-} bei der Methode bei pH 11,5 nicht. Verwendet man unter den gleichen Arbeitsbedingungen (pH 11—11,5) CCl_4 anstelle von $CHCl_3$, so geht das Dz vollständig in die wäßrige Phase über, so daß dann ein Einfarbenverfahren vorliegt [*22*]. Andererseits läßt sich das Mischfarbenverfahren mit $CHCl_3$ bei pH 11,5 mit gleichem Erfolg auch mit CCl_4 bei pH 10,5 durchführen.

Die Modifikation des Mischfarbenverfahrens, das Reversionsverfahren, bei welchem die aus dem Bleikomplex freigesetzte Dz-Menge gemessen wird, umgeht die Schwierigkeiten des Einfarben- und Mischfarbenverfahrens weitgehend. Zur Durchführung der Reversion wird das $Pb(HDz)_2$ durch Schütteln mit 0,03 Vol.-%iger HNO_3 (pH 2,40) zerlegt. Aufgrund der bisherigen Erfahrungen erscheint unter den angeführten Methoden die Anwendung des Mischfarbenverfahrens bei pH 11,5 am zweckmäßigsten.

Arbeitsvorschrift

Bei Anwesenheit großer Mengen anderer Elemente (Erdalkalien, PO_4^{3-} u. a. m.) ist meist eine vorangehende Isolierung des Pb zweckmäßig. Letztere ist überdies notwendig, um die besonders beim Mischfarbenverfahren erforderliche Konstanz und Reproduzierbarkeit der Arbeitsbedingungen zu erreichen.

a) Die Isolierung des Pb [*27*, *45*, *86*, *92*]

Reagentien

Dz, 0,003%ig in $CHCl_3$; das $CHCl_3$ wird vorher mit ammoniakalischer, 0,5%iger Hydroxylaminhydrochloridlösung gewaschen. Die Dz-Lösung wird vor Gebrauch mit HNO_3 (1 + 99) geschüttelt.

Ammoniumcitrat, 50%ige wäßrige Lösung; mit Dz-Lösung gereinigt.

Ammoniak (0,91);

Hydroxylaminhydrochlorid, 20%ige wäßrige Lösung; 20 g Reagens werden in ~ 65 ml Wasser gelöst, mit Ammoniak bis zum Umschlag nach Gelb von m-Kresolpurpur versetzt, 1 ml 5%ige Na-DDTC-Lösung hinzugefügt und mit $CHCl_3$ Metallcarbamate und Carbamatüberschuß restlos extrahiert (Prüfung des Extraktes durch Schütteln mit verdünnter Cu-Lösung: das Ausbleiben einer Gelbfärbung zeigt die Entfernung des Carbamates an). Dann wird HCl bis zum Umschlag auf Rosa zugesetzt und mit Wasser auf 100 ml aufgefüllt.

KCN, 10%ige wäßrige Lösung; mit Dz-Lösung gereinigt;

Pufferlösung (pH 3,4); 9,1 ml HNO_3 (1,40) werden mit Wasser auf 500 ml verdünnt, mit Ammoniak auf pH 3,4 eingestellt, mit 50 ml Phthalatpufferlösung (pH 3,4; 50 ml 0,2m Kaliumhydrogenphthalat + 9,95 ml 0,2n HCl mit Wasser auf 100 ml aufgefüllt) versetzt und mit Wasser auf 1 l aufgefüllt;

0,15n HNO_3; HNO_3 (1,40) wird im Verhältnis 1 + 99 mit Wasser verdünnt.

Die saure Probelösung wird im Schütteltrichter mit 15 ml Ammoniumcitratlösung (bei Bedarf mehr oder weniger davon) und 1 ml Hydroxylaminhydrochloridlösung versetzt und mit Ammoniak gegen Bromthymolblau schwach alkalisch gemacht. Nach Zusatz von 5 ml KCN-Lösung (bei Bedarf mehr oder weniger davon) stellt man auf pH 9—9,5 ein und extrahiert wiederholt mit je 5 ml Dz-Lösung, bis der letzte Extrakt unverändert grün bleibt (die ungefähr vorliegende Pb-Menge läßt sich abschätzen, wenn man berücksichtigt, daß 5 ml Dz-Lösung ~ 40 μg Pb extrahiert). In Abwesenheit von Tl und Bi wird das Pb mit 15 und 10 ml 0,15n HNO_3 aus dem vereinigten organischen Extrakt rückgeschüttelt, die organische Phase verworfen, die vereinigte wäßrige Lösung mit 3—5 ml $CHCl_3$ gewaschen und nach der Phasentrennung die wäßrige Phase für die Pb-Bestimmung verwendet. Bei kleineren Pb-Mengen führt man hierzu die gesamte Probelösung in einen entsprechenden Schütteltrichter über, bei größeren Pb-Mengen füllt man die Probelösung in einem 25 oder 50 ml-Meßkolben mit 0,15n HNO_3 zur Marke auf und verwendet einen aliquoten Teil für die weitere Analyse.

Wenn Tl und/oder Bi anwesend sind, so entfällt die Rückextraktion mit 0,15n HNO_3 und man behandelt den vereinigten organischen Extrakt wie folgt:

Zur Entfernung von anwesendem Tl (bis zur 100fachen Menge) wird der vereinigte organische Extrakt 2mal mit je 25 ml Wasser (pH ~ 7) 30 sec gewaschen (wobei das Tl in die wäßrige Phase übergeht), die Waschlösung mit 2 ml Dz-Lösung geschüttelt und letztere mit dem organischen Extrakt vereinigt.

Zur Beseitigung von vorhandenem Bi (bis zur 50fachen Menge) schüttelt man den mit Wasser gewaschenen Extrakt 2mal mit je 25 ml Pufferlösung (pH 3,4) (wobei das Pb in die wäßrige Phase übergeht), verwirft die organische Phase, schüttelt die vereinigte wäßrige Lösung mit 5 ml Dz-Lösung und danach mit 5 ml $CHCl_3$. Die so erhaltene Pufferlösung wird für die Pb-Bestimmung verwendet, oder daraus erneut das Pb nach der obigen Arbeitsvorschrift (bis zur Rückextraktion mit 0,15n HNO_3) isoliert und anschließend photometrisch bestimmt.

b) Die Bestimmung des Pb nach dem Einfarbenverfahren

α) Methode I [27]

Reagentien

Dz, 0,006%ig in CCl_4;
Ammoniak (1 + 1);
Hydroxylaminhydrochlorid, gesättigte wäßrige Lösung;
KCN, 10%ige wäßrige Lösung;
KCN-Waschlösung, 0,5%ige wäßrige Lösung;
Ammoniumcitrat, 50%ige wäßrige Lösung;
CCl_4.

Etwa 20 ml schwach saure Probelösung (2,0—80 μg Pb enthaltend) versetzt man in einem Schütteltrichter mit einer ausreichenden Menge Ammoniumcitratlösung (zur Vermeidung einer Fällung), macht mit Ammoniak schwach alkalisch und fügt 5 ml KCN-Lösung (oder bei Bedarf noch mehr) sowie 1 ml Hydroxylaminhydrochloridlösung hinzu [in Anwesenheit von Fe(III) und Cu(II) muß nun die Lösung kurz aufgekocht werden und wird nach dem Abkühlen in den Schütteltrichter übergeführt]. Nun extrahiert man die Lösung mehrmals mit je 3—5 ml Dz-Lösung, bis der letzte Extrakt nicht mehr rot, sondern grün oder farblos erscheint. Der vereinigte organische Extrakt wird 2mal mit je 5 ml KCN-Waschlösung gewaschen und dann 1—2mal mit 10 ml Wasser geschüttelt. Die CCl_4-Phase füllt man in einem 25 ml-Meßkolben mit CCl_4 zur Marke auf und photometriert in einer 1 cm-Küvette bei 520 nm gegen CCl_4.

β) Methode II [22]

Reagentien

Dz, 0,002%ig in CCl_4; im Dunkeln und im Kühlschrank aufbewahrt.
Lösung A; man mischt 95 ml 10n Ammoniak mit 5 ml 10%iger KCN-Lösung und löst darin 5 g $Na_2S_2O_5$ auf;
CCl_4.

In einem 100 ml-Schütteltrichter werden 25 ml Lösung A mit 25 ml Dz-Lösung 1 min geschüttelt, die organische Phase verworfen, die wäßrige Lösung mit 10 ml CCl_4 gewaschen und die CCl_4-Phase gleichfalls verworfen. Zur ammoniakalischen Dz-Lösung im Schütteltrichter fügt man nun 20 ml ~ 0,6n HCl-Probelösung (1—45 μg Pb enthaltend) oder die durch vorangehende Isolierung erhaltenen 25 ml HNO_3-Probelösung (s. S. 930/931) hinzu, extrahiert mit 10 und 5 ml CCl_4, filtriert durch ein trockenes Papierfilter, füllt im Meßzylinder mit CCl_4 auf 15,0 ml auf und photometriert in einer 1 cm-Küvette bei 515 nm gegen CCl_4.

c) Die Bestimmung des Pb nach dem Mischfarbenverfahren

α) Durchführung bei pH 9,5 [*45*, *86*, *92*]

Reagentien

Dz, 0,0005%ig, 0,0010%ig und 0,0020%ig in $CHCl_3$; gereinigt und im Dunkeln und im Kühlschrank aufbewahrt;

Ammoniak-Cyanid-Lösung; 20 g KCN und 150 ml Ammoniak (0,90) werden mit Wasser auf 1 l aufgefüllt;

0,15n HNO_3.

Die Probelösung soll mit definiertem Volumen und definierter Säurekonzentration vorliegen (am zweckmäßigsten durch das oben beschriebene Isolierungsverfahren, s. S. 930). Die von der Isolierung stammenden 25 ml 0,15n HNO_3-Probelösung (0,4 bis 100 μg Pb enthaltend; bei Verwendung eines aliquoten Teiles der Probelösung wird dieser mit 0,15n HNO_3 auf 25 ml gebracht) versetzt man mit 5,0 ml Ammoniak-Cyanid-Lösung und mischt gut durch. Ist das Pb nach der Isolierung in 50 ml Pufferlösung (pH 3,4) enthalten (s. S. 931), so wird diese Lösung mit 7,0 ml Ammoniak-Cyanid-Lösung versetzt. Je nach der vorliegenden Pb-Menge (bei der Isolierung abgeschätzt) extrahiert man nun 1mal 1 min mit der entsprechenden Menge Dz-Lösung: bei 0,2—8 μg Pb verwendet man 10,0 ml 0,0005%iger Dz-Lösung und eine 5 cm-Küvette, bei 1—40 μg Pb 25,0 ml 0,0010%iger Dz-Lösung und eine 2 cm-Küvette und bei 2—80 μg Pb 25,0 ml 0,0020%iger Dz-Lösung und eine 1 cm-Küvette. Nach der Phasentrennung photometriert man den Extrakt bei 520 nm gegen die entsprechende Dz-Lösung.

β) Durchführung bei pH 11,5 [*73*, *75*, *103*]

Reagentien

Dz, 0,006%ig in $CHCl_3$; gereinigt, im Dunkeln und im Kühlschrank aufbewahrt.

Lösung A; man mischt 375 ml Ammoniak (0,90) + 150 ml 1%ige Na_2SO_3-Lösung + 30 ml 10%ige KCN-Lösung + 495 ml Wasser.

25 ml Probelösung [0,15n HNO_3, durch vorhergehende Isolierung (s. S. 930) erhalten, 2—80 μg Pb enthaltend] versetzt man in einem Schütteltrichter mit 75 ml Lösung A, extrahiert 1 min mit 25,0 ml Dz-Lösung, filtriert nach der Phasentrennung durch ein trockenes Papierfilter und photometriert sofort in einer 1 cm-Küvette bei 510—520 nm gegen $CHCl_3$ oder den Blindwert.

d) Die Bestimmung des Pb nach dem Reversionsverfahren [*78*]

Reagentien

Dz, 0,0020%ig in CCl_4;

Ammoniumcitratlösung; 200 g Citronensäure werden in 200 ml Wasser gelöst, mit Ammoniak (0,91) unter Kühlen auf pH ~ 8,5 (gegen Phenolrot) eingestellt und mit Wasser auf 1 l aufgefüllt. Die Lösung wird mit 0,005%iger Dz/CCl_4-Lösung und CCl_4 gereinigt;

KCN, 5%ige wäßrige Lösung; wie die Ammoniumcitratlösung zu reinigen;

HNO_3, 2 Vol.-%ig und 0,03 Vol.-%ig.

Zu 3–5 ml 0,03 Vol.-%iger HNO_3-Probelösung [durch vorangehende Isolierung (s. S. 930) erhalten; 0,3–7 µg Pb enthaltend] in einem 60 ml-Schütteltrichter fügt man 3,0 ml Dz-Lösung, 1,0 ml Ammoniumcitratlösung, 1,5 ml KCN-Lösung und 2,5 ml 2 Vol.-%ige HNO_3 und schüttelt 1 min (die wäßrige Phase soll pH 8–9 aufweisen). 1,5 ml des CCl_4-Extraktes werden in einem 10 ml-Schütteltrichter mit 2 ml 0,03 Vol.-%iger HNO_3 1 min geschüttelt (Reversion), die Extinktionen der beiden Anteile der organischen Phase (E_m = Extinktion vor der Reversion, E_r = Extinktion nach der Reversion) in einer 1 cm-Mikroküvette bei 620 nm gemessen und der Reversionswert $R = E_r - E_m$ für die Ermittlung der Pb-Menge verwendet. Ein Blindwert wird abgezogen.

Aufstellung der Eichkurve

Man mischt x ml Pb-Stammlösung (2 µg Pb/ml, 1 Vol.-%ige HNO_3; man legt 0,5, 1, 2, 4 und 6 µg Pb vor) mit $(5 - x)$ ml 1 Vol.-%iger HNO_3, versetzt mit jeweils 1,5 ml KCN-Lösung, 1,0 ml Ammoniumcitratlösung, sowie 2,5 ml Wasser und extrahiert mit 3,0 ml Dz-Lösung wie oben angegeben.

Dz fand zur Bestimmung von Pb nach dem Einfarben- [*22, 27, 46, 85, 95*], Mischfarben- [*27, 35, 45, 46, 73, 75, 86, 92, 93, 97, 103, 104*] und Reversionsverfahren [*9, 66, 78*] Anwendung; auch wurde hierzu die Messung des Dz-Überschusses bei 610 nm verwendet [*105*]. Zahlreiche Arbeiten befaßten sich mit der Bestimmung von Pb in den verschiedensten Materialien: Wasser [*106–110*], biologisches und anderes organisches Material [*1, 9, 11, 12, 14, 19, 19a, 22, 26, 72, 76–78, 84, 86, 88, 90, 92, 111–115a*], Blut [*9, 12, 35, 92, 102, 111, 112, 115b*], Knochen [*9, 12*], Harn [*9, 10, 12, 29, 52, 92, 98, 111, 112*], Faeces [*9, 12, 92*], Nahrungsmittel [*9, 13, 16, 82, 88, 92, 104, 116, 117*], Polyvinylchlorid [*118*], Treibstoffe [*119*], Isolieröle [*120*], medizinisch-pharmazeutische Präparate [*14, 87, 121*], Eisen und Stahl [*4, 46, 122–124*], Aluminium, Silber, Arsen, Beryllium, Cadmium, Quecksilber, Antimon [*85, 125*], Kupfer [*126, 127*] und Kupferlegierungen [*128*], Kobalt, Nickel [*127*], Zinn [*85, 125, 129*] und Zinnlegierungen [*128, 129*], Zink [*85, 125, 130*] und Zinklegierungen [*128*], Messing und Bronze [*131*], Silicatgestein [*132, 132a*], Erze [*131, 133*], Monazit [*134*], Böden [*135, 136*], feuerfeste Steine [*17*], Magnesiumcarbonat, Zinkoxyd, Calciumcarbonat, Kaolin, Talk, Titandioxyd, Bariumsulfat, Eisen(III)oxyd und Zinkstearat [*137*], Spritzmittelrückstände [*84*] und Luft [*70, 100, 138–140*]. Daneben wurde Dz auch für andere Zwecke verwendet, wie z. B. zur Ermittlung von $PbSO_4$ [*141*].

1. Wässer

Die Wasserprobe wird mit HCl oder HNO_3 angesäuert, dann aus einer entsprechenden Menge das Pb mit $Dz/CHCl_3$ isoliert (s. S. 930) und schließlich nach dem Einfarbenverfahren (s. S. 931ff.) oder Mischfarbenverfahren (s. S. 932) photometrisch bestimmt.
B: 16–640 ppb Pb. F_r: ±2%.

Arbeitsvorschrift [*141a*]

Reagentien

Wie bei Verfahren C.2.1. (s. S. 934).

50,0 ml Probe versetzt man in einem 150 ml-Schütteltrichter mit 1,0 ml Natriumhexametaphosphat-Lösung, sowie 1,0 ml Hydroxylaminhydrochlorid-Lösung (1% ig) und fährt mit dem Zusatz von Sulfit-Cyanid-Lösung nach Verfahren C.2.1, Abschnitt „Bestimmung des Pb" (s. S. 936) fort.

2. Organisches Material

2.1. Biologisches und anderes organisches Material

Das vorliegende Verfahren beruht auf früher veröffentlichten Arbeiten [*16, 73, 75*]. Nach trockener oder nasser Veraschung wird das Pb mit Dz/$CHCl_3$ (Verfahren A) oder mit DADDTC/$CHCl_3$ und Dz/$CHCl_3$ (Verfahren B) aus alkalischer, citrat- und hexametaphosphathaltiger Lösung isoliert und anschließend mit Dz/$CHCl_3$ nach dem Mischfarbenverfahren bei pH 11,5 photometrisch bestimmt. Störendes Bi kann durch Extraktion mit DADDTC/CCl_4 oder durch Verflüchtigung als Bromid abgetrennt werden [*4*].

B: 0,05–30 ppm Pb. F_{rm}: ±5%.

Arbeitsvorschrift [*19*]

Reagentien

HCl (1,19); 5n HCl; H_2SO_4 (1,84); H_2SO_4 (1 + 1);
HNO_3 (1,42); HNO_3 (1 + 99);
$HClO_4$ (60%);
Ammoniak (0,88); 5n Ammoniak;
Ammoniumcitrat, 25%ige wäßrige Lösung; 125 g Reagens werden in 400—450 ml Wasser gelöst, zuerst mit Ammoniak (0,88) und gegen Ende mit 5n Ammoniak gegen Lackmuspapier schwach alkalisch gemacht, wiederholt mit Dz-Lösung A und $CHCl_3$ extrahiert bis der letzte Auszug grün bleibt, mit 5n HCl gerade angesäuert und mit $CHCl_3$ mehrmals ausgeschüttelt bis der letzte Extrakt farblos ist. Danach wird die Lösung mit Wasser auf 500 ml aufgefüllt;
Natriumhexametaphosphat, 10%ige wäßrige Lösung; man stellt mit Ammoniak gegen Thymolblauindicator auf pH 9 ein, reinigt mit Dz und $CHCl_3$ wie bei der Ammoniumcitratlösung und stellt zuletzt die Acidität auf Blaufärbung des Indicators ein.
KCN, 10%ige wäßrige Lösung; die Lösung soll mindestens 2 Tage alt sein, damit Spuren von Sulfid oxydiert sind. 50 g Reagens löst man in Wasser, verdünnt auf 100 ml, extrahiert mit $CHCl_3$ und 1—2 Tropfen Dz-Lösung, bis der Extrakt nicht mehr rot, sondern grünlich erscheint. Man soll möglichst wenig Dz anwenden, da das überschüssige Dz schwer zu entfernen ist. Letzteres geschieht durch mehrmaliges Ausschütteln mit $CHCl_3$. Man verdünnt dann mit Wasser nahezu auf 500 ml, erwärmt etwas zur Entfernung des $CHCl_3$ und kühlt dann ab. Man füllt mit Wasser auf 500 ml auf.
Hydroxylaminhydrochlorid, 20%ige wäßrige Lösung;
$CHCl_3$; 250 ml Lösungsmittel schüttelt man mit 25 ml Wasser, das 1 ml der KCN-Lösung und 20 Tropfen 5n Ammoniak enthält. Die wäßrige Phase wird verworfen, man wäscht mit Wasser nach und filtriert;
Dz-Lösung A, 0,1%ig in $CHCl_3$; filtrieren und im Kühlschrank aufbewahren;
Dz-Lösung B; 6 ml Dz-Lösung A werden mit 9 ml Wasser und 1 ml 5n Ammoniak ausgeschüttelt, die organische Phase verworfen, die wäßrige Phase zentrifugiert und im Dunkeln aufbewahrt. Täglich frisch herstellen;
Ammoniakalische Sulfit-Cyanid-Lösung; 340 ml Ammoniak (0,88) + 75 ml 2%ige Na_2SO_3-Lösung + 30 ml der KCN-Lösung + 605 ml Wasser werden gemischt;
Thymolblauindicator, 0,04%ige alkoholische Lösung; 0,1 g Thymolblau wird in 4,3 ml 0,05n NaOH und 5 ml Äthanol in der Wärme gelöst und mit 20%igem Äthanol auf 250 ml aufgefüllt;
NaI, 20%ige wäßrige Lösung;
$Na_2S_2O_5$, 1,25%ige wäßrige Lösung; vor Gebrauch frisch hergestellt und filtriert;
DADDTC, 1%ig in $CHCl_3$; in dunkler Flasche aufbewahrt, 1 Woche haltbar;
Methylrotindicator, 0,01%ige alkoholische Lösung; 25 mg Methylrot werden in 0,95 ml 0,05n NaOH und 5 ml Äthanol in der Wärme gelöst und mit 50%igem Äthanol auf 250 ml aufgefüllt;
$Mg(NO_3)_2 \cdot 6\,H_2O$, 10%ige wäßrige Lösung.

1–20 g getrocknetes und zerkleinertes Probematerial (1–30 µg Pb enthaltend) wird auf trockenem Wege mit oder ohne Veraschungshilfe bei <500° C (in Anwesenheit großer Chloridmengen nicht anwendbar) oder auf nassem Wege mit HNO_3/$HClO_4$ oder HNO_3/H_2SO_4 (in Anwesenheit großer Ca-Mengen ist H_2SO_4 zu vermeiden) verascht. Bei

Isolierung des Pb nach Verfahren B kann bei der trockenen Veraschung als Veraschungshilfe $Mg(NO_3)_2$-Lösung zugesetzt werden.

Wenn die Veraschung auf nassem Wege durchgeführt wurde, läßt man die Lösung im Kolben zuletzt abkühlen, versetzt mit 5 ml Wasser, führt — falls kein unlöslicher Rückstand vorhanden ist — unter Nachwaschen mit 2mal 1 ml Wasser in einen 100 ml-Erlenmeyerkolben über, gibt in den Veraschungskolben 10 ml 5n HCl, kocht 5 min unter gleichzeitigem Benetzen der Seitenwände und vereinigt die Waschlösung unter Nachwaschen mit 2mal 1 ml Wasser mit der Probelösung. Falls nach der Veraschung ein unlöslicher Rückstand vorliegt, filtriert man die Lösung unter gleichzeitigem vorsichtigem Dekantieren, so daß der unlösliche Anteil weitgehend im Veraschungskolben zurückbleibt, kocht letzteren dann mit 5n HCl wie vorhin beschrieben und filtriert gleichfalls zur Probelösung hinzu. Wenn die Veraschung auf trockenem Wege durchgeführt wurde, versetzt man die Asche in der Quarz- oder Platinschale mit 5 ml Wasser und 10 ml 5n HCl, kocht gelinde 5 min und filtriert in einen 100 ml-Erlenmeyerkolben wie vorhin beschrieben.

Isolierung des Pb

Verfahren A (Probematerial mit niedrigem Gehalt an Ca, Mg und Phosphat)

Zur abgekühlten Probelösung fügt man 5 ml Ammoniumcitratlösung und 10 ml Natriumhexametaphosphatlösung (bei einigen Proben, z. B. Käse, kann die höhere Konzentration an Ca und PO_4^{3-} durch Zusatz von 10 ml Ammoniumcitratlösung in Lösung gehalten werden, andernfalls muß nach Verfahren B gearbeitet werden) hinzu und stellt nach Zusatz von einigen Tropfen Thymolblauindicator-Lösung mit Ammoniak auf den Farbumschlag blau-grün (pH 9,0—9,5) ein. Die Lösung wird gekühlt, 1 ml KCN-Lösung zugesetzt, bei Anwesenheit von viel Fe 1 ml Hydroxylaminhydrochlorid-Lösung hinzugefügt und unter Nachwaschen mit einigen Millilitern Wasser in einen 100 ml-Schütteltrichter (I) übergeführt, in welchen 10 ml $CHCl_3$ vorgelegt sind. Das Volumen der Lösung soll nun etwa 50 ml betragen. Man versetzt mit 0,5 ml Dz-Lösung B, schüttelt 1 min und falls die untere Schicht nach der Phasentrennung rot ist, fügt man so lange weitere Dz-Lösung B hinzu, bis die organische Phase nach dem Schütteln eine purpurrote, blaue oder grüne Farbe aufweist. Die organische Phase wird in einen zweiten Schütteltrichter (II) abgelassen, die wäßrige Lösung mit 1—2 ml $CHCl_3$ nachgewaschen und dieses mit dem organischen Extrakt vereinigt. Zu der wäßrigen Lösung im Schütteltrichter (I) fügt man 0,2 ml Dz-Lösung B und 3 ml $CHCl_3$, schüttelt 30 sec und läßt diese organische Phase auch in Schütteltrichter (II) ab. Dieser letzte Extrakt muß grün sein, andernfalls wird die Extraktion mit Dz und $CHCl_3$ so lange fortgesetzt, bis dies der Fall ist. Die wäßrige Phase wird verworfen. Aus dem vereinigten organischen Extrakt in Schütteltrichter (II) wird das Pb mit 10 ml HNO_3 (1 + 99) 1 min rückgeschüttelt, die $CHCl_3$-Phase verworfen und die wäßrige Lösung für die Pb-Bestimmung verwendet.

Verfahren B (Probematerial mit hohem Gehalt an Ca, Mg und Phosphat)

Zur Probelösung fügt man 2 Tropfen Methylrotindicator-Lösung, macht mit Ammoniak (0,88) gerade alkalisch, säuert mit 5n HCl gerade an und fügt weitere 10 ml 5n HCl im Überschuß hinzu. Die Lösung wird auf 50—70° C erwärmt, mit 2 ml NaI-Lösung versetzt und freigewordenes Jod mit 2 ml $Na_2S_2O_5$-Lösung reduziert. Die abgekühlte Lösung führt man in einen Schütteltrichter über, bringt mit Wasser auf 50—75 ml (die Lösung soll jetzt 1n HCl sein), extrahiert 30 sec mit 10 ml DADDTC/$CHCl_3$, läßt den organischen Extrakt in einen 100 ml-Erlenmeyerkolben ab, wäscht die wäßrige Lösung mit wenig $CHCl_3$ und läßt dieses ebenfalls in den Kolben ab. Man wiederholt die Extraktion mit 10 ml DADDTC/$CHCl_3$, vereinigt den Extrakt mit der ersten Fraktion und verwirft die wäßrige Phase. Zum vereinigten organischen Extrakt werden 2,0 ml H_2SO_4 (1 + 1) zugegeben, das $CHCl_3$ abgedampft, mit 0,5 ml $HClO_4$ versetzt und erhitzt bis die $HClO_4$-Nebel auftreten und die Lösung klar und farblos ist. Man kühlt ab, fügt 10 ml Wasser und 5 ml 5n HCl hinzu, kocht 1 min, kühlt ab, versetzt mit 2 ml Ammoniumcitrat-Lösung und fährt nach Zusatz von einigen Tropfen Thymolblauindicator-Lösung nach Verfahren A fort.

Abtrennung von Bi

Falls die Probe Bi enthält, welches die Pb-Bestimmung stört, wird es vor der Isolierung des Pb durch Extraktion mit DADDTC/$CHCl_3$ entfernt. Hierzu bringt man die durch Veraschen erhaltene Probelösung mit HCl (1,19) und Wasser auf 35 ml und 4n HCl (s. S. 923, 938ff.) (die von der nassen Veraschung stammende, H_2SO_4 enthaltende Lösung soll nicht unter 3n H_2SO_4/3n HCl sein). Die Lösung wird mit 10 und 5 ml DADDTC/$CHCl_3$ 30 sec extrahiert, die Extrakte verworfen, anschließend mit 5 ml $CHCl_3$ die wäßrige Lösung 10—15 sec gewaschen, auch der Waschextrakt verworfen, die wäßrige Lösung unter Nachwaschen mit wenig Wasser in einen 100 ml-Erlenmeyerkolben übergeführt und nach Verfahren A oder B fortgefahren.

Bestimmung des Pb

Die von der Isolierung im Schütteltrichter vorliegende salpetersaure Lösung versetzt man mit 30,0 ml ammoniakalischer Sulfit-Cyanid-Lösung, 10,0 ml $CHCl_3$ und 0,50 ml Dz-Lösung B, schüttelt 1 min, läßt den $CHCl_3$-Extrakt nach der Phasentrennung durch Watte in eine 1 cm-Küvette ab und photometriert bei 520 nm gegen $CHCl_3$. Ein Blindwert wird abgezogen.

2.2. Harn

Bei dem vorliegenden Verfahren wird eine längere Veraschung vermieden, indem nach kurzem Erhitzen mit HNO_3 das Pb zuerst als Jodid mit Methylisopropylketon und dann mit Dz/$CHCl_3$ isoliert, Bi mit Pufferlösung (pH 3,4) abgetrennt [*92*] (s. S. 931) und das Pb mit Dz/$CHCl_3$ nach dem Mischfarbenverfahren bei pH 11,5 [*73*] photometrisch bestimmt werden.

B: 0,02—0,8 ppm Pb. F_{rm}: $\pm 3\%$. *Z:* ~ 45 min.

Arbeitsvorschrift [*29*]

Reagentien

HNO_3 (1,40);
Diäthyläther;
Methylisopropylketon;
KI, gesättigte wäßrige Lösung;
NaOH, 0,5%ige wäßrige Lösung;
Thymolblauindicator, 0,1%ige wäßrige Lösung;
übrige Reagentien wie bei Verfahren a), S. 930, und bei Verfahren c) β), S. 932.

100 ml Probe werden in einem 500 ml-Kolben mit 10 ml HNO_3 20 min unter Rückfluß erhitzt, abgekühlt, in einen 250 ml-Schütteltrichter unter Nachspülen mit warmer, verdünnter HNO_3 übergeführt, gekühlt, 3mal mit je 25 ml Diäthyläther extrahiert und die Extrakte verworfen. Zur wäßrigen Lösung fügt man 10 ml KI-Lösung, extrahiert 3mal mit je 10 ml Methylisopropylketon (mit 5%iger HCl gesättigt) und verwirft die

wäßrige Lösung. Aus dem vereinigten organischen Extrakt wird das Pb mit 50 ml NaOH-Lösung rückgeschüttelt, die Ketonphase verworfen und der wäßrige Auszug mit 4 Tropfen Thymolblauindicator-Lösung versetzt. Man stellt mit HNO_3 auf pH 9,5—10 ein, isoliert das Pb bei diesem pH-Wert mit Dz/$CHCl_3$ nach Verfahren a) (s. S. 930), trennt von Bi durch Schütteln des organischen Extraktes mit 25 ml Pufferlösung (pH 3,4) ab und bestimmt das Pb durch Extraktion mit Dz/$CHCl_3$ aus dieser Pufferlösung nach Verfahren c) *β*) (s. S. 932).

2.3. Treibstoff

Als Tetraäthylblei vorliegendes Pb wird mit Brom zersetzt, mit HNO_3 ausgeschüttelt und mit Dz/$CHCl_3$ nach dem Mischfarbenverfahren bei pH 9,5, 10,0 oder 10,5 ± 0,15 photometrisch bestimmt.

B: 0,005—20 ppm Pb (in anorganischer Form und als Tetraäthylblei). F_{rm}: ± 10%.

Arbeitsvorschrift [*119*]

Reagentien

HNO_3 (1,42); HNO_3, 0,8 Vol.-%ig;
Dz, 0,3%ig in $CHCl_3$;
Pufferlösung; 20 g KCN, 6 g Ammoniumcitrat und 40 g Na_2SO_3 werden getrennt in Wasser gelöst, miteinander vermischt, 200 ml Ammoniak (0,90) hinzugefügt und mit Wasser auf 1 l aufgefüllt (10 ml dieser Lösung zu 50 ml salpetersaurer Probelösung zugesetzt ergeben einen pH-Wert von 10,0).
Eine zweite Pufferlösung wird unter Verwendung der gleichen Reagensmengen und 600 ml Ammoniak (0,90) hergestellt (10 ml dieser Lösung zu 50 ml salpetersaurer Probelösung zugesetzt ergeben einen pH-Wert von 10,5).
Bromlösung; 300 ml Brom werden mit CCl_4 auf 1 l aufgefüllt.
$CHCl_3$.

Je nach dem vorliegenden Pb-Gehalt finden folgende Probe- und Reagensmengen Anwendung:

Gehalt µg Pb/ml	Probemenge ml	Dz-Lösung ml
0,005— 0,100	100	5
0,050— 0,150	100	10
0,100— 1,000	100	25
0,100— 2,000	50	25
1,00 —20,00	5	25

Die entsprechende Probemenge versetzt man in einem Becherglas mit Bromlösung bis die Bromfarbe mindestens 5 min bestehen bleibt, läßt 10 min stehen und erhitzt dann auf der Heizplatte bis das gesamte Brom verflüchtigt ist. Die Lösung wird abgekühlt, mit 25 ml 0,8 Vol.-%iger HNO_3 in einen Schütteltrichter übergeführt, 2 min geschüttelt, die wäßrige Phase in ein 200 ml-Becherglas abgelassen, die Extraktion mit 25 ml 0,8 Vol.-%iger HNO_3 wiederholt, der wäßrige Auszug gleichfalls ins Becherglas abgelassen und die organische Phase verworfen. Zum vereinigten wäßrigen Auszug fügt man 1 ml Bromlösung, dampft auf ~ 10 ml ein, um die Zersetzung der Alkylbleisalze zu vervollständigen und den Überschuß an Brom und HBr zu verflüchtigen, führt die Lösung unter Nachwaschen mit Wasser in einen 125 ml-Schütteltrichter über und verdünnt mit Wasser auf 50 ml. Nach Zusatz von 10 ml Pufferlösung wird mit der entsprechenden Menge Dz-Lösung 2 min extrahiert und der organische Extrakt in einer 1 cm-Küvette bei 510 nm gegen einen Blindwert photometriert. Falls der wäßrige Auszug gefärbt ist, extrahiert man diesen vor dem Zusatz der Dz-Lösung wiederholt mit jeweils 25 ml $CHCl_3$, bis der $CHCl_3$-Extrakt farblos ist. In solchen Fällen muß die Behandlung mit $CHCl_3$ bei der nach der Arbeitsvorschrift durchgeführten Aufstellung der Eichkurve gleichfalls angewendet werden.

3. Metalle und Legierungen

In anderen Arbeiten wurde Pb mit Dz in Eisen, Stahl [*29a, 46, 141b*), Aluminium, Kobalt, Magnesium [*29a*], Nickellegierungen [*141c*], Titan, Zink [*29a*] und Quecksilber [*141a, 141e*] bestimmt.

3.1. Eisen und Stahl

In früheren Arbeiten erfolgte die Isolierung des Pb mittels Sulfidfällung [*46, 47*]. Zweckmäßiger ist es aber, die Isolierung mit $Dz/CHCl_3$ nach vorangehender Abtrennung des Fe durch Ausäthern vorzunehmen [*4, 6*]. Die photometrische Bestimmung wird anschließend mit $Dz/CHCl_3$ nach dem Mischfarbenverfahren bei pH 11,5 durchgeführt. Störendes Bi kann durch Extraktion mit $DADDTC/CCl_4$ oder durch Verflüchtigung als Bromid abgetrennt werden. Für die Abtrennung des Fe ist Diisopropyläther am zweckmäßigsten (s. S. 922), da mit diesem nur eine Eichkurve für die verschiedenen Arbeitsbereiche erforderlich ist, bei Diäthyläther hingegen infolge des von der Fe-Konzentration abhängigen Pb-Verlustes mehrere Eichkurven nötig sind.

B: 0,4–400 ppm Pb. F_{rm}: ±5%. *Z:* 4–6 Std.

Arbeitsvorschrift [*4*]

Reagentien

8n HCl; 6n HCl;
HNO_3 (1,40); HNO_3 (1 + 1); HNO_3 (1 + 99);
Diisopropyläther;
H_2O_2 (30%);
DADDTC, 1%ig in CCl_4; in dunkler Flasche aufbewahrt, 1 Woche haltbar;
HBr (40%); Brom;
übrige Reagentien wie bei Verfahren C.2.1 (s. S. 934).

1,0 g Stahl oder Eisen wird in einem 100 ml-Becherglas mit 20 ml 6n HCl in der Wärme gelöst, durch tropfenweisen Zusatz von HNO_3 (1,40) oxydiert und die Lösung langsam zur Trockene eingedampft. Den Trockenrückstand löst man unter schwachem Erwärmen in 10 ml 8n HCl, führt unter mehrmaligem Spülen mit wenigen Millilitern 8n HCl in einen 25 ml-Meßkolben über und füllt nach dem Abkühlen auf Raumtemperatur mit 8n HCl bis zur Marke auf.

Zur Abtrennung des Fe wird ein aliquoter Teil der Probelösung von 10 ml in einen 100 ml-Schütteltrichter übergeführt, 3 Tropfen H_2O_2 hinzugefügt und nach kurzem Umschwenken mit 20 ml Diisopropyläther (mit 8n HCl gesättigt) ausgeschüttelt. Nach dem Abtrennen der organischen Phase fügt man erneut 2–3 Tropfen H_2O_2 hinzu und wiederholt die Extraktion mit 20 ml Diisopropyläther. Die wäßrige, farblos bis schwach gelblich gefärbte Phase wird unter Nachspülen mit Wasser in ein 100 ml-Becherglas abgelassen, mit 1–2 Tropfen HNO_3 (1,40) versetzt, zunächst der Äther bei gelinder Wärme verdampft und dann die Lösung langsam gerade zur Trockene eingedampft. Dabei kann durch Reste von Diisopropyläther leicht ein braunes Oxydationsprodukt entstehen, das durch seine Färbung bei der späteren pH-Einstellung stört. In diesem Fall muß mit Spezialindicatorpapier getüpfelt werden. Nach Befeuchten des Trockenrückstandes mit 4 Tropfen HNO_3 (1 + 1) wird dieser mit 2 ml Wasser aufgenommen und nach dem Lösen des Rückstandes mit Wasser auf 10 ml gebracht.

Zur Isolierung des Pb werden der abgekühlten Lösung 5 ml Ammoniumcitratlösung, einige Tropfen Thymolblauindicator-Lösung und 1 ml 5n Ammoniak hinzugefügt. Nach kurzem Kühlen setzt man der Lösung mittels einer Ausblaspipette je 1 ml KCN-Lösung und Hydroxylaminhydrochlorid-Lösung zu und fügt dann 5n Ammoniak bis zum Auftreten einer blaugrünen Färbung (pH 9,0—9,5) hinzu. Die Lösung wird unter doppeltem Nachwaschen mit je 10 ml Wasser in einen 100 ml-Schütteltrichter, der 10 ml $CHCl_3$ enthält, übergeführt (das Volumen der wäßrigen Phase soll jetzt ~ 40 ml betragen), mittels einer Auswaschpipette 0,5 ml Dz-Lösung B zugesetzt und nach Verfahren C.2.1.A (s. S. 935) bis einschließlich zur Rückschüttelung des Pb mit HNO_3 (1 + 99) fortgefahren. Falls bekannt ist, daß ein höherer Pb-Gehalt vorliegt, empfiehlt es sich, gleich zu Beginn eine größere Menge Dz-Lösung B zu verwenden, weil dadurch die Arbeitszeit abgekürzt wird. Die nach der Rückschüttelung des Pb vorliegende salpetersaure Lösung wäscht man nun mit 3 ml $CHCl_3$, verwirft dieses und verwendet die wäßrige Lösung für die Pb-Bestimmung.

Zur Bestimmung des Pb fügt man zur salpetersauren Lösung 30,0 ml ammoniakalische Sulfit-Cyanid-Lösung, 10 ml $CHCl_3$ und mit der Auswaschpipette 0,50 ml Dz-Lösung B hinzu. Man extrahiert 1 min und läßt nach der Phasentrennung den organischen Extrakt in einen 25 ml-Meßkolben ab, der unter einen dunklen Sturz gestellt wird. In den Schütteltrichter fügt man weitere 10 ml $CHCl_3$, schüttelt 10 sec, läßt den Extrakt ebenfalls in den Meßkolben ab, füllt mit $CHCl_3$ zur Marke auf, filtriert durch ein trockenes Papierfilter in die Küvette und photometriert bei 520 nm gegen $CHCl_3$. Ein Blindwert wird abgezogen. Man verwendet eine 1 cm-Küvette für Gehalte von 0,0005—0,020% und eine 5 cm-Küvette für Gehalte von 0,0001—0,004% Pb. Für den Bereich von 0,001—0,04% Pb wird nach dem Lösen der Probe und Auffüllen auf 25 ml aus dem Meßkolben ein aliquoter Teil von 5 ml entnommen, 5 ml 8n HCl hinzugefügt und nach der Arbeitsvorschrift unter Verwendung einer 1 cm-Küvette fortgefahren. Enthält die Probe 0,00004—0,0016% Pb, so wird 1 g Probematerial nach der Arbeitsvorschrift gelöst, der Eindampfrückstand mit 10 ml 8n HCl aufgenommen, unter mehrmaligem Nachspülen mit weiteren 10 ml 8n HCl in einen 100 ml-Schütteltrichter übergeführt und nach der Arbeitsvorschrift unter Verwendung einer 5 cm-Küvette fortgefahren.

Abtrennung von Bi

Falls die Probe Bi enthält, welches die Pb-Bestimmung stört, ist dessen vorangehende Abtrennung erforderlich. Zu diesem Zweck wird die durch Ausäthern vom Fe befreite Probelösung durch Verdünnen mit Wasser auf 4n HCl eingestellt, je 30 sec mit 10 und 5 ml DADDTC/CCl_4 extrahiert, die organischen Phasen verworfen und die wäßrige Lösung mit 5 ml CCl_4 nachgewaschen. Man läßt die Lösung unter Nachspülen mit Wasser in ein 100 ml-Becherglas ab, versetzt mit 1—2 Tropfen HNO_3 (1,40), dampft langsam gerade zur Trockene ein, nimmt den Trockenrückstand mit 4 Tropfen HNO_3 (1 + 1) und 2 ml Wasser auf, bringt mit Wasser auf 10 ml und fährt mit der Isolierung des Pb nach der Arbeitsvorschrift fort. Weiterhin läßt sich das Bi auch durch Verflüchtigung als Bromid abtrennen. In diesem Fall wird die durch Ausäthern vom Fe befreite wäßrige Lösung in einer Quarzschale zur Trockene eingedampft, der Trockenrückstand mit 5 ml Br_2/HBr-Gemisch (50 ml HBr + 7 ml Br_2) aufgenommen und auf dem Sandbad mit darübergesetztem Quarzoberflächenverdampfer zur Trockene abgeraucht. Den

Trockenrückstand erhitzt man nun in einem Tiegelofen langsam auf 300° C und beläßt ihn 5 min bei dieser Temperatur. Nach dem Erkalten nimmt man die Oxyde in ~ 3 ml HNO_3 (1,40) auf, raucht gerade zur Trockene ab, nimmt in 4 Tropfen HNO_3 (1 + 1) erneut auf und fährt nach der Arbeitsvorschrift fort.

3.2. Legierter Stahl

Das Verfahren eignet sich für legierte Stähle und Legierungen mit bis zu 60% Ni, 25% Cr, 70% Mo, 30% Co, 18% W, 4% Nb, 2,5% Ti, 8% Al, 8% Cu und 0,5% Sn. Aus der Probelösung werden zuerst Fe, Mo ($E\%$ = ~ 80) und Sn ($E\%$ = ~ 70) mit Amylacetat extrahiert, anschließend Pb und Bi mit Na-DDTC/$CHCl_3$ ausgeschüttelt, aus der organischen Phase Pb mit 0,5n HCl rückgeschüttelt (Bi bleibt dabei in der organischen Phase) und schließlich das Pb mit Dz/$CHCl_3$ photometrisch bestimmt. Bei Bedarf kann Bi parallel bestimmt werden.

B: 2,5–500 ppm Pb. F_r: ±5–10%.

Arbeitsvorschrift [*141f*]

Reagentien

HCl (1,16—1,18); HCl (1 + 19); HNO_3 (1,40).
$HClO_4$ (70%); H_2SO_4 (1,84); H_2SO_4 (1 + 1).
Ammoniak (0,91); Ammoniak 1 + 1);
Ammoniak (1 + 3).
Ammoniumcitrat, 25%ige wäßrige Lösung.
Citronensäure, 25%ige wäßrige Lösung.
Dz, 0,005%ig in $CHCl_3$.
Hydroxylaminhydrochlorid, 1%ige wäßrige Lösung.
KCN, 10%ige wäßrige Lösung.
KCN, 0,5%ige wäßrige Lösung.
Na-DDTC, 0,2%ige wäßrige Lösung.
Thymolblau; 0,1 g Thymolblau wird mit 4,3 ml 0,2%iger NaOH und 5 ml Äthanol gelöst und mit 20 Vol.-%igem Äthanol auf 250 ml aufgefüllt.
Amylacetat; $CHCl_3$.

0,5 g Probematerial werden in einem 250 ml-Erlenmeyerkolben[1] mit 5 ml HCl (1,16–1,18) und 1 ml HNO_3 unter Erwärmen gelöst, 0,5 ml $HClO_4$ hinzugefügt, zur Trockene eingedampft und 10 min geröstet[2]. Man löst den Rückstand mit 10 ml HCl (1,16–1,18), kühlt ab, führt unter Nachwaschen mit 3mal je 3 ml HCl (1,16–1,18) in einen 125 ml-Schütteltrichter über, extrahiert 2 min mit 25 ml Amylacetat, läßt die wäßrige Lösung in einen 250 ml-Erlenmeyerkolben ab, wäscht die organische Phase 2mal mit je 2 ml HCl (1,16–1,18), vereinigt die Waschlösungen mit der Probelösung und verwirft den organischen Extrakt[3].

Zur wäßrigen Lösung werden 0,5 ml $HClO_4$ und einige Tropfen HNO_3 hinzugefügt, mit einem Uhrglas bedeckt, zum Rauchen eingedampft, abgekühlt, 2 ml HCl (1,16 bis 1,18) sowie 10 ml Hydroxylaminhydrochlorid-Lösung zugesetzt, erwärmt und 2 min gekocht. Nach Zusatz von 20 ml Ammoniumcitrat-Lösung hält man 3 min am beginnenden Sieden, kühlt ab, stellt mit Ammoniak auf pH 7,5–9,0 ein, führt in einen graduierten 200 ml-Schütteltrichter über und verdünnt mit Wasser auf 100 ml. Dann werden 20 ml

---

[1] Zur Erzielung eines gleichmäßigen Blindwertes sollen alle Reagentien genau abgemessen werden.

[2] Bei Nb- oder Ti-haltigen Stählen ersetzt man die $HClO_4$ durch 8 ml H_2SO_4 (1 + 1), dampft ein bis zum Auftreten der SO_3-Nebel und kühlt ab.

[3] Bei unlegierten und niedrig legierten Stählen kann in Abwesenheit von Bi die Arbeitsweise des folgenden 2. Absatzes fortgelassen werden.

10%iger KCN-Lösung[1] und 10 ml Na-DDTC-Lösung hinzugefügt, gemischt, 2 min stehen gelassen, dreimal mit 15, 10 und 10 ml $CHCl_3$ extrahiert, die wäßrige Lösung verworfen, der vereinigte organische Extrakt in einem 100 ml-Schütteltrichter 2mal mit je 25 ml HCl (1 + 19) geschüttelt und die wäßrigen Auszüge in einem 250 ml-Erlenmeyerkolben vereinigt[2]. Die organische Phase kann bei Bedarf für die Bestimmung des Bi verwendet werden.

Die wäßrige Lösung versetzt man mit 1 ml HNO_3, 2 ml $HClO_4$ und 4 ml H_2SO_4 (1 + 1), bedeckt mit einem Uhrglas, dampft ein bis zum Auftreten der SO_3-Nebel, kühlt ab, fügt 10 ml Hydroxylaminhydrochlorid-Lösung sowie 2,5 ml HCl (1,16—1,18) hinzu, erhitzt gelinde 5 min und kühlt ab. Uhrglas und Kolbenwände werden mit 5 ml Wasser abgespült, 1 ml Citronensäure-Lösung sowie 3 Tropfen Thymolblau-Indikator-Lösung hinzugefügt, mit Ammoniak bis zum Farbumschlag nach blau versetzt, 5 ml Ammoniak (1 + 1) hinzugegeben und abgekühlt[3]. Man führt die Lösung in einen 125 ml-Schütteltrichter über, versetzt mit 5 ml 10%iger KCN-Lösung, verdünnt mit Wasser auf 50 ml, fügt aus Büretten 8,0 ml $CHCl_3$ sowie in 1,0 ml-Anteilen Dz-Lösung unter Schütteln hinzu, bis die purpur-blaue Farbe der $CHCl_3$-Schicht einen Dz-Überschuß anzeigt. Nach Zusatz von 2,0 ml Dz-Lösung als Überschuß wird mit $CHCl_3$ auf ein Gesamtvolumen der organischen Phase von 15,0 ml gebracht, 2 min geschüttelt und die organische Phase in einen zweiten Schütteltrichter übergeführt, in den 40 ml 0,5%ige KCN-Lösung und 10 ml Ammoniak (1 + 3) vorgelegt sind. Man schüttelt 1 min, filtriert den organischen Extrakt durch ein Papierfilter in eine 1 cm-Küvette und photometriert bei 518 nm gegen $CHCl_3$.

4. Silicatgestein und Mineralien

4.1. Silicatgestein

B: 0,5—>300 ppm Pb. F_r: ±5%.

Arbeitsvorschrift [*132*]

Reagentien

Für den Aufschluß der Probe und zur Isolierung des Pb s. unter Abschnitt „Kupfer", Verfahren F.3.1. S. 684;
für die Bestimmung des Pb s. Verfahren b) β) (s. S. 931) bzw. c) α) (s. S. 932).

0,25—0,50 g fein pulverisiertes Probematerial wird, wie unter Abschnitt „Kupfer" Verfahren F.3.1. (s. S. 684ff.) beschrieben, aufgeschlossen und aus der erhaltenen, Probelösung das Pb (zusammen mit Zn) isoliert. Die so erhaltenen 20 ml 0,02n HCl-Lösung (Pb + Zn enthaltend) führt man in einen 25 ml-Meßkolben über und füllt mit 0,02n HCl zur Marke auf. Einen aliquoten Teil oder die gesamte Probelösung verwendet man für die Bestimmung des Pb nach Verfahren b) β) (s. S. 931) oder c) α) (s S. 932) unter Anwendung einer 1 cm-, 2 cm- oder 5 cm-Küvette.

4.2. Mineralien

Nach dem Aufschluß des Probematerial wird Bi u. a. Elemente durch Extraktion mit DADDTC/$CHCl_3$ aus ~5,1n HCl-Lösung (s. S. 923) abgetrennt, anschließend das

---

[1] Bei Stählen mit >30% Ni werden zusätzlich jeweils 5 ml 10%iger KCN-Lösung für jede weiteren 10% Ni zugegeben.

[2] In Abwesenheit von Bi kann die Rückschüttelung mit HCl (1 + 19) forgelassen werden.

[3] Bei Gehalten >0,01% Pb verdünnt man die Lösung auf 50 ml und verwendet einen aliquoten Teil für die weitere Analyse. Der Blindwert muß in gleicher Weise behandelt werden.

Pb aus ~ 1,5n HCl-Lösung mit DADDTC/$CHCl_3$ isoliert und schließlich mit Dz/$CHCl_3$ nach dem Reversionsverfahren photometrisch bestimmt. Aus ~ 5,1n und ~ 1,5n HCl werden mit DADDTC/$CHCl_3$ nicht extrahiert (in mg): Al (1), Ca (2), Ce(III) (5), Cr(III) (1), Fe(II) (0,2), Mg (4), Mn(II) (0,1), Sb(V) (0,1), Th (0,3), Ti (20), Tl(I) (0,2), U (VI) (0,1), V (V) (0,1) und Zr (3). Mit DADDTC/$CHCl_3$ werden vollständig oder teilweise (in %) extrahiert: aus ~ 5,1n HCl-Lösung Bi, Cd (~ 1), Cr(VI) (teilweise), Cu(II), Fe(III), Ge (20–30), Mo(VI), Pt (~ 35) und W(VI); aus ~ 1,5n HCl-Lösung außer den aus ~ 5,1n HCl-Lösung extrahierbaren Elementen noch In(III) (teilweise), Sn(IV) (~ 50) und Zn (~ 10). Das Pb wird von wechselnden Mengen Cd, In, Pt, Sn(IV) und Zn begleitet, von denen jeweils 1 mg Cd, Pt und Zn, sowie die 10fache Menge In nicht stören. Große Mengen der aus ~ 1,5n HCl extrahierbaren Elemente und Sn(IV) können stören. Bei der Extraktion des Pb mit Dz/$CHCl_3$ bei pH 9–10 beobachtete Pb-Verluste von 2,5–5% werden auf eine Adsorption des Pb an den Wänden des Schütteltrichters zurückgeführt und lassen sich vermeiden, wenn man den Schütteltrichter nachher mit verdünnter HNO_3 spült und daraus anschließend das restliche Pb extrahiert.

B: 0,0003–>0,005% Pb. F_r: ±2–5%. *Z:* ~ 3½ Std (für Isolierung und Bestimmung des Pb ohne Aufschluß der Probe).

Arbeitsvorschrift [*17*]

Reagentien

$HClO_4$ (70%); HNO_3 (1,40); HNO_3 (1 + 99); H_2SO_4 (1,84); 5n H_2SO_4; H_2SO_4 (1 + 19);
HF (40%) (über die Reinigung s. S. 95 f.).
HCl (1 + 1); HCl (1,19) wird mit dem gleichen Volumen Wasser verdünnt und destilliert, wobei man die ersten 20% und die letzten 10% des Destillates verwirft.
Na_2CO_3 sicc.
Ammoniakalische Cyanid-Lösung; 20 g KCN und 150 ml Ammoniak (0,90) werden mit Wasser auf 1 l aufgefüllt und in einer Polyäthylenflasche aufbewahrt. Nach dem Lösen des KCN in etwa 40 ml Wasser filtriert man die Lösung in einen Schütteltrichter und reinigt sie zuerst mit Dz/$CHCl_3$ (s. S. 934), bevor man das Ammoniak zufügt.
Ammoniumtartrat, gesättigte wäßrige Lösung; die Lösung wird mit Ammoniak schwach alkalisch gemacht, filtriert, mit Dz/$CHCl_3$ gereinigt (s. S. 934) und in Polyäthylenflasche aufbewahrt.
Dz, 0,0005%ig in $CHCl_3$.
DADDTC, 1%ig in $CHCl_3$.
$CHCl_3$.

Feldspat

Bis zu 0,5 g fein pulverisiertes Probematerial (3–25 μg Pb enthaltend) werden in einem Platintiegel mit 0,5 ml $HClO_4$ und 2,8 ml HF erwärmt und abgeraucht. Nach dem Abkühlen fügt man 2,1 ml HF hinzu, dampft zur Trockene ein, spült die Wände des Tiegels mit Wasser ab, versetzt mit 0,5 ml $HClO_4$ und dampft erneut zur Trockene ein. Der Rückstand wird unter Erwärmen mit HCl (1 + 1) gelöst, durch Glaswolle in einen Schütteltrichter filtriert, das Volumen mit HCl (1 + 1) auf 34 ml gebracht und nach Zusatz von 6 ml Wasser mit der Isolierung des Pb mittels DADDTC/$CHCl_3$ fortgefahren.

Apatit

Bis zu 0,5 g fein pulverisiertes Probematerial (3–25 μg Pb enthaltend) werden in einem bedeckten Platintiegel mit 0,5 ml $HClO_4$ und 10 Tropfen HNO_3 30 min bis 1 Std erhitzt, der Deckel entfernt und bis zum Auftreten der $HClO_4$-Nebel erhitzt. Nach Zusatz von HF wird zur Trockene eingedampft, Deckel und Wände des Tiegels mit Wasser abgespült und nach Zusatz von 0,5 ml $HClO_4$ erneut zur Trockene eingedampft. Den Rückstand löst man in HCl (1 + 1), filtriert durch Glaswolle in einen Schütteltrichter, bringt mit HCl (1 + 1) auf 27 ml und fährt nach Zusatz von 5 ml Wasser mit der Isolierung des Pb mittels DADDTC/$CHCl_3$ fort.

Titanit

Bis zu 0,5 g fein pulverisiertes Probematerial (3—25 µg Pb enthaltend) werden in einem bedeckten Platintiegel mit 0,5—2,5 g (oder mehr) Na_2CO_3 aufgeschlossen, zur abgekühlten Schmelze 10—40 ml H_2SO_4 (1 + 19) (oder mehr) hinzugefügt und rasch bedeckt, nach dem Abklingen der Reaktion 1,4 ml HF zugesetzt und fast zur Trockene eingedampft. Deckel und Tiegelwände spült man mit Wasser ab, dampft fast zur Trockene ein, führt mit Wasser und HCl (1 + 1) in ein Becherglas über und dampft zur Trockene ein. Den Rückstand löst man in HCl (1 + 1), filtriert durch Glaswolle in einen Schütteltrichter, bringt mit HCl (1 + 1) auf 27 ml und fährt nach Zusatz von 5 ml Wasser mit der Isolierung des Pb mittels DADDTC/$CHCl_3$ fort.

Die ~ 5,1n HCl-Probelösung extrahiert man nun zur Entfernung des Bi 3mal 30 sec mit je 5—10 ml DADDTC/$CHCl_3$ und verwirft die Bi enthaltenden organischen Extrakte. Durch Verdünnen mit Wasser stellt man die Lösung auf ~ 1,5n HCl ein, extrahiert 3mal mit je 5 ml DADDTC/$CHCl_3$, verwirft die das Tl enthaltende wäßrige Phase und dampft den vereinigten organischen Extrakt (das Pb enthaltend) in einem Becherglas unter dem Quarzoberflächenverdampfer zur Trockene ein. Die organische Substanz wird durch Abrauchen mit 0,5 ml H_2SO_4 + 1,5 ml HNO_3 oder mit 0,4 ml $HClO_4$ + 1 ml HNO_3 zerstört, die abgekühlte Lösung mit einigen ml Wasser verdünnt, bis zum Auftreten der Säurenebel eingedampft, abgekühlt, mit Wasser verdünnt und durch Glaswolle in einen Schütteltrichter filtriert. Man spült das Becherglas mit 3 ml HNO_3 (1 + 99) nach, führt diese ebenfalls in den Schütteltrichter über und bringt mit Wasser auf ein Volumen von ~ 25 ml. Nach Zusatz von 2 ml Ammoniumtartratlösung fügt man ammoniakalische Cyanidlösung hinzu um auf pH 9—10 einzustellen, extrahiert mit einer ausreichenden Dz-Menge 30 sec, um die Hauptmenge an Pb zu erfassen, und läßt den organischen Extrakt in einen 25 ml-Meßkolben ab. Die Extraktion wird mit weiteren 1 ml-Anteilen Dz-Lösung so lange fortgesetzt, bis die Grünfärbung der letzten 2 Extrakte die Vollständigkeit der Pb-Extraktion anzeigt. Die alkalische Probelösung entfernt man durch den Hals des Schütteltrichters, gibt 15 ml HNO_3 (1 + 99) und einige ml Dz-Lösung in den Schütteltrichter, schüttelt einige Sekunden, versetzt mit 3 ml ammoniakalischer Cyanid-Lösung, schüttelt 30 sec und läßt den organischen Extrakt gleichfalls in den Meßkolben ab. Die Extraktion wird mit 1 ml Dz-Lösung nochmals wiederholt, die Lösung im Schütteltrichter mit wenig $CHCl_3$ nachgewaschen und mit letzterem der vereinigte organische Extrakt zur Marke aufgefüllt. Ein Teil des Extraktes wird in eine 1 cm-Küvette gegeben, ein weiterer Anteil durch Schütteln mit dem gleichen Volumen 5n H_2SO_4 revertiert (s. a. S. 930 und 932) und in die zweite 1 cm-Küvette gegeben. Den Reversionswert erhält man unmittelbar durch Messung der revertierten Lösung gegen die nicht revertierte bei 605 nm.

5. Verschiedenes

5.1. Luft

Zur Bestimmung des Bleistaub-Gehaltes der Luft kann man eine entsprechende Luftmenge durch 3 hintereinander geschaltete Waschflaschen [jeweils mit 50 ml HNO_3 (1 + 99) beschickt] leiten [*139*] (s. S. 176f.), oder zweckmäßiger und einfacher durch ein Filter (s. S. 177) saugen [*70, 140*] (z. B. Millipore-Filter AA 0,8 µm) und die Probe mit 5 Vol.-% HNO_3/0,06% H_2O_2 vom Filter lösen und anschließend in der von den Waschflaschen bzw. vom Filter erhaltenen Lösung das Pb mit Dz photometrisch (s. S. 931 f.) bestimmen.

Zur Erfassung organischer Pb-Verbindungen leitet man die Luft in Waschflaschen, die mit ~ 20 ml wäßriger 1 m Jod-Lösung (25%ige KI/12,5%ige Jod-Lösung, für Tetraäthyl-Pb geeignet; KI-Lösung vor dem Jodzusatz mit $Dz/CHCl_3$ gereinigt), mit Jod/Methanol-Lösung (für Tetramethyl-Pb geeignet) oder mit 100 ml 0,1 m ICl-Lösung (für Tetraäthyl- und Tetramethyl-Pb geeignet; Ausbeute 95–99%) beschickt sind [*141 g*]. Joddämpfe werden nach den Waschflaschen mit Aktivkohle oder $Na_2S_2O_3$ entfernt. Für sehr niedrige Gehalte an organischem Pb (bis herab zu ~ 0,01 μg Pb/m^3) bzw. für eine Langzeitprobenahme (über mehrere Tage) verwendet man am zweckmäßigsten ein mit Aktivkohle beschicktes Absorptionsrohr[1] (für Tetraäthyl- und Tetramethyl-Pb geeignet; Ausbeute 100%) [*141 h*]. Bei der Bestimmung des organischen Pb muß zur Abtrennung des anorganischen Pb (Pb-Staub) die Luft zuerst durch ein vorgeschaltetes Filter und danach erst in die Absorptionseinrichtung für organisches Pb geleitet werden. Auf diese Weise ist die gleichzeitige, getrennte Bestimmung von anorganischem und organischem Pb bzw. von Gesamt-Pb möglich.

Arbeitsvorschrift

a) Bleistaub

B: 2–1600 μg Pb/m^3. F_r: ±5%.

Man saugt 50–100 l Luft durch ein Filter (s. S. 177), löst die Probe mit 25 ml 10 Vol.-% HNO_3/0,3% H_2O_2 unter Erhitzen vom Filter und fährt nach α) oder β) [*141 g*] fort.

α) Man dampft die Lösung zur Trockene ein, raucht mit 2 ml HNO_3 (1,40) ab, nimmt den Rückstand mit HNO_3 (1 + 99) auf und bestimmt darin das Pb nach Verfahren b) α), b) β), c) α) oder c) β) (s. S. 931 f.).

β) Man versetzt die HNO_3/H_2O_2-Lösung mit 10 ml 20% Hydroxylaminhydrochlorid/2,6 n Ammoniak-Lösung, kocht 10 min, kühlt ab, filtriert durch einen Glasfrittentiegel, neutralisiert das Filtrat mit Ammoniak und bestimmt in der Lösung das Pb nach Verfahren b) α), b) β), c) α) oder c) β) (s. S. 931 f.).

b) Organische Pb-Verbindungen

α) *Methode I* [*141 g*]

B: 1–1600 μg Pb/m^3.

Reagentien

KI, 25%ige wäßrige Lösung (mit $Dz/CHCl_3$ gereinigt).

1 m ICl-Lösung; man mischt 445 ml KI-Lösung mit 445 ml HCl (1,19), fügt langsam 75 g KIO_3 hinzu und füllt mit Wasser auf 1 l auf.

0,1 m ICl-Lösung; man verdünnt 1 Teil 1 m ICl-Lösung mit 9 Teilen Wasser.

Man leitet 50 l Luft (bei 4–1600 μg Pb/m^3; 1,5 l/min) oder bei einer Strömungsgeschwindigkeit von 1,5 l/min 8 Std (720 l; bei 3–120 μg Pb/m^3), 12 Std (1080 l; bei 2–80 μg Pb/m^3) bzw. 24 Std (2140 l; bei 1–40 μg Pb/m^3) lang Luft zuerst durch ein vorgeschaltetes Filter (Abtrennung von anorganischem Pb-Staub) und anschließend in 3 hintereinander geschaltete Waschflaschen (s. S. 176 f.), die mit jeweils 100 ml 0,1 m ICl-Lösung beschickt sind. Der Pb-Gehalt in den Absorptionslösungen der einzelnen Waschflaschen wird getrennt bestimmt. Hierzu führt man die Absorptionslösung in

[1] Messungen mit diesem Verfahren ergaben um Los Angeles Gehalte von 0,078 μg Pb/m^3 an organischem Pb und 3,56 μg Pb/m^3 an anorganischem Pb (Staub) [*141 h*].

einen 250 ml-Schütteltrichter über, versetzt mit 20 ml KI-Lösung, säuert zur Jodausscheidung mit HCl an, schüttelt, zerstört dann das freie Jod mit 20%iger Na_2SO_3-Lösung, neutralisiert mit Ammoniak und bestimmt das Pb nach Verfahren b) α), b) β), c) α) oder c) β) (s. S. 931f.).

β) Methode II [*141h*]

B: 0,005—>0,4 μg Pb/m³. *s:* ±0,001 μg Pb/m³.

Reagentien

Absorptionsrohr: 24 mm i-∅, Füllteil 90 mm lang, mit 10,0 g Aktivkohle (30—50 mesh) gefüllt, beidseitig mit Glaswolle abgeschlossen, Schliffverbindungen ungefettet und mit Scotch-Band überklebt.

Man saugt 200 m³ Luft (20 l/min, für Gehalte von 0,005—0,4 μg Pb/m³; für höhere Gehalte saugt man eine entsprechend kleinere Luftmenge ab) zuerst durch ein vorgeschaltetes Membranfilter (z. B. Millipore HA; zur Abtrennung von Bleistaub) und dann durch das Absorptionsrohr. Danach gibt man die Aktivkohlefüllung in einen 500 ml-Erlenmeyerkolben, versetzt mit 75 ml HCl (1,19) + 25 ml HNO_3 (1,40), erhitzt über Nacht auf dem siedenden Wasserbad oder auf der Heizplatte (100° C), fügt dann 30 ml HNO_3 (1,40) hinzu, erhitzt 1 Std auf 100° C, verdünnt mit 100 ml Wasser und läßt 2—3 Std bei Raumtemperatur stehen. Dann wird in einen 500 ml-Erlenmeyerkolben unter Nachwaschen mit Wasser filtriert, das Filter mit der Aktivkohle verworfen, das Filtrat mit 20 ml $HNO_3/HClO_4$ (2:3) versetzt und bis zum Auftreten der $HClO_4$-Nebel erhitzt. Falls der Kohlenstoff nicht vollständig oxydiert sein sollte, wiederholt man das Abrauchen mit weiteren 10 ml $HNO_3/HClO_4$ (2:3), kühlt ab, fügt 20 ml HNO_3 (1 + 4) hinzu, erwärmt 30 min auf 30—40° C, kühlt ab und bestimmt darin das Pb nach Verfahren b) α), b) β, c) α) oder c) β) (s. S. 931 f.).

5.2. Tellursäure [*142*]

Nach der Isolierung des Pb aus der Probelösung mittels Spurenfällung, indem ein Teil des Te (nicht mehr als 0,5 g) durch Reduktion mit Hydrazin ausgefällt wird, erfolgt die Bestimmung mit Dz/CCl_4 oder $Dz/CHCl_3$ auf photometrischem Wege nach dem Mischfarbenverfahren c) β) (s. S. 932ff.). Te(VI) stört die Bestimmung, die Anwesenheit von bis zu 0,5 g Te(IV) ist hingegen ohne Einfluß.

B: 0,00001—0,01% Pb. F_r: ±5%.

Arbeitsvorschrift [*142*]

Reagentien

HCl (1 + 9); HNO_3 (1,40);

Hydrazinhydrat, 10 Vol.-%ige wäßrige Lösung, mit HCl auf pH 9 eingestellt; durch Schütteln mit Dz/CCl_4 oder $/CHCl_3$ und Nachwaschen mit CCl_4 oder $CHCl_3$ (bis zur Farblosigkeit) vom Pb befreit.

übrige Reagentien wie bei Verfahren c) β) s. S. 932.

1,5—15 g Tellursäure werden in 50—250 ml Wasser gelöst, mit HCl auf einen pH-Wert zwischen 1,6 (für 1,5 g Probematerial) und 2,0 (für 15 g Probematerial) eingestellt, mit 1,5—2,0 ml Hydrazinhydratlösung versetzt, gerade bis zum Siedepunkt erhitzt und für mindestens 3 Std zur Seite gestellt. Man überprüft den pH-Wert der überstehenden kalten Lösung, der zwischen pH 1,6—2,1 liegen soll. Die Lösung wird durch einen Glasfrittentiegel filtriert und der Niederschlag 3mal mit Wasser gewaschen. Den Niederschlag löst man in 5 ml HNO_3, kocht zum Vertreiben der Stickoxyde und führt die

Isolierung des Pb nach Verfahren a) (s. S. 930f.) und die Bestimmung nach Verfahren c) β) (s. S. 932f.) unter Verwendung einer 1 cm-, 2 cm- oder 5 cm-Küvette durch.

D. Jodid-Verfahren

Pb gibt in saurer Lösung mit KI eine gelbe Fällung, die sich mit Gummi arabicum [*143*] oder noch besser mit Gelatine [*144, 145*] stabilisieren läßt, so daß die so erhaltene gelbe Lösung photometriert werden kann. Die Reaktion läßt sich in H_3PO_4- und $HClO_4$-haltiger Lösung durchführen. HNO_3, HCl und H_2SO_4 müssen abwesend sein. Mit steigender Konzentration an Säure und KI scheidet sich eine zunehmende Menge Jod aus. Das freie Jod kann durch Zusatz von $SnCl_2$ beseitigt werden. Für die photometrische Bestimmung eignet sich der Bereich von 400—420 nm ($\varepsilon_{420} = 7000$; s. Abb. 152). Die Eichkurve ist im Bereich von 1,5—40 µg Pb/ml linear. Die Extinktion nimmt beim Stehen ständig zu. Der durch längeres Stehen nach dem Auffüllen verursachte relative Fehler beträgt nach 30 min + 0,8%, nach 60 min + 2,5%. Unterschiede in der Standzeit von ±10 min ergeben einen vernachlässigbaren Fehler. Die Temperatur beeinflußt die Extinktion. Im Bereich von 20—22° C verursacht eine Schwankung von 1° C einen relativen Fehler von 1—2%; im Bereich von 25—30° C ist der Fehler größer. Cu stört die Bestimmung. Bei der Bestimmung von 0,100% Pb in Stahl täuschen beispielsweise 0,002—0,003% Cu einen Gehalt von +0,008% Pb und 0,025% Cu einen solchen von +0,028% Pb vor [*144*]. Die Störung läßt sich beseitigen, indem man durch Zusatz von Ferrum reductum das Cu in metallischer Form abscheidet [*144*]. Das Verfahren fand zur Bestimmung von Pb in Automatenstählen Anwendung [*143—145*].

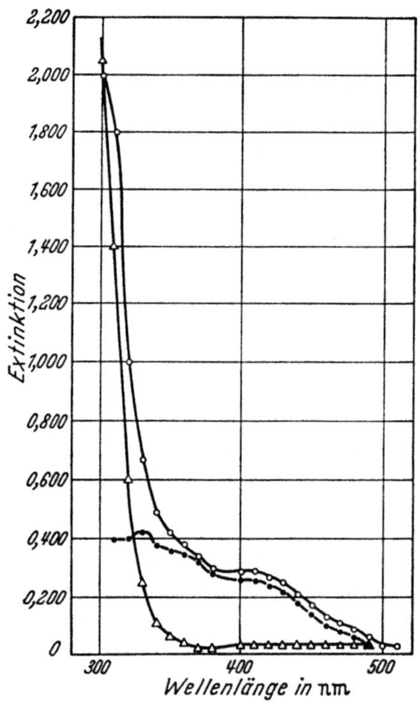

Abb. 152. Extinktionskurve von PbI_2 [*144*] (○—○ Ferrum reductum + PbI_2; △—△ Ferrum reductum (Blindwert); ●—● PbI_2)

1. Automatenstahl

Das Verfahren eignet sich zur Bestimmung von Pb in Automatenstählen und niedrig legierten Stählen mit $\leqq 3\%$ Cr, $\leqq 3\%$ Mo, $\leqq 3\%$ Ni und $\leqq 1\%$ V. Bei Stählen mit 0,02–0,07% Te wird das störende Te nach Verfahren b) mit $SnCl_2$ ausgefüllt. Die Eichkurve wird mit Ferrum reductum unter Zusatz bekannter Pb-Mengen nach der Arbeitsvorschrift aufgestellt. Die Reihenfolge der Reagenszusätze muß, um Trübungen zu vermeiden, eingehalten werden. Eine dennoch auftretende Trübung entfernt man durch Filtrieren.

B: 0,020–0,50% Pb. *s:* ±0,003% Pb. *Z:* 45 min.

Arbeitsvorschrift [*144, 145*]

Reagentien

$HClO_4$ (70%); $HClO_4$ (3 + 4); H_3PO_4 (1,70);
Ferrum reductum;
Gelatinelösung; 10 g Gelatine werden in warmem Wasser (nicht über 40° C) gelöst und auf 1 l aufgefüllt. Täglich frisch herzustellen;
NaI, 2,5%ige wäßrige Lösung;
$SnCl_2$-Lösung; 100 g $SnCl_2 \cdot 2\,H_2O$ werden in 100 ml HCl (1,19) gelöst und mit Wasser auf 1 l aufgefüllt.

a) Te-freier Stahl

Bei Gehalten von 0,025–0,25% Pb werden 2,0 g, bei höheren Gehalten (bis 0,50% Pb) 1,0 g Probe in 20 ml $HClO_4$ (3 + 4) gelöst und anschließend in einen 50 ml-Meßkolben übergeführt. Man versetzt mit 0,5 g Ferrum reductum, kühlt 3–5 min im fließenden Wasser auf 20° C ab, füllt mit Wasser zur Marke auf und mischt. Nach dem Filtrieren durch ein weitporiges Filter wird ein aliquoter Teil von 5,0 ml in einen 50 ml-Meßkolben übergeführt, in dem 25 ml H_3PO_4 und 1 ml Gelatinelösung vorgelegt sind, und 10 ml Wasser hinzugefügt. Man kühlt auf etwa 15° C ab, fügt 5 ml NaI-Lösung hinzu, mischt und versetzt sofort mit 0,5 ml $SnCl_2$-Lösung. Danach füllt man sofort mit Wasser zur Marke auf und mischt gut durch (Probelösung). Die Vergleichslösung wird nach derselben Vorschrift mit einem aliquoten Teil von 5,0 ml der Probelösung unter Fortlassen des NaI-Zusatzes hergestellt. 10–15 min nach dem letzten Auffüllen des Meßkolbens photometriert man in 2 cm-Küvetten bei 400–420 nm bzw. mit Filter S 42 (Elko II-Photometer, Zeiss) die Probe gegen die Vergleichslösung.

b) Te-haltiger Stahl

Die Probe wird wie unter a) gelöst, mit 2 ml $SnCl_2$-Lösung versetzt, 3 min gekocht und mit dem Überführen in den 50 ml-Meßkolben nach a) fortgefahren.

E. 4-(2-Pyridylazo)-resorcinol

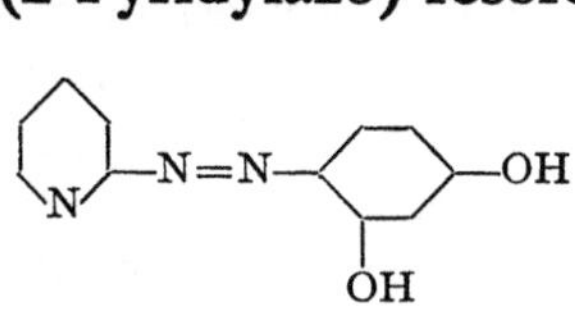

4-(2-Pyridylazo)-resorcinol (PAR) gibt mit Pb in alkalischer Lösung einen roten, wasserlöslichen Komplex [*146, 147*]. PAR bildet weiterhin mit Cd, Co, Cu(II), Ni, Ti(IV), U(VI), Zn und den S.E. einen roten Komplex, während andere Färbungen mit Fe(II) (braunrot), Fe(III) (braun), Sn(II) (rosa-gelb) und V(V) (purpur) entstehen.

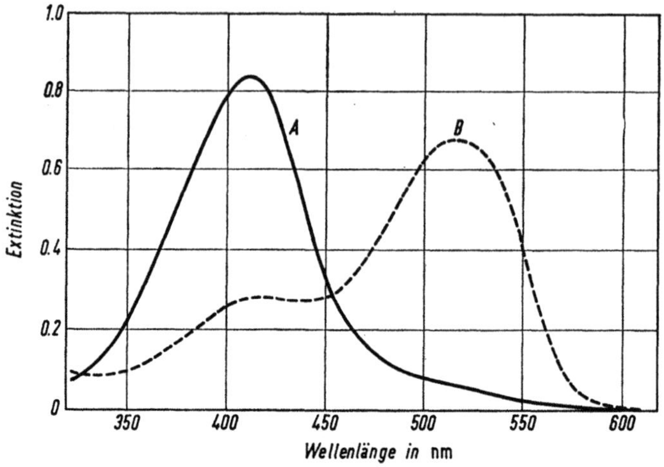

Abb. 153. Extinktionskurven von PAR (*A*) und Pb + PAR (*B*) (gegen Wasser gemessen) [*147*]

Von diesen ist besonders die Reaktion mit Co empfindlich. Die Farbreaktion mit Pb wird am günstigsten bei pH 10,0 durchgeführt. Das Extinktionsmaximum liegt bei 520–530 nm (ε_{520} = 40000 [*147*]; s. Abb. 153). Die Farbe ist 24 Std stabil. Das Beersche Gesetz ist im Bereich von 0,15–6 µg Pb/ml erfüllt. Wegen der Störung durch andere Elemente muß das Pb vorher isoliert werden. Mit PAR wurde Pb in Stahl bestimmt [*147*].

Arbeitsvorschrift [*146*]

Reagentien

PAR, 0,05%ige wäßrige Lösung, unter Verwendung des Dinatriumsalzes;

Pufferlösung (pH 10,0); 26 g NH_4Cl löst man in Wasser, stellt mit ~ 85 ml Ammoniak auf pH 10,0 ein und füllt mit Wasser auf 1 l auf.

Die schwach saure bis neutrale Probelösung (4–150 µg Pb enthaltend) versetzt man in einem 25 ml-Meßkolben mit 2,0 ml PAR-Lösung und 10 ml Pufferlösung, füllt mit Wasser zur Marke auf und photometriert in einer 1 cm-Küvette bei 530 nm gegen eine Blindlösung.

F. Atomabsorptionsspektrophotometrie

Für die Bestimmung des Pb mittels AAS finden die Linien Pb 2170 (S_M = 0,25 µg Pb · ml^{-1}), Pb 2833 (S_M = 0,7 µg Pb · ml^{-1}) und der Luft/C_2H_2-Brenner (vereinzelt auch Luft/Propan) Anwendung, wobei Störungen kaum auftreten. Wegen des ungünstigen Signal/Rausch-Verhältnisses und leicht auftretender Untergrund-Absorptionseffekte bei der Linie Pb 2170 ist die Linie Pb 2833 trotz der geringeren Empfindlichkeit meist günstiger. Der optimale Arbeitsbereich liegt innerhalb 4–40 µg Pb/ml wäßriger Lösung. Die im Treibstoff enthaltenen verschiedenen Pb-alkyl-Verbindungen geben bei direktem Einsprühen der Probe in die Flamme unterschiedliche Meßwerte, z. B. 9 ppm Pb in MIBK (% Absorption) [*147a*]: als Tetramethylblei 38,3, als Tetraäthylblei 20,5. Man muß daher die Eichung jeweils mit der in der Probe enthaltenen Pb-Verbindung vornehmen (s. Verfahren F. 1.6., S. 950). Diese Unterschiede lassen sich aber durch Zusatz von Jod zur Probe beseitigen [*147a*] (s. Verfahren F. 1.7., S. 950). Für kleine

Gehalte unterhalb L_Q ist eine Vorisolierung des Pb erforderlich. Die Vorisolation des Pb erfolgt auf verschiedene Weise, wobei im Falle einer Extraktion der erhaltene organische Extrakt direkt in die Flamme eingesprüht wird. Aus Harn [*150*] wurde Pb mit Ammoniumpyrrolidindithiocarbamat/Methyl-n-amylketon extrahiert, aus Blut [*148*] nach nasser Veraschung mit einer Kombination von Dz/$CHCl_3$ und Ammoniumpyrrolidindithiocarbamat/MIBK, aus Stahl [*152*] (nach Vorabtrennung des Fe mit Diisopropyläther) mit Jodid/MIBK. Durch Spurenfällung als Phosphat mit Th als Spurenfänger wurde Pb (0,05–0,2 ppm Pb) aus Harn isoliert [*34*].

Für Serienuntersuchungen von Blut ist die Anwendung einer Mikrotechnik (s. a. S. 127) von Bedeutung [*149*], die eine Bestimmung des Pb-Gehaltes in 10 µl Blut in 5 min gestattet ($L_Q = 0{,}6$ ng Pb). Mit der flammenlosen AAS (Graphitrohrküvette) erreicht man $L_Q = 0{,}01$ ng Pb bzw. $L_Q = 0{,}1$ ng Pb · ml^{-1} (mit 100 µl Probe) [*152a, 152b*]. Sprüht man einen Pb-haltigen MIBK-Extrakt in die Flamme ein, so führt das MIBK zu einer 8fachen Steigerung der Nachweisempfindlichkeit im Vergleich zur wäßrigen Lösung [*152c*].

Mittels AAS wurde Pb bestimmt in Luft [*147b–147d*], Seewasser [*147e*], Blut [*148–149c*], Harn [*34, 150*], Treibstoff [*151*], Erdöl, Erdölprodukten [*151a*], Gußeisen, Stahl (≧ 1 ppm Pb) [*151b, 151c*], hochlegiertem Stahl (≧ 10 ppm Pb) [*152*], Aluminium (≧ 0,5 ppm Pb) [*152d*], Kupfer (≧ 0,5 ppm Pb) [*152d*], Kupferlegierungen [*152d, 152e*], Kobalt (≧ 0,5 ppm Pb) [*152f*], Nickel (≧ 0,5 ppm Pb) [*152d*), Plutonium (≧ 5 ppm Pb) [*152g*], Silicatgestein [*153*] und Uranverbindungen [*153a*].

1. Organisches Material

1.1. Blut

B: 0,06–2,5 ppm Pb. *V:* ±5–15%.

Arbeitsvorschrift [*149*]

Apparatur

Perkin-Elmer 303 Atomabsorptionsspektrophotometer, 3-Schlitzbrenner (Luft/C_2H_2) mit aufgesetztem 10 cm-Nickelabsorptionsrohr (12,5 cm i-⌀, mit einem brennerseitigen Eintrittsloch in Rohrmitte), Linie Pb 2833, Nickeltiegel als Substanzträger (10 mm ⌀, 5 mm tief, aus 0,14 mm dickem Nickelblech).

10 µl Blut werden in den Nickeltiegel gegeben, auf der Heizplatte (140° C) getrocknet (30 sec), von der Heizplatte genommen, 20 µl H_2O_2 (30%) hinzugefügt und wieder 2 min auf die Heizplatte gestellt, bis ein gelber Rückstand vorliegt. Man gibt den Tiegel auf den Halter, führt mit diesem den Tiegel in die Flamme ein (Tiegelposition zwischen Flamme und Nickelabsorptionsrohr genau unter dem Eintrittsloch des letzteren) und registriert das Signal. Der Tiegel wird durch die Flamme gereinigt und kann für weitere Bestimmungen verwendet werden. Die Eichkurve wird analog mit Pb-Stammlösungen (Gehalte von 0,2–2 ppm Pb) aufgestellt.

1.2. Blut

B: ≧ 0,1 ppm Pb. F_{rm}: ±5%.

5,0 ml Blut (Normalgehalt 0,1–0,3 ppm Pb, abnormaler bis toxischer Gehalt 0,4–> 1,2 ppm Pb) werden wie bei Verfahren D. 1.3. (s. S. 583, Abschnitt „Cadmium") enteiweißt, auf pH 2,2–2,8 eingestellt, zur Lösung 1 ml 1%ige Ammoniumtetramethylendithiocarbamat-Lösung hinzugefügt, das Pb-Carbamat mit 2,5 ml oder 5 ml MIBK 2 min extrahiert und der organische Extrakt in die Flamme eingesprüht.

1.3. Blut [*149c*]

B: 0,06–>1,2 ppm Pb. *V:* ±10,5%.

Die Bestimmung erfolgt mittels flammenloser AAS in einer Graphitrohrküvette (in der Originalarbeit Beschreibung der selbst gebauten Apparatur). Man gibt 40,0 µl der je nach Pb-Gehalt unverdünnten oder mit Wasser verdünnten Probe in die Graphitrohrküvette, trocknet kurz bei 140° C, fügt 80 µl H_2O_2 (30%) hinzu, trocknet erneut 2 min bei 140° C, verascht dann ~ 30 sec bei ~ 550° C, verdampft anschließend das Pb 10 sec bei 1840° C und mißt die Linie Pb 2833.

Die verschiedenen Temperaturstufen stellt man durch entsprechende Wahl der Stromstärke ein (in der Originalarbeit erfolgt das Trocknen in der Küvette auf einer Heizplatte, wird aber bei handelsüblichen Geräten wie das Veraschen und Verdampfen in der im AAS-Gerät montierten Graphitrohrküvette vorgenommen).

1.4. Harn [*150*]

B: ≧0,01 ppm Pb. *V:* ±3–10%.

Aus 50 ml Harnprobe (0,03–0,8 ppm Pb) wird das Pb bei pH 2,2–2,8 (oder mit Na-DDTC/MIBK bei pH 4,0) nach Verfahren F. 1.2. (s. oben) oder Verfahren F. 1. (s. S. 543, Abschnitt „Wismut") extrahiert und bestimmt.

1.5. Schmieröl [*153b–153d*]

B: 1–100 ppm Pb. *V:* ±3%.

Man sprüht die mit MIBK 10fach (bei höheren Gehalten noch mehr) verdünnte Probe in die C_2H_2-arme Flamme ein und stellt die Pb – Stammlösung (500 µg Pb/g) mit 0,133 g Pb-cyclohexanbutyrat (NBS Standard 1059a) nach Verfahren C. 1.2. (Abschnitt „Magnesium", S. 804) her. Wahlweise kann als Pb-Stammlösung auch Pb-naphthenat in MIBK verwendet werden [*153b*].

1.6. Treibstoff [*151*]

B: 50–700 ppm Pb. *V:* ±0,7–1,5%.

Die mit Isooctan 10fach verdünnte Probe wird in die C_2H_2-arme Flamme direkt eingesprüht (Messung der Linie Pb 2833). Als Eichlösung verwendet man Tetraäthylblei in Isooctan.

Da die im Treibstoff enthaltenen verschiedenen Pb-alkyl-Verbindungen (Tetramethylblei, Tetraäthylblei usw.) unterschiedliche Meßwerte geben, muß die Eichung mit der in der Probe enthaltenen Pb-Verbindung durchgeführt werden. Diesen Nachteil vermeidet man bei Verfahren F. 1.7.

1.7. Treibstoff [*147a*]

B: 150–800 ppm Pb. F_r: ±0,3–2%. *Z:* ~ 15 min.

Unterschiedliche Meßwerte der im Treibstoff enthaltenen verschiedenen Pb-alkyl-Verbindungen beseitigt (normalisiert) man durch Zusatz von Jod (s. a. S. 948), so daß sich die Eichung mit nur einer Pb-Verbindung durchführen läßt.

1,0 ml Probe versetzt man mit 3 mg Jod, verdünnt mit MIBK auf 50,0 ml und sprüht in die C_2H_2-arme Flamme ein (Messung der Linie Pb 2833).

2. Metalle und Legierungen

2.1. Stahl [*152e, 143e*]

B: 0,005–0,500% Pb. *s:* ±0,001–0,005% Pb. *Z:* 15–20 min.

Man führt die Analyse nach Verfahren H.1.1. (S. 427, Abschnitt „Aluminium") oder Verfahren F.2.1. (S. 543, Abschnitt „Wismut") durch.

2.2. Eisen, unlegierter und legierter Stahl [*152c*]

B: 1–100 ppm Pb. *s:* ±0,1–1 ppm Pb.

Man führt die Analyse nach Verfahren F.2.2. (S. 543, Abschnitt „Wismut") durch, wobei man durch Wahl von Einwaage und Volumen der Extraktionslösung einen Konzentrationsbereich von 1–7 µg Pb/ml organischer Extrakt einhält.

2.3. Aluminium [*152c*]

B: 1–100 ppm Pb. *s:* ±0,1–1 ppm Pb.

Die Analyse wird nach Verfahren F.2.3. (S. 544, Abschnitt „Wismut") und Verfahren F.2.2. (s. oben) durchgeführt.

2.4. Nickel [*152c*]

B: 1–100 ppm Pb. *s:* ±0,1–1 ppm Pb.

Die Analyse wird nach Verfahren F.2.4. (S. 544, Abschnitt „Wismut") und Verfahren F.2.2. (s. oben) durchgeführt.

G. Polarographie und Voltammetrie

Wegen der erreichbaren Empfindlichkeit und auch arbeitstechnischen Vorteile fand die Polarographie und Voltammetrie in einer Reihe von Arbeiten (s. a. S. 31f., 1379ff.) zur Bestimmung von Pb in verschiedenen Materialien Anwendung. So erfolgte die Bestimmung von Pb z. B. mittels Polarographie in Stahl [*154*], Zirkonium [*155, 156*] und Hafnium [*156*], mittels Voltammetrie in Blut [*157*], Phosphorsäure [*158*], Salz- und Schwefelsäure [*159*], Wismut [*160, 161*] und Quecksilber [*141e, 162*]. Die Bestimmung in Mineralsäuren [*152, 153*] ist relativ einfach, indem man die Probe mit Wasser verdünnt und die Lösung dann unmittelbar der Analyse zuführt (s. Verfahren G.2.). Zur Bestimmung kleiner Pb-Gehalte ist aber oft eine Vorisolierung erforderlich. So wurde Pb bei der polarographischen Bestimmung in legierten Stählen (≧2 ppm Pb) [*154*] durch eine kombinierte Jodid/Carbamat-Extraktion mit MIBK isoliert. Bei der voltammetrischen Bestimmung in Wismut (≧0,01 ppm Pb) [*161*] erfolgte die Isolierung mittels Anionenaustauscher AG 1-X 8.

Hinsichtlich der polarographischen und voltammetrischen Bestimmung von Pb in verschiedenen Materialien s. Abschnitt „Elementgruppen" (S. 1379ff.).

1. Zirkonium und Zirkoniumlegierungen

Das Pb wird nach dem Lösen der Probe durch Extraktion mit Na-DDTC/$CHCl_3$ aus citrat- und cyanidhaltiger Lösung bei pH ~ 8–9 isoliert, der Extrakt verascht und anschließend das Pb polarographisch bestimmt. Gehalte von 2,5% Cu, 2% Sn, 0,5% Ni, 0,2% Cr, 0,1% Zn, 0,05% Mn, 0,02% Co oder 0,01% Cd stören nicht. 0,2% Fe stören nicht, wenn die Extraktion mit $CHCl_3$ gleich nach dem Zusatz von Na-DDTC durchgeführt wird. >0,2% Fe und >0,1% Mo stören und müssen durch vorangehende Extraktion mit Diäthyläther entfernt werden. Auf diese Weise stören dann bis zu 1% Fe und 2,5% Mo nicht.

B: 0,002–0,01% Pb. *s:* ±0,00015% Pb. *Z:* etwa 12 Bestimmungen/Tag.

Arbeitsvorschrift [*7*]

Reagentien

HNO_3 (1,42); HNO_3 (1 + 99);
$HClO_4$ (60%); HCl (1 + 1);
H_2SO_4 (1 + 4); H_2SO_4 (1 + 9);
HBF_4 (35—38%);
Ammoniak (0,92);
Citronensäure, 60%ige wäßrige Lösung;
Na-DDTC, 0,4%ige wäßrige Lösung; 0,4 g Reagens werden in 60 ml Wasser gelöst, 2 ml Ammoniak zugegeben, mit Wasser auf 100 ml aufgefüllt und 2mal mit je 10 ml $CHCl_3$ ausgeschüttelt. Täglich frisch herzustellen.
KCN, 20%ige wäßrige Lösung; zur Lösung fügt man 5 ml Na-DDTC-Lösung und schüttelt mit 10 ml-Anteilen $CHCl_3$ aus, bis der Extrakt farblos erscheint. Täglich frisch herzustellen.
$CHCl_3$;
Diäthyläther.

0,5 g Probematerial werden in einem 150 ml-Becherglas mit 20 ml H_2SO_4 (1 + 4) und 1 ml HBF_4 unter Erwärmen gelöst, durch tropfenweisen Zusatz von HNO_3 (1,42) oxydiert und 1 min gelinde gekocht. Nach dem Abkühlen versetzt man mit 5 ml Citronensäurelösung, neutralisiert mit Ammoniak gegen Lackmuspapier, fügt 2 ml Ammoniak im Überschuß hinzu, kühlt ab und führt in einen Schütteltrichter über. Nach Zusatz von 5 ml KCN-Lösung und 5 ml Na-DDTC-Lösung extrahiert man sofort 3mal mit je 10 ml $CHCl_3$, dampft den vereinigten organischen Extrakt in einem 50 ml-Becherglas gerade zur Trockene ein und raucht nach Zusatz von je 3,0 ml HNO_3 (1,42) und $HClO_4$ zur Trockene ab. Nach dem Abkühlen wird der Rückstand in 5,0 ml HNO_3 (1 + 99) gelöst, in die Meßzelle übergeführt, 10 min Argon eingeleitet und mit einem Startpotential von −0,5 V ($E_{1/2}$ = −0,76 V gegen Hg-pool-Elektrode) polarographiert (in der Originalarbeit mit Kathodenstrahlpolarograph K 1000).

Bei Legierungen mit >0,2% Fe oder/und >0,1% Mo löst man das Probematerial in 20 ml H_2SO_4 (1 + 9) und 0,5 ml HBF_4, oxydiert mit HNO_3 (1,42) und dampft bis zum Auftreten der SO_3-Nebel ein. Nach dem Abkühlen werden 40 ml HCl (1 + 1) zugesetzt, in einen Schütteltrichter übergeführt, 1mal mit 40 ml und 4mal mit 25 ml Diäthyläther extrahiert und die organischen Extrakte verworfen. Man fügt 5 ml Citronensäure zu und fährt wie oben angegeben fort.

2. Phosphorsäure [*158*]

B: ≧ 0,05 ppm Pb. F_r: ± 5%.

Man verdünnt 5,0 ml Probe in einem 25 ml-Meßkolben mit Wasser, versetzt mit 1 ml Pyridin und füllt mit Wasser zur Marke auf. Die Lösung wird im Elektrolysegefäß (s. S. 1229) 3 min unter Rühren bei −0,8 V elektrolysiert, dann ohne Rühren die Spannung von −0,8 V nach −0,1 V zurücklaufen gelassen und die Stromspitze (bei −0,32 V) registriert (s. a. S. 1398).

H. Verschiedenes

An weiteren photometrischen Reagentien sind zu erwähnen: 7-[α(o-Carbomethoxyanilino)-benzyl]-8-hydroxychinolin/$CHCl_3$ [*163*], Tetrahydroxychinon [*164*] und Diphenylcarbazon/Xylol (ε_{525} = 72000) [*165*].

Nach vorangehender Isolierung durch Spurenfällung mit $SrSO_4$ wurde Pb mittels Emissionsspektralanalyse in Eisen und in Nickellegierungen (≧ 4 ppm Pb) bestimmt [*166*]. Die Emissionsspektralanalyse wurde weiterhin zur Bestimmung von 0,05–1 ppm Pb in Blut angewandt [*167*].

Literatur

1. Schmitt, F., Basse, W.: Naunyn-Schmiedeberg's Arch. exp. Pathol. Pharmakol. **189**, 169 (1938).
2. Young, R. S., Strickland, E. H., Leibowitz, A.: Analyst **71**, 474 (1946).
3. Heffelfinger, R. E., Chase, D. L., Rengstorff, G. W. P., Henry, W. M.: Analyt. Chem. **30**, 112 (1958).
4. Meyer, S., Koch, O. G.: Arch. Eisenhüttenw. **31**, 711 (1960).
5. Rooney, R. C.: Analyst **83**, 83 (1958).
6. Rooney, R. C.: B.C.I.R.A. J. Res. Developm. **8**, 360 (1960).
6a. Yadav, A. A., Khopkar, S. M.: Talanta **18**, 833 (1971).
7. Wood, D. F., Nicholls, H. A.: Analyst **85**, 139 (1960).
8. Tompsett, S. L., Anderson, A. B.: Biochem. J. **29**, 1851 (1935).
9. Tompsett, S. L.: Analyst **81**, 330 (1956).
10. Kench, J. E.: Biochem. J. **34**, 1245 (1940).
11. Tompsett, S. L.: Biochem. J. **33**, 1231 (1939).
12. Tompsett, S. L.: Analyt. Chem. **28**, 140 (1956).
13. Lockwood, H. C.: Analyst **79**, 143 (1954).
14. Strafford, N., Wyatt, P. F., Kershaw, F. G.: Analyst **70**, 232 (1945).
15. Strafford, N., Wyatt, P. F., Kershaw, F. G.: Analyst **78**, 624 (1953).
16. *Analytical methods committee*, Foodstuffs sub-committee: Analyst **79**, 397 (1954).
17. Maynes, A. D., McBryde, W. A. E.: Analyt. Chem. **29**, 1259 (1957).
18. Tertoolen, J. F. W., Detmar, D. A., Buijze, C.: Z. anal. Chem. **167**, 401 (1959).
19. *Analytical methods committec*. Metallic impurities in organic matter sub-committee: Analyst **84**, 127, (1959).
19a. Oelschläger, W., Schwarz, E.: Z. anal. Chem. **258**, 203 (1972).
20. Bode, H., Neumann, F.: Z. anal. Chem. **172**, 1 (1960).
21. Hart, H. V.: Analyst **76**, 692 (1951).
22. Gage, J. C.: Analyst **80**, 789 (1955).
23. Gage, J. C.: Analyst **82**, 453 (1957).
24. Gage, J. C.: Analyst **83**, 672 (1958).
25. —
26. Willoughby, C. E., Wilkins, E. S., Jr., Kraemer, E. O.: Ind. Eng. Chem., Anal. Ed. **7**, 285 (1935).
27. Fischer, H., Leopoldi, G.: Z. anal. Chem. **119**, 161 (1940).
28. West, P. W., Carlton, J. K.: Analyt. chim. Acta **6**, 406 (1952).
29. McCord, W. M., Zemp, J. W.: Analyt. Chem. **27**, 117 (1955).
29a. Luke, C. L.: Analyt. chim. Acta **39**, 447 (1967).
30. Vanossi, R.: An. Soc. ci. argent. **151**, 173 (1951).
31. Haddock, L. A.: Analyst **59**, 163 (1934).
32. Hartkamp, H., Specker, H.: Naturwiss. **43**, 421 (1956).
33. Korkisch, J., Feik, F.: Analyt. Chem. **36**, 1793 (1964).
34. Zurlo, N., Griffini, A. M., Colombo, G.: Analyt. chim. Acta **47**, 203 (1969).
35. Weber, O. A., Voloder, K., Vouk, V. B.: Arhiv Higijenu Rada **3**, 296 (1952).
36. Clifford, P. A.: J. Assoc. Offic. Agr. Chemists **21**, 212 (1938).
37. Ziegler, M.: Naturwiss. **45**, 622 (1958).
37a. Ziegler, M.: Z. anal. Chem. **180**, 351 (1961).
38. Ziegler, M.: Naturwiss. **46**, 353 (1959).
39. Ziegler, M., Sbrzesny, H., Glemser, O.: Z. anal. Chem. **171**, 250 (1959).
40. Geilmann, W., Neeb, R., Eschnauer, H.: Z. anal. Chem. **154**, 418 (1957).
41. Geilmann, W.: Z. anal. Chem. **160**, 410 (1958).
42. Marshall, R. R., Hess, D. C.: Analyt. Chem. **32**, 960 (1960).
43. Francis, A. G., Harvey, G. O., Buchan, J. L.: Analyst **54**, 725 (1929).
44. Rosenqvist, I. T.: Am. J. Sci. **240**, 358 (1942).
45. Clifford, P. A., Wichmann, H. J.: J. Assoc. Offic. Agr. Chemists **19**, 130 (1936).

46. BRICKER, L. G., PROCTOR, K. L.: Ind. Eng. Chem., Anal. Ed. **17**, 511 (1945).
47. WILLMER, T. K.: Arch. Eisenhüttenw. **29**, 159 (1958).
48. HÖPFNER, G.: Labor. praxis **11**, 35 (1959).
49. NADEZHINA, L. S., RAZUMOVA, V. P.: J. anal. Chem. (USSR) **12**, 731 (1957); ref. Anal. Abstr. **5**, 2938 (1958).
50. GANGL, J., LIEDL, E.: Mikrochemie, Molisch-Festschr. S. 147 (1936).
51. LYNCH, G. R., SLATER, R. H., OSLER, T. G.: Analyst **59**, 787 (1934).
52. FAIRHALL, L. T., KEENAN, R. G.: J. Am. chem. Soc. **63**, 3076 (1941).
53. CHOLAK, J., HUBBARD, D. M., BURKEY, R. E.: J. ind. Hyg. Toxicol. **30**, 59 (1948).
54. ROSS, J. R., LUCAS, C. C.: J. biol. Chem. **111**, 285 (1935).
55. TAEGER, H.: Ergebn. inn. Med. **54**, 459 (1938).
56. HORWITT, M. K., COWGILL, G. R.: J. biol. Chem. **119**, 553 (1937).
57. MOORE, V. J.: Analyst **81**, 553 (1956).
58. BAMBACH, K., CHOLAK, J.: Ind. Eng. Chem., Anal. Ed. **13**, 504 (1941).
59. MÜLLER, H.: Z. anal. Chem. **113**, 161 (1938).
60. UMLAND, F., KIRCHNER, K.: Z. anal. Chem. **143**, 259 (1954).
61. CHOLAK, J., BAMBACH, K.: Ind. Eng. Chem., Anal. Ed. **13**, 583 (1941).
62. KEIL, R.: Z. anal. Chem. **229**, 117 (1967).
63. FISCHER, H.: Z. angew. Chem. **42**, 1025 (1929).
64. FISCHER, H.: Mikrochemie **8**, 319 (1930).
65. CLIFFORD, P. A.: J. Assoc. Offic. Agr. Chemists **26**, 26 (1943).
66. IRVING, H., RISDON, E., ANDREW, G.: J. chem. Soc. **1949**, **537**.
67. WEBER, O. A., VOUK, V. B.: Analyst **85**, 40 (1960).
68. VOUK, V. B., WEBER, O. A.: Analyst **85**, 46 (1960).
69. BIEFELD, L. P., PATRICK, T. M.: Ind. Eng. Chem., Anal. Ed. **14**, 275 (1942).
70. GROFFMAN, D. M., WOOD, R.: Analyst **96**, 140 (1971).
71. IWANTSCHEFF, G.: Das Dithizon und seine Anwendung in der Mikro- und Spurenanalyse. Weinheim: Verlag Chemie 1972.
72. MAYER, F. X., SCHWEDA, P.: Mikrochim. Acta (Wien) **1956**, **485**.
72a. MATHRE, O. B., SANDELL, E. B.: Talanta **11**, 295 (1964).
73. SNYDER, L. J.: Analyt. Chem. **19**, 684 (1947).
74. IRVING, H., COOKE, S. J. H., WOODGER, S. C., WILLIAMS, R. J. P.: J. chem. Soc. **1949**, **1847**.
75. JOHNSON, E. I., POLHILL, R. D. A.: Analyst **80**, 364 (1955).
76. WILKINS, E. S., Jr., WILLOUGHBY, C. E., KRAEMER, E. O., SMITH, F. L., 2nd: Ind. Eng. Chem., Anal. Ed. **7**, 33 (1935).
77. HUBBARD, D. M.: Ind. Eng. Chem., Anal. Ed. **9**, 493 (1937).
78. IRVING, H. M., BUTLER, E. J.: Analyst **78**, 571 (1953).
79. COOPER, S. S., SULLIVAN, M. L.: Analyt. Chem. **23**, 613 (1951).
80. GEIGER, R. W., SANDELL, E. B.: Analyt. chim. Acta **8**, 197 (1953).
81. LAUG, E. P.: J. Assoc. Offic. Agr. Chemists **21**, 481 (1938).
82. WICHMANN, H. J., CLIFFORD, P. A.: J. Assoc. Offic. Agr. Chemists **18**, 315 (1935).
83. REITH, J. F., VAN DIJK, C. P.: Chem. Weekbl. **36**, 341 (1939).
84. WINTER, O. B., ROBINSON, H. M., LAMB, F. W., MILLER, E. J.: Ind. Eng. Chem., Anal. Ed. **7**, 265 (1935).
85. FISCHER, H., LEOPOLDI, G.: Wiss. Veröff. Siemens-Werken **12**, 44 (1933).
86. BAMBACH, K.: Ind. Eng. Chem., Anal. Ed. **11**, 400 (1939).
87. BAMBACH, K.: Ind. Eng. Chem., Anal. Ed. **12**, 63 (1940).
88. NEUMANN, F.: Z. anal. Chem. **155**, 340 (1957).
89. *Joint A.B.C.M.-S.A.C. Committee on methods for the analysis of trade effluents:* Analyst **81**, 607 (1956).
90. SMITH, F. L., 2nd, RATHMELL, T. K., WILLIAMS, T. L.: Am. J. clin. Path. **11**, 653 (1941).
91. SHIELS, D. O.: J. ind. Hyg. Toxicol. **20**, 581 (1939).
92. BAMBACH, K., BURKEY, R. E.: Ind. Eng. Chem., Anal. Ed. **14**, 904 (1942).
93. KOZELKA, F. L., KLUCHESKY, E. F.: Ind. Eng. Chem., Anal. Ed. **13**, 484, 492 (1941).
94. KLUCHESKY, E. F., LONGLEY, B. J., KOZELKA, F. L.: J. Pharmacol. exp. Therapeut. **74**, 395 (1942).
95. FISCHER, H., LEOPOLDI, G.: Angew. Chem. **47**, 90 (1934).
96. WICHMANN, H. J.: Ind. Eng. Chem., Anal. Ed. **11**, 66 (1939).
97. FISCHER, H., PASSER, M., LEOPOLDI, G.: Mikrochem. verein. Mikrochim. Acta **30**, 307 (1942).
98. BEHRENS, B., TAEGER, H.: Z. ges. exp. Med. **96**, 282 (1935).

99. Fischer, H., Leopoldi, G.: Z. ges. exp. Med. **97**, 819 (1936).
100. Harrold, G.C., Meek, S.F., Holden, F.R.: J. ind. Hyg. Toxicol. **20**, 589 (1938).
101. Liebhafsky, H.A., Winslow, E.H.: J. Am. chem. Soc. **59**, 1966 (1937).
102. Kraft-Ström, H., Wulfert, K., Sydnes, O.: Biochem. Z. **290**, 382 (1937).
103. Cholak, J., Hubbard, D.M., Burkey, R.E.: Analyt. Chem. **20**, 671 (1948).
104. Berg, P., Schmechel, S.: Z. Unters. Lebensmittel **70**, 52 (1935).
105. Guettel, C.L.: Ind. Eng. Chem., Anal. Ed. **12**, 639 (1939).
106. Högl, O., Sulser, H.: Mitt. Gebiete Lebensmittelunters. Hyg. **42/43**, 286 (1951/52).
107. Strohecker, R., Riffart, H., Haberstock, J.: Z. Unters. Lebensmittel **74**, 155 (1937).
108. Strohecker, R., Riffart, H.: Z. Unters. Lebensmittel **75**, 43 (1938).
109. Tompsett, S.L.: Analyst **61**, 591 (1936).
110. Nebel, I.U.: Angew. Chem. **72**, 322 (1960).
111. Vesterberg, R., Sjöholm, O.: Mikrochem. verein. Mikrochem. Acta **38**, 81 (1951).
112. Vesterberg, R.: Mikrochem. verein. Mikrochim. Acta **36/37**, 967 (1950/51).
113. Rameau, J.T.L.B., Reith, J.F., Deys, W.B.: Analyt. chim. Acta **2**, 823 (1948).
114. Brown, D.J.: Analyst **74**, 602 (1949).
115. Kerin, Ž.: Mikrochim. Acta (Wien) **1968**, 927.
115a. Riebartsch, K., Gottschalk, G.: Z. anal. Chem. **214**, 179 (1965).
115b. Voloder, K., Ivičič, N., Švigir, B.: Mikrochim. Acta (Wien) **1971**, 341.
116. Perlman, J.L.: Ind. Eng. Chem., Anal. Ed. **10**, 134 (1938).
117. Elvidge, D.A., Garratt, D.C.: Analyst **79**, 146 (1954).
118. Rees, W.T.: Analyst **75**, 160 (1950).
119. Griffing, M.E., Rozek, A., Snyder, L.J., Henderson, S.R.: Analyt. Chem. **29**, 190 (1957).
120. van Gilst, H.W.G., Hagethorn, N.E.M.: Ingenieur ('s-Gravenhage) **56**, Nr. 19E, 61 (1941).
121. Bleyer, B., Nagel, G., Schwaibold, J.: Scientia pharmac. **10**, 121 (1939).
122. Wakamatsu, S.: Jap. Analyst **5**, 509 (1956); ref. Z. anal. Chem. **157**, 304 (1957).
123. Yoshimori, T., Hirano, S.: Jap. Analyst **3**, 470 (1954); ref. Anal. Abstr. **3**, 675 (1956).
124. Milner, G.W.C., Nall, W.R.: Analyt. chim. Acta **6**, 420 (1952).
125. Fischer, H., Leopoldi, G.: Metall u. Erz **35**, 86 (1938).
126. Silverman, L.: Analyt. Chem. **20**, 906 (1948).
127. Young, R.S., Leibowitz, A.: Analyst **71**, 477 (1946).
128. Milner, G.W.C., Townend, J.: Analyt. chim. Acta **5**, 584 (1951).
129. Ota, K., Mori, S.: Jap. Analyst **5**, 442 (1956); ref. Z. anal. Chem. **153**, 373 (1957).
130. Müller, W., Sieverts, A.: Spectrochim. Acta **1**, 332 (1940).
131. Kinnunen, J., Wennerstrand, B.: Chemist-Analyst **43**, 65 (1954).
132. Sandell, E.B.: Ind. Eng. Chem., Anal. Ed. **9**, 464 (1937).
132a. Stanton, R.E., McDonald, A.J., Carmichael, I.: Analyst **87**, 134 (1962).
133. Heczko, T.: Mikrochem. verein. Mikrochim. Acta **36/37**, 825 (1951).
134. Powell, R.A., Kinser, C.A.: Analyt. Chem. **30**, 1139 (1958).
135. Holmes, R.S.: Soil. Sci. **59**, 77 (1945).
136. Westerhoff, H.: Bodenkunde u. Pflanzenernähr. **7**, 370 (1938).
137. Schultz, J., Goldberg, M.A.: Ind. Eng. Chem., Anal. Ed. **15**, 155 (1943).
138. Snyder, L.J., Barnes, W.R., Tokos, J.V.: Analyt. Chem. **20**, 772 (1948).
139. *Committee on recommended analytical methods*, American conference of governmental industrial hygienists, "Manual of analytical methods", recommended for sampling and analysis of atmospheric contaminants, Cincinnatti 1958.
140. Dixon, B.E., Metson, P.: Analyst **85**, 122 (1960).
141. Craig, D.N., Vinal, G.W.: J. Res. nat. Bur. Standards **22**, 55 (1939).
141a. Abbott, D.C., Harris, J.R.: Analyst **87**, 387 (1962).
141b. Stobart, J.A.: Analyst **90**, 278 (1965).
141c. Stolper, W.: Neue Hütte **8**, 424 (1963).
141d. Jackwerth, E.: Z. anal. Chem. **202**, 81 (1964).
141e. Meyer, J.: Z. anal. Chem. **219**, 147 (1966).
141f. Postlethwaite, R.T., Kidman, L., Bagshawe, B., Bills, K.M., Harrison, T.S., Watt Smith, J.A.: J. Iron. Steel Inst. **208**, 500 (1970).
141g. Moss, R., Browett, E.V.: Analyst **91**, 428 (1966).
141h. Snyder, L.J.: Analyt. Chem. **39**, 591 (1967).
142. Veale, C.R., Wood, R.G.: Analyst **85**, 371 (1960).
143. Bozsai, I., Kopóscy, E.: Magyar Chem. Folyóirat **62**, 12 (1956); ref. Z. anal. Chem. **154**, 75 (1957).
144. Meyer, S., Koch, O.G.: Arch. Eisenhüttenw. **29**, 677 (1958).

145. Koch, O. G.: Analyt. chim. Acta **62**, 462 (1972).
146. Pollard, F. H., Hanson, P., Geary, W. J.: Analyt. chim. Acta **20**, 26 (1959).
147. Dagnall, R. M., West, T. S., Young, P.: Talanta **12**, 583 (1965).
147a. Kashiki, M., Yamazoe, S., Oshima, S.: Analyt. chim. Acta **53**, 95 (1971)
147b. Omang, S. H.: Analyt. chim. Acta **55**, 439 (1971).
147c. Woodriff, R., Lech, J. F.: Analyt. Chem. **44**, 1323 (1972).
147d. Purdue, L. J., Enrione, R. E., Thompson, R. J., Bonfield, B. A.: Analyt. Chem. **45**, 527 (1973).
147e. Brooks, R. R., Presley, B. J., Kaplan, I. R.: Talanta **14**, 809 (1967).
148. Donovan, P. D., Feeley, D. T.: Analyst **94**, 879 (1969).
149. Delves, H. T.: Analyst **95**, 431 (1970).
149a. Hwang, J. Y., Ulucci, P. A., Smith, S. B., Jr., Malenfant, A. L.: Analyt. Chem. **43**, 1319 (1971).
149b. Delves, H. T., Shepherd, G., Vinter, P.: Analyst **96**, 260 (1971).
149c. Norval, E., Butler, L. R. P.: Analyt. chim. Acta **58**, 47 (1972).
150. Willis, J. B.: Analyt. Chem. **34**, 614 (1962).
151. Robinson, J. W.: Analyt. chim. Acta **24**, 451 (1961).
151a. Bratzel, Jr., M. P., Chakrabarti, C. L.: Analyt. chim. Acta **61**, 25 (1972).
151b. Kisfaludi, G., Lenhof, M.: Analyt. chim. Acta **54**, 83 (1971).
151c. Sellers, N. G.: Analyt. Chem. **44**, 410 (1972).
152. Hofton, M. E., Hubbard, D. P.: Analyt. chim. Acta **52**, 425 (1970).
152a. Welz, B.: CZ-Chemie-Technik **1**, 455 (1972).
152b. Welz, B., Wiedeking, E.: Z. anal. Chem. **252**, 111 (1970).
152c. Burke, K. E.: Analyst **97**, 19 (1972).
152d. Tsukahara, I., Yamamoto, T.: Analyt. chim. Acta **61**, 33 (1972)
152e. Elwell. W. T., Gidley, J. A. F.: Analyt. chim. Acta **24**, 71 (1961).
152f. Uny, G., Mathien, C., Tardif, J. P., Danh, T. van: Analyt. chim. Acta **53**, 109 (1971).
152g. Vienney, J.: Analyt. chim. Acta **55**, 37 (1971).
153. Moldan, B., Rubeška, I., Mikšovský, M.: Analyt. chim. Acta **50**, 342 (1970).
153a. Walker, C. R., Vita, O. A.: Analyt. chim. Acta **43**, 27 (1968).
153b. Burrows, J. A., Heerdt, J. C., Willis, J. B.: Analyt. Chem. **37**, 579 (1965).
153c. Means, E. A., Ratcliff, D.: Atom. Absorp. Newsletter **4**, 174 (1965).
153d. Sprague, S., Slavin, W.: Atom. Absorp. Newsletter **4**, 367 (1965).
153e. Koch, O. G.: unveröffentlicht (1973).
154. Rooney, R. C.: Analyst **90**, 545 (1965).
155. Clark, R. T.: Analyst **85**, 245 (1960).
156. Wood, D. F., Clark, R. T.: Analyst **87**, 342 (1962).
157. Tyler, J. F. C.: Analyst **89**, 775 (1964).
158. Specker, H., Trüb, H.: Z. anal. Chem. **186**, 132 (1962).
159. Specker, H., Schiewe, G., Trüb, H.: Z. anal. Chem. **190**, 144 (1962).
160. Jackwerth, E.: Z. anal. Chem. **211**, 254 (1965).
161. Mizuike, A., Miwa, T., Oki, S.: Analyt. chim. Acta **44**, 425 (1969).
162. Jackwerth, E.: Z. anal. Chem. **206**, 269 (1964).
163. Umland, F., Meckenstock, K.: Z. anal. Chem. **177**, 244 (1960).
164. Tufts, B. J.: Analyt. Chem. **31**, 238 (1959).
165. Trinder, N.: Analyst **91**, 587 (1966).
166. Davis, C. M., Anderson, R. F.: Appl. Spectroscopy **17**, 122 (1963).
167. Steiner, R. L., Anderson, D. H.: Appl. Spectroscopy **26**, 41 (1972).

Pd — Palladium

Tabelle 159. Empfindlichkeit S_M und Bestimmungsgrenze L_Q der Verfahren

Verfahren	$\mu g\ Pd \cdot ml^{-1} \cdot cm^{-1}$	
	S_M	L_Q
Natriumdiäthyldithiocarbamat/CCl_4	0,002 (305 nm)	0,05 (305 nm)
p-Nitrosodiphenylamin/Diäthyldithiooxalat	0,0016 (525 nm)	0,04 (525 nm)
2-Nitroso-1-naphthol/Toluol	0,006 (370 nm)	0,15 (370 nm)
α-Furildioxim/wäßrige Lösung	0,0072 (420 nm)	0,18 (420 nm)
α-Furildioxim/$CHCl_3$	0,0048 (380 nm)	0,12 (380 nm)
Phenyl-α-pyridylketoxim/$CHCl_3$	0,026 (410 nm);	0,65 (410 nm)
	0,02 (340 nm)	0,50 (340 nm)
1,10-Phenanthrolin-Rose Bengal Extra	0,002 (575 nm)	0,05 (575 nm)
Pyridin-Rose Bengal Extra/$CHCl_3$	0,0008 (570 nm)	0,02 (570 nm)

A. Trennungen

Die Extraktion mit Dimethylglyoxim/$CHCl_3$ aus HCl-Lösung ermöglicht die Abtrennung des Pd von Au, Ag und Pt [1]. Durch gleichzeitige Anwesenheit von wenig HNO_3 werden das Ausfallen von metallischem Au, sowie die Reduktion zu Pt(II) und damit eine Mitfällung mit Pd verhindert. Das Verfahren wurde zur Abtrennung von Pd im Mikrogrammbereich vor dessen Bestimmung mit Dz durch direkte extraktive Titration herangezogen. Auch vor der photometrischen Bestimmung des Pd mit KI in Bleiproben konnte bis zu 1 mg mit Dimethylglyoxim/$CHCl_3$ von 15 g Pb abgetrennt werden [2]. Allerdings ist ein 4maliges Ausschütteln erforderlich. Eine Störung durch Fe kann mit ÄDTA vermieden werden. Wenn Cu anwesend ist, muß der pH-Wert <4 sein, da sonst Cu-Dimethylglyoximat die Pd-Extraktion stört. Das anschließend beschriebene Verfahren hat sich zur Abtrennung von Pd >10 mg hingegen nicht geeignet [3].

Arbeitsvorschrift [1]

Reagentien

HCl (1,19); HNO_3 (1,40);
Natriumdimethylglyoxim (NaDG), 1%ige wäßrige Lösung; $CHCl_3$.

Die Probe wird in soviel Königswasser gelöst, daß 10 ml Lösung mit einem Gehalt von 0,2 ml HCl und 0,1 ml HNO_3 (in welcher neben Pd noch Au, Ag, Pt u. a. Elemente enthalten sein können) vorliegen. Die Lösung wird mit 2 ml NaDG-Lösung versetzt, gemischt und 10 min unter mehrmaligem Umschütteln stehen gelassen. Danach wird 2mal mit je ~ 5 ml $CHCl_3$ extrahiert, aus dem vereinigten Extrakt das $CHCl_3$ verdampft, die organische Substanz mit HNO_3 zerstört und in dieser Lösung das Pd bestimmt.

Pd(II) kann von einer Reihe anderer Elemente aus schwach salzsaurer Lösung als in organischen Solventien löslicher Phenylthioharnstoff-Komplex abgetrennt werden [3]. Zur Extraktion eignen sich Äthyl- oder Amylacetat ($E\% = 99{,}3$). Neben 100 µg Pd/ml stören nicht (bis zu einem Mengenverhältnis Fremdion: Pd): Ir(IV) (1,5), Pt(IV) (3), Rh(III) (4), Fe(III) (5), Co(II) (10), Cu(II) (25), Cr(VI) (40) und Ni(II) (40). Au(III) stört.

Vor der photometrischen Bestimmung mit 2-Mercapto-4,5-dimethylthiazol kann Pd (70—1400 µg in 10 ml ~0,01n salzsaurer Probelösung) durch Extraktion mit p-Nitrosodiphenylamin/Äthylacetat aus HCl-Lösung von störendem Co, Ir, Pt, Rh u. a. abgetrennt werden [*4*].

Die Abtrennung des Au (≦ 15 mg) von Pd (≦ 20 µg) gelingt durch Extraktion des ersteren aus 3—6n HCl-Lösung mit Äthylacetat (auch Amylacetat [*3*] oder Diäthyläther) [*5*, *6*]. Zur Extraktion aus HBr-Lösung wird vorteilhaft Diisopropyläther verwendet [*5*]. Das Phasenverhältnis bei der Extraktion des $HAuCl_4$ soll bei möglichst geringem Volumen 1:1 betragen. Die Anzahl der erforderlichen Ausschüttelungen hängt von der anwesenden Au-Menge ab. Aus HI-Lösung soll Pd durch Diäthyläther nicht extrahierbar sein [*7*]; für MIBK wurde eine Extrahierbarkeit festgestellt [*8*, *9*], welche die Abtrennung des Pd von Nb und Zr ermöglicht [*9*]. Bei Anwesenheit eines Jodid-Überschusses wurden ferner aus einer HCl/H_2SO_4-Lösung folgende Extraktionsausbeuten (in %) im Mikrogrammbereich mit Äthylacetat erzielt: Te (>95), Bi (~90), Pd (80—85), Cd und Co (65—75) und Pt (55—65) [*10*].

$Pd(NO_3)_2$ gibt mit $Na_2S_2O_3$ einen tiefbraunen Komplex, der nach Zusatz von Tri-n-butylammoniumacetat leicht mit Methylenchlorid quantitativ extrahiert wird [*11*]. Ein mit Tri-n-butylammoniumcitrat und Pd allein gebildeter Komplex läßt sich aus schwach saurer Lösung nur mäßig, bei überschüssigem Tri-n-butylamin hingegen quantitativ unter starker Braunfärbung der organischen Phase mit Methylenchlorid extrahieren [*12*]. Mit 0,2m Tri-n-octylamin/Benzol wird Pd aus 0,1—6n HCl-, Pt aus 0,1—8n HCl-Lösung vollständig extrahiert, wobei Rh in der wäßrigen Lösung verbleibt [*13*].

Pd kann auch als Carbamat mit $CHCl_3$ abgetrennt werden. Es ist das einzige der Platinmetalle, dessen Carbamat-Komplex sich quantitativ ohne wesentliche Verzögerung bildet [*14*]. Von anderer Seite [*15*] wird demgegenüber berichtet, daß Pd und Pt gemeinsam gefällt und extrahiert werden könnten. Mit Dibenzyldithiocarbamat/$CHCl_3$ können Pd und Pt(II) aus 4—10n HCl-Lösung extrahiert und so von jeweils 1 mg Au, Co, Cr(III), Cu, Fe(III), Ir, Ni, Os, Rh und Ru abgetrennt werden [*15a*]. Pd läßt sich als Pyridin-Thiocyanat-Komplex $PdPy_2(SCN)_2$ mit MIBK bei pH 11—12 von Ru [*16*] und bei pH 6,0—6,5 von Pt und Rh [*17*] abtrennen.

Mit 1-Nitroso-2-naphthol wurde Pd von den übrigen Platinmetallen abgetrennt, wobei Pd nur von Au begleitet wird [*18*]. Zur Abtrennung von Co, Ni und den Platinmetallen (außer Pt) wurde Pd aus HCl-Lösung mit Dithiooxamid (in Essigsäure) ausgefällt [*3*]. Die Fällung kann mit $HNO_3/HCl/HClO_4$ zerstört werden. Au, Cr, Cu, Fe und Pt verbleiben bei Pd. Pd läßt sich durch Spurenfällung isolieren, wofür die Sulfidfällung mit Pb, die Hydroxydfällung mit Fe als Spurenfänger [*6*] oder die Mitfällung an metallischem Te (zusammen mit Hg, Pt, Se, teilweise auch Rh) aus 3n HCl-Lösung [*19*, *20*] Anwendung fanden. Bei dem nachfolgenden Trennverfahren [*19*] wird $SnCl_2$ zur Ausfällung des Te verwendet, doch ist der Pd-Verlust durch die Bildung geringer Mengen Metazinnsäure geringfügig. Ag und Au werden ebenfalls reduziert und gehen mit in die Fällung; insbesondere vermag das sich bildende AgCl beim Lösen des Te-Niederschlages Pd zurückzuhalten, sobald Pd:Ag > 1:100 wird.

Arbeitsvorschrift [*19*]

Reagentien

Te-Lösung (0,8 mg Te/ml); man löst 80 mg K_2TeO_3 in 5 ml HCl (1,19) und verdünnt mit Wasser auf 50 ml.

$SnCl_2 \cdot 2\,H_2O$, 20%ige Lösung in 2n HCl (jede Woche frisch herzustellen).

HNO_3 (1,40); HCl (1,19); 6n HCl; 1n HCl; 0,1n HCl; NaCl.

Probelösungen, die HNO_3 oder andere flüchtige, oxydierbare Stoffe enthalten, werden zur Trockene eingedampft und mehrmals mit HCl (1,19) abgeraucht. Man verdünnt nun die Probelösung (0,2—5 µg Pd enthaltend) in einem Becherglas auf etwa 25—50 ml, stellt sie gleichzeitig auf 3n HCl ein und versetzt mit 0,5 ml Te-Lösung. Man fügt nun unter Rühren solange $SnCl_2$-Lösung hinzu, bis der Te-Niederschlag ausfällt und dann noch 3—5 ml als Überschuß. Man bringt die Lösung zum Kochen und hält sie 15—30 min nahe des Siedepunktes, bis der Niederschlag vollständig gefällt ist. Danach filtriert man ihn mit einem kleinen Porzellanfiltertiegel ab und wäscht Becherglas und Tiegel mit ~ 25 ml 1n HCl nach.

Nun wird der Niederschlag in Becherglas und Filtertiegel mit 0,5—1 ml warmer HNO_3 (1,40) und anschließend 1 ml HCl (1,19) gelöst. Man läßt die Lösung einige Minuten im Filtertiegel stehen und saugt sie in einen 25 ml-Becher ab. Filtertiegel und Fällungsgefäß werden mehrmals mit kleinen Anteilen heißen Wassers nachgewaschen. Zu den vereinigten Filtraten und Waschlösungen fügt man 5 mg NaCl und verdampft anschließend auf dem siedenden Wasserbad zur Trockene. Danach wird der Rückstand je 4mal nacheinander mit HCl aufgenommen und abgedampft. Der säurefreie Trockenrückstand wird zuletzt in 1,00 ml 0,10n HCl gelöst und mit 9 ml Wasser für eine anschließende Bestimmung des Pd verdünnt.

Ein hochselektives Anreicherungsverfahren für Pd stellt schließlich die Mitfällung an AgCN vor [*20a*, *20b*]. Man nimmt an, daß es zur Bildung von $Pd(CN)_2$ neben AgCN kommt, wobei das Pd^{2+} fester als das Ag^+ gebunden wird und erst bei sehr hohen Ag-Konzentrationen Pd von Ag verdrängt wird. Da mit dieser Anreicherung ng-, µg- und mg-Mengen Pd(II) aus HNO_3-Lösung mit ~ 1 mMol AgCN (~ 130 mg) quantitativ neben der verschiedentlich bis zur 10^9fachen Menge an Al, Ag, Bi, Cd, Co, Cu, Fe, Mn, Ni, Pb, Sn, Th, Tl, U und Zn isoliert werden können, wurde dieses Trennungsverfahren mit nachfolgender Pd-Bestimmung für Reinstmetalle (Silber, Kupfer, Nickel) angewendet [*20a*]. Für die Anreicherung des Pd aus Reinstquecksilber muß das Trennverfahren in der Weise modifiziert werden, daß das in HNO_3 gelöste gesamte Hg als $Hg(CN)_2$ gebunden wird, ehe mit dem Ausfällen des AgCN und der Mitfällung des Pd begonnen werden kann, da Hg(II) so stabile Cyanokomplexe bildet, die selbst zugesetztem AgCN unter Auflösung des Niederschlages das CN^- entziehen [*20b*].

Durch Destillation können Os und Ru als Tetroxyde von Pd abgetrennt werden. Über die Abtrennung weiterer Pt-Metalle siehe die entsprechenden Elementabschnitte.

B. Natriumdiäthyldithiocarbamat

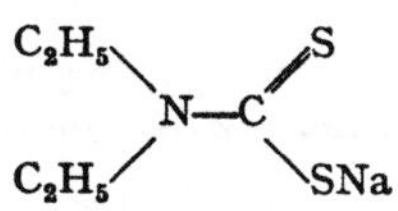

Pd(II) bildet mit Natriumdiäthyldithiocarbamat (Na-DDTC) bei pH 4—11 einen Komplex, der mit CCl_4 quantitativ extrahierbar ist [*14*]. Das Extinktionsmaximum liegt bei 305 nm ($\varepsilon_{305} = 54800$) (s. Abb. 154). Unter Verwendung einer 5 cm-Küvette können bei 305 nm Konzentrationen im Bereich von 0,01—0,32 µg Pd/ml $CHCl_3$ sowie 0,1—2,4 µg Pd/ml $CHCl_3$ bei 348 nm photometrisch bestimmt werden. KCN maskiert das Pd im Bereich von pH 8—11 vollständig, während ÄDTA im gesamten pH-Bereich keinen Einfluß hat. Bei pH 11 werden in Anwesenheit von ÄDTA Ag, Bi, Cu, Hg und Tl(III) ebenfalls vollständig, Au, Os und Pt nur unvollständig extrahiert. Die photometrische Messung wird, insbesondere im Extinktionsmaximum, durch alle genannten Elemente gestört.

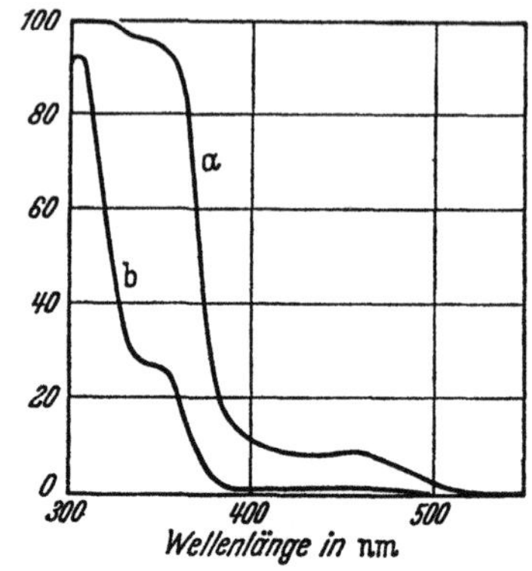

Abb. 154. Absorptionskurve von Pd-Carbamat in CCl_4 [*14*] (*a* 100 μg Pd/25 ml, *b* 10 μg Pd/25 ml; 5 cm-Küvette)

Arbeitsvorschrift [*14*]

Reagentien

ÄDTA, 5%ige wäßrige Lösung;
Na-DDTC, 0,2%ige wäßrige Lösung;
CCl_4.

Die Probelösung (0,25–8 μg Pd enthaltend) wird in einem Schütteltrichter mit 10 ml ÄDTA-Lösung versetzt und auf pH 11,0 eingestellt. Nach Zusatz von 1 ml Na-DDTC-Lösung extrahiert man 1 min mit 10 ml CCl_4, läßt die organische Phase in einen 25 ml-Meßkolben ab, füllt mit CCl_4 zur Marke auf und photometriert in einer 5 cm-Küvette bei 305 nm gegen CCl_4.

C. p-Nitrosodiphenylamin

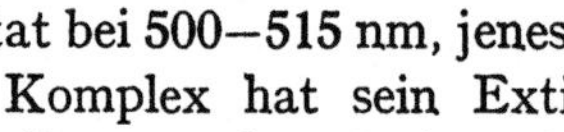

In schwach saurer (0,005–0,15n) HCl-Lösung bildet Pd(II) mit p-Nitrosodiphenylamin (NDA) einen purpurroten Komplex [*6, 21, 22, 19*], der mit verschiedenen Alkoholen, Äthern, Estern, Ketonen, $CHCl_3$, darunter insbesondere Äthylacetat [*20*] und Diäthyloxalat [*19*], extrahierbar ist. Das Extinktionsmaximum des Farbkomplexes liegt in wäßriger Lösung und Äthylacetat bei 500–515 nm, jenes des Reagenses bei 425 nm. Der in Diäthyloxalat extrahierte Komplex hat sein Extinktionsmaximum bei 525 nm (s. Abb. 155); obwohl hier der Reagensüberschuß auch extrahiert wird, weist er bei 525 nm eine kaum merkliche Absorption auf. Das Beersche Gesetz ist für den extrahierten Komplex im Bereich von 0,04–3 μg Pd/ml Diäthyloxalat erfüllt [*19*]. Die Farbe ist in wäßriger Lösung nach einer Standzeit von 30 min voll entwickelt und bleibt 1–2 Std stabil; in Diäthyloxalat ist der nach 20 min voll entwickelte Farbkomplex wenigstens 15 Std stabil. Die Intensität des roten Pd-Komplexes wird durch Alkalichlorid geschwächt. Die Konzentration an NaCl soll daher unter 0,02m liegen; KCl und NH_4Cl haben einen ähnlichen Einfluß. Folgende Elemente (jeweils 50 μg/ml) geben in wäßriger Lösung keine merkliche Farbreaktion: Ag, Al, As(V), Ba, Be, Bi, Ca, Cd, Ce(IV), Co,

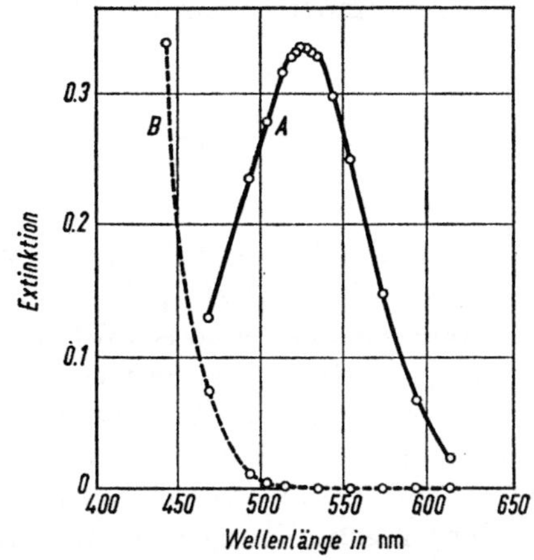

Abb. 155. Extinktionskurven von Pd + p-Nitrosodiphenylamin (*A* gegen die Blindlösung gemessen) und p-Nitrosodiphenylamin (*B* Blindlösung) in Äthyloxalat [*19*]

Cr(VI), Cu(II), Fe(II), Fe(III), Hg(II), Li, Mg, Mn(II), Mo(VI), Ni, Pb, Sb(III), Se(IV), Te(VI), Ti(IV), U(VI), W(VI) und Zr. Au stört, da es ebenfalls einen roten Komplex bildet; größere Mengen Au können durch Extraktion als $H[AuCl_4]$ aus ~7n HCl mit Äther oder Äthylacetat entfernt werden. Von den übrigen Pt-Metallen geben Pt und Rh in der Kälte erst nach mehreren Stunden Standzeit, beim Erhitzen der Probelösungen außer diesen auch Ir schon innerhalb kurzer Zeit rötliche Komplexe. 0,3 μg Pd/ml sollen aber in der wäßrigen Lösung noch neben 1200 μg Pt/ml bestimmbar sein. Durch Extraktion des Komplexes mit Äthylacetat kann dieselbe Menge Pd dann neben der 10000 bis 100000fachen Menge Pt, der 1000—10000fachen Menge Ir oder der 2600—26000fachen Menge Rh bestimmt werden. In Anwesenheit von Ag wird die Bestimmung in wäßriger HNO_3-Lösung in Gegenwart von Natriumacetat bei pH 1,2 vorgenommen [*6*]. Wenn der nachfolgend beschriebenen Pd-Bestimmung [*19*] eine Isolierung des Pd mittels Spurenfällung an metallischem Te (s. Arbeitsvorschrift [*19*], S. 958) vorangeht, so lassen sich 0,2—5 μg Pd neben folgenden Elementmengen bestimmen: jeweils 500 mg an Co, Cu(II), Fe(III), Ni(II), 50 mg Pb, jeweils 5 mg an Cr(III), Mn, Ti, V(V), jeweils 1 mg an As, Bi, Ge, Hg, Re, Sb, Tl, Zr, jeweils 100 μg an Ag, Ir, Mo, Os, Pt, Rh, Ru, Se, W sowie die gegenüber Pd bis zu 10fache Menge an Au.

Arbeitsvorschrift [*19*]

Reagentien

p-Nitrosodiphenylamin (NDA), 0,005%ig in 50% Äthanol.
Diäthyloxalat.

10,0 ml Probelösung (0,01n HCl; 0,2—5 μg Pd enthaltend) versetzt man in einem Schütteltrichter mit 1,00 ml NDA-Lösung und läßt für 20 min bei Raumtemperatur stehen. Anschließend extrahiert man 1 min mit 5,0 ml Diäthyloxalat, filtriert den Extrakt nach der Phasentrennung durch Watte und photometriert in einer 1 cm-Küvette bei 525 nm gegen Diäthyloxalat. Ein Blindwert wird abgezogen.

D. 2-Nitroso-1-naphthol

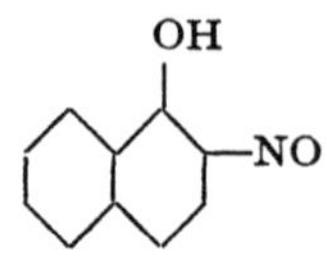

Pd(II) gibt mit 2-Nitroso-1-naphthol bei pH 1,5–3,5 eine violette Fällung, die mit Toluol oder Benzol extrahierbar ist [*24*]. In $CHCl_3$, CCl_4 und Isoamylalkohol ist der Komplex unlöslich. Die Extinktionsmaxima liegen bei 370 und 550 nm, von denen das erstere das empfindlichere ist ($\varepsilon_{370} = 18000$). Das Beersche Gesetz ist im Bereich von 0,15–5 µg Pd/ml Toluol erfüllt. Die Farbe des Toluol-Extraktes ist mindestens 48 Std (auch dem Licht ausgesetzt) stabil. Das mit gelber Farbe im Lösungsmittel gelöste überschüssige Reagens wird mit Ammoniak (besser als NaOH, da Fe und Co in letzterer leichter störende Hydroxydfällungen geben) ausgewaschen. Störende Elemente wie Co, Cr, Cu, Fe und Ni können durch ÄDTA maskiert werden. Danach wird die Bestimmung von 20 µg Pd durch 1 mg der folgenden Elemente nicht gestört: Au, Co, Cr(III), Cu(II), Fe(III), Ir(IV), Ni, Os(IV), Pt(IV), Rh(III), Ru(III) und Zr(IV). CN^- stört infolge Zersetzung des Farbkomplexes.

Mit 1-Nitroso-2-napthol wurden ähnliche Ergebnisse erzielt [*18*], doch konnte die Störung durch Fe(III) und Co(II) mittels ÄDTA hierbei nicht vollständig beseitigt werden.

Arbeitsvorschrift [*24*]

Reagentien

2-Nitroso-1-naphthol, 1%ig in Äthanol;
ÄDTA, 3%ige wäßrige Lösung;
Ammoniak (1 + 1);
3n HCl;
Toluol.

Die schwach saure Probelösung (0,8–25 µg Pd enthaltend) versetzt man in einem Schütteltrichter mit 2 Tropfen 3n HCl und 1 ml ÄDTA-Lösung, verdünnt mit Wasser auf etwa 10 ml (die Lösung soll nun pH ~ 2,5 aufweisen), fügt 0,1 ml Reagenslösung hinzu und läßt nach gutem Durchmischen 10 min stehen. Nach Zusatz von 5,0 ml Toluol und 1 ml Ammoniak wird extrahiert und nach der Phasentrennung der organische Extrakt in einer 1 cm-Küvette bei 370 nm photometriert.

E. Oxime

I. α-Furildioxim

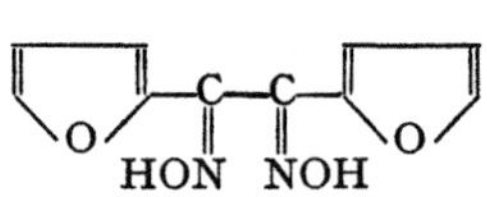

Pd bildet mit α-Furildioxim in saurer Lösung einen gelben Komplex, der sich mit $CHCl_3$ extrahieren läßt [*25*]. Für die Farbreaktion ist eine Säurekonzentration von 0,1–1,4n HCl am günstigsten. Das Pd kann sowohl in der wäßrigen Lösung als auch in der $CHCl_3$-Phase photometrisch bestimmt werden. Das Extinktionsmaximum liegt in wäßriger Lösung bei 420 nm, im $CHCl_3$-Extrakt bei 380 nm ($\varepsilon_{420} = \sim 14500$, $\varepsilon_{380} = \sim 22900$) (s. Abb. 156). Das Beersche Gesetz ist im Bereich von 0,2–5 µg Pd/ml wäßrige

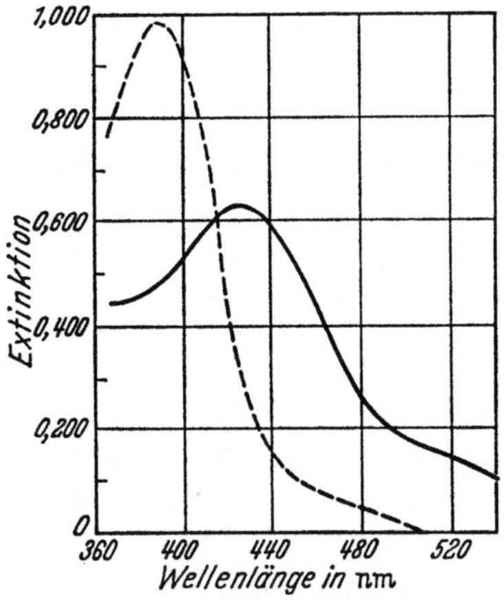

Abb. 156. Extinktionskurve von Pd + α-Furildioxim (——— in wäßriger Lösung, - - - - - in $CHCl_3$) [25]

Lösung bzw. 0,1—4,6 μg Pd/ml $CHCl_3$ erfüllt. Die Farbe ist in wäßriger Lösung ~ 20 min in $CHCl_3$ mindestens 24 Std stabil. Während bei der Bestimmung in wäßriger Lösung in der Kälte das in 30%igem Äthanol gelöste Reagens in großem Überschuß vorhanden sein soll, darf das molare Verhältnis von Reagens zu Pd für die Extraktionsmethode nur 2:1 betragen, da höhere Äthanolgehalte bei der Extraktion stören. Um den Komplex dennoch rasch und quantitativ zu bilden, ist in diesem Falle eine Erwärmung der Lösung bis ~ 80° C notwendig. Der Vorteil der Extraktionsmethode liegt in der Möglichkeit, die Störung durch Fremdionen wie der Chloride des Ru, Rh, Ir, Pt und Au, welche die wäßrige Lösung stark färben, auszuschalten. SO_4^{2-}, NO_3^-, F^- und ClO_4^- stören nicht; CN^- stört. F_r: ±1—2%.

Arbeitsvorschrift [*26*]

Reagentien

α-Furildioxim-Lösung; 1 g Reagens wird in 30 ml absolutem Äthanol gelöst und mit Wasser auf 100 ml aufgefüllt;
HCl (1,19);
Na_2SO_4 sicc.
Äthanol, absolut;
$CHCl_3$.

a) Bestimmung in wäßriger Lösung

Die schwach saure Probelösung (5—125 μg Pd als Chlorid enthaltend) wird in einem 25 ml-Meßkolben nacheinander mit 1 ml HCl, 2,5 ml Äthanol, 10 ml Wasser und 1 ml Reagenslösung versetzt, mit Wasser zur Marke aufgefüllt und in einer 1 cm-Küvette bei 420 nm innerhalb 10 min gegen eine Blindlösung photometriert.

b) Extraktion mit $CHCl_3$

Die schwach saure Probelösung (3—115 μg Pd als Chlorid enthaltend) wird in einem Schütteltrichter mit 1 ml HCl versetzt, mit Wasser auf ~ 20 ml verdünnt und nach Zusatz von 1 ml Reagenslösung mit 10 ml $CHCl_3$ 20 sec extrahiert. Die organische Phase wird in einen 25 ml-Meßkolben abgelassen, die wäßrige Lösung mit 10 ml $CHCl_3$ gewaschen, letzteres mit dem organischen Extrakt vereinigt, dieser mit 0,5 g Na_2SO_4 sicc.

getrocknet, dann mit $CHCl_3$ zur Marke aufgefüllt und in einer 1 cm-Küvette bei 380 nm gegen einen Blindwert photometriert.

II. Phenyl-α-pyridylketoxim

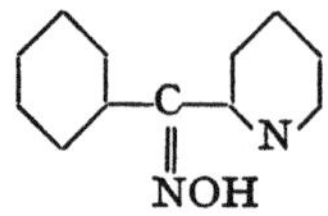

Pd bildet mit Phenyl-α-pyridylketoxim einen gelben, wasserunlöslichen, in organischen Lösungsmitteln wie $CHCl_3$ oder CCl_4 löslichen Komplex [*26*], der für die photometrische Bestimmung geeignet ist [*27*]. Zwischen pH 6 und 11 ist der günstigste Fällungs- und Extraktionsbereich. Der durch $CHCl_3$ extrahierte und sofort seine volle Farbintensität erreichende Komplex zeigt keine Temperaturabhängigkeit bis 45° C und ist wenigstens 2 Wochen stabil. Es sind 2 Extinktionsmaxima bei 410 und 340 nm vorhanden (s. Abb. 157). Das Beersche Gesetz erscheint im Bereich von 0,5—10 μg Pd/ml $CHCl_3$ (bei 340 nm) bzw. 0,6—13 μg Pd/ml $CHCl_3$ (bei 410 nm) erfüllt. Von Anionen stören in erster Linie PO_4^{3-} und CN^-, während Acetat, BO_3^{3-}, Cl^- und CO_3^{2-} anwesend sein können. Auch Citrat, Oxalat und Tartrat können als Komplexbildner verwendet werden. Bis zu 5 mg der nachfolgenden Elemente stören nicht: Ag, Al, Ba, Be, Bi, Cd, Fe (III), Hg (II), Ir, Mg, Mn (II), Os (VI), Pb, Pt (IV), Rh (III), Ru (VI), Sr, V (IV) und Zn. Außer Pd geben die Elemente Au (III), Co (II), Cu (II), Fe (II) und Ni analoge, in annähernd demselben pH-Bereich extrahierbare Komplexe. Deren Extinktionsmaxima liegen mit Ausnahme für Au und Cu deutlich bis weit über denen des Pd-Komplexes im langwelligen Bereich. Die Störelemente können mit Ausnahme von Au (III) durch ÄDTA maskiert werden. Da ÄDTA bei 340 nm die Komplexfarbe des Pd beeinflußt (nicht hingegen bei 410 nm), muß ÄDTA in diesem Fall in gleicher Menge dem Blindwert zugesetzt werden. Etwa durch Anwesenheit von Bi und Fe (III) gebildete Hydroxydfällungen, die sich an der Phasengrenze sammeln, können abfiltriert werden.

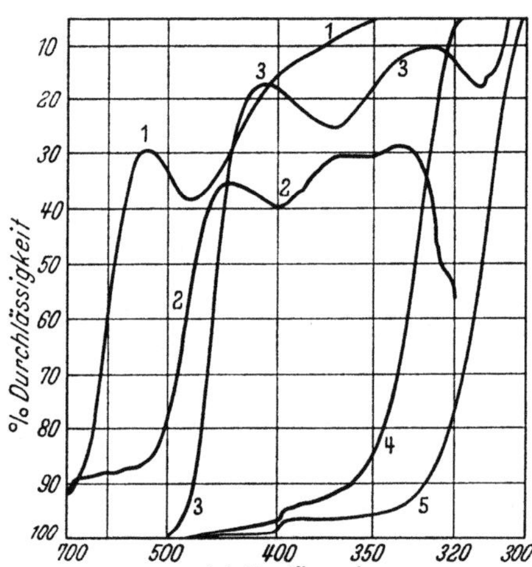

Abb. 157. Durchlässigkeitskurven der Phenyl-α-pyridylketoxim-Komplexe von Fe (*1*), Au (*2*) und Pd (*3*) in $CHCl_3$ (gegen den Blindwert gemessen), sowie des Reagenses in $CHCl_3$ (*4*) und in Äthanol (*5*) [*27*]

Arbeitsvorschrift [*27*]

Reagentien

Phenyl-α-pyridylketoxim (PPK), 1%ig in Äthanol;
Na_2CO_3, 15%ige wäßrige Lösung;
$CHCl_3$.

Die schwach saure Probelösung (12,5–250 µg Pd bzw. 15–325 µg Pd enthaltend) versetzt man in einem Schütteltrichter mit 1,0 ml PPK-Lösung, verdünnt mit Wasser auf ~ 10 ml, stellt mit Na_2CO_3-Lösung auf pH 8–9 ein und extrahiert dreimal mit je 5 ml $CHCl_3$. Der vereinigte organische Extrakt wird in einem 25 ml-Meßkolben mit $CHCl_3$ zur Marke aufgefüllt und in einer 1 cm-Quarzküvette bei 340 nm bzw. in einer 1 cm-Glasküvette bei 410 nm gegen den Blindwert photometriert.

III. Andere Oxime

Pd(II) gibt in schwach saurer Lösung mit Dimethylglyoxim einen gelben Komplex, der mit $CHCl_3$ extrahierbar ist und außer zur Abtrennung des Pd von Ag, Au und Pt (s. S. 957) auch zur photometrischen Bestimmung im Extrakt [*28*] herangezogen wurde. Das Verfahren ist allerdings wenig empfindlich (L_Q = 1,5 µg Pd · ml^{-1} · cm^{-1}). 4-Methyl-1,2-cyclohexandiondioxim (4-Methylnioxim), das bereits zur gewichtsanalytischen Pd-Bestimmung bekannt ist [*29*], kann auch zur photometrischen Bestimmung des Pd(II) verwendet werden, da sich der gefällte Komplex in $CHCl_3$ löst [*30*]. Das Extinktionsmaximum liegt bei 280 nm. Die Extraktion erfolgt am besten aus HCl/KCl-gepufferter Lösung von pH 2. Es können 0,1–10 µg Pd/ml bestimmt werden. Störendes Cu(II) kann mit Thioglykolsäure, Co(II) als Hexacyanokobaltat und Fe(III) mit Tartrat, Phosphat oder F^- maskiert werden. Ru stört; Fe(II) muß zu Fe(III) oxydiert werden.

Schließlich wurden für die photometrische Pd-Bestimmung verwendet: Salicylaldoxim/$CHCl_3$ (ε_{376} = 6600) (bzw. Salicylaldoxim/MIBK zur Pd-Isolierung [*30a*], s. S. 968), 2,2'-Dipyridylketoxim/$CHCl_3$ (ε_{410} = 12000; *B:* 0,5–10 ppm Pd) [*30b*], 2-Pyridinaldoxim/$CHCl_3$ (ε_{404} = 10400; *B:* 1,9–11,3 ppm Pd) [*30c*] und β-Furfuraldioxim [*31*].

F. Ternäre Komplexe

Mit Pyridin und KSCN gibt Pd(II) bei pH 6,0–6,5 in der Kälte einen nicht sehr empfindlichen ternären Komplex $[Pd(Py)_2]^{2+}[(SCN)_2]^{2-}$, der mit MIBK extrahiert und bei 345 nm photometriert werden kann [*16, 17*]. Pt, Rh und Ru reagieren unter anderen Bedingungen.

I. 1,10-Phenanthrolin-Rose Bengal Extra

Bei Zusatz von Pd(II) zu einer wäßrigen Lösung, die 1,10-Phenanthrolin und Rose Bengal Extra (RBE; ein dem Erythrosin verwandter Farbstoff) enthält, entsteht – optimal bei pH 5–6,5 – ein ternärer Komplex mit einem Extinktionsmaximum bei 575 nm (ε_{575} = ~ 50000) [*32*]. Bei Verwendung von Erythrosin anstelle von RBE wird die Empfindlichkeit etwas geringer und der Blindwert höher. Das Beersche Gesetz gilt für 0,05–2 µg Pd/ml. Die Komplexfarbe ist sofort voll entwickelt und bleibt wenigstens 48 Std stabil. Der 10000fach molare Überschuß an ÄDTA stört nicht, so daß auf diese Weise die 10fache Menge an Au(III) und Pt(IV) maskiert werden kann. Ag wird durch Cl^--Überschuß maskiert.

Arbeitsvorschrift [*32*]

Reagentien

1,10-Phenanthrolin (PH), 0,2%ige wäßrige Lösung.
Rose Bengal Extra (RBE), 0,02%ige wäßrige Lösung.
0,1 m ÄDTA-Acetatpufferlösung (pH 6).

Die Probelösung [2,5—100 µg Pd(II) enthaltend] wird in einem 50 ml-Meßkolben nacheinander mit 1,0 ml PH-Lösung, 1 ml ÄDTA-Lösung, 2 ml Pufferlösung und 5,0 ml RBE-Lösung versetzt, mit Wasser zur Marke aufgefüllt und in einer 1 cm-Küvette bei 575 nm gegen den Blindwert photometriert.

II. Pyridin-Rose Bengal Extra

Pd(II) gibt mit Pyridin und Rose Bengal Extra bei pH 7,5—8 einen mit $CHCl_3$ extrahierbaren Komplex mit dem Extinktionsmaximum bei 570 nm ($\varepsilon_{570} = 125000$) [*32*]. Das Beersche Gesetz gilt für 0,02—0,8 µg Pd/ml. Die Komplexfarbe ist nach 15 min voll entwickelt und bleibt wenigstens 5 Std stabil. Der Reagensüberschuß wird nicht extrahiert. Auch hier stört ÄDTA bis zur 10000fach molaren Menge gegenüber Pd nicht und eignet sich zur Maskierung von Fremdelementen, die ebenfalls Komplexe bilden. Unter den Bedingungen der nachfolgenden Arbeitsvorschrift stören dann nicht (Fremdelement: Pd): $\leqq$ 1000:1 K, Na, Cl^-, F^-; $\leqq$ 100:1 Al, Ba, Ca, Cd, Co(II), Cu(II), Fe(III), La, Li, Mg, Mn(II), Ni, Pb, Pt(IV), V(V), Zn, ClO_4^-, CO_3^{2-}, SO_4^{2-}. Auch NO_3^- und große Mengen PO_4^{3-} stören nicht. Bis zur 10fach molaren Menge an Au(III) und Hg(II) können ebenfalls anwesend sein.

Arbeitsvorschrift [*32*]

Reagentien

Acetatpufferlösung (pH 8).
Pyridin, 10%ige wäßrige Lösung.
$CHCl_3$.
Übrige Reagentien wie bei Arbeitsvorschrift [*32*], s. S. 966 oben.

Die Probelösung (0,30—12 µg Pd enthaltend) wird in einem 100 ml-Schütteltrichter nacheinander mit 1,0 ml Pyridin-Lösung, 2 ml Pufferlösung, 1 ml ÄDTA-Lösung sowie 5,0 ml RBE-Lösung versetzt und mit Wasser auf ~ 20 ml gebracht. Man extrahiert mit 15,0 ml $CHCl_3$ 1 min, läßt dann 15 min stehen und photometriert danach den organischen Extrakt in einer 1 cm-Küvette bei 570 nm gegen den Blindwert.

G. Verschiedenes

Pd(II) bildet je nach der vorliegenden Wasserstoffionenkonzentration ein primäres und ein sekundäres Dithizonat, von welchen jedoch nur das in saurer Lösung (0,1—0,5n) gebildete $Pd(HDz)_2$ in organischen Solventien löslich und zur photometrischen Bestimmung geeignet ist. Die Reaktion verläuft sehr langsam, so daß längere Extraktionszeiten benötigt werden. Der Komplex ist noch sowohl gegen 12n H_2SO_4 als auch gegen 2n NaOH stabil. Der Extrakt ist aber sehr lichtempfindlich. Eine Desensibilisierung mit Essigsäure oder deren chlorierten Derivaten gelingt nur teilweise. Ein Überschichten des Extraktes mit Ammoniak soll in dieser Hinsicht günstiger sein. $Pd(HDz)_2$ in CCl_4 weist drei Extinktionsmaxima bei 280 nm, 450 nm und 640 nm auf ($\varepsilon_{280} = 38400$, $\varepsilon_{450} = 34400$, $\varepsilon_{640} = 28800$ in CCl_4). Das Einfarbenverfahren ist empfindlicher als das Mischfarbenverfahren. Wenn man den Dz-Überschuß durch Waschen mit verdünntem

Ammoniak entfernt und die Messung der Einfarbe bei 640 nm vornimmt, kann das Pd neben der mehrfachen Menge an Ag und Hg bestimmt werden. Au, I^- und S^{2-} sowie größere Mengen an Ag, Cu(II) und Hg(II) stören. Pt(IV), Rh(III), Ir, Os und Ru stören nicht. Ag kann bis zur 100fachen Menge mit Pd als Dithizonat extrahiert und danach das Ag-Dithizonat durch Ausschütteln mit 0,5n HCl zersetzt werden. Die anderen Dithizon-Metalle stören auch in größeren Mengen nicht, sobald Pd aus >1 n-saurer Lösung extrahiert wird. In schwach saurer Lösung wirkt ÄDTA maskierend, während $S_2O_3^{2-}$ die Reaktion nicht behindert. Infolge der hohen Stabilität des $Pd(HDz)_2$ und seiner Bildung bei Dz-Überschuß auch in verdünnter Lösung fand das Verfahren zur indirekten extraktiven Titration Anwendung. Die direkte extraktive Titration diente für die Bestimmung des Pd im Kupellationskorn neben Ag, Au, Pt und den Platinmetallen [*1*].

In HCl-Lösung reagiert Pd mit $SnCl_2$ und gibt eine rosafarbene, extrahierbare Verbindung [*33, 34*]. Pd-Gehalte von 40—200 µg/ml wurden als Bromid bei 505 nm photometrisch bestimmt [*3*]. Störendes Gold wird extraktiv entfernt ($H[AuCl_4]$/Amylacetat); von anderen Störelementen wird Pd mit Dithiooxamid oder Phenylthioharnstoff isoliert. In $HBr/HClO_4$-Lösung gibt Pd(II) einen mit Isoamylalkohol extrahierbaren Komplex mit einem Extinktionsmaximum bei 450 nm; anders gefärbte Komplexe geben Ir, Pt, Rh und Au(III) (letztgenannter ist aber nicht extrahierbar) [*35*]. Als Jodid wurde Pd (0,2—10 µg/ml) bei 408 nm photometrisch bestimmt ($\varepsilon = 11000$) [*36*], wobei zur Isolierung Dimethylglyoxim/$CHCl_3$ [*2*] oder die Mitfällung an AgCN [*20a*] (s. S. 959) diente. Als Reduktionsmittel zur Verhinderung einer Jodidoxydation soll sich Ascorbinsäure besser bewähren als das ursprünglich verwendete Na_2SO_3 [*36*].

Ein zwischen Pd(II), $SnCl_2$ und Tri-n-octylamin gebildeter und mit Benzol extrahierbarer Komplex mit einem Extinktionsmaximum bei 410 nm ($\varepsilon = 9964$) eignet sich zur photometrischen Bestimmung von 0,5—7 ppm Pd [*37*]. In schwach saurer Lösung gibt Pd(II) in Anwesenheit eines Jodidüberschusses und von SO_3^{2-} mit Triphenylarsin einen durch Cyclohexan extrahierbaren Komplex mit einem Extinktionsmaximum bei 325 nm ($L_Q = 0,13$ µg · ml⁻¹ · cm⁻¹) [*38, 39*]. Neben 5—20 µg Pd können jeweils einzeln anwesend sein: 1 mg von Ag(I), Al(III), As(III), Au(III), Be, Bi, Cd, Co(II), Cr(III), Cu(II), Fe(III), Ga, Ge, In, Ir(III), Mn(II), Mo(VI), Os(IV), Pb, Pt(IV), Rh(III), Ru(III), Sb(III), Th(IV), Tl(I), U(VI), V(III), W(VI), Zn, Cl^-, Br^-, SCN^-, Azid, 50 bzw. 30 µg von Ti und Zr. CN^- maskiert.

Mit Didodecyldithio-oxamid gibt Pd in ≧ 6,8n HCl-Lösung einen gelben, unlöslichen, mit $CHCl_3$ quantitativ extrahierbaren, wenigstens 48 Std stabilen Komplex mit dem Extinktionsmaximum bei 450 nm ($L_Q = 0,13$ µg · ml⁻¹ · cm⁻¹), bei welcher Wellenlänge das Reagens nicht absorbiert [*40*]. Das Beersche Gesetz gilt für 0,4—4,6 µg Pd/ml. Die Pt-Metalle, Co, Cr, Cu, Ni und bei Zusatz von Na_2SO_3 auch Au, Fe und Os können in mg-Mengen anwesend sein.

Pd bildet auch mit p-Nitrosodiäthylanilin [*21*] und mit p-Nitrosodimethylanilin [*15, 20, 21*] einen Komplex. Der Pd-Komplex mit dem letztgenannten Reagens ist, im Unterschied zu jenem mit Pt, durch organische Solventien extrahierbar [*23*], so daß auf diesem Wege Pd und Pt nebeneinander bestimmt werden können. Beide Nitrosoanilin-Verbindungen sind zur photometrischen Bestimmung des Pd besonders geeignet, da beim Extinktionsmaximum von 500 nm durch den Reagensüberschuß eine nur geringe Absorption hervorgerufen wird, die bei 525 nm ($\varepsilon_{525} = 65000$) sogar vernachlässigt werden kann.

Pd(II) bildet mit 8-Aminochinolin in HCl-Lösung bei pH ≦ 2,25 ein gelbes, unlösliches Chlorid, das nach Zusatz von 1n NaOH auf pH ≧ 10,2 in einen mit $CHCl_3$ mit violetter Farbe quantitativ extrahierbaren Komplex übergeht [*41*]. Das Extinktionsmaximum liegt bei 590 nm ($\varepsilon_{590} = 36500$). Das Beersche Gesetz gilt für 0,2–15 µg Pd/ml Extrakt. Von den Platinmetallen gibt nur Ir einen analogen Komplex mit einem Extinktionsmaximum bei 450 nm, der bei 590 nm wenig absorbiert, so daß hier 0,03 µg Pd(II) von 5,2 µg Ir vorgetäuscht werden. Die Komplexbildung von Co(II) und Cu(II) sowie verschiedene Hydroxydfällungen können mit ÄDTA verhindert werden.

Pd(II) gibt gefärbte Komplexe auch mit Pyridin-2-Aldehyd-2-pyridylhydrazon ($\varepsilon_{520} = 13960$) [42] und mit Pyridin-2-Aldehyd-2-chinolylhydrazon/$CHCl_3$ ($\varepsilon_{594} = 12000$) [43] (s. a. S. 881), von denen sich insbesondere der zuletzt genannte Komplex zur photometrischen Bestimmung von 0,2–6 ppm Pd neben mg-Mengen von Platinmetallen sowie dem jeweils etwa 100fachen Überschuß an Cd, Co, Cu, Fe, Mn, Ni, Pb und zahlreichen Anionen eignet. CN^- und I^- stören.

Mit 5-Amino-2-benzimidazolthiol gibt Pd(II) bei pH 2–4 einen orange gefärbten Komplex mit dem Extinktionsmaximum bei 390 nm [44]. Das Beersche Gesetz gilt für 1–8 µg Pd/ml. Durch Zusatz von ÄDTA lassen sich mäßige Mengen Cu, Ir(III), Ni und Ru(III) maskieren. Ag, Au, Ir, Rh [45] (s. S. 991) und Ru reagieren mit dem Reagens nur in der Hitze.

An weiteren photometrischen Reagentien fanden Anwendung: Isopropenylacetylen/Amylacetat [46, 47], Arsenazo III ([2,7-Bis-(o-arsonophenylazo)-1,8-dihydroxy-naphthalin-3,6-disulfosäure]) [48] ($\varepsilon_{630} = 42000$ bzw. $\varepsilon_{620} = 16000$) [49] und das ihm verwandte Palladiazo ($\varepsilon_{540} = 33000$ bzw. $\varepsilon_{635} = 17000$) [50], Dimethylsulfonazo III ([3,6-Bis(4-methyl-2-sulfophenylazo-4,5-dihydroxy-2,7-naphthalindisulfosäure]) ($\varepsilon_{620} = 40000$; *B:* 0,05–2 ppm) [51], 5-p-Dimethylaminobenzylidenrhodanin [52], 2-Mercaptobenzoxazol/Dioxan-Cyclohexanon (1:1) (375 nm; *B:* 2–40 ppm) [53], 2-Mercapto-4,5-dimethylthiazol (Extinktionsmaximum 430 nm; *B:* 0,7–14 ppm; nach vorangehender Pd-Isolierung mit p-Nitrosodiphenylamin/Äthylacetat zur Abtrennung von Pt) [4, 54], 3-Hydroxy-1-p-sulfonatophenyl-3-phenyltriazin [55], Nitroso-R-Salz [56], Thiomalonsäure (auch zur Rh-Bestimmung, s. S. 990) [57, 58], 1-Thioglycerol [59], Laurylmercaptan/Heptylalkohol-Laurylalkohol (2:5) [60], 2-Diäthylaminoäthanthiol [61], Chinoxalin-2,3-dithiol [62, 63], 2,1,3-Benzoselenodiazol (Piazselenol; $\varepsilon_{330} = 19000$) [64], Dibenzyldithiooxamid/$CHCl_3$ ($\varepsilon_{450} = 19000$) [65], N,N'-Bis(2-sulfoäthyl)-dithiooxamid ($\varepsilon_{425} = 12860$) [66], N,N'-Bis(3-dimethylaminopropyl)-dithiooxamid [67] und 3-Nitroso-2,6-pyridindiol ($\varepsilon_{430} = 26000$) [68].

Pd wurde mit Salicylaldoxim/MIBK bei pH 3 extrahiert und der organische Extrakt für die flammenphotometrische Bestimmung (Pd 3635) verwendet [30a]. Auf spektrochemischem Wege wurden Pd-Gehalte $\geqq 10^{-7}$% nach Pd-Isolierung durch Mitfällung an AgCN (s. S. 959) in verschiedenen Reinstmetallen bestimmt [20a, 20b].

Weitere Hinweise auf Reagentien und Methoden zur Pd-Bestimmung findet man in Übersichtsreferaten [69–73].

Tabelle 159a. Nachtrag — Weitere Verfahren[1]

Bestimmungsmethode	Probematerial. Verfahren. Bestimmungsbereich	Literatur
Ph	Wäßrige Lösung. Best: Pd(II)-azid-Methylenblau/$CHCl_3$, pH 4,0—5,5, 653 nm, $\varepsilon = 58000$. *B:* 0,1—1,5 ppm Pd.	[74]
Ph	Wäßrige Lösung. Besr: Pontachromazurblau B, pH 5,2—5,7, 605 nm, $\varepsilon = 47900$, $L_D = 0{,}0022$ µg Pd · ml^{-1} · cm^{-1}. *B:* 0,06—2,5 ppm Pd.	[75]
Ph	Wäßrige Lösung. Best: 4-(5-Chloro-2-pyridylazo)-1,3-diaminobenzol, pH 2 bis 2,4n HCl, 572 nm, $\varepsilon = 65000$, $L_D = 0{,}0015$ µg Pd · ml^{-1} · cm^{-1}. *B:* 0,04—1 ppm Pd.	[76]

[1] Abkürzungen s. S. XIII.

Literatur

1. Young, R. S.: Analyst **76**, 49 (1951).
2. Fraser, J. G., Beamish, F. E., McBryde, W. A. E.: Analyt. Chem. **26**, 495 (1954).
3. Ayres, G. H., Tuffly, B. L.: Analyt. Chem. **24**, 949 (1952).
4. Ryan, D. E.: Analyst **76**, 310 (1951).
5. McBryde, W. A. E., Yoe, J. H.: Analyt. Chem. **20**, 1094 (1948).
6. Yoe, J. H., Overholser, L. G.: J. Am. chem. Soc. **61**, 2058 (1939).
7. Kitahara, S.: Rep. sci. Res. Inst. Tokyo **24**, 454 (1948).
8. McBryde, W. A. E.: Analyst **80**, 503 (1955).
9. Duke, J. F., Strawpert, W.: Analyst **85**, 671 (1960).
10. Vanossi, R.: An. Asoc. quim. argent. **38**, 117 (1950).
11. Ziegler, M.: Naturwiss. **46**, 353 (1959).
12. Ziegler, M.: Naturwiss. **46**, 492 (1959).
13. Khattak, M. A., Magee, R. J.: Analyt. chim. Acta **45**, 297 (1969).
14. Bode, H.: Z. anal. Chem. **144**, 165 (1955).
15. Yoe, J. H., Kirkland, J. J.: Analyt. Chem. **26**, 1335 (1954).
15a. Pyle, J. T., Jacobs, W. D.: Analyt. Chem. **36**, 1796 (1964).
16. Forsythe, J. H., W., Magee, R. J., Wilson, C.L.: Talanta **3**, 324 (1960).
17. Forsythe, J. H. W., Magee, R. J., Wilson, C.L.: Talanta **3**, 330 (1960).
18. Pollard, W. B.: Analyst **67**, 184 (1942).
19. Marhenke, E. R. R., Sandell, E. B.: Analyst. chim. Acta **28**, 259 (1963).
20. Westland, A. D., Beamish, F. E.: Mikrochim. Acta (Wien) **1957**, 625.
20a. Jackwerth, E., Graffmann, G., Lohmar, J.: Z. anal. Chem. **247**, 149 (1969).
20b. Jackwerth, E., Lohmar, J.: Z. anal. Chem. **251**, 353 (1970).
21. Overholser, L. G., Yoe, J. H.: J. Am. chem. Soc. **63**, 3224 (1941).
22. West, P. W., Amis, E. S.: Ind. Eng. Chem., Anal. Ed. **18**, 400 (1946).
23. Ryan, D. E.: Analyst **76**, 167 (1951).
24. Cheng, K. L.: Analyt. Chem. **26**, 1894 (1954).
25. Menis, O., Rains, T. C.: Analyt. Chem. **27**, 1932 (1955).
26. Sen, B.: Chem. and Ind. **1958**, 562.
27. Sen, B.: Analyt. Chem. **31**, 881 (1959).
28. Nielsch, W.: Z. anal. Chem. **142**, 30 (1954).
29. Banks, C. V., Hooker, D. T.: Analyt. Chem. **28**, 79 (1956).
30. Banks, C. V., Smith, R. V.: Analyt. chim. Acta **21**, 308 (1959).
30a. Eshelman, H. C., Dyer, J., Armentor, J.: Analyt. chim. Acta **32**, 411 (1965).
30b. Holland, W. J., Bozic, J.: Analyt. Chem. **40**, 433 (1968).
30c. Pflaum, R. T., Wehking, M. W., Jensen, R. E.: Talanta **11**, 1193 (1964).
31. Rice, E. W.: Analyt. Chem. **24**, 1995 (1952).
32. Dagnall, R. M., El-Ghamry, M. T., West, T. S.: Talanta **15**, 1353 (1968).
33. Ayres, G. H., Meyer, A. S., Jr.: Analyt. Chem. **23**, 299 (1951).
34. Beamish, F. E., McBryde, W. A. E.: Analyt. chim. Acta **9**, 349 (1953).
35. Pantani, F., Piccardi, G.: Analyt. chim. Acta **22**, 231 (1960).
36. Morrow, J. J., Markham, J. J.: Analyt. Chem. **36**, 1159 (1964).
37. Khattak, M. A., Magee, R. J.: Analyt. chim. Acta **35**, 17 (1966).
38. Senise, P., Levi, F.: Analyt. chim. Acta **30**, 422 (1964).
39. Senise, P., Levi, F.: Analyt. chim. Acta **30**, 509 (1964).
40. Jacobs, W. D., Wheeler, C. M., Waggoner, W. H.: Talanta **9**, 243 (1962).
41. Gustin, V. K., Sweet, T. R.: Analyt. Chem. **35**, 44 (1963).
42. Bell, C. F., Rose, D. R.: Talanta **12**, 696 (1965).
43. Heit, M. L., Ryan, D. E.: Analyt. chim. Acta **34**, 407 (1966).
44. Gupta, J. G. S.: Talanta **8**, 729 (1961).
45. Gupta, J. G. S.: Talanta **8**, 785 (1961).
46. Ziegler, M., Glemser, O.: Z. anal. Chem. **153**, 246 (1956).
47. Ziegler, M., Buchholz, W.: Z. anal. Chem. **210**, 344 (1965).
48. Gupta, J. G. S.: Analyt. Chem. **39**, 18 (1967).
49. Pérez-Bustamante, J. A., Burriel-Marti, F.: Analyt. chim. Acta **37**, 62 (1967).
50. Pérez-Bustamante, J. A., Burriel-Marti, F.: Analyt. chim. Acta **37**, 40 (1967).
51. Buděšínský, B., Menclová, B.: Talanta **15**, 986 (1968).
52. Ayres, G. H., Narang, B. D.: Analyt. chim. Acta **24**, 241 (1961).

53. ARITA, T., YOE, J. H.: Analyt. chim. Acta **29**, 500 (1963).
54. RADFORD, A. J.: Analyst **85**, 445 (1960).
55. SOGANI, N. C., BHATTACHARYYA, S. C.: Analyt. Chem. **29**, 397 (1957).
56. SHAMIR, J., SCHWARTZ, A.: Talanta **8**, 330 (1961).
57. WAGNER, V. L., Jr., YOE, J. H.: Talanta **2**, 223 (1959).
58. WAGNER, V. L., Jr., YOE, J. H.: Talanta **2**, 239 (1959).
59. BURKE, R. W., YOE, J. H.: Talanta **10**, 1267 (1963).
60. ZIEGLER, M., GLEMSER, O.: Z. anal. Chem. **149**, 101 (1956).
61. SRIVASTAVA, S. C., GOOD, M. L.: Analyt. chim. Acta **32**, 309 (1965).
62. AYRES, G. H., JANOTA, H. F.: Analyt. Chem. **31**, 1985 (1959).
63. JANOTA, H. F., AYRES, G. H.: Analyt. Chem. **36**, 138 (1964).
64. BUNTING, T. G., MELOAN, C. E.: Analyt. Chem. **40**, 435 (1968).
65. PYLE, J. T., JACOBS, W. D.: Talanta **9**, 761 (1962).
66. GOEMINNE, A., HERMANN, M., EECKHOUT, Z.: Analyt. chim. Acta **28**, 512 (1963).
67. JACOBS, W. D.: Analyt. Chem. **32**, 512 (1960).
68. McDONALD, C. W., BEDENBOUGH, J. H.: Mikrochim. Acta (Wien) **1970**, 474.
69. BEAMISH, F. E., McBRYDE, W. A. E.: Analyt. chim. Acta **18**, 551 (1958).
70. BEAMISH, F. E.: Talanta **12**, 743 (1965).
71. BEAMISH, F. E.: Talanta **14**, 991 (1967).
72. BEAMISH, F. E.: Talanta **14**, 1133 (1967).
73. BEAMISH, F. E., LEWIS, C. L., VAN LOON, J. C.: Talanta **16**, 1 (1969).
74. KURODA, R., YOSHIKUNI, N., KAMIMURA, Y.: Analyt. chim. Acta **60**, 71 (1972).
75. UESUGI, K., SHIGEMATSU, T., TABUSHI, M.: Analyt. chim. Acta **60**, 79 (1972).
76. SHIBATA, S., ISHIGURO, Y., NAKASHIMA, R.: Analyt. Chim. Acta **64**, 305 (1973).

Pt — Platin

Tabelle 160. Empfindlichkeit S_M und Bestimmungsgrenze L_Q der Verfahren

Verfahren	µg Pt · ml⁻¹ · cm⁻¹ S_M	L_Q
$SnCl_2$-Verfahren/wäßrige Lösung	0,024 (403 nm)	0,60 (403 nm)
$SnCl_2$-Verfahren/Isoamylacetat	0,024 (398 nm)	0,60 (398 nm)
$SnCl_2$-Tri-n-octylamin/Benzol	0,024 (400 nm)	0,60 (400 nm)

A. Trennungen

Aus 1n und > 1n HCl-Lösung kann Pt mit Diäthyläther oder Äthylacetat extrahiert und so von anderen Elementen abgetrennt werden [*1*]. Nach der gemeinsamen Extraktion von Pt, Bi, Cd, Cu, Pd und Te als Jodide mit Äthylacetat wurde Pt nach dem Verdampfen des organischen Lösungsmittels und Lösen des Rückstandes mit H_2SO_4 und Ameisensäure an $BaSO_4$ mitgefällt [*2, 3*]. Eine Abtrennung des Pd von Pt ist mit Dimethylglyoxim/$CHCl_3$ [*4*] oder p-Nitrosodimethylanilin/$CHCl_3$ [*5*] durchführbar. Ähnlich kann auch p-Nitrosodiphenylamin angewendet werden [*6, 7*] (s. S. 960). Au und Pd können durch Extraktion mit Dz/$CHCl_3$ oder Dz/CCl_4 aus HCl-Lösung von Pt(IV) abgetrennt werden, das in der wäßrigen Phase verbleibt; Pt(II) wird hingegen extrahiert [*4*]. Eine Abtrennung des Pd(II) und Pt(II) von den übrigen Platinmetallen ist durch Extraktion mit Na-DDTC/Benzol oder Na-DDTC/$CHCl_3$ möglich [*5, 8*]. Über die Anwendung der Ätherextraktion aus HCl-Lösung zur Abtrennung von Fe(III) u. a. Elementen sowie weitere Trennungsmöglichkeiten s. S. 259ff. und bei den anderen Pt-Metallen.

Eine Abtrennung der Elemente Ru und Os ist durch deren Verflüchtigung als Tetroxyde möglich und wurde auch als 1. Stufe in einem mikroanalytischen Trennungsgang der Platinmetalle voneinander angewendet [*9*]. Danach wurde Pt zusammen mit Pd mit Te als Spurenfänger ausgefällt.

Pt kann durch mehrstufige Extraktion mit TBP aus HCl-Lösung von Pd und Rh abgetrennt werden [*10*].

B. Zinn(II)-chlorid-Verfahren

Das vorliegende Verfahren hat gegenüber der zur Pt-Bestimmung auch öfter angewandten KI-Methode den Vorteil, daß die Farbentwicklung schneller vor sich geht und die Selektivität größer ist. Versetzt man eine Pt(IV) enthaltende HCl-Lösung mit $SnCl_2$, so entsteht eine gelb-orange Färbung, die mit Äther [*11*], Äthylacetat [*1*], Isoamylacetat [*12*], jedoch nicht mit $CHCl_3$, CCl_4 oder Xylol [*12*] extrahierbar ist. Auf diese Weise wurde Pt in Erz mit einem Gehalt von 0,000003 bis 0,00001% Pt unter Verwendung von Äthylacetat als Extraktionsmittel bestimmt [*1*]. Nach neueren Untersuchungen soll es sich um den Komplex $[PtSn_4Cl_4]^{4+}$ handeln [*13*]; während anwesendes Sn(IV) bei einer Säurekonzentration von ~0,3n die Komplexbildung behindert, stört es bei

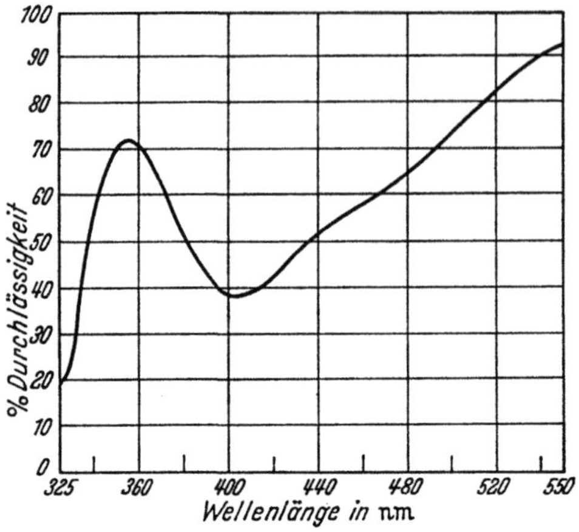

Abb. 158. Durchlässigkeitskurve von Pt + $SnCl_2$ [12]

1,5–2,5n nicht [14]. Das Extinktionsmaximum liegt bei 403 nm in wäßriger Lösung, 398 nm in Isoamylacetat bzw. 400 nm in Amin/$CHCl_3$ oder Amin/Benzol ($\varepsilon_{398-403} = 8140$) (s. Abb. 158). Das Beersche Gesetz ist im Bereich von 0,6–25 μg Pt/ml wäßriger Lösung bzw. Isoamylacetat erfüllt. Pd stört stark, weniger stark Ru, Au und Fe [15]. Wenn die Lösung zuerst ammoniakalisch gemacht und vor dem Zusatz von $SnCl_2$ auf eine Säurekonzentration von 1n eingestellt wird, so ist die Pd-Färbung nicht extrahierbar, wobei eine merkliche Beeinflussung der Pt-Färbung nicht stattfindet [15]. Die Farbe ist 5 Tage stabil [12]. Bei längerer Standzeit nimmt die Farbintensität ab, was auf den Einfluß von Luftsauerstoff zurückgeführt wird. In Amylacetat ist die Farbe nur während des Kontaktes mit der wäßrigen Phase stabil, nach der Phasentrennung nimmt die Intensität rasch ab. In Äthylacetat ist die Stabilität etwas besser, da das $SnCl_2$ darin eine größere Löslichkeit aufweist. Von verschiedenen Reduktionsmitteln zeigte Resorcinol die beste Wirkung hinsichtlich der Stabilisierung der gebildeten Farbe in der organischen Phase. Bei 1% Resorcinol in Amylacetat bleibt die Farbe 1 Std stabil. Mit abnehmender Pt-Konzentration nimmt die Stabilität zu. Oberhalb 0,7n HCl übt die Säurekonzentration einen nur geringen Einfluß auf die Farbintensität aus. Darunter nimmt mit abnehmender HCl-Konzentration die Extinktion der wäßrigen Phase zu, jene der organischen Phase ab. Ein Zusatz von 5–30 ml $SnCl_2$-Lösung/100 ml Gesamtvolumen gibt konstante Werte. Bei Pd-Anwesenheit müssen 20 ml $SnCl_2$-Lösung anwesend sein, um eine Mitextraktion der Pd-Farbe zu verhindern. Bei höherem HCl-Gehalt muß mehr $SnCl_2$ anwesend sein, um eine Störung durch Pd zu beseitigen. Trübungen in der organischen Phase werden durch Zusatz von NH_4Cl verhindert. Für die Aufstellung der Eichkurve sollen nur frische Pt-Stammlösungen verwendet werden, da beispielsweise eine 0,001m Pt-Lösung nach einigen Wochen eine Konzentrationsabnahme von 1–2% aufwies [12]. Einwandfreie Ergebnisse erhält man nur mit frisch bereiteter Amylacetatlösung (Resorcinol-Zusatz). Eine Erhöhung der Temperatur um 1° C führt zu einer Zunahme der Durchlässigkeit der Meßlösung um 0,07%. Durch eine einmalige Extraktion mit dem gleichen bis $^1/_{10}$ Volumen Amylacetat wird das Pt mit einer Ausbeute von 99,7% extrahiert.

Der Pt(IV)-Sn(II)-Chlorokomplex wird weiterhin aus 1,3–1,5n HCl-Lösung mit 0,2m Amin/$CHCl_3$ (Amin = Tri-n-benzylamin, Tri-n-hexylamin oder Tri-n-octylamin) oder 0,2m Amin/Benzol (Amin = Tri-n-hexylamin oder Tri-n-octylamin) quantitativ extrahiert [16]. Die Farbe ist in $CHCl_3$ 2 Std (eine nach längerer Standzeit auftretende Trübung von ausfallendem Sn(IV) wird abfiltriert), in Benzol noch länger stabil.

Bei Anwendung der nachfolgenden Arbeitsvorschrift geben die Platinmetalle in der wäßrigen Lösung verschiedene Färbungen: Pt (gelborange), Ir (blaßgelb), Ru (blaßblau), Rh (hellgelb) und Pd (dunkel olivgrün), von denen mit Äther, Äthyl- oder Isoamylacetat Pt und Rh vollständig, Ir und Pd (rot) teilweise extrahierbar sind. Bei der Bestimmung von 10 μg Pt/ml verursachen folgende Ionenkonzentrationen (in μg/ml) einen relativen Fehler von 1% (Bestimmung in wäßriger Lösung; Bestimmung durch Extraktion): Os(IV) (1,5; >50), Ir(IV) (4,8; 11), Ru(III) (1,4; 40), Rh(III) (0,8; 0,1), Pd(II) (0,4; 2,3), Au(III) (0,5; 0,7), Te(IV) (0,3; 0,1), Cr(III) (10; 90), Ni(II) (40; 200), Fe(II) (2000; 2000), Co(II) (2000; 2000), Cu(II) (2000; 2000), NO_3^- (>60000; >20000), ClO_4^- (>20000), SO_4^{2-} (>20000) und Br^- (>20000). Durch Extraktion wird der störende Einfluß der Kationen im allgemeinen verringert. Bei Anwesenheit von Rh ist die Bestimmung in wäßriger Lösung vorzuziehen. Die Bestimmung von Pt durch Extraktion mit Amin/$CHCl_3$ oder /Benzol wird durch die 2,5fache Menge an Ir, Os, Ru, die 5fache Menge an Co, Cr, Cu, Fe, Ni, die 100fache Menge an Mo und durch jeweils 1 g Cl^-, NO_3^- und SO_4^{2-} nicht gestört [16]. Pd und Rh stören; doch läßt sich die Störung von Pd durch vorhergehendes Überführen in $[Pd(NH_3)_4]^{2+}$, jene von Rh durch Extraktion des Pt mit Amin/$CHCl_3$ oder /Benzol aus 0,1n HCl-Lösung beseitigen, wobei Rh in der wäßrigen Lösung bleibt.

Arbeitsvorschrift [*12, 16*]

Reagentien

HCl (1,19);
$SnCl_2$-Lösung; 1m $SnCl_2$ in 3,5n HCl (die Lösung wird unter Xylol aufbewahrt, um eine Oxydation zu vermeiden);
NH_4Cl, 20%ige wäßrige Lösung;
Isoamylacetat, 1% Resorcinol enthaltend;
0,2m Tri-n-octylamin (TOA)/Benzol (vor Gebrauch mit 3n HCl geschüttelt);
Benzol.

I. Bestimmung in wäßriger Lösung [*12*]

Die Probelösung (30—1200 μg Pt enthaltend) versetzt man in einem 100 ml-Meßkolben mit 10 ml HCl und 20 ml $SnCl_2$-Lösung, füllt mit Wasser zur Marke auf und photometriert in einer 2 cm-Küvette bei 403 nm gegen einen Blindwert.

II. Extraktion des Farbkomplexes

a) Isoamylacetat [*12*]. Man fügt zur Probelösung nach dem Zusatz von 10 ml HCl noch 25 ml NH_4Cl-Lösung hinzu, versetzt wie vorher mit 20 ml $SnCl_2$-Lösung, füllt mit Wasser auf 100 ml auf und überführt die Lösung in einen Schütteltrichter. Die wäßrige Lösung wird mit 100 ml (bei Vorliegen von 30—1200 μg Pt), 20 ml (bei 6—240 μg Pt) oder 10 ml (bei 3—120 μg Pt) Isoamylacetat extrahiert und der organische Extrakt in einer 2 cm-Küvette bei 398 nm gegen einen Blindwert photometriert.

b) TOA/Benzol [*16*]. *In Anwesenheit von Pd* wird die Probelösung (6—240 μg Pt enthaltend) in einem 50 ml-Becherglas mit Ammoniak (1+ 19) gerade alkalisch gemacht (in Abwesenheit von Pd kann die Alkalisierung mit Ammoniak fortgelassen werden), 1—2 Tropfen Ammoniak (1 + 19) im Überschuß zugesetzt, 0,5—1 min gerührt, mit 7 ml HCl (1,19) sowie 1 ml $SnCl_2$-Lösung versetzt und in einen Schütteltrichter übergeführt.

Man extrahiert 2 min mit 5 ml TOA-Lösung, filtriert die organische Phase durch ein Papierfilter in einen 10 ml-Meßkolben, füllt mit Benzol zur Marke auf und photometriert in einer 1 cm-Küvette bei 400 nm gegen Benzol.

In Anwesenheit von Rh (Rh: Pt $\leqq$ 1:1) extrahiert man die 0,10–0,11n HCl-saure Probelösung (6–240 µg Pt enthaltend) in einem Schütteltrichter 2 min mit 5 ml TOA-Lösung, verwirft die wäßrige, das Rh enthaltende Phase, wäscht die organische Phase 0,5–1 min mit 10 ml 0,1n HCl und verwirft die Waschlösung. Zur organischen Phase im Schütteltrichter werden nun 7 ml HCl (1,19), 1 ml $SnCl_2$-Lösung sowie 42 ml Wasser gegeben, 2 min geschüttelt und nach der Phasentrennung der auf 10 ml aufgefüllte organische Extrakt wie oben photometriert.

C. Verschiedenes

Pt gibt mit p-Nitrosodimethylanilin beim Erhitzen einen orangeroten Komplex, der sich für die photometrische Bestimmung von 0,7–2,4 µg Pt/ml bei 525 nm eignet [*5, 9, 17*] ($\varepsilon = 67000$, $L_Q = 0{,}075$ µg Pt · ml^{-1} · cm^{-1}). Die Arbeitsbedingungen müssen streng eingehalten werden und die auftretenden Störungen sind jenen beim $SnCl_2$- und Jodid-Verfahren ähnlich. Mit Pd erhält man nicht nur durch Erhitzen, sondern bereits in der Kälte einen gefärbten Komplex, was zur gleichzeitigen Bestimmung beider Elemente nebeneinander ausgenützt wurde [*18*].

Pt reagiert mit p-Nitrosodiphenylamin unter Bildung eines rötlichen Komplexes [*6, 7*], der mit Äthylacetat, Äther oder $CHCl_3$ extrahierbar ist. Die Reaktion geht bei Raumtemperatur erst nach mehreren Stunden, auf dem siedenden Wasserbad aber innerhalb 10 min vor sich. Bei Raumtemperatur reagiert nur Pd, bei Siedehitze auch Rh und Ir (s. S. 990; s. a. S. 960). Weiterhin stören Fe(III) und Au. Pd kann mit Dimethylglyoxim maskiert oder der bei Raumtemperatur mit p-Nitrosodiphenylamin gebildete Komplex durch Ausschütteln mit Äthylacetat vorher entfernt werden. Eine Störung durch Rh und Ir kann vermieden werden, indem man den Pt-Komplex mit Äthylacetat oder $CHCl_3$ von den Komplexen dieser beiden Elemente extraktiv abtrennt.

Bei Zusatz von KI im Überschuß bildet Pt(IV) in schwach saurer HCl-Lösung langsam rosarotes Jodoplatinat, das sich zur photometrischen Bestimmung von 1,8–18 µg Pt/ml bei 495 nm ($\varepsilon = 11900$) eignet [*19*]. Oxydierende Stoffe, Au, Bi, Cu, Fe, Pd und größere Mengen NaCl stören. Der bei pH 2,0–2,5 mit Pyridin und KSCN bei 90° C entstehende gelbe Komplex wird mit MIBK extrahiert und bei 385 nm photometriert [*20*]. Pd und Rh sind unter anderen Arbeitsbedingungen ebenfalls bestimmbar. Im UV-Bereich können 3–11 µg Pt/ml als recht stabiles Hexachloroplatinat bei 262 nm ($\varepsilon = 11500$) photometrisch bestimmt werden [*21*], doch ist das Verfahren störanfällig. Nach Zusatz einer HBr-haltigen $SnBr_2$-Lösung zu einer Pt(IV) enthaltenden Lösung erhält man sofort eine stabile Rotfärbung, für die im Bereich von 1–30 µg Pt/ml bei 463 nm das Beersche Gesetz erfüllt ist [*22*]. Die Farbe kann auch mit Isoamylalkohol extrahiert und bei der gleichen Wellenlänge photometriert werden. Au und die anderen Edelmetalle stören, doch können bei ihrer Anwesenheit die Arbeitsbedingungen entsprechend gewählt werden.

Für die Bestimmung von Pt fanden weiterhin Anwendung [*19, 25, 26*]: Anthranilsäure [*23*], o-Phenylendiamin [*24*], Phenylthiosemicarbazid, Thiosemicarbazid, N,N'-Bis(3-dimethylaminopropyl)-dithiooxamid [*27*], 2,3-Chinoxalindithiol ($\varepsilon_{585,\,624} = 26400 - 27500$) [*28, 29*], Dibenzyldithiooxamid/$CHCl_3$ ($\varepsilon_{520} = 25500$) [*30*] und Diaminobenzoesäure ($\varepsilon_{715} = 114000$) [*31, 32*]. Pt wurde in Gestein ($\geq$ 0,5 ppm Pt) nach vorhergehender Isolierung mit Dz/MIBK mittels AAS bestimmt [*33*]. Weitere Verfahren sind in Übersichtsreferaten zusammengestellt [*34—37*].

Literatur

1. Poluektov, N. S., Spivak, F. G.: Zavodskaja Lab. **11**, 398 (1945).
2. Vanossi, R.: An. Asoc. quim. argent. **38**, 117 (1950).
3. Vanossi, R.: An. Soc. ci. argent. **151**, 173 (1951).
4. Young, R. S.: Analyst **76**, 49 (1951).
5. Yoe, J. H., Kirkland, J. J.: Analyt. Chem. **26**, 1335 (1954).
6. Ryan, D. E.: Analyst **76**, 167 (1951).
7. Ryan, D. E.: Analyst **76**, 310 (1951).
8. Pollard, W. B.: Analyst **67**, 184 (1942).
9. Westland, A. D., Beamish, F. E.: Mikrochim. Acta (Wien) **1957**, 625.
10. Berg, E. W., Senn, W. L., Jr.: Analyt. chim. Acta **19**, 12 (1958).
11. Wöhler, L.: Chemiker-Ztg. **31**, 938 (1907).
12. Ayres, G. H., Meyer, A. S., Jr.: Analyt. Chem. **23**, 299 (1951).
13. Meyer, A. S., Jr., Ayres, G. H.: J. Am. chem. Soc. **77**, 2671 (1955).
14. Milner, O. I., Shipman, G. F.: Analyt. Chem. **27**, 1476 (1955).
15. Wölbling, H.: Ber. dtsch. chem. Ges. **67 B**, 773 (1934).
16. Khattak, M. A., Magee, R. J.: Talanta **12**, 733 (1965).
17. Kirkland, J. J., Yoe, J. H.: Analyt. Chem. **26**, 1340 (1954).
18. Overholser, L. G., Yoe, J. H.: J. Am. chem. Soc. **63**, 3224 (1941).
19. Beamish, F. E., McBryde, W. A. E.: Analyt. chim. Acta **9**, 349 (1953).
20. Forsythe, J. H. W., Magee, R. J., Wilson, C. L.: Talanta **3**, 330 (1960).
21. Kirkland, J. J., Yoe, J. H.: Analyt. chim. Acta **9**, 441 (1953).
22. Pantani, F., Piccardi, G.: Analyt. chim. Acta **22**, 231 (1960).
23. Majumdar, A. K., Gupta, J. G. S.: Z. anal. Chem. **177**, 265 (1960).
24. Gupta, J. G. S.: Analyt. chim. Acta **23**, 462 (1960).
25. McBryde, W. A. E.: Analyst **80**, 503 (1955).
26. Beamish, F. E., McBryde, W. A. E.: Analyt. chim. Acta **18**, 551 (1958).
27. Jacobs, W. D.: Analyt. Chem. **33**, 1279 (1961).
28. Ayres, G. H., McCrory, R. W.: Analyt. Chem. **36**, 133 (1964).
29. Janota, H. F., Ayres, G. H.: Analyt. Chem. **36**, 138 (1964).
30. Pyle, J. T., Jacobs, W. D.: Talanta **9**, 761 (1962).
31. Johnson, L. D., Ayres, G. H.: Analyt. Chem. **38**, 1218 (1966).
32. Keil, R.: Z. anal. Chem. **254**, 191 (1971).
33. Simonsen, A.: Analyt. chim. Acta **49**, 368 (1970).
34. Beamish, F. E.: Talanta **12**, 743 (1965).
35. Beamish, F. E.: Talanta **14**, 991 (1967).
36. Beamish, F. E.: Talanta **14**, 1133 (1967).
37. Beamish, F. E., Lewis, C. L., van Loon, J. C.: Talanta **16**, 1 (1969).

Re — Rhenium

Tabelle 161. Empfindlichkeit S_M und Bestimmungsgrenze L_Q der Verfahren

Verfahren	$\mu g\ Re \cdot ml^{-1} \cdot cm^{-1}$	
	S_M	L_Q
α-Furildioxim/wäßrige Lösung	0,0044 (532 nm)	0,11 (532 nm)
α-Furildioxim/$CHCl_3$	0,0056—0,0060 (530 nm)	0,14—0,15 (530 nm)
4-Methylnioxim/$CHCl_3$	0,014 (436 nm)	0,35 (436 nm)
Thiocyanat/Diäthyläther	0,0052 (440 nm)	0,13 (440 nm)
Thiocyanat/Isoamylalkohol	0,008 (430—440 nm)	0,21 (430—440 nm)

A. Trennungen

Aus 8n H_2SO_4-Lösung ($V_0:V_w = 1:1$) kann Re(VII) mit MIBK nahezu quantitativ (10—50 μg Re mit ~ 100%, 1000 μg Re mit 85,7%) extrahiert werden; dabei bleibt Mo(VI) weitgehend in der wäßrigen Phase (>99%) [*1*]. Hg(II) wird in größerer Menge mit Re extrahiert; die nachfolgenden Elemente werden hingegen in nur sehr geringem Ausmaß mitextrahiert: zu <1% Al, As(V), Mg, Se(VI), Ti(IV), zu <0,1% Bi, Cr(III), Cu(II), Fe(III), Mn(II), Na, V(V), zu <0,01% Cd, Co(II), Sb(V), Zn. Nicht extrahiert werden Ca, Ge(IV), Ni(II) und Sn(IV). Aus dem organischen Extrakt kann Re mit Wasser (dem wenig Lauge zur Säureabstumpfung zugesetzt ist) rückgeschüttelt werden. Zur gleichzeitigen Abtrennung des Re(VII) von Mo(VI) und V(V) durch Extraktion aus 3n H_2SO_4-Lösung mit Amylalkohol wird die Reduktion der beiden letztgenannten Elemente mit Hydrazinsulfat zu dem dann nur geringfügig extrahierbaren Mo(V) und V(IV) empfohlen [*2*]. Re wird wie vorhin angegeben aus dem Extrakt rückgeschüttelt. Zur Entfernung des mitextrahierten Mo (~ 1%) wird dessen Extraktion als Thiocyanat aus 1n HCl-Lösung mit Amylacetat vorgeschlagen. Andererseits läßt sich aus 8n HCl-Lösung Re(VII) und Mo(VI) durch 15 min langes Kochen mit Hydrazinhydrochlorid zu Re(IV) und Mo(V) reduzieren und durch anschließendes Extrahieren des Mo(V) mit Isoamylacetat von dem in der wäßrigen Phase zu ~ 97% verbleibenden Re(IV) abtrennen [*3*]. Fe(III) wird mit Mo(V) extrahiert, doch verbleiben zahlreiche andere Elemente bei Re(IV). Re(VII) wird aus H_3PO_4-Lösung mit Isoamylalkohol in An- und Abwesenheit von H_2O_2 (30%) weitgehend (4—9n: 90—91%, 3n: 83%, 1n: 78%) ausgeschüttelt [*4*]. Da in Anwesenheit von H_2O_2 (30%) aus 1n H_3PO_4 Störelemente nur in geringem Ausmaß (in %: V 0,42, Mo 0,45, W 0,62, Se 0,48, Si 4,4, U 0,01, Os 0,015, Fe 0,067), die Elemente Co, Cr, Cu, Ni und Te überhaupt nicht das Re begleiten, wird für die quantitative Re-Extraktion ein 4maliges Ausschütteln angewendet. Für die Beseitigung der geringfügig mitextrahierten Störelemente wird deren Entfernung mit Oxin/$CHCl_3$ bei pH 4—5 vorgeschlagen [*4*].

Re läßt sich als ReO_4^- durch Extraktion mit Tetraphenylarsoniumchlorid/$CHCl_3$ bei pH 8—9 von Mo abtrennen, wobei letzteres in der wäßrigen Phase bleibt [*5—7*]. Die Extraktion wird durch die Säurekonzentration über einen größeren Bereich wenig beeinflußt. Bei pH 7—13 wird Mo nicht extrahiert. Steigende Cl^--Konzentrationen vermindern die Extrahierbarkeit des Re; ~ 0,1 m Cl^- stört nicht. Von anderer Seite [8] wird Re(VII) in gleicher Weise bei pH 10 extrahiert und damit nicht nur vom 10000fachen Überschuß an Mo, sondern auch vom 100000fachen Überschuß an W sowie größeren Mengen Cu und Ni abgetrennt. Geringe Mengen an mitextrahiertem Mo und W werden durch Waschen der organischen Phase mit Wasser entfernt, wobei Re-Verluste nicht auftreten. Mit Tributylammoniumacetat/CH_2Cl_2 kann ReO_4^- im Bereich von pH 1—6,5 [zusammen mit Mo(VI) bis zum Verhältnis Re:Mo = 1:60] zu 99,8% extrahiert werden; aus dem Extrakt wird Mo durch Rückschütteln mit gesättigter Natriumoxalat-Lösung von Re abgetrennt [9]. Die Re-Extraktion gestattet die Anwesenheit folgender Elementmengen (Re:Element = 1:x): Co(II) (7000), Fe(III) (6000), Ni(II) (6000), Ag(I) (10000), Cu(II) (10000), Cd(II) (12000), Pb(II) (7000). ReO_4^- kann bei pH $\geqq$ 2,5 als Triphenylsulfoniumverbindung mit $CHCl_3$ quantitativ extrahiert werden, wobei das Reagens weitgehend in der wäßrigen Phase verbleibt [10]. Durch Extraktion aus 2n H_2SO_4-Lösung mit Cupferron/$CHCl_3$ kann Mo von Re(VII) abgetrennt werden [11, 12]. Weiterhin lassen sich durch Ausschütteln mit Äthylxanthat und Benzol/CCl_4 [13, 14] oder $CHCl_3$ [15], Mo [13—17], As [17], Au [17], Cu [17], Fe [17], Ni [17] und Se [14] von Re abtrennen. Ein gut geeignetes Verfahren zur Abtrennung des Mo(VI) von Re (Mo:Re $\leqq$ 500:1) ist ferner die Extraktion von Mo-Oxinat mit $CHCl_3$ [18—20]. Hinsichtlich der Möglichkeit der Mo-Abtrennung von Re durch weitere Extraktionsreagentien s. a. S. 259ff., 297ff., 825ff. Mit $SnCl_2$ teilweise reduziertes Re(VII) ist aus saurer Lösung mit Dimethylglyoxim/Benzylalkohol extrahierbar [21]. Ebenso läßt sich teilweise reduziertes Re(VII) aus 9m H_2SO_4 mit α-Benzildioxim/Benzylalkohol ausschütteln [21]. Aus 4n NaOH läßt sich Re mit Pyridin extrahieren. Diese Extraktion diente zur Re-Isolierung für seine Bestimmung in Flugstäuben, Erzen und verschiedenen Metallen, wobei der Pyridin-Extrakt dann zur Entfernung des Solvens und der Abtrennung von Mo- und W-Spuren über den Anionenaustauscher Wofatit SBW geschickt wurde [22] (s. a. S. 979).

Mit Acetylaceton kann Re(VII) aus $\geqq$ 0,5n NaOH bei 19° C zu $\geqq$ 72% extrahiert werden, während unter diesen Bedingungen Mo(VI) zu 0,023%, Si(IV) zu 0,05%, V(V) zu 0,018% und W(VI) zu 0,004% mitextrahiert werden [23]. Cr(VI), Os(VIII), Se(VI) und Te(VI) werden nicht extrahiert.

Die Destillation stellt z. Z. das zweckmäßigste, allgemein anwendbare Isolierungsverfahren vor. Re läßt sich in 7wertiger Stufe aus H_2SO_4-Lösung allein oder bei gleichzeitiger Anwesenheit von Halogenwasserstoffsäuren destillieren. Die Verflüchtigung von Re_2O_7 aus H_2SO_4-Lösung hat den anderen Destillationsverfahren gegenüber den Vorteil, daß eine geringere Zahl anderer flüchtiger Elemente und zu einem kleineren Anteil mit Re übergeht [24]; allerdings muß diese Destillation aber bei höherer Temperatur als die übrigen Verfahren durchgeführt werden. Bei der Destillation im feuchten Chlorwasserstoffstrom wird das Re(VII) nahezu vollständig oder quantitativ durch die Elemente As, Ge, Hg, Sb, Se, Sn und in geringer Menge noch durch Au, B, Bi, Mo, P, Tl und Te begleitet. Aus dem Destillat wird Re dann noch auf anderem Wege isoliert, wofür beispielsweise die H_2S-Fällung vorgeschlagen wurde [19, 25]. Auch aus $HClO_4$- oder $HClO_4/H_3PO_4$-Lösung kann Re mit Halogenwasserstoffsäuren quantitativ destilliert werden [26, 27], wobei im letztgenannten Fall kein Mo übergehen soll. Re wurde weiterhin bei 260—270° C aus H_2SO_4/H_3PO_4 (3:1) unter Zusatz von HCl und Durchleiten von Luft abdestilliert [28]. Bei einem fraktionierten Destillationsverfahren [24] wird Re durch HBr oder HI in der 4wertigen Stufe gehalten und bei geringerer Temperatur (~ 126° C) zuerst Ge, As und Se allein unter ausschließlicher Anwesenheit von HCl oder HBr abdestilliert. Nach Zusatz von H_2SO_4 (1,84) zum Destillationsrückstand kann Re, welches dabei zur 7wertigen Stufe oxydiert wird, als Re_2O_7 überdestilliert werden. Diese Art der Destillation des Re kann aber zweckmäßiger auch für sich allein angewendet werden [*24*]; sie beruht auf der Wasserabspaltung aus $HReO_4$ durch H_2SO_4 (1,84) bei dem relativ hohen Dampfdruck des Re_2O_7 (z. B. bei 280° C 61,2 Torr). Unter diesen Bedingungen gehen hauptsächlich nur As (III), Hg, Se (IV) und Se (VI), in geringer Menge noch Bi, Mo, Sb (III), Sb (V) und Te (IV) über. Diese Destillation wird bei gleichzeitigem Durchleiten von Treibgas (CO_2 oder Luft) und Wasserdampf stark beschleunigt und zu einem sehr brauchbaren Trennungsverfahren auch für geringe Re-Mengen angewendet [*29*]. Mit der nachfolgenden Vorschrift [*24*] können 10 mg Re aus 30 ml H_2SO_4 (für eine Probeneinwaage zwischen 1—5 g geeignet) unter Einhaltung der genannten Durchströmungsgeschwindigkeiten in der geeigneten Apparatur (s. Abb. 159) in $1^1/_2$—2 Std destilliert werden.

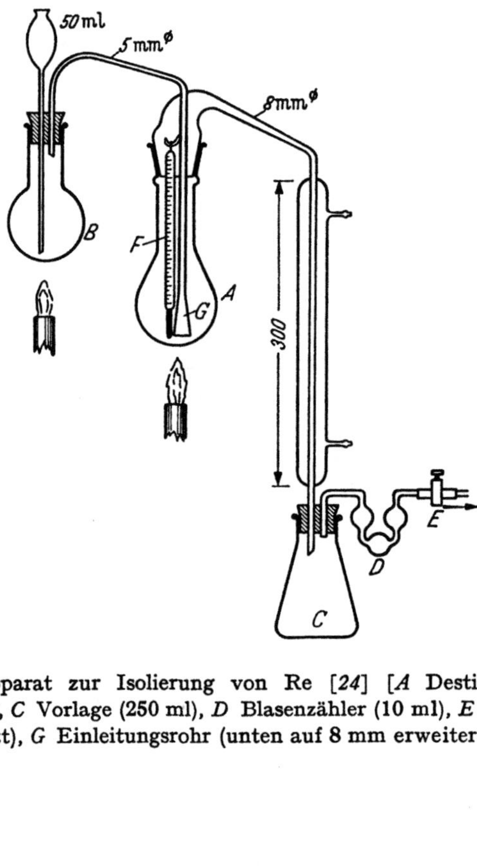

Abb. 159. Destillationsapparat zur Isolierung von Re [*24*] [*A* Destillierkolben (250—500 ml), *B* Wasserkolben (250 ml), *C* Vorlage (250 ml), *D* Blasenzähler (10 ml), *E* Quetschhahn, *F* Thermometer (verkürzt), *G* Einleitungsrohr (unten auf 8 mm erweitert, innen 5 mm)]

Arbeitsvorschrift [*24*]

Das Probematerial (Re völlig in 7wertiger Stufe enthaltend) wird mit H_2SO_4 (1,84) (für 1—5 g ~ 30 ml, für 10 g ~ 50 ml, für 25 g ~ 100 ml) in den Destillationskolben übergeführt und dieser an die Destillationsapparatur angeschlossen. Dann wird der Kolbeninhalt auf 270—290° C erhitzt und anschließend der Wasserdampferzeuger in Gang gesetzt, dessen Beheizung so einreguliert wird, daß 100—120 ml Wasser/Std verdampfen. Gleichzeitig saugt man mittels einer Wasserstrahlpumpe durch ein in den Wasserdampferzeuger (Kolben B) eingeführtes Gaseinleitungsrohr einen Luftstrom von ~ 2 l/Std durch die Apparatur (oder man leitet Preßluft, CO_2 oder N_2 mit gleicher Strömungsgeschwindigkeit ein). Die Vorlage wird gewechselt und zur Prüfung auf Vollständigkeit der Destillation noch 30 min destilliert. Das Destillat wird dann auf dem Wasserbad eingeengt und für die Bestimmung des Re verwendet.

Oxydische, in H_2SO_4 lösliche Proben werden unmittelbar im Destillationskolben, wenn nötig unter Zusatz von etwas H_2O_2, gelöst und anschließend destilliert. Bei Hüttenprodukten und sulfidischen Erzen löst man die Probe in HNO_3 auf dem Wasserbad und erwärmt darauf solange, bis keine nitrosen Dämpfe mehr beobachtet werden. Nach Vertreiben der Hauptmenge der HNO_3 gibt man zu dem erkalteten Rückstand in kleinen Anteilen H_2SO_4 (1,84), so daß keine wesentliche Erhitzung eintritt. Der Überschuß an HNO_3 wird auf dem Wasserbad vertrieben und die Probe dann mit H_2SO_4 in den Destillationskolben übergeführt. Im allgemeinen zeigen die Destillate einen schwachen Geruch nach SO_2, was aber nicht stört. Zeigt sich Schwefelabscheidung im Kühlerrohr, so unterbricht man die Destillation, läßt den Kolben erkalten und gibt einige Milliliter H_2O_2 hinzu, um dann die Destillation fortzusetzen.

Die Spurenfällung als Sulfid mit As_2S_3 als Spurenfänger [*25*] und mit einer Reihe organischer Reagentien, mit denen Trennungen durch Extraktion durchführbar sind, besitzt nur beschränkte Anwendbarkeit.

Zur Abtrennung des Re von Mn und Tc mittels Anionenaustauscher Amberlite IRA-400 wurden zunächst alle 3 Elemente aus 0,1—0,3n HCl von der Austauschersäule festgehalten und danach Mn mit 0,1—0,2n HCl, Re mit 5% NH_4SCN/0,1—0,2n HCl-Lösung und zuletzt Tc mit 4n HNO_3 eluiert [*30*]. In einer anderen Arbeit [*31*] werden µg- oder mg-Mengen Re(VII) von Mo(VI) (im Verhältnis Re:Mo = 1:500 bis 170:1) an dem stark basischen Anionenaustauscher Dowex 1X8 aus 0,5m NH_4SCN/0,5n HCl-Lösung getrennt; Re(VII) geht in den Durchlauf, Mo(VI) kann anschließend mit 2,5m NH_4NO_3 (bei großen Mo-Mengen mit 0,5n NaOH/0,5n NaCl) eluiert werden. Von Tc(VII) kann Re(VII) auf die gleiche Weise abgetrennt werden; das auf der Säule verbleibende Tc wird mit 4n HNO_3 eluiert (Ausbeute 60%). Nach der Extraktion des Re mit Pyridin aus 4n NaOH wurde der organische Extrakt über den Anionenaustauscher Wofatit SBW (Cl^--Form) geschickt, um einerseits Pyridin zu entfernen, andererseits mit 1,5m Kaliumoxalat-Lösung Mo- und W-Spuren zu eluieren [*22*]. Danach läßt sich aus dem Harzbett Re allein mit 2n $HClO_4$ eluieren und im Eluat bestimmen.

B. Oxime

I. α-Furildioxim

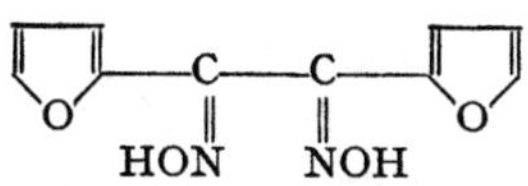

Re(VII) gibt in ~0,8n HCl-Lösung in Anwesenheit von $SnCl_2$ mit α-Furildioxim (FD) einen purpurroten Komplex [*15*]. Die maximale Farbintensität wird in 0,65—0,9n HCl-Lösung erreicht, während sie bei niederer bzw. höherer Säurekonzentration geringer ist. Die zugesetzten Mengen an FD, Aceton und $SnCl_2$ haben einen Einfluß auf die Farbintensität und müssen deshalb im Überschuß zugegeben werden. Das Extinktionsmaximum liegt bei 532 nm ($\varepsilon_{532} = 41300$ in wäßriger Lösung; $\varepsilon_{530} = 33900$ [*32*] bzw. 29750 [*8*] in $CHCl_3$). Das Beersche Gesetz ist im Bereich von 0,2—5 µg Re/ml erfüllt. Die Farbbildung beträgt nach 10 min 97% des Intensitätsmaximums, welches nach 45 min erreicht ist. Die Farbe ist bei Raumtemperatur 24 Std stabil. Die Bestimmung wird durch die 1000fache Menge der folgenden Ionen nicht gestört [*15*]: Al, As(V), Ba, Bi, Cd, Fe(II), Fe(III), Mg, Ni, U(VI), Zn, I^-, Br^-, SO_4^{2-}, PO_4^{3-}, ClO_4^- und Acetat. Cr(III) und Co stören in 10facher Menge nicht, jedoch in höherer Konzentration. Die Bestimmung wird gestört durch: Cu, Mo, Pd, Se, SCN^-, NO_3^-, HNO_3 und große Mengen F^-. Die Störung durch oxydierende Stoffe kann durch vorhergehende Reduktion mit SO_3^{2-} oder $SnCl_2$ behoben werden. Basische Lösungen neutralisiert man am zweckmäßigsten mit H_2SO_4. Störendes Mo kann durch Extraktion mit Xanthat/$CHCl_3$ entfernt werden (Arbeitsvorschrift b). Die durch die Extraktion verursachte geringe Störung bei der Bildung des Re-FD-Komplexes wird durch tropfenweisen Zusatz von $KMnO_4$ eliminiert. Daneben läßt sich vor der Re-Bestimmung mit α-Furildioxim zur Mo-Extraktion auch Oxin/$CHCl_3$ aus schwach saurer Lösung gut anwenden [*20*]. Von anderer Seite [*8*] wird eine Trennung des Re(VII) vom 100000fachen Überschuß an W, dem 10000fachen an Mo sowie von größeren Mengen Cu und Ni durch Extraktion des Tetraphenylarsoniumperrhenates mit $CHCl_3$ bei pH 10 erreicht und im organischen Extrakt nach Reduzieren mit methanolischer $SnCl_2$-Lösung das Re mit α-Furildioxim (0,35%ig in Methanol) bestimmt.

Arbeitsvorschrift [*15*]

Reagentien

5n HCl;

α-Furildioxim (FD); 0,35%ig in Aceton, täglich frisch herzustellen (nach [*20*] ist eine 0,175%ige Lösung aus der reinen α-Isomer-Verbindung (Fp 192—193° C) stabil und zur Farbkomplexbildung ausreichend).

$SnCl_2$-Lösung; 10 g $SnCl_2 \cdot 2\,H_2O$ werden in 10 ml HCl (1,19) gelöst und mit Wasser auf 100 ml aufgefüllt;

Kaliumäthylxanthat-Lösung; 27 g Reagens werden in 35 ml Wasser gelöst, filtriert und mit Wasser auf 50 ml aufgefüllt; täglich frisch herzustellen.

$CHCl_3$.

a) Abwesenheit von Mo

Die Probelösung [10—250 μg Re(VII) enthaltend] versetzt man in einem 50 ml-Meßkolben mit 7 ml 5n HCl (so daß im Meßkolben 35 mMol HCl enthalten sind), verdünnt mit Wasser auf 30 ml, fügt 13 ml FD-Lösung sowie 5 ml $SnCl_2$-Lösung hinzu und füllt mit Wasser zur Marke auf. Nach 45 min Standzeit photometriert man in einer 1 cm-Küvette bei 532 nm gegen Wasser. Ein Blindwert wird analog durchgeführt.

b) Anwesenheit großer Mo-Mengen

Wenn nötig, wird das Re-haltige Material mit Na_2O_2 aufgeschlossen und die Schmelze in Wasser gelöst. 25 ml der Probelösung (≦ 200 mg Mo und 400 μg Re enthaltend) werden in ein 250 ml-Becherglas gegeben, mit H_2SO_4 (1,84) neutralisiert und mit 2 Tropfen H_2SO_4 im Überschuß versetzt. Man fügt 10 Tropfen Bromwasser hinzu und erhitzt ohne zu kochen, bis der Bromüberschuß vertrieben ist. Die Bromoxydation kann nur dann unterbleiben, wenn das Mo zur Gänze in der höchsten Valenzstufe vorliegt. Man neutralisiert mit 5n NaOH und stellt auf pH 9—11 ein. Die Lösung wird in einen Schütteltrichter übergeführt, am fließenden Wasser auf Raumtemperatur abgekühlt, mit 10 ml Xanthat-Lösung versetzt und gemischt. Dann fügt man 6 ml HCl (1,19) hinzu, schüttelt 50 sec und extrahiert danach 30 sec mit 50 ml $CHCl_3$. Die wäßrige Phase soll farblos oder sehr schwach rosa sein, die organische Phase intensiv rotviolett. Die $CHCl_3$-Schicht wird abgelassen und verworfen. Die wäßrige Lösung wird 2mal mit je 25 ml $CHCl_3$ gewaschen, dann in einen 100 ml-Meßkolben übergeführt und tropfenweise bis zur bleibenden Rötung mit 0,3n $KMnO_4$ versetzt. Den Überschuß an $KMnO_4$ zerstört man mit 1 Tropfen $SnCl_2$-Lösung, versetzt mit 26 ml FD-Lösung und 10 ml $SnCl_2$-Lösung, füllt mit Wasser zur Marke auf und photometriert nach 60 min in einer 1 cm-Küvette bei 532 nm.

II. 4-Methylnioxim

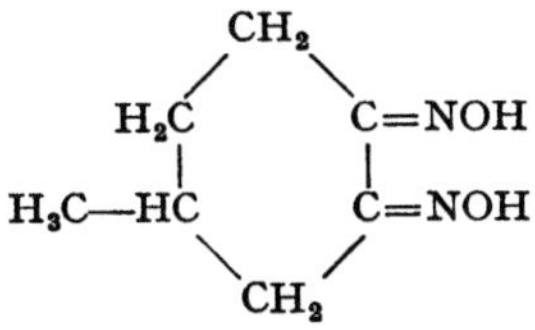

Reduziert man Re(VII) in HCl-Lösung mit $SnCl_2$ in Anwesenheit von 4-Methyl-1,2-cyclohexandiondioxim (4-Methylnioxim), so entsteht ein gelbgrüner Komplex, der sich mit $CHCl_3$ extrahieren läßt [17]. Der Verteilungskoeffizient beträgt $D = 85$, weshalb zur quantitativen Erfassung des Re eine dreimalige Extraktion notwendig ist. Das Maximum der Farbintensität erreicht man bei einer Säurekonzentration von 0,43 ± 0,05n HCl. Das Extinktionsmaximum liegt bei 436 nm ($\varepsilon = 13780$). Das Beersche Gesetz ist im Bereich von 0,35—14 µg Re/ml $CHCl_3$ erfüllt. Die Farbe erreicht innerhalb von 5 min das Intensitätsmaximum und ist in $CHCl_3$ 24 Std stabil. Für die Farbreaktion ist eine Konzentration von 0,25% $SnCl_2$ im Endvolumen am günstigsten; eine merkliche Absorption des Sn-4-Methylnioxim-Komplexes bei 436 nm wird durch den Blindwert berücksichtigt. Die Bestimmung von 100 µg Re wird durch 100 mg der folgenden Ionen nicht gestört [17]: Al, Ba, Cd, Mg, Sr, V(V), Zn, Br^-, NO_3^-, SO_4^{2-}, ClO_4^-, SCN^-, Acetat, Citrat, Tartrat und Oxalat. Sie wird durch folgende Ionen gestört (verursachter relativer Fehler in %): 200—300 mg NO_3^- (−8 bis −19), jeweils 100 mg von Mn(II) (−10), I^- (+11,5) und PO_4^{3-}, jeweils 1 mg Co (+43), Cr(III) (−17,5), Cu(I) (+22), Cu(II) (+32), Fe(II) (+65), Fe(III) (+175), Ni (+13) und Zr(IV) (−13). Auch Pd bildet mit dem Reagens einen gefärbten Komplex [18]. Die Bestimmung wird weiterhin noch durch Au(III), Mo(VI) und Se gestört. Durch Extraktion mit Xanthat/$CHCl_3$ konnten 4,6 g Au(III), 100 mg Mo(VI), 5 mg Fe(III), 1 mg As(V) und 500 µg Cu(II) von 100 µg Re abgetrennt werden. Se kann durch Abrauchen mit HCl verflüchtigt werden.

Arbeitsvorschrift [17]

Reagentien

4-Methylnioxim, 0,34%ige wäßrige Lösung;

$SnCl_2$-Lösung; 3 g $SnCl_2 \cdot 2\,H_2O$ werden in 40 ml HCl (1,19) gelöst und mit Wasser auf 100 ml aufgefüllt;

$CHCl_3$.

Die annähernd neutrale Probelösung (3,5—140 µg Re enthaltend) versetzt man in einem 50 ml-Meßkolben mit 25 ml Reagenslösung sowie 5 ml $SnCl_2$-Lösung und füllt mit Wasser zur Marke auf. Nach einer Standzeit von 5 min wird die Lösung quantitativ in einen 125 ml-Schütteltrichter übergeführt, mit 4, 3 und 3 ml $CHCl_3$ extrahiert, der vereinigte organische Extrakt in einem 10 ml-Meßzylinder mit $CHCl_3$ zur Marke aufgefüllt und in einer 1 cm-Küvette bei 436 nm gegen den Blindwert photometriert.

1. Molybdänglanzkonzentrat und Röststaub

Zum Lösen des Probematerials können der Aufschluß mit Na_2O_2 oder noch vorteilhafter die Behandlung mit HNO_3 angewendet werden [14]. Beim anschließenden Eindampfen mit HCl zur Entfernung von NO_3^- wird Se verflüchtigt und Kieselsäure dehydratisiert. Störelemente werden durch Abrauchen mit HCl, Hydroxydfällung und Extraktion mit Äthylxanthat/$CHCl_3$ entfernt. Man erhält Fehlergebnisse, wenn die

Oxydation des Mo mit Brom [14] oder die spätere Oxydation mit Permanganat [15] weggelassen werden.

B: 0,001–1% Re. F_r: ±5–10%.

Arbeitsvorschrift [17]

Reagentien

HCl (1,18); HCl (1 + 1); HNO_3 (1 + 1);
H_2SO_4 (1,84);
Ammoniak (0,91);
5n NaOH;
Brom.
NH_4Cl, 1%ige wäßrige Lösung;
Kaliumäthylxanthat-Lösung; 27 g Reagens werden in Wasser gelöst, filtriert und mit Wasser auf 50 ml aufgefüllt (täglich frisch herzustellen).
0,3n $KMnO_4$;
übrige Reagentien wie bei der vorhergehenden Arbeitsvorschrift (s. S. 981).

Das Probematerial (50–140 μg Re enthaltend) wird in einem Becherglas mit HNO_3 (1 + 1) auf dem siedenden Wasserbad zersetzt, anschließend wiederholt mit 5–25 ml HCl (1,18) versetzt und auf ein kleines Volumen (>3 ml) eingeengt bis vorhandenes NO_3^- entfernt ist. Man versetzt mit 20 ml Wasser und filtriert die Kieselsäure ab. Das Filtrat wird mit Ammoniak auf pH 9–10 eingestellt, 1–2 min fast zum Sieden erhitzt, Filterschleim zugesetzt und zum Absetzen des Niederschlages stehen gelassen. Der Niederschlag wird abfiltriert und mit NH_4Cl-Lösung gewaschen. Das Filtrat neutralisiert man mit H_2SO_4, fügt 2 Tropfen im Überschuß hinzu, versetzt mit 10 Tropfen Brom und erhitzt, ohne zu kochen, zur Entfernung des Bromüberschusses. Falls die Probe >140 μg Re und/oder ~200 mg Mo enthält, verdünnt man die Lösung und verwendet einen aliquoten Teil. Man stellt die Lösung mit 5n NaOH auf pH 9–11 ein, engt auf 20–25 ml ein, kühlt auf Raumtemperatur ab und führt in einen 250 ml-Schütteltrichter über. Nach Zusatz von 10 ml Xanthat-Lösung und 6 ml HCl (1,18) schüttelt man 5 sec und extrahiert mit 50 ml $CHCl_3$. Die organische Phase wird verworfen und die Extraktion 3mal mit je 25 ml $CHCl_3$ wiederholt. Die wäßrige Lösung führt man in ein 250 ml-Becherglas über, fügt $KMnO_4$-Lösung bis zur bleibenden Rosafärbung hinzu, versetzt mit 1–2 Tropfen im Überschuß und zerstört letzteren mit 1 Tropfen $SnCl_2$-Lösung. Nach Zusatz von 3 ml Ammoniak wird auf pH 8–9 gebracht, auf ein Volumen <100 ml eingedampft, nach Zusatz von Filterschleim der entstandene Niederschlag abfiltriert und letzterer mit NH_4Cl-Lösung gewaschen. Das Filtrat stellt man mit HCl (1 + 1) auf pH 6–7 ein, engt ohne zu kochen auf ~20 ml ein, dampft dann auf dem Wasserbad auf ~5 ml ein, führt in einen 50 ml-Meßkolben über und fährt nach der oben angeführten Arbeitsvorschrift (s. S. 981) mit der Bestimmung des Re fort.

C. Thiocyanat

Re(VII) gibt in saurer Lösung mit Thiocyanat und $SnCl_2$ eine gelbe Färbung [27, 30, 33–35], die mit Diäthyläther [14, 27, 34, 36], Isoamylalkohol [5, 37] und $CHCl_3$/Isoamylalkohol [6] extrahiert werden kann. Im Thiocyanat-Komplex soll das Re in 4- und 5wertiger Stufe vorliegen [38]. Die Ergebnisse spektrophotometrischer Untersuchungen weisen auf die Existenz eines gelben Re(V)-Komplexes und eines orange gefärbten Re(IV, V)-Komplexes hin [35]. Die Farbreaktion wird in der nachfolgenden Arbeitsvorschrift [34] in ~1n HCl-Lösung durchgeführt, doch fanden auch höhere Säurekonzentrationen Anwendung [6, 29, 37, 39]. Das Extinktionsmaximum liegt bei

400 bzw. 430–440 nm (s. Abb. 160) ($\varepsilon_{430-440} = 22100$ in Isoamylalkohol [37], $\varepsilon_{430} = 45300$ in Diäthyläther [35]). Das Beersche Gesetz ist im Bereich von 0,13–5 µg Re/ml Diäthyläther bzw. 0,2–8 µg Re/ml Isoamylalkohol erfüllt. Bei Raumtemperatur ist das Farbmaximum beim nachfolgenden Verfahren nach 6–7 min erreicht und bleibt für etwa 50 min konstant, während die Farbe im Ätherextrakt $3^1/_2$ Std stabil ist. In $CHCl_3$/Isoamylalkohol ist die Farbe bis zu 14 Std stabil [6]. Neutralsalze beeinflussen die Farbintensität; so ergibt ein Gehalt von 1,7m NaCl einen um 10% niedrigeren Meßwert. Den

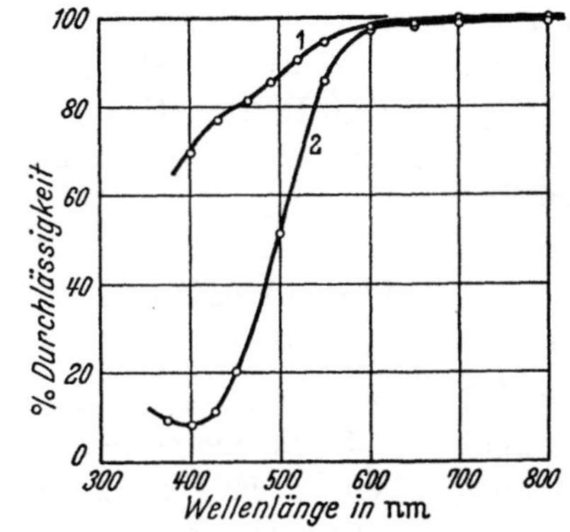

Abb. 160. Durchlässigkeitskurven von Mo-Thiocyanat (1) und Re-Thiocyanat (2) in wäßriger Lösung [40]

gleichen Einfluß zeigen NH_4Cl, KCl, $BaCl_2$, $MgCl_2$, $CdCl_2$, NH_4NO_3 und KNO_3. Deshalb muß die gleiche Salzkonzentration bei der Aufstellung der Eichkurve und bei der Analyse vorliegen. $FeCl_3$ stört auch in kleineren Mengen (1–2 mg). Au, Cu, Mo, Se, Te, V, W, reduzierende und oxydierende Stoffe müssen abwesend sein.

F_{rm}: ±2%.

Arbeitsvorschrift [34]

Reagentien

6n HCl;

KSCN, 10%ige wäßrige Lösung;

$SnCl_2$-Lösung; 5 g $SnCl_2 \cdot 2\,H_2O$ werden unter Zusatz einiger Körnchen metallischen Sn in der Wärme in 30 ml HCl (1,19) gelöst, von Unlöslichem dekantiert und nach dem Abkühlen mit Wasser auf 250 ml aufgefüllt;

Diäthyläther; vor dem Gebrauch werden 500 ml Solvens mit 24 ml $SnCl_2$-Lösung, 5 ml KSCN-Lösung und 20 ml 6n HCl durchgeschüttelt.

Die Probelösung [3,5–125 µg Re(VII) enthaltend] wird gegen Phenolphthalein eben alkalisch gemacht und danach durch tropfenweisen Zusatz von HCl bis zum Umschlag auf farblos gebracht. Die auf 20° C gebrachte Lösung (Volumen 25 ml) wird in einem 100 ml-Schütteltrichter mit 5 ml 6n HCl und 1 ml KSCN-Lösung versetzt, gemischt, 5 ml $SnCl_2$-Lösung zugegeben, abermals gut gemischt und nach 10 min mit 15, 5 und 5 ml Diäthyläther extrahiert. Der vereinigte organische Extrakt wird in einem 25 ml-Meßkolben mit Äther zur Marke aufgefüllt und in einer 1 cm-Küvette bei 430–440 nm gegen Äther photometriert.

1. Metalle, Mineralien und technische Produkte

Mit dem vorher beschriebenen Verfahren [34] wurde Re in technischen Produkten, wie Röststäuben, Schlacken, Zinkasche, Kupfer u. a. m. [16], bestimmt. Störende Elemente werden durch vorangehende NaOH-Fällung (oder Aufschluß mit $NaOH$-Na_2O_2) entfernt und im Filtrat das Re bestimmt. Wenn Mo anwesend ist, wird dieses vorher durch Extraktion mit Xanthat/$CHCl_3$ entfernt. Mit dem Verfahren wurden Gehalte $\geqq$ 0,0001% Re bestimmt. In Molybdänglanz wurde das Re durch Extraktion mit Tetraphenylarsoniumchlorid (TPA)/$CHCl_3$ isoliert und anschließend mit Thiocyanat/Isoamylalkohol photometrisch bestimmt [5, 37]. Für die Isolierung des Re fand in einer anderen Arbeit die Destillation aus H_2SO_4-Lösung Anwendung [39]. Zur Bestimmung sehr kleiner Re-Gehalte in Pyrolusit [29] wurden 100 g Probematerial in HCl gelöst, Mo und Re gemeinsam als Thiocyanate mit Diäthyläther extrahiert, nach Verflüchtigung des Diäthyläthers Re durch Destillation aus H_2SO_4-Lösung abgetrennt und als Thiocyanat photometrisch bestimmt.

1.1. Molybdänglanz

Die nachfolgende Vorschrift stellt eine Modifikation einer früheren Arbeit [5] dar. Das Probematerial wird mit HNO_3 gelöst. Falls es zweckmäßig ist, kann man es auch in $NaOH$-Na_2O_2 (1 + 1) aufschließen [14], die Schmelze in Wasser lösen, filtrieren, vom aufgefüllten Filtrat einen aliquoten Teil mit HCl und H_2SO_4 neutralisieren und für die Bestimmung nach der unten angegebenen Vorschrift verwenden. Das Re wird durch Extraktion mit TPA/$CHCl_3$ isoliert, aus der organischen Phase mit 6n HCl rückgeschüttelt und mit Thiocyanat/Isoamylalkohol-$CHCl_3$ photometrisch bestimmt.

B: 5–100 ppm Re. F_r: ±5–10%. *Z:* 2 Std für eine Bestimmung.

Arbeitsvorschrift [6]

Reagentien

HNO_3 (1,52); HCl (1,19);
6n HCl; 6n NaOH;
$NaHCO_3$;
0,05 m Tetraphenylarsoniumchlorid (TPA), wäßrige Lösung;
$CHCl_3$;
$CaCl_2$ sicc.;
NaSCN, 20%ige wäßrige Lösung;
$SnCl_2 \cdot 2\,H_2O$, 35%ig in 6n HCl;
Isoamylalkohol;
Isoamylalkohol/$CHCl_3$ (1:1).

1,0 g Probematerial wird auf dem siedenden Wasserbad mit 10 ml (oder mehr) HNO_3 gelöst, der Überschuß an HNO_3 durch Eindampfen mit HCl entfernt und nach Einengen auf ~2 ml mit 6n NaOH neutralisiert. Man stellt mit $NaHCO_3$ auf pH 8–9 ein und bringt mit Wasser auf 25,0 ml. Die Lösung soll 0,3m an Cl^- sein. Davon verwendet man 5–10 ml oder die gesamte Probelösung (5–200 µg Re enthaltend), die man in einen Schütteltrichter überführt. Man fügt 1 ml TPA-Lösung hinzu und extrahiert 2 min mit 8 ml $CHCl_3$. Nach der Phasentrennung wird die $CHCl_3$-Phase in ein mit 0,5 g $CaCl_2$ sicc. beschicktes 100 ml-Becherglas abgelassen und kräftig gerührt, um mitgeführte Anteile der Mo-haltigen wäßrigen Phase zu entfernen. Das $CHCl_3$ wird nun durch ein Filterröhrchen mit $CaCl_2$ (Glasrohr mit Glaswolle und 0,5 g $CaCl_2$ sicc.) in einen 2. Schütteltrichter filtriert. Die wäßrige Phase im 1. Schütteltrichter wird noch 2mal mit je 4 ml $CHCl_3$ 40 sec extrahiert und die organischen Extrakte wie vorhin weiterbehandelt. Die im 2. Schütteltrichter vereinigten $CHCl_3$-Extrakte werden nun mit 20 ml 6n HCl 20 sec geschüttelt, danach 1 ml NaSCN-Lösung und nach abermaligem 5 sec langem Schütteln 1 ml $SnCl_2$-Lösung zugesetzt. Diese Mischung wird erneut 5 sec geschüttelt und dann 30 min stehen gelassen. Nach Zusatz von 8 ml Isoamylalkohol extrahiert man 20 sec und läßt die organische Phase in einen 25 ml-Meßkolben ab. Schütteltrichter und Säurephase werden mit wenig Isoamylalkohol/$CHCl_3$-Gemisch gewaschen und zum Auffüllen verwendet. Die gelb oder orange gefärbte Lösung wird, falls sie nicht ganz klar ist, zentrifugiert und in einer 1 cm-Küvette bei 430 nm unter Berücksichtigung eines Blindwertes photometriert.

D. Verschiedenes

An weiteren Reagentien zur photometrischen Bestimmung von Re sind zu erwähnen: 1-Diphenylcarbohydrazid/$CHCl_3$ ($\varepsilon_{545} = 20460$) [*32*], 2,4-Diphenylthiosemicarbazid [*41*], Thioharnstoff, Diphenylthioharnstoff [*42*], 1-Phenyl-2-thioharnstoff/$CHCl_3$ ($\varepsilon_{410} = 9550$) [*32*], α-Pyridyldioxim + $SnCl_2$ ($\varepsilon_{440} = 31500$) [*43*], Dimethylglyoxim ($\varepsilon_{445} = 3840$) [*22, 32, 44*], Nioxim (1,2-Cyclohexandioxim) ($\varepsilon_{440} = 3930$) [*32*], Benzildioxim [*21*], Methyl-2-pyridylketoxim [*45*], syn-Phenyl-2-pyridylketoxim [*46*], Fuchsin ($L_Q = 0{,}13$ µg $Re \cdot ml^{-1} \cdot cm^{-1}$) [*47*], Brillantgrün/Benzol ($\varepsilon_{640} = 100000$) [*48*], 5-Methyl-1,2,3-Cyclohexantrion (auch nach Extraktion mit n-Hexanol) ($\varepsilon_{495} = 23250$) [*32*], Toluol-3,4-dithiol/$CHCl_3$ ($\varepsilon_{692,5} = 23250$) [*32*], Tributylammoniumacetat-KSCN/CH_2Cl_2 [*9*] und 0,15m 2-Thenoyltrifluoraceton/Isoamylalkohol-Benzol (2:1) + $SnCl_2$ + KSCN ($\varepsilon_{430} = 16240$) [*49*]. In Molybdänit wurd Re (3—1000 µg) nach vorangehender Isolierung [zuerst durch Destillation aus H_2SO_4 (1,84)/$HClO_4$ (70%) (2:1) und danach mittels Spurenfällung an As_2S_3) mit Hilfe der Röntgenspektrometrie (ReLα_1, 41,69°) bestimmt [*50*].

Tabelle 161a. Nachtrag — Weitere Verfahren[1]

Methode	Probematerial, Verfahren, Bestimmungsbereich	Literatur
Trennung	Wäßrige Lösung. Isol: Ex 4,5% N-Benzylanilin/$CHCl_3$, 3,5—4,5 m H_2SO_4 ($V_0 : V_w = 1:2$, $E\% = 100$), Rückextraktion mit Wasser und 1 n HCl.	[*51*]

[1] Abkürzungen s. S. XIII.

Literatur

1. Yatirajam, V.: Z. anal. Chem. **219**, 128 (1966).
2. Yatirajam, V., Prosad, R.: Z. anal. Chem. **220**, 340 (1966).
3. Yatirajam, V., Kakkar, L. R.: Mikrochim. Acta (Wien) **1971**, 479.
4. Yatirajam, V., Kakkar, L. R.: Analyt. chim. Acta **47**, 568 (1969).
5. Tribalat, S.: Analyt. chim. Acta **3**, 113 (1949).
6. Beeston, J. M., Lewis, J. R.: Analyt. Chem. **25**, 651 (1953).
7. Andrew, T. R., Gentry, C. H. R.: Analyst **82**, 372 (1957).
8. Thierig, D., Umland, F.: Z. anal. Chem. **240**, 19 (1968).
9. Ziegler, M., Schroeder, H.: Z. anal. Chem. **212**, 395 (1965).
10. Bock, R., Hummel, C.: Z. anal. Chem. **198**, 176 (1963).
11. Meyer, R. J., Rulfs, C. L.: Analyt. Chem. **27**, 1387 (1955).
12. Vanossi, R.: An. Soc. ci. argent. **145**, 207 (1948).
13. Hurd, L. C.: Ind. Eng. Chem., Anal. Ed. **8**, 11 (1936).
14. Malouf, E. E., White, M. G.: Analyt. Chem. **23**, 497 (1951).

15. Meloche, V. W., Martin, R. L., Webb, W. H.: Analyt. Chem. **29**, 527 (1957).
16. Geilmann, W., Bode, H.: Z. anal. Chem. **128**, 495 (1948).
17. Kassner, J. L., Ting, S., Grove, E. L.: Talanta **7**, 269 (1961).
18. Banks, C. V., Smith, R. V.: Analyt. chim. Acta **21**, 308 (1959).
19. Geilmann, W., Bode, H.: Z. anal. Chem. **133**, 177 (1951).
20. Fryer, F. A., Galliford, D. J. B., Yardley, J. T.: Analyst **88**, 191 (1963).
21. Tribalat, S.: Compt. Rend. Acad. Sci. Paris **224**, 469 (1947).
22. Döge, H. G., Grosse-Ruyken, H.: Mikrochim. Acta (Wien) **1967**, 98.
23. Yatirajam, V., Kakkar, L. R.: Analyt. chim. Acta **44**, 468 (1969).
24. Geilmann, W., Bode, H.: Z. anal. Chem. **130**, 323 (1949/50).
25. Geilmann, W., Lange, G.: Z. anal. Chem. **126**, 321 (1944).
26. Hoffman, J. I., Lundell, G. E. F.: J. Res. nat. Bur. Standards **22**, 465 (1939).
27. Hoffman, J. I., Lundell, G. E. F.: J. Res. nat. Bur. Standards **23**, 497 (1939).
28. Jordanov, N., Pavlova, M.: Mikrochim. Acta (Wien) **1963**, 477.
29. Hurd, L. C., Hiskey, C. F.: Ind. Eng. Chem., Anal. Ed. **10**, 623 (1938).
30. Pirs, M., Magee, R. J.: Talanta **8**, 395 (1961).
31. Hamaguchi, H., Kawabuchi, K., Kuroda, R.: Analyt. Chem. **36**, 1654 (1964).
32. Pollock, E. N., Zopatti, L. P.: Analyt. chim. Acta **32**, 418 (1965).
33. Geilmann, W., Wrigge, F. W., Weibke, F.: Z. anorg. allg. Chem. **208**, 217 (1932).
34. Geilmann, W., Bode, H.: Z. anal. Chem. **128**, 489 (1948).
35. Crouthamel, C. E.: Analyt. Chem. **29**, 1756 (1957).
36. Hurd, L. C., Babler, B. J.: Ind. Eng. Chem., Anal. Ed. **8**, 112 (1936).
37. Tribalat, S., Pamm, I., Jungfleisch, M. L.: Analyt. chim. Acta **6**, 142 (1952).
38. Tribalat, S.: Compt. Rend. Acad. Sci. Paris **223**, 34 (1946).
39. Hiskey, C. F., Meloche, V. W.: Ind. Eng. Chem., Anal. Ed. **12**, 503 (1940).
40. Melaven, A. D., Whetsel, K. B.: Analyt. Chem. **20**, 1209 (1948).
41. Geilmann, W., Neeb, R.: Z. anal. Chem. **151**, 401 (1956).
42. Rjabcikov, D. I., Lazarev, A. I.: J. analyt. Chem. (USSR) **10**, 228 (1955); ref. Z. anal. Chem. **150**, 371 (1956).
43. Trusell, F., Thompson, R. J.: Analyt. Chem. **36**, 1870 (1964).
44. Kenna, B. T.: Analyt. Chem. **33**, 1130 (1961).
45. Thompson, R. J., Gore, R. H., Trusell, F.: Analyt. chim. Acta **31**, 590 (1964).
46. Guyon, J., Murmann, R. K.: Analyt. Chem. **36**, 1058 (1964).
47. Beyermann, K.: Z. anal. Chem. **183**, 91 (1961).
48. Fogg, A. G., Burgess, C., Burns, D. T.: Analyst **95**, 1012 (1970).
49. De, A. K., Rahaman, M. S.: Talanta **12**, 343 (1965).
50. Solt, M. W., Wahlberg, J. S., Myers, A. T.: Talanta **16**, 37 (1969).
51. Khosla, M. M. L., Rao, S. P.: Analyt. chim. Acta **61**, 239 (1972).

Rh — Rhodium

Tabelle 162. Empfindlichkeit S_M und Bestimmungsgrenze L_Q der Verfahren

Verfahren	μg Rh · ml⁻¹ · cm⁻¹ S_M	L_Q
$SnCl_2$-Verfahren	0,026 (470—475 nm)	0,66 (470—475 nm)
$SnCl_2$-TOA/Benzol	0,008 (415 nm)	~ 0,20 (415 nm)

A. Trennungen

Ru und Os können durch Verflüchtigung als Tetroxyde und Cr mit $HClO_4$ und Cl^-/Überschuß als CrO_2Cl_2 von Rh abgetrennt werden. Durch Destillieren aus $HCl/HClO_4$-H_2SO_4- und aus HCl/HBr-Lösung wurden Ge, Os, Ru bzw. As, Hg, Re, Sb, Se und Sn und durch anschließende Extraktion aus HCl/Br_2-Lösung mit Diäthyläther außerdem Au, Hg, Pd, Pt, Os, Ru, Se, Te von Rh (und Ir) abgetrennt [*1*]. Eine Abtrennung kleiner Mengen Pd ist mit Dimethylglyoxim/$CHCl_3$ [*2*] oder mit Phenylthioharnstoff/Amylacetat [*3*] möglich. Rh(III) kann mit Pyridin (Zusatz zu ~ 3,5n HCl-Lösung und anschließendes Alkalisieren mit NaOH) extrahiert werden [*4—6*], wobei merkliche Mengen Ru und wenig Pd ebenfalls in die organische Phase übergehen. Ag, Cd, Ce, In, La, Nb, Sb, Sn, Te, U und Zr werden dabei nicht extrahiert. Der Rh-Pyridin-Komplex (ebenso wie der von Ir) ist aus HCl-Lösung auch mit $CHCl_3$ extrahierbar [*7*]. Weiterhin kann man Rh aus schwach saurer Lösung mit TTA/Benzol ausschütteln [*8*]. Milligrammengen Pt und Ir können durch mehrstufige Extraktion mit TBP aus HCl-Lösung von Rh abgetrennt werden [*9, 10*] (s. a. S. 283), U mit 30% TBP/CCl_4 aus HNO_3-Lösung durch eine Extraktion [*11*]. Mikrogrammengen Ir(IV) lassen sich durch 2maliges Ausschütteln mit TBP (mit 8n HCl gesättigt) aus 3—7n HCl-Lösung von Rh(III), das quantitativ in der wäßrigen Phase bleibt, abtrennen [*12*]. Pd und Pt können von Rh durch Extraktion mit p-Nitrosodiphenylamin/Äthylacetat abgetrennt werden [*13, 14*] (s. S. 974). Hinsichtlich der Abtrennung von Fe(III) und anderen Elementen durch Ätherextraktion bzw. Au(III) mit Amylacetat aus HCl-Lösung s. S. 259ff. Aus schwach saurer Lösung ist Rh(III) als Tri-n-butylammoniumcitrat oder bei Tri-n-butylaminüberschuß als Tartrat quantitativ mit jeweils roter Farbe durch Methylenchlorid extrahierbar [*15*]. Pd und Pt lassen sich durch Extraktion mit 0,2m Tri-n-octylamin/Benzol aus 3,6—6,5n HCl-Lösung von Rh abtrennen [*15a*]. Hinsichtlich der Abtrennung des Rh von den übrigen Pt-Metallen siehe die entsprechenden Elementabschnitte.

Rh wurde auch zusammen mit Pd, Mo und Zr an Kationenaustauscher Dowex 50W-X8 adsorbiert und, nachdem vorher Pd und teilweise auch Mo mit 0,3n HCl entfernt worden war, mit 6n HCl eluiert [*11*]. Das bei der Bestimmung in Uranlegierungen vorhandene U muß vorher mit 30% TBP/CCl_4 entfernt werden, da es die folgende Bestimmung des Rh mit $SnCl_2$ stört. Ru wird durch Verflüchtigung abgetrennt. Zur Trennung von Rh und Ir wurden beide Elemente zunächst gemeinsam aus HCl-Lösung an Dowex 50-W adsorbiert, in die Thioharnstoff-Komplexe übergeführt, mit 3n HCl Ir und mit 6n HCl Rh eluiert [*16*].

Rh läßt sich durch Ausfällung mit Sb- [*17*, *18*] oder Cu-Pulver [*19*] von Ir abtrennen (s. S. 791). Sehr kleine Rh- (und Ir-) Mengen lassen sich abtrennen, indem Rh mit $TiCl_3$ in Anwesenheit von Mercaptobenzthiazol reduziert wird und eine rötlich-braune Fällung gibt [*20*, *21*]. Im Milligrammbereich kann Rh von Ir durch selektives Fällen mit Thioacetanilid nach Reduktion mit frischer $CrCl_2$-Lösung abgetrennt werden [*22*]. Mit Rh werden auch anwesendes Bi, Re, Ru und W gefällt.

B. Zinn(II)-chlorid-Verfahren

Versetzt man eine salzsaure Rh(III) enthaltende Lösung mit $SnCl_2$, so bildet sich bei Raumtemperatur in etwa 12 Std, beim Erhitzen hingegen in kurzer Zeit eine rote Färbung, die bei starkem Verdünnen mit Wasser in gelb übergeht, beim Verdünnen mit $\geqq$ 2n HCl aber rot bleibt. Die Farbänderung ist reversibel, indem die gelbe Farbe durch Zusatz von Alkalichlorid oder HCl wieder in die rote übergeführt werden kann. Obwohl die rote Farbe die geringere Extinktion aufweist, wird sie wegen ihrer größeren Stabilität für die photometrische Bestimmung bevorzugt. Über die zur Erzielung einer stabilen roten Farblösung erforderliche Arbeitsweise herrschen verschiedene Ansichten. So soll man eine mindestens 24 Std stabile Farbe erhalten, wenn die 1,4—1,7n HCl/0,3m $SnCl_2$-Lösung bei der Durchführung der Farbreaktion 1 Std auf dem siedenden Wasserbad erhitzt und anschließend mit 2n HCl auf ein bekanntes Volumen aufgefüllt wurde [*24*]. 40 min langes Erhitzen ergab demgegenüber schwankende und schwächere Extinktionswerte. Auf diesem Wege konnte von anderer Seite [*25*] noch 1 µg Rh/ml bestimmt werden. Nach einer anderen Arbeit [*26*] ist ein nur 3—5 min langes Erhitzen bis fast zum Sieden der ~ 5n HCl/~ 0,6m $SnCl_2$-Lösung erforderlich, um nach weiterem Zusatz einer HCl-sauren $SnCl_2$-Lösung und Verdünnen mit Wasser auf ein bekanntes Volumen eine sehr stabile Farbe zu erhalten (wobei die HCl-Konzentration der aufgefüllten Lösung ~ 1,7n betragen dürfte). Bei diesem Verfahren soll außerdem ein längeres Erhitzen bis über 30 min sowie Variationen in der HCl- oder $HClO_4$- und in der $SnCl_2$-Konzentration keinen nachteiligen Einfluß auf die Farbstabilität haben. Nach weiteren Beobachtungen [*15a*] führt das Erhitzen von Rh(III) + $SnCl_2$ in 1,4—6n HCl-Lösung zur erwähnten roten Farbe, in 7—11,6n HCl dagegen zu einer gelben Farbe. Zur Bestimmung mit $SnCl_2$ muß das Rh vollständig als Chlorokomplex vorliegen. Ist das Rh in der Lösung als Sulfat

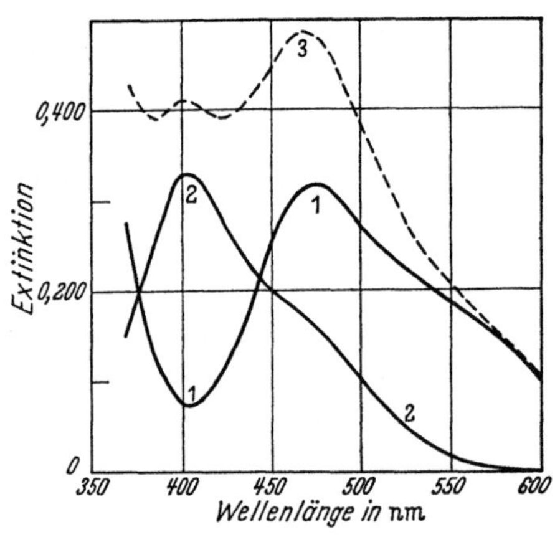

Abb. 161. Extinktionskurven der Komplexe von $SnCl_2$ mit Rh (*1*), Pt (*2*) und Rh + Pt (*3*) [*23*]

enthalten (z. B. durch Lösen einer Pyrosulfatschmelze), so muß die Lösung lange erhitzt werden, da die Umlagerung des Sulfats in den Chlorokomplex nur langsam erfolgt. Die Extinktionsmaxima für den roten Komplex liegen bei 470—475 nm [*24*, *26*] und um 330 nm (s. Abb. 161). Da bei der letztgenannten Wellenlänge bereits geringfügige Schwankungen in der $SnCl_2$-Konzentration die Färbung stark beeinflussen, kann nur bei 470—475 nm gemessen werden ($\varepsilon_{470} = 3900$). Das Beersche Gesetz gilt im Bereich von 0,7—20 µg Rh/ml [*24*, *26*]. Aus 4,4—5,2n HCl-Lösung kann die rote Farbe mit Äthylacetat, Amylacetat oder Alkoholen mit gelber Färbung extrahiert werden, doch ist die Farbe in der organischen Phase nicht stabil, weshalb sofort nach der Extraktion bzw. stets zum gleichen Zeitpunkt photometriert werden soll. Die anderen Platinmetalle mit Ausnahme von Ir stören die Bestimmung. Ag, Au, Hg, Se, Te und W müssen abwesend sein. Die Bestimmung von 10 µg Rh/ml wird durch folgende Ionen (in µg/ml) noch nicht gestört: Pt(IV) (1), Ru(III) (1), Pd(II) (2), Os(IV) (8), Ir(IV) (450), Au(III) (5), Cr(VI) (5), Fe(III) (50), Co(II) (50), Cu(II) (50), Ni(II) (2500), I^- (75), Br^- (15000), NO_3^- (200), SO_4^{2-} (10000). Von diesen können Cr, Os und Ru durch Abrauchen mit $HClO_4$ und Cl^--Überschuß entfernt werden. Au wird durch Extraktion mit Amylacetat aus HCl-Lösung entfernt [*27*]. Pd wird mit Dimethylglyoxim gefällt oder als Phenylthioharnstoffkomplex mit Amylacetat extrahiert [*3*]. Dabei werden etwa 40% von anwesendem Pt mit entfernt. Wenn Rh und Pt im Verhältnis 1:1 anwesend sind, wird vorgeschlagen, sie bei 2 Wellenlängen (475 nm für Rh und 403 nm für Pt) zu messen.

Die in 7—11,6n HCl entwickelte gelbe Farbe kann mit 0,2m Tri-n-octylamin/Benzol quantitativ extrahiert werden [die durch Verdünnen mit Wasser aus der roten Farbe erzeugte gelbe Farbe (s. oben) ist hingegen nicht ausschüttelbar] [*15a*]. Die gelbe Farbe im organischen Extrakt weist ein Extinktionsmaximum bei 415 nm auf ($\varepsilon \approx 11000$; s. Abb. 162) und ist über 1 Woche stabil. Das Beersche Gesetz ist im Bereich von 0,2—8 ppm Rh erfüllt [*15a*].

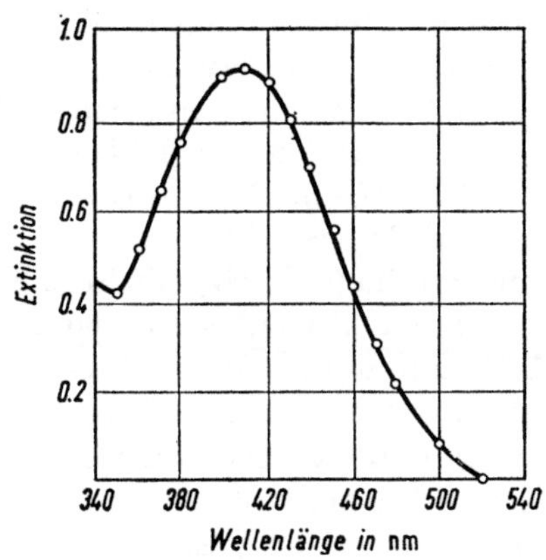

Abb. 162. Extinktionskurve von Rh + $SnCl_2$ in 0,2m Tri-n-octylamin/Benzol [*15a*]

I. Bestimmung in wäßriger Lösung

Arbeitsvorschrift 1 [*26*]

Reagentien

HCl (1,19);

$SnCl_2$-Lösung; 22,6 g $SnCl_2 \cdot 2\,H_2O$ werden in 20 ml HCl (1,19) gelöst und mit Wasser auf 100 ml aufgefüllt.

Die Probelösung (70–2000 µg Rh enthaltend) versetzt man in einem 100 ml-Meßkolben mit 10 ml HCl und 10 ml $SnCl_2$-Lösung, bringt mit Wasser auf ~ 30 ml und erhitzt ~ 10 min fast zum Sieden. Nach dem Abkühlen werden weitere 10 ml $SnCl_2$-Lösung zugesetzt, dann mit Wasser zur Marke aufgefüllt und in einer 1 cm-Küvette bei 475 nm gegen den Blindwert photometriert.

II. Extraktion des Farbkomplexes

Arbeitsvorschrift 2 [*15a*]

Reagentien

0,2 m Tri-n-octylamin (TOA), in Benzol.
Übrige Reagentien wie bei Arbeitsvorschrift 1.

0,1–0,5 ml Probelösung (2,0–40 µg Rh enthaltend) versetzt man in einem 100 ml-Becherglas mit 7 ml HCl (1,19) und 1 ml $SnCl_2$-Lösung, bedeckt mit einem Uhrglas, erhitzt 1 Std auf dem siedenden Wasserbad, kühlt ab und verdünnt mit Wasser auf 50 ml. Die Lösung wird in einen Schütteltrichter übergeführt, mit 5,0 ml TOA-Lösung 2 min extrahiert, die organische Phase in eine 1 cm-Küvette filtriert und bei 415 nm gegen Benzol photometriert.

C. Verschiedenes

Mit p-Nitrosodiphenylamin gibt Rh(III) in neutraler Lösung beim Erhitzen auf dem siedenden Wasserbad (5 min) einen orangefarbenen [*13*], bei pH 5,3 in Acetat-HCl-Lösung in der Kälte nach 60 min Standzeit einen roten, stabilen Komplex [*28*]. Das Extinktionsmaximum des letzteren liegt bei 520 nm, das Beersche Gesetz gilt für 0,6–4,3 ppm Rh. Zahlreiche Elemente stören.

Mit p-Nitrosodimethylanilin gibt Rh(III) bei pH 4,4 in der Hitze nach 10 min einen kirschroten Komplex mit einem Extinktionsmaximum bei 510 nm, wenn gegen die gefärbte Reagenslösung photometriert wird. Das Beersche Gesetz gilt im Bereich von 0,15–1,1 µg Rh/ml [*29*]. Bei der Bestimmung von 0,6 µg Rh/ml stören folgende Ionen (in µg/ml) nicht: Au(III) (3,0), Co(II) (1,5), Cu(II) (1,0), Fe(III) (0,9), Ir(IV) 0,03), Ni(II) (1,2), Os(VI) (0,03), Pd(II) (0,015), Pt(IV) (0,85), Ru(III) (0,11), sowie SO_4^{2-} (340), I^- (300), NO_3^- (> 1000) und Br^- (> 1000).

Der bei der Extraktion mit Pyridin (s. S. 987) erhaltene Komplex wurde bei 420 nm photometriert [*6*]. Pd, Pt und Rh können nebeneinander als Thiocyanat-Pyridin-Komplexe photometrisch bestimmt werden [*30*]. Pd reagiert in der Kälte, Pt bei pH 2,0–2,5 bei 90° C (s. S. 974), Rh in 3–4 n HCl-Lösung ebenfalls in der Wärme und wird nach dem Abkühlen mit MIBK extrahiert und bei 380 nm photometriert.

Rh gibt mit Thiomalonsäure bei pH 1–6 einen gelben Komplex, der zur photometrischen Bestimmung bei 340 nm geeignet ist [*31*]. Das Beersche Gesetz gilt für 1,2–10 µg Rh/ml ($L_Q = 0{,}6$ µg Rh · ml^{-1} · cm^{-1}). Pd(II), Au(III), Ir(IV), Os(VI), Pt(IV) und Ru(III) stören.

Mit $SnBr_2$ (≧ 0,1 m Sn) gibt Rh(III) in Anwesenheit von $HBr/HClO_4$ (etwa 1 + 1) (Säurekonzentration 2,5–3 n) in der Kälte oder beim Erwärmen eine Gelbfärbung mit einem Extinktionsmaximum bei 427 nm [*32*]. Das Beersche Gesetz ist im Bereich von 0,1–5 µg Rh/ml erfüllt ($L_Q = 0{,}1$ µg Rh · ml^{-1} · cm^{-1}). Die Färbung kann mit Isoamylalkohol extrahiert werden. Das Extinktionsmaximum liegt bei 429 nm und die Farbe ist sehr stabil. Nach neueren Angaben [*33*] soll SnI_2 für die photometrische Bestimmung von Rh infolge höherer Nachweisempfindlichkeit besser geeignet sein als

$SnCl_2$. Für die Farbreaktion des Rh mit den bisher verwendeten Sn(II)-Verbindungen wurden folgende molare Extinktionskoeffizienten angegeben: für Rh–SnI_2 39000, für Rh–$SnBr_2$ 29000 und für Rh–$SnCl_2$ 3900.

Für die photometrische Bestimmung von Rh fanden weiterhin Anwendung: NaOCl ($\varepsilon_{665} = 3830$) [*34*], Diphenylcarbazon [*39*], 2-Mercapto-4,5-dimethylthiazol ($\varepsilon_{390} = 16500$) [*18, 36, 37*], 2-Mercaptobenzoxazol ($\varepsilon_{335} = 12000$) [*25, 38, 39*], 5-Amino-2-benzimidazolthiol [*40*], PAN/$CHCl_3$ (598 nm, $S_M = 0{,}0052$) [*41*], N,N'-Bis(3-dimethylaminopropyl)dithiooxamid ($\varepsilon_{420} = 8758$, $L_Q = 0{,}3$) [*42*], 2-Diäthylaminoäthanthiolhydrochlorid (330 nm, $S_M = 0{,}0064$) [*43*]. In Übersichtsreferaten [*44–47*] findet man Hinweise auf weitere Verfahren. In Chromitkonzentraten wurde $\geqq 0{,}1$ ppm Rh nach Mitfällung an Te mittels AAS (Luft/C_2H_2-Brenner, Rh 3435) bestimmt [*48*]. Nach vorangehender extraktiver Isolierung mit Na-DDTC/4-Methyl-2-pentanon (pH 8) wurde Rh (5–50 ppm in wäßriger Lösung) mittels Flammenphotometrie (O_2/C_2H_2-Brenner, Rh 3692) bestimmt [*49*].

Literatur

1. Vanossi, R.: An. Soc. ci. argent. **153**, 49 (1952).
2. Young, R. S.: Analyst **76**, 49 (1951).
3. Ayres, G. H., Tuffly, B. L.: Analyt. Chem. **24**, 949 (1952).
4. Ballou, N. E.: ref. in Lit. Nr. [*5*].
5. Coryell, C. D., Sugarman, N.: Radiochemical Studies: The fission products. p. 1563. New York: McGraw-Hill Book Co. Inc. 1951.
6. Maddock, R. S., Meinke, W. W.: Progress Rept. No. 9, U.S. AEC Project No. 7 (Nov. 1960).
7. Irving, H. M.: Quart. Rev. (chem. Soc., London) **5**, 200 (1951).
8. Lindner, M.: U.S. Atomic Energy Comm. Rept. UCRL-4377.
9. Berg, E. W., Senn, W. L., Jr.: Analyt. chim. Acta **19**, 12 (1958).
10. Berg, E. W., Senn, W. L., Jr.: Analyt. chim. Acta **19**, 109 (1958).
11. Karttunen, J. O., Evans, H. B.: Analyt. Chem. **32**, 917 (1960).
12. Wilson, R. B., Jacobs, W. D.: Analyt. Chem. **33**, 1652 (1961).
13. Ryan, D. E.: Analyst **76**, 167 (1951).
14. Ryan, D. E.: Analyst **76**, 310 (1951).
15. Ziegler, M.: Naturwiss. **46**, 492 (1959).
15a. Khattack, M. A., Magee, R. J.: Analyt. chim. Acta **45**, 297 (1969).
16. Berg, E. W., Senn, W. L., Jr.: Analyt. Chem. **27**, 1255 (1955).
17. Westland, A. D., Beamish, F. E.: Mikrochim. Acta (Wien) **1956**, 1474.
18. Westland, A. D., Beamish, F. E.: Mikrochim. Acta (Wien) **1957**, 625.
19. Tertipis, G. G., Beamish, F. E.: Analyt. Chem. **32**, 486 (1960).
20. Pollard, W. B.: Bull. Inst. Min. Met. **1948**, 497, 9; ref. in Lit. Nr. [*21*].
21. Beamish, F. E.: Talanta **5**, 1 (1960).
22. Jackson, E.: Analyst **84**, 106 (1959).
23. Jacobs, W. D.: Analyst. Chem. **32**, 512 (1960).
24. Maynes, A. D., McBryde, W. A. E.: Analyst **79**, 230 (1954).
25. Cheneley, R. B., Osmond, R. G., Perry, S. G.: Atomic Energy Research Establ. (G. Brit.) C.R. 1870, 1956; ref. in Lit. Nr. [*39*].
26. Ayres, G. H., Tuffly, B. L., Forrester, J. S.: Analyt. Chem. **27**, 1742 (1955).
27. Lenher, V., Kao, C. H.: J. physic. Chem. **30**, 126 (1926).
28. Hibbits, J. O., Davis, W. F., Menke, M. R.: Talanta **8**, 163 (1961).
29. Wilson, R. B., Jacobs, W. D.: Analyt. Chem. **33**, 1652 (1961).
30. Forsythe, J. H. W., Magee, R. J., Wilson, C. L.: Talanta **3**, 330 (1960).
31. Wagner, V. L., Jr., Yoe, J. H.: Talanta **2**, 239 (1959).
32. Pantani, F., Piccardi, G.: Analyt. chim. Acta **22**, 231 (1960).
33. Berg, E. W., Youmans, H. L.: Analyt. chim. Acta **25**, 366 (1961).
34. Ayres, G. H., Young, F.: Analyt. Chem. **24**, 165 (1952).
35. Ayres, G. H., Johnson, F. L., Jr.: Analyt. chim. Acta **23**, 448 (1960).
36. Ryan, D. E.: Analyst **75**, 557 (1950).

37. Ryan, D. E.: Analyst **76**, 731 (1951).
38. Ryan, D. E.: Analyt. Chem. **22**, 599 (1950).
39. Beamish, F. E., McBryde, W. A. E.: Analyt. chim. Acta **18**, 551 (1958).
40. Gupta, J. G. S.: Talanta **8**, 785 (1961).
41. Stokely, J. R., Jacobs, W. D.: Analyt. Chem. **35**, 149 (1963).
42. Jacobs, W. D.: Analyt. Chem. **32**, 514 (1960).
43. Srivastava, S. C.: Analyt. Chem. **35**, 1165 (1963).
44. Beamish, F. E.: Talanta **14**, 991 (1967).
45. Beamish, F. E.: Talanta **14**, 1133 (1967).
46. Beamish, F. E., Lewis, C. L., van Loon, J. C.: Talanta **16**, 1 (1969).
47. Beamish, F. E.: Talanta **12**, 789 (1965).
48. Schnepfe, M. M., Grimaldi, F. S.: Talanta **16**, 1461 (1969).
49. Eshelman, H. C., Dyer, J., Armentor, J.: Analyt. chim. Acta **32**, 411 (1965).

Ru — Ruthenium

Tabelle 163. Empfindlichkeit S_M und Bestimmungsgrenze L_Q der Verfahren

Verfahren	µg Ru · ml^{-1} · cm^{-1}	
	S_M	L_Q
Diphenylthioharnstoff/wäßrige Lösung	0,028 (630—640 nm)	0,7 (630—640 nm)
Diphenylthioharnstoff/$CHCl_3$	~ 0,040 (650 nm)	~ 1 (650 nm)
1,4-Diphenylthiosemicarbazid/$CHCl_3$	0,010 (560 nm)	0,25 (560 nm)
2,4-Diphenylthiosemicarbazid/$CHCl_3$	0,010 (565 nm)	0,25 (565 nm)
1-Naphthylamin-3,5,7-trisulfosäure	0,020 (530 nm)	0,5 (530 nm)
1,10-Phenanthrolin	0,004 (448 nm)	0,1 (448 nm)

A. Trennungen

Aus einem $HNO_3/HCl/HClO_4/H_2SO_4$-Gemisch wurde Ru zusammen mit Os und Ge (teilweise auch Re, Hg, Se und geringen Mengen bis Spuren an As, Cr, Sb, Sn) zuerst abdestilliert und dann aus dem salzsauren Destillat mit $CHCl_3$ die Hauptmenge von Os und Ge extraktiv abgetrennt [*1*], während Ru in der wäßrigen Phase verbleibt. Da die Abtrennungen nicht streng quantitativ verlaufen, müssen beide Phasen mehrmals entsprechend nachgewaschen und die jeweiligen Waschlösungen mit den bei der ersten Extraktion erhaltenen Lösungsanteilen vereinigt werden.

Über die extraktive Trennung von Os und Ru (im Verhältnis bis 1:100) wird auch von anderer Seite [*2*] berichtet. Aus einer Os(VIII) und Ru(VIII) enthaltenden H_2SO_4-Lösung wird das Ru durch Fe(II) soweit reduziert, daß beim sofortigen Zusatz von HNO_3 bis zur Konzentration von 5–6n keine Oxydation mehr eintritt, während Os wieder in der 8wertigen Stufe vorliegen soll. OsO_4 wird nun durch 4malige Extraktion mit CCl_4 praktisch quantitativ abgetrennt. Das in der wäßrigen Lösung verbliebene Ru wird mit AgO zu Ru(VIII) oxydiert und durch 3malige Extraktion mit CCl_4 isoliert. Aus dem organischen Extrakt kann Ru durch 2 Std langes Schütteln mit schwefelsaurer Na_2SO_3-Lösung rückgeschüttelt werden. Ru wird aus 1–4n HCl-Lösung mit 40% Dibutylamin/$CHCl_3$ extrahiert ($E\% = 97{,}5$) [*2a*].

Durch Destillation in Anwesenheit stark oxydierender Stoffe wird Ru häufig isoliert, wodurch eine Trennung von allen Elementen mit Ausnahme von Os gelingt. Bei einem Verfahren wurde Os zuerst allein aus 6n HNO_3-Lösung und anschließend das Ru nach Oxydieren mit $KMnO_4$ ebenfalls abdestilliert [*3*]. Auf diese Weise wurde Ru vor seiner Bestimmung mit 1-Naphthylamin-3,5,7-trisulfosäure isoliert (s. S. 999). Es wurde ferner über die Destillation des Ru aus $HClO_4$-Lösung unter Zusatz von $NaBiO_3$ [*4*] bzw. aus $NaBiO_3$ und wenig Cl^- enthaltender $HClO_4/H_3PO_4$-Lösung [*5*] berichtet. Als Vorlage diente im erstgenannten Fall äthanolische NaOH, im zweiten Fall KOH, in welcher sich das überdestillierende Cl_2 zu Hypochlorit umsetzt und die Bildung von RuO_4^- verursacht, das dann seinerseits photometrisch bestimmt wurde. In Fortsetzung dieser Arbeiten konnte von anderer Seite [*6*] RuO_4 aus 6n $H_2SO_4/NaBiO_3$-Lösung unter Sieden und Durchleiten von Luft rasch und quantitativ überdestilliert werden. Besonders wichtig ist dabei, daß keinerlei reduzierende oder komplexbildende Stoffe in der zu destillierenden Lösung anwesend sein dürfen, weshalb man solche zuerst aus der H_2SO_4-Lösung austreibt, ehe man das $NaBiO_3$ zur Oxydation des Ru zusetzt. Die eisgekühlte Vorlage enthält ~ 1n NaOH und ~ 0,3% NaOCl. Eine Vorschrift zur Destillation des Ru aus H_2SO_4-Lösung nach Oxydieren mit $KMnO_4$ und $NaBiO_3$ [7] ist auf S. 996 beschrieben. Aus einer Os und Ru enthaltenden H_2SO_4-Lösung kann Os durch Zusatz von H_2O_2 selektiv destilliert werden, da Ru dabei reduziert wird und zurückbleibt [2, 8, 9]. Mit dem Verfahren konnten auf befriedigende Weise 100 μg Os von 0,1 μg Ru [2] sowie ~ 1300 μg Os von ~ 20 μg Ru [9] abgetrennt werden.

Nach gemeinsamer Isolierung von Ru und Os durch Destillation läßt sich eine Trennung beider Elemente herbeiführen, indem entweder Os aus 0,0—0,3n HCl-Lösung mit Tetraphenylarsoniumchlorid/$CHCl_3$ zu 80—90% von Ru oder aus 6n HCl-Lösung Ru mit Diphenylthioharnstoff/$CHCl_3$ von der Hauptmenge an Os extraktiv entfernt wird [10]. Eine für diese Destillation im Mikromaßstab geeignete Apparatur wurde beschrieben [11].

Mittels Anionenaustauschpapier (Reeve Angel SB 2) läßt sich Ru bei pH 0,3 (HCl-Lösung) von Cu, Fe und Ni abtrennen [12]. Mit dem Kationenaustauscher Dowex 50X8 (Na-Form) wurde Ru aus 2% NaCl/HCl-Lösung von pH 1,0 von denselben Elementen getrennt, wobei Ru in den Durchfluß geht [13].

Hinsichtlich weiterer Trennungen von Os und Ru s. S. 887.

B. Thioharnstoff-Derivate

Thioharnstoff reagiert bekanntlich mit einer größeren Zahl von Elementen unter Bildung stark gefärbter Verbindungen [14, 15]. Die mit Ru(III) in HCl-Lösung erhaltene blaue Farbe wurde außer zum qualitativen Nachweis auch zur quantitativen Bestimmung herangezogen [16—18], doch zeigt sie außer der geringen Selektivität auch eine geringe Empfindlichkeit. Es wurde festgestellt, daß die Komplexe Ru(Thioh.)$^{2+}$ und Ru(Thioh.)$_3$ gleichzeitig nebeneinander auftreten [19, 20]. Von den mehrfach zum Ru-Nachweis geprüften Thioharnstoff-Derivaten [15, 20—23] sind für die quantitative Bestimmung Diphenylthioharnstoff [20, 23], 2,4-Diphenylthiosemicarbazid [20], 1,4-Diphenylthiosemicarbazid [7] und Dithiooxamid [24] als am geeignetsten gefunden worden. Auch mit N,N'-Bis-(3-dimethylaminopropyl)dithiooxamid wurde Ru photometrisch bestimmt [25].

I. Diphenylthioharnstoff

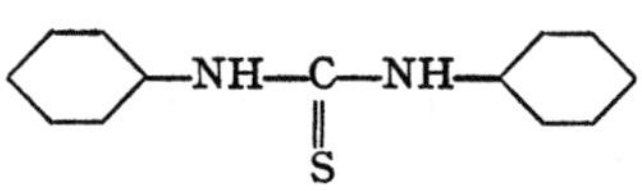

Die Bestimmung wird am günstigsten in 4,5—6,5n HCl-Lösung durchgeführt, wobei beim Erhitzen auf 80° C nach 30 min eine konstante Färbung erreicht wird. Bei stärkerem Erhitzen tritt Zersetzung ein; ebenso bei höherer Acidität. Der in $CHCl_3$ extrahierte Komplex ist längere Zeit stabil, in direktem Sonnenlicht tritt allerdings eine rasche Zersetzung ein. Das Extinktionsmaximum liegt in wäßriger Lösung bei 630—640 nm [23], in $CHCl_3$ bei 650 nm [20]. Das Beersche Gesetz ist im Bereich von < 1—20 μg Ru/ml erfüllt.

Die Bestimmung von 12 μg Ru/ml in wäßriger Lösung (Arbeitsvorschrift a) wird nicht gestört durch (μg/ml; verursachter relativer Fehler ±3%) [23]: Ir (20; mit 30 μg/ml relativer Fehler ±5%), Os (30), Pd (30), Pt (20; mit 28 μg/ml relativer Fehler

$\pm 5\%$) und Rh (30). Bei der Bestimmung von Ru durch Extraktion mit $CHCl_3$ [20] (Arbeitsvorschrift b) stört Os im 10fachen Überschuß nicht. Die übrigen Platinmetalle geben unter den Bedingungen der Arbeitsvorschrift b) mit dem Reagens Färbungen, die mit $CHCl_3$ extrahierbar sind. Kleine Mengen Ir, Pd und Rh stören nicht, während Pt zu Störungen Anlaß gibt. Weiterhin stören nicht: Kleine Mengen Alkalisulfat und -chlorid (bis 0,2 g/ml), ClO_4^-, SO_4^{2-} und kleine Mengen SO_2. Geringste Mengen an Oxydationsmitteln wie KNO_3 oder H_2O_2 verhindern dagegen die Bildung des Ru-Komplexes vollständig, da sie das Reagens zu gelben, extrahierbaren Verbindungen oxydieren.

Arbeitsvorschrift

a) Bestimmung in wäßriger Lösung [23]

Reagentien

Diphenylthioharnstoff, 2%ig in Eisessig; 3 Monate haltbar;
HCl (1,19)/Äthanol-Gemisch (1 + 1).

Bis zu 10 ml Probelösung (6n HCl; 40—1000 µg Ru enthaltend) gibt man in einen 50 ml-Meßkolben, in den 30 ml HCl/Äthanol-Gemisch vorgelegt sind, versetzt mit 5 ml Diphenylthioharnstoff-Lösung und bringt mit HCl/Äthanol-Gemisch auf 45 ml. Es wird gut durchgemischt, auf dem Wasserbad 5 min auf 85° C erhitzt, im fließenden Wasser abgekühlt, mit HCl/Äthanol-Gemisch zur Marke aufgefüllt und in einer 1 cm-Küvette bei 630 nm gegen Wasser photometriert.

b) Extraktion mit $CHCl_3$ [20]

Reagentien

Diphenylthioharnstoff, gesättigte methanolische Lösung;
$CHCl_3$.

~ 20 ml Probelösung (5—6n HCl; 5—100 µg Ru enthaltend) versetzt man mit 1 ml Reagenslösung und erhitzt 30 min auf 80° C. Danach wird im fließenden Wasser abgekühlt, mit 10,0 ml $CHCl_3$ extrahiert und die organische Phase in einer 2 cm-Küvette bei 650 nm gegen $CHCl_3$ photometriert. Der mittlere relative Fehler liegt bei $\pm 5\%$.

II. 1,4-Diphenylthiosemicarbazid

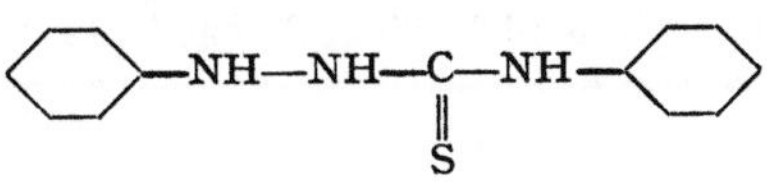

Mit 1,4-Diphenylthiosemicarbazid gibt Ru einen rotvioletten, durch $CHCl_3$ extrahierbaren Komplex [7]. Die optimale Säurekonzentration für dessen Bildung liegt bei 5,5—6,5n HCl; bei zu niedriger HCl-Konzentration erfolgt die Komplexbildung verlangsamt, bei zu hoher ist sie zwar schnell, aber die Farbe verblaßt rasch. Durch 10 bis 15 min langes Erhitzen auf 100° C wird die volle Farbentwicklung erreicht. Das bei der Destillation des Ru in der Absorptionslösung der Vorlage verwendete $SnCl_2$ stört bei der anschließenden photometrischen Bestimmung mit 1,4-Diphenylthiosemicarbazid nicht (im Gegensatz zum 2,4-Diphenylthiosemicarbazid, bei dem $SnCl_2$ eine Verminderung der Farbintensität verursacht). Das Extinktionsmaximum liegt bei 560 nm (s. Abb. 163). Das Beersche Gesetz ist im Bereich von 0,25—>4 µg Ru/ml $CHCl_3$ erfüllt. Die Anwesenheit von 100 µg Os verursacht keine Störung, obwohl Os bei vorangehender Isolierung durch Destillation das Ru begleitet und das Reagens auch zur Os-Bestimmung dient.

HNO_3, Cl_2 und andere stark oxydierende Stoffe zerstören das Reagens. Re stört durch Farbbildung mit dem Reagens; Ru kann aber bei dessen Anwesenheit durch Destillation aus H_2SO_4-Lösung nach Oxydieren mit $KMnO_4$ und $NaBiO_3$ isoliert werden.

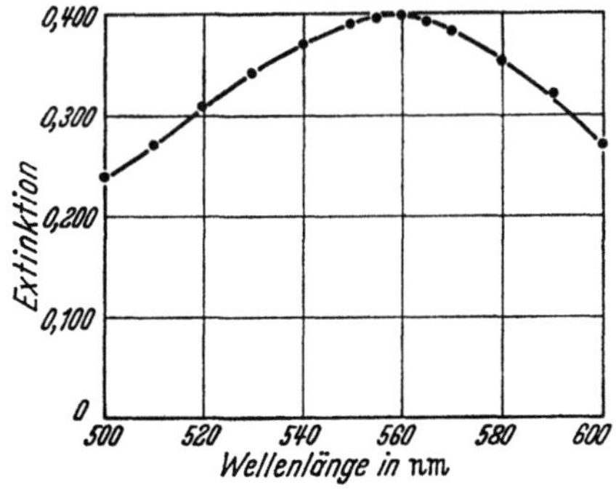

Abb. 163. Extinktionskurve von Ru + 1,4-Diphenylthiosemicarbazid in $CHCl_3$ [7]

Mit dem Verfahren wurde Ru in Eisen- und Silicat-Meteoriten bestimmt. Die dabei vorhandene große Menge an Fe(II) wird mit $KMnO_4$ oxydiert, danach der Überschuß des letzteren für die Destillation des Ru auf eine bestimmte Konzentration eingestellt und dann die erforderliche Menge $NaBiO_3$ zugefügt. Chromsäure oder Ce(IV) anstelle von $KMnO_4$ haben sich hierzu nicht bewährt.

B: $\geqq$ 1–20 ppm Ru. F_{rm}: $\pm 5\%$.

Arbeitsvorschrift [7]

Reagentien

1,4-Diphenylthiosemicarbazid, gesättigte methanolische Lösung;
HCl (1 + 3); 6n HCl;
H_2SO_4 (1,84);
Al_2O_3;
Na_2O_2;
$KMnO_4$, 1%ige wäßrige Lösung;
$NaBiO_3$;
$SnCl_2$-Lösung; 5,0 g $SnCl_2 \cdot 2\,H_2O$ in 100 ml 6n HCl; 3 Tage haltbar;
$CHCl_3$.

a) Eisenmeteorite

1,0 g Probematerial wird in einem Becherglas in 40 ml HCl (1 + 3) unter Erwärmen gelöst, nach dem Abkühlen auf Raumtemperatur mit 10 ml H_2SO_4 versetzt, bis zum Auftreten der SO_3-Nebel eingedampft und 20 min abgeraucht. Nach dem Abkühlen versetzt man mit 35 ml Wasser und erwärmt zum Lösen der Salze. Die Lösung wird durch einen kleinen, mit 50 mg Al_2O_3-Pulver beschickten Porzellanfiltertiegel filtriert, mit wenig Wasser nachgewaschen, Filtrat und Waschwasser in das ursprüngliche Becherglas zurückgegeben und die Lösung auf dem Wasserbad eingeengt. Aus dem getrockneten Porzellanfiltertiegel führt man den unlöslichen Rückstand mit dem Al_2O_3 in einen Nickeltiegel über, schließt 20–30 min mit 0,5 g Na_2O_2 auf und löst die erkaltete Schmelze in 10 ml Wasser. Die Lösung wird in einem kleinen Becherglas in Eiswasser gekühlt, mit einem kleinen Überschuß verdünnter H_2SO_4 versetzt, mit dem ersten Filtrat im Becherglas vereinigt und diese vereinigte Lösung auf dem Wasserbad auf 40 ml eingeengt. Man führt sie nun unter Nachwaschen mit 10 ml Wasser in einen Destillationskolben (125 ml-Erlenmeyerkolben; Beschreibung der Destillationsapparatur s. S. 1000) über, oxydiert die Hauptmenge an Fe(II) durch Zusatz kleiner Anteile von pulverisiertem $KMnO_4$, vervollständigt die Oxydation dann mit $KMnO_4$-Lösung und fügt von letzterer 1 ml im Überschuß hinzu. Nach Zusatz von 1 g $NaBiO_3$ (das Volumen der Probelösung soll jetzt 50—60 ml betragen) verbindet man den Destillationskolben sofort mit dem Liebigkühler. Der Vorlagekolben wird mit 40 ml und der Blasenzähler mit 10 ml 0,1%iger $SnCl_2$-Lösung (1,0 ml 5%ige $SnCl_2$-Lösung wird zu 50 ml 6n HCl zugegeben) beschickt. Man erhitzt den Destillationskolben und leitet gleichzeitig durch das Gaseinleitungsrohr Luft mit einer Geschwindigkeit von 2 Blasen/sec ein. Wenn die Lösung zu sieden beginnt und das Kondensat den oberen Teil des Kühlers erreicht hat, setzt man die Destillation noch 5 min fort. Danach wird die Absorptionslösung aus Vorlage und Blasenzähler unter Nachspülen von Kühler und Vorlage mit 30 ml 6n HCl in einen 150 ml-Erlenmeyerkolben übergeführt, mit 3,0 ml 1,4-Diphenylthiosemicarbazid-Lösung versetzt, gemischt und im siedenden Wasser 12 min erhitzt. Nach dem Abkühlen führt man die Lösung unter Nachspülen mit 20 ml 6n HCl in einen Schütteltrichter über (das Volumen soll jetzt 100 ml betragen), extrahiert 1 min mit 5,0 ml $CHCl_3$ und photometriert die organische Phase (wenn nötig filtriert) nach der Phasentrennung in einer 1 cm-Küvette bei 560 nm gegen $CHCl_3$.

b) Silicatmeteorite

2—2,5 g pulverisiertes Probematerial behandelt man mit HCl und H_2SO_4 wie unter a) beschrieben. Unlösliches Material filtriert man durch einen Porzellanfiltertiegel ab, wäscht, trocknet, schließt den Rückstand mit 5 g Na_2O_2 in einem Nickeltiegel auf und fährt nach a) fort.

III. 2,4-Diphenylthiosemicarbazid

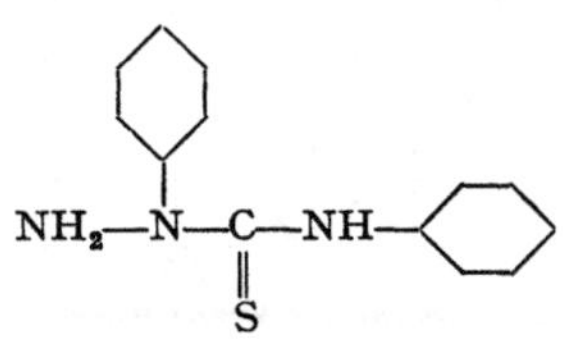

Geeignete Bedingungen für die Bildung des Ru-Komplexes sind eine 4—6n HCl-Lösung und 3 min langes Erhitzen auf 100° C, doch wird auch durch längeres Erhitzen bis zu 30 min die Farbintensität nicht geändert. Der in $CHCl_3$ extrahierte Komplex wird durch Sonnenlicht zerstört. Das Extinktionsmaximum liegt bei 565 nm. Kleine Gehalte von ClO_4^-, SO_4^{2-} und SO_3^{2-} sowie von Alkalisalzen sind auf die Bestimmung von Ru ohne Einfluß. $SnCl_2$ führt hier zu einer Verminderung der Farbintensität des Komplexes. Oxydationsmittel zerstören das Reagens. Geringe Mengen Os geben kaum eine Färbung, größere Mengen bedingen eine schwache Rotfärbung. Die Bestimmung des Ru ist neben der 10—20fachen Os-Menge möglich. Pd, Pt und Rh geben gelbe, mit $CHCl_3$ extrahierbare Verbindungen. Ir reagiert mit dem Reagens nicht. Da die Komplexe der genannten Platinelemente in $CHCl_3$ erst unterhalb von 500 nm eine merkliche Absorption aufweisen, ist die Bestimmung des Ru in seinem Extinktionsmaximum neben der 3—5fachen Menge an Pd, Pt oder Rh möglich.

Arbeitsvorschrift [*20*]

Reagentien

2,4-Diphenylthiosemicarbazid, gesättigte methanolische Lösung;
$CHCl_3$.

~ 15 ml Probelösung (6n HCl; 1,5–30 μg Ru enthaltend) versetzt man mit 1 ml Reagenslösung, erhitzt 10–15 min auf 100 °C, kühlt danach im fließenden Wasser ab, extrahiert mit 10,0 ml $CHCl_3$, filtriert und photometriert in einer 2 cm-Küvette bei 565 nm gegen $CHCl_3$. Der mittlere relative Fehler beträgt ±4%.

C. 1-Naphthylamin-3,5,7-trisulfosäure

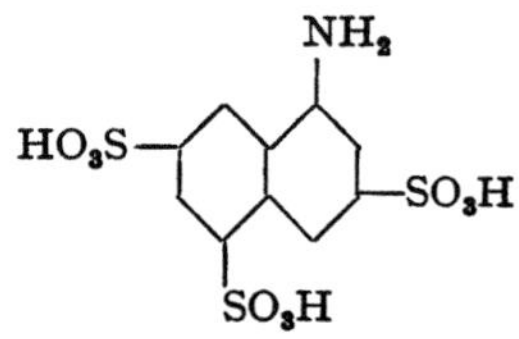

Ru(VI) bildet bei pH 1,5–7,0 mit 1-Naphthylamin-3,5,7-trisulfosäure einen stabilen, roten, wasserlöslichen Komplex der Zusammensetzung R_2RuO_4 [*3*]. Zwischen pH 2,5–5 erfolgt die Farbbildung bei Raumtemperatur sofort, da hier Ru in der reaktionsfähigen, 6wertigen Stufe vorliegt. Das Extinktionsmaximum des Komplexes liegt bei 530 nm, wobei das Reagens bis zum 7fachen Überschuß keine Absorption aufweist (s. Abb. 164).

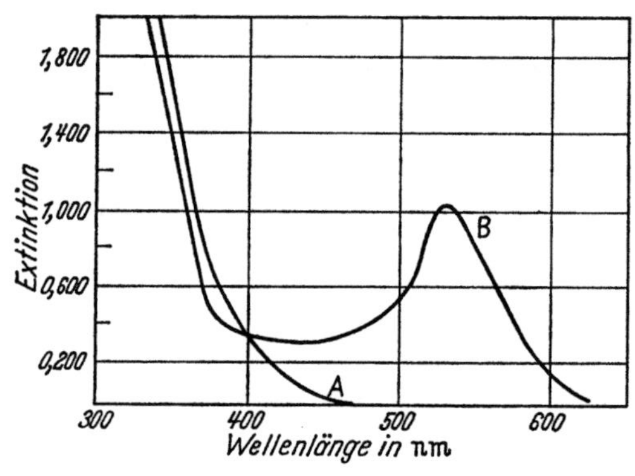

Abb. 164. Extinktionskurven von Ru + 1-Naphthylamin-3,5,7-trisulfosäure (*B*) und des Reagenses (*A*) [*3*]

Das Beersche Gesetz ist im Bereich von 0,5–20 μg Ru/ml erfüllt. Da das ausgearbeitete Verfahren [*3*] die Isolierung des Ru durch Destillation aus $HNO_3/KMnO_4$-Lösung empfiehlt, werden auf diese Weise störende Elemente ausgeschaltet. Zur Entfernung gleichzeitig vorhandenen Os, das mit dem Reagens analog wie Ru einen Komplex gibt, wird dieses zuerst aus 6n HNO_3-Lösung abdestilliert und anschließend erst nach Zusatz von $KMnO_4$ das Ru. Auf diese Weise konnten z. B. 10 μg Ru/ml Lösung noch neben 1 mg Os störungsfrei bestimmt werden. Der mittlere relative Fehler des Verfahrens beträgt ±1,5–3%.

Mit der isomeren Verbindung 1-Naphthylamin-4,6,8-trisulfosäure reagiert Ru analog.

Arbeitsvorschrift [*3*]

Reagentien

6n HNO_3;

0,1m $KMnO_4$;

0,0005m 1-Naphthylamin-3,5,7-trisulfosäure, wäßrige Lösung; das Reagens wird vor der Herstellung der Lösung je nach der Herkunft bis zu 5mal umkristallisiert, indem man es in wenig Wasser löst und durch Zusatz von Isopropylalkohol ausfällt. Die Reagenslösung wird auf pH 2,5—3,0 eingestellt;

Pufferlösung (pH 1,0); 97 ml 0,2n HCl + 50 ml 0,2n KCl werden mit Wasser auf 200 ml aufgefüllt.

Das Probematerial (25—1000 μg Ru enthaltend) wird im Destillationsapparat mit 6n HNO_3 gelöst, zur Verflüchtigung des Os als OsO_4 15—30 min gekocht, mit 20 ml 0,1m $KMnO_4$ versetzt und je nach dem Ru-Gehalt erneut 15—30 min gekocht. In 6n HNO_3 unlösliches Probematerial wird vorher mit $K_2S_2O_8$, Na_2O_2 oder KOH/KNO_3 aufgeschlossen und anschließend wie vorhin beschrieben mit 6n HNO_3 behandelt. Das bei der zweiten Destillation übergehende RuO_4 wird in einer Vorlage von 25 ml Reagenslösung (pH 2,5—3,0) aufgefangen, ein aliquoter Teil von 5 ml in einem 10 ml-Meßzylinder mit Pufferlösung zur Marke aufgefüllt und in einer 1 cm-Küvette bei 530 nm gegen einen Blindwert photometriert.

Wenn 2,5—50 μg Ru in der Probe vorliegen, wird bei der Destillation eine Vorlage von 5 ml Reagenslösung verwendet.

D. 1,10-Phenanthrolin

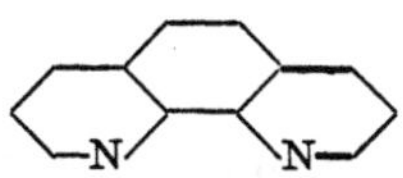

In dem nachfolgenden Verfahren wird das Ru nach seiner Isolierung durch Destillation als RuO_4 mit 1,10-Phenanthrolin photometrisch bestimmt [*26*]. Ru(III) oder Ru(IV) bildet beim Erhitzen in schwach saurer HCl-Lösung in Anwesenheit von Hydroxylaminhydrochlorid mit 1,10-Phenanthrolin einen intensiv gelb gefärbten Komplex der Zusammensetzung $[Ru(II)Ph_3]^{2+}$. Bei Raumtemperatur entsteht die Farbe erst nach langem Stehen. Am günstigsten erwies sich ein 2 Std langes Erhitzen auf 100° C (Äthylenglykolbad, ±0,5° C), wodurch etwa 97% der im Extinktionsmaximum erreich-

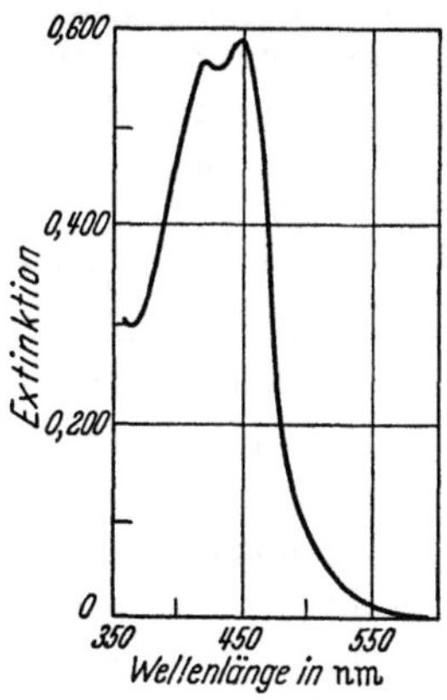

Abb. 165. Extinktionskurve von Ru + 1,10-Phenanthrolin [*26*]

baren Farbintensität erhalten werden. Die maximal mögliche Extinktion wird erst nach 20—30stündigem Erhitzen erreicht. Die Farbentwicklung wird am besten bei pH 6 durchgeführt und eine Ausfällung von Ru(IV) durch Zusatz von Hydroxylaminhydrochlorid verhindert [wahrscheinlich infolge Reduktion zu Ru(III)]. Das Extinktionsmaximum des Komplexes liegt bei 448 nm ($\varepsilon = 18500$; s. Abb. 165). Die Extinktionskurve ist jener des Fe(II)-Komplexes bemerkenswert ähnlich. Die Farbe ist bis 50 Std stabil. Das Beersche Gesetz ist im Bereich von 0,1—1,5 μg Ru/ml erfüllt. Von Fe u. a. störenden Elementen wird Ru durch Destillation als RuO_4 abgetrennt. Falls Os anwesend ist, so wird dieses vorher als OsO_4 aus HNO_3-Lösung abdestilliert [*27*], wobei Ru nicht oxydiert wird und in der Lösung zurückbleibt. Die Aufstellung der Eichkurve muß gemäß der Arbeitsvorschrift einschließlich der Destillation durchgeführt werden, da die Extinktionswerte ohne vorangehende Destillation etwas niedriger sind, was auf einen stabilen oder langsam dissoziierenden Ru(III)-chlorokomplex zurückgeführt wird.

F_r: $\pm 1\%$.

Arbeitsvorschrift [*26*]

Reagentien

H_2SO_4 (1,84); HCl (1,19); 5n HCl; 0,2n HCl;
$HClO_4$ (70%);
Hydroxylaminhydrochlorid, 5%ige wäßrige Lösung;
0,01m 1,10-Phenanthrolin, wäßrige Lösung;
NaCl, 20%ige wäßrige Lösung;
5n HaOH.

Destillationsapparatur

Als Destillationskolben dient ein 125 ml-Erlenmeyerkolben mit einem seitlich eingeschmolzenen, bis zum Kolbenboden reichenden Gaseinleitungsrohr. Destillationskolben, Liebigkühler und Vorlage sind durch Schliffe miteinander verbunden. Der Liebigkühler (Innenrohr 12,5 mm ⌀) ist senkrecht angeordnet, und sein unteres Ende reicht bis zum Boden des als Vorlage dienenden 125 ml-Erlenmeyerkolbens. An den Vorlagekolben ist seitlich ein kleiner Blasenzähler für das austretende Treibgas angeschmolzen.

Analyse

Die Probelösung (10—125 μg Ru und keine oxydierenden Stoffe enthaltend) wird zur Entfernung überschüssiger Mengen von Halogensäuren mit 10 ml H_2SO_4 bis zum Auftreten der SO_3-Nebel erhitzt. Wenn die Probe HNO_3 enthalten sollte, empfiehlt es sich, sie vor dem Abrauchen mit H_2SO_4 mehrmals mit HCl einzudampfen. Nach dem Abrauchen führt man die abgekühlte Probelösung in den Destillationskolben über, beschickt die Vorlage mit 30 ml 0,2n HCl und 4 ml Hydroxylaminhydrochloridlösung sowie den Blasenzähler mit einigen ml 0,2n HCl und 1 ml Hydroxylaminhydrochloridlösung, fügt 1 ml $HClO_4$ in den Destillationskolben hinzu und setzt die Apparatur zusammen (der Schliff des Destillationskolbens wird mit wenig $HClO_4$ abgedichtet). Ein langsamer Luftstrom wird durch die Apparatur geleitet, der Destillationskolben solange erhitzt, bis die zugesetzte $HClO_4$ im Kolbenhals kondensiert, und das Erhitzen dann unterbrochen. Man leitet den Luftstrom noch für eine weitere Minute durch, unterbricht ihn dann und läßt die Apparatur abkühlen, wobei der Inhalt des Blasenzählers in die Vorlage eingesaugt und der Blasenzähler noch mit wenig 0,2n HCl nachgespült wird. Um ein weiteres Hochsteigen der Vorlagelösung in den Kühler zu verhindern, leitet man wieder Luft ein, entfernt die Vorlage und spült den Kühler mit möglichst wenig

0,2n HCl nach. Die in einem 250 ml-Becherglas vereinigte Vorlage- und Waschlösung wird auf 20—30 ml eingedampft, nach dem Abkühlen mit 15 ml 1,10-Phenanthrolinlösung, 5 ml Hydroxylaminhydrochloridlösung sowie 10 ml NaCl-Lösung versetzt und mit 5n NaOH bzw. HCl auf pH 6,0 eingestellt. Man führt die Lösung in einen 100 ml-Meßkolben über, füllt mit Wasser bis zum Beginn des Kolbenhalses auf, erhitzt 2 Std im Äthylenglykolbad auf 100 ± 0,5° C, kühlt danach rasch ab, füllt mit Wasser zur Marke auf und photometriert in einer 1 cm-Küvette bei 448 nm gegen den Blindwert.

E. Verschiedenes

Ru-Spuren (0,005—0,1 μg) wurden auch indirekt durch dessen katalytische Wirkung auf die Reaktion zwischen Ce(IV) und As(III) in H_2SO_4-Lösung bestimmt [*2*]. Bei genau 25° C und unter konstanten Konzentrationsbedingungen wird die durch den Ru-Gehalt hervorgerufene Änderung der Ce(IV)-Konzentration in Abhängigkeit von der Zeit bei 488 nm gemessen. Das Verfahren besitzt nur dann Vorteile, wenn geringste Ru-Mengen durch keine andere Methode direkt bestimmbar sind. Da auch Os (und I_2) denselben katalytischen Einfluß zeigt, muß dieses vorher durch Extraktion oder Destillation von Ru abgetrennt werden.

Zur photometrischen Bestimmung von Ru wurden auch folgende Reagentien angewendet: p-Nitrosodimethylanilin ($\varepsilon_{610} = 36300$) [*28*], 5-Hydroxychinolin-8-carboxylsäure [*29*], Thiocyanat/MIBK [*30, 31*] bzw. /CCl_4 [*32*], Anthranilsäure [*33*], 1-Nitroso-2-naphthol ($\varepsilon_{586} = 22200$) [*34*], 2,4,6-Tri(2'-pyridyl)-s-triazin ($\varepsilon_{510} = 18100$) [*35*], Oxin/$CHCl_3$ ($\varepsilon_{430} = 12000$) [*36*], 3-Nitroso-2,6-pyridindiol ($\varepsilon_{555} = 26000$) [*37*], 2-Nitroso-1-naphthol (Extinktionsmaximum bei 600 nm) [*38*], Acenaphthenchinonmonoxim/$CHCl_3$ ($\varepsilon_{550} = 15000$) [*38a*] sowie Diphenylthioviolursäure/$CHCl_3$ ($\varepsilon_{520} = 22300$) [*38b*]. Nach Zusatz von $RuCl_3$ zu n-Butylamin · HCl erhält man eine grüne Lösung. Während Au(III) und Rh(III) keine Reaktion zeigen, geben Pd(II), Os(IV), Ir(IV) und Pt(IV) kristalline Fällungen [*14*].

In Übersichtsreferaten findet man weitere Bestimmungsverfahren für Ru angegeben [*39—42*]. Mit Hilfe der Röntgenspektrometrie wurde Ru (10—100 μg) nach vorangehender Isolierung an Ionenaustauschern bestimmt [*12*].

Literatur

1. Vanossi, R.: An. Asoc. quim. argent. **35**, 120 (1947).
2. Surasiti, C., Sandell, E. B.: Analyt. chim. Acta **22**, 261 (1960).
2a. Menge, P., Ruckdeschel, A., Unger, E., Zeitler, G.: Mikrochim. Acta (Wien) **1969**, 1107.
3. Steele, E. L., Yoe, J. H.: Analyt. chim. Acta **20**, 211 (1959).
4. DeFord, D. D.: Chemistry of ruthenium, Oak Ridge, U.S. Atomic Energy Commission, Document NP-1104 (Dec. 1949); ref. in Lit. Nr. [*8*].
5. Stoner, G. A.: Analyt. Chem. **27**, 1186 (1955).
6. Larsen, R. P., Ross, L. E.: Analyt. Chem. **31**, 176 (1959).
7. Hara, T., Sandell, E. B.: Analyt. chim. Acta **23**, 65 (1960).
8. Beamish, F. E., McBryde, W. A. E.: Analyt. chim. Acta **9**, 349 (1953).
9. Westland, A. D., Beamish, F. E.: Mikrochim. Acta (Wien) **1957**, 625.
10. Geilmann, W., Neeb, R.: Z. anal. Chem. **156**, 420 (1957).
11. Geilmann, W., Neeb, R.: Z. anal. Chem. **156**, 411 (1957).
12. Taylor, H., Beamish, F. E.: Talanta **15**, 497 (1968).
13. Zachariasen, H., Beamish, F. E.: Analyt. Chem. **34**, 964 (1962).
14. Whitmore, W. F., Schneider, H.: Mikrochemie **17**, 279 (1935).
15. Yoe, J. H., Overholser, L. G.: Ind. Eng. Chem., Anal. Ed. **14**, 435 (1942).

16. Vanossi, R.: An. Asoc. quim. argent. **32**, 164 (1944).
17. Musil, A., Pietsch, R.: Z. anal. Chem. **137**, 259 (1952).
18. Ayres, G. H., Young, F.: Analyt. Chem. **22**, 1277 (1950).
19. Yaffe, R. P., Voigt, A. F.: J. Am. chem. Soc. **74**, 2503 (1952).
20. Geilmann, W., Neeb, R.: Z. anal. Chem. **152**, 96 (1956).
21. Wölbling, H.: Ber. dtsch. chem. Ges. **67 B**, 773 (1934).
22. Steiger, B.: Mikrochemie **16**, 193 (1934/35).
23. Knight, S. B., Parks, R. L., Leidt, S. C., Parks, K. L.: Analyt. Chem. **29**, 571 (1957).
24. Ayres, G. H., Young, F.: Analyt. Chem. **22**, 1281 (1950).
25. Jacobs, W. D., Yoe, J. H.: Talanta **2**, 270 (1959).
26. Banks, C. V., O'Laughlin, J. W.: Analyt. Chem. **29**, 1412 (1957).
27. Gilchrist, R., Wichers, E.: J. Am. chem. Soc. **57**, 2565 (1935).
28. Currah, J. E., Fischel, A., McBryde, W. A. E., Beamish, F. E.: Analyt. Chem. **24**, 1980 (1952).
29. Breckenridge, J. G., Singer, S. A. G.: Canad. J. Res. **26 B**, 49 (1947); ref. in Lit. Nr. [*8*].
30. Yaffe, R. P., Voigt, A. F.: J. Am. chem. Soc. **74**, 2500 (1952).
31. Forsythe, J. H. W., Magee, R. J., Wilson, C. L.: Talanta **3**, 324 (1960).
32. Belew, W. L., Wilson, G. R., Corbin, L. T.: Analyt. Chem. **33**, 886 (1961).
33. Majumdar, A. K., Gupta, J. G. S.: Z. anal. Chem. **178**, 401 (1961).
34. Miller, D. J., Srivastava, S. C., Good, M. L.: Analyt. Chem. **37**, 739 (1965).
35. Embry, W. A., Ayres, G. H.: Analyt. Chem. **40**, 1499 (1968).
36. Omang, S. H., Selmer-Olsen, A. R.: Analyt. chim. Acta **27**, 335 (1962).
37. McDonald, C. W., Bedenbaugh, J. H.: Mikrochim. Acta (Wien) **1970**, 612.
38. Manning, D. L., Menis, O.: Analyt. Chem. **34**, 94 (1962).
38a. Sindhwani, S. K., Singh, R. P.: Analyt. chim. Acta **55**, 409 (1971).
38b. Chawla, R. S., Singh, R. P., Trikha, K. C.: Talanta **18**, 1245 (1971).
39. Beamish, F. E.: Talanta **14**, 991 (1967).
40. Beamish, F. E.: Talanta **14**, 1133 (1967).
41. Beamish, F. E., Lewis, C. L., van Loon, J. C.: Talanta **16**, 1 (1969).
42. Beamish, F. E.: Talanta **12**, 789 (1965).

S — Schwefel

Tabelle 164. Empfindlichkeit S_M und Bestimmungsgrenze L_Q der Verfahren

Verfahren	$\mu g\ S \cdot ml^{-1} \cdot cm^{-1}$	
	S_M	L_Q
Methylenblau-Verfahren	0,00079 (667 nm)	0,020 (667 nm)
Äthylenblau-Verfahren	0,00053 (670 nm)	0,014 (670 nm)
Pararosanilin-Verfahren	0,00066 (548 nm)	0,017 (548 nm)
	0,00087 (575 nm)	0,022 (575 nm)
Verbrennungsverfahren		
Coulometrie	~ 0,5[1,2]	~ 5[1,3]
Infrarotabsorption	0,1—0,5[1,2]	10—25[1,3]

[1] µg S.
[2] 1 Meßwerkschritt.
[3] $F_r = \pm 10\%$.

A. Trennungen

In der Regel wird der S vor der eigentlichen Bestimmung isoliert und angereichert. Unter den möglichen Trennmethoden steht die Verflüchtigung des S als H_2S oder SO_2 an erster Stelle. Bei der Verflüchtigung als H_2S werden feste, säurelösliche Proben in Säure gelöst und flüssige Proben angesäuert, aus der sauren Lösung das H_2S mit Hilfe eines inerten Trägergases ausgetrieben, in eine Absorptionslösung eingeleitet und letztere für die Bestimmung verwendet. Als Absorptionslösung eignet sich vor allem Zn-acetatlösung (s. S. 1004), weiterhin auch Cd-acetatlösung. Aus unlegierten und niedrig legierten Stählen, in denen der S vollständig als FeS gebunden ist, läßt sich der S durch Lösen in verdünnter HCl vollständig in H_2S überführen [*1*]. FeS und Fe_2S_3 enthaltende Stähle müssen aber mit konz. HCl behandelt werden, um den S vollständig als H_2S zu erfassen. Aus Gußeisen, Roheisen, unlegierten und legierten Stählen läßt sich S vollständig in H_2S überführen und verflüchtigen, wenn man das Probematerial in Quarzkolben in H_3PO_4 (60%) löst und unter Durchleiten von N_2-Trägergas auf 320–340° C erhitzt [*2*].

Liegt der S in der Probelösung als SO_4^{2-} vor, so wird dieses zu S^{2-} reduziert und dann analog als H_2S isoliert und bestimmt (s. S. 1004). Auch $S_2O_3^{2-}$ kann mit Sn(II) (in saurer Lösung oder mit Natriumstannit in alkalischer Lösung) und Al(met.) in saurer Lösung zu S^{2-} reduziert und dann auf dieselbe Weise isoliert und bestimmt werden [*3, 4*].

Bei der Abtrennung des S als SO_2 wird das Probematerial im Sauerstoffstrom verbrannt. Hier gelten auch die in diesem Zusammenhang für C gemachten Ausführungen (s. S. 547, Abschnitt „Kohlenstoff").

Aus Luft und Gasen lassen sich SO_2 und organische S-Verbindungen durch Adsorption an Silicagel bei ~ 20° C isolieren, von diesem anschließend bei 500° C desorbieren und der Bestimmung zuführen [*5, 6*]. H_2S kann mit Hilfe eines $Ag_2SO_4/KHSO_4$-Glasperlen-Adsorptionsrohres sorbiert werden, während SO_2 das Rohr passiert, so daß auf diesem Wege H_2S und SO_2 gleichzeitig bestimmt werden können [*7*].

Für die Isolierung von S^{2-} und SO_4^{2-} aus Lösungen findet weiterhin auch die Spurenfällung Anwendung. S^{2-} wurde als ZnS mit $ZnCO_3$ bzw. $Zn(OH)_2$ als Spurenfänger [*8*], SO_4^{2-} als $BaSO_4$ mit $BaCrO_4$ als Spurenfänger [*9*] ausgefällt.

B. Methylenblau-Verfahren

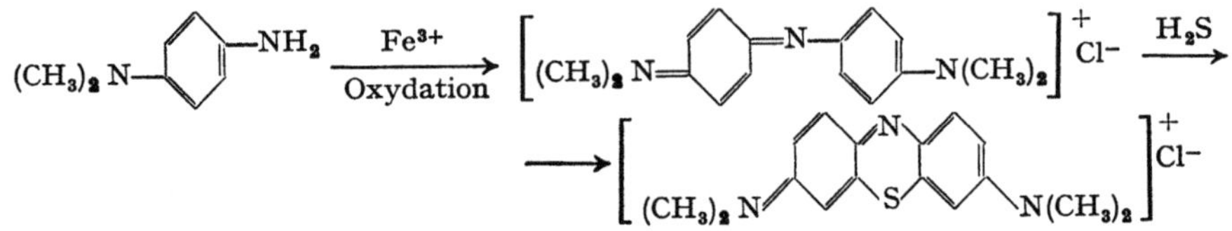

S^{2-} reagiert nach der angeführten Reaktionsgleichung in saurer Lösung mit N,N-Dimethyl-p-phenylendiamin (DMD; p-Amino-N,N-dimethylanilin) in Anwesenheit von Fe^{3+} zu Methylenblau (MB) [*10–15*], indem zunächst DMD durch Fe^{3+} oxydiert (Wurster's Rot, Bindschedler's Grün) und des Oxydationsprodukt mit S^{2-} offensichtlich zu mehreren Verbindungen (Sulfidgrün, Leukomethylenblau, Methylenrot) umgesetzt wird. Die beiden ersten Reaktionsprodukte gehen leicht in MB über, Methylenrot dagegen nicht. S^{2-} wird demnach nicht quantitativ zu MB umgesetzt und experimentell wurde eine Reaktionsausbeute von 66,7% [*13*] bzw. 64,7% [*15*] festgestellt. In der Regel erfolgt die Farbreaktion nicht mit freiem, sondern als ZnS gebundenem S^{2-}. Hierzu wird das entwickelte H_2S mit Hilfe eines Trägergases in eine Zn-Lösung eingeleitet und darin absorbiert. Als Trägergas eignet sich ein inertes Gas, z. B. Stickstoff. Luft sollte dafür nicht verwendet werden, da infolge Oxydation S-Verluste auftreten können [*14*]. Die Farbreaktion wird am günstigsten in 0,3m H_2SO_4-Lösung bei 20° C durchgeführt. Mit steigender Säurekonzentration und Temperatur nimmt die Extinktion ab (~ 10%/0,25m H_2SO_4, ~ 0,4%/° C). In HCl-Lösung ist die Extinktion im Vergleich zur H_2SO_4-Lösung etwas niedriger. Die Farbe ist bei 20° C in 15 min voll entwickelt und ist im Dunkeln bzw. in gedämpftem Licht mehrere Stunden bis Tage stabil. In starkem Tageslicht verblaßt sie hingegen. Die Extinktionskurve weist 2 Maxima auf: ein höheres bei 667 nm (s. Abb. 87, S. 499; $\varepsilon_{667} = 40600$ [*13*] bzw. $\varepsilon_{670} = 34000$ [*12*]) und ein niedrigeres bei 743 nm [*13*]. Die Eichkurve ist im Bereich von 0,02–0,25 μg S/ml linear, innerhalb 0,25–0,8 μg S/ml hingegen gekrümmt. Oxydierende Stoffe, Hg, Cu [*16*] und andere mit S^{2-} reagierende Schwermetalle stören und müssen daher abwesend sein [*13*]. 10–20 μg Pb stören dagegen nicht [*13*]. 3 mg NO_3^- verursachen einen Fehler von −3% [*13*], >6 mg NO_3^- stören [*12*].

Vereinzelt verursachte die DMD/7,2n H_2SO_4-Lösung einen hohen Blindwert von bis zu 50 μg S, was auf die Reduktion von SO_4^{2-} zu S^{2-} durch reduzierende Verbindungen und Bildung von MB zurückgeführt wird. Es wird deshalb empfohlen, eine 0,1% DMD/6n HCl-Lösung (mit Aktivkohle gereinigt) zu verwenden [*15*].

SO_4^{2-} läßt sich nach vorhergehender Reduktion zu S^{2-} auf dieselbe Weise bestimmen. Hierzu wurden verschiedene Reduktionsmittel angewandt: 100 ml HI (1,70) + 75 ml HCOOH (90%) + 15 g P (roter Phosphor) [*12, 15, 17*], 100 ml HI (1,70) + 25 ml H_3PO_2 (50%) [*18*], 100 ml HI (1,70) + 75 ml HCOOH (90%) + 1 g KH_2PO_2 [*11*]. Bei einer eingehenden Überprüfung von 7 verschiedenen Reduktionsmischungen [1) HI + P, 2) HI + P + HCOOH, 3) HI + P + CH_3COOH, 4) HI + P + H_3PO_2, 5) HI + H_3PO_2, 6) HI + H_3PO_2 + HCOOH, 7) HI + NaH_2PO_2 + CH_3COOH] erwies sich HI + NaH_2PO_2 + CH_3COOH als am günstigsten (beste Reproduzierbarkeit und niedrigster Blindwert) [*14*]. Mit dieser Mischung wird SO_4^{2-} quantitativ reduziert. Reduktionsmischungen mit rotem Phosphor ergeben höhere und streuende Blindwerte. ~ 75% des Blindwertes wird vom roten Phosphor verursacht [*15*]. Auch freies Jod in der Reduktionslösung führt zu höheren Blindwerten. Die Hauptmenge an S und freies Jod entfernt man aus der Reduktionsmischung durch Kochen (30–60 min) unter Durchleiten von Stickstoff. Vereinzelt wird sogar empfohlen, diese Reinigung täglich bzw. kurz vor Gebrauch vorzunehmen [*15*]. Ein Verdünnen der Reduktionsmischung mit Wasser, z. B. durch die Probelösung, führt zu Minderbefunden. So ergab ein Zusatz von 0,5 ml Wasser zum Eindampfrückstand einer Sulfatprobe einen Fehler von −6%, 2 ml Wasser verursachten −35% [*14*]. Diese S-Verluste wurden sowohl mit der in Arbeitsvorschrift II benützten Reduktionslösung als auch mit verschiedenen Mischungen von HI + P und HI + P + CH_3COOH beobachtet. Deshalb wird das Hinzufügen der Reduktionsmischung zum Eindampfrückstand der Probe nach Arbeitsvorschrift II (s. S. 1005f.) empfohlen. Zu Beginn einer Meßserie treten S-Verluste (bei ≦ 5 µg S als Sulfat −0,1 bis −0,2 µg S [*14*], bei 20 µg S als Sulfat −1 µg S [*12*]) auf infolge Adsorption in der Reduktions-Destillations-Apparatur, weshalb die Apparatur durch einen Analysenvorlauf mit einer Probe ähnlichen S-Gehaltes vor der eigentlichen Analysenserie stabilisiert werden muß.

B: 0,4–80 µg S. *s:* ±0,05–0,14 µg S.

Arbeitsvorschrift

I. Bestimmung von S^{2-} [*13*]

Reagentien

Deionisiertes Wasser; für alle Lösungen und Verdünnungen soll O_2-freies Wasser verwendet werden.

Zn-Lösung; 5,5%ige $Zn(CH_3COO)_2 \cdot 2\,H_2O$ + 1,4%ige $CH_3COONa \cdot 3\,H_2O$ wäßrige Lösung.

N,N-Dimethyl-p-phenylendiamin (DMD), 0,93%ig (als Ammoniumsulfatsalz) bzw. 1,0%ig (als Diammoniumdichloridsalz) in 3,5 m H_2SO_4.

Fe-Lösung, 12%ig an $NH_4Fe(SO_4)_2 \cdot 12\,H_2O$ in 0,5 m H_2SO_4.

S^{2-}-Standardlösung; unmittelbar vor Gebrauch stellt man entsprechende Verdünnungen mit $Na_2S \cdot 9\,H_2O$ und deionisiertem, vakuumgekochtem (O_2-frei) Wasser her und bestimmt den S^{2-}-Gehalt durch iodometrische Titration.

In einen 100 ml-Meßkolben gibt man 10,0 ml Zn-Lösung, verdünnt mit Wasser, fügt die Probelösung (0,4–80 µg S^{2-} enthaltend) hinzu (das Volumen soll jetzt ~ 80 ml betragen), stellt die Lösung ebenso wie die DMD- und Fe-Lösung 10 min in einen Thermostat von 20° C (alle Lösungen sollen 20° C aufweisen), versetzt mit 10,0 ml DMD-Lösung (man läßt die Lösung an der Kolbenwand hinabfließen), schwenkt um und fügt sofort 2,0 ml Fe-Lösung hinzu. Der verschlossene Meßkolben wird nun 30 sec kräftig geschüttelt, dann mit Wasser zur Marke aufgefüllt und nach einer Standzeit von 15 min (bei 20° C im gedämpften Tageslicht) in einer 1 cm- (2–80 µg S) oder 5 cm-Küvette (0,4–16 µg S) bei 667 nm gegen Wasser photometriert. Ein Blindwert wird abgezogen.

II. Bestimmung von SO_4^{2-} [*14*]

Reagentien

Reduktionslösung; in einem 150—250 ml-Rundkolben mit Gaseinleitungsrohr und aufgesetztem Rückflußkühler löst man 2,5 g $NaH_2PO_2 \cdot H_2O$ in 25 ml Eisessig und 100 ml HI (1,70), kocht 1 Std unter Rückfluß und gleichzeitigem Durchleiten von Stickstoff (~ 50 ml/min), um S-Spuren zu entfernen und Jod zu Jodid zu reduzieren, läßt im Stickstoffstrom abkühlen und bewahrt die Lösung in einer verschlossenen Flasche im gedämpften Tageslicht oder im Dunkeln auf.

N_2-Waschlösung; 2%ige wäßrige $KMnO_4$-Lösung, mit $HgCl_2$ gesättigt.

S-freies Siliconfett; in einem 100 ml-Becherglas mischt man ~ 5 g Siliconfett (z. B. Dow-Corning) mit 5 ml HI (1,70) + 5 ml H_3PO_2 (30%), kocht 45 min unter gelegentlichem Rühren (ein aufgesetzter, mit Wasser gefüllter Rundkolben dient als Kondensor), gießt dann die saure Lösung ab und wäscht das Siliconfett gründlich mit sulfatfreiem Wasser.

Reduktions- und Destillationsapparatur. Alle Teile sind durch Schliffverbindungen (mit S-freiem Siliconfett) miteinander verbunden. In einem Rundkolben A von ~ 5 cm∅ mit seitlichem Gaseinleitungsrohr B wird die Probelösung mit der Reduktionslösung erhitzt. Der Kolben befindet sich auf einer mit Loch versehenen Asbestplatte, um eine Überhitzung der Seitenwände zu vermeiden. Auf den Kolben ist ein Rückfluß(Liebig)kühler C (Kühlfläche ~ 28 cm lang) aufgesetzt. Ein U-förmiges Verbindungsstück ist auf den Kühler aufgesetzt und verbindet diesen mit einem parallel zum Kühler angebrachten Gaswaschrohr D (~ 30 cm lang, 2 cm∅, mit ~ 29 cm langem Gaseinleitungsrohr, am Boden mit Ablaßhahn, am oberen Ende mit seitlichem Gasableitungsrohr; das Gaswaschrohr ist mit Wasser gefüllt und dient zur Entfernung von HI und CH_3COOH aus dem Gas. Anstelle des Gaswaschrohres kann auch eine übliche Gaswaschflasche verwendet werden). An das Gasableitungsrohr ist mittels Latex- oder Kunststoffschlauch (S-frei!) ein Gaseinleitungsrohr E (am unteren Ende verjüngt mit 1—2 mm i-∅) angeschlossen, das in einen 100 ml-Meßkolben mit Absorptionslösung (10 ml Zn-Lösung + 68 ml Wasser) eintaucht.

Übrige Reagentien wie bei Arbeitsvorschrift I (s. S. 1005).

Die neutrale bis alkalische Probelösung (0,4–80 μg S enthaltend) wird in den Rundkolben A der Destillationsapparatur gegeben und bei 130° C zur Trockene eingedampft. Man beschickt das Gaswaschrohr D mit 10–15 ml Wasser und den 100 ml-Meßkolben mit 10 ml Zn-Lösung + 68 ml Wasser, verbindet die Apparaturteile und schaltet den N_2-Trägergasstrom (150–200 ml/min, durch eine Waschflasche mit N_2-Waschlösung geleitet) ein. In den Rundkolben A werden nun 3 ml Reduktionslösung gegeben, der Kolben mit dem Kühler C verbunden, das N_2-Trägergas durch das Gaseinleitungsrohr B eingeleitet, dann mit kleiner Flamme in ~ 60 sec zum Sieden erhitzt, 10 min gekocht, das Erhitzen abgebrochen und das Gaseinleitungsrohr E von der Destillationsapparatur abgetrennt, jedoch noch im Meßkolben belassen.

Die Apparatur ist nun für die nächste Reduktion/Destillation verwendbar. Wenn ein Zeitabstand von mehr als einigen Minuten zwischen den einzelnen Reduktionen liegt, so bildet sich in der Apparatur Jod, das dann mit Wasser ausgespült werden muß. Nach 6–8 Reduktionen muß das Wasser des Gaswaschrohres D erneuert werden.

Man stellt den 100 ml-Meßkolben (mit Gaseinleitungsrohr E) mit den Reagentien wie bei Arbeitsvorschrift I (s. S. 1005) in den Thermostaten, fügt 10,0 ml DMD-Lösung durch das Gaseinleitungsrohr E hinzu, spült letzteres mit 2 ml Wasser nach und entfernt es, und fährt mit dem Zusatz von 2,0 ml Fe-Lösung nach Arbeitsvorschrift I (s. S. 1005) fort.

1. Wässer

1.1. Wässer [*14*]

B: 0,04–80 ppm S (als SO_4^{2-}). *s:* ±0,005–0,14 ppm S (als SO_4^{2-}).

1–10 ml Probe werden eingedampft und nach Arbeitsvorschrift II (s. S. 1005f.) analysiert.

1.2. Wässer [*8*]

B: 0,4–80 μg S (als S^{2-}). F_r: ±5%.

Zur Bestimmung des S^{2-}-Gehaltes von Wasser wird der S durch Spurenfällung isoliert. Eine dem S^{2-}-Gehalt entsprechende Menge Wasserprobe versetzt man mit 1 m Zn-acetatlösung (1 ml je 250 ml Wasser), fällt das Zn zusammen mit dem ZnS durch Zusatz der entsprechenden Menge 1 m Na_2CO_3-Lösung (oder NaOH) aus, filtriert den Niederschlag ab und bestimmt darin den S nach Arbeitsvorschrift I (s. S. 1005).

2. Organisches Material

2.1. Pflanzenmaterial [12]

Enthält die Probe >6 mg NO_3^-, so wird der Sulfat-S als $BaSO_4$ isoliert, der Niederschlag in den Kolben A übergeführt und nach Arbeitsvorschrift II (s. S. 1005f.) fortgefahren.

B: 0,4—>80 μg S (als Sulfat oder Gesamt-S). *V:* ±2—5%. *Z:* 1—2 Std.

Sulfat-S. Eine dem S-Gehalt entsprechende Menge getrocknetes, pulverisiertes Probematerial wird mit heißem Wasser ausgezogen, der Auszug in den Kolben A übergeführt und nach Arbeitsvorschrift II (s. S. 1005f.) fortgefahren. Wahlweise kann man auch das getrocknete, pulverisierte Probematerial unter Zusatz einiger Milliliter Wasser in den Kolben A geben und mit dem Eindampfen zur Trockene nach Arbeitsvorschrift II (s. S. 1005f.) fortfahren.

In der Originalarbeit [12] findet eine analog zu Arbeitsvorschrift II (s. S. 1005f.) hergestellte Reduktionslösung aus 15 g rotem Phosphor + 100 ml HI (1,70) + 75 ml HCOOH (90%) Anwendung, die aber den Nachteil des größeren Blindwertes hat (s. S. 1005).

Gesamt-S. Je nach S-Gehalt werden ≦ 100 mg getrocknetes, zerkleinertes Probematerial in einem 30 ml-Kjeldahlkolben mit 2 ml HNO_3 (1,40) auf dem Dampfbad 30 min erhitzt, 1 ml $HClO_4$ (60%) hinzugefügt und auf kleiner Flamme 1 Std langsam verascht, bis die $HClO_4$-Nebel auftreten. Man kühlt ab, versetzt mit 3 ml 6n HCl (Entfernung von Nitrat), erhitzt wieder bis zum Auftreten der $HClO_4$-Nebel, kühlt ab und füllt mit Wasser auf 50 ml auf. Ein aliquoter Teil der Lösung wird nach Arbeitsvorschrift II (s. S. 1005f.) weiterbehandelt.

2.2. Anderes organisches Material

B: 0,4—>80 μg S. *s:* ±0,05—0,14 μg S.

Eine dem S-Gehalt entsprechende Probemenge wird mit $HNO_3/HClO_4$ naß verascht, mit Wasser verdünnt und ein aliquoter Teil oder die gesamte Probelösung nach Arbeitsvorschrift II (s. S. 1005f.) analysiert.

3. Metalle und Legierungen

3.1. Eisen und Stahl

Das Verfahren eignet sich für Eisen und unlegierten Stahl, in dem der S vorwiegend als FeS und zu einem nur geringen Teil als Fe_2S_3 gebunden ist (s. S. 1003). Enthält die Probe nur FeS, so kann sie mit verd. HCl gelöst werden; liegt FeS + Fe_2S_3 in der Probe vor, so wird mit HCl (1,19) gelöst.

B: 0,4—>80 ppm S. F_r: ±5%.

Arbeitsvorschrift [nach 1]

1,0 g Probematerial löst man im Kolben A (Apparatur von Arbeitsvorschrift II, s. S. 1006; bei Bedarf kann auch ein größerer Rundkolben oder ein Erlenmeyerkolben verwendet werden) mit 10—20 ml HCl (1,19) unter Erwärmen und gleichzeitigem Durchleiten von N_2-Trägergas, leitet nach dem Lösen noch weitere 10 min Trägergas ein, trennt das Gaseinleitungsrohr E von der Destillationsapparatur und fährt mit dem Zusatz von 10,0 ml DMD-Lösung nach Arbeitsvorschrift II bzw. I (s. S. 1005f.) fort.

3.2. Eisen, Stahl, Ferrolegierungen

Das Verfahren eignet sich für Proben mit hohem Zementitgehalt (z. B. weißes Roheisen), in H_3PO_4 (60%) löslichen Stahl und Ferrolegierungen. Der S wird vollständig freigesetzt: hauptsächlich als H_2S, 1–3% des S als $(CH_3)_2S$. Will man auch das $(CH_3)_2S$ erfassen, so muß man das aus der Absorptionsvorlage austretende Trägergas durch ein auf Rotglut erhitztes Quarzrohr [1 m lang, 4 mm i.-⌀; Überführung des $(CH_3)_2S$ in H_2S] und in eine zweite Absorptionsvorlage leiten.

B: 1–>80 ppm S. F_r: ±5%.

Arbeitsvorschrift [nach *2*][1]

1,0 g Probematerial löst man in einem 100–300 ml Quarzkolben (mit Gaseinleitungsaufsatz und Thermometer) in 15–20 ml H_3PO_4 (60%) unter Erwärmen und Durchleiten von N_2-Trägergas, das über einen Kühler in eine Absorptionsvorlage (100 ml-Meßkolben mit 10 ml Zn-Lösung + 60 ml Wasser) eingeleitet wird. Die Temperatur der Lösung steigert man auf 320–340° C (Sandbad), hält ~30 min auf dieser Temperatur, unterbricht dann das Erhitzen, trennt die Absorptionsvorlage ab und fährt mit dem Zusatz von DMD-Lösung nach Arbeitsvorschrift I (s. S. 1005) fort.

3.3. Eisen, unlegierter und legierter Stahl

Durch oxydierendes Lösen wird der S in SO_4^{2-} übergeführt, HNO_3 mit HCOOH zerstört, SO_4^{2-} zu S^{2-} reduziert, als H_2S verflüchtigt und photometrisch bestimmt.

B: 0,4–320 ppm S. F_r: ±5%.

Arbeitsvorschrift [nach *18*][2]

Reagentien

HCl (1,19); HNO_3 (1,40); HCOOH.

Übrige Reagentien wie bei Arbeitsvorschrift II (s. S. 1005f.).

0,25 g (2–320 ppm S), 0,50 g (1–160 ppm S) oder 1,0 g (0,4–80 ppm S) Probematerial wird im Kolben A (Apparatur von Arbeitsvorschrift II, s. S. 1006; wahlweise kann auch ein 50 ml-Erlenmeyerkolben verwendet werden) mit 10 ml Säuregemisch [4 Teile HCl (1,19) + 1 Teil HNO_3 (1,40)] versetzt, mit einem Uhrglas bedeckt und unter gelindem Erwärmen gelöst (bei zu heftiger Reaktion wird gekühlt). Den Überschuß an HNO_3 (bei 0,25 g oder 0,50 g Einwaage wird vorher der größere Teil an HNO_3 durch Eindampfen entfernt) zerstört man durch tropfenweisen Zusatz von 2–3 ml HCOOH, bis keine Gasentwicklung mehr auftritt, dampft auf 1–2 ml ein, versetzt mit 10 ml HCl (1,19), dampft zur Trockene (oder fast zur Trockene, z. B. auf 0,5 ml) ein, kühlt auf Raumtemperatur ab und fährt mit dem Zusatz von 3 ml Reduktionslösung (bei Bedarf fügt man mehr, z. B. 10–15 ml Reduktionslösung hinzu) nach Arbeitsvorschrift II (s. S. 1005f.) fort.

3.4. Aluminium, Magnesium [nach *18*]

B: 0,8–160 ppm S. F_r: ±5%.

Man führt die Analyse mit 0,5 g Probe nach Verfahren B.3.3. (s. S. 1008) durch.

[1] In der Originalarbeit [*2*] dient Cd-acetat-Lösung als Absorptionsvorlage und die Endbestimmung erfolgt iodometrisch.

[2] In der Originalarbeit [*18*] dient ein Gemisch von 100 ml HI (1,70) + 25 ml H_3PO_2 (50%) als Reduktionslösung und die Endbestimmung erfolgt photometrisch als kolloidales PbS.

3.5. **Arsen** [nach *18*]

B: 0,8–320 ppm S. F_r: ±5%.

Man führt die Analyse mit 0,25–0,50 g Probe nach Verfahren B.3.3. (s. S. 1008) durch. Da As als Jodid bzw. Metall ausfällt, muß es bei größerer Einwaage nach Verfahren B.3.9. (s. S. 1009) als Bromid abdestilliert werden.

3.6. **Germanium** [nach *18*]

B: 0,8–160 ppm S. F_r: ±5%.

Die Hauptmenge an Ge wird durch Destillation entfernt: man löst 0,5 g Probematerial wie bei Verfahren B.3.3. (s. S. 1008), entfernt das Uhrglas, dampft auf 0,5 ml ein, versetzt mit 10 ml HCl (1,19), dampft wieder auf 0,5 ml ein, fügt wieder 10 ml HCl (1,19) hinzu und fährt mit dem Zusatz von HCOOH nach Verfahren B.3.3. (s. S. 1008) fort.

3.7. **Nickel** [nach *18*]

B: 0,4–80 ppm S. F_r: ±5%.

Man löst 1,0 g Probematerial in 10 ml HNO_3 (1,40), dampft zur Trockene ein, führt das Nitrat durch Rösten in Oxyd über, kühlt, löst in 10 ml HCl (1,19) und fährt nach Verfahren B.3.3. (s. S. 1008) fort.

3.8. **Antimon** [nach *18*]

B: 0,4–320 ppm S. F_r: ±5%.

Man führt die Analyse nach Verfahren B.3.3. (s. S. 1008) durch, wobei man zum Lösen der Probe zusätzlich noch 5 ml HCl (1,19) hinzufügt.

3.9. **Selen** [nach *18*]

In einer anderen Arbeit [**19**] findet man eine weitere Vorschrift zur Bestimmung von S in Selen (≧ 0,5 ppm S) beschrieben.

B: 0,4–80 ppm S. F_r: ±5%.

Da Se als Metall ausfällt, muß es als Bromid abdestilliert werden.

Man löst 1,0 g Probematerial + 0,25 g Zink nach Verfahren B.3.3. (s. S. 1008), dampft auf 1–2 ml ein, kühlt ab, versetzt mit 10 ml HBr (1,38), dampft fast zur Trockene ein, fügt erneut 2 ml HBr hinzu und dampft wieder fast zur Trockene ein. Nach Zusatz von 2 ml Säuregemisch wird auf 0,5 ml eingedampft, mit 5 ml HCl (1,19) + 0,5 ml HCOOH versetzt, auf 0,5 ml eingedampft, 5 ml HCl (1,19) hinzugefügt, zur Trockene eingedampft und mit dem Zusatz der Reduktionslösung nach Verfahren B.3.3. (s. S. 1008) fortgefahren.

3.10. **Zinn** [nach *18*]

B: 0,4–80 ppm S. F_r: ±5%.

Die Analyse wird nach Verfahren B.3.3. (s. S. 1008) durchgeführt.

3.11. **Andere Metalle** [nach *18*]

Nach Verfahren B.3.3. (s. S. 1008) mit entsprechenden Arbeitsvarianten wurde S bestimmt in Silber, Silberlegierungen, Quecksilber, Molybdän, Blei, Bleilegierungen, Tellur u. a. m.

4. Verschiedenes

Mit dem Methylenblau-Verfahren wurde S in Alkalisalzen (0,2–100 ppm S) [4] bestimmt.

4.1. Bodenextrakte [12]

Bodenextrakte werden nach Arbeitsvorschrift II (s. S. 1005f.) analysiert.

4.2. Luft, Gase

4.2.1. Bestimmung von H_2S

B: 5–200 µg H_2S. F_r: ±3%.

Arbeitsvorschrift [10]

Reagentien

$Zn(CH_3COO)_2 \cdot 2\,H_2O$, 1%ige wäßrige Lösung.
NaOH, 12%ige wäßrige Lösung.
$FeCl_3 \cdot 6\,H_2O$, 0,6%ig in 1,2n HCl.
N,N-Dimethyl-p-phenylendiammoniumsulfat (DMD), 0,1%ig in 5,5n HCl.

Man leitet eine dem H_2S-Gehalt entsprechende Probemenge durch eine Glasfrittenwaschflasche (170 l/Std, s. S. 176f.), die mit 130 ml Zn-Lösung +5 ml NaOH-Lösung beschickt ist. Danach werden 25,0 ml DMD-Lösung (Proben- und Reagenslösungen sollen eine Temperatur von 24° ± 3° C aufweisen) hinzugefügt, gemischt (bis die Glasfritte ausgespült und der Niederschlag gelöst ist), 5,0 ml Fe-Lösung zugesetzt, gemischt, nach einer Standzeit von 10 min in einem 250 ml-Meßkolben mit Wasser zur Marke aufgefüllt und nach weiteren 20 min Standzeit in einer 1 cm-Küvette bei 670 nm gegen den Blindwert photometriert.

4.2.2. Bestimmung von SO_2 und organischen S-Verbindungen

SO_2 und organische S-Verbindungen, wie CH_3SH, C_2H_5SH, C_4H_9SH, CS_2, $(CH_3)_2S$, $(C_2H_5)_2S$, $(C_5H_{11})_2S$, $(CH_3)_2S_2$, $(C_2H_5)_2S_2$, $(C_2H_5)_2SO_4$, werden auf einer Silicagelsäule bei ~20° C adsorbiert, anschließend bei 500° C desorbiert, mit H_2 bei 1000° C in H_2S übergeführt und als Methylenblau photometrisch bestimmt. Liegen die erwähnten S-Verbindungen gleichzeitig nebeneinander vor, so wird mit dem Verfahren deren Summengehalt als S bestimmt. H_2S und COS werden in nur geringer Menge adsorbiert (µg vorgelegt/davon µg adsorbiert: H_2S 648/6,3, COS 388/13) und die geringen, adsorbierten Mengen lassen sich vor der eigentlichen Desorption mit 7 l N_2 aus dem Adsorptionsrohr spülen.

B: 5–200 µg S. F_r: ±3–6%.

Arbeitsvorschrift [5]

Reagentien

Wie bei Arbeitsvorschrift B. 4.2.1. (s. S. 1010).
Adsorptionsrohr (Quarzglas, 30 mm i.-Ø, an beiden Seiten mit verjüngten Enden von 3—4 mm i.-Ø). Das Rohr ist mit Silicagel (1,4—2,4 mm Körnung) gefüllt (Schichtlänge 80 mm) und beidseitig mit Glas- oder Quarzwatte abgeschlossen. Zur Reinigung erhitzt man das Silicagel unter Durchleiten von N_2 auf 760° C, leitet dann H_2 durch (85 l/Std), bis im Abgas kein H_2S mehr nachweisbar ist, läßt im Gasstrom erkalten und füllt damit das Adsorptionsrohr. Vor Verwendung entfernt man adsorbiertes Wasser durch Erhitzen auf ~250° C unter Durchleiten von N_2 oder H_2. Nach

dieser Behandlung werden die Enden des Adsorptionsrohres dicht verschlossen. Nach mehrfacher Verwendung kann das Silicagel mit Kohlenstoff überzogen sein, den man durch Erhitzen auf 540° C im Luftstrom entfernt.

Hydrierrohr (Quarzglas ~ 30 mm i.-Ø), der mittlere Teil mit ~ 100 g Quarzkörnern (2,5—5 mm Körnung) gefüllt und beidseitig mit Quarzwatte abgeschlossen.

Eine dem S-Gehalt entsprechende Probemenge leitet man (150 l/Std) bei 20–25° C der Reihe nach durch ein $CaCl_2$-Trockenrohr und das Adsorptionsrohr. S-Spuren entfernt man aus der Desorptions/Hydrierapparatur, indem man ein Ersatz-Adsorptionsrohr einsetzt und wie bei der Bestimmung N_2 und H_2 durchleitet, bis im Abgas kein H_2S mehr nachweisbar ist. Nach erfolgter Probenahme verbindet man das Adsorptionsrohr mit dem Hydrierrohr, an welches die Glasfrittenwaschflasche mit der Zn-Absorptionslösung (s. Verfahren B.4.2.1., S. 1010) angeschlossen ist. Die Apparatur wird kurz mit N_2 durchgespült, dann ~ 15 min H_2 durchgeleitet (85 l/Std), wobei das Adsorptionsrohr auf 500° C und das Hydrierrohr auf 1000° C in geeigneten Röhrenöfen erhitzt werden. Anschließend führt man die Bestimmung des S^{2-} in der Absorptionslösung nach Verfahren B.4.2.1. (s. S. 1010) durch.

4.3. Luft

Mit Hilfe der Prüfröhrchen des Dräger-Gasspürgerätes können Gehalte von 1 bis 600 ppm H_2S (Farbreaktion: Bleisalz) und 0,1–150 ppm SO_2 (Farbreaktion: Kaliumjodat-Stärke) in der Luft mit geringerer Genauigkeit orientierend ermittelt werden.

An anderer Stelle findet man Methoden beschrieben zur Bestimmung von H_2S in der Luft [*20*] und SO_2 in technischen Gasen [*21*].

4.3.1. Bestimmung von H_2S

H_2S wird als CdS in einer $Cd(OH)_2$-Suspension absorbiert, durch Ansäuern freigesetzt und photometrisch bestimmt. Die H_2S-Verluste durch Oxydation und bei der Absorption liegen unter 10% (bei vorgelegten 1–5 µg H_2S betrug die Ausbeute 90–96%) und werden nicht berücksichtigt. Mit Zn-acetatlösung oder ammoniakalischer $CdCl_2$-Lösung betrug die Ausbeute unter den Arbeitsbedingungen < 10%. Die in der Luft auftretenden Konzentrationen an NO_2, SO_2, CS_2 und Mercaptanen stören nicht.

B: 1–>20 ppb H_2S bzw. 1,5–>30 µg H_2S/m^3 Luft. F_r: ±5%. *Z:* ~ 2 Std.

Arbeitsvorschrift [*22*]

Reagentien

N,N-Dimethyl-p-phenylendiamin (DMD); man gibt 50 ml H_2SO_4 (1,84) zu 30 ml Wasser, kühlt ab und fügt 12 g DMD hinzu. Von dieser Stammlösung werden 25 ml mit H_2SO_4 (1 + 1) auf 1 l aufgefüllt und die Verdünnung für die Analyse verwendet.

Fe-Lösung; 100 g $FeCl_3 \cdot 6\,H_2O$ werden mit Wasser auf 100 ml gelöst.

Absorptionsmischung; 4,3 g $3\,CdSO_4 \cdot 8\,H_2O$ werden in Wasser gelöst, mit 0,3 g NaOH (in Wasser gelöst) versetzt und mit Wasser auf 1 l aufgefüllt. Vor Verwendung wird gut gemischt.

Man leitet 800 l Luft (27 l/min) 30 min lang durch eine mit 50 ml Absorptionsmischung beschickte Waschflasche (Greenburg-Smith-Impinger, s. S. 176f.; bei Bedarf schaltet man 2 Waschflaschen hintereinander), fügt danach in die Waschflasche unter jeweiligem Mischen 0,6 ml DMD-Lösung und 1 Tropfen Fe-Lösung, führt in einen 50 ml-Meßkolben über, füllt mit Wasser zur Marke auf und photometriert nach 30 min Standzeit in einer 1 cm-Küvette bei 670 nm gegen eine analog mit 45 ml Absorptionsmischung hergestellte Blindlösung.

Zur Bestimmung höherer H_2S-Gehalte entnimmt man eine entsprechend kleinere Probemenge bei geringerer Absauggeschwindigkeit. Die Eichkurve wird für den Bereich von 0,1–10 µg H_2S aufgestellt mit 45 ml Absorptionsmischung + 0,6 ml DMD-Lösung + 1 Tropfen Fe-Lösung und Auffüllen mit Wasser auf 50 ml.

4.3.2. Bestimmung von H_2S und SO_2

Man leitet die Luft durch ein Adsorptionsrohr, in dem H_2S als Ag_2S festgehalten wird, während SO_2 austritt und bestimmt werden kann. Anschließend wird H_2S aus dem Adsorptionsrohr freigesetzt und ebenfalls bestimmt.

B: 5–2000 µg H_2S/m^3 Luft bzw. 10–500 µg SO_2/m^3 Luft. F_r: ±5%.

Arbeitsvorschrift [nach 7]

Reagentien

Adsorptionsrohr (~ 250 mm lang, 18 mm i.-∅, beidseitig mit Schliffverbindungen); gereinigte Glasperlen (2—3 mm∅) übergießt man in einer H_2S-freien Atmosphäre mit einer Mischung aus gleichen Teilen gesättigter Ag_2SO_4-Lösung und 5%iger $KHSO_4$-Lösung, läßt die Lösung auf einer Porzellannutsche abtropfen, trocknet unter Durchleiten von N_2 im Trockenschrank bei 110° C und füllt danach die Perlen in das Rohr (Füllhöhe 100 mm). Die präparierten Perlen bzw. das gefüllte Adsorptionsrohr sind unter Lichtabschluß längere Zeit haltbar.

$SnCl_2 \cdot 2\,H_2O$, 10%ig in HCl (1,19).

Übrige Reagentien wie bei Arbeitsvorschrift I (s. S. 1005), Verfahren B.4.2.1. (s. S. 1010), B.4.2.2. (s. S. 1010), B.4.3.1. (s. S. 1011), D. 1. (s. S. 1015).

Man leitet 100 l Luft (3–4 l/min) durch das Adsorptionsrohr, wo das H_2S festgehalten wird, und bestimmt das SO_2 in der aus dem Rohr austretenden Luft wahlweise nach Verfahren B.4.2.2. (s. S. 1010) oder D. 1 (s. S. 1015).

Das im Adsorptionsrohr gebundene H_2S wird anschließend mit $SnCl_2$-Lösung freigesetzt. Hierzu beschickt man eine vor das Adsorptionsrohr verkehrt angeschlossene Waschflasche mit 25 ml $SnCl_2$-Lösung und drückt diese durch Einleiten von N_2 von unten her in das senkrecht stehende Adsorptionsrohr. Trägergas + H_2S passieren anschließend 2 Waschflaschen [mit je 30 ml 10%iger $SnCl_2 \cdot 2\,H_2O$-Lösung in 7n HCl beschickt], wonach das H_2S wahlweise nach Arbeitsvorschrift I (unter Einleiten in Zn-acetatlösung, s. S. 1005) oder nach Verfahren B.4.2.1. (s. S. 1010) bzw. B.4.3.1. (s. S. 1011) bestimmt wird.

C. Äthylenblau-Verfahren

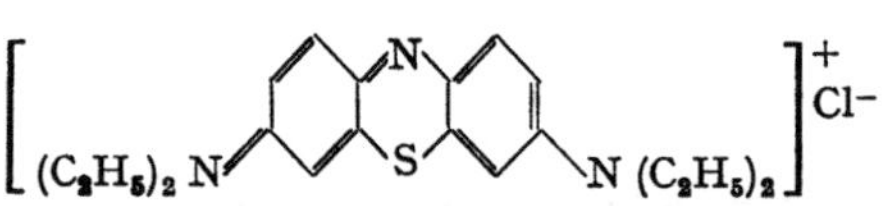

Verwendet man anstelle von p-Aminodimethylanilin das N,N-Diäthyl-p-phenylendiamin (DÄD; p-Aminodiäthylanilin), so führt die in saurer Lösung wie beim Methylenblau-Verfahren analog verlaufende Farbreaktion mit S^{2-} in Anwesenheit von Fe^{3+} zur Bildung von Äthylenblau [23]. Gegenüber dem Methylenblau-Verfahren ist das Äthylenblau-Verfahren wegen seiner 1½–2fach höheren Empfindlichkeit und der linearen Eichkurve vorteilhafter. Das Extinktionsmaximum liegt bei 670 nm (s. Abb. 87, S. 499; $\varepsilon_{670} = 60440$). Das Beersche Gesetz ist im Bereich von 0,014–0,6 µg S/ml erfüllt. Die Farbe ist in 10–15 min voll entwickelt und in verschlossenen Flaschen im Tageslicht mehrere Stunden stabil. Die Bestimmung von 7,5–50 µg S^{2-} wird durch 200 µg Sulfit-S nicht gestört (verursachter Fehler ≦ −4%).

Arbeitsvorschrift [*23*]

Reagentien

Das verwendete deionisierte Wasser muß durch Kochen und Abkühlen unter Stickstoff vom Sauerstoff befreit sein.

N,N-Diäthyl-p-phenylendiamin (DÄD), 2,0%ig in H_2SO_4 (1 + 1).

Fe-Lösung; 18,0 g $NH_4Fe(SO_4)_2 \cdot 12\, H_2O$ werden in Wasser gelöst und auf 100 ml aufgefüllt.

Zn-Lösung; 2,5 g $Zn(CH_3COO)_2 \cdot 2\, H_2O$ werden in Wasser gelöst und auf 100 ml aufgefüllt.

S^{2-}-Standardlösung; man löst 2—3 g $Na_2S \cdot 9\, H_2O$ in Wasser, verdünnt auf ~ 1 l und bestimmt den S^{2-}-Gehalt durch Titration mit 0,00625n Jodlösung gegen Stärkeindicator (1 ml 0,00625n Jodlösung ≡ 100 μg S). Unmittelbar danach wird durch Verdünnen mit Wasser und Zusatz von Zn-Lösung eine Standardlösung mit 10 μg S/ml und 0,05% $Zn(CH_3COO) \cdot 2\, H_2O$ hergestellt, der S^{2-}-Gehalt mit 0,00625n Jodlösung überprüft und bei Bedarf korrigiert. Die Lösung ist mindestens 1 Std stabil.

Verdünnte S^{2-}-Standardlösung; 10,0 ml S^{2-}-Standardlösung versetzt man mit 2,0 ml Zn-Lösung und verdünnt mit Wasser auf 100,0 ml (≡ 1,0 μg S/ml). Die Lösung ist mindestens 1 Std stabil.

Aufstellung der Eichkurve. In 7 100 ml-Meßkolben werden jeweils 2,0 ml Zn-Lösung vorgelegt, mit Wasser auf ~ 50 ml verdünnt, jeweils 0, 1,0, 2,0, 5,0, 7,0, 9,0 und 10,0 ml der S^{2-}-Standardlösung (10—100 μg S) bzw. der verdünnten S^{2-}-Standardlösung (1—10 μg S) hinzugefügt, mit Wasser auf ~ 97 ml verdünnt und leicht gemischt. Man versetzt jeweils mit 1,0 ml DÄD-Lösung, mischt, läßt 1 min ± 30 sec stehen, fügt 1,0 ml Fe-Lösung hinzu, mischt, füllt mit Wasser auf 100 ml auf, läßt 10 min stehen und photometriert dann in einer 0,50 cm- (3—100 μg S), 1 cm- (1,4—60 μg S) oder 5 cm-Küvette (0,3—12 μg S) bei 670 nm gegen Wasser. Ein Blindwert wird abgezogen.

Analyse. In einen 100 ml-Meßkolben legt man 2,0 ml Zn-Lösung vor, fügt die Probelösung (1—100 μg S^{2-} enthaltend) hinzu, verdünnt mit Wasser auf ~ 97 ml und fährt wie bei der Aufstellung der Eichkurve fort.

1. Wasser, Dampfkondensat [*23*]

B: ≧ 0,003 ppm S^{2-}. *V:* ±3—8%.

Die Probe darf nicht mehr als 200 μg Sulfit-S enthalten. Man ermittelt daher das maximal zulässige Probenvolumen wie folgt: in einen graduierten 100 ml-Meßzylinder mit Stopfen gibt man 2,0 ml 0,00625n Jodlösung (≡ 200 μg S) sowie 1 ml Stärkeindicatorlösung (0,5%ig) und fügt steigende Mengen der Probe hinzu bis die blaue Farbe verschwindet. Die bis dahin zugesetzte Probenmenge ist maximal zulässig. Sollte die Farbe auch bei 95 ml Probe nicht verschwunden sein, so kann diese Probemenge bei Bedarf für die Analyse verwendet werden. Die Analyse wird nach der oben angeführten Arbeitsvorschrift durchgeführt.

D. Pararosanilin-Verfahren

$$H_2SO_3 + HCHO \longrightarrow HO{-}CH_2{-}SO_3H \qquad (1)$$

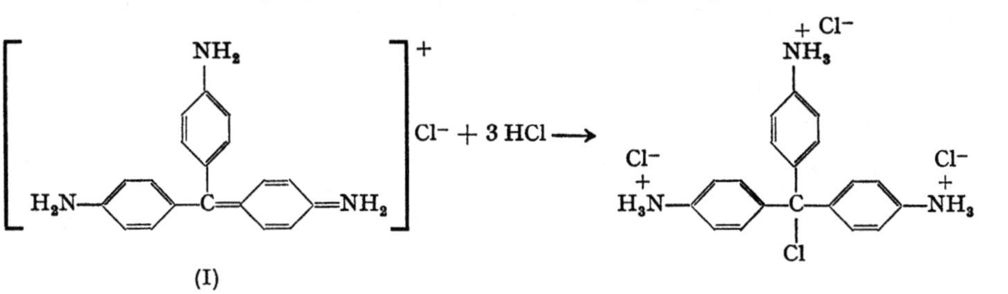

(I) (2)

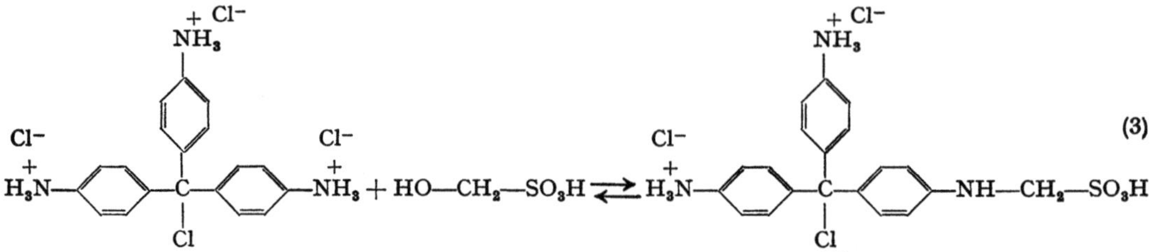

(II) (3)

Nach den Reaktionsgleichungen (1) bis (3) reagiert SO_2 mit HCHO und p-Rosanilin (Pararosanilin; PR)[1] (I) in saurer Lösung unter Bildung eines rotvioletten Farbkomplexes (II) [*24–27*]. Die Reaktion nach Gl. (3) führt offensichtlich zu einem Gleichgewichtsgemisch von mono-, di- und trisubstituierten (1–3 Ammoniumgruppen mit $HO-CH_2-SO_3H$ umgesetzt) Reaktionsprodukten [*27*]. Unter den Arbeitsbedingungen von Methode 1 und 2 mit einem Überschuß an PR soll sich jedoch nur die monosubstituierte Verbindung bilden [*28*]. Farbe und Extinktionsmaximum ändern sich mit dem pH-Wert [*28*]: pH 1,6 ± 0,1 rosarot, 548 nm ($\varepsilon_{548} = 47700$, Methode 1), pH 1,2 ± 0,1, Magenta, 575 nm ($\varepsilon_{575} = 37000$, Methode 2). Das Beersche Gesetz ist im Bereich von 0,02–0,7 µg S/ml oder 0,03–1,3 µg SO_2/ml (Methode 1) bzw. 0,02–0,9 µg S/ml oder 0,04–1,8 µg SO_2/ml (Methode 2) erfüllt. Die Farbe ist bei 25° C in 30 min voll entwickelt und im gedämpften Tageslicht mindestens 30 min stabil [*28*]. Mit steigender Temperatur ist die Farbe rascher entwickelt, verblaßt aber auch rascher, weshalb die Temperatur bei der Farbentwicklung genau einzuhalten ist. Der pH-Wert muß ebenfalls auf 0,1 pH genau eingehalten werden. Methode 2 (s. S. 1016) ist weniger empfindlich, weist aber den niedrigeren Blindwert auf. In 3–5m Dimethylformamid-Lösung ist die Farbintensität verdoppelt [*27*].

Für die Bestimmung von SO_2 in Luft und Gasen ist von Bedeutung, daß sich SO_2 nach Gl. (4) mit Na_2HgCl_4 in einer Absorptionslösung quantitativ umsetzt und das entstehende Dichlorosulfitomercurat längere Zeit stabil (SO_2-Verlust in 0,04m $HgCl_4^{2-}$-Lösung bei 5° C ~ 1%/Tag, bei 25° C ~ 2%/Tag) und gegen Luftoxydation beständig ist und sich nach Gl. (5) wie SO_2 analog mit HCHO umsetzt [*24*].

$$[HgCl_4]^{2-} + SO_2 + H_2O \longrightarrow [HgCl_2SO_3]^{2-} + 2\,Cl^- + 2\,H^+ \qquad (4)$$

$$[HgCl_2SO_3]^{2-} + HCHO + 2\,H^+ \longrightarrow HgCl_2 + HO-CH_2-SO_3H \qquad (5)$$

Die $HgCl_4^{2-}$-Lösung findet daher zur Absorption von SO_2 am häufigsten Anwendung.

>2 ppm NO_2 in der Na_2HgCl_4-Absorptionslösung stören. Die Störung läßt sich durch Zusatz von 0,06% NH_2SO_3H beseitigen [*29a*]. Doch muß der Zusatz nach der Luftprobenahme und vor der Farbreaktion erfolgen, um zu niedrige Werte zu vermeiden [*30*]. Auf diese Weise stören ≦ 10 ppm NO_2 nicht. Eine Störung durch Ozon läßt sich vermeiden, indem man die $HgCl_4^{2-}$-Absorptionslösung nach erfolgter Luftprobenahme 20 min stehen läßt (in dieser Zeit zersetzt sich das Ozon vollständig) und dann erst die Farbreaktion durchführt [*28*]. In 10 ml $HgCl_4^{2-}$-Absorptionslösung stören nicht (in µg, verursachter Fehler ≦ 5%) [*28*]: Cr(III) (10), Cu (10), Fe(III) (20), Mn(II) (2) und V(V) (22). In Anwesenheit von ÄDTA stören größere Mengen nicht, z. B. mindestens (in µg): Cr(III) (10), Fe(III) (30) und Mn(II) (10). Die in der Luft normalerweise

[1] Das im Handel erhältliche PR ist kein einheitliches bzw. reines Produkt und weist größere Unterschiede aus verschiedenen Lieferungen desselben und verschiedener Hersteller auf, was häufig die Ursache für Unregelmäßigkeiten und eine schlechte Reproduzierbarkeit ist. Die einzelnen Lieferungen von PR sollten daher vor ihrer Verwendung auf ihre Eignung geprüft werden [*29*]. Noch besser ist es aber, das Reagens nach der Arbeitsvorschrift [*28*] (s. S. 1015) zu reinigen.

auftretenden Metallgehalte stören daher nicht. Bei höheren Metallgehalten empfiehlt sich der Zusatz der 7fach molaren Menge (bezogen auf die Metallsumme) an ÄDTA zur Absorptionslösung.

Mit Hilfe des Pararosanilin-Verfahrens wurde S in verschiedenen Materialien bestimmt, wie Eisen, Stahl (1— > 100 ppm S) [*31*], Kupfer (2—500 ppm S) [*32*], Nickel (1— > 100 ppm S) [*31*], Selen (5—1200 ppm S) [*33*], Böden [*34*] und Luft [*24*].

1. Luft

B: 0,75—30 μg SO_2 (Methode 1) bzw. 1—40 μg SO_2 (Methode 2). *V:* ±5%.

Arbeitsvorschrift [*28*]

Reagentien

1-Butanol; man prüft auf störende Oxydantien durch Schütteln von 20 ml 1-Butanol mit 5 ml 20%iger KI-Lösung. Tritt eine Gelbfärbung in der alkoholischen Phase auf, so wird das 1-Butanol über Ag_2O destilliert und die mittlere Fraktion verwendet.

Pufferlösung (pH 4,69); 13,61 g $CH_3COONa \cdot 3\,H_2O$ + 5,7 ml Eisessig werden mit Wasser auf 100 ml aufgefüllt.

p-Rosanilin (PR)-Stammlösung; in einem großen Schütteltrichter sättigt man 100 ml 1-Butanol mit 100 ml 1n HCl durch Schütteln. Dann löst man 100 mg PR in einem kleinen Becherglas in 50 ml gesättigter 1n HCl, läßt einige Minuten stehen, führt in einen 125 ml-Schütteltrichter über, in dem 50 ml gesättigtes 1-Butanol vorgelegt sind, und schüttelt, wobei die violette Verunreinigung in die organische Phase übergeht. Die wäßrige Lösung wird in einen zweiten Schütteltrichter abgelassen, die Extraktion noch einmal mit 20 ml und 3mal mit je 10 ml gesättigtem 1-Butanol wiederholt und auf diese Weise die Hauptmenge der Verunreinigung (Ursache für einen hohen Blindwert) entfernt. Nach der letzten Extraktion filtriert man die wäßrige Phase durch Baumwollwatte in einen 50 ml-Meßkolben und füllt mit 1n HCl zur Marke auf (die Lösung ist gelblichrot).

Die PR-Konzentration in der PR-Stammlösung wird für jede PR-Lieferung einmal wie folgt ermittelt. 1,0 ml PR-Stammlösung wird in einem 100 ml-Meßkolben mit Wasser zur Marke aufgefüllt, davon 5,0 ml in einem 50 ml-Meßkolben mit 5 ml Pufferlösung (pH 4,69) versetzt und mit Wasser zur Marke aufgefüllt. Nach 1 Std Standzeit mißt man die Extinktion *(E)* bei 540 nm und berechnet die PR-Konzentration nach der Formel

$$\%\,\mathrm{PR} = \frac{E \cdot \mathrm{K}}{\mathrm{g\ PR\ (verwendet)}}$$

K = 21,3 (für Beckman DU-Spektralphotometer, 1 cm-Küvette, 0,04 mm Spalt).

p-Rosanilin (PR)-Lösung 1; in einen 250 ml-Meßkolben gibt man 20,0 ml PR-Stammlösung sowie zusätzlich je 0,2 ml PR-Stammlösung je %, um das die PR-Konzentration der Stammlösung unter 100% liegt, versetzt mit 25 ml 3m H_3PO_4 und füllt mit Wasser zur Marke auf (mindestens 9 Monate haltbar).

p-Rosanilin (PR)-Lösung 2; man stellt die Lösung wie die PR-Lösung 1 her, versetzt jedoch davon abweichend mit 200 ml 3m H_3PO_4 (mindestens 9 Monate haltbar).

Absorptionslösung (0,04m K_2HgCl_4); man löst 10,90 g $HgCl_2$ und 5,96 g KCl in Wasser und füllt auf 1 l auf. Falls Störungen durch Schwermetalle zu erwarten sind, fügt man noch 0,07 g ÄDTA hinzu.

NH_2SO_3H, 0,6%ige wäßrige Lösung (unter Luftabschluß einige Tage haltbar).

HCHO, 0,2%ige wäßrige Lösung. 5 ml HCHO (40%) verdünnt man mit Wasser auf 1 l (täglich frisch herstellen).

Sulfit-Standardlösung; man löst 0,400 g Na_2SO_3 in 500 ml frisch gekochtem, abgekühltem, doppelt destilliertem Wasser (Lösung täglich frisch herstellen). Die Lösung enthält 320—400 μg SO_2/ml, deren genauer Gehalt iodometrisch bestimmt wird. Unmittelbar nach der Gehaltsbestimmung verdünnt man die Lösung mit Absorptionslösung, wie bei der Eichung angegeben ist.

Methode 1

Probenahme der Luft. Man saugt eine dem SO_2-Gehalt entsprechende Luftmenge (0,2—2 l/min; insgesamt 5—30 μg SO_2 enthaltend) durch eine mit 10 ml Absorptionslösung (bei längerer Probenahmedauer oder 24 Std-Perioden 20 ml Absorptionslösung) beschickte Waschflasche (s. S. 176f.). Soll die Absorptionslösung länger als 1 Tag bis zur Analyse aufbewahrt werden, so muß dies möglichst bei 5° C erfolgen.

Analyse. Nach der Probenahme führt man die Absorptionslösung unter Nachspülen mit 5 ml Wasser in einen 25 ml-Meßkolben über, läßt bei einem Gehalt von >0,01 ppm O_3 20 min stehen (zur Zerstörung des O_3), versetzt mit 1 ml NH_2SO_3H-Lösung und läßt 10 min stehen. Danach werden 2,0 ml HCHO-Lösung sowie 5,0 ml PR-Lösung 1 hinzugefügt, mit Wasser zur Marke aufgefüllt und nach 30 min Standzeit in einer 1 cm-Küvette bei 548 nm gegen Wasser photometriert. Ein nach der Vorschrift mit 10 ml Absorptionslösung hergestellter Blindwert wird abgezogen.

Eichung. Man verdünnt 2,00 ml der frisch hergestellten Sulfit-Standardlösung mit Absorptionslösung auf 100,0 ml, legt von dieser Eichlösung 0, 1,0, 2,0, 3,0, 4,0 und 5,0 ml in eine Serie von 25 ml-Meßkolben vor, verdünnt mit Absorptionslösung auf 10 ml und fährt dann wie bei der Analyse fort.

Methode 2

Man arbeitet wie bei Methode 1, verwendet aber davon abweichend PR-Lösung 2 und photometriert bei 575 nm.

E. Verbrennungsverfahren

Den verschiedenen Verfahrensvarianten ist folgender, der C-Bestimmung (s. S. 547) analoger Grundvorgang gemeinsam: die Probe wird je nach Art des zu untersuchenden Materials bei ~1200°–~2000° C im O_2-Strom verbrannt und in einer Meßzelle die Menge bzw. Konzentration des gebildeten SO_2 im $O_2 + SO_2$-Gemisch in geeigneter Weise gemessen.

Die Ausführungen zur Bestimmung des C nach dem Verbrennungsverfahren (Abschnitt „Kohlenstoff", s. S. 547) gelten sinngemäß auch für die Bestimmung des S. Im Vergleich zum C ist beim S die Gefahr von Spureneinschleppungen durch Reagentien, Apparatur usw. teilweise geringer, hingegen die Gefahr von Adsorptionsverlusten größer. Die Adsorptionsverluste vermindert oder vermeidet man durch kleine Oberflächen bzw. kurze Gaswege zwischen Verbrennungs- und Meßteil der Apparatur, weiterhin durch Ausschluß von Wasserdampf (Feuchtigkeit) aus Verbrennungsgas (und evtl. Trägergas) und Apparatur. Zur möglichst quantitativen Erfassung des S (Vermeidung von Adsorptionsverlusten in den Gaswegen) muß durch entsprechende Wahl der Verbrennungsbedingungen die Bildung von SO_3 nach der Gleichgewichtsreaktion $2\,SO_2 + O_2 \rightleftharpoons 2\,SO_3$ vermieden werden. Man erreicht dies durch hohe Verbrennungstemperatur oder Verdünnen des Verbrennungs-O_2 mit Inertgas. Widerstandsöfen sind für Temperaturen bis ~1300° C geeignet und man führt mit diesen die Verbrennung von Eisen, Stahl u. a. Metallen in der Regel bei ~1250° C durch. Mit Induktionsöfen entsprechender Leistung erreicht man 1700°–2000° C, wobei unter bestimmten Bedingungen eine Verbrennung ohne Zuschlagstoff möglich ist (s. S. 549).

Wie für die C-Bestimmung (s. Abschnitt „Kohlenstoff", S. 548) erhält man im Handel von denselben Herstellern auch analog arbeitende Geräte für die Bestimmung von S in Metallen. Daneben sind auch auf der Grundlage der Infrarotabsorption arbeitende Geräte erhältlich zur gleichzeitigen Bestimmung von C und S in 40–55 sec [1,2] *[35]*. Das für S erreichbare L_Q gleicht annähernd jenem für C (s. S. 547, 548, 1003).

---

[1] Carsulmat, Fa. Ströhlein, Düsseldorf.

[2] Leco CS-44 Kohlenstoff-Schwefel-Analysator, Fa. Laboratory Equipment Corp., St. Joseph/Mich., USA.

1. Metalle und Legierungen

Nach den im Abschnitt „Kohlenstoff" (s. S. 550ff.) angeführten Verfahren B.2.1. – B.2.3., B.2.5. und B.2.6. kann auf analoge Weise auch der S in Eisen, Stahl, Molybdän, Niob, Tantal, Wolfram u. a. Metallen mit etwa gleichem Bestimmungsbereich, Fehler und Zeitaufwand bestimmt werden. Bei legierten Stählen liefert das Verbrennungsverfahren bis etwa 50 ppm S herab zufriedenstellende Ergebnisse, bei <50 ppm S ist die Anwendung des Entwicklungs-Methylenblau-Verfahrens (s. S. 1007) zweckmäßiger.

F. Verschiedenes

An weiteren photometrischen Verfahren bzw. Reagentien sind zu erwähnen: die Bestimmung mit Hilfe der Sulfidsole von Schwermetallen unter Zusatz eines Schutzkolloides, wie z. B. Cd, Pb, Cu, Bi [*18*, *36–38*] ($L_Q = 0{,}15$ µg S · ml^{-1} · cm^{-1} für die photometrische Bestimmung als Bi_2S_3 bei 400 nm [*38*]), die turbidimetrische Bestimmung als $BaSO_4$, die Ausfällung als Benzidinsulfat mit anschließendem Diazotieren des Benzidins und Photometrieren, das Mo-blau-Verfahren ($\varepsilon_{570} = 10000$; Bestimmung von H_2S [*7*, *39*] und SO_2 [*6*, *7*] in der Luft) und Astrazonrosa FG (Entfärbung durch SO_2) [*40*]. Zur Bestimmung von $\geqq 5$ ppt H_2S in der Luft wurde das H_2S in einem mit $AgNO_3$ imprägnierten Filter als Ag_2S absorbiert, anschließend in NaCN gelöst und mit Fluorescein-Hg-acetat fluorimetrisch bestimmt [*41*].

In verschiedenen Materialien wurde der S auch maßanalytisch bestimmt: a) Verflüchtigung als H_2S, Absorption in Cd- oder Cd/Zn-acetatlösung und iodometrische Titration [*2*, *42*], b) Verflüchtigung als SO_2 (Verbrennung), Absorption in H_2O_2-Lösung und acidimetrische Titration.

Auf gaschromatographischem Wege (mit flammenphotometrischem Detektor) erfolgte die Bestimmung von $\gtrsim 50$ ppb SO_2, H_2S, CH_3SH und $(CH_3)_2S$ in der Luft [*43*, *44*].

In Metallen können Gehalte bis herab zu $\sim 0{,}001\,\%$ S mit Hilfe von Vakuumemissionsspektrometern bestimmt werden, wie sie vor allem in der Produktionskontrolle von Stahl u. a. Metallen eingesetzt werden. Einen etwa gleich großen L_Q-Wert erreicht man mit der Röntgenspektrometrie, die den Vorteil der breiteren Anwendbarkeit (auch auf Nichtmetalle) bei relativ einfacher Präparationstechnik aufweist. So läßt sich beispielsweise auf einfache Weise der S-Gehalt von Luftstäuben bzw. der an Staub gebundene S-Gehalt der Luft bestimmen, indem man eine definierte Menge Luft durch ein Filter saugt, das Filter anschließend ohne weitere Behandlung in das Röntgenspektrometer einführt und die Intensität der Linie S–Kα registriert (s. a. S. 1451; Meßbedingungen: Cr-Röhre, 52 kV/48 mA, Graphit-Analysatorkristall, 0,4°-Kollimator, Durchflußzählrohr, Meßzeit 20 sec; $L_Q = 0{,}09$ µg S/cm^2 Filterfläche, $L_Q = 0{,}3$ ppb S in der Luft bzw. $L_Q = 0{,}36$ µg S/m^3 Luft bei einer Luftprobemenge von 1 m^3 und einem Filter-∅ von 2,3 cm) [*45–48*].

Literatur

1. Jaboulay, B. E.: Chim. analytique **33**, 48 (1951).
2. Horak, O.: Z. anal. Chem. **137**, 245 (1952).
3. Heinemann, G., Rahn, H. W.: Ind. Eng. Chem., Anal. Ed. **9**, 458 (1937); **18**, 665 (1946).
4. Budd, M. S., Bewick, H. A.: Analyt. Chem. **24**, 1536 (1952).
5. Fogo, J. K., Popowsky, M.: Analyt. Chem. **21**, 734 (1949).
6. Stratmann, H.: Mikrochim. Acta (Wien) **1954**, 668.
7. Buck, M., Gies, H.: Staub **26**, 379 (1966).

8. Pomeroy, R.: Analyt. Chem. **26**, **571** (**1954**).
9. Polson, D. S. C., Strickland, J. D. H.: Analyt. chim. Acta **6**, **452** (1952).
10. Fogo, J. K., Popowsky, M.: Analyt. Chem. **21**, 732 (1949).
11. Roth, H.: Mikrochim. Acta (Wien) **36/37**, 379 (1951).
12. Johnson, C. M., Nishita, H.: Analyt. Chem. **24**, 736 (1952).
13. Gustafsson, L.: Talanta **4**, 227 (1960).
14. Gustafsson, L.: Talanta **4**, 236 (1960).
15. Skerrett, E. J., Dickes, G. J.: Analyst **86**, 69 (1961).
16. Johnson, C. M., Arkley, T. H.: Analyt. Chem. **26**, 1525 (1954).
17. Lorant, I. S.: Z. physiol. Chem. **185**, 245 (1929).
18. Luke, C. L.: Analyt. Chem. **21**, 1369 (1949).
19. Sjöborg, B. L.: Talanta **14**, 693 (1967).
20. Prescher, K. E., Lahmann, E.: Gesundh.-Ing. **87**, 351 (1966).
21. Abel, E., Barth, H.: Arch. Eisenhüttenw. **29**, 683 (1958).
22. Jacobs, M. B., Bravermann, M. M., Hochheiser, S.: Analyt. Chem. **29**, 1349 (1957).
23. Rees, T. D., Gyllenspetz, A. B., Docherty, A. C.: Analyst **96**, 201 (1971).
24. West, P. W., Gaeke, G. C.: Analyt. Chem. **28**, 1816 (1956).
25. Nauman, R. V., West, P. W., Tron, F., Gaeke, G. C., jr.: Analyt. Chem. **32**, 1307 (1960).
26. Pate, J. B., Lodge, J. P., jr., Wartburg, A. F.: Analyt. Chem. **34**, 1660 (1962).
27. Huitt, H. A., Lodge, J. P., jr.: Analyt. Chem. **36**, 1305 (1964).
28. Scaringelli, F. P., Saltzman, B. E., Frey, S. A.: Analyt. Chem. **39**, 1709 (1967).
29. Nietruch, F., Prescher, K. E.: Z. anal. Chem. **226**, 259 (1967).
29a. West, P. W., Ordoveza, F.: Analyt. Chem. **34**, 1324 (1962).
30. Pate, J. B., Ammons, B. E., Swanson, G. A., Lodge, J. P., jr.: Analyt. Chem. **37**, 942 (1965).
31. Burke, K. E., Davis, C. M.: Analyt. Chem. **34**, 1747 (1962).
32. Barabas, S., Kaminski, J.: Analyt. Chem. **35**, 1702 (1963).
33. Acs, L., Barabas, S.: Analyt. Chem. **36**. 1825 (1964).
34. Bloomfield, C.: Analyst **87**, 586 (1962).
35. Koch, W., Lemm, H.: Arch. Eisenhüttenw. **41**, 427 (1970).
36. Treiber, E., Koren, H., Gierlinger, W.: Mikrochem. verein. Mikrochim. Acta **40**, 32 (1952).
37. Koren, H., Gierlinger, W.: Mikrochim. Acta (Wien) **1953**, 220.
38. Dean, G. A.: Analyst **91**, 530 (1966).
39. Buck, M., Stratmann, H.: Staub **24**, 241 (1964).
40. Fischer, W., Bastius, H., Mehlhorn, R.: Neue Hütte **8**, 35 (1963).
41. Natusch, D. F. S., Klonis, H. B., Axelrod, H. D., Teck, R. J., Lodge, J. P., jr.: Analyt. Chem. **44**, 2067 (1972).
42. Lassner, E., Püschel, R.: Mikrochim. Acta (Wien) **1964**, 812.
43. Stevens, R. K., Mulik, J. D., O'Keeffe, A. E., Krost, K. J.: Analyt. Chem. **43**, 827 (1971).
44. Bruner, F., Liberti, A., Possanzini, M., Allegrini, I.: Analyt. Chem. **44**, 2070 (1972).
45. Beitz, L., Jecht, U.: Siemens-Technik d. Röntgen-Analyse, Inform. Nr. 5 (Nov. 1971).
46. Beitz L., Jecht, U.: Siemens-Ztschr. **46**, 369 (1972).
47. Plesch, R.: Siemens-Analysentechn. Mitt. Nr. 28 (März 1973).
48. Beitz, L.: Siemens-Analysentechn. Mitt. Nr. **57** (Apr. 1973).

Sb — Antimon

Tabelle 165. Empfindlichkeit S_M und Bestimmungsgrenze L_Q der Verfahren

Verfahren	µg Sb · ml⁻¹ · cm⁻¹	
	S_M	L_Q
Jodid-Verfahren	0,028 (425 nm); 0,0038 (330 nm)	0,70 (425 nm); 0,095 (330 nm)
Methylfluoron	0,0043 (495 nm)	0,11 (495 nm)
Rhodamin B/Benzol	0,0040 (565 nm); 0,0015 (565 nm)	0,10 (565 nm); 0,037 (565 nm)
Rhodamin B/CCl_4-Chlorbenzol (1:4)	0,0018—0,0026 (565 nm)	0,044—0,064 (565 nm)
Rhodamin B/Diisopropyläther	0,0036 (545 nm); 0,0010 (545 nm)	0,09 (545 nm); 0,024 (545 nm)

A. Trennungen

Sb(V) wird aus 6n HCl-Lösung mit Diäthyläther [*1, 2*] (für $V_0:V_w = 2:1$ Ausbeute 90% bei einmaliger Extraktion [*2*]) und aus 5,0–8,5n HCl-Lösung mit Diisopropyläther [*2–5*] (für $V_0:V_w = 1:1$ Ausbeute 99% bei einmaliger Extraktion [*2, 5*]) extrahiert, während Sb(III) nur in geringem Ausmaß (mit Diisopropyläther 2,3–2,4% [*5*]) in die organische Phase übergeht. Wäscht man den organischen Extrakt anschließend mit 6,5–8,5n HCl, so geht die Hauptmenge des Sb(III) in die Waschlösung über und nur 0,04% der ursprünglich vorhandenen Menge an Sb(III) verbleiben in der organischen Phase [*5*]. Mit Diisopropyläther betragen die Verteilungskoeffizienten bei der genannten Säurekonzentration $D_{Sb(V)} > 200$ und $D_{Sb(III)} = 0{,}016$ [*5*]. Auf diesem Wege kann Sb(V) von Sb(III) abgetrennt werden. Während der Extraktion wird Sb(V) in einem Ausmaß bis zu 0,2% zu Sb(III) reduziert. Von den organischen Lösungsmitteln Diäthyl-, Diisopropyl-, Diisoamyl-, Di-n-hexyläther und $CHCl_3$ erwies sich Diisopropyläther für die Extraktion am günstigsten [*2*]. Durch Zusatz von Alkali-, Erdalkali- oder Aluminiumchlorid u. a. m. kann bei der Extraktion mit Diäthyläther ein Aussalzeffekt erzielt werden, der zu einer Erhöhung der Ausbeute um 20–60% führt [*2*]. Aus citrat- und oxalathaltiger 1–6n HCl-Lösung wird Sb(V) zu 92–90% mit Äthylacetat extrahiert [*6*]. 50–200 mg Sb(V) können durch Extraktion mit Äthylacetat aus 6n HCl-Lösung ($D = 6{,}56$, $E\% = 87{,}5$) von Cr(III), Hg(II), Ni, Pb und Sn(IV) abgetrennt werden [*7*]. Mäßige Mengen Cu(II) stören nicht. Cd, Co, Fe(III) und Sn(II) gehen in die organische Phase über. Durch Extraktion mit Diisobutylcarbinol/n-Heptan (1:1) aus 7m HCl/6m H_3PO_4-Lösung und anschließendes Rückschütteln mit 1m NaOH wird Sb(V) von mehreren Elementen abgetrennt, die bei diesem Trennvorgang folgendes Verhalten zeigen (% extrahiert; % rückgeschüttelt) [*7a*]: As(III) (35; ~20), Bi (<2; <2), Ce(III) (<1; <1), Co (<1; <1), Cr(III) (–; <1), Cs (<1; <1), Cu (<10; <1), Eu (<1; <1), Fe(III) (96; >95), Hg(II) (50; ~50), I^- (98; <1), In (–; <2), Mn(II) (–; <1), Mo(VI) (80; ~60), Ni (–; <1), Nb (<2; <2), Pa (<2; <1), Po(IV) (>98; >98), Pr (<1; <1), Ru (<2; <2), Sb(V) (98; >97), Se(IV) (68; <1), Sn(II) (<2; <1), Sr (<1; <1), Tc(VII) (90; ~85), Zn (15; ~15), Zr (<2; <2). Sb(III) läßt sich als Jodid aus 5m H_2SO_4/0,1m KI-Lösung mit Benzol [*8–8b*] bzw. aus 5–6m H_2SO_4/0,01m KI-Lösung mit

Benzol ($E\% = 99{,}3$) und MIBK ($E\% = 99{,}7$) [*8c*] extrahieren. Durch Jodidextraktion mit organischen Lösungsmitteln soll eine Trennung des Sb von As, Bi u. a. Elementen möglich sein [*9*]. Durch Extraktion mit Cupferron/$CHCl_3$ können Sb(III) von Sb(V), Tl(I) und der Hauptmenge Ir, sowie Fe(III) und Te von Sb(V) abgetrennt werden [*10*]. Über die Anwendung von Carbamat mit CCl_4 [*11*], $CHCl_3$ oder Äthylacetat [*12*], Dz u. a. Extraktionsreagentien zur Isolierung von Sb s. a. S. 259ff.

Im Gegensatz zur Extraktion fand die Destillation und Verflüchtigung des Sb zu dessen Isolierung in nur geringerem Umfang und mit wechselndem Erfolg Anwendung. Bei der potentiometrischen Bestimmung von Sb in Roheisen [*13*] wurde das Sb durch Destillation als $SbCl_3$ aus $HCl/H_2SO_4/H_3PO_4$-Lösung bei 155–165° C – nach vorangehender, auf gleiche Weise durchgeführter Abtrennung des As – isoliert. Ebenso soll eine Destillation als Bromid möglich sein. Daneben wird in anderen Arbeiten über die Isolierung des Sb durch Verflüchtigung als SbH_3 berichtet [*14, 15*]. Ihre Anwendung führte anderenorts aber zu keinem Erfolg [*16*].

Die Isolierung des Sb erfolgte auch mittels Spurenfällung: als Sulfid mit Cu [*17*] und Cd [*18*] als Spurenfänger sowie mit Mangan(IV)oxydhydrat [*8b, 8c, 16, 19–27*] (s. S. 360). Mit letzterem werden neben Sb noch As, Au, Bi, Mo, Sn und Tl ausgefällt (s. a. in den entsprechenden Abschnitten der genannten Elemente); nach anderen Angaben [*24*] fällt Au mit dem Mangan(IV)oxydhydrat-Niederschlag nicht aus.

B. Jodid-Verfahren

Sb bildet in saurer Lösung mit Jodid den stark gelb gefärbten Jodokomplex $[SbI_4]^-$ [*28, 29*]. Die Extinktionsmaxima liegen bei 425 nm ($\varepsilon_{425} = 4300$—4400 [*29, 29a*], $\varepsilon_{330} = 32000$ [*29*]) [*16, 28, 29*] und 330 nm [*29*] (Abb. 166). Das Beersche Gesetz ist im Bereich von 0,7–25 µg Sb/ml (bei 425 nm) bzw. 0,1–4 µg Sb/ml (bei 330 nm) erfüllt. Die Farbe ist innerhalb von 5 min voll entwickelt und mindestens 30 min [*16*] bis 5 Std [*29*] stabil. Am günstigsten ist eine Säurekonzentration von 2,2–3,6n H_2SO_4 [*28–30*] bzw. 3–5n H_2SO_4 [*16*]. Innerhalb dieser Grenzen ist die Farbe praktisch konstant, bei höherer

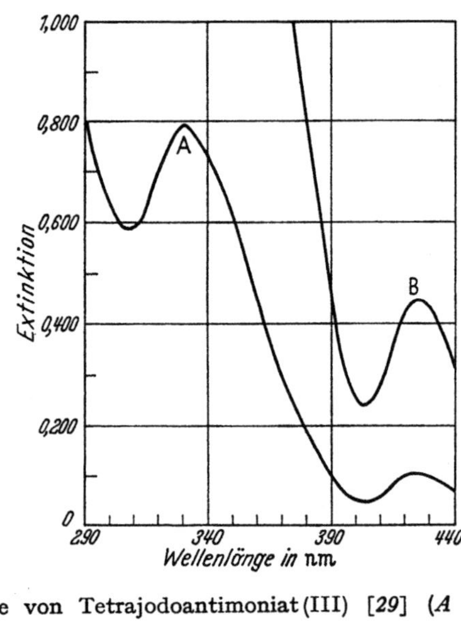

Abb. 166. Extinktionskurve von Tetrajodoantimoniat(III) [*29*] (*A* 3 µg Sb/ml, *B* 12 µg Sb/ml)

Säurekonzentration findet in zunehmendem Maße eine Jodausscheidung statt. Das Maximum der Farbintensität ist mit 6% KI erreicht. Änderungen des Gehaltes zwischen 6–25% KI haben wenig Einfluß. Zur Beseitigung des freiwerdenden Jods und oxydierender Stoffe finden verschiedene Reduktionsmittel Anwendung: Ascorbinsäure [*28–30*] NaH_2PO_2 [*16, 31, 32*] und $Na_2S_2O_3$ [*16, 31*]. Die Bestimmung von 10 µg Sb/ml bei 425 nm und 2 µg Sb/ml bei 330 nm wird nicht gestört durch [*28, 29*]: jeweils 500 µg/ml von Al, Ca, Cd, Co, Fe(II), Mg, Mn, Na, Zn, NH_4^+, Cl^-, Br^-, NO_3^- und PO_4^{3-}. Weiterhin stören nicht: bei 425 nm jeweils 500 µg/ml an As(III) und Hg(II), bei 330 nm 200 µg Ge/ml. Bis zu 2 mg Fe(III)/ml verursachen keine Störung, wenn man die Lösung 10 bis 15 min stehen läßt, um das ausgeschiedene Jod durch Hypophosphit zu reduzieren [*16*]. Von mehr oder weniger störenden Elementen sind folgende Ionenkonzentrationen (in µg/ml) zulässig (verursachter relativer Fehler <2,5%): Bei 425 nm Mo(VI) (100), Ni (100), Sn(II) (100), W(VI) (100), Cu(II) (20) und Pb (10–20); bei 330 nm Ni (100), As(III) (50), Mo(VI) (30), Cu(II) (20), Sn(II) (5) und W(VI) (4). Bei 425 nm müssen Bi und Tl(I), bei 330 nm Bi, Hg(II) und Pb abwesend sein. Größere Mengen SO_3^{2-}, NO_2^- und OCl^- stören. Eine Störung durch Bi läßt sich berücksichtigen, indem man zuerst das Bi allein bei einer Konzentration von 1% KI (bei dieser Konzentration entwickelt Sb noch keine Färbung) bestimmt, dann bei erhöhter KI-Konzentration die Summe Sb + Bi und durch Differenzbildung den Gehalt an Sb ermittelt [*16, 28*]. Die durch Tl verursachte Extinktion nimmt im Bereich von 0–1 ppm Tl linear zu und ist oberhalb 1 ppm Tl im Bereich von 1–10 ppm Tl praktisch konstant, so daß sich die Tl-Störung berücksichtigen läßt [*32a*]: man arbeitet nach Arbeitsvorschrift a), ermittelt experimentell die Extinktion für den Bereich 1–10 ppm Tl und zieht diese vom Meßwert ab; bei Probelösungen mit <1 ppm Tl fügt man eine entsprechende Tl-Menge zu, um in den konstanten Bereich von 1–10 ppm Tl (am zweckmäßigsten ist 5 ppm Tl) zu gelangen (eine auftretende Fällung von TlI bei >2,5 ppm Tl wird abzentrifugiert).

Das Jodidverfahren fand auch zur Bestimmung von Sb in biologischem Material Anwendung [*28, 30*].

Arbeitsvorschrift

a) Bestimmung im sichtbaren Bereich [*28, 30*]

Reagentien

10n H_2SO_4;

KI-Ascorbinsäure-Lösung, 15%ig an KI und 2,5%ig an Ascorbinsäure, wäßrige Lösung, in dunkler Flasche aufbewahrt.

Die schwach schwefelsaure Probelösung (9–350 µg Sb enthaltend) versetzt man in einem 25 ml-Meßkolben mit 7 ml 10n H_2SO_4 (die aufgefüllte Lösung soll 3n H_2SO_4 sein) und 10 ml KI-Ascorbinsäure-Lösung, füllt mit Wasser zur Marke auf und photometriert nach 5 min in einer 2 cm-Küvette bei 425 nm gegen den Blindwert.

b) Bestimmung im UV-Bereich [*29*]

Reagentien

H_2SO_4 (1 + 3);

KI-Ascorbinsäure-Lösung, 14%ig an KI und 1%ig an Ascorbinsäure, wäßrige Lösung.

~ 10 ml schwach schwefelsaure Probelösung (5–200 µg Sb enthaltend) versetzt man in einem 50 ml-Meßkolben mit 25 ml KI-Ascorbinsäure-Lösung, füllt mit H_2SO_4 (1 + 3) zur Marke auf und photometriert in einer 1 cm-Küvette bei 330 nm gegen den Blindwert.

1. Metalle und Legierungen

Die Bestimmung kleiner Sb-Gehalte in Stahl erfolgte nach vorangehender Isolierung durch Sulfidfällung mit Hilfe des Jodid-Verfahrens [*18*]. In einer anderen Arbeit [*32b*] wurde Sb in legierten Stählen ($\geqq$ 15 ppm Sb) ohne Vorisolierung nach dem Jodid-Verfahren bestimmt.

1.1. Gußeisen

Nach dem Lösen der Probe wird das Sb bei pH ~ 1 durch Fällung mit Mangan(IV) oxydhydrat isoliert und anschließend in 4n H_2SO_4-Lösung als Jodid photometrisch bestimmt. Bis zu 0,01% Bi stört nicht. Durch die Lage des Extinktionsmaximums des $[BiI_4]^-$- (bei 460 nm) und des $[SbI_4]^-$-Komplexes (bei 425 nm) würde 0,01% Bi einen Gehalt von 0,004% Sb vortäuschen. Da aber unter den vorliegenden Arbeitsbedingungen bei dieser Fällung nur ~ 20% des vorhandenen Bi das Sb begleiten, verursacht 0,01% Bi praktisch eine Erhöhung des wahren Gehaltes um <0,001% Sb. Bei höheren störenden Bi-Gehalten muß aber die oben genannte Korrektur [*28*] vorgenommen werden.

B: 5—>200 ppm Sb. F_r: ±10%.

Arbeitsvorschrift [*16, 27*]

Reagentien
HCl (1,19); HNO_3 (1,40); HNO_3 (1 + 4);
HF (40%); 20n H_2SO_4;
$KHSO_4$;
KI/NaH_2PO_2-Lösung; 500 g KI und 100 g $NaH_2PO_2 \cdot H_2O$ werden in Wasser gelöst und auf 1 l aufgefüllt.
Stärkelösung;
$Na_2S_2O_3$, 1%ige wäßrige Lösung, 0,1% Na_2CO_3 enthaltend;
$KMnO_4$, 2,5%ige wäßrige Lösung;
H_2O_2 (6%);
NH_4NO_3, 2%ige wäßrige Lösung.

Aufstellung der Eichkurve

1, 2, 4, 6, 8 und 10 ml Sb-Lösung (50 µg Sb/ml enthaltend) versetzt man jeweils in einem 50 ml-Meßkolben mit 10 ml H_2SO_4, bringt mit Wasser auf 25—30 ml, kühlt, fügt 20 ml KI/NaH_2PO_2-Lösung hinzu und läßt 5 min stehen. Danach versetzt man mit 1—2 Tropfen Stärkelösung, fügt bei Auftreten des blauen Jodstärke-Komplexes tropfenweise $Na_2S_2O_3$-Lösung hinzu bis die Lösung klar gelb erscheint, füllt mit Wasser zur Marke auf und photometriert sofort in einer 2 cm-Küvette bei 425 nm gegen den Blindwert.

Analyse

5,0 g Probematerial (bei Gehalten bis 0,05% Sb; bei 0,05—0,25% Sb 1,0 g Probematerial) werden in einem 400 ml-Becherglas mit 120 ml HNO_3 (1 + 4) (bei 1 g Probematerial 30 ml Säure + 50 ml Wasser) in der Kälte gelöst, anschließend gekocht und durch Filterschleim unter Nachwaschen mit heißem Wasser in einen 400 ml-Erlenmeyerkolben filtriert.

Der Filterrückstand wird in einem Quarztiegel bei 800° C verascht, nach dem Abkühlen in einen Platintiegel übergeführt, mit 10 Tropfen H_2SO_4 und 2—3 Tropfen HF versetzt, zur Trockene eingedampft und mit 1—2 g $KHSO_4$ aufgeschlossen. Soll der Gehalt des Rückstandes für sich bestimmt werden, so löst man die erkaltete Schmelze in einem 150 ml-Becherglas mit Wasser, versetzt mit 10 ml H_2SO_4 und dampft gerade bis zum Rauchen ein. Nach dem Abkühlen spült man das Becherglas mit 3—5 ml Wasser ab und erwärmt, bis alles vollständig gelöst ist. Man überführt die Lösung in einen 50 ml-

Meßkolben, stellt das Volumen mit Wasser auf 25—30 ml ein, kühlt, fügt 20 ml KI/NaH_2PO_2-Lösung hinzu und fährt, wie bei der Aufstellung der Eichkurve beschrieben, unter Verwendung einer 2 cm- oder 5 cm-Küvette fort.

Soll Sb in Rückstand und Filtrat gemeinsam bestimmt werden, so verfährt man wie folgt: Das Filtrat wird mit 10 ml $KMnO_4$-Lösung versetzt, 3—5 min gekocht, kurz abgekühlt, mit H_2O_2 das ausgefallene Mangan(IV)oxydhydrat gelöst, zur Zerstörung des H_2O_2-Überschusses 5 min gekocht und mit Wasser auf 200 ml verdünnt. Man erhitzt die Lösung zum Sieden, fügt 1 ml $KMnO_4$-Lösung hinzu und läßt den Niederschlag absetzen. Falls nach 1—2 min langem Sieden keine Fällung von Mangan(IV)oxydhydrat auftreten sollte (bei Proben mit hohem Gehalt an gebundenem C), versetzt man die Lösung tropfenweise mit $KMnO_4$-Lösung bis zur starken Färbung, kocht 3—5 min, behandelt wie vorhin mit H_2O_2 und verkocht dessen Überschuß. Man verdünnt wieder auf 200 ml mit Wasser, fügt 1 ml $KMnO_4$-Lösung hinzu und läßt nun den Niederschlag absetzen. Danach filtriert man ihn ab, wäscht mit heißer NH_4NO_3-Lösung nach und spült mit heißem Wasser ins Becherglas zurück. Der Niederschlag im Becherglas und auf dem Filter noch haftende Reste werden durch tropfenweisen Zusatz von HCl und H_2O_2 gelöst und das Filter mit heißem Wasser nachgewaschen. Zu dieser Lösung fügt man nun den in Wasser gelösten Schmelzaufschluß des Rückstandes, sowie 1 ml H_2SO_4 und 10 ml HNO_3 (1,40) und dampft bis zum Auftreten der SO_3-Nebel ein. Nach Zusatz von 10 ml Wasser wird erwärmt, bis alles gelöst ist und der Eisengehalt der Lösung durch Tüpfeln ermittelt [hierzu bringt man 1 μl Probelösung und 1 μl einer Eisenvergleichslösung (5 mg Fe/ml) auf ein Filtrierpapier, setzt das Filter Ammoniakdämpfen aus und vergleicht die Farbintensität der entstandenen gelbbraunen Flecke]. Wenn die Probelösung $<0{,}05$ g Fe enthält, fügt man 9,0 ml H_2SO_4 hinzu, dampft bis zum Auftreten der SO_3-Nebel ein und fährt mit der photometrischen Bestimmung wie oben angegeben fort. Wenn die Probelösung $>0{,}05$ g Fe enthält, fügt man 5 ml $KMnO_4$-Lösung hinzu, entfärbt mit H_2O_2, dampft bis zum Rauchen ein, verdünnt mit Wasser auf 200 ml und erhitzt nach Zusatz von 5 g NH_4NO_3 zum Sieden. Es wird 1 ml $KMnO_4$-Lösung zugesetzt, 15 min gekocht, nach dem Absetzen des Niederschlages filtriert, dieser wie früher angegeben, vom Filter gelöst, nach Zusatz von 10 ml H_2SO_4 und 10 ml HNO_3 (1,40) die Lösung gerade zum Rauchen eingedampft und das Sb, wie früher angegeben, photometrisch bestimmt.

2. Luft

B: 180—7000 μg Sb/m³ bzw. 0,04—1,4 vpm SbH_3.

SbH_3. Man saugt 50 l Luft (~ 2 l/min) durch eine Waschflasche (s. S. 176f.) mit 20 ml Absorptionslösung (10%ig an KI + 1%ig an Jod in 3n H_2SO_4), führt danach die Lösung unter Nachwaschen mit Wasser in einen 25 ml-Meßkolben über, fügt 0,25—0,5 g Ascorbinsäure hinzu, füllt mit Wasser zur Marke auf und photometriert wie bei Arbeitsvorschrift a) (s. S. 1021).

C. Methylfluoron

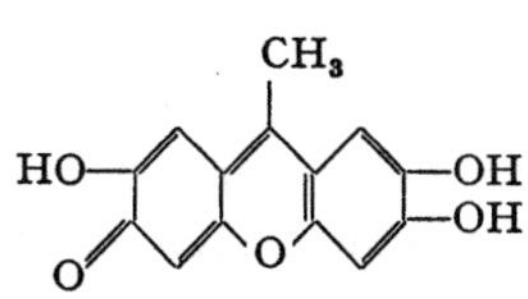

Das gelbe Methylfluoron (2,3,7-Trihydroxy-9-methyl-6-fluoron) (MF) gibt mit Sb in saurer Lösung einen orange gefärbten Komplex [*33—37*], der in Wasser wenig löslich ist und daher ausfällt. Die Farbe läßt sich jedoch durch Zusatz von 1 ml 1%iger Gelatine- oder 0,5–1 ml 1%iger Polyvinylalkohollösung auf ein Endvolumen von 50 ml stabilisieren und zur photometrischen Bestimmung verwenden [37]. Der Komplex ist durch folgende organische Lösungsmittel nicht extrahierbar [37]: Diäthyläther, Diisopropyläther, Cyclohexanon, Methylacetat, n-Butanol, Isobutanol, n-Amylalkohol, Isoamylalkohol, Benzylalkohol, β,β'-Dichlordiäthyläther, $CHCl_3$, CCl_4 und Benzol. Mit MIBK, Äthylacetat, Butylacetat und Methyl-4-pentanol-2 findet eine mehr oder weniger vollständige Extraktion statt, doch flockt der Farbkomplex aus oder man erhält einen trüben Extrakt. Das Extinktionsmaximum liegt bei 530 nm ($\varepsilon = 40480$) [37] (s. Abb. 167). Die Eichkurve kann allerdings bei dieser Wellenlänge nicht aufgestellt werden.

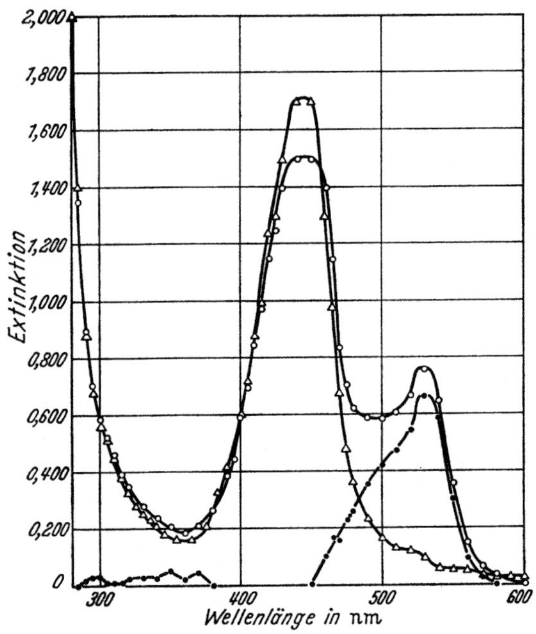

Abb. 167. Extinktionskurven von Sb(III) + Methylfluoron (○——○ gegen Wasser gemessen, •——• nach Abzug des Blindwertes) und von Methylfluoron (Blindwert, gegen Wasser gemessen, △——△) [37]

Mit steigender Sb-Menge verschiebt sich nämlich das Maximum der Extinktionsdifferenz von Farbkomplex und Blindlösung von 495 nm nach 530 nm. Dies hat zur Folge, daß die Eichkurve im Bereich von 505–530 nm zwar linear ist, aber nicht durch den Nullpunkt geht und die Abszisse schneidet, wobei die Abweichung mit steigender Wellenlänge zunimmt. Für die Aufstellung der Eichkurve ist der Bereich von 490 bis 500 nm geeignet. Hier geht die Eichkurve durch den Nullpunkt und das Beersche Gesetz ist im Bereich von 0,1–4 µg Sb/ml erfüllt. Es empfiehlt sich die Eichkurve bei 495 nm nach der Arbeitsvorschrift aufzustellen ($\varepsilon_{495} = 28370$). Für die Farbreaktion ist pH 2 optimal. Die Gelatinelösung hat den Nachteil, daß sie täglich frisch hergestellt werden muß und die damit versetzte Probelösung beim Mischen leicht schäumt. Beides läßt sich mit Polyvinylalkohollösung vermeiden. Führt man die Farbreaktion nach der Arbeitsvorschrift mit Polyvinylalkohol als Stabilisator durch, so ist die Extinktion in den ersten 15 min nach dem Auffüllen konstant und nimmt anschließend langsam ab: 1 Std nach dem Auffüllen ist sie um 2%, nach 3 Std um 3% und nach 20 Std um 5% niedriger als der Anfangswert. Verwendet man zur Stabilisierung Gelatine, so nimmt die Extinktion nach dem Auffüllen in den ersten 30 min um 3% zu, wobei die Änderung linear ist (1%/10 min). Von 30–60 min nach dem Auffüllen bleibt die Extinktion konstant, nimmt in den darauffolgenden 2 Std noch um 1% zu, um nach 18 Std wieder den Anfangswert wie zum Zeitpunkt des Auffüllens zu erreichen. Am zweckmäßigsten ist es, die Messung zu einem bestimmten Zeitpunkt nach dem Auffüllen innerhalb von 10 min durchzuführen.

Folgende Ionenmengen (in μg /ml) stören die Bestimmung von 1 μg Sb/ml nicht bzw. geben keine Farbreaktion (verursachter Fehler $\leqq$ 5%) [*37*]: Ag (200), Al (500), As(III) (500), As(V) (500), Au(III) (0,5), B (500), Ba (500), Be (500), Bi (~ 0,3), Ca (50), Cd (500) Ce(IV) (5), Co (50), Cr(III) (~ 1), Cr(VI) (~ 0,2), Cu(I) (50), Cu(II) (50), Fe(II) (0,5), Fe(III) (0,5), Ga(III) (~ 0,01), Ge(IV) (~ 0,2), Hf(IV) (~ 0,07), Hg(I) (40), In(III) (~ 0,3), K (70000), La(III) (1), Mg (50), Mn(II) (20000), Mo(VI) (~ 0,01), NH_4^+ (500), Na (40000), Nb(V) (~ 0,05), Ni (50), Os(VIII) (0,5), Pb (50), Pd(II) (0,5), Pt(IV) (0,5), Re(VII) (2), Rh(III) (0,5), Ru(III) (0,5), Se(IV) (10), Sn(II) (~ 0,01), Ta(V) (~ 0,06), Te(IV) (2), Ti(IV) (~ 0,003), Tl(I) (2), U(VI) (2), V(V) (~ 0,01), W (VI) (~ 3), Y(III) (~ 0,3), Zn (50), Zr(IV) (~ 0,3), Cl^- (40000), ClO_4^- (125000), NO_3^- (80000), SO_4^{2-} (20000), SO_3^{2-} (400), $S_2O_3^{2-}$ (40), SCN^- (40000), I^- (~ 20000), Br^- (800), F^- (200), CO_3^{2-} (20000), PO_4^{3-} (20000), Acetat (5400), Oxalat (~ 200), Citrat (400), Tartrat (2000), ÄDTA (~ 5), Nitrilotriessigsäure (190), Hydrazinsulfat (~ 4000), Hydroxylaminhydrochlorid (80000) und Ascorbinsäure (~ 40000). Eine mögliche Störung von Kationen durch Bindung von MF infolge Bildung farbloser Komplexe wurde nicht überprüft. Eine 1–7mal schwächere Farbreaktion, die aber bei der Sb-Bestimmung berücksichtigt werden muß, geben Bi, Cr(VI), Fe(III), Ge, In, Ta und Zr. Hf und Nb weisen eine etwa gleich starke Farbreaktion auf, während jene von Ga, Mo, Sn(II) und V(V) 2–3mal und von Ti sogar etwa 15mal empfindlicher als die des Sb(III) ist. Neben der notwendigen Abwesenheit dieser Störelemente ergibt sich daraus weiterhin noch die Möglichkeit einer empfindlichen photometrischen Bestimmung der zuletzt genannten 7 Elemente mit MF. MF fand deshalb in anderen Arbeiten zur photometrischen Bestimmung von Ti [*38*], Mo [*39*] und Zr [*40*] Anwendung. Die Bestimmung von 1 μg Sb/ml nach der Arbeitsvorschrift ergab eine Standardabweichung von $s = \pm 0{,}018$ μg Sb/ml.
Z: 15–20 min.

Arbeitsvorschrift [*37*]

Reagentien

Methylfluoron-Lösung (MF), 0,05%ig; 0,050 g Reagens löst man in 5 ml 2n NaOH, versetzt mit 25—30 ml Wasser, 50 ml Äthanol und unter Kühlen mit ~ 1,6 ml HCl (1,19) (pH ~ 0,75) und füllt mit Wasser auf 100 ml auf. Die Lösung ist 2 Wochen haltbar.

Polyvinylalkohol, 1%ige wäßrige Lösung; das Reagens wird unter Erwärmen auf dem Wasserbad gelöst;

Gelatine, 1%ige wäßrige Lösung; täglich frisch hergestellt. Die Gelatine wird unter schwachem Erwärmen gelöst, wobei die Temperatur 40° C nicht überschreiten darf;

Pufferlösung (pH 2) nach Clark und Lubs; 14,91 g KCl werden in Wasser gelöst und auf 1 l aufgefüllt. 50 ml dieser Lösung versetzt man mit 10,2 ml 0,2n HCl und füllt mit Wasser auf 200 ml auf, wobei man — falls erforderlich — auf pH 2 korrigiert.

Die ~ 1n HCl-Probelösung (2,5–100 μg Sb enthaltend) versetzt man in einem 50 ml-Meßkolben mit 5 ml Pufferlösung, 1 ml Polyvinylalkohol- oder Gelatinelösung und 1,00 ml MF-Lösung. Die Lösung wird nun mit Wasser auf etwa 40 ml verdünnt, mit 2n NaOH bzw. 2n HCl auf pH 2,0 eingestellt, mit Wasser zur Marke aufgefüllt und nach 5–10 min in einer 2 cm-Küvette bei 495 nm gegen Wasser photometriert. Die Extinktion einer analog hergestellten Blindlösung wird abgezogen.

1. Metalle und Legierungen

1.1. Eisen und Stahl

B: 2,5–100 ppm Sb. F_r: ±5%. *Z:* 1,5 Std.

Arbeitsvorschrift [*8b*]

Reagentien

HNO_3 (1,40); H_2SO_4 (1 + 1); H_3PO_4 (1,70).
$KMnO_4$, gesättigte wäßrige Lösung (~ 6%ig).
$MnSO_4 \cdot 5\,H_2O$, 5%ige wäßrige Lösung.
Hydroxylaminhydrochlorid, 10%ige wäßrige Lösung.
KI, 20%ige wäßrige Lösung.
Benzol.
Ascorbinsäure, 5%ige wäßrige Lösung.
Übrige Reagentien wie bei der Arbeitsvorschrift [*37*] auf S. 1025.

1,0 g Probematerial wird in einem 250 ml-Becherglas mit 10 ml HNO_3 sowie 20 ml Wasser unter Erwärmen gelöst, nach Zusatz von 80 ml Wasser aufgekocht, 5 ml $MnSO_4$-Lösung und tropfenweise 2 ml $KMnO_4$-Lösung hinzugefügt und bis zum Zusammenballen des Niederschlages gekocht. Man filtriert den Niederschlag mit einem mittelporigen Filter (z. B. S & S-Weißband), wäscht 4mal mit heißem Wasser, spült (Spritzflasche) den Niederschlag mit heißem Wasser vom Filter in ein Becherglas, löst den Niederschlagsrest vom Filter in das Becherglas mit einer Mischung von 8 ml H_2SO_4 (1 + 1) + 2 ml Hydroxylaminhydrochlorid-Lösung und wäscht mit heißem Wasser nach. Die erhaltene Lösung wird in einen 100 ml-Schütteltrichter übergeführt, 8 ml H_2SO_4 (1 + 1), 2 ml H_3PO_4, sowie 5 ml KI-Lösung hinzugefügt, 2 min geschüttelt, mit 15 und 10 ml Benzol jeweils 1 min extrahiert, die wäßrige Phase verworfen, der vereinigte organische Extrakt einmal mit einer Mischung von 10 ml Wasser + 8 ml H_2SO_4 (1 + 1) + 2 ml H_3PO_4 + 2 ml KI-Lösung gewaschen und die Waschlösung verworfen. Nun fügt man zum organischen Extrakt 10 ml Wasser und in 1 ml-Anteilen Ascorbinsäurelösung (insgesamt 1–3 ml) unter Schütteln hinzu, bis die organische Phase farblos ist, läßt die wäßrige Lösung ab, schüttelt nochmals mit 10 ml Wasser, stellt die vereinigte wäßrige Lösung mit 0,5n NaOH auf pH 2, führt in einen 50 ml-Meßkolben über und fährt mit dem Zusatz der Pufferlösung nach der Arbeitsvorschrift [*37*] auf S. 1025 fort. Man photometriert gegen eine analog mit Ferrum reductum oder Vorprobenstahl (Sb-freiem Stahl) hergestellte Blindlösung.

2. Luft

B: 50–2000 µg Sb/m³ bzw. 0,01–0,4 vpm SbH_3.

a) Sb-Staub. Man saugt 50 l Luft ab und behandelt Filter und Probe wie bei Verfahren D.5.3. (s. S. 1038) und bestimmt das Sb in der erhaltenen Probelösung nach der Arbeitsvorschrift [*37*] auf S. 1025.

b) SbH_3. Man saugt 50 l Luft wie bei Verfahren B.2. (s. S. 1023) ab, führt die Lösung in einen 150 ml-Schütteltrichter über, versetzt mit 0,25–0,50 g Ascorbinsäure, verdünnt mit Wasser auf 30 ml, fügt 30 ml H_2SO_4 (1 + 1) hinzu, kühlt und fährt mit der Extraktion des SbI_3 mit Benzol und der Bestimmung mit MF nach Verfahren C.1.1. (s. S. 1026) fort.

D. Rhodamin B

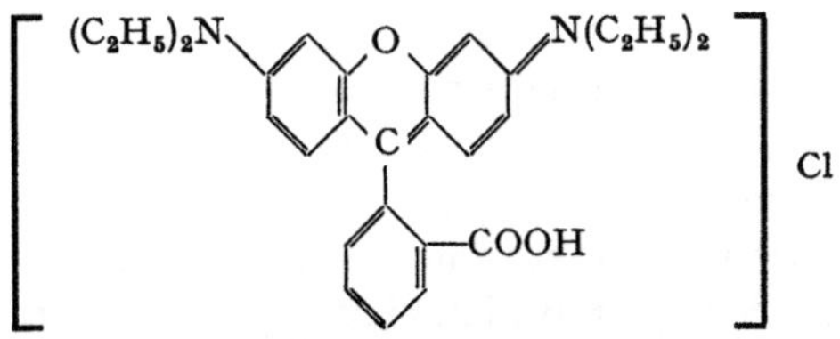

Sb(V) bildet in HCl-Lösung mit Rhodamin B (RB) einen in Wasser unlöslichen, rotvioletten Komplex [*41*], der mit Benzol [*3, 6, 14, 17, 24, 42*], Benzol/Äthylenglykolmonobutyläther [*10, 26*], Toluol, Xylol und CCl_4/Chlorbenzol (1:4) [*8c, 42a*] extrahierbar ist, von Petroläther und CCl_4 hingegen nicht ausgeschüttelt wird. Der Reagensüberschuß verbleibt dabei in der wäßrigen Phase. Ein Zusatz von Äthylenglykolmonobutyläther erleichtert die Extraktion mit Benzol [*10*]. Mit Diisopropyläther läßt sich der Farbkomplex selbst nicht extrahieren, doch kann man diesen nach vorhergehender Extraktion des Sb(V) mit dem gleichen Lösungsmittel aus HCl-Lösung durch Schütteln mit RB-Lösung in der organischen Phase entwickeln [*3, 4, 30, 43*] (von diesen Ergebnissen abweichend wird von anderer Seite über die Extraktion des Sb-RB-Komplexes mit Diisopropyläther aus 6n HCl-Lösung berichtet [*44*]). Zweckmäßig extrahiert man das Sb(V) mit Diisopropyläther aus 1,5n HCl, wodurch der Großteil an vorhandenem Fe abgetrennt wird, und schüttelt die organische Phase mit einer 1n HCl/RB-Lösung, da bei dieser Säurekonzentration kein freies RB in den Äther übergeht, aus 3–6n HCl hingegen RB extrahiert wird [*4*]. Amylalkohol, Isopropylalkohol, Äthylacetat, Butylacetat und Monochlorbenzol sind für die Extraktion ungeeignet, da bei diesen Lösungsmitteln sowohl der Sb-RB-Komplex als auch das freie RB in die organische Phase über-

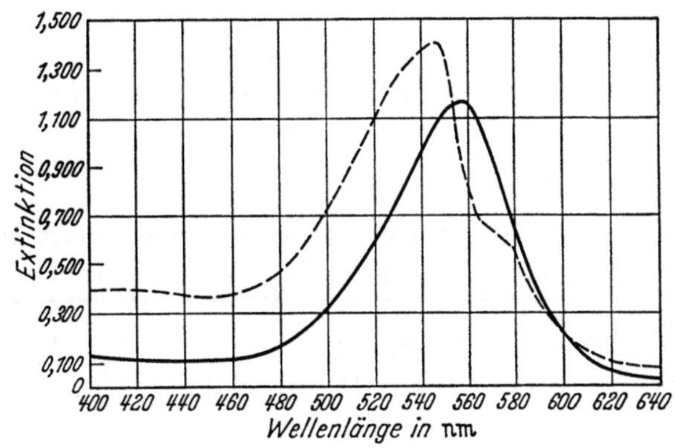

Abb. 168. Extinktionskurven von Sb + Rhodamin B in Benzol (———) und in Diisopropyläther (- - - - -) [*3*]

gehen [*44*]. Das Extinktionsmaximum liegt in Diisopropyläther bei 545–555 nm [*4, 44*] und in Benzol bei 565 nm [*3*] (s. Abb. 168; $\varepsilon_{565} = 30000$ [*3*] bzw. 82000 in Benzol, $\varepsilon_{565} = 70000$ [*8c, 42a*] in CCl_4/Chlorbenzol (1:4), $\varepsilon_{545} = 34000$ [*3*] bzw. 128000 [*43*] in Diisopropyläther). Das Beersche Gesetz ist im Bereich von 0,5–2,5 μg Sb/ml Diisopropyläther oder Benzol nicht erfüllt, die Eichkurve ist schwach gekrümmt [*3, 4*]. Nach anderen Angaben ist das Beersche Gesetz im Bereich von 0,1–2,5 μg Sb/ml Benzol [*17, 24*] bzw. 0,05–1,3 μg Sb/ml Diisopropyläther [*43*] erfüllt. Die Farbe ist in Benzol mindestens 4 Std [*3*], in Diisopropyläther wenig [*3*], nach späteren Untersuchungen bis 6 Std [*4*] stabil. Der in Diisopropyläther entwickelte Farbkomplex verblaßt langsam, wobei die Intensität in $1^1/_2$ Std um 1,2% und nach 18 Std um 30% abnimmt [*43*].

Zur vollständigen Oxydation des Sb(III) zu Sb(V) und Überführung in den Komplex $SbCl_6^-$ ist eine Säurekonzentration von mindestens 6n HCl erforderlich [*42*]. Nach seiner Bildung hydrolysiert das $SbCl_6^-$ in 6n HCl-Lösung bei 25° C mit einer Geschwindigkeit von 1%/min zu $Sb(OH)Cl_5^-$ (welches weiter zu anderen Verbindungen hydrolysiert). Da sich aber nur $SbCl_6^-$ mit RB zum extrahierbaren Komplex umsetzt, ist es am zweckmäßigsten, die Lösung sofort nach der Oxydation durch Verdünnen mit Wasser auf 3n HCl einzustellen und/oder das RB möglichst rasch zuzusetzen [*42*] und die Extraktion des Sb-RB-Komplexes ohne Zeitverlust vorzunehmen. In 3n HCl-Lösung hydrolysiert das $SbCl_6^-$ langsamer (~ 0,35%/min bei 25° C); außerdem ist die Extrahierbarkeit des Sb-RB-Komplexes hier besser, da sie mit steigender Säurekonzentration abnimmt. Unter verschiedenen Oxydationsmitteln erwies sich $Ce(SO_4)_2$ am günstigsten. Die Oxydation läuft bei Raumtemperatur sehr rasch ab und es ist ein nur geringer Überschuß an $Ce(SO_4)_2$ erforderlich, falls keine anderen oxydierbaren Stoffe anwesend sind [*14*]. Zur Erzielung einer vollständigen Oxydation soll die Lösung eine Temperatur von $\leqq 25°$ C aufweisen [*4*]. Bei dieser Temperatur und bei nur geringem Überschuß an $Ce(SO_4)_2$ entsteht nur wenig oder kein störendes Cl_2, so daß ein Einleiten von Luft zu dessen Entfernung [*17*] nicht erforderlich ist [*4*]. Der Überschuß an Oxydationsmittel muß entfernt werden, da das entstehende gefärbte Oxydationsprodukt des RB in die Benzolphase übergeht. Das überschüssige $Ce(SO_4)_2$ wird bei Raumtemperatur mit Hydroxylaminhydrochlorid entfernt, wobei Sb(V) nicht reduziert wird. Da evtl. vorhandenes Sb(IV) von $Ce(SO_4)_2$ nicht oxydiert wird, ist es erforderlich, dieses zunächst mit wenig SO_3^{2-} zu Sb(III) zu reduzieren und anschließend die Oxydation vorzunehmen. In späteren Arbeiten wurde anstelle des $Ce(SO_4)_2$ als Oxydationsmittel das günstigere $NaNO_2$ empfohlen [*8c, 42a*], das auch bei anderen Reagentien, wie z. B. Brillantgrün (s. S. 1038), Anwendung fand. Das Arbeiten mit $NaNO_2$ ist einfacher und soll auch einen höheren ε-Wert aufweisen. Statt des gesonderten Zusatzes von $NaNO_2$ wurde zur Probelösung auch eine 0,1% RB/0,05% $NaNO_2$- [*42a*] bzw. 0,05% RB/0,1% $NaNO_2$-Lösung [*8c*] hinzugefügt.

Die Bestimmung von 0,5–20 μg Sb wird durch folgende Ionenmengen (in mg) nicht gestört [*3, 14, 17, 24*]: Ag (0,1), Al (10), As(III) (0,1), B (0,1), Be (0,1), Bi (0,1–10), Cd (0,1– ~ 1), Co (1–10), Cr(III) (1), Cu (10), Fe(II) (~ 1), Ge (0,1), Hg(II) (1–10), In (0,1), Mg (~ 1), Mn(II) (~ 10–50), Mo(VI, V) (0,1–10), Ni (~ 1), Pb (1–10), Pd(II) (0,1), Pt(IV) (1), Sc (0,1), Se(IV) (0,1), Sn(II) (1), Ta (0,1), Te(IV) (0,1), Th (1), Ti (10), U (1), V(V) (0,1), W(VI) (0,1–1), Zn (1–10), Zr (1), F^- (~ 1), NO_3^- (~ 1) und SO_4^{2-} (~ 1). In Anwesenheit von 0,5 mg V erhält man zu niedrige Werte. Au(III), Fe(III), Ga(III) und Tl(III) stören [*4, 17, 42*]. Cr(VI) entfärbt RB [*24*]. Sn, V und W bilden mit RB Komplexe, die mit Benzol nicht extrahiert werden [*24*]. Pt gibt einen gefärbten, mit Benzol extrahierbaren Komplex, stört aber erst in Mengen von >1 mg [*24*]. Die Störung des Fe läßt sich durch Zusatz von H_3PO_4 [*3, 24*] oder $Na_4P_2O_7$ [*45*] vermindern; in Anwesenheit von H_3PO_4 stören 200 μg Fe(III) nicht [*3, 17*]. Wenn das Sb vorher durch Sulfidfällung isoliert und anschließend mit RB/Benzol bestimmt wird, stören weiterhin nicht (in mg) [*17*]: Al (60), Ca (60), Co (50), Fe(III) (60; 500 bei Reduktion mit Hydroxylaminhydrochlorid vor der Sulfidfällung und Zusatz von H_3PO_4 vor der Bestimmung mit RB), Mg (60), Nb (0,1–1), Ni (100), Ta (0,5), Tl(III) (0,040), V (1) und

W (1). 100 µg Ga stören nicht, wenn dieses nach der Sulfidfällung durch Extraktion mit Diisopropyläther aus ~ 7n HCl-Lösung abgetrennt wird [*17*]. Eine Störung durch jeweils 100 µg Au(III) und Tl(III) läßt sich vermeiden, indem man ersteres mit SO_2 reduziert und abfiltriert und Sb extraktiv mit Cupferron/$CHCl_3$ von Tl abtrennt [*10, 17*]. Die Bestimmung von 5—25 µg Sb mit RB/Benzol in Verbindung mit einer vorhergehenden Isolierung durch Mitfällung an Mangan(IV)oxydhydrat wird außer durch die oben genannten Mengen anderer Lösungspartner noch durch folgende Elementmengen (in mg) nicht gestört [*24*]: Ag (~ 10), As(V) (10), Au(III) (1), Bi (50), Cr(III) (10), Co (10), Fe(III) (10), Mn(II) (70), Hg(II) (10), Ni (10), Pd (10), V(V) (1), W (10) und Zn (10). Mit vorangehender Isolierung des Sb durch Extraktion mit Diisopropyläther aus 1—2n HCl-Lösung (und Waschen des Extraktes mit Hydroxylaminhydrochlorid/1n HCl-Lösung und 1n HCl) wird die Bestimmung von 2 µg Sb mit RB/Diisopropyläther außer durch die eingangs erwähnten Elementmengen auch nicht gestört durch (in mg) [*4*]: As(III) (0,25), Au(III) (0,30), Cd (2) [*43*], Fe(III) (30), Tl(I) (0,30) und W (10).

Arbeitsvorschrift

a) Extraktion mit Benzol ([nach *3, 6, 17, 24*])

Reagentien

Rhodamin B (RB), 0,2%ige wäßrige Lösung.
~ 0,1n $Ce(SO_4)_2$, in 1n H_2SO_4; ~ 4,1 g $Ce(SO_4)_2 \cdot 4\,H_2O$ werden unter Erwärmen in 100 ml 1n H_2SO_4 gelöst;
Hydroxylaminhydrochlorid, 1%ige wäßrige Lösung;
H_3PO_4 (1,70);
Benzol
$NaNO_2$, 1%ige wäßrige Lösung;
Sulfaminsäure, 8%ige wäßrige Lösung.

15—20 ml Probelösung (6—7n HCl; 1—25 µg Sb enthaltend) versetzt man in einem 100 ml-Schütteltrichter tropfenweise bis zur bleibenden Gelbfärbung mit $Ce(SO_4)_2$-Lösung (bei Bedarf leitet man nach 1 min Standzeit zur Entfernung von evtl. vorhandenem freien Cl_2 einige Sekunden Luft ein) und entfernt den Überschuß unter Schütteln durch tropfenweisen Zusatz von Hydroxylaminhydrochloridlösung, bis die gelbe Farbe des $Ce(SO_4)_2$ verschwindet (bei Bedarf wird wieder 15—20 sec Luft eingeleitet). Es werden sofort 3 ml H_3PO_4 hinzugefügt (zur Beseitigung einer Störung durch Fe(III) kann man statt H_3PO_4 auch festes $Na_4P_2O_7$ bis zum Verschwinden der gelben Farbe zusetzen [*45*]), gemischt, unmittelbar 4 ml RB-Lösung dazugegeben, kurz geschüttelt und mit 10,0 ml Benzol 1 min extrahiert. Nach der Phasentrennung verwirft man die wäßrige Phase, filtriert (oder zentrifugiert) den organischen Extrakt in eine 1 cm-Küvette und photometriert bei 565 nm gegen Benzol.

Wahlweise kann man die Oxydation mit $NaNO_2$ anstelle von $Ce(SO_4)_2$ durchführen: Man versetzt die Probelösung (7n HCl-sauer) mit 2 ml $NaNO_2$-Lösung, läßt 10 min bei $\leq 25°$ C stehen, zerstört dann den $NaNO_2$-Überschuß mit 2 ml Sulfaminsäure-Lösung und fährt mit der Extraktion mit RB/Benzol fort.

b) Extraktion mit Diisopropyläther [*4, 30*]

Reagentien

Rhodamin B (RB), 0,02%ig in 1n HCl;
Na_2SO_3, 1%ige wäßrige Lösung; täglich frisch herzustellen;
$Na_2S_2O_5$, 1%ige wäßrige Lösung;
Hydroxylaminhydrochlorid, 1%ige wäßrige Lösung;
Hydroxylaminhydrochlorid, 1%ig in 1n HCl;

1 n HCl;
Diisopropyläther, mit 1 n HCl gesättigt;
übrige Reagentien wie bei Arbeitsvorschrift a), s. S. 1029.

~ 15 ml Probelösung (6n HCl; 0,5–25 µg Sb enthaltend) versetzt man in einem 100 ml-Schütteltrichter mit 1 ml Na_2SO_3- oder $Na_2S_2O_5$-Lösung, mischt, kühlt unter 25° C ab und fügt 3 ml $Ce(SO_4)_2$-Lösung hinzu. Es wird gemischt, 0,5 ml wäßrige Hydroxylaminhydrochloridlösung hinzugegeben, gemischt und 1 min stehen gelassen (bis die gelbe Farbe des Oxydationsmittels verschwunden ist). Man verdünnt mit Wasser auf 60 ml, kühlt und extrahiert sofort 30 sec mit 10,0 ml Diisopropyläther. Nach der Phasentrennung wird die wäßrige Phase verworfen, der organische Extrakt je einmal mit 2 ml salzsaurer Hydroxylaminhydrochloridlösung und 2 ml 1 n HCl gewaschen und die Waschlösungen verworfen. Die Ätherphase schüttelt man 10 sec mit 2 ml RB-Lösung und photometriert den organischen Extrakt nach der Phasentrennung in einer 1 cm-Küvette bei 545–555 nm gegen Diisopropyläther.

1. Wasser, Seewasser

Bei Wasserproben mit > 12 ppb Sb behandelt man eine kleinere Probemenge entweder nach der folgenden Arbeitsvorschrift [*8c*] oder nach Arbeitsvorschrift a) bzw. b) (s. S. 1029).

Die Anreicherung weist folgende Ausbeuten (in %) auf: Fällung mit $MnO_2 \cdot H_2O$ (bei pH 4–5) 95–100, Extraktion mit MIBK aus 5 m H_2SO_4/0,01 m KI-Lösung 99,7, Rückschüttelung mit 10 ml 0,4 n HCl 85,3 bzw. mit 3mal 10 ml 0,4 n HCl 96,0, gesamtes Verfahren ~ 80 ± 4%. Durch Zusatz von ~ 0,1 µC trägerfreien ^{125}Sb-Tracer zur Probe zu Beginn der Analyse und Messung der Aktivität im aliquoten Teil von 5 ml der nach der Rückextraktion erhaltenen 30 ml 4 n HCl-Lösung läßt sich die Ausbeute korrigieren.

B: 0,06–12 ppb Sb. F_r: ± 4%.

Arbeitsvorschrift [*8c*]

Reagentien

HCl (1,19); 0,4 n HCl; 4 n HCl; H_2SO_4 (1,84).
1 n $KMnO_4$; Äthanol;
SO_2-Lösung, gesättigt in 2 m H_2SO_4.
KI, 5,8%ige wäßrige Lösung.
H_2O_2 (30%).
MIBK; $CHCl_3$; CCl_4/Chlorbenzol (1:4).
Rhodamin B (RB)-Mischlösung; vor Gebrauch mischt man 9,2 ml 0,05%ige wäßrige RB-Lösung mit 0,8 ml 0,2 m $NaNO_2$-Lösung.

5,0 l Wasserprobe (durch Glasfaserfilter filtriert) versetzt man in einem 5 l-Erlenmeyerkolben mit 0,7 ml HCl (1,19), 11 ml 1 n $KMnO_4$ sowie 11 ml Äthanol und läßt den Niederschlag von $MnO_2 \cdot H_2O$ absitzen (Standzeit ~ 3 Tage). Der Niederschlag wird durch ein Glasfaserfilter abfiltriert, mit wenig Wasser gewaschen, mit wenig (~ 22 ml) SO_2-Lösung gelöst, unter Nachwaschen mit ≦ 6 ml SO_2-Lösung in einen 50 ml-Schütteltrichter übergeführt, 1 ml KI-Lösung sowie 5,8 ml H_2SO_4 (1,84) hinzugefügt, gemischt und abgekühlt. Man extrahiert 2 min mit 25 ml MIBK, verwirft die wäßrige Lösung, schüttelt den organischen Extrakt 3mal mit je 10 ml 4 n HCl und verwirft die organische Phase. Zum vereinigten wäßrigen Auszug werden ~ 0,8 ml H_2O_2 hinzugefügt, das freie Jod 4mal mit je 10 ml $CHCl_3$ ausgeschüttelt (jeweils 10 min-Intervall zwischen jeder Ausschüttelung), die wäßrige Lösung in einen 50 ml-Erlenmeyerkolben übergeführt, ein kleines Stück Platinfolie (mit Platinmoor überzogen; zur Zerstörung des H_2O_2)

hinzugegeben und auf ~ 2 ml eingedampft. Den Rückstand füllt man mit 4n HCl auf 30,0 ml[1] auf, führt in einen Schütteltrichter über, versetzt mit 1,0 ml RB-Mischlösung, läßt 25 min stehen, extrahiert 2 min mit 5,0 ml CCl_4/Chlorbenzol (1:4), läßt die organische Phase ab, zentrifugiert und photometriert in einer 5 cm-Mikroküvette (0,06—2,4 ppb Sb) oder 1 cm-Küvette (0,3—12 ppb Sb) gegen CCl_4/Chlorbenzol.

2. Organisches Material

An anderer Stelle [*30*] wurde Sb in organischem Material nach nasser Veraschung, anschließender Abtrennung von Cu und Bi mit DADDTC/$CHCl_3$ und Isolierung von As, Sb und Sn mit DADDTC/$CHCl_3$ mit RB/Diisopropyläther nach Arbeitsvorschrift b) photometrisch bestimmt.

In der vorliegenden Arbeitsvorschrift wird das Sb nach nasser Veraschung mit H_2SO_4/HNO_3 mit $HClO_4$ oxydiert und mit RB und Benzol oder Diisopropyläther als organischer Phase photometrisch bestimmt [*3*]. Die Vorschrift fand in einer anderen Arbeit [*45*] zur Bestimmung von Sb in Blut, Gewebe und Harn Anwendung, wobei $Na_4P_2O_7$ zur Beseitigung einer Störung durch Fe anstelle von H_3PO_4 zugesetzt wurde. Mit dem vorliegenden Verfahren kann Sb in Blut, Plasma, Gewebe, Harn und anderem Material bestimmt werden.

B: 0,1—>40 ppm Sb. F_r: $\pm$ 20% bei $\leqq$ 2 µg Sb, $\pm$10% bei $\geqq$ 2 µg Sb. *Z:* bis zu 13 Proben/Tag.

Arbeitsvorschrift [*3*]

Reagentien

H_2SO_4 (1,84); HNO_3 (1,40); $HClO_4$ (60%);
6n HCl; 3n H_3PO_4;
Caprylalkohol;
Benzol;
Diisopropyläther;
Rhodamin B (RB), 0,02%ige wäßrige Lösung.

Veraschung

Bis zu 15 g Blut oder Gewebe bzw. 50 ml Harn oder Plasma versetzt man in einem Erlenmeyerkolben mit 5 ml H_2SO_4, 5 ml HNO_3, einigen Siedekugeln (oder Korundkörnern) und einem Tropfen Caprylalkohol, läßt die Reaktion unter gelegentlichem Umschwenken zunächst in der Kälte vor sich gehen, erhitzt dann zunächst auf niedrige Temperatur und steigert diese nach 1—2 Std (nachdem die nitrosen Dämpfe entwichen sind und die Veraschung rasch voranschreitet). Wenn Verkohlung eintritt, versetzt man mit 1—2 ml HNO_3, erhitzt weiter und wiederholt diesen Vorgang solange, bis die Lösung farblos oder höchstens schwach gelb geworden ist. Nun werden 2 Tropfen $HClO_4$ zugesetzt, bis zum Auftreten der SO_3-Nebel erhitzt, falls sich die Lösung dabei dunkel verfärbt der Zusatz von HNO_3 und $HClO_4$ wiederholt und erneut bis zum Auftreten der SO_3-Nebel erhitzt. Nach dem Abkühlen fügt man 3 ml Wasser hinzu und erhitzt abermals bis zum Entweichen der SO_3-Nebel.

Farbentwicklung

Bei der Durchführung der folgenden Arbeitsstufen wird die Probelösung mittels eines Wasserbades bei <23° C gehalten. Man fügt 5 ml 6n HCl zur Lösung hinzu. Wenn

[1] Bei Bedarf verwendet man hiervon 5,0 ml zur Messung der γ-Aktivität und korrigiert den photometrisch gefundenen Wert einerseits mit dem durch die Aktivitätsmessung erhaltenen Ausbeutefaktor und andererseits mit dem Faktor 1,2 im Hinblick auf die entnommenen 5 ml Lösung.

dabei infolge Anwesenheit von >1 mg Fe eine starke gelbe Färbung auftritt, empfiehlt es sich, die Ätherextraktion zur Bestimmung des Sb anzuwenden.

Benzolextraktion. Man versetzt die Lösung mit 8 ml H_3PO_4 und 5 ml RB-Lösung, mischt, kühlt wenn erforderlich, führt sofort in einen Schütteltrichter über und extrahiert 1 min mit 10,0 ml Benzol. Nach der Phasentrennung läßt man den organischen Extrakt einige Minuten in einem Reagensglas (zwecks Absetzen von Wassertropfen) stehen und photometriert danach in einer 1 cm- oder 2 cm-Küvette bei 565 nm gegen Benzol.

Ätherextraktion. Nach dem oben angegebenen Zusatz von 5 ml 6n HCl führt man die Probelösung unter Nachspülen mit 13 ml Wasser in einen Schütteltrichter über, extrahiert 1 min mit 15,0 ml Diisopropyläther, verwirft die wäßrige Phase, schüttelt den organischen Extrakt 1 min mit 5,0 ml RB-Lösung und photometriert den Extrakt nach der Phasentrennung sofort in einer 1 cm- oder 2 cm-Küvette bei 545 nm gegen Diisopropyläther.

3. Metalle und Legierungen

Mit RB wurde Sb in Kupferlegierungen [*6*], Stahl [*45a*] und Zink [*6, 43*] bestimmt.

3.1. Arsen

As wird durch Destillation abgetrennt und anschließend Sb mit RB/Benzol photometrisch bestimmt. $\leqq 100$ mg As stören die Bestimmung nicht.

B: 0,5—>10 ppm Sb.

Arbeitsvorschrift [*45b*]

Reagentien

HCl (1,19); 6n HCl; HNO_3 (1,40).
Hydrazinhydrochlorid.
Übrige Reagentien wie bei Arbeitsvorschrift a) (s. S. 1029).

1 g Probematerial wird in einem 250 ml-Becherglas mit 12 ml Königswasser [HCl/HNO_3 (3:1)] unter Erwärmen gelöst, auf 2—5 ml eingedampft, 10 ml HCl hinzugefügt, erwärmt, unter Nachwaschen mit 100 ml HCl in einen 250 ml-Destillationskolben, in den 0,5 g Hydrazinhydrochlorid vorgelegt sind, übergeführt und das As bei $\leqq 108°$ C abdestilliert. Wenn 30 ml Destillat übergegangen sind, fügt man laufend HCl in den Destillationskolben, um das Volumen konstant zu halten. Nach Zusatz von insgesamt 100 ml HCl destilliert man bei $\leqq 108°$ C bis auf einen Rückstand von 25 ml ab, verwirft das Destillat, kühlt den Destillationsrückstand, führt in einen 25 ml-Meßkolben über und füllt mit 6n HCl zur Marke auf. (Bei Bedarf kann das As wie oben beschrieben, auch aus einem Becherglas verflüchtigt werden). Die gesamte Lösung oder ein aliquoter Teil davon (0,5—10 µg Sb enthaltend) wird in einen 125 ml-Schütteltrichter übergeführt, mit HCl auf 8n eingestellt (der Destillationsrückstand ist ~ 6n HCl) und mit der Bestimmung des Sb nach Arbeitsvorschrift a) (s. S. 1029) fortgefahren (der Zusatz von H_3PO_4 entfällt; Verwendung von 25,0 ml Benzol und einer 5 cm-Küvette).

3.2. Rein- und Elektrolytkupfer

Das anwesende Cu bedingt eine wesentliche Erhöhung der Extinktion, weshalb die Eichkurve unter Zusatz der gleichen Cu-Menge aufgestellt werden muß. Ein Gehalt von 0,2% As im Probematerial täuscht 0,0003% Sb vor.

B: 1—>30 ppm Sb. F_r: ± 5—10%.

Arbeitsvorschrift [*46*]

Reagentien

HCl (7 + 3);
H_2O_2 (30%);
Hydroxylaminhydrochlorid, 1%ig in 1n HCl; alle 3 Tage frisch herzustellen;
Rhodamin B (RB), 0,04%ig in 1n HCl;
übrige Reagentien wie bei Arbeitsvorschrift b), s. S. 1029.

0,5 g Probematerial werden in einem 200 ml-Erlenmeyerkolben mit 10 ml HCl und 5 ml H_2O_2 unter Kühlen (Lösungstemperatur ~ 40° C) gelöst, zum Vertreiben des überschüssigen H_2O_2 erhitzt, abgekühlt, mit 7 ml HCl sowie 1 ml Na_2SO_3-Lösung versetzt und im bedeckten Kolben kurz aufgekocht. Man kühlt sofort unter 20° C ab (eine Unterbrechung im Arbeitsgang soll von hier ab vermieden werden), führt unter Nachspülen mit ~ 1 ml HCl in einen 100 ml-Schütteltrichter über, versetzt mit 3 ml $Ce(SO_4)_2$-Lösung, schüttelt kurz durch, gibt 0,5 ml Hydroxylaminhydrochloridlösung hinzu, schüttelt wieder und läßt für eine Minute stehen. Dann wird die Lösung mit 50 ml im Kühlschrank gekühltem Wasser verdünnt, mit 10,0 ml Diisopropyläther 30 sec extrahiert, nach 5 min Standzeit die wäßrige Lösung abgetrennt und verworfen und die organische Phase je 1 mal mit 2 ml Hydroxylaminhydrochloridlösung und 2 ml 1n HCl gewaschen. Den organischen Extrakt schüttelt man danach 10 sec mit 2 ml RB-Lösung, trennt die wäßrige Lösung ab und photometriert die ätherische Phase in einer 1 cm-Küvette bei 545–555 nm gegen Wasser.

3.3. Germanium

Nach der Abtrennung des Ge durch Destillation wird Sb(III) durch Extraktion mit Cupferron/$CHCl_3$ von Tl(I) abgetrennt, nach Oxydation zu Sb(V) durch eine zweite Extraktion mit Cupferron/$CHCl_3$ Fe entfernt, anwesendes Au durch Spurenfällung mit Se als Spurenfänger entfernt und anschließend Sb mit RB/Benzol-Äthylenglykolmonobutyläther photometrisch bestimmt. Die Bestimmung wird durch jeweils 50 μg der folgenden Elemente nicht gestört: Ag, Al, As, B, Ba, Be, Bi, Ca, Cd, Ce, Co, Cr, Cu, Ga, Ge, Hf, Hg, In, Ir, K, La, Li, Mg, Mn, Mo, Na, Nb, Nd, Ni, Os, P, Pb, Pd, Pt, Re, Rh, Ru, Sc, Se, Si, Sm, Sn, Sr, Ta, Te, Th, Ti, Tl, U, V, W, Y, Zn und Zr. Eine Störung durch Au, Fe und Tl wird durch den Trennungsgang vermieden.

B: 0,2–>3 ppm Sb.

Arbeitsvorschrift [*10*]

Reagentien

H_2SO_4 (1,84); HNO_3 (1,40); $HClO_4$ (70%);
HCl (1 + 1); H_3PO_4 (1 + 99); H_2SO_3 (6%);
Schwefel-Pulver;
Cupferron, 1%ige wäßrige Lösung;
Se-Lösung; 0,5 g Se werden in 5 ml HNO_3 (1,40) unter Erwärmen gelöst, nach Zusatz von 10 ml H_2SO_4 (1,84) zur Entfernung von HNO_3 abgeraucht, abgekühlt, 10 ml Wasser zugesetzt und erneut abgeraucht, nach dem Abkühlen mit Wasser auf 100 ml aufgefüllt;
$Ce(SO_4)_2$-Lösung; 0,25 g $Ce(SO_4)_2 \cdot 4\,H_2O$ werden unter Erwärmen in 10 ml H_2SO_4 (1 + 4) gelöst und nach dem Abkühlen mit Wasser auf 100 ml aufgefüllt;
Äthylenglykolmonobutyläther; 100 ml Lösungsmittel werden mit 200 ml Wasser gemischt;
Rhodamin B (RB), 0,1%ige wäßrige Lösung;
$CHCl_3$;
Benzol;
übrige Reagentien wie bei Verfahren D.3.3. im Abschnitt „Phosphor" (s. S. 914f.).

Aufstellung der Eichkurve

Jeweils 0, 1,0, 2,0, 3,0, 5,0 und 7,0 ml Sb-Lösung (1 µg Sb/ml) versetzt man in 125 ml-Erlenmeyerkolben mit 2 ml H_2SO_4, dampft das Wasser ab, fügt 30 mg Schwefel-Pulver hinzu, engt über der Flamme auf ~ 1 ml ein, versetzt nach dem Abkühlen mit 10 ml Wasser und löst vorhandene Salze durch Erhitzen. Nach dem Abkühlen wird die Lösung in einen 60 ml-Schütteltrichter übergeführt, mit Wasser auf 20 ml gebracht, mit 2 ml Cupferron-Lösung versetzt, mit 10 ml $CHCl_3$ 30 sec extrahiert, nach der Phasentrennung der $CHCl_3$-Extrakt durch Glaswolle in einen 125 ml-Erlenmeyerkolben abgelassen, die Extraktion mit 4–5 ml $CHCl_3$ wiederholt und die wäßrige Lösung verworfen. Zum vereinigten organischen Extrakt fügt man 1 ml HNO_3, verflüchtigt das $CHCl_3$, versetzt mit 2 ml H_2SO_4 sowie 0,25 ml $HClO_4$ und dampft zur Zerstörung der organischen Substanz auf 1 ml ein. Nach dem Abkühlen werden 10 ml Wasser zugesetzt, vorhandene Salze durch Erwärmen gelöst, die Lösung nach dem Abkühlen in einen 60 ml-Schütteltrichter übergeführt, mit Wasser auf 20 ml verdünnt und die Extraktion mit Cupferron/$CHCl_3$ wiederholt. Der erhaltene organische Extrakt wird verworfen und die wäßrige Lösung in einem 125 ml-Erlenmeyerkolben übergeführt. Man fügt 1 ml HNO_3 hinzu, erhitzt bis zum Auftreten der SO_3-Nebel, versetzt mit 1 ml H_2SO_4 sowie 0,25 ml $HClO_4$ und dampft auf 1 ml ein. Nach dem Abkühlen auf Raumtemperatur wird 1 ml Se-Lösung zugesetzt, gemischt, 5 ml H_2SO_3 hinzugefügt, auf 95–100° C erhitzt und 5 min stehen gelassen. Den Niederschlag filtriert man ab, wäscht mit Wasser nach und verwirft Filter mit Niederschlag. Das Filtrat dampft man in einem 125 ml-Erlenmeyerkolben bis zum Auftreten der SO_3-Nebel ein, versetzt mit 3,0 ml H_2SO_4 und 0,25 ml $HClO_4$ und engt über der Flamme auf 2,5 ml ein (von hier ab soll das Verfahren ohne Zeitverlust möglichst rasch zu Ende geführt werden).

Man kühlt die Lösung rasch auf Raumtemperatur ab, spült die Kolbenwände mit 5 ml HCl (1 + 1) ab, mischt, führt die Lösung unter Nachspülen mit 8 ml H_3PO_4 in einen 150 ml-Schütteltrichter über und kühlt am fließenden Wasser ab. Die Lösung wird mit 1 ml $Ce(SO_4)_2$-Lösung, 5 ml RB-Lösung und 1 ml Äthylenglykolmonobutyläther versetzt (wobei man nach jedem Zusatz mischt), mit 15,0 ml Benzol 30 sec extrahiert, der organische Extrakt nach der Phasentrennung durch ein Filter in eine 5 cm-Küvette filtriert und sofort bei 565 nm gegen Benzol photometriert.

Analyse

Das Probematerial wird wie bei Verfahren D.3.3. im Abschnitt „Phosphor" (s. S. 914ff.) bei 200° C gelöst und destilliert. Nach Entfernung des Ge versetzt man mit 2 ml H_2SO_4, dampft zur Entfernung der $HClO_4$ bis zum Auftreten der SO_3-Nebel ein, kühlt etwas ab, fügt 30 mg Schwefel-Pulver hinzu und fährt wie bei der Aufstellung der Eichkurve fort.

3.4. Blei

In einer früheren Arbeit [*47*] erfolgte die Bestimmung von Sb in Blei nach vorhergehender Abtrennung des Pb durch Fällung als Sulfat mit RB/Benzol auf photometrischem Wege. Zur Vermeidung von Adsorptionsverlusten wird empfohlen [*26*], das Sb zweckmäßiger durch Spurenfällung mit Mangan(IV)oxydhydrat zu isolieren und anschließend mit RB/Benzol-Äthylenglykolmonobutyläther photometrisch zu bestimmen. Bei der Fällung wird das Sb durch As, Sn, Tl, teilweise durch Au, Bi, Fe und etwas Pb begleitet. Von diesen stören Au und Tl, die daher vorher entfernt werden müssen (z. B. nach Verfahren D.3.3., S. 1033). Die Bestimmung wird durch die Anwesenheit von einigen mg Pb, 2 mg Bi, 6 mg Cu und mindestens je 100 μg an As, Fe, Ga, Ni, Se, Sn, Te und Zn nicht gestört.

B: 0,0002–0,01% Sb. F_r: ±5%.

Arbeitsvorschrift [*26*]

Reagentien

HNO_3 (1 + 3); HCl (1 + 9);
Hydrazinsulfat;
$KMnO_4$, 1%ige wäßrige Lösung;
$Mn(NO_3)_2 \cdot 6\,H_2O$, 1%ige wäßrige Lösung;
übrige Reagentien wie bei Verfahren D.3.3. (s. S. 1033).

Aufstellung der Eichkurve

Jeweils 0, 0,50, 1,00 und 1,50 ml Sb-Lösung (10 μg Sb/ml) versetzt man in 125 ml-Erlenmeyerkolben mit 4 ml H_2SO_4 und ~ 0,1 g Hydrazinsulfat, erhitzt über der Flamme bis zum Auftreten der SO_3-Nebel, engt auf 2,5 ml ein und kühlt auf Raumtemperatur ab. Die Kolbenwände werden mit 5 ml H_3PO_4 abgespült, die Lösung unter Nachspülen mit 5 ml HCl (1 + 1) und 5 ml H_3PO_4 in einen 125 ml-Schütteltrichter übergeführt, am fließenden Wasser auf 25 ± 0,5° C abgekühlt, mit 1 ml $Ce(SO_4)_2$-Lösung, 2 ml RB-Lösung sowie 1 ml Äthylenglykolmonobutyläther versetzt (wobei man nach jedem Zusatz mischt) und mit 15,0 ml Benzol 1 min extrahiert. Den organischen Extrakt filtriert man nach der Phasentrennung durch ein Filter in eine 1 cm-Küvette und photometriert sofort bei 565 nm gegen Benzol.

Analyse

1,0 g Probematerial wird im bedeckten 125 ml-Erlenmeyerkolben mit 10 ml HNO_3 (1 + 3) unter gelindem Erwärmen gelöst, das Uhrglas entfernt, durch 30 sec langes kräftiges Aufkochen die braunen Dämpfe verjagt, mit 50 ml Wasser, 1 ml $KMnO_4$-Lösung sowie 2 Siliciumcarbid-Körnchen versetzt und gelinde gekocht. Man versetzt die heiße Lösung mit 1 ml $Mn(NO_3)_2$-Lösung, kocht 2 min auf und wiederholt den Zusatz und das Aufkochen. Danach wird auf 60–70° C abgekühlt. Den ausgefallenen Niederschlag filtriert man ab, wäscht mit Wasser nach und verwirft das Filtrat. Filter mit Niederschlag gibt man in den Kolben zurück, vesetzt mit 4 ml H_2SO_4, 10 ml HNO_3 (1,40) sowie 0,5 ml $HClO_4$, bedeckt mit einem Uhrglas und zerstört das Filter durch Erhitzen. Nachdem HNO_3 abgedampft und die Lösung durch gebildetes MnO_4^- dunkel gefärbt ist, entfernt man das Uhrglas und vertreibt die $HClO_4$ durch Erhitzen bis zum Auftreten der SO_3-Nebel. Danach wird abgekühlt. Falls die Lösung < 15 μg Sb enthält, fügt man ~ 0,1 g Hydrazinsulfat hinzu und fährt nun wie bei der Aufstellung der Eichkurve weiter fort.

Sind > 15 μg Sb in der Lösung enthalten, so spült man die Kolbenwand mit 25 ml HCl (1 + 9) ab und führt die Lösung unter Nachwaschen mit 2mal 10 ml HCl (1 + 9) in einen 100 ml-Meßkolben über, kühlt auf Raumtemperatur ab und füllt mit der gleichen Säure zur Marke auf. Ein aliquoter Teil von 10 oder 50 ml (1–15 μg Sb enthaltend) wird in einen 125 ml-Erlenmeyerkolben übergeführt, mit 2 ml HNO_3 (1,40), 2 Siliciumcarbid-Körnchen und einer entsprechenden Menge H_2SO_4 (in der Lösung sollen danach insgesamt 4 ml H_2SO_4 enthalten sein) versetzt und zum Vertreiben von HCl und HNO_3 bis zum Auftreten dichter SO_3-Nebel erhitzt. Man kühlt danach etwas ab, fügt ~ 0,1 g Hydrazinsulfat hinzu und fährt dann ,wie bei der Aufstellung der Eichkurve, unter Abzug eines Blindwertes fort.

3.5. Zinn und Zinnbleilot

B: 0,001–0,050% Sb.

Arbeitsvorschrift [*48*]

Reagentien

H_2SO_4 (1,84); HCl (1,19);
übrige Reagentien wie bei Arbeitsvorschrift b) (s. S. 1029).

0,5 g Probematerial werden in 10 ml H_2SO_4 gelöst, mit 30 ml Wasser unter Kühlen verdünnt, 50 ml HCl hinzugefügt und mit Wasser auf 100 ml aufgefüllt. Einen aliquoten Teil von 10 ml versetzt man mit 0,5 ml frisch hergestellter $Na_2S_2O_5$-Lösung, kühlt auf <25° C ab und fährt nach Arbeitsvorschrift b) (s. S. 1029) fort.

4. Silicatgestein und Böden

4.1. Silicatgestein

Nach dem Aufschluß wird das Sb durch Sulfidfällung mit CuS als Spurenfänger isoliert, dann Ga aus ~ 7n HCl durch Extraktion mit Diisopropyläther abgetrennt und schließlich die photometrische Bestimmung mit RB/Benzol durchgeführt. Bis zu 0,002% Tl stören nicht, bei höheren Gehalten muß eine Trennung mit Cupferron/$CHCl_3$ vorgenommen werden (s. Verfahren D.3.3., S. 1033).

B: 0,00005–>0,001% Sb. F_r: ±10%.

Arbeitsvorschrift [*17*]

Reagentien

H_2SO_4 (1 + 1); H_2SO_4 (1 + 2); 0,1n H_2SO_4; HF (40%);
Weinsäure;
Hydroxylaminhydrochlorid, 10%ige und 1%ige wäßrige Lösung;
$CuSO_4 \cdot 5\,H_2O$, 0,4%ige wäßrige Lösung;
H_2SO_3; Wasser wird mit SO_2 gesättigt, täglich frisch hergestellt;
Diisopropyläther; 100 ml Äther werden 3mal mit je 10 ml 2%iger $KMnO_4$/2n H_2SO_4-Lösung geschüttelt, anschließend 1mal mit 10 ml H_2SO_3, 3mal mit Wasser und zuletzt mit 50 ml HCl (1,19) gewaschen;
übrige Reagentien wie bei Arbeitsvorschrift a) (s. S. 1029).

1,0 g pulverisiertes Probematerial raucht man in einer Platinschale mit 5 ml H_2SO_4 (1 + 1) und 10 ml HF ab, fügt nach dem Abkühlen 1 ml H_2SO_4 (1 + 1) und einige Milliliter Wasser hinzu und erhitzt wieder bis zum Auftreten dichter SO_3-Nebel. Die Lösung wird abgekühlt, nach Zusatz einiger Milliliter Wasser eingedampft und der Überschuß an H_2SO_4 verjagt. Den Rückstand behandelt man mit 2 g Weinsäure, 2,5 ml H_2SO_4 (1 + 2) und 25 ml Wasser, erhitzt nahe zum Siedepunkt und hält unter gelegentlichem Umrühren 15–30 min bei dieser Temperatur. Ein unlöslicher Rückstand wird nun mit einem kleinen Filter unter Nachwaschen mit wenig 0,1n H_2SO_4 abfiltriert und der Rückstand verworfen (das unlösliche Material enthält keine nennenswerten Mengen Sb; ausgenommen möglicherweise, wenn sulfidisches oder carbonathaltiges Material vorliegt: in diesem Fall schließt man den Rückstand in einem Nickeltiegel mit Na_2O_2 auf, löst die erkaltete Schmelze mit Wasser, verkocht das Peroxyd, stellt auf 1n HCl ein, erhitzt zum Sieden, filtriert falls nötig und vereinigt das Filtrat mit dem ersten Filtrat). Das Volumen des Filtrates soll 50–60 ml nicht überschreiten; bei Bedarf verdünnt man die Lösung mit Wasser auf 50–60 ml.

Die Probelösung (~ 0,5n H_2SO_4) versetzt man mit 3 ml 10%iger Hydroxylaminhydrochloridlösung [zur Reduktion von 0,1 g Fe(III) ausreichend], kocht 5–10 min, kühlt ab, fügt 1,0 ml $CuSO_4$-Lösung hinzu und leitet für 10 min einen raschen Strom von H_2S ein. Nun wird die Lösung, unter weiterem Einleiten von H_2S, zum Sieden erhitzt, 5 min bei dieser Temperatur gehalten, nach Entfernen der Heizquelle noch weitere 10 min H_2S eingeleitet und dann 3 Std (oder über Nacht) stehen gelassen. Der Niederschlag wird mit einem kleinen Porzellanfiltertiegel abfiltriert, 3–4mal mit je 2 ml 0,5n H_2SO_4 (mit H_2S gesättigt) gewaschen und Filtrat sowie Waschlösungen verworfen. Man löst den Niederschlag im Tiegel mit 3 ml HCl (1,19) und 1 ml HNO_3 (1,40), wäscht den Tiegel mit 5 ml HNO_3 (1 + 1) und wenig Wasser nach und dampft die vereinigte Lösung in einem kleinen bedeckten Becherglas auf dem siedenden Wasserbad auf ein kleines Volumen ein. Nach Zusatz von 0,5 ml H_2SO_4 (1 + 2) erhitzt man gerade bis zum Auftreten der SO_3-Nebel, kühlt ab, fügt 5 ml H_2SO_3 hinzu, bedeckt das Becherglas und kocht gelinde 10 min oder bis ein Volumen von ~ 3,5 ml erreicht ist. Nach dem Abkühlen führt man die Lösung in einen Schütteltrichter über, stellt durch Zusatz von 5 ml HCl (1,19) auf 7n HCl ein, kühlt auf Raumtemperatur ab und extrahiert 2mal mit je 5 ml Diisopropyläther. Der vereinigte organische Extrakt wird mit ~ 1 ml HCl (1 + 1) gewaschen, dann verworfen und die Waschlösung mit der wäßrigen Phase vereinigt. Die Lösung versetzt man bis zur bleibenden Gelbfärbung mit $Ce(SO_4)_2$-Lösung und fährt wie bei Arbeitsvorschrift a) (s. S. 1029) unter Verwendung von 3 ml H_3PO_4, 1,0 ml RB-Lösung und 5,0 ml Benzol fort.

4.2. Böden und Gesteine

Nach dem Aufschluß wird das Sb durch Extraktion mit Diisopropyläther isoliert, die organische Phase zur Entfernung von mitextrahiertem Fe mit Hydroxylaminhydrochlorid/1n HCl-Lösung und 1n HCl gewaschen und Sb im organischen Extrakt mit RB photometrisch bestimmt.

B: 0,0001–0,006% Sb und darüber. F_r: ± 10%. *Z:* 8 Std für 20 Bestimmungen.

Arbeitsvorschrift [*4*]

Reagentien

$NaHSO_4$, geschmolzen;
6n HCl; 1n HCl;
übrige Reagentien wie in Arbeitsvorschrift b) (s. S. 1029).

0,2g fein pulverisiertes Probematerial werden mit 1,5 g $NaHSO_4$ (vorher 5 min lang geschmolzen) aufgeschlossen (der Aufschluß wird solange fortgesetzt, bis die vorhandene organische Substanz vollständig zerstört ist und weiße Nebel auftreten), die erkaltete Schmelze mit 6 ml 6n HCl unter Erwärmen gelöst, 1 ml Na_2SO_3-Lösung sowie 3 ml 6n HCl zugefügt und unter Nachwaschen mit 2mal 3 ml heißer 6n HCl und 1mal 2 ml heißem Wasser in einen 125 ml-Schütteltrichter filtriert. Das Filtrat kühlt man auf ≦ 25° C ab, versetzt mit 3 ml $Ce(SO_4)_2$-Lösung, schüttelt, fügt 10 Tropfen wäßrige Hydroxylaminhydrochloridlösung hinzu, schüttelt und läßt 1 min stehen. Dann werden 45 ml Wasser zugegeben, auf ≦ 25° C abgekühlt und mit 5,0 ml Diisopropyläther 30 sec extrahiert. Nach 5 min Standzeit läßt man die wäßrige Lösung bis auf ~ 0,5 ml ab, wäscht die organische Phase mit 2 ml salzsaurer Hydroxylaminhydrochloridlösung, verwirft die Waschlösung und wiederholt den Waschvorgang mit 2 ml 1n HCl. Nach Abtrennung der letztgenannten Waschlösung wird die organische Phase mit 2 ml RB-

Lösung 10 sec geschüttelt, die wäßrige Lösung abgetrennt und der organische Extrakt in einer 1 cm-Küvette bei 545–555 nm gegen Diisopropyläther photometriert.

5. Verschiedenes

5.1. Germaniumdioxyd [*10*]

Die Analyse wird nach Verfahren D.3.3. (s. S. 1033), das Lösen der Probe und die Abtrennung des Ge wie im Abschnitt „Phosphor" nach Verfahren D.4.1. (s. S. 916) angegeben, durchgeführt; es gilt der bei Verfahren D.3.3. genannte Anwendungsbereich.

5.2. Zinkoxyd [*43*]

Sb wurde in Zinkoxyd nach einer Modifikation von Arbeitsvorschrift b) (s. S. 1029) photometrisch bestimmt.

5.3. Luft

B: 20–1000 µg Sb/m³ bzw. 0,004–0,2 vpm SbH_3.

a) Sb-Staub. Man saugt 25 l Luft (10–20 l/min) durch ein Papier- oder Membranfilter (s. S. 177), löst die Probe vom Filter unter Erwärmen mit 5 ml HCl (1,19) und 1–2 ml HNO_3 (1,40) (wahlweise kann das Filter naß verascht werden), filtriert ab, wäscht 3mal mit je 2 ml HCl (1,19) nach, dampft die Lösung ohne zu kochen auf dem siedenden Wasserbad fast zur Trockene ein, nimmt den Rückstand mit 6–7n HCl auf und fährt mit der Bestimmung des Sb nach Arbeitsvorschrift a) oder b) (s. S. 1029) fort.

b) SbH_3. Man saugt 25 l Luft (~ 2 l/min) wie bei Verfahren B.2. (s. S. 1033) ab, führt die Lösung in einen 150 ml-Schütteltrichter über, versetzt mit 0,25–0,5 g Ascorbinsäure, verdünnt mit Wasser auf 30 ml, fügt 30 ml H_2SO_4 (1 + 1) hinzu, kühlt und fährt mit der Isolierung des SbI_3 mit MIBK und Bestimmung nach Verfahren D. 1. (s. S. 1030) fort.

E. Verschiedenes

An weiteren photometrischen Reagentien sind zu erwähnen: Methylviolett [*23, 32, 49–51*], Malachitgrün [*52*], p-Dimethyl- und p-Diäthylaminoazobenzol, p-Aminoazobenzol, Dimethyl- und Diäthylaminophenylazodiphenyl, Phenylaminophenylazoazobenzol [*53*], Jodid/Pyridin [*54*], Jodid/Antipyrin [*55*], Brenzcatechinviolett-Cetyltrimethylammoniumbromid ($\varepsilon_{530} = 30000$) [*57*], Sb-Mo-blau ($\varepsilon_{725} = 110000$) [*58*], Brillantgrün/Benzol ($\varepsilon_{625} = 67000$) bzw. /Toluol ($\varepsilon_{640} = 103000–105000$; nach diesem Verfahren wurde Sb in Böden, Gesteinen bzw. Titandioxyd bestimmt [*61, 62*]) [*59, 60*], Rhodamin S/Diisopropyläther ($\varepsilon_{532} = 83700$) [*63*] und Na-DDTC [*11*]. In Böden, Gesteinen, Luft und organischem Material wurde Sb ($L_Q = 0{,}005$ ppm) nach vorangehender Isolierung durch Extraktion als Jodid (5m H_2SO_4–0,01m NaI/MIBK) auf fluorimetrischem Wege mit 3,4′,7-Trihydroxyflavon (Anregung 377 nm/Messung 485 nm) bestimmt [*64*]. In einem Übersichtsreferat [*65*] sind weitere Reagentien zur photometrischen Sb-Bestimmung aufgeführt.

Zur photometrischen Sb-Bestimmung diente auch ein Verfahren, bei welchem der elektrolytisch mittels Pb-Kathode isolierte SbH_3 in eine alkalische Lösung von Silbersulfamidbenzoesaurem Natrium geleitet wird [*15, 56*]. Dabei wird das Reagens unter Bildung eines Sols reduziert, das im UV-Bereich ein Extinktionsmaximum aufweist. Das Beersche Gesetz gilt im Bereich von 0,2–20 µg Sb/ml. Analog wie As kann auch Sb nach Isolierung als SbH_3 mit AgDDTC ($\varepsilon_{507} = 17500$) photometrisch bestimmt werden (s. S. 451).

Tabelle 165a. Nachtrag — Weitere Verfahren[1]

Bestimmungsmethode	Probematerial. Verfahren. Bestimmungsbereich	Literatur
Esp	Wässer. Isol: Dest SbH_3. Best: He-Entladungsrohr, Sb 2528. L_D: 0,5 ppb Sb bzw. 0,5 ng Sb; F_r: $\pm 5\%$.	[66]
Ph	Silicatgestein. Isol: Dest SbH_3. Best: Rhodamin B/Benzol, 550 nm. B: $\geqq$ 0,5 ppm Sb.	[67]

[1] Abkürzungen s. S. XIII.

Literatur

1. Mylius, F., Hüttner, C.: Ber. dtsch. chem. Ges. **44**, 1315 (1911).
2. Schweitzer, G. K., Storms, L. E.: Analyt. chim. Acta **19**, 154 (1958).
3. Maren, T. H.: Analyt. Chem. **19**, 487 (1947).
4. Ward, F. N., Lakin, H. W.: Analyt. Chem. **26**, 1168 (1954).
5. Edwards, F. C., Voigt, A. F.: Analyt. Chem. **21**, 1204 (1949).
6. White, C. E., Rose, H. J.: Analyt. Chem. **25**, 351 (1953).
7. Khorasani, S. S. M. A., Khundkar, M. H.: Analyt. chim. Acta **21**, 24 (1959).
7a. Lowe, R. W., Prestwood, S. H., Rickard, R. R., Wyatt, E. I.: Analyt. Chem. **33**, 874 (1961).
8. West, P. W., Hamilton, W. C.: Analyt. Chem. **24**, 1025 (1952).
8a. Ramette, R. W.: Analyt. Chem. **30**, 1158 (1958).
8b. Koch, O. G.: Z. anal. Chem. **265**, 29 (1973).
8c. Portmann, J. E., Riley, J. P.: Analyt. chim. Acta **35**, 5 (1966).
9. Hartkamp, H., Specker, H.: Naturwiss. **43**, 421 (1956).
10. Luke, C. L., Campbell, M. E.: Analyt. Chem. **25**, 1588 (1953).
11. Bode, H.: Angew. Chem. **66**, 756 (1954).
12. Vanossi, R.: An. Soc. ci. argent. **146**, 305 (1948).
13. Willmer, T. K.: Arch. Eisenhüttenw. **29**, 159 (1958).
14. Webster, S. H., Fairhall, L. T.: J. Ind. Hyg. Toxicol. **27**, 183 (1945).
15. Ciuhandu, G., Rocsin, M.: Z. anal. Chem. **174**, 118 (1960).
16. Rooney, R. C.: Analyst **82**, 619 (1957).
17. Onishi, H., Sandell, E. B.: Analyt. chim. Acta **11**, 444 (1954).
18. Leontovitch, N.: Chim. analytique **38**, 284 (1956).
19. Blumenthal, H.: Z. anal. Chem. **74**, 33 (1928).
20. Park, B., Lewis, E. J.: Ind. Eng. Chem., Anal. Ed. **5**, 182 (1933).
21. Kallman, S., Pristera, F.: Ind. Eng. Chem., Anal. Ed. **13**, 8 (1941).
22. Luke, C. L.: Ind. Eng. Chem., Anal. Ed. **15**, 626 (1943).
23. Goto, H., Kakita, Y.: Sci. Rep. Res. Inst. Tohoku Univ. Ser. **A4**, 582, 589 (1952); ref. Z. anal. Chem. **139**, 220 (1953).
24. MacNulty, B. J., Woollard, L. D.: Analyt. chim. Acta **13**, 64 (1955).
25. Rooney, R. C.: J. polarogr. Soc. **2**, 21 (1958).
26. Luke, C. L.: Analyt. Chem. **31**, 1680 (1959).
27. Rooney, R. C.: B.C.I.R.A.J. Res. Developm. **8**, 703 (1960).
28. McChesney, E. W.: Ind. Eng. Chem., Anal. Ed. **18**, 146 (1946).
29. Elkind, A., Gayer, K. H., Boltz, D. F.: Analyt. Chem. **25**, 1744 (1953).
29a. Washington, R. A.: Analyst **90**, 502 (1965).
30. Wyatt, P. F.: Analyst **80**, 368 (1955).
31. Holler, A. C.: Analyt. Chem. **19**, 353 (1947).
32. Jean, M.: Chim. analytique. **31**, 271 (1949).
32a. Maurice, M. J., van Lingen, R. L. M.: Analyt. chim. Acta **28**, 91 (1963).
32b. Blazejak-Ditges, D., Klingeleers, H.: Z. anal. Chem. **248**, 18 (1969).
33. Duckert, R.: Helv. chim. Acta **20**, 362 (1937).
34. Wenger, P., Duckert, R.: Helv. chim. Acta **20**, 437 (1937).
35. Wenger, P., Duckert, R., Blancpain, C. P.: Mikrochim. Acta 3, 13 (1938).
36. Gillis, J., Hoste, J., Claeys, A.: Analyt. chim. Acta **1**, 291 (1947).
37. Meyer, S., Koch, O. G.: Z. anal. Chem. **179**, 175 (1961).

38. MAJUMDAR, A. K., SAVARIAR, C. P.: Analyt. chim. Acta **21**, **584** (1959).
39. MAJUMDAR, A. K., SAVARIAR, C. P.: Analyt. chim. Acta **22**, 158 (1960).
40. MAJUMDAR, A. K., SAVARIAR, C. P.: Z. anal. Chem. **178**, 352 (1961).
41. FREDRICK, W. G.: Ind. Eng. Chem., Anal. Ed. **13**, 922 (1941).
42. RAMETTE, R. W., SANDELL, E. B.: Analyt. chim. Acta **13**, 455 (1955).
42a. GREENHALGH, R., RILEY, J. P.: Analyt. chim. Acta **27**, 305 (1962).
43. VAN AMAN, R. E., HOLLIBAUGH, F. D., KANZELMEYER, J. H.: Analyt. Chem. **31**, 1783 (1959).
44. NIELSCH, W., BÖLTZ, G.: Z. anal. Chem. **143**, 264 (1954).
45. FREEDMAN, L. D.: Analyt. Chem. **19**, 502 (1947).
45a. KIDMAN, L., WAITE, C. B.: Metallurgia **66**, 143 (1962).
45b. DE SOUZA, T. L. C., KERBYSON, J. D.: Analyt. Chem. **40**, 1146 (1969).
46. DOZINEL, C. M.: Z. anal. Chem. **157**, 401 (1957).
47. LUKE, C. L.: Analyt. Chem. **25**, 674 (1953).
48. COPPINS, W. C., PRICE, J. W.: Metallurgia **53**, 183 (1956); ref. Z. anal. Chem. **155**, 219 (1957).
49. JEAN, M.: Analyt. chim. Acta **7**, 462 (1952).
50. JEAN, M.: Analyt. chim. Acta **11**, 82 (1954).
51. GOTO, H., KAKITA, Y.: Sci. Rep. Res. Inst. Tohoku Univ., Ser. **A8**, 243 (1956); ref. Z. anal. Chem. **158**, 373 (1957).
52. BEVILLARD, P.: Compt. Rend. Acad. Sci. Paris **236**, 711 (1953).
53. BEVILLARD, P.: Compt. Rend. Acad. Sci. Paris **238**, 2087 (1954).
54. VASILJEV, A. A., SHUB, M. E.: J. angew. Chem. (USSR) **6**, 560 (1933).
55. SUDO, E.: Sci. Rep. Res. Inst. Tohoku Univ., Ser. **A7**, 568 (1955); ref. Z. anal. Chem. **154**, 148 (1957).
56. STONER, G. A.: Analyt. Chem. **27**, 1186 (1955).
57. BAILEY, B. W., CHESTER, J. E., DAGNALL, R. M., WEST, T. S.: Talanta **15**, 1359 (1968).
58. MATULIS, R. M., GUYON, J. C.: Analyt. Chem. **37**, 1391 (1965).
59. BURKE, R. W., MENIS, O.: Analyt. Chem. **38**, 1719 (1966).
60. FOGG, A. G., JILLINGS, J., MARRIOTT, D. R., BURNS, D. T.: Analyst **94**, 768 (1969).
61. STANTON, R. E., McDONALD, A. J.: Analyst **87**, 299 (1962).
62. GALLIFORD, D. J. B., YARDLEY, J. T.: Analyst **88**, 653 (1963).
63. JABLONSKI, W. Z., WATSON, C. A.: Analyst **95**, 131 (1970).
64. FILER, T. D.: Analyt. Chem. **43**, 725 (1971).
65. FOGG, A. G., BURGESS, C., BURNS, D. T.: Talanta **18**, 1175 (1971).
66. BRAMAN, R. S., JUSTEN, L. L. FOREBACK C. C.: Analyt. Chem. **44**, 2195 (1972).
67. SCHNEPFE, M. M.: Talanta **20**, 175 (1973).

Sc — Scandium

Tabelle 166. Empfindlichkeit S_M und Bestimmungsgrenze L_Q der Verfahren

Verfahren	μg Sc · ml^{-1} · cm^{-1}	
	S_M	L_Q
Alizarinsulfosäure	0,0092 (520 nm)	0,23 (520 nm)
Arsenazo	0,0027 (570 nm)	0,066 (570 nm)
Brompyrogallolrot	0,0019 (610 nm)	0,047 (610 nm)
Eriochrombrillantviolett B	0,0007 (562 nm)	0,018 (562 nm)
8-Hydroxychinolin/$CHCl_3$	0,0065 (378 nm)	0,16 (378 nm)
4-(2-Thiazolylazo) resorcinol	0,0009 (540 nm)	0,023 (540 nm)

A. Trennungen

Große Mengen Fe lassen sich von kleinen Sc-Mengen durch Extraktion des Fe mit Diäthyläther aus 6n HCl-Lösung rasch abtrennen [*1*] (s. a. S. 259ff.). Aus mit $LiNO_3$ gesättigter 1n HNO_3-Lösung kann Sc mit Diäthyläther ($V_0 : V_w = 1:1$) mit einer Ausbeute von 84% extrahiert werden [*2*]. Sc läßt sich aus HCl-Lösung als Thiocyanat mit Diäthyläther extrahieren [*3*]. Es muß dabei eine relativ hohe Konzentration an NH_4SCN in der wäßrigen Lösung vorliegen. Die größte Ausbeute (93,6—94,6%) erzielt man aus 0,1—1n HCl-Lösung mit 53 g NH_4SCN/100 ml. Der Verteilungskoeffizient wird durch die Sc-Konzentration nicht beeinflußt. SO_4^{2-} und PO_4^{3-} vermindern die Extraktion. Mit dem nachfolgenden Verfahren läßt sich Sc gut von den S.E., Y [*4*], Th, Zr, Mn, Mg und Ca abtrennen. Bei pH 4—5 wird zwar weniger Zr extrahiert, doch bleibt auch mehr Sc in der wäßrigen Phase. Sc kann bei pH 3—4 gut von Ti abgetrennt werden. Im Falle einer Abtrennung von Y enthält die ätherische Lösung nach der Extraktion $<0{,}0001\%$ des vorhandenen Y, aber das Sc fast vollständig. Ein kleiner Anteil ($\sim 3\%$) des letzteren geht verloren. Auf diesem Wege wurden beispielsweise 20—35 μg Sc von etwa 40 mg Y abgetrennt [*4*]. Auch von anderer Seite [*5*], wurde Sc unter analogen Bedingungen extrahiert und von den früher genannten Elementen abgetrennt. Mit Sc werden Al, Be, Co, Fe(III), Ga, In, Mo, Re u. a. mitextrahiert (s. S. 274ff.). In Abwesenheit von Zr und Th wird die Extraktion des Sc mit Thiocyanat/Diäthyläther nach dem folgenden Verfahren durchgeführt.

Arbeitsvorschrift [*3, 4*]

Reagentien

0,5n HCl; 2n HCl; HCl (1,19); HNO_3 (1,40);
NH_4SCN;
Diäthyläther;
Thiocyanat-Waschlösung; 53 g NH_4SCN werden in 60 ml 0,1n HCl gelöst.

Die salzsaure Probelösung wird auf dem Wasserbad fast zur Trockene eingedampft, mit 30 ml 0,5n HCl aufgenommen, in den Schütteltrichter übergeführt und 26,5 g NH_4SCN zugegeben (das Volumen der Lösung beträgt jetzt $\sim$ 50 ml). Man extrahiert nun mit 50 ml Diäthyläther, fügt nach der Phasentrennung 2 ml 2n HCl hinzu und wiederholt die Extraktion noch 2mal mit je 25 ml Diäthyläther. Der vereinigte organische Extrakt wird 3mal mit je 10 ml Thiocyanat-Waschlösung geschüttelt, die Waschfraktionen verworfen und die ätherische Lösung nach Zusatz einiger Milliliter 2n HCl eingedampft. Durch vorsichtigen tropfenweisen Zusatz von HNO_3 zerstört man das Thiocyanat, erhitzt den Rückstand mit einigen Millilitern HNO_3 solange auf dem Wasserbad, bis die orangeroten Zersetzungsprodukte verschwunden sind und eine klare Lösung vorliegt, woran sich die Bestimmung des Sc anschließt.

Sc läßt sich durch Extraktion mit TBP aus HCl-Lösung vollständig von den S.E. [*6*], sowie von Be, Cr(III) und Mg und in Anwesenheit von Peroxyd auch von Ti [*7*] abtrennen (s. S. 1044). Mit steigender Säurekonzentration nimmt der Verteilungskoeffizient zu (nHCl/D: 5,8/1,4; 7,0/7,6; 8,2/36; 9,4/110; 10,5/> 1000). Das extrahierte Sc wird mit Wasser aus der organischen Phase rückgeschüttelt.

Die Elemente Fe(III), Ti, V(V) und Zr werden mit Cupferron/$CHCl_3$ aus mineralsaurer Lösung extrahiert und so von dem in der wäßrigen Lösung verbleibenden Sc abgetrennt [*8*]. In einer anderen Arbeit [*5*] wird Ti von Sc mit Cupferron/Äthylacetat entfernt. Weiterhin werden durch die Cupferron-Extraktion noch Bi, Ga, Hf, Mo, Sb und Sn vollständig abgetrennt [*9*] (s. a. S. 1043f.).

Sc läßt sich mit N-Benzoylphenylhydroxylamin (BPH) und Isoamylalkohol, n-Butanol, Amylacetat, Benzol und $CHCl_3$ extrahieren [*10*]. Mit 3% BPH/Isoamylalkohol ist es bei pH 4–6 quantitativ extrahierbar. Die S.E. werden bei pH < 5,8 nicht ausgeschüttelt, so daß Sc bei pH ~ 4,5 von diesen abgetrennt werden kann. Zr ist aus 1–8n HCl und Ti aus 5–10n HCl extrahierbar. Letzteres läßt sich aus 5n HCl, Zr aus 2n HCl mit BPH/Isoamylalkohol von Sc abtrennen, da Sc unter diesen Bedingungen in der wäßrigen Phase bleibt.

Im Milligrammbereich konnte Sc bei pH 1,5 mit 0,5m TTA/Benzol quantitativ extrahiert werden [*11*]. Damit erscheint eine Abtrennung von Al, Be, Ca ,Sr und vielleicht noch anderen Elementen möglich. Sc läßt sich von Th und U abtrennen durch Extraktion mit 0,2m TTA/Xylol aus weinsäurehaltiger Lösung bei pH 5–5,5, Waschen des organischen Extraktes mit 5%iger Weinsäurelösung (auf pH 5,5 eingestellt) und Rückschütteln des Sc mit 0,1n HNO_3 (pH 1) [*12*]; ein Zusatz von H_2O_2 verhindert die Extraktion von V und Ti. Durch Extraktion mit 0,5m TTA/Xylol bei pH 1,5 wurde Sc von As(III), Ca, Cd, Co, Fe(II), Mg, Mn(II), Pb, S.E., Zr, F^- und PO_4^{3-} abgetrennt [*13*]. Mit Oxin bildet Sc bei pH 6,5–8,5 eine Fällung, die durch $CHCl_3$, Benzol oder Methylpropylketon extrahierbar ist [*14, 15*] (s. a. S. 1050). Al, Cu und Fe(III) wurden durch Ausschütteln mit Oxin/$CHCl_3$ bei pH 2–3 von Sc abgetrennt [13]. Weitere Einzelheiten über die Anwendung von Extraktionsreagentien zur Isolierung des Sc findet man auf S. 259ff.

Über die Trennung des Sc von den S.E. mittels Anionenaustauscher s. S. 1079. Mit Hilfe des Anionenaustauschers Dowex 1X8 wurde Sc (geht in den Durchlauf) aus 8n HCl-Lösung von folgenden Elementen (bleiben auf der Säule) abgetrennt [*13*]: As, Au, Bi, Cd, Co, Cu, Fe(III), Ga, Ge, Hg, In, Ir, Mo, Os, Pd, Pt, Ru, Sb, Sn, Tl, U(VI), W und Zn. Eine Abtrennung von Th (bleibt auf der Säule) ist mit demselben Austauscher aus 8n HNO_3-Lösung möglich (Sc geht in den Durchlauf) [*13*]. Aus 0,1m $(NH_4)_2SO_4$/0,025m H_2SO_4-Lösung läßt sich Sc von einer Reihe von Elementen mit dem Anionenaustauscher Dowex 1X8 (Sulfatform, Harzbett 9 mm ⌀, 210 mm lang) abtrennen [*16*] (10–20 ml Probelösung werden aufgegeben, mit 60 ml 0,1m $(NH_4)_2SO_4$/0,025m H_2SO_4-Lösung nachgewaschen): Al, Be, Cd, Co, Cu, Ga, Ge, Mg, Mn(II), Ni, V(IV), S.E., Y und Zn sind im Durchlauf, während Sc, Mo(VI), Th, U(VI) und Zr auf der Säule bleiben. Mit weiteren 200 ml 0,1m $(NH_4)_2SO_4$/0,025m H_2SO_4-Lösung wird dann Sc eluiert. Ist nur noch Mo auf der Säule, so wird es mit 90 ml 0,5m NaOH/0,5m NaCl eluiert. Sind nur noch Th und U auf der Säule, so eluiert man Th mit 40 ml 4n HCl und anschließend U mit 30 ml 1n $HClO_4$. Sind nach der Elution des Sc noch Th, Zr und U auf der Säule, so eluiert man Th mit 60 ml 1m $(NH_4)_2SO_4$/0,025m H_2SO_4-Lösung, dann Zr mit 50 ml 4n HCl und U schließlich mit 30 ml 1n $HClO_4$. Eine selektive Isolierung des Sc ermöglicht ein 3stufiges Verfahren [*17*] (s. Arbeitsvorschrift C. 1, S. 1047): in der 1. Stufe mit Kationenaustauscher Dowex 50W-X8 bleiben Al, Sc, S.E., Th, U und Zr auf der Säule, während Cr(III), Cu, Fe(III) und Ti in den Durchlauf gehen. Bei der anschließenden Elution wird Sc von Th, U sowie von geringen Mengen Al und Fe (wenn die Probe größere Mengen Al und Fe enthält) begleitet. Bei der Behandlung des Eluates in der 2. Stufe mit Anionenaustauscher Dowex 1X8 werden Th und U abgetrennt. Wegen des großen Volumens des Sc-haltigen Eluates wird eine Spurenfällung mit $Fe(OH)_3$ angeschlossen und in der 3. Stufe das Fe mit Anionenaustauscher Dowex 1X8 abgetrennt. Weiterhin kann Sc von den S.E. aus 2m NH_4SCN/0,5m HCl-Lösung mittels Anionenaustauscher Dowex 1X8 (SCN^--Form, Harzbett 11 mm ⌀, 180 mm lang) abgetrennt werden [*18*]: Sc bleibt auf der Säule, die S.E. gehen in den Durchlauf bzw. beim Eluieren mit 3n HCl in die ersten 50 ml 3n HCl-Eluat, wonach Sc ins Eluat geht (70—190 ml-Fraktion). Hinsichtlich der Anwendung von Ionenaustauschern für weitere Trennungen s. S. 364ff.

Mit Al als Spurenfänger kann Sc durch Hydroxydfällung isoliert werden. Durch Maskieren des Fe mit Thioglykolsäure gelingt die Abtrennung des Sc von diesem Element. Th und Zr wurden von Sc durch Sulfat/Jodat-Fällung mit Ba als Spurenfänger abgetrennt [*5*]. Über die Abtrennung des Th als Jodat von Sc unter Verwendung von Hg(I) als Spurenfänger [7] s. S. 1044. Mit 8-Hydroxychinaldin gibt Sc (und In) im Milligrammbereich in neutraler und schwach alkalischer Lösung eine quantitative Fällung [*19*]. In Anwesenheit von Tartrat kann eine Hydroxydfällung von Al, das nicht mit 8-Hydroxychinaldin reagiert, vermieden werden. Daneben fanden noch Fällungen als Phosphat, basisches Ammoniumtartrat mit Y als Spurenfänger [7] oder Oxalat zur Sc-Isolierung Anwendung.

B. Alizarinsulfosäure

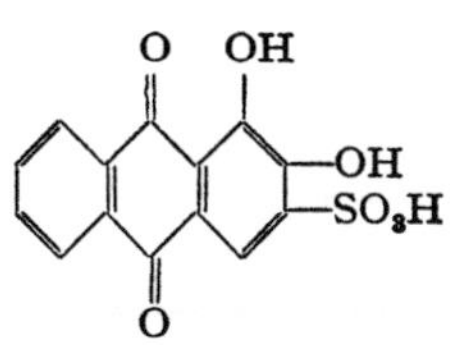

Die orangegelbe Alizarinsulfosäure (Natriumsalz der 1,2-Dihydroxyanthrachinon-3-sulfosäure; Alizarinrot S) gibt in essigsaurer Lösung (pH 3,5) mit Sc eine violette Fällung [*20*]. Das Extinktionsmaximum des Komplexes liegt bei 520 nm ($\varepsilon_{520} = 4800$). Das Beersche Gesetz ist im Bereich von 0,2—4 μg Sc/ml erfüllt. Außer Sc reagieren noch zahlreiche andere Elemente mit Alizarinsulfosäure: Al, B, Ba, Be, Cu, Fe, Hf, Hg, Mo, Pt, S.E., Sn, Th, Ti, Tl, U, V und Zr. Bei pH 3,5 geben keine Farbreaktion [*12*]: As(V), Bi, Ca, Co, Cr(VI), K, Li, Mg, Na, Ni, Pb, Sb(V) und Zn.

Keines der bisher bekannten Verfahren erlaubt in nur einer Einzeloperation die quantitative Abtrennung von allen übrigen die Bestimmung störenden Elementen. Es müssen deshalb mehrere Trennverfahren kombiniert werden, wie dies in der nachfolgenden Arbeitsvorschrift [7] durchgeführt wird.

Zunächst werden durch eine Extraktion mit Cupferron/$CHCl_3$ aus HCl- oder H_2SO_4-Lösung viele Elemente (vor allem aber Zr und wahrscheinlich auch Hf) entfernt, welche die Bestimmung des Sc mit Alizarinsulfosäure stören. Falls Zr nicht vor der Extraktion des Sc mit TBP entfernt wird, verhindert bzw. hemmt es die quantitative Rückschüttelung des Sc mit Wasser aus der organischen Phase. Anschließend wird Th durch Ausfällung als Jodat mit Hg als Spurenfänger entfernt, da Th weder durch die Extraktion mit Cupferron bzw. TBP noch durch wiederholte Fällung mit Ammoniumtartrat und Y als Spurenfänger abgetrennt werden kann. Man extrahiert dann das Sc mit TBP und trennt es damit von der Hauptmenge der übrigen Begleitelemente, bei denen es sich vor allem um Al, Be, Cr und die S.E. handelt. Durch Zusatz von H_2O_2 wird Ce in der 3-wertigen Stufe gehalten, in der es nicht extrahierbar ist. Auch verhindert H_2O_2 die Extraktion des Ti. Ohne Durchführung der TBP-Extraktion würden die S.E. die Ammoniumtartratfällung stören. U und Fe werden vollständig mitextrahiert. Bei der Rückschüttelung des Sc mit Wasser bleibt etwas U in der organischen Phase zurück. Von den restlichen Elementen wird das Sc durch fraktionierte Fällung als Ammoniumtartrat mit Y als Spurenfänger abgetrennt. Wenn Th, Zr, Ti und die S.E. (außer Y) noch anwesend wären, würden sie diese Fällung stören, so daß Sc nicht quantitativ ausgefällt werden könnte. Bis zu 10 mg an Al, Fe und U beeinflussen die Tartratfällung nicht. Schließlich wird das Sc von Y durch eine TBP-Extraktion getrennt. Nach dem Waschen der organischen Phase mit HCl können noch Spuren von Y anwesend sein, weshalb die bei der photometrischen Bestimmung verwendete Bezugslösung so hergestellt wird, daß Y als Tartrat analog dem Arbeitsgang ausgefällt und die HCl-Lösung des Tartrats mit TBP extrahiert wird. Danach kann Sc mit Alizarinsulfosäure photometrisch bestimmt werden. Die Bestimmung von 20–25 µg Sc_2O_3 nach dieser Arbeitsvorschrift wird durch die Anwesenheit von 10 mg Al, Ba, Be, Bi, Ca, Cd, Ce, Co, Cr, Cu, Fe, Ga, La, Mg, Mn, Mo, Ni, Pb, Sb, Sn, Sr, Th, Ti, U, V, Zn und Zr nicht gestört. Bei Abwesenheit von Zr und Th kann das Verfahren insofern vereinfacht werden, als auf die Cupferronextraktion und Jodatfällung verzichtet wird. Nach dem Verfahren kann Sc in Mineralien und verschiedensten anderen Materialien bestimmt werden. Die Vorschrift [*7*] fand zur Bestimmung von Sc in Beryll und Rutil Anwendung. Mit Alizarinsulfosäure wurde weiterhin Sc in Uranverbindungen bestimmt [*12*].

F_r: ±5%.

Arbeitsvorschrift [*7*]

Reagentien

HCl (1,19); HCl (1 + 1);

HNO_3 (1,40); 3,5n HNO_3;

Ammoniak (0,91);

H_2O_2 (30%);

Y-Lösung; 1,0 g Y_2O_3 wird in 10 ml HCl (1,19) gelöst und mit Wasser auf 200 ml aufgefüllt;

Alizarinsulfosäure, 0,1%ige wäßrige Lösung;

Ammoniumtartrat-Lösung; 100 g Reagens werden in 200 ml Ammoniak (1 + 1) gelöst und mit Wasser auf 250 ml aufgefüllt. Für Waschzwecke verdünnt man 1 Teil dieser Lösung mit 4 Teilen Wasser;

Ammoniumacetat-Pufferlösung (pH 3,5); 100 g Ammoniumacetat werden in 300 ml Wasser gelöst, mit HCl (1,19) auf pH 3,5 eingestellt und mit Wasser auf 500 ml aufgefüllt;

$HgNO_3$-Lösung; 5 g $HgNO_3 \cdot H_2O$ werden in 200 ml 3,5n HNO_3 gelöst;

KIO_3, gesättigte Lösung in HNO_3 (1 + 8);

Cupferron, 6%ige wäßrige Lösung;

$CHCl_3$;

TBP;

Diäthyläther.

Aufstellung der Eichkurve

Jeweils 0, 10, 20, 40, 60 und 80 µg Sc versetzt man in 100 ml-Bechergläsern mit 5,0 ml Y-Lösung, verdünnt mit Wasser auf 30 ml, fügt 25 ml Ammoniumtartrat-Lösung und 10 ml Ammoniak hinzu und erhitzt gerade bis zum Sieden. Die Lösung wird solange gerührt, bis der Tartrat-Niederschlag zusammenballt, dieser durch einen 85 ml-Glasfritten-Büchnertrichter abfiltriert und mit 25 ml HCl (1,19) aus dem Trichter in das ursprüngliche Becherglas zurückgelöst. Man wäscht den Trichter mit 25 ml HCl (1,19) nach, wobei man die Waschlösung gesondert auffängt. Die saure Probelösung wird in einen 125 ml-Schütteltrichter übergeführt, mit 25 ml TBP 30 sec extrahiert und die wäßrige Phase verworfen. Den organischen Extrakt wäscht man nun mit der früher beiseite gestellten sauren Waschlösung und anschließend 2mal mit je 25 ml HCl (1,19) und verwirft alle Waschlösungen. Aus der organischen Phase wird das Sc mit 50 ml Wasser rückgeschüttelt, die wäßrige Lösung in einen anderen 125 ml-Schütteltrichter abgelassen, mit 25 ml Diäthyläther geschüttelt (zur Entfernung von restlichem TBP) und in ein 150 ml-Becherglas abgelassen. Man versetzt die Lösung mit 8,0 ml Ammoniak, rührt bis der Äther verflüchtigt ist, fügt 2,0 ml Alizarinsulfosäurelösung hinzu und gibt tropfenweise Ammoniak bis zum Erreichen des roten Endpunktes hinzu. Danach versetzt man die Lösung mit 5,0 ml Ammoniumacetat-Pufferlösung, kühlt auf Raumtemperatur ab, führt in einen 100 ml-Meßkolben unter Nachwaschen mit Wasser über, füllt mit Wasser zur Marke auf und photometriert in einer 5 cm-Küvette bei 520 nm gegen einen Blindwert.

Analyse in Abwesenheit von Zr und Th

Von der Probelösung wird ein aliquoter Teil (12,5n HCl; 4—80 µg Sc enthaltend) in einen 125 ml-Schütteltrichter übergeführt, mit HCl (1,19) auf 25 ml gebracht, nach Zusatz von 0,5 ml H_2O_2 mit 25 ml TBP extrahiert und die wäßrige Phase verworfen. Den organischen Extrakt wäscht man 3mal mit je 25 ml HCl (1,19), verwirft die Waschlösungen, führt das Sc durch 30 sec langes Schütteln mit 70 ml Wasser in die wäßrige Phase zurück, läßt diese in einen zweiten 125 ml-Schütteltrichter ab und verwirft die organische Phase. TBP-Reste werden aus der wäßrigen Lösung durch Schütteln mit 25 ml Diäthyläther entfernt, die wäßrige Phase in ein 150 ml-Becherglas abgelassen und mit 5,0 ml Y-Lösung versetzt. Man fügt 25 ml Ammoniumtartratlösung hinzu, macht unter Rühren mit Ammoniak gerade alkalisch und gibt einige ml davon im Überschuß zu. Wenn die Hauptmenge an gelöstem Äther verflüchtigt ist, erhitzt man die Lösung bis fast zum Sieden, unterbricht das Erhitzen, rührt einige Minuten, filtriert den Tartrat-Niederschlag durch einen Glasfritten-Büchnertrichter ab und wäscht den Niederschlag mit 25 ml Ammoniumtartrat-Waschlösung. Der Niederschlag wird mit 50 ml HCl (1 + 1) aus dem Trichter in das ursprüngliche Becherglas zurückgelöst, die Tartratfällung wiederholt, wie vorher filtriert, der Niederschlag in 50 ml HCl (1 + 1) gelöst, die Fällung ein drittes Mal wiederholt, und der gereinigte Tartratniederschlag wie bei der Aufstellung der Eichkurve weiterbehandelt.

Analyse in Anwesenheit von Zr und Th

Von der H_2SO_4- oder HCl-Probelösung (frei von NO_3^- und F^-) wird ein aliquoter Teil (4—80 µg Sc enthaltend) in einen 250 ml-Schütteltrichter übergeführt, mit Wasser und H_2SO_4 oder HCl auf 100 ml gebracht, so daß die Lösung eine Säurekonzentration von ~ 1n H_2SO_4 oder ~ 3n HCl aufweist, nach Zusatz von 10 ml Cupferron-Lösung 3mal mit je 25 ml $CHCl_3$ extrahiert und nach erneutem Zusatz von 5 ml Cupferron-Lösung noch 4 mal mit je 25 ml $CHCl_3$ ausgeschüttelt (weitere Extraktionen mit Cupferron/$CHCl_3$ sind erforderlich, wenn große Mengen an Fremdelementen anwesend sind und beim zweiten Zusatz von Cupferron-Lösung reichlich Niederschlag auftritt). Man führt die wäßrige Lösung in ein 400 ml-Becherglas über, verdünnt mit Wasser auf ~ 300 ml, verkocht vorhandenes $CHCl_3$ und macht mit Ammoniak schwach alkalisch. Wenn kein Niederschlag zu beobachten ist, säuert man mit HNO_3 (1,40) an, versetzt mit ~ 200 mg $Al(NO_3)_3$ und fällt das Al mit Ammoniak aus. Die Fällung wird nach Zusatz von Filterschleim durch einen 85 ml-Glasfritten-Büchnertrichter filtriert und der Niederschlag mit 100 ml warmer 3,5n HNO_3 aus dem Trichter gelöst (die Hydroxydfällung muß nur wiederholt werden, falls die Cupferron-Fällung in HCl vorgenommen wurde, damit vorhandenes Cl^- restlos entfernt wird). Zur Probelösung fügt man nun 2,0 ml $HgNO_3$-Lösung und 75 ml KIO_3-Lösung und läßt 15 min unter häufigem Rühren stehen. Der Jodat-Niederschlag wird durch einen Glasfritten-Büchnertrichter filtriert, Becherglas und Niederschlag mit 25 ml KIO_3-Lösung gewaschen, das mit der Waschlösung vereinigte Filtrat mit Wasser auf 300 ml verdünnt, mit Ammoniak alkalisiert und auf ~ 80° C erhitzt. Nach Zusatz von Filterschleim filtriert man den Hydroxyd-Niederschlag durch einen Glasfritten-Büchnertrichter ab, löst den Niederschlag mit 25 ml HCl (1,19) aus dem Trichter in ein 100 ml-Becherglas und wäscht den Trichter mit 25 ml HCl (1,19) nach, wobei man die Waschlösung gesondert auffängt. Anschließend extrahiert, reinigt und bestimmt man das Sc nach der Analysenvorschrift „in Abwesenheit von Zr und Th", indem man nach Zusatz von 0,5 ml H_2O_2 mit der TBP-Extraktion fortfährt und zum ersten Waschen des organischen Extraktes die vorhin gesondert aufgefangene salzsaure Waschlösung verwendet.

C. Arsenazo

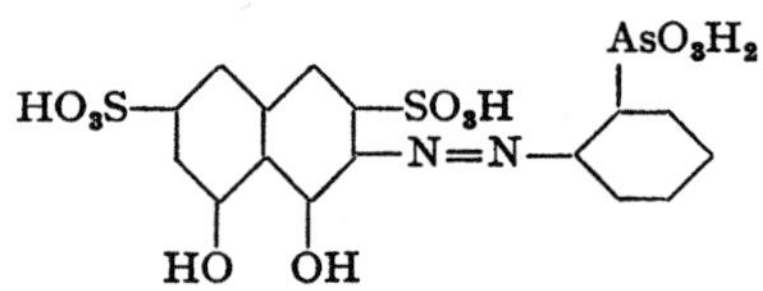

Sc bildet mit Arsenazo (AA) (s. S. 1082) im optimalen Bereich von pH 6,1–6,3 einen Farbkomplex, dessen Extinktionsmaximum bei 570 nm ($\varepsilon_{570} = 17000$) liegt [*13*] (s. Abb. 169). Das Beersche Gesetz ist im Bereich von 0,07–2,6 µg Sc/ml erfüllt. Die Farbe

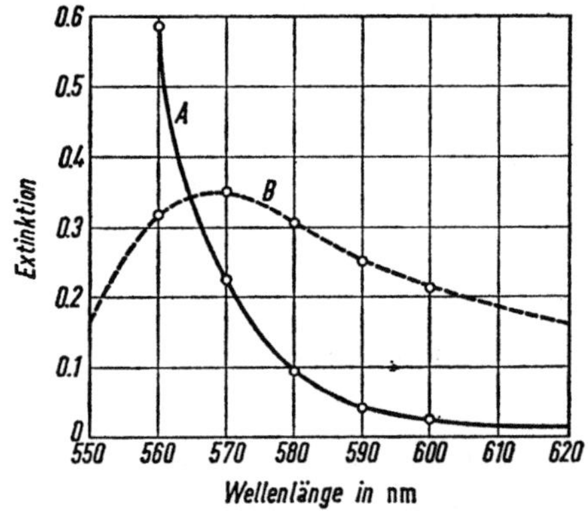

Abb. 169. Extinktionskurven von Arsenazo (*A* Blindlösung, gegen Wasser gemessen) und Sc + Arsenazo (*B* gegen Blindlösung gemessen) [*13*]

ist 3 Std stabil. Die Bestimmung von 1 μg Sc/ml wird nicht gestört durch jeweils 4 μg/ml von Ca, Cd, Mg, Mn(II), Mo(VI), Pb, W, Zn, sowie durch 1 mmol/ml an $NaClO_4$ und Na_2SO_4 bzw. 2 mmol/ml an NaCl und $NaNO_3$. Es stören Al, Co, Cr(III), Cu, Fe(III), Ni, S.E., Th, Ti, U(VI), V(V), Zr, F^-, PO_4^{3-} u. a. Elemente, weshalb Sc vor der Bestimmung isoliert werden muß [*13*, *17*].

Arbeitsvorschrift [*13*]

Reagentien

0,1 m Ammoniak

Arsenazo(AA), 0,1%ige wäßrige Lösung.

Pufferlösung (pH 6,1); man mischt 10 ml 1 m Essigsäure mit 320 ml 1 m Natriumacetatlösung.

1,0 ml 0,1n HCl-saure Probelösung (1,8—65 μg Sc enthaltend) führt man mit 4,0 ml Wasser in einen 25 ml-Meßkolben über, versetzt mit 2,0 ml AA-Lösung, 2,5 ml Pufferlösung sowie 1,0 ml 0,1m Ammoniak (die Lösung soll jetzt pH 6,1—6,3 aufweisen), füllt mit Wasser zur Marke auf und photometriert in einer 1 cm-Küvette bei 570 nm gegen den Blindwert.

1. Silicatgestein

B: 1—130 ppm Sc. F_{rm}: ±4%.

Arbeitsvorschrift [*17*]

Reagentien

Ionenaustauschersäule I; Kationenaustauscher Dowex 50W-X8 (100—200 mesh, H^+-Form; Harzbett: 5 g Harz, 10 cm lang, 1 cm i-∅).

Ionenaustauschersäule II; Anionenaustauscher Dowex 1X8 (100—200 mesh, SO_4^{2-}-Form; Harzbett: 10 g Harz, 18 cm lang, 1 cm i-∅), man wäscht die Austauschersäule (Cl^--Form) zur Überführung in die SO_4^{2-}-Form mit 3m H_2SO_4, bis der Durchlauf mit $AgNO_3$ keine Fällung von AgCl zeigt und wäscht anschließend mit Wasser, bis der Durchlauf mit $BaCl_2$ keine Fällung von $BaSO_4$ gibt.

Ionenaustauschersäule III; Anionenaustauscher Dowex 1X8 (100—200 mesh, Cl^--Form; Harzbett; 2 g Harz, 3 cm lang, 1 cm i-∅), man wäscht die Säule vor Gebrauch mehrmals mit 6n HCl.

$HClO_4$ (70%); HF (40%); HCl (1,19); 6n HCl; 3 n HCl; Ammoniak (1 + 1)

NH_4Cl, 2%ige wäßrige Lösung.

0,3m $(NH_4)_2SO_4$/0,025m H_2SO_4; 0,1m $(NH_4)_2SO_4$/0,025m H_2SO_4.

a) Lösen des Probematerials

0,5—1,5 g fein pulverisiertes Probematerial versetzt man in einer Platinschale mit 5 ml Wasser, 3 ml $HClO_4$ sowie 5 ml HF, erhitzt, wiederholt die Behandlung mit HF bis zum vollständigen Lösen der Probe, raucht den $HClO_4$-Überschuß ab, fügt zum Rückstand einige Tropfen $HClO_4$ und dampft zur Trockene ein, um noch vorhandene HF zu entfernen. Der Rückstand wird mit 3 ml HCl und 40 ml Wasser unter Erwärmen und Rühren vollständig oder nahezu vollständig gelöst, zur heißen Lösung ein geringer Überschuß an Ammoniak (1 + 1) hinzugefügt, einige Minuten am Siedepunkt gehalten, durch ein weitporiges Filter filtriert und der Niederschlag mit NH_4Cl-Lösung gewaschen. Man löst den Niederschlag in einem Becherglas mit einem Minimum an HCl, dampft zur Trockene ein und löst den Rückstand mit 20 ml 3n HCl.

b) Isolierung des Sc

Man gibt die Lösung auf die Ionenaustauschersäule I und wäscht die Säule mit 10 ml Wasser. Die Fremdionen entfernt man durch Elution mit 20 ml 0,3m $(NH_4)_2SO_4$/0,025m

H_2SO_4-Lösung (Durchflußgeschwindigkeit 0,7 ml/min), verwirft das Eluat, eluiert dann das Sc mit 15 ml 0,3m $(NH_4)_2SO_4$/0,025m H_2SO_4-Lösung und fügt zum Durchlauf 30 ml 0,025m H_2SO_4, so daß die Lösung nun 0,1m $(NH_4)_2SO_4$/0,025m H_2SO_4 aufweist. Die Lösung wird auf die Ionenaustauschersäule II gegeben, Fremdionen mit 45 ml 0,1m $(NH_4)_2SO_4$/0,025m H_2SO_4-Lösung eluiert (Durchflußgeschwindigkeit 0,5–1 ml/min), der Durchlauf verworfen und dann das Sc mit 130 ml 0,1m $(NH_4)_2SO_4$/0,025m H_2SO_4-Lösung eluiert. Zum Eluat gibt man 10 mg Fe(III) (1 ml Fe(III)-Lösung) als Spurenfänger, erhitzt zum Sieden und fällt das $Fe(OH)_3$ durch tropfenweisen Zusatz von Ammoniak (1 + 1) aus. Der Niederschlag wird durch ein weitporiges Filter abfiltriert, mit NH_4Cl-Lösung gewaschen, in einem Becherglas mit 10 ml 6n HCl gelöst, abfiltriert und die Lösung auf die Ionenaustauschersäule III gegeben. Man wäscht die Säule 3mal mit je 2 ml 6n HCl nach, vereinigt Durchlauf und Waschlösungen und dampft die Lösung zur Trockene ein.

c) Photometrische Bestimmung des Sc

Man löst den Rückstand mit 1 ml 0,1n HCl und fährt mit der photometrischen Bestimmung nach der Arbeitsvorschrift [*13*] auf S. 1047 fort.

D. Brompyrogallolrot

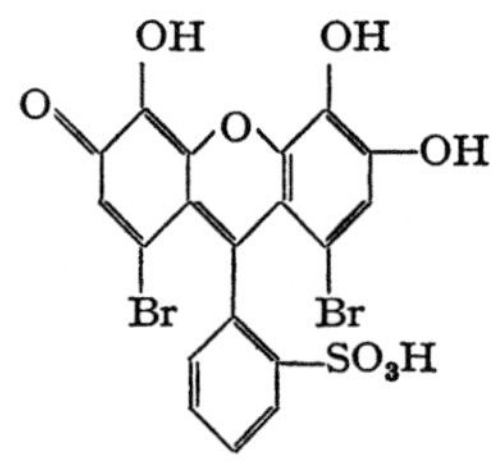

Sc gibt mit Brompyrogallolrot (BPR) im optimalen Bereich von pH 5,0–6,5 einen Farbkomplex, dessen Extinktionsmaximum bei 610 nm ($\varepsilon_{610} = 24000$) liegt [*21*] (s. Abb. 170). Das Beersche Gesetz ist im Bereich von 0,05–2,0 µg Sc/ml erfüllt. Die Farbe ist 24 Std stabil. Es stören nicht jeweils 0,1 mg von As(III), Bi, Ca, Co, Mg und W, weiterhin SO_4^{2-}, BO_3^{3-}, NO_3^- und ClO_4^-. Die meisten Elemente stören aber (s. S. 852),

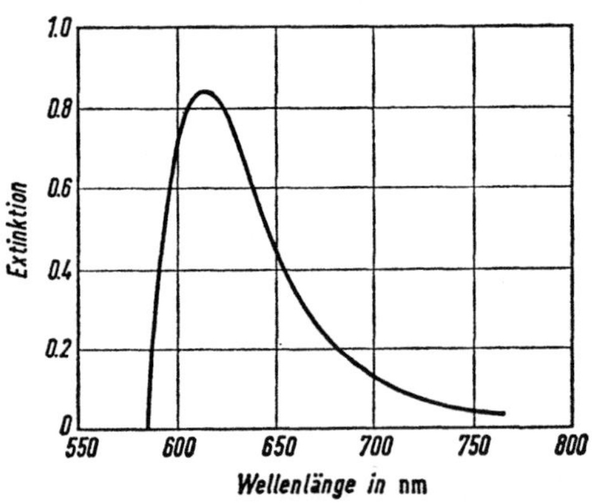

Abb. 170. Extinktionskurve von Sc + Brompyrogallolrot (gegen Blindlösung gemessen) [*21*]

ebenso müssen PO_4^{3-}, SCN^-, Tartrat und große Mengen Cl^- abwesend sein. Sc muß daher vor der Bestimmung mittels Ionenaustauscher [*16, 17*] isoliert werden.

Arbeitsvorschrift [*21*]

Reagentien

Pufferlösung (pH 6,1); 80 g Ammoniumacetat und ~ 6 ml Eisessig mit Wasser auf 1 l aufgefüllt. BPR, 0,05%ig in 50%igem Äthanol.

Man stellt ~ 10 ml ~ 0,01 m H_2SO_4-saure Probelösung (1,25–50 µg Sc enthaltend) mit verdünntem Ammoniak auf pH 6,1 ein, versetzt in einem 25 ml-Meßkolben mit 3,0 ml BPR-Lösung sowie 5 ml Pufferlösung, füllt mit Wasser zur Marke auf und photometriert in einer 1 cm-Küvette bei 610 nm gegen den Blindwert.

1. Silicatgestein [*21*]

B: 1–100 ppm Sc. F_r: ± 5–10%.

Man führt die Isolierung des Sc nach dem Verfahren C. 1. (s. S. 1047) a) und b) durch, löst den nach b) erhaltenden Rückstand mit 1 ml 0,1 m H_2SO_4, verdünnt mit Wasser auf 10 ml und fährt mit der Bestimmung nach der Arbeitsvorschrift [*21*] (s. S. 1049) fort.

E. Eriochrombrillantviolett B

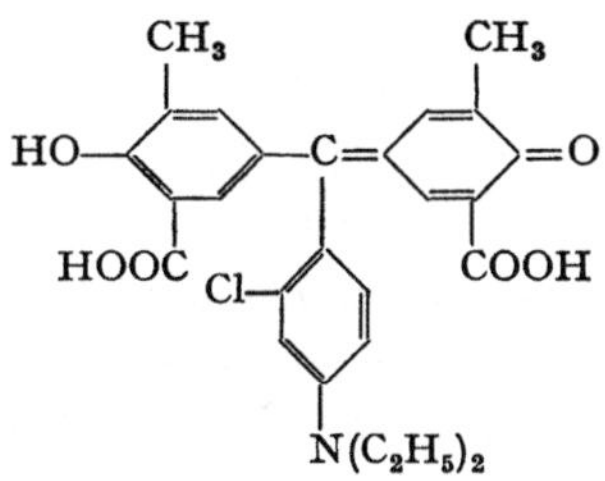

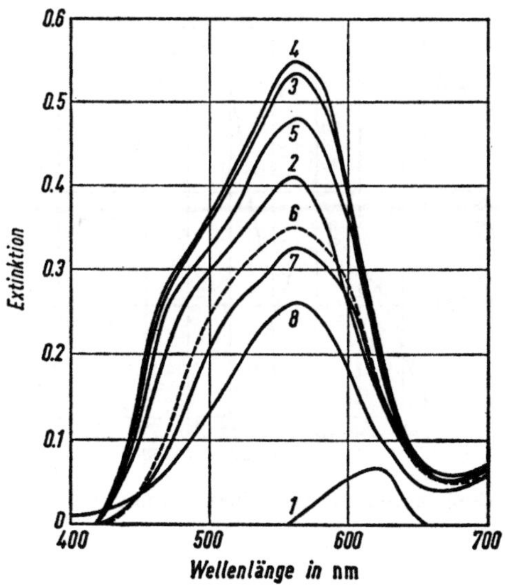

Abb. 171. Extinktionskurven von Sc + Eriochrombrillantviolett B (gegen Blindlösung gemessen) bei verschiedenen pH-Werten. pH: (*1*) 4,0, (*2*) 5,0, (*3*) 5,5, (*4*) 5,8—6,0, (*5*) 6,5, (*6*) 7,0, (*7*) 8,0, (*8*) 8,5 [*22*]

Sc bildet mit Eriochrombrillantviolett B (2″-Chloro-4″-diäthylamino-4′-hydroxy-3,3′-dimethylfuchson-5,5′-dicarbonsäure; C. I. 43570) (EBV) im optimalen Bereich von pH 5,4–6,2 einen Farbkomplex mit einem Extinktionsmaximum bei 562 nm ($\varepsilon_{562} =$ 64000) [22] (s. Abb. 171). Das Beersche Gesetz ist im Bereich von 0,018–0,7 µg Sc/ml erfüllt. Die Farbe ist in 20 min voll entwickelt und dann 2 Std stabil. Die meisten Elemente stören, ebenso Oxalat, Citrat, ÄDTA und F^-. Cl^-, NO_3^-, SO_4^{2-} und Acetat stören nicht. Sc muß deshalb vor der Bestimmung mittels Ionenaustauscher [16, 17] (z. B. nach Verfahren C. 1., s. S. 1047) isoliert werden.

Arbeitsvorschrift [22]

Reagentien

EBV, 0,1%ig in Äthanol.

Pufferlösung (pH 6,0); man mischt 0,2 m Essigsäure und 0,2 m Natriumacetatlösung.

Die schwach saure Probelösung (0,45–18 µg Sc enthaltend) versetzt man in einem 25 ml-Meßkolben mit 2,0 ml EBV-Lösung sowie 10 ml Pufferlösung, füllt mit Wasser zur Marke auf (die Lösung soll nun pH 6,0 ± 0,1 aufweisen) und photometriert nach einer Standzeit von 20 min in einer 1 cm-Küvette bei 562 nm gegen den Blindwert.

F. 8-Hydroxychinolin

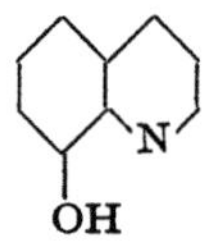

Unter den zahlreichen, mit 8-Hydroxychinolin (Oxin) eine Fällung gebenden Elementen ist auch Sc zu nennen [14]. Sc-Oxinat läßt sich aus alkalischer Lösung durch verschiedene organische Lösungsmittel extrahieren; unter Verwendung von Benzol und

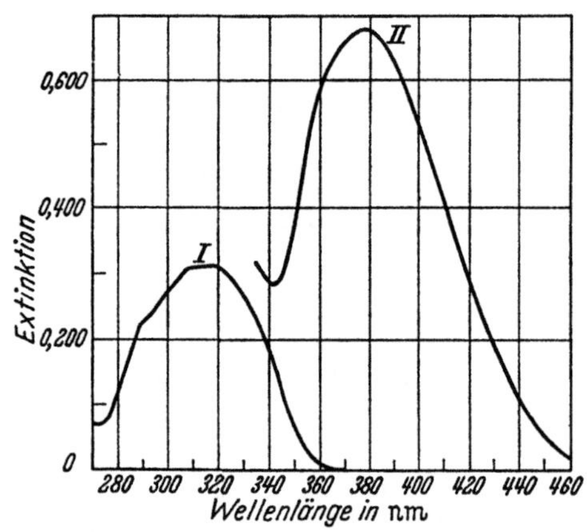

Abb. 172. Extinktionskurven von Sc-Oxinat (II) und von Oxin (I) in Benzol [15]

einem hinreichenden Oxin-Überschuß wurde ein photometrisches Bestimmungsverfahren entwickelt [15] (auch mit $CHCl_3$ erhält man zufriedenstellende Ergebnisse, wenn man die bei der Extraktion auftretende Trübung im Extrakt unmittelbar nach der Abtrennung der wäßrigen Phase durch Zusatz von 5% Methanol beseitigt). Das Extinktionsmaximum liegt bei 378 nm ($\varepsilon = 6900$, s. Abb. 172); bei dieser Wellenlänge zeigt Oxin keine Absorption. Das Beersche Gesetz ist im Bereich von 0,2—6 µg Sc/ml Benzol erfüllt. Die Farbe ist in der durch Filtrieren von Wasser befreiten organischen Phase 5 Std stabil. Bei pH 10,2 werden >98% des Sc-Oxinates, zwischen pH 9,7 und 10,5 bei einmaliger Extraktion >90% mit Benzol extrahiert. Da Sc-Oxinat leicht hydrolysierbar ist und einmal gebildetes Hydroxyd sich nur schwer wieder zu Oxinat umsetzen läßt, ist die Einhaltung der nachfolgenden Arbeitsvorschrift besonders hinsichtlich der vorgeschriebenen Oxinmenge, des pH-Wertes und der Reihenfolge der Reagenszugabe genau zu beachten. Die Extraktion des Sc-Oxinates muß nach der Komplexbildung unverzüglich vorgenommen werden. Obwohl das in Benzol gelöste Sc-Oxinat auch in Berührung mit der wäßrigen Phase längere Zeit stabil ist, erzielt man bessere Ergebnisse bei sofortiger Phasentrennung und Photometrieren des Extraktes. Hinsichtlich der zahlreichen, störenden Kationen s. S. 327ff. Von verschiedenen geprüften Anionen wird die Extraktion des Sc-Oxinates durch Komplexbildner, wie PO_4^{3-} und ÄDTA, sowie durch höhere Konzentrationen von F^- und Tartrat gestört. SCN^-, SO_4^{2-}, Cl^-, $B_4O_7^{2-}$ und CN^- stören nicht.

F_{rm}: ±5%.

Arbeitsvorschrift [*15*]

Reagentien

0,1 m Oxin-Lösung; 14,515 g Oxin/l 0,5 n HCl;
0,5 n Ammoniak;
5 n NaOH;
Benzol.

≦ 35 ml saure Probelösung (10—300 µg Sc enthaltend; bei Mengen von 180—250 µg Sc sind die nachfolgend angegebenen Reagentienmengen entsprechend zu erhöhen) stellt man mit NaOH auf pH ~ 6 ein, so daß gerade noch keine Hydroxydfällung auftritt, führt die Lösung in einen Schütteltrichter über, versetzt mit 1 ml Oxin-Lösung sowie 10 ml Ammoniak und füllt mit Wasser auf 50 ml auf. Der pH-Wert dieser Lösung muß 10,2 ± 0,2 betragen. Dann wird mit 50,0 ml Benzol 2 min extrahiert, der organische Extrakt nach der Phasentrennung durch ein Papierfilter in eine 1 cm-Küvette filtriert und bei 378 nm gegen einen Blindwert photometriert.

G. 4-(2-Thiazolylazo)resorcinol

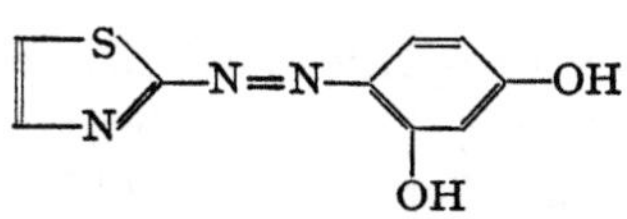

Sc gibt mit 4-(2-Thiazolylazo)resorcinol (TAR) beim optimalen pH 8,1 (die Farbe ist im Bereich von pH 7,0—8,5 nahezu konstant) einen Farbkomplex mit einem Extinktionsmaximum bei 540 nm ($\varepsilon_{540} = 50600$) [*23*] (s. Abb. 173). Das Beersche Gesetz ist im Bereich von 0,03—1,2 µg Sc/ml erfüllt. Zur Vermeidung einer Trübung muß die Lösung 8 Vol % Dioxan enthalten. Die Farbe ist in 90 min voll entwickelt und bleibt dann mehrere Std. stabil. Die meisten Elemente stören, ebenso große Mengen BO_3^{3-} und Tartrat; PO_4^{3-} muß abwesend sein. Sc muß daher vor der Bestimmung mittels Ionenaustauscher [*16*, *17*] isoliert werden.

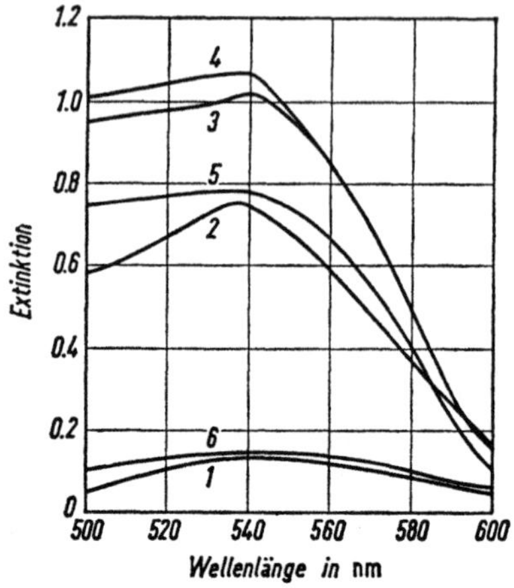

Abb. 173. Extinktionskurven von Sc + TAR (gegen Blindlösung gemessen) bei verschiedenen pH-Werten. pH: (*1*) 4,96, (*2*) 6,01, (*3*) 6,65, (*4*) 8,21, (*5*) 9,01, (*6*) 10,23 [*23*]

Arbeitsvorschrift [*23*]

Reagentien

TAR, 0,1%ig in Dioxan.

Pufferlösung (pH 8,1); man mischt 50 ml 1 m Ammoniak mit 500 ml 1 m NH_4Cl-Lösung.

Die schwach saure Probelösung (1—30 µg Sc enthaltend) versetzt man in einem 25 ml-Meßkolben mit 2,0 ml TAR-Lösung sowie 5 ml Pufferlösung (die Lösung soll nun pH 8,1 aufweisen), füllt mit Wasser zur Marke auf und photometriert nach einer Standzeit von 90 min in einer 1 cm-Küvette bei 540 nm gegen den Blindwert.

1. Silicatgestein [*23*]

B: 1—>60 ppm Sc. F_r: ±5—10%.

Sc wird nach Verfahren C. 1., a) und b) (s. S. 1047) isoliert, der Rückstand mit 1 ml 0,1 n HCl oder 0,1 n H_2SO_4 gelöst, mit Wasser auf ~ 10 ml verdünnt und mit der Bestimmung nach der Arbeitsvorschrift [*23*] (s. S. 1052) fortgefahren.

H. Verschiedenes

An weiteren photometrischen Reagentien sind zu erwähnen: Chinalizarin [*24, 25*], Morin [*26*], Quercetin (ε_{435} = 12800) [*27*], 4-(2-Pyridylazo)resorcinol (PAR) (ε_{520} = 15000) [*28*], Anthrarufin-2,6-disulfosäure (ε_{495} = 11000) [*29*], Glyoxal-bis-(2-hydroxy-anil) (ε_{560} = 14000) [*30*], Xylenolorange (ε_{553} = 24000) [*31*] und Salicylaldehydsemicarbazon [*32*].

Literatur

1. Noddack, I.: Z. anorg. allg. Chem. **225**, 337 (1935).
2. Bock, R., Bock, E.: Z. anorg. allg. Chem. **263**, 146 (1950).
3. Fischer, W., Bock, R.: Z. anorg. allg. Chem. **249**, 146 (1942).
4. Fischer, W., Steinhauser, O., Holmann, E., Bock, E., Borchers, P.: Z. anal. Chem. **133**, 57 (1951).
5. Vanossi, R.: An. Asoc. quim. argent. **46**, 291 (1958).

6. Peppard, D. F., Faris, J. P., Gray, P. R., Mason, G. W.: J. physic. Chem. **57**, 294 (1953).
7. Eberle, A. R., Lerner, M. W.: Analyt. Chem. **27**, **1551** (**1955**).
8. Miller, C. C.: J. chem. Soc. **1947**, **1347**.
9. Lundell, G. E. F., Hoffman, J. I.: Outlines of methods of chemical analysis. New York: Wiley & Sons 1938.
10. Alimarin, I. P., Yung-Schaing, T.: Talanta **8**, 317 (1961).
11. Broido, A.: U.S. Atomic Energy Commission Rept. AECD-2616.
12. Ashbrook, A. W.: Analyst **88**, 113 (1963).
13. Onishi, H., Banks, C. V.: Analyt. chim. Acta **29**, 240 (1963).
14. Pokras, L., Bernays, P. M.: Analyt. Chem. **23**, **757** (1951).
15. Umland, F., Puchelt, H.: Analyt. chim. Acta **16**, 334 (**1957**).
16. Hamaguchi, H., Ohuchi, A., Shimizu, T., Onuma, N., Kuroda, R.: Analyt. Chem. **36**, 2304 (1964).
17. Shimizu, T.: Analyt. chim. Acta **37**, **75** (1967).
18. Hamaguchi, H., Onuma, N., Kishi, M., Kuroda, R.: Talanta **11**, **495** (1964).
19. Phillips, J. P., Emery, J. F., Price, H. P.: Analyt. Chem. **24**, 1033 (1952).
20. Beck, G.: Mikrochem. verein. Mikrochim. Acta **27**, 47 (1939).
21. Shimizu, T.: Talanta **14**, **473** (1967).
22. Uesugi, K.: Analyt. chim. Acta **49**, **597** (1970).
23. Shimizu, T., Momo, E.: Analyt. chim. Acta **52**, 146 (1970).
24. Beck, G.: Mikrochim. Acta **2**, 9 (1937).
25. Beck, G.: Mikrochem. verein. Mikrochim. Acta **34**, 282 (1949).
26. Geiger, R. A., Sandell, E. B.: Analyt. chim. Acta **16**, 346 (**1957**).
27. Hamaguchi, H., Kuroda, R., Sugisita, R., Onuma, N. Shimizu, T.: Analyt. chim. Acta **28**, 61 (1963).
28. Sommer, L., Hniličkova, M.: Analyt. chim. Acta **27**, 241 (1962).
29. MacDonald, J. C., Yoe, J. H.: Analyt. chim. Acta **28**, 264 (1963).
30. Okac, A., Vrchlabsky, M.: Z. anal. Chem. **195**, 338 (1963).
31. Berman, S. S., Duval, G. R., Russell, D. S.: Analyt. Chem. **35**, 1392 (1963).
32. Kirkbright, G. F., West, T. S., Woodward, C.: Analyst **91**, 23 (1966).

Se — Selen

Tabelle 167. Empfindlichkeit S_M und Bestimmungsgrenze L_Q der Verfahren

Verfahren	µg Se · ml⁻¹ · cm⁻¹ S_M	L_Q
3,3'-Diaminobenzidin/Toluol (photometrisch)	0,0092[1]; 0,0079[2] (420 nm)	0,23[1]; 0,20[2] (420 nm)
3,3'-Diaminobenzidin/Toluol (fluorimetrisch)	0,0006[3]	0,006[3,4]
2,3-Diaminonaphthalin/Toluol (photometrisch)	0,0032[1] (380 nm)	0,080[1] (380 nm)
2,3-Diaminonaphthalin/Toluol (fluorimetrisch)	0,0003[4,5]	0,003[4,5]
o-Phenylendiamin/Toluol oder/$CHCl_3$	0,0052 (330—335 nm)	0,13 (330—335 nm)
Jodid-Verfahren	0,0080 (352 nm)	0,20 (352 nm)
Jod-Stärke-Verfahren	0,0052 (615 nm)	0,13 (615 nm)

[1] Mit einmaliger Extraktion ($V_0:V_w = 1:5$).
[2] Mit dreimaliger Extraktion ($V_0:V_w = 1:5$).
[3] Anregung 425 nm/Messung 565 nm.
[4] 10% vom Vollausschlag des Meßinstrumentes.
[5] Anregung 390 nm/Messung 590 nm.

A. Trennungen

Für die Isolierung des Se wird im allgemeinen die Destillation verwendet. Sie wird aus HBr/Br_2-Lösung sowohl ohne [*1*] als auch mit Zusatz von H_2SO_4 [*2, 2a*] (s. Arbeitsvorschrift) oder $H_2SO_4/HClO_4$ [*3*] sowie aus $HClO_4$/HBr-Lösung [*4*] vorgenommen, wobei zusammen mit Se auch As, Ge und Sb ins Destillat übergehen. Als Vorlage dienten HBr/Br_2-Lösung [*2*], Wasser [*3*] oder 5%ige Hydroxylaminhydrochloridlösung [*3a*]. In Verbindung mit der anschließenden Bestimmung des Se mit 3,3'-Diaminobenzidin wurde die Destillation aus 5—10 ml H_2SO_4/0,5 g KBr/2—3 Tropfen Br_2-Wasser (gesättigt)-Gemisch durchgeführt [*3a, 3b*]. Die Destillation ist auch aus einer HCl/HBr-Lösung durchführbar und das Destillat kann in einem Säure/$CHCl_3$-Gemisch aufgefangen werden, wobei Os und Ge in die $CHCl_3$-Phase und Se in die Grenzschicht gegen [*5*]. Durch Einleiten von HCl-Gas kann Se verflüchtigt und auf diesem Wege in Anwesenheit von H_2SO_4 oder H_3PO_4 von Te abgetrennt werden [*6*].

Arbeitsvorschrift [*2*]

Reagentien

HBr (40%);
HBr/Br_2-Gemisch, 3 ml Brom + 197 ml HBr.
H_2SO_4 (1,84).

Zu 25 ml Probelösung fügt man in einem 300 ml-Rundkolben 50 ml HBr, 6 ml HBr/Br_2-Gemisch und unter Kühlen 25 ml H_2SO_4. Man gibt ein kleines Siedestäbchen hinein und setzt die Destillationsapparatur zusammen. Als Vorlage wird ein mit 4 ml HBr/Br_2-Gemisch beschickter 100 ml-Erlenmeyerkolben verwendet, der mit einer 80 ml-Marke versehen ist. Das Kühlerende taucht in die vorgelegte Lösung ein. Man destilliert solange, bis das Destillat die 80 ml-Marke erreicht. Nach Überführen des Destillates in einen 100 ml-Meßkolben füllt man mit Wasser zur Marke auf und führt in einem aliquoten Teil dieser Lösung die Se-Bestimmung durch.

Aus $\geqq 7$ n HCl-Lösung werden 10—100 µg Se(IV) mit Methyläthylketon/$CHCl_3$ quantitativ extrahiert (man gibt zu 10 ml Lösung 0,5 ml Methyläthylketon, schüttelt, läßt 15 min stehen und extrahiert dann 3 min mit 10 ml $CHCl_3$) und so von 100 mg Cu, jeweils 50 mg Al, As(V), Bi, Cd, Co, Fe(III), Sb(III, V), Mg, Mn(II), Mo, Ni, Te(IV) und Zn, 30 mg V(V), 1,5 mg Au sowie 1 mg As(III) abgetrennt [*6a*]. Aus dem organischen Extrakt läßt sich das Se durch Erhitzen mit Wasser + HNO_3 rückführen. Analog läßt sich Se aus 7–8n HCl-Lösung mit Acetophenon/$CHCl_3$ (20 ml Probelösung mit 0,015 ml Keton versetzt, 30 min Standzeit) extrahieren [*6b*]. Beim Schütteln einer wäßrigen Lösung mit $CHCl_3$ sammelt sich das Se an der Grenzschicht und kann auf diesem Wege von Te(IV) und anderen Elementen abgetrennt werden [*7*]. Te läßt sich durch Extraktion mit Na-DDTC/CCl_4 von Se abtrennen [*8*]. Se(IV) wird mit Bismuthiol II/$CHCl_3$ (oder Benzol) bei pH 0,5–2,3 quantitativ extrahiert [*8a*]. Führt man die Umsetzung mit dem Reagens bei pH 2,3 durch und stellt anschließend den pH-Wert ein, so ist die Extraktion noch bis pH 8 vollständig. Bei pH 4,5–4,7 (pH 4–5) (Umsetzung mit dem Reagens und Extraktion) wird Te(IV) mit Bismuthiol II/$CHCl_3$ ausgeschüttelt und so von Se(IV) abgetrennt, das in der wäßrigen Lösung verbleibt. Über die Abtrennung des Se von anderen Elementen s. a. S. 259ff.

Für die Isolierung von Se wurden auch Fällungen angewendet, wobei das Se durch Reduktionsmittel, wie z. B. SO_2, Hydrazin, Hydroxylamin, $SnCl_2$, zu elementarem Se reduziert wird oder $Fe(OH)_3$ bzw. $Al(OH)_3$ als Spurenfänger dienen. Es ist dabei aber zu berücksichtigen, daß bei der Ausfällung durch Reduktionsmittel für eine quantitative Erfassung eine größere Menge an Se vorhanden sein muß und der erhaltene Niederschlag meist durch eine Reihe mitgerissener Elemente mehr oder weniger stark verunreinigt ist [*9, 10*]. Durch Reduktion unter Verwendung von As [*11*] oder Te [*2a, 12, 13*] als Spurenfänger wurde Se quantitativ isoliert, wobei die Begleitelemente bei einer photometrischen Bestimmung mit 3,3'-Diaminobenzidin nicht stören. Durch Spurenfällung mit Te als Spurenfänger kann Se(IV) von Se(VI) abgetrennt werden, indem man zuerst aus nahezu neutraler Lösung nur Se(IV) und danach aus 2,1–2,5n HCl-Lösung Se(VI) ausfällt [*13*]. 10–100 µg Se(IV) lassen sich bei pH 1–3 in HNO_3-Lösung mit $PbSO_4$ als Spurenfänger weitgehend ausfällen (reproduzierbare Ausbeute je nach Matrix 85–97%) und so von 20–100 g Pb, 10 g Cu sowie g-Mengen anderer Elemente bzw. Verbindungen abtrennen [*13a*].

B. o-Diamine

I. 3,3'-Diaminobenzidin

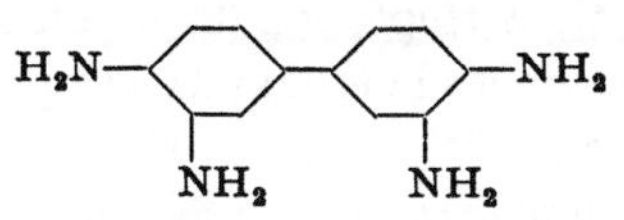

Se(IV) gibt mit 3,3'-Diaminobenzidin[1] (DAB) nach Gl. (1) in saurer, neutraler und alkalischer Lösung die gelbe, in Wasser, verdünnter Säure bis 11n HCl, 6n HNO_3 und 6n Ammoniak fast unlösliche Verbindung Dipiazselenol (I) [*14, 15*], die aus verdünnter HCl-Lösung mit Toluol extrahiert werden kann [*15*]. Se(VI) reagiert mit DAB nicht.

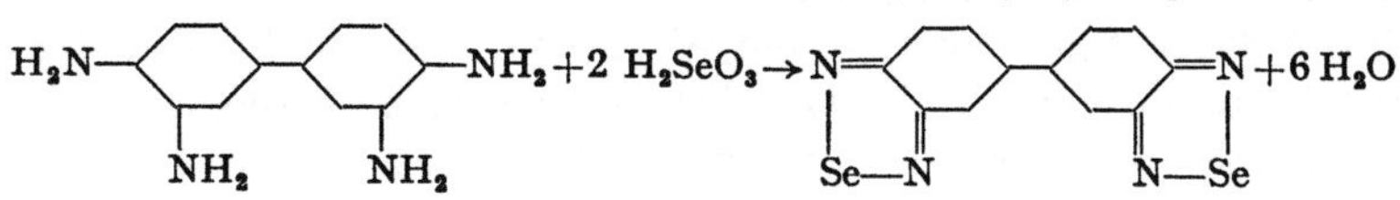 (1)

(I)

[1] Beim Umgang mit 3,3'-Diaminobenzidin ist Vorsicht geboten und ein Kontakt mit der Haut zu vermeiden, da dieses Reagens als carcinogen angenommen wird, nachdem Benzidin als carcinogene Verbindung bekannt ist [*13b*].

War man zuerst der Ansicht, daß bei der photometrischen Bestimmung in wäßriger Lösung [*16*] oder durch Extraktion mit Toluol [*17*] das Dipiazselenol (I) vorliegt [*16, 17*], so soll sich nach späteren Untersuchungen [*15*] unter den Arbeitsbedingungen der erwähnten photometrischen Bestimmungsverfahren [*16, 17*] das Se mit DAB tatsächlich nach Gl. (2) zu Monopiazselenol (II) [5-(3,4-Diaminophenyl)-2,1,3-benzoselenadiazol; hier in der Folge Piazselenol (PS) genannt] umsetzen [*15, 17a*]:

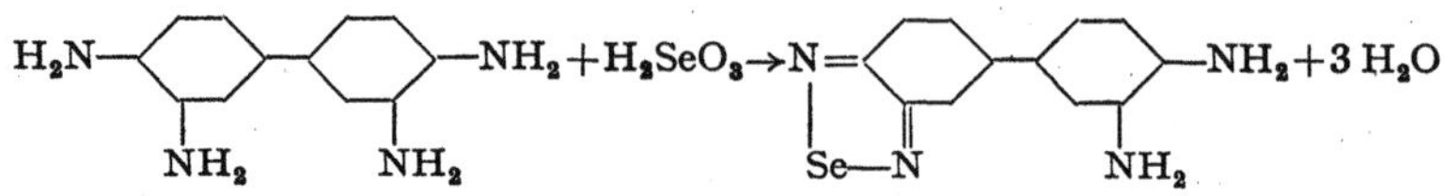

(2)

PS ist in verdünnter HCl leicht löslich [*15*], worauf sich die photometrische Bestimmung in wäßriger Lösung [*16*] stützt. Eine Säurekonzentration von pH 1,4—1,7 ist dabei am günstigsten [*17a*]. Da diese einen Einfluß auf die Extinktion, Lage der Extinktionsmaxima [*15*] und die Zeitdauer bis zur Erreichung des Farbmaximums ausübt [*16*], muß sie genau eingehalten werden. Demgegenüber haben bei Ameisensäure Konzentrationsänderungen im Bereich von 0,05—1,0 m keinen Einfluß auf die Zeitdauer der Farbentwicklung, so daß dieser Säure der Vorzug gegeben wird [*17*]. PS bildet sich nur in saurer Lösung [*17*]. Da mit steigender HCl-Konzentration zwar die Extinktion zunimmt, gleichzeitig aber auch der Zeitbedarf für die quantitative Umsetzung erheblich ansteigt [*16*], wird für die Farbentwicklung pH 1,4—1,7 für die photometrische Bestimmung in wäßriger Lösung [*17a*], pH 2—3 für die anschließende photometrische Bestimmung [*17*] bzw. pH 1,8—2,2 für die anschließende fluorimetrische Bestimmung [*17b*] im Toluolextrakt als am günstigsten empfohlen. Bei niedrigem pH-Wert wird PS mit Toluol nur teilweise oder nicht extrahiert. Im Bereich von pH 5—10 läßt es sich hingegen ausschütteln, wobei freies DAB ebenfalls in die organische Phase übergeht [*17*]. Deshalb wird zuerst die Farbentwicklung bei pH 2—3 vorgenommen, anschließend auf pH 6—7 bei der photometrischen Bestimmung [*17*] bzw. pH 7,0 bei der fluorimetrischen Bestimmung [*17b*] eingestellt und danach die Extraktion durchgeführt. Mit Toluol ist die Extraktion des PS nicht vollständig aber reproduzierbar [*17b*]: mit $V_o : V_w = 1:10$ erreicht man mit einmaliger Ausschüttelung $E\% = 73{,}8$, mit 3maliger Ausschüttelung $E\% = 96$. Zur Extraktion des PS sind auch andere organische Lösungsmittel, z. T. noch besser, geeignet ($E\%$ bei einmaliger Ausschüttelung mit $V_o : V_w = 1:10$) [*17b*]: Benzol (77,8), o-Xylol (69,9), p-Xylol (70,1), Mesitylen (80,0), $CHCl_3$ (84,5), CCl_4 (45,8), Trichloräthan (71,0), Äthylenchlorid (86,7), Isoamylalkohol (80,0), Octanol (82,5), Butylacetat (73,6), Amylacetat (75,4), 3-Heptanon (80,4) und Cyclohexan (25,2). $CHCl_3$ ist als Extraktionsmittel wenig geeignet, da es Oxydationsprodukte des DAB mitextrahiert [*11*]. Von Diisopropyläther, Petroläther und n-Hexan wird PS nicht ausgeschüttelt.

PS hat in Toluol 2 Extinktionsmaxima bei 340 nm und 420 nm [*17*] ($\varepsilon_{340} = 10000$, $\varepsilon_{420} = 9950$ in Toluol [*17*]; s. Abb. 174), in wäßriger Lösung bei 347 nm [*17a*]. Das letztere wird für Messungen vorgezogen, da bei dieser Wellenlänge die Extinktion des ebenfalls extrahierten DAB recht gering ist und durch den mitgeführten Blindwert in Abzug gebracht werden kann. Das Beersche Gesetz ist im Bereich von 0,23—9 μg Se/ml Toluol erfüllt. Außer auf photometrischem Wege kann Se als PS im Toluolextrakt auch fluorimetrisch bestimmt werden [*15, 17b, 18*]. Die optimalen Bedingungen hierzu sind: Anregung (Primärstrahlung) bei 425 nm und Messung (Sekundärstrahlung) bei 565 nm [*17b*]. Die Eichkurve ist im Bereich von 0,006—0,08 μg Se/ml Toluol [*17b, 18*] linear. Sowohl die freie Base DAB als auch die wäßrige Lösung ihrer HCl-Salzverbindung sind nicht stabil, während der mit Se gebildete Komplex fast im gesamten pH-Bereich sowohl in wäßriger Lösung als auch in Toluol mehr als 5 Std stabil ist. Die Stabilität der Fluorescenz des Toluolextraktes hängt von der Lichteinwirkung ab [*17b*]: in direktem Sonnenlicht nimmt die Fluorescenzintensität sofort stetig ab, in gedämpftem Tageslicht ist sie 30–35 min, im Dunkeln 1–2 Std stabil. Mit steigender Temperatur des Toluolextraktes

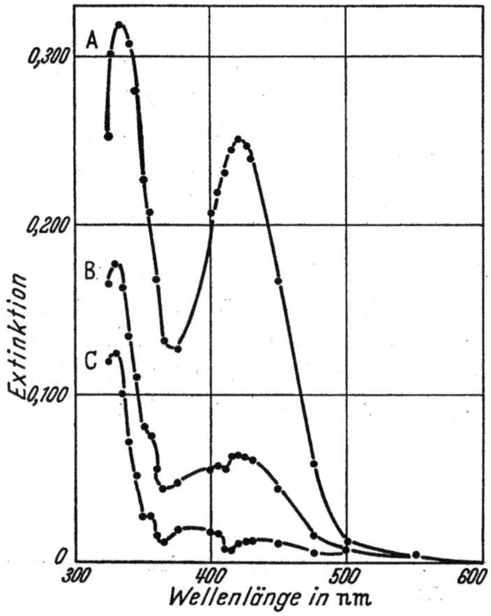

Abb. 174. **Extinktionskurve von Se + 3,3′-Diaminobenzidin in Toluol [*17*] (gegen Toluol gemessen); *A* 2,5 µg Se/ml Toluol, *B* 0,5 µg Se/ml Toluol, *C* Diaminobenzidin in Toluol**

nimmt die Fluorescenz um einen Betrag entsprechend 0,0084 ppm Se/°C ab [*17b*]: läßt man einen frisch hergestellten Extrakt im Dunkeln bei konstanter Temperatur stehen, so erreichte dieser bei 20° C nach 60 min das Fluorescenzmaximum mit einem Meßwert von 1,392 ppm Se, bei 25° C war das Fluorescenzmaximum nach 30 min erreicht mit einem Meßwert von 1,350 ppm Se. Unter Verwendung von Ameisensäure ist die maximale Farbbildung bei pH 2–3 bereits nach 30 min erreicht [*17b*]. Durch Erwärmen auf 60° C läßt sich die Standzeit auf 10 min abkürzen [*20d*]. Zur Reduktion von Se(VI) zu Se(IV) wird 10 min langes Kochen in 4n HCl empfohlen; Hydroxylaminhydrochlorid ist als zu starkes Reduktionsmittel hierzu ungeeignet, da es Se zum Metall reduziert [*17b*].

Der Bestimmung des Se in wäßriger Lösung ist jene durch Extraktion des PS mit Toluol vorzuziehen, da letztere durch andere Elemente weniger gestört wird. Die Bestimmung des Se in wäßriger Lösung wird durch die 100fache Menge der folgenden Ionen nicht gestört [*16*]: Al, Ba, Ca, Cd, Co, K, Mg, Mn, Mo(VI), Ni, Te(IV), Na, NH_4^+, Zn, Cl^-, Br^-, NO_3^-, SO_4^{2-}, PO_4^{3-}, Citrat, Tartrat und Oxalat. Cr stört durch Eigenfärbung. Fe(III), Cu(II), V(V) und andere oxydierende Stoffe stören die Farbreaktion infolge Bildung gefärbter Oxydationsprodukte. Fe(III) kann durch NH_4F [*16*], H_3PO_4 oder Weinsäure [*17*], Cu(II) durch Ammoniumoxalat [*16*] maskiert werden. Die Störung von Fe(III) und Cu(II) wurde auch durch Maskierung mit ÄDTA beseitigt [*20*] (für <5 mg Fe oder Cu genügen 10 ml 0,1m ÄDTA). ÄDTA behindert die Bildung des PS nicht. Soll durch ÄDTA eine Hydroxyd-Fällung verhindert werden, so ist es nach der Bildung des PS noch im Bereich von pH 2–3 zuzusetzen. Obwohl V(V) das

DAB oxydiert, stören Spuren von V nicht. Bei Zusatz der doppelten Reagensmenge können ≦ 5 mg V anwesend sein. F^- und Ascorbinsäure sind zur Beseitigung der V-Störung ungeeignet. Die Bestimmung von 10 µg Se nach dem hier beschriebenen Verfahren unter Anwendung von ÄDTA und Toluol-Extraktion wird durch folgende Elemente (in mg) nicht gestört [*17*]: Ag (1), As (10000), Au(III) (1), Co (1), Cr(III) (5), Cu(II) (5), Fe(III) (5), Hg (II) (1), Mo(VI) (5), Ni (5), Te (IV) (500 [*12*]), Ti(IV) (1), U(VI) (1), V(V) (0,5; bei Verwendung von 4 ml Reagenslösung: 5) und W(VI) (1). Reduzierende Stoffe, die das Se(IV) zu elementarem Se reduzieren, stören. Größere Salzmengen haben keinen nachteiligen Einfluß. Die fluorimetrische Bestimmung (Arbeitsvorschrift b, s. S. 1058) von 0,05 µg Se wird nicht gestört durch [*17b*]: 30 mg Ca, 4 mg Mn(II), 2 mg As(V), und W, 1,6 mg Mo(IV), jeweils 1 mg Al, Ce, Co, Cr, Cu, Fe(II, III), K, Na, Ni, Pb, Si, Sn(IV), V, Y, Zn, Cl^-, NO_3^-, SO_4^{2-} und PO_4^{3-}, sowie 100 µg Te(IV).

Mit DAB wurde Se nach vorangehender Spurenfällung mit $Fe(OH)_3$ in Seewasser bestimmt [*20a*]. Zur Bestimmung von Se in Böden und Sedimenten fand Verfahren B.I.2.6. (s. S. 1063) in etwas geänderter Form (hinsichtlich des Lösens der Probe) Anwendung [*20b*]. Mit DAB wurde Se weiterhin bestimmt in Blei, Kupfer [*13a*], Schwefel, Schwefelverbindungen [*3a*], Erzen, Mineralien [*3a*] und Silicatgestein [*20a*].

Arbeitsvorschrift

Reagentien

3,3'-Diaminobenzidin-Hydrochlorid (DAB), 0,5%ige wäßrige Lösung; im Kühlschrank aufbewahrt; 2,5m Ameisensäure; 0,1m ÄDTA;
Ammoniak (0,91); 7n Ammoniak; HCl (1,19); Toluol).

a) Photometrische Bestimmung [*17*]

Die schwach saure Probelösung [2,3–90 µg Se(IV) enthaltend] versetzt man in einem 100 ml-Becherglas mit 2 ml Ameisensäure, verdünnt mit Wasser auf 50 ml, stellt auf pH 2–3 ein, fügt 2,0 ml DAB-Lösung hinzu und läßt 30–50 min stehen. Die Lösung wird mit Ammoniak auf pH 6–7 eingestellt, in einem 125 ml-Schütteltrichter mit 10,0 ml Toluol 30 sec extrahiert, die organische Phase nach der Phasentrennung einige Minuten zentrifugiert und in einer 1 cm-Küvette bei 420 nm gegen einen Blindwert photometriert.

b) Fluorimetrische Bestimmung [*17b*]

~ 20 ml neutrale bis schwach saure Probelösung (0,03–0,4 µg Se enthaltend) stellt man in einem 150 ml-Becherglas mit ~ 10 ml HCl (1,19) auf 4n HCl ein, kocht 10 min um das Se vollständig zu Se(IV) zu reduzieren, versetzt mit 1 ml Ameisensäure, 5 ml ÄDTA-Lösung sowie 1,0 ml DAB-Lösung, stellt auf pH 1,8–2,2 ein und läßt 30 min im gedämpften Tageslicht oder Dunkeln stehen. Dann wird die Lösung mit Ammoniak auf pH 6,8–7,2 eingestellt, in einen 125 ml-Schütteltrichter übergeführt, mit Wasser auf 50 ml verdünnt, mit 5,0 ml Toluol 1 min extrahiert und der abgetrennte organische Extrakt fluorimetriert (Anregung 425 nm, Messung 565 nm).

1. Organisches Material

Mit Hilfe von DAB wurde Se bestimmt in Blut, tierischem Gewebe u. a. m. [*17b*, *19*, *20c*, *20d*], Hefe (0,005–2 ppm Se) [*4*], pflanzlichem Material [*17b*], Milch [*19*] und Nahrungsmittelfarbstoffen [*20e*].

Für die rasche Veraschung von organischem Material wurde ein $Na_2MoO_4/H_2SO_4/HClO_4$-Gemisch [150 g $Na_2MoO_4 \cdot 4\,H_2O$ löst man in 150 ml Wasser und fügt unter Kühlung 150 ml H_2SO_4 (1,84) sowie 200 ml $HClO_4$ (72%) hinzu] verwendet [*20c, 20d, 20f*] (s. a. S. 193ff.). Daneben wurde die Veraschung ohne Se-Verluste auch auf trockenem Wege durch Verbrennung in O_2-Atmosphäre in der Parr-Bombe bzw. im Schöniger-Kolben rasch durchgeführt [*17b*]. Nach der Veraschung wird das Se oft direkt aus der Aschelösung unter Zusatz von ÄDTA nach Arbeitsvorschrift a) oder b) mit DAB/Toluol extrahiert und bestimmt [*20c, 20d*].

1.1. Pflanzliches Material

Nach nasser Veraschung wird das Se durch Destillation als Bromid isoliert und im Destillat mit DAB/Toluol photometrisch bestimmt.

B: 0,00002–0,001% Se. F_{rm}: ±5%.

Arbeitsvorschrift [*3*]

Reagentien

HNO_3 (1,40); H_2SO_4 (1,84); $HClO_4$ (70%);
HBr/Br_2-Gemisch; 15 ml Brom werden in 1 l HBr (48%) gelöst;
Phenol, 5%ige wäßrige Lösung;
Ammoniak (0,91);
Ameisensäure (98—100%);
Übrige Reagentien wie bei Arbeitsvorschrift [*17*], s. S. 1058.

1,0 g bei 60° C getrocknetes, zerkleinertes Probematerial wird in einem 50 ml-Rundkolben (mit Schliff und seitlichem Lufteinleitungsrohr) mit 5,0 ml HNO_3 und 1,0 ml H_2SO_4 versetzt, 1 Std bei Raumtemperatur stehen gelassen, nach Verschließen des Lufteinleitungsrohres mit einem Polyäthylenstopfen 2 Std auf dem siedenden Wasserbad erhitzt, dann ein luftgekühlter Rückflußkühler (~ 15 cm lang) aufgesetzt und vorsichtig erhitzt (s. S. 188ff.). Nach Verdampfen der Hauptmenge HNO_3 fügt man 1,0 ml $HClO_4$ hinzu, erhitzt bis zum Auftreten weißer Nebel und Farblosigkeit der Lösung, kühlt ab, gibt durch den Kühler 2 ml Wasser und 15 ml HBr/Br_2-Gemisch hinzu und entfernt den Rückflußkühler. Nun wird das Se nach Aufsetzen eines entsprechenden luftgekühlten Kühlers unter gleichzeitigem Einleiten von Stickstoff durch das Einleitungsrohr und Erhitzen mittels Mikrobrenner in eine Vorlage von 1 ml Wasser $1^1/_2$ Std überdestilliert, wobei sehr wenig HBr übergehen soll, und nach dem Abkühlen der Kühler mit 9 ml Wasser nachgespült. In der Lösung vorhandenes Br_2 zerstört man durch Zusatz von 2 Tropfen Phenollösung, stellt mit Ammoniak auf pH 7,0 und dann tropfenweise mit Ameisensäure auf pH 2,5 ein. Man versetzt mit 2 ml DAB-Lösung, läßt 1 Std stehen, stellt mit verdünntem Ammoniak auf pH 7 ein, verdünnt im Schütteltrichter auf 25 ml, extrahiert 10 min mit 1,0 ml Toluol und photometriert nach der Phasentrennung in einer 1 cm-Mikroküvette bei 420 nm gegen Toluol.

1.2. Pflanzliches Material

Nach nasser Veraschung mit $HNO_3/HClO_4$ wird das Se nach Extraktion mit Dithiol/Äthylenchlorid-CCl_4 (1:1) isoliert und anschließend mit DAB/Toluol fluorimetrisch bestimmt. Mit Dithiol reagieren außer Se in ≧ 10n HCl-Lösung Au, Pd, Re(VII), Te(IV) und W(VI), in 6–8n HCl-Lösung noch As, Cu(I), Ge, Hg(II), Ir, Os, Rh und Ru.

B: 0,02–>0,4 ppm Se. F_r: ±5%.

Arbeitsvorschrift [*18*]

Reagentien

HNO_3 (1,40); $HClO_4$ (70%); HCl (1,19);
Äthanol;
Zn-Dithiolat, 1%ige Suspension des Zn-Dithiolat in Äthanol;
Äthylenchlorid/CCl_4 (1:1);
Übrige Reagentien wie in Arbeitsvorschrift [*17b*], s. S. 1058.

1–2 g bei 30–40° C getrocknetes, zerkleinertes Probematerial (0,06–0,6 μg Se enthaltend) versetzt man in einem Kolben mit 10 ml HNO_3, läßt bei Raumtemperatur (zweckmäßig über Nacht) stehen und erhitzt dann vorsichtig, wobei, wenn nötig, mehr HNO_3 zugesetzt wird, um ein Verkohlen zu vermeiden. Wenn die Hauptmenge aufgeschlossen ist, fügt man 5 ml $HClO_4$ hinzu, erhitzt bei Erreichen eines Volumens von 7 ml unter Rückfluß bis zur vollständigen Veraschung (s. S. 188ff.), entfernt den Rückflußkühler, erhitzt unter gleichzeitigem Absaugen der Säuredämpfe (durch ein halb in den Aufschlußkolben eingeführtes Glasrohr mittels Wasserstrahlpumpe) bis zum Auftreten der $HClO_4$-Nebel, kühlt ab, versetzt mit wenig Wasser und erhitzt bis zum Auftreten weißer Nebel. Nach Zusatz von 15 ml Wasser und 4 ml Äthanol wird erwärmt, abgekühlt und ausgeschiedenes $KClO_4$ durch Filtrieren in einen 100 ml-Schütteltrichter unter Nachwaschen mit Wasser abgetrennt. Das Filtrat soll jetzt ein Volumen von 35 ml aufweisen. Man versetzt es mit 50 ml HCl und 4 ml Zn-Dithiolat-Suspension. Nach 15 min Standzeit extrahiert man 2mal mit 10 und mit 5 ml Äthylenchlorid/CCl_4-Gemisch, versetzt den vereinigten organischen Extrakt in einem Becherglas mit 1 ml $HClO_4$ sowie 10 Tropfen HNO_3 und verflüchtigt das organische Lösungsmittel auf dem siedenden Wasserbad. Der organische Rückstand wird durch Abrauchen zerstört, nach Zusatz von Wasser zur Entfernung von HNO_3 gekocht und schließlich 20 ml Wasser hinzugefügt. Man fährt nach der Arbeitsvorschrift b) [*17b*] (s. S. 1058) fort.

1.3. Harn

B: 0,04–1 ppm Se. F_r: ±3%. *Z:* $1^1/_2$ Std.

Arbeitsvorschrift [*20f*]

Reagentien

HNO_3 (1,40); $HClO_4$ (60%); H_2SO_4 (1,84)
Ammoniak (0,91)
$(NH_4)_6Mo_7O_{24} \cdot 4\,H_2O$
ÄDTA, 3,7%ige wäßrige Lösung
3,3′-Diaminobenzidin (DAB), 1%ig in 5%iger Ameisensäure (im Kühlschrank dunkel aufbewahrt; 1 Tag haltbar)
Toluol.

In einen 250–300 ml Kjeldahlkolben gibt man der Reihe nach 100 mg $(NH_4)Mo_7O_{24} \cdot 4\,H_2O$, 50,0 ml Probe, 10 ml H_2SO_4, 2 ml $HClO_4$, 6 ml HNO_3 sowie einige Siedesteinchen, führt ein Thermometer ein, heizt auf 178–182° C auf und verascht bei dieser Temperatur. Dann läßt man auf 100° C abkühlen, gibt 25 ml Wasser hinzu, kocht bis zum Auftreten der $HClO_4$-Nebel, kühlt wieder auf 100° C ab, spült das Thermometer mit Wasser ab und führt die Lösung unter Nachwaschen mit 30 ml Wasser in einen Rührzylinder (5 cm ⌀) über (die Mineralisierung der Probe erfordert ~30 min). Die Lösung wird mit 10 ml ÄDTA-Lösung versetzt (die Temperatur der Lösung soll innerhalb 45–50° C liegen), 5,0 ml eiskalte DAB-Lösung hinzugefügt und der Rührzylinder mit der 46–50° C warmen Lösung dunkel abgedeckt 30 min in ein Luft- oder Wasserbad bei 45–50° C gestellt. Danach entnimmt man den Rührzylinder, versetzt schnell mit 27,5 ml Ammoniak (die Lösung soll jetzt pH 8,5–9,0 aufweisen), kühlt rasch im fließenden Wasser auf Raumtemperatur, extrahiert mechanisch (Rührer oder Vibromischer, s. Abb. 45, S. 222) 1 min mit 10,0 ml Toluol, trennt die Phasen in einem Schütteltrichter, filtriert den organischen Extrakt in eine 1 cm-Küvette und photometriert bei 420 nm gegen Toluol.

2. Metalle und Legierungen

2.1. Korrosionsbeständiger Stahl

B: 0,001–0,02% Se und darüber.

Arbeitsvorschrift [*20*]

Reagentien

HCl (1,19); HNO_3 (1,40);
0,1 m ÄDTA-Lösung;
Übrige Reagentien wie in Arbeitsvorschrift a) [*17*] (s. S. 1058).

0,5–1,0 g Probematerial wird in einem 400 ml-Becherglas mit 10 ml HCl und 5 ml HNO_3 nach Bedecken mit einem Uhrglas unter leichtem Erwärmen gelöst, auf ~ 5 ml (nicht zur Trockene) eingedampft, abgekühlt und 50 ml Wasser zugesetzt. Wenn nötig wird die Lösung filtriert und dann in einem 250 ml-Meßkolben mit Wasser zur Marke aufgefüllt. Einen aliquoten Teil der Probelösung (5–100 µg Se enthaltend) versetzt man in einem 200 ml-Becherglas mit ÄDTA-Lösung (je 0,2 ml für jedes im aliquoten Teil enthaltene Milligramm Probematerial), wobei nur ein geringer Überschuß an ÄDTA vorhanden sein soll. Die Lösung wird nun mit Ammoniak auf pH 2–4 eingestellt. Nach Zusatz von 2 ml 2,5 m Ameisensäure stellt man auf pH 2–3 ein und fährt nach der Arbeitsvorschrift a) [*17*] (s. S. 1058) fort.

2.2. Kupfer

Zur Bestimmung von Gehalten bis herab zu 0,0002% Se in Kupfer fand auch die Verdampfung des Se in einer Verdampfungsapparatur [*21, 22*] (s. S. 61, 1217 ff., 1329) Anwendung [*23*]. Die Verdampfung wurde im Sauerstoffstrom (Geschwindigkeit: 10 ml/min) bei ~ 1000° C über 60 min durchgeführt, das Sublimat von SeO_2 in 0,20 n HCl gelöst und die photometrische Bestimmung mit DAB in wäßriger Lösung durchgeführt.

B: 0,0002–>0,009% Se. F_r: ±5%.

Arbeitsvorschrift [*20*]

Reagentien

ÄDTA; HNO_3 (1 + 1);
Übrige Reagentien wie bei Arbeitsvorschrift B.2.1. (s. S. 1061).

1,0 g Probematerial wird in 20 ml HNO_3 (wenn nötig auch mehr) gelöst, auf 2–3 ml eingeengt und dann 40 ml Wasser hinzugefügt. Nun setzt man 6,5 g ÄDTA hinzu (6,5 g ÄDTA/g Probematerial) und neutralisiert mit Ammoniak, wobei alles bisher Ungelöste in Lösung geht. Die Lösung wird mit HCl auf pH 2,5–3,0 eingestellt, 5 ml 2,5 m Ameisensäure zugesetzt und nach der Arbeitsvorschrift a) [*17*] auf S. 1058 mit der Bestimmung des Se fortgefahren.

2.3. Kupfer

B: 0,00002–0,0008% Se und darüber. F_r: ±5%.

Arbeitsvorschrift [*11*]

Reagentien

Wie bei Verfahren B.2.6. (s. S. 1063).

5,0 g Probematerial werden in 25 ml $HClO_4/HNO_3$-Gemisch (5 + 1) gelöst, bis zum Auftreten der dichten Nebel eingedampft, nach dem Abkühlen mit 50 ml Wasser versetzt und zum Lösen der Salze erwärmt. Man fügt 50 ml HCl (1,19), 2 ml As-Lösung sowie 15 ml H_3PO_2 hinzu und fährt mit der Se-Bestimmung nach der Arbeitsvorschrift B.2.6. (s. S. 1063) fort.

2.4. Reinstarsen

B: 0,00001–0,001% Se. F_r: ±3,7% bei 0,001% Se.

Arbeitsvorschrift [*17*]

Reagentien

Wie bei Arbeitsvorschrift B.2.1. (s. S. 1061).

10–20 g Probematerial werden in möglichst wenig HCl/HNO_3 (1 + 1) gelöst (das Säuregemisch in kleinen Anteilen vorsichtig hinzufügen, bei Bedarf unter schwachem Erwärmen). Man dampft fast zur Trockene ein, nimmt unter leichtem Erwärmen mit 40–45 ml Wasser auf, versetzt nach dem Abkühlen mit 2 ml 2,5m Ameisensäure und fährt nach der Arbeitsvorschrift a) [*17*] (s. S. 1058) mit der Bestimmung des Se fort.

2.5. Reinstarsen

Ein großer Anteil des Reagentien-Blindwertes wird durch fluorescierende Verunreinigungen bzw. Oxydationsprodukte des DAB verursacht, weshalb das Reagens nachgereinigt und die Komplexbildung im Dunkeln oder bei Dunkelkammer-Gelblicht durchgeführt werden muß. Der dabei erhaltene Blindwert läßt sich weiterhin auf etwa die Hälfte reduzieren, wenn man für die Komplexbildung nur 0,5 ml DAB-Lösung zusetzt, die Lösung danach 45 min auf 50° C erhitzt und nach der Vorschrift fortfährt.

B: 0,01–>0,4 ppm Se. F_{rm}: ±5–10%.

Arbeitsvorschrift [*15*]

Reagentien

3,3'-Diaminobenzidinhydrochlorid (DAB), 0,5%ige wäßrige Lösung; das im Handel erhältliche Reagens wird bei Dunkelkammer-Gelblicht aus 3n HCl umkristallisiert, abfiltriert, über Silicagel im Vakuum getrocknet und im Dunklen aufbewahrt. Das für die Herstellung der Reagenslösung benötigte Wasser muß durch Einleiten von Stickstoff vom Sauerstoff befreit werden. Die Reagenslösung wird unter Stickstoff im Kühlschrank aufbewahrt und jeden zweiten Tag frisch bereitet;

Übrige Reagentien wie bei Verfahren B.2.1. (s. S. 1061).

Aufstellung der Eichkurve

0,0, 0,2, 0,4, 0,6 und 0,8 μg Se werden jeweils in 100 ml-Bechergläsern mit je 2,0 ml 2,5m Ameisensäure, 0,1m ÄDTA-Lösung und DAB-Lösung versetzt, mit Wasser auf 50 ml verdünnt, mit Ammoniak auf pH 2,5 eingestellt und nach dem Mischen 45 min bei 20° C stehen gelassen. Dann stellt man mit Ammoniak auf pH 6,8 ein, führt in einen 125 ml-Schütteltrichter über, extrahiert 1 min mit 5,0 ml Toluol, zentrifugiert die organische Phase nach der Phasentrennung 2–3 min und führt die fluorimetrische Messung in einer 1 cm-Küvette mit Primärstrahlung bei 425 nm und Sekundärstrahlung bei

565 nm durch. Die Aufstellung der Eichkurve soll bei Dunkelkammer-Gelblicht durchgeführt werden.

Analyse

1—2,5 g Probematerial werden in einem mit Uhrglas bedeckten 100 ml-Becherglas mit 5 ml HCl und 5 ml HNO_3 gelöst, nach Anheben des Uhrglases gerade zur Trockene eingedampft und der weiße Rückstand mit 30—35 ml Wasser unter gelindem Erwärmen gelöst. Nach dem Abkühlen versetzt man die Lösung mit je 2,5 ml Ameisensäure, 0,1 m ÄDTA-Lösung sowie DAB-Lösung, stellt mit Ammoniak auf pH 2,5 ein und fährt wie bei der Aufstellung der Eichkurve fort.

2.6. Blei

Mittels Spurenfällung durch Reduktion zum Metall mit As als Spurenfänger wird das Se isoliert und anschließend mit DAB/Toluol photometrisch bestimmt. Die das Se begleitenden Elemente As, Te, Pb, Bi, Ag, Sb und Sn stören nicht. Störendes Cu wird mit ÄDTA maskiert.

B: 0,00001—0,0004% Se und darüber. *F_r:* ±5%.

Arbeitsvorschrift [*11*]

Reagentien

$HClO_4$ (70%); HNO_3 (1,40); HCl (1,19); HCl (1 + 1);
Ammoniak (0,91);
Ameisensäure (1 + 9);
ÄDTA, 2%ige wäßrige Lösung;
m-Kresolpurpur, 0,1%ige wäßrige Lösung; man löst den Indicator unter Zusatz von 1 Plätzchen NaOH und Erwärmen in 10 ml Wasser und füllt dann mit Wasser auf;
3,3'-Diaminobenzidinhydrochlorid (DAB), 0,5%ige wäßrige Lösung;
As-Lösung; 0,25 g As_2O_3 werden unter Zusatz von 10 Plätzchen NaOH in 10 ml Wasser unter Erwärmen gelöst und mit Wasser auf 200 ml aufgefüllt;
H_3PO_2 (50%);
Toluol;
Na_2SO_4 sicc.

Aufstellung der Eichkurve

0, 0,50, 1,00 und 1,50 ml Se-Lösung (20 µg Se/ml) versetzt man jeweils in 250 ml-Erlenmeyerkolben mit 3 ml $HClO_4$, dampft auf 2 ml ein, fügt nach dem Abkühlen 50 ml Wasser, 5 ml ÄDTA-Lösung, sowie 2 Tropfen m-Kresolpurpur-Lösung hinzu und neutralisiert mit Ammoniak gerade bis zum Farbumschlag auf Gelb. Es werden je 2 ml Ameisensäure und DAB-Lösung zugesetzt, gemischt, die Lösung in einem 100 ml-Meßkolben übergeführt, für 5 min in siedendes Wasser (200 ml Wasser in einem 400 ml-Becherglas) gestellt, nach dem Abkühlen im fließenden Wasser mit Ammoniak gerade bis zum Farbumschlag auf Purpur neutralisiert und in einen 125 ml-Schütteltrichter übergeführt. Man extrahiert 30 sec mit 20,0 ml Toluol, trocknet die organische Phase nach der Phasentrennung in einem 50 ml-Erlenmeyerkolben mit 3 g Na_2SO_4 sicc. und photometriert in einer 5 cm-Küvette bei 420 nm gegen Toluol.

Analyse

10 g Probematerial werden in einem bedeckten 300 ml-Erlenmeyerkolben unter gelindem Erwärmen mit 15 ml $HClO_4/HNO_3$ (5 + 1) gelöst, zum Vertreiben der HNO_3 bis zum

Auftreten dichter Nebel eingedampft, nach dem Abkühlen mit 50 ml Wasser versetzt, bis zum leichten Sieden erhitzt und 50 ml HCl (1,19) hinzugefügt. Man kocht unter gelegentlichem Umrühren noch etwa 1 min bis sich der Niederschlag zusammenballt, kühlt in einem Eisbad auf 10—15° C ab, filtriert unter 3—4maligem Nachwaschen mit 3—4 ml HCl (1 + 1) in einen 250 ml-Erlenmeyerkolben und verwirft den Niederschlag. Nach Zusatz von 2 ml As-Lösung und 10 ml H_3PO_2 wird die Lösung gemischt, im bedeckten Zustand 5 min gelinde gekocht, auf 70—80° C abgekühlt und der Niederschlag unter 3—4maligem Nachwaschen mit HCl (1 + 1) abfiltriert. Filter und Niederschlag werden in den 250 ml-Erlenmeyerkolben zurückgegeben, das Filter durch Erhitzen mit 10 ml HNO_3 und 4 ml $HClO_4$ nach Zudecken mit einem Uhrglas zerstört, die Lösung dann auf 2 ml eingedampft und wie bei der Aufstellung der Eichkurve unter Berücksichtigung eines Blindwertes fortgefahren.

2.7. Tellur

Nach dem Lösen der Probe wird das Se durch Spurenfällung isoliert und anschließend mit DAB/Toluol photometrisch bestimmt. Bei Gehalten $>$0,0007% Se kann die vorangeschickte Isolierung weggelassen werden. Die Spurenfällung erfolgt durch Reduktion mit Hydrazin, wobei Se quantitativ und ein Teil des Te als Spurenfänger ausgefällt werden. Zur Vermeidung von Se-Verlusten durch ausfallendes TeO_2 wird der Eindampfrückstand in 6n NaOH gelöst und anschließend nach Zusatz von Citronensäure mit HCl angesäuert. Die Anwesenheit von 0,5 g Te stört die Bestimmung nicht.

B: 0,00001—0,01% Se. F_{rm}: ±4%.

Arbeitsvorschrift [*12*]

Reagentien

HCl (1,19); 1n HCl;
HNO_3 (1 + 1); H_2SO_4 (1 + 1);
6n NaOH; 1n NaOH;
Ammoniak (1 + 1);
Citronensäure, 40%ige wäßrige Lösung;
3,3'-Diaminobenzidinhydrochlorid (DAB), 0,5%ige wäßrige Lösung;
Hydrazinhydrochlorid, gesättigte wäßrige Lösung;
Toluol.

Aufstellung der Eichkurve

Als Standardlösung vorgelegte 2, 5, 10, 15, 20 und 25 μg Se(IV) werden jeweils mit Wasser auf 25 ml gebracht, 10 ml Citronensäurelösung zugesetzt und mit Ammoniak auf pH 2,7—2,9 eingestellt. Man versetzt mit 2 ml DAB-Lösung, mischt und läßt 1 Std stehen. Nun wird mit Ammoniak auf pH 8,0—8,2 eingestellt, in einen 100 ml-Schütteltrichter übergeführt, 1 min mit 15,0 ml Toluol extrahiert, der organische Extrakt nach der Phasentrennung durch ein Filter in eine 4 cm-Küvette filtriert und bei 420 nm gegen den Blindwert photometriert. Bei Verwendung einer 1 cm-Küvette werden 10, 25, 50, 75 und 100 μg Se vorgelegt und wie oben beschrieben verarbeitet.

a) Bestimmung von 0,00001—0,001% Se

1—10 g Probematerial versetzt man in einem 400 ml-Becherglas mit 100 ml HNO_3, erhitzt unter gelegentlichem Umrühren 1 Std auf der Heizplatte, fügt 4 ml H_2SO_4 hinzu und dampft unter gelegentlichem Umrühren zur Trockene ein, bis keine SO_3-Dämpfe mehr auftreten. Der Rückstand wird mit möglichst wenig 6n NaOH gelöst, die

Lösung mit HCl (1,19) neutralisiert und auf 2n HCl eingestellt. Nach Zusatz von 2 ml Hydrazinlösung erhitzt man gerade bis zum Sieden und hält 3 Std bei 40–60° C. Der Niederschlag wird unter 3maligem Nachwaschen mit Wasser durch einen Glasfrittentiegel abfiltriert, mit 10 ml HNO_3 gelöst und gerade zur Trockene eingedampft. Man löst den Rückstand in 25 ml 1n NaOH und fährt wie unter b) fort.

b) Bestimmung von >0,0007% Se

Bis zu 0,5 g Probematerial werden in einem 100 ml-Becherglas mit 15 ml HNO_3 (wenn nötig unter Erwärmen und Rühren) gelöst, gerade bis zur Trockene eingedampft und der Rückstand mit 25 ml 1n NaOH gelöst. Man fügt 10 ml Citronensäurelösung hinzu, stellt mit 1n HCl auf pH 2,7–2,9 ein und fährt wie bei der Aufstellung der Eichkurve fort.

3. Verschiedenes

3.1. Schwefelsäure und sulfathaltiges Probematerial

Auch in diesem Material kann Se nach der früher angegebenen Vorschrift [*17*] bestimmt werden, wenn vorher eine größere Menge NH_4Cl zugesetzt wird. DAB bildet nämlich mit H_2SO_4 bzw. SO_4^{2-} ähnlich wie Benzidin ein schwer lösliches Sulfat, wodurch die Farbbildung mit Se bei höherer SO_4^{2-}-Konzentration verhindert wird. Der Zusatz von NH_4Cl verhindert die Sulfatbildung mit dem Reagens. Auf dieselbe Weise kann Se auch in Schwefel bestimmt werden, wenn dieser vorher zu SO_4^{2-} oxydiert wird.

B: 0,0002–0,009% Se und darüber.

Arbeitsvorschrift [*24*]

Reagentien

5n NaOH;
NH_4Cl, 20%ige wäßrige Lösung;
Übrige Reagentien wie bei Arbeitsvorschrift a) [*17*] (s. S. 1058).

1,0 g der zu prüfenden Schwefelsäure oder sulfathaltigen Verbindung wird in einem Erlenmeyerkolben mit Schliffstopfen mit NaOH verdünnt und neutralisiert. Danach versetzt man mit 30 ml NH_4Cl-Lösung, füllt mit Wasser auf 50 ml auf und arbeitet nach Zusatz von 2 ml 2,5m Ameisensäure nach der Arbeitsvorschrift a) [*17*] auf S. 1058 weiter. Im vorliegenden Fall wird aber von dort abweichend nach der pH-Einstellung eine Standzeit von 3 Std statt 30 min eingehalten.

3.2. Arsentrioxyd [*17*]

Se kann auch in Arsentrioxyd nach Arbeitsvorschrift B.2.4. (s. S. 1062) bestimmt werden.

3.3. Tellursäure

Das Se wird mittels Spurenfällung durch Reduktion mit <0,5 g Te als Spurenfänger isoliert und anschließend mit DAB/Toluol photometrisch bestimmt. Voneinander getrennt kann der Gehalt an Se(IV) und Se(VI) erfaßt werden, indem man zunächst Se(IV) aus nahezu neutraler Lösung (die Fällung ist im Bereich von 0,0–2,3n HCl vollständig) und anschließend Se(VI) aus 2,1–2,5n HCl-Lösung ausfällt, wobei das Se in beiden Fällen als Se(IV) zur photometrischen Bestimmung gelangt. Bei der Bestimmung von Gesamt-Se entfällt die doppelte Fällung und beide Valenzstufen werden zusammen unter den Arbeitsbedingungen für Se(VI) ausgefällt. Wenn >17 g Tellursäure zur

Analyse verwendet werden sollen, so ist eine vorangehende Trennung mittels Anionenaustauscher erforderlich.

B: 0,00001–0,01% Se (bei Verwendung von bis zu 10 g Probematerial). F_r: ±5%.

Arbeitsvorschrift [*13*]

Reagentien

HNO_3 (1,40); HNO_3 (1 + 99);
3m NaCl;
Anionenaustauscher Amberlite IRA-400; eine Säule von 200 × 5 mm wird mit 3m Natriumacetat-Lösung (mit Essigsäure auf pH 2,6—2,8 eingestellt) in die Acetatform gebracht.
Übrige Reagentien wie bei Arbeitsvorschrift B.2.7. (s. S. 1064).

a) Bestimmung von Se (IV) und Se (VI)

Probemenge ≦ 17 g

Eine entsprechende Probemenge wird in Wasser gelöst und auf 50 ml (bei 2 g Probematerial) bis 250 ml (bei 17 g Probematerial) verdünnt. Man versetzt mit 2 ml (bei 2 g Probematerial) bis 4 ml (bei 17 g Probematerial) Hydrazinhydrochlorid-Lösung, erhitzt bis zum Siedepunkt und läßt dann auf der Heizplatte bei 40—60° C 3 Std stehen (es ist zweckmäßig, danach den Niederschlag über Nacht absetzen zu lassen). Die überstehende Lösung wird mit einer Glasfritteneintauchnutsche abfiltriert, der Niederschlag 3mal mit Wasser gewaschen, Filtrat und Waschlösung beiseite gestellt, der Niederschlag mit 5 ml HNO_3 (1,40) gelöst und darin Se(IV) nach Verfahren B.2.7. (s. S. 1064) bestimmt. Das mit der Waschlösung vereinigte Filtrat dampft man – falls erforderlich – auf ~ 100 ml ein, fügt 23 ml HCl (1,19) hinzu (die Lösung soll nun gerade über 2,1n HCl sein), versetzt mit 2 ml (bei 2 g Probematerial) bis 6 ml (bei 17 g Probematerial) Hydrazinhydrochlorid-Lösung, erhitzt bis zum Siedepunkt, läßt 3 Std auf der Heizplatte stehen, kühlt ab, filtriert den Niederschlag wie vorhin ab und bestimmt darin das zur 4wertigen Stufe reduzierte Se(VI).

Probemenge > 17 g

Eine entsprechende Probemenge wird in Wasser gelöst (die Lösung soll nicht mehr als 100 g Tellursäure/l enthalten), mit Essigsäure auf pH 2,6–2,8 eingestellt und mit einer Geschwindigkeit von 10 ml/Std durch die Anionenaustauschersäule geschickt. Man eluiert sofort mit 200 ml NaCl-Lösung, wäscht 3mal mit je 25 ml Wasser nach, fügt zu dem vereinigten Eluat 4 ml Hydrazinhydrochloridlösung, kocht zur Ausfällung des Se, trennt den Niederschlag ab und bestimmt darin das Se wie vorhin. Das mit der Waschlösung vereinigte Filtrat wird auf ~ 300 ml eingedampft, 65 ml HCl (1,19) und 4 ml Hydrazinhydrochloridlösung hinzugefügt, gekocht und die Behandlung des entstehenden Niederschlages sowie die anschließende Bestimmung des Se wie vorhin vorgenommen.

b) Bestimmung von Gesamt-Se

Die Analyse wird unter Fortfall der ersten Fällung wie unter a) durchgeführt.

3.4. Luft

B: 0,3–900 µg Se/m³. F_r: ±5%.

Je nach den vorliegenden Se-Verbindungen saugt man 100 l Luft durch ein Filter oder durch 2 hintereinander geschaltete Waschflaschen, die mit HNO_3 (1 + 3) beschickt sind. Die Staubprobe wird mit HNO_3 vom Filter gelöst, die erhaltene Lösung ebenso wie die Absorptionslösung der Waschflaschen zur Trockene eingedampft, der Rückstand mit 4n HCl aufgenommen, 10 min gekocht und anschließend in der gesamten Lösung oder einem aliquoten Teil davon das Se nach Arbeitsvorschrift a) oder b) (s. S. 1058) bestimmt.

II. 2,3-Diaminonaphthalin

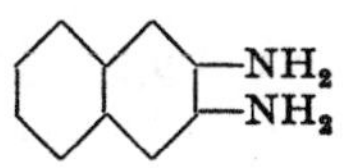

Analog wie mit 3,3'-Diaminobenzidin reagiert Se(IV) auch mit 2,3-Diaminonaphthalin (DAN) in saurer Lösung und das gebildete Piazselenol (orange-rötliche Fällung) läßt sich ebenfalls mit Toluol ($E\% = 22{,}2$[1]), Cyclohexan ($E\% = 23{,}8$[1] bzw. 29,0[2]), Dekalin, Dichloräthylen ($E\% = 20$[1]) und $CHCl_3$ ($E\% = 20$[1]) extrahieren [*25–27*]. Die Extraktionsausbeute kann durch eine Verlängerung der Extraktionsdauer (z. B. von 1 min auf 5 oder 10 min) erhöht werden. Die Reaktion verläuft am günstigsten bei pH 2,0 (1,7–2,2) und erfordert eine Standzeit von 90 min. Die Extraktion erfolgt — im Gegensatz zu 3,3'-Diaminobenzidin — beim gleichen pH-Wert. Das Extinktionsmaximum liegt bei 378–380 nm in Toluol ($\varepsilon_{380} \approx 25000$) [*26*]; s. Abb. 175). Die Farbe ist 4 Std stabil. Im

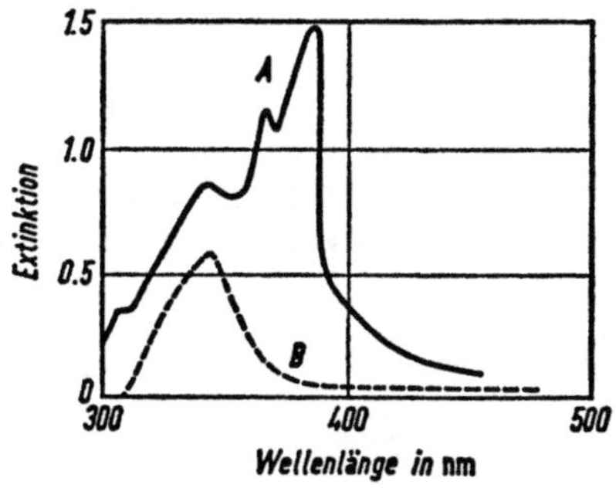

Abb. 175. Extinktionskurven von Se + DAN (*A*) und DAN (*B*) in Toluol [*26*]

organischen Extrakt läßt sich das Se auch fluorimetrisch bestimmen mit Anregung bei 377–390 nm und Messung bei 520–540 nm. Das Beersche Gesetz ist erfüllt im Bereich von 0,08–3,2 µg Se/ml Toluol bei der photometrischen Bestimmung, bzw. 0,008–0,1 µg Se/ml Toluol bei der fluorimetrischen Bestimmung. Bei der fluorimetrischen Bestimmung sind Cyclohexan [*25, 27, 28*] und Dekalin [*25, 29, 30*] als Extraktionsmittel gegenüber Toluol günstiger, da mit diesem der Blindwert niedriger ist. Bei der fluorimetrischen Bestimmung ist zur Verminderung des Blindwertes eine Reinigung des DAN erforderlich.

Außer Se geben noch eine Fällung mit DAN bei pH 2: Ce(IV), Cu, Fe(II, III), Mg, Ni und Ti(IV). Die photometrische Bestimmung von 10 µg Se in Anwesenheit von ÄDTA/F^-/Oxalat [nach Arbeitsvorschrift a)] wird nicht gestört (verursachter Fehler $\leq 3\%$) durch (mg) [*26*]: Al (0,5), Au(III) (3,9), Ba (2,7), Bi (4,2), Ca (0,8), Cd (2,2), Co (1,2), Cr(III) (1), K (0,8), Mg (0,5), Mn(II) (1), Pb (4), Sr (1,8), Ti(IV) (1), U(VI)

[1] $V_0 : V_w = 1:4$, einmal 1 min extrahiert.
[2] $V_0 : V_w = 1:4$, einmal 5 min extrahiert.

(4,8), Zn (1,3), ClO_2^- (1), SO_4^{2-} (1,9), PO_4^{3-} (1,9), Oxalat (1,8), Citrat[1] und Nitrilotriessigsäure[1]. Eine unterschiedliche Störung verursachen (mg anwesend; verursachter Fehler): Ce(IV) (2,8; +7%), Cu(II) (1,3; +7%), Fe(II) (1,2; +7%), Fe(III) (1,2; +10%), Hg(II) (4; −10%), Na (0,5; +7%), Ni (1,2; −7%), Sb(III) (2,4; −30%), Sn(IV) (2,4; −7%), Te(IV) (+20%), Br^- (1,6; +10%), ClO_4^- (2; +10%), F^- (0,4; +10%), NO_3^- (1,2; +17%), NO_2^- (0,9; +77%), CN^- (0,5; +13%) und ÄDTA[1](−17 %). Sn(II) stört.

Die fluorimetrische Bestimmung von 1 µg Se in Anwesenheit von ÄDTA/F^- [nach Arbeitsvorschrift b)] wird nicht gestört (verursachter Fehler $\leqq$ 3%) durch (mg) [*26*]: Au(III) (2), Ba (1,4), Bi (2), Ca (0,4), Ce(IV) (1,4), Cd (1,1), Cu(II) (0,6), Hg(II) (2), K (0,4), Mg (0,24), Na (0,23), Sb(III) (1,2), Sr (0,9), Te(IV) (1,3), U(VI) (2,4), Zn (0,7), Br^- (0,8), F^- (0,2), PO_4^{3-} (1), ClO_4^- (1), NO_3^- (0,6), CN^- (0,26), ÄDTA[2] und Nitrilotriessigsäure[2]. Eine unterschiedliche Störung verursachen (mg anwesend; verursachter Fehler): Al (0,3; −8%), Co (0,6; −10%), Cr(III) (0,5; +4%), Fe(II, III) (0,6; −10%), Mn(II) (0,5; +4%), Ni (0,6; −10%), Pb (2; −8%), Sn(IV) (1,2; −8%), Ti (IV) (0,5; −8%), ClO_2^- (0,6; +10%), SO_4^{2-} (1; −10%), NO_2^- (0,5; −64%), Oxalat (0,9; −14%) und Citrat[2] (+9%). Sn(II) stört.

Mit DAN wurde Se bestimmt in Harn [*26*], pflanzlichem Material [*27—30*], Blut [*28*], Aluminium, Zink [*26*], Schwefelsäure [*26*] und Böden [*30a*].

Arbeitsvorschrift [*26*]

Reagentien

HCl (1,19); HCl (1 + 1).

2,3-Diaminonaphthalin (DAN), 0,1%ig in 0,1n HCl (frisch hergestellt); DAN muß vor der Verwendung durch 2maliges Umkristallisieren aus wäßriger oder alkoholischer Lösung gereinigt werden.

ÄDTA, 3,7%ige wäßrige Lösung;

NaF, 0,4%ige wäßrige Lösung;

Natriumoxalat, 1,3%ige wäßrige Lösung;

Toluol; Cyclohexan; Dekalin.

a) Photometrische Bestimmung

~ 30 ml Probelösung [0,8—32 µg Se(IV) enthaltend] versetzt man in einem 150 ml-Becherglas mit 5 ml ÄDTA-Lösung, 1 ml NaF-Lösung sowie 1 ml Natriumoxalat-Lösung, stellt mit HCl auf pH 1,7—2,2 ein, fügt 5,0 ml DAN-Lösung hinzu, verdünnt mit Wasser auf ~ 50 ml und läßt 2 Std stehen. Danach wird die Lösung in einen 125 ml-Schütteltrichter übergeführt, 2mal mit je 5,00 ml Toluol 1 min (oder 5 min) extrahiert, der vereinigte organische Extrakt durch ein Papierfilter filtriert, und in einer 1 cm-Küvette bei 380 nm gegen den Blindwert photometriert.

b) Fluorimetrische Bestimmung

~ 30 ml Probelösung [0,1—1 µg Se(IV) enthaltend] versetzt man in einem 150 ml-Becherglas mit 0,5 ml ÄDTA-Lösung sowie 0,5 ml NaF-Lösung, stellt mit HCl auf pH 1,7—2,2 ein, fährt mit dem Zusatz von 5,0 ml DAN-Lösung nach a) fort (Extraktion mit Toluol, Cyclohexan oder Dekalin) und fluorimetriert (Anregung 390 nm, Messung 590 nm) den organischen Extrakt.

---

[1] 2 ml 0,01 m Lösung anwesend.

[2] 1 ml 0,01 m Lösung anwesend.

III. o-Phenylendiamin

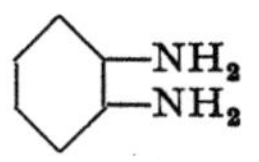

Wie mit 3,3'-Diaminobenzidin reagiert Se(IV) in saurer Lösung auf analoge Weise auch mit o-Phenylendiamin unter Bildung des entsprechenden Piazselenols [*31*, *32*], welches mit Toluol [*31*] oder $CHCl_3$ [*32*] extrahierbar ist. Hierzu ist ein pH-Wert von 1,5—2,5 am günstigsten. Eine Neutralisation nach der Komplexbildung und vor der Extraktion, wie dies bei 3,3'-Diaminobenzidin erforderlich ist, hat keinen Einfluß auf das Ergebnis. Das Extinktionsmaximum liegt bei 330—335 nm ($\varepsilon = 17750$) [*31*, *32*] (s. Abb. 176). Das Beersche Gesetz ist im Bereich von 0,13—3 µg Se/ml Toluol bzw.

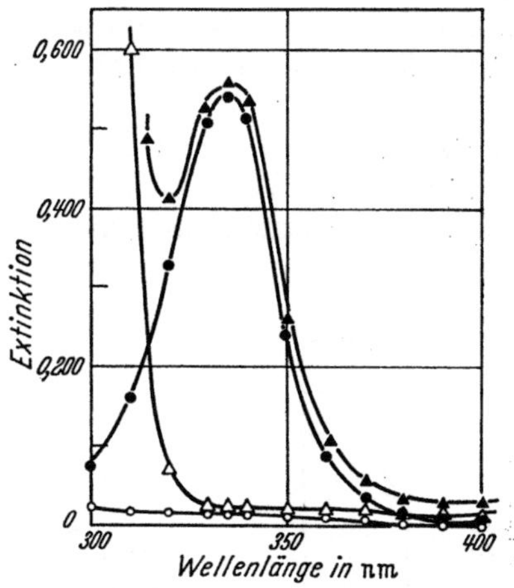

Abb. 176. Extinktionskurve von Se + o-Phenylendiamin in Toluol [*31*] (gegen Toluol gemessen); o-Phenylendiamin in Toluol bei pH 2—3 (○——○) und pH 6—7 (△——△), 2,5 µg Se/ml Toluol bei pH 2—3 (●——●) und pH 6—7 (▲——▲)

0,13—5 µg Se/ml $CHCl_3$ erfüllt. Zur Erzielung der maximalen Farbintensität ist eine gewisse Standzeit vor der Extraktion erforderlich. Diese ist von 30 min aufwärts erreicht, wobei die Werte im Bereich von 30—150 min konstant sind. Die Bestimmung von 15 µg Se wird nicht gestört durch (in mg) [*31*]: Al (81), As(III) (225), Ba (411), Ca (120), Cd (336), Co (30), Cr(III) (156), Cu(II) (190), K (117), Mg (72), Mn(II) (165), Na (69), Ni (30), NH_4^+ (1363), Pb (621), Sb(III) (366), Zn (195), Cl^- (105), NO_3^- (186), SO_4^{2-} (3636), PO_4^{3-} (285) und Tartrat (444). Milligrammengen an Bi (infolge Fällung), Fe(III), Sn(IV) und I^- stören. Die Störung von Fe(III) kann durch ÄDTA beseitigt werden. Mit o-Phenylendiamin wird Se in Steroiden [*32*] und Schwefelsäure [*33*] bestimmt.

Arbeitsvorschrift [*31*]

Reagentien

o-Phenylendiaminhydrochlorid, 0,2%ige wäßrige Lösung; frisch hergestellt, im Kühlschrank einige Tage haltbar;

Ameisensäure (80%);
7m Ammoniak;
Toluol.

Die schwach saure Probelösung [1,3–30 μg Se(IV) enthaltend] versetzt man in einem 100 ml-Becherglas mit 2 ml Ameisensäure, verdünnt mit Wasser auf ~ 50 ml, stellt mit Ammoniak auf pH 1,5–2,5 ein, fügt 2 ml o-Phenylendiamin-Lösung hinzu und läßt 2 Std bei Raumtemperatur stehen. Die Lösung wird dann in einen 125 ml-Schütteltrichter übergeführt, mit 10,0 ml Toluol 30 sec extrahiert, nach der Phasentrennung der organische Extrakt einige Minuten zentrifugiert und in einer 1 cm-Quarzküvette bei 335 nm gegen den Blindwert photometriert.

C. Jodid-Verfahren

Bei der Umsetzung von Se(IV) mit Jodid wird ersteres zu elementarem (kolloidalem) Se reduziert und gleichzeitig Jod (I_3^-) frei. Die Säurekonzentration hat einen Einfluß auf die Schnelligkeit und Vollständigkeit der Reaktion. Am günstigsten wird letztere in 1–2n H_2SO_4-Lösung durchgeführt [*34, 35*]. Die entstehende Färbung bei diesem Trijodid-Verfahren hat ein Extinktionsmaximum bei 352 nm (s. Abb. 177). Das freie Jod kann noch mit Stärke auf bekannte Weise umgesetzt werden. Die beim Jod-Stärke-Verfahren erhaltene Färbung weist ein Extinktionsmaximum bei 615 nm auf (s. Abb. 178).

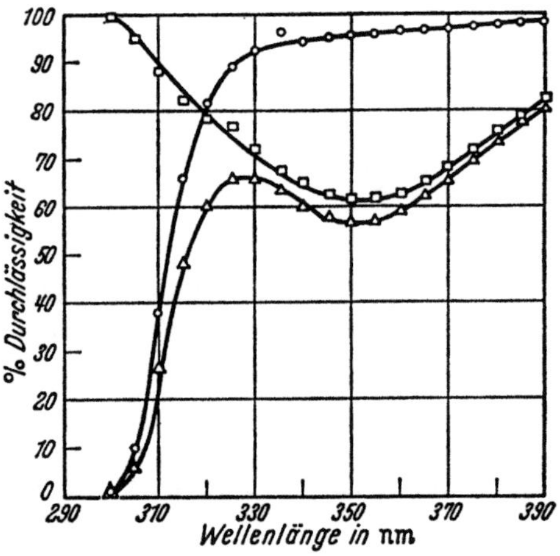

Abb. 177

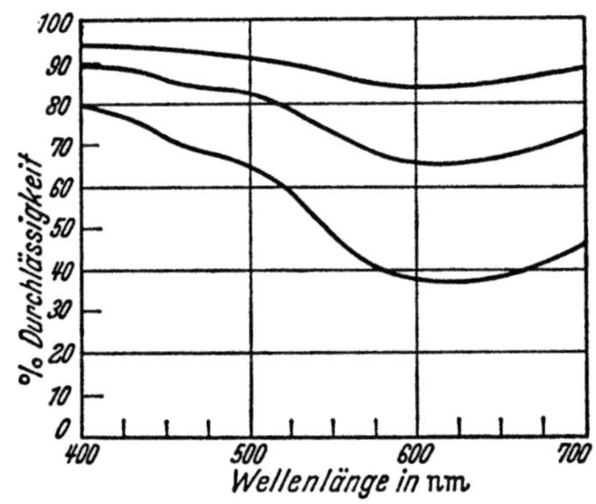

Abb. 178

Abb. 177. Durchlässigkeitskurven von CdI_2 (○——○) (*a*), $CdI_2 + I_3^-$ (△——△) (*b*) und I_3^- (□——□) (*b* gegen *a* gemessen) [*34*]

Abb. 178. Durchlässigkeitskurven des Stärke-Jod-Komplexes bei drei verschiedenen Konzentrationen [*34*]

Das Beersche Gesetz ist für das Trijodid-Verfahren im Bereich von 0,2–8 μg Se/ml und für das Jod-Stärke-Verfahren im Bereich von 0,13–1,2 μg Se/ml erfüllt. Eine Stabilisierung der Farbe bei beiden Verfahren kann durch 0,1% Gelatine [*35*] oder 0,3% Gummi arabicum erreicht werden. Vorhandener Sauerstoff wird aus der Probelösung durch Einleiten von CO_2 entfernt, störendes Fe(III) mit H_3PO_4 und Weinsäure maskiert und As(V) mit Ameisensäure neben H_2SeO_3 selektiv reduziert. In 1n H_2SO_4/0,01m KI-Lösung bildet Te mit Jodid noch keine Färbung [35, 36], so daß die Bestimmung von 0,4–10 µg Se/ml durch 2 mg Te/ml nicht gestört wird [35]; eine Störung tritt wahrscheinlich erst bei >5 mg Te/ml auf.

Das Trijodid-Verfahren fand zur Bestimmung von >0,01% Se in Tellur Anwendung [35].

1. Wässer

In Wässern kommt das Se als Se(IV), Se(VI), sowie organisch gebunden vor. In der nachfolgenden Arbeitsvorschrift wird Gesamt-Se bestimmt, indem es in Se(IV) übergeführt, organisches Material zerstört, vorhandenes Jod entfernt und störende Elemente maskiert bzw. entfernt werden. Bei Wässern mit hohem Gehalt an Fe und organischen Substanzen muß eine Destillation zur Isolierung des Se eingeschaltet werden.

B: 0,15–20 ppm Se. F_r: ±5–10%.

Arbeitsvorschrift [34]

Reagentien

12n H_2SO_4;

Bromwasser, gesättigt;

CCl_4;

KBr, gesättigte wäßrige Lösung;

NaOCl, 1%ige wäßrige Lösung;

$NaNO_2$, gesättigte wäßrige Lösung; täglich frisch hergestellt;

Harnstoff, gesättigte wäßrige Lösung; täglich frisch hergestellt;

Ameisensäure (90%);

H_3PO_4 (1,70);

Weinsäure, gesättigte wäßrige Lösung; täglich frisch hergestellt;

CdI_2, 5%ige wäßrige Lösung; das Reagens wird in einem etwas geringeren Volumen gelöst, zur Entfernung von Jod 15 min gekocht, nach dem Abkühlen zur Marke aufgefüllt und in dunkler Flasche aufbewahrt;

CdI_2-Stärke-Lösung, 1,1%ig an CdI_2 und 0,25%ig an Stärke; 11,0 g CdI_2 werden in 300—400 ml Wasser gelöst, 15 min gekocht, auf 800 ml verdünnt, in die siedende Lösung 2,5 g lösliche Stärke (in wenig kaltem Wasser angerührt) hinzugefügt, abgekühlt, falls die Lösung trüb ist filtriert, auf 1 l aufgefüllt und in dunkler Flasche aufbewahrt.

a) Normale Wässer

20,0 ml Probe werden in einem Schütteltrichter mit 4,0 ml H_2SO_4 und 4 Tropfen Bromwasser versetzt und 2–3 min CO_2 eingeleitet. Man fügt soviel Bromwasser hinzu, daß bei der CCl_4-Extraktion der Extrakt braun gefärbt ist. Der Bromüberschuß und vorhandenes Jod (wenn im Wasser Jodid vorhanden ist) werden mit 3mal 5 ml CCl_4 extrahiert. Von der wäßrigen Phase gibt man 10,0 ml in ein Reagensglas (25 × 200 mm).

Falls die Probe kein Jodid enthält, so gibt man 10,0 ml in ein Reagensglas, fügt 2,0 ml H_2SO_4, 1,0 ml KBr-Lösung und 1,0 ml NaOCl-Lösung hinzu, verschließt das Reagensglas lose mit einem Schliffstopfen und erhitzt 1 Std lang auf dem siedenden Wasserbad. Die Lösung führt man in einen 25 ml-Meßkolben über, versetzt dann mit 1,0 ml $NaNO_2$-Lösung, leitet 10 min lang CO_2 ein, fügt 1,0 ml Harnstoff-Lösung hinzu und spült die Kolbenwand ab (unter gleichzeitiger Verstärkung des CO_2-Stromes für einige Sekunden). Anschließend gibt man 1,0 ml Weinsäure-Lösung, 1,0 ml H_3PO_4, 1,0 ml H_2SO_4 und 2,0 ml Ameisensäure hinzu, leitet 10 min lang CO_2 ein und führt dann die photometrische Bestimmung nach einem der beiden folgenden Verfahren durch:

Trijodid-Verfahren

Zur Lösung im 25 ml-Meßkolben fügt man nun 1,0 ml CdI_2-Lösung, füllt mit Wasser zur Marke auf und photometriert nach 5 min in einer 1 cm-, 2 cm- oder 5 cm-Küvette bei 352 nm gegen den Blindwert.

Jod-Stärke-Verfahren

Zur Lösung im 25 ml-Meßkolben fügt man nun 1,0 ml CdI_2-Stärke-Lösung, füllt mit Wasser zur Marke auf und photometriert nach 5 min in einer 1 cm-, 2 cm- oder 5 cm-Küvette bei 615 nm gegen den Blindwert.

b) Wässer mit hohem Gehalt an störenden Stoffen

Bei Wässern mit hohem Gehalt an Fe, organischen Substanzen, Salzen, störenden Elementen und Färbungen muß das Se durch Destillation abgetrennt werden. Hierzu verfährt man wie unter a) einschl. dem 1stündigen Erhitzen der Lösung auf dem siedenden Wasserbad. Das Reagensglas (25 × 200 mm) ist mit einem Schliff versehen und dient gleichzeitig als Destillationsgefäß (s. Abb. 179). Als Vorlage wird ein im Eisbad gekühltes Reagensglas (25 × 200 mm) verwendet, in das 2,0 ml H_2SO_4 vorgelegt sind.

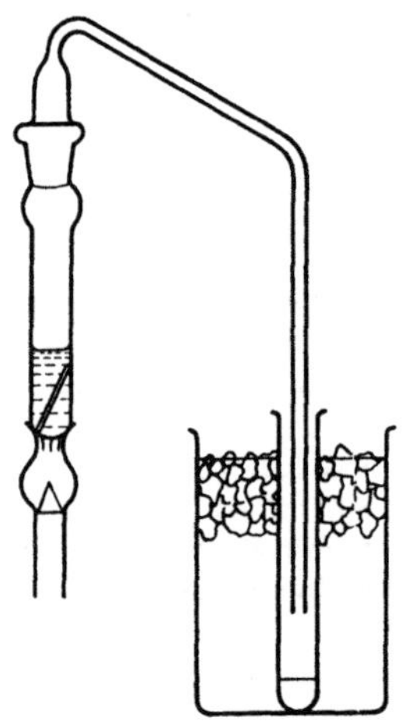

Abb. 179. Destillationsapparatur [*34*]

Nach dem Erhitzen auf dem Wasserbad wird die Lösung in der gezeigten Anordnung (s. Abb. 179) abdestilliert, bis nur mehr die H_2SO_4 zurückgeblieben ist. Das Destillat führt man in einen 25 ml-Meßkolben über, fügt 1,0 ml $NaNO_2$-Lösung hinzu und fährt wie unter a) fort.

D. Verschiedenes

An weiteren Reagentien zur photometrischen Bestimmung von Se sind zu erwähnen: 4-Dimethylamino-1,2-phenylendiamin ($\varepsilon_{500} = 5730$) [*37, 40*], 4-Methylthio-1,2-phenylendiamin [*37*], 4-Methyl-o-phenylendiamin ($\varepsilon_{337} = 17900$), 4-Chloro-o-phenylendiamin ($\varepsilon_{341} = 18400$), 4-Nitro-o-phenylendiamin ($\varepsilon_{350} = 15460$) [*42*], 4,5-Diamino-6-thiopyrimidin ($\varepsilon_{380} = 19200$) [41], Diphenylhydrazin/$CHCl_3$ [38], 1,1'-Dianthrimid [39], Kupplungsreaktionen Phenylhydrazin-p-sulfosäure/1-Napthylamin ($L_Q = 0{,}05$ µg Se · $ml^{-1} \cdot cm^{-1}$) [13] sowie $NH_2OH/H_2NO_2S-C_6H_4-NH_2$/N-(1-Naphthyl)-äthylendiamin ($\varepsilon_{544} = 193000$) [44].

Unter Anwendung eines Spektrographen mittlerer Dispersion und der Linienpaare Se I 2039,85/S 2170,48, Se I 2062,79/S 2170,48 und Se I 2074,79/S 2170,48 können 0,0003–0,01% Se in sulfidischen Erzen mit Hilfe des Doppelbogens nach Shaw-Joensuu-Ahrens spektrographisch bestimmt werden [45]. Nach vorangehender Isolierung durch Spurenfällung mit As (met.) als Spurenfänger wurde Se mit Hilfe der Röntgenspektrometrie in Kupfer (1–>500 ppm Se) [46], Kupfer-, Eisen- und Nickellegierungen (3–100 ppm Se) [47] sowie Stahl (≧ 10 ppm Se) [50] bestimmt. Nach Extraktion mit 4-Nitro-o-phenylendiamin/Toluol [48] sowie mit 4-Chloro-o-phenylendiamin/Toluol [49] wurde das Se im organischen Extrakt gaschromatographisch bestimmt.

Literatur

1. Robinson, W. O., Dudley, H. C., Williams, K. T., Byers, H. G.: Ind. Eng. Chem., Anal. Ed. **6**, 274 (1934).
2. Fogg, D. N., Wilkinson, N. T.: Analyst **81**, 525 (1956).

2a. Bock, R., Jacob, D. (unter Mitarbeit von Fariwar, M., Frankenfeld, K.): Z. anal. Chem. **200**, 81 (1964).

3. Handley, R., Johnson, C. M.: Analyt. Chem. **31**, 2105 (1959).

3a. Barcza, L., Zsindely, S.: Z. anal. Chem. **199**, 117 (1964).

3b. Barcza, L., Zsindely, S.: Z. anal. Chem. **199**, 10 (1964).

4. Kelleher, W. J., Johnson, M. J.: Analyt. Chem. **33**, 1429 (1961).
5. Vanossi, R.: An. Asoc. quim. argent. **36**, 75 (1948).
6. Lenher, V., Smith, D. P.: Ind. Eng. Chem. **16**, 837 (1924).

6a. Jordanov, N., Futekov, L.: Talanta **12**, 371 (1965).

6b. Jordanov, N., Futekov, L.: Talanta **15**, 850 (1968).

7. Johnson, R. A., Kwan, F. P.: Analyt. Chem. **23**, 651 (1951).
8. Bode, H.: Z. anal. Chem. **144**, 90 (1955).

8a. Bock, R., Spalek, U.: Z. anal. Chem. **254**, 183 (1971).

9. Bode, H.: Z. anal. Chem. **153**, 335 (1956).
10. Bode, H., Stemmer, H.: Z. anal. Chem. **155**, 96 (1957).
11. Luke, C. L.: Analyt. Chem. **31**, 572 (1959).
12. Veale, C. R.: Analyst **85**, 130 (1960).
13. Veale, C. R.: Analyst **85**, 133 (1960).

13a. Jackwerth, E.: Z. anal. Chem. **235**, 235 (1968).

13b. Serlin, I.: Analyt. Chem. **35**, 2221 (1963).

14. Hoste, J.: Analyt. chim. Acta **2**, 402 (1948).
15. Parker, C. A., Harvey, L. G.: Analyst **86**, 54 (1961).
16. Hoste, J., Gillis, J.: Analyt. chim. Acta **12**, 158 (1955).
17. Cheng, K. L.: Analyt. Chem. **28**, 1738 (1956).

17a. Barcza, L.: Mikrochim. Acta (Wien) **1964**, 967.

17b. Dye, W. B., Bretthauer, E., Seim, H. J., Blincoe, C.: Analyt. Chem. **35**, 1687 (1963).

18. Watkinson, J. H.: Analyt. Chem. **32**, 981 (1960).
19. Bonhorst, C. W., Mattice, J. J.: Analyt. Chem. **31**, 2106 (1959).
20. Cheng, K. L.: Chemist-Analyst **45**, 67 (1956).

20a. Chau, Y. K., Riley, J. P.: Analyt. chim. Acta **33**, 36 (1965).

20b. Stanton, R. E., McDonald, A. J.: Analyst **90**, 497 (1965).

20c. Cummins, L. M., Martin, J. L., Maag, G. W., Maag, D. D.: Analyt. Chem. **36**, 382 (1964).

20d. Cummins, L. M., Martin, J. L., Maag, D. D.: Analyt. Chem. **37**, 430 (1965).

20e. Domenech, R.: Chim. analytique **51**, 440 (1969).

20f. Wülfert, K.: persönl. Mitteilg. (1965).

21. Geilmann, W., Neeb, R.: Angew. Chem. **67**, 26 (1955).
22. Geilmann, W.: Z. anal. Chem. **160**, 410 (1958).

23. GEBAUHR, W., SPANG, A.: Z. anal. Chem. **175**, 175 (1960).
24. DANZUKA, T., UENO, K.: Analyt. Chem. **30**, 1370 (1958).
25. PARKER, C. A., HARVEY, L. G.: Analyst **87**, 558 (1962).
26. LOTT, P. F., CUKOR, P., MORIBER, G., SOLGA, J.: Analyt. Chem. **35**, 1159 (1963).
27. CUKOR, P., WALZCYK, J., LOTT, P. F.: Analyt. chim. Acta **30**, 473 (1964).
28. WATKINSON, J. H.: Analyt. Chem. **38**, 92 (1966).
29. ALLAWAY, W. H., CARY, E. E.: Analyt. Chem. **36**, 1359 (1964).
30. HALL, R. J., GUPTA, P. L.: Analyst **94**, 292 (1969).
30a. HEMSTED, W. R. T., SINA, M., ÇEKIÇER, S.: Analyst **97**, 383 (1972).
31. ARIYOSHI, H., KINIWA, M., TÔEI, K.: Talanta **5**, 112 (1960).
32. THROOP, L. J.: Analyt. Chem. **32**, 1807 (1960).
33. TÔEI, K., ITO, K.: Talanta **12**, 773 (1965).
34. LAMBERT, J., ARTHUR, P., MOORE, T.: Analyt. Chem. **23**, 1101 (1951).
35. GEIERSBERGER, K.: Z. anal. Chem. **135**, 15 (1952).
36. GEIERSBERGER, K., DURST, A.: Z. anal. Chem. **135**, 11 (1952).
37. SAWICKI, E.: Analyt. Chem. **29**, 1376 (1957).
38. GUBSER, H.: Chimia (Switz) **13**, 245 (1959).
39. LANGMYHR, F. J., OMANG, S. H.: Analyt. chim. Acta **23**, 565 (1960).
40. DEMEYERE, D., HOSTE, J.: Analyt. chim. Acta **27**, 288 (1962).
41. TANAKA, M., KAWASHIMA, T.: Talanta **12**, 211 (1965).
42. CHAN, F. L.: Talanta **11**, 1019 (1964).
43. KIRKBRIGHT, G. F., YOE, J. H.: Analyt. Chem. **35**, 808 (1963).
44. OSBURN, R. L., SHENDRIKAR, A. D., WEST, P. W.: Analyt. Chem. **43**, 594 (1971).
45. ROCKENBAUER, W., BRANDENSTEIN, M.: Z. anal. Chem. **160**, 104 (1958).
46. MAASSEN, G.: Z. Erzbergbau Metallhüttenwes. **18**, 116 (1965).
47. ALBRIGHT, C. H., BURKE, K. E., YANAK, M. M.: Talanta **16**, 309 (1969).
48. SHIMOISHI, Y., TÔEI, K.: Talanta **17**, 165 (1970).
49. NAKASHIMA, S., TÔEI, K.: Talanta **15**, 1476 (1968).
50. VASSILAROS, G. L.: Talanta **18**, 1057 (1971).

S.E. — Seltene Erden

La, Lanthan; Ce, Cer; Pr, Praseodym; Nd, Neodym; Pm, Promethium; Sm, Samarium; Eu, Europium; Gd, Gadolinium; Tb, Terbium; Dy, Dysprosium; Ho, Holmium; Er, Erbium; Tm, Thulium; Yb, Ytterbium; Lu, Lutetium.

Tabelle 168. Empfindlichkeit S_M und Bestimmungsgrenze L_Q der Verfahren

Element	Verfahren	µg S.E. · ml⁻¹ · cm⁻¹ S_M	L_Q
S.E.	Alizarinsulfosäure	0,018[1]—0,020[2] (535 nm); 0,020[1]—0,022[2] (550 nm)	0,45[1]—0,50[2] (535 nm); 0,50[1]—0,55[2] (550 nm)
	Arsenazo	0,0056[1]—0,0062[2] (570 nm)	0,14[1]—0,16[2] (570 nm)
Ce	8-Hydroxychinolin/$CHCl_3$	0,023 (505 nm)	0,58 (505 nm)
	Peroxodisulfat-Verfahren	0,025 (320 nm)	0,63 (320 nm)
	1,10-Phenanthrolin	0,013 (510 nm)	0,32 (510 nm)

[1] Für La, Ce, Pr und Nd mit einem „mittleren Atomgewicht" von 141 berechnet.
[2] Für Summe der S.E. mit einem „mittleren Atomgewicht" von 155 berechnet.

Wohl kann man die Gruppe der seltenen Erden (S.E.) von den übrigen Elementen durch einfache Trennverfahren abtrennen, ihre Trennung voneinander und die Bestimmung einzelner ihrer Mitglieder neben den übrigen S.E. stößt aber infolge ihrer ähnlichen chemischen Eigenschaften auf Schwierigkeiten. Wegen der zu niedrigen Trennfaktoren erzielt man deshalb mit den üblichen von Hand aus durchgeführten einfachen (einstufigen) Extraktionen meist keine oder eine nur teilweise Trennung und eine vollständige oder weitgehende Trennung der einzelnen S.E. voneinander mit den häufig verwendeten Extraktionssystemen nur mittels multiplikativer Verteilung [*1—5*]. Unter den durchwegs 3wertigen S.E. lassen sich Ce, Tb und Pr zur 4wertigen Stufe oxydieren, sowie Eu, Yb und Sm zur 2wertigen Stufe reduzieren. Diese Eigenschaften bieten die Möglichkeit zur Trennung und Bestimmung, weshalb die genannten Elemente vor allem aber das Ce, unter den übrigen S.E. eine gewisse Sonderstellung einnehmen.

Infolge der erwähnten analytischen Schwierigkeiten findet man in der Literatur auch Vorschriften, bei denen die Gruppe der S.E. von den übrigen Elementen abgetrennt und dann als Summe bestimmt wird [*6, 7*] (s. S. 1080). Weiterhin wird Bestimmungsverfahren der Vorzug gegeben, mit denen nach vorangehender Isolierung der Gruppe der S.E. die einzelnen Elemente in einem Arbeitsgang nebeneinander bestimmt werden können, wie z. B. mittels Emissionsspektralanalyse [*8—21*], Röntgenspektralanalyse oder Aktivierungsanalyse [*22*].

A. Trennungen

Große Mengen an Fe(III) lassen sich durch Extraktion mit Diäthyläther aus ~ 6n HCl-Lösung abtrennen, wobei die S.E. quantitativ in der wäßrigen Phase zurückbleiben [*10, 23*]. Die Abtrennung des Fe von den S.E. erfolgte auch durch Extraktion mit β,β'-Dichlordiäthyläther aus ~ 8n HCl-Lösung [*22*]. Daneben läßt sich störendes Fe als Thiocyanat aus 1,2–2n HCl-Lösung mit Diäthyläther [*22, 24*] oder aus 3n HCl/2,5m NH_4SCN-Lösung mit Diäthyläther/Tetrahydrofuran (1:1) [*25*] extraktiv entfernen.

Ce(IV) kann aus 5–6n HNO_3-Lösung mit peroxydfreiem Diäthyläther extrahiert werden [*26–28*] ($E\% = 88–93$), wobei unter diesen Bedingungen auch U und Th mit in die organische Phase gehen. Ce(IV) läßt sich so leicht von den 3wertigen S.E. ($E\% \approx 0{,}3$) trennen [*27*]. Unter den genannten Arbeitsbedingungen wurde Ce(IV) mittels kontinuierlicher Gegenstromverteilung von den S.E., Fe, Al u. a. weitgehend abgetrennt [*29*]. Aus der organischen Phase läßt sich das Ce mit Wasser rückschütteln. Eine Trennung der S.E. durch Extraktion der Nitrate mit n-Hexanol aus wäßriger Lösung ist nur durch multiplikative Verteilung möglich [*3, 4*]. Durch Extraktion aus 8n HNO_3-Lösung mit Dibutoxytetraäthylenglykol (Pentaäther) kann die Hauptmenge an Th von Pr, Nd, Sm, Eu, Gd, Dy, Er und Yb abgetrennt werden [*13*]. Restliches Th sowie Fe und Ti werden anschließend mit Oxin/$CHCl_3$ bei pH 4,2 extraktiv entfernt und die S.E. schließlich durch Spurenfällung als Oxinate mit La als Spurenfänger isoliert. Ce(IV) läßt sich mit MIBK (vor Gebrauch mit 9n HNO_3 gesättigt[1]) aus 8–10n HNO_3-Lösung extrahieren und aus der organischen Phase mit Wasser in Anwesenheit von H_2O_2 [Reduktion des Ce(IV) zu Ce(III)] rückschütteln [*30*]. Das Ce wird dabei von anwesenden Elementen in verschiedenem Ausmaß begleitet (in % der betreffenden Elementmenge): Ru (1), Nb (7), Zr (7), U (6), Np (7) und Th (26). Zweckmäßig entfernt man vorher U ($E\% = 86$) und Np ($E\% = 96$) von Ce(III) durch Extraktion aus 10n HNO_3 mit MIBK, sowie Th mit TBP ($E\% = 99$), wobei ein Verlust von nur einigen Prozent an Ce auftritt, oxydiert mit $NaBrO_3$ zu Ce(IV) und schüttelt dann letzteres, wie vorhin erwähnt, aus [*30*]. Aus 6n HCl/3n $HClO_4$-Lösung wurden Fe und Cr mit MIBK von den S.E. extraktiv abgetrennt [*31*].

Ce(IV) kann aus einer 1n H_2SO_4/ oder 1n HNO_3/0,1m $K_2Cr_2O_7$/0,2m $NaBrO_3$-Lösung (bei "tracer"-Mengen an Ce muß $NaBrO_3$ als Oxydationsmittel weggelassen werden, da sonst ein an der Grenzfläche beider Phasen entstehender Schaum Ce-Verluste verursacht) mit 0,5m TTA/Xylol extrahiert werden [*32*]. Bei Vorliegen größerer Ce-Mengen (Zusatz von inaktivem Träger-Ce zu "tracer"-Mengen) wird an die Extraktion noch eine Oxalatfällung angeschlossen. Bei einer Extraktionsdauer von 2 min, 5 min bzw. 10 min aus 1n HNO_3-Lösung beträgt die Ausbeute 82,1%, 96,6% bzw. 98,2%, bei 5 min, 10 min bzw. 15 min aus 1n H_2SO_4-Lösung 63,0%, 94,6% bzw. 95,5%. Aus der organischen Phase läßt sich das Ce mit 10n HNO_3 quantitativ rückschütteln ($E\% > 99{,}9$). Auf diesem Wege kann das Ce von Alkali- und Erdalkalimetallen, Am, Cm, Eu, Fe, Nb, Np, Pa, Pu, Ru, Sb, Th, U und Zr abgetrennt werden [*32*]. In einer anderen Arbeit wurde Ce(IV) mit TTA/Benzol bei pH 4–6 extrahiert [*33*]. La läßt sich mit 0,1m TTA/MIBK aus einer 1m Acetat-Lösung bei pH 5 quantitativ extrahieren [*34*]. Th, U, Cu und Fe können durch vorangehende Extraktion bei pH 1,5 abgetrennt werden, wobei La in der wäßrigen Lösung verbleibt. Eu und Sm können bei pH 5,5–6,5 mit 10^{-4} bis $5 \cdot 10^{-5}$m 2-Naphthoyltrifluoraceton-0,01m TOPO/Benzol extrahiert ($E\% = 99$) und im Extrakt fluorimetrisch bestimmt werden [*35*]. Ce(III) wird bei pH 2,8 aus HCl- oder HNO_3-Lösung mit 0,1m TTA-0,05m TOPO/Cyclohexan (das TTA-TOPO-Gemisch weist eine synergistisch bedingte, erhöhte Extraktionsausbeute auf) extrahiert ($E\%$

---

1 Durch MIBK wird eine beträchtliche Menge HNO_3 extrahiert, die nach einigen Stunden mit dem organischen Lösungsmittel heftig reagiert. Es wird daher empfohlen, das MIBK erst kurz vor Gebrauch mit HNO_3 zu sättigen und danach das gebrauchte MIBK 3mal kräftig mit dem gleichen Volumen Wasser zu waschen. Die salpetersauren Lösungen, die mit MIBK in Berührung kamen, neutralisiert man zweckmäßig aus demselben Grund mit Ammoniak, bevor sie aufbewahrt oder verworfen werden.

= 99,6); Nb, U und Zr gehen dabei ebenfalls in die organische Phase, verbleiben aber dort beim Rückschütteln des Ce mit 1n HCl (Gesamt $E\% = 98{,}8$) [37].

Eine Trennung der S.E. durch Extraktion mit Thiocyanat/n-Butanol erscheint nur durch multiplikative Verteilung möglich [2]. Co und Fe kann man von Ce(III) durch Extraktion mit Thiocyanat/MIBK aus 1n HCl-Lösung abtrennen [37]. Sc kann durch Extraktion mit TBP aus 6n HCl-Lösung von den S.E. und Y abgetrennt werden [36] ($D_{Sc} = 32$, $D_Y = 0{,}001$ und $D_{Pm} < 0{,}001$).

Y und Ho können von La und Ce durch Extraktion mit 0,6m Di-n-butylphosphat-Lösung (Mol-Verhältnis von Di- zu Mono-n-butylphosphat 4,5:1; in Dibutyläther gelöst) aus 1m H_2SO_4/2,5m $(NH_4)_2SO_4$/0,004m Oxalsäure/6% H_2O_2-Lösung (Extraktionsdauer 5 min) in Konzentrationen von 1 mg/ml abgetrennt werden [39] (s. S. 1353). Y und Ho werden dabei zu ~95%, La und Ce nur zu ~2% extrahiert. Es erscheint möglich, daß auf diese Weise auch die anderen, zu den beiden Gruppen der S.E. gehörenden Elemente getrennt werden können.

Je nach den gewählten Arbeitsbedingungen kann man Ce(IV) von den S.E. u. a. Elementen oder Ce(III) mit den S.E. von anderen Elementen durch Extraktion mit Bis(2-äthylhexyl)orthophosphorsäure (BÄHP) abtrennen [7, 41]. Führt man die Extraktion (2 min) mit 0,75m BÄHP/n-Heptan aus 10n HNO_3/1m $KBrO_3$-Lösung und anschließender Rückschüttelung (10 min) mit 10n HNO_3/3% H_2O_2 durch, so werden die Elemente wie in Tab. 169 unter A angegeben extrahiert [41]. Extrahiert man aus 0,01n HCl-Lösung mit 1,5m BÄHP/Toluol 2 min und erfolgt die Rückextraktion mit 8n HCl, so werden die Elemente wie in Tab. 169 unter B angegeben ausgeschüttelt [7]. Unter den Extraktionsbedingungen von A wird Mo extrahiert und rückgeschüttelt. Es läßt sich aber entfernen, wenn man die von der Rückextraktion stammende HNO_3/H_2O_2-Lösung in eine HCl-Lösung überführt und das Mo(VI) aus 9n HCl-Lösung mit 1,5m BÄHP/Toluol quantitativ extrahiert, wobei Ce(III) in der wäßrigen Phase bleibt.

Tabelle 169. Extraktion der Elemente mit Bis(2-äthylhexyl)orthophosphorsäuren (BÄHP). A mit 0,75m BÄHP/n-Heptan aus 10n HNO_3/1m $KBrO_3$-Lösung und Rückschüttelung mit 10n HNO_3/3% H_2O_2-Lösung [41]; B mit 1,5m BÄHP/Toluol aus 0,01n HCl-Lösung und Rückschüttelung mit 8n HCl [7]

	A		B	
Element	% extrahiert	% rückgeschüttelt[1]	% extrahiert	% rückgeschüttelt[1]
Ce(III) u. a. S.E.	< 0,1		>99	>99
Ce(IV)	>99	>99		
Ba			< 1	< 1
Cs			< 1	< 1
I_2	< 1		< 1	< 1
Mo			>99	< 1
Np(IV)	97	0,1	>95	2,9
Pu(IV)	>99	< 0,1	7,7	1,9
Ru	< 2	< 2	< 1	< 1
Sr			< 1	< 1
Tc	< 1		< 1	< 1
Te	< 1		< 1	< 1
Th	>98	< 2	>99	< 1
U	>98	0,5	>99	< 1
Zr-Nb	>99	< 0,1	>99	< 1

[1] der ursprünglich vorhandenen Elementmenge.

Ce(III) wird aus 8n HCl-Lösung zu $<0{,}1\%$ extrahiert. Mitextrahiertes Ru entfernt man durch Abrauchen mit $HClO_4$. Durch 4stufige Extraktion mit BÄHP und Ultrasene (inertes organisches Lösungsmittel) wurde Pm von anderen radioaktiven Spaltprodukten abgetrennt ($E\%$) [*42*]: zuerst wird aus 1,65n HNO_3-Lösung mit 0,75m BÄHP/Ultrasene extrahiert, wobei die Hauptmenge von Y (96; $D = 25$), Zr (100), teilweise Nb (35) und wenig Ce(III) (2; $D = 0{,}02$) und Pm (5; $D = 0{,}05$) in die organische Phase übergehen; dann werden aus der auf 0,1n HNO_3 eingestellten wäßrigen Lösung mit 1,5m BÄHP/Ultrasene Ce(III) ($D > 1000$) und Pm ($D > 1000$) quantitativ ausgeschüttelt und Sr(100), Cs (100) und Ru (14) verbleiben in der wäßrigen Phase; durch Verdünnen mit Ultrasene wird der organische Extrakt auf 0,75m BÄHP eingestellt und daraus das Pm ($D < 0{,}03$) mit 10n HNO_3/0,1m $NaBrO_3$ rückgeschüttelt, wobei das gleichzeitig zur 4wertigen Stufe oxydierte Ce (98; $D > 1000$) vollständig, sowie Nb (65) und Ru (68) teilweise in der organischen Phase bleiben; die 10n HNO_3/0,1m $NaBrO_3$-Lösung wird schließlich mit 0,75m BÄHP/Ultrasene geschüttelt, wonach in der wäßrigen Phase die Hauptmenge an Pm (95) neben kleinen Mengen Ru (18) und Y (4) vorliegt [*42*]. Für eine Trennung der S.E. untereinander mit BÄHP/Toluol aus $HClO_4$-Lösung ist eine mehrstufige Extraktion oder die reversed phase-Chromatographie erforderlich [*42a*].

Aus 12m LiCl/0,1n HCl-Lösung werden die nachfolgenden Elemente mit 20% Triisooctylamin/Xylol in der Reihenfolge nach abnehmender Ausbeute (in %) extrahiert [*43*]: Am(III) (93,0), Cm(III) (93,5), Th(III) (66,6), Eu(III) (22,0), Pm(III) (21,3), Ce(III) (13,5), Y(III) (9,3) und Tm(III) (9,4). Durch 3malige Extraktion mit 20% Triisooctylamin/Xylol (mit 2n HCl gesättigt) aus 10,5m LiCl/0,002n HCl-Lösung kann Am(III) mit einer Ausbeute von $>98\%$ von Pm(III) weitgehend abgetrennt werden, wobei von letzterem $\sim 6\%$ in die organische Phase gehen. Führt man eine 2malige Extraktion aus 11,7m LiCl/0,1n HCl-Lösung durch und wäscht den organischen Extrakt 2mal mit 12m LiCl-Lösung, so werden Am und Cm mit einer Ausbeute von 96,5% ausgeschüttelt, während Ce, Pm, Eu, Y und Tm nur zu $\sim 3{,}1\%$ in die organische Phase übergehen. Eine noch bessere Trennung kann durch Wiederholung der Extraktion und des Waschvorganges erreicht werden. Durch Extraktion (3 min) mit 30% Aliquat 336-S-Nitrat(Tricaprylmethylammoniumnitrat)/Xylol aus 2n HNO_3/0,5m $NaBrO_3$-Lösung (organische Phase 1mal mit 2n HNO_3/0,5m $NaBrO_3$ gewaschen) wird Ce(IV) ($E\% = 99$) von Bk(IV) ($E\% = 2{,}3$) u. a. Elementen abgetrennt [*43a*], während U(VI) ($E\% = 80$), Np(VI) ($E\% = 99$) und Pu(VI) ($E\% = 96$) ebenfalls ausgeschüttelt werden. Aus der organischen Phase wird Ce(IV) mit 11n HCl rückgeschüttelt, wobei die Elemente in die wäßrige Phase mit folgenden Ausbeuten (in %) gehen: Ce(IV) (97), Cs ($<0{,}001$), Eu ($<0{,}05$), Fe ($<0{,}01$), Nb ($<0{,}01$), Sr ($<0{,}01$), U (1,7), Np (0,2), Pu (0,5), Am ($<0{,}2$), Cm ($<0{,}2$), Bk ($<0{,}1$), Cf ($<0{,}2$) und Zr ($<0{,}01$).

U läßt sich bei pH $\geqq 6$ als Diäthyldithiocarbamat durch Extraktion mit Isoamylalkohol/Benzol von den S.E. abtrennen [*6, 44*]. Hinsichtlich der Anwendung anderer Extraktionsreagentien zur Isolierung der S.E. s. a. S. 259ff.

Durch Elektrolyse mittels Hg-Kathode kann eine Reihe von Elementen von den S.E. abgetrennt werden, wie Ag, As, Au, Bi, Cd, Co, Cr, Cu, Fe, Ga, Ge, Hg, In, Ir, Mo, Ni, Os, Pd, Pt, Re, Rh, Sn, Tl und Zn, während die S.E. u. a. Elemente (Al, Ca, Mg, Th, U, Y, Zr) in Lösung bleiben (s. S. 57ff. und 390ff.).

Mittels Kationenaustauscher Dowex 50-X8 wurde U aus 2,5m HF-Lösung von den S.E. abgetrennt, wobei ersteres in den Durchlauf geht [*20*]. Ebenso erfolgt die Abtrennung von Zr als Fluorid mittels Kationenaustauscher [*11*]. Fe läßt sich von den S.E. mit Anionenaustauscher Dowex 2 [mit HCl (1,19) gesättigt] aus HCl (1,19) abtrennen, wobei die S.E. vollständig in den Durchlauf gehen [*22*]. Die Trennung von ^{144}Ce und ^{144}Pr

erfolgte mit Anionenaustauscher Dowex 1 (Nitratform) aus 9n HNO_3-Lösung [*45*]: nach Oxydieren des Ce zur 4wertigen Stufe mit $NaBrO_3$ in 9n HNO_3-Lösung wird diese durch die Säule geschickt, das nicht adsorbierte Pr mit 10 ml 9n HNO_3 ausgewaschen (<0,2% des Ce gehen dabei in die Waschlösung) und anschließend Ce(IV) mit 15 ml 3n HNO_3 (der 5 Tropfen Hydrazinhydrat zugesetzt sind) eluiert. Die einzelnen S.E. können voneinander und von Sc mit dem Kationenaustauscher Dowex 50 W-X 12 (<400 mesh, 3mal mit deionisiertem Wasser und 2mal mit 1m Ammoniumlactat, pH 3,2, gewaschen) auf folgende Weise getrennt werden [*22*]:

Vor dem Beschicken der Säule wird der Austauscher mit 1m Ammoniumlactat, pH 3,2 (Verhältnis Austauscher: Lösung ~ 1:3) gekocht. Die Säule (0,5 cm ∅, 60 cm lang) wird mit Hilfe eines Wassermantels erhitzt, der durch ein Heizband auf 80° C gehalten wird. Die durchlaufenden Lösungen werden mittels Stickstoff unter einem Druck von 0,35 Atm gehalten. Zu ~ 10 ml ~ 0,6n HCl-Probelösung fügt man 2 ml neutrales Austauschergemisch (~ 0,5 ml Dowex 50W-X12, <400 mesh, enthaltend), erhitzt zum Sieden, rührt, zentrifugiert und dekantiert. Unter Rühren wird das Austauscherharz mit ~ 10 ml heißem Wasser gewaschen, zentrifugiert und dekantiert. Man fügt unter Rühren 2 ml Wasser hinzu und entfernt Gasblasen durch Kochen. Vor dem Aufbringen der 0,5 ml Austauscherharz, auf dem die S.E. und Sc adsorbiert sind, auf die Säule, spült man letztere mit 1m Ammoniumlactat (pH 3,2), bis der Durchlauf einen konstanten pH-Wert von 3,2 aufweist (dies kann bis zu 12 Std dauern). Die S.E. und Sc werden mit 1m Ammoniumlactat eluiert (mit einer Geschwindigkeit von 3 Tropfen/min bzw. 0,5 ml/cm²/min), dessen anfänglicher pH-Wert von 3,2 um 0,08—0,1 pH-Einheiten/Std zunehmend verändert wird, indem man der 1m Ammoniumlactat-Lösung von pH 3,2 eine solche von pH 7 langsam zumischt. Mit Hilfe eines Fraktionssammlers werden vom Eluat jeweils 10 Tropfen in einzelnen Teströhren gesammelt. Die S.E. und Sc werden in der in Abb. 180 angegebenen Reihenfolge eluiert [*22*]. Besonders gut werden auf diesem Wege die zuletzt eluierten Elemente (Pm bis La) getrennt. Die Trennung Yb von Tm und Gd von Eu ist weniger scharf.

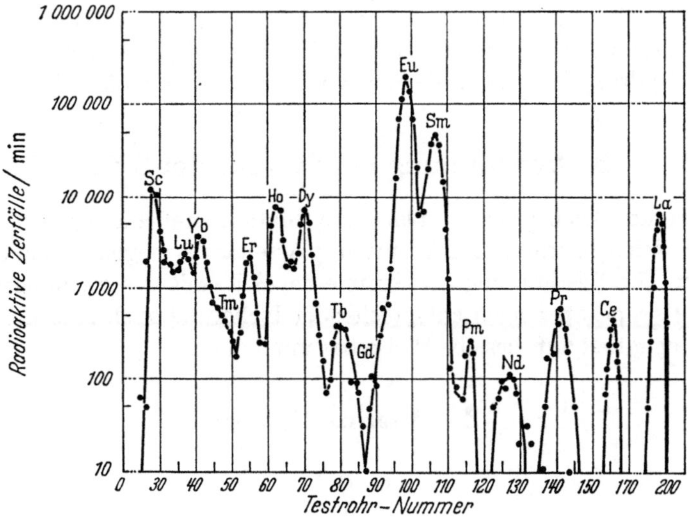

Abb. 180. Trennung der S.E. einer Meteoritenprobe nach vorangegangener Neutronenaktivierung mittels Ionenaustauscher Dowex 50 W—X 12 (<400 mesh) [*22*]

Mit Hilfe des Anionenaustauschers Dowex 1X8 (Harzbett 10 cm, 6 mm∅) läßt sich Ce(III) aus 95% Methanol/5% 5n HNO_3-Lösung von Fe u. a. Elementen abtrennen (20 ml Probelösung werden auf die Säule gegeben und mit 40—70 ml 95% Methanol/5% 5n HNO_3 nachgewaschen) [*45a*]: Ce(III) ($D = 843$), Pb ($D = 81$) und Bi ($D = 3100$) bleiben auf der Säule, während die Elemente

($D < 1$) Al, Ca, Cd, Co, Cr(III), Cu, Fe(III), Ga, In, Mg, Mn(II), Mo(VI), Ni, Ti, V(V), Zr sowie Sr ($D = 1$; 90 ml Waschlösung) in den Durchlauf gehen. Anschließend eluiert man Ce mit 50 ml 90% Methanol/10% 6n HCl, danach Pb mit 50 ml 1n HCl und Bi mit 50 ml 1n HNO_3.

Mit Dowex 1X8 können die S.E. und Th von U aus 0,5m K_2CO_3-Lösung abgetrennt werden, indem man mit 0,7m K_2CO_3- oder 0,4m Ammoniumcarbonat-Lösung eluiert (U bleibt auf der Säule) [*45b*]. Eine Trennung der S.E. in 2 Gruppen ist aus 65% Methanol/35% 3,5n HNO_3-Lösung mit dem Anionenaustauscher Deacidite FF (Nitratform, Harzbett 9 cm lang, 14 mm ⌀) möglich [*45c*]: Dy, Er, Eu, Gd, Sm und Y gehen in den Durchlauf, Ce, La, Nd und Pr bleiben auf der Säule und können anschließend mit Wasser eluiert werden. Zur Abtrennung von Sm, Eu, Gd, Dy und Er von ThF_4 fand eine Kombination von Anionenaustausch aus 8n HNO_3-Lösung mit anschließender TBP-Extraktion aus 7,2m $Al(NO_3)_3$/0,2n HNO_3-Lösung Anwendung [*45d*]; durch eine solche von Spurenfällung und Extraktion können 10–100 µg S.E. und Y von 84 mg Fe(III), 50 mg Cu, 20 mg Al, Ca, Mo, Nb und Ti, 15 mg Ni, 10 mg P, Th und W, 5 mg V(V), 2 mg Zn, 1 mg Cd, Co, Cr, Mn und Zr sowie 0,1 mg Sc (jedoch nicht von Pb und U) abgetrennt werden [*45e*]: die S.E. und Y werden als Fluoride mit 10 mg Ca als Spurenfänger aus 0,5n HNO_3/4n HF-Lösung ausgefällt, der Niederschlag in 0,1n HNO_3 gelöst, aus der Lösung Störelemente durch 2malige Extraktion mit 0,5m TTA/Xylol bei pH 1,3 und anschließend 2malige Extraktion mit Oxin/$CHCl_3$ bei pH 4,5 entfernt, danach die S.E. und Y 2mal mit 0,5m TTA/Xylol bei pH 4,5 extrahiert, aus der organischen Phase mit 1n HNO_3 rückgeschüttelt und anschließend die Bestimmung mit Arsenazo durchgeführt.

Zur Isolierung der S.E. findet auch die Spurenfällung häufig Anwendung. Hierzu werden vorwiegend folgende Fällungsarten eingesetzt: Ausfällung als Fluoride mit Ca, Sr, Ba [*45e, 45f*], Th [*18, 45g*] und Y [*17*] als Spurenfänger, als Oxalate mit Ca [*10*] und Ce(III) [*32*] als Spurenfänger, als Hydroxyde mit Al [*10, 21*] als Spurenfänger und als Oxinate mit La [*13*] als Spurenfänger. Durch 4malige abwechselnde Fällung als Fluoride und Hydroxyde wurden die S.E. von Sc abgetrennt [*22, 23*].

B. Bestimmung der Summe der S.E.

Die annähernd gleich großen molaren Extinktionskoeffizienten der Komplexe der einzelnen S.E. mit Alizarinsulfosäure und mit Arsenazo ermöglichen ohne große Fehler die photometrische Bestimmung der Summe der S.E. mit den nachfolgenden Arbeitsvorschriften. Es sind aber nach entsprechender Isolierung auch einzelne S.E. mit den genannten Reagentien auf dieselbe Weise bestimmbar.

I. Alizarinsulfosäure

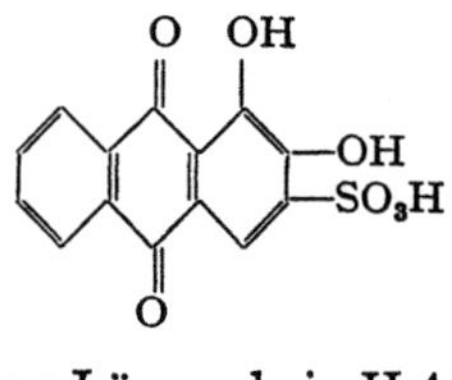

Die S.E. geben in acetathaltiger Lösung bei pH 4,7 mit Alizarinsulfosäure (Natriumsalz der 1,2-Dihydroxyanthrachinon-3-sulfosäure; Alizarinrot S) einen roten, wasserunlöslichen Komplex, dessen kolloidale Lösung jedoch mindestens 30 min stabil ist [*46*]. Der pH-Wert muß sehr genau eingehalten werden. Die Extinktionskurven der einzelnen

S.E. sind einander sehr ähnlich. Das Extinktionsmaximum des Nd-Komplexes liegt bei 535 nm (s. Abb. 181), die photometrische Bestimmung wird aber bei der günstigeren Wellenlänge von 550 nm vorgenommen. Der molare Extinktionskoeffizient ist für alle

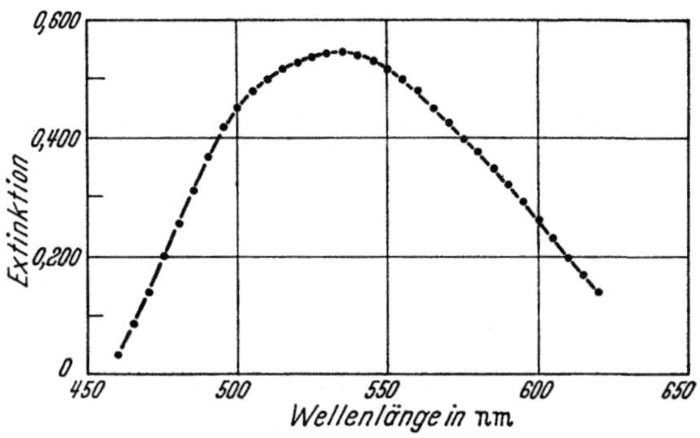

Abb. 181. Extinktionskurve von Nd + Alizarinsulfosäure [46]

S.E. annähernd gleich groß (für La $\varepsilon_{550} = 7200$ [46] bzw. $\varepsilon_{520} = 7900$ [47], für Nd $\varepsilon_{535} = 7900$ [46]). Das Beersche Gesetz ist im Bereich von 0,5—12 µg S.E./ml erfüllt. Die Farbe ist sofort nach dem Reagenszusatz voll entwickelt. Viele Elemente reagieren mit dem Reagens (s. S. 1043) und müssen deshalb abwesend sein.

Arbeitsvorschrift [46]

Reagentien

Alizarinsulfosäure, 0,10%ige wäßrige Lösung;
2m Essigsäure/2m Ammoniumacetat-Pufferlösung;
Phenolrot-Indicator, 0,02%ige wäßrige Lösung;
0,2n NaOH;
0,03n HCl.

Probenvorbereitung

a) Wenn die Probelösung einen großen Säureüberschuß enthält, wird sie mittels Oberflächenstrahler fast eingedampft, wenig Wasser zugesetzt und zur Trockene verdampft. Den Rückstand nimmt man mit Wasser auf und bringt auf ein bekanntes Volumen [3—5 ml Lösung sollen 5—100 µg S.E. (oder 4—80 µg Y) enthalten].

b) Liegen die Elemente als Oxalat-Niederschlag vor, so wird dieser mit dem Filter bei 900° C 15 min verascht, nachher mit wenigen Tropfen Wasser befeuchtet, mit HCl (1,19) gelöst und wie bei a) fortgefahren.

Farbentwicklung

Die schwach saure Probelösung [5—100 µg S.E. (oder 4—80 µg Y) enthaltend] versetzt man in einem 10 ml-Meßzylinder mit 1 Tropfen Phenolrot-Indicator und tropfenweise bis zum Farbumschlag nach Rot mit NaOH. Man fügt tropfenweise HCl bis zum Farbumschlag nach Gelb und dann 0,50 ml Pufferlösung sowie 2,00 ml Reagenslösung hinzu, füllt mit Wasser zur Marke auf und photometriert nach 5 min in einer 1 cm-Küvette bei 550 nm gegen den Blindwert.

II. Arsenazo

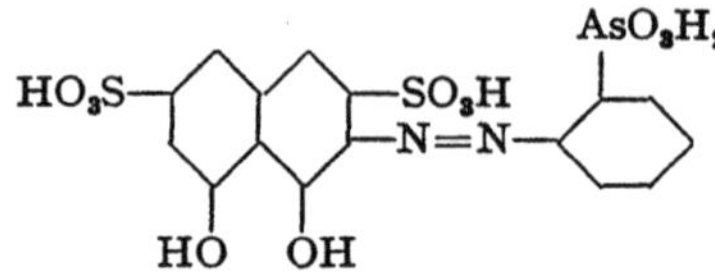

Arsenazo [Trinatriumsalz der 3-(o-Arsonophenylazo-)4,5-dihydroxy-2,7-naphthalindisulfosäure] bildet mit den S.E. in neutraler bis alkalischer Lösung violett gefärbte Komplexe [*6*]. Die Farbentwicklung wird am günstigsten bei pH 8 durchgeführt, da hier Schwankungen des pH-Wertes einen nur geringen Einfluß auf die Extinktion haben. Das Extinktionsmaximum des La-Komplexes liegt bei 550–560 nm (s. Abb. 182)

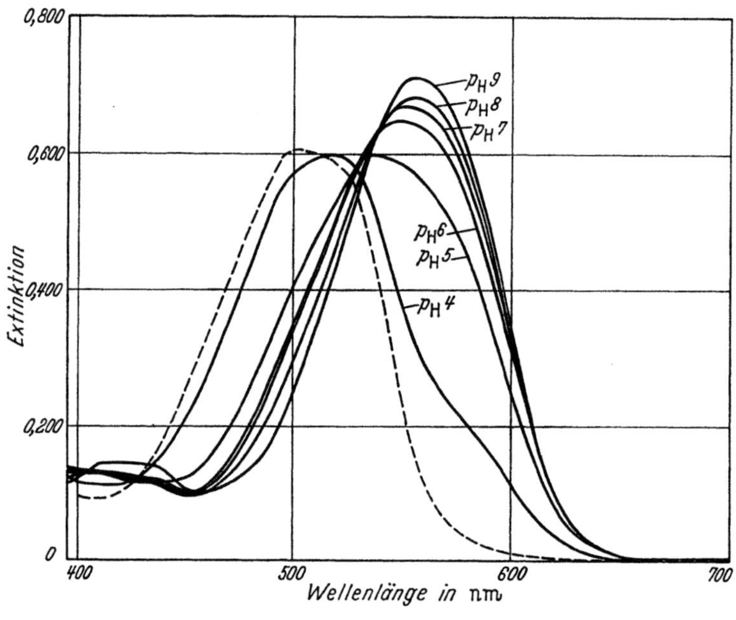

Abb. 182. **Extinktionskurven von La + Arsenazo bei verschiedenen pH-Werten und von Arsenazo bei pH 8 (– – –) [*6*]**

und des Yb-Komplexes bei 555–565 nm. Die photometrische Messung wird bei der günstigeren Wellenlänge von 570 nm durchgeführt. Mit Ausnahme von La (wegen des etwas anders gelegenen Extinktionsmaximums) zeigen die S.E. bei 570 nm annähernd gleich große molare Extinktionskoeffizienten: La 24700, Pr 25700, Nd 25600, Sm 25400, Dy 26200, Er 25400 und Yb 25000, weshalb die Summenbestimmung der S.E. ohne großen Fehler durchführbar ist. Bei der nachfolgenden Arbeitsvorschrift wird gemeinsam mit den S.E. auch Y bestimmt, dessen Arsenazo-Komplex bei 570 nm einen molaren Extinktionskoeffizienten von 25500 aufweist. Das Beersche Gesetz ist im Bereich von etwa 0,15–6 μg S.E./ml erfüllt. Fe u. a. störende Elemente werden durch Elektrolyse mit der Hg-Kathode entfernt. Die 100fache Menge U(VI) stört nicht, wenn es vorher durch Carbamat-Extraktion entfernt wird. Bis zu 50 μg Al/ml können mit Sulfosalicylsäure maskiert werden. Eine Störung von bis zu 160 μg Ca/ml und bis zu 100 μg Mg/ml läßt sich vermeiden, wenn die Bestimmung bei pH 5 (mit entsprechender Eichkurve und geringerer Empfindlichkeit) durchgeführt wird. Die Bestimmung wird gestört durch Th, Ti, Zr, F^-, PO_4^{3-} u. a. Anionen, die mit den S.E. unlösliche Niederschläge bilden. Die S.E. (La, Gd) und Th können nebeneinander bestimmt werden [*47a*], indem man zuerst das Th in 0,05n HNO_3-Lösung photometriert (Meßwert I; hier reagiert nur Th, jedoch nicht die S.E.), anschließend in einem getrennten Farbansatz bei pH 7,2 die Extinktion der Summe der S.E. + Th mißt (Meßwert II) und vom Meßwert II die dem Th allein entsprechende Extinktion (aus einer bei pH 7,2 aufgestellten Th-Eichkurve und der mit Meßwert I festgestellten Th-Menge ermittelt) abzieht. Zur Abtrennung der Störelemente vor der Bestimmung der S.E. mit Arsenazo wurde eine Kombination von Spurenfällung und Extraktion angewendet (s. S. 1080) [*45e*].

Mit Arsenazo wurden die S.E. in Stahl (0,01–0,1% S.E.) bestimmt [*45g*].

Arbeitsvorschrift [*6*]

Reagentien

Arsenazo, 0,1%ige wäßrige Lösung; das Reagens reinigt man durch Eintropfen einer gesättigten wäßrigen Lösung in HCl (1,19), filtriert den orange gefärbten Niederschlag ab, wäscht mit Acetonitril und trocknet 1—2 Std bei 110° C;

Triäthanolamin-Pufferlösung; man mischt gleiche Volumteile von 1m Triäthanolamin und 0,5n HNO_3;

5n HNO_3; 5n Ammoniak;

0,1m Sulfosalicylsäure;

1m $NaNO_3$;

DADDTC-Lösung; man mischt gleiche Volumteile von 1m CS_2 (in Äthanol) und 2m Diäthylamin (in Äthanol). Die Lösung wird täglich frisch hergestellt;

Isoamylalkohol/Benzol (1:1).

Die Probelösung (7,5—300 μg S.E. enthaltend) versetzt man in einem 50 ml-Meßkolben mit 2,0 ml Arsenazo-Lösung und 5 ml Triäthanolamin-Pufferlösung, verdünnt auf ~ 40 ml, stellt mit HNO_3 oder Ammoniak auf pH 8,0 ein, füllt mit Wasser zur Marke auf und photometriert in einer 1 cm-Küvette bei 570 nm gegen den Blindwert.

Wenn Al anwesend ist, fügt man vor dem Reagenszusatz 10 ml Sulfosalicylsäure-Lösung hinzu. In Anwesenheit von Ca oder Mg gibt man vor dem Reagenszusatz 10 ml $NaNO_3$-Lösung zur Probe und führt die Bestimmung bei pH 5 durch. Wenn anwesendes U abgetrennt werden soll, versetzt man 25 ml Probelösung (oder ein kleineres Volumen, bis etwa 1500 μg S.E. enthaltend) mit 10 ml Sulfosalicylsäure-Lösung und 10 ml DADDTC-Lösung, extrahiert bei pH 6 mit 50 ml Isoamylalkohol/Benzol, verwirft den organischen Extrakt, wiederholt die Extraktion mit 5 ml DADDTC-Lösung und 50 ml Isoamylalkohol/Benzol und führt die Bestimmung in der wäßrigen Lösung durch.

C. Ce — Cer

I. 8-Hydroxychinolin

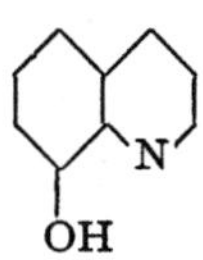

Ce(III) bildet mit 8-Hydroxychinolin (Oxin) einen in Wasser unlöslichen, mit $CHCl_3$ aus ammoniakalischer, citrathaltiger Lösung im Bereich von pH 9,9–10,5 mit rotbrauner Farbe quantitativ extrahierbaren Komplex [*48*] (s. S. 327ff.). Von den geprüften

Lösungsmitteln CCl_4, Benzol, Diäthyläther, Diisopropyläther und Cyclohexanol ist außer $CHCl_3$ nur noch das erstgenannte für eine Extraktion geeignet [*48*]. An anderer Stelle wurde Ce mit Oxin/Amylacetat bei pH 10,5 in Anwesenheit von Weinsäure extrahiert und der Extrakt bei 470 nm photometriert [*49*]. Das Extinktionsmaximum in $CHCl_3$ liegt bei 505 nm ($\varepsilon_{505} = 6000$) [*48*]. Das Beersche Gesetz gilt innerhalb 0,6–24 µg Ce/ml $CHCl_3$. Die Farbe ist bis 24 Std stabil. Ein Zusatz von 10 Vol.-% Aceton zum $CHCl_3$ verbessert die Extraktion des Ce, so daß eine Ausschüttelung genügt; doch muß wegen der Löslichkeit des Oxins in acetonhaltiger wäßriger Lösung eine erhöhte Oxinkonzentration im $CHCl_3$ angewendet werden. Die Störung des Fe wird durch Überführen in $[Fe(CN)_6]^{4-}$ beseitigt. Die Bestimmung von 20–200 µg Ce wird nicht gestört durch (mg) [*48*]: Al (6), As (0,4), Bi (~ 0,2), Co (2), Cr (7), Cu (6), Hg(II) (2), Mo (2), Ni (5), Pb (0,5), Sb (1,5), Se (0,6), Sn (0,5), Te (~ 0,5), Ti (1), V (0,3), W (2) und Zr (2). Bei $\leqq 0,3$ mg V soll sofort nach der Extraktion innerhalb von 5 min photometriert werden, da die durch V hervorgerufene Färbung beim Stehen stärker wird. $< 1,2$ mg Mn stört die Bestimmung nicht, bei höheren Gehalten muß Mn vorher durch Elektrolyse mittels Hg-Kathode entfernt werden. BO_3^{3-}, Cl^-, NO_3^-, SO_4^{2-}, PO_4^{3-} (bis 2% P) und SiO_3^{2-} stören nicht. F^- muß abwesend sein, da es die Reaktion hemmt.

Mit Oxin wurde Ce in Gußeisen [*48, 48a*], Stahl und Ferrolegierungen [*48a*] bestimmt,

1. Stahl

Das Ce wird mittels Anionenaustauscher isoliert und mit Oxin/$CHCl_3$ photometrisch bestimmt. Das Verfahren eignet sich für unlegierte und niedrig legierte Stähle. Es stören nicht: je 2,0% Al, Cr, Cu, Mn und Ni, je 1,0% Mo und Si, je 0,5% Ti und V, je 0,1% Nb, P und Sn.

B: 0,002–0,08% Ce. *s:* ±0,002% Ce.

Arbeitsvorschrift [*48b*]

Reagentien

HNO_3 (1,42); HCl (1,16); HCl (1 + 2); Eisessig; Ammoniak (0,88).
Citronensäure, 50%ige wäßrige Lösung.
$Na_2S_2O_4$
KCN, 20%ige wäßrige Lösung.
Oxin, 3%ig in $CHCl_3$.
Waschlösung; man mischt 33 ml HNO_3 + 67 ml Wasser + 500 ml Eisessig + 1200 ml Methanol.
Methanol.
Anionenaustauschersäule (20 mm ⌀, 30 cm lang); Dowex 1X10 (50—100 mesh), Harzbett ~ 25 ml. Die Säule wird der Reihe nach gespült mit 100 ml Wasser, 100 ml HNO_3 (1 + 2) und 100 ml Waschlösung. Auf dieselbe Weise erfolgt das Regenerieren der Säule.

0,5 g Probematerial werden in einem 250 ml-Becherglas mit 10 ml Wasser + 4 ml HNO_3 unter Erwärmen gelöst, kurz aufgekocht, nach dem Abkühlen unter Nachwaschen mit 120 ml Methanol in einen 1 l-Kolben filtriert, das Filter verworfen und zum Filtrat noch 50 ml Eisessig sowie 2 ml HNO_3 hinzugefügt. Man schickt die Lösung durch die Austauschersäule (5–10 ml/min), wäscht 5mal mit je 25 ml Waschlösung nach, verwirft Durchlauf und Waschfraktionen, stellt unter die Säule ein 400 ml-Becherglas und eluiert das Ce mit 25 ml Wasser und 4mal 25 ml HCl (1 + 2). Das Eluat wird mit 3 ml Citronensäurelösung versetzt, auf ~ 10 ml eingedampft, abgekühlt, 2–3 Tropfen Phenolphthaleinlösung (0,1%ige alkoholische Lösung) hinzugefügt und Ammoniak bis zum Farbumschlag nach rosa zugegeben. Man löst nun 1 g $Na_2S_2O_4$ in der Lösung auf, versetzt mit 5 ml KCN-Lösung, erhitzt gerade bis zum Sieden, kühlt ab und stellt mit 4,0 ml

Ammoniak auf pH 9,9–10,3 ein. Die Lösung wird in einen 100 ml-Schütteltrichter übergeführt, mit Wasser auf 50 ml verdünnt, mit 20,0 ml Oxinlösung 1 min extrahiert, der organische Extrakt durch ein Filter filtriert und in einer 1 cm-Küvette bei 490 nm gegen Oxinlösung photometriert. Ein Blindwert wird abgezogen. Bei kleinen Ce-Gehalten kann man wahlweise mit 10,0 ml Oxinlösung extrahieren und in einer 2 cm-Küvette photometrieren.

II. Peroxodisulfat-Verfahren

Ce(III) läßt sich in 0,1–1 n H_2SO_4-Lösung in Anwesenheit von Ag als Katalysator mit $S_2O_8^{2-}$ zu Ce(IV) oxydieren und die hierdurch entstehende Gelb- bis Orangefärbung photometrieren [*50–52*]. Im Bereich von 0,1–6 n H_2SO_4 hat die Säurekonzentration einen nur geringen Einfluß auf das Ergebnis [*51*]. Das Extinktionsmaximum liegt bei 312–320 nm ($\varepsilon_{320} = 5580$ [*51*]; s. Abb. 183). Das Beersche Gesetz ist im Bereich von

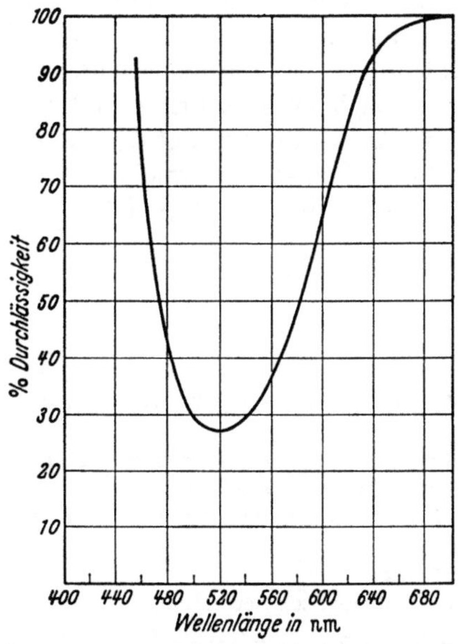

Abb. 183. Durchlässigkeitskurve von $Ce(SO_4)_2$ in 1 n H_2SO_4 [*51*]

0,6–25 μg Ce/ml erfüllt. Die Farbe ist 10–20 min stabil. Da $S_2O_8^{2-}$ im gleichen Bereich eine Absorption aufweist, soll dessen Menge möglichst klein gewählt oder der Überschuß nach der Oxydation zerstört werden. Wegen seiner Eigenabsorption stört auch NO_3^-, weshalb dieses sowie Ammoniak abwesend sein müssen und anstelle von $(NH_4)_2S_2O_8$ für die Oxydation $K_2S_2O_8$ Verwendung findet. Bis zu 0,02 m NH_4^+ verursacht noch keine Störung [*51*]. Die Bestimmung wird gestört durch Cr(VI), Cu(II), Fe(III), Mn(II), Mn(VII), Th(IV), U(VI), V(V), Cl^-, F^- und PO_4^{3-}. Ein Teil der Störung durch die genannten Kationen kann durch Messung bei 340–350 nm vermindert werden. Organische Substanz und andere reduzierende Stoffe müssen abwesend sein [*51*].

Das Verfahren fand zur Bestimmung von Ce in Uran Anwendung [*52*].

Arbeitsvorschrift [*51*]

Reagentien

$AgNO_3$, 0,25%ige wäßrige Lösung;
$K_2S_2O_8$, 2,4%ige wäßrige Lösung.

8—10 ml Probelösung (~ 1n H_2SO_4; 6—250 μg Ce enthaltend) versetzt man in einem 30 ml-Becherglas mit 0,2 ml $AgNO_3$-Lösung und 1 ml $K_2S_2O_8$-Lösung, fügt ein Siliciumcarbid-Siedesteinchen hinzu, bedeckt mit einem Uhrglas, kocht 5—10 min (wenn nötig unter Zusatz von Wasser, um das Volumen auf 6—10 ml zu halten), kühlt 5 min in fließendem Wasser ab, füllt mit Wasser auf 10,0 ml auf und photometriert in einer 1 cm-Quarzküvette bei 320 nm gegen den Blindwert.

1. Stahl und Chrom-Nickel-Legierungen

Das folgende Verfahren eignet sich für unlegierte und legierte Stähle sowie Legierungen mit bis zu 30% Cr, 80% Ni, 20% Mn, 20% W, 11% Co, 10% Mo, 4% V, 2% Nb, 2% Cu, 3% B, 5% Si, 3% Ti, 1% Mg, 1% Ca, 1% Zr, 1% Pb und 5% Al. Das Ce wird durch Fluoridfällung mit La als Spurenfänger isoliert (Ausbeute ~ 95%). Zur Berücksichtigung der Färbung anderer Elemente wird Ce(IV) mit NaN_3 reduziert, wobei Cr(VI) in der 6wertigen Stufe bleibt. Die Extinktionsdifferenz vor und nach der Reduktion dient als Meßwert. Für die nach der Vorschrift erhaltene Eichkurve ist das Beersche Gesetz nicht streng erfüllt; die Auswertung erfolgt deshalb mit der Eichkurve oder einer davon abgeleiteten quadratischen Näherungsformel (s. Arbeitsvorschrift).

B: 1—2500 ppm Ce. *s:* ±0,7 ppm Ce bei 3 ppm Ce; ±10—20 ppm Ce bei 500 bis 2500 ppm Ce.

Arbeitsvorschrift [*53*]

Reagentien

HCl (1,19); HCl (1 + 1); HNO_3 (1,40); H_2SO_4 (1,84); H_2SO_4 (1 + 1); $HClO_4$ (60%); HF (40%); NH_4F.
La-Lösung; 5,0 g La_2O_3 versetzt man mit 50 ml Wasser und 30 ml H_2SO_4 (1,84), erhitzt bis zum Rauchen, kühlt ab und füllt mit Wasser auf 500 ml auf.
Waschflüssigkeit; man mischt 400 ml Wasser, 100 ml HF (40%) und 30 g NH_4F (Kunststoffflasche).
$AgNO_3$, 0,1%ige wäßrige Lösung.
$(NH_4)_2S_2O_8$, 25%ige wäßrige Lösung.
NaN_3, 2,5%ige wäßrige Lösung (täglich frisch hergestellt).

1. *Grundvorschrift.* a) 5,0 g Späne (bei wolframhaltigen Stählen wird mit der Vorschrift 2. begonnen) werden in einem 600 ml-Becherglas (hohe Form) in 80 ml HCl (1 + 1) heiß gelöst und mit 20 ml HNO_3 oxydiert.

b) Nachdem die Lösung etwas abgekühlt ist, werden 40 ml $HClO_4$ zugegeben, bis zum Auftreten der roten Chromatsalze erhitzt, das Becherglas mit einem Uhrglas bedeckt und der Inhalt weitere 10 min kräftig abgeraucht. Die abgekühlte Probe wird mit etwa 50 ml Wasser verdünnt, bis zum völligen Lösen der Salze erhitzt und dann wieder abgekühlt. Nun gibt man bei Proben mit mehr als 0,5% Si portionsweise 1—2 ml HF zur Lösung der ausgefallenen Kieselsäure und filtriert anschließend durch ein weitporiges Filter (z. B. S & S Schwarzband). (Bei Legierungen mit 1—5% Al wird nach der Vorschrift 3. weitergearbeitet.)

c) Das Filtrat wird in einem 250 ml-Kunststoffbecher, der bei 100 ml mit einer Strichmarke versehen ist, aufgefangen und das Filter mit Wasser ausgewaschen, bis das Volumen 100 ml beträgt. Nach Zusatz von 10 ml HF wird die Lösung unter Zuhilfenahme eines elektrischen Schnellrührers (etwa 2700 U/min) mit einem PVC-Rührstab kräftig bewegt. Anschließend werden in einem Guß 5 ml La-Lösung zugesetzt. Nach 5 min dauerndem Rühren gibt man ohne Unterbrechung des Rührens 5 g NH_4F zu und läßt weitere 5 min rühren. Der Rührstab wird mit max. 15 ml Wasser abgespült. Nach 30 min Standzeit wird durch ein dichtes 9 cm-Filter (z. B. S & S Blauband; in einem Kunststofftrichter) filtriert und das Filtrat verworfen. Das Filtrieren und Auswaschen dauert etwa 2—3 Std.

d) Der Niederschlag wird mit etwa 100 ml Waschflüssigkeit ausgewaschen, bis das Filtrat wasserklar und nicht mehr gelblich gefärbt abläuft. Zur weitgehenden Entfernung der im Filterpapier noch haftenden Flußsäure wird einmal mit etwa 10 ml Wasser nachgewaschen. Wenn das Waschwasser aus dem Filter völlig abgelaufen ist, überführt man es in ein 100 ml-Becherglas (hohe Form), setzt 20 ml HNO_3 hinzu und dampft zur Zerstörung des Papiers auf 3—4 ml ein. Nach kurzem Abkühlen fügt man 3 ml $HClO_4$ hinzu und engt nochmals bis zum beginnenden Rauchen ein. Zu der abgekühlten Lösung werden dann 10 ml H_2SO_4 (1 + 1) gegeben, bis zum Rauchen der H_2SO_4 auf der Asbestplatte erhitzt und dann auf der Heizplatte ohne Asbest weiter erhitzt, bis ein eingetauchtes Thermometer 210° C anzeigt. Nach dem Abkühlen wird mit etwa 50 ml Wasser verdünnt. Die meistens trübe Lösung wird durch ein dichtes Filter (Blauband) in einen 250 ml-Meßkolben filtriert und mit Wasser bis zu einer seitlich bei 100 ml Inhalt angebrachten Strichmarke nachgewaschen. Nach Zusatz von 1 ml $AgNO_3$-Lösung erhitzt man auf der Heizplatte bis zum Sieden und fügt zur kochenden Lösung vorsichtig (Siedeverzug!) 15 ml $(NH_4)_2S_2O_8$-Lösung hinzu. Anschließend wird noch 5 min gekocht, dann abgekühlt, mit Wasser bis zur 250 ml-Marke aufgefüllt und gemischt. Innerhalb der nächsten Stunde wird in einer 1 cm-Küvette (bei $< 0{,}001\%$ Ce nimmt man eine 5 cm-Küvette und dividiert die Extinktionsdifferenzen durch 5 bevor man die Formeln anwendet) bei 320 nm (mit Elko II-Photometer, Zeiss, Glühlampe und Filter S 38 E) gegen Wasser photometriert (= Extinktion A). Zu der im 250 ml-Meßkolben verbliebenen Lösung werden 0,5 ml NaN_3-Lösung zugesetzt. Nach dem Mischen wird diese Lösung sofort, jedoch spätestens 2 min nach dem Azidzusatz, unter den gleichen Bedingungen nochmals photometriert (= Extinktion B).

Berechnung bei Verwendung des Elko II-Photometers mit Filter S 38 E:

$$E = \text{Extinktion } A - \text{Extinktion } B.$$

Bei Anwendung der Vorschrift 1.:

$$\%\,\text{Ce} = 0{,}315 \cdot E + 0{,}018 \cdot E^2.$$

Bei Anwendung der Vorschriften 1. und 2. bzw. 1. und 3.:

$$\%\,\text{Ce} = 0{,}316 \cdot E + 0{,}022 \cdot E^2.$$

Anmerkung. Falls die oxydierte Lösung nicht rein gelb, sondern rot oder violettstichig sein sollte, wird noch zusätzlich bei 530 nm (Filter S 53 E) vor und nach der Reduktion mit Azid gemessen. Ergeben sich unterschiedliche Extinktionswerte, so muß mit der Anwesenheit von Mangan gerechnet werden. Dann ist mit Minderbefunden an Cer zu rechnen und die Analyse zu wiederholen.

2. *W-haltiger Stahl.* 5,0 g Stahl werden in einem 600 ml-Becherglas (hohe Form) in 80 ml HCl (1 + 1) heiß gelöst, weitgehend (auf etwa 20—30 ml) eingedampft, mit 20 ml HNO_3 oxydiert und langsam auf etwa 20—30 ml eingeengt. Die an der Wandung des Becherglases gebildete Kruste wird mit wenig heißer HCl (1 + 20) abgespült und anschließend mit 60 ml heißem Wasser verdünnt. Bei mäßiger Wärme läßt man die Wolframsäure etwa 30 min absitzen. Jetzt wird durch zwei ineinandergelegte weitporige (Schwarzband) 12,5 cm-Filter und etwas Filterflocken in ein 600 ml-Becherglas filtriert. Die Filter werden beim Einlegen mit HCl (1 + 20) angefeuchtet und nach dem Abfiltrieren mit HCl (1 + 20) ausgewaschen. Das Filtrat wird auf 20—30 ml eingedampft und nach der Grundvorschrift 1. mit Abschnitt b) fortgefahren.

3. *Stahl mit 1—5% Al.* Das Filtrat nach Abschnitt b) der Grundvorschrift 1. wird in einem 500 ml-Kunststoffbecher aufgefangen und das Filter mit Wasser ausgewaschen. Die Lösung wird bis auf etwa 450—460 ml mit Wasser verdünnt und mit dem Zusatz von 10 ml HF nach c) und anschließend nach d) der Grundvorschrift 1. fortgefahren. Das sehr langwierige Filtrieren und Auswaschen dauert etwa 7—9 Std. (Man beachte den nächsten Abschnitt!)

Zur Vereinfachung der längeren Filtration kann man das folgende selbsttätige Verfahren anwenden: Die 500 ml Lösung werden in eine 500 ml-Kunststoffflasche, die wie folgt vorbereitet wird, übergespült. Der Schraubverschluß einer handelsüblichen 500 ml-Enghals-Polyäthylenflasche wird zweimal so durchbohrt, daß ein Polyäthylenrohr mit 1,5 mm und ein anderes mit 5 mm lichtem Durchmesser stramm und dicht eingepaßt werden kann. Das 1,5 mm-Rohr ist 35 mm lang und reicht 1—2 mm, das 5 mm-Rohr ist 30 mm lang und reicht 10 mm in die Flasche hinein. — Die gefüllte und mit dem vorbereiteten Verschluß versehene Flasche wird mit den Rohren nach unten über den mit einem Filter versehenen Kunststofftrichter mit einer großen Stativklemme bzw. einem Stativring befestigt. Das Ende des kürzeren 5 mm-Rohres muß etwa 1 cm unter dem Filterrand liegen. Es ist darauf zu achten, daß keines der Rohre das Filter berührt und beschädigen kann. Durch das 1,5mm-Rohr fließt die Lösung aus, bis sie den unteren Rand des 5 mm-Rohres erreicht. Fällt der Flüssigkeitsspiegel, läuft automatisch durch das 1,5 mm-Rohr Lösung nach, und durch das 5 mm-Rohr gelangt das entsprechende Luftvolumen in die Flasche. Um dieses Wechselspiel in Gang zu bringen, ist es beim ersten Mal evtl. nötig, die Flasche leicht einzudrücken. Die selbsttätige Filtration läßt sich ohne Aufsicht über Nacht vornehmen.

III. Indirekte Bestimmung mit 1,10-Phenanthrolin

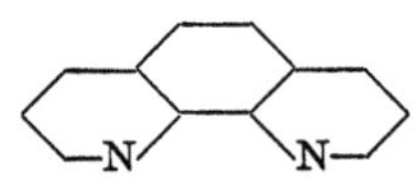

Ce(IV) oxydiert das im Fe(II)-Phenanthrolin-Komplex $[FePh_3]^{2+}$ gebundene Fe(II) bei pH 2,3 zu Fe(III). Durch diese Reaktion wird die durch den Komplex rot gefärbte Lösung proportional der anwesenden Ce-Menge entfärbt, so daß Ce auf photometrischem Wege indirekt bestimmt werden kann [*54*]. Bis zu 80 µg Ce(III) in 4 ml 0,3n H_2SO_4-Lösung können quantitativ zu Ce(IV) oxydiert werden, wenn man die Lösung nach der Arbeitsvorschrift mit $(NH_4)_2S_2O_8$ und Ag_2SO_4 (als Katalysator) versetzt und 5 min auf dem siedenden Wasser erhitzt. Unter diesen Arbeitsbedingungen ist der Überschuß an Persulfat in 5–7 min zerstört. Beim Erhitzen mittels Heizplatte ist die Oxydation unvollständig. Der Komplex $[FePh_3]^{2+}$ ist im Bereich von pH 2–9 stabil (über seine Eigenschaften s. S. 696ff.), unterhalb pH 2 zersetzt er sich teilweise. Da Ce bei pH 2,5 als Hydroxyd ausfällt, kann die Bestimmung nur im Bereich von pH 2,0–2,4 durchgeführt werden. Die photometrische Messung erfolgt bei 510 nm ($\varepsilon_{510} = 11100$). Das Beersche Gesetz ist im Bereich von 0,3–8 µg Ce/ml erfüllt. Bei pH 2,3 ist die Farbe 1 Std stabil.

Die Bestimmung wird nicht gestört durch je 20 mg an Ca, K, Mg, Na, Pb, je 10 mg an Al, Fe(III), Ti(IV), je 1 mg an Ag, Be, Cd, Co, Cu(II), Hg(II), Mo(VI), Ni, Re(VII), Se(VI), Te(VI), Zn, 200 µg Ga, je 100 µg an Gd, Ge, In, La, Sc, Tl(I) und U(VI). Den Farbkomplex oxydierende oder durch $S_2O_8^{2-}$ oxydierbare Ionen stören. Cr und Mn müssen abwesend sein. V stört in geringerem Ausmaß. 1 mg VO_3^- täuscht 14 µg Ce vor. Cl^-, Oxalat, Citrat und Tartrat stören infolge Reduktion des Ce(IV). F^- bleicht den Farbkomplex. ClO_4^- verursacht Trübungen. Bei Anwesenheit der erwähnten störenden Anionen müssen diese durch 2maliges Abrauchen mit H_2SO_4 (1,84) entfernt werden.

Arbeitsvorschrift [*54*]

Reagentien

Ag_2SO_4, 0,0145%ige wäßrige Lösung (100 µg Ag/ml);

$(NH_4)_2S_2O_8$, 2%ige wäßrige Lösung; vor Gebrauch frisch hergestellt;

Fe(II)-Phenanthrolin-Lösung; 1,0 g Phenanthrolin und 0,0653 g $(NH_4)_2Fe(SO_4)_2 \cdot 6\,H_2O$ werden in 250 ml 0,1n H_2SO_4 gelöst;

4,5m Natriumacetat; 153 g Natriumacetattrihydrat werden in Wasser gelöst und auf 250 ml aufgefüllt;

H_2SO_4 (1,84).

In einem 25 ml-Erlenmeyerkolben versetzt man 4 ml Probelösung (Säurekonzentration $\leqq$ 0,1n; 3–80 µg Ce enthaltend) mit 0,13 ml H_2SO_4, 0,5 ml Ag_2SO_4-Lösung, sowie 1 ml $(NH_4)_2S_2O_8$-Lösung und erhitzt 10 min im siedenden Wasserbad. Nach dem Abkühlen wird die Lösung unter Nachwaschen mit höchstens 2 ml Wasser in einen 10 ml-Meßzylinder übergeführt, 1,0 ml Fe(II)-Phenanthrolin-Lösung und 1 ml Natriumacetat-Lösung hinzugefügt, mit Wasser zur Marke aufgefüllt und innerhalb 30 min in einer 1 cm-Küvette bei 510 nm gegen Wasser photometriert. Ein Blindwert wird in Abzug gebracht.

D. Verschiedenes

Als photometrische Reagentien sind noch zu erwähnen: Thorin (für La) [*55*], Methylenblau/Benzol [für Ce(IV)] [*31, 56*], Salicylfluoron [2,6,7-Trihydroxy-9-(o-hydroxyphenyl)fluoron] (für S.E. einzeln oder als Summe) [*57*], Veratrol (o-Dimethoxybenzol) [für Ce(IV)] [*58*], Arsenazo III [2,7-Bis(o-arsonophenylazo)-1,8-dihydroxynaphthalin-3,6-disulfosäure] (für La, Ce, Gd, Tb und Yb) [*59*], Brompyrogallolrot [für Ce(III), Nd, Sm, Eu, Gd und Tb] [*60*], PAN/Äther [*61*], 4-(2-Pyridylazo)resorcinol [für S.E., $\varepsilon_{515} = 15500$ (für Pr) -50000 (für Er)] [*62*], TTA/Xylol (für Ce, $\varepsilon_{440} = 9300$) [*63*], o-Tolidin (für Ce nach Isolierung durch Oxalatfällung) [*66*], 2-Naphthoyltrifluoraceton-TOPO/Benzol [fluorimetrisch; Hg-Lampe/565 nm (für Sm) und 615 nm (für Eu)] [*35*] (s. a. S. 1076) und $Ce(ClO_4)_3$ (fluorimetrisch; 260 nm/335 nm, Bestimmung von $\geqq 0{,}1$ ppm Ce in Y_2O_3) [*64*].

Eu wurde polarographisch in Monazit, Samarskit und Rohoxyden der S.E. bestimmt [*65*]. Mittels Flammenphotometrie erfolgte die Bestimmung von La in Monazitsand [*34*] und in Stahl [*31*].

Literatur

1. Fischer, W., Dietz, W., Jübermann, O.: Naturwiss. **25**, 348 (1937).
2. Appleton, D. B., Selwood, P. W.: J. Am. chem. Soc. **63**, 2029 (1941).
3. Templeton, C. C., Peterson, J. A.: J. Am. chem. Soc. **70**, 3967 (1948).
4. Templeton, C. C.: J. Am. chem. Soc. **71**, 2187 (1949).
5. Fischer, W., Braune, G., Dietz, W., Jübermann, O., Krause, G., Niemann, K. E., Siekemeier, G.: Angew. Chem. **66**, 317 (1954).
6. Fritz, J. S., Richard, M. J., Lane, W. J.: Analyt. Chem. **30**, 1776 (1958).
7. McCown, J. J., Larsen, R. P.: Analyt. Chem. **33**, 1003 (1961).
8. Fassel, V. A., Wilhelm, H. A.: J. Opt. Soc. Am. **38**, 518 (1948).
9. Fassel, V. A., Cook, H. D., Krotz, L. C., Kehres, P. W.: Spectrochim. Acta **5**, 201 (1952).
10. Waring, C. L., Mela, H., Jr.: Analyt. Chem. **25**, 432 (1953).
11. Hettel, H. J., Fassel, V. A.: Analyt. Chem. **27**, 1311 (1955).
12. Fassel, V. A., Quinney, B. B., Krotz, L. C., Lentz, C. F.: Analyt. Chem. **27**, 1010 (1955).
13. Lerner, M. W., Petretic, G. J.: Analyt. Chem. **28**, 227 (1956).
14. Butler, J. R.: Spectrochim. Acta **9**, 332 (1957).
15. Kniseley, R. N., Fassel, V. A., Quinney, B. B., Tremmel, C., Gordon, W. A., Hayles, W. J.: Spectrochim. Acta **12**, 332 (1958).
16. Kniseley, R. N., Fassel, V. A., Tabeling, R. W., Hurd, B. G., Quinney, B. B.: Spectrochim. Acta **13**, 300 (1959).
17. Wood, D. F., Turner, M.: Analyst **84**, 725 (1959).
18. Lerner, M. W., Pinto, L. J.: Analyt. Chem. **31**, 549 (1959).
19. Kniseley, R. N., Fassel, V. A., Lentz, C. F.: Spectrochim. Acta **16**, 863 (1960).
20. Carter, J. A., Dean, J. A.: Appl. Spectroscopy **14**, 50 (1960).
21. Pitwell, L. R.: Analyst **86**, 137 (1961).
22. Mosen, A. W., Schmitt, R. A., Vasilevskis, J.: Analyt. chim. Acta **25**, 10 (1961).
23. Noddack, I.: Z. anorg. allg. Chem. **225**, 337 (1935).
24. Rasin-Streden, R., Dauschan, W., Zemek, O.: Mikrochim. Acta (Wien) **1956**, 512.
25. Specker, H., Kuchtner, M.: Z. anal. Chem. **144**, 25 (1955).
26. Imre, L.: Z. anorg. allg. Chem. **164**, 214 (1927).
27. Wylie, A. W.: J. chem. Soc. **1951**, 1474.
28. Gryder, J. W., Dodson, R. W.: J. Am. chem. Soc. **73**, 2890 (1951).
29. Bock, R., Meyer, K.: Chem.-Ing.-Techn. **25**, 141 (1953).
30. Glendenin, L. E., Flynn, K. F., Buchanan, R. F., Steinberg, E. P.: Analyt. Chem. **27**, 59 (1955).
31. Takeyama, S., Sudo, E., Goto, H.: Sci. Rep. Res. Inst. Tohoku Univ., Ser. **A 12**, 407, 416 (1960); ref. Z. anal. Chem. **183**, 392 (1961).
32. Smith, G. W., Moore, F. L.: Analyt. Chem. **29**, 448 (1957).
33. Khopkar, S. M., De, A. K.: Analyt. Chem. **32**, 478 (1960).
34. Menis, O., Rains, T. C., Dean, J. A.: Analyt. Chem. **31**, 187 (1959).

35. SHIGEMATSU, T., MATSUI, M., WAKE, R.: Analyt. chim. Acta **46**, 101 (1969).
36. PEPPARD, D. F., FARIS, J. P., GRAY, P. R., MASON, G. W.: J. physic. Chem. **57**, 294 (1953).
37. PFEIFER, V.: Mikrochim. Acta (Wien) **1970**, 1232.
38. —
39. SCADDEN, E. M., BALLOU, N. E.: Analyt. Chem. **25**, 1602 (1953).
40. —
41. McCOWN, J. J., LARSEN, R. P.: Analyt. Chem. **32**, 597 (1960).
42. BRITT, R. D., Jr.: Analyt. Chem. **33**, 602 (1961).
42a. PIERCE, T. B., PECK, P. F.: Analyst **88**, 217 (1963).
43. MOORE, F. L.: Analyt. Chem. **33**, 748 (1961).
43a. MOORE, F. L.: Analyt. Chem. **41**, 1658 (1969).
44. LACOSTE, R. J., EARING, M. H., WIBERLEY, S. E.: Analyt. Chem. **23**, 871 (1951).
45. MACDONALD, D.: Analyt. Chem. **33**, 1807 (1961).
45a. AHLUWALIA, S. S., KORKISCH, J.: Analyt. chim. Acta **31**, 552 (1964).
45b. TAKETATSU, T.: Talanta **10**, 1077 (1963).
45c. EDGE, R. A.: Analyt. chim. Acta **29**, 321 (1963).
45d. EDGE, R. A.: Analyt. chim. Acta **28**, 278 (1963).
45e. ONISHI, H., BANKS, C. V.: Talanta **10**, 399 (1963).
45f. STEINBERG, R. H.: Appl. Spectroscopy **7**, 163 (1953).
45g. BORNONG, B. J., MORIARTY, J. L.: Analyt. Chem. **34**, 871 (1962).
46. RINEHART, R. W.: Analyt. Chem. **26**, 1820 (1954).
47. KAWASHIMA, T., OGAWA, H., HAMAGUCHI, H.: Talanta **8**, 552 (1961).
47a. ONISHI, H., NAGAI, H., TOITA, Y.: Analyt. chim. Acta **26**, 528 (1962).
48. WESTWOOD, W., MAYER, A.: Analyst **73**, 275 (1948).
48a. GREEN, H.: Metallurgia 73, 223 (1967).
48b. WILLIS, R. R.: BISRA Res. Rept. GS/EX/100/70/C.
49. MISUMI, S.: J. chem. Soc. Japan, pure Chem. Sect. **74**, 67 (1953).
50. FREEDMAN, A. J., HUME, D. N.: Analyt. Chem. **22**, 932 (1950).
51. MEDALIA, A. I., BYRNE, B. J.: Analyt. Chem. **23**, 453 (1951).
52. HURÉ, J., JAMES-SCHONBERG, R. S.: Analyt. chim. Acta **9**, 415 (1953).
53. GRÄBNER, H. J.: Z. anal. Chem. **201**, 401 (1964).
54. CULKIN, F., RILEY, J. P.: Analyt. chim. Acta **24**, 167 (1961).
55. SANGAL, S. P., DEY, A. K.: Chim. analytique **46**, 223 (1964).
56. VERNON, F.: Analyt. chim. Acta **48**, 425 (1969).
57. ZAIKOVSKIJ, F. V., SADOVA, G. F.: J. anal. Chim. (USSR) **16**, 29 (1961); ref. Anal. Abstr. **8**, 3212 (1961).
58. GRIGG, J.: Analyst **78**, 470 (1953).
59. SAVVIN, S. B.: Talanta **8**, 673 (1961).
60. HERRINGTON, J., STEED, K. C.: Analyt. chim. Acta **22**, 180 (1960).
61. SHIBATA, S.: Analyt. chim. Acta **28**, 388 (1963).
62. MUNSHI, K. N., DEY, A. K.: Analyt. Chem. **36**, 2003 (1964).
63. ONISHI, H., BANKS, C. V.: Analyt. Chem. **35**, 1887 (1963).
64. CUKOR, P., WEBERLING, R. P.: Analyt. chim. Acta **41**, 404 (1968).
65. ATHAVALE, V. T., DHANESWAR, R. G., MEHTA, M. M.: Analyt. chim. Acta **23**, 71 (1960).
66. BLAZEJAK-DITGES, D.: Z. anal. Chem. **251**, 11 (1970).

Si — Silicium

Tabelle 170. Empfindlichkeit S_M und Bestimmungsgrenze L_Q der Verfahren

Verfahren	μg Si · ml⁻¹ · cm⁻¹	
	S_M	L_Q
α-Silicomolybdänsäure	0,0096 (370 nm); 0,018 (390 nm); 0,045 (415 nm)	0,24 (370 nm); ~ 0,45 (390 nm); 1,12 (415 nm)
β-Silicomolybdänsäure	0,0026 (332 nm); 0,0037 (350 nm); 0,0060—0,0096 (370—390 nm); 0,0124—0,0160 (400—415 nm)	0,065 (332 nm); 0,094 (350 nm); 0,15 —0,24 (370—390 nm); 0,31 —0,40 (400—415 nm)
Silicomolybdänblau	0,0024 (691 nm); 0,0018 (730 nm); 0,0010—0,0013 (800—812 nm); 0,0013—0,0014 (815—820 nm)	0,060 (691 nm); 0,046 (730 nm); 0,026—0,032 (800—812 nm); 0,033—0,035 (815—820 nm)
Silicomolybdänblau-Polyglykol-laurylamin/$CHCl_3$	0,0015 (770—780 nm)	0,038 (770—780 nm)

A. Trennungen

Mit Hilfe der bereits früher beschriebenen Extraktionssysteme (s. S. **259** ff., **297** ff.) lassen sich grundsätzlich zahlreiche Elemente von Si abtrennen. Bei deren Anwendung ist aber stets auf die Möglichkeit von Si-Verlusten durch Ausfallen von Kieselsäure zu achten. Bei der Bestimmung von Si in Ferro-, Nickel- und Kupferlegierungen wurden Co, Cu(II), Fe(III), Mo(VI), Ni, Sn(IV), V(V) und Zn durch Extraktion mit Na-DDTC/$CHCl_3$ aus verdünnter H_2SO_4-Lösung vorher abgetrennt [*1*]. Daneben fand öfters auch die Extraktion der Silicomolybdänsäure (Si-Mo-säure) und der übrigen mit Molybdat Heteropolysäuren bildenden Elemente P, As und Ge mit organischen Lösungsmitteln zur Isolierung des Si Anwendung (s. S. 434, **895**, **896** ff., **898** ff., **905** ff., **1097** f., **1104**). Die Bestimmung höherer Si-Gehalte in Anhydrit erfolgte durch Extraktion der Si-Mo-säure mit Tri-isodecylamin und Photometrieren des organischen Extraktes [*2*]. Aus einer Lösung von pH 1,0 wird die Phosphormolybdänsäure durch verschiedene organische Lösungsmittel (V_o:V_w = 2,5:1) mit folgenden Ausbeuten (in %) extrahiert [*3*]: Äthylacetat (>99), n-Propylacetat (>99), Isopropylacetat (>99), n-Butylacetat (>99), Isobutylacetat (>99), n-Amylacetat (0), Isoamylacetat (92), Diäthyläther (50), Dibutyläther (30) und n-Hexylbutyrat (46). Si-Mo-säure wird unter diesen Bedingungen durch die genannten Lösungsmittel nicht extrahiert (s. S. 1104). Die Trennung von As, Ge, P und Si voneinander und deren Bestimmung nach dem Mo-blau-Verfahren ist nach folgendem Trennungsgang möglich [*3a*]. P wird als P-Mo-säure bei pH 1,0–0,8 mit Isobutylacetat extrahiert (As, Ge und Si bleiben vollständig in der wäßrigen Phase) und in der organischen Phase als P-Mo-blau bestimmt. Aus der verbliebenen wäßrigen Lösung wird die Ge-Mo-säure bei pH 0,4 mit 2-Äthylhexanol (Isooctanol) ausgeschüttelt (Si wird teilweise extrahiert, As bleibt vollständig in der wäßrigen Phase), mit Wasser rückgeschüttelt und im wäßrigen Auszug als Ge-Mo-blau bestimmt. In der verbliebenen wäßrigen Phase der Ge-Extraktion wird As als As-Mo-blau bestimmt. Bei pH 0,2 läßt sich Si mit 2-Äthylhexanol vollständig extrahieren (anwesendes Ge geht vollständig in die organische Phase), aus der organischen Phase mit Wasser rückschütteln und als Si-Mo-blau bestimmen; in der verbliebenen wäßrigen Lösung wird dann As als As-Mo-blau bestimmt [*3a*]. Zur Anreicherung wurde weiterhin auch das Silicomolybdänblau (Si-Mo-blau) bei pH 0,6–2 mit oxyäthyliertem Laurylamin und $CHCl_3$ als Aminsalz extrahiert [*4*] (s. S. 1104ff.).

Zur Abtrennung einer großen Zahl von Elementen ist die Elektrolyse mittels Hg-Kathode geeignet (s. S. 57ff., 390ff.). 2 g Cu wurden von 20–100 µg Si durch übliche Elektrolyse mit Platinnetzelektroden in ~3n HNO_3/0,7n H_2SO_4-Lösung abgetrennt [*3b*].

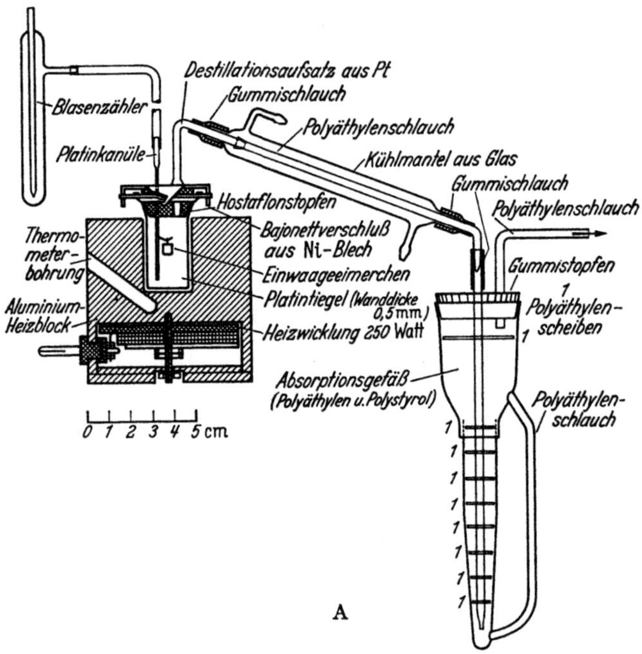

A

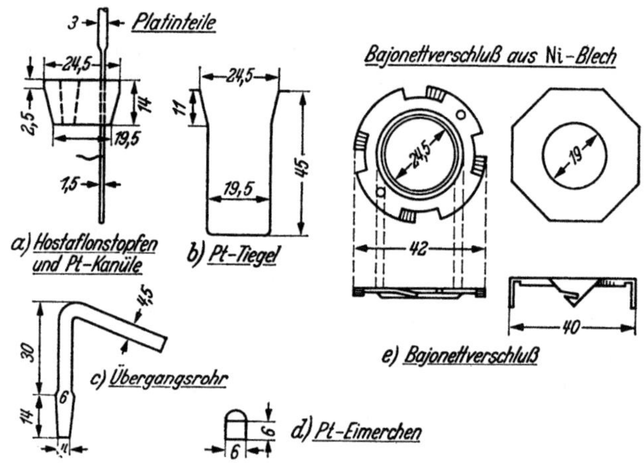

B

Abb. 184. Destillationsapparatur (A) und Bauteile derselben (B) (Maße in mm) [7]

Eine Reihe von Elementen kann durch Destillation abgetrennt werden (s. S. 61ff.). As und Ge lassen sich als Bromide verflüchtigen (s. S. 901, 908). Besondere Beachtung verdient die Isolierung des Si durch Destillation als SiF_4 [*5–7*] und H_2SiF_6 [*8*], da auf diesem Wege eine weitgehende Abtrennung von Störelementen möglich ist. Die in Abb. 184 (S. 1092) gezeigte Apparatur [*5, 7*] (andere Destillationsapparaturen s. S. 1093, 1115) fand zur Isolierung des Si mit anschließender photometrischer Bestimmung als Si-Mo-säure bei der Mikroanalyse von Silicaten und Gläsern Anwendung. Das Gerät dürfte aber auch für Spurenanalysen geeignet sein.

Als Zersetzungs- und Destillationsgefäß dient ein Platintiegel von 10 ml Inhalt, dessen Öffnung schwach konisch erweitert und durch einen doppelt durchbohrten Hostaflon-Stopfen verschlossen ist. Stopfen und Tiegel werden durch einen Bajonett-Verschluß aus 1 mm starkem Nickelblech dicht zusammengepreßt. In der Absorptionsvorlage sind zur Verbesserung der Absorptionswirkung auf das Einleitungsrohr 8 runde, zentral durchbohrte Polyäthylenscheibchen aufgezogen. Der Rand dieser Scheibchen liegt der Wand des Absorptionsgefäßes dicht an und ist jeweils mit einem spitzwinkeligen Einschnitt versehen, dessen Lage von Scheibchen zu Scheibchen um 90° versetzt ist. Knapp unterhalb des Ansaugrohres ist am Einleitungsrohr noch eine größere Scheibe angebracht, die vom Gasstrom mitgerissene Tröpfchen der Absorptionslösung auffängt. Wegen der Kunststoffteile kann der Heizblock auf höchstens 190° C erhitzt werden, weshalb zur Beschleunigung der Destillation ein Luftstrom durch die Apparatur gesaugt wird. Weitere Einzelheiten und die Arbeitsweise der Einrichtung sind aus Abb. 184 ersichtlich. Die Destillation wird wie folgt durchgeführt [*7*]: Das Probematerial (in der Originalarbeit 0,5—20 mg Silicatprobe) wird in das Platineimerchen eingewogen und letzteres dann an den an der Platinkanüle befindlichen Haken gehängt. Der Platintiegel wird mittels Polyäthylenpipette mit 4 ml HF (40%)/$HClO_4$ (60—70%)/Wasser (1 + 1 + 2) beschickt, der Hostaflon-Stopfen, verbunden mit Übergangsrohr und Kühler, auf den Tiegel gesetzt und durch Drehen des Bajonettverschlusses fest aufgepreßt. Nunmehr wird das mittels Polyäthylenpipette mit 20 ml 20%iger NaOH beschickte Absorptionsgefäß angeschlossen und mit der Saugflasche verbunden. Durch vorsichtiges seitliches Neigen der gesamten Aufschlußapparatur wird bewirkt, daß das Eimerchen von dem Haken gleitet und in die Aufschlußsäure fällt. Jetzt wird der Heizblock unter den Tiegel geschoben und mit dem Durchsaugen des Luftstromes (10 Blasen/min) begonnen. Man heizt 10 min von Raumtemperatur auf 110° C an, erhöht in den nächsten 20 min auf 120° C, erhitzt weitere 20 min bis 135° C, erhöht in den darauffolgenden 30 min die Temperatur auf 180° C und läßt anschließend erkalten. Die Absorptionslösung wird danach auf ein bekanntes Volumen gebracht und ein aliquoter Teil für die photometrische Bestimmung des Si verwendet.

Bei der photometrischen Bestimmung in Oxyden von Ti, Al, V und Zr, in Chloriden und Phosphorsäure nach dem Si-Mo-blau-Verfahren wurde das Si vorher durch Destillation als H_2SiF_6 in einer Silberapparatur (s. Abb. 185) isoliert [*8*].

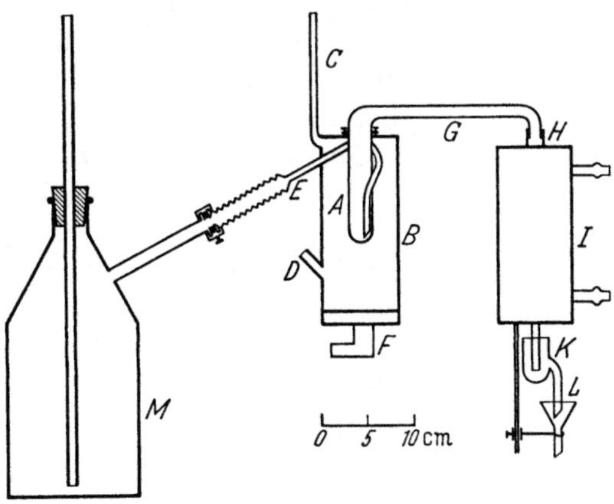

Abb. 185. Silber-Destillationsapparatur [*8*]

Der aus Silber gefertigte Destillationskolben A hat ein Fassungsvermögen von 100 ml. Er ragt bis zu seinem oberen Rand in ein zylinderförmiges Heizmantelgefäß B aus Messing, das zur Kondensation der Heizflüssigkeit ein Steigrohr C hat. Seitlich befindet sich ein kleiner Ansatz D zum Einbringen des Thermometers. Das Gefäß ist bis zu $^2/_3$ mit Anisol (150 ml) gefüllt. 1 cm unter dem oberen Heizmantelrand ist das Wasserdampfeinleitungsrohr E (aus Silber) eingeführt. Es ist im Heizgefäß spiralenförmig um den Destillationskolben gelegt und geht an der Innenseite des Kolbens bis 2 mm über den Boden. Eine kleine Heizplatte F ist auf der Unterseite des Heizmantelgefäßes angeschraubt und die Heizbadtemperatur mittels Schiebewiderstand auf 135—140° C genau eingestellt. Auf dem Rand des Destillationskolbens sitzt der Helm der Silberbrücke G. Beide werden durch einen Spannring zusammengehalten, wobei ein Bleiring von 1—2 mm Stärke zum Abdichten dient. Das andere Ende der Brücke steckt in dem schlangenförmigen Silberrohr H. Zur Kondensation der überdestillierten H_2SiF_6 ist es mit einem Kühlzylinder I aus Messing umgeben. Zum Auffangen des Destillates ragt das Ende des Kühlrohres in einen Überlaufbecher K, durch dessen seitliches Ablaufrohr L das Kondensat über einen Trichter in ein als Vorlage dienendes Polyäthylengefäß gelangt. Der Wasserdampfentwickler M ist aus Kupfer und wird mit einer regelbaren Heizplatte aufgeheizt. Die Si-haltige Lösung kommt in den Destillationskolben, man fügt 30 ml H_2SO_4 (1 + 2) sowie 3 ml HF (4%) hinzu, setzt die Apparatur zusammen und schließt den inzwischen aufgeheizten Wasserdampfentwickler an, nachdem das Anisol-Heizbad auf 135—140° C erhitzt worden ist. Die Destillationszeit beträgt 30—60 min, in deren Verlauf die Temperatur auf 148° C ansteigen soll. Als Vorlage dient eine mit 1 ml 10%iger NaCl-Lösung beschickte 500 ml-Polyäthylenflasche. Das Destillat wird auf ein bekanntes Volumen aufgefüllt und ein aliquoter Teil für die photometrische Bestimmung verwendet.

Ähnlich erfolgte die Isolierung des Si aus Molybdän, Niob, Tantal und Wolfram bzw. deren Oxyden durch Destillation (Ausbeute ~ 90%) als H_2SiF_6 aus HF/HNO_3 (3:5)-Lösung (Teflondestillationsgefäß) bei 220—240° C unter Durchleiten von Luft als Trägermedium in eine mit 5%iger H_3BO_3-Lösung beschickte Polyäthylenvorlage [*8a*]. Zur Isolierung aus Cu-, Al-Legierungen und Stahl wurde das Si in einer Polyäthylen-Petrischale bei 70—72° C als SiF_4 verflüchtigt und am Schalendeckel mit NaOH aufgefangen [*8b*].

Mittels Ionenaustauscher lassen sich störende Elemente von Si abtrennen. Umgekehrt kann man aber auf diesem Wege auch Spuren von Si aus großen Lösungsmengen vor seiner Bestimmung anreichern. In einer Arbeit [*9*] wurde der letztgenannte Weg in Form der Anreicherung von H_2SiF_6 mittels Anionenaustauscher beschritten, um geringe Konzentrationen an Kieselsäure in technisch entsalztem Wasser photometrisch zu bestimmen (s. S. 1108/1109). 1—300 μg Si wurden von ≦ 500 mg Pu(III) mittels Kationen austauscher Dowex 50W-X10 aus 0,2n HNO_3-Lösung abgetrennt (Si geht in den Durchlauf) [*9a*].

B. Silicomolybdänsäure

Si bildet mit Molybdation bzw. mit der Isopolysäure des Mo in schwach saurer Lösung die gelb gefärbte Silicomolybdänsäure (Si-Mo-säure) $H_4Si(Mo_3O_{10})_4$ [*10—12*], die sich zu seiner photometrischen Bestimmung eignet. Obwohl die Bildung der Si-Mo-säure innerhalb einer gewissen pH-Spanne vollständig ist, so ist die Bildungsgeschwindigkeit der Heteropolysäure doch von der Acidität der Lösung stark abhängig. Günstige Bedingungen für die Farbreaktion (der β-Si-Mo-säure) bzw. zur Erzielung einer möglichst hohen Farbintensität liegen im Bereich von pH 1,0—2,0 vor [*13—23*]. Die höchste Extinktion erzielt man bei pH 1,2—1,4 (s. a. S. 1096, 1102).

Die Si-Mo-säure tritt in zwei Modifikationen auf: die α-Form bildet sich bei niedriger Säurekonzentration (pH 2,3—3,9), die β-Form hingegen bei hoher Säurekonzentration (pH <2,3) [*11, 24*]. Beiden Formen wird die Formel $H_4SiMo_{12}O_{40}$ zugeschrieben [*11*]. Die Heteropolysäuren von As, Ge und P treten ebenfalls in α- und β-Modifikationen auf [*23a*]. Außer durch den herrschenden pH-Wert während der Farbreaktion werden die

Bildung der Si-Mo-säure und das α-Form/β-Form-Verhältnis weiterhin durch die Säureart, das Säure/Molybdat-Verhältnis und den Kondensationsgrad des Molybdations beeinflußt [*11, 23, 25*]. So bildet sich die α-Si-Mo-säure bis zu einem Verhältnis von 1,5 Grammäquivalenten Säure/Mol MoO_4^{2-}, die β-Si-Mo-säure bei Anwesenheit von $>1{,}5$ Grammäquivalenten Säure/Mol MoO_4^{2-} [*11, 23a*]. Die β-Si-Mo-säure ist bei einem Molverhältnis von $[H^+]/[Mo] = 2$ vollständig gebildet, im Bereich von 1,5—2 liegt ein Gemisch von α- und β-Form vor [*23a*]. In einer Lösung geeigneter Säurekonzentration und $<0{,}01$ m MoO_4^{2-} geht dieses in $Mo_4O_{13}^{2-}$ über, bei höheren Konzentrationen setzen sich beide Ionen zu $Mo_7O_{24}^{6-}$ um und bei mehr als 0,05—0,1 m MoO_4^{2-} und Anwesenheit von 1—1,5 Grammäquivalenten Säure geben $Mo_7O_{24}^{6-}$ und $Mo_4O_{13}^{2-}$ das $Mo_6O_{20}^{2-}$. Deshalb wird die Bildung von β-Si-Mo-säure auf die Umsetzung von Silicat- mit Metamolybdation $Mo_4O_{13}^{2-}$ zurückgeführt [*11*]. Nachdem das MoO_4^{2-}-Ion bei pH $>6{,}5$ stabil ist, mit steigender Säurekonzentration bei pH $\sim 4{,}5$ infolge zunehmender Kondensation hingegen Paramolybdation $Mo_7O_{24}^{6-}$ vorliegt, welches im Bereich von pH 1,5—2,9 in Octamolybdation $Mo_8O_{26}^{4-}$ übergeht, vertritt man aufgrund anderer Überlegungen auch die Vorstellung, daß die α-Si-Mo-säure durch Umsetzung von Silicat mit Paramolybdat, die β-Si-Mo-säure durch eine solche mit Octamolybdat gebildet wird [*24*]. Da nun einerseits aufgrund der bisherigen Erfahrungen hervorgeht, daß die Zustandsform des Molybdations eine maßgebliche Rolle spielt, andererseits hierüber noch keine vollständigen Kenntnisse vorliegen, hält man es für analytisch sicherer, das Molybdat in Form von MoO_4^{2-}-Ion (Reagenslösung mit pH $>6{,}5$) zuzusetzen [*23*]. Es wird deshalb die Verwendung einer mit NaOH auf pH 7,3 eingestellten Molybdatlösung empfohlen [*23*] [s. Verfahren B.II.a) α), S. 1099]. Das häufig benutzte Ansäuern der Molybdat-Lösung führt demgegenüber zu einer unkontrollierten Kondensation des Molybdates.

Bei Konzentrationen von 0,001—0,1 m MoO_4^{2-} und einem Überschuß von $\geqq 100\%$ der stöchiometrisch erforderlichen MoO_4^{2-}-Menge wird die Heteropolysäure quantitativ gebildet [*10*], im Falle eines 5-wertigen Zentralatoms (As, P) bei $Z = 1{,}60$ (Z = von 1 Mol Mo aufgenommene Zahl Protonen), im Falle eines 4-wertigen Zentralatoms (Ge, Si) bei $Z = 1{,}50$. Für die Reaktion von Si nach Gl. (1)

$$SiO_3^{2-} + 12\,MoO_4^{2-} + 22\,H^+ \rightarrow [Si(Mo_3O_{10})]^{4-} + 11\,H_2O \qquad (1)$$

erhält man $Z = 22/12 = 1{,}83$. Bei Anwesenheit des Zentralatoms von 50% der nach Gl. (1) stöchiometrisch erforderlichen Menge [*10*] ist der entsprechende Wert $Z = 0{,}91$, so daß der Restbetrag von $Z = 1{,}50 - 0{,}91 = 0{,}59$ auf die Bildung von Mo-isopolysäuren entfällt. Bei $Z = 2{,}2-2{,}3$, d. h. in stark saurer Lösung, beginnt eine Zersetzungsreaktion unter Bildung von Octamolybdat- und Molybdenylionen nach Gl. (2).

$$H_4SiMo_{12}O_{40} + 8\,H^+ \rightarrow H_4Mo_8O_{26} + 4\,MoO_2^{2+} + H_4SiO_4 + 2\,H_2O \qquad (2)$$

Die in der Literatur aufscheinenden unterschiedlichen Angaben über ε und die Reaktionsbedingungen sind hiernach nicht auf die Heteropolysäuren, sondern auf die daneben gebildeten Isopolysäuren zurückzuführen [*10*], da letztere aufgrund der unterschiedlichen Arbeitsbedingungen einen variablen Störfaktor darstellen.

Die β-Si-Mo-säure ist instabil und geht mehr oder weniger schnell in die stabile α-Form über. Bei pH 1,2—1,3 und bis pH 1,6 ist die Bildung von β-Si-Mo-säure innerhalb 4—6 min [unter bestimmten Arbeitsbedingungen innerhalb 2 min [*23*]: pH 1,5, 0,06 m MoO_4^{2-}, 3—5 Grammäquivalente H_2SO_4/Mol MoO_4^{2-}; s. S. 1096 und Verfahren B. II. a) α)] vollständig [*6, 20, 23, 26—28*], sie bleibt dann mindestens 6 min [*6, 28*] bis 20 min [*23*] (pH 1,5, 0,06 m MoO_4^{2-}, 3—5 Grammäquivalente H_2SO_4/Mol MoO_4^{2-}) bzw. 1 Std (bei pH 1,2—1,3) [*20*] stabil (s. a. S. 1102), um anschließend langsam in die α-Form überzugehen [6, 28]. Die Umwandlung der β- in die α-Form wird durch Erhöhung von Temperatur oder pH-Wert (oberhalb pH 2,5) und in Anwesenheit eines Elektrolytüberschusses beschleunigt [11, 22]. Die β-Form zeigt bei 400 nm etwa die doppelte Extinktion wie die α-Si-Mo-säure. Deshalb beruhen bisher die meisten Bestimmungsverfahren auf der Bildung der β-Si-Mo-säure, obwohl wegen ihrer Instabilität stets mehr oder weniger große Mengen α-Si-Mo-säure anwesend sind und keine hohe Reproduzierbarkeit vorliegt. Die photometrische Bestimmung des Si als Si-Mo-säure in stark saurer Lösung in der β-Form hat zwar den Nachteil der geringen Farbstabilität, gegenüber dem Si-Mo-blau-Verfahren aber den Vorteil der Einfachheit und des geringen Zeitbedarfes [29]. In ~2,5n H_2SO_4-Lösung nimmt die Extinktion des Si-Mo-säure-Komplexes um rund 2%/5 min ab [29]. Werden die in der Arbeitsvorschrift angegebenen Arbeitszeiten auf ±1–2 min eingehalten, so erhält man Ergebnisse mit einem relativen Fehler von durchschnittlich ±1–2%. Eingehende Untersuchungen ergaben für die Erzielung einer möglichst hohen Farbstabilität der β-Si-Mo-säure als günstigste Reaktionsbedingungen: 0,06m MoO_4^{2-} (nach erfolgter Farbreaktion ~0,05m MoO_4^{2-}, Zusatz einer Molybdat-Lösung von pH 7,3), 2,7–5,0 Grammäquivalente Säure/Mol MoO_4^{2-} entsprechend pH 1,1–1,6 (innerhalb dieses Bereiches erhält man die gleiche Farbintensität mit einer Stabilität von mindestens 20 min) [s. Verfahren B. II. a) α), S. 1099] [23].

Wegen ihrer Farbstabilität und befriedigenden Reproduzierbarkeiten erscheint die α-Si-Mo-säure zur photometrischen Bestimmung von Vorteil und fand auch in einigen Arbeiten [24, 30–32] Anwendung. Ein Nachteil ist aber – wie schon erwähnt – die gegenüber der β-Form geringere Empfindlichkeit. Die Extinktion der α-Form gegenüber jener der β-Form ist oberhalb ~330 nm kleiner, im Bereich unterhalb ~330 nm hingegen größer (s. Abb. 186), doch kommen Messungen in dem zuletzt genannten Bereich kaum in Betracht.

Aufgrund des oben geschilderten Sachverhaltes verblaßt die gelbe Farbe in Monochloressigsäure enthaltender Lösung [24] (in H_2SO_4-haltiger Lösung liegen die entsprechenden pH-Werte um ~0,5 Einheiten höher [23]) bei pH <2,5 (sehr langsamer Übergang von β-Si-Mo-säure in die α-Form), während die Farbreaktion bei pH >4 unvollständig ist und die Intensität der Farbe allmählich zunimmt. Auch im Bereich von pH 2,3–3,9 ändert sich die Farbintensität langsam (bei der oberen Grenze des pH-Bereiches nimmt sie zu, bei der unteren ab), um je nach dem vorliegenden pH-Wert innerhalb $^1/_2$–12 Std einen konstanten Wert zu erreichen. Die erforderliche Zeit zum Erreichen einer stabilen Farbe (Umwandlung der β- in die α-Form) läßt sich abkürzen, indem man die Lösung 5–10 min im siedenden Wasserbad erhitzt [24]. Unter diesen Arbeitsbedingungen hat der pH-Wert im Bereich von pH 2,3–3,9 keinen Einfluß auf die Farbintensität. Führt man die Reaktion bis zum Erreichen der Farbkonstanz durch, so ändert sich die Farbe durch anschließendes starkes Ansäuern nicht. Die bei pH 2,3–3,9 mit anschließendem Erhitzen entwickelte Farbe der α-Si-Mo-säure ist mehrere Stunden stabil [24]. Eine Überführung in die α-Si-Mo-säure erfolgte auch durch 3stündiges Erhitzen der Probelösung mit der bei pH 1,0 ± 0,5 gebildeten β-Form auf dem siedenden Wasserbad [31]. Durch Zusatz von Aceton kann die β-Si-Mo-säure stabilisiert und die Extinktion erhöht werden [32a]: in 0,04–0,4n H_2SO_4/0,03–0,06m MoO_4^{2-}/10–15 Vol% Aceton-Lösung verblaßt die Farbe um 0,4%/Std [s. Verfahren B. II. a.) β), S. 1100].

Bei der Durchführung der Farbreaktion ist neben der Existenz einer α- und β-Form der Si-Mo-säure weiterhin von Bedeutung und besonders zu beachten, daß Kieselsäure in wäßriger, annähernd neutraler Lösung zur Bildung höher molekularer Polykieselsäure neigt. Der Übergang von Mono- in Polykieselsäure stellt eine von Säurekonzentration und Verdünnung abhängige, reversible Reaktion dar. Der Aggregationszustand der

Kieselsäure wird von der Si-Konzentration [*33*], vom pH-Wert und auch von größeren Salzkonzentrationen ($Na_2O:SiO_2$-Verhältnis und Fremdelektrolyte) [*19, 20, 33, 34*] beeinflußt. Die Monokieselsäure (Orthokieselsäure) $Si(OH)_4$ ist bei pH ~ 3,2 am stabilsten und weist bei pH ~ 6 die geringste Stabilität auf [*35, 36*]. Oberhalb pH 3,2 kondensiert die Monokieselsäure zu cyclischer oder quervernetzter Polykieselsäure und unterhalb pH 3,2 zu linearen oder offen verzweigten Polykieselsäure-Ketten. Mit sinkender Si-Konzentration nimmt der monomere Anteil zu [*33*]. In sehr verdünnten Lösungen geht die Polykieselsäure praktisch vollständig in die Monosäure über [*34, 37*]. Da nur letztere mit Molybdat die analytisch interessierende Si-Mo-säure bildet, würde die Anwesenheit von Polykieselsäure zu Unterbefunden führen. Zwar tritt bei Zusatz von Molybdat zu einer Mono- und Polykieselsäure enthaltenden Lösung durch die Umsetzung zur Heteropolysäure eine Verschiebung des zwischen beiden Zustandsformen der Kieselsäure herrschenden Gleichgewichtes ein, doch ist der zeitliche Verlauf der Farbreaktion in diesem Fall von jenem des Abbaues der Polysäure abhängig [*38*]. In verdünnter Lösung (50—60 µg SiO_2/ml) ist die Bildung von Si-Mo-säure aus Monokieselsäure in 75 sec, aus Dikieselsäure in 10 min und aus noch höher kondensierter Kieselsäure in 1 Std vollständig, während Polykieselsäure hohen Molekulargewichtes unter diesen Bedingungen mit Molybdat nicht reagiert [*37*]. Reproduzierbare Ergebnisse und analytisch tragbare Bedingungen können demzufolge auf diesem Wege nicht erzielt werden. Bei >4 µg SiO_2/ml konnte bereits eine Abhängigkeit der Ergebnisse von der Si-Konzentration beobachtet werden [*33*]. Nach anderen Ergebnissen ist die Monokieselsäure unter günstigen pH-Bedingungen bis zu Konzentrationen von 100—150 µg SiO_2/ml [*39*], bzw. bei 50µg SiO_2/ml und pH 0,3 24 Std [*23*] stabil. Bei darüber liegenden Konzentrationen tritt eine Polykondensation ein. Man strebt deshalb durch geeignete Arbeitsbedingungen an, daß die Kieselsäure zum Zeitpunkt der photometrischen Bestimmung vollständig in der monomeren Form vorliegt. Daneben kann durch eine vorangehende alkalische Behandlung [*18, 23, 40, 41*] (z. B. mit $NaHCO_3$, s. S. 1100, oder NaOH, s. S. 1099) die Erfassung des sog. „kolloiden" Anteiles bzw. die Überführung der Polykieselsäure in die photometrisch bestimmbare Monokieselsäure erreicht werden.

Das Extinktionsmaximum der Si-Mo-säure liegt bei $\leqq 300$ nm (s. Abb. 186), die Messungen erfolgen aber meist bei 390—415 nm, seltener bei 370 nm und 332 nm [*42*]. Der molare Extinktionskoeffizient der α-Si-Mo-säure beträgt $\varepsilon_{370} = 2900$ bzw. $\varepsilon_{415} = 620$, der β-Si-Mo-säure $\varepsilon_{350-370} = 7450-4700$, $\varepsilon_{390-400} = 2900-2250$ bzw. $\varepsilon_{415-430} = 1750-840$. Das Beersche Gesetz ist unter Anwendung der α-Si-Mo-säure im Bereich von 0,25 bis 10,0 µg Si/ml (370 nm), 0,45—18 µg Si/ml (390 nm) bzw. 1,1—46 µg Si/ml (415 nm), unter Anwendung der β-Si-Mo-säure im Bereich von 0,07—2,6 µg Si/ml (332 nm), 0,25—10 µg Si/ml (390 nm) bzw. 0,4—18 µg Si/ml (415 nm) erfüllt. Hinsichtlich der Molybdat-Konzentration genügt das Doppelte der theoretisch benötigten Menge [*24*]. Bei höherer Säurekonzentration ist allerdings ein größerer Molybdat-Überschuß erforderlich.

Die Bestimmung wird durch die gleichfalls Heteropolysäuren bildenden Elemente P, As und Ge (s. S. 896) mehr oder weniger stark gestört. Erfolgt diese als α-Si-Mo-säure bei pH 2,3—3,9 und Messung bei 390 nm [*24*], so täuscht ein Teil P_2O_5 0,43 Teile SiO_2 vor, für Ge gilt das Gleiche, während ein Teil As_2O_5 nur $<0,01$ Teil SiO_2 entspricht. As bildet bei Raumtemperatur keinen Komplex. Photometriert man die β-Si-Mo-säure in ~ 0,2n H^+/~ 0,05m MoO_4^{2-}-Lösung [s. Verfahren B.II.a)α)] bei 427 nm, so stört As nicht, P und Ge stören aber [*42a*]. Durch Variation von Säure-, Molybdatkonzentration und Meßwellenlänge können außerdem As, Ge, P und Si ohne Trennungen nebeneinander bestimmt werden [*42a*]. Weiterhin können As und Ge als

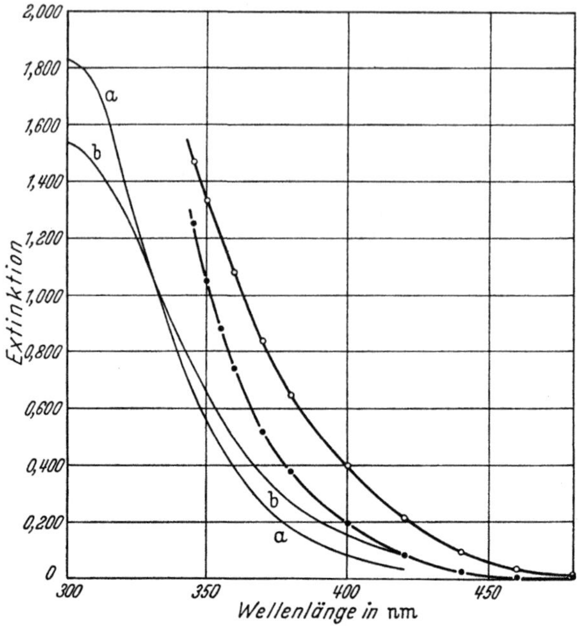

Abb. 186. Extinktionskurven der α- und β-Silicomolybdänsäure. α-Si-Mo-säure: *a* (nach [*24*], 2,5 μg Si/ml) und •—• (5 μg Si/ml). β-Si-Mo-säure: *b* (nach [*24*], 2,5 μg Si/ml) und ○—○ (5 μg Si/ml) 1 cm-Küvette

Halogenide verflüchtigt werden. Eine Störung durch die Heteropolysäuren bildenden Elemente kann auch durch Extraktion der entsprechenden Heteropolysäuren vermieden werden (s. S. 1091, 1104). So wurden As-Mo-säure und P-Mo-säure bei pH 1,0–1,4 mit Äthylacetat extrahiert und anschließend das in der wäßrigen Phase verbliebene Si als Si-Mo-säure photometrisch bestimmt (50–85 μg Si neben 100–1000 μg P und 400 μg As) [*43*]. Daneben fand auch die Extraktion der Si-Mo-säure mit Äthylacetat zur photometrischen Bestimmung (335 nm) des Si im organischen Extrakt Anwendung [*43a*]. In einer anderen Arbeit [*43b*] wurde die α-Si-Mo-säure bei pH 2,9 aus HNO_3/2m $LiNO_3$-Lösung mit 0,01 m Triisooctylaminnitrat/1,2-Dichloräthan extrahiert (Abtrennung vom Molybdatüberschuß) und im organischen Extrakt bei 300 nm photometrisch bestimmt ($\varepsilon_{300} = 28000$). Zur Beseitigung der Störung durch P wurden verschiedene Methoden eingesetzt: Einstellung eines bestimmten pH-Wertes [*44*], Zerstörung der gebildeten P-Mo-säure durch Zusatz von Weinsäure, Ammonium- oder Natriumtartrat [*45*], Citronensäure, Natriumcitrat oder Oxalsäure [*4, 13, 46, 47*]. Die besten Ergebnisse erzielt man mit Weinsäure, doch wird der P-Mo-säure-Komplex nicht vollständig maskiert und gleichzeitig die Farbe des Si-Mo-säure-Komplexes etwas geschwächt [*24*]. Der Bleicheffekt ist geringer, wenn man die Weinsäure erst nach vollständiger Farbentwicklung der Si-Mo-säure zusetzt. Durch 0,04 m Tartrat, Citrat oder Oxalat wird die Farbintensität der Si-Mo-säure jeweils im etwa gleichen Ausmaß von ~ 20% vermindert; nach 60 min hat die Farbe bei Tartrat annähernd die gleiche, hingegen bei Citrat eine um ~ 8% und bei Oxalat um ~ 38% schwächere Intensität gegenüber dem Anfangswert [*42*]. 0,05 m Tartrat verringert die Extinktion der Si-Mo-säure um ~ 25%, beseitigt aber gleichzeitig die durch 25 μg As/ml hervorgerufene Farbe vollständig, jene von 3 μg P/ml zu ~ 97%, so daß die Elementmengen nicht stören [*42*]. In Anwesenheit von

Oxalsäure wird die Bestimmung von 2—23 μg Si/ml durch 50 μg PO_4^{3-}/ml nicht gestört [*46*]. Eine Störung durch Fe läßt sich durch Zusatz von H_3PO_4 beseitigen. Störendes überschüssiges F^- oder HF maskiert man mit H_3BO_3 [*7, 48, 49*] oder Al [*31, 32, 43*]. Bei der photometrischen Bestimmung als Si-Mo-säure geben äquivalente Mengen von Kieselsäure und Kieselfluorwasserstoffsäure unter gleichzeitiger Maskierung überschüssiger HF mit H_3BO_3 oder Al dieselbe Extinktion [*31, 48*]. Das Si-Mo-säure-Verfahren fand u. a. zur Bestimmung von Si in Wasser [*15, 34*], Kesselwasser [*46*], Seewasser [*43a*], Stahl [*29, 50*], Aluminium [*16*], Lithium [*51*], Vanadin [*52*], Uran [*52*], Magnesiumoxyd [*42*], Magnesiumcarbonat [*42*], Flußsäure [*32, 53, 54*] und Fluoriden [*54*] Anwendung.

Arbeitsvorschrift

I. Bestimmung als α-Si-Mo-säure [*24*]

Reagentien

Pufferlösung (pH ~ 3,0); Gemisch von 2 m Monochloressigsäure und 2 m Ammoniummonochloracetat; $(NH_4)_6Mo_7O_{24}$-Lösung; 35,3 g $(NH_4)_6Mo_7O_{24} \cdot 4\,H_2O$/l wäßrige Lösung (0,2 m MoO_4^{2-}).

10—25 ml Probelösung (23—900 μg Si enthaltend) führt man in einen 50 ml-Meßkolben über, in welchen 10 ml Pufferlösung und 10 ml Molybdatlösung vorgelegt sind (der pH-Wert der Lösung soll jetzt zwischen 3,0 und 3,7 liegen), erhitzt die Lösung 5—10 min im siedenden Wasser, kühlt auf Raumtemperatur ab, füllt mit Wasser zur Marke auf und photometriert in einer 1 cm-Küvette bei 390 nm gegen eine Bezugslösung, die unter Fortlassen der Molybdatlösung analog hergestellt wird.

II. Bestimmung als β-Si-Mo-säure

Methode a [*23*]

Reagentien

1 n H_2SO_4.

$(NH_4)_6Mo_7O_{24}$-Lösung; 52,97 g $(NH_4)_6Mo_7O_{24} \cdot 4\,H_2O$/l wäßrige Lösung, mit NaOH auf pH 7,3 (nicht pH < 7,0) eingestellt (0,3 m MoO_4^{2-}); Aceton;

Si-Standardlösung (50 μg SiO_2/ml); man löst entweder $Na_2SiO_3 \cdot 9\,H_2O$ in Wasser und stellt mit 1 n H_2SO_4 (~ 60 ml/l) auf pH 1,5 ein oder man schließt Quarzpulver, wie bei der Behandlung von Probematerial mit NaOH auf und stellt ebenfalls auf pH 1,5 ein. Die Konzentration soll nicht größer als 100 μg SiO_2/ml, am zweckmäßigsten 50 μg SiO_2/ml sein.

Festes Probematerial schließt man in einem Nickeltiegel mit NaOH (3 g/0,1 g Probe) auf, löst die erkaltete Schmelze in einem Kunststoffbecher mit Wasser und säuert mit 1 n H_2SO_4 an, so daß die Endlösung einen pH-Wert von ~ 1,5 aufweist.

Wenn Gesamtkieselsäure in wäßriger Lösung, welche Polykieselsäure enthält, bestimmt werden soll, so wird ein aliquoter Teil der wäßrigen Lösung mit NaOH versetzt, in einem Nickelbecher gekocht und die Lösung dann wie bei festem Material weiterbehandelt. Bei lösliche Kieselsäure (Monokieselsäure) enthaltender Probelösung ist eine solche Vorbehandlung nicht erforderlich.

α) *Bestimmung in wäßriger Lösung* [*23*]. Die Probelösung (pH ~ 1,5, 15—700 μg Si enthaltend) versetzt man in einem 50 ml-Meßkolben mit 10 ml 1 n H_2SO_4 und 10 ml Molybdatlösung, füllt mit Waser zur Marke auf und photometriert 2 min (bei Bestimmung der Monokieselsäure, bei Gesamtkieselsäure nicht vor 2 und nicht nach 10 min) nach dem Zusatz der Molybdatlösung in einer 1 cm-Küvette bei 400 nm gegen Wasser. Die Eichkurve wird unter Verwendung der Si-Standardlösung nach der Arbeitsvorschrift aufgestellt, wobei die gleichen Reagensmengen wie bei der Analyse unbekannter Proben anwesend sein sollen.

β Bestimmung in Wasser/Aceton-Lösung [*32a*]. Man arbeitet wie bei Verfahren B. II. a) α), fügt aber nach der Molybdatlösung zusätzlich noch 5,0 ml Aceton hinzu.

Methode b [*46*]

Reagentien

HCl (1 + 1); 1 n H_2SO_4;
$(NH_4)_6Mo_7O_{24} \cdot 4\ H_2O$, 10%ige wäßrige Lösung;
Oxalsäure, 10%ige wäßrige Lösung;
$NaHCO_3$.

Wenn die Probelösung Polykieselsäure enthält und Gesamtkieselsäure bestimmt werden soll, so versetzt man 50,0 ml einer nicht oder entsprechend verdünnten Probe in einer Platinschale mit 0,2 g $NaHCO_3$, erhitzt 1 Std auf dem siedenden Wasserbad, fügt nach dem Abkühlen 2,4 ml 1 n H_2SO_4 hinzu, füllt mit Wasser auf 50,0 ml auf und fährt sofort wie später angegeben fort. Falls die Probelösung nur Monokieselsäure enthält oder aber nur dieser Anteil bestimmt werden soll, so entfällt die Vorbehandlung mit $NaHCO_3$.

50,0 ml Probelösung (20—800 μg Si enthaltend) versetzt man rasch nacheinander mit 1,0 ml HCl (1 + 1) und 2,0 ml Molybdatlösung, mischt und läßt 10 min stehen. Nun fügt man 1,5 ml Oxalsäurelösung hinzu, mischt und photometriert nach 2—5 min (die Standzeit darf keinesfalls 15 min überschreiten) in einer 1 cm-Küvette bei 410 nm gegen Wasser.

1. Flußsäure

Nach Maskierung der freien HF mit $AlCl_3$ wird das Si als α-Si-Mo-säure photometrisch bestimmt. $AlCl_3$ erwies sich zur Maskierung günstiger als H_3BO_3, da mit letzterer die Extinktion nicht stabil ist, sondern langsam zunimmt.

B: 0,001—0,04% Si.

Arbeitsvorschrift [*32*]

Reagentien

$AlCl_3 \cdot 6\ H_2O$, 25%ige wäßrige Lösung;
$(NH_4)_6Mo_7O_{24} \cdot 4\ H_2O$, 2%ige wäßrige Lösung.

~ 1 ml Probe (12—400 μg Si enthaltend) wird in einem gewogenen Kunststoffbecher nach Verschließen mit einem dicht sitzenden Kunststoffstopfen eingewogen. Man fügt dann 50 ml $AlCl_3$-Lösung und 5 ml Molybdatlösung hinzu, verdünnt mit Wasser auf ~ 90 ml, stellt auf pH 1,0 ± 0,5 ein und erhitzt 3 Std auf dem siedenden Wasserbad. Dann wird auf Raumtemperatur abgekühlt, in einem 100 ml-Meßkolben mit Wasser zur Marke aufgefüllt und in einer 2 cm-Küvette bei 370 nm gegen einen Blindwert photometriert.

C. Silicomolybdänblau-Verfahren

Die im vorhergehenden Abschnitt beschriebene Si-Mo-säure (s. S. 1094 ff.) kann durch geeignete Reduktionsmittel in saurer Lösung zum tiefblau gefärbten Silicomolybdänblau (Si-Mo-blau) reduziert werden. Es fanden mehrere Reduktionsmittel Anwendung: $SnCl_2$ [*1, 8, 55, 56*], Hydroxylaminhydrochlorid, Hydrazinsulfat, Na_2SO_3 [*40, 44, 45, 57*], Hydrochinon, Amidol, 1-Amino-2-naphthol-4-sulfosäure [*6, 26, 47, 58*], Metol, Metol/

Na_2SO_3 [20], Ascorbinsäure, Fe(II)-salz in Anwesenheit von Oxalsäure [59–61] und Sn(II)-oxalat [38, 62]. Bei einer vergleichenden Untersuchung mit $SnCl_2$, Hydrazinsulfat, 1-Amino-2-naphthol-4-sulfosäure, Metol, Fe(II)-salz in Anwesenheit von Oxalsäure, sowie Sn(II)-oxalat wurden mit dem letztgenannten Reduktionsmittel die besten Ergebnisse erzielt [38]. Eine Ameisensäure/Oxalsäure enthaltende Lösung von Sn(II)-oxalat hat den Vorteil, daß sie mehrere Wochen beständig ist. Einige der früher angegebenen Reduktionsmittel weisen Nachteile auf. Die mit $SnCl_2$ entwickelte Färbung ist nicht stabil [20]. Weiterhin sind die Reagenslösungen von $SnCl_2$, Hydrochinon und Amidol nicht haltbar. Die beiden letzteren werden schließlich während der Bestimmung teilweise zu gelben und braunen Produkten oxydiert [20]. Die Reduktion der Si-Mo-säure zu Si-Mo-blau muß in relativ stark saurer Lösung erfolgen, da in schwach saurer Lösung auch Molybdat zu reinem „Mo-blau" reduziert wird (s. a. S. 902, 1104). Aus den Extinktionskurven von Si-Mo-blau (s. Abb. 187) und reinem Mo-blau (s. Abb. 188) ist ersichtlich, daß die letztgenannte Verbindung mit Si-Mo-blau nicht identisch ist [38].

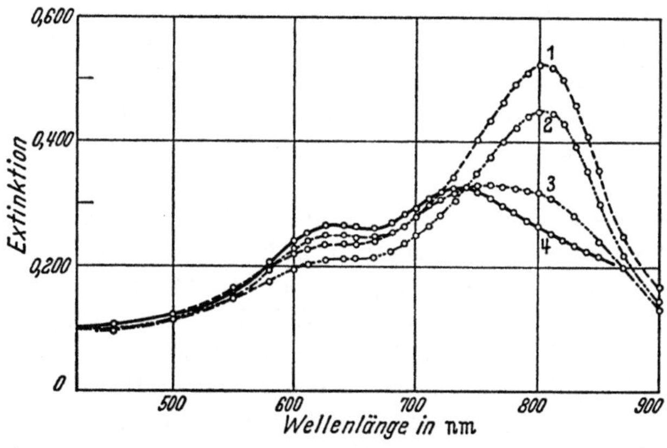

Abb. 187

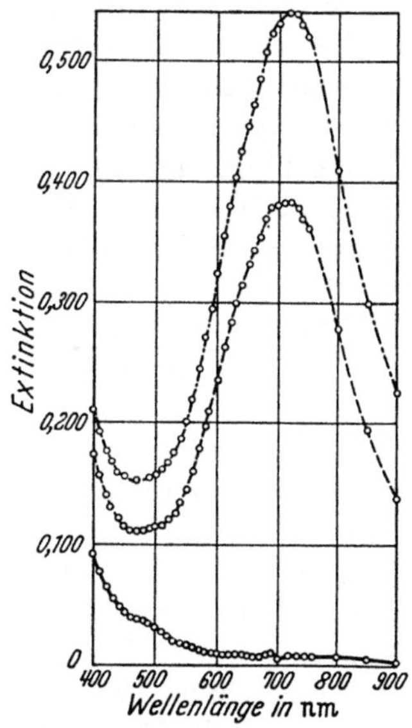

Abb. 188

Abb. 187. Extinktionskurven von Silicomolybdänblau in Abhängigkeit von der Acidität bei der Bildung der gelben Heteropolysäure [38] (1: pH 1,35, 2: pH 1,67, 3: pH 3,13, 4: pH 4,40)

Abb. 188. Extinktionskurven von „reinem Molybdänblau" [38]; Konzentration der H_2SO_4 (1 + 3) bei der Reduktion unter den Arbeitsbedingungen von Verfahren II (s. S. 1106). o-·-·-o 1,2 ml, o - - - - - o 1,5 ml, o———o 5 ml

Die Si-Mo-säure bildet sich in schwach saurer, jedoch nicht in stark saurer Lösung. Die einmal in schwach saurer Lösung bei pH 1,3–1,5 gebildete Si-Mo-säure ist hingegen bei anschließendem Ansäuern bis zu einer Säurekonzentration von 4n verhältnismäßig stabil und läßt sich bis zu dieser Säurekonzentration zu Si-Mo-blau reduzieren (s. S. 1104). In ~3n H_2SO_4-Lösung zersetzt sich die Si-Mo-säure mit einer Geschwindigkeit von ~1%/min [20] (s. a. S. 1096), so daß die Extinktion proportional der zwischen Ansäuern und Reduktion gelegenen Standzeit kleiner wird. Deshalb wird empfohlen, die zum

Ansäuern erforderliche Säure gleichzeitig mit dem Reduktionsmittel zuzusetzen [*4, 20*] (s. a. Fußnote auf S. 1106). Die Säurekonzentration zum Zeitpunkt der Reduktion muß bei Anwendung von Metol/Na_2SO_3 mindestens 0,72n H_2SO_4 [*20*], bei Sn(II)-oxalat mindestens 0,54n H_2SO_4 [*38*] sein, um eine Bildung von störendem Mo-blau zu verhindern. Zweckmäßig führt man die Reduktion in 0,9n H_2SO_4-Lösung [*38*] bzw. 1,1–1,5n H_2SO_4-Lösung [*20*] durch. Die Reduktion wurde auch in 2–3n HCl-Lösung vorgenommen, wobei auch unter diesen Bedingungen Molybdat nicht zu Mo-blau reduziert wird [*63*]. Änderung der Säurekonzentration im Bereich von 0,9–1,8n H_2SO_4 [*38*] bzw. bis 3,6n H_2SO_4 [*20*] hat keinen Einfluß auf das Ergebnis (s. a. S. 1101). Der zum Zeitpunkt der Bildung der Si-Mo-säure herrschende pH-Wert hat einen wesentlichen Einfluß sowohl auf die Extinktion als auch auf die Form der Extinktionskurve des anschließend hergestellten Si-Mo-blaus [*38*] (s. Abb. 187). Im Extinktionsmaximum bei 800 nm erzielt man bei pH 1,35 die höchste Extinktion (s. a. S. 1094ff.). Letztere nimmt mit steigendem pH-Wert ab und das Extinktionsmaximum verschwindet bei pH >3 [*38*]. Für die Bildung der Si-Mo-säure wird deshalb ein pH-Wert von 1,5 [*38*] bzw. 1,3 [*20*] angewandt. Diese in Abb. 187 gezeigten Ergebnisse [*38*] scheinen im Zusammenhang mit einer anderen Feststellung [*24*] zu stehen, daß die Reduktion der α-Si-Mo-säure (s. S. 1094f.) zu einer grünlich-blauen, jene der β-Si-Mo-säure hingegen zu einer tiefblauen (Königsblau; mit um $\sim 2/3$ höherer Farbintensität) Lösung fürht. Im Extinktionsmaximum des Si-Mo-blau von 800 nm erzielt man zwar die höchste Empfindlichkeit, doch ist hier der Einfluß des pH-Wertes am größten, indem bereits kleine Schwankungen in der Acidität eine merkliche Veränderung der Extinktion bewirken [*38, 56, 64*]. Aus diesem Grunde wird zum Photometrieren die Wellenlänge von 730 nm vorgeschlagen [*38*], da sich die einzelnen Extinktionskurven im Gebiet von 710–730 nm schneiden (s. Abb. 187) und demzufolge die Extinktionsmessung hier gegen pH-Schwankungen weitgehend unempfindlich ist.

Da die Extinktionskurve des Si-Mo-blaus von den jeweiligen Arbeitsbedingungen abhängig ist, wurden für das Extinktionsmaximum verschiedene Wellenlängen angegeben: 800 nm [*38, 56*], 810 nm [*60, 61*], 812 nm [*20*], 815 nm [*6*], 820 nm [*26*]. Zur photometrischen Messung fanden daneben auch andere Wellenlängen Anwendung: 660 nm [*8*], 691 nm [*38, 64*], 730 nm [*38, 64*], 765 nm [*7*] ($\varepsilon_{810} = 21900$ [*60*], $\varepsilon_{812} = 23000$ [*20*], $\varepsilon_{815} = 20000$ [*26*], $\varepsilon_{825} = 20200$ [*19*]). Das Beersche Gesetz ist im Bereich von 0,03–1,2 µg Si/ml (800–810 nm), 0,045–1,0 µg Si/ml (730 nm) bzw. 0,05–1,2 µg Si/ml (691 nm) erfüllt. Die entwickelte Farbe ist mindestens 12 Std [*26*], nach anderen Angaben 19 Std [*60*], 24 Std [*20*], 65 Std [*19*] bis 70 Std [*65*] stabil. Führt man die Bildung der Si-Mo-säure in $\sim 0{,}18$n H_2SO_4- und die Reduktion mit $SnCl_2$ in $\sim 2{,}79$n H_2SO_4-Lösung durch, so ist die Farbe ~ 25 min stabil [*56*]. Unter ähnlichen Bedingungen (Bildung der Si-Mo-säure in $\sim 0{,}08$n HCl-Lösung, Reduktion mit $SnCl_2$ in ~ 3n H_2SO_4-Lösung) stellte man eine Abnahme der Farbe von 1%/Std fest [*20*]. Eine Molybdat-Konzentration von 0,08m ist für die vollständige Reaktion ausreichend und Änderungen im Bereich von 0,04–0,2m $(NH_4)_6Mo_7O_{24}$ haben keinen nachteiligen Einfluß [*38*]. Außerhalb dieser Grenzen nimmt die Extinktion leicht ab. Nach Zusatz des Reduktionsmittels ist das Farbmaximum bzw. die vollständige Reduktion mit 1-Amino-2-naphthol-4-sulfosäure/Na_2SO_3/$Na_2S_2O_5$ nach 10 min [*20*] bis 20 min [*26, 65*], mit Sn(II)-oxalat [*38*] nach ~ 5 min, mit $SnCl_2$ nach 10–15 min [*20*], mit Amidol/Na_2SO_3 nach 30 min [*20*], mit Metol/Na_2SO_3 nach $1^1/_2$ (0,08 µg Si/ml) bis 3 Std (1,2 µg Si/ml) [*20*] und mit Hydrochinon/Na_2SO_3 nach 2 Std [*20*] erreicht. Mit zunehmender Konzentration an Sn(II)-oxalat tritt eine Verfärbung von blau nach grün ein, die aber das Meßergebnis nicht beeinflußt [*38*].

Die Bestimmung von 0,08–0,5 µg Si/ml wird in Anwesenheit von Oxalsäure durch folgende Ionen nicht gestört (in µg/ml) [*20, 38, 60*]: Al (100; 10000[1] [*65*]), As(III) (~ 2), As(V) (2–4), Ba (200; Niederschlag von $BaSO_4$ abfiltriert), Be (200; 2000[1] [*65*]), Bi (200), Ca (200; 10000[1] [*65*]), Cd (200), Co (200), Cr(III) (200[1] [*66*]), Cr(VI) (200, als $Cr_2O_7^{2-}$), Cs (200), Cu(II) (40), Fe(II) (200–400), Ga (100), Hg(II) (200), In (100), K (400[2]), Li (200), Mg (200; 5000[3] [*67*]), Mn(II) (200), NH_4^+ (200), Na (400[2]), Ni (800 [*56*]), Pb (200; Niederschlag von $PbSO_4$ abfiltriert), Rb (200), Re(VII) (200), Sb(III) (200), Sn(IV) (100[1] [*66*]), Sr (200; Niederschlag von $SrSO_4$ abfiltriert), Th (200), Ti (10[1] [*65*]), Tl(I) (200), U(VI) (200), V(V) (10–50), W (80), Zn (200), Zr (10000[1] [*65*]), Cl^- (400), Br^- (200), I^- (200), F^- (20), NO_3^- (200), SO_4^{2-} (200), SCN^- (200), BO_3^{3-} (200), ClO_3^- (200), CN^- (200), PO_4^{3-} (6–15) und Acetat (200). Weiterhin stören nicht (in µg/ml) Oxalsäure (8000), Weinsäure (4000–8000), Ascorbinsäure (1000–5000) und H_2O_2 (100). Nach anderen Ergebnissen [*58*] wird die Bestimmung von 0,05–1 µg Si/ml in Anwesenheit von Oxalsäure auch durch 50 µg PO_4^{3-}/ml nicht gestört. Eine Störung durch As und P kann mit HF beseitigt werden: in ~ 0,8n H_2SO_4/0,6n HF-Lösung wird die Bestimmung von 4 µg Si durch 5 mg As bzw. 300 µg P nicht gestört [*66a*]. Setzt man der Probelösung vor der Bildung der Si-Mo-säure H_3BO_3 zu, so wird die Bestimmung von 0,06–1,8 µg Si/ml in Abwesenheit von Zr durch 3,5 mg F^-/ml, in Anwesenheit von 10 mg Zr/ml durch 46 mg F^-/ml nicht gestört [*65*] (s. S. 1114). Die Störung durch Fe(III) läßt sich durch Reduktion mit Hydroxylaminhydrochlorid vor der Bildung der Si-Mo-säure beseitigen [*20*]. Fe(III) bildet mit Oxalsäure einen stark gelb gefärbten Komplex, der sich mit Ascorbinsäure entfärben läßt, wenn diese als Reduktionsmittel für die Bildung von Si-Mo-blau angewendet wird. Bei Verwendung von Fe(II)-Salz oder einem der erwähnten Reduktionsmittel stören 100–400 µg Fe/ml nicht. Einzelne der erwähnten Schwermetalle weisen in höheren Konzentrationen eine Eigenabsorption auf, die aber durch entsprechende Subtraktion (Messung einer Bezugslösung ohne Molybdat gegen Wasser) berücksichtigt werden kann. Ba und Pb stören infolge Sulfat-Fällung. Größere Mengen W kann man durch Ausfällen als Wolframsäure ohne wesentliche Si-Verluste abtrennen [*64*]. Anwesendes NO_3^- verursacht eine zeitliche Abnahme der Extinktion. Diese Störung kann man durch Zusatz von Sulfamidsäure beseitigen [*1, 56, 64*]. Oxydierende Stoffe, wie IO_3^- und Ce(IV) stören in verschiedenem Ausmaß [*20*]. In H_2SO_4-Lösung verstärkt anwesende Trichloressigsäure die Blaufärbung um ~ 25% [*68*]. Überschüssiges F^- oder HF maskiert man mit H_3BO_3 [*6, 8*]. Trotz gleichbleibendem pH-Wert von 1,2–1,3 bei der Bildung der Si-Mo-säure führen steigende Mengen $HClO_4$ zu Minderbefunden, weshalb die Arbeitsbedingungen konstant gehalten werden müssen [*8*]. Beim Lösen von Aluminium, Calcium und Magnesium können Si-Verluste durch Verflüchtigung als Silane auftreten [*67*], weshalb in diesem Fall ein übermäßiges Erwärmen der Lösung während des Lösungsvorganges möglichst vermieden werden soll. Weiterhin werden Si-Verluste durch teilweise in Mineralsäuren unlösliches Si hervorgerufen, die sich durch Zusatz von HF beim Lösen des Probematerials vermeiden lassen [*65*]. Mit Metol/Na_2SO_3 als Reduktionsmittel gibt P 9,5% der Extinktion, die mit der äquivalenten Si-Menge erhalten wird [*20*]. 100 µg P täuschen 1,6–3,1 µg Si vor und 100 µg As rufen eine 4,2–4,5 µg Si entsprechende Extinktion mit Sn(II)-oxalat als Reduktionsmittel hervor [*38*]. In Anwesenheit von Oxalsäure geben Ge ~ 22% und

---

[1] In Anwesenheit von Weinsäure.

[2] Auch höhere Gehalte der Alkalimetalle bis zu 2,3 mg Na/ml und 3,9 mg K/ml stören nicht, wenn bei der Aufstellung der Eichkurve die gleichen Konzentrationen an Alkalimetallen anwesend sind, da steigende Mengen der letzteren die Farbintensität des Si-Mo-blaus proportionell vermindern [*19*].

[3] In Abwesenheit von Oxalsäure.

V(V) ~ 0,6% der von der äquivalenten Si-Menge erzeugten Extinktion [*20*]. Deshalb stören 0,2 µg Ge/ml bei der Bestimmung von 0,08 µg Si/ml. Zur Beseitigung einer Störung durch P und As werden dieselben Maßnahmen wie bei der photometrischen Bestimmung als Si-Mo-säure angewendet (s. S. 1096ff.). Zur Beseitigung der Störung durch P und As erfolgte die Bestimmung des Si als Si-Mo-blau bei pH 0,8–1,0 in HCl-Lösung in Anwesenheit von Citronensäure (4% in der Probelösung) mit 1-Amino-2-naphthol-4-sulfosäure als Reduktionsmittel [*68a*]. Im Gegensatz zur Si-Mo-säure (s. S. 1100) bildet sich die P-Mo-säure zwar sowohl in schwach saurer als auch in stark saurer Lösung, läßt sich aber unter den letztgenannten Bedingungen (2–4n H_2SO_4) nicht zu P-Mo-blau reduzieren. Demzufolge kann eine Störung durch P beseitigt werden, indem man die Si-Mo-säure und P-Mo-säure in schwach saurer Lösung bildet, die Lösung anschließend auf 2n H_2SO_4 oder 2–3n HCl einstellt und die Reduktion vornimmt [*63, 69*]. Auf diese Weise wird die Bestimmung von 0,2–2,7 µg Si/ml durch die Anwesenheit von bis zu 8,6 µg P/ml nicht gestört [*63*]. Oft wird neben dem Ansäuern auch noch Oxalsäure (zur Zerstörung der P-Mo-, As-Mo- und V-Mo-säure) zugesetzt.

Störende Mengen P und As lassen sich als Heteropolysäuren durch Extraktion von Si abtrennen (s. S. 1091). Von einer Reihe organischer Lösungsmittel erwies sich Äthylacetat zur extraktiven Abtrennung des P als P-Mo-säure am günstigsten [*3*]. Auf diesem Wege können 1000 µg PO_4^{3-} quantitativ abgetrennt und anschließend das zurückbleibende Si in der wäßrigen Phase als Si-Mo-blau photometrisch bestimmt werden. Mit Isobutanol können bei verschiedener Säurekonzentration P-Mo-säure und Si-Mo-säure in einem Arbeitsgang nacheinander selektiv extrahiert und nach Rückschüttelung als Mo-blau-Komplexe photometrisch bestimmt werden [*21, 70*] (s. S. 905). Die Si-Mo-säure wurde auch mit n-Butanol [*70a*], Isobutanol [*70b*] oder Isoamylalkohol [*70c*] extrahiert und anschließend nach Rückschüttelung in der wäßrigen [*70b*] oder in der organischen Phase [*70a, 70c*] als Si-Mo-blau bestimmt. In einer anderen Arbeit erfolgte die gleichzeitige Bestimmung von P und Si nach Bildung der entsprechenden Mo-blau-Komplexe und extraktiver Abtrennung des P-Mo-blau-Komplexes mittels Diäthyläther [*71*] (s. S. 905/906).

Si-Mo-blau läßt sich in saurer Lösung (pH $\leqq$ 2) mit oxyäthyliertem Laurylamin zum entsprechenden Aminsalz

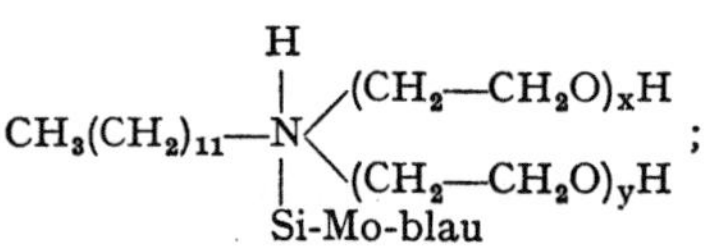

; $x + y \approx 15$—16

umsetzen, welches mit $CHCl_3$ quantitativ extrahiert werden kann [*4*]. Der hydrophobe Alkylrest im Polyglykollaurylamin bewirkt die $CHCl_3$-Löslichkeit des Farbkomplexes und die hydrophilen Polyglykolketten verhindern ein Ausflocken des Alkylamins durch Molybdänsäure. Dieses Verfahren eignet sich besonders zur Anreicherung sehr kleiner Si-Mengen (s. S. 1107). Da vorhandenes P-Mo-blau mitextrahiert wird, muß dessen Entstehung durch Zusatz von Oxalsäure vor der Reduktion verhindert werden. Das Extinktionsmaximum des Si-Mo-blau-Polyglykollaurylamin-Komplexes in $CHCl_3$ liegt bei 770–780 nm [*4*] (s. Abb. 189), wobei die Art des verwendeten Reduktionsmittels keinen Einfluß hat. Das Beersche Gesetz ist im Bereich von 0,04–1,0 µg Si/ml $CHCl_3$ erfüllt. Die Farbe ist praktisch 30 min stabil; nach 60 min ist die Extinktion je nach der vorliegenden Si-Menge um 1,5–4% niedriger als der Anfangswert. In einer anderen Arbeit [*71a*] wurde Si-Mo-blau (Bildung der Si-Mo-säure bei pH 1,4, Reduktion mit $SnCl_2$) aus 2n HCl-Lösung mit 1,2-Propandiolcarbonat (Propylencarbonat)/$CHCl_3$ (10:1) extrahiert und das Si im organischen Extrakt bei 775 nm ($\varepsilon_{775} = 20200$) photometrisch bestimmt. Das in ~ 0,8n H_2SO_4/~ 0,6n HF-Lösung gebildete Si-Mo-blau läßt sich durch anschließendes Ansäuern der Lösung auf 3,5—4,5n H_2SO_4 mit Isoamylalkohol extrahieren und im organischen Extrakt photometrieren ($\varepsilon_{800} = 18500$) [*66a*].

In Übersichtsreferaten findet man zahlreiche Verfahren zusammengestellt [*71b* bis *71d*].

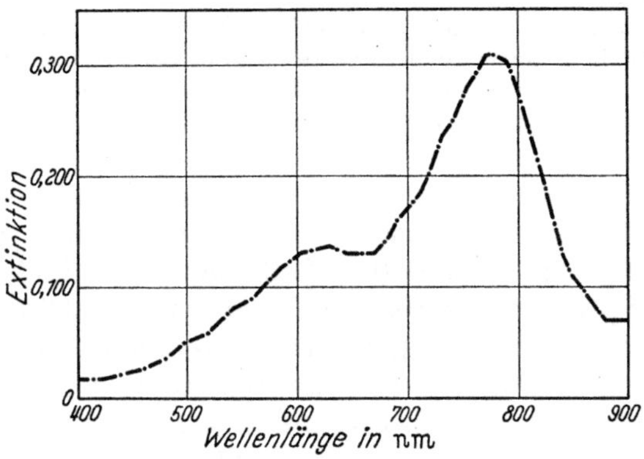

Abb. 189. Extinktionskurve von Silicomolybdänblau-Laurylamin in $CHCl_3$ [*4*]

Arbeitsvorschrift

I. Reduktion mit 1-Amino-2-naphthol-4-sulfosäure

Methode a [*26, 47*]

Reagentien

Reduktionslösung; 25 g $Na_2S_2O_5$ werden in 200 ml Wasser, sowie 2 g Na_2SO_3 sicc. und 0,4 g 1-Amino-2-naphthol-4-sulfosäure in 25 ml Wasser gelöst; man mischt beide Lösungen und füllt mit Wasser auf 250 ml auf (in einer Polyäthylenflasche im Dunkeln aufbewahrt);

$(NH_4)_6Mo_7O_{24}$-Lösung, 7,5%ig in ~ 3,2n H_2SO_4; 18,8 g $(NH_4)_6Mo_7O_{24} \cdot 4\,H_2O$ werden in Wasser, welches 23 ml H_2SO_4 (1,84) enthält, gelöst und mit Wasser auf 250 ml aufgefüllt.

Weinsäure, 10%ige wäßrige Lösung.

Die Probelösung (3,5—130 µg Si enthaltend) verdünnt man in einem 100 ml-Meßkolben mit Wasser auf ~ 94 ml, versetzt mit 1 ml Molybdatlösung und läßt 5 min stehen. Anschließend fügt man 4 ml Weinsäure-Lösung, sowie nach kurzem Mischen 1 ml Reduktionslösung hinzu, füllt mit Wasser zur Marke auf und photometriert nach einer Standzeit von 20 min in einer 1 cm-Küvette bei 820 nm gegen Wasser.

Methode b [*58*]

Reagentien

Reduktionslösung; 30 g $Na_2S_2O_5$ werden in 150 ml Wasser sowie 1 g Na_2SO_3 sicc. und 0,5 g 1-Amino-2-naphthol-4-sulfosäure unter Erwärmen in 50 ml Wasser gelöst und beide Lösungen vereinigt (in einer Polyäthylenflasche im Dunkeln aufbewahrt);

übrige Reagentien wie bei Verfahren B.II.b) (s. S. 1100).

50,0 ml Probelösung (2—70 µg Si enthaltend) behandelt man wie bei Verfahren B.II.b) (s. S. 1100). Nach Zusatz der Oxalsäure-Lösung wartet man 2—5 min, versetzt mit 2,0 ml Reduktionslösung und photometriert nach 5 min in einer 1 cm-Küvette bei 815 nm gegen Wasser.

II. Reduktion mit Sn(II)-oxalat [*38*]

Reagentien

Pufferlösung; 100 ml 2n KCl-Lösung und 100 ml 2n HCl werden nach dem Mischen mit Wasser auf 1 l aufgefüllt; der pH-Wert soll 0,8 betragen;
$(NH_4)_6Mo_7O_{24} \cdot 4\ H_2O$, 5%ige wäßrige Lösung;
Reduktionslösung; in 240 ml Wasser löst man unter Rühren nacheinander 4,1 g Oxalsäuredihydrat, 4,0 g Natriumformiat, 2,4 ml Ameisensäure (98—100%) und 2,12 g Sn(II)-oxalat; die Lösung ist bis zu 4 Wochen haltbar;
Sn(II)-oxalat; 35 g $SnCl_2 \cdot 2\ H_2O$ werden in 20 ml HCl (1,19) gelöst und mit Wasser auf 100 ml aufgefüllt (Lösung a). 31 g Oxalsäuredihydrat löst man in 1200 ml Wasser (Lösung b). Man gießt nun unter kräftigem Rühren Lösung a in Lösung b ein, saugt nach einer Standzeit von 10 min das ausgefallene Salz mit einer Nutsche ab, wäscht mehrmals mit kaltem Wasser nach und trocknet bei 50° C;
H_2SO_4 (1 + 3).

Die Probelösung (1,3–25 µg Si enthaltend) verdünnt man in einem 50 ml-Meßkolben mit Wasser auf ~ 20 ml, versetzt mit 10 ml Pufferlösung und 2 ml Molybdatlösung (die Probelösung soll jetzt pH 1,5 aufweisen), mischt gut durch und läßt 15 min stehen. Man gibt nun 5 ml H_2SO_4 hinzu, schüttelt gut durch (sonst kann beim nachfolgenden Reduzieren lokal Mo-blau entstehen) und reduziert unmittelbar[1] danach mit 1 ml Reduktionslösung. Nach dem Durchmischen wird mit Wasser zur Marke aufgefüllt und nach 10 min in einer 2 cm-Küvette bei 730 nm gegen Wasser photometriert. Ein Blindwert wird in Abzug gebracht.

III. Bestimmung in Anwesenheit von bis zu 1000 µg PO_4^{3-} [*3*]

(Abtrennung von P-Mo-säure durch Extraktion mit Äthylacetat)

Reagentien

$(NH_4)_6Mo_7O_{24} \cdot 4\ H_2O$, 5%ige wäßrige Lösung; 1n HCl;
$Na_2SO_3 \cdot 7\ H_2O$, 30%ige wäßrige Lösung;
Äthylacetat.

2,0 ml Probelösung (~ 0,8–30 µg Si enthaltend) versetzt man in einem 50 ml-Schütteltrichter unter Umschwenken mit 2,0 ml 1n HCl, sowie 4,0 ml Molybdatlösung und schüttelt 3 min (die Lösung soll jetzt einen pH-Wert von 1,0 aufweisen). Nun extrahiert man 1mal 30 sec mit 20 ml Äthylacetat, verwirft die organische Phase, fügt zur wäßrigen Lösung 4,0 ml Na_2SO_3-Lösung und photometriert nach einer Standzeit von 25 min in einer 1 cm-Küvette bei 690 nm gegen einen Blindwert.

Von der vorliegenden Vorschrift abweichend kann das Si nach extraktiver Abtrennung des P als P-Mo-säure auch nach einer anderen Arbeitsvorschrift als Si-Mo-blau photometrisch bestimmt werden.

1. Wässer

Das Si-Mo-blau-Verfahren fand auch in anderen Arbeiten zur Bestimmung von Si in Wasser [*44*], Kesselwasser [*44, 71e–71i*], Reinstwasser [*71j*] und Kondenswasser [*47, 58, 71g–71i*] Anwendung.

[1] Die Reduktion muß unmittelbar nach dem Säurezusatz erfolgen, da die gebildete Heteropolysäure im Gegensatz zum Si-Mo-blau in stark saurem Medium nicht ganz beständig ist, vielmehr in derartig stark sauren Lösungen eine Zersetzung um 0,5—1%/min eintreten kann [*20*]. Von anderer Seite [*4*] wird darauf hingewiesen, daß bei der Zugabe des relativ schwach sauren Reduktionsmittels lokal zu hohe pH-Werte auftreten und dadurch eine geringe Mo-blau-Bildung und Erhöhung der Blindwertstreuung verursacht werden können. Aus diesen Gründen wird empfohlen [*4*], die vor der Reduktion zur Vermeidung einer Mo-blau-Bildung zugesetzte Säure mit dem Reduktionsmittel vor der Zugabe zu mischen (s. Verfahren C.1.2, S. 1107).

1.1. Naturwasser und Meerwasser

Bei der Bestimmung von Si in Meerwasser ist der durch den Salzgehalt verursachte Fehler (bis -10%) bei der Aufstellung der Eichkurve zu berücksichtigen. Durch den Salzfehler ist die Genauigkeit etwas herabgesetzt, weshalb zu ihrer Erhöhung in diesem Fall von der Arbeitsvorschrift abweichend empfohlen wird, 15 ml Meerwasser + 5 ml destilliertes Wasser für die Analyse zu verwenden.

B: 0,015–3 ppm Si. F_{rm}: $\pm 0{,}7\%$.

Arbeitsvorschrift [*20*]

Reagentien

$(NH_4)_6Mo_7O_{24} \cdot 4\,H_2O$; 2 g Reagens werden in ~ 70 ml Wasser unter Zusatz von 6 ml HCl (1,19) gelöst und mit Wasser auf 100 ml aufgefüllt (wenn nötig filtriert; in Polyäthylenflasche aufbewahrt);

Oxalsäure, 10%ige wäßrige Lösung;

H_2SO_4 (1 + 3);

Metol/Na_2SO_3-Lösung; in ~ 240 ml Wasser werden 3 g Na_2SO_3 sicc. und 5 g Metol gelöst, mit Wasser auf 250 ml aufgefüllt, filtriert und in dunkler Flasche aufbewahrt;

Reduktionslösung; man mischt 100 ml Metol/Na_2SO_3-Lösung mit 60 ml Oxalsäure-Lösung, fügt unter Kühlen 120 ml H_2SO_4 (1 + 3) hinzu und füllt mit Wasser auf 300 ml auf. Die Lösung ist alle 14 Tage frisch herzustellen.

20 ml Probe (1,5–60 µg Si bzw. 0,3–12 µg Si enthaltend) führt man in einen 50 ml-Meßkolben über, in welchen 3 ml Molybdatlösung vorgelegt sind, mischt und läßt 10 min stehen. Danach versetzt man mit 15 ml Reduktionslösung, füllt mit Wasser zur Marke auf und photometriert nach einer Standzeit von 3 Std in einer 1 cm- bzw. 5 cm-Küvette bei 812 nm gegen Wasser. Ein Blindwert wird in Abzug gebracht.

1.2. Kieselsäurearmes Wasser

Nach Bildung des Si-Mo-blaus wird dieses mit Polyglykollaurylamin umgesetzt, das Aminsalz mit $CHCl_3$ extrahiert und in der organischen Phase photometriert. Zur Aufbewahrung der Lösungen und bei der Analyse sollen weitgehend Polyäthylengefäße Verwendung finden. Da die Möglichkeit einer Blindwerterhöhung während des Alterns der Reagenslösungen infolge des Überganges von evtl. vorhandener Polykieselsäure in die monomere Form gegeben ist, sollen wenigstens 24 Std alte Lösungen verwendet werden.

B: 1–25 ppb Si. *V:* $\pm 4\%$. *Z:* ~ 75 min für 3 Bestimmungen.

Arbeitsvorschrift [*4*]

Reagentien[1]

$(NH_4)_6Mo_7O_{24}$-Lösung; 25 g $(NH_4)_6Mo_7O_{24} \cdot 4\,H_2O$ werden in einem Polyäthylenbecher in Wasser unter gelindem Erwärmen auf dem Wasserbad gelöst, 100 ml H_2SO_4 (1 + 3) zugegeben und mit Wasser auf 500 ml aufgefüllt;

Oxalsäure, 10%ige wäßrige Lösung;

Aminlösung; 5 g oxyäthyliertes Fettamin (GCU 20 „helles Produkt" der Farbwerke Hoechst) werden mit H_2SO_4 (1 + 3) auf 100 ml verdünnt;

$CHCl_3$; Methanol;

übrige Reagentien wie bei Verfahren C. II. (s. S. 1106).

---

[1] Hinsichtlich der Reinigung bzw. Herstellung des bei den Reagenslösungen und der Analyse verwendeten destillierten Wassers s. S. 88 ff.

200 ml Probe (0,2–5 μg Si enthaltend) werden in einer 500 ml-Polyäthylenflasche mit Stopfen unter Umschwenken mit 10,0 ml Molybdatlösung versetzt; der pH-Wert soll nun ~ 1,5 betragen. Nach 15 min Standzeit versetzt man unter Umschwenken mit 5 ml Oxalsäure-Lösung. Nach weiteren 5 min wird ein unmittelbar vor Gebrauch hergestelltes Gemisch aus 10 ml Reduktionslösung und 15 ml H_2SO_4 (1 + 3) unter kräftigem Umschwenken zugesetzt; der pH-Wert soll nun ~ 0,6 betragen. Nach 10 min Standzeit führt man die Lösung in einen mit Polyäthylenstopfen versehenen 500 ml-Schütteltrichter über, fügt unter Umschwenken 5 ml Aminlösung hinzu und extrahiert 3 min mit 10 ml $CHCl_3$. Nach der Phasentrennung wird der organische Extrakt in ein trockenes 100 ml-Becherglas abgelassen und kurz umgeschwenkt; mitgerissene Tröpfchen wäßriger Lösung setzen sich innerhalb weniger Minuten an der Becherglaswandung ab, wonach der organische Extrakt in einen 25 ml-Meßkolben, in welchen 3 ml Methanol vorgelegt sind, übergeführt wird. Die Extraktion wird auf dieselbe Weise mit je 6 ml $CHCl_3$ noch 2mal wiederholt. Den vereinigten organischen Extrakt füllt man mit $CHCl_3$ zur Marke auf und photometriert innerhalb 15 (bis 30 min) in einer 5 cm-Küvette bei 770–780 nm gegen $CHCl_3$.

1.3. Technisch entsalztes Wasser, Kesselspeisewasser

Mittels Anionenaustauscher wird die Kieselsäure 20fach angereichert. Hierzu wird sie nach Überführen in H_2SiF_6 am Austauscher adsorbiert, durch Umsetzung mit H_3BO_3 aus dem Komplex und damit aus dem Austauscher freigesetzt und im Eluat als Si-Moblau photometrisch bestimmt. Die Adsorption des Si als H_2SiF_6 am Anionenaustauscher erfolgt nur im Bereich von 80–200 mg HF/l quantitativ. Nach erfolgter Adsorption ist im allgemeinen ein Waschen der Austauschersäule vor dem Eluieren nicht erforderlich. In Anwesenheit störender Ionen, z. B. PO_4^{3-}, empfiehlt es sich, die Säule mit 0,003 bis 0,0006n HCl (pH 2,5–3,2) zu waschen, wobei nur innerhalb dieser Grenzen keine Verluste an Si auftreten.

B: 0,5–70 ppb Si. F_r: ±5–10%.

Arbeitsvorschrift [*9*]

Reagentien[1]

Austauschersäule aus Plexiglas (s. Abb. 190), mit 10 ml eines stark basischen Anionenaustauschers (z. B. Permutit ES) beschickt;

Anionenaustauscher (stark basisch), Permutit ES; zur Entfernung vorhandener kleiner Kieselsäuremengen wird der Austauscher wie folgt gereinigt: man läßt 24 Std 1n HF einwirken, wäscht kurz aus, läßt weitere 24 Std mit gesättigter H_3BO_3-Lösung stehen und wäscht zuletzt mit Wasser gründlich aus;

1,4n HCl;

~ 1n HF; durch doppelte Destillation in einer Polyäthylenapparatur wird HF (36%) gereinigt (s. S. 96) und davon 56 g auf 1000 g entkieseltes Wasser verwogen;

H_3BO_3, gesättigte wäßrige Lösung; man löst 50 g H_3BO_3 in 1000 ml entkieseltem Wasser und gießt vom ungelöst bleibenden Rest ab;

übrige Reagentien wie bei Verfahren C. I. b) (s. S. 1105).

Zur ersten Inbetriebnahme der Austauschersäule spült man 10 ml des in Wasser gequollenen Anionenaustauschers in die Säule, senkt den Flüssigkeitsspiegel bis zur Oberfläche des Austauschers und gibt 50 ml 1n HF in die Säule. Bei langsamem Durchfluß (~ 1 Tropfen/sec) wird bis auf 1 cm oberhalb des Austauschers abgelassen; man schließt den Quetschhahn, der auf dem am Ablaufrohr der Säule angebrachten Gummi-

---

[1] Hinsichtlich der Reinigung bzw. Herstellung des bei den Reagenslösungen und der Analyse verwendeten destillierten Wassers s. S. 88ff.

oder Plastikschlauchstück sitzt, und läßt 24 Std stehen. Danach wäscht man mit 200 ml entkieseltem Wasser nach, beschickt auf die gleiche, für die 1 n HF beschriebene Weise mit 50 ml H_3BO_3-Lösung, läßt ebenfalls 24 Std stehen und wäscht mit 500 ml entkieseltem Wasser nach. Zum Überführen des Austauschers in die Chloridform bzw. für dessen Regeneration schickt man 50 ml 1,4 n HCl mit einer Geschwindigkeit von 3—5 Tropfen/sec durch die Säule und wäscht mit 200 ml entkieseltem Wasser nach. Nach durchgeführter Analyse bewahrt man den Austauscher bis zur nächsten Si-Bestimmung in der Säule im regenerierten Zustand unter entkieseltem Wasser auf und verschließt die Säule mit einem Gummi- oder besser Kunststoff-Stopfen.

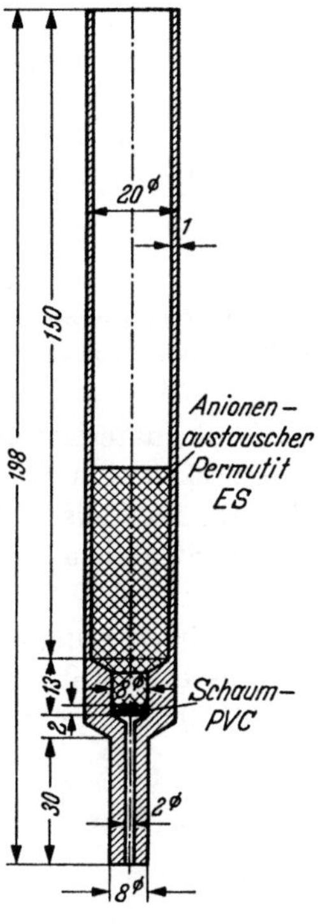

Abb. 190. Austauschersäule zum Anreichern von Kieselsäurespuren (Material: Plexiglas) [9]

In einer Polyäthylenflasche gibt man zu 1 l Probe ~ 7,5 g 1 n HF und mischt durch Schütteln. Werden mehrere Liter Probe eingesetzt, so ist der Zusatz an 1 n HF entsprechend zu erhöhen. Aus der hochgestellten Polyäthylenflasche läßt man die Probelösung durch ein Polyäthylenrohr (oder -schlauch) in die Austauschersäule fließen und regelt die Durchflußgeschwindigkeit mittels Quetschhahn auf 1 l/20—25 min. Der Durchlauf wird verworfen. Man läßt die Säule völlig leerlaufen, schließt den Quetschhahn, gibt 5 ml H_3BO_3-Lösung auf die Säule, rührt den Austauscher mit einem PVC-Stäbchen auf, spült dieses kurz mit entkieseltem Wasser ab und läßt 15 min stehen. Dann läßt man das Eluat in eine kleine Polyäthylenflasche ab, an der man bei 50 ml eine Marke angebracht hat. Die Säule wird in kleinen Anteilen mit 30 ml entkieseltem Wasser nachgewaschen und das nun etwa 35—40 ml betragende Eluat für die Bestimmung des Si nach Verfahren C. I. b) (s. S. 1105) mit einem Endvolumen von 50 ml (1 cm-, 2 cm- oder 5 cm-Küvette) verwendet.

2. Organisches Material

Zur Bestimmung kleiner Si-Gehalte wird das getrocknete Probematerial zunächst nach den früher angegebenen Richtlinien (s. S. **183** ff.) meist auf trockenem Wege verascht. Die Asche schließt man im Platintiegel mit der 5–10fachen Menge Na_2CO_3 auf, löst die erkaltete Schmelze mit Wasser und säuert die Lösung mit verdünnter HCl oder H_2SO_4 an. Die erhaltene Probelösung oder ein aliquoter Teil davon wird für die Bestimmung nach dem Si-Mo-blau-Verfahren verwendet. Als Si-Mo-blau wurde Si in tierischem Gewebe bestimmt [*71 k*].

2.1. Gewebe

B: 10–1000 ppm Si. F_r: ± 5%.

Arbeitsvorschrift [*69*]

Reagentien

Na_2CO_3 sicc.;
10n H_2SO_4;
$(NH_4)_6Mo_7O_{24} \cdot 4\,H_2O$, 5%ig in 1n H_2SO_4;
Reduktionslösung; 30 g $Na_2S_2O_5$ werden in 200 ml Wasser, sowie 6 g $Na_2SO_3 \cdot 7\,H_2O$ und 0,5 g 1-Amino-2-naphthol-4-sulfosäure in 25 ml Wasser gelöst; man mischt beide Lösungen und füllt mit Wasser auf 250 ml auf.

0,5 g getrocknetes, pulverisiertes Probematerial werden in einem Platintiegel mit der 6fachen Menge Na_2CO_3 gemischt, verascht und aufgeschlossen. Die erkaltete Schmelze löst man in warmem Wasser, kühlt ab, neutralisiert mit 10n H_2SO_4 gegen Kongorot, gibt einen Überschuß von 0,2 ml 10n H_2SO_4 hinzu und füllt mit Wasser auf 100 ml oder 250 ml auf. Einen aliquoten Teil von 15 ml (0,7–30 µg Si enthaltend) versetzt man in einem 25 ml-Meßkolben mit 2,0 ml Molybdatlösung und läßt 10 min stehen. Dann werden 5 ml 10n H_2SO_4 hinzugefügt, gemischt, mit 0,5 ml Reduktionslösung versetzt, mit Wasser zur Marke aufgefüllt und nach 10 min in einer 1 cm-Küvette bei 820 nm gegen einen Blindwert photometriert.

2.2. Blut

B: 1,5–25 µg Si/ml Probe. F_r: ±5%.

Arbeitsvorschrift [*69*]

Reagentien

Trichloressigsäure, 5%ige wäßrige Lösung;
übrige Reagentien wie bei Verfahren C.2.1.

2,0 ml Blut, Plasma oder Serum mischt man mit 20,0 ml Trichloressigsäure, filtriert nach 5 min, führt 15,0 ml des Filtrates in einen 25 ml-Meßkolben über, erhitzt 15 min im siedenden Wasserbad, kühlt ab und fährt wie bei Verfahren C.2.1. fort.

2.3. Harn

B: 2–50 µg Si/ml Probe. F_r: ±5–10%.

Arbeitsvorschrift [*69*]

Reagentien

$CaCl_2$, 0,5%ige wäßrige Lösung;
$Ca(OH)_2$, gesättigte wäßrige Lösung;

Aktivkohle;
$NaNO_2$, 5%ige wäßrige Lösung;
Trichloressigsäure, 20%ige wäßrige Lösung;
Caprylalkohol;
$Na_2MoO_4 \cdot 2\,H_2O$, 7%ig in 1n H_2SO_4.

a) Entfernung von störendem PO_4^{3-}

0,3 ml Rattenharn oder 3 ml Menschenharn werden in einem Plastikreagensrohr mit 10 ml $CaCl_2$-Lösung versetzt, mit $Ca(OH)_2$-Lösung gegen Phenolphthalein alkalisch gemacht, mit Wasser auf 15 ml verdünnt, 50 mg Aktivkohle zugesetzt, geschüttelt und 15 min bei 70° C gehalten. Nach dem Abkühlen filtriert man, verdünnt 10 ml des Filtrates mit Wasser auf 15 ml und fährt wie bei Verfahren C.2.1. (s. S. 1110) fort.

b) Entfernung von störendem Ammoniak und Harnstoff

2 ml Probe werden mit 1 ml $NaNO_2$-Lösung, 2 ml Trichloressigsäure, 50 mg Aktivkohle und 1 Tropfen Caprylalkohol versetzt, 5 min geschüttelt, filtriert und 0,5 ml (bei Rattenharn) bzw. 3—4 ml (bei Menschenharn) des Filtrates mit Wasser auf 15 ml verdünnt. Man fügt 2,0 ml Na_2MoO_4-Lösung hinzu, mischt und fährt nach Verfahren C.2.1. (s. S. 1110) fort.

3. Metalle und Legierungen

Nach dem Si-Mo-blau-Verfahren wurde Si bestimmt in Eisen und Stahl [*60, 61, 70b, 70c, 72, 73*], Aluminium [*66a*], Beryllium [*74*], Kupfer [*3b, 75*], Kupferlegierungen [*70c, 75*], Magnesium [*45, 66a*], Mangan [*66a*], Nickel [*1, 41, 56, 64, 76—78*], Molybdän, Niob, Tantal und Wolfram [*8a*].

3.1. Eisen und Stahl

Eine Störung von As und P wird durch Zusatz von HF beseitigt. Die Bestimmung von 4 µg Si wird nicht gestört durch jeweils 125 mg Al, Be, Cd, Co, Cu, Mg, Mn, Ni und Zn, 75 mg Cr, 50 mg W, 25 mg Ce, Sn und V, 5 mg As sowie 300 µg P.

B: 3—240 ppm Si. F_r: ±2—8%.

Arbeitsvorschrift [*66a, 79*]

Reagentien

H_2SO_4 (1,84); 5n H_2SO_4; 12n H_2SO_4; HF (40%); HF (10 + 48); H_2O_2 (15%); H_2O_2 (1%).
$(NH_4)_6Mo_7O_{24} \cdot 4\,H_2O$, 10%ige wäßrige Lösung.
$(NH_4)_2Fe(SO_4)_2 \cdot 6\,H_2O$, 15%ig in H_2SO_4 (1 + 9).
$SnCl_2 \cdot 2\,H_2O$, 10%ig in 5n H_2SO_4 (täglich frisch hergestellt).
$KMnO_4$, 1%ige wäßrige Lösung.
Isoamylalkohol.

0,2 g Probematerial werden in einem Teflonbecher mit 8 ml 5n H_2SO_4 und 5 ml H_2O_2 (15%) auf dem Wasserbad (90° C) gelöst, nach 15 min tropfenweise $KMnO_4$-Lösung bis zur bleibenden Rosafärbung hinzugefügt, das überschüssige $KMnO_4$ mit H_2O_2 (1%) zerstört und weitere 15 min auf dem Wasserbad erhitzt. Die abgekühlte Lösung füllt man in einem 100 ml-Meßkolben mit Wasser zur Marke auf, führt einen aliquoten Teil von 25,0 ml in einen 125 ml-Kunststoffschütteltrichter über, versetzt mit 6 ml Molybdat-Lösung, mischt, läßt 5 min stehen, fügt dann 7 ml HF (10 + 48) sowie innerhalb 30 sec sofort 5 ml $(NH_4)_2Fe(SO_4)_2$-Lösung hinzu, mischt und läßt 5 min stehen. Dann wird 1 ml $SnCl_2$-Lösung zugefügt, gemischt, nach Zusatz von 20 ml 12n H_2SO_4 sofort mit 10,0 ml Isoamylalkohol 30 sec extrahiert, die abgetrennte organische Phase mit Na_2SO_4 sicc. getrocknet und in einer 1 cm- ($\geqq$ 6 ppm Si) oder 2 cm-Küvette ($\geqq$ 3 ppm Si) bei 800 nm gegen Isoamylalkohol photometriert. Ein nach der Vorschrift hergestellter [ohne 5 ml H_2O_2 (15%)] Blindwert wird abgezogen.

3.2. Aluminium

B: 0,0003—0,012% Si. *s:* ± 0,0001% Si.

Arbeitsvorschrift [*65*]

Reagentien

Wie bei Verfahren C.3.3.

Die Aufstellung der Eichkurve erfolgt nach der Arbeitsvorschrift unter Zusatz der entsprechenden Menge HF.

1,0 g Probematerial löst man wie bei Verfahren C.3.3., jedoch unter Verwendung von 4 g NaOH/g Probematerial und fährt wie dort angegeben fort.

3.3. Beryllium

B: 0,0015–0,06% Si. *s:* ±0,0005% Si.

Arbeitsvorschrift [*65*]

Reagentien

NaOH, 20%ige wäßrige Lösung;
HF (1 + 1);
übrige Reagentien wie bei Verfahren C.3.7. (s. S. 1114).

Die Aufstellung der Eichkurve erfolgt nach der Arbeitsvorschrift unter Zusatz der entsprechenden Menge HF.

0,2 g Probematerial werden in einem Teflonbecher mit 15 ml NaOH gelöst, mit H_2SO_4 (1 + 1) neutralisiert und 10 Tropfen der Säure im Überschuß zugegeben. Man fügt 0,5 ml HF (1 + 1) hinzu, erwärmt 30 min, kühlt dann ab und fährt nach Verfahren C.3.7. fort.

3.4. Calcium

B: 0,0003–0,012% Si. *s:* ±0,0001% Si.

Arbeitsvorschrift [*65*]

Reagentien

NaOH, 1,3%ige wäßrige Lösung;
HCl (1 + 1);
$ZrOCl_2$/HF-Lösung; 28 g $ZrOCl_2 \cdot 8\,H_2O$ werden in Wasser gelöst, mit Wasser auf 384 ml gebracht und in einer Polyäthylenflasche mit 16 ml HF (48%) versetzt;
übrige Reagentien wie bei Verfahren C.3.7. (s. S. 1114), wobei jedoch bei der Molybdatlösung H_2SO_4 (1,84) durch HCl (1,19) ersetzt wird.

Die Aufstellung der Eichkurve erfolgt nach der Arbeitsvorschrift unter Zusatz der entsprechenden Menge HF.

1,0 g Probematerial löst man in einem Teflonbecher durch allmähliche Zugabe zu 15 ml NaOH, wobei durch Kühlen ein Erhitzen der Lösung verhindert werden soll. Es wird mit HCl (1 + 1) angesäuert, 0,5 ml $ZrOCl_2$/HF-Lösung zugegeben, 30 min erwärmt und nach dem Abkühlen nach Verfahren C.3.7. fortgefahren.

3.5. Magnesium und Magnesiumlegierungen

B: 0,0001–0,02% Si.

Arbeitsvorschrift [*67*]

Reagentien

H_2SO_4 (1 + 4);
$(NH_4)_6Mo_7O_{24} \cdot 4\,H_2O$, 8%ige wäßrige Lösung;
$SnCl_2$-Lösung; 1 g $SnCl_2 \cdot 2\,H_2O$ wird in 2 ml HCl (1,19) gelöst und mit Wasser auf 100 ml aufgefüllt (alle 2 Tage frisch herzustellen).

2,0 g Probematerial versetzt man in einem 400 ml-Becherglas mit 100 ml Wasser, fügt unter gleichzeitigem Kühlen (im Wasserbad) in kleinen Anteilen 27,5 ml H_2SO_4 hinzu und erwärmt nach Beendigung der Reaktion. Nach vollständigem Lösen wird abgekühlt und die Lösung in einem 200 ml-Meßkolben mit Wasser zur Marke aufgefüllt. Davon führt man 50 ml in einen 100 ml-Meßkolben über (parallel dazu wird ein Blindwert mit 1 ml H_2SO_4 und 49 ml Wasser durchgeführt), versetzt mit 5 ml Molybdatlösung und läßt 10–15 min stehen. Nun werden 10 ml H_2SO_4 und nach 2–3 min Standzeit 2 ml $SnCl_2$-Lösung zugesetzt, mit Wasser zur Marke aufgefüllt und nach 10–15 min Standzeit in einer 1 cm-, 2 cm- oder 5 cm-Küvette bei 800–830 nm gegen den Blindwert photometriert.

3.6. Titanlegierungen

Nach dem Lösen der Probe wird das Ti durch Hydrolyse abgeschieden und anschließend das Si als Si-Mo-blau photometrisch bestimmt.
B: 0,0015–0,05% Si und darüber. *s:* ± 0,001% Si.

Arbeitsvorschrift [*66*]

Reagentien

HF (3 + 7);
H_3BO_3, 4%ige wäßrige Lösung;
$KMnO_4$, 3%ige wäßrige Lösung;
$(NH_4)_6Mo_7O_{24} \cdot 4\,H_2O$, 5%ige wäßrige Lösung;
Weinsäure, 20%ige wäßrige Lösung;
Reduktionslösung; 30 g $Na_2S_2O_5$, 1 g Na_2SO_3 sicc. und 0,5 g 1-Amino-2-naphthol-4-sulfosäure werden in ~ 175 ml Wasser gelöst und mit Wasser auf 200 ml aufgefüllt (in Polyäthylenflasche aufbewahrt, wöchentlich frisch hergestellt).

Aufstellung der Eichkurve

Steigende Si-Mengen versetzt man in Polyäthylenbechern mit jeweils 40 ml Wasser, 5 ml HF und 100 ml H_3BO_3-Lösung, führt die Lösung in 250 ml-Meßkolben über, fügt innerhalb 1 Std 10,0 ml Molybdatlösung hinzu und fährt nach der Arbeitsvorschrift fort.

Analyse

0,5 g Probematerial versetzt man in einem Polyäthylenbecher mit 40 ml Wasser und 5 ml HF, bedeckt mit einem Polyäthylenuhrglas und läßt über Nacht bei Raumtemperatur lösen. Nach Zusatz von 100 ml Wasser werden unter Rühren 4,0 g H_3BO_3 zugegeben; man versetzt nach dem vollständigen Lösen bis zur bleibenden Rosafärbung tropfenweise mit $KMnO_4$-Lösung und gibt weitere 5 Tropfen im Überschuß zu. Man erhitzt nun 90 min unter gelegentlichem Umrühren im siedenden Wasser, kühlt ab, filtriert, wäscht das Filter mit Wasser nach und verdünnt das Filtrat mit Wasser auf

~ 200 ml. Die Lösung wird in einem 250 ml-Meßkolben innerhalb 1 Std mit 10,0 ml Molybdatlösung versetzt, gemischt und 10 min stehen gelassen. Man fügt 5,0 ml Weinsäurelösung hinzu, mischt, versetzt sofort mit 3,0 ml Reduktionslösung, füllt mit Wasser zur Marke auf und photometriert in einer 1 cm-Küvette bei 800–830 nm gegen Wasser.

3.7. Zirkonium

B: 0,0003–0,012% Si. *s:* ±0,0001% Si.

Arbeitsvorschrift [*65*]

Reagentien

H_2SO_4 (1 + 1); HF (48%);
H_3BO_3, gesättigte wäßrige Lösung;
$(NH_4)_6Mo_7O_{24} \cdot 4\,H_2O$, 10%ig in 2,9n H_2SO_4; 25 g Reagens werden in 200 ml Wasser gelöst, mit 20 ml H_2SO_4 (1,84) versetzt und mit Wasser auf 250 ml aufgefüllt;
Ammoniak (0,92);
Weinsäure, 20%ige wäßrige Lösung (zur Konservierung wenig Thymol zugesetzt);
Reduktionslösung; 27 g $Na_2S_2O_5$ werden in 200 ml Wasser, weiterhin 2 g NaOH und 0,5 g 1-Amino-2-naphthol-4-sulfosäure in 25 ml Wasser gelöst; man mischt beide Lösungen und füllt mit Wasser auf 250 ml auf.

Die Aufstellung der Eichkurve erfolgt nach der Arbeitsvorschrift ohne Zusatz von HF.

1,0 g Probematerial versetzt man in einer Platinschale oder einem Teflonbecher mit 15–20 ml Wasser und 10 Tropfen H_2SO_4, bedeckt mit einem Teflonuhrglas und löst durch langsamen Zusatz von ~ 3 ml HF. Wenn die Hauptmenge der Probe gelöst ist, wird erwärmt, dann abgekühlt, 40 ml H_3BO_3-Lösung zugegeben und nach dem Abkühlen auf Raumtemperatur mit 4 ml Molybdatlösung versetzt (sollte dabei bereits eine Blaufärbung auftreten, so oxydiert man mit $KMnO_4$-Lösung). Man stellt mit Ammoniak auf pH 1,2–1,3 ein, fügt nach 8–12 min Standzeit 4 ml Weinsäurelösung hinzu, mischt, versetzt sofort mit 1 ml Reduktionslösung und füllt nach Überführen in einen 100 ml-Meßkolben mit Wasser zur Marke auf. Nach einer Standzeit von 20 min wird in einer 1 cm-Küvette bei 815 nm gegen Wasser photometriert. Ein Reagentienblindwert (ohne die beim Lösen der Zirkoniumprobe verwendeten ~ 3 ml HF) und der gesondert ermittelte Si-Gehalt der zum Lösen verwendeten HF-Menge werden in Abzug gebracht.

3.8. Nickel

B: 2–800 ppm Si. *s:* ±2 ppm Si.

Arbeitsvorschrift [*70a*]

Reagentien

4n HNO_3.
$(NH_4)_6Mo_7O_{24} \cdot 4\,H_2O$, 2,5%ige wäßrige Lösung.
Oxalsäure, 4%ige wäßrige Lösung.
Reduktionslösung; man löst 0,20 g $(NH_4)_2Fe(SO_4)_2 \cdot 6\,H_2O$ in 30 ml Wasser, fügt 0,25 ml H_2SO_4 (15%) sowie 5 g Ascorbinsäure (in 30 ml Wasser gelöst) hinzu und füllt mit Wasser auf 100 ml auf.
n-Butanol; Äthanol.

0,5 g Probematerial werden in einer bedeckten 40 ml-Platinschale mit 9,0 ml 4n HNO_3 unter Erwärmen gelöst, aufgekocht, abgekühlt, in einen 150 ml-Schütteltrichter (mit 25 ml-Marke) übergeführt und mit Wasser auf 25 ml verdünnt. Man extrahiert 30 sec mit 10 ml Butanol, verwirft die organische Phase nach 5 min Standzeit, fügt

10 ml Molybdatlösung hinzu, mischt und läßt bei 20 ± 1° C 10 min stehen. Dann werden 5 ml Oxalsäurelösung zugesetzt, gemischt, mit 10,0 ml Butanol 2 min extrahiert, 5 min stehen gelassen und die wäßrige Phase verworfen. Man fügt 5 ml Reduktionslösung hinzu, schüttelt 30 sec, läßt 5 min stehen, füllt dann in einem 25 ml-Meßkolben mit Äthanol zur Marke auf und photometriert in einer 1 cm-Küvette bei 795 nm gegen Wasser.

3.9. Uran und Plutonium

In einer speziellen Destillationsapparatur (s. Abb. 191) wird das Si nach dem Lösen der Probe durch Verflüchtigung als SiF_4 isoliert und anschließend als Si-Mo-blau photometrisch bestimmt. Die Extinktion des Si-Mo-blaus im Destillat ist gegenüber gleichen, nicht destillierten Si-Mengen um 3% niedriger, was auf die überdestillierte $HClO_4$ zurückgeführt wird. Für ein quantitatives Erfassen des Si ist ein Überdestillieren von ~ 0,25 ml $HClO_4$ erforderlich. Für die Destillation von 50 µg Si sind 0,05–0,6 ml HF (50%) am günstigsten. Während der 10 min dauernden Destillation ist die Hauptmenge an Si nach 5 min bereits übergegangen.

B: 0,00003–0,01% Si. F_r: ±5–10%.

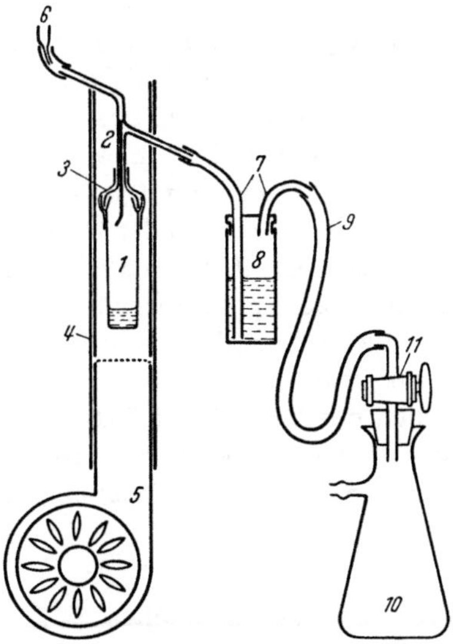

Abb. 191. Destillationsapparatur [*6*]. *1* Platintiegel, *2* Platinaufsatz mit Zu- und Ableitungsrohr, *3* Aluminium-Abdichtungsfolie, *4* Metallrohr, *5* Heißluftgebläse, *6* PVC-Trichter, *7* Teflonschläuche, *8* Kunststoffgefäß, *9* Gummischlauch, *10* Absaugflasche, *11* Teflonhahn

Arbeitsvorschrift [*6*]

Destillationsapparatur. Als Destillationskolben dient ein Platintiegel (25 ml Inhalt, 10 cm hoch, 2,25 cm ⌀); Zu- und Ableitungsrohr des Aufsatzes aus Platin bestehen aus Platinrohr (6,3 mm ⌀). Die Verbindung von Platintiegel und Platinaufsatz wird durch Umwickeln mit Aluminiumfolie abgedichtet, um das Eintreten von Luft während der Destillation auf ein Minimum zu beschränken. Diese Platinapparatur ist mittels eines am Tiegel angebrachten korrosionsbeständigen Stahldrahtes in ein Metallrohr eingehängt, das auf ein Heißluftgebläse (150°—260° C) aufgesetzt ist, mit welchem die Apparatur allseitig erhitzt wird. Heizung und Luftzufuhr des Gebläses sind regelbar; die Temperatur mißt man mittels Thermometer am oberen Ende des Metallrohres. Das Metallrohr besitzt am oberen Ende eine Aussparung (8 × 34 mm), durch die das Platinableitungsrohr austritt; die restliche Öffnung der Aussparung ist sorgfältig mit Aluminiumblech und -folie abgedeckt, um eine örtliche Abkühlung an der Apparatur sicher zu vermeiden, wodurch sonst Verluste infolge Kondensatbildung entstehen. Auf das Platineinleitungsrohr ist ein kleiner PVC-Trichter aufgesetzt. Das Platinableitungsrohr ist mit einem Teflonrohr (6,3 mm ⌀) verbunden, das in ein als Vorlage dienendes transparentes Kunststoffgefäß (~ 60 ml) mit doppelt durchbohrtem Polyäthylenstopfen eingeführt ist. An ein aus der zweiten Bohrung des Stopfens austretendes Teflonrohr ist die Apparatur über einen Gummischlauch und Vorschaltflasche an eine Wasserstrahl- oder Vakuumpumpe angeschlossen, mit deren Hilfe ein Luftstrom durch die Apparatur gesaugt wird.

Reagentien

Absorptionslösung; 200 ml gesättigte H_3BO_3-Lösung werden mit 40 ml 10%iger Molybdatlösung [25 g $(NH_4)_6Mo_7O_{24} \cdot 4\,H_2O$ löst man in 200 ml Wasser, fügt unter Rühren 20 ml H_2SO_4 (1,84) hinzu und füllt mit Wasser auf 250 ml auf] gemischt und mit Wasser auf 1 l aufgefüllt;

HF/HNO_3-Gemisch; 5 ml HF (50%) werden mit 25 ml HNO_3 (1,40) gemischt;

Ammoniak (0,91); Ammoniak (1 + 1);

H_2SO_4/Weinsäure-Lösung; 8 g Weinsäure werden in Wasser gelöst, 125 ml H_2SO_4 (1,84) zugefügt und mit Wasser auf 500 ml aufgefüllt;

Reduktionslösung; wie bei Verfahren C.3.7. (s. S. 1114);

$HClO_4$ (72%); $HClO_4$ (1 + 1);

HCl (1 + 3).

0,3–0,5 g Probematerial werden im Platintiegel nacheinander mit 1 ml HCl (1 + 3), 2 ml $HClO_4$ (1 + 1) und 4 ml $HClO_4$ (72%) versetzt und unter Erwärmen gelöst. Man erhitzt bis zum Auftreten dichter $HClO_4$-Nebel, läßt auf Raumtemperatur abkühlen, setzt die Platinapparatur zusammen, hängt sie in das Metallrohr ein und verbindet mit der Vorlage, die 25 ml Absorptionslösung enthält. Es wird ein Luftstrom von 150 ml/min durchgeleitet, durch den kleinen PVC-Trichter 0,3 ml HF/HNO_3-Gemisch zugegeben und 10 min mit dem Heißluftgebläse erhitzt (an der Öffnung des Metallrohres weist die Heißluft eine Temperatur von ~ 200° C auf, die ~ 3 min nach Einschalten des Gebläses erreicht ist). Danach nimmt man die Apparatur auseinander, stellt die Absorptionslösung mit Ammoniak auf pH 1,2–1,3 ein, läßt 10 min stehen, versetzt dann mit 5 ml H_2SO_4/Weinsäurelösung, mischt, fügt unmittelbar danach 0,8 ml Reduktionslösung hinzu und läßt nach Verdünnen mit Wasser auf 50,0 ml 20 min stehen. Anschließend wird die Lösung in einer 1 cm- (bei Vorliegen von 2–50 μg Si) oder 5 cm-Küvette (bei Vorliegen von 0,3–10 μg Si) bei 815 nm gegen Wasser photometriert. Ein Blindwert wird in Abzug gebracht.

4. Verschiedenes

Das Si-Mo-blau-Verfahren fand an anderer Stelle auch Anwendung zur Bestimmung von Si in Alkalien [*19*], Oxyden von Titan, Aluminium, Vanadin und Zirkonium [*8*], Uranoxyd [*70c, 80*], Berylliumoxyd [*70c*], Natriumhydroxyd [*66a*], Galliumphosphid [*81*], Staub [*71k*], Chloriden [*8*], Flußsäure [*82*] und Phosphorsäure [*8*].

4.1. Berylliumoxyd

B: 0,0003–0,012% Si. *s:* ±0,0001% Si.

Arbeitsvorschrift [*65*]

Reagentien

HCl (1 + 1);

übrige Reagentien wie bei Verfahren C.3.3. und C.3.7. (s. S. 1112, 1114).

Die Aufstellung der Eichkurve erfolgt wie bei Verfahren C.3.3. (s. S. 1112).

1,0 g Probematerial wird in einem Teflonbecher oder in einer Platinschale mit möglichst wenig HCl gelöst, mit Wasser auf ~ 20 ml verdünnt, 0,5 ml HF (1 + 1) zugesetzt, 30 min erwärmt und nach dem Abkühlen nach Verfahren C.3.7. (s. S. 1114) fortgefahren.

4.2. Calciumoxyd

B: 0,0003–0,012% Si. *s:* ±0,0001% Si.

Arbeitsvorschrift [*65*]

Reagentien

Wie bei Verfahren C.3.4. und C.3.7. (s. S. 1112, 1114).

Die Eichkurve wird wie bei Verfahren C.3.4. (s. S. 1112) aufgestellt.

1,0 g Probematerial wird in einem Teflonbecher mit möglichst wenig HCl gelöst, mit Wasser auf ~ 20 ml verdünnt, 0,5 ml $ZrOCl_2$/HF-Lösung zugesetzt, 30 min erwärmt und nach dem Abkühlen nach Verfahren C.3.7. (s. S. 1114) fortgefahren.

4.3. Zirkoniumdioxyd

B: 0,0003–0,012% Si. *s:* ±0,0001% Si.

Arbeitsvorschrift [*65*]

Reagentien

Wie bei Verfahren C.3.7. (s. S. 1114).

Die Eichkurve wird wie bei Verfahren C.3.7. (s. S. 1114) aufgestellt.

1,0 g Probematerial wird in einem Teflonbecher oder in einer Platinschale mit 20–25 ml Wasser, 10 Tropfen H_2SO_4 und 4 ml HF versetzt und erwärmt, wobei man durch Zusatz von Wasser auf einem Volumen von ~ 20 ml hält. Nach dem Abkühlen fährt man nach Verfahren C.3.7. (s. S. 1114) fort.

4.4. Zirkoniumsalze

Bestimmungsart, Bestimmungsbereich und Standardabweichung sind dieselben wie bei Verfahren C.4.3.

Arbeitsvorschrift [*65*]

Reagentien

Wie bei Verfahren C.3.7. (s. S. 1114).

Die Eichkurve wird wie bei Verfahren C.3.7. (s. S. 1114) aufgestellt.

Zirkoniumfluorid

1,0 g Probematerial wird in einem Teflonbecher oder in einer Platinschale mit 20 ml Wasser und 10 Tropfen H_2SO_4 versetzt und erwärmt, wobei man durch Zusatz von Wasser auf einem Volumen von ~ 20 ml hält. Bei manchen Proben ist es nötig, zum vollständigen Lösen einige Tropfen HF zuzusetzen. Nach dem Abkühlen fährt man nach Verfahren C.3.7. (s. S. 1114) fort.

Andere Zirkoniumsalze

1,0 g Probematerial wird wie Zirkoniumfluorid, jedoch unter Zusatz von 0,5 ml HF gelöst, 30 min erwärmt und nach dem Abkühlen nach Verfahren C.3.7. (s. S. 1114) fortgefahren.

D. Verschiedenes

Recht empfindlich läßt sich Si mit Hilfe der Emissionsspektralanalyse bestimmen. Entsprechende Verfahren zu seiner Bestimmung in verschiedenen Materialien findet man im Abschnitt „Elementgruppen" (s. S. 1379ff.) beschrieben. Mittels Emissionsspektralanalyse wurde Si, nach vorhergehender Isolierung durch Ionenaustauscher, in Plutonium bestimmt [*9a*].

Literatur

1. Luke, C. L.: Analyt. Chem. **25**, 148 (1953).
2. Wilson, H. V., Skinner, J. M.: Recueil Trav. chim. Pays-Bas **79**, 574 (1960); ref. Z. anal. Chem. **182**, 216 (1961).
3. Paul, J., Pover, W. F. R.: Analyt. chim. Acta **22**, 185 (1960).
3a. Paul, J.: Analyt. chim. Acta **35**, 200 (1966).
3b. Sturton, J. M.: Analyt. chim. Acta **32**, 394 (1965).
4. Sonnenschein, W.: Z. anal.. Chem. **168**, 18 (1959).
5. Tölg, G.: Dissertation, Univ. Mainz (1958/59).
6. Holt, B. D.: Analyt. Chem. **32**, 124 (1960).
7. Geilmann, W., Tölg, G.: Glastechn. Ber. **33**, 245 (1960).
8. Ehrlich, P., Keil, T.: Z. anal. Chem. **166**, 254 (1959).
8a. Stobart, J. A.: Analyst **94**, 1142 (1969).
8b. Householder, R., Russell, R. G.: Analyt. Chem. **36**, 2279 (1964).
9. Wickbold, R.: Z. anal. Chem. **171**, 81 (1959).
9a. Pietri, C. E., Wenzel, A. W.: Analyt. Chem. **35**, 209 (1963).
10. Halász, A., Pungor, E.: Talanta **18**, 557 (1971).
11. Strickland, J. D. H.: J. Amer. chem. Soc. **74**, 862, 868, 872 (1952).
12. Hein, F.: Chemische Koordinationslehre, Leipzig: Hirzel 1954.
13. Schwartz, M. C.: Ind. Eng. Chem., Anal. Ed. **6**, 364 (1934).
14. Robinson, R. J., Spoor, H. J.: Ind. Eng. Chem., Anal. Ed. **8**, 455 (1936).
15. Knudson, H. W., Juday, C., Meloche, V. W.: Ind. Eng. Chem., Anal. Ed. **12**, 270 (1940).
16. Hadley, W. H.: Analyst **66**, 486 (1941).
17. Lacroix, S., Labalade, M.: Analyt. chim. Acta **3**, 383 (1949).
18. Ferrari, C.: Mikrochem. verein. Mikrochim. Acta **36/37**, 585 (1951).
19. Kenyon, O. A., Bewick, H. A.: Analyt. Chem. **25**, 145 (1953).
20. Mullin, J. B., Riley, J. P.: Analyt. chim. Acta **12**, 162 (1955).
21. Ruf, E.: Z. anal. Chem. **151**, 169 (1956).
22. Jean, M.: Chim. analytique **38**, 37 (1956).
23. Govett, G. J. S.: Analyt. chim. Acta **25**, 69 (1961).
23a. Halász, A., Pungor, E.: Talanta **18**, 569 (1971).
24. Ringbom, A., Ahlers, P. E., Siitonen, S.: Analyt. chim. Acta **20**, 78 (1959).
25. Morrison, I. R., Wilson, A. L.: Analyst. **88**, 88 (1963).
26. Boltz, D. F., Mellon, M. G.: Ind. Eng. Chem., Anal. Ed. **19**, 873 (1947).
27. Armand, N., Berthoux, J.: Analyt. chim. Acta **5**, 380 (1951).
28. Volk, R. J., Weintraub, R. L.: Analyt. Chem. **30**, 1011 (1958).
29. Meyer, S., Koch, O. G.: Mikrochim. Acta (Wien) **1961**, 82.
30. Andersson, L. H.: Acta chem. Scand. **12**, 495 (1958).
31. Langmyhr, F. J., Graff, P. R.: Analyt. chim. Acta **21**, 334 (1959).
32. Graff, P. R., Langmyhr, F. J.: Analyt. chim. Acta **21**, 429 (1959).
32a. Chalmers, R. A., Sinclair, A. G.: Analyt. chim. Acta **33**, 384 (1965).
33. Blasius, E., Czekay, A.: Z. anal. Chem. **147**, 1 (1955).

34. Chow, D. T. W., Robinson, R. J.: Analyt. Chem. **25**, 646 (1953).
35. Iler, R. K.: The colloid chemistry of silica and silicates, Cornell University Press, 1955; ref. in Lit. Nr. [23].
36. Alexander, G. B.: J. Am. chem. Soc. **76**, 2094 (1954).
37. Weitz, E., Franck, H., Schuchard, M.: Chemiker-Ztg. **74**, 256 (1950).
38. Eckert, G.: Z. anal. Chem. **161**, 421 (1958).
39. Alexander, G. B., Heston, W. M., Iler, R. K.: J. physic. Chem. **58**, 453 (1954).
40. Brabson, J. A., Harvey, I. W., Maxwell, G. E., Schaeffer, O. A.: Ind. Eng. Chem., Anal. Ed. **16**, 705 (1944).
41. Potter, G. V.: Analyt. Chem. **22**, 927 (1950).
42. deSesa, M. A., Rogers, L. B.: Analyt. Chem. **26**, 1278 (1954).
42a. Halász, A., Pungor, E., Polyák, K.: Talanta **18**, 577 (1971).
43. Huré, J., Ortis, T.: Bull. Soc. chim. France, Mém. **16**, 834 (1949).
43a. Schink, D. R.: Analyt. Chem. **37**, 764 (1965).
43b. Kollar, R., Plichon, V., Saulnier, J.: Analyt. chim. Acta **50**, 457 (1970).
44. Kahler, H. L.: Ind. Eng. Chem., Anal. Ed. **13**, 536 (1941).
45. Boyle, A. J., Hughey, V. V.: Ind. Eng. Chem., Anal. Ed. **15**, 618 (1943).
46. Schwartz, M. C.: Ind. Eng. Chem., Anal. Ed. **14**, 893 (1942).
47. Bunting, W. E.: Ind. Eng. Chem., Anal. Ed. **16**, 612 (1944).
48. Case, O. P.: Analyt. Chem. **16**, 309 (1944).
49. Bonnier, M. E.: Bull. Soc. chim. France, Mém. **17**, 365 (1950).
50. Hill, U. T.: Analyt. Chem. **21**, 589 (1949).
51. Friedman, H. A.: Analyt. Chem. 32, 137 (1960).
52. Guenther, R., Gale, R. H.: Analyt. Chem. **22**, 1510 (1950).
53. Cade, G. N.: Ind. Eng. Chem., Anal. Ed. **17**, 372 (1945).
54. Jewsbury, A.: Analyst **75**, 256 (1950).
55. Vaughan, E. J., Whalley, C.: J. Iron. Steel Inst. **155**, 535 (1947).
56. Gann, W.: Z. anal. Chem. **150**, 254 (1956).
57. Woods, J. T., Mellon, M. G.: Ind. Eng. Chem., Anal. Ed. **13**, 760 (1941).
58. Straub, F. G., Grabowski, H. A.: Ind. Eng. Chem., Anal. Ed. **16**, 574 (1944).
59. Gentry, C. H. R., Sherrington, L. G.: J. Soc. chem. Ind. **65**, 90 (1946).
60. Andrew, T. R., Gentry, C. H. R.: Analyst **81**, 339 (1956).
61. Meyer, S., Koch, O. G.: Mikrochim. Acta (Wien) **1961**, 134.
62. Ingamells, C. O.: Chemist-Analyst **45**, 10 (1956).
63. Greenfield, S.: Analyst **84**, 380 (1959).
64. Eckert, G.: Z. anal. Chem. **162**, 408 (1958).
65. Carlson, A. B., Banks, C. V.: Analyt. Chem. **24**, 472 (1952).
66. Codell, M., Clemency, C., Norwitz, G.: Analyt. Chem. **25**, 1432 (1953).
66a. Kakita, Y., Goto, H.: Talanta **14**, 543 (1967).
67. Abbey, S.: Analyt. Chem. **20**, 630 (1948).
68. Dellamonica, E. S., Bingham, E. W., Zittle, C. A.: Analyt. Chem. **30**, 1986 (1958).
68a. Paul, J.: Mikrochim. Acta (Wien) **1965**, 836.
69. King, E. J., Stacy, B. D., Holt, P. F., Yates, D. M., Pickles, D.: Analyst **80**, 441 (1955).
70. Ruf, E.: Z. anal. Chem. **161**, 1 (1958).
70a. Harrison, F. H.: Metallurgia **66**, 300 (1962).
70b. Sauer, K. H., Keller, H.: Arch. Eisenhüttenw. **41**, 961 (1970).
70c. Pakalns, P., Flynn, W. W.: Analyt. chim. Acta **38**, 403 (1967).
71. Paul, J.: Analyt. chim. Acta **23**, 178 (1960).
71a. Trudell, L. A., Boltz, D. F.: Analyt. chim. Acta **52**, 343 (1970).
71b. Jean, M.: Chim. analytique **37**, 125 (1955).
71c. Jean, M.: Chim. analytique **37**, 163 (1955).
71d. Jean, M.: Chim. analytique **44**, 195 (1962).
71e. Baker, P. M., Farrant, B. R.: Analyst **93**, 732 (1968).
71f. Morrison, I. R., Wilson, A. L.: Analyst **94**, 54 (1969).
71g. Morrison, I. R., Wilson, A. L.: Analyst **88**, 100 (1963).
71h. Morrison, I. R., Wilson, A. L.: Analyst **88**, 446 (1963).
71i. Webber, H. M., Wilson, A. L.: Analyst **89**, 632 (1964).
71j. Webber, H. M., Wilson, A. L.: Analyst **94**, 110 (1969).
71k. Tůma, J.: Mikrochim. Acta (Wien) **1962**, 513.
72. Wölk, H.: Arch. Eisenhüttenw. **25**, 333 (1954).

73. SANDERS, W. F., CRAMER, C. H.: Analyt. Chem. **29**, 1139 (1957).
74. POLLOCK, E. N., ZOPATTI, L. P.: Analyt. chim. Acta **28**, 68 (1963).
75. PAKALNS, P.: Analyt. chim. Acta **40**, 328 (1968).
76. MINSTER, J. T.: Analyst **71**, 428 (1946).
77. YOKOSUKA, S.: Jap. Analyst **5**, 282 (1956); ref. Z. anal. Chem. **156**, 205 (1957).
78. ANDREW, T. R.: Analyst **82**, 423 (1957).
79. STAATS, G.: Persönl. Mitteilg. (1970).
80. RAJKOVIĆ, D.: Z. anal. Chem. **255**, 190 (1971).
81. LUKE, C. L.: Analyt. Chem. **36**, 2036 (1964).
82. BRABSON, J. A., MATTRAW, H. C., MAXWELL, G. E., DARROW, A., NEEDHAM, M. F.: Analyt. Chem. **20**, 504 (1948).

Sn — Zinn

Tabelle 171. Empfindlichkeit S_M und Bestimmungsgrenze L_Q der Verfahren

Verfahren	µg Sn · ml⁻¹ · cm⁻¹	
	S_M	L_Q
Brenzcatechinviolett	0,0017—0,0018 (552—555 nm)	0,043—0,046 (552—555 nm)
Brenzcatechinviolett/Cetyltrimethylammoniumbromid	0,00125 (662 nm)	0,031 (662 nm)
Dithiol	0,020 (530 nm)	0,50 (530 nm)
Phenylfluoron	0,0016 (510 nm, pH ~ 2,6); 0,0021—0,0036 (510—530 nm, pH ~ 3,8)	0,038 (510 nm, pH ~ 2,6); 0,05—0,09 (510—530 nm, pH ~ 3,8)
3'-Pyridylfluoron (pH 2)	~ 0,0012 (546 nm)	~ 0,030 (546 nm)

A. Trennungen

Sn(II) und Sn(IV) lassen sich aus halogenwasserstoffsauren Lösungen unter bestimmten Bedingungen durch verschiedene organische Lösungsmittel mitunter quantitativ extrahieren (s. S. 259ff.). Über die Extraktion von SnI_4 aus $NaI/HClO_4/NaClO_4$-Lösung mit Benzol [*1*] s. S. 1136. Sn(IV) wurde aus 9n H_2SO_4/0,5m KI-Lösung mit Toluol [*1a*], bzw. aus ~ 4,4m $HClO_4$/~ 1m H_2SO_4/~ 2m NaI-Lösung mit Benzol [*1b*] quantitativ extrahiert und aus der Toluolphase mit ~ 0,1n NaOH rückgeschüttelt [*1a*]. Aus 4–6n HI-Lösung läßt sich Sn(IV) mit Benzol selektiv extrahieren, während In und Sb(III) in der wäßrigen Phase verbleiben, aus der danach bei 4n HI mit Diisopropyläther In selektiv extrahiert werden kann [*2*]. Sn(IV) und Sb(V) lassen sich durch selektive Extraktion des letzteren aus 7n HCl mit Isoamylacetat trennen.

Sn(IV) kann mit Tri-n-octylphosphonoxyd(TOPO)/Cyclohexan oder noch besser mit Tris(2-äthylhexyl)phosphinoxyd(TÄPO)/Cyclohexan aus HCl/H_2SO_4-Lösung quantitativ extrahiert werden [*3*]. Im letztgenannten Fall wird der extrahierten Verbindung die Formel $SnCl_4 \cdot 2$ TÄPO zugeordnet. Für eine optimale Extraktion ist die herrschende Konzentration an HCl, H_2SO_4 und TÄPO maßgebend; sie ist am günstigsten aus 1m HCl/2m H_2SO_4-Lösung mit 0,01m TÄPO/Cyclohexan. Unter diesen Bedingungen werden vorwiegend Sb, in geringerem Ausmaß Ga, Fe und Mo mitextrahiert. HNO_3 stört stark. Das Verfahren wurde zur Sn-Isolierung bei der photometrischen Bestimmung mit Brenzcatechinviolett in Blei-, Zink-, Kupfer-, Eisen- und Zirkoniumlegierungen herangezogen [*3*], wobei die eben erwähnten Störelemente aus dem TÄPO-Extrakt mit 1m HCl/2m H_2SO_4 teilweise rückgeschüttelt wurden.

1–5 g Fe wurden durch Extraktion (E% = 99) mit 2,5m TBP/Benzol aus 10,5n HCl-Lösung von 1–250 µg Sn(IV) abgetrennt [*1b*]. Mit Dibutylphosphorsäure/n-Butyläther kann Sn(IV) aus 1n HNO_3-Lösung in Anwesenheit von 3% H_2O_2 zu >95% extrahiert werden [*4*]. Mit Sn werden In, Y und Zr quantitativ, Nb und Ta zu größerem, Mo zu geringerem Teil und Ag, As, Cd, Ce, Ge, La, Pd, Rh, Ru, Sb, Se, Sr und Te zu <5% extrahiert.

Aus ~ 0,5n HCl/~ 0,15n KSCN-Lösung wurde Sn(II) oder Sn(IV) durch dreimaliges Ausschütteln mit Äthylacetat als Thiocyanat extrahiert, während die Hauptmenge des anwesenden Fe durch Reduzieren mit Ascorbinsäure in der wäßrigen Phase verbleibt [*5*].

Sn(II) läßt sich mit Ammoniumdiäthyldithiocarbamat/$CHCl_3$ aus H_2SO_4 (1 + 9) ausschütteln [*6, 7*]; Sn(IV) soll unter gleichen Bedingungen und in Abwesenheit von überschüssigem Reagens in der wäßrigen Phase bleiben. Davon wurde bei einem Doppelextraktionsverfahren Gebrauch gemacht [*8, 9*], indem aus einer die Elemente Sn(IV), As(V), Sb(V), Ag, Bi, Cd, Cr(VI), Cu, Fe(III), Hg, In, Mo, Pd, Se, Te enthaltenden H_2SO_4 (1 + 9)-Lösung alle, bis auf die 3 erstgenannten vollständig oder teilweise als Carbamate extrahiert werden. Ein Zusatz von geringen Mengen H_2O_2 soll eine Reduktion von Spuren des Sn(IV) zu Sn(II) durch das Reagens und somit Verluste durch Mitextraktion verhindern [*8*]. Aus $HClO_4$-Lösung läßt sich auch Pb extrahieren [*9*]. Die in der wäßrigen Phase zurückgebliebenen Elemente Sn, As und Sb [sowie teilweise Fe(III) und Spuren von Mo] werden nach Reduktion nun ihrerseits als Carbamate extrahiert und isoliert [*9*]. Eine Mitextraktion von größeren Mengen Fe(III) bei der 2. Carbamatextraktion kann durch vorangehende Reduktion bei 50° C mit KI und Ascorbinsäure verhindert werden [*8*]. Mit Na-DDTC/CCl_4 (und Tetramethylendithiocarbamat) läßt sich Sn(IV) bei pH 4—5,8 quantitativ extrahieren [*10*]. Die Carbamatextraktion wurde zur Abtrennung bei der Bestimmung von Sn in Nahrungsmittelkonserven [*6*], organischem Material und in Blei- und Antimon-Blei-Legierungen [*9*] herangezogen.

Durch Extraktion mit Cupferron/$CHCl_3$ aus H_2SO_4-Lösung [*9, 11*] oder mit Cupferron/Äthylacetat aus HCl-Lösung [*12*] kann Sn(IV) von As, Ge, Pb, Sb(V) und teilweise von Bi, Cu, Ga u. a. abgetrennt werden. Ta muß abwesend sein, da sein Cupferronat in $CHCl_3$ unlöslich ist und Sn okkludiert [*13*].

Mit Dz/$CHCl_3$ bzw./CCl_4 läßt sich Sn(II) innerhalb pH 3,0—9,0 [*14*] bzw. pH 6—9 [*15*] extrahieren. Man hat davon bei der Abtrennung der kurzlebigen Sn-Isotope (^{130}Sn, ^{131}Sn, ^{132}Sn) vom Tochterelement Sb in einem 45 sec dauernden Extraktionsverfahren Gebrauch gemacht [*16*]. Da Sn(IV) nicht ebenso wie Sn(II) reagiert, lassen sich nach Überführen in seine höhere Oxydationsstufe alle anderen mit Dz reagierenden Schwermetalle entsprechend abtrennen. So wurde vor der photometrischen Bestimmung mit Dithiol in Nahrungsmitteln durch Dz/CCl_4 bis zu 100 mg Cu aus der veraschten Probe entfernt [*17*]; von anderer Seite [*5*] wurde dieses Verfahren für denselben Zweck allerdings als ungeeignet gefunden, da es andere Elemente, insbesondere Mo, nicht abzutrennen gestatten soll. Im Bereich von pH 2,5—5,5 kann Sn(IV) mit Oxin/$CHCl_3$ quantitativ extrahiert werden [*18*]. Während Tartrat die Extraktion vollständig verhindert, stören Oxalat (bei pH 5—6) und Acetat nicht. Auf die Gefahr von Sn-Verlusten durch Ausfallen von Hydroxyd bzw. Metazinnsäure wird hingewiesen [*8, 19*]. Bei pH 0,85 $\pm$ 0,1 wird aus H_2SO_4 enthaltender 1%iger Oxin-Lösung in Abwesenheit von Halogeniden mit $CHCl_3$ Mo, jedoch kein Sn, aus 1% Oxin/1% NH_4Cl-Lösung hingegen Mo und Sn extrahiert [*19a*]. Auf diese Weise können 1—500 µg Sn von der gleichen Menge Mo sowie von 5 g U, 4 g Th, 3 g Mg, 2 g Al, Be, Fe oder Zr, 1 g Zn und kleineren Mengen anderer Elemente abgetrennt werden [*19a, 19b*]. 20—40 µg Sn(IV) wurden durch Extraktion mit 10 Vol.-% Amberlite LA2/Xylol aus 6,5—8n HCl-Lösung von 1 g Ni [*19c*] bzw. 1 g Pb [*19d*] abgetrennt, aus der organischen Phase mit 0,5n HNO_3 rückgeschüttelt und dann photometrisch bestimmt.

Zur Abtrennung kleiner Mengen Sn aus den verschiedensten Materialien dient häufig die Destillation des $SnCl_4$ (Kp 114° C) oder $SnBr_4$ (Kp 202° C) [*20—30*]. Vorwiegend werden Säuregemische aus HCl/HBr, HCl/$HClO_4$, HBr/$HClO_4$, HBr/H_2SO_4, HCl/HBr/

H_2SO_4 verwendet (s. a. S. 61ff.). In Anwesenheit von $H_3PO_4/HClO_4$ oder von H_2SO_4 kann Sn nur nach Zusatz von HBr, nicht aber bei Zusatz von HCl destilliert werden [*20*, *29*]. Auf diesem Wege können As(III), Ge(IV) und Sb(III) bei ~ 160° C von Sn zuerst abgetrennt werden. Unter Durchleiten von HCl-Gas durch H_2SO_4 (1,84)-Lösung bei ~ 200° C [*22*], bzw. eines azeotropen Wasserdampf-HCl-Gemisches durch die Sn-haltige $HClO_4$-Lösung [*31*] wurde $SnCl_4$ abdestilliert. Bei Anwesenheit größerer Mengen Cr empfiehlt man statt dessen mit einem azeotropen Wasserdampf/HBr-Gemisch zu destillieren, wenn Sn anschließend polarographisch bestimmt werden soll [*31*, *32*]. Bei der Verflüchtigung als $SnBr_4$ aus H_2SO_4-Lösung wird für Sn-Mengen von 250–2500 µg unter Durchleiten von CO_2 als Trägergas bei mindestens 220° C eine Destillationszeit von 30 min, für bis zu 25 mg Sn eine solche von 60 min als notwendig gefunden [*24*]. Bei der gleichen Isolierungsform des Sn aus Stählen und Legierungen wird sogar bei 250° C destilliert [*32*]. Durch fraktionierte Destillation unter Verwendung von CO_2 als Trägergas können 6–650 µg As, 6–800 µg Sb und 10–1000 µg Sn voneinander und von großen Mengen Fe abgetrennt werden [*33*], indem man zuerst das As aus 11n HCl bei 109° C 40 min lang abdestilliert, anschließend nach Zusatz von 7 ml H_3PO_4 (1,70) und ~ 50 ml 11n HCl (während der Destillation zur Regelung der Temperatur) das Sb bei 155–165° C 110 min lang und zuletzt unter Zusatz von ~ 50 ml 11n HCl/HBr (40%) (3 + 1) das Sn bei 140° C 75 min lang überdestilliert.

Arbeitsvorschrift [*29*]

Reagentien

H_2SO_4 (1,84);

H_2SO_4 (1 + 1); 100 ml werden zur Entfernung vorhandener Sn-Spuren mit 15 ml 6n HCl und 2 ml HBr (48%) sowie nach Erhitzen bei 150—160° C mit weiteren 10 ml 6n HCl tropfenweise versetzt, bei der gleichen Temperatur nochmals 10 ml 6n HCl tropfenweise hinzugefügt, etwa 10 min gekocht, abgekühlt und mit Wasser auf 100 ml aufgefüllt. (Die zugesetzte HBr muß dabei vollständig entfernt worden sein.)

H_2SO_4 (1 + 2); die H_2SO_4 (1 + 1) wird entsprechend verdünnt;

6n HCl;

HBr (48%); H_3PO_4 (1,70); HNO_3 (1,40);

KH_2PO_4;

Hydrazinsulfat.

Die Probelösung versetzt man in einem Destillationskolben mit 25 ml H_2SO_4 (1 + 1), 5 g KH_2PO_4 (man kann stattdessen auch 3 ml H_3PO_4 zufügen), 20 ml 6n HCl und 1 g Hydrazinsulfat und leitet nach dem Zusammensetzen der Apparatur und Eintauchen des Kühlerendes in eine Vorlage von 30 ml Wasser unter Erwärmen einen langsamen CO_2-Strom durch die Lösung. Man kocht gelinde; wenn eine Temperatur von 160° C erreicht ist, läßt man 6n HCl mit einer Geschwindigkeit von 15 Tropfen/min durch einen Tropftrichter zutropfen, wobei man die Temperatur bei 155—165° C hält. Nach Zusatz von ~ 20 ml 6n HCl wird die Heizquelle entfernt, das Destillat (As, Sb und Ge enthaltend) unter Nachwaschen mit Wasser verworfen und das Kühlerende in eine neue Vorlage von 15 ml kaltem Wasser eingetaucht. Bei 145—160° C und Durchleiten von CO_2 fügt man tropfenweise ein Gemisch von 15 ml 6n HCl und 7 ml HBr innerhalb von 15—20 min hinzu, entfernt dann die Heizquelle und unter Nachwaschen mit Wasser die Vorlage. Zum Destillat werden nun 0,50 ml H_2SO_4 (1 + 2) und 5 ml HNO_3 hinzugefügt, nach Bedecken mit einem Uhrglas auf dem siedenden Wasserbad oder auf einer Heizplatte bei niedriger Temperatur erhitzt und nach Abklingen der Reaktion das Uhrglas entfernt. Man dampft nun auf ein kleines Volumen ein, raucht zuletzt 3—5 min ab, versetzt mit ~ 4 ml Wasser, führt in einen 10 ml-Meßzylinder über und fährt nach der Arbeitsvorschrift auf S. 1130 fort.

Hinsichtlich Wirksamkeit, Einfachheit der Durchführung und Zeitaufwand erscheint die Mitfällung von Sn mit Mangan(IV)oxydhydrat als Spurenfänger gut geeignet (s. S. 57ff., 360, 1020, 1216). Die Fällung erfolgt am besten in schwach salpetersaurer Lösung bei Siedehitze unter Verwendung von $Mn(NO_3)_2$ oder $MnSO_4$ und $KMnO_4$

[*9, 34–49*]. Es lassen sich auf diesem Wege noch Gehalte von 0,0001% Sn isolieren. Mit Sn werden Au, Bi, Mo, Sb und Tl mit angereichert. Eine einwandfreie Trennung von As, Fe, W, sowie sehr geringen Mengen Pb ist ebenfalls nicht möglich, da diese teilweise mitgefällt werden (s. S. 1137f.). Durch Sulfidfällung wurde Sn insbesondere in früheren Arbeiten isoliert [*50, 51*]. Diese erfolgte in saurer Lösung mit Cu als Spurenfänger in Gegenwart von Tartrat, wobei eine Abtrennung unter anderem von Fe, Ga, Hf, Nb, Ta, Ti, V, W und Zr gelingt. Von Phosphat wird Sn nur in neutraler und schwach saurer Lösung stark komplex gebunden [*9*], so daß bei der Sulfidfällung aus stark saurer Lösung bis zu 0,25 g H_3PO_4 nicht stören, sobald die Lösung kein Zr, Hf, Ta, Sb(V) (und möglicherweise auch Ti) enthält, deren unlösliche Phosphate Sn okkludieren würden. Auch Cd [*52*] und Mo [*50, 53*] wurden bei der Sulfidfällung als Spurenfänger verwendet. Wenn Sn auf diesem Wege auch von Cu getrennt werden soll, wird die Maskierung des letzteren mit Thioharnstoff empfohlen [*54*]. Sn konnte auch aus ammoniakalischer Lösung an $Al(OH)_3$ [*31, 32, 55*], $Fe(OH)_3$ [*50*], $FePO_4$ [*5*] oder Kieselsäure [*26*] mitfällt werden.

Die Trennung des Sn(IV) von Sb(V) und Te(IV) gelingt mittels Anionenaustauscher Dowex 1 (s. S. 1166) [*56*]. Vor der polarographischen Bestimmung von Sn in Wasserstoffperoxyd wurde es an Zeo-Karb 225 isoliert und mit HCl eluiert [*57*]. Das in Blei photometrisch bestimmte Sn wurde vorher mit Mangan(IV)oxydhydrat ausgefällt und anschließend mittels Dowex 1X8 vom störenden mitgefällten Pb abgetrennt [*39*]. Sn und Sb wurden auch an mit Malonsäure beladenem Amberlite IRA-400 oder -410 adsorbiert; Sb (und Pb) wird mit Malonsäure ausgewaschen, Sn danach mit 9n H_2SO_4 eluiert [*58, 59*]. Von anderer Seite fand derselbe Austauscher (in Sulfatform) zur Adsorption von Zr, Sn(II), V(V), Mo(VI), W(VI) und U Anwendung [*60*]. Vor der photometrischen Bestimmung in Stahl mit Quercetin wurde Sn mittels Anex L isoliert [*61*]. Mittels Kationenaustauscher wurden Sn(IV) und Fe(III) adsorbiert und anschließend Sn allein mit 0,1m HF eluiert [*62*].

B. Brenzcatechinviolett

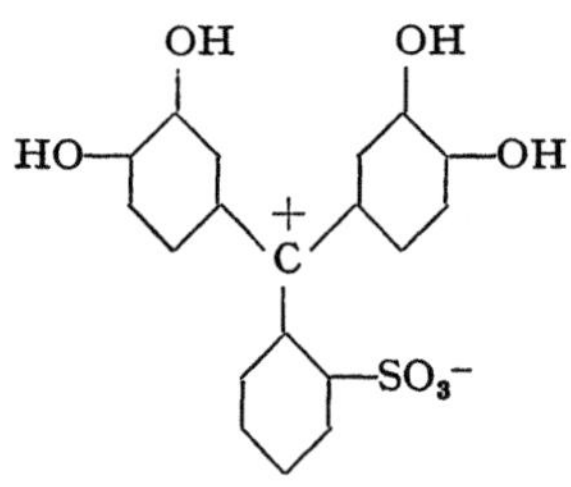

Sn(IV) bildet mit Brenzcatechinviolett[1] (BCV; 3,3′,4′-Trihydroxyfuchson-2″-sulfosäure) bei pH 2–3 mit ~ 3fach molarem BCV-Überschuß einen rotvioletten Komplex Sn-BCV, mit einem Extinktionsmaximum bei 555 nm, sowie mit ~ $\geqq$ 2fach molarem Sn-Überschuß einen blauen Komplex Sn_2-BCV mit einem Extinktionsmaximum bei 620 nm [*62a, 62b, 62e*]. Für die photometrische Bestimmung wird ausschließlich der rotviolette Komplex verwendet mit etwas unterschiedlichen Meßbedingungen: pH 2,5 und 555 nm ($\varepsilon_{555} = 65000$) [*62a*], pH 3,8 und 552 nm ($\varepsilon_{552} = 68500$) [*1a*] (s. Abb. 192). Ähnlich wie bei Al + Chromazurol S bzw. Al + Eriochromcyanin (s. S. 400, 403) wird

[1] Brenzcatechinviolett von verschiedenen Lieferungen und Herstellern gibt offensichtlich unterschiedliche ε-Werte.

durch Zusatz von Farbstabilisatoren eine bathochrome Verschiebung des Extinktionsmaximums zum langwelligen Bereich hin und eine Erhöhung der Empfindlichkeit (ε) hervorgerufen. Die rotviolette Färbung ändert sich dabei nach blau (in Anwesenheit eines Reagensüberschusses erscheint die Lösung grün) und das Extinktionsmaximum liegt bei Zusatz von Gelatine (0,01% in der Meßlösung) bei 640 nm ($\varepsilon_{640} \approx 38000$) [*62b*] bzw. von Cetyltrimethylammoniumbromid (0,002% in der Meßlösung) bei 662 nm ($\varepsilon_{642} = 95000$) [*62c*] (s. Abb. 192). Das Beersche Gesetz ist im Bereich von 0,1–1,6 µg Sn/ml (bei 552–555 nm [*1a, 62a*] bzw. 662 nm [*62c*]) erfüllt. Die Farbe ist in 5 min [*62c*] bzw. 15–20 min [*1a, 62a, 62b*] voll entwickelt und bleibt dann 2 Std stabil.

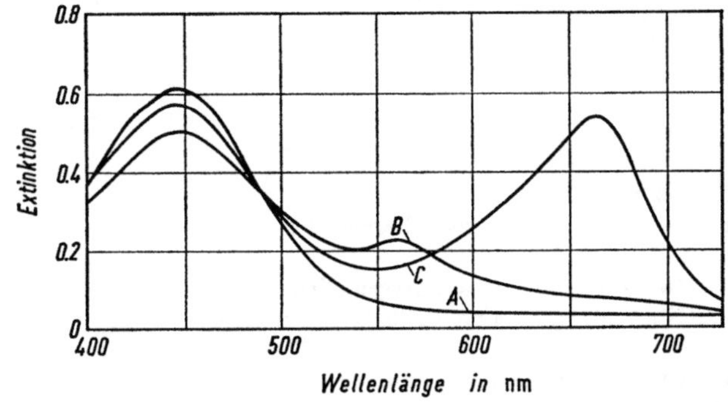

Abb. 192. Extinktionskurven von Brenzcatechinviolett (BCV) (*A*), Sn + BCV (*B*) und Sn + BCV + Cetyltrimethylammoniumbromid (*C*) bei pH 2,2, gegen Wasser gemessen [*62c*]

Zahlreiche Elemente reagieren mit BCV (s. a. S. 1323). Es stören Bi, Ga, In, Mo, Sb, Ti, W, Zr. Die Störung durch die 100fache Menge Fe kann mit Ascorbinsäure beseitigt werden. Die Bestimmung von 15–20 µg Sn wird nicht gestört (Fehler ≦ ± 5%) durch (mg) [*62b, 62f*]: Ag (2[2]), Al (1; 50[2]), As (2[2]), Bi (1,4[2]), Ca (40), Cd (55; 2[2]), Ce (2[2]), Co (5,7; 2[2]), Cr (III, VI) (1,5; 2[2]), Cu (6,3; 3,3[2]), Fe (II, III) (1,6[3]; 16,6[2]), Ga (0,3[2]), Ge (0,004[2]), Hg (II) (19,5; 5[2]), In (2[2]), K (100), La (2[2]), Li (100), Mg (24; 100[2]), Mn (21), Mo (0,005[2]), Na (100), NH_4^+ (100), Ni (17; 3,3[2]), Sb (III, V) (0,5[2]), Se (1[2]), Sr (0,1[2]), Te (0,1[2]), Th (2[2]), Ti (0,05[2]), Tl (1[2]), U (2[2]), V (2[2]), Zn (6,4), Zr (2–8,8[2]), NO_3^- (200), $B_4O_7^{2-}$ (20), Br^- (20), Cl^- (50), ClO_3^- (20), ClO_4^- (1), I^- (10), IO_3^- (20), IO_4^- (20), PO_4^{3-} (20), $P_2O_7^{4-}$ (1), SCN^- (10), NO_2^- (4), $S_2O_8^{2-}$ (4), BF_4^- (1) und F^- (0,2). Nach vorangehender Isolierung durch Jodidextraktion (s. S. 1126) stören zusätzlich nicht (mg) [*1a, 62b, 62f, 62g*]: Al (30), As (30), Au (10[2]), Ba (2[2]), Be (30), Bi (21), Ca (100[2]), Ce (III, IV) (0,1; 2[2]), Co (300[4]), Cr (III, VI) (35; 300[4]), Cu (10[2]), Fe (II, III) (45), Ge (0,1[2]), Hg (II) (10[2]), La (0,1), Mn (300), Mo (1[2]; 30[4]), Ni (21; 9[4]; 10[2]), PO_4^{3-} (100), Pb (10[2]; 3), Sb (III, V) (0,1; 1[2]), Se (VI) (0,1; 1[2]), SiO_3^{2-} (100), Sr (10[2]), Te (2[2]), Th (0,1), Ti (9; 10[2]), U (0,1), V (30[4]), W (2[2]), Zn (64; 10[2]), Zr (30), BO_3^{3-} (5), F^- (1) und Citrat (5). Die Bestimmung von 30 µg Sn mit vorangehender Jodidextraktion wird durch 300 mg Co, 300 mg Cr, 30 mg Mo, 9 mg Ni und 30 mg V gestört, deren Störung sich durch Maskierung mit Milchsäure beseitigen läßt [*62g, 62h*]. Die gegenüber Sn > 20fache Menge Cu stört infolge Ausfällung als CuI bei der Jodidextraktion [*62g*]. In gleicher Weise soll auch Pb stören.

[2] In 0,4n H_2SO_4/1% Citronensäure/0,2% Ascorbinsäure-Lösung [*62f*].
[3] Mit Ascorbinsäure reduziert [*62b*].
[4] Mit Milchsäure maskiert [*62g*], s. Verfahren B.2 (S. 1127).

Zur Vermeidung der Störungen durch andere Elemente wurde das Sn vorher durch Extraktion mit 0,01 m Tris(2-äthylhexyl)-phosphinoxid/Cyclohexan aus 1 n HCl/2—3 m H_2SO_4-Lösung isoliert und die photometrische Bestimmung mit BCV in der organischen Phase durchgeführt [*3*]. Daneben erfolgte die Vorisolierung durch Jodidextraktion [*1 a, 62 b*] mit anschließender Rückschüttelung und Bestimmung in der wäßrigen Phase [*1 a, 62 b*]. Das Sn kann statt nach Arbeitsvorschrift III [*1 a*] (s. S. 1126) wahlweise auch nach Arbeitsvorschrift II [*1*] (s. S. 1126) isoliert und anschließend nach Arbeitsvorschrift I [*62 a*] (s. S. 1126) bestimmt werden [*62 b*]. Arbeitsvorschrift II [*62 c*] (s. S. 1126) kann im Anschluß an eine Jodidextraktion nicht angewendet werden, da das Cetyltrimethylammoniumbromid durch anwesendes Jodid oder Jod ausgefällt wird.

Mit BCV + Cetyltrimethylammoniumbromid wurde Sn bestimmt in organischem Material, Eisen und Stahl [*62 f*].

Arbeitsvorschrift

Reagentien

9 n H_2SO_4; 5 n HCl; 5 n Ammoniak.
5 m KI, 83%ige wäßrige Lösung (täglich frisch hergestellt).
5 n NaOH; 0,1 n NaOH.
Ascorbinsäure, 5%ige wäßrige Lösung (frisch hergestellt).
Brenzcatechinviolett (BCV), 0,05%ige und 0,025%ige wäßrige Lösung (wöchentlich frisch hergestellt).
Natriumacetat (Trihydrat), 20%ige wäßrige Lösung.
Pufferlösung (pH 2,2); man stellt 50 ml 1 m Natriumacetatlösung mit ~ 50 ml 1 n HCl auf pH 2,2 ein.
Cetyltrimethylammoniumbromid (CA), 0,1%ige wäßrige Lösung.
Toluol.

I. Bestimmung mit BCV [*62 a*]

Die ~ 10 ml ~ 0,1 n H_2SO_4- oder HCl-saure Probelösung [5—80 µg Sn(IV) enthaltend] versetzt man in einem 50 ml-Becherglas mit 4,00 ml 0,05%iger BCV-Lösung sowie 5 ml Pufferlösung (pH 2,2), stellt mit Ammoniak auf pH 2,2 (pH-Meter) ein, führt in einen 50 ml-Meßkolben über, füllt mit Wasser zur Marke auf und photometriert nach 10 min Standzeit in einer 1 cm-Küvette bei 555 nm gegen den Blindwert.

II. Bestimmung mit BCV + Cetyltrimethylammoniumbromid [*62 c*]

~ 10 ml ~ 0,1 n HCl- oder H_2SO_4-saure Probelösung [3—60 µg Sn(IV) enthaltend] versetzt man in einem 50 ml-Becherglas mit 2,00 ml 0,025%iger BCV-Lösung, 1 ml CA-Lösung und fährt mit dem Pufferzusatz dann wie unter I (s. S. 1126) fort, wobei nach 10 min Standzeit bei 662 nm photometriert wird.

III. Isolierung durch Jodidextraktion und Bestimmung mit BCV [*1 a*]

a) Isolierung des Sn. Man versetzt die 9 n H_2SO_4-saure Probelösung (5—30 µg Sn enthaltend) in einem Schütteltrichter mit 2,5 ml KI-Lösung für je 25 ml Probelösung (die Lösung soll dann 9 n H_2SO_4/0,5 m KI aufweisen), extrahiert 2 min mit 10 ml Toluol, verwirft die wäßrige Phase, wäscht den organischen Extrakt ohne zu schütteln mit 5 ml Waschlösung (25 ml 9 n H_2SO_4 + 2,5 ml 5 m KI-Lösung) und verwirft die Waschlösung. Zum organischen Extrakt (von freiem Jod rosa gefärbt) werden 5 ml Wasser hinzugefügt, tropfenweise bis zur Entfärbung der Toluolphase mit 5 n NaOH versetzt, 2 Tropfen 5 n NaOH im Überschuß hinzugefügt (insgesamt sind 8—10 Tropfen erforderlich), 30 sec geschüttelt, die wäßrige Lösung in ein 50 ml-Becherglas abgelassen, die Toluolphase mit 3 ml 0,1n NaOH 30 sec geschüttelt, die wäßrige Lösung ebenfalls in das Becherglas abgelassen und die organische Phase zur Seite gestellt. Die Lösung im Becherglas säuert man mit 2,5 ml 5n HCl an, entfärbt mit einigen Tropfen Ascorbinsäure-Lösung, fügt 2,00 ml BCV-Lösung hinzu und mischt. Die Toluolphase wird nun ohne zu schütteln mit 5 ml Natriumacetat-Lösung gewaschen, die organische Phase verworfen, die Natriumacetat-haltige Lösung in das Becherglas hinzugegeben und mit der pH-Einstellung wie bei der Aufstellung der Eichkurve fortgefahren.

b) Aufstellung der Eichkurve. In 50 ml-Bechergläser legt man 0,50, 1,00, 1,50, 2,00, 2,50 und 3,00 ml Sn(IV)-Stammlösung (~ 0,15n H_2SO_4, 10 µg Sn/ml) vor, versetzt der Reihe nach unter jedesmaligem Mischen mit 7 ml Wasser, 1 ml 5n NaOH, 2,5 ml 5n HCl, 2,00 ml 0,05%iger BCV-Lösung und 5 ml Natriumacetatlösung, stellt mit 5n Ammoniak auf pH 3,8 ± 0,1 (pH-Meter) ein, führt in einen 25 ml-Meßkolben über und füllt mit Wasser zur Marke auf. Nach 30 min Standzeit wird in einer 1 cm-Küvette bei 552 nm gegen den Blindwert photometriert.

1. Organisches Material

B: 5—30 µg Sn. *s:* ±0,3 µg Sn.

Arbeitsvorschrift [*62d*]

Reagentien

Wie bei Arbeitsvorschrift III auf S. 1126.

Eine entsprechende Menge Probematerial wird wie bei Verfahren C.2.1. (s. S. 1131) verascht und in der erhaltenen 9n H_2SO_4-Lösung das Sn nach Arbeitsvorschrift III (s. S. 1126) isoliert und bestimmt.

2. Eisen und Stahl

Das Sn wird als Jodid mit Toluol extrahiert und anschließend mit BCV + CA photometrisch bestimmt. Co, Cr, Mo, Ni und V werden mit Milchsäure maskiert. Das Verfahren eignet sich nicht für Stähle mit einem Cu:Sn-Verhältnis von Cu:Sn > 20:1, da CuI bei der Extraktion ausfällt und daher stört. Auch Pb fällt als Jodid aus, doch stören die in Stahl normal vorliegenden Gehalte nicht.

B: 5—5000 ppm Sn. *V:* ± 1—10%.

Arbeitsvorschrift [*62g, 62h*]

Reagentien

HCl (1,19); 5n HCl; H_2SO_4 (1,84); H_2SO_4 (1 + 3); H_2O_2 (30%);
KI-Waschlösung; man mischt 25 ml H_2SO_4 (1 + 3) mit 2,5 ml KI-Lösung;
2n NaOH, 8%ige wäßrige Lösung;
Brenzcatechinviolett (BCV), 0,04%ige wäßrige Lösung;
angesäuertes Wasser (pH 2,2); dest. Wasser wird mit HCl auf pH 2,2 eingestellt;
Milchsäure, 20 Vol.%ige wäßrige Lösung;
Sn-Stammlösung (100 µg Sn/ml); 0,1000 g Zinn (granuliert) wird in heißer H_2SO_4 (1,84) gelöst, abgekühlt, vorsichtig zu 200 ml Wasser in einem 1 l-Meßkolben gegeben, gekühlt, vorsichtig 60 ml H_2SO_4 (1,84) hinzugefügt und nach dem Abkühlen mit Wasser zur Marke aufgefüllt;
Sn-Standardlösung (10 µg Sn/ml); in einen 100 ml-Meßkolben gibt man 50 ml Wasser, versetzt vorsichtig mit 10 ml H_2SO_4 (1,84), kühlt, fügt 10,0 ml Sn-Stammlösung hinzu und füllt mit Wasser zur Marke auf (täglich frisch hergestellt);
übrige Reagentien wie bei der Arbeitsvorschrift auf S. 1126.

Aufstellung der Eichkurve. In eine Reihe von 50 ml-Bechergläsern legt man jeweils 0, 0,5, 1,0, 2,0, 3,0, 4,0 und 5,0 ml Sn-Standardlösung vor, verdünnt jeweils mit Wasser auf 25 ml, versetzt mit 2,50 ml BCV-Lösung sowie 1 ml CA-Lösung und stellt unter Rühren[1] (Magnetrührer) mit 2n HaOH auf pH 2,2 ein (gegen Glaselektrode). Die Lösungen werden unter Nachwaschen mit angesäuertem Wasser (pH 2,2) in 50 ml-Meßkolben [vorher mit angesäuertem Wasser (pH 2,2) ausgespült] übergeführt, mit angesäuertem Wasser (pH 2,2) zur Marke aufgefüllt und nach 40 min Standzeit in einer 1 cm-Küvette bei 662 nm gegen Wasser photometriert[2].

Analyse. Eine dem Sn-Gehalt entsprechende Probemenge (s. Tabelle, Spalten 1 und 2) löst man in einem mit Uhrglas bedeckten 100 ml-Erlenmeyerkolben unter gelindem

Gehalt ppm Sn (1)	Einwaage g (2)	Nach dem Lösen zugesetzte H_2SO_4 (1,84) ml (3)	Volumen der aufgefüllten Probelösung ml (4)	Verwendeter aliquoter Teil ml (5)
5— 150	0,4	7	(a)	(a)
10— 300	0,2	7	(a)	(a)
16— 600	0,1	7	(a)	(a)
30—1200	0,1	14	50	25
60—2400	0,1	28	100	25
120—5000	0,125	28	100	10 (b)

(a) Gesamte Probelösung verwendet.
(b) Vor der Extraktion fügt man zum aliquoten Teil noch 15 ml H_2SO_4 (1 + 3) hinzu.

Erwärmen[3] mit 5–10 ml HCl (1,19), wäscht das Uhrglas mit möglichst wenig (~ 0,5 ml) Wasser ab, versetzt vorsichtig mit H_2SO_4 (1,84) (s. Tabelle, Spalte 3), kocht gelinde (ohne das Uhrglas zu entfernen) bis zum Auftreten der SO_3-Nebel (zur Entfernung von HCl[4])[5], kühlt ab, verdünnt mit ungefähr dem gleichen Volumen Wasser, erhitzt zum Lösen etwa vorhandener Salze und kühlt wieder ab. Je nach Sn-Gehalt und Analysenansatz (s. Tabelle, Spalten 4 und 5) wird entweder die gesamte Probelösung in einen 100 ml-Schütteltrichter übergeführt und mit Wasser auf ~ 25 ml verdünnt oder die Probelösung mit Wasser auf 50 bzw. 100 ml aufgefüllt und ein aliquoter Teil davon in den 100 ml-Schütteltrichter übergeführt. Man versetzt der Reihe nach unter jeweiligem Mischen mit 5 ml Ascorbinsäure-Lösung sowie 2,5 ml KI-Lösung, extrahiert mindestens 2 min mit 10 ml Toluol, wäscht Stopfen und Hals des Schütteltrichters mit ~ 0,5 ml Wasser ab, läßt die wäßrige Phase in einen 2. Schütteltrichter ab und wiederholt die Extraktion mit weiteren 10 ml Toluol. Die wäßrige Lösung wird verworfen, der vereinigte organische Extrakt mit 5 ml KI-Waschlösung gewaschen und die Waschlösung ebenfalls verworfen. Aus der organischen Phase schüttelt man (mindestens 30 sec) das

[1] Zur Vermeidung einer Sn-Hydrolyse darf keine lokale, hohe NaOH-Konzentration auftreten und pH 2,2 soll in der Lösung nicht überschritten werden.

[2] Kleine Mengen des Farbkomplexes setzen sich auf Küvetten und Glasgeräten fest, die mit verd. H_2SO_4 entfernt werden müssen.

[3] Es muß sorgfältig erwärmt werden, um Sn-Verluste durch Verflüchtigung zu vermeiden.

[4] Chlorid stört bei der Extraktion von Sn(IV)-Jodid.

[5] In dieser Phase zerstört man vorhandenen freien Kohlenstoff und Karbide durch tropfenweisen Zusatz von H_2O_2 und verkocht den H_2O_2-Überschuß. Bei W-haltigen Stählen führt die Behandlung mit H_2O_2 zum Ausfallen von W-Säure und damit zu Sn-Verlusten. In diesem Fall unterbleibt die Behandlung mit H_2O_2; man verdünnt die Lösung mit dem gleichen Volumen Wasser, filtriert den schwarzen Rückstand ab, wäscht 3mal mit je 3 ml 5 Vol.%iger H_2SO_4 nach und fährt mit der Analyse fort.

Sn mit 5,0 ml 2n NaOH zurück und läßt die NaOH-Lösung langsam in 5,0 ml 5n HCl in einem 50 ml-Becherglas unter Rühren[6] (Magnetrührer) zufließen. Die Rückextraktion wird noch 2mal mit je 2,0 ml 2n NaOH wiederholt und die wäßrigen Extrakte ebenfalls in das Becherglas gegeben. Die Farbe von freiem Jod entfärbt man durch tropfenweisen Zusatz von Ascorbinsäure-Lösung, fügt 1 Tropfen von letzterer im Überschuß hinzu[7] und fährt mit dem Zusatz von 2,50 ml BCV-Lösung wie bei der Aufstellung der Eichkurve fort.

C. Dithiol

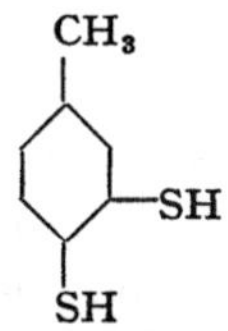

Sn(II) gibt mit Dithiol (Toluol-3,4-dithiol; 1-Methyl-3,4-di-mercaptobenzol) in saurer Lösung beim Erwärmen eine rote, kolloidale Fällung [*63, 64*]. Eine Reaktion mit Sn(IV) erscheint verzögert und weniger empfindlich; wahrscheinlich erfolgt die Reaktion erst nach Reduktion zu Sn(II) vollständig. Die vorwiegend natronalkalische Reagenslösung ist gegen Oxydation empfindlich. Aufgrund eingehender Untersuchungen [*65*] können aus einwandfreiem farblosem Dithiol unter Verwendung von schwermetallfreiem Wasser hergestellte Lösungen in 0,2n NaOH, die dunkel und im Kühlschrank unter sauerstofffreiem Stickstoff aufbewahrt werden, bis zu 2 Monate für analytische Zwecke benützt werden (s.a. S. 827). Zur quantitativen photometrischen Bestimmung muß die kolloidale Fällung durch vorherigen Zusatz von Agar-Agar [*64*], Gummi arabicum [*66, 67*] oder Netzmitteln, wie Teepol [*6, 52, 68*], Santomerse S [*27, 29*], Natriumlaurylsulfonat [*30, 69*], Phenylsulfonat HSR [*70*], stabilisiert werden. Von diesen wird das Natriumlaurylsulfonat bei einer vergleichenden Untersuchung [*69*] hinsichtlich zuzugebender Menge als günstig empfohlen. Mit Santomerse S wurde eine bis zu 3 Std stabile Färbung erhalten [*27*]. Als Reduktionsmittel ist Thioglykolsäure geeignet. Die Säurekonzentration darf ~ 1,8n HCl oder ~ 1,3n H_2SO_4/~ 0,07n HCl nicht überschreiten [*27*], bzw. soll für die Farbbildung 0,4–0,6n HCl oder 0,4–0,8nH_2SO_4

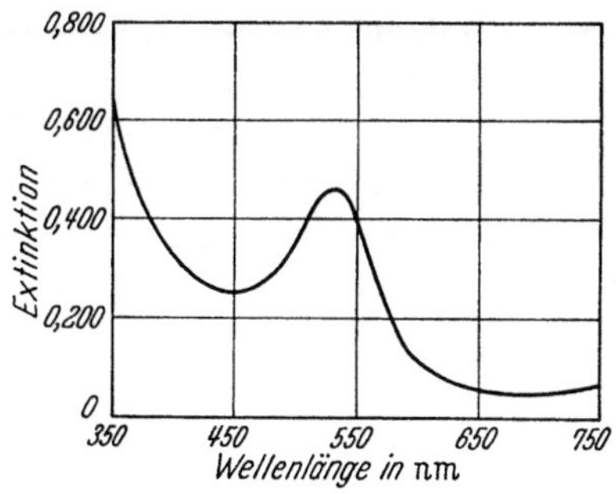

Abb. 193. Extinktionskurve von Sn + Dithiol [*69*]

[6] Langsamer Zusatz der NaOH-Lösung und gutes Mischen sind wichtig, um eine Sn-Hydrolyse zu vermeiden.

[7] Bei Stählen mit höheren Gehalten an Co, Cr, Mo, Ni oder V fügt man hier 10 ml Milchsäure hinzu.

betragen. Das Extinktionsmaximum liegt um 530 nm ($\varepsilon_{530} = 5800$; s. Abb. 193). Das Beersche Gesetz gilt im Bereich von 0,5–16 µg Sn/ml.

Ag, As(V), Bi, Cd, Co, Cr, Cu, Fe, Hg, Mn, Mo(VI), Ni, Pd(II), Sb(V), Th(IV), Tl(I), V(V) und W(VI) geben ebenfalls verschieden gefärbte Verbindungen bzw. Niederschläge und stören. >0,05% PO_4^{3-} führt zu einer Farbminderung, F^- hemmt die Farbbildung. NO_2^- stört; HNO_3 stört bis zu 1% nur dann nicht, wenn man die Lösungen nicht kocht. Neben 15 µg Sn/g Lebensmittelprobe sollen bis 100 mg Fe nicht stören, weil das gleichfalls gebildete Fe-Dithiolat durch Erwärmen zersetzt werden kann [*17*]. Wegen der genannten Störungen muß Sn vor seiner Bestimmung mit Dithiol stets isoliert werden. Keine Störung ist durch Al, K, Mg, Na, Zn, Erdalkalimetalle, Halogenide, CN^-, SCN^-, BO_3^{3-}, Oxalat und Tartrat zu beobachten. Führt man die Bestimmung mit vorangehender Isolierung durch Destillation nach der hier angegebenen Arbeitsvorschrift [*29*] durch (s. S. 1123), so verursachen folgende Elementmengen (in mg) keine Störung: As (0,10), Bi (0,05), Fe (30), Hg (0,05), Mo (0,10), Os (VIII)(0,01), Re(VII) (0,01), Ru(IV) (0,01), Sb (0,10), Se (0,10; Abtrennung des Se im Destillat durch Spurenfällung, s. S. 1134), Te (0,05) und W (1). Durch die Vordestillation aus HCl-Lösung bei 160° C werden As, Ge und Sb entfernt. Se begleitet das Sn und muß aus dem Destillat nach Zusatz von 0,1 mg Se(IV) durch Spurenfällung mit SO_2 entfernt werden.

In analoger Weise reagiert Sn mit 1-Chlor-3,4-dimercaptobenzol [*63*], doch soll das Reagens gegen Oxydation noch empfindlicher als Dithiol sein.

Dithiol wurde außer in den weiter unten erwähnten Arbeiten noch zur Bestimmung von Sn in Silicatgestein [*68*] und Titanpigment [*52*] verwendet.

Arbeitsvorschrift [*29*]

Reagentien

Dithiol, 0,2%ig in 1%iger NaOH; beim Herstellen der Reagenslösung fügt man 0,3—0,5 ml Thioglykolsäure hinzu (im Kühlschrank 1 Woche haltbar);
Thioglykolsäure (80%);
Santomerse S (1 + 3); 10 ml 30%ige Santomerse S-Lösung (Monsanto Chemical Co.) verdünnt man mit 30 ml Wasser;
Santomerse S (1 + 19); 2 ml 30%ige Santomerse S-Lösung verdünnt man mit Wasser auf 40 ml.

~ 5 ml saure Probelösung (5–160 µg Sn enthaltend; die aufgefüllte Probelösung soll 0,4–0,6n HCl oder 0,4–0,8n H_2SO_4 sein) bringt man in einem 10 ml-Meßzylinder mit Wasser auf ~ 7 ml, versetzt mit 1 Tropfen Thioglykolsäure, 0,05 ml Santomerse S (1 + 19), sowie 0,50 ml Dithiollösung, wobei nach jedem Zusatz gemischt wird, und erhitzt in einem Wasserbad 5 ± 1 min auf 50° ± 5° C (das Erhitzen ist nur bei Mengen ≦ 30 µg Sn erforderlich, bei >30 µg Sn erfolgt die Farbentwicklung bei Raumtemperatur). Nach dem Abkühlen werden 0,5 ml Santomerse S (1 + 3) zugesetzt, gemischt, mit Wasser zur Marke aufgefüllt und sofort in einer 1 cm-Küvette bei 530 nm gegen Wasser photometriert. Ein Blindwert wird abgezogen. Diesen ermittelt man unter Vorlage von beispielsweise 10 µg Sn, indem vom gefundenen Wert dann die 10 µg Sn entsprechende Extinktion abgezogen wird, da bei einer Konzentration von <0,3 µg Sn/ml keine Farbentwicklung mehr stattfindet.

1. Wässer

Allgemein läßt sich Sn in Wässern bestimmen, indem man zunächst eine Isolierung durch Destillation [*29*] (s. S. 1123) und anschließend die Bestimmung nach der oben angegebenen Arbeitsvorschrift [*29*] vornimmt. Auf diese Weise erfolgte die Bestimmung von Sn in Abwasser [*30*].

2. Organisches Material

Außer bei dem nachfolgend beschriebenen Verfahren wurde Sn mit Dithiol ebenfalls in biologischem Material nach Destillation als $SnBr_4$ [*21, 27*], in Nahrungsmitteln nach Destillation als $SnBr_4$ [*24*], nach Abtrennung als Sulfid [*71*], nach Abtrennung des Cu mit Ammoniumdiäthyldithiocarbamat/CCl_4 [*6*] bzw. Dz [*17*], sowie in Bier nach Schmelzen der veraschten Probe mit Na_2CO_3/NaCN [*66*] bestimmt.

Allgemein läßt sich die Bestimmung von Sn in organischen Materialien auf die Weise durchführen, daß man das Sn nach der nassen Veraschung mit H_2SO_4/HNO_3 nach den früher angegebenen Vorschriften durch Destillation [*29*] (s. S. 1123) isoliert und anschließend photometrisch bestimmt [*29*] (s. S. 1130).

2.1. Organisches Material

Nach nasser Veraschung wird Cu mit Dz/CCl_4 abgetrennt und Sn mit Zn-Dithiol photometrisch bestimmt.

B: 30–150 µg Sn. F_{rm}: ±6%.

Arbeitsvorschrift [*71a*]

Reagentien

H_2SO_4 (1,84); H_2SO_4 (1 + 4).
Zn-Dithiol, 0,2%ig in 1%iger NaOH (einige Tropfen Äthanol und 1 ml Thioglykolsäure in 100 ml enthaltend).
Dz, 0,02%ig in CCl_4 (frisch hergestellt, im Kühlschrank aufbewahrt).
Natriumlaurylsulfonat, 1%ige wäßrige Lösung.
CCl_4.

Eine entsprechende Menge Probematerial wird mit H_2SO_4/HNO_3 oder $H_2SO_4/HClO_4/HNO_3$ oder H_2SO_4/H_2O_2 (50%) naß verascht (s. S. 193ff.), nach beendeter Veraschung die Lösung mit 10 ml Wasser verdünnt, bis zum Rauchen gelinde gekocht, abgekühlt, weitere 10 ml Wasser zugesetzt, wieder bis zum Rauchen gelinde gekocht und die nun klare Lösung nach dem Abkühlen in einem Meßkolben mit Wasser auf ein geeignetes Volumen aufgefüllt [die Lösung soll $\leqq$ 4 ml H_2SO_4 (1,84)/100 ml enthalten]. Man überführt einen aliquoten Teil von 10,0 ml (30–150 µg Sn enthaltend) in einen Schütteltrichter, extrahiert mehrmals mit je 5 ml Dz-Lösung bis der letzte Extrakt grün bleibt, wäscht 2mal mit je 5 ml CCl_4 und verwirft die organischen Extrakte. Die wäßrige Lösung wird in einen 20 ml-Meßkolben übergeführt, zur Erzielung eines Gehaltes von 0,7–1,0 ml H_2SO_4 (1,84) in der aufgefüllten Lösung mit der erforderlichen Menge H_2SO_4 (1 + 4) versetzt, 1 ml Natriumlaurylsulfonat-Lösung sowie 1 ml Zn-Dithiol-Lösung hinzugefügt und mit Wasser zur Marke aufgefüllt. Man erhitzt die Lösung 1 min im siedenden Wasserbad, läßt 20–30 min auf Raumtemperatur abkühlen und photometriert in einer 1 cm-Küvette bei 535 nm gegen den Blindwert.

2.2. Biologisches und anderes organisches Material

In einer früheren Arbeit [*27*] wurden nach nasser Veraschung mit H_2SO_4/HNO_3 und Vertreiben des HNO_3-Überschusses zuerst aus H_2SO_4/H_3PO_4/HCl-Lösung As, Sb usw. durch Destillation als Chloride abgetrennt, danach Sn unter Zusatz von HBr/HCl destilliert, im Destillat der Bromüberschuß zerstört, Sn mit Thioglykolsäure reduziert und mit Dithiol photometrisch bestimmt. Die vorliegende Arbeitsvorschrift ist eine Modifikation der früheren Arbeiten [*27, 29*].

B: 0,000005–0,02% Sn und darüber. F_r: ±10%.

Arbeitsvorschrift [*70*]

Reagentien

H_2SO_4 (1,84); H_2SO_4 (1 + 1); HNO_3 (1,40); HNO_3 (1,54);
HCl (1,19); 6n HCl; HBr (48%);
Hydrazinsulfat.
Übrige Reagentien wie bei Arbeitsvorschrift auf S. 1130.

1—100 g Probematerial (5—40 μg Sn enthaltend) werden in einem 500 ml-Kjeldahlkolben mit 10—30 ml H_2SO_4 (1,84) durch vorsichtiges Erhitzen verkohlt, wobei darauf zu achten ist, daß die Aufschlußmasse schwefelsäurefeucht bleibt. Sobald die ersten SO_3-Nebel auftreten, erfolgt der Zusatz von HNO_3 (1,54) in kleinen Anteilen. Nach dem Abdampfen des gebildeten Wassers wird so lange HNO_3 (1,54) zugegeben und wieder eingeengt, bis der H_2SO_4-Rückstand nur noch schwach gelb gefärbt oder farblos geworden ist. Nun raucht man die H_2SO_4 bis auf ein Restvolumen von 2—3 ml ab, läßt etwas abkühlen, versetzt vorsichtig (zuerst tropfenweise) mit etwa 20 ml Wasser und verkocht die Reste von HNO_3. Diesen Vorgang wiederholt man 1—2mal. Den verbleibenden Rückstand überspült man sodann mit 2mal je 15 ml H_2SO_4 (1 + 1) in den Destillationskolben (s. Abb. 194), fügt 1—2 g Hydrazinsulfat zu und destilliert solange Wasser ab (Vordestillation), bis das in die Flüssigkeit tauchende Thermometer 160° C zeigt.

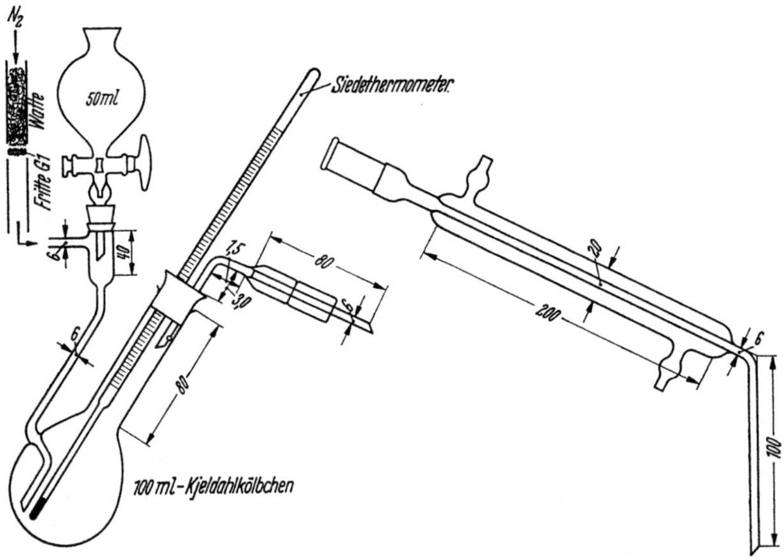

Abb. 194. Destillationsapparatur für kleine Sn-Mengen [*70*]

Die Vordestillation zur Abtrennung von As, Sb und Ge läßt sich zweckmäßig auch nach dem auf S. 1123 angegebenen Verfahren [*29*] durchführen, indem man nach der Veraschung und dem Verkochen der Reste von HNO_3 den Rückstand mit 25 ml H_2SO_4 (1 + 1) in den Destillationskolben überführt und dann, wie dort angegeben, fortfährt.

Das Destillat der Vordestillation wird verworfen und die Hauptdestillation unter Durchleiten eines leichten Stickstoffstromes nach S. 1123 durchgeführt, wobei das Kühlerende in eine Vorlage von 15 ml Wasser in einem 100 ml-Becherglas oder -Erlenmeyerkolben eintaucht. Nachdem man das Destillat abgeraucht hat, versetzt man den Rückstand noch 2mal mit Wasser und dampft bis zum Auftreten der SO_3-Nebel ein, um letzte HNO_3-Reste zu entfernen. Nach Zusatz von 4 ml Wasser führt man die Lösung in einen 10 ml-Meßzylinder über und fährt nach der Arbeitsvorschrift auf S. 1130 fort[1].

3. Metalle und Legierungen

3.1. Eisen, Stahl und Eisenmeteorite

Das Sn wird durch Destillation isoliert und anschließend mit Dithiol photometrisch bestimmt.

B: 0,001–0,03% Sn. F_r: ±10%.

Arbeitsvorschrift [*29*]

Reagentien

HNO_3 (1 + 1);
übrige Reagentien wie bei den Arbeitsvorschriften auf S. 1123 und 1130.

0,5 g Probematerial werden in 7 ml H_2SO_4 (1 + 1) und 10 ml HNO_3 (1 + 1) gelöst, eingedampft und einige Minuten abgeraucht. Den Rückstand führt man mit 25 ml H_2SO_4 (1 + 1) in einen Destillationskolben über, versetzt mit 5 g KH_2PO_4 (oder 3 ml H_3PO_4), 20 ml 6n HCl und 1 g Hydrazinsulfat und fährt mit der Destillation, wie auf S. 1123 beschrieben, fort. Im Destillat bestimmt man das Sn nach der Arbeitsvorschrift auf S. 1130.

4. Silicatgestein und Erze

4.1. Silicatgestein

Isolierung und Bestimmung des Sn erfolgen wie bei Verfahren C.3.1.

B: 0,0005–0,015% Sn. F_r: ±10%.

Arbeitsvorschrift [*29*]

Reagentien

HF (40%);
NaOH;
2n HCl;
übrige Reagentien wie bei den Arbeitsvorschriften auf S. 1123 und 1130.

1,0 g pulverisiertes Probematerial wird in einer Platinschale mit 5 ml H_2SO_4 (1 + 1), 0,5–1 ml HNO_3 und 10 ml HF abgeraucht, nach dem Abkühlen mit 1 ml H_2SO_4 (1 + 1) und 1–2 ml Wasser versetzt und erneut abgeraucht. Den Rückstand führt man mit 25 ml H_2SO_4 (1 + 1) in einen Destillationskolben über, versetzt mit 5 g KH_2PO_4 (oder 3 ml H_3PO_4), 10 ml 6n HCl sowie 1 g Hydrazinsulfat und fährt mit der Destillation und der photometrischen Bestimmung, wie auf S. 1123 bzw. 1130 beschrieben, fort.

Falls nach dem oben beschriebenen Aufschluß ein unlöslicher Rückstand bleibt, fügt man 10 ml 6n HCl und 20 ml Wasser hinzu und kocht bis zum vollständigen Lösen. Ein unlöslicher Rückstand wird abfiltriert, mit 2n HCl gewaschen, das Filter in einem Nickeltiegel verascht und mit 0,5 g NaOH aufgeschlossen. Die abgekühlte Schmelze löst man in 8 ml Wasser, versetzt mit 10 ml 6n HCl und erhitzt einige Minuten. Ein abermals vorhandener unlöslicher Rückstand wird abfiltriert und wie vorhin behandelt. Die erhaltene Lösung wird wie oben der Destillation zugeführt.

---

[1] In der Originalarbeit [*70*] wird der Rückstand nach dem Abrauchen des Destillates mit 7 ml Wasser aufgenommen, mit 0,5 ml 1,5%iger Phenylsulfonat HSR-Lösung, 1 Tropfen Thioglykolsäure und 0,5 ml Dithiollösung versetzt, 5 min auf 50° C erhitzt und nach dem Abkühlen wie oben angegeben photometriert. Doch treten mit Phenylsulfonat als Stabilisierungsmittel gelegentlich Trübungen auf, weshalb die oben empfohlene Arbeitsweise mit Santomerse S vorzuziehen ist.

4.2. Sulfiderze

Isolierung und Bestimmung des Sn erfolgen wie bei Verfahren C.3.1.
B: 0,0005–0,015% Sn. F_r: ±10%.

Arbeitsvorschrift [*29*]

Reagentien

HNO_3 (1,54);
H_2SeO_3, 0,163%ige wäßrige Lösung;
H_2SO_3; mit SO_2 gesättigtes Wasser;
HCl (1 + 99);
Übrige Reagentien wie bei den Arbeitsvorschriften auf S. 1123 und 1130.

1,0 g Probematerial wird in einem 100 ml-Becherglas mit 10 ml HNO_3 (1,54) erhitzt, auf 1–2 ml eingedampft, nach dem Abkühlen mit 7 ml H_2SO_4 (1 + 1) versetzt und bis zum starken Rauchen eingedampft. Den Rückstand führt man mit 25 ml H_2SO_4 (1 + 1) in den Destillationskolben über, versetzt mit 5 g KH_2PO_4 (oder 3 ml H_3PO_4), 20 ml 6n HCl sowie 1 g Hydrazinsulfat und fährt mit der Destillation und der photometrischen Bestimmung, wie auf S. 1123 bzw. 1130 beschrieben, fort.

In Anwesenheit von Se dampft man das Destillat, wie auf S. 1123 angegeben, ein, raucht 3–5 min ab, fügt nach dem Abkühlen 4 ml 6n HCl und 0,1 ml H_2SeO_3-Lösung hinzu und erhitzt 5 min bei niedriger Temperatur. Nach dem Abkühlen werden 2 ml H_2SO_3 und 0,2 g Hydroxylaminhydrochlorid zugesetzt, 30–60 min auf 90° C erhitzt, der entstandene Niederschlag mit einem Porzellanfiltertiegel abfiltriert und mit HCl (1 + 99) gewaschen. Filtrat und Waschlösung vereinigt man in einem Becherglas, dampft bis zum Auftreten der SO_3-Nebel ein, fügt nach dem Abkühlen 2 ml Wasser hinzu und filtriert unter Nachwaschen mit Wasser durch einen Filtertiegel. Filtrat und Waschlösung werden in einem 10 ml-Meßzylinder vereinigt und die Sn-Bestimmung wie auf S. 1130 durchgeführt.

D. Fluorone

I. Phenylfluoron

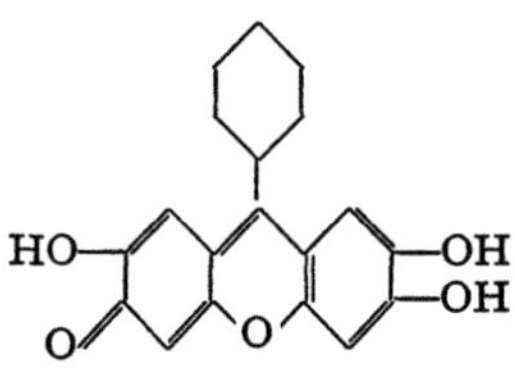

Sn(IV) gibt mit dem orangegelb bis gelben Phenylfluoron (PF; 2,3,7-Trihydroxy-9-phenyl-6-fluoron) ebenso wie Ge(IV) eine rotgefärbte, leicht lösliche Verbindung [*9*], die beim längeren Stehen zum Ausfallen neigt und daher durch Zusatz eines Schutzkolloides in Lösung gehalten wird. Die Färbung bildet sich bei pH 3,1 in HCl-Lösung; sie verblaßt allerdings rascher als die mit Ge(IV) erhaltene, und zwar bereits merklich nach 1 Std. Nach anderen Angaben [*5*] soll eine Messung der dunkel aufbewahrten Lösung aber auch noch nach 2 Std möglich sein. Durch die Farbbildung bei pH 1,8 und darunter läßt sich der Einfluß von Störelementen etwas unterdrücken, doch ist hierbei eine strenge pH- und Zeitkontrolle nötig, da Farbbildung und -intensität von der Säurekonzentration abhängig sind, indem sie mit steigender Acidität verzögert sind [*72*]. Durch Zusatz von

1 ml 10%iger Weinsäure/50 ml Ansatz soll sich die Reproduzierbarkeit der Farbe verbessern lassen [73]. Das Extinktionsmaximum liegt gegen Wasser gemessen bei 510 nm ($\varepsilon_{510} = 56000$) [9, 74] (s. Abb. 195). Wegen der Absorption des PF liegt das Extinktionsmaximum gegen die Blindlösung gemessen aber bei 530 nm [74], weshalb die Messung besser bei der letztgenannten Wellenlänge vorgenommen wird. PF zeigt bei pH 3,8 in wäßriger Lösung mit 20% Methanol zwei Extinktionsmaxima bei 460 nm und 490 nm; in Methanol allein [74] und in Benzylalkohol allein [75] ist hingegen nur ein Maximum bei 475 nm ausgebildet. Das Beersche Gesetz gilt im Bereich von ~ 0,05—1,2 µg Sn/ml [1, 9, 74]. Sn-PF läßt sich aus ~ 0,12n HCl-Lösung mit MIBK extrahieren und bei 530 nm photometrieren [75a].

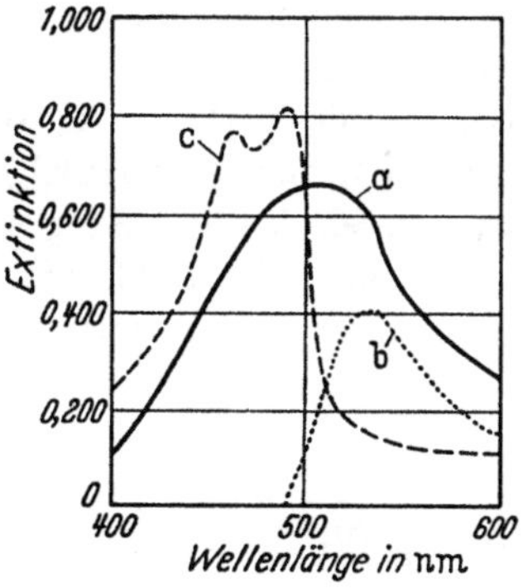

Abb. 195. Extinktionskurven von Sn + Phenylfluoron (*a* gegen Wasser und *b* gegen *c* gemessen) und Phenylfluoron (*c* gegen Wasser gemessen) [74]

As, Bi, Fe, Ga, Ge, Hf, Mo, Nb, Sb, Ta, Ti, V, W, Zr stören. Starke Oxydationsmittel greifen das Reagens an. Cr, Hf, Pb und PO_4^{3-} stören unter Umständen durch Sn okkludierende Niederschlagsbildung [9]. Auch größere Mengen Al sollen stören [73]. Ein Teil der Störungen läßt sich mit H_2O_2 und Oxalat beseitigen. Die Bestimmung von 10 µg Sn wird in ~ 0,12n HCl/0,04% Ammoniumoxalat/0,6% H_2O_2-Lösung durch je 100 µg Fe(III), Mo(VI), Nb, Ta, Ti, V(V) und W nicht gestört, während Ge, Hf, Sb und Zr weiterhin stören [75a]. Isoliert man das Sn vorher durch doppelte Extraktion mit DADDTC/$CHCl_3$ (s. Verfahren D.I.2.1., S. 1137), so wird die Bestimmung von 80 µg Sn durch folgende Elemente (in µg) nicht gestört [9]: Ag (500), As (500), Bi (5000), Cd (500), Cr (500), Cu (5000), Fe (5000), Ga (500), Ge (50), Hf (500), Hg (500), In (500), Mo (500), Nb (500), Pd (500), Sb (10000), Se (500), Ta (500), Te (500), Ti (500), V (500), Zr (500) und H_3PO_4 (0,2 g). Zur Entfernung von noch größeren Mengen Ge [sowie zur Abtrennung von As, Sb(V) und teilweise Cu, Ga, Bi] muß das Sn vorher als Cupferronat isoliert werden (s. S. 1138). Bei Anwesenheit von Ta neben >50 µg Ge muß Ta zuerst durch Sulfidfällung entfernt werden, da das in $CHCl_3$ unlösliche Ta-Cupferronat Sn okkludiert. Bei der Sulfidfällung mit Cu als Spurenfänger und in Anwesenheit von Tartrat werden Fe, Ga, Hf, Nb, Ta, Ti, V, W, Zr u. a. m. entfernt (s. S. 1138). Enthält die Probe zwar nicht mehr als 250 mg H_3PO_4, aber gleichzeitig Ta, Hf, Zr oder mehr als 10 mg Sb(V), so bilden sich beim Abrauchen mit H_2SO_4 unlösliche Phosphate, die zu beträchtlichen Sn-Verlusten führen [9]. In diesem Fall wird eine Isolierung des Sn durch Destillation empfohlen. Geringe Mengen Mo (sowie Nb, Ta, Ti) können durch Zusatz von H_2O_2 zum Farbansatz maskiert werden [9].

Ein sehr selektives Isolierungsverfahren stellt die Extraktion des SnI_4 aus 0,5m NaI/1,5m $HClO_4$/3m $NaClO_4$-Lösung mit Benzol vor [1]. Aus dem organischen Extrakt wird das Sn mit 0,25m H_2SO_4 rückgeschüttelt und mit Phenylfluoron photometrisch bestimmt. Außer Sn bilden auch As(III), Bi, Ge, Hg(II), Sb(III), Te(IV) Jodide, von denen diese des Bi und Te nicht extrahierbar sind. Wenn die Jodidkonzentration entsprechend hoch ist, werden von Sb(III) und insbesondere Hg(II) anionische Jodid-Komplexe gebildet, die in dieser Form nicht extrahierbar sind. GeI_4 und AsI_3 werden weniger stark extrahiert als SnI_4. Außerdem kann durch Verringerung der herrschenden Säurekonzentration deren Bildung vermindert werden. Cl^- und F^- stören die Extraktion stark und müssen entfernt werden. Bis zu 0,5m H_3PO_4 wurde keine Störung der Extraktion beobachtet. Bei Extraktion aus 0,5m NaI/1,5m $HClO_4$/5m $NaClO_4$-Lösung mit Benzol lassen sich noch 4 µg Sn neben folgenden Elementen bestimmen: 100 mg Cu(II) (CuI durch Zentrifugieren entfernt), Fe(III), K, Zn, 20 mg Ag, Al, Ca, Cd, Co, Cr, Hg(II), In, Mg, Mn, Mo, Ni, Th, Ti, Tl(I), U, V, W (WO_3 durch Zentrifugieren entfernt), Zr, 10 mg Sb (bei Extraktion aus 1,5m $HClO_4$/2,5m NaI-Lösung), 5 mg Ge, 2 mg Nb, Ta, 1 mg Au, Bi, Pb, Pt, Re, Se, Te und 0,5 mg As.

Mit PF wurde Sn bestimmt in Stahl [*75a, 75b*], Nickel [*19c*], Blei [*19d*], Gestein und Böden (nach Vorisolierung mittels Anionenaustauscher und Jodid-Extraktion) [*75c*] sowie Silicatgestein [*19b*].

Arbeitsvorschrift

I. Bestimmung in wäßriger Lösung [*9*]

Reagentien

HCl (1 + 9);

H_2O_2 (3%);

Pufferlösung (pH 5); 900 g Natriumacetattrihydrat werden in ~ 700 ml Wasser unter Erwärmen gelöst, filtriert, 480 ml Essigsäure zugegeben und nach dem Abkühlen mit Wasser auf 2 l aufgefüllt;

Gummi arabicum, 1%ige wäßrige Lösung; täglich frisch herzustellen;

Phenylfluoron, 0,01%ig in Methanol; 0,050 g Reagens werden in 50 ml Methanol und 1 ml HCl (1,19) gelöst und mit Methanol auf 500 ml aufgefüllt. Die Lösung soll nicht in Polyäthylen aufbewahrt werden. (Dunkel und kühl aufbewahrt 3—4 Wochen haltbar [*72*]).

Störende Elemente kann man vorher nach Verfahren D.I.2.1. (s. S. 1137) entfernen [*9*].

5 ml Probelösung (7n H_2SO_4; 2,5–80 µg Sn enthaltend) erhitzt man zum Sieden, bis gerade die SO_3-Dämpfe auftreten, fügt nach dem Abkühlen 9 ml Wasser hinzu und kühlt auf Raumtemperatur ab. Man versetzt nacheinander mit 1 ml H_2O_2, 10 ml Pufferlösung, 1 ml Gummi arabicum-Lösung und 10,0 ml Phenylfluoronlösung, wobei nach jedem Zusatz gemischt wird, läßt 5 min stehen, führt nach Zusatz von 16 ml HCl (1 + 9) in einen 50 ml-Meßkolben über, füllt mit HCl (1 + 9) zur Marke auf und photometriert sofort in einer 1 cm-Küvette bei 510 oder 530 nm gegen Wasser.

II. Bestimmung mit vorangehender Isolierung durch Extraktion von SnI_4 mit Benzol [*1*]

Reagentien

4m H_2SO_4; 0,25m H_2SO_4;

6m $HClO_4$;

$NaClO_4$; 6m $NaClO_4$;

4m NaI;

Waschlösung, 1,5m $HClO_4$/0,5m NaI/3m $NaClO_4$;

Pufferlösung (pH 2,6); 10 g Kaliumhydrogenphthalat und 35 ml 1,0n HCl werden mit Wasser auf 2 l aufgefüllt;

Gummi arabicum, 1%ige wäßrige Lösung;
Phenylfluoron, 0,01%ig in Methanol (oder Äthanol); 10 mg Reagens werden in 10 ml Alkohol gelöst, 1 ml HCl (1 + 9) hinzugefügt und mit Alkohol auf 100 ml aufgefüllt. Die Lösung ist 2 Monate haltbar.

Wenn die Probelösung Cl^- oder F^- enthält, raucht man sie mit einem geringen Überschuß an H_2SO_4 ab. Die Konzentration soll 0,5m H_2SO_4 vor der Extraktion nicht überschreiten. Man stellt die Probelösung (1—50 µg Sn enthaltend) auf 1,5 m $HClO_4$/0,5m NaI/3m $NaClO_4$ (wenn nötig fügt man das $NaClO_4$ in fester Form zu, um das Volumen der Lösung nicht unnötig zu vergrößern) ein (das Volumen soll 15—30 ml betragen), extrahiert die Lösung in einem Schütteltrichter 1 min mit 5 ml Benzol, verwirft die wäßrige Lösung, wäscht den organischen Extrakt 30 sec mit 5 ml Waschlösung und verwirft die letztere. Die Benzol-Phase wird mit 5,0 ml 0,25m H_2SO_4 2 min geschüttelt, beide Phasen unter Nachwaschen mit 1—2 ml Wasser in ein kleines Becherglas abgelassen (wahlweise kann auch die wäßrige Phase allein in das Becherglas abgelassen, das Benzol mit 1—2 ml Wasser gewaschen, die Waschlösung ebenfalls ins Becherglas abgelassen und das Benzol verworfen werden), das Benzol auf dem siedenden Wasserbad verdampft und die wäßrige Lösung auf Raumtemperatur abgekühlt. Je nach der vorliegenden Sn-Menge fährt man nach einer der beiden folgenden Vorschriften fort.

5—50 µg Sn

Man führt die Probelösung in einen 50 ml-Meßkolben über, versetzt mit 30 ml Pufferlösung, 1 ml Gummi arabicum-Lösung und 10,0 ml Phenylfluoronlösung, füllt mit Wasser zur Marke auf und photometriert nach 5 min in einer 1 cm-Küvette bei 510 oder 530 nm gegen Wasser.

1—10 µg Sn

Man führt die Probelösung in einen 25 ml-Meßkolben über, versetzt mit 10 ml Pufferlösung, 1 ml Gummi arabicum-Lösung und 5,0 ml Phenylfluoronlösung, füllt mit Wasser zur Marke auf und fährt wie vorhin angegeben fort.

1. Organisches Material

In biologischem Material wurden unter Verwendung von 100 g Einwaage Mikrogramm-Mengen Sn durch Mitfällen an $FePO_4$ isoliert, von der Hauptmenge an Fe durch Extraktion als Thiocyanat mit Äthylacetat getrennt und anschließend mit Phenylfluoron photometrisch bestimmt [*5*].

Nach nasser Veraschung mit H_2SO_4/HNO_3 kann das Sn nach Verfahren D.I.2.1. mit Phenylfluoron photometrisch bestimmt werden [*9*], indem man nach der dort angegebenen Vorschrift, ohne die Mangan(IV)oxidhydrat-Fällung, mit der ersten Carbamatextraktion beginnend fortfährt. Falls der in der Probe anwesende Gehalt an Störelementen sehr hoch ist, wird zuerst die folgende saure Sulfidfällung durchgeführt.

2. Metalle und Legierungen

2.1. Blei und Antimon-Blei-Legierungen

Nach dem Lösen der Probe wird Sn mit Mangan(IV)oxidhydrat als Spurenfänger ausgefällt, wobei eine weitgehende Abtrennung von Pb erfolgt. Der Niederschlag wird gelöst und durch die 1. Carbamatextraktion Bi, Cu, Hg und das selektiv reduzierte As(III) und Sb(III) entfernt, während Sn(IV), Cr(III) und gewisse Mengen Fe und Mo in der wäßrigen Lösung verbleiben. Nach dem Reduzieren des Sn mit Thioglykolsäure isoliert man es durch eine 2. Carbamatextraktion. Dabei gehen nur Spuren von Mo mit Sn in den Extrakt. Fe wird durch zusätzliches Reduzieren mit KI + Ascorbinsäure bei 50° C an der Mitextraktion gehindert. Der organische Extrakt wird naß verascht und nach Vertreiben der Säuren das Sn mit Phenylfluoron photometrisch bestimmt. Falls die neben Sn vorliegende Menge an Verunreinigungen sehr hoch oder Ta vorhanden ist, wird empfohlen, die Sulfidfällung mit Cu als Spurenfänger voranzustellen. Wenn Sn von großen Mengen Ge (As, Bi, Cu, Ga) abgetrennt werden muß, so kann es zuerst als Cupferronat isoliert werden.

In einer anderen Arbeit [*11*] wurde Sn in Blei nach seiner Isolierung als Cupferronat auf die gleiche Weise photometrisch bestimmt.

B: 0,0003–0,008% Sn und darüber. F_{rm}: ±2%.

Arbeitsvorschrift [*9*]

Reagentien

H_2SO_4 (1,84); H_2SO_4 (1 + 4); H_2SO_4 (1 + 99);
HNO_3 (1,40); $HClO_4$ (70%);
$HClO_4/HNO_3$-Gemisch (5 + 1);
$KMnO_4$, 1%ige wäßrige Lösung;
$Mn(NO_3)_2 \cdot 6\,H_2O$, 4,5%ige wäßrige Lösung;
$Pb(NO_3)_2$, 3%ige wäßrige Lösung;
$CuSO_4 \cdot 5\,H_2O$, 0,5%ige wäßrige Lösung;
KI/Ascorbinsäure-Lösung; 6 g KI und 1 g Ascorbinsäure werden in 40 ml Wasser gelöst (täglich frisch hergestellt);
Hydrazinsulfat;
Weinsäure, 1%ige wäßrige Lösung;
Thioglykolsäure-Lösung; 20 ml Thioglykolsäure (80%) werden mit Wasser auf 200 ml verdünnt.
DADDTC, 1%ig in $CHCl_3$ (täglich frisch hergestellt);
Cupferron, 1%ige wäßrige Lösung (täglich frisch hergestellt);
$CHCl_3$;
Übrige Reagentien wie bei Arbeitsvorschrift I (s. S. 1136).

Aufstellung der Eichkurve

0, 1,0, 2,0, 3,0 und 4,0 ml Sn-Stammlösung (20 µg Sn/ml 0,14 n H_2SO_4) werden jeweils in 250 ml-Erlenmeyerkolben zur Trockene eingedampft, etwas abgekühlt, 3 ml $HClO_4/HNO_3$-Gemisch hinzugefügt und erhitzt, bis die Säure an der Kolbenwand zu kondensieren beginnt. Man fügt 50 ml $Pb(NO_3)_2$-Lösung hinzu, kocht gelinde, versetzt mit 1 ml $KMnO_4$-Lösung und 1 ml $Mn(NO_3)_2$-Lösung, wobei nach jedem Zusatz gemischt wird, und kocht noch 1–2 min. Der Niederschlag wird abfiltriert, mit Wasser gewaschen, das Filtrat verworfen und das Filter mit dem Niederschlag in den Kolben zurückgebracht. Man versetzt mit 10 ml H_2SO_4 (1,84), kühlt, gibt 10 ml HNO_3 hinzu, erhitzt nach Bedecken mit einem Uhrglas zur Zerstörung der organischen Substanz, fügt 1 ml $HClO_4$ hinzu und dampft auf 7 ml ein. Man fügt 0,3 g Hydrazinsulfat hinzu und fährt mit der Reduktion, Verdünnung, Filtration, doppelten Carbamatextraktion und photometrischen Bestimmung wie bei der Analyse fort.

Analyse

1,0 g Probematerial wird in einem mit Uhrglas bedeckten 250 ml-Erlenmeyerkolben mit 3 ml $HClO_4/HNO_3$-Gemisch unter gelindem Erwärmen gelöst, nach vollständigem Lösen 50 ml Wasser zugesetzt, zum Sieden erhitzt und nun wie bei der Aufstellung der Eichkurve fortgefahren, beginnend mit dem Zusatz von 1 ml $KMnO_4$-Lösung bis zum

Eindampfen auf 7 ml. Falls die Lösung $\leqq 0{,}05$ mg Ge, jeweils $\leqq 10$ mg von anderen Störelementen oder $\leqq 0{,}25$ g H_3PO_4 enthält, behandelt man sie nach den folgenden Richtlinien. Man kühlt etwas ab, versetzt mit 0,3 g Hydrazinsulfat, erhitzt, bis das Schäumen aufhört (nach der Reduktion von Sb soll die Analyse ohne unnötige Verzögerung über die 2 Carbamatextraktionen geführt werden), dampft auf 5 ml ein, kühlt ab, fügt 5 ml Wasser hinzu, erhitzt zum Sieden, bedeckt mit einem Uhrglas und läßt 1—2 min in der Hitze stehen. Die Lösung wird nochmals aufgekocht, abgekühlt, in Anwesenheit einer Fällung von $PbSO_4$ 30 ml Wasser zugesetzt und unter Nachwaschen mit 10 ml Wasser filtriert (Filter mit Niederschlag wird verworfen), in Abwesenheit einer Fällung von $PbSO_4$ 40 ml Wasser zugesetzt und auf Raumtemperatur abgekühlt. Man führt die Lösung in einen 125 ml-Schütteltrichter über und fährt mit der doppelten Carbamatextraktion und der photometrischen Bestimmung fort. Wenn die organische Phase bei der 1. Carbamatextraktion stark gefärbt ist (infolge großer Mengen anderer Elemente), wiederholt man das Ausschütteln ein- oder mehrmals mit weiteren Anteilen von jeweils 10 ml DADDTC/$CHCl_3$.

Bei manchen Analysen kann es notwendig sein, daß Sn vor der Carbamatextraktion durch Sulfidfällung oder Cupferronextraktion (oder durch beide) zu isolieren. Zur Durchführung der Sulfidfällung führt man die oben erhaltenen 5 ml H_2SO_4 (das Sn enthaltend) in einen 125 ml-Erlenmeyerkolben über, versetzt mit 5 ml Wasser, erhitzt wie oben beschrieben zum Sieden, hält 1—2 min in der Hitze, kocht wieder, kühlt ab, fügt 50 ml Wasser hinzu, filtriert — wenn nötig — vorhandenes $PbSO_4$ ab und gibt 1 ml $CuSO_4$-Lösung sowie 2 ml Weinsäure-Lösung hinzu. Ein H_2S-Strom wird 5 min lang eingeleitet, der Niederschlag abfiltriert, mit H_2SO_4 $(1 + 99)$ (mit H_2S gesättigt) gewaschen, das Filtrat verworfen und Filter mit Niederschlag in den Kolben zurückgebracht. Man fügt 10 ml H_2SO_4 (1,84) hinzu, kühlt, versetzt mit 10 ml HNO_3, erhitzt nach Bedecken mit einem Uhrglas zur Zerstörung der organischen Substanz, gibt 1 ml $HClO_4$ hinzu und dampft auf 7 ml ein. Man setzt nun entweder mit der Cupferronextraktion (falls erforderlich) wie nachfolgend beschrieben oder nach Zusatz von 0,3 g Hydrazinsulfat mit der Reduktion und Verdünnung wie oben, bzw. mit der doppelten Carbamatextraktion und der photometrischen Bestimmung wie später (s. S. 1139f.) angegeben fort.

Wenn die Cupferronextraktion erforderlich ist, versetzt man die vorhin erhaltene Probelösung von 7 ml H_2SO_4 (das Sn enthaltend) im 125 ml-Erlenmeyerkolben mit 1 ml $HClO_4$, dampft auf 5 ml ein, kühlt ab, fügt 5 ml Wasser hinzu, erhitzt wie oben beschrieben zum Sieden, hält 1—2 min in der Hitze, kocht wieder, kühlt ab, fügt 40 ml Wasser hinzu, filtriert — wenn nötig — vorhandenes $PbSO_4$ ab und kühlt auf Raumtemperatur ab. Es werden 10 ml Cupferron-Lösung zugesetzt, 30 sec stehen gelassen, in einen 125 ml-Schütteltrichter übergeführt und 30 sec mit 20 ml $CHCl_3$ extrahiert. Nach der Phasentrennung läßt man die organische Phase in einen 125 ml-Erlenmeyerkolben ab, wiederholt die Extraktion mit 5 ml $CHCl_3$, läßt den organischen Extrakt ebenfalls in den Kolben ab und verwirft die wäßrige Lösung. Das $CHCl_3$ wird verflüchtigt, die organische Substanz durch nasse Veraschung mit H_2SO_4, HNO_3 und $HClO_4$ wie bei der Aufstellung der Eichkurve zerstört, zuletzt bis zum Auftreten der SO_3-Nebel eingedampft, mit H_2SO_4 auf 7 ml gebracht, 0,3 g Hydrazinsulfat zugesetzt und mit der Reduktion und Verdünnung wie oben, bzw. mit der doppelten Carbamatextraktion und photometrischen Bestimmung, wie nachfolgend angegeben, fortgefahren.

Die auf einem der oben beschriebenen Wege nach der Isolierung und Reduktion mit Hydrazinsulfat und Verdünnung erhaltenen ~ 50 ml Lösung (5 ml H_2SO_4 und das Sn enthaltend) werden in einen 125 ml-Schütteltrichter übergeführt, mit 25 ml DADDTC/$CHCl_3$ 30 sec extrahiert, der organische Extrakt verworfen, 2mal mit je 5 ml $CHCl_3$

geschüttelt und letzteres ebenfalls verworfen. Man läßt die wäßrige Lösung in einen 125 ml-Erlenmeyerkolben ab, erhitzt auf 50° C, bringt in den Schütteltrichter zurück, versetzt mit 2 ml Thioglykolsäure-Lösung sowie 1 ml KI/Ascorbinsäure-Lösung, schüttelt 1—2mal und läßt den Schütteltrichter unverschlossen stehen. Nachher wird im fließenden Wasser auf Raumtemperatur abgekühlt, mit 10 ml DADDTC/$CHCl_3$ 30 sec extrahiert, der organische Extrakt in einen 125 ml-Erlenmeyerkolben abgelassen, die wäßrige Lösung mit 5 ml $CHCl_3$ 10 sec geschüttelt und letzteres ebenfalls in den Kolben abgelassen. Die wäßrige Phase wird verworfen. Zum vereinigten organischen Extrakt fügt man 2 ml H_2SO_4 (1,84), 1 ml HNO_3, sowie 0,5 ml $HClO_4$, verflüchtigt das $CHCl_3$ und erhitzt zur Zerstörung der organischen Substanz bis zum Auftreten der SO_3-Nebel. Man kühlt etwas ab, versetzt mit 0,25 ml $HClO_4$, erhitzt über der Flamme (zuletzt auch die Seitenwand des Kolbens) bis die gesamte Säure verdampft ist (bis auf Spuren von H_2SO_4), leitet etwas gereinigte Luft in den Kolben, um im Kolbenhals noch vorhandene Säuredämpfe zu verjagen, und kühlt auf Raumtemperatur ab. Nun werden 5,0 ml H_2SO_4 (1 + 4) zugesetzt, zum Sieden erhitzt bis gerade die SO_3-Nebel auftreten, nach dem Abkühlen 9 ml Wasser hinzugefügt, auf Raumtemperatur abgekühlt und wie bei Arbeitsvorschrift I (s. S. 1136) fortgefahren. Ein Blindwert unter Verwendung von 50 ml $Pb(NO_3)_2$-Lösung wird nach der Arbeitsvorschrift durchgeführt und in Abzug gebracht.

2.2. Germanium [*9*]

Die Probe wird nach dem Lösen in $NaOH/H_2O_2$ [*76*] (s. unter „Bor", Verfahren D.3.4. S. 487) und Ansäuern mit H_2SO_4 einer doppelten Cupferronextraktion unterworfen. Nach dem Zerstören des organischen, das Sn enthaltenden Extraktes und Zusatz von Hydrazinsulfat wird mit der doppelten Carbamatextraktion nach Verfahren D.I.2.1. (s. S. 1139f.) fortgefahren und Sn mit Phenylfluoron photometrisch bestimmt.

3. Luft

B: 10—5000 µg Sn/m³. F_r: ±5%.

Man saugt 10—100 l Luft durch ein Filter (10—20 l/min; s. S. 177) oder durch 2 hintereinandergeschaltete Waschflaschen (1—2 l/min; s. S. 176f.), die mit 25—50 ml H_2SO_4 (1 + 1) beschickt sind. Das Filter wird mit H_2SO_4/HNO_3 naß verascht, die Lösung des Filters bzw. der Waschflaschen bis zum Auftreten der SO_3-Nebel eingedampft und anschließend das Sn nach Arbeitsvorschrift I [*9*] oder II [*1*] (s. S. 1136) bestimmt. Wahlweise kann das Sn vorher nach Arbeitsvorschrift B.III.a) [*1a*] isoliert werden.

Bei oxidischen Proben wird das Filter trocken verascht, mit Na_2O_2 aufgeschlossen, die Schmelze mit Wasser gelöst und nach dem Ansäuern mit H_2SO_4 wie oben angegeben fortgefahren.

II. 3′-Pyridylfluoron

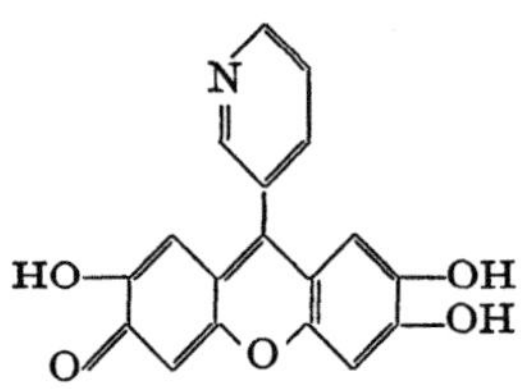

3′-Pyridylfluoron [2,3,7-Trihydroxyl-9-(3′-pyridyl)-6-fluoron] (PyF) bildet mit Sn(II) und Sn(IV) bei pH 1 einen SnPyF-, bei pH 2 einen $Sn(PyF)_2$-Komplex von roter Farbe [*76a*]. Die Bestimmung wird zweckmäßig bei pH 1,88 [für 0,02—0,2 µg

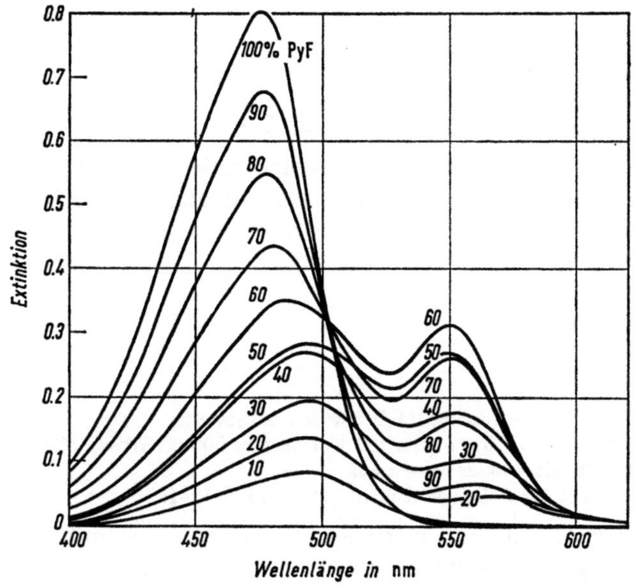

Abb. 196. Extinktionskurven von 3'-Pyridylfluoron (PyF) und Sn + PyF bei verschiedenen Sn/PyF-Mengenverhältnissen und pH 1, gegen Wasser gemessen [*76a*]

Sn/ml] bzw. pH 1,35 [für 0,2—1,0 μg Sn/ml] durchgeführt, bei denen vorwiegend der $Sn(PyF)_2$-Komplex vorliegt. Das Extinktionsmaximum liegt bei 546 nm ($\varepsilon_{546} \approx 100000$; s. Abb. 196). Die Eichkurve ist leicht gekrümmt, doch kann im Bereich von 0,02—0,2 bzw. 0,2—1 μg Sn/ml ohne großen Fehler mit linearen Eichkurven gearbeitet werden. PyF zeigt analoge Eigenschaften wie Phenylfluoron. Die Farbe wird mit Polyviol (Polyvinylalkohol) stabilisiert.

Cd, Cu und Pb sowie $\leqq$ 0,06 μg Sb/ml stören nicht [*76a*]. Eine Störung durch Fe(III) läßt sich mit Ascorbinsäure beseitigen.

Mit PyF wurde Sn bestimmt in Zink, Kupferlegierungen [*76a*], Stahl [*76b—76d*] und Wasserstoffperoxid [*76e*].

Arbeitsvorschrift [*76a*]

Reagentien

3'-Pyridylfluoron (PyF)-Lösung 1; 80 mg PyF werden in 400 ml Methanol + 5,0 ml 12,5n HCl gelöst und mit Methanol auf 500 ml aufgefüllt.

PyF-Lösung 2; man füllt 10,0 ml PyF-Lösung 1 mit Methanol auf 100,0 ml auf.

Pufferlösung 1; 2m Natriumacetat-Lösung/2m Dichloressigsäure-Gemisch (2 + 3).

Pufferlösung 2; 2m Natriumacetat-Lösung/2m Dichloressigsäure-Gemisch (1 + 1).

Polyviol, 5%ige wäßrige Lösung (Polyviol MO5/140 von Wacker, München); 50 g Polyviol werden mit 250 ml Wasser angeteigt, nach Zusatz von 250 ml Wasser erwärmt, weitere 250 ml Wasser zugesetzt, fast zum Sieden erhitzt, abgekühlt, mit Wasser auf 1 l aufgefüllt und filtriert.

a) 1—10 μg Sn

In einen 50 ml-Meßkolben gibt man 5 ml Polyviollösung, 10 ml Pufferlösung 2, 5 ml Probelösung [1—10 μg Sn(IV) in 0,63n HCl enthaltend] sowie 10,0 ml PyF-Lösung 2, füllt mit Wasser zur Marke auf und photometriert nach 30 min Standzeit in einer 5cm-Küvette bei 546 nm gegen Wasser.

b) 10—50 μg Sn

Man arbeitet wie unter a) unter Verwendung von Pufferlösung 1, PyF-Lösung 1 und 1 cm-Küvetten.

1. Eisen und Stahl

Das Verfahren eignet sich für Roheisen und unlegierten Stahl. Bei Mo-haltigen Stählen wird das Sn vorher durch Extraktion aus ~ 3n H_2SO_4/2m KI-Lösung mit Benzol isoliert [*76c*].

B: 0,001–0,02% Sn. F_{rm}: ±2,5%.

Arbeitsvorschrift [*76b, 76d*]

Reagentien

HCl (1,19); HNO_3 (1 + 9);

Ascorbinsäure, 10%ige wäßrige Lösung (täglich frisch hergestellt).

Pufferlösung; 92,7 g Natriumacetat (wasserfrei) löst man in 500 ml Wasser, fügt 74 ml Dichloressigsäure hinzu und füllt mit Wasser auf 1 l auf.

Übrige Reagentien wie bei der Arbeitsvorschrift [*76a*] auf S. 1141.

1,0 g Probematerial löst man in einem 50 ml-Meßkolben mit 5 ml HCl (1,19) bei Raumtemperatur, fügt nach Beendigung der ersten Lösungsreaktion 5 ml Wasser hinzu, erwärmt bis zum vollständigen Lösen, versetzt mit 2 Tropfen HNO_3 (1 + 9) sowie 10 ml Wasser und kocht 1 min. Die abgekühlte Lösung wird mit Wasser zur Marke aufgefüllt (bei Roheisen durch ein trockenes Filter filtriert), davon ein aliquoter Teil von 5,0 ml in einen 50 ml-Meßkolben übergeführt und der Reihe nach mit 5,0 ml HCl (1,19), 5 ml Ascorbinsäurelösung, 5 ml Polyviollösung und 10 ml Pufferlösung sowie 10,0 ml PyF-Lösung 2 versetzt. Nach 35 min Standzeit füllt man mit Wasser zur Marke auf und photometriert in einer 2 cm-Küvette bei 546 nm gegen Wasser. Ein Blindwert wird abgezogen.

E. Verschiedenes

Neben der Photometrie findet auch die Polarographie Anwendung zur Bestimmung von Sn in verschiedenen Materialien [*28, 31, 37, 38, 43–45, 47, 50, 51, 77, 77a*].

An weiteren Reagentien zur photometrischen Bestimmung von Sn sind zu erwähnen: Kakothelin [*25, 48, 49, 78–80*], Hämatoxylin [*81–85*], Dz/$CHCl_3$ [*86, 87*], Hämatein [*1b*], Brompyrogallolrot (ε_{515} = 18000) [*88*], Oxin/$CHCl_3$ (ε_{385} = 4600) [*8, 18, 19a, 41, 59*], 5,7-Dibromoxin/$CHCl_3$ [*19*], Na-DDTC/Petroläther-Benzol [*89*], Pyrrolidindithiocarbamat [*90*], Salicylidenamino-2-thiophenol/Xylol (ε_{415} = 16100) [*91*], Gallein [*92, 93*], Flavonol [*95*], Purpurin, Carminsäure [*82*], Morin [*96, 97*], Quercetin [*61, 94, 98*], Chinalizarin [*99*], Kristallviolett [*100*] und 3,4′,7-Trihydroxyflavon (fluorimetrisch, Anregung 427 nm/Messung 473 nm, L_D = 0,007 μg Sn/25 ml, L_Q = 0,02 μg Sn/25 ml) [*101*].

Literatur

1. Gilbert, D. D., Sandell, E. B.: Microchem. J. **4**, 491 (1960).
1a. Newman, E. J., Jones, P. D.: Analyst **91**, 406 (1966).
1b. Specker, H., Graffmann, G.: Z. anal. Chem. **228**, 401 (1967).
2. Kosaric, N., Leliaert, G.: Mikrochim. Acta (Wien) **1961**, 806.
3. Ross, W. J., White, J. C.: Analyt. Chem. 33, 424 (1961).
4. Scadden, E. M., Ballou, N. E.: Analyt. Chem. **25**, 1602 (1953).
5. Oelschläger, W.: Z. anal. Chem. **174**, 241 (1960).
6. Dickinson, D., Holt, R.: Analyst **79**, 104 (1954).

7. Luke, C. L., Campbell, M. E.: Analyt. Chem. **28**, 1273 (1956).
8. Wyatt, P. F.: Analyst **80**, 368 (1955).
9. Luke, C. L.: Analyt. Chem. **28**, 1276 (1956).
10. Bode, H.: Z. anal. Chem. **144**, 165 (1955).
11. Gurjev, S. D., Sanaeva, N. F.: Zavodskaja Lab. **24**, 1195 (1958); ref. Analyt. Abstr. **6**, 2906 (1959).
12. Foster, M. D., Grimaldi, F. S., Stevens, R. E.: U.S. geol. Surv. Rept. **2** (1944).
13. Milner, G. W. C., Barnett, G. A., Smales, A. A.: Analyst **80**, 380 (1955).
14. Wichmann, H. J.: Ind. Eng. Chem., Anal. Ed. **11**, 66 (1939).
15. Clifford, P. A.: J. Assoc. Offic. Agr. Chemists **26**, 26 (1943).
16. Pappas, A. C., Wiles, D. R.: J. inorg. nucl. Chem. **2**, 69 (1956); ref. Angew. Chem. **68**, 445 (1956).
17. Cheftel, H., Custot, F., Nowak, M.: Bull. Soc. chim. France **1949**, 441.
18. Gentry, C. H. R., Sherrington, L. G.: Analyst **75**, 17 (1950).
19. Ruf, E.: Z. anal. Chem. **162**, 9 (1958).
19a. Eberle, A. R., Lerner, M. W.: Analyt. Chem. **34**, 627 (1962).
19b. Pollock, E. N., Zopatti, L. P.: Analyt. Chem. **37**, 290 (1965).
19c. Hofer, A.: Z. anal. Chem. **240**, 229 (1968).
19d. Hofer, A., Landl, B.: Z. anal. Chem. **244**, 103 (1969).
20. Hoffman, J. I., Lundell, G. E. F.: J. Res. nat. Bur. Standards **22**, 465 (1939).
21. Schwaibold, J., Borchers, W., Nagel, G.: Biochem. Z. **306**, 113 (1940).
22. Leutwein, F.: Z. anal. Chem. **120**, 233 (1940).
23. Klinger, P., Stengel, E., Wirtz, H.: Metall u. Erz **38**, 124 (1941).
24. Law, N. H.: Analyst **67**, 283 (1942).
25. Baker, I., Miller, M., Gibbs, R. S.: Ind. Eng. Chem., Anal. Ed. **16**, 269 (1944).
26. Jantsch, G., Hummer-Kroupa, A., Gansinger, I.: Z. anal. Chem. **128**, 451 (1948).
27. Farnsworth, M., Pekola, J.: Analyt. Chem. **26**, 735 (1954).
28. Migeon, J.: Chim. analytique **37**, 416 (1955).
29. Onishi, H., Sandell, E. B.: Analyt. chim. Acta **14**, 153 (1956).
30. Sanderson, W. W., Hanson, A. M.: Sewage ind. Wastes **29**, 422 (1957); ref. Analyt. Abstr. **5**, 1006 (1958).
31. Mahr, C., Waffenschmidt, K.: Arch. Eisenhüttenw. **31**, 221 (1960).
32. Kallmann, S., Liu, R., Oberthin, H.: Analyt. Chem. **30**, 485 (1958).
33. de Bruyne, P., Hoste, J.: Bull. Soc. chim. Belgique **70**, 221 (1961).
34. Blumenthal, H.: Metall u. Erz **37**, 265 (1940).
35. *American Society for Testing and Materials*, ASTM Methods for chemical analysis of metals, ASTM, Philadelphia 1956.
36. Goto, H., Kakita, Y.: J. Japan Inst. Metals **17**, 223 (1953).
37. Goto, H., Ikeda, S., Watanabe, S.: Sci. Rep. Res. Inst. Tohoku Univ. Ser. A **9**, 97 (1957); ref. Stahl u. Eisen **77**, 1107 (1957).
38. Rooney, R. C.: J. polarogr. Soc. **2**, 21 (1958).
39. Kojima, M.: Japan Analyst **6**, 142 (1957); ref. Analyt. Abstr. **5**, 432 (1958).
40. Kojima, M.: Japan Analyst **6**, 139 (1957); ref. Analyt. Abstr. **5**, 432 (1958).
41. Wakamatsu, S.: Japan Analyst **9**, 858 (1960); ref. Z. anal. Chem. **183**, 394 (1961).
42. Betts, R. H., Cahn, R. P.: Nat. Res. Council Canada, Rep. MX/219 (1946) classif.
43. Brhacek, L.: Hutn. listy **12**, 140 (1957); ref. Analyt. Abstr. **5**, 108 (1958).
44. Scholes, P. H.: Analyst **86**, 392 (1961).
45. Goto, H., Ikeda, S., Watanabe, S.: Japan Analyst **3**, 320 (1954); ref. Stahl u. Eisen **76**, 777 (1956).
46. Rooney, R. C.: Analyst **82**, 619 (1957).
47. Ishibashi, M., Fujinaga, T., Sato, M.: Japan Analyst **8**, 77 (1959); ref. Z. anal. Chem. **173**, 243 (1960).
48. Goto, H., Kakita, Y.: Sci. Rep. Res. Inst. Tohoku Univ. Ser. A **5**, 554 (1953).
49. Goto, H., Kakita, Y.: Sci. Rep. Res. Inst. Tohoku Univ. Ser. A **6**, 12 (1954).
50. Allsopp, W. E., Damerell, V. R.: Analyt. Chem. **21**, 677 (1949).
51. Kral, S., Kysil, B.: Chem. listy **46**, 768 (1952); ref. Z. anal. Chem. **144**, 216 (1955).
52. Williams, F. R., Whitehead, J.: J. appl. Chem. **2**, 213 (1952).
53. Willmer, T. K.: Arch. Eisenhüttenw. **29**, 159 (1958).
54. Strafford, N.: Mikrochim. Acta **2**, 306 (1937).
55. Menis, O., Manning, D. L., Ball, R. G.: U.S. Atomic Energy Commission Rep. ORNL-2111 (1956); ref. Analyt. Abstr. **5**, 433 (1958).

56. SMITH, G. W., REYNOLDS, S. A.: Analyt. chim. Acta **12**, 151 (1955).
57. REYNOLDS, G. F.: Analyst **82**, 46 (1957).
58. DAWSON, J., MAGEE, R. J.: Mikrochim. Acta (Wien) **1958**, 325.
59. DAWSON, J., MAGEE, R. J.: Mikrochim. Acta (Wien) **1958**, 330.
60. KORKISCH, J., FARAG, A.: Z. anal. Chem. **166**, 81 (1959).
61. JANOUŠEK, I., ŠTUDLAR, K.: Hutn. listy **15**, 889 (1960); ref. Analyt. Abstr. **8**, 2423 (1961).
62. FRITZ, J. S., GARRALDA, B. B., KARRAKER, S. K.: Analyt. Chem. **33**, 882 (1961).
62a. ROSS, W. J., WHITE, J. C.: Analyt. Chem. **33**, 421 (1961).
62b. MALÁT, M.: Z. anal. Chem. **187**, 404 (1962).
62c. DAGNALL, R. M., WEST, T. S., YOUNG, P.: Analyst **92**, 27 (1967).
62d. *Analytical Methods Committee.* Metallic impurities in organic matter sub-committee: Analyst **92**, 320 (1967).
62e. SAGAKOVA, V. P., LYUBIVAGA, A. I.: Trud. Ukr. Nauch. Inst. Konserv. Prom. 118 (1959).
62f. CORBIN, H. B.: Analyt. Chem. **45**, 534 (1973).
62g. ASHTON, A., FOGG, A. G., BURNS, D. T.: Analyst **98**, 202 (1973).
62h. ASHTON, A., FOGG, A. G., BURNS, D. T.: Z. anal. Chem. **264**, 133 (1973).
63. CLARK, R. E. D.: Analyst **61**, 242 (1936).
64. CLARK, R. E. D.: Analyst **62**, 661 (1937).
65. BODE, H., SCHAAFF, G.: Z. anal. Chem. **159**, 182 (1958).
66. STONE, I.: Ind. Eng. Chem. Anal. Ed. **13**, 791 (1941).
67. KENYON, C., OVENSTON, T. C. J.: Nature (Lond.) **167**, 727 (1951).
68. MARTINET, B.: Chim. analytique **43**, 483 (1961).
69. OVENSTON, T. C. J., KENYON, C.: Analyst **80**, 566 (1955).
70. BÜRGER, K.: Z. Lebensmittel-Unters. u. -Forsch. **114**, 10 (1961).
71. DE GIACOMI, R.: Analyst **65**, 216 (1940).
71a. *Analytical Methods Committee.* Metallic impurities in organic matter sub-committee: Analyst **93**, 414 (1968).
72. LUKE, C. L.: Analyt. Chem. **31**, 1803 (1959).
73. ISHIBASHI, M., SHIGEMATSU, T., YAMAMOTO, Y., INOUE, Y.: Japan Analyst **7**, 473 (1958); ref. Z. anal. Chem. **168**, 204 (1959).
74. BENNETT, R. L., SMITH, H. A.: Analyt. Chem. **31**, 1441 (1959).
75. HILLEBRANT, A., HOSTE, J.: Analyt. chim. Acta **18**, 569 (1958).
75a. LUKE, C. L.: Analyt. chim. Acta **37**, 97 (1967).
75b. LUKE, C. L.: Analyt. chim. Acta **39**, 404 (1967).
75c. SMITH, J. D.: Analyt. chim. Acta **57**, 371 (1971).
76. LUKE, C. L.: Analyt. Chem. **27**, 1150 (1955).
76a. ASMUS, E., KRAETSCH, J.: Z. anal. Chem. **223**, 401 (1966).
76b. ASMUS, E., KOSSMANN, U.: Z. anal. Chem. **245**, 137 (1969).
76c. ASMUS, E., WEINERT, H.: Z. anal. Chem. **249**, 179 (1970).
76d. OHLS, K.: Persönl. Mitteilg. (1970).
76e. ASMUS, E., JAHNY, J.: Z. anal. Chem. **255**, 186 (1971).
77. FERRETT, D. J., MILNER, G. W. C.: Analyst **81**, 193 (1956).
77a. ROONEY, R. C.: Analyst **88**, 959 (1963).
78. LEUCHS, H., OSTERBURG, F., KAEHRN, H.: Ber. dtsch. chem. Ges. **55**, 564 (1922).
79. GEUER, G.: Angew. Chem. **61**, 99 (1949).
80. GOTO, H., KAKITA, Y., SASE, M.: Sci. Rep. Res. Inst. Tohoku Univ. Ser. A **10**, 207 (1958); ref. Stahl u. Eisen **78**, 1780 (1958).
81. TARTAKOVSKIJ, V. Y.: Zavodskaja Lab. **9**, 971 (1940).
82. CHARLOT, G.: Analyt. chim. Acta **1**, 218 (1947).
83. TEICHER, H., GORDON, L.: Analyt. Chem. **25**, 1182 (1953).
84. BABKO, A. K., NAZARŠUK, T. N.: J. anal. Chim. (USSR) **14**, 174 (1959); ref. Z. anal. Chem. **173**, 243 (1960).
85. NORWITZ, G.: Analyst **86**, 835 (1961).
86. ALDRIDGE, W. N., CREMER, J. E.: Analyst **82**, 37 (1957).
87. HARDON, H. J., BRUNINK, H., VAN DER POL, E. W.: Analyst **85**, 847 (1960).
88. THIERIG, D., UMLAND, F.: Z. anal. Chem. **221**, 229 (1966).
89. GOTO, H., KAKITA, Y.: Sci. Rep. Res. Inst. Tohoku Univ. Ser. A **9**, 253 (1957).
90. EBERIUS, E.: Metall **12**, 721 (1958).
91. GREGORY, G. R. E. C., JEFFERY, P. G.: Analyst **92**, 293 (1967).
92. McDONALD, A. J., STANTON, R. E.: Analyst **87**, 600 (1962).

93. Jones, J.C.H.: Analyst **93**, 214 (1968).
94. Kirk, R.S., Pocklington, W.D.: Analyst **94**, 71 (1969).
95. Coyle, C.F., White, C.E.: Analyt. Chem. **29**, 1486 (1957).
96. Patrovsky, V.: Chem. listy **48**, 1694 (1954); ref. Z. anal. Chem. **148**, 218 (1955/56).
97. Ginsburg, L.B., Schkrobot, E.P.: Zavodskaja Lab. **23**, 527 (1957); ref. Stahl u. Eisen **77**, 1410 (1957).
98. Liška, K.: Chem. listy **49**, 1656 (1955); ref. Z. anal. Chem. **152**, 283 (1956).
99. Wakamatsu, S.: J. Japan Inst. Metals **21**, 450 (1957).
100. Ducret, L., Maurel, H.: Analyt. chim. Acta **21**, 79 (1959).
101. Filer, T.D.: Analyt. Chem. **43**, 1753 (1971).

Ta — Tantal

Tabelle 172. Empfindlichkeit S_M und Bestimmungsgrenze L_Q der Verfahren

Verfahren	µg Ta · ml⁻¹ · cm⁻¹	
	S_M	L_Q
Malachitgrün/Benzol	0,0024[1] (635 nm)	0,060[1] (635 nm)
	0,0017[2] (635 nm)	0,043[2] (635 nm)
Phenylfluoron	~ 0,0032 (530 nm)	~ 0,080 (530 nm)
Pyrogallol	0,033—0,034 (315—325 nm)	0,93—0,95 (315—325 nm)
	0,066—0,074 (350—365 nm)	1,65—1,85 (350—365 nm)
	~ 0,066 (398 nm, 430 nm)	~ 1,65 (398 nm, 430 nm);
	~ 0,076 (420 nm)	~ 1,90 (420 nm)

[1] $V_0:V_w = 1:2$.
[2] $V_0:V_w = 2:1$.

A. Trennungen

Auf die Grundlagen der Trennbarkeit von Nb und Ta durch Extraktion aus HCl- oder HF-Lösungen wurde bereits früher eingegangen (s. S. 849).

Ta und Nb lassen sich aus einer HF/HCl enthaltenden, wäßrigen Lösung durch gewisse polare organische Lösungsmittel extrahieren [*1*, *2*]. Ta kann durch Extraktion mit Äthylmethylketon aus 7,2n H_2SO_4/~ 2n HF/4% NH_4F-Lösung von U abgetrennt werden [*2*]. Eine Abtrennung des Ta von Nb ist durch Extraktion mit Diisopropylketon aus HF-Lösung möglich [*3*] (s. Tab. 173). Ganz allgemein nimmt die Extrahierbarkeit von Ta und Nb mit steigender Säurekonzentration zu. Die beste Trennung wird mit dem HNO_3-HF-System erzielt. Aus der organischen Phase kann man Ta mit Wasser oder 6n HCl/H_3BO_3-Lösung rückschütteln. Bei der Extraktion aus 6m HCl/0,4m HF-Lösung mit Diisopropylketon werden außer Ta und Nb weiterhin sehr gut mitextrahiert: As(III), Fe(III), Ga(III), elementare Halogene, Sb(V), Se(VI) und Te(VI), die bis auf Sb(V) auch alle mit Wasser rückgeschüttelt werden können. Sb(III) wird wenig extrahiert,

Tabelle 173. Extraktion von Ta und Nb mit Diisopropylketon [*3*]

Säurekonzentration der wäßrigen Lösung	Extrahiert[1] %		Extraktionskoeffizient		Verhältnis der Extraktionskoeffizienten
	Ta	Nb	Ta	Nb	
3,70m HCl/0,40m HF	81	4,5	4,3	0,047	91
6m HCl/0,40m HF	~ 97				
4,61m $HClO_4$/0,40m HF	90	3,0	9,0	0,031	290
3,92m HNO_3/0,40m HF	79	0,43	3,8	0,0043	880
4,50m H_2SO_4/0,40m HF	95	11	19	0,12	160
6m H_2SO_4/0,40m HF	~ 99				
6m H_2SO_4/9m HF		90			
3m H_2SO_4/4,5m HF		40			

[1] Einmalige Ausschüttelung.

As(V) und Te(IV) etwas besser, Se(IV) nur in unmerklicher Menge. Hf(IV), Mn(II), Si, Sn(IV), Ti(IV) und Zr(IV) gehen unter diesen Bedingungen nicht in die organische Phase über. Aus 6m H_2SO_4/0,4m HF-Lösung werden nur elementare Halogene, Se(VI) und Te(VI) mit Diisopropylketon extrahiert. Das H_2SO_4/HF-System erscheint deshalb besonders für eine Trennung von Ta und Nb von den übrigen Elementen geeignet und fand zur Abtrennung des Ta von radioaktiven Spaltprodukten mit einem Reinigungsfaktor von mindestens 10^5 Anwendung [*3*]. Bei der Extraktion von Nb und Ta im Konzentrationsbereich von mg/ml [*4*] aus 3,3n HF/0,5n HCl-Lösung zeigte sich von mehreren untersuchten organischen Lösungsmitteln (% extrahiert: Ta; Nb; Trennfaktor) neben Cyclohexanon (98,3; 6,1; 856) auch MIBK (80,6; 0,6; 736) zur Trennung von Ta und Nb als sehr gut geeignet, während die übrigen Lösungsmittel weniger günstig waren: Diisobutylketon (3,8; 0,1; 39), n-Butylketon (37,1; 0,4; 146), Methyl-n-hexylketon (47,6; 0,3; 228), Methyl-n-amylketon (64,7; 0,5; 394) und Diisopropylketon (32,5; 0,1; 361) [*4*]. Eine Abtrennung des Ta von Nb erfolgte durch 2malige Extraktion zuerst aus 1,0n HCl/2,2n HF- und dann aus 2,9n HCl/0,9n HF-Lösung [*5*]. Die Extraktion des Ta aus HF/H_2SO_4-Lösung mit MIBK [*6*] wird dann mit Vorteil eingesetzt, wenn eine Mitextraktion von Mo, Fe und anderen, bei der anschließenden Bestimmung störenden Elementen vermieden werden soll. Bei der günstigsten Säurekonzentration von 0,4m HF/6m H_2SO_4 wird Ta durch verschiedene organische Lösungsmittel mit folgenden Ausbeuten (in %) extrahiert [*6*]: MIBK (~ 98), Diisopropylketon (~ 98), β,β'-Dichlordiäthyläther (84) und n-Amylacetat (74). 2 μg Ta wurden durch Extraktion mit MIBK aus 0,6n HF-Lösung (0,6n freie HF, 0,4—4,3n von Nb gebundene HF) von 100—1000 mg Nb abgetrennt (nach dem Waschen der organischen Phase mit 0,5n HF: $E\%_{Ta} = 88$, $E\%_{Nb} = <0{,}0005–0{,}008$) [*7*]. Auf die Anwendung von MIBK zur Isolierung von Nb und Ta aus Uran-Zirkonium-Legierungen [*8*] wurde bereits früher eingegangen (s. S. 850). Eine Abtrennung des Ta und Nb von Ti ist durch Extraktion mit Cyclohexanon aus 0,4m HF/2m H_2SO_4 möglich, wonach Ta mit Ammoniumoxalat/H_3BO_3-Lösung aus der organischen Phase rückgeschüttelt werden kann [*9*].

Aus 1m HNO_3-Lösung wird Ta mit 0,6m Di-n-butylphosphat/Mono-n-butylphosphat in n-Butyläther extrahiert (Ausbeute ~ 85%), wobei neben Zr und Nb auch noch andere Elemente in die organische Phase übergehen [*10*] (s. S. 1353). Pu(IV) wurde durch Extraktion ($E\% = 96$) mit 50 Vol.-% Tri-n-octylamin/Xylol aus 4n HNO_3-Lösung von Ta abgetrennt [*11*].

Ta und Ti können durch Extraktion mit Brenzcatechin/n-Butanol aus Ammoniumoxalat enthaltender Lösung bei pH 3 von Nb abgetrennt werden [*13*]. Ti läßt sich anschließend aus der organischen Phase mit 5%iger H_2SO_4 rückschütteln, wobei Ta im organischen Extrakt verbleibt.

Eine befriedigende Isolierung des Ta aus HF-Lösung erreicht man mit Hilfe von Anionenaustauschern. Aus 9m HCl/0,05m HF-Lösung wurden Nb und Ta an Dowex 1 adsorbiert und mit gleicher Lösung eluiert, wobei zuerst Nb und später Ta im Eluat auftreten [*15, 16*]. Nach Isolierung aus 3m HCl/0,1m HF-Lösung durch eine mit Deacidite FF oder Dowex 1X8 beschickten Anionenaustauschersäule erfolgte die Elution des Nb mit 3m HCl/0,1m HF-Lösung und des Ta mit 4m NH_4Cl/1m NH_4F-Lösung [*17, 18*]. Mittels Dowex 1X8 können Nb und Ta aus 3m HCl/4m HF-Lösung von zahlreichen Elementen, wie Bi, Cu, Fe, Ga, Hf, Mo, Pd, Sb, Sn (teilweise auf der Austauschersäule festgehalten), Ti, V, W und Zr abgetrennt werden [*19*]. Anschließend daran lassen sich Nb mit 2,6m NH_4Cl/0,8m-HF-Lösung und danach Ta mit 2,6m NH_4Cl/~ 0,8m NH_4F-Lösung eluieren. Eine Abtrennung des Ta von Mo, Nb, Ti, W und Zr mit Hilfe von Dowex 1X8 [*20*] findet man auf S. 1200 beschrieben. Mit der gleichen

Austauschersäule kann man durch Elution mit 2,0n HCl/0,5m Oxalsäure/0,007m H_2O_2 Zr, Ti und Nb (in den ersten 400 ml Eluat) von Ta (in der Fraktion 480–850 ml Gesamteluat) sowie Mo und W (bleiben auf der Säule) abtrennen [*20*].

Die Spurenfällung mit Cupferron und Zr als Spurenfänger in ~ 1m H_2SO_4/1m HCl-Lösung fand zur Vorisolierung von Nb und Ta Anwendung, wobei gleichzeitig auch Bi, Cu, Fe, Ga, Hf, Mo, Pd, Sb, Sn, Ti, V, W und Zr ganz oder teilweise mit ausgefällt werden [*19*]. Durch Spurenfällung mit $Fe(OH)_3$ als Spurenfänger wurde Ta von B, U und Zr abgetrennt [*20b*]. Hinsichtlich der Abtrennung des Ta von Nb und Ti s. a. S. 849ff

B. Malachitgrün

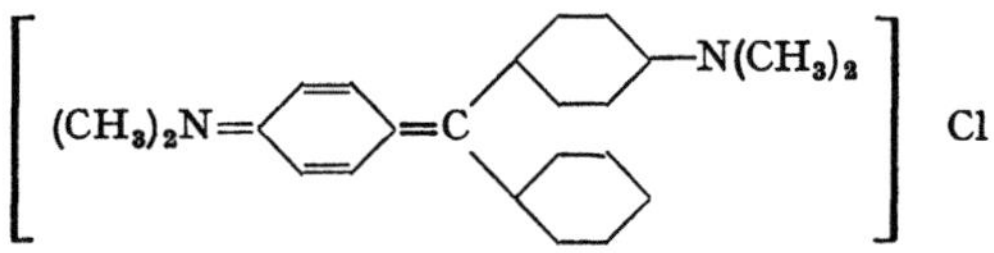

Ta bildet bei pH 0,4–0,7 mit Malachitgrün (MG) in 0,22–0,45n HF/0,08–0,15n H_2SO_4/0,025% MG-Lösung einen Komplex, der mit Benzol extrahierbar ist [*20a*]. Das Extinktionsmaximum liegt bei **635 nm** ($\varepsilon_{635} = 76000$ in Benzol; s. Abb. 197). Die

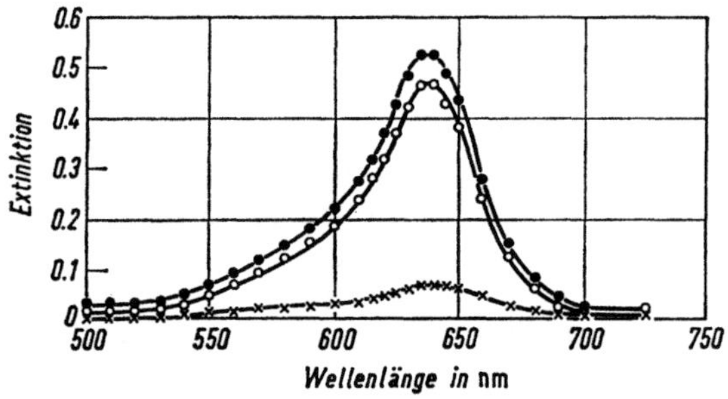

Abb. 197. Extinktionskurven von Ta + Malachitgrün in Benzol (•——•) gegen Benzol, o——o gegen Blindlösung gemessen, ×——× Blindlösung) [*20a*]

Extinktionskurve zeigt praktisch denselben Verlauf wie jene des Ga-Komplexes (s. Abb. 122, S. 737). Das Beersche Gesetz ist im Bereich von 0,06–2,4 µg Ta/ml Benzol erfüllt [*20a*]. Zur Phasentrennung nach der Extraktion wird eine Standzeit von 15 min empfohlen wonach die Farbe ~ 15 min stabil ist [*20b*]. Ta-MG wird mit Benzol bei einem Phasenverhältnis von $V_0:V_w = 1:2$ zwar reproduzierbar aber offenbar nicht vollständig extrahiert, denn gegenüber dem dabei erzielten $\varepsilon_{635} = 76000$ erhält man mit $V_0:V_w = 2:1$ einen Wert von $\varepsilon_{635} = 104000$ [*20b*]. Xylol ist für die Extraktion weniger geeignet ($\varepsilon_{635} = 29000$) [*20a*].

Es stören B (als BF_4^-), Sb (als $SbCl_6^-$), I^-, NO_3^-, ClO_4^-, größere Mengen PO_4^{3-} [*20a*], CrO_4^{2-}, MoO_4^{2-} [*20b*] und >0,5 mg Nb [*7*] (s. a. S. 736f.). >0,5 g Na_2SO_4, >0,2 g NaCl, >0,1 g Ammoniumoxalat vermindern den Meßwert. ≦0,1 g Natriumtartrat und Natriumcitrat stören nicht. Störendes B kann durch Verflüchtigung als BF_3 abgetrennt werden [*20a*].

Arbeitsvorschrift [*20a*]

Reagentien

1n H_2SO_4; 2n NaOH; 1,5n HF.
Malachitgrün (MG), 0,2%ige wäßrige Lösung.
Benzol.

In einen 100 ml-Kunststoffschütteltrichter gibt man 1—2 ml Wasser, 2 ml 1,5n HF und 0,5—2,5 ml Probelösung (~ 2,2n H_2SO_4/3,5% Ammoniumoxalat; 0,3—12 µg Ta enthaltend), versetzt mit der erforderlichen Menge an 1n H_2SO_4 bzw. 2n NaOH (die auf 10 ml aufgefüllte Lösung soll 0,1n H_2SO_4 und pH 0,4—0,7 aufweisen), fügt 1,50 ml MG-Lösung hinzu, verdünnt mit Wasser auf 10 ml, extrahiert 30 sec mit 5,0 ml Benzol und photometriert den organischen Extrakt nach der Phasentrennung in einer 1 cm-Küvette bei 635 nm gegen den Blindwert.

1. Metalle und Legierungen

Mit MG wurde Ta bestimmt in Niob, Ferroniob [*20a*], Uran, Zirkonium, Uran-Zirkonium-Legierungen [*20b*] und Stahl [*20c*].

1.1. Eisen und Stahl

Das Verfahren eignet sich für Eisen, unlegierten und legierten Stahl.
B: 0,001—0,5% Ta. F_r: ±1—2%.

Arbeitsvorschrift [*20a*]

Reagentien

18n H_2SO_4; HF (40%); H_2O_2 (30%).
Ammoniumoxalat-Lösung; 12 ml 18n H_2SO_4 füllt man mit 4%iger Ammoniumoxalat-Lösung auf 100 ml auf.
Übrige Reagentien wie bei Arbeitsvorschrift [*20a*] auf S. 1149.

a) B-freier Stahl. 0,5 g Probematerial werden in einem 100 ml Becherglas mit 6 ml 18n H_2SO_4 und etwas Wasser unter Erwärmen gelöst, mit 2 ml H_2O_2 oxydiert, erhitzt und nach Zusatz von 1 ml H_2O_2 bis zur Salzbildung eingedampft. Den Rückstand löst man mit Ammoniumoxalat-Lösung, führt in einen 50 ml-Meßkolben über und füllt mit Ammoniumoxalat-Lösung zur Marke auf. Ein aliquoter Teil von 0,50—2,50 ml wird nach der Arbeitsvorschrift [*20a*] auf S. 1149 weiterbehandelt.

In 18n H_2SO_4 unlösliche Proben werden in Königswasser oder HCl gelöst, mit 6 ml 18n H_2SO_4 versetzt, bis zum Auftreten der SO_3-Nebel erhitzt und anschließend nach a) oder b) weiter behandelt.

b) B-haltiger Stahl. Die nach a) erhaltene, mit H_2O_2 oxydierte Probelösung dampft man in einer Platinschale ein, versetzt mit 5 ml HF, erhitzt bis zum Auftreten der SO_3-Nebel und fährt mit dem Lösen des Rückstandes mit Ammoniumoxalat-Lösung nach b) fort.

1.2. Niob

B: ≧ 0,4 ppm Ta. *V:* ±5—15%.

Arbeitsvorschrift [*7*]

Reagentien

HNO_3 (1,40); HF (40%); 10n HF; 1,5n HF; 0,5n HF.
Ammoniumoxalat-Lösung, 0,8%ig in 0,2n H_2SO_4.
MIBK.
Übrige Reagentien wie bei der Arbeitsvorschrift [*20a*] auf S. 1149.

0,5 g Probematerial werden in einem Teflonbecher mit 3,5 ml HNO_3 und 6,5 ml HF gelöst, zur Trockene eingedampft, nach Zusatz von 3 ml HF nochmals bis auf einen feuchten Rückstand eingedampft und dieser mit 2,7 ml 10n HF unter Erwärmen gelöst. Die Lösung führt man unter Nachwaschen mit 7,3 ml Wasser in einen 50 ml Kunststoffschütteltrichter über, extrahiert 1 min mit 10 ml MIBK, verwirft die wäßrige Phase, wäscht den organischen Extrakt 1 min mit 10 ml 0,5n HF und verwirft die Waschlösung. Der organische Extrakt wird in einer Platinschale zur Trockene eingedampft, die organische Substanz bei schwacher Rotglut verascht, der Rückstand mit 2 ml 1,5n HF und 5 ml Ammoniumoxalat-Lösung unter Erwärmen gelöst, unter Nachwaschen mit 1,5 ml Wasser in einen 50 ml-Kunststoffschütteltrichter übergeführt und nach Zusatz von 1,50 ml MG-Lösung 5 min stehen gelassen. Danach extrahiert man 1 min mit 10,0 ml Benzol, zentrifugiert die abgetrennte organische Phase und photometriert 10 min nach der Extraktion in einer 3 cm-Küvette bei 635 nm gegen den Blindwert.

C. Phenylfluoren

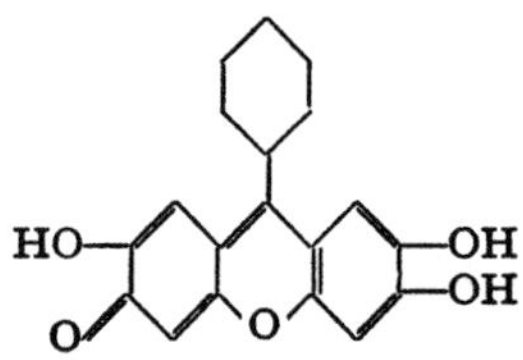

Ta bildet mit dem orangegelben bis gelben Phenylfluoron (2,3,7-Trihydroxy-9-phenyl-6-fluoron) in saurer Lösung einen roten Komplex [*21*], der mit der Zeit ausfällt. Die Farbe wird deshalb mit Gelatine stabilisiert. Phenylfluoron reagiert noch mit anderen Elementen, weshalb auf die entsprechenden Stellen verwiesen wird [s. S. **742**, **854**, **1023** (Methylfluoron), **1134**]. Das Extinktionsmaximum liegt bei 530 nm ($\varepsilon_{530} \approx 57000$; s. Abb. 198) [*21*]. Das Beersche Gesetz ist im Bereich von 0,08–2,4 μg Ta/ml erfüllt. Nach dem Reagenszusatz nimmt die Intensität der Farbe – auch nach der Standzeit von 30 min – langsam zu. Sie ist weiterhin vom pH-Wert und der Konzentration der Reagentien abhängig, weshalb die Arbeitsbedingungen genau eingehalten werden müssen. Eine Störung durch andere Elemente [insbesondere Cr(VI), Ge, Nb, Sb(III), Te, Ti]

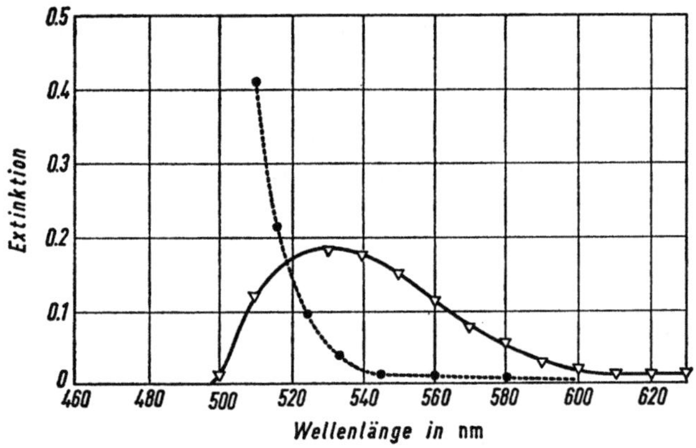

Abb. 198. Extinktionskurven von Ta + Phenylfluoron (▽——▽ gegen Blindlösung gemessen) und Phenylfluoron (•——• gegen Wasser gemessen) [*21b*]

wird in der folgenden Arbeitsvorschrift durch vorangehende Extraktion des Ta aus ~ 1n HF/~ 0,6n HCl-Lösung (die Ausbeute beträgt bei einmaligem Ausschütteln ~ 92%, bei 2maligem ~ 98%) und Zusatz von ÄDTA als Maskierungsmittel bei der anschließenden Bestimmung vermieden. Unter den Bedingungen der Arbeitsvorschrift wird die Bestimmung von 2 µg Ta/ml durch jeweils 2 µg/ml bzw. 10 µg/ml (letzteres in Klammer angegeben) der folgenden Elemente nicht gestört [*21*]: Ag, Al, Au, B, Ba, Be, Bi, Ca, Cd, Ce, Co, Cr(III), Cr(VI) (10), Cs, Cu, Fe, Ga, Ge (10), Hf, Hg, In, Ir, K, La, Li, Mg, Mn, Mo, Na, Nb (10), Ni, Os, P, Pb, Pd, Pr, Pt, Rb, Re, Rh, Ru, Sb(III) (10), Sb(V) (10), Sc, Se, Si, Sm, Sn, Sr, Te (10), Th, Ti (10), Tl, U, V, W, Y, Zn und Zr. Cr(VI) stört die Bestimmung und begleitet das Ta in die organische Phase. Diese Störung vermeidet man in der Vorschrift durch Reduktion zu Cr(III) (das bei der Extraktion in der wäßrigen Lösung bleibt). Wenn die Probelösung >0,5 mg der Elemente Ge, Te oder Ti enthält, empfiehlt es sich, den organischen Extrakt 1mal mit 5 ml ~ 1n HF/~ 0,6n HCl-Lösung zu waschen und die Waschlösung zu verwerfen. Mitextrahiertes Ge kann weiterhin verflüchtigt werden, indem man den Trockenrückstand des organischen Extraktes mit 1 ml HCl versetzt und zur Trockene abraucht.

Zur Bestimmung von 2–50 µg Ta wird folgende Änderung der Arbeitsvorschrift [*21*] empfohlen [*21a, 21b*]:

Ta wird aus 10 ml 0,4n HF/6n HCl-Lösung 1mal mit 5,0 ml MIBK 10 min extrahiert, die wäßrige Lösung verworfen, die organische Phase 1mal 20 sec mit 5 ml 0,4n HF/6n HCl gewaschen und die Waschlösung verworfen. Aus der organischen Phase schüttelt man das Ta mit 5,0 ml ÄDTA-Lösung + 5,0 ml Pufferlösung 10 min zurück, versetzt mit 1 ml Äthanol zur Beseitigung der Emulsion, läßt die wäßrige Lösung in einen 25 ml-Meßkolben ab, wäscht die organische Phase noch 2mal mit wenig Pufferlösung, gibt die Waschlösungen ebenfalls in den Meßkolben, verwirft die organische Phase, fügt 3,0 ml 7%ige $AlCl_3 \cdot 6\,H_2O$-Lösung (zur Maskierung des F^--Überschusses) sowie 5,0 ml Phenylfluoronlösung hinzu, füllt mit Pufferlösung zur Marke auf und photometriert nach 1 Std Standzeit in einer 1 cm- oder 2 cm-Küvette bei 530 nm gegen den Blindwert.

Bei dieser geänderten Arbeitsweise wird die Bestimmung von 2–50 µg Ta nicht gestört durch [*21a*]: jeweils 100 mg As(III), Ba, Cd, Cr(III), Co(II), In, La, Li, Mg, Mn(II), Ni, Pb, S, U, Zn und Zr, jeweils 50 mg Hg(II), Ti(III), V(IV) und W(VI), 25 mg Ce(IV), 20 mg Cs, jeweils 10 mg Ag, K und Na, 8 mg BO_3^-, jeweils 1 mg Ca, Cu(II) und Sb(III), 100 µg Mo(VI) und Sn(II) sowie 50 µg Nb. Die Störung von 100 mg Fe(III) kann durch Reduktion mit Hydroxylaminhydrochlorid vor der Farbentwicklung beseitigt werden.

≧ 5 ppm Ta wurden mit Phenylfluoron in Kalium und Lithium bestimmt [*21b*], indem man das Probematerial unter Argon in Wasser löste und anschließend die Bestimmung nach der oben angeführten Arbeitsvorschrift [*21a, 21b*] durchführte.

Arbeitsvorschrift [*21*]

Reagentien

HF (40%); HF (1 + 99); HNO_3 (1,40); $HClO_4$ (70%);

HF/HCl-Gemisch; man mischt 20 ml HF + 20 ml HCl (1,19) + 360 ml Wasser in einer Polyäthylenflasche;

H_2O_2 (30%);

ÄDTA, 10%ige wäßrige Lösung;

H_3BO_3, gesättigte wäßrige Lösung;

Pufferlösung (pH 4,5); 500 g Ammoniumacetat werden in 500 ml Wasser gelöst, 700 ml Essigsäure sowie 2 g Benzoesäure (in 20 ml Methanol gelöst; als Konservierungsmittel) hinzugefügt und mit Wasser auf 2 l aufgefüllt. Man löst 10 g Gelatine unter Erwärmen auf 40° C in 1 l Wasser, vereinigt beide Lösungen nach dem Abkühlen und stellt mit Essigsäure oder Ammoniak auf pH 4,5 ein;

Phenylfluoron-Lösung; 0,050 g Reagens werden in 50 ml Methanol gelöst, 1 ml HCl hinzugefügt und mit Methanol auf 500 ml aufgefüllt;
Essigsäure (1 + 9);
MIBK.

Aufstellung der Eichkurve

Man führt 0, 0,40, 0,80 und 1,20 ml Ta-Stammlösung (100 µg Ta/ml) jeweils in eine 100 ml-Platinschale über, dampft im Wasserbad bei 80—90° C unter gleichzeitigem Überleiten eines schwachen Luftstromes gerade zur Trockene ein, fügt 1 ml HF (1 + 99) hinzu und erhitzt auf einer Heizplatte bei niedriger Temperatur unter Umschwenken, bis alles gelöst ist. Nach dem Abkühlen werden 5 ml ÄDTA-Lösung zugesetzt, in einen 50 ml-Meßkolben übergeführt, die Platinschale mit 10 ml Pufferlösung nachgespült und letztere gleichfalls in den Meßkolben zugegeben. Man fügt 10,0 ml Phenylfluoron-Lösung hinzu, läßt nach dem Mischen 30 min stehen, versetzt mit 5 ml H_3BO_3-Lösung, füllt mit Essigsäure zur Marke auf und photometriert sofort in einer 1 cm-Küvette bei 530 nm gegen eine Bezugslösung. Wegen der anwesenden HF wird die Küvette danach sofort ausgewaschen.

Analyse

Saure Lösungen werden in einer 100 ml-Platinschale zur Trockene eingedampft (bei Anwesenheit von $HClO_4$ oder H_2SO_4 erhitzt man, bis die Entwicklung der Säurenebel gerade aufhört). Alkalische Lösungen behandelt man nach Ansäuern mit HF analog. Anwesendes Cr(VI) wird durch tropfenweisen Zusatz von H_2O_2 vor dem Eindampfen reduziert. Nach dem Abkühlen fügt man 5 ml HF/HCl-Gemisch hinzu, erhitzt unter Umschwenken auf einer Heizplatte bei niedriger Temperatur, bis der Rückstand gelöst ist, und führt nach dem Abkühlen unter Nachwaschen mit 5 ml des Säuregemisches in einen 60 ml-Schütteltrichter über. Nun wird die Lösung 2mal mit je 5 ml MIBK 30 sec extrahiert und die organischen Extrakte in einer 100 ml-Platinschale auf dem Wasserbad unter gleichzeitiger Anwendung eines leichten Luftstromes zur Trockene eingedampft. Den organischen Rückstand raucht man mit 0,25 ml $HClO_4$ und 0,25 ml HNO_3 auf der Heizplatte bis zum Auftreten dichter Säurenebel ab, gibt 0,25 ml HNO_3 hinzu, dampft zur Trockene ein, fügt nach dem Abkühlen 1 ml HF (1 + 99) hinzu und löst den Rückstand unter gelindem Erwärmen und Umrühren mit einem Platindraht. Falls die Abtrennung des Cr durch die vorangehende Extraktion nicht vollständig war, fügt man 1 Tropfen H_2O_2 hinzu, dampft unter einem schwachen Luftstrom zur Trockene ein, löst den Rückstand erneut mit 1 ml HF (1 + 99) und fährt wie bei der Aufstellung der Eichkurve fort.

D. Pyrogallol

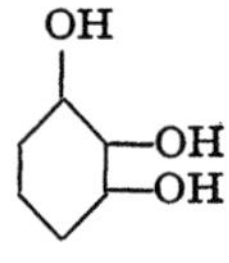

Ta bildet mit Pyrogallol in saurer Lösung einen gelben, wasserlöslichen Komplex. Die Farbreaktion wurde bisher unter verschiedenen Bedingungen durchgeführt: in Ammoniumoxalat- [*22, 23*], Ammoniumoxalat/H_2SO_4- [*24, 25*], Ammoniumoxalat/H_2SO_4/Sulfit-, H_2SO_4/Sulfit- [*26*], Ammoniumoxalat/H_3PO_4- [*27, 28*], Ammoniumoxalat/HCl- [*29*], Ammoniumoxalat/Weinsäure/HCl- [*30*], Ammoniumoxalat/Ammoniumcitrat

H_2SO_4-Lösung [*19*], wobei meist $S_2O_7^{2-}$ bzw. HSO_4^- anwesend ist. In H_2SO_4-Lösung stören Nb und Ti in stärkerem Ausmaß. HNO_3 oxydiert das Pyrogallol, H_3PO_4 vermindert die Farbintensität und $HClO_4$ führt zu Fällungen. HCl erscheint für die Farbreaktion am besten geeignet. Am günstigsten ist es, die Bestimmung des Ta in 4n HCl/0,0175m Ammoniumoxalat-Lösung durchzuführen [*29*]. In ~3% Ammoniumoxalat/H_3PO_4-Lösung ist es am günstigsten, die Farbentwicklung bei pH 1,8–2,2 durchzuführen, da in diesem Bereich das Farbmaximum des Ta-Komplexes liegt und die Farbe des Nb-Komplexes ein Minimum aufweist [*27, 28*]. Mit steigendem pH-Wert nimmt die Farbintensität des Ta-Komplexes ab und jene des Nb-Komplexes zu. Infolge der verschiedenartigen Arbeitsbedingungen wurden für das Extinktionsmaximum des Farbkomplexes mehrere Angaben gemacht: 315 nm [*29*], 350–355 nm [*5, 30*], 398 nm [*19*], 400 nm [*23, 25, 27*], 410 nm [*30*]; daneben erfolgten Messungen wegen günstigerer Bedingungen auch bei 325 nm (ε_{325} = 4775) [*29*], 420 nm [*19, 23*] und 430 nm [*28*]

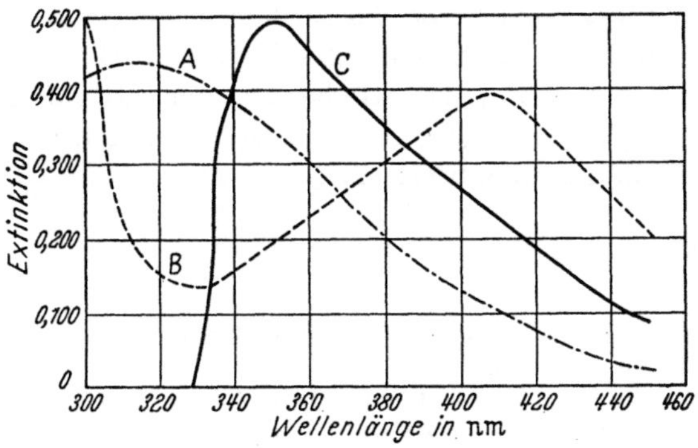

Abb. 199. Extinktionskurven von Ta + Pyrogallol unter verschiedenen Arbeitsbedingungen [*30*]. *A* nach [*29*], *B* nach [*25*], *C* nach [*30*] (Arbeitsvorschrift S. 1154)

(s. Abb. 199). Das Beersche Gesetz ist im Bereich von 1–38 μg Ta/ml (325 nm) bzw. 1,7–70 μg Ta/ml (350 nm; 400–430 nm) erfüllt. Die Farbe ist in Oxalat/HCl-Lösung [*29*] und in Oxalat/H_3PO_4-Lösung [*28*] (wenn Farbentwicklung und photometrische Messung bei der gleichen Temperatur durchgeführt werden) 1–3 Std, in Oxalat/Weinsäure/HCl-Lösung mindestens 4 Std [*5*] und in Oxalat/Citrat/H_2SO_4-Lösung mindestens 24 Std [*19*] stabil. Temperaturschwankungen zwischen 20–35° C sind ohne Einfluß. Andere eingehende Untersuchungen ergaben folgende optimale Bedingungen in der H_2SO_4-haltigen Meßlösung [*31*]: 20% Pyrogallol, 4% Ammoniumoxalat,2 %$KHSO_4$, pH 1–2 (Extinktionsmaximum bei 405 nm, ε_{405} = 5018, Farbe 1 Woche stabil bei 20° C).

Die Bestimmung von ~16 μg Ta/ml in Oxalat/HCl-Lösung wird durch folgende Elementmengen (in μg/ml) nicht gestört [*29*]: Al (>53), B (>31), Ba (>90), Be (>35), Bi (63), Ca (>72), Ce(III) (>85), Co (>73), Cr(III) (34), Cu(II) (40), Fe(II) (>78), K (>83), Li (>47), Mg (>60), Mn(II) (>77), Mo(VI) (0,5), Na (>74), Nb (11), Ni (>71) Pb (>93), Rb (>91), Sb(III) (3,3), Sc (>65), Si (>47), Sn (IV)(>79), Th(IV) (>90), Ti(IV) (17), U (10), V(V) (>56), W(VI) (2,4), Y (>79) und Zr(IV) (37). Die durch 1 mg Nb in Oxalat/Citrat/H_2SO_4-Lösung mit Pyrogallol bei 398 nm und 420 nm erzeugte Extinktion ist jener von 4 μg Ta äquivalent [*19*]. Auch bei gleichzeitiger Anwesenheit von Oxalat und Weinsäure wird die Störung durch Nb stark herabgesetzt, was mit jeweils einem der beiden Maskierungsmittel allein nicht erreicht wird [30]. In Oxalat/Weinsäure/HCl-Lösung geben ~ 2 mg Nb bzw. ~ 120 µg Ti mit Pyrogallol etwa die gleiche Extinktion wie 20 µg Ta [30]. In Oxalat/H_3PO_4-Lösung bei pH 2,1 geben folgende Elementkonzentrationen (in µg/ml) die gleiche Extinktion wie 20 µg Ta/ml [28]: Mo (3,3), Nb (5000), Ti (3,6), V (5) und W (830); 2000 µg Zr/ml stören hingegen nicht. In Oxalat/Weinsäure/HCl-Lösung wird die Bestimmung weiterhin durch die ~ 10fache Menge an Nb, Sb, PO_4^{3-} und F^- nicht gestört, hingegen sollen im Mengenverhältnis von 1:1 (Element:Ta) Cr(III), Mg, Ni, Pt und V(V) eine Störung hervorrufen [30]. Fe stört nicht, wenn $SnCl_2$ anwesend ist. Pt verursacht aber durch die in Anwesenheit von $SnCl_2$ entstehende Gelbfärbung eine Störung, weshalb die Verwendung von Tiegeln aus Quarz statt solcher aus Platin empfohlen wird [5, 19, 29]. F^- hat eine bleichende Wirkung. Die Störung von F^- läßt sich durch Zusatz von H_3BO_3 beseitigen [32]. Durch Tartrat wird die Farbintensität mäßig vermindert. Steigende Mengen Ammoniumoxalat vermindern die Extinktion des Farbkomplexes [29], weshalb die Salzkonzentration konstant gehalten werden muß. $KHSO_4$ oder $NaHSO_4$ (bzw. $K_2S_2O_7$ oder $Na_2S_2O_7$) haben keinen störenden Einfluß. Ta kann von der 20fachen Menge Nb und der 180fachen Menge W abgetrennt werden, indem man das Ta mit 10% Pyrogallol + 0,1–0,3% Tetrahexyl(oder butyl)ammoniumjodid/Äthylacetat bei pH 4,5–5,0 extrahiert, mit 4% Ammoniumoxalat/H_2SO_4-Lösung (pH 2) aus der organischen Phase rückschüttelt und bei 400 nm ($\varepsilon = 2135$) photometriert [33].

Arbeitsvorschrift [30]

Reagentien

Hydrogensulfat/Weinsäure-Lösung; 12,5 g $NaHSO_4$ werden geschmolzen, mit 125 ml 15%iger Weinsäurelösung gelöst und mit Wasser auf 250 ml aufgefüllt;

Ammoniumoxalat/HCl-Lösung; 15 g Ammoniumoxalat löst man in 150 ml Wasser, fügt unter Rühren 640 ml HCl (1,19) hinzu und füllt mit Wasser auf 1 l auf;

Pyrogallol-Lösung; 50 g Pyrogallol werden mit 20 ml HCl (1,19) und 10 ml $SnCl_2$-Lösung [113 g $SnCl_2 \cdot 2\,H_2O$ in HCl (1,19) gelöst und mit dieser Säure auf 250 ml aufgefüllt] gelöst und mit Wasser auf 250 ml aufgefüllt.

20 ml Probelösung (35–1300 µg Ta enthaltend, 5%ig an $NaHSO_4$ und 7,5%ig an Weinsäure) versetzt man in einem 100 ml-Meßkolben mit 50 ml Ammoniumoxalat/HCl-Lösung und 20 ml Pyrogallol-Lösung, füllt mit Wasser zur Marke auf und photometriert nach 30 min in einer 5 cm-Küvette bei 350 nm gegen einen Blindwert (20 ml Hydrogensulfat/Weinsäure-Lösung nach der Vorschrift behandelt). Zur Aufstellung der Eichkurve bringt man 2, 5, 10, 15 und 20 ml Ta-Stammlösung (50 µg Ta/ml; 5%ig an $NaHSO_4$ und 7,5%ig an Weinsäure) mit Hydrogensulfat/Weinsäure-Lösung auf jeweils 20 ml und fährt nach der Arbeitsvorschrift fort.

1. Metalle und Legierungen

Pyrogallol fand zur Bestimmung von Ta in Stahl (>0,01% Ta) [22, 27, 34], Ferrolegierungen [34], Titanlegierungen (0,05–5% Ta) [23], Niob (0,01–0,6% Ta) [5] und Beryllium (>0,001% Ta) [19] Anwendung.

1.1. Unlegierter und legierter Stahl

Ta wird zusammen mit Nb durch Spurenfällung mit Phenylarsonsäure und Zr als Spurenfänger isoliert und anschließend mit Pyrogallol photometrisch bestimmt. Bei Anwendung der Arbeitsvorschrift ohne vorangehende Isolierung mit Phenylarsonsäure würden folgende Gehalte von Störelementen Ta-Gehalte vortäuschen: 1% Nb ≡ 0,0037%

Ta, 0,01% Mo ≡ 0,06% Ta, 0,05% W ≡ 0,00125% Ta, 0,01% V ≡ 0,04% Ta und 0,01% Ti ≡ 0,055% Ta. 1% Zr stört nicht. Mit vorangehender Spurenfällung wird die Bestimmung nicht gestört durch 2% Mo, 2% V, 1% Ti, mindestens 0,25% W und ~ 0,1% Nb. Die Störung durch Nb nimmt mit steigendem Gehalt linear zu, weshalb die Bestimmung mit entsprechender rechnerischer Korrektur auch bei höheren Nb-Gehalten möglich ist. Im 2. aliquoten Teil der Probelösung, der nach der Ta-Bestimmung verblieben ist, kann weiterhin das Nb auf geeignete Weise bestimmt werden.

B: 0,001–0,03% Ta und darüber. F_{rm}: ±7%.

Arbeitsvorschrift [*28*]

Reagentien

HCl (1,16); HCl (1 + 19); HNO_3 (1,40); HF (40%);
H_2SO_4 (1 + 1); Ammoniak (1 + 1); H_3PO_4 (1 + 3); H_2O_2 (30%);
$KHSO_4$, geschmolzen;
Oxalsäure, 8%ige wäßrige Lösung;
Ammoniumoxalat, 4%ige wäßrige Lösung;
Phenylarsonsäure;
Waschlösung; 0,5 g Phenylarsonsäure und 1 g NH_4NO_3 werden in heißem Wasser gelöst und auf 1 l aufgefüllt;
Zr-Lösung; 0,3 g $Zr(NO_3)_4 \cdot 5\,H_2O$ werden in 50 ml HCl (1 + 4) gelöst und mit Wasser auf 100 ml aufgefüllt;
Pyrogallol-Lösung; 50 g Reagens werden in 100 ml kalter 2 Vol.-%iger H_2SO_4 gelöst (Lösungsdauer ~ 1 Std).

10 g Probematerial werden in einem 800 ml-Becherglas mit 50 ml HCl (1,16) gelöst, durch tropfenweisen Zusatz von HNO_3 oxydiert und zur Trockene eingedampft. Bei Stählen mit niedrigem Gehalt an Si und Ti und ohne unlösliche Carbide nimmt man den Trockenrückstand mit 30 ml HCl (1,16) auf, verdünnt mit Wasser auf 100 ml, versetzt mit 5 ml Zr-Lösung und fährt wie unten angegeben fort. Bei den übrigen Stählen wird der Trockenrückstand leicht geröstet, der Rückstand mit 40 ml HCl (1,16) gelöst, mit Wasser auf 100 ml verdünnt und unter Nachwaschen mit heißer HCl (1 + 19) durch Filterschleim abfiltriert. Das Filter wird in einer Platinschale verascht, mit Oxalsäure-Lösung und HF behandelt, getrocknet und bei 800° C geglüht. Den Glührückstand schließt man mit 2 g $KHSO_4$ auf, löst die erkaltete Schmelze mit 5 ml H_2SO_4 (1 + 1) und vereinigt die Lösung mit dem Filtrat. Man versetzt die Lösung mit 5 ml Zr-Lösung, 10 ml H_2O_2, verdünnt mit heißem Wasser auf 400 ml, erhitzt bis zum Siedepunkt und kocht 3 min lang. Unter Rühren wird Phenylarsonsäure als heiße Lösung (1 g in 20 ml heißem Wasser gelöst) sowie etwas Filterschleim zugesetzt, 1 Std bei 90° C stehen gelassen, durch Filterschleim abfiltriert und mindestens 6mal mit heißer Waschlösung nachgewaschen. Filter mit Niederschlag gibt man in das Becherglas zurück, löst den Niederschlag durch Erwärmen mit 30 ml HCl (1,16), verdünnt mit Wasser auf 300 ml, fügt 5 ml H_2O_2 hinzu und kocht 3 min. Man wiederholt die Fällung unter Verwendung von 0,5 g Phenylarsonsäure (in heißem Wasser gelöst), läßt wieder 1 Std bei 90° C stehen, filtriert und wäscht wie vorhin beschrieben und verascht das Filter mit dem Niederschlag in einer Porzellan- oder Quarzschale bei 800 °C. Der Veraschungsrückstand wird mit 5 g $KHSO_4$ aufgeschlossen, die erkaltete Schmelze mit Ammoniumoxalat-Lösung unter Erwärmen gelöst und nach dem Abkühlen in einem 100 ml-Meßkolben mit Ammoniumoxalat-Lösung zur Marke aufgefüllt. Einen aliquoten Teil von 50 ml führt man in einen 100 ml-Erlenmeyerkolben über, versetzt mit 4 ml H_3PO_4 (1 + 3) sowie 20 ml Ammoniumoxalat-Lösung, stellt mit H_3PO_4 oder Ammoniak auf pH 2,1 ein, führt in einen 100 ml-Meßkolben über, fügt 20 ml Pyrogallol-Lösung hinzu und füllt

mit Ammoniumoxalat-Lösung zur Marke auf. Die Lösung wird 15 min in ein Wasserbad von 26° C gestellt und anschließend in einer 4 cm- oder 5 cm-Küvette bei 430 nm gegen einen Blindwert photometriert.

Zur Aufstellung der Eichkurve gibt man steigende Mengen Ta-Stammlösung (100 μg Ta/ml; 0,5%ig an $KHSO_4$ und 4%ig an Ammoniumoxalat) jeweils in 100 ml-Meßkolben, fügt 5 g $KHSO_4$ und ~ 70 ml Ammoniumoxalat-Lösung hinzu, erwärmt bis alles gelöst ist, füllt nach dem Abkühlen mit Ammoniumoxalat-Lösung zur Marke auf, führt einen aliquoten Teil von 50 ml in einen anderen 100 ml-Meßkolben über, versetzt mit 4 ml H_3PO_4 (1 + 3) und fährt wie bei der Arbeitsvorschrift angegeben fort.

2. Gesteine, Mineralien und anderes Material

Ta wurde in Mineralien, Erzen (0,1—11% Ta_2O_5) [*25*], Schlacken [*34*] und Berylliumoxid (>0,0003% Ta) [*19*] mit Pyrogallol photometrisch bestimmt.

2.1. Erze und Silicatgestein

Nach dem Aufschluß des Probematerials wird Ta in der Probelösung mit Pyrogallol photometrisch bestimmt. Gleichzeitig können auch Nb mit Thiocyanat/Aceton [*35*] und Titan mit H_2O_2 [*35*] photometrisch bestimmt werden. Cr, Mg, Mo, Ni, Pt, U, V und W stören bei einem Mengenverhältnis (Elementoxid: Ta_2O_5) 1:1, Bi, Sn und Th bei einem solchen von 10:1. Von diesen können Bi, Mo, Pt und Sn durch Sulfidfällung abgetrennt werden. Im allgemeinen treten Störelemente in Tantalerzen nur selten auf, weshalb deren vorangehende Abtrennung meist nicht erforderlich ist. Eine Störung durch Ti oder W läßt sich mittels einer Korrekturkurve berücksichtigen.

B: 0,02—1% Ta_2O_5 und darüber. F_r: ±3%.

Arbeitsvorschrift [*30*]

Reagentien

H_2SO_4 (1,84); HF (40%);
$NaHSO_4$;
Weinsäure, 15%ige wäßrige Lösung;
Sb-Lösung; 1 g $SbBr_3$ löst man in 40 ml HCl (1,19), füllt mit Wasser auf 100 ml auf, versetzt bis zur bleibenden Gelbfärbung mit gesättigter $KBrO_3$-Lösung und entfernt den Bromüberschuß durch Kochen;
übrige Reagentien wie bei der Arbeitsvorschrift auf S. 1154.

1,0 g Probematerial wird in einem Platintiegel mehrmals mit HF und H_2SO_4 abgeraucht, zuletzt zur Trockene eingedampft, der Rückstand mit 5 g $NaHSO_4$ aufgeschlossen, nach dem Abkühlen der Tiegel zu zwei Drittel mit siedender Weinsäurelösung gefüllt und unter Rühren erhitzt, bis die Schmelze zerfällt. Man führt die Lösung in ein Becherglas über und wiederholt den Lösungsvorgang im Tiegel mit weiteren Anteilen Weinsäurelösung auf dieselbe Weise, bis insgesamt 50 ml Weinsäurelösung vorliegen, kocht die Lösung, bis alles klar gelöst ist und filtriert, falls notwendig. Die Lösung wird in Eiswasser rasch auf Raumtemperatur abgekühlt, 2 ml Sb-Lösung zugesetzt, zur Entfernung von Pt und anderen Metallen 5 min H_2S-Gas eingeleitet und zum Sieden erhitzt, der Niederschlag abfiltriert und mit H_2S/0,1 m H_2SO_4-Lösung gewaschen. Das Filtrat wird mit H_2S auf Vollständigkeit der Fällung geprüft, H_2S durch Kochen vertrieben und das Filtrat zusammen mit der Waschlösung nach dem Abkühlen in einem 100 ml-Meßkolben mit Wasser zur Marke aufgefüllt. Mit einem aliquoten Teil von 20 ml fährt man mit der Analyse nach der Arbeitsvorschrift auf S. 1154 fort.

Wenn Ti anwesend ist, so muß dessen Menge bestimmt und der gefundene Ta-Wert entsprechend korrigiert werden. Man bestimmt das Ti, indem man einen aliquoten Teil von 20 ml Probelösung mit 5 ml H_3PO_4 (1,70), 20 ml H_2SO_4 (1 + 1) sowie 10 ml H_2O_2 (6%) versetzt, mit Wasser auf 100 ml auffüllt und in einer 4 cm- oder 5 cm-Küvette bei 405 nm gegen einen Blindwert (20 ml Hydrogensulfat/Weinsäure-Lösung nach der Vorschrift behandelt) photometriert. Zur Aufstellung einer Eichkurve werden steigende Mengen Ti wie vorhin beschrieben behandelt. Für die Aufstellung der Korrekturkurve werden 4, 8, 12 und 16 ml Ti-Lösung (0,2 mg TiO_2/ml) jeweils mit Hydrogensulfat/Weinsäure-Lösung auf 20 ml gebracht und dann die Farbentwicklung mit Pyrogallol nach der Arbeitsvorschrift auf S. 1154 durchgeführt.

2.2 Böden

Es gelten die bei Verfahren D.2.1. gebrachten Ausführungen. Bestimmungsbereich und Fehler sind ebenfalls dieselben.

Arbeitsvorschrift [*30*]

Reagentien

HCl (1,19);
übrige Reagentien wie bei Verfahren D.2.1., s. S. 1156.

1,0 g pulverisiertes Probematerial wird in einem bedeckten 250 ml-Becherglas mit 30 ml HCl und 60 ml Wasser $^1/_2$ Std gelinde erhitzt, filtriert, das Filtrat (mit säurelöslichen störenden Elementen) verworfen, der Rückstand mit heißer, verdünnter HCl gewaschen, in einem Quarztiegel geglüht und mit 5 g $NaHSO_4$ aufgeschlossen. Die erkaltete Schmelze löst man mit 50 ml Weinsäure-Lösung und fährt wie bei Verfahren D.2.1. fort.

E. Verschiedenes

An weiteren photometrischen Reagentien sind zu erwähnen: Hydrochinon [*6*] und Viktoriablau B/Benzol ($\varepsilon_{635} = 83000$) [*36*]. In Übersichtsreferaten findet man weitere Verfahren zusammengestellt [*37*, *38*].

Ta wurde in Plutonium ($\geqq$ 20 ppm Ta) spektrographisch [*11*], in Silber röntgenspektrometrisch [*39*] bestimmt.

Literatur

1. Wood, G. A.: Ministry of Supply, Great Britain, Chemical Research Laboratory, Unclassif. Rept. CRL/AE-62 (1950).
2. Milner, G. W. C., Wood, A. J.: Ministry of Supply, Great Britain, Atomic Energy Research Establ., Unclassif. Rept. C/R 895 (1952).
3. Stevenson, P. C., Hicks, H. G.: Analyt. Chem. **25**, 1517 (1953).
4. Werning, J. R., Higbie, K. B., Grace, J. T., Speece, B. F., Gilbert, H. L.: Ind. Eng. Chem. **46**, 644 (1954).
5. Theodore, M. L.: Analyt. Chem. **30**, 465 (1958).
6. Waterbury, G. R., Bricker, C. E.: Analyt. Chem. **29**, 1474 (1957).
7. Grossmann, O.: Z. anal. Chem. **245**, 135 (1969).
8. Milner, G. W. C., Barnett, G. A., Smales, A. A.: Analyst **80**, 380 (1955).
9. Černichov, J. A., Tramm, P. S., Pevzner, K. S.: Zavodskaja Lab. **22**, 637 (1956); ref. Z. anal. Chem. **155**, 373 (1957).
10. Scadden, E. M., Ballou, N. E.: Analyt. Chem. **25**, 1602 (1953).

11. Ko, R.: Analyt. Chem. **36**, 1290 (1964).
12. —
13. Zaikovský, F. V.: J. anal. Chim. (USSR) **11**, 269 (1956); ref. Z. anal. Chem. **155**, 136 (1957).
14. —
15. Kraus, K. A., Moore, G. E.: J. Am. chem. Soc. **71**, 3855 (1949).
16. Kraus, K. A., Moore, G. E.: J. Am. chem. Soc. **73**, 2900 (1951).
17. Cabell, M. J., Milner, I.: Analyt. chim. Acta **13**, 258 (1955).
18. Bergstresser, K. S.: Analyt. Chem. **31**, 1812 (1959).
19. Hibbits, J. O., Oberthin, H., Liu, R., Kallman, S.: Talanta **8**, 209 (1961).
20. Bandi, W. R., Buyok, E. G., Lewis, L. L., Melnick, L. M.: Analyt. Chem. **33**, 1275 (1961).
20a. Kakita, Y., Goto, H.: Analyt. Chem. **34**, 618 (1962).
20b. Eberle, A. R., Lerner, M. W.: Analyt. Chem. **39**, 662 (1967).
20c. Janoušek, I., Čechová, D.: Chemist-Analyst **55**, 19 (1966).
21. Luke, C. L.: Analyt. Chem. **31**, 904 (1959).
21a. Hill, J. H.: Analyst **91**, 659 (1966).
21b. Bingham, C. D., Maseda, M. S., Johnson, B. G.: Analyt. Chem. **41**, 1144 (1969).
22. Thanheiser, G.: Mitt. Kaiser-Wilhelm-Inst. Eisenforsch. **22**, 258 (1940).
23. Norwitz, G., Codell, M., Mikula, J.: Analyt. chim. Acta **11**, 173 (1954).
24. Vinogradova, N. A., Gustjuk, E. I.: Zavodskaja Lab. **11**, 223 (1945).
25. Hunt, E. C., Wells, R. A.: Analyst **79**, 345 (1954).
26. Goto, H., Kakita, Y.: Sci. Rep. Res. Inst. Tohoku Univ., Ser. A **2**, 249 (1949).
27. Ikenberry, L., Martin, J. L., Boyer, W. J.: Analyt. Chem. **25**, 1340 (1953).
28. Kidman, L., Darwent, C. L., White, G.: Metallurgia **62**, 125 (1960).
29. Dinnin, J. I.: Analyt. Chem. **25**, 1803 (1953).
30. Marzys, A. E. O.: Analyst **80**, 194 (1955).
31. Sarry, B., Lange, A.: Z. anal. Chem. **241**, 186 (1968).
32. Cattoggio, J. A., Rogers, L. B.: Talanta **9**, 387 (1962).
33. Scott, B. B.: Analyst **91**, 506 (1966).
34. Thanheiser, G.: Arch. Eisenhüttenw. **14**, 371 (1940/41).
35. Marzys, A. E. O.: Analyst **79**, 327 (1954).
36. Kirkbright, G. F., Mayhew, M. D., West, T. S.: Analyt. Chem. **40**, 2210 (1968).
37. Elwell, W. T., Wood, D. F.: Analyt. chim. Acta **26**, 1 (1962).
38. Cockbill, H. M.: Analyst **87**, 611 (1962).
39. Hakkila, E. A., Hurley, R. G., Waterbury, G. R.: Analyt. Chem. **40**, 818 (1968).

Tc — Technetium

Tabelle 174. Empfindlichkeit S_M und Bestimmungsgrenze L_Q der Verfahren

Verfahren	µg Tc · ml⁻¹ · cm⁻¹	
	S_M	L_Q
Dithiol/CCl_4	0,0078 (450 nm)	0,17 (450 nm)
Thiocyanat/Wasser-Aceton	0,004 (510 nm)	0,10 (510 nm)
Thiocyanat/Butylacetat	0,002 (510 nm)	0,05 (510 nm)

A. Trennungen

Aus alkalischer, TcO_4^- enthaltender Lösung kann Tc mit Pyridin, Pyridinderivaten u. a. organischen Lösungsmitteln extrahiert werden. Für die Extraktion mit Pyridin aus 4,0n NaOH-Lösung fand man folgende Verteilungskoeffizienten [1]: Mn 8000, Tc 778 (nach [3] $D = 371$) und Re 225. Die Ausschüttelung des Tc aus 1,0n NaOH-Lösung mit 0,1m Pyridin/Cyclohexan weist einen Verteilungskoeffizienten von $D = 180$ auf [2]. Angaben für Pyridin (wäßrige Phase: 0,25–4n NaOH, teilweise 0,25–4m Na_2CO_3 und/oder 0,25–2,0m $NaNO_3$ enthaltend) zeigten, daß mit steigender Konzentration an $NaNO_3$ die Verteilungskoeffizienten für Tc (und für Re) sinken. Mit Methyläthylketon erhielt man aus 1,0n NaOH $D_{Tc} = 205$, aus 4n NaOH $D_{Tc} = 60{,}0$; aus 0,50n NaOH steigt bei Zusatz von 0,25–1,75m Na_2CO_3 der Wert für D_{Tc} von 16 auf 50 an [3]. Für die Extraktion einiger radioaktiver Isotope aus 0,25m NaOH/2,0m Na_2CO_3-Lösung mit Pyridin wurden folgende Verteilungskoeffizienten ermittelt [3]: ^{137}Cs $2{,}87 \cdot 10^{-3}$, ^{106}Ru $1{,}27 \cdot 10^{-1}$, ^{95}Zr und ^{95}Nb $6 \cdot 10^{-4}$, $^{152-155}Eu$ $6 \cdot 10^{-3}$ und ^{80}Sr $3{,}48 \cdot 10^{-3}$. Aus carbonathaltiger Lösung wird U mit Pyridin nicht extrahiert. Methylsubstituierte Pyridinderivate sind gegenüber Pyridin noch günstiger. So betragen die Verteilungskoeffizienten beim Ausschütteln des Tc aus 2,0m $(NH_4)_2CO_3$-Lösung für Pyridin $D = 7{,}5$ und für 2-Methylpyridin $D = 242$ [3]. 3-Methyl- und 4-Methylpyridin weisen noch höhere Werte auf. Für das System 4,0n $NaNO_3$/0,5n NaOH und 2,4-Dimethylpyridin ist $D_{Tc} = 50$.

Tc(VII) gibt in alkalischer Lösung mit Tetraphenylarsoniumchlorid einen in Wasser unlöslichen, mit $CHCl_3$ extrahierbaren Komplex [4, 5]. Wegen ihres gleichen Verhaltens stören Mn(VII) und Re(VII). Zur Extraktion wird Tc durch Zusatz von $Na_2S_2O_8$ und Erhitzen zu Tc(VII) oxydiert, die Lösung auf pH 10–11 und mit 0,001m Tetraphenylarsoniumchlorid-Lösung auf $5 \cdot 10^{-5}$m eingestellt und mit dem gleichen Volumen $CHCl_3$ 5 min geschüttelt. Auf diese Weise kann Tc von Mo quantitativ abgetrennt werden. Das Verfahren fand zur Isolierung von Tc aus bestrahltem MoO_3 (man löst dieses in NaOH und fährt wie vorhin angegeben fort) und Uran mit seinen Zerfallsprodukten [man löst U_3O_8 in H_2SO_4, fügt $(NH_4)_2CO_3$ hinzu und fährt wie vorhin angegeben fort] Anwendung. Aus der organischen Phase kann man nach Entfernen des Reagensüberschusses durch Schütteln mit verdünnter Na_2CO_3-Lösung das Tc mit Wasser rückextrahieren, doch gehen dabei ~ 15% verloren. Es ist deshalb besser, den organischen Extrakt einzudampfen und das Tc im Rückstand zu bestimmen. Zur Isolierung aus Kernbrennstoffmaterial wurde Tc (VII) mit Tetrapropylammoniumhydroxid/$CHCl_3$ aus 3n NaOH/0,2m Na_2SO_4-Lösung extrahiert [6].

Durch Extraktion mit Bis (2-äthylhexyl)orthophosphorsäure/n-Heptan oder /Toluol kann Tc von Mo, Nb, S.E., Th, U, Pu, Np und Zr abgetrennt werden [7, 8] (s. S. 1077). Tc (VII) läßt sich aus 1n HCl-Lösung mit Triisooctylamin/1,2-Dichloräthan ausschütteln und so von Mo abtrennen [9].

Infolge seiner ähnlichen chemischen Eigenschaften kann man Tc ebenso wie Re durch Destillation aus H_2SO_4-Lösung von zahlreichen anderen Elementen isolieren (s. a. S. 977f.). Auf diesem Wege wurde Tc aus Spaltprodukten ($\geqq$ 0,003% Tc) isoliert und damit von Ce, Pd, Rh, Ru, U und Zr, aber nur teilweise von Mo abgetrennt [10]. Um Tc-Verluste zu vermeiden, muß die nach dem Lösen der Probe anwesende HNO_3 mit Br^- zerstört werden, wodurch gleichzeitig Tc (VII) reduziert wird und erst nach seiner Reoxydation bei 155—325° C aus H_2SO_4-Lösung (mit Helium als Trägergas) überdestilliert. Größere Mengen Nitrat sollen aber ohne Tc-Verluste durch Abdampfen mit $HClO_4$ entfernt werden können, wenn die Temperatur dabei $<$ 110° C gehalten wird [11].

Eine Trennung von Tc und Re ist mit Hilfe des Anionenaustauschers Dowex 2 möglich, indem man zuerst Re mit 0,1m $(NH_4)_2SO_4$/0,1m Thiocyanat-Lösung (pH 8,3—8,5) und anschließend Tc mit 1m $(NH_4)_2SO_4$/1m Thiocyanat (pH 8,3—8,5) von der Säule eluiert [12]. 10 µg Tc, 800 µg Re und 15 mg Mn wurden mittels Amberlite IRA-400 voneinander getrennt [13] (s. S. 979).

Unter Anwendung der polarographischen Arbeitstechnik wurden Tc und Ru an der tropfenden Hg-Elektrode selektiv zur im Hg löslichen Oxydationsstufe reduziert, durch Entfernung der Lösung vom Amalgam die beiden Elemente von anderen radioaktiven Spaltprodukten abgetrennt und im Amalgam anschließend radiometrisch bestimmt [14].

B. Dithiol

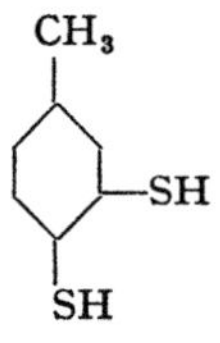

Tc(VII) bildet mit Dithiol (Toluol-3,4-dithiol) in 0,6—2,5n mineralsaurer Lösung einen in Wasser schwer löslichen, mit Amylacetat, Cyclohexan, CCl_4 u. a. organischen Lösungsmitteln extrahierbaren Komplex [15]. Je nach den Arbeitsbedingungen liegt ein im organischen Lösungsmittel rosa (Extinktionsmaximum bei 530 nm) oder ein goldgelb (Extinktionsmaximum bei 450 nm) gefärbter Komplex bzw. ein Gemisch von beiden vor (für den aus 2—2,5n HCl gebildeten Komplex: $\varepsilon_{450} = 15000$ [15]; für den aus 9n H_2SO_4 gebildeten Komplex: $\varepsilon_{455} = 16700$ [10]). Den rosa Komplex erhält man bei niedriger Säure- (~ 0,4n) und Dithiol-Konzentration (s. Abb. 200) mit Amylacetat und mit der Arbeitsreihenfolge: Probelösung + Reagentien mischen, stehen lassen und extrahieren. Den gelben Komplex erhält man demgegenüber sowohl bei höherer Säure- (2,0—2,5n) und Dithiol-Konzentration (s. Abb. 200) mit CCl_4 und mit der in der Arbeitsvorschrift angegebenen Reihenfolge, als auch aus $\geqq$ 8n H_2SO_4 unter Verwendung von Zn-Dithiol [10]. Bei der zuletzt genannten Arbeitsweise ist die gleichzeitige Anwesenheit von Br_2 (durch Zusatz von 2 mg $KBrO_3$) im Ansatz als entscheidend für die ausschließliche Bildung des gelben Komplexes gefunden worden. Auch zu hoher Überschuß an

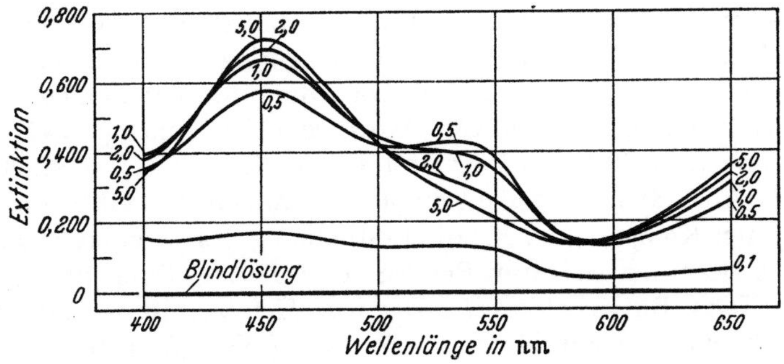

Abb. 200. Extinktionskurven von Tc(VII) + Dithiol in ~ 1,2 n HCl-Lösung in Abhängigkeit von der Dithiol-Konzentration (ml 0,0032 m Dithiol-Lösung in 10 ml Endvolumen) [*15*]

Zn-Dithiol führt hier zu teilweiser Umbildung in den roten Komplex. Zur Extraktion des aus H_2SO_4-Lösung gebildeten Tc-Dithiol-Komplexes diente (nach einer Standzeit von 1 Std bis zur vollen Farbentwicklung) Isoamylacetat (ebenso geeignet sind CCl_4 oder Cyclohexanon). Das Beersche Gesetz ist im Bereich von 0,17–6,6 µg Tc/ml CCl_4 erfüllt. Die Farbe ist im CCl_4-Extrakt 12 Std stabil. Die in der wäßrigen Lösung anwesende Säureart hat einen Einfluß auf die Extinktion [*15*]. Mit 4,14 µg Tc/ml CCl_4 und einer Säurekonzentration von 2,5 n erzielte man in der Reihenfolge nach abnehmende Extinktionen (450 nm; 530 nm): H_2SO_4 (0,730; 0,320), $HClO_4$ (0,710; 0,400), HCl (0,665; 0,365), HNO_3 (0,260; 0,000) und Essigsäure (0,245; 0,105). Ein Überschuß an Dithiol stört nicht, da dieses von CCl_4 nicht extrahiert wird. Da zahlreiche Elemente mit Dithiol reagieren (s. S. 827, 1129, 1311), ist eine vorangehende Isolierung des Tc erforderlich. Mit Zn-Dithiol wurde Tc (≧ 0,003%) nach vorangehender Isolierung mittels Destillation in Spaltprodukten bestimmt [*10*].

F_{rm}: ±5%.

Arbeitsvorschrift [*15*]

Reagentien

Dithiol-Lösung; 5 g Reagens und 12,5 g Thioglykolsäure werden in 2,5%iger NaOH gelöst und mit letzterer auf 1 l aufgefüllt (in Polyäthylenflasche 2 Wochen haltbar);

HCl (1,19);

CCl_4; mit $Ce(SO_4)_2$-Lösung, anschließend mit Na_2CO_3-Lösung geschüttelt und schließlich mit Wasser gewaschen.

In einen 30 ml-Schütteltrichter (mit Teflonhahn) gibt man 10,0 ml CCl_4, 2 ml Wasser, 2 ml Dithiol-Lösung, die saure Probelösung [1,7–66 µg Tc(VII) enthaltend] und 1 ml HCl (die Lösung soll nun 2,0–2,5 n sauer sein). Nun wird mit einem Schüttelapparat 15 min oder von Hand aus 3mal 5 min (mit dazwischenliegenden Pausen von je 15 min) extrahiert, nach der Phasentrennung der organische Extrakt durch ein Papierfilter in eine 1 cm-Küvette filtriert und bei 450 nm gegen einen Blindwert photometriert.

C. Thiocyanat

Tc(VII) wird in 3–5 m H_2SO_4-Lösung [*16, 17*] oder 2,5–3,5 n HCl-Lösung [*11*] durch Thiocyanat zum roten Tc(V)-Thiocyanat- und teilweise zum gelben Tc(IV)-Thiocyanat-Komplex reduziert. Die Farbreaktion wird in acetonhaltiger Lösung durchgeführt, doch kann der Farbkomplex auch mit Diäthyläther, Alkoholen und Ketonen extrahiert werden. Der gelbe Komplex zeigt eine geringere Löslichkeit und wird mit Diäthyläther nicht quantitativ und z. T. in Form der roten Verbindung ausgeschüttelt. Das Extinktionsmaximum des roten Komplexes liegt bei 510 nm ($\varepsilon_{510} = 47500$ in Wasser/60 Vol.-% Aceton; $\varepsilon_{510} = 50000$ in Butylacetat) bzw. 513 nm ($\varepsilon_{513} = 52200$ in Diäthyläther/Aceton) (s. Abb. 201). Der gelbe Komplex ist etwa um die Hälfte weniger empfindlich. Für den roten Komplex, der für die Bestimmung des Tc in erster Linie in Frage kommt, gilt das Beersche Gesetz im Bereich von 0,1–2 μg Tc/ml Wasser/Aceton [*12*] oder 0,05–6 μg Tc/ml Butylacetat [*11*]. Der rote Komplex ist verhältnismäßig stabil gegenüber Verdünnung der Farblösung mit Wasser/60 Vol.-% Aceton, Änderungen der Thiocyanat-Konzentration sowie Oxydationsmittel und läßt sich aus der Ätherphase mit Wasser nicht rückschütteln. Er läßt sich aber leicht mit einem Überschuß an $SnSO_4$ zum gelben Komplex reduzieren. Bis zur vollen Farbentwicklung ist eine Standzeit von mindestens 1 Std erforderlich. Wenn für die Reduktion des Tc(VII) zu Tc(V) bei der Komplexbildung in 3n HCl-Lösung Ascorbinsäure [in Anwesenheit von Fe(III) als möglicher Redoxpuffer] verwendet wurde, erfolgt die volle Farbentwicklung praktisch sofort. Nach der Extraktion des Komplexes mit Butylacetat wird das störende Fe durch Schütteln mit NaH_2PO_4-Lösung entfernt. Mo stört durch die Bildung eines Thiocyanatkomplexes; doch kann Tc in diesem Fall – weniger empfindlich – bei

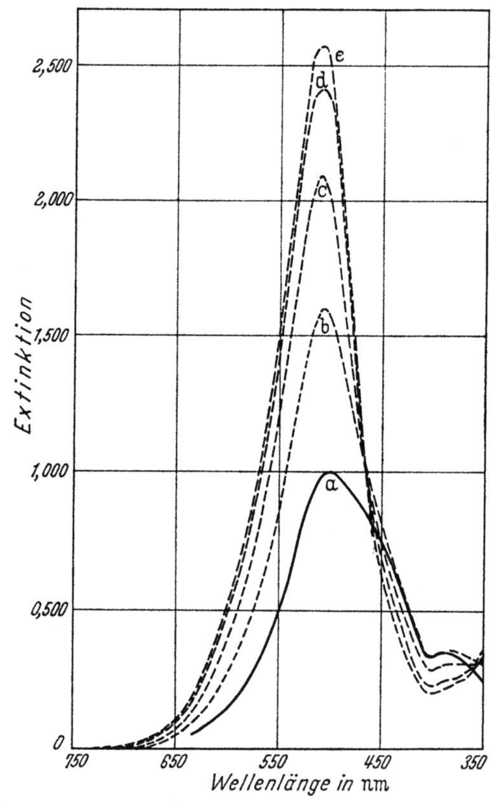

Abb. 201. Extinktionskurven von Tc(V)-Thiocyanat nach verschiedener Standzeit [*16*] (*a* 37 min, *b* 85 min, *c* 135 min, *d* 190 min, *e* 240 min)

585 nm (ε_{585} = 16500) bestimmt werden, wo Mo kaum absorbiert (100 µg Mo täuschen hier 0,4 µg Tc vor).

Mit Thiocyanat wurde Tc in Kernbrennstoffmaterial bestimmt [*6*].

Arbeitsvorschrift [*16*]

Reagentien

4,0m NH_4SCN, wäßrige Lösung;
Aceton;
Diäthyläther.

Die Probelösung [3,5–4,0m H_2SO_4; 1–20 µg Tc(VII) enthaltend] versetzt man in einem 10 ml-Meßzylinder mit 0,5 ml NH_4SCN-Lösung, läßt 30–35 sec stehen, fügt 6 ml Aceton hinzu und füllt mit Wasser zur Marke auf. Nach einer Standzeit von 1–3 Std bei 20° C wird die Lösung in einer 1 cm-Küvette bei 510 nm gegen Wasser photometriert. Weiterhin kann man den Farbkomplex nach voller Farbentwicklung extrahieren, indem man die auf obige Weise erhaltene Farblösung mit 5,0 ml Diäthyläther schüttelt und den organischen Extrakt in einer 1 cm-Küvette bei 513 nm gegen Äther photometriert.

1. Uranverbindungen

Die nachfolgende Arbeitsvorschrift diente zur Tc-Bestimmung in Uranhexafluoridhydrolysaten und Uransalzlösungen. Da U zu einer geringen Verminderung der Tc-Werte führt, die in Anwesenheit von F^- zu seiner Maskierung niedriger ausfällt als bei dessen Abwesenheit, muß die Eichkurve mit U- und F^--Zusatz aufgestellt werden. Gehalte von $\leqq$ 4 g NO_3^- stören nicht. Neben 20 µg Tc können jeweils einzeln anwesend sein: 5000 µg Fe und W, 1000 µg Cr(III), Cu, Mn, Ni, Ru, V sowie 100 µg Mo.

B: 3–30 µg Tc neben $\leqq$ 5 g Uran.

Arbeitsvorschrift [*11*]

Reagentien

HF (48%); HCl (1,19).
Ascorbinsäure, 5%ige wäßrige Lösung (wöchentlich frisch herzustellen).
NH_4SCN, 50%ige wäßrige Lösung.
$FeCl_3 \cdot 6\,H_2O$, 1%ige Lösung in 0,01n HCl.
$NaH_2PO_4 \cdot 4\,H_2O$, 30%ige wäßrige Lösung.
Butylacetat.

Die Probelösung ($\leqq$ 50 ml; $\leqq$ 30 µg Tc enthaltend) wird in einem 250 ml-Schütteltrichter, wenn nötig mit Wasser auf 50 ml gebracht und bei F^--freien Proben pro g U mit 1 ml HF (48%) versetzt. UF_6-haltige Probelösungen werden mit 20 ml HCl (1,19) versetzt und gemischt. Probelösungen anderer Uranverbindungen stellt man mit HCl oder NaOH auf eine Acidität von 2,5–3,5n ein. Man versetzt nun unter Schütteln nacheinander mit 1 ml $FeCl_3$-Lösung, 5 ml Thiocyanat-Lösung und 1 ml Ascorbinsäure-Lösung, extrahiert 30 sec mit 25,0 ml Butylacetat, verwirft die wäßrige Phase, wäscht den organischen Extrakt unter Schütteln 30 sec mit 1 ml Thiocyanat-Lösung + 20 ml Phosphat-Lösung, verwirft die wäßrige Phase und wiederholt den Waschvorgang noch einmal. Der organische Extrakt wird durch Watte filtriert und in einer 5 cm-Küvette bei 510 nm (in Anwesenheit von Mo bei 585 nm) gegen Butylacetat photometriert.

D. Verschiedenes

An weiteren photometrischen Reagentien sind zu erwähnen: Kaliumxanthogenat, Thioharnstoff, Dimethylglyoxim [*17*], Thioglykolsäure ($\varepsilon_{655} = 1800$) [*18*], p-Thiocresol/$CHCl_3$ ($\varepsilon_{410} = 7350$) [*19*] und Diphenylcarbazid/CCl_4 ($\varepsilon_{520} = 48600$) [*20*].

Literatur

1. Goishi, W., Libby, W. F.: J. Am. chem. Soc. **74**, 6109 (1952).
2. Boyd, G. E., Larson, Q. V.: J. physic. Chem. **64**, 988 (1960); ref. in Lit. Nr. [3].
3. Rimshaw, S. J., Malling, G. F.: Analyt. Chem. **33**, 751 (1961).
4. Tribalat, S., Beydon, J.: Analyt. chim. Acta **6**, 96 (1952).
5. Tribalat, S., Beydon, J.: Analyt. chim. Acta **8**, 22 (1953).
6. Foster, R. E., Jr., Maeck, W. J., Rein, J. E.: Analyt. Chem. **39**, 563 (1967).
7. McCown, J. J., Larsen, R. P.: Analyt. Chem. **32**, 597 (1960).
8. McCown, J. J., Larsen, R. P.: Analyt. Chem. **33**, 1003 (1961).
9. Klofutar, C., Štular, V., Krašovec, F.: Z. anal. Chem. **214**, 27 (1965).
10. Meyer, R. J., Oldham, R. D., Larsen, R. P.: Analyt. Chem. **36**, 1975 (1964).
11. Howard, O. H., Weber, C. W.: Analyt. Chem. **34**, 530 (1962).
12. Atteberry, R. W., Boyd, G. E.: J. Am. chem. Soc. **72**, 4805 (1950).
13. Pirs, M., Magee, R. J.: Talanta **8**, 395 (1961).
14. Love, D. L., Greendale, A. E.: Analyt. Chem. **32**, 780 (1960).
15. Miller, F. J., Thomason, P. F.: Analyt. Chem. **33**, 404 (1961).
16. Crouthamel, C. E.: Analyt. Chem. **29**, 1756 (1957).
17. Jasim, F., Magee, R. J., Wilson, C. L.: Talanta **2**, 93 (1959).
18. Miller, F. J., Thomason, P. F.: Analyt. Chem. **32**, 1429 (1960).
19. Al-Kayssi, M., Magee, R. J.: Talanta **10**, 1047 (1963).
20. Miller, F. J., Zittel, H. E.: Analyt. Chem. **35**, 299 (1963).

Te — Tellur

Tabelle 175. Empfindlichkeit S_M und Bestimmungsgrenze L_Q der Verfahren

Verfahren	µg Te · ml⁻¹ · cm⁻¹	
	S_M	L_Q
Bismuthiol II/$CHCl_3$	0,0038 (330 nm)	0,094 (330 nm)
Natriumdiäthyldithiocarbamat/$CHCl_3$ oder CCl_4	0,040 (428 nm)	1,0 (428 nm)
Jodid	0,0030 (335 nm)	0,075 (335 nm)
Tellursol	0,018 (287 nm, 400 nm; rotes Sol)	0,45 (287 nm, 400 nm; rotes Sol)
	0,020 (287 nm; blaues Sol),	0,50 (287 nm; blaues Sol),
	0,025 (410 nm),	0,61 (410 nm),
	0,023 (420 nm),	0,58 (420 nm),
	0,027 (530 nm)	0,67 (530 nm)
Thioharnstoff	0,0070 (320 nm)	0,18 (320 nm)
	0,0080 (310 nm)	0,20 (310 nm)

A. Trennungen

Te läßt sich durch Extraktion mit Na-DDTC/CCl_4 [*1, 2*] (s. S. 1169) oder als Jodid mit Amylalkohol [*3*] (s. S. 1176) von einer Reihe anderer Elemente abtrennen. Aus ~ 4n HCl-Lösung in Anwesenheit von Brom kann man u. a. Te neben Au, Fe, Ga, Mo und Tl mit Äthylacetat extrahieren [*4*]. Aus der organischen Phase lassen sich Fe, Ga, Mo und Te mit 0,3—0,4n HCl rückschütteln. Aus 3,5—6n HCl-Lösung läßt sich Te(IV) mit Methyläthylketon/Benzol (2:1) extrahieren und so von einer Reihe anderer Elemente abtrennen [*4a*]. Die Isolierung des Te von zahlreichen Elementen ist durch nacheinander geschaltete Extraktionen möglich [*4b*]: aus 8n HCl-Lösung werden mit Diisopropyläther ausgeschüttelt As, Au, Bi, Fe(III), Ga, Sb(V), Sn(IV) und Tl(III) sowie Se(IV) [bei Zusatz von 0,1 ml Methyläthylketon zur wäßrigen Lösung (10—15 ml) und 20 min Standzeit vor der Extraktion]; anschließend wird Te(IV) mit MIBK aus 4n HCl-Lösung extrahiert ($D = 81$), wobei Ag, Al, Cd, Co, Cu, Mg, Ni, Pb und Zn in der wäßrigen Lösung verbleiben, und das Te mit Wasser rückgeschüttelt; Reste von Bi, Cu und Tl extrahiert man bei pH 3—5 mit Cupferron/MIBK und bestimmt dann das Te in der wäßrigen Lösung. Hinsichtlich der Trennung von Se und Te mit Bismuthiol II/$CHCl_3$ s. S. 1055. 5—20 µg Te wurden durch Extraktion mit 4,4'-Methylendiantipyrin[1] /1,1,2,2-Tetrachloräthan aus 3n H_2SO_4/6n HCl-Lösung von 500 mg Cu abgetrennt [*4c*].

Arbeitsvorschrift [*4c*]

Die Probelösung (1—30 µg Te enthaltend) versetzt man in einem 100 ml-Becherglas mit 5 ml H_2SO_4 (1 + 1), dampft bis zum Auftreten der SO_3-Nebel ein, kühlt, verdünnt mit HCl (1 + 1) auf 25 ml, führt unter Nachwaschen mit wenig HCl (1 + 1) in einen 125 ml-Schütteltrichter über, fügt 2 ml 5%ige 4,4'-Methylendiantipyrin (MA)-Lösung[1]

[1] Alle Arbeiten sollen im Abzug durchgeführt werden, da 4,4'-Methylendiantipyrin einen MAK-Wert von ~ 5 ppm bzw. ~ 33 mg/m³ aufweist [*4c*].

(in 50%iger Essigsäure) hinzu und läßt 1 min stehen. Dann wird 2mal 90 sec mit je 10 ml 1,1,2,2-Tetrachloräthan extrahiert, die wäßrige Lösung verworfen, der vereinigte organische Extrakt 2mal 30 sec mit je 20 ml Waschlösung [25 ml MA-Lösung + 400 ml HCl (1 + 1)] gewaschen und die Waschlösungen verworfen. Aus dem organischen Extrakt wird das Te 2mal mit je 15 ml Wasser rückgeschüttelt, der wäßrige Auszug eingeengt und darin das Te mit Bismuthiol II nach der Arbeitsvorschrift [*11b*] (s. S. 1167) bestimmt.

Aus ~ 1,5n HCl-Lösung können Fe, Ga und Mo mit Thiocyanat/Äthylacetat extraktiv abgetrennt werden [*4*]. Durch Extraktion mit Bis(2-äthylhexyl)orthophosphorsäure/n-Heptan oder /Toluol kann Te von Mo, Nb, S.E., Th, U, Np, Pu und Zr abgetrennt werden [*5, 6*] (s. S. 1077). Über weitere Möglichkeiten zur Isolierung des Te mittels Extraktion findet man Hinweise auf S. 259ff. und 1054ff.

Se kann durch Destillation [*3*] und durch Abrauchen mit Brom/HBr [*7*] von Te abgetrennt werden. Über die Möglichkeit der Abtrennung anderer Elemente von Te mittels Destillation s. S. 61ff.

Ebenso wie Se kann auch Te durch Fällung [*8*], insbesondere mit $Fe(OH)_3$, elementarem As und Se als Spurenfänger [*8a*], isoliert werden, doch gelten auch hierfür die bereits unter Se angeführten Gesichtspunkte (s. S. 1055). Mittels Spurenfällung durch Reduktion zum Metall mit As als Spurenfänger wurde Te von Cu und Pb abgetrennt [*9*]. Zur Spurenfällung fand auch Se als Spurenfänger Anwendung [*7*], wobei man das Se anschließend durch Abrauchen mit Brom/HBr verflüchtigt.

Mittels Anionenaustauscher Dowex 1 kann man Te(IV) von Sb(V) und Sn(IV) abtrennen, indem man die Elemente in 0,1m Oxalsäurelösung auf die Austauschersäule (mit 0,1m Oxalsäure gesättigt) gibt, zuerst Te und anschließend Sb mit 0,1m Oxalat (pH 4,8) und dann Sn mit 1m H_2SO_4 eluiert [*10*].

B. Bismuthiol II

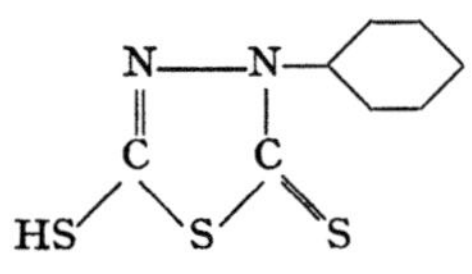

Te(IV) gibt mit Bismuthiol II (5-Mercapto-3-phenyl-2-thiol-1,3,4-thiodiazol-2-thion) in saurer Lösung bei pH <5 einen gelben, in Wasser schwer löslichen Komplex, der mit Benzol [*11*], $CHCl_3$ [*7, 11a*] und CCl_4 [*7*] extrahiert werden kann. Isoamylalkohol, n-Hexanol und MIBK sind hierzu ungeeignet. Mit Benzol wird freies Bismuthiol II ebenfalls extrahiert, was infolge seiner im Vergleich zum Farbkomplex analog ausgebildeten Extinktionskurve mit relativ hoher Eigenabsorption im Extinktionsmaximum von Nachteil ist. Letzteres gilt auch für die Bestimmung in wäßriger Lösung mit Polyvinylalkohol als Stabilisierungsmittel [*7*]. Es ist deshalb am günstigsten, den gebildeten Te-Komplex mit $CHCl_3$ oder CCl_4 zu extrahieren, da Bismuthiol II mit diesen organischen Lösungsmitteln in nur geringem Ausmaß ausgeschüttelt wird [*7*] (s. Abb. 202). Die Komplexbildung verläuft im Bereich 3n HCl bis pH 4 vollständig [*11a*]. Bei pH >6,5 wird Bismuthiol II vom $CHCl_3$ nur wenig, mit abnehmendem pH-Wert jedoch zunehmend und bei pH <1 praktisch vollständig extrahiert [*11a*]. Für die Komplexbildung ist pH 2,0–2,5, für die Extraktion mit $CHCl_3$ pH 5–7 (Optimum pH 6,5) am günstigsten [*7, 11b*]. In einer anderen Arbeit [*11a*] erfolgten Komplexbildung und Extraktion in einer Vorschrift in 3n HCl-Lösung und in einer zweiten bei pH 3,5, doch

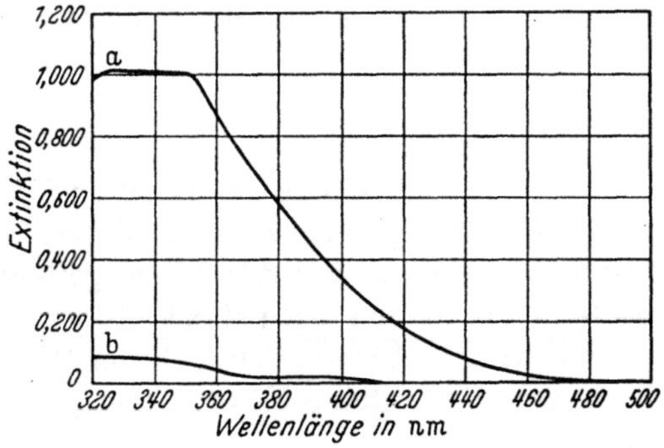

Abb. 202. Extinktionskurven von Te + Bismuthiol II (*a*) und Bismuthiol II (*b*) in $CHCl_3$ [*7*]

muß anschließend das mitextrahierte freie Bismuthiol II mit einer Pufferlösung von pH 7,5 ausgewaschen werden. Der Komplex ist in wäßriger Lösung im Bereich von pH 5—7 stabil. Das Extinktionsmaximum liegt in Benzol und $CHCl_3$ bei 330—340 nm (s. Abb. 202; $\varepsilon_{330} = 34000$ [*11 b*] bzw. 35000 [*11 a*] in $CHCl_3$). Bei Extraktion mit Benzol wird die Messung wegen der hohen Extinktion des Blindwertes im Extinktionsmaximum bei 415 nm vorgenommen [*11*]. Das Beersche Gesetz ist im Bereich von 0,09—3,6 μg Te/ml $CHCl_3$ erfüllt [*11 b*]. Die Farbe ist in $CHCl_3$ mindestens 24 Std stabil. Für die Bildung des Farbkomplexes ist eine Standzeit von mindestens 20 min bei Raumtemperatur erforderlich. Für die vollständige Extraktion mit $CHCl_3$ ist eine Schüttelzeit von 4 min notwendig. Durch zugesetztes $(NH_4)_2SO_4$ wird die Reaktionszeit auf 2 min und die Extraktionsdauer auf 1 min verkürzt [*11 b*]. Nach anderen Angaben genügt eine Standzeit von 1 min und eine Schüttelzeit von 30 sec [*11 a*].

Bismuthiol II reagiert mit zahlreichen Elementen, weshalb eine vorangehende Isolierung des Te empfohlen wird [*7*]. Unter anderem stören As(III), Cu(II) und Fe(III). Bei pH 6,5 können Bi und Cd mit ÄDTA und Cu mit KCN maskiert werden. Die Bestimmung von 10—25 μg Te (Farbentwicklung bei pH 2,2 [*11 b*] bis pH 3,5 [*11 a*] in 0,15% ÄDTA/0,04 m [*11 b*] bzw. 0,12 m Citrat-Lösung) wird nicht gestört durch (μg) [*7, 11 a, 11 b*]: Ag (100[1]), Al (270[1]; 500[2]), As(III) (47[1]; 100[2]), As(V) (1000[2]), Be (450[1]), Bi (100[1]; 1000[2]), Cd (1000[1]; 500[2]), Co (500[2]), Cr (III) (500[2]), Cu(II) (10[1]), Fe(III) (100[1]; 1000[2]), Ga (100[1]), Hg(II) (0,5[2]), In (1000[1]), Mn(II) (1000[2]), Nb (93[1]), Ni (100[1]; 1000[2]), Pd (100[1]; 1[2]), Sb(III) (1000[2]), Te(VI) (1000[2]), Tl(I) (5[2]), U(VI) (500[2]), W (1000[2]), Zn (100[1]; 1000[2]), NO_3^- (100[2]), PO_4^{3-} (100 mg[2]) und SO_4^{2-} (100 mg[2]). Es stören vor allem ≧ 0,5 μg Se(IV), > 0,5 μg Hg(II) und größere Mengen Cu(II). Oxydierende Stoffe stören. Citronensäure oder Tartrat hat keinen störenden Einfluß [*7*].

Mit Bismuthiol II wurde Te in Kupfer (≦ 2 ppm Te) bestimmt [*4c*]: man löst 0,5 g Probe mit HNO_3 (1 + 1), isoliert aus der Probelösung das Te mit 4,4'-Methylendiantipyrin/1,1,2,2-Tetrachloräthan (s. S. 1165) und bestimmt dann das Te nach der folgenden Arbeitsvorschrift [*11 b*].

Arbeitsvorschrift [*11 b*]

Reagentien

Bismuthiol II, 1%ige wäßrige Lösung des K-Salzes;

---

1 Nach [*7, 11 b*].
2 Nach [*11 a*].

$(NH_4)_2SO_4$-Lösung; 530 g $(NH_4)_2SO_4$ + 42 g Citronensäure + 7,5 g ÄDTA werden mit Wasser auf 1 l aufgefüllt.
Ammoniak (1 + 1);
$CHCl_3$.

Die schwach saure Probelösung (0,9–36 μg Te enthaltend) wird in einem 125 ml-Becherglas mit 5 ml $(NH_4)_2SO_4$-Lösung versetzt, mit Wasser auf ~ 25 ml gebracht, 2,0 ml Bismuthiol II-Lösung zugegeben, auf pH 2,5 eingestellt und 2 min stehen gelassen. Man stellt danach mit Ammoniak auf pH 6,5–7,0 ein, führt in einen 125 ml-Schütteltrichter über, extrahiert mit 10,0 ml $CHCl_3$ 1 min, filtriert den organischen Extrakt durch Glaswolle in eine 1 cm-Quarz-Küvette und photometriert bei 330 nm gegen einen Blindwert.

1. Sulfidische Erze

Nach Isolierung des Te durch Spurenfällung mit Se als Spurenfänger wird letzteres verflüchtigt und Te photometrisch bestimmt.

B: 1–> 100 ppm Te. F_r: ±5–10%.

Arbeitsvorschrift [*11*]

Reagentien

H_2SO_4 (1,84); H_2SO_4 (1 + 1);
HCl (1,19); HCl (1 + 1); HCl (1 + 9) (1 ml $SnCl_2$-Lösung/l enthaltend);
Se-Lösung: 0,14 g SeO_2 werden in Wasser gelöst und mit Wasser auf 100 ml aufgefüllt;
$SnCl_2$-Lösung; 50 g $SnCl_2 \cdot 2\,H_2O$ werden in 40 ml HCl (1 + 1) unter Erhitzen gelöst und nach dem Abkühlen mit Wasser auf 100 ml aufgefüllt;
HBr (40—48%);
H_2O_2 (30%);
übrige Reagentien wie bei der Arbeitsvorschrift [*11b*] (s. S. 1167f).

1,0 g Probematerial wird in einem 200 ml-Erlenmeyerkolben unter Drehen des Kolbens mit 7 ml H_2SO_4 (1,84) versetzt, mit einem Uhrglas bedeckt und auf dem Sandbad langsam erhitzt, bis die Probe vollständig gelöst ist. Nach ~ 30 min entfernt man vom Sandbad, fügt nach dem Abkühlen vorsichtig ~ 50 ml Wasser hinzu und kocht ~ 50 min, bis die Salze gelöst sind. Die Lösung wird in ein 250 ml-Becherglas filtriert und das Filter mit Wasser gewaschen, bis das Filtrat 70–80 ml beträgt. Zum Filtrat fügt man 10 ml HCl (1 + 1) und filtriert evtl. ausgefallenes Ag (oder Tl) unter Nachwaschen mit Wasser ab. Das Filtrat wird auf 100–120 ml verdünnt, 1 ml Se-Lösung zugesetzt, zum Sieden erhitzt, tropfenweise mit $SnCl_2$-Lösung versetzt, bis die gelbe Farbe von $FeCl_3$ verschwindet, 1 ml davon im Überschuß zugegeben (im allgemeinen genügen insgesamt 2–3 ml $SnCl_2$-Lösung), das Becherglas mit einem Uhrglas bedeckt und auf dem Wasserbad 3–4 Std erhitzt. Danach entfernt man vom Wasserbad, läßt bei Raumtemperatur über Nacht stehen, filtriert das ausgefallene Se und Te mit einem Porzellanfiltertiegel ab, wäscht den Niederschlag mit HCl (1 + 9) und zuletzt mit Wasser. Zum Niederschlag im Filtertiegel werden 5 ml HBr und 3–5 Tropfen H_2O_2 hinzugefügt und nach vollständigem Lösen in das ursprüngliche Becherglas filtriert. Man gibt erneut 5 ml HBr und einige Tropfen H_2O_2 in den Tiegel, filtriert in das Becherglas und wäscht mit Wasser nach. Das Filtrat wird mit 1 ml H_2SO_4 (1 + 1) versetzt, auf dem Wasserbad eingedampft, bis gerade SO_3-Nebel auftreten, nach dem Abkühlen einige ml Wasser, 5 ml HBr und 3–5 Tropfen H_2O_2 zugegeben und wie vorhin eingedampft. Nach dem Abkühlen verdünnt man mit Wasser, kühlt und fährt wie bei Arbeitsvorschrift [*11b*] (s. S. 1167f) fort.

2. Luft

B: 2–360 μg Te/m^3. F_r: ±5–10%.

Man saugt 100 l (10–360 μg Te/m^3) oder 500 l (2–70 μg Te/m^3) Luft durch ein Filter (s. S. 177), löst die Staubprobe mit HNO_3 (1 + 1)/H_2SO_4 (1 + 1) vom Filter oder verascht das Filter mit $H_2SO_4/HNO_3/H_2O_2$, erhitzt die Lösung bis zum Auftreten der SO_3-Nebel, verdünnt mit Wasser und bestimmt dann das Te nach der Arbeitsvorschrift [*11 b*] (s. S. 1167f).

C. Natriumdiäthyldithiocarbamat

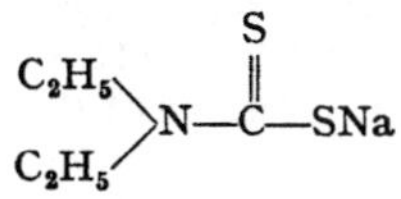

Te bildet mit Natriumdiäthyldithiocarbamat (Na-DDTC) bei pH 4–8,8 einen gelben, in Wasser schwerlöslichen, mit CCl_4, $CHCl_3$ und anderen organischen Lösungsmitteln leicht extrahierbaren Komplex $Te(DDTC)_4$. Das Extinktionsmaximum liegt bei 428 nm ($\varepsilon_{428} = 3160$) [*12*] (s. Abb. 203). Das Beersche Gesetz ist im Bereich von 1–40 μg Te/ml

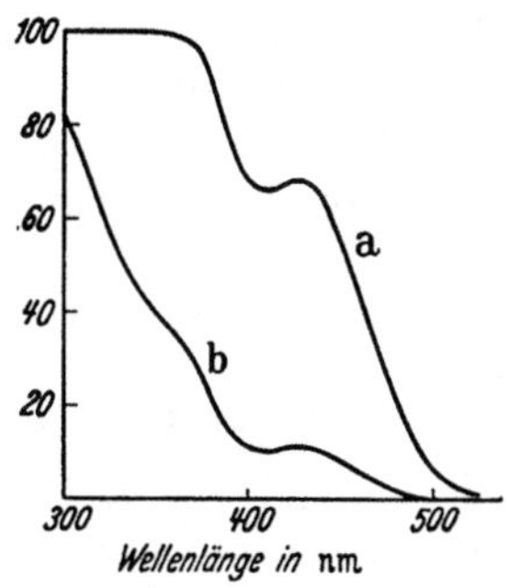

Abb. 203. Absorptionskurven von Te-Carbamat in CCl_4 [*12*] (*a* 100 μg Te/25 ml, *b* 10 μg Te/25 ml; 5 cm-Küvette)

CCl_4 oder /$CHCl_3$ erfüllt. Die Farbe des organischen Extraktes verblaßt im Tageslicht, weshalb dieser davor geschützt (Aufbewahren im Dunkeln) und nach der Extraktion möglichst schnell photometriert werden soll [*9*]. Da Se mit Na-DDTC nur im schwach sauren Bereich reagiert und überdies durch ÄDTA und KCN maskiert werden kann [*13*], läßt sich Te neben großen Mengen Se bestimmen [*1*, *2*]. Bis zu 100 mg As, Se oder V sind ohne Einfluß auf die Bestimmung des Te. In ÄDTA/KCN-haltiger Lösung wird die Bestimmung von 50 μg Te bei pH 8,5–8,7 durch jeweils 5 mg der folgenden Elemente nicht gestört: Ag, Au, Cd, Co, Fe, In, Mn, Ni, Os, Pb, Pd, Pt und Zn. Sn und Mn stören infolge Niederschlagsbildung (meist auch bei ÄDTA-Anwesenheit). Eine Ausfällung von bis zu 5 mg Mn/25 ml Probelösung kann verhindert werden, wenn neben ÄDTA auch Phosphat vorhanden ist. Hg wird erst oberhalb pH 10 durch KCN maskiert. Wegen des tiefer liegenden Extinktionsmaximums des Hg $(DDTC)_2$ verursacht die 20fache Menge an Hg einen relativen Fehler von nur 1–2%. Bi (>0,5 μg), Cu (>50–100 μg), Sb (bei

Sb:Te > 1:1) und Tl (> 1–2 μg) stören und müssen daher durch Extraktion mit Cupferron/$CHCl_3$ (mit Ausnahme von Tl) bei pH 1–2 entfernt werden. Während Bi und Sb dabei quantitativ abgetrennt werden, verbleibt eine geringe Cu-Menge in der Probelösung, die aber durch KCN weitgehend maskiert wird. Gleichzeitig werden als Cupferronate auch Fe(III) [*14, 15*], Mo(VI) [*16*], Sn(IV) [*18*], Ti(IV) [*14*] und V(V) [*18, 19*] abgetrennt. Falls Te von Tl abzutrennen ist, so wird die Ausfällung des Te mit Se als Spurenfänger durch Reduktion aus 3–4n HCl-Lösung empfohlen. F_{rm}: ±5%.

Arbeitsvorschrift [*2*]

Reagentien

2n HCl; 2n NaOH;

Na-DDTC, 0,5%ige wäßrige Lösung (wenig Na_2CO_3 zugesetzt; täglich frisch hergestellt [*20*]);

Pufferlösung; 5,0 g H_3BO_3, 1,0 g ÄDTA und 1,0 g KH_2PO_4 werden in Wasser und NaOH gelöst, mit NaOH auf pH 8,6 eingestellt und mit Wasser auf 100 ml aufgefüllt;

KCN;

Weinsäure;

SeO_2;

$Na_2S_2O_5$, gesättigte wäßrige Lösung;

Hydrazinhydrochlorid;

Cupferron, 2%ige wäßrige Lösung (frisch hergestellt);

CCl_4; $CHCl_3$.

a) Abwesenheit anderer Elemente

Die Probelösung (5–150 μg Te enthaltend) wird mit NaOH bzw. HCl neutralisiert, mit 5 ml Pufferlösung und 20 mg KCN versetzt (die Lösung soll jetzt einen pH-Wert von 8,0–8,7 und ein Volumen von 25–30 ml aufweisen), 1 ml Na-DDTC-Lösung hinzugefügt und mit 10, 10 und 5 ml CCl_4 jeweils 2–3 min extrahiert. Die Extrakte filtriert man durch ein Papierfilter in einen 25 ml-Meßkolben, füllt mit CCl_4 zur Marke auf und photometriert in einer 5 cm-Küvette bei 428 nm gegen CCl_4.

b) Anwesenheit von Se (bis 1:5000) und anderen Elementen

Die Probelösung (5–150 μg Te enthaltend und frei von Tl) darf folgende Elemente enthalten: Hg bis zur 20fachen Menge gegenüber Te, bis jeweils 5 mg (aber zusammen nicht mehr als 15–20 mg) von Ag, Au, Bi, Cd, Co, Cu, Fe, In, Ir, Mn, Ni, Os, Pb, Pd, Pt, Ru und Zn, bis zu 2 mg Rh, bis zu 100 mg von As und Se sowie bis zu 20 mg von Sn und V.

Man stellt die Probelösung auf 3–4n HCl ein, filtriert ausgeschiedene Kieselsäure ab und dampft zur Trockene ein. Ist die Menge an Fremdelementen größer als vorhin angegeben, oder enthält die Probe Tl, so bringt man das salzsaure Filtrat von der Kieselsäureabtrennung nicht zur Trockene, sondern fällt das Te nach Zusatz von 50–100 mg SeO_2 mit $Na_2S_2O_5$-Lösung und Hydrazinhydrochlorid, löst den mit $Na_2S_2O_5$-haltiger 2n HCl gewaschenen Niederschlag mit HNO_3, dampft zur Trockene ein und raucht 3mal mit wenig HCl (1,19) ab. Den auf die eine oder die andere Weise erhaltenen Trockenrückstand nimmt man mit 2n HCl und Weinsäure auf, stellt mit NaOH auf pH 1–2 ein (die jetzt klare Lösung soll ein Volumen von 20 ml haben), kühlt auf 15–20° C ab, führt in einen Schütteltrichter über und versetzt mit Cupferronlösung (ihre Menge hängt von jener der anwesenden Störelemente ab). Es wird mit $CHCl_3$ solange extrahiert, bis der letzte Extrakt farblos bleibt, wobei – falls erforderlich – noch weitere Cupferronlösung zugegeben und zuletzt 2mal mit $CHCl_3$ nachgewaschen wird. Nach Zusatz von 5 ml Pufferlösung und 50 mg KCN stellt man auf pH 8,5–8,7 ein, fügt 1 ml Na-DDTC-Lösung zu und fährt wie unter a) angegeben fort.

1. Metalle und Legierungen

1.1. Kupfer

Nach Isolierung des Te mittels Spurenfällung durch Reduktion zum Metall mit As als Spurenfänger wird das Te mit Na-DDTC/$CHCl_3$ photometrisch bestimmt. Ag, As, Pb, Sb, Se und Sn stören nicht. Bi und Cu stören hingegen. Bei $>0,1\%$ Bi ist deshalb wahrscheinlich eine doppelte Spurenfällung erforderlich. Cu wird mit KCN maskiert.

B: 0,0001–0,003% Te und darüber. F_{rm}: $\pm 7\%$.

Arbeitsvorschrift [*9*]

Reagentien

HCl (1 + 1);
Übrige Reagentien wie bei Verfahren C. 1.2.

Man führt die Analyse bis einschließlich der Spurenfällung wie bei der Bestimmung von Se in Kupfer nach Verfahren B. I.2.3. (s. S. 1061) durch, jedoch wäscht man nach erfolgter Spurenfällung Kolben und erhaltenen Niederschlag von As + Te wiederholt mit jeweils 10 ml HCl (1 + 1), bis eine stark ammoniakalisch gemachte Waschfraktion von 10 ml Wasser keine Blaufärbung mehr aufweist, so daß insgesamt nicht mehr als 1 mg Kupfer zurückbleibt. Wenn das Filter vollständig verascht ist, fährt man mit der Te-Bestimmung nach der folgenden Arbeitsvorschrift C. 1.2. fort.

1.2. Blei

Es gelten hier ebenfalls die unter C. 1.1. gebrachten Ausführungen.

B: 0,00004–0,0016% Te und darüber. F_{rm}: $\pm 5\%$.

Arbeitsvorschrift [*9*]

Reagentien

H_2SO_4 (1,84);
KCN, 5%ige wäßrige Lösung;
Na-DDTC, 1%ige wäßrige Lösung;
$CHCl_3$;
übrige Reagentien wie bei Verfahren B. I.2.6. im Abschnitt „Selen" (s. S. 1063).

Aufstellung der Eichkurve

0, 0,50, 1,00 und 1,50 ml Te-Lösung (100 µg Te/ml) versetzt man jeweils in 250 ml-Erlenmeyerkolben mit 0,25 ml $HClO_4$, sowie 2 ml H_2SO_4, dampft auf 1 ml ein, fügt nach dem Abkühlen 50 ml Wasser hinzu und kühlt auf Raumtemperatur ab. Nach Zusatz von 2 Tropfen m-Kresolpurpur-Lösung wird mit Ammoniak neutralisiert gerade bis zum Farbumschlag nach Gelb, dann 5 ml KCN-Lösung zugegeben und mit Ammoniak bis gerade zum Farbumschlag nach Purpur weiter neutralisiert. Man führt die Lösung in einen 125 ml-Schütteltrichter über, versetzt mit 2 ml Na-DDTC-Lösung, mischt, extrahiert sofort mit 20,0 ml $CHCl_3$ 30 sec, trocknet den abgetrennten organischen Extrakt kurz in einem 50 ml Erlenmeyerkolben mit 3 g Na_2SO_4 sicc. und photometriert sofort in einer 5 cm-Küvette bei 415 nm gegen $CHCl_3$.

Analyse

Man führt die Analyse bis einschließlich der Spurenfällung wie bei der Bestimmung von Se in Blei nach Verfahren B. I.2.6. (s. S. 1063) durch. Wenn das Filter vollständig zerstört ist, dampft man bis zum Auftreten der $HClO_4$-Nebel ein, fügt 2 ml H_2SO_4 hinzu und dampft auf 1 ml ein. Nach dem Abkühlen fährt man wie bei der Aufstellung der Eichkurve unter Berücksichtigung eines Blindwertes fort.

1.3. Selen

Sobald die neben Te vorliegende Selenmenge 1:5000 übersteigt, wird soviel Se mitextrahiert, daß es bei der Arbeitsvorschrift b) (s. S. 1170) stört. Eine Trennung von Se gelingt nur durch Überführen des Te aus dem CCl_4-Extrakt in eine wäßrige Lösung und eine erneute Extraktion. Mit der nachfolgenden Arbeitsvorschrift kann Te neben Se bis zu einem Mengenverhältnis von Te:Se = 0,5:1000000 bestimmt werden. Die Anwesenheit von jeweils 1 mg der folgenden Elemente stört nicht: As, Bi, Cd, Co, Cr, Cu, Fe, Hg, Mn, Ni, Pb, Pd, Pt, Sb, Sn, Tl und Zn.

B: 0,00003–0,01% Te. F_{rm}: ±5–10%.

Arbeitsvorschrift [*2*]

Reagentien

HNO_3 (1,40); HCl (1,19);
ÄDTA;
KH_2PO_4;
Na-DDTC;
übrige Reagentien wie bei Arbeitsvorschrift auf S. 1170.

10–20 g Probematerial werden in HNO_3 gelöst, zur Trockene eingedampft und mit Wasser unter Zusatz von 200 mg Weinsäure unter Erwärmen aufgenommen. Man filtriert durch ein Asbestfilter, raucht Filter mit Rückstand zunächst mit Königswasser, dann 2mal mit HCl (1,19) ab, nimmt mit 2n HCl auf, filtriert durch ein Papierfilter und vereinigt beide Filtrate. Die Lösung wird mit NaOH auf pH 1–2 eingestellt, mit Wasser auf 50 ml gebracht, solange mit Cupferron-Lösung versetzt bis kein Niederschlag mehr auftritt und mit $CHCl_3$ extrahiert, bis der letzte Extrakt farblos ist. Durch erneuten Zusatz von Cupferron prüft man auf Vollständigkeit der Extraktion und beseitigt überschüssiges Cupferron durch 2maliges Ausschütteln mit $CHCl_3$. Die Lösung wird nach Zusatz von je 100 mg ÄDTA, KCN sowie KH_2PO_4 mit NaOH auf pH 8,5–8,7 eingestellt, 20 mg Na-DDTC zugesetzt und 3mal mit je 10 ml CCl_4 extrahiert. Aus dem vereinigten organischen Extrakt dampft man das CCl_4 auf dem Wasserbad ab und fährt, je nachdem ob Tl ab- oder anwesend ist, nach einer der folgenden Richtlinien fort.

Tl abwesend

Zu dem Abdampfrückstand fügt man einige ml HNO_3, dampft zur Trockene ein, nimmt den Rückstand mit 2 ml 2n HCl auf, versetzt mit 20 mg Weinsäure, neutralisiert mit 2n NaOH, fügt 5 ml Pufferlösung sowie 20 mg KCN hinzu, stellt auf pH 8,5–8,7 ein und fährt nach Zusatz von 1 ml Na-DDTC-Lösung wie bei Arbeitsvorschrift a) (s. S. 1170) fort.

Tl anwesend

Zu dem Abdampfrückstand fügt man einige ml HNO_3, dampft zur Trockene ein, nimmt den Rückstand mit 3–4n HCl auf (kommt es hierbei zur Abscheidung von TlCl, so filtriert man diesen Niederschlag ab), versetzt mit 50–100 mg SeO_2, bringt das Volumen mit 3–4n HCl auf ~25 ml und fällt Se und Te mit $Na_2S_2O_5$-Lösung und Hydrazinhydrochlorid aus. Der Niederschlag wird durch ein Asbestfilter abfiltriert, mit $Na_2S_2O_5$-haltiger 2n HCl gewaschen, in HNO_3 gelöst und nach Verdünnen mit Wasser von Asbest abfiltriert. Das Filtrat dampft man auf dem Wasserbad zur Trockene ein, nimmt den Rückstand mit 2 ml 2n HCl auf, versetzt mit 20 mg Weinsäure und fährt wie vorhin bei der Vorschrift „Tl abwesend" fort.

D. Jodid-Verfahren

Te(IV) bildet mit Jodid in saurer Lösung den stark rötlich-gelb bis gelb gefärbten Komplex $[TeI_5]^-$ bzw. $[TeI_6]^{2-}$ [*21–24*]. Als günstige Reaktionsbedingungen werden 0,15–0,4n HCl und 0,25–0,4m KI angegeben [*21*], von anderer Seite 1n HCl und 0,1m KI [*22*]; bei Erhöhung der Säure- und Jodidkonzentration nimmt die Extinktion weiter zu. Das Extinktionsmaximum des Komplexes liegt bei **285** nm (s. Abb. 204); ein

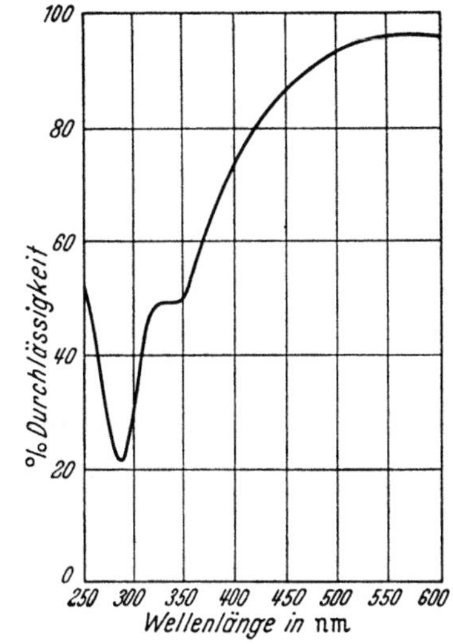

Abb. 204. Durchlässigkeitskurve von Jodotellurat(IV) in 0,2n HCl/0,4 m KI-Lösung [*21*]

Plateau bei **325–345** nm erlaubt auch in diesem Wellenlängenbereich die Durchführung der photometrischen Messung ($\varepsilon_{285} = 89000$, $\varepsilon_{335} = 42500$ [*21*]). Photometrische Bestimmungen wurden auch bei **430** nm [*24*] und **436** nm [*22*] durchgeführt und für die letztgenannte Wellenlänge die Gültigkeit des Beerschen Gesetzes im Bereich von 0,5–10 µg Te/ml angegeben. In der nachfolgenden Vorschrift wird das Te in 0,2n HCl/0,4m KI-Lösung bei **335** nm bestimmt. Die Bestimmung bei **285** nm ist zwar etwa doppelt so empfindlich, weist aber eine schlechtere Reproduzierbarkeit auf. Das Beersche Gesetz ist hier im Bereich von 0,08–3 µg Te/ml erfüllt.

Gelöster Sauerstoff stellt infolge Jodausscheidung eine Fehlerquelle dar, weshalb die Lösung dem direkten Sonnenlicht nicht ausgesetzt werden soll. Die Lösung kann aber bis zu 20 min stehen, ohne daß dadurch ein merklicher Fehler entsteht. Weiterhin läßt sich der vom Sauerstoff herrührende Fehler durch einen Blindwert berücksichtigen. Bi bildet einen stark gefärbten Komplex und muß daher abgetrennt werden. $[BiI_4]^-$ wird in 0,06n HCl/0,1m KI-Lösung gebildet – mit Te entsteht hier noch kein Komplex – und durch Extraktion mit Amylalkohol/Äthylacetat abgetrennt. Störendes Se wird unter diesen Bedingungen zum Metall reduziert und geht in dieser Form in die organische Phase über. In Abwesenheit von Bi kann für die Extraktion des Se statt des Alkohol/Ester-Gemisches $CHCl_3$ verwendet werden. Der Komplex $[BiI_4]^-$ wird durch $CHCl_3$ nicht extrahiert. Auf diesem Wege konnten 1–2,5 mg Bi und Se von 100 µg Te abgetrennt und letzteres mit einem relativen Fehler von ±2% bestimmt werden. Da

Fe(III) und Cu(II) infolge Jodausscheidung stören, wird das Te(IV) mit $SnCl_2$ zum Metall reduziert, von den Störelementen durch Filtration abgetrennt und nach dem Lösen des Niederschlages photometrisch bestimmt. Auf diesem Wege konnten 50 µg Te von 1 mg Fe(III) und Cu(II) abgetrennt und mit einem relativen Fehler von $\pm 2\%$ bestimmt werden. Ionen, die das Jodid oxydieren [NO_2^-, Cr(VI), As(V)] oder unlösliche Fällungen geben [Ag, Pb, Hg(I)], müssen abwesend sein. Bis zu 500 µg/ml der Elemente Cd, Hg(II) und Zn stören nicht, obwohl sie stabile Jodidkomplexe bilden. Ni, Co, NO_3^- und SO_4^{2-} stören nicht.

Nach dem Jodid-Verfahren [*21*] wurden unter Maskierung von störendem Cu mit Thioharnstoff 0,02–0,07% Te in Blei bestimmt [*24*].

Arbeitsvorschrift [*21*]

Reagentien

HNO_3 (1,40); 1n HNO_3;
2n HCl;
Ammoniak (1 + 1);
2m KI (frisch hergestellt);
1m $SnCl_2$ in 12n HCl;
Amylalkohol/Äthylacetat (3:1);
$CHCl_3$.

Die Probelösung [4–150 µg Te(IV) enthaltend] verdünnt man in einem 50 ml-Meßkolben mit Wasser auf ~ 30 ml, versetzt mit 5 ml 2n HCl, mischt, fügt 10 ml KI-Lösung hinzu, füllt mit Wasser zur Marke auf und photometriert innerhalb 20 min in einer 1 cm-Quarzküvette bei 335 nm gegen den Blindwert.

Bi und Se anwesend

50 ml Probelösung [8–300 µg Te(IV) enthaltend] stellt man in einem Schütteltrichter mit HCl auf 0,05n ein, versetzt mit 2 ml KI-Lösung und läßt 10 min stehen. Nun wird die Lösung mit 5 ml-Anteilen Amylalkohol/Äthylacetat extrahiert, bis der letzte organische Extrakt farblos ist (wenn nur Se zu entfernen ist, verwendet man für die Extraktion $CHCl_3$), verwirft die organischen Extrakte und führt die wäßrige Lösung in einen 100 ml-Meßkolben über. Nach Zusatz von 20 ml KI-Lösung und 10 ml 2n HCl füllt man mit Wasser zur Marke auf und photometriert wie oben angegeben.

Fe und Cu anwesend

Zur Probelösung [50–2000 µg Te(IV) enthaltend] fügt man 2 ml $SnCl_2$-Lösung, läßt 10 min stehen, filtriert das ausgefällte Te durch ein kleines Asbestfilter ab und wäscht mit Wasser nach. Das Te wird mit siedender HNO_3 (1,40) vom Filter gelöst, 3mal mit je 3 ml 1n HNO_3 nachgewaschen, das Filtrat 5 min gekocht und nach dem Abkühlen auf ein bekanntes Volumen gebracht. Einen aliquoten Teil davon [4–150 µg Te(IV) enthaltend] neutralisiert man in einem 50 ml-Meßkolben mit Ammoniak gegen Phenolphthalein, versetzt mit 10 ml KI-Lösung sowie 5 ml 2n HCl, füllt mit Wasser zur Marke auf und photometriert wie oben angegegen.

E. Tellursol-Verfahren

Ebenso wie Se kann auch Te in saurer Lösung durch Reduktionsmittel, wie z. B. $SnCl_2$ [*3, 25*] und H_3PO_2 [*26–28*], zu elementarem Te reduziert und die Extinktion des entstandenen Tellursols gemessen werden [*29, 30*]. Die Reduktion des Te mit $SnCl_2$

wird bei Raumtemperatur in 2–3n HCl-Lösung durchgeführt. Bei Anwendung von H_3PO_2 kann die Säurekonzentration innerhalb 0,01–0,3n (Optimum 0,1–0,2n) HCl oder H_2SO_4 liegen. Die Extinktion ist stark von den Reaktionsbedingungen abhängig, weshalb diese genau eingehalten werden müssen. Je nach der Konzentration des Reduktionsmittels zeigt das Tellursol eine blaue (0,06m H_3PO_2), purpurne (0,12m H_3PO_2), rote (0,25m H_3PO_2) oder bernsteinähnliche Farbe (~ 0,4m H_3PO_2). Die Extinktionsmaxima der verschieden gefärbten Sole liegen im UV-Bereich annähernd gleich bei 290–300 nm, im sichtbaren Bereich bei 580 nm (blaues Sol), 500 nm (purpurnes Sol),

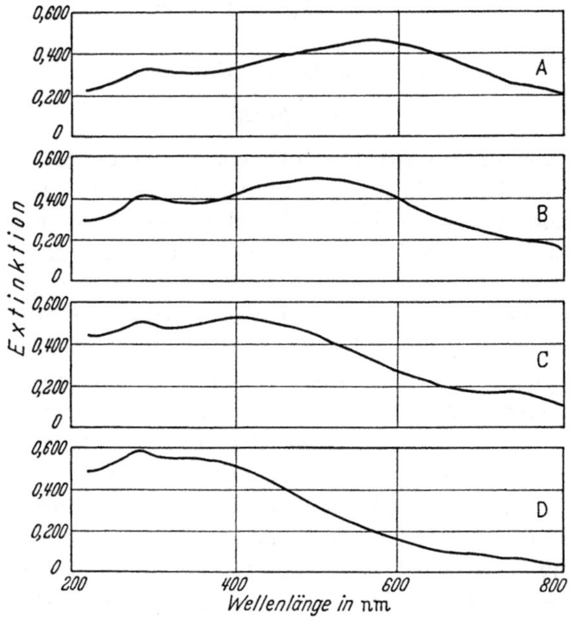

Abb. 205. Extinktionskurven des unter verschiedenen Reaktionsbedingungen gebildeten Tellursols [*27*]. *A* blaues Sol, *B* purpurnes Sol, *C* rotes Sol, *D* bernsteinfarbenes Sol

400 nm (rotes Sol) und 350–370 nm (bernsteinfarbenes Sol) [*27*, *28*] (s. Abb. 205; ε_{410} = 5200 [*32a*], ε_{420} = 5490 [*32b*], ε_{530} = 4720 [*32b*]). Das Beersche Gesetz ist im Bereich von 0,5–14 µg Te/ml (rotes Sol bei 287 nm und 400 nm, blaues Sol bei 287 nm) erfüllt. Das Sol ist relativ stabil; es kann aber auch beispielsweise Gummi arabicum als Schutzkolloid zur Erhöhung der Stabilität zugesetzt werden. Von den 4 Tellursolen zeigt das rote Sol die beste Reproduzierbarkeit, weshalb in der folgenden Arbeitsvorschrift dieses entwickelt wird. Die Bestimmung im UV-Bereich hat den Nachteil, daß die Chlorokomplexe mehrerer Elemente stören: Sn(II) (deshalb kann $SnCl_2$ als Reduktionsmittel nicht verwendet werden), Fe(III), Bi, V(V), Mo(VI), Ti, Cu(I), Pb, Hg(II) und Tl(I). Al, Cr(III), Ni und Zn verursachen keine Störung. Die Bestimmung wird durch Elemente gestört, die mit $SnCl_2$ Fällungen oder Färbungen geben: Se, Hg, Au, Pd, Pt, Rh oder Ir. Eine Fehlerquelle stellt die Adsorption von Solteilchen an den Glasgeräten dar, die durch Silikonisieren der Glasgeräte vermieden werden kann.

Arbeitsvorschrift [*27*]

Reagentien

3m H_3PO_2; 32 ml H_3PO_2 (50%) werden mit Wasser auf 100 ml verdünnt;
Gummi arabicum, 4%ige wäßrige Lösung (mit heißem Wasser hergestellt).

Die Probelösung [25–700 µg Te(IV) und 1–8 mmol HCl enthaltend] versetzt man in einem 125 ml-Erlenmeyerkolben mit 3 ml Gummi arabicum-Lösung, bringt mit Wasser auf 35 ml, erhitzt zum Sieden und fügt unter kräftigem Umschwenken rasch 5 ml 3m H_3PO_2 hinzu. Die Lösung wird 15 min nahe beim Siedepunkt gehalten, 15 min im fließenden Wasser gekühlt, in einen 50 ml-Meßkolben übergeführt und nach dem Auffüllen mit Wasser bis zur Marke in einer 1 cm-Quarzküvette bei 240–290 nm oder bei ~ 400 nm (Glasküvette) gegen Wasser photometriert.

1. Organisches Material

1.1. Harn

Nach nasser Veraschung und Abtrennung von vorhandenem Se durch Destillation wird das Te durch Extraktion als Jodotellurit aus saurer Lösung mit n-Amylalkohol/Diäthyläther isoliert und anschließend als Tellursol photometrisch bestimmt.

In einer weiteren Arbeit wurde Te in Harn ebenfalls nach dem Tellursol-Verfahren bestimmt [*31*].

Während Te(IV) aus 6,9n HI-Lösung mit Diäthyläther nur zu 5,5% extrahiert wird [*32*], ist die Extraktion von 20 µg Te aus 1n H^+/0,6n I^--Lösung mit n-Amylalkohol quantitativ. Es empfiehlt sich zur leichteren Phasentrennung eine Mischung von n-Amylalkohol/Diäthyläther (2:1) zu verwenden. Da die Bestimmung nach dem Jodid-Verfahren in dieser Arbeit keine guten Ergebnisse brachte, erfolgte sie nach dem Tellursol-Verfahren. Außer Te werden als Jodide mit n-Amylalkohol zumindest teilweise extrahiert: Au, Bi, Hg, Ir, Pb, Pd, Pt und Rh. Von diesen können Bi und besonders Pb in Harn öfter vorkommen, welche dann das Jodid-Verfahren stören. Demgegenüber wird die Bestimmung des Te nach dem Tellursol-Verfahren nur durch die ebenfalls zum Element reduzierbaren Elemente Au, Hg, Ir, Pd, Pt und Rh gestört, die aber in Harn verhältnismäßig selten auftreten.

B: 2,5–20 µg Te/200 ml Probe. F_r: ±7–8%.

Arbeitsvorschrift [*3*]

Reagentien

HNO_3 (1,40); $HClO_4$ (70%); HCl (1,19); HCl (1 + 1);
HBr (48%), 10 ml Brom/l enthaltend;
Ammoniak (1 + 1);
1n HI (frisch hergestellt);
NaI;
$SnCl_2 \cdot 2\,H_2O$, 10%ig in 20%iger HCl;
H_2O_2 (30%);
n-Amylalkohol/Diäthyläther (2:1).

200 ml Probe werden in einem 400 ml-Becherglas mit 50 ml HNO_3 versetzt, auf 15 ml eingedampft, nach dem Abkühlen 15 ml $HClO_4$ zugesetzt und bis zum Auftreten der $HClO_4$-Nebel erhitzt. Man spült die Becherglaswand mit Wasser ab, erhitzt bis zum Rauchen und wiederholt diesen Vorgang 2–3mal. Die Lösung wird nun in einen 250 ml-Kolben einer Destillationsapparatur unter Zusatz von 25 ml HBr und 50 ml Wasser übergeführt, das Se abdestilliert, bis im Destillationskolben dichte $HClO_4$-Nebel auftreten und die Lösung wasserklar erscheint. Nach dem Abkühlen führt man die Lösung

aus dem Destillationskolben in einen 125 ml-Schütteltrichter über, neutralisiert mit Ammoniak bis eine weiße Fällung auftritt, löst diese durch Zusatz von 1–2 Tropfen HCl (1 + 1) (die Lösung soll nun 55–60 ml betragen), spült den Destillationskolben mit 6 ml HCl (1,19) nach, fügt diese ebenfalls in den Schütteltrichter und bringt die Lösung mit Wasser auf 70 ml. Nun werden 6,6 g NaI zugesetzt, 3 mal mit je 20 ml n-Amylalkohol/Diäthyläther (2:1) 30 sec extrahiert, jeder einzelne organische Extrakt 1 mal mit jeweils 15 ml 1n HI gewaschen, die vereinigten Waschlösungen 1 mal mit 20 ml n-Amylalkohol/Diäthyläther ausgeschüttelt und die wäßrige Phase verworfen. Die vereinigten organischen Extrakte dampft man in einem 250 ml-Becherglas auf 15–20 ml nach Bedecken mit einem Uhrglas auf dem Wasserbad ein, versetzt mit 30–40 ml Wasser sowie 5 ml H_2O_2, setzt das Eindampfen fort, bis der Alkohol vollständig verflüchtigt ist und fügt dabei, wenn nötig, Wasser hinzu, damit die untere Schicht ein Volumen von 10–12 ml aufweist. Nach dem Abkühlen werden in kleinen Anteilen 10 ml $HNO_3/HClO_4$ (4 + 1) zugesetzt, nach Abklingen der Reaktion bis zum Auftreten der $HClO_4$-Nebel eingedampft, etwas abgekühlt, Uhrglas und Becherglaswand mit Wasser abgespült und erneut bis zum Rauchen eingedampft. Man setzt nun das Abrauchen bei möglichst niedriger Temperatur bis zur Trockene fort, fügt nach dem Abkühlen 3 ml HCl (1,19), 2 ml Wasser sowie 1 ml $SnCl_2$-Lösung hinzu, führt in einen 10 ml-Meßzylinder über, füllt mit Wasser zur Marke auf und photometriert in einer 2 cm-Küvette bei 440 nm gegen Wasser.

Zur Aufstellung der Eichkurve versetzt man 5, 10, 15 und 20 μg Te jeweils in 10 ml-Meßzylindern mit 3 ml HCl (1,19), 2 ml Wasser sowie 1 ml $SnCl_2$-Lösung und fährt wie oben angegeben fort.

2. Metalle und Legierungen

Mit Hilfe des Tellursol-Verfahrens wurde Te in Kupferlegierungen [*25*], Selen [*27*], Stahl und Gußeisen [*32a*] bestimmt.

2.1. Stahl

Das Verfahren eignet sich für unlegierten und niedrig legierten Stahl mit $\leqq 3\%$ Cr, $\leqq 1{,}2\%$ Mo, $\leqq 3\%$ Ni, $\leqq 0{,}5\%$ Pb und $\leqq 0{,}6\%$ V.

B: 0,003–0,12% Te. *s:* ±0,001% Te. *Z:* ~ 40 min.

Arbeitsvorschrift [*32b*]

Reagentien

Mischsäure, 1 Teil HNO_3 (1,40) + 1 Teil $HClO_4$ (70%).
HCl (1,19); H_3PO_4 (85%).
$SnCl_2$-Lösung, 175 g $SnCl_2 \cdot 2\,H_2O$ werden in 200 ml HCl (1,19) unter Erwärmen gelöst und mit Wasser auf 500 ml aufgefüllt.

1 g Probematerial wird in einem 250 ml-Becherglas mit 20 ml Mischsäure unter Erwärmen gelöst, nach vollständigem Lösen mit 5 ml H_3PO_4 versetzt und bis zum starken Rauchen der $HClO_4$-Nebel erhitzt. Nach dem Abkühlen fügt man 20 ml HCl (1,19) hinzu, erwärmt bis zum vollständigen Lösen und füllt nach dem Abkühlen in einem 50 ml-Meßkolben mit Wasser zur Marke auf. Ein aliquoter Teil von 10,0 ml wird in einen 50 ml-Meßkolben übergeführt, mit 5,0 ml HCl (1,19), 5,0 ml H_3PO_4 und 5,0 ml $SnCl_2$-Lösung versetzt, mit Wasser zur Marke aufgefüllt, geschüttelt und innerhalb 5–30 min nach dem Auffüllen in einer 5 cm-Küvette bei 420 nm (unlegierter Stahl) oder 530 nm (legierter, Cr/Mo-haltiger Stahl) gegen den Blindwert photometriert. Den

Blindwert stellt man nach der Arbeitsvorschrift mit Ferrum reductum oder einem Te-freien Stahl her.

Bei Cr- und Mo-haltigen Stählen wird vom Meßwert ein entsprechender Korrekturwert abgezogen, den man einer Korrekturkurve entnimmt. Mit Filter S 53 (Elko II-Photometer, Zeiss) und 5 cm-Küvette betragen die Korrekturwerte (Extinktion): $E = 0{,}040/1\%$ Mo und $E = 0{,}040/3\%$ Cr ($E = 0{,}040$ entsprechen $0{,}005\%$ Te).

2. Luft

B: 2–350 µg Te/m³. F_r: ±10%.

Die Bestimmung des Te in Luft wurde nach dem Tellursol-Verfahren durchgeführt [*31*, *33*]. In der einen Arbeit [*33*] werden 400–3000 l Luft durch ein Papierfilter gesaugt (30–40 l/min), das Filter mit $H_2SO_4/HNO_3/H_2O_2$ verascht, anwesendes Se als Bromid verflüchtigt und nach dem Lösen des Abdampfrückstandes mit HCl und Wasser das Te (in 1,5n HCl-Lösung) nach Zusatz von Hydrazinhydrochlorid und $SnCl_2$ durch Kochen ausgefällt. Der abfiltrierte Niederschlag wird in HNO_3 gelöst, zur Trockene eingedampft, der Trockenrückstand mit HCl gelöst und das Te in einem 10 ml-Meßzylinder nach dem Tellursol-Verfahren photometrisch bestimmt.

F. Thioharnstoff

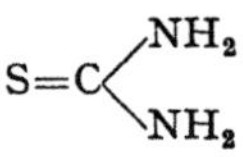

Te bildet mit Thioharnstoff in saurer Lösung einen gelb gefärbten Komplex [*34–37*], der für die photometrische Bestimmung geeignet ist. Die Farbreaktion kann in HNO_3- [*36*], H_2SO_4- und H_3PO_4-Lösung [*37*] durchgeführt werden. Die entsprechenden günstigsten Säure- und Reagenskonzentrationen in der aufgefüllten Probelösung sind: 0,6–1,4n HNO_3/10–12% Thioharnstoff, 0,7–2n H_2SO_4/9–11% Thioharnstoff und 0,3–1,5m H_3PO_4/10–12% Thioharnstoff. Das Extinktionsmaximum liegt in H_2SO_4-Lösung bei 310 nm ($\varepsilon = 15900$) und in H_3PO_4-Lösung bei 320 nm ($\varepsilon = 17400$) (s. Abb. 206). Die

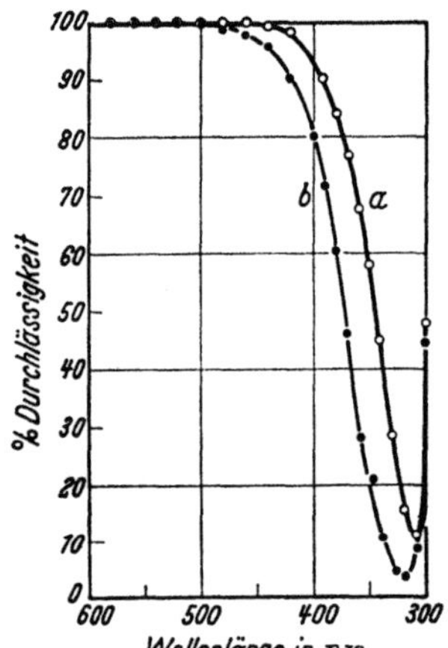

Abb. 206. Durchlässigkeitskurven von Te + Thioharnstoff [*37*] in H_2SO_4-Lösung (*a*) und in H_3PO_4-Lösung (*b*)

Farbe ist mehrere Stunden stabil. Das Beersche Gesetz ist im Bereich von 0,2–8 μg Te/ml erfüllt. Da zahlreiche Elemente mit Thioharnstoff reagieren und daher die Te-Bestimmung stören, wie z. B. Bi [*38–40*], Sb(III), Sn(II), Se(IV), Se(VI), Pd(II), Hg(I), Hg(II), Os(VIII), Rh(III) und Pt(IV), muß das Te vor der Bestimmung von diesen Elementen abgetrennt werden. Cu stört nicht.

Te wurde in Kupfer-Legierungen (0,2–2,5% Te) mit Thioharnstoff photometrisch bestimmt [*34*]. Die Empfindlichkeit der Farbreaktion soll auch die Bestimmung von 0,0001–0,01% Te in Kupfer und Selen gestatten [*35*]. Bei der Bestimmung in Kupfer muß das Te vor der photometrischen Bestimmung isoliert werden. Bei der Bestimmung in Selen wird die Probe in HNO_3 gelöst und mit Thioharnstoff versetzt, wobei das Se reduziert wird und das Te den Farbkomplex bildet. Nach dem Auffüllen des Meßkolbens mit Wasser wird ein aliquoter Teil vom ausgefallenen Se abfiltriert und im Filtrat das Te photometrisch bestimmt. Nach vorangehender Isolierung durch Spurenfällung wurde Te in Eisenlegierungen (0,02–0,15% Te) mit Thioharnstoff photometrisch bestimmt [*41*].

Arbeitsvorschrift [*36, 37*]

Reagentien

HNO_3 (1,38); H_2SO_4 (1,84); H_3PO_4 (1,70);
Thioharnstoff.

Zur Probelösung [10–400 μg Te(IV) enthaltend] fügt man in einem 50 ml-Meßkolben 2,5–5 ml HNO_3 oder 1–3 ml H_2SO_4 oder 1–5 ml H_3PO_4 sowie 5 g Thioharnstoff, füllt mit Wasser zur Marke auf und photometriert in einer 1 cm-Quarzküvette bei 310 nm bzw. 320 nm gegen Wasser.

G. Verschiedenes

An weiteren Reagentien zur photometrischen Bestimmung von Te sind zu nennen: 1,1'-Dianthrimid [*42*] und Tri-1,10-phenanthrolin-Fe(III)-perchlorat [*43*]. Daneben fanden auch andere Bestimmungsmethoden Anwendung: AAS (≧ 5 ppm Te in Eisen und Stahl) [*44*], Emissionsspektralanalyse (≧ 1 ppm Te in Nickellegierungen) [*45*] und Polarographie [*46*].

Literatur

1. Bode, H.: Angew. Chem. **66**, 454 (1954).
2. Bode, H.: Z. anal. Chem. **144**, 90 (1955).
3. Hanson, C. K.: Analyt. Chem. **29**, 1204 (1957).
4. Vanossi, R.: An. Asoc. quim. argent. **43**, 151 (1955).
4a. Atanassowa, B. W.: Mikrochim. Acta (Wien) **1966**, 970.
4b. Jordanov, N., Havesov, I.: Z. anal. Chem. **248**, 296 (1969).
4c. Pollock, E. N.: Analyt. chim. Acta **40**, 285 (1968).
5. McCown, J. J., Larsen, R. P.: Analyt. Chem. **32**, 597 (1960).
6. McCown, J. J., Larsen, R. P.: Analyt. Chem. **33**, 1003 (1961).
7. Cheng, K. L.: Talanta **8**, 301 (1961).
8. Bode, H., Hettwer, E.: Z. anal. Chem. **173**, 285 (1960).
8a. Bock, R., Tschöpel, P.: Z. anal. Chem. **246**, 81 (1969).
9. Luke, C. L.: Analyt. Chem. **31**, 572 (1959).
10. Smith, G. W., Reynolds, S. A.: Analyt. chim. Acta **12**, 151 (1955).
11. Jankovský, J., Kšir, O.: Talanta **5**, 238 (1960).
11a. Yoshida, H., Taga, M., Hikime, S.: Talanta **13**, 185 (1966).
11b. Cheng, K. L., Goydish, B. L.: Talanta **13**, 1210 (1966).
12. Bode, H.: Z. anal. Chem. **144**, 165 (1955).

13. Bode, H.: Z. anal. Chem. **143**, 182 (1954).
14. Meunier, P.: Compt. Rend. Acad. Sci. Paris **199**, 1250 (1934); ref. Z. anal. Chem. **107**, 226 (1936).
15. Paulais, R.: Compt. Rend. Acad. Sci. Paris **206**, 783 (1938).
16. Bertrand, D.: Bull. Soc. chim. France **6**, 1676 (1939).
17. —
18. Foster, M. D., Grimaldi, F. S., Stevens, R. E.: U.S. geol. Surv. Rept. **2**, (1944).
19. Furman, N. H., Mason, W. B., Pekola, J. S.: Analyt. Chem. **21**, 1325 (1949).
20. Bode, H.: Z. anal. Chem. **142**, 414 (1954).
21. Johnson, R. A., Kwan, F. P.: Analyt. Chem. **23**, 651 (1951).
22. Geiersberger, K., Durst, A.: Z. anal. Chem. **135**, 11 (1952).
23. Geiersberger, K.: Z. anal. Chem. **135**, 15 (1952).
24. Brown, E. G.: Analyst **79**, 50 (1954).
25. Crossley, P. B.: Analyst **69**, 206 (1944).
26. Johnson, R. A.: Analyt. Chem. **25**, 1013 (1953).
27. Johnson, R. A., Andersen, B. R.: Analyt. Chem. **27**, 120 (1955).
28. Johnson, R. A., Kwan, F. P.: Analyt. Chem. **25**, 1017 (1953).
29. Volkov, S. T.: Zavodskaja Lab. **5**, 1429 (1936).
30. Zemel, V. K.: Zavodskaja Lab. **5**, 1433 (1936).
31. Steinberg, H. H., Massari, S. C., Miner, A. C., Rink, R.: J. ind. Hyg. Toxicol. **24**, 183 (1942).
32. Kitahara, S.: Bull. Inst. physic. chem. Res. Tokyo **24**, 454 (1948).
32a. Maneschi, S., Gallazzi, C.: Analyt. chim. Acta **54**, 461 (1971).
32b. Koch, O. G.: Analyt. chim. Acta **64**, 156 (1973).
33. deMeio, R. H.: Analyt. Chem. **20**, 488 (1948).
34. Nielsch, W., Böltz, G.: Z. Metallkunde **45**, 380 (1954).
35. Nielsch, W.: Z. anal. Chem. **144**, 191 (1955).
36. Nielsch, W., Giefer, L.: Z. anal. Chem. **145**, 347 (1955).
37. Nielsch, W., Giefer, L.: Z. anal. Chem. **155**, 401 (1957).
38. Nielsch, W., Böltz, G.: Z. anal. Chem. **142**, 321 (1954).
39. Nielsch, W., Böltz, G.: Z. anal. Chem. **143**, 13 (1954).
40. Nielsch, W., Böltz, G.: Z. anal. Chem. **143**, 168 (1954).
41. Leontovitch, N.: Chim. analytique **43**, 391 (1961).
42. Skaar, O. B., Langmyhr, F. J.: Analyt. chim. Acta **23**, 175 (1960).
43. Etten, N., Muschaweck, J.: Z. anal. Chem. **206**, 17 (1964).
44. Marčec, M. V., Kinson, K., Belcher, C. B.: Analyt. chim. Acta **41**, 447 (1968).
45. Marks, J., Cone, R., Leao, E.: Appl. Spectroscopy **25**, 493 (1971).
46. Maienthal, E. J., Taylor, J. K.: Analyt. Chem. **37**, 1516 (1965).

GPSR Compliance

The European Union's (EU) General Product Safety Regulation (GPSR) is a set of rules that requires consumer products to be safe and our obligations to ensure this.

If you have any concerns about our products, you can contact us on ProductSafety@springernature.com

In case Publisher is established outside the EU, the EU authorized representative is:

Springer Nature Customer Service Center GmbH
Europaplatz 3
69115 Heidelberg, Germany

Batch number: 10683525

Printed by Printforce, the Netherlands

Koch · Koch-Dedic   Handbuch der Spurenanalyse   Zweite Auflage   Teil 2

O. G. Koch G. A. Koch-Dedic

Handbuch der Spurenanalyse

Die Anreicherung und Bestimmung von Spurenelementen unter Anwendung chemischer, physikalischer und mikrobiologischer Verfahren

Zweite, völlig neubearbeitete und erweiterte Auflage

Teil 2

Mit 125 Abbildungen

Springer-Verlag Berlin Heidelberg GmbH 1974

Dr. techn. Dipl.-Ing. Othmar G. Koch
Dr. rer. nat. Gertrud A. Koch-Dedic

D-6680 Neunkirchen/Saar, Goethestraße 24

ISBN 978-3-642-65424-4 ISBN 978-3-642-65423-7 (eBook)
DOI 10.1007/978-3-642-65423-7

Ursprünglich erschienen bei Springer-Verlag Berlin Heidelberg New York 1974
Softcover reprint of the hardcover 2nd edition 1974

Library of Congress
Catalog Card Number 72-83446.

Inhaltsverzeichnis Teil 2

IV. Die Bestimmung einzelner Elemente (Fortsetzung)

V. Multielement-Spurenanalyse. Die Bestimmung von Elementgruppen

VI. Die mikrobiologische Bestimmung von Spurenelementen

VII. Anhang

Allgemeine Hinweise

Erläuterungen zur Benutzung der Arbeitsvorschriften findet man auf S. 375 ff., 1379 ff. und 1459 ff., zu den verwendeten Reagentien auf S. 376.

Verwendete Abkürzungen

AAS	Atomabsorptionsspektrophotometrie
ÄDTA	Dinatriumsalz der Äthylendiamintetraessigsäure (Dihydrat)
ÄDTE	Äthylendiamintetraessigsäure
Amp	Ampere
B	Bestimmungsbereich
Best	Bestimmung
β	Trennfaktor
D	Verteilungskoeffizient
DADDTC	Diäthylammoniumdiäthyldithiocarbamat
Dest	Destillation
Dz	Dithizon
E	Extinktion
$E\%$	Extraktionsausbeute
El	Elektrolyse
Esp	Emissionsspektralanalyse
Ex	Extraktion
F	Fluorimetrie
Flg	Fällung
Fp	Schmelzpunkt (Fließpunkt)
F_r	relativer Fehler
F_{rm}	mittlerer relativer Fehler
FS	Flammenspektrophotometrie
GC	Gaschromatographie
IoA	Ionenaustausch
Isol	Isolierung
Kp	Siedepunkt (Kochpunkt)
L_D	Nachweisgrenze
L_Q	Bestimmungsgrenze
MIBK	Methylisobutylketon
min	Minute
Na-DDTC	Natriumdiäthyldithiocarbamat
Oxin	8-Hydroxychinolin
PAN	1-(2-Pyridylazo)-2-naphthol
Ph	Photometrie
Pol	Polarographie
PVC	Polyvinylchlorid
Rö	Röntgenspektrometrie
s	Standardabweichung
sec	Sekunde
S.E.	Seltene Erden
S_M	Empfindlichkeit
Std	Stunde
TBP	Tri-n-butylphosphat
TOA	Tri-n-octylamin
TOPO	Tri-n-octylphosphinoxid
TTA	2-Thenoyltrifluoraceton
T.U.	Transurane
V	relative Standardabweichung (Varianz)
V_m	mittlere relative Standardabweichung (Varianz)
V_0	Volumen der organischen Phase
V_w	Volumen der wäßrigen Phase
V	Volt
Vol	Voltammetrie
Z	Zeitbedarf

Th — Thorium

Tabelle 176. Empfindlichkeit S_M und Bestimmungsgrenze L_Q der Verfahren

Verfahren	µg Th · ml^{-1} · cm^{-1}	
	S_M	L_Q
Arsenazo I	0,0088—0,0096 (565—580 nm)	0,22—0,24 (565—580 nm)
Arsenazo III	0,0018 (665 nm)	0,045 (665 nm)
Thorin	0,014 (545 nm)	0,35 (545 nm)
Morin (fluorimetrisch)	0,0025[1]	0,025[1,2]

[1] Anregung 450—515 nm/Messung 515—600 nm.
[2] 10% vom Vollausschlag des Meßinstrumentes.

A. Trennungen

Die photometrische Bestimmung kleiner bis größerer Th-Mengen erfordert im allgemeinen deren Isolierung und Abtrennung von Störelementen, insbesondere Alkali- und Erdalkalimetallen, Al, Fe, Mo, S.E., Ti, V, W, U, Zr, F^- und Phosphaten. Für diesen Zweck wurden Fällungsmethoden, Extraktions- und Ionenaustausch-Verfahren angewendet. Oft ist der Einsatz einer Kombination von Trennverfahren erforderlich, welche die analytische Th-Bestimmung mehr oder weniger langwierig gestalten.

1. Extraktion

Auf die Extrahierbarkeit von Th aus HNO_3-Lösung mit Diäthyläther war schon frühzeitig hingewiesen worden [*1*]. Daneben wurden die organischen Lösungsmittel MIBK, Methylamylketon, Methylhexylketon, Diisopropylketon, Acetophenon, Propiophenon, Isoamylalkohol und Hexylalkohol für eine extraktive Trennung des $Th(NO_3)_4$ von Alkalien, Ca, S.E. und Zr als brauchbar ermittelt [*2*]. Übereinstimmend damit wurde auch von anderen Seiten über die Extrahierbarkeit von $Th(NO_3)_4$ mit MIBK [*3, 4*] und MIBK/10 Vol.-% TBP [*5*] berichtet. Mit Diäthyläther [*6*] und Dibutoxytetraäthylenglykol/Diäthyläther [*7*] konnte Th aus HNO_3-Lösung weitgehend, aber nicht quantitativ extrahiert werden. Schließlich soll auch Cyclohexanon geeignet sein [*8, 9*]. Bei allen letztgenannten und einigen später beschriebenen Extraktionsverfahren mit weiteren Lösungsmitteln werden der wäßrigen Lösung meist Salze als „Aussalzmittel" zur Erzielung größerer Ausbeuten zugesetzt. Als weiteres organisches Lösungsmittel für Th aus 1n HNO_3-Lösung diente Mesityloxid, wobei $Al(NO_3)_3$ zum Aussalzen verwendet wurde [*10—14*]. Obwohl Al nur in geringerem Ausmaß mitextrahiert wird, kann es bei der späteren Bestimmung stören [*11*], weshalb man in anderen Arbeiten an seiner Stelle $LiNO_3$ verwendet hat [*15, 16*]. $NaNO_3$ ist dazu nicht geeignet. U(VI) wird quantitativ, Zr und V werden in größerer Menge, Al, Fe(III), In, Pt(IV) und Sn(II) in nur geringer Menge ($<1\%$) mitextrahiert. In sehr geringem Ausmaß gehen auch Erdalkalimetalle, S.E. u. a. in die organische Phase, die aber durch mehrmaliges Waschen des Extraktes mit $Al(NO_3)_3$-Lösung entfernt werden können. Von Anionen stören AsO_4^{3-}, BO_3^{3-}, SO_4^{2-} und mäßige Mengen PO_4^{3-} die Extraktion nicht. F^- muß durch Al maskiert werden.

Th kann mit 1,3-Diketonen, wie z. B. Acetylaceton, Dibenzoylmethan [*17–19*], und organischen Lösungsmitteln extrahiert werden. Bei pH 2,5 werden Mikrogramm- und Milligramm-Mengen Th aus HNO_3-Lösung mit 0,25m TTA/Benzol extrahiert [*20–23*]; bei pH >2,5 gehen auch größere Mengen der anderen, bei der Th-Bestrahlung entstehenden Spaltprodukte, darunter die Ac- und Ra-Isotope, als extrahierbare Komplexe mit. Die Ausschüttelung des Th ist pH-abhängig und verläuft zwischen pH 0,7–2,5 weitgehend selektiv und quantitativ. Aus der organischen Phase wird Th mit 2n HNO_3 rückgeschüttelt. Die Methode wurde zur Vermeidung von Strahlenschädigungen zu einem kontinuierlich arbeitenden Verfahren entwickelt [*23*]. Bei der photometrischen Bestimmung von Nanogramm-Mengen in Harn [*24*] diente die Methode unter Verwendung von 0,45m TTA/Benzol zur Th-Isolierung, wobei nach Veraschen des organischen Materials mit HNO_3 durch eine doppelte Fällung mit LaF_3 als Spurenfänger die Hauptmenge der Harnsalze vorher beseitigt wird. Nach verschiedenen vorangehenden Trennschritten wurde Th in der gleichen Weise extraktiv von U abgetrennt [*14*]. Ähnlich wurde in einer anderen Arbeit [*25*] verfahren, indem man Th nach Mitfällen an einen $La(OH)_3$- und LaF_3-Niederschlag und Lösen desselben in HNO_3- bzw. $Al(NO_3)_3$-Lösung und 1n HNO_3 mit 0,5m TTA/Xylol bei pH 1,4–1,5 isolierte. Durch die Fällung wird Th von U(VI), Np(VI), Pu(VI) und Fe(III), durch die angeschlossene Extraktion von La abgetrennt. Von anderen Seiten wurde Th mit TTA/Benzol [*26*] bzw. TTA/CCl_4 [*27, 28*] aus essigsaurer Lösung extrahiert, um seine Trennung von S.E., Al, Ni und Cr zu erreichen. Wenn vor der Extraktion Tiron [*29*] zugesetzt wird, läßt sich auch die Störung durch Ti, das dann nicht mehr wie Th mit 6n HCl rückgeschüttelt wird, beseitigen [*26*]. Gramm-Mengen Th wurden von S.E., Ca und Ba durch 2–3maliges Ausschütteln mit 0,5–1m TTA/$CHCl_3$ bei pH 1,2 abgetrennt [*30*].

^{230}Th kann mit TBP aus 0,1n HNO_3/$Ca(NO_3)_2$ (gesättigt)-Lösung zu 95–99,5% extrahiert werden, wobei ^{231}Pa zwischen 30 und 90%, Sc, Y und S.E. (>99%), sowie U mitextrahiert werden, während Na, K, Mg, Ca, Sr, Ba, Al, Pb, Co und Ni in der wäßrigen Phase verbleiben (jeweils <0,1% wird extrahiert) [*7, 31*]. ^{230}Th wird nun (gemeinsam mit Sc, Y, S.E. und U) mit 1n HF rückgeschüttelt (Ausbeute an Th 94–98%), wobei die Elemente in die entstehende Fluorid-Fällung gehen. Nach Sättigung mit $Al(NO_3)_3$ (der Fluorid-Niederschlag geht dabei in Lösung) und Abpuffern mit Natriumacetat/Essigsäure (wobei die HNO_3-Konzentration 0,4m war) wird aus dieser Lösung das U mit Diäthyläther (mit 1,7 Vol.-% Eisessig versetzt) extrahiert, während ^{230}Th nahezu quantitativ in der wäßrigen Phase verbleibt. Nach Ansäuern mit HNO_3 wird Th zusammen mit Sc, Y und S.E. mit Dibutoxytetraäthylenglykol (Pentaäther)/Diäthyläther-Gemisch (2:1) extrahiert, durch mehrmaliges Schütteln mit 0,5m HNO_3/6m NH_4NO_3-Lösung Sc (80–85%), Y (>99%) und die S.E. (>99%) aus der organischen Phase entfernt (90% des Th bleiben bei einmaliger Ausschüttelung in der organischen Phase; ein Verlust von nur ~3% an Th tritt auf, wenn die Waschlösungen mit organischem Lösungsmittel nachgewaschen werden) und schließlich Th mit 0,1m HNO_3 rückgeschüttelt [*7*]. Bei der Bestimmung der S.E. wurde übrigens Th in der zuletzt beschriebenen Art weitgehend entfernt [*32*] (s. a. S. 1076). Zur Abtrennung des Th von anderen, in Erzen enthaltenen Elementen diente die Extraktion mit 10 Vol.-% TBP/MIBK aus 15%iger HNO_3/$Al(NO_3)_3$ (gesättigt)-Lösung [*5*]. Aus dem organischen Extrakt wird Th mit Wasser rückgeschüttelt. Eine Mitextraktion von Zr wird mit Mesoweinsäure verhindert, während Al störendes PO_4^{3-} maskiert. Über die Trennung des Th von S.E., Erdalkalien, Ru, Tc und Te mit Bis(2-äthylhexyl)orthophosphorsäure/n-Heptan [*33, 34*] s. S. 1077.

Mit Tri-n-octylphosphinoxid(TOPO)/Cyclohexan wird Th aus SO_4^{2-}- und PO_4^{3-}-Lösung nur dann rasch und quantitativ extrahiert, wenn genügend NO_3^- der wäßrigen Phase zugesetzt wird [*35*]. In Anwesenheit von 1m HNO_3/~ 1m $NaNO_3$ verläuft die Extraktion mit 0,1m TOPO/Cyclohexan in 5—10 min quantitativ, wenn höchstens 0,5m H_2SO_4 und 0,06m H_3PO_4 anwesend sind. Th wird aus dem organischen Extrakt mit 0,3m H_2SO_4 rückgeschüttelt. Y, La und S.E. werden erst aus >2m NO_3^--Lösung zu einem nur sehr geringen Anteil extrahiert. Unter den oben genannten Bedingungen gehen nur U(IV), Zr und Cr(VI) mit in die organische Phase, von denen Zr beim Rückschütteln im organischen Extrakt verbleibt. Da Cr(III) nicht extrahiert wird, empfiehlt man die vorherige Reduktion des Cr(VI). Mit TOPO/Cyclohexan wurde Th auch aus HCl- oder HNO_3-Lösung leicht quantitativ, aus $HClO_4$-Lösung weitgehend extrahiert [*36*].

Zur Trennung des Th(IV) von U(VI) wurde ferner die Extraktion des U mit Na-DDTC/Benzol empfohlen [*37*]. Th-Oxinat kann mit MIBK oder auch $CHCl_3$ extrahiert werden [*38, 39*]. So wurden kleine Th-Mengen von den S.E. mit Oxin/$CHCl_3$ bei pH 4,2 abgetrennt [*32*] (s. a. S. 1076). Große Mengen Fe(III) lassen sich von Th mittels Diäthyläther aus 6n HCl-Lösung extraktiv entfernen [*40—42*]. Die Abtrennung geringer Mengen Zr, Nb und V von Th erfolgte durch Extraktion der ersteren mit Cupferron/Äthylacetat aus 4—5n HCl-Lösung [*43*]. Th selbst wurde als Cupferronat aus 0,05n HCl-Lösung isoliert [*43*].

2. Fällung

Kleinere Mengen Th lassen sich durch Spurenfällung isolieren. In dieser Hinsicht ist die Fällung als ThF_4 recht geeignet, da es in saurer Lösung nahezu unlöslich ist. Häufig wird die Fluorid-Fällung mit La [*24, 25*], S.E. [*12, 13, 44*] oder auch Ca [*44*] als Spurenfänger verwendet. Auch eine doppelte Fällung mit $La(OH)_3$ und LaF_3 wurde angewendet [*25*]. Durch Abrauchen mit $HClO_4$ wird anschließend das F^- sowie anwesende Kieselsäure als H_2SiF_6 verflüchtigt [*45*]. Es wird empfohlen, die Fluorid-Niederschläge wegen ihrer schlechten Filtrierbarkeit durch Zentrifugieren abzutrennen. Th wird bei der Fällung von U(IV), Ce(IV), La, Pu(III) und Pu(IV) begleitet, während U(VI), Np(VI), Pu(VI), Ra, Po(VI), Pa (zu ~ 50%), Ti, Zr, Fe(III), Mo, Nb, Ta und W in Lösung bleiben.

Auch als Oxalat wurde Th nach Zusatz von Oxalsäure mit La [*14*] oder Ca [*43, 46*] als Spurenfänger gefällt. Es gelingt damit seine Trennung von Fe, Ti, Zr u. a. m. Größere Mengen Th wurden von dem ebenfalls zu bestimmenden Al aus HCl-Lösung als Th-Oxalat abgetrennt, indem Al durch einen großen Überschuß an Oxalsäure und Zusatz von Dimethyloxalat komplex in Lösung gehalten wurde [*15*]. Weiterhin fand die Hydroxidfällung mit $Al(OH)_3$ [*8, 9, 41*] und $Fe(OH)_3$ [*43*] zur Isolierung des Th Anwendung. Führt man die Fällung mit Ammoniak bei pH ~ 5 in Anwesenheit von Ammoniumsalzen durch, so gelingt die Abtrennung des Th von der Hauptmenge an S.E., sowie von Erdalkalimetallen, aber nicht von Sc, Ti, Zr u. a. m.. Komplexbildende Anionen müssen abwesend sein. Aus alkalischer Lösung fällt $Th(OH)_4$ zusammen mit den Hydroxiden der S.E. [*47*]. Mit Hilfe der Phosphat-Fällung aus ~ 0,3n HNO_3-Lösung mit Zr als Spurenfänger kann Th von vielen Elementen abgetrennt werden, die S.E. gehen aber ebenfalls in den Niederschlag. Aus ~ 1n HNO_3-Lösung kann Th als Jodat gefällt und so von einigen S.E. u. a. Elementen, aber nicht von Bi, Ce(IV), Ti, U(IV), Zr und großen Mengen Fe abgetrennt werden [*43, 45, 48*]. Die Störung durch Bi,

Ti und Zr konnte bei Fällung im Milligramm-Bereich durch Maskieren mit Oxalsäure unterbunden werden [48], während für die Fällung von Mikrogramm-Mengen Th als Jodat (in Gegenwart von La) seine vorangehende Isolierung als Fluorid empfohlen wird, um eine Abtrennung von der Hauptmenge an anwesenden Phosphaten des Ti und Zr sowie von Si zu erzielen [45]. Von anderer Seite [49] wurde bei der Jodat-Fällung eine Mitfällung von Fe, Sc und Ti durch Zusatz von Weinsäure und H_2O_2 als Komplexbildner unterbunden, während Zr (und Ce) bei Th verbleiben. Mit $BaSO_4$ als Spurenfänger wurde Th aus organischem und anorganischem Material isoliert (Ausbeute 99,5%) [49a, 49b].

Im Milligramm-Bereich soll sich Th in der Wärme mit Tetrachlorphthalsäure bei pH 1,0—1,2 quantitativ fällen und so von den S. E. abtrennen lassen [50]. Bernsteinsäure und Phthalsäure haben sich dafür schlechter bewährt. Von anderen Seiten wurden m-Kresoxyessigsäure [51], Benzoesäure [52], Natriumnaphthionat [53] als Fällungsreagentien in schwach saurer oder neutraler Lösung verwendet. In allen Fällen wurden sie bei der Bestimmung von Th in Monazitsand herangezogen.

3. Ionenaustauscher

Da sich die Isolierung des Th mit den bisher bekannten Trennungsmethoden teilweise langwierig gestaltet, versuchte man mit Hilfe von Ionenaustauschern möglichst selektive Trennverfahren für die Bestimmung von Th-Spuren aufzufinden. Mittels Kationenaustauschern wurde Th von Zr und Ti durch Dowex 50 [54], Th von La durch Amberlite IR(A)—100 [55] bzw. Th von Y, S.E. (und La), Co, Cr(VI), Cu(II), Fe(III), Mo(VI), Ni, Ti(IV) U(VI) und V(IV) durch Amberlite IR(A)—120 [56], unter Verwendung von Citronensäurepuffer (pH 1,75) [54], 10%iger Citronensäurelösung [55] bzw. 2n HCl [56] zum Eluieren der Fremdionen und von 3,6n oder 3n H_2SO_4 für das des Th, isoliert. Zur Isolierung von Th im Mikrogramm-Bereich für seine Bestimmung in verschiedenen Mineralien wurde ebenfalls die Adsorption an Dowex 50 herangezogen [28]. Zur Probelösung zugesetzte Ascorbinsäure hält Fe in der zweiwertigen Stufe, in der es nur schwach adsorbiert wird und die Adsorption von Ti weniger stark beeinflußt als Fe(III). Die Elution von Ti, Zr und Fe erfolgt mit 0,1m Citronensäure, diese des Th mit 6n H_2SO_4. Von anderer Seite [26] wurde Th zwecks Trennung von PO_4^{3-} an Kationenaustauscher Dowex 50-A2 adsorbiert, PO_4^{3-} mit 0,1n HCl ausgewaschen und danach Th [zusammen mit Al, Co, Cr(III), Fe, Ni, Sn, Ti, U, V und Zr] mit 10n HCl eluiert. Auch Oxalsäure [57] oder andere Komplexbildner werden zum Eluieren des Th von Kationenaustauschern empfohlen. Da Th in wäßriger HCl- oder HNO_3-Lösung kaum als anionischer Komplex vorliegt, wird es von Anionenaustauschern im allgemeinen nicht adsorbiert, so daß auf diesem Wege seine Trennung von anderen, anionische Komplexe bildenden Elementen möglich ist. So wurden 100 μg Th aus 9n HCl mit Anionenaustauscher Dowex 1 von 20 mg U(VI) oder von 40 mg Fe(III) oder je 20 mg U(VI) + Fe(III) [56], sowie Th von Ce(IV), Cr(VI), Hf, U(IV) und Zr [58] getrennt. Ce(III), La, Ti und Y verbleiben bei Th. Mit Dowex 2-X10 wurden ebenfalls Mikrogramm-Mengen Th auf ähnliche Weise von Co, Fe, Sn, U, Zr und den Platinmetallen abgetrennt [26]. V wird nur in der 5wertigen Stufe adsorbiert, so daß dieses durch vorherigen Zusatz von Cr(VI) in dieser Wertigkeit gehalten werden muß. Anderenfalls werden V-Spuren vom Austauscherharz reduziert und verbleiben dann bei Th. Weiterhin wird Th von Al, Cr(III), Ni, Ti begleitet. Mit dem Anionenaustauscher Deacidite FF [59] wurden aus 5n HCl-Lösung U und große Mengen Bi adsorbiert und so von Th abgetrennt. Gibt man eine <2n HCl-Lösung auf die Austauschersäule, so verbleibt U bei Th [60]. Bei einer Konzentration von je 0,25 mmol Th + Fremdelement/15 ml (bei höherer Konzentration ist D_{Th} zu klein) wird auch Th aus 6n HNO_3-Lösung vom Anionenaustauscher Dowex 1X8 (Harzbett 1,2 × 16 cm) adsorbiert und so mit 75—100 ml 6n HNO_3-Eluat von folgenden Elementen (im Eluat) abgetrennt: Al, Ca, Cd, Co, Er, Fe(III), Ga, La, Lu, Mg, Mn, Pb, Nd, Sr, U, V, Y, Yb, Zn und Zr (mit 200 ml Eluat wird auch Bi eluiert; anschließend kann Th mit 0,5n HNO_3 eluiert werden) [*60a*].

Aus nichtwäßrigen Lösungen oder mineralsauren organisch-wäßrigen Gemischen kann Th unter geeigneten Bedingungen als anionischer Komplex am Anionenaustauscher adsorbiert und danach eluiert werden. So wurde Th aus 80 Vol.-% Äthanol/0,7n HNO_3-Lösung an Dowex 1 (NO_3^--Form) adsorbiert und mit 0,1n HNO_3 eluiert [*61*]. Auf diese Weise gelingt seine Abtrennung von Milligramm-Mengen Ti, U, Zr, größeren Mengen Al und Mg sowie großen Mengen Ca und Fe. Auch größere Mengen NO_3^- und Cl^- stören nicht. Bei Adsorption von Th an Anionenaustauscher Dowex 1X8 (NO_3^--Form) aus 90 Vol.-% Methanol/10 Vol.-% 5n HNO_3-Lösung wird Th von Al, Co, Cu, Fe, Ni, Ti, U und Zr getrennt, während Ba, Bi, La, Pb und die S.E. bei Th verbleiben [*62*]; die letztgenannten Elemente können, mit Ausnahme des Bi, von Th abgetrennt werden, wenn dieses als negativ geladener Ascorbinat-Komplex allein an Dowex 1X8 (Ascorbinat-Form) bei pH 4 adsorbiert und davon mit 1n HNO_3 eluiert wird.

Für die Abtrennung des $Th(NO_3)_4$ von Ca, Ce(III), Co, Cu, Fe, La, Ni, Pb, Sn, Ti und U in Abwesenheit von PO_4^{3-} wurde eine Cellulosesäule (mit HNO_3 und Diäthyläther aktiviert; s. a. S. 1237) verwendet [*63*]. Von allen adsorbierten Ionen wird mit 12 Vol.-% HNO_3 enthaltendem Äther nur Th, mit 3 Vol.-% HNO_3 enthaltendem Äther nur U eluiert. Zr und Sc verbleiben bei Th. Wird anstelle der Cellulose- eine Al_2O_3-Säule [*64*] oder besser eine kombinierte Al_2O_3 + Cellulose-Säule (mit HNO_3 und Diäthyläther aktiviert) verwendet [*64—66*], so kann Th (oder Th + U) in Anwesenheit von PO_4^{3-} und Fe(III) von den S.E. [größere Mengen Ce(III), ferner La, Sm, Nd, Gd, Er, Ho, Tb], Sc, Y Al, der Hauptmenge an Fe(III), größeren Mengen Zr und den anderen früher genannten Elementen abgetrennt werden. Zur Isolierung von Th aus Knochen und Gewebe fand ein mehrstufiges Verfahren Anwendung [*66a*]: aus der Aschelösung wurde das Th bei pH 3,1—3,4 mit $Fe(OH)_3$ doppelt ausgefällt, die Fällung in 6n HCl gelöst, die Lösung auf die Kationenaustauschersäule (Dowex 50-X8, Cl^--Form) gegeben und das Th mit 20%iger Ammoniumcarbonatlösung eluiert.

B. o-Arsonophenylazo-naphthol-Derivate

Qualitative Untersuchungen mit Derivaten, die durch Kuppeln von diazotierter o-Aminophenylarsonsäure mit verschiedenen Phenol- und Naphthol-Abkömmlingen erhalten worden waren, ergaben in saurer Lösung gefärbte Verbindungen mit Th, sowie Hf, Nb, S.E., Ta, Ti, U und Zr [*67, 68*]. Von diesen Verbindungen haben sich später insbesondere Arsenazo und Thorin für eine quantitative photometrische Th-Bestimmung bewährt.

I. Arsenazo I

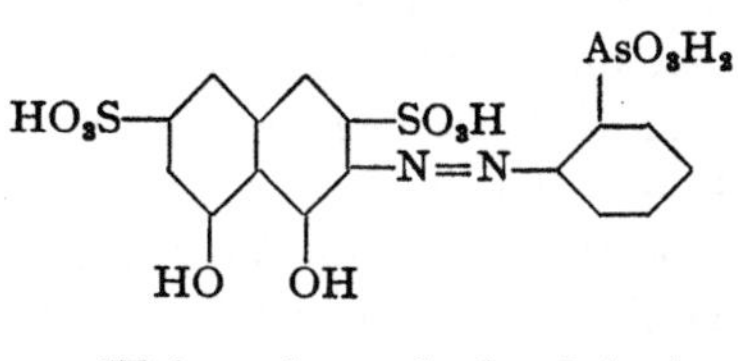

Th(IV) bildet mit Arsenazo [Trinatriumsalz der 3-(o-Arsonophenylazo)-4,5-dihydroxynaphthalin-2,7-disulfosäure; auch als 2-(o-Arsonophenylazo)-chromotropsäure oder

Neothoron bezeichnet] einen violetten Komplex, der zur qualitativen [*37*] und quantitativen Bestimmung [*8, 9, 16, 69*] herangezogen wurde. Der pH-Wert beeinflußt die Farbintensität, doch bildet sich die Farbe mit voller Intensität in HCl-Lösung bei pH 1,0–2,3 [*16, 69*] und bleibt konstant. Daneben konnten Th und U gemeinsam auch bei pH 8,5 ± 0,5 photometrisch bestimmt werden [*16*]. Von anderer Seite [*37*] wurde der Th-Komplex in Anwesenheit von ÄDTA und Triäthanolamin-Pufferlösung erst bei pH 7,5–8,5 gebildet. In allen Fällen erfolgt die Komplexbildung sofort. Es wird in einer Arbeit [*69*] allerdings darauf verwiesen, daß die Extinktion der bei pH 2 gebildeten Farbe innerhalb von 60 min noch zunimmt, so daß erst 1 Std nach der Farbentwicklung photometriert wurde. Temperaturschwankungen zwischen 15–25° C zeigten praktisch

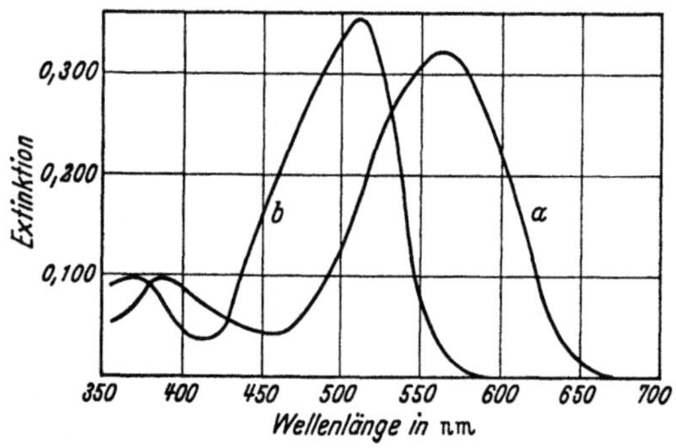

Abb. 207. Extinktionskurven von Th + Arsenazo (*a*) und Arsenazo (*b*) bei pH 1,5 [*16*]

keinen Einfluß. Der Komplex ist über 1 Woche stabil [*16*]. Das Extinktionsmaximum des Komplexes liegt bei 565 nm (pH 1,5) [*16*], 570–580 nm (pH 2, $\varepsilon = 26600$) [*69*] bzw. um 540 nm (pH 8,5) [*16*], das des Reagenses allein um 513 nm [*16*]. Die Reagensabsorption im Extinktionsmaximum des Komplexes (565 nm) ist minimal [*16*] (s. Abb. 207). Bei pH 8,5 soll die Nachweisempfindlichkeit nahezu 2mal so groß sein [*16*]. Bei pH 1,5 und 565 nm ist das Beersche Gesetz im Bereich von 0,22–9 µg Th/ml erfüllt. Die Bestimmung von 5 µg Th/ml wird durch je 1 µg/ml der nachfolgenden Ionen nicht gestört (relativer Fehler ±2%) [*16*]: Ce(IV), Fe(III), Ti(IV), Zr(IV), Mo(VI), V(IV), W(VI), PO_4^{3-} und Oxalat. Unter pH 2 stört U bis zur 20fachen Menge gegenüber Th nicht. Von anderer Seite [*37*] wurde störendes U vorher als Carbamat mit Benzol extraktiv abgetrennt. Außerdem sollen F^-, SO_4^{2-} [*8*], NO_3^- und Citrat [*69*] stören. Die Bestimmung von Th und U nebeneinander (am besten innerhalb des Mengenverhältnisses 1:5 und 5:1) ist mit Arsenazo möglich, wenn Th allein bei pH 1,5 und 565 nm und U + Th bei pH 8,5 und 596 nm (Extinktionsmaximum des U-Komplexes, s. S. 1238) bestimmt und danach die dem Th-Gehalt entsprechende Extinktion mittels einer bei pH 8,5 und 596 nm aufgestellten Th-Eichkurve von der Summe U + Th abgezogen wird [*16*]. Hinsichtlich der Bestimmung von Th neben den S.E. s. S. 1083. Zur Th-Isolierung wird die vorangehende Extraktion mit Cyclohexanon [*8, 9*] oder mit Mesityloxid [*16*] (s. S. 1181) empfohlen. Die Bestimmung mit Arsenazo wurde auf Wässer [*8*], Gesteine [*9, 16*] und Monazit [*16*] angewendet.

Arbeitsvorschrift [*16*]

Reagentien

NaOH, 20%ige wäßrige Lösung;

Pufferlösung (pH 0,8); 3,8 g KCl werden in Wasser gelöst, 8,5 ml ~ 10n HCl hinzugefügt, auf pH 0,8 eingestellt und mit Wasser auf 500 ml aufgefüllt;

Arsenazo, 0,12%ige wäßrige Lösung.

5–10 ml schwach HNO_3-saure Probelösung (12–450 μg Th enthaltend) werden in einem 50 ml-Becherglas durch tropfenweisen Zusatz von NaOH auf pH 1,5–3,0 eingestellt. Nach Zusatz von 10 ml Pufferlösung und 2,0 ml Arsenazo-Lösung mischt man gut durch, führt in einen 50 ml-Meßkolben unter 3maligem Nachspülen mit wenig Wasser über, füllt zur Marke auf und photometriert in einer 1 cm-Küvette bei 565 nm gegen den Blindwert.

II. Arsenazo III

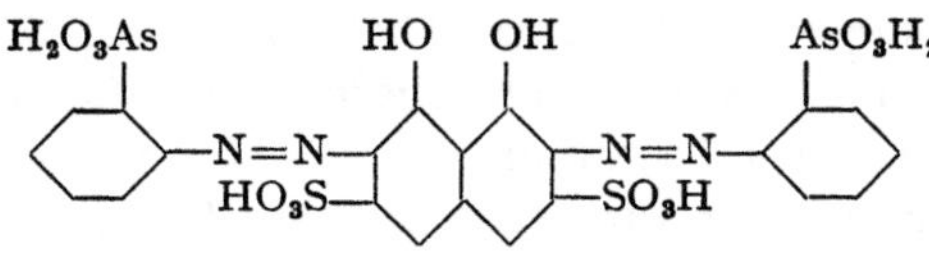

Th(IV) bildet mit dem in saurer Lösung rot gefärbten Arsenazo III[1] [Dinatriumsalz der 2,7-Bis(o-arsonophenylazo)-1,8-dihydroxynaphthalin-3,6-disulfosäure] in 0,01n bis 10n HCl-Lösung einen grünen Komplex mit einem Extinktionsmaximum bei 665 nm (ε_{665} = 130000 in 9n HCl-Lösung [*69a*] bzw. 100000 in 7,5n HCl [*69b*]; s. Abb. 208).

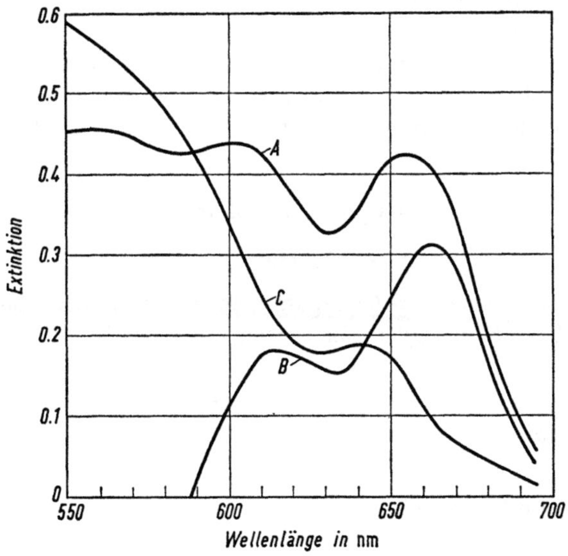

Abb. 208. Extinktionskurven von Th + Arsenazo III (*A* gegen Wasser, *B* gegen Blindlösung gemessen) und Arsenazo III (*C*, Blindlösung, gegen Wasser gemessen) [*69c*]

[1] Von Reagentienherstellern wird fallweise Arsenazo I oder ein Gemisch von Arsenazo I + Arsenazo III als Arsenazo III geliefert, was wohl die Ursache für die oft widersprechenden Angaben über Reagenseigenschaften und ε-Werte sein dürfte [*69c*]. Die Synthese von Arsenazo III wurde beschrieben [*69a*].

Das Beersche Gesetz ist im Bereich von 0,045–1,8 µg Th/ml erfüllt. Die Farbe ist mindestens 1 Std stabil. Die Farbreaktion zeigt in 3,7n $HClO_4$/0,5n HCl-Lösung eine um ~ 50% höhere Empfindlichkeit und größere Farbstabilität gegenüber jener in 4,3n HCl [*69c*]. Außer Th reagiert noch eine Reihe anderer Elemente [*69a*]: Ba (violettblau, pH 4,5–5), Bi (violettblau, pH 1,5–4,5), Ca (blau, pH 4–5, $\varepsilon_{655} \approx 10000$), Ce (pH 3, $\varepsilon_{655} = 47000$), Cu (blau, pH 4–5), Fe(III) (violett, pH 1,5–3), Gd (pH 3, $\varepsilon_{655} = 58000$), Hf (9n HCl, $\varepsilon_{665} \approx 95000$), La (grün, pH 3–4, $\varepsilon_{655} = 45000$), Pb (pH 4–5, blau, $\varepsilon_{655} = 10000$), Sc (violett, pH 1–4, $\varepsilon_{675} = 19000$), Tb (pH 3, $\varepsilon_{655} = 62000$), U(IV) (grün, 0,05–10n HCl, $\varepsilon_{670} = 100000$ in 4n HCl), U(VI) (grün, pH 1–4, $\varepsilon_{665} = 53000$ bei pH 2), Y (grün, pH 3–4, $\varepsilon_{655} = 55000$), Yb (pH 3, $\varepsilon_{655} = 49000$), Zn (pH 3, $\varepsilon_{655} = 43000$) und Zr (grün, 0,2–10n HCl, $\varepsilon_{665} = 120000$ in 9n HCl). Zr kann in 2,5n–3,0n HCl-Lösung mit Oxalsäure maskiert werden. Die Bestimmung des Th nach der Arbeitsvorschrift [*69a*] wird durch folgende andere Elemente bis zu folgenden Mengenverhältnissen (Th:Me) nicht gestört: 1:6 U(VI); 1:10 Ti; 1:50 S.E. (Ce-Untergruppe); 1:100 S.E. (Y-Untergruppe); 1:200 Cr(III); 1:500 Ni; 1:1000 Zr; 1:1000–5000 Al, Ca, Co, Fe(III), Pb u. a. Elemente. Th wurde durch Extraktion mit Bis-(2-äthylhexyl)orthophosphorsäure/Cyclohexan aus 6n HCl-Lösung von zahlreichen Elementen abgetrennt und in der organischen Phase mit Arsenazo III photometrisch ($\varepsilon_{660} = 87700$) bestimmt [*69d*].

Mit Arsenazo III wurde Th in Silicatgestein [*69a, 69c*] bestimmt.

Arbeitsvorschrift [*69a*]

Reagentien

HCl (1,19).
Arsenazo III, 0,1%ige wäßrige Lösung.
Oxalsäure, 4%ig in 6n HCl.

~ 5 ml 2n HCl-saure Probelösung (1–25 µg Th enthaltend) versetzt man in einem 25 ml-Meßkolben mit 10 ml Oxalsäurelösung sowie 0,50 ml Arsenazo III-Lösung, füllt mit Wasser zur Marke auf und photometriert in einer 1 cm-Küvette bei 665 nm gegen den Blindwert.

1. Organisches Material

1.1. Harn

Nach teilweiser Mineralisierung der organischen Substanz wird das Th mit $Al(OH)_3$ als Spurenfänger isoliert. 50 µg U/l-Probe täuschen 0,4 µg Th/l vor.

B: 1–25 ppb Th. F_r: ± 1%.

Arbeitsvorschrift [*69b*]

Reagentien

17n Ammoniak; H_2SO_4 (1,84); 11n HCl.
Arsenazo III, 0,04%ige wäßrige Lösung.
H_2O_2 (30%).
$KAl(SO_4)_2 \cdot 12\,H_2O$, 10%ige wäßrige Lösung.

100 ml Probe versetzt man in einem Zentrifugenglas mit 4 ml Ammoniak, mischt, zentrifugiert 10 min, verwirft die überstehende Flüssigkeit, erhitzt den Rückstand mit 5 ml H_2SO_4 auf dem Sandbad, fügt 1 ml H_2O_2 hinzu und erhitzt weitere 10 min. Nach dem Abkühlen wird mit Wasser auf 50 ml verdünnt, eine Trübung durch Erwärmen beseitigt, mit 2 ml $KAl(SO_4)_2$-Lösung versetzt, mit Ammoniak auf pH 8

eingestellt, nach einigen Minuten Standzeit 10 min zentrifugiert und die überstehende Lösung verworfen. Den Niederschlag löst man mit 3 ml 11n HCl, führt unter Nachwaschen mit 1,5 ml 11n HCl in einen 10 ml-Meßkolben über versetzt mit 1,00 ml Arsenazo III-Lösung, füllt mit 11n HCl zur Marke auf, führt die Lösung in ein Zentrifugenglas über, zentrifugiert 10 min und photometriert dann in einer 4 cm-Küvette bei 665 nm gegen Wasser.

2. Luft

B: 2—500 µg Th/m³. F_r: ±5%.

Man saugt 50—500 l Luft (10—30 l/min; s. S. 177) durch ein Filter, verascht dieses mit H_2SO_4/HNO_3, dampft zur Trockene ein, löst den Rückstand in HCl und bestimmt das Th nach der Arbeitsvorschrift [*69a*] auf S. 1188. Bei silicatischen Staubproben wird der Veraschungsrückstand mit $HClO_4/HF$ abgeraucht und dann wie oben fortgefahren oder aber mit Na_2O_2 aufgeschlossen, die Schmelze in Wasser gelöst, angesäuert und wie oben weiter gearbeitet.

III. Thorin

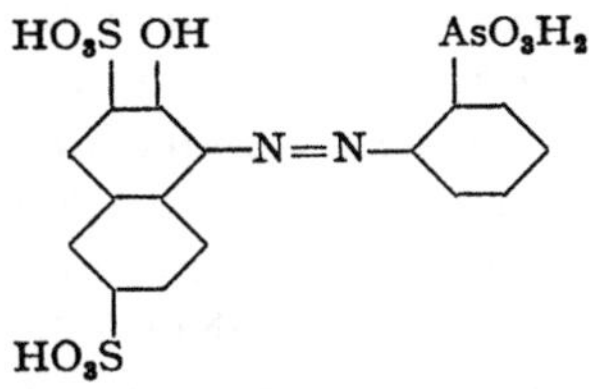

Th(IV) bildet mit Thorin (orangerotes Dinatriumsalz der 1-(o-Arsonophenylazo)-2-naphthol-3,6-disulfosäure; auch als Thoron, Thoronol, APNS, APANS, Naphtharson bezeichnet) in saurer Lösung eine orangefarbige Verbindung. Über die günstigste Säurekonzentration für die Farbreaktion herrschen etwas verschiedene Ansichten, obwohl sie von besonderer Bedeutung ist. So werden einerseits mit HCl eingestellte pH-Bereiche zwischen 0,2—1,0 [*28, 43, 47, 62, 70*] und 0,5—1,2 [*5, 71*] bzw. 1,5 [*72*] (auch mit $HClO_4$ eingestellt [*12, 13*]) als optimal angesehen und berichtet [*70*], daß die Farbe bei pH > 1,0 rasch abnehmen soll und bei pH 7 überhaupt keine Färbung eintritt. Demgegenüber wird aber auch 0,3—0,4n HCl [*35*] als geeignet angesehen. Die Farbbildung zwischen Th und Thorin erfolgt unter optimalen Bedingungen innerhalb 5—10 min. Im allgemeinen wird mit einer Thorin-Konzentration von 0,01% im Endvolumen gearbeitet. Eine Temperaturerhöhung von 15 auf 25° C soll nach einzelnen Angaben zu einer Extinktionszunahme um 4% [*71*] bzw. 3,3% [*72*] bei mittleren Th-Gehalten (8—9 µg/ml) führen. Eine Erhitzung der Komplex-Lösung über 35° C führt aber auf jeden Fall zur Zersetzung der Farbe [*72*]. Das Extinktionsmaximum des Th-Komplexes zeigt eine gewisse Abhängigkeit von der vorhandenen Th-Menge. Die Reagenslösung allein ist in Wasser orange, bei Zusatz von Säure gelb gefärbt. Die saure Reagenslösung ist stabil; in basischem Milieu wird sie etwas zersetzt [*73*]. Die in saurem Bereich gelbe Farbe der Thorin-Lösung nimmt durch steigende Th-Mengen eine Farbveränderung über Orange nach Orangerot an. Das Extinktionsmaximum des Komplexes liegt bei 545 nm (ε_{545} = 16700 [*12*]) [*12—14, 28, 35, 47, 61, 62, 70, 72*], 550 nm [*5*] bzw. 555 nm [*71*]. Durch Zusatz von 80 Vol.-% Aceton soll die Farbintensität um ~50% erhöht werden [*74*]. Das Beersche Gesetz gilt im Bereich von 0,35—> 10 µg Th/ml [*12, 28, 70, 72*]; bei Th-Gehalten > 30 µg/ml entsteht eine Trübung, bei 100 µg Th/ml ein roter, gelatinöser Niederschlag [*70*]. Mit dem Reagens wurden aber auch in reinen Lösungen Gehalte bis zu

0,1 μg Th/ml herab bestimmt [75]. Die unter optimalen Bedingungen gebildete Farbe ist in der Kälte 24 Std [12, 70] bis 1 Monat [72] stabil. Durch Temperaturschwankungen verursachte Meßfehler sollen durch Einstellen von Probe- und Bezugslösung auf gleiche Temperatur vermeidbar sein [76].

Zahlreiche Elemente stören die Th-Bestimmung, von denen Fe(III), Hf, Nb, S.E., Sn, Ta, Ti, U(IV), Y und Zr ebenfalls mehr oder weniger starke Färbungen mit Thorin geben, während Ce(IV), Cr(VI) sowie die Anionen F^-, Br^-, I^-, PO_4^{3-}, Oxalat und SO_4^{2-} oxydierend bzw. maskierend wirken. Außerdem sollen Bi, Sb und W stören; Alkalimetalle, Ba, Ca und Cr(III) verursachen erst in g-Mengen eine Störung. Im allgemeinen muß Th daher vor seiner Bestimmung mit Thorin isoliert werden. Die durch Fe(III) verursachte Störung kann durch Reduzieren zu Fe(II) beseitigt werden, indem man die Lösung mit Hydroxylaminhydrochlorid aufkocht [46, 47, 66, 70, 72] (auch bei gleichzeitiger Anwesenheit von $CuCl_2$ als Katalysator [76]) oder Ascorbinsäure zusetzt [28, 61], wonach etwa 1 mg [70] bis 10 mg Fe [76] anwesend sein können. Ce(IV) wird verschiedentlich durch H_2O_2 zum wenig störenden Ce(III) reduziert [47, 49, 64]. Weiterhin wird vorhandenes U(IV) auch zu dem unter den Bedingungen der Th-Bestimmung kaum störenden U(VI) oxydiert [35, 70, 72], wonach neben 50 μg Th noch 1 mg U zulässig ist [70]. Vereinzelt [47, 76] wurde Zr durch Zusatz von d-Weinsäure oder noch wirksamer Mesoweinsäure maskiert, so daß in letzterem Fall bis zu 130 μg Th neben maximal 740 μg Zr in Monazitsandproben [47] nach Aufschluß mit Na_2O_2 bestimmbar sind. SO_2 stört. F^- wird meist durch Abrauchen entfernt, vereinzelt [72] aber auch mit Al maskiert. Störendes CO_3^{2-} entfernt man durch Auskochen [72]. Nach Extraktion mit 40% TBP/Kerosin aus 5n $NaNO_3$/0,5n HNO_3-Lösung wurde Th zur Vermeidung der Rückschüttelung in einem TBP/Kerosin/Butylcellosolve/Wasser-Gemisch mit Thorin photometrisch bestimmt [76a].

Das Reagens fand außer bei den nachfolgend beschriebenen Materialien auch zur Bestimmung von Th in Wasser [46], Wismutlegierungen (>0,1%) [59], Magnesiumlegierungen (>1%) [71], Plutonium, Neptunium und Uranylnitrat-Lösungen [76b] Anwendung.

Arbeitsvorschrift [28]

Reagentien

0,1n HCl;
Thorin, 0,1%ige wäßrige Lösung.

Die Probelösung (3,5—100 μg Th enthaltend, HNO_3-sauer) wird in einer Platinschale auf dem Wasserbad zur Trockene eingedampft, mit 8 ml 0,1n HCl unter gelindem Erwärmen auf dem Wasserbad gelöst, in einen 10 ml-Meßzylinder übergeführt, nach Zusatz von 1,0 ml Thorinlösung mit 0,1n HCl zur Marke aufgefüllt und nach 10 min in einer 1 cm-Küvette bei 545 nm gegen den Blindwert photometriert.

1. Silicatgestein und andere Mineralien

Neben kleineren Th-Gehalten in Silicatgestein wurden auch die in Monazitsand, Zirkon und verschiedenen Erzen auftretenden höheren Th-Gehalte mit Thorin photometrisch bestimmt. Bei Bestimmung in Monazitsand [47] war nach Aufschluß der Probe mit Na_2O_2 und Verdünnen Th direkt photometrisch bestimmt worden, wobei Zr mit Mesoweinsäure maskiert wurde. Dasselbe Verfahren unter Zwischenschaltung einer Hydroxidfällung zur Entfernung von Sn, F^- u. a. wurde auch auf Zirkon angewendet [76]. In Erzen und Monazitsand mit >0,2% Th fand die Cellulose/Al_2O_3-Säule zur

Isolierung des Th Anwendung, wobei dann in einem aliquoten Teil des Eluates nach Maskieren von restlichem Zr mit Mesoweinsäure das Th mit Thorin bestimmt wurde [66]. In anderen Arbeiten wurde Th vor der photometrischen Bestimmung in Monazitsand [12] und Blacksand [13] durch Fluoridfällung und Mesityloxidextraktion, in Feldspat, Zirkon u. a. durch La-Oxalat-Fällung, Extraktion mit Mesityloxid und TTA/Benzol [14], vor der Bestimmung in Rohprodukten und Auslaugprodukten von Monazitsand durch Extraktion mit Tri-n-octylphosphinoxid/Cyclohexan [35], sowie in Thorit-Rückständen durch Extraktion mit TBP/MIBK [5] isoliert.

1.1. Silicatgestein und andere Mineralien

Außer in der nachfolgenden Arbeitsvorschrift [28] wurden Th-Gehalte von 0,001% aufwärts in Silicatgestein auch nach Isolieren am stark basischen Anionenaustauscher Dowex 1 aus 80% Äthanol/0,7n HNO_3-Lösung mit Thorin photometrisch bestimmt [61].

Bei der vorliegenden Arbeit [28] wird Th aus Ascorbinsäure enthaltender 1n HCl-Lösung am stark sauren Kationenaustauscher Dowex 50 adsorbiert, mit 0,1m Citronensäure die Störelemente und anschließend mit 6n H_2SO_4 Th eluiert und mit Thorin photometrisch bestimmt. Auf diese Weise gelingt die Bestimmung von Th neben der ~600fachen Menge Al, Ca, Cd, Co, Cu, Fe, Mg, Mn, Ni, Zn, NO_3^-, PO_4^{3-}, SO_4^{2-}, der ~250fachen Menge Zr, der ~130fachen Menge Sn(II), der ~60fachen Menge Mo(VI), der ~30fachen Menge V(V), der ~23fachen Menge Ti sowie der ~6fachen Menge U(VI) und W(VI). Bei der Anwesenheit größerer Mengen Cr(III) wird Th zusätzlich durch Extraktion mit TTA/Benzol abgetrennt. Die S.E. gehen bei der Th-Isolierung teilweise mit und stören die Bestimmung, so daß höchstens bis zu 1 mg neben Th anwesend sein darf. Mit dem Verfahren wurde Th in Silicatgestein, Meeressedimenten, Phosphat und Kohlenasche bestimmt.

B: 0,0003–0,01% Th. F_r: ±5%.

Arbeitsvorschrift [28]

Reagentien

Ionenaustauschersäule; der stark saure Kationenaustauscher Dowex 50 (H-Form, Körnung 0,1 bis 0,2 mm) wird mehrmals mit 6n H_2SO_4 aufgeschwemmt, mit Wasser gewaschen, in Wasser aufgeschlemmt in die Säule (i ⌀ 6 mm) eingefüllt und mit 50 ml Ascorbinsäure-Lösung gewaschen (Harzbettlänge 10 cm);
Na_2CO_3 sicc.;
HCl (1,19); 4n HCl; 0,5n HCl; 6n H_2SO_4;
HNO_3 (1,40); HF (40%);
Ascorbinsäure;
Ascorbinsäure-Lösung, 0,5%ig in 1n HCl;
0,1m Citronensäure; 21 g Citronensäure werden in 1 l Wasser gelöst;
übrige Reagentien wie bei der Arbeitsvorschrift S. 1190.

0,5–1,0 g feingepulvertes Probematerial werden mit der 5–10fachen Menge Na_2CO_3 in einem Platintiegel aufgeschlossen, die erkaltete Schmelze mit HCl gelöst und die Kieselsäure auf bekannte Weise durch mehrmaliges Abrauchen mit HCl auf dem Wasserbad abgeschieden. Der Rückstand wird mit 20 ml 4n HCl aufgenommen, filtriert, mit 25 ml 0,5n HCl nachgewaschen und die abfiltrierte Kieselsäure durch Abrauchen mit HF/HNO_3 entfernt. Den Rückstand nimmt man mit 2 ml 4n HCl auf, vereinigt mit dem Filtrat und füllt mit Wasser auf 100 ml auf (die Lösung ist jetzt 1n HCl). Die Probelösung oder ein aliquoter Teil davon (bei Anwesenheit großer Th-Mengen) wird so lange mit Ascorbinsäure versetzt, bis das Fe(III) vollständig reduziert ist (bei Verwendung von Ascorbinsäure zur Reduktion des Fe besteht bei längerem Stehenlassen bzw. bei

Lichteinwirkung die Gefahr der Zersetzung der Ascorbinsäure, wodurch die Extinktion erhöht wird). Die Lösung schickt man dann mit einer Geschwindigkeit von 0,3 ml/min durch die Ionenaustauschersäule, wäscht anschließend so lange mit Ascorbinsäure-Lösung, bis der Durchlauf Fe-frei ist (dazu sind normalerweise 100 ml ausreichend), wäscht danach mit 200 ml Citronensäure-Lösung, wobei die letzten 20 ml auf Ti-Freiheit geprüft werden müssen, und hierauf 2—3mal mit je 20 ml Wasser. Das Th wird mit 50 ml 6n H_2SO_4 eluiert und mit dem Eindampfen der Lösung und der photometrischen Bestimmung nach der Arbeitsvorschrift auf S. 1190 fortgefahren.

1.2. Silicatgestein

Th wird mittels Jodatfällung aus HNO_3-Lösung isoliert, wobei ein Zusatz von H_2O_2 und d-Weinsäure zur Maskierung und damit Verminderung einer Mitfällung von insbesondere Bi, Ce, Sc, W und Zr dient. Die Anwesenheit von jeweils 30 mg einzeln oder je 5 mg gemeinsam der Oxide von Ce, Fe, Nb, Ti, Sc oder Zr und größerer Mengen Bi, Ta und W stören neben 2,5—2000 µg ThO_2 nicht. Oxin wird zugesetzt, um eine katalytische Zersetzung von H_2O_2 durch Ce zu verhindern. Die photometrische Bestimmung mit Thorin wird in Anwesenheit von Mesoweinsäure vorgenommen, um Störungen durch restliches Fe und besonders Zr zu vermeiden.

B: 0,001—0,02% Th und darüber. F_{rm}: ±7%.

Arbeitsvorschrift [*49*]

Reagentien

Na_2O_2; K_2CO_3; $K_2S_2O_7$;
HNO_3 (1,40); HNO_3 (1 + 1); HNO_3 (3 + 97);
HCl (1,19); HCl (1 + 1); $HClO_4$ (70%);
H_2O_2 (30%);
KOH, 50%ige wäßrige Lösung;
KOH, 0,2%ige wäßrige Lösung;
NH_4NO_3, 1%ige wäßrige Lösung;
$Fe(NO_3)_3 \cdot 6\,H_2O$, 0,9%ig in HNO_3 (1 + 99);
$Hg(NO_3)_2$-Lösung; 1,6 g $Hg(NO_3)_2 \cdot H_2O$ werden in 10 ml HNO_3 (1 + 1) gelöst und mit Wasser auf 1 l aufgefüllt;
$CuCl_2 \cdot 2\,H_2O$, 0,2%ige wäßrige Lösung;
Oxin, 0,5%ig in HNO_3 (1 + 99);
KIO_3 6%ige wäßrige Lösung;
KIO_3-Waschlösung; 60 ml HNO_3 (1,40) + 6 ml H_2O_2 (30%) + 200 ml KIO_3-Lösung werden mit Wasser auf 1 l aufgefüllt;
Hydroxylaminhydrochlorid, 10%ige wäßrige Lösung;
d-Weinsäure, 60%ige wäßrige Lösung;
Mesoweinsäure, 10%ige wäßrige Lösung;
Thorin, 0,1%ige wäßrige Lösung.

0,3 g Probematerial werden in einem Platintiegel mit 3—5 g Na_2O_2 (oder mit K_2CO_3) 1 Std bei 460 ± 20° C gesintert, nach dem Erkalten der Tiegel in einem bedeckten Becherglas mit 30—100 ml Wasser auf dem siedenden Wasserbad 15 min behandelt, mit HNO_3 (1 + 1) angesäuert und 2 ml im Überschuß zugegeben. Man fügt 1 ml $Fe(NO_3)_3$-Lösung, 1—2 Tropfen H_2O_2, 50%ige KOH-Lösung bis zum Neutralpunkt, sowie 5 ml von letzterer im Überschuß auf je 50 ml Probelösung hinzu, erhitzt 15 min auf dem siedenden Wasserbad und filtriert die Lösung unter Nachwaschen mit 0,2%iger KOH-Lösung durch ein dichtes Filter. Falls die Probe nicht vollständig aufgeschlossen war, wäscht man den Niederschlag mit NH_4NO_3-Lösung, verascht in einem Platin- oder Porzellantiegel, schließt mit $K_2S_2O_7$ auf, löst die erkaltete Schmelze mit 30 ml HNO_3

(3 + 97) und einigen Tropfen H_2O_2, neutralisiert mit 50%iger KOH-Lösung, gibt von letzterer 5 ml auf je 50 ml Probelösung im Überschuß hinzu, erhitzt 15 min auf dem siedenden Wasserbad und filtriert wie vorhin angegeben.

Unter den Trichter wird nun ein 100 ml-Becherglas gestellt, in welches 5 ml Wasser und 1 ml Oxinlösung vorgelegt sind, der Niederschlag mit 1 ml H_2O_2 und anschließend tropfenweise mit 2 ml heißer HNO_3 (1 + 1) gelöst, mit 5 ml heißem Wasser nachgewaschen und die Behandlung mit H_2O_2, HNO_3 (1 + 1) und Wasser noch 2mal wiederholt. Man versetzt die Lösung mit 0,1 ml KIO_3-Lösung und 5 ml d-Weinsäure-Lösung, fügt langsam 10 ml KIO_3-Lösung und dann 5 ml $Hg(NO_3)_2$-Lösung unter Rühren hinzu, läßt 45 min in einem Eisbad stehen, rührt eine kleine Menge Filterflocken ein und filtriert unter 6—8maligem Nachwaschen mit insgesamt 25—35 ml eisgekühlter KIO_3-Waschlösung. Ein im Filtrat entstehender Niederschlag wird vernachlässigt. Man läßt das Filter gut abtropfen, stellt das Fällungsbecherglas unter den Trichter und löst den Niederschlag durch aufeinanderfolgenden Zusatz von 5 ml heißer HCl (1 + 1) sowie 5 ml heißem Wasser, wobei man die Zugabe von Säure und Wasser noch 2mal wiederholt. Nach Zusatz von 1 ml $HClO_4$ wird die Lösung auf dem siedenden Wasserbad eingedampft anschließend durch Erhitzen auf 170—190° C die $HClO_4$ vollständig abgeraucht, nach dem Abkühlen der Rückstand mit 2 ml HCl (1 + 1) aufgenommen und auf dem Wasserbad zur Trockene eingedampft. Den Trockenrückstand löst man in der Kälte mit 1 ml HCl (1 + 1), versetzt nach 2 min mit 4 ml Wasser, erhitzt auf dem Wasserbad 5 min, fügt dann 1 ml Hydroxylaminhydrochlorid-Lösung sowie 0,2 ml $CuCl_2$-Lösung hinzu, setzt das Erhitzen 5 min fort und kühlt ab. Falls die Lösung klar ist, wird sie in einen 25 ml-Meßkolben übergeführt. Anderenfalls fügt man wenig Filterflocken hinzu und filtriert unter Nachwaschen durch ein kleines Filter in den Meßkolben. Nach Zusatz von 4 ml Mesoweinsäure-Lösung und 3,0 ml Thorin-Lösung wird mit Wasser zur Marke aufgefüllt und in einer 1 cm- oder 5 cm-Küvette bei 545 nm gegen den Blindwert [bestehend aus 1 ml HCl (1 + 1), 1 ml Hydroxylaminhydrochlorid-Lösung, 4 ml Mesoweinsäure-Lösung sowie 3,0 ml Thorin-Lösung] photometriert.

2. Verschiedenes

Mit dem unter B. III. 1.1. (s. S. 1191) genannten Verfahren wurde Th auch in Kohlenasche bestimmt [*28*].

C. Morin

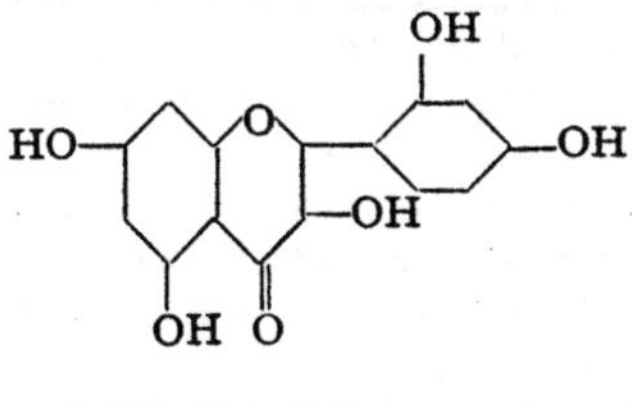

Th bildet mit Morin (M) in alkalischer Lösung — analog wie Be (s. S. 513) — einen gelbgrün fluorescierenden Komplex (Th-M), der sich außer zur photometrischen Bestimmung (s. S. 1196) vor allem zur fluorimetrischen Bestimmung des Th eignet [*76c*]. Da M und Th-M im Bereich von 359—428 nm annähernd dieselbe Fluorescenzintensität aufweisen, muß zur Erzielung einer möglichst großen Differenz zwischen den Fluorescenzintensitäten von M und Th-M mit möglichst langwelliger Primärstrahlung (Anregung) gearbeitet werden, wozu sich eine Wolframlampe besser eignet als eine Quecksilberdampflampe. Die Messung erfolgt am günstigsten mit Anregung bei 450—515 nm

(Corningfilterkombination Nr. 3387/Nr. 5543) und Messung bei 515–600 nm (Corningfilterkombination Nr. 3486/Nr. 9782) [*76c*]. Die zweckmäßigsten Reaktionsbedingungen sind $3 \cdot 10^{-4}\%$ M und pH 11. Zur Verhinderung einer Ausfällung von $Th(OH)_4$ wird Triäthanolamin (TA) zugesetzt, sowie weiterhin Diäthylentriaminopentaessigsäure (DTPE) zur Beseitigung der Störung durch andere Elemente (s. S. 513). Die Fluorescenz von 5 µg Th/25 ml nimmt zwischen 3–15 min nach dem M-Zusatz um 10% zu, in den nächsten 45 min um 4% und in den darauffolgenden 2 Std um $<1\%$. Für die Messung wird am zweckmäßigsten eine Standzeit von 20 ± 1 min nach dem M-Zusatz eingehalten. Da Th-M einen Temperaturkoeffizienten von $-3\%/°$ C aufweist, muß die Komplexbildung bei konstanter Temperatur (z. B. Raumtemperatur $\pm 1°$ C) erfolgen. Die Eichkurve ist im Bereich von 0,025–0,25 µg Th/ml linear, im Bereich von 0,25–1,25 µg Th/ml gekrümmt.

Die Bestimmung von 5 µg Th wird in Anwesenheit von TA, DTPE und Citrat nicht gestört durch (verursachter Fehler $\leqq \pm 5\%$) [*76c*]: jeweils 1 mg von Al[1], As, Au, B, Bi, Ca, Cd, Ce, Cs, Cu, Fe, Ga, Ge, Hg, In, K, Li, Mg, Mn, Mo, Ni, Os, Pb, Pt, Rb, Ru, Sb, Se, S.E., Sn, Te, Tl, V, W, Zn und F^-, 100 µg Nb, Sc und Ta, ~ 50 µg Zr, 10 µg Ba sowie 0,1 mmol Oxalat. Es stören: jeweils 1 mg Ag[2], Co, Nb[2], P (als PO_4^{3-}), Si[2] und Ta[2], 100 µg Cr, Ti und U, 5 µg Hf, 0,05 µg Be sowie 0,1 mmol Tartrat (s. a. S. 513ff.). Be wird durch Extraktion mit Acetylaceton/$CHCl_3$ entfernt.

Mit Morin wurde Th bestimmt in Blut, tierischem Gewebe, Knochen, Harn, Faeces u. a. organischem Material [*49b*], Th-Mineralien [*76c*], Böden und Silicatgestein [*49b*].

Arbeitsvorschrift [*76c*]

Reagentien

Th-Stammlösung (250 µg Th/ml); 0,2845 g ThO_2 (geglüht) werden mit 3 g Na_2SO_4 sicc. und 1 ml H_2SO_4 (1,84) in einem 250 ml-Erlenmeyerkolben aufgeschlossen, die abgekühlte Schmelze unter Kühlen mit 10 ml H_2SO_4 (1,84) und 100 ml Wasser gelöst und mit Wasser auf 1 l aufgefüllt.

Th-Standard-Lösung (5 µg Th/ml); man verdünnt 20,00 ml Th-Stammlösung + 10 ml H_2SO_4 (1,84) mit Wasser auf 1 l.

$Na_2S_2O_5$; 25%ige wäßrige Lösung.

$NaClO_4$/DTPE/TA-Lösung; 300 g $NaClO_4$ sicc. werden in 300 ml Wasser gelöst, mit 5 Tropfen 25%iger $Na_2S_2O_5$-Lösung (zur Entfernung von Hypochlorit) sowie 10 Tropfen 0,01%iger Chininsulfat-Lösung versetzt, 1n NaOH zugefügt, bis die im UV-Licht sichtbare blaue Fluorescenz verschwindet und die Lösung durch ein doppeltes Glasfaserfilter filtriert. Man löst 6,0 g umkristallisierte Diäthylentriaminpentaessigsäure (DTPE) in 50 ml Wasser + 25 ml farblosem 50%igem Triäthanolamin (TA), vereinigt diese Lösung mit der filtrierten $NaClO_4$-Lösung, fügt unter Rühren $HClO_4$ (72%) hinzu, bis die im UV-Licht sichtbare Fluorescenz von schwach blau in brillantblau übergegangen ist und sich bei weiterem tropfenweisem Zusatz von $HClO_4$ nicht mehr verstärkt. Ein allmähliches Verschwinden der Chinin-Fluorescenz deutet auf Anwesenheit von Hypochlorit hin (gut verschlossen aufbewahren!).

Piperidin-Pufferlösung; in einem 500 ml-Meßkolben werden 44,0 g umkristallisierte Diäthylentriaminpentaessigsäure, 50 g Natriumcitrat $\cdot 5^1/_2 H_2O$ und 20 g Na_2SO_3 sicc. mit 300 ml Wasser gelöst, 100,0 ml redest. Piperidin zugesetzt, unter Kühlen gemischt und mit Wasser zur Marke aufgefüllt (gut verschlossen aufbewahren).

Na_2SO_4-Lösung; 140 g Na_2SO_4 sicc. werden mit Wasser auf 500 ml aufgefüllt.

Na_2SO_4/H_2SO_4-Lösung; 10 g Na_2SO_4 sicc. werden mit H_2SO_4 (1,84) auf 100 ml aufgefüllt.

Übrige Reagentien wie bei Verfahren D. 1.2 (Abschnitt „Beryllium", S. 515).

Man versetzt die Th-Standardlösung bzw. -Probelösung (0,6–6 µg Th enthaltend) in einem 100 ml-Becherglas mit 2 Tropfen $HClO_4$ sowie 1 ml Na_2SO_4/H_2SO_4-Lösung und

---

[1] In Abwesenheit von Citrat; in Anwesenheit von Citrat stört 1 mg, hingegen aber noch nicht 0,1 mg Al.

[2] Trübung oder Fällung.

dampft zur Trockene ein. Der abgekühlte Rückstand wird mit 2 ml Wasser und 1 Tropfen $Na_2S_2O_5$-Lösung bei aufgesetztem Uhrglas auf 0,5 ml eingedampft, das Uhrglas mit einigen Tropfen Wasser abgespült und entfernt, mit 3 Tropfen Chininsulfat-Lösung sowie je 5,00 ml $NaClO_4$/DTPE/TA-Lösung und Na_2SO_4-Lösung versetzt und unter Nachwaschen mit einigen Tropfen Wasser in einen 25 ml-Meßkolben übergeführt (das Lösungsvolumen soll $\leqq$ 17 ml sein). Man fügt 1 Tropfen $Na_2S_2O_5$-Lösung hinzu, versetzt unter Umschwenken unter einer UV-Lampe tropfenweise mit 1n NaOH, bis die blaue Fluorescenz verschwindet, gibt unter Mischen 5,00 ml Piperidin-Pufferlösung sowie 1,00 ml Morinlösung hinzu und füllt mit Wasser zur Marke auf. Die Lösung wird 20 $\pm$ 1 min in ein Thermostatbad (z. B. 20 $\pm$ 1° C) gestellt und anschließend sofort fluorimetriert (Anregung 450–515 nm/Messung 515–600 nm; s. S. 1193f.). Ein Blindwert wird abgezogen.

1. Wässer

B: 0,1–120 mg Th/l.

Arbeitsvorschrift [*76c*]

Reagentien

Wie bei der Arbeitsvorschrift [*76c*] auf S. 1194.

50,0 ml Wasser werden in einem 125 ml-Erlenmeyerkolben mit 3 ml H_2SO_4 (1,84) versetzt, bis zum Auftreten der SO_3-Nebel eingedampft, 2 g Na_2SO_4 sicc. hinzugefügt, bis zur Bildung der Pyrosulfat-Schmelze erhitzt und wie bei Verfahren C.2. (s. S. 1195) fortgefahren. Für die Fluorescenzentwicklung verwendet man von der Probelösung einen aliquoten Teil von 50 µl oder bis zu 5,0 ml.

2. Luft

Bei Staubmengen $\leqq$ 100 µg wird das Verfahren unmittelbar angewendet, bei Staubmengen $>$ 100 µg bis $\leqq$ 1 mg wird Be mit Acetylaceton/$CHCl_3$ abgetrennt.

B: 6–600 µg Th/m³.

Arbeitsvorschrift [*76c*]

Reagentien

DTPE, Na-Salz, 10%ige wäßrige Lösung.
TA, 50%ige wäßrige Lösung.
8n NaOH; 10n H_2SO_4.
übrige Reagentien wie bei der Arbeitsvorschrift [*76c*] aus S. 1194.

a) Probenvorbereitung

Man saugt 100–1000 l Luft (20–30 l/min, s. S. 177) durch ein Filter, verascht dieses dann in einem 125 ml-Erlenmeyerkolben mit HNO_3/H_2SO_4, fügt 2 g Na_2SO_4 sicc. hinzu und erhitzt bis zur Bildung der Pyrosulfatschmelze. Bei Staubproben mit hohem Silicatgehalt wird das Filter in einer Platinschale trocken oder naß verascht, die Asche mit KF/H_2SO_4 versetzt und wie oben bis zur Pyrosulfatschmelze erhitzt. Die abgekühlte Schmelze versetzt man mit 5 ml DTPE-Lösung, 20 ml Wasser, 1 Tropfen $Na_2S_2O_5$-Lösung, 1 ml TA-Lösung, 5 Tropfen Chininsulfat-Lösung und tropfenweise mit 8n NaOH, bis die blaue Fluorescenz im UV-Licht verschwindet. Die Schmelze wird unter Erwärmen gelöst, bei Bedarf 8n NaOH hinzugefügt, falls die blaue Fluorescenz wieder auftritt, nach vollständigem Lösen tropfenweise 10n H_2SO_4 zugegeben bis zum Auftreten der blauen Fluorescenz, 1 Tropfen $Na_2S_2O_5$-Lösung hinzugefügt und unter Erwärmen einige Minuten stehen gelassen. Nach dem Abkühlen wird in einem 50 ml-Meßkolben mit Wasser zur Marke aufgefüllt (bei großen Staubmengen wird mehr DTPE-Lösung zugegeben).

b) Bestimmung des Th

Man führt einen aliquoten Teil (0,6–6 μg Th enthaltend) in einen 25 ml-Meßkolben über, versetzt mit je 5,00 ml $NaClO_4$/DTPE/TA-Lösung und Na_2SO_4-Lösung und fährt mit dem Zusatz von 5,00 ml Piperidin-Puffer-Lösung nach der Arbeitsvorschrift [*76c*] auf S. 1194 fort.

c) Extraktion des Be

Von der nach a) erhaltenen Probelösung entnimmt man einige Milliliter, versetzt mit dem gleichen Volumen $CHCl_3$, 1 Tropfen 8n NaOH, 4 Tropfen Acetylaceton und extrahiert 2 min. Nach der Phasentrennung wird die organische Phase verworfen; es wird mit wenig $CHCl_3$ nachgewaschen, das $CHCl_3$ ebenfalls verworfen, einige Minuten stehen gelassen, um noch verbliebenes $CHCl_3$ zu verdunsten, und dann mit einem aliquoten Teil der wäßrigen Lösung die fluorimetrische Bestimmung des Th nach b) durchgeführt.

D. Verschiedenes

An weiteren photometrischen Reagentien sind zu erwähnen: Alizarinschwarz SN ($\varepsilon_{600} = 28000$) [*77*], 3,4′,7-Trihydroxyflavon [*78*], Chinalizarin ($\varepsilon_{580} = 14000$) [*79*], 1-(1-Hydroxy-4-methyl-2-phenylazo)-2-naphthol-4-sulfosäure (Calmagite) ($\varepsilon_{640} = 53000$) [*80*], Methylthymolblau [*81*], Naphtharazin (5,8-Dihydroxy-1,4-naphthochinon) ($\varepsilon_{619} = 22400$) [*82*], Oxin/$CHCl_3$ ($\varepsilon_{330} = 8080$) [*83*], Morin ($\varepsilon_{410} = 41800$) [*24, 84*], Quercetin [*26, 42*], Eriochromschwarz T ($\varepsilon_{700} = 35000$) [*85, 86*], Solochrome Fast Red [*87*], SNADNS [2,7-Di-(4-sulfonaphthylazo)-1,8-dihydroxynaphthalin-3,6-disulfosäure, $\varepsilon_{640} = 3800$] [*88*], 2,7-Dinitroso-1,8-dihydroxynaphthalin-3,6-disulfosäure [*89*], SPADNS [2-(p-Sulfophenylazo)-1,8-dihydroxynaphthalin-3,6-disulfosäure] [*90, 91*], 2-(4-Carboxy-3-hydroxyphenylazo)-1,8-dihydroxynaphthalin-3,6-disulfosäure [*92*] und Arsenazo DAL [Dianilid der 3,6-Bis(2′-arsonophenylazo)-4,5-dihydroxy-2,7-naphthalindisulfosäure]/n-Butanol ($\varepsilon_{654} = 36000$) [*93*].

Mit Hilfe der Emissionsspektralanalyse wurde Th in Mineralien [*64*] und Uranerz [*94, 95*] bestimmt.

Tabelle 176a. Nachtrag — Weitere Verfahren[1]

Bestimmungsmethode	Probematerial. Verfahren. Bestimmungsbereich	Literatur
Ph	Wäßrige Lösung. Best: Chlorophosphonazo III/3-Methyl-1-butanol, pH 2—3, 670 nm, $\varepsilon_{670} = 122000$. *B:* 0,05—1,5 ppm Th.	[*96*]
Ph	Lanthan, Lanthanoxid. Isol: Ex Äthylacetat/Aceton (2:1) aus 60% Al $(NO_3)_3 \cdot 9\ H_2O/HNO_3$ (3 + 8)-Lösung. Best: Thorin, 545 nm. *B:* $\geqq$ 10 ppm Th; F_r: ± 5%.	[*97*]

[1] Abkürzungen s. S. XIII.

Literatur

1. Imre, L.: Z. anorg. allg. Chem. **164**, 214 (1927).
2. Templeton, C. C., Hall, N. F.: J. physic. Colloid Chem. **51**, 1441 (1947).
3. Rothschild, B. F., Templeton, C. C., Hall, N. F.: J. physic. Colloid Chem. **52**, 1006 (1948).
4. Bock, R., Bock, E.: Z. anorg. allg. Chem. **263**, 146 (1950).
5. Everest, D. A., Martin, J. V.: Analyst **84**, 312 (1959).
6. Scharrer, K., Judel, G. K.: Z. Pflanzenernähr., Düng., Bodenkunde **73**, 107 (1956).
7. Peppard, D. F., Asanovich, G., Atteberry, R. W., du Temple, O., Gergel, M. V., Gnaedinger, A. W., Mason, G. W., Meschke, V. H., Nachtman, E. S., Winsch, I. O.: J. Am. chem. Soc. **75**, 4576 (1953).
8. Ishibashi, M., Higashi, S.: Japan Analyst **4**, 14 (1955); ref. Z. anal. Chem. **150**, 451 (1956).
9. Ishibashi, M., Higashi, S.: Japan Analyst **5**, 135 (1956); ref. Z. anal. Chem. **154**, 198 (1957).
10. Levine, H., Grimaldi, F. S.: U.S. Atomic Energy Commission Rept. AECD-3186 (1950).
11. Ingles, J. C.: Canad. Chem. Process Ind. **35**, 397, 400, 402, 404, 406 (1951); ref. in Lit. Nr. [**10**].
12. Banks, C. V., Byrd, C. H.: Analyt. Chem. **25**, 416 (1953).
13. Banks, C. V., Klingman, D. W., Byrd, C. H.: Analyt. Chem. **25**, 992 (1953).
14. Tilton, G. R., Aldrich, L. T., Inghram, M. G.: Analyt. Chem. **26**, 894 (1954).
15. Banks, C. V., Edwards, R. E.: Analyt. Chem. **27**, 947 (1955).
16. Holcomb, H. P., Yoe, J. H.: Microchem. J. **4**, 463 (1960).
17. Götte, H.: Z. Naturforsch. **1**, 377 (1946).
18. Götte, H.: Z. Naturforsch. **3b**, 149 (1948).
19. Götte, H.: Angew. Chem. **60**, 19 (1948).
20. Miller, D. R., Thompson, R. C., Cunningham, B. B.: Physic. Rev. **74**, 347 (1948).
21. Hagemann, F.: J. Am. chem. Soc. **72**, 768 (1950).
22. Meinke, W. W.: U.S. Atomic Energy Commission Declass. Docum., AECD-2750 Proc. 89—1; ref. in Lit. Nr. [**23**].
23. Meinke, W. W., Anderson, R. E.: Analyt. Chem. **24**, 708 (1952).
24. Perkins, R. W., Kalkwarf, D. R.: Analyt. Chem. **28**, 1989 (1956).
25. Moore, F. L.: Analyt. Chem. **30**, 1020 (1958).
26. Menis, O., Manning, D. L., Goldstein, G.: Analyt. Chem. **29**, 1426 (1957).
27. Goldstein, G., Menis, O., Manning, D. L.: Analyt. Chem. **32**, 400 (1960).
28. Korkisch, J., Antal, P.: Z. anal. Chem. **173**, 126 (1960).
29. Yoe, J. H., Armstrong, A. R.: Analyt. Chem. **19**, 100 (1947).
30. Rains, T. C., Ferguson, M., House, H. P.: Analyt. Chem. **33**, 1645 (1961).
31. Peppard, D. F., Faris, J. P., Gray, P. R., Mason, G. W.: J. physic. Chem. **57**, 294 (1953).
32. Lerner, M. W., Petretic, G. J.: Analyt. Chem. **28**, 227 (1956).
33. McCown, J. J., Larsen, R. P.: Analyt. Chem. **32**, 597 (1960).
34. McCown, J. J., Larsen, R. P.: Analyt. Chem. **33**, 1003 (1961).
35. Ross, W. J., White, J. C.: Analyt. Chem. **31**, 1847 (1959).
36. Ross, W. J., White, J. C.: U.S. Atomic Energy Commission Rept., ORNL-2627 (1958); ref. in Lit. Nr. [**35**].
37. Fritz, J. S., Bradford, E. C.: Analyt. Chem. **30**, 1021 (1958).
38. Dyrssen, D.: Svensk. kem. Tidskr. **65**, 43 (1953).
39. Moeller, T., Ramaniah, M. V.: J. Am. chem. Soc. **75**, 3946 (1953).
40. Waring, C. L., Mela, H., Jr.: Analyt. Chem. **25**, 432 (1953).
41. Dalton, J. C., Thompson, S. J.: Geochim. cosmochim. Acta (London) **5**, 75 (1954).
42. Tomic, E., Khalifa, H.: Mikrochim. Acta (Wien) **1957**, 668.
43. Vanossi, R.: An. Asoc. quim. argent. **47**, 214 (1959).
44. Savvin, S. B., Bagreev, V. B.: Zavodskaja Lab. **26**, 412 (1960); ref. Z. anal. Chem. **186**, 318 (1962).
45. Tillu, M. M., Athavale, V. T.: Analyt. chim. Acta **11**, 324 (1954).
46. Taylor, A. E., Dillon, R. T.: Analyt. Chem. **24**, 1624 (1952).
47. Grimaldi, F. S., Fletcher, M. H.: Analyt. Chem. **28**, 812 (1956).
48. Tillu, M. M., Athavale, V. T.: Analyt. chim. Acta **11**, 62 (1954).
49. Grimaldi, F. S., Jenkins, L. B., Fletcher, M. H.: Analyt. Chem. **29**, 848 (1957).

49a. Sill, C. W., Willis, C. P.: U.S. Atomic Energy Comm., Doc. IDO 12034 (1963).

49b. Sill, C. W., Willis, C. P.: Analyt. Chem. **36**, 622 (1964).

50. Gordon, L., Vanselow, C. H., Willard, H. H.: Analyt. Chem. **21**, 1323 (1949).
51. Venkataramaniah, M., Rao, C. L., Rao, B. S. V. R.: Analyt. Chem. **24**, 747 (1952).
52. Venkataramaniah, M., Rao, C. L., Rao, B. S. V. R.: Analyst **77**, 103 (1952).

53. Venkataramaniah, M., Rao, C. L.: Analyst **75**, 553 (1950).
54. Brown, W. E., Rieman, W.: J. Am. Soc. **74**, 1278 (1952).
55. Radhakrishna, P.: Analyt. chim. Acta **6**, 351 (1952).
56. Nietzel, O. A., Wessling, B. W., de Sesa, M. A.: Analyt. Chem. **30**, 1182 (1958).
57. Dyrssen, D.: Svensk. kem. Tidskr. **62**, 153 (1950).
58. Kraus, K. A., Nelson, F.: Proc. Intern. Confer. Peaceful. Uses Atomic Energy, Geneva 1955, **7**, 113 (1956).
59. Milner, G. W. C., Nunn, J. H.: Analyt. chim. Acta **17**, 494 (1957).
60. Milner, G. W. C., Edwards, J. W.: Analyt. chim. Acta **17**, 259 (1957).
60a. Fritz, J. S., Garralda, B. B.: Analyt. Chem. **34**, 1387 (1962).
61. Korkisch, J., Antal, P.: Z. anal. Chem. **171**, 22 (1959).
62. Korkisch, J., Tera, F.: Analyt. Chem. **33**, 1264 (1961).
63. Kember, N. F.: Analyst **77**, 78 (1952).
64. Williams, A. F.: Analyst **77**, 297 (1952).
65. Jenkins, E. N.: Analyst **80**, 301 (1955).
66. Everest, D. A., Martin, J. V.: Analyst **82**, 807 (1957).
66a. Toribara, T. Y., Koval, L.: Talanta **14**, 403 (1967).
67. Kuznetsov, V. I.: Compt. Rend. Acad. Sci. (USSR) **31**, 898 (1941); ref. Chem. Abstr. **37**, 845 (1943).
68. Kuznetsov, V. I.: J. allg. Chem. (USSR) **14**, 914 (1944); ref. Chem. Abstr. **39**, 4561 (1945).
69. Takahashi, T., Miyake, S.: Talanta **3**, 155 (1959).
69a. Savvin, S. B.: Talanta **8**, 673 (1961).
69b. Bazzano, E., Ghersini, G.: Analyt. chim. Acta **38**, 457 (1967).
69c. Abbey, S.: Analyt. chim. Acta **30**, 176 (1964).
69d. Cerrai, E., Ghersini, G.: Analyt. chim. Acta **37**, 295 (1967).
70. Thomason, P. F., Perry, M. A., Byerly, W. M.: Analyt. Chem. **21**, 1239 (1949).
71. Mayer, A., Bradshaw, G.: Analyst **77**, 154 (1952).
72. Clinch, J.: Analyt. chim. Acta **14**, 162 (1956).
73. Margerum, D. W., Byrd, C. H., Reed, S. A., Banks, C. V.: Analyt. Chem. **25**, 1219 (1953).
74. Foreman, J. K., Riley, C. J., Smith, T. D.: Analyst **82**, 89 (1957).
75. Milkey, R. G.: Analyt. Chem. **26**, 1800 (1954).
76. Fletcher, M. H., Grimaldi, F. S., Jenkins, L. B.: Analyt. Chem. **29**, 963 (1957).
76a. Shirvington, P. J., Florence, T. M.: Analyt. chim. Acta **27**, 589 (1962).
76b. Johnson, W. C., Jr., Campbell, M. H.: Analyt. Chem. **37**, 1440 (1965).
76c. Sill, C. W., Willis, C. P.: Analyt. Chem. **34**, 954 (1962).
77. Kusakul, P., West, T. S.: Analyt. chim. Acta **32**, 301 (1965).
78. Filer, T. D.: Analyt. Chem. **42**, 1265 (1970).
79. Purushottam, A.: Z. anal. Chem. **145**, 245 (1955).
80. Curcio, P. J., Lott, P. F.: Analyt. chim. Acta **26**, 487 (1962).
81. Adam, J., Přibil, R.: Talanta **16**, 1596 (1969).
82. Moeller, T., Tecotzky, T.: Analyt. Chem. **27**, 1056 (1955).
83. Goto, K., Russell, D. S., Berman, S. S.: Analyt. Chem. **38**, 493 (1966).
84. Fletcher, M. H., Milkey, R. G.: Analyt. Chem. **28**, 1402 (1956).
85. Lott, P. F., Cheng, K. L., Kwan, B. C. H.: Analyt. Chem. **32**, 1702 (1960).
86. Korkisch, J., Janauer, G. E.: Mikrochim. Acta (Wien) **1961**, 880.
87. Korkisch, J., Janauer, G. E.: Analyt. Chem. **33**, 1930 (1961).
88. Datta, S. K.: Z. anal. Chem. **150**, 347 (1956).
89. Datta, S. K.: Analyt. chim. Acta **15**, 421 (1956).
90. Banerjee, G.: Analyt. chim. Acta **16**, 56 (1957).
91. Cooper, J. A., Vernon, M. J.: Analyt. chim. Acta **23**, 351 (1960).
92. Datta, S. K.: Analyt. Chem. **30**, 1653 (1958).
93. Buděšínský, B., Menclová, B.: Talanta **14**, 523 (1967).
94. Ko, R., Weiler, M. R.: Analyt. Chem. **34**, 85 (1962).
95. Ko, R.: Appl. Spectroscopy **16**, 157 (1962).
96. Yamamoto, T.: Analyt. chim. Acta **63**, 65 (1973).
97. Rajković, D.: Analyst **97**, 114 (1972).

Ti — Titan

Tabelle 177. Empfindlichkeit S_M und Bestimmungsgrenze L_Q der Verfahren

Verfahren	$\mu g\ Ti \cdot ml^{-1} \cdot cm^{-1}$	
	S_M	L_Q
Thiocyanat/Wasser-Aceton	0,00061 (417 nm)	0,015 (417 nm)
Thiocyanat-Tri-n-octylphosphinoxid/Cyclohexan	0,0011 (429—432 nm)	0,028 (429—432 nm)
Tiron	0,0030 (410 nm)	0,075 (410 nm)
Tri-n-butylammonium-Sulfosalicylsäure/$CHCl_3$	0,0024 (360 nm); 0,0048 (400 nm)	0,060 (360 nm); 0,12 (400 nm)
Wasserstoffperoxid	0,067 (410 nm)	1,67 (410 nm)

A. Trennungen

Große Mengen Fe(III) lassen sich durch Extraktion mit Diäthyläther, Diisopropyläther [*1*] und β,β'-Dichlordiäthyläther [*2, 3*] aus HCl-Lösung abtrennen, wobei Ti und andere Elemente in der wäßrigen Phase bleiben (s. S. 295ff.). Auf dieselbe Weise kann man auch Ga [*4*] und einige andere Elemente abtrennen. Nb und Ta können durch Extraktion mit Cyclohexanon aus 0,4m HF/2m H_2SO_4-Lösung von Ti abgetrennt werden [*5*]. Aus 10,4—11,3n HCl-Lösung kann Ti mit 0,15m TTA/Isoamylalkohol-Benzol (2:1) quantitativ extrahiert werden [*6*].

Eine Abtrennung des Ti von anderen Elementen ist durch Ausschütteln aus ~ 6n HCl/~ 0,8m NH_4SCN mit Äthylacetat möglich [7] (s. S. 274ff.). Ti-Thiocyanat läßt sich auch mit Tri-n-octylphosphinoxid/Cyclohexan extrahieren [*8*].

Ti läßt sich aus 1n HCl- [*9, 10*] oder 1,5—3,6n H_2SO_4-Lösung [*3, 11, 12*] mit Cupferron/$CHCl_3$ oder Cupferron/Diisopropyläther [*11*] extrahieren (s. S. 340ff.) und so von Al, Mg und anderen Elementen abtrennen. Bei pH 2—5 wird Al gleichfalls extrahiert. Die Abtrennung von µg-Mengen Ti von 0,5g Mo oder W erfolgte mit Cupferron/$CHCl_3$ bei pH 8 aus ~ 1% ÄDTA/~ 6% Tartratlösung [*12a*]. Weiterhin wurden 0,2—5 mg Ti bei pH 6,0 aus 0,5%iger ÄDTA-Lösung mit Cupferron/$CHCl_3$ extrahiert und so von 20 mg V und 25 mg Mo abgetrennt [*12b*]. Vor der photometrischen Bestimmung des Ti mit Chromotropsäure wurden Fe und V durch Extraktion mit β,β'-Dichlordiäthyläther aus 8n HCl-Lösung abgetrennt und anschließend Ti aus 2,5n HCl-Lösung mit Cupferron/$CHCl_3$ extraktiv isoliert [*3*].

Im Gegensatz zu anderen Literaturangaben konnte gezeigt werden, daß Ti bei pH 2 mit Na-DDTC/$CHCl_3$ mit einer Ausbeute von ~ 98% und bei pH 5,3—5,5 zu 50% extrahiert wird [*13*] (Extraktionsbeginn pH ~ 1; Ausbeute bei einzelnen pH-Werten: pH 1,25 ~ 70%, pH 1,5 ~ 92%, pH 2,6 ~ 44%, pH 3,5 ~ 15%, pH 4,5 ~ 8%, pH 6,5 ~ 24%; Extraktionsende pH ~ 7,5). Cl^-, NO_3^-, SO_4^{2-}, ClO_4^- und Acetat stören die Extraktion nicht, durch Oxalat, Citrat, Tartrat, ÄDTA und PO_4^{3-} wird sie hingegen verhindert [*13*]. Bei der Bestimmung von Ti in Eisenlegierungen und Erzen wurden vorher Fe und andere Schwermetalle durch Extraktion mit Tetramethylendithiocarbamidsäure/$CHCl_3$ aus ~ 0,5n HCl-Lösung abgetrennt [*14*].

Ti läßt sich von großen Mengen zahlreicher Elemente durch Elektrolyse mittels Hg-Kathode abtrennen [15] (s. S. 57ff., 390ff.).

Störendes Cr und V kann man aus $HClO_4$-Lösung durch Zusatz von NaCl als CrO_2Cl_2 bzw. $VOCl_3$ verflüchtigen [16] (s. a. S. 61ff.).

Bei der photometrischen Bestimmung von Ti in korrosionsbeständigen Stählen wurde es vorher durch Anionenaustauscher Amberlite IRA-400 (Cl^--Form; Säule: 1 cm ⌀, 6 cm lang) aus 200 ml 0,1n HCl/0,4n HF-Lösung (Durchlaufgeschwindigkeit 2,5 ml/min) von den übrigen Elementen isoliert [17]. Nach dem Durchlauf der Probelösung wird mit 200 ml 0,1n HCl/0,4n HF nachgewaschen, das Ti mit 25 ml 3n HCl eluiert, mit 50 ml Wasser nachgewaschen und nach Abrauchen mit H_2SO_4 photometrisch bestimmt.

Eine Vorschrift zur Trennung von Mo, Nb, Ta, Ti, W und Zr (jeweils 10–20 mg der einzelnen Elemente in der Probelösung anwesend) mittels Anionenaustauscher Dowex 1X8 (Säule 15 cm lang, 1,8 cm i. ⌀, Harzbett 10 cm lang, am oberen Ende ein 500 ml-Schütteltrichter als Vorratsbehälter; abwechselnd mit 9n HCl und Wasser gewaschen bis der Durchlauf farblos ist, mit 50 ml 1,5n HCl/0,5m Oxalsäure gesättigt) wurde angegeben [18]:

Man gibt 30—100 ml 4% $KHSO_4$/0,5m Oxalsäure-Probelösung auf die Säule sowie 200 ml 1,5n HCl/0,5m Oxalsäure/0,007m H_2O_2 in den Vorratsbehälter und eluiert mit letzterer (2—3 ml/min). Das Eluat enthält Ti und Zr. Man setzt die Elution mit weiteren 550 ml derselben Eluierlösung fort. Diese Eluatfraktion enthält Nb. Nun eluiert man mit 300—330 ml 3n HCl/0,5m Oxalsäure das Ta. W wird anschließend mit 600—650 ml 4n HCl/0,1m Citronensäure eluiert. Schließlich eluiert man mit 150—200 ml 1,9m NH_4Cl/0,44m Ammoniumcitrat das Mo. Sollen die im ersten Eluat enthältenen Elemente Ti und Zr getrennt werden, so zerstört man die Peroxykomplexe, gibt die Lösung auf die Austauschersäule, eluiert das Zr mit 1,5n HCl/0,5m Oxalsäure und anschließend das Ti mit 100 ml 3n HCl/0,5m Oxalsäure/0,007m H_2O_2 [18] (s. a. S. 1147f.).

Ti bildet bei pH 3,6—4,5 mit Ascorbinsäure einen negativ geladenen Komplex, der durch den stark basischen Anionenaustauscher Dowex 1X8 von anderen Elementen abgetrennt werden kann [19]. Neben Ti werden noch Th, U, V, W und Zr als Ascorbinatkomplexe am Anionenaustauscher adsorbiert. Das Ti wird mit 3% H_2O_2/0,1n H_2SO_4 eluiert, wobei die übrigen Elemente auf der Säule verbleiben. Dieses Verfahren fand zur Isolierung von Ti in Wässern vor seiner anschließenden photometrischen Bestimmung mittels Ascorbinsäure Anwendung [19].

Arbeitsvorschrift [19]

Reagentien

Anionenaustauscher Dowex 1X8 (Cl^--Form; Austauschersäule: 6 mm i. ⌀, Füllung 10 cm lang; zum Abdecken des Austauscherharzes wird statt Glaswolle reine Watte verwendet);
HCl (1,19); 1n HCl; H_2SO_4 (1,84); 0,1n H_2SO_4; HF (40%);
Ascorbinsäure;
Ascorbinsäure-Pufferlösung; 1 g Ascorbinsäure wird in 100 ml Wasser gelöst und mit Ammoniak auf pH 4—4,5 eingestellt (täglich frisch hergestellt);
Ammoniak (1 + 1);
NaF-Lösung, 10%ig in 0,1n H_2SO_4 (wenn sich das Salz nicht klar löst, erhitzt man die Lösung und filtriert nach dem Abkühlen);
H_2O_2 (30%).

1 l Wasserprobe säuert man mit 10 ml HCl (1,19) an, bringt auf Raumtemperatur, filtriert, versetzt mit 10 g Ascorbinsäure und stellt mit Ammoniak auf pH 4 bis 4,5 ein (bei kleinerer Probemenge versetzt man mit entsprechend weniger HCl bzw. Ascorbinsäure). Die Ionenaustauschersäule hat man inzwischen mit ~ 100 ml 1n HCl bis zur Fe-Freiheit und anschließend so lange mit Wasser gewaschen, bis der Durchlauf den pH-Wert des dest. Wassers erreicht hat. Hierauf überführt man mit 100 ml Ascorbinsäure-Pufferlösung in die Ascorbinat-Form und läßt die abgepufferte Wasserprobe mit einer Geschwindigkeit von 0,75 bis 1,0 ml/min durch die Säule fließen. Man wäscht nun mit

20 ml Ascorbinsäure-Pufferlösung, danach mit 20—40 ml Wasser und behandelt mit 100 ml 0,1 n H_2SO_4 (10 ml NaF-Lösung enthaltend). Nach Entfernung überschüssiger F^--Ionen mit 20—30 ml 0,1 n H_2SO_4 eluiert man das Ti mit 50—70 ml 0,1 n H_2SO_4 (5 ml H_2O_2/50 ml 0,1 n H_2SO_4 enthaltend), wobei darauf zu achten ist, daß die Elutionstemperatur die Raumtemperatur nicht überschreitet. Das Ti-haltige Eluat dampft man in einer Platinschale auf dem Wasserbad weitgehend ein, raucht mit H_2SO_4 ab, erhitzt die Schale auf schwache Rotglut, erhitzt den Rückstand mit überschüssiger HF, dampft auf dem Wasserbad ein und löst den Rückstand in 4 ml 1 n HCl. Bei Bedarf können nun die F^--Ionen durch Zusatz von 1 ml $AlCl_3$-Lösung (40 g $AlCl_3 \cdot 6\,H_2O$/100 ml 1 n HCl) maskiert und anschließend das Ti nach einer geeigneten Methode photometrisch bestimmt werden.

Mit Hilfe des Kationenaustauschers AG 50W-X8 (Harzbett 1,9 × 20 cm) kann Ti aus 1 n H_2SO_4/1% H_2O_2-Lösung von zahlreichen Elementen abgetrennt werden (s. a. Tab. 119, S. 369) [*19a*]:

Nach Aufgabe von ~ 25 ml 0,3 n H_2SO_4/1% H_2O_2-Lösung eluiert man Mo(VI), Nb, Ta, V(V) und W mit 0,5 n H_2SO_4/1% H_2O_2, danach Ti mit 350 ml 1 n H_2SO_4/1% H_2O_2, wäscht mit 100 ml 0,1 n HCl, eluiert danach mit 200 ml 1 n HCl Cd, mit 400 ml 2 n HCl Be, Co, Cu, Fe, Mg, Mn, Ni und Zn, mit 400 ml 3 n HCl Al, dann mit 500 ml 4 n HCl La, Sc und Y, während Th auf der Säule bleibt.

Öfters findet zur Isolierung des Ti die Spurenfällung Anwendung. Mittels Cupferron und Fe(III) oder Zr als Spurenfänger kann Ti von Co, Cr, Ni, P und U abgetrennt werden. Durch Ausfällung aus ~ 1 n HCl- [*20*] oder ~ 1,8 n H_2SO_4-Lösung [*21*] mit Zr-Arsenat als Spurenfänger kann Ti von Fe, Cr, Mo, Ni und V abgetrennt werden. Daneben wurde auch die Hydroxidfällung verwendet. Hinsichtlich der Abtrennung des Ti von Nb und Ta s. a. S. 849ff. Durch eine Kombination von Spurenfällung und Ionenaustausch läßt sich Ti spezifisch isolieren [*21a*] (s. Arbeitsvorschrift II, S. 1204).

B. Thiocyanat

I. Bestimmung in Wasser-Aceton-Lösung

Ti(IV) gibt mit SCN^- in H_2SO_4/HCl/Aceton-Lösung eine intensive gelbe Färbung [*22*], die sich zur photometrischen Bestimmung des Ti eignet. Zur Farbentwicklung müssen gleichzeitig H_2SO_4 und HCl anwesend sein. In Anwesenheit von H_2SO_4 allein erhält man zwar zuerst eine hohe Extinktion, doch verblaßt die Farbe, während man umgekehrt mit HCl allein zuerst eine niedrige Extinktion erhält, die langsam zunimmt. Der Zusatz von HCl stabilisiert die Farbe. Die Farbentwicklung wird am günstigsten in 80 Vol.-% Aceton/Wasser-Lösung und bei 2,4 m NH_4SCN durchgeführt. Das Extinktionsmaximum liegt bei 417 nm ($\varepsilon_{417} = 78000$; s. Abb. 209). Das Beersche Gesetz

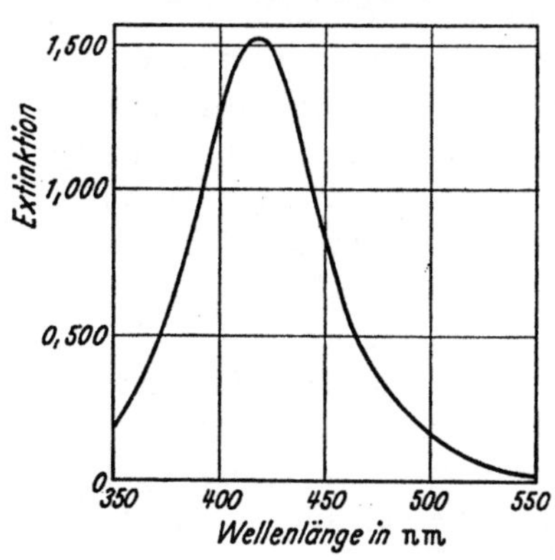

Abb. 209. Extinktionskurve von Ti(IV)-Thiocyanat in 80 Vol.-% Aceton/Wasser [*22*]

ist im Bereich von 0,015–0,6 µg Ti/ml erfüllt. Die Bildung des Ti-Thiocyanat-Komplexes wird stark beeinflußt von der in der Lösung vorliegenden Komplexform des Ti(IV). Zur Vermeidung von Einflüssen durch die Vorgeschichte der Probelösung wird deshalb in H_2SO_4 (1,84) abgeraucht. Die Geschwindigkeit der Farbbildung nimmt mit sinkender Temperatur ab (um den Faktor 3 von 20° auf 5° C), weiterhin mit niedrigerer Acidität und zunehmendem Wassergehalt. Die Reihenfolge der Reagenszusätze ist von Einfluß. Die Farbintensität ist von der Temperatur stark abhängig. Im Vergleich zu der bei 20° C erhaltenen Extinktion ist diese bei 30° C um ~ 10% niedriger, bei 15° C um ~ 10% höher und bei 5° C um ~ 20% höher.

Von den Elementen der IV. und V. Nebengruppe geben in SCN^-/Aceton-Lösung V(III) und Nb(V), eine intensive, Ti (III), V (V), V (IV), Zr (IV), Hf(IV) und Ta(V) hingegen relativ wenig Färbung.

Arbeitsvorschrift [*22*]

Reagentien

HCl (1,19); 6n HCl; H_2SO_4 (1,84); 3,0m NH_4SCN in Aceton.

Die schwefelsaure Probelösung (0,4–16 µg Ti enthaltend) wird durch Abrauchen auf 2,0 ml H_2SO_4 (1,84) eingeengt. Wenn vorher HF beim Lösen der Probe zugesetzt worden war, so wird die F^--Konzentration durch wiederholten Zusatz von 1,0 ml Wasser und Eindampfen bis zum Rauchen unter die Störgrenze reduziert. Die auf 2,0 ml eingeengte Lösung führt man in einen 25 ml-Meßkolben über, fügt 3,0 ml Wasser (die man zum Überführen der Probelösung in den Meßkolben verwendet) hinzu, kühlt ab, versetzt mit 2,0 ml HCl (1,19), sowie 15 ml NH_4SCN-Lösung und füllt mit Wasser zur Marke auf. Nach 15–30 sec langem Schütteln entfernt man nach der Phasentrennung die unter der Acetonschicht befindliche wäßrige Lösung mittels einer Pipette (die Abtrennung muß nicht quantitativ sein; bis ~ 0,5 ml wäßriger Lösung kann ohne Störung im Meßkolben bleiben). Zur Aceton-Phase, die den gelben Ti(IV)-Thiocyanat-Komplex enthält, fügt man 5,0 ml NH_4SCN-Lösung, sowie 1,0 ml 6n HCl hinzu, füllt mit Wasser zur Marke auf, mischt, stellt für 5 min in ein Wasserbad von 20° C und photometriert dann in einer 1 cm-Küvette bei 417 nm gegen Wasser.

II. Extraktion mit Tri-n-octylphosphinoxid/Cyclohexan

Aus HCl- oder H_2SO_4-Lösung läßt sich Ti als Thiocyanat-Komplex mit Tri-n-octylphosphinoxid (TOPO)/Cyclohexan extrahieren und im organischen Extrakt photometrisch bestimmen [*8*]. Das Ti wird durch einmaliges Ausschütteln quantitativ extrahiert, wenn die Lösung 6m Cl^-/1–1,5m HCl (bei Anwesenheit von $AlCl_3$ oder $MgCl_2$), 6m Cl^-/4m HCl (bei Anwesenheit von NaCl), 6m SO_4^{2-}/4m H_2SO_4, 6m HCl oder 6m H_2SO_4 ist. Das Extinktionsmaximum liegt bei 432 nm ($\varepsilon_{429-432} = 41000$–$43000$; s. Abb. 210). Das Beersche Gesetz ist im Bereich von 0,03–1,2 µg Ti/ml Cyclohexan erfüllt. Die Farbe ist 24 Std stabil. Wenn die organische Phase mit der wäßrigen Lösung in Berührung bleibt, nimmt die Extinktion in 24 Std um 4% ab. Bei Bedarf (z. B. zu hohe Ti-Konzentration) kann der organische Extrakt bis zu 25fach mit Cyclohexan verdünnt werden, was auf die Farbstabilität ohne Einfluß ist. Äthanol ist zum Verdünnen nicht geeignet. Von 20 mg/ml aufwärts hat die Konzentration des NH_4SCN keinen Einfluß auf das Ergebnis. Zweckmäßig ist ein Überschuß, und man verwendet deshalb 150 mg NH_4SCN/ml. Die Extraktion ist nach einer Schütteldauer von 3 min vollständig, doch wird zur Sicherheit eine solche von 5 min angewendet. 100 µg Ti

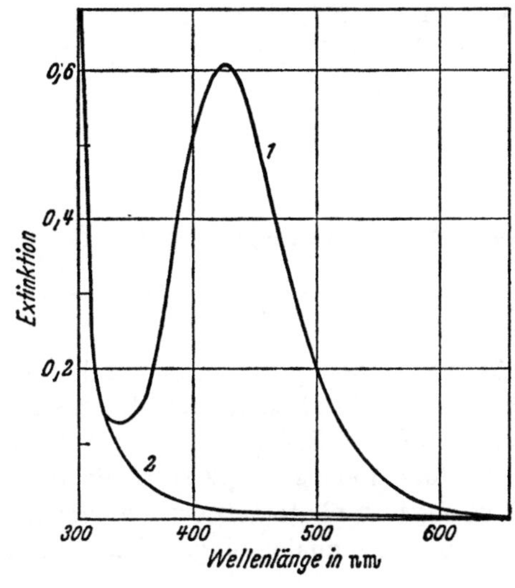

Abb. 210. Extinktionskurven von Ti(IV)-Thiocyanat (*1*) und NH_4SCN (*2*) in Tri-n-octylphosphinoxid/Cyclohexan [*8*]

werden mit 0,05 mmol TOPO bis zu einem Verhältnis von $V_0 : V_w = 1:5$, mit 0,1 mmol TOPO bis zu $V_0 : V_w = 1:20$ quantitativ extrahiert.

Die Bestimmung von 2,4—3 µg Ti in 7m HCl- oder 6m H_2SO_4-Lösung wird nicht gestört durch (in µg, relativer Fehler $\leqq 5\%$) [*8*]: Al (260), Au(III) (200), Bi (200), Ce(III) (400), Ce(IV) (140), Co (200), Cr(III) (200), Cr(VI) (200), Fe(III) (600; 1000[1,3]), Mo(VI) (10; 400[1,3]), Nb(V) (7—9), Ni (200), Pt(IV) (100), Sn(IV) (400[2]; 400[1,3]), Ta(V) (70—90), Th(IV) (400), U(VI) (400), V(IV) (600), V(V) (60—75), W(VI) (100—120[2]; 50—60[3]), Zr (300[2]; 400[3]), F^- (450[2]; 700[3]), PO_4^{3-} (2000), Citrat (2000), Lactat (40000) und Oxalat (1000). Von den mit Thiocyanat reagierenden Elementen werden Co, Fe und U nicht extrahiert. Mo, Nb und W bilden hingegen gefärbte, extrahierbare Thiocyanat-Komplexe. >90 µg Ta stören nicht, wenn man durch Zusatz von Lactat vor der Extraktion eine Hydrolyse verhindert. Zr bildet in HCl-Lösung einen farblosen, unstabilen und extrahierbaren Thiocyanat-Komplex. Mit Thioglykolsäure läßt sich die Störung durch größere Mengen Mo und oxydierende, das SCN^- zersetzende Stoffe beseitigen. >0,1m NO_3^- stört infolge Oxydation.

In Arbeitsvorschrift II wird Ti durch eine vorangehende Kombination von mehrfacher Spurenfällung und Ionenaustausch spezifisch isoliert [*21a*]: zuerst wird Ti zusammen mit anderen Elementen mit Cupferron und Zr als Spurenfänger ausgefällt, anschließend aus HCl/HF-Lösung mit dem Anionenaustauscher Dowex 1X8 Nb und Ta abgetrennt, im Durchlauf erneut Ti mit Cupferron ausgefällt, dann durch Fällung des Ti mit NaOH und $Fe(OH)_3$ als Spurenfänger Mo und W abgetrennt und aus der Lösung schließlich Ti als Thiocyanat mit Tri-n-octylphosphinoxid/Cyclohexan (s. S. 1202) extrahiert und photometrisch bestimmt. Die Bestimmung von 0,5—15 µg Ti wird nicht gestört durch [*21a*]: jeweils 10 mg von Ag, Al, As(III), Au, B, Ba, Be, Bi, Ca, Cd, Ce(IV), Co, Cr(III), Cs, Cu, Dy, Er, Eu, Fe(III), Ga, Gd, Ge, Hf, Hg(II), Ho, In, Ir, K,

[1] 0,2m Thioglykolsäure zugesetzt.
[2] In 7m HCl-Lösung.
[3] In 6m H_2SO_4-Lösung.

La, Li, Lu, Mg, Mn(II), Mo, Na, Nb, Nd, Ni, Pb, Pd(IV), Pr, Pt, Rb, Re, Rh, Sb(III), Sc, Se(IV), Si, Sm, Sn(IV), Sr, Ta, Tb, Te(IV), Th, Tl(I), Tm, U(VI), V(V), W, Y, Yb, Zn, Zr, F^-, Br^-, I^- 'NO_3^- oder PO_4^{3-}.

Arbeitsvorschrift I [8]

Reagentien

0,01 m Tri-n-octylphosphinoxid (TOPO)/Cyclohexan; 3,9 g TOPO/l Cyclohexan;
Thioglykolsäure (80%);
NH_4SCN;
Cyclohexan.

Bis zu 25 ml Probelösung (0,15–6 µg Ti enthaltend; Acidität 6 m Cl^-/4 m HCl, 6 m SO_4^{2-}/4 m H_2SO_4, 6 m HCl oder 6 m H_2SO_4) versetzt man, falls in H_2SO_4-Lösung große Mengen oxydierender Stoffe [z. B. V(V), Sn(IV) oder Cr(VI)] anwesend sind, mit 0,2 ml Thioglykolsäure, fügt 150 mg NH_4SCN/ml Probelösung hinzu, extrahiert 5 min mit 5,0 ml TOPO-Lösung und photometriert den organischen Extrakt in einer 1 cm-Küvette bei 432 nm gegen einen analog hergestellten Blindwert.

Arbeitsvorschrift II [21a]

Reagentien

29 n HF; 12 n HCl; 1,2 n HCl; 18 m H_2SO_4; 6 m H_2SO_4; 3,6 m H_2SO_4.
HCl (25%)/HF (20%).
$Zr(SO_4)_2 \cdot 4\,H_2O$ (1 mg Zr/ml), wäßrige Lösung.
$FeCl_3 \cdot 6\,H_2O$ (10 mg Fe/ml), wäßrige Lösung.
Cupferron, 6%ige wäßrige Lösung (frisch hergestellt).
Cupferron-Waschlösung; 10 ml Cupferronlösung werden zu 500 ml 1,2 n HCl hinzugefügt (frisch hergestellt).
$NaHSO_4$.
Anionenaustauscher Dowex 1X8 (100—200 mesh, Harzbett 1 × 8 cm).
NaOH, 40%ige und 1%ige wäßrige Lösung.
Citronensäure.
Übrige Reagentien wie bei der Arbeitsvorschrift I [8] auf S. 1204.

a) Mo, Nb, Ta und W anwesend

150 ml Probelösung [0,5–15 µg Ti, 10 ml HCl (1,19) und 25 ml H_2SO_4 (1,84) enthaltend] versetzt man in einem 250 ml-Becherglas mit 10 ml $Zr(SO_4)_2$-Lösung, 0,5 g Filterflocken und kühlt dann Probelösung, Cupferronlösung sowie Cupferron-Waschlösung auf 10–15° C. Die Probelösung wird mit 15 ml (oder mehr bis zur vollständigen Fällung) Cupferronlösung versetzt, die Fällung abfiltriert, 10mal mit Cupferron-Waschlösung gewaschen und der Niederschlag in einem Platintiegel verascht. Den Veraschungsrückstand schließt man mit 2 g $NaHSO_4$ auf, löst die Schmelze in einem Polyäthylenbecher unter Erwärmen mit 50 ml HCl (25%)/HF (20%), schickt durch die Austauschersäule zuerst 50 ml HCl (25%)/HF (20%), verwirft den Durchlauf, gibt dann die Probelösung auf, wäscht mit 50 ml HCl (25%)/HF (20%) nach und sammelt die Eluate in einer Platinschale. Diese werden mit 5 ml 18 m H_2SO_4 versetzt, bis zum Auftreten der SO_3-Nebel erhitzt, in ein 250 ml-Becherglas übergeführt, mit Wasser auf 100 ml verdünnt, abgekühlt, mit 5 ml 12 n HCl, 0,5 g Filterflocken sowie 15 ml Cupferronlösung versetzt, die Fällung abfiltriert und 5mal mit Cupferron-Waschlösung gewaschen. Den Niederschlag verascht man in einem Platintiegel, löst den Rückstand mit 10 ml 12 n HCl, versetzt mit 2 ml 18 m H_2SO_4, erhitzt bis zum Auftreten der SO_3-Nebel, kühlt ab und verdünnt unter Erwärmen mit 15 ml Wasser. Nach Zusatz von 1 ml $FeCl_3$-Lösung wird

die Lösung in ein 50 ml-Zentrifugenglas übergeführt, in dem 20 ml 40%ige NaOH vorgelegt sind, gemischt, gekühlt, zentrifugiert, die überstehende Lösung verworfen, der Niederschlag mit 30 ml 1%iger NaOH gewaschen, zentrifugiert und die überstehende Lösung wieder verworfen. Den Niederschlag löst man mit 15 ml 6m H_2SO_4, führt unter Nachwaschen mit 6m H_2SO_4 in einen 125 ml-Schütteltrichter über (wenn >15 µg Ti vorliegen, füllt man die Lösung zuerst in einem Meßkolben mit 6m H_2SO_4 zur Marke auf und entnimmt einen aliquoten Teil von 15 µg Ti), verdünnt mit 6m H_2SO_4 auf 35 ml, versetzt mit 1 g Citronensäure, 1 ml Thioglykolsäure sowie 3 g NH_4SCN und schüttelt 30 sec. Dann wird mit 15,0 ml TOPO-Lösung 5 min extrahiert, die wäßrige Lösung verworfen, die organische Phase 1 min mit 35 ml 6m H_2SO_4 gewaschen und die Waschlösung verworfen. Man zentrifugiert den organischen Extrakt und photometriert in einer 1 cm-Küvette bei 492 nm gegen Cyclohexan.

b) Nb und Ta abwesend

Die Ionenaustausch-Trennstufe wird fortgelassen und deshalb der Aufschluß der ersten Fällung mit 15 ml 3,6m H_2SO_4 gelöst; danach fährt man mit dem Zusatz von 1 ml $FeCl_3$-Lösung und der NaOH-Fällung nach a) fort.

c) Mo und W abwesend

Man läßt die NaOH-Fällung fort und versetzt deshalb das Eluat der Ionenaustausch-Trennstufe mit 2 ml 18m H_2SO_4, erhitzt bis zum Auftreten der SO_3-Nebel und fährt mit der Extraktion des Ti-Thiocyanates nach a) fort.

d) Mo, Nb, Ta und W abwesend

Die Ionenaustausch- und NaOH-Fällung-Trennstufen werden fortgelassen; der Aufschluß wird mit HCl(25%)/HF(20%) gelöst, mit 2 ml 18m H_2SO_4 abgeraucht und mit der Extraktion des Ti-Thiocyanates nach a) fortgefahren.

1. Verschiedenes

1.1. Natriumchloridlösung

Zur Bestimmung von Ti in Natriumchloridlösungen (≥ 3 ppb Ti) [*21b*] wurde das Ti bei pH 3 aus 500 ml Probelösung nach Zusatz von 2 ml H_2O_2 (30%) 3mal mit je 10 ml 0,5%iger Oxin/$CHCl_3$-Lösung extrahiert (5 min), der Extrakt eingedampft, der Rückstand nach Zusatz von 0,5 g Oxalsäure verascht, mit 1 g Na_2CO_3 aufgeschlossen, die Schmelze mit HCl und Wasser gelöst und dann das Ti aus der 6n HCl-Lösung nach Arbeitsvorschrift I (Zusatz von 10 ml 50%iger NH_4SCN-Lösung, 2mal mit je 10 ml TOPO-Lösung extrahiert, Endvolumen der Meßlösung 25 ml) bestimmt.

1.2. Luft

B: 10—>3000 µg Ti/m³. F_r: ±5%.

Man saugt 5—50 l Luft (10—30 l/min) durch ein Filter (s. S. 177), verascht es auf trockenem Wege, schließt die Asche in einem Platintiegel mit $NaHSO_4$ auf, löst die Schmelze mit Wasser und HCl oder H_2SO_4 und bestimmt in der gesamten Probelösung oder in einem aliquoten Teil davon das Ti nach Arbeitsvorschrift I [*8*] (s. S. 1204) oder II [*21a*] (s. S. 1204).

C. Tiron

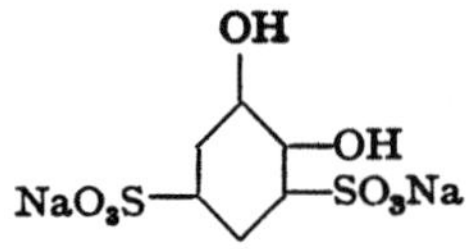

Das farblose Tiron (Dinatrium-1,2-dihydroxybenzol-3,5-disulfonat, Dinatriumbrenzcatechin-3,5-disulfonat; der Name „Tiron" wurde von dessen Anwendung zur Bestimmung von Ti [*23*] und Fe(iron) [*24*] abgeleitet [*23*]) bildet mit Ti(IV) in saurer Lösung einen wasserlöslichen, gelben Komplex [*23*]. Die Farbintensität wird durch pH-Änderungen im Bereich von pH 4,3–9,6 in $Na_2S_2O_4$-haltiger Lösung nahezu nicht beeinflußt und die Bestimmung bei pH 4,7 vorgenommen [*23*]. In Abwesenheit von $Na_2S_2O_4$ zeigt die Farbe im Bereich von pH 4,3–5 die gleiche Intensität, die bei pH $<4{,}3$ zu einem im Bereich von pH 2,3–4 waagerechten Plateau mit $\sim$ 15% geringerer Extinktion abfällt, während die Farbintensität bei pH $<2{,}3$ steil abnimmt [*25*]. Hier wurde die Bestimmung mit Ascorbinsäure als Reduktionsmittel bei pH 3 durchgeführt. Demgegenüber zeigte eine weitere Arbeit [*26*], daß in Anwesenheit von Thioglykolsäure als Reduktionsmittel die Farbentwicklung bei pH $\sim$ 2 beginnt, bei pH 4,05 das Farbmaximum vorliegt, von pH 4,1 nach pH 5 die Extinktion steil abfällt und für die Bestimmung pH 3,8 am günstigsten ist, da hier neben hoher Empfindlichkeit kleine Änderungen des pH-Wertes nicht stören. Auch vermeidet man bei pH <4 ein Ausfallen von Metatitansäure. Das Extinktionsmaximum liegt bei 375–390 nm (s. Abb. 211). Da aber bei dieser Wellenlänge das zur Beseitigung einer Fe-Störung zugesetzte $Na_2S_2O_4$ eine Absorption aufweist, wird

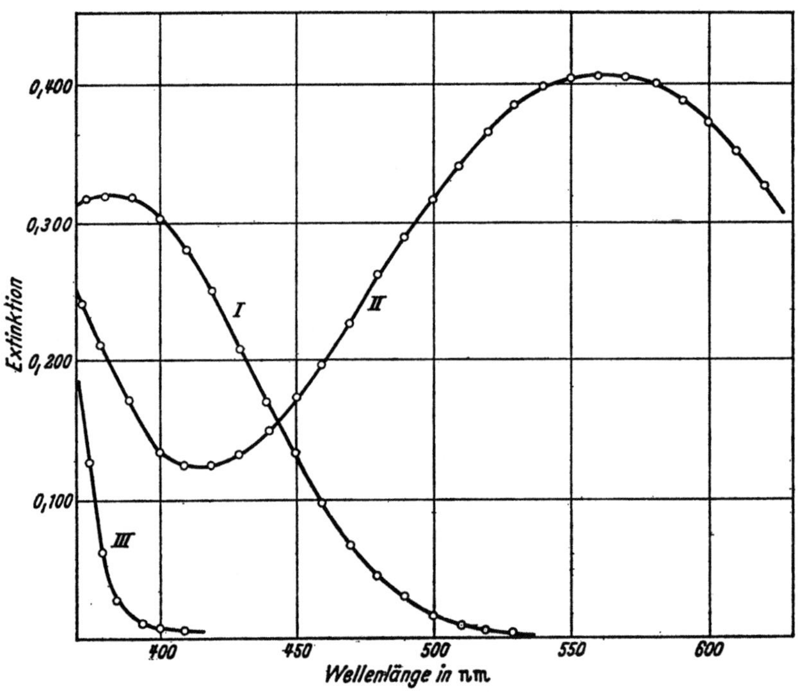

Abb. 211. Extinktionskurven von Ti(IV) + Tiron (I), von Fe(III) + Tiron (II) und $Na_2S_2O_4$ (III) [*23*]

die Bestimmung bei 410 nm ($\varepsilon_{410} = 15900$) durchgeführt [*23*]. Die Reduktion des störenden Fe(III) zu nicht störendem Fe(II) mit Hilfe von $Na_2S_2O_4$ hat zwei Nachteile: einmal ist die wegen der Eigenabsorption des Reduktionsmittels bei 410 nm durchgeführte Messung gegenüber jener bei 380 nm weniger empfindlich, zum anderen kann leicht kolloidaler Schwefel ausfallen. Deshalb wurde das Fe in anderen Arbeiten mit Ascorbinsäure bei pH 3 [*25*] (mit 20 mg lassen sich 5 mg Fe/100 ml leicht reduzieren) und Thioglykolsäure bei pH 3,8 [*26*] reduziert. Das Beersche Gesetz ist im Bereich von 0,08—3,6 μg Ti/ml (410 nm) erfüllt [*23, 25*]. Die Farbe ist 24 Std stabil [*23, 25*]. Führt man die Farbentwicklung bei pH 3,8 durch, so nimmt die Farbintensität in der ersten Stunde zu und bleibt dann 25 Std annähernd konstant [*26*]. Mit 20 mg Tiron/100 ml verblaßt die Farbe bei pH 4,7 nach 24—48 Std, mit 100 mg/100 ml nimmt die Farbe in 2 Wochen um 1%, in 5 Wochen um 2% und in 18 Wochen um 5% ab.

Die Bestimmung von 0,3 μg Ti/ml wird in An- und Abwesenheit von $Na_2S_2O_4$ durch folgende Ionen nicht gestört (in μg/ml) [*23*]: Al (350), As(III) (20), As(V) (20), B (100, als $B_4O_7^{2-}$; 200 als BO_3^{3-}), Be (100), Bi (2[1]; 0[2]), Ca (20 [*23*]; 280 [*26*]), Cd (300), Ce(III) (20), Co(25), Cr(III) (0,1), Cu(II) (5[1]; 0[2]), Fe (II) (280[3]), Fe(III) (0[1]; 250[2]—280[3]), Hg(II) (10[1]; 0[2]), K (320 [*26*]), Mg (100 [*23*]—240 [*26*]), Mn(II) (250 [*23*]—320 [*26*]), Mo(VI) (0,1), Na (280 [*26*]), Ni (25), Pb (10), Sb(III) (100[1]; 0[2]), Se(IV) (20[1]; 0,1[2]), SiO_3^{2-} (500), Sn(IV) (1), Th(IV) (20), U(VI) (1), V(IV) (0,1), W(VI) (0,1), Zn (500), Zr(IV) (400), Cl^- (6000), Br^- (2500), I^- (1000), F^- (10), NO_3^- (1250), HPO_4^{2-} (670), Citronensäure (2500), Oxalsäure (500), Weinsäure (500), Succinat (1200) und Hydrogenphthalat (0,05m). Keine Färbung oder Fällung konnte mit den folgenden Ionen beobachtet werden [*24*], was zwar eine mehr oder weniger vollständige Störungsfreiheit andeutet, eine mögliche Störung durch Reagensbindung aber nicht ausschließt: Cs, Dy, Er, Eu, Ga, Gd, Ge, Hf, Hg(I), In, Ir(IV), K, La, Li, Na, Nb(V), Nd, Pd(II), Pr, Pt(IV), Rb, Re(VII), Rh(III), Ru(III), Sc, Sm, Sn(II), Sr, Ta(V), Te(VI), Tl(III), Tm, Y, Yb, SO_4^{2-}, NO_2^- und S^{2-}. Fe(III) gibt mit Tiron in saurer Lösung eine blaue und in alkalischer Lösung eine rote Färbung. Die Störung läßt sich durch Reduktion mit $Na_2S_2O_4$ bei pH < 5 beseitigen, wobei die Färbung des Fe-Komplexes verblaßt. Gefärbte Komplexe bildet Tiron weiterhin mit Mo(VI) (gelb), Os(VIII) (gelb), U(VI) (gelb), und V(IV) (purpur), weshalb diese Elemente abwesend sein sollen. Die Elemente Al, Ca, Ce(III), Hg(II), Pb, Sn(IV), Th, W(VI) und Zr verbrauchen Reagens und vermindern dadurch die Farbintensität des Ti-Komplexes, doch läßt sich diese Fehlerquelle durch einen Reagensüberschuß vermeiden. W muß abwesend sein, da es mit Tiron einen farblosen Komplex mit starker Absorption bei 410 nm bildet. Ag und Au(III) stören, da sie zum Metall reduziert werden. Oxydierende Stoffe stören die Bestimmung.

Das Verfahren fand zur Bestimmung von Ti in Nickel [*27*], Meteoriten [*27a*], Kalkstein, Feldspat, Flußspat, Glas [*23*] und Silicatgestein [*26*] Anwendung.

Arbeitsvorschrift

I. Reduktion mit $Na_2S_2O_4$ [*23*]

Reagentien

Tiron, 4%ige wäßrige Lösung; die wasserklare Lösung wird nach einigen Wochen blaßgelb und muß dann verworfen werden;
1 m Natriumacetat/1 m Essigsäure (1 + 1)-Pufferlösung (pH 4,7);
6n Ammoniak;
$Na_2S_2O_4$.

[1] In Abwesenheit von $Na_2S_2O_4$.
[2] In Anwesenheit von 50 mg $Na_2S_2O_4$/100 ml.
[3] In Anwesenheit von 2 ml 20 Vol.-% Thioglykolsäure/50 ml [*26*].

Die schwach saure Probelösung (4—160 μg Ti enthaltend) versetzt man in einem 50 ml-Meßkolben mit 5 ml Tiron-Lösung, stellt mit Ammoniak gegen Spezialindicatorpapier auf pH ~ 4,7 ein, fügt 5 ml Pufferlösung hinzu und füllt mit Wasser zur Marke auf. Nach dem Mischen gibt man 25 mg $Na_2S_2O_4$ hinzu, löst dieses unter langsamem Mischen (starkes Schütteln führt zu kolloidaler Schwefelausscheidung) und photometriert nach 15 min in einer 1 cm-Küvette bei 410 nm gegen den Blindwert.

Bei Anwesenheit von Fe ist es möglich, Fe und Ti gleichzeitig zu bestimmen, indem man vor der Reduktion die Lösung bei 560 nm (Extinktionsmaximum des Fe-Tiron-Komplexes) photometriert (Meßbereich 0,3—12 μg Fe/ml).

II. Reduktion mit Thioglykolsäure [*26*]

Reagentien

Pufferlösung; 1 l 1,0m Natriumacetat-Lösung versetzt man mit 390 ml Eisessig;
Tiron, 5%ige wäßrige Lösung;
Thioglykolsäure, 20 Vol.-%ig.

Die schwach saure Probelösung (4—160 μg Ti enthaltend) versetzt man in einem 50 ml-Meßkolben mit 25 ml Pufferlösung (die aufgefüllte Lösung soll einen pH-Wert von 3,8 aufweisen), 5 ml Tiron-Lösung und 2 ml Thioglykolsäure, mischt, füllt mit Wasser zur Marke auf und photometriert nach 1 Std in einer 1 cm-Küvette bei 380 nm gegen den Blindwert.

D. Tri-n-butylammonium-Sulfosalicylsäure

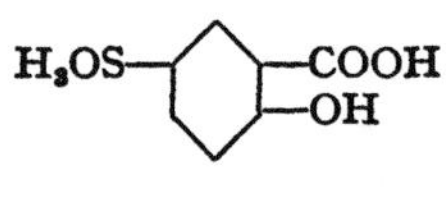

Ti(IV) bildet in saurer Lösung mit 5-Sulfosalicylsäure (SS) (2-Hydroxybenzoesäure-5-sulfosäure) einen wasserlöslichen, gelben Komplex [*28*, *29*], der sich nach Umsetzung mit Tetraphenylarsonium- [*30*], Tetraphenylphosphonium- [*30*]oderTri-n-butylammoniumsalz (TBA) [*31*, *32*] durch $CHCl_3$ mit gelber Farbe extrahieren läßt. Die Extraktion des Ti-SS-TBA-Komplexes mit $CHCl_3$ verläuft bei pH 2,4—4,1 am günstigsten [*31*]. Die Ausbeute beträgt dabei mit einmaligem Ausschütteln ~ 98%, mit 2maligem 99,8%. Das Extinktionsmaximum liegt bei 356—360 nm (s. Abb. 212). Das Beersche Gesetz ist im Bereich von 0,06—2,4 μg Ti/ml $CHCl_3$ (356—360 nm) bzw. 0,12—4,6 μg Ti/ml $CHCl_3$ (400 nm) erfüllt ($\varepsilon_{360} \approx 20000$, $\varepsilon_{400} \approx 10000$).

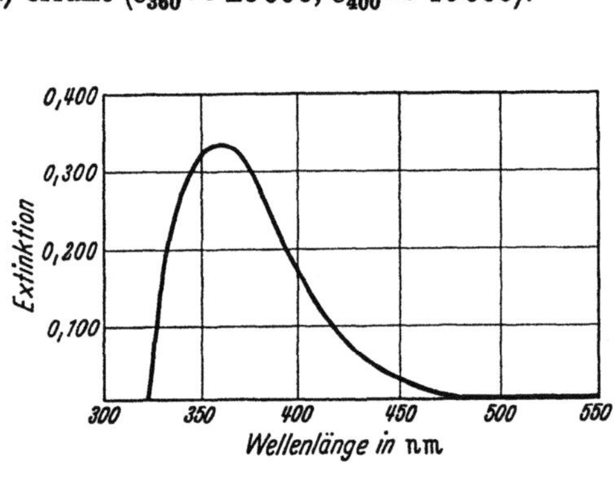

Abb. 212. Extinktionskurve des Ti(IV)-Sulfosalicylsäure-Tri-n-butylammonium-Komplexes in $CHCl_3$ [*31*]

Die Bestimmung von 20—100 µg Ti nach der folgenden Arbeitsvorschrift a)[1] wird durch folgende Ionen (in mg) nicht gestört [*31*]: Al (250—1000[1]), Ag (10), As(III) (10), Ba (20), Bi (20), Ca (100), Cd (100), Co (120), Cr(III) (1000), Cu(II) (200), Fe(III) (500), Hg(II) (20), K (20), Mg (20), Mn(II) (100), Mo(VI) (2[2]), NH_4^+ (20), Na (20), Ni (100[3]), Pb (100), Sb(III) (10), Sn(II) (10), Sr (20), V(VI) (2), Zn (20), PO_4^{3-} (60[3]) und F^- (100[4]). Fe(III) gibt mit SS eine rotviolette Färbung, doch tritt hierdurch bis zu einem Mengenverhältnis von Ti:Fe = 1:50 keine Störung auf; bei größeren Mengen muß das Fe nach der Arbeitsvorschrift a) reduziert werden. Mo, U, V und W reagieren ebenfalls mit SS und werden mit TBA/$CHCl_3$ extrahiert. Mo stört im Verhältnis Ti:Mo = 1:1 nicht, größere Mengen müssen abgetrennt werden. Mo läßt sich mit Thioglykolsäure/Methylenchlorid sowie /$CHCl_3$ als gelber Komplex extraktiv abtrennen (Arbeitsvorschrift b)). W muß vor der Bestimmung abgetrennt werden; hierzu wird die Abscheidung als Wolframsäure durch Abrauchen mit H_2SO_4 empfohlen [*31*].

Das Verfahren fand zur Bestimmung von Ti in Gußeisen, Stahl, Aluminium, Aluminiumlegierungen, Gesteinen und Glas Anwendung [*32*]. Die Metalle wurden in HCl/HNO_3 gelöst, mit H_2SO_4 abgeraucht, der Rückstand mit etwas SS-Lösung (Verhinderung der Hydrolyse von Ti) und Wasser aufgenommen und nach der Vorschrift fortgefahren. Gesteine und Gläser wurden mit HF/H_2SO_4 abgeraucht, der Rückstand mit $K_2S_2O_7$ aufgeschlossen, die erkaltete Schmelze mit Wasser, dem 1—2 ml SS-Lösung zugesetzt sind, gelöst und nach der Vorschrift fortgefahren.

Arbeitsvorschrift [*31, 32*]

Reagentien

Sulfosalicylsäure (SS), 20%ige wäßrige Lösung;
Acetat-Puffer-Lösung (pH 4,0—4,1); 100 g Natriumacetat + 200 ml Eisessig werden in 750 ml Wasser gelöst;
Tri-n-butylammoniumacetat (TBA), 50%ige wäßrige Lösung; man mischt 100 ml Tri-n-butylamin, 100 ml Wasser und 15 g Aktivkohle unter Kühlung und kräftigem Schütteln mit 50 ml Eisessig, fügt unter Schütteln weitere 100 ml Wasser und 50 ml Eisessig und schließlich 70 ml Wasser und 70 ml Eisessig hinzu. Danach schüttelt man noch 15 min und filtriert dann die Kohle ab. Nach erneutem Zusatz von 15 g Aktivkohle wird abermals 10 min geschüttelt und danach filtriert. Die so erhaltene, praktisch farblose Lösung ist in dunkler Flasche längere Zeit haltbar. Das benutzte Tri-n-butylamin muß durch Vakuumdestillation gereinigt werden und farblos sein;
$CHCl_3$;
Methylenchlorid;
$Na_2S_2O_3$, 20%ige wäßrige Lösung;
$Na_2S_2O_5$, 20%ige wäßrige Lösung;
Thioglykolsäure, 4%ige wäßrige Lösung.

a) Anwesenheit von 0,2—500 mg Fe(III)

25 ml der sauren Probelösung (2,4—92 µg Ti enthaltend) werden mit 2,5 ml SS-Lösung[5], 3 ml $Na_2S_2O_3$-Lösung und 10 ml $Na_2S_2O_5$-Lösung versetzt, solange zum Sieden erhitzt, bis Entfärbung eingetreten ist, mit Wasser auf 40—50° C abgekühlt, noch 3 ml $Na_2S_2O_3$-Lösung zugesetzt und die Lösung auf Raumtemperatur abgekühlt. Nach Überführung in einen Schütteltrichter fügt man 20 ml Pufferlösung sowie 10 ml TBA-Lösung hinzu,

---

[1] Bei Anwesenheit von 1 g Al muß 50 ml Pufferlösung zugesetzt werden.
[2] Nach Arbeitsvorschrift b).
[3] Es tritt keine Störung auf, wenn man nach dem Puffern mit Natriumacetat 100 mg $CaCl_2$ hinzufügt.
[4] Keine Störung bei Maskierung des F^- durch Zusatz von 500 mg $CaCl_2$ und 1 mg Fe als $FeCl_3$.
[5] In Anwesenheit von 100 mg Ni oder 120 mg Co verwendet man folgende Reagenszusätze: für die 1. Ausschüttelung 5 ml SS-Lösung, 10 ml Pufferlösung, 10 ml TBA-Lösung, 10 ml $CHCl_3$; für die 2. Ausschüttelung 5 ml TBA-Lösung und 5 ml $CHCl_3$.

extrahiert mit 8 ml $CHCl_3$, trennt das letztere ab, spült mit 2 ml $CHCl_3$ nach und wiederholt die Extraktion nach Zusatz von 5 ml TBA-Lösung mit 5 ml $CHCl_3$ und spült zuletzt wieder mit 2 ml $CHCl_3$ nach. Der organische Extrakt wird durch ein Filter filtriert, mit $CHCl_3$ auf 20,0 ml aufgefüllt und in einer 1 cm-Küvette bei 400 nm gegen den Blindwert photometriert.

b) Anwesenheit von 2 mg Mo

Die deutlich saure Probelösung (pH 1–2, 2,4–92 µg Ti enthaltend) wird mit 3 ml $Na_2S_2O_3$-Lösung sowie 10 ml $Na_2S_2O_5$-Lösung versetzt, dann das Fe(III) wie unter a) angegeben reduziert, nach dem Abkühlen 5 ml Thioglykolsäure-Lösung hinzugefügt und dann 2mal mit je 10 ml Methylenchlorid und 1mal mit 10 ml $CHCl_3$ extrahiert. Der organische Extrakt (das Mo enthaltend) wird verworfen. Zur wäßrigen Lösung fügt man 5 ml SS-Lösung hinzu, stellt mit Natriumacetat-Pufferlösung auf pH 3,5–4 ein und fährt nach Zusatz von 10 ml TBA-Lösung mit der Bestimmung des Ti wie vorhin unter Vorschrift a) angegeben fort.

E. Wasserstoffperoxid

Ti(IV) bildet in mineralsaurer Lösung bei Zusatz von H_2O_2 einen gelben Komplex $[TiO_2(SO_4)_2]^{2-}$ [*33*]. Die Farbreaktion wurde unter den bekannten Verfahren bis heute am häufigsten zur photometrischen Bestimmung des Ti angewendet. Zwar stört nur eine kleine Zahl von Elementen, doch ist die geringe Empfindlichkeit von Nachteil. Die Farbreaktion wird zweckmäßig in 1,5–3,5n H_2SO_4- oder $HClO_4$-Lösung durchgeführt. In 6n H_2SO_4-Lösung ist die Extinktion um ~ 5% geringer. Die Bestimmung kann auch in HCl-Lösung durchgeführt werden, wegen der größeren Störung des Fe(III) werden aber die zuerst genannten Säuren vorgezogen. Das Extinktionsmaximum liegt bei 410 nm ($\varepsilon_{410} = 720$; s. Abb. 213). Bei höherer Säurekonzentration und bei Anwesenheit von H_3PO_4 liegt das Extinktionsmaximum bei 400 nm. Eine Störung durch mäßige Mengen V und Mo kann auch rechnerisch beseitigt werden, indem man bei 410 nm (Ti), 460 nm (V) und 330 nm (Mo) photometriert und den für Ti gefundenen Wert entsprechend korrigiert [*34*]. Das Beersche Gesetz ist im Bereich von 1,7–60 µg Ti/ml erfüllt. Die Farbe ist bis

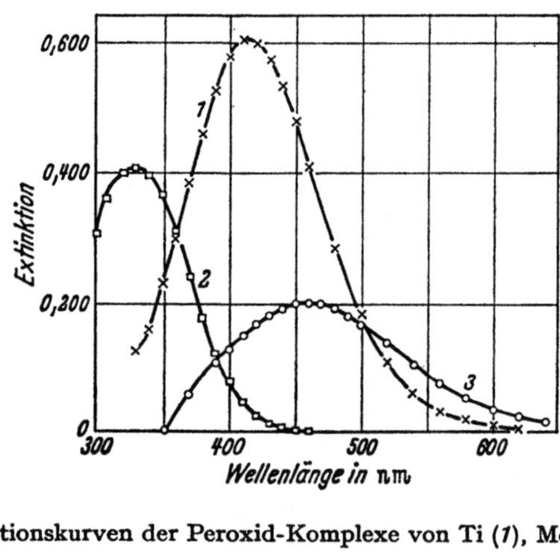

Abb. 213. Extinktionskurven der Peroxid-Komplexe von Ti (*1*), Mo (*2*) und V (*3*) [*34*]

zu 2 Jahre stabil [*35*]. Mo, Nb, U und V geben mit H_2O_2 gleichfalls eine Färbung. Die Bestimmung wird durch Cr(VI), Fe(III), V(V), Mo(VI), Nb, U, F^- und PO_4^{3-} gestört. Fe(III) kann durch Zusatz von H_3PO_4 [z. B. 10 ml H_3PO_4 (1 + 1)/50 ml] entfärbt werden [*36*], wobei man die bleichende Wirkung der H_3PO_4 bei der Eichkurve berücksichtigt. In Anwesenheit großer Mengen der übrigen Elemente müssen diese vorher abgetrennt werden. Ti kann von Mo und V mit Cupferron/$CHCl_3$ abgetrennt werden (s. S. 1199). Cr und V kann manverflüchtigen [*16*] (s. S. 1200). Große Mengen von Alkalisulfat haben einen geringen Bleicheffekt. Tartrat stört nicht. Der Ti-Peroxo-Komplex kann mit 0,025m Dioctylmethylenbiphosphonsäure/Kerosin extrahiert (25 min, $V_0 : V_w = 1:1$) und nach Zentrifugieren (5 min) in der organischen Phase bei 420 nm photometriert werden [*36a*]. Die Bestimmung des Ti wird durch andere Elemente in folgenden Mengenverhältnissen (Ti:Me) nicht gestört: 1:100 von Al, Ce(III), Co, Cr(III), Mn, Ni, PO_4^{3-}, Citrat, Oxalat und Tartrat; 1:50 von Bi, Ce(IV), Sn(IV), Th und Zr; 1:10 von Fe(III) und 1:6 von V. Mo(VI) und U(VI) stören.

Arbeitsvorschrift

Reagentien

10n H_2SO_4; $HClO_4$ (70%);
H_2O_2 (3%).

Die saure Probelösung (85—3000 µg Ti enthaltend) versetzt man in einem 50 ml-Meßkolben mit 10 ml H_2SO_4 oder $HClO_4$ (die Acidität der aufgefüllten Lösung soll 1,5—3,5n sein), bringt mit Wasser auf ~ 40 ml, fügt 5,0 ml H_2O_2 hinzu, füllt mit Wasser zur Marke auf und photometriert in einer 1 cm-Küvette bei 410 nm gegen Wasser.

Ist die Probelösung gefärbt, so füllt man im Meßkolben ohne H_2O_2 zur Marke auf und überführt zwei aliquote Teile von je 10,0 ml in zwei kleine Bechergläser. Man versetzt den einen mit 1,0 ml Wasser (Bezugslösung), den anderen mit 1,0 ml H_2O_2, photometriert den letzteren gegen die Bezugslösung oder beide Lösungen gegen Wasser und ermittelt im zweiten Fall aus der Extinktionsdifferenz den Ti-Gehalt.

1. Biologisches und anderes organisches Material

Das Probematerial wird auf trockenem Wege mit K_2SO_4/KNO_3 und H_2SO_4 als Veraschungshilfe oder auf nassem Wege mit $H_2SO_4/HNO_3/HClO_4$ verascht [*37*] und anschließend nach der Arbeitsvorschrift mit H_2O_2 photometrisch bestimmt. In Anwesenheit von Störelementen kann das Ti vorher durch Spurenfällung mit Zr-Arsenat als Spurenfänger (s. S. 1201) [*20, 21*] (man versetzt die Lösung mit 1 ml 0,1m $Zr(SO_4)_2$-Lösung und 1 ml 1,5m H_3AsO_4-Lösung, wiederholt die Fällung im Filtrat, löst beide Niederschläge mit 2,5 ml H_2SO_4 (1,84), verdünnt mit Wasser und führt dann die Bestimmung des Ti durch [*21*]) oder nach Verfahren E.2.1. isoliert werden. Mit H_2O_2 wurde Ti in Polyäthylen photometrisch bestimmt [*21*].

2. Metalle und Legierungen

Eine größere Zahl von Arbeiten beschreibt die photometrischen Bestimmung meist höhere Gehalte von Ti in Metallen und Legierungen mittels H_2O_2.

2.1. Korrosionsbeständige Stähle

Vor der photometrischen Bestimmung mit H_2O_2 wird das Ti durch Cupferron-Fällung von der Hauptmenge an Fe(II), Cr und Ni abgetrennt, wobei kleine Mengen dieser

Elemente das Ti begleiten. Gehalte von $\leq 0{,}05\%$ Mo und $\leq 0{,}02\%$ V stören nicht. Bei höheren Gehalten müssen Mo und V durch Behandlung mit $NaOH/Na_2O_2$ entfernt werden. Störendes $Cr_2O_7^{2-}$ wird mit SO_2 reduziert und Fe(II) mit HNO_3 reoxydiert.

B: 0,001–0,10% Ti. F_r: ±5%.

Arbeitsvorschrift [*38*]

Reagentien

Mischsäure; 310 ml HCl (1,19) + 95 ml H_2SO_4 (1,84) + 595 ml Wasser werden miteinander gemischt;
HNO_3 (1,40); H_2SO_4 (1,84); H_2SO_4 (1 + 19); $HClO_4$ (70%);
Cupferron, 6%ige wäßrige Lösung;
Ammoniak (1 + 99);
NaOH, 25%ige wäßrige Lösung;
Na_2O_2;
SO_2-Lösung, gesättigt;
H_2O_2 (3%).

5,0 g Probematerial werden unter gelindem Erwärmen in einem Becherglas mit 80 ml Mischsäure gelöst, fast zur Trockene eingedampft, mit heißem Wasser auf 150 ml verdünnt und zum Lösen der Salze gerührt. Zur abgekühlten Lösung gibt man etwas Filterflocken und tropfenweise Cupferron-Lösung, bis der entstehende Niederschlag eine dunkel rötlichbraune Farbe aufweist (im allgemeinen 3–5 ml Cupferron-Lösung), rührt einige Minuten, läßt den Niederschlag absitzen, filtriert durch ein mit wenig Filterschleim versehenes Filter und wäscht 10mal mit kalter H_2SO_4 (1 + 19) nach. Das Filter wird in das Becherglas zurückgegeben, nach Zusatz von 25 ml HNO_3, 10 ml H_2SO_4 (1,84) und 10 ml $HClO_4$ bis zum Auftreten der SO_3-Nebel erhitzt, nach dem Abkühlen mit Wasser auf 75 ml verdünnt, erwärmt, abgekühlt und mit NaOH-Lösung gerade alkalisch gemacht. Man fügt unter kräftigem Rühren 0,5 g Na_2O_2 in kleinen Anteilen hinzu, erhitzt nach Beendigung der Reaktion zum Sieden und kocht 10 min. Der Niederschlag wird abfiltriert, mit Ammoniak bis zur Farblosigkeit der Waschfraktion gewaschen, das Filter wieder in das Becherglas zurück gebracht, mit je 15 ml HNO_3 und H_2SO_4 (1,84) sowie 5 ml $HClO_4$ durch Erhitzen bis zum Auftreten der SO_3-Nebel verascht, nach dem Abkühlen mit Wasser auf 75 ml verdünnt, erwärmt und dann wieder abgekühlt. Man versetzt die Lösung mit 3 ml SO_2-Lösung, verkocht den Überschuß 5 min, fügt 10 Tropfen (0,5 ml) HNO_3 zur kochenden Lösung, kocht noch 1–2 min und läßt auf Raumtemperatur abkühlen.

In Abwesenheit von V und merklichen Mengen Mo läßt man die oben beschriebene Behandlung mit $NaOH/Na_2O_2$ fort; dann löst man den Niederschlag in 25 ml HNO_3, 15 ml H_2SO_4 (1,84) sowie 10 ml $HClO_4$ und fährt nach dem Abrauchen mit dem Verdünnen und der Behandlung mit SO_2-Lösung wie oben beschrieben fort.

Die abgekühlte Probelösung wird in einen 100 ml-Meßkolben filtriert, mit Wasser zur Marke aufgefüllt, zwei aliquote Teile von je 10,0 ml wie in der Arbeitsvorschrift auf S. 1211 (2. Absatz) mit 0,50 ml Wasser bzw. H_2O_2 behandelt und unter Verwendung einer 1 cm-, 2 cm- oder 5 cm-Küvette bei 420 nm photometriert.

F. Verschiedenes

An weiteren Reagentien zur photometrischen Bestimmung von Ti sind zu nennen: Chromotropsäure [*3, 7, 15, 37, 39–43*], Alizarinsulfosäure [*44–46*], Oxin/$CHCl_3$ (ε_{380} = 6900) [*47–49*], Cupferron/MIBK [*50*], Salicylamidoxim/Isoamylalkohol [*51*], 3-Hydroxy-1-p-chlorophenyl-3-phenyltriazin/Benzol (oder CCl_4, $CHCl_3$) [*52*], 2,3-Dihydroxynaphthalin-6-sulfosäure, Pyrogallol, Brenzcatechin [*53*], Methylfluoron

(ε_{510} = 63300–79000) [*54, 55*], Solochromschwarz RN [*56*], Solochromschwarz AS [*57*], Solochromdunkelblau B [*48*], N-Benzoyl-N-phenylhydroxylamin [*59*], Dihydroxyphenylfluoron (ε_{520} = 70000) [*60*], Brenzcatechinviolett [*61*], 1-(2-Pyridylazo)-2-naphthol/Butanol [*62*] und 4,4'-Diantipyrylmethan (Diantipyrinylmethan) (ε_{390} = 15000 in wäßriger Lösung [*12a*] bzw. 68000 [*63*] in $CHCl_3$) [*12a, 63, 64*] (s. a. S. 1165).

Recht empfindlich läßt sich Ti indirekt über eine Vervielfachungsreaktion (5,5fach) mittels AAS bestimmen [*65*]: in 0,5n HCl-Lösung wird die Ti-P-Mo-säure (Ti:Mo = 2:11) gebildet, zunächst der Überschuß an P-Mo-säure durch Extraktion mit $CHCl_3$/Butanol (4:1) entfernt, dann die Ti-P-Mo-säure mit Butanol extrahiert und der Extrakt in die Flamme eingesprüht (Messung der Linie Mo 3132; S_M = 0,013 ppm Ti).

Literatur

1. Lingane, J. J., Meites, L.: J. Am. chem. Soc. **68**, 2443 (1946).
2. Axelrod, J., Swift, E. H.: J. Am. chem. Soc. **62**, 33 (1940).
3. Ovenston, T. C. J., Parker, C. A., Hatchard, C. G.: Analyt. chim. Acta **6**, 7 (1952).
4. Ato, S.: Sci. Pap. Inst. physic. chem. Res. (Tokyo) **29**, 71 (1936).
5. Černichov, J. A., Tramm, P. S., Pevzner, K. S.: Zavodskaja Lab. **22**, 637 (1956); ref. Z. anal. Chem. **155**, 373 (1957).
6. De, A. K., Rahaman, M. S.: Analyt. chim. Acta **31**, 81 (1964).
7. Vanossi, R.: An. Asoc. quim. argent. **32**, 5 (1944).
8. Young, J. P., White, J. C.: Analyt. Chem. **31**, 393 (1959).
9. Meunier, P.: Compt. Rend. Acad. Sci Paris **199**, 1250 (1934); ref. Z. anal. Chem. **107**, 226 (1936).
10. Corbett, J. A.: Analyst **78**, 20 (1953).
11. Maddock, R. S., Meinke, W. W.: Progress Rept. No. 9, U.S. AEC Project No. 7 (Nov. 1960).
12. Challis, H. J. G., Wood, D. F.: Analyst **79**, 762 (1954).
12a. Donaldson, E. M.: Talanta **16**, 1505 (1969).
12b. Corbett, J. A.: Analyt. chim. Acta **30**, 126 (1964).
13. Rooney, R. C.: Analyt. chim. Acta **19**, 428 (1958).
14. Schöffmann, E., Malissa, H.: Arch. Eisenhüttenw. **28**, 623 (1957).
15. Rosotte, R., Jaudon, E.: Analyt. chim. Acta **6**, 149 (1952).
16. Heczko, T.: Mikrochem. verein. Mikrochim. Acta **36/37**, 825 (1951).
17. Athavale, V. T., Nadkarni, M. N., Venkateswarlu, C.: Analyt. chim. Acta **23**, 438 (1960).
18. Bandi, W. R., Buyok, E. G., Lewis, L. L., Melnick, L. M.: Analyt. Chem. **33**, 1275 (1961).
19. Korkisch, J.: Z. anal. Chem. **178**, 39 (1960).
19a. Strelow, F. W. E.: Analyt. Chem. **35**, 1279 (1963).
20. Simmler, J. R., Roberts, K. H., Tuthill, S. M.: Analyt. Chem. **26**, 1902 (1954).
21. Anduze, R. A.: Analyt. Chem. **29**, 90 (1957).
21a. Hibbits, J. O., Kallmann, S., Giustetti, W., Oberthin, H. K.: Talanta **11**, 1464 (1964).
21b. Herrmann, M.: Z. anal. Chem. **190**, 78 (1962).
22. Crouthamel, C. E., Hjelte, B. E., Johnson, C. E.: Analyt. Chem. **27**, 507 (1955).
23. Yoe, J. H., Armstrong, A. R.: Analyt. Chem. **19**, 100 (1947).
24. Yoe, J. H., Jones, A. L.: Ind. Eng. Chem., Anal. Ed. **16**, 111 (1944).
25. Nichols, P. N. R.: Analyst **85**, 452 (1960).
26. Rigg, T., Wagenbauer, H. A.: Analyt. Chem. **33**, 1347 (1961).
27. Potter, G. V., Armstrong, C. E.: Analyt. Chem. **20**, 1208 (1948).
27a. Easton, A. J., Greenland, L.: Analyt. chim. Acta **29**, 52 (1963).
28. Ziegler, M., Glemser, O.: Z. anal. Chem. **139**, 92 (1953).
29. Saarni, K., Suikkanen, S.: Z. anal. Chem. **143**, 112 (1954).
30. Ziegler, M., Glemser, O.: Z. anal. Chem. **157**, 17 (1957).
31. Ziegler, M., Glemser, O., von Baeckmann, A.: Z. anal. Chem. **160**, 324 (1958).
32. Ziegler, M., Glemser, O., von Baeckmann, A.: Angew. Chem. **70**, 500 (1958).
33. Bendig, M., Hirschmüller, H.: Z. anal. Chem. **120**, 385 (1940).
34. Weissler, A.: Ind. Eng. Chem., Anal. Ed. **17**, 695 (1945).
35. Ayres, G. H., Vienneau, E. M.: Ind. Eng. Chem., Anal. Ed. **12**, 96 (1940).
36. Weissler, A.: Ind. Eng. Chem., Anal. Ed. **17**, 775 (1945).
36a. Goričan, H., Grdenič, D.: Analyt. Chem. **36**, 330 (1964).

37. Bolleter, W. T.: Analyt. Chem. **31**, 201 (1959).
38. Milner, O., Proctor, K. L., Weinberg, S.: Ind. Eng. Chem., Anal. Ed. **17**, 142 (1945).
39. Koch, W., Ploum, H.: Arch. Eisenhüttenw. **24**, 393 (1953).
40. Brandt, W. W., Preiser, A. E.: Analyt. Chem. **25**, 567 (1953).
41. Asmus, E., Kurzmann, P.: Z. anal. Chem. **228**, 161 (1967).
42. Willmer, T. K.: Arch. Eisenhüttenw. **29**, 159 (1958).
43. Sommer, L.: Talanta **9**, 439 (1963).
44. Goto, H., Kakita, Y., Namiki, M.: Sci. Rep. Res. Inst. Tohoku Univ., Ser. A **9**, 245 (1957).
45. Goto, H., Kakita, Y., Hirokawa, K.: J. chem. Soc. Japan, pure Chem. Sect. **78**, 1337 (1957); ref. Analyt. Abstr. **5**, 2157 (1958).
46. Goto, H., Hirokawa, K.: J. chem. Soc. Japan, pure Chem. Sect. **78**, 1340, 1343 (1957); ref. Analyt. Abstr. **5**, 2157 (1958).
47. Gardner, K.: Analyst **76**, 485 (1951).
48. Motojima, K.: Bull. chem. Soc. Japan **29**, 455 (1956).
49. Chakrabarti, C. L., Magee, R. J., Wilson, C. L.: Talanta **10**, 1201 (1963).
50. Cheng, K. L.: Analyt. Chem. **30**, 1941 (1958).
51. Banerjea, D.: Z. anal. Chem. **159**, 123 (1957).
52. Sogani, N. C., Bhattacharyya, S. C.: Analyt. Chem. **28**, 1616 (1956).
53. Sommer, L.: Z. anal. Chem. **169**, 342 (1959).
54. Majumdar, A. K., Savariar, C. P.: Analyt. chim. Acta **21**, 584 (1959).
55. Mareček, J., Dvořák, J., Ditz, J.: Z. anal. Chem. **217**, 248 (1966).
56. Korkisch, J.: Z. anal. Chem. **182**, 92 (1961).
57. Korkisch, J.: Talanta **8**, 583 (1961).
58. Korkisch, J.: Mikrochim. Acta (Wien) **1962**, 16.
59. Schwarberg, J. E., Moshier, R. W.: Analyt. Chem. **34**, 525 (1962).
60. Asmus, E., Kurzmann, P., Wollsdorf, F.: Z. anal. Chem. **197**, 413 (1963).
61. Malát, M.: Z. anal. Chem. **201**, 262 (1964).
62. Curry, A. S., Read, J. F., Knott, A. R.: Analyst **94**, 744 (1969).
63. Hofer, A., Heidinger, R.: Z. anal. Chem. **249**, 177 (1970).
64. Wood, D. F., Jones, J. T.: Analyt. chim. Acta **47**, 215 (1969).
65. Kirkbright, G. F., Smith, A. M., West, T. S., Wood, R.: Analyst **94**, 754 (1969).

Tl — Thallium

Tabelle 178. Empfindlichkeit S_M und Bestimmungsgrenze L_Q der Verfahren

Verfahren	µg Tl · ml⁻¹ · cm⁻¹	
	S_M	L_Q
Dithizon/$CHCl_3$	0,0061 (505 nm)	0,15 (505 nm)
Rhodamin B/Benzol	0,0019—0,0023 (560 nm)	0,048 —0,059 (560 nm)
Voltammetrie		0,0010[1,2]
Emissionsspektralanalyse		~ 0,05[2,3]

[1] µg · ml^{-1}.
[2] F_r: ± 10%.
[3] µg auf der Elektrode.

A. Trennungen

Zur Isolierung geringer Tl-Mengen hat die Extraktion ihre besondere Bedeutung, wobei das Tl in Form seiner Halogenide oder aber auch als metallorganischer Komplex extrahiert werden kann. Aus HCl-Lösung wurde Tl(III) im Milligramm- und Mikrogramm-Bereich mehrfach mit Diäthyläther [*1—8*], sowie mit Diisopropyläther [*9, 10*] und Äthylacetat [*11*] ausgeschüttelt. Mit Diäthyläther werden Mikrogramm-Mengen Tl(III) bereits aus 1n HCl zu ~97% und von 3n HCl aufwärts quantitativ (V_0:V_w = 1:1) extrahiert [*7*]. Unter denselben Bedingungen wird Tl(I) lediglich bei ~ 6n HCl mit einer Ausbeute von höchstens 7,7% ausgeschüttelt. Mit Diisopropyläther wird Tl(III) erst ab > 5n HCl quantitativ extrahiert [*9, 12*]. Aus der Ätherphase läßt sich Tl mit H_2SO_3 rückschütteln [*8*], wobei anwesendes Fe(III) weitgehend im organischen Extrakt bleibt. Auch wurden aus einem Äthylacetat-Extrakt mit 0,3—0,4n HCl die Elemente Fe, Ga, Mo und Te rückgeschüttelt, während Tl(III) mit Au(III) in der organischen Phase verblieben [*11*]. Die Extraktion des Tl(III) aus HCl-Lösung ist nicht sehr spezifisch, da vor allem As, Au(III), Fe(III), Ga, Ge, Mo(VI), Sb, Sn, Te mitextrahiert werden. Spezifischer ist diese des Tl aus HBr-Lösung, die ebenfalls sowohl mit Diäthyl- [*3, 4, 7, 13—17*] als auch Diisopropyläther [*12, 18—20*] und auch mit 2-Octanon [*21*] durchgeführt wurde. Tl(I) kann leicht zwischen 1—4n HBr (V_0:V_w = 1:1) [*7*], Tl(III) zwischen 1—5n HBr (V_0:V_w = 3:2) [*3, 4, 22*] bzw. ≦ 6n HBr (V_0:V_w = 1:1) [*13*] mit Diäthyläther quantitativ extrahiert werden, während mit Diisopropyläther für Tl(III) die quantitative Extraktion ab 2,5n HBr (V_0:V_w = 2:1) [*12*], nach anderen Angaben bereits ab > 1n HBr [*20*] erzielt wird, wobei im letztgenannten Fall anwesendes Sb erst ab 3n HBr mit in den Extrakt gehen soll. Auch Nanogramm-Mengen Tl(III) (10 bis 500 ng) wurden aus 1,0—1,5n HBr-Lösung durch 3maliges Ausschütteln mit Diäthyläther isoliert [*15*]. Mit Tl(III) werden aus 4n HBr-Lösung Au(III), Fe(III), In, Sb(V) weitgehend quantitativ, Ga zu ~ 50%, Sn(II), Sn(IV) zu ~ 80%, As(III) und Sb(III) zu ~ 20% und Cu(II), Hg(II), Mo(VI), Se(IV), Te(IV) und Zn zu nur einigen Prozent, Cd, Co, Ni und V(IV) nur in Spuren mitextrahiert [*13*]. Tl(I) kann auch aus 0,05—2,5n HI- bzw. Tl(III) aus 0,05—2n HI-Lösung [*7*], nach anderen Angaben [*12*] Tl(III) aus 0,5—2,5n HI-Lösung quantitativ extrahiert werden, wobei im Bereich von 2n HI eine Mitextraktion für Cd, Hg(II), In, Mo(VI), Sn(II), Sb(III) und Te(IV) angegeben wird.

Mit 0,25m TTA/Benzol kann Tl(III) bei pH > 3,5 und Tl(I) bei pH > 6,5 extrahiert werden [*23*]. Mit Tl(III) mitextrahiertes Bi verbleibt beim Rückschütteln des Tl mittels 0,01n HNO_3 weitgehend im organischen Extrakt. Bei Anwesenheit von Pb wird empfohlen, dieses zuerst selektiv mit TTA/Benzol bei pH 5 abzutrennen, wobei Tl in der einwertigen Stufe sein muß. Tl(I) wird mit 1% Cyclopentadien/CH_2Cl_2 (oder MIBK) aus 2–3n KOH-Lösung vollständig extrahiert ($D = 110$–210, $E\% = 99{,}1$–$99{,}9$) [*23a*] und läßt sich aus der organischen Phase mit 0,1n H_2SO_4 rückschütteln. Ag, Cu und Hg werden ebenfalls extrahiert, können aber mit KCN maskiert werden.

Bei pH > 9,5 läßt sich Tl(I) durch mehrmaliges Ausschütteln mit Dz/CCl_4 oder Dz/$CHCl_3$ quantitativ aus ammoniakalischer, citrathaltiger Lösung extrahieren; durch Zusatz von CN^- können die meisten Elemente außer Bi, Pb, Sn(II) und Tl(I) maskiert werden. Bei pH < 11 und Verwendung von Dz/$CHCl_3$ kann allenfalls auch In stören. Von der Möglichkeit der Isolierung als Dithizonat wurde verschiedentlich vor der Bestimmung des Tl [*24–28*], unter anderem auch in Erzen und Flugstäuben [*29*], sowie in Zink und Cadmium [*20*] Gebrauch gemacht (s. a. S. **317** ff., **1220** ff.).

Von den zahlreichen, mit Na-DDTC/CCl_4 extrahierbaren Elementen reagieren bei pH > 11 außer Tl(I) und Tl(III) noch Ag, Bi, Cd, Co, Cu, Hg, Ni, Pb, Pd und Zn [*30*]. Durch Zusatz von Tartrat, KCN und ÄDTA werden alle bis auf Bi und Tl(III) maskiert. Bei pH 8 und Anwesenheit von ÄDTA wird nur Tl(I), nicht aber Tl(III) maskiert. Bei biologischem Material wurde das Tl mit Na-DDTC/MIBK bei pH 5–6 extrahiert und der Extrakt für die Bestimmung mittels AAS verwendet [*30a*]. Daneben fand auch Dibenzyldithiocarbamat/$CHCl_3$ zur Extraktion Anwendung [*31*]. Aus ≧ 1,5n HCl-Lösung wurde Pb mit DADDTC/$CHCl_3$ extrahiert und so von Tl, das in der wäßrigen Phase bleibt, abgetrennt [*32*]. Tl(III)-Oxinat läßt sich zwischen pH 6,5–7,0 mit $CHCl_3$ extrahieren, doch sind Tl-Verluste durch Hydroxidfällung zu befürchten [*33*]. Oxin und auch Cupferron besitzen deshalb vorwiegend Bedeutung zur Abtrennung anderer Metalle von Tl.

Verschiedentlich wurde Tl durch Fällen mit anorganischen und organischen Spurenfängern isoliert. So können Mikrogramm-Mengen Tl(III) aus HNO_3 (1 + 9)-Lösung quantitativ an Mangan(IV)oxidhydrat mitgefällt werden [*34–36*]. Dabei gehen mehr oder weniger vollständig auch As, Au, Bi, Fe, Pb, Sb, Sn in den Niederschlag (s. a. S. **57** ff., **360**, **1020**, **1123**). In analoger Weise sollen auch noch Nanogramm-Mengen Tl(III) ohne nennenswerte Verluste isolierbar sein [*15*]. Auch $Fe(OH)_3$ kann als Spurenfänger für Tl(III) herangezogen werden. Tl(I) läßt sich aus neutraler und alkalischer Lösung auch als Sulfid mit Cd, Hg oder Pb als Spurenfänger sowie aus ammoniakalischer Lösung nach Zusatz von $(NH_4)_2S$ mit Fe als Spurenfänger mitfällen. Vor der Bestimmung in biologischem Material wurde Tl auch als Jodid aus schwach saurer Lösung durch Mitfällung an CuI [*37*] bzw. an PbI_2 [*38*] isoliert. Für die radiochemische Tl-Bestimmung in Feldspat wurde zur Isolierung Tl(I) aus H_2SO_4-Lösung mit Hg(II) und Reinecke-Salz mitgefällt [*39*]. Ag, Au(I), Bi, Cd, Cu(I), Pb, Pt(II), Sn(II) und Zn reagieren analog. Die Fällungszeit betrug 30 Std. Durch Fällen mit Hypochlorit in Anwesenheit von p-Dimethylaminoazobenzol + Methylorange als Mitfällungsreagentien soll eine vollständige Fällung des Tl noch in einer Verdünnung von $1:10^{10}$ erreicht werden [*40*]. Andere störende Elemente werden vorher auf dieselbe Weise vom nicht reagierenden Tl(I) abgetrennt, wonach Tl(I) mit $CaOCl_2$ oxydiert und nun gefällt wird. Fe(III) stört auf jeden Fall. Das Verfahren wurde auf Granit ($0{,}1 \cdot 10^{-6}$ bis $1 \cdot 10^{-6}$% Tl) angewendet. Als Fällungsreagens für Tl(I) gilt Thionalid [*41*, *42*], das auch mit einer Reihe anderer Elemente analog reagiert. In alkalischer Lösung und in Anwesenheit von Natriumtartrat und KCN kann die Reaktion für Tl weitgehend spezifisch gestaltet werden. Doch erhielt man bei der Isolierung von Mikrogramm-Mengen Tl(I) mit Thionalid wenig befriedigende Ergebnisse [34]. Bei der radiochemischen Bestimmung in vulkanischen Gesteinen wurden kleine Mengen Tl als $[Co(NH_3)_6][TlCl_6]$ isoliert [43, 44]. Von Bedeutung sind hinsichtlich der Vortrennung von Tl-Mengen im Mikrogramm- und Nanogramm-Bereich aus silicatischem Material Beobachtungen über das Auftreten von Tl-Verlusten. Beim Schmelzaufschluß mit Alkalicarbonaten, $Na_2B_4O_7$, NaOH [15, 45] treten (auch in Anwesenheit von $CaCO_3$, $BaSO_4$, SiO_2, WO_3, MoO_3 und Nb_2O_5 [45]) je nach den Arbeitsbedingungen Fehlbeträge zwischen 70 und 100% auf. Demgegenüber kann silicatisches Material verlustlos mit HF/H_2SO_4 oder $HF/HClO_4$ aufgeschlossen werden. Beim Abscheiden der Kieselsäure durch Säurebehandlung soll Tl verlustlos ins Filtrat gehen und nicht an der Kieselsäure adsorbiert werden.

Aus ammoniakalischer Lösung wurde Tl (mit Spuren Pb) durch elektrolytische Abscheidung auf der Anode vor der polarographischen Bestimmung in Cadmiumlösungen isoliert [34]. Von anderer Seite wurden vor dem qualitativen Nachweis von Tl mit Rhodamin B [35] und der photometrischen Bestimmung in Erzen mit Methylviolett (bis herab zu 0,0002%) [46] anwesendes Au, Hg und Sb aus HCl-Lösung mit metallischem Cu abgeschieden, wobei Tl(I) in Lösung bleibt. Vor der spektrographischen Bestimmung in tierischem Gewebe wurde Tl nach Zusatz von Zn-Pulver zur Probelösung auf diesem elektrochemisch angereichert und nach Filtrieren der Niederschlag wieder gelöst [47].

Aus einer ÄDTA enthaltenden Lösung mit pH 4 wird von den anwesenden Elementen Bi, Cu, Fe, Hg, Pb, Tl und Zn nur Tl(I) am Kationenaustauscher Amberlite IR-120 adsorbiert und von diesem mit 2n HCl eluiert [44].

Zur Isolierung kleiner Mengen Tl bis herab zu wenigen Nanogramm aus biologischem Material, Metallen und technischen Produkten fand auch die Verdampfungsanalyse Anwendung, bei der das Tl in der nachfolgend beschriebenen Apparatur verflüchtigt und in dem nach der Verdampfung erhaltenen Sublimat auf geeignete Weise bestimmt wird [15, 48]. Versuche mit radioaktiven Isotopen zeigten, daß Verdampfung und Kondensation bei Einhaltung geeigneter Arbeitsbedingungen bis zu Bruchteilen von Nanogramm-Mengen herab quantitativ erfolgen. Trotz der Vorteile, welche eine Verdampfung im Hochvakuum aufweist, wird aus Gründen der Einfachheit der Durchführung und der Möglichkeit, mittels eines geeigneten Treib- bzw. Trägergases eine spezifische chemische Umsetzung zu erreichen, beim nachfolgend beschriebenen Verfahren unter Normaldruck und Durchleiten von Treibgas gearbeitet. Am einfachsten durchführbar ist die Verdampfung in einem einseitig zur Capillare ausgezogenen Quarzrohr, in dem das Sublimat aufgefangen und danach entsprechend herausgelöst wird. Unter solchen Bedingungen sind aber nur Mengen von 10 µg aufwärts des zu verdampfenden Elementes bestimmbar (s. S. 1329). Für Mengen < 10 µg muß das Verdampfungsrohr so gehalten werden, daß sich ein Sublimat auf einer sehr eng begrenzten Fläche abscheiden läßt und dessen Weiterverarbeitung leicht quantitativ erfolgen kann. Aus diesem Grund wird hierfür die nachfolgend beschriebene Einrichtung zur Verdampfung im Rohr mit Düse und Kühlfinger verwendet.

Apparatur [48]. In das Verdampfungsrohr (12—13 mm i. Ø) aus Quarzglas (s. Abb. 214) ist eine nicht zu dünnwandige Quarzglasdüse von 15—20 mm Länge in möglichst genauer axialer Lage eingeschmolzen, deren Öffnung (maximal 2 mm i. Ø) kreisförmig, glatt und senkrecht zur Rohrachse abgeschliffen sein soll. Bei Anfallen größerer Sublimat-Mengen, die naßchemisch weiterverarbeitet werden sollen, wird der zur Aufnahme des Sublimates dienende, in das Verdampfungsrohr eingeschobene Kühlfinger aus einem Quarzglasrohr (0,5 mm Wandstärke, 8—9 mm a. Ø, ~ 100 mm Länge) durch einseitiges Zuschmelzen desselben hergestellt. Seine Bodenfläche soll völlig eben oder schwach nach außen gewölbt und möglichst senkrecht zur Längsachse sein. Ein Kühlfinger aus

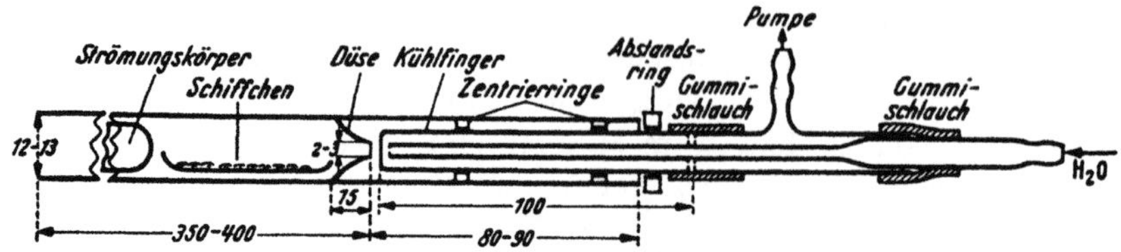

Abb. 214. Verdampfungsrohr mit Düse und Kühlfinger [48] (Maße in mm)

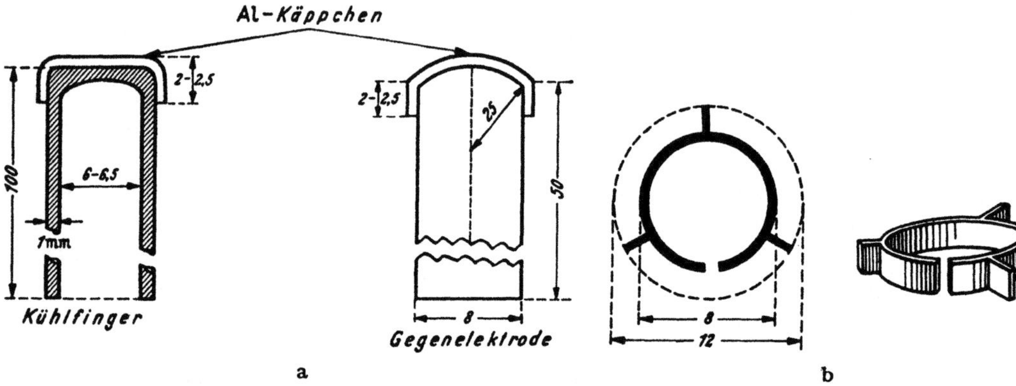

Abb. 215. a Kühlfinger und Gegenelektrode mit Aluminiumkäppchen [48], b Zentrierringe [48]

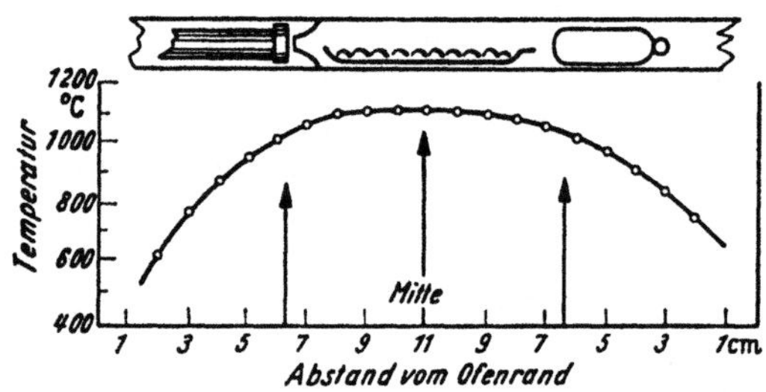

Abb. 216. Ofentemperatur und Lage des Verdampfungsrohres [48]

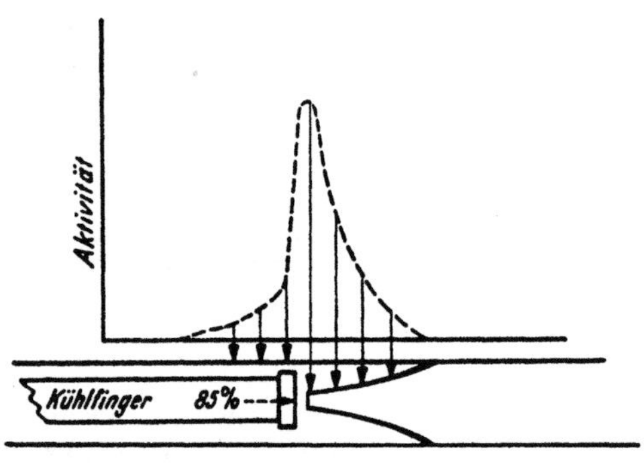

Abb. 217

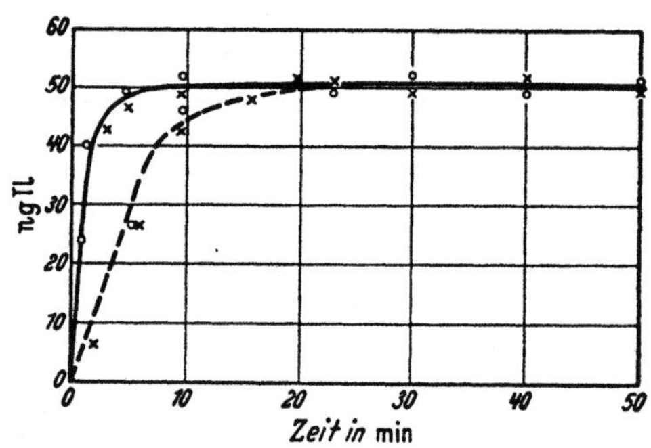

Abb. 218

Abb. 217. Verteilung der Aktivität bei zu langer Düse nach Verdampfen von Th B-haltigem Pb (schematisch) [48]

Abb. 218. Verdampfungsgeschwindigkeit von Tl in Abhängigkeit von Zeit und Temperatur mit O_2 oder H_2 als Treibgas [15]; ○ H_2-Strom, × O_2-Strom, ---- 700° C, — 1000° C

Messing (8 mm a. ∅) (s. Abb. 215a) oder Kupfer findet hingegen Verwendung, wenn das in diesem Fall auf einem Metallkäppchen aufgefangene Sublimat anschließend spektrographisch analysiert wird, wobei der Kühlfinger mit der Metallkappe als Elektrode dient. Das Metallkäppchen ist im allgemeinen aus reinstem Aluminiumblech (0,25 mm stark, in der Form des Kühlfingers ausgestanzt, mit einem ~ 3 mm hohen Rand) (s. Abb. 215a). Statt Aluminium kann aber auch ein anderes Metall, wie Silber, Gold, Kupfer oder Platin, verwendet werden. Die ausgestanzten Metallkäppchen werden nach Entfetten mit Aceton, Entfernen von Eisenspuren mit verd. HCl, Waschen mit Wasser und Trocknen staubsicher aufbewahrt. Sowohl die gereinigten Schiffchen als auch diese Metallkäppchen dürfen nur mehr mit Pinzetten gehandhabt werden. Auf den Kühlfinger werden die Metallkappen aufgesetzt, indem man sie auf Filtrierpapier auflegt und den Kühlfinger fest aufdrückt. Während zwei auf den Kühlfinger aufgeschobene, aus federndem Blech hergestellte Zentrierringe (s. Abb. 215b) zur genauen Zentrierung des Kühlfingers dienen, gewährleistet der an einer markierten Stelle gleichfalls auf den Kühlfinger aufgesetzte Abstandsring (wie die Zentrierringe ausgeführt, jedoch mit entsprechend verlängerten Nasen) einen genauen, stets gleichbleibenden Abstand zwischen Düse und Kühlfinger bzw. Metallkappe. Dieser Abstand darf 0,5 mm nicht unter- und 1 mm nicht überschreiten. Je nach der Flüchtigkeit des zu verdampfenden Stoffes und der Art des verwendeten Kühlfingers dient Wasser oder Luft als Kühlmittel. Das Kühlwasser wird durch ein auf 2—3 mm an den Boden des Kühlfingers heranreichendes Glasrohr (3 mm i. ∅) eingeleitet und mittels Wasserstrahlpumpe abgesaugt. Bei Luftkühlung wird die Luft mittels Gebläse eingeleitet. ~ 1 cm vor dem Schiffchen mit der Probe befindet sich ein Strömungskörper (auf beiden Seiten rund zugeschmolzenes, 5—8 cm langes Quarzglasrohr [*49*]), der das eintretende Trägergas verteilt. Der Außendurchmesser des Strömungskörpers darf 1 bis höchstens 2 mm geringer als die lichte Weite des Verdampfungsrohres sein, damit die erforderliche hohe Strömungsgeschwindigkeit des Treibgases erreicht werden kann, mit der eine Diffusion des Elementdampfes gegen die Richtung des Treibgasstromes verhindert wird. Zur Aufnahme des Probegutes eignen sich Schiffchen (50—60 mm lang, 6 mm breit, 5 mm tief) aus unglasiertem Hartporzellan, Korund oder bei Verdampfung im H_2-Strom auch solche, die aus einem Stab reinster Spektralkohle gefräst werden. Sie müssen vor ihrer Verwendung durch längeres Ausheizen im Gasstrom bei 1150° C von flüchtigen Stoffen befreit und danach staubfrei aufbewahrt werden.

Zur Erhitzung des Verdampfungsrohres eignet sich ein elektrisch beheizter Röhrenofen, der längere Zeit auf 1200° C heizbar ist, keinen zu starken Temperaturabfall nach den Röhrenenden zeigt und verschiedene Temperaturen mit einer Schwankungsbreite von $\pm$ 10° C einzustellen gestattet. Von besonderer Bedeutung ist die Lage der Düse des Verdampfungsrohres zur Ofencharakteristik (ihre richtige Stellung zeigt Abb. 216). Die Probe muß im gleichmäßig heißesten Teil des Ofens stehen, ohne daß dabei aber die Düse wesentlich kälter ist. Anderenfalls kommt es an dieser bereits zu einer unerwünschten Kondensation schwer flüchtiger, später oft nicht mehr verdampfender Stoffe. Eine solche Gefahr besteht vor allem bei langen Düsen mit einem stärkeren Temperaturgefälle bei hoher Arbeitstemperatur. Abb. 217 zeigt hierfür ein Beispiel, das durch Verdampfen von ThB-haltigem Pb und Messen der Aktivität der verschiedenen Zonen an Düse und Verdampfungsrohr erhalten wurde. Durch Verwendung einer kurzen Düse bei genügend hoher Arbeitstemperatur wird diese Störung vermieden. In dieser Hinsicht sind ferner auch die Düsenweite, der Abstand zwischen Düse und Kühlfinger sowie die Geschwindigkeit des Gasstromes von ausschlaggebender Bedeutung. Bei einer Düsenweite von 0,5—1 mm soll der Gasstrom 0,1—0,2 l/min betragen. Merklich höhere Mengen führen zu unvollständiger Abscheidung auf der Metallkappe des Kühlfingers, geringere Gasmengen verzögern den Tl-Übergang. Die Verdampfungsgeschwindigkeit des Tl in Abhängigkeit von Zeit und Temperatur bei Anwendung von O_2 oder H_2 und einem Gasstrom von 0,2 l/min zeigt Abb. 218. Obwohl die zur völligen Verdampfung eines Stoffes benötigte Zeit durch eine möglichst hohe Arbeitstemperatur beeinflußt werden kann, empfiehlt es sich, zur Schonung der Apparatur eher eine niedere Verdampfungstemperatur bei etwas längerer Arbeitszeit zu wählen, die sich auch auf die verlustlose Kondensation und die Reinheit des Sublimates günstig auswirkt. Das Treib- bzw. Reaktionsgas kann im allgemeinen unmittelbar aus Stahlflaschen nach Durchleiten durch eine als Blasenzähler dienende, mit einer geeigneten Flüssigkeit beschickte Waschflasche und einen einfachen Strömungsmesser verwendet werden. Die Art des Treibgases ist nicht für die Verdampfungsgeschwindigkeit (s. a. Abb. 218), wohl aber für die Reinheit des Sublimates von Bedeutung. Man wird daher je nach der Probenzusammensetzung hinsichtlich der Begleitstoffe das geeignete Treibgas von dem Gesichtspunkt her auswählen, ob man im vorliegenden Fall ein sehr reines Tl-Sublimat benötigt oder aber auch gleichzeitig verdampfende Begleitelemente mit erfassen will. Weiterhin läßt sich durch nacheinander mit verschiedenen Treibgasen an einer Probe durchgeführte Verdampfungen eine Abtrennung einzelner Elemente erzielen. Grundsätzlich können Luft, reiner O_2, N_2, H_2 oder geeignete Gemische von H_2 mit H_2S, Halogenwasserstoffe und andere Gase verwendet werden, so daß Verflüchtigungen als Metall, Oxid, Sulfid oder Halogenid möglich sind.

Die Verdampfungsgeschwindigkeit wird durch die Korngröße des Probematerials mitbestimmt. Nicht schmelzende Stoffe sollen fein gepulvert werden; von Metallen werden feine Späne verwendet. Die Probe breitet man über das ganze Schiffchen aus, um nur kleine Schmelzkugeln entstehen zu lassen; außerdem vermengt man aus diesem Grunde sulfidische Erze, silicatisches und metallisches Material zweckmäßig mit reichlich Al_2O_3. Bei Proben mit höherem As-Gehalt empfiehlt es sich, diese in einer reichlichen Menge eines Gemisches von $MnO_2 + CaCO_3$ (1 + 1) einzubetten, bevor im O_2-Strom verdampft wird, da so das As_2O_3 als $Ca_3(AsO_4)_2$ zurückgehalten wird. Bei der Untersuchung von Silicaten auf Tl wird in erster Linie die Verdampfung im H_2-Strom empfohlen, die schneller als im O_2-Strom vor sich geht.

Arbeitsvorschrift. In das trockene Verdampfungsrohr wird das mit der Probe beschickte Schiffchen bis dicht vor die Düse eingeführt und der Strömungskörper eingeschoben. Dann wird das Verdampfungsrohr mittels Gummistopfen (Butylkautschuk) an die Gaszuleitung angeschlossen und in den Ofen in die richtige Lage eingeführt, nachdem die Luft durch das Treib- bzw. Reaktionsgas verdrängt worden ist. Sobald der mit Abstands- und Zentrierring versehene Kühlfinger eingeschoben und in richtige Entfernung (innerhalb 0,5—1 mm) vom Düsenrand gebracht ist, wird der Ofen eingeschaltet, der Gasstrom auf 0,1—0,2 l/min gebracht und die Kühlung des Kühlfingers angestellt. Nach Erreichen der erforderlichen Ofentemperatur (Lötstelle des zwischen Verdampfungs- und Heizrohr liegenden Thermoelementes über der Schiffchenmitte) läßt man 20—50 min bei gleichmäßigem Gasstrom verdampfen, schaltet danach den Ofen bei laufendem Gasstrom und Kühlung ab, entfernt den Kühlfinger nach hinreichender Abkühlung, trennt ihn von der Kühlvorrichtung ab und bewahrt staubfrei unter einer Glasglocke (oder Kunststoffglocke) bis zur Weiterverarbeitung des Sublimates auf. Nun wird der Gasstrom gedrosselt und das Verdampfungsrohr aus dem heißen Ofen entfernt. Man läßt es erkalten, entfernt Strömungskörper und Schiffchen und kann nun eine neue Probe einsetzen.

Organisches Material wird vorher verascht, Salze werden in Wasser gelöst und anschließend beide Proben wie Lösungen verarbeitet. Aus Lösungen, die zur unmittelbaren Verdampfung nicht geeignet sind, kann Tl an Mangan(IV)oxidhydrat mitgefällt, nach Abfiltrieren des Niederschlages durch ein mit Asbestpolster beschicktes Filtrierrohr der bei 150° C im Schiffchen vorgetrocknete Niederschlag in das Verdampfungsrohr eingebracht und, wie vorhin beschrieben, die Verdampfung durchgeführt werden. Außerdem wird zur Vorisolierung des Tl auch die Ätherextraktion aus HBr-Lösung mit anschließender Spurenfällung mit Mangan(IV)oxidhydrat und darauffolgender Isolierung durch Verdampfungsanalyse empfohlen.

B. Dithizon

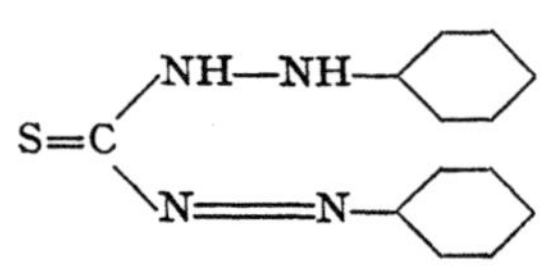

Tl(I) reagiert mit Dithizon (Dz) in alkalischer Lösung unter Bildung eines roten, in $CHCl_3$ oder CCl_4 löslichen primären Dithizonates TlHDz, das bei pH 9—12 beständig ist. Da man bei optimalem pH-Wert mit CCl_4 eine Ausbeute von ~ 50%, mit $CHCl_3$ hingegen eine solche von ~ 80% erzielt, wird allgemein das letztgenannte organische Lösungsmittel vorgezogen, wobei auch hier zur quantitativen Extraktion mehrmals ausgeschüttelt werden muß. Eine quantitative Extraktion des TlHDz mit $CHCl_3$ wird zwischen pH 10,3—11,5 erzielt [*28*]. Da innerhalb dieses Bereiches mit steigendem pH-Wert die Blindwertextinktion abnimmt, während die Extinktion des TlHDz bei pH 11,1—11,5 die größte Empfindlichkeit zeigt, ist die genaue pH-Einstellung bei dem Verfahren einschließlich der Einhaltung der erforderlichen Reagensmengen von Bedeutung. Bei pH > 11 geht das überschüssige Dz fast vollständig in die wäßrige Phase, so daß Tl unter diesen Bedingungen nach dem Einfarbenverfahren bestimmt werden kann. Obwohl man bei pH $\geqq$ 11,1 die größte Empfindlichkeit erzielt, wird die Bestimmung nach dem Mischfarbenverfahren bei pH 10,6 vorgezogen, da der Reagentienblindwert bei dem erstgenannten pH-Wert eine schlechte Reproduzierbarkeit aufweist [*28*]. Na_2SO_3 wird als Reduktionsmittel für Tl und zur Vermeidung einer Dz-Oxydation

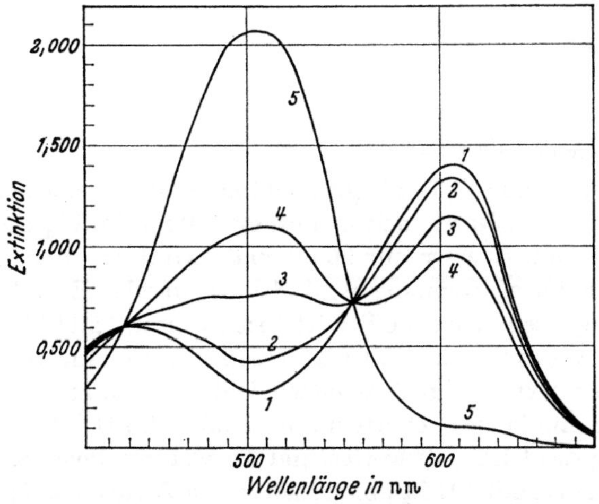

Abb. 219. Extinktionskurven von Dithizon (*1*) und Tl-Dithizonat in $CHCl_3$ (Kurven *2, 3, 4, 5* mit 1,3, 4,0, 6,6 bzw. 67 µg Tl/ml $CHCl_3$) bei pH 10,2 extrahiert und gegen $CHCl_3$ gemessen [*28*]

empfohlen [*8, 28*] und soll sich besser als Hydroxylaminhydrochlorid bewährt haben [*28*]. Da CN^- nicht stört, wird es zur Markierung einiger später genannter Störelemente empfohlen. Bei genauem Zusatz läßt sich damit auch eine genaue pH-Einstellung mit abpuffernder Wirkung erzielen. Das Extinktionsmaximum des Tl-Komplexes in $CHCl_3$ wird mit 505 nm (Einfarbe; $\varepsilon_{505} = 33200$) [*50*], 510 nm [*8*] sowie 512 nm (Mischfarbe) [*28*] angegeben, während das freie Dz in $CHCl_3$ unter den später genannten Arbeitsbedingungen [*28*] ein Minimum bei 505 nm und ein Extinktionsmaximum bei 606 nm zeigt (s. Abb. 219). Zur quantitativen Bestimmung wurde das Mischfarbenverfahren [*28*] und das Einfarbenverfahren [*8*] bei 505 bzw. 510 nm angewendet, wobei im letzteren Fall der Dz-Überschuß mit verdünnter Ammoniak/KCN-Lösung ausgewaschen wurde [*8*]. Auch kann das mit verd. HCl aus dem TlHDz freigesetzte Dz bei 606 nm gemessen werden. Das Beersche Gesetz gilt im Bereich von 0,15—7 µg Tl/ml $CHCl_3$ [*28*]. Der Komplex ist 2 Std stabil und die Extinktion nimmt innerhalb 6 Std um ~ 2% ab [*28*].

Ag, Au(III), Co, Cu(II), Hg(II), In, Ni, Pd(II) und Zn stören bei Anwesenheit von genügend CN^- unter den früher genannten Bedingungen nicht. Cd stört in größeren Konzentrationen. Bi, Pb und Sn(II) stören. Das störende Fe(III) wird vorher reduziert. Auch S^{2-} muß abwesend sein, während $S_2O_3^{2-}$ und SCN^- keinen Einfluß haben sollen. Um Tl von den Störelementen weitgehend zu befreien, wurde es vor der Bestimmung mit Dz durch Extraktion mit Diäthyläther aus HCl-Lösung [*8*] oder durch Vorextraktion mit Dz und anschließendes Rückschütteln mit 0,08n HNO_3 [*28*] oder mit H_2SO_3 [*8*] isoliert. Schließlich kann auch Bi allein zuerst aus saurer Lösung mit Dz entfernt werden.

Die photometrische Bestimmung in einer der nachfolgenden Arbeitsvorschrift ähnlichen Ausführung wurde nach vorangehender nasser Veraschung mit HNO_3/H_2SO_4 unter Rückfluß auf biologisches Material angewendet [*8*].

Arbeitsvorschrift [*28*]

Reagentien

Natriumcitrat, 25%ige wäßrige Lösung;
Na_2SO_3, 5%ige wäßrige Lösung;
KCN, 5%ige wäßrige Lösung (Reinigung s. S. 934; in Polyäthylenflasche aufbewahrt);

Dz-Lösung I, 0,008%ig in $CHCl_3$;
Dz-Lösung II, 0,0027%ig in $CHCl_3$;
$CHCl_3$;
0,08n HNO_3;
0,08n NaOH;
Methylrotindicator, 0,1%ige wäßrige Lösung.

Die neutrale Probelösung (2,3—100 µg Tl enthaltend) versetzt man in einem 60 ml-Schütteltrichter mit 5,0 ml Natriumcitrat-Lösung, 1,0 ml Na_2SO_3-Lösung, sowie 2,0 ml KCN-Lösung, bringt mit Wasser auf 20 ml und extrahiert 10 min mit 15,0 ml Dz-Lösung I. Nach der Phasentrennung wird der organische Extrakt in einen 60 ml-Schütteltrichter abgelassen, der erste Schütteltrichter mit 2 ml $CHCl_3$ nachgespült, die wäßrige Phase dann 2mal mit je 3 ml $CHCl_3$ 10 sec geschüttelt und die $CHCl_3$-Fraktionen mit dem organischen Extrakt im 2. Schütteltrichter vereinigt. Aus der $CHCl_3$-Phase wird das Tl durch 5 min langes Schütteln mit 15 ml 0,08n HNO_3 rückextrahiert, nach der Phasentrennung das $CHCl_3$ verworfen und die wäßrige Phase wie vorhin mit 2 ml $CHCl_3$ gespült und 2mal mit $CHCl_3$ gewaschen. Nach Zusatz von 50 µl Methylrotindicator-Lösung neutralisiert man die saure Lösung mit 0,08n NaOH bis gerade zum Farbumschlag nach Gelb, fügt 2,0 ml KCN-Lösung hinzu, extrahiert 10 min mit 15,0 ml Dz-Lösung II, filtriert den organischen Extrakt durch Filtrierpapier und photometriert in einer 1 cm-Küvette bei 505 nm gegen $CHCl_3$.

C. Rhodamin B

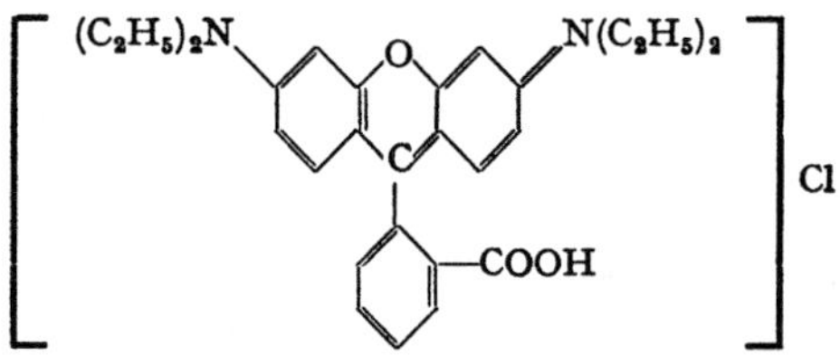

Tl(III) gibt in saurer Lösung in Form des $[TlCl_4]^-$ oder $[TlBr_4]^-$ mit Rhodamin B (RB) einen mit organischen Lösungsmitteln extrahierbaren Farbkomplex [*19, 20, 26, 27, 35, 36*]. Der bei Tageslicht rote, im UV-Licht intensiv orangerot fluorescierende Benzol-Extrakt wird im allgemeinen photometrisch, seltener auch fluorimetrisch gemessen. Außer dem häufiger zur Extraktion herangezogenen Benzol wurden auch Diisopropyläther und Isoamylalkohol verwendet. $CHCl_3$ ist nicht geeignet. Zur Oxydation des Tl(I) wird mit Bromwasser erhitzt. Die Extraktion mit Rhodamin B wird aus 1—2n, seltener aus ~0,5n HCl-Lösung durchgeführt. Tl-RB wird aus $\leqq$ 2n HCl-Lösung mit Benzol vollständig ($E\% = 100$), jedoch auch freies RB in beträchtlichem Ausmaß (z. B. aus 2n HCl-Lösung, $E\% \approx 55$) extrahiert (1mal 2 min geschüttelt, $V_0:V_w = 1:2{,}5$) [*51*]. Um möglichst wenig RB auszuschütteln, wird als günstigster Kompromiß die Extraktion aus 2,7n HCl-Lösung empfohlen ($E\%_{TL-RB} \approx 97$, $E\%_{RB} \approx 8$) [*51*]. Gegenüber der Extraktion des $TlCl_4^-$ erscheint die Extraktion des $TlBr_4^-$ mit RB/Benzol günstiger (am günstigsten aus 1n HCl/0,3% KBr- oder 1—4n H_2SO_4/0,3% KBr-Lösung), da letztere gegenüber Schwankungen der Säurekonzentration unempfindlicher ist [*51a*]. Zur Oxydation von Tl(I) wird $Ce(SO_4)_2$ empfohlen [*51a*]. Die photometrische Messung der Benzol-Extrakte erfolgte bei 560 nm [*27, 52*] ($\varepsilon_{560} = \sim 87000$ [*52*] bzw. 106000) und 565 nm (hier war gleichzeitig Äthylenglykolmonobutyläther bei der Extraktion anwesend) [*36*], der Diisopropylätherextrakte bei 550 nm [*19, 20*]. Zur fluorimetrischen Bestimmung im Benzol-Extrakt wurde bei 580—600 nm gemessen, wobei zur Anregung die Linie Hg 365 und als Intensitätsnormal die Fluorescenzstrahlung einer 0,0020%igen wäßrigen Rhodamin B-Lösung diente [*26*]. Gegenüber der photometrischen weist die fluorimetrische Bestimmung aber keine Vorteile auf. Das Beersche Gesetz gilt im Bereich von 0,05—2 μg Tl/ml organisches Lösungsmittel. Die Farbe ist 30 min stabil (in Anwesenheit von Hydroxylaminsulfat; Arbeitsvorschrift II, s. S. 1223) [*51a*], um danach zu verblassen, doch werden bei genauer Einhaltung der Extraktionszeit, konstanter Temperatur und sofortiger Messung genügend reproduzierbare Werte erhalten. Für den Butanol-Extrakt wird auch aus diesem Grund zur Entfernung von Resttröpfchen wäßriger Phase das Zentrifugieren (2 min) des Extraktes empfohlen [*27, 36*].

Mit Rhodamin B geben auch Au(III), Fe(III), Ga, Hg(II), Sb(V), W (s. S. 464, 733, 1027) und konzentrierte Alkalithiocyanat-Lösungen gefärbte Extrakte, von denen unter den Bedingungen der Tl-Reaktion in erster Linie nur Au, Fe, Hg und Sb stören. Zur Isolierung des Tl im Falle dieser Störungen wird seine Extraktion mit Dz/$CHCl_3$ aus Citrat/CN^-/Hydroxylaminhydrochlorid-Lösung bei pH 10 [*27*] oder aus Citrat/CN^-/SO_3^{2-}-Lösung bei pH 10,6 (s. S. 1221 f.) [*28*], die Mitfällung mit Mangan(IV)oxidhydrat (s. unten) [*36*], seine Extraktion als Bromid mit Äther (s. S. 1224 f.) [*19, 20*] und die Reduktion der Störelemente Fe und Sb empfohlen. Weiterhin stören stark oxydierende Stoffe. Die Bestimmung von 5 μg Tl nach Arbeitsvorschrift II wird nicht gestört durch (verursachter Fehler $\leqq \pm 5\%$) [*51a*]: 2,1 g Cl^-, 620 mg PO_4^{3-}, jeweils 7,5 mg Fe(III) und Zn, jeweils 2 mg Ca und Mg, jeweils 1 mg Al, U(VI) und ClO_3^-, jeweils 500 μg As(V), Cu, Mn(II), Pb und NO_3^-, jeweils 50 μg Cd, Co, Cr(VI) und Ni. Ce(IV) und Tl(III) reduzierende Stoffe, wie z. B. Fe(II) und As(III), stören.

RB fand Anwendung zur fluorimetrischen Bestimmung von Tl in Silicatgesteinen und Meeressedimenten [*51*].

I. Extraktion als $[TlCl_4]^-$ $[RB]^+$

Arbeitsvorschrift [*36*]

Reagentien

H_2SO_4 (1,84); HCl (1,19); HCl (1 + 9);
Hydrazinsulfat;
Bromwasser, gesättigt;
Rhodamin B, 0,1%ige wäßrige Lösung;
Äthylenglykolmonobutyläther-Lösung; 100 ml Reagens werden mit 200 ml Wasser gemischt;
Benzol.

Die schwach saure Probelösung (1—20 μg Tl enthaltend) versetzt man in einem 125 ml-Erlenmeyerkolben mit 2 ml H_2SO_4 und 0,1 g Hydrazinsulfat und dampft bis auf 1 ml ein. Nach dem Abkühlen fügt man 10 ml HCl (1 + 9) sowie 1 ml Bromwasser hinzu und erhitzt einige Minuten auf 80—90° C, bis der Br_2-Überschuß ausgetrieben ist. Dann wird auf 25° ± 0,5° C abgekühlt und unter Nachwaschen mit 10 ml HCl (1 + 9) in einen 125 ml-Schütteltrichter übergeführt. Nach Zusatz von 2 ml Rhodamin B-Lösung, 1 ml Äthylenglykolmonobutyläther-Lösung und 15,0 ml Benzol extrahiert man kräftig 1 min, zentrifugiert den organischen Extrakt nach der Phasentrennung 2 min und photometriert in einer 1 cm-Küvette bei 565 nm gegen Benzol.

II. Extraktion als $[TlBr_4]^-$ $[RB]^+$

Arbeitsvorschrift [*51a*]

Reagentien

6n HCl; 12n H_2SO_4.
Ce$(SO_4)_2$, 0,1%ig in 0,9n H_2SO_4.

KBr, 10%ige wäßrige Lösung.
Hydroxylaminsulfat (oder -hydrochlorid), 0,01%ige wäßrige Lösung (täglich frisch hergestellt).
Übrige Reagentien wie bei Arbeitsvorschrift I [*36*].

Die schwach saure Probelösung (0,25—10 µg Tl enthaltend) versetzt man in einem 100 ml-Schütteltrichter mit 5 ml 6n HCl (oder 5 ml 12n H_2SO_4), 1 ml $Ce(SO_4)_2$-Lösung sowie 1 ml KBr-Lösung, verdünnt mit Wasser auf 30 ml, schüttelt kräftig, reduziert nach 10 min den $Ce(SO_4)_2$-Überschuß mit 1 ml Hydroxylaminsulfat-Lösung und fügt sofort 1,00 ml RB-Lösung hinzu. Es wird kräftig geschüttelt, 5 min stehen gelassen, mit 5,0 ml Benzol 3 min bei 20° C extrahiert, die wäßrige Phase verworfen, der organische Extrakt zentrifugiert und sofort in einer 1 cm-Küvette bei 560 nm gegen Benzol photometriert.

1. Metalle und Legierungen

1.1. Blei

Nach dem Lösen der Probe in HNO_3 wird Tl mit Mangan(IV)oxidhydrat als Spurenfänger ausgefällt, nach Lösen des Niederschlages Tl mit Br_2 oxydiert und danach mit Rhodamin B photometrisch bestimmt. Sb stört nicht, da es bei der Oxydation des Tl mit Br_2 vermutlich in der 3wertigen Stufe bleibt. Die das Tl ganz oder teilweise in die Mangan(IV)oxidhydrat-Fällung begleitenden Elemente As, Bi, Pb und Sn stören nicht.

B: 0,0001—0,002% Tl und darüber.

Arbeitsvorschrift [*36*]

Reagentien

Wie bei der Arbeitsvorschrift I [*36*] (oben) und bei Verfahren D.3.4. im Abschnitt „Antimon" (s. S. 1034).

Aufstellung der Eichkurve

0, 0,50, 1,00, 1,50 und 2,00 ml Tl-Standard-Lösung (10 µg Tl/ml) werden jeweils in 125 ml-Erlenmeyerkolben mit 2 ml H_2SO_4 sowie 0,1 g Hydrazinsulfat versetzt, auf 1 ml eingedampft und wie bei der Arbeitsvorschrift I [*36*] fortgefahren.

Analyse

Wie im Abschnitt „Antimon" bei Verfahren D.3.4. (s. S. 1034) angegeben, löst man 1,0 g Probematerial, isoliert das Tl durch Spurenfällung mit Mangan(IV)oxidhydrat als Spurenfänger, zerstört das Filter mit dem Niederschlag durch nasse Veraschung, verjagt durch Eindampfen HNO_3 und $HClO_4$, fügt 0,1 g Hydrazinsulfat zur Probelösung (oder zu einem eingedampften aliquoten Teil), dampft auf 1 ml ein und fährt wie bei der Aufstellung der Eichkurve fort.

1.2. Cadmium

Nach dem Lösen der Probe und Zusatz von $Ce(SO_4)_2$, um Tl in der 3wertigen Stufe zu halten, wird Tl nach seiner Isolierung mittels Diisopropyläther mit Rhodamin B photometrisch bestimmt.

B: 0,0001—0,005% Tl.

Arbeitsvorschrift [*20*]

Reagentien

H_2SO_4 (1,84); HBr (48%);
$Ce(SO_4)_2 \cdot 4\,H_2O$, 0,2%ige wäßrige Lösung;
Diisopropyläther;
Rhodamin B, 0,01%ig in 0,5n HCl.

0,5 oder 1,0 g Probematerial (2—25 µg Tl enthaltend) wird in 1 ml H_2SO_4, welcher HBr zugesetzt wurde (2 ml/g Probe), gegeben, weitere 5 ml HBr zugesetzt und unter gelindem Erwärmen gelöst. Nach Zusatz von 1 ml $Ce(SO_4)_2$-Lösung führt man in einen 125 ml-Schütteltrichter über, verdünnt mit Wasser auf ~ 30 ml und extrahiert 30 sec mit 15,0 ml Diisopropyläther. Nach der Phasentrennung wird die wäßrige Lösung verworfen, 20 ml Rhodamin B-Lösung zugesetzt und 30 sec geschüttelt. Die wäßrige Phase wird verworfen, der Ätherextrakt zentrifugiert und in einer 1 cm-Küvette bei 550 nm gegen einen Blindwert photometriert.

Die Aufstellung der Eichkurve erfolgt unter Anwendung entsprechend abgestufter Tl-Mengen unter gleichzeitigem Zusatz der gleichen, wie bei der Analyse vorliegenden Mengen Cadmium.

1.3. Zink [*20*]

Es gelten die bei Verfahren C. 1.2. gebrachten Ausführungen. Die Analyse wird nach dem gleichen Verfahren durchgeführt, wobei davon abweichend zum Lösen 4 ml HBr/g Probe verwendet werden.

1.4. Zinn-Cadmium-Legierungen

Nach dem Lösen der Probe in HBr/Br_2 wird Tl durch Extraktion mit Diisopropyläther aus ~ 1n HBr-Lösung isoliert und nach Schütteln der organischen Phase mit Rhodamin B-Lösung der gefärbte Extrakt photometriert.

B: 0,00025—0,01% Tl. F_{rm}: ±5%.

Arbeitsvorschrift [*19*]

Reagentien

HBr (48%)/Br_2-Gemisch (9 + 1);
Rhodamin B, 0,02%ig in 1n HCl;
Diisopropyläther.

0,25 g Probematerial werden in einem 100 ml-Becherglas mit 5 ml HBr/Br_2-Gemisch versetzt, sofort mit einem Uhrglas bedeckt und bis zum vollständigen Lösen auf ~ 40° C erwärmt. Man spült Uhrglas und Becherglaswand mit 5 ml Wasser ab, erhitzt zum Vertreiben des Br_2-Überschusses bis knapp unter den Siedepunkt, führt nach dem Abkühlen in einen 100 ml-Schütteltrichter über, der bei 25 ml eine Graduierung aufweist, und verdünnt mit Wasser auf 25 ml. Die Lösung wird nun mit 25,0 ml Diisopropyläther genau 1 min extrahiert, die wäßrige Phase verworfen und der organische Extrakt mit 20 ml Rhodamin B-Lösung genau 1 min geschüttelt. Nach der Phasentrennung führt man den organischen Extrakt in einen trockenen Kolben über (um ein Mitführen von Wassertröpfchen in die Küvette zu vermeiden) und photometriert in einer 2 cm-Küvette bei 550 nm gegen den Blindwert.

2. Luft

B: 2,5—1000 µg Tl/m³. F_r: ±5%.

Man saugt 20—100 l Luft (10—30 l/min) durch ein Filter (s. S. 177), löst die Probe mit HNO_3 (1 + 1) vom Filter (oder verascht das Filter mit HNO_3/H_2SO_4), fügt H_2SO_4 hinzu, dampft auf ein kleines Volumen und bis zum Auftreten der SO_3-Nebel ein und fährt dann mit der Bestimmung des Tl nach Arbeitsvorschrift I [*36*] oder II [*51a*] (s. S. 1223) fort.

Wahlweise kann die Bestimmung des Tl in der Probelösung auch voltammetrisch durchgeführt werden (s. S. 1226ff.).

D. Polarographie und Voltammetrie

Wegen ihrer verhältnismäßig einfachen und raschen Durchführbarkeit bei gleichzeitig großer Nachweisempfindlichkeit findet die Polarographie [*53, 54*] für die quantitative Bestimmung von Tl-Spuren häufig Anwendung. Dabei wird in jedem Fall Tl vorher auf geeignete Weise isoliert. Vor der polarographischen Bestimmung von Tl neben Bi, Cd, Cu, Pb und Fe in Zink bis herab zu 0,00005% Tl [*55*] fand die Isolierung mittels H_2S-Fällung statt. Wegen der gleichzeitigen Anwesenheit von Pb erhält man zuerst die Summe Pb + Tl(I); nach Zusatz von KCN und KOH wurde anschließend Pb allein bestimmt und daraus der Tl-Wert berechnet. Zur Mikrobestimmung von Tl in biologischem Material wurde nach Veraschen der organischen Substanz Tl an PbI_2 mitgefällt und nach Lösen des Niederschlages in essigsaurer Harnstoff-Lösung (pH 4,0–4,5) in Anwesenheit von ÄDTA (zur Maskierung von Pb) polarographiert [*38*]. Auch Bi soll nicht stören. Für die polarographische Bestimmung von 0,002% Tl aufwärts in Cadmium wird zur Vorisolierung einerseits die Mitfällung an Mangan(IV)oxidhydrat, andererseits als Schnellverfahren die elektrolytische Abscheidung des Tl an der Anode mit Spuren von Pb aus ammoniakalischer Lösung bei 0,2–0,4 Amp. und 2 V als geeignet angegeben [*34*]. Bei gleichzeitiger Anwesenheit von Cu werden Anode und Kathode mit HNO_3 abgelöst und die Lösung nach Abrauchen mit H_2SO_4, Oxydation mit H_2O_2, Beseitigen des H_2O_2-Überschusses durch Auskochen und nach Durchleiten von H_2 polarographiert. Von anderen Seiten wird demgegenüber vor der polarographischen Tl-Bestimmung in verschiedenen Materialien der Extraktion des Tl aus HBr-Lösung zur Isolierung der Vorzug gegeben: So werden Tl-Gehalte von 0,0001% aufwärts in Cadmium [*12*] (nach der vorhin erwähnten Isolierung des Tl und Zerstörung der im Eindampfrückstand des Diisopropylätherextraktes vorhandenen organischen Substanz mit $HClO_4$) in 6n Ammoniak und Tl in Luftproben in 2,7m $CaCl_2$ als Grundelektrolyt und ÄDTA als Komplexbildner [*17*] polarographisch bestimmt. Die Bestimmung von Tl in Cadmium auf polarographischem Wege wurde auch in einer anderen Arbeit beschrieben [*56*].

Dieselbe vorhin erwähnte Isolierung wird auch für die nachfolgend angegebene Bestimmung von Nanogramm-Mengen Tl in organischem Material, insbesondere Weinproben, mittels anodischer Amalgamvoltammetrie [*57*] (s. S. 31, 163) angewendet [*16*]. Die eigentliche voltammetrische Bestimmung erfolgt in 3 Schritten [*57*]. Nach Vorbereitung einer geeigneten Elektrode (Amalgamieren der Platinelektrode) wird unter

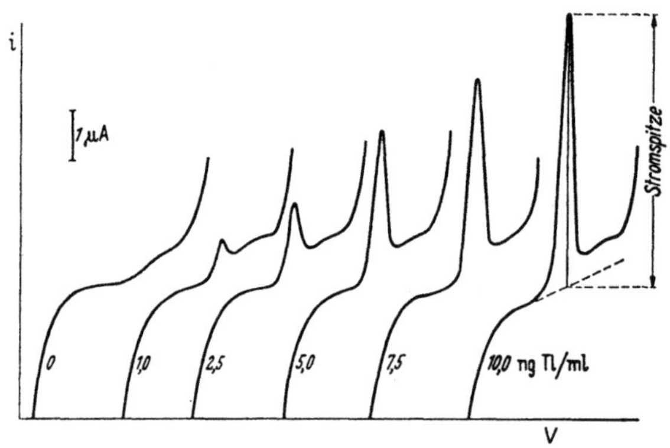

Abb. 220. Voltammetrische Bestimmung des Tl in 0,02 m ÄDTA [*16*]

definierten Bedingungen das Metall in das Quecksilber elektrolysiert und anschließend das entstandene Amalgam durch schnelles Senken der Spannung von der Elektrolysespannung auf etwa 0 V wieder aufgelöst. Die Höhe der dabei entstehenden Stromspitze (s. Abb. 220) dient zur Ermittlung der Konzentration des Elementes in der wäßrigen Lösung. Weitere Einzelheiten findet man im nachfolgenden Verfahren D.1.1 und im Verfahren V.2.6 (Abschnitt „Elementgruppen", S. 1391). Daneben läßt sich die Endbestimmung auch chronopotentiometrisch durchführen [*57a*].

1. Organisches Material

1.1. Wein

Nach nasser Veraschung wird das Tl durch Ätherextraktion aus HBr-Lösung isoliert und anschließend in einer Grundlösung von 0,02m ÄDTA voltammetrisch bestimmt. Eine Reinigung der Grundlösung durch Extraktion mit organischen Reagentien führt hier meist zu keinen befriedigenden Ergebnissen, da die verbleibenden organischen Verunreinigungen bei der Bestimmung stören; am zweckmäßigsten ist hierzu die Elektrolyse an einer größeren Hg-Kathode. Die Eichkurve ist im Bereich von 1—10 ng Tl/ml linear. Die Menge des bei der Elektrolyse abgeschiedenen Metalls, die für die Höhe der anodischen Auflösungsspitze mit entscheidend ist, hängt von den mechanischen und geometrischen Faktoren der Zelle sowie von Elektrolysenstrom und -spannung ab [*57*]. Auch bei längerer Elektrolyse ist die Abscheidung des Metalls nicht vollständig. Beim anschließenden anodischen Auflösungsvorgang werden nur etwa 15—20% des vorhandenen Amalgams wieder aufgelöst, wobei die Spitzenströme von der Geschwindigkeit der Spannungsänderung abhängen. Aus diesen Gründen müssen die Arbeitsbedingungen genau eingehalten werden. Die Größe der Spitzenströme wird von der Temperatur beeinflußt, weshalb bei der Elektrolyse und bei der voltammetrischen Auflösung eine Temperaturkonstanz von $\pm 0{,}5°$ C anzustreben ist.

Die meisten Elemente werden in ÄDTA-Lösung überhaupt nicht oder erst bei sehr hohen negativen Spannungen reduziert, so daß die Bestimmung des Tl praktisch nicht gestört wird [*57*]. Größere Mengen Sb erniedrigen die Stromspitzen erheblich. In Anwesenheit größerer Pb-Mengen muß die Elektrolysespannung genau beachtet werden, da bei $-1{,}2$ V schon eine geringe Pb-Ausscheidung (diese ist erst ab $-2{,}5$ V vollständig) einsetzt; in diesem Fall elektrolysiert man innerhalb $-0{,}9$ bis $-1{,}1$ V.

Die nachfolgend für Wein angegebene Arbeitsvorschrift eignet sich auch für andere organische Materialien.

B: 0,01—>1 ppb Tl. F_{rm}: $\pm 5\%$.

Arbeitsvorschrift [*16*]

Reagentien

0,02m ÄDTA (Grundlösung; in Quarzglasflasche aufbewahrt);
H_2SO_4 (1,84);
H_2O_2 (30%);
Dodecylalkohol;
1n HBr;
Brom;
Diäthyläther;
0,1n NaOH.

a) Apparatur [*57*]

In der Originalarbeit [*16*] wird eine Einrichtung aus einem elektronischen Spannungserzeuger, der die schnellen Spannungsänderungen von etwa 0,3 V/sec liefert, einem schnellschwingenden Spiegelgalvanometer und einer Registriertrommel mit Photopapier zur Aufnahme der Stromspannungskurve (s. Abb. 220) verwendet.

Spannungserzeuger. Durch Aufladen eines Kondensators entsteht ein langsam ansteigender Strom, der an dem Widerstand (R_5) eines Kathodenverstärkers (Röhre EL 42) einen Spannungsabfall erzeugt. Einzelheiten gehen aus dem Schaltbild (Abb. 221) hervor. Die Röhre ECC 40 (jede Diode ist gleichfalls brauchbar) dient zur Begrenzung des Aufladevorganges.

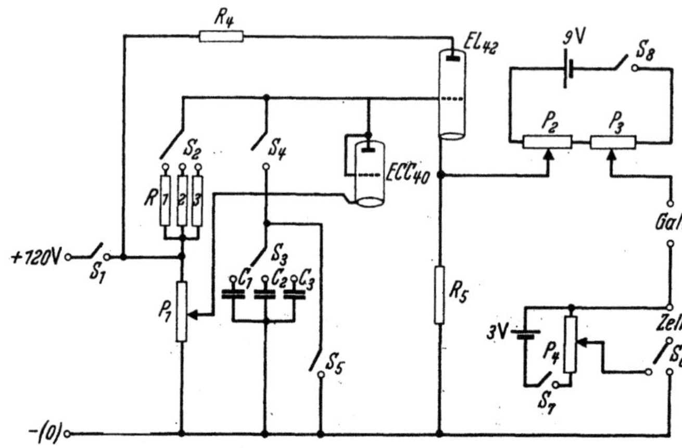

Abb. 221. Schaltung des Spannungserzeugers [57], $C_1 = 4\ \mu F$, $C_2 = 8\ \mu F$, $C_3 = 16\ \mu F$, $R_1 = 5\ M\Omega$, $R_2 = 10\ M\Omega$, $R_3 = 25\ M\Omega$, $R_4 = 3\ k\Omega$, $R_5 = 500\ \Omega$, $P_1 = 0{,}2\ M\Omega$, $P_2 = 500\ \Omega$, $P_3 = 10$—$50\ \Omega$, $P_4 = 1\ k\Omega$

Mit den angegebenen Werten erhält man 0,08—2,0 V/sec. Durch P_2 und P_3 (Feineinstellung) läßt sich jedes Anfangspotential einstellen. P_4 regelt die Spannung des Elektrolysekreises, der sich durch S_6 auf den Spannungserzeuger umschalten läßt. Vor Beginn des Spannungsanstieges wird nach Schließen von S_4 durch Betätigung von S_5 (Druckknopf) der Kondensatorkreis kurz geerdet, anschließend erhält man durch Öffnen von S_4 und S_5 die Nullstellung (V_s). Schließt man nun S_4, so beginnt der Spannungsanstieg, dessen Größe durch P_1 und dessen Schnelligkeit durch R_{1-3} und C_{1-3} gegeben ist. Der Betrieb des Spannungserzeugers erfolgt durch Batterien.

Galvanometer. Schnellstschwingendes (30 Hz) Spiegelgalvanometer (Ruhstrat). Stromkonstante: $2 \cdot 10^{-8}$ Amp/mm/m; Ri = 200 Ω; Ragr = 2000 Ω.

Registrierung. Eine Projektionslampe mit Zylinderlinse erzeugt über den Spiegel des Galvanometers auf den Spalt der Registriertrommel einen schmalen Lichtstrich, der bei umlaufender Trommel eine scharfe Linie ergibt. Durch Auswechseln der Getriebe des Antriebsmotors (oder mit stufenlos einstellbarem Getriebe) erhält man verschiedene Umdrehungsgeschwindigkeiten. Auf die rotierende Trommel wird Bromsilberregistrierpapier (von 10 und 20 cm Breite) aufgespannt.

Elektrolysezellen und Elektroden. Die Messungen erfolgen gegen eine gesättigte Kalomelelektrode, die bei der 20 ml-Zelle (s. Abb. 222a) über eine Agar-Agar-Brücke, bei der 1 ml-Zelle (s. Abb. 222b) über ein mit Agar-Agar gedichtestes Diaphragma, das sich in der Spitze des seitlich angesetzten Normalschliffes (s. Abb. 222c) befindet, mit der Lösung verbunden ist. In der vorliegenden Arbeitsvorschrift wird die 1 ml-Elektrolysezelle verwendet, bei größeren Tl-Mengen empfiehlt sich aber die Verwendung der größeren Zelle. Der Gesamtinnenwiderstand der Zelle soll nicht wesentlich über 1000 Ω (mit 0,1 m NaCl-Lösung) liegen, anderenfalls ist das Diaphragma zu dicht bzw. der Widerstand der Agar-Agarbrücke zu groß. Die eingeschmolzene Drahtelektrode (Platindraht, 0,3 mm ⌀, 4—5 mm lang) (s. Abb. 222d) wird von unten, ein Rührer (abgeflachter, verdrillter Glasstab; 1500 U/min) von oben in die Elektrolysezelle und die darin befindliche Lösung bis dicht über die Elektrode (2—3 mm Abstand) eingeführt. Vor jeder Bestimmung wird die Platindrahtelektrode nach sorgfältiger Reinigung (mit heißer HNO_3, unter Umständen Ausglühen) frisch amalgamiert. Dazu wird sie als Kathode in einer 0,1%igen $Hg(NO_3)_2$-Lösung mit Hg als Anode bei —1,0 bis —1,5 V und 30—60 μAmp.

(am zweckmäßigsten 5 min bei —1,5 V) elektrolytisch mit einer Hg-Schicht überzogen (dabei setzen sich 15—50 μg Hg in feinen Tröpfchen ab). Danach spült man die Elektrode mit Wasser ab und setzt die Elektrolysenzelle zusammen.

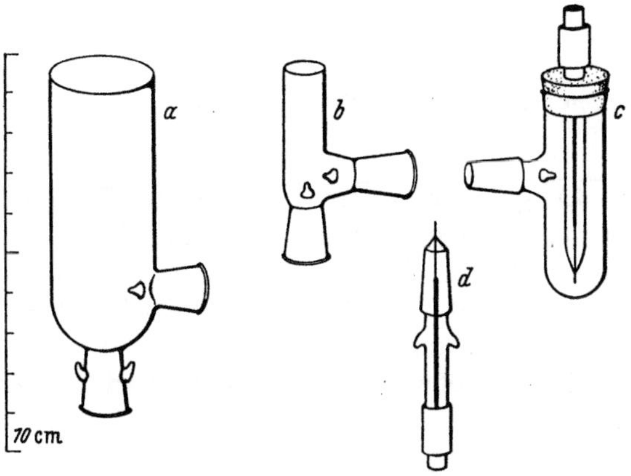

Abb. 222. Elektrolysezellen und Elektroden [57]

b) Aufschluß der organischen Substanz

50—100 ml Wein werden in einem weithalsigen Quarzglas-Kjeldahl-Kolben zum Vermeiden einer Schaumbildung mit einigen Tropfen Dodecylalkohol versetzt und unter den üblichen Vorsichtsmaßregeln bis auf wenige Milliliter eingeengt. Die organische Substanz wird dann in der üblichen Weise mit H_2SO_4/H_2O_2 verascht, bis der Rückstand vollkommen farblos und frei von überschüssiger H_2SO_4 ist.

c) Isolierung durch Extraktion

Man versetzt mit 20—30 ml 1n HBr und Brom bis zur Gelbfärbung der Lösung und extrahiert mehrmals mit Diäthyläther. Der vereinigte organische Extrakt wird in einem Quarzbecherglas eingedampft, der organische Rückstand mit 1—2 Tropfen H_2SO_4 und mehrmaligem Zusatz von H_2O_2 durch Erhitzen verascht (Spritzverluste vermeidet man dabei durch Bedecken mit einem Trichter), die schließlich klare und farblose Lösung (gefärbte Lösungen sind ungeeignet) mit Grundlösung aufgenommen und vorhandene H_2SO_4 mit NaOH neutralisiert. Bei Mengen von 1—10 ng Tl soll das Volumen nun 1 ml betragen, und man verwendet die gesamte Probelösung; bei größeren Tl-Mengen wird die Lösung mit Grundlösung auf ein bekanntes Volumen gebracht und ein aliquoter Teil von 1 ml für die voltammetrische Bestimmung verwendet.

d) Voltammetrische Bestimmung

1 ml der Tl-haltigen Grundlösung wird in die nach obiger Beschreibung vorbereitete Elektrolysezelle gegeben, in den Elektrolysekreis geschaltet, die Elektrolysespannung auf —1,3 V eingestellt, das Rührwerk (gleichmäßiges Rühren) in Gang gesetzt und nach Abstoppen der Zeit (Stoppuhr) 30 min elektrolysiert. Nach beendeter Elektrolyse schaltet man den Rührer ab, die Zelle auf den betriebsbereiten Spannungserzeuger um, sowie Phototrommel und Galvanometer ein und läßt die Spannung auf etwa 0 V absinken (Geschwindigkeit der Spannungsänderung 2,8 sec/V, d. h. mit R_2 und C_2 des Spannungserzeugers), wobei man die auftretende Stromspitze registriert.

1.2. Harn

B: 0,1–20 ppm Tl. F_r: ±5–10%. *Z:* 90 min.

Arbeitsvorschrift [*57*]

Reagentien

Pufferlösung (pH 4,5); 0,5 m Essigsäure/0,5 m Natriumacetat.
0,2 m ÄDTA.

10,0 ml Probe (1–40 µg Tl enthaltend; bei >4 ppm Tl verwendet man 5,0 oder 2,0 ml Probe) versetzt man mit 8 ml Pufferlösung sowie 12 ml ÄDTA-Lösung, füllt mit Wasser auf 80,0 ml auf und führt die Lösung in eine Elektrolysezelle über. Es wird entlüftet, 3 min bei −1,0 V (gegen gesättigte Kalomelelektrode) elektrolysiert, dann anodisch von −0,75 bis −0,25 V aufgelöst und die Stromspitze registriert. Bei Gehalten von ≦ 0,2 ppm Tl wird die Probe auf ein kleineres Endvolumen verdünnt und bei Bedarf 6 min elektrolysiert.

E. Emissionsspektralanalyse

Zur halbquantitativen und quantitativen Bestimmung des Tl fanden nach verschiedenen Vorisolierungen auch spektrographische Verfahren, insbesondere für biologisches Material, Anwendung, wobei neben Tl verschiedentlich auch andere Elemente mitbestimmt wurden. So wurde Tl in tierischem Material nach nasser Veraschung und elektrochemischer Anreicherung auf Zn mittels Lösungsspektralanalyse im Hochspannungsfunken bestimmt (Lösung in einem Platintellerchen mit Platinspitze und Platingegenelektrode abgefunkt, Cd als innerer Standard) [*47*].

Für die spektrographische Bestimmung in Leichenteilen bis herab zu 0,001% wurde zur Isolierung des Tl nach weitgehend nasser Veraschung mit $KClO_3$/HCl die Spurenfällung im Probenauszug empfohlen [*37*]. Hierzu wird in der Probelösung zunächst eine H_2S-Fällung durchgeführt, wobei Tl weitgehend im Filtrat bleibt, nach Zusatz von $FeCl_3$ alkalisch gemacht und durch Zufügen von gelbem $(NH_4)_2S_x$ Tl mit FeS als Spurenfänger ausgefällt. Bei kalkreichem Material wird nach der H_2S-Fällung eine Spurenfällung mit CuI als Spurenfänger bei pH 3–4 vorausgeschickt und nach Lösen des Niederschlages mit der Ammoniumsulfidfällung fortgefahren. Aus dem Sulfidniederschlag wird Tl mit verdünnter Essigsäure ausgezogen, der Auszug nach Zusatz des inneren Standards auf die Elektrode aufgebracht und abgefunkt (Abfunkbedingungen: Spektrograph Zeiss Q 24 mit 0,012 mm Spaltbreite; Hochspannungsfunke nach FEUSSNER, 220 V/8 kV, 0,5 Amp., 3000 pF, 0,8 mH; Elektroden aus eloxiertem Reinstaluminium 5 mm ⌀, zugespitzt und Spitze plan abgestumpft mit Funkfläche 3 mm ⌀, mit KCl als Leitsalz imprägniert; Elektrodenabstand 2,4 mm; Belichtungszeit 60 sec; Agfa Spektralblauplatten; innerer Standard Co; Linienpaar Tl 3775,72/Co 3645,47).

Bei der spektrographischen Analyse von Silicatgestein wurde Tl zusammen mit Ag, Be, Bi, Cd, Cs, In, La, Mo, Nb, Pb, Sn, Y und Zn erfaßt, wobei die Isolierung mit Hilfe von Kationen- und Anionenaustauschern erfolgte [*58*].

Das mit der früher beschriebenen Verdampfungsanalyse (s. S. 1217 ff.) auf einem Metallkühlfinger mit Aluminiumkäppchen isolierte Tl im Mikrogramm- und insbesondere Nanogramm-Bereich wurde anschließend im Hochspannungsfunken abgefunkt und die Tl-Linien halbquantitativ mittels der spd-Skala nach ADDINK ausgewertet [*15*, *48*].

Die Gegenelektrode mit Aluminiumkäppchen (s. Abb. 215a) ist aus demselben Material wie der Kühlfinger. Das Aluminiumkäppchen ist mit 200 µg NaCl als Leitsalz versehen, welches in Form von 20 µl 1%iger Lösung mittels Capillarpipette aufgetragen und unter einem Infrarotstrahler eingetrocknet wird (Abfunkbedingungen: Spektrograph Fuess 110 M mit 0,012 mm Spaltbreite; Hochspannungsfunke nach FEUSSNER, 12 kV, 3500 pF, 0,8 mH; Gegenelektrode unten, Elektrodenabstand 3 mm; Belichtungszeit 30 sec; Adox KB 14 oder Adox Doku-Pan-Film; zur Auswertung durch Intensitätsvergleich mit der spd-Skala können, je nach den vorliegenden Tl-Mengen, folgende Linien herangezogen werden: bis zu 2—3 ng Tl herab Tl 3775,7 und Tl 3519,2, bei >5 ng Tl 2767,9, ab 30 ng Tl 3529,1, ab 75 ng Tl 2918,3 ,bei 500—600 ng Tl 3229,8 und Tl 2580,1). Innerhalb der Abfunkzeit von 30 sec verdampfen von beispielsweise 50 ng Tl ~ 60%, die zur Auswertung gelangen, während die restlichen 40% sich z. T. auf der Gegenelektrode befinden und z. T. auf der Metallkappe zurückbleiben. Eine Verlängerung des Abfunkvorganges führt, wie bei Versuchen mit Pb festgestellt wurde, zu keiner bedeutenden Verbesserung. Eine Verbindung der Verdampfungsanalyse mit der geschilderten spektrographischen Auswertung weist bei Gehalten von <0,0001% Tl einen relativen Fehler von etwa ±20% auf.

Zur Bestimmung von Tl in Harn [*21*] wurde nach Veraschen mit HNO_3 die Isolierung des Tl durch Ätherextraktion aus HBr-Lösung vorgenommen und im organischen Extrakt flammenphotometrisch 1—20 µg Tl/ml bei 377,6 nm bestimmt. Neben 10 µg Tl sollen 1 mg Se, jeweils 10 mg Al, Bi, Cd, Co, Cr(III), Cu(II), Fe(III), Ga, Hg(II), In, Mn(II), Ni, Pb, Sn(II) und Zn, sowie 16,6 mg Ca, Mg und 208 mg Na nicht stören.

F. Verschiedenes

An weiteren Reagentien zur photometrischen Bestimmung von Tl sind zu erwähnen: Na-DDTC/$CHCl_3$ [*18, 59*] (oder CCl_4 [*30, 60*] bzw. Diisopropyläther [*18*]), Diäthyldithiocarbamidsäure/CCl_4 [*61*], Zn-Dibenzyldithiocarbamat/$CHCl_3$ [*31*], p-Aminophenolsulfat [*62*], Azoderivate der Chromotropsäure [*63*], Oxin/$CHCl_3$ [*33*], Methylviolett/Toluol ($\varepsilon_{620} = 64000$) [*46, 64*] (oder Benzol [*14, 65*] bzw. Amylacetat [*14*]), Kristallviolett/Amylacetat ($\varepsilon_{595} = 98000$) [*65, 66*] (oder Diisopropyläther, nach Vorisolierung des Tl durch Bromidextraktion [*66a*]), Brillantgrün/Benzol [*65*] (oder Toluol [*67*] bzw. Amylacetat [*14*], $\varepsilon_{632} = 70000$—$90000$), Malachitgrün/Benzol [*65*], 4-(2-Pyridylazo)resorcinol ($\varepsilon_{520} = 25000$) [*68*] und die fluorimetrische Bestimmung von Tl(I) in <3n HCl/NaCl (gesättigt)-Lösung [*69*], in 3,3n HCl/0,8m KCl-Lösung (≧ 0,01 ppm Tl) [*70*] (Anregung 250—254 nm/Messung 430 nm) sowie in NaCl (gesättigt)-Lösung (Anregung 240 nm/Messung 420 nm) [*71*].

Tl wurde indirekt durch Umsetzen mit KI und Messung entweder des mit CS_2 extrahierten, freigesetzten Jods [*2*] oder der nach Zusatz von Stärke erhaltenen blauen Jodstärke-Farbe [*6, 25*] photometrisch bestimmt [*72*]. In einem Übersichtsreferat sind weitere photometrische Reagentien angegeben [*73*].

Unter Anwendung einer Mikrotechnik wurde Tl mittels der AAS (Luft/C_2H_2-Brenner, Tl 2768) in Blut und Harn (≧ 3ng Tl/50—100 µl Probe) bestimmt [*30a*]. Zur Bestimmung des Tl wurde weiterhin auch die Gaschromatographie [als Tl(I)-Cyclopentadienyl-Verbindung] [*23a*] verwendet.

Tabelle 178a. Nachtrag — Weitere Verfahren[1]

Bestimmungsmethode	Probematerial. Verfahren. Bestimmungsbereich	Literatur
Ph	Wäßrige Lösung. Best: Na-DDTC/CCl_4, pH 10,6—11,1 → $Tl(DDTC)_3$ → pH 13, $Cu(DDTC)_2$, 436 nm. *B:* 1—100 µg Tl. *V:* ± 1%.	[*74*]

[1] Abkürzungen s. S. XIII.

Literatur

1. Noyes, A. A., Bray, W. C., Spear, E. B.: J. Am. chem. Soc. **30**, 515 (1908).
2. Shaw, P. A.: Ind. Eng. Chem., Anal. Ed. **5**, 93 (1933).
3. Wada, I., Ishii, R.: Sci. Pap. Inst. physic. chem. Res. (Tokyo) **24**, 135 (1934).
4. Wada, I., Ishii, R.: Sci. Pap. Inst. physic. chem. Res. (Tokyo) **34**, 787 (1937/38).
5. Reith, J. F., Gerritsma, K. W.: Recueil Trav. chim. Pays-Bas. **65**, 770 (1946).
6. Ackerman, H. H.: J. ind. Hyg. Toxicol. **30**, 300 (1948).
7. Irving, H. M., Rossotti, F. J. C.: Analyst **77**, 801 (1952).
8. Dyfverman, A.: Analyt. chim. Acta **21**, 357 (1959).
9. Lounamaa, K.: Z. anal. Chem. **147**, 196 (1955).
10. Horrocks, D. L., Voigt, A. F.: J. Am. chem. Soc. **79**, 2440 (1957).
11. Vanossi, R.: An. Asoc. quim. argent. **43**, 151 (1955).
12. Pohl, F. A., Kokes, K.: Mikrochim. Acta (Wien) **1957**, 318.
13. Bock, R., Kusche, H., Bock, E.: Z. anal. Chem. **138**, 167 (1953).
14. Voskresenskaya, N. T.: J. anal. Chim. (USSR) **11**, 585 (1956); ref. Z. anal. Chem. **157**, 357 (1957).
15. Geilmann, W., Neeb, K.: Z. anal. Chem. **165**, 251 (1959).
16. Eschnauer, H., Neeb, R.: Z. Lebensmittel-Unters. u. -Forsch. **112**, 275 (1960).
17. Landry, A. S.: Am. ind. Hyg. Assoc. J. **21**, 407 (1960); ref. Analyt. Abstr. **8**, 4535 (1961).
18. Pohl, H.: Z. Erzbergbau Metallhüttenw. **9**, 530 (1956).
19. Woolley, J. F.: Analyst **83**, 477 (1958).
20. Aman, R. E. van, Kanzelmeyer, J. H.: Analyt. Chem. **33**, 1128 (1961).
21. Stavinoha, W. B., Nash, J. B.: Analyt. Chem. **32**, 1695 (1960).
22. Wada, I., Ishii, R.: Bull. Inst. physic. chem. Res. (Tokyo) **13**, 264 (1934).
23. Hagemann, F.: J. Am. chem. Soc. **72**, 768 (1950).

23a. Bock, R., Monerjan, A.: Z. anal. Chem. **235**, 317 (1968).

24. Fischer, H.: Angew. Chem. **47**, 685 (1934).
25. Haddock, L. A.: Analyst **60**, 394 (1935).
26. Onishi, H.: Bull. chem. Soc. Japan **30**, 827 (1957); ref. Z. anal. Chem. **163**, 381 (1958).
27. Onishi, H.: Bull. chem. Soc. Japan **30**, 567 (1957); ref. Z. anal. Chem. **163**, 381 (1958).
28. Clarke, R. S. Jr., Cuttitta, F.: Analyt. chim. Acta **19**, 555 (1958).
29. Sill, C. W., Peterson, H. E.: Analyt. Chem. **21**, 1268 (1949).
30. Bode, H.: Z. anal. Chem. **143**, 182 (1954).

30a. Curry, A. S., Read, J. F., Knott, A. R.: Analyst **94**, 744 (1969).

31. Foley, W. T., Pottie, R. F.: Analyt. Chem. **28**, 1101 (1956).
32. Maynes, A. D., McBryde, W. A. E.: Analyt. Chem. **29**, 1259 (1957).
33. Moeller, T., Cohen, A. J.: Analyt. Chem. **22**, 686 (1950).
34. Haupt, G., Olbrich, A.: Z. anal. Chem. **132**, 161 (1951).
35. Feigl, F., Gentil, V., Goldstein, D.: Analyt. chim. Acta **9**, 393 (1953).
36. Luke, C. L.: Analyt. Chem. **31**, 1680 (1959).
37. Jansch, H., Mayer, F. X.: Mikrochem. verein. Mikrochim. Acta **25**, 310 (1950).
38. Truhaut, R., Boudene, C.: Bull. Soc. Chim. France **1957**, 1504; ref. Z. anal. Chem. **164**, 287 (1958).
39. Voskresenskaya, N. T.: J. anal. Chim. (USSR) **10**, 222 (1955); ref. Z. anal. Chem. **150**, 231 (1956).
40. Kuznetsov, V. I., Mjasvjedova, G. V.: J. anal. Chim. (USSR) **10**, 211 (1955); ref. Z. anal. Chem. **150**, 232 (1956).
41. Berg, R., Fahrenkamp, E. S.: Z. anal. Chem. **109**, 305 (1937).
42. Cimerman, C., Selzer, G.: Analyt. chim. Acta **15**, 213 (1956).
43. Ishimori, T.: Bull. chem. Soc. Japan **26**, 336 (1953); ref. Analyt. Abstr. **1**, 43 (1954).

44. Nozaki, T.: J. chem. Soc. Japan, pure Chem. Sect. **77**, 493 (1956); ref. Analyt. Abstr. **3**, 2993 (1956).
45. Kuznetsov, V. I., Mjasvjedova, G. V.: J. angew. Chem. (USSR) **29**, 1875 (1956); ref. Z. anal. Chem. **158**, 316 (1957).
46. Bljum, I. A., Uljanova, I. A.: Zavodskaja Lab. **23**, 283 (1957); ref. Z. anal. Chem. **159**, 157 (1957).
47. Neveu, N.: Ann. pharmac. franc. **8**, 214 (1950); ref. Z. anal. Chem. **132**, 357 (1951).
48. Geilmann, W.: Z. anal. Chem. **160**, 410 (1958).
49. Geilmann, W., Neeb, R.: Angew. Chem. **67**, 26 (1955).
50. Fischer, H., Weyl, W.: Wiss. Veröff. Siemens Werken **14**, 41 (1935).
51. Matthews, A. D., Riley, J. P.: Analyt. chim. Acta **48**, 25 (1969).
51a. Miketuková, V., Kohlíček, J.: Z. anal. Chem. **208**, 7 (1965).
52. Onishi, H.: Bull. chem. Soc. Japan **29**, 945 (1956); ref. Analyt. Abstr. **4**, 3883 (1957).
53. v. Stackelberg, M.: Polarographische Arbeitsmethoden. Berlin: W. de Gruyter & Co. 1950.
54. Kolthoff, I. M., Lingane, J. J.: Polarography. New York: Interscience Publ. Co. 1952.
55. Cozzi, D.: Mikrochem. verein. Mikrochim. Acta 31, 37 (1943).
56. Carson, R.: Analyst **83**, 472 (1958).
57. Neeb, R.: Z. anal. Chem. **171**, 321 (1959).
57a. Neeb, R.: Z. anal. Chem. **190**, 98 (1962).
57b. Eisner, U., Ariel, M.: J. Electroanal. Chem. **11**, 26 (1966).
58. Edge, R. A., Brooks, R. R., Ahrens, L. H., Amdurer, S.: Geochim. cosmochim. Acta (Lond.) **15**, 337 (1959); ref. Analyt. Abstr. **7**, 162 (1960).
59. Malissa, H., Miller, F. F.: Mikrochem. verein. Mikrochim. Acta **40**, 63 (1953).
60. Bode, H.: Z. anal. Chem. **144**, 165 (1955).
61. Bode, H.: Angew. Chem. **66**, 756 (1954).
62. Gladyshev, V. P., Tolstikov, G. A.: Zavodskaja Lab. **22**, 1166 (1956); ref. Z. anal. Chem. **156**, 440 (1957).
63. Korenman, I. M., Potiomkina, V. G., Fiodorova, L. S.: J. anal. Chim. (USSR) **11**, 307 (1956); ref. Z. anal. Chem. **155**, 132 (1957).
64. Vadasdi, K., Buxbaum, P., Salamon, A.: Analyt. Chem. **43**, 318 (1971).
65. Efremov, G. V., Galibin, V. A.: ref. Analyt. Abstr. **5**, 2558 (1958).
66. Kothny, E. L.: Analyst **94**, 198 (1968).
66a. Chainani, P. A., Murugaiyan, P., Venkateswarlu, C.: Analyt. chim. Acta **57**, 67 (1971).
67. Ariel, M., Bach, D.: Analyst **88**, 30 (1963).
68. Dwivedi, C. D., Munshi, K. N., Dey, A. K.: Chemist-Analyst **55**, 13 (1966).
69. Sill, C. W., Peterson, H. E.: Analyt. Chem. **21**, 1266 (1949).
70. Kirkbright, G. F., West, T. S., Woodward, C.: Talanta **12**, 517 (1965).
71. Bock, R., Zimmer, E.: Z. anal. Chem. **198**, 170 (1963).
72. Betteridge, D., Yoe, J. H.: Analyt. chim. Acta **27**, 1 (1962).
73. Fogg, A. G., Burgess, C., Burns, D. T.: Talanta **18**, 1175 (1971).
74. Keil, R.: Z. anal. Chem. **258**, 97 (1972).

U — Uran

Tabelle 179. Empfindlichkeit S_M und Bestimmungsgrenze L_Q der Verfahren

Verfahren	$\mu g\ U \cdot ml^{-1} \cdot cm^{-1}$	
	S_M	L_Q
Arsenazo I	0,010 (595 nm)	0,26 (595 nm)
Arsenazo III	0,0020 (665 nm)	0,050 (665 nm)
Thorin/wäßrige Lösung	0,026 (535 nm)	0,65 (535 nm)
Thorin/Aceton-Wasser	0,016 (535 nm)	0,38 (535 nm)
Dibenzoylmethan	0,013 (395—400 nm)	0,33 (395—400 nm)
	0,015 (410 nm)	0,38 (410 nm)
Fluorimetrie		0,001[1,2]; 0,0001[1,3]
1-(2-Pyridylazo)-2-naphthol/o-Dichlorbenzol	0,010 (570 nm)	0,26 (570 nm)
1-(2-Pyridylazo)-2-naphthol/$CHCl_3$	0,012 (560 nm)	0,29 (560 nm)
4-(2-Pyridylazo)-resorcinol	0,0062 (530 nm)	0,15 (530 nm)
2-(2-Pyridylazo)-5-diäthylaminophenol	0,0036 (564 nm)	0,090 (564 nm)
2-(5-Brom-2-pyridylazo)-5-diäthylaminophenol	0,0032 (578 nm)	0,080 (578 nm)
Thiocyanat/TBP-CCl_4	0,045 (350 nm)	1,12 (350 nm)
Thiocyanat/MIBK-Äthylenglykolmonobutyläther-Wasser	0,046 (375 nm)	1,15 (375 nm)
Polarographie		0,01—0,02[4]

[1] In 0,3 g NaF-Schmelze.
[2] F_r: ±5%.
[3] F_r: ±10%.
[4] 0,1—0,2 µg U/10 ml; F_r: ±5%.

A. Trennungen

Seit längerer Zeit ist die Extraktion des Uranylnitrates aus HNO_3-Lösung mit Diäthyläther bekannt [1—4]. Zur Verbesserung der Ausbeute werden verschiedene Aussalzmittel zugesetzt: NH_4NO_3 [5, 6], $Fe(NO_3)_3$ [7, 8], $Al(NO_3)_3$. Wegen des relativ niedrigen Verteilungskoeffizienten wird die Extraktion mit Diäthyläther häufig kontinuierlich im Perforator durchgeführt [5, 7, 9, 10], doch erfolgte die Ausschüttelung auch von Hand aus [8]. Aus 3n HNO_3/1m $Fe(NO_3)_3$-Lösung wurden mit Diäthyläther durch 3—4 Extraktionen ~ 99% des U extrahiert [8]. Bei der Extraktion mit Diäthyläther aus 0,5—1n HNO_3/NH_4NO_3 (gesättigt)-Lösung gehen neben U(VI) auch Np(VI), Pu(VI) und Am(VI) in die organische Phase [11, 12]. Für die Extraktion von U(VI) mit Diäthyläther aus 1,5n HNO_3/NH_4NO_3 (gesättigt)-Lösung beträgt der Extraktionskoeffizient 3,5 [6], aus 3n HNO_3/1m $Fe(NO_3)_3$-Lösung 2,1—3,5 (Ausbeute 68—78%) [8]. Ce(IV) und Th werden in merklichen Mengen mitextrahiert (s. S. 272). Cl^- stört, da andere Elemente (z. B. Fe) mitextrahiert werden und die Extraktion des U dann unvollständig ist. 50 mg SO_4^{2-}/30 ml Lösung stören nicht. Die Störung großer Mengen SO_4^{2-} beseitigt man durch Zusatz von Ca. PO_4^{3-} vermindert die Extraktion von U. Der Einfluß von PO_4^{3-} und F^- läßt sich durch Zusatz von $Fe(NO_3)_3$ oder $Al(NO_3)_3$ beseitigen. Unter Verwendung von $Fe(NO_3)_3$ kann U auf diese Weise von großen Mengen H_3PO_4 abgetrennt werden [7, 13]. Durch Ausschütteln der wäßrigen, die Nitrate enthaltenden

Lösung mit Diäthyläther wurde U von Pu(IV), Np(IV) und anderen Spaltprodukten abgetrennt [*14*].

Gegenüber Diäthyläther ist die Verwendung anderer organischer Lösungsmittel, wie MIBK, Äthylacetat und TBP, günstiger. Durch Extraktion mit MIBK aus 0,25 bis 0,5n HNO_3/NH_4NO_3 (gesättigt)-Lösung wurde ^{233}U ($D = 14{,}5-12{,}5$, bei 3maliger Extraktion Ausbeute $>98\%$) von ^{212}Pb und ^{212}Bi und teilweise von Th, vom mitextrahierten Th anschließend mit Carbamat (s. S. 1237) abgetrennt [*15*]. Mit MIBK wurde U auch aus 2,3–2,5m $Al(NO_3)_3/HNO_3$-Lösung bei pH 0,5–1,0 mit einer Ausbeute von 99,2% extrahiert (s. S. 1265) [*16*]. Die Extraktion des U läßt sich aus $Al(NO_3)_3/HNO_3$-Lösung auch mit Äthylacetat vornehmen [*17–24*], wobei eine Konzentration von 9,5–10 g $Al(NO_3)_3 \cdot 9\,H_2O$/5–10 ml 0,5–1n HNO_3-Lösung günstig ist (Ausbeute 90–100%) [*21, 22, 25*]. Aus der organischen Phase kann man das U mit Wasser rückschütteln. Die Ausbeute (in %) der anderen Elemente ist – außer von Th (~60) – gering: Al (0,0004), As (<0,1), Cu (<1), Fe (0,025), Mn (<1), Mo (<0,1), P (<0,1) und V (<0,05). In Anwesenheit von 10–50 mg Zr gehen 1–2,3% des Zr in den Äthylacetat-Extrakt über ($V_0:V_w = 1:3$) [*24*]. Eine Mitextraktion von bis zu 10 mg Zr läßt sich durch Zusatz von 50 mg Na_2HPO_4 verhindern [*25*].

Die Extraktion mit TBP findet zur Isolierung des U häufig Anwendung. U kann aus 2–5n HNO_3-Lösung mit TBP/Benzol (30:70) extrahiert werden [*26*]. Bei pH 2,5 wurde U in Anwesenheit von ÄDTA und $Ca(NO_3)_2$ als Aussalzmittel mit 5% TBP/Kerosin extrahiert, anschließend aus der organischen Phase mit 5%iger $(NH_4)_2CO_3$-Lösung rückgeschüttelt und auf diese Weise von großen Th-Mengen abgetrennt [*27*]. Aus 0,5–1n HNO_3/4m NH_4NO_3-Lösung wird das U mit TBP-Cyclohexan (1:5) vollständig extrahiert und so von großen Mengen der übrigen Elemente abgetrennt (mit Ausnahme von den teilweise extrahierbaren Elementen Th, Zr, Ce, Mo, W) [*28*]. Aus der organischen Phase kann es mit 1n Oxalsäure oder 10%iger $(NH_4)_2CO_3$-Lösung rückgeschüttelt werden; die Oxalsäure wird anschließend nach dem Eindampfen der Lösung durch Sublimation entfernt. Die Extraktion des U erfolgte mit TBP/Isooctan (1:3) auch aus 6m $NaNO_3/HNO_3$-Lösung bei pH 3,0 [*29*]. Aus ~42% $Al(NO_3)_3/HNO_3$-Lösung wird U mit TBP/Isooctan (1:10) bei pH 3–6 mit einer Ausbeute von 99%, bei 3n HNO_3 nur zu 86% extrahiert [*30*]. Weiterhin wurde U durch Extraktion mit TBP/Diäthyläther (1:1) aus 4,7n HNO_3-Lösung und TBP/MIBK (1:1) aus 7n HCl-Lösung isoliert (s. S. 1265). Die mit 40% TBP/Dodecan extrahierten Elemente U und Pu lassen sich durch Schütteln der organischen Phase mit Hydrazin-Lösung trennen, wobei das zur 3wertigen Stufe reduzierte Pu in die wäßrige Phase geht, während U(VI) im organischen Extrakt verbleibt [*31*]. Eine Trennung von U und Pu ist weiterhin möglich, indem man letzteres in 1n HNO_3-Lösung mit $Fe(NH_2SO_3)_2$ reduziert und dann U mit 30% TBP/Benzol extrahiert [*32*]. U(IV) kann von großen Mengen PO_4^{3-} aus 1–1,5n HCl-Lösung durch Extraktion mit 0,01m Dilauryldihydrogenpyrophosphat/Petroläther abgetrennt werden; anwesendes Al, Ca, Ce und Fe gehen ebenfalls in die organische Phase [*33*]. Diese Methode fand bei der Bestimmung von U in Phosphaten und Rohphosphorsäure Anwendung [*33*]. Von großen Mengen PO_4^{3-} wurde U auch mit Hilfe der reversed-phase-Chromatographie aus 45% $Al(NO_3)_3$-Lösung abgetrennt (35–40% TBP auf Silicagel-säule): zuerst wird H_3PO_4 mit $Al(NO_3)_3$-Lösung und dann U mit Wasser eluiert [*33a*]. Hinsichtlich der extraktiven Abtrennung des U, Np(IV) und Pu(IV) von Ba, Cs, I_2, Ru, S.E., Sr, Tc und Te mit Bis(2-äthylhexyl)orthophosphorsäure/n-Heptan oder /Toluol [*34, 35*] s. S. 1077.

Große Mengen Fe(III) und andere Elemente können durch Ätherextraktion aus 6–8n HCl-Lösung von U abgetrennt werden (s. S. 259ff.).

Aus schwach saurer Lösung läßt sich U leicht als Thiocyanat mit Äther ausschütteln, doch ist Äthylacetat ein besseres Extraktionsmittel [*36*].

Die Ausschüttelung des U als Tetrapropylammonium-uranyltrinitrat mit MIBK aus ~ 2,8m $Al(NO_3)_3$/~ 0,1% Tetrapropylammoniumnitrat (TPAN)-Lösung (mit Ammoniak um 1n Säure abgestumpft) (bei größeren Elementmengen auch ~ 0,5% oder ~ 5% TPAN) ermöglicht eine Abtrennung von Mikrogramm- und Milligramm-Mengen U von zahlreichen Elementen und insbesondere radioaktiven Spaltprodukten (s. S. 276ff., 1246) [*37–39*]. Viele Anionen stören nicht. Cl^- verstärkt die Extraktion jener Elemente, die anionische Chlorokomplexe bilden [z. B. Au(III), Cr(III), In]. WO_4^{2-} und $[Fe(CN)_6]^{4-}$ hemmen im Mengenverhältnis Anion:U = 10:1 die U-Extraktion, im Verhältnis 0,1:1 stören sie hingegen nicht. I^- und SCN^- verstärken die Extraktion des Ru, $S_2O_3^{2-}$ und $Cr_2O_7^{2-}$ jene des Ce [*37*].

Hinsichtlich der Extraktion von U, Np, Pu und anderen Elementen mit 5 Vol.-% Tri-isooctylamin/Xylol aus HCl-Lösung und deren Abtrennung von Th, Am, Cm und anderen Elementen [*40*] s. S. 276. Von mitextrahiertem Ru(IV) läßt sich U abtrennen, indem es aus der organischen Phase mit 0,1n HCl rückgeschüttelt wird (Ausbeute 98,9%), während Ru(IV) in der organischen Phase bleibt (< 1% geht in die wäßrige Phase). Die Ausschüttelung mit 5 Vol.-% Tri-isooctylamin/Xylol aus 5n HCl-Lösung fand zur Isolierung des U(VI) Anwendung [*41, 42*]. Aus 0,5–1n Essigsäure (a) und 1n Essigsäure/0,1n HNO_3-Lösung (b) werden mit 20% Tri-isooctylamin/Xylol-3 Vol.-% Äthylenglykolmonobutyläther extrahiert (E%) [*43*]: U(VI) (97,3–99,7), Pu(VI) (97–98), Pu(IV) (1,9), Pu(III) (< 1), Nb (11 (a); 34 (b)), Ru (11), Zr (28 (a); 47 (b)), Fe (< 0,05), Th (< 0,1), während Al, Bi, Ce(IV), Co, Cr(III), Cs, Cu(II), Eu, Hf(IV), Mn(II), Ni, Pb, Sb(V), Sn(IV), Sr und Zn nicht in die organische Phase übergehen. Aus dem organischen Extrakt ist U(VI) mit verschiedenen Lösungen rückschüttelbar (E%) [*43*]: 6m H_2SO_4 (98,2), 0,25m HF/0,25m HNO_3 (98,4), 1m NH_4HCO_3 (> 99,9), konz. Ammoniak (> 99,0). Von diesen erscheint NH_4HCO_3 am günstigsten, da es leicht verflüchtigt werden kann. Hinsichtlich der Abtrennung des U von Ce s. S. 1078.

U(VI) wird aus 0,5–7n HCl- oder HNO_3-Lösung mit 0,1m Tri-n-octylphosphinoxid/Cyclohexan vollständig extrahiert (Ausbeute ~ 99%) [*44*]. Aus HNO_3-Lösung gehen dabei teilweise oder vollständig auch Au, Bi, Cr(VI), Hf(IV), Mo(VI), Sb(III), Sn(II), Sn(IV), Th(IV), Ti(IV), V(V) und Zr(IV), aus HCl-Lösung außerdem noch As(V), Fe(III), Hg(II), In und Nb(V) in die organische Phase über. Mit 0,05m Tri-n-octylphosphinoxid/Cyclohexan wurde U(VI) aus 2n HNO_3-Lösung extrahiert und so von Pu(III) abgetrennt [*44a*]. U kann bei pH 2–2,5 (optimal; vollständige Extraktion im Bereich von pH 1,5–4) aus 1% $NaNO_3$/0,5% ÄDTA-Lösung mit 1% Triphenylarsinoxid/$CHCl_3$ extrahiert und so von einer größeren Zahl anderer Elemente abgetrennt werden ($V_w : V_0 = 50:10$) [*44b, 44c*]. Führt man das U anschließend in der organischen Phase bei pH 6,5–7,6 in den Oxinatkomplex über [Schütteln von 10 ml $CHCl_3$-Extrakt mit 10 ml Boraxpufferlösung (pH 7,5) + 1 ml 1% Oxin/$CHCl_3$] und photometriert die U-Oxinat/$CHCl_3$-Lösung bei 383 nm (s. a. S. 1269), so wird die Bestimmung von 100 µg U nicht gestört durch jeweils 10 mg von Ag, Al, As(III), Ba, Be, Bi, Ca, Cd, Ce(IV), Co, Cr(III), Cs, Cu, Fe(II, III), Ga, Ge, Hg(II), In, K, Li, Mg, Mn(II), Na, Ni, Pb, Pd, Pt, Re(III), Sb(III), Sc, Se(VI), S.E.(III), Si, Sn(II), Sr, Te(VI), Th, Tl, V, W, Y und Zn [*44c*]. Eine Störung von Cr, Mo und Nb kann durch Reduktion mit Ascorbinsäure, von Au durch Maskierung mit $Na_2S_2O_3$, von Ti und Zr durch Maskierung mit Weinsäure beseitigt werden. Analog kann das U nach der Extraktion mit Triphenylarsinoxid/$CHCl_3$ in der organischen Phase auch mit PAN (pH 9,7–9,8) bestimmt werden [*44c*].

Bei pH 3,5–8,0 kann U mit 0,15m TTA/Benzol ausgeschüttelt werden [45]; andere Elemente werden ebenfalls extrahiert (s. S. 354). U(VI) läßt sich mit Acetylaceton aus H_2SO_4-Lösung extrahieren (Ausbeute: bei pH 3 ~ 94%, bei pH 7 ~ 98%) [46]. Cu wird im Bereich von pH 3–7 zu ~ 86–87% extrahiert, während Pb erst bei pH 8 zu ~ 83% in die organische Phase geht. U und Cu können auf diese Weise bei pH 3 extraktiv von Pb (~ 6% gehen von diesem in die organische Phase) abgetrennt werden. In Anwesenheit von ÄDTA läßt sich U von der 5000fachen Menge Bi bei pH 7,5 durch Extraktion mit Acetylaceton abtrennen [46]. U(VI) kann mit Mesityloxid aus 1n HNO_3/0,5m NH_4NO_3-Lösung extrahiert (10 min, $E\% = 98$) und so von Ag, Ba, Co, Mo, Ni, Pb, Tl(I) und Zn abgetrennt werden [46a].

Durch Extraktion mit Na-DDTC/MIBK aus 2m NH_4NO_3/HNO_3-Lösung bei pH 2,5–3,0 kann U von Th abgetrennt werden, wobei anwesendes ^{212}Pb und ^{212}Bi ebenfalls in die organische Phase gehen [15, 47]. Führt man die Ausschüttelung in Anwesenheit von ÄDTA durch, so wird das U nur von ^{212}Bi begleitet [48]. Die Isolierung des U mit Na-DDTC/$CHCl_3$ erfolgte in Anwesenheit von ÄDTA auch bei pH 7–8 [49] (s. S. 1239) und pH 6 [50] (s. S. 1243). Nach vorangehender Isolierung mit MIBK aus 0,25 bis 0,5n HNO_3/NH_4NO_3-Lösung (s. S. 1235) wurde das U vom teilweise mitextrahierten Th durch Schütteln der organischen Phase mit einer Na-DDTC/2m NH_4NO_3-Lösung (pH 2,8) abgetrennt, wobei U als Carbamat in der organischen Phase bleibt und Th in die wäßrige Lösung geht [15]. Auf diese Weise können 0,05–10 µg U von ~ 800 mg Th abgetrennt werden.

0,02–10 µg U lassen sich bei pH 7 in Anwesenheit von ÄDTA durch Ausschütteln mit Oxin/MIBK oder /$CHCl_3$ von $\leqq$ 600 mg Th sowie von anwesenden kleinen Mengen an ^{212}Pb und ^{212}Bi abtrennen [48, 51] (s. a. S. 327ff.).

Bi, Cu, Fe(III), Ga, Mo(VI), Sn(IV), Ti(IV), V(V) und Zr (s. S. 340ff.) wurden durch Extraktion mit Cupferron/$CHCl_3$ aus ~ 1n HCl-Lösung von U(VI) abgetrennt [33, 50, 51]; U(IV) geht unter diesen Bedingungen ebenfalls in den organischen Extrakt, weshalb es vorher oxydiert werden muß. Nach Reduktion von U(VI) in ~ 2m H_2SO_4 mit Zinkamalgam [52] oder in ~ 0,1–0,3n H_2SO_4 auf elektrochemischem Wege [53] zu U(IV) kann letzteres mit Cupferron/Äther extrahiert werden.

Bis zu 3 mg Mo und W können durch Extraktion mit α-Benzoinoxim/$CHCl_3$ aus ~ 1,5n HNO_3-Lösung von 10–100 µg U abgetrennt werden [28].

Der gelb gefärbte Uranyl-Thiosulfat-Komplex ist bei Zusatz von Tri-n-butylammoniumacetat als substituiertes Ammoniumsalz mit Methylenchlorid extrahierbar [54].

Eine Reihe von Elementen läßt sich durch Elektrolyse mittels Hg-Kathode von U abtrennen (s. S. 57ff., 390ff.).

Häufig finden zur Isolierung des U Ionenaustauscher Anwendung [54a]. Mit HNO_3 und Diäthyläther vorbehandelte Cellulose- und Cellulose/Al_2O_3[1]-Säulen dienten zur Abtrennung der Elemente Ag, Al, Ba, Be, Ca, Cd, Ce, Co, Cr, Cs, Cu, Fe, Ga, Ge, Hf, Hg(I), In, K, Li, Mg, Mn, Na, Nb, Ni, Pb, Ra, Rb, S.E., Sn, Sr, Ta, Te, Ti, Tl, W, Y und Zn von U [21, 55, 56] (s. a. S. 1185). In größerem Ausmaß werden aber Austauscherharze eingesetzt. 10 µg U(VI) wurden durch den Anionenaustauscher Amberlite IRA-400 aus Acetat-Lösung bei pH 4,25–5,25 [57] von den Elementen (in mg) Al, Ca (5), Cr(III), Fe(III) (60), Mg (9), Pb (2), S.E. (100) und Th (12) und aus 4n HCl-Lösung [58] mit anschließender Elution des U mit 1n HCl von den Ionen (in mg) Al (50), Bi (20), Ca (100), Co (10), Cr(III) (10), Cu(II) (20), Fe(III) (100), Mg (100), Mn(II) (100), Ni (10), Pb (20), S.E. (100), Th (10), Ti(IV) (10), V(V) (10), Zn (20), NO_3^- (100), SO_4^{2-} (500) und F^- (100)

[1] Zur Abtrennung von As und Mo.

abgetrennt. Mittels Anionenaustauscher Dowex 1X8 lassen sich 100 µg U aus Methanol/6n HCl (4 + 1)-Lösung (mit 4% Ascorbinsäure bei Anwesenheit von Fe, Co, Ni oder Cu) von folgenden Ionen (in mg) abtrennen [59]: Na (30), Th(IV) (25), Ca (20), K (20), je 10 mg Al, Ba, Bi, Cd, Ce(III), Co[1], Cr(III), Cu(II)[1], Fe(III), La, Mg, Mn(II), Nd, Ni[1], Pr, Sn(II), Yb, Zn, F^-, NO_3^- und $H_2PO_4^-$, Cs (2,5), Hf (1,6), Mo(VI) (5), Pb (5), Sr (3), Ti(IV) (0,5), V(V) (3), W(VI) (0,2), Zr(IV) (5) und SO_4^{2-} (5). Anschließend wird das auf der Austauschersäule verbliebene U mit 1n HCl eluiert. 0,05—1 µg U(VI)/ml wurden durch Anionenaustauscher Deacidite FF (Cl^--Form; vorher mit 11n HCl gewaschen) von 0,3 mg Al/ml, 1,1—1,7 mg Fe(II)/ml und 0,2—1,2 mg Pu(III)/ml in 1—2n HNO_3-Lösung abgetrennt, indem man 1 ml dieser Lösung zu 2 ml 11n HCl/7% HI fügt, durch die Austauschersäule schickt, mit 11n HCl/7% HI und 4n HCl/7% HI nachwäscht und zuletzt das adsorbierte U mit 0,1n HCl eluiert [60]. Durch Anionenaustauscher Amberlite IRA-400 läßt sich U aus 6,5n HCl von Th, Al, As, Bi, Cd, Cr, Hg, Mn, Ni und Sn abtrennen und anschließend mit 1n HCl eluieren [61].

Durch Spurenfällung mit $Al(OH)_3$, $Fe(OH)_3$, $AlPO_4$ und $FePO_4$ als Spurenfänger können kleine U-Mengen isoliert werden. Zur Anreicherung von U in Seewasser fand die Kokristallisation (s. S. 57ff.) mit 1-Nitroso-2-naphthol Anwendung [62]. Die im allgemeinen für Makromengen angewandte Fällung mit $(NH_4)_2CO_3$ oder Alkalicarbonat fand auch zur Abtrennung von kleinen U-Mengen (je nach den Arbeitsbedingungen mit einem Verlust von 5—10% oder mehr) Anwendung. Dabei bildet U in Anwesenheit eines Überschusses an CO_3^{2-} lösliche Komplexe, während die Elemente Ca, Cr(III), Fe, Mg, Mn, S.E., Th, Ti, Zr und teilweise Al, Ce, und Co ausgefällt werden. Durch Fällung mittels H_2S lassen sich in saurer, tartrathaltiger Lösung die Elemente der H_2S-Gruppe von U abtrennen.

B. o-Arsonophenylazo-naphthol-Derivate

I. Arsenazo I

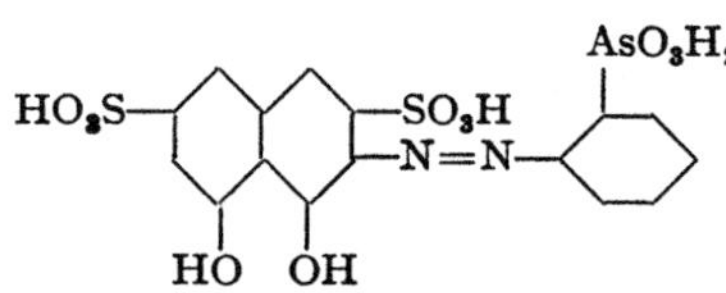

U (VI) bildet mit Arsenazo I [Trinatriumsalz der 3-(o-Arsonophenylazo)-4,5-dihydroxynaphthalin-2,7-disulfosäure; in fester Form dunkelbraun, in Wasser mit hellroter Farbe löslich] (s. a. S. 1185) in schwach alkalischer Lösung einen blauen, wasserlöslichen Komplex [49, 63—66]. Für die Farbreaktion wurde pH 7,0—8,0 als günstigster Bereich ermittelt und pH 7,5 zur photometrischen Bestimmung empfohlen [49]. Spätere Untersuchungen [64] zeigten jedoch, daß man die höchste Farbintensität bei pH 8,0—9,0 (nach Zusatz der Pufferlösung und Auffüllen der Farblösung) erreicht; am zweckmäßigsten führt man die photometrische Bestimmung daher bei pH 8,5 ± 0,5 durch [64]. Bei pH $\leqq$ 1,5 findet praktisch keine Farbbildung statt. Der pH-Wert der Probelösung im Bereich von 1,0—5,5 (beim Zusatz der Reagenslösung und vor Hinzufügen der Pufferlösung) hat keinen Einfluß auf das Ergebnis, doch soll dieser wegen der anschließenden leichteren Einstellung auf pH 8,5 im Bereich von pH 2,5—5,5 liegen. Das Extinktionsmaximum des Farbkomplexes liegt bei 590—596 nm [49, 64] (ε_{595} = 22900 bei pH 7,5

[1] Die genannten Elementmengen können in Mischungen anwesend sein mit Ausnahme von Co, Ni und Cu, die in Anwesenheit anderer Elemente nur in Mengen < 1 mg vorliegen dürfen.

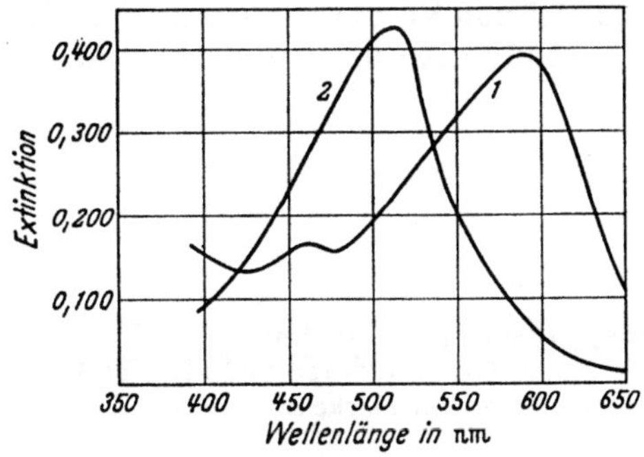

Abb. 223. Extinktionskurven von U(VI) + Arsenazo (*1*) und von Arsenazo (*2*) bei pH 8,5 ± 0,5 [*64*]

[*49*]) (s. Abb. 223). Das Beersche Gesetz ist im Bereich von 0,26—10 µg U/ml erfüllt. Die Farbe ist nach dem Reagenszusatz sofort in voller Intensität entwickelt und mindestens 15 Tage stabil; nach 97 Tagen nimmt die Extinktion um 4,6% ab [*64*]. Temperaturschwankungen von 15°—35° C sind ohne Einfluß.

Zahlreiche Elemente geben mit Arsenazo I gefärbte Komplexe, wie Al, Be, Fe, S.E., Th, Zr u. a. Die Bestimmung von 5 µg U/ml wird durch folgende Ionen (in µg/ml) nicht gestört (verursachter relativer Fehler: ±2%; ±5%) [*64*]: Al (3; 4), Au(III) (30; 30), Ba (10; 20), Bi (3; 4), Ca (<1; <1), Cd (<1; 1), Ce(IV) (2; 3), Co (<1; 2), Cr(III) (<1; 4), Cu(II) (2; 2), Fe(III) (<1; 2), Mg (<1; <1), Mn(II) (<1; <1), Mo(VI) (55; >55), Ni (1; 1), Pb (<1; <1), SiO_3^{2-} (1; 1), Sn(II) (1; 2), Sr (5; 7), Th(IV) (1; 1), Ti(IV) (<1; 1), V(IV) (5; 6), W(VI) (<1; <1), Zn (2; 3), Zr(IV) (2; 3), Cl^- (>100; >100), Br^- (>100; >100), F^- (>100; >100), I^- (>100; >100), SO_4^{2-} (>100; >100), NO_3^- (>100; >100), PO_4^{3-} (<1; <1), CO_3^{2-} (1; 3), BO_3^{3-} (>100; >100), Citrat (5; 5), Oxalat (40; >40) und Tartrat (80; >80). Folgende Elemente stören bis zum Molverhältnis Element: U = 35:1 nicht, wenn sie mit ÄDTA maskiert werden [*49*]: Al, Ba, Bi, Ca, Cd, Co, Cu(II), Dy, Fe(III), Hg(II), La, Mg, Mn(II), Ni, Pb, Sc, Sr, Ti(IV), V(IV), V(V), Y, Zn und Zr(IV). Mo(VI), W(VI) und zu einem geringeren Ausmaß auch Ti können mit Tartrat, Bi, Cu(II) und Sb(III) mit Thioglycerol, Al mit Sulfosalicylsäure maskiert werden. Die Verwendung von ÄDTA hat aber den Nachteil, daß nur ein Überschuß von ≦0,005 mmol des Maskierungsmittels zulässig ist, da größere Mengen zu niedrige Werte verursachen. Da diese Grenze bei unbekannten und wechselnden Mengen an Störelementen nur schwer eingehalten und nicht alle Elemente (z. B. Th) maskiert werden können, ist es am zweckmäßigsten, das U vor seiner Bestimmung grundsätzlich zu isolieren. Hierzu wurde das U bei pH 7—8 aus ~0,005 m ÄDTA-Lösung mit Na-DDTC/$CHCl_3$ extrahiert (dabei werden auch andere Elemente mitextrahiert: Ag, Bi, Co, Cu, Hg, Sn; s. a. S. 297ff.), mit 0,02%iger Na_2CO_3-Lösung (pH 8,0) aus der organischen Phase rückgeschüttelt, in der wäßrigen Lösung das Carbamat durch Zusatz von $HClO_4$ zerstört und anschließend das U mit Arsenazo photometrisch bestimmt [*49*]. Daneben wurde U auch durch Extraktion mit Diäthyläther aus HNO_3-Lösung vor seiner Bestimmung mit Arsenazo isoliert [*64*].

Arsenazo I fand zur photometrischen Bestimmung von U in Salzlösungen, Wismutlegierung, Monazit und andere Mineralien Anwendung [*64, 65*]. Da U im Gegensatz zu Th (s. S. 1185) bei pH 1,5 praktisch keinen Farbkomplex bildet, können beide Elemente nebeneinander bestimmt werden, indem man zuerst bei pH 1,5 und 565 nm das Th, anschließend bei pH 8,5 und 596 nm die Summe U + Th erfaßt und von letzterer die mit Hilfe einer Th-Korrekturkurve (bei pH 8,5 und 596 nm aufgestellt) ermittelte Th-Menge abzieht [*65*].

F_r: ± 3%.

Arbeitsvorschrift [*64*]

Reagentien

Arsenazo I, 0,1366%ige wäßrige Lösung (2,10 · 10^{-3}m);

Pufferlösung (pH 8,6); 60 ml 0,1 m NaOH (CO_3^{2-}-frei) und 250 ml 0,1 m H_3BO_3/0,1 m KCl werden in einem 500 ml-Meßkolben mit Wasser zur Marke aufgefüllt;

HNO_3 (1,40);

6n NaOH.

5–10 ml Probelösung (12,5–500 µg U enthaltend) werden in einem 50 ml-Becherglas mit HNO_3 auf pH 1–2 eingestellt, nach Zusatz eines Siedesteinchens zur Entfernung von CO_3^{2-} 5–10 min gekocht, nach dem Abkühlen mit NaOH auf pH 2,5–5,5 eingestellt, 2,0 ml Arsenazo-Lösung zugesetzt und gut gemischt. Man fügt 10 ml Pufferlösung hinzu, führt in einen 50 ml-Meßkolben unter 3maligem Nachwaschen mit wenig Wasser über, füllt mit Wasser zur Marke auf und photometriert in einer 1 cm-Küvette bei 596 nm gegen den Blindwert.

II. Arsenazo III

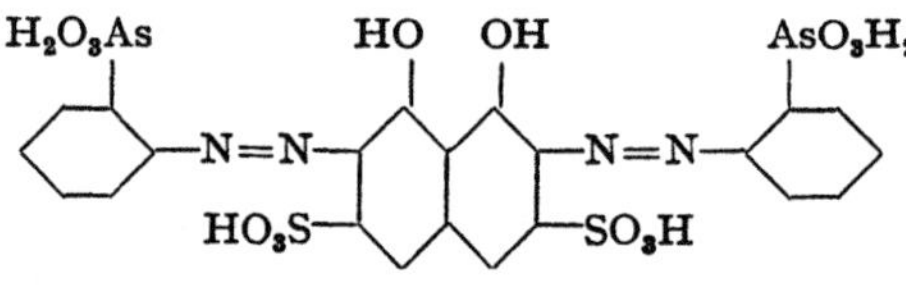

Das in saurer Lösung rote Arsenazo III (A III) [Dinatriumsalz der 2,7-Bis(o-arsonophenylazo)-1,8-dihydroxynaphthalin-3,6-disulfosäure] bildet mit U(IV) in 0,05–10n HCl-Lösung, mit U(VI) bei pH 1–4 einen grünen Komplex mit einem Extinktionsmaximum bei 665–670 nm [*66a–66d*] (s. Abb. 224; $\varepsilon_{665-670} = 100000$ [*66a*] bzw.

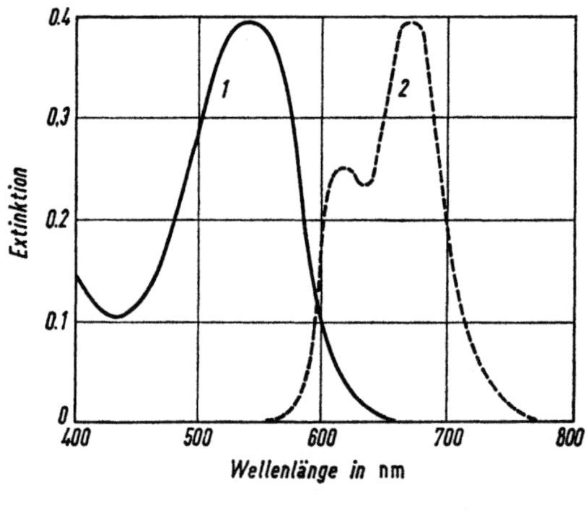

Abb. 224. Extinktionskurven von Arsenazo III (*1*) (Blindlösung gegen Wasser gemessen) und U(IV) + Arsenazo III (*2*) (gegen Blindlösung gemessen) [*66b*]

120000 [*66b*] für den U(IV)-A III-Komplex, $\varepsilon_{665} = 53000$ [*66a*] für den U(VI)-A III-Komplex]. Wegen der höheren Nachweisempfindlichkeit beziehen sich die nachfolgenden Ausführungen nur auf den U(IV)-A III-Komplex. Die Extinktion erhöht sich im Bereich von 0,05—4n HCl mit steigender Säurekonzentration und bleibt dann innerhalb $\geqq 4$ bis 10n HCl konstant, weshalb die Farbreaktion am zweckmäßigsten $\geqq 4$n HCl durchgeführt wird. Die Farbe ist 1 Std stabil. Das Beersche Gesetz ist im Bereich von 0,05 bis 0,7 µg U/ml streng bzw. von 0,05—0,8 µg U/ml angenähert erfüllt, oberhalb 0,7 µg U/ml ist die Kurve gekrümmt. Die Reduktion von U(VI) zu U(IV) kann mit metallischem Zn, verläßlicher und gleichmäßiger aber mit metallischem Bi [*66b*] vorgenommen werden. Eine Reihe anderer Elemente reagiert ebenfalls mit AIII (s. S. 1187). Die Bestimmung von 10—20 µg U wird nicht gestört durch (verursachter Fehler $\leqq \pm 5\%$) [*66b*]: 20 mg Fe(III), 4 mg Al, jeweils 1 mg Cr(III), Cu(II)[1], Mn(II) und Mo(VI), jeweils 500 µg Ni, V(V) und Zr[2], 200 µg Pb, 60 µg Ti, 2 g SO_4^{2-} und 5 mg PO_4^{3-}. Es stören Th und Zr (s. S. 1187), doch läßt sich Zr mit Oxalsäure maskieren.

Mit AIII wurde U in Erzen und Gesteinen [*66b*, *66c*] bestimmt.

Arbeitsvorschrift [*66b*]

Reagentien

HCl (1,19); HCl (1 + 4); H_2O_2 (30%).
Arsenazo III (AIII), 0,15%ige wäßrige Lösung.
Ascorbinsäure.
Bi-Reduktor (analog dem Jones-Reduktor); Rohr (7 mm i.-∅, 200 mm lang) 50 mm hoch mit metallischem Bi-Pulver gefüllt, mit 2,5n HCl gewaschen und unter 2,5n HCl aufbewahrt. Das Bi-Pulver wird durch elektrolytische Reduktion von $BiOClO_4$ hergestellt.

2—5 ml 2—3n HCl-saure Probelösung (1,25—20 µg U enthaltend) gibt man in den Reduktor, reduziert evtl. vorhandenes Fe(III) mit Ascorbinsäure (bis die gelbe Farbe verschwindet), läßt die Lösung durch den Bi-Reduktor in einen 25 ml Meßkolben laufen (1—2 Tropfen/sec), in den 5 ml HCl (1,19) sowie 1,00 ml AIII-Lösung vorgelegt sind, wäscht den Reduktor mit HCl (1 + 4) nach (1—2 Tropfen/sec), füllt den Meßkolben mit HCl (1 + 4) zur Marke auf und photometriert in einer 1 cm-Küvette bei 665 nm gegen Wasser.

1. Wasser

Das U wird vor der Bestimmung durch Spurenfällung mit $Al(OH)_3$ als Spurenfänger isoliert.

B: 1,25—500 ppb U. *V:* ±5%.

Arbeitsvorschrift [*66d*]

Reagentien

Ammoniak (0,91); Ammoniak (1 + 1) (CO_2-frei).
Methylrot, 0,1%ige wäßrige Lösung.
Al-Lösung (5 mg Al/ml), mit $KAl(SO_4)_2 \cdot 12\,H_2O$ hergestellt.
Übrige Reagentien wie bei der Arbeitsvorschrift [*66b*] auf S. 1241.

1 l Probe wird mit 2 ml HCl (1,19) angesäuert, 10 min bis zur CO_2-Freiheit gekocht, nach Zusatz von 5 Tropfen Methylrot-Lösung sowie 3 ml Al-Lösung mit Ammoniak (1 + 1) bis zum Farbumschlag nach gelb neutralisiert und 2 Std in der Wärme stehen gelassen. Man saugt die klare, überstehende Flüssigkeit ab und verwirft sie, zentrifugiert

[1] Innerhalb 10 min nach dem Auffüllen gemessen.
[2] Durch 50 mg Oxalsäure maskiert.

den Niederschlag ab, löst diesen ohne zu waschen unter Erwärmen mit 5 ml HCl (1,19) und füllt in einem 25 ml-Meßkolben mit Wasser zur Marke auf. Von dieser Lösung wird ein aliquoter Teil von 1,0—5,0 ml [0,25—4 µg U (5 cm-Küvette) bzw. 6,25—100µg U (1 cm-Küvette) enthaltend] nach Arbeitsvorschrift [*66b*] (s. S. 1241) behandelt mit folgenden Abweichungen: a) der Probelösung wird keine Ascorbinsäure zugesetzt, sondern 0,1 g Ascorbinsäure in den 25 ml-Meßkolben vorgelegt, b) photometriert wird in einer 1 cm- oder 5 cm-Küvette.

III. Thorin

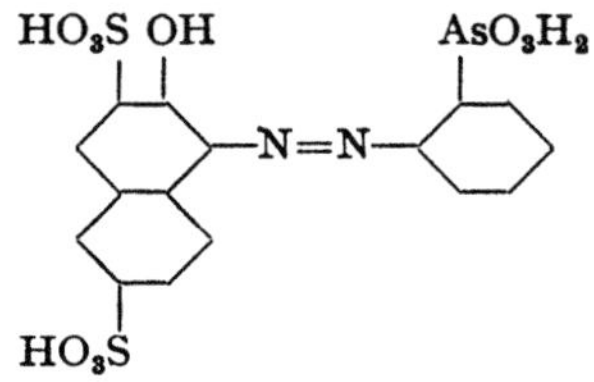

Das orangerote Thorin [Dinatriumsalz der 1-(o-Arsonophenylazo)-2-naphthol-3,6-disulfosäure, s. a. S. 1189] bildet mit U(IV) in mineralsaurer Lösung einen tiefroten, wasserlöslichen Komplex [*50*]. Die Säurekonzentration ist nicht kritisch, doch wird eine solche von 0,2n HCl in der aufgefüllten Farblösung empfohlen. Die Farbe ist in wäßriger Lösung nicht stabil und nimmt in 15 min um ~ 5% ab. Durch Zusatz von 80 Vol.-% Aceton wird die Farbe stabilisiert und die Intensität um fast 80% erhöht. Das Extinktionsmaximum liegt bei 535 nm (s. Abb. 225). Das Beersche Gesetz ist in 80 Vol.-% Aceton/Wasser im Bereich von 0,38—15 µg U/ml erfüllt.

Wie bei Arsenazo stören auch hier zahlreiche Ionen. Die Bestimmung von 0,6—1,2 µg U/ml (4 cm-Küvette) wird durch folgende Ionen (in µg/ml) nicht gestört [*50*]: Al (2,4), Ce(III) (20), Cr(III) (1,4), Cu(II) (24), Fe(III) (1,2), Hg(II) (13), Mn(II) (13), Mo(0,1),

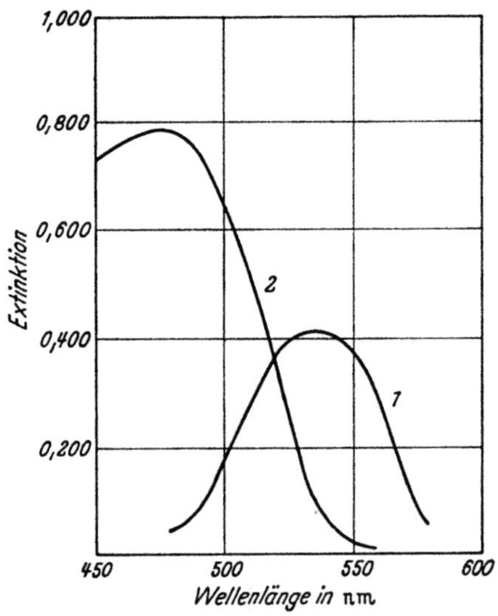

Abb. 225. Extinktionskurven von U(IV) + Thorin (*1*) und von Thorin (*2*) in 80 Vol.-% Aceton/Wasser [*50*]

Ni (46), Sr (46), V (0,8), Zr (0,2), NO_3^- (1000), SO_4^{2-} (150), ClO_4^- (5000) und PO_4^{3-} (6,5). Zur Vermeidung der Störungen wird empfohlen, das U durch Extraktion mit Na-DDTC/$CHCl_3$ in Anwesenheit von ÄDTA bei pH 6 zu isolieren, andere ebenfalls als Carbamate extrahierbare Elemente, wie Bi, Cu und Fe(III), vorher mit Cupferron/$CHCl_3$ auszuschütteln und anschließend nach Rückextraktion mit $(NH_4)_2CO_3$-Lösung das U mit Thorin photometrisch zu bestimmen [*50*]. Bei dieser Arbeitsweise stören folgende Ionenkonzentrationen (in mg/ml) in der Probelösung nicht: Al (8,1), Ce(III) (2,8), Co (0,6), Cu(II) (3,2), Fe(III) (0,56), Hg(II), (0,6), La (0,4), Mn(II) (0,55), Ni (0,6), Sn(II) (0,6), Sr (0,44), Th(IV) (0,7), SO_4^{2-} (240), F^- (9,5), PO_4^{3-} (19) und Oxalat (105).

Arbeitsvorschrift [*50*]

Reagentien

HCl (1,19); 3n HCl; 1n HCl;
5n NaOH;
Cupferron, 5%ige wäßrige Lösung;
ÄDTA, gesättigte wäßrige Lösung;
Natriumacetat, 20%ige wäßrige Lösung;
Essigsäure, 20%ige wäßrige Lösung;
Na-DDTC, 5%ige wäßrige Lösung (frisch hergestellt);
0,3m $Ca(NO_3)_2$;
$CHCl_3$;
$(NH_4)_2CO_3$, 10%ige wäßrige Lösung;
Thorin, 0,1%ige wäßrige Lösung; das handelsübliche Reagens wird aus verd. Essigsäure umkristallisiert, gewaschen und 15 min bei 110° C getrocknet;
Bleischrot; das Handelsprodukt reinigt man durch kräftiges Schütteln zuerst in HCl (1,19) und dann in 3n HCl, bis eine glänzende Oberfläche sichtbar wird. Bis zur Verwendung wird es in 3n HCl aufbewahrt.
Aceton.

~ 1 ml schwach saure HCl- oder HNO_3-Probelösung (2,4—94 µg U enthaltend; ≦ 1n HNO_3 stört hier nicht) verdünnt man mit 1n HCl auf 5 ml, fügt 2 ml Cupferron-Lösung hinzu und extrahiert mit 15 ml $CHCl_3$. Nach Zusatz von 2 ml Cupferron-Lösung wird die Extraktion wiederholt. Der organische Extrakt wird verworfen, zur wäßrigen Lösung 1 Tropfen Phenolphthaleinlösung sowie 20 ml ÄDTA-Lösung zugesetzt, mit Ammoniak gerade alkalisch gemacht und durch Zusatz von 2 ml Natriumacetat-Lösung und 0,5 ml Essigsäure auf pH ~ 6 abgepuffert. Nach Zusatz von 5 ml Na-DDTC-Lösung sowie 20 ml $Ca(NO_3)_2$-Lösung [wenn größere Mengen Oxalat anwesend sind, muß $Mg(NO_3)_2$ verwendet werden], um den Überschuß an ÄDTA zu binden, stellt man wie vorhin auf pH ~ 6 ein und extrahiert 3mal mit je 15 ml $CHCl_3$. Den vereinigten organischen Extrakt wäscht man 1mal mit Wasser (1 ml Na-DDTC-Lösung enthaltend, mit Acetat auf pH 6 eingestellt, 0,05m Ca-ÄDTA), schüttelt 2mal mit je 5 ml $(NH_4)_2CO_3$-Lösung, dampft den vereinigten wäßrigen Auszug in einer Quarzschale zur Trockene ein, glüht den Rückstand 30 sec, löst ihn dann in 2 ml HCl (1,19) und dampft zur Trockene ein. Der Eindampfrückstand wird mit 1 ml 3n HCl gelöst, die Lösung unter Nachwaschen mit 1 ml 3n HCl in ein 10 ml-Kölbchen, in welches 15 g frisch gereinigtes Bleischrot vorgelegt sind, übergeführt, 1 min geschüttelt und die Lösung dann unter Nachwaschen mit 1 ml Wasser in einen 25 ml-Meßkolben übergeführt. Man fügt 20 ml Aceton sowie 1,0 ml Thorin-Lösung hinzu, füllt mit Wasser zur Marke auf und photometriert in einer 4 cm-Küvette bei 535 nm gegen den Blindwert.

C. Dibenzoylmethan

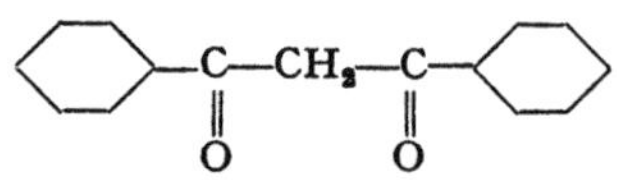

U(VI) bildet mit Dibenzoylmethan (DM) bei pH 6,5–8,5 einen gelben, wasserlöslichen Komplex [*21, 67, 68*]. Wurde die Farbreaktion zuerst in Äthanol/Wasser [*67*] oder in ÄDTA enthaltender Pyridin/Wasser-Lösung [*68*] durchgeführt, so ging man in späteren Arbeiten wegen der Störung durch zahlreiche Ionen dazu über, das U vorher durch Extraktion zu isolieren und ohne anschließende Rückschüttelung den organischen Extrakt unmittelbar für die photometrische Bestimmung zu verwenden. Das U wurde aus 75% $Al(NO_3)_3$-Lösung mit Äthylacetat extrahiert und ein aliquoter Teil des organischen Extraktes dem Äthanol/Wasser-Gemisch zur photometrischen Bestimmung zugesetzt [*21*]. Die Isolierung erfolgte auch durch Ausschütteln mit TBP/Isooctan (1:10) aus ~42% $Al(NO_3)_3/HNO_3$-Lösung bei pH 3–6 mit anschließender Bestimmung mit einem Teil des Extraktes in Aceton/Pyridin/Wasser-Gemisch [*30*]. Weiterhin fand die Extraktion mit 0,1 m Tri-n-octylphosphinoxyd/Cyclohexan aus ~3 n HNO_3-Lösung mit anschließender Farbentwicklung mit einem Teil des organischen Extraktes in Äthanol/Pyridin Anwendung [*44*]. Das letztgenannte Verfahren [*44*] ist gegenüber dem vorhergehenden mit TBP/Isooctan [*30*] und dem nachfolgenden [*39*] störanfälliger. Schließlich isolierte man das U durch Extraktion als Tetrapropylammoniumuranyltrinitrat mit MIBK (s. S. 1236) und führte mit einem Teil des Extraktes die photometrische Bestimmung in Äthanol/Pyridin durch [*39*].

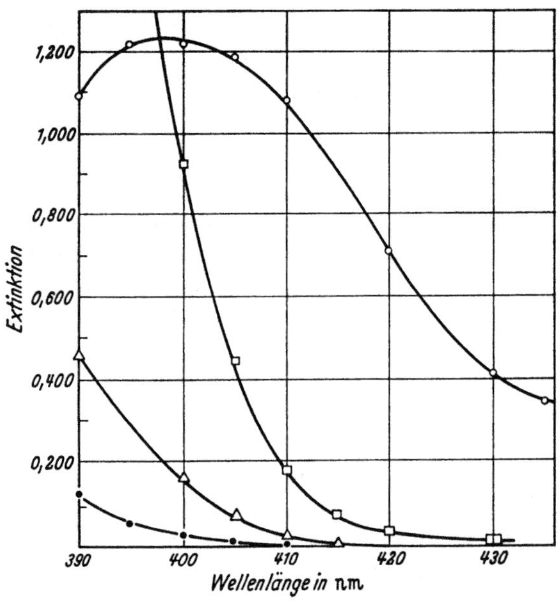

Abb. 226. Extinktionskurven von U(VI) + Dibenzoylmethan (○——○), Th(IV) + Dibenzoylmethan (△——△ bei Zusatz von Essigsäure + Pyridin, □——□ ohne Zusatz von Essigsäure + Pyridin) und des Blindwertes (●——●) nach Arbeitsvorschrift I [*30*]

Führt man die Isolierung des U durch Ausschütteln mit TBP/Isooctan (1:10) und die anschließende photometrische Bestimmung mit einem Teil des Extraktes in Aceton/Pyridin/Wasser durch [*30*] (Arbeitsvorschrift I), so erzielt man die maximale Farbintensität bei pH 5—9. In der Arbeitsvorschrift erfolgt die Bestimmung bei pH 5,0—5,5. Das Extinktionsmaximum liegt bei 400 nm (s. Abb. 226), doch wird bei Anwesenheit von Th u. a. 4wertigen, extrahierbaren Elementen, die mit DM gleichfalls gefärbte, stark absorbierende Komplexe bilden, die Messung bei 410 nm vorgezogen, da hier die Störungen geringer sind ($\varepsilon_{395-400} = 18000$, $\varepsilon_{410} = 15700$). Das Beersche Gesetz ist im Bereich von 0,33—13 µg U/ml erfüllt. Die Farbe ist nach 1 Std voll entwickelt und bleibt dann längere Zeit stabil. Bei Arbeitsvorschrift I stören nicht [*30*]: jeweils $\leqq$ 5 mg Ag, As(V), Au(III), BO_3^{3-}, Ba, Bi, Ca, Cd, Ce(III), Ce(IV), CrO_4^{2-}, Cr(II), Cu(II) Fe(II), Fe(III), Ge, Hg(II), K, Mg, Mn(II), MnO_4^-, MoO_4^{2-}, Na, Ni, Pb, SiO_4^{4-}, Sn(II), Sn(IV), Sr, Th(IV), Ti(IV), V(V), Y, W(VI), Zn und Zr(IV), jeweils $\leqq$ 50 mg CN^-, CO_3^{2-}, $S_2O_3^{2-}$, ClO_4^-, ClO_3^-, SO_3^{2-}, Oxalat, Acetat und Hydroxylaminhydrochlorid, jeweils $\leqq$ 100 mg SO_4^{2-}, PO_4^{3-}, Cl^- und F^-. Unter den Arbeitsbedingungen werden Bi, Ce(IV) und Th(IV) extrahiert, doch läßt sich dies bei den 2 ersteren vermeiden, indem man Bi mit ÄDTA maskiert und Ce(IV) mit Na_2SO_3 reduziert. Die Störung von Th läßt sich durch Zusatz von Essigsäure vor der Extraktion und Erhöhung der Pyridin-Konzentration vor der Farbentwicklung vermindern. Th stört aber trotz dieser Maßnahmen bei einem Mengenverhältnis von Th:U > 10:1. Mitextrahiertes Sn(IV), Ti(IV) und Zr(IV) stören bei 410 nm nicht. Ein Zusatz von NaF verhindert eine Ausfällung von Ti und Zr bei der Neutralisation. NO_2^- stört. $P_2O_7^{4-}$, SCN^-, Peroxid, Tartrat und Citrat müssen abwesend sein.

Führt man die Isolierung des U durch Extraktion als Tetrapropylammoniumuranyltrinitrat mit MIBK und die anschließende photometrische Bestimmung mit der Hälfte des organischen Extraktes in Äthanol/Pyridin durch [*39*] (Arbeitsvorschrift II), so entfernt man teilweise mitextrahierte Störelemente durch Waschen des organischen Extraktes mit 2,5m $Al(NO_3)_3$/0,22m Oxalat/0,22m Tartrat/0,22m ÄDTA-Lösung. Ce(IV) und Th(IV) lassen sich auf diese Weise aber nicht entfernen. Bei deren Anwesenheit wird daher die Extraktion aus $Al(NO_3)_3$-Lösung in Abwesenheit von Tetrapropylammoniumhydroxid durchgeführt und durch Schütteln des organischen Extraktes mit 2m Ammoniumacetat/2% Na-DDTC-Lösung das U in der organischen Phase in den DDTC-Komplex übergeführt, wobei Ce(IV) und Th(IV) in die wäßrige Lösung übergehen. Da DDTC die Reaktion mit DM verhindert, verdrängt man dann das U aus dem DDTC-Komplex durch Schütteln mit Hg(II)-Lösung und führt dann die photometrische Bestimmung des U durch. Die Bestimmung von 25 µg U nach Arbeitsvorschrift II wird durch folgende Ionen (in mg) nicht gestört [*39*]: Ag (128[1]), Ba (3,4[1]), Be (9), Bi (104), Ca (30[1]), Cd (56[1]), Ce(III) (70), Ce(IV) (35[2]), Co (70), Cr(III) (78), $Cr_2O_7^{2-}$ (2,6), Cu(II) (63), Fe(III) (28), Hg(I) (100[1]), Hg(II) (100[1]), K (19,5[1]), La (69), Mg (18[1]), Mn(II) (27,5), $Mo_7O_{24}^{6-}$ (26), Na (27,6[1]), Ni (58,7), Pb (52[1]), Sr (44), Th(IV) (58[2]), VO_3^- (1,2), WO_4^{2-} (0,3), Zn (65), Zr(IV) (23), Cl^- (8,8[1]), ClO_4^- (25[1]), F^- (4,8[1]), SO_4^{2-} (24[1]), $S_2O_8^{2-}$ (48[1]), $S_2O_3^{2-}$ (28), SCN^- (1,5), PO_4^{3-} (23,5[1]), $B_4O_7^{2-}$ (3,8[1]), CN^- (6,5), $[Fe(CN_6)]^{3-}$ (53[1]), $[Fe(CN)_6]^{4-}$ (0,053[1]), Acetat (71[1]), Citrat (50[1]), Formiat (54[1]) und Oxalat (4,4[1]).

DM fand zur photometrischen Bestimmung von U in Hafnium, Zirkonium und Zirkoniumlegierungen [*68a*] Anwendung.

---

[1] Waschen des organischen Extraktes in Arbeitsvorschrift II.a) nicht erforderlich.

[2] Nach Arbeitsvorschrift II.b).

Arbeitsvorschrift

I. Isolierung mit TBP/Isooctan [30]

Reagentien

$Al(NO_3)_3 \cdot 9\,H_2O$, 90%ige wäßrige Lösung;

Dibenzoylmethan (DM)-Lösung; 17,5 ml 1%iger DM-Lösung in Aceton mischt man mit 809 ml Aceton, setzt 43,5 ml Pyridin zu und füllt mit Wasser auf 1 l auf;

TBP/Isooctan; 1 Teil TBP mischt man mit 10 Teilen Isooctan;

Na_2SO_3, 5%ige wäßrige Lösung;

6n HNO_3; 6n Ammoniak.

m-Kresolpurpurindicator-Lösung;

Eisessig; NaF; Pyridin.

Bis zu 5,0 ml Probelösung (15–500 µg U enthaltend) bringt man in einen 60 ml-Schütteltrichter, ergänzt das Volumen allenfalls mit Wasser auf 5,0 ml, reduziert etwa anwesendes Ce(IV) durch Zusatz von 1–3 Tropfen Na_2SO_3-Lösung, versetzt mit 1 Tropfen Indicator-Lösung und stellt durch tropfenweisen Zusatz von Ammoniak oder HNO_3 auf den Farbumschlag nach Gelb ein (oder gerade bis zum Beginn einer Hydroxidfällung). Wenn Ti oder Zr während der pH-Einstellung ausfällt, fügt man zur Lösung 50 mg NaF hinzu. In Anwesenheit von Th versetzt man nun mit einem Tropfen Eisessig. Dann werden 8,0 ml $Al(NO_3)_3$-Lösung zugegeben, gemischt, 30 sec mit 3,0 ml TBP/Isooctan extrahiert und nach der Phasentrennung die wäßrige Lösung verworfen. Mit einer trockenen Pipette überführt man 2,0 ml des organischen Extraktes in einen 25 ml-Meßkolben und füllt mit DM-Lösung zur Marke auf. Falls Th anwesend ist, wird vor dem Auffüllen mit DM-Lösung zuerst 1,0 ml Pyridin zugesetzt und gut gemischt. Nach einer Standzeit von 1 Std photometriert man in einer 1 cm-Küvette bei 410 nm gegen den Blindwert.

II. Isolierung als Tetrapropylammonium-uranyltrinitrat mit MIBK [39]

Reagentien

Aussalzlösung A (0,005m Tetrapropylammoniumnitrat, um 1n Säure abgestumpft); 1050 g $Al(NO_3)_3 \cdot 9\,H_2O$ versetzt man in einem 2 l-Becherglas mit Wasser bis auf ein Volumen von 850 ml, erhitzt, fügt nach dem Lösen 67,5 ml Ammoniak (0,90) hinzu, rührt einige Minuten bis der Hydroxidniederschlag wieder gelöst ist, kühlt unter 50° C ab, versetzt mit 10 ml 10%igem Tetrapropylammoniumhydroxid und rührt bis alles gelöst ist. Die Lösung wird mit Wasser auf 1 l aufgefüllt. (Falls die Reagentien nicht U-frei sind, wird eine Reinigung durch Ausschütteln der Lösung mit MIBK empfohlen; danach muß erneut Tetrapropylammoniumhydroxid zugefügt werden);

MIBK;

Waschlösung 1; 940 g $Al(NO_3)_3 \cdot 9\,H_2O$, 33 g Weinsäure, 31 g Oxalsäure und 64 g ÄDTA werden zu 100 ml Wasser und 150 ml Ammoniak (0,90) gegeben, unter Rühren erwärmt bis alles gelöst ist, nach dem Abkühlen filtriert und mit Wasser auf 1 l aufgefüllt (U-Verunreinigungen entfernt man durch Schütteln mit MIBK);

Dibenzoylmethan (DM)-Lösung; 0,1140 g DM werden in 500 ml 5 Vol.-% Äthanol enthaltendem Pyridin gelöst;

Aussalzlösung B; wie Aussalzlösung A, jedoch ohne Zusatz von Tetrapropylammoniumhydroxid;

Waschlösung 2; 154 g Ammoniumacetat und 20 g Na-DDTC werden in Wasser gelöst und auf ~ 900 ml gebracht, auf pH 7 eingestellt, filtriert und mit Wasser auf 1 l aufgefüllt;

Waschlösung 3; 0,063 g $Hg(NO_3)_2$ werden in 1n HNO_3 gelöst und mit letzterer auf 100 ml aufgefüllt.

a) Abwesenheit von Ce(IV) und Th

0,500 ml oder weniger Probelösung (2,5–75 µg U enthaltend, $\leqq$ 8n HNO_3) gibt man in ein Reagensglas (125 × 15 mm) mit Polyäthylenstopfen, in welches 5,0 ml Aussalzlösung A vorgelegt sind, und extrahiert 3 min mit 2,0 ml MIBK. Zur Erleichterung der

Phasentrennung wird zentrifugiert, die organische Phase möglichst vollständig in ein zweites Reagensglas übergeführt, in welchem 5,0 ml Waschlösung 1 vorgelegt sind, 3 min geschüttelt und nach dem Zentrifugieren 1,00 ml der organischen Phase in einen 25 ml-Kolben übergeführt. In den Kolben gibt man nun 15,0 ml DM-Lösung, läßt nach dem Mischen 15 min stehen und photometriert anschließend in einer 5 cm-Küvette bei 415 nm gegen den Blindwert (hierfür wird statt der Probe das gleiche Volumen 1n HNO_3 verwendet).

b) Anwesenheit von Ce(IV) und Th

Man gibt wie bei a) die Probelösung in das Reagensglas, in welches 5,0 ml Aussalzlösung B vorgelegt sind, und extrahiert 3 min mit 4,0 ml MIBK. Nach dem Zentrifugieren und Überführen der organischen Phase in ein 2. Reagensglas, in welches 5,0 ml Waschlösung 2 vorgelegt sind, wird 20 min geschüttelt, zentrifugiert, mindestens 3 ml der organischen Phase in ein weiteres Reagensglas übergeführt, in welches 5,0 ml Aussalzlösung B vorgelegt sind, mit 0,5 ml Waschlösung 3 versetzt, 10 min geschüttelt und zur Phasentrennung zentrifugiert. Man führt 2,00 ml der organischen Phase in einen 25 ml-Kolben über, fügt 15,0 ml DM-Lösung hinzu und fährt mit der photometrischen Bestimmung wie unter a) fort.

1. Luft

B: 5—2500 µg U/m³. F_r: ± 5%.

Man saugt 200—500 l Luft (10—30 l/min) durch ein Filter (s. S. 177), verascht das Filter mit $HNO_3/HClO_4$, dampft zur Trockene ein, löst den Rückstand mit wenig 2—5n HNO_3 und bestimmt das U nach Arbeitsvorschrift I [*30*] oder II [*39*] (s. S. 1246).

D. Fluorimetrie

Sehr kleine Mengen von U rufen in einer NaF- oder NaF/Alkalicarbonat-Schmelze bei UV-Strahlung eine gelbgrüne Fluorescenz hervor, die für U nahezu spezifisch ist [*18, 21, 23, 69—78*]. Im Vergleich zu den bekannten photometrischen Verfahren weist diese Bestimmungsmethode eine wesentlich höhere Empfindlichkeit auf, weshalb sie oft angewendet wurde. Mit einem geeigneten Fluorescenzphotometer können Mengen bis herab zu 0,001—0,0001 µg U/0,3 g NaF-Schmelze mit einem relativen Fehler von ±5—10% bestimmt werden. Mit anderen Schmelzgemischen erreichte man ähnliche Bestimmungsgrenzen [*78a*]: mit 98% NaF/2% LiF L_Q = 0,5 ng U/~ 0,3 g Schmelze, mit $NaF/Na_2CO_3/K_2CO_3$ (1:5:5) L_Q = 1 ng U/0,8 g Schmelze. Das Intensitätsmaximum der Fluorescenz liegt bei ~ 560 nm.

Für die Herstellung der Schmelze finden NaF (Fp 995° C) [*72*], 98% NaF/2% LiF (Fp 850—900° C) [*23*], 90% NaF/10% Na_2CO_3 [*72*], $NaF/Na_2CO_3/K_2CO_3$ (1:5:5) (Fp 575 bis 605° C) [*21*] und 90% $NaHCO_3$/10% NaF (Fp ~ 850° C) [*60*] meist in Form gepreßter Tabletten Anwendung, wobei die der Gemische häufiger ist. Die Bestimmung ist verhältnismäßig einfach durchführbar. Für die Schmelze werden kleine Platin- oder Goldschalen (15—35 mm ⌀, 2—10 mm tief) verwendet, die mittels geeigneter Stahlmatrizen aus Platin- oder Goldblech (~ 0,4 mm dick) hergestellt werden (s. Abb. 227). Die beim Gebrauch auftretenden Verformungen müssen mit Hilfe der Stahlmatrizen stets wieder korrigiert werden. Die Messung des erkalteten Schmelzkuchens erfolgt im Fluorescenzphotometer in der zum Aufschluß verwendeten Platinschale oder in einer speziellen Schale bzw. Halterung, wobei zur Anregung mit auffallendem oder durchfallendem UV-Licht gearbeitet wird. Der Arbeitsweise mit durchfallendem Licht ist

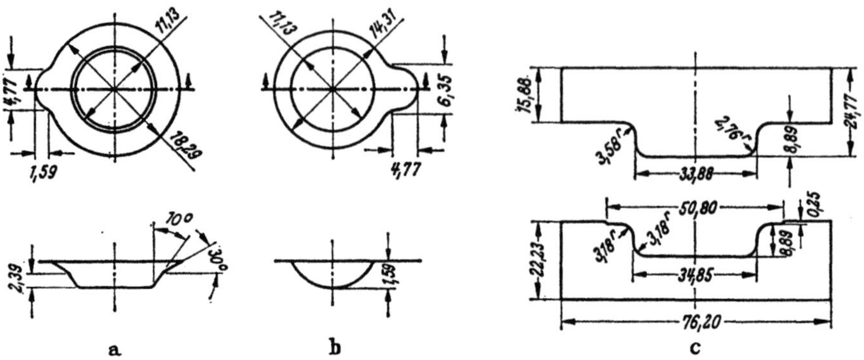

Abb. 227a—c. Platinschälchen (Blechstärke 0,51 mm (a) bzw. 0,25 mm (b) [72]) und Stahlmatrizen (c) zur Herstellung von Goldschälchen [21] für den Schmelzaufschluß bei der fluorimetrischen U-Bestimmung (Maße in mm)

dabei wegen der höheren Empfindlichkeit, Genauigkeit und niedrigeren Blindwerte der Vorzug zu geben. Das Fluorimetrieren der Schmelztabletten erfolgt durch Anregung mit UV-Licht und Messung bei den Maxima des U-Fluorescenzspektrums bei 557 nm, 577 nm, 606 nm und 634 nm. Häufig finden dabei Interferenzfilter oder Filterkombinationen Anwendung. Zur Verminderung bzw. Vermeidung von Reflexionen durch Platinschale oder Halterung bei der Messung werden diese mit kolloidalem Graphit überzogen [72] oder mattiert [24]. Neben Platinschalen fanden auch Platinösen Anwendung. NaF weist zwar die höchste Empfindlichkeit auf, ein Nachteil ist aber sein hoher Schmelzpunkt, wodurch die Platinschale angegriffen wird und das gelöste Platin die Fluorescenzintensität vermindert. Letzteres verursachen auch Al_2O_3, SiO_2 und TiO_2. Die NaF/Alkalicarbonat-Gemische haben den Vorteil des niedrigeren Schmelzpunktes, aber den Nachteil geringerer Empfindlichkeit, eines höheren Blindwertes und höherer Störanfälligkeit. Bei $NaF/Na_2CO_3/K_2CO_3$ (1:5:5)-Schmelzen wurde ein erheblicher Einfluß der Schmelztemperatur und -dauer auf die Fluorescenz festgestellt, indem diese einerseits mit steigender Schmelztemperatur und andererseits bei erhöhter Schmelztemperatur mit zunehmender Schmelzdauer abnimmt [78b]. Mit einer Schmelzdauer von 5 min betrug die Fluorescenz bei einer Aufschlußtemperatur von 640° C 100%, bei 680° C 76% und bei 720° C nur noch 26%. Bei einer Schmelztemperatur von 600° C ist die Fluorescenz innerhalb einer Schmelzdauer von 5—35 min unverändert, bei 640—680° C nimmt die Fluorescenz innerhalb dieser Zeitspanne stetig und annähernd linear um $\sim$ 2,5%/min Schmelzdauer ab [78b]. Allgemein empfiehlt es sich daher, die Schmelzbedingungen stets genau einzuhalten und bei $NaF/Na_2CO_3/K_2CO_3$-Gemisch (1:5:5) die Schmelze bei 600° C durchzuführen. Die mit $NaF/Na_2CO_3/K_2CO_3$ (1:5:5) hergestellten Standardproben sind im Exsiccator bis zu 4 Monaten haltbar [61]. Die Messung kann gleich nach dem Erkalten des Schmelzkuchens erfolgen; da aber die Fluorescenzintensität besonders bei höheren U-Konzentrationen im Schmelzkuchen in den ersten Stunden merklich abnimmt wird empfohlen, nach Aufbewahren der Schmelzen im Exsiccator die fluorimetrische Messung erst am darauffolgenden Tag vorzunehmen [61].

Zahlreiche Elemente stören infolge einer Herabsetzung der Fluorescenzintensität. Die Bestimmung von 0,001—1 μg U wird unter Verwendung von 2 g $NaF/Na_2CO_3/K_2CO_3$ (1:5:5) durch folgende Elemente gestört: die Fluorescenz wird um 10% oder mehr vermindert durch jeweils 1—10 µg Ag, Au, Ce, Co, Cr, La, Mn, Ni, Nd, Pb, Pt und Pr; sie wird um 10% vermindert durch jeweils 10—50 µg Cu, Fe, Sn, Th und Zn, sowie jeweils 50—1000 µg Ti und W. Al, As, Ba, Ca, Mg, P, Si, Sr, V, Y und Zr stören nicht. Der Schwächungsgrad der U-Fluorescenz durch Störelemente ist vom Verhältnis U : Störelementen in weiten Grenzen unabhängig und wird nur von der Konzentration des Störelementes in der Schmelze bestimmt. Nach einer anderen Untersuchung [*78b*] verursachen bei der $NaF/Na_2CO_3/K_2CO_3$ (1:5:5)-Schmelze folgende Elementkonzentrationen (bezogen auf die Schmelze, Element einzeln anwesend) keine Schwächung der U-Fluorescenz [*78b*]: 10^{-6}% Co, 10^{-5}% Cr, 10^{-4}% Ag, Bi, Ce, Cu, Mn, Ni und Pb, 0,001% Al, Fe, Pt, Si und Zn, 0,01% Ca, Hg, Mg, Mo und V, 0,1% Sn und 1% P. Die um eine Zehnerpotenz höheren Elementkonzentrationen verursachen folgende Fluorescenzschwächung (in %): 10^{-5}% Co (10), 10^{-4}% Cr (7), 0,001% Ag (7), Bi (7), Ce (17), Cu (21), Mn (31), Ni (10), Pb (17) und Pt (2), 0,01% Al (14), Fe (7), Si (8) und Zn (17), 0,1% Ca (40), Hg (52), Mg (19), Mo (7) und V (5), 1% Sn (86). Bei der Bestimmung von 0,001—1 µg U unter Verwendung von 0,3 g NaF wird die Fluorescenzintensität durch folgende Elementmengen (in µg) vermindert (in %) [*72*]: Ca (2500; 38%[1]), Cr (10—100; 67—75%), Fe (100—1000; 36—90%), Mn (10; 60%[2]), Pb (200; 29%) und Th (100—1000; 50—90%). Bei dem Aufschlußgemisch 98% NaF/2% LiF stört Pu in einem Verhältnis U : Pu = 1 : 20 nicht [*81*]. Die angeführten Daten über die Fluorescenzschwächung durch Störelemente gelten nur für die Anwesenheit des einzelnen Elementes. In Anwesenheit mehrerer Elemente in der Schmelze stellen sie lediglich Richtwerte dar, da die Summenwirkung weder additiv ist noch abgeschätzt werden kann. Beispielsweise kann eine Fluorescenzschwächung auch bei einer für das Einzelelement geltenden, nicht störenden Konzentration entstehen, wenn mehrere Elemente gleichzeitig in der Schmelze anwesend sind. Die Störung durch andere Elemente läßt sich infolge der hohen Empfindlichkeit des Verfahrens durch Herabsetzung der Konzentration der Störelemente vermeiden, indem man die Probelösung entsprechend verdünnt, evtl. auch unter Zusatz einer bekannten U-Menge. Allgemein am zweckmäßigsten ist es aber, das U vor der Bestimmung zu isolieren, was auch häufig angewendet wird. Liegt das U in diesem Fall im organischen Extrakt vor, so kann statt der wäßrigen Probelösung auch ein aliquoter Teil des organischen Extraktes unmittelbar auf der Platinschale eingedampft, kurz geglüht und dann nach der Arbeitsvorschrift verarbeitet werden.

Die Bestimmung des U auf fluorimetrischem Wege fand außer in den nachfolgenden Arbeitsvorschriften auch noch auf andere Materialien Anwendung: Wässer und Seewasser [*62, 69, 76*], biologisches Material [*79, 80*], Meeressedimente [*78*], Mineralien [*71, 73—75*] und Thoriumnitrat [*82*].

Arbeitsvorschrift [*21, 23, 72*]

Reagentien

NaF;

90% NaF/10% Na_2CO_3-Gemisch;

98% NaF/2% LiF-Gemisch;

$NaF/Na_2CO_3/K_2CO_3$ (1:5:5)-Gemisch; 9 g NaF + 45,5 Na_2CO_3 + 45,5 g K_2CO_3 werden in einem Platintiegel bei 660° C geschmolzen und die erkaltete Schmelze pulverisiert (gut verschlossen, vor Feuchtigkeit geschützt aufbewahren).

---

[1] Mit 0,3 g 90% NaF/10% Na_2CO_3.

[2] Na_2CO_3/K_2CO_3 mit 1,8% NaF.

a) NaF oder 90% NaF/10% Na_2CO_3-Gemisch [*72*]

5—100 µl Probelösung (0,0001—10 µg U enthaltend) werden in einer Platinschale (~ 12 mm ⌀, 1,5—2,5 mm tief) zur Trockene eingedampft, eine Tablette von 0,3 g Aufschlußmittel hinzugefügt, mit einem Gasbrenner bei 900—995° C geschmolzen und 15—30 sec im flüssigen Zustand gehalten oder 5 min auf dem Gasflächenbrenner (~ 15 cm ⌀; insbesondere bei großer Probenzahl) geschmolzen. Der erkaltete Schmelzkuchen wird in der zum Aufschluß verwendeten Platinschale belassen oder in eine mit kolloidalem Graphit geschwärzte andere Schale übergeführt und im Fluorescenzphotometer unter Verwendung von UV-Licht der Wellenlänge 365 nm als Primärstrahlung fluorimetriert.

b) 98% NaF/2% LiF-Gemisch [*23*]

In einer Platinschale (~ 18 mm ⌀) wird ~ 0,1 ml Probelösung (0,01—1 µg U enthaltend) auf eine Tablette von 0,4 g Aufschlußgemisch gegeben, getrocknet und die Schmelze 2 min bei 900° C, dann 1 min bei 850° C auf einem Gasflächenbrenner durchgeführt und der Schmelzkuchen nach einer Abkühlungszeit von 15 min in einem Aluminiumhalter fluorimetriert.

c) $NaF/Na_2CO_3/K_2CO_3$ (1:5:5)-Gemisch [*21*]

1—2 ml Probelösung (0,01—10 µg U enthaltend) werden in einer Gold- oder Platinschale (~ 33 mm ⌀, ~ 9 mm tief) zur Trockene eingedampft, mit 2,5 g Aufschlußgemisch 3 min bei 660 °C in der elektrischen Muffel aufgeschlossen, umgeschwenkt bis die Schmelze fest ist, der Aufschluß 27 min fortgesetzt, der verfestigte Schmelzkuchen nach dem Abkühlen aus der Schale genommen, zur Stabilisierung der Fluorescenz 10 min unter einen Infrarotstrahler gestellt und danach fluorimetriert.

d) $NaF/Na_2CO_3/K_2CO_3$ (1:5:5)-Gemisch [*78b*]

Man verfährt wie unter c), führt jedoch davon abweichend den Aufschluß mit 0,5 g Aufschlußgemisch 20 min bei 600° C durch (Fluorimetrieren: Anregung UV-Licht/Messung 555 nm).

1. Organisches Material

1.1. Harn

Da die im Harn enthaltenden Stoffe die Fluorescenz um 10—70% schwächen, wird das U vorher durch Extraktion mit TBP/Hexan isoliert.

B: 0,5–2000 ppb U. F_r: ± 5%.

Arbeitsvorschrift [*78b*]

Reagentien

HNO_3 (1,40); HNO_3 (1 + 3); H_2O_2 (30%); Ammoniak (0,91); Ammoniak (1 + 3).
TBP, 10%ig in n-Hexan.
$Al(NO_3)_3 \cdot 9\,H_2O$, 90%ige wäßrige Lösung (3mal mit je 100 ml TBP extrahiert).

5—10 ml Harn werden in einer Porzellanschale mit 3—4 Tropfen H_2O_2 sowie 3 ml HNO_3 (1,40) versetzt, auf dem Wasserbad eingedampft und der Vorgang noch 2mal mit jeweils 1—2 ml HNO_3 (1,40) wiederholt. Den noch feuchten Rückstand führt man mit möglichst wenig Wasser in einen Schütteltrichter über (Lösungsvolumen ≦ 5 ml), versetzt mit einem Tropfen m-Kresolpurpur, sowie mit Ammoniak (1 + 3) bzw. HNO_3

(1 + 3) bis zum Farbumschlag von gelb nach rot, fügt 10 ml $Al(NO_3)_3$-Lösung hinzu und extrahiert 30–40 sec mit 2,00 ml TBP. Die wäßrige Phase wird verworfen, von der organischen Phase 0,70 ml in einem Platinschälchen unter einem Oberflächenstrahler zur Trockene eingedampft und mit dem Aufschluß nach Arbeitsvorschrift d) (s. S. 1250) fortgefahren.

1. Metalle und Legierungen

1.1. Zirkonium und Hafnium

Das U wird durch Extraktion mit Äthylacetat aus $Al(NO_3)_3/HNO_3$-Lösung [*21*, *23*] isoliert und anschließend mit NaF/LiF fluorimetrisch bestimmt. In Anwesenheit von 20 mg Zr bei der Extraktion (Einwaage 0,2 g) werden ~ 275 µg Zr mitextrahiert, die auf die Fluorescenz keinen Einfluß haben. In Anwesenheit von 50 mg Zr (Einwaage 0,5 g) gehen aber ~ 1150 µg Zr in den organischen Extrakt, wodurch die Fluorescenz um ~ 17% vermindert wird, weshalb die Eichkurve nach der Arbeitsvorschrift mit der gleichen Menge U-freier Zr-Probe aufgestellt werden muß. Hf-Proben können auf analoge Weise analysiert werden.

B: 0,0001–0,001% U. F_r: ±2–5%.

Arbeitsvorschrift [*24*]

Reagentien

98% NaF/2% LiF-Gemisch;
$Al(NO_3)_3 \cdot 9\,H_2O$, gesättigte wäßrige Lösung;
HF (48%); H_2O_2 (30%); HNO_3 (1,40);
Äthylacetat.

0,5 g Probematerial werden in einem Platinbecher mit 2 ml Wasser versetzt, mit 2 ml HF und 9 Tropfen H_2O_2 gelöst und nach Zusatz von 5 ml HNO_3 zur Trockene eingedampft. Den Rückstand nimmt man mit wenig Wasser und 1 ml HNO_3 auf und verdünnt nach dem Abkühlen mit Wasser auf 20,0 ml. Von der Probelösung führt man 2,0 ml in einen 40 ml-Schüttelzylinder über, versetzt mit 15 ml $Al(NO_3)_3$-Lösung sowie einigen Kristallen $Al(NO_3)_3 \cdot 9\,H_2O$ (~ 0,5 g) und extrahiert 2–3 min mit 5 ml Äthylacetat. Parallel wird ein Blindwert durchgeführt und eine Standardreihe aufgestellt. Von dem organischen Extrakt gibt man jeweils 0,4 ml auf 4 Tabletten von 0,4 g Aufschlußgemisch in Platinschalen, trocknet etwa 5 min unter einem Infrarotstrahler und fährt nach Arbeitsvorschrift b) (s. S. 1250) fort, wobei aus den 4 erhaltenen Einzelwerten der Durchschnitt berechnet wird.

1.2. Plutonium

In 1 n HNO_3-Lösung wird Pu(VI) mit $Fe(NH_2SO_3)_2$ zu Pu(III) reduziert, anschließend U mit TBP/Benzol extrahiert und mit NaF/LiF fluorimetrisch bestimmt. Die Ausbeute beträgt 85–95%. Gehalte von <0,0003% U können bei Verwendung eines größeren aliquoten Teiles des organischen Extraktes oder einer größeren Probemenge bestimmt werden.

B: 0,0003–0,1% U. F_r: ±10%. *Z:* 2 Std.

Arbeitsvorschrift [*32*]

Reagentien

1 n HNO_3; 6 n HCl; 1 n HF;
2 m $Fe(NH_2SO_3)_2$; zu 30 ml heißem, nahezu siedendem Wasser fügt man 21 g NH_2SO_3H. Man entfernt von der Heizplatte und fügt 5,5 g Eisenpulver hinzu. Nach dem Lösen wird filtriert und

mit Wasser auf 50 ml aufgefüllt (Lösung frisch herstellen; im Kühlschrank aufbewahrt ist die Lösung 5—6 Tage haltbar);
30% TBP/Benzol; vor der Herstellung des Gemisches wird TBP mit gesättigter Na_2CO_3-Lösung und Wasser gewaschen. Vor Gebrauch wird das Lösungsmittelgemisch mit dem gleichen Volumen 2m $Fe(NH_2SO_3)_2$/1n HNO_3 (1 + 15)-Gemisch geschüttelt;
98% NaF/2% LiF-Gemisch;
H_2O_2 (30%).

Das Probematerial wird mit 6n HCl, H_2O_2 und, wenn erforderlich, wenig HF unter mehrmaligem Zusatz von einigen Tropfen H_2O_2 in einem Isotopenabzug gelöst, ein aliquoter Teil von 5 mg Probe mittels einer Mikropipette in ein Zentrifugenglas übergeführt und unter einem Infrarotstrahler zur Trockene eingedampft. Den Rückstand löst man mit 5 Tropfen 1n HNO_3, fügt 5 Tropfen $Fe(NH_2SO_3)_2$-Lösung hinzu und läßt 5 min stehen. Anschließend wird mit 30 Tropfen TBP/Benzol 10 min extrahiert, zur Phasentrennung zentrifugiert und die wäßrige Phase mittels einer Pipette verworfen. Den organischen Extrakt wäscht man 5mal mit einem Gemisch von 8 Tropfen 1n HNO_3 und 2 Tropfen $Fe(NH_2SO_3)_2$-Lösung und zuletzt mit 1n HNO_3, wobei man die Gefäße nach dem zweiten Waschen wegen der hohen Verunreinigung der Glasgeräte wechselt. Die organische Phase wird auf 1 ml eingeengt (Marke am Zentrifugenglas), 3mal je 100 µl jeweils auf 1 Tablette Aufschluß-Gemisch gegeben (3 Parallelbestimmungen), unter dem Infrarotstrahler 20 min eingetrocknet und nach Arbeitsvorschrift b) (s. S. 1250) fortgefahren. In analoger Weise wird eine Standardreihe hergestellt.

2. Silicatgestein, Mineralien und Oxide

2.1. Silicatgestein und andere Mineralien

Nach dem Aufschluß des Probematerials wird das U durch Extraktion mit Äthylacetat aus $Al(NO_3)_3/HNO_3$-Lösung isoliert und der Extrakt für die fluorimetrische Bestimmung verwendet.

B: 0,0001–0,01% U und darüber. F_r: ±5–10%.

Arbeitsvorschrift [*21*, *23*]

Reagentien

HNO_3 (1,40); HNO_3 (1 + 1); HF (40%); $HClO_4$ (70%);
$Al(NO_3)_3 \cdot 9\,H_2O$, 10 g Salz/10 ml Lösung; zur Reinigung des Salzes löst man 453 g in Wasser und verdünnt auf 250 ml, schüttelt 1mal mit 150 ml Diäthyläther, kristallisiert das Salz um und verwendet das gereinigte Produkt zur Herstellung der Lösung;
Äthylacetat.

1–2 g Probematerial werden in einer Platin- oder Teflonschale mit 2–3 ml HNO_3 und 25–30 ml HF abgeraucht, die Behandlung bei Bedarf 1–2mal wiederholt, der Trockenrückstand mit 20 ml HNO_3 (1 + 1) aufgenommen und zur Trockene eingedampft (bei Bedarf wiederholt man dies noch 2mal). Den Trockenrückstand löst man unter Erwärmen in 10,0 ml $Al(NO_3)_3$-Lösung, führt in eine 25 ml-Flasche mit Schliffstopfen oder einen 25 ml-Schütteltrichter über, extrahiert 2 min mit 10,0 ml Äthylacetat und verwendet nach der Phasentrennung einen aliquoten Teil von 1,0 oder 2,0 ml des organischen Extraktes für die fluorimetrische Bestimmung nach Arbeitsvorschrift c) (s. S. 1250). Wahlweise [*23*] kann man den nach dem Abrauchen mit HNO_3/HF und HNO_3 (1 + 1) vorliegenden Trockenrückstand unter Erwärmen mit 20 ml HNO_3 (1 + 1) lösen, 1 ml $HClO_4$ – falls noch ungelöste Teilchen vorliegen – hinzufügen, bis zum Auftreten dichter Nebel erhitzen und nach dem Abkühlen auf 100 ml verdünnen. Einen aliquoten Teil von 2 ml versetzt man mit 15 ml $Al(NO_3)_3$-Lösung (1134 g

$Al(NO_3)_3 \cdot 9\ H_2O$ + 575 ml Wasser), extrahiert 1–2 min mit 10,0 ml Äthylacetat und verwendet nach der Phasentrennung einen aliquoten Teil von 0,10 ml des organischen Extraktes für die fluorimetrische Bestimmung nach Arbeitsvorschrift b) (s. S. 1250).

Materialien mit niedrigem Gehalt an Kieselsäure, wie fluoridhaltige Proben und Phosphate, können durch 2stündiges Erhitzen mit 50 ml HNO_3 (1 + 1) unter Rückfluß gelöst werden [*21*], wonach Unlösliches abfiltriert und das Filtrat wie oben weiter behandelt wird. Weiterhin kann man säurelösliche Proben mit 40 ml HNO_3, 2–3 ml $HClO_4$ und 30–40 ml Wasser lösen [*23*]; man engt dann auf 15–20 ml ein, bringt auf 100 ml und verwendet einen aliquoten Teil für die Isolierung und Bestimmung des U.

2.2. Zirkon

Das U wird durch Extraktion mit Äthylacetat aus $Al(NO_3)_3$/~ 1n HNO_3-Lösung in Anwesenheit von Na_2HPO_4 isoliert und anschließend mit $NaF/Na_2CO_3/K_2CO_3$ (1:5:5) fluorimetrisch bestimmt.

B: 0,0005–0,05% U und darüber. F_r: ±2,5%.

Arbeitsvorschrift [*25*]

Reagentien

Na_2CO_3 sicc./$Na_2B_4O_7$ (1:1)-Gemisch;
HNO_3 (3 + 7); $Al(NO_3)_3 \cdot 9\ H_2O$; Na_2HPO_4;
Äthylacetat;
$NaF/Na_2CO_3/K_2CO_3$ (1:5:5)-Gemisch (s. S. 1250).

0,1 g in einem Borcarbid-Mörser fein pulverisiertes Probematerial wird in einem 15 ml Platintiegel mit 1 g $Na_2CO_3/Na_2B_4O_7$-Gemisch bei ~950° C 20–30 min aufgeschlossen, die erkaltete Schmelze in einem 100 ml-Becherglas mit 15 ml HNO_3 nach Bedecken mit einem Uhrglas auf dem siedenden Wasserbad gelöst, unter Nachwaschen mit Wasser in einen 50 ml-Meßkolben übergeführt und mit Wasser zur Marke aufgefüllt (die Säurekonzentration soll jetzt 7 Vol.-% HNO_3 betragen). Ein aliquoter Teil von 5,0 ml wird in ein 30 ml-Reagensglas mit Schliffstopfen übergeführt, in welches 9,5 g $Al(NO_3)_3 \cdot 9\ H_2O$ vorgelegt sind, im Wasserbad unter gelegentlichem Schütteln solange belassen, bis alles gelöst ist, nach Zusatz von 50 mg Na_2HPO_4 weiter im Wasserbad bis zum vollständigen Lösen belassen und danach auf Raumtemperatur abgekühlt. Nun extrahiert man 5 min mit 10,0 ml Äthylacetat, filtriert den organischen Extrakt nach der Phasentrennung durch ein Filter, gibt einen aliquoten Teil des Filtrates in eine Platinschale, verbrennt mittels einer kleinen Flamme und erhitzt anschließend die Platinschale auf der Heizplatte oder mittels Infrarotstrahler bei etwas über 100° C um restliches Lösungsmittel zu verdampfen. Der Rückstand wird mit 2 g NaF/Na_2CO_3/K_2CO_3-Gemisch aufgeschlossen und nach Arbeitsvorschrift c) (s. S. 1250) fortgefahren.

2.3. Thoriumdioxid

Das U wird durch Extraktion mit 5% TBP/Kerosin aus $Ca(NO_3)_2$-Lösung bei pH 2,5 in Anwesenheit von ÄDTA isoliert, mit $(NH_4)_2CO_3$-Lösung rückgeschüttelt und fluorimetrisch bestimmt. Bei pH <2 werden >0,5 mg Th mitextrahiert, während bei pH 2,5 nur ~2 µg Th in den organischen Extrakt gehen, welche die Bestimmung des U nicht stören. Weiterhin stören nicht (in µg): Al (200), Bi (40), Cd (40), Ce(IV) (100), Co (40), Cr(III) (40), Cu(II) (200), Fe(III) (400), Mg (200), Mo(VI) (100), Ni (100), Pb (200), Sn(II) (100), Ti (40), V(V) (40), Zn (100), F^- (500), SO_4^{2-} (500) und PO_4^{3-} (500).

B: 0,00004–0,001% U. F_{rm}: ±4%.

Arbeitsvorschrift [*27*]

Reagentien

HNO_3 (1,40); HF (40%); HF (2%);
6n Ammoniak; ÄDTA; $Ca(NO_3)_2 \cdot 4\,H_2O$;
NH_4NO_3, gesättigte wäßrige Lösung, mit verd. HNO_3 auf pH 2,5 eingestellt;
$(NH_4)_2CO_3$, 5%ige wäßrige Lösung;
5 Vol.-% TBP/Kerosin; TBP wird mit 5%iger Na_2CO_3-Lösung und mehrmals mit Wasser gewaschen, dann mit Kerosin entsprechend verdünnt und mit dem gleichen Volumen verd. HNO_3 (pH 2,5) geschüttelt.

1,0 g Probematerial (bei <0,0001% U löst man 2,5 g) wird in einer Platinschale mit HNO_3 und HF (40%) unter Erwärmen gelöst, der Rückstand mit HNO_3 und einigen Tropfen HF (2%) aufgenommen, zur Trockene eingedampft und der Vorgang mit einigen Millilitern HNO_3 wiederholt. Den Rückstand löst man in 5 ml Wasser, fügt 1,6 g ÄDTA hinzu, stellt auf pH 2,5 ein und bringt nach Zusatz von 16 g $Ca(NO_3)_2 \cdot 4\,H_2O$ mit Wasser auf 25 ml. Die Lösung wird in einen 125 ml-Schütteltrichter übergeführt, 5mal mit je 10 ml TBP/Kerosin 1 min extrahiert, die wäßrige Lösung verworfen, der vereinigte organische Extrakt 3mal mit NH_4NO_3-Lösung gewaschen und dann das U mit 1mal 10 ml Wasser, dann 1mal 10 ml $(NH_4)_2CO_3$-Lösung und 2mal 10 ml Wasser [jeweils 1 ml $(NH_4)_2CO_3$-Lösung enthaltend] rückgeschüttelt. Die vereinigten wäßrigen Auszüge säuert man in einer Porzellan- oder Quarzschale mit HNO_3 an, dampft zur Trockene ein, glüht im elektrischen Muffelofen bei 600° C, nimmt den Glührückstand mit verdünnter HNO_3 auf, füllt in einem 5 ml-Meßzylinder mit Wasser zur Marke auf und bestimmt darin das U auf fluorimetrischem Wege (s. S. 1250).

E. Pyridylazo-Derivate

I. 1-(2-Pyridylazo)-2-naphthol

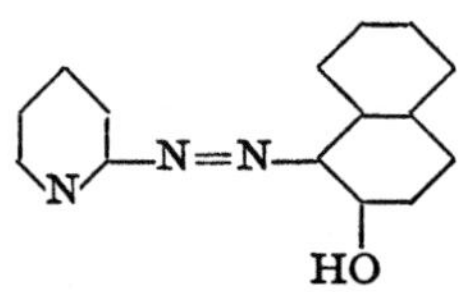

U(VI) bildet mit 1-(2-Pyridylazo)-2-naphthol (PAN) in alkalischer Lösung einen dunkelroten, wasserunlöslichen Komplex, der mit o-Dichlorbenzol oder Brombenzol extrahiert werden kann [*83, 84*]. Alkohole, Äther, $CHCl_3$ und CCl_4 sind hierzu ungeeignet [*84*]. Der Komplex läßt sich aber mit $CHCl_3$ oder CCl_4 leicht extrahieren, wenn man der Lösung NaCl oder Na_2SO_4 zufügt [*85*]. Die höchste Farbintensität erzielt man in Abwesenheit von ÄDTA mit PAN/$CHCl_3$ im Bereich von pH 5,5—10,0 [*85*], in Anwesenheit von ÄDTA mit PAN/$CHCl_3$ bei pH 9,5—10,0 [*85*] und mit PAN/o-Dichlorbenzol bei pH 10 ± 0,2 [*84*]; ober- und unterhalb der beiden letztgenannten pH-Bereiche fällt sie steil ab, weshalb der pH-Wert innerhalb ±0,2 pH-Einheiten eingestellt werden soll. Das Extinktionsmaximum des Farbkomplexes liegt in o-Dichlorbenzol bei 570 nm ($\varepsilon_{570} = 23000$) [*84*] (s. Abb. 228), in $CHCl_3$ bei 560 nm [*85*]. Das Beersche Gesetz ist im Bereich von 0,26—10 µg U/ml o-Dichlorbenzol oder $CHCl_3$ erfüllt. Zur vollen Farbentwicklung ist vor der Extraktion eine Standzeit von 10 min [*84*] bzw. 5 min [*85*] erforderlich. Zahlreiche Elemente reagieren mit PAN, doch lassen sich diese mit KCN [Ag, Cu(II), Ni, Hg(II)], ÄDTA [Al, As, Bi, Ce(III), Cd, Ca, Cu, Fe(III), Ga, Mn, Mo, Th(IV), Zn, Pb, Mg, La, In, V, W], KCN + ÄDTA (Zr) oder NaF + ÄDTA (Ti) maskie-

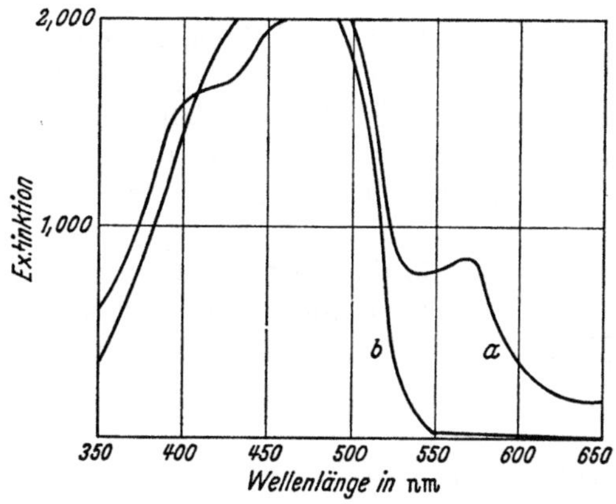

Abb. 228. Extinktionskurven von U(VI) + 1-(2-Pyridylazo)-2-naphthol (*a*) und 1-(2-Pyridylazo)-2-naphthol in o-Dichlorbenzol (*b*) [*84*]

ren. Auf diese Weise wird die Bestimmung (nach Arbeitsvorschrift II) von 60—95 µg U durch folgende Elemente (in mg) nicht gestört [*84, 85*]: Ag (1), Al (3), As (III) (1), Bi (0,5), Ca (6), Ce (III) (1,2), Cu (II) (1; 6,3[1]), Fe (III) (1,1; 5,6[1]), Ga (0,6), Hg (II) (1; 20[1]), In (0,5), La (0,6), Mg (5), Mn (II) (1), Mo (VI) (1,1), Ni (1; 5,9[1]), Pb (1), Th (IV) (4,6[1]), Ti (IV) (0,5), V (V) (1,3), W (VI) (1), Zn (1; 6,5[1]) und Zr (IV) (0,5; 9,1[1]). 1 mg Sn (IV) stört. F^-, Cl^-, Br^-, I^-, NO_3^-, SO_4^{2-}, CO_3^{2-}, $S_2O_3^{2-}$, SO_3^{2-} und Acetat stören nicht [*84, 85*]. PO_4^{3-} stört wegen Ausfällung von U. Weiterhin verursachen H_2O_2 und I_2 eine Störung. Der Zusatz einiger Milliliter 0,1%iger KCN-Lösung und von ~ 0,1 g NaF hat auf die Farbintensität keinen Einfluß, im Gegensatz zu ÄDTA, weshalb kein größerer Überschuß von letzterem verwendet werden soll. Im Gegensatz zu ÄDTA weist 1,2-Diaminocyclohexantetraessigsäure (DCTE) keinen vermindernden Einfluß auf die Farbentwicklung aus, weshalb die Maskierung der Störelemente anstelle von ÄDTA mit DCTE günstiger ist [*86*]. In Anwesenheit von DCTE können 10—100 µg U neben 100 mg Ca nach Arbeitsvorschrift I oder II (s. S. 1256) störungsfrei bestimmt werden [*86*], indem man zur Probelösung zu Beginn DCTE in geringem Überschuß (bezogen auf die zu maskierende Elementmenge) hinzufügt (bei Arbeitsvorschrift II entfällt in diesem Fall der Zusatz von ÄDTA).

U wurde weiterhin durch Extraktion mit 9% $TBP/CHCl_3$ aus $Al(NO_3)_3/HNO_3$-Lösung bei pH 0—0,3 isoliert und im organischen Extrakt mit PAN photometrisch bestimmt (Arbeitsvorschrift III) [*87*]. Das Extinktionsmaximum liegt hier ebenfalls bei 560 nm, doch ist die Empfindlichkeit etwas geringer ($L_Q = 0{,}35$ µg U · ml^{-1} · cm^{-1}). Das Beersche Gesetz ist im Bereich von 0,35—14 µg U/ml $TBP/CHCl_3$ erfüllt. Durch Zusatz von KF zur wäßrigen Lösung wird die Farbe im Extrakt stabilisiert. 15 min nach der Farbentwicklung ist die maximale Intensität erreicht, die dann 24 Std stabil bleibt. Mit ÄDTA wird die Mitextraktion von Mn (II) und Zr sowie ein Ausfallen von Bi verhindert. Pyridin wird zum Abpuffern wechselnder Mengen an mitextrahierter Säure zugesetzt. Eine Mitextraktion von Ce (IV) wird durch Reduktion zu Ce (III) verhindert, indem man der angesäuerten Probelösung 1 ml 0,1n $FeSO_4$-Lösung [reduziert ~ 14 mg Ce (IV)] zufügt. Vorhandenes Th wird vorher in ~ 0,3n HNO_3-Lösung mit Oxalsäure als Oxalat ausgefällt und abzentrifugiert (Zusatz von 5 ml gesättigter Lösung, auf-

[1] Nach Arbeitsvorschrift I mit PAN/o-Dichlorbenzol [*84*].

kochen, abkühlen, im Meßkolben auffüllen und einen aliquoten Teil zentrifugieren). Bei dieser Arbeitsweise wird die Bestimmung von 100 µg U durch folgende Ionen (in mg) nicht gestört [87]: Mg (120), Bi (100), Th (23), Na (20), je 15 mg Cl^-, NO_3^-, SO_4^{2-} und PO_4^{3-}, Zn (4), Te (2,4), Se (2,1), je 2 mg Ag, B, Cd, Ce(III), Ce(IV), Co, CrO_4^{2-}, Cu, Fe(III), Hg, La, Mn(II), MnO_4^-, Mo(VI), Nd, Ni, Pb, Pr, Pt, Ti, Tl, V(V), W(VI), Zr und Oxalat, sowie Be (1).

Arbeitsvorschrift III fand zur Bestimmung von U in Lösungen, Legierungen und Erzen Anwendung [87]. Nach Arbeitsvorschrift I (unter Zusatz von DCTE) wurde U in CaF_2-Maser bestimmt [86].

Arbeitsvorschrift

I. Extraktion mit o-Dichlorbenzol [84]

Reagentien

1-(2-Pyridylazo)-2-naphthol (PAN), 0,10%ig in Methanol (in dunkler Flasche mehrere Wochen haltbar);
Pufferlösung (pH 10); 60 g NH_4Cl werden in etwa 200 ml Wasser gelöst, 570 ml Ammoniak (0,91) hinzugefügt, mit Wasser auf 1 l aufgefüllt und auf pH 10 eingestellt;
KCN, 1%ige wäßrige Lösung;
6n Ammoniak;
o-Dichlorbenzol.

Die schwach saure oder neutrale Probelösung (2,6–100 µg U enthaltend) versetzt man in einem Schütteltrichter mit 1 ml Puffer-Lösung, verdünnt mit Wasser auf ~ 20 ml, fügt 1 ml KCN-Lösung hinzu, stellt mit Ammoniak auf pH 10 ein und läßt nach Zusatz von 2 ml PAN-Lösung 10–15 min stehen. Danach wird mit 10,0 ml o-Dichlorbenzol 30–60 sec extrahiert, der organische Extrakt zentrifugiert und in einer 1 cm-Küvette bei 570 nm gegen den Blindwert photometriert.

II. Extraktion mit $CHCl_3$ [85]

Reagentien

Pufferlösung (pH 9,5—10,0); wie bei Arbeitsvorschrift I, auf pH 9,5—10,0 eingestellt;
0,1 m ÄDTA;
NaCl;
$CHCl_3$;
Übrige Reagentien wie bei Arbeitsvorschrift I.

Die schwach saure bis neutrale Probelösung (2,9–100 µg U enthaltend) versetzt man in einem Schütteltrichter mit 5 ml Pufferlösung, 2 ml ÄDTA-Lösung, sowie 2,0 g NaCl, verdünnt mit Wasser auf 20 ml, stellt (falls erforderlich) mit Ammoniak auf pH 9,5 bis 10,0 ein, fügt 2 ml PAN-Lösung hinzu und läßt 5 min stehen. Dann wird mit 10,0 ml $CHCl_3$ 1–2 min extrahiert und der organische Extrakt nach der Phasentrennung in einer 1 cm-Küvette bei 560 nm gegen den Blindwert photometriert.

III. Extraktion mit TBP/$CHCl_3$ [87]

Reagentien

HNO_3 (1 + 1); Ammoniak (1 + 1);
ÄDTA; KF;
$Al(NO_3)_3$-Lösung; 1800 g $Al(NO_3)_3 \cdot 9\,H_2O$ werden in 920 ml Wasser gelöst. 20 ml der Lösung mit 10 ml Wasser verdünnt sollen einen pH-Wert von 0,0—0,3 aufweisen, anderenfalls wird mit HNO_3 (1,40) oder Ammoniak (0,91) entsprechend eingestellt;
9% TBP/$CHCl_3$; 10 ml TBP werden zu 100 ml $CHCl_3$ gegeben;
PAN, 0,05%ig in Methanol (getrocknet);
Pyridin; $CHCl_3$.

Bis zu 10 ml Probelösung (9—350 μg U enthaltend) werden in einem 150 ml-Schütteltrichter mit je 0,2 g KF und ÄDTA versetzt, mit Wasser auf 10 ml gebracht, mit Ammoniak oder HNO_3 gegen Methylorange neutralisiert, 20 ml $Al(NO_3)_3$-Lösung hinzugefügt und mit 10 ml $TBP/CHCl_3$ 2 min extrahiert. Den organischen Extrakt filtriert man durch Watte in einen 25 ml-Meßkolben, wiederholt die Extraktion mit 5 ml $TBP/CHCl_3$ und wäscht die wäßrige Phase mit 3 ml $CHCl_3$ nach. Der vereinigte filtrierte organische Extrakt wird mit 5,0 ml PAN-Lösung und 0,5 ml Pyridin versetzt, mit $CHCl_3$ zur Marke aufgefüllt und nach 15 min in einer 1 cm-Küvette bei 560 nm gegen den Blindwert photometriert.

II. 4-(2-Pyridylazo)-resorcinol

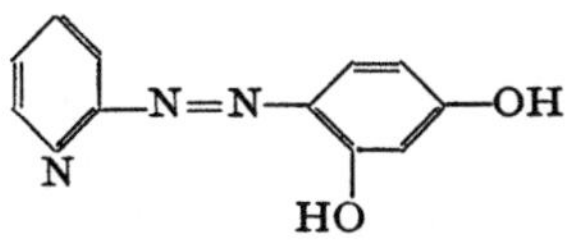

U(VI) bildet mit 4-(2-Pyridylazo)-resorcinol (PAR) bei pH 8,0 (optimal) einen wasserlöslichen Farbkomplex mit einem Extinktionsmaximum bei 530 nm [*88, 89*] ($\varepsilon_{530} = 38700$ [*89*]; s. Abb. 229). Das Beersche Gesetz gilt im Bereich von 0,15—6 μg U/ml. Die Farbe ist sofort voll entwickelt und ihre Intensität nimmt in Abwesenheit von Maskierungsmitteln in der 1. Stunde um 3% und danach um 7%/20 Std, in Anwesenheit von Maskierungsmitteln[1] um 3%/20 Std ab. PAR ist empfindlich gegen Oxydation und Spuren von unmaskiertem Fe(III) zerstören die Farbe langsam. Die Bestimmung von 100 μg U(VI)[1] wird nicht gestört durch (verursachter Fehler $\leq \pm 3\%$) [*89*]: 2 g NO_3^-, jeweils 800 mg ClO_4^- und SO_4^{2-}, 25 mg CO_3^{2-}, ~10 mg PO_4^{3-}, jeweils 5 mg Be

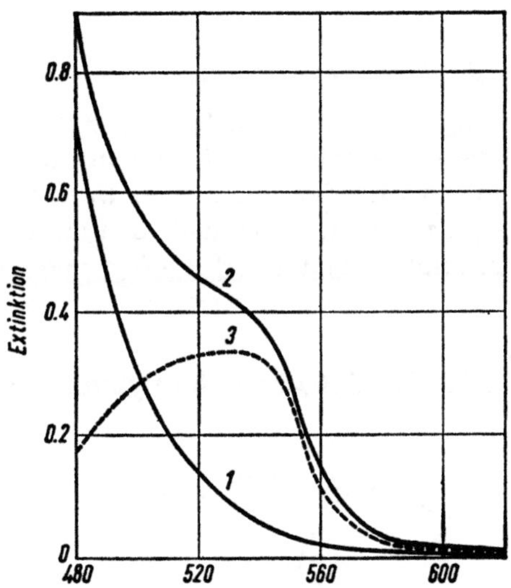

Abb. 229. Extinktionskurven von PAR (*1*) (Blindlösung gegen Wasser gemessen) und U + PAR (*2* gegen Wasser, *3* gegen Blindlösung gemessen) [*89*]

[1] In Anwesenheit von Maskierungsmitteln nach Arbeitsvorschrift a) [*89*].

und Th, jeweils 2 mg Al, Fe(III)[1] und Zr[2], jeweils 1 mg Bi, Ca, Cd, Ce(III), Co, Cr(VI), Cu, Hg(II), Li, Mg, Mn(II), Mo(VI), NH_4^+, Nd, Ni, Pb, Sb(III), SiO_3^{2-}, Sn(II), Ti, W(VI) und Zn, jeweils 0,5 mg Cr(III) und V(IV). Es stören ~ 0,1 mg V(V), jeweils 1 mg Cr(III), Fe(III) und Zr sowie > 1 mg SiO_3^{2-}. Die Störung von Fe(III) vermeidet man durch sofortiges Photometrieren[1]. Zr läßt sich mit Mesoweinsäure maskieren[2]. Die Störung von V(V) kann durch Reduktion zu V(IV) vermindert werden. Mit vorangehender Isolierung des U mittels Ionenaustauscher [nach Arbeitsvorschrift b)] stören nicht (Fehler $\leqq \pm 3\%$): 1 g NaCl, jeweils 5 mg Al, Cr(III), Cu, Fe(III), SiO_3^{2-}, V(IV) und Zr (keine Mesoweinsäure zugesetzt). Hingegen stören auch hier jeweils 5 mg Ti und V(V) sowie 100 mg PO_4^{3-}.

Mit PAR wurden höhere U-Gehalte in U-Al-Legierungen, UO_2-ThO_2-BeO-Brennstoffelementen und U-Erz bestimmt [*89*].

Arbeitsvorschrift [*89*]

Reagentien

PAR, 0,2%ige wäßrige Lösung.

Maskierungslösung und Pufferlösung, pH 8,0, wie bei der Arbeitsvorschrift [*90*] (s. S. 1260), davon abweichend aber beide Lösungen auf pH 8,0 eingestellt.

Ionenaustauschersäule; Dowex A-1 (50—100 mesh; ~ 10 mm i.-∅, mit 2 ml Austauscherharz gefüllt); das Harzbett wird mit 20 ml 1 m NaCl gespült und mit 20 ml Wasser nachgewaschen.

1,2-Cyclohexylendinitrilotetraessigsäure (CDTE), 5%ige wäßrige Lösung.

a) Bestimmung des U

Die neutrale bis schwach saure Probelösung (7,5—300 µg U enthaltend) versetzt man in einem 50 ml-Meßkolben mit 5,0 ml Maskierungslösung, 5,0 ml Pufferlösung sowie 2,00 ml PAR-Lösung, füllt mit Wasser zur Marke auf und photometriert (in Anwesenheit von > 200 µg Fe innerhalb von 10 min) in einer 1 cm-Küvette bei 530 nm gegen den Blindwert.

b) Vorisolierung des U mittels Ionenaustauscher

Man versetzt die Probelösung mit 5 ml CDTE-Lösung, stellt mit HCl auf pH 3,0 ein, schickt die Lösung durch die Austauschersäule (1 ml/min), wäscht die Säule mit 20 ml Wasser (pH 3,0) nach und verwirft die Durchläufe. Das U wird mit 20 ml 5n HCl eluiert, 1 ml $HClO_4$ (72%) hinzugefügt, unter dem Oberflächenstrahler zur Trockene eingedampft, der Rückstand mit verdünnter HCl gelöst und darin das U nach a) bestimmt.

III. 2-(2-Pyridylazo)-5-diäthylaminophenol

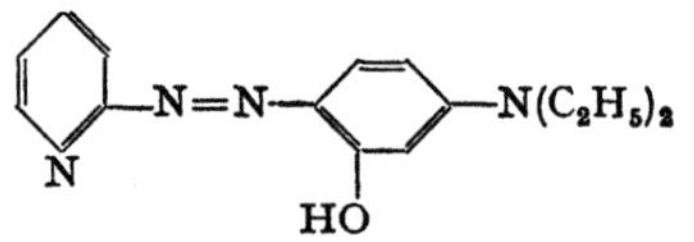

U(VI) bildet mit 2-(2-Pyridylazo)-5-diäthylaminophenol (PAP) bei pH 7,8—8,7 (optimal pH 8,2—8,3) einen Farbkomplex mit einem Extinktionsmaximum bei 564 nm

[1] Innerhalb 10 min nach der Farbentwicklung photometriert.

[2] 2 ml 2%ige Mesoweinsäurelösung zugesetzt.

(s. Abb. 230; $\varepsilon_{564} = 76100^1$ bzw. 65900^2) [*90*]. Das Beersche Gesetz gilt im Bereich von 0,09—3,6 µg U/ml. Die Farbe ist in Abwesenheit von Maskierungsmitteln sofort entwickelt, in deren Anwesenheit ist eine Standzeit von 20—30 min erforderlich. Die voll entwickelte Farbe ist 1 Woche stabil. Wegen der geringen Löslichkeit des PAP in Wasser bei pH 8 muß der Farblösung 35—40 Vol.-% Aceton zugesetzt werden. Die Bestimmung von 40 µg U (VI)[1] wird nicht gestört durch (verursachter Fehler $\leqq \pm 5\%$) [*90*]: jeweils

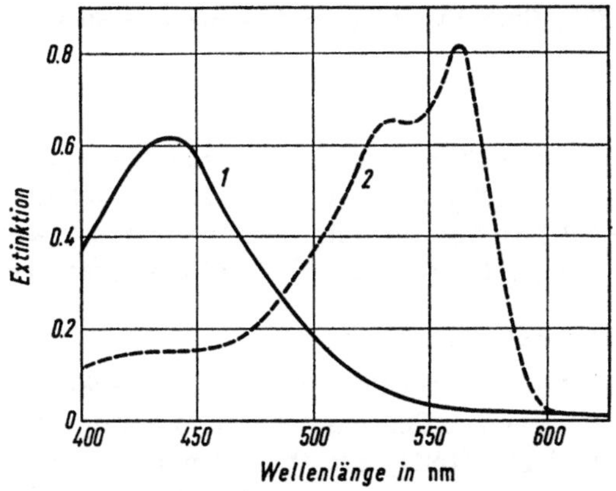

Abb. 230. Extinktionskurven von PAP (*1*) (Blindlösung, gegen Wasser gemessen) und U + PAP (*2*, gegen Blindlösung gemessen) [*90*]

500 mg ClO_4^- und NO_3^-, 100 mg SO_4^{2-}, jeweils 5 mg Al, Be, Bi, CO_3^{2-}, Ca, Cd, Co, Cs, Li, Mg, Mn (II), Mo (VI), NH_4^+, Pb, Sn (II), Th, V (IV) und W, jeweils 2 mg Cr (VI), Nb, Ni und Sb (III), jeweils 1 mg Cu, Fe (III), Hg (II), Pu (III), Ti und Zr, 0,25 mg As (V), jeweils 0,1 mg Cr (III), V (V), PO_4^{3-} und SiO_3^{2-}. Es stören >0,25 mg As (V) bzw. Cr (III), 1 mg Pu (IV), 0,25 mg V (V), >0,1 mg PO_4^{3-} bzw. SiO_3^{2-}. Mit vorangehender Extraktion des U aus 0,1n $HNO_3/Ca(NO_3)_2$/ÄDTA-Lösung mit MIBK [$E\% = 93$; nach Arbeitsvorschrift b)] stören nicht: 20 mg Th, jeweils 10 mg As (V), Cr (III), Fe (III), V (V), Zr, PO_4^{3-} und SiO_3^{2-}. Hiernach ist die Bestimmung des U durch Kombination der Arbeitsvorschriften b) und a) praktisch spezifisch.

Synthese des PAP (Zn-Komplex) [*91*].

2,1 g Natriumamid (als 50%ige Suspension in Toluol) werden in einen trockenen 250 ml-Kolben (mit Rückflußkühler und Gaseinleitungsrohr) gegeben, unter Einleiten von Stickstoff 20 ml trockener Diäthyläther und 5 g 2-Aminopyridin (in 5 ml Äther) hinzugefügt, das Gemisch im laufenden Stickstoffstrom 30 min gelinde unter Rückfluß erhitzt, 5 ml Isoamylnitrit zugesetzt und weiter 1 Std erhitzt. Das ausgefallene Na-2-pyridyldiazotat wird abfiltriert, mit Äther gewaschen und im Vakuum getrocknet (wegen seiner Instabilität an der Luft sollte die Verbindung sofort weiter verarbeitet werden). 8,6 g Na-2-pyridyldiazotat löst man in 10 ml kaltem Äthanol, fügt die Lösung zu 10,0 g m-Diäthylaminophenol (in 20 ml kaltem Äthanol gelöst), hält die Mischung unter Einleiten von CO_2 auf dem Eisbad, bis nahezu das gesamte Äthanol verdampft ist. Das rötliche Reaktionsprodukt wird in 20 ml 10n HCl gelöst, mit Wasser auf 1 l verdünnt, 25 g $ZnCl_2$ (in wenig 1n HCl gelöst) hinzugefügt, unter kräftigem Rühren mit 5n NaOH auf pH 4,5—5,0 eingestellt, das ausgefallene Zn-PAP abfiltriert, mit Wasser und danach mit 50 Vol.-%igem Äthanol gewaschen und im Vakuum bei 70° C getrocknet.

---

[1] In Abwesenheit von Maskierungsmitteln.

[2] In Anwesenheit der Maskierungsmittel nach Arbeitsvorschrift a) [*90*].

Arbeitsvorschrift [*90*]

Reagentien

15n HNO_3.

PAP (Zn-Komplex), 0,05%ig in Aceton/Wasser (1:1).

Maskierungslösung; 50 g 1,2 Cyclohexylendinitrilotetraessigsäure + 5 g NaF + 130 g Sulfosalicylsäure werden in 500 ml Wasser gelöst, mit NaOH auf pH 8,5 eingestellt und mit Wasser auf 1 l aufgefüllt.

Pufferlösung; 149 g Triäthanolamin werden in 800 ml Wasser gelöst, mit HCl auf pH 8,5 eingestellt und mit Wasser auf 1 l aufgefüllt.

$Ca(NO_3)_2$/ÄDTA-Lösung; 550 g $Ca(NO_3)_2 \cdot 4\,H_2O$ + 7,5 g ÄDTA werden in 125 ml Wasser gelöst.

Aceton; MIBK.

a) Bestimmung des U

Die neutrale bis schwach saure Probelösung (2,3—90 µg U enthaltend) versetzt man in einem 25 ml-Meßkolben mit 2,00 ml Maskierungslösung, 2,00 ml Pufferlösung, 9,0 ml Aceton sowie 2,00 ml PAP-Lösung, füllt mit Wasser zur Marke auf und photometriert nach 30 min Standzeit in einer 1 cm-Küvette bei 564 nm gegen den Blindwert.

b) Vorisolierung des U durch Extraktion

1—5 ml Probelösung (bei 1—3 ml Probelösung $E\%$ = 95,9—96,6, bei 5 ml Probelösung $E\%$ = 93,4) versetzt man in einem Reagensglas (mit Glasstopfen) mit 25 ml $Ca(NO_3)_2$/ÄDTA-Lösung sowie 0,2 ml 15n HNO_3, extrahiert 1 min mit 2,00 oder 5,00 ml MIBK, überführt nach der Phasentrennung einen aliquoten Teil von 1,00 ml der organischen Phase in einen 25 ml-Meßkolben und fährt mit der Bestimmung des U nach a) fort, wobei 10,0 ml Aceton hinzugefügt werden.

IV. 2-(5-Brom-2-pyridylazo)-5-diäthylaminophenol

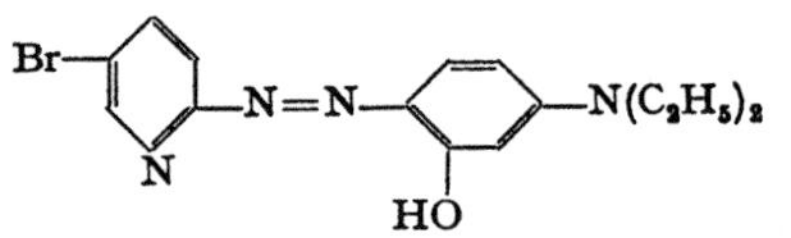

U bildet mit 2-(5-Brom-2-pyridylazo)-5-diäthylaminophenol (BPAP) bei pH 7,1—8,1 (optimal pH 7,6) einen Farbkomplex mit einem Extinktionsmaximum bei 578 nm

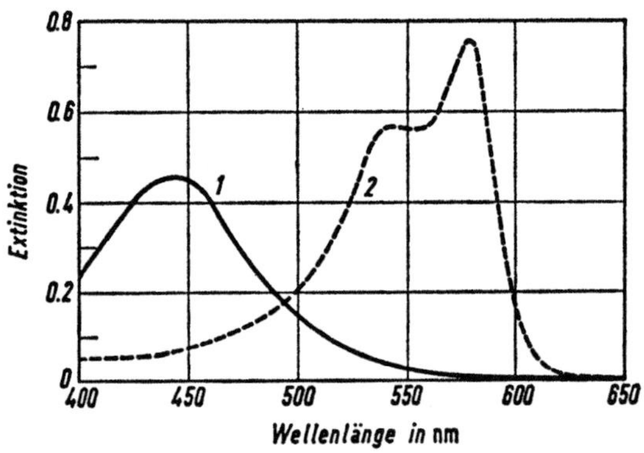

Abb. 231. Extinktionskurven von BPAP (*1*) (Blindlösung, gegen Wasser gemessen) und U + BPAP (*2*, gegen Blindlösung gemessen) [*91*]

(s. Abb. 231; $\varepsilon_{578} = 74000$[1] bei pH 7,6) [91]. Das Beersche Gesetz gilt im Bereich von 0,08–3,2 µg U/ml. Die Farbe ist in 40 min voll entwickelt[1] und 18 Std stabil. Die Bestimmung von 50 µg U(VI)[1] wird nicht gestört durch (verursachter Fehler $< \pm 2\%$) [91]: 6 mg Fe(III), jeweils 5 mg Al, Be, Bi, Ca, Cd, Cs, Hg(II), Li, Mg, Mn(II), Mo(VI), Nd, NH_4^+, Pb, Sn(II), Th, W(VI), 4 mg Co, jeweils 3 mg Cr(VI), Cu und Ni, 1 mg V(IV), jeweils 0,5 mg As(V), Zr und PO_4^{3-}, 0,2 mg Cr(III) und 10 µg V(V). Die Störung von V(V) läßt sich durch Reduktion zu V(IV) mit Ascorbinsäure[2] beseitigen, so daß danach bis zu 1 mg V(V) zulässig ist. Mit vorangehender Extraktion des U mit 0,1 m TOPO/Cyclohexan (nach Arbeitsvorschrift b) wird die Bestimmung von 100 µg U nicht gestört durch jeweils 20 mg Al, As(V), Au(III), Ce(IV), Cr(III), Fe(III), Mo(VI), Nd, Pt(IV), Sb(III), Sn(IV), Th, Ti und V(V), sowie jeweils 500 mg PO_4^{3-}, SO_4^{2-} oder Cl^-. Große Mengen SO_4^{2-} und Cl^- können allerdings die Extraktion einiger Störelemente erhöhen, weshalb diese dann abwesend sein müssen. Bei Zusatz von 10 ml 10%iger Ascorbinsäure stören 500 mg Fe(III) und 200 mg V(V) nicht. Die Bestimmung des U nach Arbeitsvorschrift b) [91] (s. S. 1261) erscheint weitgehend spezifisch.

Synthese des BPAP [91].

1,56 g Natriumamid (Merck; als 50%ige Suspension in Toluol) werden in einen trockenen 250 ml-Kolben (mit mechanischem Rührer, Rückflußkühler, Thermometer und Gaseinleitungsrohr) gegeben, unter Einleiten von Stickstoff 20 ml Benzol (entgast) und 6,92 g 2-Amino-5-brompyridin (Aldrich; in 150 ml entgastem Benzol) hinzugefügt und bei 40° C unter kräftigem Rühren belassen. Nach Beendigung der NH_3-Entwicklung (Test mit feuchtem Lackmuspapier) versetzt man mit 4,68 g Isopentylnitrit, setzt das Rühren 90 min fort, wobei das Lösungsvolumen durch gelegentlichen Zusatz von Benzol konstant gehalten wird. Das ausgefallene Diazotat wird abfiltriert, mit Äther gewaschen und im Vakuum getrocknet (das hygroskropische Produkt wird luftdicht aufbewahrt). 4,44 g Diazotat löst man in 15 ml Wasser + 20 ml Äthanol, erwärmt auf 60° C, versetzt unter Einleiten von CO_2 tropfenweise mit 3,3 g m-Diäthylaminophenol (in 10 ml Äthanol) bei 60° C und leitet weiter CO_2 ein, bis das Äthanol verdampft ist. Der Rückstand wird mit 8 ml 10 n HCl gelöst, mit Wasser auf 300 ml verdünnt, die Fällung abfiltriert, mit Wasser gewaschen und aus 50 Vol.-%igem Äthanol umkristallisiert.

Mit BPAP wurde U in Wässern nach Arbeitsvorschrift a) bestimmt [91].

Arbeitsvorschrift [91]

Reagentien

BPAP, 0,05%ig in Äthanol.

Maskierungslösung 1; 25 g 1,2-Cyclohexylendinitrilotetraessigsäure + 5 g NaF + 65 g Sulfosalicylsäure werden in 800 ml Wasser gelöst, mit 40%iger NaOH auf pH 7,85 eingestellt und mit Wasser auf 1 l aufgefüllt.

Maskierungslösung 2; 50 ml Maskierungslösung 1 werden mit 50 ml Wasser verdünnt und mit 40%iger NaOH auf pH 8,35 eingestellt.

Pufferlösung (pH 7,85 und 8,35); 149 g Triäthanolamin werden in 800 ml Wasser gelöst und mit $HClO_4$ auf pH 7,85 bzw. 8,35 eingestellt.

0,1 m TOPO; 19,3 g Tri-n-octylphosphinoxyd werden mit Cyclohexan auf 500 ml aufgefüllt.

NaF, 2%ige wäßrige Lösung.

Ascorbinsäure, 5%ige wäßrige Lösung (frisch hergestellt).

Äthanol.

a) Direkte Bestimmung des U

Die schwach saure Probelösung[3] [2–80 µg U (1 cm-Küvette) bzw. 0,4–16 µg U (5 cm-

[1] In Anwesenheit der Maskierungsmittel nach der Arbeitsvorschrift a) [91].

[2] Zur Probelösung gibt man 2,0 ml 1 n HCl, 2 ml 5%ige Ascorbinsäurelösung, die Maskierungslösung, 2,0 ml 1 n NaOH und fährt dann nach Arbeitsvorschrift a) fort.

[3] Bei stark saurer Probelösung wird in einem anderen aliquoten Teil die zur Neutralisation erforderliche Menge 1 n NaOH ermittelt.

Küvette) enthaltend] versetzt man in einem 25 ml-Meßkolben der Reihe nach mit 2,0 ml Maskierungslösung 1, 2,0 ml Pufferlösung (pH 7,85), der zur Neutralisation der Probelösung erforderlichen Menge 1n NaOH[1], 10,0 ml Äthanol sowie 2,00 ml BPAP-Lösung, füllt mit Wasser zur Marke auf und photometriert nach 40 min Standzeit in einer 1 cm- oder 5 cm-Küvette bei 578 nm gegen den Blindwert.

b) Bestimmung des U mit Vorisolierung durch Extraktion

5—100 ml 2n HNO_3-saure Probelösung (1—150 µg U enthaltend) versetzt man in einem Schütteltrichter mit 5,0 ml NaF-Lösung und 2,0 ml Ascorbinsäure-Lösung, mischt und extrahiert 1 min mit 5,00 ml TOPO. Nach der Phasentrennung wird ein aliquoter Teil der organischen Phase von 2,00 ml in einen 25 ml-Meßkolben übergeführt, der Reihe nach unter jeweiligem Mischen mit 1,0 ml Maskierungslösung 2, 4,00 ml BPAP-Lösung und 1,0 ml Pufferlösung (pH 8,35) versetzt, gemischt und der verschlossene Kolben 10 min stehen gelassen. Dann fügt man 16,0 ml Äthanol hinzu, füllt mit Wasser zur Marke auf und photometriert in einer 1 cm- oder 5 cm-Küvette bei 574 nm gegen den Blindwert.

1. Silicatgestein und andere Mineralien

1.1. Silicatgestein [*91*]

B: 10—>1500 ppm U. F_r: ±5%.

0,1 g fein pulverisiertes Probematerial wird in einer Platinschale mit 5 ml 15n HNO_3 und 5 ml HF (40%) auf dem Wasserbad zur Trockene eingedampft, mit weiteren 5 ml 15n HNO_3 und 5 ml HF (40%) erneut eingedampft, nach Zusatz von 2 ml $HClO_4$ (72%) auf der Heizplatte abgeraucht und auf <1 ml eingedampft. Den Rückstand löst man mit 40 ml 5n HNO_3, filtriert in einen 100 ml-Meßkolben, füllt mit Wasser zur Marke auf und bestimmt das U nach Arbeitsvorschrift b) [*91*] (s. S. 1262) unter Verwendung der gesamten Lösung oder eines aliquoten Teiles davon.

1.2. Phosphatgestein [*91*]

B: 2—>300 ppm U. F_r: ±5%.

0,5 g Probematerial löst man in 50 ml 2n HNO_3 und fährt mit der Bestimmung des U nach Arbeitsvorschrift b) [*91*] (s. S. 1262) fort.

2. Verschiedenes

2.1. Thoriumdioxid [*91*]

B: 5—>750 ppm U. F_r: ±5%.

0,2 g fein pulverisiertes Probematerial werden in einem 100 ml-Becher mit 20 ml 5n HNO_3 und 0,1 ml 2n HF versetzt, mit einem Uhrglas bedeckt, bis zum Lösen gelinde gekocht, nach dem Abkühlen in einen Schütteltrichter übergeführt, mit Wasser auf 50 ml verdünnt und mit der Bestimmung des U nach der Arbeitsvorschrift b) [*91*] (s. S. 1262) fortgefahren, wobei man abweichend 0,3 g NaF anstelle von 5 ml NaF-Lösung zusetzt.

2.2. Zirkoniumdioxid [*91*]

B: 10 —>1500 ppm U. F_r: ±5%.

[1] Siehe Fußnote 3 auf S. 1261.

0,1 g fein pulverisiertes Probematerial wird in einem Platintiegel mit 1 g Na_3BF_4 5 min aufgeschlossen, die erkaltete Schmelze mit 40 ml 1,5n HNO_3 gelöst und in einen Schütteltrichter übergeführt. Man fügt 20 ml Maskierungslösung (0,2m 1,2-Cyclohexylendinitrilotetraessigsäure/2%ig an NaF) hinzu und fährt mit der Zugabe von 2,0 ml Ascorbinsäurelösung nach Arbeitsvorschrift b) [*91*] (s. S. 1262) fort.

2.3. Phosphorsäure [*91*]

B: 2—>300 ppm U. F_r: ±5%.
Die Analyse wird nach Verfahren E.IV.1.2. (s. S. 1262) durchgeführt.

2.4. Luft

B: 10—1500 µg U/m³. F_r: ± 5%.
Man saugt 100 l Luft (10—30 l/min) durch ein Filter (s. S. 177), verascht das Filter mit $HNO_3/HClO_4$, dampft zur Trockene ein, löst den Rückstand mit 2n HNO_3 oder 5n HNO_3 und bestimmt darin das U nach Arbeitsvorschrift a) [*91*] (bei Abwesenheit von Störelementen; s. S. 1261) oder b) [*91*] (bei Anwesenheit von Störelementen; s. S. 1262).

F. Thiocyanat

U(VI) bildet mit Thiocyanat in saurer Lösung gelbe Komplexe verschiedener Zusammensetzung: $[UO_2(SCN)]^+$, $[UO_2(SCN)_2]$, $[UO_2(SCN)_3]^-$. Die Farbreaktion ist aber in wäßriger Lösung [*92*] von geringer Empfindlichkeit und wird durch eine Reihe von Ionen gestört (s. S. 613, 710, 833, 982, 1161, 1201, 1313). Durch Zusatz von Aceton zur wäßrigen Lösung werden die Empfindlichkeit und die Farbstabilität gesteigert [*93*] und die Störung durch Anionen, wie Citrat, SO_4^{2-} und PO_4^{3-} [*94*] verringert [*93, 95*]. Das U-Thiocyanat läßt sich aus ~ 1n HCl-Lösung mit Amylalkohol oder Diäthyläther [*96*] extrahieren, wodurch einige Störungen beseitigt werden. Zur Extraktion fand auch Dibutoxytetraäthylenglykol Anwendung [*97*]. Weiterhin wurde der Komplex mit 32,5 Vol.-% TBP/CCl_4 bei pH 3,5—3,9 in Anwesenheit von ÄDTA extrahiert und im organischen Extrakt photometriert [*98*] (Arbeitsvorschrift I). Die Extraktion ist bei

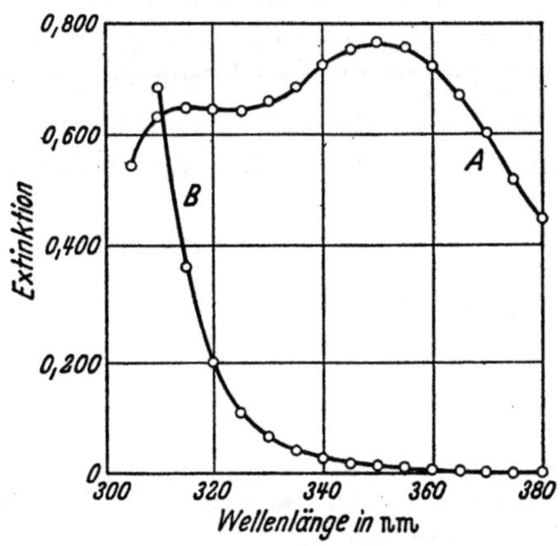

Abb. 232. Extinktionskurven von U(VI)-Thiocyanat in 32,5 Vol.-% TBP/CCl_4 (gegen den Blindwert gemessen) (*A*) und des Blindwertes (gegen CCl_4 gemessen) (*B*) [*98*]

pH 1,9—3,9 vollständig, doch sind die Störungen durch andere Elemente bei dem zuerst genannten pH-Bereich geringer. Das Extinktionsmaximum liegt bei 350 nm (s. Abb. 232). Für den molaren Extinktionskoeffizienten liegen mehrere Angaben vor: $\varepsilon_{310} = 2800$ in wäßriger Lösung, $\varepsilon_{375} = 4000$ in Wasser/Aceton, $\varepsilon_{350} = 5310$ in TBP/CCl_4 [*102*]. Das Beersche Gesetz ist im Bereich von 1,1—44 µg U/ml TBP/CCl_4 erfüllt. Die Mitextraktion von Fe(III)-Thiocyanat wird durch Maskierung mit ÄDTA verhindert.

Die Bestimmung von 22—440 µg U wird bei pH 3,8 durch folgende Ionen (in mg) nicht gestört [*98*]: je 200 mg Ag, Al, Bi, Cd, Co ($\leqq$ 10), Cr(III), Cu(II), Fe(III), Mn(II), Ni, Pb, Re(VII), S.E., Sb(III), Sn(II), Th(IV), Tl(I) und Y, Ti(IV) (100), V(V) (80), Sc (60) und W ($\leqq$ 10), je 5 g der Ammoniumsalze von Cl^-, NO_3^-, SO_4^{2-} und ClO_4^-, sowie je 0,5 g Essig-, Citronen- und Weinsäure. Hg, Mo, NO_2^- und F^- müssen abwesend sein. Au, Pt und $Cr_2O_7^{2-}$ stören, ebenso infolge Ausfällung Zr, Sn(IV) und Ce(IV). Die Störung der zwei letztgenannten Elemente läßt sich durch Reduktion zu Sn(II) und Ce(III) beseitigen, Au kann mit KCN maskiert werden. F^- kann man mit $Al(NO_3)_3$ maskieren oder durch Abrauchen mit $HClO_4$ (mit oder ohne Zusatz von H_3BO_3) entfernen. Reduktion mit SO_2 beseitigt die Störung von $Cr_2O_7^{2-}$. MnO_4^- wird durch ÄDTA reduziert und stört deshalb nicht. PO_4^{3-} fällt U aus; eine Fällung kann durch Zusatz von Säure wieder gelöst werden. Da die Ausfällung langsam verläuft, sollen bei rascher Einstellung des pH-Wertes und Extraktion bis zu 200 mg P_2O_5 nicht stören [*98*].

Eine Störung durch andere Ionen kann aber besser durch vorangehende Extraktion des U und Farbentwicklung im organischen Extrakt vermieden werden. So wurde das U mit MIBK aus 2,3—2,5m $Al(NO_3)_3$/HNO_3-Lösung bei pH 0,5—1,0 extrahiert (Ausbeute 99,2%) und im organischen Extrakt unter Zusatz von NH_4SCN/Äthylenglykolmonobutyläther(ÄMÄ)-Wasser-Lösung photometrisch bestimmt (Arbeitsvorschrift II) [*16*]. Die Messung wird bei 375 nm oder 420 nm (bei größerer U-Menge) vorgenommen. Das Beersche Gesetz ist im Bereich von 1,15—46 µg U/ml MIBK-ÄMÄ-Wasser (bei 375 nm) erfüllt. Die gelbe Farbe bildet sich sofort, erreicht nach 15 min einen konstanten Wert und bleibt dann 48 Std stabil [*16*]. Eine Störung von Fe(III) wird durch Reduktion mittels Ascorbinsäure beseitigt, das gegenüber $SnCl_2$ den Vorteil hat, daß V nicht zu V(III) sondern zum weniger störenden V(IV) reduziert wird. Die Bestimmung von 850 µg U wird nicht gestört durch (in mg) [*16*]: je 100 mg Co, Cr(VI), Cu(II), Fe(III), Hg, Mn(II), Mo(VI), Ni, Pb und Th, Ti (5[1]), V(IV) (20) und Zr(IV) (40). In Abwesenheit von Weinsäure fällt Ti aus und okkludiert U. Cl^-, CO_3^{2-}, HCO_3^- und PO_4^{3-} in Konzentrationen von jeweils 1m, sowie 4m Weinsäure stören nicht.

Thiocyanat fand zur photometrischen Bestimmung meist höhere Gehalte von U in Erzen, Mineralien, Konzentraten [*16, 98*] und Lösungen [*16*] Anwendung. Zur Bestimmung kleinerer U-Gehalte in Thoriumdioxid wurde das U vorher durch Perforation aus NH_4NO_3/HNO_3-Lösung isoliert und anschließend nach Arbeitsvorschrift I bestimmt [*98*].

Arbeitsvorschrift

I. Extraktion mit TBP/CCl_4 [*98*]

Reagentien

ÄDTA, 10%ige wäßrige Lösung;
1n HCl; 1n Ammoniak;
NH_4SCN, 50%ige wäßrige Lösung;
32,5 Vol.-% TBP/CCl_4; vor dem Herstellen des Gemisches wird TBP mit 10%iger Na_2CO_3-Lösung gewaschen und dann bei 30 Torr redestilliert;
Na_2SO_4 sicc.

[1] Bei Zusatz von 1 ml 3m Weinsäure bei pH 1 oder bei Verwendung von $Al(NO_3)_3$/Weinsäure-Lösung.

Die Probelösung (11—440 µg U enthaltend) wird mit 20 ml ÄDTA-Lösung versetzt, mit Ammoniak oder HCl auf pH 3,5—3,9 eingestellt, 10 ml NH_4SCN-Lösung hinzugefügt und nach Überprüfen des pH-Wertes in einen graduierten 100 ml-Schütteltrichter übergeführt. Man verdünnt mit Wasser auf 50 ml, extrahiert 30 sec mit 10,0 ml TBP/CCl_4, trocknet den organischen Extrakt nach der Phasentrennung mit 0,5 g Na_2SO_4 sicc. in einem kleinen Kolben und photometriert anschließend in einer 1 cm-Küvette bei 350 nm gegen den Blindwert.

II. Isolierung mit MIBK und Bestimmung in MIBK/ÄMÄ/Wasser [*16*]

Reagentien

HNO_3 (1,40); 6n HNO_3;

NaOH, 20%ige wäßrige Lösung;

Aussalzlösung; 1880 g $Al(NO_3)_3 \cdot 9\,H_2O$ werden in einem 4 l-Becherglas mit 500 ml Wasser unter Erwärmen gelöst, etwas abgekühlt, 200 ml Ammoniak (1 + 1) langsam zugesetzt und das Gemisch gerührt, bis der Niederschlag gelöst ist. Nach dem Abkühlen wird mit Wasser auf 2 l aufgefüllt. Bei Ti enthaltenden Probelösungen fügt man vor dem Auffüllen noch 60 g Weinsäure sowie weitere 60 ml Ammoniak (1 + 1) hinzu;

MIBK;

NH_4SCN-Lösung; man gibt 75 ml eines Gemisches von 11 Teilen Äthylenglykolmonobutyläther (ÄMÄ) und 4 Teilen Wasser in einen Meßzylinder, löst darin 2,0 g Ascorbinsäure, fügt 46 g NH_4SCN hinzu und füllt mit ÄMÄ/Wasser-Gemisch (11 + 4) auf 150 ml auf. Unter fließendem Warmwasser wird bis zur vollständigen Lösung geschüttelt.

Nicht mehr als 3 ml Probelösung (58—2300 µg U enthaltend) stellt man in einem Schütteltrichter mit HNO_3 oder NaOH auf pH 0—3 ein, versetzt mit 15 ml Aussalzlösung und extrahiert 2 min mit 20,0 ml MIBK. 10,0 ml der durch Zentrifugieren abgetrennten organischen Phase werden mit 15,0 ml NH_4SCN-Lösung versetzt und nach dem Mischen in einer 1 cm Küvette bei 375 nm gegen den Blindwert photometriert.

G. Polarographie

U(VI) läßt sich in 0,01—0,1n HCl-Lösung bei seinem Halbstufenpotential U VI/V von −0,22 V polarographisch bestimmen [*4, 99, 100*]. Im Grundelektrolyt 0,16% Salicylsäure/0,4 Vol.-% H_2SO_4/0,009% Thymol wurde ein Halbstufenpotential U VI/V bei −0,21 V festgestellt [*101—103*]. Um rund 2 Zehnerpotenzen empfindlicher ist die durch UO_2^{2+} katalysierte Reduktion von NO_3^- bei einem Halbstufenpotential von −0,94 bis −1,2 V, wodurch sehr kleine Mengen U polarographisch bestimmt werden können [*57, 104*]. Am günstigsten erfolgt diese in 0,01n HNO_3 [*57*]. Da auch zahlreiche andere Ionen die Nitratreduktion katalysieren bzw. stören, muß das U vorher durch Ionenaustauscher [*57, 105, 106*] oder Extraktion [*28*] isoliert werden, wie dies bei der Bestimmung von U in Wässern [*57*], Gesteinen [*28, 105, 106*], Phosphaten [*28, 105, 106*] u. a. erfolgte. Die Bestimmung von 0,2 µg U/ml wird durch jeweils 1 µg/ml von Mo, Sn und V, sowie 0,01 µg W/ml gestört; keine Störung verursachen ~0,2 µg Sn/ml, sowie jeweils <10 µg/ml von Cd, Co, Cr(III), Cu, Fe(III), Ni, Th, Ti, Zn und Zr [*107*]. In 0,01n HNO_3 als Grundelektrolyt ist die Eichkurve im Bereich von 0,1—5 µg U/10 ml linear und der relative Fehler beträgt ±5% [*57*].

Nach vorangehender Extraktion mit TBP/Isooctan wurde U in Hafnium, Zirkonium und Zirkoniumlegierungen (≧ 0,5 ppm U) mit Hilfe eines square wave-Polarographen bestimmt [*68a*].

1. Wässer

Wegen der neben U meist anwesenden störenden Elemente und bei sehr kleinen U-Gehalten ist auch hier eine vorangehende Isolierung bzw. Anreicherung des U erforderlich. Die U-Bestimmung kann deshalb nach Verfahren G.3.1. (s. unten) oder G.3.2. (s. S. 1268) durchgeführt werden.

2. Biologisches Material

2.1. Blut

Nach nasser Veraschung mit HNO_3/H_2O_2 wird das U aus HNO_3-Lösung mit Tetrahydropyran in einem Mikroperforator [*108*] extrahiert und anschließend im Trägerelektrolyt 0,16% Salicylsäure/0,4 Vol.-% H_2SO_4/0,009% Thymol polarographisch [*101*, *102*] bestimmt. In Gegenwart von HNO_3 ist die Extraktion des U mit Tetrahydropyran, das bei der Chromatographie von U bereits früher verwendet wurde [*109*], quantitativ und genügend selektiv. Wahlweise kann die Isolierung auch mit anderen Extraktionsmitteln vorgenommen werden (s. S. 1234ff.).

B: 5–20 µg U/5 ml Blut. F_{rm}: ±10%.

Arbeitsvorschrift [*103*]

Reagentien

HNO_3 (1,40); H_2SO_4 (0,4 Vol.-%);
H_2O_2 (30%);
Tetrahydropyran;
Trägerelektrolyt-Lösung, 0,32%ig an Salicylsäure und 0,018%ig an Thymol.

5 ml Blutprobe werden in einem 100 ml-Kjeldahlkolben mit 15–20 ml HNO_3, die in Anteilen von 5 ml zugesetzt wird, langsam verascht. Es wird wiederholt zur Trockene eingedampft und HNO_3 zugesetzt, bis die Lösung klar ist. Dann versetzt man mit 10 ml H_2O_2, erhitzt bis die Reaktion beendet ist und dampft anschließend fast bis zur Trockene ein. Mit wenig Wasser wird aufgekocht bis alles gelöst ist und in den Extraktionsapparat übergeführt. Die Lösung (~ 10 ml) wird mit 8 ml Tetrahydropyran 2 Std kontinuierlich extrahiert. Nach der Phasentrennung wird anschließend das organische Lösungsmittel abgedampft und die während der Extraktion gebildeten harzigen, braunen Produkte mit HNO_3/H_2O_2 verascht (gegebenenfalls kombiniert mit trockener Veraschung). Wichtig ist, daß vorher das Tetrahydropyran vollständig entfernt worden ist, da es in Gegenwart von U sehr heftig – manchmal auch mit Explosion – mit HNO_3 reagiert. Den Rückstand löst man mit 500 µl H_2SO_4 (0,4 Vol.-%), erwärmt auf dem Wasserbad bis das Wasser verdampft und nur H_2SO_4 zurückgeblieben ist, versetzt mit 250 µl Trägerelektrolyt-Lösung und bringt mit Wasser und mittels einer Auswaschpipette mit Membranpumpe (s. Abb. 24b, S. 121) auf 500 µl. Die Lösung wird in die Meßzelle übergeführt, vorhandener Sauerstoff durch 10 min langes Einleiten von Wasserstoff ausgetrieben und das U bei –0,21 V (gegen gesättigte Kalomelelektrode) polarographisch bestimmt.

3. Silicatgestein und anderes Material

3.1. Silicatgestein und andere Mineralien

Nach dem Aufschluß des Probematerials werden Mo und W durch Extraktion mit α-Benzoinoxim/$CHCl_3$ aus ~ 1,5n HNO_3-Lösung abgetrennt, anschließend das U durch doppelte Extraktion mit TBP/Cyclohexan (1:5) aus ~ 0,6n HNO_3/4m NH_4NO_3-Lösung isoliert und zuletzt beim Halbstufenpotential –0,92 V (gegen gesättigte Kalomelelektrode) polarographisch bestimmt. Auf diese Weise stören nicht bzw. werden abgetrennt: je $\leq$ 3 mg Mo und W, 100 mg PO_4^{3-}, je $\leq$ 500 mg der übrigen Kationen und SO_4^{2-} (mit Ausnahme von Th, Ce und Zr, die mit TBP/Cyclohexan teilweise mitextrahiert werden). Große Mengen PO_4^{3-} und geringe Mengen F^- lassen sich mit $Al(NO_3)_3$ oder $Fe(NO_3)_3$ maskieren. Konzentrationen bis zu 0,5m an SO_4^{2-} und Cl^- stören nicht; bei größeren Mengen genügt eine Erhöhung der $Al(NO_3)_3$-Konzentration. Das Verfahren fand zur Bestimmung von U in Silicatgesteinen, Phosphorit, Kohlenasche und anderen Mineralien Anwendung.

B: 0,0001–0,04% U und darüber. F_r: ±5%.

Arbeitsvorschrift [*28*]

Reagentien

HNO_3 (1,40); HNO_3 (1 + 9); 0,01n HNO_3; HCl (1,19); HF (40%);
Na_2CO_3 sicc.;
1n Oxalsäure;
NH_4CO_3, gesättigte wäßrige Lösung;
$(NH_4)_2CO_3$, 10%ige wäßrige Lösung;
Aussalzlösung; 320 g NH_4NO_3 und 70 ml HNO_3 (1,40) werden mit Wasser auf 1 l aufgefüllt;
α-Benzoinoxim, 0,25%ig in $CHCl_3$;
TBP/Cyclohexan (1:5); 50 ml TBP werden mit 250 ml Cyclohexan gemischt.

0,5–1 g Probematerial werden mit der 5–6fachen Menge Na_2CO_3 im Platintiegel aufgeschlossen, die erkaltete Schmelze mit HCl gelöst und die Lösung in einer Porzellanschale auf dem Wasserbad zur Trockene eingedampft. Durch mehrmaliges Abrauchen mit HCl wird die Kieselsäure abgeschieden, abfiltriert, das Filtrat oder ein aliquoter Teil davon mit wenig HNO_3 (1,40) zur Trockene eingedampft und der Trockenrückstand in 30 ml HNO_3 (1 + 9) aufgenommen.

Sind größere Mengen W vorhanden, muß die Probe mit HF/HNO_3 aufgeschlossen werden. Man behandelt den Rückstand mehrmals mit HNO_3 (1,40), um vorhandene HF vollständig zu vertreiben, dampft zur Trockene ein und nimmt mit HNO_3 (1 + 9) auf.

Die HNO_3-saure Probelösung führt man in einen 100 ml-Schütteltrichter über, bringt mit HNO_3 (1 + 9) auf 35–40 ml, extrahiert 1–2 min mit 5 ml α-Benzoinoxim-Lösung, verwirft die organische Phase und wiederholt die Extraktion noch 2–4mal bis keine Trübung des organischen Extraktes mehr auftritt. Zur wäßrigen Lösung fügt man 25 ml NH_4NO_3-Lösung, extrahiert mit 20 ml TBP/Cyclohexan und verwirft die wäßrige Lösung nach der Phasentrennung. Der organische Extrakt wird mit 15 ml Aussalzlösung 1 min geschüttelt, die Salzlösung abgelassen und das Waschen des Extraktes noch 1–2mal wiederholt. Anschließend schüttelt man die organische Phase mit 25 ml $(NH_4)_2CO_3$-Lösung, wäscht nach der Phasentrennung mit 5 ml Wasser nach, verwirft die organische Phase, vereinigt die letzte Waschlösung mit der Carbonat-Lösung in einem 2. Schütteltrichter und säuert mit 8 ml HNO_3 (1,40) vorsichtig an. Zur Lösung werden 25 ml NH_4NO_3-Lösung zugegeben, mit 20 ml TBP/Cyclohexan extrahiert, die organische Phase 1–2mal mit je 15 ml Aussalzlösung nachgewaschen und anschließend das U mit 25 ml 1n Oxalsäure rückextrahiert. Man wäscht mit 5–10 ml Wasser nach, vereinigt Wasch- und Oxalsäurelösung in einem Meßkolben und füllt mit Wasser zur Marke auf. Die zu bestimmende U-Menge soll nicht mehr als 5 μg betragen. Dementsprechend bringt man die gesamte Lösung oder einen aliquoten Teil davon in eine Quarzschale, dampft zur Trockene ein, sublimiert die Oxalsäure vorsichtig (Vermeidung von Spritzverlusten) weg und glüht kurz. Den abgekühlten Rückstand behandelt man mit einigen Millilitern HCl (1,19) und HNO_3 (1,40), dampft zur Trockene ein, nimmt den Rückstand mit 10,0 ml 0,01n HNO_3 auf und polarographiert in einer geeigneten Meßzelle nach Durchleiten von Stickstoff bei −0,5 V beginnend.

3.2. Silicatgestein und andere Mineralien

Nach dem Lösen der Probe wird das U mittels Anionenaustauschers aus 20 Vol.-% 4n HCl/80 Vol.-% Äthanol-Lösung (s. S. 1238) isoliert und anschließend beim Halbstufenpotential von $-0{,}94$ V (gegen gesättigte Kalomelelektrode) polarographisch bestimmt. Bei Verwendung von äthergesättigter 0,1n HCl zum Eluiren kann auch mit einem, mit Benzin denaturierten Äthanol gearbeitet werden. Die Bestimmung wird durch folgende Ionen nicht gestört (in mg): SO_4^{2-} (500), je 100 mg Ca, Mg, Mn(II), Fe(III), S.E., NO_3^- und F^-, Al (50), je 20 mg Bi, Cu(II), Zn und Pb, je 10 mg Th(IV), V(V), Co, Ni, Cr(III), Ti(IV) und Sn(IV), sowie Mo(VI) (1) und W(VI) (1). Das Verfahren fand zur Bestimmung von U in Silicatgestein, Phosphat, Bauxit und Kohlenaschen Anwendung.

B: 0,0001–0,05% U. F_r: ±5%.

Arbeitsvorschrift [*106*]

Reagentien

HF (40%); HNO_3 (1,40); 0,01n HNO_3;
HCl (1,19); 4n HCl; 1n HCl; 0,1n HCl (mit Äther gesättigt);
Ascorbinsäure;
Äthanol;
4n HCl/Äthanol-Gemisch (1 + 4);
Anionenaustauscher Dowex 1 (Cl^--Form; 50—100 mesh); das mit 1n HCl Fe-frei gewaschene Harz wird mehrmals mit Äthanol gewaschen, als alkoholische Aufschlämmung in die Säule (20 cm lang, 0,7 cm ⌀) eingefüllt (Harzbettlänge 15 cm; mit Glaswolle abgeschlossen). Durchbruchskapazität: 10,8 mg U/g Harz.

1,0 g Probematerial wird in einer Platinschale mit HF auf dem Wasserbad eingedampft (da gelegentlich herausgelöstes Platin im unteren Teil des Harzbettes mit roter Farbe adsorbiert wird, ist die Verwendung von Kunststoffschalen vorteilhaft) und der Rückstand erneut mit HF unter Zusatz einiger Milliliter HNO_3 (1,40) eingedampft. Den Eindampfrückstand raucht man 3–4mal mit HNO_3 (1,40) auf dem Wasserbad ab, führt mit heißer 4n HCl in eine Glas-, Porzellan- oder Quarzschale über (bei Verwendung von Kunststoffschalen wird die Behandlung mit 4n HCl in diesen durchgeführt), dampft auf dem Wasserbad 2–3mal mit HCl (1,19) (oder auch 4n HCl) ein, löst den Trockenrückstand unter gelindem Erwärmen in 50 ml 4n HCl und filtriert unter Nachwaschen mit 50 ml 4n HCl durch ein Schwarz- oder Weißbandfilter in einen 100 ml-Meßkolben.

Ein aliquoter Teil von 25,0 ml Probelösung wird zur Reduktion von Fe(III) innerhalb 1 Std in kleinen Anteilen mit Ascorbinsäure versetzt, bis sich der Farbton der Lösung nicht mehr ändert (meist sind 2 g Ascorbinsäure ausreichend; nach ~ 1 Std ist die Reduktion praktisch vollständig). Hierauf fügt man 100 ml Äthanol, sowie 0,5 g Ascorbinsäure hinzu und schickt die Lösung mit einer Geschwindigkeit von 0,5 ml/min durch die vorher mit 50 ml 4n HCl/Äthanol-Gemisch (die Mischung soll 12–24 Std alt sein) gewaschene Austauschersäule. Anschließend wird das Harz mit 50–100 ml 4n HCl/Äthanol-Gemisch (mit 2% Ascorbinsäure; mindestens 2 Std alt) solange gewaschen, bis im Durchlauf kein Fe mehr nachweisbar ist und dann mit 50 ml 4n HCl/Äthanol-Gemisch nachgewaschen. Hierauf eluiert man das U mit 100 ml 0,1n HCl unmittelbar in einen 100 ml-Meßkolben, dampft einen aliquoten Teil des Eluates oder das gesamte Eluat in einer Quarzschale auf dem Wasserbad ein, glüht den Rückstand kurz und dampft nach Zusatz von 10 ml 4n HCl erneut zur Trockene ein. Der Rückstand (0,1–10 μg U enthaltend) wird mit 10,0 ml 0,01n HNO_3 (bei <0,2 μg U nimmt man mit 1,0 ml 0,01n HNO_3 auf und verwendet später eine Mikrozelle) aufgenommen und wie bei Verfahren G.3.1. fortgefahren.

H. Verschiedenes

An weiteren Reagentien zur photometrischen Bestimmung von U sind zu nennen: Oxin/$CHCl_3$ ($\varepsilon_{383} = 6820$) [*44c, 110–115*], 5,7-Dichlor-8-hydroxychinolin/$CHCl_3$, 5,7-Dibrom-8-hydroxychinolin/$CHCl_3$ [*112*], Na-DDTC/$CHCl_3$ [*116*], Benzohydroxamsäure/1-Hexanol [*117, 118*], H_2O_2 [*22, 33, 119*], Monochromschwarz 6 BN [1-(2-Hydroxy-1-naphthylazo)-2-naphthol-4-sulfosäure] [*120*], Monochromschwarzblau G [*121*], Diamantschwarz PBB [*121*], Solochrome fast red [*122*], 1-Phenyl-3-methyl-4-(3′-carboxy-4′-hydroxyphenyl-azo)-pyrazol-5-on [*123*], Morin [*124*], Ammoniumthioglykolat [*125*], $[Fe(CN)_6]^{4-}$ [*4, 126*], Ammoniumdiäthanoldithiocarbamat [*127*], Rhodamin B/Benzol (fluorimetrisch) [*128*], Rhodamin B/Benzol-Diäthyläther-MIBK (6,4:2:1,6) (photometrisch, pH 4,5, $\varepsilon_{555} = 102700$) [*129*], n-Propyl-2,3,4-trihydroxybenzoat/t-Pentanol [*130*] und Glyoxal-bis-(2-hydroxyanil) ($\varepsilon_{565-575} = 24000$) [*131*].

Nach vorangehender Isolierung mittels Ionenaustauscher wurde U in Plutonium ($\geqq 2$ ppm U) röntgenspektrometrisch bestimmt [*132*].

Tabelle 179a. Nachtrag — Weitere Verfahren[1]

Methode	Probematerial. Verfahren. Bestimmungsbereich	Literatur
F	Wässer. Isol: IoA Dowex 1X8 aus 0,01 m H_2SO_4, Elution mit 2 m H_2SO_4. Best: UO_2^{2+} in 1,35 m H_2SO_4/1,35 m H_3PO_4, Anregung 280 nm/Messung 470—510 nm. L_D: 0,1—0,3 ppb U; V: ± 8,5%.	[*133*]
Ph	Wäßrige Lösung. Best: Chromazurol S + Cetylpyridiniumbromid, pH 4,8, 625 nm, $\varepsilon_{625} = 99000$. B: 0,06—2 ppm U.	[*134*]
Trennung	Wäßrige Lösung. Isol: Ex von U(IV) aus HNO_3-Lösung mit TBP (optimal: ~8,5 n HNO_3, $D = 110$), 5% Di-(2-äthylhexyl)-phosphorsäure/Xylol (optimal: 1 n HNO_3, $D = 800$; 4,5—5 n HNO_3, $D = 510$) und Alkylaminen.	[*135*]

[1] Abkürzungen s. S. XIII.

Literatur

1. Hillebrand, W. F.: U.S. Geol. Surv., Bull. **78**, 47 (1891).
2. Pierle, C. A.: Ind. Eng. Chem. **12**, 60 (1920).
3. Rodden, C. J.: Analyt. Chem. **21**, 327 (1949).
4. Rodden, C. J.: Analytical chemistry of the Manhattan Project, National Nuclear Energy Series, New York: McGraw-Hill Book Co., 1950.
5. Hecht, F., Grünwald, A.: Mikrochem. verein. Mikrochim. Acta **30**, 279 (1942).
6. Norström, A., Sillén, L. G.: Svensk. kem. Tidskr. **60**, 232 (1948).
7. Korkisch, F. E., Rigele, O.: Mikrochem. verein. Mikrochim. Acta **35**, 365 (1950).
8. Scott, T. R.: Analyst **74**, 486 (1949).
9. Hecht, F., Korkisch, F.: Mikrochem. verein. Mikrochim. Acta **28**, 30 (1940).
10. Eichner, C., Goldschmidt, B., Vertes, P.: Bull. Soc. chim. France **18**, 140 (1951).
11. Glueckauf, E., McKay, H. A. C.: Nature (Lond.) **165**, 594 (1950).
12. Asprey, L. B., Stephanou, S. G., Penneman, P. A.: J. Am. chem. Soc. **72**, 1425 (1950).
13. Hecht, F., Gerhold, M.: Mikrochem. verein. Mikrochim. Acta **35**, 359 (1950).
14. Cunningham, B. B., Werner, L. B.: J. Am. chem. Soc. **71**, 1521 (1949).
15. Hardwick, W. H., Moreton-Smith, M.: Analyst **83**, 9 (1958).
16. Nietzel, O. A., de Sesa, M. A.: Analyt. Chem. **29**, 756 (1957).
17. Grimaldi, F. S., Levine, H.: U.S. Geol. Surv. A.E.C.D.-2824 (1950).
18. Grimaldi, F. S., May, I., Fletcher, M. H., Titcomb, J.: U.S. Geol. Surv., Bull. **1006**, 184 (1954).

19. GRIMALDI, F. S., MAY, I., FLETCHER, M. H.: U.S. Geol. Surv., Circ. **199**, (1952).
20. KOSTA, L.: Bull. Sci. Yugoslav. **1**, 41 (1953).
21. ADAMS, J. A. S., MAECK, W. J.: Analyt. Chem. **26**, 1635 (1954).
22. GUEST, R. J., ZIMMERMAN, J. B.: Analyt. Chem. **27**, 931 (1955).
23. CENTANNI, F. A., ROSS, A. M., DE SESA, M. A.: Analyt. Chem. **28**, 1651 (1956).
24. VOZZELLA, P. A., POWELL, A. S., GALE, R. H., KELLY, J. E.: Analyt. Chem. **32**, 1430 (1960).
25. CUTTITTA, F., DANIELS, G. J.: Analyt. chim. Acta **20**, 430 (1959).
26. MENKE, H., HERRMANN, G.: Z. anal. Chem. **175**, 324 (1960).
27. ATHAVALE, V. T., MAHAJAN, L. M., THAKOOR, N. R., VARDE, M. S.: Analyt. chim. Acta **21**, 353 (1959).
28. PFEIFER, V., HECHT, F.: Mikrochim. Acta (Wien) **1960**, 378.
29. PAIGE, B. E., ELLIOTT, M. C., REIN, J. E.: Analyt. Chem. **29**, 1029 (1957).
30. FRANCOIS, C. A.: Analyt. Chem. **30**, 50 (1958).
31. EUDES, J.: Chem.-Ing. Techn. **31**, 31 (1959).
32. BUCHANAN, R. F., HUGHES, J. P., HINES, J. J., BLOOMQUIST, C. A. A.: Talanta **6**, 173 (1960).
33. SMITH, W. B., DREWRY, J.: Analyst **86**, 178 (1961).
33a. HEUNISCH, G. W.: Analyt. chim. Acta **45**, 133 (1969).
34. McCOWN, J. J., LARSEN, R. P.: Analyt. Chem. **32**, 597 (1960).
35. McCOWN, J. J., LARSEN, R. P.: Analyt. Chem. **33**, 1003 (1961).
36. VANOSSI, R.: An. Soc. ci. argent. **137**, 3 (1944).
37. MAECK, W. J., BOOMAN, G. L., ELLIOTT, M. C., REIN, J. E.: Analyt. Chem. **30**, 1902 (1958).
38. BOOMAN, G. L., HOLBROOK, W. B.: Analyt. Chem. **31**, 10 (1959).
39. MAECK, W. J., BOOMAN, G. L., ELLIOTT, M. C., REIN, J. E.: Analyt. Chem. **31**, 1130 (1959).
40. MOORE, F. L.: Analyt. Chem. **30**, 908 (1958).
41. MOORE, F. L., REYNOLDS, S. A.: Analyt. Chem. **31**, 1080 (1959).
42. WEBSTER, R. K., DANCE, D. F., MORGAN, J. W., PREECE, E. R., SLEE, L. J., SMALES, A. A.: Analyt. chim. Acta **23**, 101 (1960).
43. MOORE, F. L.: Analyt. Chem. **32**, 1075 (1960).
44. HORTON, C. A., WHITE, J. C.: Analyt. Chem. **30**, 1779 (1958).
44a. BALTISBERGER, R. J.: Analyt. Chem. **36**, 2369 (1964).
44b. PIETSCH, R., NAGL, G.: Z. anal. Chem. **208**, 328 (1965).
44c. KEIL, R.: Z. anal. Chem. **244**, 165 (1969).
45. KHOPKAR, S. M., DE, A. K.: Analyst **85**, 376 (1960).
45a. DHARA, S. C., KHOPKAR, S. M.: Mikrochim. Acta (Wien) **1965**, 931.
46. KRISHEN, A., FREISER, H.: Analyt. Chem. **29**, 288 (1957).
47. BETTS, R. H., CAHN, R. P.: National Research Council of Canada, Rept. MX/219 (1946).
48. CLAYTON, R. F., HARDWICK, W. H., MORETON-SMITH, M., TODD, R.: Analyst **83**, 13 (1958).
49. FRITZ, J. S., JOHNSON-RICHARD, M.: Analyt. chim. Acta **20**, 164 (1959).
50. FOREMAN, J. K., RILEY, C. J., SMITH, T. D.: Analyst **82**, 89 (1957).
51. MADDOCK, R. S., MEINKE, W. W.: Progress Rept. No. 9, U.S. AEC Project No. 7 (Nov. 1960)
52. FURMAN, N. H., MASON, W. B., PEKOLA, J. S.: Analyt. Chem. **21**, 1325 (1949).
53. RULFS, C. L., DE, A. K., ELVING, P. J.: Analyt. Chem. **28**, 1139 (1956).
54. ZIEGLER, M.: Naturwiss. **46**, 353 (1959).
54a. KORKISCH, J.: Mikrochim. Acta (Wien) **1967**, 401.
55. BURSTALL, F. H., WELLS, R. A.: Analyst **76**, 396 (1951).
56. RYAN, W., WILLIAMS, A. F.: Analyst **77**, 293 (1952).
57. HECHT, F., KORKISCH, J., PATZAK, R., THIARD, A.: Mikrochim. Acta (Wien) **1956**, 1283.
58. KORKISCH, J., FARAG, A., HECHT, F.: Z. anal. Chem. **161**, 92 (1958).
59. TERA, F., KORKISCH, J.: Analyt. chim. Acta **25**, 222 (1961).
60. BOASE, D. G., FOREMAN, J. K.: Talanta **8**, 187 (1961).
61. TOMIC, E., LADENBAUER, I., POLLAK, M.: Z. anal. Chem. **161**, 28 (1958).
62. WEISS, H. V., LAI, M. G., GILLESPIE, A.: Analyt. chim. Acta **25**, 550 (1961).
63. FRITZ, J. S., BRADFORD, E. C.: Analyt. Chem. **30**, 1021 (1958).
64. HOLCOMB, H. P., YOE, J. H.: Analyt. Chem. **32**, 612 (1960).
65. HOLCOMB, H. P., YOE, J. H.: Microchem. J. (New York) **4**, 463 (1960).
66. KUZNETSOV, V. I., KUKISHEVA, T. N.: Zavodskaja Lab. **26**, 1344 (1960); ref. Anal. Abstr. **8**, 2845 (1961).
66a. SAVVIN, S. B.: Talanta **8**, 673 (1961).
66b. SINGER, E., MATUCHA, M.: Z. anal. Chem. **191**, 248 (1962).
66c. PÉREZ-BUSTAMANTE, J. A., DELGADO, F. P.: Analyst **96**, 407 (1971).

66d. Singer, E., Mareček, J.: Z. anal. Chem. **196**, 321 (1963).
67. Yoe, J. H., Will, F., Black, R. A.: Analyt. Chem. **25**, 1200 (1953).
68. Blanquet, P.: Analyt. chim. Acta **16**, 44 (1957).
68a. Wood, D. F., McKenna, R. H.: Analyt. chim. Acta **27**, 446 (1962).
69. Hernegger, F., Karlik, B.: S.-B. Akad. Wiss. Wien, math.-naturwiss. Kl., Abt. IIa, **144**, 217 (1934).
70. Lahner, I.: S.-B. Akad. Wiss. Wien, math.-naturwiss. Kl. ,Abt. IIa, **148**, 149 (1939).
71. Northup, M. A.: Ind. Eng. Chem., Anal. Ed. **17**, 664 (1945).
72. Price, G. R., Ferretti, R. J., Schwartz, S.: Analyt. Chem. **25**, 322 (1953).
73. Grimaldi, F. S., Ward, F. N., Fuyat, R. K.: U.S. Geol. Surv., Bull. **1006**, 69 (1954).
74. Grimaldi, F. S., Guttag, N. S.: U.S. Geol. Surv., Bull. **1006**, 105 (1954).
75. Guttag, N. S., Grimaldi, F. S.: U.S. Geol. Surv., Bull. **1006**, 111, 117 (1954).
76. Smith, A. P., Grimaldi, F. S.: U.S. Geol. Surv., Bull. **1006**, 125 (1954).
77. Fletcher, M. H.: U.S. Geol. Surv., Bull. **1006**, 51 (1954).
78. Hahofer, E., Hecht, F.: Mikrochim. Acta (Wien) **1954**, 417.
78a. Sommer, J.: Chem. Techn. **15**, 38 (1963).
78b. Singer, E., Cifkova, D.: Z. anal. Chem. **202**, 401 (1964).
79. Hoffmann, J.: Wien. tierärztl. Mschr. **28**, 651 (1941).
80. Neuman, W. F., Fleming, R. W., Carlson, A. B., Glover, N.: J. biol. Chem. **173**, 41 (1948).
81. Jaroszeski, R. A., Gregg, C. C.: Analyt. Chem. **37**, 766 (1965).
82. Desai, S. R., Sudhalatha, K. K.: Analyst **94**, 699 (1969).
83. Cheng, K. L., Bray, R. H.: Analyt. Chem. **27**, 782 (1955).
84. Cheng, K. L., Bray, R. H.: Analyt. Chem. **30**, 1027 (1958).
85. Shibata, S.: Analyt. chim. Acta **22**, 479 (1960).
86. Cheng, K. L.: Talanta **9**, 739 (1962).
87. Gill, H. H., Rolf, R. F., Armstrong, G. W.: Analyt. Chem. **30**, 1788 (1958).
88. Pollard, F. H., Hanson, P., Geary, W. J.: Analyt. chim. Acta **20**, 26 (1959).
89. Florence, T. M., Farrar, Y.: Analyt. Chem. **35**, 1613 (1963).
90. Johnson, D. A., Florence, T. M.: Analyt. chim. Acta **53**, 73 (1971).
91. Florence, T. M., Johnson, D. A., Farrar, Y. J.: Analyt. Chem. **41**, 1652 (1969).
92. Currah, J. E., Beamish, F. E.: Analyt. Chem. **19**, 609 (1947).
93. Crouthamel, C. E., Johnson, C. E.: Analyt. Chem. **24**, 1780 (1952).
94. Habashi, F.: Talanta **2**, 380 (1959).
95. Marcus, Y.: Talanta **5**, 289 (1960).
96. Gerhold, M., Hecht, F.: Mikrochem. verein. Mikrochim. Acta **36/37**, 1100 (1950/51).
97. Silverman, L., Moudy, L.: Nucleonics **12**, 60 (1954).
98. Clinch, J., Guy, M. J.: Analyst **82**, 800 (1957).
99. Harris, W. E., Kolthoff, I. M.: J. Am. chem. Soc. **67**, 1484 (1945).
100. v. Stackelberg, M.: Polarographische Arbeitsmethoden. Berlin: W. de Gruyter & Co., 1950.
101. Vouk, V. B., Branica, M., Weber, O. A.: Arhiv Kem. **25**, 225 (1953).
102. Weber, O. A., Branica, M., Vouk, V. B.: Arhiv Kem. **25**, 235 (1953).
103. Valič, F., Weber, O. A.: Arhiv Kem. **27**, 53 (1955).
104. Kolthoff, I. M., Harris, W. E., Matsuyama, G.: J. Am. chem. Soc. **66**, 1782 (1944).
105. Jangg, G., Ochsenfeld, W., Habashi, F.: Z. anal. Chem. **171**, 27 (1959/60).
106. Korkisch, J., Antal, P., Hecht, F.: Z. anal. Chem. **172**, 401 (1960).
107. Antal, P.: Mikrochim. Acta (Wien) **1961**, 235.
108. Branica, M.: Arhiv Kem. **26**, 119 (1954).
109. Arden, T. V., Burstall, F. H., Linstead, R. P.: J. chem. Soc. **1949**, 311.
110. Hök, B.: Svensk. kem. Tidskr. **65**, 106 (1953).
111. Silverman, L., Moudy, L., Hawley, D. W.: Analyt. Chem. **25**, 1369 (1953).
112. Rulfs, C. L., De, A. K., Lakritz, J., Elving, P. J.: Analyt. Chem. **27**, 1802 (1955).
113. Eberle, A. R., Lerner, M. W.: Analyt. Chem. **29**, 1134 (1957).
114. Kirby, K. W., Crawley, R. H. A.: Analyt. chim. Acta **19**, 363 (1958).
115. Motojima, K., Yoshida, H., Izawa, K.: Analyt. Chem. **32**, 1083 (1960).
116. Lacoste, R. J., Earing, M. H., Wiberley, S. E.: Analyt. Chem. **23**, 871 (1951).
117. Meloan, C. E., Holkeboer, P., Brandt, W. W.: Analyt. Chem. **32**, 791 (1960).
118. Wise, W. M., Brandt, W. W.: Analyt. Chem. **27**, 1392 (1955).
119. Hackl, O.: Z. anal. Chem. **119**, 321 (1940).
120. Korkisch, J., Janauer, G. E.: Mikrochim. Acta (Wien) **1961**, 537.
121. Korkisch, J., Janauer, G. E.: Z. anal. Chem. **183**, 85 (1961).

122. Korkisch, J., Janauer, G. E.: Analyt. Chim. Acta **25**, 463 (1961).
123. Baiulescu, G., Ciurea, I. C.: Analyt. chim. Acta **24**, 152 (1961).
124. Tomic, E., Hecht, F.: Mikrochim. Acta (Wien) **1955**, 896.
125. Davenport, W. H., Jr., Thomason, P. F.: Analyt. Chem. **21**, 1093 (1949).
126. Hunt, E. C., North, A. A., Wells, R. A.: Analyst **80**, 172 (1955).
127. Haas, W., Schwarz, T.: Mikrochim. Acta (Wien) **1963**, 253.
128. Andersen, N. R., Hercules, D. M.: Analyt. Chem. **36**, 2138 (1964).
129. Moeken, H. H. Ph., van Neste, W. A. H.: Analyt. chim. Acta **37**, 480 (1967).
130. Jasim, F.: Talanta **16**, 752 (1969).
131. Wilson, A. D.: Analyst **87**, 703 (1962).
132. Hayden, J. A.: Talanta **14**, 721 (1967).
133. Danielsson, A., Rönnholm, B., Kjellström, L. E., Ingman, F.: Talanta **20**, 185 (1973).
134. Leong, C. L.: Analyt. Chem. **45**, 201 (1973).
135. Schmid, E. R.: Mikrochim. Acta (Wien) **1972**, 544.

T. U. — Transurane

Np, Neptunium; Pu, Plutonium; Am, Americum; Cm, Curium; Bk, Berkelium; Cf, Californium; Es, Einsteinium; Fm, Fermium; Md, Mendelevium; No, Nobelium; Lw, Lawrencium

Tabelle 180. Empfindlichkeit S_M und Bestimmungsgrenze L_Q der Verfahren

Element	Verfahren	μg T. U. · ml^{-1} · cm^{-1}	
		S_M	L_Q
Np	Thorin	0,016 (540 nm)	0,41 (540 nm)
	Polarographie		$0,4^{1,2}$—$1,5^{1,3}$
Pu	Arsenazo III	0,0019 (660 nm)	0,047 (660 nm)

[1] μg · ml^{-1}.
[2] V: ±30%.
[3] V: ±10%.

A. Trennungen

Einzelheiten über die Extraktion und Abtrennung der T. U. von anderen Elementen wurden bereits in früheren Abschnitten gebracht (s. S. 259ff., 1234ff.).

Am (III) kann mit 35—50% TBP/inertes organisches Lösungsmittel aus 5m $NaNO_3$-Lösung extrahiert werden (Ausbeute 75—84%) [*1*]. Pu (IV) und Pu (VI) werden aus 10m NH_4NO_3/1n HNO_3-Lösung durch verschiedene organische Lösungsmittel extrahiert ($E\%_{Pu\,(IV)}$; $E\%_{(Pu\,VI)}$) [*2, 3*]: Äthylenglykoldiäthyläther (97; 96), β,β'-Dibutoxydiäthyläther (93; 91), Cyclopentanon (91; –), TBP (99; 97), Oxin/$CHCl_3$ (90; –).

Aus 12n HCl/0,1m Hydrochinon/0,1m KI-Lösung kann Np (IV) durch Extraktion mit 0,5n Mono (2-äthylhexyl) orthophosphorsäure/Toluol von Pu (III) abgetrennt werden [*4*] ($D_{Np\,(IV)} > 800$, $D_{Pu(III),\,(VI)} \sim 0,1$). Am (III) wurde mit $(NH_4)_2S_2O_8/Ag^+$ zu Am (VI) oxydiert, anschließend Am (VI) durch Einstellung mit Ammonacetatpufferlösung auf pH 4,8—5,2 in Am (V) übergeführt, das bei der Extraktion mit 0,5m TTA/Xylol in der wäßrigen Phase verbleibt, und auf diese Weise von den dabei extrahierten Actiniden (III, IV, VI) und Lanthaniden (III, IV), allerdings nicht von Fe (III) oder Pu, abgetrennt [*4a*]. Sind diese oder größere Mengen reduzierender Stoffe in der Probe anwesend, so muß Am zuerst durch Mitfällung an LaF_3 isoliert werden. Das in der wäßrigen Phase verbliebene Am (V) wird schließlich mit Hydroxylaminsulfat zu Am (III) reduziert, welches bei pH 4—5 nun mit 0,5m TTA/Xylol quantitativ extrahiert werden kann. Aus 0,1—2n HNO_3-Lösung wurden 2—15 μg Pu (IV) mit 0,2m TTA/CCl_4 extrahiert und so von 0,2—2 g U (VI) u. a. Elementen abgetrennt, die in wäßriger Lösung verbleiben [*4b*]. Aus der organischen Phase kann Pu (IV) mit 5n $HClO_4$/0,008% Arsenazo III-Lösung rückgeschüttelt werden.

Np (IV) kann von Pu (III) und U (VI) durch Extraktion mit 0,5m TTA/Benzol [*5*] oder /Xylol [*6*] aus 1n HCl/2—2,5m KI-Lösung abgetrennt werden. Noch günstiger läßt sich die Trennung aus 1n HCl/1m Hydroxylaminhydrochlorid/0,25m $FeCl_2$-Lösung vornehmen [*6—9*] (s. S. 1276). Np (IV) wird bei einer Extraktionsdauer von 2 min zu 86,1%, von 5 min zu 97,7% und von 10 min zu 99,1% extrahiert. SO_4^{2-}, PO_4^{3-}, F^- und Oxalat stören; die Konzentration anwesender H_2SO_4 soll unter 0,1n liegen. Aus der organischen Phase kann Np(IV) mit 10n HNO_3 rückgeschüttelt und so von mitextrahiertem Pa und Zr abgetrennt werden. Durch die Extraktion mit anschließender Rückschüttelung wird Np(IV) von Al, Fe, Th, Pa, U, Pu, Am und Cm abgetrennt [*6*]. Aus 1n HNO_3-Lösung läßt sich Pu(IV) mit 0,5m TTA/Xylol oder /Benzol extrahieren [*10*] (Extraktionsdauer 2—3 min, Ausbeute 98%) und so von U(VI) [*11, 12*], Am(III), Cm, Al, Alkali- und Erdalkalimetallen, S.E. und Th abtrennen [*13*]. Zr, Pa, Np und kleine Mengen Fe begleiten das Pu(IV) in die organische Phase, doch bleiben Zr, Pa und Fe beim Rückschütteln des Pu(IV) mit 10n HNO_3 im organischen Extrakt. Durch Extraktion mit 0,2m TTA/Benzol können bei pH <2,5 Pu(IV), Pa(V), Th, Fe(III) und Zr von Am abgetrennt und anschließend Am(III) bei pH 3,25 ausgeschüttelt werden (Ausbeute ~ 97%) [*14*]. Auch Cm(III) läßt sich bei pH 3,5 mit 0,2m TTA/Toluol extrahieren [*14*]. Hinsichtlich der Abtrennung von Fe u. a. Elementen von Np, Pu, Am und Cm durch Extraktion mit TTA/Xylol [*15*] s. S. 695. Mit Hilfe eines mehrstufigen Extraktionsverfahrens wurde Bk(IV) von U, Np, Pu, Am, Cm, Cf, Ag, Al, Ba, Cs, Fe, Mo, Nb, Ni, Ru, S.E., Sr, Zr abgetrennt [*15a*]: Bk wird aus 10n HNO_3-Lösung mit 0,15m Bis-(2-äthylhexyl)orthophosphorsäure/Heptan extrahiert, mit 11,8m LiCl/0,4n HCl rückgeschüttelt, mit 30% Tricaprylamin/Xylol erneut extrahiert und mit 11n HCl rückgeschüttelt.

Aus ~ 2,8m $Al(NO_3)_3$/0,025m Tetrapropylammoniumnitrat-Lösung (mit Ammoniak um 2n Säure abgestumpft) können Np(VI) [*16*] und Pu(VI) [*17*] mit MIBK als Tetrapropylammoniumnitrat-Komplexe extrahiert und von einer Reihe anderer Elemente abgetrennt werden (s. S. 276ff., 1236); U(VI) geht ebenfalls in die organische Phase. Aus dem organischen Extrakt werden alle drei Elemente mit 1n HCl/0,5m Hydroxylaminhydrochlorid/0,25m $FeCl_2$-Lösung rückgeschüttelt, wobei Np(VI) zu Np(IV) bzw. Pu(VI) zu Pu(III) reduziert werden und U in der 6wertigen Stufe bleibt, so daß eine anschließende Extraktion mit TTA/Xylol Np(IV) von den beiden anderen Elementen abtrennt [*16*].

Mit 5% Tribenzylamin/$CHCl_3$ wird Pu(VI) aus 6n HCl/0,5n HNO_3-Lösung mit einer Ausbeute von 51,3%, aus 9n HCl/0,5n HNO_3-Lösung zu 74% extrahiert [*18*]. Hinsichtlich der Abtrennung der T.U. von den S.E. s. S. 1078. Zur Bestimmung von Pu in Harn und Knochenasche wurde dieses aus 1m H_2SO_4-Lösung mit 5 Vol.-% Primene JM-T (verzweigte C_{18}—C_{23}-Amine)/Xylol extrahiert, mit 8n HCl rückgeschüttelt und radiometrisch gemessen [*19*]. In einer anderen Arbeit [*19a*] erfolgte die Trennung des Np von Pu, Am, Cm, U, Th und Spaltprodukten durch kombinierte Extraktion: zuerst wurde Np(IV) von der Hauptmenge an Pu, Am, Cm und Spaltprodukten durch Extraktion mit 10% Triisooctylamin/Xylol aus 2—6n HNO_3-Lösung abgetrennt, aus der organischen Phase mit 1,0n HCl rückgeschüttelt, mit 0,5m TTA/Xylol erneut extrahiert und radiometrisch bestimmt.

Pu bildet mit einer Reihe von Reagentien Komplexe, die mit organischen Lösungsmitteln ausgeschüttelt werden können [*20*] (s. Tab. 181).

Zur Isolierung der T.U. finden oft auch Ionenaustauscher Anwendung. Aus 12n HCl/0,25m HI-Lösung läßt sich Pu(IV) mit Anionenaustauscher Dowex 1 von den meisten Elementen abtrennen, wobei es lediglich von Fe begleitet wird [*2*]. Ebenso können Pu(VI) und Pu(IV) mit dem gleichen Austauscher aus ~ 15n HNO_3 isoliert und anschließend mit 1n HNO_3 und Hydroxylaminhydrochlorid als Pu(III) eluiert werden [*2*]. Np und Pu können aus HCl-Lösung mit Dowex 1 getrennt werden, indem man diese zu Np(IV) und Pu(III) reduziert, so daß ersteres auf der Säule bleibt und Pu(III) in den

Tabelle 181. Extraktion von Pu mit organischen Reagentien [20]

Ion	Reagens	pH	organisches Lösungsmittel
Pu (IV)	Acetylaceton	2 —10	Benzol
	Benzoylaceton	3	Benzol
	Monofluoraceton	3	Benzol
	Trifluoraceton	2 — 4	Benzol
	5-p-Acetamidophenylazo-8-hydroxychinolin	4	Amylacetat
	Oxin	bis 8	Amylacetat
	Anthranilsäure	3	Amylacetat
	Salicylsäure	2 — 5	Amylacetat
	Cupferron	0,5— 2	$CHCl_3$
	1-Nitroso-2-naphthol	2	MIBK
Pu (VI)	Oxin	4 — 8	Amylacetat
	Na-DDTC	3	Amylacetat, Amylalkohol

Durchlauf geht. Am (III) läßt sich aus 6—10n HCl-Lösung mittels Dowex 1 von U (VI), Pu (IV, VI) und Np (IV, VI) abtrennen, die auf dem Austauscher bleiben, während Am (III) in den Durchlauf geht. Pu (IV) wurde von Am (III) aus 12n HCl/0,1n HNO_3-Lösung mittels Anionenaustauscher AG 1X10 (Cl^--Form) abgetrennt, wobei letzteres in den Durchlauf geht [4]. Anschließend kann Pu (IV) mit 1n HCl eluiert werden.

Bei mehrstufigen Isolierungsverfahren wird auch die Spurenfällung verschiedentlich herangezogen. So wurden Np [7] und Pu [7, 21] durch Fällung in ~2n HNO_3-Lösung mit LaF_3 als Spurenfänger isoliert. Zur Isolierung von Pu fand auch $BiPO_4$ als Spurenfänger Verwendung [12]. Pu wurde auch durch Kokristallisation mit Kaliumrhodizonat bei pH 9 isoliert [21] (s. S. 57ff.).

B. Np — Neptunium

I. Thorin

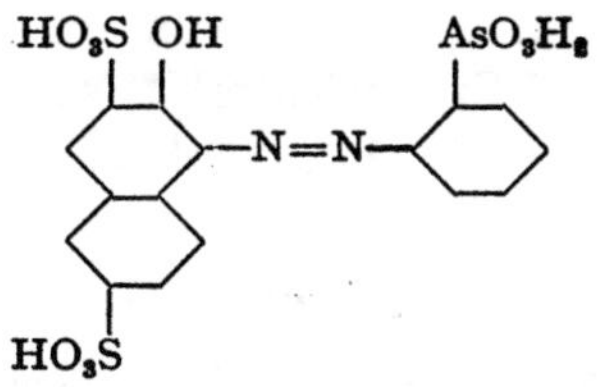

Np (IV) bildet mit Thorin [Dinatriumsalz der 1-(o-Arsonophenylazo)-2-naphthol-3,6-disulfosäure, s. a. S. 1189] in ~0,4n HNO_3-Lösung einen gefärbten Komplex [22]. Am günstigsten ist eine Säurekonzentration von $0{,}4 \pm 0{,}1$n HNO_3, außerhalb dieses Bereiches fällt die Extinktion ab. Das Extinktionsmaximum liegt bei 540 nm ($\varepsilon_{540} =$ 14500; s. Abb. 233). Das Beersche Gesetz ist im Bereich von 0,4—16 µg Np/ml erfüllt. Die Farbe ist 1 Std stabil. Zur Reduktion zu Np (IV) wird $Fe(NH_2SO_3)_2$ verwendet. Da Thorin auch mit anderen Elementen wie Th, U, Pu (IV) und Zr (s. S. 1189, 1242, 1279, 1375) reagiert, ist eine vorangehende Isolierung des Np erforderlich.

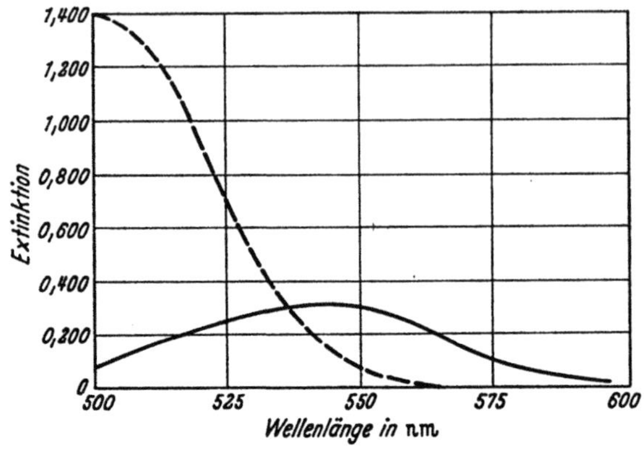

Abb. 233. Extinktionskurven von Np + Thorin (———) und von Thorin (- - - -) [22]

Arbeitsvorschrift [22]

Reagentien

4n HNO_3;
2m $Fe(NH_2SO_3)_2$ (s. S. 1251);
Thorin, 0,1%ige wäßrige Lösung.

Die Probelösung (10—400 μg Np enthaltend) führt man in einen 25 ml-Meßkolben über, in welchen 0,5 ml $Fe(NH_2SO_3)_2$-Lösung und genügend HNO_3 (für eine Säurekonzentration von 4n im Endvolumen) vorgelegt sind, läßt nach dem Mischen 15 min stehen, versetzt dann mit 2,5 ml Thorin-Lösung, füllt mit Wasser zur Marke auf und photometriert nach einer Standzeit von 30 min in einer 1 cm-Küvette bei 540 nm gegen den Blindwert.

II. Polarographie

Np(IV) läßt sich in 1n HCl/0,1m Hydroxylaminhydrochlorid als Grundelektrolyt bei seinem Halbstufenpotential von −0,11 V polarographisch bestimmen [23]. Zur Vermeidung einer Störung durch U(VI), Pu(IV), Cu(I) u. a. ist es aber günstiger, die Bestimmung in 0,1m ÄDTA/1m Hydroxylaminhydrochlorid (pH 6) als Grundelektrolyt bei dem verschobenen Halbstufenpotential von −0,8V durchzuführen [9]. Die Bestimmung von 50 μg Np(IV)/ml Grundelektrolyt wird nicht gestört durch (in μg/ml): Cd (10), Cu(II) (10), Fe(II) (200), Pb (10), U(VI) (50) und Pu(IV) (50).

1. Plutonium

Nach dem Lösen der Probe werden Pu mit Hydroxylaminhydrochlorid zu Pu(III) und Np mit $FeCl_2$ zu Np(IV) reduziert, letzteres durch Extraktion mit TTA/Xylol aus 1n HCl/1m Hydroxylaminhydrochlorid/0,12m $FeCl_2$-Lösung von Pu, U u. a. Elementen abgetrennt, aus dem organischen Extrakt mit 10n HNO_3 rückgeschüttelt und anschließend in 0,1m ÄDTA/1m Hydroxylaminhydrochlorid (pH 6) als Grundelektrolyt polarographisch bestimmt (in der Originalarbeit fand ein square wave-Polarograph mit Hg-pool-Anode Anwendung). Die Extraktion wird in einem Rührextraktor (s. Abb. 234) durchgeführt.

B: 0,001–0,2% Np. *V:* ±2–10%.

Arbeitsvorschrift [*9*]

Reagentien

HCl (1,18); 10n HCl; 1n HCl; HNO_3 (1,42); 10n HNO_3; $HClO_4$ (60%);
5m Hydroxylaminhydrochlorid; 175 g Reagens werden in Wasser gelöst und auf 500 ml aufgefüllt;
$FeCl_2 \cdot 4\,H_2O$;
0,5m TTA/Xylol; 28 g TTA werden in 200 ml Xylol gelöst, filtriert und mit Xylol auf 250 ml aufgefüllt;
1m ÄDTA;
Ammoniak (0,88).

300 mg Probematerial werden in einem mit Uhrglas bedeckten 30 ml-Becherglas mit 5 ml Wasser und 0,5 ml 10n HCl (tropfenweise zugesetzt) gelöst, nach Abklingen der Reaktion 1 ml 10n HCl sowie 2 ml Hydroxylaminhydrochlorid-Lösung zugesetzt und zum vollständigen Lösen auf der Heizplatte erhitzt. Nach Verdünnen auf 10 ml und Zusatz von 250 mg $FeCl_2 \cdot 4\,H_2O$ wird die Lösung in das Extraktionsgefäß übergeführt, 5 min stehen gelassen und dann mit 5 ml TTA/Xylol durch Rühren 10 min extrahiert. Nach der Phasentrennung entfernt man die organische Phase vollständig und wiederholt die Extraktion mit weiteren 5 ml TTA/Xylol. Die wäßrige Phase wird in die Probenflasche (s. Abb. 234) abgezogen, der vereinigte organische Extrakt im Extraktionsgefäß 5 sec mit 1 ml 1n HCl gewaschen, die Waschlösung abgezogen und verworfen, anschließend das Np mit 5 ml 10n HNO_3 10 min rückgeschüttelt, die wäßrige Phase sorgfältig in eine gereinigte Probenflasche abgezogen und das Rückschütteln mit weiteren 5 ml 10n HNO_3 wiederholt. Den vereinigten salpetersauren Auszug engt man in einem 100 ml-Becherglas auf der Heizplatte auf ~ 3 ml ein, versetzt mit 5 ml HNO_3 (1,42), dampft auf 1 ml ein und wiederholt den Vorgang noch zweimal. Nun werden 3 ml $HClO_4$ und weitere kleine

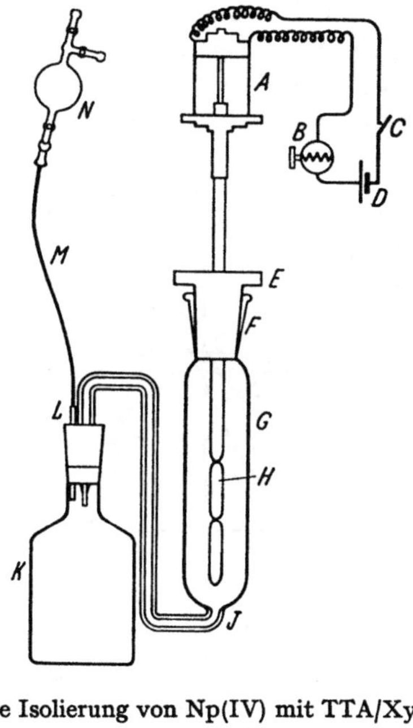

Abb. 234. Rührextraktor für die Isolierung von Np(IV) mit TTA/Xylol [*9*]. *A* Rührmotor, *B* Regelwiderstand (25 Ω), *C* Schalter, *D* 6 V-Batterie, *E* Polyäthylenstopfen, *F* Schliffhals, *G* Extraktionsgefäß aus Glas (Volumen 20 ml), *H* Glasrührer, *J* Capillarrohr (0,2 mm i. ⌀), *K* Absaugflasche aus Glas (Volumen 20 ml), *L* Capillarrohr aus korrosionsbeständigem Stahl, *M* PVC-Schlauch, *N* Saugball aus Gummi

Anteile HNO_3 (1,42) zur vollständigen Oxydation organischer Substanz zugesetzt, die $HClO_4$ durch Eindampfen bis zum Auftreten fester Perchlorate entfernt, der Rückstand durch Erwärmen mit 1 ml HCl (1,18) und 1 ml Wasser gelöst, in ein 10 ml-Becherglas übergeführt und nach Zusatz von 2 ml Hydroxylaminhydrochlorid-Lösung auf ~ 0,5 ml langsam eingedampft. Man versetzt mit 0,5 ml ÄDTA-Lösung, stellt mit Ammoniak auf pH 5,5—6,5 ein, füllt in einem 5 ml-Meßzylinder mit Wasser zur Marke auf, führt einen aliquoten Teil von 2 ml in eine Meßzelle über und polarographiert nach 3 min dauerndem Einleiten von Stickstoff bei −0,8 V.

C. Pu — Plutonium

I. Arsenazo III

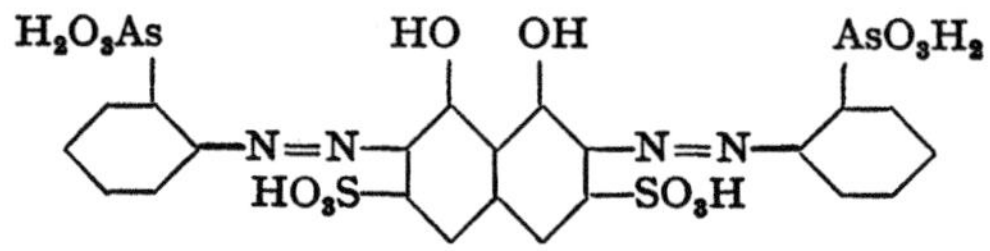

Pu(IV) bildet mit Arsenazo III [Dinatriumsalz der 2,7-Bis(o-arsenophenylazo)-1,8-dihydroxynaphthalin-3,6-disulfosäure] in 4—7n HNO_3- [*24*] und 4,5—6n $HClO_4$-Lösung [*4b*] einen grünen Komplex mit zwei Extinktionsmaxima bei 610 nm und 660 nm (s. Abb. 235; $\varepsilon_{660} = 130000$ [*4b*]). Das Beersche Gesetz gilt im Bereich von 0,05—1,6 μg Pu/ml. Die Farbe ist sofort voll entwickelt und mindestens 2 Std stabil. In Anwesenheit oxydierender Stoffe, wie z.B. NO_2^-, nimmt die Extinktion langsam ab, doch läßt sich dies mit Harnstoff verhindern. Eine Reihe von Elementen reagiert mit Arsenazo III (s. S. 1187, 1240), weshalb das Pu durch Extraktion mit TTA/CCl_4 isoliert werden muß. Die Bestimmung von 2—15 μg Pu durch Extraktion mit TTA/CCl_4 und anschließendes Rückschütteln mit 5n $HClO_4$/0,008% Arsenazo III-Lösung (s. Arbeitsvorschrift [*4b*]) wird nicht gestört durch (Fehler $\leqq \pm 5\%$) [*4b*]: 200—2000 mg U(VI), jeweils 1 mg La, Mo(VI), Sm und Y, $\leqq$ 0,0005m Oxalat, $\leqq$ 0,001m F^-, $\leqq$ 0,01m SO_4^{2-} und $\leqq$ 0,05m

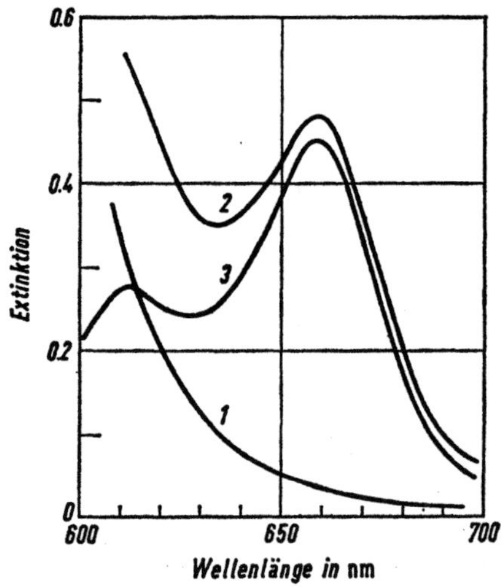

Abb. 235. Extinktionskurven von Arsenazo III (*1*) (Blindlösung, gegen Wasser gemessen) und Pu + Arsenazo III (*2* gegen Wasser, *3* gegen Blindlösung gemessen) [*4b*]

PO_4^{3-}. Jeweils 1 mg Ce(IV) und Th stören nicht, wenn sie durch Zusatz von 1 ml 0,04m NaF-Lösung (vor der Hydroxylaminlösung zugesetzt) maskiert werden. Zr stört und muß auf andere Weise vorher abgetrennt werden.

1. Uran

B: 1—>80 ppm Pu. F_r: ±5%.

Arbeitsvorschrift [*4b*]

Reagentien

HNO_3 (1,40); 0,5n HNO_3; 0,5n $HClO_4$.
Arsenazo III-Lösung; 8,0 ml 0,1%ige wäßrige Arsenazo III-Lösung mischt man mit 4 ml 1%iger Harnstoff-Lösung sowie 83 ml 6,0n $HClO_4$ und füllt mit Wasser auf 100 ml auf.
0,2m TTA in CCl_4.
Hydroxylaminhydrochlorid, 3,5%ige wäßrige Lösung.
KNO_2, 8,5%ige wäßrige Lösung.

0,2—2 g Probematerial (0,5—16 μg Pu enthaltend) löst man in HNO_3, dampft fast zur Trockene ein, löst den Rückstand mit 20 ml 0,5n HNO_3, versetzt mit 0,5 ml Hydroxylaminhydrochloridlösung und erhitzt 30 min auf dem siedenden Wasserbad. Nach dem Abkühlen werden 2 ml KNO_2-Lösung hinzugefügt, unter Nachwaschen mit 0,5n HNO_3 in einen 50 ml-Schütteltrichter übergeführt, mit 0,5n HNO_3 auf 40 ml gebracht und 20 min mit 10 ml TTA/CCl_4 extrahiert. Man führt die organische Phase in einen zweiten Schütteltrichter über, verwirft die wäßrige Lösung, wäscht die organische Phase 10 min mit 20 ml 0,5n $HClO_4$ und führt den organischen Extrakt in einen dritten Schütteltrichter über. Die organische Phase wird nun 5 min mit 10,0 ml Arsenazo III-Lösung geschüttelt und letztere nach der Phasentrennung in einer 1 cm-Küvette bei 660 nm gegen den Blindwert photometriert.

D. Verschiedenes

An weiteren Reagentien zur photometrischen Bestimmung von Pu(IV) sind zu erwähnen: Alizarinsulfosäure ($\varepsilon_{530} = 9800$) [*2, 25*] und Thorin ($\varepsilon_{540} = 11000$) [*2, 26*].

Literatur

1. Walsh, K. A.: U.S. Atomic Energy Commission Declass. Rept., LA-1861 (Jan. 1955).
2. Metz, C. F.: Analyt. Chem. **29**, 1758 (1957).
3. Rodden, C. J.: Analyt. Chem. **31**, 1940 (1959).
4. Buchanan, R. F., Hughes, J. P., Hines, J. J., Bloomquist, C. A. A.: Talanta **6**, 173 (1960).
4a. Stokely, J. R., Jr., Moore, F. L.: Analyt. Chem. **39**, 994 (1967).
4b. Yamamoto, T., Muot, H., Kihara, S., Motojima, K.: Analyt. chim. Acta **56**, 191 (1971).
5. Magnusson, L. B., Hindman, J. C., La Chapelle, T. J.: U.S. Atomic Energy Commission Declass. Rept., ANL-4066 (Oct. 1944).
6. Moore, F. L.: Analyt. Chem. **29**, 941 (1957).
7. Moore, F. L.: Analyt. Chem. **30**, 1368 (1958).
8. Goto, H., Kakita, Y.: Sci. Rep. Res. Inst. Tohoku Univ., Ser. A **5**, 554 (1953).
9. Slee, L. J., Phillips, G., Jenkins, E. N.: Analyst **84**, 596 (1959).
10. Moore, F. L., Hudgens, J. E., Jr.: U.S. Atomic Energy Commissions Secret Rept., ORNL-153 (Sept. 1948).
11. Rydberg, J., Sillén, L. G.: Acta chem. scand. **9**, 1241 (1955).
12. Rydberg, J.: Acta chem. scand. **9**, 1252 (1955).
13. Moore, F. L., Hudgens, J. E., Jr.: Analyt. Chem. **29**, 1767 (1957).

14. MAGNUSSON, L. B., ANDERSON, M. L.: J. Am. chem. Soc. **76**, 6207 (1954).
15. MOORE, F. L.: Analyt. Chem. **31**, 1148 (1959).
15a. MOORE, F. L., MULLINS, W. T.: Analyt. Chem. **37**, 687 (1965).
16. MAECK, W. J., BOOMAN, G. L., ELLIOTT, M. C., REIN, J. E.: Analyt. Chem. **32**, 605 (1960).
17. MAECK, W. J., KUSSY, M. E., BOOMAN, G. L., REIN, J. E.: Analyt. Chem. **33**, 998 (1961).
18. MOORE, F. L.: Analyt. Chem. **29**, 1660 (1957).
19. BRUENGER, F. W., STOVER, B. J., ATHERTON, D. R.: Analyt. Chem. **35**, 1671 (1963).
19a. SCHNEIDER, R. A.: Analyt. Chem. **34**, 522 (1962).
20. HARVEY, B. G., HEAL, H. G., MADDOCK, A. G., ROWLEY, E. L.: J. chem. Soc. (London) **1947**, 1010.
21. WEISS, H. V., SHIPMAN, W. H.: Analyt. Chem. **33**, 37 (1961).
22. BRITT, R. D., Jr.: Analyt. Chem. **33**, 969 (1961).
23. HINDMAN, J. C., KRITCHEVSKY, E. S.: J. Am. chem. Soc. **72**, 953 (1950).
24. NEMODRUK, A. A., KOCHETKOVA, N. E.: J. anal. Chim. (USSR) **18**, 333 (1963).
25. KING, G. L.: U.S. Atomic Energy Commission Rept. LA-1197 (Jan. 1951); ref. in Lit. Nr. [2].
26. HEALY, T. V., BROWN, P. E.: Brit. Atomic Energy Res. Establ., Rept. AERE C/R 1287 (Nov. 1953); ref. in Lit. Nr. [2].

V — Vanadin

Tabelle 182. Empfindlichkeit S_M und Bestimmungsgrenze L_Q der Verfahren

Verfahren	$\mu g\ V \cdot ml^{-1} \cdot cm^{-1}$	
	S_M	L_Q
Benzohydroxamsäure/1-Octanol oder 1-Hexanol	0,013 —0,015 (450 nm)	0,32 —0,36 (450 nm)
N-Benzoyl-N-phenylhydroxylamin/$CHCl_3$	0,011 (510—530 nm)	0,28 (510—530 nm)
N-Cinnamoyl-N-phenylhydroxylamin/$CHCl_3$	0,0081 (540 nm)	0,20 (540 nm)
N-2-Thiophencarbonyl-N-p-tolylhydroxylamin/ $CHCl_3$	0,0089 (530 nm)	0,22 (530 nm)
N-2-Thiophencarbonyl-N-phenylhydroxylamin/ $CHCl_3$	0,0093 (530 nm)	0,23 (530 nm)
3,3'-Dimethylnaphthidin	0,0016—0,0018 (550 nm)	0,040—0,045 (550 nm)
8-Hydroxychinolin/$CHCl_3$	0,015 (550 nm)	0,38 (550 nm)
4-(2-Pyridylazo)-resorcinol	0,0014 (550 nm)	0,035 (550 nm)
Vanadophosphorwolframsäure/wäßrige Lösung	0,027 (400 nm)	0,67 (400 nm)
Vanadophosphorwolframsäure/Isobutanol	0,023 (400 nm)	0,58 (400 nm)
Polarographie		0,1 —0,5[1, 2]; ~ 2[1, 3]

[1] $\mu g \cdot ml^{-1}$.
[2] $F_r = \pm$ 20—30%.
[3] $F_r = \sim \pm$ 10%.

A. Trennungen

Bei der Umsetzung von V mit Reagentien zur Extraktion und Abtrennung kleiner V-Mengen von anderen Elementen sowie zur Bestimmung von V ist die Bildung von Polyvanadiumsäuren – vor allem in saurer bis neutraler Lösung und bei Konzentrationen $> 10\ \mu g$ V/ml – zu beachten, da solche verschiedentlich die Ursache für eine mehr oder weniger starke Verzögerung oder Hemmung der Reaktion sind. In alkalischer Lösung werden die Isopolysäuren wieder aufgespalten, doch vollzieht sich diese Umwandlung bei Raumtemperatur sehr langsam; durch Erhitzen auf 90–100° C lassen sie sich hingegen in wenigen Minuten in die monomere Form überführen. Falls die Umsetzungsgeschwindigkeit bei Raumtemperatur in saurer Lösung mit einem Reagens gering ist (z. B. $> 10\ \mu g$ V/ml mit Oxin und $CHCl_3$) wird zur Beschleunigung der Reaktion empfohlen [*1*], entweder die Lösung nach dem Reagenszusatz zu erhitzen (~ 10 min auf 80–90° C) oder zuerst die Isopolysäuren in alkalischer Lösung in der Hitze zu zerstören, dann das Reagens zuzusetzen und nun erst die Lösung anzusäuern. Unter diesen Bedingungen ist die Bildung des entsprechenden V-Komplexes vollständig [*1*].

Große Mengen Fe lassen sich von V durch Extraktion mit Diäthyläther aus ~ 6n HCl-Lösung abtrennen (s. S. **259**ff.). Durch Ausschütteln mit Diisopropyläther aus 8–9n HCl-Lösung in Anwesenheit von SO_2 [Vermeidung von Peroxiden und Reduktion von V(V); Fe(III) wird dabei nur in geringem Ausmaß reduziert] wurde Fe(III) von V(IV) abgetrennt [*2*]. Cr(VI) läßt sich durch Ausschütteln mit MIBK aus 3n HCl-Lösung ($E\% = 99{,}2-100$) von V(V) abtrennen (0,5–1,6% des V gehen in die organische Phase) [*3*].

Kleine Mengen Cr können durch Extraktion als Perchromsäure mit Äthylacetat aus schwach saurer Lösung von V abgetrennt werden [*4*], indem man die neutrale, Cr(VI) enthaltende Lösung mit 2 Tropfen H_2SO_4 (1 + 1) ansäuert, ~ 100 ml Äthylacetat und ~ 0,5 ml H_2O_2 (3%) hinzufügt und einige Sekunden schüttelt. Mo bleibt dabei neben V in der wäßrigen Phase.

Aus 6–9,8n HCl-Lösung wird V(V) mit TBP extrahiert ($E\% = 99$), wobei auch Co, Cu(II), Fe(III), Th und U(VI) in die organische Phase gehen, während Ba, Bi, Cr(III), Hg(II) und Ni in der wäßrigen Phase bleiben [*5*]. PO_4^{3-} und ÄDTA stören nicht, Citrat und Tartrat stören hingegen. Aus dem organischen Extrakt ist V mit Wasser rückschüttelbar.

V(III) kann bei pH 2,3–2,9 mit Acetylaceton/$CHCl_3$ (1:1) extrahiert und von großen Mengen Fe abgetrennt werden [*6*]. Al und Ti gehen teilweise mit in die organische Phase, während Mo in der wäßrigen Phase verbleibt. V(V) läßt sich bei pH 2,5–4,1 mit TTA/n-Butanol quantitativ ausschütteln [*6a*].

Hinsichtlich der Isolierung des V(V) durch Extraktion mit Oxin/$CHCl_3$ s. S. **327** ff. und S. **1293**. V(IV) und V(V) werden mit Oxin/MIBK bei pH 3,8 ($E\% \approx 95$) am günstigsten extrahiert [*6b*]. V kann mit Na-DDTC/CCl_4 oder /$CHCl_3$ bei pH 2–5,5 (aus Acetat-Lösung) [*7*], pH 4–5 (aus Tartrat-Lösung) [*7*] bzw. pH 5,5–6,0 [*8*] extrahiert werden [*8*]. Durch Extraktion mit Tetramethylendithiocarbamat/$CHCl_3$ aus 0,2–2,4n $HClO_4$-Lösung wurde V(V) von Ti abgetrennt [*9*]. Am günstigsten läßt sich V(V) mit Na-DDTC/$CHCl_3$ bei pH 2 ($E\% = \sim 90$), mit Na-DDTC/MIBK bei pH 2–3 und 6 ($E\% = 100$), mit DADDTC/$CHCl_3$ bei pH 1,5 ($E\% = \sim 90$) und mit Tetramethylendithiocarbamat/$CHCl_3$ bei pH 2 und 6 ($E\% = \sim 100$) (dazwischen liegt bei pH 4 ein Minimum mit $E\% = \sim 15$) ausschütteln [*1*]. Die Extraktion von V(V) (50 µg/50 ml) mit Tetramethylendithiocarbamat/$CHCl_3$ bei pH 2 wird durch Komplexbildner und Reduktionsmittel (jeweils 0,5 g) vermindert ($E\%$) [*1*]: Na_2HPO_4 (98), NaF (50), Weinsäure (10), Citronensäure (< 5) und ÄDTA (< 5). Zahlreiche andere Elemente reagieren ebenfalls mit Carbamat. Über die Anwendbarkeit der Carbamatextraktion zur Trennung von anderen Elementen s. S. **297** ff. V(IV, V) läßt sich bei pH 2–4,5 mit 0,3% Dichlorooxin/MIBK extrahieren ($E\% = 96$) und der Extrakt für die Bestimmung mittels AAS verwenden [*10a*].

Aus 1–3n H_2SO_4-, HCl- [*10*] bzw. HNO_3-Lösung kann V(V) zusammen mit Fe(III), Mo(VI), Sb(III), Sn(IV), Ti(IV), Zr u. a. m. mit Cupferron/$CHCl_3$ extrahiert werden, während As(III), Co, Cr(III), Mn, Ni, P, U(VI) u. a. m. in der wäßrigen Lösung bleiben (s. S. **340** ff.). Mit Cupferron/$CHCl_3$ werden V(V) und V(IV) am günstigsten bei pH 2–2,8 [*1*] und mit Cupferron/MIBK bei pH 2–4 [*1, 6b*] ausgeschüttelt[1] [daneben gehen auch Ce(IV), Cu, Fe(III), In, Mo(VI), Nb, Sb(III), Sn(IV), Th, Ti(IV) und U(VI) in die organische Phase], wobei die Anwesenheit von Komplexbildnern (neben 50 µg V/50 ml), wie 0,5 g NaF, 0,5 g Na_2HPO_4, 2 g Weinsäure und 0,5 g Citronensäure sowie Reduktionsmittel nicht stören [*1*]. In Anwesenheit von 0,5 g ÄDTA beträgt die Ausbeute hingegen < 5%. Der V-Cupferronat/MIBK-Extrakt läßt sich zur Bestimmung des V mittels AAS unmittelbar in die Flamme einsprühen [*6b*].

Bei pH 2,2–4,5 [*11, 11b*] bzw. aus ~ 1n HCl-Lösung [*11a*] wird V(V) mit α-Benzoinoxim/$CHCl_3$ oder Benzol mit gelber Farbe (bei größeren V-Gehalten mit grünlichblauer Farbe) extrahiert und kann im organischen Extrakt durch Zusatz von 0,1% Oxin/Äthanol-Lösung photometrisch bestimmt werden [*11, 11a*]. Auf diese Weise wird eine

---

[1] Beim Eindampfen wäßriger oder organischer Lösungen von V-Cupferronat treten explosionsartige Zersetzungen ein, wenn die Lösung zur Trockene gebracht wird. Man muß daher unter Zusatz von wenig H_2SO_4 (1,84) erhitzen und diese zuletzt abrauchen [*1*].

Störung von Fe(III) vermieden. Bei pH 2,2—4,5 werden mitextrahiert (*E*%) Cu (90), Mo (100), W (90), während Cd, Co, Mn, Ni, Sn, Ta, Te und Zn in der wäßrigen Lösung verbleiben [*11b*]. Bei pH 8,5 kann man Fe durch Extraktion mit Benzohydroxamsäure/1-Octanol oder /Octanol-Benzol (1:1) und Ti mit Benzohydroxamsäure/n-Butanol von V abtrennen, das in der wäßrigen Phase bleibt [*12*].

Mo(VI) kann bei pH 1,5— ~ 9 als Tributylammoniumthioglykolat mit Methylenchlorid ausgeschüttelt und bei pH 2 auf diese Weise von V(V) abgetrennt werden, da der analoge V(V)-Komplex nur im Bereich von pH 2,7—9 extrahierbar ist [*13*]. V(V) läßt sich aus 11,5n HCl-Lösung [5,3 mg $NaClO_3$ + 50 mg $(C_6H_5)_4AsCl$/50 ml enthaltend] mit Tetraphenylarsoniumchlorid/CH_2Cl_2 extrahieren (*E*% = 98) [*11b*] und so von großen Mengen Ti abtrennen [*13a*]. Aus dem organischen Extrakt kann das V mit Wasser rückgeschüttelt werden. Die Extraktion von 50 µg V wird durch Anwesenheit von jeweils 5 mg Cd, Co, Cu, Bi, Mn, Pb, Sn, Te, Ti und Zn sowie 0,5 mg Fe [5 mg Fe sind bei Zusatz von ~ 100 mg $(C_6H_5)_4AsCl$ zulässig] nicht gestört [*11b*].

Durch Elektrolyse mit einer Hg-Kathode kann V von Fe und anderen Elementen abgetrennt werden, wobei V und eine kleinere Zahl anderer Elemente in der wäßrigen Lösung bleiben [*1, 9, 14*] (s. S. 57ff., 390ff.). Dabei wird V(V) zu V(IV) reduziert und muß im allgemeinen anschließend auf geeignete Weise [z. B. mit Bromwasser in alkalischer oder saurer Lösung (und darauffolgendem Verkochen des Bromüberschusses), mit $K_2Cr_2O_7$ oder $(NH_4)_2S_2O_8$] wieder zur 5wertigen Stufe oxydiert werden. Dieses Isolierungsverfahren fand bei der Bestimmung von V in Stahl Anwendung [*15, 16*]. Unterbefunde können durch eine im Anschluß an die Elektrolyse durchgeführte unvollständige Oxydation des V hervorgerufen werden, weshalb hierzu die Verwendung von $KMnO_4$ empfohlen wird [*1*].

Mittels Anionenaustauscher Dowex 1X8 werden aus 90 Vol.-% Methanol/10 Vol.-% 6n HCl-Lösung Co, Cu, Fe, Mo, U und W auf der Austauschersäule adsorbiert, während V neben Ni und Cr in den Durchlauf geht [*17*]. V(IV) kann von Ag, Al, Bi, Ca, Cd, Co, Cr(III), Cu, Dy, Fe, Ga, Hg, In, La, Mg, Mn, Ni, Pb, Sc, Th, Ti, U(VI), Y, Zn und Zr aus 10% Citronensäure-Lösung [pH 1,7; nach Zusatz der Citronensäure erhitzt man 10 min, um V in V(IV) überzuführen] mit dem Kationenaustauscher Dowex 50W-X8 (100—200 mesh, Cl^--Form, Harzbett 15 mm⌀, 220 mm lang) [*17a, 17b*] abgetrennt werden: zuerst wäscht man mit 150—200 ml 0,02n H_2SO_4 alle Anionen aus, danach eluiert man V mit 50 ml 1% H_2O_2/0,02n H_2SO_4 (eine höhere Säurekonzentration ist zu vermeiden, da mit 1% H_2O_2/0,5—1n H_2SO_4 oder $HClO_4$ auch Ti eluiert wird), wobei Ti und U auf der Säule bleiben. Anschließend kann bei Bedarf Ti mit 1% H_2O_2/1n H_2SO_4 eluiert werden. Nach dem Ti kann man weiterhin die anderen Elemente eluieren (Eluatmengen für Harzbett 12 × 60 mm [*17a*]): Hg(II) mit 50 ml 0,1m HBr; Ca, Cd, Mg, Mn(II) und Sc mit 200 ml 1m HCl; Ti(IV) mit 100 ml 1,0m $HClO_4$/1% H_2O_2; Co, Fe(III) und Ni mit 100 ml 2m HCl; Ga, In und U(VI) mit 200 ml 2m HCl; Pb mit 300 ml 2m HCl; Cu mit 100 ml 2m HNO_3; Ag mit 100 ml 3m HNO_3; Al, Bi, La und Zn mit 150 ml 3m HNO_3; Dy und Y mit 200 ml 3m HNO_3; Cr(III) mit 150 ml 3m H_2SO_4; Zr mit 500 ml 4m HCl.

Verschiedentlich wurde die Spurenfällung mit $Fe(OH)_3$ als Spurenfänger zur Isolierung des V herangezogen. Aus 2 l-Seewasserproben wurde V bei pH 4,0—7,5 mit $Fe(OH)_3$ (20 mg Fe) als Spurenfänger isoliert (Ausbeute = 99—100%) [*17c*]. Das Ausmaß der Mitfällung von V(V) durch verschiedene Spurenfänger zeigt Abb. 236. Aus $Fe(OH)_3$-Niederschlägen (2—30 mg Fe) läßt sich adsorbiertes V (43 µg) durch 6maliges Auswaschen mit je 5 ml heißer 1n NaOH quantitativ wiedergewinnen [*1*]. Daneben wurde auch der Aufschluß mit Na_2CO_3/KNO_3 oder Na_2O_2 als Trennverfahren benützt. Beim Lösen der erkalteten Schmelze mit Wasser gehen V, As, Cr, Mn, Mo, P und W ins Filtrat, während

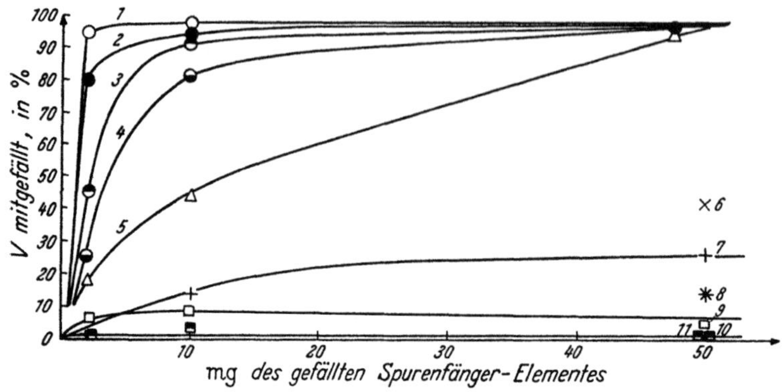

Abb. 236. Mitfällung von 43 µg V(V) mit verschiedenen Spurenfängern in Abhängigkeit von den Niederschlagsmengen [*1*]. *1* $Cr(OH)_3$, *2* MnO_2, *3* $Fe(OH)_3$, *4* $Al(OH)_3$, *5* SiO_2 (Hydrat), *6* $BaCO_3$, *7* $Ca_3(PO_4)_2$, *8* $CaSO_4$, *9* $BaSO_4$, *10* CuS, *11* $PbSO_4$

Fe, Al, Ca, Ba, Cu, Mg, Ti und andere Elemente im Niederschlag verbleiben. Bei Vorliegen nicht allzu kleiner V-Mengen sollen die dabei auftretenden Verluste an V nicht bedeutend sein (s. Tab. 183). Bei pH < 1 läßt sich V(V) in Anwesenheit von ÄDTA durch Ausfällung als Cupferronat von Cu abtrennen [*18*].

Tabelle 183. Adsorption von V(V) an Oxiden bzw. Carbonaten nach Sodaaufschluß [*1*]

Vorgelegt Begleitelement	g Na_2CO_3	µg V	V im Filtrat gefunden %
200 mg Ca (als Oxid)	1,0	43	94
50 mg Ba (als Oxid)	0,5	22	91
10 mg Cr (als Oxid)	0,5	43	88
je 10 mg Fe, Mg, Cu und 2 mg Cr (als Oxide)	1,0	50	84
33 mg Fe (als Oxid)	0,5	43	93
490 mg Ti (als Metall)	3,0	50	90
1000 mg Erde	4,0	95	102
je 167 mg TiO_2, Al_2O_3 und Fe_2O_3	2,5	50	90

B. Benzohydroxamsäure-Derivate

I. Benzohydroxamsäure

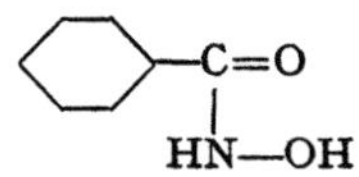

V(V) bildet mit Benzohydroxamsäure (BH) in saurer Lösung einen gefärbten Komplex, der mit 1-Hexanol [*16, 19*] ($E\% = 97$), 2-Methyl-4-butanol, Benzylalkohol, 1-Heptanol, 1-Octanol [*12, 16*], 2-Äthyl-1-hexanol, 1-Decanol und anderen Alkoholen [*16*], 2-Octanol/CCl_4 (1:3) [*9*] und 1-Octanol/Benzol (1:1) [*12*] extrahiert werden kann. Aliphatische Kohlenwasserstoffe und andere im Molekül sauerstofffreie organische Lösungsmittel sind zur Extraktion ungeeignet [*16*]. Der Komplex wird im Bereich von pH 1—8 extrahiert [*9, 12, 16, 19*]; bei pH >8 geht V-BH nicht mehr in die organische Phase. Man erhält gleich hohe Farbintensitäten innerhalb pH 1,2—5,5 (mit 1-Hexanol) [*16, 19*] oder annähernd gleich hohe bei pH 1,1—5,0 [mit 2-Octanol/CCl_4 (1:3)] [*9*], und pH 2,0 wird als günstig empfohlen [*16*] (in Anwesenheit von großen Mengen $UO_2(NO_3)_2$ pH 1,5—2,3 [*19*]). Nach anderen Angaben erhält man die maximale Farbintensität bei pH 4,5—4,7 [mit 2-Octanol/CCl_4 (1:3)] [*9*] bzw. bei pH 3,0 (mit 1-Octanol; geeigneter Arbeitsbereich pH 2,5—5,0) [*12*]. Der pH-Wert wird zweckmäßig

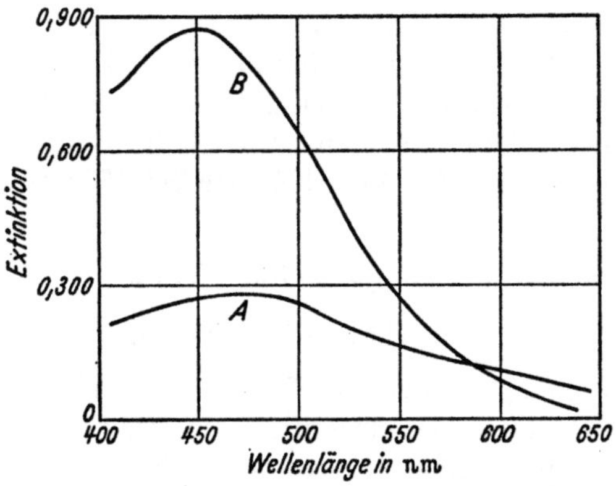

Abb. 237. Extinktionskurven von V(V) + Benzohydroxamsäure in Wasser (*A*) und in 1-Hexanol (*B*) [*16*]

vor dem Reagenszusatz eingestellt. Zur Erzielung einer maximalen Farbintensität muß im Farbansatz vor der Extraktion eine Reagenskonzentration von 0,003—0,006m BH vorliegen [*9, 12*]. Das Extinktionsmaximum des extrahierten V-BH-Komplexes liegt bei 450 nm [*16*] (s. Abb. 237; $\varepsilon_{450} = 3500$—4000) [*16, 19*]. Das Beersche Gesetz ist im Bereich von 0,35—14 µg V/ml organisches Lösungsmittel erfüllt. Die Bestimmung wird durch folgende Ionen nicht gestört [*16*]: im Molverhältnis Ion:V = 100:1 durch As(V), Ba, Ca, Cd, Cr(III), Cu(II), K, Mg, Na, NH_4^+, Sr, Ta, U(VI), Zn, Cl^-, NO_3^-, SO_4^{2-}, F^-, Br^-, ClO_4^-, BO_3^{3-}, CO_3^{2-}, $H_2PO_4^-$, $S_2O_8^{2-}$, SCN^-, Acetat, Tartrat, Citrat; im Molverhältnis Ion:V = 10:1 durch Co, Cr(VI), Mn(II), Mo(VI), Nb, Ni, I^- und SO_3^{2-}. Im letztgenannten Mengenverhältnis stören Al, Bi, Fe(III), Hg(II), Sb(V), Sn(IV), Th(IV), Ti(IV), W(VI), Zr(IV), IO_4^-, CN^-, S^{2-}, NO_2^- und Oxalat. Durch folgende Elemente wird Reagens infolge Komplexbildung entzogen: Al, Fe, Mn, Mo, Sn, Th, Ti, W und Zr. Mit einem Überschuß an Reagens kann die Störung durch die farblose Komplexe bildenden Elemente Al, Mn, Th, W und Zr beseitigt werden. Starke Oxydations- und Reduktionsmittel stören. Große Mengen F^- (bis zu 2 g) lassen sich mit H_3BO_3 maskieren [*19*]. Die Farbbildung durch U(VI) kann vermindert werden, wenn man BH erst unmittelbar vor der Extraktion zusetzt (in diesem Fall fügt man zuerst das 1-Hexanol und dann BH hinzu) [*19*]. Eine störende Farbbildung durch 5 g U(VI), 1000 µg Fe, 2000 µg Sn und 500 µg Ti läßt sich durch Waschen des organischen Extraktes mit $(NH_4)_2HPO_4$-Lösung (pH 1,5) (unter gleichzeitigem Zusatz von BH zur Verhinderung von V-Verlusten) beseitigen [*19*]. V(IV) muß vor dem Zusatz von BH mit $K_2S_2O_8$/$AgNO_3$ [*16*] oder $K_2Cr_2O_7$ [*19*] zur 5wertigen Stufe oxydiert werden, da man sonst Minderbefunde erhält.

BH fand zur photometrischen Bestimmung von V in Stählen (>0,03% V) und Erdöl nach vorangehender Abtrennung von Fe und anderen Störelementen durch Elektrolyse mittels Hg-Kathode Anwendung [*16*].

Arbeitsvorschrift [*16, 19*]

Reagentien

6n HCl; 6n H_2SO_4;

0,2m Benzohydroxamsäure (BH)-Lösung; 35 g BH (Kaliumsalz) werden in Wasser gelöst, mit HCl und Ammoniak auf pH 5,0 eingestellt und mit Wasser auf 1 l aufgefüllt (4 Wochen haltbar);

6n Ammoniak;

1-Hexanol.

Die saure Probelösung [7–280 μg V(V) enthaltend] stellt man mit HCl oder H_2SO_4 und Ammoniak auf pH 2,0 ± 0,3 ein, führt in einen 250 ml-Schütteltrichter über und verdünnt mit Wasser auf ~ 100 ml. Nach Zusatz von 2 ml BH-Lösung und Mischen wird mit 20,0 ml 1-Hexanol 1 min extrahiert, nach der Phasentrennung der organische Extrakt zentrifugiert und in einer 1 cm-Küvette bei 450 nm gegen 1-Hexanol photometriert.

1. Organisches Material

1.1. Pflanzliches Material

Nach nasser Veraschung werden Cu, Fe, Pb, Zn und andere Störelemente durch Elektrolyse mittels Hg-Kathode entfernt, V extraktiv mit Tetramethylendithiocarbamat/$CHCl_3$ von Ti abgetrennt und nach Veraschung des organischen Extraktes das V mit BH/2-Octanol-CCl_4 (1:3) photometrisch bestimmt. Das V wird bei diesem Isolierungsverfahren von Mn, Mo und W begleitet, doch bilden diese Elemente mit BH nur farblose Komplexe.

B: 0,000005–0,0014% V. *V:* ±0,5–3%.

Arbeitsvorschrift [*9*]

Reagentien

Ammoniumacetat, 10%ige wäßrige Lösung; die filtrierte Lösung wird mit Oxin/$CHCl_3$ gereinigt, 4 mal mit reinem $CHCl_3$ nachgewaschen;

Ammoniumtetramethylendithiocarbamat, 2%ige wäßrige Lösung; durch Ausschütteln mit $CHCl_3$ reinigen und im Kühlschrank aufbewahren;

0,1 m Benzohydroxamsäure (BH)-Lösung (Kaliumsalz); die Lösung wird mit Eisessig auf pH 5 eingestellt und im Kühlschrank aufbewahrt (4 Wochen haltbar);

HNO_3 (1,40); $HClO_4$ (72%); H_2SO_4 (1,84);

2-Octanol-CCl_4-Gemisch (1:3);

H_2O_2 (30%); Bromwasser.

5–15 g Probematerial werden zuerst mit HNO_3 allein, dann unter Zusatz von $HClO_4$ verascht. Von einer Kieselsäure-Fällung wird zuletzt abfiltriert oder zentrifugiert. Nach Überführen in das Elektrolysiergefäß wird bei 6 V/4–5 Amp. 1 Std elektrolysiert. Nach Zusatz von Bromwasser und Verkochen des Bromüberschusses versetzt man die abgekühlte Lösung mit 4 Tropfen H_2O_2 [um eine teilweise Reduktion des V(V) zu verhindern], führt in einen Schütteltrichter über und extrahiert mit Tetramethylendithiocarbamat und $CHCl_3$ bis der Extrakt farblos bleibt. Im vereinigten organischen Extrakt wird nach dem Abdampfen des Lösungsmittels zuerst mit 1 ml HNO_3 die Veraschung begonnen und anschließend durch Zusatz von 9 Tropfen H_2SO_4 (höhere H_2SO_4-Konzentrationen beeinflussen die spätere V-Extraktion ungünstig) und bei Bedarf weiterer HNO_3 vollständig verascht. Man verdünnt mit 10 ml Wasser, fügt einige Tropfen Bromwasser hinzu, verkocht den Bromüberschuß, fügt zur abgekühlten Lösung 1 ml Ammoniumacetat-Lösung und 2 Tropfen Bromphenolblauindicator-Lösung hinzu und stellt mit Ammoniak auf pH 4,6 ein. Nach Überführen in einen 125 ml-Schütteltrichter verdünnt man die Lösung mit Wasser auf 50 ml, versetzt mit 2 ml BH-Lösung, läßt 5 min stehen und extrahiert 2 min mit einem genau gemessenen Volumen des Octanol-CCl_4-Gemisches (2,0 oder 5,0 ml, je nach dem vorhandenen V-Gehalt). Nach der Phasentrennung wird durch Zentrifugieren oder Filtrieren von restlichen Wassertropfen befreit und der organische Extrakt in einer Mikroküvette (1 ml Volumen) oder einer 1 cm-Küvette bei 450 nm gegen eine Blindlösung photometriert.

1.2. Tierisches Gewebe

Nach nasser Veraschung wird störendes Fe durch Extraktion mit BH/1-Octanol oder /1-Octanol-Benzol (1:1) bei pH 8,5 entfernt, wobei V in der wäßrigen Phase bleibt, und anschließend das V bei pH 3,0 mit BH/1-Octanol photometrisch bestimmt. Bei Knochenproben extrahiert man von der Arbeitsvorschrift abweichend mit BH/1-Octanol zuerst bei pH 3,0, schüttelt das V aus dem organischen Extrakt mit Pufferlösung (pH 8,5) zurück, wobei Fe in der organischen Phase bleibt, und fährt dann nach der Arbeitsvorschrift weiter fort. Anwesendes störendes Ti kann man gleichfalls bei pH 8,5 mit BH/n-Butanol extraktiv entfernen; hierzu fügt man nach der Extraktion des Fe 1 ml 0,1 m BH-Lösung zur wäßrigen Lösung (pH 8,5), extrahiert das Ti mit n-Butanol, entfernt restliches n-Butanol durch Schütteln der Lösung mit 1-Octanol und fährt weiter nach der Arbeitsvorschrift fort. Das Verfahren fand außer auf tierisches Gewebe auch auf Blut und Knochen Anwendung.

B: 0,000005–0,0056% V. F_r: ±1–2%.

Arbeitsvorschrift [*12*]

Reagentien

HNO_3 (1,40), $HClO_4$ (70%); 6n HCl; 0,2n HCl;
6n Ammoniak;
Salzsäure-Glykokoll-Pufferlösung (pH 3,0); zu 81 ml 0,1 m Glykokoll-Lösung, die 0,1 m NaCl enthält (7,507 g Glykokoll und 5,85 g NaCl in 1 l Wasser) fügt man 19 ml 0,1 n HCl;
Tris(hydroxymethyl)aminomethan-Pufferlösung; man löst 2,42 g Reagens in 1 l Wasser (= 0,02 m wäßrige Lösung). 100 ml dieser Lösung werden mit 0,2n HCl auf pH 8,5 eingestellt und mit Wasser auf 1 l aufgefüllt;
0,1 m Benzohydroxamsäure, wäßrige Lösung (BH);
0,1 m Benzohydroxamsäure-Pufferlösung; das Reagens wird in HCl-Glykokoll-Pufferlösung (pH 3,0) gelöst;
Octanol;
Octanol-Benzol (1:1).

1–15 g Probematerial wird mit $HNO_3/HClO_4$ [1,0 ml HNO_3 (1,40) und 1,5 ml $HClO_4$ (70%) pro g Probematerial] bis zur farblosen Lösung verascht. Man stellt mit 6n Ammoniak auf pH 8,5 ein, fügt 2,0 ml BH-Lösung hinzu und mischt. Man versetzt mit soviel Tris(hydroxymethyl)aminomethan-Pufferlösung, um das Volumen der Lösung auf 10–20 ml einzustellen. Man extrahiert wiederholt mit 5,0 ml Octanol (oder Octanol-Benzol-Gemisch, falls BH als Zwischenphase auftritt), bis man durch photometrische Messung bei 450 nm feststellt, daß das gesamte Fe entfernt ist. Falls der Fe-Gehalt 15 mg übersteigt, muß auch die BH-Menge erhöht werden. Der letzte Extrakt darf keinen Extinktionswert aufweisen. Die Phasen trennt man jeweils durch Zentrifugieren. Die verbleibende wäßrige Phase wird mit 6,0n bzw. 0,2n HCl auf pH 3,0 eingestellt und mit 3,0 ml HCl-Glykokoll-Pufferlösung versetzt. Man fügt 1 ml 0,1 m BH-Pufferlösung hinzu und läßt nach dem Mischen einige Minuten stehen. Dann extrahiert man mit 2,0 ml (bei Gehalten von 0,1–10 µg V) oder 4,0 ml (bei Gehalten von 10–50 µg V) Octanol 3 min und trennt die Phasen durch Zentrifugieren oder nach Stehenlassen über Nacht. Die photometrische Messung des organischen Extraktes erfolgt bei 450 nm in einer 1 cm-Mikroküvette (Volumen 1,0 ml).

2. Verschiedenes

2.1. Uranfluorid

Nach Maskierung des F^- mit H_3BO_3 wird das V mit BH/1-Hexanol photometrisch bestimmt. Anwesendes Mo wird gleichzeitig als farbloser BH-Komplex mitextrahiert und kann nachher in den Thiocyanat-Komplex übergeführt und gleichfalls im organischen Extrakt bestimmt werden [*19*].

B: 0,0001–0,028% V. F_{rm}: ±2%. *Z:* 25–30 min.

Arbeitsvorschrift [*19*]

Reagentien

0,2 m Benzohydroxamsäure (BH)-Lösung (s. S. 1286);
$K_2Cr_2O_7$, 0,2%ige wäßrige Lösung;
H_3BO_3;
6 n HCl; 6 n Ammoniak;
$(NH_4)_2HPO_4$, 20%ige wäßrige Lösung, deren pH mit HCl und Ammoniak auf 1,5 eingestellt wird;
1-Hexanol.

1–7 g Probematerial wird in einem 250 ml-Becherglas mit 50 ml Wasser hydrolysiert. Nach Zusatz von 1 ml $K_2Cr_2O_7$-Lösung und 3 g H_3BO_3 (letzteres, falls Fluorid anwesend ist) wird mit HCl oder Ammoniak auf pH 2 ± 0,3 eingestellt. Man führt die Lösung in einen 250 ml-Schütteltrichter über, verdünnt mit Wasser auf etwa 100 ml, fügt 20,0 ml 1-Hexanol hinzu und schüttelt 5–10 sec. Nach Zusatz von 2 ml BH-Lösung wird 1 min extrahiert, 2 min zur Phasentrennung stehen gelassen und dann die wäßrige Phase verworfen. Der Extrakt wird nach Zusatz von 2 ml BH-Lösung 5–10 sec und dann nach Zusatz von 10 ml Phosphat-Lösung noch 1 min geschüttelt. Man läßt wieder 2 min zur Phasentrennung stehen und verwirft dann die wäßrige Phase. Der organische Extrakt wird nach Zentrifugieren bei 450 nm in einer 1 cm-Küvette gegen 1-Hexanol photometriert.

II. N-Benzoyl-N-phenylhydroxylamin

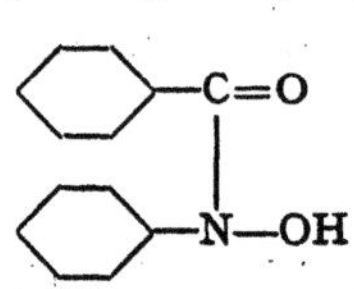

V(V) bildet mit N-Benzoyl-N-phenylhydroxylamin (BPH) (auch N-Phenylbenzohydroxamsäure genannt) in 2–9 n HCl-Lösung einen purpurviolett gefärbten, mit $CHCl_3$ extrahierbaren Komplex [*20, 21*]. Er läßt sich auch mit CCl_4, Äthylacetat, Diäthyläther, Benzol u. a. m. extrahieren, doch ist $CHCl_3$ am günstigsten [*21*]. Kleine Mengen Äthanol, wie sie dem $CHCl_3$ als Stabilisierungsmittel zugesetzt werden, verschieben die Lage des Extinktionsmaximums, wobei das Ausmaß der Verschiebung von der Äthanolkonzentration im $CHCl_3$ und der Standzeit zwischen Extraktion und Messung abhängig ist. Diese Unsicherheit vermeidet man durch Verwendung von äthanolfreiem $CHCl_3$ [*21*]. Aus H_2SO_4-Lösung wird der Komplex durch $CHCl_3$ mit orangegelber Farbe extrahiert, doch geht die Farbe beim Ansäuern und Schütteln mit HCl in Purpur über

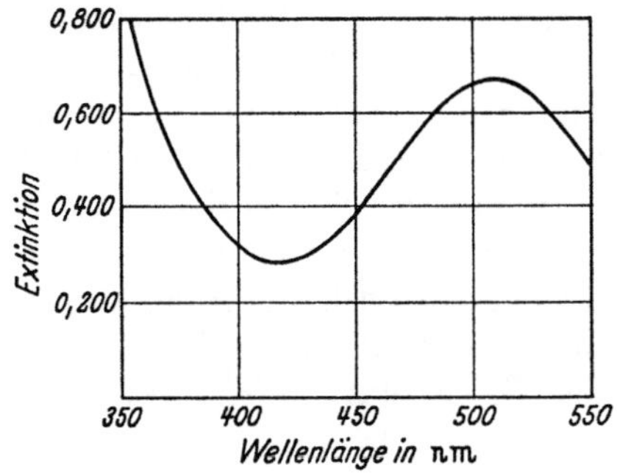

Abb. 238. Extinktionskurve von V(V) + N-Benzoyl-N-phenylhydroxylamin in $CHCl_3$ [21]

[20]. V(IV) gibt keinen Farbkomplex, weshalb das V vorher zur 5wertigen Stufe oxydiert werden muß [20]. Wegen seiner größeren Selektivität und Farbstabilität erscheint BPH gegenüber Benzohydroxamsäure vorteilhafter. Die maximale Farbintensität erzielt man im Bereich von 2,8—4,3n HCl [21]; nach anderen Angaben [20] erhält man im Bereich von 4,7—8n HCl gleiche Farbintensitäten. Das Extinktionsmaximum liegt bei 510 nm [21] bzw. 525—530 nm [20] (s. Abb. 238), jenes des Reagenses in $CHCl_3$ bei 270 nm ($\varepsilon_{530} = 4490$, $\varepsilon_{510} = 4650$ [20]). Bei Extraktion aus 3,0—3,5m H_2SO_4/0,5—2m NaCl-Lösung [in Anwesenheit von $(NH_4)_2S_2O_8$] liegt das Extinktionsmaximum bei 525 nm ($\varepsilon_{525} = 4980$), aus 2m H_2SO_4/1,0m KF-Lösung bei 475 nm ($\varepsilon_{475} = 4280$) [21 a]. Das Beersche Gesetz ist im Bereich von 0,3—12 μg V/ml $CHCl_3$ erfüllt. Die Farbe ist ~ 4 Std [20] bis einige Tage [21] stabil. Temperaturschwankungen zwischen 20° und 40° C haben keinen Einfluß auf die Extinktion [21]. Anwesende Säuren in einer Konzentration von ≦ 1,8n H_2SO_4, ≦ 1n HNO_3 und 1n $HClO_4$ stören nicht. Zu hohe Konzentrationen an HNO_3 stören infolge Oxydation des BPH. Die Bestimmung von 50—200 μg V wird durch folgende Ionen (in mg) nicht gestört [20, 21]: Al (20—100), Co (20), Cr(III) (20—100), $Cr_2O_7^{2-}$ (36[1] [20]), Cu(II) (20—100), Fe(III) (20—100), Mn(II) (20), NH_4^+ (50), Ni (20), Th(IV) (20), U(VI) (20), W(VI) (20; 50[2] [20]), Zn (20), Cl^- (100), NO_3^- (500), SO_4^{2-} (500), PO_4^{3-} (20), ClO_4^- (20), Citrat (25), Tartrat (20) und Phthalat (20). Mo(VI), Ti(IV[3]) und Zr(IV) stören infolge Bildung gelber bis orangeroter, extrahierbarer Komplexe [21] (s. a. S. 347). Starke Oxydations- und Reduktionsmittel stören ebenfalls.

Das Verfahren fand zur Bestimmung von V in Stahl [20, 21 a], Gußeisen, Nichteisenlegierungen, Niob, Tantal [21 a], Erz [20] und Silicaten [21 a] Anwendung.

Arbeitsvorschrift [21]

Reagentien

N-Benzoyl-N-phenylhydroxylamin (BPH), 0,1%ig in äthanolfreiem $CHCl_3$ (in dunkler Flasche einige Tage haltbar);

$CHCl_3$; das reine Handelsprodukt wird zur Entfernung von Alkohol 5—6mal mit Wasser gewaschen, über geschmolzenem $CaCl_2$ getrocknet, überdestilliert und das Destillat in dunkler Flasche im Kühlschrank aufbewahrt;

6n HCl;

Na_2SO_4 sicc.

---

[1] Mit $FeSO_4$ zu Cr(III) reduziert, V mit $KMnO_4$ reoxydiert, $KMnO_4$-Überschuß mit HCl oder $NaNO_2$ (Überschuß an $NaNO_2$ mit Harnstoff beseitigt) zerstört [20].

[2] Mehrmalige Extraktion erforderlich.

[3] Nach anderen Angaben [20] sollen bis zu 30 mg Ti nicht stören.

Die Probelösung [7—200 µg V(V) enthaltend] wird in einem Schütteltrichter auf 25 ml gebracht, wobei die Lösung nun zwischen 2,8 und 4,3n salzsauer sein soll. Nach Zusatz von 10 ml BPH-Lösung extrahiert man kräftig und läßt dann 2 min zur Phasentrennung stehen. Der organische Extrakt wird in ein 50 ml-Becherglas, in dem 1,5 g Na_2SO_4 sicc. vorgelegt sind, abgelassen. Die wäßrige Phase wird noch 2mal mit je 5 ml $CHCl_3$ nachgewaschen, in das Becherglas abgelassen und danach der vereinigte organische Extrakt in einen 25 ml-Meßkolben dekantiert. Man wäscht Becherglas und Na_2SO_4 mit wenig $CHCl_3$ nach, führt es ebenfalls in den Meßkolben über und füllt diesen zur Marke auf. Die photometrische Bestimmung im Extrakt erfolgt bei 510 nm in einer 1 cm-Küvette gegen BPH-Lösung oder $CHCl_3$.

III. Andere Derivate

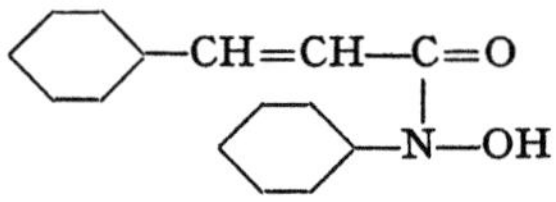

(CPH)

V(V) gibt mit N-Cinnamoyl-N-phenylhydroxylamin (CPH) in 2—10n HCl-Lösung einen durch $CHCl_3$ und andere organische Lösungsmittel (s. bei BPH, S. 1288) mit violetter Farbe extrahierbaren Komplex [*22*]. V(IV) reagiert nicht. Die höchste Farbintensität erzielt man bei einer Säurekonzentration von 2,7—7,5n HCl. Gegenüber den früher beschriebenen Reagentien BH und BPH weist CPH eine höhere Empfindlichkeit auf. Das Extinktionsmaximum liegt bei 530—550 nm ($\varepsilon = 6300$; das $CHCl_3$ muß äthanolfrei sein, s. S. 1288). Das Beersche Gesetz ist im Bereich von 0,2—8 µg V/ml $CHCl_3$ erfüllt. Die Farbe ist mehrere Tage stabil, wenn der Extrakt dunkel und kühl aufbewahrt wird. Die Bestimmung von 100 µg V(V) wird durch folgende Ionen nicht gestört [*22*]: jeweils 25 mg von Al, Ba, Ca, Cd, Ce(IV), Co, Cr(III), Cu(II), Fe(III), Hg(II), Mg, Mn(II), Ni, Sr, Th(IV), U(VI), W(VI), Zn, Zr(IV), NO_3^-, SO_4^{2-}, PO_4^{3-}, ClO_4^-, BO_3^{3-}, Acetat, Citrat, Tartrat und Phthalat, $\leqq 2$ mg Ti(IV) und 15 mg Mo(VI) (bei 3maliger Extraktion mit $CPH/CHCl_3$).

Arbeitsvorschrift [*22*]

Reagentien

$KMnO_4$, 1%ige wäßrige Lösung;
HCl (1,19);
N-Cinnamoyl-N-phenylhydroxylamin (CPH), 0,1%ig in äthanolfreiem $CHCl_3$ (in dunkler Flasche aufbewahrt mehrere Tage haltbar);
$CHCl_3$, äthanolfrei;
Na_2SO_4 sicc.

Die Probelösung wird tropfenweise mit $KMnO_4$-Lösung bis zur bleibenden schwach rosa Färbung versetzt. Einen aliquoten Teil [5—120 µg V(V) enthaltend] versetzt man in einem Schütteltrichter mit soviel Wasser und HCl, daß das Volumen ~ 25 ml beträgt und die Lösung 2,7—7,5n ist. Nach dem Zusatz von 8—10 ml CPH-Lösung wird 2 min kräftig extrahiert, nach der Phasentrennung der organische Extrakt in ein mit Na_2SO_4 sicc. beschicktes 50 ml-Becherglas abgelassen, die wäßrige Phase noch 2mal mit je 5 ml $CHCl_3$ gewaschen und diese organischen Waschlösungen zum Extrakt zugegeben. Man führt in einen 25 ml-Meßkolben über und füllt mit $CHCl_3$ zur Marke auf. Man photometriert in einer 1 cm-Küvette bei 540 nm gegen $CHCl_3$.

V(V) reagiert weiterhin in 2—10n HCl-Lösung auf analoge Weise mit N-2-Thiophencarbonyl-N-p-tolylhydroxylamin (N-p-Tolyl-2-thenohydroxamsäure) (TTH) und N-2-Thiophencarbonyl-N-phenylhydroxylamin (N-Phenyl-2-thenohydroxamsäure) (TPH) unter Bildung violetter, mit $CHCl_3$ extrahierbarer Komplexe [*23*]. Die höchste Farbintensität erzielt man bei einer Säurekonzentration von 2,8—5,0n HCl. Das Extinktionsmaximum liegt bei 530 nm (das $CHCl_3$ muß äthanolfrei sein; $\varepsilon_{530} = 5750$ für TTH bzw. 5450 für TPH). Das Beersche Gesetz ist in beiden Fällen im Bereich von 0,22—9 µg V/ml $CHCl_3$ erfüllt. Hinsichtlich der Farbstabilität und einer Störung durch andere Ionen bei der Bestimmung mit TTH gelten die für CPH gebrachten Ausführungen, wobei außerdem noch je 500 mg NO_3^-, SO_4^{2-}, ClO_4^-, je 50 mg Cr(III), Fe(III) und 30 mg Pb nicht stören. Im Gegensatz zu CPH stören aber bei TTH jeweils 5 mg Mo(VI), Ti(IV) und Zr(IV). Die Bestimmung von 11—220 µg V(V) mit TTH erfolgt nach der Arbeitsvorschrift für CPH unter Verwendung von 8—10 ml 0,1%iger TTH/$CHCl_3$-Lösung, Auffüllen mit $CHCl_3$ auf 25 ml und Messen in einer 1 cm-Küvette bei 530 nm [*23*]. Als weitere Derivate fanden schließlich N-Benzoyl-o-tolylhydroxylamin/$CHCl_3$ (510 nm, $S_M = 0{,}011$ µg V · ml⁻¹ · cm⁻¹) [*23a*—*23c*] und 2-Naphthohydroxamsäure (450 nm, $S_M = 0{,}009$ µg V · ml⁻¹ · cm⁻¹) [*23d*] Anwendung.

C. 3,3'-Dimethylnaphthidin

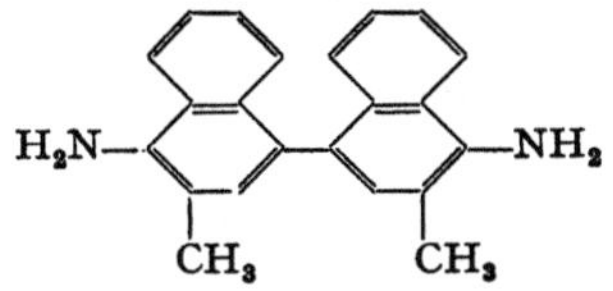

V(V) bildet mit 3,3'-Dimethylnaphthidin (DN) (3,3'-Dimethyl-4,4'-diamino-1,1'-binaphthyl) in saurer Lösung einen Farbkomplex mit einem Extinktionsmaximum bei 546—550 nm (ε=28000—32000, s. Abb. 239) [*23e*—*23h*]. Die Eichkurve ist schwach gekrümmt, der zweckmäßigste Arbeitsbereich liegt innerhalb 0,04—2 µg V/ml. Die Farbe ist in 15 min voll entwickelt und dann 15—45 min stabil. Die Farbentwicklung muß im Dunkeln erfolgen, denn bei Entwicklung im Tages- bzw. Sonnenlicht sind die Meßwerte um 30% niedriger [*23g*]. Die günstigsten Bedingungen für die Farbentwicklung sind (in 25 ml Endvolumen): 0,25—7,5 ml Eisessig, 5 ml $HClO_4$ (1 + 1) + 5 ml H_3PO_4 (1 + 1)

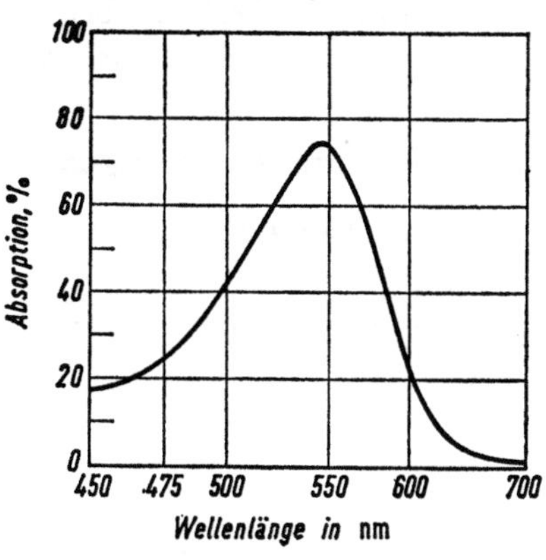

Abb. 239. Absorptionskurve von V(V) + 3,3'-Dimethylnaphthidin [*23h*]

oder 10 ml H_3PO_4 (1 + 1), 2,5 ml 0,01%ige DN-Lösung. Die Bestimmung von 8 µg V wird nicht gestört durch [23g]: 10 mg Na, jeweils 1 mg Ca, K, Mg, Cl^-, NO_3^-, SO_4^{2-}, PO_4^{3-}, F^-, Oxalat und Citrat, jeweils 100 µg Al, As(V), Ba, Cd, Cr(III), Cu, Mn(II), Mo, Nb, Ni, Pb, Sb(III), Se(VI), Sn(II, IV), Ta, Th, Ti(IV), U(VI), W und Zn. Es stören Ce(IV) und Cr(VI) durch Oxydation des DN, Fe(II) wahrscheinlich durch Reduktion des V(V); Ce(III) und Fe(III) führen zu Minderbefunden. Fe(III) läßt sich mit H_3PO_4 maskieren [23h].

Arbeitsvorschrift [*23g*]

Reagentien

H_3PO_4 (90%); H_3PO_4 (1 + 1).
3,3'-Dimethylnaphthidin (DN), 0,01%ig in 25%iger Essigsäure (36 Std haltbar).

Man versetzt die schwach saure bis neutrale Probelösung [1—50 µg V(V) enthaltend] in einem 25 ml-Meßkolben mit 10 ml H_3PO_4 (1 + 1), verdünnt mit Wasser auf ~ 20 ml, fügt 2,50 ml DN-Lösung hinzu, füllt mit Wasser zur Marke auf, läßt 15 min im Dunkeln stehen und photometriert in einer 1 cm-Küvette bei 550 nm gegen Wasser. Ein Blindwert wird abgezogen.

1. Organisches Material

1.1. Erdölprodukte

B: 0,01—>50 ppm V. F_r: ±5%.

Arbeitsvorschrift [*23i*]

Reagentien

HNO_3 (1,40); $HClO_4$ (70%); HCl (1 + 1).
Übrige Reagentien wie bei der Arbeitsvorschrift [*23g*] auf S. 1292.

1—100 g Probe behandelt man nach Verfahren B.I.2.2. (Abschnitt „Eisen", s. S. 700), löst die Asche mit 5 ml HCl (1 + 1) und verwendet die gesamte Lösung oder einen aliquoten Teil davon. Die Lösung wird in einem 100 ml-Becherglas mit 2 ml HNO_3 sowie 3,0 ml $HClO_4$ versetzt, bis zum Auftreten der $HClO_4$-Nebel erhitzt, anwesendes Cr durch Zusatz von 50 mg NaCl verflüchtigt, erneut 50 mg NaCl hinzugefügt und mit aufgelegtem Uhrglas 2 min gekocht. Man kühlt etwas ab, wäscht Uhrglas und Becherwand mit wenig Wasser ab, dampft bis zum Auftreten der $HClO_4$-Nebel ein, kocht 5 min mit aufgesetztem Uhrglas, kühlt ab, versetzt mit 10—15 ml Wasser und kocht wieder 5 min. Nach dem Abkühlen wird in einen 25 ml-Meßkolben übergeführt, 2,5 ml H_3PO_4 hinzugefügt und mit dem Zusatz der DN-Lösung nach der Arbeitsvorschrift [*23g*] auf S. 1292 fortgefahren.

2. Metalle und Legierungen

2.1. Eisen und Stahl

Das Verfahren eignet sich für Roheisen und Stahl mit Gehalten bis zu 8,5% Mn, 15,4% Cr, 17,7% Ni, 1,3% Mo, 2,7% Co, 12% W, 1,8% Cu und 0,5% Nb.
B: 0,01—2% V. *V:* ±1—6%.

Arbeitsvorschrift [*23h*]

Reagentien

HNO_3 (1,40); H_2SO_4 (1,84); H_2SO_4 (1 + 1); $HClO_4$ (70%); $HClO_4$ (1 + 1); H_3PO_4 (1,70); H_3PO_4 (1 + 1).

3,3'-Dimethylnaphthidin, 0,1%ig in Eisessig.
$KMnO_4$, 0,03%ige wäßrige Lösung.
$NaNO_2$, 0,2%ige wäßrige Lösung.
Harnstoff, 10%ige wäßrige Lösung.

0,5 g Probematerial werden in einem 300 ml-Erlenmeyerkolben mit 65 ml H_2SO_4 (1 + 1) unter Erwärmen gelöst, mit 15 ml H_3PO_4 (1 + 1) sowie 10 ml HNO_3 versetzt, bis zum Auftreten der SO_3-Nebel eingedampft, auf Raumtemperatur abgekühlt, dann mit Eiswasser gekühlt und in einem 500 ml-Meßkolben mit Wasser zur Marke aufgefüllt. Davon gibt man einen aliquoten Teil von 10,0 ml (bei <0,3% V) bzw. 5,0 ml (bei >0,3% V) in einen 50 ml-Meßkolben, versetzt mit 1 ml H_3PO_4 (1 + 1), tropfenweise mit $KMnO_4$-Lösung bis zur bleibenden Rosafärbung, dann mit 0,5 ml $NaNO_2$-Lösung sowie 1 ml Harnstoff-Lösung und schüttelt gut um, bis die Blasenbildung aufhört (~ 5 min). Dann werden der Reihe nach 20 ml H_3PO_4 (1 + 1), 10 ml $HClO_4$ (1 + 1) sowie 1,00 ml DN-Lösung zugesetzt, nach 15 min mit Wasser zur Marke aufgefüllt und in einer 2 cm-Küvette bei 550 nm gegen Wasser photometriert. Bei legiertem Stahl photometriert man gegen eine Vergleichslösung, die mit der Probelösung nach der Arbeitsvorschrift ohne Zusatz von DN-Lösung hergestellt wird.

3. Luft

B: 10–2500 μg V/m³. F_r: ±5%.

Man saugt 20–100 l Luft (10–30 l/min) durch ein Filter (s. S. 177), verascht das Filter mit HNO_3/H_2SO_4, dampft die Lösung auf ein kleines Volumen und bis zum Auftreten der SO_3-Nebel ein und bestimmt darin das V nach der Arbeitsvorschrift [*23g*] auf S. 1292.

D. 8-Hydroxychinolin

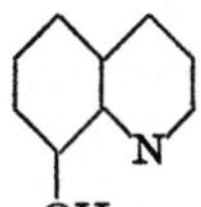

V(V) läßt sich bei pH 3,5–4,5 als Oxinatkomplex mit $CHCl_3$ [*1*, *24*, *25*] und Isoamylalkohol [*26*] extrahieren. Ungleichmäßigkeiten in der Farbe bzw. Farbintensität werden auf den wechselnden Alkoholgehalt des verwendeten $CHCl_3$ zurückgeführt [*25*]; je nach dessen Höhe ist der Extrakt mehr oder weniger rötlich, wobei sich die Rotfärbung beim Stehen vertieft. Mit alkoholfreiem $CHCl_3$ erhält man bei niedrigen V-Konzentrationen eine Magenta, bei hohen eine schwarze Färbung [*25*]. Das schwarze V-Oxinat zeigt 2 Extinktionsmaxima bei 365 nm und 550 nm (s. Abb. 240), von denen das letztere wegen der geringeren Störungen für die quantitative Bestimmung verwendet wird ($\varepsilon_{550} = 3330$). Das Beersche Gesetz ist im Bereich von 0,4–12 μg V/ml $CHCl_3$ erfüllt. Die Farbe des V-Oxinates ist in alkoholfreiem $CHCl_3$ in diffusem Tageslicht 1 Woche stabil [*25*]. Nach anderen Angaben [*1*] soll der durch Zusatz von Äthanol zum $CHCl_3$-Extrakt und Erwärmen erhaltene rote Komplex[1] eine höhere Stabilität aufweisen, besitzt aber eine geringere Nachweisempfindlichkeit (1,0 μg V · ml^{-1} · cm^{-1} bei 550 nm bzw. L_Q = 1,3 μg V · ml^{-1} · cm^{-1} bei 485 nm). Fe(III) und Mo(VI) werden mitextrahiert,

[1] In diesem Fall versetzt man den in einem 25 ml-Meßkolben gesammelten $CHCl_3$-Extrakt (~ 15 ml) mit 5 ml Äthanol, erwärmt 5 min auf ~ 60° C, füllt nach dem Abkühlen mit $CHCl_3$ zur Marke auf und photometriert bei 485 nm [*1*].

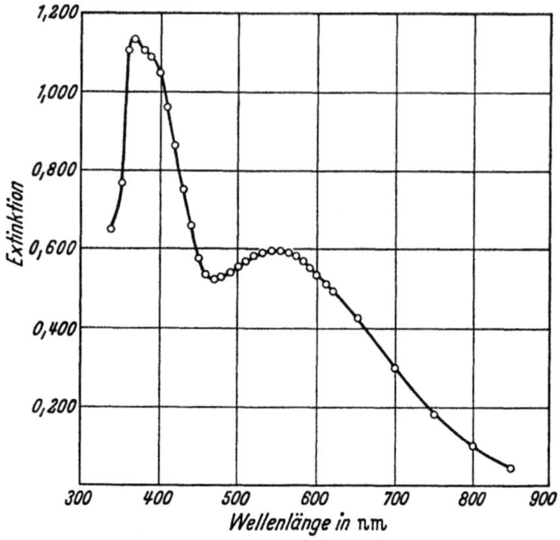

Abb. 240. Extinktionskurve von V-Oxinat in $CHCl_3$ [*25*]

Cr (VI) jedoch nicht. Bei pH 4 reagieren mit Oxin weiterhin Al, Bi, Co, Cu, Ga, In, Ni, Sc, Sn, Th, Ti (IV), W und Y (s. S. **327** ff.), indem sie mit $CHCl_3$ ausgeschüttelt werden oder unlösliche Niederschläge bilden. Die Hauptstörung wird durch Fe verursacht, welches daher abwesend sein muß. Mitextrahiertes Fe läßt sich durch Rückschütteln des V aus dem $CHCl_3$-Extrakt mit Pufferlösung (pH 9,4) entfernen, indem das Fe quantitativ in der organischen Phase bleibt [*25*]. Das V wird aus der wäßrigen Lösung dann erneut mit Oxin/$CHCl_3$ bei pH 4,0 extrahiert. 30 μg V lassen sich nach der folgenden Arbeitsvorschrift neben jeweils 0,5 mg von Al, Bi, Co, Cr, Cu, Fe, Mn, Mo, Ni, Sn, Ti und U, 0,1 mg W und 5 mg Zn bestimmen [*25*]. Zu niedrige Ergebnisse erhält man in Anwesenheit von 0,5 mg W. Silicat und PO_4^{3-} stören nicht. Führt man die Extraktion mit Oxin/$CHCl_3$ in Anwesenheit von Ca-ÄDTA bei pH 5,5 durch, so wird die Bestimmung von 50 μg V durch folgende Elementmengen (in μg) nicht gestört [*14*]: Al (500), Co (500), Cr (700), Cu (500), Fe (100), Hg (500), Mg (500), Mo (100), Ni (500), P (500, als PO_4^{3-}), Pb (500), Sn (10), Ti (10) und W (50). Bei pH 4 wird die Extraktion des V (V) (50 μg/50 ml) durch die Anwesenheit von 0,5 g Na_2HPO_4, 1 g Essigsäure und 1 g NaF [bei gleichzeitigem Zusatz von 0,5 g $Al_2(SO_4)_3$] nicht gestört (Ausbeute 100%) [*1*]; sie erfolgt aber mit geringerer Ausbeute (in %) in Anwesenheit von 0,5 g NaF (70), 0,5 g Weinsäure (40—60), 0,5 g Citronensäure (~ 10) und 0,5 g ÄDTA (<5). Bei Anwesenheit einiger Milligramm Fe ist es zweckmäßig, eine konzentriertere Oxinlösung anzuwenden und längere Zeit zu extrahieren, um vorhandenes $FePO_4$ in das Oxinat überzuführen.

In einer anderen Arbeit [*27*] wurde empfohlen, V (V) aus **0,05** m H_2SO_4- oder 0,10 m H_3PO_4-Lösung mit 0,02 m Oxin/Benzol-Butanol (4:1) zu extrahieren ($E\% = 99$ bei $V_0:V_w = 1:1$) und bei 390 nm oder 480 nm zu photometrieren ($\varepsilon_{390} = 6020$, $\varepsilon_{480} = 3950$). Die Bestimmung von V (V) wird nicht gestört durch die 100fache Menge von Al, Be, Cd, Ce (III), Co, Cr (III), Mg, Mn (II), Ni, Th, U (VI), V (IV) und Zn, die 8fache Menge Mo, die 7fache Menge W und die 4fache Menge Cu. Fe (III) läßt sich mit $P_2O_7^{4-}$ maskieren. F^-, PO_4^{3-}, $P_2O_7^{4-}$, Tartrat und Citrat stören nicht, Oxalat und ÄDTA stören hingegen.

Mit Oxin wurde V in Stahl bestimmt [*11a*].

Arbeitsvorschrift [*25*]

Reagentien

4 n HNO_3; 4 n Ammoniak;
Oxin, 0,5%ig in $CHCl_3$ (alkoholfrei);
Oxin, 0,1%ig in $CHCl_3$ (alkoholfrei);
Pufferlösung (pH 9,4); 200 ml 4 n Ammoniak und 100 ml 4 n HNO_3 werden mit Wasser auf 2 l verdünnt;
Pufferlösung (pH 4,0); 12,77 g Kaliumhydrogenphthalat werden in Wasser gelöst und auf 250 ml aufgefüllt;
$CHCl_3$ (alkoholfrei).

a) Abwesenheit von Störelementen

~ 50 ml schwach saure Probelösung [2—60 µg V (V) enthaltend] stellt man in einem 125 ml-Schütteltrichter mit HNO_3 und Ammoniak auf pH 4,0 ein, versetzt mit 2 ml Pufferlösung (pH 4,0), extrahiert 2mal mit je 5,0 ml 0,1%iger Oxin-Lösung 2,5 min und photometriert den vereinigten organischen Extrakt in einer 2 cm-Küvette bei 550 nm gegen 0,1%ige Oxin-Lösung.

b) Anwesenheit von Fe

Die wie bei a) auf pH 4,0 eingestellte Probelösung extrahiert man 3mal mit je 5 ml 0,5%iger Oxin-Lösung (in Anwesenheit großer Mengen Fe extrahiert man 5 min mit 10 ml und 2mal 2,5 min mit je 5 ml Oxin-Lösung) und vereinigt die organischen Extrakte in einem zweiten Schütteltrichter, in welchem 50 ml Pufferlösung (pH 9,4) vorgelegt sind. Der 2. Schütteltrichter wird 5 min geschüttelt, nach der Phasentrennung die $CHCl_3$-Schicht verworfen, die wäßrige Phase mit 5 ml $CHCl_3$ nachgewaschen (falls die organische Phase nun gefärbt ist, wiederholt man das Waschen mit weiteren 5 ml $CHCl_3$), der organische Extrakt verworfen und mit der V-Bestimmung nach a) fortgefahren.

1. Organisches Material

V wurde auch in Erdöl (Rückstandsöl) bestimmt, indem nach trockener Veraschung gegebenenfalls vorher eine Abtrennung der Störelemente durch Elektrolyse mittels Hg-Kathode und anschließend die Extraktion des V in Anwesenheit von Ca-ÄDTA bei pH 5,5 mit Oxin/$CHCl_3$ erfolgte [*14*].

1.1. Blut und tierisches Gewebe

B: 0,00005—0,006% V bei Blut, 0,000015—0,006% V bei Gewebe. F_{rm}: ±5%.

Arbeitsvorschrift [*25*]

Reagentien

HNO_3 (1,40);
K_2SO_4;
Übrige Reagentien wie bei Arbeitsvorschrift S. 1295.

Bis zu 5 g Blut oder 15 g Weichgewebe werden in einem Becherglas mit K_2SO_4 (je 0,1 g/g Probematerial) und HNO_3 (1,40) (je 1 ml/g Probematerial) versetzt. Man erwärmt schwach und wartet die erste Reaktion ab. Danach wird langsam bis zur Trockene eingedampft, nach dem Abkühlen erneut mit soviel HNO_3 (1,40) versetzt, daß der Rückstand gut durchfeuchtet ist, und mit dem Erhitzen und dem weiteren Arbeitsgang, wie bei Verfahren D.1.3. (S. 1296) beschrieben, fortgefahren.

Wegen der großen Mengen Fe müssen bei Blutproben für die erste V-Extraktion 10 ml, 5 ml und 5 ml einer 1%igen Oxin/$CHCl_3$-Lösung anstelle der 0,5%igen Oxin-Lösung angewandt und die erste Ausschüttelung mit 10 ml Oxin-Lösung 5 min vorgenommen werden.

1.2. Knochen

B: 0,0002–0,006% V. F_{rm}: ±5%.

Arbeitsvorschrift [*25*]

Reagentien

Wie bei Verfahren D. 1.1.

Die in einer Porzellanschale eingewogene Probe wird in der elektrischen Muffel zuerst bei 400° C verkohlt und anschließend bei 700° C verascht. Man verreibt die Asche zu einem Pulver und erhitzt, falls erforderlich, abermals in der Muffel. Danach fügt man zu 1,0 g Asche in einem 250 ml-Becherglas 2 ml HNO_3 (1,40), versetzt mit 25 ml Wasser und dampft am Wasserbad gerade zur Trockene ein. Man nimmt den Trockenrückstand in 1 ml HNO_3 (1,40) und 50 ml Wasser auf, dampft am Wasserbad bis auf 25 ml ein, führt die Lösung (oder einen aliquoten Teil) in einen 125 ml-Schütteltrichter über und fährt mit der Isolierung des V nach Arbeitsvorschrift b) (S. 1295) fort.

1.3. Harn

B: 1–60 µg V/50 ml Probe. F_{rm}: ±5%.

Arbeitsvorschrift [*25*]

Reagentien

Wie bei Verfahren D. 1.1. (S. 1295).

50–150 ml Harn werden in einem 250 ml-Becherglas mit soviel HNO_3 (1,40) versetzt, daß ihre Menge 20% des Harnvolumens entspricht. Man dampft die Lösung bei einer, knapp unter dem Siedepunkt liegenden Temperatur zur Trockene ein. Nach dem Abkühlen fügt man zum Trockenrückstand soviel HNO_3 (1,40), daß er gut durchfeuchtet ist, und raucht abermals zur Trockene ab. Nach Bedecken mit einem Uhrglas wird einige Minuten bei 350–400° C erhitzt, bis durch teilweise Zersetzung der Nitrate Stickoxide entweichen. Man kühlt ab, versetzt abermals mit HNO_3 und wiederholt das Eindampfen und anschließende Erhitzen bei höherer Temperatur. HNO_3-Zugabe und die beiden Erhitzungsvorgänge werden noch 3–6mal wiederholt, bis ein rein weißer Rückstand verbleibt. Dieser wird in 2 ml HNO_3 (1,40) und 25 ml Wasser gelöst und am Wasserbad gerade zur Trockene eingedampft. Nach neuerlichem Zusatz von 1 ml HNO_3 (1,40) und von 50 ml Wasser dampft man am Wasserbad auf 25 ml ein. Nach Bedecken mit einem Uhrglas läßt man abkühlen und filtriert, falls größere Mengen Kieselsäure ausgefällt sind, ab. Die so erhaltene Probelösung wird zur Gänze oder ein aliquoter Teil davon in einen 125 ml-Schütteltrichter übergeführt und mit der Isolierung des V nach Arbeitsvorschrift b) (S. 1295) fortgefahren.

1.4. Faeces

B: 0,0002–0,006% V. F_{rm}: ±5%.

Arbeitsvorschrift [*25*]

Reagentien

Na_2CO_3 sicc.;
Äthylalkohol (50%);
Übrige Reagentien wie bei Arbeitsvorschrift [*25*] S. 1295.

10 g oder mehr Probematerial werden in einer gewogenen Porzellanschale bei 110° C getrocknet. Nach dem Verkohlen bei 400° C in einer elektrischen Muffel wird bei 700° C verascht. Man verreibt die Asche zu einem Pulver und erhitzt, wenn erforderlich, abermals in der Muffel. Danach wird 1,0 g der Asche mit 5 g Na_2CO_3 sicc. im Platintiegel geschmolzen, die Schmelze zuletzt durch Rotieren des Tiegels verteilt und anschließend der Tiegel sofort durch Eintauchen in Wasser abgekühlt. Der Schmelzkuchen wird in 50 ml Wasser am Wasserbad ausgezogen, etwa vorhandenes Mn(VI) durch Zusatz 1 Tropfens Äthylalkohol (50%) reduziert und die Lösung mit dem Ungelösten in einen 100 ml-Meßkolben übergeführt. Nach dem Auffüllen bis zur Marke mit Wasser und Mischen läßt man das Ungelöste absitzen, dekantiert 50 ml der überstehenden Lösung ab und filtriert sie, falls erforderlich. Mit dieser Lösung oder einem aliquoten Teil davon wird, nach Überführen in einen 125 ml-Schütteltrichter, mit der Isolierung des V nach Arbeitsvorschrift b) (S. 1295) fortgefahren.

E. 4-(2-Pyridylazo)-resorcinol

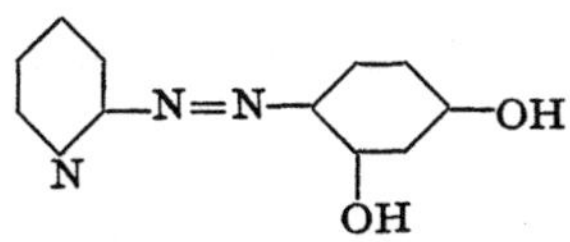

V(V) bildet mit 4-(2-Pyridylazo)-resorcinol (PAR) bei pH 5—7 einen violetten Farbkomplex mit einem Extinktionsmaximum bei 545—550 nm (s. Abb. 241; $\varepsilon_{550} = 36000$ in 0,01m DCTE-Lösung) [*28, 28a*]. Die Farbe ist in 30 min voll entwickelt und dann 2 Std stabil. Da die Farbentwicklung temperatur- und lichtempfindlich ist, muß diese

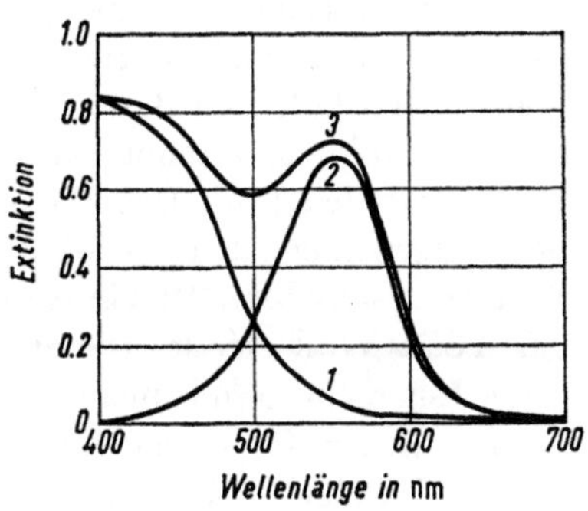

Abb. 241. Extinktionskurven von PAR (*1*, Blindlösung, gegen Wasser gemessen) und V(V) + PAR (*2* gegen Blindlösung, *3* gegen Wasser gemessen) [*28*]

im Dunkeln und in einem Thermostaten bei 20° C durchgeführt werden [*28b*]. Das Beersche Gesetz ist im Bereich von 0,035—1,4 μg V/ml erfüllt. Zahlreiche Elemente reagieren mit PAR, doch können die meisten mit 1,2-Diaminocyclohexantetraessigsäure (DCTE) maskiert werden. Durch die DCTE wird die Empfindlichkeit der Farbreaktion um ~ 40% vermindert. Die Bestimmung von 1 μg V in 0,01m DCTE-Lösung wird nicht gestört durch [*28*]: jeweils 50 mg NaF, Weinsäure und Na_3PO_4, jeweils 5000 μg Al,

Cr(VI), Cu[1], Fe(III)[1], Pb und Zn, 4000 µg Sr, jeweils 3000 µg Co[1] und Ni[1], jeweils 2500 µg Ba, La und Mn(II)[1], 2000 µg Ga, 1250 µg Ca, 150 µg Bi, jeweils 100 µg Mg, Sb(V)[2], W und Y, 50 µg Mo(VI), 30 µg Sn(IV)[2], 25 µg Hg(II) und Tl(III), 10 µg Ag, 8 µg Zr[3] und 5 µg In. Es stören $\geqq$ 0,5 µg Nb, > 1 µg Ti und > 0,5 µg U(VI). 50 µg V lassen sich von $\leqq$ 20 mg Cu, Fe, Pb und Zn trennen, wenn das V vor seiner Bestimmung mit PAR durch Extraktion mit α-Benzoinoxim/$CHCl_3$ bei pH 2–3 und Rückschütteln aus dem Extrakt mit 0,02n NaOH isoliert wird [*28c*].

Mit PAR wurde V in Erdölfraktionen (1–5 ppm V) bestimmt [*28b*].

Arbeitsvorschrift [*28*]

Reagentien

0,05 m 1,2-Diaminocyclohexantetraessigsäure (DCTE).
Pufferlösung; 2 m Ammoniumacetat mit Essigsäure auf pH 5,5 eingestellt.
4-(2-Pyridylazo)-resorcinol (PAR), 0,025%ige wäßrige Lösung.

5–15 ml schwach saure Probelösung [1–25 µg V(V) enthaltend] versetzt man in einem 25 ml-Meßkolben mit 5 ml DCTE-Lösung, 1 ml Pufferlösung sowie 2,00 ml PAR-Lösung, füllt mit Wasser zur Marke auf und photometriert nach 30 min Standzeit (in einem Thermostaten bei 20° C, im Dunkeln) in einer 1 cm-Küvette bei 550 nm gegen den Blindwert.

F. Vanadophosphorwolframsäure

V(V) bildet in saurer Lösung bei Zusatz von H_3PO_4 und $Na_2WO_4 \cdot 2\,H_2O$ die gelbe, wasserlösliche Vanadophosphorwolframsäure (V-P-W-säure) [*29, 30*]. Man führt die Bildung zweckmäßig in 0,5–0,6n H_2SO_4-, HNO_3-, HCl- oder $HClO_4$-Lösung durch. Für die Farbreaktion sind eine Konzentration von 0,01–0,1 m Na_2WO_4 in der Probelösung, sowie von 0,5 m H_3PO_4 und 0,025 m Na_2WO_4 im Endvolumen und ein Molverhältnis H_3PO_4:Na_2WO_4 = 3:1 bis 20:1 am günstigsten [*29*]. Bei größeren V-Mengen (> 10 µg V/ml) bildet sich in der Kälte zuerst eine bräunliche Farbe, die innerhalb einiger Stunden in den gelben Komplex übergeht; doch läßt sich dieser Übergang durch Kochen beschleunigen. Die V-P-W-säure kann mit Isobutanol extrahiert und im organischen Extrakt bei 400 nm photometriert werden [*31*]. Das Extinktionsmaximum liegt bei ~ 365 nm, doch werden die Messungen meist bei 400–410 nm durchgeführt [*29, 30*] (s. Abb. 242; ε_{400} = 1890 in wäßriger Lösung bzw. 2190 in Isobutanol) [*31*]. Das Beersche Gesetz ist im Bereich von 0,6–26 µg V/ml erfüllt. Die Farbe ist 2 Tage stabil. Die Bestimmung wird durch folgende Ionen (in µg/ml) nicht gestört: je 5000 µg/ml an Al, As(V), Ba, Ca, Cd, Hg(II), Mg, Pb, Sr, Zn, Br^-, Acetat, weiterhin Ag (1000), Be (250), Li (1250), SiO_2 (500 als Na_2SiO_3), Th (100), ClO_3^- (1000), CN^- (200), Citrat (1000), Tartrat (1000), Oxalat (1000), sowie NaCl (30000) und $NaNO_3$ (50000). Infolge Eigenfärbung stören (in µg/ml) Co (> 100), Cr(VI) (> 10), Cu(II) (> 100), Fe(III) (> 1000), Mn (> 400), Ni (> 350) und U(VI) (> 1000). 100 µg Fe(III)/ml stören nicht, wenn die Lösung nach dem Reagenszusatz gekocht wird. > 500 µg Mo(VI)/ml stören, da Mo(VI) mit dem Reagens eine gelbe Färbung gibt. Bi (> 150 µg/ml), Sb(III) (> 100 µg/ml), Sn(IV) (> 250 µg/ml), Ti (> 200 µg/ml), Zr (> 10 µg/ml), K (> 75 µg/ml) und NH_4^+ (> 100 µg/ml) stören, da sie Fällungen verursachen. SCN^- (> 250 µg/ml) und I^- (> 100µg/ml) stören durch Reduktion des Komplexes.

---

[1] Messung gegen dieselbe Lösung ohne PAR.
[2] In Anwesenheit von 10 mg KNa-tartrat.
[3] Vor der Farbentwicklung mit DCTE gekocht.

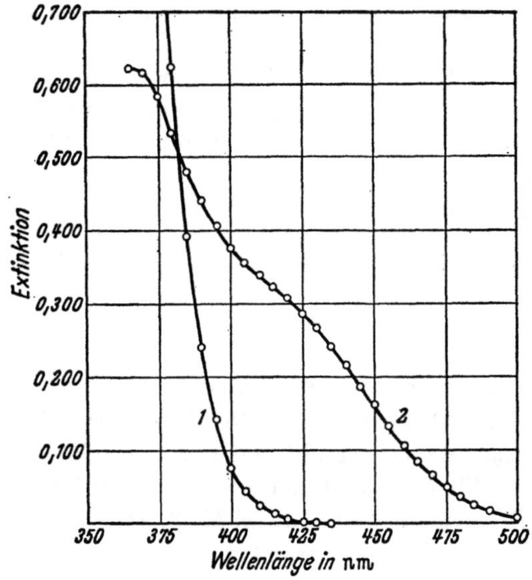

Abb. 242. Extinktionskurven von Vanadophosphorwolframsäure (*2*) und der Blindlösung (*1*) [*30*]

Das Verfahren fand Anwendung zur Bestimmung von V in Erdöl [*32*] (nach vorangehender Isolierung durch Elektrolyse mittels Hg-Kathode), Aluminium [*32a*], unlegierten und legierten Stählen [*30, 33–35*] (teilweise nach vorangehender Isolierung durch Spurenfällung mit $NaHCO_3$ mit anschließender Abtrennung von restlichen Störelementen durch Elektrolyse mittels Hg-Kathode), Mineralien (nach vorangehender Isolierung durch Extraktion mit Oxin/$CHCl_3$ [*24, 36*] bzw. als visuelle Feldmethode der mit MIBK extrahierten V-P-W-säure [*32b*]), Heizölasche [*37*] und Erdölkatalysatoren [*31*] (nach Abtrennung der Störelemente durch Elektrolyse mittels Hg-Kathode).

Arbeitsvorschrift

I. Bestimmung in wäßriger Lösung

Methode a [*29*]

Reagentien

HNO_3 (1,40); HNO_3 (1 + 1);
H_3PO_4 (1,70); H_3PO_4 (3 + 2);
0,5 m Na_2WO_4; 16,5 g $Na_2WO_4 \cdot 2\,H_2O$ werden in Wasser gelöst und auf 100 ml aufgefüllt.

Die schwach saure Probelösung [6,5–260 µg V(V) enthaltend] versetzt man in einem 50 ml-Meßkolben mit 5 ml HNO_3 (1 + 1), oder man stellt die Lösung mit Mineralsäure auf eine Säurekonzentration von ~ 0,5n HNO_3, H_2SO_4 oder HCl ein, fügt 2,5 ml H_3PO_4 (3 + 2), sowie 2,5 ml Na_2WO_4-Lösung hinzu, verdünnt mit Wasser auf ~ 40 ml, erhitzt zum Sieden, füllt nach dem Abkühlen mit Wasser zur Marke auf und photometriert in einer 5 cm-Küvette bei 400 nm gegen den Blindwert.

Methode b [*30*]

Reagentien

$HClO_4$ (70%);
0,2 m Na_2WO_4; 66 g $Na_2WO_2 \cdot 2\,H_4O$ werden in Wasser gelöst und auf 1 l aufgefüllt;
Übrige Reagentien wie bei Methode a).

Die Probelösung [6,5–260 µg V(V) enthaltend] versetzt man in einem 50 ml-Meßkolben mit 5 ml HNO_3 (1 + 1), 3,5 ml $HClO_4$, 2,5 ml H_3PO_4 (3 + 2) sowie 2,5 ml Na_2WO_4-Lösung und verdünnt auf 38–40 ml. Die Lösung wird zum Sieden erhitzt, 30 min auf dem siedenden Wasserbad gehalten, abgekühlt, mit Wasser zur Marke aufgefüllt und in einer 5 cm-Küvette bei 410 nm gegen einen Blindwert photometriert.

II. Extraktion mit Isobutanol [*31*]

Reagentien

5n H_2SO_4; 5m H_3PO_4;
0,5m Na_2WO_4;
Isobutanol.

Die schwach saure Probelösung [10–300 µg V(V) enthaltend] wird in einem Schütteltrichter mit Wasser auf ~ 70 ml verdünnt, mit 15 ml 5n H_2SO_4, 10 ml 5m H_3PO_4, sowie 5 ml 0,5m Na_2WO_4-Lösung versetzt, geschüttelt und der gelbe Komplex durch mehrmaliges Schütteln mit je 20 ml Isobutanol vollständig extrahiert. Den vereinigten organischen Extrakt füllt man in einem 100 ml-Meßkolben mit Isobutanol zur Marke auf und photometriert in einer 5 cm-Küvette bei 400 nm gegen einen Blindwert.

1. Silicatgestein

Nach dem Aufschluß des Probematerials wird das V durch Extraktion mit Oxin/$CHCl_3$ isoliert und anschließend als V-P-W-säure photometrisch bestimmt. Wahlweise kann die Isolierung des V auch nach Verfahren G.2.1. [*1*] und anschließend die photometrische Bestimmung nach Arbeitsvorschrift I oder II (s. oben) vorgenommen werden.

B: 0,001–0,05% V. F_r: ±10%.

Arbeitsvorschrift [*24*]

Reagentien

Na_2CO_3 sicc.;
Na_2CO_3, 1%ige wäßrige Lösung;
Äthanol;
Methylorange-Indicator, 0,02%ige wäßrige Lösung;
4n H_2SO_4;
Oxin-Lösung, 2,5%ig in 2n Essigsäure;
$CHCl_3$;
H_3PO_4 (1 + 2);
0,5m Na_2WO_4.

1,0 g fein pulverisiertes Probematerial wird im Platintiegel nach Zusatz von 5–6 g Na_2CO_3 sicc. geschmolzen, nach dem Abkühlen mit einigen ml Wasser versetzt, unter Erwärmen der Schmelzkuchen abgelöst und in ein Becherglas übergeführt. Nach Zusatz von wenigen Tropfen Äthanol wird unter Nachwaschen des Tiegels mit Wasser auf ein Volumen von 30–40 ml gebracht, auf dem Wasserbad die Schmelze weitgehend gelöst und Manganat reduziert. Man filtriert vom Ungelösten und wäscht das Filter und Becherglas mit Na_2CO_3-Lösung nach. Das Filtrat und die Waschlösungen werden in einem 100 ml-Meßkolben zur Marke aufgefüllt.

Ein aliquoter Teil von 10 ml (bei basischem Gestein) oder 25–50 ml (bei Silicatgestein) wird in einem Erlenmeyerkölbchen nach Zusatz einiger Tropfen Methylorange-Lösung mit 4n H_2SO_4 auf pH 3,4 gebracht und durch Umschwenken CO_2 ausgetrieben. Man führt die Lösung in einen Schütteltrichter über, fügt 0,1 ml Oxin-Lösung und 2 ml $CHCl_3$ hinzu und extrahiert 1 min. Nach der Phasentrennung wird der organische

Extrakt in einen Platintiegel abgelassen und die Extraktion mit je 1 ml $CHCl_3$ noch 2mal wiederholt. Zu den vereinigten organischen Extrakten fügt man 0,1 g Na_2CO_3 sicc., dampft bei niedriger Temperatur das $CHCl_3$ ab, erhitzt stärker, um die organische Substanz zu zerstören, und führt dann den Schmelzaufschluß durch. Nach dem Erkalten löst man die Schmelze in 3–4 ml Wasser, filtriert falls erforderlich durch einen Glasfrittentiegel und bringt das Volumen der Lösung auf 5–10 ml. Man fährt mit der photometrischen Bestimmung nach Arbeitsvorschrift I oder II (s. S. 1299) fort.

G. Polarographie

Zur polarographischen Bestimmung des V fanden neben einer Reihe anderer Grundelektrolyte mit entsprechend unterschiedlichen Halbstufenpotentialen auch 6,5 m Ammoniak/3m NH_4Cl [V (V)/V (II)–1,30 V] [7], Boratpuffer (pH 8,5)/0,005% Tylose/ 0,17m Na_2SO_4 [V (V)/V (IV), V (IV)/V (II)–1,02, –1,35 V] [7] Anwendung. Von diesen erwies sich der letztgenannte als besonders geeignet und zeigte vor allem eine bessere Reproduzierbarkeit [7].

Unter Anwendung der in den Verfahren G. 1.2. und G. 2.1. beschriebenen Isolierungs- und Bestimmungsmethoden wurde V auch in Petrolkoks, Graphit, Holz, Eisen, Stahl, Aluminium, Titan, Rohphosphat, Pyrit, $Al_2O_3/TiO_2/Fe_2O_3$-Gemisch, Perchlorsäure und Salzsole polarographisch bestimmt [7].

1. Organisches Material

1.1. Pflanzliches Material

Nach nasser Veraschung werden zuerst Fe u. a. störende Elemente (Cu, Cr, Zn) durch Elektrolyse mittels Hg-Kathode entfernt, aus der Probelösung (Al, Mn, Mo, Ti, V, W enthaltend) anschließend mit Cupferron/$CHCl_3$ extrahiert (dabei bleiben Al und Mn in der wäßrigen Lösung), danach V, Mo und W mit Na-DDTC/$CHCl_3$ extraktiv von Ti abgetrennt und schließlich V polarographisch bestimmt. Dabei anwesendes Mo und W stören nicht [7]. Die Ausbeute an V beträgt 90–95%.

B: 0,00001–0,001% V und darüber. F_r: ±5–10%.

Arbeitsvorschrift [7]

Reagentien

HNO_3 (1,40); H_2SO_4 (1,84); $HClO_4$ (70%);
6n HCl;
H_2O_2 (30%);
Ammoniak (0,91); 6n Ammoniak;
Ammoniumacetat, 10%ige wäßrige Lösung; mit Oxin/$CHCl_3$ und $CHCl_3$ gereinigt;
Cupferron, 1%ige wäßrige Lösung (im Kühlschrank bis zu 1 Woche haltbar);
Na-DDTC, 2%ige wäßrige Lösung;
Bromkresolgrün-Indicator, 0,1%ig in Äthanol;
9m Ammoniak/2m NH_4Cl-Pufferlösung;
Bromwasser, gesättigt;
$CHCl_3$.

5 g Probematerial werden mit HNO_3, $HClO_4$ und 5 ml H_2SO_4 verascht, mit Wasser auf 50 ml verdünnt, filtriert und das Filtrat 30 min mit einer Hg-Kathode elektrolysiert (5–6 V, 1–2 Amp.). Das danach vorliegende V(IV) wird durch Zusatz von Bromwasser oxydiert, der Bromüberschuß verkocht, die Lösung filtriert, anschließend mehrmals mit Cupferronlösung und $CHCl_3$ erschöpfend extrahiert und die wäßrige Lösung verworfen.

Aus dem organischen Extrakt destilliert man das $CHCl_3$ ab, verascht den organischen Rückstand mit HNO_3 und 10 Tropfen H_2SO_4, führt den Trockenrückstand mit 3 ml Ammoniumacetatlösung in einen Schütteltrichter über, versetzt mit 2 Tropfen Bromkresolgrünindicator-Lösung und stellt mit Ammoniak auf den Farbumschlag nach Grün ein (pH 4,5—5,0). Die Lösung wird mehrmals mit Na-DDTC-Lösung und $CHCl_3$ erschöpfend extrahiert, die wäßrige Lösung verworfen und der organische Extrakt wie vorher nach der Cupferronextraktion weiter behandelt. Den so erhaltenen Veraschungsrückstand führt man mit Wasser in ein kleines Becherglas über, verdampft das Wasser und raucht die H_2SO_4 ab. Es werden 2 Tropfen H_2O_2 zugesetzt, zur Trockene eingedampft, der Rückstand mit 0,5 ml 6n HCl unter Erwärmen gelöst, nach dem Abkühlen 2,5 ml 9m Ammoniak/2m NH_4Cl-Pufferlösung und 0,05 g Na_2SO_3 sicc. zugesetzt, 10 min stehengelassen und anschließend von −0,6 V bis −1,6 V gegen die gesättigte Kalomelelektrode polarographiert.

1.2. Erdöl

Nach nasser Veraschung wird das V durch Extraktion wahlweise mit Oxin/$CHCl_3$ oder Tetramethylendithiocarbamat/$CHCl_3$ isoliert und anschließend polarographisch bestimmt. Elemente, die in dem verwendeten Grundelektrolyten Niederschläge bilden oder im Bereich von −1,1 bis −1,6 V ein Halbstufenpotential aufweisen [im allgemeinen trifft dies nur für Cr(VI) mit −1,6 V zu], stören die Bestimmung und müssen vorher abgetrennt werden. In Anwesenheit geringer Niederschlagsmengen (< 1 mg) kann das V ohne Störung polarographisch bestimmt werden. Mo stört nicht [*1*]. Eine Differenzierung der beiden Wellen der Doppelstufe V(V)/V(IV), V(IV)/V(II) in schwach alkalischer Lösung erreicht man nur bei höherer Ionenstärke, weshalb Na_2SO_4 zugesetzt wird. Die vom pH-Wert abhängige Stufenhöhe ist im Bereich von pH 8—9 praktisch konstant, weshalb die Bestimmung zweckmäßig bei pH 8,5 erfolgt [*1*].

B: 0,0002—0,005% V und darüber. F_{rm}: ±5%.

Arbeitsvorschrift [*1*]

Reagentien

H_2SO_4 (1,84); 2n H_2SO_4;
HNO_3 (1,51); $HClO_4$ (70%);
Methylorange, 0,02%ige wäßrige Lösung;
HCl-Kaliumhydrogenphthalat-Pufferlösung (pH 2); man mischt 47 ml 0,1n HCl und 53 ml 0,2m Kaliumhydrogenphthalatlösung;
Kaliumhydrogenphthalat-Lösung (pH 4,0); man löst 40,84 g Reagens in Wasser und füllt auf 1 l auf;
Oxin, 0,5%ige wäßrige, wenig Essigsäure enthaltende Lösung;
Ammoniumtetramethylendithiocarbamat-Lösung; 0,5 g Reagens und 4 ml 2n NaOH werden mit Wasser versetzt und auf 100 ml aufgefüllt;
$CHCl_3$;
Na_2CO_3 sicc.;
1n NaOH;
Borat-Pufferlösung; 12,405 g H_3BO_3 nach Sörensen werden mit 100 ml 1n NaOH und Wasser gelöst und auf 1 l aufgefüllt. 75 ml dieser Borat-Lösung werden mit 25 ml 0,1n HCl zur Pufferlösung vereinigt;
Tylose.

Nasse Veraschung

1—5 g Probematerial wird in einem 200 ml-Rundkolben eingewogen, in den seitlich über Schliffverbindung ein bis 0,4 cm über den Kolbenboden reichendes Thermometer eingesetzt und auf den ein Rückflußkühler aufgesetzt ist. Nach Zusatz der zweieinhalbfachen Gewichtsmenge an H_2SO_4 (1,84) wird auf dem Sandbad auf 150—160° C erhitzt, wobei aus einer der beiden auf den Rückflußkühler aufgesetzten Zweiweg-Büretten tropfenweise HNO_3 (1,51) zugegeben wird, bis die Temperatur im Kolben auch nach Zusatz von 1—2 ml-Anteilen HNO_3 nicht mehr ansteigt. Der Kolbeninhalt muß nun dünnflüssig sein und darf keine festen Anteile mehr enthalten. Dann läßt man aus der zweiten Bürette einige Tropfen $HClO_4$ (70%) zufließen; steigt die Temperatur nicht an, so kann auf 180—190° C erwärmt werden. Die mit der $HClO_4$ einsetzende Reaktion zeigt sich am Ansteigen der Temperatur ohne äußere Wärmezufuhr. Man setzt weiter tropfenweise $HClO_4$ zu, wobei die Temperatur 210° C nicht überschreiten darf, anderenfalls muß die $HClO_4$-Zugabe sofort unterbrochen werden. Erst wenn gegen Ende der Veraschung bei fortgesetzter $HClO_4$-Zugabe keine Temperaturerhöhung mehr eintritt, wird nach Entfernen des Sandbades mit der Flamme stärker erhitzt, bis die Lösung völlig klar wird. Danach entfernt man den Rückflußkühler und destilliert den Säureüberschuß ab.

Extraktion mit Oxin/$CHCl_3$

Die nach dem Veraschen erhaltene Lösung wird gegen Methylorange neutralisiert und auf 30—40 ml verdünnt. Man fügt 10 ml Phthalat-Lösung (pH 4,0) und 5 ml Oxinlösung hinzu und läßt einige Minuten stehen oder erhitzt, falls >30 µg V vorhanden sind, einige Minuten auf 95° C. Nach Überführen in einen Schütteltrichter wird 3mal mit je 5 ml $CHCl_3$ extrahiert. Die organischen Extrakte werden in einer kleineren Platinschale gesammelt und das Lösungsmittel verdampft. Zum Abdampfrückstand fügt man 0,20 g Na_2CO_3, verkohlt die organische Substanz durch mäßiges Erhitzen und führt anschließend den Schmelzaufschluß durch. Nach dem Erkalten wird die Schmelze in 2 ml Wasser gelöst und die Lösung der später beschriebenen polarographischen Bestimmung zugeführt.

Extraktion mit Tetramethylendithiocarbamat/$CHCl_3$

Die nach dem Veraschen erhaltene Lösung wird in einen Schütteltrichter übergeführt, gegen Methylorange neutralisiert und unter Nachwaschen mit Wasser auf 30—40 ml gebracht. Man fügt 0,2 ml 2n H_2SO_4, 10 ml HCl-Phthalat-Pufferlösung (pH 2), 5 ml $CHCl_3$ und danach 5 ml des Carbamatreagenses hinzu und schüttelt sofort kräftig 1 min aus. Der organische Extrakt wird nach der Phasentrennung in eine kleinere Platinschale abgelassen. Die wäßrige Phase wird noch zweimal nacheinander mit jeweils 5 ml $CHCl_3$ und 5 ml Carbamat-Reagens je 1 min extrahiert und die organischen Extrakte in der Platinschale vereinigt. Nach dem Abdampfen des Lösungsmittels aus dem vereinigten Extrakt wird, wie bei der Extraktion mit Oxin/$CHCl_3$, nach Zufügen von 0,20 g Na_2CO_3 nach dem Verkohlen der organischen Substanz geschmolzen und die Schmelze in 2 ml Wasser gelöst.

Polarographische Bestimmung

Die nach dem Lösen des Schmelzaufschlusses erhaltene V-Lösung (mit einem Volumen von ~2 ml und einem Gehalt von ~0,2 g Na_2CO_3) wird in das Polarographiergefäß übergeführt. Man spült mit 1,4 ml 2n H_2SO_4 nach (die Lösung muß nun einen geringen Säureüberschuß aufweisen; bei Bedarf kann zum Ansäuern auch eine entsprechende Menge 3n oder 4n H_2SO_4 verwendet werden) und gibt diese ebenfalls in das Polarographiergefäß. Solange CO_2 entwickelt wird, deckt man das Gefäß, um Spritzverluste zu vermeiden, entsprechend ab. Danach rührt man bei schräg gehaltenem Gefäß mit einem kleinen Glasstab das restliche CO_2 aus. Man neutralisiert nun die Lösung gegen Incidatorpapier mit wenigen Tropfen 1n NaOH und stellt durch Zugabe von 1 ml Borat-Pufferlösung auf pH 8,5 ein. Man erhitzt zur Zerstörung von Polysäuren einige Minuten auf 90—95° C, versetzt nach dem Abkühlen mit 0,25 ml 0,1%iger oder 0,10 ml 0,25%iger Tyloselösung, bringt mit Wasser auf ein Volumen von 5,0 ml und polarographiert von etwa −0,8 bis −1,8 V gegen die gesättigte Kalomelelektrode. Danach kann evtl. zur Kontrolle aus einer Mikromembranbürette (s. S. 119) eine bekannte V-Menge zugegeben und nochmals polarographiert werden.

2. Silicatgestein und Böden

2.1. Silicatgestein

Nach dem Lösen des Probematerials wird das V durch Extraktion mit Oxin/$CHCl_3$ isoliert und anschließend polarographisch bestimmt. Wahlweise kann man bei entsprechendem Probematerial auch zuerst Störelemente durch Elektrolyse mittels Hg-Kathode entfernen, dann das V durch Extraktion mit Cupferron/$CHCl_3$ isolieren und anschließend polarographisch bestimmen.

B: 0,001—0,005% V und darüber. F_{rm}: ±5%.

Arbeitsvorschrift [1]

Reagentien

H_2SO_4 (1 + 1); H_2SO_4 (1 + 4);
HNO_3 (1,40); HF (40%);
6n NaOH;
Cupferron, 0,5%ige wäßrige Lösung (frisch herstellen);
Übrige Reagentien wie bei Verfahren G. 1.2., S. 1302.

1,0 g Probematerial wird in einer Platinschale 2—3mal mit 10 ml HF, 1 ml HNO_3 und 5 ml H_2SO_4 (1 + 1) abgeraucht, 2—3ml Wasser zugesetzt, bis zum Rauchen eingedampft, der Zusatz von Wasser wiederholt und zur Trockene eingedampft. Den Rückstand nimmt man unter Erwärmen mit 10—20 ml H_2SO_4 (1 + 4) auf, filtriert Unlösliches ab, wäscht 2—3mal mit wenig Wasser nach, verascht das Filter im Platintiegel, schließt die Asche mit der 5—6fachen Menge Na_2CO_3 sicc. auf, löst die erkaltete Schmelze in verdünnter H_2SO_4, vereinigt die Lösung mit dem Filtrat und filtriert eine auftretende Fällung (z. B. $CaSO_4$) ab.

Wird das V anschließend mit Oxin/$CHCl_3$ isoliert, so erfolgt dies wie bei Verfahren G. 1.2. (s. S. 1302), woran sich die polarographische Bestimmung nach demselben Verfahren anschließt.

Wird das V durch Elektrolyse und Cupferron-Extraktion isoliert, so fährt man wie nachfolgend angegeben fort.

Elektrolyse mit Hg-Kathode

Die Lösung wird mit NaOH neutralisiert, auf eine Säurekonzentration von 0,1—0,5n H_2SO_4 gebracht und in einer Elektrolysierzelle mit Hg-Kathode entsprechend der abzuscheidenden Metallmenge 2—6 Std mit 2—3 Amp. elektrolysiert (die Lösung soll außer H_2SO_4 keine anderen Säuren enthalten). Werden größere Metallmengen abgeschieden, so empfiehlt es sich, die im Laufe der Elektrolyse freiwerdende H_2SO_4 mit etwas NaOH abzustumpfen.

Extraktion mit Cupferron/$CHCl_3$

Die von der Elektrolyse erhaltene Probelösung wird auf ein Volumen von 30–40 ml gebracht, mit 10 ml HCl-Phthalat-Pufferlösung (pH 2) und 5 ml Cupferron-Lösung versetzt und die Acidität zweckmäßig mittels Glaselektrode nachgeprüft. Man läßt 1 min stehen und extrahiert dann in einem Schütteltrichter 3mal mit je 5 ml $CHCl_3$. Die vereinigten organischen Phasen werden in einer kleineren Platinschale unter Zusatz von 2–3 Tropfen H_2SO_4 (1,84) eingedampft und die H_2SO_4 weitgehend abgeraucht. Nach Zusatz von 0,20 g Na_2CO_3 verfährt man weiter wie bei der Extraktion mit Oxin/$CHCl_3$ (Verfahren G. 1.2., S. 1302) beschrieben und bestimmt anschließend das V auf polarographischem Wege (s. ebendort, S. 1303).

2.2. Böden

Das Probematerial wird aufgeschlossen, V durch Extraktion mit Oxin/$CHCl_3$ oder wahlweise durch Elektrolyse mittels Hg-Kathode und Extraktion mit Cupferron/$CHCl_3$ isoliert und anschließend polarographisch bestimmt.

B: 0,001–0,005% V und darüber. F_{rm}: ±5%.

Arbeitsvorschrift [*1*]

Reagentien

1 n Na_2CO_3;
Übrige Reagentien wie bei Verfahren G. 2.1. (s. oben).

1,0 g Probematerial wird im Platintiegel mit der 5–6fachen Menge Na_2CO_3 aufgeschlossen, die erkaltete Schmelze unter Erwärmen mit Wasser gelöst, der Niederschlag unter mehrmaligem Nachwaschen mit 1 n Na_2CO_3 abfiltriert und verworfen. Aus dem Filtrat isoliert man das V, wie bei Verfahren G. 2.1. angegeben, mittels Oxin/$CHCl_3$ oder durch Elektrolyse mittels Hg-Kathode und Cupferron/$CHCl_3$-Extraktion und bestimmt es polarographisch.

H. Verschiedenes

An weiteren Reagentien für die photometrische Bestimmung von V sind zu erwähnen: 1-(2-Pyridylazo)-2-naphthol/$CHCl_3$ ($\varepsilon_{570} = 16900$) [*38*], 7-[α-(o-Carbomethoxy-anilino)-benzyl]-8-hydroxychinolin/$CHCl_3$ [*39*], Cupferron/$CHCl_3$ [*40, 41*], H_2O_2 ($\varepsilon_{450} = 300$) [*42, 43*], Na-DDTC/CCl_4 [*8*], 8-Hydroxychinolin-5-sulfosäure [*44*], Brenzcatechin [*45*], Solochromviolett RS [*46*], Solochromschwarz RN [*47*], Solochrome Fast Grey [*17*], Formaldoxim [*48*], Variaminblau [*49*], Salicylhydroxamsäure [*50*], Diphenylbenzidin [*51–53*], 3,3'-Diaminobenzidin [*17c, 54, 55*], Thiocyanat [*56, 57*], als V-P-Mo-säure [*58*] und V-Mo-säure [*59*], n-Propyl-2,3,4-trihydroxybenzoat/t-Pentanol [*60*], 6-Hydroxy-1,7-phenanthrolin ($\varepsilon_{480} = 5800$) [*61*], Hämatoxylin [*62*], 2,2'-Dicarboxydiphenylamin ($\varepsilon_{610} = 23100$) und andere Diphenylaminderivate [*63*], Brenzcatechinviolett-Tributylamin/$CHCl_3$ ($\varepsilon_{590} = 8800$) [*64*], Brenzcatechinviolett ($\varepsilon_{555} = 36800$) [*17b*], Tetraphenylphosphoniumchlorid/Äthylenchlorid [*65*] und 3'-Pyridylfluoron (540–550 nm, $L_Q = 0{,}0076$ µg V(IV)/ml mit 5 cm Küvette) [*66*].

Die Bestimmung von 0,0000002–0,0000025% V in Alkalichloridlösungen wurde nach Isolierung durch Extraktion mit Oxin/$CHCl_3$ bei pH 5 auf spektrographischem Wege unter Verwendung des Linienpaares V 3184,0/Mo 3208,8 durchgeführt [*67*]. Daneben wurde zur Bestimmung des V auch die AAS [*10a, 11b, 13a*] eingesetzt.

Literatur

1. Bock, R., Gorbach, S.: Mikrochim. Acta (Wien) **1958**, 593.
2. Dean, G. A., Herringshaw, J. F.: Analyst **86**, 106 (1961).
3. Katz, S. A., McNabb, W. M., Hazel, J. F.: Analyt. chim. Acta **25**, 193 (1961).
4. Foster, M. D.: U.S. Dept. Interior, geol. Surv., Bull. **950**, 15 (1946).
5. Majumdar, S. K., De, A. K.: Analyt. Chem. **33**, 297 (1961).
6. McKaveney, J. P., Freiser, H.: Analyt. Chem. **30**, 526 (1958).
6a. De, A. K., Rahaman, M. S.: Analyt. Chem. **35**, 1095 (1963).
6b. Crump-Wiesner, H. J., Purdy, W. C.: Talanta **16**, 124 (1969).
7. Jones, G. B.: Analyt. chim. Acta **17**, 254 (1957).
8. Bode, H.: Angew. Chem. **66**, 756 (1954).
9. Jones, G. B., Watkinson, J. H.: Analyt. Chem. **31**, 1344 (1959).
10. Rynasiewicz, J., Guenther, R., Sleeper, M. E., Gale, R. H.: Analyt. Chem. **23**, 668 (1951).
10a. Chau, Y. K., Lum-Shue-Chan, K.: Analyt. chim. Acta **50**, 201 (1970).
11. Hoenes, H. J., Stone, K. G.: Talanta **4**, 250 (1960).
11a. Luke, C. L.: Analyt. chim. Acta **37**, 267 (1967).
11b. Bock, R., Jost, B.: Z. anal. Chem. **250**, 358 (1970).
12. Hulcher, F. H.: Analyt. Chem. **32**, 1183 (1960).
13. Ziegler, M., Horn, H. G.: Z. anal. Chem. **166**, 362 (1959).
13a. Jost, B., Bock, R.: **250**, 366 (1970).
14. Nadalin, R. J., Brozda, W. B.: Analyt. Chem. **32**, 1141 (1960).
15. Lundell, G. E. F., Hoffman, J. I., Bright, H. A.: Ind. Eng. Chem. **15**, 1064 (1923).
16. Wise, W. M., Brandt, W. W.: Analyt. Chem. **27**, 1392 (1955).
17. Janauer, G. E., Korkisch, J.: Z. anal. Chem. **179**, 241 (1961).
17a. Fritz, J. S., Abbink, J. E.: Analyt. Chem. **34**, 1080 (1962).
17b. Janssen, A., Umland, F.: Z. anal. Chem. **254**, 286 (1971).
17c. Chan, K. M., Riley, J. P.: Analyt. chim. Acta **34**, 337 (1966).
18. Willard, H. H., Martin, E. L., Feltham, R.: Analyt. Chem. **25**, 1863 (1953).
19. Kuehn, P. R., Howard, O. H., Weber, C. W.: Analyt. Chem. **33**, 740 (1961).
20. Ryan, D. E.: Analyst **85**, 569 (1960).
21. Priyadarshini, U., Tandon, S. G.: Analyt. Chem. **33**, 435 (1961).
21a. Donaldson, E. M.: Talanta **17**, 583 (1970).
22. Priyadarshini, U., Tandon, S. G.: Analyst **86**, 544 (1961).
23. Tandon, S. G., Bhattacharyya, S. C.: Analyt. Chem. **33**, 1267 (1961).
23a. Majumdar, A. K., Das, G.: Analyt. chim. Acta **31**, 147 (1964).
23b. Jeffery, P. G., Kerr, G. O.: Analyst **92**, 763 (1967).
23c. Majumdar, A. K., Bhowal, S. K.: Analyst **96**, 127 (1971).
23d. Bass, V. C., Yoe, J. H.: Analyt. chim. Acta **35**, 337 (1966).
23e. Belcher, R. A., Nutten, A. J., Stephen, W. I.: Analyst **76**, 430 (1951).
23f. Milner, G. W. C., Nall, W. R.: Analyt. chim. Acta **6**, 420 (1952).
23g. Bannard, L. G., Burton, J. D.: Analyst **93**, 142 (1968).
23h. Grisar, U.: Arch. Eisenhüttenw. **40**, 997 (1969).
23i. Forrester, J. S., Jones, J. L.: Analyt. Chem. **32**, 1443 (1960).
24. Sandell, E. B.: Ind. Eng. Chem., Anal. Ed. **8**, 336 (1936).
25. Talvitie, N. A.: Analyt. Chem. **25**, 604 (1953).
26. Bach, J. M., Trelles, R. A.: An. Asoc. quim. argent. **28**, 111 (1940).
27. Kurmaiah, N., Satyanarayana, D., Pandu Ranga Rao, V.: Talanta **14**, 495 (1967).
28. Budevska, O., Johnova, L.: Talanta **12**, 291 (1965).
28a. Yotsuyanagi, T., Junichi, I., Aomura, K.: Talanta **16**, 1611 (1969).
28b. Steinke, I.: Z. anal. Chem. **233**, 265 (1968).
28c. Kožlicka, M., Wójtowicz, M.: Z. anal. Chem. **257**, 191 (1971).
29. Wright, E. R., Mellon, M. G.: Ind. Eng. Chem., Anal. Ed. **9**, 251 (1937).
30. Cooper, M. D., Winter, P. K.: Analyt. Chem. **21**, 605 (1949).
31. Sherwood, R. M., Chapman, F. W., Jr.: Analyt. Chem. **27**, 88 (1955).
32. Milner, O. I., Glass, J. R., Kirchner, J. P., Yurick, A. N.: Analyt. Chem. **24**, 1728 (1952).
32a. Biechler, D. G., Jordan, D. E., Leslie, W. D.: Analyt. Chem. **35**, 1685 (1963).
32b. Roberts, J. L.: Talanta **18**, 1070 (1971).
33. Lennard, G. J.: Analyst **74**, 253 (1949).
34. Rosotte, R., Jaudon, E.: Chim. analytique **36**, 160 (1954).

35. Scholes, P. H.: Analyst **82**, 525 (1957).
36. Murakami, Y.: Bull. chem. Soc. Japan **23**, 153 (1950).
37. Hopps, G. L., Berk, A. A.: Analyt. Chem. **24**, 1050 (1952).
38. Staten, F. W., Huffman, E. W. D.: Analyt. Chem. **31**, 2003 (1959).
39. Umland, F., Meckenstock, K. U.: Z. anal. Chem. **177**, 244 (1960).
40. Bertrand, D.: Bull. Soc. Chim. biol. **23**, 391 (1941).
41. Bertrand, D.: Bull. Soc. chim. France **9**, 121 (1942).
42. Wright, E. R., Mellon, M. G.: Ind. Eng. Chem., Anal. Ed. **9**, 375 (1937).
43. Telep, G., Boltz, D. F.: Analyt. Chem. **23**, 901 (1952).
44. Molland, J.: Compt. Rend. Acad. Sci. Paris **210**, 144 (1940).
45. Nestler, C. G., Nobis, M.: Z. anal. Chem. **167**, 81 (1959).
46. Khalifa, H., Bishara, S. W.: Z. anal. Chem. **178**, 345 (1961).
47. Janauer, G. E., Tera, F., Korkisch, J.: Mikrochim. Acta (Wien) **1961**, 599.
48. Tanaka, M.: Mikrochim. Acta (Wien) **1954**, 701.
49. Erdey, L., Szabadváry, F.: Z. anal. Chem. **159**, 429 (1957/58).
50. Bhaduri, A., Ray, P.: Z. anal. Chem. **154**, 103 (1957).
51. Wrightson, F. M.: Analyt. Chem. **21**, 1543 (1949).
52. Eeckhout, J., Weynants, A.: Analyt. chim. Acta **15**, 145 (1956).
53. Agazzi, E. J., Burtner, D. C., Crittenden, D. J., Patterson, D. R.: Analyt. Chem. **35**, 332 (1963).
54. Cheng, K. L.: Talanta **8**, 658 (1961).
55. Smith, A. J.: Analyt. Chem. **36**, 944 (1964).
56. Crouthamel, C. E., Hjelte, B. E., Johnson, C. E.: Analyt. Chem. **27**, 507 (1955).
57. Feinstein, H. I.: Analyt. chim. Acta **15**, 141 (1956).
58. Bogatzki, G.: Arch. Eisenhüttenw. **12**, 539 (1939).
59. Wallace, G. W., Mellon, M. G.: Analyt. chim. Acta **23**, 355 (1960).
60. Jasim, F.: Talanta **16**, 752 (1969).
61. Dougherty, J. A., Mellon, M. G.: Analyt. Chem. **37**, 1096 (1965).
62. Macmillan, E., Samuel, B. W.: Analyt. Chem. **38**, 250 (1966).
63. Frumina, N. S., Mustafin, I. S., Nikurshina, M. L., Vechera, M. K.: Talanta **16**, 138 (1969).
64. Patrovsky, V.: Talanta **16**, 456 (1969).
65. Liteanu, C., Lukacs, I., Strusievici, C.: Analyt. chim. Acta **29**, 574 (1963).
66. Asmus, E., Jahny, J.: Z. anal. Chem. **259**, 269 (1972).
67. Souci, S. W.: Angew. Chem. **71**, 183 (1959).

W — Wolfram

Tabelle 184. Empfindlichkeit S_M und Bestimmungsgrenze L_Q der Verfahren

Verfahren	µg W · ml⁻¹ · cm⁻¹	
	S_M	L_Q
Dithiol/Butyl-, /Amyl- oder /Isoamylacetat	0,0080 (630—640 nm)	0,20 (630—640 nm)
Thiocyanat/wäßrige Lösung	0,0133 (401 nm)	0,33 (401 nm)
Thiocyanat/Wasser-Aceton	0,0104 (398 nm)	0,26 (398 nm
Thiocyanat/Diäthyläther	0,0101 (405 nm)	0,25 (405 nm)
Thiocyanat-Tetraphenylarsoniumchlorid/$CHCl_3$	0,0124 (402 nm)	0,31 (402 nm)

A. Trennungen

Große Mengen Fe, Mo(VI) (zu 80—90%) und andere Elemente können durch Extraktion mit Diäthyl- oder Diisopropyläther aus ~6n oder ~8n HCl-Lösung von W abgetrennt werden (s. S. 259ff.). Mit TBP wird W(VI) aus 6n HCl-Lösung mit $E\% = 98,95$ ($D = 68,3$) [1], aus 7—10n HCl-Lösung mit $E\% > 99$ ($D = 62$— ~1000) [1a], aus 6n HCl/0,5m H_3PO_4-Lösung mit $E\% = 95,9$ ($D = 15,0$), aus 3n und 6n H_2SO_4 hingegen nicht extrahiert [1]. Mo läßt sich durch Extraktion mit Acetylaceton/$CHCl_3$ (1:1) aus 6n H_2SO_4-Lösung von W abtrennen [2]. Mo wird aus 0,5n HCl/Weinsäure-Lösung mit 0,15m TTA/Butanol-Acetophenon (5:8) quantitativ extrahiert, wobei W in der wäßrigen Lösung bleibt [2a]; anschließend läßt sich W auf dieselbe Weise aus 7—10n HCl-Lösung (9—10n HCl optimal) ausschütteln.

W(VI) läßt sich aus saurer Lösung als Thiocyanat mit Isoamylalkohol [3], Äthylacetat [4, 5] und anderen organischen Lösungsmitteln extrahieren. Die Extraktion wird am günstigsten aus 3,5—6n HCl/0,5m KSCN-Lösung und 2 min Schüttelzeit vorgenommen [1]. Der Verteilungskoeffizient für 4n HCl/0,5m KSCN-Lösung (Diisopropyläther $D = 41,5$, Amylalkohol $D = 137,3$) ist von der W-Konzentration und dem Volumenverhältnis $V_0:V_w$ unabhängig. Die mit verschiedenen organischen Lösungsmitteln erzielten Ausbeuten zeigt Tab. 185. Mit Benzol, Toluol, Chlorbenzol, Brombenzol, Cyclohexan, Petroläther, $CHCl_3$, CCl_4, Trichloräthylen, Diisopropyläther/$CHCl_3$ (1:1) und Diisopropyläther/CCl_4 (1:1) findet keine Extraktion statt. Die auch bei 3maliger Extraktion mit Lösungsmittelgemischen erzielte unvollständige Extraktion (s. Tab. 185) ist darauf zurückzuführen, daß das freie Thiocyanat beim Ausschütteln zum großen Teil in die organische Phase übergeht, wodurch der Verteilungskoeffizient stark absinkt. Werden jedoch vor der 2. und 3. Extraktion jeweils 1—2 ml 5m KSCN erneut zugesetzt, so geht das W fast quantitativ (>99,7%) in die organische Phase [1]. Eine Mitextraktion von Fe(III) und V(V) verhindert bzw. vermindert man durch Reduktion mit Ascorbinsäure. Nur in ihrer höchsten Oxydationsstufe werden Au, Cu, Ta, Ti und U, in reduziertem Zustand Pd, Pt und Re mitextrahiert. Ga, In und andere Elemente (s. S. 274ff.) stören weniger. Nb läßt sich mit Oxalsäure maskieren. Eine Mitextraktion von Mo läßt sich nicht verhindern, so daß dieses vorher, z. B. mit Xanthat/$CHCl_3$, abgetrennt werden muß. 0,5—25 µg W können von 100—500 mg Mo abgetrennt werden [5a], indem man aus 4n H_2SO_4/0,66m NH_4SCN/8% Citronensäure-Lösung das mit Thioglykolsäure selektiv reduzierte Mo als Mo(V)-Thiocyanat mit Butylacetat extrahiert, anschließend das in der wäßrigen Lösung verbliebene W(VI) mit $TiCl_3$ reduziert und ebenfalls als Thiocyanat mit Butylacetat ausschüttelt. Den Einfluß von Anionen zeigen die folgenden Ausbeutewerte (in % angegeben) für die Extraktion von W-Thiocyanat mit Diisopropyläther (über die Ausbeute in Abwesenheit von Anionen s. Tab. 185) [*1*]: Anwesenheit von jeweils 1 g an Ascorbinsäure 89,0, Essigsäure 89,1, Citronensäure 75,5, Weinsäure 63,5, Oxalsäure 59,0, H_3PO_4 66,4 und von 0,05 g NaF 3,5.

Tabelle 185. Extraktion von W(VI) als Thiocyanat aus 4n HCl/0,5m KSCN-Lösung mit organischen Lösungsmitteln (180 µg W/50 ml, $V_0 : V_w = 1:5$, 1mal 2 min extrahiert [*1*]

Organisches Lösungsmittel	W extrahiert, %
n-Butylalkohol	95,2[1]
n- und iso-Amylalkohol	96,5[1]
Benzylalkohol	94,5
Diäthyläther	92,4[2]
Diisopropyläther	89,3[1]
MIBK	96,5
Cyclohexanon	96,5
Äthylacetat	96,0
Amylacetat	91,8[1,2]
TBP	96,7
Nitrobenzol	40,5[1]
MIBK/$CHCl_3$ (1:1)	61,0
Amylalkohol/$CHCl_3$ (1:1)	87,2; 97,4[3]
Butylalkohol/$CHCl_3$ (1:1)	88,3; 97,7[3]
Butylalkohol/$CHCl_3$ (2:3)	86,7; 97,1[3]

[1] Durch Schütteln mit 2mal 15 ml 1n Ammoniak und 1mal 15 ml Wasser läßt sich das W aus der organischen Phase rückextrahieren.
[2] Vor Gebrauch mit 4n HCl gesättigt.
[3] 3malige Extraktion.

Über die Abtrennung des Mo durch Extraktion mit Xanthat/$CHCl_3$ s. S. 977, 980ff.

W(VI) wird mit α-Benzoinoxim in saurer Lösung ausgefällt — je nach den Arbeitsbedingungen mehr oder weniger vollständig von Cr(VI), Mo(VI) und V(V) begleitet (s. S. 826, 1282) — und mit $CHCl_3$ extrahiert [*6*], doch wird auf die nur für kleine W-Mengen beschränkte Anwendbarkeit der Extraktion mit $CHCl_3$ wegen der geringen Löslichkeit des W-Komplexes in $CHCl_3$ (120 µg/ml) hingewiesen [*7*]. Die Extraktion des W(VI) aus 1n HCl-Lösung mit α-Benzoinoxim und einzelnen organischen Lösungsmitteln erfolgt mit unterschiedlicher Ausbeute (E% bei $V_0:V_w = 1:5$ und 2 min Extraktionsdauer) [*8*]: am günstigsten sind Benzol (95,9), Chlorbenzol (95,0), Brombenzol (95,7), Toluol (95,0), Cyclohexan (93,3), Petroläther (88,4) und $CHCl_3$ (84,4). Für Benzol sind die entsprechenden Werte (E%): aus 0,1—2n HCl-Lösung ~96, aus 0,1—2n H_2SO_4-Lösung ~94 und aus 0,1—1,7n HNO_3-Lösung ~84 [*8*]. Das Volumenverhältnis von organischer zu wäßriger Phase beeinflußt ebenfalls die Ausbeute ($E\% = 95{,}5$ bei $V_0:V_w = 1:5$, $E\% = 86{,}3$ bei $V_0:V_w = 1:10$, $E\% = 70{,}5$ bei $V_0:V_w = 1:15$, $E\% = 48{,}4$ bei $V_0:V_w = 1:20$), weshalb möglichst ein Volumenverhältnis von $V_0:V_w = 1:5$ bis $1:10$ eingehalten werden sollte. Die Ausbeute nimmt auch mit steigender W-Konzentration ab, wie aus den folgenden Zahlen für die Extraktion mit $CHCl_3$ aus 1n HCl-Lösung hervorgeht (µg W/50 ml, Ausbeute in %) [*8*]: 30, 100,0; 60, 99,2; 180, 84,5;

300, 80,5; 600, 79,3, 1500, 72,4; 4180, 66,0. Die Extraktion verläuft im Vergleich zu den früher angegebenen Zahlen günstiger, wenn das Reagens im organischen Lösungsmittel gelöst ist (anwesender Alkohol vermindert die Extraktion). So wird das W(VI) aus 1n HCl-Lösung mit 0,25% α-Benzoinoxim/$CHCl_3$ bzw. /CCl_4 zu 93,5 bzw. 93,1% extrahiert [*8*]. Citronen- und Weinsäure, F^- und PO_4^{3-} verhindern die Extraktion des W. Bei geringer PO_4^{3-}-Konzentration erfolgt eine teilweise Ausschüttelung; aus 0,02m H_3PO_4-Lösung verbleiben nach 3maliger Extraktion noch 10% des W in der wäßrigen Lösung. Auch Acetat und Formiat vermindern die Ausbeute (aus Essigsäure/Acetat-Lösung beträgt sie bei pH 4,1–5,6 mit 0,25% α-Benzoinoxim/$CHCl_3$ ~ 24%). In stärker saurer Lösung stören Ascorbinsäure und ÄDTA nicht, doch wird W bei pH 4–7 durch letzteres maskiert. SCN^- und H_2O_2 stören sowohl in stark sauren als auch in schwach sauren gepufferten Lösungen. Eine Störung bzw. Mitextraktion von V(V) und Cr(VI) verhindert man durch deren Reduktion mit Ascorbinsäure [*8*], während man diese von Mo nur durch dessen vorherige Abtrennung (z. B. extraktiv mit Xanthat/$CHCl_3$) umgehen kann.

W(VI) kann aus saurer Lösung mit Dithiol und einem organischen Lösungsmittel, wie Butyl- oder Amylacetat extrahiert werden (s. S. 1311). Mo läßt sich durch Extraktion mit Dithiol/Amylacetat aus 3,9–4,6n HCl-Lösung [*9–11*] (in Anwesenheit von Hydroxylamin, um eine Zersetzung des Reagenses und damit eine unvollständige Extraktion des Mo zu vermeiden) oder mit Dithiol/Petroläther [*12*] aus 6–14n H_2SO_4-Lösung (im allgemeinen genügt 8n H_2SO_4, bei großem W-Überschuß hingegen – z. B. der gegenüber Mo 100fachen Menge W – führt man die Ausschüttelung zweckmäßig aus 14n H_2SO_4-Lösung durch) von W abtrennen, das bei diesen Säurekonzentrationen und bei 20–25° C keinen Komplex bildet und in der wäßrigen Lösung verbleibt. Nach anderen Untersuchungen wird W auch noch bei mittleren Säurekonzentrationen aus HCl-Lösung mit Dithiol/Butylacetat (nach Zusatz von Dithiol 1 Std Standzeit; $V_0:V_w = 1:6$) extrahiert (n HCl/E%) [*12a*]: 0,2n/85, 0,8n/77, 1,6n/32, 2,4n/13, 3,4n/4 und 4,8n/2. 0,01–0,05 g Citronensäure/30 ml Lösung verhindern dagegen die Extraktion von W aus 0,2–2,4n HCl-Lösung mit Dithiol/Butylacetat vollständig, während Mo quantitativ in die organische Phase geht [*12a*].

Aus 6–7n H_2SO_4-Lösung läßt sich W(VI) am günstigsten mit Cupferron/Isoamylalkohol extrahieren [*12*], doch gehen Mo und andere Elemente ebenfalls in die organische Phase. Mit sinkender Säurekonzentration nimmt die Ausbeute (in %) bei der Extraktion von W mit Cupferron/Isoamylalkohol ab (2malige Ausschüttelung) [*12*]: 6–7n H_2SO_4 92, 5n H_2SO_4 91, 4n H_2SO_4 ~ 88, 3n H_2SO_4 ~ 82, 2n H_2SO_4 ~ 70, ~ 1n H_2SO_4 ~ 48. Mo wird hingegen im Bereich von 1–7n H_2SO_4 vollständig ausgeschüttelt. Die Extraktion des W wird durch Temperaturänderungen beeinflußt; so nimmt die Ausbeute bei >20° C um 1–2% ab, weshalb die Lösung vor dem Zusatz des Cupferrons am fließenden Wasser gekühlt werden soll. Auch erhält man zu niedrige Werte, wenn die Extraktion mit Isoamylalkohol nicht unmittelbar nach der Ausfällung mit Cupferron vorgenommen wird. Aus 6n H_2SO_4-Lösung werden Mo und W mit Cupferron/Isoamylalkohol in Abhängigkeit von der Zahl der Ausschüttelungen mit folgenden Ausbeuten (in %) extrahiert [*12*]: 1malige Extraktion Mo ~ 90, W ~ 75; 2malige Extraktion Mo ~ 98, W ~ 92; 3malige Extraktion Mo ~ 100, W ~ 96; 4malige Extraktion Mo ~ 100, W ~ 98. Aus 0,15–0,75n HCl/0,2n HF-Lösung können Co, Cr, Fe, Mn, Mo, Nb, Ni, Ta, Ti, V, Zn und Zr mit Cupferron/$CHCl_3$ extrahiert werden, wobei W in der wäßrigen Lösung bleibt [*12b*].

Ag, Bi, Cu und Hg können durch Extraktion mit Dz/CCl_4 bei pH 3 von Mo und W abgetrennt werden [*12*].

Verschiedentlich finden zur Isolierung des W auch Ionenaustauscher Anwendung. Eine Trennung des W von Mo, Nb, Ta, Ti und Zr mit Hilfe des Anionenaustauschers Dowex 1X8 [*13*] findet man auf S. 1200 beschrieben (s. a. S. 1147). Hinsichtlich der Isolierung des W aus Seewasser mittels Ionenaustauscher [*13a*] s. S. 826. Weitere Hinweise zur Anwendung der Ionenaustauscher findet man auf S. 364 ff.).

Mo läßt sich in saurer, tartrathaltiger Lösung durch Sulfidfällung mit Sb(V) als Spurenfänger (größere Mo-Mengen auch ohne Spurenfänger [*14*]) von W(VI) abtrennen [*15*]. Eine Isolierung des W ist durch Hydroxidfällung mit Fe(III) oder Al als Spurenfänger möglich. Der Aufschluß mit Na_2CO_3, NaOH [*6*] oder Na_2O_2 [*16*] mit anschließendem Lösen der erkalteten Schmelze mit Wasser findet öfters zur Abtrennung des Fe und anderer, Hydroxide bildender Elemente von W Anwendung, das neben As, Cr, Mo, P und V ins Filtrat geht. Die dabei auftretenden Verluste an W sollen ebenso wie bei V (s. S. 1283 f.) nicht sehr bedeutend sein. Analog kann W durch doppelte NaOH-Fällung von Fe und anderen Elementen abgetrennt werden, indem man die fast neutrale Probelösung in heiße 20%ige NaOH-Lösung einrührt, den Niederschlag in HCl löst und die Fällung wiederholt (es lassen sich so 200 µg W von 10 g $FeCl_3$ befriedigend abtrennen) [*17*]. Doch sind die dabei auftretenden Verluste größer als bei der Trennung durch den oben erwähnten Alkaliaufschluß. Sie hängen auch von dem im Hydroxidniederschlag vorliegenden Hauptbestandteil ab: mit Ca, Mg und Mn treten keine oder bis zu 6% Verluste auf, während sie mit Fe und Ti 10—20% betragen [*15*]. Zur Isolierung von 15 µg W aus 2 l Seewasser eignet sich die Spurenfällung mit $Fe(OH)_3$ (40 mg Fe, pH 4—7,5, Ausbeute 99—100%) und Mn(IV)oxidhydrat (40 mg Mn, pH 2,0—4,9, Ausbeute 97—98%) als Spurenfänger [*12a*]. Wegen ihrer größeren Selektivität wurde letztere vorgezogen, die folgendermaßen durchgeführt wird [*12a*]:

10 l Wasserprobe stellt man mit 1 n HCl auf pH 2 ein, versetzt mit 20 ml Äthanol und 40 ml 0,5 n $KMnO_4$ (bei 2 l Probe setzt man 4 ml Äthanol und 8 ml 0,5 n $KMnO_4$ zu), rührt kräftig und läßt über Nacht stehen.

Von den Elementen der Mn(IV)oxidhydrat-Fällung kann W aus ~0,2 n HCl-Lösung mittels Kationenaustauscher Zeo-karb 225 (Harzbett 1,2 × 10 cm, Cl^--Form) abgetrennt werden [*12a*]: W bleibt auf der Säule und wird anschließend mit 100 ml 0,3% H_2O_2 eluiert (zusammen mit Mo und V).

B. Dithiol

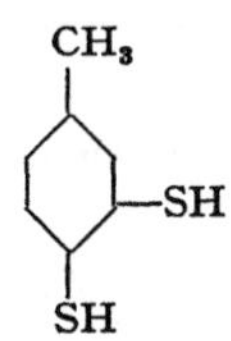

W(VI) und W(V) bilden mit Dithiol (Toluol-3,4-dithiol) [*19, 20*] in saurer Lösung einen blaugrünen, in Wasser schwer löslichen Komplex [*21—24*], der mit Isoamylacetat [*11, 23*], Amylacetat [*9, 25*], Butylacetat [*26, 27*], $CHCl_3$, Petroläther [*6, 12*] extrahiert werden kann. Für die Bestimmung des W(VI) findet die Umsetzung mit Dithiol bei Siedehitze in 10 n HCl-Lösung mit anschließender Extraktion Anwendung [*9, 11*]. Aus H_2SO_4-Lösung ist die Extraktion mit Petroläther des bei Siedehitze gebildeten Dithiolates in Anwesenheit von wenig H_3PO_4 [~ 0,3 ml H_3PO_4 (1,70)/~ 20 ml] bei pH 0,5—2,0 vollständig [*6, 12*], außerhalb dieses Bereiches nimmt die Ausbeute ab. H_3PO_4 muß zur sauren Lösung vor der Einstellung des pH-Wertes zugesetzt werden. In Abwesenheit von H_3PO_4 ist die Extraktion unvollständig und die Ergebnisse sind streuend. Eine der H_3PO_4 analoge Wirkung erzielt man, wenn man der Lösung statt dieser Fe, Ti, V oder Zr im Molverhältnis Me:W >4:1 zusetzt. Während man die H_3PO_4-Wirkung mit der Bildung von P-W-säure erklären kann, ist der Mechanismus der Wirkung der 4 Elemente dagegen unbekannt. Möglicherweise ist er ähnlich wie der fördernde Einfluß von Fe auf die Bildung und Extraktion von Mo-Dithiolat [*12, 28*]. Für eine vollständige Extraktion mit Petroläther ist kräftiges Schütteln erforderlich [*12*]. Die Umsetzung von W mit Dithiol läßt sich mit gleichwertigen Ergebnissen sowohl in ~ 0,1–0,4n HCl/~ 0,3 bis 0,8% Hydroxylaminhydrochlorid-Lösung bei 90° C ($E\% = 100$ bei Extraktion mit Butylacetat) als auch in ~ 6n $HCl/TiCl_3$ (1% Ti)- bzw. ~ 6n $HCl/SnCl_2$ (1,1% Sn)-Lösung bei 90° C durchführen [*12a*]. Das Extinktionsmaximum liegt bei 630–640 nm ($\varepsilon_{630} = 23000$; s. Abb. 135, S. **827**) [*12, 14, 25*]. Das Beersche Gesetz ist im Bereich von 0,2 bis 8 μg W/ml Amylacetat erfüllt [*25*]. Die Farbe im organischen Extrakt ist in Isoamylacetat 1 Std [*14*], in Petroläther mindestens 24 Std [*12*] stabil. Mo(VI), Fe(III), Cu(II), Sn und zahlreiche andere Elemente [*19, 20*] (s. S. **827, 1129, 1160**) geben mit Dithiol Fällungen, doch sind diese in organischen Lösungsmitteln zum Großteil unlöslich. Eine Störung bzw. Mitextraktion von Mo vermeidet man, indem dieses zuerst aus 3,9–4,6n HCl-Lösung bei 20–25° C mit Dithiol/Amylacetat ausgeschüttelt [*9–11*] und anschließend W in 10n HCl-Lösung bei Siedehitze mit Dithiol umgesetzt bzw. anschließend extrahiert wird [*9*] (s. S. **828, 1310**). Weiterhin kann man Mo aus 6–14n H_2SO_4-Lösung mit Dithiol/Petroläther extrahieren (zur vollständigen Extraktion ist die Anwesenheit von 0,5–2 mg Fe erforderlich [*12, 28*]) und anschließend das in der wäßrigen Phase verbliebene W bei pH 0,5–2,0 auf dieselbe Weise ausschütteln [*12*]. Schließlich wird die Extraktion von W durch Mo nicht gestört, wenn man letzteres durch Zusatz von $SnCl_2$ reduziert [*11, 23*]. Die Bestimmung von 20 μg W wird durch 7 mg Fe, jeweils 2 mg U, V und Zr, 1 mg Ti und 200 μg Sn nicht gestört [*12*]. Nach anderen Untersuchungen (s. S. **1310**) trennt und bestimmt man Mo und W am zweckmäßigsten nach folgender Arbeitsvorschrift [*12a*]: Mo wird aus 2,4n HCl/0,5% Citronensäure-Lösung mit Dithiol/Butylacetat extrahiert, wobei W vollständig in der wäßrigen Phase bleibt; anschließend zerstört man in der wäßrigen Lösung die organische Substanz mit $HNO_3/HClO_4$ und extrahiert danach das W aus 0,25n HCl/0,5% Hydroxylaminhydrochlorid-Lösung mit Dithiol/Butylacetat.

Mit Dithiol wurde W in Seewasser [*12a, 13a*] bestimmt.

Arbeitsvorschrift [*12a*]

Reagentien

HCl (1,19); 1n HCl; HNO_3 (1,40); $HClO_4$ (70%); Ammoniak (0,91).
Citronensäure, 2%ige wäßrige Lösung.
Hydroxylaminhydrochlorid, 10%ige wäßrige Lösung.
Dithiol, 0,5%ig in 0,5n KOH (bei 0° C aufbewahren; bei —10° C 3 Wochen haltbar).
n-Butylacetat.

a) Abtrennung und Bestimmung des Mo

~ 10 ml schwach saure Probelösung (0,6–24 μg Mo und 0,5–20 μg W enthaltend) versetzt man in einem 50 ml Schütteltrichter mit 5 ml HCl (1,19), 5 ml Citronensäure-Lösung und 5,0 ml Dithiol-Lösung, mischt und läßt 10 min stehen. Dann wird 2mal mit je 10 ml Butylacetat 1 min extrahiert und die organischen Extrakte entweder verworfen oder bei Bedarf mit Butylacetat auf 25 ml aufgefüllt und in einer 5 cm-Küvette bei 670 nm gegen Butylacetat photometriert (s. a. S. **829**).

b) Bestimmung des W

Die nach a) erhaltene wäßrige Lösung versetzt man in einem 50 ml-Becherglas mit 5 ml HNO_3 (1,40), dampft langsam ein, fügt nach Zerstörung der Hauptmenge an organischer Substanz 2—3 ml $HClO_4$ hinzu und dampft ein bis zum Auftreten dichter $HClO_4$-Nebel. Zum Rückstand werden 10 ml Wasser sowie ein geringer Überschuß von Ammoniak hinzugefügt, der NH_3-Überschuß verkocht, dann mit 5 ml 1n HCl, 1 ml Hydroxylaminhydrochlorid-Lösung sowie 5,0 ml Dithiol-Lösung versetzt und 20 min auf dem Wasserbad auf 80—90° C erhitzt. Nach dem Abkühlen auf Raumtemperatur führt man die Lösung in einen Schütteltrichter über, extrahiert 1 min mit 5,00 ml Butylacetat und photometriert den abgetrennten organischen Extrakt in einer 2 cm-Küvette bei 630 nm gegen Butylacetat.

1. Biologisches und anderes organisches Material

Dithiol fand auch zur Bestimmung von W in biologischem Material Anwendung [*26*].

Hinsichtlich der gleichzeitigen photometrischen Bestimmung von W und Mo mit Dithiol in biologischem Material [*12*] s. Verfahren 2.8. im Abschnitt „Elementgruppen" (S. 1400).

2. Metalle und Legierungen

Dithiol wurde zur photometrischen Bestimmung von W in Stahl [*9, 24, 27*], Titan [*14, 28a*], Titanlegierungen [*14, 27*], Zirkonium [*14*] und Zirkoniumlegierungen [*14*] verwendet.

Hinsichtlich der Anwendung von Dithiol zur gleichzeitigen photometrischen Bestimmung von W und Mo in Tantal [*25*] s. Verfahren 3.16. (S. 1423), Titan [*25*] s. Verfahren 3.17.2. (S. 1424) und Zirkonium [*25*] s. Verfahren 3.21.2. (S. 1427) im Abschnitt „Elementgruppen".

3. Silicatgestein und Böden

Nach geeignetem Aufschluß des Probematerials erscheint das Verfahren 2.8. im Abschnitt „Elementgruppen" (s. S. 1400) auch auf Silicatgestein u. a. ähnliche Materialien anwendbar [*12*]. In einer weiteren Arbeit [*11*] wird eine Feldmethode zur Bestimmung von W in Bodenproben beschrieben: nach dem Aufschluß des Probematerials wird das W mit Dithiol/Isoamylacetat in 10n HCl-Lösung bei Siedehitze in Anwesenheit von $SnCl_2$ umgesetzt und zuletzt nach Zusatz von Kerosin in der organischen Phase visuell mit einer Testreihe verglichen. Eine Störung von Mo, Re, Fe, As u. a. Elementen wird dabei durch Erhitzen der Lösung mit $SnCl_2$ vor der Reaktion mit Dithiol verhindert. Das Verfahren fand in einer anderen Arbeit [*28b*] in modifizierter Form als Feldmethode Anwendung.

Hinsichtlich der gleichzeitigen Bestimmung von W und Mo mittels Dithiol in Silicatgestein [*6*] s. Verfahren 4.5. im Abschnitt „Elementgruppen" (S. 1435). Eine weitere Arbeit beschreibt die Anwendung von Dithiol zur Bestimmung von W in Silicaten und Sedimenten [*12a*].

C. Thiocyanat

W(VI) bildet mit SCN^- in saurer Lösung in Anwesenheit eines Reduktionsmittels einen gelben W(V)-Komplex [*29*]. Am zweckmäßigsten erfolgt die Farbreaktion auf die Weise, daß man zunächst SCN^- zur neutralen bis schwach alkalischen, W enthaltenden Probelösung fügt und anschließend die erforderliche Menge Säure und Reduktionsmittel zusetzt. Wird das Reduktionsmittel und SCN^- vor dem Ansäuern zugesetzt, so erhält man eine gelbe Farbe [*29, 30*]; versetzt man hingegen die bereits saure Lösung mit Reduktionsmittel und SCN^-, so entsteht eine grünliche Färbung [*30, 31*], was auf die Bildung von etwas W-blau [Gemisch von W(VI) + W(V)] neben dem gelben W(V)-Thiocyanat zurückzuführen ist. Für die photometrische Bestimmung des W wird meist die gelbe Farbe herangezogen. Neben dem meist verwendeten Reduktionsmittel $SnCl_2$ [*29, 30, 32–34*] wurden auch $TiCl_3$ [*31, 35*], $SnCl_2 + TiCl_3$ [*36*], Zinkstaub [*37*] und Zinnamalgam [*3*] angewendet. Die Reduktion wird teilweise unter gleichzeitigem Erhitzen vorgenommen [*30, 34, 38*]. Fallweise wird der Probelösung zur Erhöhung der Farbintensität Aceton zugesetzt [*33, 34*], doch ist die Empfindlichkeitssteigerung nur gering und mit dem Nachteil der Störung durch Nb, Ti und V verbunden. Bei der Reduktion mit $TiCl_3$ in $\geqq 5$n HCl-Lösung erhält man mit steigender Säurekonzentration eine konstante Extinktion [*36*], während sie mit $SnCl_2$ allein als Reduktionsmittel ständig ansteigt [*3, 33, 36*]. Mit $TiCl_3$ ist die Reduktion im Vergleich zu $SnCl_2$ bereits bei niedrigerer Säurekonzentration vollständig. Bei Vorreduktion mit $SnCl_2$ und anschließender Reduktion mit $TiCl_3$ ist die Streuung der Werte kleiner als bei alleiniger Reduktion mit $TiCl_3$ [*36*]. Der gelbe W-Thiocyanat-Komplex läßt sich durch Diäthyläther [*15, 33*], Diisopropyläther, Isoamylalkohol/$CHCl_3$ (1:1) und n-Butylalkohol/$CHCl_3$ (2:3) [*3*] extrahieren. Weiterhin kann das W(V)-Thiocyanat aus 6–9n HCl-Lösung mit Tetraphenylarsoniumchlorid/$CHCl_3$ als $[(C_6H_5)_4As]^+[W(OH)_2(SCN)_4]^-$ ausgeschüttelt werden ($E\,\% = 97{,}0$ aus 6n HCl bzw. 98,6–98,8 aus 7–8n HCl) [*38a–38c*].

Bei der Durchführung der Farbreaktion ist das Verhalten des W-Ions zu berücksichtigen. Reduziert man W(VI) in <9n HCl-Lösung mit $SnCl_2$, so entsteht W-blau, das mit Thiocyanat nur sehr langsam und unvollständig oder nicht reagiert [*33*]. Führt man die Reduktion in >9n HCl-Lösung durch, so entsteht farbloses oder blaßblaues W(V)-Ion, das beim Verdünnen der Lösung mit Wasser auf $\leqq 6$n HCl einen gelben W(V)-Chlorokomplex bildet. Bei Zusatz von Thiocyanat zum farblosen oder blaßblauen W(V)-Ion in >9n HCl-Lösung ist die Farbe in 5 min voll entwickelt und zeigt ein Extinktionsmaximum bei 398 nm. Die Farbreaktion mit dem gelben W(V)-Ion in 6n HCl-Lösung führt dagegen zu einem Komplex, der ein zweites Extinktionsmaximum bei 510 nm aufweist, welches bei längerem Stehen abnimmt und zuletzt (nach 5 Std) verschwindet, während jenes bei 398 nm in der gleichen Zeit zunimmt (38 min nach der Farbentwicklung verhalten sich die Intensitäten der beiden Extinktionsmaxima wie $E_{398}:E_{510} \approx 5:1$, nach 2 Std wie $\sim 10:1$, nach 3 Std wie $\sim 19:1$ und nach 4 Std $\sim 40:1$) [*33*]. Mit W(III) ist die Farbe unter Bildung von W(V)-Thiocyanat in 15 min voll entwickelt, die aber nur 75% der mit W(V) maximal erzielbaren Intensität aufweist [*33*].

Günstige Arbeitsbedingungen für die Farbreaktion mit $SnCl_2$ als Reduktionsmittel sind 8,4–10n HCl [*32*] bzw. 7–8m Cl^-/9,5–12n HCl [*30, 33*], 0,2m SCN^- (in der aufgefüllten Lösung) [*30, 32, 33*] und 0,2m $SnCl_2$ [*32*] bzw. 0,1–0,6m $SnCl_2$ [*30*]. Bei Verwendung von $SnCl_2/TiCl_3$ als Reduktionsmittel [*36*] führt man die Farbreaktion am günstigsten in $\geqq 5$n HCl/0,2–0,4m KSCN-Lösung durch. Das Extinktionsmaximum liegt bei 398–401 nm in wäßriger ($\varepsilon_{401} = 13800$) und in Wasser/60 Vol.-% Aceton-Lösung ($\varepsilon_{398} = 17600$) [*33*] bzw. bei 405 nm in Diäthyläther ($\varepsilon_{405} = 18300$) [*33*] (s. Abb. 243). Das Beersche Gesetz ist im Bereich von 0,33–14 μg W/ml wäßriger Lösung bzw. 0,25–10 μg W/ml Diäthyläther oder Wasser/60 Vol.-% Aceton erfüllt. Die Farbintensität nimmt je nach den Arbeitsbedingungen beim Stehen noch zu, so daß die Messung der voll entwickelten Farbe meist nach einer Standzeit von 20 [*32*] bis 30 min durchgeführt wird. Mit $TiCl_3$ als Reduktionsmittel ist die Farbe nach 10 min voll ent-

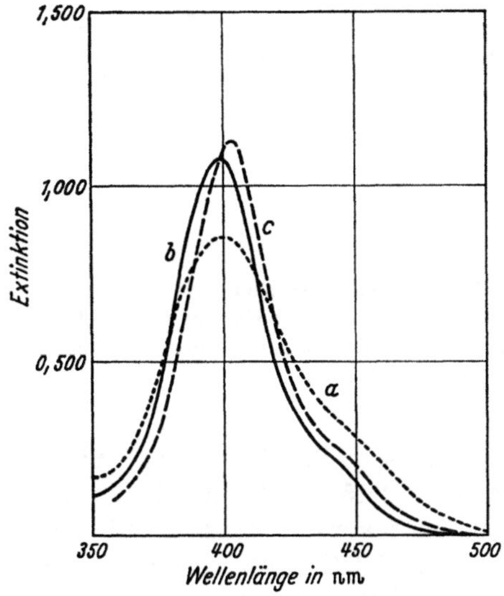

Abb. 243. Extinktionskurven von W(V)-Thiocyanat in wäßriger Lösung (*a*), in Wasser/60 Vol.-% Aceton (*b*) und in Diäthyläther (*c*) [*33*]

wickelt [*36*]. Die Farbe ist mindestens 1–2 Std stabil [*32, 36*]. Die Farbbildung kann durch Erwärmen der Lösung beschleunigt werden [*39*]. Für den Tetraphenylarsonium-W(V)-Thiocyanat-Komplex in $CHCl_3$ liegt das Extinktionsmaximum bei 402–406 nm [*38a, 38b*] ($\varepsilon_{402} = 14750-14940$ [*38b*]) und das Beersche Gesetz ist im Bereich von 0,3–12 µg W/ml $CHCl_3$ erfüllt.

Unter den Bedingungen von Arbeitsvorschrift II wird die Bestimmung nicht gestört durch Milligrammengen von Al, Be, Bi, Ca, Cd, Mg, Mn, Pb, Sb, Ti, Zn, Zr, NH_4^+, sowie 0,1 g Fe und 1 g Weinsäure. Co, Cr, Ni und V stören durch ihre Eigenfärbung, können aber durch eine Korrektur bei der Messung eliminiert werden. Cu fällt als CuSCN aus, weshalb in dessen Anwesenheit dementsprechend mehr SCN^- zugesetzt werden muß. Unter den Bedingungen von Arbeitsvorschrift I stören nicht [*36*]: jeweils 20–120 µg/ml von Co, Cr, Fe, Mn, Ni, Si (bis zu einem Verhältnis von Si:W = 30:1). Die Bestimmung wird hingegen von <20 µg V/ml, >20 µg Mo/ml und >4 µg Cu/ml gestört. >400 µg Ti/ml verursachen eine störende Gelbfärbung [*16, 29*]. Mo gibt mit SCN^- eine Färbung, die aber beim Stehen schwächer wird und nach 20 min nur mehr ein Hundertstel von der Farbintensität der äquivalenten W-Menge beträgt. Diese Störung kann daher auch durch eine entsprechende Korrektur in Abzug gebracht werden. Hinsichtlich der Trennung von Mo und W durch selektive Reduktion und stufenweise Extraktion der Thiocyanate [*5a*] s. S. 1308. As, Se und Te werden zum Metall reduziert. PO_4^{3-}, Citrat, Oxalat und SO_4^{2-} stören nicht [*3*]. F^-, NO_3^- und NO_2^- beeinträchtigen dagegen die Farbentwicklung. HNO_3 stört die Bestimmung [*36*]. ClO_4^- stört nicht, wenn bei seiner Anwesenheit zur Vermeidung einer Fällung NH_4SCN verwendet wird. Nb stört nicht bei der Bestimmung in wäßriger Lösung, hingegen stört es in Wasser/Aceton-Lösung [*33*]. Hinsichtlich der Beseitigung oder Verminderung der Mo-Störung s. Verfahren 1 (s. S. 1316). In einem Übersichtsreferat wurden die Ergebnisse bisheriger Arbeiten zusammengestellt [*39a*].

Das Thiocyanat-Verfahren fand zur Bestimmung von W in biologischem Material [*40*], Eisen [*32*], Stahl [*3, 12b, 34*], Hochtemperaturlegierungen [*38*], Nickellegierungen

[3, 36], Molybdän [5a], Titan [14, 41], Titanlegierungen [14], Zirkonium [14], Zirkoniumlegierungen [14] und Erzen [16] Verwendung.

Arbeitsvorschrift

I. Reduktion mit $SnCl_2 + TiCl_3$ [36]

Reagentien

HCl (1,19);
2m $SnCl_2$, in HCl (1 + 1); alle 3 Tage frisch herstellen;
$TiCl_3$, ~15%ige wäßrige Lösung; der Gehalt (der sich zwischen 13—16% $TiCl_3$ bewegen soll) muß wegen der allmählich stattfindenden Oxydation an der Luft alle 3—4 Wochen kontrolliert werden (z. B. durch Titration mit 0,1n $KMnO_4$);
2m KSCN, wäßrige Lösung.

Die neutrale bis schwach alkalische Probelösung (17—650 μg W enthaltend) versetzt man in einem 50 ml-Meßkolben mit 15 ml HCl (das Volumen soll danach wegen der bei der Reduktion notwendigen Säurekonzentration 25 ml nicht übersteigen), reduziert mit 5 ml $SnCl_2$-Lösung sowie 0,2 ml $TiCl_3$-Lösung, fügt 5 ml KSCN-Lösung hinzu, füllt mit Wasser zur Marke auf und photometriert nach 15 min in einer 1 cm-Küvette bei 401 nm gegen Wasser. Ein Blindwert wird abgezogen.

II. Reduktion mit $SnCl_2$ [32]

Reagentien

NaSCN, 50%ige wäßrige Lösung;
Weinsäure, 50%ige wäßrige Lösung;
$SnCl_2 \cdot 2\,H_2O$, 7%ig in HCl (1,19); alle 3 Tage frisch herstellen.

10 ml der neutralen bis schwach alkalischen Probelösung (20—750 μg W enthaltend) werden in einem 50 ml-Meßkolben mit 2 ml Weinsäure und 1,5 ml NaSCN-Lösung versetzt und danach mit $SnCl_2$ bei konstanter Temperatur (z. B. 20° ± 2° C oder eine andere Temperatur) zur Marke aufgefüllt. Nach 20 min photometriert man in einer 1 cm-Küvette bei 420 nm gegen Wasser.

1. Eisen und Stahl

Die Verfahren eignen sich für Eisen, unlegierten und legierten Stahl mit bis zu 0,3% Mo (Verfahren 1) bzw. 4% Mo (Verfahren 2) und 25% Mo (Verfahren 3). Weiterhin stören folgende Gehalte nicht: 43% Co, 20% Cr, 20% Ni, 2,5% V, 3% Nb, 1% Ta, 0,5% Ti. Nach Verfahren 1 können mit geänderter Einwaage, Probelösungsvolumen und aliquotem Teil auch höhere W-Gehalte bestimmt werden, wobei entsprechend höhere Mo-Gehalte nicht stören:

Bestimmungsbereich % W	Einwaage g	Probelösungsvolumen ml	Aliquoter Teil ml	Zulässiger Mo-Gehalt %
≦ 0,25	0,5	50	10	0,3
0,25— 0,5	0,5	50	5	3,0
0,5 — 1,25	0,2	50	5	12
1,25— 2,5	0,1	50	5	60
2,5— 5,0	0,1	100	5	>60
5,0—12,5	0,1	100	2	>60
12,5—25,0	0,1	100	1	>60

Da die Mo-Störung auch vom Fe:Mo-Verhältnis abhängt, wird diese bei Verfahren 2 durch Extraktion von Mo + W mit α-Benzoinoxim/$CHCl_3$ vermindert, bei Verfahren 3 durch Extraktion des Fe mit MIBK [*12b*] beseitigt. Eine Störung von Nb vermeidet man durch Waschen des organischen Extraktes mit NH_4HF_2-Lösung.

B: 0,001–>0,3% W. *V:* ±2%.

Arbeitsvorschrift [*38a—38c*]

Reagentien

HCl (1,19); 6n HCl; HNO_3 (1,40); H_3PO_4 (1,75).

α-Benzoinoxim, 0,15%ig in $CHCl_3$; 1,5 g α-Benzoinoxim werden mit Äthanol auf 100 ml aufgefüllt. Davon werden 10 ml mit $CHCl_3$ auf 100 ml verdünnt.

$(NH_4)_2Fe(SO_4)_2 \cdot 6\,H_2O$, 20%ige wäßrige Lösung (täglich frisch hergestellt).

$SnCl_2 \cdot 2\,H_2O$, 10%ig in HCl (1,19) (wöchentlich frisch hergestellt).

$TiCl_3$, 15%ige wäßrige Lösung.

$NaSCN \cdot 2\,H_2O$, 23%ige wäßrige Lösung.

Tetraphenylarsoniumchlorid (TPA), 1%ige wäßrige Lösung.

$CHCl_3$, 0,08% Chinol enthaltend (das Chinol als 1%ige Lösung in absolutem Äthanol zugesetzt).

NH_4HF_2; MIBK.

1. Stähle mit ≦0,3% W und ≦0,3% Mo [*38a, 38b*]

a) α) 0,5 g Probematerial werden in einem 150 ml-Becherglas mit 25 ml HCl (1,19) und 5–10 Tropfen HNO_3 gelöst, zur Entfernung der Stickoxide 5 min gekocht und in einem 50 ml-Meßkolben mit HCl (1,19) zur Marke aufgefüllt[1].

β) Wahlweise kann das Probematerial mit 5 ml H_3PO_4 und 2,5 ml HNO_3 gelöst und wie vorhin aufgefüllt werden. Die Lösung ist jedoch nur zur Bestimmung des W nach Verfahren 1.b) geeignet, da H_3PO_4 bei der Vorisolierung nach 2. und 3. stört.

b) Ein aliquoter Teil von 10,0 ml der nach 1.a) α) oder 1.a) β) erhaltenen Probelösung wird in einen 100 ml-Erlenmeyerkolben übergeführt, mit HCl (1,19) auf 16 ml gebracht, unter Mischen 4 ml $SnCl_2$-Lösung sowie 0,2 ml $TiCl_3$-Lösung hinzugefügt[2], 5 min unter dem Siedepunkt gehalten, dann abgekühlt (am zweckmäßigsten im Eisbad) und mit dem Überführen der Lösung in einen Schütteltrichter nach 2.c) fortgefahren.

2. Stähle mit ≦0,3% W und ≦4% Mo [*38c*]

a) Das Probematerial wird nach 1.a) α) gelöst und aufgefüllt.

b) Ein aliquoter Teil von 10,0 ml der nach 1.a) α) erhaltenen Probelösung wird in einem 100 ml-Schütteltrichter zu 35 ml Wasser gegeben, 5 ml $(NH_4)_2Fe(SO_4)_2$-Lösung hinzugefügt, gemischt und W + Mo 4mal mit je 10 ml α-Benzoinoxim-Lösung extrahiert. Den vereinigten organischen Extrakt dampft man in einem 100 ml-Erlenmeyerkolben fast zur Trockne ein, versetzt mit 16 ml HCl (1,19) sowie 4 ml $SnCl_2$-Lösung, hält 5 min unterhalb des Siedepunktes und kühlt ab (am zweckmäßigsten mit Eisbad).

c) Die Lösung wird unter Nachwaschen mit 2mal 10 ml 6n HCl in einen 100 ml-Schütteltrichter übergeführt, 1 ml TPA-Lösung hinzugefügt, gemischt, mit 3 ml NaSCN-Lösung versetzt und nacheinander mit 9 ml, 8 ml und 7 ml $CHCl_3$ (unter Zusatz von jeweils 10 Tropfen TPA-Lösung vor der 2. und 3. Extraktion) jeweils 1 min extrahiert.

---

[1] Ein in HCl/HNO_3 unlöslicher W-haltiger Rückstand wird in H_3PO_4/HNO_3 (2:1) gelöst und ein aliquoter Teil der Lösung zur Probelösung nach der Extraktion nach 2.b) bzw. 3.b) zur Verarbeitung nach 2.c) hinzugefügt.

[2] Die Lösung wird hier farblos; eine Grünfärbung weist auf noch vorhandene Stickoxide hin, die durch Kochen entfernt werden müssen, wonach die Lösung durch weitere $SnCl_2$-Lösung entfärbt wird.

Den vereinigten organischen Extrakt versetzt man in einem zweiten 100 ml-Schütteltrichter mit 10 ml Wasser sowie 1,5–2 g NH_4HF_2, schüttelt das Gemisch 1 min (Entfernung von anwesendem Nb), filtriert die organische Phase durch ein Filter in einen 25 ml-Meßkolben, wäscht die wäßrige Lösung mit 1 ml $CHCl_3$, filtriert letzteres ebenfalls in den Meßkolben, wäscht das Filter mit $CHCl_3$ nach, füllt mit $CHCl_3$ zur Marke auf und photometriert in einer 1 cm-, 2 cm- oder 5 cm-Küvette bei 402 nm gegen $CHCl_3$.

3. Stähle mit ≦ 0,3% W und ≦ 25% Mo [*38c*]

Von der nach 1. a) α) erhaltenen Probelösung wird ein aliquoter Teil von 10,0 ml in einen 100 ml-Schütteltrichter übergeführt, in den 10 ml Wasser sowie 20 ml MIBK vorgelegt sind, sofort[1] kräftig 1 min extrahiert, die wäßrige Lösung in einen 100 ml-Erlenmeyerkolben abgelassen, die organische Phase 2mal mit je 4 ml 6n HCl gewaschen und die Waschlösungen ebenfalls in den Kolben abgelassen. Die Lösung dampft man fast zur Trockene ein und fährt mit dem Zusatz von 16 ml HCl (1,19) sowie 4 ml $SnCl_2$-Lösung nach 2. b) und der Bestimmung nach 2. c) fort.

2. Silicatgestein

Nach dem Aufschluß des Probematerials werden störende Elemente durch doppelte NaOH-Fällung und Mo durch Sulfidfällung mit Sb als Spurenfänger abgetrennt und W anschließend mit Thiocyanat/Diäthyläther photometrisch (in der Originalarbeit visuell durch Vergleich mit einer Testreihe) bestimmt. Zu hohe Gehalte des Probematerials an Fe und Ti verursachen W-Verluste; z. B. beträgt die Ausbeute an W ~ 80% bei Proben mit 6% Fe_2O_3, 0,9% TiO_2, 3% MgO, 5–6% CaO und 0,25% P_2O_5.

B: 0,0001–0,006% W und darüber. F_r: ±5–10%.

Arbeitsvorschrift [*15*]

Reagentien

HNO_3 (1,40); HF (48%);
6n H_2SO_4; 0,5n H_2SO_4; 6n HCl;
Bromwasser;
NaOH, 10%ige wäßrige Lösung;
Weinsäure, 50%ige wäßrige Lösung;
KSCN, 10%ige wäßrige Lösung;
$SbCl_5$, 0,5%ig in 4n HCl; diese heiße Lösung versetzt man mit soviel gesättigter $KBrO_3$-Lösung, bis die Bromfärbung gerade erscheint;
$SnCl_2 \cdot 2\,H_2O$, 5%ig in HCl (1,19); jeden Monat frisch herstellen;
Diäthyläther;
Salzlösung (für die Aufstellung der Eichkurve); 50 g NaOH und 10,0 g Weinsäure werden in 250 ml Wasser gelöst und nach dem Abkühlen mit 225 ml 6n H_2SO_4 und 10 ml $SbCl_5$-Lösung versetzt. Man leitet 30 min H_2S ein, läßt über Nacht stehen und filtriert danach durch ein dichtes Filter.

1,0 g des fein pulverisierten Probematerials wird in einer Platinschale mit 5 ml 6n H_2SO_4, 2 ml HNO_3 und 5 ml HF versetzt und zur Trockene abgeraucht, bis keine Schwefelsäure-Dämpfe mehr entweichen. Nach dem Abkühlen versetzt man mit 1 ml 6n H_2SO_4 und wenigen ml Wasser und löst unter Erwärmen und Rühren so weit als möglich. Man dampft abermals zur Trockene ein und entfernt den Überschuß an H_2SO_4 durch Erhitzen auf ~ 350° C. Man versetzt nochmals mit 1 ml 6n H_2SO_4 sowie 10 ml Wasser und digeriert unter gelegentlichem Rühren 15–30 min nahe dem Siedepunkt. Die Lösung (unabhängig vom Vorhandensein noch ungelöster Bestandteile) wird unter

[1] Bei einer Standzeit von > 5 min treten W-Verluste infolge Hydrolyse auf.

Rühren tropfenweise in ein 50 ml-Becherglas zu 15 ml heißer NaOH-Lösung zufließen gelassen. Man führt die Lösung aus dem Becherglas in die Platinschale zurück und hält für 15 min nahe dem Siedepunkt. Man filtriert durch einen Jenaer Glasfrittentiegel 1 G 4, wäscht den gut abgesaugten Niederschlag mit 2–3 ml Wasser nach, führt das Filtrat in ein zweites 50 ml-Becherglas über und engt es am Wasserbad ein.

Der Niederschlag wird mittels eines Glasstabes weitgehend in das erste Becherglas zurückgebracht. Die Platinschale wäscht man mit 5 ml 6n HCl und führt die Lösung in den Glasfrittentiegel über. Nachdem sich der noch in diesem befindliche restliche Niederschlag gelöst hat, gießt man den Tiegelinhalt ebenfalls in das erste Becherglas zurück. Man wäscht den Frittentiegel unter Durchsaugen von wenigen ml Wasser nach und fügt dieses ebenfalls ins erste Becherglas dazu. Die in letzterem befindliche Lösung wird nun bis auf wenige Tropfen eingedampft, mit 5 ml Wasser verdünnt und tropfenweise zu 10 ml heißer NaOH-Lösung in einem dritten 50 ml-Becherglas zufließen gelassen. Man hält diese Lösung 10–15 min nahe dem Siedepunkt und filtriert danach durch einen Glasfrittentiegel. Man wäscht den Niederschlag einmal mit 3 und einmal mit 2 ml Wasser nach. Das nach der zweiten Fällung erhaltene, mit den zugehörigen Waschlösungen vereinigte Filtrat wird mit diesem von der ersten Fällung (im zweiten Becherglas) beiseite gestelltem vereinigt und auf ein Volumen von 15 ml eingeengt.

Nach dem Abkühlen auf Raumtemperatur wird tropfenweise mit 6n H_2SO_4 versetzt, bis ein leichter $Al(OH)_3$-Niederschlag ausfällt. Man versetzt mit 1,0 ml Weinsäure-Lösung, 0,5 ml 6n H_2SO_4, 0,2 ml $SbCl_5$-Lösung und läßt stehen, bis die Lösung klar ist. Danach wird 10 min in der Kälte, anschließend unter Erhitzen der Lösung bis zum Siedepunkt kräftig H_2S eingeleitet. Man hält einige Minuten im Sieden und leitet, nach Entfernen der Heizquelle, noch weitere 5–10 min H_2S unter gleichzeitigem Rühren ein. Nachdem die H_2S-Fällung für 2 Std oder besser über Nacht gestanden hat, wird sie durch ein kleines (5 cm ⌀), dichtes Filter unter Nachwaschen mit einigen ml H_2S-Wasser (1 Tropfen 6n H_2SO_4 enthaltend) filtriert. Filtrat und Waschlösungen werden nach dem Vereinigen auf 15 ml eingeengt. Nach dem Abkühlen auf Raumtemperatur versetzt man mit 5 Tropfen Bromwasser (die Gelbfärbung soll 1–2 min bestehen bleiben) und 0,2 ml $SbCl_5$-Lösung und wiederholt die H_2S-Fällung wie früher beschrieben. Den über Nacht gestandenen Niederschlag filtriert man durch ein kleines, mit 0,5n H_2SO_4 gewaschenes, dichtes Filter, wäscht ihn 2–3mal mit kaltem, 1 Tropfen 6n H_2SO_4 enthaltendem Wasser nach und engt das mit den Waschlösungen vereinigte Filtrat in einem 50 ml-Becherglas auf 15 ml ein. Nach dem Abkühlen führt man in einen Schütteltrichter über und extrahiert mit 5 ml Diäthyläther. Nach der Phasentrennung wird der organische Extrakt mit 1–2 ml Wasser nachgewaschen und dieses mit der wäßrigen Phase vereinigt. Falls der organische Extrakt nicht farblos war, muß die Extraktion der wäßrigen Phase mit weiteren 2–3 ml Äther wiederholt werden. Die organischen Extrakte werden verworfen. Zur extrahierten wäßrigen Lösung fügt man 1,0 ml KSCN-Lösung und 10 ml $SnCl_2$-Lösung. Das Volumen der Lösung wird, falls erforderlich, auf 25–30 ml mit Wasser gebracht und die Lösung 1 Std bei 25–30° C stehen gelassen. Danach führt man in einen Schütteltrichter über, kühlt auf wenigstens 20° C ab und extrahiert 15 sec mit 5,0 ml Diäthyläther. Nach der Phasentrennung wird der organische Extrakt in einer 1 cm-Küvette bei 405 nm gegen Äther photometriert und ein Blindwert abgezogen.

Aufstellung der Eichkurve

In 50 ml-Bechergläser werden je 25 ml Salzlösung vorgelegt und abgestufte Mengen W (als Na_2WO_4-Lösung) (0, 5, 10, 20, 30, 40 bzw. 50 μg W) zugefügt. Enthält die Probe ≧ 0,02 % V, so fügt man noch die entsprechende Menge V (als NH_4VO_3-Lösung) hinzu.

Man engt die Lösungen auf 15 ml ein und fährt, wie oben beschrieben, nach dem Abkühlen, Überführen der Lösung in einen Schütteltrichter und Zusatz von 5 ml Diäthyläther mit der ersten Ätherextraktion fort.

D. Verschiedenes

An weiteren photometrischen Reagentien sind zu erwähnen: Hydrochinon [*1*, *8*, *42*, *43*], Rhodamin B [*44*], V-P-W-säure [*45*], W-Mo-blau [*46*] und Oxin/$CHCl_3$ (pH 2,0; $S_M = 0{,}028$ µg W · ml^{-1} · cm^{-1}) [*47*].

Tabelle 185a. Nachtrag — Weitere Verfahren[1]

Bestimmungsmethode	Probematerial. Verfahren. Bestimmungsbereich	Literatur
Ph	Böden, Sedimente, Gesteine, Pflanzenmaterial. Best: Dithiol/Petroläther, 630 nm. *B*: 0,1—5 ppm W (für Pflanzenmaterial) bzw. 1—300 ppm W; *V*: ± 11%.	[*48*]

[1] Abkürzungen s. S. XIII.

Literatur

1. Pfeifer, V.: Mikrochim. Acta (Wien) **1960**, **518**.
1a. De, A. K., Rahaman, M. S.: Talanta **11**, 601 (1964).
2. McKaveney, J. P., Freiser, H.: Analyt. Chem. **29**, 290 (1957).
2a. De, A. K., Rahaman, M. S.: Analyt. Chem. **36**, 685 (1964).
3. Gentry, C. H. R., Sherrington, L. G.: Analyst **73**, 57 (1948).
4. Vanossi, R.: An. Asoc. quim. argent. **40**, 176 (1952).
5. Vanossi, R.: An. Asoc. quim. argent. **42**, 59 (1954).
5a. Neef, B., Döge, H. G.: Talanta **14**, 967 (1967).
6. Jeffery, P. G.: Analyst **81**, 104 (1956).
7. Hoenes, H. J., Stone, K. G.: Talanta **4**, 250 (1960).
8. Pfeifer, V., Hecht, F.: Z. anal. Chem. **177**, 175 (1960).
9. Bagshawe, B., Truman, R. J.: Analyst **72**, 189 (1947).
10. Wells, J. E., Pemberton, R.: Analyst **72**, 185 (1947).
11. North, A. A.: Analyst **81**, 660 (1956).
12. Allen, S. H., Hamilton, M. B.: Analyt. chim. Acta **7**, 483 (1952).
12a. Chan, K. M., Riley, J. P.: Analyt. chim. Acta **39**, 103 (1967).
12b. Luke, C. L.: Analyt. Chem. **36**, 1327 (1964).
13. Bandi, W. R., Buyok, E. G., Lewis, L. L., Melnick, L. M.: Analyt. Chem. **33**, 1275 (1961).
13a. Kawabuchi, K., Kuroda, R.: Analyt. chim. Acta **46**, 23 (1969).
14. Wood, D. F., Clark, R. T.: Analyst **83**, 326 (1958).
15. Sandell, E. B.: Ind. Eng. Chem., Anal. Ed. **18**, 163 (1946).
16. Grimaldi, F. S., North, V.: Ind. Eng. Chem., Anal. Ed. **15**, 652 (1943).
17. Scobie, A. G.: Ind. Eng. Chem., Anal. Ed. **15**, 79 (1943).
18. —
19. Miller, C. C.: J. chem. Soc. **1941**, 792.
20. Miller, C. C.: J. chem. Soc. **1943**, 72.
21. Hamence, J. H.: Analyst **65**, 152 (1940).
22. Miller, C. C., Lowe, A. J.: J. chem. Soc. **1940**, 1258.
23. Miller, C. C.: Analyst **69**, 109 (1944).
24. Vaughan, E. J., Whalley, C.: J. Iron. Steel Inst. **155**, 535 (1947).
25. Greenberg, P.: Analyt. Chem. **29**, 896 (1957).
26. Bickford, C. F., Jones, W. S., Keene, J. S.: J. Am. pharmac. Assoc. **37**, 255 (1948).
27. Machlan, L. A., Hague, J. L.: J. Res. nat. Bur. Standards **59**, 415 (1957).
28. Piper, C. S., Beckwith, R. S.: J. Soc. chem. Ind. **67**, 374 (1948).

28a. Short, H. G.: Analyst **76**, 710 (1951).
28b. Bowden, P.: Analyst **89**, 771 (1964).
29. Feigl, F., Krumholz, P.: Angew. Chem. **45**, 674 (1932).
30. Freund, H., Wright, M. L., Brookshier, R. K.: Analyt. Chem. **23**, 781 (1951).
31. Ferjančič, S.: Zavodskaja Lab. **3**, 301 (1934).
32. Westwood, W., Mayer, A.: Analyst **72**, 464 (1947).
33. Crouthamel, C. E., Johnson, C. E.: Analyt. Chem. **26**, 1284 (1954).
34. McDuffie, B., Bandi, W. R., Melnick, L. M.: Analyt. Chem. **31**, 1311 (1959).
35. Ferjančič, S.: Z. anal. Chem. **97**, 332 (1934).
36. Eckert, G., Bauersachs, E.: Z. anal. Chem. **163**, 161 (1958).
37. Ssongina, O. A., Karpowa, P. A.: Zavodskaja Lab. **13**, 38 (1947).
38. Geld, I., Carroll, J.: Analyt. Chem. **21**, 1098 (1949).
38a. Affsprung, H. E., Murphy, J. W.: Analyt. chim. Acta **30**, 501 (1964).
38b. Fogg, A. G., Marriott, D. R., Burns, D. T.: Analyst **95**, 848 (1970).
38c. Fogg, A. G., Jarvis, T. J., Marriott, D. R., Burns, D. T.: Analyst **96**, 475 (1971).
39. Poluektov, N. S.: Zavodskaja Lab. **10**, 92 (1941).
39a. Fogg, A. G., Marriott, D. R., Burns, D. T.: Analyst **95**, 848 (1970).
40. Aull, J. C., Kinard, F. W.: J. biol. Chem. **135**, 119 (1940).
41. Norwitz, G., Codell, M.: Analyt. chim. Acta **11**, 359 (1954).
42. Bogatzki, G.: Z. anal. Chem. **114**, 170 (1938).
43. Bricker, C. E., Waterbury, G. R.: Analyt. Chem. **29**, 1093 (1957).
44. Pollock, J. B.: Analyst **83**, 516 (1958).
45. Lennard, G. J.: Analyst **74**, 253 (1949).
46. Guyon, J. C., Marks, J. Y.: Analyt. Chem. **40**, 837 (1968).
47. Eberle, A. R.: Analyt. Chem. **35**, 669 (1963).
48. Quin, B. F., Brooks, R. R.: Analyt. chim. Acta **58**, 301 (1972).

Y — Yttrium

Tabelle 186. Empfindlichkeit S_M und Bestimmungsgrenze L_Q der Verfahren

Verfahren	µg Y · ml⁻¹ · cm⁻¹	
	S_M	L_Q
Alizarinsulfosäure	0,012 (550 nm)	0,31 (550 nm)
Arsenazo	0,0035 (570 nm)	0,087 (570 nm)
Brenzcatechinviolett	0,0034 (665 nm)	0,086 (665 nm)
Emissionsspektralanalyse		0,05[1]

[1] µg auf der Elektrode; F_r: ±10%.

A. Trennungen

Über die Anwendung von Extraktionsverfahren zur Isolierung von Y s. a. S. 259ff. und 1075ff.

Y läßt sich weiterhin aus 14–16n HNO_3-Lösung mit TBP vollständig extrahieren und auf diesem Wege von S.E. und anderen Elementen abtrennen [*1*, *2*]. Den Einfluß der Säurekonzentration auf die Verteilungskoeffizienten zeigt Tab. 187. Bei 3maliger Extraktion aus 14n HNO_3-Lösung, 3maligem Waschen des vereinigten organischen Extraktes und Rückschütteln mit 0,1n HNO_3 ($V_0 : V_w = 3:2$) erzielt man Ausbeuten (in %) von: Y ~ 98,3, Ce ~ 1,5 und Pm ~ 17,7. Dieses Trennverfahren fand zur Isolierung des Tochterelementes ^{90}Y zur Ermittlung des Gehaltes an ^{90}Sr in biologischem Material und Wässern Anwendung [*1*, *2*]. Durch Extraktion mit Di-n-butylphosphat/Di-n-butyläther kann Y von La, Ce und anderen Elementen abgetrennt werden [*3*] (s. S. 1077, 1353).

Tabelle 187. Verteilungskoeffizienten bei der Extraktion mit TBP[1] aus HNO_3-Lösung ($V_0 : V_w = 1:6$; 10 min extrahiert) [*1*]

n HNO_3	D				
	Y	La	Ce	Pm	Zr-Nb
16	93	0,14	0,59	3,0	236
14	49	0,09	0,30	1,1	51
12	14	0,07	0,18	0,6	22
10	8,4				5
0,1	0,015[2]				

[1] Mit 16n HNO_3 gesättigt durch 10 min Schütteln.
[2] Mit unvorbehandeltem TBP.

Durch Extraktion mit 0,1m Tri-n-octylphosphinoxid/Cyclohexan aus 7n HCl-Lösung können Fe, Sn, U vollständig, sowie teilweise Mo, Th und Zr von Y abgetrennt werden [*4*].

Auf die Anwendbarkeit der Extraktion mit Triisooctylamin/Xylol zur Trennung von S.E., T.U. und Y [*5*] wurde bereits früher eingegangen (s. S. 1078).

Eine große Zahl von Elementen läßt sich durch Elektrolyse mittels Hg-Kathode von Y abtrennen [*6*] (s. S. 57ff., 390ff.). Aus Stahl erfolgte die Isolierung von Y zusammen mit den S.E. durch Fluorid- und Oxalatfällung mit Th als Spurenfänger, wonach Th mittels Anionenaustauscher Dowex 1X10 abgetrennt und Y + S.E. mit Arsenazo photometrisch bestimmt wurden [*6a*].

B. Alizarinsulfosäure

Y reagiert mit Alizarinsulfosäure auf dieselbe Weise wie die S.E., weshalb die dort gebrachten Ausführungen auch für Y Geltung haben und auf diese daher verwiesen wird (s. S. 1080). Das Beersche Gesetz ist im Bereich von 0,5–10 µg Y/ml (bei 550 nm, $\varepsilon_{550} = 7200$) erfüllt. Der günstigste Arbeitsbereich liegt innerhalb 2–7 µg Y/ml [*7*].

Arbeitsvorschrift [*7*]

Die photometrische Bestimmung des Y allein oder zusammen mit der Summe von anwesenden S.E. wird nach der für die S.E. angegebenen Arbeitsvorschrift (s. S. 1081) durchgeführt.

C. Arsenazo

Y reagiert mit Arsenazo auf dieselbe Weise wie die S.E. [*6*], weshalb auf die dort gebrachten Ausführungen verwiesen wird (s. S. 1082). Mit Arsenazo wurde Y zusammen mit den S.E. nach vorangehender Isolierung durch Spurenfällung in Stahl (0,01–0,1% Y) bestimmt [*6a*].

Arbeitsvorschrift [*6*]

Die photometrische Bestimmung des Y allein oder zusammen mit der Summe von anwesenden S.E. erfolgt nach der früher gegebenen Arbeitsvorschrift (s. S. 1083).

D. Brenzcatechinviolett

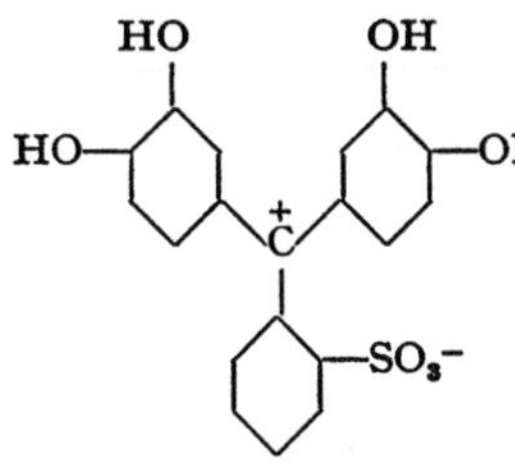

Y bildet bei pH 8,4–9,0 (Optimum pH 8,4–8,6) mit Brenzcatechinviolett (BCV) (3,3′,4′-Trihydroxyfuchson-2″-sulfosäure) einen wasserunlöslichen Komplex, der innerhalb einiger Stunden ausfällt [*4*]. Die Farbe kann mit Gelatine stabilisiert werden. Das Extinktionsmaximum liegt bei 665 nm ($\varepsilon_{665} = 25900$; s. Abb. 244) [*4*]. Das Beersche Gesetz ist im Bereich von 0,09–1,8 µg Y/ml erfüllt. Die Farbe ist in Anwesenheit von Gelatine und Ascorbinsäure mindestens 8 Std stabil. Bei Abwesenheit von Ascorbinsäure verblassen Probe- und Blindlösung rasch. Die Ascorbinsäure verhindert eine Oxydation

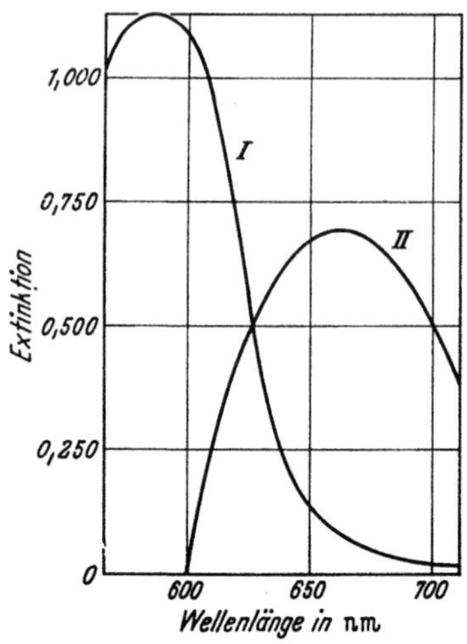

Abb. 244. Extinktionskurven von Y + Brenzcatechinviolett (gegen den Blindwert gemessen) (II) und des Blindwertes (gegen Wasser gemessen) (I) [*4*]

des BCV. Wichtig ist die Einhaltung der in der Arbeitsvorschrift angegebenen Reihenfolge der Reagenszusätze.

Vorversuche zeigten, daß die S.E. wahrscheinlich mit BCV ebenfalls und mit ähnlicher Empfindlichkeit wie Y photometrisch bestimmt werden können [*4*]. Auch Sc reagiert mit BCV, doch ist die Farbintensität um ~20% geringer. Die S.E. und Sc stören deshalb bei der Bestimmung des Y. Folgende Ionen (in µg/ml) stören die Bestimmung von 1,8 µg Y/ml nicht [*4*]: Ca (32), Mg (32), Sr (40), Zn (20), F^- (6), NO_3^- (500), SO_4^{2-} (600). Al, Be, Cr(III), Cr(VI), Fe(II), Fe(III), Mo(VI), Ni, Sn(IV), Th(IV), Ti(IV), U(VI), V(IV), V(V) und PO_4^{3-} stören. Ni läßt sich mit KCN maskieren. Durch Extraktion mit Tri-n-octylphosphinoxyd/Cyclohexan können von den störenden Elementen Fe, Sn und U vollständig, von Mo, Th und Zr die Hauptmenge abgetrennt werden, so daß die restlichen Mengen nur einen Fehler von $<5\%$ verursachen. Mit vorangehender Extraktion wird die Bestimmung von 1,4 µg Y/ml nicht gestört durch (in µg/ml): Fe(III) (160), Mo(VI) (80), Sn(IV) (80), Th(IV) (20), U(VI) (200) und Zr(IV) (80)[1].

Arbeitsvorschrift [*4*]

Reagentien

HCl (1,19); 6n Ammoniak;
Ammoniumacetat, 30%ige wäßrige Lösung;
KCN, 2%ige wäßrige Lösung;
Ascorbinsäure, 8%ige wäßrige Lösung, täglich frisch herstellen;
Gelatine-Lösung; 0,6 g Gelatine werden in 100 ml warmem Wasser gelöst; täglich frisch bereiten;
Brenzcatechinviolett (BCV), 0,05%ige wäßrige Lösung (über 1 Monat haltbar);
0,1 m Tri-n-octylphosphinoxyd (TOPO) in Cyclohexan.

Bis zu 15 ml Probelösung (2,5–45 µg Y enthaltend) werden in einem 50 ml-Becherglas mit 1 ml Ascorbinsäure-Lösung, 2 ml Gelatine-Lösung, 1,0 ml BCV-Lösung und

[1] Mit einer Extraktionsdauer von 30 min; bei der in der Arbeitsvorschrift angegebenen Extraktionszeit von 10 min wird das Zr noch ungenügend entfernt und stört anschließend.

2 ml Ammoniumacetat-Lösung versetzt. Falls Ni anwesend ist, wird nach Abstumpfen des pH-Wertes auf >5 noch 1 ml KCN-Lösung zugegeben. Man stellt nun den pH-Wert der Lösung mit Ammoniak auf 8,5 ± 0,1 ein und führt die Lösung in einen 25 ml-Meßkolben über, den man mit Wasser zur Marke auffüllt. Man photometriert in einer 1 cm-Küvette bei 665 nm gegen den Blindwert.

Anwesenheit von Th, U und Zr

Die Probelösung (8—450 µg Y enthaltend) wird auf ~ 7n HCl eingestellt. Ihr Volumen im Schütteltrichter soll nun 10 ml betragen. Nach Zusatz von 5—10 ml 0,1 m TOPO extrahiert man 10 min. Nach der Phasentrennung wird ein aliquoter Anteil (bis zu 6 ml) der wäßrigen Phase in ein 50 ml-Becherglas übergeführt und wie oben beschrieben mit der Y-Bestimmung fortgefahren.

E. Emissionsspektralanalyse

Wenn das Y gemeinsam mit den S.E. oder anderen Elementen vorliegt, von denen es nicht leicht abgetrennt werden kann und durch die seine photometrische Bestimmung gestört wird, so ist eine Bestimmung auf spektrographischem Wege möglich. So wurde Y mit Hilfe des Gleichstrombogens oder Hochspannungsfunkens in Knochen [*8*], Calcium und Magnesium [*9*], Th- und U-Verbindungen [*10*], Phosphatgestein [*11*], Silicatgestein [*12*], Mineralien [*13*] und Oxyden der S.E. [*14—18*] bestimmt. Dabei wurde teilweise eine vorangehende Isolierung durch Extraktion [*10*] oder Ionenaustauscher [*12*] vorgenommen.

1. Biologisches Material

1.1. Knochen und Eischalen

Nach trockener Veraschung wird das Y mittels Ionenaustauscher Amberlite IR-120 isoliert und anschließend spektrographisch bestimmt. Da neben dem isolierten Y stets kleine Mengen Ca, bis zu 500 µg Fe (aus 1 g Probe) und geringere Mengen anderer Elemente vorhanden sind, wird der Einfluß wechselnder Ca-Mengen auf das Intensitätsverhältnis der Analysenlinien (welcher sich besonders bei 50—100 µg Ca bemerkbar macht) durch Zusatz von 200 µg Ca/Elektrodenpaar ausgeschaltet, da das Intensitätsverhältnis in Anwesenheit von 200—2000 µg Ca konstant ist. Die gesamte Fe-Menge hat keinen Einfluß. Das Verfahren weist eine mittlere Ausbeute an Y von 94% auf.

B: 0,000005—0,01% Y in der Asche. *V:* 6±%.

Arbeitsvorschrift [*19*]

Reagentien

HCl (1,19); 6n HCl; 2n HCl; 1n HCl; 0,8n HCl;
Plicene[1], 2%ig in Benzol;
Ionenaustauschersäule; die Säule mit einer inneren Bodenfläche von 1,54 cm² und 22 cm Höhe hat ein Gesamtvolumen von ~35 ml. Das Austauscherharz Amberlite IR-120 (50 mesh) wird mit 6n HCl bei 50° C gereinigt.

Spektrographische Arbeitsbedingungen:

Elektroden: Graphit, 6,15 mm ∅, 38 mm lang;
Elektrodenabstand: 2 mm;

---

[1] Plastic cement (Kitt), Fp ~80° C; (Cenco, Central Scientific Co., 1700 Irving Park Road, Chicago 13/Ill., U.S.A.).

Anregung: National spectrographic power source; Hochspannungsfunke, 5 Amp., 0,005 µF, 600 µH, 3 Ω, 840 Entldg./sec;
Spektrograph: Jarrell-Ash 3,4 m, I. Ordnung, Spaltbreite 0,040 mm;
Auswertung: Jarrell-Ash nonrecording microphotometer;
Vorfunkzeit: 30—60 sec; Belichtungszeit: 60—90 sec (bei sehr niedrigen Y-Konzentrationen entfällt das Vorfunken);
Photographische Emulsion: Kodak S. A. 1;
Entwickeln: Kodak D 19, 4 min bei 20° C; Unterbrechen: 15 sec; Fixieren: Kodafix, 5 min; Jarrell-Ash Entwicklungsmaschine;
Innerer Standard: La;
Analysen-Linienpaare: Y 3242,3/La 3245,1.

Vorbereitung der Elektroden

Die Graphitelektroden werden mit 1 Tropfen Plicene-Lösung bedeckt und diese eintrocknen gelassen. Danach wird abermals 1 Tropfen aufgebracht und angetrocknet. Man erhitzt die Elektroden in einem Trockenschrank bei 115° C für 3–5 min und bringt anschließend sofort je 50 µl Probelösung mit einer Mikropipette auf ein Elektrodenpaar auf, so daß insgesamt 100 µl zur Analyse gelangen. Nach dem Eintrocknen der Lösung werden die Elektroden trocken und sauber aufbewahrt.

Herstellung der Vergleichsproben

Man verdünnt die Stammlösungen von Ca, La und Y mit 1n HCl und stellt durch Mischen 6 Vergleichslösungen her, welche jeweils 200 µg Ca + 10 µg La/100 µl sowie steigende Mengen Y im Bereich von 0,05–5,0 µg/100 µl (z. B. 0,05, 0,2, 0,5, 1,0, 2,0 und 5,0 µg Y/100 µl) enthalten. Zur Aufstellung der Eichkurve werden diese wie die Probelösung auf die Elektroden aufgebracht und nach der Arbeitsvorschrift abgefunkt.

Analyse

Das Probematerial wird bei 600° C verascht und die Asche in einer Achatreibschale fein pulverisiert. Für Gehalte von 0,5 µg Y/g oder darüber behandelt man 1 g Asche in einem Becherglas mit HCl (1,19) (bei kleineren Gehalten ist eine größere Einwaage, aber auch eine größere Austauschersäule erforderlich), dampft zur Trockene ein und trocknet in der Muffel bei 120° C. Der Rückstand wird danach in 10 ml 1n HCl unter gelindem Erwärmen gelöst und mit Wasser auf 100 ml aufgefüllt. Man schickt nun die Lösung durch die Austauschersäule (Durchlaufgeschwindigkeit 3 ml/min), eluiert die 1- und 2wertigen Kationen mit 1500 ml 0,8n HCl (Durchlaufgeschwindigkeit 6–8 ml/min) und anschließend das Y mit 1200 ml 6n HCl bei 50° C (Durchlaufgeschwindigkeit 6–8 ml/min). Das Y enthaltende Eluat wird dann auf 5 ml eingedampft, unter Nachspülen mit warmer 6n HCl in ein kleines Becherglas übergeführt und fast bis zur Trockene eingedampft. Den Rückstand nimmt man mit 1 ml 2n HCl (4000 µg Ca + 200 µg La enthaltend) auf, führt unter Nachspülen mit Wasser in einen 2 ml-Meßkolben über und füllt mit Wasser zur Marke auf. Diese 1n HCl-Lösung enthält nun 200 µg Ca + 10 µg La/100 µl sowie Y im Bereich von 0,05–5,0 µg/100 µl bei Ascheproben mit Gehalten von 0,0001–0,01% Y. Bei Ascheproben mit Gehalten $<$0,0001% Y kann mehr oder auch die gesamte Probelösung in 50 µl-Anteilen auf das Elektrodenpaar aufgebracht und eingetrocknet werden. In diesem Fall muß allerdings die Konzentration an Ca und La entsprechend reduziert werden, so daß stets 200 µg Ca + 10 µg La je Elektrodenpaar vorliegen.

F. Verschiedenes

An weiteren Reagentien zur photometrischen Bestimmung von Y sind zu nennen: Arsenazo III [*20, 21*], Brompyrogallolrot [*22*], Y-P-Mo-blau [*23*] und 3,6-Bis(p-chloro-o-phosphonophenylazo)chromotropsäure-Dianilid/Butanol ($\varepsilon_{670} = 64500$) [*24*].

Literatur

1. Velten, R. J., Goldin, A. S.: Analyt. Chem. **33**, 128 (1961).
2. Goldin, A. S., Velten, R. J.: Analyt. Chem. **33**, 149 (1961).
3. Scadden, E. M., Ballou, N. E.: Analyt. Chem. **25**, 1602 (1953).
4. Young J. P., White, J. C., Ball, R. G.: Analyt. Chem. 32, 928 (1960).
5. Moore, F. L.: Analyt. Chem. **33**, 748 (1961).
6. Fritz, J. S., Richard, M. J., Lane, W. J.: Analyt. Chem. **30**, 1776 (1958).

6a. Bornong, B. J., Moriarty, J. L.: Analyt. Chem. **34**, 871 (1962).

7. Rinehart, R. W.: Analyt. Chem. **26**, 1820 (1954).
8. MacDonald, N. S., Nusbaum, R. E., Alexander, G. V., Ezmirlian, F., Spain, P., Rounds, D. E.: J. biol. Chem. **195**, 837 (1952).
9. Pitwell, L. R.: Analyst **86**, 137 (1961).
10. Feldman, C., Ellenburg, J. Y.: Analyt. Chem. **30**, 418 (1958).
11. Waring, C. L., Mela, H., Jr.: Analyt. Chem. **25**, 432 (1953).
12. Edge, R. A., Brooks, R. R., Ahrens, L. H., Amdurer, S.: Geochim. cosmochim. Acta (Lond.) **15**, 337 (1959); ref. Analyt. Abstr. **7**, 162 (1960).
13. Butler, J. R.: Spectrochim. Acta **9**, 332 (1957).
14. Fassel, V. A., Wilhelm, H. A.: J. Opt. Soc. Am. **38**, 518 (1948).
15. Fassel, V. A., Cook, H. D., Krotz, L. C., Kehres, P. W.: Spectrochim. Acta **5**, 201 (1952).
16. Fassel, V. A., Quinney, B. B., Krotz, L. C., Lentz, C. F.: Analyt. Chem. **27**, 1010 (1955).
17. Kniseley, R. N., Fassel, V. A., Quinney, B. B., Tremmel, C., Gordon, W. A., Hayles, W. J.: Spectrochim. Acta **12**, 332 (1958).
18. Kniseley, R. N., Fassel, V. A., Tabeling, R. W., Hurd, B. G., Quinney, B. B.: Spectrochim. Acta **13**, 300 (1959).
19. Grant, C. L.: Analyt. Chem. **33**, 401 (1961).
20. Savvin, S. B.: Talanta **8**, 673 (1961).
21. Wood, D. F., Adams, M. R.: Analyst **95**, 556 (1970).
22. Herrington, J., Steed, K. C.: Analyt. chim. Acta **22**, 180 (1960).
23. Madison, B. L., Guyon, J. C.: Analyt. chim. Acta **42**, 415 (1968).
24. Buděšínský, B., Menclová, B.: Talanta **14**, 688 (1967).

Zn — Zink

Tabelle 188. Empfindlichkeit S_M und Bestimmungsgrenze L_Q der Verfahren

Verfahren	µg Zn · ml^{-1} · cm^{-1}	
	S_M	L_Q
Dithizon/CCl_4	0,00071 (538 nm; Einfarbe)	0,018 (538 nm; Einfarbe)
	0,00088—0,0010 (538 nm, 620 nm; Mischfarbe)	0,022—0,025 (538 nm, 620 nm; Mischfarbe)
Di-β-naphthylthiocarbazon/$CHCl_3$	0,0025 (560 nm);	0,063 (560 nm);
	0,0016 (650 nm)	0,041 (650 nm)
1-(5-Chloro-2-pyridylazo)-2-naphthol/ Diäthyläther	0,00077 (564 nm)	0,019 (564 nm)
1-(2-Thiazolylazo)-2-naphthol/$CHCl_3$	0,0013 (581 nm)	0,032 (581 nm)
4-(2-Thiazolylazo)-resorcinol	0,0019 (530 nm);	0,047 (530 nm);
	0,0028 (560 nm)	0,070 (560 nm)
Atomabsorptionsspektrophotometrie	0,025—0,04[1,2,4]; 0,002[1,2,5]	0,01[1,3,4]
Emissionsspektralanalyse		0,01—0,1[3,6]
Polarographie		~ 0,1[1,3]
Voltammetrie		0,02—0,04[1,3]

[1] µg · ml^{-1}.
[2] Für 1% Absorption.
[3] F_r: ± 10%.
[4] 10 cm-Schlitzbrenner.
[5] 25 cm-Absorptionsrohr.
[6] µg auf der Elektrode.

A. Trennungen

Große Mengen Fe u. a. Elemente lassen sich durch Extraktion aus 6–8n HCl-Lösung mit Diäthyl- oder Diisopropyläther von Zn abtrennen (s. S. 259ff.).

Durch Extraktion mit MIBK aus ~ 6n HCl-Lösung wurde Cr von Zn abgetrennt [*1*]. Zn und Cd können durch Extraktion mit Cyclohexanon/Tetrahydrofuran aus jodidhaltiger Lösung getrennt werden [*2*] (s. S. 567f.).

Zn kann von Co durch Extraktion mit 5% Tribenzylamin/$CHCl_3$ aus 3n HCl-Lösung (V_0:V_w = 2:1, Extraktionsdauer 5 min, Ausbeute 71,7%) abgetrennt werden, wobei Co zu 0,1% in die organische Phase geht [*3*]. Die Trennung läßt sich auch durch Ausschütteln mit 8% Methyldioctylamin/Trichloräthylen bei der gleichen Säurekonzentration durchführen (Ausbeute: an Zn 99,7–100%, an Co 1,6%); durch Waschen mit 3n HCl läßt sich die mitextrahierte Co-Menge vermindern [*3*]. Bei der letztgenannten Extraktion gehen weiterhin die folgenden Elemente mit verschiedener Ausbeute (in %) in die organische Phase: Cr(III) (3,2), Cu(II) (22), Fe(III) (90,7), Mn(II) (0,3), Ni (0,3) und Zn (99,7). Das Zn läßt sich aus dem organischen Extrakt mit 0,05n HCl rückschütteln und anschließend bestimmen [*3*]. 0,5–100 µg Zn wurden von 300 mg Ni abgetrennt durch Extraktion mit 5% Methyldioctylamin/Xylol aus 3n HCl-Lösung [*3a*] bzw. mit 5% Triisooctylamin/Xylol aus 2n HCl-Lösung [*3b*]. Auch mit 5% Triisooctylamin/MIBK wurde Zn aus 2n HCl-Lösung extrahiert (Ausbeute 100%) [*4*]. Mit 0,2m Di-n-butyldithiophosphorsäure/CCl_4 läßt sich Zn aus HCl-Lösung bei pH 1–4 quantitativ extrahieren und so von anderen Elementen abtrennen [*4a, 4b*] (s. S. **295**f.).

Häufig findet die Extraktion mit Dz/$CHCl_3$ aus schwach ammoniakalischer, tartrat- oder citrathaltiger Lösung bei pH 8,2–8,5 zur Isolierung des Zn Anwendung (s. S. **317**ff., **1330**ff.). Aus der organischen Phase läßt es sich mit 0,01–0,02n HCl rückschütteln. Analog läßt sich die Isolierung auch mit Di-β-naphthylthiocarbazon/$CHCl_3$ bei pH 8,5 bis 10,5 durchführen (s. S. **324**ff., **1330**ff.).

Mit Carbamat/$CHCl_3$ oder /CCl_4 ist Zn aus alkalischer Lösung extrahierbar (s. S. **297**ff.). Nach vorausgehender NaOH-Fällung wurde es ferner durch Extraktion mit Na-DDTC/Äthylacetat aus ammoniakalischer Lösung mit anschließendem Rückschütteln mit 0,2n HCl von radioaktiven Spaltprodukten abgetrennt [*5*]. Ag, Bi, Cu(II) und Hg können durch Extraktion mit DADDTC/$CHCl_3$ aus 6n H_2SO_4-Lösung von Zn abgetrennt werden [*6–8*]. Bei pH 7,5–8,0 gehen Bi, Cd, Co, Cu, Hg, Ni, Pb und Zn mit dem gleichen Extraktionsmittel in die organische Phase, aus welcher das Zn mit citrathaltiger 4%iger NaOH-Lösung rückgeschüttelt werden kann. Ga und In können durch Extraktion als Benzoate mit Äthylacetat bei pH ~ 7,0 von Zn abgetrennt werden [*8a*].

Zn läßt sich mit Di-n-butylarsinsäure/$CHCl_3$ bei pH 6–8 ausschütteln und so von Ca, Mg, Mn und Ni abtrennen, während Al, Be, Bi, Cd, Co, Cr(III), Cu(II), Fe(III) und Pb mehr oder weniger vollständig in die organische Phase gehen [*9, 10*].

Unter Anwendung der Verdampfungsanalyse kann das Zn durch Verflüchtigung im H_2-Strom bei 1000–1100° C in Mikrogramm- und Nanogramm-Mengen aus den verschiedensten Materialien isoliert werden, wobei es von einigen Elementen begleitet wird [*11–14*] (s. S. **61**, **1217**ff., **1346**). Für die Isolierung von $\geqq$ 10 µg Zn wurde eine im Vergleich zu der bei der Tl-Isolierung benutzten Verdampfungsapparatur (s. S. **1217**ff.) vereinfachte Ausführung verwendet [*12*].

Die Verdampfung erfolgt hier in einem Quarzrohr (10—20 mm i. ∅, 1 mm Wandstärke), das einseitig zu einer Capillare (15—20 cm lang, zu Beginn 3—4 mm i. ∅, nach dem Ende auf 1,5—2 mm i. ∅ verjüngt) ausgezogen ist. 1 cm vor dem eingeschobenen Probeschiffchen befindet sich ein Strömungskörper (s. a. Abb. 214, S. 1218; a. ∅ 1—2 mm kleiner als der innere Rohrdurchmesser). Die Arbeitsweise ist grundsätzlich dieselbe wie bereits früher beschrieben (s. S. 1217 ff.), wobei sich das entstehende Zn-Sublimat in der Capillare niederschlägt. Nach dem Lösen dieses Sublimates kann das Zn darin photometrisch, polarographisch oder auf eine andere Weise bestimmt werden. Sn läßt sich als Bromid verflüchtigen, indem man zur Probelösung Br_2/HBr (1 + 5) gibt, auf dem Wasserbad zur Trockene eindampft, den Rückstand in Mineralsäure löst und darin das Zn bestimmt.

Verschiedentlich fanden Ionenaustauscher zur Isolierung des Zn Anwendung. So wurde es aus 1n HCl-Lösung mit Anionenaustauscher Dowex 1 von Co, Cu, Fe(III) und Ni abgetrennt und anschließend mit 0,01n HCl eluiert [*15*]. Mit demselben Austauscher erfolgte die Abtrennung des Zn von Al, Be, Co, Cr(III), Cu, Fe(III), Mn, Ni, S.E., Ti und Erdalkalien aus 0,12n HCl/10% NaCl-Lösung, wobei Zn und Cd (daneben auch Pb und Bi) auf der Säule bleiben [*16*]. Zn wird anschließend mit 2n NaOH/2% NaCl-Lösung (von Pb und teilweise von Bi begleitet) und danach Cd (teilweise von Bi begleitet) mit 1n HNO_3 eluiert. Zn kann aus 2n HCl-Lösung mittels Anionenaustauscher Amberlite IRA-400 (Cl^--Form) mit anschließendem Waschen mit 2n HCl von der 20–200fachen Menge Al, Be, Ca, Co, Cr(III), Cu, Fe(III), Mg, Mn(II), Ni, Th, Ti, U(VI) und Zr abgetrennt werden, während Zn, Bi, Cd, Sb(III), Sn(IV) sowie etwas In und Pb auf der Säule bleiben. Beim Eluieren mit Wasser und 0,25n HNO_3 gehen Zn, Cd und In, sowie ~ 20% des Sn und kleine Mengen Bi, Pb und Sb ins Eluat [*17*]. Cd geht nicht ins Eluat, wenn man die Säule vor dem Eluieren noch mit 2n HI wäscht [*18*]. Von der 20000fachen Menge Cd läßt sich Zn mit Anionenaustauscher Deacidite FF (SO_4^{2-}-Form) aus 5–6%

KI/2,5% H_2SO_4-Lösung abtrennen, indem man nach dem Durchlauf das Zn mit 5% KI-Lösung eluiert [19]. Die Isolierung läßt sich auch aus 2n HCl-Lösung mit Dowex 1X8 vornehmen, wobei man anschließend die Störelemente mit 0,5n HCl und danach das Zn mit 1n NaOH eluiert [20].

Auch die Spurenfällung kann zur Isolierung des Zn von Nutzen sein. Hier ist vor allem die Sulfidfällung in schwach saurer Lösung mit Cu oder Hg als Spurenfänger oder in alkalischer, tartrathaltiger Lösung zu erwähnen.

B. Dithizon und Di-β-naphthylthiocarbazon

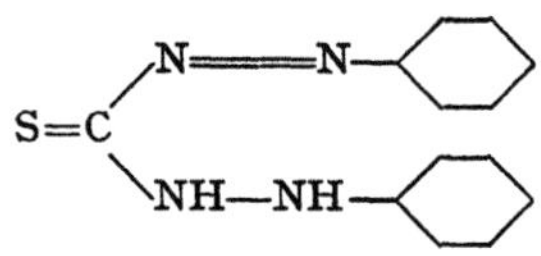

(I)

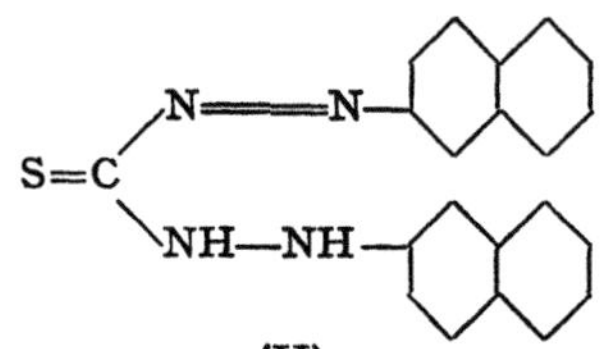

(II)

Zn bildet in annähernd neutraler bis schwach alkalischer Lösung mit Dithizon (Dz) (I) ein primäres Dithizonat $Zn(HDz)_2$, das mit $CHCl_3$ oder CCl_4 mit purpurroter Farbe extrahierbar ist [21–26]. Mit $CHCl_3$ liegt der pH-Wert der vollständigen Extrahierbarkeit um etwa eine pH-Einheit höher als jener mit CCl_4. Durch Erhöhung der Dz-Konzentration und Extraktionsdauer lassen sich die pH-Grenzen der Extrahierbarkeit erweitern. Die Extraktion verläuft mit CCl_4 rascher als mit $CHCl_3$. Aus Acetat- und ~ 1m NaCl-Lösung ist die Extraktion mit $CHCl_3$ von pH 6,7 aufwärts (mit CCl_4 von pH 6) (Extraktionsbeginn mit $CHCl_3$: pH 3,5; mit CCl_4: pH 2,8) vollständig, aus ~ 0,1m $Na_2S_2O_3$-Lösung von pH 7,3 an (mit CCl_4 von pH 6,5) (Extraktionsbeginn mit $CHCl_3$: pH 4,1; mit CCl_4: pH 3,4), aus ~ 0,005% Carbamat-Lösung von pH 8,8 an (mit CCl_4 von pH 7,8) (Extraktionsbeginn mit $CHCl_3$: pH 5,8; mit CCl_4: pH 4,8) vollständig. Die Extraktion des Zn aus wäßriger Lösung mit Dz/CCl_4 ist bei einer Schütteldauer von 30 sec innerhalb von pH 6,5–7,7, bei einer solchen von 10 min innerhalb von pH 6–9,5 vollständig. Aus citrathaltiger Lösung wird eine optimale Extraktion mit Dz/$CHCl_3$ bei pH 8,2–8,5, mit Di-β-naphthylthiocarbazon (II)/$CHCl_3$ bei pH 8–10,5 erreicht [24] (s. Abb. 245). Aus dem CCl_4-Extrakt kann der Dz-Überschuß durch Waschen mit schwach alkalischer Lösung entfernt werden. Beim Schütteln des CCl_4-Extraktes mit wäßriger Lösung von pH 10,5 wird das $Zn(HDz)_2$ auch nach 10 min noch nicht merklich, mit einer solchen von pH > 13 aber bereits nach ~ 30 sec vollständig zersetzt. Mit 0,01n HCl kann Zn aus der CCl_4-Phase rückgeschüttelt werden, wobei säurestabile Dithizonate (wie von Co, Cu) zurückbleiben. Wird statt dessen eine acetatgepufferte Lösung verwendet, so wird der Zn-Komplex bei einer Schütteldauer von 30 sec bei pH $\leqq$ 1,5 und pH $\geqq$ 13,2, bei einer solchen von 10 min bei pH $\leqq$ 4 und pH $\geqq$ 13 vollständig zersetzt, wobei das Zn in die wäßrige Phase übergeht. Das Extinktionsmaximum des $Zn(HDz)_2$ in CCl_4 liegt bei 538 nm ($\varepsilon_{538} = 92000$; s. Abb. 246). Hier absorbiert freies Dz nur wenig, so daß ein Dz-Überschuß nicht restlos entfernt werden muß. Das Beersche Gesetz ist im Bereich von 0,02–0,7 µg Zn/ml CCl_4 oder $CHCl_3$ erfüllt. Die Farbe des $Zn(HDz)_2$ ist in CCl_4 und $CHCl_3$ mehrere Tage stabil, wenn der Extrakt dunkel und kühl aufbewahrt wird.

Die Bestimmung des Zn läßt sich nach dem Mischfarben- und nach dem Einfarbenverfahren durchführen. Ersteres ist anwendbar, wenn nur sehr geringe Mengen anderer, mit Dz reagierender Elemente anwesend sind oder wenn das Zn vorher auf geeignete

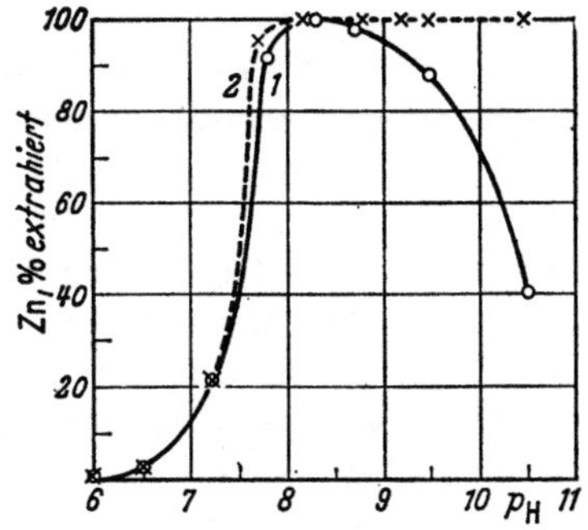

Abb. 245

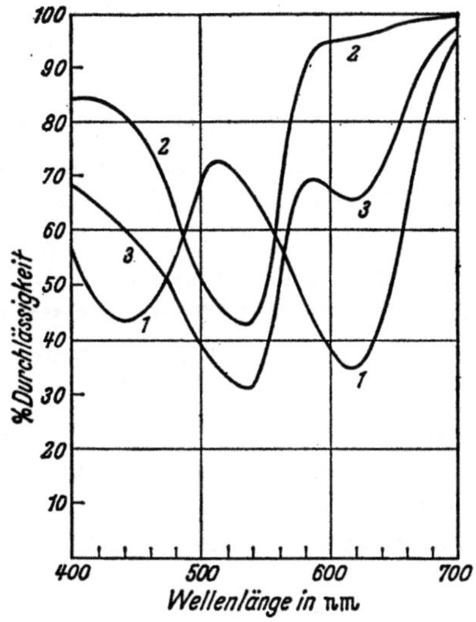

Abb. 246

Abb. 245. Extraktion von Zn mit Dithizon/$CHCl_3$ (*1*) und Di-β-naphthylthiocarbazon/$CHCl_3$ (*2*) in Abhängigkeit vom pH-Wert der citrathaltigen wäßrigen Lösung [*24*]

Abb. 246. Durchlässigkeitskurven von Dithizon in CCl_4 (*1*) und von Zn-Dithizonat in CCl_4 [in Abwesenheit (*2*) und in Anwesenheit (*3*) des Dithizon-Überschusses] [*29*]

Weise isoliert wurde. Es ist gegenüber dem Einfarbenverfahren einfacher in der Handhabung. Das beim Einfarbenverfahren erforderliche Entfernen des Dz-Überschusses muß mit möglichst schwach alkalischer Lösung erfolgen, um Zn-Verluste infolge teilweiser Zersetzung des $Zn(HDz)_2$ zu vermeiden. Letztere können beim Auswaschen mit Na_2S-Lösung [*30*] auftreten [*31*]; nach anderen Angaben [*32*] sollen diese Zn-Verluste aber vernachlässigbar klein sein (~ 0,15%). Mit 0,01 n Ammoniak anstelle von Na_2S-Lösung und Na-DDTC (s. S. **1332**) anstelle von $Na_2S_2O_3$ als Komplexbildner sollen jedoch befriedigende Ergebnisse erzielbar sein [*33*].

Führt man die Extraktion des Zn mit Dz/CCl_4 bei niedrigerem pH-Wert anstelle im optimalen Bereich von pH 6,5–7,5 durch, so sind die Störungen durch andere Elemente geringer. So wird die Bestimmung von 1 µg Zn bei pH 4,5–5,0 und einfacher Extraktion durch jeweils 100 µg an In und Tl(I), je 10 µg an Co, Ni und Pb und < 1 µg Cd nicht gestört, während Ag, Au(III), Bi, Cu(II), Hg(II) und Pd(II) abwesend sein müssen [*30*]. Bei Anwendung einer doppelten Extraktion (Rückschütteln des Zn aus der organischen Phase mit verdünnter Mineralsäure mit anschließender erneuter Extraktion mit Dz/CCl_4) sind hingegen folgende Elementmengen zulässig: 10000 µg Tl(I), jeweils 1000 µg an Co, In[1] und Ni, jeweils 100 µg Ag, Au(III), Bi, Cu(II), Hg(II), Pb und Pd(II), sowie > 1 µg Cd[2]. In Anwesenheit von Maskierungsmitteln [Arbeitsvorschrift I.b), I.c), I.d)] stören nicht [*30*]: jeweils 10000 µg an Ag, Co, Ni und Pb, je 1000 µg an Bi, Cu(II) und Hg(II), sowie 10 µg Cd, wobei zur Maskierung für die genannten Elementmengen an $Na_2S_2O_3 \cdot 5\,H_2O$ 700 mg für Hg, jeweils 500 mg für Ag, Cd, und Cu, 350 mg für Pb und 300 mg für Bi, sowie jeweils 600 mg KCN für Co und Ni erforderlich sind.

[1] In durch Schütteln mit alkalischer Lösung aus dem organischen Extrakt entfernt.
[2] Zn mit alkalischer Lösung aus dem organischen Extrakt rückgeschüttelt.

Ag, Au(III), Cu(II), Hg(II) und Pd(II) können bis zur 100fachen Menge bei pH <2 mit Dz/CCl_4 entfernt und kleine Mengen mitextrahierten Zn aus der organischen Phase mit 0,01n H_2SO_4 rückgeschüttelt werden. Aufgrund ihrer unterschiedlichen Extrahierbarkeit lassen sich Cu und Zn trennen, indem man bei pH 5,32 aus citrathaltiger Lösung zuerst das Cu mit $Dz/CHCl_3$ 4 min und anschließend aus der gleichen Lösung das Zn mit Dz/CCl_4 10 min extrahiert [*34*]; pH-Wert und Extraktionsdauer müssen dabei aber genau eingehalten werden. Cd begleitet Zn in die organische Phase und muß deshalb vorher auf geeignete Weise entfernt werden. Mitextrahiertes Ag, Bi, Cd (bis zur 20fachen Menge), Cu, Hg und Pb können durch Waschen des organischen Extraktes mit alkalischer Na_2S-Lösung entfernt werden [Arbeitsvorschrift I.e)]. Weiterhin kann Cd bis zur 10fachen Menge durch Extraktion mit Dz/CCl_4 aus 0,5n NaOH von Zn abgetrennt werden. Ag läßt sich mit I^-, Br^-, Cl^-, CN^- und SCN^- maskieren oder mit Lösungen dieser Anionen aus dem Extrakt rückschütteln. In stört bis zur 100fachen Menge nicht, da es mit Dz bei pH 8,5–9,5 unvollständig reagiert oder mit alkalischer Lösung von pH 9,5 aus der organischen Phase entfernt werden kann. In Anwesenheit von >100 mg Al wird die Extraktion des Zn aus schwach saurer Lösung gehemmt, weshalb diese dann aus schwach alkalischer, tartrat- oder citrathaltiger Lösung vorzunehmen ist, wonach eine Rückschüttelung des Zn mit verdünnter Mineralsäure und seine Bestimmung erfolgen. Große Mengen Cl^-, CN^- (pH 4,5–6), PO_4^{3-} (pH ~ 7) und $S_2O_3^{2-}$ hemmen die Extraktion des Zn. Maskierungsmittel sollen deshalb auf das unbedingt notwendige Maß beschränkt werden. Mäßige Mengen CN^- stören bei pH <6 nicht und maskieren Co und Ni; bei pH >7 wird auch Zn durch CN^- maskiert. Die 100fache Menge S^{2-} stört nicht. Bei pH 4–5,5 wird die Extraktion von Ag, Au, Bi, Cd, Cu, Hg und Pb durch $Na_2S_2O_3$ weitgehend unterdrückt. Bei Maskierung mit letzterem und KCN wird Zn im gleichen pH-Bereich praktisch von allen Elementen außer Sn(II) und größeren Cd-Mengen extraktiv abgetrennt [*30, 35*]. Größere Mengen an $Na_2S_2O_3$ können aber, infolge geringer Komplexierung des Zn, die Farbintensität vermindern. Mit Na-DDTC lassen sich kleine Mengen Cd, Co, Cu(II), Hg(II), Ni und Pb maskieren [*33, 36–38*]. In Anwesenheit von Na-DDTC geht zwar das Zn vollständig in den organischen Extrakt, liegt dort aber neben $Zn(HDz)_2$ z. T. auch in Form von farblosem $Zn(DDTC)_2$ vor; je nach der Carbamatkonzentration kann der Anteil des letzteren 3–25% betragen [*32*]. Deshalb ist die Farbintensität unter diesen Bedingungen mehr oder weniger vermindert. Aus dem gleichen Grunde muß die Eichkurve unter den Arbeitsbedingungen aufgestellt und die letzteren genau eingehalten werden. Gegenüber Na-DDTC erscheint Natrium-bis(2-hydroxyäthyl)dithiocarbamat (durch Mischen von Diäthanolamin und Schwefelkohlenstoff in Methanol herstellbar) zur Maskierung von Bi, Cd, Ni und Pb besser geeignet [*39*], da das Zn in dessen Anwesenheit vollständig als Dz-Komplex extrahiert wird und die Zn-Bestimmung in Anwesenheit der 10–100fachen Menge an Cd, Co, Cu, Hg, Ni, Pb, Fe, Mn, Cr und Sn durchgeführt werden kann [*32*]. Für denselben Zweck gut geeignet erscheint auch 2-Hydroxyäthylammonium-2-hydroxyäthyldithiocarbamat [*40*].

Di-β-naphthylthiocarbazon (DNz) (II) zeigt dem Dz analoge Eigenschaften und reagiert deshalb ebenso mit Zn [*41*] und zahlreichen anderen Elementen. Gegenüber Dz weist DNz einige Vorteile auf: die Extraktion des Zn ist – wie schon früher erwähnt (s. S. 1329, 1330) – über einen breiteren pH-Bereich quantitativ (s. Abb. 245) und die sonst mit Dz möglichen Zn-Verluste sowohl bei der Extraktion besonders an der oberen Grenze des Bereiches von pH 8,5–10,5 als auch in Anwesenheit von Na-DDTC werden mit DNz vermieden [*24*]. Das Extinktionsmaximum des $Zn(HDNz)_2$ in $CHCl_3$ liegt bei 560 nm ($\varepsilon_{560} = 26000$), jenes des DNz bei 650 nm ($\varepsilon_{650} = 40000$; s. Abb. 247) [*24*]. Für die photometrische Bestimmung sind 550 nm und 650 nm am geeignetsten. Das Beersche

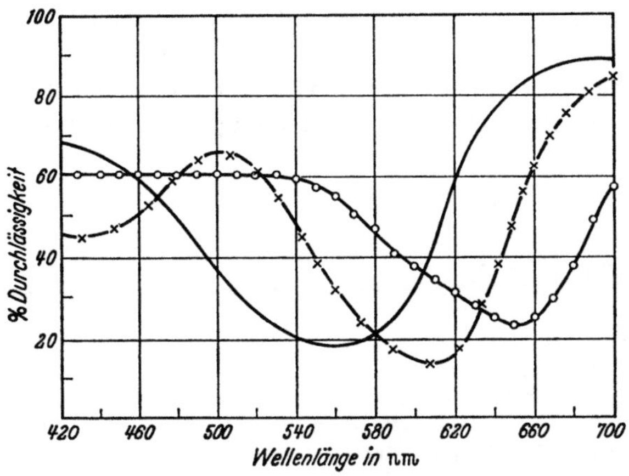

Abb. 247. Durchlässigkeitskurven von Di-β-naphthylthiocarbazon (o—o), Dithizon (×—×) und $Zn(HDNz)_2$ (———) in $CHCl_3$ [*24*]

Gesetz ist im Bereich von 0,05–2 µg Zn/ml $CHCl_3$ (bei 560 nm bzw. 650 nm) erfüllt. Da DNz in den bei Dz verwendeten alkalischen Waschlösungen unlöslich ist, kann der Reagensüberschuß nicht wie bei Dz durch Waschen des organischen Extraktes entfernt werden. Deshalb läßt sich das Zn mit DNz nur nach dem Mischfarbenverfahren bestimmen. Ebenso wie bei Dz kann man auch bei DNz zur Maskierung von Störelementen Na-DDTC zusetzen [*24*]. Von den mit Carbamat reagierenden Elementen bilden Bi, Co, Cu und Ni gefärbte, in $CHCl_3$ lösliche Komplexe, deren Färbung bei der Zn-Bestimmung stört. Diese Störung läßt sich durch Rückschütteln des Zn mit 0,2n HCl beseitigen: dabei bleiben von den mitextrahierten Elementen Ag, Co, Cu, Hg und Ni in der organischen Phase, während außer Zn noch Cd, Pb und wenig Bi (wenn dabei < 100 µg Bi rückgeschüttelt werden, stört dies die anschließende Zn-Bestimmung nicht) in die salzsaure Lösung übergehen (Verfahren B.2.2., S. 1337). Pb-Carbamat ist farblos und stört daher nicht. Cd stört hingegen. In einer späteren Arbeit [*42*] wurde gezeigt, daß Co und Cu nur zum Teil als Carbamate, teilweise jedoch wie Zn auch als DNz-Komplexe mit $CHCl_3$ extrahiert werden. Da aber ihre DNz-Komplexe ebenso wie ihre Carbamat-Komplexe gegen bis zu 1n Mineralsäure stabil sind, verbleiben sie bei der Rückschüttelung des Zn mit 0,2n HCl in der organischen Phase [*42*]. Im Falle von Co und Cu kann deshalb auf den Zusatz von Na-DDTC verzichtet werden.

Das im Handel erhältliche DNz läßt sich analog wie Dz reinigen [*43*], indem man vom Oxydationsprodukt durch Schütteln der CCl_4-Lösung mit Ammoniak (1 + 9) befreit oder aus einer $CHCl_3$-Lösung unter Zusatz von absolutem Äthanol und gleichzeitiger Kühlung umkristallisiert. DNz läßt sich auch auf folgendem Wege reinigen [*42*]: Eine entsprechende Menge DNz wird in 8—10 ml 5%iger äthanolischer KOH-Lösung gelöst, unter 2—3maligem Nachspülen mit Äthanol in einen 1 l-Schütteltrichter übergeführt, in welchen 500 ml Wasser vorgelegt sind, und zur Entfernung von Oxydationsprodukten und Schwermetallspuren mehrmals mit CCl_4 extrahiert, bis die organische Phase nur mehr schwach gefärbt ist. CCl_4-Reste entfernt man durch 2maliges Schütteln mit je 5 ml $CHCl_3$, säuert die Lösung mit 0,5n HCl an, extrahiert das ausgefallene Reagens mit der entsprechenden Menge $CHCl_3$, wäscht den organischen Extrakt 1mal mit Wasser und filtriert durch ein Papierfilter. In frischem $CHCl_3$ (mit 1% Äthanol) ist die Reagenslösung im Kühlschrank aufbewahrt mehrere Wochen haltbar.

Dz fand zur photometrischen Bestimmung des Zn in verschiedenen Materialien Anwendung: Wässer [*44–49a*], organisches Material [*6, 7, 21, 33, 36, 37, 46, 50–61c*],

Stahl [*29*], Aluminium [*62, 62a*], Aluminiumlegierungen [*63*], Kobalt [*64*], Cadmium [*19*], Gallium [*64a*], Quecksilber [*64b, 64c*], Nickel [*3b, 65*], Silicatgestein [*66, 66a*], Meteorite [*66b*], Erze [*67*], Böden [*22, 38, 68*], Bauxit [*62a*] und Aluminiumoxyd [*62a*].

DNz wurde zur photometrischen Bestimmung von Zn in biologischem Material verwendet [*24*].

Arbeitsvorschrift

I. Einfarbenverfahren [*30, 63*]

Reagentien

Dz, 0,002%ig in CCl_4;
Natriumacetat, 10%ige wäßrige Lösung;
$Na_2S_2O_3 \cdot 5\,H_2O$, 50%ige wäßrige Lösung;
$Na_2S_2O_3$/Acetat-Lösung; 200 ml Natriumacetatlösung + 10 ml $Na_2S_2O_3$-Lösung + 30 ml 2,5 n HNO_3 werden mit Wasser auf 500 ml aufgefüllt;
KCN, 5%ige wäßrige Lösung;
$Na_2S \cdot 9\,H_2O$, 0,05%ige wäßrige Lösung; durch Verdünnen einer 1%igen Lösung täglich frisch hergestellt;
2 n Ammoniak; 0,01 n Ammoniak;
2 n HCl; 0,1 n HCl;
Maskierungsgemisch; man mischt in der angegebenen Reihenfolge 10 ml 2 n Ammoniak + 3 ml 5%ige Ammoniumoxalat-Lösung + 30 ml KCN-Lösung + 70 ml 1 n HCl + 90 ml Natriumacetat-Lösung + 240 ml $Na_2S_2O_3$-Lösung + 150 ml Natriumacetat-Lösung + 400 ml Wasser. Die Lösung wird durch Schütteln mit Dz/CCl_4 und Nachwaschen mit CCl_4 gereinigt (geringe Schwefelausscheidung stört nicht);
CCl_4.

a) Abwesenheit von Störelementen

10–20 ml schwach saure Probelösung (0,5–18 µg Zn enthaltend) versetzt man in einem 100 ml-Schütteltrichter mit 5 ml Natriumacetat-Lösung, stellt mit Ammoniak auf pH 4,5–5,0 ein und extrahiert wiederholt mit 1–2 ml-Anteilen Dz-Lösung jeweils 1 min, bis der letzte Extrakt grün bleibt. Der vereinigte organische Extrakt wird in einem zweiten Schütteltrichter mit CCl_4 auf 10 oder 15 ml verdünnt, 3mal mit je 10 ml 0,01 n Ammoniak jeweils 30 sec gewaschen (die letzte Waschlösung darf keine gelbliche Färbung mehr zeigen), die Waschlösungen werden verworfen, die organische Phase wird in einem 25 ml-Meßkolben mit CCl_4 zur Marke aufgefüllt und in einer 1 cm-Küvette bei 538 nm gegen CCl_4 photometriert.

b) Anwesenheit größerer Mengen Ag, Bi, Cu(II), Hg(II), Pb und kleiner Mengen Cd

Cd darf nur im Mengenverhältnis Cd : Zn $\leqq$ 1 : 1 anwesend sein. Man verfährt wie unter a) bis zum Einstellen des pH-Wertes auf 4,5–5,0, versetzt danach mit 1 ml $Na_2S_2O_3$-Lösung (je nach Bedarf auch mehr oder weniger; s. S. 1331) und extrahiert wie unter a) mit Dz/CCl_4, bis der letzte organische Extrakt nach 2 min langem Schütteln grün bleibt. Der wie unter a) verdünnte, vereinigte organische Extrakt wird 2mal mit je 5 ml $Na_2S_2O_3$/Acetat-Lösung, 1mal mit 10 ml Wasser und danach 3mal mit je 10 ml 0,01 n Ammoniak jeweils 30 sec geschüttelt, die Waschlösungen verworfen und mit der photometrischen Bestimmung wie unter a) fortgefahren.

c) Anwesenheit größerer Mengen Co und Ni

α) 10–20 ml schwach saure Probelösung (0,5–18 µg Zn enthaltend) werden mit Ammoniak neutralisiert, der entstehende Niederschlag durch Zusatz von KCN-Lösung

(s. S. 1331) wieder in Lösung gebracht, zunächst mit HCl auf pH 3–4, danach mit Natriumacetat-Lösung auf pH 5–5,5 eingestellt und mit der Extraktion des Zn und der photometrischen Bestimmung wie unter b) beschrieben, fortgefahren.

β) Zur Bestimmung von Zn neben mehr als der 1000fachen Menge Ni kann auch die doppelte Extraktion angewendet werden: Man verfährt wie unter b) bis zur Extraktion des Zn mit Dz/CCl_4 und setzt diese fort, bis der letzte organische Extrakt eine bräunlich-grüne Färbung (von Ni, das erst nach Zn extrahiert wird) aufweist. Der vereinigte organische Extrakt wird mit Wasser gewaschen, das Zn 2mal mit je 5 ml 0,1n HCl rückgeschüttelt, die organische Phase verworfen und das Zn in der wäßrigen Lösung nach b) extrahiert und photometrisch bestimmt.

d) Anwesenheit größerer Mengen Ag, Au, Bi, Co, Cu, Fe, Hg, In, Mn, Ni, Pb, Pd, Tl und kleiner Mengen Cd

10–20 ml schwach saure Probelösung (0,5–18 µg Zn enthaltend) stellt man in einem 100 ml-Schütteltrichter mit Ammoniak auf pH ~ 4,5 ein, versetzt mit 20 ml Maskierungsgemisch (je nach Bedarf auch mehr oder weniger; s. S. 1331), bringt nun auf pH 4,5 bis 5,0 und extrahiert wie unter a) mit Dz/CCl_4, bis der letzte Extrakt (5 min lang schütteln) grün bleibt. Den vereinigten organischen Extrakt verdünnt man wie unter a) beschrieben und fährt mit dem Ausschütteln mit $Na_2S_2O_3$/Acetat-Lösung nach b) fort.

e) Entfernung von mitextrahiertem Ag, Bi, Cd, Cu, Hg und Pb aus dem organischen Extrakt

In Verbindung mit der folgenden Arbeitsweise darf hier Cd im Mengenverhältnis Zn:Cd $\leqq$ 10:1 anwesend sein. Den wie unter b) oder d) erhaltenen und wie unter a) verdünnten organischen Extrakt wäscht man jeweils 30 sec 2mal mit je 5 ml $Na_2S_2O_3$/Acetat-Lösung, 1mal mit 10 ml Wasser und 3mal mit je 5 ml Na_2S-Lösung, verwirft die Waschlösungen und fährt mit der photometrischen Bestimmung wie unter a) fort.

II. Mischfarbenverfahren [*30*]

Reagentien

Dz, 0,001%ig in CCl_4;
2n Essigsäure;
übrige Reagentien wie bei Arbeitsvorschrift I (s. S. 1334).

10 ml schwach saure Probelösung (0,12–5 µg Zn enthaltend) versetzt man in einem 50 ml-Schütteltrichter mit 5,0 ml Natriumacetat-Lösung sowie 0,50 ml $Na_2S_2O_3$-Lösung, stellt mit Ammoniak oder Essigsäure auf pH 5,0 ein, extrahiert mit 5,0 ml Dz/CCl_4 2 min und photometriert nach der Phasentrennung den organischen Extrakt (bei Bedarf mit dem gleichen Volumen CCl_4 oder in einem Meßkolben mit CCl_4 auf ein bekanntes Volumen verdünnt) in einer 1 cm-Küvette bei 538 nm oder 620 nm gegen CCl_4 oder Dz/CCl_4 (gegebenenfalls analog wie der organische Extrakt mit CCl_4 verdünnt).

1. Wässer

Die Bestimmung des Zn in Wasserproben kann nach Arbeitsvorschrift I oder II durchgeführt werden. Wenn größere Mengen störender Stoffe anwesend sind, isoliert man zunächst das Zn (gemeinsam mit den anderen Dz-Metallen) durch Extraktion mit Dz/CCl_4 (z. B. 0,01%ig) aus schwach ammoniakalischer, citrathaltiger Lösung, schüttelt das Zn aus der organischen Phase mit verdünnter Mineralsäure zurück und bestimmt es in der erhaltenen mineralsauren Lösung oder einem aliquoten Teil von dieser.

2. Biologisches und anderes organisches Material

2.1. Nahrungsmittel

Nach nasser Veraschung werden aus der Probelösung bei pH 7,5–8,0 mit DADDTC/$CHCl_3$ Ag, Bi, Cd, Co, Cu, Hg, Ni, Pb und Zn, sowie teilweise Fe(III) extrahiert, während Al, Cr, Mg, Mn, Alkali- und Erdalkalimetalle in der wäßrigen Phase verbleiben. Aus dem organischen Extrakt wird Zn anschließend mit NaOH/Citrat-Lösung rückgeschüttelt, anwesendes DADDTC mit Bromwasser zerstört und danach Zn mit Dz photometrisch bestimmt (in der Originalarbeit erfolgt die Bestimmung durch extraktive Titration mit Dz/$CHCl_3$). Folgende Elementmengen stören die Bestimmung nicht (in µg/5 g Probe): Al (750), As (100), Bi (25), Ca (500), Cd (125), Co (25), Cu (250), Fe (500), Hg (100), Mn (10), Ni (50), Pb (100), P_2O_5 (750) und Sn (1000). Bei Anwesenheit größerer Mengen Bi muß dieses nach der Veraschung vor der Zn-Isolierung aus 4,5–6n H_2SO_4-Lösung mit DADDTC/$CHCl_3$ abgetrennt werden, wobei gleichzeitig auch Ag, Hg, Cu, die Hauptmenge an Pb und teilweise Fe mitgehen.

B: 0,00001–0,01% Zn. F_r: ±5%.

Arbeitsvorschrift [7]

Reagentien

H_2SO_4 (1,84); HNO_3 (1,40); $HClO_4$ (60%); HCl (1,16);
1 m Natriumcitrat-Lösung; 150 g Natriumcitrat werden in Wasser gelöst und auf 500 ml aufgefüllt. Man führt in einen Schütteltrichter über, macht die Lösung schwach ammoniakalisch und entfernt daraus Zn durch wiederholtes Ausschütteln mit Dz-Lösung (0,1%ig in $CHCl_3$), bis der letzte Extrakt grün bleibt und die wäßrige Phase gelblich ist. Man säuert die wäßrige Phase mit 2 ml 20%iger Citronensäure an und wäscht mehrmals mit $CHCl_3$, bis der letzte Extrakt farblos bleibt;
DADDTC, 1%ig in $CHCl_3$; in dunkler Flasche halten und täglich frisch herstellen;
$Na_2S_2O_5$, 5%ige wäßrige Lösung.
10n Ammoniak;
Bromwasser, gesättigt;
Alkalische Citrat-Lösung; 50 ml der 1 m Natriumcitrat-Lösung, 100 ml einer 10%igen wäßrigen NaOH-Lösung und 100 ml Wasser werden gemischt;
Bromthymolblau, 0,04%ige Lösung;
$CHCl_3$;
Übrige Reagentien wie bei Arbeitsvorschrift I (S. 1334) bzw. II (S. 1335).

5 g Probematerial werden mit H_2SO_4/HNO_3 weitgehend verascht und nach Zerstören der organischen Substanz mit $HClO_4/HNO_3$ vollständig verascht. Man erhitzt weitere 15 min, um die $HClO_4$ weitgehend abzurauchen, und dampft danach 2 mal nacheinander mit je 10–15 ml Wasser ein. Unter Nachwaschen mit 40 ml Wasser führt man die farblose Lösung in ein Becherglas über; falls erforderlich, wird sie filtriert. Nach Zusatz von 5,0 ml 1 m Natriumcitrat-Lösung und 0,2 ml Bromthymolblauindicator-Lösung wird mit 10n Ammoniak weitgehend neutralisiert und, wenn keine Ausfällung sichtbar wird, durch weiteren Ammoniak-Zusatz auf pH 7,5–8,0 eingestellt (wenn Niederschlagsbildung eintritt, unterbricht man den Zusatz von Ammoniak, löst die Fällung durch Zusatz von verdünnter HCl gerade auf, fügt mehr Ammoniumcitrat-Lösung hinzu und fährt danach mit der pH-Einstellung weiter fort). Nach Überführen der Lösung in einen Schütteltrichter extrahiert man 40 sec mit 15 ml DADDTC-Lösung, läßt nach der Phasentrennung den organischen Extrakt in einen zweiten Schütteltrichter ab, extrahiert die wäßrige Phase 30 sec mit weiteren 5 ml DADDTC-Lösung, fügt den Extrakt ebenfalls in den zweiten Schütteltrichter und schüttelt die wäßrige Phase 30 sec mit $CHCl_3$ aus. Der vereinigte Extrakt wird mit 15 ml alkalischer Citrat-Lösung 30–40 sec geschüttelt, die organische Phase in einen zweiten Schütteltrichter abgelassen und aber-

mals mit 10 ml alkalischer Citrat-Lösung ausgeschüttelt. Nach vollständiger Phasentrennung wird nun die $CHCl_3$-Phase verworfen. Die vereinigten wäßrigen Phasen werden mit 5 ml $CHCl_3$ 10 sec geschüttelt und nach der Phasentrennung das $CHCl_3$ verworfen. Man spült die letzten Carbamat-Reste aus dem Schütteltrichter mit 2 ml $CHCl_3$ ohne zu mischen aus. Die wäßrige Lösung läßt man in ein Becherglas ab und wäscht den Schütteltrichter mit wenig Wasser nach. Man versetzt mit HCl (1,16), bis die Farbe des Indicators gerade nach Gelb umschlägt, und fügt 2 ml HCl im Überschuß zu. Nach Zusatz von 10 ml Bromwasser erhitzt man zur Zerstörung von DADDTC, bis die Lösung nahezu farblos ist. Nach Zusatz von 0,5 ml $Na_2S_2O_5$-Lösung wird auf Raumtemperatur abgekühlt. In der gesamten Lösung oder einem aliquoten Teil derselben bestimmt man nun das Zn nach Arbeitsvorschrift I (s. S. 1334) oder II (s. S. 1335).

In *Anwesenheit von Bi* wird der nach dem Veraschen und Eindampfen mit Wasser erhaltene saure Rückstand mit soviel Wasser verdünnt, daß die Säurekonzentration $>4{,}5\,n\ H_2SO_4$ (am besten 6n) beträgt und die Lösung in einen Schütteltrichter übergeführt. Man extrahiert 2mal mit je 10 ml DADDTC-Lösung je 30 sec und verwirft die organischen Phasen. Die wäßrige Lösung wird mit 5 ml $CHCl_3$ nachgewaschen und nach der Phasentrennung und Verwerfen der organischen Phase unter Nachspülen des Schütteltrichters mit 2–3 ml Wasser in ein Becherglas abgelassen. Man erhitzt 1 min, um restliches $CHCl_3$ zu verjagen, kühlt ab, versetzt mit 5,0 ml 1m Natriumcitrat-Lösung und 0,2 ml Bromthymolblauindicator-Lösung und verfährt weiter nach der obengenannten Arbeitsvorschrift (s. S. 1336).

2.2. Biologisches Material und Harn

In einer anderen Arbeit erfolgte die Bestimmung des Zn in Harn ohne vorhergehende Veraschung nach extraktiver Entfernung emulgierender Stoffe mittels CCl_4 durch Extraktion des Zn mit Dz/CCl_4 unmittelbar aus der Probe bei pH 5,7 in Anwesenheit von $Na_2S_2O_3$/KCN [*61*].

Nach der Veraschung wird das Zn in der nachfolgenden Vorschrift in Anwesenheit von Na-DDTC bei pH 9,5 mit DNz/$CHCl_3$ isoliert, aus der organischen Phase mit 0,2n HCl rückgeschüttelt und so von Ag, Al, Co, Cu, Fe, Hg, Ni, PO_4^{3-} und SO_4^{2-} abgetrennt. Das Zn wird anschließend mit DNz/$CHCl_3$ photometrisch bestimmt. Da anwesendes Cd nicht entfernt wird und die Zn-Bestimmung stört, muß es vorher abgetrennt werden. Das Verfahren fand zur Bestimmung von Zn in Nahrungsmitteln, tierischem Gewebe, Blut, Harn, Faeces und Luft Anwendung.

B: 0,000001–0,0005% Zn und darüber. F_{rm}: ±5%.

Arbeitsvorschrift [*24*]

Reagentien

HNO_3 (1,40); HCl (1,19); 0,2n HCl;

Ammoniak (0,90); Ammoniak (1 + 19), im Kühlschrank aufbewahrt;

Ammoniumcitrat, 40%ige wäßrige Lösung; 400 g Citronensäure und genügend Ammoniak werden bis zur alkalischen Reaktion gegen Thymolblau gemischt. Man füllt die Lösung mit Wasser auf 1 l auf. Von dieser Stammlösung wird als Arbeitslösung das benötigte Volumen mit Wasser im Verhältnis 1 + 1 gemischt und durch Ausschütteln mit DNz-Lösung gereinigt;

Na-DDTC, 1,25%ige wäßrige Lösung; täglich frisch herstellen;

Thymolblau, 0,1%ige wäßrige Lösung;

DNz-Lösung I (für den Bereich von 0—5 μg Zn); 20 mg Reagens werden in 1 l $CHCl_3$ (10 ml Alkohol enthaltend) gelöst; dunkel und kühl aufbewahren;

DNz-Lösung II (für den Bereich von 0—50 μg Zn); 200 mg Reagens wie vorher lösen und die Lösung dunkel und kühl aufbewahren;

$CHCl_3$.

10–20 g biologisches Material oder 100 ml Harn werden in einer Quarzschale nach Zusatz von 10 ml HNO_3 zur Trockene eingedampft. Man verascht anschließend bei 500° C in der elektrischen Muffel unter zeitweiligem Unterbrechen und Behandeln der Asche mit wenig HNO_3. Die Asche wird schließlich in HCl und Wasser gelöst; ein unlöslicher Rückstand verbleibt auch während der Extraktion bei der Probe. Zur Erzielung eines niedrigen Blindwertes soll möglichst wenig HNO_3 verwendet werden.

Die gesamte salzsaure Lösung oder ein aliquoter Teil davon wird in einen 150 ml-Schütteltrichter übergeführt, man fügt 30 ml Ammoniumcitrat-Lösung, 4 Tropfen Thymolblau-Lösung hinzu und stellt mit Ammoniak auf pH 9,5 ein. Nach Zusatz von 4 ml Na-DDTC-Lösung wird mit Wasser auf 100 ml verdünnt und 1 min mit DNz-Lösung I extrahiert. Bei schwach violetter Färbung der organischen Phase ist <5 μg Zn anwesend; ist die Färbung hingegen tiefrot, so sind >5 μg Zn vorhanden. Man setzt dann 5 ml DNz-Lösung II hinzu und extrahiert abermals 1 min. Enthält die Lösung >5 μg Zn, wird das Ausschütteln mit DNz-Lösung II in 5 ml-Anteilen fortgesetzt, bis die organische Phase blaugrün bleibt. Die organischen Extrakte sammelt man in einem 2. Schütteltrichter und wäscht sie mit 50 ml Wasser nach. Nach dem Ablassen des organischen Extraktes in einen 3. Schütteltrichter wäscht man übergegangenes DNz aus der wäßrigen Phase durch 1–2maliges Ausschütteln mit je 5 ml $CHCl_3$ heraus und fügt es zum organischen Extrakt im 3. Schütteltrichter. Aus dieser vereinigten $CHCl_3$-Lösung (oder einem aliquoten Teil davon, jedenfalls mit nicht mehr als 50 μg Zn) wird nun Zn mit 50 ml 0,2n HCl rückgeschüttelt und nach der Phasentrennung die organische Phase verworfen. Die wäßrige Phase wird 1–2mal mit je 5 ml $CHCl_3$ zur Entfernung noch vorhandenen DNz nachgewaschen und die organischen Phasen verworfen.

In einem anderen Schütteltrichter werden 45 ml Ammoniak (1 + 19) und 1 ml Na-DDTC-Lösung mit 5 ml DNz-Lösung I geschüttelt (um evtl. vorhandenes Zn zu entfernen), die organische Phase verworfen, die wäßrige Phase mit 5 ml $CHCl_3$ nachgewaschen und letzteres ebenfalls verworfen. Die so gereinigte ammoniakalische Na-DDTC-Lösung fügt man nun zur 0,2n HCl-Probelösung, mischt und extrahiert anschließend 1 min mit 10,0 ml der dem gesuchten Zn-Bereich entsprechenden DNz-Lösung.

Bei der Bestimmung von 0–5 μg Zn werden 5,0 ml des organischen Extraktes in einem 25 ml-Meßkolben mit $CHCl_3$ zur Marke aufgefüllt und in einer 2 cm- oder 5 cm-Küvette, bei Bestimmung von 0–50 μg Zn 5,0 ml Extrakt in einem 100 ml-Meßkolben mit $CHCl_3$ zur Marke aufgefüllt und in einer 1 cm-Küvette bei 560 oder 650 nm gegen die analog verdünnte DNz-Lösung photometriert. Ein Blindwert muß durchgeführt werden.

3. Metalle und Legierungen

3.1. Korrosionsbeständige Stähle

Nach dem Lösen der Probe wird Cr durch Einleiten von HCl-Gas als CrO_2Cl_2 verflüchtigt (gleichzeitig auch vorhandenes Sn), das Zn (zusammen mit Co, Cu, Ni und Pb) mittels $Dz/CHCl_3$ bei pH ~ 8 aus citrathaltiger Lösung isoliert, aus der organischen Phase Zn und Pb mit 0,1n HCl rückgeschüttelt und anschließend Zn (bei pH 6,0 in Anwesenheit von $Na_2S_2O_3$) mit Dz/CCl_4 photometrisch bestimmt. Bei Gehalten $>0{,}50\%$ Cu entfernt man dieses zweckmäßig nach dem Lösen der Probe durch Sulfidfällung. Das Verfahren fand bei Stählen mit bis zu 25% Cr und 20% Ni Anwendung.

B: 0,0005–0,04% Zn. F_r: ± 5–10%.

Arbeitsvorschrift [*29*]

Reagentien

HCl (1,19); 0,1 n HCl;
HNO_3 (1,40); $HClO_4$ (70%); HF (48%);
Ammoniak (0,90); 0,1 n Ammoniak;
Citronensäure, 20%ige wäßrige Lösung;
Methylorange, 0,1%ige wäßrige Lösung;
$Na_2S_2O_3 \cdot 5\,H_2O$, 15%ige wäßrige Lösung;
Na_2S, 0,05%ige wäßrige Lösung;
Phthalat-Pufferlösung (pH 6,0); 79 ml 0,1 n NaOH und 2,0 g Kaliumhydrogenphthalat werden mit Wasser auf 100 ml aufgefüllt;
Dz, 0,01%ig in $CHCl_3$; im Dunkeln aufbewahren;
$CHCl_3$;
Dz, 0,002%ig in CCl_4; im Dunkeln aufbewahren.

Bei einem Cu-Gehalt $>0{,}50\%$ wird die Probe in 5 ml HCl (1,19) gelöst, auf 1 ml eingedampft, 15 ml Wasser zugegeben, und unter gelegentlichem Umschwenken bis zur Sättigung H_2S über die Lösungsoberfläche geleitet. Man erhitzt zum Sieden, läßt danach 15 min stehen, filtriert in einen 50 ml-Erlenmeyerkolben, versetzt mit 3 ml $HClO_4$ und fährt, wie weiter unten beschrieben, mit der Zn-Isolierung fort.

0,05 g Probe werden in einem Erlenmeyerkolben in 3 ml HCl (1,19) + 2 ml HNO_3 unter Erwärmen gelöst, danach mit 3 ml $HClO_4$ und 1 Tropfen HF versetzt, auf der Heizplatte erhitzt und bis zum Auftreten der $HClO_4$-Dämpfe und vollständigen Cr-Oxydation eingedampft. Man führt einen trockenen HCl-Gasstrom [das verwendete HCl-Gas wird durch tropfenweisen Zusatz von HCl (1,19) in H_2SO_4 (1,84) erzeugt] in den Kolben über die Oberfläche der Lösung ein, um Cr und Sn zu verflüchtigen. Danach kühlt man ab und verdünnt die Lösung mit 10 ml Wasser. Man fügt 5 ml Citronensäure-Lösung hinzu, macht mit Ammoniak gegen Lackmuspapier alkalisch und gibt noch 2–3 Tropfen Ammoniak im Überschuß zu. Der pH-Wert der Lösung soll 8,0–8,5 betragen. Die Lösung wird abgekühlt und mit möglichst wenig Wasser in einen 125 ml-Schütteltrichter übergeführt. Man gibt 10 ml Dz/$CHCl_3$-Lösung hinzu und extrahiert 20 sec. Nach der Phasentrennung läßt man die organische Phase in einen 2. Schütteltrichter ab und schüttelt die wäßrige Phase erneut mit 5 ml-Anteilen frischer Dz-Lösung aus, bis die $CHCl_3$-Phase grün bleibt. Wenn der Cu-Gehalt $\leqq 0{,}50\%$ ist, werden 20–30 ml Dz/$CHCl_3$-Lösung ausreichen. Die wäßrige Phase wird verworfen.

Aus dem vereinigten organischen Extrakt wird das Zn mit 10 ml 0,1 n HCl 1 min rückgeschüttelt und nach der Phasentrennung die organische Phase verworfen. Die salzsaure Lösung wird zur Entfernung von noch zurückgebliebenem Dz 2mal mit je 5 ml $CHCl_3$ gewaschen und dieser organische Extrakt ebenfalls verworfen. Die wäßrige saure Lösung versetzt man mit 1 Tropfen Methylorange-Lösung, anschließend tropfenweise bis zum Farbumschlag mit 0,1 n Ammoniak und fügt danach 1 ml $Na_2S_2O_3$-Lösung sowie 5 ml Phthalat-Pufferlösung hinzu.

Man versetzt nun mit 25,0 ml Dz/CCl_4-Lösung und extrahiert 1 min. Nach der Phasentrennung wird die wäßrige Lösung verworfen. Den organischen Extrakt schüttelt man 15 sec mit 25 ml Na_2S-Lösung, um den Dz-Überschuß zu entfernen, verwirft die wäßrige Phase und schüttelt abermals mit 25 ml Na_2S-Lösung aus. Nach der Phasentrennung wird der organische Extrakt in einer 1 cm- oder 2 cm-Küvette bei 520 nm oder 538 nm gegen CCl_4 photometriert.

4. Silicatgestein

Nach dem Aufschluß des Probematerials wird das Zn gemeinsam mit Cu und Pb (s. S. **684**f., **941**) sowie anderen, mit Dz reagierenden Elementen durch Extraktion mit

Dz/CCl_4 aus ammoniakalischer, citrathaltiger Lösung isoliert, aus dei organischen Phase das Zn und Pb mit 0,01–0,02n HCl rückgeschüttelt, wobei Cu und die Hauptmenge an Co und Ni im CCl_4-Extrakt bleiben, und anschließend das Zn mit Dz/CCl_4 photometrisch bestimmt.

B: 0,00025–0,01% Zn und darüber. F_r: ±5–10%.

Arbeitsvorschrift [*66*]

Reagentien

Für den Aufschluß der Probe und zur Isolierung des Zn s. unter Abschnitt „Kupfer", Verfahren F. 3.1. S. 684;
übrige Reagentien wie bei Arbeitsvorschrift II (s. S. 1335).

0,25 g fein pulveiisiertes Probematerial werden, wie unter Abschnitt „Kupfer", Verfahren F.3.1. (s. S. **684** f.), beschrieben, aufgeschlossen und aus der erhaltenenProbelösung das Zn (zusammen mit Pb) isoliert. Die so erhaltenen 20 ml 0,02n HCl-Lösung (Zn + Pb enthaltend) führt man in einen 25 ml-Meßkolben über und füllt mit 0,02n HCl zur Marke auf. Ein aliquoter Teil von 5,0 ml wird mit 2 ml Natriumacetat-Lösung sowie 0,50 ml $Na_2S_2O_3$-Lösung versetzt und mit der photometrischen Bestimmung des Zn nach Arbeitsvorschrift II (s. S. **1335**) fortgefahren. Wahlweise kann die Bestimmung auch nach Arbeitsvorschrift I (s. S. **1334** ff.) durchgeführt werden.

5. Luft

B: 25–9000 µg Zn/m³. F_r: ±5%.

Man saugt 2–20 l Luft (3–10 l/min) durch ein Filter (s. S. **177**), löst die Staubprobe mit HCl vom Filter (oder verascht das Filter mit HNO_3/H_2SO_4, dampft zur Trockene ein und löst den Rückstand mit HCl) und bestimmt das Zn nach Arbeitsvorschrift I oder II (s. S. **1334** f.).

C. 1-(5-Chloro-2-pyridylazo)-2-naphthol

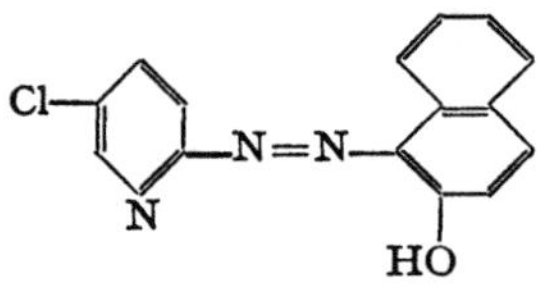

Zn gibt mit 1-(5-Chloro-2-pyridylazo)-2-naphthol (CPAN) bei pH 8–11 eine rote Fällung, die mit Diäthyläther, MIBK, $CHCl_3$, CCl_4 oder Benzol extrahiert werden kann [*69*]. Diäthyläther wird für die Extraktion vorgezogen, da der Ätherextrakt die höchste Extinktion aufweist. Das Extinktionsmaximum des organischen Extraktes liegt bei 564 nm (s. Abb. 248; ε_{564} = 84000 in Diäthyläther). Die Farbe ist in 5–10 min voll entwickelt und mindestens 1 Std stabil. Das Beersche Gesetz ist im Bereich von 0,02 bis 0,5 µg Zn/ml Diäthyläther erfüllt. Die Bestimmung von 3 µg Zn wird in Abwesenheit von Maskierungsmitteln nicht gestört durch (verursachter Fehler ≦ ±3%) [*69*]: jeweils 500 mg NaCl, NaBr und KI, 100 mg $Na_2S_2O_3$, 50 mg NaF, 10 mg Weinsäure, 3 mg Citronensäure; weiterhin (in µg) Ag (10), Al (20), Bi (10), Cd (~ 0,5), Ce(III) (8), Cu (~ 0,5), Fe(III) (4), Hg(II) (4), La (~ 3), Mg (100), Mn(II) (~ 10), Pb (400), Th (20), Zr (20) und KCN (130). Es stören (in µg): Cd (>0,5), Co (2), Cr(III) (0,4) und Ni (2). Die meisten Störelemente und auch Zn werden mit KCN maskiert, doch läßt sich Zn mit Formaldehyd selektiv demaskieren. Die Bestimmung von 3 µg Zn nach der Arbeits-

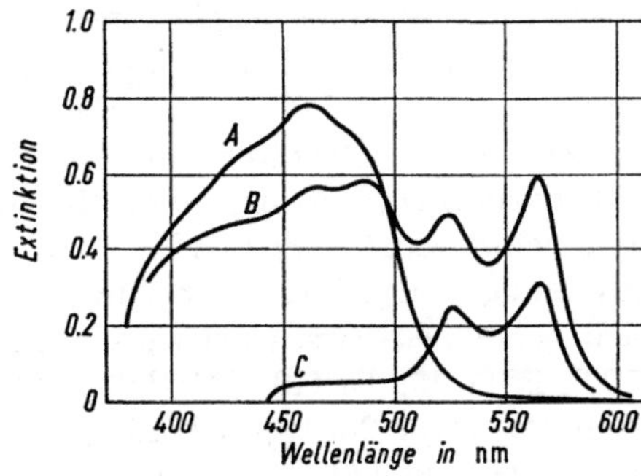

Abb. 248. Extinktionskurven von CPAN (*a*, Blindlösung, gegen Äther gemessen) und Zn + CPAN (*b* gegen Äther, *c* gegen Blindlösung gemessen) [*69*]

vorschrift in Anwesenheit von KCN[1] wird nicht gestört durch (in μg; Fehler $\leqq \pm 3\%$) [*69*]: Ag (3000), Cd (~ 2), Co (~ 6), Cu (400), Fe(III) (50), Hg(II) (8000), Mn(II) (15) und Ni (2000).

Arbeitsvorschrift [*69*]

Reagentien

0,001 m CPAN, in Methanol.
Pufferlösung (pH 8,5); 0,2 m Borax-0,1 n HCl-Gemisch.
KCN, 10%ige wäßrige Lösung.
Formaldehyd, 5%ige wäßrige Lösung.
Diäthyläther.

Die schwach saure Probelösung (0,2–5 μg Zn enthaltend) verdünnt man in einem 50 ml-Schütteltrichter mit Wasser auf ~ 20 ml, versetzt mit 1 ml KCN-Lösung, mischt, fügt 3 ml Formaldehydlösung, 2,00 ml CPAN-Lösung sowie 5 ml Pufferlösung hinzu, mischt und läßt 10 min stehen. Danach wird mit 10,0 ml Diäthyläther 2–3 min extrahiert, die abgetrennte organische Phase in einem verschlossenen Erlenmeyerkolben mit Na_2SO_4 sicc. getrocknet und in einer 1 cm-Küvette bei 564 nm gegen den Blindwert photometriert.

D. Thiazolylazo-Derivate

I. 1-(2-Thiazolylazo)-2-naphthol

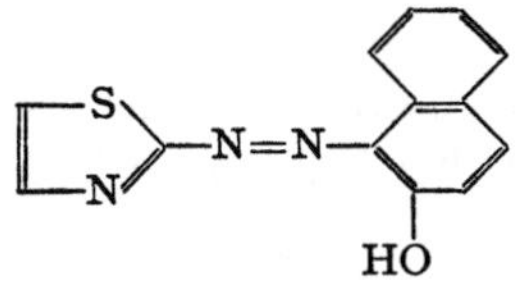

Zn bildet mit dem orange gefärbten 1-(2-Thiazolylazo)-2-naphthol (TAN) bei pH 7–9,5 (optimal pH 8,0) einen rotvioletten, in Wasser schwer löslichen Komplex, der mit $CHCl_3$ extrahiert werden kann und ein Extinktionsmaximum bei 581 nm ($\varepsilon_{581} = 50200$ in $CHCl_3$) aufweist [*70*]. Das Beersche Gesetz ist im Bereich von 0,03–0,8 μg Zn/ml $CHCl_3$ erfüllt. Die Komplexbildung ist in 5 min vollständig und die Farbe mindestens

[1] Zusatz von 2 ml 10%iger KCN-Lösung und 3 ml 5%iger Formaldehydlösung.

1 Std stabil. Eine größere Zahl von Elementen reagiert mit TAN. Folgende Elementmengen geben die 1 µg Zn äquivalente Extinktion (in µg) [*70*]: Cd (2,8), Co(II) (1,3), Co(III) (9,8), Cu(II) (1,6), Fe(II) (3,4), Fe(III) (9,5), Hg(II) (15), In (38) und Ni (1,2). Die Bestimmung von 6,5 µg Zn wird nicht gestört durch (Fehler $< \pm 3\%$): 200 mg Ammoniumcitrat, jeweils 100 mg $Na_2S_2O_3$, Natriumacetat, Natriumcitrat und Natriumoxalat sowie 10 mg Dimethylglyoxim. Co, Cu, Fe und Ni können mit Dimethylglyoxim maskiert werden. Die Bestimmung von 6,5 µg Zn in Anwesenheit von Ammoniumcitrat/Dimethylglyoxim (nach der Arbeitsvorschrift) wird nicht gestört durch (in µg; Fehler $\leqq \pm 3\%$) [*70*]: Al (100), Bi (~ 25), Ca (100), Ce(IV) (100), Co(II) (100), Co(III)[1] (100), Cr(III) (100), Cu (100), Fe(II, III) (100), Hg(II)[1] (100), In (50), La (100), Mg (100), Mn(II)[2] (50), Mo(VI) (100), Ni (100), Pb (200), Pd (100), Sb(III) (100), Sn(IV) (100), V(V) (100), W(VI) (100) und Zr (100). Es stören (in µg): Bi (>25), Cd (2), Hg (50), Mn (50) und U (100). Die Störung von Hg läßt sich mit $Na_2S_2O_3$, jene von Mn mit KIO_4 vermindern.

Mit TAN wurde Zn in Thoriumdioxyd bestimmt [*70*].

Arbeitsvorschrift [*70*]

Reagentien

0,001 m TAN, in Methanol.

Pufferlösung (pH 8,0); 34 g Natriumacetat (Trihydrat) + 12 g Borax werden in 1 l Wasser gelöst und mit HCl auf pH 8,0 eingestellt.

Dimethylglyoxim, 1%ige äthanolische Lösung.

Ammoniumcitrat, 10%ige wäßrige Lösung.

$CHCl_3$

Die schwach saure Probelösung (0,3–12 µg Zn enthaltend) versetzt man in einem Becherglas mit 10 ml Pufferlösung und 1 ml Ammoniumcitrat-Lösung, stellt auf pH 8,0 ein, führt in einen 50 ml-Schütteltrichter über, verdünnt mit Wasser auf 20–30 ml, fügt 0,5 ml Dimethylglyoxim-Lösung sowie 1,00 ml TAN-Lösung hinzu und läßt 10 min stehen. Dann wird mit 10,0 ml $CHCl_3$ 1 min extrahiert, die organische Phase durch Watte in eine 1 cm-Küvette abgelassen und bei 581 nm gegen $CHCl_3$ photometriert. Ein Blindwert wird abgezogen.

II. 4-(2-Thiazolylazo)-resorcinol

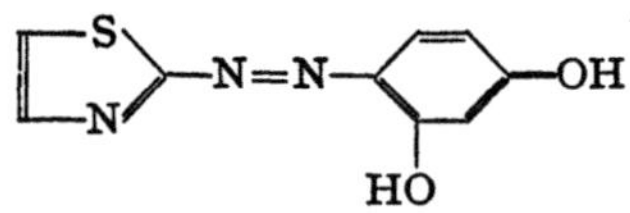

Zn gibt mit 4-(2-Thiazolylazo)-resorcinol (TAR) bei pH 7,5–8,5 einen roten Komplex mit einem Extinktionsmaximum bei 500 nm [*70*]. Zur photometrischen Bestimmung werden die Wellenlängen 560 nm [*70*] ($\varepsilon_{560} = 23100$) und 530 nm [*71*] ($\varepsilon_{530} = 34600$) als optimal empfohlen. Die Farbe ist sofort entwickelt und mindestens 30 min stabil [*71*]. Das Beersche Gesetz ist im Bereich von 0,07–1,4 µg Zn/ml erfüllt. Die Bestimmung von 10 µg Zn wird nicht gestört durch (µg; verursachter Fehler, %) [*71*]: As (5; 0), Ca (36; +1), Cd (0,9; +2), Cu (1; +4), Pb (2; +5), Sb (5; 0) und Sn (20; +1). Fe stört und muß daher abgetrennt werden.

[1] 100 mg $Na_2S_2O_3$ zugesetzt.

[2] 2 Tropfen 0,7%ige KIO_4-Lösung zugesetzt.

Arbeitsvorschrift [*71*]

Reagentien

TAR-Lösung; 15 g Triäthanolamin versetzt man mit 60 ml 1 n NaOH sowie 10,0 ml 0,1%iger methanolischer TAR-Lösung und füllt mit Wasser auf 100 ml auf (2 Wochen haltbar).

Die schwach saure Probelösung (3,5–70 μg Zn enthaltend) versetzt man mit 20 ml 0,5 n HCl sowie 10,0 ml TAR-Lösung, füllt mit Wasser zur Marke auf (die Lösung soll nun pH 8,0 aufweisen) und photometriert in einer 1 cm-Küvette bei 530 nm gegen den Blindwert.

1. Luft

Bei Fe-haltigen Staubproben wird das Fe mittels Kationenaustauscher abgetrennt. Da hierbei das Zn in 20 ml 60 Vol.-% Aceton/0,5 n HCl-Eluat vorliegt, wird einerseits bei der Aufstellung der Eichkurve ebenfalls 20 ml Aceton/HCl-Lösung zugesetzt und andererseits im Sinne einer allgemein anwendbaren Vorschrift auch bei Analysen ohne Fe-Abtrennung der Probelösung Aceton zugesetzt.

B: 70–14000 μg Zn/m³. F_r: ±5%. *Z:* ~20 min.

Arbeitsvorschrift [*71*]

Reagentien

HCl (1,19); 5 n HCl; HNO_3 (1,40); HNO_3 (1 + 1).

Ionenaustauschersäule; Kationenaustauscher Zeo-Karb 225 (52—100 mesh) (Harzbett 7 mm i. Ø, 1 g Austauscherharz), 4 mal mit 10%iger Ammoniumcitratlösung und danach 4 mal mit 5 n HCl gewaschen; Harzbett 2 mal mit 20 ml Aceton/HCl gespült.

Aceton/Wasser (6:4).

Aceton/HCl; 10 ml 5 n HCl + 60 ml Aceton werden mit Wasser auf 100 ml aufgefüllt.

TAR-Lösung, s. oben.

Man saugt 5–50 l Luft (5–10 l/min) durch ein Filter (s. S. 177) und fährt nach a) oder b) fort.

a) Fe-freie Staubproben

Das Filter mit Staubprobe versetzt man in einem kleinen Becherglas mit 2 ml 5 n HCl, führt die Lösung nach 5 min unter Nachwaschen mit Wasser in einen 50 ml-Meßkolben über, fügt 12 ml Aceton hinzu und fährt mit dem Zusatz der TAR-Lösung nach der Arbeitsvorschrift [*71*] (s. S. 1343) fort.

b) Fe-haltige Staubproben

Das Filter mit Staubprobe versetzt man in einem kleinen Becherglas mit 1 ml HNO_3 (1 + 1) und nach 5 min mit 8 ml Aceton/Wasser. Die Lösung wird unter Nachwaschen mit 2 ml Aceton/Wasser auf die Austauschersäule gegeben, der Durchlauf verworfen, das Zn mit 20 ml Aceton/HCl in einen 50 ml-Meßkolben eluiert und mit dem Zusatz der TAR-Lösung nach der Arbeitsvorschrift [*71*] (s. S. 1343) fortgefahren.

E. Atomabsorptionsspektrophotometrie

Die Bestimmung des Zn mit Hilfe der AAS erfolgt mit der Linie Zn 2138,6 und dem Luft/C_2H_2-Brenner. Bei Anwendung der vorgemischten Luft/C_2H_2-Laminarflamme ist die Bestimmung des Zn weitgehend störungsfrei [*72*]. Der optimale Arbeitsbereich liegt innerhalb 0,2–3 μg Zn/ml wäßriger Lösung. Häufig läßt sich das Zn unmittelbar in der Probelösung bestimmen. Bei zu niedriger Zn-Konzentration kann es durch Extraktion, z. B. mit Carbamat/MIBK bei pH 2,5–5, angereichert [*72*] und der organische Extrakt direkt in die Flamme eingesprüht werden. Gegenüber dem üblichen 10 cm-Schlitzbrenner erreicht man eine erhöhte Empfindlichkeit mit Hilfe der "sampling-boat"-Technik [*73*] (s. Verfahren E. 1., S. 1344) und einem 25 cm-Absorptionsrohr [*74*] (s. Tab. 188, S. 1328 und Verfahren E. 2. 1., S. 1344). Mit der flammenlosen AAS (Graphitrohrküvette, Perkin-Elmer HGA-72) erreicht man $L_Q = \sim 0{,}25$ pg Zn bzw. $L_Q = \sim 0{,}0025$ ppb Zn (mit 100 µl Probe) [*74a*]. Erdölprodukte können zwar auf „klassische Weise" analysiert werden, d. h. zuerst veraschen und dann die saure wäßrige Lösung in die Flamme einsprühen, in der Regel genügt es aber, die Probe mit Xylol, Heptan, Isooctan oder MIBK zu verdünnen (je nach Elementgehalt z. B. im Verhältnis 1:5 bis 1:500) und direkt in die Flamme einzusprühen (s. Verfahren E. 2. 3., E. 2. 4., S. 1345). Ein möglicher Einfluß unterschiedlicher Bindungsformen auf den Meßwert bei direktem Einsprühen verdünnter Schmierölproben läßt sich durch Zusatz von Jod unterdrücken (s. Verfahren E. 2. 4., S. 1345; s. a. S. 948 ff.).

In Düngemitteln wurde der Zn-Gehalt (300–1000 ppm Zn) nach Verfahren E. 2. 3. bzw. E. 3. (s. S. 1345) bestimmt [*72*].

Mittels AAS wurde Zn in verschiedenen Materialien bestimmt, wie Wasser [*74b*], Seewasser [*74c*], Blut [*74d*], Plutonium (≧ 2 ppm Zn) [*74e*], Silberchlorid [*74f*] und Uranverbindungen [*74g*]. Mit Hilfe der AFS wurde Zn in Kesselspeisewasser (L_D = 0,0004 ppm Zn) [*74h*] und Quecksilber [*64c*] bestimmt.

1. Wässer

B: ≧ 0,01 ppm Zn. F_r: ± 2%.

Zn läßt sich mittels AAS in den Wasserproben direkt bestimmen, indem man die mit HCl schwach angesäuerte Probe (unlösliche Bestandteile werden bei Bedarf vorher abfiltriert) ohne weitere Vorbehandlung in den Brenner einsprüht. Diese einfache Methode eignet sich für Zn-Gehalte im oben angeführten Bestimmungsbereich.

Mit Hilfe der "sampling-boat"-Technik erreicht man eine tiefere Bestimmungsgrenze von L_Q = 1 ng Zn bzw. 4 ppb Zn (mit 0,25 ml Probe) [*73*]. Das Verfahren fand zur Bestimmung von Zn in Seewasser Anwendung, indem 0,25 ml Probe im Tantalschiffchen eingedampft und das Schiffchen in den Brenner eingeführt wurde (*B:* ≧ 4 ppb Zn) [*73*].

2. Organisches Material

Zur Bestimmung von 3–200 ppm Zn in pflanzlichen [*61 b*] und tierischen Nahrungsmitteln [*61 b, 75*] wurde das Probematerial trocken [*75*] oder naß [*61 b*] verascht und die erhaltene, mineralsaure Probelösung in die Flamme eingesprüht [*61 b, 75*].

2.1. Blutserum, Harn [*74, 74i*]

B: 0,05–5 ppm Zn. F_r: ± 3%.

Mit dem Verfahren wurden Gehalte von 0,5–1,4 ppm Zn in Serum und 0,8 ppm Zn in Harn bestimmt. Die Begleitstoffe der Proben stören die Bestimmung nicht. Die Eichkurve ist im Bereich von 0,02–0,5 µg Zn/ml Meßlösung (entsprechend E = 0,025–0,600) linear.

Die Proben werden unmittelbar vor der Analyse mit dest. Wasser so verdünnt, daß die Verdünnungen einen Gehalt innerhalb 0,05–0,5 ppm Zn aufweisen. Hierzu verdünnt man die Harnproben (auf pH 2,0 eingestellt und bei 4° C aufbewahrt) 5–10 fach, die Serumproben 10 fach. Die Verdünnungen werden unmittelbar in die Flamme eingesprüht.

Der Luft/H_2-Brenner ist zur Steigerung der Empfindlichkeit mit einem Al_2O_3-Absorptionsrohr (25 cm lang, 15–18 mm i-∅, 1–3 mm Wandstärke) versehen [*74*]. Zur Bestimmung von 0,05–2 ppm Zn in Harn genügt aber auch der übliche Luft/C_2H_2-Brenner, indem man die unverdünnte oder bei Bedarf mit Wasser entsprechend verdünnte Probe unmittelbar in die Flamme einsprüht [*74i*].

2.2. Pflanzliches Material

B: ≧ 0,1 ppm Zn. F_r: ± 5%.

Arbeitsvorschrift [*72*]

1–2 g Probematerial wird mit 17 ml HNO_3 (1,40) und 3 ml $HClO_4$ (72%) naß verascht, auf ~ 2 ml eingedampft, in einem 20 ml-Meßkolben mit Wasser zur Marke aufgefüllt und die Lösung in die Luft/C_2H_2-Flamme eingesprüht.

Zur Bestimmung von <0,1 ppm Zn kann eine größere Probemenge verascht, das Zn aus der Probelösung bei pH 2,5–5,0 mit Ammoniumpyrrolidindithiocarbamat/MIBK extrahiert und der organische Extrakt in die Luft/C_2H_2-Flamme eingesprüht werden.

2.3. Schmieröl [*74j—74l*]

B: 0,1–10 ppm Zn. *V:* ±1–3%.

Man sprüht die mit MIBK 10fach (bei Bedarf noch mehr) verdünnte Probe in die C_2H_2-arme Flamme ein und stellt die Zn-Stammlösung (500 μg Zn/g) mit 0,299 g Zn-cyclohexanbutyrat (NBS Standard 1073a) nach Verfahren C.1.2. (Abschnitt „Magnesium", S. 804) her.

2.4. Schmieröl [*76*]

B: 100–1500 ppm Zn. F_r: ±5%. *Z:* 15 min.

0,1 g Probematerial wird mit 6 mg Jod versetzt[1], mit MIBK auf 50,0 ml aufgefüllt und die Lösung in die Luft/C_2H_2-Flamme (bei gleichzeitiger Bestimmung von Ba und Ca in der N_2O/C_2H_2-Flamme) eingesprüht.

3. Böden, Bodenextrakte [*72*]

B: ≧ 0,25 ppm Zn. F_r: ±5%.

1–2 g Probematerial werden mit $HNO_3/HClO_4$ gelöst, SiO_2 wird mit HF verflüchtigt, der Trockenrückstand mit 5 ml $HClO_4$ und Wasser gelöst, mit Wasser auf 50,0 ml aufgefüllt und die Lösung in die Luft/C_2H_2-Flamme eingesprüht.

Bei der Untersuchung von Bodenextrakten werden 2 g Probematerial 2 Std mit 20 ml 1%iger ÄDTA-Lösung geschüttelt, dann abfiltriert und das Filtrat unverdünnt oder verdünnt (2–5 ml Filtrat mit Wasser oder 0,1 n HCl auf 10 ml verdünnt) in die Luft/C_2H_2-Flamme eingesprüht.

F. Emissionsspektralanalyse

Mit Hilfe der Emissionsspektralanalyse kann Zn recht empfindlich bestimmt werden (s. Tab. 7, 23, 188, S. 39, 149, 1328), wobei zur Messung häufig die Zn-Linien (in Klammer: relative Linien-Intensität im Bogen/Funken) 3345,0 (800/300), 3302,6 (800/300), 3282,3 (500/300), 3075,9 (150/50) und 2800,9 Å (400/300) Anwendung finden.

---

[1] Wenn gleichzeitig noch 500—5000 ppm Ba und 100—> 1500 ppm Ca bestimmt werden sollen, so fügt man weiterhin noch 7,5 mg $La(NO_3)_3 \cdot 6\ H_2O$ hinzu.

Arbeitsvorschriften zur spektrographischen Bestimmung von Zn – neben anderen Elementen – in Wässern, organischem Material, Metallen usw. findet man im Abschnitt „Elementgruppen" (s. S. 1379ff.) beschrieben. Nachfolgend sei deshalb nur auf ein Verfahren zur spektrographischen Bestimmung von Zn in Aluminium, Gallium und Indium eingegangen, bei dem das Zn mit Hilfe der Verdampfungsanalyse vorisoliert wird [77].

1. Aluminium, Gallium und Indium

Das Zn wird mittels Verdampfungsanalyse mit folgenden Ausbeuten isoliert: aus Aluminium 96 ± 4%, aus Gallium 92 ±2% und aus Indium 94 ±4%.

B: ≧0,004 ppm Zn in Gallium und Indium, ≧ 0,02 ppm Zn in Aluminium. F_r: ± 15%.

Arbeitsvorschrift [77]

Verdampfungsapparatur

Wie auf S. 1217ff. beschrieben, Quarzglasdüse 25—30 mm lang, Düsenspitze 2—3 mm i-⌀; H_2-Strom 100 ml/min; Kühlfinger 10 mm ⌀ mit Metallkappe aus abgeätztem Kupfer, Abstand Düse-Kühlfinger 1,0—1,5 mm; Graphitschiffchen (im H_2-Strom bei 1000° C mehrere Stunden ausgeheizt).

Spektrographische Arbeitsbedingungen

Elektroden: Kühlfinger mit Cu-Kappe als untere, Graphit mit Cu-Kappe (darauf 200 µg KCl aufgetragen) als obere.
Elektrodenabstand: 3 mm.
Anregung: Feussner-Funkenerzeuger FF 10; Hochspannungsfunke 12 kV, 3500 pF, 0,8 mH.
Spektrograph: Fuess 110 c; Spaltbreite 0,012 mm.
Belichtungszeit: 30 sec.
Photographische Emulsion: Agfa Agepe oder Adox KB 17.
Entwickeln: Metol-Hydrochinon-Entwickler.
Analysen-Linienpaare: Zn 3345,0/Cu 3337,8 und Zn 3302,6/Cu 3337,8 für < 1 µg Zn, Zn 3075,9/Cu 3337,8 für > 1 µg Zn.

1,0 g Aluminium bzw. 1,0–5,0 g Gallium oder Indium werden im Graphitschiffchen in das Verdampfungsrohr eingesetzt, der H_2-Strom (O_2- und H_2O-frei) angeschlossen (100 ml/min), die Luft aus dem Verdampfungsrohr verdrängt (~ 5 min), das Rohr dann in den auf Arbeitstemperatur (1100–1150° C für Aluminium, 1050° C für Gallium oder Indium) gehaltenen Ofen eingesetzt, die aus dem Rohr brennende H_2-Flamme mit einer kleinen Asbestplatte oder einem Filterpapier gelöscht und schnell der Kühlfinger mit Cu-Kappe eingeschoben. Nach erfolgter Verdampfung (bei Aluminium 60 min, bei Gallium oder Indium für <2 g 30 min, für 2–5 g 60 min) entnimmt man den Kühlfinger und führt das Kondensat auf der Cu-Kappe der Spektralanalyse zu.

Nach Entnahme des Schiffchens und Abkühlen wird das Verdampfungsrohr gereinigt: es wird mit $K_2S_2O_7$ ausgeschmolzen, die Schmelze mit HCl (1 + 1) herausgelöst und das Rohr dann im H_2-Strom ausgeheizt.

Die Aufstellung der Eichkurve erfolgt nach der Arbeitsvorschrift, indem man 10–100 µg $Zn(NO_3)_2$-Lösung (0,020–10 µg Zn enthaltend) im Graphitschiffchen eintrocknet, Al-, Ga- bzw. In-Reguli (~ 100 mg, Zn-frei) hinzufügt und nach der Arbeitsvorschrift weiter behandelt.

G. Polarographie und Voltammetrie

Zn läßt sich über die reversible Reduktion zum Metall polarographisch gut bestimmen, in neutraler inerter Lösung bei $E_{1/2} = -1,0$ bis $-1,1$ V und in alkalischer Lösung bei $E_{1/2} \approx -1,5$ V. In Anwesenheit von Komplexbildnern ist $E_{1/2}$ vom pH-Wert abhängig. Zn wurde in 0,1m Kaliumbiphthalat/0,06n NaOH/0,01% Gelatine-Lösung (pH 5,0) als Grundelektrolyt bei seinem Halbstufenpotential $E_{1/2} = -1{,}06$ V polarographisch bestimmt [*78*]. Daneben fanden auch andere Grundelektrolyte mit etwas unterschiedlichen Halbstufenpotentialen Anwendung, wie z. B. 1n Ammoniak/0,5m NH_4Cl [oder ~ 1n $(NH_4)_2SO_4$]/0,1% Na_2SO_3/0,01% Gelatine-Lösung mit $E_{1/2} = -1{,}2$ V [*61b*, *79*], 1n Ammoniak/0,2m Ammoniumcitrat/0,5m NH_4Cl mit $E_{1/2} = -1{,}21$ V [*80*], 1n NaOH/0,2m Natriumcitrat mit $E_{1/2} = -1{,}34$ V, 1n HCl mit $E_{1/2} = -1{,}02$ V [*80*], 0,75m H_2SO_4 mit $E_{1/2} = -1{,}39$ V, 0,85m Ammoniumacetat/0,0025m KSCN-Lösung mit $E_{1/2} = -1{,}06$ V, gesättigte $CaCl_2$-Lösung mit $E_{1/2} = -1{,}08$ V, 0,2n HCl/Pyridin-KOH-Lösung (mit Pyridin-KOH neutralisiert) mit $E_{1/2} = -1{,}03$ V.

Bei biologischem Material mit hohem Asche-Gehalt wechselnder Zusammensetzung und bei Bodenextrakten ist eine direkte Bestimmung des Zn in der Probelösung wegen der hohen und unterschiedlichen Gehalte an Alkalien, Erdalkalien, Phosphat u. a. Elementen nicht möglich [*78*]. In diesen Fällen ist eine vorangehende Isolierung des Zn erforderlich, um die störenden Begleitstoffe zu entfernen und das Zn gleichzeitig anzureichern. Bei biologischem Material fand hierfür die Extraktion mit Dz/CCl_4 [*78*], Dz/$CHCl_3$ [*81*] und Di-β-naphthylthiocarbazon/$CHCl_3$ [*24*, *42*] Anwendung. Demgegenüber erfolgte die Bestimmung von 3–200 ppm Zn in pflanzlichen und tierischen Nahrungsmitteln ohne Vorisolierung des Zn [*61b*]: 1–2 g Probematerial wurden mit HNO_3/H_2SO_4 naß verascht, die H_2SO_4-saure Probelösung nach Zusatz von Ammoniak, Na_2SO_3 und Gelatine mit Wasser auf 50 ml aufgefüllt [die aufgefüllte Lösung weist 1m Ammoniak/~ 1m $(NH_4)_2SO_4$/0,1m Na_2SO_3/0,01% Gelatine auf] und polarographiert.

Mit Hilfe der Polarographie wurde Zn auch in verschiedenen anderen Materialien bestimmt, z. B. in Blut [*87*], pflanzlichem und anderem biologischem Material [*24*, *42*, *61b*, *78*, *79*], Zirkonium und Hafnium [*80*] und Böden [*78*].

Recht empfindlich läßt sich Zn mit Hilfe der inversen Voltammetrie bestimmen. Die elektrolytische Anreicherung an der Quecksilberelektrode erfolgt in inerten neutralen bis schwach sauren (pH ≈ 3) Lösungen bei −1,3 bis −1,6 V, die Stromspitzen liegen bei etwa −0,9 bis −1,0 V. In Anwesenheit von Fe(II) muß bei ≦ −1,5 V elektrolysiert werden. Größere Mengen Co und Ni stören. In alkalischer Lösung und in Anwesenheit von Komplexbildnern erfolgt die Elektrolyse bei etwa −1,5 V, die Stromspitzen liegen bei etwa −1,0 bis −1,4 V.

Zn wurde voltammetrisch bestimmt u. a. in organischem Material [*82*,] Arsen [*83*], Wismut [*84*], Indium [*85*], Quecksilber [*64c*, *86*] und Silicaten [*87*].

Arbeitsvorschriften zur polarographischen und voltammetrischen Bestimmung von Zn u. a. Elementen in verschiedenen Materialien findet man im Abschnitt „Elementgruppen“ (s. S. 1379ff.) angegeben.

1. Organisches Material

B: 1–20 µg Zn. F_r: ±5%.

Arbeitsvorschrift [*78*]

Reagentien

Grundelektrolyt; 0,05 g Gelatine werden in Wasser unter Erwärmen gelöst, 250 ml 0,2m Kaliumbiphthalat-Lösung sowie 32 ml 1n NaOH hinzugefügt und mit Wasser auf 500 ml aufgefüllt; die Lösung soll pH 5,0 aufweisen.

Das Probematerial (1–20 µg Zn enthaltend) wird mit HNO_3/$HClO_4$ naß verascht (s. S. 195), zur Trockene eingedampft, der Rückstand mit HCl gelöst und bei pH 5 aus Natriumcitrat/Natriumacetathaltiger Lösung das Zn mit 0,05% Dz/CCl_4 extrahiert

(s. S. 1334). Aus dem vereinigten organischen Extrakt schüttelt man das Zn mit 0,08n HCl zurück (s. S. 1330ff.), dampft den HCl-Auszug zur Trockene ein, löst den Rückstand mit 2,0 ml Grundelektrolyt und polarographiert bei $E_{1/2} = -1{,}06$ V.

In Anwesenheit von störendem Co wird dieses durch die Rückschüttelung des Zn mit 0,08n HCl abgetrennt, wobei das Co im organischen Extrakt verbleibt (s. S. 1330ff.).

Bei Bedarf kann man aus der Probelösung vor dem Zn bei pH 1 auch das Cu mit Dz/CCl_4 extrahieren, beide Extrakte vereinigen, mit $HClO_4/H_2SO_4$ veraschen und zur Trockene eindampfen. Den Trockenrückstand löst man mit 2,00 ml Grundelektrolyt und polarographiert in derselben Lösung bei $E_{1/2} = -0{,}1$ V das Cu und bei $E_{1/2} = -1{,}06$ V das Zn.

H. Verschiedenes

An weiteren Reagentien zur photometrischen Bestimmung von Zn sind zu erwähnen: Oxin/$CHCl_3$ ($\varepsilon_{378-400} \approx 4400$) [*88, 89*], Zincon (2-Carboxy-2'-hydroxy-5'-sulfoformazylbenzol) [*4, 15, 20, 90*], 1-(2-Pyridylazo)-2-naphthol/$CHCl_3$ ($\varepsilon_{535} = 27000$) [*3a, 91, 92*], Xylenolorange (570 nm, $L_Q = 0{,}07$ µg Zn · ml^{-1} · cm^{-1}) [*93*], 4-Chlororesorcinol (640 nm, $L_Q = 0{,}09$ µg Zn · ml^{-1} · cm^{-1}) [*94*], Na-DDTC [*95*], Rhodamin B [*96*], 2,2'-Pyridylbenzimidazol (fluorimetrisch; Anregung 330 nm/Messung 398 nm; 15–800 ppb Zn) [*8a*], Dibenzothiazolylmethan (fluorimetrisch; Anregung 365 nm/Messung >415 nm) [*97*].

Der Gehalt an metallischem Zn (1–7 ppm Zn) in Zinkoxyd wurde auf indirektem Wege bestimmt: Umsetzung des metallischen Zn mit $K_2Cr_2O_7$ und photometrische Bestimmung des verbliebenen Cr(VI) mit Diphenylcarbazid [*98*].

Tabelle 188a. Nachtrag — Weitere Verfahren[1]

Bestimmungsmethode	Probematerial, Verfahren, Bestimmungsbereich	Literatur
Ph	Trinkwasser. Best: 4-(2'-Thiazolylazo)-resorcinol, 530 nm. *B:* 0,05—1,5 ppm Zn; *V:* ±9%.	[*99*]
Vol	Pflanzenmaterial. Best: automatische Apparatur, Citratlösung pH 3,7. L_D: 1—3 ppm Zn; *B:* 30—300 ppm Zn; *V:* ±3,5%.	[*100*]

[1] Abkürzungen s. S. XIII.

Literatur

1. WILSON, W. J.: Analyt. chim. Acta **15**, 508 (1956).
2. HARTKAMP, H., SPECKER, H.: Naturwiss. **43**, 421 (1956).
3. MAHLMAN, H. A., LEDDICOTTE, G. W., MOORE, F. L.: Analyt. Chem. **26**, 1939 (1954).
3a. ANDREW, T. R., NICHOLS, P. N. R.: Analyst **90**, 161 (1965).
3b. OTT, W. L., MACMILLAN, H. R., HATCH, W. R.: Analyt. Chem. **36**, 363 (1964).
4. SCROGGIE, L. E., DEAN, J. A.: Analyt. chim. Acta **21**, 282 (1959).
4a. HANDLEY, T. H., DEAN, J. A.: Analyt. Chem. **34**, 1312 (1962).
4b. HANDLEY, T. H., ZUCAL, R. H., DEAN, J. A.: Analyt. Chem. **35**, 1163 (1963).
5. MAECK, W. J., KUSSY, M. E., REIN, J. E.: Analyt. Chem. **33**, 235 (1961).
6. STRAFFORD, N., WYATT, P. F., KERSHAW, F. G.: Analyst **70**, 232 (1945).
7. *Analytical Methods Committee.* The metallic impurities in organic matter sub-committee: Analyst **73**, 304 (1948).
8. STRAFFORD, N., WYATT, P. F., KERSHAW, F. G.: Analyst **78**, 624 (1953).
8a. BARK, L. S., RIXON, A.: Analyt. chim. Acta **45**, 425 (1969).
9. PIETSCH, R., PICHLER, E.: Mikrochim. Acta (Wien) **1961**, 860.

10. PIETSCH, R., PICHLER, E.: Mikrochim. Acta (Wien) **1961**, 914.
11. GEILMANN, W., NEEB, R.: Z. Pflanzenernähr., Düng., Bodenkunde **67**, 38 (1954).
12. GEILMANN, W., NEEB, R.: Angew. Chem. **67**, 26 (1955).
13. GEILMANN, W., NEEB, R., ESCHNAUER, H.: Z. anal. Chem. **154**, 418 (1957).
14. GEILMANN, W.: Z. anal. Chem. **160**, 410 (1958).
15. RUSH, R.M., YOE, J.H.: Analyt. Chem. **26**, 1345 (1954).
16. KALLMAN, S., STEELE, C.G., CHU, N.Y.: Analyt. Chem. **28**, 230 (1956).
17. MILLER, C.C., HUNTER, J.A.: Analyst **79**, 483 (1954).
18. HUNTER, J.A., MILLER, C.C.: Analyst **81**, 79 (1956).
19. BAGGOTT, E.R., WILLCOCKS, R.G.W.: Analyst **80**, 53 (1955).
20. MAIER, R.H., BULLOCK, J.S.: Analyt. chim. Acta **19**, 354 (1958).
21. HIBBARD, P.L.: Ind. Eng. Chem., Anal. Ed. **9**, 127 (1937).
22. HIBBARD, P.L.: Ind. Eng. Chem., Anal. Ed. **10**, 615 (1938).
23. WICHMANN, H.J.: Ind. Eng. Chem., Anal. Ed. **11**, 66 (1939).
24. CHOLAK, J., HUBBARD, D.M., BURKEY, R.E.: Ind. Eng. Chem., Anal. Ed. **15**, 754 (1943).
25. IRVING, H., BELL, C.F., WILLIAMS, R.J.P.: J. chem. Soc. **1952**, 356.
26. SCHWEITZER, G.K., HONAKER, C.B.: Analyt. chim. Acta **19**, 224 (1958).
27.—28. —
29. BRICKER, L.G., WEINBERG, S., PROCTOR, K.L.: Ind. Eng. Chem., Anal. Ed. **17**, 661 (1945).
30. FISCHER, H., LEOPOLDI, G.: Z. anal. Chem. **107**, 241 (1936).
31. KORTÜM, G., FINCKH, B.: Angew. Chem. **57**, 73 (1944).
32. MARGERUM, D.W., SANTACANA, F.: Analyt. Chem. **32**, 1157 (1960).
33. SHIRLEY, R.L., WALDRON, D.R., JONES, E.D., BENNE, E.J.: J. Assoc. Offic. Agr. Chemists **31**, 285 (1948).
34. BARNES, H.: Analyst **76**, 220 (1951).
35. FISCHER, H.: Angew. Chem. **50**, 919 (1937).
36. HOLLAND, E.B., RITCHIE, W.S.: J. Assoc. Offic. Agr. Chemists **22**, 333 (1939).
37. COWLING, H., MILLER, E.J.: Ind. Eng. Chem., Anal. Ed. **13**, 145 (1941).
38. HOLMES, R.S.: Soil Sci. **59**, 77 (1945).
39. SERFASS, E.J., LEVINE, W.S.: Chemist-Analyst **36**, 55 (1947).
40. KATO, T., TAKEI, S.: Japan Analyst **2**, 208 (1953); ref. Analyt. Abstr. **2**, 2056 (1955).
41. SUPRUNOVICH, I.B.: J. allg. Chem. (USSR) **8**, 839 (1938).
42. MARTIN, A.E.: Analyt. Chem. **25**, 1853 (1953).
43. COOPER, S.S., KOFRON, V.K.: Analyt. Chem. **21**, 1135 (1949).
44. STROHECKER, R., RIFFART, H., HABERSTOCK, J.: Z. Unters. Lebensmittel **74**, 155 (1937).
45. STROHECKER, R., RIFFART, H.: Z. Unters. Lebensmittel **75**, 43 (1938).
46. SCHWAIBOLD, J., BLEYER, B., NAGEL, G.: Biochem. Z. **297**, 324 (1938).
47. WATTENBERG, H.: Z. anorg. allg. Chem. **251**, 86 (1943).
48. BUTTS, P.G., GAHLER, A.R., MELLON, M.G.: Sewage ind. Wastes **22**, 1543 (1950).
49. HÖGL, O., SULSER, H.: Mitt. Gebiete Lebensmittelunters. Hyg. **42/43**, 286 (1951/52).
49a. The Joint A.B.C.M.-S.A.C. Committee on Methods for the analysis of trade effluents: Analyst **82**, 443 (1957).
50. CAUGHEY, R.A., HOLLAND, E.B., RITCHIE, W.S.: J. Assoc. Offic. Agr., Chemists **21**, 204 (1938).
51. WESTERHOFF, H.: Bodenkunde u. Pflanzenernähr. **7**, 370 (1938).
52. BLEYER, B., NAGEL, G., SCHWAIBOLD, J.: Scientia pharmac. **10**, 121 (1939).
53. VAN DUUREN, A.J.: Chem. Weekbl. **37**, 269 (1940).
54. WOLFF, H.: Biochem. Z. **320**, 291 (1950).
55. WOLFF, H., BUSSE, G.: Biochem. Z. **322**, 154 (1951/52).
56. WOLFF, H.: Biochem. Z. **325**, 267 (1954).
57. MALMSTROM, B.G., GLICK, D.: Analyt. Chem. **23**, 1699 (1951).
58. BARON, H.: Landwirtsch. Forsch. **6**, 13 (1954).
59. VALLEE, B.L.: Analyt. Chem. **26**, 914 (1954).
60. FRANCIS, A.C., PILGRIM, A.J.: Analyst **82**, 289 (1957).
61. KÄGI, J.H.R., VALLEE, B.L.: Analyt. Chem. **30**, 1951 (1958).
61a. WESTÖÖ, G.: Analyst **88**, 287 (1963).
61b. HIGGINS, M.L., PICKERING, W.F.: Talanta **18**, 986 (1971).
61c. THÜRAUF, W., ASSENMACHER, H.: Brennstoff-Chemie **44**, 21 (1963).
62. FALLER, F.E.: Z. Erzbergbau Metallhüttenw. **7**, 473 (1954).
62a. MONNIER, D., PROD'HOM, G.: Analyt. chim. Acta **30**, 358 (1964).
63. FISCHER, H., LEOPOLDI, G.: Aluminium **25**, 356 (1943).

64. Young, R. S.: Metallurgia 36, 347 (1947).
64a. Monnier, D., Prod'hom, G.: Analyt. chim. Acta 31, 101 (1964).
64b. Jackwerth, E.: Z. anal. Chem. 202, 81 (1964).
64c. Meyer, J.: Z. anal. Chem. 219, 147 (1966).
65. Yokosuka, S.: Japan Analyst 6, 431 (1957); ref. Z. anal. Chem. 161, 393 (1958).
66. Sandell, E. B.: Ind. Eng. Chem., Anal. Ed. 9, 464 (1937).
66a. Stanton, R. E., McDonald, A. J., Carmichael, I.: Analyst 87, 134 (1962).
66b. Nishimura, M., Sandell, E. B.: Analyt. chim. Acta 26, 242 (1962).
67. Strelnikova, N. P.: Zavodskaja Lab. 23, 277 (1957); ref. Z. anal. Chem. 159, 156 (1957).
68. Baron, H.: Landwirtsch. Forsch. 7, 82 (1955).
69. Shibata, S., Furukawa, M., Sasaki, S.: Analyt. chim. Acta 51, 271 (1970).
70. Kawase, A.: Talanta 12, 195 (1965).
71. Marshall, B. S., Telford, I., Wood, R.: Analyst 96, 569 (1971).
72. Allan, J. E.: Analyst 86, 530 (1961).
73. Burrell, D. C., Wood, G. G.: Analyt. chim. Acta 48, 45 (1969).
74. Fuwa, K., Pulido, P., McKay, R., Vallee, B. L.: Analyt. Chem. 36, 2407 (1964).
74a. Welz, B.: CZ-Chemie-Technik 1, 455 (1972).
74b. Ramakrishna, T. V., Robinson, J. W., West, P. W.: Analyt. chim. Acta 37, 20 (1967).
74c. Brooks, R. R., Presley, B. J., Kaplan, I. R.: Talanta 14, 809 (1967).
74d. Delves, H. T., Shepherd, G., Vinter, P.: Analyst 96, 260 (1971).
74e. Vienney, J.: Analyt. chim. Acta 55, 37 (1971).
74f. Edwards, J. W., Lominac, G. D., Buck, R. P.: Analyt. chim. Acta 57, 257 (1971).
74g. Walker, C. R., Vita, O. A.: Analyt. chim. Acta 43, 27 (1968).
74h. Marshall, G. B., Smith, A. C.: Analyst 97, 447 (1972).
74i. Willis, J. B.: Analyt. Chem. 34, 614 (1962).
74j. Burrows, J. A., Heerdt, J. C., Willis, J. B.: Analyt. Chem. 37, 579 (1965).
74k. Means, E. A., Ratcliff, D.: Atom. Absorp. Newsletter 4, 174 (1965).
74l. Sprague, S., Slavin, W.: Atom. Absorp. Newsletter 4, 367 (1965).
75. Knauer, G. A.: Analyst 95, 476 (1970).
76. Kashiki, M., Oshima, S.: Analyt. chim. Acta 55, 436 (1971).
77. Neeb, K. H.: Z. anal. Chem. 194, 255 (1963).
78. Räker, K. O.: Z. anal. Chem. 173, 57 (1960).
79. Robertson, G.: Analyst 89, 368 (1964).
80. Wood, D. F., Clark, R. T.: Analyst 87, 342 (1962).
81. Vogel, J., Monnier, D.: Mitt. Gebiete Lebensmittelunters. Hyg. (Bern) 52, 539 (1961); ref. Z. anal. Chem. 208, 385 (1965).
82. Morsches, B., Tölg, G.: Z. anal. Chem. 250, 81 (1970).
83. Bersier, P., Finger, K., v. Sturm, F.: Z. anal. Chem. 216, 189 (1966).
84. Jackwerth, E.: Z. anal. Chem. 211, 254 (1965).
85. Singakova, S. J., Dudareva, A. G., Markova, J. V., Talalaeva, J. N.: J. anal. Chim. (USSR) 18, 377 (1963).
86. Jackwerth, E.: Z. anal. Chem. 206, 269 (1964).
87. Koster, G., Eisner, U., Ariel, M.: Z. anal. Chem. 224, 269 (1967).
88. Medlin, W. L.: Analyt. Chem. 32, 632 (1960).
89. Umland, F., Hoffmann, W.: Z. anal. Chem. 168, 268 (1959).
90. Yoe, J. H., Rush, R. M.: Analyt. chim. Acta 6, 526 (1952).
91. Berger, W., Elvers, H.: Z. anal. Chem. 171, 255 (1959).
92. Berger, W., Elvers, H.: Z. anal. Chem. 199, 166 (1964).
93. Študlar, K., Janoušek, I.: Talanta 8, 203 (1961).
94. Stewart, J. A., Bartley, J. C.: Analyt. Chem. 30, 404 (1958).
95. Kress, K. E.: Analyt. Chem. 30, 432 (1958).
96. Tvaroha, B., Mala, O.: Mikrochim. Acta (Wien) 1962, 634.
97. Trenholm, R. R., Ryan, D. E.: Analyt. chim. Acta 32, 317 (1965).
98. Norman, V. J.: Analyst 89, 261 (1964).
99. Evans, W. H., Sayers, G. S.: Analyst 97, 453 (1972).
100. Reusmann, G., Westphalen, J.: Z. anal. Chem. 264, 165 (1973).

Zr — Zirkonium

Tabelle 189. Empfindlichkeit S_M und Bestimmungsgrenze L_Q der Verfahren

Verfahren	µg Zr · ml⁻¹ · cm⁻¹	
	S_M	L_Q
Alizarinsulfosäure	0,012 —0,014 (520 nm)	0,32—0,35 (520 nm)
Brenzcatechinviolett/wäßrige Lösung	0,0028 (650 nm);	0,070 (650 nm);
	0,0087[1]—0,0096[1] (620 nm)	0,22[1]—0,24[1] (620 nm)
Brenzcatechinviolett/Tri-n-octylphosphin-oxid-Cyclohexan	0,0023 (655 nm)	0,057 (655 nm)
Morin (fluorimetrisch)		0,01[2,3]
Morin/TBP-Äthylacetat (1:9) (photometrisch)	0,0010 (435 nm)	0,025 (435 nm)
1-(2-Pyridylazo)-2-naphthol/$CHCl_3$	0,0028 (555 nm)	0,071 (555 nm)
Xylenolorange/wäßrige Lösung	0,0027[4] (535 nm);	0,067[4] (535 nm);
	0,0038[5] (535 nm)	0,094[5] (535 nm)
Xylenolorange/Tri-n-octylamin-Xylol	0,0017 (550 nm)	0,043 (550 nm)
Röntgenspektrometrie		0,4[2,6]

[1] In 0,013m ÄDTA-Lösung.
[2] F_r: ± 10%.
[3] Anregung 436 nm/Messung 525 nm.
[4] In 0,2n H_2SO_4-Lösung.
[5] In 0,8n $HClO_4$-Lösung.
[6] µg.

A. Trennungen

Große Mengen Fe kann man durch Extraktion mit Diäthyl- oder Diisopropyläther aus 6–8n HCl-Lösung von Zr abtrennen [*1–4*], wobei letzteres in der wäßrigen Phase verbleibt (s. S. 259ff.). Es wird empfohlen, alkoholfreien Diäthyläther zu verwenden, da $ZrOCl_2$ in alkoholhaltigem Äther merklich löslich ist [*3*].

Pd wird von Zr auf die gleiche Weise wie von Nb durch Ausschütteln mit MIBK aus ~ 7n H_2SO_4/KI-Lösung abgetrennt [*5*] (s. S. 850).

Die Hauptmenge von anwesendem Nb und Ta läßt sich durch Extraktion mit MIBK aus 10m HF/6m H_2SO_4-Lösung von Zr abtrennen ($D_{Ta} > 250$, $D_{Nb} = 67$, $D_{Zr} = 0{,}025$) [*6*].

Tabelle 190. Extraktion von Zr mit 0,5m TTA/Xylol aus HNO_3- und HCl-Lösung (Extraktionsdauer 10 min, $V_0 : V_w = 1:1$) [7]

n HNO_3	% extrahiert	n HCl	% extrahiert
1,3	97,5	1,7	99,3
2,1	98,8	3,4	98,5
3,2	99,6	5,2	98,5
6,3	99,6	6,9	97,5
9,5	99,3	8,6	96,0

Mit 0,5m TTA/Xylol werden Mikrogramm- und Milligramm-Mengen ($\leq$ 2 mg Zr/ml) an Zr am günstigsten aus 2n HNO_3- oder 2n HCl-Lösung extrahiert [*7*] (s. Tab. 190). Bei geringerer Säurekonzentration besteht die Gefahr einer Hydrolyse. Bei 2–4,4 mg Zr/ml muß jedoch aus 6n HNO_3- oder 6n HCl-Lösung extrahiert werden, um das Zr quantitativ zu erfassen; bei niedrigerer Säurekonzentration entsteht sonst polymeres Zr, welches mit TTA keinen Komplex bildet. Eine evtl. Störung durch teilweise anwesendes, nicht extrahierbares (polymeres oder hydrolysiertes) Zr bei der Extraktion mit TTA/Xylol beseitigt man durch Abrauchen der Probelösung mit $HF/HClO_4$ [*8*]. Anwesende Oxalsäure stört die Extraktion, weshalb man diese vorher am zweckmäßigsten mit überschüssiger 5%iger $KMnO_4$-Lösung zerstört und gebildetes MnO_2 durch Zusatz eines kleinen Überschusses an 1m Hydroxylaminhydrochlorid-Lösung löst. Während ohne $KMnO_4$-Zusatz aus einer 2n HNO_3/0,5% Oxalsäure-Lösung nur 3,5% Zr extrahiert werden, ist die Extraktion nach der Behandlung mit $KMnO_4$ vollständig. Aus der organischen Phase läßt sich Zr durch Schütteln mit dem gleichen Volumen 0,25n HNO_3/0,25n HF-Lösung (bei 1 min Schütteldauer: Ausbeute 89,6%, bei 3 min: 99,4–>99,5%) oder 0,5n HNO_3/0,5n HF-Lösung (bei 1 min Schütteldauer: Ausbeute 91,3%, bei 3 min: 99,5%) rückextrahieren [*7, 8*]. Eine zweite Möglichkeit besteht darin, die TTA-Konzentration um den Faktor 10 oder mehr durch Verdünnung mit Xylol herabzusetzen. Wenn z. B. die TTA-Konzentration auf 0,05m reduziert wird, läßt sich das Zr durch 10 min lange Extraktion mit dem gleichen Volumen 10–12n HCl oder 8n HNO_3 zu 90% rückschütteln [*7*]. Diese Arbeitsweise fand bei der Abtrennung des Zr von störendem Cr, Fe, Nb, Sn, Ti und V sowie von anderen Elementen Anwendung, indem das aus 2n HCl-Lösung mit TTA/Xylol extrahierte Zr nach 3,5facher Verdünnung der organischen Phase mittels Xylol mit 12n HCl ($V_0 : V_w = 7:1$) 15 min rückgeschüttelt wurde (Ausbeute ~ 90%) [*9*]. Durch Extraktion aus 2n HNO_3- oder 2n HCl-Lösung läßt sich das Zr von Alkali- und Erdalkalimetallen, Al, Bi, Co, Cr(III), Fe(II), Nb, Ni, S.E.(III), Sn(II), Th(IV) und U(VI) abtrennen [*7*]. Es werden dabei allerdings 2% des vorhandenen Nb in die organische Phase mitextrahiert. Dies läßt sich vermeiden, wenn die Extraktion des Zr aus 2n HNO_3/0,9% H_2O_2- oder 2n HNO_3/1,25m Hydroxylaminhydrochlorid-Lösung vorgenommen wird. Eine Abtrennung des in die organische Phase mitextrahierten ^{233}Pa von Zr kann durch 3maliges Schütteln (5 min) der organischen Phase mit dem gleichen Volumen H_2O_2 (30%) vorgenommen werden, wobei >99% des vorhandenen Pa und <1% des vorhandenen Zr in die H_2O_2-Phase übergehen. Eine weitere Möglichkeit besteht in der Extraktion des Zr aus 2n HNO_3/1% H_2O_2-Lösung mit 0,5m TTA/Xylol, wobei 97,5% des Zr und ~ 21% des Pa in die organische Phase übergehen, mit anschließender Rückschüttelung des Pa mit H_2O_2. Fe(III) wird bei einer Konzentration von 1,9 mg Fe/ml aus 2n HNO_3 mit 0,5m TTA/Xylol zu etwa 8% extrahiert. Falls Zr von Fe(III) getrennt werden soll, so empfiehlt es sich, die Extraktion aus 6n HCl-Lösung vorzunehmen, bei der Zr quantitativ, Fe(III) hingegen nur zu 0,1% in die organische Phase übergeht. Zr wird aus 3n $HClO_4$-Lösung mit 0,5m TTA/Xylol ($V_0 : V_w = 1:1$; Extraktionsdauer 10 min) nach vorangehender Behandlung mit $HF/HClO_4$ (s. oben) mit einer Ausbeute von 99,8% extrahiert [*8*]. Obwohl sich Zr mit TTA/Benzol aus 2–4n $HClO_4$- [*10–12*] oder 0,2n HCl-Lösung [*13*] besser als Hf extrahieren läßt, ist unter diesen Bedingungen zu deren Trennung eine mehrstufige Verteilung erforderlich. Hinsichtlich der Abtrennung von Zr durch Extraktion mit TTA/Xylol von Fe, Nb, Pa, T.U. u. a. Elementen [*14*] s. S. 695. Eine Trennung von Zr und Hf durch Extraktion mit Thiocyanat/Diäthyläther ist möglich [*15, 16*], jedoch von geringerer analytischer Bedeutung (s. S. 751). Zr läßt sich aus 4n HNO_3/4m $NaNO_3$-Lösung mit Mesityloxyd quantitativ extrahieren und aus dem organischen Extrakt mit Wasser rückschütteln [*16a*].

Durch Extraktion mit Di-n-Butylphosphorsäure (DBPS)-Mono-n-butyl-phosphorsäure (MBPS) (4,5:1)/Di-n-butyläther läßt sich Zr in Mikrogramm- und Milligramm-Mengen von Nb und einer Reihe anderer Elemente abtrennen [17] (s. Tab. 191, 192).

Bei der Extraktion von tracer-Mengen an Zr und Nb aus 1 m HNO_3-, HCl-, $HClO_4$- oder H_2SO_4-Lösung, welche auch gleichzeitig 0,004 m oxalsauer ist, durch 0,06 m DBPS/

Tabelle 191. Extraktion von Mikrogramm (tracer)-Mengen an Zr und anderen Elementen aus 1 n HNO_3/3% H_2O_2-Lösung mit DBPS-MBPS (4,5:1)[1]/Di-n-butyläther (Extraktionsdauer 5 min; 5 ml wäßrige Lösung; $V_0:V_w = 1:1$) [17]

m DBPS[1]	% extrahiert		
	<5%	5—95%	>95%
0,06	Cs, Sr, La, Ce (III), Ag[2], Cd, Ge, Se (IV), Te (IV), Sb (III)[3], Sb (V), As (V), Pd[2], Ru, Rh, Nb (<1%[4])	Y (15%); Sn (IV)[2] (50%), Mo[2] (15%)	Zr (99%[4,5]), In
0,6	Cs, Sr, La, Ag[2], Cd, Ge, Se (IV), Te (IV), Sb (III)[3], Sb (V), As (V), Pd[2], Ru, Rh	Mo[2] (23%), Nb (60%[4]), Ta[3] (85%)	Zr (99%[4,5]), Nb (95%[3,4]), Y, In, Sn (IV)[2]

[1] Eine aus dem im Handel erhältlichen DBPS-MBPS (1,5:1)-Gemisch 70 Vol.-%ig in Di-n-butyläther hergestellte Lösung wird durch 4 maliges Waschen mit Wasser [18] auf ein Molverhältnis DBPS:MBPS = 4,5:1 gebracht und dann durch Verdünnen mit Di-n-butyläther auf die gewünschte Molarität an DBPS eingestellt.

[2] Ag, Mo, Pd und Sn waren nicht Träger-frei und ihre Konzentration betrug (in der genannten Reihenfolge) 0,5, 8, 8 bzw. 3 µg/ml.

[3] In Abwesenheit von H_2O_2.

[4] Wäßrige Lösung gleichzeitig 0,004 m oxalsauer.

[5] In An- und Abwesenheit von H_2O_2.

Tabelle 192. Extraktion von Milligramm-Mengen an Zr und anderen Elementen aus 1 m H_2SO_4/2,5 m $(NH_4)_2SO_4$/0,004 m Oxalsäure/6% H_2O_2-Lösung mit DBPS-MBPS (4,5:1)[1]/Di-n-butyläther (Elementkonzentration jeweils 1 mg/ml; Extraktionsdauer: 15 min mit 0,06 m DBPS, 5 min mit 0,6 m DBPS; 5 ml wäßrige Lösung; $V_0: V_w = 1:1$) [17]

m DBPS[1]	% extrahiert		
	<5%	5—95%	>95%
0,06	Cs, Sr, Y, La, Ce (III), Ag, Cd, Ge, Se (IV), Te (IV), Sb (III)[2], Sb (V), As (V), Pd, Ru, Rh, Mo, Nb (~ 5%)	Sn (IV) (15%), In (85%)	Zr (>99%), I_2
0,6	Cs, Sr, La (~ 2%), Ce (III) (~ 2%), Ag, Cd, Ge, Se (IV), Te (IV), Sb (III)[2], Sb (V), As (V), Pd, Ru, Rh, Mo	Sn (IV) (50%), Ta (35%), Nb (93%; 80%[4])	Zr (99%[3]), Nb (98%[2]; 95%[2,4]), Y (~ 95%), Ho (~ 95%), In, I_2

[1] s. Fußnote[1] in Tab. 191.

[2] In Abwesenheit von H_2O_2.

[3] In An- und Abwesenheit von H_2O_2.

[4] Tracer-Mengen.

Di-n-butyläther werden bei einmaligem Ausschütteln (1 min) ~ 99% des Zr und ~ 2% des Nb extrahiert. Die Extraktionsdauer hat einen großen Einfluß auf die Ausbeute von Nb, jedoch keinen auf die des Zr. Aus HNO_3-Lösung werden bei einer Extraktionsdauer von 1, 2 bzw. 5 min 2%, 5% bzw. 10% des Nb ausgeschüttelt. Ein Zusatz von H_2O_2 reduziert die extrahierte Nb-Menge, während die Extraktion des Zr dadurch nicht beeinflußt wird. Bei Verwendung von 0,06m DBPS/0,0003m MBPS/Di-n-butyläther werden unter den Arbeitsbedingungen von Tab. 192 98% des Zr und <1% des Nb extrahiert. Sowohl Mikrogramm- als auch Milligramm-Mengen an Zr und Nb können aus der organischen Phase leicht und am zweckmäßigsten mit 4n HF rückgeschüttelt werden. Eine quantitative Extraktion des Zr läßt sich aus 1–10n HNO_3-Lösung auch durch Schütteln (30 sec bis 2 min) mit 0,00019–0,00076m DBPS[1]/$CHCl_3$ (V_0: V_w = 1:3,5) erreichen [*19*].

Hinsichtlich der extraktiven Abtrennung des Zr von Ba, Cs, I_2, Ru, S.E., Sr, Tc und Te mit Bis(2-äthylhexyl)orthophosphorsäure/n-Heptan oder /Xylol [*20, 21*] s. S. 1077.

Für die Extraktion mit TBP aus 6n HNO_3-Lösung betragen die Ausbeuten für Zr 87–90% und für Nb 41%, aus 10n HNO_3-Lösung 93–98% bzw. 63% und aus 12n HNO_3-Lösung 96–100% bzw. 88% [*17, 22*]. Die Extrahierbarkeit des Zr mit TBP wird auf dessen Gehalt an DBPS (teils bereits im Handelsprodukt enthalten, teils durch Hydrolyse beim Schütteln mit mineralsauren Lösungen gebildet) zurückgeführt [*22*]. Die Ausschüttelung des Zr läßt sich aus ~ 10n HNO_3 auch mit 0,7m TBP/CCl_4 durchführen [*23*].

Mit 0,01m Tri-n-octylphosphinoxyd/Cyclohexan kann Zr aus 7n HCl-Lösung extrahiert werden, wobei auch Cr, Fe(III), Hf, Mo, Th, Ti, U und V in die organische Phase gehen, während Alkali- und Erdalkalimetalle, As, Co, Fe(II), In, Ni, Pb und S.E. in der wäßrigen Phase bleiben (s. a. S. 283, 1360, 1368) [*24*]. Zugesetztes NH_4SCN verhindert die Mitextraktion von Fe(III) und U und vermindert die des V. Aus 7n HNO_3-Lösung wird eine geringere Zahl von Elementen ausgeschüttelt; neben Zr gehen hauptsächlich noch Sn, Th und U in den organischen Extrakt.

Durch Extraktion mit 5% Methyl-di-n-octylamin/Xylol aus 6,0n HCl-Lösung ist eine Trennung von Zr und Pa möglich ($E\%_{Pa} = 98{,}0$, $E\%_{Zr} = 1{,}2$) [*25*]. Aus 12n HCl-Lösung dagegen werden beide Elemente praktisch vollständig ausgeschüttelt ($E\% = 99{,}5$). Aus 11n HCl wurde Zr auch mit 3,5% Tri-n-octylamin/Xylol vollständig extrahiert (s. a. S. 1370) [*25a*].

Durch Extraktion mit Cupferron/$CHCl_3$ aus stark saurer Lösung kann Zr von einer Reihe anderer Elemente abgetrennt werden (s. S. 340ff.). Zr läßt sich aus 10n HCl-Lösung mit N-Benzoyl-N-phenylhydroxylamin/$CHCl_3$ extrahieren und so von anderen Elementen abtrennen (s. S. 347) [*25b*]. Selektiver erfolgte die Isolierung des Zr durch Extraktion mit N-Benzoyl-N-phenylhydroxylamin/Benzol bei pH 7,2–8,0 aus 3,5% Ammoniumcitrat/0,2% H_2O_2/~ 1% $(NH_4)_2CO_3$/0,3% KCN/0,5% Thioglykolsäure-Lösung und Rückschüttelung aus der organischen Phase mit 0,1n HCl/0,03m HBF_4, woran sich die Extraktion und photometrische Bestimmung mit Oxin/Xylol aus ammoniakalischer Lösung bei pH 9,0 anschloß [*25c*]: die Bestimmung von 8–55 µg Zr wird nicht gestört durch 150 mg U(VI), jeweils 10 mg As, Ba, Ca, Cd, Ce(IV), Co, Cr(VI), Cs, Cu, Hg, K, La, Li, Mg, Na, Ni, Pb, Pd, Pt, Rh, Ru, S.E., Sr, Th, Tl, Y und Zn, jeweils 5 mg Bi, Fe(III), Ir, Mo, Sb(V) und Ta, jeweils 1 mg Ag, Al, Be, Ga, In, Mn, Nb, Re, Se, Si, Sn(IV), Te, Ti, V(V) und W. Hinsichtlich weiterer Trennungsmöglichkeiten mit Hilfe von Extraktionsverfahren s. S. 259ff.

---

[1] MBPS im Mengenverhältnis DBPS: MBPS = 40:1 enthaltend.

Die Elektrolyse mittels Hg-Kathode kann wie bei Ti auch bei Zr zu dessen Abtrennung von großen Mengen vieler Schwermetalle verwendet werden [*26, 27*] (s. S. 57, 390ff.).

Zur Isolierung des Zr werden auch Kationen- und Anionenaustauscher verwendet. Bei der Trennung von Zr, Ti und Th werden die Elemente bei pH 2 am Kationenaustauscher Dowex 50 adsorbiert, mit 1%iger Citronensäurelösung (pH 1,75) zuerst Zr und dann Ti und schließlich Th mit 0,052m Diammoniumcitratlösung (pH 4,98) eluiert [*28*]. Der gleiche Austauscher fand zur Trennung von ^{95}Zr und ^{95}Nb Anwendung, indem beide Elemente aus 0,1n HCl-Lösung adsorbiert, dann Nb mit 0,1n HCl/0,3% H_2O_2 oder 1n HCl/3% H_2O_2 und anschließend Zr mit 0,5%iger Oxalsäure-Lösung eluiert wurden [*29*]. Die Trennung des Zr ($\leqq$ 1 mg) von 100 mg Al, Ca, Cd, Co, Cr(III), Cu(II), Fe(III), Mg, Mn(II), Ni, S.E., Ti(IV) und Zn, sowie von 10 mg Th erfolgte durch Adsorption an den Anionenaustauscher Amberlite IRA-400 (SO_4^{2-}-Form) aus 0,1n H_2SO_4-Lösung, wobei Zr auf der Säule bleibt [*30*]. Anschließend läßt es sich mit 4n HCl eluieren und wird dabei teilweise oder vollständig von Mo, Sn, U, V und W begleitet. Aus 0,1n H_2SO_4/0,5% NaF-Lösung kann 1 mg Zr mittels desselben Austauschers (oder auch Dowex 1 bzw. Dowex 2) von 1000 mg H_3PO_4, 400 mg Al, 300 mg Mg, 200 mg Cd, Co, Cu(II), Fe(III), Mn, Ni und Zn, 100 mg Cr(III), 50 mg Pb, 25 mg Th, 20 mg As(III) und Bi abgetrennt werden, wobei Zr auf der Säule bleibt und nach Waschen mit 0,1n H_2SO_4 wie früher mit 4n HCl eluiert und dabei von Mo(VI), Sb(III), Sn(II), Ti(IV), U(VI), V(V) und W(VI) teilweise oder vollständig begleitet wird [*31, 32*]. Vom mitadsorbierten Ti läßt sich aber eine Trennung herbeiführen, wenn dieses mit 3% H_2O_2/0,1n H_2SO_4 ausgewaschen, die Säule mit 0,1n H_2SO_4 nachgewaschen und danach Zr eluiert wird. Zur Abtrennung von Mo, V, W und der Hauptmenge an U wird ein Sodaaufschluß vor der Säulentrennung empfohlen. Eine Mitfällung des Zr mit den Fluoriden der Erdalkalimetalle und S.E. verhindert man durch Zusatz von Al (im Mengenverhältnis Ca oder S.E.: Al = 1:1). Durch Adsorption mittels Amberlite IRA-400, Dowex 1 oder Dowex 2 aus 2%iger Ascorbinsäurelösung (pH 4–4,5) und anschließende Elution mit 1n HCl läßt sich Zr von Al, Cr, Fe, Alkali- und Erdalkalimetallen, S.E. usw., nicht jedoch von Mo, Th, Ti, U, V und W abtrennen [*33*]. Große Mengen Pu(IV) können durch Adsorption aus 7,3n HNO_3-Lösung am Anionenaustauscher Dowex 1 von Zr abgetrennt werden, wobei letzteres sich im Durchlauf befindet [*34*]. Eine Trennung von Zr und Pa ist durch Adsorption aus >9n HCl-Lösung an Dowex 1 mit anschließender Elution des Zr mit 6–7n HCl (~ 95% des Zr und ~ 0,1% des Pa gehen in das Eluat) und danach der des Pa mit verdünnter HCl möglich [*35*]. Auf die Trennung von Zr und Hf wurde bereits früher eingegangen (s. S. 751). Hinsichtlich der Trennung des Zr von Mo, Nb, Ta, Ti und W mit Hilfe des Anionenaustauschers Dowex 1X8 [*36*] s. S. 1147 und 1200. Aus 1m HF-Lösung werden Mo, Nb, Ta, Ti, W und Zr auf dem Anionenaustauscher De-Acidite FF (Polyäthylensäule 13 cm × 0,19 cm², mit 1 g Harz, Cl^--Form, gefüllt) adsorbiert, während Al, Co, Cr(III), Cu, Fe(III), Mn(II), Ni und V(IV) beim Waschen mit 1m HF in den Durchlauf (insgesamt 12–16 ml) gehen [*36a*]. Die verbliebenen Elemente eluiert man der Reihe nach [*36a*]: Ti [und Zr + V(V)] mit 11 ml 0,01m HF/9m HCl, W mit 18 ml 3m HF/10m HCl, Nb mit 18 ml 0,2m HF/7m HCl, Mo mit 20 ml 3m HF/3m HCl und Ta mit 16 ml 1m NH_4F/4m NH_4Cl-Lösung. Zr und Hf wurden mittels reversed-phase-Chromatographie getrennt [*36b*]: auf die Säule [1,4 cm ⌀, 50 cm lang; Füllung: Teflon 6-Pulver (70/80 mesh), mit MIBK (mit 3m Thiocyanat-Lösung gesättigt) als stationärer Phase] gibt man die 3–4m NH_4SCN/0,2m $(NH_4)_2SO_4$-Lösung, eluiert zuerst Zr mit 60–90 ml 4m NH_4SCN/0,2m $(NH_4)_2SO_4$-Lösung, danach Hf mit 30–50 ml 1,2m $(NH_4)_2SO_4$- oder 1,0m H_2SO_4-Lösung.

Für die Isolierung des Zr durch Fällung findet eine größere Zahl von organischen Reagentien Verwendung [37]. Von diesen ist p-Dimethylaminoazophenylarsonsäure zur Spurenfällung in ~ 1,5n HCl-Lösung geeignet [38], doch werden außer Zr noch Nb, Ta, Th, Ti und W teilweise mitgefällt. Wenn man die Fällung in 30 Vol.-% HCl-Lösung in Anwesenheit von Bernsteinsäure durchführt [39], wird eine Mitfällung des Ti vermieden. Durch Fällung mit Phenylarsonsäure in ~ 1,2n HCl-Lösung wurde Zr aus Aluminium, Al-Mg-Zn-, Cu-Cr-, Cr-Ni-Fe-Legierungen und Stahl isoliert (s. S. **1372** f.) [42]. Auch Cupferron diente zur Isolierung von Zr aus Stahl (s. S. **1371**). Daneben wird oftmals auch p-Brommandelsäure verwendet [40]. Kleine Zr-Mengen können durch Hydroxydfällung mittels Ammoniak mit Ti als Spurenfänger isoliert werden [41]. Durch Phosphatfällung in HCl (1 + 9)- oder H_2SO_4 (1 + 9)-Lösung lassen sich in erster Linie größere Mengen Zr isolieren und dabei von vielen Elementen abtrennen. Eine Mitfällung von Ti vermeidet man dabei durch dessen Maskierung mit H_2O_2. Falls PO_4^{3-} bei der anschließenden Bestimmung des Zr stört, muß es, beispielsweise durch Aufschluß mit Na_2CO_3, entfernt werden. Ein Alkaliaufschluß ermöglicht eine Abtrennung des Zr von As, Cr, Mo, V, W, SO_4^{2-}, F^- und PO_4^{3-}, die ins Filtrat gehen, doch müssen zur Vermeidung von Zr-Verlusten in der Schmelze etwa 5–10 mg Fe(III) anwesend sein [38].

B. Alizarinsulfosäure

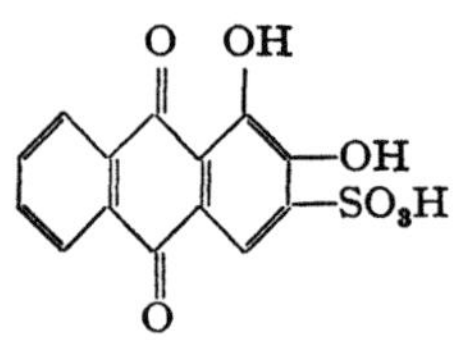

Zr bildet in saurer Lösung mit der orangegelben Alizarinsulfosäure (Natriumsalz der 1,2-Dihydroxyanthrachinon-3-sulfosäure; Alizarinrot S) einen roten Farblack [43–47]. Zahlreiche andere Elemente reagieren mit Alizarinsulfosäure (s. S. **1043**, **1080**). Im Gegensatz zu den meisten anderen Elementen ist der Zr-Farblack bei relativ hoher Säurekonzentration stabil, so daß die Störungen durch die übrigen Elemente geringer sind. Die Farbreaktion wird zweckmäßig in 0,1n HCl-Lösung durchgeführt [43, 44] (Optimum bei pH 0,6–1,5 [44]), doch erfolgte sie auch in 1,5n HCl-Lösung unter Erhitzen auf 85° C [45] (Streuungen durch eine evtl. auftretende teilweise Hydrolyse des Zr werden so vermieden), ~ 1n HCl-Lösung [47] (gleichfalls mit Erhitzen auf 70–90° C) und in $HClO_4$-Lösung bei pH 1–2 [46]. Das Extinktionsmaximum liegt bei 520–540 nm ($\varepsilon_{520} = 7200$ [43] bzw. 6500 [44]; s. Abb. 249). Die Eichkurve ist im Bereich von 0,35–14 µg Zr/ml linear. Die Farbentwicklung ist in 0,1n HCl-Lösung innerhalb 15 min [44] bis 1 Std [43] vollständig. Ein Zusatz von 4–10 Vol.-% Aceton und Erhitzen beschleunigt die Farbbildung [47]. Die Farbe ist 4 Std [43] bis 2–3 Tage [44] stabil.

In 0,1n HCl-Lösung stören folgende Elemente (in µg/ml) nicht [44]: Al (40), Cu (40), Fe (50), Mg (5000), Mn (50), Ni (120), Pb (100), S.E. (90), Th (400) und Zn (180). In ~ 1n HCl-Lösung verursachen keine Störung (in µg/ml) [47]: Al (100), Be (20), Ce(IV) (20), Fe(III) (100), Mo(VI) (10) und U(VI) (200). In 1,5n HCl-Lösung stören die nachfolgenden Elementmengen (in µg/ml) nicht [45]: Ag (500; in $HClO_4$-Lösung), Ba (500), Bi (500), Ca (500), Cd (1000), Cu (500), Fe(II) (1000), In (110), K (1000), Li (500), Mg (1000), Mn (1000), Na (1000), Ni (22), Pb (500), S.E. (500), Si (35), Sr (500), Th (100), Tl(III) (500) und Zn (500). 1000 µg Al/ml täuschen 0,075 µg Zr/ml vor und 1000 µg Sn

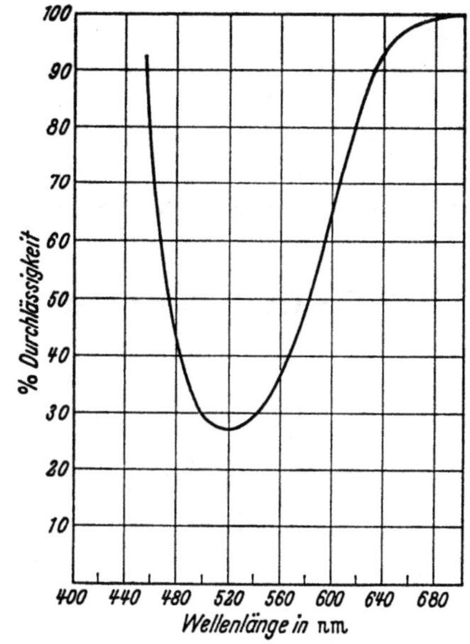

Abb. 249. Durchlässigkeitskurve von Zr + Alizarinsulfosäure (gegen den Blindwert gemessen) [*44*]

(II) oder Sn(IV)/ml 0,3 µg Zr/ml [*45*]. Störendes Fe(III) reduziert man mittels Ag-Reduktor [*43*] oder $SnCl_2$ [*45*]. Bei Reduktion mit Thioglykolsäure erhält man in Anwesenheit von zuviel Reduktionsmittel zu niedrige Werte [*45*]. >100 µg Si/ml (als Na_2SiO_3) ergeben ebenfalls Minderbefunde. Cl^-, ClO_4^- und <200 µg SO_4^{2-}/ml stören nicht. F^- (>10 µg/ml), PO_4^{3-}, Sb, W und organische Hydroxysäuren müssen abwesend sein. Hf stört.

Der Zr-Alizarinsulfosäure-Komplex kann aus 0,01n HCl/1,25% Trichloressigsäure-Lösung bei pH 1,15 nach 60 min Reaktionszeit mit n-Butanol extrahiert und im organischen Extrakt bei 520 nm photometriert werden [*48*].

Alizarinsulfosäure fand zur photometrischen Bestimmung von Zr in Eisen und Stahl [*49*], Aluminiumlegierungen [*50*], Wismutlegierungen [*51*], Magnesiumlegierungen [*44*, *45*], Thorium [*47*] und Ton [*43*] Anwendung.

Arbeitsvorschrift

I. Farbentwicklung in 0,1n HCl-Lösung [*43*]

Reagentien

6n HCl;

Alizarinsulfosäure (Natriumsalz), 0,05%ige wäßrige Lösung.

Die saure Probelösung (~ 0,1n HCl; 35—1400 µg Zr enthaltend) versetzt man in einem 100 ml-Meßkolben mit soviel HCl, daß im Endvolumen eine Säurekonzentration von 0,1n HCl vorliegt, verdünnt mit Wasser auf ~ 95 ml, versetzt mit 2,0 ml Alizarinsulfosäure-Lösung, füllt mit Wasser zur Marke auf und photometriert nach 1 Std in einer 1 cm-Küvette bei 520 nm gegen den Blindwert.

II. Farbentwicklung in 1,5n HCl-Lösung [*45*]

Reagentien

7n HCl;

Alizarinsulfosäure (Natriumsalz), 0,15%ige wäßrige Lösung.

~ 10 ml saure Probelösung (~ 0,25n HCl; 18–800 μg Zr enthaltend) versetzt man in einem 100 ml-Meßkolben mit 5,0 ml 7n HCl sowie 10,0 ml Alizarinsulfosäure-Lösung (für 18–800 μg Zr; 2,0 ml Reagenslösung bei 18–150 μg Zr), bringt bei Bedarf mit Wasser auf 25 ml (die Säurekonzentration soll jetzt 1,5n HCl betragen) und erhitzt 3 ± 0,5 min im siedenden Wasserbad. Danach wird abgekühlt, mit Wasser zur Marke aufgefüllt und in einer 2 cm-Küvette bei 560 nm gegen den Blindwert photometriert.

C. Brenzcatechinviolett

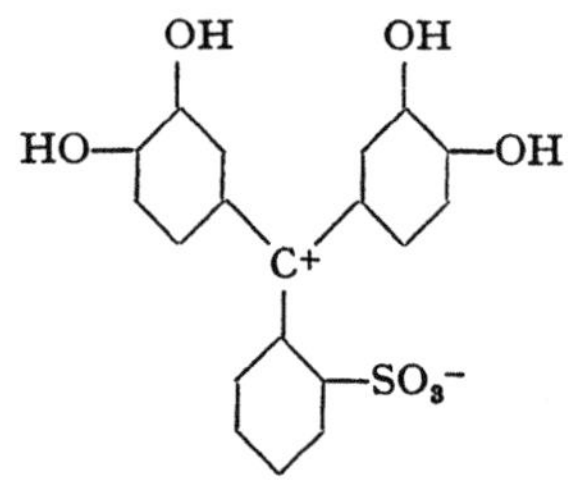

Zr bildet mit Brenzcatechinviolett[1] (BCV) (3,3',4'-Trihydroxyfuchson-2''-sulfosäure) bei pH 4,9–5,7 einen blauen, wasserunlöslichen Komplex, der in ~ 1 Std ausfällt, aber mit Gelatine bis zu 24 Std stabilisiert werden kann [*52, 53*]. Das Extinktionsmaximum liegt bei 650 nm ($\varepsilon_{650} = 32600$) [*53*]. Das Beersche Gesetz gilt im Bereich von 0,07–2 μg Zr/ml. In Anwesenheit von Gelatine und Thioglykolsäure ist die Farbe 2 Std stabil. Die Bestimmung von 1 μg Zr/ml (in Anwesenheit von Thioglykolsäure) wird nicht gestört durch (μg/ml; relativer Fehler, %) [*53*]: Ce(III) (15; +5), Cr(III, VI) (15; 0), Fe(II, III) (6; +5), La (30; +5), Mo(VI) (6; +5), Ni (15; 0), Th (10; +5), U(IV) (3; +5), U(VI) (30; 0) und V(IV) (1; +5). Weiterhin stören nicht jeweils 5 mäqu Cl^-, NO_3^-, ClO_4^- und BO_3^{3-}. Es stören Hf, jeweils 1 μg Al und Ti, > 1 μg V(IV), außerdem F^-, Oxalat, Tartrat und Citrat. SO_4^{2-} und Natriumacetat beeinflussen die Farbintensität, weshalb deren Konzentration konstant sein sollte.

Durch Zusatz von ÄDTA läßt sich die Störung durch andere Elemente vermindern [*52*], doch ist dann auch die Nachweisempfindlichkeit geringer. In 0,013m ÄDTA-Lösung mit pH 5,2 liegt das Extinktionsmaximum bei 620 nm ($\varepsilon_{620} = 9500$ [*52*] bzw. 10500 [*55*]). Das Beersche Gesetz ist im Bereich von 0,23–3 μg Zr/ml erfüllt. In Anwesenheit von ÄDTA [Arbeitsvorschrift I. b)] stören nicht [*52*]: bis zur 3000fachen molaren Menge (bezogen auf Zr) Ag, Al, As(III, V), Ba, Bi, Ca, Cd, Ce(III), Co, Cs, Cu(II), Fe(III), Hg(II), K, Li, La, Mg, Mn, Mo, Na, Ni, Pb, Rb, Sr, Tl, V ,W und Zn, die 500fach molare Menge an Ga und In, die 100fach molare Menge Cr, Th, Ti und U. Weiterhin stören nicht Cl^-, Br^-, I^-, SO_4^{2-} und ClO_4^-. Es stören Hg(I), Sb, Sn, Y, Oxydationsmittel, F^-, PO_4^{3-}, Oxalat, Tartrat und Citrat. In Anwesenheit von Be muß mehr F^- zur Entfärbung zugesetzt werden. Störendes Ce(IV) kann mit Ascorbinsäure reduziert werden.

Zur Beseitigung der Störungen durch andere Elemente kann das Zr mit Tri-n-octylphosphinoxyd/Cyclohexan aus 7n HCl/Thiocyanat- oder 7n HNO_3-Lösung extrahiert und im organischen Extrakt mit BCV bei 655 nm (s. Abb. 250; $\varepsilon_{655} \approx 40000$) photometrisch bestimmt werden [*24*]. Das Beersche Gesetz gilt im Bereich von 0,06–1 μg

---

[1] BCV aus einzelnen Herstellungsserien auch vom gleichen Hersteller kann zu Unterschieden von 25—30% des ε-Wertes führen [*54*]. Deshalb muß die Eichkurve bei jeder neuen BCV-Lieferung überprüft werden.

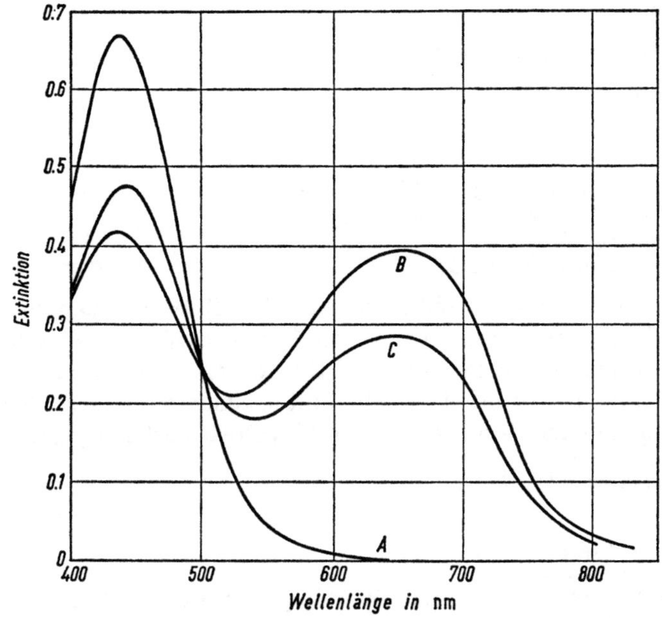

Abb. 250. Extinktionskurven von Brenzcatechinviolett (BCV) (*a*) und Zr + BCV (*b* aus HCl-Lösung, *c* aus HNO_3-Lösung extrahiert) in TOPO/Cyclohexan-Äthanol (gegen Äthanol gemessen) [*24*]

Zr/ml Cyclohexan-Äthanol. Die Farbe ist sofort entwickelt und 2 Std stabil. Ein Wassergehalt des zum Auffüllen verwendeten Äthanols vermindert die Empfindlichkeit: gegenüber absolutem Äthanol ist die Extinktion bei einem Gehalt von 1% Wasser um 5%, bei 5% Wasser um ~ 20% niedriger. Durch den Zusatz von NH_4SCN wird eine Extraktion von Fe, U und V aus 7n HCl-Lösung vollständig oder weitgehend verhindert. Aus 7n HCl-Lösung werden nicht extrahiert und stören daher nicht: Alkali- und Erdalkalimetalle, As, Co, Fe(II), In, Ni, Pb und S.E. Weiterhin wird die Bestimmung von 10 µg Zr bei Arbeitsvorschrift II.a) durch folgende Elementmengen (µg) nicht gestört [*24*]: Al (200), Cr(VI) (80), Fe(III) (120), Th (30), U (120), V(IV) (7500), V(V) (1000), PO_4^{3-} (750) sowie bis zu 150 mg SO_4^{2-}. Es stören Hf, Mo und Ti. Bei Arbeitsvorschrift II.b) werden nicht extrahiert und stören daher nicht: Alkali- und Erdalkalimetalle, Al, As, Co, In, Ni, Pb und S.E. Weiterhin wird die Bestimmung von 10 µg Zr durch folgende Elementmengen (µg) nicht gestört [*24*]: Cu(80), Fe(III) (170), Mo(VI) (170), V(IV) (3750), V(V) (1500), Ti (100), Cl^- (180000) sowie ≦ 50 µg PO_4^{3-}/ml. Es stören Hf, Sn, Th und U, sowie größere Mengen SO_4^{2-} und PO_4^{3-}. Durch eine Erhöhung der TOPO-Konzentration läßt sich die Störung von SO_4^{2-} beseitigen und das Zr wird mit 0,1m TOPO/Cyclohexan aus 7n HNO_3/2m H_2SO_4-Lösung vollständig extrahiert [*54*]. Wäscht man den TOPO/Cyclohexan-Extrakt mit 7n HNO_3 [*24*, *54*], so wird die Bestimmung von 4–125 µg Zr nicht gestört durch jeweils 100 mg Al, Cu, Fe, Mg, Ni, Nb, Sn, Ti und V, sowie kleinere Mengen Cr (~ 20 mg), Mo (~ 5 mg) und W (~ 15 mg) [*54*].

Nach vorangehender Abtrennung von Fe durch Extraktion mit MIBK wurde Zr in unlegiertem Stahl (45–800 ppm Zr) mit BCV nach Arbeitsvorschrift I.b) (s. S. 1360) bestimmt [*55*].

Arbeitsvorschrift

I. Bestimmung in wäßriger Lösung

a) In Abwesenheit von ÄDTA [53]

Reagentien

7 n Ammoniak.
Brenzcatechinviolett (BCV), 0,05%ige wäßrige Lösung.
Thioglykolsäure, 4 Vol.-%ige wäßrige Lösung.
Gelatine, 0,6%ige wäßrige Lösung.
Natriumacetat, 30%ige wäßrige Lösung.

Bis zu 15 ml Probelösung (2—50 µg Zr enthaltend) bringt man in einem 50 ml-Becherglas mit H_2SO_4 auf einen Gehalt von 5 mmol SO_4^{2-}, versetzt mit 1 ml Thioglykolsäure, 2 ml Gelatinelösung, 1,00 ml BCV-Lösung sowie 5 ml Natriumacetat-Lösung, stellt mit Ammoniak auf pH 5,1 ein, füllt in einem 25 ml-Meßkolben mit Wasser zur Marke auf und photometriert in einer 1 cm-Küvette bei 650 nm gegen den Blindwert.

b) In Anwesenheit von ÄDTA [52]

Reagentien

Ammoniak (1 + 9); HF (2%).
ÄDTA, 4%ige wäßrige Lösung.
Pufferlösung (pH 5,2); 2,7%ige Ammoniumacetatlösung stellt man mit Essigsäure auf pH 5,2 ein.
NH_4F, 1%ige wäßrige Lösung.
BCV, 0,037%ige wäßrige Lösung.

Die Probelösung (6—75 µg Zr enthaltend) versetzt man in einem Becherglas mit 5 ml ÄDTA-Lösung sowie 5 ml Pufferlösung, stellt mit Ammoniak auf pH 5,2 ein, führt in einen 25 ml-Meßkolben über, fügt 2,00 ml BCV-Lösung hinzu und füllt mit Pufferlösung zur Marke auf. Die Lösung wird in zwei 25 ml-Erlenmeyerkolben (A und B; mit Stopfen) geteilt, die Lösung im Kolben B mit 1—2 Tropfen HF (2%) oder NH_4F-Lösung entfärbt und nach 30 min Standzeit Lösung A in einer 1 cm-Küvette bei 620 nm gegen Lösung B photometriert.

II. Extraktion mit TOPO/Cyclohexan und Bestimmung in der organischen Phase [24]

Reagentien

NH_4SCN;
0,01 m Tri-n-octylphosphinoxyd (TOPO) und 0,02 m TOPO in Cyclohexan.
BCV, 0,05%ig in absolutem Äthanol (frisch hergestellt).
Pyridin. Äthanol (absolut).

a) Extraktion aus HCl-Lösung

≦ 25 ml 7 n HCl-saure Probelösung (2,5—125 µg Zr enthaltend) versetzt man in einem 75 ml-Schütteltrichter mit 700 mg NH_4SCN, schwenkt bis das Salz gelöst ist, extrahiert dann 10 min mit 5,00 ml 0,01 m TOPO/Cyclohexan, führt nach der Phasentrennung einen aliquoten Teil des organischen Extraktes von 1,00 ml bis 3,00 ml in einen trockenen 25 ml-Meßkolben über, versetzt mit 10 ml Äthanol, 1,50 ml BCV-Lösung sowie 5,0 ml Pyridin, füllt mit Äthanol zur Marke auf und photometriert sofort [24] oder nach 5 min [54] in einer 1 cm-Küvette bei 655 nm gegen Äthanol. Ein Blindwert wird abgezogen.

b) Extraktion aus HNO_3-Lösung

≦ 25 ml 7 n HNO_3-saure Probelösung (2,5—125 µg Zr enthaltend) extrahiert man in einem 75 ml-Schütteltrichter 10 min mit 5,00 ml 0,02 m TOPO/Cyclohexan und fährt nach a) fort.

1. Metalle und Legierungen

1.1. Aluminium und Aluminiumlegierungen

B: 10–1250 ppm Zr. F_{rm}: ±5%.

Arbeitsvorschrift [*54*]

0,1 g Probematerial wird wahlweise nach a) oder b) gelöst:

a) mit 10 ml 10%iger NaOH (bei Bedarf unter schwachem Erwärmen), 5 ml Wasser sowie 12 ml HNO_3 (1,42) hinzugefügt und mit der Extraktion nach Verfahren C. 1.6. a), b) (s. S. 1362) fortgefahren;

b) mit 10 ml HCl (1 + 1) (bei Bedarf unter schwachem Erwärmen), 5 ml H_2SO_4 (1 + 4) hinzugefügt, bis zum Auftreten der SO_3-Nebel eingedampft, abgekühlt, mit 11 ml HNO_3 (1,42) sowie 14 ml Wasser versetzt, zum Siedepunkt erhitzt, um den Rückstand zu lösen, abgekühlt und mit der Extraktion nach Verfahren C. 1.6. a), b) (s. S. 1362) fortgefahren.

1.2. Kupfer und Kupferlegierungen [*54*]

B: 10–1250 ppm Zr. F_{rm}: ±5%.

0,1 g Probematerial wird mit 25 ml HNO_3 (1 + 1) gelöst, zum Vertreiben der Stickoxyde 2–3 min gekocht, abgekühlt und mit der Extraktion nach Verfahren C. 1.6. a), b) (s. S. 1362) fortgefahren.

1.3. Eisen und Stahl [*54*]

Das Verfahren eignet sich für unlegierten und legierten Stahl, z. B. mit 18% Cr, 12% Ni und 3% Mo.

B: 10–1250 ppm Zr. F_{rm}: ±5%.

0,1 g Probematerial wird mit 5 ml H_2SO_4 (1 + 4) unter Erwärmen gelöst, mit einigen Tropfen HNO_3 (1,42) oxydiert, bis zum Siedepunkt erhitzt, nach den Abkühlen 11,0 ml HNO_3 (1,42) sowie 9 ml Wasser hinzugefügt und mit der Extraktion nach Verfahren C. 1.6. a), b), c) (s. S. 1362) fortgefahren, wobei man den organischen Extrakt nach c) mit 7 n HNO_3 zusätzlich wäscht.

1.4. Magnesium und Magnesiumlegierungen [*54*]

B: 10–1250 ppm Zr. F_{rm}: ±5%.

0,1 g Probematerial wird wahlweise nach a) oder b) gelöst:

a) nach Verfahren C. 1.2. (s. S. 1361);

b) mit 5 ml H_2SO_4 (1 + 4), mit 11,0 ml HNO_3 (1,42) und 9 ml Wasser versetzt, 2–3 min die Stickoxyde verkocht und nach dem Abkühlen nach Verfahren C. 1.6. a), b) (s. S. 1362) fortgefahren.

1.5. Nickel und Nickellegierungen [*54*]

Verfahren b) wird bei Nickellegierungen mit höherem Cr-Gehalt angewandt.

B: 10–1250 ppm Zr. F_{rm}: ±5%.

a) Die Analyse wird nach Verfahren C. 1.2. (s. S. 1361) durchgeführt.

b) 0,1 g Probematerial wird mit 10 ml Mischsäure [40 ml Wasser + 5 ml HNO_3 (1,42) + 5 ml H_2SO_4 (1,84)] gelöst, bis zum Auftreten der SO_3-Nebel eingedampft, 10 min abgeraucht, abgekühlt, 11 ml HNO_3 (1,42) und 14 ml Wasser hinzugefügt, zum Lösen des Rückstandes schwach erhitzt, abgekühlt und mit der Extraktion nach Verfahren C. 1.6. a), b) (s. S. 1362) fortgefahren.

1.6. Niob und Nioblegierungen

Gehalte bis zu 20% W, 15% Co oder Cr oder 10% Mo stören nicht. Es stören >0,5% V, >0,2% Fe oder >0,05% Ti. Gehalte von bis zu 100% Fe, Ti oder V stören nicht, wenn der organische Extrakt nach Vorschrift c) zusätzlich mit 7n HNO_3 gewaschen wird. Hf stört bzw. wird miterfaßt und muß daher abwesend sein.

B: 10–1250 ppm Zr. F_{rm}: ±5%. *Z:* 12 Bestimmungen/Tag.

Arbeitsvorschrift [*54*]

Reagentien

H_2SO_4 (1,84); HNO_3 (1,42); 7n HNO_3; $KHSO_4$.

0,1 m Tri-n-octylphosphinoxyd (TOPO)/Cyclohexan; 1,93 g TOPO werden in 50 ml Cyclohexan gelöst (frisch hergestellt, 24 Std haltbar).

Zr-Standardlösung; 0,1 g Zr wird in einer Platinschale mit 5 ml Wasser und tropfenweisem Zusatz von HF (40%) gelöst, mit einigen Tropfen HNO_3 (1,40) oxydiert, durch gelindes Erhitzen die Stickoxyde vertrieben, abgekühlt, 10 ml H_2SO_4 (1,84) hinzugefügt, bis zum Auftreten der SO_3-Nebel erhitzt, ~ 10 min abgeraucht und abgekühlt. Die abgekühlte Lösung versetzt man mit 20 ml Wasser, führt in einen 100 ml-Meßkolben über, fügt 20 ml H_2SO_4 (1,84) hinzu und füllt mit Wasser zur Marke auf. Von dieser Lösung verdünnt man einen aliquoten Teil von 5,00 ml mit Wasser auf 500 ml (1 ml ≡ 10 µg Zr).

Übrige Reagentien wie bei Arbeitsvorschrift C. II. (s. S. 1360).

a) Aufstellung der Eichkurve

Steigende Mengen Zr-Standardlösung, d. h. 2,0, 4,0, 6,0, 8,0, 10,0 und 12,0 ml werden in 6 100 ml-Schütteltrichter oder -Erlenmeyerkolben mit Schliffstopfen vorgelegt, jeweils mit 11 ml HNO_3 (1,42) versetzt, mit Wasser auf 25 ml verdünnt, 15 min mit 5,00 ml TOPO/Cyclohexan extrahiert (Schüttelmaschine) und nach der Phasentrennung ein aliquoter Teil von 1,00 ml des organischen Extraktes nach Arbeitsvorschrift C. II. a) [*24*] (s. S. 1360) weiter behandelt.

b) Analyse von Probematerial mit <0,2% Fe, <0,05% Ti und <0,5% V

0,1 g Probematerial wird in einem 100 ml-Erlenmeyerkolben mit Schliffstopfen mit 2,0 g $KHSO_4$ sowie 5 Tropfen (~ 0,3 ml) H_2SO_4 (1,84) bis zum vollständigen Lösen erhitzt, nach dem Abkühlen mit 11 ml HNO_3 (1,42) und 14 ml Wasser versetzt, bis zum Lösen der Schmelze erhitzt, abgekühlt und mit der Extraktion mit 5,00 ml TOPO/Cyclohexan nach a) fortgefahren. Für Gehalte von ≧ 40 ppm Zr verwendet man zum Photometrieren 1,00 ml des organischen Extraktes und 2 cm-Küvetten, bei ≦ 40 ppm Zr 2,00 ml organischen Extrakt und 4 cm- oder 5 cm-Küvetten.

c) Probematerial mit >0,2% Fe, >0,05% Ti und >0,5% V

Bei Proben mit >0,5% V, >0,2% Fe oder >0,05% Ti werden nach der Extraktion und Phasentrennung 4 ml des organischen Extraktes zusätzlich noch 15 min mit 25 ml 7n HNO_3 gewaschen (mechanisch geschüttelt) und nach der Phasentrennung mit der photometrischen Bestimmung nach a) fortgefahren.

1.7. Zinn [*54*]

B: 10–1250 ppm Zr. F_{rm}: ±5%.

Die Analyse wird nach Verfahren C. 1.3. (s. S. 1361) durchgeführt, wobei das Waschen des organischen Extraktes mit 7n HNO_3 nach Verfahren C. 1.6. c) entfällt.

1.8. Titan und Titanlegierungen [54]

B: 10–1250 ppm Zr. F_{rm}: ±5%.

Die Analyse wird nach Verfahren C. 1.6. a), b), c) (s. S. 1362) durchgeführt, wobei man den organischen Extrakt nach c) mit 7n HNO_3 zusätzlich wäscht.

1.9. Vanadin und Vanadinlegierungen [54]

B: 10–1250 ppm Zr. F_{rm}: ±5%.

0,1 g Probematerial wird in einem Gemisch von 2 ml H_2SO_4 (1 + 4), 12 ml Wasser und 11 ml HNO_3 (1,42) unter Erwärmen gelöst, abgekühlt und mit der Extraktion nach Verfahren C. 1.6. a), b), c) (s. S. 1362) fortgefahren, wobei man den organischen Extrakt nach c) mit 7n HNO_3 zusätzlich wäscht.

1.10. Tantal [54]

Das Zr wird zuerst durch Hydroxydfällung mit $Mg(OH)_2$ als Spurenfänger vorisoliert.

B: 10–1250 ppm Zr. F_{rm}: ±5%.

0,1 g fein zerkleinertes Probematerial (bei >200 ppm Zr) versetzt man in einer Platinschale mit 2,5 ml Mg-Lösung [0,1 g Mg in 25 ml H_2SO_4 (1 + 24) gelöst], dampft zur Trockene, führt durch Glühen (1 Std bei 700° C) in Oxyd über, schließt mit 2 g K_2CO_3 auf, löst die erkaltete Schmelze unter Erwärmen mit ~20 ml Wasser, fügt ein wenig Filterflocken hinzu und läßt 1 Std stehen. Danach wird der Niederschlag abfiltriert, mit Wasser gewaschen, Filter mit Niederschlag in der ursprünglichen Platinschale verascht, mit 2,0 g $KHSO_4$ aufgeschlossen, die abgekühlte Schmelze unter Erwärmen mit 11 ml HNO_3 (1,42) und 4 ml Wasser gelöst, unter Nachwaschen mit 10 ml Wasser in einen 100 ml-Schütteltrichter oder -Erlenmeyerkolben mit Schliffstopfen übergeführt und mit der Extraktion nach Verfahren C. 1.6. a), b) (s. S. 1362) fortgefahren.

Bei Gehalten von <200 ppm Zr verwendet man 0,5 g Probematerial, schließt mit 10 g K_2CO_3 auf und löst die Schmelze mit 100 ml Wasser.

1.11. Wolfram [54]

Das Zr wird zuerst durch Hydroxydfällung mit $Mg(OH)_2$ als Spurenfänger vorisoliert.

B: 10–1250 ppm Zr. F_{rm}: ±5%.

0,1 g fein zerkleinertes Probematerial (bei <200 ppm Zr verwendet man 0,5 g Probe) wird in einer 50 ml-Platinschale mit 5 ml Wasser, 5 ml HF (40%) und tropfenweisem Zusatz von HNO_3 (1,42) gelöst, abgekühlt, mit 2 ml H_2SO_4 (1,84) versetzt, bis zum Auftreten der SO_3-Nebel erhitzt, 10 min abgeraucht und abgekühlt. Man versetzt mit 10 ml Wasser, 2,5 ml Mg-Lösung [0,1 g Mg in 25 ml H_2SO_4 (1 + 24) gelöst] sowie 10 ml 50%iger NaOH, rührt bis das WO_3 gelöst ist, fügt wenig Filterflocken hinzu, läßt 1 Std stehen und fährt mit dem Abfiltrieren des Niederschlages nach Verfahren C. 1.10 (s. S. 1363) fort.

D. Morin

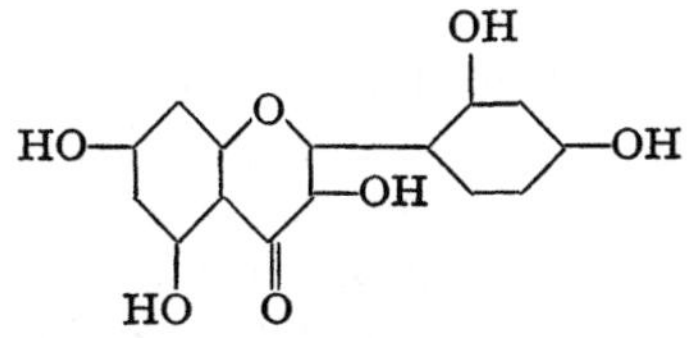

Zr bildet mit Morin in stark mineralsaurer Lösung einen intensiv fluorescierenden Komplex [56]. Optimal ist eine Säurekonzentration von 2n HCl (1,8–2,2n HCl).

Günstig ist eine Morinkonzentration von 0,001% in der aufgefüllten Probelösung. Die fluorimetrische Bestimmung erfolgt mit einer Primärstrahlung von 436 nm und Messung der Sekundärstrahlung bei 525 nm. Die Eichkurve ist im Bereich von ~ 0,01–1,5 µg Zr/ml linear. Die Fluorescenzintensität erreicht 5 min nach dem Reagenszusatz ihr Maximum und bleibt dann 1 Std stabil. Temperaturschwankungen von ± 1° C bei Raumtemperatur verursachen einen Fehler von ±2%. Eine Temperaturerhöhung vermindert die Fluorescenzintensität.

In 2n HCl-Lösung geben jeweils 40–80 µg/ml der folgenden Elemente keine Fluorescenz: Ag, As, Ba, Be, Bi, Ca, Cd, Co, Cr(III), Cu(II), Fe(II), Fe(III), Hg, In, Ir (8 µg/ml), La, Mg, Mn, Mo(VI), Ni, Pb, Pd (8 µg/ml), Pt (8 µg/ml), Se(IV), Sr, Te(IV), Ti, Tl, V(V), W(VI), Y und Zn. Einige Elemente verursachen einen Bruchteil (in %) der durch die gleiche Menge Zr hervorgerufenen Fluorescenzintensität: Ga (2), Th (0,25), Sb (0,2), Sc (0,2), Ge (0,1), Al (0,05), Sn (0,05) und U (0,02). Die Störung von Al, Ga, Sb, Sn, Th und U läßt sich durch Zusatz von ÄDTA beseitigen, wobei die Fluorescenz dieser Elemente unverändert bleibt, während die des Zr zerstört wird; aus der Änderung der Fluorescenzintensität wird die anwesende Zr-Menge berechnet. Dieses Verfahren ist anwendbar, wenn die Fluorescenz der Störelemente jene des Zr nicht oder nur wenig übersteigt. Auf dieselbe Weise wird auch die Fluorescenz von Ge weitgehend (zu 96%) beseitigt, so daß Ge nicht oder nur wenig stört. Sc stört hingegen, da dessen Fluorescenz mit ÄDTA nur zu ~ 70% vermindert wird. Fe(III), Nb und Ta stören, da sie mit Morin Färbungen geben, die das UV-Licht absorbieren. Jeweils ≦ 0,6 µg/ml an Nb und Ta stören aber noch nicht. Eine Störung von Fe(III) beseitigt man durch Reduktion mit Thioglykolsäure. Infolge seiner sehr ähnlichen chemischen Eigenschaften wird Hf zusammen mit Zr erfaßt. F^- und PO_4^{3-} müssen abwesend sein.

Zr läßt sich mit 0,03% Morin/TBP-Äthylacetat-Äthanol (1:9:4) aus 1n HCl-Lösung extrahieren und im organischen Extrakt photometrieren ($\varepsilon_{435} = 89800$), wobei die Bestimmung von 5 µg Zr durch 50 mg Pt, je 1 mg Al und Ca, sowie je 100 µg Fe und W nicht gestört wird [*57*]. Das Beersche Gesetz gilt im Bereich von 0,025–1 µg Zr/ml.

Arbeitsvorschrift

I. Fluorimetrische Bestimmung [*56*]

Reagentien

HCl (1,19);
Morin, 0,030%ig in Äthanol (mehrere Wochen haltbar);
Chinin, 0,15%ig in 0,2n H_2SO_4;
Thioglykolsäure (1 + 9); täglich frisch hergestellt;
ÄDTA.

~ 5 ml (~ 1,2n HCl) oder ~ 10 ml (~ 0,6n HCl) Probelösung (0,25–40 µg Zr enthaltend) werden in einem 25 ml-Meßkolben mit 0,2 ml Thioglykolsäure[1] versetzt, mit Wasser auf 18 ml gebracht und 5 min stehen gelassen. Danach versetzt man mit 3,50 ml HCl (1,19) (die aufgefüllte Lösung soll 2,0n HCl sein) und 0,90 ml Morin-Lösung, füllt mit Wasser zur Marke auf und mißt die Fluorescenz von Probelösung und einer Vergleichslösung (z. B. mit 2 µg Zr/25 ml) mittels eines Fluorimeters (mit Chinin-Lösung auf entsprechenden Empfindlichkeitsbereich eingestellt) nach 5 min Standzeit innerhalb 1 Std. Danach werden beide Lösungen mit ÄDTA (10 mg/10–15 ml Lösung) versetzt, zum Lösen des Reagenses geschüttelt und anschließend die Fluorescenzmessung wiederholt. Aus der Differenz der Fluorescenzintensitäten der Probelösung mit und ohne ÄDTA

[1] Zur Reduktion von anwesendem Fe(III); die Säurekonzentration soll dabei 0,4n HCl nicht überschreiten, da sonst die Reduktion sehr langsam verläuft.

ermittelt man die Zr-Konzentration mit Hilfe einer Eichkurve. Falls die Eichkurve linear ist und die Vergleichslösung mit 2 µg Zr/25 ml mitbehandelt wurde, läßt sich die im Meßkolben vorliegende Zr-Menge auch nach folgender Formel berechnen:

$$\mu g\ Zr = \frac{2\,(F_{X1} - F_{X2})}{(F_{V1} - F_{V2})}$$

F_{X1}, F_{X2} = Fluorescenz der Probelösung vor (X1) und nach (X2) ÄDTA-Zusatz.
F_{V1}, F_{V2} = Fluorescenz der Vergleichslösung vor (V1) und nach (V2) ÄDTA-Zusatz.

II. Photometrische Bestimmung [*57*]

Reagentien

Morin-Lösung; man mischt 5,0 ml TBP + 45,0 ml Äthylacetat + 20,0 ml 0,1%ige äthanolische Morinlösung.

~ 10 ml 1n HCl-saure Probelösung (0,25–10 µg Zr enthaltend) extrahiert man 2mal mit je 5,0 ml Morin-Lösung jeweils 1 min, zentrifugiert den abgetrennten, vereinigten organischen Extrakt und photometriert dann in einer 1 cm-Küvette bei 435 nm gegen Wasser.

1. Platin

B: ≧ 5 ppm Zr.

Arbeitsvorschrift [*57*]

Reagentien

HCl (1,19); 1n HCl; HNO_3 (1,40);
Königswasser [HCl/HNO_3 (3:1)].
NaCl, 10%ige wäßrige Lösung.

50 mg Probematerial werden mit 1 ml NaCl-Lösung und 5 ml Königswasser gelöst, die eingeengte Lösung 2mal mit je 10 ml HCl zur Trockene eingedampft, der Trockenrückstand mit 10 ml 1n HCl gelöst und nach Arbeitsvorschrift D. II. [*57*] (s. oben) fortgefahren.

2. Silicatgestein

Nach Aufschluß des Probematerials wird anwesendes Fe(III) mit Thioglykolsäure reduziert und Zr mit Morin fluorimetrisch bestimmt. Falls das Probematerial nur sehr wenig Fe u. a. Elemente enthält, die beim Lösen der Na_2CO_3-Schmelze in Wasser einen unlöslichen Niederschlag bilden, geht das Zr nicht quantitativ in den letzteren und man erhält zu niedrige Werte. Man vermeidet dies, indem man der Probe eine bekannte Menge Fe-haltigen Materials mit bekanntem Zr-Gehalt zusetzt (s. S. 1356). Der Gehalt an Nb und Ta im Probematerial darf 0,05% nicht überschreiten.
B: 0,001–0,2% Zr. F_r: ±5%.

Arbeitsvorschrift [*56*]

Reagentien

6n HCl;
Na_2CO_3 sicc.;
übrige Reagentien wie bei der Arbeitsvorschrift I, S. 1364.

0,25 g fein pulverisiertes Probematerial werden mit 2,5 g Na_2CO_3 aufgeschlossen, die erkaltete Schmelze mit etwa 20 ml Wasser auf dem siedenden Wasserbad (oder stehen lassen über Nacht) unter Zerkleinern des Schmelzkuchens mit einem Glasstab gelöst, filtriert und der Niederschlag auf dem Filter mit warmem Wasser gewaschen. Letzteren löst man auf dem Filter in 15,0 ml heißer 6n HCl, fängt das Filtrat in einem 25 ml-Meßkolben auf, wäscht das Filter mit Wasser nach und füllt Filtrat und Waschlösung im Meßkolben mit Wasser zur Marke auf. Das Filter wird zur späteren Verarbeitung aufbewahrt. Einen aliquoten Teil von 2,00 ml[1] führt man in einen 25 ml-Meßkolben über und fährt nach der Arbeitsvorschrift I auf S. 1364 fort.

Das vom Na_2CO_3-Aufschluß stammende, aufbewahrte Filter wird verascht, die Asche mit 1 g Na_2CO_3 aufgeschlossen, die erkaltete Schmelze mit 5 ml Wasser gelöst und in einen 25 ml-Meßkolben übergeführt. Man neutralisiert die Lösung mit HCl, fügt einen Überschuß von 8 ml 6n HCl hinzu und behandelt wie bei der Arbeitsvorschrift (S. 1364), indem man 0,2 ml Thioglykolsäure sowie 0,9 ml Morin-Lösung zusetzt und nach dem Auffüllen mit Wasser bis zur Marke die Fluorescenz vor und nach Zusatz von ÄDTA mißt. Zur Ermittlung des Gesamtgehaltes an Zr multipliziert man nun die gefundene Zr-Menge mit dem Faktor $^2/_{25}$ (falls ein aliquoter Teil von 2 ml zur Bestimmung der Hauptmenge an Zr im ersten Aufschluß verwendet wurde) und addiert diese zu dem aus dem ersten Aufschluß erhaltenen Wert (die im zweiten Aufschluß vorliegende Zr-Menge ist im allgemeinen klein und beträgt oft höchstens 5% der Gesamtmenge, weshalb der zweite Aufschluß vielfach weggelassen werden kann).

E. 1-(2-Pyridylazo)-2-naphthol

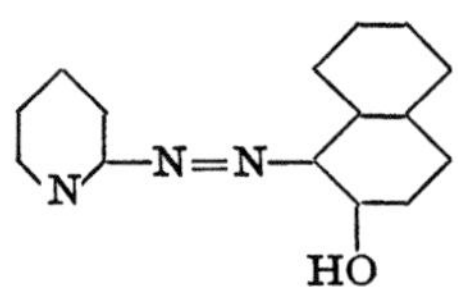

Zr läßt sich nach Extraktion mit Di-n-butylphosphorsäure/$CHCl_3$ (s. a. S. 1353) aus ~ 1n HNO_3-Lösung im organischen Extrakt mit 1-(2-Pyridylazo)-2-naphthol (PAN) zu

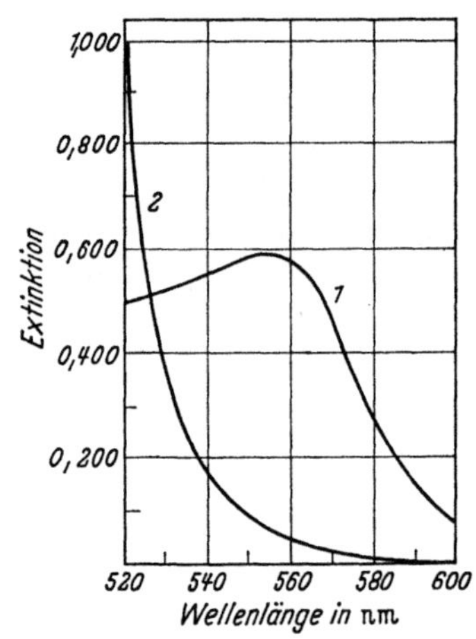

Abb. 251. Extinktionskurven von Zr + 1-(2-Pyridylazo)-2-naphthol (*1*) und von 1-(2-Pyridylazo)-2-naphthol (*2*) in Di-n-butylphosphorsäure/$CHCl_3$ [*19*]

---

[1] Man kann auch einen aliquoten Teil von 4,00 ml zur Analyse verwenden, doch darf in diesem Fall die Probelösung nur die halbe HCl-Konzentration aufweisen.

einem roten Komplex umsetzen und photometrisch bestimmen [19]. Das Extinktionsmaximum liegt bei 555 nm ($\varepsilon_{555} = 32000$; s. Abb. 251). Das Beersche Gesetz ist im Bereich von 0,07–2,8 µg Zr/ml $CHCl_3$ erfüllt. Zugesetztes Pyridin erhöht die Farbintensität. Das Farbmaximum ist nach 45 min Standzeit erreicht. Die Farbe bleibt dann 24 Std stabil. $Al(NO_3)_3$ wird zur Maskierung von F^- zugesetzt. Ein Vorteil des Verfahrens ist es, daß die Bestimmung in Anwesenheit von F^- durchgeführt werden kann, da letzteres ein vollständiges Lösen des Zr gewährleistet. Die Bestimmung von 32 µg Zr nach der vorliegenden Arbeitsvorschrift wird durch folgende Ionen (in mg) nicht gestört [19]: Al (400), Bi (200), Ce(III) (20[3]), Cr(III) (3,5), Fe(III) (15,5[1]), La (9,4[3]), Mg (200), Mn(II) (20), Mo(VI) (5), Nd (5,9[3]), Ni (20), Pb (20), Pr (2,1[3]), Ru (9,6[3]) Sn(II) (15), Th (18), Ti(IV) (2,2[2,3]), U(VI) (0,4; 1,0[3]), V (20), F^- (80), SO_4^{2-} (142), PO_4^{3-} (7,1), Oxalat (40), Citrat (20) und Tartrat (20[3]). Die Extraktion des Zr wird durch die genannten Mengen an F^-, SO_4^{2-}, Oxalat und Tartrat nicht behindert; in Anwesenheit von Citrat werden nur 85% des Zr ausgeschüttelt.

Auf analoge Weise kann das Zr durch Extraktion mit 0,4% Trioctylphosphinoxyd/Cyclohexan (oder Petroläther) aus 7n HCl-Lösung und Farbentwicklung in der organischen Phase bestimmt werden [58].

I. Extraktion mit Di-n-butylphosphorsäure/$CHCl_3$ [19]

Arbeitsvorschrift

Reagentien

HNO_3 (1,40); HCl (1,19); H_2SO_4 (1,84); Ammoniak (1 + 1).
m-Kresolpurpurindicator, 0,1%ige wäßrige Lösung;
$Al(NO_3)_3$-Lösung; (s. Arbeitsvorschrift III, Abschnitt „Uran", S. 1256);
PAN, 0,050%ig in Methanol; 0,100 g Reagens wird in Methanol gelöst, durch Glaswolle filtriert und mit Methanol auf 200 ml aufgefüllt;
Di-n-butylphosphorsäure (DBPS)/$CHCl_3$; in einem 125 ml-Schütteltrichter versetzt man 10 ml des im Handel erhältlichen Di-n-butylphosphorsäure/Mono-n-butylphosphorsäure (55:45)-Gemisches mit 5 ml $CHCl_3$, schüttelt 4mal mit je 15 ml Wasser, neutralisiert nach Zusatz von 1 Tropfen Methylorangeindicator-Lösung mit 10%iger Na_2CO_3-Lösung und fügt von letzterer noch 10 ml im Überschuß hinzu. Es wird nun einige Minuten geschüttelt, die $CHCl_3$-Phase verworfen, die Na_2CO_3-Lösung 2mal mit je 15 ml $CHCl_3$ gewaschen, dann mit HNO_3 (1,40) angesäuert und von letzterer noch 5 ml im Überschuß hinzugefügt. Man extrahiert 4mal mit je 10 ml $CHCl_3$, filtriert den vereinigten $CHCl_3$-Extrakt durch Baumwollwatte in einen 50 ml-Meßkolben und füllt mit $CHCl_3$ zur Marke auf (diese Lösung enthält etwa 4,0 g Di-n-butylphosphorsäure und 0,1 g Mono-n-butylphosphorsäure). Von dieser Lösung werden 10,0 ml mit $CHCl_3$ auf 100 ml verdünnt (0,8 g DBPS/100 ml). Zur Herstellung der DBPS-Extraktionslösung verdünnt man 10 ml der verdünnten DBPS-Lösung (0,8 g DBPS/100 ml) mit $CHCl_3$ auf 1 l;
$CHCl_3$; Pyridin.

1–5 ml Probelösung (2–70 µg Zr enthaltend) werden in einem 125 ml-Schütteltrichter mit 1 ml HBF_4 sowie 1 Tropfen m-Kresolpurpurindicator-Lösung versetzt, mit Ammoniak bis zum Farbumschlag von Rot nach Gelb neutralisiert und mit Wasser auf 10 ml gebracht. Nach Zusatz von 10 ml $Al(NO_3)_3$-Lösung extrahiert man mit 10 ml DBPS-Extraktionslösung 30 sec, läßt zur Phasentrennung 5 min stehen und filtriert dann den $CHCl_3$-Extrakt durch Watte in einen 25 ml-Meßkolben. Die Extraktion wird mit 5 ml DBPS-Extraktionslösung wiederholt, mit 2 ml $CHCl_3$ nachgewaschen, zum vereinigten organischen Extrakt 5,00 ml PAN-Lösung sowie 2,0 ml Pyridin hinzugefügt

---

[1] 50 mg Ascorbinsäure zugesetzt.
[2] 20 mg Tartrat zugesetzt.
[3] Wert um 5% zu hoch.

und mit $CHCl_3$ zur Marke aufgefüllt. Nach einer Standzeit von 1 Std photometriert man in einer 1 cm-Küvette bei 555 nm gegen den Blindwert.

II. Extraktion mit Trioctylphosphinoxyd/Cyclohexan [*58*]

Reagentien

HCl (1,19); NH_4SCN; H_3BO_3.
Trioctylphosphinoxyd (TOPO), 0,4%ig in Cyclohexan oder Petroläther (Kp 100—201° C).
Anilin, redestilliert.
PAN, 0,05%ig in Methanol.
Methanol.

10 ml Probelösung (3–116 µg Zr enthaltend) versetzt man in einem 75 ml-Schütteltrichter mit 15 ml HCl und 1 g NH_4SCN, schüttelt bis das Salz gelöst ist, fügt 0,5 g H_3BO_3 hinzu und schüttelt wieder bis zur Auflösung des Salzes. Nun wird das Zr mit 5,00 ml TOPO-Lösung 2 min extrahiert, die wäßrige Lösung verworfen, vom organischen Extrakt 3,00 ml in einen trockenen 25 ml-Meßkolben übergeführt, 10 ml Methanol und 2,00 ml PAN-Lösung hinzugefügt, gemischt, 2,0 ml Anilin zugesetzt und mit Methanol zur Marke aufgefüllt. Nach einer Standzeit von 15 min photometriert man in einer 1 cm-Küvette bei 550 nm gegen den Blindwert.

1. Metalle und Legierungen

1.1. Aluminium-Magnesium-Legierungen

B: 0,001–0,9% Zr. F_r: ±2%.

Arbeitsvorschrift [*19*]

0,2–1 g Probematerial wird mit verdünnter HNO_3, HCl oder H_2SO_4 unter Zusatz von 1–2 ml HBF_4 (4,3%) gelöst, auf 25,0 ml aufgefüllt (die Lösung soll ~ 1 n HNO_3 sein) und ein aliquoter Teil von 1,0–5,0 ml nach Arbeitsvorschrift E.I. [*19*] (s. S. 1367) weiter behandelt.

1.2. Magnesiumlegierungen

B: 0,015–0,6% Zr.

Arbeitsvorschrift [*58*]

Reagentien

HF (5%).
Übrige Reagentien wie bei Arbeitsvorschrift E.II. [*58*] auf S. 1368.

a) Gesamt-Zr. 0,2 g Probematerial wird mit 4 ml Wasser und 2 ml HCl (tropfenweise zugesetzt) gelöst, auf dem siedenden Wasserbad 5 min erhitzt, abgekühlt, 2 Tropfen (~ 0,1 ml) HF (5%) hinzugefügt, in einem 100 ml-Meßkolben mit Wasser zur Marke aufgefüllt, ein aliquoter Teil von 10,0 ml in einen 75 ml-Schütteltrichter übergeführt und mit dem Zusatz von 15 ml HCl nach Arbeitsvorschrift E.II. [*58*] (s. S. 1368) fortgefahren.

b) Lösliches Zr. Man arbeitet wie unter a), jedoch ohne Zusatz von HF.

F. Xylenolorange

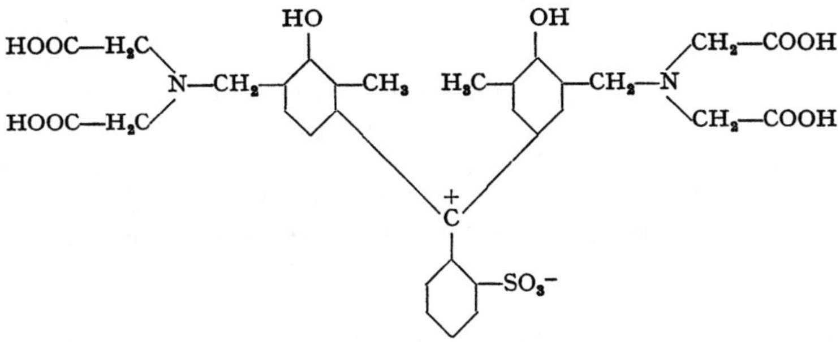

Zr bildet mit dem gelben Xylenolorange ([3,3'-Bis-N,N-di(carboxymethyl)-aminomethyl]-o-kresolsulfophthalein) in 0,15–0,25n H_2SO_4-, 0,8n HCl- oder 0,8n $HClO_4$-Lösung einen roten Komplex [*59, 60*]. Das Extinktionsmaximum des Reagenses liegt bei 437 nm, jenes des Farbkomplexes bei 535 nm [*59*] ($\varepsilon_{535} = 33840$ in 0,2n H_2SO_4-Lösung [*59*] bzw. 24200 in 0,8n $HClO_4$-Lösung [*61*]; s. Abb. 252). Das Beersche Gesetz ist im Bereich von 0,1–2,5 μg Zr/ml erfüllt. In $HClO_4$-Lösung ist zur Erzielung der maximalen Farbintensität eine Standzeit von ~ 2 Std erforderlich. Die voll entwickelte Farbe ist ~ 24 Std stabil.

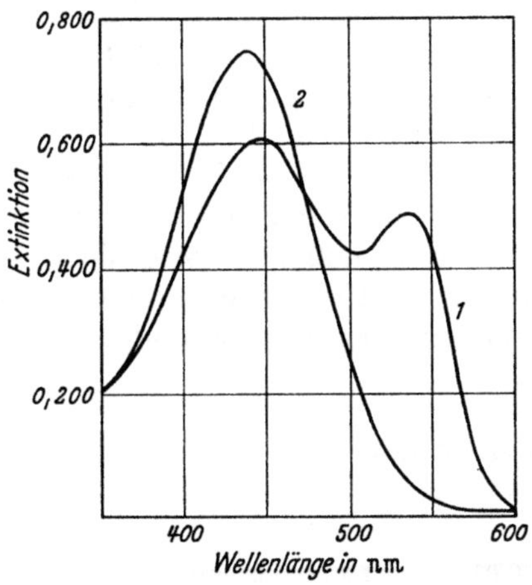

Abb 252. Extinktionskurven von Zr + Xylenolorange (*1*) und von Xylenolorange (*2*) [*59*]

Eine qualitative Überprüfung zeigte, daß folgende Elemente mit Xylenolorange in ~ 0,1n H_2SO_4-Lösung keine Rotfärbung geben: Ag, Al, As, Au, Ba, Be, Ca, Cd, Ce(IV), Ce(III), Co, Cr, Cs, Cu, Dy, Er, Eu, Fe(II), Gd, Ga, Ge, Hg, Ho, In, Ir, K, La, Li, Lu, Mg, Mn, Mo, Na, Nd, Ni, Os, P, Pb, Pd, Pr, Pt, Rb, Re, Rh, Ru, Sb, Sc, Se, Si, Sm, Sn(IV), Sr, Ta, Tb, Te, Th, Ti, Tl, Tm, U, V, W, Y, Yb und Zn. Ce(IV) und oxydierende Stoffe bleichen den Farbstoff. Rote Färbungen geben Bi, Fe(III), Hf, Mo(VI), Nb und Sn(II, IV). Die Bestimmung von 35 μg Zr (in 25 ml) wird durch folgende Elemente (in μg) nicht gestört [*59*]: Al (267), Be (90), Bi (2090[1]), Cd (1124), Ce(IV) (1400),

[1] 1 g NaCl zugesetzt.

Co (589), Cr(III) (520), Cu (635), Fe(III) (558[1]), Ga (697), Hg (2000), In (1148), La (1389), Mn (549), Mo(VI) (96), Ni (587), Pb (2072), Sc (449), Sn(IV) (1187), Ta (1809), Th (2320), Ti(IV) (479), U(VI) (2380), V(V) (509), W (1838), Y (889) und Zn (654). Mo ($>$200 µg), Nb (50 µg), Sn(II) (1000 µg) und Hf stören. H_2O_2 maskiert Mo, Nb und Zr, hingegen Hf nur teilweise. Zr läßt sich neben Hf aus der Differenz zwischen Hf + Zr und Hf [Hf und Zr nach Arbeitsvorschrift a) und Hf nach Arbeitsvorschrift b), Abschnitt „Hafnium", bestimmt, s. S. 752] bestimmen [*61*]. Bi kann mit NaCl maskiert, Fe(III) mit Ascorbinsäure reduziert werden. Eine Störung durch Sn(II), Mo oder Nb wird vermieden, wenn man die Reaktion in 0,3–0,5n H_2SO_4-Lösung durchführt. Weiterhin geben Sn(II) und Mo in 0,8n $HClO_4$-Lösung keine Färbung. Cl^-, Br^-, I^-, NO_3^-, SO_4^{2-} ($\leqq$ 8 mg/ml), ClO_4^-, Thioharnstoff und Acetat stören nicht; F^-, ÄDTA, Citrat, Tartrat, Oxalat, $S_2O_3^{2-}$ und PO_4^{3-} stören hingegen. Selektiver und empfindlicher läßt sich das Zr nach Arbeitsvorschrift II. bestimmen, indem man das Zr aus 11n HCl-Lösung mit 3,5% Tri-n-octylamin (TOA)/Xylol extrahiert und die Farbentwicklung in der organischen Phase vornimmt [*25a*]. Das Extinktionsmaximum liegt hier bei 550 nm (ε_{550} = 53300) und das Beersche Gesetz gilt im Bereich von 0,04–2 µg Zr/ml Xylol. Die Farbe ist 30 min stabil. Die mit TOA/Xylol nicht extrahierbaren Elemente stören nicht: Ac, Ag, Al, Ba, Be, Ca, Ce, Cs, Fr, K, Li, Mg, NH_4^+, Na, Ni, Ra, Rb, Sc, S.E., Si, Sr, Th, Tl und Y. Weiterhin wird die Bestimmung von 50 µg Zr (in 50 ml Meßlösung bzw. 75 µg Zr in der wäßrigen Ausgangsprobelösung) nach Arbeitsvorschrift II. nicht gestört durch (mg in der wäßrigen Ausgangslösung; verursachter Fehler $\leqq \pm 3\%$) [*25a*]: As(III) (6,2), Au(III) (16,2), Bi (17,2), Cd (9,5), Ce(IV) (1,2), Co (0,5), Cr(III, VI) (4,3), Cu(II) (0,1), Fe(III) (0,5), Ga (0,6), Hg(II) (16,5), In (9,5), La (1120), Mn(II) (4,5), Mo(VI) (0,8), Nb (0,8), Pb (17), Pd (8,8), Pt (16), Sc (3,7), Se(IV) (6,5), Sn(II) (10), Ta (1,5), Th (1900), Ti (0,4), Tl (17), U(VI) (2), W(VI) (1,5) und Zn (5,4). Außerdem stören folgende Elemente (in mg) nicht, wenn man diese vor dem Zr bei tieferer Säurekonzentration extrahiert und anschließend das Zr nach Arbeitsvorschrift II. bestimmt: Cu(II)[2] (0,5), Fe(III)[3] (50), U(VI)[4] (200) sowie [Ce (12) + Fe (5) + Mo (8) + V (4,2) + W (15)].[3]

Xylenolorange fand zur photometrischen Bestimmung von Zr in Hochtemperaturlegierungen [*27*] und Nickellegierungen [*62*] Anwendung.

Arbeitsvorschrift

I. Bestimmung in wäßriger Lösung [*59*]

Reagentien

2,5n H_2SO_4; 5n $HClO_4$;
Xylenolorange (Natriumsalz), 0,05%ige wäßrige Lösung.

Die Probelösung (2,5–60 µg Zr enthaltend) wird in einem 25 ml-Meßkolben mit 2 ml 2,5n H_2SO_4 oder 4 ml 5n $HClO_4$ sowie 2,0 ml Xylenolorange-Lösung versetzt, mit Wasser zur Marke aufgefüllt und in einer 1 cm-Küvette bei 535 nm gegen den Blindwert photometriert (bei Arbeiten in $HClO_4$-Lösung nach einer Standzeit von 2 Std).

II. Extraktion mit TOA/Xylol und Bestimmung in der organischen Phase [*25a*]

Reagentien

Tri-n-octylamin (TOA), 3,5%ig in Xylol.
Essigsäure.

---

[1] 0,3 g Ascorbinsäure zugesetzt.
[2] Vor dem Zr aus 6n HCl-Lösung mit 10 ml 3,5% TOA/Xylol extrahiert.
[3] Vor dem Zr aus 4n HCl-Lösung mit 30 ml 3,5% TOA/Xylol extrahiert.
[4] Vor dem Zr aus 6n HCl-Lösung mit 30 ml 3,5% TOA/Xylol extrahiert.

Xylenolorange, 0,4%ig in absolutem Äthanol.
Äthanol, absolut.

Aus ~ 10 ml 11n HCl-Lösung (3—150 µg Zr enthaltend) wird das Zr mit 7,50 ml TOA/Xylol 10 min extrahiert, nach der Phasentrennung vom organischen Extrakt 5,00 ml (2—100 µg Zr enthaltend) in einen 50 ml-Meßkolben übergeführt, mit 10 ml Äthanol, 10,0 ml Xylenolorange-Lösung sowie 2,0 ml Essigsäure versetzt, mit Äthanol zur Marke aufgefüllt und nach 10 min Standzeit in einer 1 cm-Küvette bei 550 nm gegen den Blindwert photometriert.

1. Eisen und Stahl

Zr wird durch Fällung mit Cupferron und Fe(III) als Spurenfänger isoliert, wobei Al, Co, Cr, Fe(II), Mn und Ni in Lösung bleiben und Cu, Mo, Nb, P, Ta, Ti und V teilweise oder vollständig in den Niederschlag gehen. Durch einen anschließenden Na_2CO_3- und $K_2S_2O_7$-Aufschluß werden alle Elemente außer Ti von Zr abgetrennt. Ti stört nicht. Noch vorhandenes Fe(III) wird mit Thioglykolsäure reduziert. Die Bestimmung von 100 µg Zr wird nicht gestört durch ≦ 50 mg Fe, 10 mg Ti und jeweils 4 mg Co, Mn, Ni und V. Das Verfahren eignet sich für unlegierte und legierte Stähle.

B: 3—300 ppm Zr. F_{rm}: ±4%.

Arbeitsvorschrift [*63*]

Reagentien

HCl (1,19); HCl (1 + 1); HNO_3 (1,40); HNO_3 (1 + 1); $HClO_4$ (70%); H_2SO_4 (1 + 3); H_2SO_4 (1 + 2); H_2SO_3; HF (40%).
5n H_2SO_4; Ammoniak (1 + 1).
Na_2CO_3 sicc.; $K_2S_2O_7$.
Cupferron, 4%ige wäßrige Lösung.
Xylenolorange, 0,1%ige wäßrige Lösung.
Thioglykolsäure (80%).

Je nach Zr-Gehalt verwendet man folgende Einwaagen und Küvetten:

ppm Zr	Einwaage	Küvette
	g	cm
3—20	2	5
5—40	1	5
24—150	1	1
50—300	0,5	1

Das Probematerial wird in einem 400 ml-Becherglas mit 20—30 ml HCl (1 + 1) oder HNO_3 (1 + 1) oder einem Gemisch beider Säuren oder Königswasser gelöst. Wird nur mit HCl (1 + 1) gelöst, so oxydiert man mit einigen Tropfen HNO_3. Nach dem Lösen versetzt man mit 20 ml $HClO_4$, dampft bis zum Rauchen ein, fügt zur abgekühlten Lösung 5 ml HCl (1 + 1), verdünnt mit Wasser auf ~ 150 ml, versetzt mit 50 ml H_2SO_3 und kocht 10 min. Eine kleine Menge ausgefallenen Niederschlages bleibt unberücksichtigt (Lösung A), bei größerer Menge wird der Niederschlag abfiltriert, mit Wasser gewaschen und das Waschwasser mit dem Filtrat vereinigt (Filtrat B). Sollte W-säure im Niederschlag enthalten sein, so löst man diese mit 100 ml warmem Ammoniak (1 + 1) vom Filter, wäscht mit Wasser bis zur neutralen Reaktion und verwirft das ammoniakalische Filtrat. Filter mit Niederschlag wird in einem Platintiegel verascht, mit 0,5 ml H_2SO_4 (1 + 2) und 3 ml HF abgeraucht, kurz geglüht und der Tiegel mit Rückstand zur Seite gestellt (Rückstand C).

Die unfiltrierte Probelösung A bzw. das Filtrat B wird ammoniakalisch gemacht bis $Fe(OH)_3$ auszufallen beginnt, mit 30 ml H_2SO_4 (1 + 3) versetzt, gekühlt, unter Rühren 10 ml Cupferron-Lösung hinzugefügt, der abgesetzte Niederschlag abfiltriert und mit Wasser gewaschen. Filter mit Niederschlag wird in einem Platintiegel (im Falle von Filtrat B im Tiegel mit Rückstand C) bei 800° C verascht, mit Na_2CO_3 aufgeschlossen, die erkaltete Schmelze mit Wasser unter Erwärmen gelöst, durch ein weitporiges Filter (z. B. S & S Weißband) mit wenig Filterbrei abfiltriert, mit Wasser gewaschen und Filtrat und Waschlösung verworfen.

Man verascht das Filter im Platintiegel bei 800° C, schließt mit $K_2S_2O_7$ auf, löst die erkaltete Schmelze mit Wasser unter Erwärmen, filtriert eine eventuelle Trübung (von Nb- oder Ta-oxyd) durch ein engporiges Filter (S & S Blauband) ab, wäscht mit Wasser nach und verwirft das Filter. Das Filtrat wird ammoniakalisch gemacht, der ausgefallene Niederschlag mit einem weitporigen Filter (Weißband) abfiltriert, mit Ammoniak und dann mit Wasser gewaschen und das Filtrat verworfen. Den Niederschlag im Filter löst man durch tropfenweisen Zusatz von HCl (1 + 1) und heißem Wasser, bis das Filter keine Gelbfärbung mehr zeigt, versetzt das salzsaure Filtrat (bei Gehalten $>$0,03% Zr wird das Filtrat mit Wasser auf ein definiertes Volumen aufgefüllt und ein aliquoter Teil nach der Vorschrift weiter behandelt) in einem 100 ml-Becherglas mit 4 ml 5n H_2SO_4 und engt bis zum Rauchen der H_2SO_4 ein. Die Lösung wird mit Wasser auf ~ 30 ml verdünnt, bis zum Lösen der Salze erhitzt, die abgekühlte Lösung in einen 50 ml-Meßkolben übergeführt, mit 1 ml Thioglykolsäure sowie 10,0 ml Xylenolorange-Lösung versetzt, mit Wasser zur Marke aufgefüllt und nach 30 min Standzeit in einer 1 cm- oder 5 cm-Küvette bei 546 nm oder 530 nm gegen den Blindwert photometriert.

2. Luft

B: 0,060–15 mg Zr/m³. F_r: ±5%.

Man saugt 10–50 l Luft (3–10 l/min) durch ein Filter (s. S. 177), verascht das Filter, schließt die Asche in wenig Na_2CO_3 oder $Na_2CO_3/K_2CO_3/Na_2B_4O_7$ (3:3:4) oder $K_2S_2O_7$ auf, löst die erkaltete Schmelze mit HCl + Wasser und bestimmt in der Lösung das Zr nach Verfahren F.I. [*59*] oder F.II. [*25a*] (s. S. 1370).

Wahlweise kann man das Zr auch in HNO_3-saurer Lösung nach Verfahren C.II. [*24*] (s. S. 1360) oder Verfahren E.I. [*19*] (s. S. 1367) oder aus HCl-saurer Lösung nach Verfahren E.II. [*58*] (s. S. 1368) bestimmen.

G. Röntgenspektrometrie

Zur Bestimmung kleiner Zr-Gehalte wird in der Regel das Zr durch Spurenfällung oder Ionenaustauscher isoliert und zur Messung die $ZrK\alpha_1$-Linie verwendet.

1. Metalle und Legierungen

1.1. Aluminium und Aluminiumlegierungen

Das Zr wird durch Fällung mit Phenylarsonsäure in ~ 1,2n HCl-Lösung vom Hauptbestandteil u. a. Elementen abgetrennt und im Niederschlag röntgenspektrometrisch bestimmt.

B: $\geqq$ 0,002% Zr. F_r: ±4%. *Z:* ~ 45 min.

Arbeitsvorschrift [*42*]

Reagentien

HCl (1,19); H_2O_2 (30%).
Phenylarsonsäure, 1%ige wäßrige Lösung.

Meßbedingungen

Siemens Kristalloflex IV, W-Röhre, 50 kV, 30 mA; LiF-Kristall; Linie: $ZrK\alpha_1$, 22,51°; Sollerspalt: 0,4°; Szintillationszähler: 772 V; Kanal: Höhe 10 V, Fenster 20 V; Untersetzer: 10fach; Meßzeit: 1 min.

a) Aufstellung der Eichkurve

10,0, 20,0, 40,0, 60,0, 80,0 und 100,0 ml Zr-Stammlösung (10 µg Zr/ml) werden in 400 ml-Bechergläsern jeweils mit 20 ml HCl und 20 ml Phenylarsonsäure-Lösung versetzt, mit Wasser auf 200 ml verdünnt und 5 min gekocht. Nach dem Abkühlen filtriert man den Niederschlag durch ein Membranfilter (MF 100[1], 30 mm ⌀, Niederschlagsfläche[2] 15 mm ⌀) ab, entfernt den Oberteil des Filterhalters, wäscht den Niederschlag mit wenig 1%iger HCl und danach mit einigen Tropfen Wasser. Das noch feuchte Filter wird in die Probenhalterung (Aluminiumblech mit Lochblende von 15 mm ⌀) des Röntgenspektrometers eingesetzt (mit einer Plexiglasscheibe unterlegt) und nach dem Trocknen unter den oben angegebenen Meßbedingungen gemessen. Als Untergrund dient die Streustrahlung eines leeren Membranfilters auf dem Winkel der $ZrK\alpha_1$-Linie. Die Auftragung der Zr-Gehalte der Eichlösungen gegen die nach der Arbeitsvorschrift erhaltenen Nettoimpulsraten ergibt eine lineare Eichkurve mit der Verfahrenskonstante $k = 2{,}55 \cdot 10^{-6}\ mg_{Zr} \cdot min \cdot Imp^{-1}$.

b) Analyse von Aluminium (Al 99) und AlZnMg 1 - Legierung

1,0 oder 2,0 g Probematerial wird mit einer Mischung von 50 ml HCl, 50 ml Wasser und 10 Tropfen H_2O_2 gelöst, nach Zusatz von weiteren 10 Tropfen H_2O_2 5 min gekocht und mit Wasser auf 500,0 ml aufgefüllt. Einen aliquoten Teil der Probelösung von 100,0 oder 200,0 ml behandelt man nach a) weiter.

c) AlMg 5-Legierung

5,0 g Probematerial werden in einer Mischung von 50 ml HCl und 25 ml Wasser gelöst und nach Zusatz von 3—5 Tropfen H_2O_2 auf ~ 40 ml eingedampft. Je nach Zr-Gehalt verdünnt man die Lösung mit Wasser auf ~ 200 ml und behandelt diese nach a) weiter, oder man füllt die Lösung mit Wasser auf 200,0 ml auf und fährt mit einem aliquoten Teil der Probelösung von 100,0 ml nach a) fort.

1.2. Kupfer- und Chromnickellegierungen

B: $\geqq$ 0,002% Zr. F_r: ±4%. *Z:* ~ 45 min.

Arbeitsvorschrift [*42*]

Reagentien

HCl (1 + 1); HNO_3 (1,40); HNO_3 (1 + 1).
Übrige Reagentien wie bei Verfahren G. 1.1.

Meßbedingungen

Wie bei Verfahren G. 1.1.

---

[1] Sartorius Membranfilter GmbH, Göttingen.

[2] Der Oberteil des Filterhalters (s. S. 231) läßt eine effektive Filterfläche von 15 mm ⌀ frei.

a) CuCr 1-Legierung

2,5 g Probematerial werden mit 250 ml HCl (1 + 1) und 25 ml HNO_3 (1 + 1) gelöst, auf ~ 100 ml eingeengt, mit Wasser auf 500,0 ml aufgefüllt und ein aliquoter Teil von 100,0 oder 200,0 ml nach a) von Verfahren G. 1.1. (s. S. 1373) weiter behandelt.

b) CrNiFe-Legierung

1,0–4,0 g Probematerial werden mit 50 ml HCl und 50 ml HNO_3 (1 + 1) gelöst, auf ~ 50 ml eingedampft, mit Wasser auf 250,0 ml aufgefüllt und ein aliquoter Teil von 100,0 oder 200,0 ml nach a) von Verfahren G. 1.1. (s. S. 1373) weiter behandelt.

1.3. Hafnium

Die Bestimmung wird nach Verfahren D. 1., Abschnitt „Hafnium" (s. S. 755) durchgeführt.

B: $\geqq$ 20 ppm Zr.

Arbeitsvorschrift [*64*]

Reagentien und Meßbedingungen

Wie bei Verfahren D. 1., Abschnitt „Hafnium" (s. S. 755).

Man löst die Probe und behandelt je nach Zr-Gehalt 0,5 bzw. 5,0 ml der verdünnten Probelösung nach Verfahren D. 1., Abschnitt „Hafnium" (s. S. 755). Nach Verwerfen des 60 ml-Durchlaufes eluiert man zunächst das Hf mit sieben 50 ml-Anteilen 3 Vol. %iger H_2SO_4, verwirft das Eluat, eluiert danach das Zr mit 150 ml 10 %Vol. iger H_2SO_4, versetzt das Eluat mit 1 ml $HClO_4$, dampft auf 2 ml ein, kühlt, fügt 50 ml Wasser hinzu und fährt mit der Cupferronfällung und Messung wie bei Verfahren D. 1., Abschnitt „Hafnium" (s. S. 755) fort.

1.4. Stahl

B: $\geqq$ 0,002 % Zr. F_r: ± 4 %. *Z:* ~ 45 min.

Arbeitsvorschrift [*42*]

Reagentien und Meßbedingungen

Wie bei Verfahren G. 1.2. (s. S. 1373).

0,5–2,0 g Probematerial werden mit 10–20 ml HCl (1,19) und 4–8 ml HNO_3 (1,40) gelöst, 5 min gekocht und dann die Lösung nach a) von Verfahren G. 1.1. (s. S. 1373) weiter behandelt.

H. Verschiedenes

An weiteren Reagentien zur photometrischen oder fluorimetrischen Bestimmung von Zr sind zu nennen: Quercetin (photometrisch, 440 nm, $L_Q = 0{,}10$ µg Zr · ml^{-1} · cm^{-1} [*38*] und fluorimetrisch, Anregung 440 nm/Messung 505 nm [*9*]), Chloranilsäure ($\varepsilon_{330} \approx$ 20000, $\varepsilon_{525} \approx 4000$) [*26, 40*], m-Nitrophenylfluoron [2,3,7-Trihydroxy-9-(3'-nitrophenyl)fluoron] ($L_Q \approx 0{,}016$ µg Zr · ml^{-1} · cm^{-1} bei 550 nm) [*65*], Semixylenolrange [3-N,N (carboxymethyl) aminomethyl-o-cresolsulfonphthalein] ($\varepsilon_{535} = 59000$) [*66*], Oxin/Xylol (pH 9,0, photometrisch, $\varepsilon_{390} = 12800$) [*25c*], Oxin/$CHCl_3$ (fluorimetrisch, Anregung 398 nm/Messung 520 nm) [*67*], Arsenazo [3-(o-Arsonophenylazo)-4,5-dihydroxynaphthalin-2,7-disulfosäure] [*68*], Arsenazo III [2,7-Bis (o-arsonophenylazo)-1,8-dihydroxynaphthalin-3,6-disulfosäure] [*25b, 67a, 69, 70*], Thorin [1-(o-Arsonophenylazo)-2-naphthol-3,6-disulfosäure] [*71*], Methylfluoron (2,3,7-Trihydroxy-9-methyl-6-fluoron) [*72*], Phenylfluoron [*73*], Solochrome black RN (2-Amino-6-nitro-1-phenol-4-sulfosäure) [*74*], Solochrome dark blue B (1-Amino-2-naphthol-4-sulfosäure) [*74*], Solochrome violet R [*75*], m-Azo-β-naphtholmandelsäure [*76*], 2-(p-Sulfophenylazo)-1,8-dihydroxynaphthalin-3,6-disulfosäure (SPADNS) [*77*], 2-(3,6-Disulfo-8-hydroxynaphthylazo)-1,8-dihydroxynaphthalin-3,6-disulfosäure [*78*] und Eriochromcyanin R ($\varepsilon_{590} = 60000$) [*79*]. In einem Übersichtsreferat findet man eine größere Zahl photometrischer Reagentien zusammengestellt [*37*].

Die Bestimmung von Zr in Plutonium (von 0,002% aufwärts) erfolgte auf emissionsspektrographischem Wege, nachdem vorher der Hauptbestandteil mittels Anionenaustauscher (s. S. 1355) abgetrennt worden war [*34*].

Tabelle 192a. Nachtrag — Weitere Verfahren[1]

Bestimmungsmethode	Probematerial. Verfahren. Bestimmungsbereich	Literatur
Ph	Stahl. Isol: Ex TOPO/Cyclohexan. Best: Brenzcatechinviolett, 655 nm. *B:* 0,005—0,1% Zr; *V:* ±2—12%.	[*80*]
Ph	Hochlegierter Stahl. Best: Arsenazo III, 665 nm. *B:* 0,003—0,5% Zr.	[*81*]

[1] Abkürzungen s. S. XIII.

Literatur

1. Lundell, G. E. F., Knowles, H. B.: Ind. Eng. Chem. **12**, 562 (1920).
2. Klinger, P., Schliessmann, O.: Arch. Eisenhüttenw. **7**, 113 (1933/34).
3. Simpson, S. G., Schumb, W. C.: Ind. Eng. Chem., Anal. Ed. **5**, 40 (1933).
4. Ato, S.: Sci. Pap. Inst. physic. chem. Res. (Tokyo) **29**, 71 (1936).
5. Duke, J. F., Strawpert, W.: Analyst **85**, 671 (1960).
6. Milner, G. W. C., Edwards, J. W.: Analyt. chim. Acta **13**, 230 (1955).
7. Moore, F. L.: Analyt. Chem. **28**, 997 (1956).
8. Marsh, S. F., Maeck, W. J., Booman, G. L., Rein, J. E.: Analyt. Chem. **33**, 870 (1961).
9. Hercules, D. M.: Talanta **8**, 485 (1961).
10. Huffman, E. H., Beaufait, L. J.: J. Am. chem. Soc. **71**, 3179 (1949).
11. Larsen, E. M., Terry, G.: J. Am. chem. Soc. **75**, 1560 (1953).
12. Huffman, E. H., Iddings, G. M., Osborne, R. N., Shalimoff, G. V.: J. Am. chem. Soc. **77**, 881 (1955).
13. Schultz, B. G., Larsen, E. M.: J. Am. chem. Soc. **72**, 3610 (1950).
14. Moore, F. L.: Analyt. Chem. **31**, 1148 (1959).
15. Fischer, W., Chalybaeus, W.: Z. anorg. allg. Chem. **255**, 79 (1948).
16. Fischer, W., Chalybaeus, W., Zumbusch, M.: Z. anorg. allg. Chem. **255**, 277 (1948).
16a. Khopkar, S. M., Dhara, S. C.: Analyt. Chem. **37**, 1158 (1965).
17. Scadden, E. M., Ballou, N. E.: Analyt. Chem. **25**, 1602 (1953).
18. Stewart, D. C., Crandall, H. W.: J. Am. chem. Soc. **73**, 1377 (1951).
19. Rolf, R. F.: Analyt. Chem. **33**, 125 (1961).
20. McCown, J. J., Larsen, R. P.: Analyt. Chem. **32**, 597 (1960).
21. McCown, J. J., Larsen, R. P.: Analyt. Chem. **33**, 1003 (1961).

22. ROLF, R.F.: Analyt. Chem. **33**, 149 (1961).
23. UMEZAWA, H., HARA, R.: Analyt. chim. Acta **25**, 360 (1961).
24. YOUNG, J.P., WHITE, J.C.: Talanta **1**, 263 (1958).
25. MOORE, F.L.: Analyt. Chem. **29**, 1660 (1957).
25a. CERRAI, E., TESTA, C.: Analyt. chim. Acta **26**, 204 (1962).
25b. VITA, O.A., LEVIER, W.A., LITTERAL, E.: Analyt. chim. Acta **42**, 87 (1968).
25c. VILLAREAL, R., YOUNG, J.O., KRSUL, J.R.: Analyt. Chem. **41**, 1419 (1969).
26. HAHN, R.B., JOHNSON, J.L.: Analyt. Chem. **29**, 902 (1957).
27. CHENG, K.L.: Talanta **2**, 186 (1959).
28. BROWN, W.E., RIEMAN, W.: J. Am. chem. Soc. **74**, 1278 (1952).
29. SANO, N., SHIOMI, R.: J. inorg. nuclear Chem. **5**, 251 (1958).
30. KORKISCH, J., FARAG, A.: Z. anal. Chem. **166**, 81 (1959).
31. KORKISCH, J., FARAG, A.: Z. anal. Chem. **166**, 170 (1959).
32. KORKISCH, J.: Z. anal. Chem. **176**, 403 (1960).
33. KORKISCH, J., FARAG, A.: Z. anal. Chem. **166**, 181 (1959).
34. KO, R.: Appl. Spectroscopy **13**, 10 (1959).
35. MADDOCK, A.G., PUGH, W.: J. inorg. nuclear Chem. **2**, 114 (1956).
36. BANDI, W.R., BUYON, E.G., LEWIS, L.L., MELNICK, L.M.: Analyt. Chem. **33**, 1275 (1961).
36a. DIXON, E.J., HEADRIDGE, J.B.: Analyst **89**, 185 (1964).
36b. FRITZ, J.S., FRAZEE, R.T.: Analyst. Chem. **37**, 1358 (1965).
37. MILNER, G.W.C., EDWARDS, J.W.: Analyst **85**, 86 (1960).
38. GRIMALDI, F.S., WHITE, C.E.: Analyt. Chem. **25**, 1886 (1953).
39. JEAN, M.: Analyt. chim. Acta **7**, 523 (1952).
40. BRICKER, C.E., WATERBURY, G.R.: Analyt. Chem. **29**, 558 (1957).
41. DEGENHARDT, H.: Z. anal. Chem. **153**, 327 (1956).
42. BRILL, M.: Z. anal. Chem. **244**, 36 (1969).
43. GREEN, D.E.: Analyt. Chem. **20**, 370 (1948).
44. WENGERT, G.B.: Analyt. Chem. **24**, 1449 (1952).
45. MAYER, A., BRADSHAW, G.: Analyst **77**, 476 (1952).
46. MANNING, D.L., WHITE, J.C.: Analyt. Chem. **27**, 1389 (1955).
47. SILVERMAN, L., HAWLEY, D.W.: Analyt. Chem. **28**, 806 (1956).
48. DRAGULESCU, C., SIMONESCU, T., POLICEC, S.: Talanta **11**, 747 (1964).
49. NARITA, K.: J., chem. Soc. Japan, pure Chem. Sect. **76**, 1026 (1955); ref. Analyt. Abstr. **3**, 1677 (1956).
50. MILLS, E.C., HERMAN, S.E.: Metallurgia **51**, 157 (1955).
51. KIRBY, K.W., CRAWLEY, R.H.A.: Analyt. chim. Acta **19**, 363 (1958).
52. FLASCHKA, H., FARAH, M.Y.: Z. anal. Chem. **152**, 401 (1956).
53. YOUNG, J.P., FRENCH, J.R., WHITE, J.C.: Analyt. Chem. **30**, 422 (1958).
54. WOOD, D.F., JONES, J.T.: Analyst **90**, 125 (1965).
55. STAATS, G., BRÜCK, H.: Z. anal. Chem. **230**, 271 (1967).
56. GEIGER, R.A., SANDELL, E.B.: Analyt. chim. Acta **16**, 346 (1957).
57. GEISSLER, M., LORENZ, G., ANGERMANN, W.: Neue Hütte **14**, 50 (1969).
58. CRAWLEY, R.H.A.: Analyt. chim. Acta **26**, 281 (1962).
59. CHENG, K.L.: Talanta **2**, 61 (1959).
60. CHENG, K.L.: Talanta **2**, 266 (1959).
61. CHENG, K.L.: Analyt. chim. Acta **28**, 41 (1963).
62. CHALLIS, H.J.G.: Analyst **94**, 94 (1969).
63. KELLER, H., HENNESEN, K.: Arch. Eisenhüttenw. **39**, 921 (1968).
64. LUKE, C.L.: Analyt. chim. Acta **41**, 453 (1968).
65. SANO, H.: Talanta **2**, 187 (1959).
66. OLSON, D.C., MARGERUM, D.W.: Analyt. Chem. **34**, 1299 (1962).
67. SCHNEIDER, H.O., ROSELLI, M.E.: Analyst **96**, 330 (1971).
67a. PAKALNS, P.: Analyt. chim. Acta **57**, 51 (1971).

68. Kuznetsov, V. I., Budanova, L. M., Matrosova, T. V.: Zavodskaja Lab. **22**, 406 (1956); ref. Z. anal. Chem. **154**, 361 (1957).
69. Savvin, S. B.: Talanta **8**, 673 (1961).
70. Gorjušina, V. G., Romanova, E. V.: Zavodskaja Lab. **26**, 415 (1960); ref. Z. anal. Chem. **186**, 319 (1962).
71. Horton, A. D.: Analyt. Chem. **25**, 1331 (1953).
72. Majumdar, A. K., Savariar, C. P.: Z. anal. Chem. **178**, 352 (1961).
73. Kimura, K., Sano, H.: Bull. chem. Soc. Japan **30**, 80 (1957); ref. Z. anal. Chem. **159**, 63 (1957/58).
74. Korkisch, J.: Z. anal. Chem. **182**, 253 (1961).
75. Korkisch, J., Osman, M.: Z. anal. Chem. **171**, 107 (1959).
76. Oesper, R., Dunleavy, R. A., Klingenberg, J. J.: Analyt. Chem. **24**, 1492 (1952).
77. Banerjee, G.: Analyt. chim. Acta **16**, 62 (1957).
78. Datta, S. K., Saha, S. N.: Z. anal. Chem. **184**, 177 (1961).
79. Mather, D. M., Millar, F., Pollock, A. F.: Analyst **96**, 393 (1971).
80. Ratcliffe, D. B., Byford, C. S.: Analyt. chim. Acta **58**, 223 (1972).
81. Blazejak-Ditges, D.: Arch. Eisenhüttenw. **43**, 887 (1972).

V. Multielement-Spurenanalyse
Die Bestimmung von Elementgruppen

Einführung

Der vorliegende Abschnitt behandelt die Bestimmung von mehreren Elementen, von *Elementgruppen*, in einem Arbeitsgang, weshalb sich dieser Arbeitsbereich auch als *Multielement-Spurenanalyse* bezeichnen läßt. Je nach den angewandten Methoden werden die Elemente gleichzeitig oder aber einzeln nacheinander bestimmt, so daß man dementsprechend zwischen *simultaner Multielement-Spurenanalyse* und *sequenzieller Multielement-Spurenanalyse* unterscheiden kann.

In verschiedenen Probematerialien interessiert oft die quantitative Erfassung einer mehr oder weniger großen Zahl von Elementen (s. a. S. **60**, **69**). Grundsätzlich läßt sich eine größere Zahl der interessierenden Elemente nach Aufschluß einer ausreichenden Probemenge nach den im Abschnitt „Einzelelemente" (s. S. **375** ff.) angegebenen Verfahren jeweils in aliquoten Teilen der erhaltenen Probelösung einzeln nacheinander bestimmen. Doch ist dazu ein nicht unbeträchtlicher Aufwand an Probematerial, Reagentien und Zeit erforderlich. Auch sind bei dieser Arbeitsweise geringe Elementgehalte oft nicht mehr erfaßbar oder die anwesenden Hauptbestandteile bzw. Ballaststoffe stören die Spurenelementbestimmung. Aus diesen Gründen müssen geeignete Isolierungs- und Anreicherungsverfahren (s. S. **53** ff., **60**, **69**) herangezogen werden, welche in Verbindung mit entsprechenden Bestimmungsmethoden die gleichzeitige Bestimmung auch mehrerer Spurenelemente in einem Arbeitsgang (z. B. mittels Emissionsspektralanalyse, Röntgenspektrometrie oder Polarographie) oder aber die Bestimmung der in aufeinanderfolgenden Trennstufen vorliegenden Einzelelemente (z. B. mittels Photometrie, AAS, Flammenphotometrie usw.) gestatten.

Zur Erfassung des Gesamtgehaltes oder einer möglichst großen Zahl der in einem Probematerial enthaltenen Spurenelemente verwendet man mit der Reihenfolge nach abnehmender Häufigkeit in erster Linie die Emissionsspektralanalyse, gefolgt von Röntgenspektrometrie, Polarographie und den übrigen Bestimmungsmethoden, wenn man hier von nicht allgemein anwendbaren oder kostspieligen Verfahren, wie z. B. der Aktivierungsanalyse (s. S. **34** f.), absieht. Müssen die Spurenelemente vor der eigentlichen Bestimmung noch angereichert werden, so haben sich bestimmte Anreicherungsverfahren in Verbindung mit der einzelnen Bestimmungsmethode besonders bewährt.

Bei der Emissionsspektralanalyse erfolgt die Anreicherung mit der Reihenfolge nach abnehmender Häufigkeit besonders durch Spurenfällung, gefolgt von Extraktion, Ionenaustauscher u. a. Verfahren, bei der Röntgenspektrometrie vor allem durch Spurenfällung, gefolgt von Ionenaustauscher und Extraktion. Neben den Kombinationen von Anreicherungs- und Bestimmungsmethoden wird das Probematerial bei der Emissionsspektralanalyse oft ohne chemische Vorbehandlung direkt angeregt (physikalische Anreicherung, s. S. **10**, **53**, **150** ff.), um den Arbeitsaufwand und die Fehler durch Verunreinigungen bzw. den Blindwert zu vermindern.

In dem nachfolgenden Abschnitt wird nun eine – in Anbetracht des gesetzten Rahmens begrenzte – Anzahl von Verfahren beschrieben, mit denen die Bestimmung mehrerer Spurenelemente nebeneinander in einem Arbeitsgang unter den vorhin angeführten Gesichtspunkten möglich ist. Zu Beginn der Vorschriften sind unter dem „Arbeitsbereich" die mit dem Verfahren bestimmbaren Elemente angeführt. Außer diesen können verschiedentlich auch noch weitere Elemente durch Anpassung auf dieselbe Weise bestimmt werden. Nach dem „Bestimmungsbereich", dem Reagentienbedarf und – im Falle einer spektrographischen bzw. röntgenspektrometrischen Methode – den spektrographischen Arbeitsbedingungen bzw. Meßbedingungen wird die chemische Vorbehandlung der Probe, die Anreicherung bzw. Isolierung der Spurenelemente und schließlich deren Bestimmung beschrieben. Hinsichtlich der benötigten Reagentien gelten die bereits früher (s. S. **375** f.) gemachten Ausführungen.

1. Wässer

In anderen Arbeiten findet man weitere Verfahren zur Spurenanalyse von Seewasser [*1–4*], Industrieabwasser [*5*], Oberflächenwasser [*5a*] und wäßrigen Lösungen [*6*]. Hinsichtlich weiterer Verfahren s. Tab. 214a (S. 1452).

1.1. Wässer

Arbeitsbereich: s. Tab. 193.

Tabelle 193. Die bei der Extraktion mit Na-DDTC-Oxin-Dz/$CHCl_3$ erfaßbaren Elemente [7]

H																	He
Li	Be											B	C	N	O	F	Ne
Na	Mg											Al	Si	P	S	Cl	Ar
K	Ca	Sc	Ti	V	Cr	Mn	Fe	Co	Ni	Cu	Zn	Ga	Ge	As	Se	Br	Kr
Rb	Sr	Y	Zr	Nb	Mo	Tc	Ru	Rh	Pd	Ag	Cd	In	Sn	Sb	Te	I	Xe
Cs	Ba	La	Hf	Ta	W	Re	Os	Ir	Pt	Au	Hg	Tl	Pb	Bi	Po	At	Rn
Fr	Ra	Ac	Th	Pa	U												

——— = vollständig; – – – – = unvollständig.

Bei dem nachfolgenden Verfahren werden die Elemente durch Extraktion mit Na-DDTC-Oxin-Dz/$CHCl_3$ angereichert (s. Tab. 193) und anschließend spektrographisch bestimmt. Bei einem Ausgangsvolumen von 1 l Probe und einem Endvolumen von beispielsweise 100 µl, in dem sich die angereicherten Elemente vor der spektrographischen Bestimmung befinden, ist die Anreicherung 10000fach. Das Verfahren ist auf die meisten Wässer, auch auf solche mit hohem Fe-Gehalt, anwendbar. Im letzteren Fall ist allerdings ein Spektrograph mittlerer oder großer Dispersion erforderlich.

B: $\geqq$ 0,1 ppb. F_r: $\pm$10–20%. *Z:* 1–2 Std für die Anreicherung.

Arbeitsvorschrift [7]

Reagentien

HCl (1,19); HNO_3 (1,40); $HClO_4$ (70%); 6n HCl;
Ammoniak (0,91); 6n Ammoniak;
Na-DDTC, 5%ige wäßrige Lösung;
Oxin, 0,1%ig in $CHCl_3$;
Dz, 0,01%ig in $CHCl_3$;
Ammoniumtartrat, 10%ige wäßrige Lösung;
$CHCl_3$;
Be-Bezugslösung, 0,1%ige (an Be) wäßrige Lösung von $Be(NO_3)_2$ mit 1% KNO_3 (als spektrographischer Puffer).

Spektrographische Arbeitsbedingungen

Elektroden: Graphit RW I (Ringsdorff-Werke), 5 mm ∅, plan;
Elektrodenabstand: 2 mm;
Anregung: Feussner-Funkenerzeuger; 220/10000 V, 4,8 Amp., 0,2 μF, 0,24 mH, 100 Entladungen/sec.;
Spektrograph: Zeiss Q 24 mit 3-Stufenfilter (100/50/10%), Spaltbreite 0,020 mm;
Vorfunkzeit: keine, Belichtungszeit: 3 min;
Photographische Emulsion: Ilford ordinary plates;
Entwickeln: Agfa 1 Metol-Hydrochinon, 5 min bei 18° C; Fixieren: saures Fixierbad, 10 min; Wässern: 30 min in fließendem Wasser, Nachspülen mit dest. Wasser.;
Innerer Standard: Be;
Analysen-Linienpaare: Al 3082,2 und Al 3092,7/Be 3130,4; Co 2363,8 und Co 2388,9/Be 2348,6, Co 2580,9/Be 2650,8; Cu 2369,9/Be 2348,6, Cu 3247,5 und Cu 3274,0/Be 3130,4; Fe 2382,0 und Fe 2395,6/Be 2348,6; Mn 2576,1 und Mn 2593,7/Be 2650,8, Mn 2949,2/Be 3130,4; Mo 2672,8 und Mo 2816,2/Be 2650,8, Mo 2848,2/Be 3130,4; Ni 2416,1 und Ni 2437,9/Be 2348,6, Ni 3002,5/Be 3130,4; Pb 2614,2 und Pb 2833,1/Be 2650,8; V 2526,2 und V 2683,1/Be 2650,8, V 2924,0 und V 3102,3/Be 3130,4; Zn 2558,0/Be 2650,8; Zn 3302,6/Be 3130,4; Zn 3345,0/Be 3321,1.

Die Wasserprobe muß vollkommen klar sein. Ein vorhandener Bodensatz (ausgefallene Carbonate oder Hydroxyde) wird durch Zusatz von HCl (1,19) gelöst und eine dabei eintretende übermäßige Volumenzunahme bei der anschließenden Analyse berücksichtigt.

1 l Wasserprobe wird in einem 1,5 l-Schütteltrichter durch tropfenweisen Zusatz von HCl oder Ammoniak auf pH 3,0 eingestellt (Tüpfeln mit Glasstab und Spezialindicatorpapier), 2 ml Na-DDTC-Lösung hinzugefügt und 10 sec geschüttelt. Dann extrahiert man 1 min mit 15 ml Oxinlösung, läßt den $CHCl_3$-Extrakt nach der Phasentrennung in einen 300 ml- oder 500 ml-Schliff-Erlenmeyerkolben ab und überprüft bzw. korrigiert den pH-Wert. Der gleiche Vorgang wird nach abermaligem Zusatz von Na-DDTC- und Oxin-Lösung noch etwa 3mal wiederholt, bis die $CHCl_3$-Phase nach dem Schütteln nahezu farblos erscheint. Nun wird die Probelösung im Schütteltrichter mit Ammoniak auf pH 5,0 gebracht und in der gleichen Weise mit Na-DDTC- und Oxin-Lösung bis zur Farblosigkeit der $CHCl_3$-Schicht ausgeschüttelt. Nach Zusatz von 10 ml Ammoniumtartrat-Lösung (bei sehr mineralreichen Wässern erhöht man die Menge nach Bedarf, um Fällungen bei höherem pH-Wert zu vermeiden) stellt man mit Ammoniak auf pH 7,0 ein und extrahiert in gleicher Weise mit 2 ml Na-DDTC-, 15 ml Oxin- und 5 ml Dz-Lösung, bis die $CHCl_3$-Phase unverändert grün bleibt (meist nach 1- bis 2maligem Ausschütteln). Der gleiche Vorgang wird bei pH 9,0–9,5 wiederholt (meist genügt eine Extraktion).

Die $CHCl_3$-Fraktionen der einzelnen pH-Stufen werden alle im Schliff-Erlenmeyerkolben gesammelt und aus dem vereinigten $CHCl_3$-Extrakt das Lösungsmittel nach Aufsetzen eines Liebigkühlers bis auf einen Rückstand von 5–10 ml abdestilliert. In eine Quarzschale (~30 ml Volumen) werden 20 μl Be-Bezugslösung (jeweils $^1/_{10}$ des Endvolumens der angereicherten Spurenelemente, so daß die Lösung dann einen Gehalt von 0,01% Be aufweist) mittels einer Mikrobürette vorgelegt und unter dem Quarzoberflächenverdampfer zur Trockene verdunstet. Den eingeengten Extrakt führt man unter 2maligem Nachspülen mit wenigen Millilitern $CHCl_3$ in die Quarzschale über und verdampft das restliche $CHCl_3$ wie vorher. Der Rückstand der Metallkomplexe kann nun auf trockenem oder nassem Wege verascht werden. Im ersteren Fall erfolgt die Veraschung im elektrischen Muffelofen durch langsames Erhitzen bis 350° C. Im zweiten Fall fügt man zu dem Rückstand in der Quarzschale 2 ml HNO_3, sowie 0,5 ml $HClO_4$ und raucht auf dem Sandbad ab; das Abrauchen wird bis zur restlosen Veraschung nach Bedarf wiederholt. Auch eine Kombination beider Veraschungsmethoden ist möglich und oft von Vorteil. In diesem Fall beginnt man die Veraschung auf trockenem und vollendet sie auf nassem Wege. Danach werden die Elemente durch Abrauchen mit 1 ml Königswasser auf dem siedenden Wasserbad in Chloride übergeführt, mit 2–3 Tropfen HCl (1,19) befeuchtet und mittels einer 200 µl-Auswaschpipette mit Membranpumpe (s. Abb. 24a, S. 121) unter Zusatz einiger Tropfen 6n HCl und Nachwaschen mit schwach salzsaurem Wasser auf 200 µl aufgefüllt. Die Lösung wird in einen Quarzglas-Spitzbecher mit Schliffstopfen ausgeblasen. Nachdem man vorher die Graphitelektroden abgefunkt hat (Leerspektrum), werden von dieser Lösung 20 µl mit einer Capillarpipette (s. Abb. 33, S. 132) auf die untere, mit Hilfe eines Mikroheizblockes mit Spezialaufsatz [*8*] (s. Abb. 30, S. 130) auf ~ 125° C erhitzte Elektrode aufgebracht und die Elektrode mit der Probe erneut abgefunkt (Probenspektrum).

Je nach dem Spurenelementgehalt der Probe kann eine Anreicherung auch auf ein anderes Endvolumen, z. B. 500 µl oder 100 µl, vorgenommen werden, wobei in diesem Fall 50 µl oder 10 µl Be-Bezugslösung vor der Veraschung der Metallkomplexe zuzusetzen sind.

1.2. Wasser

Arbeitsbereich: Al, Be, Bi, Cd, Co, Cr, Cu, Fe, Ga, Ge, Mn, Mo, Ni, Pb, Ti, V, Zn.

Die Elemente werden durch Spurenfällung mit Oxin/Tanninsäure/Thionalid [*9, 10*] und In als Spurenfänger [*10*] angereichert und anschließend spektrographisch bestimmt.

B: ≧ 1 ppb. F_r: ±5–15%.

Arbeitsvorschrift [*11*]

Reagentien

6n HCl; 6n Ammoniak.
In-Lösung (2,0 mg In/ml).
Pd-Lösung (0,20 mg Pd/ml).
Oxin, 5%ig in 2n Essigsäure.
Tanninsäure, 10%ig in 2m Ammoniumacetat.
2m Ammoniumacetat-Lösung.
Thionalid, 1%ig in Essigsäure.

Spektrographische Arbeitsbedingungen

Elektroden: Graphit (National Carbon); obere: L-3951; untere: Probenelektrode, L-3909, als Anode (s. Abb. 38, S. 151).
Elektrodenabstand: 4 mm.
Anregung: Gleichstrombogen, 240 V, 6 Amp.
Spektrograph: Jarrell-Ash 2,4m-Wadsworth, 15000 Strich/Zoll-Gitter.
Belichtungszeit: 10 sec bei 5,5 Amp, dann 20 sec bei 6 Amp.
Photographische Emulsion: Kodak S.A. 1.
Innerer Standard: Pd.

Analysen-Linienpaare[1]: Al 2652,5 (5—100), Be 3131,1 (2—10), Bi 3067,7 (5—10), Cd 2980,6 (10—250), Co 3409,2 (5—50), Cr 2780,7 (10—100), Cu 2824,4 (10—250), Fe 2823,3 (10—50), Ga 2450,1

[1] In Klammer Meßbereich, µg auf der Elektrode.

(10—250), Ge 2651,6 (2—25), Mn 2949,2 (5—50), Mo 3208,8 (2—10), Ni 3414,8 (2—10), Pb 2833,1 (5—25), Ti 3239,0 (2,5—25), V 3110,7 (2—20) und Zn 3345,0 (50—125); für alle Linien wird Pd 3287,2 als innerer Standard verwendet.

Von dem durch ein Membranfilter (Porenweite 0,5 μm) filtrierten Wasser wird ein aliquoter Teil von 100—1000 ml (2—500 μg der Elemente enthaltend) mit 5 ml 6n HCl versetzt, auf ~ 100 ml eingedampft, in ein 400 ml-Becherglas übergeführt, der Reihe nach 15,00 ml In-Lösung, 5,00 ml Pd-Lösung und 10 ml Oxin-Lösung hinzugefügt und mit Ammoniak auf pH 1,8 eingestellt. Man versetzt der Reihe nach mit 45 ml Ammonium acetat-Lösung, 2 ml Tanninsäure-Lösung sowie 2 ml Thionalid-Lösung, stellt mit Ammoniak auf pH 5,2 ein und läßt über Nacht stehen. Der Niederschlag wird mit einem aschefreien Filter abfiltriert, mit verdünnter Oxin-Lösung (mit Ammoniumacetat auf pH 5,2 eingestellt) gewaschen, in einem Quarztiegel bei 450° C verascht (zweckmäßig über Nacht), zur erkalteten Asche Graphitpulver bis zu einem Gesamtgewicht von 70 mg (Asche + Graphitpulver) hinzugefügt, das Gemisch in einer Mixerkugelmühle (z. B. Wig-L-Bug) 30 sec gemischt, mit der Mischung 2 Elektroden (Doppelanalyse) gestopft und abgefunkt.

1.3. Reaktor-, Reinstwasser

Arbeitsbereich: Summe von Al, Bi, Cd, Co, Fe, Ga, In, Ni, Pb, V, Zn und Zr.

Die Elemente werden mit dem im Überschuß zugesetzten ÄDTA komplex gebunden, eine dem ÄDTA äquivalente Cd-Menge zugesetzt, wobei das freie, überschüssige ÄDTA mit Cd umgesetzt wird, und der Cd-Überschuß (≡ Summe der Elemente) polarographisch ermittelt. Der gefundene Gehalt der Elementsumme wird als Cd angegeben.

Das Verfahren fand in automatisierter Form zur Reinheitskontrolle von Reaktorwasser Anwendung [*12, 13*].

B: ≧ 10 ppb Cd. F_r: ±5—15%. *Z:* 30—60 min.

Arbeitsvorschrift [*14*]

Reagentien

HCl (1,19); 0,01 n HCl; 0,1 n NaOH;
H_2O_2 (30%); 1 m Essigsäure.
$5 \cdot 10^{-4}$ m Cd-Lösung (mit $CdCl_2 \cdot {}^1/_2\, H_2O$ hergestellt).
$5 \cdot 10^{-4}$ m ÄDTA.
Grundlösung; 0,2 m KNO_3/0,2 m Natriumacetat, mit 1 m Essigsäure auf pH 7 eingestellt.

100,0 ml oder 10,0 ml Wasserprobe werden in einem Quarzbecher mit 4 ml HCl (1,19) und 3 Tropfen H_2O_2 versetzt, in der Eindampfapparatur (s. Abb. 15, S. 111) mit Ober- und Unterhitze unter Einleiten von Stickstoff zur Trockene (ohne zu Sieden) eingedampft, der Trockenrückstand mit 2 ml 0,01 n HCl aufgenommen, mit 0,50 ml ÄDTA versetzt und 1 min bis zum Sieden erhitzt. Die abgekühlte Lösung führt man unter Nachwaschen mit 3 mal je 0,5 ml Grundlösung in einen 5 ml-Meßzylinder über, versetzt mit 0,2 ml 0,1 n NaOH sowie 0,50 ml Cd-Lösung, füllt mit Grundlösung zur Marke auf, führt in eine polarographische Zelle über, leitet 2 min Wasserstoff ein und bestimmt das von ÄDTA ungebundene Cd bei $E_{1/2} = -0,78$ bis $-0,83$ V auf polarographischem Wege.

2. Organisches Material

Für die Bestimmung von Spurenelementen in organischem Material finden zahlreiche Kombinationen der bekannten Bestimmungs- und Trennungsmethoden (s. S. 29ff., 53ff.) Anwendung: beispielsweise Extraktion/Photometrie bei Nahrungsmitteln (As,

Bi, Cd, Cu, Fe, Ni, Pb, Zn) [15], (Cu, Pb) [18], (Cu, Fe) [19] und organischem Material (Cu, Fe, Mn) [16], (As, Sb, Sn) [17], (Bi, Pb) [20]; Spurenfällung/Emissionsspektralanalyse bei biologischem Material (s. S. 59, 60; s. a. Verfahren 1.2., S. 1382) und Zellwolle (Co, Cr, Cu, Fe, Mn, Mo, Ni, Pb, V) [21]; Extraktion/Emissionsspektralanalyse bei Zellwolle (größere Zahl von Elementen; nach Verfahren 5.9.a), s. S. 1448) [22], Nahrungsmitteln (Fe, Mn, Mo, Zn) [23] und pflanzlichem Material (Co, Mo, Ni, Pb, Ti, V, Zn) [24]; Ionenaustauscher/Röntgenspektrometrie bei Erdölfraktionen (≧ 0,1 ppm Ni, V) [25] und Terephthalsäure (≧ 1 ppm Ca, Co, Cr, Fe, Mn, Mo, Ni, Ti) [26]. Daneben werden die Bestimmungsmethoden auch ohne Voranreicherung eingesetzt: z. B. Photometrie bei Erdöl und Erdölkatalysatoren [27], pflanzlichem Material (Al, Fe) [28] und organischen Fe-salzen (≧ 1 ppm Mn) [29]; Emissionsspektralanalyse bei Speiseöl (Cu, Fe, Mn, Zn) [30], Erdölfraktionen [31–34] (≧ 10 ppb Cu, Fe, Ni, V) [35], Nahrungsmitteln (Ca, Cu, Fe, P, Sn) [36], Erythrocyten (Ca, Cu, Mg, Zn) [37] und Kunststoff (≧ 1 ppm Cu, Fe, ≧ 10 ppm Al, Ca, P, Si, Ti, Zn) [38]; Polarographie bei Nahrungsmitteln (Cu, Pb, Sn, Zn) [39], Erdölfraktionen [40], pflanzlichem Material (Cu, Mn, Zn) [41] und organischen Fe-Salzen (≧ 1 ppm Cu, Ni, Pb, Zn) [29]; Röntgenspektrometrie bei Erdölfraktionen (Fe, Ni, V) [42] und biologischem Material (≧ 1 ppm Cu, Fe, Zn) [43]. Hinsichtlich weiterer Verfahren s. Tab. 214a (S. 1452).

2.1 Organisches Material

Arbeitsbereich: s. Tab. 194.

Das getrocknete, nicht veraschte Probematerial wird direkt abgefunkt. Das Verfahren fand zur Analyse von pflanzlichem Material, tierischem Gewebe, Blutserum, Knochen, Faeces Anwendung.

B: ~ ≧ (100 L_D) ppm bei 1% Aschegehalt, s. Tab. 194 (z. B. 0,2 ppm Ag). F_r: ±5–15%.

Arbeitsvorschrift [44]

Spektrographische Arbeitsbedingungen

Elektroden: Graphit (National Carbon); obere: Typ L-3951; untere: Probenelektrode, Typ L-3900, als Anode (s. Abb. 38, S. 151); Atmosphäre: 20% O_2/80% He, Strömungsgeschwindigkeit 7,5 l/min.
Elektrodenabstand: 4 mm.
Anregung: Jarrell-Ash varisource 40—750; Gleichstrombogen 25 Amp.
Spektrograph: Jarrell-Ash 3,4 m-Ebert (Modell 71—000), 30000 Strich/Zoll-Gitter, 1. Ordnung, Wellenlängenbereich/Aufnahme 2300—3500 Å und 3350—4550 Å, Spaltbreite 0,050 mm, rotierender 8-Stufen-Sektor; 2 mm der Bogenmitte werden ausgeblendet und abgebildet.
Belichtungszeit: 20 sec ohne Vorfunkzeit.
Photographische Emulsion: Kodak 103-0.
Entwickeln: Kodak D 19, 3 min; Unterbrechen: 30 sec im fließenden Wasser; Fixieren: Kodak Rapidfixier-Härter-Bad, 3 min; Wässern: 10 min in fließendem Wasser, 1 min in dest. Wasser.
Innerer Standard: Lu und Y.
Analysenlinien: s. Tab. 194; die Linien Lu 2701,7, Lu 2900,3, Lu 3472,5, Y 3195,6, Y 3203,3 sowie andere Lu- und Y-Linien werden als innerer Standard verwendet.

Man mischt sorgfältig 25,0 mg getrocknetes[1], pulverisiertes Probematerial mit 25,0 mg Standard-Gemisch (pelletisierbares Graphitpulver, National Carbon SP-1C, je 60 ppm Lu und Y als Oxyde enthaltend) und 25,0 mg Graphitpulver (nicht pelletisierbares Graphitpulver, National Carbon SP-2X), stellt mit dem Gemisch 2 Tabletten von 0,18″ ⌀ (≡ 4,5 mm ⌀) mit Hilfe einer Handpresse her, setzt die Tabletten in 2 untere

[1] Möglichst durch Gefriertrocknung getrocknet, da man damit im Vergleich zur Trockenschranktrocknung eine günstigere Brenncharakteristik erzielt.

Tabelle 194. Analysenlinien, Nachweisgrenzen

Analysenlinie	Nachweisgrenze[1,2,3] L_D	Analysenlinie	Nachweisgrenze[1,2,3] L_D
Ag 3280,7	0,002	Na 3303,0	(0,1)
Al 3082,2	0,004	Nb 3094,2	(>2,5)
As 2349,8	1,0	Nd 4303,6	0,4
Au 2428,0	0,05	Ni 3414,8	0,008
B 2497,7	0,05	P 2535,7	0,05
Ba 2335,5	(0,4)	Pb 2833,1	0,02
Be 2348,6	0,0002	Pd 3404,6	0,3
Bi 3067,7	0,005	Pr 4255,5	0,3
Ca 3006,9	(0,1)	Pt 3064,7	0,1
Cd 3466,2	(0,1)	Re 3460,5	0,3
Ce 4460,2	0,5	Rh 3434,9	0,1
Co 3453,5	0,01	Ru 3436,7	0,3
Cr 2835,6	(0,01)	Sb 2877,9	0,03
Cu 2484,4	< 0,001	Sc 3613,8	0,02
Dy 4000,5	0,07	Si 2516,1	0,01
Er 3692,6	0,07	Sm 4424,3	0,2
Eu 3972,0	(0,02)	Sn 2840,0	0,01
Fe 3024,0	(0,01)	Sr 3464,5	(0,03)
Ga 2943,6	0,005	Ta 3311,2	(>2,5)
Gd 3422,5	0,07	Tb 3676,4	0,4
Ge 2651,2	0,02	Te 2385,6	0,8
Hf 3134,7	0,5	Th 3392,0	(>2,5)
Hg 2536,5	0,3	Ti 3361,2	0,005
Ho 3456,0	0,06	Tl 2767,9	0,03
In 3256,1	0,01	Tm 3462,2	0,1
Ir 3220,8	0,07	U 2941,9	(>2,5)
La 3949,1	0,07	V 3184,0	0,02
Li 3232,6	(1,0)	W 2724,4	(>2,5)
Mg 2779,8	(0,002)	Yb 3694,2	0,02
Mn 2576,1	0,003	Zn 3345,0	(0,005)
Mo 3132,6	0,01	Zr 3392,0	0,03

[1] µg auf der Elektrode.
[2] Verhältnis Analysenlinie/Untergrund = 1,3.
[3] Werte in Klammer = nicht die empfindlichste Linie verwendet.

Elektroden ein, versieht die Tabletten mittels eines Stiftes (rostfreier Stahl) in der Mitte mit einer Bohrung von 1 mm ⌀ (für die entweichenden Gase) und funkt ab.

Zur Aufstellung der Eichkurven werden Standardgemische abgefunkt, die man durch Mischen von p-Nitrobenzolazoresorcinol (anstelle des Probematerials) mit Standard-Oxydgemisch und Graphitpulver und entsprechendes Verdünnen mit Graphitpulver hergestellt.

2.2 Organisches Material

Arbeitsbereich: Wie bei Verfahren 2.1. (s. S. 1384).

Die Asche des Probematerials wird direkt abgefunkt. Das Verfahren wurde für pflanzliches und tierisches Material verwendet.

B: $\sim \geqq (2\,L_D)$ ppm bei 1% Aschegehalt, s. Tab. 194 (z. B. 0,004 ppm Ag). F_r: $\pm$10–20%.

Arbeitsvorschrift [*45*]

Spektrographische Arbeitsbedingungen

Elektroden: Graphit (National Carbon); obere: Typ SP-1009; untere: Probenelektrode, Typ L-3903, als Anode (s. Abb. 38, S. 151); Atmosphäre: wie bei Verfahren 2.1. (s. S. 1384).

Übrige Daten wie bei Verfahren 2.1. (s. S. 1384), davon abweichend jedoch Gleichstrombogen 28 Amp., Spaltbreite 0,030 mm, Belichtungszeit 30 sec ohne Vorfunkzeit, Analysenlinien Ba 4554,0, Cr 4254,0 und Sr 4607,0.

Man mischt sorgfältig 10,0 mg trockene, fein pulverisierte Probenasche mit 10,0 mg Standard-Gemisch (pelletisierbares Graphitpulver, National Carbon SP-1C, 74 ppm Lu und 25 ppm Y als Oxyde enthaltend) und 20,0 mg Graphitpulver (nicht pelletisierbares Graphitpulver, National Carbon SP-2X), stopft mit dem Gemisch 2 Probenelektroden und funkt ab.

2.3. Pflanzliches und anderes organisches Material

Arbeitsbereich: wie bei Verfahren 1.1. (s. S. 138).

Nach trockener Veraschung werden die Kieselsäure mit HF/H_2SO_4 entfernt und anschließend die Elemente wie bei Verfahren 1.1. angereichert und spektrographisch bestimmt. Wenn nur ein Spektrograph geringer Dispersion zur Verfügung steht, wird das Fe vor der Elementaranreicherung durch Extraktion mit Diäthyläther aus HCl-Lösung und anschließend mit Thiocyanat/Diäthyläther entfernt. Beim Ausschütteln aus HCl-Lösung gehen die Elemente As(III), As(V), Au(III), Fe(III), Ga, Mo(VI), Sb(III), Sb(V), Sn(II), Sn(IV) und Tl(III), ferner Spuren von Cu (0,05%), Hg (0,2%), In, V(V) und Zn (0,2%) in die Ätherphase. Nach Reduktion mit $Na_2S_2O_4$ gelingt es, von diesen Elementen Mo(V), Ga, In, Sn, V(IV) und Zn als Thiocyanate auszuschütteln, während Fe(II) in der wäßrigen Lösung bleibt (unter den Arbeitsbedingungen geht $<0{,}01\,\%$ Fe in die organische Phase). Bei dieser Extraktion werden die Elemente As, Au, Hg, Sb und Tl zum Element reduziert oder sie bilden ätherunlösliche Thiocyanate, weshalb diese hier nicht erfaßt werden können. Enthält das Probematerial sehr wenig oder keine Kieselsäure, so entfällt das Abrauchen mit HF/H_2SO_4.

B: $\geqq 1$ ppm. F_r: $\pm 10-20\%$.

Arbeitsvorschrift [*46*]

Reagentien

H_2SO_4 (1 + 1); 1n HCl; HF (40%);
H_2O_2 (30%);
NH_4SCN, 20%ige wäßrige Lösung;
$Na_2S_2O_4$;
Diäthyläther;
übrige Reagentien wie bei Verfahren 1.1. (s. S. 1380).

Spektrographische Arbeitsbedingungen: wie bei Verfahren 1.1.

10–20 g getrocknetes, zerkleinertes Probematerial werden in einer Platinschale mit Ausguß (40–50 ml Volumen) bei 450–500° C im elektrischen Muffelofen unter Luftzutritt über Nacht verascht. Der Rückstand wird mit einigen Tropfen Wasser und HNO_3 befeuchtet und nach dem Eintrocknen auf dem Wasserbad zur vollständigen Veraschung wieder in den Muffelofen gegeben. Bei Bedarf wiederholt man den Vorgang. Bei hohem Metallgehalt (Fe, Mn) führt man die Veraschung besser in einer Quarzschale durch und führt die Asche anschließend in eine Platinschale über. Zur Entfernung der Kieselsäure versetzt man die Asche mit 1–2 ml H_2SO_4 und 5 ml HF und erhitzt auf dem Sandbad bis zum Auftreten der SO_3-Nebel. Nach dem Abkühlen versetzt man abermals mit 2 ml

HF und raucht zur Trockene ab. Falls eine Entfernung der Kieselsäure nicht erforderlich ist, wird die Asche mit wenig Königswasser auf dem Wasserbad zur Trockene abgeraucht.

Der Trockenrückstand wird mit wenigen Tropfen 6n HCl und 10–20 ml Wasser versetzt, auf dem Wasserbad unter Umrühren mit einem Quarzstäbchen erhitzt, absitzen gelassen und die überstehende klare Lösung in einen 250 oder 500 ml-Schütteltrichter übergeführt. Dies wiederholt man so lange, bis der gesamte Rückstand gelöst ist (meist mit 150–300 ml Wasser). Die Spurenelemente werden nun durch Ausschütteln mit Na-DDTC-Oxin-Dz/$CHCl_3$ bei pH 3, 5, 7 und 9 nach Verfahren 1.1. (s. S. 1380) angereichert und anschließend wie dort angegeben unter Zusatz von 10 µl Be-Bezugslösung und Verwendung eines Endvolumens von 100 µl spektrographisch bestimmt. Mit einem Spektrographen geringer Dispersion und bei Vorliegen von manganreichem Probematerial (>0,01% Mn) empfiehlt es sich, ein Endvolumen von 200 µl zu verwenden.

Ist eine Abtrennung des Fe erforderlich, so wird hierzu nach Entfernen der Kieselsäure der in der Platinschale vorliegende Rückstand mit 5 ml 6n HCl versetzt, zum Sieden erhitzt, kurz im Wasserbad gekühlt, in einen 100 ml-Schütteltrichter übergeführt und mit 3 Tropfen H_2O_2 versetzt. Die Platinschale wird mit 20 ml 6n HCl nachgespült und ungelöst gebliebener Rückstand ebenfalls in den Schütteltrichter übergeführt. Nach vollständigem Abkühlen der Lösung extrahiert man 1 min mit 25 ml Diäthyläther (mit 6n HCl gesättigt). Nach der Phasentrennung wird die Ätherschicht mittels Absaugglocke (s. S. 115) möglichst vollständig abgesaugt und die Extraktion noch 2mal wiederholt. Die salzsaure Lösung wird mit dem evtl. ungelösten Bestandteilen unter Nachspülen mit Wasser in eine Quarzschale mit Ausguß abgelassen, mit 1 ml HNO_3 versetzt, auf dem Sandbad auf ein kleines Volumen eingedampft und abgekühlt (Lösung I). Die einzelnen Ätherfraktionen werden beim Absaugen in einer Quarzschale mit Ausguß (etwa 40 ml Volumen), in die 5 ml 1n HCl vorgelegt wurden, aufgefangen und der Äther jeder einzelnen Fraktion für sich hintereinander abgedampft[1]. Die nach dem Abdampfen abgekühlte Lösung wird unter Nachwaschen mit 5–10 ml 1n HCl in einen kleinen Schütteltrichter übergeführt. Für je 10 ml Lösungsvolumen fügt man 0,5 ml NH_4SCN-Lösung und mit einem Glasspatel unter jedesmaligem Umschwenken der Lösung mg-Mengen $Na_2S_2O_4$ bis zur Entfärbung und danach noch etwa die Hälfte des bereits zugesetzten $Na_2S_2O_4$ im Überschuß hinzu [10 mg Fe(III) werden durch ~ 15 mg $Na_2S_2O_4$ reduziert]. Man extrahiert nun 3mal mit je 10 ml Diäthyläther, wobei jedesmal vor dem Ätherzusatz einige Tropfen NH_4SCN-Lösung und etwas $Na_2S_2O_4$ zugegeben werden. Die vereinigten Ätherextrakte werden zur abgekühlten Lösung I hinzugefügt, der Äther abgedampft, gegen Ende einige Tropfen HNO_3 zugesetzt, auf dem Wasserbad bis zum Verschwinden der roten Zersetzungsfarbe des Thiocyanates erhitzt und zur Trockene eingedampft. Den Trockenrückstand löst man mit 6n HCl und Wasser und fährt mit dem Überführen in einen 250 oder 500 ml-Schütteltrichter, der Anreicherung und Bestimmung der Spurenelemente wie oben bereits angegeben fort.

2.4. Biologisches Material

Arbeitsbereich: wie bei Verfahren 4.1. (s. S. 1428).

Nach nasser Veraschung werden die Elemente durch Extraktion mit Natriumtetramethylendithiocarbamat/$CHCl_3$ angereichert und anschließend mit Fe und Cd als Bezugselementen spektrographisch bestimmt.

Bestimmungsbereich und Fehler wie bei Verfahren 4.1.

[1] Beim gleichzeitigen Abdampfen des vereinigten Ätherextraktes kann infolge des gebildeten Peroxydes leicht eine Explosion stattfinden.

Arbeitsvorschrift [*47*]

Reagentien

H_2SO_4 (1,84); $HClO_4$ (70%); HNO_3 (1,40);
übrige Reagentien wie bei Verfahren 4.1. (s. S. 1428).

Spektrographische Arbeitsbedingungen: wie bei Verfahren 4.1.

5,0 g des zerkleinerten Probematerials werden mit 2 ml H_2SO_4, 5 ml $HClO_4$ und 40 ml HNO_3 auf dem Sandbad naß verascht und danach die klare Lösung (bei Ca-reichen Proben tritt eine Ausfällung von $CaSO_4$ auf, die aber beim Verdünnen und Erwärmen in Lösung geht) in einen 100 ml-Meßkolben übergeführt und mit Wasser zur Marke aufgefüllt. Man fährt anschließend mit der Anreicherung und spektrographischen Bestimmung wie bei Verfahren 4.1. (s. S. 1428) fort.

2.5. Pflanzliches und anderes organisches Material

Arbeitsbereich: Co, Cu, Fe, Mn, Mo, Zn.

Nach nasser Veraschung mit $HNO_3/HClO_4/H_2SO_4$ erfolgen Isolierung, mittels hintereinander geschalteter Extraktionsverfahren, und photometrische Bestimmung der Elemente in den einzelnen Fraktionen nach dem folgenden Analysenschema (s. S. 1389). Eine Überprüfung des Verfahrens zeigte, daß die Bestimmung von 0,5–1 µg Co, 5–10 µg Cu, 400–500 µg Fe, 300–400 µg Mn, 1,5 µg Mo und 60–100 µg Zn durch die Anwesenheit von je 100 µg Ag, Bi, Cd, Hg, Ni, Pb, Sn und V nicht gestört wird. Außer für pflanzliches Material erscheint das Verfahren auch für Futtermittel, Milch, Blut, Harn, Böden und Düngemittel nach entsprechender Vorbehandlung anwendbar. Bei der Untersuchung von Böden muß den höheren Fe-Konzentrationen entsprechend, ebenso bei Calcium- und Phosphat-Düngemitteln, mehr Ammoniumcitrat zugesetzt werden. Die Größe der Probeneinwaage richtet sich jeweils nach dem niedrigsten Gehalt des einzelnen Elementes.

B: 0,05–5 ppm Co, 0,1–25 ppm Cu, 13–1300 ppm Fe, 2,5–250 ppm Mn, 0,6 bis 60 ppm Mo und 0,05–>500 ppm Zn. F_{rm}: ±2,5%.

Arbeitsvorschrift [*48*]

Reagentien

HNO_3 (1,40); $HClO_4$ (70%); H_2SO_4 (1,84); H_2SO_4 (1 + 1); 0,5n HCl; 0,08n HCl;
Ammoniumcitrat, 40%ige wäßrige Lösung; 200 g Citronensäure werden unter Kühlen in 240 ml Ammoniak (0,91) und 120 ml Wasser gelöst, mit Ammoniak schwach alkalisch gemacht, filtriert und mit Wasser auf 500 ml aufgefüllt;
Ammoniak (1 + 1);
Kresolrotindicator-Lösung; 0,1 g Kresolrot wird in 13 ml 0,02n NaOH gelöst und mit Wasser auf 250 ml aufgefüllt;
$Pb(DDTC)_2$-Lösung; die Herstellung erfolgt wie auf S. 663 beschrieben unter Verwendung von 0,3 g $Pb(CH_3COO)_2 \cdot 3\,H_2O$, 1,5 g Kaliumnatriumtartrat, 15 ml KCN-Lösung und insgesamt 0,4 g Na-DDTC. 1 ml der Lösung ist ~ 25 µg Cu äquivalent;
Dz, 0,05%ig in Toluol;
Phosphat-Pufferlösung (pH 6,7); 73 g KH_2PO_4 und 12 g NaOH werden mit Wasser gelöst und auf 1 l aufgefüllt;
Indooxin, 0,02%ig in Äthanol; 14 Tage vor Gebrauch herstellen;
$CHCl_3$;
Na-DDTC;
Cupferron, 6%ige wäßrige Lösung; vor Gebrauch frisch herstellen;
übrige Reagentien: für Co s. S. 603, für Mn s. S. 819, für Fe s. S. 699, für Mo s. S. 829 und 831.

2–5 g getrocknetes, zerkleinertes Probematerial werden in einem Kolben mit $HNO_3/HClO_4/H_2SO_4$-Gemisch (10 + 1 + 0,25) (bei 2–3 g 20 ml, bei 4 g 30 ml, bei 5 g 40 ml)

Analysenschema

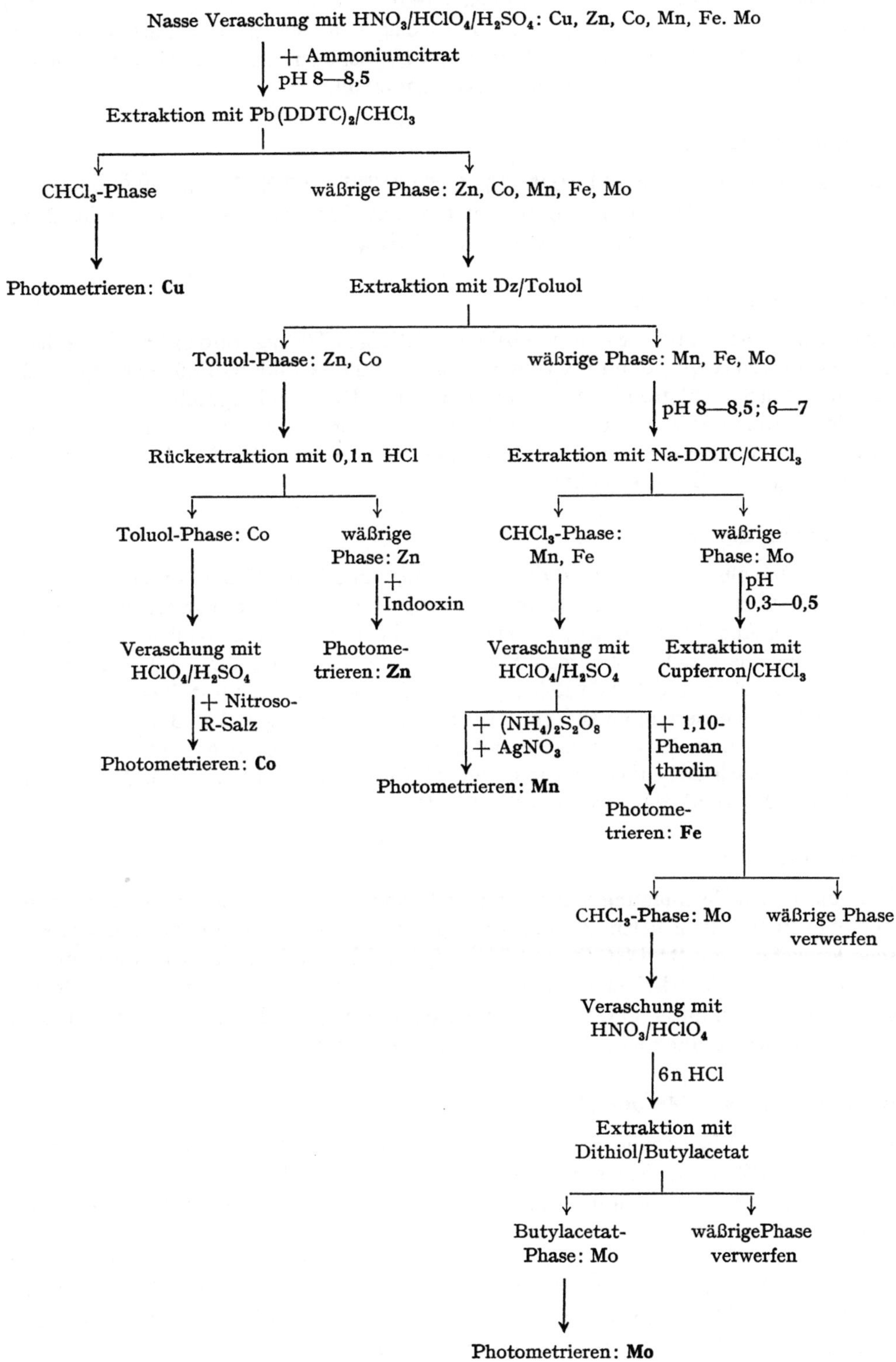

verascht, bis die Lösung farblos ist, nach Zusatz von etwas Wasser gekocht, 3–5 ml Ammoniumcitrat-Lösung sowie 2 Tropfen Kresolrotindicator-Lösung hinzugefügt und mit Ammoniak auf pH 8–8,5 (auf Farbumschlag von Gelb nach Violett) eingestellt. Man kocht nochmals auf, kühlt ab, führt unter Nachspülen mit Wasser in einen 150 ml-Schütteltrichter über und bringt mit Wasser auf 50 ml.

Bestimmung des Cu

Man extrahiert mit 10,0 ml $Pb(DDTC)_2$-Lösung (bei >50 µg Cu mit 20,0 ml) 3 min, filtriert nach der Phasentrennung den organischen Extrakt in eine 1 cm- oder 2 cm-Küvette und photometriert bei 436 nm gegen $CHCl_3$.

Isolierung von Zn und Co

Aus der nach Abtrennen des Cu verbliebenen wäßrigen Lösung werden Zn und Co beim gleichen pH-Wert mit 40 ml Dz/Toluol-Lösung 3 min extrahiert. Falls der organische Extrakt danach nicht grün ist, müssen weitere 10 ml Dz/Toluol zugegeben werden. Nach der Phasentrennung führt man die wäßrige Lösung in einen 2. Schütteltrichter über, wäscht den Toluol-Extrakt mit 15 ml Wasser und vereinigt die Waschlösung mit der Probelösung im 2. Schütteltrichter.

Bestimmung des Zn

Aus dem Dz/Toluol-Extrakt wird das Zn mit 50,0 ml 0,08n HCl 2 min rückgeschüttelt, nach der Phasentrennung vom salzsauren Auszug ein der Zn-Konzentration entsprechender aliquoter Anteil von 2,0, 3,0, 4,0 oder 5,0 ml in einen 50 ml-Meßkolben übergeführt, mit dem jeweils gleichen Volumen Phosphat-Pufferlösung versetzt, 4,0 ml Indooxin-Lösung hinzugefügt und 30 min stehen gelassen. Danach füllt man mit Wasser zur Marke auf und photometriert in einer 5 cm-Küvette bei 685 nm gegen den Blindwert. Wahlweise bestimmt man das Zn in der gesamten Lösung oder in einem aliquoten Teil davon mit Dz/CCl_4 nach Arbeitsvorschrift I oder II (Abschnitt „Zink", s. S. 1334) oder mit 1-(5-Chloro-2-pyridylazo)-2-naphthol/Diäthyläther (s. S. 1341).

Bestimmung des Co

Die von der Zn-Bestimmung verbliebene Dz/Toluol-Phase wird unter Nachspülen mit Toluol in einen 100 ml-Erlenmeyerkolben abgelassen, das Toluol verdampft, der organische Rückstand mit 2 ml $HClO_4$ und 5 Tropfen H_2SO_4 auf dem Sandbad verascht und H_2SO_4-Reste im elektrischen Muffelofen durch Erhitzen auf 400° C verjagt. Den Rückstand nimmt man mit 1 ml Citronensäurelösung auf, fügt 5 ml Wasser hinzu und fährt mit der Co-Bestimmung nach Verfahren I auf S. 603 fort.

Isolierung und von Mn und Fe

Zu der nach der Isolierung von Zn + Co verbliebenen wäßrigen Lösung fügt man bei gleichem pH-Wert eine Spatelspitze Na-DDTC, läßt nach dem Mischen 15 min stehen und extrahiert dann 5 min mit 10 ml $CHCl_3$. Nach der Phasentrennung wird der organische Extrakt in einen 100 ml-Meßkolben abgelassen; falls bei weiterem Zusatz von Na-DDTC kein dunkel gefärbter Carbamat-Niederschlag mehr ausfällt, wird die Lösung mit 0,5n HCl auf pH 6–7 eingestellt (Farbumschlag von Violett nach Gelb) und mit 10 ml-Anteilen $CHCl_3$ extrahiert, bis der letzte Extrakt farblos ist (meist genügen 3 Extraktionen). Den im Meßkolben vereinigten $CHCl_3$-Extrakt versetzt man mit 2 ml

$HClO_4$ und 3 ml H_2SO_4, dampft das $CHCl_3$ ab, verascht den organischen Rückstand auf dem Sandbad, raucht bis zum Auftreten der SO_3-Nebel ab und füllt nach dem Abkühlen mit Wasser zur Marke auf. Von dieser Lösung verwendet man einen aliquoten Teil von 5,0 ml für die Fe-Bestimmung, während die restlichen 95 ml zur Mn-Bestimmung dienen.

Bestimmung des Mn

In den von der vorhergehenden Isolierung stammenden 95 ml Lösung wird das Mn nach Verfahren II auf S. 819 photometrisch bestimmt (5 cm-Küvette).

Bestimmung des Fe

In dem von der vorhergehenden Isolierung erhaltenen aliquoten Teil von 5 ml Lösung wird das Fe nach Verfahren b) auf S. 699 photometrisch bestimmt (1 cm- oder 2 cm-Küvette).

Bestimmung des Mo

Die nach der Isolierung von Mn + Fe verbliebene wäßrige Phase stellt man mit H_2SO_4 (1 + 1) auf pH 0,3–0,5 ein, versetzt tropfenweise mit 2 ml Cupferron-Lösung und extrahiert 2 min mit 10 ml $CHCl_3$. Nach der Phasentrennung wird der organische Extrakt in einen 50 ml-Erlenmeyerkolben abgelassen, die Extraktion mit 1 ml Cupferron-Lösung und 10 ml $CHCl_3$ wiederholt, aus dem im Kolben vereinigten organischen Extrakt das $CHCl_3$ verdampft und der organische Rückstand mit 5 ml $HNO_3/HClO_4$-Gemisch (5 + 1) verascht. Man nimmt den Rückstand mit heißer 6n HCl auf, führt in einen Schütteltrichter über und fährt mit der Bestimmung des Mo nach der Arbeitsvorschrift auf S. 829 oder nach Verfahren B.3.2. (s. S. 831) (ohne Zusatz von Natriumcitrat-Lösung) fort.

2.6. Biologisches Material

Arbeitsbereich: As, Be, Cd, Co, Cr, Cu, Fe, Hg, Mn, Mo, Ni, Pb, Sb, Sn, Tl, V, Zn.

Die Elemente werden durch einen Extraktionstrennungsgang (s. Tab. 195) voneinander getrennt und in den einzelnen Fraktionen photometrisch (As, Co, Cr, Cu, Fe, Hg, Mn, Mo, Ni, Sb, Sn, V), Fluorimetrisch (Be) und voltammetrisch (Cd, Pb, Tl, Zn) bestimmt. Das Verfahren wurde für die Analyse kleiner Probemengen von 100–200 mg Trockensubstanz ausgearbeitet. Für die Veraschung kleiner Substanzmengen im Sauerstoffstrom wurde eine Quarzapparatur beschrieben [*49*].

Die Extraktionen werden in ~ 6 ml-Quarzreagensgläser mit NS 10-Schliffhülsen und entsprechenden Polyäthylenstopfen durchgeführt. Wenn nicht anders vermerkt, ist die wäßrige Lösung jeweils 1 mal mit dem gleichen und 2 mal mit dem halben Volumen organischen Lösungsmittels 5 min bzw. bei den Elementen Sb (Trennschritt V, s. Tab. 195), Fe (Trennschritt VI), Mn (Trennschritt X) und V (Trennschritt VII) 15 min auszuschütteln. Die wäßrige Lösung ist nach der Phasentrennung 1 mal mit ihrem halben Volumen an organischem Lösungsmittel nachzuwaschen und letzteres zu verwerfen. Das Einengen und Abrauchen der Lösungen erfolgt ebenfalls in den Quarzreagensgläsern in einem Heizblock (s. S. 115).

Die einzelnen Bestimmungen erfolgen in einem Endvolumen von 1—2 ml, weshalb zum Photometrieren Mikroküvetten erforderlich sind.

Die voltammetrischen Bestimmungen erfolgen in einer entsprechenden Meßzelle (s. Abb. 222, S. 1229).

Vor jeder Bestimmung wurde die Platinelektrode durch Ausglühen gereinigt und nach jeweils 5 Bestimmungen kurz in heißes Königswasser eingetaucht, um gebildeten Platinschwamm zu lösen. Das Amalgamieren erfolgte in einer Quecksilbersalzlösung [0,05%ig an $Hg(NO_3)_2$ + 0,5 n NH_4OH + 0,05 n ÄDTA] mit Quecksilber als Anode bei einer Spannung von —1,3 V. Die Amalgamationszeit betrug 5 min. Eine Elektrode wurde jeweils für etwa 30 Bestimmungen verwendet. Den Schaltplan des verwendeten Spannungserzeugers zeigt Abb. 253.

I Aufschluß der Substanz

↓ + 2n HCl

II Oxydation mit Br_2-Wasser
$Tl(I) \rightarrow Tl(III)$

↓ + NaBr-Lsg.

III Ausschütteln
w. Ph.: 1n HCl, 0,5n Br^-
org. Ph.: Diäthyläther
→ org. Ph: Tl(III) (99,9%) (Hg 2%) (Sn 2,5%)

↓ + H_2O + NaI-Lsg.
+ Ascorbinsäure
+ Thioglykolsäure + HCl[2]

IV Reduktion zu
Sn(II), As(III), Sb(III), Fe(II)

↓

V Ausschütteln
w. Ph.: 5n HCl
org. Ph.: DADDTC/$CHCl_3$
→ org. Ph.: Sn(II), As(III), Sb(III), Cu, Hg, Mo, Pt(II), (Se)
Trennung Va (S. 1395)
I_2 ↑ (IO_3^-)

↓ + Cl_2-Wasser Eindampfen
bis fast zur Trockene
+ 10n HCl + H_2O_2

VI Ausschütteln
w. Ph.: 6—7n HCl
org. Ph.: MIBK/Amylacetat
→ org. Ph.: Fe(III) (99,2%) (Zn 1,2%) (Cd 3,0%) (V 1,7%)

↓ Eindampfen bis
fast zur Trockene
+ 4n HCl

VII Ausschütteln
w. Ph.: 1,2n HCl Cupferron
org. Ph.: Äthylacetat
→ org. Ph.: V (98,2%) (Co 0,7%)

↓ Eindampfen auf
etwa 0,5 ml

VIII $Cr(III) \rightarrow Cr(VI)$, mit HNO_3
und $NaClO_3$ fast zur
Trockene eindampfen

↓ + 0,6n HCl

IX Ausschütteln bei 0° C
w. Ph.: 0,6n HCl
org. Ph.: MIBK
→ org. Ph.: Cr(VI) (98%)

↓ Einengen auf 0,1 ml
+ Natriumacetatlsg.

X Ausschütteln
w. Ph.: pH 6,0
org. Ph. DADDTC/CCl_4
→ org. Ph.: Co, Ni, Pb, Cd, Zn, Mn,
Trennung Xa (S. 1396)

↓

XI Ausschütteln
w. Ph.: pH 6,0
org. Ph. Acetylaceton/$CHCl_3$
→ org. Ph.: Be, Al

[1] %-Zahlen bei den Elementen = Ausbeute.
[2] Bis die Lösung ~ 5n HCl-sauer ist.

Trennung Va

Stufe	Arbeitsgang			Ergebnis
Va_1	Organische Phase von V abrauchen mit 0,5 ml Königswasser			
Va_2	Ausschütteln w. Ph.: $0{,}1\,n\ H_2SO_4$ org. Ph.: Dithizon-CCl_4	w. Ph. →		Sn(IV), As(V), Sb(V) Pt(IV), Mo(VI) *Trennung Vb* (S. 1396)
Va_3	Rückschütteln $0{,}2\,n\ H_2SO_4$, $0{,}5\,n$ KBr	w. Ph. →		Hg (97,5%)
Va_4	Rückschütteln 6n HCl	w. Ph. →		Cu (99,9%)

Trennung Vb

Wäßrige Phase von Va_2

Stufe	Arbeitsgang		Ergebnis
Vb_1	Ausschütteln w. Ph.: $0{,}1\,n\ H_2SO_4$ org. Ph.: Acetylaceton/$CHCl_3$	org. Ph. →	Mo (99,2%)
Vb_2	Ausschütteln w. Ph.: 3n HCl org. Ph.: Diisopropyläther	org. Ph. →	Sb (96,1%)
	+ Thioglykolsäure		
Vb_3	Ausschütteln w. Ph.: pH 7,0 org. Ph.: Dz/CCl_4	w. Ph. →	As (96%)
Vb_4	Rückschütteln 0,01n HCl	w. Ph. →	Sn (95,8%)
	Pt, Se		

Trennung Xa

Organische Phase von X

Stufe	Arbeitsgang		Ergebnis
Xa_1	Rückschütteln Acetat-Puffer (pH 3,3)	w. Ph. →	Mn (99,6%)
	Rückschütteln 4n HCl	org. Ph →	Co (95,8%)
	wäßr. Phase eindampfen		
	Ausschütteln w. Ph.: pH 7,0 org. Ph.: Dz/$CHCl_3$		
Xa_2	Rückschütteln 0,1n HCl	w. Ph. →	Cd (89,8%) Pb (94,0%) Zn (97,2%)
Xa_3	Rückschütteln 6n HCl	w. Ph. →	Ni (96,2%)

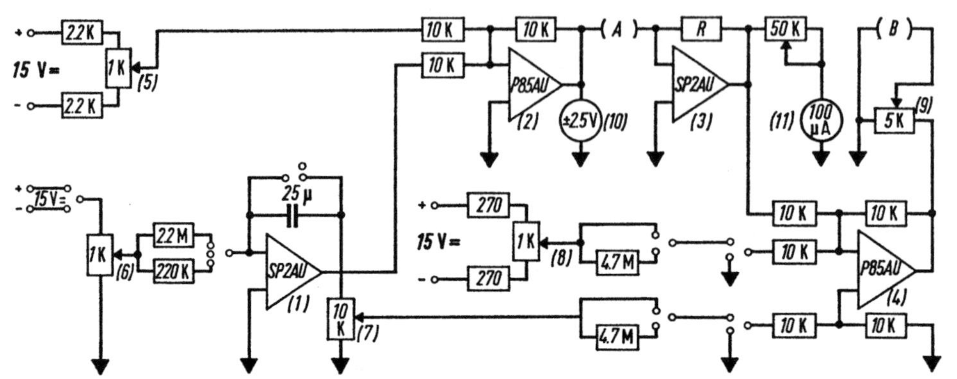

Abb. 253. Schaltplan des Spannungserzeugers zur inversen Voltammetrie [50]. *1* Integrator (Sweep Generator), *2* Addierer, *3* Strom-Spannungs-Umsetzer, *4* Ausgangsaddierer, *5* Regler für Anfangsspannung, *6* Regler für Sweepgeschwindigkeit, *7* Regler für Ladestromkompensation, *8* Nullpunktsregelung, *9* Spannungsteiler (1:1000) für Schreiberausgang, *10* Voltmeter für Zellspannung, *11* Aussteuerungskontrolle für Strom-Spannungs-Umsetzer. *R* variabel von 20 KΩ bis 2 MΩ = 50 µA/V bis 500 nA/V. Stellung *1* 20 kΩ = 50, *2* 50 kΩ = 20, *3* 100 KΩ = 10, *4* 200 KΩ = 5, *5* 500 KΩ = 2, *6* 1 MΩ = 1 µA/V, *7* 2 MΩ = 500 nA/V. *A* Ausgang für Zelle. *B* Ausgang für Schreiber (Linecomb, Hartmann & Braun; Vollausschlag = 5 mV)

Die beim anodischen Auflösungsvorgang auftretenden Stromspitzen sind von der Elektrolysespannung und -zeit sowie von der Geschwindigkeit der Spannungsänderung abhängig, weshalb diese genau einzuhalten sind. Bei den nachfolgenden Bestimmungen wird eine Spannungsänderung von 2 V/min gewählt.

B: Bei 100 mg Probe 0,01–1 ppm Cd, Mn und Tl, 0,02–0,2 ppm Pb, 0,03–0,15 ppm Be, 0,04–0,4 ppm Zn, 0,05–0,5 ppm Cu, 0,1–1 ppm Cr und Sb, 0,25–1,5 ppm As, 0,2–2 ppm Co, Fe und Ni, 0,25–2,5 ppm Hg, Mo, Sn und V.

F_{rm}: ±5%. *Z:* ~4 Tage.

Arbeitsvorschrift [50]

Reagentien

10n HCl; 6n HCl; 0,6n HCl; HNO_3 (1,40); H_2SO_4 (1,84); H_2SO_4 (1 + 3); 2,5n H_2SO_4; 0,2n H_2SO_4; H_3PO_4 (1,70); 10n, 5n, 4n, 3n, 2n, 1n und 0,5n NaOH.

9n Ammoniak; H_2O_2 (30%);

1 m NaBr-Lösung.

0,5 m KBr-Lösung (0,2n H_2SO_4-sauer).

NaI, 10%ige wäßrige Lösung.

2 m Natriumacetat-Lösung.

0,2 m Acetatpuffer (pH 3,3); zu 100 ml 1n Essigsäure gibt man 18,0 ml 1n NaOH und füllt mit Wasser auf 500 ml auf.

Br_2-Wasser (gesättigt); Cl_2-Wasser (gesättigt).

$NaClO_3$, 5%ige wäßrige Lösung.

Ascorbinsäure, 5%ige wäßrige Lösung (täglich frisch hergestellt).

Thioglykolsäure (80%).

Diäthyläther; Diisopropyläther; Äthylacetat; MIBK; MIBK/Amylacetat (2:1); Amylacetat; Isoamylacetat; Isoamylalkohol.

Acetylaceton, 50%ig in $CHCl_3$.

$CHCl_3$; CCl_4.

DADDTC, 1%ig in $CHCl_3$ bzw. CCl_4.

Dz, 0,001%ig in $CHCl_3$ bzw. CCl_4.

Cupferron, 1%ige wäßrige Lösung (frisch hergestellt).

Für Sb: Rhodamin B, 0,02%ig in 1n HCl.

Für As: Ammoniummolybdat, 1%ige wäßrige Lösung, Hydrazinsulfat, 0,1%ige wäßrige Lösung.
Für Cr: MIBK (0,1 n HCl); man füllt 1 ml 10n HCl mit MIBK auf 100 ml auf.
Diphenylcarbazid, 0,25%ig in MIBK.
Für Fe: Pufferlösung (pH 3,4); 5 g Natriumacetat (wasserfrei) + 50 g Eisessig füllt man mit Wasser auf 100 ml auf.
NH_4SCN, 50%ige wäßrige Lösung.
Tributylammoniumacetat; Tri-n-butylamin wird mit NH_4SCN-Lösung geschüttelt und eine Rotfärbung durch Schütteln mit Aktivkohle entfernt. Dann neutralisiert man Eisessig mit dem gereinigten Tri-n-butylamin und fügt von letzterem einen geringen Überschuß hinzu.
Für Co: 1-Nitroso-2-naphthol, 0,1%ig in 0,06n NaOH.
Pufferlösung (pH 4,5); man löst 20 g Natriumacetat in 10 ml 96%iger Essigsäure und 80 ml Wasser und schüttelt die Lösung 2mal mit je 10 ml Dz/CCl_4.
Für Cu: 1,5-Diphenylcarbazid, 0,01%ig in Benzol.
$Na_3PO_4 \cdot 12\,H_2O$ (pH ~ 12), gesättigte wäßrige Lösung.
Für Mn: Pufferlösung (pH 3,35); 5 g Natriumacetat + 40 ml Eisessig werden mit Wasser auf 100 ml aufgefüllt.
KIO_3, 0,1%ige wäßrige Lösung.
Leukomalachitgrün, 0,05%ig in 0,1n HCl; man löst 50 mg Leukomalachitgrün in 1 ml 10n HCl und Wasser bei 80° C und füllt mit Wasser auf 100 ml auf.
Für Mo: Dithiol, 0,2%ig in 1%iger NaOH, (mit 1 ml Thioglykolsäure versetzt).
Für Ni: Na-DDTC, 1%ige wäßrige Lösung.
Für Hg: Dz, 0,0001%ig in $CHCl_3$.
Pufferlösung (pH 6,0); 15 g Na_2HPO_4 + 3,8 g K_2CO_3 werden in 100 ml Wasser gelöst und mit 0,001%iger Dz/$CHCl_3$-Lösung gereinigt.
Für V: PAN-Lösung; 50 mg PAN werden in 60 ml Eisessig gelöst, 6,8 g Natriumacetat hinzugefügt und mit Wasser auf 100 ml aufgefüllt.
Für Sn: Dz, 0,0001%ig in CCl_4.
Für Be: Methylorange, 0,01%ige wäßrige Lösung.
3,75m NaCl.
$SnCl_2 \cdot 2\,H_2O$, 1%ig in 0,5n NaOH.
Morin, 0,01%ige äthanolische Lösung.
Für Tl: 0,04m ÄDTA.
Für Cd, Pb, Zn: 0,1m KCl.

a) Durchführung des Trennungsganges

Die Elemente werden nach dem in Tab. 195 gezeigten Trennungsgang isoliert, der nachfolgend erläutert ist.

Zu I. 0,100—0,200 g Probematerial werden trocken oder naß verascht (s. S. 183ff.), die von der Veraschung erhaltene Probelösung bis fast zur Trockene eingedampft und der Rückstand mit 0,2 ml 2n HCl aufgenommen.

Zu II und III. Zur Oxydation des Tl in die dreiwertige Stufe wird die salzsaure Lösung mit 0,05 ml gesättigtem Br_2-Wasser versetzt. Anschließend werden 0,25 ml NaBr-Lösung zugegeben und die Lösung einmal mit 0,5 und zweimal mit je 0,25 ml Diäthyläther ausgeschüttelt. Die Ätherphase wird eingedampft, der Rückstand mit einem Tropfen H_2SO_4 und unter dreimaligem Zusatz von je 2 Tropfen H_2O_2 verascht. Zur voltammetrischen Bestimmung des Tl wird mit 0,5 ml 0,04m ÄDTA-Lösung aufgenommen (s. S. 1399).

Zu IV. Zur Reduktion der Elemente As, Fe, Sb und Sn wird die wäßrige Phase von III mit 0,05 ml NaI-Lösung versetzt und gerade bis zum Sieden erhitzt. Sodann fügt man 0,1 ml Ascorbinsäurelösung und 0,02 ml Thioglykolsäure zu, schüttelt gut durch und bringt die Lösung durch Zugabe von 0,7 ml 10n HCl auf einen Salzsäuregehalt von 5n. Ein sichtbarer Niederschlag von evtl. vorhandenem Se tritt erst bei etwa 100 µg Se auf. Dieser wird nötigenfalls durch Zentrifugieren abgetrennt.

Zu V. Die wäßrige Phase von IV wird einmal mit 1 ml und zweimal mit je 0,5 ml DADDTC/$CHCl_3$-Lösung ausgeschüttelt.

Zu Va. Das Lösungsmittel der organischen Phase von V wird abgedampft und der Rückstand mit 0,2 ml Königswasser bis fast zur Trockene abgeraucht. Sodann gibt man 0,2 ml Wasser zu, dampft nochmals bis fast zur Trockene ein und gibt 0,2 ml Wasser sowie 0,2 ml 0,2n H_2SO_4 zu. Die Lösung wird einmal mit 0,5 und zweimal mit je 0,2 ml Dz/CCl_4-Lösung ausgeschüttelt. Cu und Hg gehen quantitativ in die Dz-Phase. Aus dieser wird das Hg zweimal mit je 0,5 ml KBr-Lösung, sowie anschließend das Cu zweimal mit je 0,5 ml 6n HCl zurückgeschüttelt. Beide Elemente werden in ihren wäßrigen Lösungen bestimmt.

Zu Vb. Aus der wäßrigen Phase von Va_2 wird das Mo einmal mit 0,5 ml und zweimal mit je 0,2 ml Acetylaceton/$CHCl_3$ ausgeschüttelt und anschließend photometrisch bestimmt.

Aus der wäßrigen Phase von Vb_1 wird nach Zugabe von 0,5 ml 6n HCl einmal mit 1,0 ml und einmal mit 0,5 ml Diisopropyläther das Sb ausgeschüttelt. Die photometrische Bestimmung des Sb kann unmittelbar in der Ätherphase erfolgen. Das noch in der wäßrigen Lösung verbliebene As und Sn wird durch Zugabe von 0,1 ml Thioglykolsäure reduziert, die Lösung mit etwa 0,5—0,6 ml 3n NaOH auf pH 7,0 eingestellt und Sn(II) sowie evtl. vorhandenes Pt einmal mit 1 ml und zweimal mit je 0,5 ml Dz/CCl_4-Lösung ausgeschüttelt. Das Sn wird aus der organischen Phase mit zweimal 0,5 ml 0,1n HCl in die wäßrige zurückgeschüttelt. Die photometrische Bestimmung des Sn kann sowohl unmittelbar in der Dz-Phase erfolgen als auch nach dem Rückschütteln in der salzsauren. Das As verbleibt in der wäßrigen Phase von Vb_3 und wird in dieser photometrisch bestimmt.

Zu VI. Die wäßrige Phase von V wird mit 0,5 ml Cl_2-Wasser versetzt und bis fast zur Trockene eingedampft. Den Rückstand nimmt man mit 0,2 ml 10n HCl auf und fügt 0,1 ml H_2O_2 zu. Aus dieser Lösung wird das Fe(III) zweimal mit je 0,2 ml MIBK/Amylacetat ausgeschüttelt. Mitausgeschütteltes Cd und Zn werden durch Waschen mit je zweimal 0,2 ml 7n HCl aus der organischen Phase teilweise zurückgeschüttelt und mit der wäßrigen Phase von VI vereint. Aus der MIBK/Amylacetat-Phase wird das Fe mit zweimal 0,2 ml Wasser zurückgeschüttelt und sodann der quantitativen Bestimmung zugeführt.

Zu VII. Die wäßrige Phase von VI wird bis zur Trockene eingedampft und mit 0,2 ml einer 4n HCl aufgenommen. Man gibt 0,2 ml Cupferron-Lösung zu und extrahiert zweimal mit je 0,5 ml Äthylacetat. Aus der organischen Phase wird Vanadin mit 6n HCl zurückgeschüttelt.

Zu VIII und IX. Die wäßrige Phase von VII wird weitgehend eingeengt. Man fügt 0,5 ml HNO_3 zu, dampft bis fast zur Trockene ein, versetzt erneut mit 0,5 ml HNO_3 sowie 0,5 ml $NaClO_3$-Lösung und erhitzt wiederum bis fast zur Trockene. Der Rückstand wird mit 0,5 ml 6n HCl aufgenommen und die Lösung auf 0° C abgekühlt. Das Cr(VI) wird zweimal mit je 0,5 ml ebenfalls auf 0° C gekühltem MIBK ausgeschüttelt. Die Trennung der Phasen erfolgt in einer Kühlzentrifuge bei 0° C. Die photometrische Bestimmung des Cr(VI) kann unmittelbar in der MIBK-Phase durchgeführt werden.

Zu X. Die HCl-saure Phase von IX wird auf etwa 0,1 ml eingedampft und mit etwa 1 ml Natriumacetatlösung auf pH 6,0 eingestellt (pH-Meter). Pb, Cd, Co, Mn, Ni und Zn werden anschließend einmal mit 0,5 ml und zweimal mit je 0,25 ml DADDTC/CCl_4-Lösung ausgeschüttelt.

Zu Xa. Aus der organischen Phase werden mit zweimal je 0,5 ml Acetatpufferlösung das Mn und mit zweimal 0,5 ml 4n HCl die Elemente Pb, Cd, Ni und Zn zurückgeschüttelt. Das Mn kann unmittelbar in der wäßrigen Phase bestimmt werden. Die HCl-saure Phase wird auf etwa 0,1 ml eingeengt, mit Natriumacetatlösung auf pH 7,0 eingestellt und mit zweimal 0,5 ml Dz/$CHCl_3$-Lösung werden Pb, Cd, Ni und Zn extrahiert. Aus der $CHCl_3$-Phase werden sodann Pb, Cd und Zn mit zweimal 0,5 ml 0,1n HCl und Ni mit zweimal 0,5 ml 6n HCl in die wäßrige Phase zurückgeschüttelt. Die organische Phase, die noch das Co enthält, wird zur Trockene eingedampft und mit 0,5 ml HNO_3 bis fast zur Trockene abgeraucht. Das Abrauchen wird zweimal mit je 0,5 ml Wasser wiederholt und der Rückstand in 0,5 ml Wasser aufgenommen. Pb, Cd und Zn werden nebeneinander voltammetrisch, Co und Ni photometrisch bestimmt.

Zu XI. Die wäßrige Phase von X wird zweimal mit je 0,5 ml Acetylaceton/$CHCl_3$ ausgeschüttelt und das Be aus der organischen Phase zweimal mit 0,5 ml 5n HCl in die wäßrige rückgeschüttelt und anschließend fluorimetrisch bestimmt (s. S. 1398).

b) Photometrische und fluorimetrische Bestimmung der einzelnen Elemente

Sb. Aufstellung der Eichkurve. Sb-Standardlösung (10—100 ng Sb) wird mit 0,2 ml Königswasser bis fast zur Trockene abgeraucht. Nach Zugabe von 0,2 ml Wasser dampft man nochmals bis fast zur Trockene ein und gibt 0,5 ml Wasser sowie 0,5 ml 6n HCl zu. Die HCl-saure Lösung wird einmal mit 1 ml und einmal mit 0,5 ml Diisopropyläther ausgeschüttelt. Die Trennung der Phasen erfolgt durch Zentrifugieren. Die vereinigten Ätherphasen werden 30 sec mit 1 ml Rhodamin B-Lösung geschüttelt, der organische Extrakt wird nach Zentrifugieren in einer 5 cm-Mikroküvette gegen reines Lösungsmittel bei 550 nm gemessen. In gleicher Weise wird eine Blindlösung behandelt und ihre Extinktion von der der Probelösung abgezogen. *Bestimmung.* Das Sb liegt nach seiner Abtrennung in 1,5 ml Diisopropyläther vor. Zur weiteren Bestimmung gibt man 1 ml Rhodamin B-Lösung zu und verfährt weiter wie oben beschrieben.

As. Bestimmung. Das As liegt nach seiner Abtrennung in etwa 1,6—2,0 ml einer wäßrigen Lösung von pH 7,0 vor. Man fügt 0,1 ml 10n HCl zu und schüttelt das As mit zweimal 1 ml DADDTC/CCl_4-Lösung aus. Das CCl_4 wird verdampft und der Rückstand mit 0,5 ml HNO_3 bis fast zur Trockene abgeraucht. Man wiederholt das Abrauchen noch zweimal mit je 0,5 ml Wasser. Der Rückstand wird in 0,5 ml Wasser aufgenommen und in ein 2 ml-Meßkölbchen überführt. Man fügt 0,2 ml 2,5n H_2SO_4, 0,2 ml Molybdatlösung sowie 0,1 ml Hydrazinsulfatlösung zu, erhitzt die Lösung 30 min im siedenden Wasserbad, kühlt ab und füllt auf 2 ml auf. Die entstandene Blaufärbung wird bei 840 nm in einer 5 cm-Mikroküvette gegen Wasser gemessen. In gleicher Weise wird eine Blindlösung behandelt und ihre Extinktion von der der Probelösung abgezogen. Die *Eichkurve* wird analog mit jeweils 25, 50, 75, 100 und 150 ng As aufgestellt.

Cr. Aufstellung der Eichkurve. Man kühlt die auf 0,5 ml aufgefüllte 0,6n HCl-saure Lösung [10 bis 100 ng Cr(VI) enthaltend] auf 0° C ab und schüttelt zweimal mit je 0,5 ml ebenfalls auf 0° C abgekühltem MIBK (0,1 n HCl) aus. Die Trennung der Phasen erfolgt in einer Kühlzentrifuge bei 0° C. Die vereinigten MIBK-Phasen werden auf Zimmertemperatur gebracht, mit 0,1 ml Diphenylcarbazidlösung sowie 0,01 ml MIBK (0,1n HCl) versetzt und gut durchmischt. Nach 15—20 min (Aufbewahrung im Dunkeln) wird die Extinktion der Probelösung in einer 5 cm-Mikroküvette bei 540 nm gegen MIBK gemessen. *Bestimmung.* Das Cr liegt nach seiner Isolierung als Cr(VI) in 1 ml MIBK vor. Seine Bestimmung erfolgt analog der Vorschrift zur Aufstellung der Eichkurve.

Fe. Aufstellung der Eichkurve. Fe-Standardlösung [20—200 ng Fe(III)], auf 0,5 ml verdünnt, wird mit 0,1 ml Pufferlösung und 0,2 ml NH_4SCN-Lösung vermischt. Man fügt 0,2 ml Tributylammoniumacetat zu und schüttelt die Lösung mit 1,1 ml Amylacetat aus. Die Extinktion der organischen Phase wird in einer 5 cm-Mikroküvette bei 480 nm gegen reines Lösungsmittel gemessen. In gleicher Weise wird eine Blindlösung bereitet und ihre Extinktion von der der Probe abgezogen. *Bestimmung.* Das Fe(III) liegt nach seiner Isolierung in 0,4 ml wäßriger Lösung vor. Seine Bestimmung erfolgt analog der Vorschrift zur Aufstellung der Eichkurve.

Co. Aufstellung der Eichkurve. Co-Standardlösung (20—200 ng Co), auf 0,5 ml verdünnt, wird mit 0,5 ml Pufferlösung und 0,5 ml Reagenslösung versetzt. Man läßt die Lösung 2 Std bei Raumtemperatur stehen und schüttelt sodann mit 1,1 ml $CHCl_3$ aus. Die Extinktion der organischen Phase wird in einer 5 cm-Mikroküvette bei 320 nm gegen $CHCl_3$ gemessen. In gleicher Weise wird ein Blindwert bestimmt. *Bestimmung.* Im Trennungsgang wird das Co in DADDTC/CCl_4 isoliert. Die organische Phase wird abgedampft und der Rückstand mit 0,5 ml HNO_3 abgeraucht. Man wiederholt das Einengen mit 0,5 ml Wasser, nimmt sodann mit 0,5 ml Wasser auf und führt die Bestimmung analog der Vorschrift zur Aufstellung der Eichkurve durch.

Cu. Aufstellung der Eichkurve. Cu-Standardlösung (5—50 ng Cu enthaltend) wird mit Wasser auf 1,5 ml verdünnt. Man fügt 0,5 ml Na_3PO_4-Lösung zu und extrahiert 3 min mit 1,1 ml Diphenylcarbazid-Lösung. Sodann wird 2 min zentrifugiert und die Extinktion der organischen Phase unmittelbar anschließend in einer 5 cm-Mikroküvette bei 540 nm gemessen. Analog wird der Blindwert bestimmt. Im Bereich < 15 ng ist das Beersche Gesetz nicht erfüllt. *Bestimmung.* Nach seiner Isolierung im Trennungsgang liegt das Cu in 1 ml 6n HCl-saurer Lösung vor. Man neutralisiert die Lösung mit etwa 0,6 ml 10n NaOH und verfährt weiter wie oben beschrieben.

Mn. Aufstellung der Eichkurve. Mn-Standardlösung [1—10 ng Mn(II)] wird mit Pufferlösung auf 1 ml aufgefüllt. Man fügt 0,1 ml KIO_3-Lösung zu und läßt die Lösung 30 min bei 25° C stehen. Anschließend werden 0,1 ml Leukomalachitgrünlösung zugegeben und nach 1stündigem Stehen bei 25° C der entstandene Farbstoff mit 1,1 ml $CHCl_3$ ausgeschüttelt. Man mißt die Extinktion der organischen Phase in einer 5 cm-Mikroküvette bei 620 nm gegen $CHCl_3$. Analog wird die Extinktion der Blindlösung bestimmt und von der Probelösung abgezogen. *Bestimmung.* Das Mn liegt nach seiner Abtrennung in 1 ml Pufferlösung (pH 3,3) vor. Seine weitere Bestimmung erfolgt analog der Vorschrift zur Aufstellung der Eichkurve.

Mo. Aufstellung der Eichkurve. Mo-Standardlösung [25—250 ng Mo(VI)], auf 0,5 ml verdünnt, wird mit 0,2 ml H_2SO_4, 2 Tr. H_3PO_4- und 0,3 ml Dithiol-Lösung versetzt und nach 15 min mit 1,1 ml Isoamylacetat ausgeschüttelt. Die Extinktionen der organischen Phase und eines analog bereiteten Blindwertes werden in 5 cm-Mikroküvetten bei 670 nm gegen Isoamylacetat gemessen. Die Eichkurve verläuft im unteren Teil nicht linear. Das erklärt sich möglicherweise daraus, daß die Verteilung des Mo-Dithiolkomplexes in die organische Phase bei sehr geringen Molybdänkonzentrationen geringfügig abnimmt. *Bestimmung.* Im Trennungsgang wird das Mo durch Ausschütteln mit Acetylaceton/$CHCl_3$ isoliert. Anschließend wird das Lösungsmittel abgedampft und der Rückstand mit 0,2 ml H_2SO_4 und 0,2 ml HNO_3 bis zum Auftreten von SO_3-Nebeln abgeraucht. Nach Zusatz von 0,1 ml H_2O_2 wird wiederum bis zum Auftreten von SO_3-Nebeln abgedampft. Man kühlt ab, fügt 0,5 ml Wasser zu und verfährt weiter analog der Vorschrift zur Aufstellung der Eichkurve.

Ni. Aufstellung der Eichkurve. Ni-Standardlösung (20—200 ng Ni), auf 0,5 ml verdünnt, wird mit Ammoniak auf pH 8—10 eingestellt. Man fügt 0,2 ml Na-DDTC-Lösung zu und extrahiert 2 min mit 1,0 ml Isoamylalkohol. Die Extinktion der organischen Phase wird in einer 5 cm-Mikroküvette bei 325 nm gegen reines Lösungsmittel gemessen. In gleicher Weise wird der Blindwert bestimmt. *Bestimmung.* Die im Trennungsgang anfallende 6n HCl-saure Ni-Lösung (1 ml) wird auf etwa 0,2 ml eingedampft und mit Ammoniak auf pH 8—10 eingestellt. Die weitere Bestimmung erfolgt analog der Vorschrift zur Aufstellung der Eichkurve.

Hg. Aufstellung der Eichkurve. Hg-Standardlösung (25—250 ng Hg) wird mit Wasser auf 1 ml verdünnt, mit 0,2 ml Pufferlösung versetzt und mit 1,1 ml Dz-Lösung ausgeschüttelt. Die Extinktion der Dz-Phase wird in einer 5 cm-Mikroküvette bei 620 nm gegen $CHCl_3$ gemessen. Die Differenz zwischen der Extinktion der Reagenslösung und der Extinktion der Probe entspricht der Hg-Konzentration. Analog wird der Blindwert bestimmt. *Bestimmung.* Nach der Abtrennung liegt das Hg in 1 ml 0,2n H_2SO_4/0,5m KBr-Lösung vor. Die Bestimmung des Hg in der Lösung erfolgt analog der Vorschrift zur Aufstellung der Eichkurve.

V. Aufstellung der Eichkurve. V-Standardlösung [25—250 ng V(V)], auf 0,5 ml verdünnt, wird mit 0,3 ml Pufferlösung und 0,2 ml PAN-Lösung versetzt, die Lösung 30 min auf 90° C erhitzt, abgekühlt und mit 1,1 ml $CHCl_3$ ausgeschüttelt. Die Extinktion der organischen Phase wird in einer 5 cm-Mikroküvette bei 615 nm gegen $CHCl_3$ gemessen. In gleicher Weise wird eine Blindlösung bereitet. *Bestimmung.* Nach seiner Abtrennung liegt das V in 1 ml 6n HCl vor. Man dampft die Lösung mit 2 Tropfen Br_2-Wasser auf etwa 0,2 ml ein, fügt NaOH hinzu, bis die Lösung einen pH-Wert von 1—4 aufweist, fügt 0,3 ml Pufferlösung sowie 0,2 ml PAN-Lösung zu und verfährt weiter wie oben beschrieben.

Sn. Aufstellung der Eichkurve. Sn-Standardlösung (25—250 ng Sn), auf 0,5 ml verdünnt, wird mit 1 n NaOH auf pH 7,0 eingestellt, auf etwa 1,5 ml verdünnt und mit 1,1 ml Dz-Lösung ausgeschüttelt. Die Extinktion der Dz-Phase wird in einer 5 cm-Mikroküvette bei 620 nm gegen CCl_4 gemessen. Die Differenz zwischen der Extinktion der Reagenslösung und der Extinktion der Probe entspricht der Sn-Konzentration. Analog wird der Blindwert bestimmt. *Bestimmung.* Nach seiner Abtrennung liegt das Sn in ~ 1 ml 0,1n HCl vor und wird bei der Aufstellung der Eichkurve weiter behandelt.

Be. Aufstellung der Eichkurve. Be-Standardlösung (entsprechend 3—15 ng Be) wird in 5 ml Meßkölbchen gefüllt. Man gibt 2,0 ml NaCl-Lösung, 0,5 ml $SnCl_2$-Lösung sowie 0,05 ml Morinlösung zu, füllt auf 5 ml auf und mißt bei einer Primärstrahlung von 360 nm die Fluorescenzstrahlung bei einer Wellenlänge von 540 nm. *Bestimmung.* Im Trennungsgang wird das Be nach seiner Extraktion mit Acetylaceton/$CHCl_3$ aus der organischen Phase mit insgesamt 1,0 ml 5n HCl rückgeschüttelt. Die HCl-saure Lösung wird weitgehend eingedampft, mit etwa 0,5 ml Wasser verdünnt und nach Zugabe von einem Tropfen Methylorange mit 1n NaOH neutralisiert. Man gibt nun soviel NaCl-Lösung zu, daß die Endkonzentration im Bestimmungsansatz unter Berücksichtigung des bei der Neutralisation gebildeten NaCl (Berechnung aus NaOH-Verbrauch) 1,5m ist. Die Lösung wird nun in ein 5 ml-Meßkölbchen überführt. Man fügt 0,5 ml $SnCl_2$-Lösung und 0,05 ml Morinlösung zu, füllt auf 5 ml auf und mißt die Fluorescenz der Probe bei gleicher Spalt- und Empfindlichkeitseinstellung wie bei der Aufstellung der Eichkurve.

c) Voltammetrische Bestimmung von Cd, Pb, Tl und Zn

Aufstellung der Eichkurve. Sie erfolgt bei allen vier Elementen auf die gleiche Weise, wobei man steigende Mengen Standardlösung (1 ng/µl) mit der Mikrobürette vorlegt und mit Grundlösung auf 1,000 ml auffüllt. Die gereinigte und amalgamierte Platinelektrode wird in das Elektrolysegefäß eingesetzt. Anschließend gibt man die Grundlösung mit dem zu bestimmenden Element in die Zelle, stellt die Elektrolysespannung (V_E) ein, setzt den Rührer in Gang und elektrolysiert über eine genau festgelegte Zeitspanne (T_E). Der Elektrolysestrom wird mit Hilfe des Empfindlichkeitsschalters so eingestellt, daß das Amperemeter für die Aussteuerungskontrolle $\leqq 100\ \mu A$ anzeigt. Nach der Elektrolyse wird der Rührer abgestellt. Man wartet noch genau 5 min (Stoppuhr), stellt die gewünschte Empfindlichkeit (E) ein, wobei ebenfalls das Meßgerät für die Aussteuerungskontrolle $\leqq 100\ \mu A$ anzeigen muß, und läßt von der festgelegten Anfangsspannung (V_A) die Spannung abfallen. Die entstehenden Stromspitzen werden am Schreiber registriert und ausgewertet. Falls ein zu hohes Ansteigen des Grundstromes vorliegt, kann dieser durch die Ladestromkompensation ausgeglichen werden. Als Grundlösung verwendet man bei Cd, Pb und Zn 0,1m KCl, bei Tl 0,02m ÄDTA. Die Eichkurven weisen folgende Bereiche auf: 1—10 ng Cd bzw. Tl, 2—20 ng Pb und 4—40 ng Zn. Bei allen 4 Elementen beträgt das Volumen der Lösung in der Zelle 1,00 ml. Die weiteren Meßbedingungen sind nachfolgend angeführt. Tl: $V_E = -1{,}1$ V, $V_A = -0{,}9$ V, $T_E = 60$ min. Pb: $V_E = -1{,}3$ V,

$V_A = -1{,}0$ V, $T_E = 60$ min. Cd: $V_E = -1{,}1$ V, $V_A = -1{,}0$ V, $T_E = 60$ min. Zn: $V_E = -1{,}5$ V, $V_A = -1{,}1$ V, $T_E = 90$ min.

Bestimmung von Tl. Nach seiner Abtrennung liegt das Tl in 0,5 ml 0,04 m ÄDTA-Lösung vor. Die Lösung wird mit 0,5 n NaOH neutralisiert, mit Wasser auf 1,00 ml gebracht und das Tl wie bei der Aufstellung der Eichkurve bestimmt.

Bestimmung von Cd, Pb und Zn. Die nach Xa_2 erhaltene 0,1 n HCl-Lösung (Cd, Pb und Zn enthaltend) wird fast zur Trockene eingedampft, einmal mit 0,5 ml HNO_3 abgeraucht, dann 2 mal mit je 0,5 ml Wasser fast zur Trockene eingedampft, mit 0,1 m KCl aufgenommen und die Elemente wie bei der Aufstellung der Eichkurve bestimmt. Liegen Cd, Pb und Zn nebeneinander in der Lösung vor, so werden sie gleichzeitig unter den für Zn angegebenen Meßbedingungen bestimmt, da deren Stromspitzen infolge der genügend großen Potentialunterschiede ausreichend getrennt sind.

2.7. Plasma und Erythrocyten

Arbeitsbereich: Cr, Cu, Mg, Ni, Zn.

Nach trockener Veraschung erfolgt die Bestimmung der Elemente auf spektrographischem Wege. Unter Berücksichtigung einer Blutzusammensetzung aus 55 Vol.-% Plasma und 45 Vol.-% Erythrocyten wurde aus den Elementgehalten der beiden Fraktionen jener des Blutes berechnet. Mit dem Verfahren wurden folgende Durchschnitts-Gehalte (in µg/g) ermittelt (Plasma; Erythrocyten): Cr (0,024; 0,022), Cu (0,99; 0,94), Mg (19,4; 64,8), Ni (0,023; 0,051) und Zn (2,70; 11,4).

F_{rm}: ±5%. *Z:* 17 Std.

Arbeitsvorschrift [*51*]

Reagentien

HCl (1,19); HNO_3 (1,40); Ammoniak (0,91);
H_2O_2 (30%);
Natriumheparin;
Mo-Bezugslösung; 1,500 g MoO_3 werden in 100 ml Ammoniak (0,91) unter Erwärmen gelöst, mit 300 ml HCl (1,19) nach dem Abkühlen versetzt und mit Wasser auf 1 l aufgefüllt;
Paraffin-Lösung, 0,5%ig in CCl_4.

Spektrographische Arbeitsbedingungen

Elektroden: Graphit (National Carbon), 25 mm lang; obere: plan, 3,2 mm ⌀; untere: Probenelektrode, 4,8 mm ⌀, mit Bohrung 4,0 mm ⌀, 1,6 mm tief, mit einem Tropfen Paraffin-Lösung abgedichtet, als Kathode;
Elektrodenabstand: 6 mm;
Anregung: ARL-Anregungsgerät, Gleichstrombogen 12 Amp.;
Spektrograph: ARL 2 m-Gitterspektrograph, 2. Ordnung, Spaltbreite 0,040 mm;
Vorfunkzeit: keine; Belichtungszeit: 35 sec;
Auswertung, Emulsion, Entwickeln usw.: wie bei Verfahren G. 1.1. (s. S. 615 ff.);
Innerer Standard: Mo;
Analysen-Linienpaare: Cr 4254,3, Mg 2795,5, Ni 3414,8 und Zn 3345,0/Mo 2816,2, Cu 3247,5/Mo 3208,8 (2. Ordnung).

Unmittelbar nach der Probenahme, die wie bei Verfahren G. 1.1. (s. S. 615 ff.) erfolgt, wird die Blutprobe in eine 60 ml-Polyäthylenflasche gegeben und die Fraktionen von Erythrocyten und Plasma durch Zentrifugieren voneinander getrennt. Zur Analyse von Erythrocyten wiegt man 4–6 g, von Plasma 9–11 g ein, indem man die Fraktionen mittels einer Injektionsspritze in einen mit einer dicht schließenden Polyäthylenkappe versehenen 50 ml-Erlenmeyerkolben überführt. Danach entfernt man den Verschluß, trocknet die Probe unter einem Oberflächenstrahler (~ 2 Std), verkohlt dann auf der Heizplatte mit darübergesetztem Oberflächenstrahler und verascht anschließend im elektrischen Muffelofen bei 465–475° C (7–10 Std). Die Asche wird mit 2 ml HNO_3 und 0,25 ml H_2O_2 gelöst, unter dem Oberflächenstrahler zur Trockene eingedampft und zur Zerstörung restlicher organischer Substanz der Vorgang mit weiteren 1 ml-Anteilen

HNO_3 wiederholt. Zuletzt behandelt man den Rückstand mit HCl, dampft zur Trockene ein, löst den Eindampfrückstand mit Wasser, führt in einen 5 ml-Meßkolben über, fügt 130 µl Mo-Bezugslösung hinzu und füllt mit Wasser auf 5,0 ml auf. Von der Probelösung wird eine entsprechende Menge (bei Erythrocyten zur Bestimmung von Cr, Mg, Ni und Zn 220 µl, von Cu 50 µl; bei Plasma zur Bestimmung von Cr, Mg, Ni und Zn 350 µl, von Cu 30 µl) auf die abgedichtete Probenelektrode aufgebracht, eingetrocknet, in einem geeigneten Halter auf 130° C erhitzt (s. S. 128ff.) und danach abgefunkt.

2.8. Biologisches Material

Arbeitsbereich: Mo, W.

Nach nasser Veraschung werden Ag, Bi, Cu und Hg durch Extraktion mit Dz/CCl_4 entfernt, Mo und W aus 6n H_2SO_4-Lösung mit Cupferron/Isoamylalkohol ausgeschüttelt, anschließend Mo aus 6–14n H_2SO_4-Lösung mit Dithiol/Petroläther und schließlich W bei pH 0,5–2 mit Dithiol/Petroläther extrahiert und beide Elemente in ihren organischen Extrakten photometrisch bestimmt.

B: 0,1–30 ppm Mo und 0,1–50 ppm W. F_r: ±5%.

Arbeitsvorschrift [*52*]

Reagentien

H_2SO_4 (1,84); H_2SO_4 (1 + 1); 10n H_2SO_4;
HNO_3 (1,40); $HClO_4$ (70%); HF (40%); H_3PO_4 (1,70);
Ammoniak (0,91); Ammoniak (1 + 1);
Ammoniumcitrat, 12%ige wäßrige Lösung;
Dz, ~ 0,06%ig in CCl_4;
Cupferron, 6%ige wäßrige Lösung;
Isoamylalkohol;
Dithiol, 0,3%ig in 1%iger NaOH; zu 100 ml Lösung fügt man 1 ml Thioglykolsäure (80%) (im Kühlschrank aufbewahren);
Petroläther (Kp 95—110° C).

1–10 g getrocknetes Probematerial werden mit $HNO_3/H_2SO_4/HClO_4$ verascht. In Anwesenheit größerer Mengen Kieselsäure wird diese durch Abrauchen mit HF/H_2SO_4 in einer Platinschale entfernt. Die Lösung verdünnt man dann mit 30–40 ml Wasser, dampft auf ein Volumen von 15 ml ein und filtriert unlösliches Material ab. Von der auf ein bestimmtes Volumen aufgefüllten Lösung entnimmt man einen aliquoten Teil oder verwendet die gesamte Lösung (3–30 µg W und 2–15 µg Mo enthaltend), versetzt mit 10 ml Ammoniumcitrat-Lösung, stellt mit Ammoniak auf pH ~ 3 ein, verdünnt mit Wasser auf 75 ml und extrahiert mehrmals mit Dz-Lösung, bis der letzte Extrakt unverändert grün bleibt. Die organischen Extrakte werden verworfen, die wäßrige Lösung mit ~ 35 ml H_2SO_4 (1 + 1) auf eine Säurekonzentration von 6n gebracht und abgekühlt. Nach Zusatz von 1,5 ml oder mehr Cupferronlösung extrahiert man 90 sec mit 11 ml Isoamylalkohol, wiederholt die Extraktion nach der Phasentrennung mit 10, 5 und 5 ml Isoamylalkohol, wobei vor jeder weiteren Extraktion abermals 0,5 ml Cupferronlösung zugegeben werden, und dampft aus dem vereinigten organischen Extrakt den Alkohol ab. Der organische Rückstand wird mit $HNO_3/H_2SO_4/HClO_4$ verascht; falls nicht genügend Fe anwesend ist, wird dann 0,5 mg Fe zugesetzt, einige Milliliter Wasser zugefügt und gekocht.

Bestimmung des Mo

Falls erforderlich, filtriert man nun die Lösung, versetzt mit 4–7 ml H_2SO_4 (1,84) und bringt mit Wasser auf ein Volumen von 17 ml (die Lösung soll nun 6–14n H_2SO_4 sein).

Es wird 1 ml Dithiol-Lösung zugegeben, gemischt und 1 Std bei 12–20° C stehen gelassen. Nach Zusatz von 6,5 ml Petroläther schüttelt man 3mal nacheinander je 90 sec, trennt danach die Phasen, wenn erforderlich durch Zentrifugieren, und photometriert den organischen Extrakt in einer 1 cm-Küvette bei 680 nm gegen den Blindwert.

Bestimmung des W

Die verbliebene wäßrige Lösung oder einen aliquoten Teil davon führt man in einen 50 ml-Kolben über, dampft auf 0,5 ml ein, fügt einige Milliliter Wasser hinzu, macht mit Ammoniak alkalisch, verkocht dessen Überschuß und fügt 1–1,5 ml 10n H_2SO_4 hinzu (nach Zusatz der Dithiol-Lösung soll der pH-Wert der Probelösung bei 0,5–2,0 liegen). Die Lösung wird gekocht, in ein Reagensglas mit Schliffstopfen und einer Marke bei 18,0 ml filtriert, mit Wasser bis zu dieser Marke verdünnt und nach Zusatz von 3 ml Dithiollösung gut geschüttelt. Man erhitzt nun das Reagensglas (locker aufgesetzter Stopfen) 30 min im Wasserbad bei 90–95° C, kühlt auf Raumtemperatur ab, extrahiert nun mit 6,5 ml Petroläther wie bei Mo und photometriert den organischen Extrakt nach der Phasentrennung in einer 1 cm-Küvette bei 630 nm gegen den Blindwert.

Aufstellung der Eichkurven

2, 5, 10 und 15 µg Mo versetzt man in 50 ml-Kolben jeweils mit 1 mg Fe sowie 4,5 ml H_2SO_4 (1,84), erhitzt bis zum Rauchen, kocht nach Zusatz von 5 ml Wasser und fährt wie bei der Bestimmung des Mo fort. Weiterhin versetzt man 5, 10, 20 und 30 µg W in 50 ml-Kolben mit 0,5 ml H_2SO_4 (1,84), erhitzt bis zum Rauchen, fügt 3 Tropfen H_3PO_4 und einige Milliliter Wasser hinzu (wahlweise können statt der H_3PO_4 auch ~ 0,5 mg Fe zur Lösung vor dem Erhitzen mit H_2SO_4 zugegeben werden), neutralisiert mit Ammoniak (bei Abwesenheit von Fe gegen Phenolphthalein), verkocht den Ammoniak-Überschuß, gibt 1 ml 10n H_2SO_4 zu und fährt nach neuerlichem Kochen wie bei der Bestimmung des W fort.

2.9. Mineralöl

Arbeitsbereich: Cu, Fe, Ni, V.

Die Elemente werden mit HCl extrahiert, mit Ionenaustauscherpapier angereichert und anschließend röntgenspektrometrisch bestimmt.

B: $\geqq$ 0,01 ppm. F_{rm}: ±5%.

Arbeitsvorschrift [*53*]

Reagentien

HCl (1,19); HCl (1 + 4).
n-Hexan; Tetrachloräthylen.
Kationenaustauscherpapier (Amberlite SA-2), 3 cm ∅, 2mal 5 min mit je 15 ml 0,5n HCl geschüttelt, dann mit Wasser gewaschen und in Wasser aufbewahrt (täglich frisch behandelt).

Meßbedingungen

W-Röhre, 50 kV, 40 mA; Linien: jeweils Kα-Linien; Meßzeit: 100 sec oder 300 sec.

100,0 ml Probe werden mit 100 ml n-Hexan verdünnt und dann in einem 1 l-Schüttelzylinder mit 300 ml HCl (1 + 4) auf einer Schüttelmaschine 20 min extrahiert. Danach läßt man die HCl-Phase in einen 500 ml-Schütteltrichter ab, wäscht die Probe noch 2mal mit je 30 ml Wasser, verwirft die Probe, vereinigt die Waschfraktionen mit der HCl-Phase, wäscht diese mit 125 ml Tetrachloräthylen und verwirft letzteres. Die HCl-saure wäßrige Lösung wird zur Trockene eingedampft, der Rückstand mit Wasser unter Erhitzen gelöst, die abgekühlte Lösung durch ein Kationenaustauscherpapier

(s. S. 161) langsam filtriert, auf einer Glasplatte getrocknet, in einen Probenhalter eingespannt und zur Messung in das Röntgenspektrometer eingeführt.

2.10. Organisches Material [54]

Arbeitsbereich: Cu, Zn.

Die polarographische Bestimmung von Cu und Zn in organischem Material findet man im Abschnitt „Zink“ (s. S. 1347) beschrieben.

3. Metalle und Legierungen

In der Literatur findet man weitere Vorschriften zur Bestimmung einer mehr oder weniger großen Zahl von Spurenelementen in Silber [55–57], Aluminium [58, 59], Gold [60, 61], Beryllium [62], Wismut [63, 64], Cadmium [65, 66], Chrom [67], Kupfer [68–71], Stahl [72–75], Fe/Ni/Ti/Al/Co/Cr-Legierungen [76], Ferromangan [77], Galliumarsenid [78, 79], Germanium [80], Quecksilber [81, 82], Indiumarsenid [83], Magnesium und Magnesiumlegierungen [84], Molybdän [85–89], Niob [89, 90–93], Nickel [94–96], Platin [97], Pt/Rh-Legierungen [98], Rhenium [99], Selen [100–102], Silicium [103–105], Tantal [89, 93], Titan [106], Uran [95, 107–109], U/Pu/Zr- und U/Zr-Legierungen [110], Th/U- und Pu/Th/U-Legierungen [111], Plutonium [112, 113, 113a], Wolfram [86, 87, 89, 114–117] und Zirkonium [106, 118–123]. Hinsichtlich weiterer Verfahren s. Tab. 214a (S. 1452).

3.1. Aluminium

Arbeitsbereich: s. Tab. 196.

Tabelle 196. Die bei der Extraktion mit Ammoniumtetramethylendithiocarbamat-Dz/$CHCl_3$ erfaßbaren Elemente [124]

H																	He
Li	Be											B	C	N	O	F	Ne
Na	Mg											Al	Si	P	S	Cl	Ar
K	Ca	Sc	Ti	V	Cr	Mn	Fe	Co	Ni	Cu	Zn	Ga	Ge	As	Se	Br	Kr
Rb	Sr	Y	Zr	Nb	Mo	Tc	Ru	Rh	Pd	Ag	Cd	In	Sn	Sb	Te	I	Xe
Cs	Ba	La	Hf	Ta	W	Re	Os	Ir	Pt	Au	Hg	Tl	Pb	Bi	Po	At	Rn
Fr	Ra	Ac	Th	Pa	U												

——— = vollständig; – – – – unvollständig.

Die Spurenelemente werden durch Extraktion mit Ammoniumtetramethylendithiocarbamat-Dz/$CHCl_3$ angereichert und anschließend spektrographisch bestimmt (bei Spektrographen größerer Dispersion verwendet man zweckmäßig anstelle des Be ein linienreicheres Element als inneren Standard).

B: $\geqq 0{,}1$ ppm. F_r: $\pm 5-15\%$.

Arbeitsvorschrift [*124*]

Reagentien

Ammoniumtetramethylendithiocarbamat, 5%ige wäßrige Lösung;
Ammoniumtartrat, 25%ige wäßrige Lösung;
Be-Bezugslösung, 0,01%ige (an Be) wäßrige Lösung von $Be(NO_3)_2$ mit 0,1% KNO_3;
übrige Reagentien wie bei Verfahren 1.1. (s. S. 1380f.).

Spektrographische Arbeitsbedingungen: wie bei Verfahren 1.1.

1,0 g Probematerial wird in einer Quarzschale (50 ml Volumen) mit Ausguß mit einigen Millilitern Königswasser unter Erwärmen auf dem Wasserbad gelöst. Nach dem vollständigen Lösen wird zur Trockene eingedampft, der Rückstand mit 0,5–1 ml 6n HCl und 25–30 ml Wasser versetzt, schwach erwärmt und die überstehende klare Lösung in einen 500 ml-Schütteltrichter übergeführt. Dieser Lösevorgang wird so oft wiederholt, bis der gesamte Eindampfrückstand in den Schütteltrichter übergeführt ist (Gesamtvolumen 200–250 ml). Zur Lösung fügt man nun 26 ml Ammoniumtartrat-Lösung hinzu, stellt durch tropfenweisen Zusatz von 6n Ammoniak auf pH 3,0 ein (Tüpfeln mit Spezialindicatorpapier), versetzt mit 2 ml Carbamatlösung, schüttelt 10 sec und extrahiert dann 1 min mit 15 ml Dz-Lösung. Nach der Phasentrennung wird der $CHCl_3$-Extrakt in einen 500 ml-Erlenmeyerkolben mit Schliff abgelassen, der pH-Wert geprüft und notfalls korrigiert. Die Extraktion wird bei pH 3 noch 2–3mal wiederholt, bis die $CHCl_3$-Phase grün bleibt. Nun wird die Probelösung im Schütteltrichter mit 26 ml Ammoniumtartrat-Lösung versetzt, mit Ammoniak auf pH 5,0 eingestellt und das Ausschütteln auf dieselbe Weise wie bei pH 3,0 vorgenommen. Anschließend wird mit Ammoniak auf pH 7,0 gebracht und je 1mal mit 2 ml Carbamat-Lösung und 15 ml Dz-Lösung bzw. mit 2 ml Carbamat-Lösung und 15 ml $CHCl_3$ ausgeschüttelt. Schließlich wird noch mit Ammoniak auf pH 9,0 eingestellt und 1mal mit 2 ml Carbamat- und 15 ml Dz-Lösung extrahiert. Die $CHCl_3$-Fraktionen der einzelnen pH-Stufen werden alle im Schliff-Erlenmeyerkolben gesammelt und wie bei Verfahren 1.1. (s. S. 1380) unter Zusatz von 10 µl 0,1%iger Be-Bezugslösung weiterbehandelt und mit einem Endvolumen von 100 µl spektrographisch bestimmt. Zur Erhöhung der Empfindlichkeit des Verfahrens um den Faktor 2 oder 5 kann wahlweise unter Zusatz von 50 µl 0,01%iger Be-Bezugslösung mit einem Endvolumen von 50 µl gearbeitet oder das gesamte Spurenkonzentrat zur Spektralanalyse gebracht werden. Im letzteren Fall fügt man 20 µl 0,01%iger Be-Bezugslösung hinzu, arbeitet mit einem Endvolumen von 40 µl, bringt bei Anwendung von vorerhitzten Elektroden (s. S. 128ff.) je 20 µl auf beide Elektroden auf, bei abgedichteten Elektroden (s. S. 128) die gesamte Lösung in kleinen Anteilen auf 1 Elektrode, und funkt nach dem Eintrocknen ab.

Bei Anwendung der spektrographischen Arbeitsbedingungen von Verfahren 3.6.1. (s. S. 1408) bzw. 3.8. (s. S. 1411) läßt sich das Verfahren noch empfindlicher gestalten.

3.2. Arsen

Arbeitsbereich: Al, Be, Bi, Cd, Co, Cr, In, Mg, Mn, Mo, Ni, Si, Ti, V und Zr.

Nach dem Verflüchtigen des As werden die verbliebenen Elemente spektrographisch bestimmt.

B: Wie bei Verfahren 3.7. (s. S. 1410) und 5.1.1. (s. S. 1437). F_r: ±5–15%.

Arbeitsvorschrift [*125*]

Reagentien und spektrographische Arbeitsbedingungen: wie bei Verfahren 3.7. (s. S. 1410).

1 g Probematerial wird wie bei Verfahren 3.7. (s. S. 1410) mit 5 ml 8n HCl, 5 ml CCl_4 und 2 ml Brom unter Zusatz von 1,0 ml $GaCl_2$-Lösung (≡ 250 µg Ga; als Spurenfänger) gelöst, auf ein kleines Volumen eingedampft und mit dem Zusatz von je 1,0 ml 0,1n H_2SO_4 und Cu-Bezugslösung wie bei Verfahren 3.7. fortgefahren.

3.3. Gold

Arbeitsbereich: Bi, Cd, Cu, Fe, Ni, Pb, Zn.

Da Au die polarographische Bestimmung infolge Amalgambildung stört, wird es nach dem Lösen der Probe mit Diisopropyläther aus 3n HBr-Lösung abgetrennt und anschließend Cd, Cu, Ni und Zn in ammoniakalischer Lösung, Bi und Pb in saurer Natriumtartrat-Lösung, sowie Fe in ammoniakalischer Ammoniumtartrat-Lösung polarographisch bestimmt.

B: von 0,000001% aufwärts für Bi, Cd, Ni; von 0,00001% aufwärts für Cu, Fe, Pb, Zn. F_r: ±10% bei Gehalten ≧ 0,001%; ±10–20% bei Gehalten <0,001%.

Arbeitsvorschrift [*126*]

Reagentien

6n HNO_3; 6n H_2SO_4; $HClO_4$ (70%);
Königswasser;
3n HBr;
Diisopropyläther; nach Schütteln mit $FeSO_4 \cdot 7\,H_2O$ über NaOH redestilliert;
Hydrazinsulfat, 1%ige wäßrige Lösung;
Grundlösung A: 6n Ammoniak, hergestellt durch Einleiten von Ammoniakgas in Wasser unter Kühlung und Verdünnung;
Grundlösung B: 0,5m Natriumtartrat (pH 4,5); eine entsprechende Weinsäurelösung wird mit NaOH auf pH 4,5 gebracht und über einer Quecksilberkathode 2 Tage bei 2,5 V elektrolytisch gereinigt;
Grundlösung C: 0,5m Ammoniumtartrat in 1n Ammoniak, hergestellt mit dem als Grundlösung A verwendeten Ammoniak und wie Grundlösung B elektrolytisch gereinigt.

Oberflächliche Verunreinigungen der zerkleinerten Probe entfernt man durch 3maliges Ätzen mit je 10 ml 6n HNO_3 in einem 25 ml-Quarzbecherglas, dekantiert jeweils die Lösung, wäscht mit Wasser nach und trocknet zuletzt bei 100° C.

Von der so behandelten Probe werden je 500 mg für die Bestimmung einer Elementgruppe in Paralleleinwaagen in 25 ml-Quarzbechergläsern eingewogen und mit jeweils 1–2 ml Königswasser bei ~ 100° C möglichst im geschlossenen System (s. Abb. 14, S. 110) auf einem Aluminiumheizblock in Lösung gebracht. Die gelösten Proben werden durch zusätzliches Erhitzen von oben mit einem Quarzoberflächenstrahler soweit eingedampft, daß das Au-Salz beim Erkalten auskristallisiert. Den Rückstand führt man mit 2mal 2 ml und 1mal 1 ml 3n HBr in einen 50 ml-Schütteltrichter über, extrahiert 3mal mit je 10 ml Diisopropyläther 3 min, läßt die Säurephase in einen Quarzspitzbecher ab und dampft sie unter Stickstoff-Atmosphäre im geschlossenen System wie oben ein. Zum Rückstand werden 1 Tropfen 6n H_2SO_4 und 0,2 ml $HClO_4$ gegeben und vorhandene organische Reste im geschlossenen System unter Stickstoff-Atmosphäre zerstört. Die so erhaltenen Rückstände werden mit 0,2 ml der entsprechenden Grundlösung aufgenommen. Zur Bestimmung des Fe wird der entsprechende Rückstand mit je einem Tropfen 6n H_2SO_4 und Hydrazinsulfat-Lösung versetzt, auf der Mikroflamme unter Schwenken leicht erwärmt und nochmals eingedampft.

Bestimmung von Cd, Cu, Ni und Zn

Man versetzt den Rückstand mittels einer 0,2 ml Auswaschpipette mit 0,2 ml Grundlösung A, führt in eine polarographische Mikrozelle über, leitet Wasserstoff (mit 6n

Ammoniak gesättigt) ein und polarographiert [Abscheidungspotentiale: Cu(II)/(0) −0,42 V, Cd(II)/(0) −0,70 V, Ni(II)/(0) −0,98 V und Zn(II)/(0) −1,27 V; s. a. S. 1413].

Bestimmung von Bi und Pb

Man nimmt den entsprechenden Rückstand mit 0,2 ml Grundlösung B auf, führt in die Mikrozelle über, leitet Wasserstoff ein und polarographiert [Abscheidungspotentiale: Bi(III)/(0) −0,49 V und Pb(II)/(0) −0,71 V; s. a. S. 1413].

Bestimmung von Fe

Der mit Hydrazinsulfat behandelte Rückstand wird mit 0,2 ml Grundlösung C aufgenommen und die polarographische Bestimmung durchgeführt [Abscheidungspotential: Fe(II)/(0) −1,40 V].

3.4. Kupfer

Arbeitsbereich: s. Tab. 197.
B: s. Tab. 197. *V:* ±6,5%.

Arbeitsvorschrift [*127*]

Reagentien

HCl (1 + 1); HNO_3 (1,40).

$CuF_2 \cdot 2\,H_2O$; 50 g Cu (99,999%) werden in einem Polyäthylenbecher mit 200 ml HF (48%) + 30 ml H_2O_2 (30%)-Gemisch (in kleinen Anteilen zugesetzt und dekantiert) gelöst, die vereinigte Lösung auf dem Dampfbad bis zur Kristallbildung eingeengt und auf dem Eisbad gekühlt. Man dekantiert die Lösung und engt weiter ein. Die erhaltenen Kristalle werden 3 mal mit Wasser und 4 mal mit Aceton gewaschen, mit Diäthyläther gespült, getrocknet, zerkleinert und abgesiebt auf eine Körnung von <20 bis >40 mesh.

Spektrographische Arbeitsbedingungen

Elektroden: Graphit (Ultra Carbon U-1); obere: Typ ASTM C5; (s. Abb. 38, S. 151); untere: Probenelektrode, 4,76 mm ⌀, 33 mm lang, mit Bohrung 3,5 mm ⌀/4,5 mm tief, als Anode.
Elektrodenabstand: 4 mm.
Anregung: Gleichstrombogen, 14 Amp.
Spektrograph: Jarrell-Ash, 3,4 m Ebert, 600 Strich/mm-Gitter, 2. Ordnung, Spaltbreite 0,035 mm, keine Filter.
Belichtungszeit: 10 sec.
Photographische Emulsion: Kodak S.A. 1.
Entwickeln: Kodak D 19, 5 min.
Analysen-Linien: s. Tab. 197, ohne inneren Standard, mit Untergrundkorrektur.

Tabelle 197. Analysen-Linien und Nachweisgrenze L_D

Analysen-Linie		L_D, ppm[1]	Analysen-Linie		L_D, ppm[1]
Al	3082,2	0,05	Mg[2]	2779,8	0,1
As	2780,2	0,5	Mn	2798,3	0,01
B	2497,6	0,01	Ni	3050,8	0,02
Be	3130,4	0,005	Pb	2833,1	0,03
Co[2]	2521,4	0,05	Sb	2598,1	0,1
Cr[2]	2843,3	0,02	Si	2881,6	0,01
Fe	3020,6	0,02	Sn	2863,3	0,05
Ga	2943,6	0,01	Zn	3302,6	0,8
Ge	2651,2	0,015	Zr[2]	2678,6	0,02

[1] Auf eine Probemenge von 60 mg bezogen.
[2] Nicht die empfindlichste Linie verwendet.

Vom zerkleinerten Probematerial entfernt man zunächst Fett mit Diäthyläther, dann Oberflächenverunreinigungen mit HCl (1 + 1) und einigen Tropfen HNO_3, wäscht dann der Reihe nach mit Wasser, Aceton und Diäthyläther. Dann wird die mit 5 mg $CuF_2 \cdot 2\,H_2O$ beschickte Elektrode durch 8 sec dauerndes Vorfunken gereinigt. Auf die vorgereinigte Elektrode gibt man zunächst 5 mg $CuF_2 \cdot 2\,H_2O$, darauf 1–60 mg Probematerial und funkt ab.

3.5. Eisen und Stahl

3.5.1. Reinsteisen

Das zur Spurenanalyse von Reinsteisen am häufigsten angewandte Prinzip besteht in der Abtrennung des Fe durch Extraktion mit anschließender emissionsspektrographischer oder photometrischer Bestimmung der in der wäßrigen Lösung verbliebenen Elemente.

Die Abtrennung des Fe durch Ausäthern fand auch zur emissionsspektrographischen Bestimmung der Spurenelemente in Reinsteisen Anwendung [*128*].

Hierzu wurde 1 g Probematerial in 20 ml 6n HCl unter Oxydation mit ~ 1 ml HNO_3 (1,40) gelöst, fast zur Trockene eingedampft, mit 6n HCl aufgenommen und das Fe mit Diäthyläther von Hand aus oder im Perforator (oder aus 8n HCl mit Diisopropyläther von Hand aus) extrahiert. Zur wäßrigen Lösung wurden danach 100 µg Bi (als Lösung) als innerer Standard und 100 mg Graphitpulver zugesetzt, die Lösung zur Trockene eingedampft, vom Rückstand 30 mg in eine ausgebohrte Graphitelektrode gestopft und im Gleichstrombogen angeregt.

Grundsätzlich kann die spektrographische Bestimmung auch mittels Lösungsspektralanalyse (s. S. **128**ff., **143**ff.) erfolgen. Auf diese Weise lassen sich die Elemente Al, Ca, Co, Cr, Cu, Mg, Mn, Ni, Pb, Si, Ti, V, W, Zn und Zr je nach ihrer spektrographischen Empfindlichkeit von 0,00001–0,0001% aufwärts bestimmen [*128*].

Zur Bestimmung der auf dem geschilderten Wege nicht erfaßbaren Elemente As, Cd, Mo, Sb und Sn wurden diese nach dem Lösen von 1 g Probematerial in 24 ml H_2SO_4 (1 + 9) und Zusatz von 10 mg Cu (als $CuSO_4$-Lösung) als Spurenfänger aus ~ 0,5n H_2SO_4-Lösung durch Sulfidfällung isoliert, der Niederschlag bei 450° C verascht und die Oxyde im Gleichstrombogen angeregt (Gehalte von 0,0005% aufwärts sind so bestimmbar) [*128*].

Analysenschema [*129*]

Lösen des Probematerials in HCl und oxydieren

↓

Extraktion mit Diisopropyläther

↓ Äther-Phase verwerfen

↓ wäßrige Phase

↓

Fällung mit $NaOH/H_2O_2$

↓ Filtrat

↓

Auffüllen auf 25 ml und in aliquoten Teilen photometrisch bestimmen:

Al (s. S. 367ff.)
Cr (s. S. 624ff.)
W (s. S. 1308ff.)
V (s. S. 1281ff.)

↓ Niederschlag

↓

Lösen in HCl, Auffüllen auf 25 ml und in aliquoten Teilen photometrisch bestimmen:

Cu (s. S. 644ff.)
Ni (s. S. 865ff.)
Co (s. S. 586ff.)
Mn (s. S. 808ff.)
Ti (s. S. 1199ff.)

In einer anderen Arbeit wird die photometrische Bestimmung von Al, Co, Cr, Cu, Mn, Ni, Ti, V und W in Reinsteisen nach dem nebenstehenden Analysenschema beschrieben [*129*]:

Es werden 5 g Probematerial mit Wasser angefeuchtet, mit 25 ml HCl (1,19) gelöst, mit 1,5 ml HNO_3 tropfenweise oxydiert, auf ~ 20 ml eingedampft und unter 3maligem Nachspülen mit je 10 ml HCl (3 + 1) in einen Schütteltrichter übergeführt. Nun wird das Fe durch 6malige Extraktion mit je 30 ml Diisopropyläther abgetrennt, wobei nach der 2., 4. und letzten Extraktion jeweils 100 mg $KClO_3$ zugesetzt werden, und die wäßrige Lösung auf 3 ml eingedampft. Die Probelösung wird mit 2 ml H_2O_2 (3%) versetzt, in eine vorher bereitete NaOH-Lösung [0,6 g NaOH in 3 ml Wasser gelöst, mit 2 ml H_2O_2 (3%) versetzt und zum Sieden erhitzt] gegossen, 15 min gekocht, filtriert, der Niederschlag nach Auswaschen mit heißem Wasser in heißer HCl (1 + 1) gelöst und die Lösung erneut mit $NaOH/H_2O_2$ behandelt. Die vereinigten Filtrate der doppelten Fällung sowie der in HCl (1 + 1) gelöste Niederschlag der 2. Fällung werden jeweils auf 25 ml aufgefüllt und in aliquoten Teilen der so erhaltenen Lösungen die Elemente nach dem vorstehenden Analysenschema bestimmt.

Hinsichtlich der darin angeführten photometrischen Verfahren zur Bestimmung der einzelnen Elemente sei auf die entsprechenden Stellen des Abschnittes „Einzelelemente" (S. **375**ff.) verwiesen. Mit Hilfe des geschilderten Trennungsganges können je nach den Bestimmungsgrenzen der einzelnen Farbreaktionen Gehalte von etwa 0,0001% aufwärts mit einem Zeitbedarf von 16–20 Std bestimmt werden.

3.5.2. Stahl

Arbeitsbereich: Ce, La, Pr.

Nach Isolierung mittels Ionenaustauscher werden die Elemente röntgenspektrometrisch bestimmt.

B: $\geqq$ 40 ppm Ce, $\geqq$ 20 ppm La, $\geqq$ 30 ppm Pr. *s:* ±0,4–0,7 ppm Ce, La, Pr.

Arbeitsvorschrift [*130*]

Reagentien

HNO_3 (1,40); HNO_3 (1 + 3); H_2O_2 (15%); Eisessig; Methanol.

Anionenaustauscher-Säule; 12 mm ⌀, Bio-Rad (Dowex) 1X10 (50—100 mesh, Cl^--Form). Man beschickt die Säule mit 1,5 g Austauscherharz, spült mit 100 ml HNO_3 (1 + 3) und danach mit 100 ml Waschlösung.

Waschlösung; 1 Teil HNO_3 (1 + 3) + 5 Teile Eisessig + 12 Teile Methanol.

Cellulosepulver.

Meßbedingungen

Siemens SRS-1, Cr-Röhre, 40 kV, 40 mA; LiF-Kristall; Linien: $CeL\alpha_{1,2}$ (78,96°), $LaL\alpha_{1,2}$ (82,85°), $PrL\alpha_{1,2}$ (75,42°); Proportionaldurchflußzähler; Meßzeit: 24 sec.

2,0 g Probematerial werden mit 12,0 ml HNO_3 (1,40) unter Erwärmen gelöst, aufgekocht, abgekühlt, mit 5 Tropfen H_2O_2 versetzt, mit Wasser auf 30 ml verdünnt, unter Nachwaschen mit 600 ml Methanol in einen 1 l-Kolben übergeführt, 255 ml Eisessig hinzugefügt und die Lösung dann durch die Austauschersäule geschickt ($\leqq$ 15 ml/min). Man nimmt das Austauscherharz aus der Säule, trocknet es 1–2 Std bei 120° C, bis der Geruch nach Essigsäure verschwunden ist, mischt das Harz mit 1,5 g Cellulosepulver, verpreßt (Preßdruck 4,2 t) das Gemisch zu einer Tablette (25 mm ⌀) und führt diese in das Röntgenspektrometer ein.

3.6. Gallium

Den meisten Verfahren zur Bestimmung der Spurengehalte in Gallium ist der Grundvorgang gemeinsam, nach dem Lösen der Probe das Ga durch Ätherextraktion aus 6–7n HCl-Lösung zu entfernen und in der eingeengten wäßrigen Lösung die zurückgebliebenen Elemente spektrographisch zu bestimmen [*131*, *132*]. Zweckmäßig entfernt man vorher noch Oberflächenverunreinigungen durch Abätzen der Probe (s. Verfahren II) [*132*].

3.6.1. Verfahren I

Arbeitsbereich: Al, Ca, Cr, Cu, Mg, Ni, Pb, Zn.

Grundsätzlich kann noch eine Reihe weiterer, hier nicht angeführter, mit Diisopropyläther unter den Arbeitsbedingungen nicht extrahierbarer (s. S. 259ff.) Elemente in Gallium analog bestimmt werden. Die Aufstellung der Eichkurven erfolgt mit Stammlösungen (s. S. 156) ohne Zusatz von Ga. Die nach der Extraktion verbleibende Ga-Menge ist ohne störenden Einfluß.

B: von 0,0000015% Cu bzw. Mg, 0,000003% Al bzw. Ca, 0,000006% Cr, Ni bzw. Pb und 0,000012% Zn aufwärts. *V:* ±4–5% bei Cu, Mg und Zn; ±8% bei Al; ±13–15% bei Ca, Ni und Pb.

Arbeitsvorschrift [*131*]

Reagentien

6,7n HCl; HNO_3 (1,40);
Diisopropyläther;
Mo-Bezugslösung; 10 µg Mo/ml mit $(NH_4)_6Mo_7O_{24} \cdot 4\,H_2O$ hergestellt;
Wachs-Lösung; 1%ige Lösung von Apiezon N in Benzol.
Spektrographische Arbeitsbedingungen: wie bei Verfahren 3.8. (s. S. 1411), aber mit folgenden Analysen-Linienpaaren: Al 3092, Ca 3179, Cr 3021, Cu 3247, Mg 2852, Ni 3414/Mo 3312, Pb 2833, Zn 3302/Mo 3193.

Die Galliumprobe wird in einem Quarzbecherglas mit HCl unter Zusatz von wenig HNO_3 gelöst, fast zur Trockene eingedampft, der Rückstand mit HCl aufgenommen und mit letzterer auf ein bestimmtes Volumen mit einer Konzentration von 0,5m Ga (z. B. 350 mg Ga/10,0 ml) gebracht. Einen aliquoten Teil von 5,0 ml extrahiert man 2mal mit je 5 ml Diisopropyläther je 5 min, verwirft die organischen Extrakte, fügt zu 4,0 ml wäßriger Lösung 1,0 ml Mo-Bezugslösung, bringt nun von dieser Lösung 50 oder 500 µl tropfenweise auf ein abgedichtetes Paar Graphitelektroden (je 1 Tropfen Wachslösung wird auf dem flachen Ende der Elektroden eingetrocknet) auf und läßt eintrocknen. Zur Erzielung der höchsten Empfindlichkeit werden die gesamten 5,0 ml Lösung auf <1 ml eingeengt und vollständig auf das Elektrodenpaar aufgebracht. Nach dem vollständigen Eintrocknen der Lösung werden die Elektroden abgefunkt.

3.6.2. Verfahren II

Arbeitsbereich: Al, Be, Bi, Cd, Co, Cr, Mg, Mn, Mo, Ni, Ti, V, Zn, Zr.

Bis zu 200 µg Ga/100 µl haben keinen Einfluß auf die spektrographische Bestimmung, weshalb die nach der Extraktion verbleibende Ga-Menge (~ 100 µg Ga/100 µl) nicht stört. Die Säurekonzentration in der zum Abfunken verwendeten Probelösung soll zwischen 0,8–2n H_2SO_4 (Optimum 1–1,5n H_2SO_4) liegen; bei <0,8n H_2SO_4 tritt eine größere Streuung der Intensitätsverhältnisse der Analysenlinien auf.

B: von 0,000001 oder 0,000002% Be, Bi, Cd, Co, Cr, Mg, Mn, Mo, Ni, Ti bzw. V und von 0,00001% Al, Zn bzw. Zr aufwärts. *V:* ±5–25%.

Arbeitsvorschrift [*132*]

Reagentien

10n HCl; 5n HCl; 0,1n H_2SO_4;
Diisopropyläther; 300 ml Äther werden unter Rückfluß mit 60 ml 10n HCl 30 min erhitzt, die Mischung dabei kräftig gekocht, abgekühlt, die Säurephase verworfen, der Äther anschließend mit 100 ml Wasser wieder unter Rückfluß erhitzt, nach dem Abkühlen die Wasserphase entfernt

und die Wasserbehandlung nochmals wiederholt. Zu dem danach abgetrennten Äther fügt man 6—8 Plätzchen NaOH und destilliert den Äther bis auf einen Rückstand von ~ 30 ml ab, wobei man die ersten 15—20 ml Destillat verwirft.

Cu-Bezugslösung, wie bei Verfahren 5.1.1. (s. S. 1437).

Spektrographische Arbeitsbedingungen: wie bei Verfahren 5.1.1.

Oberflächliche Verunreinigungen des Probematerials entfernt man durch aufeinanderfolgende Behandlung mit kalter 10n HCl, 5n HCl und Wasser in einem Quarztiegel. Nach dem Trocknen wird 1 g Probematerial in einem Teflonbecherglas mit 10 ml 10n HCl, sowie 1 ml H_2SO_4 unter Erwärmen auf einer Quarzheizplatte gelöst, die Lösung auf ~ 5 ml eingedampft und 5,0 ml 10n HCl hinzugegeben. Zur Ermittlung der Normalität verdünnt man 0,1 ml der Lösung mit 5 ml Wasser, titriert mit 0,1n NaOH unter Abzug von 4,3 ml vom Verbrauch an Titerlösung [für ausgefallenes $Ga(OH)_3$] und stellt danach die Probelösung auf 8n HCl und ein Volumen von 10–15 ml ein. Die Lösung wird mit 15 ml Diisopropyläther 5 min extrahiert, die organische Phase verworfen, die Acidität der wäßrigen Lösung überprüft und wenn nötig auf 7,5n HCl eingestellt. Man wiederholt die Extraktion mit 10 ml Diisopropyläther und dampft nach der Phasentrennung die wäßrige Lösung in einem Platintiegel nach Zusatz von 1 ml H_2SO_4 bis zum Auftreten der SO_3-Nebel ein. Nun wird 1,0 ml Cu-Bezugslösung hinzugefügt, die Lösung erwärmt, die Seitenwand des Tiegels mit Wasser abgespült, die Lösung bis zum beginnenden Rauchen eingedampft, der Rückstand mit 0,1 ml Wasser aufgenommen, auf eine Graphitelektrode aufgebracht und wie bei Verfahren 5.1.1. (s. S. 1437) abgefunkt.

3.6.3. Verfahren III

Arbeitsbereich: s. Tab. 198.
B: s. Tab. 198. F_r: ±10–30%.

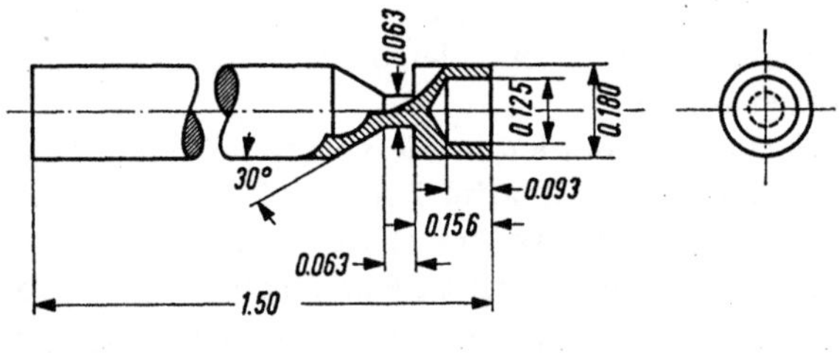

Abb. 254. Probenelektrode, Typ UC 7267 (Maße in Zoll) [*133*]

Arbeitsvorschrift [*133*]

Spektrographische Arbeitsbedingungen

Elektroden: Graphit (Ultra Carbon): obere: Typ 105 U; untere: Probenelektrode, Typ 7267 (s. Abb. 254), als Anode; Elektroden durch Vorfunken (2 min, 15 Amp., unter 2,5—4 l Ar/min) gereinigt; Atmosphäre: Ar/O_2 (3:1), 3,7 l/min.

Elektrodenabstand: 3 mm, kontinuierlich eingestellt.

Anregung: Gleichstrombogen, 25 Amp.

Spektrograph: Jarrell-Ash 3,4m Ebert, 15000 Strich/Zoll-Gitter, 1. Ordnung, Spaltbreite 0,020 mm, Spalthöhe 2,5 mm 10%-Splitfilter; 2 mm der Bogenmitte ausgeblendet.

Belichtungszeit: bis zum vollständigen Abbrand, Plattenkamera alle 20 sec (Belichtungsperiode, s. Tab. 198) weitergestellt.

Photographische Emulsion: Kodak S.A. 1.

Entwickeln: Kodak D 19, 3 min bei 20° C.

Analysen-Linien: s. Tab. 198, ohne inneren Standard, mit Untergrundkorrektur.

Tabelle 198. Analysen-Linien und Bestimmungsbereich

Analysen-Linie	Bestimmungsbereich, ppm	Belichtungsperiode
Cd 2288,0	0,1 —1,0	1
Si 2516,1	0,01 —1,0	1
Hg 2536,5	0,1 —1,0	1
Mn 2794,8	0,005—1,0	4
Mg 2795,5	0,001—0,2	1
Pb 2833,1	0,1 —1,0	1
Sn 2840,0	0,01 —1,0	7
Cr 2843,3	0,01 —1,0	7
Fe 3020,6	0,05 —1,0	7
Ni 3050,8	0,03 —0,8	7
Ge 3039,1	0,04 —1,0	7
Pt 3064,7	0,05 —1,0	7
Al 3082,2	0,01 —1,0	2
Mo 3170,4	0,05 —1,0	7
V 3185,4	0,03 —1,0	7
Sb 3267,5	0,03 —0,8	7
In 3256,1	0,01 —0,5	3
Cu 3274,0	0,001—0,2	7
Ag 3280,7	<0,001—0,05	6
Zn 3345,0	0,1 —1,0	1
Ti 3349,1	0,001—0,2	7
Zr 3392,0	0,05 —1,0	7
Ca 3933,7	0,01 —0,5	7

Die Probenahme erfolgt zweckmäßig aus dem flüssigen Metall (~ 50° C) mit Hilfe einer 2 ml-Injektionsspritze mit Teflonnadel, die mit Königswasser und Wasser gereinigt und danach getrocknet wurde.

100 ± 1 mg Probematerial werden in die vorgereinigte Elektrode gegeben und abgefunkt, wobei die Kamera (Photoplatte) 7mal (7 Belichtungsperioden) alle 20 sec zur Aufnahme eines neuen Spektrums weitergestellt wird. Voraussetzung für eine befriedigende Reproduzierbarkeit der Analysen ist eine möglichst gute Übereinstimmung und Gleichmäßigkeit der Abmessungen und Gewichte der einzelnen Probenelektroden (Gewichtskontrolle; eine Gewichtsübereinstimmung von ± 1% ist befriedigend).

Zur Aufstellung der Eichkurven werden 0,3–1 mg Oxydgemisch (Ga_2O_3 + Oxyde der anderen Elemente) in die vorgereinigte Elektrode gegeben, mit 100 mg Ga bedeckt und dann wie bei der Analyse abgefunkt.

3.7. Galliumarsenid

Arbeitsbereich: Al, Be, Bi, Cd, Co, Cr, Mg, Mn, Ni, Si, V, Zr.

As wird verflüchtigt, Ga mit Diisopropyläther extrahiert und anschließend die verbliebenen Elemente spektrographisch bestimmt. Die Ausbeute beträgt 80–100% bei Al, Be, Bi, Cr, Mg, Mn, Ni und Si, 60–80% bei Co, V und Zr und 50% bei Cd. Die Verluste sind jedoch reproduzierbar. Im Gegensatz hierzu ist die Ausbeute bei In, Mo, und Zn nicht reproduzierbar.

B: von 0,005 μg Be, 0,01 μg Co und Mg, 0,02 μg Cr, Mn, Ni und Si, 0,05 μg Bi, 0,10 μg Al, V und Zr, 0,20 μg Cd auf der Elektrode aufwärts. F_r: ±5–15%.

Arbeitsvorschrift [*134*]

Reagentien

8n HCl;
Brom;
CCl_4;
Übrige Reagentien wie bei Verfahren 3.6.2. (s. S. 1408).

Spektrographische Arbeitsbedingungen

Elektroden: obere: Graphit, 6 mm ∅, mit Spitze 80°; untere: Probenelektrode, Kohle, 6 mm ∅, etwa 25 mm lang, oberes Ende abgedreht auf 2 mm ∅/2 mm hoch (wie RW 0084, jedoch hinterdreht), in Graphitträgerelektrode (~ 8 mm ∅), als Anode; Atmosphäre: Argon/Sauerstoff (1 + 2), Strömungsgeschwindigkeit 2 l/min.
Übrige Bedingungen wie bei Verfahren 5.1.1. (s. S. 1437), zusätzlich das Linienpaar Si 2881,6/Cu 2882,9.

Oberflächliche Verunreinigungen der Probenstücke entfernt man durch Waschen mit 11n HCl und Wasser. 1 g des getrockneten Probematerials wird in einem Teflonbecher mit 5 ml 8n HCl, 5 ml CCl_4 und 2 ml Brom gelöst, auf ein kleines Volumen (Syrupkonsistenz) eingedampft, die Lösung unter Nachwaschen mit 6 ml 8n HCl in eine 50 ml-Polyäthylenflasche übergeführt, 3mal mit je 6 ml Diisopropyläther 5 min extrahiert und die organische Phase mittels einer Polyäthylenpipette möglichst vollständig entfernt und verworfen. Man führt die Lösung in den Teflonbecher zurück, versetzt mit 1,0 ml 0,1n H_2SO_4 sowie 1,0 ml Cu-Bezugslösung, engt auf ~ 0,1 ml ein, bringt wie bei Verfahren 5.1.1. (s. S. 1437) auf die untere Kohleelektrode auf und funkt ab.

3.8. Germanium

Arbeitsbereich: Ag, Al, As, Bi, Cd, Co, Cr, In, Fe, Hg, Mn, Ni, P, Sb, Ta, Ti, Tl, V, W, Zn, Zr.

Das Ge wird bei 83° C als $GeCl_4$ verflüchtigt und in der Lösung anschließend die zurückgebliebenen Elemente (außer B) spektrographisch bestimmt.

B: von 0,25 ng Mn, 0,5 ng Ag bzw. Cu, 1 ng Cr, Ni bzw. V, 2,5 ng Al, Fe, Ti bzw. Zr, 5 ng Bi bzw. Co, 10 ng Hg, In, P, Sb, Ta, W bzw. Zn, 20 ng Cd, 50 ng Tl, sowie 100 ng As auf den Elektroden aufwärts. F_r: ±5–10%.

Arbeitsvorschrift [*135*]

Reagentien

HCl (1,19); HNO_3 (1,40);
Mo-Bezugslösung; 10 µg Mo/ml mit $(NH_4)_6Mo_7O_{24} \cdot 4\,H_2O$ hergestellt;
Wachs-Lösung; 0,5%ige Lösung von Apiezon N in Petroläther;

Spektrographische Arbeitsbedingungen

Elektroden: Graphit, 6,35 mm ∅, 19 mm lang, Enden plan und ~ 0,25 mm abgedreht;
Elektrodenabstand: 2 mm;
Anregung: Jaco-Varisource; Hochspannungsfunke 65/12500 V, 0,005 µF, 625 µH, 3 Ω, 840 Entladungen/sec;
Spektrograph: Jarrell-Ash 3,4 m Ebert-Spektrograph, 1. und 2. Ordnung, Spaltbreite 0,030 mm, Spalthöhe 2 mm;
Belichtungszeit: 30 sec;
Photographische Emulsion: Kodak 103-0;
Emulsionskalibrierung: Stufensektor und Fe-Bogenspektrum;
Entwickeln: Kodak D-19, 5 min bei 20° C;
Innerer Standard: Mo;
Analysen-Linienpaare: Fe 2395/Mo 2407; As 2492, Bi 2627, B 2496, Co 2580, Hg 2536, Mn 2576, P 2535, Sb 2598, Ta 2603, W 2489 und Zr 2567/Mo 2564; Tl 2767/Mo 2750; Cr 2835/Mo 2827; Al 3092/Mo 3074; V 3093/Mo 3112; Ag 3283, Cd 3261, Cu 3247, In 3256 und Zn 3345/Mo 3290; Ti 3349/Mo 3384; Ni 3414/Mo 3447.

Eine geeignete Menge Probematerial wird mit HNO_3 und HCl unter gelindem Erwärmen gelöst, die auf 6–8n HCl eingestellte Lösung in eine kleine Quarzdestillationsapparatur übergeführt, das Ge auf dem Wasserbad bei 83–85° C abdestilliert (gegebenenfalls unter Einleiten von CO_2- oder HCl-Gas als Trägergas) und das übergehende $GeCl_4$ in einer Wasservorlage aufgefangen. Nach Zusatz von 1,00 ml Mo-Bezugslösung zu der von der Destillation zurückgebliebenen, in eine Quarzschale übergeführten Lösung wird diese bei möglichst niedriger Temperatur eingeengt und auf 1,00 ml aufgefüllt (s. Abb. 24, S. 121). Nach Abdichten des Graphitelektrodenpaares durch Auftragen und Eintrocknen von je 1 Tropfen Wachs-Lösung auf das Elektrodenende werden von der Probelösung insgesamt 100 µl auf beide Elektroden aufgebracht (50 µl/Elektrode), im bedeckten Zustand unter einem Oberflächenstrahler eingetrocknet und anschließend (innerhalb 30 min) abgefunkt.

Zur Aufstellung der Eichkurven werden Lösungen mit Elementkonzentrationen zwischen 1 ng–10 µg/ml und mit jeweils 10 µg Mo/ml als innerem Standard verwendet.

3.9. Indium

3.9.1. Verfahren I

Arbeitsbereich: Bi, Cd, Cu, Fe, Pb, Tl, Zn.

Nach dem Lösen der Probe wird das In durch Extraktion mit Diisopropyläther aus 5n HBr-Lösung abgetrennt und anschließend die zurückgebliebenen Elemente Cd, Cu und Zn in 6n Ammoniak sowie Bi, Cu und Pb in 0,5m Natriumtartrat-Lösung (pH 4,5) polarographisch bestimmt. Zur Bestimmung von Fe und Tl werden diese mit einer getrennten Einwaage aus der 6n HCl-Probelösung durch Extraktion mit Diisopropyläther isoliert und danach in ammoniakalischer 0,5m Ammoniumtartrat-Lösung polarographiert.

B: von 0,000001% aufwärts. F_r: $\pm \leqq 10\%$.

Arbeitsvorschrift [*136*]

Reagentien

H_2SO_4 (1,84); 7n HCl;
6,6n HBr;
12n Ammoniak, durch Einleiten von Ammoniakgas unter Kühlung hergestellt;
H_2O_2 (30%);
Metol, 1%ige wäßrige Lösung; vor Gebrauch frisch hergestellt;
übrige Reagentien wie bei Verfahren 3.3. (s. S. 1404).

5,0 g unzerkleinertes Probematerial werden in 30 ml 6,6n HBr unter mäßigem Erwärmen in einem Quarzbecherglas im geschlossenen System (s. Abb. 14, S. 110) gelöst, wobei nur bei starker Verunreinigung mit Cu ein kleiner Rückstand verbleibt, der dann mit einem Tropfen H_2O_2 in Lösung gebracht wird. Durch Zusatz von 12 ml 6,6n HBr und 8 ml Wasser stellt man die Lösung auf eine Säurekonzentration von 5n ein und extrahiert dann 6 Std mit 300 ml Diisopropyläther im Perforator (s. Abb. 48, S. 224). Nach beendeter Extraktion wird die Ätherphase sofort durch Absaugen mit einer Capillare und Wasserstrahlpumpe entfernt. Die wäßrige Lösung bringt man in ein 100 ml-Quarzbecherglas, versetzt mit 3 ml $HClO_4$ und verdampft die Säure im geschlossenen System. Der Rückstand muß nach Abrauchen der $HClO_4$ farblos sein, andernfalls wird nochmals mit 2 ml $HClO_4$ abgeraucht. Zur Vermeidung einer Hydrolyse von vorhandenem Bi feuchtet man ihn mit H_2SO_4 (1,84) an und raucht abermals zur Trockene ab.

Bestimmung von Bi, Cu und Pb

Den zuletzt mit H_2SO_4 abgerauchten Rückstand versetzt man mit 0,2 oder 1,0 ml Grundlösung B, löst vollständig durch Rühren mit einem Polyäthylenstäbchen, führt in eine polarographische Mikrozelle über und polarographiert nach Durchleiten von Wasserstoff [Halbstufenpotentiale: Cu(II)/(0) −0,33 V, Bi(III)/(0) −0,58 V, Pb(II)/(0) −0,78 V; s. a. S. 1405).

Bestimmung von Cd, Cu und Zn

Den zuletzt mit $HClO_4$ abgerauchten Rückstand versetzt man mit 0,2 oder 1,0 ml Grundlösung A und fährt zur polarographischen Bestimmung wie vorhin beschrieben (aber mit 6n Ammoniak gesättigtem Wasserstoff) weiter fort [Halbstufenpotentiale: Cu(II)/(0) −0,49 V, Cd(II)/(0) −0,82 V, Zn(II)/(0) −1,49 V; s. a. S. 1404].

Isolierung von Fe und Tl

5 g unzerkleinertes Probematerial werden in 30 ml HCl unter mäßigem Erwärmen in einem Quarzbecherglas im geschlossenen System (s. Abb. 14, S. 110) gelöst, ein evtl. vorhandener geringer Rückstand durch Zusatz von 1 Tropfen H_2O_2 in Lösung gebracht und die Lösung unter Nachspülen mit 15 ml HCl und 5 ml Wasser in einen 150 ml-Schütteltrichter übergeführt (die Lösung ist nun ~ 6n HCl). Man oxydiert Fe und Tl durch Zusatz von 1 Tropfen H_2O_2, extrahiert dann 3mal mit je 20 ml Diisopropyläther 3 min, wäscht den vereinigten Ätherextrakt 2mal mit je 20 ml 6n HCl 3 min, läßt den organischen Extrakt in ein 100 ml-Quarzbecherglas ab und verdampft den Äther unter Oberflächenhitze nach Zusatz von 1 Tropfen Hydrazinsulfat-Lösung im geschlossenen System.

Bestimmung von Fe und Tl

Der Abdampfrückstand wird zur Zerstörung organischer Substanz mit 2 ml $HClO_4$ abgeraucht, der Rückstand zur Reduktion mit 2 Tropfen 6n H_2SO_4 und 1 Tropfen Hydrazinsulfat-Lösung versetzt, gelinde erwärmt und fast zur Trockene gebracht. Nach dem Abkühlen versetzt man den Rückstand mit 1 Tropfen Metol-Lösung sowie 1,0 ml Grundlösung C und fährt zur polarographischen Bestimmung wie vorhin beschrieben weiter fort [Abscheidungspotentiale: Tl(I)/(0) −0,35 V, Fe(II)/(0) −1,40 V].

Aufstellung der Eichkurven

Man verfährt nach der Arbeitsvorschrift, indem man 0,1 g Reinstindium in den vorgeschriebenen Säuremengen löst, zur Lösung abgestufte Mengen (0,2−100 µg) der betreffenden Elemente aus Stammlösungen hinzugefügt und nach der Vorschrift weiterarbeitet.

3.9.2. Verfahren II

Arbeitsbereich: Ag, Cu, Fe, Ga, Ni, Pb, Sn, Zn.

Die Elemente werden nach dem Lösen der Probe ohne vorangehende Isolierung durch Abfunken der auf Graphitelektroden eingetrockneten Probelösung spektrographisch bestimmt.

B: s. Tab. 199. *V:* ±7−14% bei Ag, Ga, Pb und Zn; ±15−20% bei Cu, Fe, Ni und Sn. *Z:* ~ 3 Std für 6 Proben.

Arbeitsvorschrift [*137*]

Reagentien

8n HNO_3;

Stammlösung A: 10 g Reinstindium (99,999%) werden in 20 ml HNO_3 (1,40) gelöst und mit Wasser auf 50 ml aufgefüllt (= 1 g In/5 ml);

Stammlösung B: je 100 mg der Elemente Ag, Cu, Fe, Ga, Ni, Pb und Zn werden in verd. HNO_3 gelöst und mit Wasser auf 500 ml aufgefüllt (= je 0,2 mg Element/ml);
Stammlösung C: 5 ml Stammlösung B werden mit Wasser auf 100 ml verdünnt (= je 0,01 mg Element/ml);
Stammlösung D; 0,01 mg Sn/ml, in verd. HCl;
Stammlösung E; 1 g Bi wird in einem Minimum an 4 n HNO_3 gelöst und mit Wasser auf 100 ml aufgefüllt (= 10 mg Bi/ml).

Spektrographische Arbeitsbedingungen

Elektroden: Graphit (Ultra Carbon); obere: Typ 105-U; untere: Typ 104-L (s. Abb. 38, S. 151);
Elektrodenabstand: 3 mm;
Anregung: Jarrell-Ash varisource unit, Wechselstrombogen, 4800 V, 2,7 Amp.;
Spektrograph: Jarrell-Ash 3,4 m-Ebert-Spektrograph, 15000 Strich/Zoll-Gitter, Spaltbreite 0,020 mm, 3-Stufenfilter (100/25/6%);
Photographische Emulsion: Kodak S. A. 1;
Emulsionskalibrierung: Zweistufen-Vorkurvenmethode (s. S. 147);
Entwickeln: Kodak D-19, 4 min;
Innerer Standard: Bi und In;
Analysen-Linienpaare: s. Tabelle 199.

Tabelle 199. Analysenlinien und Bestimmungsbereich

Element	Bestimmungsbereich %	Linienpaare[1] Element/Innerer Standard
Pb	0,005 —0,1	2802,0 /Bi 2993,3
Pb	0,001 —0,02	2833,1 /Bi 2993,3
Sn	0,005 —0,1	2863,3 /Bi 2993,3
Ag	0,005 —0,1	3382,9 (1)/Bi 2993,3
Ag	0,0005—0,005	3382,9 (2)/Bi 2993,3
Cu	0,005 —0,1	3274,0 (1)/Bi 2993,3
Cu	0,0005—0,005	3274,0 (2)/Bi 2993,3
Zn	0,02 —0,1	3345,6 /Bi 2993,3
Fe	0,01 —0,1	3020,6 (2)/In 2775,3 (2)
Fe	0,002 —0,02	3020,6 /In 2775,3 (2)
Ga	0,01 —0,1	2874,2 (2)/In 2775,3 (2)
Ga	0,002 —0,02	2943,6 /In 2775,3 (2)
Ni	0,005 —0,1	3414,8 (2)/In 2775,3 (2)
Ni	0,001 —0,02	3414,8 /In 2775,3 (2)

[1] Die bei den Elementlinien in ( ) angegebenen Ziffern geben die verwendete Filterstufe an: (1) = 6%, (2) = 25%; die übrigen Elementlinien werden in Filterstufe 100% ausgewertet.

1,0 g Probematerial wird in einem 50 ml-Becherglas mit 5 ml HNO_3 unter langsamem Erhitzen gelöst, nach dem Abkühlen mit Wasser auf 10,0 ml aufgefüllt und 1,0 ml Stammlösung E hinzugefügt. Bei Bedarf kann auch eine kleinere Probeneinwaage verwendet werden, wobei das angegebene Verhältnis von Gewicht zu Volumen und innerem Standard eingehalten werden muß. Eine einzelne Spektralaufnahme läßt sich mit 20 mg Probe + 0,2 mg Bi in einem Volumen von 0,2 ml durchführen. Man steckt die als Probenelektrode dienende untere Graphitelektrode in die Bohrung eines mit mehreren Bohrungen versehenen Elektrodenhalters (s. S. 129), stellt diesen auf eine Heizplatte bei ~ 177° C, erhitzt 10 min, gibt dann von der mit Bi versetzten Probelösung 1 Tropfen (~ 0,1 ml) auf die Elektrode, läßt nahezu eintrocknen, um dann erneut 1 Tropfen Lösung aufzubringen. Nach dem Eintrocknen wird über der Elektrode ein Infrarotstrahler angebracht, das Eintrocknen der aufgebrachten Probe vervollständigt und die Elektrode dann unmittelbar abgefunkt.

Zur Aufstellung der Eichkurven werden Mischungen mit Hilfe der Stammlösungen A, B, C und D hergestellt, die gemäß der Arbeitsvorschrift jeweils 1 g In/10 ml enthalten und auf 10 ml Lösung mit jeweils 1,0 ml Stammlösung E versetzt sind. In der Originalarbeit fanden für den Bestimmungsbereich von 0,0005–0,1% insgesamt 10 Mischungen Anwendung.

3.10. Molybdän

3.10.1. Verfahren I

Arbeitsbereich: s. Tab. 200.

Das Probematerial wird direkt abgefunkt, wobei Mo in schwerflüchtiges Carbid übergeführt und die Verdampfung der Spurenelemente durch zugesetztes AgCl und Ga_2O_3 als Verdampfungshilfen (s. S. 150) verbessert wird.

B: s. Tab. 200. V_m: ± 13%.

Arbeitsvorschrift [*138*]

Spektrographische Arbeitsbedingungen

Elektroden: Graphit; obere: Typ ASTM C-1; untere: Probenelektrode, Typ ASTM S-3 auf S-1, als Anode (s. Abb. 38, S. 151); Atmosphäre: Ar, 3,8 l/min.
Elektrodenabstand: 4 mm.
Anregung: Gleichstrombogen, 20 sec bei 5 Amp, dann 40 sec bei 10 Amp.
Spektrograph: Gitterspektrograph mit 5 Å/min, Spaltbreite 0,015 mm.
Belichtungszeit: 60 sec.
Photographische Emulsion: Kodak S.A. 1.
Innerer Standard: Y.
Analysen-Linienpaare: s. Tab. 200, weiterhin Co 3474,0/Y 3621,0, Cr 3021,6/Y 3203,3, Mn 2801,1/Y 3203,3, Nb 4100,9/Y 4047,6, Ti 3322,9/Y 3621,0, V 3184,0/Y 3203,3, Zr 3438,2/Y 3621,0.

Tabelle 200. Analysenlinien und Nachweisgrenzen L_D

Analysenlinie	L_D, ppm	Analysenlinie	L_D, ppm
Al 3944,0	< 1	Nb 4058,9	1
B 2497,7	2	Ni 3414,8	1
Be 3030,4	0,3	Pb 4057,8	3
Bi 3067,7	< 1	Sb 2598,1	10
Ca 4226,7	< 1	Si 2516,1	< 3
Cd 3261,7	4	Sn 3262,3	3
Co 3453,5	1	Sr 4077,7	1
Cr 4254,3	1	Ta 3012,5	10
Cu 3274,0	< 1	Ti 3361,2	< 1
Fe 2599,4	1	V 3184,0	1
Hf 3399,8	3	Zn 3302,5	10
Mg 2852,1	< 1	Zr 3438,2	1
Mn 2576,1	1		

Pulverförmiges Material wird durch Erhitzen auf 650° C in MoO_3 übergeführt. Stückiges Material löst man zuerst in einer Quarzschale mit 10n HNO_3, dampft zur Trockene ein und glüht dann ebenfalls 2 Std bei 650° C. Das erhaltene MoO_3 wird mit Graphitpulver [bei quantitativen Analysen enthält das Graphitpulver 10 ppm Y(als

Y_2O_3 zugesetzt)] im Verhältnis 1:1 gemischt und das Gemisch schichtweise mit Graphitpulver (ohne Y), AgCl und Ga_2O_3 nach der in Abb. 255 gezeigten Anordnung in die Elektrode gestopft und abgefunkt. Die Auswertung erfolgt teils halbquantitativ durch visuellen Vergleich mit Testspektren, teils quantitativ mit Y als Bezugselement. Für die Aufstellung der Eichkurven werden Oxydgemische verwendet.

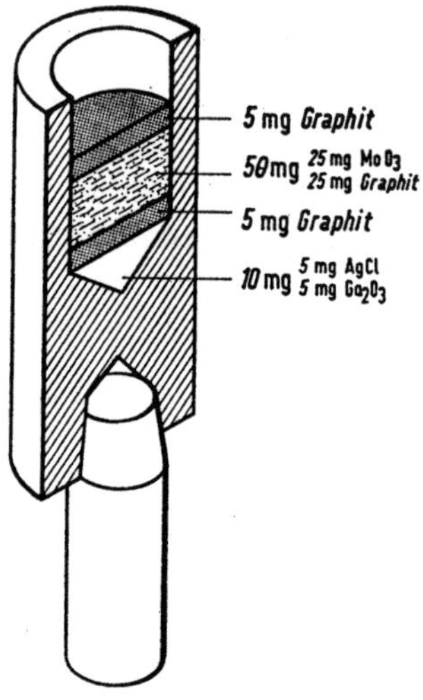

Abb. 255. Füllung der Probenelektrode [*138*]

3.10.2. Verfahren II

Arbeitsbereich: Co, Cu, Fe, Mn, Ni, Zn.

Die Spurenelemente werden mit PAN ausgefällt und röntgenspektrometrisch bestimmt.

B: ≧ 1 ppm Co, Cu, Zn, ≧ 0,5 ppm Mn, Ni, ≧ 2 ppm Fe. F_r: ± 10%.

Arbeitsvorschrift [*139*]

Reagentien

HNO_3 (1,40); HCl (1,19); HF (40%); $KNaCO_3$.
PAN, 0,1%ig in 80 Vol.-%igem Äthanol (oder Methanol).
Pufferlösung (pH 10); 570 ml Ammoniak (0,91) + 70 g NH_4Cl mit Wasser auf 1 l aufgefüllt.
Waschlösung; 100 ml Pufferlösung mit Wasser auf 1 l aufgefüllt.

Meßbedingungen

Au-Röhre, 50 kV, 20 mA; LiF-Kristall; Linien: jeweils Kα-Linien; Szintillationszähler : 900 V; Abschwächungsfaktor: 32; Meßzeit: 32 sec.

Das mit einer Trennscheibe zerkleinerte Material befreit man von oberflächlichen Verunreinigungen durch Beizen (1 min) mit HF/HNO_3 (10:1), spült dann zuerst mit Wasser, danach mit Äthanol und trocknet. 1,0 g des so behandelten Probematerials löst man in einem Platintiegel mit 0,8 ml HF und 2,0 ml HNO_3, dampft zur Trockene ein und schließt mit 4,0 g $KNaCO_3$ 15 min auf. Die erkaltete Schmelze wird in wenig Wasser gelöst, in ein 100 ml-Becherglas übergeführt, der Tiegel mit 2,0 ml HCl gereinigt, die Säure unter Nachwaschen mit etwas Wasser ebenfalls in das Becherglas gegeben und weitere 2,0 ml HCl hinzugefügt. Nun versetzt man mit 10,0 ml PAN-Lösung, erhitzt

3 min zum Sieden, kühlt etwas ab, fügt 5 ml Pufferlösung hinzu, kocht kurz auf und läßt abkühlen. Der Niederschlag wird durch ein Weißbandfilter (oder Membranfilter) geeigneten Durchmessers (z. B. ~ 34 mm ⌀) abfiltriert (s. S. 160), 7–8mal mit ~ 5 ml kalter Waschlösung gewaschen, bei 50° C getrocknet, in den Probenhalter eingesetzt und in das Röntgenspektrometer eingebracht. Ein Blindwert wird abgezogen.

Zur Aufstellung der Eichkurven legt man 0–60 µg der einzelnen Elemente in abgestuften Mengen in ~ 50 ml Wasser vor und fährt mit der Fällung und Messung nach der Arbeitsvorschrift fort.

3.11. Natrium

3.11.1. Verfahren I

Arbeitsbereich: Ba, Ca.

Ba und Ca werden durch Spurenfällung mit N-Hydroxynaphthalimid und Sr als Spurenfänger angereichert und im Niederschlag röntgenspektrometrisch bestimmt.

B: ≧ 0,25 ppm Ba, ≧ 0,5 ppm Ca. F_r: ±2,5% bei 2,5 ppm Ba bzw. ±4,5% bei 2,5 ppm Ca.

Arbeitsvorschrift [*140*]

Reagentien

HCl (1,19); Ammoniak (0,91).
N-Hydroxy-naphthalimid, 0,5%ige wäßrige Lösung.
Sr-Lösung (100 µg Sr/ml).
Pufferlösung; 13,8 g NH_4Cl werden mit Wasser gelöst, 88 ml Ammoniak (0,91) hinzugefügt und mit Wasser auf 250 ml verdünnt.
Waschlösung; 1 Teil Pufferlösung + 9 Teile Wasser.
Methanol.

Meßbedingungen

Wie bei Verfahren G. 1., Abschnitt „Calcium" (s. S. 564), zusätzlich die BaLα-Linie 87,13°.

4,0 g Probematerial wird in einer Platinschale mit 30 ml Methanol und 10–20 ml Wasser gelöst, mit 20 ml HCl versetzt, zur Trockene eingedampft, der Rückstand mit Wasser gelöst, in ein Quarzbecherglas übergeführt und mit Wasser auf ~ 50 ml verdünnt. Zur Lösung fügt man 5 ml Sr-Lösung, neutralisiert mit Ammoniak gegen Methylorange, versetzt mit 7 ml Pufferlösung, stellt das Becherglas auf eine Heizplatte, fügt 10 ml N-Hydroxy-naphthalimid-Lösung hinzu, kocht auf und läßt abkühlen. Der Niederschlag wird mit einem Membranfilter[1] (SM 12801, 25 mm ⌀) abfiltriert, 3mal mit Waschlösung kurz gewaschen und das Membranfilter auf einem Filterpapier (mit einem Uhrglas abgedeckt) an der Luft getrocknet. Man legt das lufttrockene Membranfilter in den Probenhalter ein (bei Bedarf klebt man das Filter mit Silikonfett auf eine Spectrosil-Quarzglasscheibe), bringt den Probenhalter in das Röntgenspektrometer ein und führt die Messung durch.

3.11.2. Verfahren II

Arbeitsbereich: Co, Cr, Fe, Mn und Ni quantitativ, andere Elemente (s. unten) halbquantitativ.

Die Elemente werden mit $La(OH)_3$ als Spurenfänger ausgefällt und spektrographisch bestimmt (die oben angeführten Elemente Co-Ni quantitativ, die übrigen Elemente halbquantitativ). Die Bestimmung kann gestört werden: bei Cr durch die ≧ 10fache Menge Re, bei Fe die gleiche Menge Hf, Lu und die ≧ 10fache Menge Cr, Ru, Zr, bei In

---

[1] Sartorius Membranfilter GmbH, Göttingen.

durch die gleiche Menge Ge, bei Co durch die $\geqq$ 10fache Menge U, W, bei Ni durch die $\geqq$ 10fache Menge Hf und Tm.

B: $\geqq$ 0,01 ppm Mn, $\geqq$ 0,1 ppm In, Mg, $\geqq$ 0,2 ppm Ag, Al, Au, Be, Co, Cu, Ga, Ni, Ti, $\geqq$ 0,3 ppm Cr, $\geqq$ 0,5 ppm Fe, Mo, Rh, Sn, V, Y, $\geqq$ 1 ppm Pb, Ru, Sc, Si, $\geqq$ 2 ppm Ca, Sb, Tl, $\geqq$ 5 ppm Bi, Cd, Nb, Zn, $\geqq$ 10 ppm As, Zr, $\geqq$ 20 ppm P, W. F_{rm}: $\pm 13\%$.

Arbeitsvorschrift [*141*]

Reagentien

HCl (1,19); 6n HCl; 6n NaOH; Methanol.
In/La-Lösung (5 ppm In, 100 g La/l); In_2O_3 und La_2O_3 werden in HCl und Wasser gelöst.
Apiezon L, 1%ig in Petroläther.

Spektrographische Arbeitsbedingungen

Elektroden: Graphit (National Carbon); obere: Typ SP 9006; untere: Probenelektrode, Typ 9036, als Anode, mit Apiezon-Lösung abgedichtet.
Elektrodenabstand: 3 mm.
Anregung: Gleichstrombogen, 11 Amp.
Spektrograph: Bausch und Lomb, Littrow.
Belichtungszeit: 30 sec.
Photographische Emulsion: Kodak S.A. 1.
Innerer Standard: In.
Analysen-Linienpaare: Co 3044,0, Cr 2843,3, Fe 3020,6, Mn 2605,7, Ni 3050,8, alle Linien mit In 3039,4 als Bezugslinie.

Das Probematerial wird mit Methanol gelöst, mit HCl neutralisiert und durch Erhitzen die Hauptmenge an Methanol vertrieben. Einen aliquoten Teil der Lösung von 10,0 ml (1 g Na enthaltend) führt man in ein Polypropylenzentrifugenrohr über, in dem 100,0 µl In/La-Lösung vorgelegt sind, fällt die Elemente mit NaOH aus (Farbumschlag von m-Kresolpurpur nach Purpur), trennt den Niederschlag durch Zentrifugieren und Dekantieren ab, löst den Niederschlag in HCl, wiederholt die Fällung und löst den Niederschlag in 1,00 ml 6n HCl. Von der Lösung werden 100,0 µl auf die abgedichtete Elektrode gegeben und abgefunkt.

3.11.3. Verfahren III

Arbeits- und Bestimmungsbereich entsprechen jenen von Verfahren 5.4. (s. S. 1440). Man löst das Probematerial wie bei Verfahren 3.11.1. oder 3.11.2. (s. S. 1417f.) und fährt mit der Anreicherung und spektrographischen Bestimmung der Spurenelemente nach Verfahren 5.4. (s. S. 1440) fort.

3.12. Nickel

Arbeitsbereich: Al, Co, Cr, Cu, Fe, Mg, Mn, Pb, Si, Sn, Ti, Zn.

Zur spektrographischen Bestimmung der Elemente wird das Probematerial ohne chemische Vorbehandlung unmittelbar in einer Argon- bzw. Stickstoffatmosphäre abgefunkt.

B: s. Tab. 201. *V:* ± 12–20%.

Arbeitsvorschrift [*142*]

Spektrographische Arbeitsbedingungen

Elektroden: (Ultra-Carbon); obere: Graphit Typ 5770; untere: Probenelektrode, Kohle Typ C-423, als Anode; Atmosphäre: jeweils Spülzeit 3 min, und Strömungsgeschwindigkeit 600 ml/min, Argon bei der Bestimmung von Mg, Mn, Pb und Zn, gereinigter Stickstoff bei der Bestimmung von Al, Co, Cr, Cu, Fe, Si, Sn und Ti, in einer Schutzgas-Glaskammer (7,8 cm hoch, 11,5 cm Ø) mit Quarzfenster;
Elektrodenabstand: 3 mm;

Anregung: Jarrell-Ash varisource unit, Gleichstrombogen, 14 Amp.
Spektrograph: Jarrell-Ash 3,4 m-Ebert-Spektrograph, 15000 Strich/Zoll-Gitter, 1. Ordnung, Spaltbreite 0,015 mm, rotierender Stufensektor (1:2); die ersten 2 mm des Bogen über der Anode werden ausgeblendet und abgebildet;
Auswertung: Jarrell-Ash console microphotometer;
Belichtungszeit: 10 sec;
Photographische Emulsion: Kodak 103-0; Entwickeln: Kodak D-19, 3 min bei 20° C; Fixieren: saures Fixier-Härter-Bad, 10 min bei 20° C; Wässern: 10 min in fließendem Wasser;
Innerer Standard: Ni;
Analysen-Linienpaare: s. Tabelle 201.

Tabelle 201. Analysenlinien und Bestimmungsbereich

Element	Bestimmungsbereich, %	Analysenlinie[1]
Al	0,0001 —0,01	3092,7
Co	0,0003 —0,01	3405,1
Cr	0,0002 —0,002	4254,4
Cu	0,00004—0,001	3274,0
Fe	0,003 —0,01	3020,6
Mg	0,00003—0,003	2779,8
Mn	0,00003—0,003	2576,1
Pb	0,00003—0,003	2883,1
Si	0,002 —0,01	2881,6
Sn	0,0001 —0,003	3175,0
Ti	0,001 —0,01	3349,4
Zn	0,00002—0,001	3345,0

[1] Für Cr die Linie Ni 4244, für alle übrigen Elemente Ni 2881,3 als inneren Standard verwendet.

Das Probematerial wird in Form von Pulver oder Spänen in die Elektrode gestopft (etwa $^3/_4$ gefüllt) und nach den angegebenen Arbeitsbedingungen abgefunkt.

Zur Herstellung der Standardproben wurde Mond Carbonylnickel-Pulver [Körnung 0,006–0,009 mm; Verunreinigungen (in μg/g): Al (1,6), Co (<3), Cr (2,0), Cu (0,4), Fe (26), Mg (<0,3), Mn (0,2), Pb (<0,1), Si (19), Sn (<1,0), Ti (<10), Zn (0,2)] mit abgestuften Mengen der Elemente gemischt. Hierzu diente ein Stammgemisch der Oxyde der Elemente (außer Si) und von metallischem Si-Pulver; jedes der Elemente war mit einem Gehalt von 0,57% darin enthalten. Die gewünschten Gehalte wurden durch stufenweises Verdünnen der Pulver in einer Mischmaschine mit Glasmischbehältern durchgeführt.

3.13. Antimon

Arbeitsbereich: Summe von Ag, Au, Cd, Co, Cu, Fe, Hg, Mn, Ni, Pb, Pt, Zn.

Aus der gelösten Probe wird durch extraktive Titration mit Dz/CCl_4 bei pH 7,5 die Summe der mit Dz reagierenden Metalle ermittelt. Von den Dz-Metallen werden unter den Arbeitsbedingungen Bi, Pd, Sn und Tl nicht erfaßt. Die Bestimmbarkeit von In wurde nicht überprüft.

B: 0,000001–0,00001%. F_r: ±20–30%.

Arbeitsvorschrift [*143*]

Reagentien

Brom;
Ammoniakgas; man entnimmt es aus einer Stahlflasche, leitet zuerst durch 3 hintereinander geschaltete Waschflaschen mit 5%iger ÄDTA-Lösung (mit Ammoniakgas gesättigt) und dann in die Probelösung nach Bedarf;

Kaliumnatriumtartrat, gesättigte wäßrige Lösung; vor Gebrauch zuerst mit Dz-Waschlösung und dann mit verdünnter Dz-Lösung gereinigt;

Dz-Waschlösung, 0,02%ig in CCl_4; 100 ml Lösung werden 4mal mit je 50 ml Ammoniak [1 + 199, mit Ammoniak (0,96) hergestellt] geschüttelt, der vereinigte wäßrige Auszug filtriert, mit 100 ml CCl_4 unterschichtet, mit 1 ml HCl (1,12) angesäuert und sofort geschüttelt. Die so erhaltene CCl_4-Lösung wäscht man mehrmals mit Wasser und filtriert sie zuletzt;

Verdünnte Dz-Lösung; 1 Teil Dz-Waschlösung mit 9 Teilen CCl_4 verdünnen;

CCl_4.

30 ml Kaliumnatriumtartrat-Lösung werden mit Ammoniak-Gas auf pH 7,5 eingestellt und im Schütteltrichter mit Dz-Waschlösung und verdünnter Dz-Lösung metallfrei geschüttelt, so daß zuletzt 0,2 ml verdünnter Dz-Lösung nach dem Schütteln keine Verfärbung mehr ergeben. Mit der so gereinigten Kaliumnatriumtartrat-Lösung wird die Reinheit des zur Analyse dienenden Quarz-Erlenmeyerkolbens geprüft, indem man ihn mit der Lösung ausspült, diese in den Schütteltrichter zurückgibt und dort mit 0,2 ml verdünnter Dz-Lösung abermals schüttelt. Bleibt diese grün, so ist der Kolben genügend gereinigt, andernfalls müssen Reinigung und Kontrolle wiederholt werden.

Nun wird 1 g pulverisiertes Probematerial im gereinigten Quarz-Erlenmeyerkolben mit 2 ml Brom (tropfenweise zugesetzt) gelöst, der Lösungsvorgang bei Bedarf durch gelindes Erwärmen beschleunigt, die 30 ml gereinigte Kaliumnatriumtartrat-Lösung zugegeben und der Br_2-Überschuß durch Erwärmen verjagt. Danach leitet man mittels eines Quarzeinleitungsrohres Ammoniak-Gas bis zu einem bleibenden schwachen Ammoniak-Geruch ein (die Lösung soll jetzt pH 7,5 aufweisen) und führt nach dem Abkühlen in einen Schütteltrichter über. Die Lösung wird mit 0,5 ml verdünnter Dz-Lösung 1 min extrahiert und nach der Phasentrennung die Extraktion je nach der Verfärbung, die der erste Extrakt gezeigt hat, mit kleineren Anteilen (z. B. 0,2 ml) verdünnter Dz-Lösung wiederholt, bis der letzte Extrakt praktisch keine Verfärbung mehr aufweist. Man notiert das Gesamtvolumen an verbrauchter verdünnter Dz-Lösung (*a* ml), fügt zur Feststellung der Reaktionsempfindlichkeit eine gemessene Metallmenge (z. B. 0,3 μg Zn) hinzu und wiederholt die Extraktion bis zur bleibenden Grünfärbung (*b* ml Verbrauch für vorgelegtes Zn). Daneben wird ein Reagentienblindwert durchgeführt (*c* ml verbrauchte Dz-Lösung). Aus den 3 Werten für verbrauchte Volumina Dz-Lösung berechnet man den Fremdmetallgehalt der Antimonprobe wie folgt:

$$\frac{0{,}3\,(a-c)}{b\cdot 10000} = \%\ \text{Fremdmetall, ausgedrückt als Zn.}$$

3.14. Selen

Arbeitsbereich: s. Tab. 202.

Tabelle 202. Die bei der Extraktion mit Oxin-Dz/$CHCl_3$ erfaßbaren Elemente [*144*]

H																	He
Li	Be											B	C	N	O	F	Ne
Na	Mg											Al	Si	P	S	Cl	Ar
K	Ca	Sc	Ti	V	Cr	Mn	Fe	Co	Ni	Cu	Zn	Ga	Ge	As	Se	Br	Kr
Rb	Sr	Y	Zr	Nb	Mo	Tc	Ru	Rh	Pd	Ag	Cd	In	Sn	Sb	Te	I	Xe
Cs	Ba	La	Hf	Ta	W	Re	Os	Ir	Pt	Au	Hg	Tl	Pb	Bi	Po	At	Rn
Fr	Ra	Ac	Th	Pa	U												

Die Spurenelemente werden durch Extraktion mit Oxin-Dz/$CHCl_3$ angereichert und anschließend spektrographisch bestimmt. Durch Variation der Analysenbedingungen kann das Verfahren noch empfindlicher gestaltet und erweitert werden (s. Verfahren b und c).

B: von 0,00001% aufwärts nach Verfahren a; von 0,000001% aufwärts nach Verfahren b und c. F_r: ±10–20%.

Arbeitsvorschrift [*144*]

Reagentien

Wie bei Verfahren 1.1. (s. S. 1380);
H_2SO_4 (1,84); H_2SO_4 (1 + 1);
Spektrographische Arbeitsbedingungen: wie bei Verfahren 1.1

Verfahren a

1,0 g zerkleinertes Probematerial wird in einer Quarzschale mit Ausguß auf dem siedenden Wasserbad in Königswasser gelöst und abgeraucht. Den Trockenrückstand nimmt man mit HCl (1,19) und Wasser auf und führt die Lösung in einen Schütteltrichter über. Mit 6n Ammoniak stellt man auf pH 3,0 ein und extrahiert etwa 4mal mit je 10 ml Oxin- und Dz-Lösung, danach 1mal mit 20 ml Oxin-Lösung, bis die $CHCl_3$-Phase grün bleibt. Bei pH 5,0 wird der Vorgang wiederholt. Dann werden 10 ml Ammoniumtartrat-Lösung hinzugefügt und etwa 3mal bei pH 7,0 und 2mal bei pH 9,0 extrahiert. Mit dem Abdestillieren des $CHCl_3$ aus dem gesammelten organischen Extrakt, dem Zusatz von Be als Bezugselement, der Veraschung des organischen Rückstandes und der spektrographischen Bestimmung fährt man wie bei Verfahren 3.1. (s. S. 1402) fort.

Verfahren b

Durch Verwendung einer Einwaage von 10 g läßt sich der Bestimmungsbereich um eine Zehnerpotenz erweitern. Eine andere Möglichkeit zur Erfassung von Gehalten bis herab zu 0,000001% besteht in der Verbindung der Arbeitsweise unter Verfahren a und der spektrographischen Bestimmung mit abgedichteten Graphitelektroden unter den spektrographischen Arbeitsbedingungen von Verfahren 3.6.1. (s. S. 1408) bzw. Verfahren 3.8. (s. S. 1411).

Verfahren c

Schließlich läßt sich der Arbeitsaufwand von Verfahren a und b verringern und die Bestimmung auch auf nach Tab. 202 nicht erfaßbare Elemente erweitern, indem man die Hauptmenge an Se von den meisten Spurenelementen durch Verflüchtigung abtrennt. Hierzu löst man 1–10 g Probematerial in 10–30 ml HNO_3 (1,40), versetzt nach dem Aufkochen mit 10–40 ml H_2SO_4 (1 + 1), raucht fast zur Trockene ab, nimmt mit Wasser auf und raucht mit weiteren 10–20 ml H_2SO_4 (1,84) erneut ab. Der Rückstand wird mit wenig heißer HCl (1 + 1) aufgenommen, die Lösung auf ein kleines Volumen eingeengt und anschließend unter den spektrographischen Arbeitsbedingungen von Verfahren 3.6.1. bzw. 3.8. analysiert.

3.15. Silicium

3.15.1. Verfahren I

Arbeitsbereich: Bi, Cd, Cu, Fe, In, Ni, Pb, Tl, Zn.

Nach dem Abtrennen des Si durch Verflüchtigung mit HF/HNO_3/$HClO_4$ werden Fe und Tl wie bei Verfahren 3.9.1. (s. S. 1412) isoliert und polarographisch bestimmt. Aus zwei getrennten Einwaagen erfolgt die Bestimmung der Elemente Bi, Cd, Cu, In, Ni, Pb und Zn ebenfalls wie bei Verfahren 3.9.1. auf polarographischem Wege.

B: von 0,000001% aufwärts. F_r: $\pm < 5\%$ bei $\geqq 0{,}0001\%$; $\pm < 10\%$ bei 0,0001 bis 0,000001% Fe, In, Ni, Pb und Zn; $\pm$ 10–20% bei 0,0001–0,000001% Bi, Cd, Cu und Tl. *Z:* 7–8 Std für mehrere Parallelproben.

Arbeitsvorschrift [*145*]

Reagentien

HNO_3 (1,40); HF (40%);
Methanol, über fester NaOH destilliert;
Aluminiumfolie;
übrige Reagentien wie bei Verfahren 3.3. (s. S. 1404) und 3.9.1. (s. S. 1412).

Etwa 5 g Probe werden zwischen zwei gereinigten Teflonplatten durch einen Hammerschlag in mehrere Stücke zerschlagen (s. a. S. 178), oberflächliche Verunreinigungen durch zweimaliges Abätzen der Bruchstücke in einem Teflonbecher mit HNO_3/HF-Gemisch (1 + 1) entfernt, mit Wasser und Methanol nachgespült und getrocknet.

1,0 g des getrockneten Probematerials versetzt man in einem 50 ml-Platintiegel mit 0,5 ml $HClO_4$ sowie 5–7 ml HNO_3, erhitzt im bedeckten Zustand auf 90–100° C und fügt dann tropfenweise 15 ml HF hinzu. Nach Beendigung der Reaktion wird der Platindeckel abgenommen, auf 150° C erhitzt und zur Trockene abgeraucht. Den Trockenrückstand führt man unter Nachspülen mit 5mal je 0,2 ml 7n HCl in einen Quarzspitzbecher über, fügt zur Oxydation des Fe 1 Tropfen H_2O_2 hinzu, erwärmt kurz über einer Mikroflamme und extrahiert nach vollständigem Abkühlen 3 min mit 1 ml Diisopropyläther. Nach der Phasentrennung wird der Äther mittels Capillare und Absaugglocke (s. Abb. 18, S. 115) in einen zweiten Quarzspitzbecher abgesaugt und die Extraktion noch 2mal wiederholt. Die HCl-Phase im ersten, sowie die vereinigte Ätherphase im zweiten Spitzbecher dampft man im geschlossenen System (s. Abb. 14, S. 110) zur Trockene ein, versetzt die Rückstände zur Zerstörung organischer Substanz jeweils mit 1 Tropfen 6n H_2SO_4 und 0,2 ml $HClO_4$, erhitzt auf 200° C bis zum Verschwinden der $HClO_4$-Nebel und raucht dann zur Trockene ab.

Bestimmung von Cd, Cu, Ni und Zn

Im Trockenrückstand der HCl-Phase führt man die polarographische Bestimmung nach Verfahren 3.3. (s. S. 1404) durch.

Bestimmung von Bi, In, Pb und Zn

Im Trockenrückstand der nach der Ätherextraktion verbliebenen HCl-Phase einer Paralleleinwaage führt man die Bestimmung nach Verfahren 3.3. (Bestimmung von Bi und Pb) durch [Abscheidungspotentiale: In(III)/(0) –0,82 V, Zn(II)/(0) –1,49 V].

Bestimmung von Fe und Tl

Den Trockenrückstand der Ätherphase befeuchtet man mit 3 Tropfen 6n H_2SO_4 sowie 1 Tropfen Hydrazinsulfat-Lösung, erwärmt gelinde, bringt im geschlossenen System zur Trockene, versetzt den Rückstand mit einem Stückchen (~ 2 mm^2) Aluminiumfolie, nimmt mit 0,2 ml Grundlösung C auf, führt in eine polarographische Mikrozelle über, leitet Wasserstoff ein und polarographiert (Potentiale s. S. 1413).

Die Aufstellung der Eichkurven erfolgt nach der Arbeitsvorschrift unter Verwendung von jeweils 100 mg sehr reinen Siliciums und der in der Vorschrift angegebenen Reagensmengen und Zusatz abgestufter Elementmengen (0,1–50 μg).

3.15.2. Verfahren II

1–10 g Probematerial werden in einem Teflonbecher mit HF und HNO_3 gelöst, nach Zusatz von Graphitpulver, 2 Tropfen H_2SO_4, In-Lösung und 0,5 ml Mannitollösung nach Verfahren 5.1.2. (s. S. 1439) eingedampft und der Emissionsspektralanalyse unterzogen.

Wahlweise kann die Analyse nach Verfahren 3.8. (s. S. 1411) durchgeführt werden: nach dem Lösen des Probematerials mit HF/HNO_3 fügt man 1,00 ml Mo-Bezugslösung hinzu, dampft fast zur Trockene ein, füllt mit verdünnter HCl auf 1,00 ml auf und fährt mit der Spektralanalyse nach Verfahren 3.8. fort.

3.16. Tantal

Arbeitsbereich: Mo, W.

Nach dem Lösen der Probe wird Mo (V) in Anwesenheit von $SnCl_2$ aus 4 n HCl-Lösung mit Dithiol/Amylacetat extrahiert und anschließend W (V) in Anwesenheit von Ti (III) aus 10–11 n HCl-Lösung ebenfalls mit Dithiol/Amylacetat ausgeschüttelt und beide Elemente in der jeweiligen organischen Phase photometrisch bestimmt.

B: 0,0003–0,01% Mo und darüber; 0,0005–0,02% W und darüber. F_r: ±3–5%.
Z: $2^1/_2$–3 Std für 6 Bestimmungen.

Arbeitsvorschrift [*146*]

Reagentien

HNO_3 (1,40); H_2SO_4 (1,84); HF (40%);
HCl (1,19); HCl (4 + 1); HCl (1 + 1); HCl (1 + 2);
$SnCl_2$-Lösung; 20 g $SnCl_2 \cdot 2\,H_2O$ werden in 50 ml HCl (1,19) gelöst und mit Wasser auf 100 ml aufgefüllt;
Dithiol, 0,5%ig in Amylacetat; vor Gebrauch frisch hergestellt;
Amylacetat;
Titanschwamm.

Bis zu 1 g Probematerial (≦ 200 μg W enthaltend) wird in einer 50 ml-Platinschale mit 5 ml HF und tropfenweise mit HNO_3 versetzt, bis eine klare Lösung vorliegt, 3 ml H_2SO_4 zugegeben und bei mäßiger Hitze langsam bis gerade zum Auftreten eines weißen Niederschlages eingedampft. Man kühlt ab und fügt 5 Tropfen (~ 0,2 ml) HF hinzu. Die Lösung wird unter Nachspülen mit 15 ml HCl (1 + 2) in einen 125 ml-Erlenmeyerkolben mit Schliffstopfen übergeführt, auf 20° C abgekühlt, 3 ml $SnCl_2$-Lösung sowie 10 ml Dithiol-Lösung hinzugefügt und 10 min geschüttelt. Danach führt man die Lösung unter Nachspülen mit 2mal 3–5 ml Amylacetat in einen Schütteltrichter über, läßt die Säurephase nach der Phasentrennung in den ursprünglichen Erlenmeyerkolben ab, wäscht den organischen Extrakt 2mal mit je 2–3 ml HCl (1 + 1) nach und läßt die Waschlösungen ebenfalls in den Erlenmeyerkolben ab. Der organische Extrakt wird in einem 25 ml-Meßkolben mit Amylacetat zur Marke aufgefüllt und in einer 1 cm-Küvette bei 685 nm gegen den Blindwert photometriert.

Zur Bestimmung des W fügt man nun zu der im Erlenmeyerkolben von der Mo-Extraktion verbliebenen Lösung 25 ml HCl (1,19) und 0,2 g Titanschwamm. Die Lösung wird gelinde erhitzt, bis eine Purpurfärbung die Anwesenheit von Ti (III) anzeigt, nach Zusatz von 10 ml Dithiollösung 20 min im Wasserbad bei 80–90° C unter gelegentlichem Umschwenken erhitzt und dann abgekühlt. Überführen der Lösung in den Schütteltrichter und Trennen der Phasen erfolgen wie bei Mo; danach wäscht man den organischen Extrakt 2mal mit je 3–6 ml HCl (4 + 1), verwirft die Waschlösungen, füllt die organische Phase (falls getrübt unter Filtrieren) in einem 25 ml-Meßkolben mit Amylacetat zur Marke auf und photometriert in einer 1 cm-Küvette bei 640 nm gegen Amylacetat.

3.17. Titan

3.17.1. Verfahren I

Arbeitsbereich: wie bei Verfahren 3.1. (s. S. 1402).

Bei der nachfolgenden Arbeitsvorschrift [*147*] sind Arbeitsweise, Bestimmungsbereich und relativer Fehler dieselben wie bei Verfahren 3.1. (s. S. 1402).

Arbeitsvorschrift [*147*]

Reagentien

Wie bei Verfahren 3.1.;

Spektrographische Arbeitsbedingungen: wie bei Verfahren 3.1.

1,0 g Probematerial wird in einer Quarzschale mit HCl (1,19) auf dem siedenden Wasserbad gelöst. Dabei ist darauf zu achten, daß die Lösung keinesfalls zu stark eingeengt wird, da sonst unlösliche Titansäure ausfällt und so zu einem Spurenelementverlust führt. Andernfalls muß die Probe verworfen und von einer neuen Einwaage ausgegangen werden. Die gelöste Probe wird unter Nachspülen mit 6n HCl und Wasser in einen Schütteltrichter übergeführt, mit 95 ml Ammoniumtartrat-Lösung versetzt und mit 6n Ammoniak auf pH 3,0 eingestellt. Man verfährt dann mit der Extraktion mit Carbamat- und Dz-Lösung bei pH 3, 5, 7 und 9 wie bei Verfahren 3.1. (s. S. 1402), wobei jedoch vor dem Einstellen auf pH 5 keine Ammoniumtartrat-Lösung mehr zugegeben wird. Anschließend werden die Verarbeitung des organischen Extraktes und die spektrographische Bestimmung mit Be als Bezugselement unter Anwendung eines Endvolumens von 200, 100 oder 40 µl wie bei Verfahren 3.1. durchgeführt.

3.17.2. Verfahren II

Arbeitsbereich: Mo, W.

Arbeitsweise, Bestimmungsbereich und relativer Fehler sind dieselben wie bei Verfahren 3.16. (s. S. 1423).

Arbeitsvorschrift [*146*]

Reagentien

Wie bei Verfahren 3.16.

Bis zu 1 g Probematerial ($\leqq$ 200 µg W enthaltend) wird in einer 50 ml-Platinschale mit 5 ml Wasser und dann tropfenweise mit HF und HNO_3 versetzt, bis eine klare Lösung vorliegt. Man fügt 3 ml H_2SO_4 hinzu, dampft mit mäßiger Hitze bis zum ersten Auftreten schwacher SO_3-Dämpfe ein, versetzt nach dem Abkühlen mit 5 Tropfen (~ 0,2 ml) HF und fährt mit der Bestimmung von Mo und W wie bei Verfahren 3.16. (s. S. 1423) fort.

3.18. Uran

Arbeitsbereich: Dy, Eu, Gd, Sm.

U wird durch Extraktion mit TBP abgetrennt und die S.E. anschließend spektrographisch bestimmt.

B: s. Tab. 203. F_r: $\pm$5–25%.

Arbeitsvorschrift [*148*]

Reagentien

HNO_3 (1,40); HCl (1,19); 0,4n HCl; $HClO_4$ (70%);

Ammoniak (0,91).
TBP; TBP/Kerosin (1:5).
Nd-Lösung, 240 µg Nd/ml.
Y-Lösung, 1 mg Y/ml.
Oxalsäure.
Oxalsäure, 0,5%ige wäßrige Lösung.

Spektrographische Arbeitsbedingungen

Elektroden: Graphit; obere: 3,1 mm ∅, plan; untere: Probenelektrode, 6,2 mm ∅, 30 mm lang, mit Bohrung 5,2 mm ∅/2 mm tief, auf eine Trägerelektrode von 3,1 mm ∅ aufgesetzt, als Anode.
Elektrodenabstand: 4 mm.
Anregung: Gleichstrombogen, 250 V, 13 Amp.
Spektrograph: Jarrell-Ash, 3,4 m Ebert, 600 Strich/mm-Gitter, 2. Ordnung, Spaltbreite 0,020 mm.
Belichtungszeit: 30 sec.
Photographische Emulsion: Kodak S.A. 1.
Entwickeln: Kodak D 19, 4 min bei 20° C.
Innerer Standard: Nd.
Analysen-Linien: s. Tab. 203.

Tabelle 203. Analysenlinien und Bestimmungsbereich

Analysenlinie	Bestimmungsbereich, ppm
Dy 3407,8[1]	0,06—0,5
Eu 2906,7[2]	0,06—1
Gd 3100,5[2]	0,06—1
Sm 3661,4[1]	0,1 —1
Sm 3230,4[2]	0,5 —4

[1] Mit Nd 3443,3 als Bezugslinie.
[2] Mit Nd 3116,1 als Bezugslinie.

U-Metall und -salze werden durch Erhitzen auf 800–900° C in U_3O_8 übergeführt; UF_4 wird zuerst in einem Pyrohydrolyse-Ofen in UO_2 und dann bei 800–900° C in U_3O_8 übergeführt. Das Probematerial (10 g U enthaltend) wird in HNO_3 gelöst, 2,50 ml Nd-Lösung hinzugefügt, zur Trockene eingedampft, 30 min auf 400° C erhitzt (Überführung in UO_3). Man löst nun die Probe mit HCl (1,19), führt in einen Schütteltrichter über, extrahiert 1mal mit 25 ml und 3mal mit je 15 ml TBP, verwirft die organischen Phasen, extrahiert noch einmal 3 min mit 5 ml TBP/Kerosin und verwirft den organischen Extrakt. Die wäßrige Lösung wird zur Trockene eingedampft, organische Rückstände mit $HNO_3/HClO_4/HCl$ verascht, der Rückstand mit verdünnter HCl gelöst, mit 10 ml Y-Lösung versetzt, die Lösung erhitzt, die Elemente mit Ammoniak ausgefällt und der Niederschlag abfiltriert. Den Niederschlag löst man mit 10 ml 0,4n HCl, erhitzt auf 80° C, fügt 1 g Oxalsäure hinzu, läßt die Oxalatfällung über Nacht stehen, filtriert ab, wäscht den Niederschlag mit Oxalsäure-Lösung (mit einigen Tropfen HNO_3 angesäuert), trocknet und verascht bei 800° C. Die Oxyde werden gewogen, mit Graphitpulver im Verhältnis 1:1 gemischt, 15 mg des Gemisches in die Elektrode gestopft und abgefunkt.

Die Eichkurven werden nach der Arbeitsvorschrift mit U_3O_9 und Zusätzen der S.E. aufgestellt.

3.19. Plutonium

Arbeitsbereich: s. Tab. 204.

Die Elemente werden von Pu mittels Ionenaustauscher abgetrennt und spektrographisch bestimmt.

B: s. Tab. 204. F_{rm}: ±16%.

Arbeitsvorschrift [*149*]

Reagentien

HNO_3 (1,40); 7,2n HNO_3; HF (40%); H_2O_2 (30%).
Sn-Lösung, 500 µg Sn/ml.
Pd-Lösung, 500 µg Pd/ml.
Pd/Sn-Lösung, 20 µg Pd/ml und 20 µg Sn/ml.
Anionenaustauscher-Säule; 1 cm ⌀, Harzbett 10 cm lang (~ 5 g Dowex 1X4, 50—100 mesh, NO_3^--Form).

Spektrographische Arbeitsbedingungen

Elektroden: Graphit (Ultra Carbon); obere: 3,05 mm ⌀, Spitze 30°; untere: Probenelektrode, 6,35 mm ⌀, Bohrung 5,35 mm ⌀/3 mm tief, als Anode.
Elektrodenabstand: 4 mm.
Anregung: Gleichstrombogen, 220 V, 10 Amp.
Spektrograph: Hilger E 478-304, Spaltbreite 0,015 mm, rotierender 7-Stufensektor.
Belichtungszeit: 25 sec.
Photographische Emulsion: Kodak B 10.
Entwickeln: Kodak D 19b, 4 min bei 20° C; Fixieren: Kodak F 5, 10 min.
Innerer Standard: Pd und Sn.
Analysen-Linienpaare: s. Tab. 204.

Tabelle 204. Analysen-Linienpaare und Bestimmungsbereich

Analysenlinien[1]	Bestimmungsbereich, ppm	Analysenlinien[2]	Bestimmungsbereich, ppm
Al 3082,2	0,25— 1	Sb 2598,1	6,0—50
Ba 3071,6	6,0 —50	Bi 3067,7	0,5—10
Ca 3179,3	0,5 —10	B 2497,7	2,5—25
Cr 2835,6	1,25—10	Cd 3261,1	2,5—50
Cu 3247,5	0,10— 2,5	Fe 2599,6	1,0—20
La 3337,5	2,5 —20	Pb 2833,1	2,5—20
Mo 3132,6	0,5 —10	Mg 2779,8	0,5—20
Nb 3130,8	5,0 —20	Mn 2605,7	0,5— 5
Ni 3050,8	0,6 — 5	In 3256,1	0,5—10
Ti 3252,9	0,5 —20	Zn 3345,0	5,0—20
V 3185,4	0,5 —10		
Zr 3392,0	1,0 —20		

[1] Mit Pd 3242,7 als Bezugslinie.
[2] Mit Sn 2840,0 als Bezugslinie.

1,0 g Probematerial wird in einer Platinschale mit möglichst wenig HNO_3 gelöst (Arbeiten im Handschuhkasten!), 1 Tropfen HF hinzugefügt, unter einem Oberflächenstrahler fast zur Trockene eingedampft, mit 20 ml 7,2n HNO_3 gelöst, mit einigen Tropfen H_2O_2 versetzt, um das Pu in der 4wertigen Stufe zu halten, und der H_2O_2-Überschuß durch Erhitzen entfernt. Man schickt die Lösung durch die Anionenaustauscher-Säule, wäscht mit ~ 80 ml 7,2n HNO_3 nach, sammelt den Durchlauf (Spurenelemente und ~ 400 µg Pu enthaltend) in einem Quarzbecher, fügt 500 µl Pd/Sn-Lösung sowie 100 mg Graphitpulver hinzu und dampft zur Trockene ein. Mit dem Eindampfrückstand wird die Probenelektrode gefüllt (~ 10 mg), mit 1 Tropfen HF befeuchtet, unter dem Oberflächenstrahler getrocknet und abgefunkt.

Zur Aufstellung der Eichkurven werden Mischungen aus Graphitpulver und den Oxyden der Elemente hergestellt, die Mischungen mit Pd-Lösung und Sn-Lösung versetzt und getrocknet, so daß die getrockneten Mischungen einen Gehalt von 0,01% Pd und 0,01% Sn (bezogen auf das Graphitpulver) aufweisen. Die Eichmischungen werden dann wie die Proben abgefunkt.

3.20. Wolfram [*139*]

Arbeits- und Bestimmungsbereich sowie die Analysendurchführung sind dieselben wie bei Verfahren 3.10.2. (s. S. 1416).

3.21. Zirkonium

3.21.1. Verfahren I

Arbeitsbereich: wie bei Verfahren 3.1. (s. S. 1402).

Arbeitsweise, Bestimmungsbereich und relativer Fehler sind dieselben wie bei Verfahren 3.1.

Arbeitsvorschrift [*150*]

Reagentien

HF (40%); H_2SO_4 (1 + 1);
übrige Reagentien wie bei Verfahren 3.1. (s. S. 1402).
Spektrographische Arbeitsbedingungen: Wie bei Verfahren 3.1.

1,0 g zerkleinertes Probematerial wird in einer Platinschale mit Ausguß mit 10 ml H_2SO_4 (1 + 1) versetzt, hierauf tropfenweise sehr vorsichtig HF (evtl. 1 + 1 verdünnt) in der Kälte hinzugefügt und auf dem Sandbad langsam erhitzt. Nach beendeter Reaktion erhitzt man bis zum Auftreten der SO_3-Dämpfe und läßt erkalten. Dann wird unter gelindem Erwärmen auf dem Wasserbad mit 6n HCl und Wasser aufgenommen und die Lösung in einen 500 ml-Schütteltrichter übergeführt. Zur Lösung fügt man 20 ml Ammoniumtartrat-Lösung, stellt mit Ammoniak auf pH 3,0 ein und verfährt mit der Extraktion mit Carbamat- und Dz-Lösung bei pH 3, 5, 7 und 9 wie bei Verfahren 3.1. (s. S. 1402), wobei jedoch vor der Einstellung auf pH 5,0 15 ml Ammoniumtartrat-Lösung zugesetzt werden. Anschließend erfolgen Verarbeitung des organischen Extraktes und die spektrographische Bestimmung unter Anwendung eines Endvolumens von 200, 100 oder 40 µl wie bei Verfahren 3.1.

3.21.2. Verfahren II

Arbeitsbereich: Mo, W.

Arbeitsweise, Bestimmungsbereich und relativer Fehler sind dieselben wie bei Verfahren 3.16. (s. S. 1423).

Arbeitsvorschrift [*146*]

Reagentien

Wie bei Verfahren 3.16.

Bis zu 1 g Probematerial ($\leq$ 200 µg W enthaltend) wird in einer 50 ml-Platinschale mit 5 ml Wasser und dann tropfenweise mit HF versetzt, bis eine klare Lösung vorliegt. Man dampft mit mäßiger Hitze bis zum Ausscheiden der ersten Kristalle ein, versetzt nach dem Abkühlen mit 5 Tropfen HF (~ 0,2 ml) und fährt mit der Bestimmung von Mo und W wie bei Verfahren 3.16. (s. S. 1423) fort.

4. Böden und Gesteine

In der Literatur findet man weitere Verfahren zur Spurenanalyse von Böden und Silicatmaterial mit Hilfe der Emissionsspektralanalyse [*151–158*], Photometrie [*159, 160*] und Polarographie [*159, 161*]. Hinsichtlich weiterer Verfahren s. Tab. 214a (S. 1452).

4.1. Böden

Arbeitsbereich: Ag, Co, Cu, Mn, Mo, Ni, Pb, V, Zn.

Nach Veraschung der Probe und Entfernung der Kieselsäure mit $HF/HClO_4$ werden die Spurenelemente in Anwesenheit von Sulfosalicylsäure (um eine Ausfällung von Hydroxyden zu vermeiden) bei pH 4,8 mit Natriumtetramethylendithiocarbamat/$CHCl_3$ extrahiert und anschließend mit jeweils 40 mg Fe/Probe als Bezugselement für Ag, Co, Cu, Mn, Mo, Ni und V, sowie 200 µg Cd/Probe als Bezugselement für Zn spektrographisch bestimmt. Da die meisten Proben einen mehr oder weniger großen Fe-Gehalt aufweisen, muß dieser vorher in einem aliquoten Teil der Probelösung bestimmt werden. Enthält die Probelösung $>0{,}5$ mg Fe/ml, so wird kein Fe mehr als Bezugselement zugesetzt, sondern ein aliquoter Teil mit einem Gesamtgehalt von genau 40 mg Fe für die Analyse verwendet. Ist der Gehalt $<0{,}5$ mg Fe, so wird dem zur Analyse verwendeten aliquoten Teil der Probelösung die auf 40 mg Fe Gesamtgehalt fehlende Fe-Menge aus der Stammlösung zugesetzt. In jedem Falle enthält die der Analyse zugeführte Probelösung 40 mg Fe + 200 µg Cd. Unter Verwendung von 40 mg Fe (von Eisenschwamm I.M. 847, Johnson, Matthey & Co., London) und 200 µg Cd fand man die in Tab. 205 angeführten Grenzen des Verfahrens.

B: s. Tabelle 206. *V:* ±2,5–5% bei Co, Cu, Mn, Mo, Ni, V und Zn; ±6,4–7% bei Ag und Pb.

Tabelle 205. Grenzen (in µg)[1] des Verfahrens [*47*]

	Ag	Co	Cu	Mn	Mo	Ni	Pb	V	Zn
Theoretische Nachweisgrenze	0,2	0,1	0,02	0,2	0,2	0,4	3,0	0,3	—
Blindwert	0,72	0	3,0	2,1	2,0	2,2	11,7	5,3	0
Tatsächliche Nachweisgrenze[2]	1,15	0,1	4,9	3,4	2,4	2,6	17	6,2	—
Bestimmungsgrenze	(1,2)	0,3	6,0	5,0	2,0	2,2	(14)	5,3	70
Geringster quantitativ bestimmbarer Spurengehalt (nach Abzug des Blindwertes)	(1,3)	0,3	10	7,0	2,1	2,7	(14,5)	5,7	70

[1] Die angegebenen Spuren sind in rund 60 mg Fe_2O_3 enthalten, die aus den 40 mg Fe (Bezugselement) durch Veraschen des $CHCl_3$-Extraktes entstanden sind. Die eingeklammerten Zahlen gelten für eine relative Standardabweichung von ± 10%.

[2] Berechnet nach $\underline{x} = \bar{x}_B + 3\sqrt{2} \cdot \sigma_B$; (s. S. 20ff.).

Arbeitsvorschrift [*47, 162, 163*]

Reagentien

HCl (1,19); HNO_3 (1,40); $HClO_4$ (70%); HF (40%);
HCl (1 + 19); HCl (1 + 3);
H_2SO_3 (5—6%);
10n NaOH;
α,α'-Dipyridyl, 1%ig in 0,1n HCl;
Ammoniak (0,91); Ammoniak (1 + 1);

Sulfosalicylsäure, 12,5%ige wäßrige Lösung; 125 g Reagens werden in 100 ml Wasser gelöst, mit Ammoniak (0,91) auf pH 4,8 eingestellt, mit 10 ml Carbamat-Lösung versetzt, am folgenden Tag mit $CHCl_3$ ausgeschüttelt, anschließend die Lösung auf 90° C erwärmt und nach dem Abkühlen mit Wasser auf 1 l aufgefüllt;

Natriumtetramethylendithiocarbamat, 5%ige wäßrige Lösung;

$CHCl_3$;

Natriumacetat-Pufferlösung; 50 g Natriumacetat werden in 500 ml Wasser gelöst, 7 Teile dieser Lösung mit 3 Teilen 1n Essigsäure gemischt (pH 4,88) und wie die Sulfosalicylsäure-Lösung gereinigt;

Fe-Bezugslösung; 2 g reinster Eisenschwamm werden in 20 ml HCl (1,16) gelöst, mit 10 ml HNO_3 (1,40) unter Erwärmen oxydiert und nach dem Abkühlen auf 1 l aufgefüllt (2 mg Fe/ml);

Cd-Bezugslösung; 20 µg Cd/ml, mit $Cd(CH_3COO)_2 \cdot 2\,H_2O$ hergestellt.

Spektrographische Arbeitsbedingungen

Elektroden: (Ringsdorff-Werke) obere: Kohle, RWII, 5 mm ∅, plan gebrochen; untere: Graphit, RWI, 3 mm ∅, mit Bohrung 2 mm ∅ und 12 mm tief, Probenelektrode, als Anode;

Elektrodenabstand: 10 mm;

Anregung: Gleichstrombogen, 110 V, 9 Amp.; Zündung durch gegenseitiges Berühren der beiden Elektroden bei 8 Amp., die ersten 15 sec bei 5 Amp., dann auf 9 Amp. eingestellt;

Spektrograph: Hilger E 478, Spaltbreite 0,020 mm, 3-Stufensektor (100/50/10%);

Auswertung: Zeiss-Schnellphotometer, Rechengerät Respektra;

Vorfunkzeit: 35 sec; Belichtungszeit: 30 sec;

Photographische Emulsion: Ilford Thin Film Half Tone Spektralplatten;

Entwickeln: Rodinal (1:20) 4 min bei 20° C;

Innerer Standard: Fe und Cd;

Analysen-Linienpaare: s. Tab. 206.

Tabelle 206. Analysenlinien und Bestimmungsbereich

Element	Bestimmungsbereich %[1]	Linienpaare Element/Innerer Standard
Ag	0,00005—0,0005	3382,9/Fe 3381,3
Co	0,00001—0,001	3453,5/Fe 3457,1
Co	0,0003 —0,007	3462,8/Fe 3457,1
Cu	0,00005—0,0005	3274,0/Fe 3276,5
Cu	0,0005 —0,007	3274,0/Fe 3271,0
Mn	0,0001 —0,003	2798,3/Fe 2789,5
Mn	0,001 —0,05	2933,1/Fe 2929,6
Mn	0,005 —0,1	3044,6/Fe 3034,5
Mn	0,03 —0,7	2914,6/Fe 2914,3
Mo	0,0001 —0,003	3170,3/Fe 3172,1
Ni	0,0001 —0,01	3050,8/Fe 3034,5
Ni	0,001 —0,02	3012,0/Fe 3014,2
Pb	0,001 —0,02	2833,1/Fe 2836,0
V	0,0001 —0,005	3184,0/Fe 3172,1
V	0,001 —0,02	3056,3/Fe 3034,5
Zn	0,005 —0,1	3345,0/Cd 3261,1

[1] Bezogen auf 1 g Ausgangssubstanz.

Bei der Bestimmung des Gesamtgehaltes an Spurenelementen wird 1,0 g lufttrockene, gemahlene Feinerde (evtl. einige Stunden bei 450° C im elektrischen Muffelofen vorverascht) in einem 50 ml-Kjeldahlkolben mit 2–3 ml HNO_3 und 3 ml $HClO_4$ auf dem Sandbad verascht. Der Veraschungsrückstand wird in eine Platinschale übergeführt, zur Entfernung der Kieselsäure 3–4mal mit 3–5 ml-Anteilen HF abgeraucht, der noch feuchte Rückstand mit HCl (1 + 3) aufgenommen, bis zum vollständigen Lösen in einem Becherglas erhitzt und in einem 100 ml-Meßkolben mit Wasser zur Marke aufgefüllt.

Soll der leichtlösliche, d. h. in einem bestimmten Lösungsmittel lösliche Anteil der Spurenelemente bestimmt werden, so zieht man 5–20 g lufttrockene Feinerde durch Ausschütteln mit der 10fachen Menge des gewünschten Extraktionsmittels aus (s. S. 214 f.). Der ungelöste Anteil wird abfiltriert und das auf ein bestimmtes Volumen gebrachte Filtrat oder ein aliquoter Teil davon für die Analyse verwendet.

Zur Bestimmung des Fe-Gehaltes der Probelösung führt man von dieser 1–10 ml in einen 25 ml-Meßkolben über, neutralisiert mit 0,1–10 n NaOH gegen Phenolphthalein, versetzt mit 2 ml H_2SO_3 sowie 1 ml Dipyridyl-Lösung, füllt mit Wasser zur Marke auf und photometriert nach 1 Std in einer 1 cm-Küvette bei 520 nm gegen Wasser (Meßbereich 20–150 μg Fe).

Die Probelösung wird in ein 250 ml-Becherglas gegeben, mit Fe- und Cd-Bezugslösung (nach deren Zusatz enthält die Lösung 40 mg Fe + 200 μg Cd), 30 ml Sulfosalicylsäure-Lösung (ausreichend für 5 g lufttrockener Pflanzensubstanz, bei anderen Mengen und Materialien muß entsprechend mehr zugesetzt werden) sowie 2 ml Acetat-Pufferlösung versetzt und mit Ammoniak auf pH 3,8 eingestellt. Man erhitzt nun auf 68° C, führt die heiße Lösung unter Nachspülen mit wenig Wasser in einen 250 ml-Schütteltrichter über, versetzt sofort mit 15 ml Carbamat-Lösung, schüttelt 15–30 sec und kühlt unter fließendem Leitungswasser ab (der pH-Wert der Lösung soll nach dem Carbamat-Zusatz nicht über 6,5 ansteigen). Dann wird die Lösung mehrmals mit je 5–10 ml $CHCl_3$ 15 sec geschüttelt. Sobald bei einer Extraktion die $CHCl_3$-Phase gelb bis farblos bleibt, wird sie nicht sofort abgelassen, sondern die Ausschüttelung nach Zugabe von 1 ml HCl (1 + 19) für 15 sec fortgesetzt. Bei den ersten Tropfen der HCl-Zugabe muß eine milchig weiße Trübung durch ausfallende Carbamidsäure auftreten, andernfalls müssen weitere 10 ml Carbamat-Lösung zugegeben werden. Auch bei den folgenden zwei Extraktionen werden je 2 ml HCl (1 + 19) zugesetzt. Wenn die organische Phase nach 2–3maliger HCl-Zugabe (der pH-Wert soll dadurch auf etwa 2 absinken) farblos bleibt (nach etwa 5–6 Ausschüttelungen), ist der Trennungsgang beendet. Die einzelnen Extrakte sammelt man in einem 100 ml-Quarztiegel, verflüchtigt das $CHCl_3$ unter einem Quarzoberflächenverdampfer und verascht den Rückstand über Nacht im elektrischen Muffelofen bei 450° C. Für die Spektralanalyse wird die Asche mit Spektralkohlepulver im Verhältnis 1:3 vermischt, in die untere Graphitelektrode gestopft und unter den angegebenen Bedingungen abgefunkt.

4.2. Böden

Arbeitsbereich: Ag, Bi, Cd, Co, Cu, Ga, In, Mn, Mo, Ni, Pb, Sn, Ti, V, Zn, Zr.

Nach der Anreicherung gemäß Analysenschema I bzw. II werden die Spurenelemente spektrographisch bestimmt. Hierzu werden 2 Anreicherungsgänge angegeben. Nachteile von Verfahren I sind die geringere Selektivität der Fe-Abtrennung und eine gewisse Unsicherheit bei der Reduktion des Fe mit Ascorbinsäure in stark saurer Lösung. Hinsichtlich der Extrahierbarkeit der Elemente aus 7 n HCl- und 7 m LiCl-Lösung mit MIBK s. S. 263. Das Verfahren eignet sich außer für Böden auch für andere Materialien mit Fe als Hauptbestandteil (Stahl, Pyrit). Die Bestimmung von 40 μg Ni nach Verfahren II ergab eine Varianz von ±3,4%.

Arbeitsvorschrift [*164*]

Reagentien

HNO_3 (1,40); HCl (1,19); 7 n HCl; 2 n HCl;
Ascorbinsäure;
LiCl; 7 m LiCl;

Citronensäure, 15%ige wäßrige Lösung;
6n Ammoniak;
Natriumtetramethylendithiocarbamat, 5%ige wäßrige Lösung;
Cupferron, 2%ige wäßrige Lösung;
MIBK;
$CHCl_3$;
übrige Reagentien wie bei Verfahren 4.1. (s. S. 1428).

Analysenschema I

Nach Aufschluß der Bodenprobe wird der Rückstand in 7n HCl aufgenommen: Cr(VI) wird mit einem Tropfen H_2O_2 (30%) reduziert

Al, Fe, Erdalk., Alk., Ga, In, Ti, Zr, Pb, Sn, Bi, V, Cr(III), Mo, Mn, Co, Ni, Cu, Ag, Zn, Cd

↓

Extraktion mit MIBK/7n HCl

wäßr. Phase

Al, Erdalk., Alk., Ti, Zr, Pb, Bi, Cr, Mn, Ni, Ag, In (~ 6%), Sn (~ 7%), V (~ 19%), Mo (~ 4%), Co (~ 97%), Cu (96%), Zn (~ 94%), Cd (~ 87%)

org. Phase

Fe, Ga, In (~ 94%), Sn (~ 93%), V (~ 81%), Mo (96%), Co (~ 3%), Cu (4%), Zn (~ 6%), Cd (~ 13%)

↓

Rückschütteln mit Wasser; einengen; Reduktion mit Ascorbinsäure; Lösung auf 7n HCl bringen; mit MIBK schütteln

org. Phase

Ga, In (~ 88%), Sn (~ 87%), V (~ 66%), Mo (~ 92%), Cd (~ 2%), Fe (~ 0,5%)

wäßr. Phase

Fe, In (~ 6%), Sn (~ 6%), V (~ 15%), Mo (~ 4%), Co (~ 3%), Cu (~ 4%), Zn (~ 6%), Cd (~ 11%)
verwerfen

Fällung mit Tetramethylendithiocarbamat und Cupferron; Extraktion mit $CHCl_3$

$CHCl_3$-Extrakt

Ga, Ti, Zr, Pb, Bi, Mn, Ni, Ag, In (~ 94%), Sn (~ 94%), V (~ 85%), Mo (~ 96%), Co (~ 97%), Cu (~ 96%), Zn (~ 94%), Cd (~ 89%), Fe (~ 0,5%), Cr (?)

↓

Spektralanalyse

wäßr. Phase

Al, Erdalk., Alk., Cr (?)
verwerfen

Gehaltsangaben (in %) beziehen sich auf die Ausgangslösung

Verfahren I

Die Bodenprobe wird wie bei Verfahren 4.1. aufgeschlossen, der Rückstand nach Entfernen der Kieselsäure mit 7n HCl aufgenommen, unter Nachspülen mit 7n HCl in einen Schütteltrichter übergeführt und mit 7n HCl auf 25 ml gebracht. Man extrahiert mit dem gleichen Volumen MIBK 30 sec und fährt nach Analysenschema I gemäß den Ausführungen bei Verfahren II fort.

Analysenschema II

Nach Aufschluß der Bodenprobe wird der Rückstand in wenig HCl gelöst und nach weitgehendem Abdampfen der HCl mit einer 7m LiCl-Lösung aufgenommen.

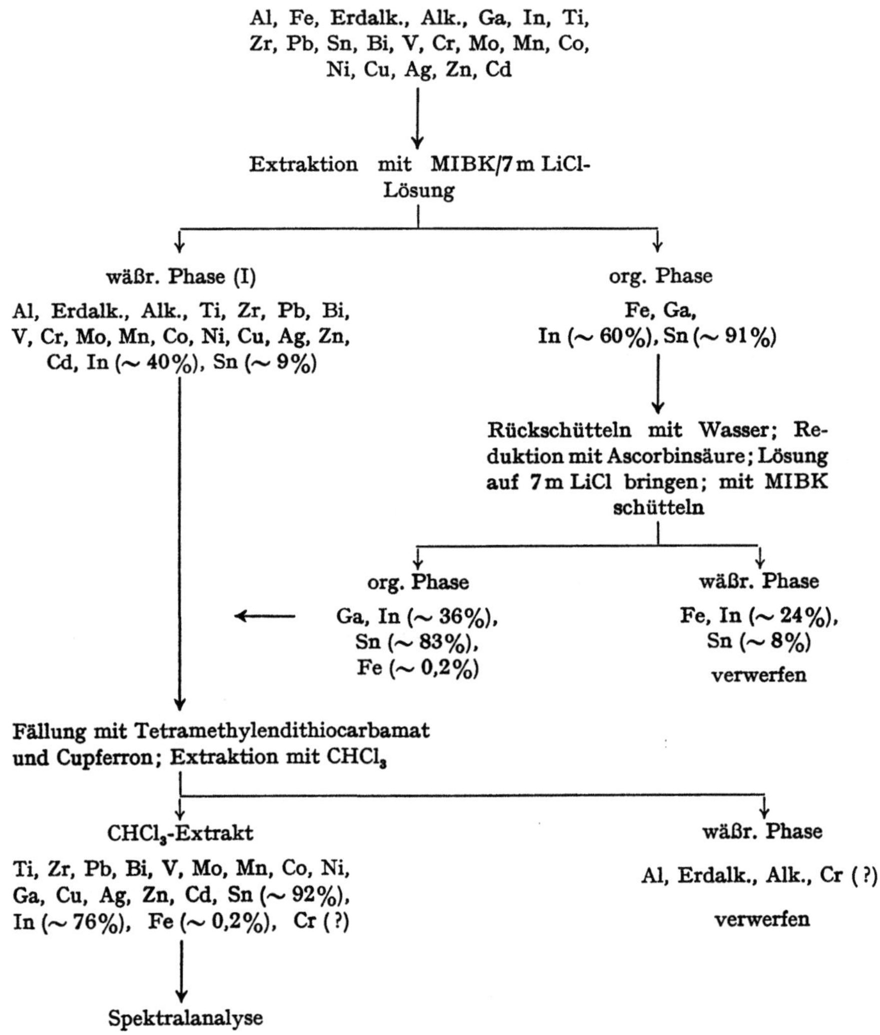

Gehaltsangaben (in %) beziehen sich auf die Ausgangslösung

Verfahren II

Die Bodenprobe wird wie bei Verfahren 4.1. aufgeschlossen, der Rückstand nach Entfernen der Kieselsäure mit wenig HCl gelöst, letztere weitgehend abgedampft, der

Abdampfrückstand mit 7m LiCl-Lösung aufgenommen, mit dieser in einen Schütteltrichter übergeführt und auf 25 ml gebracht. Man extrahiert 30 sec mit dem gleichen Volumen MIBK und läßt die wäßrige Phase (I) in einen 2. Schütteltrichter ab. Aus dem verbliebenen organischen Extrakt werden die Elemente mit 25 ml Wasser 1 min rückgeschüttelt, nach der Phasentrennung das MIBK verworfen, zum wäßrigen Auszug 1,32 g Ascorbinsäure und 7,425 g LiCl zugegeben und nach dem Lösen kräftig kurz geschüttelt. Die reduzierte Lösung extrahiert man nun erneut mit dem gleichen Volumen MIBK, verwirft die wäßrige Phase und vereinigt die im organischen Extrakt enthaltenen Elemente mit der im 2. Schütteltrichter befindlichen wäßrigen Lösung (I) (hierzu wird entweder der organische Extrakt direkt zur wäßrigen Lösung gegeben und das MIBK abgedampft, oder aber die Elemente aus der MIBK-Phase mit Wasser rückgeschüttelt und der wäßrige Auszug mit der Lösung I vereinigt). Zur Spurenfällung wird die vereinigte wäßrige Lösung (~ 50 ml) in einem 150 ml-Schütteltrichter mit 10 ml Citronensäure-Lösung versetzt, mit Ammoniak auf pH 4,8 $\pm$ 0,2 eingestellt, 20 ml Carbamatlösung hinzugefügt und 3 min geschüttelt. Nun extrahiert man mit 25 ml $CHCl_3$, läßt die organische Phase in einen Quarzkolben ab, gibt in den Schütteltrichter 10 ml Carbamat-Lösung hinzu und versetzt bis zur beginnenden Ausscheidung freier Dithiocarbamidsäure mit einigen Tropfen 2n HCl. Es wird wie zuvor geschüttelt, mit 15 ml $CHCl_3$ extrahiert und die organische Phase ebenfalls in den Quarzkolben abgelassen. Zur Fällung von Ti und Zr stellt man nun die Lösung im Schütteltrichter mit HCl auf pH 2 ein, versetzt mit 5 ml Cupferron-Lösung, schüttelt, extrahiert dann je 1mal mit 20 und 10 ml $CHCl_3$ und läßt die Extrakte ebenfalls in den Kolben ab. Die vereinigten $CHCl_3$-Extrakte werden in einem Quarztiegel zur Trockene eingedampft, der Rückstand mit 2 ml HNO_3 versetzt, wieder zur Trockene gebracht, anschließend bei 600° C verascht und dann in geeigneter Form der spektrographischen Bestimmung zugeführt.

4.3. Böden und Gesteine

Arbeitsbereich: wie bei Verfahren 3.1. (s. S. 1402), jedoch ohne Fe, As, Au, Hg, Sb und Tl.

Nach Aufschluß der Probe und Entfernen der Kieselsäure mit HF/H_2SO_4 wird das Fe abgetrennt (s. Verfahren 2.3., S. 1386), die Spurenelemente dann durch Extraktion mit Ammoniumtetramethylendithiocarbamat/$CHCl_3$ und Dz/$CHCl_3$ isoliert und schließlich spektrographisch bestimmt. In Proben mit $>0,1\%$ Ba muß die Kieselsäure mit $HF/HClO_4$ abgetrennt werden, wobei allerdings Verluste an Cr und Mn auftreten. Wird auf die Erfassung dieser Elemente Wert gelegt, so ist ein Na_2CO_3-Aufschluß der Probe erforderlich. Bei Proben mit niedrigem Fe-Gehalt kann die Abtrennung des Fe unterbleiben, so daß in diesem Fall der gesamte Arbeitsbereich von Verfahren 3.1. vorliegt.

B: mit 1 g Probematerial von 0,0001% aufwärts.

Arbeitsvorschrift [*165*]

Reagentien

H_2SO_4 (1,84); $HClO_4$ (70%);
$KClO_3$;
Ammoniumtetramethylendithiocarbamat, 3%ige wäßrige Lösung;
übrige Reagentien wie bei Verfahren 2.3. (s. S. 1386).

Spektrographische Arbeitsbedingungen: wie bei Verfahren 1.1 (s. S. 1380); zusätzliche Analysenlinien: Mo 3194,0, Ni 3002,5, Pb 2833,1 und Pb 3683,5.

Bodenproben werden vorher bei 450–500° C verascht. Wenn ein Bodenextrakt (s. S. 214f.) analysiert werden soll, so werden 5–20 g Probe extrahiert, der filtrierte Extrakt zur Trockene eingedampft und wie die Bodenprobe verascht.

1–2 g Probematerial (Böden oder Gesteine) werden in einem Platintiegel nach Befeuchten mit Wasser mit 10 ml HF und 2 ml H_2SO_4 (1,84) fast zur Trockene abgeraucht, das Abrauchen noch 2mal mit je 5 ml HF wiederholt und zuletzt vollständig zur Trockene gebracht. Den Rückstand spült man mit 6n HCl in eine Quarzschale über, bringt mit 6n HCl auf 50 ml und erhitzt nach Zusatz von 5 Tropfen H_2O_2 bis nahe an den Siedepunkt, wobei sich der Rückstand lösen soll[1]. Die im fließenden Wasser abgekühlte Lösung wird unter Nachspülen mit 6n HCl in einen 100 ml-Schütteltrichter übergeführt und wie bei Verfahren 2.3. (s. S. 1386) 4mal mit je 25–30 ml Diäthyläther extrahiert und die HCl-Phase (I) später weiter behandelt. Zum vereinigten Ätherextrakt fügt man 25 ml 1n HCl, dampft den Äther ab, kühlt, führt unter Nachwaschen mit 25 ml 1n HCl in einen 100 ml-Schütteltrichter über, versetzt mit 3 ml NH_4SCN-Lösung und fährt mit dem Zusatz von $Na_2S_2O_4$ und der Extraktion mit 3mal je 25–30 ml Diäthyläther wie bei Verfahren 2.3. fort. Der vereinigte Ätherextrakt wird zur abgekühlten HCl-Phase (I) hinzugefügt, der Äther verdampft, auf dem Wasserbad zur Trockene gebracht, das Thiocyanat durch wiederholten Zusatz einiger Tropfen HNO_3 zerstört, zuletzt mit 5 ml HNO_3 sowie etwas $KClO_3$ 2 min gekocht und dann zur Trockene eingedampft.

Den Trockenrückstand löst man wie bei Verfahren 2.3. mit einigen Tropfen 6n HCl und ~ 300 ml Wasser, führt die abgekühlte Lösung in einen 500 ml-Schütteltrichter über, versetzt mit 30 ml Ammoniumtartrat-Lösung und stellt mit Ammoniak auf pH 3,5–4 ein. Nach Zusatz von 2 ml Carbamat-Lösung wird mit 20 ml $CHCl_3$ extrahiert und die Extraktion nach Ablassen der organischen Phase noch 3–5mal wiederholt (bis der letzte Extrakt farblos erscheint). Nun stellt man mit Ammoniak auf pH 8–9 ein, fügt 2 ml Carbamat-Lösung hinzu, extrahiert mit 20 ml Dz/$CHCl_3$ und wiederholt die Extraktion so lange, bis der letzte Extrakt grün bleibt. Der vereinigte $CHCl_3$-Extrakt wird wie bei Verfahren 1.1. (s. S. 1380) weiter behandelt und, wie dort angegeben, unter Verwendung eines Endvolumens von 100 µl die spektrographische Bestimmung durchgeführt.

4.4. Silicate

Arbeitsbereich: s. Tab. 207.

Das Probematerial wird der Emissionsspektralanalyse unterzogen und direkt abgefunkt. L_D läßt sich bei Bedarf senken, indem man mit 15 Amp nur 20 sec belichtet und als Probenelektrode 10 mm ⌀, mit Bohrung 6,5 mm ⌀/5 mm tief (doppelte Probemenge, d. h. 80 mg Füllung, 40 mg Probe) verwendet. Auf diese Weise erreicht man folgende L_D-Werte: 0,1 ppm Ag, Au, Ga, In und Tl, 1 ppm Hg, Pb, Sb, Sn und Zn, 10 ppm As und Te, 50 ppm P.

B: s. Tab. 207. F_{rm}: ±15%.

Arbeitsvorschrift [*166*]

Spektrographische Arbeitsbedingungen

Elektroden: (National Carbon); obere: Graphit SPK L-3765 (s. Abb. 38, S. 151) untere: Probenelektrode, Graphit AGKSP, 6,2 mm ⌀, Bohrung 4,3 mm ⌀/3 mm tief, als Anode.
Elektrodenabstand: 4 mm.
Anregung: Gleichstrombogen 5 und 15 Amp.
Spektrograph: Hilger Littrow E 478, Spaltbreite 0,015 mm, 2-Stufenfilter (10/100%).
Belichtungszeit: 10 sec bei 5 Amp gefolgt von 35 sec bei 15 Amp.

---

[1] Ein gegebenenfalls verbleibender Rückstand wird, nach dem Abfiltrieren, mit HF/H_2SO_4 abgeraucht, in 6n HCl aufgenommen und mit der Probelösung vereinigt.

Photographische Emulsion: Ilford ordinary plates.
Innerer Standard: Bi.
Analysenlinien: s. Tab. 207.

Tabelle 207. Analysenlinien und Nachweisgrenzen L_D

Analysenlinien[1]	L_D, ppm	Analysenlinien[1]	L_D, ppm
Ag 3280,7	0,1	Hg 2536,5	5
B 2497,7	1	In 3039,4	0,5
Ga 2943,6	0,1	P 2554,9	100
Pb 2833,1	1	Sb 2877,9	3
Sn 2840,0	1	Te 2385,8	10
As 2860,5	50	Tl 2767,9	0,5
Au 2675,9	0,1	Zn 3345,6	10
Ge 2651,2	0,5		

[1] Für die Elemente Ag, B, Ga, Pb und Sn dient Bi 2898,0, für die übrigen Elemente Bi 2993,3 als Bezugslinie.

Das fein pulverisierte, bei 105° C getrocknete Probematerial wird sorgfältig im Verhältnis 1:1 mit einer Puffer/Standard-Mischung [7 g Al_2O_3 + 3 g $CaCO_3$ + 1 g K_2CO_3/Bi_2O_3 (990 mg K_2CO_3 + 10 mg Bi_2O_3)] gemischt, in die Elektrode gestopft (~ 20 mg Probe) und abgefunkt.

Die Eichkurven werden nach der Arbeitsvorschrift mit Oxydmischungen aufgestellt.

4.5. Silicatgestein

Arbeitsbereich: Mo, W.

In einer anderen Arbeit [*167*] wurden Mo und W, falls diese in annähernd gleicher Menge vorliegen, durch Extraktion mit α-Benzoinoxim/$CHCl_3$ isoliert und anschließend gleichzeitig mit Dithiol/Petroläther bei 680 nm und 630 nm photometrisch bestimmt. Nach der Extraktion aus 0,01–1 n HCl-Lösung mit α-Benzoinoxim/$CHCl_3$ lassen sich Mo und W auch mit Thiocyanat/Diisopropyläther gleichzeitig bei 405 und 490 nm photometrisch bestimmen [*168*].

In der nachfolgenden Arbeitsvorschrift [*169*] werden Mo und W mittels Anionenaustauscher isoliert und anschließend mit Dithiol photometrisch bestimmt. Alkali- und Erdalkalimetalle, Al, Be, Cd, Co, Cu, Ga, Ge, Ni, V und Zn gehen bei der Isolierung in den Durchlauf, während Mo und W zusammen mit Sc, Th, U (VI) und Zr auf der Austauschersäule bleiben. Bei der anschließenden Elution gehen nur Mo und W ins Eluat.

Wenn die anwesenden Mengen an Mo und W in einem Verhältnis von etwa Mo:W > 12:1 oder W:Mo > 12:1 vorliegen, müssen Mo und W getrennt bei verschiedenen Säurekonzentrationen mit Dithiol/Petroläther wie bei Verfahren 2.8. (s. S. 1400) extrahiert und photometrisch bestimmt werden.

B: 0,3–12 ppm Mo, 0,5–20 ppm W. *V:* ±6–11%.

Arbeitsvorschrift [*169*]

Reagentien

H_2SO_4 (1,84); 5 m H_2SO_4; HNO_3 (1,40);
H_3PO_4 (85%); HF (40%); H_2O_2 (30%);
Ammoniak (0,91).

1 m $(NH_4)_2SO_4$/0,025 m H_2SO_4; 0,5 m NaOH/0,5 m NaCl.

Anionenaustauschersäule; Dowex 1X8 (SO_4^{2-}-Form, 100—200 mesh), Harzbett (15 mm ∅, 50 mm lang, ~ 5 g trockenes Harz). Das Austauscherharz (Cl^--Form) wird in der Säule mit 3 m H_2SO_4 gespült, bis der Durchlauf mit $AgNO_3$ keine Reaktion mehr gibt, danach mit Wasser gewaschen, bis mit $BaCl_2$ keine Reaktion mehr stattfindet.

Dithiol, 0,1%ig in 0,25 n NaOH (mit einigen Tropfen Thioglykolsäure versetzt; frisch hergestellt).

n-Butylacetat.

2,0 g fein pulverisiertes Probematerial wird in einer Platinschale mit 10 ml 5 m H_2SO_4, 4 ml HNO_3 und 10 ml HF erhitzt, zur Trockene eingedampft, bis keine SO_3-Nebel mehr entweichen, und zur Entfernung von restlichem F^- erneut mit 2 ml H_2SO_4 und 20 ml Wasser abgeraucht. Nach Zusatz von 2 ml H_2SO_4 und 20 ml Wasser erhitzt man unter wiederholtem Umrühren 30 min knapp unterhalb des Siedepunktes, verdünnt mit Wasser auf 150 ml, kocht leicht bis die Lösung klar ist, kühlt ab, versetzt mit 4 ml H_2O_2 und verdünnt mit Wasser auf 200 ml. Die Lösung wird durch die Austauschersäule geschickt (1–2 ml/min), mit 50 ml 1 m $(NH_4)_2SO_4$/0,025 m H_2SO_4 gewaschen, dann Mo und W mit 50 ml 0,5 m NaOH/0,5 m NaCl eluiert (0,5 ml/min), die ersten 20 ml des Eluates verworfen und die folgenden 25 ml Eluat für die Bestimmung verwendet.

Das Eluat (Mo + W enthaltend) versetzt man in einem Kjeldahlkolben mit 2 ml H_2SO_4, erhitzt bis zum Auftreten dichter SO_3-Nebel, fügt nach dem Abkühlen einige Tropfen H_2O_2 hinzu, erhitzt wieder bis zum Auftreten der SO_3-Nebel, gibt einige Milliliter Wasser und 3 Tropfen H_3PO_4 hinzu, macht mit Ammoniak alkalisch und verkocht den Ammoniaküberschuß. Nach Zusatz von 1 ml 5 m H_2SO_4 wird mit Wasser auf 18 ml verdünnt, mit 3,0 ml Dithiollösung versetzt und 30 min auf dem siedenden Wasserbad erhitzt. Nach dem Abkühlen extrahiert man 1 min mit 5,0 ml Butylacetat, filtriert den organischen Extrakt in eine 1 cm-Küvette und photometriert bei 630 nm und 670 nm gegen den Blindwert. Die Auswertung erfolgt nach Gl. (1) und (2).

$$\mu g\ Mo = \frac{E_{670} \cdot a_W^{630} - E_{630} \cdot a_W^{670}}{a_{Mo}^{670} \cdot a_W^{630} - a_{Mo}^{630} \cdot a_W^{670}} \qquad (1)$$

$$\mu g\ W = \frac{E_{630} \cdot a_{Mo}^{670} - E_{670} \cdot a_{Mo}^{630}}{a_{Mo}^{670} \cdot a_W^{630} - a_{Mo}^{630} \cdot a_W^{670}} \qquad (2)$$

$E_{630,670}$ = Extinktion, bei 630 nm und 670 nm gemessen.

a_W^{630}, a_W^{670}, a_{Mo}^{630}, a_{Mo}^{670} = Eichkurven-Faktoren, experimentell mit Eichlösungen ermittelt für Mo und W bei 630 nm und 670 nm nach der allgemeinen Gl. (3)

$$\mu g\ Me = E_\lambda \cdot a_{Me}^{\lambda} \qquad (3)$$

5. Verschiedenes

In anderen Arbeiten werden Verfahren beschrieben zur Bestimmung von Spurenelementen in Säuren, organischen Lösungsmitteln und anderen flüssigen und festen Chemikalien [*170, 171*], AgCl [*172*], Al-Salzen [*173*], $H[AuCl_4] \cdot 4\,H_2O$ [*174*], $Bi(NO_3) \cdot 5\,H_2O$ [*64*], Graphit- und Kohlegestein [*175*], Graphit [*176–180*], $CaSO_4$ [*181*], $CdCl_2$-Lösungen, CdS [*182*], Cd-Salzen [*65*], Eu_2O_3 [*183*], GeO_2 [*80, 184, 185*], $GeCl_4$ [*185*], K- und Na-Salzen [*186*], MoO_3 [*86, 88*], Ni-Salzen [*94, 96*], $SnCl_2$ [*187*], Th-Verbindungen [*188*], ThO_2 [*188, 189*], U-Verbindungen [*188*], Uranoxid [*190–192*], Plutoniumnitrat-Lösungen [*193*], Y_2O_3 [*194–196*], WO_3 [*86, 117, 197*], Zn-Salzen [*182, 198*], ZnS [*182*], ZnS-Leuchtstoff [*199*] und ZrO_2 [*189*]. Hinsichtlich weiterer Verfahren s. Tab. 214a (S. 1452).

5.1. Säuren

5.1.1. Verfahren I

Arbeitsbereich: Al, Be, Bi, Cd, Co, Cr, Fe, Ga, In, Mg, Mn, Mo, Ni, Pb, Ti, Zn, Zr.

Das Probematerial wird nach Zusatz von H_2SO_4 eingedampft und anschließend die Spurenelemente mit Cu als innerem Standard spektrographisch bestimmt. Das Verfahren fand zur Untersuchung von HCl, HNO_3, HF und Essigsäure Anwendung. Durch Verwendung größerer Probemengen ist eine noch höhere Empfindlichkeit als nachfolgend angegeben erreichbar.

B: s. Tab. 208. *V:* ±5–16% für Mengen von 0,05–0,2 μg; ±15–25% für Mengen von 0,02 μg.

Tabelle 208. Analysen-Linienpaare und Bestimmungsbereich

Element	Bestimmungsbereich μg[1]	Linienpaare Element	Innerer Standard
Fe	0,2 —5,0	2755,7	Cu 2768,9
Mg	0,2 —5,0	2779,8	
Mn	0,02 —0,5	2798,3[2]	
Mg	0,005—0,5	2802,7	
Cr	0,1 —5,0	2835,6	Cu 2858,2
Mn	0,2 —5,0	2933,1	Cu 2882,9
Ni	0,05 —0,5	3050,8	Cu 3160,0
Bi	0,01 —0,5	3067,7[3]	
Al	0,05 —1,0	3082,1	
Mo	0,02 —0,5	3170,3	
Ni	0,2 —5,0	3050,8	Cu 3128,7
Bi	0,2 —5,0	3067,7	
Al	0,2 —5,0	3082,1	
Be	0,005—0,2	3130,4	
Mo	0,2 —5,0	3170,3	
Ti	0,2 —5,0	3222,8	Cu 3223,4
In	0,05 —5,0	3256,1	
Cd	0,2 —5,0	3261,0	
Be	0,05 —2,0	3321,3	Cu 3319,7
Zn	0,2 —5,0	3345,0	
Zr	0,2 —5,0	3392,0	
Zn	0,1 —5,0	3345,0	Cu 3375,7
Ti	0,02 —0,3	3361,2[4]	
Zr	0,05 —1,0	3392,0	
Ni	0,01 —1,0	3414,8[5]	Cu 3413,3
Co	0,01 —2,0	3453,5	Cu 3454,7
Fe	0,2 —1,0	3581,2[6]	Cu 3545,0
Cr	0,02 —0,5	3593,5[7]	
Pb	0,05 —2,0	3683,5	Cu 3676,9
Ga	0,02 —1,0	4172,1	Cu 4177,8
Cr	0,02 —0,2	4254,3	Cu 4249,0

[1] μg in 100 μl Endvolumen bzw. auf der Elektrode.
[2] Oberhalb 0,5 μg infolge Selbstumkehr gekrümmte Kurve.
[3] Unterhalb 0,1 μg infolge Störung durch OH-Banden gekrümmte Kurve.
[4] Oberhalb 0,3 μg Doppellinie Ti 3361,21-Ti 3361,26.
[5] >2,0 μg Zr stören die Ni-Linie.
[6] Der Blindwert begrenzt die empfindliche Fe-Linie auf 0,2 μg.
[7] Wahlweise statt Cr 4254,3, das bereits nahe dem Plattenrand liegt.

Arbeitsvorschrift [*200*]

Reagentien

0,1 n H_2SO_4;

Cu-Stammlösung, 50,0 mg Cu/ml 1 n H_2SO_4; mit spektralreinem Cu hergestellt;

Cu-Bezugslösung, 1,0 mg Cu/ml 0,1 n H_2SO_4; 10,0 ml Cu-Stammlösung werden mit 40 ml 1 n H_2SO_4 versetzt und mit Wasser auf 500 ml aufgefüllt;

Spektrographische Arbeitsbedingungen

Elektroden: Graphit; obere: 6 mm ∅, mit Spitze 80°; untere: Probenelektrode, s. Abb. 256, als Anode; Atmosphäre: Argon/Sauerstoff-Gemisch (1:1), Strömungsgeschwindigkeit 1,5 l/min;

Elektrodenabstand: 3 mm;

Anregung: Gleichstrombogen, 12 Amp.

Spektrograph: Hilger E 478, Spaltbreite 0,010 mm, Spalthöhe 3 mm;

Auswertung: Hilger Microphotometer;

Belichtungszeit: 15 sec.

Photographische Emulsion: Kodak B 10;

Entwickeln: Kodak D-19b, 3 min bei 20° C;

Innerer Standard: Cu;

Analysen-Linienpaare: s. Tab. 208.

10 ml Probe werden in einem 30 ml-Platintiegel mit 1 ml 0,1 n H_2SO_4 versetzt, auf einer Quarzheizplatte bei ~ 130° C langsam zur Trockene eingedampft (~ 4 Std) und der Tiegel von der Heizplatte genommen. Man fügt 1,0 ml Cu-Bezugslösung hinzu, löst den Rückstand unter Erwärmen und Drehen des Tiegels, spült die Tiegelwand mit wenig Wasser ab und dampft bis zum ersten Auftreten der SO_3-Nebel ein. Die Graphitelektroden werden zur Aufnahme des Leerspektrums 4 sec bei 4 Amp abgefunkt, die

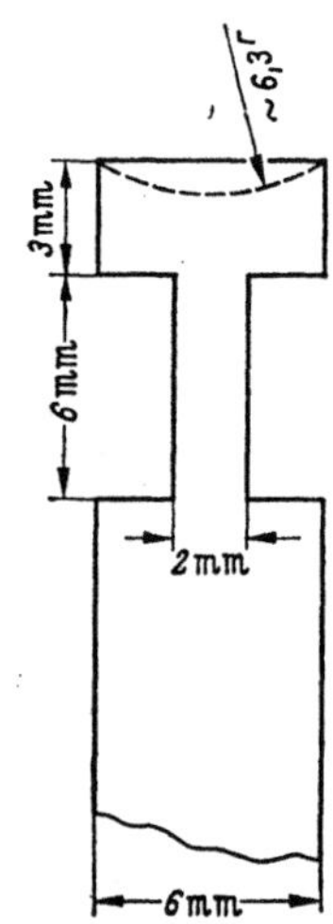

Abb. 256. Probenelektrode

untere Elektrode (Abb. 256) mittels eines auf eine Heizplatte gestellten, mit Bohrungen versehenen Stahlblockes auf 130° C erhitzt (s. S. 128ff.), der vorher erhaltene Eindampfrückstand mit 100 µl Wasser unter Erwärmen gelöst (die Lösung ist nun ~ 1 n H_2SO_4), die Lösung unter Nachwaschen mit 50 µl Wasser tropfenweise auf die erhitzte Elektrode aufgebracht (Gesamterhitzungszeit während des Aufbringens der Lösung 5 min) und anschließend abgefunkt.

Zur Aufstellung der Eichkurven wird eine gemeinsame Stammlösung der Elemente (je 50 μg/ml 1n H_2SO_4; mit Ausnahme von Pb) verwendet, mit welcher 10 Konzentrationsstufen im Bereich von 0,005–5,0 μg/100 μl und mit jeweils 1,0 mg Cu/100 μl durch Zusatz von Cu-Stammlösung und Verdünnen mit 1n H_2SO_4 hergestellt werden. Für Pb stellt man gesondert eine Standardreihe mit 8 Konzentrationsstufen im Bereich von 0,05–2,0 μg Pb/100 μl und mit jeweils 1,0 mg Cu/100 μl auf.

5.1.2. Verfahren II

Arbeitsbereich: s. Tab. 209.

Der Eindampfrückstand der Säuren wird direkt abgefunkt. Verluste durch Verflüchtigung bei B, Sb und Sn werden durch Zusatz von Mannitol und eine möglichst niedrige Eindampftemperatur vermieden. Die Ausbeute beträgt bei allen Elementen und Säuren 80–120%. Das Verfahren eignet sich zur Analyse von Essigsäure, HF, HCl, HNO_3, $HClO_4$ und H_2SO_4.

Das Eindampfen der Säuren wird im geschlossenen System (s. Abb. 12, 13, S. 110) mit Unter- und Oberhitze unter Durchleiten von gefiltertem Stickstoff ausgeführt. Die Abdeckglocke ist bei HF aus Polymethylpenten, bei den übrigen Säuren aus Glas. Beim Eindampfen dürfen die Proben nicht sieden, außer bei HCl, die zu Beginn nur mit Oberhitze eingedampft wird.

B: s. Tab. 209. F_r: ±10–20%. *Z:* 4–10 Std.

Tabelle 209. Analysenlinien und Nachweisgrenzen L_D

Analysenlinie		L_D, ppb	Analysenlinie		L_D, ppb
Ag	3280,7	0,1	Li	3232,6	50
Al	3082,2	0,5	Mg	2852,1	0,05
Au	2676,0	1	Mn	2576,1	0,1
B	2497,7	1	Mo	3170,4	1
Ba	4554,0	0,2	Nb	3094,2	1
Be	3130,4	0,05	Na	3302,3	10
Bi	3067,7	1	Ni	3414,8	1
Ca	4226,7	0,1	Pb	2833,1	1
	3179,3	5	Sb	2598,1	5
Cd	3261,1	1	Si	2881,6	0,1
Co	3453,5	1	Sn	2840,0	1
Cr	2835,6	1	Sr	4077,7	1
Cu	3245,5	0,1	Ti	3349,4	1
Fe	3020,6	1	Tl	2767,9	5
Ga	2943,6	2	V	3093,1	1
Hg	2536,5	10	Zn	3345,0	1
K	4044,1	10	Zr	3392,0	1

Arbeitsvorschrift [*201*]

Reagentien

H_2SO_4 (1,84).
In-Lösung, 0,001%ige wäßrige Lösung (0,02n HCl).
Mannitol, 5%ige wäßrige Lösung.

Spektrographische Arbeitsbedingungen

Elektroden: Graphit (National Carbon); obere: Typ L-3960; untere: Probenelektrode, Typ L-3903, als Anode (s. Abb. 38, S. 151); Atmosphäre: 70% Ar/30% O_2, 4 l/min.

Elektrodenabstand: 4 mm, kontinuierlich eingestellt.
Anregung: Gleichstrombogen, 15 Amp.
Spektrograph: Baird 3 m, Spaltbreite 0,025 mm, Spalthöhe 5 mm.
Belichtungszeit: 90 sec ohne Vorfunkzeit.
Photographische Emulsion: Kodak S.A. 1.
Entwickeln: Kodak D 19, 4 min bei 21° C.
Innerer Standard: In.
Analysen-Linienpaare: s. Tab. 209, bei allen Elementen In 3256,1 als Bezugslinie verwendet.

100,0 g Säure werden in einem 100 ml-Teflonbecher mit 10 mg Graphitpulver, 2 Tropfen H_2SO_4 sowie 1,00 ml In-Lösung versetzt (bei der Analyse von HCl oder HF fügt man zusätzlich noch 0,5 ml Mannitollösung hinzu), zur Trockene eingedampft (bei HF auf dem Wasserbad bei 80° C), der Eindampfrückstand in die Elektrode gestopft und abgefunkt.

5.2. Aluminium-Verbindungen

Arbeitsbereich, Arbeitsweise, Bestimmungsbereich und relativer Fehler sind dieselben wie bei Verfahren 3.1. (s. S. 1402).

Arbeitsvorschrift [*124*]

Reagentien

Na_2CO_3 sicc.;
K_2CO_3;
$Na_2B_4O_7 \cdot 10\ H_2O$;
Übrige Reagentien wie bei Verfahren 3.1.
Spektrographische Arbeitsbedingungen: wie bei Verfahren 3.1.

a) Aluminiumoxyd

1,0 g pulverisiertes Probematerial wird in einem Platintiegel mit Ausguß mit der 5fachen Menge Aufschlußgemisch $Na_2CO_3/K_2CO_3/Na_2B_4O_7 \cdot 10\ H_2O$ (3:3:4) aufgeschlossen, die erkaltete Schmelze mit 6n HCl und Wasser gelöst, die Lösung in einen Schütteltrichter übergeführt und mit der Anreicherung und spektrographischen Bestimmung wie bei Verfahren 3.1. (s. S. 1402) fortgefahren.

b) Aluminiumsalze

Die 1,0 g Al äquivalente Menge der betreffenden Verbindung wird in Wasser gelöst, in einen Schütteltrichter übergeführt und wie unter a) fortgefahren.

5.3. Germaniumdioxyd

Die Bestimmung der Spurenelemente in Germaniumdioxyd läßt sich nach Verfahren 3.8. (s. S. 1411) durchführen, indem man 1–10 g Probematerial in HCl löst, auf 6–8n HCl einstellt und mit der Destillation und der weiteren Verarbeitung wie bei Verfahren 3.8. fortfährt. Der Bestimmungsbereich läßt sich aus den dort gebrachten Angaben und der verwendeten Einwaage berechnen. Arbeitsbereich und relativer Fehler sind dieselben wie bei Verfahren 3.8.

5.4. Kaliumchlorid, Alkalisalze

Arbeitsbereich: s. Tab. 210.

Die Elemente werden mit Oxin/Thionalid/Tanninsäure und In als Spurenfänger ausgefällt und emissionsspektrographisch bestimmt. Die Nachreinigung der Reagentien ist Voraussetzung für die angegebenen Nachweisgrenzen.

B: s. Tab. 210. F_r: ±5–30%.

Arbeitsvorschrift [202]

Reagentien

6n HCl; 4n Ammoniak;
Essigsäure.
2m Ammoniumacetat; man mischt gleiche Volumina von 4n Ammoniak und 4n Essigsäure.
Tanninsäure-Lösung; 15 g Tanninsäure werden in 75 ml Wasser gelöst, die Lösung zur Reinigung durch eine Kationenaustauschersäule (Amberlite IR-120, 10 mm ⌀, 600 mm lang) geschickt, die ersten 40 ml Durchlauf verworfen, die folgenden 25 ml aufgefangen und mit Wasser auf 50 ml verdünnt (täglich frisch hergestellt).
Thionalid, 1%ig in Essigsäure.
Oxin, 5%ig in verdünnter Essigsäure; man löst 50 g Oxin in 115 ml Essigsäure und verdünnt mit Wasser auf 1 l.
In-Lösung (1 mg In/ml); 1,209 g In_2O_3 werden in 333 ml 6n HCl gelöst und mit Wasser auf 1 l aufgefüllt.
Pd-Lösung (25,0 µg Pd/ml); man löst die entsprechende Menge $PdCl_2 \cdot 2\,H_2O$ in Wasser und säuert mit HCl an.

Spektrographische Arbeitsbedingungen

Elektroden: Graphit (Ultra Carbon); obere: 6,15 mm ⌀, plan; untere: Probenelektrode, Typ 101-L, als Anode (s. Abb. 38, S. 151).
Elektrodenabstand: 3 mm.
Anregung: Gleichstrombogen, 10 Amp.
Spektrograph: Baird 3 m, 15000 Strich/Zoll-Gitter, 2. Ordnung, rotierender 7-Stufensektor.
Belichtungszeit: 90 sec; 10 sec bei 5 Amp, dann mit 10 Amp fortgesetzt.
Photographische Emulsion: Kodak S.A. 1.
Innerer Standard: Pd.
Analysen-Linienpaare: s. Tab. 210; für alle Linien dient Pd 3287,2 als Bezugslinie.

Tabelle 210. Analysenlinien und Nachweisgrenzen L_D

Analysenlinie		L_D, ppb	Analysenlinie		L_D, ppb
Ag	3280,7	8	Mn	2801,1	8
Al	3082,2	[a]	Mo	3170,3	3
Au	3122,8	25	Ni	3414,8	5
Be	3130,4	1	Os	2909,1	50
Bi	3067,7	2	Pb	2833,1	100
Cd	3403,6	40	Rh	3434,9	5
Ce	3201,7	[b]	Ru	3428,3	5
Co	3453,5	5	Sb	3232,5	100
Cr	3021,6	5	Sc	3353,7	5
Cu	3274,0	20	Sm	3306,4	50
Dy	3407,8	5	Sn	2863,3	5
Er	3264,8	10	Tb	3324,4	50
Eu	2813,9	10	Th	2837,3	20
Fe	3008,1	80	Ti	3199,9	10
Ga	2943,6	1	Tl	3229,8	300
Gd	3422,5	25	Tm	3131,3	5
Ge	3039,1	5	U	2941,1	200
Hg	2967,3	[c]	V	3185,4	5
Ho	3416,5	25	W	2947,0	20
Ir	3220,8	[b]	Yb	3289,4	1
La	3337,5	[b]	Zn	3345,0	100
Lu	2911,4	5	Zr	3392,0	10

[a] Hoher Blindwert verhinderte die Bestimmung.
[b] Abwesend: Ce (500 ppb), Ir (250 ppb), La (50 ppb).
[c] Verflüchtigt beim Glühen des Niederschlages.

50,0 g Probematerial werden in 150 ml Wasser gelöst, mit 15 ml In-Lösung, 2,00 ml Pd-Lösung sowie 10 ml Oxin-Lösung versetzt und mit Ammoniak auf pH 1,8 eingestellt. Unter Rühren fügt man der Reihe nach 45 ml Ammoniumacetat-Lösung, 2 ml Tanninsäure-Lösung und 2 ml Thionalid-Lösung hinzu, stellt mit Ammoniak auf pH 5,2 ein und läßt über Nacht stehen. Der Niederschlag wird durch ein Papierfilter (4,5 cm ⌀) abfiltriert, mit kaltem Wasser gewaschen und Filter mit Niederschlag bei 450° C über Nacht verascht. Die Asche mischt man in einer Mixermühle (Wig-L-Bug) mit Graphitpulver im Verhältnis Asche : Graphitpulver = 1,3 : 1,0, füllt das Gemisch in zwei Probenelektroden (Doppelanalyse; 8 mg Gemisch in einer Elektrode) und funkt ab. Ein Blindwert wird abgezogen.

5.5. Molybdänverbindungen [*139*]

Arbeits- und Bestimmungsbereich sind dieselben wie bei Verfahren 3.10.2. (s. S. 1416). 1,0 g Probematerial wird in einem Platintiegel mit 4,0 g $KNaCO_3$ aufgeschlossen und mit dem Lösen der Schmelze nach Verfahren 3.10.2. fortgefahren.

5.6. Siliciumcarbid

Arbeitsbereich: Ag, As, Bi, Ga, Hg, In, Mn, P, Pb, Sb, Sn, Tl, Zn.

Zur spektrographischen Bestimmung der Elemente wird das Probematerial ohne chemische Vorbehandlung unmittelbar in Argonatmosphäre abgefunkt.

B: s. Tabelle 211. F_r: ±20–30%.

Arbeitsvorschrift [*203*]

Spektrographische Arbeitsbedingungen: wie bei Verfahren 3.12. (s. S. 1418), jedoch in nachfolgenden Daten davon abweichend:
Atmosphäre: Argon bei allen Elementen, Spülzeit 5 min;
Elektrodenabstand: 4 mm;
Anregung: Gleichstrombogen, 20 Amp;
Spektrograph: Spaltbreite 0,020 mm bei Elementgruppe I, 0,010 mm bei Elementgruppen II—V;
Belichtungszeit: Destillationszeit-Intervalle der einzelnen Elementgruppen gemäß der nachfolgenden Aufstellung:

Elementgruppe	Elemente	Destillationszeit-Intervall, sec
I	As, Bi, Cd, Ga, Hg, In, Na, P, Pb Sb Sn Tl, Zn	0— 6
II	Ag, Al, Be, Ca, Cr, Cu, Ge, Mn	0—25
III	Co, Fe, Mg, Ni, Ti, V	0—60
IV	Mo	15—35
V	Zr	35—50

Entwickeln: 5 min;
Innerer Standard: Ge;
Analysen-Linienpaare: s. Tab. 211.

Das Probematerial wird in Form von Pulver mit GeO_2 als innerem Standard versetzt (in einer Konzentration von 0,001% GeO_2 in der Probe), in die Elektrode gestopft und nach den angegebenen Arbeitsbedingungen abgefunkt. Ge dient als innerer Standard für die Elementgruppen I und II. Für die Elementgruppen III bis V kann Si als innerer Standard verwendet werden.

Tabelle 211. Analysenlinien und Bestimmungsbereich

Element	Bestimmungsbereich, %	Elementlinie[1]
Ag	0,000001—0,0001	3282,9
As	0,00003 —0,001	2780,2
Bi	0,00001 —0,001	3067,7
Ga	0,00001 —0,001	2943,6
Hg	0,00003 —0,001	2536,5
In	0,00001 —0,001	3256,1
Mn	0,000003—0,0001	2576,1
P	0,00003 —0,001	2535,7
Pb	0,00003 —0,001	2833,1
Sb	0,00003 —0,001	2598,1
Sn	0,00003 —0,001	3175,0
Tl	0,00003 —0,001	2767,9
Zn	0,00001 —0,001	3345,0

[1] Für Ag und Mn die Linie Ge 2651,2, für alle übrigen Elemente Ge 2740,4 als innerer Standard verwendet.

Zur Herstellung der Standardproben wurde reinstes Siliciumcarbid in einer Borcarbidreibschale (mit hochpolierter Oberfläche) pulverisiert und mit abgestuften Mengen der Elemente versetzt. Hierzu diente ein Stammgemisch der Elementoxyde (mit einem Gehalt von jeweils 0,14%) in Siliciumcarbid, das durch Mischen von letzterem mit einem im Handel erhältlichen Oxydgemisch (Spec Mix) erhalten wurde. Die gewünschten Gehalte wurden wie bei Verfahren 3.12. (s. S. 1418) hergestellt.

5.7. Schlacken- bzw. Oxydeinschlüsse in Stahl

Vor der eigentlichen Analyse der Schlacken- bzw. Oxydeinschlüsse in Stahl werden diese meist auf elektrolytischem Wege isoliert [*204*].

Die Isolierung erfolgt im allgemeinen nach folgendem Grundvorgang: Einen an beiden Enden mit Lack abgedeckten Stahlzylinder (~ 20 mm⌀ und ~ 80 mm lang) mit einer freien (nicht lackierten) Mantelfläche von ~ 40 cm^2 elektrolysiert man als Anode geschaltet (Kathode: Platindrahtnetz) in einem Elektrolyten bestimmter Zusammensetzung etwa 14—16 Std mit einer Stromdichte von ~ 0,010 Amp./cm^2, wobei die metallische Grundmasse (bis zu 10 g) in Lösung geht, während die als Carbide, Oxyde, Sulfide, Phosphide und Nitride vorliegenden Elemente als Anodenschlamm auf dem Stahlzylinder zurückbleiben. Der so erhaltene Anodenschlamm wird von der Probe mechanisch abgenommen, gewaschen, getrocknet und einer Chlorvakuumbehandlung unterzogen, wodurch die Oxyde von den übrigen Verbindungen befreit werden. Die Arbeitsbedingungen der Isolierungstechnik variieren je nach Stahlqualität und Problemstellung. Im vorliegendem Rahmen kann auf diese Arbeitsweise nicht näher eingegangen werden weshalb auf die entsprechende Literatur verwiesen wird (s. S. 4).

Man erhält als Isolierungsrückstand im allgemeinen eine Gesamtmenge von 100 bis 1000 µg, fallweise auch eine noch kleinere Menge an Schlacken- bzw. Oxydeinschlüssen, von der häufig nur ein Teil für die Analyse zur Verfügung steht. Die Analyse wird deshalb unter Anwendung der spurenanalytischen Arbeitstechnik auf photometrischem oder spektrographischem Wege durchgeführt. Daneben wird die Analyse, vor allem der übrigen Stahl-Gefügebestandteile (Carbide, Sulfide, Nitride) mit Einwaagen von 1—10 mg mit Hilfe der AAS [*205*] oder einer Kombination von Photometrie, AAS und Röntgenspektrometrie [*206*] durchgeführt.

5.7.1. Photometrisches Verfahren

Arbeitsbereich: Al, Fe, Mn, Si.

Nach Abtrennen der Kieselsäure durch Abrauchen mit $HF/HClO_4$ und gewichtsanalytischer Ermittlung des SiO_2-Gehaltes wird die Probe aufgeschlossen und anschließend die photometrische Bestimmung von Al, Fe und Mn durch hintereinander geschaltete Extraktionsverfahren nach dem folgenden Analysenschema durchgeführt. Die gefundenen Gehalt werden als Oxyde angegeben.

B: ~ 1–100% an Al_2O_3, FeO, MnO und SiO_2 in Schlacken- bzw. Oxydeinschlüssen oder 0,0001–0,01% in Stahl[1]. *F_r:* ±5–10%. *Z:* $5^1/_2$–$7^1/_2$ Std für 4 Proben.

Analysenschema

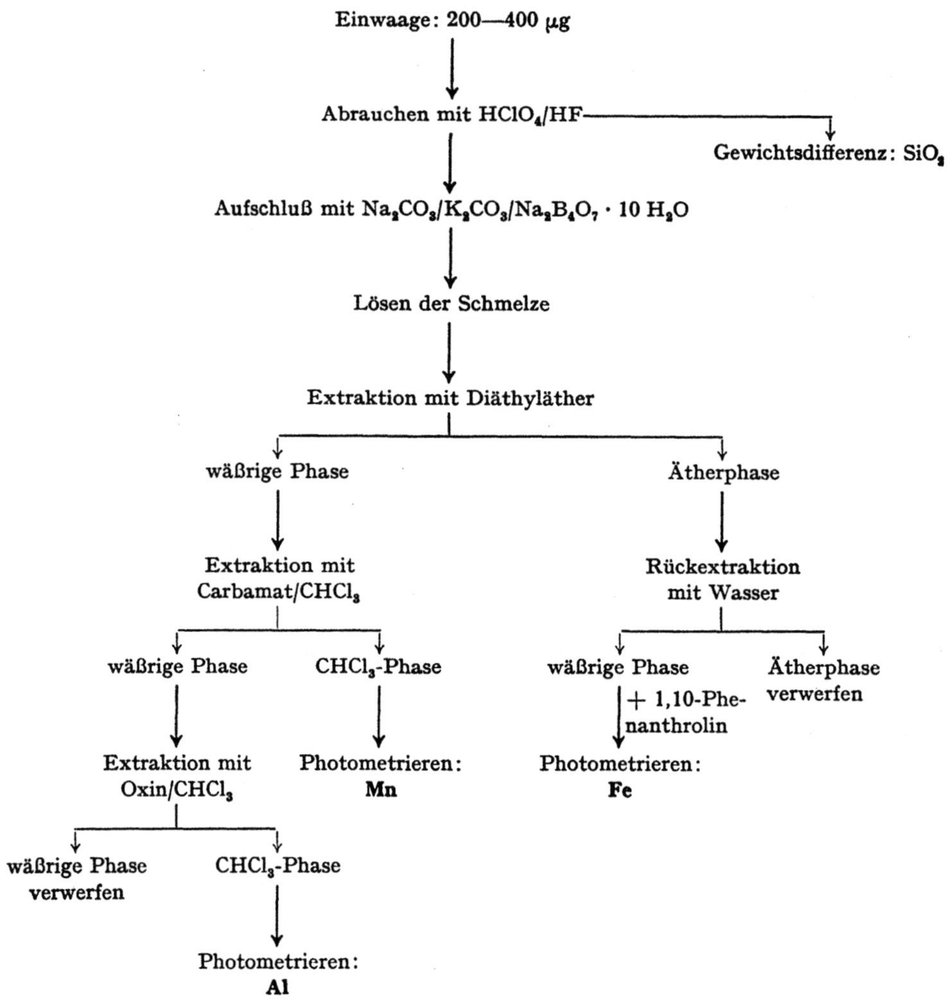

---

[1] Bezogen auf einen Schlacken- bzw. Oxydeinschlußgehalt von 0,01% in Stahl; bei höheren Gehalten verschiebt sich der Bestimmungsbereich entsprechend.

Arbeitsvorschrift [*207—209*]

Reagentien

$HClO_4$ (70%); HF (40%); HCl (1,19); HNO_3 (1,40);
6n HCl; 6n Ammoniak;
Aufschlußgemisch, $Na_2CO_3/K_2CO_3/Na_2B_4O_7 \cdot 10\,H_2O$ (3:3:4);
1,10-Phenanthrolin, 0,5%ige wäßrige Lösung (mit 10% Methanol);
Hydroxylaminhydrochlorid, 10%ige wäßrige Lösung;
Natriumacetatpuffer, 25%ige wäßrige Lösung;
Na-DDTC, 5%ige wäßrige Lösung;
Ammoniumtartrat, 10%ige wäßrige Lösung;
Oxin, 1%ig in $CHCl_3$;
Ammoniumacetatpuffer; Stammlösung: 54,8 g Ammoniumacetat, 21,8 g Natriumacetat und 1,2 ml Eisessig werden mit Wasser auf 200 ml aufgefüllt; Pufferlösung: man verdünnt die Stammlösung mit Wasser (1 + 4);
H_2O_2 (30%);
Diäthyläther;
$CHCl_3$.

SiO_2

200–400 µg Probematerial werden in einen Platintiegel eingewogen, mit 1 Tropfen (~ 10 µl) $HClO_4$ und 2 Tropfen (~ 20 µl) HF auf dem Mikro-Universalheizblock (s. Abb. 17, S. 115) abgeraucht, danach im elektrischen Muffelofen 15 min bei 850° C geglüht, nach dem Abkühlen ausgewogen und aus der Gewichtsdifferenz der Gehalt an SiO_2 berechnet.

FeO

Der im Platintiegel verbliebene Rückstand wird mit 50 mg Aufschlußgemisch mittels eines Mikrogebläses aufgeschlossen, die erkaltete Schmelze tropfenweise mit Wasser, 6n HCl und HCl (1,19) gelöst, in einen 100 ml-Schütteltrichter übergeführt und auf 30 ml verdünnt (die Lösung soll jetzt 6n HCl sein). Man oxydiert das Fe durch 2–3 Tropfen H_2O_2 und kurzes Schütteln, extrahiert das Fe 2mal je 1 min mit 15 ml und 10 ml Diäthyläther (mit 6n HCl gesättigt) – bei größeren Fe-Mengen noch ein drittes Mal mit 10 ml Diäthyläther – und läßt die wäßrige Phase in einen 2. Schütteltrichter ab. Aus dem vereinigten Ätherextrakt wird das Fe 3mal mit je 1,8–2 ml Wasser 1 min rückgeschüttelt, die vereinigten wäßrigen Auszüge in einem 10 ml-Meßzylinder mit je 1 ml Hydroxylamin- und Natriumacetatpuffer-Lösung versetzt, mit HCl bzw. Ammoniak auf pH 3,5 eingestellt und die Lösung 1 min kräftig geschüttelt; danach fügt man 1 ml 1,10-Phenanthrolin-Lösung hinzu, füllt mit Wasser zur Marke auf und photometriert nach 10 min in einer 1 cm-, 2 cm- oder 5 cm-Küvette bei 508 nm gegen Wasser.

MnO

Die von der Fe-Extraktion verbliebene wäßrige Phase im 2. Schütteltrichter wird mit 1 ml Hydroxylaminhydrochlorid-Lösung versetzt, nach vorsichtigem Umschwenken 1 min unter mehrmaligem Lüften des Stopfens kräftig geschüttelt und danach in eine Quarzschale mit Ausguß abgelassen. Man erwärmt zur Vertreibung noch anwesenden Äthers 5–10 min auf dem Wasserbad, versetzt mit 0,5 ml Ammoniumtartrat-Lösung, stellt mit Ammoniak auf pH 2 ein und führt nach dem Abkühlen in einen 100 ml-Schütteltrichter über. Nach Zusatz von 1 ml Ammoniumacetatpuffer-Lösung wird auf pH 4,8 eingestellt, 2 ml Carbamat-Lösung hinzugefügt, 10 sec kräftig geschüttelt und der pH-Wert auf 5,2–5,4 korrigiert. Nun extrahiert man 1 min mit 10 ml $CHCl_3$, läßt den organischen Extrakt nach der Phasentrennung in einen 25 ml-Meßkolben ab und wiederholt die Extraktion mit 2 ml Carbamat-Lösung sowie 2mal 5 ml $CHCl_3$. Der vereinigte organische Extrakt wird im Meßkolben mit $CHCl_3$ zur Marke aufgefüllt und in einer 1 cm-, 2 cm- oder 5 cm-Küvette bei 500 nm gegen $CHCl_3$ photometriert.

Al_2O_3

Die von der Mn-Extraktion verbliebene wäßrige Lösung wird auf pH 5,7–5,8 eingestellt, 1 min mit 10 ml Oxin-Lösung extrahiert und der organische Extrakt nach der Phasentrennung in einen 25 ml-Meßkolben abgelassen. Man wiederholt die Extraktion noch 2mal mit je 5 ml Oxin-Lösung (bei größeren Al-Mengen kann eine 4. Extraktion mit 3 ml Oxin-Lösung erforderlich sein), füllt den vereinigten organischen Extrakt mit Oxin-Lösung zur Marke auf und photometriert in einer 1 cm-, 2 cm- oder 5 cm-Küvette bei 395 nm gegen Oxin-Lösung.

5.7.2. Spektrographisches Verfahren

Arbeitsbereich: Al, Ca, Cu, Cr, Fe, Mg, Mn, Si.

Die Analyse wird nach dem Aufschluß des Probematerials meist in Form der Lösungsspektralanalyse mit vorerhitzten Stabelelektroden [*209–213*] oder mit rotierender Radelektrode [*214, 215*] und Co oder Zn als Bezugselement, sowie nach dem Preßlingsverfahren [*215–217*] mit Co oder V als Bezugselement durchgeführt. Das nachfolgende Verfahren [*209, 210*] eignet sich für Probemengen bis herab zu ~ 50 µg. Bei < 100 µg Probematerial arbeitet man nach der Arbeitsvorschrift mit einem Endvolumen von 100 µl (bei Einwaagen von ~ 50 µg kann man zur Erhöhung der Linienintensitäten der weniger empfindlichen Elemente auf beide Elektroden je 20 µl Probelösung aufbringen), der Aufschluß muß in diesem Bereich allerdings in einer Schmelzperle unter dem Stereomikroskop mit Hilfe eines Mikromanipulators durchgeführt werden (s. S. 116), da sich das Aufschließen so kleiner Probemengen im Mikroplatintiegel bereits schwierig gestaltet.

B: wie bei Verfahren 5.7.1. (s. S. 1444). F_r: ±5,5%. *Z:* 1 Std für 1 Probe.

Arbeitsvorschrift [*209, 210*]

Reagentien

Aufschlußgemisch, s. Verf. 5.7.1. (s. S. 1444);

Co-Bezugslösung (I); 49,38 g $Co(NO_3)_2 \cdot 6\,H_2O$ + 20 g Citronensäure + 220 ml HCl (1,19) werden mit Wasser auf 1 l aufgefüllt (1% Co, 2% Citronensäure, 2,75 n HCl);

Co-Bezugslösung (II); wie Co-Bezugslösung (I), jedoch mit nur 1 ml HCl (1,19);

Aufschlußgemisch-Lösung; 34,13 g $Na_2B_4O_7 \cdot 10\,H_2O$, 25,60 g Na_2CO_3 sicc. und 25,60 g K_2CO_3 werden mit 293 ml HCl (1,19) in Lösung gebracht und mit Wasser auf 1 l aufgefüllt;

Spektrographische Arbeitsbedingungen

Elektroden: Graphit RWI (Ringsdorff-Werke), 5 mm ⌀, plan abgedreht;

Elektrodenabstand: 3 mm;

Anregung: ARL High Precision Source, Hochspannungsfunke, 180/20000 V, 1,45 Amp, 7000 pF, 360 µH, Restwiderstand, 200 Entladungen/sec;

Spektrograph: ARL 1,5 m-Gitterspektrograph, 24400 Strich/Zoll-Gitter, 1. Ordnung, Spaltbreite 0,020 mm;

Auswertung: ARL Comparator-densitometer, Rechenbrett Respektra;

Vorfunkzeit: keine; Belichtungszeit: 60 sec;

Photographische Emulsion: Kodak S. A. 1;

Emulsionskalibrierung: Zweistufen-Vorkurvenmethode [*218*], Fe-Spektrum mit Zweistufenfilter (100%/50%);

Entwickeln: Kodak D-19, 3 min bei 18° C; Unterbrechen: 3%ige Essigsäure, 10 sec bei 18° C; Fixieren: Kodak F-5, 5 min bei 18° C; Wässern: 15 min in fließendem Leitungswasser;

Innerer Standard: Co;

Analysen-Linienpaare: Al 3092,7/Co 3072,3 oder 3048,9
Ca 3179,3/Co 3072,3 oder 3147,1
Cr 2843,3/Co 2871,2
Fe 2599,4/Co 2648,6 oder 2636,0
Mg 2852,1/Co 2871,2
Mn 2933,1/Co 2987,2
Si 2881,6/Co 2871,2
Cu 3274,0/Co 3147,1
unter Verwendung von Kamerafiltern verschiedener Durchlässigkeit (5—50%) bei höheren Elementgehalten.

300–500 μg Probematerial werden mit einer Torsionswaage in einen Mikro-Platintiegel eingewogen, mit 16 mg Aufschlußgemisch unter einer Leuchtlupe mittels Mikrogebläse aufgeschlossen und die erkaltete Schmelze im Tiegel mit 250 μl Co-Bezugslösung (I) in der Kälte gelöst (wenn sich eine an Schwermetallen reiche Schmelze dabei nur wenig löst, so erwärmt man auf dem Mikro-Universalheizblock auf 30–35° C). Das vollständige Lösen wird unter dem Stereomikroskop kontrolliert. Danach füllt man die Lösung unter Nachwaschen mit Wasser mittels einer Auswaschpipette mit vereinfachter Membranpumpe (s. Abb. 24, S. 121) auf 500 μl auf (die Lösung ist jetzt ~ 1n HCl). Die Probelösung wird anschließend in einen Spitzbecher mit Schliffstopfen geblasen und der Lösungsspektralanalyse zugeführt. Bei Einwaagen von 150–300 μg wird die Schmelze in 100 μg Co-Bezugslösung (I) gelöst und auf ein Endvolumen von 200 μl gebracht, für Probemengen von 100–150 μg sind 50 μl Co-Bezugslösung (I) erforderlich und das Endvolumen beträgt 100 μl.

Von der im Spitzbecher befindlichen Probelösung werden 20 μl mittels einer Capillarpipette mit Membranpumpe (s. Abb. 33, S. 132) auf vorgefunkte und vorerhitzte Stabelektroden (s. S. 128ff. und Abb. 30, S. 130) aufgebracht und anschließend abgefunkt.

Aufstellung der Eichkurven

In einem 100 ml-Meßkolben wird die dem vorgesehenen Elementgehalt entsprechende Menge Salz des Elementes in wenig Wasser gelöst bzw. 5 ml oder 10 ml Element-Stammlösung entsprechender Verdünnung vorgelegt. Dazu fügt man 50 ml Co-Bezugslösung (II)[1] und 37,5 ml Aufschlußgemisch-Lösung[1], füllt mit Wasser zur Marke auf und funkt nach der Arbeitsvorschrift ab. Davon abweichend wird die Si-Eichkurve mit abgestuften Einzeleinwaagen fein pulverisierten Quarzsandes nach der Arbeitsvorschrift aufgestellt.

Wahlweise kann man die Eichkurven auch mit Hilfe entsprechender Einzeleinwaagen von feinst pulverisierten Oxyden, Oxydgemischen, Koksaschen, Schlacken und Erzen nach der Arbeitsvorschrift aufstellen.

5.8. Thoriumdioxyd

Arbeitsbereich: Dy, Eu, Gd, Sm.

Das Probematerial wird nach der "carrier distillation"-Methode direkt der Emissionsspektralanalyse unterzogen.

B: s. Tab. 212 $V_m \pm 8\%$.

Arbeitsvorschrift [*219*]

Spektrographische Arbeitsbedingungen

Elektroden: Graphit U 7 (Ultra Carbon); obere: Typ 1964; untere: Probenelektrode, Typ 1998 und 1964, als Anode (s. Abb. 38, S. 151); Atmosphäre: 80% Ar/20% O_2, 4 l/min.

---

[1] Die in der für die Analyse verwendeten Co-Bezugslösung (I) enthaltene HCl ist hier zur Vermeidung der störenden CO_2-Entwicklung der Aufschlußgemisch-Lösung zugesetzt.

Elektrodenabstand: 4 mm.
Anregung: Gleichstrombogen, 225 V, 15 Amp.
Spektrograph: Baird 3 m, 2. Ordnung, Spaltbreite 0,025 mm, Filter Kodak Nr. 39.
Vorfunkzeit: 35 sec, Belichtungszeit: 60 sec.
Photographische Emulsion: Kodak S.A. 1.
Innerer Standard: Nd.
Analysen-Linienpaare: s. Tab. 212; alle Linien mit Nd 3775,5 als Bezugslinie.

Tabelle 212. Analysenlinien und Bestimmungsbereich

Analysenlinie	Bestimmungsbereich, ppm
Dy 3531,7	1 —40
Eu 3819,7	0,5—15
Gd 3422,5	1 —40
Sm 3609,5	2 —40

450,0 mg Probematerial werden mit 50,0 mg AgCl (0,1% Nd_2O_3 enthaltend) in einer Mixermühle (Wig-L-Bug) 60 sec gemischt, von dem Gemisch 100,0 mg in die Probenelektrode gestopft und abgefunkt.

5.9. Titanverbindungen

Arbeitsbereich, Arbeitsweise, Bestimmungsbereich und relativer Fehler sind dieselben wie bei Verfahren 3.1. (s. S. 1402).

Arbeitsvorschrift [*147*]

Reagentien

Wie bei Verfahren 5.2. (s. S. 1440);

Spektrographische Arbeitsbedingungen: Wie bei Verfahren 3.1.

a) Titandioxyd, Bariumtitanat

1,0 g fein pulverisiertes Probematerial wird wie bei Verfahren 5.2. aufgeschlossen und weiterbehandelt.

b) Titansalze

Die 1,0 g Ti äquivalente Probemenge wird in Wasser oder Mineralsäure gelöst und wie unter a) fortgefahren.

5.10. Uranoxyd

Arbeitsbereich: s. Tab. 213.

Das Probematerial wird nach der "carrier-distillation"-Methode direkt der Emissionsspektralanalyse unterzogen. Das Verfahren fand zur Analyse von UO_2 Anwendung, eignet sich aber auch für U_3O_8.

B: s. Tab. 213. *V:* $\pm 4-14\%$.

Arbeitsvorschrift [*220*]

Spektrographische Arbeitsbedingungen

Elektroden: Graphit (National Carbon); obere: 3,2 mm ∅, plan; untere: Probenelektrode, Typ L-3918 und L-3919 (s. Abb. 38, S. 151), als Anode, vor dem Füllen durch Abfunken (30 sec bei 10 Amp.) gereinigt.

Elektrodenabstand: 4 mm.
Anregung: Gleichstrombogen, 10 Amp.
Spektrograph: Hilger Littrow, Spaltbreite 0,015 mm.
Vorfunkzeit: 5 sec; Belichtungszeit: 40 sec.
Photographische Emulsion: Ilford ordinary.
Innerer Standard: Co, Ga.
Analysen-Linienpaare: s. Tab. 213; als Bezugslinien dienen Co 2521,4 und Ga 2624,8 für alle Elemente.
Die Bestimmung des Co-Gehaltes erfolgt in einer getrennten Probe ohne Co-Zusatz.

Tabelle 213. Analysenlinien und Nachweisgrenzen L_D[1]

Analysenlinien	L_D, ppm	Analysenlinien	L_D, ppm
Ag 3280,7	0,2	Mn 2576,1	0,5
Al 3082,2	1	Mo 3132,6	2
As 2860,5	10	Ni 3050,8	1
Au 2676,0	0,5	P 2535,7	8
B 2496,8	0,5	Pb 2802,0	1
Be 3130,4	0,3	Pd 3242,7	10
Bi 3067,7	0,5	Sb 2598,1	5
Cd 3261,1	7	Si 2881,6	5
Co 2521,4	4	Sn 3034,1	0,5
Cr 2835,6	1	Ti 3234,5	300
Cu 3247,5	2	Tl 2767,9	0,3
Fe 2599,6	2	V 3184,0	5
Ge 2651,2	0,4	W 2947,0	150
In 3256,1	1	Zn 3345,0	20
Mg 2802,7	2		

[1] Für UO_2.

6,80 mg CoO werden mit 100,0 mg Ga_2O_3 durch Mahlen vermischt. 6,41 mg CoO/Ga_2O_3-Mischung mischt man in einer Mixermühle mit 294,0 mg Probematerial (UO_2), so daß die Probenmischung 1000 ppm Co aufweist. Von der Mischung werden jeweils 100,0 mg in 3 Probenelektroden gestopft, abgefunkt und der Mittelwert aus den 3 Einzelanalysen berechnet.

Da die Intensität der Analysenlinien von der Matrix teilweise beeinflußt wird, müssen gesonderte Eichkurven sowohl für UO_2- als auch U_3O_8-Matrix mit Hilfe von Oxydmischungen aufgestellt werden.

5.11. Uranverbindungen

5.11.1. Verfahren I [*148*]

Die Analyse wird nach Verfahren 3.18. (s. S. 1421) durchgeführt.

5.11.2. Verfahren II

Arbeitsbereich: Be, Dy, Er, Eu, Gd, La, Sm.

Nach Abtrennung des U mittels Säulenchromatographie werden die Spurenelemente emissionsspektrographisch bestimmt.

B: s. Tab. 214. *V:* ±5–25%.

Arbeitsvorschrift [*221*]

Reagentien

HCl (1,19); 8n HCl; 0,2n HCl; 8n HNO_3.
H_2O_2 (30%).
0,5m Tri-n-octylamin (TOA) in Benzol.
Chromatographiesäule (1 cm ⌀); Silicagel (f. Chromatographie, Körnung 0,15—0,30 mm) wird mehrmals mit HCl (1,19) und dann mit Wasser gewaschen, getrocknet (130° C), in einem Becherglas mit 0,5m TOA (3 ml 0,5m TOA/2,5 g SiO_2) 15 min gerührt, über Nacht stehen gelassen und dann bei 85° C getrocknet. Das so vorbehandelte Silicagel füllt man in die Säule (mit Quarzwolle an beiden Enden) und sättigt mit 8n HCl. 2,5 g Silicagel (≡ 5 cm Schichthöhe) reichen für 100 mg U bzw. 3—30 cm Schichthöhe für 40—1000 mg U. Die Säulenfüllung ist nach der durchzusetzenden U-Menge zu dimensionieren. Die gebrauchte Säule läßt sich regenerieren, indem man das adsorbierte U mit 0,2n HCl eluiert und die Säule mit 8n HCl sättigt.
Pd-Standardlösung (500 µg Pd/ml); man löst die entsprechende Menge $(NH_4)_2PdCl_4$ in HCl (1 + 9).
Zn-Pufferlösung, 2,50 mg Zn/ml 8n HCl.

Spektrographische Arbeitsbedingungen

Elektroden: Graphit; obere und untere: 4 mm ⌀, plan, mit Parafin/CCl_4 abgedichtet; Atmosphäre: Ar, 10 l/min.
Elektrodenabstand: 2 mm.
Anregung: Hochspannungsfunke, Feussner, $C = 9900$ cm, $L = 320$ µH, 21 kV.
Spektrograph: Jarrell-Ash, 3,4m Ebert, 15000 Strich/Zoll-Gitter, 1. Ordnung, Spaltbreite 0,030 mm, rotierender 7-Stufensektor.
Belichtungszeit: 20 sec, ohne Vorfunkzeit.
Photographische Emulsion: Kodak S.A. 1.
Innerer Standard: Pd.
Analysen-Linienpaare: s. Tab. 214.

Tabelle 214. Analysen-Linienpaare und Bestimmungsbereich

Analysen-Linienpaare		Bestimmungsbereich[1]
Be	3131,1/Pd 3114,0	0,005—0,3
Dy	3531,7/Pd 3571,2	0,01 —1
Er	3692,7/Pd 3690,3	0,02 —1
Eu	3819,7/Pd 3832,3	0,01 —1
Gd	3422,5/Pd 3421,2	0,02 —1
La	3337,5/Pd 3302,1	0,01 —1
Sm	3568,3/Pd 3571,2	0,02 —1

[1] µg auf den Elektroden.

Eine 40—1000 mg U entsprechende Probemenge wird in 3—10 ml 8n HNO_3 gelöst, zur Trockene eingedampft, mehrmals mit HCl (1,19) abgeraucht, der Rückstand mit 5 ml 8n HCl gelöst, die Lösung durch die Chromatographiesäule geschickt (0,25 ml/min/cm²) und mit 20 ml 8n HCl nachgewaschen. Bei Säulenfüllungen mit > 10 cm Länge benötigt man 50 ml Gesamtdurchlauf (Probe- und Waschlösung). Den Gesamtdurchlauf dampft man in einer Platinschale zur Trockene ein, zerstört anwesendes Amin mit einigen Tropfen H_2O_2, löst den Rückstand in 0,5 ml 8n HCl, führt die Lösung unter Nachwaschen mit wenig 8n HCl in einen Quarzspitzbecher (s. S. 114) über, fügt 250 µl Pd-Lösung sowie 100 µl Zn-Lösung hinzu und bringt durch Einengen und Auffüllen auf ein Endvolumen von 200 µl (s. S. 120). Von dieser Lösung werden je 10 µl auf beide abgedichtete Elektroden gegeben (s. S. 128ff.) und nach dem Eintrocknen abgefunkt.

5.12. Plutoniumverbindungen [*149*]

Plutoniumoxyd wird in HNO_3, Plutoniumnitrat in Wasser gelöst und die Analyse nach Verfahren 3.19. (s. S. 1425) durchgeführt.

5.13. Wolframverbindungen [*139*]

Arbeits- und Bestimmungsbereich sowie die Analysendurchführung sind dieselben wie bei Verfahren 5.5. (s. S. 1442).

5.14. Zirkoniumverbindungen [*150*]

Arbeitsbereich, Arbeitsweise, Bestimmungsbereich und relativer Fehler sind dieselben wie bei Verfahren 3.1. (s. S. 1402). Die Analyse von Zirkoniumdioxyd, Bariumzirkonat und Zirkoniumsalzen erfolgt wie bei Verfahren 5.9.

5.15. Düngemittel

Düngemittel können nach Verfahren 2.5. (s. S. 1388) oder Verfahren 4.1. (s. S. 1428) analysiert werden. Bei dem letzteren wird das Probematerial wie folgt vorbereitet [*47*]: Je nach dem Gehalt an Spurenelementen werden 1–10 g pulverisiertes Probematerial in Wasser oder Mineralsäuren gelöst, der unlösliche Rückstand abfiltriert, die klare Lösung in einem 100 ml-Meßkolben mit Wasser zur Marke aufgefüllt und mit der Analyse nach Verfahren 4.1. fortgefahren.

5.16. Luft

5.16.1. Verfahren I

Arbeitsbereich: s. Tab. 194, 209 bzw. 210.

B: $\geqq 10\ L_D/m^3$ (nach Tab. 194, 209 bzw. 210). F_r: $\pm 5-20\%$.

Reagentien und *spektrographische Arbeitsbedingungen:* wie bei Verfahren 2.2., 5.1.2. bzw. 5.4. (s. S. 1385, 1439, 1440).

Man saugt 100 l Luft durch ein Filter (5–25 l/min, s. S. 177), verascht das Filter mit HNO_3, fügt zur Probelösung 10,0 oder 20,0 mg Graphitpulver sowie den entsprechenden inneren Standard hinzu, dampft die Lösung zur Trockene ein, stopft den Eindampfrückstand in die Probenelektrode und funkt ab. Wahlweise erfolgen dabei Anregung und Auswertung nach Verfahren 2.2. (s. S. 1385), 5.1.2. (s. S. 1439) oder 5.4. (s. S. 1440).

5.16.2. Verfahren II [*222–226*]

Arbeitsbereich: As, Cd, P, Pb, S, Zn u. a. Elemente.

Die auf einem Filter gesammelte Staubprobe wird direkt röntgenspektrometrisch analysiert.

B: $\geqq L_D$. *V:* $\pm 33\%$ für L_D, darüber $\pm 10\%$. L_D: (in µg/m³ Luft; bei 1 m³ Luftprobemenge und 23 mm Filter-⌀) As 0,3, Cd 0,025, P 0,12, Pb 0,3, S 0,12, Zn 0,3.

Man saugt 1 m³ Luft durch ein Filter (s. S. 177; nutzbare Absaugfläche 23 mm ⌀; Filtersorte: am zweckmäßigsten Whatman Paper Nr. 40 oder Schleicher & Schüll Nr. 589/1), führt anschließend das Filter mit der Staubprobe ohne weitere Behandlung (oder nach Abdecken mit Mylarfolie, s. S. 160) in das Röntgenspektrometer ein und mißt die Intensität der entsprechenden Elementlinien. Der Blindwert eines Leerfilters wird abgezogen. Die Aufstellung der Eichkurven erfolgt mit synthetischen Lösungen in abgestuften Konzentrationen, indem man auf eine Reihe von Filtern (für eine definierte Saugfläche versieht man diese mit einem Wachsring, s. S. 160) jeweils z. B. 50 µl Eichlösung aufbringt, trocknet und mißt. Wegen der Unterschiede in der Massenabsorption zwischen Standard- und Staubproben müssen die mit den Eichkurven erhaltenen Werte durch entsprechende Faktoren (mittels chemischer Analyse von Staubproben bestimmte korrigiert werden.

Tabelle 214a. Nachtrag — Weitere Verfahren[1]

Bestimmungsmethode	Probematerial. Verfahren. Bestimmungsbereich	Literatur
AAS	Seewasser. Isol: Ex Ammoniumtetramethylendithiocarbamat/ MIBK, pH 2,5. Best: Cd, Cu, Fe, Mn, Pb, Zn. *B:* ≧ 0,1 ppb Cd, Pb, ≧ 2—20 ppb Cu, Fe, Mn, Zn.	[*227*]
AAS	Wasser, Abwasser. Isol: —. Best: Al, Cr, Cu, Fe, Mn, Pb, flammenlose AAS mit Graphitrohrküvette, L_D (in ppb): Al 0,02, Cr 0,05, Cu 0,03, Fe 0,03, Mn 0,01, Pb 0,02.	[*228*]
AA	Reinstwasser (Reaktorwasser). Isol: IoA. Best: Co, Cr, Cu, Fe, Ni, Zn. *B:* ≧ 0,01 ppb; *V:* ±12%.	[*229*]
Rö	Wasser. Isol: Flg Na-DDTC bzw. PAN. Best: As, Cd, Cu, Fe, Mn, Pb, Se, Zn. L_D: ~ 0,1—1 ppb.	[*230*]
R	Wasser. Isol: El. Best: Co, Cr, Cu, Hg, Ni, Zn. *B:* 2—100 µg; *V:* ±1—40%.	[*231*]
Pol	Wasser. Isol: IoA. Best: Cd, Co, Cu, Ni, Pb, Zn. *B:* 0,2—60 ppb.	[*232*]
AAS	Blut (1 ml Probe). Isol: Ex. Best: Bi, Cd, Co, Cu, Fe, Li, Mn, Ni, Pb, Sr, Zn. *B:* 5—200 ppb Li, 0,025—1 ppm Bi, Cd, Co, Ni, Pb, Sr, 0,1—4 ppm Cu, 0,25—10 ppm Zn. *V:* ≦ ±8% bei 0,1 ppm.	[*233*]
Vo	Blutserum. Isol: —. Best: Bi, Cd, Cu, Pb, Tl, Zn. L_D: ~0,01 ppm; *V:* ±7,5—11%; *Z:* 4—6 Std.	[*234*]
Vo	Pflanzenmaterial. Isol: —. Best: Cd, Cu, Pb, Zn. L_D: 1—3 ppm.	[*235*]
R	Stahl. Isol: Flg Phenylarsonsäure. Best: Nb, Ta, Zr. L_D: 2—3 ppm.	[*236*]
AAS	Cadmium. Isol: El. Best: Ag, Au, Bi, Cu, Pb, Ni, Pd. L_D: 0,02—0,2 ppm; *V:* ±2—12%.	[*237*]
Esp	III./V.-Gruppe-Verbindungen (GaAs, GaP, GaAsP). Isol: —. Best: Ag, Al, Ca, Cd, Cr, Cu, Fe, Ge, In, Mg, Mn, Mo, Ni, Pb, Sb, Si, Sn, Ti, Zn. *B:* 0,1—1000 ppb; *V:* ±20—40%.	[*238*]
Es	Quecksilber. Isol: —. Best: Ag, Al, Au, Bi, Cd, Co, Cu, Fe, Mg, Mn, Ni, Pb, Sn, Zn. L_D: 5—40 ppb Ag, Al, Cu, Mg, Mn, Ni, 80—400 ppb übrige Elemente.	[*239*]
Esp	Blei. Isol: —. Best: Ag, As, Bi, Cu, Sb, Sn, Zn. L_D: 0,4—2 ppm; *V:* ±3—9%.	[*240*]
Esp:	Selen. Isol: Dest. Best: Al, As, Ba, Bi, Ca, Cd, Co, Cr, Cu, Fe, Hg, Mg, Mn, Mo, Ni, Pb, Sb, Sn, Te, Ti, V, Zn, Zr. L_D: 0,005—0,5 ppm; *V:* ±7—18%.	[*241*]
Ph, AAS, Esp, Pol	Zink. Isol: El. Best: Au, Bi, Cd, Co, Cu, In, Ni, Pb, Pd, Tl. L_D: 0,03—0,8 µg Bi, Cd, Co, In, Ni, Tl mit Esp; *V:* ±1,5—18%.	[*242*]

[1] Abkürzungen s. S. XIII.

Tabelle 214a (Fortsetzung)

Bestimmungsmethode	Probematerial. Verfahren. Bestimmungsbereich	Literatur
Rö	Silicatgestein, Mineralien. Isol: IoA. Best: Sc, S. E., Y. L_D: ~ 0,5 ppm; V: ± 10—20%.	[*243*]
Esp	Neodymoxyd. Isol: —. Best: Ce, Dy, Eu, Gd, Ho, La, Pr, Sm, Tb, Y, Yb. L_D: 2—9 ppm; V: ± 6—15%.	[*244*]
Esp	Tellursäure. Isol: —. Best: Al, Be, Bi, Cd, Co, Cr, Fe, Ga, In, Mg, Mn, Ni, Pb, Pd, Pt, Rh, Sb, Sn, Ti, Zr. L_Q: 0,1—100 ppm; V: ± 10—25%.	[*245*]
Esp, Ph	Tl-Verbindungen. Isol: Flg, Ex. Best: Bi, Cd, Co, Cu, Fe, In, Ni, Pb. L_D: 0,3—600 ppm; V: ± 3—14%.	[*246*]
Rö	Titandioxyd. Isol: —. Best: Al, Ca, Cl, Fe, K, Nb, P, Pb, S, Sb, Si, Sn, Zn, Zr. L_D: 3—39 ppm; V: ± 1—17%.	[*247*]
Esp	Urantetrafluorid. Isol: —. Best: B, Si. L_D: 0,1 ppm B, 5 ppm Si; V: ± 10%.	[*248*]

Literatur

1. Brooks, R. R.: Analyst **85**, 745 (1960).
2. Morris, A. W.: Analyt. chim. Acta **42**, 397 (1968).
3. Brooks, R. R., Presley, B. J., Kaplan, I. R.: Talanta **14**, 809 (1967).
4. Whitnack, G. C., Sasselli, R.: Analyt. chim. Acta **47**, 267 (1969).
5. Biechler, D. G.: Analyt. Chem. **37**, 1054 (1965).
5a. Hellmann, H., Griffatong, A.: Z. anal. Chem. **257**, 343 (1971).
6. Sachdev, S. L., West, P. W.: Analyt. chim. Acta **44**, 301 (1969).
7. Pohl, F. A.: Z. anal. Chem. **139**, 241 (1953).
8. Meyer, S., Koch, O. G.: Spectrochim. Acta **12**, 278 (1958).
9. Mitchell, R. L., Scott, R. O.: Spectrochim. Acta **3**, 367 (1948).
10. Heggen, G. E., Strock, L. W.: Analyt. Chem. **25**, 859 (1953).
11. Silvey, W. D., Brennan, R.: Analyt. Chem. **34**, 784 (1962).
12. Pohl, F. A.: Z. anal. Chem. **197**, 193 (1963).
13. Bonsels, W., Linnemann, F., Pohl, F. A.: Z. anal. Chem. **222**, 210 (1966).
14. Pohl, F. A.: Mikrochim. Acta (Wien) **1963**, 855.
15. Strafford, N., Wyatt, P. F., Kershaw, F. G.: Analyst **70**, 232 (1945).
16. Wyatt, P. F.: Analyst **78**, 656 (1953).
17. Wyatt, P. F.: Analyst **80**, 368 (1955).
18. Abson, D., Lipscomb, A. G.: Analyst **82**, 152 (1957).
19. Vioque, A., Villagran, M. del P.: Mikrochim. Acta (Wien) **1956**, 804.
20. Gaga, J. C.: Analyst **83**, 672 (1958).
21. Pohl, F. A., Treiber, E.: Melliand Textilber. **34**, 747 (1952).
22. Koch, O. G., Dedic, G. A.: Chemist-Analyst **46**, 88 (1957).
23. Voth, J. L.: Analyt. Chem. **35**, 1957 (1963).
24. Strasheim, A., Eve, D. J.: J. S. African Chem. Inst. **14**, 1 (1961).
25. Bergmann, J. G., Ehrhardt, C. H., Granatelli, L., Janik, J. L.: Analyt. Chem. **39**, 1258 (1967)
26. Bergmann, J. G., Ehrhardt, C. H., Granatelli, L., Janik, J. L.: Analyt. Chem. **39**, 1331 (1967).
27. Sherwood, R. M., Chapman, F. W., Jr.: Analyt. Chem. **27**, 88 (1955).
28. Middleton, K. R.: Analyst **89**, 421 (1964).
29. Jackwerth, E., Schmidt, W.: Z. anal. Chem. **215**, 362 (1966).
30. Gorbach, G., Vioque, A.: Fette u. Seifen **56**, 177 (1954).
31. Karchmer, J. H., Gunn, E. L.: Analyt. Chem. **24**, 1733 (1952).
32. Horeczy, J. T., Hill, B. N., Walters, A. E., Schutze, H. G., Bonner, W. H.: Analyt. Chem. **27**, 1899 (1955).
33. Hansen, J., Hodgkins, C. R.: Analyt. Chem. **30**, 368 (1958).

34. BARNEY II., J. E.: Analyt. Chem. **27**, 1283 (1955).
35. HOGGAN, D., MARQUART, C. E., BATTLES, W. R.: Analyt. Chem. **36**, 1955 (1964).
36. PAOLINI, A., Jr., KENNEDY, R. M.: Appl. Spectroscopy **16**, 15 (1962).
37. VALBERG, L. S., HOLT, J. M., SZIVEK, J.: Analyt. Chem. **36**, 790 (1964).
38. NASH, D. L.: Appl. Spectroscopy **19**, 89 (1965).
39. CONDLIFFE, W. F., SKRIMSHIRE, A. J. H.: J. polarogr. Soc. **7**, 10 (1961).
40. SAMUEL, B. W., BRUNNOCK, J. V.: Analyt. Chem. **33**, 203 (1961).
41. SIRVIS, J. C.: Analyst **87**, 900 (1962).
42. KANG, C. C., KEEL, E. W., SOLOMON, E.: Analyt. Chem. **32**, 221 (1960).
43. ALEXANDER, G. V.: Analyt. Chem. **34**, 951 (1962).
44. BEDROSIAN, A. J., SKOGERBOE, R. K., MORRISON, G. H.: Analyt. Chem. **40**, 854 (1968).
45. MORRISON, G. H., SKOGERBOE, R. K., BEDROSIAN, A. J., ROTHENBERG, A. M.: Appl. Spectroscopy **23**, 349 (1969).
46. POHL, F. A.: Z. anal. Chem. **139**, 423 (1953).
47. SCHARRER, K., JUDEL, G. K.: Z. anal. Chem. **156**, 340 (1957).
48. SCHAUMLÖFFEL, E.: Landwirtsch. Forsch. **13**, 278 (1960).
49. MORSCHES, B., TÖLH, G.: Z. anal. Chem. **219**, 61 (1966).
50. MORSCHES, B., TÖLG, G.: Z. anal. Chem. **250**, 81 (1970).
51. PAIXAO, L. M., YOE, J. H.: Clin. Chim. Acta **4**, 507 (1959).
52. ALLEN, S. H., HAMILTON, M. B.: Analyt. chim. Acta **7**, 483 (1952).
53. LOUIS, R.: Erdöl Kohle-Erdgas-Petrochem. verein. Brennstoff-Chemie **23**, 347 (1970).
54. RÄKER, K. O.: Z. anal. Chem. **173**, 57 (1960).
55. JACKWERTH, E., SCHMIDT, W.: Z. anal. Chem. **225**, 352 (1967).
56. MEYER, J.: Z. anal. Chem. **231**, 241 (1967).
57. TÖLLE, H.: Neue Hütte **14**, 691 (1969).
58. POHL, F. A.: Z. anal. Chem. **142**, 19 (1954).
59. NEEB, K. H.: Z. anal. Chem. **221**, 200 (1969).
60. ACKERMANN, G., KÖTHE, J.: Z. anal. Chem. **231**, 252 (1967).
61. GERBATSCH, R., ARTUS, G.: Z. anal. Chem. **223**, 81 (1966).
62. CARPENTER, L., LEWIS, R. W., HAZEN, K. A.: Appl. Spectroscopy **20**, 44 (1966).
63. JACKWERTH, E.: Z. anal. Chem. **211**, 254 (1965).
64. MIZUIKE, A., KAWAGUSHI, H., KONO, T.: Mikrochim. Acta (Wien) **1970**, 1095.
65. JACKWERTH, E.: Z. anal. Chem. **216**, 73 (1966).
66. RAJIĆ, S. R., MARCOVIĆ, S. V.: Analyt. chim. Acta **50**, 169 (1970).
67. HEFFELFINGER, R. E., BLOSSER, E. R., PERKINS, O. E., HENRY, W. M.: Analyt. Chem. **34**, 621 (1962).
68. BERGER, W., ELVERS, H.: Z. anal. Chem. **199**, 166 (1964).
69. ZOPATTI, L. P., POLLOCK, E. N.: Analyt. chim. Acta **32**, 178 (1965).
70. HAIR, R. P., NEWMAN, E. J.: Analyst **89**, 42 (1964).
71. TÖLLE, H.: Z. anal. Chem. **240**, 162 (1968).
72. THORNTON, K.: Analyst **94**, 958 (1969).
73. KOVÂCS, E., GUYER, H.: Z. anal. Chem. **208**, 255 (1965).
74. VASSILAROS, G. L., MCKAVENEY, J. P.: Talanta **13**, 15 (1966).
75. SPECKER, H., HARTKAMP, H.: Z. anal. Chem. **145**, 260 (1955).
76. BALFOUR, D. E., JUKES, D., THORNTON, K.: Appl. Spectroscopy **20**, 168 (1966).
77. MORRIS, A. G. C.: Analyst **87**, 478 (1962).
78. JENNINGS, V. J.: Analyst **87**, 548 (1962).
79. WANG, M. S.: Appl. Spectroscopy **22**, 761 (1968).
80. VELEKER, T. J.: Analyt. Chem. **34**, 87 (1962).
81. JACKWERTH, E.: Z. anal. Chem. **206**, 269 (1964).
82. MEYER, J.: Z. anal. Chem. **219**, 147 (1966).
83. JENNINGS, V. J.: Analyst **85**, 62 (1960).
84. MANSELL, R. E.: Appl. Spectroscopy **15**, 70 (1961).
85. DYCK, R., VELEKER, T. J.: Analyt. Chem. **31**, 1640 (1959).
86. PÜSCHEL, R., LASSNER, E.: Mikrochim. Acta (Wien) **1965**, 751.
87. GROSSMANN, O., DÖGE, H. G., GROSSE-RUYKEN, H.: Z. anal. Chem. **219**, 48 (1966).
88. SPANO, E. F., GREEN, T. E.: Analyt. Chem. **38**, 1341 (1966).
89. DONALDSON, E. M., CHARETTE, D. J., ROLKO, V. H. E.: Talanta **16**, 1305 (1969).
90. FORNWALT, D. E., HEALY, M. K.: Appl. Spectroscopy **13**, 38 (1959).
91. HOBART, E. W., HURLEY, E. P.: Analyt. chim. Acta **27**, 144 (1962).

92. Grossmann, O.: Z. anal. Chem. **233**, 14 (1968).
93. Kallmann, S., Hobart, E. W., Oberthin, H. K.: Talanta **15**, 982 (1968).
94. Naumann, R., Schmidt, W.: Z. anal. Chem. **234**, 248 (1968).
95. Walker, C. R., Vita, O. A., Sparks, R. W.: Analyt. chim. Acta **47**, 1 (1969).
96. Jackwerth, E., Schneider, E. L.: Z. anal. Chem. **207**, 188 (1965).
97. Lincoln, A. J., Kohler, J. C.: Analyt. Chem. **34**, 1247 (1962).
98. Marczenko, Z., Kasiura, K., Krasiejko, M.: Mikrochim. Acta (Wien) **1969**, 625.
99. Lassner, E., Püschel, R., Katzengruber, K.: Mikrochem. Acta (Wien) **1970**, 39.
100. Fratkin, Z. G., Polivanova, N. G.: Zavodskaja Lab. **26**, 1372 (1960); ref. Z. anal. Chem. **184**, 132 (1961).
101. Bush, E. L.: Analyst **88**, 614 (1963).
102. Schreiber, E.: Z. anal. Chem. **210**, 93 (1965).
103. Vecsernyés, L.: Z. anal. Chem. **182**, 429 (1961).
104. Vivarat-Perrin, J., Bonnier, E.: Chim. analytique **48**, 511 (1966).
105. Vescernyés, L.: Z. anal. Chem. **239**, 294 (1968).
106. *American Society for Testing and Materials*, ASTM Methods for emission spectrochemical analysis, ASTM, Philadelphia 1960.
107. Stevančević, D. B.: Bull. Soc. Chim. Beograd **23/24**, 185 (1958/59).
108. Grode, G. C., Campbell, M. C.: Analyt. chim. Acta **27**, 422 (1962).
109. Nakashima, F.: Analyt. chim. Acta **30**, 255 (1964).
110. Huff, E. A., Kulpa, S. J.: Analyt. Chem. **38**, 428 (1966).
111. Huff, E. A.: Analyt. Chem. **37**, 533 (1965).
111. Huff, E. A., Kulpa, S. J.: Analyt. Chem. **37**, 533 (1965).
112. Pietri, C. E., Wenzel, A. W.: Analyt. Chem. **36**, 1937 (1964).
113. Ko, R.: Analyt. Chem. **36**, 2513 (1964).
113a. Joshi, B. D., Patel, B. M., Page, A. G.: Analyt. chim. Acta **57**, 379 (1971).
114. Dyck, R., Veleker, T. J.: Analyt. Chem. **31**, 390 (1959).
115. Sugawara, K. F.: Analyt. Chem. **36**, 1373 (1964).
116. Kallman, S.: Analyt. Chem. **36**, 2358 (1964).
117. Hubbard, G. L., Green, T. E.: Analyt. Chem. **38**, 428 (1966).
118. Gordon, N. E., Jr., Jacobs, R. M.: Analyt. Chem. **25**, 1605 (1953).
119. Fassel, V. A., Howard, A. M., Anderson, D.: Analyt. Chem. **25**, 760 (1953).
120. Orsag, J.: Rev. Univ. Mines **15**, 296 (1959).
121. Farrell, R. F., Harter, G. J., Jacobs, R. M.: Analyt. Chem. **31**, 1550 (1959).
122. Hettel, H. J., Fassel, V. A.: Analyt. Chem. **27**, 1311 (1955).
123. Wood, D. F., Turner, M.: Analyst **84**, 725 (1959).
124. Koch, O. G.: Mikrochim. Acta (Wien) **1958**, 92.
125. Mack, D. L.: Analyst **88**, 481 (1963).
126. Pohl, F. A., Bonsels, W.: Mikrochim. Acta (Wien) **1961**, 314.
127. Tymchuk, P., Mykytiuk, A., Russell, D. S.: Appl. Spectroscopy **22**, 268 (1968).
128. Heffelfinger, R. E., Chase, D. L., Rengstorff, G. W. P., Henry, W. M.: Analyt. Chem. **30**, 112 (1958).
129. Koch, W., Malissa, H.: Forschungsber. d. Wirtschafts- u. Verkehrsministeriums Nordrhein-Westfalen, Nr. 630, Köln-Opladen: Westdeutscher Verl. 1958.
130. Kashuba, A. T., Hines, C. R.: Analyt. Chem. **43**, 1758 (1971).
131. Owens, E. B.: Appl. Spectroscopy **13**, 105 (1959).
132. Oldfield, J. H., Bridge, E. P.: Analyst **86**, 267 (1961).
133. Wang, M. S.: Appl. Spectroscopy **24**, 60 (1970).
134. Oldfield, J. H., Mack, D. L.: Analyst **87**, 778 (1962).
135. Morris, J. M., Pink, F. X.: ASTM Spec. Techn. Publ. No. 221, 39 (1958).
136. Pohl, F. A., Bonsels, W.: Z. anal. Chem. **161**, 108 (1958).
137. Hyman, H. M.: Appl. Spectroscopy **14**, 125 (1960).
138. Morris, W. F., Worden, E. F.: Appl. Spectroscopy **25**, 305 (1971).
139. Püschel, R., Lassner, E.: J. less-common metals **17**, 313 (1969).
140. Schneider, H., Schumann, H.: Z. anal. Chem. **256**, 337 (1971).
141. Ko, R., Anderson, P.: Analyt. Chem. **41**, 177 (1969).
142. Rupp, R. L., Klecak, G. L., Morrison, G. H.: Analyt. Chem. **32**, 931 (1960).
143. Häberli, E.: Z. anal. Chem. **160**, 15 (1958).
144. Koch, O. G.: Mikrochim. Acta (Wien) **1958**, 402.
145. Pohl, F. A., Bonsels, W.: Mikrochim. Acta (Wien) **1960**, 641.

146. Greenberg, P.: Analyt. Chem. **29**, 896 (1947).
147. Koch, O. G.: Mikrochim. Acta (Wien) **1958**, 151.
148. Zmbova, B., Tripković, M., Šećerov, O.: Talanta **18**, 1117 (1971).
149. Dhumwald, R. K., Joshi, M. V., Patwardhan, A. B.: Analyt. chim. Acta **42**, 334 (1968).
150. Koch, O. G.: Mikrochim. Acta (Wien) **1958**, 347.
151. Stetter, A., Exler, H.: Naturwiss. **42**, 45 (1955).
152. Brooks, R. R.: Analyt. chim. Acta **24**, 456 (1961).
153. Hahn-Weinheimer, P.: Z. anal. Chem. **162**, 161 (1958).
154. Hegemann, F., Kostyra, H., Kostyra, J.: Ber. dtsch. keram. Ges. **37**, 372 (1968).
155. Edge, R. A., Ahrens, L. H.: Analyt. chim. Acta **26**, 355 (1962).
156. Ahrens, L. H., Edge, R. A., Brooks, R. R.: Analyt. chim. Acta **28**, 551 (1963).
157. Thompson, G., Bankston, D. C.: Spectrochim. Acta **24** B, 335 (1969).
158. Avni, R., Boukolza, A.: Appl. Spectroscopy **23**, 483 (1969).
159. Stanton, R. E., McDonald, A. J., Carmichael, I.: Analyst **87**, 134 (1962).
160. Culkin, F., Riley, J. P.: Analyt. chim. Acta **32**, 197 (1965).
161. Wahler, W.: N. Jb. Miner. Abh. **108**, 36 (1968).
162. Scharrer, K., Judel, G. K.: Z. Pflanzenernähr., Düngg., Bodenkunde **73**, 107 (1956).
163. Scharrer, K., Judel, G. K.: Spectrochim. Acta **11**, 377 (1957).
164. Doll, W., Specker, H.: Z. anal. Chem. **161**, 354 (1958).
165. Pohl, F. A.: Z. anal. Chem. **141**, 81 (1954).
166. Tennant, W. C.: Appl. Spectroscopy **21**, 282 (1967).
167. Jeffery, P. G.: Analyst **81**, 104 (1956).
168. Peng, P. Y., Sandell, E. B.: Analyt. chim. Acta **29**, 325 (1963).
169. Kawabuchi, K., Kuroda, R.: Talanta **17**, 67 (1970).
170. Berger, W., Elvers, H.: Mikrochim. Acta (Wien) **1963**, 1049.
171. Püschel, R.: Talanta **16**, 351 (1969).
172. Edwards, J. W., Lominac, G. D., Buck, R. P.: Analyt. chim. Acta **57**, 257 (1971).
173. Marshall, G. B., West, T. S.: Talanta **14**, 823 (1967).
174. Naumann, R., Schmidt, W.: Z. anal. Chem. **240**, 170 (1968).
175. Janda, I., Schroll, E.: Mikrochim. Acta (Wien) **1959**, 389.
176. Goleb, J. A., Faris, J. P., Meng, B. H.: Appl. Spectroscopy **16**, 9 (1962).
177. Webb, M. S. W., Cotterill, J. C., Jones, T. W.: Analyt. chim. Acta **26**, 548 (1962).
178. Schroll, E., Janda, I., Schausberger, I., Spatzek, H.: Mikrochim. Acta (Wien) **1963**, 1126.
179. Schroll, E., Huber-Schausberger, I., Janda, I., Spatzek, H.: Mikrochim. Acta (Wien) **1968**, 649.
180. Nickel, H., Leushake, D. F., Lummerzheim, D.: Z. anal. Chem. **247**, 196 (1969).
181. Cruft, E. F., Husler, J.: Analyt. Chem. **41**, 175 (1969).
182. Beck, N., Tubb, D. J.: Analyst **89**, 205 (1964).
183. Osumi, Y., Miyake, Y., Imahara, K.: Z. anal. Chem. **256**, 182 (1971).
184. Brophy, V. A., Strock, L. W., Peters, T.: Analyt. Chem. **26**, 430 (1954).
185. Wunderlich, E., Göhring, E.: Z. Erzbergbau Metallhüttenwes. **18**, 121 (1965).
186. Dehm, R. L., Dunn, W. G., Loder, E. R.: Analyt. Chem. **33**, 607 (1961).
187. Naumann, R., Schmidt, W.: Z. anal. Chem. **239**, 1 (1968).
188. Feldman, C., Ellenburg, J. Y.: Analyt. Chem. **30**, 418 (1958).
189. Avni, R.: Spectrochim. Acta **24** B, 133 (1969).
190. Janda, I., Schausberger, I., Schroll, E.: Mikrochim. Acta (Wien) **1963**, 122.
191. Neeb, K. H., Duda, R., Franke, R., Leyfarth, R., Stöckert, H.: Z. anal. Chem. **215**, 161 (1966).
192. Avni, R.: Spectrochim. Acta **23** B, 619 (1968).
193. Johnson, A. J., Vejvoda, E.: Analyt. Chem. **31**, 1643 (1959).
194. Nash, D. L.: Appl. Spectroscopy **22**, 101 (1968).
195. Osumi, Y., Kato, A., Miyake, Y.: Z. anal. Chem. **255**, 103 (1971).
196. Osumi, Y., Kato, A., Miyake, Y.: Z. anal. Chem. **255**, 264 (1971).
197. Veleker, T. J., Dyck, R.: Analyt. Chem. **31**, 387 (1959).
198. Hildering, R.: Z. anal. Chem. **221**, 194 (1966).
199. Horkay, W., Hegedüs, A. J.: Mikrochim. Acta (Wien) **1964**, 396.
200. Oldfield, J. H., Bridge, E. P.: Analyst **85**, 97 (1960).
201. Kershner, N. A., Joy, E. F., Barnard, A. J., Jr.: Appl. Spectroscopy **25**, 542 (1971).
202. Farquhar, M. C., Hill, J. A., English, M. M.: Analyt. Chem. **38**, 208 (1966).
203. Morrison, G. H., Rupp, R. L., Klecak, G. L.: Analyt. Chem. **32**, 933 (1960).

204. Koch, W.: Metallkundliche Analyse. Düsseldorf: Verl. Stahleisen 1965. Weinheim/Bergstr.: Verl. Chemie 1965.
205. Sauer, K. H., Nitsche, M.: Arch. Eisenhüttenw. **40**, 891 (1969).
206. Koch, W., Bosch, H.: Mikrochim. Acta (Wien) **1971**, 593.
207. Meyer, S., Koch, O. G.: Mikrochim. Acta (Wien) **1958**, 744.
208. Meyer, S., Koch, O. G.: Mikrochim. Acta (Wien) **1959**, 720.
209. Meyer, S., Koch, O. G.: Arch. Eisenhüttenw. **31**, 651 (1960).
210. Meyer, S., Koch, O. G.: Spectrochim. Acta **15**, 549 (1959).
211. Klinger, P., Koch, W.: Beiträge zur metallkundlichen Analyse. Düsseldorf: Verl. Stahleisen 1949.
212. Koch, W., Eckhard, S.: Arch. Eisenhüttenw. **27**, 165 (1956).
213. Eckhard, S., Koch, W., Mahr, C.: Angew. Chem. **68**, 296 (1956).
214. Piper, E., Hagedorn, H., Kern, H., Ingeln, J.: Radex-Rundschau **1957**, 727.
215. Koch, K. H., Ohls, K.: Mikrochim. Acta (Wien) **1970**, Suppl. IV, 39.
216. Reckziegel, M., Staats, G., Brück, H.: Z. anal. Chem. **206**, 113 (1964).
217. Koch, K. H., Ohls, K.: Z. anal. Chem. **247**, 239 (1969).
218. Churchill, J. R.: Ind. Eng. Chem., Anal. Ed. **16**, 653 (1944).
219. Nelms, J. R., Vogel, R. S.: Appl. Spectroscopy **21**, 242 (1967).
220. Birks, F. T., Weldrick, G. J., Thomas, A. M.: Analyst **89**, 36 (1964).
221. Krefeld, R., Rossi, G., Hainski, Z.: Mikrochim. Acta (Wien) **1965**, 133.
222. Beitz, L., Jecht, U.: Siemens-Technik d. Röntgen-Analyse, Inform. Nr. **5** (Nov. 1971).
223. Beitz, L., Jecht, U.: Siemens-Ztschr. **46**, 369 (1972).
224. Plesch, R.: Siemens-Analysentechn. Mitt. Nr. 28 (März 1973).
225. Beitz, L.: Siemens-Analysentechn. Mitt. Nr. **57** (April 1973).
226. Plesch, R.: Siemens-Analysentechn. Mitt. Nr. 61 (Mai 1973).
227. Paus, P. E.: Z. anal. Chem. **264**, 118 (1973).
228. Welz, B., Wiedeking, E.: Z. anal. Chem. **264**, 110 (1973).
229. James, H.: Analyst **98**, 274 (1973).
230. Watanabe, H., Berman, S., Russell, S. D.: Talanta **19**, 1363 (1972).
231. Vassos, B. H., Hirsch, R. F., Letterman, H.: Analyt. Chem. **45**, 792 (1973).
232. Abdullah, M. I., Royle, L. G.: Analyt. chim. Acta **58**, 283 (1972).
233. Delves, H. T., Shepherd, G., Vinter, P.: Analyst **96**, 260 (1971).
234. Šinko, I., Gomišček, S.: Mikrochim. Acta (Wien) **1972**, 163.
235. Reusmann, G., Westphalen, J.: Z. anal. Chem. **264**, 165 (1973).
236. Klima, Z., Scholes, P. H.: Analyst **98**, 351 (1973).
237. Jackwerth, E., Höhn, R., Koos, K.: Z. anal. Chem. **264**, 1 (1973).
238. Wang, M. S.: Appl. Spectroscopy **26**, 364 (1972).
239. Pahl, H. R.: Appl. Spectroscopy **26**, 453 (1972).
240. Janda, I., Schroll, E.: Mikrochim. Acta (Wien) **1972**, 902.
241. Joshi, B. D., Bangia, T. R., Dalvi, A. G. I.: Z. anal. Chem. **260**, 107 (1972).
242. Jackwerth, E., Döring, E., Lohmar, J., Schwark, G.: Z. anal. Chem. **260**, 177 (1972).
243. Eby, G. N.: Analyt. Chem. **44**, 2137 (1972).
244. Osumi, Y., Miyake, Y.: Z. anal. Chem. **260**, 97 (1972).
245. Zmbova, B., Teofilovski, Č.: Talanta **20**, 217 (1973).
246. Jackwerth, E., Lohmar, J., Schwark, G.: Z. anal. Chem. **260**, 101 (1972).
247. Denton, C. L., Himsworth, G., Whitehead, J.: Analyst **97**, 461 (1972).
248. Alduán, F. A., Capdevila, C., Roca, M.: Z. anal. Chem. **263**, 128 (1973).

VI. Die mikrobiologische Bestimmung von Spurenelementen

1. Allgemeines

1.1. Grundlagen der Methodik

Aufgrund der Ergebnisse der biochemischen und biologischen Forschung wissen wir heute, daß alle tierischen und pflanzlichen Lebewesen zur Aufrechterhaltung ihrer Lebensprozesse bestimmte Elemente benötigen, nämlich C, H, O, N, S, P, Ca, Mg, K, Fe und einige Spurenelemente. Eine für alle Organismen allgemein gültige Grenze zwischen Haupt- und Spurenelementen läßt sich nicht ziehen, da der Bedarf an Spurenelementen für die einzelnen Organismen verschieden ist. Teilweise wird ein Spurenelement, wie z. B. Fe, in Mengen eines Hauptelementes benötigt, doch kann auch der umgekehrte Fall vorliegen. Die früher genannten Elemente werden in Form von Nährstoffen aufgenommen. Man unterscheidet dabei zwischen Makro- und Mikronährstoffen. Erstere sind organischer und anorganischer Natur und dienen als Energiequelle und als Zell- und Gerüstaufbausubstanz. Die Mikronährstoffe dienen zur Steuerung der Stoffwechselvorgänge und sind ebenfalls durch organische und anorganische Stoffe vertreten. Zu den organischen Mikronährstoffen zählt man die Vitamine, Fermente (Enzyme), Hormone und Wuchsstoffe, zu den anorganischen die Spurenelemente. Die Mikronährstoffe, und von den Makronährstoffen z. B. die essentiellen Aminosäuren, sind spezifisch, d. h. lebenswichtig und daher durch andere Stoffe nicht ersetzbar. Ein Leben ohne Mikronährstoffe, im speziellen Fall ohne bestimmte Spurenelemente, ist somit nicht möglich. Steht beispielsweise einer dieser unersetzlichen Stoffe nur in ungenügender Menge oder gar nicht zur Verfügung, so gehen die Stoffwechselvorgänge und das Wachstum zurück (Auftreten von Mangelerscheinungen) oder sie setzen ganz aus. Aufgrund dieser Tatsache kann man die Menge des betreffenden unersetzlichen Stoffes bestimmen, wenn man seine vorhandene Menge und den sich darauf einstellenden Stoffwechsel miteinander in Beziehung bringt und beide auf geeignete Weise mißt. Meist verwendet man als Maß für den Stoffwechsel das Wachstum, wobei man entweder das Gewicht der gebildeten Zelltrockensubstanz, bzw. die Trübungsintensität der Kulturlösung (z. B. bei Bakterien) oder das Wachstumserscheinungsbild bestimmt; oft aber wird auch die Menge an gebildeten Stoffwechselprodukten ermittelt, mit der über eine Eichkurve die Menge des betreffenden Stoffes festgestellt werden kann.

Grundsätzlich könnte man die genannten unersetzlichen Stoffe sowohl mit Makro- als auch mit Mikroorganismen bestimmen. Wenn man nun hauptsächlich Mikroorganismen, und unter diesen auch nur ganz bestimmte Arten und Stämme hierzu heranzieht, so hat dies vor allem zwei Gründe. Einmal kommen nur solche Testorganismen in Frage, die eine hohe Empfindlichkeit gegenüber dem zu bestimmenden Stoff aufweisen und bereits auf kleinste Mengen reagieren. Die Empfindlichkeit für einen bestimmten Stoff ist bei den einzelnen Organismen verschieden hoch, weshalb unter diesen eine entsprechende Auswahl getroffen werden muß. Zum anderen weisen Mikroorganismen ein rasches Wachstum auf, benötigen nur wenig Substanz und reagieren deshalb bereits auf geringste Stoffmengen. Die Verwendung von Mikroorganismen ist also gegenüber Makroorganismen mit einem geringeren Aufwand an Zeit und Material verbunden.

Von den obengenannten lebenswichtigen Stoffen können Vitamine, Aminosäuren und Spurenelemente mikrobiologisch bestimmt werden. Von diesen ist die mikrobiologische Bestimmung der Vitamine und Aminosäuren geläufiger, zumal bereits eingehende Abhandlungen darüber vorliegen [*1–6, 6a, 6b*], während im Vergleich dazu Ähnliches – von den Beiträgen in den verschiedenen Zeitschriften und einem Übersichtsreferat [*7, 8*] abgesehen – über die mikrobiologische Bestimmung der Spurenelemente noch fehlt. Da neben den chemischen, physikalisch-chemischen und physikalischen Verfahren die mikrobiologische Bestimmung der Spurenelemente einen wichtigen Platz in der Spurenanalytik einnimmt, sei nachfolgend ihre Arbeitstechnik, soweit dies im vorliegenden Rahmen möglich ist, näher beschrieben. Eine Berücksichtigung dieser Art von Bestimmungsmethoden erscheint auch deshalb von wesentlicher Bedeutung, da dem in dieser Hinsicht Unerfahrenen, welcher ein Spurenelement nach einer in der Literatur aufgefundenen Vorschrift mikrobiologisch zu bestimmen versucht, im allgemeinen wenig Erfolg beschieden ist. Zur Erzielung eines Erfolges müssen mehrere Voraussetzungen erfüllt sein: Mikrobiologische Kenntnisse und Erfahrung im Umgang mit Mikroorganismen, Erfahrung im spurenanalytischen und spurenfreien Arbeiten sowie über die Wirkung von Spurenelementen auf Mikroorganismen und insbesondere die Kenntnis der charakteristischen Merkmale „einwandfreier" und „nicht einwandfreier" Kulturansätze bzw. Ergebnisse.

Die mikrobiologische Bestimmung der Spurenelemente findet vor allem in der landwirtschaftlichen Forschung Anwendung. Es gibt zwar zufriedenstellende chemische Verfahren, um den Spurenelementgehalt von Böden zu bestimmen. Ihr Wert ist jedoch begrenzt, denn es gelingt nur sehr schwer, durch chemische Extraktionsverfahren die Menge der Spurenelemente zu erfassen, die für die Pflanzen zugänglich ist. Da aber in erster Linie der physiologisch wirksame, von der Pflanze aufnehmbare Anteil der Spurenelemente bei der Beurteilung von Böden maßgebend ist, sind die biologischen Bestimmungsmethoden, bei denen die Pflanze selbst den Spurenelementgehalt anzeigt, den chemischen Verfahren überlegen. Zu diesem Zweck verwendet man vor allem die schnell wachsenden Mikroorganismen, insbesondere Schimmelpilze, nachdem zahlreiche Versuche gezeigt haben, daß man mit letzteren ohne Schwierigkeit den Spurenelementbedarf der höheren Pflanzen mittels geeigneter Eichkurven erfassen kann. Wenn auch die Schimmelpilze quantitativ einen anderen Spurenelementbedarf als die höheren Pflanzen haben, so lassen sich die ermittelten Spurenelementgehalte mit den Mangelerscheinungen der höheren Pflanzen in eine gesetzmäßige Beziehung bringen.

PASTEUR'S Schüler RAULIN war es, der als erster die Bedeutung von Spurenelementen für die normale Entwicklung des Schimmelpilzes Aspergillus niger (Asp. niger) erkannt hatte, als er im Jahre 1869 zeigte, daß Asp. niger Fe und Zn für ein maximales Wachstum benötigt [*9*]. In der nun bis heute verstrichenen Zeitspanne ist die Anzahl der Arbeiten, die sich mit der Wirkung und Bedeutung der Spurenelemente für pflanzliche und tierische Mikro- und Makroorganismen befaßt, sehr stark angewachsen. Sie alle zu nennen, würde in diesem Rahmen zu weit führen, da überdies auf bereits vorhandene, eingehende Darstellungen über engere Gebiete der Spurenelementforschung verwiesen werden kann [*10–19*]. Wenn hier nur die pflanzlichen Mikroorganismen – und davon in erster Linie die Schimmelpilze – berücksichtigt werden, so gipfelt die große Fülle an Forschungsergebnissen heute in der Erkenntnis, daß die Spurenelemente Fe, Zn, Mn, Cu, Mo und möglicherweise auch V und Ga lebensnotwendig und unentbehrlich sind [*14*, *20–40*]. Über die Notwendigkeit von Co und weiteren Elementen für Schimmelpilze konnte bis heute kein Beweis erbracht werden, obwohl bei Bakterien ein starker Einfluß des Co auf Wachstum und Stoffwechsel beobachtet worden ist [*41–49*]. Im allgemeinen ist der Bedarf an Spurenelementen für die einzelnen Schimmelpilze verschieden.

Die obenangeführte Lebensnotwendigkeit und Unersetzbarkeit der genannten Spurenelemente stellt die Grundlage für ihre mikrobiologische Bestimmung dar. Fehlt eines dieser Spurenelemente in der Nährlösung, so ist das Wachstum unterdrückt. Bei ansteigendem Zusatz des fehlenden Elementes nimmt das Wachstum innerhalb eines bestimmten Konzentrationsbereiches proportional zur vorliegenden Menge des Spurenelementes zu. Auf diese Weise läßt sich eine Wachstumskurve (Eichkurve) aufstellen. Bei der quantitativen Bestimmung des Spurenelementgehaltes z. B. einer Bodenprobe wird nun eine bestimmte Menge dieser Probe der Nährlösung, welche alle Nährstoffe mit Ausnahme des zu bestimmenden Spurenelementes enthält, zugesetzt. Ein Vergleich des auf diesem Wege erhaltenen Myceltrockengewichtes (Zelltrockensubstanz) mit der aufgestellten Wachstumskurve (Eichkurve) ergibt dann den Spurenelementgehalt der untersuchten Bodenprobe.

1.2. Art der Wirkung der Spurenelemente

Die bisher durchgeführten Untersuchungen zeigen, daß geringste Mengen an Spurenelementen größte Veränderungen im Stoffwechsel der Organismen verursachen können. Dies ist darauf zurückzuführen, daß die, im Vergleich zum übrigen Zellmaterial äußerst geringen Mengen an Spurenelementen nicht wie die Makronährstoffe am Aufbau der Zellen beteiligt sind, sondern indirekt durch die Fermente als Biokatalysatoren wirken. Aufgrund der heutigen Erkenntnisse weiß man, daß die Aktivität verschiedener Fermente von der Anwesenheit bestimmter Spurenelemente abhängig ist, wobei letztere entweder als aktive Komponenten des Enzymsystems oder als Coenzym (Coferment) wirken.

Die Spurenelemente stehen mit vielen Fermenten in fester oder lockerer Bindung. Ohne Spurenelemente werden die Fermente inaktiv, so daß als Folge der Stoffwechsel geändert wird oder auch kein Organismenwachstum mehr stattfindet. Sind die Spurenelemente mit dem Träger des Enzyms fest verbunden, so werden solche Enzyme auch als Metallproteine bezeichnet: in diesem Fall ist das Metall ein spezifischer integrierender Teil des Enzyms, und kein anderes Metall kann seine Funktion erfüllen. Zu dieser metallspezifischen Fermentgruppe [*50–53*] gehören beispielsweise die Fe-enthaltenden Fermente: Cytochromoxydase (Warburg's sauerstoffübertragendes bzw. Atmungsferment), Cytochrom, Peroxydasen und Katalasen; die Cu-enthaltenden Fermente: Phenoloxydasen, Laccase und Ascorbinsäureoxydasen; das Zn-enthaltende Ferment Carbonatanhydrase [*54*, *55*]; die Mo-enthaltenden Fermente: Nitratreduktase [*56–60*] und Xanthinoxydase [*61–64*]. Demgegenüber gibt es metallunspezifische Enzyme, bei denen das Metall in lockerer Bindung zu dem Enzymprotein steht; hier ist das Metallion keine strukturelle Komponente des Enzyms wie im vorhergehenden Fall. Das Enzymprotein kann metallfrei dargestellt werden, ist jedoch in dieser Form unwirksam. Bei dieser Art von Enzymsystem bezeichnet man das Metallion als Coenzym (Coferment). Es sei erwähnt, daß man auch organische Coenzyme kennt, beispielsweise phosphorylierte Vitamine. Für Enzyme, die Metallcoenzyme benötigen, ist die Art des Metalles im allgemeinen nicht spezifisch, da hier Metalle gleicher Wertigkeit – allerdings mit verschiedenem Wirkungsgrad – meist gegenseitig austauschbar sind. Zu der zweiten metallunspezifischen Gruppe von Fermenten, die durch 2wertige Metallionen (Ca^{2+}, Mg^{2+}, Fe^{2+}, Mn^{2+}, Zn^{2+}, Co^{2+}) aktiviert werden, gehört eine größere Zahl von Fermenten wie z. B. Phosphatasen, Transphosphorylasen, Ketosäurencarboxylasen, Peptidasen, Aldolase, Enolase usw. Eine ausführliche Zusammenstellung über zahlreiche Fermente, die durch Metalle aktiviert werden, findet man in der Literatur [*65, 66*]. Für die Oxydations- und Reduktionsprozesse ist bekannt, daß die Metallwirkung im Metall-Ferment-Komplex auf dem Valenzwechsel des Metalles beruht.

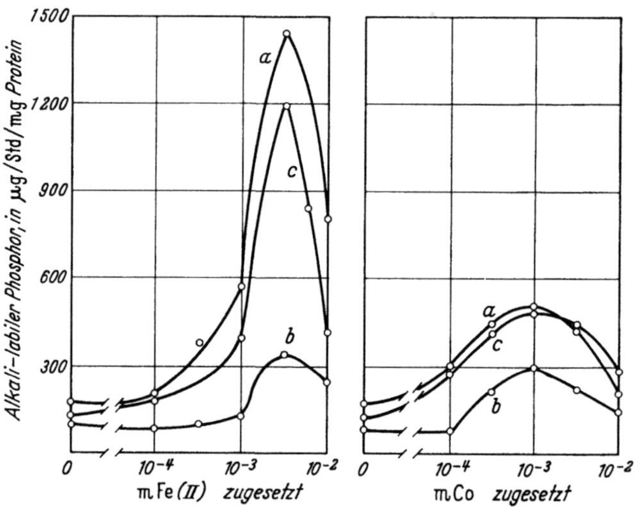

Abb. 257. Aktivierung der Aldolase von Clostridium perfringes (Stamm BP6K) durch Fe^{2+} bzw. Co^{2+} bei pH 6,5 [*43*]. *a* 2tägiger Zellextrakt, *b* 35tägiger Zellextrakt, *c* 35tägiger Zellextrakt + 0,001 m Cystein. (Substrat: gereinigtes Barium-Fructose-1,6-Diphosphat; zellfreie Extrakte in 0,03 m $NaHCO_3$)

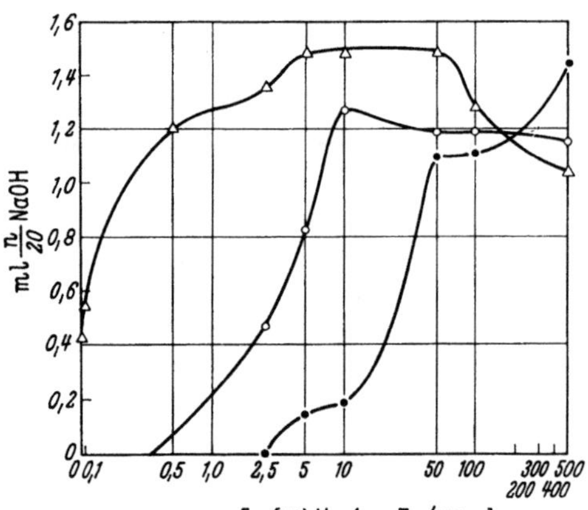

Abb. 258. Der fördernde Einfluß von Fe^{2+} (○——○), Mn^{2+} (△——△) bzw. Zn^{2+} (●——●) auf die Proteinasebildung im Mycel (Myceleluat) von Asp.niger [*37*]. (Züchtung: Gorbach/Meyer-NH_4NO_3-Nährlösung, Oberflächenkultur auf 100 ml Nährlösung/500 ml Erlenmeyerkolben, 5 Tage bei 26° C; Substrat: Gelatine; Myceleluat: mit Seesand zerriebenes Mycel mit Thymolwasser und Veronalnatrium-Puffer bei pH 7,0 6 Std eluiert)

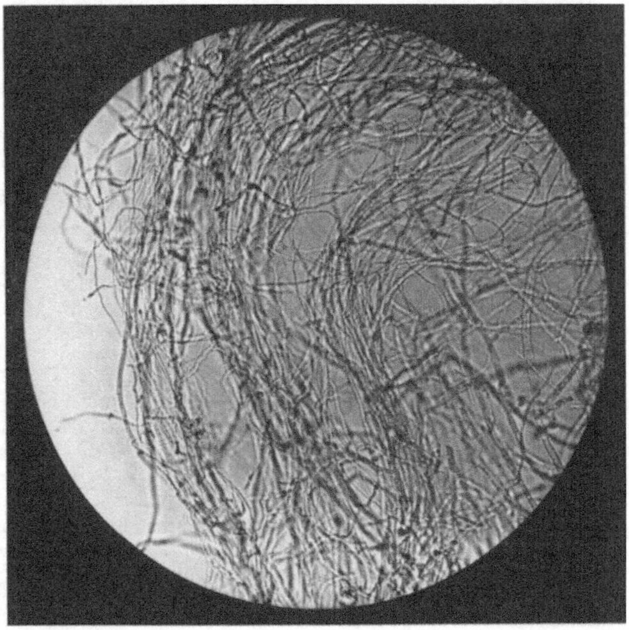

Abb. 259. Mycel einer Oberflächenkultur (5 Tage bei 26° C) von Asp.niger auf Gorbach-Meyer/ NH_4NO_3-Nährlösung (100 µg Zn, 70 µg Mn und 25 µg Cu/100 ml) ohne Fe (Vergrößerung 120:1) [*67a*]

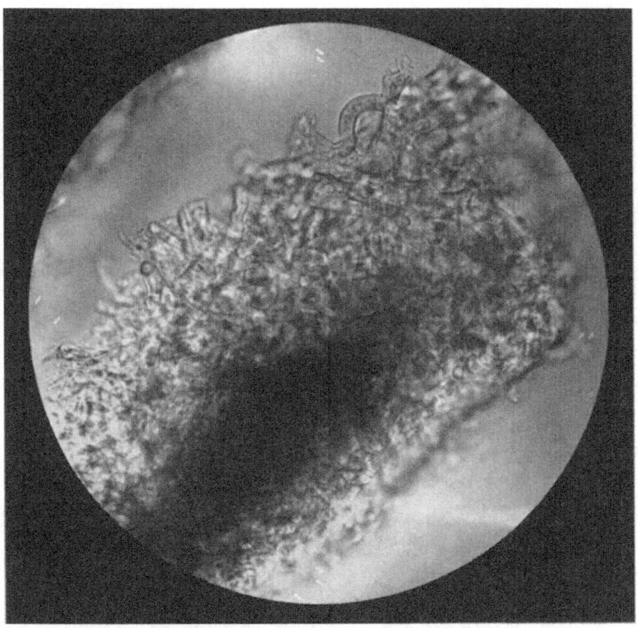

Abb. 260. Mycel einer Oberflächenkultur (5 Tage bei 26° C) von Asp.niger auf Gorbach-Meyer/ NH_4NO_3-Nährlösung (100 µg Zn, 70 µg Mn und 25 µg Cu/100 ml) mit 5 µg Fe (Vergrößerung 360:1) [*67a*]

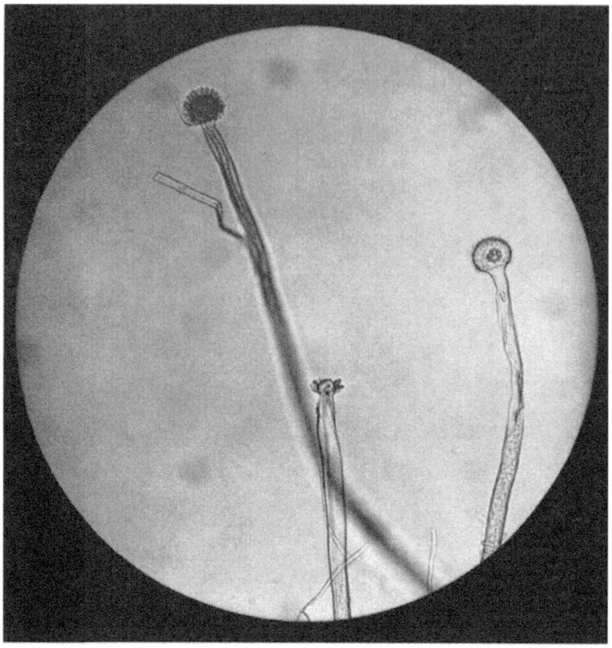

Abb. 261. Köpfe von Asp. niger aus einer Oberflächenkultur (Züchtung wie bei Abb. 259) Vergrößerung 80:1) [37]

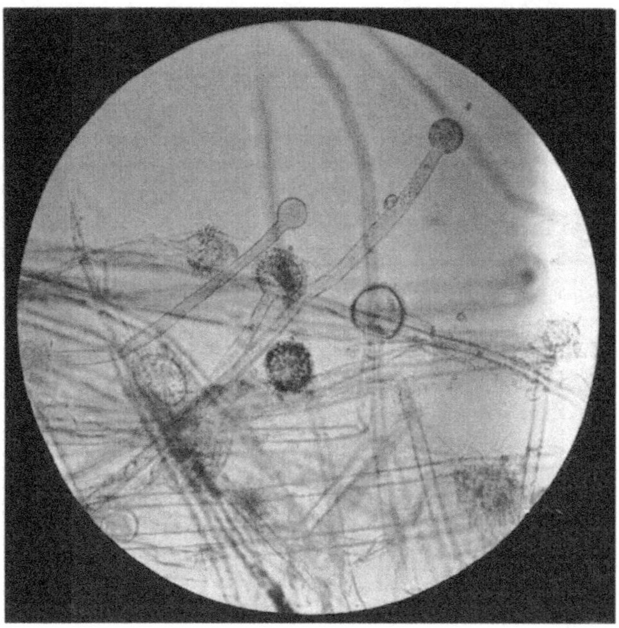

Abb. 262. Köpfe von Asp. niger aus einer Oberflächenkultur (Züchtung wie bei Abb. 259) mit 0,1 μg Fe (Vergrößerung 80:1) [37]

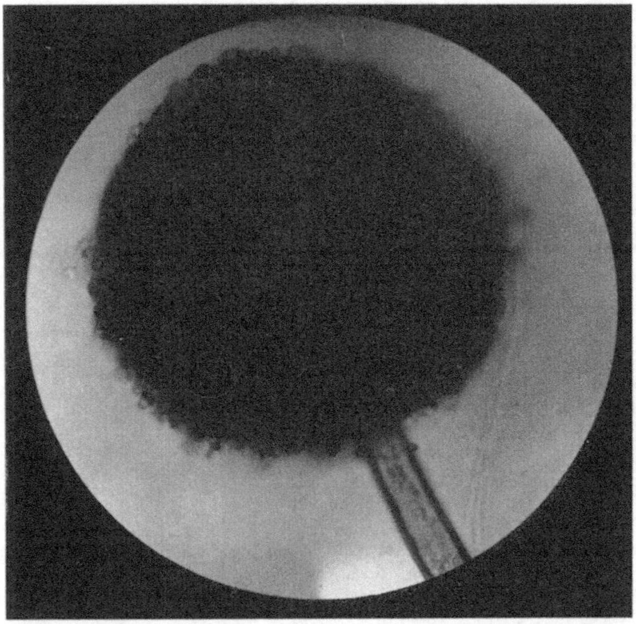

Abb. 263. Normal entwickelter Kopf von Asp.niger aus einer Oberflächenkultur (5 Tage bei 26° C) auf Gorbach-Meyer/NH_4NO_3-Nährlösung (ohne Reinigung bzw. Zusatz von Spurenelementen) (Vergrößerung 240:1) [*37*]

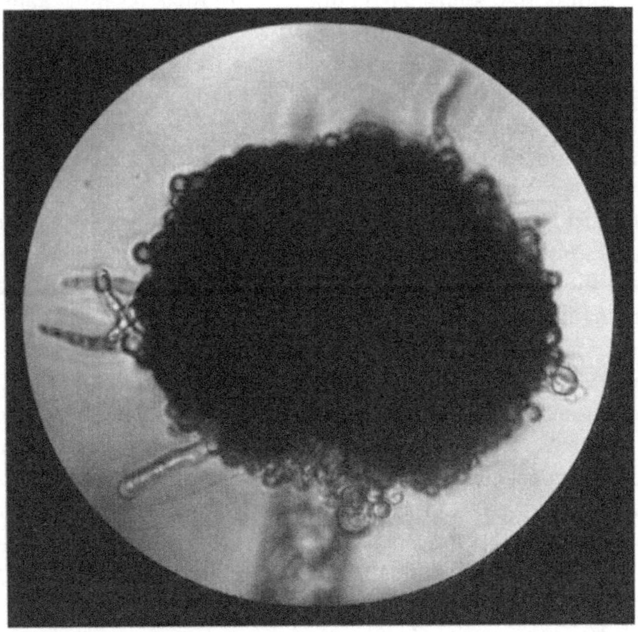

Abb. 264. Durch Zinkeinfluß ausgelöste abnorme, krampfartige Aufschwellungen und Mycelbildung auf dem Kopf von Asp.niger (Oberflächenkultur, 5 Tage bei 26° C) mit 100 µg Zn, 400 µg Fe, 70 µg Mn und 25 µg Cu/100 ml Gorbach-Meyer/NH_4NO_3-Nährlösung (Vergrößerung 360:1) [*37*]

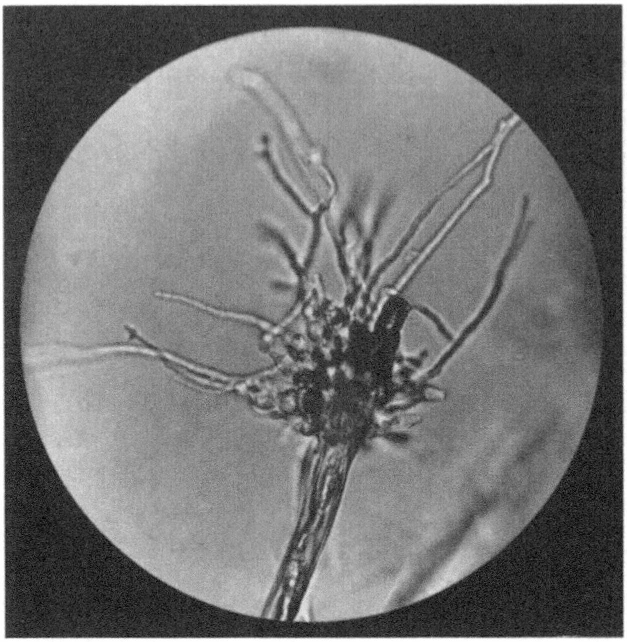

Abb. 265. Durch Eiseneinfluß ausgelöste abnorme Mycelbildung auf dem Kopf von Asp. niger aus einer Oberflächenkultur (Züchtung wie bei Abb. 259) mit 2,5 μg Fe (Vergrößerung 240:1) [37]

Bei der Wirkung der Spurenelemente auf Organismen muß man zwischen primären und sekundären Erscheinungen unterscheiden [67]. Bei der primären Wirkung handelt es sich einerseits um eine Aktivierung der Fermente selbst (s. Abb. 257) und andererseits um eine Beschleunigung bzw. Förderung der Fermentbildung (s. Abb. 258). Unter der sekundären Wirkung der Spurenelemente ist ihr Einfluß auf morphologische Merkmale der Organismen und die Bildung der Stoffwechselprodukte zu verstehen, welche eine Folge der primären Wirkung sind.

Die sekundäre Wirkung der Spurenelemente ist es in erster Linie, die zur mikrobiologischen Bestimmung eines Spurenelementes dient. Es würde allerdings hier zu weit führen, auf die Fülle an Beobachtungen in den bisher erschienenen zahlreichen Arbeiten im einzelnen einzugehen, zumal auf eine entsprechende Übersicht [14] verwiesen werden kann. Es sollen daher nur grundlegende Erscheinungen, wie sie durch Spurenelemente verursacht werden, am Beispiel des Asp. niger kurz erläutert werden. Am auffallendsten ist bei den Schimmelpilzen der Spurenelementeinfluß auf die morphologischen Merkmale, nämlich auf Wachstum, Konidien- und Farbstoffbildung. Bei völliger Abwesenheit der Spurenelemente findet kein Wachstum statt. Mit zunehmender Spurenelementmenge steigt das Wachstum an. Bei Spurenelementmangel bzw. ungenügend vorhandener Menge eines oder mehrerer Spurenelemente ist das gebildete Myzel (je nach dem Spurenelementgehalt) locker, elastisch, ein dünnes weißliches schwammiges, weiches Häutchen (s. Abb. 259), welches bei hohem Reinheitsgrad der Nährlösung sogar schleimig und submers wird. Bei genügender Zufuhr an Spurenelementen ist das Myzel hingegen fest, trocken und spröde (s. Abb. 260). Der Unterschied zeigt sich auch mikroskopisch in den obenstehenden Abb. 259 und 260. Sowohl bei Mangel an Spurenelementen als auch bei einem Überangebot eines bestimmten Elementes (Giftwirkung) tritt die Ausbildung der

Fruktifikationsorgane sowie die Konidienbildung immer mehr zurück (s. Abb. 261 und 262 im Gegensatz zu Abb. 263), um bei bestimmten Elementgehalten der Nährlösung ein vollkommen steriles Myzel auszubilden. Dabei kommt es auch zur Bildung von abnormen Formen der Fruktifikationsorgane (s. Abb. 264 und 265). Gleichzeitig mit einem Rückgang der Konidienbildung geht bei Spurenelementmangel auch die Farbstoffbildung zurück. Bei zunehmendem Mangel an Spurenelementen ändert sich die Färbung der Kulturen des Asp. niger von schwarz über gelb-braun nach gelb, um zuletzt zu verschwinden und ein weißes, vollkommen steriles Myzel zurückzulassen. Dieser Übergang von schwarz nach gelb scheint einerseits auf eine Verminderung der Zahl an schwarzen Konidien [*37*] und andererseits auf eine Farbänderung der Konidien selbst [*23*] zurückzuführen zu sein.

1.3. Anwendungsbereich und Bestimmungsgrenze

Auf mikrobiologischem Wege können nicht beliebige, sondern nur die für Mikroorganismen lebenswichtigen Elemente bestimmt werden. Es sind dies vor allem die Spurenelemente Cu, Fe, Mn, Mo, Zn und außerdem noch das nicht zu den Spurenelementen zählende Mg. Von Mikroorganismen werden hauptsächlich Schimmelpilze und unter diesen in erster Linie Asp. niger verwendet. Mit letzterem wurde die Bestimmung von Cu [*29, 32, 36, 36a, 68–75*], Fe [*70–73*], Mn [*29, 32, 35, 36, 36a, 69–71, 76–78*], Mo [*29, 32, 35, 36, 36a, 69–74, 76–79*], Zn [*29, 32, 35, 36, 36a, 69–73, 76–78*] und Mg [*6b, 32, 36, 72, 73, 75*] in Böden, aber auch in Pflanzenaschen [*70*], homogenisierten Geweben frischer Pflanzen [*70*] und Fruchtextrakten [*70*] durchgeführt. Neben Asp. niger fanden auch andere Schimmelpilze, z. B. Penicillium glaucum [*70*], Rhizopus spec. [*80*] und Cunninghamella spec. [*81*] Verwendung. Außer den genannten Spurenelementen und Mg können auch K und P, die nicht zu den Spurenelementen zählen, auf mikrobiologischem Wege bestimmt werden [*81–84*]. Grundsätzlich lassen sich auf mikrobiologischem Wege auch einige der anderen lebenswichtigen Elemente, nämlich C, N, S und Ca bestimmen, doch ist deren Bestimmung (dies gilt übrigens z. T. auch für K und P) nicht so empfindlich wie diese der Spurenelemente und größeren Fehlerquellen durch die Anwesenheit störender Substanzen und das Vorkommen der fraglichen Elemente in verschiedenen Verbindungsformen ausgesetzt, so daß ihre Bestimmung selten mikrobiologisch durchgeführt wird.

Da sich nach den obigen Ausführungen grundsätzlich jeder Mikroorganismus – allerdings mit verschieden hoher Empfindlichkeit – zur mikrobiologischen Bestimmung der lebenswichtigen Elemente verwenden läßt, so fanden auch Bakterien für diesen Zweck Anwendung. Die Endbestimmung erfolgt bei Bakterien im allgemeinen durch Messung der aufgrund des Wachstums hervorgerufenen Trübung einer Kulturlösung oder mittels maßanalytischer Bestimmung der im Stoffwechsel gebildeten Säuremenge. Beispielsweise läßt sich Mn mit Lactobacillus arabinosus [*85*], Mo mit Azotobacter chroococcum [*75*] und K mit Streptococcus faecalis [*86, 87*], Lactobacillus casei [*87*] oder Streptococcus equinus (Leuconostoc mesenteroides P-60) [*88*] bestimmen. Gegenüber der Bestimmung mit Schimmelpilzen in Oberflächenkultur haben die Bakterien den Vorteil, daß sie im allgemeinen eine kürzere Kulturzeit benötigen und das Ergebnis nach 2–3 Tagen vorliegt. Soweit nun bei Bakterien mittels Trübungsmessung gearbeitet wird, können als Proben nur Lösungen verwendet werden. Von Nachteil ist bei der Bestimmung der Spurenelemente mittels Bakterien, daß eine organische Stickstoffquelle (Eiweiß) benötigt wird, wodurch sich die Nährlösung nur schwer von Verunreinigungen befreien läßt.

Neben der fördernden Wirkung durch die lebenswichtigen Spurenelemente kennt man – besonders bei Bakterien – auch die toxische Wirkung durch geringe Konzentrationen bestimmter Elemente [*13, 18, 39, 46, 89*]. Aufgrund letzterer ist die Bestimmung gewisser Elemente möglich, wozu man auch Makroorganismen, z. B. Fische [*90*], verwenden kann. Dies kommt praktisch jedoch wenig in Betracht, da die toxische Wirkung – im Gegensatz zur fördernden Wirkung der lebenswichtigen Spurenelemente – unspezifisch ist.

Der besondere Vorteil der mikrobiologischen Spurenelementbestimmung liegt in ihrer hohen Spezifität, wodurch die Abtrennung des zu bestimmenden Elementes von den übrigen anwesenden unnötig ist. Weiterhin können außerordentlich geringe Mengen der Spurenelemente nachgewiesen und bestimmt werden. Für Asp. niger fand man folgende Nachweis- und Bestimmungsgrenzen (in µg/ml): Cu 0,001, Fe 0,002–0,001, Mn 0,0002–0,0001, Mo, 0,00001–0,000001, Zn 0,01–0,001 [*37, 38, 67, 70, 72, 75, 91–93*].

1.4. Fehlerquellen

Die Wirkung der einzelnen Spurenelemente auf den Mikroorganismus und damit das Analysenergebnis wird sowohl durch im Kulturansatz anwesende Makro- (s. Abb. 266)

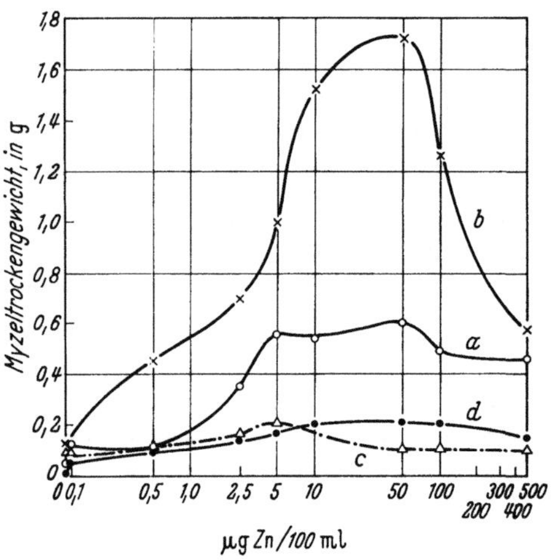

Abb. 266

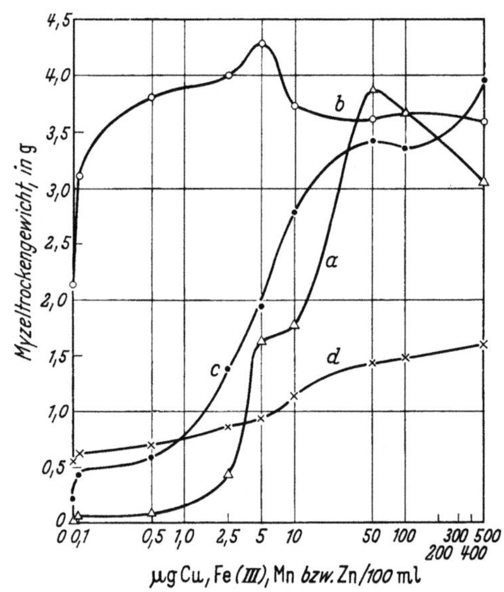

Abb. 267

Abb. 266. Der Einfluß der Hauptbestandteile der Nährlösung auf das Myceltrockengewicht von Asp.niger (Oberflächenkultur auf 100 ml Nährlösung, 5 Tage bei 26° C): *a* Lennox-Nährlösung (Zusammensetzung s. S. 1475) [*37*], *b* Gorbach-Meyer-Nährlösung (Zusammensetzung: 3 g Saccharose, 1 g Bacto-Pepton, 0,1157 g K_2HPO_4, 0,0455 g KH_2PO_4, 0,0360 g $MgSO_4 \cdot 7\,H_2O$, 0,0116 g NaCl und 0,0055 g $CaCl_2$ sicc. mit Wasser auf 100 ml aufgefüllt) [*38*], *c* Gorbach-Meyer/NH_4NO_3-Nährlösung (Zusammensetzung s. S. 1475) [*37*], *d* wie bei *c*, nach [*94*]

Abb. 267. Der Einfluß von Zn (*a*), Mn (*b*), Fe (*c*) und Cu (*d*) auf das Myceltrockengewicht von Asp. niger (Oberflächenkultur auf 100 ml Gorbach-Meyer/NH_4NO_3-Nährlösung. 5 Tage bei 26° C): *a* mit 400 µg Fe, 70 µg Mn und 25 µg Cu/100 ml [*37*], *b* mit 400 µg Fe, 400 µg Zn und 25 µg Cu/100 ml [*37*], *c* mit 100 µg Zn, 70 µg Mn und 25 µg Cu/100 ml [*37*], *d* mit 400 µg Fe, 70 µg Mn und 50 µg Zn/100 ml [*95*]

als auch Mikrobestandteile (s. Abb. 267) [*67*] beeinflußt. Diese Beeinflussung kann sich in einer Hemmung oder in einer Förderung der Wirkung des betreffenden Einzelelementes äußern. Besonders zwischen den einzelnen Spurenelementen sind die Wechselwirkungen sehr ausgeprägt, da sie sich naturgemäß in viel engeren und kleineren Konzentrationsbereichen abspielen und der Organismus darauf empfindlicher reagiert. Beispielsweise bei der Bestimmung von Zn erhält man durch eine „Summenwirkung", bedingt durch Verunreinigungen der Nährlösung sowohl mit Zn als auch mit anderen Spurenelementen, ein fehlerhaftes Ergebnis. Solche Fehler lassen sich aufgrund der oben geschilderten Wirkungsweise der Spurenelemente als Fermentaktivatoren erklären. Die zahlreichen metallunspezifischen Fermente können nicht nur durch eines, sondern durch mehrere Elemente in gleichem oder verschiedenem Maße aktiviert werden. Es ist nun möglich, daß aus dem Ferment-Metall-Komplex das aktivierende Element durch ein anderes Element mit aktivierender oder aber nicht aktivierender Eigenschaft verdrängt wird. Im letzteren Fall bildet sich dementsprechend ein inaktiver Ferment-Komplex und man spricht dann von einer Hemmung des verdrängten Elementes. Im erstgenannten Fall kann sowohl eine Förderung (Verstärkung) als auch eine teilweise Hemmung (Schwächung) eintreten, je nachdem, ob das verdrängende Element ein stärkerer oder schwächerer Aktivator für das Ferment ist als es das von ihm verdrängte Element vorstellt. Diese Wechselwirkung wird noch dadurch unübersichtlicher, als die Verdrängung bzw. der Ersatz eines Elementes im Ferment-Komplex durch ein zweites entweder vollständig oder nur teilweise erfolgen kann, abhängig von der Art und der vorhandenen Menge an reagierenden Elementen.

Die angeführten Störungsmöglichkeiten werden einmal durch Verunreinigung der Nährlösung und zum anderen durch Einbringen von Makro- und Mikrobestandteilen mit dem Probematerial verursacht. Man vermeidet Störungen einerseits durch Anwendung einer besonderen Arbeits- und Reinigungstechnik und andererseits durch die Wahl einer zweckmäßigen Zusammensetzung der Nährlösung, die alle lebenswichtigen Stoffe (mit Ausnahme des zu bestimmenden Elementes) in so genügender Menge enthält, daß durch die Probe eingebrachte Stoffe keinen wesentlichen Einfluß mehr ausüben können.

Schließlich können noch Störungen durch wachstumsfördernde und komplexbildende organische Verbindungen auftreten, die sich aber vermeiden lassen, wenn man das Probematerial verascht.

2. Arbeitstechnik

Zur erfolgreichen Durchführung der mikrobiologischen Bestimmung von Spurenelementen müssen chemische und mikrobiologische Erfahrungen vorausgesetzt werden. In der Praxis werden solche Bestimmungen sowohl von Chemikern als auch von Biologen ausgeführt. Diesem Umstand Rechnung tragend, wurde versucht, hier die Arbeitstechnik so zu beschreiben, daß die anschließend gebrachten Arbeitsvorschriften sowohl vom Chemiker als auch vom Biologen ohne zusätzliche Hilfsbücher verwendet werden können. Von einer Beschreibung der Grundbegriffe der mikrobiologischen Arbeitsmethoden, wie z. B. dem Sterilisieren von Gefäßen und Nährlösungen, der Impftechnik, Isolierung und Reinzüchtung von Mikroorganismen u. a. m., muß allerdings Abstand genommen werden, zumal es hierüber genügend Fachliteratur gibt. Sie werden nur dann berücksichtigt, wenn sie unmittelbar mit der Einhaltung bestimmter Arbeitsbedingungen, die für den Erfolg ausschlaggebend sind, zusammenhängen.

Da es sich bei den nachfolgenden Arbeitsvorschriften um eine Kombination von chemischer und mikrobiologischer Arbeitsweise handelt, so treten neben spurenanalytischen Fehlerquellen auch solche mikrobiologischer Art auf. Es genügt daher nicht, die Reinigung von Gefäßen und Nährlösungen vom chemischen Standpunkt aus einwandfrei durchzuführen, sondern es sind darüber hinaus auch die für die mikrobiologische Arbeitsmethode geltenden Grundsätze zu berücksichtigen. Der Arbeitende soll außerdem in der Lage sein, die Folgen zu überblicken, die sich für das Wachstum des Testorganismus und damit für das Analysenresultat aus evtl. geringen Abweichungen vom vorgegebenen Verfahren einstellen werden. Ein Mißerfolg kann einerseits auf eine ungenügende Reinigung zurückzuführen sein und andererseits auf Maßnahmen, die zwar in chemischer Hinsicht erlaubt sind, aber für das Wachstum des Testorganismus ungünstige Nachwirkungen zur Folge haben können.

Es muß hier schon vorweggenommen werden, daß es eine sichere Arbeitsmethode zur Vermeidung von Spurenelementverunreinigungen, die eine absolute Spurenfreiheit der Testkulturen gewährleisten würde, nicht gibt. Die einzelnen Methoden sind von verschieden hohem Wirkungsgrad, so daß es wichtig ist, die geeignetste unter ihnen auszuwählen, damit die unvermeidlichen Spurenelementverunreinigungen, d. h. der Blindwert, unterhalb der Nachweisgrenze der gewählten Bestimmungsmethode bzw. des Testorganismus gehalten werden. Es gibt aber empfindliche und spezifische Kriterien (s. S. 1492 ff.), welche die An- bzw. Abwesenheit von Spurenelementen anzeigen und mit deren Kenntnis man beurteilen kann, ob eine Testkulturreihe einwandfrei ist.

Hinsichtlich der allgemeinen Richtlinien zur Erzielung spurenanalytisch einwandfreier Arbeitsbedingungen gelten auch hier die bereits im „Allgemeinen Teil" zur chemischen Spurenanalyse gebrachten Erläuterungen (s. S. 77 ff.), weshalb auf diese verwiesen wird. In den folgenden Abschnitten werden nur noch die mit der mikrobiologischen Bestimmung der Spurenelemente zusammenhängenden, notwendigen Ergänzungen gebracht.

2.1. Arbeitsraum

Es gelten die auf S. 77 gebrachten Richtlinien.

2.2. Arbeitsgeräte

2.2.1. Allgemeine Einrichtung

Auch in dieser Hinsicht kann im wesentlichen auf S. 77 ff. verwiesen werden. Bei den Impfgeräten soll nur Platin, das in Glas- oder Quarzstäbe eingeschmolzen ist, Verwendung finden. Am besten eignen sich anstelle metallischer Brutschränke die Thermostatenräume, die dem Arbeitsraum analog ausgeführt sein sollen. Sofern dennoch Brutschränke aus Aluminium Anwendung finden, ist darauf zu achten, daß die darin abgestellten Arbeitsgefäße stets sicher verschlossen sind.

2.2.2. Glasgeräte

Es wird auf den gleichnamigen Abschnitt, S. 79 ff., verwiesen, wo die zweckmäßige Verwendung und die Behandlung von Glas-, Quarz- und Kunststoffgeräten ausführlich beschrieben ist. Die auf chemischem Wege bewiesene Tatsache der Ionenabgabe des Glases in Lösungen wurde auch auf mikrobiologischem Wege bestätigt gefunden. So konnte beispielsweise bei Studien über den Einfluß der Spurenelemente Fe, Zn und Cu auf Asp. niger durch vergleichende Versuchsreihen mit Quarz- und Jenaer Glasgefäßen bei sonst gleichen Züchtungsbedingungen festgestellt werden, daß der Mycelertrag nach 8 Tagen Kulturdauer gleich groß war, nach einer solchen von 24 Tagen der Mycelertrag aus den Quarzglaskolben 71 mg, der aus den Jenaer Glaskolben dagegen 138 mg betrug [*24*]. Diese nahezu verdoppelte Mycelausbeute ist auf die aus dem Geräteglas herausgelösten Metallspuren zurückzuführen.

Wichtig ist in allen Fällen die richtige Behandlung der Werkstoffe und der daraus gefertigten Arbeitsgeräte, um gute und reproduzierbare Versuchsergebnisse zu erhalten. So konnte beispielsweise mit trockensterilisierten Glasgeräten ein zweimal so hoher Wachstumsertrag erzielt werden als bei Versuchen mit nicht erhitzten Geräten [*101*]. Man nimmt an, daß durch das Trockenerhitzen kleine Glasflocken auf der Glasoberfläche entstehen, wodurch diese größer und gleichzeitig neue Fläche zum Auslaugen freigemacht wird. Da bekannt ist, daß die Glasoberfläche bei dauernd verwendeten Glasgeräten mit der Zeit einen geringeren Spurenelementgehalt aufweist, ist es zweckmäßig, keine neuen, sondern bereits öfter gebrauchte Glasgefäße für Spurenelementversuche zu verwenden, die dann ebenso geeignet erscheinen wie Quarzglasgefäße [*72*]. Allerdings konnten bei Benutzung von zwar gründlich gesäuberten, jedoch farbrikneuen Quarzglaskolben sogar höhere Ertragsgewichte erzielt werden als in Jenaer Glaskolben, die schon längere Zeit in Gebrauch waren [*72*]. Dies weist darauf hin, daß unter Umständen selbst aus dem Quarzglas am Anfang noch Spurenelemente in die Nährlösung gelangen können. Es empfiehlt sich aus diesem und den eingangs erwähnten Gründen aber auf jeden Fall, das Glas nur der kürzest notwendigen Hitzeeinwirkungszeit auszusetzen, um dadurch die Gefahr des Herauslösens von Spurenelementen weitgehend zu vermindern.

Alle Glas- und Quarzgefäße müssen vor ihrer Verwendung mit kochender HCl (1 + 1) gespült, danach kräftig mit Leitungswasser nachgewaschen, schließlich mit destilliertem Wasser gespült und dann staubfrei getrocknet werden [*67*]. Die zur Entfernung von organischen Verunreinigungen zuvor mit Chromschwefelsäure und Wasser behandelten Gefäße werden auf dieselbe Weise nachgereinigt, um an der Oberfläche festgehaltene Chromspuren zu entfernen. Nach anderen Angaben [*72, 73*] soll auch der Reinigungsgang Chromschwefelsäure-Leitungswasser-bidestilliertes Wasser genügen. Dazu werden die Glasgefäße zuerst mit heißer Chromschwefelsäure gereinigt, dann etwa fünfmal mit Leitungswasser und anschließend, nach äußerlichem Abtrocknen, fünfmal mit aus einer Quarzapparatur bidestilliertem Wasser gespült und wiederum außen abgetrocknet. Das noch in den Gefäßen verbliebene Wasser läßt man abtropfen. Es erwies sich auch als vorteilhaft, die so gereinigten Glasgefäße zunächst jeweils etwa 48 Std mit Leitungswasser und bidestilliertem Wasser angefüllt stehen zu lassen. Man entgeht so der Gefahr, daß trotz des Spülens noch Chromat im Kolben zurückbleibt [*73*]. Bei dem früher erwähnten Reinigungsgang Chromschwefelsäure, Wasser, HCl und Wasser lassen sich festgehaltene Chromspuren aber ebenfalls zufriedenstellend entfernen. Besonders ist darauf zu achten, daß nicht während und nach der Reinigung der Geräte eine erneute Verunreinigung eintritt. Deshalb soll grundsätzlich in dem gleichen Raum keine staubbildende Tätigkeit verrichtet werden. Dies gilt besonders bei der Vorbereitung für die empfindliche Mo-Bestimmung [*73*]. Kulturkolben sollen daher auch nicht auf Vorrat gereinigt und offen stehen gelassen werden, um eine Verunreinigung durch Staub zu vermeiden. Jeder zwar schon gereinigte, aber zunächst noch nicht benötigte Kolben soll vor dem Gebrauch zumindest nochmals mit bidestilliertem Wasser gründlich gespült werden. Zweckmäßig verschließt man den Kolben sofort nach beendeter Reinigung mit einem übergestülpten Becherglas, dessen Größe und Höhe so zu bemessen ist, daß sein

Rand auf der schrägen Seitenfläche des Erlenmeyerkolbens aufliegt, die Halsöffnung des Kolbens aber durch den Boden des Becherglases noch nicht abgeschlossen wird.

Siliconisierte Glasgefäße lassen sich wesentlich schneller reinigen als solche ohne Siliconüberzug [*73*] (s. a. S. 86).

Mißerfolge können auch vermieden werden, wenn die Reinigung regelmäßig und sofort kontrolliert wird.

Dazu werden Erlenmeyerkolben mit den dazugehörigen Bechergläsern gleichzeitig oder unmittelbar nacheinander dem Reinigungsprozeß unterworfen. Die nach dem letztmaligen Ausspülen mit bidestilliertem Wasser im Kolben verbleibenden Wasserreste läßt man nicht wahllos abtropfen, sondern man stellt den Kolben mit dem Hals nach unten in das zugehörige Becherglas hinein, in dem sich nun das restliche Spülwasser ansammelt. Diese Wasserreste werden nun durch Schütteln mit einer 0,01%igen Dz/$CHCl_3$- (oder/CCl_4-) Lösung und anschließendem Durchschütteln der Dz-Phase mit verdünntem Ammoniak (Entfernung des Dz-Überschusses) auf anwesende Spurenelemente geprüft. Über den Nachweis von Spurenelementen mit Dithizon s. S. 317ff. Eine auftretende Rotfärbung zeigt die Anwesenheit von Spurenelementen an. Wenn die Abwesenheit der Spurenelemente durch die unveränderte Grünfärbung der Dithizonphase bzw. deren Farblosigkeit nach dem Schütteln mit Ammoniak erwiesen ist, so können die Gefäße mit stets verschlossener Öffnung ohne Gefahr einer erneuten Verunreinigung bis zum Abschluß der übrigen Versuchsvorbereitungen aufbewahrt werden.

Es erwies sich von besonderem Wert, schon vor dem Beimpfen einer Bestimmungsreihe die zu verwendenden Kulturgefäße und Nährlösungen mit Dz auf die oben beschriebene Weise zu überprüfen, um festzustellen, ob sie den geforderten Bedingungen hinsichtlich des Gehaltes an Spurenelementen entsprechen. Hierdurch ist es möglich, die beim Bestimmungsansatz begangenen Fehler frühzeitig zu erkennen, statt daß sie erst nach Abschluß der Untersuchungen in ihrer Auswirkung durch ein unbrauchbares Analysenergebnis festgestellt würden.

Hinsichtlich der Sterilabschlüsse ergeben sich mehrere Möglichkeiten. Die Kulturkolben können durch übergestülpte Bechergläser erfolgreich keimdicht verschlossen werden, wobei entweder die Bechergläser mit ihrem Rand auf der schrägen Seitenwand des Kolbens aufliegen [*72, 73*] oder besser noch der Raum zwischen dem, in diesem Falle möglichst klein gewählten Becherglas und dem Kolbenhals mit nicht absorbierender Baumwollwatte abgedichtet wird [*70*] (s. Abb. 268). Es ist aber auch reine Watte als Verschluß geeignet, worauf noch später näher eingegangen wird (s. S. 1492) [*67*]. Nicht geeignet sind bei Spurenelementversuchen Metallverschlüsse irgendwelcher Art (z. B. Kapsenberg) oder aber Gummikappen. Je nach der Herstellung des Kautschuks sind

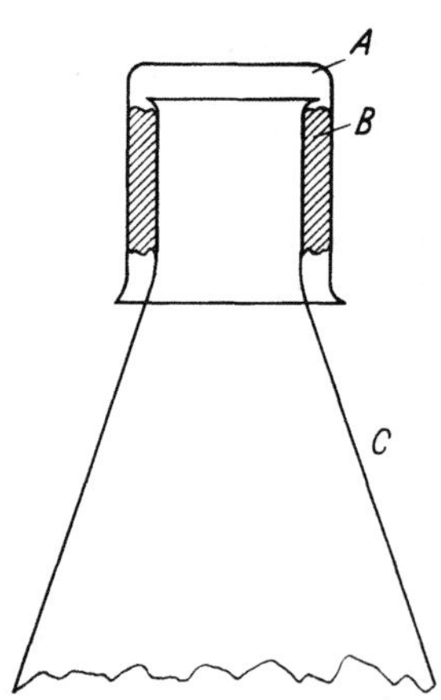

Abb. 268. Sterilabschluß des Kulturkolbens; *A* Becherglas, *B* Baumwollwatte, *C* Erlenmeyer-Kolben

dessen Inhaltsstoffe verschiedene, so daß zahlreiche Elemente als Verunreinigungsquelle in Frage kommen (s. a. S. 107). Auch für Belüftungszwecke dürfen nur Kunststoffschläuche Verwendung finden, desgleichen zum Verbinden irgendwelcher Apparaturenteile miteinander.

2.3. Reagentien

Hinsichtlich der Verwendung von destilliertem bzw. deionisiertem Wasser, p.a.-Reagentien und ihrer Nachreinigung sei auf den gleichnamigen Abschnitt, S. 87ff., verwiesen. Auf die Notwendigkeit reinster Reagentien bei mikrobiologischen Spurenelementansätzen wurde in der Literatur mehrmals hingewiesen [*67, 70, 72, 73*]. Die Entscheidung, wann ein Reagens nachzureinigen ist, hängt einerseits von seinem Gehalt an bereits vorhandenen Spurenelementen ab, andererseits vom gestellten Problem bzw. der Beantwortung der Frage, ob die vorhandenen Spurenelementverunreinigungen als bekannter Blindwert evtl. tragbar sind oder nicht.

Die zur Herstellung der Spurenelementstammlösungen verwendeten p.a.-Salze führen auf ihren Packungen Angaben über den Gehalt an Verunreinigungen. Daraus läßt sich – falls man die Verunreinigungen nicht analytisch selbst bestimmt – errechnen, ob diese stören. Im allgemeinen ist der Gehalt an Verunreinigungen so gering, daß er bei den kleinen Mengen an verwendeten Spurenelementen nicht ins Gewicht fällt. Sollte aber eine Nachreinigung dieser Spurenelementsalze notwendig erscheinen, so findet man hierüber Angaben an anderer Stelle [*70, 102*].

Die Hauptquelle der Spurenelementverunreinigungen liegt bekanntlich in den organischen Verbindungen. Um nun von der Größe dieser Verunreinigungen, die durch Nährlösungsbestandteile eingeschleppt werden können, eine Vorstellung zu erhalten, ist nachstehend der Spurenelementgehalt einiger wichtiger organischer Substanzen aus spektrochemischen Bestimmungen wiedergegeben.

Aus Tab. **215** ersieht man, daß der Spurenelementgehalt der organischen Substanzen verhältnismäßig hoch ist. Interessant, aber durchaus erklärlich, ist auch die Tatsache, daß der nach der üblichen Methode durch Ausfaulen nachgereinigte Agar einen höheren Gehalt an Cu, Fe, Ni und Zn aufweist als der nicht zusätzlich ausgefaulte. Das Ausfaulen wird anfangs bekanntlich mit fließendem Leitungswasser und dann erst mit destilliertem Wasser vorgenommen. Der Anstieg an den genannten Spurenelementen ist nun auf deren Vorhandensein im Leitungswasser zurückzuführen. Wenn man sich vor Augen hält, daß Agar ein Polysaccharid ist und stellenweise freie COOH-Gruppen aufweist, dann ist erklärlich, daß er beim Ausfaulen wie ein Ionenaustauscher wirkt und die im

Tabelle **215**. Der Spurenelementgehalt verschiedener organischer Substanzen [*67*]

Substanz	Elementgehalt in μg/g					
	Al	Cu	Fe	Mn	Ni	Zn
Glucose (Dextropharm)	0	2	3,5	0,2	0	0
Pepton (Difco-Bacto-)	2,6	3	22	0,5	5	15
Gelatine (für Mikroskopie und Bakteriologie, Merck)	10	2	5	1	2	0
Agar-Agar (DAB 6, Merck, Fadenform)	20	1	10	20	0	10
Agar-Agar (DAB 6, Merck, Fadenform) zusätzl. ausgefault	5	10	20	10	1	200

Wasser enthaltenen Schwermetalle an solchen freien Stellen festhält. So wurde auch beispielsweise Alginsäure als Kationenaustauscher in der analytischen Chemie verwendet [*103, 104*].

Durch die Fähigkeit der Spurenelemente, mit den organischen Verbindungen stabile Komplexe zu bilden, ist die Reinigung solcher Substanzen sehr schwierig. Ein besonderes Problem in dieser Hinsicht stellt die spurenfreie Gewinnung der Aminosäuren enthaltenden Lösungen oder Nährmedien vor. Grundsätzlich ist es jedenfalls vorteilhafter, nicht die Einzelbestandteile, sondern erst die fertigen Lösungen einer Befreiung von Spurenelementverunreinigungen zu unterziehen.

Das Anreiben von festen Substanzen in Reibschalen für die Herstellung von Lösungen ist soweit als möglich einzuschränken. Wo es aber dennoch durchgeführt werden muß, dürfen ausschließlich nur Achatreibschalen dazu verwendet werden.

Da die Filtrierpapiere immer kleine Mengen an Metallen enthalten, empfiehlt es sich, nur quantitative Filter zu verwenden, deren Metallgehalt gegenüber qualitativen Filtern geringer ist.

Für die Reinigung von festen, löslichen Reagentien werden verschiedene Methoden wie Umkristallisieren, Ausfällen der Verunreinigungen mit und ohne Spurenfänger, Extraktion und Destillation empfohlen. Die Wahl der Methode hängt dabei von der Natur des zu reinigenden Reagenses ab. Im allgemeinen ist die Destillation, gefolgt von der Extraktion, das wirksamste Reinigungsmittel, während Umkristallisieren und Ausfällen weniger allgemein geeignet erscheinen. Salz- und Pufferlösungen reinigt man am besten durch Extraktion.

Wiederholt wurden Adsorptionsmethoden, z. B. mit Aktivkohle als Adsorbens, zur Entfernung der Spurenelementverunreinigungen angewendet [*21, 22, 24, 105*]. Immerhin ist diese Methode von der Sorte, ja selbst bei gleichen Sorten auch oft von der Herkunft der Aktivkohle abhängig, was sich in einer wechselnd guten Entfernung der Verunreinigungen zu erkennen gibt. Außerdem besteht die Möglichkeit, daß aus der Kohle während der Reinigung Stoffe herausgelöst werden, die das Untersuchungsergebnis beeinflussen können [*26, 92, 105*]. Alle diese Gesichtspunkte sind jedenfalls vor Anwendung einer solchen Reinigungsmethode zu überprüfen.

Auch Ionenaustauscher werden zur Entfernung der Metalle von den nichtionisierten Anteilen der Kulturlösungen verwendet [*34, 36, 106*], wenngleich die chemischen Reinigungsmethoden, besonders die Extraktionsmethode, den Ionenaustauschern oft vorgezogen werden [*70*]. Ionenaustauscher können überdies den Gehalt einer Kulturlösung an Makronährstoffen verändern.

Zum Zweck der Reinigung hat man, wie bereits kurz erwähnt, auch die Spurenfällung herangezogen. Hier werden die Spurenelemente bei der Ausfällung eines zugesetzten Spurenfängers mitgefällt. So hat man sich z. B. der $Al(OH)_3$-Fällung bedient [*107*], die Elemente Cu und Mo als Sulfide, bzw. Mn als Diäthyldithiocarbamat mit Cu [*36a, 70, 72*], Cd, Pb oder Bi [*72, 108*] als Spurenfänger ausgefällt, Mo-Spuren als Oxinat mit Fe als Spurenfänger [*109*] oder Zn, Fe und Mo als Oxinate mit Al, Zn oder Fe als Spurenfänger [*72, 73*] aus Kulturlösungen entfernt. Einzelheiten über die Durchführung der Reinigung mittels Spurenfällung sind später noch beschrieben.

Bei der Spurenfällung ist noch die $CaCO_3$-Methode hervorzuheben, die wegen ihrer Wirksamkeit und Einfachheit eine der gebräuchlichsten Methoden, besonders zur Reinigung fertiger Nährlösungen, ist [*36a, 73, 92, 110, 111*].

Eine oft angewendete Methode zur Entfernung von Spurenelementverunreinigungen aus Lösungen ist schließlich die Extraktion. Sie beruht darauf, daß gewisse organische Verbindungen mit Metallionen meist gefärbte, innere Komplexe zu bilden vermögen, die in Wasser unlöslich, in organischen, mit Wasser nicht mischbaren Lösungsmitteln jedoch löslich und daher durch diese extrahierbar sind. Von den zur Entfernung von Spurenelementen verwendeten organischen Reagentien (s. a. S. 297ff.) sind zu nennen: Dithizon [*36, 40, 112–114*], Oxin [*36a, 40, 115–118*], Cupferron [*36*]. Diese Extraktionsmethoden hatten meist nur die Entfernung einzelner Elemente zum Ziel, während aber die gleichzeitige Entfernung möglichst aller Elemente wünschenswert ist. Man erreicht dies auf befriedigende Weise durch die gleichzeitige Anwendung von zwei oder mehreren organischen Reagentien, z. B. Oxin und Dz [*37, 67*], worauf noch später (s. S. 1480ff.) näher eingegangen wird.

Die der Extraktionsmethode zugrundeliegende Komplexbildung der organischen Reagentien mit den Spurenelementen wird auch dazu benutzt, durch Zusatz der Reagentien zum Versuchsansatz die Wirkung der Spurenelemente auszuschalten [*118–120*]. Doch muß dazu bemerkt werden, daß die dabei herrschenden Verhältnisse zu wenig geklärt sind, um diese Methode mit Erfolg anzuwenden. Vor allem weiß man meist nicht sicher, ob das Reagens selbst nicht irgendeinen Nebeneinfluß ausübt, der im Versuchsergebnis mit aufscheint, ohne daß dies aber erkannt werden kann.

Die oben geschilderten allgemeinen Maßnahmen sind erforderlich, um ein einwandfreies Arbeiten bei Spurenelementversuchen zu gewährleisten. Dem engeren Arbeitsgebiet entsprechend, können sich natürlich noch zusätzliche Erweiterungen auf notwendige Arbeitsgänge ergeben, bzw. wird manchmal auch eine dem Zweck entsprechende Auswahl von Maßnahmen genügen.

2.4. Reinigung der Nährlösungen

Die Nährlösungen werden grundsätzlich aus p.a.-Reagentien und destilliertem (oder deionisiertem) Wasser hergestellt. Da aber auch p.a.-Reagentien noch zu hohe Gehalte an Spurenelementverunreinigungen aufweisen (s. Tab. 216), müssen die Nährlösungen noch besonders gereinigt werden. Im allgemeinen werden nicht die einzelnen Bestandteile der Nährlösungen (von destilliertem Wasser, Säuren usw. abgesehen), sondern die fertigen Nährlösungen einer Reinigung unterzogen, da dies mit einem geringeren Arbeitsaufwand verbunden ist. Zur Erzielung eines besseren Reinigungseffektes kann die Reinigung an einer 2–10fach konzentrierten Nährlösung durchgeführt und danach die Lösung auf das entsprechende Volumen verdünnt werden. Vor der Reinigung sind die in den einzelnen Vorschriften angeführten Spurenelementzusätze in der Nährlösung selbstverständlich noch nicht enthalten (je nach Art der Reinigungsmethode müssen

Tabelle 216. Der Spurenelementgehalt von Nährlösungen, hergestellt mit bidestilliertem Wasser und p. a. Reagentien in μg/l [*67*]

Nährlösung	Al	Cu	Fe	Mn	Ni	Zn
Modifizierte Lennoxnährlösung [*37*]	1	7	22	0	0	0
Gorbach-Meyer/NH_4NO_3-Nährlösung [*37*]	22	215	370	3,8	20	100

Zusammensetzung der untersuchten Nährlösungen:

Modifizierte Lennox-Nährlösung: 40 g Rohrzucker, 30 g K-Na-tartrat, 11 g NH_4Cl, 3 g K_2HPO_4, 0,5 g $MgSO_4 \cdot 7\ H_2O$, mit bidestilliertem Wasser auf 1 l aufgefüllt.

Gorbach-Meyer/NH_4NO_3-Nährlösung: 100 g Glucose, 5 g NH_4NO_3, 1,157 g K_2HPO_4, 0,455 g KH_2PO_4, 0,360 g $MgSO_4 \cdot 7\ H_2O$, 0,116 g NaCl, 0,055 g $CaCl_2$ sicc., mit bidestilliertem Wasser auf 1 l aufgefüllt.

evtl. auch Mg- und Phosphatsalze in einer eigenen Lösung nach einer anderen Reinigungsmethode von ihrem Spurenelementgehalt befreit und nach der Reinigung der anderen Teilnährlösung zugefügt werden). Die entsprechenden Spurenelemente werden erst der fertig gereinigten Nährlösung aus getrennten Stammlösungen (mit Ausnahme des zu bestimmenden Elementes) zugefügt. Da Eiweiß einen hohen Spurenelementgehalt aufweist und überdies eiweiß- und aminosäurehaltige Nährlösungen schwer von ihrem Spurenelementgehalt zu befreien sind, werden besser, wenn möglich, Nährlösungen mit einer anorganischen N-Quelle verwendet.

Eine an und für sich interessante Methode, die in die Anfänge der Spurenelementuntersuchungen zurückreicht [*121*] und seither mehrmals verwendet wurde [*22*, *117*, *122*], ist die Entfernung der Spurenelemente durch den Schimmelpilz selbst: die Nährlösung wird mit dem Pilz beimpft, dieser speichert während der Züchtung über eine bestimmte Zeitdauer die Spurenelemente, wird danach entfernt und der auf diese Weise spurenarm erhaltene Nährboden für die Versuche verwendet. Hierzu muß bemerkt werden, daß es nicht sicher ist, inwieweit die Spurenelemente stets und restlos entfernt werden. Vielmehr ist diese Methode von den vorherrschenden Elementen und dem verwendeten Organismus stark abhängig. Außerdem muß berücksichtigt werden, daß man dann schließlich eine, hinsichtlich der Makrobestandteile gegenüber der anfänglichen Zusammensetzung deutlich, und auch nicht jedesmal in demselben Ausmaß veränderte Nährlösung erhält, die jedenfalls für Versuche mit quantitativer Auswertung nicht mehr geeignet erscheint.

Ein kurzer Überblick über verschiedene Methoden zur Reinigung, die sich auch für Nährlösungen eignen, wurde bereits im vorhergehenden Kapitel (s. S. **1474**) gegeben. Es ist hier noch anzuführen, daß man nach Möglichkeit solche Reinigungsmethoden, bei welchen Reagentien in die Nährlösung eingebracht werden, die später nur schwierig daraus wieder zu entfernen sind, vermeiden sollte. Obwohl man in dieser Hinsicht mit der Reinigung durch Spurenfällung zufriedenstellende Ergebnisse erzielen kann und diese daher noch näher beschrieben wird, so sollte man jene Verfahren, bei denen noch Metalle als Spurenfänger der Nährlösung zugesetzt werden, grundsätzlich möglichst umgehen, da im allgemeinen die restlose Entfernung der Elemente mittels Fällung schwierig und nicht immer möglich ist. Von Spurenfällungsmethoden ist zwar die $CaCO_3$-Methode zu empfehlen, aber von den nachfolgend beschriebenen Reinigungsverfahren die Extraktion mit Oxin/Dithizon [*67*] (s. S. **1480** f.) den übrigen Verfahren im allgemeinen vorzuziehen. Diese Extraktion zeichnet sich gegenüber anderen Reinigungsverfahren nicht nur durch ihre Eleganz aus, sondern hat auch vor allem den Vorteil, daß alle Spurenelemente in einem Arbeitsgang auf einfache Weise rasch und mit geringem Zeit- und Arbeitsaufwand entfernt werden. Mg wird mit diesem Verfahren nicht entfernt, so daß im Falle einer Mg-Bestimmung eine andere Reinigungsmethode zur Entfernung des Mg angewendet werden muß. Mit anderen Reinigungsmethoden können teilweise nur bestimmte Elemente abgetrennt werden, weshalb oft mehrere Methoden neben- bzw. nacheinander angewendet werden müssen, was sowohl unökonomisch als auch wegen der zahlreichen erforderlichen Arbeitsgänge mit einer erhöhten Gefahr für neue Verunreinigungen verbunden ist. Bei eiweißhaltigen Lösungen ist die Extraktion nicht anwendbar, da das Eiweiß beim Ausschütteln mit organischen Lösungsmitteln teilweise ausfällt, wodurch nicht nur die Extraktion behindert, sondern auch die Zusammensetzung der Lösung verändert wird. Dieser Umstand ist aber insofern ohne große Bedeutung, da beispielsweise bei mykologischen Bestimmungsverfahren grundsätzlich nur anorganische N-Quellen verwendet werden.

Von den Spurenfällungsmethoden hat die $CaCO_3$-Methode vor allem den Vorteil, daß sie einfach und mit einem geringen Arbeitsaufwand durchführbar ist, wodurch sich auch die Zahl der möglichen Verunreinigungsquellen verringert. In Tab. **217** sind die Wirksamkeit der Reinigung mit $CaCO_3$ und diese mit Oxin/Dz einander gegenübergestellt (Einzelheiten über die Durchführung beider Verfahren s. S. **1478** u. **1480** f.). In Übereinstimmung mit anderen Ergebnissen [*123*] ersieht man aus den Werten zunächst, daß nicht alle Verunreinigungen mit demselben Erfolg durch Ausfällen mit $CaCO_3$ entfernt werden, während die Extraktion der Spurenelemente zu besseren Resultaten führt. Mit steigendem Druck wird die Entfernung der Verunreinigungen mit $CaCO_3$ besser. Doch auch bei dem vorgeschriebenen Arbeitsdruck von 1 Atm wurden die Spurenelemente nicht restlos aus der Lösung entfernt; dies ist erst durch eine zweite Behandlung mit $CaCO_3$ oder durch eine weitere Druckerhöhung möglich. Schließlich geht auch die Ausfällung der Spurenelementverunreinigungen mit $CaCO_3$ aus einer 5–10fach konzentrierten Nährlösung besser vor sich als aus der verdünnten [*36a, 73*]. Trotzdem ist die $CaCO_3$-Methode für bestimmte Zwecke, beispielsweise zur Reinigung von peptonhaltigen Lösungen, durchaus geeignet [*38*].

Tabelle 217. Das Ausmaß der Entfernung der Spurenelemente aus einer Versuchslösung nach der $CaCO_3$-Methode und nach der Oxin/Dithizon-Extraktionsmethode [*67*]. Spurenelementgehalt der Versuchslösung in µg/l: Al 20, Cu 200, Fe 400, Mn 5, Ni 20, Zn 100

Nr.	Art der Reinigung	Spurenelementgehalt nach der Reinigung, µg/l					
		Al	Cu	Fe	Mn	Ni	Zn
1	unbehandelt (nicht gereinigt)	20	200	400	5	20	100
2	$CaCO_3$-Methode[1], bei 0,3 Atm	16	18	39	1,3	3,5	32
3	$CaCO_3$-Methode[1], bei 0,5 Atm	13	2,3	5,4	0,7	0,0	26,6
4	$CaCO_3$-Methode[1], bei 1 Atm	6	1,5	0,4	0,3	0,0	7
5	Extraktion mit Oxin/Dz	0,0	0,0	0,0	0,0	0,0	0,0

[1] Jeweils 1 g $CaCO_3$/l.

2.4.1. Spurenfällung

Unter den Spurenfällungsmethoden haben sich die in Tab. 218 angeführten bewährt [*36a, 72, 73*].

Tabelle 218. Die Entfernung der Spurenelemente durch Spurenfällung [*36a, 70, 72*]

Methode	Entfernte Spurenmetalle
Sulfidfällung mit H_2S, unter Zusatz von Kupfersulfat, Wismutnitrat, Bleinitrat oder Cadmiumsulfat als Spurenfänger	Cu, Fe, Mo, Zn
Natriumdiäthyldithiocarbamat-Fällung unter Zusatz von Kupfersulfat als Spurenfänger	Mn
$CaCO_3$-Fällung	Cu, Fe, Mn, Mo,Zn
Oxin-Fällung bei pH 5 unter Zusatz von Aluminiumsulfat als Spurenfänger	Cu, Fe, Mo, Zn
Oxin-Fällung bei pH 8 unter Zusatz von Magnesiumsulfat als Spurenfänger	Mg
Ammoniumsulfid-Fällung und Adsorption an Aktivkohle [*75*]	Cu, Fe, Mo, Zn

2.4.1.1. Die Entfernung von Mg mit Oxin [*72*, *73*]

Mg beseitigt man am besten durch Oxin im alkalischen Bereich. Zu einer Grundnährlösung von Glucose und Kaliumnitrat, in der in diesem Fall außer Mg noch Phosphat wegen seiner Reaktion mit Oxin fehlen muß, gibt man 5 ml einer 2%igen Lösung von Oxin in 2n Essigsäure und fügt Ammoniak zu, bis ein pH-Wert von 9 erreicht ist. Dieser Lösung setzt man 10 mg $MgSO_4 \cdot 7\,H_2O$ (in wenig Wasser gelöst) zu, um die Bildung eines Niederschlages zu begünstigen und läßt bei 30° C 24 Std stehen. Der Niederschlag wird dann abfiltriert (S u. S-Filter Nr. 589^3, Blauband) und das überschüssige Oxin durch viermalige Extraktion mit jeweils 50 ml $CHCl_3$ im Schütteltrichter entfernt. Eine Extraktion mit Diäthyläther beseitigt die letzten Spuren des Oxins, dessen Gegenwart entwicklungshemmend auf Asp. niger wirken würde. Anschließend wird die Lösung so lange gekocht, bis der Geruch nach $CHCl_3$ oder Äther verschwunden ist. Dies kann schneller erreicht werden durch Schütteln der neutral bis schwach alkalisch eingestellten Lösung mit 0,1% Aktivkohle (Glyzerinkohle „Merck") und nachfolgender Filtration. Nun wird mit HCl auf pH 5 eingestellt und das Phosphat (z. B. $Na_2HPO_4 \cdot 12\,H_2O$), das ohnehin Mg-frei ist, zugefügt.

2.4.1.2. Die Entfernung von Cu, Fe, Mo und Zn mit Oxin [*72*, *73*, *108*]

Der auf pH 5 eingestellten Nährlösung werden 20 mg $Al_2(SO_4)_3 \cdot 18\,H_2O$ oder $FeSO_4 \cdot 7\,H_2O$ zugesetzt, wenn man von Zn reinigen will, oder 20 mg $ZnSO_4 \cdot 7\,H_2O$, wenn man von Fe reinigen will. Dann fügt man 5 ml einer 2%igen Lösung von Oxin in 2n Essigsäure zu, stellt auf pH 5 ein und läßt 24 Std bei 30° C stehen. Der Niederschlag ist durch ein angesäuertes Filter abzufiltrieren. Das überschüssige Oxin des Filtrates läßt sich durch mehrmalige Extraktion mit $CHCl_3$ oder Diäthyläther entfernen, wie bereits für Mg beschrieben. Dasselbe Verfahren soll sich auch für die Reinigung von Mo und Cu eignen, doch ist die H_2S-Fällung vorzuziehen.

Zn und Fe können auch durch Adsorption an $CaCO_3$ entfernt werden, indem man die neutrale Nährlösung mit 1% $CaCO_3$ für 15 min auf 100° C erhitzt und dann abfiltriert. Die Behandlung mit Aktivkohle nach einem geringen Zusatz von Ammoniumsulfid bei neutraler Reaktion ist für die Entfernung von Fe und Zn ebenfalls wirkungsvoll, weniger dagegen für Cu und Mo.

2.4.1.3. Die Entfernung von Cu, Fe, Mn, Mo und Zn mit $CaCO_3$ [*36a*, *67*, *72*, *73*, *92*, *110*, *111*]

Die fünffach konzentrierte, neutrale Nährlösung wird mit 10 g $CaCO_3$/l versetzt und im Autoklaven 30 min bei einem Druck von 1 Atm erhitzt. Nach dem vollständigen Abkühlen und Absitzenlassen des Niederschlages wird dieser durch einen Glasfrittentiegel oder ein quantitatives Filter filtriert. Die Nährlösung wird dann nach dem fünffachen Verdünnen mit verdünnter HCl auf den gewünschten pH-Wert eingestellt und mit den erforderlichen Spurenelementzusätzen versehen.

Zur Entfernung von Mn werden zu 400 ml etwa 10fach konzentrierter Nährlösung 10 g $CaCO_3$, 10 ml 20%ige K_2HPO_4-Lösung und 10 ml 10%ige $CaCl_2$-Lösung zugesetzt [*36a*]. Man erhitzt eine $^3/_4$ Std im Autoklaven bei 1 Atm, filtriert nach dem Abkühlen durch Filtrierpapier und stellt nach entsprechendem Verdünnen den pH-Wert für die Mn-Bestimmung auf 7,5 ein.

2.4.1.4. Die Entfernung von Cu, Fe, Mo und Zn mit H_2S [*72*, *73*, *108*]

Nachdem sämtliche Grundnährstoffe der für 1 l berechneten Nährlösung in 200 ml bidestilliertem Wasser gelöst sind, wird die Lösung mit HCl auf pH 3 eingestellt und

2 ml einer 20%igen $CuSO_4$-Lösung zugesetzt, da die als Verunreinigung auftretenden Cu-Spuren zur Bildung eines Niederschlages nicht ausreichen würden. Durch Einleiten von H_2S läßt sich das Cu quantitativ als Kupfersulfid ausfällen. Nach kräftigem Schütteln filtriert man den Niederschlag ab. Soll Mo bestimmt werden, empfiehlt es sich, die Fällung noch einmal zu wiederholen. Aufkochen des Filtrates vertreibt den noch in Lösung befindlichen H_2S. Bleipapier darf nicht mehr geschwärzt werden und die Lösung darf nicht mehr nach H_2S riechen. Beim Kochen fällt meist kolloidaler Schwefel aus, oder es bilden sich Polysulfide, die in der Hitze unlöslich sind, beim Erkalten aber wieder in Lösung gehen und der Nährlösung eine gelbe Farbe verleihen. Mit 0,5% Aktivkohle lassen sich diese Verbindungen – oft erst nach zweimaliger Behandlung – entfernen. Für die Behandlung mit Aktivkohle muß die Lösung aber vorher auf eine neutrale bis schwach alkalische Reaktion eingestellt werden. Da das Adsorptionsvermögen der Aktivkohle im alkalischen Bereich maximal ist, würde im sauren Bereich nicht nur das Verfahren zwecklos sein, sondern, wie sich gezeigt hat, die Kohle auch ihrerseits vielfach Spurenelemente, vor allem Zn, an die gereinigte Lösung abgeben. Ebenso ist darauf zu achten, daß die Adsorption durch Kühlung begünstigt wird. Die Nährlösung muß zum Schluß geruch- und farblos sein. Der pH-Wert ist auf 5 einzustellen.

Auch Cd-, Pb- oder Bi-Salzlösungen wurden anstelle von $CuSO_4$ als Spurenfänger verwendet; sie weisen aber keinen Vorteil gegenüber $CuSO_4$ auf.

Für eine vollständige Ausfällung der Metalle als Sulfide ist die genaue Einhaltung des pH-Wertes wichtig. Auch empfiehlt es sich, den Schwefelwasserstoff in die zum Sieden erhitzte Nährlösung bis zum Abkühlen unter wiederholtem Umschwenken mit mäßiger Strömungsgeschwindigkeit einzuleiten. Die Vollständigkeit der Fällung überprüft man in einem aliquoten Teil abfiltrierter Nährlösung durch abermaliges Einleiten von H_2S: bei Abwesenheit der Metalle tritt keine Fällung mehr auf.

Gewisse Schwierigkeiten bereitet ebenfalls das nach dem Abfiltrieren des Sulfidniederschlages erforderliche Verkochen des überschüssigen H_2S, denn der in relativ hoher Konzentration vorhandene Zucker karamelisiert hierbei vielfach und „brennt" auch oft an den Gefäßwandungen an. Zwar beeinträchtigt dies nicht die Reinheit der Nährlösungen, führt aber zu einem unnützen Verlust an Nährstoffen, der darüberhinaus in seinem Umfange unkontrollierbar und wechselnd ist; infolge der daraus letztlich resultierenden Wachstumsschwankungen dürften schlecht reproduzierbare und unzuverlässige Werte entstehen. Diesem Übelstand kann man leicht abhelfen, indem man die filtrierte, noch fünffach konzentrierte Nährlösung schon vor dem Verkochen des H_2S auf die Hälfte bis ein Drittel mit bidestilliertem Wasser verdünnt.

2.4.1.5. Die Entfernung von Cu und Mo mit H_2S [*36a*]

Zu 400 ml etwa 10fach konzentrierter Nährlösung fügt man 5 ml 20%ige $CuSO_4$-Lösung, nachdem man mit 6n HCl auf pH 2 eingestellt hat. Die Fällung wird durch $^1/_4$stündiges Einleiten von H_2S, das vorher zur Entfernung von vorhandenem Polysulfid durch eine gesättigte $Ba(OH)_2$-Lösung geleitet wird, durchgeführt. Nach dem Abfiltrieren des Niederschlages mittels eines mit HCl und bidestilliertem Wasser gewaschenen quantitativen Filters wird der H_2S-Überschuß durch Erhitzen der Lösung und Einleiten von Luft entfernt. Der Restgehalt der Nährlösung an Spurenverunreinigungen beträgt nach diesem Reinigungsprozeß 0,001 µg Cu/ml bzw. 0,000001 µg Mo/ml. Danach wird die Nährlösung mit 5%iger NaOH auf den gewünschten pH-Wert eingestellt.

2.4.1.6. Die Entfernung von Mn mit Natriumdiäthyldithiocarbamat [*70*]

200 ml Nährlösung werden auf pH 5–5,5 eingestellt, mit 10 ml 0,2%iger Na-DDTC-Lösung und 5 ml 5%iger $CuSO_4$-Lösung versetzt. Den gebildeten Niederschlag von Cu-Carbamat mit dem mitgerissenen Mn-Carbamat läßt man 30 min absitzen und filtriert dann ab. Der Carbamat-Überschuß wird durch einen weiteren Kupferüberschuß entfernt. Den danach verbleibenden Kupferüberschuß beseitigt man schließlich durch eine H_2S-Fällung bei pH 3. Der Restgehalt der Nährlösung an Verunreinigungen beträgt nach dieser Reinigung noch 0,0002 μg Mn/ml.

2.4.2. Extraktion

2.4.2.1. Die Entfernung von Co, Fe, Ga und Zn mit Oxin/$CHCl_3$ [*36a, 70*]

200–400 ml Nährlösung werden mit 5%iger NaOH-Lösung (bei 10fach konzentrierter Nährlösung 20%ige NaOH-Lösung) auf pH 5–5,5 eingestellt und viermal mit je 20–30 ml 5%iger Oxinlösung (in $CHCl_3$) extrahiert. Restliche Oxinate und überschüssiges Reagens werden dann durch dreimalige Extraktion mit je 30 ml $CHCl_3$ entfernt und das in der Nährlösung verbliebene Lösungsmittel 3mal mit je 30 ml Diäthyläther ausgeschüttelt. Die Ätherreste werden durch Einleiten von Luft bei 70–80° C (unter Umschwenken) beseitigt. Der Restgehalt der Nährlösung beträgt nach der Reinigung 0,00002 μg Co/ml, 0,0002 μg Fe/ml, 0,0002 μg Ga/ml bzw. 0,0002 μg Zn/ml.

2.4.2.2. Die Entfernung von Cu mit Dithizon/CCl_4 [*114*]

Die Bestandteile der Nährlösung werden im halben Endvolumen bidestillierten Wassers gelöst, mit HCl (1 + 1) auf pH 2,8 eingestellt und dreimal mit je 20–30 ml 0,01%iger Dz-Lösung (in CCl_4) ausgeschüttelt (bis die CCl_4-Phase unverändert grün bleibt). Das zum Endvolumen fehlende Wasser wird auf dieselbe Weise von Cu befreit, danach zur Nährlösung hinzugegeben und die vereinigte Lösung dreimal mit CCl_4 gewaschen (bis die organische Phase farblos ist). Das in der Nährlösung noch vorhandene CCl_4 wird durch kurzes Erhitzen entfernt und nach dem Abkühlen mit Cu-freier NaOH-Lösung auf den gewünschten pH-Wert eingestellt.

2.4.2.3. Die Entfernung von Spurenelementverunreinigungen mit Oxin/$CHCl_3$ und Dithizon/$CHCl_3$ [*40*]

Die für 1 l Nährlösung erforderliche Glucose wird in 200 ml Wasser, die übrigen Salze in 50 ml Wasser gelöst und beide Lösungen getrennt wie folgt gereinigt: Man schüttelt die Lösung mit 4 ml 0,01%iger Dz-Lösung (in $CHCl_3$) und wäscht mit dem Lösungsmittel nach, bis die $CHCl_3$-Phase farblos ist. Dann extrahiert man mit 4 ml 0,02%iger Oxinlösung (in $CHCl_3$) und wäscht mit dem Lösungsmittel nach. Das in der Lösung noch vorhandene $CHCl_3$ wird bei 90° C durch 5 min dauernde Erhitzung verdampft. Die ausgeschüttelten Lösungen werden miteinander vereinigt und mit 750 ml Wasser auf 1 l aufgefüllt.

2.4.2.4. Die Entfernung von Spurenelementverunreinigungen mit Oxin-Dz/$CHCl_3$ [*67*]

Durch die gleichzeitige Extraktion mittels Oxin und Dz in $CHCl_3$ bei bestimmten pH-Werten werden die in Tab. 219 eingerahmten Elemente aus der Nährlösung entfernt.

Tabelle 219. Die bei der Extraktion mit Oxin und Dithizon erfaßbaren Spurenelemente [67]

H																	He
Li	Be											B	C	N	O	F	Ne
Na	Mg											Al	Si	P	S	Cl	Ar
K	Ca	Sc	Ti	V	Cr	Mn	Fe	Co	Ni	Cu	Zn	Ga	Ge	As	Se	Br	Kr
Rb	Sr	Y	Zr	Nb	Mo	Tc	Ru	Rh	Pd	Ag	Cd	In	Sn	Sb	Te	I	Xe
Cs	Ba	La	Hf	Ta	W	Re	Os	Ir	Pt	Au	Hg	Tl	Pb	Bi	Po	At	Rn
Fr	Ra	Ac	Th	Pa	U												

——— = vollständig; – – – – = unvollständig.

Reagentien

Oxin, 0,1%ig in $CHCl_3$;
Dithizon (Dz), 0,05%ig in $CHCl_3$;
$CHCl_3$;
Diäthyläther;
6n HCl;
6n Ammoniak;
Merck Spezialindicatorpapier (mit 0,2 pH-Stufen).

1 l der zu reinigenden Nährlösung wird in einen 1,5 l fassenden Schütteltrichter übergeführt und durch tropfenweisen Zusatz von 6n HCl bzw. 6n Ammoniak auf pH 5,0 eingestellt (Tüpfeln mit Indicatorpapier). Man fügt hierauf 15 ml Oxin-Lösung und 10 ml Dz-Lösung hinzu und schüttelt 1 min. Nach der Phasentrennung wird das $CHCl_3$, das bei Anwesenheit von Spurenelementen infolge der gebildeten Metallkomplexe eine Rot- bzw. Mischfärbung mit grün aufweist, abgelassen, der pH-Wert geprüft und die Ausschüttelung bei pH 5,0 noch dreimal wiederholt (bis die $CHCl_3$-Phase grün bleibt). Dann schüttelt man mit 15 ml $CHCl_3$ nach und überzeugt sich, daß die organische Phase einen rein grünen Farbton (von dem in der Lösung noch zurückgebliebenen Dz) aufweist. Darauf wird mit 6n Ammoniak auf pH 7,0 eingestellt und wie vorhin 3–4mal extrahiert, bis die $CHCl_3$-Phase grün bleibt.

Nachdem auf diese Weise die Spurenelemente entfernt wurden, wird auf pH 6,0 eingestellt und noch evtl. vorhandene Oxinate bzw. Dithizonate sowie der Überschuß an Oxin und Dz durch dreimaliges Ausschütteln (jeweils 1 min lang) mit je 20 ml $CHCl_3$ beseitigt.

Das in der Nährlösung enthaltene $CHCl_3$ wird dann durch dreimaliges Ausschütteln mit je 25 ml Diäthyläther entfernt. Unter Berücksichtigung der Volumenzunahme, welche durch den in der Lösung gelösten Äther entsteht, werden nun die so gereinigte Nährlösung in die Versuchskolben abgefüllt, die gewünschten Spurenelemente in bekannter Menge zugesetzt und der Äther auf einer geschlossenen Heizplatte durch Erhitzen bis zum Siedepunkt vertrieben. Die Kulturkolben werden hierauf verschlossen und im Dampftopf oder Autoklaven wie üblich sterilisiert.

Bei der Extraktion mit Oxin/Dithizon ist eine fünffache Konzentration der Lösung nicht erforderlich, sondern die Bestandteile für 1 l Nährlösung werden in etwa 800 ml Wasser gelöst, danach die Lösung gereinigt und entweder nach a) oder b) fortgefahren:

a) Die Nährlösung wird nach der Reinigung zur Vertreibung des Äthers sofort in einem Becherglas erhitzt, danach auf Raumtemperatur abgekühlt, in einen 1 l-Meßkolben übergeführt, die Spurenelemente zugefügt, danach bis zur Marke aufgefüllt und nach dem Durchmischen je 100 ml in die Erlenmeyerkolben abgefüllt.

b) Die infolge des in der Lösung noch gelösten Äthers entstandene Volumenzunahme wird genau gemessen. Dann fügt man die erforderlichen Spurenelemente hinzu und füllt mit Wasser auf 1 l + Volumenzunahme auf. Nach gutem Durchmischen der gereinigten Nährlösung werden z. B. je 100 ml + $^1/_{10}$ Volumenzunahme in 500 ml-Erlenmeyerkolben abgefüllt und nun erst auf der Heizplatte erhitzt, um den Äther zu vertreiben.

Die Arbeitsweise a) ist insofern angenehmer, als die Volumenzunahme beim Auffüllen und Abmessern der Nährlösung nicht berücksichtigt zu werden braucht. Die Arbeitsweise b) hat demgegenüber den Vorteil, daß die Nährlösung weniger einer nachträglichen Verunreinigungsgefahr ausgesetzt ist.

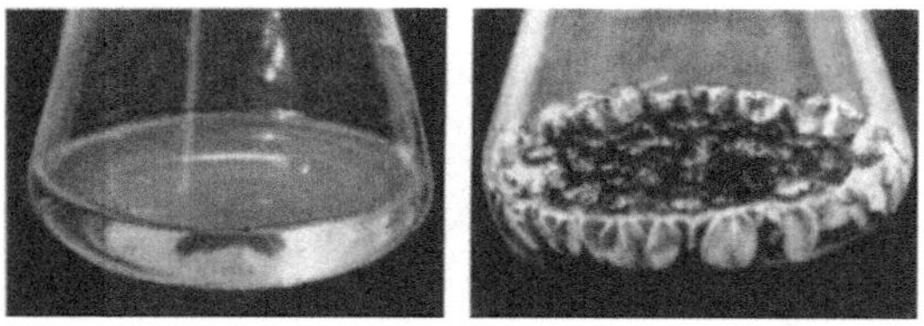

a b

Abb. 269a und b. Oberflächenkultur von Asp.niger auf 100 ml Gorbach-Meyer/NH_4NO_3-Nährlösung; links: spurengereinigt, rechts: nicht gereinigt [*67*]

Die mit einigen Elementen in einer Modellösung (s. Tab. 217, S. 1477) spurenanalytisch festgestellte Leistungsfähigkeit dieser Reinigungsmethode konnte auch mikrobiologisch bestätigt werden. Dies ist aus den Abb. 269, 270 und 271 zu ersehen. Die Abb. 269 zeigt 2 Kulturkolben mit Gorbach-Meyer/NH_4NO_3-Nährlösung, die mit Asp. niger beimpft und 5 Tage bei 26° C gezüchtet wurden. Der linke Kolben enthält eine spurengereinigte Nährlösung und zeigt eine fast klare Flüssigkeit mit nur sehr wenig Submersmycel. Der rechte Kolben enthält die gleiche, normal hergestellte Nährlösung aber ohne Entfernung der Spurenelementverunreinigungen, und zeigt eine kräftig entwickelte Pilzdecke. Die Abb. 270 zeigt eine Zinktestreihe. Alle Kolben dieser Reihe enthalten die gleiche spurengereinigte Gorbach-Meyer/NH_4NO_3-Nährlösung, welcher nach der Reinigung 4000 µg Fe, 250 µg Cu und 700 µg Mn/l und steigende Mengen Zn zugesetzt wurden. Man sieht hier beim ersten Kolben (in der Reihe links oben) besonders schön, daß trotz Anwesenheit größerer Mengen an Fe, Cu und Mn beim Fehlen von Zn keine Stoffwechselprozesse stattfinden können. Die Abb. 271 zeigt eine analog ausgeführte Fe-Testreihe mit einem Gehalt von 1000 µg Zn, 700 µg Mn und 250 µg Cu/l und steigenden Mengen Fe. Beide Testreihen, besonders aber die Zinktestreihe, zeigen das typische Erscheinungsbild einer Eichreihe, wie sie bei der Aufstellung von Eichkurven bzw. als Vergleichsreihen bei der mikrobiologischen Bestimmung von Spurenelementen verwendet werden. Kulturreihen von gleichem Aussehen findet man auch in anderen diesbezüglichen Arbeiten abgebildet [*70, 72, 108, 124*].

Hervorzuheben ist vor allem die Einfachheit und Schnelligkeit der Durchführung dieser extraktiven Reinigungsmethode. Die Reinigung von 1 l Nährlösung nach der angegebenen Vorschrift [*67*] ist in 1–1$^1/_2$ Std möglich, während die Entfernung der Spurenelemente beispielsweise durch Ausfällen oft 24 Std und mehr in Anspruch nimmt. Das hier beschriebene Reinigungsverfahren ist nicht nur bei eigenen Arbeiten mit Erfolg angewendet worden [*37, 67*], sondern hat sich auch in anderen Händen gut bewährt [*94, 95*].

Abb. 270. Zn-Testreihe von Asp. niger (Oberflächenkultur, Gorbach-Meyer/NH_4NO_3-Nährlösung, 5 Tage bei 26° C), Spurenelementgehalt in μg/100 ml Nährlösung: Fe 400, Mn 70, Cu 25, Zn (von links nach rechts) oben 0,0, 0,1, 0,5, Mitte 2,5, 5,0, 10, unten 50, 100, 500 [*67*]

Abb. 271. Fe-Testreihe von Asp. niger (Züchtung wie in Abb. 270), Spurenelementgehalt in μg/100 ml Nährlösung: Zn 100, Mn 70, Cu 25, Fe (von links nach rechts) oben 0,0, 0,1, 0,5, Mitte 2,5, 5,0, 10, unten 50, 100, 500 [*67a*]

2.5. Der Spurenelementzusatz und -ansatz

Der spurengereinigten Nährlösung werden die Spurenelemente – mit Ausnahme desjenigen, welches bestimmt werden soll – einzeln aus Stammlösungen (oder seltener als Gemisch aus einer gemeinsamen Stammlösung) unter Berücksichtigung des Nährlösungsendvolumens zugesetzt und die Lösung auf das gewünschte Volumen aufgefüllt.

Die Stammlösungen können 1%ig bzw. 0,1%ig (1 g bzw. 0,1 g Metall/100 ml Lösung) und 0,01 n salzsauer vorrätig gehalten werden, da sie in dieser Zusammensetzung arbeitsmäßig am günstigsten und außerdem am haltbarsten sind (s. a. S. 102). Von der fertigen Nährlösung werden im allgemeinen je 50 ml in 300 ml-Erlenmeyer- bzw. je 100 ml in 500 ml-Erlenmeyerkolben einpipettiert und für eine Elementtestreihe zum Aufstellen einer Eichkurve bzw. für eine Vergleichsreihe (beim Arbeiten ohne Eichkurve) die abgestuften Mengen des zu bestimmenden Elementes in die einzelnen Kolben zugegeben. Die abgestuften Spurenelementmengen werden durch Verdünnen der Stammlösungen mit destilliertem (oder deionisiertem) Wasser erhalten und müssen täglich frisch hergestellt werden. Zweckmäßig verfährt man dabei so, daß das zu 100 ml Nährlösung zugesetzte Volumen der Spurenelementlösung im Volumenbereich von 0,1–0,5 ml liegt. In diesem Fall beträgt nämlich der Verdünnungsfehler nur 0,1–0,5% bei den Versuchsergebnissen. Da die Schwankungsbreite bei biologischen Versuchen jedoch immer höher ist, kann dieser Verdünnungsfehler im allgemeinen dann vernachlässigt werden. Danach werden die Kolben im Autoklaven bei 0,3 Atm 30 min sterilisiert [*37, 67, 125*]. Nach anderen Angaben kann von einer Sterilisation bei entsprechend vorsichtigem Arbeiten aber auch abgesehen werden [*72*].

Die zu verwendenden Kulturkolben sollten von möglichst einheitlicher Form sein [*73*], vor allem hinsichtlich ihrer Grundfläche. Nach den bisherigen Untersuchungen zu urteilen, haben sich solche mit möglichst flachem Boden als günstig herausgestellt, da in ihnen, beispielsweise bei der Bestimmung des Spurenelementgehaltes von Böden, die Erdprobe gleichmäßiger verteilt werden kann, während in Kolben mit konvex gewölbter Bodenfläche die Erde das Bestreben hat, sich in deren Mitte zu sammeln. In derartigen Kulturkolben nimmt auch der Abstand zwischen der Oberfläche des Kulturmediums und dem Boden zur Peripherie hin ab und verhindert die Ausbildung einer einheitlichen Myceldecke. Aus dem gleichen Grunde sollten auch die Bodenproben vor dem Abpipettieren der Nährlösung in die Kolben eingebracht werden; nur so ist es möglich, ein Verbleiben der Bodenpartikel auf der Flüssigkeitsoberfläche, sowie ein Anhaften an der Glaswandung zu verhindern. Auf derartige Feinheiten ist besonders dann zu achten, wenn die Auswertung der Bestimmungsreihe anhand der Konidienfärbung erfolgen soll.

Der Ansatz zur Bestimmung eines Spurenelementes im Boden wird wie folgt durchgeführt [*70, 72*]: Auf 50 ml gereinigte Nährlösung wird 0,5–1 g lufttrockener, meist auf 1 mm gesiebter Boden ohne jede weitere Vorbehandlung zugesetzt und 30 min bei 100° C im Dampftopf (oder im Autoklaven bei 0,3 Atm) sterilisiert. Nach anderen Angaben [*73*] erscheint die Sterilisation der Böden in der Hitze nicht ratsam, da hierdurch der lösliche bzw. der durch Asp. niger verwertbare Anteil verändert werden kann; sie läßt sich evtl. durch eine Behandlung der Bodenprobe mit 70%igem [*68*] oder auch 85%igem Alkohol [*70*] ersetzen. Ein Sterilisieren der Bodenproben ist aber unbedingt erforderlich bei großem Gehalt an organischer Substanz, da diese genügend Mikroorganismen enthält, welche die mikrobiologische Bestimmung der Spurenelemente stören würde. Eine Kältesterilisation [*126*] der Bodenproben [*127*] scheint nach anderen Untersuchungen [*73*] wenig brauchbar zu sein.

2.6. Pilzstamm und Impftechnik

Für die mikrobiologische Bestimmung der Spurenelemente findet hauptsächlich der Schimmelpilz Aspergillus niger [*70, 72, 73*], weniger häufig auch Penicillium glaucum [*70*] Anwendung; auch Rhizopus spec. [*80*] und Cunninghamella spec. [*81*] wurden beispielsweise vorgeschlagen, die aber gegenüber Asp. niger keinen Vorteil aufweisen. Asp. niger wird aus dem Boden isoliert und nach den einschlägigen Methoden reingezüchtet. Die so erhaltenen Stammkulturen werden auf Bierwürze-Schrägagarröhrchen gehalten. Um ein Degenerieren dieser Stammkulturen zu vermeiden empfiehlt es sich, den Pilz in Zeitabständen von etwa 4 Wochen durch Passagen über die Nährbodenreihe Bierwürzeagar, Kartoffel, Karotte, Schwarzbrot, Bierwürzeagar zu aktivieren [*125*]. Aus dem gleichen Grunde sollen die aktivierten Stammkulturen auch im Kühlschrank bei +4° C aufbewahrt werden. Für die Herstellung der Konidiensuspension (Sporensuspension) kann sowohl von einer 4–5 Wochen alten, bei 28–32° C gehaltenen Bierwürzeschrägagarkultur [*73*] als auch von einer frischen, bei 26–28° C gezüchteten und nur 5–8 Tage alten Bierwürzeschrägagarkultur [*67*] ausgegangen werden. Es sei darauf hingewiesen, daß Pilzstämme ein und derselben Art, jedoch von verschiedener Herkunft, eine unterschiedliche Empfindlichkeit gegenüber einer bestimmten Elementkonzentration aufweisen können. Da sich dies beispielsweise in einem unterschiedlichen Mycel- und Konidienertrag äußern kann, muß darauf stets Rücksicht genommen werden und dürfen Eichkurven nicht ohne weiteres auf andere Pilzstämme auch derselben Pilzart übertragen werden.

Hinsichtlich der angewendeten Impfmethoden sind einige Fehlerquellen zu beachten. Das Impfen mit Mycel, sei es mit einem Stück bestimmter Größe und bestimmten Alters, oder sei es in zerkleinerter Form, scheidet aus, da auf diesem Wege eine gleichmäßige Beimpfung nur schwer reproduzierbar ist und Schwankungen in den Untersuchungsergebnissen hervorgerufen werden. Auch vom Standpunkt der angestrebten Vermeidung von Spurenelementverunreinigungen aus ist diese Methode keinesfalls zu empfehlen. Sowohl beim Ernten des zur Impfung benötigten Mycelstückes als auch bei seiner nachfolgenden Zerkleinerung ist mit einer Verunreinigungsgefahr zu rechnen. Bei der Beimpfung mittels Konidiensuspension ist eine visuelle Abschätzung der Konidienmenge aus der Farbtiefe der Suspension nicht angängig, da hierbei größere Schätzungsfehler auftreten, die Konidienmenge aber einen Einfluß auf die Versuchsergebnisse ausübt. Der Einfluß der Impfmenge geht deutlich aus den in den Abb. 272 und 273 dargestellten Ergebnissen von Versuchsreihen hervor, die zu dessen Überprüfung auf den Mycelertrag und den pH-Wert von Asp. niger in Oberflächen- und Submerskultur dienen. Aus den Kurven in Abb. 272 ersieht man, daß die Impfmenge bei den Oberflächenkulturen den stärksten Einfluß im Bereich von 0 bis etwa $3 \cdot 10^6$ Konidien/Kulturkolben ausübt. Im Bereich von $3 \cdot 10^6$ bis $10 \cdot 10^6$ Konidien/Kulturkolben verläuft der Einfluß linear und ist daher relativ geringer, so daß sich hier Schwankungen in der Impfmenge, die durch die Konidienzählung (bei visueller etwa $\pm 5\%$) bedingt sind, praktisch nicht auswirken. Die Abb. 273 zeigt, daß die Impfmenge auch bei Submerskulturen einen merklichen, im Vergleich zur Oberflächenkultur jedoch etwas geringeren Einfluß ausübt. Auch hier macht sich der größte Einfluß bei den zahlenmäßig kleinen Impfmengen bis etwa $1 \cdot 10^6$ Konidien/Kulturkolben bemerkbar, während er sich oberhalb dieses Bereiches kaum auswirkt. Davon ausgehend wurde zur Erzielung möglichst gleichbleibender reproduzierbarer Ergebnisse und einer günstigen Kulturdauer für das Arbeiten mit 100 ml Nährlösung in 500 ml-Erlenmeyerkolben eine optimale Impfmenge von $5 \cdot 10^6$ Konidien/Kulturkolben ermittelt.

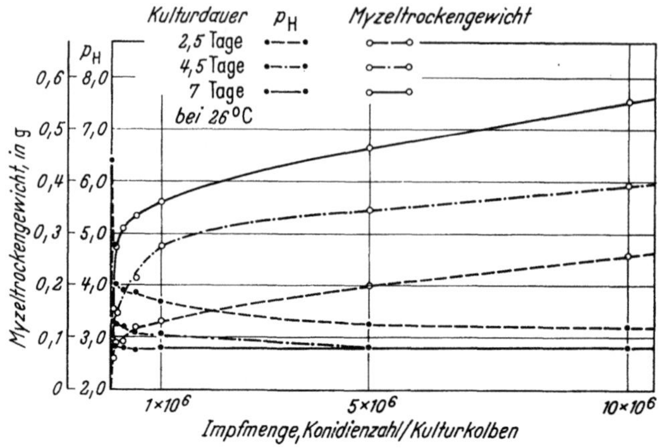

Abb. 272. Der Einfluß der Impfmenge auf das Myceltrockengewicht von Asp.niger (Oberflächenkultur auf 100 ml Gorbach-Meyer-Nährlösung) [*67*]

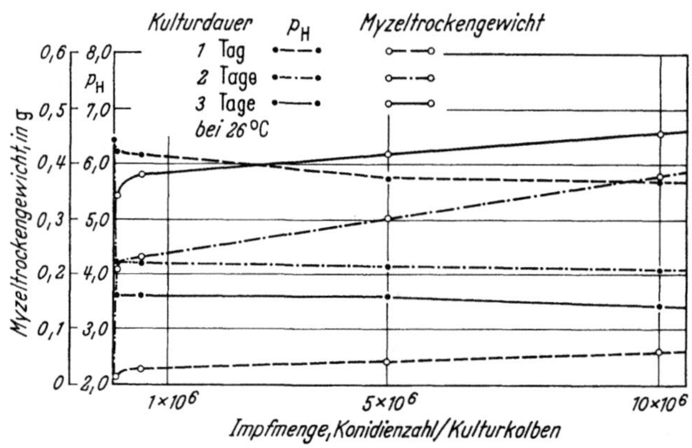

Abb. 273. Der Einfluß der Impfmenge auf das Myceltrockengewicht von Asp.niger (Submerskultur in 100 ml Gorbach-Meyer-Nährlösung) [*67*]

Zur Herstellung der Konidiensuspension erntet man die Konidien mittels Platinöse von einer Schrägagarkultur (5–8 Tage alt) und suspendiert sie in steriler 0,07 m KH_2PO_4/K_2HPO_4-Pufferlösung von pH 6. Die Suspension wird nach 10 min dauerndem Schütteln durch Auszählen mit Hilfe einer Thomaschen Zählkammer auf einen Gehalt von $5 \cdot 10^6$ Konidien/ml eingestellt. Gegen die Anwendung einer größeren Zahl von Konidien/ml spricht das erschwerte Abmessen der Impfmenge und die schwierige, mit größeren Fehlern verbundene visuelle Auszählung beim Einstellen des Gehaltes der Konidiensuspension. Auch hinsichtlich der Gefahr des Einschleppens von Spurenelementverunreinigungen durch den Spurenelementgehalt der Konidien ist eine zu große Impfmenge zu vermeiden. Die Pufferlösung muß vor ihrer Verwendung natürlich von ihren Spurenverunreinigungen, beispielsweise mittels Extraktion, auf eine früher beschriebene Weise befreit werden. Im Zusammenhang mit der Vermeidung von Spurenverunreinigungen kann nicht oft genug hervorgehoben werden, daß das Impfmaterial eine bedeutende, nicht zu unterschätzende Gefahr als Verunreinigungsquelle darstellen kann. Das bestgereinigte Grundmedium wird, besonders für Versuche bei völliger Spurenfreiheit, wertlos, wenn durch das Impfmaterial Spurenelementverunreinigungen übertragen werden. Um daher zu vermeiden, daß beim Impfen anhaftende Nährbodenteile in die spurenfreien Kulturansätze gelangen, sollen, wo immer es möglich ist, trockene Konidien als Impfmaterial verwendet werden, die man auf verschiedenem Wege gewinnen kann.

Geht man von **4–5** Wochen alten, bei **28–32°** C gehaltenen Bierwürzeschrägagarkulturen aus [*73*], so sind nach Ablauf dieser Zeit die Konidien des Pilzes in der Regel voll ausgereift und das Agarsubstrat stark eingetrocknet (die Kulturröhrchen dürfen nicht zu fest durch den Zellstoff- oder Wattestopfen verschlossen werden). Durch Klopfen an der Glaswandung des Röhrchens lassen sich die Konidien nun leicht vom Mycel trennen. Dieses – im Fall von Asp. niger – schwarze „Pulver" wird in ein weiteres, mit steriler, 0,1%iger Polyvinylalkohollösung angefülltes Röhrchen übergeführt und so eine Konidienaufschwemmung hergestellt, die fast ausschließlich Konidien, nur wenig Mycel, keinesfalls aber Agarstückchen enthält. Die Verwendung von Polyvinylalkohol (in den Originalarbeiten „Polyviol 28/02", A. Wacker, München) zur Herstellung der Konidiensuspension ist nach mehreren Angaben vorteilhaft für die Erzielung einer geschlossen wachsenden Pilzdecke [*72*, *73*].

Des weiteren sind das Ernten und die Gewinnung selbst einer großen Menge trockener Konidien rasch und hinsichtlich der Verunreinigungen auf einwandfreie Weise mit einem Absauggerät [*128*] (s. Abb. 274) durchführbar, wobei das Alter der Kultur von nebensächlicher Bedeutung ist. Mit Hilfe dieses Gerätes werden die Konidien von Plattenkulturen in einem sterilen Impfraum unter sterilen Bedingungen abgesaugt und in einem Wägegläschen mit Schliffkappe steril aufbewahrt. Davon läßt sich auf bequeme Weise eine Konidiensuspension, wie bereits oben beschrieben, herstellen, wobei die mögliche Gefahr einer Verunreinigung, wie sie beim üblichen Abernten der Konidien mittels Platinöse durch ungenaues Arbeiten leicht eintreten kann, sicher vermieden wird. Um die in den Konidien enthaltene Menge der Spurenelemente, die beim Impfen in die Kulturlösung als Verunreinigung eingeschleppt wird, möglichst klein zu

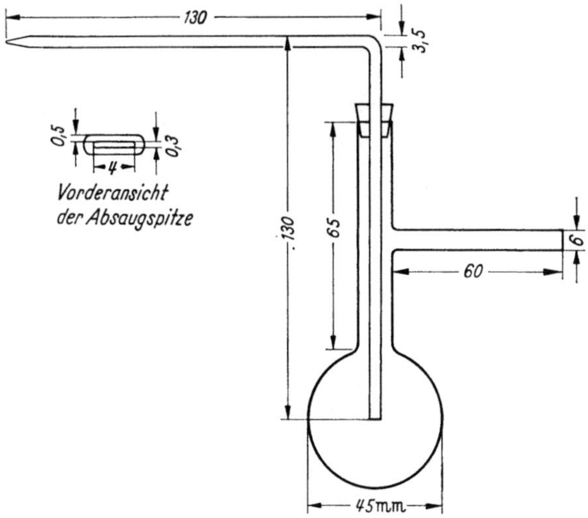

Abb. 274. Apparatur zum Absaugen der Konidien von Schimmelpilzen [*128*]

halten, wird gegebenenfalls empfohlen, das Impfmaterial selbst, wenn es die Problemstellung und der Testorganismus erlauben, auf einem spurenarmen Nährboden zu züchten [*111*]. Berücksichtigt man allerdings die Forschungsergebnisse, aus denen die Wichtigkeit der Spurenelemente für die Entwicklung der Konidien [*37, 68, 71, 77, 78, 129, 130*] und für die Pigmentablagerung in diesen [*21–24, 29, 70, 131–133*] hervorgeht, und die Tatsache, daß die Spurenelemente in den Konidien gespeichert werden [*128, 130, 131, 132, 134*], so ergibt sich daraus, daß mit Züchtungsmaßnahmen auf spurenarmen Nährböden nicht viel zu erreichen ist. Da die Konidien die Spurenelemente offensichtlich benötigen, so werden sie auch auf einem spurenarmen Nährboden die notwendigen Elemente bis zur gewünschten Konzentration zu speichern versuchen. Die Folge davon ist, daß dadurch ihr Spurenelementgehalt wohl nicht wesentlich herabgesetzt werden kann, während bei zu geringem Spurenelementgehalt des Nährbodens die Entwicklung von Konidien mehr oder weniger weitgehend unterbleibt. Zur Herabsetzung des Mineralgehaltes der Konidien für die Gewinnung eines spurenarmen Impfmaterials wurde die Extraktion der Konidien mit schwachen Alkalien, wie $KHCO_3$ oder Ammoniak, angeregt [*92*]. Doch erscheint diese Methode, besonders bei größeren Versuchsreihen, recht umständlich und birgt auch die Gefahr einer Spureneinschleppung während dieser Extraktion in sich. Wenngleich in der Literatur ganz allgemein auf die Möglichkeit einer Verunreinigung durch das Impfmaterial infolge des Spurenelementgehaltes der Konidien hingewiesen wird [*92, 111*], so findet man dazu aber nur spärliche Angaben über den Gehalt der Konidien an einzelnen Spurenelementen, wie etwa von Fe in Aspergillus oryzae [*131*] oder Mn in Asp. niger [*134*]. Es ist daher die Frage von besonderem Interesse, inwieweit nun tatsächlich beim Impfen durch den Spurenelementgehalt der Konidien Verunreinigungen eingeschleppt werden können. Aufgrund der quantitativen Bestimmung des Spurenelementgehaltes der Konidien von 4 Schimmelpilzen [*128*] (s. Tab. 220) ließ sich nach Ermittlung der Konidienzahl je Gewichtseinheit

Tabelle 220. Der Asche- und Spurenelementgehalt der Pilzkonidien, bezogen auf lufttrockenes Konidienmaterial [*128*]

Pilzart	Konidienfarbe	Asche	Spurenelementgehalt in µg/g Konidien					
		%	Al	Cu	Fe	Mn	Sn	Zn
Asp. niger	schwarzbraun	5,80	1	75	130	20	50	35
Asp. flavus	gelbgrün	1,16	0,0	1,0	5,0	1,0	0,0	50
Asp. clavatus	flaschengrün	1,73	0,0	0,7	0,9	0,8	0,0	18
Citromyces decumbens	flaschengrün	2,17	1,2	0,6	3,0	1,3	0,0	12

Tabelle 221. Die beim Impfen mit 5×10^6 Konidien/100 ml Nährlösung verursachten Spurenelementverunreinigungen in µg/ml [*67*]

Pilzart	Spurenelementgehalt der Nährlösung in $\mu g \times 10^{-3}$/ml					
	Al	Cu	Fe	Mn	Sn	Zn
Asp. niger	0,003	0,250	0,400	0,070	0,170	0,110
Asp. flavus	0,000	0,003	0,015	0,003	0,000	0,160
Asp. clavatus	0,000	0,002	0,003	0,003	0,000	0,060
Citromyces decumbens	0,004	0,002	0,010	0,004	0,000	0,040

der Spurenelementgehalt von $5 \cdot 10^6$ Konidien (optimale Impfmenge) berechnen. Unter Berücksichtigung einer Impfmenge von $5 \cdot 10^6$ Konidien auf 100 ml Nährlösung ergeben sich die in Tab. 221 angegebenen Elementkonzentrationen pro ml Lösung als Verunreinigung. Vergleicht man diese Werte mit den früher (s. S. 1468) angegebenen Bestimmungsgrenzen der Schimmelpilze, so sieht man, daß die Verunreinigungen bei der Impfung mit den z. B. in Tab. 220 spurenelementreichsten Konidien des Asp. niger noch durchweg um eine Zehnerpotenz tiefer liegen, während bei den übrigen untersuchten Pilzen sogar ein Bereich von 2—3 Zehnerpotenzen dazwischen liegt. Daraus ergibt sich, daß die durch Konidien verursachten Verunreinigungen durchaus nicht ins Gewicht fallen und als unvermeidlicher, jedoch vernachlässigbarer Blindwert (Null-Wert) hingenommen werden können. Schließlich läßt sich dieser Blindwert bei besonderen Anforderungen durch eine Verminderung der Impfmenge auf $3 \cdot 10^6$ Konidien/100 ml Kulturlösung noch auf etwa die Hälfte verkleinern. Zuletzt sei nochmals betont, daß diese Ausführungen nur dann Geltung haben, wenn durch einwandfreies Arbeiten das Einschleppen weiterer Spurenverunreinigungen vermieden wird. Die weiteren Verunreinigungen während der einzelnen Arbeitsgänge würden sich nämlich summieren und schließlich im Stadium des Versuches einen so großen Blindwert ergeben, daß dieser bereits über der Bestimmungsgrenze des betreffenden Testorganismus läge. Die Folge davon wäre eine erhebliche Beeinträchtigung des Versuchsergebnisses.

2.7. Die Züchtung

Zur Aufstellung einer Testreihe wird im allgemeinen so verfahren, daß eine Anzahl von Kulturkolben, die alle eine hinsichtlich der Makro- und Mikrobestandteile vollkommen gleichartig zusammengesetzte Nährlösung enthalten, steigende Mengen des zu untersuchenden Elementes erhalten. Diese Versuchsreihe wird durch zwei Kontrollkolben ergänzt. Der eine Kontrollkolben enthält die vollkommen spurenfreie Nährlösung und dient dazu, die Güte der Spurenentfernung und das einwandfreie Arbeiten zu überprüfen. Er stellt also den Null- oder Blindwert vor. Der zweite Kolben enthält im Gegensatz dazu die Nährlösung, die von Spurenelementen nicht befreit und beim Versuch keinen besonderen Vorsichtsmaßregeln unterworfen wird. Er dient zur Kontrolle dafür, ob der Testorganismus einwandfrei und die Züchtungsbedingungen optimal sind. Nachdem den Kolben der Versuchsteihe das Spurenelement zugesetzt worden ist, folgen die Sterilisation, die Beimpfung mit dem Testorganismus und die Züchtung.

Zur Erzielung guter Ergebnisse ist die richtige Wahl der Kulturdauer bzw. des Erntetermins besonders wichtig [*73*]. Der Erntetermin spielt für den Verlauf der Testkurve bei Trockengewichtsbestimmungen eine ausschlaggebende Rolle, da nach Erschöpfung des Zuckervorrates die Kulturen der Autolyse verfallen und somit merklich an Gewicht verlieren. Dieser Abbau an Substanz setzt aber nicht in allen Kolben gleichzeitig und in gleichem Maße ein, sondern in der höheren Konzentrationsstufe jeweils früher und stärker als in der nachfolgend geringeren. Auf eine bereits begonnene Autolyse weist das Auftreten einer rotbraunen Verfärbung der Kulturflüssigkeit hin [*73, 125*]. Die vorgeschriebenen Kulturzeiten von 5 Tagen bei 27° C Bebrütungstemperatur bzw. 4 Tagen bei 30° C sind daher genau einzuhalten.

Es muß auch darauf Rücksicht genommen werden, daß eine Bodenprobe, je nach ihrer Herkunft, neben den Spurenelementen noch anorganische Salze und organische Verbindungen in verschieden großer Menge enthält, die ihrerseits das Wachstum des Pilzes in mehr oder weniger starkem Maße zu beeinflussen vermögen [*73*]. Da ihre Wirkung aber nicht immer in direkter Beziehung zur Menge der eingebrachten Bodenprobe steht, sollten bei jeder Spurenelementbestimmung nicht nur Parallelen mit gleicher, sondern auch mit variierter Bodeneinwaage, etwa 0,5 und 1,0 g, angesetzt werden.

Die Auswertung der Test- und Bestimmungsreihen erfolgt nach der angegebenen Kulturdauer von 4 bzw. 5 Tagen durch Vergleich der Mycelgewichte (bei Zn-, Fe-, Mo- und Mg-Bestimmungen) oder der Konidienfärbung (bei Cu-Bestimmungen). Zu achten ist darauf, daß im Null-Kolben jeder Testreihe nur ein äußerst dünnes und zartes Mycel ausgebildet sein soll (mit Ausnahme der Cu-Reihe), das keine oder nur sehr wenige weiße Konidien besitzen darf. Vor der Trockengewichtsbestimmung werden die Kulturen durch eine 15 min lange Erhitzung auf 100° C im Dampftopf abgetötet. Dies kann auch durch Zugabe von 75%igem Alkohol nach Abgießen der Nährlösung erfolgen. Die Myceldecken sind so fest, daß man sie in ihrer Gesamtheit mittels eines Glashakens aus den Kolben holen kann. Sie werden dann mit Wasser gespült, um die noch anhaftende Nährlösung abzuwaschen und gut ausgepreßt. Anschließend wird in Petrischalen bei 105° C etwa 24 Std im Trockenschrank getrocknet, worauf das Trockengewicht bestimmt werden kann [*72*].

Vom Standpunkt des Analytikers wird bei der mikrobiologischen Bestimmung der Spurenelemente als gewisser Nachteil gegenüber chemischen Verfahren empfunden, daß die Kulturdauer 4–5 Tage beträgt, nach welcher Zeit somit erst das Analysenresultat vorliegt. Diese Kulturdauer wird für die bisher stets in Oberflächenkultur durchgeführte mikrobiologische Spurenelementbestimmung benötigt. Neben der Oberflächenkultur lassen sich die Schimmelpilze aber auch in Submerskultur züchten. Durch eine solche Züchtung wird das Wachstum besonders im Anfangsstadium beschleunigt (s. Abb. 272 und 273), so daß bereits nach 2–3 Tagen eine Auswertung möglich ist und somit die sonst notwendige Analysendauer abgekürzt werden kann. Die Submerskultur erscheint aber nur zur Bestimmung von Spurenelementen in Flüssigkeiten, z. B. in Boden- oder Pflanzenextrakten durch Trockengewichtsbestimmung des Pilzmycels geeignet, nicht aber zur Bestimmung in festen Substanzen, z. B. in Bodenproben. Beim submersen Rührverfahren kann das Rühren eine Verunreinigungsquelle darstellen; besonders ist dies der Fall, wenn der Rührer mittels eines Motors über eine Welle angetrieben wird [*67*]. Durch die Führung der Welle können bereits geringe Mengen an Verunreinigungen, die sich hier aber schon stark auswirken, in die Kultur gelangen. Deshalb eignen sich für die Spurenelementbestimmung im Submersverfahren vorwiegend das Schüttelverfahren und das Rührverfahren mit Rührwerken, die nach dem Magnetrührprinzip arbeiten [*135, 136*] (s. Abb. 275, 276). Bei letzteren besteht der Rührer aus einem in Glas eingeschmolzenen Metallstück (z. B. Eisendraht). Da durch das Scheuern von Glas auf Glas beim Rühren eine Reihe von Elementen aus dem Glas in die Lösung gelangen und so die Versuchsergebnisse verfälschen würden, ist es hier notwendig, Quarzglas zu verwenden oder noch besser den Eisendraht in einen Polyäthylenschlauch einzuschmelzen. Dieser Kunststoff ist allerdings gegen die Sterilisationstemperatur empfindlich, so daß ein solcher Rührer nicht, wie gewöhnlich, mit dem Kolben zusammen sterilisiert werden kann. Auch die sonst übliche Behandlung mit 70%igem Alkohol schädigt den Kunststoff bald. Er wird daher entweder mit Wasserdampf bei Siedehitze fraktioniert sterilisiert oder nur ausgekocht und kann danach in konz. HCl aufbewahrt werden. Vor Gebrauch wird er dann im sterilen Raum nach Abspülen in sterilisiertem, bidestilliertem Wasser, in den Kolben zur bereits sterilen und spurenfreien Nährlösung eingebracht. Wenn ein sterilisationsbeständiger Kunststoff, wie beispielsweise Teflon oder Hostalen, zur Verfügung steht, dann erübrigen sich die beschriebenen Maßnahmen.

Schließlich muß dem Verschluß der Zuchtkolben, der gewöhnlich mit Watte erfolgt, besondere Aufmerksamkeit geschenkt werden. Vielfach wird darauf hingewiesen, daß

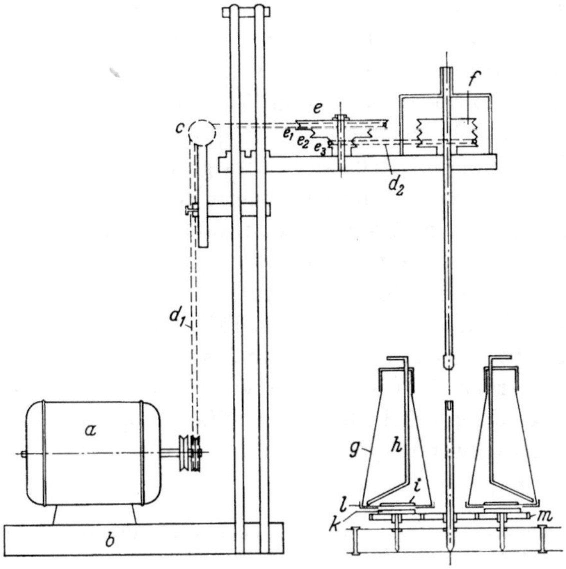

Abb. 275. Laboratoriumsrührwerk nach dem Magnetprinzip [*135*]. *a* Synchronmotor, *b* Stativ, *c* freilaufende Rollen d_1 und d_2 Stahldrahtfederriemen 1 bzw. 2, *e* Scheibensatz I, *f* Scheibensatz II, *g* Erlenmeyer-Kolben, *h* Belüftungsrohr mit Glaskappe, *i* Rührer, *k* Sintermagnet, *l* Stativring, *m* Zahnrad

Abb. 276. Eigentliche Magnetrühranlage ohne Antriebsseil des in Abb. 275 dargestellten Laboratoriumsrührwerkes [*136*]

durch in die Nährlösung fallende Teile des Wattestopfens dieser eine ernste Verunreinigungsquelle darstellen würde, weshalb auch Glasverschlüsse, wie z. B. kleine Bechergläser, die über den Kolbenhals gestülpt werden, Verwendung finden [*70, 72, 73*] (s. S. 1472). Um nun die Größe der durch die Watte möglichen Verunreinigungen kennen zu lernen, wurde der Spurenelementgehalt von Baumwollwatte spektrochemisch bestimmt (s. Tab. 222). Experimentell konnte festgestellt werden [*67*], daß mit Wattestopfen aus reiner, neuer Baumwollwatte eine maximale Verunreinigung von ~ 40 µg Baumwollwatte/Kultur (100 ml Nährlösung in 500 ml-Erlenmeyerkolben) vorkommen kann. Setzt man diesen Wert mit denen aus der genannten Tabelle in Beziehung, so lassen sich damit die möglichen Maximalverunreinigungen an Spurenelementen pro ml Kulturlösung im Durchschnitt berechnen (s. Tab. 223). Wie diese Werte zeigen, sind diese Verunreinigungen praktisch zu vernachlässigen. Sobald die Wattestopfen mit Zellstoff umwickelt werden, läßt sich diese Verunreinigungsgefahr nahezu beseitigen. Es ist aber unbedingt erforderlich, für solche Wattestopfen nur neue Baumwollwatte und neuen Zellstoff zu verwenden [*67*].

Tabelle 222. Der Spurenelementgehalt von Baumwollwatte [*67*]

Element	Al	Ca	Cu	Fe	Mg	Si	Sr	Ti
Gehalt in µg/g Baumwollwatte	122	200	5	240	20	10	10	10

Tabelle 223. Durch Baumwollwatte mögliche Spurenelementverunreinigungen [*67*]

Element	Al	Ca	Cu	Fe	Mg	Si	Sr	Ti
Verunreinigungen in µg × 10^{-3}/ml Kulturlösung	0,049	0,080	0,002	0,096	0,008	0,004	0,004	0,004

2.8. Kriterien für einwandfreie Arbeitsbedingungen [*67*]

Bei der Züchtung im Oberflächenverfahren dient als Kriterium für eine gute Beimpfung und die Erzielung einwandfreier Untersuchungsergebnisse bekanntlich die Bildung einer geschlossenen Pilzdecke. Das Mycel darf sich nicht nur an einer oder einzelnen Stellen inselförmig oder als durchbrochene Decke auf der Nährlösungsoberfläche bilden, sondern es soll von Anfang an die gesamte Oberfläche gleichmäßig bewachsen und zu einer geschlossenen Decke mit den charakteristischen Merkmalen des Pilzes führen. Bei einer inselartigen und unzusammenhängenden Mycelbildung erhält man stark streuende, mitunter sogar völlig falsche Versuchsergebnisse. Diese Tatsache ist von ganz besonderer Bedeutung bei Spurenelementversuchen. Da die Bildung einer geschlossenen Pilzdecke auch weitgehend von der Beimpfungsart abhängt, muß dieser hier eine besondere Sorgfalt gewidmet werden. Um eine geschlossene Pilzdecke zu erhalten, wird – wie bereits früher erwähnt – empfohlen, die Pilzkonidien in einer 0,1–0,5%igen wäßrigen Polyvinylalkohollösung zu suspendieren [*72, 73*]. Wenn ein Grundnährmedium kein Spurenelement enthält oder zumindest nur einen Spurenelementgehalt unter der Bestimmungsgrenze des Testorganismus aufweist, so soll der Mycelertrag 10–15 mg Trockenmycel/50 ml Nährlösung ergeben [*14*] (s. Tab. 224).

Dies wird dann zutreffen, wenn Reinigung und Vorsichtsmaßnahmen zur Vermeidung von Spurenelementeinschleppungen richtig durchgeführt wurden. Daraus geht hervor, daß es zwar gelingt, die Spurenelemente weitgehend, es aber unmöglich ist, sie restlos zu entfernen.

Hierzu muß nun bemerkt werden, daß es nicht genügt, nur das Myceltrockengewicht einer spurenfreien Kultur als absolutes Maß für die Güte einer Reinigungstechnik bzw. für die Spurenfreiheit einer Nährlösung zu werten. Dies geht deutlich aus Tab. 224 hervor. Der Mycelertrag hängt doch bekanntlich auch von den Makrobestandteilen ab, so daß man mit Nährlösungen verschiedener Zusammensetzung auch verschieden hohe Mycelerträge erhalten wird. Mit einer Nährlösung, die bereits in ungereinigtem Zustand nur einen geringen Mycelertrag liefert, wird man nach der Entfernung der Spurenelemente natürlich einen viel geringeren Ernteertrag erzielen als bei Verwendung einer Nährlösung, die von vornherein einen höheren Mycelertrag gibt. Somit kann der sehr geringe Mycelertrag von einer spurenfreien Nährlösung für sich allein noch nicht als sichtbares Zeichen einer besseren Entfernung der Verunreinigungen gewertet werden. Es ist daher nicht gut möglich, unterschiedliche Reinigungsmethoden bei Nährlösungen verschiedener Zusammensetzung lediglich dadurch zu bewerten, daß man die Mycelerträge ihrer Nullwerte (Spurenfreiheit) miteinander vergleicht; vielmehr muß man die Verhältnisse (K_{Sf}) ihrer Nullwerte (gereinigte Nährlösung) zu ihren Normalerträgen (nicht gereinigte Nährlösung) unter Berücksichtigung und Angabe der Spurenelementgehalte in Beziehung setzen, um zu einem brauchbaren Urteil zu gelangen. K_{Sf} läßt sich folgendermaßen definieren:

$$K_{Sf} = \frac{M_n}{M_{Sf}}$$

K_{Sf} = Koeffizient der Spurenelementfreiheit.
M_n = Myceltrockengewicht (in mg) von nicht gereinigter Nährlösung.
M_{Sf} = Myceltrockengewicht (in mg) von spurenfreier Nährlösung.

Je besser die Reinigung der Nährlösung ist, um so größer ist der Wert K_{Sf}. Eine genauere Definition für die Spurenfreiheit einer Nährlösung bzw. für die Wirkung eines Spurenelementes stellt noch die ergänzende Angabe über das Verhältnis (K_{Sw}) beispielsweise des Mycelertrages bei bestimmtem Spurenelementgehalt zu demjenigen bei Abwesenheit eines bestimmten Spurenelementes vor, für den Fall, in dem der Mycelertrag studiert wird. K_{Sw} ist wie folgt definiert:

$$K_{Sw} = \frac{M_S}{M_0}$$

K_{Sw} = Koeffizient der Spurenelementwirksamkeit.
M_S = Myceltrockengewicht (in mg) bei Anwesenheit einer bekannten Menge des untersuchten Spurenelementes.
M_0 = Myceltrockengewicht (in mg) bei Abwesenheit des zu untersuchenden Spurenelementes.

Je größer die Wirkung eines Spurenelementes ist, um so größer ist der Wert K_{Sw}.

In Tab. 224 ist die Anwendung von K_{Sf} und K_{Sw} anhand von Beispielen aufgezeigt. Weiterhin ist hier auch der häufig als Kriterium für die Spurenfreiheit einer Lösung verwendete Nullwert, nämlich mg Myceltrockengewicht/100 ml Kulturlösung angegeben. Man ersieht aus den Zahlen, daß ein niedriger Nullwert allein noch nicht maßgebend zu sein braucht, um einen hohen K_{Sf}-Wert zu gewährleisten. Umgekehrt zeigt sich auch, daß ein höherer Nullwert noch nicht ein Zeichen einer ungenügenden Spurenfreiheit sein muß, wie einige Beispiele in Tab. 224 ergeben, bei denen trotz höheren Nullwertes ein höherer K_{Sf}-Wert vorliegt als in anderen Fällen mit kleinerem Nullwert.

Tabelle 224. Vergleichende Darstellung der Nullwerte und der Koeffizienten der Spurenelement-

Pilzart	Kulturdauer, Tage	Kulturlösung, ml	mg Myceltrockengewicht/100 ml Kulturlösung			K_{Sf}	K_{Sw}
			Normalkultur	Spurenfreie Kultur (Nullwert)[1]	Spurenfreie Kultur mit Spurenelementzusatz		
Asp. niger	8	25	—	136	—	—	—
Asp. niger	10	25	—	276	1400—2200	—	5,1— 7,9[5]
Asp. niger	20	25	—	272	—	—	—
Asp. flavus		25	—	288—300	—	—	—
Pen. sulfureum	24	25	—	208—224	—	—	—
Pen. luteum	25	25	—	108—148	—	—	—
Pen. speciosum	40	25	—	648—784	—	—	—
Fusarium	11	25	—	200	—	—	—
Macrosporium	22	25	—	320—324	—	—	—
Phoma betae	27	25	—	320—376	—	—	—
Ovularia	20	25	—	288—360	—	—	—
Botrytis cinerea	26	25	—	412—984	—	—	—
Asp. niger	12	50	—	48— 54	—	—	—
Asp. niger	8	50	—	26— 30	1108—1156	—	42,6—38,5[4]
Asp. niger	4	50	—	24— 36	2404—2448	—	100 —68[5]
Asp. niger	8	50	—	212	490	—	2,6[6]
Asp. niger		50	2500	46	2750	54,3	59,7[5]
Asp. niger	8	50	306	24	182	12,7	7,5[7]
Asp. niger	8	50	306	24	392	12,7	16,3[8]
Asp. niger	8	50	306	24	582	12,7	24,2[4]
Asp. niger	8	50	306	24	1396	12,7	58,1[5]
Asp. niger	4—5	50	—	178[2]	—	—	
Asp. niger	4—5	50	—		2090[2]	—	11,7[6]
Asp. niger	4—5	50	—	178[2]	—	—	
Asp. niger	4—5	50	—		1756[2]	—	9,9[9]
Asp. niger	4—5	50	—	102[2]	—	—	
Asp. niger	4—5	50	—		1906[2]	—	18,7[10]
Asp. niger	4—5	50	—	1208[2]	—	—	
Asp. niger	4—5	50	—		1718[2]	—	1,4[11]
Pen. glaucum	10	50	—	360[2]	—	—	
Pen. glaucum	10	50	—		670[2]	—	1,8[9]
Pen. glaucum	10	50	—	130[2]	—	—	
Pen. glaucum	10	50	—		550[2]	—	4,2[6]
Pen. glaucum	10	50	—	460[2]	—	—	
Pen. glaucum	10	50	—		800[2]	—	1,7[11]
Asp. niger	6	50	900[2]	20— 50[2]	—	45 —18	
Asp. niger	6	50	900[2]		900[2]		45 —18[12]
Asp. niger	6	50	—	110[2]	—	—	
Asp. niger	6	50	—		960[2]	—	8,7[9]
Asp. niger	6	50	—	40[2]	—	—	
Asp. niger	6	50	—		750[2]	—	18,7[6]
Asp. niger	6	50	—	210[2]	—	—	
Asp. niger	6	50	—		860[2]	—	4,1[11]
Asp. niger	6	50	—	50[2]	—	—	
Asp. niger	6	50	—		850[2]	—	17,0[10]
Asp. niger	5	100	1480	100	1725	14,8	17,3[9]
Asp. niger	5	100	1342	53	610	25,3	11,5[9]
Asp. niger	5	100	1439	20— 44	213	71,9—32,7	10,6—5,0[9]
Asp. niger	5	100		45	—	—	

freiheit und -wirksamkeit im Zusammenhang mit verschiedenen Reinigungsmethoden [67]

Spurenelementzusatz, μg/ml					Reinigungsmethode	Literatur
Zn	Fe	Mn	Cu	Mo		
—	—	—	—	—	Aktivkohle	[23]
14	34	—	1,3	—	Aktivkohle	[23]
—	—	—	—	—	Aktivkohle	[23]
—	—	—	—	—	Aktivkohle	[23]
—	—	—	—	—	Aktivkohle	[23]
—	—	—	—	—	Aktivkohle	[23]
—	—	—	—	—	Aktivkohle	[23]
—	—	—	—	—	Aktivkohle	[23]
—	—	—	—	—	Aktivkohle	[23]
—	—	—	—	—	Aktivkohle	[23]
—	—	—	—	—	Aktivkohle	[23]
—	—	—	—	—	Aktivkohle	[23]
—	—	—	—	—	Aktivkohle	[22]
1	10	—	—	—	$CaCO_3$	[22]
+	+	—	+	—	Aktivkohle	[22]
—	1000	—	—	—	keine, nur reinste Reagentien	[22]
+	+	—	+	—	Aktivkohle	[105]
—	1	—	1	—	Aktivkohle	[24]
1	—	—	1	—	Aktivkohle	[24]
1	1	—	—	—	Aktivkohle	[24]
1	1	—	1	—	Aktivkohle	[24]
0,5	—	0,1	0,15	0,2	Spurenfällung	[72]
0,5	0,09	0,1	0,15	0,2	Spurenfällung	[72]
—	0,6	0,1	0,15	0,2	Spurenfällung	[72]
0,09	0,6	0,1	0,15	0,2	Spurenfällung	[72]
0,5	0,6	0,1	0,15	—	Spurenfällung	[72]
0,5	0,6	0,1	0,15	0,00024	Spurenfällung	[72]
0,5	0,6	0,1	—	0,2	Spurenfällung	[72]
0,5	0,6	0,1	0,02	0,2	Spurenfällung	[72]
—	4	0,75	0,25	0,4[3]	Extraktion und Spurenfällung	[70]
0,08	4	0,75	0,25	0,4[3]	Extraktion und Spurenfällung	[70]
5	—	0,75	0,25	0,4[3]	Extraktion und Spurenfällung	[70]
5	0,2	0,75	0,25	0,4[3]	Extraktion und Spurenfällung	[70]
5	4	0,75	—	0,4[3]	Extraktion und Spurenfällung	[70]
5	4	0,75	0,20	0,4[3]	Extraktion und Spurenfällung	[70]
—	—	—	—	—	Extraktion und Spurenfällung	[70]
5	4	0,75	0,25	0,4[3]	Extraktion und Spurenfällung	[70]
—	4	0,75	0,25	0,4[3]	Extraktion und Spurenfällung	[70]
0,4	4	0,75	0,25	0,4[3]	Extraktion und Spurenfällung	[70]
5	—	0,75	0,25	0,4[3]	Extraktion und Spurenfällung	[70]
5	0,2	0,75	0,25	0,4[3]	Extraktion und Spurenfällung	[70]
5	4	0,75	—	0,4[3]	Extraktion und Spurenfällung	[70]
5	4	0,75	0,05	0,4[3]	Extraktion und Spurenfällung	[70]
5	4	0,75	0,25	—[3]	Extraktion und Spurenfällung	[70]
5	4	0,75	0,25	0,001[3]	Extraktion und Spurenfällung	[70]
0,5	—	—	—	—	$CaCO_3$	[38]
0,5	—	—	—	—	Extraktion	[37, 125]
0,05	—	—	—	—	Extraktion	[37, 125]
—	4	0,7	0,25	—	Extraktion	[37, 125]

Tabelle 224

Pilzart	Kultur-dauer, Tage	Kultur-lösung, ml	mg Myceltrockengewicht/100 ml Kulturlösung			K_{Sf}	K_{Sw}
			Normal-kultur	Spurenfreie Kultur (Nullwert)[1]	Spurenfreie Kultur mit Spurenelement-zusatz		
Asp. niger	5	100			3876	—	86,1[9]
Asp. niger	5	100		20	—	—	
Asp. niger	5	100			3876	—	193,8[13]
Asp. niger	5	100		2133	—	—	
Asp. niger	5	100			4277	—	2,0[14]
Asp. niger	5	100		20	—	—	
Asp. niger	5	100			4277	—	213,8[13]
Asp. niger	5	100		228	—	—	
Asp. niger	5	100			3972	—	17,4[6]
Asp. niger	5	100		20	—	—	
Asp. niger	5	100			3972	—	198,6[13]
Asp. niger	5	100	—	33	208	—	6,3[9]
Asp. niger	5	100	—	20	83	—	4,2[6]
Asp. niger	5	100	—	42	650	—	15,5[11]
Asp. niger	5	100	—	20	220	—	11[14]
Asp. niger	5	100	—	550		—	
Asp. niger	5	100	—		1600	—	3,0[11]

[1] Hinsichtlich aller Elemente oder eines bestimmten Elementes spurenfrei.
[2] Auf 50 ml Kulturlösung bezogen.
[3] Außerdem noch folgende Spurenelemente in µg/ml zugesetzt: Ga 0,04, Co 0,02, Ni 0,02, V 0,02.
[4] Von Zn + Fe.
[5] Von Zn + Fe + Cu.
[6] Von Fe.
[7] Von Fe + Cu.
[8] Von Zn + Cu.
[9] Von Zn.
[10] Von Mo.
[11] Von Cu.
[12] Von Zn + Fe + Mn + Cu + Mo + Ga + Co + Ni + V.
[13] Von Zn + Fe + Mn + Cu.
[14] Von Mn.
+ = unbekannte Spurenelementmenge zugesetzt.

Bei einer derartigen vergleichenden Auswertung müssen außerdem noch das Flüssigkeitsvolumen, auf dem der Organismus gezüchtet wurde, und die Oberflächengröße der Kulturlösung berücksichtigt werden. In der Tabelle sind deshalb die Werte, bei denen auf 50 ml Kulturlösung in 500 ml-Erlenmeyerkolben gezüchtet wurde, nicht auf 100 ml umgerechnet, da hier das Oberflächen-Volumen-Verhältnis von dem der übrigen Arbeiten stärker abweicht.

(Fortsetzung)

Spurenelementzusatz, µg/ml					Reinigungsmethode	Literatur
Zn	Fe	Mn	Cu	Mo		
0,5	4	0,7	0,25	—	Extraktion	[*37, 125*]
—	—	—	—	—	Extraktion	[*37, 125*]
0,5	4	0,7	0,25	—	Extraktion	[*37, 125*]
4	4	—	0,25	—	Extraktion	[*37, 125*]
4	4	0,05	0,25	—	Extraktion	[*37, 125*]
—	—	—	—	—	Extraktion	[*37, 125*]
4	4	0,05	0,25	—	Extraktion	[*37, 125*]
1	—	0,7	0,25	—	Extraktion	[*37, 125*]
1	5	0,7	0,25	—	Extraktion	[*37, 125*]
—	—	—	—	—	Extraktion	[*37, 125*]
1	5	0,7	0,25	—	Extraktion	[*37, 125*]
0,5	—	—	—	—	Extraktion	[*94*]
—	10	—	—	—	Extraktion	[*94*]
—	—	—	10	—	Extraktion	[*95*]
—	—	10	—	—	Extraktion	[*95*]
0,5	4	0,7	—	—	Extraktion	[*95*]
0,5	4	0,7	10	—	Extraktion	[*95*]

3. Die Bestimmung der Elemente auf mikrobiologischem Wege

3.1. Cu — Kupfer

3.1.1. Verfahren nach [*36a, 70*]

Art der Probe: Boden, Pflanzenmaterial, Fruchtsaft, Most.
Mikroorganismus: Asp. niger.
Art der Auswertung: Myceltrockengewicht oder Konidienfärbung.
Kulturdauer und -bedingungen: 6 Tage bei 25 ± 0,5° C.
Vorbereitung und Sterilisieren der Probe:
Die lufttrockene Erde wird durch ein vernickeltes Sieb von 2 mm Maschenweite abgesiebt; 0,5 g abgesiebte Erde werden in einer Abdampfschale mit 1 ml 85%igem Alkohol versetzt und der Alkohol auf dem Wasserbad entfernt.

Das getrocknete und zerkleinerte Pflanzenmaterial wird entweder direkt der Nährlösung zugesetzt oder nach trockener Veraschung bei 400° C der Veraschungsrückstand verwendet bzw. nach nasser Veraschung die Säure entfernt, der Veraschungsrückstand in Wasser gelöst, auf ein bekanntes Volumen gebracht und ein aliquoter Teil davon der Nährlösung zugesetzt. Frisches Pflanzengewebe kann auch mit Wasser in einer Quarzglasmühle homogenisiert und das Homogenisat der Nährlösung zugesetzt werden. Fruchtsaft und Most werden der Nährlösung unmittelbar zugesetzt.

Nährlösung

α) (nach [*70*])	Makrobestandteile	g/l	Mikrobestandteile	mg/l
	Glucose	50	$FeCl_3 \cdot 6\,H_2O$	20
	KNO_3	5	$ZnSO_4 \cdot 7\,H_2O$	20
	K_2HPO_4	2,5	$CuSO_4 \cdot 5\,H_2O$	1
	$MgSO_4 \cdot 7\,H_2O$	1	$MnSO_4 \cdot 4\,H_2O$	3
	$Ca(NO_3)_2$	0,5	$Na_2MoO_4 \cdot 2\,H_2O$	1
			$Ga(NO_3)_2 \cdot 8\,H_2O$	0,2
			$Co(NO_3)_2 \cdot 6\,H_2O$	0,1
			$Ni(NO_3)_2 \cdot 2\,H_2O$	0,08
			$NaVO_3 \cdot 4\,H_2O$	0,08

mit bidestilliertem Wasser auf 1 l aufgefüllt; pH-Wert auf 3,5 eingestellt.

β) (nach [*36a*])	Makrobestandteile	g/l	Mikrobestandteile	mg/l
	Glucose	50	$FeCl_3 \cdot 6\,H_2O$	3
	KNO_3	5	$ZnSO_4 \cdot 7\,H_2O$	2
	NaH_2PO_4	2,5	$MnSO_4 \cdot 4\,H_2O$	0,3
	$MgSO_4 \cdot 7\,H_2O$	1	$Na_2MoO_4 \cdot 2\,H_2O$	0,5
	$Ca(NO_3)_2$	0,5	$CuSO_4 \cdot 5\,H_2O$	0,6

mit deionisiertem Wasser auf 1 l auffüllen (pH der Lösung ist 3,8); pH-Wert der Nährlösung für die Cu-Bestimmung auf 5,5 einstellen.

Bei der vorliegenden Kupferbestimmung wird den Nährlösungen kein $CuCO_4$ zugesetzt.

Reinigung der Nährlösung: nach [*36a*], s. S. 1479 oder nach [*67*], s. S. 1480.

Ansatz: auf 50 ml Nährlösung (ohne Cu-Zusatz!) in 500 ml-Erlenmeyerkolben 0,5 g Bodenprobe.

Vergleichsstandardreihe: 0, 0,05, 0,1, 0,2, 0,4, 0,6, 0,8, 1, 1,5, 2 und 4 µg Cu/Kolben.

Eichkurve: s. Abb. 277.

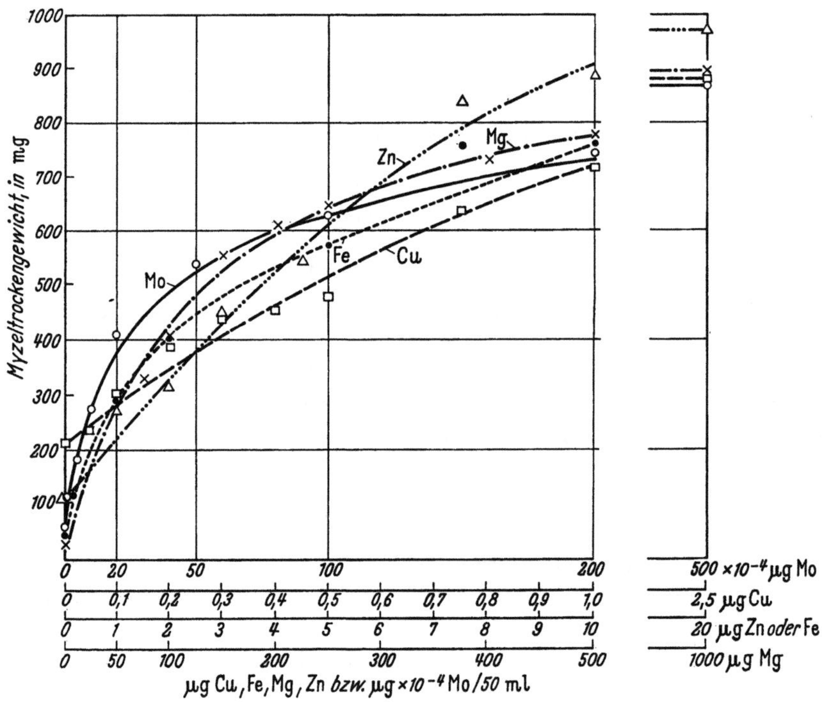

Abb. 277. Eichkurven für die mikrobiologische Bestimmung von Cu, Fe, Mg, Mo und Zn mit Asp. niger (Mulder-Stamm) [*70*]

Theoretischer Bestimmungsbereich: 0–4 μg Cu/50 ml Nährlösung.
Effektiver Bestimmungsbereich: 0,1–0,8 μg Cu/50 ml Nährlösung.
Standardabweichung: ±0,1 μg Cu/50 ml Nährlösung.

3.1.2. Verfahren nach [*70*]

Art der Probe: Boden, Pflanzenmaterial, Fruchtsaft, Most.
Mikroorganismus: Pen. glaucum.
Art der Auswertung: Myceltrockengewicht.
Kulturdauer und -bedingungen: 10 Tage bei 20 ± 0,5° C.
Die übrigen Angaben wie unter 3.1.1. mit Nährlösung α).
Eichkurve: s. Abb. 278.
Theoretischer Bestimmungsbereich: 0–4 μg Cu/50 ml Nährlösung.
Effektiver Bestimmungsbereich: 0,1–2 μg Cu/50 ml Nährlösung.
Standardabweichung: ±0,1 μg Cu/50 ml Nährlösung.

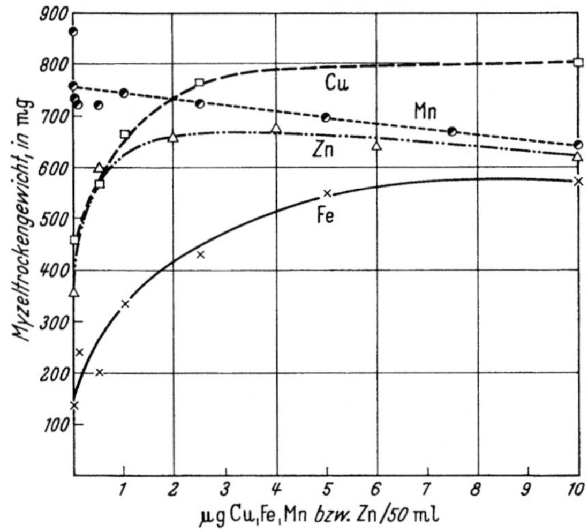

Abb. 278. Eichkurven für die mikrobiologische Bestimmung von Cu, Fe, Mn und Zn mit Pen.glaucum (Keilling-Stamm) [*70*]

3.1.3. Verfahren nach [*72*, *73*]

Art der Probe: Boden.
Mikroorganismus: Asp. niger.
Art der Auswertung: Myceltrockengewicht, Konidienfärbung.
Kulturdauer und -bedingungen: 5 Tage bei 27° C oder 4 Tage bei 30° C.
Vorbereitung und Sterilisieren der Probe:

Die lufttrockene, auf 1 mm abgesiebte Erde wird durch Hitze oder besser mit 70%igem Alkohol sterilisiert.

Nährlösung

Makrobestandteile	g/l	Mikrobestandteile	mg/l
Glucose	50	$FeSO_4 \cdot 7\,H_2O$	3
KNO_3	5	$ZnSO_4 \cdot 7\,H_2O$	2
$Na_2HPO_4 \cdot 12\,H_2O$	2,5	$CuSO_4 \cdot 5\,H_2O$	0,6

$MgSO_4 \cdot 7\,H_2O$	1	$Na_2MoO_4 \cdot 2\,H_2O$	0,5
		$MnSO_4 \cdot 1\,H_2O$	0,3

mit bidestilliertem Wasser auf 1 l aufgefüllt; pH-Wert auf 5,0 eingestellt.

Bei der vorliegenden Kupferbestimmung wird der Nährlösung kein $CuSO_4$ zugesetzt.

Reinigung der Nährlösung: nach [*72, 73*] oder nach [*67*] (s. S. **1478** bzw. **1480**).

Ansatz: Auf 50 ml Nährlösung (ohne Cu-Zusatz!) in 300 ml-Erlenmeyerkolben je nach dem Cu-Gehalt 0,1–0,5 g Bodenprobe.

Vergleichsstandardreihe: 0, 0,1, 0,3, 0,6, 1, 1,3, 1,6, 2, 2,5 und 5 µg Cu/Kolben.

Eichkurve: s. Abb. 279.

Theoretischer Bestimmungsbereich: 0–1,3 µg Cu/50 ml Nährlösung.

Effektiver Bestimmungsbereich: 0,2–1 µg Cu/50 ml Nährlösung.

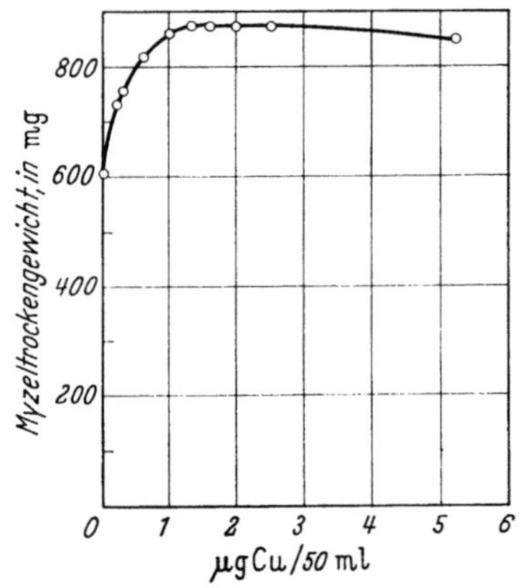

Abb. 279. Eichkurve für die mikrobiologische Bestimmung von Cu mit Asp. niger [*72*]

3.1.4. Verfahren nach [*75*]

Art der Probe: Boden und Pflanzenmaterial.

Mikroorganismus: Asp. niger.

Art der Auswertung: Visuelle Beurteilung von Mycel- und Konidienbildung; durch die Verwendung von wenig Nährlösung in sehr großen Kolben (s. Ansatz) ist der Unterschied des Kulturbildes zwischen den einzelnen Elementkonzentrationen so charakteristisch, daß ein visueller Vergleich mit einer Standardreihe genügt und eine Bestimmung des Myceltrockengewichtes als unnötig bezeichnet wird (legt man aber auf eine größere Genauigkeit Wert, so kann das Myceltrockengewicht bestimmt werden).

Kulturdauer und -bedingungen: 4–5 Tage bei 31° C.

Vorbereitung und Sterilisieren der Probe:

Die lufttrockene Erde wird der Nährlösung, die vorher im Autoklaven 5 min bei 105° C sterilisiert wurde, zugesetzt und anschließend mit Konidiensuspension beimpft.

Bei Pflanzenmaterial wird je nach dem Gehalt 0,5 g getrocknetes Material oder weniger verascht und die Asche der Nährlösung zugefügt.

Nährlösung

Makrobestandteile	g/l	Mikrobestandteile	mg/l
Glucose	50	$FeCl_3 \cdot 6\,H_2O$	50
KNO_3	5,0	$ZnSO_4 \cdot 7\,H_2O$	20
K_2HPO_4	2,5	$MnSO_4 \cdot 4\,H_2O$	3,0
$MgSO_4 \cdot 7\,H_2O$	1,0	$Na_2MoO_4 \cdot 2\,H_2O$	1,5

mit bidestilliertem Wasser auf 1 l aufgefüllt.

Reinigung der Nährlösung: Nach den früher beschriebenen Verfahren (s. S. 1478ff.).
Ansatz: auf 40 ml Nährlösung in 1 l-Erlenmeyerkolben 1 g Bodenprobe.
Vergleichsstandardreihe: 0, 0,1, 0,2, 0,4, 0,6, 1,0, 1,3, 1,6, 2,0 und 2,5 μg Cu/Kolben.

3.2. Fe — Eisen

3.2.1. Verfahren nach [70]

Art der Probe: Boden, Pflanzenmaterial, Fruchtsaft, Most.
Mikroorganismus: Asp. niger.
Art der Auswertung: Myceltrockengewicht.
Kulturdauer und -bedingungen, Vorbereitung und Sterilisieren der Probe: s. 3.1.1. (S. 1497).
Nährlösung: α) wie unter 3.1.1., ohne Fe-Zusatz, pH-Wert auf 3,8 eingestellt.
Reinigung der Nährlösung, Ansatz: s. 3.1.1.
Vergleichsstandardreihe: 0, 0,1, 0,5, 1, 2,5, 5 und 10 μg Fe/Kolben.
Eichkurve: s. Abb. 277.
Theoretischer Bestimmungsbereich: 0–10 μg Fe/50 ml Nährlösung.
Effektiver Bestimmungsbereich: 0,5–5 μg Fe/50 ml Nährlösung.
Standardabweichung: ± 0,1 μg Fe/50 ml Nährlösung.

3.2.2. Verfahren nach [70]

Art der Probe: Boden, Pflanzenmaterial, Fruchtsaft, Most.
Mikroorganismus: Pen. glaucum.
Art der Auswertung: Myceltrockengewicht.
Kulturdauer und -bedingungen, Vorbereitung und Sterilisieren der Probe: s. 3.1.2. (S. 1499).
Übrige Angaben: s. unter 3.2.1.
Eichkurve: s. Abb. 278.

3.2.3. Verfahren nach [72, 73]

Art der Probe: Boden.
Mikroorganismus: Asp. niger.
Art der Auswertung: Myceltrockengewicht.
Kulturdauer und -bedingungen, Vorbereitung und Sterilisieren der Probe: s. 3.1.3. (S. 1499).
Nährlösung: wie unter 3.1.3. ohne Fe-Zusatz.

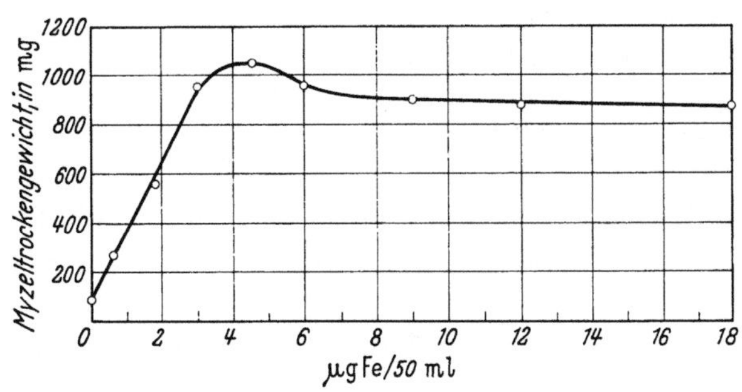

Abb. 280. Eichkurve für die mikrobiologische Bestimmung von Fe mit Asp. niger [72]

Reinigung der Nährlösung: s. unter 3.1.3.
Ansatz: wie unter 3.1.3. mit 0,5–1 g Bodenprobe.
Vergleichsstandardreihe: 0, 0,5, 1, 2, 3, 4, 5, 6, 9 und 12 µg Fe/Kolben.
Eichkurve: s. Abb. 280.
Theoretischer Bestimmungsbereich: 0–4,5 µg Fe/50 ml Nährlösung.
Effektiver Bestimmungsbereich: 0,6–4,5 µg Fe/50 ml Nährlösung.

3.3. Mg — Magnesium

3.3.1. Verfahren nach [*72*, *73*]

Art der Probe: Boden.
Mikroorganismus: Asp. niger.
Art der Auswertung: Myceltrockengewicht.
Übrige Angaben: s. unter 3.1.3. (S. 1499).
Nährlösung: wie unter 3.1.3. ohne Mg-Zusatz.
Ansatz: nach 3.1.3. mit 1 g Bodenprobe.
Vergleichsstandardreihe: 0, 25, 50, 75, 100, 150, 200, 250, 400, 500 und 1000 µg Mg/Kolben.
Eichkurve: s. Abb. 281.
Theoretischer Bestimmungsbereich: 0–500 µg Mg/50 ml Nährlösung.
Effektiver Bestimmungsbereich: 25–300 µg Mg/50 mg Nährlösung.

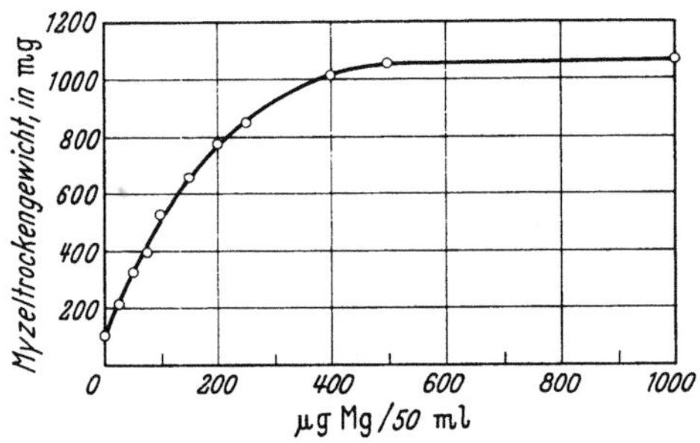

Abb. 281. Eichkurve für die mikrobiologische Bestimmung von Mg mit Asp.niger [*72*]

3.3.2. Verfahren nach [*70*]

Art der Probe: Boden, Pflanzenmaterial, Fruchtsaft, Most.
Mikroorganismus: Asp. niger.
Übrige Angaben: s. unter 3.1.1. (S. 1497).
Nährlösung: α) wie unter 3.1.1. ohne Mg-Zusatz.
Vergleichsstandardreihe: s. 3.3.1.
Eichkurve: s. Abb. 277.
Theoretischer Bestimmungsbereich: 0–500 µg Mg/50 ml Nährlösung.
Effektiver Bestimmungsbereich: 25–500 µg Mg/50 ml Nährlösung.

3.3.3. Verfahren nach [*75*]

Art der Probe: Boden und Pflanzenmaterial.
Mikroorganismus: Asp. niger.

Art der Auswertung: s. 3.1.4. (S. 1500).

Kulturdauer und -bedingungen: 5 Tage bei 31° C.

Vorbereitung und Sterilisieren der Probe: s. 3.1.4.; Pflanzenmaterial wird bei 500 bis 600° C verascht, die Asche in HCl gelöst, mit Na_2CO_3 neutralisiert und der Nährlösung zugesetzt.

Nährlösung

Makrobestandteile	g/l	Mikrobestandteile	mg/l
Glucose	50	$FeCl_3 \cdot 6\,H_2O$	20
KNO_3	5,0	$ZnSO_4 \cdot 7\,H_2O$	10
K_2HPO_4	2,5	$MnSO_4 \cdot 4\,H_2O$	3
$Na_2SO_4 \cdot 10\,H_2O$	1,0	$Na_2MoO_4 \cdot 2\,H_2O$	1,5
		$CuSO_4 \cdot 5\,H_2O$	1

mit bidestilliertem Wasser auf 1 l aufgefüllt. Es wird auch empfohlen, 10 mg Ca/Kolben bzw. /Kultur (mit 40 ml Nährlösung) in Form von $CaCl_2$ oder $Ca(H_2PO_4)_2$ zuzusetzen.

Reinigung der Nährlösung: s. 3.1.4.

Ansatz: Auf 40 ml Nährlösung in 1 l-Erlenmeyerkolben 3 g Bodenprobe.

Vergleichsstandardreihe: 0, 25, 50, 75, 100, 150, 200, 300, 400 und 500 μg Mg/Kolben.

3.4. Mn — Mangan

3.4.1. Verfahren nach [*36a, 70*]

Art der Probe: Boden, Pflanzenmaterial, Fruchtsaft, Most.

Mikroorganismus: Asp. niger.

Art der Auswertung: visueller Vergleich des Aussehens der Kultur (Mycel und Konidien).

Übrige Angaben: s. unter 3.1.1. (S. 1497).

Nährlösung: wie unter 3.1.1., ohne Mn-Zusatz, pH-Wert auf 7,5 eingestellt.

Vergleichsstandardreihe: 0, 0,01, 0,025, 0,05, 0,1, 0,5, 1 und 5 μg Mn/Kolben.

Theoretischer Bestimmungsbereich: 0—5 μg Mn/50 ml Nährlösung.

Effektiver Bestimmungsbereich: 0,025—1 μg Mn/50 ml Nährlösung.

Standardabweichung: ±0,01 μg Mn/50 ml Nährlösung.

3.4.2. Verfahren nach [*70*]

Art der Probe: Boden, Pflanzenmaterial, Fruchtsaft, Most.

Mikroorganismus: Pen. glaucum.

Art der Auswertung: s. 3.4.1.

Kulturdauer und -bedingungen, Vorbereitung und Sterilisieren der Probe: s. 3.1.2.

Übrige Angaben: s. unter 3.4.1., mit Nährlösung α).

Eichkurve: s. Abb. 278.

3.4.3. Verfahren nach [*73*]

Art der Probe: Boden.

Mikroorganismus: Asp. niger.

Übrige Angaben: s. unter 3.1.3. (S. 1499).

Nährlösung

Makrobestandteile	g/l	Mikrobestandteile	mg/l
Glucose	50	$FeSO_4 \cdot 7\,H_2O$	1,0
NH_4Cl	2,75	$ZnSO_4 \cdot 7\,H_2O$	0,9
KH_2PO_4	0,55	$CuSO_4 \cdot 5\,H_2O$	0,2
$MgSO_4 \cdot 7\,H_2O$	0,25	$Na_2MoO_4 \cdot 2\,H_2O$	0,05

3.5. Mo — Molybdän

3.5.1. Verfahren nach [*36a*, *70*]

Art der Probe: Boden, Pflanzenmaterial, Fruchtsaft, Most.
Mikroorganismus: Asp. niger.
Art der Auswertung: Myceltrockengewicht.
Übrige Angaben: s. unter 3.1.1. (S. 1497).
Nährlösung: wie unter 3.1.1., ohne Mo-Zusatz, pH-Wert auf 2,0 eingestellt.
Vergleichsstandardreihe: 0, 0,0005, 0,001, 0,002, 0,003, 0,004, 0,005, 0,0075 und 0,010 µg Mo/Kolben.
Eichkurve: s. Abb. 277.
Theoretischer Bestimmungsbereich: 0–0,01 µg Mo/50 ml Nährlösung.
Effektiver Bestimmungsbereich: 0,0005–0,0075 µg Mo/50 ml Nährlösung.
Standardabweichung: ±0,001 µg Mo/50 ml Nährlösung.

3.5.2. Verfahren nach [*72*, *73*]

Art der Probe: Boden.
Mikroorganismus: Asp. niger.
Art der Auswertung: Myceltrockengewicht.
Übrige Angaben: s. unter 3.1.3. (S. 1499).
Nährlösung: wie unter 3.1.3., ohne Mo-Zusatz.
Ansatz: nach 3.1.3. mit 0,5–1 g Bodenprobe.
Vergleichsstandardreihe: 0, 0,0001, 0,0005, 0,001, 0,003, 0,005, 0,010, 0,030 und 0,050 µg Mo/Kolben.
Eichkurve: s. Abb. 282.
Theoretischer Bestimmungsbereich: 0–0,012 µg Mo/50 ml Nährlösung.
Effektiver Bestimmungsbereich: 0,0004–0,012 µg Mo/50 ml Nährlösung.

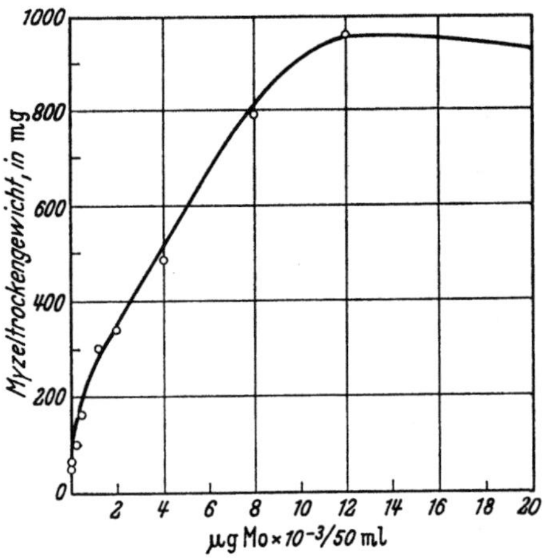

Abb. 282

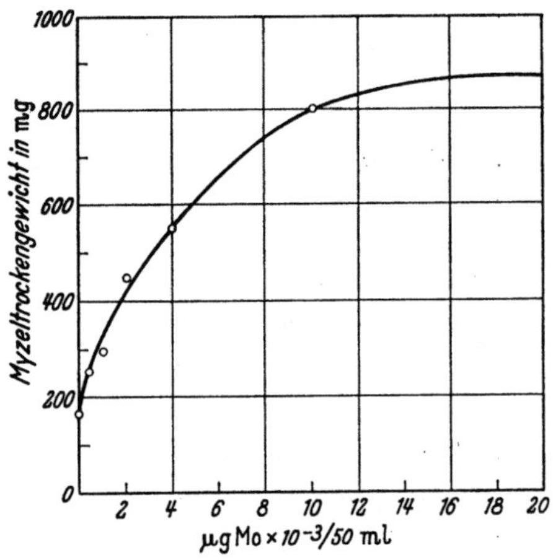

Abb. 283

Abb. 282. Eichkurve für die mikrobiologische Bestimmung von Mo mit Asp.niger [*72*]

Abb. 283. Eichkurve für die mikrobiologische Bestimmung von Mo mit Asp.niger [*75*]

3.5.3. Verfahren nach [75]

Art der Probe: Boden und Pflanzenmaterial.
Mikroorganismus: Asp. niger.
Art der Auswertung: Myceltrockengewicht.
Kulturdauer und -bedingungen: s. 3.1.4. (S. 1500).
Vorbereitung und Sterilisieren der Probe: für Bodenproben s. 3.1.4.; von Pflanzenmaterial werden 5–10 mg getrocknete und zerkleinerte Probe bei 500–600° C verascht und die Asche der Nährlösung zugefügt.

Nährlösung

Makrobestandteile	g/l	Mikrobestandteile	mg/l
Glucose	50	$Na_2CO_3 \cdot 10\,H_2O$	0,25
KNO_3	5,0	$FeCl_3 \cdot 6\,H_2O$	3
K_2HPO_4	0,6	$MnSO_4 \cdot 4\,H_2O$	0,30
$MgSO_4 \cdot 7\,H_2O$	0,6	$ZnSO_4 \cdot 7\,H_2O$	2
$CaSO_4 \cdot 2\,H_2O$	0,5	$CuSO_4 \cdot 5\,H_2O$	0,60

mit bidestilliertem Wasser auf 1 l aufgefüllt.

Reinigung der Nährlösung: s. 3.1.4.
Ansatz: Auf 50 ml Nährlösung in 500 ml-Erlenmeyerkolben 100 mg Bodenprobe.
Vergleichsstandardreihe: 0, 0,0004, 0,001, 0,002, 0,004, 0,010, 0,020 und 0,040 µg Mo/Kolben.
Eichkurve: s. Abb. 283.

3.6. Zn — Zink

3.6.1. Verfahren nach [36a, 70]

Art der Probe: Boden, Pflanzenmaterial, Fruchtsaft, Most.
Mikroorganismus: Asp. niger.
Art der Auswertung: Myceltrockengewicht.
Übrige Angaben: s. unter 3.1.1. (S. 1497).
Nährlösung: wie unter 3.1.1., ohne Zn-Zusatz, pH-Wert auf 3,5 bzw. 5,5 eingestellt.
Vergleichsstandardreihe: 0, 0,5, 1, 2, 3, 4, 5 und 10 µg Zn/Kolben.
Eichkurve: s. Abb. 277.
Theoretischer Bestimmungsbereich: 0–10 µg Zn/50 ml Nährlösung.
Effektiver Bestimmungsbereich: 1–8 µg Zn/50 ml Nährlösung.
Standardabweichung: ±0,5 µg Zn/50 ml Nährlösung.
Mittlerer relativer Fehler: ±6–50%.

3.6.2. Verfahren nach [70]

Art der Probe: Boden, Pflanzenmaterial, Fruchtsaft, Most.
Mikroorganismus: Pen. glaucum.
Art der Auswertung: Myceltrockengewicht.
Kulturdauer und -bedingungen: s. 3.1.2. (S. 1499).
Übrige Angaben: s. unter 3.1.1., mit Nährlösung α).
Vergleichsstandardreihe: s. 3.6.1.
Eichkurve: s. Abb. 278.
Theoretischer Bestimmungsbereich: 0–10 µg Zn/50 ml Nährlösung.
Effektiver Bestimmungsbereich: 0,5–2 µg Zn/50 ml Nährlösung.
Standardabweichung: ±0,5 µg Zn/50 ml Nährlösung.
Mittlerer relativer Fehler: ±25–50%.

3.6.3. Verfahren nach [*72*, *73*]

Art der Probe: Boden.
Mikroorganismus: Asp. niger.
Art der Auswertung: Myceltrockengewicht.
Übrige Angaben: s. unter **3.1.3.** (S. 1499).
Nährlösung: nach **3.1.3.**, ohne Zn-Zusatz.
Ansatz: nach **3.1.3.**, mit 0,5–1 g Bodenprobe.
Vergleichsstandardreihe: 0, 0,5, 1, 2, 3, 4, 5, 7,5 und 10 µg Zn/Kolben.
Eichkurve: s. Abb. 284.
Theoretischer Bestimmungsbereich: 0–5 µg Zn/50 ml Nährlösung.
Effektiver Bestimmungsbereich: 0,25–4 µg Zn/50 ml Nährlösung.

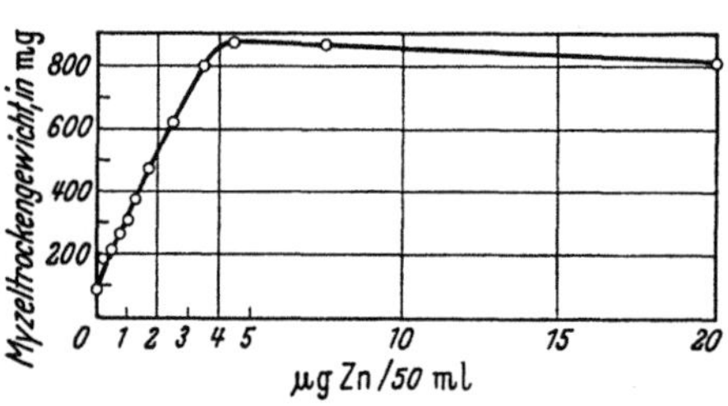

Abb. 284. Eichkurve für die mikrobiologische Bestimmung von Zn mit Asp.niger [*72*]

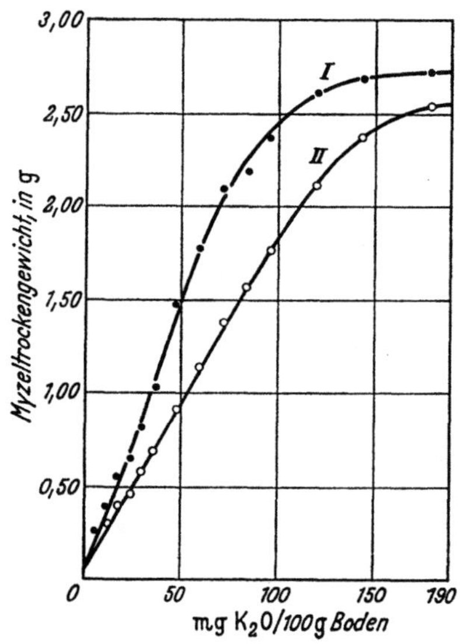

Abb. 285. Eichkurven für die mikrobiologische Bestimmung von K mit Asp.niger (I Stamm Groningen, II Stamm Poschenrieder) [*137*]

3.7. K — Kalium

3.7.1. Verfahren nach [*84*, *137*]

Art der Probe: Boden.
Mikroorganismus: Asp. niger.
Art der Auswertung: Myceltrockengewicht.
Kulturdauer und -bedingungen: 4 Tage bei 32° C.
Vorbereitung und Sterilisieren der Probe: Lufttrockene Erde der Nährlösung zugefügt. Proben mit hohem $CaCO_3$-Gehalt sollen vor dem Zusatz zur Nährlösung mit Citronensäure neutralisiert werden. Hierbei gebildetes Calciumcitrat stört nicht.

Nährlösung

Makrobestandteile	g/l	Mikrobestandteile	mg/l
Saccharose	100	Cu (als $CuSO_4$)	0,5
Citronensäure	10	Fe (als $FeSO_4$)	5
Harnstoff	4	Zn (als $ZnSO_4$)	2
P_2O_5 (als $NH_4H_2PO_4$)	0,75	Mn (als $MnSO_4$)	1
Na_2SO_4	0,71		

$MgSO_4$	0,3
Calciumcitrat	1,25 g/75 ml Nährlösung
Hefeextrakt[1]	1 ml/l Nährlösung
huminsaures Natrium	12,5 mg/75 ml Nährlösung

Reinigung der Nährlösung: nach den früher beschriebenen Verfahren (s. S. 1477ff.).
Ansatz: Auf 75 ml Nährlösung in 300 ml-Erlenmeyerkolben 7,5 g Bodenprobe.
Vergleichsstandardreihe: 0, 0,375, 0,750, 1,125, 1,500, 1,875, 2,250, 3,000, 3,750, 4,500, 5,250, 6,000, 7,500, 9,000 und 11,250 mg K_2O/Kolben (entsprechend 0, 5, 10, 15, 20, 25, 30, 40, 50, 60, 70, 80, 100, 120 und 150 mg K_2O/100 g Boden).
Eichkurve: s. Abb. 285.

3.8. P — Phosphor

3.8.1. Verfahren nach [*84*, *137*]

Art der Probe: Boden.
Mikroorganismus: Asp. niger.
Übrige Angaben: s. unter 3.7.1.
Nährlösung: wie unter 3.7.1., jedoch ohne Zusatz von P_2O_5; statt dessen wird 0,02% K_2O (als K_2SO_4) zugesetzt.
Vergleichsstandardreihe: 0, 0,750, 1,500, 2,250, 3,000, 3,750, 4,500, 5,250, 6,000, 6,750, 7,500, 9,000, 10,500, 12,750 und 15,000 mg P_2O_5/Kolben (entsprechend 0, 10, 20, 30, 40, 50, 60, 70, 80, 90, 100, 120, 140, 170 und 200 mg P_2O_5/100 g Boden).
Eichkurve: s. Abb. 286.

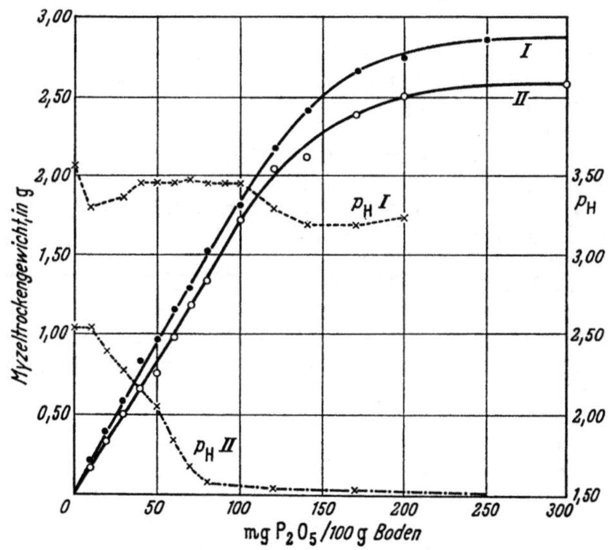

Abb. 286. Eichkurven für die mikrobiologische Bestimmung von P mit Asp.niger (I Stamm Groningen, II Stamm Poschenrieder) [*137*]

[1] Der Zusatz von Hefeextrakt ist nicht bei jedem Pilzstamm erforderlich.

Literatur

1. GYÖRGY, P.: Vitamin methods, Bd. I u. II. New York: Academic Press 1950/51.
2. BARTON-WRIGHT, E. C.: The microbiological assay of the vitamin B-complex and amino acids. London: I. Pitman & Sons, Ltd. 1952.
3. MÜCKE, D.: Einführung in mikrobiologische Bestimmungsverfahren. Quantitative Bestimmung von Aminosäuren und Vitaminen des B-Komplexes. Leipzig: Thieme 1955.
4. KOCH, F. C., HANKE, M. E.: Practical methods in biochemistry. Baltimore: Williams & Wilkins Co. 1953.
5. CUTHBERTSON, W. F. J.: Analyt. chim. Acta **2**, 761 (1948).
6. VAN DER LINDEN, A. C.: Analyt. chim. Acta **2**, 805 (1948).
6a. ADAMSON, D. C. M., SIMPSON, J. S., in: Proceedings of the international symposium on Microchemistry, held at Birmingham University, August 1958; London: Pergamon Press 1960, S. 184.
6b. KLAUSHOFER, H.: Österr. Chemiker-Ztg. **61**, 106 (1960).
7. SNELL, E. E.: In. Lit. Nr. [8].
8. YOE, J. H., KOCH, H. J., Jr.: Trace analysis. New York: J. Wiley & Sons 1957.
9. RAULIN, J.: Ann. sci. nat., V. Bot. **11**, 93 (1869).
10. BERG, R.: Die Spurenelemente in unserer Nahrung und in unserem Körper. Leipzig: J. A. Barth 1940.
11. SCHARRER, K.: Die Bedeutung der Spurenelemente für die pflanzliche, tierische und menschliche Ernährung. Minden/Westf.: A. Lutzeyer 1947.
12. SMITH, E. L.: Nature (Lond.) **162**, 144 (1948).
13. MONIER-WILLIAMS, G. W.: Trace elements in foods. New York: J. Wiley & Sons 1949.
14. FOSTER, J. W.: Chemical activities of fungi. New York: Academic Press Inc. Publ. 1949.
15. GILBERT, F. A.: Mineral nutrition of plants and animals. London-New York: Hutchinsons Scientific and Technical Publication 1950.
16. STILES, W.: Trace elements in plants and animals. Cambridge: University-Press 1951.
17. ROBINSON, W. O.: The minor or trace elements in soils, plants and animals; Bureau of Plant Industry, Soils and agricultural Engineering; Agricultural Research Administration, U.S. Dept. of Agric., Beltsville, Maryland 1951.
18. SCHARRER, K.: Biochemie der Spurenelemente. Berlin-Hamburg: P. Parey 1955.
19. UNDERWOOD, E. J.: Trace elements in human and animal nutrition, New York: Academic Press 1956.
20. BERTRAND, G., JAVILLIER, M.: Compt. Rend. Acad. Sci. Paris **152**, 225 (1911).
21. BORTELS, H.: Biochem. Z. **182**, 301 (1927).
22. ROBERG, M.: Zbl. Bakteriol. II. Orig. **74**, 333 (1928).
23. METZ, O.: Arch. Mikrobiol. **1**, 197 (1930).
24. GOLLMICK, F.: Zbl. Bakteriol. II. Orig. **93**, 421 (1936).
25. STEINBERG, R. A.: J. agric. Res. **52**, 439 (1936).
26. SAKAMURA, T.: J. Fac. Sci. Hokkaido Imp. Univ., Ser. V, **4**, 99 (1936).
27. STEINBERG, R. A.: J. agric. Res. **57**, 569 (1938).
28. FOSTER, J. W.: Botan. Rev. **5**, 207 (1939).
29. MULDER, E. G.: Arch. Mikrobiol. **10**, 72 (1939).
30. STEINBERG, R. A.: Botan. Rev. **5**, 327 (1939).
31. BERTRAND, D.: Compt. Rend. Acad. Sci. Paris **213**, 254 (1941).
32. NICHOLAS, D. J. D., FIELDING, A. H.: Annu. Rep. agric. horticult. Res., Stat., Long Ashton, Bristol, S. 126 (1947).
33. MULDER, E. G.: Plant and Soil **1**, 94 (1948).
34. PERLMAN, D.: Botan. Rev. **15**, 195 (1949).
35. NICHOLAS, D. J. D., FIELDING, A. H.: Nature (Lond.) **166**, 342 (1950).
36. NICHOLAS, D. J. D., FIELDING, A. H.: J. Horticult. Sci. **26**, 125 (1951).
36a. NICHOLAS, D. J. D., in: Proceedings of the international symposium on Microchemistry, held at Birmingham University, August 1958; London: Pergamon Press 1960, S. 205.
37. GORBACH, G., KOCH, O. G.: Arch. Mikrobiol. **23**, 284 (1955).
38. GORBACH, G., KOCH, O. G., BROMANDER, A.: Zbl. Bakteriol. II. Orig. **109**, 1 (1956).
39. ALBERT, A.: Selective toxicity. London: Methuen Co., Ltd., 1951.
40. KNÜSEL, F.: Arch. Mikrobiol. **27**, 219 (1957).
41. NICKERSON, W. J., ZEHRAN, K.: Biochem. et Biophys. Acta **3**, 476 (1949).
42. HENDLIN, D., RUGER, M. L.: Science (Lancaster) **111**, 541 (1950).
43. BARD, R. C., GUNSALUS, I. C.: J. Bacteriol. **59**, 387 (1950).

44. SHANKAR, K., BARD, R. C.: J. Bacteriol. **69**, 444 (1955).
45. DEDIC, G. A.: Zbl. Bakteriol. I, Ref. **156**, 166 (1955).
46. GORBACH, G., DEDIC, G., KOCH, O. G.: Arch. Mikrobiol. **22**, 78 (1955).
47. DEDIC, G. A., KOCH, O. G.: Arch. Mikrobiol. **23**, 130 (1955).
48. DEDIC, G. A., KOCH, O. G.: J. Bacteriol. **71**, 126 (1956).
49. PETRAS, E.: Arch. Mikrobiol. **28**, 138 (1957).
50. WARBURG, O.: Schwermetalle als Wirkungsgruppen von Fermenten. Berlin: W. Saenger 1948.
51. SUMNER, J. B., SOMERS, G. F.: Chemistry and methods of enzymes. New York: Academic Press 1947.
52. FRUTON, J. S., SIMMONDS, S.: General biochemistry. New York: J. Wiley & Sons, 1953.
53. HOFFMANN-OSTENHOF, O.: Enzymologie, Wien: Springer 1954.
54. KEILIN, D., MANN, T.: Biochem. J. **34**, 1163 (1940).
55. KELLER, H.: Hoppe-Seylers Z. physiol. Chem. **299**, 105 (1955).
56. NICHOLAS, D. J. D., NASON, A., McELROY, W. D.: Nature (Lond.) **172**, 34 (1953).
57. NICHOLAS, D. J. D., NASON, A., McELROY, W. D.: J. biol. Chem. **207**, 341 (1954).
58. NICHOLAS, D. J. D., NASON, A.: J. biol. Chem. **207**, 353 (1954).
59. NICHOLAS, D. J. D., NASON, A.: J. biol. Chem. **211**, 183 (1954).
60. NICHOLAS, D. J. D., NASON, A.: J. Bacteriol. **69**, 580 (1955).
61. DE RENZO, E. C., KALEITA, E., HEYTLER, P. G., OLESON, J. J., HUTCHINGS, B. L., WILLIAMS, J. H.: J. Am. chem. Soc. **75**, 753 (1953).
62. DE RENZO, E. C., KALEITA, E., HEYTLER, P. G., OLESON, J. J., HUTCHINGS, B. L., WILLIAMS, J. H.: Arch. Biochem. Biophys. **45**, 247 (1953).
63. RICHERT, D. A., WESTERFELD, W. W.: J. biol. Chem. **203**, 915 (1953).
64. DERENZO, E. C., HEYTLER, P. G., KALEITA, E.: Arch. Biochem. Biophys. **49**, 242 (1954).
65. McELROY, W. D., NASON, A.: Ann. Rev. Plant. Physiol. **5**, 1 (1954).
66. SCHWEIGART, H. A.: Kali-Briefe, Fachgeb. **2**, 10. Folge, 1 (1955).
67. KOCH, O. G., DEDIC, G. A.: Zbl. Bakteriol. II. Orig. **110**, 490 (1957).
67a. KOCH, O. G.: Dissertation TH Graz, 1954.
68. ACOCK, A. M.: J. Austral. Coun. Sci. and Ind. Res. **14**, 288 (1941).
69. MULDER, E. G.: Antonie van Leeuwenhoek **6**, 99 (1939).
70. NICHOLAS, D. J. D.: Analyst **77**, 629 (1952).
71. DONALD, C., PASSEY, B. J., SWABY, R. J.: Austral. J. Agric. Res. **3**, 305 (1952).
72. STAPP, C., WETTER, C.: Landwirtsch. Forsch. **5**, 167 (1953).
73. SPICHER, G.: Zbl. Bakteriol. II. Orig. **108**, 259 (1954).
74. DOLE, M.: Soil. Sci. **73**, 135 (1952).
75. MULDER, E. G.: Analyt. chim. Acta **2**, 793 (1948).
76. NICHOLAS, D. J. D.: Proc. Fertiliser Soc. **10**, 13 (1950).
77. HEWITT, E. J., BOLLE-JONES, E. W.: J. Horticult. Sci. **27**, 245, 257 (1952).
78. BORTELS, H., WETTER, C.: Nachrichtenbl. dtsch. Pflanzenschutzdienstes (Braunschweig) **6**, 2 (1954).
79. HEWITT, E. J., HALLAS, D. G.: Plant and Soil **3**, 366 (1951).
80. SEIDEL, K.: Arch. Pflanzenbau **6**, 536 (1931).
81. MEHLICH, A., FRED, E. B., TRUOG, E.: Soil. Sci. **38**, 445 (1934).
82. NIKLAS, H., POSCHENRIEDER, H., TRISCHLER, J.: Z. Pflanzenernähr., Düngg. Bodenkunde A, **18**, 129 (1930).
83. MEHLICH, A., FRED, E. B., TRUOG, E.: Soil Sci. **35**, 259 (1933).
84. GERRETSEN, F. C.: Analyt. chim. Acta **2**, 782 (1948).
85. BENTLEY, O. G., SNELL, E. E., PHILLIPS, P. H.: J. biol. Chem. **170**, 343 (1947).
86. BARTON-WRIGHT, E. C.: Analyst **70**, 283 (1945).
87. MACLEOD, R. A., SNELL, E. E.: J. biol. Chem. **176**, 39 (1948).
88. MACLEOD, R. A., SNELL, E. E.: J. Bacteriol **59**, 783 (1950).
89. PORTER, J. R.: Bacterial chemistry and physiology. New York: J. Wiley & Sons 1946.
90. SHAW, W. H. R., LOWRANCE, B. R.: Analyt. Chem. **28**, 1164 (1956).
91. BERTRAND, G.: Z. angew. Chem. **44**, 521 (1931).
92. STEINBERG, R. A.: J. agric. Res. **51**, 413 (1935).
93. BERTRAND, G.: Bull. Soc. chim. France IV, **11**, 494 (1912).
94. GORBACH, G., TERRANOVA, T., TERRANOVA, J.: Arch. Mikrobiol. **26**, 1 (1957).
95. GORBACH, G., TERRANOVA, T., TERRANOVA, J.: Arch. Mikrobiol. **26**, 11 (1957).
96.—100. —
101. YOSHIMURA, F.: J. Fac. Sci. Hokkaido Imp. Univ. Ser. V, **3**, 89 (1934).

102. Hewitt, E. J.: Sand and water culture methods used in the study of plant nutrition, Commonwealth Bureau of Horticulture and Plantation Crops, East Malling Madestone, Kent 1952.
103. Specker, H., Hartkamp, H.: Z. anal. Chem. **140**, 167 (1953).
104. Specker, H., Kuchtner, M., Hartkamp, H.: Z. anal. Chem. **141**, 33 (1954).
105. Roberg, M.: Zbl. Bakteriol. II. Orig. **84**, 196 (1931).
106. Weitz, F. W.: Sugar **38**, 1 (1943).
107. Shu, P., Johnson, M. J.: J. Bacteriol. **56**, 577 (1948).
108. Spicher, G.: Zbl. Bakteriol. II. Orig. **108**, 577 (1955).
109. Hewitt, E. J., Jones, E. W., Nicholas, D. J. D.: Annu. Rep. agric. horticult. Res., Stat., Long Ashton, Bristol **1947**, 70.
110. Steinberg, R. A.: Am. J. Bot. **6**, 330 (1919).
111. Steinberg, R. A.: Arch. Biochem. **28**, 111 (1950).
112. Hoffmann, W.: Bodenkunde u. Pflanzenernähr. **13**, 139 (1939).
113. Piper, C. S.: J. agric. Sci. **32**, 143 (1942).
114. Mönch, G.: Arch. Mikrobiol. **30**. 231 (1958).
115. Albert, A., Gledhill, W. S.: Biochem. J. **41**, 529 (1947).
116. Albert, A., McGrath, D.: Biochem. J. **41**, 534 (1947).
117. Waring, W. S., Werkman, C. H.: Arch. Biochem. **1**, 303 (1942).
118. Zentmeyer, G.: Science (New York) **100**, 294 (1944).
119. Albert, A., Rubbo, S. D., Goldacre, R. J., Balfour, B. G.: Brit. J. exp. Pathol. **28**, 69 (1947).
120. Zentmeyer, G.: Phytopathology **33**, 1121 (1943).
121. Molisch, H.: Die Pflanze in ihren Beziehungen zum Eisen. Jena: Fischer 1892.
122. Molliard, M.: Compt. Rend. Acad. Sci. Paris **189**, 417 (1929).
123. Hughes, R. C.: J. Opt. Soc. Am. **33**, 49 (1943).
124. Smit, J., Mulder, E. G.: Meded. Landb. Hoogeschool, Wageningen, **46**, 1 (1942).
125. Gorbach, G., Koch, O. G.: Arch. Mikrobiol. **23**, 265 (1955).
126. Schweizer, G.: Einführung in die Kaltsterilisationsmethode, Jena: Fischer 1937.
127. Jensen, H. L.: Suomen Kemistilehti A, **24**, 197 (1951).
128. Koch, O. G., Dedic, G. A.: Zbl. Bakteriol. II. Orig. **110**, 178 (1957).
129. Porges, N.: Bot. Gaz. **94**, 197 (1932).
130. Shu, P., Johnson, M. J.: J. Bacteriol. **54**, 161 (1947).
131. Aso, K.: Bull. Coll. agric. Komaba Tokyo Imp. Univ. **4**, 81 (1900).
132. Linossier, G.: Compt. Rend. Acad. Sci. Paris **112**, 489 (1891).
133. Bertrand, G.: Ann. Inst. Pasteur **26**, 241 (1912).
134. Rennerfelt, E.: Planta **22**, 221 (1934).
135. Dedic, G. A., Koch, O. G.: Chem. Ing. Techn. **27**, 450 (1955).
136. Koch, O. G., Dedic, G. A.: Zbl. Bakteriol. II. Orig. **109**, 17 (1956).
137. Gerretsen, F. C., Blumendal, N.: Versl. landbouwkund. Onderz., A. Rijkslandbouwproefstat Groningen Nr. **46** (4) A, 219 (1940).

VII. Anhang

Tabelle 225. Atomgewicht[1] der Elemente und Einwaagen zur Herstellung 0,1%iger Element-Stammlösungen

Symbol	Name	Atomgewicht	Für die Stammlösung verwendete Verbindung	Molekulargewicht[1]	Einwaage[2] g	Hinweise zur Herstellung der Stammlösung
Ac	Actinium	(227)				
Ag	Silber	107,868	$AgNO_3$	169,875	0,1575	[4]
Al	Aluminium	26,98154	Al		0,1000	[13], [3]
			$KAl(SO_4)_2 \cdot 12\,H_2O$	474,391	1,7582	[3]
			$AlCl_3 \cdot 6\,H_2O$	241,433	0,8948	[3]
Ar	Argon	39,948				
As	Arsen	74,9216	$Na_2HAsO_4 \cdot 7\,H_2O$	312,014	0,4165	[3]
At	Astat	(210)				
Au	Gold	196,9665	Au		0,1000	[14], [7]
			$HAuCl_4 \cdot 4\,H_2O$	411,848	0,2091	[7]
B	Bor	10,81	$Na_2B_4O_7 \cdot 10\,H_2O$	381,373	0,8819	
			H_3BO_3	61,833	0,5719	
Ba	Barium	137,34	$BaCl_2 \cdot 2\,H_2O$	244,28	0,1779	[3]
Be	Beryllium	9,01218	$Be(NO_3)_2 \cdot 3\,H_2O$	187,068	2,0757	[3]
Bi	Wismut	208,9804	Bi		0,1000	[15], [4]
			$Bi(NO_3)_3 \cdot 5\,H_2O$	485,071	0,2321	[4]
Br	Brom	79,904				
C	Kohlenstoff	12,011	Kaliumhydrogenphthalat, $C_8H_5KO_4$	204,224	0,2125	
Ca	Calcium	40,08	$CaCl_2 \cdot 2\,H_2O$	147,02	0,3668	[3]
			$CaCO_3$	100,09	0,2497	[16], [3]
Cd	Cadmium	112,40	$CdSO_4 \cdot {}^8/_3\,H_2O$	256,503	0,2282	[3]
Cl	Chlor	35,453				
Co	Kobalt	58,9332	$Co(NO_3)_2 \cdot 6\,H_2O$	291,035	0,4938	[3]
Cr	Chrom	51,996	$K_2Cr_2O_7$	294,192	0,2829	
Cs	Cäsium	132,9054				
Cu	Kupfer	63,546	$CuSO_4 \cdot 5\,H_2O$	249,68	0,3929	[3]
F	Fluor	18,99840				
Fe	Eisen	55,847	Fe		0,1000	[15], [4]
			$Fe(NO_3)_3 \cdot 9\,H_2O$	404,000	0,7234	[3], [4]
			$FeSO_4 \cdot 7\,H_2O$	278,016	0,4978	[3], [5]
			$(NH_4)_2Fe(SO_4)_2 \cdot 6\,H_2O$	392,139	0,7022	[3]
Fr	Francium	(223)				
Ga	Gallium	69,72	Ga		0,1000	[16, 11], [12]
			Ga_2O_3	187,44	0,1344	[16, 12]
Ge	Germanium	72,59	GeO_2	104,59	0,1441	[17], [3], [5]
H	Wasserstoff	1,0079				
He	Helium	4,00260				
Hf	Hafnium	178,49	HfO_2	210,49	0,1179	[29], [18], [11], [12]

Tabelle 225 (Fortsetzung)

Symbol	Name	Atomgewicht	Für die Stammlösung verwendete Verbindung	Molekulargewicht[1]	Einwaage[2] g	Hinweise zur Herstellung der Stammlösung
Hg	Quecksilber	200,59	$Hg_2(NO_3)_2 \cdot 2\,H_2O$	561,22	0,1399	[4])
			$HgCl_2$	271,50	0,1354	[19, 9])
In	Indium	114,82	In		0,1000	[15, 4])
			$In_2(SO_4)_3$	517,82	0,2255	[3])
Ir	Iridium	192,22	$H_2IrCl_6 \cdot 6\,H_2O$	515,0	0,2680	[7])
			$(NH_4)_2IrCl_6$	441,0	0,2294	[7])
I	Jod	126,9045				
K	Kalium	39,098	KCl	74,557	0,1907	[3])
Kr	Krypton	83,80				
Li	Lithium	6,941	LiCl	42,397	0,6191	[3])
Mg	Magnesium	24,305	$MgSO_4 \cdot 7\,H_2O$	246,481	1,0138	[3])
Mn	Mangan	54,9380	Mn		0,1000	[15]), [4])
			$MnCl_2 \cdot 4\,H_2O$	197,905	0,3602	[3])
Mo	Molybdän	95,94	$Na_2MoO_4 \cdot 2\,H_2O$	241,95	0,2522	[3]), [5])
			$(NH_4)_6Mo_7O_{24} \cdot 4\,H_2O$	1235,84	0,1840	[3]), [5])
N	Stickstoff	14,0067				
Na	Natrium	22,98977	NaCl	58,448	0,2542	[3])
Nb	Niob	92,9064	Nb		0,1000	[20])
			Nb_2O_5	265,809	0,1431	[21])
Ne	Neon	20,179				
Ni	Nickel	58,71	$NiSO_4 \cdot 7\,H_2O$	280,88	0,4784	[3])
O	Sauerstoff	15,9994				
Os	Osmium	190,2	OsO_4	254,2	0,1336	[5])
P	Phosphor	30,97376	$Na_2HPO_4 \cdot 12\,H_2O$	357,9431	1,1556	
			KH_2PO_4	136,089	0,4394	
Pa	Protactinium	(231)				
Pb	Blei	207,2	$Pb(CH_3COO)_2 \cdot 3\,H_2O$	379,33	0,1831	[4])
			$Pb(NO_3)_2$	331,20	0,1599	[4])
Pd	Palladium	106,4	Pd		0,1000	[14]), [7])
			$PdCl_2$	177,3	0,1666	[7])
Po	Polonium	(209)				
Pt	Platin	195,09	Pt		0,1000	[22]), [7])
Ra	Radium	(226)				
Rb	Rubidium	85,4678				
Re	Rhenium	186,2	$KReO_4$	289,30	0,1554	[6])
Rh	Rhodium	102,905	$RhCl_3 \cdot 4\,H_2O$	281,325	0,2734	[7])
Rn	Radon	(222)				
Ru	Ruthenium	101,07	$RuCl_3$	207,43	0,2052	[10])
S	Schwefel	32,06				
Sb	Antimon	121,75	Sb		0,1000	[23])
			Sb_2O_3	291,50	0,1197	[24]), [12])
Sc	Scandium	44,9559	Sc_2O_3	137,910	0,1534	[24]), [3])
Se	Selen	78,96	Se		0,1000	[15])
			SeO_2	110,96	0,1405	[25])
S.E.	Seltene Erden:					
La	Lanthan	138,91	La_2O_3	325,82	0,1173	[30])
			$La(NO_3)_3 \cdot 6\,H_2O$	433,04	0,3117	[3]), [4])
Ce	Cer	140,12	CeO_2	172,12	0,1228	[30])
			$(NH_4)_2Ce(NO_3)_6$	548,23	0,3913	[4]), [8]), [31])
			$Ce(SO_4)_2 \cdot 4\,H_2O$	403,33	0,2885	[9])
Pr	Praseodym	140,9077				
Nd	Neodym	144,24				

Tabelle 225 (Fortsetzung)

Symbol	Name	Atomgewicht	Für die Stammlösung verwendete Verbindung	Molekulargewicht[1]	Einwaage[2] g	Hinweise zur Herstellung der Stammlösung
Pm	Promethium	(147)				
Sm	Samarium	150,4				
Eu	Europium	151,96				
Gd	Gadolinium	157,25				
Tb	Terbium	158,9254				
Dy	Dysprosium	162,50				
Ho	Holmium	164,9304				
Er	Erbium	167,26				
Tm	Thulium	168,9342				
Yb	Ytterbium	173,04				
Lu	Lutetium	174,97				
Si	Silicium	28,086	SiO_2	60,085	0,2139	[26])
Sn	Zinn	118,69	Sn		0,1000	[16]), [7])
			$SnCl_2 \cdot 2\,H_2O$	225,63	0,1901	[7])
Sr	Strontium	87,62				
Ta	Tantal	180,9479	Ta		0,1000	[27])
			$TaCl_5$	358,213	0,1980	[27])
Tc	Technetium	98,9062				
Te	Tellur	127,60	Te		0,1000	[15]), [4]), [28])
Th	Thorium	232,0381	$Th(NO_3)_4 \cdot 4\,H_2O$	552,119	0,2379	[7]), [8])
Ti	Titan	47,90	TiO_2	79,90	0,1668	[29]), [18]), [11]), [12])
Tl	Thallium	204,37	$TlNO_3$	266,37	0,1303	[8])
U	Uran	238,029	$UO_2(CH_3COO)_2 \cdot 2\,H_2O$	424,15	0,1782	[4]), [8]), [5])
			$UO_2(NO_3)_2 \cdot 6\,H_2O$	502,13	0,2110	[4]), [8])
T. U.	Transurane:					
Np	Neptunium	237,0482				
Pu	Plutonium	(244)				
Am	Americium	(243)				
Cm	Curium	(247)				
Bk	Berkelium	(247)				
Cf	Californium	(251)				
Es	Einsteinium	(254)				
Fm	Fermium	(257)				
Md	Mendelevium	(258)				
No	Nobelium	(255)				
Lw	Lawrencium	(257)				
V	Vanadin	50,9414	V_2O_5	181,881	0,1785	[17]), [5]), [9])
			NH_4VO_3	116,979	0,2296	[3]), [5]), [9])
			$NaVO_3 \cdot 4\,H_2O$	193,991	0,3808	[3]), [5]), [9])
W	Wolfram	183,85	$Na_2WO_4 \cdot 2\,H_2O$	329,86	0,1794	
Xe	Xenon	131,30				
Y	Yttrium	88,9059	$Y(NO_3)_3 \cdot 6\,H_2O$	383,012	0,4308	[3]), [7])
Zn	Zink	65,38	$ZnSO_4 \cdot 7\,H_2O$	287,54	0,4399	[3])
Zr	Zirkonium	91,22	$ZrOCl_2 \cdot 8\,H_2O$	322,25	0,3533	[16]), [10])

[1] Internationale Atomgewichte 1969/1971, bezogen auf das Kohlenstoffisotop ^{12}C; in ( ) sind die Massezahlen der Isotope mit der längsten Halbwertszeit angegeben.

[2] Die Einwaagen sind für jeweils 100 ml 0,1%iger Element-Stammlösung (bezogen auf das Element = 0,100 g Element/100 ml Lösung = 1,0 mg Element/ml) berechnet.

[3] bis [12] aufgefüllte Stammlösung ist: [3] 0,1n HCl; [4] 0,1n HNO_3; [5] 0,1n H_2SO_4; [6] 0,3n H_2SO_4; [7] 1n HCl; [8] 1n HNO_3; [9] 1n H_2SO_4; [10] 2n HCl; [11] 3n HCl; [12] 6n HCl.

Fußnoten zu Tabelle 225 (Fortsetzung):

[13] 1 g Al wird in 25 ml HCl (1 + 1) oder 15 ml H_2SO_4 (1 + 1) + 5 ml HCl (1,19) gelöst und mit Wasser auf 1 l aufgefüllt.

[14] Man löst das Metall in wenig Königswasser, dampft auf dem Wasserbad gerade zur Trockene ein, bringt ein bis mehrmals nach Zusatz von 1 ml HCl (1,19) fast zur Trockene, nimmt mit Wasser und Säure auf und verdünnt auf das entsprechende Volumen.

[15] Man löst die Einwaage in HNO_3 (1,40), HNO_3 (1 + 1) oder HNO_3 (1 + 3) und verkocht die Stickoxide.

[16] Man löst die Einwaage in HCl (1 + 1) oder HCl (1 + 3).

[17] Man löst die Einwaage in wenig 0,1—1 n NaOH und säuert anschließend mit H_2SO_4 oder HCl an.

[18] Man schließt die Einwaage mit der 5—10fachen Menge $Na_2CO_3/K_2CO_3/Na_2B_4O_7 \cdot 10\,H_2O$-Gemisch (3:3:4) oder $Na_2B_4O_7$ auf und löst die erkaltete Schmelze in Wasser und HCl.

[19] Man löst die Einwaage in 1 n H_2SO_4.

[20] Man löst die Einwaage in einer Platinschale nach Zusatz von ~ 1 ml Wasser durch tropfenweises Zugeben von HF (40%) und HNO_3 (1,40) (im Mengenverhältnis von HF:HNO_3 = 5:1), erhitzt kurz, kühlt ab, fügt 2 ml HF hinzu, führt in eine Lösung von 40 ml Wasser + 2,5 ml H_2SO_4 (1,84) über und füllt mit Wasser auf 100 ml auf.

[21] Man schließt die Einwaage mit der 10—15fachen Menge $K_2S_2O_7$ auf, löst die erkaltete Schmelze in 1 m Weinsäure und füllt mit letzterer im Meßkolben auf. Die Schmelze kann auch durch Erhitzen mit H_2SO_4 (1,84) gelöst werden und die aufgefüllte Lösung soll in diesem Fall ~ 14 n H_2SO_4 sein.

[22] Man löst die Einwaage in Königswasser, dampft auf dem Wasserbad gerade zur Trockene ein, versetzt mit 5—10 ml HCl (1,19) und 0,1 g NaCl, dampft zur Trockene ein, nimmt mit 10 ml HCl und Wasser auf und füllt mit Wasser auf 100 ml auf.

[23] Man löst die Einwaage in heißer H_2SO_4 (1,84) und stellt die Stammlösung auf 9 n H_2SO_4 ein.

[24] Man löst die Einwaage in HCl (1,19).

[25] Man löst die Einwaage in Wasser oder 0,1 n HNO_3.

[26] Man schließt die Einwaage mit der 10fachen Menge Na_2CO_3 auf, löst die erkaltete Schmelze mit Wasser und füllt mit Wasser auf 100 ml auf.

[27] Man löst die Einwaage in einer Platinschale mit 1—2 ml HF (40%) (gegebenenfalls fügt man vorher noch 1—4 ml Wasser hinzu) und tropfenweisem Zusatz von HNO_3 (1,40) (beim Lösen von $TaCl_5$ entfällt der Zusatz von HNO_3), erhitzt zum Vertreiben der Stickoxyde, fügt nach dem Abkühlen 0,5 ml HF sowie 50 ml HCl (1 + 1) hinzu und füllt mit Wasser auf 100 ml auf (die Stammlösung soll ~ 3 n HCl/~ 0,1 n HF sein).

[28] Wahlweise kann man die Einwaage auch entweder wie unter [15] lösen, auf dem Wasserbad zur Trockene eindampfen und mit HCl (1,19) und Wasser aufnehmen oder in HCl (1,19) und wenig HNO_3 (1,40) lösen, die Stickoxyde verkochen und mit Wasser auffüllen (in beiden Fällen ist die Stammlösung ~ 2 n HCl).

[29] Man schließt die Einwaage mit der 5—10fachen Menge $K_2S_2O_7$ auf und löst die erkaltete Schmelze in H_2SO_4 und Wasser (die Stammlösung soll 3—6 n H_2SO_4 sein).

[30] Man löst die Einwaage unter Erhitzen mit 10 ml H_2SO_4 (1 + 2) und füllt nach dem Erkalten mit Wasser auf 100 ml auf.

[31] Man versetzt die Einwaage mit 5 ml H_2SO_4 (1,84) sowie anschließend in Zeitabständen von 5 min unter Rühren mit vier 10 ml-Anteilen Wasser und füllt mit Wasser auf 100 ml auf.

Tabelle 226. Physikalische Eigenschaften organischer Lösungsmittel

Name	Formel	Dichte[1]	Kp °C	Löslichkeit in Wasser[2]
Aceton	CH_3COCH_3	0,792	56,5	∞
Acetylaceton (2,4-Pentandion)	$CH_3COCH_2COCH_3$	0,976	139,7	12,5
n-Amylacetat	$CH_3COOC_5H_{11}$	0,879	149	0,2 ml
n-Amylalkohol (1-Pentanol)	$CH_3(CH_2)_3CH_2OH$	0,8144	138	2,7 (22)
1,2-Äthandiol (Äthylenglykol)	$HOCH_2CH_2OH$	1,1155	197,2	∞
Äthanol	C_2H_5OH	0,7893	78,5	∞
Äthylacetat	$CH_3COOC_2H_5$	0,901	77,2	8,5 ml
Äthylenchlorid (1,2-Dichloräthan)	$ClCH_2CH_2Cl$	1,257	83,6	0,87
Äthylenglykolmonoäthyläther (2-Äthoxyäthanol, Cellosolve)	$C_2H_5OCH_2CH_2OH$	0,9311	135,1	∞
Äthylenglykolmonobutyläther (2-Butoxyäthanol, Butylcellosolve)	$C_4H_9OCH_2CH_2OH$	0,9027	170,6	∞
Äthylenglykolmonomethyläther (2-Methoxyäthanol, Methylcellosolve)	$CH_3OCH_2CH_2OH$	0,9660	124,3	∞
Benzol	C_6H_6	0,8790	80,1	0,082 (22)
Benzylalkohol	$C_6H_5CH_2OH$	1,05^{15}	205,2	4 ml (17)
n-Butanol (1-Butanol)	$CH_3(CH_2)_3OH$	0,8098	117,7	7,9
n-Butylacetat	$CH_3COOC_4H_9$	0,882	126,5	0,5 ml(25)
2-Butylacetat	$CH_3COOCH(CH_3)C_2H_5$	0,8648^{25}	112—113	n.l.
Chloroform	$CHCl_3$	1,4985^{15}	61,3	1 (15)
Cyclohexan	C_6H_{12}	0,7791	81,4	n.l.
Cyclohexanol	$C_6H_{11}OH$	0,9624	161,5	5,67 (15)
Cyclohexanon	$(CH_2)_5CO$	0,9478	156,7	2,4 (31)
Diäthanolamin	$(HOCH_2CH_2)_2NH$	1,0966	269,1	∞
Diäthyläther	$C_2H_5OC_2H_5$	0,7135	34,6	7,5
Diäthylamin	$(C_2H_5)_2NH$	0,7108^{18}	55,5	l.
Diäthylketon (3-Pentanon)	$(C_2H_5)_2CO$	0,8159^{19}	102,7	4,7
Dibutylamin	$(C_4H_9)_2NH$	0,767	159—161	l.
o-Dichlorbenzol	$C_6H_4Cl_2$	1,3048	180,5	0,0145 (25)
β,β'-Dichlordiäthyläther	$Cl(CH_2)_2O(CH_2)_2Cl$	1,222	178	1,02
Diisobutylketon (2,6-Dimethyl-4-heptanon)	$(CH_3)_2CHCH_2COCH_2CH(CH_3)_2$	0,806	164—166	n.l.
Diisopropyläther	$(CH_3)_2CHOH(CH_3)_2$	0,7258	67,5	0,2
Diisopropylketon (2,4-Dimethyl-3-pentanon)	$(CH_3)_2CHCOCH(CH_3)_2$	0,8062	123,7	n.l.
2,4-Dimethyl-3-pentanol (Diisopropylcarbinol)	$(CH_3)_2CHCHOHCH(CH_3)_2$	0,829	140	w.l.
Di-n-butyläther	$CH_3(CH_2)_3O(CH_2)_3CH_3$	0,769	142	w.l.
Di-n-propyläther	$CH_3(CH_2)_2O(CH_2)_2CH_3$	0,7360	91	0,25 (25)
Dipropylamin	$(C_3H_7)_2NH$	0,738	110,7	l.
Heptan	$CH_3(CH_2)_5CH_3$	0,684	98,4	0,005(15,5)
2-Heptanon (Methylamylketon)	$CH_3CO(CH_2)_4CH_3$	0,8183	148,5	n.l.
Hexan	$CH_3(CH_2)_4CH_3$	0,6603	69	0,014(15,5)
n-Hexanol (1-Hexanol)	$CH_3(CH_2)_4CH_2OH$	0,8186	157,2	0,59
Isoamylacetat	$CH_3COO(CH_2)_2CH(CH_3)_2$	0,8699^{25}	142,5	0,16 (25)
Isoamylalkohol (3-Methyl-1-butanol)	$(CH_3)_2CHCH_2CH_2OH$	0,8129^{15}	130,5	2,67 (22)
Isubutanol (2-Methyl-1-propanol)	$(CH_3)_2CHCH_2OH$	0,8011	108,4	9,5 (18)
Isobutylacetat	$CH_3COOCH_2CH(CH_3)_2$	0,871	116,5	0,63 (25)
Isopropylacetat	$CH_3COOCH(CH_3)_2$	0,877^{16}	89	3,09

Tabelle 226 (Fortsetzung)

Name	Formel	Dichte[1]	Kp °C	Löslichkeit in Wasser[2]
Isopropylalkohol (2-Propanol)	$(CH_3)_2CHOH$	0,7854	82,3	∞
Mesityloxid	$(CH_3)_2C{=}CHCOCH_3$	0,8539	128,7	3,0
Methanol	CH_3OH	$0{,}7961^{15}$	64,7	∞
Methylacetat	CH_3COOCH_3	$0{,}9274^{25}$	57,1	31,9
Methyläthylketon (2-Butanon)	$CH_3CH_2COCH_3$	0,805	79,6	29,2
Methylenchlorid (Dichlormethan)	CH_2Cl_2	1,336	40,1	2,0
Methylisobutylketon (4-Methyl-2-pentanon)	$(CH_3)_2CHCH_2COCH_3$	0,8017	119	1,9
Methylisopropylketon (3-Methyl-2-butanon)	$CH_3COCH(CH_3)_2$	0,803	93	w.l.
Methylpropylketon (2-Pentanon)	$CH_3CO(CH_2)_2CH_3$	$0{,}812^{15}$	101,7	w.l.
4-Methyl-2-pentanol (Methylisobutylcarbinol)	$(CH_3)_2CHCH_2CHOHCH_3$	0,813	131,4	1,8
Nitroäthan	$CH_3CH_2NO_2$	1,052	114,8	4,5 ml
Nitromethan	CH_3NO_2	1,113	101,3	9,5 ml
n-Octanol (1-Octanol)	$CH_3(CH_2)_6CH_2OH$	0,8246	195	0,054
n-Propanol (1-Propanol)	$CH_3(CH_2)_2OH$	0,8044	97,2	∞
n-Propylacetat	$CH_3COOC_3H_7$	0,887	101,6	1,89
Propylencarbonat (4-Methyl-1,3-dioxolan-2-on)	$CH_3CHCH_2O_2CO$	1,2057	242	25,4 (24); 12,5 (24) in 2,7 m NaCl
Pyridin	C_5H_5N	0,982	115,3	∞
Schwefelkohlenstoff	CS_2	1,2628	46,3	0,22 (22)
1,1,2,2-Tetrachloräthan	$CHCl_2CHCl_2$	1,600	146,3	n.l.
Tetrachloräthylen	$CCl_2{=}CCl_2$	1,6227	121,0	n.l.
Tetrachlorkohlenstoff	CCl_4	1,595	76,8	0,08
Tetrahydrofuran	$(CH_2)_4O$	$0{,}888^{21}$	64—66	l.
Toluol	$C_6H_5CH_3$	0,867	110,6	0,047 (16)
1,1,1-Trichloräthan	CH_3CCl_3	$1{,}3458^{15}$	74,1	n.l.
1,1,2-Trichloräthan	$CH_2ClCHCl_2$	1,443	113,5	n.l.
Trichloräthylen	$CHCl{=}CCl_2$	$1{,}4556^{25}$	87	0,1
Tri-n-butylamin	$(CH_3CH_2CH_2CH_2)_3N$	0,7782	214	w.l.
Tri-n-butylphosphat	$(CH_3CH_2CH_2CH_2)_3PO_4$	$0{,}9727^{25}$	160—162 (15 Torr)	0,6 ml
o-Xylol	$C_6H_4(CH_3)_2$	0,8802	144	n.l.

[1] Im allgemeinen bei 20° C, andere Meßtemperaturen in °C als Indexzahl.

[2] Wenn nicht anders angegeben bei 20° C und g/100 ml; andere Temperaturen in °C in ( ).
∞ = unbegrenzt mischbar; n.l. = nicht löslich; w.l. = wenig löslich; l. = löslich.

Tabelle 227. Umwandlungstabelle für Durchlässigkeit und Extinktion

D %	,0	,2	,4	,6	,8
99	0,0044	0,0035	0,0026	0,0017	0,0009
98	,0088	,0079	,0070	,0061	,0052
97	,0132	,0123	,0114	,0106	,0097
96	,0177	,0168	,0159	,0150	,0141
95	,0223	,0214	,0205	,0195	,0186
94	,0269	,0259	,0250	,0241	,0232
93	,0315	,0306	,0297	,0287	0278
92	,0362	,0353	,0343	,0334	,0325
91	,0410	,0400	,0391	,0381	,0372
90	,0458	,0448	,0438	,0429	,0419
89	,0506	,0496	,0487	,0477	,0467
88	,0555	,0545	,0536	,0526	,0516
87	,0605	,0595	,0585	,0575	,0565
86	,0655	,0645	,0635	,0625	,0615
85	,0706	,0696	,0685	,0675	,0665
84	,0757	,0747	,0737	,0726	,0716
83	,0809	,0799	,0788	,0778	,0768
82	,0862	,0851	,0841	,0830	,0820
81	,0915	,0904	,0894	,0883	,0873
80	,0969	,0958	,0947	,0937	,0926
79	,102	,101	,100	,0991	,0980
78	,108	,107	,106	,105	,103
77	,114	,112	,111	,110	,109
76	,119	,118	,117	,116	,115
75	,125	,124	,123	,121	,120
74	,131	,130	,128	,127	,126
73	,137	,136	,134	,133	,132
72	,143	,141	,140	,139	,138
71	,149	,148	,146	,145	,144
70	,155	,154	,152	,151	,150
69	,161	,160	,159	,157	,156
68	,168	,166	,165	,164	,162
67	,174	,173	,171	,170	,169
66	,180	,179	,178	,177	,175
65	,187	,186	,184	,183	,182
64	,194	,192	,191	,190	,188
63	,201	,199	,198	,197	,195
62	,208	,206	,205	,203	,202
61	,215	,213	,212	,210	,209
60	,222	,220	,219	,218	,216
59	,229	,228	,226	,225	,223
58	,237	,235	,234	,232	,231
57	,244	,243	,241	,240	,238
56	,252	,250	,249	,247	,246
55	,260	,258	,256	,255	,253
54	,268	,266	,264	,263	,261
53	,276	,274	,272	,271	,269
52	,284	,282	,281	,279	,277
51	,292	,291	,289	,287	,286
50	,301	,299	,298	,296	,294

Tabelle 227 (Fortsetzung)

D %	,0	,2	,4	,6	,8
49	0,310	0,308	0,306	0,305	0,303
48	,319	,317	,315	,313	,312
47	,328	,326	,324	,322	,321
46	,337	,335	,333	,332	,330
45	,347	,345	,343	,341	,339
44	,357	,355	,353	,351	,349
43	,367	,365	,363	,361	,359
42	,377	,375	,373	,371	,369
41	,387	,385	,383	,381	,379
40	,398	,396	,394	,391	,389
39	,409	,407	,405	,402	,400
38	,420	,418	,416	,413	,411
37	,432	,429	,427	,425	,423
36	,444	,441	,439	,437	,434
35	,456	,453	,451	,449	,446
34	,469	,466	,463	,461	,458
33	,481	,479	,476	,474	,471
32	,495	,492	,489	,487	,484
31	,509	,506	,503	,500	,498
30	,523	,520	,517	,514	,511
29	,538	,535	,532	,529	,526
28	,553	,550	,547	,544	,541
27	,569	,565	,562	,559	,556
26	,585	,582	,578	,575	,572
25	,602	,599	,595	,592	,588
24	,620	,616	,613	,609	,606
23	,638	,635	,631	,627	,623
22	,658	,654	,650	,646	,642
21	,678	,674	,670	,666	,662
20	,699	,695	,690	,686	,682
19	,721	,717	,712	,708	,703
18	,745	,740	,735	,730	,726
17	,770	,764	,759	,754	,750
16	,796	,790	,785	,780	,775
15	,824	,818	,812	,807	,801
14	,854	,848	,842	,836	,830
13	,886	,879	,873	,866	,860
12	,921	,914	,907	,900	,893
11	,959	,951	,943	,936	,928
10	1,000	,991	,983	,975	,967
9	1,046	1,036	1,027	1,018	1,009
8	1,097	1,086	1,076	1,066	1,056
7	1,155	1,143	1,131	1,119	1,108
6	1,222	1,208	1,194	1,180	1,167
5	1,301	1,284	1,268	1,252	1,237
4	1,398	1,377	1,357	1,337	1,319
3	1,523	1,495	1,469	1,444	1,420
2	1,699	1,658	1,620	1,585	1,553
1	2,000	1,921	1,854	1,796	1,745

Tabelle 228. MAK[1]-Werte

Stoff	Formel	MAK vpm	MAK mg/m³
Acetaldehyd	$CH_3 \cdot CHO$	200	360
Aceton	$CH_3 \cdot CO \cdot CH_3$	1000	2400
Äthanol	$C_2H_5 \cdot OH$	1000	1900
Äthanthiol, s. Äthylmercaptan			
Äthyläther	$C_2H_5 \cdot O \cdot C_2H_5$	400	1200
Äthylalkohol, s. Äthanol			
Äthylamin	$C_2H_5 \cdot NH_2$	10	18
Äthylbenzol	$C_6H_5 \cdot C_2H_5$	100	435
Äthylbromid	$C_2H_5 \cdot Br$	200	890
Äthylchlorid	$C_2H_5 \cdot Cl$	1000	2600
Äthylendiamin	$NH_2 \cdot C_2H_4 \cdot NH_2$	10	25
Äthylenglykolmonoäthyläther	$C_2H_5 \cdot O \cdot C_2H_4 \cdot OH$	200	740
Äthylenglykolmonoäthyläther-acetat	$C_2H_5 \cdot O \cdot C_2H_4 \cdot O \cdot CO \cdot CH_3$	100	540
Äthylenglykolmonobutyläther	$C_4H_9 \cdot O \cdot C_2H_4 \cdot OH$	50	240
Äthylenglykolmonomethyläther	$CH_3 \cdot O \cdot C_2H_4 \cdot OH$	25	80
Äthylenglykolmonomethyläther-acetat	$CH_3 \cdot O \cdot C_2H_4 \cdot O \cdot CO \cdot CH_3$	25	120
Äthylenoxid	$CH_2 \cdot CH_2 \cdot O$ (ringförmig verbunden)	50	90
Äthylmercaptan	$C_2H_5 \cdot SH$	0,5	1
Äthylsilikat	$Si(O \cdot C_2H_5)_4$	100	850
Ameisensäure	$HCOOH$	5	9
Ameisensäureäthylester	$HCOO \cdot C_2H_5$	100	300
Ameisensäuremethylester	$HCOO \cdot CH_3$	100	250
2-Aminoäthanol	$CH_2 \cdot NH_2 \cdot CH_2 \cdot OH$	3	6
2-Aminopyridin	$NC_5H_4 \cdot NH_2$	0,5	2
Ammoniak	NH_3	50	35
i-Amylalkohol	$(CH_3)_2CH \cdot CH_2 \cdot CH_2 \cdot OH$	100	360
Anilin	$C_6H_5 \cdot NH_2$	5	19
Antimon	Sb	—	0,5
Antimonwasserstoff	SbH_3	0,1	0,5
Arsentrioxid	As_2O_3	—	a); (0,5[c])
Arsenwasserstoff	AsH_3	0,05	0,2
Bariumverbindungen (löslich)		—	0,5
Benzidin	$(C_6H_4NH_2)_2$		a)
Benzin		500	2000
Benzol	C_6H_6	a); (25[b,c])	a); (80[b,c])
Benzoylperoxid	$(C_6H_5 \cdot CO)_2O_2$	—	5
Benzylchlorid	$C_6H_5 \cdot CH_2 \cdot Cl$	1	5
Beryllium		—	a); (0,002[b,c])
Blei	Pb	—	0,2
Bleiarsenat	$Pb_3(AsO_4)_2$	—	a); (0,15[c])
Bleitetraäthyl (als Pb berechnet)	$Pb(C_2H_5)_4$	0,01	0,075
Bleitetramethyl (als Pb berechnet)	$Pb(CH_3)_4$	0,01	0,075
Boroxid	B_2O_3	—	15
Bortrifluorid	BF_3	1	3
Brom	Br_2	0,1	0,7
Bromwasserstoff	HBr	5	17
Butan	C_4H_{10}	1000	2350
Butanol (alle Isomeren)	$CH_3(CH_2)_2 \cdot CH_2 \cdot OH$	100	300
Butan-2-on	$CH_3 \cdot CO \cdot C_2H_5$	200	590
Butanthiol, s. Butylmercaptan			

Tabelle 228 (Fortsetzung)

Stoff	Formel	MAK	
		vpm	mg/m³
Butylamin (alle Isomeren)	$C_4H_9 \cdot NH_2$	5	15
Buthylmercaptan	$C_4H_9 \cdot SH$	0,5	1,5
p-tert. Butyltoluol	$C_4H_9 \cdot C_6H_4 \cdot CH_3$	10	60
Cadmiumoxid (Rauch)	CdO	—	0,1
Calciumarsenat	$Ca_3(AsO_4)_2$	—	a); (0,1[c])
Calciumoxid	CaO	—	5
Chlor	Cl_2	0,5	1,5
Chloracetaldehyd	$Cl \cdot CH_2 \cdot CHO$	1	3
2-Chloräthanol	$Cl \cdot CH_2 \cdot CH_2 \cdot OH$	5	16
Chlorbenzol	$C_6H_5 \cdot Cl$	50	230
Chlorbrommethan	$CH_2 \cdot Cl \cdot Br$	200	1050
Chlordioxid	ClO_2	0,1	0,3
1-Chlor-1-nitropropan	$C_2H_5 \cdot CH \cdot (NO_2) \cdot Cl$	20	100
Chloroform	$CHCl_3$	50	240
Chlortrifluorid	ClF_3	0,1	0,4
Chlorwasserstoff	HCl	5	7
Chromsäure	CrO_3	—	0,1
Chromate (als CrO_3 berechnet)		—	a); (0,1[b,c])
Cyanide (als CN berechnet)		—	5
Cyanwasserstoff	HCN	10	11
Cyclohexan	C_6H_{12}	300	1050
Cyclohexanol	$C_6H_{11} \cdot OH$	50	200
Cyclohexanon	$C_6H_{10}O$	50	200
Cyclohexen	C_6H_{10}	300	1015
Cyclopentadien	C_5H_6	75	200
Dekaboran	$B_{10}H_{14}$	0,05	0,3
Diacetonalkohol	$(CH_3)_2 \cdot C \cdot (OH) \cdot CH_2 \cdot CO \cdot CH_3$	50	240
Diäthyläther, s. Äthyläther			
Diäthylamin	$(C_2H_5)_2NH$	25	75
2-Diäthylaminoäthanol	$(C_2H_5)_2N \cdot C_2H_4 \cdot OH$	10	50
3,3'-Diaminobenzidin	s. S. 1055	—	a)
Diboran	B_2H_6	0,1	0,1
Dibrom	$(CH_3O)_2PO \cdot O \cdot CHBr \cdot CCl_2Br$	—	3
1,2-Dibromäthan	$CH_2Br \cdot CH_2Br$	25	190
1,1-Dichloräthan	$CHCl_2 \cdot CH_3$	100	400
1,2-Dichloräthan	$CH_2Cl \cdot CH_2Cl$	20	80
β,β'-Dichlordiäthyläther	$C_2H_4Cl \cdot O \cdot C_2H_4Cl$	15	90
1,2-Dichloräthylen	$CHCl{:}CHCl$	200	790
o-Dichlorbenzol	$C_6H_4Cl_2$	50	300
p-Dichlorbenzol	$C_6H_4Cl_2$	75	450
Dichlordifluormethan	CF_2Cl_2	1000	4950
Dichlormethan	CH_2Cl_2	500	1750
1,1-Dichlor-1-nitroäthan	$CH_3 \cdot C(NO_2)Cl_2$	10	60
1,2-Dichlorpropan	$CH_3 \cdot CHCl \cdot CH_2Cl$	75	350
Diisobutylketon	$((CH_3)_2CH \cdot CH_2)_2CO$	50	290
Diisopropyläther, s. i-Propyläther			
Dimethylacetamid	$CH_3 \cdot CO \cdot N(CH_3)_2$	10	35
Dimethylamin	$(CH_3)_2NH$	10	18
Dimethylanilin	$C_6H_5 \cdot N(CH_3)_2$	5	25
Dimethylformamid	$H \cdot CO \cdot N(CH_3)_2$	20	60
1,1-Dimethylhydrazin	$NH_2 \cdot N(CH_3)_2$	0,1	0,25
Dimethylsulfat	$(CH_3)_2SO_4$	0,01	0,05
Dinitrobenzol (alle Isomeren)	$C_6H_4(NO_2)_2$	0,15	1

Tabelle 228 (Fortsetzung)

Stoff	Formel	MAK	
		vpm	mg/m³
1,4-Dioxan	$O \cdot CH_2CH_2 \cdot O \cdot CH_2CH_2$ (ringförmig verbunden)	100	360
Dipropylenglykolmethyläther	$(CH_3CH(OCH_3)CH_2)_2O$	100	600
Eisenoxid (Rauch)		—	8
Eisenpentacarbonyl	$Fe(CO)_5$	0,1	0,8
Essigsäure	CH_3COOH	25	65
Essigsäureäthylester	$CH_3 \cdot COO \cdot C_2H_5$	400	1400
Essigsäureamylester (alle Isomeren)	$CH_3 \cdot COO \cdot C_5H_{11}$	100	525
Essigsäureanhydrid	$(CH_3 \cdot CO)_2O$	5	20
Essigsäurebutylester (alle Isomeren)	$CH_3 \cdot COO \cdot C_4H_9$	200	950
Essigsäure-sec-hexylester	$CH_3 \cdot COO \cdot C_6H_{13}$	50	300
Essigsäuremethylester	$CH_3 \cdot COO \cdot CH_3$	200	610
Essigsäurepropylester (alle Isomeren)	$CH_3 \cdot COO \cdot C_3H_7$	200	840
Ferrovanadin (Staub)		—	1
Fluor	F_2	0,1	0,2
Fluoride (als F berechnet)		—	2,5
Fluorwasserstoff	HF	3	2
Formaldehyd	$HCHO$	1	1,2
Hafnium	Hf	—	0,5
n-Heptan	C_7H_{16}	500	2000
n-Hexan	C_6H_{14}	500	1800
Hexan-2-on	$CH_3(CH_2)_3 \cdot CO \cdot CH_3$	100	410
Hydrazin	$NH_2 \cdot NH_2$	0,1	0,13
Hydrochinon	$C_6H_4(OH)_2$	—	2
Jod	I_2	0,1	1
Kobalt	Co	—	a); 0,5
Kohlendioxid	CO_2	5000	9000
Kohlenmonoxid	CO	50	55
Kupfer (Rauch)	Cu	—	0,1
Kupfer (Staub)	Cu	—	1
Lithiumhydrid	LiH	—	0,025
Magnesiumoxid (Rauch)	MgO	—	8
Mangan	Mn	—	5
Mesityloxid	$(CH_3)_2C : CH \cdot CO \cdot CH_3$	25	100
Methacrylsäuremethylester	$CH_2 \cdot C(CH_3) \cdot COO \cdot CH_3$	100	410
Methanol	$CH_3 \cdot OH$	200	260
Methanthiol, s. Methylmercaptan			
Methylalkohol, s. Methanol			
Methylamin	$CH_3 \cdot NH_2$	10	12
Methylbromid	$CH_3 \cdot Br$	20	80
Methylchlorid	$CH_3 \cdot Cl$	50	105
Methylcyclohexan	$CH_3 \cdot C_6H_{11}$	500	2000
Methylcyclohexanol (alle Isomeren)	$CH_3 \cdot C_6H_{10} \cdot OH$	100	470
1-Methylcyclohexan-2-on	$CH_3 \cdot CH(CH_2)_4 \cdot CO$ (ringförmig verbunden)	100	460
Methylisobutylcarbinol	$CH_3 \cdot CH \cdot OH \cdot CH_2 \cdot CH(CH_3)_2$	25	100
Methylisobutylketon	$CH_3 \cdot CO \cdot CH_2 \cdot CH(CH_3)_2$	100	400
Methylmercaptan	$CH_3 \cdot SH$	0,5	1
Molybdänverbindungen (löslich, als Mo berechnet)		—	5
Molybdänverbindungen (unlöslich, als Mo berechnet)		—	15

Tabelle 228 (Fortsetzung)

Stoff	Formel	MAK	
		vpm	mg/m³
Naphtha (Petroleum)		500[c]	2000[c]
Naphthalin	$C_{10}H_8$	10	50
2-Naphtylamin		—	a)
Natriumfluoracetat	$CH_2F \cdot COONa$	—	0,05
Natriumhydroxid	NaOH	—	2
Nickel (metallisch) und seine anorganischen Verbindungen	Ni	—	a)
Nickelcarbonyl	$Ni(CO)_4$	a); 0,1	a); 0,7
Nitrobenzol	$C_6H_5 \cdot NO_2$	1	5
Octan	C_8H_{18}	500	2350
Osmiumtetroxid	OsO_4	0,0002	0,002
Ozon	O_3	0,1	0,2
Pentaboran	B_5H_9	0,005	0,01
Pentachloräthan	$CCl_3 \cdot CHCl_2$	5	40
Pentan	C_5H_{12}	1000	2950
Pentan-2-on	$CH_3(CH_2)_2 \cdot CO \cdot CH_3$	200	700
Phenylhydrazin	$C_6H_5 \cdot NH \cdot NH_2$	5	22
Phosgen	$COCl_2$	0,1	0,4
Phosphor (gelb)		—	0,1
Phosphoroxychlorid	$POCl_3$	0,5	3
Phosphorpentachlorid	PCl_5	—	1
Phosphorpentoxid	P_2O_5	—	1
Phosphortrichlorid	PCl_3	0,5	3
Phosphorwasserstoff	PH_3	0,1	0,15
Platinverbindungen (als Pt ber.)		—	0,002
i-Propyläther	$([CH_3]_2CH)_2O$	500	2100
i-Propylalkohol	$(CH_3)_2CH \cdot OH$	400	980
i-Propylamin	$(CH_3)_2CH \cdot NH_2$	5	12
n-Propylnitrat	$C_3H_7 \cdot ONO_2$	25	110
Pyridin	C_5H_5N	5	15
Quecksilber	Hg	0,01	0,1
Quecksilberverbindungen, organische (als Hg berechnet)		—	0,01
Salpetersäure	HNO_3	10	25
Schwefeldioxid	SO_2	5	13
Schwefelkohlenstoff	CS_2	20	60
Schwefelsäure	H_2SO_4	—	1
Schwefelwasserstoff	H_2S	10	15
Selenverbindungen (als Selen ber.)		—	0,1
Selenwasserstoff	H_2Se	0,05	0,2
Silber	Ag	—	0,01
Stickstoffdioxid	NO_2	5	9
Tantal	Ta	—	5
Tellur und seine Verbindungen (als Te berechnet)		—	0,1
1,1,2,2-Tetrabromäthan	$CHBr_2 \cdot CHBr_2$	1	14
1,1,2,2-Tetrachloräthan	$CHCl_2 \cdot CHCl_2$	1	7
Tetrachloräthylen	$CCl_2{:}CCl_2$	100	670
Tetrachlorkohlenstoff	CCl_4	10	65
Tetrahydrofuran	$CH_2(CH_2)_3 \cdot O$	200	590
Thalliumverbindungen, löslich (als Tl berechnet)		—	0,1
Titandioxid (Feinstaub)	TiO_2	—	8

Tabelle 228 (Fortsetzung)

Stoff	Formel	MAK	
		vpm	mg/m³
Toluol	$C_6H_5 \cdot CH_3$	200	750
Triäthylamin	$(C_2H_5)_3N$	25	100
1,1,1-Trichloräthan (Methylchloroform)	$CCl_3 \cdot CH_3$	200	1080
1,1,2-Trichloräthan	$CHCl_2 \cdot CH_2Cl$	10	45
Trichloräthylen	$CCl_2{:}CHCl$	50	260
1,2,3-Trichlorpropan	$CH_2Cl \cdot CHCl \cdot CH_2Cl$	50	300
Uranverbindungen, löslich (als U berechnet)		—	0,05
Uranverbindungen, unlöslich (als U berechnet)		—	0,25
Vanadin (V_2O_5-Rauch)		—	0,1
Vanadin (V_2O_5-Staub)		—	0,5
Wasserstoffperoxyd	H_2O_2	1	1,4
Xylol (alle Isomeren)	$(CH_3)_2C_6H_4$	200	870
Yttrium		—	5
Zinkoxid (Rauch)	ZnO	—	5
Zinnverbindungen, anorganische (als Sn berechnet)		—	2
organische (als Sn berechnet)		—	0,1
Zirkoniumverbindungen (als Zr ber.)		—	5

[1] Maximale Arbeitsplatzkonzentration für 8stündige Arbeitszeit (nach MAK-Werte-Liste 1973; Kommission zur Prüfung gesundheitsschädlicher Arbeitsstoffe der Deutschen Forschungsgemeinschaft).

( ) = unsichere Werte in Klammer gesetzt.

[a] Krebserzeugender Stoff, für den z. Z. keine noch als unbedenklich anzusehende Konzentration angegeben werden kann. Zur Orientierung sind für diese Stoffe die früher angegebenen MAK-Werte nach b und c angeführt, jedoch als unsichere Werte in Klammer gesetzt.

[b] Nach American Conference of Governmental Industrial Hygienists, MAK-Werte für 1964; Arch. Environmental Health 9, 545 (1964).

[c] Nach MAK-Werte-Liste 1966.

Namenverzeichnis

Sachverzeichnis

GPSR Compliance

The European Union's (EU) General Product Safety Regulation (GPSR) is a set of rules that requires consumer products to be safe and our obligations to ensure this.

If you have any concerns about our products, you can contact us on ProductSafety@springernature.com

In case Publisher is established outside the EU, the EU authorized representative is:

Springer Nature Customer Service Center GmbH
Europaplatz 3
69115 Heidelberg, Germany

Batch number: 10683525

Printed by Printforce, the Netherlands